"十二五"国家重点图书出版规划项目

危险化学品安全技术大典

（第Ⅲ卷）

中国石油化工股份有限公司青岛安全工程研究院
国家安全生产监督管理总局化学品登记中心　组织编写

张海峰　主编

中国石化出版社

内 容 提 要

本书提供了化学品的标识信息、燃烧爆炸特性、活性危害、毒性、中毒表现、侵入途径、职业接触限值、环境危害、理化特性、主要用途、包装与储运信息、火灾扑救、泄漏应急处置、中毒急救措施等信息，分5大项20余项小项，是危险化学品安全管理和技术人员必须重点掌握的信息。其中选录的化学品，是目前我国石油化学工业中生产、流通量大、最常用的化学品；也是列入我国的一些重要的危险化学品管理名录、目录或标准，危害性大的化学品。

本书数据资料全面、准确、可靠，反映了国内外危险化学品安全管理和技术的新进展，可作为危险化学品登记、编制安全技术说明书的参考书，亦是化工和石油化工行业从事设计、生产、科研、供销、安全、环保、消防和储运等工作的专业人员必备的工具书。

图书在版编目（CIP）数据

危险化学品安全技术大典．第3卷／张海峰主编；中国石油化工股份有限公司青岛安全工程研究院，国家安全生产监督管理总局化学品登记中心组织编写．—北京：中国石化出版社，2011.9（2015.8重印）

ISBN 978-7-5114-1219-5

Ⅰ．危…　Ⅱ．①张…②中…③国…　Ⅲ．①化学品-危险物品管理：安全管理　Ⅳ．①TQ086.5

中国版本图书馆CIP数据核字（2011）第196651号

中国石化出版社出版发行

地址：北京市东城区安定门外大街58号

邮编：100011　电话：(010)84271850

读者服务部电话：(010)84289974

http://www.sinopec-press.com

E-mail:press@sinopec.com

北京柏力行彩印有限公司印刷

全国各地新华书店经销

*

787×1092毫米 16开本 85.25印张 2076千字

2015年8月第1版第2次印刷

定价：298.00元

《危险化学品安全技术大典》
编写委员会

主　　任	王　强				
副主任	张海峰				
委　　员	万世波	于渊慧	王力健	方　莹	方祥飞
	王志远	王绍民	王森林	王豫安	卢世红
	卢传敬	朱　申	孙　锐	李祥寿	杜红岩
	张力娜	张光华	张志刚	张晓鹏	杨文德
	谷彦坡	陈　飞	陈　俊	洪　宇	俞新培
	袁仲全	贾雄波	柴建设	廖达伟	
主　　编	张海峰				
编写人员	李永兴	陈　军	李运才	慕晶霞	陈金合
	纪国峰	郭秀云	郭宗舟	李雪华	姬洪涛
	石燕燕	李　菁	龚腊芬	孙吉胜	王樟龄
	彭湘潍	翟良云	姜春明	杨春笋	蒋　涛
	曹永友	牟善军	张海峰		

前　言

随着我国对危险化学品安全管理力度的不断加强，国家相继出台和修订了一系列危险化学品的管理法规和标准，同时，国内外有关危险化学品的安全技术、毒理、健康危害和环境影响方面的科学技术研究也发展较快。为反映这些新变化和新技术成果，适应管理部门和企业对危险化学品安全管理和技术的新需求，中国石油化工股份有限公司青岛安全工程研究院、国家安全生产监督管理总局化学品登记中心组织有关专业人员，在广泛搜集目前国内外在化学品安全管理和技术最新技术资料和已出版的类似出版物的基础上，结合国内危险化学品管理的实践经验，联合编写了《危险化学品安全技术大典》。

本书选录化学品的原则为：目前我国生产、流通量大的化学品；列入我国重点管理危险化学品名录、目录或标准的化学品；危害性大的化学品。针对危险化学品管理和技术人员必须重点掌握的有关信息，每种物质均列出化学品标识、危害信息、理化特性与用途、包装与储运、紧急处置信息五大项；大项下列小项目20余项。

相信《危险化学品安全技术大典》的出版，会为从事危险化学品安全管理和安全技术研究的工作者，提供一本数据资料翔实、可靠、实用的专业参考工具书；会为我国危险化学品生产、使用、储存、运输、经营、废弃等各环节的安全管理及危害控制、化学事故应急救援提供重要的参考数据源；会为我国全面落实《安全生产法》、《危险化学品安全管理条例》等法律法规发挥一定作用。

《危险化学品安全技术大典》由多卷构成，每卷文前设中文词目索引，文后设立卷索引，以方便读者使用。

限于编者的水平，《危险化学品安全技术大典》可能存在一些错误和不足之处，敬请读者给予批评和指正。

编　者

目　录

编写说明
中文词目索引
正文…………………………………………………………（ 1 ）
卷索引…………………………………………………………（1217）
参考文献…………………………………………………………（1323）

编写说明

Ⅰ. 项目编写和解释

一、标识

包括下列项目：

(1)中文名称　化学品的中文名称。命名基本上是依据中国化学会1980年推荐使用的《有机化学命名原则》和《无机化学命名原则》进行的。

(2)英文名称　化学品的英文名称。命名是按国际通用的IUPAC(International Union of Pure & Applied Chemistry)1950年推荐使用的命名原则进行的。

(3)别名　未包含在化学品中文名称中的其他中文名称。

(4)分子式　指用元素符号表示的物质分子的化学成分。排列的规定为：有机化合物先按C、H、O、N顺序排列，其余按英文字顺排列；有机金属化合物把有机基团写在前，金属离子及络合水写在后；无机物按常规形式排列。

(5)结构式　用元素符号相互连接，表示出化合物分子中原子排列和结合方式的式子。

(6)CAS号　CAS是Chemical Abstract Service的缩写。CAS号是美国化学文摘社对化学物质登录的检索服务号。该号是检索化学物质有关信息资料最常用的编号。

(7)WGH号　指《危险化学品名录》(2002年版)的危险货物编号(简称危规号)。编号后注明“[铁规]”的，指《铁路危险货物品名表》规定的编号。

(8)UN号　是联合国《关于危险货物运输的建议书》对危险货物规定的编号。编号后注明“[海]”的，指《国际海运危险货物规则》的编号。

二、危害信息

(1)危险性类别　指根据化学物质固有危险特性划分的类别，按GB 13690《常用危险化学品的分类及标志》规定编写。对于分类与GB 12268《危险货物品名表》相冲突的部分化学品，同时列出了按GB 12268的分类。

(2)燃烧与爆炸危险性　简要描述化学品所具有的主要燃烧爆炸危险性。

(3)活性反应　活性反应主要指化学品本身固有的活性结构特点与其他化学品接触或受到外界环境条件(如光、热、高压、震动等)影响，或两种及多种物质混合时，所引起的能量释放而产生的危害(如燃烧、爆炸、分解、聚合等)；其中包括化学品或化学品混合物与空气(主要是氧气或水)接触发生的活性反应；化学品或化学品混合物在一定条件下与其他物质接触发生的活性反应等。本书中活性反应主要是与其他物质发生的危险反应。

(4)禁忌物　是指与该化学品在化学性质上相抵触的物质，该化学品与这些物质混合或接触时，可能会发生燃烧爆炸或其他化学反应，酿成灾害。

(5)毒性　给出了化学品的动物毒性试验数据和主要毒性作用。采用了国际癌症研究机构(IARC)和欧盟化学品管理局对化学品致癌性、致突变性和生殖毒性分类分级数据。对于列入《剧毒化学品目录》(2002年版)的化学品，给予特别指出。

使用了以下毒性指标：

LD_{50}　半数致死剂量

LC_{50}　半数致死浓度

LD　致死剂量

LC 致死浓度
LDL_0 最小致死剂量
LCL_0 最小致死浓度
TDL_0 最小中毒剂量
TCL_0 最小中毒浓度
IARC 对化学品致癌性的分类：
G1—确认人类致癌物；
G2A—可能人类致癌物；
G2B—可疑人类致癌物。

(6)中毒表现 简要描述化学毒物经不同途径侵入机体后引起的急慢性中毒的典型临床表现，以及毒物对眼睛和皮肤等直接接触部位的损害作用。很少涉及化验和特殊检查所见。对一些无人体中毒资料或人体中毒资料较少的毒物，以动物实验资料补充之。

(7)侵入途径 化学毒物主要通过三种途径侵入机体而引起伤害，即吸入、食入和经皮吸收。在工业生产中，毒物侵入机体的主要途径为吸入和经皮肤吸收，食入的可能性较小。

(8)职业接触限值 是对接触职业有害因素(如化学、生物和物理因素)所规定的容许(可接受的)接触水平，即限量标准。目前，各国家机构或团体所制定的车间空气中化学物质的职业接触限值的类型各不相同。本书采用的化学物质的职业接触限值为：

①《工作场所有害因素职业接触限值》(GBZ 2.1—2007)：

a) 时间加权平均容许浓度(PC－TWA) 以时间为权数规定的 8h 工作日、40h 工作周的平均容许接触浓度。

b) 短时间接触容许浓度(PC－STEL) 在遵守 PC－TWA 前提下容许短时间(15min)接触的浓度。

c) 最高容许浓度(MAC) 工作地点、在一个工作日内、任何时间有毒物质均不应超过的浓度。

② 美国政府工业卫生学家会议(ACGIH)阈限值(TLV)：

a) 时间加权平均阈限值(TLV－TWA) 是指每日工作 8h 或每周工作 40h 的时间加权平均浓度，在此浓度下反复接触对几乎全部工人都不致产生不良效应。

b) 短时间接触阈限值(TLV－STEL) 是在保证遵守 TLV－TWA 的情况下，容许工人连续接触 15min 的最大浓度。此浓度在每个工作日中不得超过 4 次，且两次接触间隔至少 60min。它是 TLV－TWA 的一个补充。

c) 阈限值的峰值(TLV－C) 瞬时亦不得超过的限值。是专门对某些物质如刺激性气体或以急性作用为主的物质规定的。

(9) 环境危害 简要描述化学品对环境的危害。

三、理化特性与用途

(1) 理化特性

① 外观与性状 是对化学品外观和状态的直观描述。主要包括常温常压下该物质的颜色、气味和存在的状态。同时还采集了一些难以分项的性质，如潮解性、挥发性等。

② pH 值 表示氢离子浓度的一种方法。其定义是氢离子活度的常用对数的负值。

③ 熔点 晶体熔解时的温度称为熔点。一般情况填写常温常压的数值，特殊条件下得到的数值，标出技术条件。

④ 沸点 在 101.3kPa 大气压下，物质由液态转变为气态的温度称为沸点。一般填写常温常压的沸点值，若不是在 101.3kPa 大气压下得到的数据或者该物质直接从固态变成气态(升华)，或者在溶解(或沸腾)前就发生分解的，则在数据之后用“( )”标出技术条件。

⑤ 相对密度(水＝1) 在给定的条件下，某一物质的密度与参考物质(水)密度的比值。

填写20℃时物质的密度与4℃时水的密度比值。

⑥ 相对蒸气密度(空气 =1)　在给定的条件下，某一物质的蒸气密度与参考物质(空气)密度的比值。填写0℃时物质的蒸气与空气密度的比值。

⑦ 饱和蒸气压　在一定温度下，于真空容器中纯净液体与蒸气达到平衡量时的压力。用 kPa 表示，并标明温度。

⑧ 燃烧热　指 1mol 某物质完全燃烧时产生的热量，用 kJ/mol 表示。

⑨ 临界温度　物质处于临界状态时的温度。就是加压后使气体液化时所允许的最高温度，用℃表示。

⑩ 临界压力　物质处于临界状态的压力。就是在临界温度时使气体液化所需要的最小压力，也就是液体在临界温度时的饱和蒸气压，用 MPa 表示。

⑪ 辛醇/水分配系数　当一种物质溶解在辛醇/水的混合物中时，该物质在辛醇和水中浓度的比值称为分配系数，通常以 10 为底的对数形式表示。辛醇/ 水分配系数是用来预计一种物质在土壤中的吸附性、生物吸收、亲脂性储存和生物富集的重要参数。

⑫ 闪点　指在规定的条件下，试样被加热到它的蒸气与空气的混合气体接触火焰时，能产生闪燃的最低温度。闪点有开杯和闭杯两种值，书中的开杯值用(OC)标注，闭杯值用(CC)标注。闪点是评价液体物质燃爆危险性的重要指标，闪点越低，燃爆危险性越大。

⑬ 引燃温度　是指物质在没有火焰、火花等火源作用下，在空气或氧气中被加热而引起燃烧的最低温度。

从引燃机理可知，引燃温度是一个非物理常数，它受各种因素的影响，如可燃物浓度、压力、反应容器、添加剂等。引燃温度越低，则该物质的燃爆危险性越大。

⑭ 爆炸极限　易燃和可燃气体、液体蒸气、固体粉尘与空气形成混合物，遇火源即能发生燃烧爆炸的最低浓度，称为该气体、蒸气或粉尘的爆炸下限；同时，易燃和可燃气体、蒸气或粉尘与空气形成混合物，遇火源即能发生燃烧爆炸的最高浓度，称为爆炸上限。上下限之间的浓度范围称为爆炸范围。爆炸极限通常用可燃气体或蒸气在混合气中的体积百分比[%(*V*/*V*)]表示，粉尘的爆炸极限用 mg/m^3 表示。

爆炸极限是评价可燃气体、蒸气或粉尘能否发生爆炸的重要参数，爆炸下限越低，爆炸极限范围越宽，则该物质的爆炸危险性越大。

⑮ 溶解性　指在常温常压下该物质在溶剂(以水为主)中的溶解性，分别用混溶、易溶、溶于、微溶表示其溶解程度。

(2)主要用途　简述化学品的主要用途。大多数化学品的用途很广泛，此处只列举化工方面的主要用途。

四、包装与储运

(1) 包装标志　是指标示危险货物危险性的图形标志名称，通常按《危险货物品名表》(GB 12268)规定编写，但是对于列入《剧毒品化学品目录》的物质，将有毒品改成了剧毒品。标志名称后注明“[铁规]”的，指《铁路危险货物品名表》的标志名称。

(2) 包装类别　根据危险性大小确定的包装级别。本栏目是依据国标《危险货物品名表》(GB 12268)和《危险货物运输包装类别划分原则》(GB/T 15098)进行编写。

(3) 安全储运　主要根据《铁路危险货物运输管理规则》(2006 年版)的规定编写。

五、紧急处置信息

(1) 急救措施　主要给出的是机体受到化学毒物急性损害时所应采取的现场自救、互救、急救措施，一般不涉及就医后的进一步治疗措施。

在现场急救中应重点注意以下几个问题：①施救者要做好个体防护，佩戴合适的防护器具。②迅速将患者移至空气新鲜处，松开衣领和腰带，取出口中义齿和异物，保持呼吸道通畅。呼吸困难和有紫绀者给吸氧，注意保暖。③如有呼吸心跳停止者，应立即在现场进行人工呼吸和胸外心脏按压术，一般不要轻易放弃。对氰化物等剧毒物质中毒者，不要进行口对口人工呼吸。④某些毒物中毒的特殊解毒剂，应在现场即刻使用，如氰化物中毒，应吸入亚硝酸异戊酯。⑤皮肤接触强腐蚀性和易经皮肤吸收引起中毒的物质时，要迅速脱去污染的衣着，立即用大量流动清水彻底清洗，清洗时应注意头发、手足、指甲及皮肤皱褶处，冲洗时间一般不少于20min。⑥眼睛受污染时，用流水彻底冲洗。对强刺激和腐蚀性物质冲洗时间不少于15min。冲洗时应将眼睑分开，注意将结膜囊内的化学物质全部冲出，要边冲洗边转动眼球。⑦口服中毒患者应首先催吐，尤其是 $LD_{50}<200mg/kg$ 且能被快速吸收的毒物，应立即催吐。在催吐前给饮水500～600mL(空胃不易引吐），然后用手指或钝物刺激舌根部和咽后壁，即可引起呕吐。催吐要反复数次，直至呕吐物纯为饮入的清水为止。为防止呕吐物呛入气道，患者应取侧卧、头低体位。以下情况禁止催吐：意识不清的患者，或预计半小时内会出现意识障碍的患者；吞服强酸、强碱等腐蚀性毒物者；吞服低黏度有机溶剂，一旦呕吐物呛入呼吸道可造成吸入性肺炎，也不能催吐。对于口服中毒应否催吐，本书主要以《国际化学品安全卡》的提法为依据。⑧迅速将患者送往就近医疗部门做进一步检查和治疗。在护送途中，应密切观察呼吸、心跳、脉搏等生命体征；某些急救措施，如输氧、人工心肺复苏术等亦不能中断。

（2）灭火方法　描述灭火过程中应注意的有关事项，主要包括：①消防人员应配备的个人防护设备；②灭火过程中对火场容器的冷却与处理措施；③灭火过程中发生异常情况时消防人员应采取的安全、紧急避险措施；④化学品发生火灾后或化学品处于火场情况下，灭火时可选用的灭火剂及禁止使用的灭火剂。

（3）泄漏应急处置　在化学品的生产、储运和使用过程中，常常发生一些意外的破裂、倒洒等事故，造成危险品的外漏，需要采取简单有效的应急措施和消除方法来消除或减小泄漏危害，即泄漏处理。

本栏目的主要内容为：

① 应急行动　包括切断点火源，疏散无关人员，隔离泄漏污染区等。如果泄漏物是易燃物，则必须首先消除泄漏污染区域的点火源。是否疏散和隔离，视泄漏物毒性和泄漏量的大小而定。本书中所谓的小量泄漏是指单个小包装(小于200L)、小钢瓶的泄漏或大包装(大于200L)的滴漏；大量泄漏是指多个小包装或大包装的泄漏。

② 应急人员防护　本书中给出了呼吸系统(呼吸器)和皮肤(防护服)的防护，但并未给出防护级别，所以实际应用时应根据具体情况，选择适当的防护用品。

③ 环保措施　介绍了在泄漏事故处理过程中应注意的事项及如何避免泄漏物对周围环境带来的潜在危害。

④ 消除方法　主要根据物质的物态(气、液、固)及其危险性(燃爆特性、毒性)给出具体的处置方法。

a）气体泄漏物　应急人员能做的仅是止住泄漏。如果可能的话，用合理通风和喷雾状水等方法消除其潜在影响。

b）液体泄漏物　在保证安全的前提下切断泄漏源。采用适当的收容方法、覆盖技术和转移工具消除泄漏物。

c）固体泄漏物　用适当的工具收集泄漏物。

Ⅱ. 有关问题的说明

（1）“职业接触限值”栏目中有关[ ]注释：

① 限值后有[皮]标记者为除经呼吸道吸收外，尚易经皮肤吸收的有毒物质。

② 限值后有[敏]标记者指该物质可能有致敏作用。

③ 限制后的[G1][G2A][G2B]标记表示IARC的致癌性分类。

除以上标记外限值后又有[ ]者，如氟化氢及氟化物限值后的[F]，重铬酸盐限值后的[CrO_3]，表示该物质的职业接触限值应按[ ]内物质计算。如氟化氢及氟化物换算成F，重铬酸盐换算成CrO_3等。

（2）计量单位的使用　本书使用法定计量单位。为了读者使用方便，书中保留了一些有关专业中少量经常使用的单位，如ppm、ppb等。

d	天(日)	h	小时	min	分
s	秒	m^3	立方米	kg	千克(公斤)
m	米	cm^3	立方厘米	g	克
mm	毫米	L	升	mg	毫克
μm	微米	mL	毫升	μg	微克

Pa　帕斯卡，压力单位，表示气压和液压，1标准大气压=101325Pa

kPa　千帕斯卡

MPa　兆帕斯卡

mg(g)/kg　每千克体重给予化学物质的毫克(克)数(用以表示剂量)；每千克介质中含有化学物质的毫克(克)数(用以表示含量或浓度)

mg(g)/m^3　每立方米空气中含化学物质的毫克(克)数(表示化学物质在空气中的浓度)

ppm　百万分之一，10^{-6}

ppb　十亿分之一，10^{-9}

中文词目索引

A

阿畏达 …… 1098
阿畏达 …… 1099
安息香酸苄酯 …… 27
安息香酸乙酯 …… 30
安息香酸异丙酯 …… 31
5－氨基－3－苯基－1－(双(*N*,*N*－二甲基氨基氧膦基))－1,2,4－三唑 …… 844
3－氨基苯甲酸 …… 296
1－氨基－2－丙醇 …… 1166
3－氨基丙腈 …… 1
β－氨基丙腈 …… 1
2－氨基丙烷 …… 1164
3－氨基丙烯 …… 889
2－氨基丁醇 …… 2
2－氨基－1－丁醇 …… 2
1－氨基－2－甲基丙烷 …… 1168
8－氨基喹啉 …… 3
2－氨基－4－氯苯酚 …… 4
3－氨基－2－萘甲酸 …… 5
3－氨基－2－萘酸 …… 5
1－氨基－4－羟基蒽醌 …… 6
1－氨基壬烷 …… 512
1－氨基十一烷 …… 713
4－氨基－6－叔丁基－3－甲硫基－4,5－二氢－1,2,4－三嗪－5(4H)－酮 …… 448
2－氨基－4－硝基苯酚 …… 7
1－氨基－4－硝基萘 …… 912
1－氨基辛烷 …… 964
N－(2－氨基乙基)吗啉 …… 9
氨基乙腈 …… 8
2－氨基乙硫醇 …… 511
N－氨乙基吗啉 …… 9
1,1′,1″－叔胺基－2－丙三醇 …… 654
胺菊酯 …… 10
胺吸磷 …… 11

B

Bromine fluoride …… 554
八氟代－1－醇 …… 13
八氟戊醇 …… 13
1,3,4,5,6,7,8,8－八氯－1,3,3a,4,7,7a－六氢－4,7－亚甲基异苯并呋喃 …… 819
八氯萘 …… 14
八水氢氧化钡 …… 460
八羰基二钴 …… 15
巴丹 …… 670
巴豆酸乙烯酯 …… 94
巴尔板 …… 1080
白炭黑 …… 176
白消安 …… 735
百菌清 …… 16
百菌酮 …… 660
半胱胺 …… 511
倍氰松 …… 970
苯胺灵 …… 17
苯并蒽 …… 18
1,2－苯并蒽 …… 18
7H－苯并[DE]蒽－7－酮 …… 19
苯并蒽酮 …… 19
1,2－苯并异噻唑－3(2H)－酮钠盐 …… 20
苯代丙腈 …… 21
苯代丁腈 …… 22
苯丁锡 …… 24
1,2－苯二甲酸二丁酯 …… 306
1,2－苯二甲酸二癸酯 …… 307
1,4－苯二甲酸二乙酯 …… 104
苯胲 …… 26
N－苯基氨基甲酸异丙酯 …… 17
N－苯基苯胺 …… 115

3 - 苯基丙腈 …… 21
苯基(丙酰氧基)汞 …… 46
4 - 苯基丁腈 …… 23
苯基环氧乙烷 …… 1081
苯基甲基二乙氧基硅烷 …… 266
苯基芥子油 …… 1179
苯基硫醇 …… 25
苯基羟胺 …… 26
苯基氧化砷 …… 38
苯基乙二醇 …… 42
苯基异氰酸酯 …… 1184
苯甲酸苄酯 …… 27
苯甲酸丁酯 …… 28
苯甲酸己酯 …… 32
苯甲酸乙酯 …… 29
苯甲酸异丙酯 …… 31
苯甲酸正丁酯 …… 28
苯甲酸正己酯 …… 32
苯腈磷 …… 33
苯菌灵 …… 34
苯硫酚 …… 25
苯绕蒽酮 …… 19
苯噻硫氰 …… 35
苯胂化二氯 …… 36
苯胂氧 …… 38
苯线磷 …… 39
2 - 苯氧基乙醇 …… 40
β - 苯乙醇 …… 41
2 - 苯乙醇 …… 41
苯乙二醇 …… 42
苯佐卡因 …… 103
比欠 …… 96
3 - 吡啶甲腈 …… 496
苄基溴 …… 988
冰晶石 …… 216
1,3 - 丙二醇 …… 43
丙二醇单丁醚 …… 44
1,3 - 丙二醇单甲醚 …… 292
N - 丙基 - 1 - 丙胺 …… 202
丙基环戊烷 …… 1201
S - 丙基 - N - 乙基 - N -
丁基硫代氨基甲酸酯 …… 301
丙酸苯汞 …… 46
丙酸乙烯基酯 …… 47
丙酸乙烯酯 …… 47
2 - 丙烯 - 1 - 胺 …… 889
2 - 丙烯基三氯硅烷 …… 891
2 - 丙烯酸癸酯 …… 48
丙烯酸癸酯 …… 48
2 - 丙烯酸 - 2 - 甲基丙酯 …… 54
丙烯酸氯乙酯 …… 49
丙烯酸 - 2 - 氯乙酯 …… 49
丙烯酸 - 2 - 羟乙酯 …… 50
丙烯酸氰乙酯 …… 52
2 - 丙烯酸 - 2 - 乙基 - 2 - 2 -
丙烯酸 - 2 - 乙基丁基酯 …… 53
丙烯酸 - 2 - 乙基丁酯 …… 53
2 - 丙烯酸 - 2 - 乙基 - 2 - 羟基甲基
- 1,3 - 丙二酯 …… 56
丙烯酸异丁酯[抑制了的] …… 54
丙烯酸正癸酯 …… 48
2 - 丙氧基乙醇 …… 1118
不育胺 …… 57
不育津 …… 633
不育津 …… 633

C

残杀威 …… 58
草甘膦 …… 59
草克乐 …… 381
草酸钡 …… 60
草酸丁酯 …… 1125
草酸二丁酯 …… 1125
草酸二甲酯 …… 1126
草酸二乙酯 …… 1127
草酸甲酯 …… 1126
草酸乙酯 …… 1127
草肟威 …… 675
柴油 …… 61
沉淀碳酸钡 …… 820
赤血盐 …… 842
虫螨磷 …… 63
臭氧 …… 64
除草醚 …… 65
除虫脲 …… 66
次乙酸铅 …… 67
促进剂 TMTM …… 764
促进剂 SDC …… 187

促进剂 D …… 116
促进剂 BZ …… 123
促进剂 EZ …… 188
醋酸第二丁酯 …… 1159
醋酸－2－丁氧基乙酯 …… 1151
醋酸镉 …… 1152
醋酸镁 …… 68
醋酸镍 …… 69
醋酸锌 …… 71
醋酸异丁酯 …… 1157
醋酸正丙酯 …… 1149
醋酸仲丁酯 …… 1159

D

达拉朋钠 …… 151
大隆 …… 1000
单氧化二氯 …… 1114
单乙酸甘油酯 …… 1116
氮化锂 …… 1101
氮化铅 …… 83
氮己环 …… 420
氮芥 …… 740
稻宁 …… 280
稻瘟酞 …… 775
2,4－滴丙酸 …… 72
滴滴滴 …… 73
滴滴伊 …… 155
第三丁基过苯二甲酸 …… 722
第三丁硫醇 …… 724
碲 …… 74
碲化氢 …… 75
4－碘苯酚 …… 76
碘代醋酸乙酯 …… 79
碘代叔丁烷 …… 721
碘仿 …… 541
4－碘酚 …… 76
碘化高锡 …… 755
碘化镉 …… 77
碘化氢溶液 …… 449
碘化氰 …… 477
碘化锑 …… 539
碘化亚砷 …… 538
碘化银 …… 78
2－碘－2－甲基丙烷 …… 721
碘乙酸乙酯 …… 79
叠氮钡 …… 81
叠氮钡 …… 82
叠氮化钡[干的或含水 <50%] …… 81
叠氮化钡[含水 >50%] …… 82
叠氮化铅 …… 83
叠氮化氢 …… 84
叠氮铅 …… 83
叠氮酸 …… 84
叠氮银 …… 536
丁苯 …… 1204
丁草胺 …… 85
丁草敌 …… 87
丁草特 …… 87
1,3－丁二醇 …… 88
2,3－丁二醇 …… 89
丁二醇单甲基醚 …… 90
丁二醇单乙基醚 …… 91
丁二炔 …… 92
丁二酸二丙酯 …… 93
丁二酸二正丙酯 …… 93
N－丁基甲胺 …… 273
丁基氰 …… 877
丁间二醇 …… 88
1－丁硫醇 …… 1205
丁酸甲酯 …… 1206
丁酸－1,2,3－三丙酯 …… 545
丁酸异丙酯 …… 1208
丁烯酸乙烯酯 …… 94
丁酰肼 …… 96
3－丁氧基－1－丙醇 …… 45
1－(2－丁氧基－1－甲基乙氧基)－2－丙醇 …… 121
2－(2－丁氧基乙氧基)乙基6－丙基胡椒基醚 …… 1199
1－丁氧基－2－乙氧基乙烷 …… 97
2－[2－(2－丁氧基乙氧基)乙氧基]乙醇 …… 644
N－(丁氧甲基)－2－氯－2′,6′－二乙基乙酰苯胺 …… 86
2－(2－丁氧乙氧基)乙醇 …… 179
冬青油 …… 748
毒菌酚 …… 98
毒菌锡 …… 530

毒壤磷 …… 99
毒水芹酸 …… 236
毒重石 …… 820
杜鹃花酸乙酯 …… 515
对氨基苯丙酮 …… 101
对氨基苯磺酰胺 …… 102
对氨基苯甲酸乙酯 …… 103
对氨基－N, N－二乙基苯胺硫酸盐 …… 185
对苯二甲酸二乙酯 …… 104
对称二苯乙烷 …… 119
对称三硝基苯甲酸 …… 616
对碘苯酚 …… 76
对二甲基氨基偶氮苯 …… 105
对二甲基氨基偶氮苯磺酸钠 …… 272
对二溴苯 …… 172
对二异丙基苯 …… 200
对氟苯甲酸 …… 212
对甲苯甲酸 …… 106
对甲基氯化苄 …… 107
对甲氧基氯化苄 …… 108
3－对氯苯基－1,1－二甲基脲 …… 400
3－(对氯苯基)－1－甲氧基－1－甲基脲 …… 355
对氯苯乙烯 …… 360
对氯苄基对氯苯基硫醚 …… 668
对氯代苯氧基乙酸 …… 109
对(氯甲基)苯甲醚 …… 108
对氯邻氨基苯酚 …… 4
对氯邻甲酚 …… 376
对氯三氟甲苯 …… 383
对羟基安息香酸甲酯 …… 111
对羟基苯甲酸丙酯 …… 110
对羟基苯甲酸甲酯 …… 111
对酞酸二乙酯 …… 104
对硝基联苯 …… 909
对溴苯甲酰甲基溴 …… 113
对溴基溴化苯乙酮 …… 112
对亚硝基苯酚 …… 1053
对亚硝基二甲基苯胺 …… 1055
对亚硝基酚 …… 1053
多聚乙醛 …… 766

E

锇 …… 114
锇(酸)酐 …… 800
锇酸酐 …… 800
恩诺沙星 …… 160
1,10－二氨基癸烷 …… 241
二苯胺 …… 115
1,4－二苯胺基苯 …… 117
二苯汞 …… 118
二苯胍 …… 116
二苯基苯 …… 305
N, N′－二苯基对苯二胺 …… 117
二苯基二氮烯 …… 419
二苯基汞 …… 118
1,3－二苯基胍 …… 116
二苯基硫卡巴腙 …… 738
1,2－二苯乙烷 …… 119
二丙胺 …… 202
二丙二醇单丁醚 …… 120
二丙二醇单甲醚 …… 122
二丙二醇甲醚 …… 122
N,N－二丙基－1－丙胺 …… 655
N,N－二丁基－1－丁胺 …… 656
二丁基二硫代氨基甲酸镍 …… 204
二丁基二硫代氨基甲酸锌 …… 123
二丁基二氯化锡 …… 152
2,2－二丁基－1,3,2－二氧杂锡卓－4,7－二酮 …… 751
二丁基甲酮 …… 124
二丁基卡必醇 …… 732
二丁氧基四甘醇醚 …… 805
1,2－二丁氧基乙烷 …… 125
二氟醋酸 …… 128
二氟代磷酸(无水) …… 127
1,1－二氟－1,2－二氯乙烷 …… 126
二氟磷酸[无水] …… 127
二氟乙酸 …… 128
1,1－二氟乙烷 …… 130
二(8－胍基辛基)胺 …… 733
二己基醚 …… 260
4－((4－(二甲氨基)苯基)偶氮基)苯磺酸钠 …… 272
3－二甲氨基丙胺 …… 131
3－二甲氨基－1－丙胺 …… 131
N－二甲氨基琥珀酰胺酸 …… 96
2,4－二甲苯酚 …… 132

2,4-二甲酚 …… 132
二甲基氨基氰 …… 134
S,S′-(2-二甲基氨基-1,3-亚丙基)-双(硫代氨基甲酸酯) …… 670
1,1-二甲基-3-苯基脲 …… 205
N,N-二甲基-1,3-丙二胺 …… 131
(Z)-2,2-二甲基-1,3-丙二醇二二甲基丙烯酸乙二醇酯 …… 734
N,N-二甲基丙烯酰胺 …… 136
N,N-二甲基-2-丙烯酰胺 …… 136
2,2-二甲基丙酰氯 …… 572
N,N-二(3-甲基丁基)胺 …… 201
N,N-二甲基对亚硝基苯胺 …… 1055
O,O-二甲基-S-((4,6-二氨基-1,3,5-三嗪-2-甲基))二硫代磷酸酯 …… 402
二甲基二硫代氨基甲酸铁 …… 224
O,O-二甲基-S-[1,2-二(乙氧基羰基)乙基]二硫代磷酸酯 …… 390
二甲基琥珀酰肼 …… 96
二甲基磺酸1,4-丁二醇酯 …… 735
2,5-二甲基己烷 …… 137
N,N-二甲基甲胺 …… 565
O,O-二甲基-S-(N-甲基氨基甲酰甲基)硫代磷酸酯 …… 1092
O,O-二甲基-O-(3-甲基-4-硝基苯基)硫代磷酸酯 …… 673
O,O-二甲基-O-(2-甲氧甲酰基-1-甲基)乙烯基磷酸酯 …… 809
O,O-二甲基-S-(N-甲氧乙基)-氨基甲酰甲基二硫代磷酸酯 …… 527
3,3-二甲基-1-(4-氯苯氧基)-1-(4H-1,2,4-三唑)-2-丁酮 …… 660
(Z)-O,O-二甲基-O-(2-氯-1-(2,4,5-三氯苯基)乙烯基)磷酸酯 …… 666
二甲基氰胺 …… 134
O,O-二甲基-O-(4-氰基苯基)硫代磷酸酯 …… 671
二甲基溶纤剂 …… 1121
O,O-二甲基-O-(2,4,5-三氯苯基)硫代磷酸酯 …… 430
二甲基砷酸钠 …… 138
2,5-二甲基-2,5-双(过氧化叔丁基)己烷 …… 139
O,O-二甲基-S-(酞酰亚胺甲基)二硫代磷酸酯 …… 1028
二甲基硒 …… 143
1,2-二甲基-4-硝基苯 …… 141
3,4-二甲基硝基苯 …… 141
N,N-二甲基-4-亚硝基苯胺 …… 1055
二甲基乙基甲醇 …… 726
二甲胂酸钠三水物 …… 138
二甲戊乐灵 …… 142
二甲戊灵 …… 142
二甲硒 …… 143
(3,4-二甲氧基苯基)乙腈 …… 144
3,4-二甲氧基苯乙腈 …… 144
3,3′-二甲氧基-4,4′-二氨基联苯 …… 313
3,3′-二甲氧基联苯胺 …… 313
1,2-二甲氧基乙烷 …… 1121
1,2-二(3-甲氧羰基-2-硫脲基)苯 …… 279
二聚丙烯醛[稳定的] …… 145
二聚戊烯 …… 743
二苦基硫 …… 351
二苦基硫 …… 352
二硫代四乙基秋兰姆 …… 806
2,3-二氯苯酚 …… 147
3,4-二氯苯酚 …… 149
2,5-二氯苯酚 …… 148
3-(3,4-二氯苯基)-1-甲氧基-1-甲基脲 …… 303
2,4-二氯苯基-4′-硝基苯基醚 …… 65
二氯苯胂 …… 36
2-(2,4-二氯苯氧基)丙酸 …… 72
二(4-氯苯氧基)甲烷 …… 150
2,2-二氯丙酸 …… 398
2,2-二氯丙酸钠 …… 151
二氯丙烯胺 …… 893
二氯代乙炔 …… 157
二氯二丁基锡 …… 152
二氯二氟乙烷 …… 126
1,2-二氯-1,1-二氟乙烷 …… 126

二氯二乙基锡 …… 189
3,4 - 二氯酚 …… 149
2,3 - 二氯酚 …… 147
2,5 - 二氯酚 …… 148
2,4 - 二氯过氧化苯甲酰 …… 246
二氯化钴 …… 369
二氯化乙基胂 …… 1132
O - (二氯(甲硫基)苯基) - *O*,
  O - 二乙基硫代磷酸酯 …… 63
二氯喹啉酸 …… 154
3,7 - 二氯喹啉 - 8 - 羧酸 …… 154
2,6 - 二氯硫代苯甲酰胺 …… 381
2,3 - 二氯六氟 - 2 - 丁烯 …… 345
2,4′ - 二氯 - α - (5 - 嘧啶)
  二苯基甲醇 …… 358
1,3 - 二氯 - 1,3,5 - 三嗪 - 2,4,
  6 - (1H,3H,5H)三酮钠盐 …… 158
1,1 - 二氯 - 2,2 - 双(4 - 氯苯基)
  乙烷 …… 73
1,1 - 二氯 - 2,2 - 双(4 - 氯苯基)
  乙烯 …… 155
2,5 - 二氯硝基苯 …… 156
1,4 - 二氯 - 2 - 硝基苯 …… 156
2,4 - 二氯 - 1 - (4 - 硝基苯氧基)苯 …… 65
二氯氧化硒 …… 1095
二氯乙基硅烷 …… 1131
二氯乙炔 …… 157
二氯乙胂 …… 1132
二氯异氰尿酸钠 …… 158
二硼烷 …… 1147
1,3 - 二羟基丙烷 …… 43
2,3 - 二羟基丁烷 …… 89
- 2,4 - 二羟基 - 3,3 -
  二甲基丁酰胺 …… 1163
2,2′ - 二羟基六氯二苯甲烷 …… 98
3,4 - 二氢 - 2H - 吡喃 - 2 - 甲醛 …… 145
1,2 - 二氢 - 3,6 - 哒嗪二酮 …… 1194
二氢化锆 …… 453
二氢化钛 …… 459
1,4 - 二氢 - 1 - 环丙基 - 7 - (4 - 乙基
  S - (3,4 - 二氢 - 4 - 氧代苯并
  [d] - [1,2,3] - 二三嗪 - 3 - 甲基)
  - *O*,*O* - 二乙基二硫代磷酸酯 …… 1195
二氢氧化镍 …… 464
二氰胺钠 …… 160
二氰蒽醌 …… 161
二氰合银酸钾 …… 494
1,3 - 二氰基丙烷 …… 875
2,3 - 二氰基 - 1,4 - 二硫代蒽醌 …… 161
二巯基丙醇 …… 163
二噻农 …… 161
二水合铬酸钙 …… 231
二缩三个丙二醇 …… 531
二戊胺 …… 164
二戊基苯 …… 165
N,*N* - 二烯丙基 - 2,2 - 二氯乙酰胺 …… 893
2,4 - 二硝基 - 1,3 - 苯二酚 …… 168
2,4 - 二硝基苯酚[含水≥15%] …… 166
2,4 - 二硝基酚 …… 166
2,4 - 二硝基间苯二酚
  [干的或含水 <15%] …… 168
二硝基邻甲苯酚钠 …… 169
二硝基邻甲酚钠[含水≥15%] …… 169
2,4 - 二硝基硫氰基苯 …… 170
2,4 - 二硝基硫氰酸苯酯 …… 170
3,4 - 二硝基氯苯 …… 364
二硝散 …… 170
1,2 - 二溴苯 …… 171
1,4 - 二溴苯 …… 172
4,4′ - 二溴苯乙醇酸异丙酯 …… 999
2,4′ - 二溴苯乙酮 …… 113
二溴二氟乙烷 …… 173
1,2 - 二溴 - 1,1 - 二氟乙烷 …… 173
1,1 - 二溴乙烷 …… 174
二氧化氮 …… 801
二氧化碲 …… 175
二氧化硅 …… 176
二氧化钌 …… 177
二氧化镁 …… 249
二氧化钍 …… 178
2 - 二乙氨基乙醇 …… 196
S - [2 - (二乙氨基)乙基] - *O*,*O* -
  二乙基硫代磷酸酯 …… 11
N - 二乙氨基乙基氯 …… 389
2 - (二乙胺基)甲苯 …… 194
二乙二醇单丁基醚 …… 179
二乙二醇单丁基醚醋酸酯 …… 180
二乙二醇单甲基醚 …… 182

二乙二醇单甲基醚醋酸酯 …………… 183
二乙二醇单乙基醚 ………………… 184
二乙二醇二丁醚 …………………… 732
二乙二醇甲醚 ……………………… 182
二乙二醇乙醚 ……………………… 184
O,*O* – 二乙基 – *O* –
(1 – 苯基 – 1,2,4 – 三唑)
– 3 – 硫代磷酸酯 ………………… 659
N, *N* – 二乙基对苯二胺硫酸盐………… 185
二乙基对苯二胺硫酸盐 …………… 185
N, *N* – 二乙基对苯二胺盐酸盐………… 186
二乙基二硫代氨基甲酸钠 ………… 187
二乙基二硫代氨基甲酸钠三水合物 … 187
二乙基二硫代氨基甲酸锌 ………… 188
二乙基二氯化锡 …………………… 189
二(2 – 乙基己基)胺 ……………… 190
二(2 – 乙基己基)醚 ……………… 192
N, *N* – 二乙基 – 2 – 甲基苯胺 ………… 194
O,*O* – 二乙基 – *O* – (4 – 甲基香
豆素基 – 7 – 硫代磷酸酯 ………… 436
N, *N* – 二乙基甲酰胺……………… 193
二乙基甲酰胺 ……………………… 193
N, *N* – 二乙基邻甲苯胺……………… 194
二乙基硫 …………………………… 197
1, 3 – 二乙基 – 2 – 硫脲 ……………… 195
N, *N'* – 二乙基硫脲 ………………… 195
1, 3 – 二乙基硫脲 ………………… 195
N,*N* – 二乙基氯乙胺……………… 389
O,*O* – 二乙基 – *O* – ((α – 氰
基亚苄氨基)氧)硫代磷酸酯 ……… 970
N – 二乙基亚硝胺 ………………… 1056
N,*N* – 二乙基乙胺………………… 643
N, *N* – 二乙基乙醇胺……………… 196
二乙硫醚 …………………………… 197
二乙炔 ……………………………… 92
1,2 – 二乙烯基苯 ………………… 199
二乙氧基甲基苯基硅烷 …………… 266
1,2 – 二(3 – 乙氧羰基
– 2 – 硫代脲基)苯 ……………… 331
1,4 – 二异丙基苯 ………………… 200
二异丙基苯基过氧化氢 …………… 250
N,*N* – 二异丙基硫代氨基甲酸
– S – 2,3 – 二氯烯丙基酯 ………… 1078
N,N – 二异丙基硫代氨基甲酸 S – 2,
3,3 – 三氯烯丙基酯 ……………… 1098
二异丁基 …………………………… 137
二异丁基氯化铝 …………………… 367
1,5 – 二异氰酸萘酯 ……………… 411
二异戊胺 …………………………… 201
二异辛胺 …………………………… 190
二油酸新戊二醇酯 ………………… 135
二正丙胺 …………………………… 202
二正戊胺 …………………………… 164

F

钒酸铵 ……………………………… 432
钒酸钠 ……………………………… 203
反丁烯二酸二丁酯 ………………… 225
反丁烯二酸乙酯 …………………… 226
泛酸醇乙基醚 ……………………… 1163
方铅矿 ……………………………… 330
防老剂 PPD ………………………… 117
防老剂 NBC ………………………… 204
非草隆 ……………………………… 205
非晶形硅粉 ………………………… 239
菲 …………………………………… 206
分散红 15 ………………………… 6
C. I. 分散红 15 …………………… 6
10H – 吩噻嗪 ……………………… 208
吩噻嗪 ……………………………… 208
氟 …………………………………… 209
3 – 氟苯甲酸 ……………………… 211
2 – 氟苯甲酸 ……………………… 210
4 – 氟苯甲酸 ……………………… 212
3 – 氟丙基硫醇 …………………… 213
3 – 氟 – 1 – 丙硫醇 ………………… 213
4 – 氟丁醇 ………………………… 214
4 – 氟 – 1 – 丁醇 …………………… 214
4 – 氟丁酸甲酯 …………………… 215
氟硅酸镁 …………………………… 346
氟化硅 ……………………………… 758
氟化磷 ……………………………… 851
氟化铝钠 …………………………… 216
氟化锑 ……………………………… 553
氟化溴 ……………………………… 855
氟化亚磷 …………………………… 548
氟化亚砷 …………………………… 552
氟化亚锑 …………………………… 553

氟己酸乙酯 …… 217
6－氟己酸乙酯 …… 217
氟己烷 …… 218
1－氟己烷 …… 218
氟甲基氰 …… 223
氟里昂－152 …… 130
氟利昂112 …… 778
氟利昂－113 …… 602
氟利昂－21 …… 1102
氟硼酸铵 …… 220
氟三丁基锡 …… 542
氟钽酸钾 …… 439
5－氟戊胺 …… 221
5－氟－1－戊胺 …… 221
1－氟辛烷 …… 222
氟乙腈 …… 223
福美铁 …… 224
富马酸二丁酯 …… 225
富马酸二乙酯 …… 226

G

钙硝石 …… 921
甘汞 …… 373
甘油三丙酸酯 …… 535
甘油三丁酸酯 …… 545
甘油三硝酸酯 …… 904
橄苦岩 …… 908
高碱性磷酸戊酯 …… 227
高哌啶 …… 354
镉 …… 228
镉黄 …… 329
铬 …… 230
铬酐 …… 639
铬酸二钾 …… 232
铬酸钙 …… 231
铬酸酐 …… 639
铬酸钾 …… 232
1,6－庚二烯 …… 233
1－庚硫醇 …… 234
庚硫醇 …… 234
庚酸 …… 236
庚酸－2－丙烯酯 …… 237
庚酸烯丙酯 …… 237
2－庚烯[顺式] …… 238
固体双氧水 …… 244
硅仿 …… 589
硅粉[非晶形的] …… 239
硅氯仿 …… 589
硅酸四甲酯 …… 1209
癸二胺 …… 241
癸硼烷 …… 706
1－癸炔 …… 242
癸酸乙酯 …… 243
过苯甲酸 …… 245
过(二)碳酸钠 …… 244
过氧苯甲酸 …… 245
过氧化二(2,4－二氯苯甲酰) …… 246
过氧化二月桂酰 …… 247
过氧化镁 …… 249
过氧化羟基二异丙苯 …… 250
过氧化氢苯甲酰 …… 245
过氧化氢二异丙苯 …… 250
过氧化十二酰 …… 247
过氧化双月桂酰 …… 247
过氧碳酸钠 …… 244

H

黑降汞 …… 1090
黑色氧化汞 …… 1090
红丹 …… 804
红矾铵 …… 1214
胡椒基丁醚 …… 1199
琥珀酸二丙酯 …… 93
华果 …… 1092
环己基硫醇 …… 251
环己基叔丁烷 …… 723
环己基乙酸 …… 252
环己基乙烷 …… 1133
环己硫醇 …… 251
1—环己烯基－1,2—二羧酰亚胺基－2,2—二甲基－3－(2－甲基－1－丙烯基)环丙酸酯 …… 10
3－环己烯－1－腈 …… 253
环己亚胺 …… 354
环十二碳三烯 …… 255
1,5,9－环十二烷三烯 …… 254
1－环戊基丙烷 …… 1201
环戊基乙酸 …… 256

2 – 环戊基乙酸 …………………………… 256
环氧辛烷 …………………………… 257
1,2 – 环氧乙基苯 ………………………… 1081
黄丹 …………………………………… 1115
黄血盐 ………………………………… 1047
磺胺 …………………………………… 102
辉锰 …………………………………… 802

J

己二醇 ………………………………… 282
己二酸二丁氧基乙酯 ……………………… 258
己二酸二(2 – 乙基)己酯 ………………… 259
己二酸二异辛酯 ………………………… 259
己二酸双(2 – 丁氧基乙)酯 ……………… 258
己基醚 ………………………………… 260
己基溴 ………………………………… 998
己炔醇 ………………………………… 261
1 – 己炔 – 3 – 醇 ………………………… 261
1,2,6 – 己三醇 …………………………… 262
己酸甲酯 ……………………………… 1210
加打萨宗 ……………………………… 738
夹硫氮(杂)蒽 ………………………… 208
2 – 甲氨基乙醇 ………………………… 263
3 – 甲苯基 – *N* – 甲基氨基甲酸酯 …… 810
O – 甲基氨基甲酰基 – 1 –
二甲氨基甲酰 – 1 –
甲硫基甲醛肟 ………………………… 675
O –(甲基氨基甲酰基)– 2 –
甲基 – 2 – 甲硫基丙醛肟 ……………… 841
2 – 甲基苯并恶唑 ……………………… 265
2 – 甲基苯并氧氮唑 …………………… 265
甲基苯基二乙氧基硅烷 ………………… 266
4 – 甲基苯甲酸 ………………………… 106
3 – 甲基苯甲酸 ………………………… 297
1,1 – 甲基 – 2 –(3 – 吡啶)
吡咯烷硫酸盐 ………………………… 338
2 – 甲基丙胺 …………………………… 1168
2 – 甲基 – 2 – 丙醇 …………………… 718
2 – 甲基丙腈,异丙基氰 ………………… 1170
2 – 甲基 – 1 – 丙硫醇 ………………… 1171
2 – 甲基丙酸 …………………………… 1173
2 – 甲基丙酸丙酯 ……………………… 1178
2 – 甲基丙酸酐 ………………………… 1174
2 – 甲基丙酸乙酯 ……………………… 1175
2 – 甲基丙酸异丁酯 …………………… 1177
甲基丙烯酸 – 2 – 羟丙酯 ……………… 267
甲基丙烯酸 – *β* – 羟丙酯 ……………… 267
甲基丙烯酸 2 – 羟乙酯 ………………… 268
甲基丙烯酸十二烷基酯 ………………… 270
甲基丙烯酸 – 2 – 乙基己酯 …………… 269
2 – 甲基 – 2 – 丙烯酸
– 2 – 乙基己酯 ……………………… 269
甲基丙烯酸月桂酯 ……………………… 270
甲基橙 ………………………………… 271
N – 甲基丁胺 ………………………… 273
3 – 甲基丁胺 …………………………… 1186
2 – 甲基 – 2 – 丁醇 …………………… 726
3 – 甲基丁腈 …………………………… 1188
3 – 甲基 – 1 – 丁硫醇 ………………… 1190
3 – 甲基丁炔 …………………………… 274
3 – 甲基丁酸乙酯 ……………………… 1191
2 – 甲基 – 5,6 – 二氢 – 1,4 – 氧硫杂
环己二烯 – 3 – 甲酰苯胺 ……………… 846
2 – 甲基 – 1,3 – 二氧戊环 …………… 275
甲基二氧戊环 ………………………… 275
6 – 甲基 – 1 – 庚烯 …………………… 1192
甲基汞 ………………………………… 276
甲基黄 ………………………………… 105
甲基磺酰氯 …………………………… 278
甲基硫菌灵 …………………………… 279
2 – 甲基氯化苄 ………………………… 310
3 – 甲基氯化苄 ………………………… 298
4 – 甲基氯化苄 ………………………… 107
5 – 甲基 – 1,2,4 – 三唑并
[3,4 – b][1,3]苯并噻唑 ……………… 564
甲基杀螟威 …………………………… 666
甲基砷酸钙 …………………………… 280
2 – 甲基 3 – 戊醇 ……………………… 281
2 – 甲基 – 2,4 – 戊二醇 ……………… 282
3 – 甲基 – 1,3 – 戊二烯 ……………… 286
2 – 甲基 – 1,3 – 戊二烯 ……………… 284
2 – 甲基 – 1,4 – 戊二烯 ……………… 285
4 – 甲基 – 1,3 – 戊二烯 ……………… 289
3 – 甲基 – 1,4 – 戊二烯 ……………… 287
甲基纤维素 …………………………… 290
N – 甲基 – *N* – 亚硝基
氨基甲酸乙酯 ………………………… 1059
1 – 甲基 – 2 – 亚硝基苯 ……………… 315

1 - 甲基 - 1 - 亚硝基脲 …………………… 1058
1 - 甲基乙胺 …………………………… 1164
N - 甲基乙醇胺 ………………………… 264
2 - (1 - 甲基乙氧基)苯基
甲基氨基甲酸酯 ……………………… 58
N - 甲基正丁胺 ………………………… 273
2 - 甲硫基 - 4,6 - 双(异丙氨基)
- 1,3,5 - 三嗪 ……………………… 433
甲醛亚硫酸氢钠 ………………………… 291
甲烷磺酰氯 ……………………………… 278
3 - 甲氧基 - 1 - 丙醇 ………………… 292
3 - 甲氧基丙腈 ………………………… 293
β - 甲氧基丙腈 ………………………… 293
4 - 甲氧基 - 1 - 丁醇 ………………… 90
1 - (2 - (2 - 甲氧基 - 1 - 甲基乙氧基)
- 1 - 甲基乙氧基) - 2 - 丙醇 ………… 532
4 - 甲氧基氯化苄 ……………………… 108
β - 甲氧基氰基乙烷 …………………… 293
2 - 甲氧基 - 4,6 - 双(乙氨基)均三嗪 … 888
2 - 甲氧基乙基乙烯基醚 ……………… 294
2 - (2 - (2 - 甲氧基乙氧基)
乙氧基)乙醇 ………………………… 645
间氨基苯甲酸 …………………………… 296
间苯二酚一乙酸酯 ……………………… 1117
间氟苯甲酸 ……………………………… 211
间甲苯甲酸 ……………………………… 297
间甲基氯化苄 …………………………… 298
间氯三氟苄 ……………………………… 556
间三碘苯酚 ……………………………… 537
间硝基苯甲酸 …………………………… 906
间硝基苯甲酰氯 ………………………… 907
碱式氯化铜 ……………………………… 843
碱式砷酸钠 ……………………………… 686
碱式碳酸铍 ……………………………… 830
碱式碳酸铜 ……………………………… 299
碱式乙酸铅 ……………………………… 67
碱性蓝 41 ……………………………… 1097
胶酸二乙酯 ……………………………… 876
焦磷酸四乙酯 …………………………… 837
金属铬 …………………………………… 230
金属钠 …………………………………… 406
金属镍 …………………………………… 416
金属铷 …………………………………… 517
金属铯 …………………………………… 663
金属锶 …………………………………… 752
金属铊 …………………………………… 811
腈肟磷 …………………………………… 970
九水合硝酸铬 …………………………… 925
九水合硝酸铁 …………………………… 948
均三氯苯 ………………………………… 584
均三嗪三醇 ……………………………… 578
菌螨酚 …………………………………… 98

K

卡草胺 …………………………………… 745
卡可酸钠 ………………………………… 138
2 - 莰酮 ………………………………… 1200
抗氧剂 DSTP …………………………… 328
抗氧剂 1076 …………………………… 300
可力丁 …………………………………… 566
可杀得 101 ……………………………… 472
克草敌 …………………………………… 301
克草猛 …………………………………… 301
克菌丹 …………………………………… 302
1,6 - 克列夫酸 ………………………… 409
克啉菌 …………………………………… 709
克死螨 …………………………………… 664
克瘟唑 …………………………………… 564
快杀稗 …………………………………… 154
8 - 喹啉(基)胺 ………………………… 3

L

乐万通 …………………………………… 983
冷冻液态氮 ……………………………… 1100
立克命 …………………………………… 674
利谷隆 …………………………………… 303
联苯 - 2 - 酚 …………………………… 309
联苄 ……………………………………… 119
联大茴香胺 ……………………………… 313
联三苯 …………………………………… 304
邻苯二甲酸苄基丁基酯 ………………… 816
邻苯二甲酸二丁酯 ……………………… 305
邻苯二甲酸二癸酯 ……………………… 307
邻苯二甲酸二辛酯 ……………………… 308
邻苯二甲酸二正辛酯 …………………… 308
邻苯基苯酚 ……………………………… 309
邻二溴苯 ………………………………… 171
邻二乙烯苯 ……………………………… 199

邻氟苯甲酸 …… 210
邻甲基氯化苄 …… 310
邻甲氧基苯酚 …… 311
邻甲氧基联苯胺 …… 313
邻联(二)茴香胺 …… 313
邻氯苯甲酸 …… 314
邻氯对硝基苯酚 …… 385
邻羟基苯甲醛 …… 747
邻羟基苯甲酸甲酯 …… 748
邻羟基苯甲酸钠 …… 749
邻羟基苯甲酸异戊酯 …… 750
邻叔丁基苯酚 …… 719
4,4′-(邻亚苯基)双
(3-硫代脲基甲酸甲酯) …… 279
邻亚硝基甲苯 …… 315
磷君 …… 809
磷酸苯酯 …… 321
磷酸二苯甲苯酯 …… 318
磷酸二苯辛酯 …… 327
磷酸二苯-2-乙基己酯 …… 327
磷酸二氢钠 …… 316
磷酸二氢钠一水合物 …… 316
磷酸-2,3-二溴-1-丙酯 …… 317
磷酸甲苯二苯酯 …… 318
磷酸甲酯 …… 324
磷酸钠 …… 319
磷酸铅 …… 320
磷酸三苯酚酯 …… 321
磷酸三苯酯 …… 321
磷酸三丙酯 …… 322
磷酸三(2,3-二溴丙基)酯 …… 317
磷酸三甲酯 …… 323
磷酸三(2-氯乙基)酯 …… 325
磷酸三氯乙酯 …… 325
磷酸三钠 …… 319
磷酸三乙酯 …… 326
磷酸-2-乙基己基二苯酯 …… 327
磷酰氯 …… 1093
磷酰溴 …… 990
膦化三苯基 …… 528
N-(膦酰基甲基)甘氨酸 …… 59
硫代苯酚 …… 25
1-硫代丁醇 …… 1205
硫代二丙酸二硬脂醇酯 …… 328
硫代二丙酸双十八醇酯 …… 328
硫代氰酸 …… 333
硫代乙醚 …… 197
硫代正丙醇 …… 1202
硫氮(杂)茂 …… 526
硫化促进剂 TETD …… 806
硫化二苯胺 …… 208
硫化镉 …… 329
硫化剂 DCBP …… 246
硫化铅 …… 330
硫化亚锑 …… 582
硫菌灵 …… 331
硫氢丙烷 …… 1202
硫氢乙烷 …… 1141
硫氰化铵 …… 334
硫氰化钾 …… 335
2-(硫氰基甲基硫基)苯并噻唑 …… 35
硫氰酸 …… 332
硫氰酸铵 …… 334
硫氰酸钾 …… 335
硫氰酸戊酯 …… 336
硫氰酸正戊酯 …… 336
硫酸锆 …… 337
硫酸锆四水合物 …… 337
硫酸化烟碱 …… 338
硫酸肼 …… 339
硫酸联氨 …… 339
硫酸镁 …… 340
硫酸锰 …… 341
硫酸镍 …… 342
硫酸亚锰 …… 341
硫酸亚铁 …… 343
硫酸烟碱 …… 338
六氟-2,3-二氯-2-丁烯 …… 344
六氟硅酸镁 …… 346
六氟化苯 …… 347
六氟铝酸钠 …… 216
六甲苯 …… 348
六甲基苯 …… 348
六氯苯 …… 349
六氯苯醚 …… 366
六氢苯基乙酸 …… 252
六氢吡啶 …… 420
六水合硝酸镁 …… 934

六水合硝酸锌 …………………………… 952
六硝基二苯硫
［干的或含水＜10%］ ……………… 350
六硝基二苯硫［含水≥10%］ ………… 352
六硝基二苯硫醚 ……………………… 351
六硝基二苯硫醚 ……………………… 352
六溴联苯………………………………… 353
六溴－1,1′－联苯 …………………… 353
六亚甲基亚胺 ………………………… 354
绿草定…………………………………… 588
绿矾……………………………………… 344
绿谷隆…………………………………… 355
绿麦隆…………………………………… 356
4－氯－2－氨基苯酚 ………………… 4
2－氯－4－氨基甲苯 ………………… 363
氯苯胺灵………………………………… 357
氯苯砜 ………………………………… 1107
3－氯苯基氨基甲酸异丙酯…………… 357
4－氯苯基苯砜 ……………………… 1107
1－(4－氯苯基)－3－(2,
6－二氟苯甲酰基)脲………………… 66
N－(3－氯苯基)－
(4－氯丁炔－2－)氯
基甲酸酯 …………………………… 1080
2－氯苯甲酸 ………………………… 314
氯苯嘧啶醇…………………………… 358
1－(4－氯苯氧基)－1－(1H
－1,2,4－三唑)－3,
3－二甲基－2－丁醇 ……………… 658
4－氯苯氧乙酸 ……………………… 109
4－氯苯乙烯 ………………………… 359
2－氯丙烯腈 ………………………… 361
α－氯丙烯腈 ………………………… 361
氯代异戊烷 ………………………… 1187
3－氯对氨基甲苯……………………… 362
α－氯对二甲苯 ……………………… 107
2－氯对甲苯胺 ……………………… 362
3－氯对甲苯胺 ……………………… 363
3－(3－氯对甲苯基)－1,1－二甲脲 …… 356
1－氯－1,1－二氟乙烷 …………… 1105
2－氯－*N*,*N*－二甲基乙胺 ………… 388
1－氯－3,4－二硝基苯 ……………… 364
4－氯－1,2－二硝基苯 ……………… 364
氯化苯醚 ……………………………… 365
氯化碲 ………………………………… 779
氯化二异丁基铝 ……………………… 367
氯化钒 ………………………………… 592
氯化锆 ………………………………… 781
氯化镉 ………………………………… 368
氯化钴 ………………………………… 369
氯化磺酰甲烷 ………………………… 278
氯化间硝基苯甲酰 …………………… 907
氯化苦 ………………………………… 606
氯化铑 ………………………………… 370
氯化锂 ………………………………… 371
氯化钌 ………………………………… 593
氯化磷 ………………………………… 860
氯化磷酰 …………………………… 1093
氯化钼 ………………………………… 862
氯化钕 ………………………………… 594
氯化硼 ………………………………… 595
氯化三甲基硅烷 ……………………… 569
氯化三氯乙酰 ………………………… 614
氯化铊 ………………………………… 374
氯化锡 ………………………………… 784
氯化亚汞 ……………………………… 373
氯化亚钴 ……………………………… 369
氯化亚砷 ……………………………… 598
氯化亚铊 ……………………………… 374
氯化亚锑 ……………………………… 600
氯化亚硒酰 ………………………… 1095
氯化乙酰 …………………………… 1162
氯化锗 ………………………………… 785
氯磺酸乙酯 …………………………… 375
3－氯－4－甲苯胺 …………………… 363
4－氯－2－甲酚 ……………………… 376
N′－(4－氯－2－甲基苯基)
－*N*,*N*－二甲基甲脒 ……………… 664
1－氯－3－甲基丁烷 ……………… 1187
1－氯甲基－2－甲基苯 ……………… 310
氯甲基三甲硅烷 ……………………… 377
氯甲酸丙酯 …………………………… 380
氯甲酸丁酯 …………………………… 379
氯甲酸正丙酯 ………………………… 380
氯甲酸正丁酯 ………………………… 379
α－氯间二甲苯 ……………………… 298
α－氯邻二甲苯 ……………………… 310
4－氯邻甲酚 ………………………… 376

氯硫酰草胺 …………………………… 381
2－氯萘 …………………………… 382
β－氯萘 …………………………… 382
5－氯－2－羟基苯胺 …………………… 4
4－氯三氟甲苯 ………………………… 383
1－氯－4－(三氟甲基)苯 ……………… 383
2－氯－1,1,1－三氟氯乙烷 …………… 1106
2－氯－4,6－双(乙氨基)
　－1,3,5－三嗪 ……………………… 887
2－氯－4,6－双(异丙氨基)
　－1,3,5－三嗪 ……………………… 434
氯五氟苯 …………………………… 1109
2－氯－4－硝基(苯)酚 ……………… 385
2－氯－4－硝基甲苯 ………………… 386
2－氯－6－硝基甲苯 ………………… 910
1－氯－1－硝基乙烷 ………………… 387
1－氯硝基乙烷 ……………………… 387
2－(4－氯－6－乙氨基－1,3,5
　－三嗪－2－氨基)－2－甲基丙腈 …… 474
2－氯乙基二甲胺 …………………… 388
2－氯乙基二乙胺 …………………… 389
氯乙酰 ……………………………… 1162
氯油 ………………………………… 610

M

马拉硫磷 …………………………… 390
马来酸二丁基锡 ……………………… 751
马来酸二丁酯 ………………………… 392
马来酸二己酯 ………………………… 393
马来酸二甲酯 ………………………… 394
马来酸二烯丙酯 ……………………… 395
马来酸二乙酯 ………………………… 396
马来酸二正丙酯 ……………………… 397
马来酰肼 …………………………… 1194
2－吗啉基乙胺 ………………………… 9
2－吗啉乙醇 ………………………… 447
茅草枯 ……………………………… 398
密陀僧 ……………………………… 1115
灭草隆 ……………………………… 399
灭黑穗药 …………………………… 349
灭菌丹 ……………………………… 401
灭那虫 ……………………………… 402
灭鼠宁 ……………………………… 727
灭蚜硫磷 …………………………… 402
灭蚁灵 ……………………………… 403
钼 …………………………………… 404
钼粉 ………………………………… 404
钼酸钙 ……………………………… 405

N

纳夫妥 AS－BS ……………………… 413
钠 …………………………………… 406
钠硼氢 ……………………………… 426
氖 …………………………………… 408
1－萘胺－6－磺酸 …………………… 409
8. 萘草胺 …………………………… 410
1,5－萘二异氰酸酯 ………………… 411
1－萘酚 ……………………………… 412
α－萘酚 ……………………………… 412
1. 萘酚 AS－BS ……………………… 413
萘磺汞 ……………………………… 414
N－1－萘基酞氨酸 …………………… 410
α－萘甲酸 …………………………… 415
萘满 ………………………………… 791
1－萘酸 ……………………………… 415
萘烷 ………………………………… 707
尼泊金丙酯 ………………………… 110
尼可丁腈 …………………………… 496
尿素单硝酸盐 ……………………… 937
镍 …………………………………… 416
镍矾 ………………………………… 342
柠檬酸三乙酯 ……………………… 417
偶氮苯 ……………………………… 418
哌啶 ………………………………… 419
－1－哌嗪基)－6－氟－4－氧
　－3－喹啉羧酸 ……………………… 159
硼 …………………………………… 421
硼氟化铵 …………………………… 220
硼氢化钾 …………………………… 422
硼氢化锂 …………………………… 423
硼氢化铝 …………………………… 425
硼氢化钠 …………………………… 426
硼酸三烯丙基酯 …………………… 427
铍 …………………………………… 428
铍粉 ………………………………… 428
皮蝇磷 ……………………………… 430
芘 …………………………………… 431
偏二氟乙烷 ………………………… 130

偏钒酸铵 …………………………… 432
偏钒酸钠 …………………………… 203
偏亚砷酸钾 ……………………… 1040
偏亚砷酸锌 ……………………… 1046
扑草净 ……………………………… 433
扑打杀 ……………………………… 436
扑灭津 ……………………………… 434
扑杀磷 ……………………………… 435

Q

2,2,3,3,4,4,4－七氟代－1－丁醇 … 437
七氟丁醇 …………………………… 437
七氟丁酸 …………………………… 438
七氟钽酸钾 ………………………… 439
七水合硫酸亚铁 …………………… 344
铅 …………………………………… 440
铅白 ………………………………… 831
铅丹 ………………………………… 804
嵌二萘 ……………………………… 431
－3－羟基－1－苯丙基－4－
  羟基－2H－1－苯并吡喃
  2－羟基苯甲醛 ………………… 747
4－羟基苯甲酸丙酯 ……………… 110
5－(α－羟基－α－2－吡啶基苄基)
  －7－(α－2－吡啶基亚苄基)
  －5－(8,9,10－三降冰片烯)
  －2,3－二羧酰亚胺 …………… 727
2－羟基丙胺 ……………………… 1166
3－羟基－1,2－丙二硫醇 ……… 163
2－羟基丙腈 ……………………… 441
2－羟基丙酸丁酯 ………………… 518
2－羟基丙酸甲酯 ………………… 520
2－羟基丙酸锑 …………………… 521
2－羟基丙酸乙酯 ………………… 522
2－羟基－1,2,3－丙烷
  三羧酸三乙酯 ………………… 417
1－羟基－2,4－二甲苯 ………… 132
β－(4－羟基－3,5－二叔丁基苯基)
  丙酸十八碳醇酯 ……………… 300
3－羟基己炔 ……………………… 261
羟基甲基－1,3－丙二酯 ………… 56
2－羟基联苯 ……………………… 309
β－羟基萘甲酸 …………………… 443
2－羟基萘甲酸 …………………… 443
1－羟基－2－叔丁基苯 ………… 719
羟基四氯苯 ……………………… 771
3－羟基四氢呋喃 ………………… 444
2－羟基－5－硝基苯胺 ………… 7
3－羟基－N－(3－硝基苯基)
  －2－萘甲酰胺 ………………… 413
2－羟基－正辛氧基二苯甲酮 …… 445
N－羟甲基丙烯酰胺 …………… 446
N－羟甲基－2－丙烯酰胺 ……… 446
羟甲基磺酸钠 …………………… 291
羟锈宁 …………………………… 658
N－羟乙基吗啉 ………………… 447
嗪草酮 …………………………… 448
氢碘酸 …………………………… 449
氢化钡 …………………………… 450
氢化钙 …………………………… 451
氢化锆 …………………………… 453
氢化钾 …………………………… 454
氢化锂 …………………………… 455
氢化铝 …………………………… 456
氢化铝锂 ………………………… 790
氢化钠 …………………………… 458
氢化钛 …………………………… 459
氢硼化钾 ………………………… 422
氢硼化锂 ………………………… 423
氢硼化铝 ………………………… 425
氢氧化钡 ………………………… 460
氢氧化钙 ………………………… 461
氢氧化锂 ………………………… 462
氢氧化锂,一水合物 ……………… 462
氢氧化镍 ………………………… 463
氢氧化铍 ………………………… 465
氢氧化铷 ………………………… 466
氢氧化铯 ………………………… 467
氢氧化铯一水合物 ……………… 467
氢氧化四丁基铵[40%水溶液] ……… 468
氢氧化四甲铵 …………………… 469
氢氧化四乙基铵 ………………… 471
氢氧化铜 ………………………… 472
氰氨化钙 ………………………… 473
氰草津 …………………………… 474
氰化钡 …………………………… 475
氰化碘 …………………………… 477
氰化钙 …………………………… 478

氰化高汞 …… 480
氰化汞 …… 480
氰化汞钾 …… 481
氰化钾汞 …… 481
氰化镍 …… 483
氰化铅 …… 484
氰化三氯甲烷 …… 609
氰化铜 …… 486
氰化铜钠 …… 491
氰化锌 …… 487
氰化溴 …… 993
氰化亚镍 …… 483
氰化亚铜 …… 488
氰化亚铜钾 …… 490
氰化亚铜钾 …… 490
氰化亚铜钠 …… 491
氰化亚铜钠 …… 491
氰化异丁烷 …… 1188
氰化银 …… 493
氰化银钾 …… 494
3－氰基吡啶 …… 496
氰(基)醋酸 …… 501
1－氰基丁烷 …… 877
N－氰基二甲胺 …… 134
氰基胍 …… 497
4－氰基－1－环己烯 …… 253
氰基甲胺 …… 8
氰基甲酸甲酯 …… 498
氰基甲酸乙酯 …… 499
氰(基)乙酸 …… 501
氰基乙酸丁酯 …… 508
氰基乙酸甲酯 …… 502
2－氰基乙酸甲酯 …… 502
氰基乙酸钠 …… 503
氰基乙酸乙酯 …… 510
氰基乙酰胺 …… 505
2－氰基乙酰胺 …… 505
氰甲酸乙酯 …… 499
氰尿酸 …… 578
氰酸钠 …… 506
氰戊菊酯 …… 507
氰氧化汞 …… 1096
2－氰乙基丙烯酸酯 …… 52
氰乙酸丁酯 …… 508
氰乙酸乙酯 …… 510
巯基苯 …… 25
1－巯基丙烷 …… 1202
巯基辛烷 …… 1212
巯基乙烷 …… 1141
巯乙胺 …… 511
驱蚊醇 …… 1136
全氟苯 …… 347
全氟丁酸 …… 438
全氯代苯 …… 349
全氯萘 …… 14
全氯五环癸烷 …… 403

R

壤虫磷 …… 99
人造芥子油 …… 1181
壬胺 …… 512
壬二酸二辛酯 …… 513
壬二酸二－2－乙基己酯 …… 513
壬二酸二乙酯 …… 515
壬基三氯硅烷 …… 516
5－壬酮 …… 124
熔融树脂酸钙 …… 730
肉豆蔻酰氯 …… 712
铷 …… 517
乳腈 …… 442
乳酸丁酯 …… 518
乳酸甲酯 …… 519
乳酸锑 …… 521
乳酸乙酯 …… 522
乳香净油 …… 523
乳香油 …… 523

S

噻菌灵 …… 525
噻唑 …… 526
2－(4－噻唑基)苯并咪唑 …… 525
赛果 …… 527
赛硫磷 …… 527
三苯(基)膦 …… 528
三苯基氢氧化锡 …… 529
三苯羟基锡 …… 530
三丙胺 …… 655
三丙二醇 …… 531

三丙二醇单甲醚 …………………………… 532
三丙基铝 ………………………………… 533
三丙酸甘油酯 …………………………… 535
三醋精 …………………………………… 651
2,4,6－三(1－氮丙啶基)
　－1,3,5－三嗪 ……………………… 633
三氮化银 ………………………………… 536
三碘苯酚 ………………………………… 537
2,4,6－三碘苯酚 ……………………… 537
三碘化砷 ………………………………… 538
三碘化锑 ………………………………… 539
三碘甲烷 ………………………………… 540
三丁胺 …………………………………… 656
N,N,N－三丁基
　－1－丁铵氢氧化物 ………………… 468
三丁基氟化锡 …………………………… 542
三丁基磷烷 ……………………………… 543
三丁基膦 ………………………………… 543
三丁酸甘油酯 …………………………… 545
2,2,2－三氟－N－苯基乙酰胺 ……… 562
三氟丙酮 ………………………………… 546
1,1,1－三氟－2－丙酮 ……………… 546
三氟醋酸 ………………………………… 558
三氟醋酸酐 ……………………………… 560
三氟醋酸乙酯 …………………………… 561
三氟化氮 ………………………………… 547
三氟化磷 ………………………………… 548
三氟化硼四氢呋喃 ……………………… 550
三氟化硼四氢呋喃络和物 ……………… 550
三氟化硼乙胺 …………………………… 550
三氟化硼乙胺络合物 …………………… 551
三氟化砷 ………………………………… 552
三氟化锑 ………………………………… 553
三氟化溴 ………………………………… 554
三氟甲基氯苯 …………………………… 556
三氟－3－氯甲苯 ……………………… 556
三氟溴乙烯 ……………………………… 557
三氟乙酸 ………………………………… 558
三氟乙酸酐 ……………………………… 560
三氟乙酸乙酯 …………………………… 561
三氟乙酰苯胺 …………………………… 562
三甘醇单丁醚 …………………………… 644
三甘醇单甲醚 …………………………… 645
三甘醇单乙醚 …………………………… 647
三(环已基)－1,2,4－三唑－1－锡 … 662
三环唑 …………………………………… 563
三甲胺[无水] ………………………… 565
三甲醇丙烷 ……………………………… 615
2,4,6－三甲基吡啶 …………………… 566
三(2－甲基氮丙啶)氧化磷 …………… 57
三(2－甲基氮杂环丙烷)氧化磷 ……… 57
1,7,7－三甲基二环[2.2.1]
　－2－庚酮 …………………………… 1200
3,5,5－三甲基己醇 …………………… 567
N,N,N－三甲基甲铵氢
　氧化物五水合物 ……………………… 469
三甲基甲醇 ……………………………… 718
三甲基氯硅烷 …………………………… 568
三甲基氯甲基硅烷 ……………………… 377
2,6,8－三甲基－4－壬酮 …………… 570
三甲基三氯化二铝 ……………………… 597
2,2,4－三甲基－1,3－戊二醇 ……… 571
三甲基戊二醇 …………………………… 571
三甲基乙酰氯 …………………………… 572
三甲氧基丁烷 …………………………… 574
三甲氧基环硼氧烷 ……………………… 576
三甲氧基甲烷 …………………………… 575
三甲氧基硼氧烷 ………………………… 576
三聚醋醛 ………………………………… 580
三聚氰酸 ………………………………… 577
三聚氰酸三烯丙酯 ……………………… 579
三聚乙醛 ………………………………… 580
三硫化二锑 ……………………………… 582
三硫化锑 ………………………………… 581
1,2,4－三氯苯 ………………………… 583
1,3,5－三氯苯 ………………………… 584
三氯苯 …………………………………… 583
2,4,5－三氯苯酚 ……………………… 586
2,4,6－三氯苯酚 ……………………… 587
((3,5,6－三氯－2－吡啶)
　氧基)乙酸 …………………………… 588
三氯吡氧乙酸 …………………………… 588
三氯醋酸 ………………………………… 611
三氯醋酸甲酯 …………………………… 612
1,1,1－三氯－1－(3,4－二氯苯基)
　乙醇乙酸酯 …………………………… 603
2,4,5－三氯酚 ………………………… 586
2,4,6－三氯酚 ………………………… 587

三氯硅烷 …………………………… 589
三氯化碘 …………………………… 591
三氯化钒 …………………………… 592
三氯化铑 …………………………… 371
三氯化钌 …………………………… 593
三氯化钕 …………………………… 594
三氯化硼 …………………………… 595
三氯化三甲基二铝 ………………… 597
三氯化三甲基(二)铝 ……………… 597
三氯化砷 …………………………… 598
三氯化锑 …………………………… 599
三氯甲基氰 ………………………… 609
N－(三氯甲硫基)苯邻二甲酰亚胺…… 401
N－(三氯甲硫基)－4－环已烯
－1,2－二甲酰亚胺 ………………… 302
三氯壬基硅烷 ……………………… 516
1,3,5－三氯－2,4,6－三氟化苯……… 601
1,3,5－三氯三氟化苯 ……………… 601
1,1,2－三氯－1,2,2－三氟乙烷……… 602
1,1,2－三氯三氟乙烷 ……………… 602
三氯杀虫酯 ………………………… 603
三氯杀螨醇 ………………………… 604
三氯十八烷基硅烷 ………………… 690
三氯十二烷基硅烷 ………………… 700
三氯(十六烷)基硅烷 ……………… 703
2,2,2－三氯－1,1－双
(4－氯苯基)乙醇 ………………… 604
三氯烯丹 ………………………… 1098
三氯硝基甲烷 ……………………… 606
三氯辛基硅烷 ……………………… 968
三氯氧钒 …………………………… 607
三氯氧化钒 ………………………… 607
三氯氧化磷 ……………………… 1093
三氯氧磷 ………………………… 1093
三氯一氧化钒 ……………………… 607
三氯乙基硅烷 …………………… 1143
三氯乙腈 …………………………… 608
三氯乙醛[无水的,抑制了的] ………… 610
三氯乙酸 …………………………… 611
三氯乙酸甲酯 ……………………… 612
三氯乙烯硅烷 …………………… 1160
三氯乙酰氯 ………………………… 614
1,2,6－三羟基己烷 ………………… 263
2,4,6－三羟基－1,3,5－三嗪………… 578
1,1,1－三羟甲基丙烷 ……………… 615
三氢化铝 …………………………… 456
三水合硝酸铜 ……………………… 950
三碳化四铝 ………………………… 818
三烯丙基硼酸酯 …………………… 427
2,4,6－三(烯丙氧基)均三嗪 ………… 579
三硝基安息香酸 …………………… 616
2,4,6－三硝基苯甲酸
[干的或含水＜30%] ……………… 616
2,4,6－三硝基苯甲酸
[含水≥30%] ……………………… 617
三硝基苯甲酸[含水≥30%] ………… 617
2,4,6－三硝基间甲酚 ……………… 618
2,4,7－三硝基－9－芴酮 …………… 619
2,4,7－三硝基芴酮 ………………… 619
2,4,6－三溴苯酚 …………………… 621
三溴醋酸 …………………………… 631
2,4,6－三溴酚 ……………………… 621
三溴化磷 …………………………… 622
三溴化铝 …………………………… 991
三溴化硼 …………………………… 623
三溴化三甲基(二)铝 ……………… 624
三溴化三甲基二铝 ………………… 624
三溴化三甲基铝 …………………… 624
三溴化砷 …………………………… 625
三溴化锑 …………………………… 627
三溴甲烷 …………………………… 628
三溴氧(化)磷 ……………………… 990
三溴乙醛 …………………………… 629
三溴乙酸 …………………………… 630
三溴乙烯 …………………………… 632
1,1,2－三溴乙烯 …………………… 632
三亚乙基蜜胺 ……………………… 633
2,4,6－三亚乙基亚氨基均三嗪 ……… 633
三氧化二氮 ………………………… 634
三氧化二钒 ………………………… 635
三氧化二钴 ………………………… 637
三氧化二磷 ………………………… 638
三氧化二铊 ……………………… 1087
三氧化二铟 ……………………… 1091
三氧化钒 …………………………… 636
三氧化铬[无水] …………………… 639
三氧化磷 …………………………… 638
三氧化钨 …………………………… 640

三氧化硒 …… 642
三乙胺 …… 643
三乙二醇丁基醚 …… 644
三乙二醇甲醚 …… 645
三乙二醇乙醚 …… 646
三乙基磷酸酯 …… 326
三乙基硼 …… 648
三乙基硼烷 …… 648
三乙基锑 …… 649
N,*N*,*N* – 三乙基乙铵氢氧化物 …… 471
三乙四胺六乙酸 …… 650
三乙酸 1,2,3 – 丙三醇酯 …… 651
三乙酸甘油酯 …… 651
三乙锑 …… 649
1,3,3 – 三乙氧基丙烷 …… 652
1,1,3 – 三乙氧基丙烷 …… 653
三乙氧基甲烷 …… 1197
三异丙醇胺 …… 654
三正丙胺 …… 655
三正丙基铝 …… 533
三(正)丁胺 …… 656
三正丁基膦 …… 543
三唑醇 …… 658
三唑环锡 …… 662
三唑磷 …… 659
三唑磷胺 …… 844
三唑酮 …… 660
三唑锡 …… 662
色酚 AS – BS …… 413
铯 …… 663
杀虫脒[含量 >50%] …… 664
杀虫畏 …… 665
杀螨醇 …… 667
杀螨醚 …… 668
杀螨脒 …… 664
杀螨特 …… 669
杀螟丹 …… 670
杀螟腈 …… 671
杀螟硫磷 …… 673
杀螟松 …… 673
杀鼠醚 …… 674
杀线威 …… 675
砷化氢 …… 677
砷酸 …… 678
砷酸铵 …… 685
砷酸二铵 …… 685
砷酸二钠 …… 686
砷酸钙 …… 680
砷(酸)酐 …… 871
砷酸汞 …… 681
砷酸镁 …… 682
砷酸铅 …… 684
砷酸氢二铵 …… 685
砷酸氢二钠 …… 686
砷酸氢汞 …… 681
砷酸三钙 …… 680
砷酸铁 …… 688
砷酸锌 …… 689
砷烷 …… 677
胂 …… 677
生石灰 …… 1082
1 – 十八(碳)烯 …… 693
9 – 十八碳烯酸酯 …… 135
十八烷基三氯硅烷 …… 690
十八烷腈 …… 691
十八烯 …… 692
十二醇 …… 694
十二硫醇 …… 698
十二氯五环癸烷 …… 403
十二碳烯 …… 695
十二烷 …… 696
1,12 – 十二烷二醇 …… 697
十二烷二元醇 …… 697
十二烷基硫醇 …… 698
十二烷基三氯硅烷 …… 700
1 – 十二烯 …… 695
十氟化二硫 …… 852
十九烷 …… 701
十六烷 …… 702
十六烷基三氯硅烷 …… 703
十六烯 …… 704
1 – 十六烯 …… 704
十硼氢 …… 706
十硼烷 …… 706
十氢化萘 …… 707
十氢萘 …… 707
十三吗啉 …… 708
十三烷 …… 710

4－十三烷基－2,6－二甲基吗啉 …… 709
十水硒酸钠 …… 901
十四烷 …… 711
十四烷酰氯 …… 712
十四酰氯 …… 712
十一胺 …… 713
十一酸 …… 714
十一碳烷 …… 715
十一烷 …… 715
十一烷酸 …… 714
石灰氮 …… 473
石灰松香 …… 730
石油裂解气 …… 717
叔丁醇 …… 718
2－叔丁基苯酚 …… 719
2－(4－叔丁基苯氧基)异丙基－2－氯乙基亚硫酸酯 …… 669
叔丁基碘 …… 721
2－叔丁基－4,6－二硝酚 …… 835
叔丁基过苯二甲酸 …… 722
叔丁基环己烷 …… 723
叔丁基硫醇 …… 724
叔丁硫醇 …… 724
叔戊醇 …… 726
熟石灰 …… 461
鼠克星 …… 727
鼠特灵 …… 727
鼠完 …… 728
树脂酸钙 …… 730
树脂酸钴 …… 731
树脂酸亚钴 …… 731
双(2－丁氧基乙基)醚 …… 732
双(对氯苯氧基)甲烷 …… 150
双(二丁氨基二硫代甲酸)镍 …… 204
1,2－双(二甲基氨基)乙烷 …… 765
4,4′－双(*O*,*O*－二甲基硫代磷酰氧基)苯硫醚 …… 736
双酚 A …… 741
双胍辛胺 …… 733
双－2,5－己烷 …… 139
双甲基丙烯酸乙二醇酯 …… 734
1,4－双甲基磺氧基丁烷 …… 735
O,*O*－双(1－甲基乙基)－*S*－(苯基甲基)硫代磷酸酯 …… 1167
双2,5硫化剂 …… 139
双硫磷 …… 736
双硫腙 …… 738
1,1－双(4－氯苯基)乙醇 …… 667
双(2－氯乙基)胺盐酸盐 …… 739
双(2－氯乙基)甲胺 …… 740
2,2－双(4′－羟基苯基)丙烷 …… 741
双氰胺 …… 497
双氰胺钠 …… 160
双(2－氰乙基)胺 …… 742
双(β－氰乙基)胺 …… 742
双(三(2－甲基－2－苯基丙基)锡)氧化物 …… 24
双戊烯 …… 743
双酰草胺 …… 745
2,2－双(4－溴苯基)－2－羟基乙酸异丙酯 …… 999
双乙酸四羟三铅 …… 67
水合 *a*－氨基乙酰基－*L*－精氨酸 …… 746
水杨醛 …… 747
水杨酸甲酯 …… 748
水杨酸钠 …… 749
水杨酸异戊酯 …… 750
顺丁烯二酸二丙酯 …… 397
顺丁烯二酸二丁基锡 …… 751
顺丁烯二酸二丁酯 …… 392
顺丁烯二酸二己酯 …… 393
顺丁烯二酸二甲酯 …… 394
顺丁烯二酸二烯丙酯 …… 395
顺丁烯二酸二乙酯 …… 396
顺－2－庚烯 …… 238
锶 …… 752
四苯基锡 …… 753
四苯锡 …… 754
四碘化锡 …… 755
四丁基锡 …… 756
四丁锡 …… 756
四氟丙醇 …… 757
2,2,3,3－四氟－1－丙醇 …… 757
四氟硅烷 …… 758
四氟化硅 …… 758
四氟化碳 …… 760
四氟甲烷 …… 760
四氟硼酸铵 …… 220

四甲基硅 …… 761
四甲基硅烷 …… 761
(1,1,4,4-四甲基四亚甲基)
二(叔丁基)过氧化物 …… 139
2,4,6,8-四甲基-1,3,5,7
-四氧杂环辛烷 …… 766
四甲基锡 …… 762
四甲基-1,2-亚乙基二胺 …… 765
四甲基一硫化秋兰姆 …… 764
N,*N*,*N′*,*N′*-四甲基乙二胺 …… 765
四甲基乙二胺 …… 765
四甲氧基硅烷 …… 1209
四聚乙醛 …… 766
四磷酸六乙酯 …… 767
1,2,3,4-四氯苯 …… 769
1,2,4,5-四氯苯 …… 770
2,4,5,6-四氯-1,3-苯二甲腈 …… 16
2,3,5,6-四氯苯酚 …… 773
2,3,4,5-四氯苯酚 …… 771
2,3,4,6-四氯苯酚 …… 772
四氯苯酞 …… 775
1,1,3,3-四氯丙酮 …… 776
1,1,3,3-四氯-2-丙酮 …… 776
1,1,2,3-四氯丙烯 …… 777
四氯丙烯 …… 777
四氯-1,2-二氟乙烷 …… 778
四氯二氟乙烷 …… 778
2,3,4,6-四氯酚 …… 772
2,3,5,6-四氯酚 …… 774
四氯化碲 …… 779
四氯化锆 …… 780
四氯化硫 …… 782
四氯化硒 …… 783
四氯化锡[无水] …… 784
四氯化锗 …… 785
四氯间苯二腈 …… 16
2,3,5,6-四氯硝基苯 …… 786
1,2,4,5-四氯-3-硝基苯 …… 786
四氯硝基苯 …… 786
四氢吡喃 …… 787
四氢-2-呋喃甲醇 …… 789
四氢化铝锂 …… 790
四氢糠醇 …… 789
四氢硫杂茂 …… 792
四氢萘 …… 791
1,2,3,4-四氢萘 …… 791
3-(1,2,3,4-四氢-1-萘基)
-4-羟基香豆素 …… 674
四氢硼酸锂 …… 423
四氢硼酸钠 …… 426
四氢噻吩 …… 792
四氰合汞酸钾 …… 481
四氰基乙烯 …… 794
四氰乙烯 …… 794
四水合硝酸镉 …… 923
3,6,9,12-四羧甲基-3,6,9,12
-四氮杂十四烷二羧酸 …… 650
四羰基钴 …… 15
四羰基镍 …… 834
四硝基甲烷 …… 795
1,3,6,8-四硝基萘 …… 796
四溴化碳 …… 799
四溴化锡 …… 797
四溴甲烷 …… 799
四氧化锇 …… 800
四氧化二氮 …… 801
四氧化三锰 …… 802
四氧化(三)铅 …… 803
四乙二醇二丁醚 …… 805
四乙基二硫代双甲硫羰酰胺 …… 806
四乙基焦磷酸酯 …… 837
四乙基氢氧化铵 …… 471
O,*O*,*O′*,*O′*-四乙基-*S*,*S′*-
亚甲基双(二硫代磷酸酯) …… 1145
四乙氧基钛 …… 813
四异丙醇钛 …… 814
松节油 …… 807
速灭磷 …… 808
速灭松 …… 673
速灭威 …… 810
酸式磷酸戊酯 …… 227
酸式亚硫酸钙 …… 1038
羧酸二丙酯 …… 821

T

铊 …… 811
钛酸(四)乙酯 …… 813
钛酸(四)异丙酯 …… 814

钛酸(四)正丙酯 …… 815
钛酸正丙酯 …… 815
酞胺硫磷 …… 1028
酞酸苄基丁酯 …… 816
碳化铝 …… 818
碳氯灵 …… 819
碳酸钡 …… 820
碳酸丙酯 …… 821
碳酸二丙酯 …… 821
碳酸二甲酯 …… 823
碳酸(二)乙酯 …… 824
碳酸二异丙酯 …… 825
碳酸二异丁酯 …… 826
碳酸二正丁酯 …… 827
碳酸锂 …… 828
碳酸镍 …… 829
碳酸铍 …… 830
碳酸铅 …… 831
碳酸铊 …… 832
碳酸亚铊 …… 833
碳酸乙酯 …… 824
羰基钴 …… 15
羰基镍 …… 834
羰基铁 …… 867
特乐酚 …… 835
特普 …… 837
锑粉 …… 838
锑化氢 …… 839
锑化三氢 …… 839
锑酸酐 …… 872
涕滴伊 …… 73
涕灭威 …… 841
1,8－萜二烯 …… 743
铁灭克 …… 841
铁氰化钾 …… 842
铜绿 …… 299
－2－酮 …… 983

W

王铜 …… 843
威菌磷 …… 844
萎锈灵 …… 845
蜗牛敌 …… 766
肟硫磷 …… 970
钨 …… 846
无水醋酸镁 …… 69
无水氯化锂 …… 372
无水氯醛 …… 610
无水三甲胺 …… 565
五氟丙醇 …… 847
2,2,3,3,3－五氟－1－丙醇 …… 848
五氟化铋 …… 849
五氟化碘 …… 850
五氟化磷 …… 851
五氟化硫 …… 852
五氟化氯 …… 853
五氟化溴 …… 855
五氟氯乙烷 …… 1110
五甲苯 …… 856
1,2,3,4,5－五甲基苯 …… 856
五硫化二锑 …… 857
五硫化锑 …… 857
五氯吡啶 …… 858
2,3,4,5,6－五氯吡啶 …… 858
1,1,2,2,3－五氯丙烷 …… 859
五氯丙烷 …… 859
五氯化磷 …… 860
五氯化钼 …… 862
五氯化锑 …… 863
五氯乙烷 …… 864
1,1,1,2,2－五氯乙烷 …… 864
五硼烷 …… 866
五水合硝酸铋 …… 918
五羰基铁 …… 867
五羰铁 …… 867
五溴苯酚 …… 869
五溴酚 …… 869
五溴化磷 …… 870
五氧化二砷 …… 871
五氧化二钽 …… 1089
五氧化二锑 …… 872
五氧化砷 …… 871
5,8,11,14,17－五氧杂二十一烷 …… 805
1,5－戊二醇 …… 874
戊二腈 …… 875
戊二酸二乙酯 …… 876
戊基磷酸酯 …… 227
戊基溴 …… 1013

戊腈 …………………………………… 877
γ－戊内酯 ………………………………… 878
1,4－戊内酯 ……………………………… 878
戊硼烷 …………………………………… 866
戊醛 ……………………………………… 880
戊酸丁酯 ………………………………… 881
戊酸戊酯 ………………………………… 882
戊酸乙酯 ………………………………… 883
戊酸正丁酯 ……………………………… 881
4－戊烯醛 ………………………………… 885
戊酰氯 …………………………………… 886

X

西拉硫磷 ………………………………… 63
西玛津 …………………………………… 887
西玛通 …………………………………… 888
硒粉 ……………………………………… 895
硒化镉 …………………………………… 896
硒化锌 …………………………………… 897
硒酸 ……………………………………… 898
硒酸酐 …………………………………… 642
硒酸钾 …………………………………… 900
硒酸钠(十水物) ………………………… 901
烯丙胺 …………………………………… 889
烯丙基芥子油 …………………………… 1181
烯丙基三氯硅烷[稳定了的] …………… 891
烯丙基溴 ………………………………… 892
烯丙基异硫氰酸酯 ……………………… 1181
烯丙酰草胺 ……………………………… 893
纤维素甲醚 ……………………………… 290
氙 ………………………………………… 902
消螨通 …………………………………… 903
消石灰 …………………………………… 461
硝化丙三醇[含不挥发、不溶于水的钝感剂≥40%] ……………………… 904
硝化甘油 ………………………………… 904
硝化乙二醇 ……………………………… 1122
4－硝基－2－氨基苯酚 ………………… 7
3－硝基苯甲酸 …………………………… 906
3－硝基苯甲酰氯 ………………………… 907
硝基胍[含水≥20%] …………………… 908
4－硝基联苯 ……………………………… 909
4－硝基邻二甲苯 ………………………… 141
4－硝基－2－氯甲苯 …………………… 386
6－硝基－2－氯甲苯 …………………… 910
4－硝基－1－萘胺 ……………………… 912
4－硝基萘胺 ……………………………… 912
硝基三氯甲烷 …………………………… 606
硝基亚胺脲 ……………………………… 908
硝基乙烷 ………………………………… 913
硝酸铵铈 ………………………………… 945
硝酸钯 …………………………………… 914
硝酸钡 …………………………………… 915
硝酸苯汞 ………………………………… 917
硝酸铋 …………………………………… 918
硝酸丙酯 ………………………………… 919
硝酸丁酯 ………………………………… 963
硝酸钙 …………………………………… 921
硝酸锆 …………………………………… 922
硝酸镉 …………………………………… 923
硝酸铬 …………………………………… 925
硝酸钴 …………………………………… 926
硝酸胍 …………………………………… 927
硝酸γ－甲基丁酯 ……………………… 959
硝酸3－甲基－1－丁酯 ………………… 959
硝酸1－甲基乙丙酯 …………………… 958
硝酸甲酯 ………………………………… 928
硝酸镧 …………………………………… 930
硝酸铑 …………………………………… 931
硝酸锂 …………………………………… 932
硝酸铝 …………………………………… 933
硝酸镁 …………………………………… 934
硝酸锰 …………………………………… 936
硝酸锰六水合物 ………………………… 936
硝酸脲 …………………………………… 937
硝酸钕 …………………………………… 938
硝酸钕六水合物 ………………………… 938
硝酸铍 …………………………………… 939
硝酸铅 …………………………………… 941
硝酸铯 …………………………………… 942
硝酸铈 …………………………………… 943
硝酸铈铵 ………………………………… 945
硝酸铈六水合物 ………………………… 943
硝酸双氧铀 ……………………………… 961
硝酸锶 …………………………………… 946
硝酸铊 …………………………………… 947
硝酸铁 …………………………………… 948
硝酸铜 …………………………………… 950

硝酸戊酯 …… 951
硝酸锌 …… 952
硝酸亚氨脲 …… 927
硝酸亚钯 …… 914
硝酸亚汞 …… 954
硝酸亚汞二水合物 …… 954
硝酸亚钴 …… 926
硝酸亚锰 …… 936
硝酸亚铊 …… 947
硝酸乙酯 …… 955
硝酸钇 …… 956
硝酸钇六水合物 …… 956
硝酸异丙酯 …… 958
硝酸异戊酯 …… 959
硝酸铟 …… 960
硝酸铟水合物 …… 960
硝酸铀酰 …… 961
硝酸正丙酯 …… 919
硝酸正丁酯 …… 963
硝酸正戊酯 …… 951
笑气 …… 1113
泻盐 …… 340
辛胺 …… 964
辛二烯 …… 966
1,7－辛二烯 …… 966
辛基氰 …… 222
1－辛基磺酸钠 …… 967
辛基三氯硅烷 …… 968
1－辛硫醇 …… 1212
辛硫磷 …… 970
1－辛醛 …… 971
辛醛 …… 971
辛酸甲酯 …… 972
辛酸亚锡 …… 974
辛酸乙酯 …… 975
1－辛烷磺酸钠 …… 967
辛酰氯 …… 976
锌粉 …… 977
锌粉尘 …… 977
锌灰 …… 977
新戊酰氯 …… 572
2－新戊酰－1,3－茚满二酮 …… 728
秀谷隆 …… 987
溴 …… 979
溴苯 …… 980
3－(4－溴苯基)－1－
甲氧基甲基脲 …… 987
4－溴苯甲酰甲基溴 …… 113
溴丙酮 …… 982
1－溴－2－丙酮 …… 982
2－溴丙烷 …… 1027
3－溴－1－丙烯 …… 892
溴醋酸 …… 1014
溴醋酸甲酯 …… 1015
溴醋酸叔丁酯 …… 1017
溴醋酸乙酯 …… 1018
溴醋酸异丙酯 …… 1019
溴醋酸异丁酯 …… 1020
溴醋酸正丙酯 …… 1022
溴代苯 …… 980
溴代乙酸 …… 1014
溴代乙烷 …… 1023
溴代异丙烷 …… 1027
溴代正丁烷 …… 986
1－溴代正己烷 …… 998
1－溴代正戊烷 …… 1013
溴敌隆 …… 983
溴丁酮 …… 984
1－溴－2－丁酮 …… 984
1－溴丁烷 …… 986
溴丁烷 …… 985
溴仿 …… 628
溴谷隆 …… 987
溴化苄 …… 988
溴化碘 …… 989
溴化磷酰 …… 990
溴化铝[无水] …… 991
溴化硼 …… 623
溴化氰 …… 993
溴化铊 …… 994
溴化锑 …… 627
溴化锡 …… 797
溴化亚汞 …… 995
溴化亚砷 …… 626
溴化亚铊 …… 994
溴化乙酰溴 …… 1026
4－溴基溴化苯乙酮 …… 113
2－溴己酸 …… 997

1 - 溴己烷 …………………………… 998
溴己烷 …………………………… 998
α - 溴甲苯 …………………………… 988
3 - (3,4′ - 溴(1,1′ - 联苯) - 4 - 基)
3 - [3 - (4′ - 溴联苯 - 4 - 基) - 1,2,
3,4 - 四氢 - 1 - 萘基] - 4 -
羟基香豆素 …………………………… 1000
溴联苯杀鼠迷 …………………………… 1000
溴氯二氟甲烷 …………………………… 1103
溴螨酯 …………………………… 999
溴醛 …………………………… 629
溴三氟乙烯 …………………………… 557
溴鼠灵 …………………………… 1000
溴素 …………………………… 979
溴酸钡 …………………………… 1002
溴酸镉 …………………………… 1003
溴酸钾 …………………………… 1004
溴酸镁 …………………………… 1005
溴酸镁六水合物 …………………………… 1006
溴酸钠 …………………………… 1007
溴酸铅 …………………………… 1008
溴酸锶 …………………………… 1009
溴酸锌 …………………………… 1010
溴酸锌六水合物 …………………………… 1011
溴酸银 …………………………… 1012
1 - 溴戊烷 …………………………… 1013
溴戊烷 …………………………… 1013
溴乙酸 …………………………… 1014
溴乙酸丙酯 …………………………… 1022
溴乙酸甲酯 …………………………… 1015
溴乙酸叔丁酯 …………………………… 1017
溴乙酸乙酯 …………………………… 1018
溴乙酸异丙酯 …………………………… 1019
溴乙酸异丁酯 …………………………… 1020
溴乙酸正丙酯 …………………………… 1022
溴乙烷 …………………………… 1023
溴乙烯 …………………………… 1024
溴乙酰溴 …………………………… 1026
溴异丙烷 …………………………… 1027
α - 溴 - 正己酸 …………………………… 997

Y

3,3′ - 亚氨基二丙腈 …………………………… 742
β,β′ - 亚氨基二丙腈 …………………………… 742
亚胺磷 …………………………… 1028
亚胺硫磷 …………………………… 1028
4,4′ - (1,2 - 亚苯基)双(3 -
硫代脲基甲酸乙酯) …………………………… 331
亚碲酸钠 …………………………… 1030
亚甲基丁二酸 …………………………… 1031
3,3′ - 亚甲基二(2 - 萘磺酸)苯汞 …… 414
3 - 亚甲基庚烷 …………………………… 1140
2,2′ - 亚甲基 - 双(3,4,6
- 三氯苯酚) …………………………… 98
亚磷酸酐 …………………………… 638
亚磷(酸)酐 …………………………… 638
亚磷酸三苯酯 …………………………… 1032
亚磷酸三 - 2 - 丙酯 …………………………… 1035
亚磷酸三丁酯 …………………………… 1033
亚磷酸三邻甲苯酯 …………………………… 1034
亚磷酸三邻甲酚酯 …………………………… 1034
亚磷酸三异丙酯 …………………………… 1035
亚磷酸三正丁酯 …………………………… 1033
亚硫酸 …………………………… 1037
亚硫酸氢钙 …………………………… 1038
亚砒酸钙 …………………………… 1039
亚砷酸钙 …………………………… 1039
亚砷酸钾 …………………………… 1040
亚砷酸铅 …………………………… 1042
亚砷酸氢铜 …………………………… 1044
亚砷酸锶 …………………………… 1043
亚砷酸铜 …………………………… 1044
亚砷酸锌 …………………………… 1046
亚铁氰化钾 …………………………… 1047
亚铁氰化钾三水合物 …………………………… 1047
亚铜氰化钾 …………………………… 490
亚硒酸钡 …………………………… 1048
亚硒酸钠 …………………………… 1049
亚硒酸铜 …………………………… 1050
亚硒酸锌 …………………………… 1051
亚硝酐 …………………………… 634
4 - 亚硝基苯酚 …………………………… 1053
N - 亚硝基 - *N* - 丙基 - 1 - 丙胺 …… 1054
N - 亚硝基二丙胺 …………………………… 1054
4 - 亚硝基 - *N*,*N* - 二甲基苯胺 …………………………… 1055
N - 亚硝基二乙胺 …………………………… 1056
4 - 亚硝基酚 …………………………… 1053
亚硝基甲脲 …………………………… 1058

亚硝基甲替尿烷 …………………………… 1059
亚硝酸铵 ………………………………… 1060
亚硝酸钡 ………………………………… 1061
亚硝酸丙酯 ……………………………… 1062
亚硝酸丁酯 ……………………………… 1076
亚硝酸1,1－二甲基乙酯 ……………… 1069
亚硝酸钙 ………………………………… 1064
亚硝酸2－甲基丙酯 …………………… 1073
亚硝酸1－甲基乙酯 …………………… 1072
亚硝酸甲酯 ……………………………… 1065
亚硝酸钾 ………………………………… 1066
亚硝酸镍 ………………………………… 1068
亚硝酸叔丁酯 …………………………… 1069
亚硝酸乙酯 ……………………………… 1070
亚硝酸异丙酯 …………………………… 1072
亚硝酸异丁酯 …………………………… 1073
亚硝酸异戊酯 …………………………… 1074
亚硝酸正丙酯 …………………………… 1062
亚硝酸正丁酯 …………………………… 1076
亚硝酰氯 ………………………………… 1077
亚乙基二溴 ……………………………… 174
延胡索酸二乙酯 ………………………… 226
盐酸－4－氨基－*N*,*N*－二乙苯胺 …… 186
盐酸双(2－氯乙基)胺 ………………… 739
燕麦敌 …………………………………… 1078
燕麦灵 …………………………………… 1080
羊脂醛 …………………………………… 971
阳离子蓝X－GRRL …………………… 1097
阳离子蓝X－GRL ……………………… 1097
氧化苯乙烯 ……………………………… 1081
氧化氮 …………………………………… 1111
氧化碲 …………………………………… 175
氧化钙 …………………………………… 1082
氧化高钴 ………………………………… 637
氧化镉 …………………………………… 1083
氧化乐果 ………………………………… 1092
氧化钌 …………………………………… 177
氧化锰 …………………………………… 802
氧化钠 …………………………………… 1085
氧化铍 …………………………………… 1086
氧化铅 …………………………………… 1115
氧化铊 …………………………………… 1087
氧化钽 …………………………………… 1088
氧化锑(V) ……………………………… 872
氧化钍 …………………………………… 178
氧化钨 …………………………………… 641
氧化辛烯 ………………………………… 257
氧化亚氮 ………………………………… 1113
氧化亚汞 ………………………………… 1089
氧化铟 …………………………………… 1091
氧己环 …………………………………… 787
氧乐果 …………………………………… 1092
氧氯化氮 ………………………………… 1077
氧氯化磷 ………………………………… 1093
氧氯化铜 ………………………………… 843
氧氯化硒 ………………………………… 1095
氧氰化汞 ………………………………… 1096
氧溴化磷 ………………………………… 990
野麦畏 …………………………………… 1098
液氮 ……………………………………… 1100
一氮化锂 ………………………………… 1101
一氟二氯甲烷 …………………………… 1102
一硫化四甲基秋兰姆 …………………… 764
一氯二氟溴甲烷 ………………………… 1103
一氯二氟乙烷 …………………………… 1105
一氯化铊 ………………………………… 374
一氯三氟乙烷 …………………………… 1106
一氯杀螨砜 ……………………………… 1107
一氯五氟化苯 …………………………… 1109
一氯五氟乙烷 …………………………… 1110
一水合硫酸锰 …………………………… 341
一水合溴酸镉 …………………………… 1003
一缩二丙二醇一甲醚 …………………… 122
一缩二乙二醇单丁醚 …………………… 179
一溴化碘 ………………………………… 989
一溴化汞 ………………………………… 995
一溴化铊 ………………………………… 994
一溴一氯二氟甲烷 ……………………… 1103
一氧化氮 ………………………………… 1111
一氧化二氮[压缩的] …………………… 1112
一氧化二氯 ……………………………… 1114
一氧化钠 ………………………………… 1085
一氧化铍 ………………………………… 1086
一氧化铅 ………………………………… 1115
一乙酸甘油酯 …………………………… 1116
一乙酸间苯二酚酯 ……………………… 1117
衣康酸 …………………………………… 1031
乙丙醚 …………………………………… 1128

乙二醇苯基醚 …… 40
乙二醇单丙基醚 …… 1118
乙二醇单丙烯酸酯 …… 50
乙二醇单醋酸酯 …… 1120
乙二醇单甲基丙烯酸酯 …… 268
乙二醇单2－乙基丁醚 …… 1130
乙二醇二醋酸酯 …… 1123
乙二醇二丁醚 …… 125
乙二醇二甲醚 …… 1121
乙二醇二硝酸酯 …… 1122
乙二醇二乙酸酯 …… 1123
乙二醇甲基乙烯基醚 …… 294
乙二醇叔丁基乙基醚 …… 97
乙二醇一丁醚醋酸酯 …… 1151
乙二醇乙酸酯 …… 1120
乙二酸钡 …… 60
乙二酸二丁酯 …… 1125
乙二酸二甲酯 …… 1126
乙二酸二乙酯 …… 1127
乙基保棉磷 …… 1195
(*R*)－*N*－乙基－2－(苯氨基羰基氧基)丙酰胺 …… 745
N－(1－乙基丙基)－3,4－二甲基－2,6－二硝基苯胺 …… 142
乙基丙基醚 …… 1128
2－(2－乙基丁氧基)乙醇 …… 1130
乙基对氨基苯基(甲)酮 …… 101
S－乙基二(2－甲丙基)硫代氨基甲酸酯 …… 87
乙基二氯硅烷 …… 1131
乙基二氯胂 …… 1132
乙基谷硫磷 …… 1195
乙基环己烷 …… 1133
乙基环戊烷 …… 1135
2－乙基－1,3－己二醇 …… 1136
2－乙基己基乙烯基醚 …… 1137
2－乙基己酸亚锡 …… 974
2－乙基己酸乙烯酯 …… 1138
2－乙基－1－己烯 …… 1140
O－乙基－*O*－(3－甲基－4－甲硫基)苯基－*N*－异丙氨基磷酸酯 …… 39
乙基芥子油 …… 1182
乙基硫醇 …… 1141
乙基硼 …… 648
2－乙基－2－(羟甲基)－1,3－丙二醇 …… 615
O－乙基－*O*－(4－氰苯基)苯基硫代膦酸酯 …… 33
O－乙基－*O*－2,4,5－三氯苯基乙基硫代磷酸酯 …… 99
乙基三氯硅烷 …… 1143
乙基四磷酸酯 …… 767
乙基溴 …… 1023
5－乙基－2－乙烯吡啶 …… 1144
乙基异丙基甲醇 …… 281
乙肼 …… 1183
乙硫醇 …… 1141
乙硫磷 …… 1145
乙硼烷 …… 1147
乙炔银 …… 1148
乙酸丙酯 …… 1149
乙酸丁基卡必醇酯 …… 180
乙酸－2－(2－丁氧基乙氧基)乙(醇)酯 …… 180
乙酸－2－丁氧基乙酯 …… 1151
乙酸镉 …… 1152
乙酸－2－(2－甲氧基乙氧基)乙(醇)酯 …… 183
乙酸2－甲氧基乙酯 …… 1155
乙酸镁 …… 69
乙酸镍四水合物 …… 70
乙酸羟乙基酯 …… 1120
乙酸戊酯 …… 1153
乙酸锌 …… 71
乙酸乙二醇甲醚 …… 1154
乙酸乙二醇一甲醚酯 …… 1155
乙酸乙二醇一乙醚酯 …… 1156
乙酸乙二醇乙醚 …… 1156
乙酸2－乙氧基乙酯 …… 1156
乙酸异丁酯 …… 1157
乙酸正丙酯 …… 1149
乙酸正戊酯 …… 1153
乙酸仲丁酯 …… 1159
乙烯基2－甲氧基乙基醚 …… 294
乙烯(基)三氯硅烷 …… 1160
乙烯基溴 …… 1024
2－乙烯基－5－乙基吡啶 …… 1144
乙烯－2－乙基己基醚 …… 1137

N - α - 乙酰 - L - 精氨酸 ………………… 746
乙酰氯 ……………………………………… 1162
(+) - N - (3 - 乙氧丙基 4 -
乙氧基 - 1 - 丁醇 …………………… 91
1 - 乙氧基丙烷 ……………………… 1128
2 - (2 - 乙氧基乙氧基)
- 2 - 甲基丙烷 ……………………… 97
2 - (2 - 乙氧基乙氧基)乙醇 ………… 184
异丙胺 ……………………………………… 1164
异丙醇胺 ………………………………… 1166
异丙基溴 ………………………………… 1027
异丙基乙炔 ……………………………… 274
异稻瘟净 ………………………………… 1167
异丁胺 …………………………………… 1168
异丁基庚基甲酮 ……………………… 570
异丁基氰 ………………………………… 1188
异丁腈 …………………………………… 1170
异丁硫醇 ………………………………… 1171
异丁酸 …………………………………… 1173
异丁酸酐 ………………………………… 1174
异丁酸乙酯 ……………………………… 1175
异丁酸异丁酯 …………………………… 1177
异丁酸正丙酯 …………………………… 1178
异硫氰酸苯酯 …………………………… 1179
异硫氰酸基乙烷 ………………………… 1182
异硫氰酸烯丙酯 ………………………… 1180
异硫氰酸乙酯 …………………………… 1182
异氰基乙烷 ……………………………… 1183
异氰酸苯酯 ……………………………… 1184
异壬醇 …………………………………… 567
异戊胺 …………………………………… 1186
异戊基氯 ………………………………… 1187
异戊腈 …………………………………… 1188
异戊硫醇 ………………………………… 1190
异戊酸乙酯 ……………………………… 1191
异辛烯 …………………………………… 1192
抑草生 …………………………………… 410
抑芽丹 …………………………………… 1194
益棉磷 …………………………………… 1195
益赛昂 …………………………………… 1145
铟 ………………………………………… 1196
银氰化钾 ………………………………… 494
硬脂腈 …………………………………… 692
油溶性黄 ………………………………… 105
愈创木酚 ………………………………… 311
原硅酸甲酯 ……………………………… 1209
原甲酸(三)甲酯 ……………………… 575
原甲酸三乙酯 …………………………… 1197
原甲酸乙酯 ……………………………… 1197
原砷酸 …………………………………… 678
原亚砷酸锶 ……………………………… 1043
月桂醇 …………………………………… 694
月桂硫醇 ………………………………… 698

Z

增效醚 …………………………………… 1198
樟脑 ……………………………………… 1200
正丙基环戊烷 …………………………… 1201
正丙硫醇 ………………………………… 1202
正丁苯 …………………………………… 1204
1 - 正丁基氨基甲酰基苯并咪唑
- 2 - 氨基甲酸甲酯 ………………… 34
正丁基苯 ………………………………… 1204
正丁基溴 ………………………………… 986
正丁硫醇 ………………………………… 1205
正丁酸甲酯 ……………………………… 1206
正丁酸异丙酯 …………………………… 1208
正庚硫醇 ………………………………… 234
正庚酸 …………………………………… 236
正硅酸甲酯 ……………………………… 1209
正己醚 …………………………………… 260
正己酸甲酯 ……………………………… 1210
正磷酸铅 ………………………………… 320
正十二烷 ………………………………… 696
正十九烷 ………………………………… 701
正十六烷 ………………………………… 702
正十三烷 ………………………………… 710
正十四烷 ………………………………… 711
正十一胺 ………………………………… 713
正戊醛 …………………………………… 880
正戊酸乙酯 ……………………………… 883
正戊酸正戊酯 …………………………… 882
正戊酰氯 ………………………………… 886
正辛硫醇 ………………………………… 1212
正辛酸甲酯 ……………………………… 973
正辛酸乙酯 ……………………………… 975
正辛酰氯 ………………………………… 976
制冷剂 R - 14 …………………………… 760

制冷剂 R－12B1 …………………………… 1103
制冷剂 R－152a …………………………… 130
制冷气体 R133a …………………………… 1106
制冷气体 R142b …………………………… 1105
制冷气体 R115 …………………………… 1110
制冷气体 R－21 …………………………… 1102
2－仲丁基－4,6－二硝基苯基异丙基碳酸酯 ………………………………………… 903
仲(乙)醛 ……………………………… 580
重氮甲烷 ……………………………… 1213
重铬酸铵 ……………………………… 1214
苎烯 ………………………………………… 743
紫铜矾 ……………………………………… 491
紫铜盐 ……………………………………… 491
紫外线吸收剂 UV－531 ………………… 445

1. 3－氨基丙腈

标　识

中文名称　3－氨基丙腈

英文名称　3－aminopropionitrile；3－aminopropanenitrile；beta－cyanoethylamine

别名　β－氨基丙腈

分子式　$C_3H_6N_2$

CAS 号　151－18－8

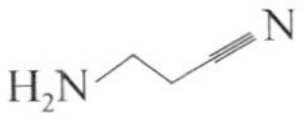

危害信息

燃烧与爆炸危险性　可燃。其蒸气与空气混合能形成爆炸性混合物。燃烧产生有毒的一氧化碳、氮氧化物和氰化氢。

禁忌物　强氧化剂、强酸、强碱。

毒性　小鼠腹腔内 LD_{50}：1150mg/kg。

中毒表现　人吃了含本品的大量甜豆，可发生急性中毒，表现为下肢瘫痪和出现其他的中枢神经系统症状。本品在体内可释放氰基，显示氰化物的特异毒作用。

侵入途径　吸入、食入。

理化特性与用途

理化特性　无色至黄色液体，有氨的气味。溶于水。熔点 $<25℃$，沸点 185℃，相对密度（水＝1）0.9584（20℃），饱和蒸气压 0.27kPa（38～40℃），辛醇/水分配系数 －1.13。

主要用途　作为有机合成和医药中间体，用于合成多种维生素 B 等。

包装与储运

安全储运　储存于阴凉、通风的库房。远离火种、热源。保持容器密封。应与氧化剂、酸碱等隔离储运。搬运时轻装轻卸，防止容器受损。

紧急处置信息

急救措施

吸入：迅速脱离现场至空气新鲜处。保持呼吸道通畅。如呼吸困难，给输氧。如呼吸、心跳停止，立即进行心肺复苏术。就医。

眼睛接触：立即分开眼睑，用流动清水或生理盐水彻底冲洗。就医。

皮肤接触：立即脱去污染的衣着，用肥皂水和清水彻底冲洗。就医。

食入：催吐，给服活性炭悬液。就医。

如出现腈类物质中毒症状，使用亚硝酸钠和硫代硫酸钠解毒剂，也可用硫代硫酸钠加口服对氨基苯丙酮。

灭火方法　消防人员须佩戴防毒面具，穿全身消防服，在上风向灭火。尽可能将容器从火场移至空旷处。喷水保持火场容器冷却，直至灭火结束。处在火场中的容器若已变色或从安全泄压装置中发出声音，必须马上撤离。

灭火剂：雾状水、泡沫、干粉、二氧化碳、砂土。

泄漏应急处置　根据液体流动和蒸气扩散的影响区域划定警戒区，无关人员从侧风、

上风向撤离至安全区。消除所有点火源。建议应急处理人员戴正压自给式呼吸器，穿一般作业工作服，戴橡胶手套。尽可能切断泄漏源。防止泄漏物进入水体、下水道、地下室或受限空间。小量泄漏：用干燥的砂土或其他不燃材料吸收或覆盖，收集于容器中。大量泄漏：构筑围堤或挖坑收容。用泵转移至槽车或专用收集器内。

2. 2－氨基丁醇

标　识

中文名称　2－氨基丁醇

英文名称　(*R*)－2－aminobutan－1－ol；2－aminobutanol

别名　2－氨基－1－丁醇

分子式　$C_4H_{11}NO$

CAS 号　5856－63－3

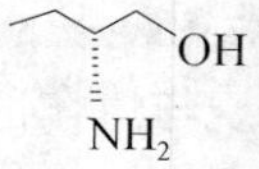

危害信息

燃烧与爆炸危险性　可燃。其蒸气与空气混合能形成爆炸性混合物。燃烧分解时放出有毒的氮氧化物气体 。

禁忌物　氧化剂、酸类、铜、铝。

毒性　大鼠经口 LD_{50}：2300mg/kg。

侵入途径　吸入、食入。

理化特性与用途

理化特性　无色至淡黄色黏性透明液体，有氨的气味。与水混溶，溶于乙醇、乙醚。pH 值 11.4(1% 水溶液)，熔点 －2℃，沸点 172 ~ 174℃，相对密度(水 =1)0.947，闪点 90℃。

主要用途　用于有机合成和制备乳化剂、表面活性剂、硫化促进剂等。

包装与储运

安全储运　储存于阴凉、通风的库房。远离火种、热源。保持容器密封。应与强氧化剂、酸类等隔离储运。搬运时轻装轻卸，防止容器受损。

紧急处置信息

急救措施

吸入：脱离接触。如有不适感，就医。

眼睛接触：分开眼睑，用流动清水或生理盐水冲洗。如有不适感，就医。

皮肤接触：脱去污染的衣着，用肥皂水和清水冲洗。如有不适感，就医。

食入：漱口，饮水。就医。

灭火方法　消防人员须佩戴防毒面具，穿全身消防服，在上风向灭火。尽可能将容器从火场移至空旷处。喷水保持火场容器冷却，直至灭火结束。处在火场中的容器若已变色或从安全泄压装置中发出声音，必须马上撤离。。

灭火剂：水、雾状水、抗溶性泡沫、干粉、二氧化碳、砂土。

泄漏应急处置　根据液体流动和蒸气扩散的影响区域划定警戒区，无关人员从侧风、

上风向撤离至安全区。消除所有点火源。建议应急处理人员戴防毒面具，穿防酸碱服，戴耐酸碱手套。穿上适当的防护服前严禁接触破裂的容器和泄漏物。尽可能切断泄漏源。防止泄漏物进入水体、下水道、地下室或受限空间。小量泄漏：用干燥的砂土或其他不燃材料吸收或覆盖，收集于容器中。大量泄漏：构筑围堤或挖坑收容。用耐腐蚀泵转移至槽车或专用收集器内。

3. 8－氨基喹啉

标　识

中文名称　8－氨基喹啉

英文名称　8－aminoquinoline；8－quinolylamine

别名　8－喹啉(基)胺

分子式　$C_9H_8N_2$

CAS 号　578－66－5

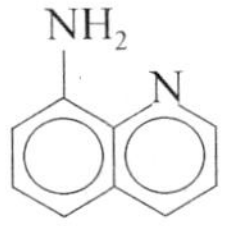

危害信息

燃烧与爆炸危险性　可燃，其粉体与空气混合，能形成爆炸性混合物。受高热分解放出有毒的气体。

禁忌物　强氧化剂、强酸。

侵入途径　吸入、食入。

理化特性与用途

理化特性　黄色至黄绿色针状结晶。不溶于水，溶于乙醇、乙醚、丙酮、苯、氯仿、汽油。熔点 62～70℃，沸点 174℃(3.46kPa)，相对密度(水＝1)1.337，相对蒸气密度(空气＝1)5，饱和蒸气压 0.07Pa(25℃)，辛醇/水分配系数 1.79，闪点 172℃。

主要用途　用于有机合成和制药。

包装与储运

安全储运　储存于阴凉、通风的库房。远离火种、热源。保持容器密封。应与氧化剂、酸类等隔离储运。搬运时轻装轻卸，防止容器受损。

紧急处置信息

急救措施

吸入：脱离接触。如有不适感，就医。

眼睛接触：分开眼睑，用流动清水或生理盐水冲洗。如有不适感，就医。

皮肤接触：脱去污染的衣着，用肥皂水和清水冲洗。如有不适感，就医。

食入：漱口，饮水。就医。

灭火方法　消防人员须佩戴防毒面具，穿全身消防服，在上风向灭火。尽可能将容器从火场移至空旷处。喷水保持火场容器冷却，直至灭火结束。。

灭火剂：雾状水、泡沫、干粉、二氧化碳、砂土。

泄漏应急处置　隔离泄漏污染区，限制出入。消除所有点火源。建议应急处理人员戴防尘口罩，穿防毒服，戴橡胶手套。穿上适当的防护服前严禁接触破裂的容器和泄漏物。

尽可能切断泄漏源。用塑料布覆盖泄漏物，减少飞散。勿使水进入包装容器内。用洁净的铲子收集泄漏物，置于干净、干燥、盖子较松的容器中，将容器移离泄漏区。

4. 2-氨基-4-氯苯酚

标　识

中文名称　2-氨基-4-氯苯酚

英文名称　2-amino-4-chlorophenol; 2-hydroxy-5-chloroaniline

别名　5-氯-2-羟基苯胺；4-氯-2-氨基苯酚；对氯邻氨基苯酚

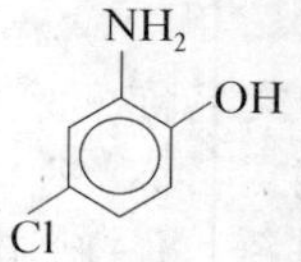

分子式　C_6H_6ClNO

CAS 号　95-85-2

WGH 号　61723

UN 号　2673

危害信息

危险性类别　第6类有毒品。

燃烧与爆炸危险性　可燃。其粉体与空气混合，能形成爆炸性混合物。燃烧产生有毒的一氧化碳、氮氧化物和氯化氢气体。受高热分解放出有毒的气体。

禁忌物　强氧化剂。

毒性　大鼠经口 LD_{50}：690mg/kg；小鼠经口 LD_{50}：1030mg/kg。

中毒表现　对眼睛、皮肤、黏膜和上呼吸道有刺激作用。进入体内，能形成高铁血红蛋白，引起紫绀。

侵入途径　吸入、食入、经皮吸收。

环境危害　可能在环境中造成长期不利影响。

理化特性与用途

理化特性　浅棕色结晶粉末，有特殊气味。易溶于热水，溶于乙醇、乙醚、稀酸、稀碱。pH 值 6.5(1g/L 水溶液)，熔点 140~141℃，相对蒸气密度(空气=1)5.0，饱和蒸气压 0.2Pa(25℃)，辛醇/水分配系数 1.24，闪点 170℃，引燃温度 500℃。

主要用途　用作媒染剂和酸性染料的中间体，也可用于制备原料药氯唑沙宗。

包装与储运

包装标志　有毒品

包装类别　Ⅱ类

安全储运　储存于阴凉、通风的库房。远离火种、热源。防止阳光直射。储存温度不超过35℃，相对湿度不超过85%。保持容器密封。应与氧化剂分开存放，切忌混储。配备相应品种和数量的消防器材。储区应备有合适的材料收容泄漏物。

紧急处置信息

急救措施

吸入：立即脱离接触。如呼吸困难，给吸氧。如呼吸心跳停止，立即进行心肺复苏术。就医。

眼睛接触： 分开眼睑，用清水或生理盐水冲洗皮肤。如有不适感，就医。

皮肤接触： 立即脱去污染衣着，用肥皂水或清水彻底冲洗。就医。

食入： 催吐。就医。

高铁血红蛋白血症可用美蓝和维生素 C 治疗。

灭火方法 消防人员须佩戴防毒面具，穿全身消防服，在上风向灭火。尽可能将容器从火场移至空旷处。喷水保持火场容器冷却，直至灭火结束。

灭火剂：雾状水、泡沫、干粉、二氧化碳、砂土。

泄漏应急处置 隔离泄漏污染区，限制出入。建议应急处理人员戴防尘口罩，穿防毒服，戴防毒手套。穿上适当的防护服前严禁接触破裂的容器和泄漏物。尽可能切断泄漏源。用塑料布覆盖泄漏物，减少飞散。勿使水进入包装容器内。用洁净的铲子收集泄漏物，置于干净、干燥、盖子较松的容器中，将容器移离泄漏区。

5. 3－氨基－2－萘甲酸

标　识

中文名称 3－氨基－2－萘甲酸

英文名称 3－amino－2－naphthoic acid；3－amino－2－naphthalenecarboxylic acid

别名 3－氨基－2－萘酸

分子式 $C_{11}H_9NO_2$

CAS 号 5959－52－4

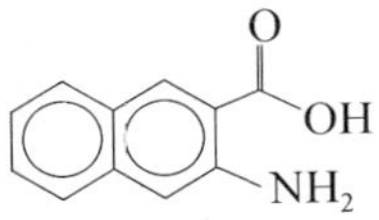

危害信息

燃烧与爆炸危险性 可燃，其粉体与空气混合，能形成爆炸性混合物。燃烧分解时，放出有毒的氮氧化物气体 。

禁忌物 强氧化剂、强酸、强碱。

毒性 小鼠经口 LD_{50}：1600～3200mg/kg。

中毒表现 在一般情况下，接触无明显的危险性，其蒸气对上呼吸道、眼睛和皮肤有刺激作用。

侵入途径 吸入、食入。

理化特性与用途

理化特性 黄色叶片状结晶体或黄绿色粉末。微溶于水，溶于乙醇、乙醚。熔点216.5℃，辛醇/水分配系数 2.54。

主要用途 用于染料、药品、农药和塑料合成等。

包装与储运

安全储运 储存于阴凉、通风的库房。远离火种、热源。保持容器密封。应与氧化剂、酸碱等隔离储运。搬运时轻装轻卸，防止容器受损。

紧急处置信息

急救措施

吸入： 脱离现场至空气新鲜处。如呼吸困难，给输氧。就医。

眼睛接触： 分开眼睑，用流动清水或生理盐水冲洗。如有不适感，就医。

皮肤接触： 立即脱去污染的衣着，用肥皂水和清水彻底冲洗皮肤。如有不适感，就医。

食入： 饮足量温水，催吐。就医。

灭火方法 消防人员须佩戴防毒面具，穿全身消防服，在上风向灭火。尽可能将容器从火场移至空旷处。喷水保持火场容器冷却，直至灭火结束。

灭火剂：雾状水、泡沫、干粉、二氧化碳、砂土。

泄漏应急处置 隔离泄漏污染区，限制出入。消除所有点火源。建议应急处理人员戴防尘口罩，穿一般作业工作服，戴防护手套。尽可能切断泄漏源。用塑料布覆盖泄漏物，减少飞散。勿使水进入包装容器内。用洁净的铲子收集泄漏物，置于干净、干燥、盖子较松的容器中，将容器移离泄漏区。

6. 1－氨基－4－羟基蒽醌

标识

中文名称 1－氨基－4－羟基蒽醌

英文名称 1－amino－4－hydroxyanthraquinone；1－amino－4－hydroxy－9，10－anthracenedione；C. I. disperse Red 15；disperse Red 15

别名 C. I. 分散红 15；分散红 15

分子式 $C_{14}H_9NO_3$

CAS 号 116－85－8

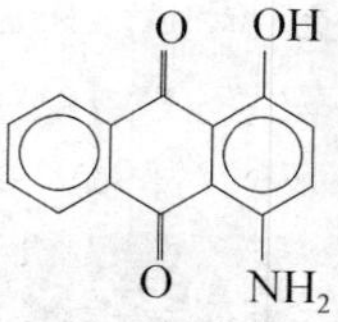

危害信息

燃烧与爆炸危险性 可燃其粉体与空气混合，能形成爆炸性混合物。受高热分解放出有毒的气体。

禁忌物 强氧化剂、酸酐、酰基氯。

毒性 大鼠腹腔内 LD_{50}：2700mg/kg。

侵入途径 吸入、食入。

理化特性与用途

理化特性 红紫色粉末。溶于水，溶于乙醇、丙酮、苯、亚麻油。熔点 207～209℃。

主要用途 用于醋酸纤维的染色，也用作分析试剂。

包装与储运

安全储运 储存于阴凉、通风的库房。远离火种、热源。保持容器密封。应与氧化剂、酸酐、酰基氯等隔离储运。搬运时轻装轻卸，防止容器受损。

紧急处置信息

急救措施

吸入： 迅速脱离现场至空气新鲜处。保持呼吸道通畅。如呼吸困难，给输氧。如呼吸、心跳停止，立即进行心肺复苏术。就医。

眼睛接触： 分开眼睑，用流动清水或生理盐水冲洗。如有不适感，就医。

皮肤接触： 脱去污染的衣着，用流动清水冲洗。如有不适感，就医。

食入：饮足量温水，催吐。就医。

灭火方法　消防人员须佩戴防毒面具，穿全身消防服，在上风向灭火。尽可能将容器从火场移至空旷处。喷水保持火场容器冷却，直至灭火结束。切勿将水流直接射至熔融物，以免引起严重的流淌火灾或引起剧烈的沸溅。

灭火剂：雾状水、泡沫、干粉、二氧化碳、砂土。

泄漏应急处置　隔离泄漏污染区，限制出入。消除所有点火源。建议应急处理人员戴防尘口罩，穿一般作业工作服，戴防护手套。尽可能切断泄漏源。用塑料布覆盖泄漏物，减少飞散。勿使水进入包装容器内。用洁净的铲子收集泄漏物，置于干净、干燥、盖子较松的容器中，将容器移离泄漏区。

7. 2－氨基－4－硝基苯酚

标　识

中文名称　2－氨基－4－硝基苯酚

英文名称　2－amino－4－nitrophenol；2－hydroxy－5－nitroaniline

别名　4－硝基－2－氨基苯酚；2－羟基－5－硝基苯胺

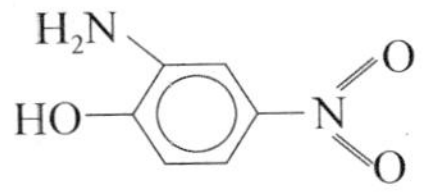

分子式　$C_6H_6N_2O_3$

CAS 号　99－57－0

WGH 号　61724

危害信息

危险性类别　第 6 类有毒品。

燃烧与爆炸危险性　可燃。其粉体与空气混合，能形成爆炸性混合物。燃烧产生有毒的一氧化碳和氮氧化物气体。受高热分解放出有毒的气体。

禁忌物　强氧化剂、酸酐、酰基氯。

毒性　大鼠经口 LD_{50}：2400mg/kg；小鼠经口 LD_{50}：850mg/kg。

侵入途径　吸入、食入。

理化特性与用途

理化特性　橙色棱形结晶或黄褐色片状物。微溶于水，溶于乙醇、乙醚、乙酸乙酯、热苯、丙酮。熔点 143～145℃（无水物）、80～90℃（一水合物），相对密度（水＝1）1.66（20℃），饱和蒸气压 4.66MPa（25℃），辛醇/水分配系数 1.26，闪点 100℃。

主要用途　用作合成染料和医药中间体、合成己二烯的催化剂及丁基橡胶的稳定剂。

包装与储运

包装标志　有毒品

包装类别　Ⅲ类

安全储运　储存于阴凉、通风的库房。远离火种、热源。防止阳光直射。储存温度不超过 35℃，相对湿度不超过 85%。保持容器密封。应与氧化剂、酸酐、酰基氯分开存放，切忌混储。配备相应品种和数量的消防器材。储区应备有合适的材料收容泄漏物。

紧急处置信息

急救措施

吸入：迅速脱离现场至空气新鲜处。保持呼吸道通畅。如呼吸困难，给输氧。如呼吸、心跳停止，立即进行心肺复苏术。就医。

眼睛接触：分开眼睑，用流动清水或生理盐水冲洗。如有不适感，就医。

皮肤接触：立即脱去污染的衣着，用大量流动清水冲洗。如有不适感，就医。

食入：饮足量温水，催吐。就医。

灭火方法　消防人员须佩戴防毒面具，穿全身消防服，在上风向灭火。尽可能将容器从火场移至空旷处。喷水保持火场容器冷却，直至灭火结束。

灭火剂：雾状水、泡沫、干粉、二氧化碳、砂土。

泄漏应急处置　隔离泄漏污染区，限制出入。消除所有点火源。建议应急处理人员戴防尘口罩，穿防毒服，戴防毒手套。穿上适当的防护服前严禁接触破裂的容器和泄漏物。尽可能切断泄漏源。用塑料布覆盖泄漏物，减少飞散。勿使水进入包装容器内。用洁净的铲子收集泄漏物，置于干净、干燥、盖子较松的容器中，将容器移离泄漏区。

8. 氨基乙腈

标　识

中文名称　氨基乙腈

英文名称　aminoacetonitrile；cyanomethylamine；glycinonitrile

别名　氰基甲胺

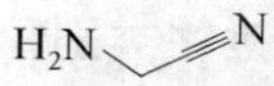

分子式　$C_2H_4N_2$

CAS 号　540－61－4

危害信息

燃烧与爆炸危险性　可燃。其蒸气与空气混合，能形成爆炸性混合物。受热分解放出剧毒的氰化物气体。

禁忌物　强氧化剂、强还原剂、强酸。

中毒表现　本品受热分解放出有剧毒的氧化氮和氰化氢。

侵入途径　吸入、食入。

理化特性与用途

理化特性　油状液体。易溶于水。沸点 58℃（2kPa），饱和蒸气压 1.06kPa（25℃），辛醇/水分配系数 －1.37，闪点 62.2℃。

主要用途　用于有机合成，是合成噻吗心安的中间体。

包装与储运

安全储运　储存于阴凉、通风的库房。远离火种、热源。保持容器密封。应与氧化剂、还原剂、酸类、食用化学品等隔离储运。搬运时轻装轻卸，防止容器受损。

紧急处置信息

急救措施

吸入：迅速脱离现场至空气新鲜处。保持呼吸道通畅。如呼吸困难，给输氧。如呼吸、心跳停止，立即进行心肺复苏术。就医。

眼睛接触：立即分开眼睑，用流动清水或生理盐水彻底冲洗。就医。

皮肤接触：立即脱去污染的衣着，用肥皂水和清水彻底冲洗。就医。

食入：催吐，给服活性炭悬液。就医。

如出现腈类物质中毒症状，使用亚硝酸钠和硫代硫酸钠解毒剂，也可用硫代硫酸钠加口服对氨基苯丙酮。

灭火方法　消防人员须佩戴防毒面具，穿全身消防服，在上风向灭火。尽可能将容器从火场移至空旷处。喷水保持火场容器冷却，直至灭火结束。处在火场中的容器若已变色或从安全泄压装置中发出声音，必须马上撤离。

灭火剂：雾状水、泡沫、干粉、二氧化碳、砂土。

泄漏应急处置　根据液体流动和蒸气扩散的影响区域划定警戒区，无关人员从侧风、上风向撤离至安全区。消除所有点火源。建议应急处理人员戴防毒面具，穿防毒服，戴橡胶手套。穿上适当的防护服前严禁接触破裂的容器和泄漏物。尽可能切断泄漏源。防止泄漏物进入水体、下水道、地下室或受限空间。小量泄漏：用干燥的砂土或其他不燃材料吸收或覆盖，收集于容器中。大量泄漏：构筑围堤或挖坑收容。用泵转移至槽车或专用收集器内。

9. *N*－氨乙基吗啉

标　识

中文名称　*N*－氨乙基吗啉

英文名称　2 － morpholinoethylamine；4 －（2 － aminoethyl）morpholine ；*N* － 2 － aminoethyl morpholine

别名　2－吗啉基乙胺；*N*－(2－氨基乙基)吗啉

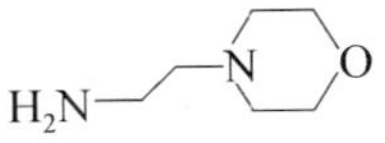

分子式　$C_6H_{14}N_2O$

CAS 号　2038－03－1

危害信息

燃烧与爆炸危险性　可燃其粉体与空气混合，能形成爆炸性混合物。受高热分解放出有毒的气体。蒸气比空气重，能在较低处扩散到相当远的地方，遇火源会着火回燃和爆炸（闪爆）。若遇高热，容器内压增大，有开裂和爆炸的危险。

活性反应　与氧化剂发生反应，有燃烧危险。

禁忌物　强氧化剂、强酸、酸酐、酰基氯。

毒性　大鼠经口 LD_{50}：3000mg/kg。

中毒表现　对眼睛、皮肤、黏膜和上呼吸道有强烈刺激作用。接触后可引起烧灼感、咳嗽、眩晕、喉炎、气短、头痛、恶心和呕吐。

侵入途径　吸入、食入、经皮吸收。

理化特性与用途

理化特性　无色至淡黄色透明液体或白色固体。溶于水。pH 值 12(1% 溶液，20℃)，熔点 25.6℃，沸点 204.2 ~ 205.1℃，相对密度(水 = 1)0.99，相对蒸气密度(空气 = 1)4.49，辛醇/水分配系数 -1.33，闪点 175℃。

主要用途　用于有机合成。

包装与储运

安全储运　储存于阴凉、通风的库房。远离火种、热源。保持容器密封。应与氧化剂、酸类、酸酐、酰基氯等隔离储运。搬运时轻装轻卸，防止容器受损。

紧急处置信息

急救措施

吸入：迅速脱离现场至空气新鲜处。保持呼吸道通畅。如呼吸困难，给输氧。如呼吸、心跳停止，立即进行心肺复苏术。就医。

眼睛接触：分开眼睑，用流动清水或生理盐水冲洗。如有不适感，就医。

皮肤接触：立即脱去污染的衣着，用大量流动清水冲洗。如有不适感，就医。

食入：用水漱口，给饮牛奶或蛋清。就医。

灭火方法　消防人员必须佩戴空气呼吸器，穿全身防火防毒服，在上风向灭火。尽可能将容器从火场移至空旷处。喷水保持火场容器冷却，直至灭火结束。处在火场中的容器若已变色或从安全泄压装置中发出声音，必须马上撤离。

灭火剂：雾状水、泡沫、干粉、二氧化碳、砂土。

泄漏应急处置　根据液体流动和蒸气扩散的影响区域划定警戒区，无关人员从侧风、上风向撤离至安全区。消除所有点火源。建议应急处理人员戴防毒面具，穿一般作业工作服，戴防护手套。尽可能切断泄漏源。防止泄漏物进入水体、下水道、地下室或受限空间。小量泄漏：用干燥的砂土或其他不燃材料吸收或覆盖，收集于容器中。大量泄漏：构筑围堤或挖坑收容。用泵转移至槽车或专用收集器内。

10. 胺　菊　酯

标　识

中文名称　胺菊酯

英文名称　tetramethrin; (1 - cyclohexene - 1, 2 - dicarboximido) methyl - 2, 2 - dimethyl - 3 - (2 - methylpropenyl) cyclopropanecarboxylate

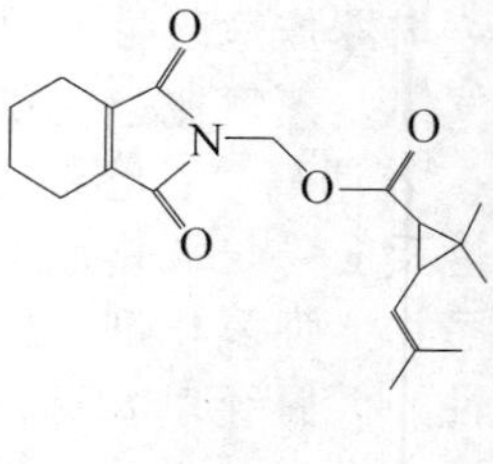

别名　1 - 环己烯基 - 1, 2 - 二羧酰亚胺基 - 2, 2 - 二甲基 - 3 - (2 - 甲基 - 1 - 丙烯基) 环丙酸酯

分子式　$C_{19}H_{25}NO_4$

CAS 号　7696 - 12 - 0

危害信息

燃烧与爆炸危险性 可燃其粉体与空气混合，能形成爆炸性混合物。受高热分解放出有毒的气体。

禁忌物 强氧化剂。

毒性 大鼠经口 LD_{50}：4640mg/kg；小鼠经口 LD_{50}：1000mg/kg；大鼠经皮 LD_{50}：>2500mg/kg。

侵入途径 吸入、食入、经皮吸收。

环境危害 对水生生物有极高毒性，可能在水生环境中造成长期不利影响。

理化特性与用途

理化特性 纯品为白色结晶，工业品为无色至浅黄色固体，稍有类似除虫菊的气味。不溶于水，易溶于多数有机溶剂。熔点 60～80℃，沸点 180～190℃(0.0133kPa)，相对密度(水=1)1.11，饱和蒸气压<10Pa(20℃)，辛醇/水分配系数 4.73，闪点 200℃。

主要用途 卫生用杀虫剂，主要用于蚊、蝇等卫生害虫的防治。

包装与储运

安全储运 储存于阴凉、通风的库房。远离火种、热源。保持容器密封。应与强氧化剂等隔离储运。搬运时轻装轻卸，防止容器受损。

紧急处置信息

急救措施

吸入：立即脱去污染的衣着，保持呼吸道通畅。如呼吸困难，给输氧。如呼吸、心跳停止，立即进行心肺复苏术。就医。

眼睛接触：分开眼睑，用流动清水或生理盐水冲洗。如有不适感，就医。

皮肤接触：脱去污染的衣着，用大量流动清水冲洗。如有不适感，就医。

食入：饮足量温水，催吐。就医。

灭火方法 消防人员必须佩戴空气呼吸器，穿全身防火防毒服，在上风向灭火。尽可能将容器从火场移至空旷处。喷水保持火场容器冷却，直至灭火结束。

灭火剂：雾状水、泡沫、干粉、二氧化碳、砂土。

泄漏应急处置 隔离泄漏污染区，限制出入。建议应急处理人员戴防尘口罩，穿防毒服，戴防护手套。穿上适当的防护服前严禁接触破裂的容器和泄漏物。尽可能切断泄漏源。用塑料布覆盖泄漏物，减少飞散。勿使水进入包装容器内。用洁净的铲子收集泄漏物，置于干净、干燥、盖子较松的容器中，将容器移离泄漏区。

11. 胺 吸 磷

标 识

中文名称 胺吸磷

英文名称 *S*-[2-(diethylamino)ethyl]*O*, *O*-diethylphosphorothioate；Amiton

别名 *S*-[2-(二乙氨基)乙基]-*O*,*O*-二乙基硫代磷酸酯

11. 胺吸磷

分子式 $C_{10}H_{24}NO_3PS$

CAS 号 78－53－5

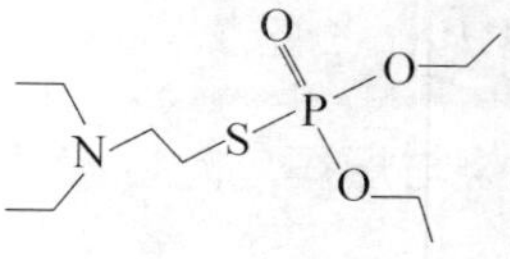

危害信息

危险性类别 第6类有毒品。

燃烧与爆炸危险性 可燃。其蒸气与空气混合，能形成爆炸性混合物。受高热分解放出有毒的气体。若遇高热，容器内压增大，有开裂和爆炸的危险。

活性反应 与氧化剂可发生反应。

禁忌物 强氧化剂、强酸。

毒性 大鼠经口 LD_{50}：3.3mg/kg。本品为胆碱酸酶抑制剂。

本品已列入《剧毒化学品目录》。

侵入途径 吸入、食入、经皮吸收。

理化特性与用途

理化特性 无色至黄色略有气味的液体。极易溶于水，溶于大多数有机溶剂。沸点110℃(0.027kPa)，饱和蒸气压1.33Pa(80℃)，辛醇/水分配系数1.7。

主要用途 用作杀虫剂和杀螨剂。

包装与储运

包装标志 有毒品

包装类别 Ⅰ类

安全储运 储存于阴凉、通风良好的专用库房内。应严格执行剧毒化学品管理制度。远离火种、热源。防止阳光直射。储存温度不超过35℃，相对湿度不超过85%。保持容器密封。应与氧化剂、酸类、食用化学品分开存放，切忌混储。配备相应品种和数量的消防器材。储区应备有泄漏应急处理设备和合适的收容材料。

紧急处置信息

急救措施

吸入：迅速脱离现场至空气新鲜处。保持呼吸道通畅。如呼吸困难，给输氧。如呼吸、心跳停止，立即进行心肺复苏术。就医。

眼睛接触：分开眼睑，用流动清水或生理盐水冲洗。如有不适感，就医。

皮肤接触：立即脱去污染的衣着，用肥皂水及流动清水彻底冲洗污染的皮肤、头发、指甲等。如有不适感，就医。

食入：饮足量温水，催吐。用1:5000高锰酸钾溶液洗胃。口服活性炭，导泻。每5min给服一片阿托品，直到感觉口干为止。就医。

灭火方法 消防人员必须佩戴空气呼吸器，穿全身防火防毒服，在上风向灭火。尽可能将容器从火场移至空旷处。喷水保持火场容器冷却，直至灭火结束。处在火场中的容器若已变色或从安全泄压装置中发出声音，必须马上撤离。

灭火剂：雾状水、抗溶性泡沫、干粉、二氧化碳、砂土。

泄漏应急处置 根据液体流动和蒸气扩散的影响区域划定警戒区，无关人员从侧风、上风向撤离至安全区。建议应急处理人员戴正压自给式呼吸器，穿防毒服，戴防毒手套。穿上适当的防护服前严禁接触破裂的容器和泄漏物。尽可能切断泄漏源。防止泄漏物进入水体、下水道、地下室或受限空间。小量泄漏：用干燥的砂土或其他不燃材料吸收或覆盖，收集于容器中。大量泄漏：构筑围堤或挖坑收容。用泵转移至槽车或专用收集器内。

12. 八氟戊醇

标　识

中文名称　八氟戊醇

英文名称　octafluoro－1－pentanol；octafluoropentyl alcohol

别名　八氟代－1－醇

分子式　$C_5H_4F_8O$

CAS 号　39660－55－4

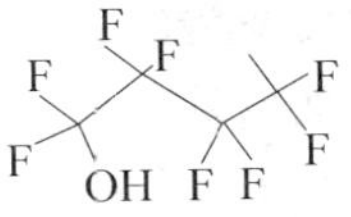

危害信息

燃烧与爆炸危险性　可燃。其蒸气与空气混合，能形成爆炸性混合物。受高热分解放出有毒的气体。若遇高热，容器内压增大，有开裂和爆炸的危险。

活性反应　与氧化剂可发生反应。

禁忌物　强氧化剂。

毒性　大鼠经口 LD_{50}：1110mg/kg；小鼠吸入 LC_{50}：10500mg/m^3（2h）。

侵入途径　吸入、食入、经皮吸收。

理化特性与用途

理化特性　无色透明液体，略有醇香味，具有较强的吸湿性。易溶于石油醚，溶于甲醇、乙醚、乙酸，微溶于苯、甲苯、氯仿、四氯化碳。沸点 140～141℃，相对密度（水＝1）1.6647。

主要用途　是一种重要的含氟精细化学品，主要用作 CD－R / DVD－R 的光盘颜料溶剂，也用于制造织物整理剂、农药和医药。

包装与储运

安全储运　储存于阴凉、通风的库房。远离火种、热源。保持容器密封。应与强氧化剂等隔离储运。搬运时轻装轻卸，防止容器受损。

紧急处置信息

急救措施

吸入：迅速脱离现场至空气新鲜处。保持呼吸道通畅。如呼吸困难，给输氧。如呼吸、心跳停止，立即进行心肺复苏术。就医。

眼睛接触：分开眼睑，用流动清水或生理盐水冲洗。如有不适感，就医。

皮肤接触：脱去污染的衣着，用流动清水冲洗。如有不适感，就医。

食入：饮足量温水，催吐。就医。

灭火方法　消防人员须佩戴防毒面具，穿全身消防服，在上风向灭火。尽可能将容器从火场移至空旷处。喷水保持火场容器冷却，直至灭火结束。处在火场中的容器若已变色或从安全泄压装置中发出声音，必须马上撤离。

灭火剂：雾状水、泡沫、干粉、二氧化碳、砂土。

泄漏应急处置　根据液体流动和蒸气扩散的影响区域划定警戒区，无关人员从侧风、上风向撤离至安全区。消除所有点火源。建议应急处理人员戴防毒面具，穿一般作业工作

服，戴防护手套。尽可能切断泄漏源。防止泄漏物进入水体、下水道、地下室或受限空间。小量泄漏：用干燥的砂土或其他不燃材料吸收或覆盖，收集于容器中。大量泄漏：构筑围堤或挖坑收容。用泵转移至槽车或专用收集器内。

13. 八 氯 萘

标 识

中文名称 八氯萘

英文名称 octachloronaphthalene；1，2，3，4，5，6，7，8－octachloronaphthalene

别名 全氯萘

分子式 $C_{10}Cl_8$

CAS 号 2234－13－1

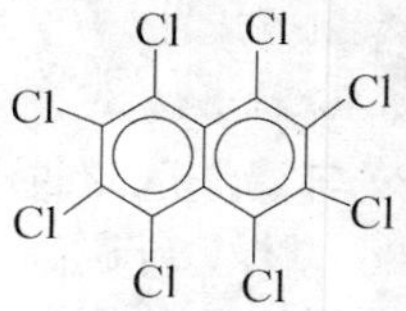

危害信息

燃烧与爆炸危险性 可燃，其粉体与空气混合，能形成爆炸性混合物。受高热分解放出有毒的气体。

禁忌物 强氧化剂。

中毒表现 吸入、摄入或经皮肤吸收可引起中毒。遇热分解释出有毒的氯化氢和光气。工业上急性中毒少见。高浓度氯萘可引起严重的肝脏损害。

侵入途径 吸入、食入、经皮吸收。

职业接触限值 美国(ACGIH)：TLV－TWA：0.1mg/m^3[皮]，TLV－STEL：0.3mg/m^3[皮]。

理化特性与用途

理化特性 无色针状结晶或浅黄色蜡状固体，有芳香气味。不溶于水，微溶于乙醇，溶于苯、氯仿，易溶于石油醚。熔点 185～197℃，沸点 440℃，相对密度(水＝1)2.0，相对蒸气密度(空气＝1)13.9，饱和蒸气压＜0.13kPa(20℃)，辛醇/水分配系数 8.5。

主要用途 用作电气工业的绝缘材料和其他防护涂料的防火、防水添加剂，也用作磨轮介质、切割油冷却剂和润滑油的添加剂，还用于合成杀菌剂、杀藻剂。

包装与储运

安全储运 储存于阴凉、通风的库房。远离火种、热源。保持容器密封。应与强氧化剂等隔离储运。搬运时轻装轻卸，防止容器受损。

紧急处置信息

急救措施

吸入：立即脱去污染的衣着，保持呼吸道通畅。如呼吸困难，给输氧。如呼吸、心跳停止，立即进行心肺复苏术。就医。

眼睛接触：分开眼睑，用流动清水或生理盐水冲洗。如有不适感，就医。

皮肤接触：立即脱去污染的衣着，用大量流动清水冲洗。如有不适感，就医。

食入：饮足量温水，催吐。就医。

灭火方法 消防人员须佩戴防毒面具，穿全身消防服，在上风向灭火。尽可能将容器

从火场移至空旷处。喷水保持火场容器冷却，直至灭火结束。

灭火剂：雾状水、泡沫、干粉、二氧化碳、砂土。

泄漏应急处置 隔离泄漏污染区，限制出入。消除所有点火源。建议应急处理人员戴防尘口罩，穿防毒服，戴防护手套。穿上适当的防护服前严禁接触破裂的容器和泄漏物。尽可能切断泄漏源。用塑料布覆盖泄漏物，减少飞散。勿使水进入包装容器内。用洁净的铲子收集泄漏物，置于干净、干燥、盖子较松的容器中，将容器移离泄漏区。

14. 八羰基二钴

标识

中文名称 八羰基二钴

英文名称 octacarbonyldicobalt；dicobalt octacarbonyl；cobalt carbonyl

别名 羰基钴；四羰基钴

分子式 $Co_2(CO)_8$

CAS 号 10210－68－1

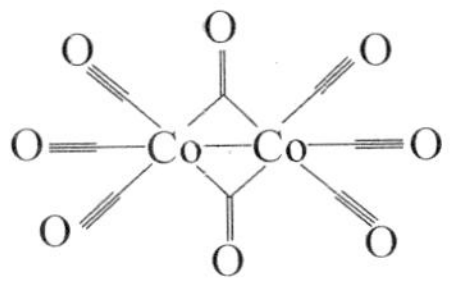

危害信息

危险性类别 第 4.1 类易燃固体。

燃烧与爆炸危险性 接触空气易自燃。受高热分解放出有毒的气体。

活性反应 能与氧化剂、空气、氧、溴强烈反应，引起燃烧爆炸。

禁忌物 强氧化剂。

毒性 大鼠经口 LD_{50}：754mg/kg；小鼠经口 LD_{50}：378mg/kg；大鼠吸入 LC_{50}：165mg/m^3。

IARC 致癌性评论：G2B，可疑人类致癌物。

侵入途径 吸入、食入、经皮吸收。

职业接触限值 美国(ACGIH)：TLV－TWA：0.1mg/m^3[按钴计]。

理化特性与用途

理化特性 橙红色结晶。不溶于水，微溶于乙醇，溶于乙醚、二硫化碳、石脑油等。熔点 51℃，分解温度 52℃，相对密度(水＝1)1.7，饱和蒸气压 200Pa(20℃)，闪点－13℃。

主要用途 用于提炼金属钴，用作金属表面的覆盖物和化学合成的催化剂。

包装与储运

包装标志 易燃固体

包装类别 Ⅰ类

安全储运 储存于阴凉、通风的库房。远离火种、热源。防止阳光直射。避免接触空气。库温不宜超过 35℃。保持容器密封。应与氧化剂分开存放，切忌混储。采用防爆型照明、通风设施。禁止使用易产生火花的机械设备和工具。储区应备有合适的材料收容泄漏物。

紧急处置信息

急救措施

吸入： 脱离现场至空气新鲜处。保持呼吸道通畅。如呼吸困难，给输氧。如呼吸、心跳停止，立即进行心肺复苏术。就医。

眼睛接触： 立即分开眼睑，用大量流动清水或生理盐水彻底冲洗 10 ~ 15min。如有不适感，就医。

皮肤接触： 立即脱去污染的衣着，用大量流动清水冲洗。如有不适感，就医。

食入： 饮足量温水，催吐。就医。

灭火方法 消防人员必须佩戴空气呼吸器，穿全身防火防毒服，在上风向灭火。尽可能将容器从火场移至空旷处。喷水保持火场容器冷却，直至灭火结束。

灭火剂：雾状水、泡沫、干粉、二氧化碳、砂土。

泄漏应急处置 隔离泄漏污染区，限制出入。消除所有点火源。建议应急处理人员戴防尘口罩，穿防毒、防静电服，戴防毒手套。禁止接触或跨越泄漏物。小量泄漏：用洁净的铲子收集泄漏物，置于干净、干燥、带盖子的容器中，将容器移离泄漏区。大量泄漏：用水润湿，并筑堤收容。防止泄漏物进入水体、下水道、地下室或受限空间。

15. 百 菌 清

标 识

中文名称 百菌清

英文名称 chlorothalonil；2，4，5，6 - tetrachloroisophthalonitrile

别名 2，4，5，6 - 四氯 - 1，3 - 苯二甲腈；四氯间苯二腈

分子式 $C_8Cl_4N_2$

CAS 号 1897 - 45 - 6

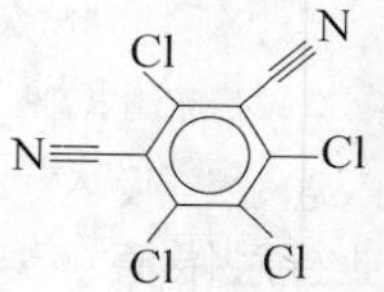

危害信息

危险性类别 第 6 类有毒品。

燃烧与爆炸危险性 可燃。其粉体与空气混合，能形成爆炸性混合物。受热分解放出剧毒的氰化物气体。

禁忌物 强氧化剂。

毒性 大鼠经口 LD_{50}：10000mg/kg；小鼠经口 LD_{50}：3700mg/kg；兔经皮 LD_{50}：> 10000mg/kg。

IARC 致癌性评论：G2B，可疑人类致癌物。

欧盟法规 1272/2008/EC 将本品列为第 2 类致癌物——可疑的人类致癌物。

中毒表现 对皮肤有刺激和致敏作用，可发生皮炎，表现为暴露部位皮肤瘙痒感、红斑、粟粒状丘疹、小水疱、脱屑等。对眼和呼吸道有刺激性。大量口服刺激胃肠道。

侵入途径 吸入、食入、经皮吸收。

职业接触限值 中国：MAC：$1mg/m^3$。

环境危害 对水生生物有极高毒性，可能在水生环境中造成长期不利影响。

理化特性与用途

理化特性 无色或白色的无味结晶。微溶于水，溶于苯、丁酮、环已酮等。熔点 250 ~ 251℃，沸点 350℃，相对密度(水 =1)1.8(25℃)，饱和蒸气压 0.076MPa(25℃)，辛醇/水分配系数 3.05，闪点 154℃。

主要用途 杀菌剂。用于蔬菜、果树、棉花、玉米、水稻、园艺作物等多种真菌病害的防治，也用作涂料和黏结剂的防护剂。

包装与储运

包装标志 有毒品

包装类别 Ⅰ类

安全储运 储存于阴凉、通风的库房。远离火种、热源。防止阳光直射。储存温度不超过 35℃，相对湿度不超过 85%。保持容器密封。应与氧化剂等分开存放，切忌混储。配备相应品种和数量的消防器材。储区应备有合适的材料收容泄漏物。

紧急处置信息

急救措施

吸入： 迅速脱离现场至空气新鲜处。保持呼吸道通畅。如呼吸困难，给输氧。如呼吸、心跳停止，立即进行心肺复苏术。就医。

眼睛接触： 分开眼睑，用流动清水或生理盐水冲洗。如有不适感，就医。

皮肤接触： 脱去污染的衣着，用流动清水冲洗。如有不适感，就医。

食入： 饮足量温水，催吐。就医。

灭火方法 消防人员必须佩戴空气呼吸器，穿全身防火防毒服，在上风向灭火。尽可能将容器从火场移至空旷处。喷水保持火场容器冷却，直至灭火结束。

灭火剂：雾状水、泡沫、干粉、二氧化碳、砂土。

泄漏应急处置 隔离泄漏污染区，限制出入。建议应急处理人员戴防尘口罩，穿一般作业工作服，戴防毒手套。尽可能切断泄漏源。用塑料布覆盖泄漏物，减少飞散。勿使水进入包装容器内。用洁净的铲子收集泄漏物，置于干净、干燥、盖子较松的容器中，将容器移离泄漏区。

16. 苯 胺 灵

标 识

中文名称 苯胺灵

英文名称 propham；carbanilic acid，isopropyl ester；isopropyl phenyl carbamate

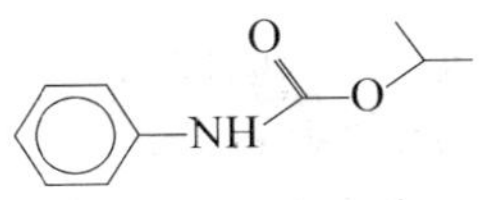

别名 *N*-苯基氨基甲酸异丙酯

分子式 $C_{10}H_{13}NO_2$

CAS 号 122-42-9

危害信息

燃烧与爆炸危险性　可燃。其粉体与空气混合，能形成爆炸性混合物。受高热分解放出有毒的气体。

禁忌物　强氧化剂。

毒性　大鼠经口 LD_{50}：1000mg/kg；小鼠经口 LD_{50}：2160mg/kg；大鼠经皮 LD_{50}：>5000mg/kg。

侵入途径　吸入、食入、经皮吸收。

理化特性与用途

理化特性　无色或白色结晶粉末。不溶于水，溶于多数有机溶剂。熔点 84.6 ~ 90℃，相对密度(水=1)1.09(20℃)，饱和蒸气压 0.019Pa(25℃)，辛醇/水分配系数 2.6。

主要用途　用作除草剂。

包装与储运

安全储运　储存于阴凉、通风的库房。远离火种、热源。保持容器密封。应与强氧化剂等隔离储运。搬运时轻装轻卸，防止容器受损。

紧急处置信息

急救措施

吸入：迅速脱离现场至空气新鲜处。保持呼吸道通畅。如呼吸困难，给输氧。如呼吸、心跳停止，立即进行心肺复苏术。就医。

眼睛接触：分开眼睑，用流动清水或生理盐水冲洗。如有不适感，就医。

皮肤接触：立即脱去污染的衣着，用大量流动清水冲洗。如有不适感，就医。

食入：饮足量温水，催吐。就医。

灭火方法　消防人员须佩戴防毒面具，穿全身消防服，在上风向灭火。尽可能将容器从火场移至空旷处。喷水保持火场容器冷却，直至灭火结束。

灭火剂：雾状水、泡沫、干粉、二氧化碳、砂土。

泄漏应急处置　隔离泄漏污染区，限制出入。消除所有点火源。建议应急处理人员戴防尘口罩，穿防毒服，戴防护手套。穿上适当的防护服前严禁接触破裂的容器和泄漏物。尽可能切断泄漏源。用塑料布覆盖泄漏物，减少飞散。勿使水进入包装容器内。用洁净的铲子收集泄漏物，置于干净、干燥、盖子较松的容器中，将容器移离泄漏区。

17. 苯　并　蒽

标　　识

中文名称　苯并蒽

英文名称　benzanthracene；1,2 - benzanthracene

别名　1,2 - 苯并蒽

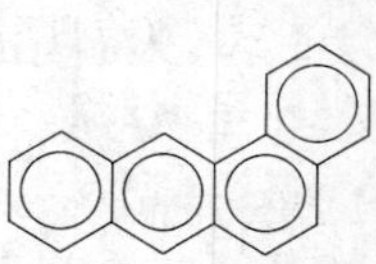

分子式　$C_{18}H_{12}$

CAS 号　56 - 55 - 3

危害信息

燃烧与爆炸危险性 可燃。其粉体与空气混合，能形成爆炸性混合物。受高热分解放出有毒的气体。

活性反应 与氧化剂发生反应，有燃烧危险。

禁忌物 强氧化剂。

毒性 IARC 致癌性评论：G2A，可能人类致癌物。

侵入途径 吸入、食入、经皮吸收。

环境危害 对水生生物有极高毒性，可能在水生环境中造成长期不利影响。

理化特性与用途

理化特性 无色至黄褐色有荧光的片状物或粉末。不溶于水，溶于乙醇、乙醚、丙酮、苯等多有数机溶剂。熔点 162℃，沸点 437.6℃，升华点 435℃，相对密度（水 = 1）1.274，饱和蒸气压 292Pa（20℃），辛醇/水分配系数 5.61。

主要用途 用于有机合成。

包装与储运

安全储运 储存于阴凉、通风的库房。远离火种、热源。保持容器密封。应与强氧化剂等隔离储运。搬运时轻装轻卸，防止容器受损。

紧急处置信息

急救措施

吸入： 迅速脱离现场至空气新鲜处。保持呼吸道通畅。如呼吸困难，给输氧。如呼吸、心跳停止，立即进行心肺复苏术。就医。

眼睛接触： 分开眼睑，用流动清水或生理盐水冲洗。如有不适感，就医。

皮肤接触： 脱去污染的衣着，用大量流动清水冲洗。如有不适感，就医。

食入： 饮足量温水，催吐。就医。

灭火方法 消防人员须佩戴防毒面具，穿全身消防服，在上风向灭火。尽可能将容器从火场移至空旷处。喷水保持火场容器冷却，直至灭火结束。

灭火剂：雾状水、泡沫、干粉、二氧化碳、砂土。

泄漏应急处置 隔离泄漏污染区，限制出入。消除所有点火源。建议应急处理人员戴防尘口罩，穿防毒服，戴防毒手套。穿上适当的防护服前严禁接触破裂的容器和泄漏物。尽可能切断泄漏源。用塑料布覆盖泄漏物，减少飞散。勿使水进入包装容器内。用洁净的铲子收集泄漏物，置于干净、干燥、盖子较松的容器中，将容器移离泄漏区。

18. 苯并蒽酮

标　识

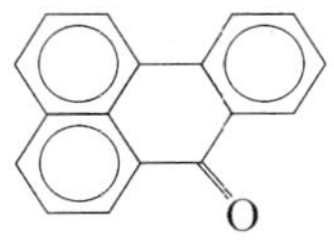

中文名称 苯并蒽酮

英文名称 benz(de)anthracen-7-one；benzanthrone

别名 苯绕蒽酮；7H-苯并[DE]蒽-7-酮

分子式 $C_{17}H_{10}O$

CAS 号 82－05－3

危害信息

燃烧与爆炸危险性 可燃。其粉体与空气混合，能形成爆炸性混合物。受高热分解放出有毒的气体。

禁忌物 强氧化剂。

毒性 大鼠腹腔内 LD_{50}：1500mg/kg。

侵入途径 吸入、食入、经皮吸收。

环境危害 对水生生物有毒，可能在水生环境中造成长期不利影响。

理化特性与用途

理化特性 淡黄色针状结晶。不溶于水，溶于乙醇和其他有机溶剂。熔点 168～172℃，饱和蒸气压 0.133kPa(225℃)，辛醇/水分配系数 4.81。

主要用途 用于制造还原染料，也用于有机合成。

包装与储运

安全储运 储存于阴凉、通风的库房。远离火种、热源。保持容器密封。应与强氧化剂等隔离储运。搬运时轻装轻卸，防止容器受损。

紧急处置信息

急救措施

吸入：迅速脱离现场至空气新鲜处。保持呼吸道通畅。如呼吸困难，给输氧。如呼吸、心跳停止，立即进行心肺复苏术。就医。

眼睛接触：分开眼睑，用流动清水或生理盐水冲洗。如有不适感，就医。

皮肤接触：脱去污染的衣着，用大量流动清水冲洗。如有不适感，就医。

食入：饮足量温水，催吐。就医。

灭火方法 消防人员须佩戴防毒面具，穿全身消防服，在上风向灭火。尽可能将容器从火场移至空旷处。喷水保持火场容器冷却，直至灭火结束。

灭火剂：雾状水、泡沫、干粉、二氧化碳、砂土。

泄漏应急处置 隔离泄漏污染区，限制出入。消除所有点火源。建议应急处理人员戴防尘口罩，穿一般作业工作服，戴防护手套。尽可能切断泄漏源。用塑料布覆盖泄漏物，减少飞散。勿使水进入包装容器内。用洁净的铲子收集泄漏物，置于干净、干燥、盖子较松的容器中，将容器移离泄漏区。

19. 1,2－苯并异噻唑－3(2H)－酮钠盐

标　识

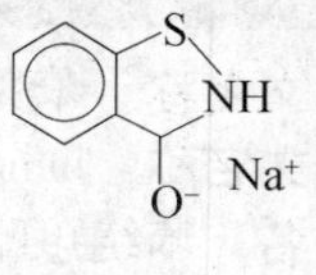

中文名称 1,2－苯并异噻唑－3(2H)－酮钠盐

英文名称 1,2－benzisothiazol－3(2H)－one, sodium salt

分子式 $C_7H_5NOS \cdot Na$

CAS 号 58249－25－5

危害信息

燃烧与爆炸危险性 其粉体与空气混合能形成爆炸性混合物，燃烧产生有毒一氧化碳、氮氧化物和硫氧化物气体。

禁忌物 强氧化剂。

侵入途径 吸入、食入、经皮吸收。

理化特性与用途

理化特性 固体

主要用途 在清洗剂、涂料、黏合剂、密封剂等中用作防腐剂。

包装与储运

安全储运 储存于阴凉、通风的库房。远离火种、热源。应与强氧化剂等隔离储运。

紧急处置信息

急救措施

吸入：脱离接触。如有不适感，就医。

眼睛接触：分开眼睑，用流动清水或生理盐水冲洗。如有不适感，就医。

皮肤接触：脱去污染的衣着，用肥皂水和清水冲洗。如有不适感，就医。

食入：漱口，饮水。就医。

灭火方法 消防人员必须佩戴空气呼吸器、穿全身防火防毒服，在上风向灭火。尽可能将容器从火场移至空旷处。喷水保持火场容器冷却，直至灭火结束。

灭火剂：水、雾状水、泡沫、干粉、二氧化碳。

泄漏应急处置 隔离泄漏污染区，限制出入。消除所有点火源。建议应急处理人员戴防尘口罩，穿防毒服。禁止接触或跨越泄漏物。小量泄漏：用洁净的铲子收集泄漏物，置于干净、干燥、盖子较松的容器中，将容器移离泄漏区。大量泄漏：用水润湿，并筑堤收容。防止泄漏物进入水体、下水道、地下室或受限空间。

20. 苯代丙腈

标　识

中文名称 苯代丙腈

英文名称 3－phenyl propionitrile；benzenepropanenitrile；hydrocinnamonitrile

别名 3－苯基丙腈

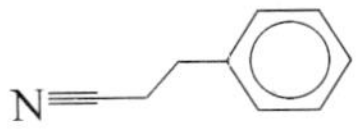

分子式 C_9H_9N

CAS 号 645－59－0

危害信息

燃烧与爆炸危险性 可燃。其蒸气与空气混合，能形成爆炸性混合物。流速过快，容易产生和积聚静电。若遇高热，容器内压增大，有开裂和爆炸的危险。

活性反应 与氧化剂可发生反应。

禁忌物 强氧化剂、强还原剂、强酸、强碱。

毒性 小鼠经口 LD_{50}：116mg/kg。

侵入途径 吸入、食入、经皮吸收。

环境危害 可能在环境中造成长期不利影响。

理化特性与用途

理化特性 无色至淡黄色透明液体。微溶于水，溶于乙醇、乙醚。熔点 -2 ~ -1℃，沸点261℃、113℃(1.2kPa)，相对密度(水=1)1.00，饱和蒸气压4.12Pa(25℃)，辛醇/水分配系数1.72，闪点>110℃。

主要用途 用于有机合成。

包装与储运

安全储运 储存于阴凉、通风的库房。远离火种、热源。保持容器密封。应与氧化剂、还原剂、酸碱等隔离储运。搬运时轻装轻卸，防止容器受损。

紧急处置信息

急救措施

吸入：迅速脱离现场至空气新鲜处。保持呼吸道通畅。如呼吸困难，给输氧。如呼吸、心跳停止，立即进行心肺复苏术。就医。

眼睛接触：立即分开眼睑，用流动清水或生理盐水彻底冲洗。就医。

皮肤接触：立即脱去污染的衣着，用肥皂水和清水彻底冲洗。就医。

食入：催吐，给服活性炭悬液。就医。

如出现腈类物质中毒症状，使用亚硝酸钠和硫代硫酸钠解毒剂，也可用硫代硫酸钠加口服对氨基苯丙酮。

灭火方法 消防人员须佩戴防毒面具，穿全身消防服，在上风向灭火。尽可能将容器从火场移至空旷处。喷水保持火场容器冷却，直至灭火结束。处在火场中的容器若已变色或从安全泄压装置中发出声音，必须马上撤离。

灭火剂：雾状水、泡沫、干粉、二氧化碳、砂土。

泄漏应急处置 根据液体流动和蒸气扩散的影响区域划定警戒区，无关人员从侧风、上风向撤离至安全区。消除所有点火源。建议应急处理人员戴正压自给式呼吸器，穿防毒服，戴防护手套。穿上适当的防护服前严禁接触破裂的容器和泄漏物。尽可能切断泄漏源。防止泄漏物进入水体、下水道、地下室或受限空间。小量泄漏：用干燥的砂土或其他不燃材料吸收或覆盖，收集于容器中。大量泄漏：构筑围堤或挖坑收容。用泵转移至槽车或专用收集器内。

21. 苯代丁腈

标　识

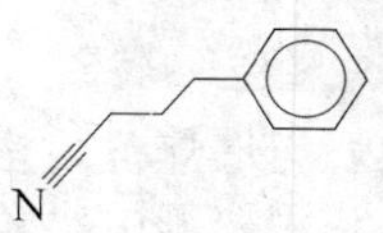

中文名称 苯代丁腈

英文名称 4-phenyl butyronitrile；benzenebutanenitrile

别名 4－苯基丁腈
分子式 $C_{10}H_{11}N$
CAS 号 2046－18－6

危害信息

燃烧与爆炸危险性 可燃。其蒸气与空气混合，能形成爆炸性混合物。受高热分解放出有毒的气体。流速过快，容易产生和积聚静电。若遇高热，容器内压增大，有开裂和爆炸的危险。

活性反应 与氧化剂可发生反应。

禁忌物 强氧化剂、强还原剂。

侵入途径 吸入、食入、经皮吸收。

理化特性与用途

理化特性 淡黄色液体。溶于乙醇、乙醚、苯。沸点 97～99℃(0.23kPa)，相对密度(水＝1)0.973，饱和蒸气压 1.46Pa(25℃)，辛醇/水分配系数 2.21，闪点 113℃。

主要用途 用于有机合成。

包装与储运

安全储运 储存于阴凉、通风的库房。远离火种、热源。保持容器密封。应与氧化剂、还原剂等隔离储运。搬运时轻装轻卸，防止容器受损。

紧急处置信息

急救措施

吸入：迅速脱离现场至空气新鲜处。保持呼吸道通畅。如呼吸困难，给输氧。如呼吸、心跳停止，立即进行心肺复苏术。就医。

眼睛接触：立即分开眼睑，用流动清水或生理盐水彻底冲洗。就医。

皮肤接触：立即脱去污染的衣着，用肥皂水和清水彻底冲洗。就医。

食入：催吐，给服活性炭悬液。就医。

如出现腈类物质中毒症状，使用亚硝酸钠和硫代硫酸钠解毒剂，也可用硫代硫酸钠加口服对氨基苯丙酮。

灭火方法 消防人员须佩戴防毒面具，穿全身消防服，在上风向灭火。尽可能将容器从火场移至空旷处。喷水保持火场容器冷却，直至灭火结束。处在火场中的容器若已变色或从安全泄压装置中发出声音，必须马上撤离。

灭火剂：雾状水、泡沫、干粉、二氧化碳、砂土。

泄漏应急处置 根据液体流动和蒸气扩散的影响区域划定警戒区，无关人员从侧风、上风向撤离至安全区。消除所有点火源。建议应急处理人员戴防毒面具，穿防毒服，戴防毒手套。穿上适当的防护服前严禁接触破裂的容器和泄漏物。尽可能切断泄漏源。防止泄漏物进入水体、下水道、地下室或受限空间。小量泄漏：用干燥的砂土或其他不燃材料吸收或覆盖，收集于容器中。大量泄漏：构筑围堤或挖坑收容。用泵转移至槽车或专用收集器内。

22. 苯 丁 锡

标 识

中文名称 苯丁锡

英文名称 fenbutatin oxide; bis(tris(2 - methyl - 2 - phenylpropyl)tin) oxide

别名 双(三(2 - 甲基 - 2 - 苯基丙基)锡)氧化物

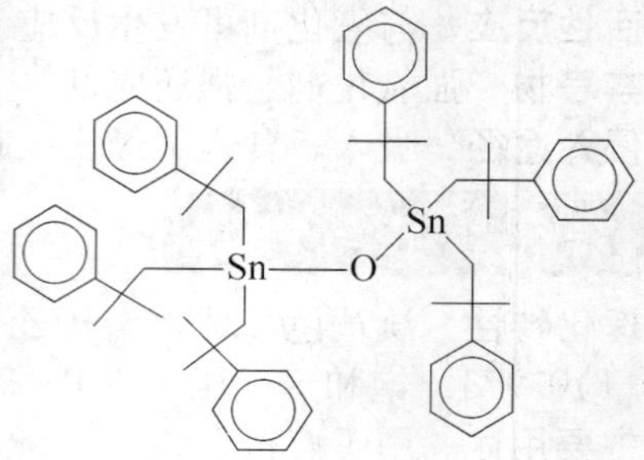

分子式 $C_{60}H_{78}OSn_2$

CAS 号 13356 - 08 - 6

危害信息

危险性类别 第6类有毒品。

燃烧与爆炸危险性 可燃。其粉体与空气混合，能形成爆炸性混合物。受高热分解放出有毒的气体。

禁忌物 强氧化剂。

毒性 大鼠经口 LD_{50}：2630mg/kg；大鼠经皮 LD_{50}：1000mg/kg；小鼠经口 LD_{50}：1450mg/kg；兔经皮 LD_{50}：>2000mg/kg。

侵入途径 吸入、食入、经皮吸收。

职业接触限值 美国(ACGIH)：TLV - TWA：0.1mg/m^3[按锡计]，TLV - STEL：0.2mg/m^3[按锡计]。

环境危害 对水生生物有极高毒性，可能在水生环境中造成长期不利影响。

理化特性与用途

理化特性 白色结晶粉末，稍有气味。不溶于水，溶于多数有机溶剂。熔点 138 ~ 139℃，沸点 235 ~ 240℃(6.65Pa)，相对密度(水 = 1)1.29 ~ 1.33，辛醇/水分配系数 5.2。

主要用途 用作农用杀螨剂，用于防治温室植物、柑橘、葡萄、香蕉、园艺和花卉等植物的多种叶螨。

包装与储运

包装标志 有毒品

包装类别 Ⅲ类

安全储运 储存于阴凉、通风的库房。远离火种、热源。防止阳光直射。储存温度不超过 35℃，相对湿度不超过 85%。保持容器密封。应与氧化剂分开存放，切忌混储。配备相应品种和数量的消防器材。储区应备有合适的材料收容泄漏物。

紧急处置信息

急救措施

吸入： 迅速脱离现场至空气新鲜处。保持呼吸道通畅。如呼吸困难，给输氧。如呼吸、心跳停止，立即进行心肺复苏术。就医。

眼睛接触： 立即分开眼睑，用大量流动清水或生理盐水彻底冲洗 10 ~ 15min。如有不适感，就医。

皮肤接触：立即脱去污染的衣着，用大量流动清水冲洗。如有不适感，就医。

食入：饮足量温水，催吐。就医。

灭火方法 消防人员须佩戴防毒面具，穿全身消防服，在上风向灭火。尽可能将容器从火场移至空旷处。喷水保持火场容器冷却，直至灭火结束。

灭火剂：雾状水、泡沫、干粉、二氧化碳、砂土。

泄漏应急处置 隔离泄漏污染区，限制出入。建议应急处理人员戴防尘口罩，穿防毒服，戴防毒手套。穿上适当的防护服前严禁接触破裂的容器和泄漏物。尽可能切断泄漏源。用塑料布覆盖泄漏物，减少飞散。勿使水进入包装容器内。用洁净的铲子收集泄漏物，置于干净、干燥、盖子较松的容器中，将容器移离泄漏区。

23. 苯基硫醇

标识

中文名称 苯基硫醇

英文名称 benzenethiol；phenyl mercaptan

别名 苯硫酚；巯基苯；硫代苯酚

分子式 C_6H_6S

CAS 号 108－98－5

WGH 号 61090

UN 号 2337。

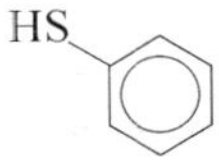

危害信息

危险性类别 第6类有毒品。

燃烧与爆炸危险性 易燃。其蒸气与空气混合，能形成爆炸性混合物，遇明火、高热或与氧化剂接触，有引起燃烧爆炸的危险。燃烧产生有毒的一氧化碳、硫化氢和氧化硫气体。受高热分解产生有毒的硫化物烟气。

活性反应 与氧化剂接触，有引起燃烧爆炸的危险。

禁忌物 强氧化剂、强碱。

毒性 大鼠经口 LD_{50}：46.2mg/kg；小鼠经口 LD_{50}：267mg/kg；大鼠吸入 LC_{50}：33ppm（4h）。

本品已列入《剧毒化学品目录》。

中毒表现 对眼和上呼吸道有刺激性。吸入后引起头痛。对皮肤有刺激性，可引起皮炎。

侵入途径 吸入、食入、经皮吸收。

理化特性与用途

理化特性 无色液体，有窒息性气味。不溶于水，易溶于乙醇，混溶于乙醚、苯、二硫化碳。pH 值5（饱和溶液），熔点－15℃，沸点168℃，相对密度（水＝1）1.07，相对蒸气密度（空气＝1）3.8，饱和蒸气压0.13kPa（18℃），燃烧热－3886kJ/mol，临界温度412℃，临界压力3.58MPa，辛醇/水分配系数2.52，闪点50℃，引燃温度450℃，爆炸下限1.2%。

主要用途 用作染料、医药、农药、阻聚剂、抗氧剂等的中间体以及分析试剂。

包装与储运

包装标志 有毒品，易燃液体

包装类别 Ⅰ类

安全储运 储存于阴凉、通风良好的专用库房内。应严格执行剧毒化学品管理制度。远离火种、热源。库温不超过32℃。相对湿度不超过80%。保持容器密封。应与氧化剂、碱类、食用化学品分开存放，切忌混储。采用防爆型照明、通风设施。禁止使用易产生火花的机械设备和工具。储区应备有泄漏应急处理设备和合适的收容材料。

紧急处置信息

急救措施

吸入：迅速脱离现场至空气新鲜处。保持呼吸道通畅。如呼吸困难，给输氧。呼吸、心跳停止，立即进行心肺复苏术。就医。

眼睛接触：分开眼睑，用流动清水或生理盐水冲洗。如有不适感，就医。

皮肤接触：立即脱去污染的衣着，用肥皂水和清水彻底冲洗皮肤。如有不适感，就医。

食入：饮足量温水，催吐。就医。

灭火方法 消防人员必须佩戴空气呼吸器，穿全身防火防毒服，在上风向灭火。尽可能将容器从火场移至空旷处。喷水保持火场容器冷却，直至灭火结束。

灭火剂：雾状水、泡沫、二氧化碳、砂土。

泄漏应急处置 消除所有点火源。根据液体流动和蒸气扩散的影响区域划定警戒区，无关人员从侧风、上风向撤离至安全区。建议应急处理人员戴正压自给式呼吸器，穿防毒、防静电服，戴防毒手套。作业时使用的所有设备应接地。禁止接触或跨越泄漏物。尽可能切断泄漏源。防止泄漏物进入水体、下水道、地下室或受限空间。小量泄漏：用砂土或其他不燃材料吸收。使用洁净的无火花工具收集吸收材料。大量泄漏：构筑围堤或挖坑收容。用泡沫覆盖，减少蒸发。喷水雾能减少蒸发，但不能降低泄漏物在受限空间内的易燃性。用砂土、惰性物质或蛭石吸收大量液体。用防爆泵转移至槽车或专用收集器内。

24. 苯基羟胺

标　识

中文名称 苯基羟胺

英文名称 phenylhydroxylamine；*N*－hydroxybenzenamine；*N*－phenylhydroxylamine

别名 苯胲

分子式 C_6H_7NO

CAS号 100－65－2

危害信息

燃烧与爆炸危险性 可燃。其粉体与空气混合，能形成爆炸性混合物。燃烧分解时，放出有毒的氮氧化物气体。

禁忌物 强氧化剂。

毒性 大鼠经口 LD_{50}：100mg/kg；小鼠经口 LD_{50}：247mg/kg；兔经口 LD_{50}：125mg/kg。

中毒表现 本品可致高铁血红蛋白血症。高铁血红蛋白血症的主要表现有：明显的紫绀、神经系统症状、心悸、胸闷、恶心、呕吐等，重者可致休克、心律紊乱、惊厥以致昏迷。

侵入途径 吸入、食入、经皮吸收。

理化特性与用途

理化特性 无色针状结晶。溶于热水，易溶于乙醇、乙醚、氯仿、热苯、乙酸，不溶于石油醚。熔点 79 ~83.5℃，沸点 243.5℃，饱和蒸气压 1.06Pa(25℃)，辛醇/水分配系数 0.79。

主要用途 用于有机合成。

包装与储运

安全储运 储存于阴凉、通风的库房。远离火种、热源。保持容器密封。应与强氧化剂等隔离储运。搬运时轻装轻卸，防止容器受损。

紧急处置信息

急救措施

吸入： 立即脱离接触。如呼吸困难，给吸氧。如呼吸、心跳停止，立即进行心肺复苏术。就医。

眼睛接触： 分开眼睑，用清水或生理盐水冲洗。如有不适感，就医。

皮肤接触： 立即脱去污染衣着，用肥皂水或清水彻底冲洗。就医。

食入： 催吐。就医。

高铁血红蛋白血症可用美蓝和维生素 C 治疗。

灭火方法 消防人员须佩戴防毒面具，穿全身消防服，在上风向灭火。尽可能将容器从火场移至空旷处。喷水保持火场容器冷却，直至灭火结束。

灭火剂：雾状水、二氧化碳、泡沫、干粉、砂土。

泄漏应急处置 隔离泄漏污染区，限制出入。消除所有点火源。建议应急处理人员戴防尘口罩，穿一般作业工作服，戴防护手套。尽可能切断泄漏源。用塑料布覆盖泄漏物，减少飞散。勿使水进入包装容器内。用洁净的铲子收集泄漏物，置于干净、干燥、盖子较松的容器中，将容器移离泄漏区。

25. 苯甲酸苄酯

标 识

中文名称 苯甲酸苄酯

英文名称 benzyl benzoate; benzoic acid benzyl ester

别名 安息香酸苄酯

分子式 $C_{14}H_{12}O_2$

CAS 号 120 -51 -4

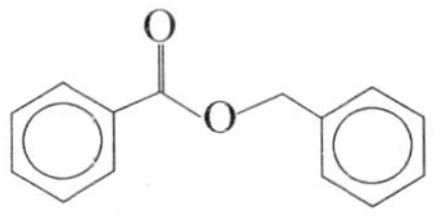

危害信息

燃烧与爆炸危险性 可燃。其粉体或蒸气与空气混合，能形成爆炸性混合物。燃烧产生有毒的一氧化碳气体。

禁忌物　强氧化剂、酸类、碱类、还原剂。

毒性　大鼠经口 LD_{50}：1700mg/kg；大鼠经皮 LD_{50}：4000mg/kg；小鼠经口 LD_{50}：1400mg/kg；兔经皮 LD_{50}：4000mg/kg。

中毒表现　对眼睛、皮肤、黏膜和上呼吸道有刺激作用。有本品有降低血压的报道。

侵入途径　吸入、食入、经皮吸收。

理化特性与用途

理化特性　无色液体或白色固体，有极微弱的花香味。不溶于水，不溶于甘油，混溶于乙醇、乙醚、氯仿、油类，溶于丙酮、苯。熔点 21℃，沸点 324℃，相对密度(水 = 1) 1.12，相对蒸气密度(空气 = 1)7.3，饱和蒸气压 0.03Pa(25℃)，燃烧热 -6690kJ/mol，临界温度 547℃，临界压力 2.58MPa，辛醇/水分配系数 3.97，闪点 148℃(闭杯)，引燃温度 480℃，爆炸下限 0.7%，爆炸上限 4.5%。

主要用途　是人造麝香、香兰素等香料的优良溶剂，樟脑的代用品，也用于配制百日咳药、气喘药等。

包装与储运

安全储运　储存于阴凉、通风的库房。远离火种、热源。保持容器密封。应与氧化剂、还原剂、酸碱等隔离储运。搬运时轻装轻卸，防止容器受损。

紧急处置信息

急救措施

吸入：脱离现场至空气新鲜处。如呼吸困难，给输氧。就医。

眼睛接触：分开眼睑，用流动清水或生理盐水冲洗。如有不适感，就医。

皮肤接触：立即脱去污染的衣着，用肥皂水和清水彻底冲洗皮肤。如有不适感，就医。

食入：饮足量温水，催吐。就医。

灭火方法　消防人员须佩戴防毒面具，穿全身消防服，在上风向灭火。尽可能将容器从火场移至空旷处。喷水保持火场容器冷却，直至灭火结束。处在火场中的容器若已变色或从安全泄压装置中发出声音，必须马上撤离。

灭火剂：雾状水、泡沫、干粉、二氧化碳、砂土。

泄漏应急处置　根据液体流动和蒸气扩散的影响区域划定警戒区，无关人员从侧风、上风向撤离至安全区。消除所有点火源。建议应急处理人员戴防毒面具，穿一般作业工作服，戴防护手套。尽可能切断泄漏源。防止泄漏物进入水体、下水道、地下室或受限空间。小量泄漏：用干燥的砂土或其他不燃材料吸收或覆盖，收集于容器中。大量泄漏：构筑围堤或挖坑收容。用泵转移至槽车或专用收集器内。

26. 苯甲酸丁酯

标　识

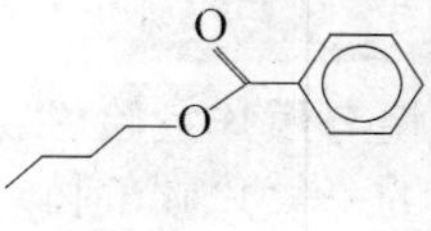

中文名称　苯甲酸丁酯

英文名称　butyl benzoate；*n* - butyl benzoate

别名　苯甲酸正丁酯

分子式 $C_{11}H_{14}O_2$
CAS 号 136－60－7

危害信息

燃烧与爆炸危险性 可燃。燃烧产生有毒的一氧化碳气体。
禁忌物 强氧化剂、强碱、强酸。
毒性 大鼠经口 LD_{50}：5100mg/kg。
中毒表现 本品对皮肤有刺激作用，其蒸气或雾对眼睛、黏膜和上呼吸道有刺激作用。
侵入途径 吸入、食入。
环境危害 对水生生物有毒，可能在水生环境中造成长期不利影响。

理化特性与用途

理化特性 无色至黄色油状液体，略有气味。不溶于水，溶于乙醇、乙醚、丙酮，混溶于油类和烃类。熔点－22℃，沸点249℃，相对密度(水＝1)1.0，相对蒸气密度(空气＝1)6.15，饱和饱和蒸气压1.33Pa(25℃)，辛醇/水分配系数3.84，闪点106℃(闭杯)、107℃(开杯)，引燃温度481℃，爆炸下限0.8%，爆炸上限5.4%。
主要用途 用作纤维素酯类的溶剂，增塑剂和香料的原料。

包装与储运

安全储运 储存于阴凉、通风的库房。远离火种、热源。保持容器密封。应与氧化剂、酸碱等隔离储运。搬运时轻装轻卸，防止容器受损。

紧急处置信息

急救措施
吸入： 脱离现场至空气新鲜处。如呼吸困难，给输氧。就医。
眼睛接触： 分开眼睑，用流动清水或生理盐水冲洗。如有不适感，就医。
皮肤接触： 立即脱去污染的衣着，用肥皂水和清水彻底冲洗皮肤。如有不适感，就医。
食入： 饮足量温水，催吐。就医。
灭火方法 消防人员须佩戴防毒面具，穿全身消防服，在上风向灭火。尽可能将容器从火场移至空旷处。喷水保持火场容器冷却，直至灭火结束。处在火场中的容器若已变色或从安全泄压装置中发出声音，必须马上撤离。
灭火剂：雾状水、泡沫、干粉、二氧化碳、砂土。
泄漏应急处置 根据液体流动和蒸气扩散的影响区域划定警戒区，无关人员从侧风、上风向撤离至安全区。消除所有点火源。建议应急处理人员戴防毒面具，穿一般作业工作服，戴橡胶手套。尽可能切断泄漏源。防止泄漏物进入水体、下水道、地下室或受限空间。小量泄漏：用干燥的砂土或其他不燃材料吸收或覆盖，收集于容器中。大量泄漏：构筑围堤或挖坑收容。用泵转移至槽车或专用收集器内。

27. 苯甲酸乙酯

标　识

中文名称 苯甲酸乙酯

27. 苯甲酸乙酯

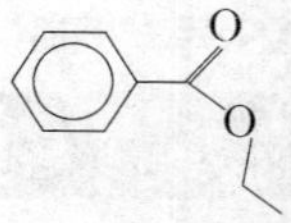

英文名称 ethyl benzoate；benzoic acid ethyl ester

别名 安息香酸乙酯

分子式 $C_9H_{10}O_2$

CAS 号 93－89－0

危害信息

燃烧与爆炸危险性 可燃。其蒸气与空气混合，能形成爆炸性混合物。燃烧产生有毒的一氧化碳气体。

禁忌物 强氧化剂、强碱、强酸。

毒性 大鼠经口 LD_{50}：6500mg/kg。

中毒表现 吸入、摄入或经皮肤吸收后对身体有害。蒸气或烟雾对眼睛、皮肤、黏膜和上呼吸道有刺激作用。目前，未见职业中毒的报道。

侵入途径 吸入、食入、经皮吸收。

环境危害 对环境有害。

理化特性与用途

理化特性 无色透明液体，有水果香味。微溶于热水，溶于乙醇、乙醚、氯仿、石油醚、丙二醇等。熔点－35～－34℃，沸点212～214℃，相对密度(水＝1)1.05，相对蒸气密度(空气＝1)5.17，饱和蒸气压0.13kPa(44℃)，燃烧热－4603kJ/mol，辛醇/水分配系数2.64，闪点88℃(闭杯)，引燃温度490℃，爆炸下限1.0%，爆炸上限6.1%。

主要用途 用作玫瑰、橙花、香石竹等化妆香精的调配，也用作纤维素酯、纤维素醚、树脂等的溶剂。

包装与储运

安全储运 储存于阴凉、通风的库房。远离火种、热源。保持容器密封。应与氧化剂、酸碱等隔离储运。搬运时轻装轻卸，防止容器受损。

紧急处置信息

急救措施

吸入：脱离现场至空气新鲜处。如呼吸困难，给输氧。就医。

眼睛接触：分开眼睑，用流动清水或生理盐水冲洗。如有不适感，就医。

皮肤接触：立即脱去污染的衣着，用肥皂水和清水彻底冲洗皮肤。如有不适感，就医。

食入：饮足量温水，催吐。就医。

灭火方法 消防人员须佩戴防毒面具，穿全身消防服，在上风向灭火。尽可能将容器从火场移至空旷处。喷水保持火场容器冷却，直至灭火结束。处在火场中的容器若已变色或从安全泄压装置中发出声音，必须马上撤离。

灭火剂：雾状水、泡沫、干粉、二氧化碳、砂土。

泄漏应急处置 根据液体流动和蒸气扩散的影响区域划定警戒区，无关人员从侧风、上风向撤离至安全区。消除所有点火源。建议应急处理人员戴防毒面具，穿防毒服，戴橡胶手套。穿上适当的防护服前严禁接触破裂的容器和泄漏物。尽可能切断泄漏源。防止泄漏物进入水体、下水道、地下室或受限空间。小量泄漏：用干燥的砂土或其他不燃材料吸收或覆盖，收集于容器中。大量泄漏：构筑围堤或挖坑收容。用泵转移至槽车或专用收集器内。

28. 苯甲酸异丙酯

标　识

中文名称　苯甲酸异丙酯

英文名称　isopropyl benzoate；benzoic acid isopropyl ester；1－methylethyl benzoate

别名　安息香酸异丙酯

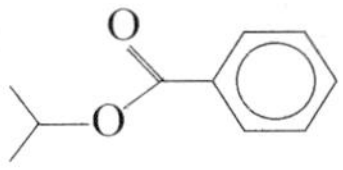

分子式　$C_{10}H_{12}O_2$

CAS 号　939－48－0

危害信息

燃烧与爆炸危险性　可燃。其蒸气与空气混合，能形成爆炸性混合物。燃烧产生有毒的一氧化碳气体。

禁忌物　强氧化剂、强酸、强碱。

毒性　大鼠经口 LD_{50}：3700mg/kg；兔经皮 LD_{50}：20000mg/kg。

中毒表现　对眼睛、皮肤、黏膜有刺激作用。在工业应用中未见职业中毒的报道。

侵入途径　吸入、食入、经皮吸收。

理化特性与用途

理化特性　无色透明液体。不溶于水，溶于乙醇、乙醚、丙酮等。熔点－26.4℃，沸点216～219℃，相对密度（水＝1）1.011，相对蒸气密度（空气＝1）5.7，饱和蒸气压0.015kPa（25℃），辛醇/水分配系数3.18，闪点99℃。

主要用途　用作高沸点溶剂、聚合抑制剂，用于制香料。

包装与储运

安全储运　储存于阴凉、通风的库房。远离火种、热源。保持容器密封。应与氧化剂、酸碱等隔离储运。搬运时轻装轻卸，防止容器受损。

紧急处置信息

急救措施

吸入：脱离现场至空气新鲜处。如呼吸困难，给输氧。就医。

眼睛接触：分开眼睑，用流动清水或生理盐水冲洗。如有不适感，就医。

皮肤接触：立即脱去污染的衣着，用肥皂水和清水彻底冲洗皮肤。如有不适感，就医。

食入：饮足量温水，催吐。就医。

灭火方法　消防人员须佩戴防毒面具，穿全身消防服，在上风向灭火。尽可能将容器从火场移至空旷处。喷水保持火场容器冷却，直至灭火结束。处在火场中的容器若已变色或从安全泄压装置中发出声音，必须马上撤离。

灭火剂：雾状水、泡沫、干粉、二氧化碳、砂土。

泄漏应急处置　根据液体流动和蒸气扩散的影响区域划定警戒区，无关人员从侧风、上风向撤离至安全区。消除所有点火源。建议应急处理人员戴防毒面具，穿一般作业工作服，戴橡胶手套。尽可能切断泄漏源。防止泄漏物进入水体、下水道、地下室或受限空间。小量泄漏：用干燥的砂土或其他不燃材料吸收或覆盖，收集于容器中。大量泄漏：构筑围堤或挖坑收容。用泵转移至槽车或专用收集器内。

29. 苯甲酸正己酯

标　识

中文名称　苯甲酸正己酯

英文名称　*n*－hexyl benzoate；benzoic acid hexyl ester

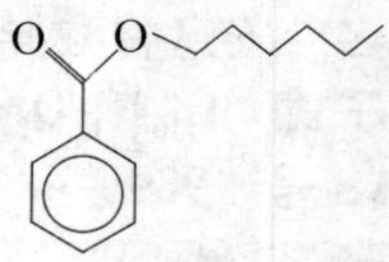

别名　苯甲酸己酯

分子式　$C_{13}H_{18}O_2$

CAS 号　6789－88－4

危害信息

燃烧与爆炸危险性　可燃。其蒸气与空气混合，能形成爆炸性混合物。燃烧产生有毒的一氧化碳气体。

禁忌物　强氧化剂、强酸、强碱。

毒性　大鼠经口 LD_{50}：12300mg/kg；兔经皮 LD_{50}：21000mg/kg。

中毒表现　对眼睛、皮肤、黏膜有刺激作用。

侵入途径　吸入、食入。

理化特性与用途

理化特性　无色透明液体。不溶于水，溶于乙醇、丙酮。沸点 272℃，相对密度（水＝1）0.979，相对蒸气密度（空气＝1）7.1，饱和蒸气压 4.27kPa（22℃），辛醇/水分配系数 4.28，闪点＞110℃。

主要用途　用作溶剂，作为香料用于香水、肥皂、洗涤剂和面霜等。

包装与储运

安全储运　储存于阴凉、通风的库房。远离火种、热源。保持容器密封。应与氧化剂、酸碱等隔离储运。搬运时轻装轻卸，防止容器受损。

紧急处置信息

急救措施

吸入：脱离现场至空气新鲜处。如呼吸困难，给输氧。就医。

眼睛接触：分开眼睑，用流动清水或生理盐水冲洗。如有不适感，就医。

皮肤接触：立即脱去污染的衣着，用肥皂水和清水彻底冲洗皮肤。如有不适感，就医。

食入：饮足量温水，催吐。就医。

灭火方法　消防人员须佩戴防毒面具，穿全身消防服，在上风向灭火。尽可能将容器从火场移至空旷处。喷水保持火场容器冷却，直至灭火结束。处在火场中的容器若已变色或从安全泄压装置中发出声音，必须马上撤离。

灭火剂：雾状水、泡沫、干粉、二氧化碳、砂土。

泄漏应急处置　根据液体流动和蒸气扩散的影响区域划定警戒区，无关人员从侧风、上风向撤离至安全区。消除所有点火源。建议应急处理人员戴防毒面具，穿一般作业工作服，戴橡胶手套。尽可能切断泄漏源。防止泄漏物进入水体、下水道、地下室或受限空间。

小量泄漏：用干燥的砂土或其他不燃材料吸收或覆盖，收集于容器中。大量泄漏：构筑围堤或挖坑收容。用泵转移至槽车或专用收集器内。

30. 苯 腈 磷

标 识

中文名称 苯腈磷

英文名称 *O*－(4－cyanophenyl) *O*－ethyl phenylphosphonothioate

别名 *O*－乙基－*O*－(4－氰苯基)苯基硫代膦酸酯

分子式 $C_{15}H_{14}NO_2PS$

CAS 号 13067－93－1

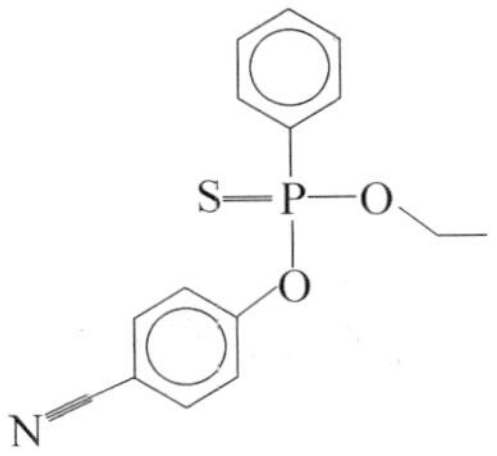

危害信息

危险性类别 第6类有毒品。

燃烧与爆炸危险性 可燃。其粉体与空气混合，能形成爆炸性混合物。受高热分解，放出有毒的氮、磷和硫的氧化物烟气。

禁忌物 强氧化剂。

毒 性 大鼠经口 LD_{50}：29mg/kg；小鼠经口 LD_{50}：44mg/kg；兔经皮 LD_{50}：>2000mg/kg。

本品已列入《剧毒化学品目录》。

中毒表现 属高毒杀虫剂。其中毒表现及对胆碱酯酶活性的影响同一般有机磷农药。

侵入途径 吸入、食入、经皮吸收。

环境危害 对水生生物有毒，可能在水生环境中造成长期不利影响。

理化特性与用途

理化特性 白色或浅黄色固体。不溶于水，溶于酮、芳烃。熔点83℃、71～78℃(工业品)，饱和蒸气压0.0018Pa(25℃)，辛醇/水分配系数4.29，闪点>100℃。

主要用途 用作农用杀虫剂。

包装与储运

包装标志 有毒品

包装类别 Ⅱ类

安全储运 储存于阴凉、通风的库房。远离火种、热源。储存温度不超过35℃，相对湿度不超过85%。保持容器密封。应严格执行剧毒化学品管理制度。应与氧化剂、食用化学品分开存放，切忌混储。配备相应品种和数量的消防器材。储区应备有合适的材料收容泄漏物。

紧急处置信息

急救措施

吸入：迅速脱离现场至空气新鲜处。保持呼吸道通畅。如呼吸困难，给输氧。如呼吸、心跳停止，立即进行心肺复苏术。就医。

眼睛接触：分开眼睑，用流动清水或生理盐水冲洗。如有不适感，就医。

皮肤接触：立即脱去污染的衣着，用肥皂水和清水彻底冲洗皮肤。如有不适感，就医。

食入：饮足量温水，催吐。用1:5000高锰酸钾溶液洗胃。口服活性炭，导泻。每5min给服一片阿托品，直到感觉口干为止。就医。

灭火方法 消防人员须佩戴防毒面具，穿全身消防服，在上风向灭火。尽可能将容器从火场移至空旷处。喷水保持火场容器冷却，直至灭火结束。

灭火剂：雾状水、泡沫、干粉、二氧化碳、砂土。

泄漏应急处置 隔离泄漏污染区，限制出入。消除所有点火源。建议应急处理人员戴防尘口罩，穿防毒服，戴防毒手套。穿上适当的防护服前严禁接触破裂的容器和泄漏物。尽可能切断泄漏源。用塑料布覆盖泄漏物，减少飞散。勿使水进入包装容器内。用洁净的铲子收集泄漏物，置于干净、干燥、盖子较松的容器中，将容器移离泄漏区。

31. 苯菌灵

标识

中文名称 苯菌灵

英文名称 benomyl; methyl 1-(butylcarbamoyl)-2-benzimidazolecarbamate

别名 1-正丁基氨基甲酰基苯并咪唑-2-氨基甲酸甲酯

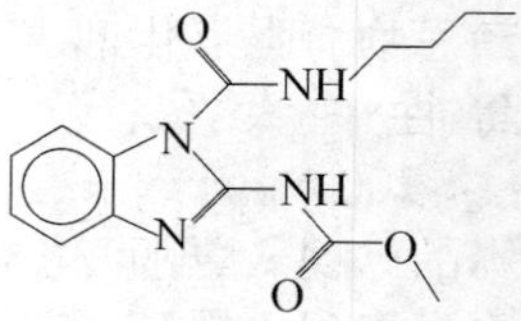

分子式 $C_{14}H_{18}N_4O_3$

CAS号 17804-35-2

危害信息

燃烧与爆炸危险性 可燃。其粉体与空气混合，能形成爆炸性混合物。受高热分解放出有毒的气体。

禁忌物 强氧化剂。

毒性 大鼠经口 LD_{50}：10000mg/kg；小鼠经口 LD_{50}：5600mg/kg；大鼠经皮 LD_{50}：>1000mg/kg；兔经皮 LD_{50}：>10000mg/kg；大鼠吸入 LC_{50}：>2000mg/m^3(4h)。

中毒表现 对眼睛和皮肤有刺激作用。对皮肤有致敏作用。

侵入途径 吸入、食入、经皮吸收。

环境危害 对水生生物有极高毒性，可能在水生环境中造成长期不利影响。

理化特性与用途

理化特性 无色结晶或白色结晶粉末，稍有刺激性气味。不溶于水、油类，微溶于乙醇，溶于丙酮、氯仿、二甲基甲酰胺。熔点140℃(分解)，辛醇/水分配系数2.12，引燃温度200℃。

主要用途 内吸性杀菌剂，用于防治小麦、水稻、果树、蔬菜等由子囊菌、半知菌和担子菌引起的病害。

包装与储运

安全储运 储存于阴凉、通风的库房。远离火种、热源。保持容器密封。应与强氧化剂等隔离储运。搬运时轻装轻卸，防止容器受损。

紧急处置信息

急救措施

吸入： 迅速脱离现场至空气新鲜处。保持呼吸道通畅。如呼吸困难，给输氧。如呼吸、心跳停止，立即进行心肺复苏术。就医。

眼睛接触： 分开眼睑，用流动清水或生理盐水冲洗。如有不适感，就医。

皮肤接触： 立即脱去污染的衣着，用大量流动清水冲洗。如有不适感，就医。

食入： 饮足量温水，催吐。就医。

灭火方法 消防人员须佩戴防毒面具，穿全身消防服，在上风向灭火。尽可能将容器从火场移至空旷处。喷水保持火场容器冷却，直至灭火结束。

灭火剂：雾状水、泡沫、干粉、二氧化碳、砂土。

泄漏应急处置 隔离泄漏污染区，限制出入。消除所有点火源。建议应急处理人员戴防尘口罩，穿一般作业工作服，戴防护手套。尽可能切断泄漏源。用塑料布覆盖泄漏物，减少飞散。勿使水进入包装容器内。用洁净的铲子收集泄漏物，置于干净、干燥、盖子较松的容器中，将容器移离泄漏区。

32. 苯噻硫氰

标　识

中文名称 苯噻硫氰

英文名称 (benzothiazol－2－ylthio)methyl thiocyanate; benthiazole; 2－(thiocyanomethylthio)benzothiazole

别名 2－(硫氰基甲基硫基)苯并噻唑

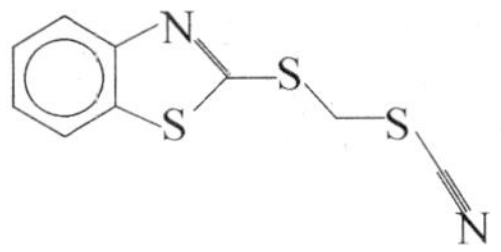

分子式 $C_9H_6N_2S_3$

CAS 号 21564－17－0

危害信息

危险性类别 第6类有毒品。

燃烧与爆炸危险性 可燃。其蒸气与空气混合，能形成爆炸性混合物。若遇高热，容器内压增大，有开裂和爆炸的危险。

活性反应 与氧化剂可发生反应。

禁忌物 强氧化剂、强碱。

毒性 大鼠经口 LD_{50}：1590mg/kg；小鼠经口 LD_{50}：445mg/kg；兔经皮 LD_{50}：10000mg/kg。

中毒表现 本品属低毒杀菌剂。对眼睛、皮肤有刺激性。

侵入途径 吸入、食入、经皮吸收。

环境危害 对水生生物有极高毒性，可能在水生环境中造成长期不利影响。

理化特性与用途

理化特性 淡黄色至棕红色液体，有刺激性气味。不溶于水，溶于多数有机溶剂。熔点 $< -10℃$，沸点 $>120℃$，相对密度(水＝1)1.4，饱和蒸气压 <1.33Pa(30℃)，辛醇/水分配系数3.3，闪点120.7℃。

主要用途 用作农用杀菌剂。

包装与储运

包装标志 有毒品

包装类别 Ⅱ类

安全储运 储存于阴凉、通风的库房。远离火种、热源。防止阳光直射。储存温度不超过32℃，相对湿度不超过85%。保持容器密封。应与氧化剂、碱类分开存放，切忌混储。配备相应品种和数量的消防器材。储区应备有泄漏应急处理设备和合适的收容材料。

紧急处置信息

急救措施

吸入：迅速脱离现场至空气新鲜处。保持呼吸道通畅。如呼吸困难，给输氧。如呼吸、心跳停止，立即进行心肺复苏术。就医。

眼睛接触：分开眼睑，用流动清水或生理盐水冲洗。如有不适感，就医。

皮肤接触：脱去污染的衣着，用大量流动清水冲洗。如有不适感，就医。

食入：饮足量温水，催吐、洗胃、导泻。就医。

灭火方法 消防人员须佩戴防毒面具，穿全身消防服，在上风向灭火。尽可能将容器从火场移至空旷处。喷水保持火场容器冷却，直至灭火结束。处在火场中的容器若已变色或从安全泄压装置中发出声音，必须马上撤离。

灭火剂：雾状水、泡沫、干粉、二氧化碳、砂土。

泄漏应急处置 根据液体流动和蒸气扩散的影响区域划定警戒区，无关人员从侧风、上风向撤离至安全区。建议应急处理人员戴正压自给式呼吸器，穿一般作业工作服，戴防毒手套。尽可能切断泄漏源。防止泄漏物进入水体、下水道、地下室或受限空间。小量泄漏：用干燥的砂土或其他不燃材料吸收或覆盖，收集于容器中。大量泄漏：构筑围堤或挖坑收容。用泵转移至槽车或专用收集器内。

33. 苯胂化二氯

标　识

中文名称 苯胂化二氯

英文名称 dichloro(phenyl)arsine；phenylarsine dichloride；phenyldichloroarsine

别名 二氯苯胂

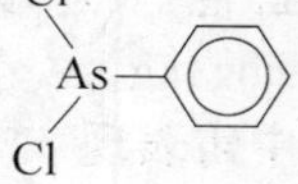

分子式 $C_6H_5AsCl_2$

CAS号 696-28-6

WGH号 61856

危害信息

危险性类别 第6类有毒品。

燃烧与爆炸危险性 可燃。受热分解释出高毒烟雾。若遇高热，容器内压增大，有开裂和爆炸的危险。

禁忌物 水。

毒性 大鼠经皮 LD_{50}：16mg/kg；兔经皮 LD_{50}：5mg/kg。

本品已列入《剧毒化学品目录》。

中毒表现 急性中毒可出现胃肠炎、神经系统损害，重者可引起休克、肾功能损害。砷中毒三日至三周出现急性周围神经病。部分患者出现中毒性肝、肾、心肌等损害。

侵入途径 吸入、食入、经皮吸收。

环境危害 对水生生物有极高毒性，可能在水生环境中造成长期不利影响。

理化特性与用途

理化特性 无色至黄色液体。不溶于水，溶于乙醇、乙醚、丙酮、苯。熔点 -20℃，沸点 254～257℃，相对密度（水＝1）1.654，相对蒸气密度（空气＝1）7.7，饱和蒸气压 4.39Pa（25℃），辛醇/水分配系数 3.06。

主要用途 农业上用作杀菌剂。

包装与储运

包装标志 有毒品

包装类别 Ⅰ类

安全储运 储存于阴凉、干燥、通风良好的库房。远离火种、热源。应严格执行剧毒化学品管理制度。防止阳光直射。储存温度不超过35℃，相对湿度不超过80%。保持容器密封。应与食用化学品等分开存放，切忌混储。配备相应品种和数量的消防器材。储区应备有泄漏应急处理设备和合适的收容材料。

紧急处置信息

急救措施

吸入：迅速脱离现场至空气新鲜处。保持呼吸道通畅。如呼吸困难，给输氧。如呼吸、心跳停止，立即进行心肺复苏术。就医。

眼睛接触：立即分开眼睑，用流动清水或生理盐水彻底冲洗。就医。

皮肤接触：立即脱去污染的衣着，用肥皂水和清水彻底冲洗。就医。

食入：催吐、彻底洗胃，洗胃后服活性炭 30～50g（用水调成浆状），而后再服用硫酸镁或硫酸钠导泻。就医。

解毒剂用二巯基丙磺酸钠、二巯基丁二酸钠等。

灭火方法 消防人员必须佩戴空气呼吸器，穿全身防火防毒服，在上风向灭火。尽可能将容器从火场移至空旷处。喷水保持火场容器冷却，直至灭火结束。灭火时尽量切断泄漏源，然后根据着火原因选择适当灭火剂灭火。

泄漏应急处置 根据液体流动和蒸气扩散的影响区域划定警戒区，无关人员从侧风、上风向撤离至安全区。建议应急处理人员戴正压自给式呼吸器，穿防毒服，戴防毒手套。穿上适当的防护服前严禁接触破裂的容器和泄漏物。尽可能切断泄漏源。防止泄漏物进入水体、下水道、地下室或受限空间。小量泄漏：用干燥的砂土或其他不燃材料吸收或覆盖，收集于容器中。大量泄漏：构筑围堤或挖坑收容。用泵转移至槽车或专用收集器内。

34. 苯 胂 氧

标 识

中文名称 苯胂氧

英文名称 phenylarsine oxide；oxophenylarsine

别名 苯基氧化砷

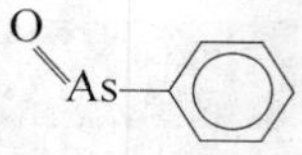

分子式 C_6H_5AsO

CAS 号 637－03－6

危害信息

危险性类别 第 6 类有毒品。

燃烧与爆炸危险性 不燃。无特殊燃爆特性。遇高热分解释出高毒烟气。

禁忌物 强氧化剂。

毒性 小鼠腹腔内 LD_{50}：1.93mg/kg。

中毒表现 有刺激性。急性中毒出现胃肠炎、神经系统损害症状，重者出现急性周围神经病。部分患者可出现肝、肾、心肌损害。

侵入途径 吸入、食入、经皮吸收。

环境危害 对水生生物有极高毒性，可能在水生环境中造成长期不利影响。

理化特性与用途

理化特性 白色结晶性粉末。不溶于水，易溶于氯仿、热乙醇、热苯，微溶于乙醇，不溶于乙醚。熔点 145～148℃，辛醇/水分配系数 2.44。

主要用途 用于有机合成，用作杀虫剂，也用于残余氯的电流滴定。

包装与储运

包装标志 有毒品

包装类别 Ⅱ类

安全储运 储存于阴凉、通风的库房。远离火种、热源。防止阳光直射。储存温度不超过 35℃，相对湿度不超过 80%。保持容器密封。应与氧化剂、食用化学品分开存放，切忌混储。配备相应品种和数量的消防器材。储区应备有合适的材料收容泄漏物。

紧急处置信息

急救措施

吸入：迅速脱离现场至空气新鲜处。保持呼吸道通畅。如呼吸困难，给输氧。如呼吸、心跳停止，立即进行心肺复苏术。就医。

眼睛接触：立即分开眼睑，用流动清水或生理盐水彻底冲洗。就医。

皮肤接触：立即脱去污染的衣着，用肥皂水和清水彻底冲洗。就医。

食入：催吐、彻底洗胃，洗胃后服活性炭 30～50g（用水调成浆状），而后再服用硫酸镁或硫酸钠导泻。就医。

解毒剂用二巯基丙磺酸钠、二巯基丁二酸钠等。

灭火方法 消防人员必须戴空气呼吸器，穿全身防火防毒服，在上风向灭火。灭火时尽可能将容器从火场移至空旷处。本品不燃。根据着火原因选择适当灭火剂灭火。

泄漏应急处置 隔离泄漏污染区，限制出入。消除所有点火源。建议应急处理人员戴防尘口罩，穿防毒服，戴防毒手套。穿上适当的防护服前严禁接触破裂的容器和泄漏物。尽可能切断泄漏源。用塑料布覆盖泄漏物，减少飞散。勿使水进入包装容器内。用洁净的铲子收集泄漏物，置于干净、干燥、盖子较松的容器中，将容器移离泄漏区。

35. 苯 线 磷

标 识

中文名称 苯线磷

英文名称 fenamiphos; ethyl 3 – methyl – 4 – (methylthio) phenyl isopropylphosphoramidate

别名 *O* – 乙基 – *O* – (3 – 甲基 – 4 – 甲硫基) 苯基 – *N* – 异丙氨基磷酸酯

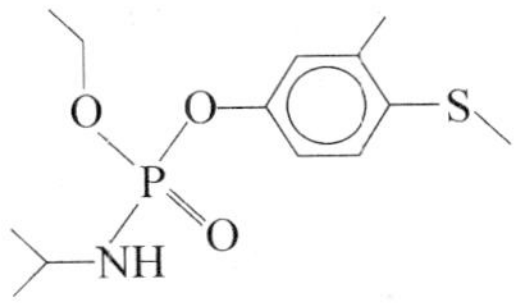

分子式 $C_{13}H_{22}NO_3PS$

CAS 号 22224 – 92 – 6

WGH 号 61126

UN 号 2784

危害信息

危险性类别 第 6 类有毒品。

燃烧与爆炸危险性 可燃。其粉体与空气混合，能形成爆炸性混合物。受高热分解放出有毒的气体。

禁忌物 强氧化剂、强酸、强碱。

毒性 大鼠经口 LD_{50}: 8mg/kg; 小鼠经口 LD_{50}: 22.7mg/kg; 大鼠经皮 LD_{50}: 80mg/kg; 兔经皮 LD_{50}: 178mg/kg; 大鼠吸入 LC_{50}: 91mg/m^3(4h)。

本品已列入《剧毒化学品目录》。

中毒表现 对胆碱酯酶有抑制作用。轻者出现头痛、恶心、呕吐等；中度中毒出现肌束震颤、瞳孔缩小、呼吸困难；重度中毒出现昏迷、肺水肿、呼吸抑制和脑水肿等。

侵入途径 吸入、食入、经皮吸收。

职业接触限值 美国(ACGIH): TLV – TWA: 0.1mg/m^3。

环境危害 对水生生物有极高毒性，可能在水生环境中造成长期不利影响。

理化特性与用途

理化特性 纯品为无色结晶，工业品为蜡状固体。微溶于水，溶于己烷、异丙醇、氯仿、甲苯等有机溶剂。熔点 49.2℃(纯品)、46℃(工业品)，相对密度(水 =1)1.15，饱和蒸气压 <1Pa(30℃)，辛醇/水分配系数 3.3 ，闪点 200℃。

主要用途 用作农用杀线虫剂。

包装与储运

包装标志 有毒品

包装类别 Ⅱ类

安全储运 储存于阴凉、通风良好的专用库房内，应严格执行剧毒化学品管理制度。远离火种、热源。防止阳光直射。储存温度不超过35℃，相对湿度不超过85%。保持容器密封。应与氧化剂、酸类、碱类、食用化学品分开存放，切忌混储。配备相应品种和数量的消防器材。储区应备有合适的材料收容泄漏物。

紧急处置信息

急救措施

吸入： 迅速脱离现场至空气新鲜处。保持呼吸道通畅。如呼吸困难，给输氧。如呼吸、心跳停止，立即进行心肺复苏术。就医。

眼睛接触： 分开眼睑，用流动清水或生理盐水冲洗。如有不适感，就医。

皮肤接触： 立即脱去污染的衣着，用大量流动清水冲洗。如有不适感，就医。

食入： 饮足量温水，催吐。用1∶5000高锰酸钾溶液洗胃。口服活性炭，导泻。每5min给服一片阿托品，直到感觉口干为止。就医。

灭火方法 消防人员须佩戴防毒面具，穿全身消防服，在上风向灭火。尽可能将容器从火场移至空旷处。喷水保持火场容器冷却，直至灭火结束。

灭火剂：雾状水、泡沫、干粉、二氧化碳、砂土。

泄漏应急处置 隔离泄漏污染区，限制出入。建议应急处理人员戴防尘口罩，穿防毒服，戴防毒手套。穿上适当的防护服前严禁接触破裂的容器和泄漏物。尽可能切断泄漏源。用塑料布覆盖泄漏物，减少飞散。勿使水进入包装容器内。用洁净的铲子收集泄漏物，置于干净、干燥、盖子较松的容器中，将容器移离泄漏区。

36. 2-苯氧基乙醇

标　识

中文名称 2-苯氧基乙醇

英文名称 2-phenoxyethanol；2-phenoxyethyl alcohol；ethylene glycol phenyl ether

别名 乙二醇苯基醚

分子式 $C_8H_{10}O_2$

CAS号 122-99-6

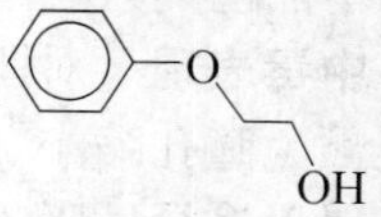

危害信息

燃烧与爆炸危险性 可燃。其蒸气与空气混合，能形成爆炸性混合物。燃烧产生有毒的一氧化碳气体。

禁忌物 强氧化剂、酰基氯、酸酐。

毒性 大鼠经口 LD_{50}：1260mg/kg；小鼠经口 LD_{50}：933mg/kg；兔经皮 LD_{50}：5500mg/kg。

中毒表现 本品对兔眼有一定刺激作用。对无损皮肤刺激不明显，亦不易通过皮肤吸收。未见职业性危害。

侵入途径 吸入、食入。

理化特性与用途

理化特性 无色至淡黄色透明油状液体，有微弱的香味。微溶于水，易溶于乙醇、乙醚、碱溶液。熔点 14℃，沸点 245℃，相对密度（水 =1）1.11，相对蒸气密度（空气 =1）4.8，饱和蒸气压 4Pa（20℃），辛醇/水分配系数 1.16，闪点 121℃（开杯）、127℃（闭杯），引燃温度 500℃，爆炸下限 1.4%，爆炸上限 9%。

主要用途 用作醋酸纤维素、树脂、油墨、染料的溶剂，石油工业中的萃取剂；也用于合成增塑剂、杀菌剂、香料和药物等。

包装与储运

安全储运 储存于阴凉、通风的库房。远离火种、热源。保持容器密封。应与强氧化剂等隔离储运。搬运时轻装轻卸，防止容器受损。

紧急处置信息

急救措施

吸入：脱离现场至空气新鲜处。就医。

眼睛接触：分开眼睑，用流动清水或生理盐水冲洗。如有不适感，就医。

皮肤接触：立即脱去污染的衣着，用肥皂水和清水彻底冲洗皮肤。如有不适感，就医。

食入：饮足量温水，催吐。就医。

灭火方法 消防人员须佩戴防毒面具，穿全身消防服，在上风向灭火。尽可能将容器从火场移至空旷处。喷水保持火场容器冷却，直至灭火结束。处在火场中的容器若已变色或从安全泄压装置中发出声音，必须马上撤离。

灭火剂：雾状水、泡沫、干粉、二氧化碳、砂土。

泄漏应急处置 根据液体流动和蒸气扩散的影响区域划定警戒区，无关人员从侧风、上风向撤离至安全区。消除所有点火源。建议应急处理人员戴防毒面具，穿防毒服，戴防护手套。穿上适当的防护服前严禁接触破裂的容器和泄漏物。尽可能切断泄漏源。防止泄漏物进入水体、下水道、地下室或受限空间。小量泄漏：用干燥的砂土或其他不燃材料吸收或覆盖，收集于容器中。大量泄漏：构筑围堤或挖坑收容。用泵转移至槽车或专用收集器内。

37. β－苯乙醇

标　识

中文名称 β－苯乙醇

英文名称 2－phenylethanol；benzeneethanol；β－phenylethyl alcohol

别名 2－苯乙醇

分子式 $C_8H_{10}O$

CAS 号 60－12－8

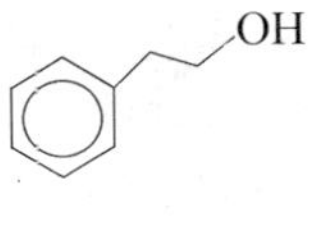

危害信息

燃烧与爆炸危险性 可燃。其蒸气与空气混合，能形成爆炸性混合物。燃烧产生有毒的一氧化碳气体。

禁忌物 强氧化剂、强酸。

毒性 小鼠经口 LD_{50}：800mg/kg；兔经皮 LD_{50}：0.79mL/kg。

中毒表现 本品具有麻醉作用，对皮肤有轻度刺激性。

侵入途径 吸入、食入、经皮吸收。

理化特性与用途

理化特性 无色黏性液体，有玫瑰香味。溶于水，易溶于乙醇、乙醚、氯仿、丙二醇，溶于甘油，微溶于矿物油。熔点 -27℃，沸点 219℃，相对密度(水=1)1.02，相对蒸气密度(空气=1)4.21，饱和蒸气压 8Pa(20℃)，临界温度 413℃，临界压力 5.37MPa，辛醇/水分配系数 1.36，闪点 102℃，引燃温度 410℃，爆炸下限 1.4%，爆炸上限 11.9%。

主要用途 用于配制玫瑰型和其他型香精，以及用于有机合成等。

包装与储运

安全储运 储存于阴凉、通风的库房。远离火种、热源。应与氧化剂、酸类、食用化学品等隔离储运。保持容器密封。搬运时轻装轻卸，防止容器受损。

紧急处置信息

急救措施

吸入：脱离现场至空气新鲜处。如呼吸困难，给输氧。就医。

眼睛接触：分开眼睑，用流动清水或生理盐水冲洗。如有不适感，就医。

皮肤接触：立即脱去污染的衣着，用肥皂水和清水彻底冲洗皮肤。如有不适感，就医。

食入：饮足量温水，催吐。就医。

灭火方法 消防人员须佩戴防毒面具，穿全身消防服，在上风向灭火。尽可能将容器从火场移至空旷处。喷水保持火场容器冷却，直至灭火结束。处在火场中的容器若已变色或从安全泄压装置中发出声音，必须马上撤离。

灭火剂：雾状水、泡沫、干粉、二氧化碳、砂土。

泄漏应急处置 根据液体流动和蒸气扩散的影响区域划定警戒区，无关人员从侧风、上风向撤离至安全区。消除所有点火源。建议应急处理人员戴防毒面具，穿防毒服，戴防护手套。穿上适当的防护服前严禁接触破裂的容器和泄漏物。尽可能切断泄漏源。防止泄漏物进入水体、下水道、地下室或受限空间。小量泄漏：用干燥的砂土或其他不燃材料吸收或覆盖，收集于容器中。大量泄漏：构筑围堤或挖坑收容。用泵转移至槽车或专用收集器内。

38. 苯乙二醇

标　识

中文名称 苯乙二醇

英文名称 phenylethane-1,2-diol；phenylethylene glycol；styrene glycol

别名 苯基乙二醇

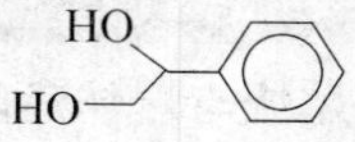

分子式 $C_8H_{10}O_2$

CAS 号 93-56-1

危害信息

燃烧与爆炸危险性 可燃。其粉体与空气混合，能形成爆炸性混合物。

禁忌物 酸类、酰基氯、酸酐、氧化剂。

毒性 大鼠经口 LD_{50}：1000mg/kg。

中毒表现 对皮肤无损害，未见经皮吸收中毒。食入有轻度毒性。受热分解产生刺激性烟雾。

侵入途径 吸入、食入。

理化特性与用途

理化特性 白色针状结晶体或结晶性粉末。溶于水，溶于甲醇、乙醇、乙醚、苯。熔点 61 ~68.1℃，沸点 272 ~274℃，辛醇/水分配系数 0.43，闪点 160℃。

主要用途 用作制造香料、增塑剂和精细化学品的中间体。

包装与储运

安全储运 储存于阴凉、通风的库房。远离火种、热源。应与氧化剂、酸类等隔离储运。保持容器密封。搬运时轻装轻卸，防止容器受损。

紧急处置信息

急救措施

吸入：脱离现场至空气新鲜处。如有不适感，就医。

眼睛接触：分开眼睑，用流动清水或生理盐水冲洗。如有不适感，就医。

皮肤接触：立即脱去污染的衣着，用肥皂水和清水彻底冲洗皮肤。如有不适感，就医。

食入：饮足量温水，催吐。就医。

灭火方法 消防人员必须佩戴空气呼吸器，穿全身防火防毒服，在上风向灭火。尽可能将容器从火场移至空旷处。喷水保持火场容器冷却，直至灭火结束。

灭火剂：雾状水、泡沫、干粉、二氧化碳、砂土。

泄漏应急处置 隔离泄漏污染区，限制出入。消除所有点火源。建议应急处理人员戴防尘口罩，穿一般作业工作服，戴防护手套。尽可能切断泄漏源。用塑料布覆盖泄漏物，减少飞散。勿使水进入包装容器内。用洁净的铲子收集泄漏物，置于干净、干燥、盖子较松的容器中，将容器移离泄漏区。

39. 1,3 - 丙二醇

标　识

中文名称 1，3 - 丙二醇

英文名称 1，3 - propanediol；trimethylene glycol

别名 1，3 - 二羟基丙烷

分子式 $C_3H_8O_2$

CAS 号 504 - 63 - 2

危害信息

燃烧与爆炸危险性　可燃。其蒸气与空气能形成爆炸性混合物。燃烧产生有毒的一氧化碳气体。

禁忌物　酰基氯、酸酐、氧化剂、还原剂。

毒性　大鼠经口 LD_{50}：16080mg/kg；小鼠经口 LD_{50}：4500mg/kg。

侵入途径　吸入、食入。

理化特性与用途

理化特性　无色至淡黄色黏性液体，有吸湿性。与水混溶，混溶于乙醇、乙醚、氯仿，难溶于苯。熔点 -27℃，沸点 214℃，相对密度(水=1)1.05，相对蒸气密度(空气=1)2.6，饱和蒸气压 5.87Pa(25℃)，临界温度 449℃，临界压力 6.3MPa，辛醇/水分配系数 1.04，闪点 79℃，引燃温度 400℃，爆炸下限 2.6%，爆炸上限 16.6%。

主要用途　用作溶剂，用于有机合成。

包装与储运

安全储运　储存于阴凉、通风的库房。远离火种、热源。保持容器密封。应与氧化剂、还原剂等隔离储运。搬运时轻装轻卸，防止容器受损。

紧急处置信息

急救措施

吸入：脱离现场至空气新鲜处。如有不适感，就医。

眼睛接触：分开眼睑，用流动清水或生理盐水冲洗。如有不适感，就医。

皮肤接触：立即脱去污染的衣着，用肥皂水和清水彻底冲洗皮肤。如有不适感，就医。

食入：饮足量温水，催吐。就医。

灭火方法　消防人员须佩戴防毒面具，穿全身消防服，在上风向灭火。尽可能将容器从火场移至空旷处。喷水保持火场容器冷却，直至灭火结束。处在火场中的容器若已变色或从安全泄压装置中发出声音，必须马上撤离。

灭火剂：水、雾状水、抗溶性泡沫、干粉、二氧化碳、砂土。

泄漏应急处置　根据液体流动和蒸气扩散的影响区域划定警戒区，无关人员从侧风、上风向撤离至安全区。消除所有点火源。建议应急处理人员戴防毒面具，穿一般防护服，戴防护手套。穿上适当的防护服前严禁接触破裂的容器和泄漏物。尽可能切断泄漏源。防止泄漏物进入水体、下水道、地下室或受限空间。小量泄漏：用干燥的砂土或其他不燃材料吸收或覆盖，收集于容器中。大量泄漏：构筑围堤或挖坑收容。用泵转移至槽车或专用收集器内。

40. 丙二醇单丁醚

标　识

中文名称　丙二醇单丁醚

英文名称　propylene glycol *n* - butyl ether; 3 - butoxy -

1 - propanol

别名 3 - 丁氧基 - 1 - 丙醇

分子式 $C_7H_{16}O_2$

CAS 号 10215 - 33 - 5

危害信息

危险性类别 第3类易燃液体。

燃烧与爆炸危险性 易燃。其蒸气与空气混合，能形成爆炸性混合物。受热分解产生有毒的烟气。若遇高热，容器内压增大，有开裂和爆炸的危险。

活性反应 与氧化剂可发生反应。

禁忌物 强氧化剂。

毒性 大鼠经口 LD_{50}：5950mg/kg；兔经皮 LD_{50}：1590mg/kg。

中毒表现 吸入、摄入或经皮肤吸收对身体有害。对皮肤有刺激作用。对眼睛有明显刺激性，可致结膜和角膜炎。

侵入途径 吸入、食入、经皮吸收。

理化特性与用途

理化特性 无色透明液体，有轻微的气味。微溶于水，溶于醇。熔点 - 100℃，沸点 169 ~ 172℃，相对密度(水 = 1)0.88，饱和蒸气压 0.19kPa(25℃)，闪点 58℃。

主要用途 用作真漆、油漆、树脂、染料、油类和润滑油的溶剂，也用作偶合和分散剂。

包装与储运

包装标志 易燃液体

包装类别 Ⅲ类

安全储运 储存于阴凉、通风的库房。远离火种、热源。防止阳光直射。保持容器密封。应与氧化剂分开存放，切忌混储。配备相应品种和数量的消防器材。储区应备有泄漏应急处理设备和合适的收容材料。

紧急处置信息

急救措施

吸入：迅速脱离现场至空气新鲜处。保持呼吸道通畅。如呼吸困难，给输氧。如呼吸、心跳停止，立即进行心肺复苏术。就医。

眼睛接触：立即分开眼睑，用大量流动清水或生理盐水彻底冲洗 10 ~ 15min。如有不适感，就医。

皮肤接触：立即脱去污染的衣着，用大量流动清水冲洗。如有不适感，就医。

食入：饮足量温水，催吐。就医。

灭火方法 消防人员须佩戴防毒面具，穿全身消防服，在上风向灭火。尽可能将容器从火场移至空旷处。喷水保持火场容器冷却，直至灭火结束。处在火场中的容器若已变色或从安全泄压装置中发出声音，必须马上撤离。

灭火剂：雾状水、泡沫、干粉、二氧化碳、砂土。

泄漏应急处置 根据液体流动和蒸气扩散的影响区域划定警戒区，无关人员从侧风、上风向撤离至安全区。消除所有点火源。建议应急处理人员戴防毒面具，穿防毒、防静电服，戴橡胶手套。穿上适当的防护服前严禁接触破裂的容器和泄漏物。尽可能切断泄漏源。

防止泄漏物进入水体、下水道、地下室或受限空间。小量泄漏：用干燥的砂土或其他不燃材料吸收或覆盖，收集于容器中。大量泄漏：构筑围堤或挖坑收容。用防爆泵转移至槽车或专用收集器内。

41. 丙酸苯汞

标　识

中文名称　丙酸苯汞

英文名称　phenyl mercuric propionate; phenyl(propionyloxy)mercury

别名　苯基(丙酰氧基)汞

分子式　$C_9H_{10}HgO_2$

CAS 号　103－27－5

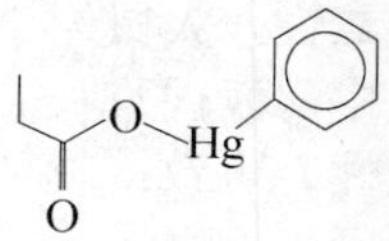

危害信息

危险性类别　第6类有毒品。

燃烧与爆炸危险性　可燃，遇高热、明火会产生剧毒的蒸气。

禁忌物　强氧化剂。

毒性　本品属有机汞。有机汞系亲脂性毒物，主要侵犯神经系统。

中毒表现　无论经任何途径侵入，均可发生口腔炎，口服引起急性胃肠炎；神经精神症状有神经衰弱综合征、精神障碍、昏迷、瘫痪、震颤、共济失调、向心性视野缩小等；可发生肾脏损害，重者可致急性肾功能衰竭。此外尚可致心脏、肝脏损害。本品可致接触性荨麻疹。

侵入途径　吸入、食入、经皮吸收。

职业接触限值　中国：PC－TWA：0.01mg/m^3；PC－STEL：0.03mg/m^3[皮，按汞计]。美国(ACGIH)：TLV－TWA：0.1mg/m^3[皮，按汞计]。

环境危害　对水生生物有极高毒性，可能在水生环境中造成长期不利影响；严重海洋污染物。

理化特性与用途

理化特性　白色或灰白色蜡状固体。熔点65～70℃。

主要用途　用作防腐剂、驱虫剂、杀菌剂、除草剂等。

包装与储运

包装标志　有毒品

包装类别　Ⅱ类

安全储运　储存于阴凉、通风的库房。远离火种、热源。储存温度不超过35℃，相对湿度不超过85%。保持容器密封。应与氧化剂、食用化学品分开存放，切忌混储。配备相应品种和数量的消防器材。储区应备有合适的材料收容泄漏物。

紧急处置信息

急救措施

吸入：迅速脱离现场至空气新鲜处。保持呼吸道通畅。如呼吸困难，给输氧。如呼吸、

心跳停止，立即进行心肺复苏术。就医。

眼睛接触： 分开眼睑，用流动清水或生理盐水冲洗。如有不适感，就医。

皮肤接触： 立即脱去污染的衣着，用大量流动清水冲洗。如有不适感，就医。

食入： 如患者神志清醒，催吐，洗胃。口服活性炭，导泻。就医。

灭火方法 消防人员须佩戴防毒面具，穿全身消防服，在上风向灭火。尽可能将容器从火场移至空旷处。喷水保持火场容器冷却，直至灭火结束。

灭火剂：雾状水、泡沫、干粉、二氧化碳、砂土。

泄漏应急处置 隔离泄漏污染区，限制出入。消除所有点火源。建议应急处理人员戴防尘口罩，穿防毒服，戴防毒手套。穿上适当的防护服前严禁接触破裂的容器和泄漏物。尽可能切断泄漏源。用塑料布覆盖泄漏物，减少飞散。勿使水进入包装容器内。用洁净的铲子收集泄漏物，置于干净、干燥、盖子较松的容器中，将容器移离泄漏区。

42. 丙酸乙烯酯

标　识

中文名称 丙酸乙烯酯

英文名称 vinyl propionate；propanoic acid ethenyl ester

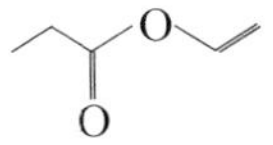

别名 丙酸乙烯基酯

分子式 $C_5H_8O_2$

CAS 号 105－38－4

危害信息

危险性类别 第3类易燃液体。

燃烧与爆炸危险性 易燃。其蒸气与空气混合，能形成爆炸性混合物。若遇高热，可发生聚合反应，放出大量热量而引起容器破裂和爆炸事故。蒸气比空气重，能在较低处扩散到相当远的地方，遇火源会着火回燃和爆炸(闪爆)。

活性反应 与氧化剂能发生强烈反应。

禁忌物 强氧化剂、强酸、过氧化物。

毒性 大鼠经口 LD_{50}：4760mg/kg；兔经皮 LD_{50}：10000mg/kg。

中毒表现 对呼吸道有刺激性。

侵入途径 吸入、食入、经皮吸收。

理化特性与用途

理化特性 无色液体。微溶于水，混溶于乙醇。熔点－81～－79.9℃，沸点91.2～95℃，相对密度(水＝1)0.918，相对蒸气密度(空气＝1)3.3，饱和蒸气压4.87kPa(25℃)，辛醇/水分配系数1.22，闪点4.5℃(闭杯)，爆炸下限1.8%，爆炸上限13.5%。

主要用途 作为塑料生产的单体，制革工业和油漆工业的溶剂，仓库长期保存种子时作为生物学过程的抑制剂。

包装与储运

包装标志 易燃液体

包装类别 Ⅱ类

安全储运　通常商品加有阻聚剂。储存于阴凉、通风的库房。远离火种、热源。库温不宜超过37℃。保持容器密封。应与氧化剂、酸类、过氧化物分开存放，切忌混储。采用防爆型照明、通风设施。禁止使用易产生火花的机械设备和工具。灌装时注意流速，防止静电积聚。储区应备有泄漏应急处理设备和合适的收容材料。

紧急处置信息

急救措施

吸入：脱离现场至空气新鲜处。如呼吸困难，给输氧。就医。

眼睛接触：分开眼睑，用流动清水或生理盐水冲洗。如有不适感，就医。

皮肤接触：立即脱去污染的衣着，用肥皂水和清水彻底冲洗皮肤。如有不适感，就医。

食入：禁止催吐，口服活性炭。就医。

灭火方法　消防人员须佩戴防毒面具，穿全身消防服，在上风向灭火。尽可能将容器从火场移至空旷处。喷水保持火场容器冷却，直至灭火结束。处在火场中的容器若已变色或从安全泄压装置中发出声音，必须马上撤离。

灭火剂：雾状水、泡沫、干粉、二氧化碳、砂土。

泄漏应急处置　根据液体流动和蒸气扩散的影响区域划定警戒区，无关人员从侧风、上风向撤离至安全区。消除所有点火源。建议应急处理人员戴正压自给式呼吸器，穿防静电服，戴橡胶手套。穿上适当的防护服前严禁接触破裂的容器和泄漏物。尽可能切断泄漏源。防止泄漏物进入水体、下水道、地下室或受限空间。小量泄漏：用干燥的砂土或其他不燃材料吸收或覆盖，收集于容器中。大量泄漏：构筑围堤或挖坑收容。用防爆泵转移至槽车或专用收集器内。

43. 丙烯酸癸酯

标　识

中文名称　丙烯酸癸酯

英文名称　decyl acrylate；*n* - decyl acrylate

别名　丙烯酸正癸酯；2 - 丙烯酸癸酯

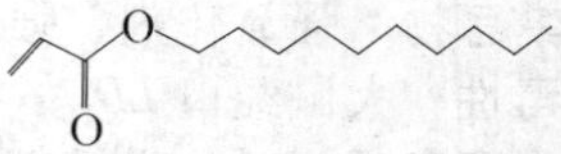

分子式　$C_{13}H_{24}O_2$

CAS 号　2156 - 96 - 9

危害信息

燃烧与爆炸危险性　可燃。其蒸气与空气混合，能形成爆炸性混合物。容易自聚。若遇高热，容器内压增大，有开裂和爆炸的危险。

活性反应　与强氧化剂接触可发生化学反应。

禁忌物　强氧化剂、强酸、强碱。

毒性　大鼠经口 LD_{50}：6460mg/kg。

中毒表现　对皮肤有刺激作用。

侵入途径　吸入、食入、经皮吸收。

环境危害　对水生生物有毒，可能在水生环境中造成长期不利影响。

理化特性与用途

理化特性 无色液体。不溶于水，溶于多数有机溶剂。沸点 158℃(6.65kPa)、118 ~ 120℃(0.665kPa)，相对密度(水=1)0.8781(20℃/4℃)，相对蒸气密度(空气=1)7.3，辛醇/水分配系数 5.46，闪点 227℃(开杯)。

主要用途 用于制造塑料和树脂。

包装与储运

安全储运 储存于阴凉、通风的库房。远离火种、热源。应与氧化剂、酸碱等隔离储运。保持容器密封。避免接触空气。搬运时轻装轻卸，防止容器受损。

紧急处置信息

急救措施

吸入：迅速脱离现场至空气新鲜处。保持呼吸道通畅。如呼吸困难，给输氧。如呼吸、心跳停止，立即进行心肺复苏术。就医。

眼睛接触：分开眼睑，用流动清水或生理盐水冲洗。如有不适感，就医。

皮肤接触：立即脱去污染的衣着，用大量流动清水冲洗。如有不适感，就医。

食入：饮足量温水，催吐。就医。

灭火方法 消防人员必须佩戴空气呼吸器，穿全身防火防毒服，在上风向灭火。尽可能将容器从火场移至空旷处。喷水保持火场容器冷却，直至灭火结束。处在火场中的容器若已变色或从安全泄压装置中发出声音，必须马上撤离。

灭火剂：雾状水、泡沫、干粉、二氧化碳、砂土。

泄漏应急处置 根据液体流动和蒸气扩散的影响区域划定警戒区，无关人员从侧风、上风向撤离至安全区。消除所有点火源。建议应急处理人员戴防毒面具，穿一般作业工作服，戴橡胶手套。尽可能切断泄漏源。防止泄漏物进入水体、下水道、地下室或受限空间。小量泄漏：用干燥的砂土或其他不燃材料吸收或覆盖，收集于容器中。大量泄漏：构筑围堤或挖坑收容。用泵转移至槽车或专用收集器内。

44. 丙烯酸氯乙酯

标　　识

中文名称 丙烯酸氯乙酯

英文名称 2 - chloroethyl acrylate; acrylic acid, 2 - chloroethyl ester

别名 丙烯酸 - 2 - 氯乙酯

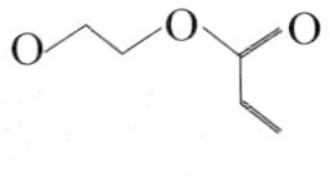

分子式 $C_5H_7ClO_2$

CAS 号 2206 - 89 - 5

危害信息

燃烧与爆炸危险性 可燃。其蒸气与空气混合，能形成爆炸性混合物。燃烧产生有毒的一氧化碳和氯化氢气体。容易自聚。若遇高热，容器内压增大，有开裂和爆炸的危险。

活性反应 与强氧化剂接触可发生化学反应。

禁忌物 强氧化剂。

毒性 大鼠经口 LD_{50}：180mg/kg。

中毒表现 对眼睛和皮肤有强烈刺激作用。

侵入途径 吸入、食入、经皮吸收。

理化特性与用途

理化特性 无色液体。不溶于水，溶于乙醇、乙醚。沸点 51 ~ 53℃（2.4kPa）、74℃（26.7kPa），相对密度（水 = 1）1.1404。

主要用途 用作丙烯酸树脂的单体，有机合成的中间体，也用于树脂改性等。

包装与储运

安全储运 储存于阴凉、通风的库房。远离火种、热源。保持容器密封。避免接触空气。应与强氧化剂等隔离储运。搬运时轻装轻卸，防止容器受损。

紧急处置信息

急救措施

吸入：迅速脱离现场至空气新鲜处。保持呼吸道通畅。如呼吸困难，给输氧。如呼吸、心跳停止，立即进行心肺复苏术。就医。

眼睛接触：立即分开眼睑，用大量流动清水或生理盐水彻底冲洗 10 ~ 15min。如有不适感，就医。

皮肤接触：立即脱去污染的衣着，用大量流动清水冲洗。如有不适感，就医。

食入：用水漱口，给饮牛奶或蛋清。就医。

灭火方法 消防人员必须佩戴空气呼吸器，穿全身防火防毒服，在上风向灭火。尽可能将容器从火场移至空旷处。喷水保持火场容器冷却，直至灭火结束。处在火场中的容器若已变色或从安全泄压装置中发出声音，必须马上撤离。

灭火剂：雾状水、泡沫、干粉、二氧化碳、砂土。

泄漏应急处置 根据液体流动和蒸气扩散的影响区域划定警戒区，无关人员从侧风、上风向撤离至安全区。消除所有点火源。建议应急处理人员戴正压自给式呼吸器，穿防毒服，戴橡胶手套。穿上适当的防护服前严禁接触破裂的容器和泄漏物。尽可能切断泄漏源。防止泄漏物进入水体、下水道、地下室或受限空间。小量泄漏：用干燥的砂土或其他不燃材料吸收或覆盖，收集于容器中。大量泄漏：构筑围堤或挖坑收容。用泵转移至槽车或专用收集器内。

45. 丙烯酸 –2 – 羟乙酯

标　识

中文名称 丙烯酸 –2 – 羟乙酯

英文名称 2 – hydroxyethyl acrylate；ethylene glycol monoacrylate

别名 乙二醇单丙烯酸酯

分子式 $C_5H_8O_3$

CAS 号 818 –61 –1

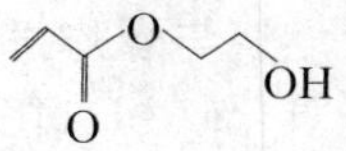

危害信息

危险性类别 第6类有毒品。

燃烧与爆炸危险性 可燃。其蒸气与空气混合，能形成爆炸性混合物。容易自聚，聚合反应随着温度的上升而急骤加剧。若遇高热，容器内压增大，有开裂和爆炸的危险。

活性反应 与强氧化剂接触可发生化学反应。

禁忌物 强氧化剂、强酸、强碱。

毒性 大鼠经口 LD_{50}：548mg/kg；小鼠经口 LD_{50}：300mg/kg；兔经皮 LD_{50}：298mg/kg。

中毒表现 对呼吸道有刺激性。吸入其遇热产生的蒸气可致死亡。可致眼和皮肤灼伤。经皮吸收可引起中毒，甚至死亡。对皮肤有致敏性，口服灼伤口腔和消化道。

侵入途径 吸入、食入、经皮吸收。

环境危害 对水生生物有极高毒性。

理化特性与用途

理化特性 无色至淡黄色透明液体，有酯的气味。溶于水和一般有机溶剂。熔点-60℃，沸点191~215℃，相对密度(水=1)1.011，相对蒸气密度(空气=1)5，饱和蒸气压6.96Pa(25℃)，临界温度389℃，临界压力3.98，燃烧热-2885kJ/mol，辛醇/水分配系数 -0.21，闪点101℃(闭杯)、104℃(开杯)，爆炸下限1.8%。

主要用途 用于制备热固性涂料、黏结剂、纤维处理剂、润滑油添加剂及共聚物改性剂。

包装与储运

包装标志 有毒品

包装类别 Ⅱ类

安全储运 储存于阴凉、通风的库房。远离火种、热源。防止阳光直射。储存温度不超过32℃，相对湿度不超过85%。保持容器密封。避免接触空气。应与氧化剂、酸类、碱类分开存放，切忌混储。配备相应品种和数量的消防器材。储区应备有泄漏应急处理设备和合适的收容材料。

紧急处置信息

急救措施

吸入：迅速脱离现场至空气新鲜处。保持呼吸道通畅。如呼吸困难，给输氧。如呼吸、心跳停止，立即进行心肺复苏术。就医。

眼睛接触：立即分开眼睑，用大量流动清水或生理盐水彻底冲洗10~15min。就医。

皮肤接触：立即脱去污染的衣着，用大量流动清水冲洗20~30min。就医 。

食入：用水漱口，给饮牛奶或蛋清。就医。

灭火方法 消防人员须佩戴防毒面具，穿全身消防服，在上风向灭火。尽可能将容器从火场移至空旷处。喷水保持火场容器冷却，直至灭火结束。处在火场中的容器若已变色或从安全泄压装置中发出声音，必须马上撤离。

灭火剂：雾状水、泡沫、干粉、二氧化碳、砂土。

泄漏应急处置 根据液体流动和蒸气扩散的影响区域划定警戒区，无关人员从侧风、上风向撤离至安全区。消除所有点火源。建议应急处理人员戴防毒面具，穿防腐、防毒服，戴橡胶手套。穿上适当的防护服前严禁接触破裂的容器和泄漏物。尽可能切断泄漏源。防止泄漏物进入水体、下水道、地下室或受限空间。小量泄漏：用干燥的砂土或其他不燃材料吸收或覆盖，收集于容器中。大量泄漏：构筑围堤或挖坑收容。用碎石灰石（$CaCO_3$）、苏打灰（Na_2CO_3）或石灰（CaO）中和。用耐腐蚀泵转移至槽车或专用收集器内。

46. 丙烯酸氰乙酯

标　识

中文名称　丙烯酸氰乙酯

英文名称　2－cyanoethyl acrylate；2－propenoic acid，2－cyanoethyl ester

别名　2－氰乙基丙烯酸酯

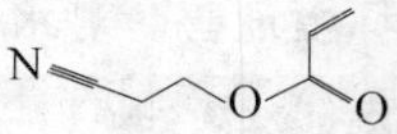

分子式　$C_6H_7NO_2$

CAS 号　106－71－8

危害信息

危险性类别　第6类有毒品。

燃烧与爆炸危险性　可燃。其蒸气与空气混合，能形成爆炸性混合物。蒸气比空气重，能在较低处扩散到相当远的地方，遇火源会着火回燃和爆炸（闪爆）。容易自聚，聚合反应随着温度的上升而急骤加剧。若遇高热，容器内压增大，有开裂和爆炸的危险。

活性反应　与强氧化剂接触可发生化学反应。

禁忌物　强氧化剂、强酸、强碱。

毒性　大鼠经口 LD_{50}：180mg/kg；兔经皮 LD_{50}：220mg/kg。

中毒表现　本品对皮肤和呼吸道黏膜有一定的刺激性。可引起接触性皮炎。

侵入途径　吸入、食入、经皮吸收。

理化特性与用途

理化特性　浅黄色透明液体。溶于水，溶于多数有机溶剂。熔点－16.9℃，沸点108℃（1.596kPa），相对密度（水＝1）1.07，相对蒸气密度（空气＝1）4.3，饱和蒸气压29.8Pa（25℃），辛醇/水分配系数0.24，闪点124℃（开杯）。

主要用途　用以制备速固化胶黏剂、织物整理剂、上浆剂和黏度指数改进剂。

包装与储运

包装标志　有毒品

包装类别　Ⅱ类

安全储运　储存于阴凉、通风的库房。远离火种、热源。防止阳光直射。储存温度不超过32℃，相对湿度不超过85%。保持容器密封。避免接触空气。应与氧化剂、酸类、碱类、食用化学品分开存放，切忌混储。配备相应品种和数量的消防器材。储区应备有泄漏应急处理设备和合适的收容材料。

紧急处置信息

急救措施

吸入：迅速脱离现场至空气新鲜处。保持呼吸道通畅。如呼吸困难，给输氧。如呼吸、

心跳停止，立即进行心肺复苏术。就医。

眼睛接触： 立即分开眼睑，用流动清水或生理盐水彻底冲洗。就医。

皮肤接触： 立即脱去污染的衣着，用肥皂水和清水彻底冲洗。就医。

食入： 催吐，洗胃。就医。

灭火方法 消防人员须佩戴防毒面具，穿全身消防服，在上风向灭火。尽可能将容器从火场移至空旷处。喷水保持火场容器冷却，直至灭火结束。处在火场中的容器若已变色或从安全泄压装置中发出声音，必须马上撤离。

灭火剂：雾状水、泡沫、干粉、二氧化碳、砂土。

泄漏应急处置 根据液体流动和蒸气扩散的影响区域划定警戒区，无关人员从侧风、上风向撤离至安全区。消除所有点火源。建议应急处理人员戴正压自给式呼吸器，穿防腐、防毒服，戴橡胶手套。穿上适当的防护服前严禁接触破裂的容器和泄漏物。尽可能切断泄漏源。防止泄漏物进入水体、下水道、地下室或受限空间。小量泄漏：用干燥的砂土或其他不燃材料吸收或覆盖，收集于容器中。大量泄漏：构筑围堤或挖坑收容。用耐腐蚀泵转移至槽车或专用收集器内。

47. 丙烯酸-2-乙基丁酯

标　识

中文名称 丙烯酸-2-乙基丁酯

英文名称 2-ethylbutyl acrylate; 2-propenoic acid, 2-ethylbutyl ester

别名 2-丙烯酸-2-乙基丁基酯

分子式 $C_9H_{16}O_2$

CAS 号 3953-10-4

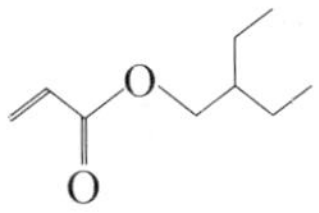

危害信息

危险性类别 第3类易燃液体。

燃烧与爆炸危险性 易燃。其蒸气与空气混合，能形成爆炸性混合物。容易自聚，聚合反应随着温度的上升而急骤加剧。蒸气比空气重，能在较低处扩散到相当远的地方，遇火源会着火回燃和爆炸(闪爆)。若遇高热，容器内压增大，有开裂和爆炸的危险。

活性反应 与氧化剂可发生反应。

禁忌物 强氧化剂、强酸、强碱。

毒性 大鼠经口 LD_{50}：6500mg/kg；兔经皮 LD_{50}：4928mg/kg。

侵入途径 吸入、食入、经皮吸收。

理化特性与用途

理化特性 无色透明液体，有刺激性气味。不溶于水，溶于多数有机溶剂。熔点-70，沸点82℃(1.33kPa)，相对密度(水=1)0.896，相对蒸气密度(空气=1)5.4，饱和蒸气压226Pa(20℃)，辛醇/水分配系数3.11，闪点52℃(开杯)。

主要用途 用于有机合成，丙烯酸树脂的制造。

包装与储运

包装标志 易燃液体

包装类别　Ⅲ类

安全储运　储存于阴凉、通风的库房。远离火种、热源。避光保存。库温不宜超过37℃。保持容器密封。避免接触空气。应与氧化剂、酸类、碱类分开存放，切忌混储。采用防爆型照明、通风设施。禁止使用易产生火花的机械设备和工具。储区应备有泄漏应急处理设备和合适的收容材料。

紧急处置信息

急救措施

吸入：迅速脱离现场至空气新鲜处。保持呼吸道通畅。如呼吸困难，给输氧。如呼吸、心跳停止，立即进行心肺复苏术。就医。

眼睛接触：分开眼睑，用流动清水或生理盐水冲洗。如有不适感，就医。

皮肤接触：立即脱去污染的衣着，用大量流动清水冲洗。如有不适感，就医。

食入：饮足量温水，催吐。就医。

灭火方法　消防人员须佩戴防毒面具，穿全身消防服，在上风向灭火。尽可能将容器从火场移至空旷处。喷水保持火场容器冷却，直至灭火结束。处在火场中的容器若已变色或从安全泄压装置中发出声音，必须马上撤离。

灭火剂：雾状水、泡沫、干粉、二氧化碳、砂土。

泄漏应急处置　消除所有点火源。根据液体流动和蒸气扩散的影响区域划定警戒区，无关人员从侧风、上风向撤离至安全区。建议应急处理人员戴正压自给式呼吸器，穿防静电服，戴橡胶手套。作业时使用的所有设备应接地。禁止接触或跨越泄漏物。尽可能切断泄漏源。防止泄漏物进入水体、下水道、地下室或受限空间。小量泄漏：用砂土或其他不燃材料吸收。使用洁净的无火花工具收集吸收材料。大量泄漏：构筑围堤或挖坑收容。用泡沫覆盖，减少蒸发。喷水雾能减少蒸发，但不能降低泄漏物在受限空间内的易燃性。用防爆泵转移至槽车或专用收集器内。

48. 丙烯酸异丁酯[抑制了的]

标　识

中文名称　丙烯酸异丁酯[抑制了的]

英文名称　isobutyl acrylate(inhibited); acrylic acid isobutyl ester

别名　2－丙烯酸－2－甲基丙酯

分子式　$C_7H_{12}O_2$

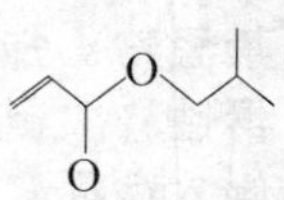

CAS 号　106－63－8

WGH 号　33601；32101[铁规]

UN 号　2527

危害信息

危险性类别　第3类易燃液体。

燃烧与爆炸危险性　易燃。其蒸气与空气混合，能形成爆炸性混合物。蒸气比空气重，能在较低处扩散到相当远的地方，遇火源会着火回燃和爆炸(闪爆)。燃烧产生有毒的一氧化碳气体。容易自聚，聚合反应随着温度的上升而急骤加剧。

禁忌物 强氧化剂、强碱、强酸。

毒性 大鼠经口 LD_{50}：7.07mL/kg；大鼠吸入 LC_{50}：2000ppm（4h）；兔经皮 LD_{50}：0.891mL/kg。

中毒表现 高浓度蒸气或雾对眼睛、黏膜和呼吸道有刺激作用。中毒表现有烧灼感、咳嗽、喘息、喉炎、气短、头痛、恶心和呕吐，重者可致肺水肿。

侵入途径 吸入、食入、经皮吸收。

理化特性与用途

理化特性 无色液体，具有芳香味。微溶于水，溶于甲醇、乙醇、乙醚等。熔点 -61℃，沸点132℃，相对密度（水=1）0.89，相对蒸气密度（空气=1）4.42，饱和蒸气压 1.07kPa（25℃），临界温度315℃，临界压力3.04MPa，燃烧热-4024.5kJ/mol，辛醇/水分配系数2.22，闪点30℃（开杯），引燃温度427℃，爆炸下限1.9%，爆炸上限8%。

主要用途 用作有机合成中间体，丙烯酸树脂单体。

包装与储运

包装标志 易燃液体

包装类别 Ⅲ类

安全储运 储存于阴凉、通风的库房。远离火种、热源。库温不宜超过37℃。包装要求密封。不可与空气接触。应与氧化剂、酸类等分开存放，切忌混储。不宜大量储存或久存。采用防爆型照明、通风设施。禁止使用易产生火花的机械设备和工具。灌装时注意流速，防止静电积聚。储区应备有泄漏应急处理设备和合适的收容材料。

紧急处置信息

急救措施

吸入： 脱离现场至空气新鲜处。如呼吸困难，给输氧。如呼吸、心跳停止，立即进行心肺复苏术。就医。

眼睛接触： 分开眼睑，用流动清水或生理盐水冲洗。如有不适感，就医。

皮肤接触： 脱去污染的衣着，用肥皂水和清水彻底冲洗皮肤。如有不适感，就医。

食入： 饮水，禁止催吐。就医。

灭火方法 消防人员须佩戴防毒面具，穿全身消防服，在上风向灭火。尽可能将容器从火场移至空旷处。喷水保持火场容器冷却，直至灭火结束。处在火场中的容器若已变色或从安全泄压装置中发出声音，必须马上撤离。遇大火，消防人员须在有防护掩蔽处操作。

灭火剂：泡沫、干粉、二氧化碳、砂土。

泄漏应急处置 消除所有点火源。根据液体流动和蒸气扩散的影响区域划定警戒区，无关人员从侧风、上风向撤离至安全区。建议应急处理人员戴正压自给式呼吸器，穿防静电服，戴橡胶耐油手套。作业时使用的所有设备应接地。禁止接触或跨越泄漏物。尽可能切断泄漏源。防止泄漏物进入水体、下水道、地下室或受限空间。小量泄漏：用砂土或其他不燃材料吸收。使用洁净的无火花工具收集吸收材料。大量泄漏：构筑围堤或挖坑收容。用泡沫覆盖，减少蒸发。喷水雾能减少蒸发，但不能降低泄漏物在受限空间内的易燃性。用防爆泵转移至槽车或专用收集器内。

49. 2－丙烯酸－2－乙基－2－羟基甲基－1,3－丙二酯

标识

中文名称 2－丙烯酸－2－乙基－2－羟基甲基－1,3－丙二酯

英文名称 2－Ethyl－2－(hydroxymethyl)－1,3－propanediyl diacrylate; 2－Propenoic acid, 2－ethyl－2－(hydroxymethyl)－1,3－propanediyl ester

分子式 $C_{12}H_{18}O_5$

CAS 号 37275－47－1

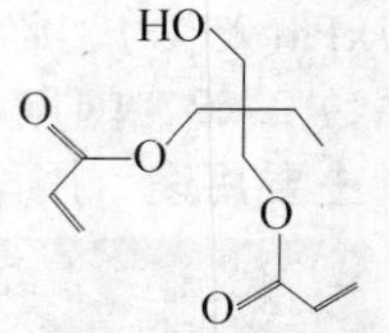

危害信息

燃烧与爆炸危险性 易燃。其蒸气与空气混合，能形成爆炸性混合物，燃烧产生有毒的一氧化碳气体。在高温火场中，受热的容器有破裂和爆炸的危险。蒸气比空气重，能在较低处扩散到相当远的地方，遇火源会着火回燃和爆炸(闪爆)。

禁忌物 强氧化剂。

侵入途径 吸入、食入、经皮吸收。

理化特性与用途

理化特性 沸点358.7℃，相对密度(水=1)1.094，闪点130.3℃。

主要用途 用作聚合物的单体和交联剂。

包装与储运

储存于阴凉、通风的库房。远离火种、热源。应与强氧化剂等隔离储运。搬运时轻装轻卸，防止容器受损

紧急处置信息

急救措施

吸入： 脱离接触。如有不适感，就医。

眼睛接触： 分开眼睑，用流动清水或生理盐水冲洗。如有不适感，就医。

皮肤接触： 脱去污染的衣着，用肥皂水和清水冲洗。如有不适感，就医。

食入： 漱口，饮水。就医。

灭火方法 消防人员必须佩戴空气呼吸器、穿全身防火防毒服，在上风向灭火。尽可能将容器从火场移至空旷处。喷水保持火场容器冷却，直至灭火结束。处在火场中的容器若发生异常变化或发出异常声音，须马上撤离。

灭火剂：水、雾状水、泡沫、干粉、二氧化碳。

泄漏应急处置 消除所有点火源。根据液体流动和蒸气扩散的影响区域划定警戒区，无关人员从侧风、上风向撤离至安全区。建议应急处理人员戴正压自给式呼吸器，穿防静电服。禁止接触或跨越泄漏物。尽可能切断泄漏源。防止泄漏物进入水体、下水道、地下室或受限空间。

50. 不 育 胺

标 识

中文名称 不育胺

英文名称 metepa; tris(2 - methyl - 1 - aziridinyl) - phosphine oxide

别名 三(2 - 甲基氮杂环丙烷)氧化磷；三(2 - 甲基氮丙啶)氧化磷

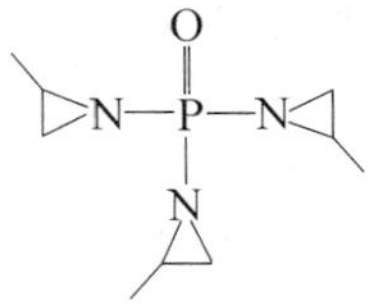

分子式 $C_9H_{18}N_3OP$

CAS 号 57 - 39 - 6

WGH 号 61860

危害信息

危险性类别 第6类有毒品。

燃烧与爆炸危险性 可燃。受高热分解放出有毒的气体。若遇高热，容器内压增大，有开裂和爆炸的危险。

活性反应 与氧化剂可发生反应。

禁忌物 强氧化剂。

毒性 大鼠经口 LD_{50}：136mg/kg；小鼠经口 LD_{50}：292mg/kg；大鼠经皮 LD_{50}：183mg/kg；兔经皮 LD_{50}：183mg/kg。

中毒表现 对胆碱酯酶有抑制作用，引起有机磷中毒的症状。

侵入途径 吸入、食入、经皮吸收。

理化特性与用途

理化特性 淡黄色黏性液体，有强烈的氨气味。溶于水和多数有机溶剂。沸点 118 ~ 125℃(0.133kPa)、90 ~ 92℃(0.02 ~ 0.04kPa)，相对密度(水 = 1)1.079(25℃)，饱和蒸气压 0.133kPa(25℃)，辛醇/水分配系数 0.69。

主要用途 用作高分子化合物的交联剂、化学杀菌剂和昆虫不育剂。

包装与储运

包装标志 有毒品

包装类别 Ⅲ类

安全储运 储存于阴凉、通风的库房。远离火种、热源。防止阳光直射。储存温度不超过 35℃，相对湿度不超过 85%。保持容器密封，严禁与空气接触。应与氧化剂、食用化学品分开存放，切忌混储。配备相应品种和数量的消防器材。储区应备有泄漏应急处理设备和合适的收容材料 。

紧急处置信息

急救措施

吸入： 迅速脱离现场至空气新鲜处。保持呼吸道通畅。如呼吸困难，给输氧。如呼吸、心跳停止，立即进行心肺复苏术。就医。

眼睛接触： 分开眼睑，用流动清水或生理盐水冲洗。如有不适感，就医。

皮肤接触：立即脱去污染的衣着，用大量流动清水冲洗。如有不适感，就医。

食入：饮足量温水，催吐。用清水或2% ~5%碳酸氢钠溶液洗胃。就医。

灭火方法　消防人员须佩戴防毒面具，穿全身消防服，在上风向灭火。尽可能将容器从火场移至空旷处。喷水保持火场容器冷却，直至灭火结束。处在火场中的容器若已变色或从安全泄压装置中发出声音，必须马上撤离。

灭火剂：雾状水、抗溶性泡沫、干粉、二氧化碳、砂土。

泄漏应急处置　根据液体流动和蒸气扩散的影响区域划定警戒区，无关人员从侧风、上风向撤离至安全区。消除所有点火源。建议应急处理人员戴正压自给式呼吸器，穿防毒服，戴橡胶手套。穿上适当的防护服前严禁接触破裂的容器和泄漏物。尽可能切断泄漏源。防止泄漏物进入水体、下水道、地下室或受限空间。小量泄漏：用干燥的砂土或其他不燃材料吸收或覆盖，收集于容器中。大量泄漏：构筑围堤或挖坑收容。用泵转移至槽车或专用收集器内。

51. 残　杀　威

标　识

中文名称　残杀威

英文名称　propoxur；*o* – isopropoxyphenyl methylcarbamate

别名　2 –（1 – 甲基乙氧基）苯基甲基氨基甲酸酯

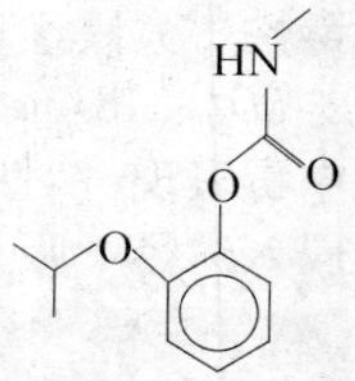

分子式　$C_{11}H_{15}NO_3$

CAS 号　114 – 26 – 1

WGH 号　61888

UN 号　2757

危害信息

危险性类别　第6类有毒品。

燃烧与爆炸危险性　可燃。其粉体与空气混合，能形成爆炸性混合物。受高热分解放出有毒的气体。

禁忌物　强氧化剂、强碱。

毒性　大鼠经口 LD_{50}：41mg/kg；小鼠经口 LD_{50}：23.5mg/kg；大鼠经皮 LD_{50}：800mg/kg；大鼠吸入 LC_{50}：1440mg/m^3(1h)。

中毒表现　本品为中等毒杀虫剂。对血红细胞胆碱酯酶活性有抑制作用。急性中毒主要出现胆碱酯酶抑制症状：可引起恶心，呕吐，视力模糊，出汗，脉快，血压升高，口鼻、呼吸道分泌物增多，四肢无力，瞳孔缩小，肌肉震颤，抽搐，肺水肿，呼吸衰竭等。还可引起接触性皮炎。

侵入途径　吸入、食入、经皮吸收。

职业接触限值　美国(ACGIH)：TLV – TWA：0.5mg/m^3。

环境危害　对水生生物有极高毒性，可能在水生环境中造成长期不利影响；有害空气污染物。

理化特性与用途

理化特性　白色结晶粉末，稍有特殊气味。微溶于水，易溶于2 – 丙醇、二氯甲烷、甲苯，溶于甲醇、丙酮。熔点 86～91.7℃，沸点(分解)，相对密度(水=1)1.12(20℃)，饱和蒸气压 0.0013Pa(20℃)，辛醇/水分配系数 1.52，闪点>149℃。

主要用途 杀虫剂，用于蟑螂、蚊蝇等卫生害虫的防治，也用于果树、蔬菜、大豆和棉花等作物害虫的防治。

包装与储运

包装标志 有毒品

包装类别 Ⅲ类

安全储运 储存于阴凉、通风的库房。远离火种、热源。防止阳光直射。储存温度不超过35℃，相对湿度不超过85%。保持容器密封。应与氧化剂、碱类、食用化学品分开存放，切忌混储。配备相应品种和数量的消防器材。储区应备有合适的材料收容泄漏物。

紧急处置信息

急救措施

吸入：迅速脱离现场至空气新鲜处。保持呼吸道通畅。如呼吸困难，给输氧。如呼吸、心跳停止，立即进行心肺复苏术。就医。

眼睛接触：分开眼睑，用流动清水或生理盐水冲洗。如有不适感，就医。

皮肤接触：立即脱去污染的衣着，用大量流动清水冲洗。如有不适感，就医。

食入：饮足量温水，催吐。用1∶5000高锰酸钾溶液洗胃。口服活性炭，导泻。每5min给服一片阿托品，直到感觉口干为止。就医。

灭火方法 消防人员必须佩戴空气呼吸器，穿全身防火防毒服，在上风向灭火。尽可能将容器从火场移至空旷处。喷水保持火场容器冷却，直至灭火结束。

灭火剂：雾状水、泡沫、干粉、二氧化碳、砂土。

泄漏应急处置 隔离泄漏污染区，限制出入。建议应急处理人员戴防尘口罩，穿防毒服，戴防毒手套。穿上适当的防护服前严禁接触破裂的容器和泄漏物。尽可能切断泄漏源。用塑料布覆盖泄漏物，减少飞散。勿使水进入包装容器内。用洁净的铲子收集泄漏物，置于干净、干燥、盖子较松的容器中，将容器移离泄漏区。

52. 草 甘 膦

标 识

中文名称 草甘膦

英文名称 glyphosate; *N*-(phosphonomethyl)glycine

别名 *N*-(膦酰基甲基)甘氨酸

分子式 $C_3H_8NO_5P$

CAS 号 1071-83-6

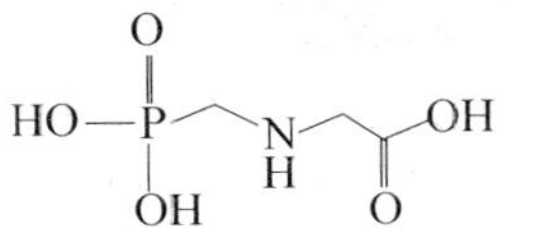

危害信息

燃烧与爆炸危险性 可燃。其粉体与空气混合，能形成爆炸性混合物。受高热分解放出有毒的气体。具有腐蚀性。

禁忌物 强氧化剂。

毒性 大鼠经口 LD_{50}：4873mg/kg；小鼠经口 LD_{50}：1568mg/kg；兔经皮 LD_{50}：2000mg/kg；大鼠吸入 LC_{50}：>12200mg/m^3(4h)。

中毒表现 中毒表现为兴奋、呼吸急促、体温上升、全身痉挛。

侵入途径 吸入、食入、经皮吸收。

环境危害 对水生生物有毒，可能在水生环境中造成长期不利影响。

理化特性与用途

理化特性 无色结晶或白色结晶粉末。微溶于水；不溶于常用有机溶剂，如丙酮、乙醇、二甲苯。熔点230℃(分解)，相对密度(水=1)1.74，饱和蒸气压<0.00001Pa(20℃)，辛醇/水分配系数 -1.0。

主要用途 用作农用除草剂。

包装与储运

安全储运 储存于阴凉、通风的库房。远离火种、热源。保持容器密封。应与强氧化剂等隔离储运。搬运时轻装轻卸，防止容器受损。

紧急处置信息

急救措施

吸入： 迅速脱离现场至空气新鲜处。保持呼吸道通畅。如呼吸困难，给输氧。如呼吸、心跳停止，立即进行心肺复苏术。就医。

眼睛接触： 分开眼睑，用流动清水或生理盐水冲洗。如有不适感，就医。

皮肤接触： 脱去污染的衣着，用大量流动清水冲洗。如有不适感，就医。

食入： 饮足量温水，催吐。就医。

灭火方法 消防人员必须佩戴空气呼吸器，穿全身防火防毒服，在上风向灭火。尽可能将容器从火场移至空旷处。喷水保持火场容器冷却，直至灭火结束。

灭火剂：雾状水、泡沫、干粉、二氧化碳、砂土。

泄漏应急处置 隔离泄漏污染区，限制出入。建议应急处理人员戴防尘口罩，穿一般作业工作服，戴防护手套。尽可能切断泄漏源。用塑料布覆盖泄漏物，减少飞散。勿使水进入包装容器内。用洁净的铲子收集泄漏物，置于干净、干燥、盖子较松的容器中，将容器移离泄漏区。

53. 草 酸 钡

标 识

中文名称 草酸钡

英文名称 barium oxalate；ethanedioic acid barium salt

别名 乙二酸钡

分子式 $C_2H_2O_4 \cdot Ba$

CAS 号 516-02-9

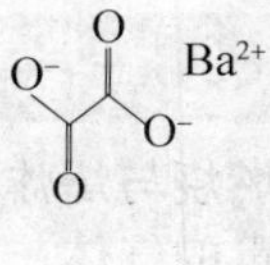

危害信息

危险性类别　第6类有毒品。

燃烧与爆炸危险性　不燃。无特殊燃爆特性。受热分解产生有毒的烟气。

禁忌物　强还原剂、强酸、强碱。

中毒表现　口服可溶性钡盐对各种肌肉组织产生刺激和兴奋作用，引起肌束颤动、进行性肌麻痹；恶心、呕吐、腹痛；脉缓、脉不齐；血压下降；严重心律紊乱；呼吸麻痹。血钾明显下降，可致死。生产中吸入大量可溶性钡化合物可引起急性钡中毒，临床表现类似口服中毒。

侵入途径　吸入、食入。

理化特性与用途

理化特性　白色结晶粉末。不溶于水，溶于硝酸、盐酸、氰化钾。熔点400℃(分解)，相对密度(水=1)2.66，辛醇/水分配系数 -0.17。

主要用途　用作分析试剂。

包装与储运

包装标志　有毒品

包装类别　Ⅲ类

安全储运　储存于阴凉、通风的库房。远离火种、热源。保持容器密封。储存温度不超过35℃，相对湿度不超过85%。应与还原剂、酸类、碱类分开存放，切忌混储。储区应备有合适的材料收容泄漏物。

紧急处置信息

急救措施

吸入：迅速脱离现场至空气新鲜处。保持呼吸道通畅。如呼吸困难，给输氧。如呼吸、心跳停止，立即进行心肺复苏术。就医。

眼睛接触：分开眼睑，用流动清水或生理盐水冲洗。如有不适感，就医。

皮肤接触：立即脱去污染的衣着，用肥皂水和清水彻底冲洗皮肤。如有不适感，就医。

食入：饮足量温水，催吐。用5%硫酸钠溶液洗胃。就医。

灭火方法　消防人员必须戴自给式呼吸器，穿全身防火防毒服，在上风向灭火。灭火时尽可能将容器从火场移至空旷处。本品不燃。根据着火原因选择适当灭火剂灭火。

泄漏应急处置　隔离泄漏污染区，限制出入。建议应急处理人员戴防尘口罩，穿防毒服，戴防毒手套。穿上适当的防护服前严禁接触破裂的容器和泄漏物。尽可能切断泄漏源。用塑料布覆盖泄漏物，减少飞散。勿使水进入包装容器内。用洁净的铲子收集泄漏物，置于干净、干燥、盖子较松的容器中，将容器移离泄漏区。

54. 柴　油

标　识

中文名称　柴油

英文名称　diesel oil; diesel fuel;

CAS号 68334－30－5

UN号 1202(轻柴油)

危害信息

危险性类别 第3类易燃液体(轻柴油)。

燃烧与爆炸危险性 易燃。其蒸气与空气混合，能形成爆炸性混合物。燃烧产生有毒的一氧化碳气体。若遇高热，容器内压增大，有开裂和爆炸的危险。

活性反应 遇明火、高热或与氧化剂接触，有引起燃烧爆炸的危险。

禁忌物 强氧化剂、强酸、强碱、卤素。

毒性 大鼠经口 LD_{50}：7500mg/kg；小鼠经口 LD_{50}：24500mg/kg。

中毒表现 急性中毒主要表现为中枢神经抑制。曾有报道工人进入装过柴油的船舱内仅2min，即感头晕、胸闷和无力，5min后意识丧失。短期内吸入大量柴油雾滴或液体呛入呼吸道可引起化学性肺炎。有报道皮肤接触柴油后数周引起急性肾功能衰竭，经治疗后恢复。废气可引起眼、鼻刺激症状，头晕及头痛。

皮肤接触柴油可出现红斑、丘疹和水疱。长期接触皮疹可转为慢性。

侵入途径 吸入、食入、经皮吸收。

理化特性与用途

理化特性 黄褐色油状液体。不溶于水。熔点－50～10℃，沸点190～426℃，相对密度(水＝1)0.8～0.9，相对蒸气密度(空气＝1)3～7，闪点≥45℃，引燃温度230～338℃，爆炸下限0.6%，爆炸上限7.5%。

主要用途 用作柴油机的燃料。

包装与储运

包装标志 易燃液体(轻柴油)

安全储运 用储罐、铁桶等容器盛装。盛装时，切不可充满，要留出必要的安全空间。本品桶装时，储存于阴凉、通风的库房。远离火种、热源。应与氧化剂、卤素分开存放，切忌混储。采用防爆型照明、通风设施。禁止使用易产生火花的机械设备和工具。灌装时注意流速，防止静电积聚。储区应备有泄漏应急处理设备和合适的收容材料。

紧急处置信息

急救措施

吸入：迅速脱离现场至空气新鲜处。保持呼吸道通畅。如呼吸困难，给输氧。如呼吸、心跳停止，立即进行心肺复苏术。就医。

眼睛接触：分开眼睑，用流动清水或生理盐水冲洗。如有不适感，就医。

皮肤接触：立即脱去污染的衣着，用肥皂水和清水彻底冲洗皮肤。如有不适感，就医。

食入：尽快彻底洗胃。就医。

灭火方法 消防人员必须佩戴空气呼吸器，穿全身防火防毒服，在上风向灭火。尽可能将容器从火场移至空旷处。喷水保持火场容器冷却，直至灭火结束。

灭火剂：水、泡沫、干粉、二氧化碳、砂土。

泄漏应急处置 根据液体流动和蒸气扩散的影响区域划定警戒区，无关人员从侧风、上风向撤离至安全区。消除所有点火源。建议应急处理人员戴防毒面具，穿防静电服，戴橡胶耐油手套。尽可能切断泄漏源。防止泄漏物进入水体、下水道、地下室或受限空间。小量泄漏：用活性炭或其他惰性材料吸收。大量泄漏：构筑围堤或挖坑收容。用泵转移至槽车或专用收集器内。

55. 虫 螨 磷

标 识

中文名称 虫螨磷

英文名称 chlorthiophos；phosphorothioic acid *O*－(dichloro(methylthio)phenyl) *O*, *O*－diethyl ester

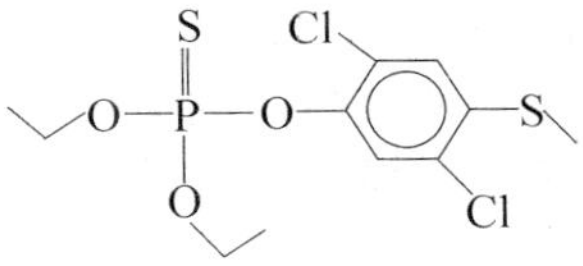

别名 *O*－(二氯(甲硫基)苯基)－*O*, *O*－二乙基硫代磷酸酯；西拉硫磷

分子式 $C_{11}H_{15}Cl_2O_3PS_2$

CAS 号 60238－56－4

危害信息

危险性类别 第6类有毒品。

燃烧与爆炸危险性 可燃。其粉体与空气混合，能形成爆炸性混合物。遇高热分解释出高毒烟气。

禁忌物 强氧化剂。

毒性 大鼠经口 LD_{50}：7.8mg/kg；小鼠经口 LD_{50}：91.4mg/kg；兔经皮 LD_{50}：50mg/kg。

本品已列入《剧毒化学品目录》。

中毒表现 抑制胆碱酯酶活性。可引起头痛、头晕、无力、烦躁、恶心、呕吐、流涎、瞳孔缩小、肌肉震颤、呼吸困难、紫绀、肺水肿、脑水肿，可死于呼吸衰竭。

侵入途径 吸入、食入、经皮吸收。

环境危害 对水生生物有极高毒性，可能在水生环境中造成长期不利影响。

理化特性与用途

理化特性 黄褐色液体或固体。不溶于水，溶于多数有机溶剂。熔点39～39.5℃，沸点155(13.3Pa)，相对密度(水＝1)1.46，饱和蒸气压0.122MPa(25℃)，辛醇/水分配系数4.34。

主要用途 广谱杀虫剂、杀螨剂。用于果树、葡萄、苜蓿、豆类等作物防治蚜虫、果蝇、玉米螟、卷叶虫螨类等。

包装与储运

包装标志 有毒品

包装类别 Ⅱ类

安全储运 储存于阴凉、通风良好的专用库房内，应严格执行剧毒化学品管理制度。远离火种、热源。防止阳光直射。储存温度不超过35℃，相对湿度不超过85%。保持容器密封。应与氧化剂、食用化学品分开存放，切忌混储。搬运时轻装轻卸，防止容器受损。

紧急处置信息

急救措施

吸入：迅速脱离现场至空气新鲜处。保持呼吸道通畅。如呼吸困难，给输氧。如呼吸、

心跳停止，立即进行心肺复苏术。就医。

眼睛接触：分开眼睑，用流动清水或生理盐水冲洗。如有不适感，就医。

皮肤接触：立即脱去污染的衣着，用肥皂水及流动清水彻底冲洗污染的皮肤、头发、指甲等。如有不适感，就医。

食入：饮足量温水，催吐。用1:5000高锰酸钾溶液洗胃。口服活性炭，导泻。每5min给服一片阿托品，直到感觉口干为止。就医。

灭火方法　消防人员须佩戴防毒面具，穿全身消防服，在上风向灭火。尽可能将容器从火场移至空旷处。喷水保持火场容器冷却，直至灭火结束。

灭火剂：雾状水、泡沫、干粉、二氧化碳、砂土。

泄漏应急处置　隔离泄漏污染区，限制出入。建议应急处理人员戴防尘口罩，穿防毒服，戴防毒手套。穿上适当的防护服前严禁接触破裂的容器和泄漏物。尽可能切断泄漏源。用塑料布覆盖泄漏物，减少飞散。勿使水进入包装容器内。用洁净的铲子收集泄漏物，置于干净、干燥、盖子较松的容器中，将容器移离泄漏区。

56. 臭　氧

标　识

中文名称　臭氧

英文名称　ozone; triatomic oxygen

分子式　O_3

CAS 号　10028-15-6

O═O═O

危害信息

危险性类别　第2.2类不燃气体。

燃烧与爆炸危险性　助燃。与可燃物混合会发生爆炸。受撞击、摩擦，遇明火或其他点火源极易爆炸。

活性反应　与易燃物(如苯)和可燃物(如糖、纤维素等)接触会发生剧烈反应，甚至引起燃烧。

禁忌物　易燃或可燃物、还原剂、活性金属粉末。

中毒表现　本品具有强氧化能力，对眼睛结膜和整个呼吸道有直接刺激作用。吸入后引起咳嗽、咯痰、胸部紧束感，高浓度吸入引起肺水肿。长期接触可引起支气管炎，细支气管炎，甚至发生肺硬化。

侵入途径　吸入。

职业接触限值　中国：MAC：0.3mg/m^3。

美国(ACGIH)：TLV-TWA：0.05ppm(繁重工作)，0.08ppm(中等工作)，0.1ppm(轻松工作)，0.2ppm(繁重、中等或轻松工作2h以内)。

环境危害　对水生生物有害。

理化特性与用途

理化特性　无色至浅蓝色气体，有刺激性气味，液态呈深蓝色，固体为蓝黑色。在室温下能慢慢分解。不溶于水，溶于碱性溶剂和油类。熔点-193℃，沸点-112℃，相对密度(水=1)1.614(-195.4℃)，相对蒸气密度(空气=1)1.6，饱和蒸气压2.7kPa

(−157.2℃),临界温度 −12.1℃, 临界压力 5.45MPa。

主要用途 用于水的消毒和空气的臭氧化，在化学工业中用作强氧化剂。

包装与储运

包装标志 不燃气体，氧化剂

安全储运 本品不易储存，现产现用。

紧急处置信息

急救措施

吸入： 迅速脱离现场至空气新鲜处。保持呼吸道通畅。如呼吸困难，给输氧。如呼吸、心跳停止，立即进行心肺复苏术。就医。

眼睛接触： 不会通过该途径接触。

皮肤接触： 不会通过该途径接触。

食入： 不会通过该途径接触。

灭火方法 消防人员须佩戴防毒面具，穿全身消防服，在上风向灭火。迅速切断气源，用水喷淋保护切断气源的人员。尽可能将容器从火场移至空旷处。喷水保持火场容器冷却，直至灭火结束。本品不燃。根据着火原因选择适当灭火剂灭火。

泄漏应急处置 根据气体的影响区域划定警戒区，无关人员从侧风、上风向撤离至安全区。建议应急处理人员戴正压自给式呼吸器，穿一般作业工作服。尽可能切断泄漏源。喷雾状水抑制蒸气或改变蒸气云流向。漏出气允许排入大气中。泄漏场所保持通风。

57. 除 草 醚

标 识

中文名称 除草醚

英文名称 nitrofen; 2,4 − dichloro − 1 − (4 − nitrophenoxy) benzene; 2,4 − dichlorophenyl *p* − nitrophenyl ether

别名 2,4 − 二氯 − 1 − (4 − 硝基苯氧基)苯; 2,4 − 二氯苯基 − 4′ − 硝基苯基醚

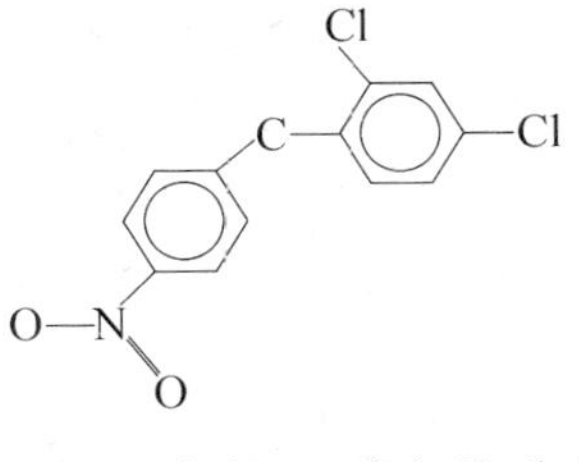

分子式 $C_{12}H_7Cl_2NO_3$

CAS 号 1836 − 75 − 5

危害信息

燃烧与爆炸危险性 可燃。其粉体与空气混合，能形成爆炸性混合物。受高热分解放出有毒的气体。

禁忌物 强氧化剂。

毒性 大鼠经口 LD_{50}: 740mg/kg; 小鼠经口 LD_{50}: 450mg/kg; 大鼠经皮 LD_{50}: 5000mg/kg。

IARC 致癌性评论：G2B，可疑人类致癌物。

欧盟法规 1272/2008/EC 将本品列为第 1B 类致癌物——可能对人类有致癌能力；第 1B 类生殖毒物——可能的人类生殖毒物。

中毒表现 中毒患者可出现高铁血红蛋白血症、溶血性贫血和黄疸等。对眼睛和皮肤有刺激作用。对皮肤有一定的致敏作用。

侵入途径 吸入、食入、经皮吸收。

环境危害 对水生生物有极高毒性，可能在水生环境中造成长期不利影响。

理化特性与用途

理化特性 纯品为奶油色针状结晶，原药为黄色至褐色片状或块状固体。微溶于水，易溶于甲醇、乙醇、丙酮、苯、乙酸。熔点 70 ~ 71℃，沸点 368℃、180 ~ 190℃(33Pa)，相对密度(水 =1)1.33，饱和蒸气压 0.001Pa(40℃)，辛醇/水分配系数 3.4 ~5，闪点 >200℃，引燃温度 >400℃。

主要用途 农用除草剂。

包装与储运

安全储运 储存于阴凉、通风的库房。远离火种、热源。保持容器密封。应与强氧化剂等隔离储运。搬运时轻装轻卸，防止容器受损。

紧急处置信息

急救措施

吸入：立即脱离接触。如呼吸困难，给吸氧。如呼吸心跳停止，立即进行心肺复苏术。就医。

眼睛接触：分开眼睑，用清水或生理盐水冲洗。如有不适感，就医。

皮肤接触：立即脱去污染衣着，用肥皂水或清水彻底冲洗。就医。

食入：催吐。就医。

高铁血红蛋白血症可用美蓝和维生素 C 治疗。

灭火方法 消防人员必须佩戴空气呼吸器，穿全身防火防毒服，在上风向灭火。尽可能将容器从火场移至空旷处。喷水保持火场容器冷却，直至灭火结束。

灭火剂：雾状水、泡沫、干粉、二氧化碳、砂土。

泄漏应急处置 隔离泄漏污染区，限制出入。建议应急处理人员戴防尘口罩，穿防毒服，戴防毒手套。穿上适当的防护服前严禁接触破裂的容器和泄漏物。尽可能切断泄漏源。用塑料布覆盖泄漏物，减少飞散。勿使水进入包装容器内。用洁净的铲子收集泄漏物，置于干净、干燥、盖子较松的容器中，将容器移离泄漏区。

58. 除 虫 脲

标 识

中文名称 除虫脲

英文名称 diflubenzuron; 1 -(*p* - Chlorophenyl) -3 -(2,6 - difluorobenzoyl) urea

别名 1 -(4 - 氯苯基) -3 -(2,6 - 二氟苯甲酰基)脲

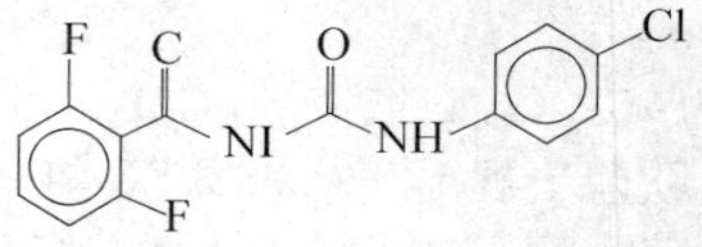

分子式 $C_{14}H_9ClF_2N_2O_2$

CAS 号 35367 -38 -5

危害信息

燃烧与爆炸危险性 可燃。其粉体与空气混合，能形成爆炸性混合物。燃烧产生有害的一氧化碳、氮氧化物、氯化氢和氟化氢气体。受高热分解放出有毒的气体。

禁忌物 强氧化剂、强碱。

毒性 大鼠经口 LD_{50}：4640mg/kg；小鼠经口 LD_{50}：4640mg/kg；大鼠经皮 LD_{50}：>10000mg/kg；兔经皮 LD_{50}：2000mg/kg。

侵入途径 吸入、食入、经皮吸收。

环境危害 对水生生物有极高毒性，可能在水生环境中造成长期不利影响。

理化特性与用途

理化特性 纯品为无色结晶，工业品为白色至黄色结晶固体。不溶于水，溶于极性有机溶剂。熔点239℃(纯品)、210～230℃(工业品)，相对密度(水=1)1.56，饱和蒸气压0.0013Pa(50℃)，辛醇/水分配系数3.88。

主要用途 农用杀虫剂，用于森林、蔬菜、果树、棉花、大豆等多种害虫的防治。

包装与储运

安全储运 储存于阴凉、通风的库房。远离火种、热源。保持容器密封。应与氧化剂、碱类等隔离储运。搬运时轻装轻卸，防止容器受损。

紧急处置信息

急救措施

吸入：迅速脱离现场至空气新鲜处。保持呼吸道通畅。如呼吸困难，给输氧。如呼吸、心跳停止，立即进行心肺复苏术。就医。

眼睛接触：分开眼睑，用流动清水或生理盐水冲洗。如有不适感，就医。

皮肤接触：脱去污染的衣着，用流动清水冲洗。如有不适感，就医。

食入：饮足量温水，催吐。就医。

灭火方法 消防人员须佩戴防毒面具，穿全身消防服，在上风向灭火。尽可能将容器从火场移至空旷处。喷水保持火场容器冷却，直至灭火结束。切勿将水流直接射至熔融物，以免引起严重的流淌火灾或引起剧烈的沸溅。

灭火剂：雾状水、泡沫、干粉、二氧化碳、砂土。

泄漏应急处置 隔离泄漏污染区，限制出入。建议应急处理人员戴防尘口罩，穿一般作业工作服，戴防护手套。尽可能切断泄漏源。用塑料布覆盖泄漏物，减少飞散。勿使水进入包装容器内。用洁净的铲子收集泄漏物，置于干净、干燥、盖子较松的容器中，将容器移离泄漏区。

59. 次乙酸铅

标 识

中文名称 次乙酸铅

英文名称 lead acetate, basic; lead subacetate

别名 碱式乙酸铅；双乙酸四羟三铅

分子式 $C_4H_{10}O_8Pb_3$

CAS 号 1335－32－6

危害信息

燃烧与爆炸危险性 可燃。其粉体与空气混合，能形成爆炸性混合物。燃烧产生有害的一氧化碳和氧化铅。受高热分解放出有毒的气体。

禁忌物 强氧化剂、强酸。

毒性 欧盟法规 1272/2008/EC 将本品列为第 2 类致癌物——可疑的人类致癌物；第 1A 类生殖毒物——已知的人类生殖毒物。

中毒表现 急性中毒少见，多因误服所致；慢性中毒多见于职业性铅中毒。症状有头痛、腹绞痛、肌无力、齿龈铅线、贫血、神经衰弱综合征，对肝、肾有损害作用。

侵入途径 吸入、食入。

环境危害 对水生生物有极高毒性，可能在水生环境中造成长期不利影响。

理化特性与用途

理化特性 白色重质粉末。溶于水，溶于乙醇。熔点 75℃，分解温度 200℃，辛醇/水分配系数 －4.0。

主要用途 用于制糖工业作为脱色剂和糖分析。

包装与储运

安全储运 储存于阴凉、通风的库房。远离火种、热源。保持容器密封。应与氧化剂、酸类等隔离储运。搬运时轻装轻卸，防止容器受损。

紧急处置信息

急救措施

吸入：迅速脱离现场至空气新鲜处。保持呼吸道通畅。如呼吸困难，给输氧。如呼吸、心跳停止，立即进行心肺复苏术。就医。

眼睛接触：分开眼睑，用流动清水或生理盐水冲洗。如有不适感，就医。

皮肤接触：脱去污染的衣着，用大量流动清水冲洗。如有不适感，就医。

食入：饮足量温水，催吐。就医。

灭火方法 消防人员必须佩戴空气呼吸器，穿全身防火防毒服，在上风向灭火。尽可能将容器从火场移至空旷处。喷水保持火场容器冷却，直至灭火结束。

灭火剂：雾状水、泡沫、干粉、二氧化碳、砂土。

泄漏应急处置 隔离泄漏污染区，限制出入。消除所有点火源。建议应急处理人员戴防尘口罩，穿防毒服，戴防毒手套。穿上适当的防护服前严禁接触破裂的容器和泄漏物。尽可能切断泄漏源。用塑料布覆盖泄漏物，减少飞散。勿使水进入包装容器内。用洁净的铲子收集泄漏物，置于干净、干燥、盖子较松的容器中，将容器移离泄漏区。

60. 醋 酸 镁

标 识

中文名称 醋酸镁

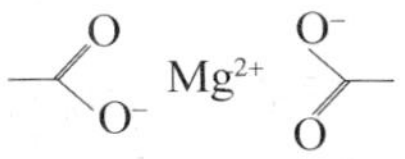

英文名称 magnesium acetate；magnesium di(acetate)

别名 乙酸镁；无水醋酸镁

分子式 $C_4H_6MgO_4$

CAS 号 142－72－3

危害信息

燃烧与爆炸危险性 可燃。其粉体与空气混合，能形成爆炸性混合物。燃烧产生有害的一氧化碳和氧化镁。受高热分解放出有毒的气体。

禁忌物 强氧化剂。

中毒表现 眼睛、皮肤和黏膜有刺激作用。吸入可致咳嗽、咯痰。误服可引起胃痛、呕吐、呼吸困难、紫绀、肾脏受累等。

侵入途径 吸入、食入、经皮吸收。

理化特性与用途

理化特性 无色单斜结晶，易潮解。溶于水，溶于乙醇。熔点 323℃(分解)，相对密度(水＝1)1.42。

主要用途 用作化学试剂、医药品的原料、有机合成催化剂。

包装与储运

安全储运 储存于阴凉、通风的库房。远离火种、热源。保持容器密封。应与强氧化剂等隔离储运。搬运时轻装轻卸，防止容器受损。

紧急处置信息

急救措施

吸入：迅速脱离现场至空气新鲜处。保持呼吸道通畅。如呼吸困难，给输氧。如呼吸、心跳停止，立即进行心肺复苏术。就医。

眼睛接触：分开眼睑，用流动清水或生理盐水冲洗。如有不适感，就医。

皮肤接触：脱去污染的衣着，用大量流动清水冲洗。如有不适感，就医。

食入：饮足量温水，催吐。就医。

灭火方法 消防人员须佩戴防毒面具，穿全身消防服，在上风向灭火。尽可能将容器从火场移至空旷处。喷水保持火场容器冷却，直至灭火结束。

灭火剂：雾状水、泡沫、干粉、二氧化碳、砂土。

泄漏应急处置 隔离泄漏污染区，限制出入。消除所有点火源。建议应急处理人员戴防尘口罩，穿防毒服，戴防毒手套。穿上适当的防护服前严禁接触破裂的容器和泄漏物。尽可能切断泄漏源。用塑料布覆盖泄漏物，减少飞散。勿使水进入包装容器内。用洁净的铲子收集泄漏物，置于干净、干燥、盖子较松的容器中，将容器移离泄漏区。

61. 醋 酸 镍

标 识

中文名称 醋酸镍

英文名称 nickel acetate；nickel di(acetate)

61. 醋酸镍

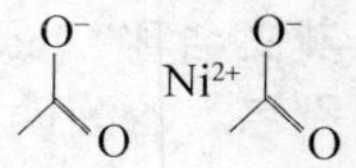

别名 乙酸镍四水合物

分子式 $C_4H_6NiO_4 \cdot 4H_2O$

CAS 号 373－02－4

危害信息

燃烧与爆炸危险性 可燃。其粉体与空气混合，能形成爆炸性混合物。燃烧产生有害的一氧化碳和氧化镍。受高热分解放出有毒的气体。

禁忌物 强氧化剂。

毒性 大鼠经口 LD_{50}：350mg/kg；小鼠经口 LD_{50}：410mg/kg。

IARC 致癌性评论：G1，确认人类致癌物。

中毒表现 对眼睛、皮肤和黏膜有刺激作用。皮肤接触引起皮炎、过敏反应。

侵入途径 吸入、食入、经皮吸收。

职业接触限值 中国：PC－TWA：0.5mg/m^3。

美国(ACGIH)：TLV－TWA：0.2mg/m^3[按镍计，可吸入性]。

环境危害 对水生生物有极高毒性，可能在水生环境中造成长期不利影响。

理化特性与用途

理化特性 绿色单斜晶体，有醋酸气味。溶于水、乙醇、氨水。熔点(分解)，相对密度(水=1)1.744，辛醇/水分配系数 －1.38。

主要用途 用于镀镍、金属着色、制镍催化剂及织物媒染剂。

包装与储运

安全储运 储存于阴凉、通风的库房。远离火种、热源。保持容器密封。应与氧化剂、碱类等隔离储运。搬运时轻装轻卸，防止容器受损。

紧急处置信息

急救措施

吸入：迅速脱离现场至空气新鲜处。保持呼吸道通畅。如呼吸困难，给输氧。如呼吸、心跳停止，立即进行心肺复苏术。就医。

眼睛接触：分开眼睑，用流动清水或生理盐水冲洗。如有不适感，就医。

皮肤接触：立即脱去污染的衣着，用大量流动清水冲洗。如有不适感，就医。

食入：饮足量温水，催吐。就医。

灭火方法 消防人员须佩戴防毒面具，穿全身消防服，在上风向灭火。尽可能将容器从火场移至空旷处。喷水保持火场容器冷却，直至灭火结束。

灭火剂：雾状水、泡沫、干粉、二氧化碳、砂土。

泄漏应急处置 隔离泄漏污染区，限制出入。消除所有点火源。建议应急处理人员戴防尘口罩，穿防毒服，戴防护手套。穿上适当的防护服前严禁接触破裂的容器和泄漏物。尽可能切断泄漏源。用塑料布覆盖泄漏物，减少飞散。勿使水进入包装容器内。用洁净的铲子收集泄漏物，置于干净、干燥、盖子较松的容器中，将容器移离泄漏区。

62. 醋 酸 锌

标 识

中文名称 醋酸锌

英文名称 zinc acetate; zinc di(acetate)

别名 乙酸锌

分子式 $C_4H_6O_4Zn$

CAS 号 557-34-6

危害信息

燃烧与爆炸危险性 可燃。其粉体与空气混合，能形成爆炸性混合物，燃烧产生有害的一氧化碳和氧化锌。受高热分解放出有毒的气体。

禁忌物 强氧化剂。

毒性 大鼠经口 LD_{50}：794mg/kg；小鼠经口 LD_{50}：287mg/kg。

中毒表现 对眼睛和皮肤有刺激作用。误服可引起：口有烧灼感、腹痛、呕吐、腹泻，有小量便血，亦可有头痛、四肢震颤等。

侵入途径 吸入、食入、经皮吸收。

环境危害 对水生生物有极高毒性，可能在水生环境中造成长期不利影响。

理化特性与用途

理化特性 白色至浅灰色或淡黄色结晶粉末，有醋酸气味。溶于水，溶于乙醇。熔点237℃(分解)，相对密度(水=1)1.84，辛醇/水分配系数 -1.28。

主要用途 用于制备锌盐，也用作媒染剂、木材防腐剂、试剂等。

包装与储运

安全储运 储存于阴凉、通风的库房。远离火种、热源。保持容器密封。应与强氧化剂等隔离储运。搬运时轻装轻卸，防止容器受损。

紧急处置信息

急救措施

吸入：迅速脱离现场至空气新鲜处。保持呼吸道通畅。如呼吸困难，给输氧。如呼吸、心跳停止，立即进行心肺复苏术。就医。

眼睛接触：分开眼睑，用流动清水或生理盐水冲洗。如有不适感，就医。

皮肤接触：脱去污染的衣着，用大量流动清水冲洗。如有不适感，就医。

食入：饮足量温水，催吐、洗胃、导泻。就医。

灭火方法 消防人员须佩戴防毒面具，穿全身消防服，在上风向灭火。尽可能将容器从火场移至空旷处。喷水保持火场容器冷却，直至灭火结束。切勿将水流直接射至熔融物，以免引起严重的流淌火灾或引起剧烈的沸溅。

灭火剂：雾状水、泡沫、干粉、二氧化碳、砂土。

泄漏应急处置 隔离泄漏污染区，限制出入。建议应急处理人员戴防尘口罩，穿一般作业工作服，戴防护手套。尽可能切断泄漏源。用塑料布覆盖泄漏物，减少飞散。勿使水进入包装容器内。用洁净的铲子收集泄漏物，置于干净、干燥、盖子较松的容器中，将容器移离泄漏区。

63. 2,4－滴丙酸

标　识

中文名称　2,4－滴丙酸

英文名称　dichlorprop；2－(2,4－dichlorophenoxyl) propionic acid

别名　2－（2，4－二氯苯氧基）丙酸

分子式　$C_9H_8Cl_2O_3$

CAS 号　120－36－5

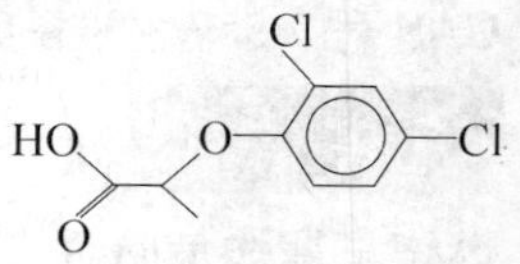

危害信息

燃烧与爆炸危险性　可燃。其粉体与空气混合，能形成爆炸性混合物。受高热分解放出有毒的气体。遇潮时对大多数金属有腐蚀性。

禁忌物　强氧化剂。

毒性　大鼠经口 LD_{50}：344mg/kg；小鼠经口 LD_{50}：309mg/kg；大鼠吸入 LC_{50}：650mg/m^3（4h）；大鼠经皮 LD_{50}：1880mg/kg；小鼠经皮 LD_{50}：1400mg/kg 。

中毒表现　本品对眼睛、皮肤、黏膜和上呼吸道有刺激作用。急性中毒可引起溶血性贫血。

侵入途径　吸入、食入、经皮吸收。

理化特性与用途

理化特性　无色至淡黄色结晶，微有酚的气味。微溶于水，溶于多数有机溶剂。熔点 117～118℃，相对密度（水＝1）1.42，辛醇/水分配系数 3.43。

主要用途　用作农用除草剂、薰蒸剂。

包装与储运

安全储运　储存于阴凉、通风的库房。远离火种、热源。保持容器密封。应与强氧化剂等隔离储运。搬运时轻装轻卸，防止容器受损。

紧急处置信息

急救措施

吸入：迅速脱离现场至空气新鲜处。保持呼吸道通畅。如呼吸困难，给输氧。如呼吸、心跳停止，立即进行心肺复苏术。就医。

眼睛接触：分开眼睑，用流动清水或生理盐水冲洗。如有不适感，就医。

皮肤接触：脱去污染的衣着，用大量流动清水冲洗。如有不适感，就医。

食入：饮足量温水，催吐。就医。

灭火方法　消防人员须佩戴防毒面具，穿全身消防服，在上风向灭火。尽可能将容器从火场移至空旷处。喷水保持火场容器冷却，直至灭火结束。

灭火剂：雾状水、泡沫、干粉、二氧化碳、砂土。

泄漏应急处置 隔离泄漏污染区，限制出入。建议应急处理人员戴防尘口罩，穿防毒服，戴防毒手套。穿上适当的防护服前严禁接触破裂的容器和泄漏物。尽可能切断泄漏源。用塑料布覆盖泄漏物，减少飞散。勿使水进入包装容器内。用洁净的铲子收集泄漏物，置于干净、干燥、盖子较松的容器中，将容器移离泄漏区。

64. 滴 滴 滴

标 识

中文名称 滴滴滴

英文名称 1, 1 – dichloro – 2, 2 – bis(4 – chlorophenyl) ethane；TDE

别名 1, 1 – 二氯 – 2, 2 – 双(4 – 氯苯基)乙烷；涕滴伊

分子式 $C_{14}H_{10}Cl_4$

CAS 号 72 – 54 – 8

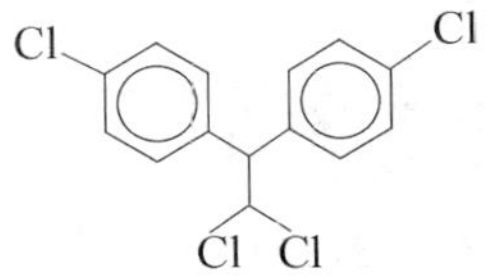

危害信息

危险性类别 第 6 类有毒品。

燃烧与爆炸危险性 可燃。其粉体与空气混合，能形成爆炸性混合物。受高热分解产生有毒的腐蚀性烟气。

禁忌物 强氧化剂、强碱金属等。

毒性 大鼠经口 LD_{50}：113mg/kg；小鼠经口 LD_{50}：1466mg/kg；大鼠经皮 LD_{50}：>10000mg/kg；兔经皮 LD_{50}：1200mg/kg。

侵入途径 吸入、食入、经皮吸收。

环境危害 对水生生物有极高毒性，可能在水生环境中造成长期不利影响。

理化特性与用途

理化特性 无色结晶或白色固体。不溶于水，溶于多数有机溶剂。熔点 109 ~ 110℃，沸点 350℃、193℃(0. 133kPa)，相对密度(水 = 1)1. 385，相对蒸气密度(空气 = 1)11，饱和蒸气压 0. 18MPa(20℃)，辛醇/水分配系数 6. 02。

主要用途 用作杀虫剂和农药残留量分析标准样品。

包装与储运

包装标志 有毒品

包装类别 Ⅲ类

安全储运 储存于阴凉、通风的库房。远离火种、热源。防止阳光直射。储存温度不超过 35℃，相对湿度不超过 85%。保持容器密封。应与氧化剂、碱类、食用化学品分开存放，切忌混储。配备相应品种和数量的消防器材。储区应备有合适的材料收容泄漏物。

紧急处置信息

急救措施

吸入：迅速脱离现场至空气新鲜处。保持呼吸道通畅。如呼吸困难，给输氧。如呼吸、心跳停止，立即进行心肺复苏术。就医。

眼睛接触：分开眼睑，用流动清水或生理盐水冲洗。如有不适感，就医。

皮肤接触： 脱去污染的衣着，用大量流动清水冲洗。如有不适感，就医。

食入： 饮足量温水，催吐。就医。

灭火方法 消防人员须佩戴防毒面具，穿全身消防服，在上风向灭火。尽可能将容器从火场移至空旷处。喷水保持火场容器冷却，直至灭火结束。

灭火剂：雾状水、泡沫、干粉、二氧化碳、砂土。

泄漏应急处置 隔离泄漏污染区，限制出入。消除所有点火源。建议应急处理人员戴防尘口罩，穿防毒服，戴防毒手套。穿上适当的防护服前严禁接触破裂的容器和泄漏物。尽可能切断泄漏源。用塑料布覆盖泄漏物，减少飞散。勿使水进入包装容器内。用洁净的铲子收集泄漏物，置于干净、干燥、盖子较松的容器中，将容器移离泄漏区。

65. 碲

标 识

中文名称 碲

英文名称 tellurium

分子式 Te

CAS 号 13494－80－9

WGH 号 61510

危害信息

危险性类别 第6类有毒品。

燃烧与爆炸危险性 可燃。其粉体与空气混合，能形成爆炸性混合物。燃烧产生有毒的氧化碲。

禁忌物 强酸、强碱、卤素。

毒性 大鼠经口 LD_{50}：83mg/kg；小鼠经口 LD_{50}：20mg/kg；兔经皮 LD_{50}：67mg/kg。

中毒表现 碲可与血浆中的蛋白和含巯基的酶结合。其毒性与砷、硒相似，但毒性比砷、硒低。大量吸入，可刺激上呼吸道发生炎症；严重者发生化学性肺炎。患者呼气有蒜臭味。长期接触低浓度碲，可有口干、呼气蒜臭味、恶心、食欲不振、无汗、皮肤干燥发痒、便秘、嗜睡、无力等症状。

侵入途径 吸入、食入。

职业接触限值 美国(ACGIH)：TLV－TWA：0.1mg/m^3[按碲计]。

理化特性与用途

理化特性 银白色带金属光泽的晶体或浅灰色无定形粉末。不溶于水、盐酸、苯、二硫化碳，溶于浓硫酸、硝酸、王水、热氢氧化钾和氰化钾溶液。熔点449.5～450℃，沸点989.9℃，相对密度(水＝1)6.0～6.25，饱和蒸气压0.13kPa(520℃)，引燃温度340℃。

主要用途 用作陶瓷和玻璃的着色剂、电镀液中的光亮剂、橡胶的硫化剂、石油裂化的催化剂，用于合金、半导体材料。

包装与储运

包装标志 有毒品，易燃固体

包装类别 Ⅱ类

安全储运 储存于阴凉、通风的库房。远离火种、热源。库温不超过35℃。相对湿度不超过80%。保持容器密封。应与酸类、碱类、卤素、食用化学品分开存放，切忌混储。采用防爆型照明、通风设施。禁止使用易产生火花的机械设备和工具。配备相应品种和数量的消防器材。储区应备有合适的材料收容泄漏物。

紧急处置信息

急救措施

吸入：迅速脱离现场至空气新鲜处。保持呼吸道通畅。如呼吸困难，给输氧。如呼吸、心跳停止，立即进行心肺复苏术。就医。

眼睛接触：分开眼睑，用流动清水或生理盐水冲洗。如有不适感，就医。

皮肤接触：立即脱去污染的衣着，用肥皂水和清水彻底冲洗皮肤。如有不适感，就医。

食入：饮足量温水，催吐。就医。

灭火方法 消防人员必须佩戴空气呼吸器，穿全身防火防毒服，在上风向灭火。尽可能将容器从火场移至空旷处。喷水保持火场容器冷却，直至灭火结束。

灭火剂：水、砂土。

泄漏应急处置 隔离泄漏污染区，限制出入。消除所有点火源。建议应急处理人员戴防尘口罩，穿防毒、防静电服，戴橡胶手套。穿上适当的防护服前严禁接触破裂的容器和泄漏物。尽可能切断泄漏源。用塑料布覆盖泄漏物，减少飞散。勿使水进入包装容器内。用洁净的铲子收集泄漏物，置于干净、干燥、盖子较松的容器中，将容器移离泄漏区。

66. 碲 化 氢

标 识

中文名称 碲化氢

英文名称 dihydrogen telluride; hydrogen telluride

分子式 H_2Te

CAS 号 7783-09-7

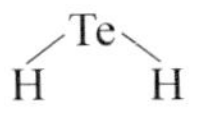

危害信息

燃烧与爆炸危险性 易燃。与空气混合能形成爆炸性混合物。燃烧时呈青白色火焰。

活性反应 与氧化剂接触，有引起燃烧爆炸的危险。

禁忌物 氧化剂。

中毒表现 本品有刺激性，大量吸入后，引起咽干、咽痛、咳嗽、咯痰、胸痛、气促，上呼吸道黏膜染成墨绿色，严重时引起化学性肺炎。呼气及汗有异臭。该气体能引起豚鼠明显溶血。

侵入途径 吸入。

理化特性与用途

理化特性 无色有硫化氢气味的气体，液体为淡黄色。微溶于水。熔点-49℃，沸点-1℃，相对密度(水=1)2.65(-3.3℃)，相对蒸气密度(空气=1)4.5，饱和蒸气压12.64kPa(-45.2℃)，临界温度200℃。

主要用途 用于制备碲化镉等。

包装与储运

安全储运　储存于阴凉、通风的库房。远离火种、热源。保持容器密封。应与强氧化剂等隔离储运。搬运时轻装轻卸，防止容器受损。

紧急处置信息

急救措施

吸入：迅速脱离现场至空气新鲜处。保持呼吸道通畅。如呼吸困难，给输氧。如呼吸、心跳停止，立即进行心肺复苏术。就医。

眼睛接触：不会通过该途径接触。

皮肤接触：不会通过该途径接触。

食入：不会通过该途径接触。

灭火方法　消防人员须佩戴防毒面具，穿全身消防服，在上风向灭火。切断气源，若不能切断气源，则不允许熄灭泄漏处的火焰。尽可能将容器从火场移至空旷处。喷水保持火场容器冷却，直至灭火结束。

灭火剂：水、泡沫、干粉、二氧化碳。

泄漏应急处置　根据气体扩散的影响区域划定警戒区，无关人员从侧风、上风向撤离至安全区。消除所有点火源。建议应急处理人员戴正压自给式呼吸器，穿防静电服。作业时使用的所有设备应接地。禁止接触或跨越泄漏物。尽可能切断泄漏源。若可能翻转容器，使之逸出气体而非液体。喷雾状水抑制蒸气或改变蒸气云流向，避免水流接触泄漏物。禁止用水直接冲击泄漏物或泄漏源。防止气体通过下水道、通风系统和受限空间扩散。隔离泄漏区直至气体散尽。

67. 4－碘苯酚

标　识

中文名称　4－碘苯酚

英文名称　4－Iodophenol；*p*－iodophenol

别名　对碘苯酚；4－碘酚

分子式　C_6H_5IO

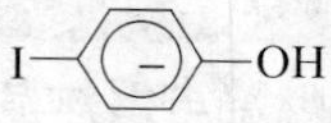

CAS 号　540－38－5

WGH 号　61711

危害信息

危险性类别　第6类有毒品。

燃烧与爆炸危险性　可燃。其粉体与空气混合，能形成爆炸性混合物。燃烧产生有害的一氧化碳和碘化氢。受高热分解放出有毒的气体。

禁忌物　氧化剂、酸酐、酰基氯。

侵入途径　吸入、食入。

理化特性与用途

理化特性 白色或带红色的针状结晶体，有特殊气味。微溶于水，易溶于乙醇、乙醚等有机溶剂。熔点 93 ~ 95℃，沸点 138℃(0.67kPa)，相对密度(水 =1)1.857，饱和蒸气压 0.82Pa(25℃)，辛醇/水分配系数 2.91。

主要用途 用于有机合成，用作植物生长调节剂、生猪的催肥添加剂及医药上用作皮肤病药。

包装与储运

包装标志 有毒品

包装类别 Ⅲ类

安全储运 储存于阴凉、通风的库房。远离火种、热源。防止阳光直射。储存温度不超过 35℃，相对湿度不超过 85%。保持容器密封。应与氧化剂、酸酐、酰基氯分开存放，切忌混储。配备相应品种和数量的消防器材。储区应备有合适的材料收容泄漏物。

紧急处置信息

急救措施

吸入：迅速脱离现场至空气新鲜处。保持呼吸道通畅。如呼吸困难，给输氧。如呼吸、心跳停止，立即进行心肺复苏术。就医。

眼睛接触：分开眼睑，用流动清水或生理盐水冲洗。如有不适感，就医。

皮肤接触：立即脱去污染的衣着，用大量流动清水冲洗 20 ~ 30min。如有不适感，就医。

食入：立即给饮植物油 15 ~ 30mL。催吐。口服活性炭，导泻。就医。

灭火方法 消防人员须佩戴防毒面具，穿全身消防服，在上风向灭火。尽可能将容器从火场移至空旷处。喷水保持火场容器冷却，直至灭火结束。

灭火剂：雾状水、泡沫、干粉、二氧化碳、砂土。

泄漏应急处置 隔离泄漏污染区，限制出入。消除所有点火源。建议应急处理人员戴防尘口罩，穿防毒服，戴防毒手套。穿上适当的防护服前严禁接触破裂的容器和泄漏物。尽可能切断泄漏源。用塑料布覆盖泄漏物，减少飞散。勿使水进入包装容器内。用洁净的铲子收集泄漏物，置于干净、干燥、盖子较松的容器中，将容器移离泄漏区。

68. 碘 化 镉

标 识

中文名称 碘化镉

英文名称 cadmium iodide; cadmium diiodide

分子式 CdI_2

CAS 号 7790 - 80 - 9

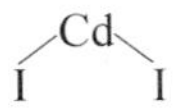

危害信息

危险性类别 第 6 类有毒品。

燃烧与爆炸危险性 不燃。无特殊燃爆特性。受热分解放出有毒的碘化物烟气。

禁忌物　强氧化剂、钾。

毒性　大鼠经口 LD_{50}：222mg/kg；小鼠经口 LD_{50}：166mg/kg。

IARC 致癌性评论：G1，确认人类致癌物。

欧盟法规 1272/2008/EC 将本品列为第 2 类致癌物——可疑的人类致癌物。

中毒表现　误食镉化合物后可引起急剧的胃肠刺激症状，有恶心、呕吐、腹泻、腹痛、里急后重、全身乏力、肌肉疼痛和虚脱等，甚至出现抽搐、休克。

侵入途径　吸入、食入。

职业接触限值　中国：PC - TWA：0.01mg/m³，PC - STEL：0.02mg/m³[按镉计]。

美国(ACGIH)：TLV - TWA：0.002mg/m³[按镉计，呼吸性]。

环境危害　对水生生物有极高毒性，可能在水生环境中造成长期不利影响。

理化特性与用途

理化特性　白色针状结晶体或淡黄色粉末，有感光性。溶于水，溶于甲醇、乙醇、乙醚、丙酮、氨水、酸类。熔点 388℃，沸点 787℃，相对密度(水 = 1)5.67，饱和蒸气压 0.067kPa(390℃)。

主要用途　用于照相和医药，也用作测定生物碱和亚硝酸盐的试剂。

包装与储运

包装标志　有毒品

包装类别　Ⅲ类

安全储运　储存于阴凉、通风的库房。远离火种、热源。保持容器密封。应与氧化剂、钾、食用化学品分开存放，切忌混储。储区应备有合适的材料收容泄漏物。

紧急处置信息

急救措施

吸入：迅速脱离现场至空气新鲜处。保持呼吸道通畅。如呼吸困难，给输氧。如呼吸、心跳停止，立即进行心肺复苏术。就医。

眼睛接触：分开眼睑，用流动清水或生理盐水冲洗。如有不适感，就医。

皮肤接触：立即脱去污染的衣着，用肥皂水和清水彻底冲洗皮肤。如有不适感，就医。

食入：饮足量温水，催吐、洗胃、导泻。就医。

灭火方法　消防人员必须戴自给式呼吸器，穿全身防火防毒服，在上风向灭火。灭火时尽可能将容器从火场移至空旷处。本品不燃。根据着火原因选择适当灭火剂灭火。

泄漏应急处置　隔离泄漏污染区，限制出入。建议应急处理人员戴防尘口罩，穿防毒服，戴防毒手套。穿上适当的防护服前严禁接触破裂的容器和泄漏物。尽可能切断泄漏源。用塑料布覆盖泄漏物，减少飞散。勿使水进入包装容器内。用洁净的铲子收集泄漏物，置于干净、干燥、盖子较松的容器中，将容器移离泄漏区。

69. 碘　化　银

标　识

中文名称　碘化银

英文名称　silver iodide；silver monoiodide

分子式 AgI

CAS 号 7783－96－2

Ag—I

危害信息

燃烧与爆炸危险性 不燃。无特殊燃爆特性。受热分解放出有毒的碘化物烟气。

禁忌物 强氧化剂、强酸。

中毒表现 口服、局部接触或职业性长期接触银化合物，可引起局部或全身性银质沉着，发生局部或全身皮肤沉着症、眼部损害、慢性支气管炎等。

侵入途径 吸入、食入。

理化特性与用途

理化特性 浅黄色粉末或立方结晶体，有感光性。不溶于水，溶于碘化钾、氯化钠、氰化钾、氢氧化铵、硫代硫酸钠的水溶液。熔点557℃，沸点1506℃，相对密度(水＝1)5.67，饱和蒸气压0.13kPa(820℃)。

主要用途 用于制作照相底片或感光纸；用作热电池的原料、催化剂、化学试剂；也用于人工降雨、防冰雹、防霜冻、防风暴等。

包装与储运

安全储运 储存于阴凉、通风的库房。远离火种、热源。保持容器密封。应与氧化剂、酸类等隔离储运。搬运时轻装轻卸，防止容器受损。

紧急处置信息

急救措施

吸入：脱离现场至空气新鲜处。如呼吸困难，给输氧。就医。

眼睛接触：分开眼睑，用流动清水或生理盐水冲洗。如有不适感，就医。

皮肤接触：立即脱去污染的衣着，用肥皂水和清水彻底冲洗皮肤。如有不适感，就医。

食入：饮足量温水，催吐。就医。

灭火方法 消防人员必须戴自给式呼吸器，穿全身防火防毒服，在上风向灭火。灭火时尽可能将容器从火场移至空旷处。本品不燃。根据着火原因选择适当灭火剂灭火。

泄漏应急处置 隔离泄漏污染区，限制出入。建议应急处理人员戴防尘口罩，穿一般作业工作服，戴防护手套。尽可能切断泄漏源。用塑料布覆盖泄漏物，减少飞散。勿使水进入包装容器内。用洁净的铲子收集泄漏物，置于干净、干燥、盖子较松的容器中，将容器移离泄漏区。

70. 碘乙酸乙酯

标　识

中文名称 碘乙酸乙酯

英文名称 ethyl iodoacetate；iodoacetic acid ethyl ester

别名 碘代醋酸乙酯

70. 碘乙酸乙酯

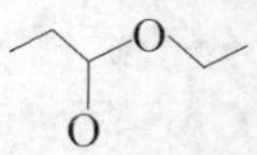

分子式 $C_4H_7IO_2$

CAS 号 623 - 48 - 3

危害信息

危险性类别 第 6 类有毒品。

燃烧与爆炸危险性 可燃。其蒸气与空气混合，能形成爆炸性混合物。受热分解或与酸类接触放出有毒气体。蒸气比空气重，能在较低处扩散到相当远的地方，遇火源会着火回燃和爆炸(闪爆)。若遇高热，容器内压增大，有开裂和爆炸的危险。

活性反应 遇水或水蒸气反应放热并产生有毒的腐蚀性气体。

禁忌物 强氧化剂、强还原剂、酸类、碱类。

毒性 大鼠经口 LD_{50}：50mg/kg；小鼠经口 LD_{50}：50mg/kg。

本品已列入《剧毒化学品目录》。

中毒表现 本品蒸气对眼睛有强烈刺激作用，有催泪作用。接触高浓度碘乙酸乙酯可引起肺水肿而死亡。

侵入途径 吸入、食入、经皮吸收。

理化特性与用途

理化特性 无色油状液体，见光逐渐分解变黄色，有催泪性。不溶于水，溶于乙醇、乙醚。沸点 179 ~ 180℃，相对密度(水 = 1)1. 80，相对蒸气密度(空气 = 1)7. 4，饱和蒸气压 0. 07kPa(20℃)，辛醇/水分配系数 1. 62，闪点 76℃。

主要用途 用作有机合成的中间体，用于制备军用毒剂。

包装与储运

包装标志 有毒品

包装类别 Ⅲ类

安全储运 储存于阴凉、干燥、通风良好的库房。远离火种、热源。防止阳光直射。储存温度不超过 35℃，相对湿度不超过 85%。保持容器密封。应严格执行剧毒化学品管理制度。应与氧化剂、还原剂、酸类、碱类、食用化学品分开存放，切忌混储。配备相应品种和数量的消防器材。储区应备有泄漏应急处理设备和合适的收容材料。

紧急处置信息

急救措施

吸入：迅速脱离现场至空气新鲜处。保持呼吸道通畅。如呼吸困难，给输氧。如呼吸、心跳停止，立即进行心肺复苏术。就医。

眼睛接触：立即分开眼睑，用大量流动清水或生理盐水彻底冲洗 10 ~ 15min。如有不适感，就医。

皮肤接触：立即脱去污染的衣着，用大量流动清水冲洗。如有不适感，就医。

食入：饮足量温水，催吐。就医。

灭火方法 消防人员必须佩戴空气呼吸器，穿全身防火防毒服，在上风向灭火。尽可能将容器从火场移至空旷处。喷水保持火场容器冷却，直至灭火结束。处在火场中的容器若已变色或从安全泄压装置中发出声音，必须马上撤离。禁止用水和泡沫灭火。

灭火剂：干粉、二氧化碳、砂土。

泄漏应急处置 根据液体流动和蒸气扩散的影响区域划定警戒区，无关人员从侧风、上风向撤离至安全区。消除所有点火源。建议应急处理人员戴防毒面具，穿防腐、防毒服，戴防毒手套。穿上适当的防护服前严禁接触破裂的容器和泄漏物。尽可能切断泄漏源。防止泄漏物进入水体、下水道、地下室或受限空间。小量泄漏：用干燥的砂土或其他不燃材料吸收或覆盖，收集于容器中。大量泄漏：构筑围堤或挖坑收容。用耐腐蚀泵转移至槽车或专用收集器内。

71. 叠氮化钡[干的或含水<50%]

标　识

中文名称　叠氮化钡[干的或含水<50%]

英文名称　barium azide (dry or containing less than 50% water)

别名　叠氮钡

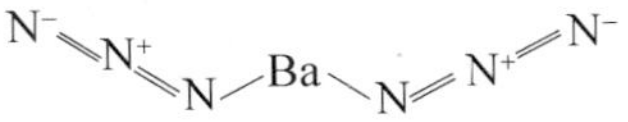

分子式　$Ba(N_3)_2$

CAS 号　18810－58－7

WGH 号　11018

UN 号　0224

危害信息

危险性类别　第1类爆炸品。按《危险货物品名表》主危险性为1.1A类爆炸品。

燃烧与爆炸危险性　受撞击、摩擦，遇明火或其他点火源极易爆炸。受热分解产生有毒的烟气。

活性反应　与酸反应生成爆炸性的迭氮化氢。

禁忌物　强氧化剂、酸类。

中毒表现　有毒。对皮肤和黏膜有刺激性。吸收进入体内，可影响神经系统、心脏和肾脏，重者可引起惊厥和死亡。吸入可影响肺功能。

侵入途径　吸入、食入。

职业接触限值　美国(ACGIH)：TLV－TWA：$0.5mg/m^3$[按钡计]。

理化特性与用途

理化特性　白色单斜棱形结晶。溶于水，微溶于乙醇，不溶于乙醚。熔点126℃(120℃分解)，相对密度(水＝1)2.936。

主要用途　用作电子管的吸气剂，用于炸药。

包装与储运

包装标志　爆炸品，有毒品

安全储运　应润湿储存于阴凉、通风仓库内。储存于阴凉、干燥、通风的爆炸品专用库房。库温不超过32℃。相对湿度不超过80%。若含有水作稳定剂，库温不低于1℃。相对湿度小于80%。远离火种、热源。防止阳光直射。保持容器密封，严禁与空气接触。应与氧化剂、酸类、食用化学品等分开存放，切忌混储。配备相应品种和数量的消防器材。储区应备有合适的材料收容泄漏物，禁止震动、撞击和摩擦。

紧急处置信息

急救措施

吸入：迅速脱离现场至空气新鲜处。保持呼吸道通畅。如呼吸困难，给输氧。如呼吸、

心跳停止，立即进行心肺复苏术。就医。

眼睛接触： 分开眼睑，用流动清水或生理盐水冲洗。如有不适感，就医。

皮肤接触： 脱去污染的衣着，用大量流动清水冲洗。如有不适感，就医。

食入： 饮足量温水，催吐。用2% ~5% 硫酸钠或硫酸镁溶液洗胃，导泻。就医。

灭火方法　消防人员须在有防爆掩蔽处操作。遇大火切勿轻易接近。禁止用砂土压盖。用大量水灭火 。

泄漏应急处置　消除所有点火源。隔离泄漏污染区，限制出入。建议应急处理人员戴防尘口罩，穿防毒服，戴防毒手套。作业时使用的所有设备应接地。禁止接触或跨越泄漏物。在专家指导下清除 。

72. 叠氮化钡［含水 >50%］

标　识

中文名称　叠氮化钡［含水 >50%］

英文名称　barium azide（WETTED with not less than 50% water, by mass）

别名　叠氮钡

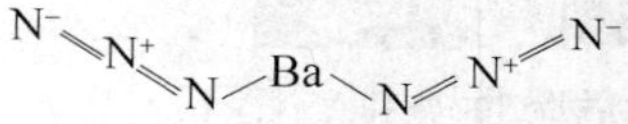

分子式　$Ba(N_3)_2$

CAS 号　18810 – 58 – 7

WGH 号　41035

UN 号　1571

危害信息

危险性类别　第 4.1 类易燃固体。

燃烧与爆炸危险性　易燃。受撞击、摩擦，遇明火或其他点火源有爆炸危险。受热分解产生有毒的烟气。

活性反应　与酸反应生成爆炸性的迭氮化氢。

禁忌物　强氧化剂、重金属及其盐。

中毒表现　有毒。对皮肤和黏膜有刺激性。吸收进入体内，可影响神经系统、心脏和肾脏，重者可引起惊厥和死亡。吸入可影响肺功能。

侵入途径　吸入、食入。

职业接触限值　美国（ACGIH）：TLV – TWA：0.5mg/m^3［按钡计］。

理化特性与用途

理化特性　白色结晶或粉末的浆。溶于水、稀乙酸、盐酸、硝酸。熔点 126℃（120℃分解），相对密度（水 =1）2.936。

主要用途　用作分析试剂。

包装与储运

包装标志　易燃固体，有毒品

包装类别　Ⅰ类

安全储运　通常商品加有稳定剂。储存于阴凉、通风的库房。库温不宜超过 35℃。远离火种、热源。防止阳光直射。保持容器密封。应与氧化剂、重金属及其盐、食用化学品分开存放，切忌混储。配备相应品种和数量的消防器材。储区应备有合适的材料收容泄漏物。

紧急处置信息

急救措施

吸入：迅速脱离现场至空气新鲜处。保持呼吸道通畅。如呼吸困难，给输氧。如呼吸、心跳停止，立即进行心肺复苏术。就医。

眼睛接触：分开眼睑，用流动清水或生理盐水冲洗。如有不适感，就医。

皮肤接触：脱去污染的衣着，用大量流动清水冲洗。如有不适感，就医。

食入：饮足量温水，催吐。用2% ~5%硫酸钠或硫酸镁溶液洗胃，导泻。就医。

灭火方法 消防人员须戴好防毒面具，在安全距离以外，在上风向灭火。尽可能将容器从火场移至空旷处。喷水保持火场容器冷却，直至灭火结束。禁止用砂土压盖。用大量水灭火。

泄漏应急处置 消除所有点火源。隔离泄漏污染区，限制出入。建议应急处理人员戴防尘口罩，穿防毒服，戴防毒手套。作业时使用的所有设备应接地。禁止接触或跨越泄漏物。小量泄漏：用大量水冲洗，洗水稀释后放入废水系统。大量泄漏：用水润湿，并筑堤收容。通过慢慢加入大量水保持泄漏物湿润。

73. 叠氮化铅

标 识

中文名称 叠氮化铅

英文名称 lead azide；lead diazide

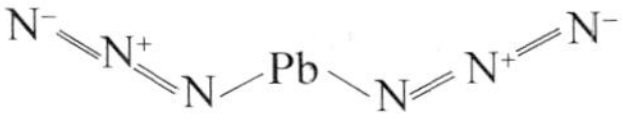

别名 氮化铅；叠氮铅

分子式 $Pb(N_3)_2$

CAS 号 13424 -46 -9

WGH 号 11019

UN 号 0129

危害信息

危险性类别 第1类爆炸品。按《危险货物品名表》主危险性为1.1A类爆炸品。

燃烧与爆炸危险性 受撞击、摩擦，遇明火或其他点火源极易爆炸。

活性反应 与铜生成极敏感的迭氮化铜。与浓硫酸、发烟硝酸猛烈反应，甚至发生爆炸。

禁忌物 铜、二氧化碳、强氧化剂、浓硫酸、发烟硝酸。

毒性 IARC 致癌性评论：G2A，可能人类致癌物。

欧盟法规 1272/2008/EC 将本品列为第1A类生殖毒物——已知的人类生殖毒物。

侵入途径 吸入、食入。

职业接触限值 中国：PC - TWA：0.05mg/m^3［铅尘］，PC - TWA：0.03mg/m^3［铅烟］。美国(ACGIH)：TLV - TWA：0.05mg/m^3［按铅计］。

环境危害 对水生生物有极高毒性，可能在水生环境中造成长期不利影响。

理化特性与用途

理化特性 无色针状结晶或白色结晶粉末，有吸湿性。不溶于冷水、乙醇、乙醚、氨水，稍溶于热水，易溶于乙酸。熔点 350℃（爆炸），相对密度（水 = 1）4.71，引燃温度 316 ~ 360℃，爆速 5180m/s。

主要用途 用作雷管中的起爆装药。

包装与储运

包装标志 爆炸品

安全储运 储存过程中应保持不少于 20% 的水作稳定剂。储存于阴凉、干燥、通风的爆炸品专用库房。库温不低于 1℃。相对湿度小于 80%。远离火种、热源。防止阳光直射。保持容器密封。应与铜、二氧化碳、氧化剂、食用化学品分开存放，切忌混储。配备相应品种和数量的消防器材。储区应备有合适的材料收容泄漏物，禁止震动、撞击和摩擦。

紧急处置信息

急救措施

吸入：迅速脱离现场至空气新鲜处。保持呼吸道通畅。如呼吸困难，给输氧。如呼吸、心跳停止，立即进行心肺复苏术。就医。

眼睛接触：分开眼睑，用流动清水或生理盐水冲洗。如有不适感，就医。

皮肤接触：脱去污染的衣着，用大量流动清水冲洗。如有不适感，就医。

食入：饮足量温水，催吐。就医。

灭火方法 消防人员须在有防爆掩蔽处操作。遇大火切勿轻易接近。禁止用砂土压盖。用大量水灭火 。

泄漏应急处置 消除所有点火源。隔离泄漏污染区，限制出入。建议应急处理人员戴防尘口罩，穿一般作业工作服，戴防护手套。作业时使用的所有设备应接地。禁止接触或跨越泄漏物，润湿泄漏物。严禁设法扫除干的泄漏物。在专家指导下清除。

74. 叠氮化氢

标　识

中文名称 叠氮化氢

英文名称 hydrazoic acid; hydrogen azide; azoimide

别名 叠氮酸

分子式 HN_3

CAS 号 7782 - 79 - 8

N═N═NH

危害信息

危险性类别 第 1 类爆炸品。

燃烧与爆炸危险性 受撞击、摩擦，遇明火或其他点火源极易爆炸。燃烧产生有毒的氮氧化物气体。受高热分解放出有毒的气体。

活性反应 和金属反应生成不稳定的迭氮重金属化合物。与镉、铜、镍、硝酸、氟发生剧烈反应。

禁忌物 酸类(硝酸)、金属(铜、镉、铜、镍等)、氟。

毒性 大鼠经口 LD_{50}：33mg/kg；小鼠吸入 LC_{50}：34mg/kg。

中毒表现 吸入可引起鼻、眼刺激、头痛、眩晕、支气管炎、血压降低等，脉率增快或徐缓。长期接触，可致低血压、搏动性头痛、心悸、软弱无力、眼鼻刺激症状等。

侵入途径 吸入、食入、经皮吸收。

职业接触限值 中国：MAC：0.2mg/m^3。

美国(ACGIH)：TLV－C：0.19mg/m^3。

理化特性与用途

理化特性 无色高挥发性液体，有强烈的刺激性气味。易溶于水，溶于碱、乙醇、乙醚。熔点－80℃，沸点37℃，相对密度(水＝1)1.09。

主要用途 用于有机合成及制造其他叠氮化物，也用于制造雷管。

包装与储运

包装标志 爆炸品

安全储运 应润湿储存于阴凉、通风仓库内。储存于阴凉、干燥、通风的爆炸品专用库房。库温不超过32℃。相对湿度不超过80%。若含有水作稳定剂，库温不低于1℃。相对湿度小于80%。远离火种、热源。防止阳光直射。保持容器密封，严禁与空气接触。应与硝酸、铜、氟、食用化学品分开存放，切忌混储。配备相应品种和数量的消防器材。储区应备有合适的材料收容泄漏物。禁止震动、撞击和摩擦。

紧急处置信息

急救措施

吸入：迅速脱离现场至空气新鲜处。保持呼吸道通畅。如呼吸困难，给输氧。如呼吸、心跳停止，立即进行心肺复苏术。就医。

眼睛接触：分开眼睑，用流动清水或生理盐水冲洗。如有不适感，就医。

皮肤接触：脱去污染的衣着，用大量流动清水冲洗。如有不适感，就医。

食入：饮足量温水，催吐。就医。

灭火方法 消防人员须在有防爆掩蔽处操作。遇大火切勿轻易接近。禁止用砂土压盖。用大量水灭火 。

泄漏应急处置 根据液体流动和蒸气扩散的影响区域划定警戒区，无关人员从侧风、上风向撤离至安全区。消除所有点火源。建议应急处理人员戴正压自给式呼吸器，穿防毒服，戴防毒手套。作业时使用的所有设备应接地。禁止接触或跨越泄漏物。在专家指导下清除。

75. 丁 草 胺

标 识

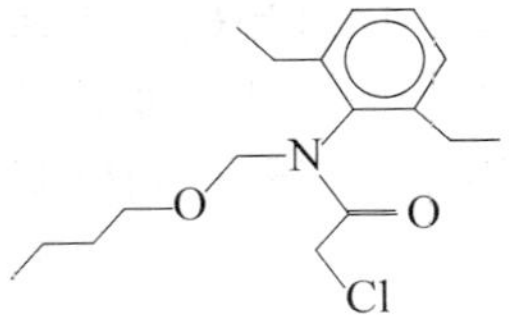

中文名称 丁草胺

英文名称 *N*－(butoxymethyl)－2－chloro－2′,6′－diethylacetanilide；butachlor

75. 丁草胺

别名 *N*-(丁氧甲基)-2-氯-2′,6′-二乙基乙酰苯胺

分子式 $C_{17}H_{26}ClNO_2$

CAS 号 23184-66-9

危害信息

燃烧与爆炸危险性 可燃。其蒸气与空气混合，能形成爆炸性混合物。受高热分解放出有毒的气体。若遇高热，容器内压增大，有开裂和爆炸的危险。

活性反应 与氧化剂可发生反应。

禁忌物 强氧化剂。

毒性 大鼠经口 LD_{50}：1740mg/kg；小鼠经口 LD_{50}：4140mg/kg；兔经皮 LD_{50}：3470mg/kg；大鼠吸入 LC_{50}：>3340mg/m³(4h)。

侵入途径 吸入、食入、经皮吸收。

环境危害 对水生生物有极高毒性，可能在水生环境中造成长期不利影响。

理化特性与用途

理化特性 淡黄色至琥珀色油状液体，有点甜香气味。微溶于水；溶于多数有机溶剂，如乙醇、乙醚、丙酮、苯、乙酸乙酯、己烷。熔点 -2.8 ~ -1.7℃，沸点 156℃(66.5Pa)，相对密度(水=1)1.07(25℃)，饱和蒸气压 0.39MPa(25℃)，辛醇/水分配系数 4.5，闪点 114℃(开杯)、93℃(闭杯)。

主要用途 除草剂，用于水田和旱地防除本科杂草。

包装与储运

安全储运 储存于阴凉、通风的库房。远离火种、热源。保持容器密封。应与强氧化剂等隔离储运。搬运时轻装轻卸，防止容器受损。

紧急处置信息

急救措施

吸入：迅速脱离现场至空气新鲜处。保持呼吸道通畅。如呼吸困难，给输氧。如呼吸、心跳停止，立即进行心肺复苏术。就医。

眼睛接触：分开眼睑，用流动清水或生理盐水冲洗。如有不适感，就医。

皮肤接触：脱去污染的衣着，用大量流动清水冲洗。如有不适感，就医。

食入：饮足量温水，催吐、洗胃、导泻。就医。

灭火方法 消防人员须佩戴防毒面具，穿全身消防服，在上风向灭火。尽可能将容器从火场移至空旷处。喷水保持火场容器冷却，直至灭火结束。处在火场中的容器若已变色或从安全泄压装置中发出声音，必须马上撤离。

灭火剂：雾状水、泡沫、干粉、二氧化碳、砂土。

泄漏应急处置 根据液体流动和蒸气扩散的影响区域划定警戒区，无关人员从侧风、上风向撤离至安全区。建议应急处理人员戴正压自给式呼吸器，穿一般作业工作服，戴防护手套。尽可能切断泄漏源。防止泄漏物进入水体、下水道、地下室或受限空间。小量泄漏：用干燥的砂土或其他不燃材料吸收或覆盖，收集于容器中。大量泄漏：构筑围堤或挖坑收容。用泵转移至槽车或专用收集器内。

76. 丁　草　敌

标　识

中文名称　丁草敌

英文名称　butylate；bis(2 - methylpropyl) carbamothioic acid，*S* - ethyl ester

别名　*S* - 乙基二(2 - 甲丙基)硫代氨基甲酸酯；丁草特

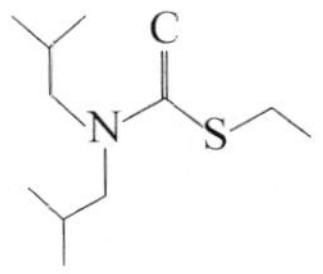

分子式　$C_{11}H_{23}NOS$

CAS 号　2008 - 41 - 5

危害信息

燃烧与爆炸危险性　可燃。其蒸气与空气混合，能形成爆炸性混合物。受高热分解放出有毒的气体。若遇高热，容器内压增大，有开裂和爆炸的危险。

活性反应　与氧化剂可发生反应。

禁忌物　强氧化剂。

毒性　大鼠经口 LD_{50}：4000mg/kg；兔经皮 LD_{50}： >5000mg/kg。

中毒表现　吸入对呼吸道有刺激作用，引起咳嗽和喘息。长时间吸入对中枢神经有抑制作用，出现头痛、头晕、恶心、共济失调，甚至昏迷，可因呼吸衰竭而死亡。

侵入途径　吸入、食入、经皮吸收。

理化特性与用途

理化特性　无色至琥珀色液体，有芳香气味。难溶于水，混溶于常用有机溶剂如乙醇、丙酮、二甲苯、甲基异丁酮、煤油等。沸点 137.5 ~ 138℃(2.79kPa)，相对密度(水 = 1) 0.9402(25℃/25℃)饱和蒸气压 1.73Pa(25℃)，辛醇/水分配系数 4.15，闪点 110℃(Tag 开杯)。

主要用途　用作农用除草剂。

包装与储运

安全储运　储存于阴凉、通风的库房。保持容器密封。远离火种、热源。应与强氧化剂等隔离储运。搬运时轻装轻卸，防止容器受损。

紧急处置信息

急救措施

吸入：迅速脱离现场至空气新鲜处。保持呼吸道通畅。如呼吸困难，给输氧。如呼吸、心跳停止，立即进行心肺复苏术。就医。

眼睛接触：分开眼睑，用流动清水或生理盐水冲洗。如有不适感，就医。

皮肤接触：脱去污染的衣着，用大量流动清水冲洗。如有不适感，就医。

食入：饮足量温水，催吐、洗胃、导泻。就医。

灭火方法　消防人员须佩戴防毒面具，穿全身消防服，在上风向灭火。尽可能将容器从火场移至空旷处。喷水保持火场容器冷却，直至灭火结束。处在火场中的容器若已变色或从安全泄压装置中发出声音，必须马上撤离。

灭火剂：雾状水、泡沫、干粉、二氧化碳、砂土。

泄漏应急处置 根据液体流动和蒸气扩散的影响区域划定警戒区，无关人员从侧风、上风向撤离至安全区。建议应急处理人员戴正压自给式呼吸器，穿防毒服，戴防毒手套。穿上适当的防护服前严禁接触破裂的容器和泄漏物。尽可能切断泄漏源。防止泄漏物进入水体、下水道、地下室或受限空间。小量泄漏：用干燥的砂土或其他不燃材料吸收或覆盖，收集于容器中。大量泄漏：构筑围堤或挖坑收容。用泵转移至槽车或专用收集器内。

77. 1,3－丁二醇

标　识

中文名称 1,3－丁二醇

英文名称 1,3－butanediol；1,3－butylene glycol

别名 丁间二醇

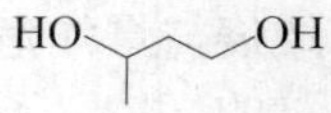

分子式 $C_4H_{10}O_2$

CAS 号 107－88－0

危害信息

燃烧与爆炸危险性 可燃。其蒸气与空气混合，能形成爆炸性混合物。燃烧产生有害的一氧化碳气体。若遇高热，容器内压增大，有开裂和爆炸的危险。

活性反应 与氧化剂可发生反应。

禁忌物 强氧化剂、强酸、酰基氯、酸酐。

毒性 大鼠经口 LD_{50}：18610mg/kg；小鼠经口 LD_{50}：12980mg/kg；兔经皮 LD_{50}：>20000mg/kg。

中毒表现 中毒表现有胃肠道刺激、深度麻醉、瞳孔缩小、反射完全消失和肾损害。最终因生命中枢麻痹而死亡。

侵入途径 吸入、食入。

理化特性与用途

理化特性 无色黏稠吸湿性液体。易溶于水，溶于丙酮、甲乙酮、乙醇、邻苯二甲酸二丁酯、蓖麻油，几乎不溶于脂肪族烃、苯、甲苯、四氯化碳、乙醇胺类、矿物油。熔点－53.9～－49.9℃，沸点207.5℃，相对密度(水=1)1.005，相对蒸气密度(空气=1)3.2，饱和蒸气压8Pa(20℃)，燃烧热－2488kJ/mol，临界温度370℃，临界压力5.0MPa，辛醇/水分配系数－1.38，闪点121℃(Tag开杯)，引燃温度394℃，爆炸下限1.9%，爆炸上限12.6%。

主要用途 主要用于制备聚酯树脂、聚氨基甲酸酯树脂、增塑剂等，也用作纺织品、纸张和烟草的增湿剂和软化剂等，还是医药和染料的中间体。

包装与储运

安全储运 储存于阴凉、通风的库房。保持容器密封。远离火种、热源。应与强氧化剂、酸类等隔离储运。搬运时轻装轻卸，防止容器受损。

紧急处置信息

急救措施

吸入： 脱离现场至空气新鲜处。就医。

眼睛接触： 分开眼睑，用流动清水或生理盐水冲洗。如有不适感，就医。

皮肤接触： 脱去污染的衣着，用肥皂水和清水彻底冲洗皮肤。如有不适感，就医。

食入： 饮足量温水，催吐、洗胃、导泻。就医。

灭火方法 消防人员须佩戴防毒面具，穿全身消防服，在上风向灭火。尽可能将容器从火场移至空旷处。喷水保持火场容器冷却，直至灭火结束。处在火场中的容器若已变色或从安全泄压装置中发出声音，必须马上撤离。

灭火剂：水、雾状水、抗溶性泡沫、干粉、二氧化碳、砂土。

泄漏应急处置 根据液体流动和蒸气扩散的影响区域划定警戒区，无关人员从侧风、上风向撤离至安全区。消除所有点火源。建议应急处理人员戴防毒面具，穿防毒服，戴橡胶手套。穿上适当的防护服前严禁接触破裂的容器和泄漏物。尽可能切断泄漏源。防止泄漏物进入水体、下水道、地下室或受限空间。小量泄漏：用干燥的砂土或其他不燃材料吸收或覆盖，收集于容器中。大量泄漏：构筑围堤或挖坑收容。用泵转移至槽车或专用收集器内。

78. 2,3－丁二醇

标　识

中文名称 2,3－丁二醇

英文名称 2,3－butanediol；2,3－butylene glycol

别名 2,3－二羟基丁烷

分子式 $C_4H_{10}O_2$

CAS 号 513－85－9

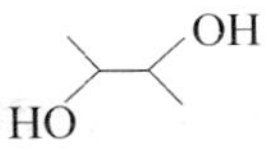

危害信息

燃烧与爆炸危险性 可燃。其蒸气与空气混合，能形成爆炸性混合物。燃烧产生有毒的一氧化碳气体。若遇高热，容器内压增大，有开裂和爆炸的危险。

禁忌物 强氧化剂、酰基氯、酸酐、氯仿、强还原剂。

毒性 小鼠经口 LD_{50}：5462mg/kg。

中毒表现 摄入的中毒表现为胃肠道刺激、深度麻醉、瞳孔缩小、反射完全消失和肾脏损害，最终因生命中枢麻痹而死亡。

侵入途径 吸入、食入。

理化特性与用途

理化特性 无色透明至淡黄色黏稠液体或结晶固体，具有吸湿性。与水混溶，溶于乙醇、乙醚、异丙醚。熔点 19～25℃，沸点 180～184℃，相对密度(水＝1)1.01，相对蒸气密度(空气＝1)3.1，饱和蒸气压 32.3Pa(25℃)，燃烧热－2461kJ/mol，临界温度 380℃，临界压力 4.96MPa，辛醇/水分配系数 －0.92，闪点 85℃(开杯)，引燃温度 402℃，爆炸下限 3.1%，爆炸上限 11.4%。

主要用途 用于制备树脂和用作溶剂等，也可作为吸湿剂、增塑剂和偶联剂。

包装与储运

安全储运 储存于阴凉、干燥、通风的库房。保持容器密封。远离火种、热源。应与强氧化剂等隔离储运。搬运时轻装轻卸，防止容器受损。

紧急处置信息

急救措施

吸入：脱离现场至空气新鲜处。就医。

眼睛接触：分开眼睑，用流动清水或生理盐水冲洗。如有不适感，就医。

皮肤接触：立即脱去污染的衣着，用肥皂水和清水彻底冲洗皮肤。如有不适感，就医。

食入：饮足量温水，催吐。就医。

灭火方法 消防人员须佩戴防毒面具，穿全身消防服，在上风向灭火。尽可能将容器从火场移至空旷处。喷水保持火场容器冷却，直至灭火结束。处在火场中的容器若已变色或从安全泄压装置中发出声音，必须马上撤离。

灭火剂：水、雾状水、抗溶性泡沫、干粉、二氧化碳、砂土。

泄漏应急处置 根据液体流动和蒸气扩散的影响区域划定警戒区，无关人员从侧风、上风向撤离至安全区。消除所有点火源。建议应急处理人员戴防毒面具，穿防毒服，戴橡胶手套。穿上适当的防护服前严禁接触破裂的容器和泄漏物。尽可能切断泄漏源。防止泄漏物进入水体、下水道、地下室或受限空间。小量泄漏：用干燥的砂土或其他不燃材料吸收或覆盖，收集于容器中。大量泄漏：构筑围堤或挖坑收容。用泵转移至槽车或专用收集器内。

79. 丁二醇单甲基醚

标　识

中文名称 丁二醇单甲基醚

英文名称 4 - methoxybutan - 1 - ol; butylene glycol monomethyl ether; butylene glycol methyl ether

别名 4 - 甲氧基 - 1 - 丁醇

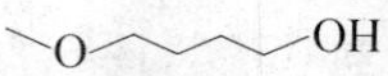

分子式 $C_5H_{12}O_2$

CAS 号 111 - 32 - 0

危害信息

燃烧与爆炸危险性 易燃。其蒸气与空气混合，能形成爆炸性混合物。燃烧产生有毒的一氧化碳气体。

禁忌物 强氧化剂、强酸。

毒性 大鼠经口 LDL_0：4000mg/kg。

中毒表现 动物实验示有麻醉作用，可致肝、肾损害，对眼有中度刺激性，对皮肤有轻度刺激性。

侵入途径 吸入、食入。

理化特性与用途

理化特性 无色液体，有轻微的醚的气味。混溶于水，混溶于油类和多数有机溶剂。沸点 136℃，相对密度(水 =1)0.98，饱和蒸气压 0.10kPa(25℃)，辛醇/水分配系数 0.08，闪点 43.3℃ 。

主要用途 用作助溶剂、分散剂及油墨、真漆、树脂、油类和润滑油的溶剂。

包装与储运

安全储运 储存于阴凉、通风的库房。保持容器密封。远离火种、热源。应与氧化剂、酸类等隔离储运。搬运时轻装轻卸，防止容器受损。

紧急处置信息

急救措施

吸入：迅速脱离现场至空气新鲜处。保持呼吸道通畅。如呼吸困难，给输氧。如呼吸、心跳停止，立即进行心肺复苏术。就医。

眼睛接触：分开眼睑，用流动清水或生理盐水冲洗。如有不适感，就医。

皮肤接触：立即脱去污染的衣着，用肥皂水和清水彻底冲洗皮肤。如有不适感，就医。

食入：饮足量温水，催吐。就医。

灭火方法 消防人员须佩戴防毒面具，穿全身消防服，在上风向灭火。尽可能将容器从火场移至空旷处。喷水保持火场容器冷却，直至灭火结束。处在火场中的容器若已变色或从安全泄压装置中发出声音，必须马上撤离。

灭火剂：水、雾状水、抗溶性泡沫、干粉、二氧化碳、砂土。

泄漏应急处置 根据液体流动和蒸气扩散的影响区域划定警戒区，无关人员从侧风、上风向撤离至安全区。消除所有点火源。建议应急处理人员戴防毒面具，穿防静电服，戴橡胶手套。穿上适当的防护服前严禁接触破裂的容器和泄漏物。尽可能切断泄漏源。防止泄漏物进入水体、下水道、地下室或受限空间。小量泄漏：用干燥的砂土或其他不燃材料吸收或覆盖，收集于容器中。大量泄漏：构筑围堤或挖坑收容。用防爆泵转移至槽车或专用收集器内。

80. 丁二醇单乙基醚

标　识

中文名称 丁二醇单乙基醚

英文名称 4 - ethoxybutan - 1 - ol; butylene glycol monoethyl ether; butylene glycol ethyl ether

别名 4 - 乙氧基 - 1 - 丁醇

分子式 $C_6H_{14}O_2$

CAS 号 111 - 73 - 9

危害信息

燃烧与爆炸危险性 易燃。其蒸气与空气混合，能形成爆炸性混合物。燃烧产生有毒的一氧化碳气体。

禁忌物 强氧化剂、强酸。

毒性 大鼠经口 LD_{50}：4000mg/kg。

中毒表现 引起动物嗜睡，出现刺激症状，可引起肺、肝、肾损害。

侵入途径 吸入、食入。

理化特性与用途

理化特性　无色液体，有轻微的醚的气味。混溶于水和多数有机溶剂。沸点147℃，相对密度(水=1)0.89，饱和蒸气压0.4kPa(25℃)，闪点62.8℃。

主要用途　用作助溶剂、分散剂及油墨、树脂、真漆、油类和润滑油的溶剂。

包装与储运

安全储运　储存于阴凉、通风的库房。保持容器密封。远离火种、热源。应与氧化剂等、酸类隔离储运。搬运时轻装轻卸，防止容器受损。

紧急处置信息

急救措施

吸入：迅速脱离现场至空气新鲜处。保持呼吸道通畅。如呼吸困难，给输氧。如呼吸、心跳停止，立即进行心肺复苏术。就医。

眼睛接触：分开眼睑，用流动清水或生理盐水冲洗。如有不适感，就医。

皮肤接触：立即脱去污染的衣着，用肥皂水和清水彻底冲洗皮肤。如有不适感，就医。

食入：饮足量温水，催吐。就医。

灭火方法　消防人员须佩戴防毒面具，穿全身消防服，在上风向灭火。尽可能将容器从火场移至空旷处。喷水保持火场容器冷却，直至灭火结束。处在火场中的容器若已变色或从安全泄压装置中发出声音，必须马上撤离。

灭火剂：水、雾状水、抗溶性泡沫、干粉、二氧化碳、砂土。

泄漏应急处置　根据液体流动和蒸气扩散的影响区域划定警戒区，无关人员从侧风、上风向撤离至安全区。消除所有点火源。建议应急处理人员戴防毒面具，穿一般作业工作服，戴橡胶手套。尽可能切断泄漏源。防止泄漏物进入水体、下水道、地下室或受限空间。小量泄漏：用干燥的砂土或其他不燃材料吸收或覆盖，收集于容器中。大量泄漏：构筑围堤或挖坑收容。用泵转移至槽车或专用收集器内。

81. 丁　二　炔

标　识

中文名称　丁二炔

英文名称　1,3－butadiyne；diacetylene

别名　二乙炔

分子式　C_4H_2

CAS 号　460－12－8

危害信息

危险性类别　第2.1类易燃气体。

燃烧与爆炸危险性　易燃。与空气混合能形成爆炸性混合物。在2～20kPa大气压下可发生爆炸性分解。

禁忌物　强氧化剂、卤素。

中毒表现 本品属不饱和脂肪烃类，具有单纯窒息和弱麻醉作用。

侵入途径 吸入。

理化特性与用途

理化特性 无色气体。不溶于水，溶于乙醇，易溶于乙醚。熔点 -36℃，沸点 10.3℃，相对密度(水 = 1)0.736(0℃)，饱和蒸气压 168.9kPa(25℃)，辛醇/水分配系数 1.30，爆炸下限 1.5%，爆炸上限 100%。

主要用途 用于有机合成。

包装与储运

包装标志 易燃气体

安全储运 储存于阴凉、通风的易燃气体专用库房。保持容器密封。远离火种、热源。库温不宜超过 30℃。应与氧化剂、卤素分开存放，切忌混储。采用防爆型照明、通风设施。禁止使用易产生火花的机械设备和工具。储区应备有泄漏应急处理设备。

紧急处置信息

急救措施

吸入：迅速脱离现场至空气新鲜处。保持呼吸道通畅。如呼吸困难，给输氧。如呼吸、心跳停止，立即进行心肺复苏术。就医。

眼睛接触：不会通过该途径接触。

皮肤接触：不会通过该途径接触。

食入：不会通过该途径接触。

灭火方法 切断气源。若不能切断气源，则不允许熄灭泄漏处的火焰。消防人员必须佩戴空气呼吸器，穿全身防火防毒服，在上风向灭火。尽可能将容器从火场移至空旷处。喷水保持火场容器冷却，直至灭火结束。

灭火剂：泡沫、二氧化碳。

泄漏应急处置 根据气体的影响区域划定警戒区，无关人员从侧风、上风向撤离至安全区。消除所有点火源。建议应急处理人员戴正压自给式呼吸器，穿防毒、防静电服。作业时使用的所有设备应接地。禁止接触或跨越泄漏物。尽可能切断泄漏源。若可能翻转容器，使之逸出气体而非液体。喷雾状水抑制蒸气或改变蒸气云流向，避免水流接触泄漏物。禁止用水直接冲击泄漏物或泄漏源。防止气体通过下水道、通风系统和受限空间扩散。隔离泄漏区直至气体散尽。

82. 丁二酸二丙酯

标　识

中文名称 丁二酸二丙酯

英文名称 dipropyl succinate；butanedioic acid，dipropyl ester

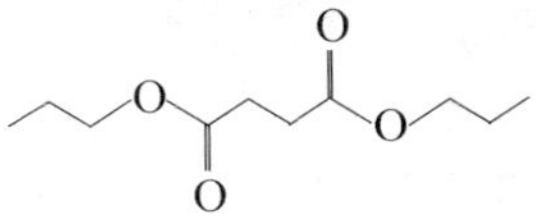

别名 丁二酸二正丙酯；琥珀酸二丙酯

分子式 $C_{10}H_{18}O_4$

CAS 号 925 -15 -5

危害信息

燃烧与爆炸危险性 可燃。其蒸气与空气混合，能形成爆炸性混合物。燃烧产生有毒的一氧化碳气体。

禁忌物 强氧化剂、强酸、强碱、卤素。

毒性 大鼠经口 LD_{50}：6500mg/kg。

中毒表现 对眼睛、皮肤、黏膜有刺激作用。

侵入途径 吸入、食入、经皮吸收。

理化特性与用途

理化特性 微黄色透明的流动性液体。不溶于水，溶于乙醇、苯等。熔点 -5.9℃，沸点 247.9 ~251.9℃，相对密度（水 =1）1.0，饱和蒸气压 12.77Pa（25℃），辛醇/水分配系数 2.16。

主要用途 主要用作增塑剂及特种润滑剂。

包装与储运

安全储运 储存于阴凉、通风的库房。保持容器密封。远离火种、热源。应与氧化剂、酸碱、卤素等隔离储运。搬运时轻装轻卸，防止容器受损。

紧急处置信息

急救措施

吸入： 脱离现场至空气新鲜处。如呼吸困难，给输氧。就医。

眼睛接触： 分开眼睑，用流动清水或生理盐水冲洗。如有不适感，就医。

皮肤接触： 立即脱去污染的衣着，用肥皂水和清水彻底冲洗皮肤。如有不适感，就医。

食入： 饮足量温水，催吐。就医。

灭火方法 消防人员须佩戴防毒面具，穿全身消防服，在上风向灭火。尽可能将容器从火场移至空旷处。喷水保持火场容器冷却，直至灭火结束。处在火场中的容器若已变色或从安全泄压装置中发出声音，必须马上撤离。

灭火剂：雾状水、泡沫、干粉、二氧化碳、砂土。

泄漏应急处置 根据液体流动和蒸气扩散的影响区域划定警戒区，无关人员从侧风、上风向撤离至安全区。消除所有点火源。建议应急处理人员戴防毒面具，穿一般作业工作服，戴橡胶手套。尽可能切断泄漏源。防止泄漏物进入水体、下水道、地下室或受限空间。小量泄漏：用干燥的砂土或其他不燃材料吸收或覆盖，收集于容器中。大量泄漏：构筑围堤或挖坑收容。用泵转移至槽车或专用收集器内。

83. 丁烯酸乙烯酯

标　识

中文名称 丁烯酸乙烯酯

英文名称 vinyl crotonate；2 - butenoic acid，ethenyl ester

别名 巴豆酸乙烯酯

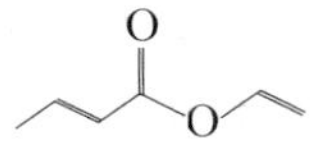

分子式 $C_6H_8O_2$

CAS 号 14861－06－4

危害信息

危险性类别 第3类易燃液体。

燃烧与爆炸危险性 易燃。其蒸气与空气混合，能形成爆炸性混合物。容易自聚。蒸气比空气重，能在较低处扩散到相当远的地方，遇火源会着火回燃和爆炸(闪爆)。容易自聚，聚合反应随着温度的上升而急骤加剧。若遇高热，容器内压增大，有开裂和爆炸的危险。

活性反应 与氧化剂可发生反应。

禁忌物 强氧化剂、酸类、碱类。

毒性 大鼠经口 LD_{50}：6500mg/kg；大鼠吸入 LC_{50}：4000ppm(4h)；兔经皮 LD_{50}：5000mg/kg。

侵入途径 吸入、食入、经皮吸收。

理化特性与用途

理化特性 无色至黄色透明液体。微溶于水，溶于乙醇、乙醚。沸点133～134℃，相对密度(水=1)0.94，相对蒸气密度(空气=1)4.0，闪点27℃。

主要用途 用作丙烯酸和聚烯烃塑料的交联剂，用作有机合成和医药中间体。

包装与储运

包装标志 易燃液体

包装类别 Ⅲ类

安全储运 通常商品加有阻聚剂。储存于阴凉、通风的库房。远离火种、热源。防止阳光直射。库温不宜超过37℃。保持容器密封。应与氧化剂、酸类、碱类分开存放，切忌混储。采用防爆型照明、通风设施。禁止使用易产生火花的机械设备和工具。储区应备有泄漏应急处理设备和合适的收容材料。

紧急处置信息

急救措施

吸入：迅速脱离现场至空气新鲜处。保持呼吸道通畅。如呼吸困难，给输氧。如呼吸、心跳停止，立即进行心肺复苏术。就医。

眼睛接触：分开眼睑，用流动清水或生理盐水冲洗。如有不适感，就医。

皮肤接触：脱去污染的衣着，用大量流动清水冲洗。如有不适感，就医。

食入：饮足量温水，催吐。就医。

灭火方法 消防人员须佩戴防毒面具，穿全身消防服，在上风向灭火。尽可能将容器从火场移至空旷处。喷水保持火场容器冷却，直至灭火结束。处在火场中的容器若已变色或从安全泄压装置中发出声音，必须马上撤离。

灭火剂：雾状水、泡沫、干粉、二氧化碳、砂土。

泄漏应急处置 根据液体流动和蒸气扩散的影响区域划定警戒区，无关人员从侧风、上风向撤离至安全区。消除所有点火源。建议应急处理人员戴防毒面具，穿防毒、防静电服，戴橡胶手套。作业时使用的所有设备应接地。禁止接触或跨越泄漏物。尽可能切断泄漏源。防止泄漏物进入水体、下水道、地下室或受限空间。小量泄漏：用砂土或其他不燃材料吸收。使用洁净的无火花工具收集吸收材料。大量泄漏：构筑围堤或挖坑收容。用泡沫覆盖，减少蒸发。喷水雾能减少蒸发，但不能降低泄漏物在受限空间内的易燃性。用防爆泵转移至槽车或专用收集器内 。

84. 丁 酰 肼

标 识

中文名称 丁酰肼

英文名称 daminozide；butanedioic acid，mono(2，2 – dimethylhydrazide)

别名 二甲基琥珀酰肼；*N* – 二甲氨基琥珀酰胺酸；比久

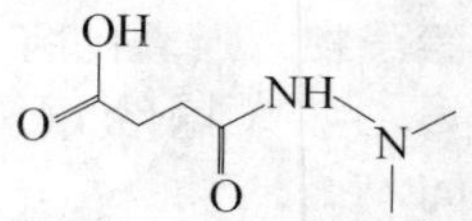

分子式 $C_6H_{12}N_2O_3$

CAS 号 1596 – 84 – 5

危害信息

燃烧与爆炸危险性 可燃。其粉体与空气混合，能形成爆炸性混合物。燃烧产生有毒的一氧化碳和氮氧化物气体。受高热分解放出有毒的气体。

禁忌物 强氧化剂、强酸、强碱。

毒性 大鼠经口 LD_{50}：8400mg/kg；小鼠经口 LD_{50}：6300mg/kg；大鼠吸入 LC_{50}：20000mg/m^3(1h)；兔经皮 LD_{50}：>5000mg/kg。

侵入途径 吸入、食入、经皮吸收。

理化特性与用途

理化特性 白色结晶或粉末，有轻微的氨的气味。溶于水，不溶于烃类。pH 值 3.8 (5% 水溶液)，熔点 154 ~ 155℃，相对密度(水 = 1) 1.34，饱和蒸气压 0.027Pa(25℃)，辛醇/水分配系数 – 1.5。

主要用途 用作植物生长调节剂。

包装与储运

安全储运 储存于阴凉、通风的库房。保持容器密封。远离火种、热源。应与氧化剂、酸碱等隔离储运。搬运时轻装轻卸，防止容器受损。

紧急处置信息

急救措施

吸入： 迅速脱离现场至空气新鲜处。保持呼吸道通畅。如呼吸困难，给输氧。如呼吸、心跳停止，立即进行心肺复苏术。就医。

眼睛接触： 分开眼睑，用流动清水或生理盐水冲洗。如有不适感，就医。

皮肤接触： 脱去污染的衣着，用流动清水冲洗。如有不适感，就医。

食入： 饮足量温水，催吐。就医。

灭火方法 消防人员须佩戴防毒面具，穿全身消防服，在上风向灭火。尽可能将容器从火场移至空旷处。喷水保持火场容器冷却，直至灭火结束。

灭火剂：雾状水、泡沫、干粉、二氧化碳、砂土。

泄漏应急处置 隔离泄漏污染区，限制出入。建议应急处理人员戴防尘口罩，穿一般作业工作服，戴防护手套。尽可能切断泄漏源。用塑料布覆盖泄漏物，减少飞散。勿使水进入包装容器内。用洁净的铲子收集泄漏物，置于干净、干燥、盖子较松的容器中，将容器移离泄漏区。

85. 1－丁氧基－2－乙氧基乙烷

标　识

中文名称　1－丁氧基－2－乙氧基乙烷

英文名称　2－(2－ethoxyethoxy)－2－methylpropane；1－tert－butoxy－2－ethoxyethane

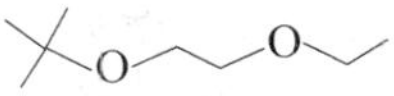

别名　2－(2－乙氧基乙氧基)－2－甲基丙烷；乙二醇叔丁基乙基醚

分子式　$C_8H_{18}O_2$

CAS 号　51422－54－9

危害信息

危险性类别　第3类易燃液体。

燃烧与爆炸危险性　易燃。其蒸气与空气混合，能形成爆炸性混合物。燃烧产生有毒的一氧化碳气体。若遇高热，容器内压增大，有开裂和爆炸的危险。

活性反应　与氧化剂可发生反应。

禁忌物　强氧化剂、强酸、强碱。

毒性　大鼠经口 LD_{50}：2830mg/kg；兔经皮 LD_{50}：1760mg/kg。

侵入途径　吸入、食入、经皮吸收。

理化特性与用途

理化特性　无色液体。溶于乙醇、乙醚。沸点148℃，相对密度(水=1)0.834(25℃)，饱和蒸气压0.87kPa(25℃)，辛醇/水分配系数1.65，闪点33.89℃。

主要用途　用作溶剂。

包装与储运

包装标志　易燃液体

包装类别　Ⅲ类

安全储运　储存于阴凉、通风的库房。远离火种、热源。防止阳光直射。库温不宜超过37℃。保持容器密封。应与氧化剂、酸类、碱类分开存放，切忌混储。采用防爆型照明、通风设施。禁止使用易产生火花的机械设备和工具。储区应备有泄漏应急处理设备和合适的收容材料。

紧急处置信息

急救措施

吸入：迅速脱离现场至空气新鲜处。保持呼吸道通畅。如呼吸困难，给输氧。如呼吸、心跳停止，立即进行心肺复苏术。就医。

眼睛接触：分开眼睑，用流动清水或生理盐水冲洗。如有不适感，就医。

皮肤接触：立即脱去污染的衣着，用肥皂水及流动清水彻底冲洗污染的皮肤、头发、指甲等。如有不适感，就医。

食入：饮足量温水，催吐。就医。

灭火方法 消防人员须佩戴防毒面具，穿全身消防服，在上风向灭火。尽可能将容器从火场移至空旷处。喷水保持火场容器冷却，直至灭火结束。处在火场中的容器若已变色或从安全泄压装置中发出声音，必须马上撤离。

灭火剂：雾状水、泡沫、干粉、二氧化碳、砂土。

泄漏应急处置 根据液体流动和蒸气扩散的影响区域划定警戒区，无关人员从侧风、上风向撤离至安全区。消除所有点火源。建议应急处理人员戴防毒面具，穿防毒、防静电服，戴橡胶手套。作业时使用的所有设备应接地。禁止接触或跨越泄漏物。尽可能切断泄漏源。防止泄漏物进入水体、下水道、地下室或受限空间。小量泄漏：用砂土或其他不燃材料吸收。使用洁净的无火花工具收集吸收材料。大量泄漏：构筑围堤或挖坑收容。用泡沫覆盖，减少蒸发。喷水雾能减少蒸发，但不能降低泄漏物在受限空间内的易燃性。用防爆泵转移至槽车或专用收集器内 。

86. 毒 菌 酚

标 识

中文名称 毒菌酚

英文名称 2, 2′ – methylene bis(3, 4, 6 – trichlorophenol)；hexachlorophene

别名 2, 2′ – 亚甲基 – 双(3, 4, 6 – 三氯苯酚)；2, 2′ – 二羟基六氯二苯甲烷；菌螨酚

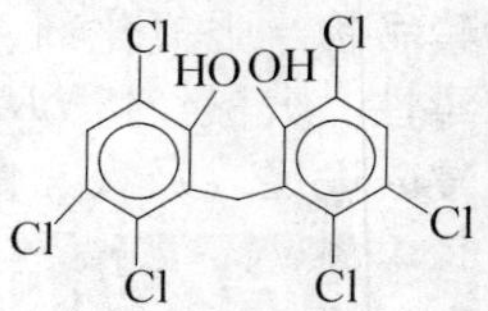

分子式 $C_{13}H_6Cl_6O_2$

CAS 号 70 – 30 – 4

WGH 号 61876

危害信息

危险性类别 第 6 类有毒品。

燃烧与爆炸危险性 可燃。其粉体与空气混合，能形成爆炸性混合物。受高热分解放出有毒的气体。

禁忌物 强氧化剂。

毒性 大鼠经口 LD_{50}：56mg/kg；小鼠经口 LD_{50}：67mg/kg；兔经皮 LD_{50}：1840mg/kg；大鼠 LC_{50}：340mg/m^3 。

中毒表现 摄入引起急性中毒：出现食欲减退、恶心、呕吐、腹部绞痛、衰弱无力等，重者瞳孔缩小、光反射消失、颅内压升高，甚至死亡。

侵入途径 吸入、食入、经皮吸收。

环境危害 对水生生物有极高毒性，可能在水生环境中造成长期不利影响。

理化特性与用途

理化特性 白色或浅褐色结晶粉末。不溶于水，溶于乙醇、乙醚、丙酮、氯仿、丙二醇、油类、稀碱溶液。熔点 164 ~ 165℃，沸点 479℃，辛醇/水分配系数 7. 54。

主要用途 用作杀菌剂和防霉抑菌剂。

包装与储运

包装标志 有毒品

包装类别 Ⅲ类

安全储运 储存于阴凉、通风的库房。远离火种、热源。防止阳光直射。储存温度不超过35℃，相对湿度不超过82%。保持容器密封。应与氧化剂等分开存放，切忌混储。配备相应品种和数量的消防器材。储区应备有合适的材料收容泄漏物。

紧急处置信息

急救措施

吸入：迅速脱离现场至空气新鲜处。保持呼吸道通畅。如呼吸困难，给输氧。如呼吸、心跳停止，立即进行心肺复苏术。就医。

眼睛接触：立即分开眼睑，用大量流动清水或生理盐水彻底冲洗10～15min。如有不适感，就医。

皮肤接触：立即脱去污染的衣着，用大量流动清水冲洗。如有不适感，就医。

食入：饮足量温水，催吐。就医。

灭火方法 消防人员须佩戴防毒面具，穿全身消防服，在上风向灭火。尽可能将容器从火场移至空旷处。喷水保持火场容器冷却，直至灭火结束。

灭火剂：雾状水、泡沫、干粉、二氧化碳、砂土。

泄漏应急处置 隔离泄漏污染区，限制出入。建议应急处理人员戴防尘口罩，穿防毒服，戴防毒手套。穿上适当的防护服前严禁接触破裂的容器和泄漏物。尽可能切断泄漏源。用塑料布覆盖泄漏物，减少飞散。勿使水进入包装容器内。用洁净的铲子收集泄漏物，置于干净、干燥、盖子较松的容器中，将容器移离泄漏区。

87. 毒 壤 磷

标 识

中文名称 毒壤磷

英文名称 trichloronat；*O*－ethyl *O*－2, 4, 5－trichlorophenyl ethylphosphonothioate

别名 *O*－乙基－*O*－2, 4, 5－三氯苯基乙基硫代磷酸酯；壤虫磷

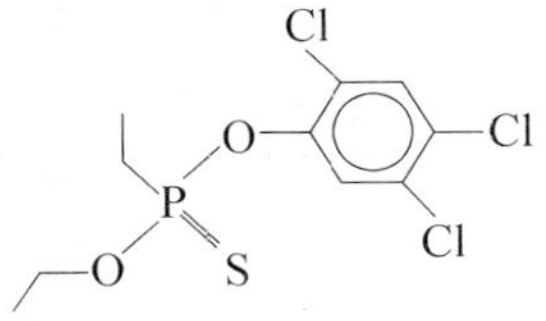

分子式 $C_{10}H_{12}Cl_3O_2PS$

CAS号 327－98－0

WGH号 61875

危害信息

危险性类别 第6类有毒品。

燃烧与爆炸危险性 可燃。其蒸气与空气混合，能形成爆炸性混合物。遇高热分解释出高毒烟气。若遇高热，容器内压增大，有开裂和爆炸的危险。

活性反应 与氧化剂可发生反应。

禁忌物 强氧化剂。

毒性 大鼠经口 LD_{50}：15mg/kg；小鼠经口 LD_{50}：40mg/kg；大鼠经皮 LD_{50}：64mg/kg。本品已列入《剧毒化学品目录》。

中毒表现 抑制胆碱酯酶活性，引起头晕、无力、烦躁、恶心、出汗、流涎、瞳孔缩小、肌肉震颤、抽搐、呼吸困难、紫绀，重者肺水肿、脑水肿，可死于呼吸衰竭。

侵入途径 吸入、食入、经皮吸收。

环境危害 对水生生物有极高毒性，可能在水生环境中造成长期不利影响。

理化特性与用途

理化特性 琥珀色液体。不溶于水，易溶于二氯甲烷、异丙醇，溶于丙酮、乙醇、芳烃溶剂、煤油、氯代烃。沸点 108℃（1.33Pa），相对密度（水 = 1）1.365，饱和蒸气压 2MPa（25℃），辛醇/水分配系数 5.23。

主要用途 土壤杀虫剂。用于防治土壤害虫，如根蛆、金针虫。

包装与储运

包装标志 有毒品

包装类别 Ⅱ类

安全储运 储存于阴凉、通风良好的专用库房内，应严格执行剧毒化学品管理制度。远离火种、热源。防止阳光直射。储存温度不超过35℃，相对湿度不超过82%。保持容器密封。应与氧化剂等分开存放，切忌混储。配备相应品种和数量的消防器材。储区应备有泄漏应急处理设备和合适的收容材料。

紧急处置信息

急救措施

吸入： 迅速脱离现场至空气新鲜处。保持呼吸道通畅。如呼吸困难，给输氧。如呼吸、心跳停止，立即进行心肺复苏术。就医。

眼睛接触： 立即分开眼睑，用大量流动清水或生理盐水彻底冲洗 10～15min。如有不适感，就医。

皮肤接触： 立即脱去污染的衣着，用大量流动清水冲洗 20～30min。如有不适感，就医。

食入： 饮足量温水，催吐。用1∶5000 高锰酸钾溶液洗胃。口服活性炭，导泻。每5min给服一片阿托品，直到感觉口干为止。就医。

灭火方法 消防人员必须佩戴空气呼吸器，穿全身防火防毒服，在上风向灭火。尽可能将容器从火场移至空旷处。喷水保持火场容器冷却，直至灭火结束。处在火场中的容器若已变色或从安全泄压装置中发出声音，必须马上撤离。

灭火剂：雾状水、泡沫、干粉、二氧化碳、砂土。

泄漏应急处置 根据液体流动和蒸气扩散的影响区域划定警戒区，无关人员从侧风、上风向撤离至安全区。建议应急处理人员戴正压自给式呼吸器，穿防毒服，戴防毒手套。穿上适当的防护服前严禁接触破裂的容器和泄漏物。尽可能切断泄漏源。防止泄漏物进入水体、下水道、地下室或受限空间。小量泄漏：用干燥的砂土或其他不燃材料吸收或覆盖，收集于容器中。大量泄漏：构筑围堤或挖坑收容。用泵转移至槽车或专用收集器内。

88. 对氨基苯丙酮

标 识

中文名称 对氨基苯丙酮

英文名称 1-(4-aminophenyl)-1-propanone; 4′-aminopropiophenone

别名 乙基对氨基苯基(甲)酮

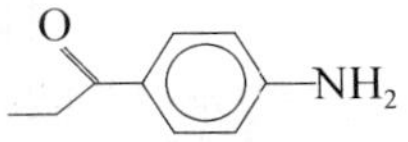

分子式 $C_9H_{11}NO$

CAS 号 70-69-9

危害信息

危险性类别 第6类有毒品。

燃烧与爆炸危险性 可燃。其粉体与空气混合，能形成爆炸性混合物。燃烧产生有毒的一氧化碳和氮氧化物气体。受高热分解放出有毒的气体。

禁忌物 强氧化剂。

毒性 大鼠经口 LD_{50}：177mg/kg；小鼠经口 LD_{50}：168mg/kg。

中毒表现 本品有毒。进入人体内可形成高铁血红蛋白，也可能发生溶血性贫血，引起缺氧，导致头痛及神经精神活动抑制。

侵入途径 吸入、食入。

理化特性与用途

理化特性 黄色针状晶体。溶于水、乙醇。熔点140℃，沸点482℃，饱和蒸气压0.11Pa(25℃),辛醇/水分配系数1.25，闪点138℃。

主要用途 用于有机合成。

包装与储运

包装标志 有毒品

包装类别 Ⅲ类

安全储运 储存于阴凉、通风的库房。远离火种、热源。防止阳光直射。储存温度不超过35℃，相对湿度不超过85%。保持容器密封。应与氧化剂、食用化学品分开存放，切忌混储。配备相应品种和数量的消防器材。储区应备有合适的材料收容泄漏物。

紧急处置信息

急救措施

吸入： 立即脱离接触。如呼吸困难，给吸氧。如呼吸心跳停止，立即进行心肺复苏术。就医。

眼睛接触： 分开眼睑，用清水或生理盐水冲洗。如有不适感，就医。

皮肤接触： 立即脱去污染衣着，用肥皂水或清水彻底冲洗。就医。

食入： 催吐。就医。

高铁血红蛋白血症可用美蓝和维生素C治疗。

灭火方法 消防人员须佩戴防毒面具，穿全身消防服，在上风向灭火。尽可能将容器从火场移至空旷处。喷水保持火场容器冷却，直至灭火结束。

灭火剂：雾状水、泡沫、干粉、二氧化碳、砂土。

泄漏应急处置　隔离泄漏污染区，限制出入。消除所有点火源。建议应急处理人员戴防尘口罩，穿防毒服，戴防毒手套。穿上适当的防护服前严禁接触破裂的容器和泄漏物。尽可能切断泄漏源。用塑料布覆盖泄漏物，减少飞散。勿使水进入包装容器内。用洁净的铲子收集泄漏物，置于干净、干燥、盖子较松的容器中，将容器移离泄漏区。

89. 对氨基苯磺酰胺

标　识

中文名称　对氨基苯磺酰胺

英文名称　*p*－aminobenzenesulfonamide；sulfanilamide

别名　磺胺

分子式　$C_6H_8N_2O_2S$

CAS 号　63－74－1

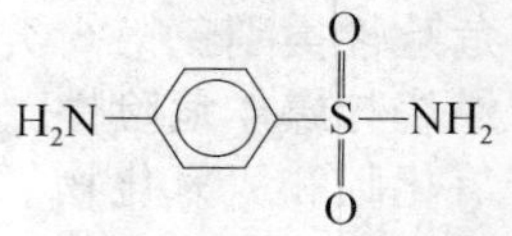

危害信息

燃烧与爆炸危险性　可燃。其粉体与空气混合，能形成爆炸性混合物。燃烧产生有毒的一氧化碳、氮氧化物和氧化硫气体。受高热分解放出有毒的气体。

禁忌物　强氧化剂。

毒性　大鼠经口 LD_{50}：3900mg/kg；小鼠经口 LD_{50}：3000mg/kg。

中毒表现　接触磺胺类的工人，主诉有干咳、食欲不振、口中有恶味、头痛、头晕、易疲乏、精神萎靡、工作后思睡等。

侵入途径　吸入、食入、经皮吸收。

理化特性与用途

理化特性　白色颗粒或粉末状晶体，无臭，味微苦。微溶于水、甲醇、乙醇、丙酮，易溶于沸水、甘油、盐酸、氢氧化钾和氢氧化钠溶液，不溶于苯、石油醚、乙醚、氯仿。pH 值 5.8～6.1(0.5% 水溶液)，熔点 165～166℃，相对密度(水＝1)1.08，饱和蒸气压 0.97MPa(25℃)，辛醇/水分配系数 －0.62。

主要用途　是磺胺类药物的重要中间体，可合成磺胺脒、磺胺甲氧嗪、磺胺甲基嘧啶等。

包装与储运

安全储运　储存于阴凉、通风的库房。保持容器密封。远离火种、热源。应与强氧化剂等隔离储运。搬运时轻装轻卸，防止容器受损。

紧急处置信息

急救措施

吸入：迅速脱离现场至空气新鲜处。保持呼吸道通畅。如呼吸困难，给输氧。如呼吸、心跳停止，立即进行心肺复苏术。就医。

眼睛接触：分开眼睑，用流动清水或生理盐水冲洗。如有不适感，就医。

皮肤接触：脱去污染的衣着，用流动清水冲洗。如有不适感，就医。

食入：饮足量温水，催吐。就医。

灭火方法 消防人员须佩戴防毒面具，穿全身消防服，在上风向灭火。尽可能将容器从火场移至空旷处。喷水保持火场容器冷却，直至灭火结束。

灭火剂：雾状水、泡沫、干粉、二氧化碳、砂土。

泄漏应急处置 隔离泄漏污染区，限制出入。消除所有点火源。建议应急处理人员戴防尘口罩，穿防毒服，戴防毒手套。穿上适当的防护服前严禁接触破裂的容器和泄漏物。尽可能切断泄漏源。用塑料布覆盖泄漏物，减少飞散。勿使水进入包装容器内。用洁净的铲子收集泄漏物，置于干净、干燥、盖子较松的容器中，将容器移离泄漏区。

90. 对氨基苯甲酸乙酯

标　识

中文名称 对氨基苯甲酸乙酯

英文名称 ethyl *p* – aminobenzoate；benzocaine；ethyl 4 – aminobenzoate

别名 苯佐卡因

分子式 $C_9H_{11}NO_2$

CAS 号 94 – 09 – 7

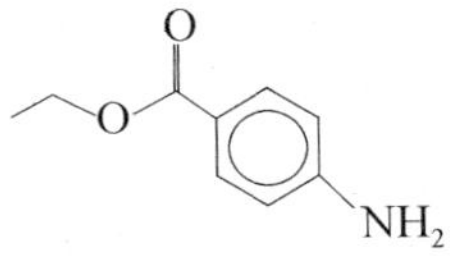

危害信息

燃烧与爆炸危险性 可燃。其粉体与空气混合，能形成爆炸性混合物。燃烧产生有毒的一氧化碳和氮氧化物气体。受高热分解放出有毒的气体。

禁忌物 氧化剂、酸类、碱类、还原剂。

毒性 大鼠经口 LD_{50}：3042mg/kg；小鼠经口 LD_{50}：2500mg/kg。

中毒表现 本品是局部麻醉药。对呼吸道有刺激性，吸入后引起咳嗽、气短。极少数病例口服可引起紫绀。对眼有刺激性，对皮肤有致敏作用。

侵入途径 吸入、食入、经皮吸收。

理化特性与用途

理化特性 白色结晶粉末，无臭、无味。难溶于水，易溶于乙醇、乙醚、氯仿。熔点 88 ~ 92℃，沸点 310℃、172℃(2.26kPa)，饱和蒸气压 0.03Pa(25℃)，相对密度(水 = 1) 1.17，辛醇/水分配系数 1.86，闪点 > 100℃，引燃温度 > 450℃。

主要用途 用作皮肤和黏膜的局部麻醉剂、镇咳药的中间体，也用于遮蔽日光的防护剂。

包装与储运

安全储运 储存于阴凉、通风的库房。保持容器密封。远离火种、热源。应与氧化剂、还原剂、酸碱等隔离储运。搬运时轻装轻卸，防止容器受损。

紧急处置信息

急救措施

吸入：迅速脱离现场至空气新鲜处。保持呼吸道通畅。如呼吸困难，给输氧。如呼吸、心跳停止，立即进行心肺复苏术。就医。

眼睛接触： 分开眼睑，用流动清水或生理盐水冲洗。如有不适感，就医。

皮肤接触： 脱去污染的衣着，用大量流动清水冲洗。如有不适感，就医。

食入： 饮足量温水，催吐。就医。

灭火方法 消防人员必须佩戴空气呼吸器，穿全身防火防毒服，在上风向灭火。尽可能将容器从火场移至空旷处。喷水保持火场容器冷却，直至灭火结束。

灭火剂：雾状水、泡沫、干粉、二氧化碳、砂土。

泄漏应急处置 隔离泄漏污染区，限制出入。消除所有点火源。建议应急处理人员戴防尘口罩，穿防毒服，戴防毒手套。穿上适当的防护服前严禁接触破裂的容器和泄漏物。尽可能切断泄漏源。用塑料布覆盖泄漏物，减少飞散。勿使水进入包装容器内。用洁净的铲子收集泄漏物，置于干净、干燥、盖子较松的容器中，将容器移离泄漏区。

91. 对苯二甲酸二乙酯

标　识

中文名称 对苯二甲酸二乙酯

英文名称 diethyl terephthalate; diethyl *p* – phthalate

别名 1,4 – 苯二甲酸二乙酯；对酞酸二乙酯

分子式 $C_{12}H_{14}O_4$

CAS 号 636 – 09 – 9

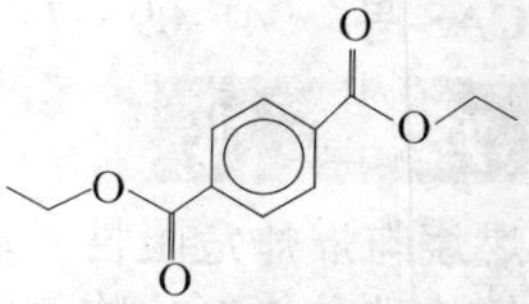

危害信息

燃烧与爆炸危险性 可燃。其蒸气与空气混合，能形成爆炸性混合物。燃烧产生有害的一氧化碳气体。若遇高热，容器内压增大，有开裂和爆炸的危险。

活性反应 与氧化剂可发生反应。

禁忌物 氧化剂、强还原剂、强酸。

毒性 大鼠经口 LD_{50}：8600mg/kg；小鼠经口 LD_{50}：6172mg/kg；兔经口 LD_{50}：1000mg/kg。

侵入途径 吸入、食入。

理化特性与用途

理化特性 白色固体。不溶于水，溶于脂肪，混溶于乙醇、丙酮、酯类和芳烃等。熔点 42 ~ 45℃，沸点 302℃，相对密度(水 = 1)1.11，相对蒸气密度(空气 = 1)7.66，饱和蒸气压 0.13Pa(25℃)，辛醇/水分配系数 2.65，闪点 117℃，引燃温度 457℃，爆炸下限 0.75%。

主要用途 用作气相色谱固定液，用于生产聚对苯二甲酸二乙酯。

包装与储运

安全储运 储存于阴凉、通风的库房。保持容器密封。远离火种、热源。应与强氧化剂、酸类等隔离储运。搬运时轻装轻卸，防止容器受损。

紧急处置信息

急救措施

吸入： 脱离现场至空气新鲜处。如有不适感，就医。

眼睛接触： 分开眼睑，用流动清水或生理盐水冲洗。如有不适感，就医。

皮肤接触： 脱去污染的衣着，用肥皂水和清水彻底冲洗皮肤。如有不适感，就医。

食入： 饮足量温水，催吐。就医。

灭火方法 消防人员须佩戴防毒面具，穿全身消防服，在上风向灭火。尽可能将容器从火场移至空旷处。喷水保持火场容器冷却，直至灭火结束。。

灭火剂：雾状水、泡沫、干粉、二氧化碳、砂土。

泄漏应急处置 隔离泄漏污染区，限制出入。消除所有点火源。建议应急处理人员戴防尘口罩，穿防护服，戴防护手套。尽可能切断泄漏源。用塑料布覆盖泄漏物，减少飞散。勿使水进入包装容器内。用洁净的铲子收集泄漏物，置于干净、干燥、盖子较松的容器中，将容器移离泄漏区。

92. 对二甲基氨基偶氮苯

标　识

中文名称 对二甲基氨基偶氮苯

英文名称 4 – dimethylaminoazobenzene; *p* – dimethylaminoazobenzene; C. I. Solvent Yellow 2

别名 油溶性黄；甲基黄

分子式 $C_{14}H_{15}N_3$

CAS 号 60 – 11 – 7

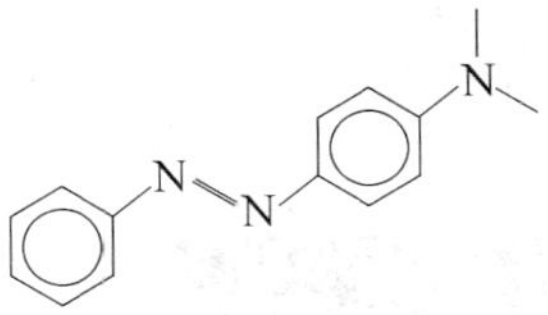

危害信息

危险性类别 第6类有毒品。

燃烧与爆炸危险性 可燃。其粉体与空气混合，能形成爆炸性混合物。受热分解放出有毒的氧化氮烟气。

禁忌物 酸类、酸酐、氧化剂。

毒性 大鼠经口 LD_{50}：200mg/kg；小鼠经口 LD_{50}：300mg/kg。

IARC 致癌性评论：G2B，可疑人类致癌物。

中毒表现 可致接触性皮炎。

侵入途径 吸入、食入、经皮吸收。

环境危害 有害空气污染物。

理化特性与用途

理化特性 桔黄色片状结晶体或淡黄色粉末。不溶于水，溶于乙醇、乙醚、苯、氯仿、石油醚、油类、无机酸、吡啶等。pH 值 5 ~ 7(10g/L 水溶液)，熔点 114 ~ 117℃，沸点(升华)，分解温度(低于沸点)，相对蒸气密度(空气 = 1)7.78，辛醇/水分配系数 4.58。

主要用途 主要用作航空油四乙基铅的稳定剂和 pH 指示剂，也用于石蜡、聚苯乙烯、石油和肥皂的着色。

包装与储运

包装标志 有毒品

包装类别 Ⅲ类

安全储运 储存于阴凉、通风的库房。远离火种、热源。储存温度不超过35℃，相对湿度不超过85%。保持容器密封。应与氧化剂、酸类、食用化学品分开存放，切忌混储。配备相应品种和数量的消防器材。储区应备有合适的材料收容泄漏物。

紧急处置信息

急救措施

吸入： 迅速脱离现场至空气新鲜处。保持呼吸道通畅。如呼吸困难，给输氧。如呼吸、心跳停止，立即进行心肺复苏术。就医。

眼睛接触： 分开眼睑，用流动清水或生理盐水冲洗。如有不适感，就医。

皮肤接触： 立即脱去污染的衣着，用肥皂水和清水彻底冲洗皮肤。如有不适感，就医。

食入： 饮足量温水，催吐。就医。

灭火方法 消防人员须佩戴防毒面具，穿全身消防服，在上风向灭火。尽可能将容器从火场移至空旷处。喷水保持火场容器冷却，直至灭火结束。

灭火剂：雾状水、泡沫、干粉、二氧化碳、砂土。

泄漏应急处置 隔离泄漏污染区，限制出入。消除所有点火源。建议应急处理人员戴防尘口罩，穿防毒服，戴防毒手套。穿上适当的防护服前严禁接触破裂的容器和泄漏物。尽可能切断泄漏源。用塑料布覆盖泄漏物，减少飞散。勿使水进入包装容器内。用洁净的铲子收集泄漏物，置于干净、干燥、盖子较松的容器中，将容器移离泄漏区。

93. 对甲苯甲酸

标 识

中文名称 对甲苯甲酸

英文名称 *p*－toluic acid；4－methylbenzoic acid；4－toluic acid

别名 4－甲基苯甲酸

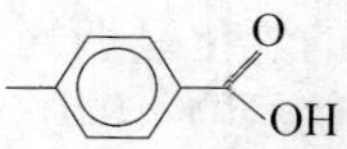

分子式 $C_8H_8O_2$

CAS号 99－94－5

危害信息

燃烧与爆炸危险性 可燃。其粉体与空气混合，能形成爆炸性混合物。燃烧产生有毒的一氧化碳气体。

禁忌物 强氧化剂、强碱、强酸。

毒性 大鼠经口 LD_{50}：3200mg/kg。

中毒表现 一般情况下接触无明显危险性，其蒸气对上呼吸道、眼睛和皮肤有刺激作用。

侵入途径 吸入、食入。

理化特性与用途

理化特性 白色结晶粉末。不溶于水，易溶于甲醇、乙醇、乙醚、氯仿。熔点177～182℃，沸点274～275℃，临界温度500℃，临界压力3.86MPa，辛醇/水分配系数2.27，引燃温度570℃。

主要用途 可作医药、感光材料、农药、有机颜料的中间体。

包装与储运

安全储运 储存于阴凉、通风的库房。保持容器密封。远离火种、热源。应与氧化剂、酸碱等隔离储运。搬运时轻装轻卸，防止容器受损。

紧急处置信息

急救措施

吸入： 脱离现场至空气新鲜处。如呼吸困难，给输氧。就医。

眼睛接触： 分开眼睑，用流动清水或生理盐水冲洗。如有不适感，就医。

皮肤接触： 立即脱去污染的衣着，用肥皂水和清水彻底冲洗皮肤。如有不适感，就医。

食入： 饮足量温水，催吐。就医。

灭火方法 消防人员必须穿全身耐酸碱消防服，佩戴空气呼吸器，在上风向灭火。尽可能将容器从火场移至空旷处。喷水保持火场容器冷却，直至灭火结束。

灭火剂：雾状水、泡沫、干粉、二氧化碳、砂土。

泄漏应急处置 隔离泄漏污染区，限制出入。消除所有点火源。建议应急处理人员戴防尘口罩，穿一般作业工作服，戴橡胶手套。尽可能切断泄漏源。用塑料布覆盖泄漏物，减少飞散。勿使水进入包装容器内。用洁净的铲子收集泄漏物，置于干净、干燥、盖子较松的容器中，将容器移离泄漏区。

94. 对甲基氯化苄

标　识

中文名称 对甲基氯化苄

英文名称 alpha－chloro－*p*－xylene；*p*－methyl benzyl chloride；*p*－(chloromethyl) toluene

别名 4－甲基氯化苄；α－氯对二甲苯

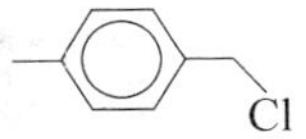

分子式 C_8H_9Cl

CAS 号 104－82－5

危害信息

燃烧与爆炸危险性 可燃。其蒸气与空气混合，能形成爆炸性混合物。若遇高热，容器内压增大，有开裂和爆炸的危险。

禁忌物 碱类、胺类、醇类、氧化剂。

中毒表现 具有刺激性，有强烈的催泪作用。

侵入途径 吸入、食入。

理化特性与用途

理化特性 无色至淡黄色透明液体，有刺激性气味。不溶于水，溶于乙醇、乙醚。熔点4℃，沸点200～202℃，相对密度(水＝1)1.062，饱和蒸气压39.5Pa(25℃)，辛醇/水分配系数3.34，闪点75℃，引燃温度＞600℃。

主要用途 用于有机合成。

包装与储运

安全储运 储存于阴凉、通风的库房。保持容器密封。远离火种、热源。应与氧化剂、碱类、醇类等隔离储运。搬运时轻装轻卸，防止容器受损。

紧急处置信息

急救措施

吸入：迅速脱离现场至空气新鲜处。保持呼吸道通畅。如呼吸困难，给输氧。如呼吸、心跳停止，立即进行心肺复苏术。就医。

眼睛接触：立即分开眼睑，用大量流动清水或生理盐水彻底冲洗10~15min。就医。

皮肤接触：立即脱去污染的衣着，用大量流动清水冲洗20~30min。如有不适感，就医。

食入：用水漱口，给饮牛奶或蛋清。就医。

灭火方法 消防人员必须戴空气呼吸器，穿全身耐酸碱消防服，在上风向灭火。尽可能将容器从火场移至空旷处。喷水保持火场容器冷却，直至灭火结束。处在火场中的容器若已变色或从安全泄压装置中发出声音，必须马上撤离。不能直接向泄漏物上喷水。

灭火剂：泡沫、干粉、二氧化碳、砂土。

泄漏应急处置 根据液体流动和蒸气扩散的影响区域划定警戒区，无关人员从侧风、上风向撤离至安全区。消除所有点火源。建议应急处理人员戴防毒面具，穿防腐、防毒服，戴橡胶手套。穿上适当的防护服前严禁接触破裂的容器和泄漏物。尽可能切断泄漏源。防止泄漏物进入水体、下水道、地下室或受限空间。小量泄漏：用干燥的砂土或其他不燃材料吸收或覆盖，收集于容器中。大量泄漏：构筑围堤或挖坑收容。用耐腐蚀泵转移至槽车或专用收集器内。

95. 对甲氧基氯化苄

标　识

中文名称 对甲氧基氯化苄

英文名称 *p*-methoxybenzyl chloride；*p*-(chloromethyl)anisole

别名 4-甲氧基氯化苄；对(氯甲基)苯甲醚

分子式 C_8H_9ClO

CAS号 824-94-2

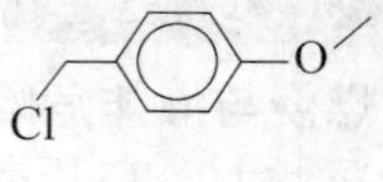

危害信息

燃烧与爆炸危险性 可燃。其蒸气与空气混合，能形成爆炸性混合物。受高热分解产生有毒的腐蚀性烟气。

活性反应 与氧化剂能发生强烈反应。

禁忌物 强氧化剂、强碱。

中毒表现 本品严重损害黏膜 、上呼吸道、眼睛和皮肤。吸入后可因喉和支气管的痉挛、炎症和水肿，化学性肺炎或肺水肿而致死。接触后可引起烧灼感、咳嗽、喘息、喉炎、气短、头痛、恶心和呕吐。

侵入途径 吸入、食入、经皮吸收。

理化特性与用途

理化特性 无色至淡黄色透明液体。不溶于水，在水中缓慢分解。熔点 -1℃，沸点 262.5℃、117~118℃(1.86kPa)，相对密度(水=1)1.155，饱和蒸气压 67Pa(25℃)，辛醇/水分配系数 2.88，闪点 109℃。

主要用途 用于有机合成，主要用于医药中间体合成。

包装与储运

安全储运 储存于阴凉、通风的库房。保持容器密封。远离火种、热源。应与氧化剂、碱类等隔离储运。搬运时轻装轻卸，防止容器受损。

紧急处置信息

急救措施

吸入：迅速脱离现场至空气新鲜处。保持呼吸道通畅。如呼吸困难，给输氧。如呼吸、心跳停止，立即进行心肺复苏术。就医。

眼睛接触：立即分开眼睑，用大量流动清水或生理盐水彻底冲洗 10~15min。如有不适感，就医。

皮肤接触：立即脱去污染的衣着，用大量流动清水冲洗 20~30min。如有不适感，就医。

食入：用水漱口，给饮牛奶或蛋清。就医。

灭火方法 消防人员须佩戴防毒面具，穿全身消防服，在上风向灭火。尽可能将容器从火场移至空旷处。喷水保持火场容器冷却，直至灭火结束。处在火场中的容器若已变色或从安全泄压装置中发出声音，必须马上撤离。

灭火剂：泡沫、二氧化碳、干粉、砂土。

泄漏应急处置 根据液体流动和蒸气扩散的影响区域划定警戒区，无关人员从侧风、上风向撤离至安全区。消除所有点火源。建议应急处理人员戴正压自给式呼吸器，穿防腐、防毒服，戴橡胶手套。穿上适当的防护服前严禁接触破裂的容器和泄漏物。尽可能切断泄漏源。防止泄漏物进入水体、下水道、地下室或受限空间。小量泄漏：用干燥的砂土或其他不燃材料吸收或覆盖，收集于容器中。大量泄漏：构筑围堤或挖坑收容。用耐腐蚀泵转移至槽车或专用收集器内。

96. 对氯代苯氧基乙酸

标　识

中文名称 对氯代苯氧基乙酸

英文名称 4-chlorophenoxyacetic acid；4-CPA；*p*-chlorophenoxy acetic acid

别名 4-氯苯氧乙酸

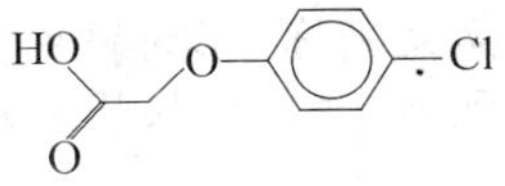

分子式 $C_8H_7ClO_3$

CAS 号 122-88-3

危害信息

燃烧与爆炸危险性　可燃。其粉体与空气混合，能形成爆炸性混合物。受高热分解产生有毒的腐蚀性烟气。

禁忌物　强氧化剂、强碱。

毒性　大鼠经口 LD_{50}：850mg/kg。

中毒表现　对眼睛、皮肤、黏膜和上呼吸道有刺激作用。

侵入途径　吸入、食入。

理化特性与用途

理化特性　白色结晶或白色至米色粉末，有清香气味。微溶于水，溶于乙醇、丙酮、苯。熔点 155～159℃，沸点 308℃，相对密度（水＝1）1.53，饱和蒸气压 0.04Pa（25℃），临界温度 523℃，临界压力 3.69MPa，辛醇/水分配系数 2.25。

主要用途　用作植物生长激素、落果防止剂、除草剂及医药中间体。

包装与储运

安全储运　储存于阴凉、通风的库房。保持容器密封。远离火种、热源。应与氧化剂、碱类等隔离储运。搬运时轻装轻卸，防止容器受损。

紧急处置信息

急救措施

吸入：脱离现场至空气新鲜处。如呼吸困难，给输氧。就医。

眼睛接触：分开眼睑，用流动清水或生理盐水冲洗。如有不适感，就医。

皮肤接触：立即脱去污染的衣着，用肥皂水和清水彻底冲洗皮肤。如有不适感，就医。

食入：饮足量温水，催吐。就医。

灭火方法　消防人员必须穿全身耐酸碱消防服，佩戴空气呼吸器。尽可能将容器从火场移至空旷处。喷水保持火场容器冷却，直至灭火结束。

灭火剂：雾状水、泡沫、干粉、二氧化碳、砂土。

泄漏应急处置　隔离泄漏污染区，限制出入。消除所有点火源。建议应急处理人员戴防尘口罩，穿防毒服，戴防护手套。穿上适当的防护服前严禁接触破裂的容器和泄漏物。尽可能切断泄漏源。用塑料布覆盖泄漏物，减少飞散。勿使水进入包装容器内。用洁净的铲子收集泄漏物，置于干净、干燥、盖子较松的容器中，将容器移离泄漏区。

97. 对羟基苯甲酸丙酯

标　识

中文名称　对羟基苯甲酸丙酯

英文名称　propyl 4－hydroxybenzoate；propyl *p*－hydroxybenzoate；propylparaben

别名　4－羟基苯甲酸丙酯；尼泊金丙酯

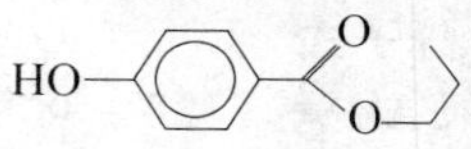

分子式　$C_{10}H_{12}O_3$

CAS 号　94－13－3

危害信息

燃烧与爆炸危险性 可燃。其粉体与空气混合，能形成爆炸性混合物。燃烧产生有毒的一氧化碳气体。

禁忌物 强氧化剂、强碱。

毒性 小鼠经口 LD_{50}：6332mg/kg。

中毒表现 皮肤接触引起严重的难治性接触性皮炎。口服引起胃肠道刺激、昏迷和中枢神经抑制。

侵入途径 吸入、食入。

环境危害 对水生生物有毒，可能在水生环境中造成长期不利影响。

理化特性与用途

理化特性 无色结晶体或白色粉末。不溶于冷水，微溶于沸水，溶于甲醇、乙醇、乙醚、丙酮、丙二醇。pH 值 6.7（饱和水溶液），熔点 95 ~ 98℃，沸点 132.8℃（0.13kPa），相对密度（水 =1）1.28，相对蒸气密度（空气 =1）6.3，饱和蒸气压 0.07Pa（25℃），燃烧热 -5029kJ/mol，辛醇/水分配系数 3.04，闪点 180℃，引燃温度 >600℃。

主要用途 用作食品、化妆品、药品的防腐杀菌剂和抗氧剂。

包装与储运

安全储运 储存于阴凉、通风的库房。保持容器密封。远离火种、热源。应与强氧化剂、碱类等隔离储运。搬运时轻装轻卸，防止容器受损。

紧急处置信息

急救措施

吸入：脱离现场至空气新鲜处。如呼吸困难，给输氧。就医。

眼睛接触：分开眼睑，用流动清水或生理盐水冲洗。如有不适感，就医。

皮肤接触：立即脱去污染的衣着，用肥皂水和清水彻底冲洗皮肤。如有不适感，就医。

食入：如患者清醒，饮足量温水，催吐。就医。

灭火方法 消防人员须佩戴防毒面具，穿全身消防服，在上风向灭火。尽可能将容器从火场移至空旷处。喷水保持火场容器冷却，直至灭火结束。

灭火剂：雾状水、泡沫、干粉、二氧化碳、砂土。

泄漏应急处置 隔离泄漏污染区，限制出入。消除所有点火源。建议应急处理人员戴防尘口罩，穿一般作业工作服，戴橡胶手套。尽可能切断泄漏源。用塑料布覆盖泄漏物，减少飞散。勿使水进入包装容器内。用洁净的铲子收集泄漏物，置于干净、干燥、盖子较松的容器中，将容器移离泄漏区。

98. 对羟基苯甲酸甲酯

标　识

中文名称 对羟基苯甲酸甲酯

英文名称 methyl *p* - hydroxybenzoate；methyl 4 - hydroxybenzoate；methylparaben

别名 对羟基安息香酸甲酯

分子式 $C_8H_8O_3$

CAS 号 99-76-3

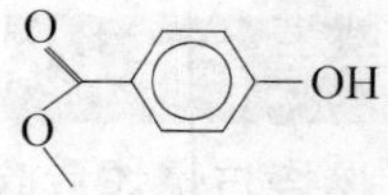

危害信息

燃烧与爆炸危险性 可燃。其粉体与空气混合，能形成爆炸性混合物。燃烧产生有毒的一氧化碳气体。

禁忌物 强氧化剂、强酸、强碱。

毒性 犬经口 LD_{50}：3000mg/kg。

中毒表现 对黏膜和上呼吸道有刺激作用。

侵入途径 吸入、食入。

环境危害 对水生生物有毒，可能在水生环境中造成长期不利影响。

理化特性与用途

理化特性 无色针状结晶或白色结晶性粉末，无味或有淡淡的特殊气味。不溶于水，微溶于苯、四氯化碳，溶于乙醇、乙醚、甲醇、丙酮。pH 值 5.8（2.5g/L，20℃），熔点 125~131℃，沸点 270~280℃（分解），相对密度（水=1）1.36，相对蒸气密度（空气=1）5.3，饱和蒸气压 0.03Pa（25℃），燃烧热 -3751kJ/mol，辛醇/水分配系数 1.96，引燃温度 >600℃。

主要用途 用于有机合成，用作防腐剂。

包装与储运

安全储运 储存于阴凉、通风的库房。保持容器密封。远离火种、热源。应与氧化剂、酸碱等隔离储运。搬运时轻装轻卸，防止容器受损。

紧急处置信息

急救措施

吸入：脱离现场至空气新鲜处。如呼吸困难，给输氧。就医。

眼睛接触：分开眼睑，用流动清水或生理盐水冲洗。如有不适感，就医。

皮肤接触：立即脱去污染的衣着，用肥皂水和清水彻底冲洗皮肤。如有不适感，就医。

食入：饮足量温水，催吐。就医。

灭火方法 消防人员须佩戴防毒面具，穿全身消防服，在上风向灭火。尽可能将容器从火场移至空旷处。喷水保持火场容器冷却，直至灭火结束。

灭火剂：雾状水、泡沫、干粉、二氧化碳、砂土。

泄漏应急处置 隔离泄漏污染区，限制出入。消除所有点火源。建议应急处理人员戴防尘口罩，穿一般作业工作服，戴防护手套。尽可能切断泄漏源。用塑料布覆盖泄漏物，减少飞散。勿使水进入包装容器内。用洁净的铲子收集泄漏物，置于干净、干燥、盖子较松的容器中，将容器移离泄漏区。

99. 对溴基溴化苯乙酮

标　识

中文名称 对溴基溴化苯乙酮

英文名称 *p* – bromophenacyl bromide; 2, 4′ – dibromoacetophenone

别名 4 – 溴苯甲酰甲基溴；4 – 溴基溴化苯乙酮；对溴苯甲酰甲基溴；2, 4′ – 二溴苯乙酮

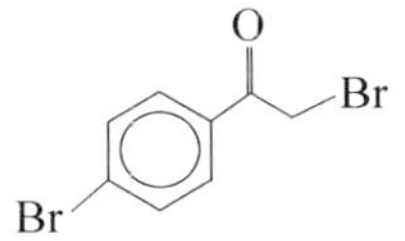

分子式 $C_8H_6Br_2O$

CAS 号 99 – 73 – 0

WGH 号 61673

危害信息

危险性类别 第 6 类有毒品。

燃烧与爆炸危险性 可燃。其粉体与空气混合，能形成爆炸性混合物。受高热分解产生有毒的溴化物气体。

活性反应 与强氧化剂接触可发生化学反应。

禁忌物 强氧化剂、强还原剂、强碱。

毒性 小鼠经口 LD_{50}：>2000mg/kg。

中毒表现 本品有腐蚀性和刺激性。

侵入途径 吸入、食入。

理化特性与用途

理化特性 灰白色针状结晶。不溶于水，溶于热乙醇、乙醚。熔点 107 ~ 111℃，沸点 1415℃，辛醇/水分配系数 2.91。

主要用途 用于有机合成，用作分析试剂。

包装与储运

包装标志 有毒品

包装类别 Ⅱ类

安全储运 储存于阴凉、通风的库房。远离火种、热源。避免光照。库温不超过 35℃。相对湿度不超过 85%。保持容器密封。应与氧化剂、还原剂、碱类、食用化学品分开存放，切忌混储。配备相应品种和数量的消防器材。储区应备有合适的材料收容泄漏物。

紧急处置信息

急救措施

吸入：迅速脱离现场至空气新鲜处。保持呼吸道通畅。如呼吸困难，给输氧。如呼吸、心跳停止，立即进行心肺复苏术。就医。

眼睛接触：立即分开眼睑，用流动清水或生理盐水彻底冲洗。就医。

皮肤接触：立即脱去污染的衣着，用肥皂水和清水彻底冲洗皮肤。如有不适感，就医。

食入：饮足量温水，给饮牛奶或蛋清。就医。

灭火方法 消防人员必须佩戴空气呼吸器，穿全身防火防毒服，在上风向灭火。尽可能将容器从火场移至空旷处。喷水保持火场容器冷却，直至灭火结束。

灭火剂：雾状水、泡沫、二氧化碳、砂土。

泄漏应急处置 隔离泄漏污染区，限制出入。消除所有点火源。建议应急处理人员戴防尘口罩，穿防毒服，戴橡胶手套。穿上适当的防护服前严禁接触破裂的容器和泄漏物。尽可能切断泄漏源。用塑料布覆盖泄漏物，减少飞散。勿使水进入包装容器内。用洁净的铲子收集泄漏物，置于干净、干燥、盖子较松的容器中，将容器移离泄漏区。

100. 锇

标　识

中文名称　锇

英文名称　osmium

分子式　Os

CAS 号　7440 - 04 - 2

危害信息

危险性类别　第 4.1 类易燃固体。

燃烧与爆炸危险性　可燃。其粉体遇高温、明火能燃烧。燃烧产生有毒的氧化锇。

禁忌物　卤素、氧、磷。

中毒表现　工业生产中无接触金属锇引起中毒的报告。

侵入途径　吸入、食入。

理化特性与用途

理化特性　蓝白色坚硬的金属或银灰色粉末。不溶于水、氨水、酸，熔点 2700 ~ 2999.9℃，沸点 5026.9 ~ 5500℃，相对密度(水 = 1)22.57，饱和蒸气压 1.8Pa(3050℃)。

主要用途　用于制造合金和化学反应催化剂。

包装与储运

包装标志　易燃固体

包装类别　Ⅱ类

安全储运　储存于阴凉、通风的库房。库温不宜超过 35℃。远离火种、热源。应与氧化剂、酸类分开存放，切忌混储。采用防爆型照明、通风设施。禁止使用易产生火花的机械设备和工具。配备相应品种和数量的消防器材。储区应备有合适的材料收容泄漏物。

紧急处置信息

急救措施

吸入：脱离现场至空气新鲜处。如有不适感，就医。

眼睛接触：分开眼睑，用流动清水或生理盐水冲洗。如有不适感，就医。

皮肤接触：脱去污染的衣着，用流动清水冲洗。如有不适感，就医。

食入：饮足量温水，催吐。就医。

灭火方法　消防人员必须佩戴空气呼吸器，穿全身防火防毒服，在上风向灭火。尽可能将容器从火场移至空旷处。喷水保持火场容器冷却，直至灭火结束。

灭火剂：干粉、砂土。

泄漏应急处置　隔离泄漏污染区，限制出入。消除所有点火源。建议应急处理人员戴防尘口罩，穿防静电服，戴防护手套。穿上适当的防护服前严禁接触破裂的容器和泄漏物。尽可能切断泄漏源。用塑料布覆盖泄漏物，减少飞散。勿使水进入包装容器内。用洁净的铲子收集泄漏物，置于干净、干燥、盖子较松的容器中，将容器移离泄漏区。

101. 二 苯 胺

标 识

中文名称 二苯胺

英文名称 diphenylamine；*N* – phenylbenzenamine；*N*, *N* – diphenylamine

别名 *N* – 苯基苯胺

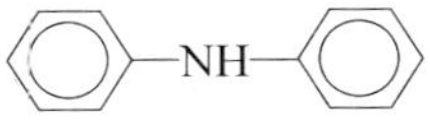

分子式 $C_{12}H_{11}N$

CAS 号 122 – 39 – 4

危害信息

燃烧与爆炸危险性 可燃。其粉体与空气混合，能形成爆炸性混合物。燃烧产生有毒的一氧化碳和氮氧化物气体。

禁忌物 强氧化剂、强酸。

毒性 大鼠经口 LD_{50}：1120mg/kg；小鼠经口 LD_{50}：1230mg/kg。

中毒表现 接触本品粉尘或蒸气出现眼刺激症状，鼻咽炎及支气管炎。能引起高铁血红蛋白血症。对皮肤有刺激性。

侵入途径 吸入、食入、经皮吸收。

职业接触限值 中国：PC – TWA：10mg/m^3。

美国(ACGIH)：TLV – TWA：10mg/m^3。

环境危害 对水生生物有极高毒性，可能在水生环境中造成长期不利影响。

理化特性与用途

理化特性 无色或浅灰色结晶，有香味。不溶于水，易溶于乙醇、丙酮、苯、四氯化碳、吡啶、乙酸乙酯，溶于乙醚、乙酸，微溶于氯仿。熔点 53℃，沸点 302℃，相对密度(水 =1)1.16，相对蒸气密度(空气 =1)5.82，饱和蒸气压 0.13kPa(108℃)，燃烧热 –6413.8kJ/mol，临界温度 544℃，临界压力 3.18MPa，辛醇/水分配系数 3.5，闪点 153℃(闭杯)，引燃温度 634℃ 。

主要用途 用于制造染料、药物、农药；用作硝化纤维素炸药的稳定剂，橡胶的抗氧剂、促进剂，固体火箭燃料；也是分析化学试剂。

包装与储运

安全储运 储存于阴凉、通风的库房。保持容器密封。远离火种、热源。应与强氧化剂、酸类等隔离储运。搬运时轻装轻卸，防止容器受损。

紧急处置信息

急救措施

吸入：立即脱离接触。如呼吸困难，给吸氧。如呼吸心跳停止，立即进行心肺复苏术。就医。

眼睛接触：分开眼睑，用清水或生理盐水冲洗。如有不适感，就医。

皮肤接触：立即脱去污染衣着，用肥皂水或清水彻底冲洗。就医。

食入：催吐。就医。

高铁血红蛋白血症可用美蓝和维生素 C 治疗。

灭火方法 消防人员须佩戴防毒面具，穿全身消防服，在上风向灭火。尽可能将容器从火场移至空旷处。喷水保持火场容器冷却，直至灭火结束。

灭火剂：雾状水、泡沫、干粉、二氧化碳、砂土。

泄漏应急处置 隔离泄漏污染区，限制出入。消除所有点火源。建议应急处理人员戴防尘口罩，穿防毒服，戴防毒手套。穿上适当的防护服前严禁接触破裂的容器和泄漏物。尽可能切断泄漏源。用塑料布覆盖泄漏物，减少飞散。勿使水进入包装容器内。用洁净的铲子收集泄漏物，置于干净、干燥、盖子较松的容器中，将容器移离泄漏区。

102. 二 苯 胍

标 识

中文名称 二苯胍

英文名称 1,3 - diphenylguanidine；diphenylguanidine；accelerator D

别名 促进剂 D；1,3 - 二苯基胍

分子式 $C_{13}H_{13}N_3$

CAS 号 102 - 06 - 7

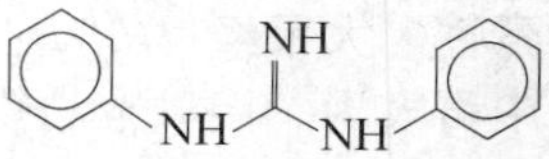

危害信息

燃烧与爆炸危险性 可燃。其粉体与空气混合，能形成爆炸性混合物。燃烧产生有毒的一氧化碳和氮氧化物气体。受高热分解放出有毒的气体。

禁忌物 强氧化剂。

毒 性 大鼠经口 LD_{50}：323mg/kg；小鼠经口 LD_{50}：150mg/kg；兔经皮 LD_{50}：>794mg/kg。

欧盟法规 1272/2008/EC 将本品列为第 2 类生殖毒物——可疑的人类生殖毒物。

侵入途径 吸入、食入、经皮吸收。

环境危害 对水生生物有毒，可能在水生环境中造成长期不利影响。

理化特性与用途

理化特性 无色或白色针状结晶或结晶粉末，稍有气味。不溶于水，不溶于汽油，溶于甲醇、乙醇、氯仿、四氯化碳、丙酮、甲苯、二甲苯，易溶于乙醚。pH 值 10.2(10g/L 水)，熔点 150℃，沸点 170℃(分解)，相对密度(水 = 1)1.13(20℃)，饱和蒸气压 0.5MPa(25℃)，辛醇/水分配系数 1.69，闪点 170℃(闭杯)，引燃温度 790℃，爆炸下限 12.6g/m³。

主要用途 用作天然橡胶，合成橡胶的硫化促进剂。

包装与储运

安全储运 储存于阴凉、通风的库房。保持容器密封。远离火种、热源。应与强氧化剂等隔离储运。搬运时轻装轻卸，防止容器受损。

紧急处置信息

急救措施

吸入：迅速脱离现场至空气新鲜处。保持呼吸道通畅。如呼吸困难，给输氧。如呼吸、

心跳停止，立即进行心肺复苏术。就医。

眼睛接触： 分开眼睑，用流动清水或生理盐水冲洗。如有不适感，就医。

皮肤接触： 脱去污染的衣着，用大量流动清水冲洗。如有不适感，就医。

食入： 饮足量温水，催吐。就医。

灭火方法 消防人员须佩戴防毒面具，穿全身消防服，在上风向灭火。尽可能将容器从火场移至空旷处。喷水保持火场容器冷却，直至灭火结束。

灭火剂：雾状水、泡沫、干粉、二氧化碳、砂土。

泄漏应急处置 隔离泄漏污染区，限制出入。消除所有点火源。建议应急处理人员戴防尘口罩，穿防毒服，戴橡胶手套。穿上适当的防护服前严禁接触破裂的容器和泄漏物。尽可能切断泄漏源。用塑料布覆盖泄漏物，减少飞散。勿使水进入包装容器内。用洁净的铲子收集泄漏物，置于干净、干燥、盖子较松的容器中，将容器移离泄漏区。

。

103. *N*, *N*′ - 二苯基对苯二胺

标　识

中文名称 *N*, *N*′ - 二苯基对苯二胺

英文名称 *N*, *N*′ - diphenyl - *p* - phenylenediamine；1, 4 - bis(phenyl amino) benzene

别名 防老剂 PPD；1, 4 - 二苯胺基苯

分子式 $C_{18}H_{16}N_2$

CAS 号 74 - 31 - 7

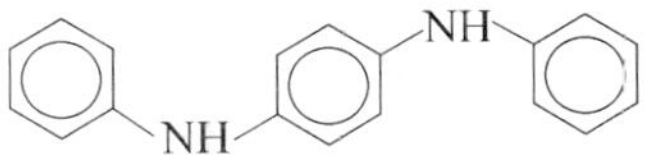

危害信息

燃烧与爆炸危险性 可燃。其粉体与空气混合，能形成爆炸性混合物。受高热分解放出有毒的气体。

活性反应 与氧化剂能发生强烈反应。

禁忌物 强氧化剂、强酸。

毒性 大鼠经口 LD_{50}：2370mg/kg；小鼠经口 LD_{50}：18000mg/kg。

中毒表现 对眼有刺激性，有弱致敏性。

侵入途径 吸入、食入。

环境危害 对水生生物有害，可能在水生环境中造成长期不利影响。

理化特性与用途

理化特性 无色片状结晶或灰色粉末。不溶于水、石油醚，微溶于乙醇，溶于苯、甲苯、氯苯、丙酮、乙醚、二氯乙烷、二甲基甲酰胺、乙酸乙酯、乙酸异丙酯、冰醋酸。熔点 150 ~ 151℃，沸点 220 ~ 225℃(66.5Pa)，相对密度(水 = 1)1.20，相对蒸气密度(空气 = 1)9.0，燃烧热 - 9340kJ/mol，临界温度 633℃，临界压力 2.31MPa，辛醇/水分配系数 4.04，闪点 204℃。

主要用途 用作天然橡胶、合成橡胶和乳胶的防老剂，用作食品、植物油、动物油脂等的抗氧化剂及聚合阻聚剂。

包装与储运

安全储运 储存于阴凉、通风的库房。保持容器密封。远离火种、热源。应与氧化剂、酸类等隔离储运。搬运时轻装轻卸，防止容器受损。

紧急处置信息

急救措施

吸入：迅速脱离现场至空气新鲜处。保持呼吸道通畅。如呼吸困难，给输氧。如呼吸、心跳停止，立即进行心肺复苏术。就医。

眼睛接触：分开眼睑，用流动清水或生理盐水冲洗。如有不适感，就医。

皮肤接触：脱去污染的衣着，用大量流动清水冲洗。如有不适感，就医。

食入：饮足量温水，催吐。就医。

灭火方法 消防人员须佩戴防毒面具，穿全身消防服，在上风向灭火。尽可能将容器从火场移至空旷处。喷水保持火场容器冷却，直至灭火结束。

灭火剂：雾状水、泡沫、干粉、二氧化碳、砂土。

泄漏应急处置 隔离泄漏污染区，限制出入。消除所有点火源。建议应急处理人员戴防尘口罩，穿防毒服，戴橡胶手套。穿上适当的防护服前严禁接触破裂的容器和泄漏物。尽可能切断泄漏源。用塑料布覆盖泄漏物，减少飞散。勿使水进入包装容器内。用洁净的铲子收集泄漏物，置于干净、干燥、盖子较松的容器中，将容器移离泄漏区。

104. 二 苯 基 汞

标 识

中文名称 二苯基汞

英文名称 diphenylmercury

别名 二苯汞

分子式 $C_{12}H_{10}Hg$

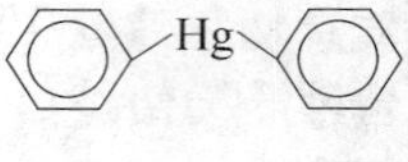

CAS 号 587－85－9

WGH 号 61851

危害信息

危险性类别 第6类有毒品。

燃烧与爆炸危险性 可燃。其粉体与空气混合，能形成爆炸性混合物。燃烧产生有毒的一氧化碳和氧化汞。受高热分解放出有毒的气体。

活性反应 与氧化剂可发生反应。

禁忌物 强氧化剂、强酸、卤素。

毒性 大鼠经口 LDL_0：500mg/kg。

中毒表现 本品系有机汞化合物。有机汞主要侵犯神经系统，中毒后出现头晕、头痛、共济失调、精神障碍、谵妄、昏迷、肢体无力，甚至瘫痪。口服出现消化道刺激症状，如上腹痛、恶心、呕吐、腹泻等。从任何途径侵入，均可引起口腔炎。对心、肝、肾有损害。可致接触性皮炎 。

侵入途径 吸入、食入、经皮吸收。

职业接触限值 中国：PC－TWA：0.01mg/m^3；PC－STEL：0.03mg/m^3[皮，按汞计]。美国(ACGIH)：TLV－TWA：0.1mg/m^3[皮，按汞计]。

环境危害 对水生生物有极高毒性，可能在水生环境中造成长期不利影响；严重海洋污染物。

理化特性与用途

理化特性 白色结晶，或白色至米色粉末。不溶于水，微溶于乙醚、热乙醇，溶于氯仿、苯、二硫化碳。熔点124～129℃，沸点204℃(1.4kPa)，密度2.32g/cm^3(25℃)，饱和蒸气压1.4 kPa(204℃)。

主要用途 用于制农药、有机合成等。

包装与储运

包装标志 有毒品

包装类别 Ⅲ类

安全储运 储存于阴凉、通风的库房。远离火种、热源。储存温度不超过35℃，相对湿度不超过85%。保持容器密封。应与氧化剂、酸类、卤素、食用化学品分开存放，切忌混储。配备相应品种和数量的消防器材。储区应备有合适的材料收容泄漏物。

紧急处置信息

急救措施

吸入：脱离现场至空气新鲜处。如呼吸困难，给输氧。如呼吸、心跳停止，立即进行心肺复苏术。就医。

眼睛接触：分开眼睑，用流动清水或生理盐水冲洗。如有不适感，就医。

皮肤接触：脱去污染的衣着，用肥皂水和清水彻底冲洗皮肤。如有不适感，就医。

食入：如患者神志清醒，催吐、洗胃。口服活性炭，导泻。就医。

灭火方法 消防人员必须佩戴空气呼吸器，穿全身防火防毒服，在上风向灭火。尽可能将容器从火场移至空旷处。喷水保持火场容器冷却，直至灭火结束。

灭火剂：雾状水、泡沫、干粉、二氧化碳、砂土。

泄漏应急处置 隔离泄漏污染区，限制出入。消除所有点火源。建议应急处理人员戴防尘口罩，穿防毒服，戴防毒手套。穿上适当的防护服前严禁接触破裂的容器和泄漏物。尽可能切断泄漏源。用塑料布覆盖泄漏物，减少飞散。勿使水进入包装容器内。用洁净的铲子收集泄漏物，置于干净、干燥、盖子较松的容器中，将容器移离泄漏区。

105. 1,2－二苯乙烷

标　识

中文名称 1,2－二苯乙烷

英文名称 1,2－diphenylethane；bibenzyl

别名 联苄；对称二苯乙烷。

分子式 $C_{14}H_{14}$

CAS 号 103－29－7

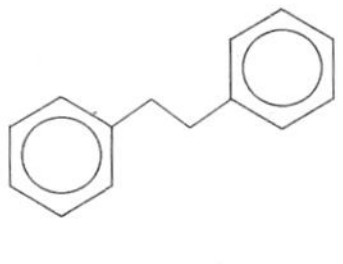

危害信息

燃烧与爆炸危险性　可燃。其粉体与空气混合，能形成爆炸性混合物。燃烧产生有毒的一氧化碳气体。

禁忌物　强氧化剂、酸类、卤素等。

毒性　大鼠经口 LD_{50}：4518mg/kg；兔经皮 LD_{50}：>5000mg/kg。

中毒表现　高浓度具有刺激和麻醉作用。

侵入途径　吸入、食入。

环境危害　对水生生物有极高毒性，可能在水生环境中造成长期不利影响。

理化特性与用途

理化特性　白色至淡黄色结晶粉末。不溶于水，易溶于乙醚、二硫化碳、氯仿、乙酸乙酯，溶于乙醇。熔点 49～53℃，沸点 284℃，相对密度(水=1)1.014，相对蒸气密度(空气=1)6.29，临界温度 528℃，临界压力 3.16MPa，辛醇/水分配系数 4.79，闪点 129℃，引燃温度 480℃ 。

主要用途　用于有机合成，合成阻燃剂十溴二苯乙烷等化工产品；用作硝化纤维素的溶剂。

包装与储运

安全储运　储存于阴凉、通风的库房。保持容器密封。远离火种、热源。应与强氧化剂等隔离储运。搬运时轻装轻卸，防止容器受损。

紧急处置信息

急救措施

吸入：脱离现场至空气新鲜处。就医。

眼睛接触：分开眼睑，用流动清水或生理盐水冲洗。如有不适感，就医。

皮肤接触：立即脱去污染的衣着，用肥皂水和清水彻底冲洗皮肤。如有不适感，就医。

食入：饮足量温水，催吐。就医。

灭火方法　消防人员须佩戴防毒面具，穿全身消防服，在上风向灭火。尽可能将容器从火场移至空旷处。喷水保持火场容器冷却，直至灭火结束。

灭火剂：雾状水、泡沫、干粉、二氧化碳、砂土。

泄漏应急处置　隔离泄漏污染区，限制出入。消除所有点火源。建议应急处理人员戴防尘口罩，穿一般作业工作服，戴橡胶手套。尽可能切断泄漏源。用塑料布覆盖泄漏物，减少飞散。勿使水进入包装容器内。用洁净的铲子收集泄漏物，置于干净、干燥、盖子较松的容器中，将容器移离泄漏区。

106. 二丙二醇单丁醚

标　识

中文名称　二丙二醇单丁醚

英文名称　1-(2-butoxy-1-methylethoxy)propan-2-ol; dipropylene glycol mono-*n*-butyl ether

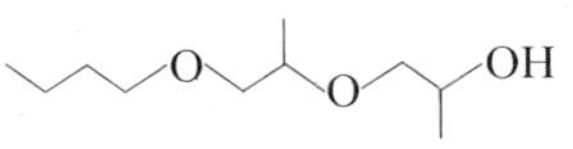

别名 1－(2－丁氧基－1－甲基乙氧基)－2－丙醇

分子式 $C_{10}H_{22}O_3$

CAS 号 29911－28－2

危害信息

燃烧与爆炸危险性 可燃。其蒸气与空气混合，能形成爆炸性混合物。燃烧产生有毒的一氧化碳气体。若遇高热，容器内压增大，有开裂和爆炸的危险。

活性反应 与氧化剂可发生反应。

禁忌物 强氧化剂。

毒性 大鼠经口 LD_{50}：1620μL/kg；兔经皮 LD_{50}：5860μL/kg。

中毒表现 对眼及皮肤刺激性小。浓度高时可引起麻醉作用。

侵入途径 吸入、食入、经皮吸收。

理化特性与用途

理化特性 无色透明液体。溶于水。熔点＜－75℃，沸点230℃，相对密度(水＝1)0.91，相对蒸气密度(空气＝1)6.6，饱和蒸气压6Pa(20℃)，辛醇/水分配系数1.5，闪点111℃(闭杯)，引燃温度194℃，爆炸下限0.6%，爆炸上限20.4%。

主要用途 用于有机合成、溶剂等。

包装与储运

安全储运 储存于阴凉、通风的库房。保持容器密封。远离火种、热源。应与强氧化剂等隔离储运。搬运时轻装轻卸，防止容器受损。

紧急处置信息

急救措施

吸入：迅速脱离现场至空气新鲜处。保持呼吸道通畅。如呼吸困难，给输氧。如呼吸、心跳停止，立即进行心肺复苏术。就医。

眼睛接触：分开眼睑，用流动清水或生理盐水冲洗。如有不适感，就医。

皮肤接触：脱去污染的衣着，用流动清水冲洗。如有不适感，就医。

食入：饮足量温水，催吐。就医。

灭火方法 消防人员须佩戴防毒面具，穿全身消防服，在上风向灭火。尽可能将容器从火场移至空旷处。喷水保持火场容器冷却，直至灭火结束。处在火场中的容器若已变色或从安全泄压装置中发出声音，必须马上撤离。

灭火剂：雾状水、泡沫、干粉、二氧化碳、砂土。

泄漏应急处置 根据液体流动和蒸气扩散的影响区域划定警戒区，无关人员从侧风、上风向撤离至安全区。消除所有点火源。建议应急处理人员戴防毒面具，穿一般作业工作服，戴防护手套。尽可能切断泄漏源。防止泄漏物进入水体、下水道、地下室或受限空间。小量泄漏：用干燥的砂土或其他不燃材料吸收或覆盖，收集于容器中。大量泄漏：构筑围堤或挖坑收容。用泵转移至槽车或专用收集器内。

107. 二丙二醇甲醚

标　识

中文名称　二丙二醇甲醚

英文名称　dipropylene glycol monomethyl ether；(2 - methoxymethylethoxy) propanol；methoxypropoxypropanol

别名　二丙二醇单甲醚；一缩二丙二醇一甲醚

分子式　$C_7H_{16}O_3$

CAS 号　34590 - 94 - 8

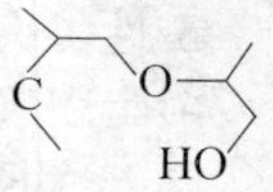

危害信息

燃烧与爆炸危险性　可燃。其蒸气与空气混合，能形成爆炸性混合物。燃烧产生有毒的一氧化碳气体。

禁忌物　强氧化剂、强酸。

毒性　大鼠经口 LD_{50}：5130mg/kg；兔经皮 LD_{50}：9500mg/kg。

中毒表现　动物实验显示本品有轻度麻醉性及刺激性。未见职业性危害。

侵入途径　吸入、食入、经皮吸收。

职业接触限值　中国：PC - TWA：600mg/m^3；PC - STEL：900mg/m^3[皮]。

美国(ACGIH)：TLV - TWA：100ppm，TLV - STEL：150ppm[皮]。

理化特性与用途

理化特性　无色黏性液体，有轻微类似醚的气味。混溶于水和许多有机溶剂。熔点 -80℃，沸点 190℃，相对密度(水 = 1)0.95，相对蒸气密度(空气 = 1)5.1，饱和蒸气压 53.3Pa(26℃)，辛醇/水分配系数 -0.064，闪点 74℃，引燃温度 270℃，爆炸下限 1.3%，爆炸上限 10.4%。

主要用途　用作真漆、油漆、树脂、染料、油类和润滑油的溶剂，也用作偶合和分散剂，也是刹车油的成分。

包装与储运

安全储运　储存于阴凉、通风的库房。保持容器密封。远离火种、热源。应与氧化剂、酸类等隔离储运。搬运时轻装轻卸，防止容器受损。

紧急处置信息

急救措施

吸入：迅速脱离现场至空气新鲜处。保持呼吸道通畅。如呼吸困难，给输氧。如呼吸、心跳停止，立即进行心肺复苏术。就医。

眼睛接触：分开眼睑，用流动清水或生理盐水冲洗。如有不适感，就医。

皮肤接触：立即脱去污染的衣着，用肥皂水和清水彻底冲洗皮肤。如有不适感，就医。

食入：饮足量温水，催吐。就医。

灭火方法　消防人员须佩戴防毒面具，穿全身消防服，在上风向灭火。尽可能将容器从火场移至空旷处。喷水保持火场容器冷却，直至灭火结束。处在火场中的容器若已变色

或从安全泄压装置中发出声音，必须马上撤离。

灭火剂：雾状水、泡沫、干粉、二氧化碳、砂土。

泄漏应急处置 根据液体流动和蒸气扩散的影响区域划定警戒区，无关人员从侧风、上风向撤离至安全区。消除所有点火源。建议应急处理人员戴防毒面具，穿防毒服，戴防护手套。穿上适当的防护服前严禁接触破裂的容器和泄漏物。尽可能切断泄漏源。防止泄漏物进入水体、下水道、地下室或受限空间。小量泄漏：用干燥的砂土或其他不燃材料吸收或覆盖，收集于容器中。大量泄漏：构筑围堤或挖坑收容。用泵转移至槽车或专用收集器内。

108. 二丁基二硫代氨基甲酸锌

标　识

中文名称 二丁基二硫代氨基甲酸锌

英文名称 zinc bis(dibutyldithiocarbamate); zinc dibutyl dithiocarbamate

别名 促进剂 BZ

分子式 $C_{18}H_{36}N_2S_4Zn$

CAS 号 136-23-2

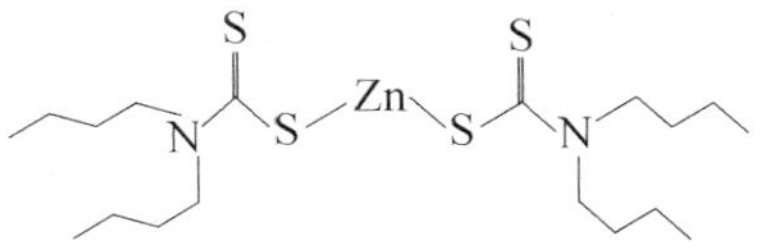

危害信息

燃烧与爆炸危险性 可燃。其粉体与空气混合，能形成爆炸性混合物。燃烧产生有毒的一氧化碳、氮氧化物、氧化硫和氧化锌。

禁忌物 强氧化剂。

毒性 大鼠经口 LD_{50}：>5000mg/kg；兔经皮 LD_{50}：>2000mg/kg。

中毒表现 属致敏物质，可使少数人发病。对眼、鼻、喉有刺激作用。摄入可溶性锌化合物，可引起慢性胃炎，有呕吐症状。

侵入途径 吸入、食入、经皮吸收。

环境危害 对水生生物有极高毒性，可能在水生环境中造成长期不利影响。

理化特性与用途

理化特性 淡黄色或灰白色粉末，有特殊气味。不溶于水，不溶于甲醇、乙醇、汽油、稀碱，微溶于乙酸乙酯、丙酮，溶于二硫化碳、氯仿、苯。熔点 104～108℃，沸点 296℃（分解），相对密度（水=1）1.24（20℃/20℃），引燃温度 400℃。

主要用途 天然橡胶、合成橡胶及其胶乳用促进剂。

包装与储运

安全储运 储存于阴凉、通风的库房。保持容器密封。远离火种、热源。应与强氧化剂等隔离储运。搬运时轻装轻卸，防止容器受损。

紧急处置信息

急救措施

吸入： 迅速脱离现场至空气新鲜处。保持呼吸道通畅。如呼吸困难，给输氧。如呼吸、心跳停止，立即进行心肺复苏术。就医。

眼睛接触： 分开眼睑，用流动清水或生理盐水冲洗。如有不适感，就医。

皮肤接触： 脱去污染的衣着，用大量流动清水冲洗。如有不适感，就医。

食入： 饮足量温水，催吐。就医。

灭火方法 消防人员须佩戴防毒面具，穿全身消防服，在上风向灭火。尽可能将容器从火场移至空旷处。喷水保持火场容器冷却，直至灭火结束。

灭火剂：雾状水、泡沫、干粉、二氧化碳、砂土。

泄漏应急处置 隔离泄漏污染区，限制出入。消除所有点火源。建议应急处理人员戴防尘口罩，穿防毒服，戴橡胶手套。穿上适当的防护服前严禁接触破裂的容器和泄漏物。尽可能切断泄漏源。用塑料布覆盖泄漏物，减少飞散。勿使水进入包装容器内。用洁净的铲子收集泄漏物，置于干净、干燥、盖子较松的容器中，将容器移离泄漏区。

109. 二丁基甲酮

标　识

中文名称 二丁基甲酮

英文名称 5 - nonanone；dibutyl ketone

别名 5 - 壬酮

分子式 $C_9H_{18}O$

CAS 号 502 - 56 - 7

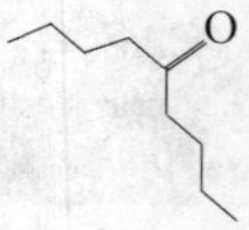

危害信息

危险性类别 第 3 类易燃液体。

燃烧与爆炸危险性 易燃。其蒸气与空气混合，能形成爆炸性混合物。燃烧产生有毒的一氧化碳气体。流速过快，容易产生和积聚静电。若遇高热，容器内压增大，有开裂和爆炸的危险。

活性反应 与氧化剂可发生反应。

禁忌物 强氧化剂。

毒性 大鼠经口 LD_{50}：2000mg/kg。

中毒表现 对眼睛、皮肤和黏膜有刺激作用。反复接触，可出现头痛、恶心、呕吐、眩晕、感觉迟钝等。动物实验，本品可致神经系统损害。

侵入途径 吸入、食入、经皮吸收。

理化特性与用途

理化特性 无色至淡黄色透明液体。不溶于水，溶于乙醇，易溶于乙醚、氯仿。熔点 -5.9℃，沸点 188℃，相对密度(水 =1)0.822(20℃)，相对蒸气密度(空气 =1)4.9，饱和蒸气压 73.4Pa(25℃)，辛醇/水分配系数 2.88，闪点 60℃(闭杯)。

主要用途 用作溶剂，用于制造染料、树脂、药物等。

包装与储运

包装标志 易燃液体

包装类别 Ⅲ类

安全储运 储存于阴凉、通风的库房。远离火种、热源。防止阳光直射。库温不宜超过37℃。保持容器密封。应与氧化剂分开存放，切忌混储。配备相应品种和数量的消防器材。储区应备有泄漏应急处理设备和合适的收容材料。

紧急处置信息

急救措施

吸入：迅速脱离现场至空气新鲜处。保持呼吸道通畅。如呼吸困难，给输氧。如呼吸、心跳停止，立即进行心肺复苏术。就医。

眼睛接触：分开眼睑，用流动清水或生理盐水冲洗。如有不适感，就医。

皮肤接触：脱去污染的衣着，用大量流动清水冲洗。如有不适感，就医。

食入：饮足量温水，催吐。就医。

灭火方法 消防人员须佩戴防毒面具，穿全身消防服，在上风向灭火。尽可能将容器从火场移至空旷处。喷水保持火场容器冷却，直至灭火结束。处在火场中的容器若已变色或从安全泄压装置中发出声音，必须马上撤离。

灭火剂：雾状水、泡沫、干粉、二氧化碳、砂土。

泄漏应急处置 根据液体流动和蒸气扩散的影响区域划定警戒区，无关人员从侧风、上风向撤离至安全区。消除所有点火源。建议应急处理人员戴防毒面具，穿防毒服，戴橡胶手套。作业时使用的所有设备应接地。禁止接触或跨越泄漏物。尽可能切断泄漏源。防止泄漏物进入水体、下水道、地下室或受限空间。小量泄漏：用砂土或其他不燃材料吸收。使用洁净的无火花工具收集吸收材料。大量泄漏：构筑围堤或挖坑收容。用泡沫覆盖，减少蒸发。喷水雾能减少蒸发，但不能降低泄漏物在受限空间内的易燃性。用泵转移至槽车或专用收集器内。

110. 1,2－二丁氧基乙烷

标　识

中文名称 1,2－二丁氧基乙烷

英文名称 1,2－dibutoxyethane;ethylene glycol dibutyl ether

别名 乙二醇二丁醚

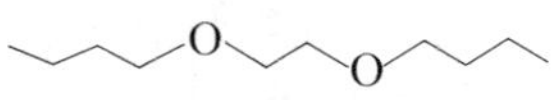

分子式 $C_{10}H_{22}O_2$

CAS号 112－48－1

危害信息

燃烧与爆炸危险性 可燃。其蒸气与空气混合，能形成爆炸性混合物。燃烧产生有毒的一氧化碳气体。

禁忌物 强氧化剂。

毒性 大鼠经口 LD_{50}：2650mg/kg；兔经皮 LD_{50}：2560μL/kg。

中毒表现 对皮肤和黏膜有一定的刺激作用，浓度高时有麻醉作用。

侵入途径 吸入、食入、经皮吸收。

理化特性与用途

理化特性 无色透明液体，微有气味。微溶于水。与多数有机溶剂混溶。熔点－69℃，沸点203℃，相对密度（水＝1）0.8，相对蒸气密度（空气＝1）6，饱和蒸气压12Pa（20℃），辛醇/水分配系数 2.48，闪点 85℃(开杯)。

主要用途 用作特殊溶剂、萃取剂，及有机合成中间体。

包装与储运

安全储运 储存于阴凉、通风的库房。保持容器密封。远离火种、热源。应与强氧化剂等隔离储运。搬运时轻装轻卸，防止容器受损。

紧急处置信息

急救措施

吸入：迅速脱离现场至空气新鲜处。保持呼吸道通畅。如呼吸困难，给输氧。如呼吸、心跳停止，立即进行心肺复苏术。就医。

眼睛接触：分开眼睑，用流动清水或生理盐水冲洗。如有不适感，就医。

皮肤接触：脱去污染的衣着，用大量流动清水冲洗。如有不适感，就医。

食入：饮足量温水，催吐。就医。

灭火方法 消防人员须佩戴防毒面具，穿全身消防服，在上风向灭火。尽可能将容器从火场移至空旷处。喷水保持火场容器冷却，直至灭火结束。处在火场中的容器若已变色或从安全泄压装置中发出声音，必须马上撤离。

灭火剂：雾状水、泡沫、干粉、二氧化碳、砂土。

泄漏应急处置 根据液体流动和蒸气扩散的影响区域划定警戒区，无关人员从侧风、上风向撤离至安全区。消除所有点火源。建议应急处理人员戴防毒面具，穿防毒服，戴橡胶手套。穿上适当的防护服前严禁接触破裂的容器和泄漏物。尽可能切断泄漏源。防止泄漏物进入水体、下水道、地下室或受限空间。小量泄漏：用干燥的砂土或其他不燃材料吸收或覆盖，收集于容器中。大量泄漏：构筑围堤或挖坑收容。用泵转移至槽车或专用收集器内。

111. 1,1－二氟－1,2－二氯乙烷

标　识

中文名称 1,1－二氟－1,2－二氯乙烷

英文名称 1,2－dichloro－1,1－difluoroethane；dichlorodifluoroethane；HCFC－132b

别名 1,2－二氯－1,1－二氟乙烷；二氯二氟乙烷

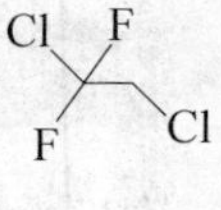

分子式 $C_2H_2Cl_2F_2$

CAS 号 1649－08－7

危害信息

燃烧与爆炸危险性 不燃。无特殊燃爆特性。若遇高热，容器内压增大，有开裂和爆炸的危险。

禁忌物 强氧化剂。

中毒表现 动物实验有麻醉作用。

侵入途径 吸入、食入。

理化特性与用途

理化特性 无色液体。不溶于水。熔点 -101.2℃，沸点 46～47℃，相对密度(水=1) 1.4163(20℃)，饱和蒸气压 45.2kPa(25℃)，临界温度 222℃，辛醇/水分配系数 2.31。

主要用途 用于制造氟化亚乙烯，用作制冷剂。

包装与储运

安全储运 储存于阴凉、通风的库房。保持容器密封。远离火种、热源。应与强氧化剂等隔离储运。搬运时轻装轻卸，防止容器受损。

紧急处置信息

急救措施

吸入：迅速脱离现场至空气新鲜处。保持呼吸道通畅。如呼吸困难，给输氧。如呼吸、心跳停止，立即进行心肺复苏术。就医。

眼睛接触：分开眼睑，用流动清水或生理盐水冲洗。如有不适感，就医。

皮肤接触：脱去污染的衣着，用流动清水冲洗。如有不适感，就医。

食入：饮足量温水，催吐。就医。

灭火方法 消防人员须佩戴防毒面具，穿全身消防服，在上风向灭火。尽可能将容器从火场移至空旷处。喷水保持火场容器冷却，直至灭火结束。处在火场中的容器若已变色或从安全泄压装置中发出声音，必须马上撤离。灭火时尽量切断泄漏源，然后根据着火原因选择适当灭火剂灭火。

泄漏应急处置 根据液体流动和蒸气扩散的影响区域划定警戒区，无关人员从侧风、上风向撤离至安全区。建议应急处理人员戴正压自给式呼吸器，穿一般作业工作服，戴防护手套。尽可能切断泄漏源。防止泄漏物进入水体、下水道、地下室或受限空间。小量泄漏：用干燥的砂土或其他不燃材料吸收或覆盖，收集于容器中。大量泄漏：构筑围堤或挖坑收容。用泵转移至槽车或专用收集器内。

112. 二氟磷酸［无水］

标　　识

中文名称 二氟磷酸［无水］

英文名称 difluopophosphoric acid anhydrous; fluophosphoric acid

别名 二氟代磷酸(无水)

分子式 F_2HO_2P

CAS 号 13779-41-4

WGH 号 81028

UN 号 1768

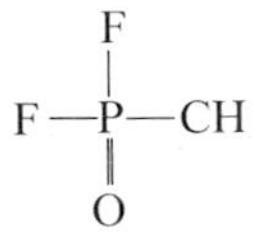

危害信息

危险性类别 第 8 类腐蚀品。

燃烧与爆炸危险性 不燃。无特殊燃爆特性。受高热分解产生有毒的腐蚀性烟气。具有腐蚀性。若遇高热，容器内压增大，有开裂和爆炸的危险。

禁忌物 强碱。

中毒表现 对眼、皮肤和黏膜有强烈刺激性。

侵入途径 吸入、食入、经皮吸收。

职业接触限值 中国：PC－TWA：2mg/m^3[按氟计]。

理化特性与用途

理化特性 无色强发烟液体。溶于水，与水反应。熔点－96.1～－92.9℃，沸点116℃，相对密度(水＝1)1.583，相对蒸气密度(空气＝1)3.52。

主要用途 用作催化剂。

包装与储运

包装标志 腐蚀品，有毒品[铁规]

包装类别 Ⅱ类

安全储运 储存于阴凉、通风的库房。远离火种、热源。防止阳光直射。保持容储存温度不超过30℃，相对湿度不超过75%。保持容器密封。应与碱类、食用化学品分开存放，切忌混储。储区应备有泄漏应急处理设备和合适的收容材料。

紧急处置信息

急救措施

吸入：迅速脱离现场至空气新鲜处。保持呼吸道通畅。如呼吸困难，给输氧。如呼吸、心跳停止，立即进行心肺复苏术。就医。

眼睛接触：立即分开眼睑，用大量流动清水或生理盐水彻底冲洗10～15min。就医。

皮肤接触：立即脱去污染的衣着，用大量流动清水彻底冲洗。就医。

食入：用水漱口，给饮牛奶或蛋清。就医。

灭火方法 消防人员须佩戴防毒面具，穿全身消防服，在上风向灭火。尽可能将容器从火场移至空旷处。喷水保持火场容器冷却，直至灭火结束。灭火时尽量切断泄漏源，然后根据着火原因选择适当灭火剂灭火。

泄漏应急处置 根据液体流动和蒸气扩散的影响区域划定警戒区，无关人员从侧风、上风向撤离至安全区。建议应急处理人员戴正压自给式呼吸器，穿防腐、防毒服，戴耐腐蚀手套。穿上适当的防护服前严禁接触破裂的容器和泄漏物。尽可能切断泄漏源。防止泄漏物进入水体、下水道、地下室或受限空间。小量泄漏：用干燥的砂土或其他不燃材料吸收或覆盖，收集于容器中。大量泄漏：构筑围堤或挖坑收容。用碎石灰石($CaCO_3$)、苏打(Na_2CO_3)或石(CaO)中和。用耐腐蚀泵转移至槽车或专用收集器内。

113. 二氟乙酸

标　识

中文名称 二氟乙酸

英文名称 difluoroacetic acid

别名 二氟醋酸

分子式 $C_2H_2F_2O_2$

CAS 号 381－73－7

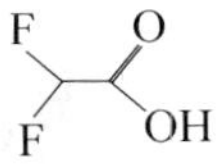

危害信息

燃烧与爆炸危险性 可燃。其蒸气与空气混合，能形成爆炸性混合物。受高热分解放出有毒的气体。具有腐蚀性。若遇高热，容器内压增大，有开裂和爆炸的危险。

活性反应 与氧化剂可发生反应。

禁忌物 强氧化剂、强碱。

毒性 小鼠静脉 LD_{50}：180mg/kg。

中毒表现 对眼睛、皮肤、黏膜和上呼吸道有强烈刺激性。吸入可致喉和支气管痉挛、炎症、水肿，化学性肺炎和肺水肿。接触引起烧灼感、眩晕、头痛、恶心和呕吐。

侵入途径 吸入、食入、经皮吸收。

理化特性与用途

理化特性 无色至淡黄色发烟液体，有强烈的气味。与水、乙醇、乙醚、苯混溶。熔点－1℃，沸点 132～134℃，相对密度（水＝1）1.526，辛醇/水分配系数 －0.11，闪点 78℃。

主要用途 用于有机合成。

包装与储运

安全储运 储存于阴凉、通风的库房。保持容器密封。远离火种、热源。应与氧化剂、碱类等隔离储运。搬运时轻装轻卸，防止容器受损。

紧急处置信息

急救措施

吸入：迅速脱离现场至空气新鲜处。保持呼吸道通畅。如呼吸困难，给输氧。如呼吸、心跳停止，立即进行心肺复苏术。就医。

眼睛接触：立即分开眼睑，用大量流动清水或生理盐水彻底冲洗 10～15min。就医。

皮肤接触：立即脱去污染的衣着，用大量流动清水彻底冲洗。如有不适感，就医。

食入：用水漱口，给饮牛奶或蛋清。就医。

灭火方法 消防人员必须穿全身耐酸碱消防服，佩戴空气呼吸器，在上风向灭火。尽可能将容器从火场移至空旷处。喷水保持火场容器冷却，直至灭火结束。处在火场中的容器若已变色或从安全泄压装置中发出声音，必须马上撤离。

灭火剂：雾状水、抗溶性泡沫、干粉、二氧化碳、砂土。

泄漏应急处置 根据液体流动和蒸气扩散的影响区域划定警戒区，无关人员从侧风、上风向撤离至安全区。消除所有点火源。建议应急处理人员戴防毒面具，穿防腐、防毒服，戴耐腐蚀手套。穿上适当的防护服前严禁接触破裂的容器和泄漏物。尽可能切断泄漏源。防止泄漏物进入水体、下水道、地下室或受限空间。小量泄漏：用干燥的砂土或其他不燃材料吸收或覆盖，收集于容器中。大量泄漏：构筑围堤或挖坑收容。用耐腐蚀泵转移至槽车或专用收集器内。

114. 1, 1－二氟乙烷

标　识

中文名称　1, 1－二氟乙烷

英文名称　1, 1－difluoroethane

别名　偏二氟乙烷；制冷剂 R－152a；氟里昂－152

分子式　$C_2H_4F_2$

CAS 号　75－37－6

WGH 号　21028

UN 号　1030

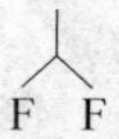

危害信息

危险性类别　第 2.1 类易燃气体。

燃烧与爆炸危险性　易燃。与空气混合能形成爆炸性混合物，遇高热和明火能引起燃烧或爆炸。受热分解放出有毒的氟氧化物气体。燃烧产生有毒的一氧化碳和氟化氢气体。

活性反应　与氧化剂接触发生猛烈反应。

禁忌物　强氧化剂、镁和铝及其合金。

毒性　小鼠吸入 LC_{50}：977000mg/m^3(2h)。

中毒表现　对眼和上呼吸道有刺激性。高浓度有麻醉作用。过量接触引起眩晕、定向障碍、易激动、中枢神经系统抑制等。

侵入途径　吸入。

理化特性与用途

理化特性　无色无嗅气体。不溶于水。熔点－117℃，沸点－24.7℃，相对密度(水＝1)0.91(21℃)，相对蒸气密度(空气＝1)2.3，饱和蒸气压 605.15kPa(25℃)，临界温度 113.3℃，临界压力 4.52MPa，辛醇/水分配系数 0.75，爆炸下限 3.7%，爆炸上限 18%。

主要用途　用作致冷剂、气溶胶喷射剂及有机合成中间体。

包装与储运

包装标志　易燃气体

安全储运　储存于阴凉、通风的易燃气体专用库房。保持容器密封。远离火种、热源。库温不宜超过 30℃。应与氧化剂、活性金属粉末等分开存放，切忌混储。采用防爆型照明、通风设施。禁止使用易产生火花的机械设备和工具。储区应备有泄漏应急处理设备。搬运时轻装轻卸，须戴好钢瓶安全帽和防震橡皮圈，防止钢瓶撞击。

紧急处置信息

急救措施

吸入：迅速脱离现场至空气新鲜处。保持呼吸道通畅。如呼吸困难，给输氧。如呼吸、心跳停止，立即进行心肺复苏术。就医。

眼睛接触：分开眼睑，用流动清水或生理盐水冲洗。如有不适感，就医。

皮肤接触：如果发生冻伤：将患部浸泡于保持在 38～42℃的温水中复温。不要涂擦。

不要使用热水或辐射热。使用清洁、干燥的敷料包扎。就医。

食入：不会通过该途径接触。

灭火方法 切断气源。若不能切断气源，则不允许熄灭泄漏处的火焰。消防人员须戴自给式呼吸器，穿全身消防服，在上风向灭火。喷水保持火场容器冷却，直至灭火结束。尽可能将容器从火场移至空旷处。

灭火剂：雾状水、泡沫、干粉、二氧化碳。

泄漏应急处置 消除所有点火源。根据气体的影响区域划定警戒区，无关人员从侧风、上风向撤离至安全区。建议应急处理人员戴正压自给式呼吸器，穿防静电服。液化气体泄漏时穿防静电、防寒服。作业时使用的所有设备应接地。禁止接触或跨越泄漏物。尽可能切断泄漏源。若可能翻转容器，使之逸出气体而非液体。喷雾状水抑制蒸气或改变蒸气云流向，避免水流接触泄漏物。禁止用水直接冲击泄漏物或泄漏源。防止气体通过下水道、通风系统和受限空间扩散。隔离泄漏区直至气体散尽。

115. 3－二甲氨基－1－丙胺

标 识

中文名称 3－二甲氨基－1－丙胺

英文名称 3－(dimethylamino)propylamine；3－dimethylamino－1－propylamine；*N*,*N*－dimethyl－1,3－propanediamine

别名 *N*,*N*－二甲基－1,3－丙二胺；3－二甲氨基丙胺

分子式 $C_5H_{14}N_2$

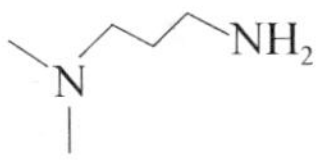

CAS 号 109－55－7

WGH 号 33623

危害信息

危险性类别 第3类易燃液体。

燃烧与爆炸危险性 易燃。其蒸气与空气混合，能形成爆炸性混合物。燃烧产生有毒的一氧化碳和氮氧化物气体。受高热分解放出有毒的气体。蒸气比空气重，沿地面扩散并易积存于低洼处，遇火源会着火回燃。具有腐蚀性。若遇高热，容器内压增大，有开裂和爆炸的危险。

活性反应 与氧化剂可发生反应。与1,2－二氯乙烷反应产生爆炸性的乙炔气。

禁忌物 强氧化剂、酸类、酸酐、酰基氯。

毒性 大鼠经口 LD_{50}：1870mg/kg；兔经皮 LD_{50}：600μL/kg。

中毒表现 本品有腐蚀性，对皮肤、眼睛有刺激作用。

侵入途径 吸入、食入、经皮吸收。

理化特性与用途

理化特性 无色液体，有氨的气味。与水混溶，溶于有机溶剂。pH 值 12.7(10% 水溶液)，熔点 < －70℃，沸点 132～135℃，相对密度(水＝1)0.81，相对蒸气密度(空气＝1)3.5，饱和蒸气压 1.33kPa(30℃)，辛醇/水分配系数 －0.352，闪点 35℃(闭杯)，引燃温度 215℃，爆炸下限 2.3%，爆炸上限 12.3%。

主要用途 用作环氧树脂固化剂；用于有机合成，生产染料、离子交换树脂、镀锌添

加剂等。

包装与储运

包装标志　易燃液体，腐蚀品。

包装类别　Ⅲ类

安全储运　储存于阴凉、通风的库房。远离火种、热源。防止阳光直射。库温不宜超过37℃。保持容器密封。应与氧化剂、酸类、酸酐、酰基氯分开存放，切忌混储。采用防爆型照明、通风设施。禁止使用易产生火花的机械设备和工具。储区应备有泄漏应急处理设备和合适的收容材料。

紧急处置信息

急救措施

吸入：迅速脱离现场至空气新鲜处。保持呼吸道通畅。如呼吸困难，给输氧。如呼吸、心跳停止，立即进行心肺复苏术。就医。

眼睛接触：立即分开眼睑，用大量流动清水或生理盐水彻底冲洗10～15min。如有不适感，就医。

皮肤接触：立即脱去污染的衣着，用大量流动清水冲洗。如有不适感，就医。

食入：用水漱口，给饮牛奶或蛋清。就医。

灭火方法　消防人员须佩戴防毒面具，穿全身消防服，在上风向灭火。尽可能将容器从火场移至空旷处。喷水保持火场容器冷却，直至灭火结束。处在火场中的容器若已变色或从安全泄压装置中发出声音，必须马上撤离。

灭火剂：雾状水、泡沫、干粉、二氧化碳、砂土。

泄漏应急处置　消除所有点火源。根据液体流动和蒸气扩散的影响区域划定警戒区，无关人员从侧风、上风向撤离至安全区。建议应急处理人员戴正压自给式呼吸器，穿防静电、防腐、防毒服，戴耐腐蚀手套。作业时使用的所有设备应接地。禁止接触或跨越泄漏物。尽可能切断泄漏源。防止泄漏物进入水体、下水道、地下室或受限空间。小量泄漏：用砂土或其他不燃材料吸收。使用洁净的无火花工具收集吸收材料。大量泄漏：构筑围堤或挖坑收容。用抗溶性泡沫覆盖，减少蒸发。喷水雾能减少蒸发，但不能降低泄漏物在受限空间内的易燃性。用防爆、耐腐蚀泵转移至槽车或专用收集器内。

116. 2, 4 – 二甲苯酚

标　识

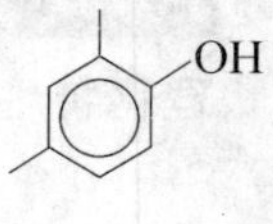

中文名称　2, 4 – 二甲苯酚

英文名称　2, 4 – xylenol; 2, 4 – dimethylphenol

别名　2, 4 – 二甲酚；1 – 羟基 – 2, 4 – 二甲苯

分子式　$C_8H_{10}O$

CAS 号　105 – 67 – 9

WGH 号　61700

UN 号　2261(固)；3430(液)

危害信息

危险性类别 第6类有毒品。

燃烧与爆炸危险性 可燃。其粉体与空气混合，能形成爆炸性混合物。燃烧产生有毒的一氧化碳气体。具有腐蚀性。

禁忌物 强氧化剂。

毒性 大鼠经口 LD_{50}：3200mg/kg；小鼠经口 LD_{50}：809mg/kg；大鼠皮下 LD_{50}：1040mg/kg。

中毒表现 本品蒸气能刺激眼睛、皮肤和呼吸系统。误服或经皮肤吸收能导致头痛、眩晕、恶心、呕吐、腹痛、衰竭、昏迷等症状。对皮肤可造成腐蚀性灼伤。

侵入途径 吸入、食入、经皮吸收。

环境危害 对水生生物有毒，可能在水生环境中造成长期不利影响。

理化特性与用途

理化特性 无色针状结晶或黄色至棕色液体，有苯酚气味。溶于水，与乙醇、乙醚混溶，溶于苯、氯仿、四氯化碳、芳香烃溶剂。熔点25.4～26℃，沸点211.5℃，相对密度(水=1)0.97，饱和蒸气压8Pa(20℃)，临界温度434.65℃，临界压力4.4MPa，辛醇/水分配系数2.3，闪点>112℃(闭杯)，引燃温度599℃，爆炸下限1.1%，爆炸上限6.4%。

主要用途 用作防腐剂，用于有机合成。

包装与储运

包装标志 有毒品

包装类别 Ⅱ类

安全储运 储存于阴凉、通风的库房。远离火种、热源。防止阳光直射。储存温度不超过35℃，相对湿度不超过85%。保持容器密封。应与氧化剂分开存放，切忌混储。配备相应品种和数量的消防器材。储区应备有合适的材料收容泄漏物。

紧急处置信息

急救措施

吸入：迅速脱离现场至空气新鲜处。保持呼吸道通畅。如呼吸困难，给输氧。如呼吸、心跳停止，立即进行心肺复苏术。就医。

眼睛接触：立即分开眼睑，用大量流动清水或生理盐水彻底冲洗10～15min。如有不适感，就医。

皮肤接触：立即脱去污染的衣着，用甘油、聚乙二醇300至400或聚乙二醇和酒精混合液（7:3）抹洗，然后用水彻底清洗。或用大量流动清水冲洗20～30min。如有不适感，就医。

食入：立即给饮植物油15～30mL。催吐。口服活性炭，导泻。不能使用石蜡油或酒精。就医。

灭火方法 消防人员必须佩戴空气呼吸器，穿全身防火防毒服，在上风向灭火。尽可能将容器从火场移至空旷处。喷水保持火场容器冷却，直至灭火结束。

灭火剂：雾状水、泡沫、干粉、二氧化碳、砂土。

泄漏应急处置 隔离泄漏污染区，限制出入。消除所有点火源。建议应急处理人员戴防尘口罩，穿防毒服，戴防毒手套。作业时使用的所有设备应接地。穿上适当的防护服前严禁接触破裂的容器和泄漏物。尽可能切断泄漏源。小量泄漏：用干燥的砂土或其他不燃材料覆盖泄漏物，然后用塑料布覆盖，减少飞散、避免雨淋。用洁净的铲子收集泄漏物，置于干净、干燥、盖子较松的容器中，将容器移离泄漏区。

117. 二甲基氨基氰

标　识

中文名称　二甲基氨基氰

英文名称　dimethyl cyanamide；*N* - cyanodimethylamine

别名　二甲基氰胺；*N* - 氰基二甲胺

分子式　$C_3H_6N_2$

CAS 号　1467 - 79 - 4

危害信息

燃烧与爆炸危险性　易燃。其蒸气与空气混合，能形成爆炸性混合物。受热或遇水分解，放出剧毒的氮氧化物和氰化物烟气。

禁忌物　强氧化剂、强酸。

毒性　大鼠经口 LD_{50}：146mg/kg；大鼠吸入 LC_{50}：2500mg/m^3；小鼠经口 LD_{50}：73mg/kg。

中毒表现　动物中毒表现为无力、步态不稳、呼吸急促，最后昏迷。对皮肤有轻度刺激，但无致敏作用。对兔眼的刺激不严重。

侵入途径　吸入、食入、经皮吸收。

环境危害　可能在环境中造成长期不利影响。

理化特性与用途

理化特性　无色至黄色透明液体。易溶于水(分解)，溶于乙醇、乙醚、丙酮等。熔点 -41℃，沸点 163.5℃，相对密度(水 =1)0.867，相对蒸气密度(空气 =1)2.42，饱和蒸气压 5.32kPa(80℃)，辛醇/水分配系数 -0.15，闪点 58℃，引燃温度 460℃。

主要用途　用作有机合成的中间体。

包装与储运

安全储运　储存于阴凉、通风的库房。保持容器密封。远离火种、热源。应与氧化剂、酸类、食用化学品等隔离储运。搬运时轻装轻卸，防止容器受损。

紧急处置信息

急救措施

吸入：脱离现场至空气新鲜处。如呼吸困难，给输氧。就医。

眼睛接触：分开眼睑，用流动清水或生理盐水冲洗。如有不适感，就医。

皮肤接触：立即脱去污染的衣着，用肥皂水和清水彻底冲洗皮肤。如有不适感，就医。

食入：饮足量温水，催吐。就医。

灭火方法　消防人员须佩戴防毒面具，穿全身消防服，在上风向灭火。尽可能将容器从火场移至空旷处。喷水保持火场容器冷却，直至灭火结束。处在火场中的容器若已变色或从安全泄压装置中发出声音，必须马上撤离。禁止用水和泡沫灭火。

灭火剂：干粉、二氧化碳、砂土。

泄漏应急处置 根据液体流动和蒸气扩散的影响区域划定警戒区，无关人员从侧风、上风向撤离至安全区。消除所有点火源。建议应急处理人员戴防毒面具，穿防毒、防静电服，戴防毒手套。穿上适当的防护服前严禁接触破裂的容器和泄漏物。尽可能切断泄漏源。防止泄漏物进入水体、下水道、地下室或受限空间。小量泄漏：用干燥的砂土或其他不燃材料吸收或覆盖，收集于容器中。大量泄漏：构筑围堤或挖坑收容。用防爆泵转移至槽车或专用收集器内。

118. (Z) -2,2-二甲基-1,3-丙二醇二(9-十八碳烯酸酯)

标　识

中文名称 (*Z*) -2,2-二甲基-1,3-丙二醇二(9-十八碳烯酸酯)

英文名称 2,2-Dimethyl-1,3-propanediyl dioleate; 9-Octadecenoic acid (*Z*) -2,2-dimethyl-1,3-propanediyl ester

别名 二油酸新戊二醇酯

分子式 $C_{41}H_{76}O_4$

CAS 号 42222-50-4

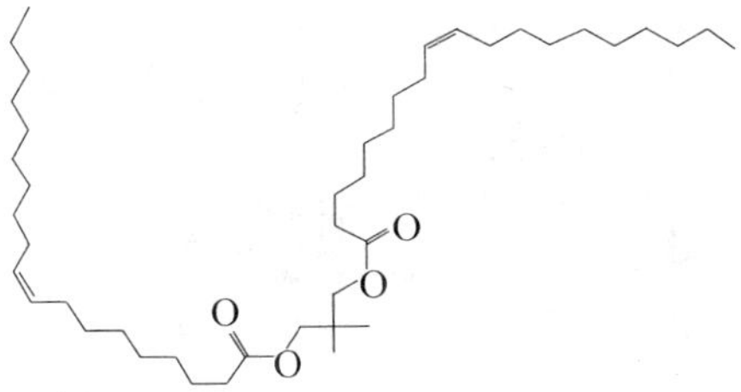

危害信息

侵入途径 吸入、食入、经皮吸收。

理化特性与用途

理化特性 淡黄色至琥珀酸透明液体，稍有气味。熔点 < -25℃，沸点 > 250℃，相对密度（水=1）0.9，闪点 293.3℃（Cleveland 开杯）。

主要用途 广泛用于金属切削、拉丝等加工用基础油。

包装与储运

安全储运 储存于阴凉、通风的库房。远离火种、热源。保持容器密封。应与强氧化剂等隔离储运。搬运时轻装轻卸，防止容器受损。

紧急处置信息

急救措施

吸入： 脱离接触。如有不适感，就医。

眼睛接触： 分开眼睑，用流动清水或生理盐水冲洗。如有不适感，就医。

皮肤接触： 脱去污染的衣着，用肥皂水和清水冲洗。如有不适感，就医。

食入： 漱口，饮水。就医。

泄漏应急处置 根据液体流动和蒸气扩散的影响区域划定警戒区，无关人员从侧风、上风向撤离至安全区。建议应急处理人员戴正压自给式呼吸器，穿防静电服。禁止接触或跨越泄漏物。尽可能切断泄漏源。防止泄漏物进入水体、下水道、地下室或受限空间。

119. *N*, *N* – 二甲基丙烯酰胺

标　识

中文名称　*N*, *N* – 二甲基丙烯酰胺

英文名称　*N*, *N* – dimethyl acrylamide; *N*, *N* – dimethyl – 2 – propenamide

别名　*N*, *N* – 二甲基 – 2 – 丙烯酰胺

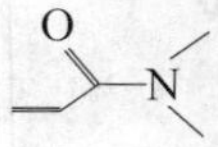

分子式　C_5H_9NO

CAS 号　2680 – 03 – 7

危害信息

燃烧与爆炸危险性　可燃。其蒸气与空气混合，能形成爆炸性混合物。燃烧产生有毒的一氧化碳和氮氧化物气体。燃烧分解时，放出有毒的氮氧化物气体。若遇高热，可发生聚合反应，放出大量热量而引起容器破裂和爆炸事故。

禁忌物　强氧化剂、强碱、强酸。

毒性　大鼠经口 LD_{50}：200 ~ 400mg/kg。

中毒表现　本品对皮肤有刺激作用。蒸气或雾对眼睛、黏膜和上呼吸道有刺激作用。

侵入途径　吸入、食入、经皮吸收。

理化特性与用途

理化特性　无色透明液体，有吸湿性。溶于水，溶于乙醇、乙醚、丙酮、甲苯、氯仿，不溶于己烷。熔点 –40℃，沸点 80 ~ 81℃(2.67kPa)，饱和蒸气压 0.27kPa(46℃)，相对密度(水 =1)0.962，闪点 70℃。

主要用途　用于有机合成，用于纤维和塑料改性，用作各种处理剂、助剂，也用于日用化学品、印刷照相行业、医药卫生材料等方面。

包装与储运

安全储运　通常商品加有阻聚剂。储存于阴凉、通风的库房。保持容器密封。远离火种、热源。应与氧化剂、酸碱、食用化学品等隔离储运。搬运时轻装轻卸，防止容器受损。

紧急处置信息

急救措施

吸入：脱离现场至空气新鲜处。如呼吸困难，给输氧。就医。

眼睛接触：分开眼睑，用流动清水或生理盐水冲洗。如有不适感，就医。

皮肤接触：立即脱去污染的衣着，用大量流动清水冲洗。如有不适感，就医。

食入：饮足量温水，催吐。就医。

灭火方法　消防人员须佩戴防毒面具，穿全身消防服，在上风向灭火。尽可能将容器从火场移至空旷处。喷水保持火场容器冷却，直至灭火结束。处在火场中的容器若已变色或从安全泄压装置中发出声音，必须马上撤离。

灭火剂：雾状水、泡沫、干粉、二氧化碳、砂土。

泄漏应急处置　根据液体流动和蒸气扩散的影响区域划定警戒区，无关人员从侧风、上风向撤离至安全区。消除所有点火源。建议应急处理人员戴正压自给式呼吸器，穿防毒

服，戴防毒手套。穿上适当的防护服前严禁接触破裂的容器和泄漏物。尽可能切断泄漏源。防止泄漏物进入水体、下水道、地下室或受限空间。小量泄漏：用干燥的砂土或其他不燃材料吸收或覆盖，收集于容器中。大量泄漏：构筑围堤或挖坑收容。用泵转移至槽车或专用收集器内。

120. 2,5－二甲基己烷

标　识

中文名称　2,5－二甲基己烷

英文名称　2,5－dimethylhexane

别名　二异丁基

分子式　C_8H_{18}

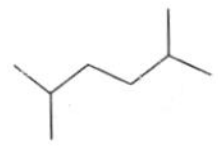

CAS 号　592－13－2

WGH 号　32009；31109[铁规]

UN 号　1262

危害信息

危险性类别　第3类易燃液体。

燃烧与爆炸危险性　易燃。其蒸气与空气混合，能形成爆炸性混合物，遇热源和明火有燃烧爆炸的危险。燃烧产生有毒的一氧化碳气体。在火场中，受热的容器或储罐有破裂或爆炸的危险。蒸气比空气重，能在较低处扩散到相当远的地方，遇火源会着火回燃和爆炸(闪爆)。

活性反应　与氧化剂能发生强烈反应。

禁忌物　强氧化剂、强酸、强碱、卤素。

中毒表现　可能具有刺激性和麻醉作用。

侵入途径　吸入、食入。

环境危害　对水生生物有极高毒性，可能在水生环境中造成长期不利影响。

理化特性与用途

理化特性　无色透明液体。不溶于水，溶于乙醇、乙醚等多数有机溶剂。熔点－91℃，沸点108～110℃，相对密度(水＝1)0.69，饱和蒸气压4.03kPa(25℃)，辛醇/水分配系数4.12，闪点26.67℃，爆炸下限0.98%。

主要用途　用于有机合成。

包装与储运

包装标志　易燃液体

包装类别　Ⅱ类

安全储运　储存于阴凉、通风的库房。远离火种、热源。库温不宜超过37℃。保持容器密封。应与氧化剂分开存放，切忌混储。采用防爆型照明、通风设施。禁止使用易产生火花的机械设备和工具。灌装时注意流速，防止静电积聚。储区应备有泄漏应急处理设备和合适的收容材料。

紧急处置信息

急救措施

吸入： 脱离现场至空气新鲜处。如呼吸困难，给输氧。如呼吸、心跳停止，立即进行心肺复苏术。就医。

眼睛接触： 分开眼睑，用流动清水或生理盐水冲洗。如有不适感，就医。

皮肤接触： 脱去污染的衣着，用肥皂水和清水彻底冲洗皮肤。如有不适感，就医。

食入： 饮水。就医。

灭火方法 消防人员必须佩戴空气呼吸器，穿全身防火防毒服，在上风向灭火。喷水保持火场容器冷却直至灭火结束。可能的话将容器从火场移至空旷处。处在火场中的容器若已变色或从安全泄压装置中发出声音，必须马上撤离。

灭火剂：泡沫、二氧化碳、干粉、砂土。

泄漏应急处置 消除所有点火源。根据液体流动和蒸气扩散的影响区域划定警戒区，无关人员从侧风、上风向撤离至安全区。建议应急处理人员戴正压自给式呼吸器，穿防静电服，戴橡胶耐油手套。作业时使用的所有设备应接地。禁止接触或跨越泄漏物。尽可能切断泄漏源。防止泄漏物进入水体、下水道、地下室或受限空间。小量泄漏：用砂土或其他不燃材料吸收。使用洁净的无火花工具收集吸收材料。大量泄漏：构筑围堤或挖坑收容。用泡沫覆盖，减少蒸发。喷水雾能减少蒸发，但不能降低泄漏物在受限空间内的易燃性。用防爆泵转移至槽车或专用收集器内。

121. 二甲基砷酸钠

标　　识

中文名称 二甲基砷酸钠

英文名称 sodium dimethylarsinate；Sodium cacodylate

别名 二甲胂酸钠三水物；卡可酸钠

分子式 $C_2H_6AsNaO_2 \cdot 3H_2O$

CAS 号 124－65－2

WGH 号 61856

UN 号 1688

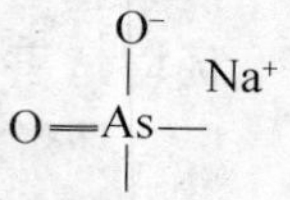

危害信息

危险性类别 第6类有毒品。

燃烧与爆炸危险性 不燃。无特殊燃爆特性。受高热分解放出有毒的气体。

禁忌物 强氧化剂、强碱。

毒性 大鼠经口 LD_{50}：2600mg/kg；小鼠经口 LD_{50}：4mg/kg。

中毒表现 对眼睛和皮肤有刺激作用。摄入或过量吸入引起胃肠道的刺激作用，出现恶心、呕吐、腹泻、脉搏加快、休克、昏迷。其呼气、汗液和尿中有强烈的大蒜味。

侵入途径 吸入、食入、经皮吸收。

环境危害 对水生生物有极高毒性，可能在水生环境中造成长期不利影响。

理化特性与用途

理化特性 白色结晶或粉末，易潮解。溶于水、乙醇，不溶于乙醚。熔点60℃，沸点(分解)，相对密度(水=1)>1，相对蒸气密度(空气=1)7.4，辛醇/水分配系数 -2.18。

主要用途 用作除草剂、脱叶剂、杀鼠剂，并用于生化研究。

包装与储运

包装标志 有毒品

包装类别 Ⅱ类

安全储运 储存于阴凉、通风的库房。远离火种、热源。防止阳光直射。储存温度不超过35℃，相对湿度不超过85%。保持容器密封。应与氧化剂、碱类分开存放，切忌混储。储区应备有合适的材料收容泄漏物。

紧急处置信息

急救措施

吸入：迅速脱离现场至空气新鲜处。保持呼吸道通畅。如呼吸困难，给输氧。如呼吸、心跳停止，立即进行心肺复苏术。就医。

眼睛接触：分开眼睑，用流动清水或生理盐水冲洗。如有不适感，就医。

皮肤接触：脱去污染的衣着，用大量流动清水冲洗。如有不适感，就医。

食入：饮足量温水，催吐、洗胃、导泻。就医。

灭火方法 消防人员必须戴自给式呼吸器，穿全身防火防毒服，在上风向灭火。灭火时尽可能将容器从火场移至空旷处。本品不燃。根据着火原因选择适当灭火剂灭火。

泄漏应急处置 隔离泄漏污染区，限制出入。建议应急处理人员戴防尘口罩，穿防毒服，戴防毒手套。穿上适当的防护服前严禁接触破裂的容器和泄漏物。尽可能切断泄漏源。用塑料布覆盖泄漏物，减少飞散。勿使水进入包装容器内。用洁净的铲子收集泄漏物，置于干净、干燥、盖子较松的容器中，将容器移离泄漏区。

122. 2,5－二甲基－2,5－双(过氧化叔丁基)己烷

标　识

中文名称 2,5－二甲基－2,5－双(过氧化叔丁基)己烷

英文名称 2,5－dimethyl－2,5－bis(tert－butylperoxy)hexane; Varox; di－tert－butyl 1,1,4,4－tetramethyltetramethylene diperoxide

别名 双2,5硫化剂；双－2,5－己烷；(1,1,4,4－四甲基四亚甲基)二(叔丁基)过氧化物

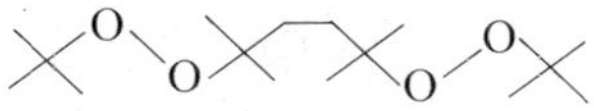

分子式 $C_{16}H_{34}O_4$

CAS号 78－63－7

WGH号 52005

危害信息

危险性类别 第5.2类有机过氧化物。

燃烧与爆炸危险性 易燃。受撞击、摩擦，遇明火或其他点火源极易爆炸。若遇高热，容器内压增大，有开裂和爆炸的危险。

活性反应 与氧化剂可发生反应。与还原剂能发生强烈反应。

禁忌物 强还原剂、酸类、碱类、卤素等。

中毒表现 对眼睛有刺激作用。吸入可致中枢神经损害，引起运动障碍、平衡失调等。

侵入途径 吸入、食入、经皮吸收。

理化特性与用途

理化特性 无色至淡黄色透明液体，有特殊臭味。不溶于水，溶于多数有机溶剂。熔点6～8℃，沸点55～57℃(0.93kPa)，相对密度(水=1)0.863，相对蒸气密度(空气=1)10，辛醇/水分配系数5.93，闪点55℃，引燃温度>400℃，理论活性氧量11.02%，自动加速分解温度80℃，10h半衰期：108℃，活化能155.49kJ/mol。

主要用途 用作合成橡胶硫化剂，聚合用引发剂，不饱和聚酯交联剂。

包装与储运

包装标志 有机过氧化物

安全储运 商品通常稀释后储装。储存于阴凉、通风的库房。远离火种、热源。防止阳光直射。库温不超过30℃。相对湿度不超过80%。保持容器密封。应与还原剂、酸类、碱类、易(可)燃物、硫、磷分开存放，切忌混储。不宜久存。采用防爆型照明、通风设施。禁止使用易产生火花的机械设备和工具。

紧急处置信息

急救措施

吸入：迅速脱离现场至空气新鲜处。保持呼吸道通畅。如呼吸困难，给输氧。如呼吸、心跳停止，立即进行心肺复苏术。就医。

眼睛接触：分开眼睑，用流动清水或生理盐水冲洗。如有不适感，就医。

皮肤接触：脱去污染的衣着，用流动清水冲洗。如有不适感，就医。

食入：饮足量温水，催吐。就医。

灭火方法 消防人员须佩戴防毒面具，穿全身消防服，在上风向灭火。尽可能将容器从火场移至空旷处。喷水保持火场容器冷却，直至灭火结束。处在火场中的容器若已变色或从安全泄压装置中发出声音，必须马上撤离。

灭火剂：雾状水、泡沫、干粉、二氧化碳、砂土。

泄漏应急处置 根据液体流动和蒸气扩散的影响区域划定警戒区，无关人员从侧风、上风向撤离至安全区。消除所有点火源。建议应急处理人员戴正压自给式呼吸器，穿一般作业工作服，戴防护手套。勿使泄漏物与可燃物质(如木材、纸、油等)接触。尽可能切断泄漏源。防止泄漏物进入水体、下水道、地下室或受限空间。小量泄漏：用惰性、湿润的不燃材料吸收泄漏物，用洁净的非火花工具收集于一盖子较松的塑料容器中，待处理。大量泄漏：构筑围堤或挖坑收容。在专家指导下清除。

123. 3,4－二甲基硝基苯

标　识

中文名称　3,4－二甲基硝基苯

英文名称　4－nitro－o－xylene；1,2－dimethyl－4－nitrobenzene；3,4－dimethylnitrobenzene

别名　1,2－二甲基－4－硝基苯；4－硝基邻二甲苯

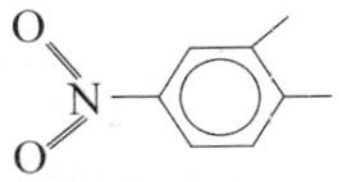

分子式　$C_8H_9NO_2$

CAS 号　99－51－4

WGH 号　61675

UN 号　1665(液态)；3447(固态)

危害信息

危险性类别　第6类有毒品。

燃烧与爆炸危险性　可燃。其粉体与空气混合，能形成爆炸性混合物。受高热分解放出有毒的气体。燃烧时放出有毒的刺激性烟雾。

活性反应　与强氧化剂接触可发生化学反应。

禁忌物　强氧化剂、强还原剂、强碱。

中毒表现　对眼、黏膜和上呼吸道有刺激性。对皮肤有刺激性。吸收进入人体后，可引起高铁血红蛋白血症，出现紫绀。

侵入途径　吸入、食入、经皮吸收。

理化特性与用途

理化特性　黄色片状结晶。不溶于水，微溶于热乙醇，溶于乙醚。熔点30～31℃，沸点254℃，相对密度(水＝1)1.12，饱和蒸气压2.67kPa(143℃)，辛醇/水分配系数2.91，闪点107℃。

主要用途　用于有机合成，是制取维生素B_2的原料。

包装与储运

包装标志　有毒品

包装类别　Ⅱ类

安全储运　储存于阴凉、通风的库房。远离火种、热源。库温不超过35℃。相对湿度不超过85%。保持容器密封。应与氧化剂、还原剂、碱类、食用化学品分开存放，切忌混储。配备相应品种和数量的消防器材。储区应备有合适的材料收容泄漏物。

紧急处置信息

急救措施

吸入：迅速脱离现场至空气新鲜处。保持呼吸道通畅。如呼吸困难，给输氧。如呼吸、心跳停止，立即进行心肺复苏术。就医。

眼睛接触：分开眼睑，用流动清水或生理盐水冲洗。如有不适感，就医。

皮肤接触：立即脱去污染的衣着，用肥皂水和清水彻底冲洗皮肤。如有不适感，就医。

食入： 饮足量温水，催吐。就医。

灭火方法 消防人员须佩戴防毒面具，穿全身消防服，在上风向灭火。尽可能将容器从火场移至空旷处。喷水保持火场容器冷却，直至灭火结束。

灭火剂：泡沫、雾状水、干粉、二氧化碳、砂土。

泄漏应急处置 隔离泄漏污染区，限制出入。建议应急处理人员戴防尘口罩，穿防毒服，戴橡胶手套。穿上适当的防护服前严禁接触破裂的容器和泄漏物。尽可能切断泄漏源。用塑料布覆盖泄漏物，减少飞散。勿使水进入包装容器内。用洁净的铲子收集泄漏物，置于干净、干燥、盖子较松的容器中，将容器移离泄漏区。

124. 二 甲 戊 灵

标 识

中文名称 二甲戊灵

英文名称 pendimethalin; *N* -（1 - ethylpropyl）- 3, 4 - dimethyl - 2, 6 - dinitrobenzenamine

别名 *N* -（1 - 乙基丙基）- 3,4 - 二甲基 - 2,6 - 二硝基苯胺；二甲戊乐灵

分子式 $C_{13}H_{19}N_3O_4$

CAS 号 40487 - 42 - 1

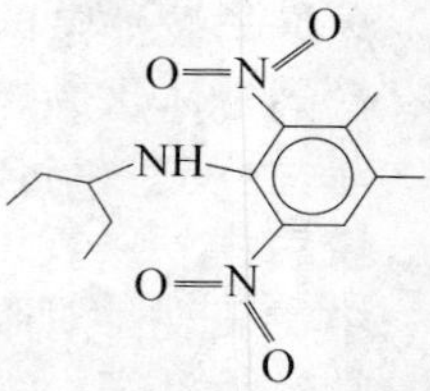

危害信息

燃烧与爆炸危险性 可燃。其粉体与空气混合，能形成爆炸性混合物。燃烧产生有毒的一氧化碳和氮氧化物气体。受高热分解放出有毒的气体。

禁忌物 强氧化剂。

毒性 大鼠经口 LD_{50}：1050mg/kg；小鼠经口 LD_{50}：1340mg/kg；兔经皮 LD_{50}：2260mg/kg。

侵入途径 吸入、食入、经皮吸收。

环境危害 对水生生物有极高毒性，可能在水生环境中造成长期不利影响。

理化特性与用途

理化特性 橙黄色结晶。微溶于水，溶于多数有机溶剂。熔点 56 ~ 57℃，沸点 330℃，相对密度（水 = 1）1. 19（25℃），饱和蒸气压 0. 004Pa（25℃），辛醇/水分配系数 5. 18。

主要用途 用作除草剂，用于玉米、大豆、小麦、棉花、蔬菜田及果园防除杂草。

包装与储运

安全储运 储存于阴凉、通风的库房。保持容器密封。远离火种、热源。应与强氧化剂等隔离储运。搬运时轻装轻卸，防止容器受损。

紧急处置信息

急救措施

吸入： 迅速脱离现场至空气新鲜处。保持呼吸道通畅。如呼吸困难，给输氧。如呼吸、心跳停止，立即进行心肺复苏术。就医。

眼睛接触：分开眼睑，用流动清水或生理盐水冲洗。如有不适感，就医。

皮肤接触：脱去污染的衣着，用流动清水冲洗。如有不适感，就医。

食入：饮足量温水，催吐。就医。

灭火方法 消防人员须佩戴防毒面具，穿全身消防服，在上风向灭火。尽可能将容器从火场移至空旷处。喷水保持火场容器冷却，直至灭火结束。

灭火剂：雾状水、泡沫、干粉、二氧化碳、砂土。

泄漏应急处置 隔离泄漏污染区，限制出入。消除所有点火源。建议应急处理人员戴防尘口罩，穿防毒服，戴防毒手套。穿上适当的防护服前严禁接触破裂的容器和泄漏物。尽可能切断泄漏源。用塑料布覆盖泄漏物，减少飞散。勿使水进入包装容器内。用洁净的铲子收集泄漏物，置于干净、干燥、盖子较松的容器中，将容器移离泄漏区。

125. 二 甲 硒

标 识

中文名称 二甲硒

英文名称 dimethyl selenide; methyl selenide dimethylselenium

别名 二甲基硒

分子式 C_2H_6Se

CAS 号 593 - 79 - 3

危害信息

危险性类别 第 4.1 类易燃固体

燃烧与爆炸危险性 易燃。其蒸气与空气混合，能形成爆炸性混合物。燃烧产生有毒的一氧化碳和氧化硒。

活性反应 与氧化剂接触，有引起燃烧爆炸的危险。

禁忌物 强氧化剂、强酸。

毒性 大鼠经口 LD_{50}：2100mg/kg；大鼠吸入 LC_{50}：103000mg/m^3；小鼠经口 LD_{50}：4000mg/kg。

中毒表现 本品对呼吸道有刺激性。

侵入途径 吸入、食入。

职业接触限值 中国：PC - TWA：0.1mg/m^3[按硒计]。

美国(ACGIH)：TLV - TWA：0.2mg/m^3[按硒计]。

环境危害 对水生生物有极高毒性，可能在水生环境中造成长期不利影响。

理化特性与用途

理化特性 无色液体，有令人不愉快的气味。微溶于水。熔点 -87.1℃，沸点 55 ~ 58℃，相对密度(水 = 1)1.408，相对蒸气密度(空气 = 1)3.75，饱和蒸气压 31.9kPa(25℃)，辛醇/水分配系数 0.32。

主要用途 用于中间体。

包装与储运

包装标志 易燃固体，遇湿易燃物品。

包装类别　Ⅰ类

安全储运　储存于阴凉、干燥、通风的库房。保持容器密封。远离火种、热源。库温不宜超过32℃，相对湿度不超过75%。应与氧化剂、酸类分开存放，切忌混储。采用防爆型照明、通风设施。禁止使用易产生火花的机械设备和工具。储区应备有泄漏应急处理设备和合适的收容材料。

紧急处置信息

急救措施

吸入：脱离现场至空气新鲜处。如呼吸困难，给输氧。如有不适感，就医。

眼睛接触：分开眼睑，用流动清水或生理盐水冲洗。如有不适感，就医。

皮肤接触：脱去污染的衣着，用流动清水冲洗。如有不适感，就医。

食入：饮足量温水，催吐。就医。

灭火方法　消防人员须佩戴防毒面具，穿全身消防服，在上风向灭火。尽可能将容器从火场移至空旷处。喷水保持火场容器冷却，直至灭火结束。处在火场中的容器若已变色或从安全泄压装置中发出声音，必须马上撤离。

灭火剂：雾状水、泡沫、干粉、二氧化碳、砂土。

泄漏应急处置　根据液体流动和蒸气扩散的影响区域划定警戒区，无关人员从侧风、上风向撤离至安全区。消除所有点火源。建议应急处理人员戴正压自给式呼吸器，穿防静电服，戴防护手套。作业时使用的所有设备应接地。禁止接触或跨越泄漏物。尽可能切断泄漏源。防止泄漏物进入水体、下水道、地下室或受限空间。小量泄漏：用砂土或其他不燃材料吸收。使用洁净的无火花工具收集吸收材料。大量泄漏：构筑围堤或挖坑收容。用泡沫覆盖，减少蒸发。喷水雾能减少蒸发，但不能降低泄漏物在受限空间内的易燃性。用防爆泵转移至槽车或专用收集器内。

126. 3,4－二甲氧基苯乙腈

标　识

中文名称　3,4－二甲氧基苯乙腈

英文名称　3,4－dimethoxyphenylacetonitrile; 3,4－dimethoxybenzyl cyanide

别名　(3,4－二甲氧基苯基)乙腈

分子式　$C_{10}H_{11}NO_2$

CAS号　93－17－4

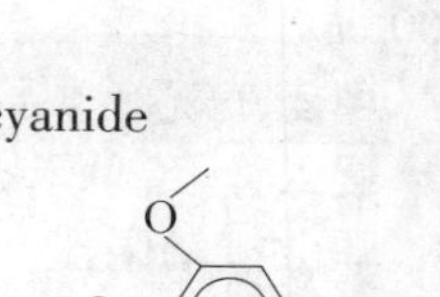

危害信息

燃烧与爆炸危险性　可燃。其粉体与空气混合，能形成爆炸性混合物。燃烧产生有毒的一氧化碳、氮氧化物和氰化氢气体。

活性反应　与氧化剂可发生反应。

禁忌物　强氧化剂、强酸、强碱。

毒性　大鼠经口 LD_{50}：870mg/kg；小鼠经口 LD_{50}：1030mg/kg。

中毒表现　可由于缺氧而引起紫绀。

侵入途径　吸入、食入、经皮吸收。

环境危害　可能在环境中造成长期不利影响。

理化特性与用途

理化特性　白色或淡黄色结晶粉末，略有气味。微溶于水，易溶于多数有机溶剂。熔点62～65℃，沸点171～178℃(1.33kPa)，饱和蒸气压0.04Pa(25℃)，辛醇/水分配系数1.19，闪点250℃，引燃温度360℃。

主要用途　用作有机合成中间体，用于制药工业，合成罂粟碱。

包装与储运

安全储运　储存于阴凉、通风的库房。保持容器密封。远离火种、热源。应与氧化剂、酸碱等隔离储运。搬运时轻装轻卸，防止容器受损。

紧急处置信息

急救措施

吸入：脱离现场至空气新鲜处。如呼吸困难，给输氧。如有不适感，就医。

眼睛接触：分开眼睑，用流动清水或生理盐水冲洗。如有不适感，就医。

皮肤接触：立即脱去污染的衣着，用肥皂水和清水彻底冲洗皮肤。如有不适感，就医。

食入：饮足量温水，催吐。就医。

灭火方法　消防人员必须佩戴空气呼吸器，穿全身防火防毒服，在上风向灭火。尽可能将容器从火场移至空旷处。喷水保持火场容器冷却，直至灭火结束。

灭火剂：雾状水、泡沫、干粉、二氧化碳、砂土。

泄漏应急处置　隔离泄漏污染区，限制出入。消除所有点火源。建议应急处理人员戴防尘口罩，穿防毒服，戴防毒手套。穿上适当的防护服前严禁接触破裂的容器和泄漏物。尽可能切断泄漏源。用塑料布覆盖泄漏物，减少飞散。勿使水进入包装容器内。用洁净的铲子收集泄漏物，置于干净、干燥、盖子较松的容器中，将容器移离泄漏区。

127. 二聚丙烯醛［稳定的］

标　识

中文名称　二聚丙烯醛［稳定的］

英文名称　3,4-dihydro-2H-pyran-2-carbaldehyde; acrolein dimer(stabilized)

别名　3,4-二氢-2H-吡喃-2-甲醛

分子式　$C_6H_8O_2$

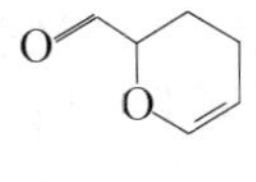

CAS 号　100-73-2

WGH 号　33577；32077［铁规］

UN 号　2607

危害信息

危险性类别　第3类易燃液体。

燃烧与爆炸危险性　易燃。其蒸气与空气混合，能形成爆炸性混合物。燃烧产生有毒的一氧化碳气体。容易自聚，聚合反应随着温度的上升而急骤加剧。若遇高热，容器内压

增大，有开裂和爆炸的危险。

活性反应 与氧化剂可发生反应。

禁忌物 强氧化剂、强碱。

毒性 大鼠经口 LD_{50}：4920mg/kg；大鼠吸入 LC_{50}：3225ppm(4h)。

中毒表现 本品有毒。其蒸气和烟雾对皮肤、眼睛和黏膜有刺激作用。

侵入途径 吸入、食入、经皮吸收。

理化特性与用途

理化特性 无色至微黄色透明液体，有刺激性气味。溶于水。熔点 -100℃，沸点 146~153℃，相对密度(水=1)1.079，闪点39.4℃。

主要用途 用作织物精整助剂、纸张处理剂、橡胶助剂、增塑剂，用于合成树脂和医药。

包装与储运

包装标志 易燃液体

包装类别 Ⅲ类

安全储运 通常商品加有稳定剂。储存于阴凉、通风的库房。远离火种、热源。防止阳光直射。库温不宜超过37℃。保持容器密封，严禁与空气接触。应与氧化剂、碱类分开存放，切忌混储。采用防爆型照明、通风设施。禁止使用易产生火花的机械设备和工具。储区应备有泄漏应急处理设备和合适的收容材料。

紧急处置信息

急救措施

吸入：迅速脱离现场至空气新鲜处。保持呼吸道通畅。如呼吸困难，给输氧。如呼吸、心跳停止，立即进行心肺复苏术。就医。

眼睛接触：分开眼睑，用流动清水或生理盐水冲洗。如有不适感，就医。

皮肤接触：脱去污染的衣着，用流动清水冲洗。如有不适感，就医。

食入：饮足量温水，催吐。就医。

灭火方法 消防人员须佩戴防毒面具，穿全身消防服，在上风向灭火。尽可能将容器从火场移至空旷处。喷水保持火场容器冷却，直至灭火结束。处在火场中的容器若已变色或从安全泄压装置中发出声音，必须马上撤离。

灭火剂：雾状水、泡沫、干粉、二氧化碳、砂土。

泄漏应急处置 消除所有点火源。根据液体流动和蒸气扩散的影响区域划定警戒区，无关人员从侧风、上风向撤离至安全区。建议应急处理人员戴正压自给式呼吸器，穿防静电服，戴橡胶手套。作业时使用的所有设备应接地。禁止接触或跨越泄漏物。尽可能切断泄漏源。防止泄漏物进入水体、下水道、地下室或受限空间。小量泄漏：用砂土或其他不燃材料吸收。使用洁净的无火花工具收集吸收材料。大量泄漏：构筑围堤或挖坑收容。用石灰粉等吸收大量液体。用抗溶性泡沫覆盖，减少蒸发。喷水雾能减少蒸发，但不能降低泄漏物在受限制空间内的易燃性。用防爆泵转移至槽车或专用收集器内。

128. 2, 3 – 二氯苯酚

标　识

中文名称　2, 3 – 二氯苯酚
英文名称　2, 3 – dichlorophenol
别名　2, 3 – 二氯酚
分子式　$C_6H_4Cl_2O$
CAS 号　576 – 24 – 9
WGH 号　61704
UN 号　2020

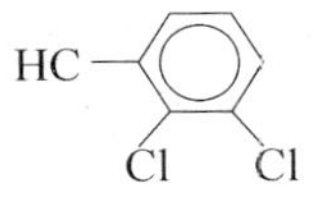

危害信息

危险性类别　第 6 类有毒品。

燃烧与爆炸危险性　可燃。其粉体与空气混合，能形成爆炸性混合物。燃烧产生有毒的一氧化碳和氯化氢气体。受高热分解放出有毒的气体。

禁忌物　氧化剂、酸酐、酰基氯。

毒性　小鼠经口 LD_{50}：2376mg/kg。

中毒表现　有毒。对眼睛、皮肤、黏膜和上呼吸道有强烈刺激作用。

侵入途径　吸入、食入、经皮吸收。

环境危害　对水生生物有毒，可能在水生环境中造成长期不利影响。

理化特性与用途

理化特性　白色至棕色结晶，有苯酚气味。不溶于水，溶于乙醇、乙醚、热苯。熔点 56 ~ 60℃，沸点 206℃，蒸汽压 7.71Pa（25℃），燃烧热 –2757kJ/mol，辛醇/水分配系数 2.84，闪点 115℃（闭杯），引燃温度 >500℃。

主要用途　用作气相色谱对比样品、分析试剂，并用于有机合成。

包装与储运

包装标志　有毒品

包装类别　Ⅲ类

安全储运　储存于阴凉、通风的库房。远离火种、热源。防止阳光直射。储存温度不超过 35℃，相对湿度不超过 85%。保持容器密封。应与氧化剂、酸酐、酰基氯分开存放，切忌混储。配备相应品种和数量的消防器材。储区应备有合适的材料收容泄漏物。

紧急处置信息

急救措施

吸入：迅速脱离现场至空气新鲜处。保持呼吸道通畅。如呼吸困难，给输氧。如呼吸、心跳停止，立即进行心肺复苏术。就医。

眼睛接触：分开眼睑，用流动清水或生理盐水冲洗。如有不适感，就医。

皮肤接触：立即脱去污染的衣着，用甘油、聚乙二醇 300 至 400 或聚乙二醇和酒精混合液（7:3）抹洗，然后用水彻底清洗。或用大量流动清水冲洗 20 ~ 30min。如有不适感，

就医。

食入： 立即给饮植物油 15 ~ 30mL。催吐。口服活性炭，导泻。不能使用石蜡油或酒精。就医。

灭火方法　消防人员须佩戴防毒面具，穿全身消防服，在上风向灭火。尽可能将容器从火场移至空旷处。喷水保持火场容器冷却，直至灭火结束。

灭火剂：雾状水、泡沫、干粉、二氧化碳、砂土。

泄漏应急处置　隔离泄漏污染区，限制出入。消除所有点火源。建议应急处理人员戴防尘口罩，穿防毒服，戴防毒手套。穿上适当的防护服前严禁接触破裂的容器和泄漏物。尽可能切断泄漏源。用塑料布覆盖泄漏物，减少飞散。勿使水进入包装容器内。用洁净的铲子收集泄漏物，置于干净、干燥、盖子较松的容器中，将容器移离泄漏区。

129. 2, 5 – 二氯苯酚

标　识

中文名称　2, 5 – 二氯苯酚

英文名称　2, 5 – dichlorophenol

别名　2, 5 – 二氯酚

分子式　$C_6H_4Cl_2O$

CAS 号　583 – 78 – 8

WGH 号　61704

UN 号　2020

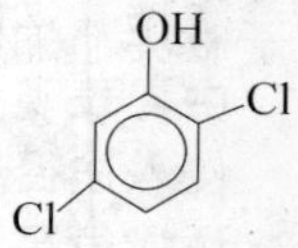

危害信息

危险性类别　第 6 类有毒品。

燃烧与爆炸危险性　可燃。其粉体与空气混合，能形成爆炸性混合物。燃烧产生有害的一氧化碳和氯化氢气体。受高热分解放出有毒的气体。

禁忌物　氧化剂、酸酐、酰基氯。

毒性　大鼠经口 LD_{50}：580mg/kg；小鼠经口 LD_{50}：946mg/kg。

中毒表现　有毒，对眼睛、皮肤、黏膜和上呼吸道有刺激作用。

侵入途径　吸入、食入、经皮吸收。

环境危害　对水生生物有毒，可能在水生环境中造成长期不利影响。

理化特性与用途

理化特性　无色或白色棱形结晶，有特殊臭味。微溶于水，溶于苯、石油醚，易溶于乙醇、乙醚。熔点 59℃，沸点 211℃，相对蒸气密度（空气 = 1）5.6，饱和蒸气压 17Pa（25℃），辛醇/水分配系数 2.92 ~ 3.06，闪点 100℃。

主要用途　用作有机合成中间体，分析试剂和气相色谱对比样品。

包装与储运

包装标志　有毒品

包装类别　Ⅲ类

安全储运　储存于阴凉、通风的库房。远离火种、热源。防止阳光直射。储存温度不

超过35℃，相对湿度不超过85%。保持容器密封。应与氧化剂、酸酐、酰基氯分开存放，切忌混储。配备相应品种和数量的消防器材。储区应备有合适的材料收容泄漏物。

紧急处置信息

急救措施

吸入： 迅速脱离现场至空气新鲜处。保持呼吸道通畅。如呼吸困难，给输氧。如呼吸、心跳停止，立即进行心肺复苏术。就医。

眼睛接触： 分开眼睑，用流动清水或生理盐水冲洗。如有不适感，就医。

皮肤接触： 立即脱去污染的衣着，用甘油、聚乙二醇300至400或聚乙二醇和酒精混合液（7∶3）抹洗，然后用水彻底清洗。或用大量流动清水冲洗20～30min。如有不适感，就医。

食入： 立即给饮植物油15～30mL。催吐。口服活性炭，导泻。不能使用石蜡油或酒精。就医。

灭火方法 消防人员须佩戴防毒面具，穿全身消防服，在上风向灭火。尽可能将容器从火场移至空旷处。喷水保持火场容器冷却，直至灭火结束。

灭火剂：雾状水、泡沫、干粉、二氧化碳、砂土。

泄漏应急处置 隔离泄漏污染区，限制出入。消除所有点火源。建议应急处理人员戴防尘口罩，穿防毒服，戴防毒手套。穿上适当的防护服前严禁接触破裂的容器和泄漏物。尽可能切断泄漏源。用塑料布覆盖泄漏物，减少飞散。勿使水进入包装容器内。用洁净的铲子收集泄漏物，置于干净、干燥、盖子较松的容器中，将容器移离泄漏区。

130. 3,4－二氯苯酚

标　识

中文名称 3,4－二氯苯酚

英文名称 3,4－dichlorophenol

别名 3,4－二氯酚

分子式 $C_6H_4Cl_2O$

CAS号 95－77－2

WGH号 61704

UN号 2020

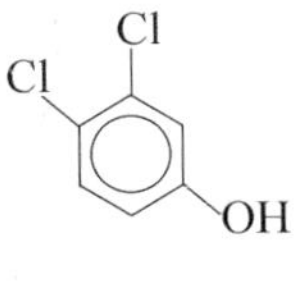

危害信息

危险性类别 第6类有毒品

燃烧与爆炸危险性 可燃。其粉体与空气混合，能形成爆炸性混合物。燃烧产生有毒的一氧化碳和氯化氢气体。受高热分解放出有毒的气体。

禁忌物 氧化剂、酸酐、酰基氯。

毒性 小鼠经口 LD_{50}：1685mg/kg。

中毒表现 有毒。对眼睛、皮肤、黏膜和上呼吸道有强烈刺激作用。

侵入途径 吸入、食入、经皮吸收。

环境危害 对水生生物有毒，可能在水生环境中造成长期不利影响。

理化特性与用途

理化特性 白色针状结晶或粉末。不溶于水，易溶于乙醇、乙醚，溶于苯。熔点 66～68℃，沸点 253℃，相对蒸气密度(空气＝1)5.6，饱和蒸气压 2.26Pa(25℃)，燃烧热－2749kJ/mol，辛醇/水分配系数 3.33，闪点 109℃。

主要用途 用作气相色谱对比样品，并用于有机合成。

包装与储运

包装标志 有毒品

包装类别 Ⅲ类

安全储运 储存于阴凉、通风的库房。远离火种、热源。防止阳光直射。储存温度不超过 35℃，相对湿度不超过 85%。保持容器密封。应与氧化剂、酸酐、酰基氯分开存放，切忌混储。配备相应品种和数量的消防器材。储区应备有合适的材料收容泄漏物。

紧急处置信息

急救措施

吸入： 迅速脱离现场至空气新鲜处。保持呼吸道通畅。如呼吸困难，给输氧。如呼吸、心跳停止，立即进行心肺复苏术。就医。

眼睛接触： 分开眼睑，用流动清水或生理盐水冲洗。如有不适感，就医。

皮肤接触： 立即脱去污染的衣着，用甘油、聚乙二醇 300 至 400 或聚乙二醇和酒精混合液（7:3）抹洗，然后用水彻底清洗。或用大量流动清水冲洗 20～30min。如有不适感，就医。

食入： 立即给饮植物油 15～30mL。催吐。口服活性炭，导泻。不能使用石蜡油或酒精。就医。

灭火方法 消防人员须佩戴防毒面具，穿全身消防服，在上风向灭火。尽可能将容器从火场移至空旷处。喷水保持火场容器冷却，直至灭火结束。

灭火剂：雾状水、泡沫、干粉、二氧化碳、砂土。

泄漏应急处置 隔离泄漏污染区，限制出入。消除所有点火源。建议应急处理人员戴防尘口罩，穿防毒服，戴防毒手套。穿上适当的防护服前严禁接触破裂的容器和泄漏物。尽可能切断泄漏源。用塑料布覆盖泄漏物，减少飞散。勿使水进入包装容器内。用洁净的铲子收集泄漏物，置于干净、干燥、盖子较松的容器中，将容器移离泄漏区。

131. 二(4－氯苯氧基)甲烷

标　识

中文名称 二(4－氯苯氧基)甲烷

英文名称 bis(4－chlorophenoxy)methane；1－chloro－4－[(4－chlorophenoxy)methoxy]benzene

别名 双(对氯苯氧基)甲烷

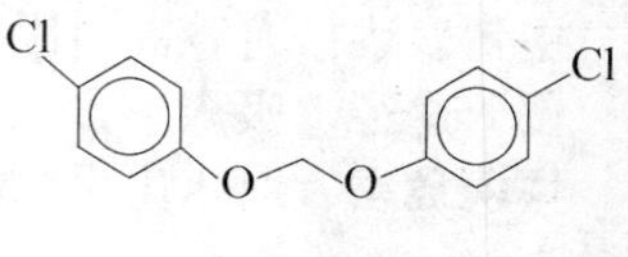

分子式 $C_{13}H_{10}Cl_2O_2$

CAS 号 555－89－5

危害信息

燃烧与爆炸危险性 可燃。其粉体与空气混合，能形成爆炸性混合物。燃烧产生有毒的一氧化碳和氯化氢气体。受高热分解放出有毒的气体。

禁忌物 强氧化剂。

毒性 大鼠经口 LD_{50}：5800mg/kg；小鼠经口 LD_{50}：5800mg/kg；兔经皮 LD_{50}：＞1000mg/kg。

侵入途径 吸入、食入、经皮吸收。

理化特性与用途

理化特性 白色结晶。不溶于水。熔点70.5℃，沸点189～194℃(0.798kPa)，辛醇/水分配系数5.11。

主要用途 用作杀霉菌剂。

包装与储运

安全储运 储存于阴凉、通风的库房。保持容器密封。远离火种、热源。应与强氧化剂等隔离储运。搬运时轻装轻卸，防止容器受损。

紧急处置信息

急救措施

吸入：迅速脱离现场至空气新鲜处。保持呼吸道通畅。如呼吸困难，给输氧。如呼吸、心跳停止，立即进行心肺复苏术。就医。

眼睛接触：分开眼睑，用流动清水或生理盐水冲洗。如有不适感，就医。

皮肤接触：脱去污染的衣着，用大量流动清水冲洗。如有不适感，就医。

食入：饮足量温水，催吐。就医。

灭火方法 消防人员必须佩戴空气呼吸器，穿全身防火防毒服，在上风向灭火。尽可能将容器从火场移至空旷处。喷水保持火场容器冷却，直至灭火结束。

灭火剂：雾状水、泡沫、干粉、二氧化碳、砂土。

泄漏应急处置 隔离泄漏污染区，限制出入。消除所有点火源。建议应急处理人员戴防尘口罩，穿一般作业工作服，戴防护手套。尽可能切断泄漏源。用塑料布覆盖泄漏物，减少飞散。勿使水进入包装容器内。用洁净的铲子收集泄漏物，置于干净、干燥、盖子较松的容器中，将容器移离泄漏区。

132. 2,2－二氯丙酸钠

标 识

中文名称 2,2－二氯丙酸钠

英文名称 sodium 2,2－dichloropropionate；sodium dalapon

别名 达拉朋钠

分子式 $C_3H_4Cl_2O_2.Na$

CAS号 127－20－8

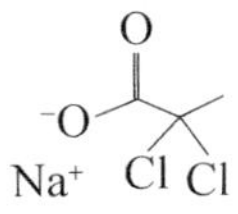

危害信息

燃烧与爆炸危险性　可燃。其粉体与空气混合，能形成爆炸性混合物。受高热分解产生有毒的腐蚀性烟气。

禁忌物　强氧化剂。

毒性　大鼠经口 LD_{50}：3860mg/kg；小鼠经口 LD_{50}：4600mg/kg；兔经皮 LD_{50}：>2000mg/kg。

侵入途径　吸入、食入、经皮吸收。

环境危害　对水生生物有害，可能在水生环境中造成长期不利影响。

理化特性与用途

理化特性　白色或淡黄色粉末，有吸湿性。易溶于水，溶于多数有机溶剂。熔点166.5℃，饱和蒸气压0.006MPa(25℃)，辛醇/水分配系数 -2.13。

主要用途　用作农用除草剂。

包装与储运

安全储运　储存于阴凉、通风的库房。保持容器密封。远离火种、热源。应与强氧化剂等隔离储运。搬运时轻装轻卸，防止容器受损。

紧急处置信息

急救措施

吸入：迅速脱离现场至空气新鲜处。保持呼吸道通畅。如呼吸困难，给输氧。如呼吸、心跳停止，立即进行心肺复苏术。就医。

眼睛接触：分开眼睑，用流动清水或生理盐水冲洗。如有不适感，就医。

皮肤接触：脱去污染的衣着，用大量流动清水冲洗。如有不适感，就医。

食入：饮足量温水，催吐。就医。

灭火方法　消防人员须佩戴防毒面具，穿全身消防服，在上风向灭火。尽可能将容器从火场移至空旷处。喷水保持火场容器冷却，直至灭火结束。

灭火剂：雾状水、泡沫、干粉、二氧化碳、砂土。

泄漏应急处置　隔离泄漏污染区，限制出入。消除所有点火源。建议应急处理人员戴防尘口罩，穿防毒服，戴防毒手套。穿上适当的防护服前严禁接触破裂的容器和泄漏物。尽可能切断泄漏源。用塑料布覆盖泄漏物，减少飞散。勿使水进入包装容器内。用洁净的铲子收集泄漏物，置于干净、干燥、盖子较松的容器中，将容器移离泄漏区。

133. 二氯二丁基锡

标　识

中文名称　二氯二丁基锡

英文名称　dibutyltin dichloride；dibutyldichlorostannane

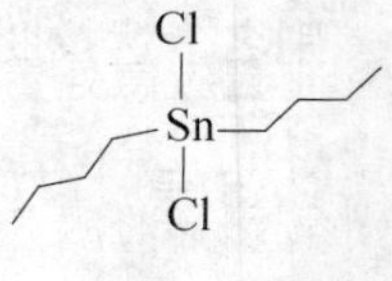

别名　二丁基二氯化锡

分子式　$C_8H_{18}Cl_2Sn$

CAS 号 683-18-1

危害信息

危险性类别 第6类有毒品。

燃烧与爆炸危险性 可燃。燃烧产生有毒的一氧化碳、氯化氢和氧化锡。遇水或水蒸气反应放热并产生有毒的腐蚀性气体。

活性反应 与氧化剂能发生强烈反应。

禁忌物 强氧化剂、水及水蒸气。

中毒表现 对眼睛、皮肤和黏膜有刺激作用，可致皮肤灼伤。中毒表现有头晕、剧烈的头痛、失眠、记忆力减退、乏力、多汗等，重症者可出现中毒性脑病。

侵入途径 吸入、食入、经皮吸收。

职业接触限值 美国(ACGIH)：TLV-TWA：0.1mg/m^3，TLV-STEL：0.2mg/m^3[按锡计]。

环境危害 对水生生物有极高毒性，可能在水生环境中造成长期不利影响。

理化特性与用途

理化特性 白色结晶固体。不溶于冷水，在热水中分解，溶于乙醚、苯、乙醇。熔点39~43℃，沸点135℃(1.33kPa)，相对密度(水=1)1.36，相对蒸气密度(空气=1)10.5，饱和蒸气压0.266kPa(100℃)，辛醇/水分配系数0.97，闪点>112℃。

主要用途 用于有机合成，农业上用作杀菌剂，工业上用作防腐剂、塑料稳定剂、聚合催化剂、有机锡的中间体，也用作分析试剂。

包装与储运

包装标志 有毒品，腐蚀品

包装类别 Ⅱ类

安全储运 储存于阴凉、干燥、通风良好的库房。远离火种、热源。防止阳光直射。储存温度不超过30℃，相对湿度不超过75%。保持容器密封，切勿受潮。应与氧化剂、食用化学品等分开存放，切忌混储。配备相应品种和数量的消防器材。储区应备有合适的材料收容泄漏物。

紧急处置信息

急救措施

吸入： 迅速脱离现场至空气新鲜处。保持呼吸道通畅。如呼吸困难，给输氧。如呼吸、心跳停止，立即进行心肺复苏术。就医。

眼睛接触： 立即分开眼睑，用大量流动清水或生理盐水彻底冲洗10~15min。就医。

皮肤接触： 立即脱去污染的衣着，用大量流动清水冲洗20~30min。如有不适感，就医。

食入： 饮足量温水，催吐。就医。

灭火方法 消防人员须佩戴防毒面具，穿全身消防服，在上风向灭火。尽可能将容器从火场移至空旷处。喷水保持火场容器冷却，直至灭火结束。禁止用水和泡沫灭火。

灭火剂：干粉、二氧化碳、砂土。

泄漏应急处置 隔离泄漏污染区，限制出入。消除所有点火源。建议应急处理人员戴防尘口罩，穿防毒服，戴防毒手套。穿上适当的防护服前严禁接触破裂的容器和泄漏物。尽可能切断泄漏源。用塑料布覆盖泄漏物，减少飞散。勿使水进入包装容器内。用洁净的铲子收集泄漏物，置于干净、干燥、盖子较松的容器中，将容器移离泄漏区。

134. 二氯喹啉酸

标　识

中文名称　二氯喹啉酸

英文名称　quinclorac; 3, 7 – dichloroquinoline – 8 – carboxylic acid。

别名　3, 7 – 二氯喹啉 – 8 – 羧酸；快杀稗

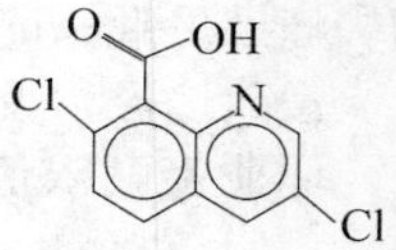

分子式　$C_{10}H_5Cl_2NO_2$

CAS 号　84087 – 01 – 4

危害信息

燃烧与爆炸危险性　可燃。其粉体与空气混合，能形成爆炸性混合物。受高热分解放出有毒的气体。

禁忌物　强氧化剂。

毒性　大鼠经口 LD_{50}：2190mg/kg；小鼠经口 LD_{50}：5000mg/kg；大鼠吸入 LC_{50}：>5170mg/m^3；大鼠经皮 LD_{50}：>2000mg/kg。

侵入途径　吸入、食入、经皮吸收。

理化特性与用途

理化特性　无色结晶。微溶于水，微溶于乙醇、丙酮，不溶于其他有机溶剂。熔点274℃，相对密度(水 =1)1. 75，辛醇/水分配系数 2. 97，闪点 100℃。

主要用途　用作农用除草剂，用于水稻田防除稗草、田皂角、田菁和其他杂草。

包装与储运

安全储运　储存于阴凉、通风的库房。保持容器密封。远离火种、热源。应与强氧化剂等隔离储运。搬运时轻装轻卸，防止容器受损。

紧急处置信息

急救措施

吸入：迅速脱离现场至空气新鲜处。保持呼吸道通畅。如呼吸困难，给输氧。如呼吸、心跳停止，立即进行心肺复苏术。就医。

眼睛接触：分开眼睑，用流动清水或生理盐水冲洗。如有不适感，就医。

皮肤接触：脱去污染的衣着，用大量流动清水冲洗。如有不适感，就医。

食入：饮足量温水，催吐、洗胃、导泻。就医。

灭火方法　消防人员须佩戴防毒面具，穿全身消防服，在上风向灭火。尽可能将容器从火场移至空旷处。喷水保持火场容器冷却，直至灭火结束。切勿将水流直接射至熔融物，以免引起严重的流淌火灾或引起剧烈的沸溅。

灭火剂：雾状水、泡沫、干粉、二氧化碳、砂土。

泄漏应急处置　隔离泄漏污染区，限制出入。消除所有点火源。建议应急处理人员戴防尘口罩，穿一般作业工作服，戴防护手套。尽可能切断泄漏源。用塑料布覆盖泄漏物，

减少飞散。勿使水进入包装容器内。用洁净的铲子收集泄漏物，置于干净、干燥、盖子较松的容器中，将容器移离泄漏区。

135. 1,1-二氯-2,2-双(4-氯苯基)乙烯

标　识

中文名称　1,1-二氯-2,2-双(4-氯苯基)乙烯

英文名称　*p*, *p*′-DDE；2,2-bis(*p*-chlorophenyl)-1,1-dichloroethylene；DDE

别名　滴滴伊

分子式　$C_{14}H_8Cl_4$

CAS号　72-55-9

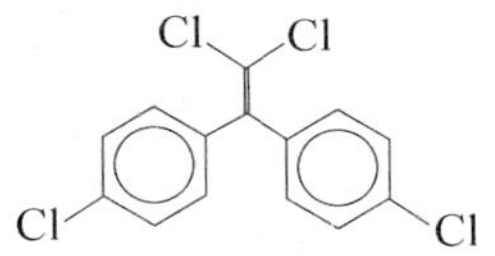

危害信息

燃烧与爆炸危险性　可燃。其粉体与空气混合，能形成爆炸性混合物。受高热分解产生有毒的腐蚀性烟气。

禁忌物　强氧化剂、强碱。

毒性　大鼠经口 LD_{50}：880mg/kg；小鼠经口 LD_{50}：780mg/kg。

侵入途径　吸入、食入、经皮吸收。

环境危害　对水生生物有极高毒性，可能在水生环境中造成长期不利影响。

理化特性与用途

理化特性　白色结晶固体。不溶于水，溶于多数有机溶剂。熔点 88～90℃，沸点 316.5℃，相对密度(水=1)1.506，辛醇/水分配系数 6.51。

主要用途　用作农用杀虫剂。

包装与储运

安全储运　储存于阴凉、通风的库房。保持容器密封。远离火种、热源。应与氧化剂、碱类等隔离储运。搬运时轻装轻卸，防止容器受损。

紧急处置信息

急救措施

吸入：迅速脱离现场至空气新鲜处。保持呼吸道通畅。如呼吸困难，给输氧。如呼吸、心跳停止，立即进行心肺复苏术。就医。

眼睛接触：分开眼睑，用流动清水或生理盐水冲洗。如有不适感，就医。

皮肤接触：脱去污染的衣着，用大量流动清水冲洗。如有不适感，就医

食入：饮足量温水，催吐。就医。

灭火方法　消防人员须佩戴防毒面具，穿全身消防服，在上风向灭火。尽可能将容器从火场移至空旷处。喷水保持火场容器冷却，直至灭火结束。

灭火剂：雾状水、泡沫、干粉、二氧化碳、砂土。

泄漏应急处置　隔离泄漏污染区，限制出入。消除所有点火源。建议应急处理人员戴防尘口罩，穿防毒服，戴防毒手套。穿上适当的防护服前严禁接触破裂的容器和泄漏物。尽可能切断泄漏源。用塑料布覆盖泄漏物，减少飞散。勿使水进入包装容器内。用洁净的

铲子收集泄漏物，置于干净、干燥、盖子较松的容器中，将容器移离泄漏区。

136. 2,5－二氯硝基苯

标　识

中文名称 2,5－二氯硝基苯

英文名称 2,5－dichloronitrobenzene；1,4－dichloro－2－nitrobenzene

别名 1,4－二氯－2－硝基苯

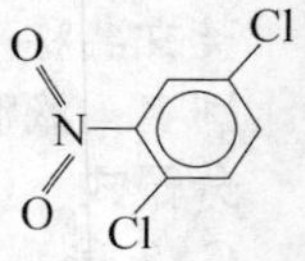

分子式 $C_6H_3Cl_2NO_2$

CAS 号 89－61－2

WGH 号 61679

危害信息

危险性类别 第 6 类有毒品

燃烧与爆炸危险性 可燃。其粉体与空气混合，能形成爆炸性混合物。受高热分解放出有毒的气体。

活性反应 与氧化剂能发生强烈反应。

禁忌物 强氧化剂。

毒性 大鼠经口 LD_{50}：1000mg/kg；小鼠经口 LD_{50}：2850mg/kg。

中毒表现 对眼睛、皮肤、黏膜和上呼吸道有刺激作用。吸收后可引起高铁血红蛋白血症而致紫绀。

侵入途径 吸入、食入、经皮吸收。

环境危害 对水生生物有毒，可能在水生环境中造成长期不利影响

理化特性与用途

理化特性 黄色棱柱状或片状结晶粉末。不溶于水，溶于乙醇、乙醚、苯、氯仿、二硫化碳。熔点 52.8～57℃，沸点 267℃，相对密度(水＝1)1.439，相对蒸气密度(空气＝1)6.6，饱和蒸气压 0.5Pa(25℃)，辛醇/水分配系数 2.93，闪点 135℃(闭杯)，引燃温度 465℃，爆炸下限 2.4%，爆炸上限 8.5%。

主要用途 用于制造冰染染料及有机颜料，也可用作氮肥增效剂。

包装与储运

包装标志 有毒品

包装类别 Ⅲ类

安全储运 储存于阴凉、通风的库房。远离火种、热源。防止阳光直射。储存温度不超过 35℃，相对湿度不超过 85%。保持容器密封。应与氧化剂分开存放，切忌混储。配备相应品种和数量的消防器材。储区应备有合适的材料收容泄漏物。

紧急处置信息

急救措施

吸入：立即脱离接触。如呼吸困难，给吸氧。如呼吸心跳停止，立即进行心肺复苏术。就医。

眼睛接触： 分开眼睑，用清水或生理盐水冲洗。如有不适感，就医。

皮肤接触： 立即脱去污染衣着，用肥皂水或清水彻底冲洗。就医。

食入： 催吐。就医。

高铁血红蛋白血症可用美蓝和维生素 C 治疗。

灭火方法 消防人员须佩戴防毒面具，穿全身消防服，在上风向灭火。尽可能将容器从火场移至空旷处。喷水保持火场容器冷却，直至灭火结束。

灭火剂：雾状水、泡沫、干粉、二氧化碳、砂土。

泄漏应急处置 隔离泄漏污染区，限制出入。消除所有点火源。建议应急处理人员戴防尘口罩，穿防毒服，戴防毒手套。穿上适当的防护服前严禁接触破裂的容器和泄漏物。尽可能切断泄漏源。用塑料布覆盖泄漏物，减少飞散。勿使水进入包装容器内。用洁净的铲子收集泄漏物，置于干净、干燥、盖子较松的容器中，将容器移离泄漏区。

137. 二 氯 乙 炔

标 识

中文名称 二氯乙炔

英文名称 dichloroacetylene

别名 二氯代乙炔

分子式 C_2Cl_2

Cl—≡—Cl

CAS 号 7572－29－4

危害信息

燃烧与爆炸危险性 可燃。其蒸气与空气混合，能形成爆炸性混合物。燃烧产生有毒的一氧化碳和氯化氢气体。受撞击、摩擦或震动时，能发生爆炸性分解。受热能发生爆炸。

活性反应 与氧化剂和酸激烈反应。

禁忌物 强氧化剂、强酸、强还原剂。

毒性 大鼠吸入 LC_{50}：219ppm(4h)；小鼠吸入 LC_{50}：19ppm(6h)。

欧盟法规 1272/2008/EC 将本品列为第 2 类致癌物——可疑的人类致癌物。

中毒表现 本品具有高毒性，可引起头痛、恶心，神经和肝、肾损害。可死于严重肾脏损害。

侵入途径 吸入、食入。

职业接触限值 中国：MAC：0.4mg/m^3。

美国(ACGIH)：TLV－C：0.1ppm。

理化特性与用途

理化特性 无色挥发性油状液体。不溶于水，溶于乙醇、乙醚、丙酮。熔点－66℃，沸点 32℃(爆炸)，相对密度(水＝1)1.261(20℃)，相对蒸气密度(空气＝1)3.3，饱和蒸气压 75.8kPa(25℃)，辛醇/水分配系数 1.1。

主要用途 用于有机合成。

包装与储运

包装标志 易燃固体

包装类别 Ⅰ类

安全储运 储存于阴凉、通风的库房。保持容器密封。远离火种、热源。库温不宜超过30℃。应与氧化剂、还原剂、酸类、食用化学品分开存放，切忌混储。配备相应品种和数量的消防器材。储区应备有泄漏应急处理设备和合适的收容材料。

紧急处置信息

急救措施

吸入： 迅速脱离现场至空气新鲜处。保持呼吸道通畅。如呼吸困难，给输氧。如呼吸、心跳停止，立即进行心肺复苏术。就医。

眼睛接触： 分开眼睑，用流动清水或生理盐水冲洗。如有不适感，就医。

皮肤接触： 立即脱去污染的衣着，用肥皂水和清水彻底冲洗皮肤。如有不适感，就医。

食入： 饮足量温水，催吐、洗胃、导泻。就医。

灭火方法 消防人员必须佩戴空气呼吸器，穿全身防火防毒服，在上风向灭火。尽可能将容器从火场移至空旷处。喷水保持火场容器冷却，直至灭火结束。处在火场中的容器若已变色或从安全泄压装置中发出声音，必须马上撤离。

灭火剂：雾状水、泡沫、干粉、二氧化碳、砂土。

泄漏应急处置 根据液体流动和蒸气扩散的影响区域划定警戒区，无关人员从侧风、上风向撤离至安全区。消除所有点火源。建议应急处理人员戴防毒面具，穿防毒、防静电服，戴防毒手套。穿上适当的防护服前严禁接触破裂的容器和泄漏物。尽可能切断泄漏源。防止泄漏物进入水体、下水道、地下室或受限空间。小量泄漏：用干燥的砂土或其他不燃材料吸收或覆盖，收集于容器中。大量泄漏：构筑围堤或挖坑收容。用泵转移至槽车或专用收集器内。

138. 二氯异氰尿酸钠

标　识

中文名称 二氯异氰尿酸钠

英文名称 dichloroisocyanuric acid, sodium salt ;troclosene sodium; sodium dichloroisocyanurate

别名 1,3－二氯－1,3,5－三嗪－2,4,6－(1H,3H,5H)三酮钠盐

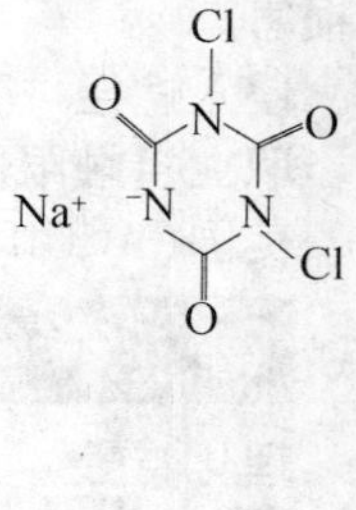

分子式 $C_3Cl_2N_3O_3.Na$

CAS 号 2893－78－9

WGH 号 51077

UN 号 2465

危害信息

危险性类别 第5.1类氧化剂。

燃烧与爆炸危险性 助燃。与可燃物接触易着火燃烧。受热或遇潮易分解释出有毒的烟气。

活性反应 与含氮化合物(如氨、尿素等)反应生成易爆炸的三氯化氮。

禁忌物 易燃或可燃物、铵盐、含氮化合物(如氨、尿素等)、强氧化剂、强碱、水

蒸气。

毒性 大鼠经口 LD_{50}：1420mg/kg。

中毒表现 粉尘对鼻、喉有刺激性。高浓度吸入引起支气管痉挛，呼吸困难和喘息。极高浓度吸入可引起肺水肿，甚至死亡。对眼和皮肤有刺激性。口服灼伤消化道。

侵入途径 吸入、食入、经皮吸收。

环境危害 对水生生物有极高毒性。

理化特性与用途

理化特性 白色结晶粉末，有刺激性气味，具有吸湿性。溶于水，微溶于丙酮，不溶于乙酸乙酯、石蜡油。pH 值 6.2～6.8(1% 水溶液)，熔点 225℃，相对密度(水＝1)0.96，闪点 230℃。

主要用途 用于漂白、消毒、清洗等。

包装与储运

包装标志 氧化剂

包装类别 Ⅱ类

安全储运 储存于阴凉、干燥、通风良好的库房。储存温度不超过 30℃，相对湿度不超过 80%。远离火种、热源。防止阳光直射。包装必须密封，切勿受潮。应与易(可)燃物、铵盐、含氮化物、氧化剂、碱类等分开存放，切忌混储。储区应备有合适的材料收容泄漏物。

紧急处置信息

急救措施

吸入：迅速脱离现场至空气新鲜处。保持呼吸道通畅。如呼吸困难，给输氧。如呼吸、心跳停止，立即进行心肺复苏术。就医。

眼睛接触：分开眼睑，用流动清水或生理盐水冲洗。如有不适感，就医。

皮肤接触：脱去污染的衣着，用大量流动清水冲洗。如有不适感，就医。

食入：用水漱口，给饮牛奶或蛋清。就医。

灭火方法 消防人员必须戴自给式呼吸器，穿全身防火防毒服，在上风向灭火。灭火时尽可能将容器从火场移至空旷处。本品不燃。根据着火原因选择适当灭火剂灭火。

泄漏应急处置 隔离泄漏污染区，限制出入。建议应急处理人员戴防尘口罩，穿防毒服，戴防毒手套。勿使泄漏物与可燃物质(如木材、纸、油等)接触。穿上适当的防护服前严禁接触破裂的容器和泄漏物。尽可能切断泄漏源。勿使水进入包装容器内。小量泄漏：用洁净的铲子收集泄漏物，置于干净、干燥、盖子较松的容器中，将容器移离泄漏区。大量泄漏：泄漏物回收后，用水冲洗泄漏区。

139. 1,4－二氢－1－环丙基－7－(4－乙基－1－哌嗪基)－6－氟－4－氧－3－喹啉羧酸

标　识

中文名称 1,4－二氢－1－环丙基－7－(4－乙基－1－哌嗪基)－6－氟－4－氧－3－喹啉羧酸

英文名称 1,4 - Dihydro - 1 - cyclopropyl - 7 - (4 - ethyl - 1 - piperazinyl) - 6 - fluoro - 4 - oxo - 3 - quinolinecarboxylic acid; Enrofloxacin

别名 恩诺沙星

分子式 $C_{19}H_{22}FN_3O_3$

CAS 号 93106 - 60 - 6

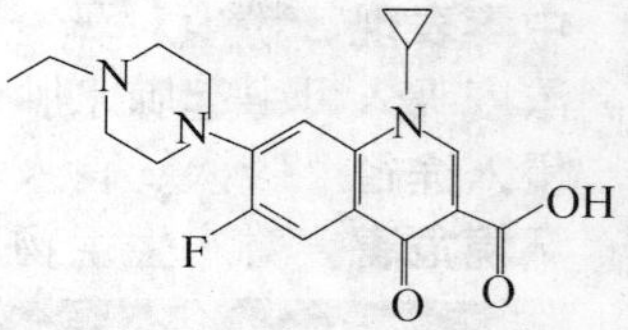

危害信息

燃烧与爆炸危险性 其粉体与空气混合能形成爆炸性混合物，燃烧产生有毒的具有腐蚀性的一氧化碳、氮氧化物和氟化氢气体。

禁忌物 强氧化剂、强碱。

毒性 大鼠经口 LD_{50}：5000mg/kg；小鼠经口 LD_{50}：4336mg/kg；兔经口 LD_{50}：500mg/kg。

侵入途径 吸入、食入、经皮吸收。

理化特性与用途

理化特性 白色至淡黄色结晶或粉末。微溶于水。熔点 219 ~ 221℃，沸点 561℃，辛醇/水分配系数 0.7，闪点 293℃。

主要用途 用作杀菌剂，广谱诺酮类抗菌素。

包装与储运

安全储运 储存于阴凉、通风的库房。远离火种、热源。应与强氧化剂等隔离储运。

紧急处置信息

急救措施

吸入： 迅速脱离现场至空气新鲜处。保持呼吸道通畅。如呼吸困难，给输氧。如呼吸、心跳停止，立即进行心肺复苏术。就医。

眼睛接触： 分开眼睑，用流动清水或生理盐水冲洗。如有不适感，就医。

皮肤接触： 立即脱去污染的衣着，用肥皂水和清水彻底冲洗皮肤。如有不适感，就医。

食入： 饮足量温水，催吐。就医。

灭火方法 消防人员必须佩戴空气呼吸器、穿全身防火防毒服，在上风向灭火。尽可能将容器从火场移至空旷处。喷水保持火场容器冷却，直至灭火结束。

灭火剂：水、雾状水、泡沫、干粉、二氧化碳。

泄漏应急处置 隔离泄漏污染区，限制出入。建议应急处理人员戴防尘口罩，穿防毒服。禁止接触或跨越泄漏物。防止泄漏物进入水体、下水道、地下室或受限空间。

140. 二氰胺钠

标 识

中文名称 二氰胺钠

英文名称 sodium dicyanamide; dicyanamide, sodium salt

别名 双氰胺钠

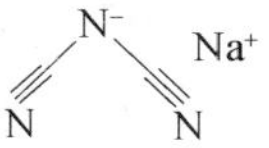

分子式 C_2N_3Na

CAS 号 1934－75－4

危害信息

燃烧与爆炸危险性 可燃。其粉体与空气混合，能形成爆炸性混合物。受高热分解，产生氰化物和氮氧化物剧毒烟气。

禁忌物 强氧化剂、强还原剂、强酸、强碱。

毒性 小鼠经口 LD_{50}：1000mg/kg。

中毒表现 对眼睛、皮肤、黏膜和上呼吸道具有刺激作用。

侵入途径 吸入、食入、经皮吸收。

环境危害 对水生生物有极高毒性，可能在水生环境中造成长期不利影响。

理化特性与用途

理化特性 白色至类白色粉末，易潮解。溶于水，不溶于丙酮、乙醇、庚烷、氯仿、乙酸乙酯。熔点 >300℃(分解)，相对密度(水＝1)1.7。

主要用途 用作化学中间体，也作杀虫剂。

包装与储运

安全储运 储存于阴凉、通风的库房。保持容器密封。远离火种、热源。应与氧化剂、还原剂、酸碱等隔离储运。搬运时轻装轻卸，防止容器受损。

紧急处置信息

急救措施

吸入：迅速脱离现场至空气新鲜处。如呼吸困难，给输氧。就医。

眼睛接触：分开眼睑，用流动清水或生理盐水冲洗。如有不适感，就医。

皮肤接触：立即脱去污染的衣着，用大量流动清水冲洗皮肤。如有不适感，就医。

食入：饮足量温水，催吐、洗胃、导泻。就医。

灭火方法 消防人员须佩戴防毒面具，穿全身消防服，在上风向灭火。尽可能将容器从火场移至空旷处。喷水保持火场容器冷却，直至灭火结束。

灭火剂：雾状水、泡沫、干粉、二氧化碳、砂土。

泄漏应急处置 隔离泄漏污染区，限制出入。消除所有点火源。建议应急处理人员戴防尘口罩，穿防毒服，戴防毒手套。穿上适当的防护服前严禁接触破裂的容器和泄漏物。尽可能切断泄漏源。用塑料布覆盖泄漏物，减少飞散。勿使水进入包装容器内。用洁净的铲子收集泄漏物，置于干净、干燥、盖子较松的容器中，将容器移离泄漏区。

141. 二氰蒽醌

标 识

中文名称 二氰蒽醌

英文名称 dithianon; 5, 10 － dihydro － 5, 10 － dioxonaphtho (2, 3 － b) － 1, 4 － dithiin －2, 3 －dicarbonitrile

别名 2, 3－二氰基－1, 4－二硫代蒽醌；二噻农

分子式　$C_{14}H_4N_2O_2S_2$

CAS 号　3347－22－6

WGH 号　61895

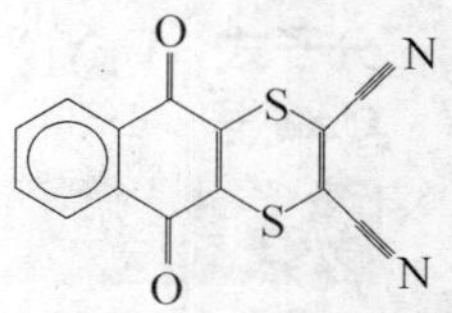

危害信息

危险性类别　第 6 类有毒品。

燃烧与爆炸危险性　可燃。其粉体与空气混合，能形成爆炸性混合物。燃烧产生有毒的一氧化碳、氮氧化物、氧化硫和硫化物。

禁忌物　强氧化剂。

毒性　大鼠经口 LD_{50}：638mg/kg；小鼠经口 LD_{50}：1110mg/kg；大鼠吸入 LC_{50}：3000mg/m^3(4h)；大鼠经皮 LD_{50}：>2000mg/kg。

侵入途径　吸入、食入、经皮吸收。

环境危害　对水生生物有极高毒性，可能在水生环境中造成长期不利影响。

理化特性与用途

理化特性　有似铜光泽的棕褐色结晶，无气味。微溶于水，溶于二噁烷、氯苯、氯仿、丙酮。熔点 225℃，相对密度(水＝1)1.58，饱和蒸气压 0.06MPa(25℃)，辛醇/水分配系数 2.84，闪点>300℃。

主要用途　用作农用杀菌剂，用于水果、啤酒花、葡萄、咖啡等作物防治白粉病、黑星病、锈病、叶斑病、霜霉病等。

包装与储运

包装标志　有毒品

包装类别　Ⅲ类

安全储运　储存于阴凉、通风的库房。远离火种、热源。防止阳光直射。储存温度不超过 35℃，相对湿度不超过 85%。保持容器密封。应与氧化剂分开存放，切忌混储。配备相应品种和数量的消防器材。储区应备有合适的材料收容泄漏物。

紧急处置信息

急救措施

吸入：迅速脱离现场至空气新鲜处。保持呼吸道通畅。如呼吸困难，给输氧。如呼吸、心跳停止，立即进行心肺复苏术。就医。

眼睛接触：分开眼睑，用流动清水或生理盐水冲洗。如有不适感，就医。

皮肤接触：脱去污染的衣着，用大量流动清水冲洗。如有不适感，就医。

食入：饮足量温水，催吐、洗胃、导泻。就医。

灭火方法　消防人员必须佩戴空气呼吸器，穿全身防火防毒服，在上风向灭火。尽可能将容器从火场移至空旷处。喷水保持火场容器冷却，直至灭火结束。切勿将水流直接射至熔融物，以免引起严重的流淌火灾或引起剧烈的沸溅。

灭火剂：雾状水、泡沫、干粉、二氧化碳、砂土。

泄漏应急处置　隔离泄漏污染区，限制出入。建议应急处理人员戴防尘口罩，穿防毒服，戴防毒手套。穿上适当的防护服前严禁接触破裂的容器和泄漏物。尽可能切断泄漏源。用塑料布覆盖泄漏物，减少飞散。勿使水进入包装容器内。用洁净的铲子收集泄漏物，置于干净、干燥、盖子较松的容器中，将容器移离泄漏区。

142. 二巯基丙醇

标　识

中文名称　二巯基丙醇

英文名称　dimercaprol;2,3 – dimercapto – 1 – propanol; dimercaptopropanol

别名　3 – 羟基 – 1,2 – 丙二硫醇

分子式　$C_3H_8OS_2$

CAS 号　59 – 52 – 9

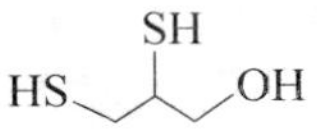

危害信息

危险性类别　第 6 类有毒品。

燃烧与爆炸危险性　可燃。燃烧产生有毒的一氧化碳、硫化氢和氧化硫气体。受高热分解放出有毒的气体。蒸气比空气重，能在较低处扩散到相当远的地方，遇火源会着火回燃和爆炸(闪爆)。若遇高热，容器内压增大，有开裂和爆炸的危险。

活性反应　与氧化剂可发生反应。

禁忌物　碱类、氧化剂、还原剂、碱金属。

毒性　小鼠经口 LD_{50}：217mg/kg。

中毒表现　对眼睛、黏膜有刺激性。用作重金属中毒的解毒药，若注射过量，可使血压升高、心跳加快、恶心、头昏、头痛、口服灼烧感、喉干等。可能引起过敏反应。

侵入途径　吸入、食入、经皮吸收。

理化特性与用途

理化特性　无色透明黏性液体，有刺激性气味。溶于水，同时分解；溶于乙醇、乙醚、油类。pH 值 4.5 ~5(饱和溶液)，熔点 <25℃，沸点 120℃(2.0kPa)、140℃(5.3kPa)，相对密度(水 =1)1.239，相对蒸气密度(空气 =1)4.3，饱和蒸气压 0.65kPa(25℃)，辛醇/水分配系数 0.16，闪点 >110℃。

主要用途　用作砷、金、汞中毒的解毒剂，金属离子掩蔽剂和螯合剂。

包装与储运

包装标志　有毒品

包装类别　Ⅲ类

安全储运　储存于阴凉、通风的库房。远离火种、热源。防止阳光直射。储存温度不超过 35℃，相对湿度不超过 85%。保持容器密封。应与碱类、氧化剂、还原剂、碱金属、食用化学品分开存放，切忌混储。配备相应品种和数量的消防器材。储区应备有泄漏应急处理设备和合适的收容材料。

紧急处置信息

急救措施

吸入：迅速脱离现场至空气新鲜处。保持呼吸道通畅。如呼吸困难，给输氧。如呼吸、心跳停止，立即进行心肺复苏术。就医。

眼睛接触：分开眼睑，用流动清水或生理盐水冲洗。如有不适感，就医。

皮肤接触：脱去污染的衣着，用大量流动清水冲洗。如有不适感，就医。

食入：饮足量温水，催吐。就医。

灭火方法　消防人员须佩戴防毒面具，穿全身消防服，在上风向灭火。尽可能将容器从火场移至空旷处。喷水保持火场容器冷却，直至灭火结束。处在火场中的容器若已变色或从安全泄压装置中发出声音，必须马上撤离。

灭火剂：雾状水、泡沫、干粉、二氧化碳、砂土。

泄漏应急处置　根据液体流动和蒸气扩散的影响区域划定警戒区，无关人员从侧风、上风向撤离至安全区。消除所有点火源。建议应急处理人员戴防毒面具，穿防毒服，戴防毒手套。穿上适当的防护服前严禁接触破裂的容器和泄漏物。尽可能切断泄漏源。防止泄漏物进入水体、下水道、地下室或受限空间。小量泄漏：用干燥的砂土或其他不燃材料吸收或覆盖，收集于容器中。大量泄漏：构筑围堤或挖坑收容。用泵转移至槽车或专用收集器内。

143. 二　戊　胺

标　识

中文名称　二戊胺

英文名称　dipentylamine；di－*N*－amylamine

别名　二正戊胺

分子式　$C_{10}H_{23}N$

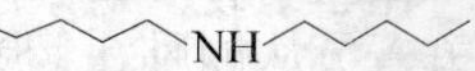

CAS 号　2050－92－2

WGH 号　61733

UN 号　2841

危害信息

危险性类别　第6类有毒品；按《危险货物品名表》主危险性为3类易燃液体。

燃烧与爆炸危险性　易燃。其蒸气与空气混合，能形成爆炸性混合物。燃烧分解时，放出有毒的氮氧化物气体。

禁忌物　强氧化剂、强酸、酰基氯。

毒性　大鼠经口 LD_{50}：270mg/kg；兔经皮 LD_{50}：350mg/kg。

中毒表现　本品蒸气或雾对鼻、喉和肺部有刺激性，出现咽喉肿痛、咳嗽、胸痛和呼吸困难等。高浓度吸入可致肺水肿。中毒者可出现头痛、恶心、虚弱、焦虑等症状。对眼有刺激性，重者可致永久性眼损害。液体对皮肤有刺激性，可致灼伤。口服灼伤消化道，并出现头痛、恶心、虚弱和焦虑等症状。

侵入途径　吸入、食入、经皮吸收。

环境危害　对水生生物有毒，可能在水生环境中造成长期不利影响。

理化特性与用途

理化特性　无色至浅黄色液体，有氨味。微溶于水，溶于丙酮，易溶于乙醇，混溶于乙醚。熔点－44℃，沸点202～203℃，相对密度(水＝1)0.777(20℃/4℃)，相对蒸气密度(空气＝1)5.4，饱和蒸气压40Pa(20℃)，辛醇/水分配系数3.76，闪点51℃(闭杯)、66℃(开杯)。

主要用途　用于有机合成，制取橡胶促进剂、浮选剂、染料、缓蚀剂、润滑油添加剂等；也用作溶剂。

包装与储运

包装标志 易燃液体，有毒品

包装类别 Ⅲ类

安全储运 储存于阴凉、通风的库房。远离火种、热源。保持容器密封。应与氧化剂、酸类、食用化学品分开存放，切忌混储。采用防爆型照明、通风设施。禁止使用易产生火花的机械设备和工具。储区应备有泄漏应急处理设备和合适的收容材料。

紧急处置信息

急救措施

吸入：迅速脱离现场至空气新鲜处。保持呼吸道通畅。如呼吸困难，给输氧。如呼吸、心跳停止，立即进行心肺复苏术。就医。

眼睛接触：分开眼睑，用流动清水或生理盐水冲洗。如有不适感，就医。

皮肤接触：脱去污染的衣着，用肥皂水和清水彻底冲洗皮肤。如有不适感，就医。

食入：用水漱口。给饮牛奶或蛋清。就医。

灭火方法 消防人员必须佩戴空气呼吸器，穿全身防火防毒服，在上风向灭火。尽可能将容器从火场移至空旷处。喷水保持火场容器冷却，直至灭火结束。处在火场中的容器若已变色或从安全泄压装置中发出声音，必须马上撤离。

灭火剂：泡沫、二氧化碳、干粉、砂土。

泄漏应急处置 消除所有点火源。根据液体流动和蒸气扩散的影响区域划定警戒区，无关人员从侧风、上风向撤离至安全区。建议应急处理人员戴正压自给式呼吸器，穿防毒、防静电服，戴橡胶耐油手套。作业时使用的所有设备应接地。禁止接触或跨越泄漏物。尽可能切断泄漏源。防止泄漏物进入水体、下水道、地下室或受限空间。小量泄漏：用砂土或其他不燃材料吸收。使用洁净的无火花工具收集吸收材料。大量泄漏：构筑围堤或挖坑收容。用泡沫覆盖，减少蒸发。喷水雾能减少蒸发，但不能降低泄漏物在受限空间内的易燃性。用砂土、惰性物质或蛭石吸收大量液体。用防爆泵转移至槽车或专用收集器内。喷雾状水驱散蒸气、稀释液体泄漏物。

144. 二戊基苯

标　识

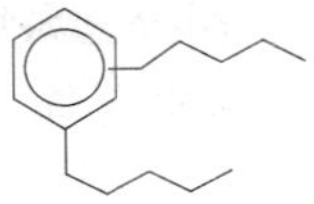

中文名称 二戊基苯

英文名称 diamylbenzene；dipentylbenzene

分子式 $C_{16}H_{26}$

CAS 号 635－89－2

危害信息

燃烧与爆炸危险性 可燃。其蒸气与空气混合，能形成爆炸性混合物。燃烧产生有毒的一氧化碳气体。

禁忌物 强氧化剂、强酸、卤素等。

中毒表现　本品对眼睛、皮肤、黏膜和上呼吸道有刺激作用，高浓度蒸气对中枢神经系统有麻醉作用。

侵入途径　吸入、食入、经皮吸收。

理化特性与用途

理化特性　无色液体。不溶于水，溶于乙醇、乙醚。熔点＜－75℃，沸点265℃，相对密度(水＝1)0.86，相对蒸气密度(空气＝1)7.3，饱和蒸气压2.67kPa(150℃)，闪点107℃(开杯)。

主要用途　用作溶剂。

包装与储运

安全储运　储存于阴凉、通风的库房。保持容器密封。远离火种、热源。应与氧化剂、酸类等隔离储运。搬运时轻装轻卸，防止容器受损。

紧急处置信息

急救措施

吸入：迅速脱离现场至空气新鲜处。保持呼吸道通畅。如呼吸困难，给输氧。如呼吸、心跳停止，立即进行心肺复苏术。就医。

眼睛接触：分开眼睑，用流动清水或生理盐水冲洗。如有不适感，就医。

皮肤接触：脱去污染的衣着，用流动清水冲洗。如有不适感，就医。

食入：饮足量温水，催吐。就医。

灭火方法　消防人员须佩戴防毒面具，穿全身消防服，在上风向灭火。尽可能将容器从火场移至空旷处。喷水保持火场容器冷却，直至灭火结束。处在火场中的容器若已变色或从安全泄压装置中发出声音，必须马上撤离。

灭火剂：雾状水、泡沫、干粉、二氧化碳、砂土。

泄漏应急处置　根据液体流动和蒸气扩散的影响区域划定警戒区，无关人员从侧风、上风向撤离至安全区。消除所有点火源。建议应急处理人员戴防毒面具，穿一般作业工作服，戴橡胶手套。尽可能切断泄漏源。防止泄漏物进入水体、下水道、地下室或受限空间。小量泄漏：用干燥的砂土或其他不燃材料吸收或覆盖，收集于容器中。大量泄漏：构筑围堤或挖坑收容。用泵转移至槽车或专用收集器内。

145. 2,4－二硝基苯酚［含水≥15%］

标　识

中文名称　2,4－二硝基苯酚［含水≥15%］

英文名称　2,4－dinitrophenol,wetted with not less than 15% water

别名　2,4－二硝基酚

分子式　$C_6H_4N_2O_5$

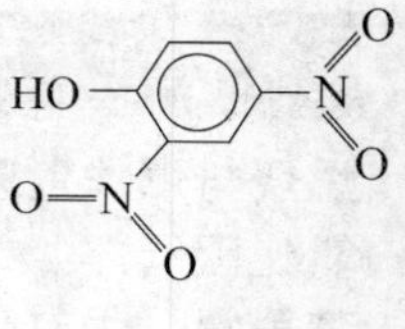

CAS号　51－28－5

WGH号　41010

UN号　1320

危害信息

危险性类别 第4.1类易燃固体。

燃烧与爆炸危险性 易燃。受撞击、摩擦，遇明火或其他点火源极易爆炸。急剧加热时可发生爆炸。燃烧时放出有毒的刺激性烟雾。

活性反应 与氧化剂混合能形成爆炸性混合物。

禁忌物 强氧化剂、强碱、酰基氯、酸酐、重金属粉末。

毒性 大鼠经口 LD_{50}：30mg/kg；小鼠经口 LD_{50}：45mg/kg。

本品已列入《剧毒化学品目录》。

中毒表现 本品直接作用于能量代射过程，可使细胞氧化过程增强，磷酰化过程抑制。

急性中毒表现为皮肤潮红、口渴、大汗、烦躁不安、全身无力、胸闷、心率和呼吸加快、体温升高(可达40℃以上)、抽搐、肌肉强直，以致昏迷。最后可因血压下降、肺及脑水肿而死亡。成人口服致死量约1g。

慢性中毒表现为有肝、肾损害，白内障及周围神经炎。可使皮肤黄染，引起湿疹样皮炎，偶见剥脱性皮炎。

侵入途径 吸入、食入、经皮吸收。

环境危害 对水生生物有极高毒性；海洋污染物；有害空气污染物。

理化特性与用途

理化特性 淡黄色至黄色斜方晶系结晶，有发霉的气味。不溶于冷水，溶于乙醇、乙醚、丙酮、苯、氯仿。熔点112～114℃，沸点(升华)，相对密度(水=1)1.68，相对蒸气密度(空气=1)6.36，饱和蒸气压0.05Pa(20℃)，燃烧热－2710kJ/mol，辛醇/水分配系数1.67，pH值2.6～4.4。

主要用途 用于有机合成、染料、炸药等。

包装与储运

包装标志 易燃固体，有毒品

包装类别 Ⅰ类

安全储运 储存于阴凉、通风良好的专用库房内，应严格执行剧毒化学品管理制度。远离火种、热源。库温不宜超过35℃，相对湿度不超过85%。保持容器密封。应与氧化剂、碱类、食用化学品分开存放，切忌混储。采用防爆型照明、通风设施。禁止使用易产生火花的机械设备和工具。储区应备有合适的材料收容泄漏物。

紧急处置信息

急救措施

吸入：迅速脱离现场至空气新鲜处。保持呼吸道通畅。如呼吸困难，给输氧。如呼吸、心跳停止，立即进行心肺复苏术。就医。

眼睛接触：分开眼睑，用流动清水或生理盐水冲洗。如有不适感，就医。

皮肤接触：立即脱去污染的衣着，用肥皂水和清水彻底冲洗皮肤。如有不适感，就医。

食入：饮足量温水，催吐。就医。

灭火方法 消防人员须佩戴防毒面具，穿全身消防服，在上风向灭火。尽可能将容器从火场移至空旷处。喷水保持火场容器冷却，直至灭火结束。遇大火须远离以防炸伤。

灭火剂：二氧化碳、干粉。

泄漏应急处置 消除所有点火源。隔离泄漏污染区，限制出入。建议应急处理人员戴防尘口罩，穿防毒、防静电服，戴防毒物渗透手套。作业时使用的所有设备应接地。禁止接触或跨越泄漏物。小量泄漏：用大量水冲洗，洗水稀释后放入废水系统。大量泄漏：用水润湿，并筑堤收容。通过慢慢加入大量水保持泄漏物湿润。

146. 2,4－二硝基间苯二酚［干的或含水＜15%］

标　识

中文名称　2,4－二硝基间苯二酚［干的或含水＜15%］

英文名称　2,4－dinitroresorcinol(dry or wetted with less than 15% water)

别名　2,4－二硝基－1,3－苯二酚

分子式　$C_6H_4N_2O_6$

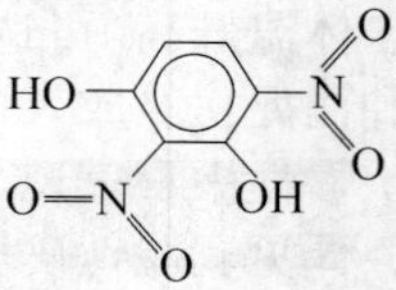

CAS 号　519－44－8

WGH 号　11053

UN 号　0078

危害信息

危险性类别　第1类爆炸品；按《危险货物品名表》主危险性为1.1D类爆炸品。

燃烧与爆炸危险性　受撞击、摩擦，遇明火或其他点火源极易爆炸。与氧化物混合能形成爆炸性混合物，燃烧产生有毒的一氧化碳和氮氧化物气体。

活性反应　与重金属粉末能起化学反应生成金属盐，增加敏感度。

禁忌物　强氧化剂、活性金属粉末。

中毒表现　对眼睛、皮肤、黏膜和上呼吸道有刺激作用。可引起皮疹、外周神经和肝肾损害。

侵入途径　吸入、食入、经皮吸收。

环境危害　对水生生物是有害的。

理化特性与用途

理化特性　黄色结晶。溶于水，溶于醇和碱。熔点146～148℃，沸点(升华和爆炸)，相对密度(水＝1)6.79，辛醇/水分配系数2.1。

主要用途　用于制造引爆剂，染料和用作分析试剂。

包装与储运

包装标志　爆炸品

安全储运　储存于阴凉、干燥、通风的爆炸品专用库房。远离火种、热源。储存温度不宜超过32℃，相对湿度不超过80%。若以水作稳定剂，储存温度应大于1℃，相对湿度小于80%。保持容器密封。应与其他爆炸品、氧化剂、还原剂、活性金属粉末等隔离储运。采用防爆型照明、通风设施。禁止使用易产生火花的机械设备和工具。搬运时轻装轻卸，防止容器受损。禁止震动、撞击和摩擦。

紧急处置信息

急救措施

吸入：脱离现场至空气新鲜处。如呼吸困难，给输氧。如呼吸、心跳停止，立即进行

心肺复苏术。就医。

眼睛接触： 分开眼睑，用流动清水或生理盐水冲洗。如有不适感，就医。

皮肤接触： 脱去污染的衣着，用肥皂水和清水彻底冲洗皮肤。如有不适感，就医。

食入： 饮足量温水，催吐。就医。

灭火方法 消防人员需戴好防毒面具，穿防毒消防服，在安全距离以外，在上风向灭火。遇大火切勿轻易接近，禁止用砂土压盖。用大量水灭火。

泄漏应急处置 隔离泄漏污染区，限制出入。消除所有点火源。建议应急处理人员戴防尘口罩，穿防毒服，戴橡胶手套。作业时使用的所有设备应接地。禁止接触或跨越泄漏物。润湿泄漏物。严禁设法扫除干的泄漏物。

147. 二硝基邻甲酚钠［含水≥15%］

标　识

中文名称 二硝基邻甲酚钠［含水≥15%］

英文名称 sodiam dinitro - *o* - cresolate (with not less than 15% water); sodium 4, 6 - dinitro - *o* - cresylate; DNOC - sodium

别名 二硝基邻甲苯酚钠

分子式 $C_7H_5N_2O_5Na$

CAS 号 2312 - 76 - 7

WGH 号 41012

UN 号 1348

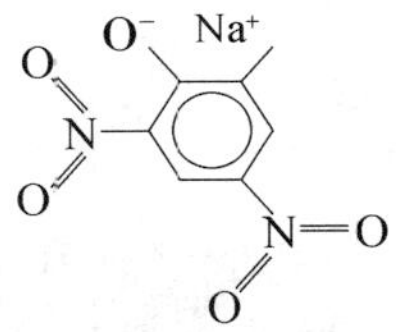

危害信息

危险性类别 第 4.1 类易燃固体。

燃烧与爆炸危险性 易燃。受撞击、摩擦，遇明火或其他点火源有爆炸危险。受高热分解放出有毒的气体。

禁忌物 氧化剂、还原剂、强碱。

毒性 大鼠经口 LD_{50}：26mg/kg；大鼠经皮 LD_{50}：200mg/kg。

本品已列入《剧毒化学品目录》。

侵入途径 吸入、食入、经皮吸收。

环境危害 对水生生物有极高毒性，可能在水生环境中造成长期不利影响；海洋污染物。

理化特性与用途

理化特性 鲜艳的桔黄色粉末。易溶于水，溶于乙醇。

主要用途 用作染料中间体、杀虫剂、除莠剂。

包装与储运

包装标志 易燃固体，有毒品

包装类别 Ⅰ类

安全储运 为安全起见，储存时可加不少于 15% 的水作稳定剂。储存于阴凉、通风良好的专用库房内，应严格执行剧毒化学品管理制度。库温不宜超过 35℃。远离火种、热源。

防止阳光直射。保持容器密封。应与氧化剂、还原剂、碱类、食用化学品分开存放，切忌混储。配备相应品种和数量的消防器材。储区应备有合适的材料收容泄漏物。

紧急处置信息

急救措施

吸入：迅速脱离现场至空气新鲜处。保持呼吸道通畅。如呼吸困难，给输氧。如呼吸、心跳停止，立即进行心肺复苏术。就医。

眼睛接触：分开眼睑，用流动清水或生理盐水冲洗。如有不适感，就医。

皮肤接触：脱去污染的衣着，用流动清水冲洗。如有不适感，就医。

食入：饮足量温水，催吐。2%碳酸氢钠洗胃，硫酸镁导泻。就医。

灭火方法 消防人员须戴好防毒面具，穿防毒消防服，在安全距离以外，在上风向灭火。尽可能将容器从火场移至空旷处。喷水保持火场容器冷却，直至灭火结束。遇大火，消防人员须在有防护掩蔽处操作。禁止用砂土压盖。

灭火剂：雾状水、泡沫、干粉、二氧化碳。

泄漏应急处置 隔离泄漏污染区，限制出入。消除所有点火源。建议应急处理人员戴防尘口罩，穿防毒服，戴防毒手套。作业时使用的所有设备应接地。禁止接触或跨越泄漏物。小量泄漏：用大量水冲洗，洗水稀释后放入废水系统。大量泄漏：用水润湿，并筑堤收容。通过慢慢加入大量水保持泄漏物湿润。

148. 二 硝 散

标 识

中文名称 二硝散

英文名称 2, 4 – dinitrophenylthiocyanate; NBT

别名 2, 4 – 二硝基硫氰基苯；2, 4 – 二硝基硫氰酸苯酯

分子式 $C_7H_3N_3O_4S$

CAS 号 1594 – 56 – 5

WGH 号 61655

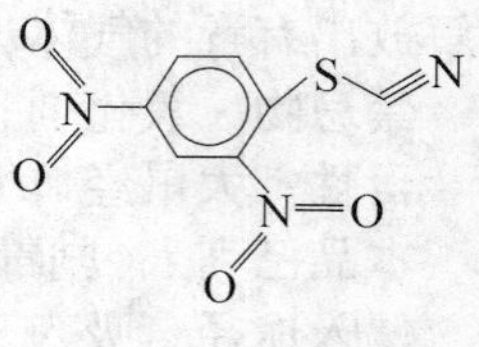

危害信息

燃烧与爆炸危险性 可燃。其粉体与空气混合，能形成爆炸性混合物。燃烧产生有毒的一氧化碳、氮氧化物、硫化物和氰化氢气体。受高热分解放出有毒的气体。

禁忌物 强氧化剂、强还原剂、强酸、强碱。

毒性 大鼠经口 LD_{50}：3100mg/kg；小鼠经口 LD_{50}：2750mg/kg。

中毒表现 本品对眼睛、皮肤、黏膜有刺激作用。接触后可出现乏力、嗜睡或失眠、食欲减退和嗜酸性细胞增多等。

侵入途径 吸入、食入。

理化特性与用途

理化特性 黄色无臭结晶或粉末。不溶于水，微溶于甲醇、甲苯、氯仿等有机溶剂。熔点 138 ~ 140℃，相对蒸气密度(空气 = 1)6.95，辛醇/水分配系数 2.04。

主要用途 用作杀虫剂、杀菌剂，用于防治瓜类、蔬菜、小麦的白粉病、霜霉病。

包装与储运

包装标志 有毒品

包装类别 Ⅲ类

安全储运 储存于阴凉、通风的库房。保持容器密封。远离火种、热源。应与氧化剂、还原剂、酸碱等隔离储运。搬运时轻装轻卸，防止容器受损。

紧急处置信息

急救措施

吸入：迅速脱离现场至空气新鲜处。保持呼吸道通畅。如呼吸困难，给输氧。如呼吸、心跳停止，立即进行心肺复苏术。就医。

眼睛接触：分开眼睑，用流动清水或生理盐水冲洗。如有不适感，就医。

皮肤接触：脱去污染的衣着，用大量流动清水冲洗。如有不适感，就医。

食入：饮足量温水，催吐。就医。

灭火方法 消防人员须佩戴防毒面具，穿全身消防服，在上风向灭火。尽可能将容器从火场移至空旷处。喷水保持火场容器冷却，直至灭火结束。

灭火剂：雾状水、泡沫、干粉、二氧化碳、砂土。

泄漏应急处置 隔离泄漏污染区，限制出入。消除所有点火源。建议应急处理人员戴防尘口罩，穿一般作业工作服，戴防护手套。尽可能切断泄漏源。用塑料布覆盖泄漏物，减少飞散。勿使水进入包装容器内。用洁净的铲子收集泄漏物，置于干净、干燥、盖子较松的容器中，将容器移离泄漏区。

149. 1,2－二溴苯

标　识

中文名称 1,2－二溴苯

英文名称 1,2－dibromobenzene；*o*－dibromobenzene

别名 邻二溴苯

分子式 $C_6H_4Br_2$

CAS 号 583－53－9

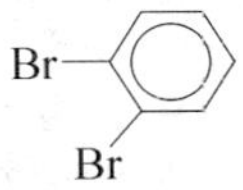

危害信息

燃烧与爆炸危险性 可燃。其蒸气与空气混合，能形成爆炸性混合物。受高热分解放出有毒的气体。若遇高热，容器内压增大，有开裂和爆炸的危险。

活性反应 与氧化剂可发生反应。

禁忌物 强氧化剂。

侵入途径 吸入、食入、经皮吸收。

理化特性与用途

理化特性 无色至浅黄色或浅红色液体，有芳香气味。熔点 1.8～7.1℃，沸点 224～225.1℃，相对密度（水＝1）1.956，相对蒸气密度（空气＝1）8.2，饱和蒸气压 18.5Pa（25℃），辛醇/水分配系数 3.64，闪点 91℃。

主要用途　用作溶剂、浮选剂、染料中间体，也用于有机合成。

包装与储运

安全储运　储存于阴凉、通风的库房。保持容器密封。远离火种、热源。应与强氧化剂等隔离储运。搬运时轻装轻卸，防止容器受损。

紧急处置信息

急救措施

吸入：迅速脱离现场至空气新鲜处。保持呼吸道通畅。如呼吸困难，给输氧。如呼吸、心跳停止，立即进行心肺复苏术。就医。

眼睛接触：分开眼睑，用流动清水或生理盐水冲洗。如有不适感，就医。

皮肤接触：立即脱去污染的衣着，用大量流动清水冲洗。如有不适感，就医。

食入：饮足量温水，催吐。就医。

灭火方法　消防人员须佩戴防毒面具，穿全身消防服，在上风向灭火。尽可能将容器从火场移至空旷处。喷水保持火场容器冷却，直至灭火结束。处在火场中的容器若已变色或从安全泄压装置中发出声音，必须马上撤离。

灭火剂：雾状水、泡沫、干粉、二氧化碳、砂土。

泄漏应急处置　消除所有点火源。根据液体流动和蒸气扩散的影响区域划定警戒区，无关人员从侧风、上风向撤离至安全区。建议应急处理人员戴正压自给式呼吸器，穿防静电服，戴橡胶手套。作业时使用的所有设备应接地。禁止接触或跨越泄漏物。尽可能切断泄漏源。防止泄漏物进入水体、下水道、地下室或受限空间。小量泄漏：用砂土或其他不燃材料吸收。使用洁净的无火花工具收集吸收材料。大量泄漏：构筑围堤或挖坑收容。用泡沫覆盖，减少蒸发。喷水雾能减少蒸发，但不能降低泄漏物在受限空间内的易燃性。用防爆泵转移至槽车或专用收集器内。

150. 1,4 – 二溴苯

标　识

中文名称　1,4 – 二溴苯

英文名称　1,4 – dibromobenzene; *p* – dibromobenzene

别名　对二溴苯

分子式　$C_6H_4Br_2$

CAS 号　106 – 37 – 6

危害信息

燃烧与爆炸危险性　可燃。其粉体与空气混合，能形成爆炸性混合物。受高热分解放出有毒的气体。

禁忌物　强氧化剂。

毒性　小鼠经口 LD_{50}：3120mg/kg。

侵入途径　吸入、食入、经皮吸收。

理化特性与用途

理化特性 白色或灰白色结晶，有二甲苯的气味。不溶于水，溶于苯、甲苯、氯仿，易溶于热甲苯、二硫化碳、乙醚。熔点86~89℃，沸点219℃，相对密度(水=1)1.84，相对蒸气密度(空气=1)8.1，饱和蒸气压7.6Pa(25℃)、3.3kPa(61℃)，辛醇/水分配系数3.79，闪点100℃。

主要用途 用于合成农药、医药、染料等。

包装与储运

安全储运 储存于阴凉、通风的库房。保持容器密封。远离火种、热源。应与强氧化剂等隔离储运。搬运时轻装轻卸，防止容器受损

紧急处置信息

急救措施

吸入： 迅速脱离现场至空气新鲜处。保持呼吸道通畅。如呼吸困难，给输氧。如呼吸、心跳停止，立即进行心肺复苏术。就医。

眼睛接触： 分开眼睑，用流动清水或生理盐水冲洗。如有不适感，就医。

皮肤接触： 立即脱去污染的衣着，用大量流动清水冲洗。如有不适感，就医。

食入： 饮足量温水，催吐。就医。

灭火方法 消防人员须佩戴防毒面具，穿全身消防服，在上风向灭火。尽可能将容器从火场移至空旷处。喷水保持火场容器冷却，直至灭火结束。

灭火剂：雾状水、泡沫、干粉、二氧化碳、砂土。

泄漏应急处置 隔离泄漏污染区，限制出入。消除所有点火源。建议应急处理人员戴防尘口罩，穿一般作业工作服，戴防护手套。尽可能切断泄漏源。用塑料布覆盖泄漏物，减少飞散。勿使水进入包装容器内。用洁净的铲子收集泄漏物，置于干净、干燥、盖子较松的容器中，将容器移离泄漏区。

151. 二溴二氟乙烷

标　　识

中文名称 二溴二氟乙烷

英文名称 1,2-dibromo-1,1-difluoroethane; 1,1-difluoro-1,2-dibromoethane

别名 1,2-二溴-1,1-二氟乙烷

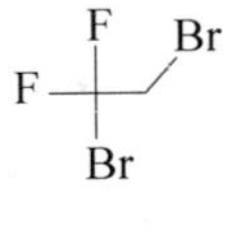

分子式 $C_2H_2Br_2F_2$

CAS号 75-82-1

危害信息

燃烧与爆炸危险性 不燃。无特殊燃爆特性。受高热分解放出有毒的气体。若遇高热，容器内压增大，有开裂和爆炸的危险。

禁忌物 强氧化剂、强碱、镁。

毒性 大鼠吸入 LC_{50}：20000ppm/(2h)。

中毒表现 对眼睛、皮肤、黏膜和上呼吸道有刺激作用，长时间接触可引起头痛、恶

心及麻醉作用等。

侵入途径 吸入、食入、经皮吸收。

理化特性与用途

理化特性 无色至淡黄色透明液体。不溶于水。熔点 -61℃，沸点 91.8 ~94℃，相对密度(水 =1)2.224(20℃)，相对蒸气密度(空气 =1)7.7，饱和蒸气压 7.94kPa(25℃)，辛醇/水分配系数 1.74。

主要用途 用作致冷剂、中间体等。

包装与储运

安全储运 储存于阴凉、通风的库房。远离火种、热源。应与强氧化剂、强碱、镁等隔离储运。搬运时轻装轻卸，防止容器受损。

紧急处置信息

急救措施

吸入：迅速脱离现场至空气新鲜处。保持呼吸道通畅。如呼吸困难，给输氧。如呼吸、心跳停止，立即进行心肺复苏术。就医。

眼睛接触：分开眼睑，用流动清水或生理盐水冲洗。如有不适感，就医。

皮肤接触：脱去污染的衣着，用大量流动清水冲洗。如有不适感，就医。

食入：饮足量温水，催吐。就医。

灭火方法 消防人员须佩戴防毒面具，穿全身消防服，在上风向灭火。尽可能将容器从火场移至空旷处。喷水保持火场容器冷却，直至灭火结束。灭火时尽量切断泄漏源，然后根据着火原因选择适当灭火剂灭火。

泄漏应急处置 根据液体流动和蒸气扩散的影响区域划定警戒区，无关人员从侧风、上风向撤离至安全区。建议应急处理人员戴正压自给式呼吸器，穿防毒服，戴防护手套。穿上适当的防护服前严禁接触破裂的容器和泄漏物。尽可能切断泄漏源。防止泄漏物进入水体、下水道、地下室或受限空间。小量泄漏：用干燥的砂土或其他不燃材料吸收或覆盖，收集于容器中。大量泄漏：构筑围堤或挖坑收容。用泵转移至槽车或专用收集器内。

152. 1,1 - 二溴乙烷

标　识

中文名称 1,1 - 二溴乙烷

英文名称 1,1 - dibromoethane; ethylidene dibromide

别名 亚乙基二溴

分子式 $C_2H_4Br_2$

CAS 号 557 -91 -5

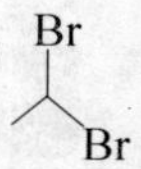

危害信息

燃烧与爆炸危险性 不燃，无特殊燃爆特性。受高热分解放出有毒的气体。

活性反应 与镁发生剧烈反应。

禁忌物 镁。

侵入途径 吸入、食入、经皮吸收。

理化特性与用途

理化特性 无色至淡黄色透明液体。不溶于水，微溶于氯仿，溶于丙酮、苯，易溶于乙醇、乙醚。熔点 -63℃，沸点 107 ~ 112.5℃，相对密度(水 =1)2.06，相对蒸气密度(空气 =1)6.48，饱和蒸气压 3.4kPa(25℃)，辛醇/水分配系数 1.94。

主要用途 用作中间体，用于研究。

包装与储运

安全储运 储存于阴凉、通风的库房。保持容器密封。远离火种、热源。应与强氧化剂、强碱、镁等隔离储运。搬运时轻装轻卸，防止容器受损。

紧急处置信息

急救措施

吸入： 迅速脱离现场至空气新鲜处。保持呼吸道通畅。如呼吸困难，给输氧。如呼吸、心跳停止，立即进行心肺复苏术。就医。

眼睛接触： 分开眼睑，用流动清水或生理盐水冲洗。如有不适感，就医。

皮肤接触： 脱去污染的衣着，用流动清水冲洗。如有不适感，就医。

食入： 饮足量温水，催吐。就医。

灭火方法 消防人员必须佩戴空气呼吸器，穿全身防火防毒服，在上风向灭火。尽可能将容器从火场移至空旷处。喷水保持火场容器冷却，直至灭火结束。

灭火剂：雾状水、泡沫、干粉、二氧化碳、砂土。

泄漏应急处置 根据液体流动和蒸气扩散的影响区域划定警戒区，无关人员从侧风、上风向撤离至安全区。建议应急处理人员戴防毒面具，穿防毒服，戴防护手套。穿上适当的防护服前严禁接触破裂的容器和泄漏物。尽可能切断泄漏源。防止泄漏物进入水体、下水道、地下室或受限空间。小量泄漏：用干燥的砂土或其他不燃材料吸收或覆盖，收集于容器中。大量泄漏：构筑围堤或挖坑收容。用泵转移至槽车或专用收集器内。

153. 二 氧 化 碲

标 识

中文名称 二氧化碲

英文名称 tellurium dioxide；tellurium oxide

别名 氧化碲

分子式 TeO_2

CAS 号 7446 -07 -3

O═Te═O

危害信息

燃烧与爆炸危险性 不燃。无特殊燃爆特性。受高热分解，放出有毒的蒸气。

禁忌物 强氧化剂、强酸。

毒性　大鼠经口 LD_{50}：＞5000mg/kg。

中毒表现　吸入高浓度可出现头痛、头晕、无力、恶心、呕吐、呼吸困难、呼吸蒜臭味、口内金属味等症状。严重时肝肾受损。

侵入途径　吸入、食入。

职业接触限值　美国(ACGIH)：TLV－TWA：0.1mg/m^3[按碲计]。

理化特性与用途

理化特性　白色至淡黄色粉末。不溶于水、氨水，溶于盐酸、硝酸。熔点733℃，沸点1245℃，相对密度(水＝1)5.67。

主要用途　用作电子元件材料、发射光谱分析及防腐剂，还用于疫苗中的细菌检验等。

包装与储运

安全储运　储存于阴凉、通风的库房。保持容器密封。远离火种、热源。应与氧化剂、酸类等隔离储运。搬运时轻装轻卸，防止容器受损。

紧急处置信息

急救措施

吸入：迅速脱离现场至空气新鲜处。保持呼吸道通畅。如呼吸困难，给输氧。如呼吸、心跳停止，立即进行心肺复苏术。就医。

眼睛接触：立即分开眼睑，用流动清水或生理盐水彻底冲洗。就医。

皮肤接触：立即脱去污染的衣着，用肥皂水和清水彻底冲洗。就医。

食入：饮足量温水，催吐。就医。

灭火方法　消防人员必须戴空气呼吸器，穿全身防火防毒服，在上风向灭火。灭火时尽可能将容器从火场移至空旷处。本品不燃。根据着火原因选择适当灭火剂灭火。

泄漏应急处置　隔离泄漏污染区，限制出入。建议应急处理人员戴防尘口罩，穿防毒服，戴防护手套。穿上适当的防护服前严禁接触破裂的容器和泄漏物。尽可能切断泄漏源。用塑料布覆盖泄漏物，减少飞散。勿使水进入包装容器内。用洁净的铲子收集泄漏物，置于干净、干燥、盖子较松的容器中，将容器移离泄漏区。

154. 二 氧 化 硅

标　识

中文名称　二氧化硅

英文名称　silica；silicon dioxide

别名　白炭黑

分子式　SiO_2

CAS 号　7631－86－9

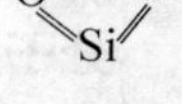

危害信息

燃烧与爆炸危险性　不燃。无特殊燃爆特性。

活性反应　能和三氟化氯、三氟化锰、三氟化氧发生剧烈反应。

禁忌物 三氟化氯、三氟化锰、三氟化氧。

中毒表现 吸入二氧化硅粉尘，对机体的主要危害是引起矽肺。

侵入途径 吸入、食入。

职业接触限值 美国(ACGIH)：TLV－TWA：0.05mg/m^3。

理化特性与用途

理化特性 白色至灰色结晶或粉末。不溶于水，溶于氢氟酸和熔融的强碱。熔点1710℃，沸点2230℃，相对密度(水＝1)2.2，饱和蒸气压1.33kPa(1732℃)。

主要用途 橡胶工业中用作补强剂及动物饲料添加剂，也用于制造玻璃、陶器耐火材料、硅铁、元素硅等。

包装与储运

安全储运 储存于阴凉、通风的库房。保持容器密封。远离火种、热源。应与三氟化氯等隔离储运。搬运时轻装轻卸，防止容器受损。

紧急处置信息

急救措施

吸入： 脱离接触。如有不适感，就医。

眼睛接触： 分开眼睑，用流动清水或生理盐水冲洗。如有不适感，就医。

皮肤接触： 脱去污染的衣着，用肥皂水和清水冲洗。如有不适感，就医。

食入： 漱口，饮水。如有不适感，就医。

灭火方法 本品不燃。根据着火原因选择适当灭火剂灭火。

泄漏应急处置 隔离泄漏污染区，限制出入。建议应急处理人员戴防尘口罩，穿一般作业工作服，戴防护手套。尽可能切断泄漏源。用塑料布覆盖泄漏物，减少飞散。勿使水进入包装容器内。用洁净的铲子收集泄漏物，置于干净、干燥、盖子较松的容器中，将容器移离泄漏区。

155. 二 氧 化 钌

标 识

中文名称 二氧化钌

英文名称 ruthenium dioxide；ruthenium oxide

别名 氧化钌

分子式 RuO_2

CAS 号 12036－10－1

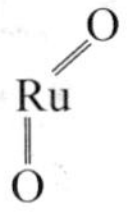

危害信息

燃烧与爆炸危险性 不燃。无特殊燃爆特性。

毒性 大鼠经口 LD_{50}：4580mg/kg。

侵入途径 吸入、食入。

理化特性与用途

理化特性 蓝灰色至黑色结晶粉末，无气味。不溶于水，不溶于醇和酸，溶于熔融的氢氧化钠。升华点 1200℃，相对密度(水=1)6.97。

主要用途 用作催化剂、电化学过程的电极，用于光谱分析。

包装与储运

安全储运 储存于阴凉、通风的库房。保持容器密封。远离火种、热源。应与强氧化剂等隔离储运。搬运时轻装轻卸，防止容器受损。

紧急处置信息

急救措施

吸入：脱离现场至空气新鲜处。保持呼吸道通畅。如呼吸困难，给输氧。如呼吸、心跳停止，立即进行心肺复苏术。就医。

眼睛接触：分开眼睑，用流动清水或生理盐水冲洗。如有不适感，就医。

皮肤接触：脱去污染的衣着，用大量流动清水冲洗。如有不适感，就医。

食入：饮足量温水，催吐。就医。

灭火方法 本品不燃。根据着火原因选择适当灭火剂灭火。

泄漏应急处置 隔离泄漏污染区，限制出入。建议应急处理人员戴防尘口罩，穿一般作业工作服，戴防护手套。尽可能切断泄漏源。用塑料布覆盖泄漏物，减少飞散。勿使水进入包装容器内。用洁净的铲子收集泄漏物，置于干净、干燥、盖子较松的容器中，将容器移离泄漏区。

156. 二 氧 化 钍

标 识

中文名称 二氧化钍

英文名称 thorium oxide；thorium dioxide

别名 氧化钍

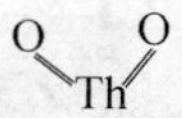

分子式 ThO_2

CAS 号 1314－20－1

危害信息

危险性类别 第 7 类放射性物品

燃烧与爆炸危险性 不燃。无特殊燃爆特性。具有放射性。

毒性 大鼠静脉 LD_{50}：1000mg/kg。

中毒表现 主要是放射性损伤。二氧化钍造影剂可造成人体远期损害：再生障碍性贫血，神经系统、肝、脾、甲状腺的损害，机体免疫能力下降及致癌作用等。

侵入途径 吸入、食入。

理化特性与用途

理化特性 白色立方结晶粉末，无气味。不溶于水、碱，微溶于酸，溶于热硫酸。熔点 3390℃，沸点 4400℃，相对密度(水 =1)9.86。

主要用途 用于制造白热纱罩、无硅光学玻璃、催化剂、钨钍合金及用于电子学研究。

包装与储运

包装标志 放射性物品。

安全储运 储存于阴凉、通风的放射性物质专用仓库。远离火种、热源。防止阳光直射。保持容器密封。储区应备有合适的材料收容泄漏物。根据放射量确定运输方式，运输必须满足《放射性物质安全运输管理条例》的规定。

紧急处置信息

急救措施

吸入：迅速脱离现场至空气新鲜处。保持呼吸道通畅。如呼吸困难，给输氧。如呼吸、心跳停止，立即进行心肺复苏术。就医。

眼睛接触：分开眼睑，用流动清水或生理盐水冲洗。如有不适感，就医。

皮肤接触：脱去污染的衣着，用大量流动清水冲洗。如有不适感，就医。

食入：饮足量温水，催吐。就医。

灭火方法 消防人员必须佩戴空气呼吸器，穿全身防火防毒服，在上风向灭火。尽可能将容器从火场移至空旷处。喷水保持火场容器冷却，直至灭火结束。本品不燃。根据着火原因选择适当灭火剂灭火。

泄漏应急处置 隔离泄漏污染区，限制出入。建议应急处理人员戴防尘口罩，穿防辐射服，戴防护手套。穿上适当的防护服前严禁接触破裂的容器和泄漏物。尽可能切断泄漏源。用塑料布覆盖泄漏物，减少飞散。勿使水进入包装容器内。用洁净的铲子收集泄漏物，置于干净、干燥、盖子较松的容器中，将容器移离泄漏区。

157. 二乙二醇单丁基醚

标 识

中文名称 二乙二醇单丁基醚

英文名称 diethylene glycol monobutyl ether; 2 -(2 - butoxyethoxy) ethanol

别名 2 -(2 - 丁氧乙氧基)乙醇；一缩二乙二醇单丁醚

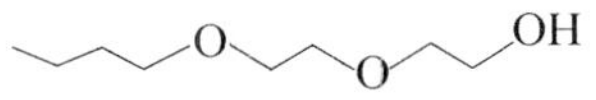

分子式 $C_8H_{18}O_3$

CAS 号 112 - 34 - 5

危害信息

燃烧与爆炸危险性 可燃。其蒸气与空气混合，能形成爆炸性混合物。燃烧产生有毒的一氧化碳气体。蒸气比空气重，能在较低处扩散到相当远的地方，遇火源会着火回燃和爆炸(闪爆)。若遇高热，容器内压增大，有开裂和爆炸的危险。

活性反应 与氧化剂可发生反应。

禁忌物 强氧化剂。

毒性 大鼠经口 LD_{50}：5660mg/kg；小鼠经口 LD_{50}：2400mg/kg；兔经皮 LD_{50}：2700mg/kg。

中毒表现 液体对眼有中到重度刺激性。对皮肤有轻度刺激性，可引起变应性皮炎，大量接触可经皮吸收。

侵入途径　吸入、食入、经皮吸收。

理化特性与用途

理化特性　无色液体，微有丁醇气味。混溶于水、油类，易溶于乙醇、乙醚、丙酮，溶于苯。熔点 -68℃，沸点 230℃，相对密度(水=1)0.954，相对蒸气密度(空气=1)5.6，饱和蒸气压 2.91Pa(25℃)，临界温度 381℃，临界压力 2.56MPa，燃烧热 -5224kJ/mol，辛醇/水分配系数 0.29，闪点 78℃（闭杯），引燃温度 223℃，爆炸下限 0.8%，爆炸上限 9.4%。

主要用途　用作溶剂和化学中间体。

包装与储运

安全储运　储存于阴凉、通风的库房。保持容器密封。远离火种、热源。应与强氧化剂等隔离储运。搬运时轻装轻卸，防止容器受损。

紧急处置信息

急救措施

吸入：脱离现场至空气新鲜处。保持呼吸道通畅。如呼吸困难，给输氧。如呼吸、心跳停止，立即进行心肺复苏术。就医。

眼睛接触：分开眼睑，用流动清水或生理盐水冲洗。如有不适感，就医。

皮肤接触：脱去污染的衣着，用大量流动清水冲洗皮肤。如有不适感，就医。

食入：饮足量温水，催吐。就医。

灭火方法　消防人员须佩戴防毒面具，穿全身消防服，在上风向灭火。尽可能将容器从火场移至空旷处。喷水保持火场容器冷却，直至灭火结束。处在火场中的容器若已变色或从安全泄压装置中发出声音，必须马上撤离。

灭火剂：雾状水、泡沫、干粉、二氧化碳、砂土。

泄漏应急处置　根据液体流动和蒸气扩散的影响区域划定警戒区，无关人员从侧风、上风向撤离至安全区。消除所有点火源。建议应急处理人员戴防毒面具，穿防毒服，戴橡胶手套。穿上适当的防护服前严禁接触破裂的容器和泄漏物。尽可能切断泄漏源。防止泄漏物进入水体、下水道、地下室或受限空间。小量泄漏：用干燥的砂土或其他不燃材料吸收或覆盖，收集于容器中。大量泄漏：构筑围堤或挖坑收容。用泵转移至槽车或专用收集器内。

158. 二乙二醇单丁基醚醋酸酯

标　识

中文名称　二乙二醇单丁基醚醋酸酯

英文名称　2-(2-butoxyethoxy)ethyl acetate; diethylene glycolmonobutyl ether acetate; butyl carbitol acetate

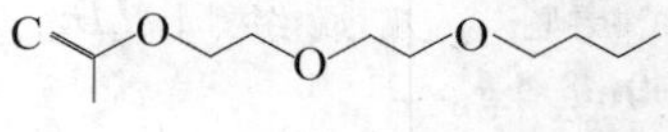

别名　乙酸-2-(2-丁氧基乙氧基)乙(醇)酯；乙酸丁基卡必醇酯

分子式 $C_{10}H_{20}O_4$

CAS 号 124－17－4

危害信息

燃烧与爆炸危险性 可燃。其蒸气与空气混合，能形成爆炸性混合物。燃烧产生有毒的一氧化碳气体。

禁忌物 强氧化剂、强酸。

毒性 大鼠经口 LD_{50}：6500mg/kg；大鼠吸入 LC_{50}：72500mg/m^3(4h)；小鼠经口 LD_{50}：6600mg/kg；兔经皮 LD_{50}：14500mg/kg。

中毒表现 本品对动物有强麻醉作用，对皮肤黏膜刺激弱，可经皮肤迅速吸收引起中毒。

侵入途径 吸入、食入、经皮吸收。

理化特性与用途

理化特性 无色透明液体，有轻微令人不愉快的气味。溶于水，混溶于多数有机溶剂。熔点－32℃，沸点245～247℃，相对密度(水＝1)0.98，相对蒸气密度(空气＝1)7.05，饱和蒸气压5.3Pa(20℃)，燃烧热－5910kJ/mol，临界温度408℃，临界压力3.11MPa，辛醇/水分配系数1.3/2.9，闪点105℃(闭杯)、116℃(开杯)，引燃温度290℃，爆炸下限0.6%，爆炸上限10.7%。

主要用途 为油脂、油墨、树脂的优良溶剂，用于制造油漆、黏合剂、塑料和除漆剂。

包装与储运

安全储运 储存于阴凉、通风的库房。保持容器密封。远离火种、热源。应与氧化剂、酸类等隔离储运。搬运时轻装轻卸，防止容器受损。

紧急处置信息

急救措施

吸入：迅速脱离现场至空气新鲜处。保持呼吸道通畅。如呼吸困难，给输氧。如呼吸、心跳停止，立即进行心肺复苏术。就医。

眼睛接触：分开眼睑，用流动清水或生理盐水冲洗。如有不适感，就医。

皮肤接触：立即脱去污染的衣着，用肥皂水和清水彻底冲洗皮肤。如有不适感，就医。

食入：饮足量温水，催吐。就医。

灭火方法 消防人员须佩戴防毒面具，穿全身消防服，在上风向灭火。尽可能将容器从火场移至空旷处。喷水保持火场容器冷却，直至灭火结束。处在火场中的容器若已变色或从安全泄压装置中发出声音，必须马上撤离。

灭火剂：水、雾状水、抗溶性泡沫、干粉、二氧化碳、砂土。

泄漏应急处置 根据液体流动和蒸气扩散的影响区域划定警戒区，无关人员从侧风、上风向撤离至安全区。消除所有点火源。建议应急处理人员戴防毒面具，穿防毒服，戴橡胶手套。穿上适当的防护服前严禁接触破裂的容器和泄漏物。尽可能切断泄漏源。防止泄漏物进入水体、下水道、地下室或受限空间。小量泄漏：用干燥的砂土或其他不燃材料吸收或覆盖，收集于容器中。大量泄漏：构筑围堤或挖坑收容。用泵转移至槽车或专用收集器内。

159. 二乙二醇单甲基醚

标　识

中文名称　二乙二醇单甲基醚

英文名称　2 – (2 – methoxyethoxy) ethanol; diethylene glycol monomethyl ether; diethylene glycol methyl ether

别名　二乙二醇甲醚

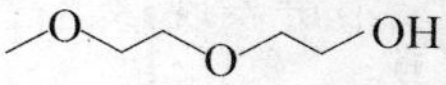

分子式　$C_5H_{12}O_3$

CAS 号　111 – 77 – 3

危害信息

燃烧与爆炸危险性　可燃。其蒸气与空气混合，能形成爆炸性混合物。接触空气或在光照条件下可生成具有潜在爆炸危险性的过氧化物。

禁忌物　强氧化剂。

毒性　大鼠经口 LD_{50}：4160mg/kg；小鼠经口 LD_{50}：8222mg/kg；兔经皮 LD_{50}：2600mg/kg。

中毒表现　动物实验本品有麻醉作用及损害肾脏。对眼有刺激性。对皮肤刺激作用不明显，可经皮肤吸收。

侵入途径　吸入、食入、经皮吸收。

环境危害　有害空气污染物。

理化特性与用途

理化特性　无色吸湿性液体，有微弱芳香气味。混溶于水，易溶于乙醇、乙醚、苯、甘油、丙酮、二甲基甲酰胺。熔点 –84℃，沸点 193℃，相对密度(水 = 1)1.01，相对蒸气密度(空气 = 1)4.14，饱和蒸气压 30Pa(20℃)，临界温度 357℃，临界压力 3.54MPa，燃烧热 –2993kJ/mol，辛醇/水分配系数 –1.14/ –0.93，闪点 93℃(开杯)，引燃温度 215℃，爆炸下限 1.6%，爆炸上限 18.1%。

主要用途　用作染料、硝化纤维素、树脂、涂料的溶剂，也作为稀释剂、燃料添加剂、刹车油的成分，还用于有机合成。

包装与储运

安全储运　储存于阴凉、通风的库房。保持容器密封。远离火种、热源。避免接触空气和光照。应与强氧化剂等隔离储运。搬运时轻装轻卸，防止容器受损。

紧急处置信息

急救措施

吸入：迅速脱离现场至空气新鲜处。保持呼吸道通畅。如呼吸困难，给输氧。如呼吸、心跳停止，立即进行心肺复苏术。就医。

眼睛接触：分开眼睑，用流动清水或生理盐水冲洗。如有不适感，就医。

皮肤接触：立即脱去污染的衣着，用肥皂水和清水彻底冲洗皮肤。如有不适感，就医。

食入：饮足量温水，催吐。就医。

灭火方法 消防人员须佩戴防毒面具，穿全身消防服，在上风向灭火。尽可能将容器从火场移至空旷处。喷水保持火场容器冷却，直至灭火结束。处在火场中的容器若已变色或从安全泄压装置中发出声音，必须马上撤离。

灭火剂：雾状水、泡沫、干粉、二氧化碳、砂土。

泄漏应急处置 根据液体流动和蒸气扩散的影响区域划定警戒区，无关人员从侧风、上风向撤离至安全区。消除所有点火源。建议应急处理人员戴防毒面具，穿防毒服，戴橡胶手套。穿上适当的防护服前严禁接触破裂的容器和泄漏物。尽可能切断泄漏源。防止泄漏物进入水体、下水道、地下室或受限空间。小量泄漏：用干燥的砂土或其他不燃材料吸收或覆盖，收集于容器中。大量泄漏：构筑围堤或挖坑收容。用泵转移至槽车或专用收集器内。

160. 二乙二醇单甲基醚醋酸酯

标　识

中文名称 二乙二醇单甲基醚醋酸酯

英文名称 2-(2-methoxyethoxy)ethanol acetate；diethylene glycol monomethyl ether acetate；methyl carbitol acetate

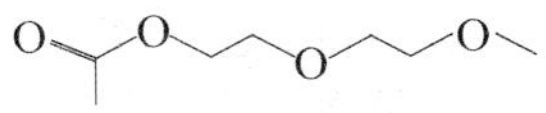

别名 乙酸-2-(2-甲氧基乙氧基)乙(醇)酯

分子式 $C_7H_{14}O_4$

CAS 号 629-38-9

危害信息

燃烧与爆炸危险性 可燃。其蒸气与空气混合，能形成爆炸性混合物。接触空气或在光照条件下可生成具有潜在爆炸危险性的过氧化物。

禁忌物 强氧化剂、强酸。

毒性 大鼠经口 LD_{50}：11960mg/kg[5%水溶液]。

侵入途径 吸入、食入。

理化特性与用途

理化特性 无色液体，有轻微令人不愉快的气味。溶于水。沸点209.1℃，相对密度(水=1)1.04，饱和蒸气压0.07kPa(25℃)，辛醇/水分配系数 -0.18，闪点82℃。

主要用途 为油墨、油脂、树脂的优良溶剂，用于制造油漆、黏合剂、塑料和除漆剂。

包装与储运

安全储运 储存于阴凉、通风的库房。保持容器密封。远离火种、热源。避免接触空气或在光照。应与氧化剂、酸类等隔离储运。搬运时轻装轻卸，防止容器受损。

紧急处置信息

急救措施

吸入：脱离接触。如有不适感，就医。

眼睛接触：分开眼睑，用流动清水或生理盐水冲洗。如有不适感，就医。

皮肤接触：脱去污染的衣着，用肥皂水和清水冲洗。如有不适感，就医。

食入：饮足量温水，催吐。就医。

灭火方法 消防人员须佩戴防毒面具，穿全身消防服，在上风向灭火。尽可能将容器从火场移至空旷处。喷水保持火场容器冷却，直至灭火结束。处在火场中的容器若已变色或从安全泄压装置中发出声音，必须马上撤离。

灭火剂：雾状水、泡沫、干粉、二氧化碳、砂土。

泄漏应急处置 根据液体流动和蒸气扩散的影响区域划定警戒区，无关人员从侧风、上风向撤离至安全区。消除所有点火源。建议应急处理人员戴防毒面具，穿一般作业工作服，戴橡胶手套。尽可能切断泄漏源。防止泄漏物进入水体、下水道、地下室或受限空间。小量泄漏：用干燥的砂土或其他不燃材料吸收或覆盖，收集于容器中。大量泄漏：构筑围堤或挖坑收容。用泵转移至槽车或专用收集器内。

161. 二乙二醇单乙基醚

标　识

中文名称 二乙二醇单乙基醚

英文名称 2-(2-ethoxyethoxy)ethanol; diethylene glycol monoethyl; diethylene glycol ethyl ether ether

别名 二乙二醇乙醚；2-(2-乙氧基乙氧基)乙醇

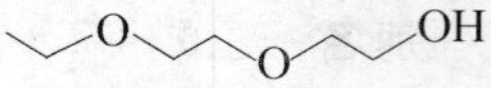

分子式 $C_6H_{14}O_3$

CAS 号 111-90-0

危害信息

燃烧与爆炸危险性 可燃。其蒸气与空气混合，能形成爆炸性混合物。燃烧产生有毒的一氧化碳气体。

禁忌物 强氧化剂、强酸、酰基氯、酸酐。

毒性 大鼠经口 LD_{50}：5540mg/kg；小鼠经口 LD_{50}：6580mg/kg；兔经皮 LD_{50}：4158mg/kg。

中毒表现 动物实验引起麻醉作用及肾脏损害。对眼刺激不明显，对皮肤几无刺激性。

侵入途径 吸入、食入。

环境危害 有害空气污染物。

理化特性与用途

理化特性 无色吸湿性液体，有微弱芳香气味。混溶于水，混溶于乙醇、乙醚、丙酮等普通有机溶剂。熔点 -76℃，沸点 196~202℃，相对密度(水=1)0.99，相对蒸气密度(空气=1)4.62，饱和蒸气压 17Pa(25℃)，燃烧热 -3515kJ/mol，临界温度 359℃，临界压力 3.14MPa，辛醇/水分配系数 -0.54/-0.15，闪点 90℃(闭杯)、96℃(开杯)，引燃温度 204℃，爆炸下限 1.2%，爆炸上限 23.5%。

主要用途 用作树胶、喷漆、染料等的溶剂，也作为稀释剂和某些化学中间产物。

包装与储运

安全储运 储存于阴凉、通风的库房。保持容器密封。远离火种、热源。应与氧化剂、酸类等隔离储运。搬运时轻装轻卸，防止容器受损。

紧急处置信息

急救措施

吸入：迅速脱离现场至空气新鲜处。保持呼吸道通畅。如呼吸困难，给输氧。如呼吸、心跳停止，立即进行心肺复苏术。就医。

眼睛接触：分开眼睑，用流动清水或生理盐水冲洗。如有不适感，就医。

皮肤接触：立即脱去污染的衣着，用肥皂水和清水彻底冲洗皮肤。如有不适感，就医。

食入：饮足量温水，催吐。就医。

灭火方法 消防人员须佩戴防毒面具，穿全身消防服，在上风向灭火。尽可能将容器从火场移至空旷处。喷水保持火场容器冷却，直至灭火结束。处在火场中的容器若已变色或从安全泄压装置中发出声音，必须马上撤离。

灭火剂：雾状水、泡沫、干粉、二氧化碳、砂土。

泄漏应急处置 根据液体流动和蒸气扩散的影响区域划定警戒区，无关人员从侧风、上风向撤离至安全区。消除所有点火源。建议应急处理人员戴防毒面具，穿一般作业工作服，戴橡胶手套。尽可能切断泄漏源。防止泄漏物进入水体、下水道、地下室或受限空间。小量泄漏：用干燥的砂土或其他不燃材料吸收或覆盖，收集于容器中。大量泄漏：构筑围堤或挖坑收容。用泵转移至槽车或专用收集器内。

162. 二乙基对苯二胺硫酸盐

标　识

中文名称 二乙基对苯二胺硫酸盐

英文名称 *N*, *N* - diethylbenzene - 1, 4 - diammonium sulphate; *N*, *N* - diethyl - *p* - phenylenediamine sulfate

别名 *N*, *N* - 二乙基对苯二胺硫酸盐；对氨基 - *N*, *N* - 二乙基苯胺硫酸盐

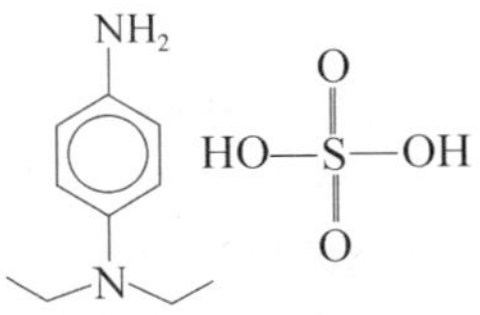

分子式 $C_{10}H_{16}N_2.H_2SO_4$

CAS 号 6283 - 63 - 2

危害信息

燃烧与爆炸危险性 可燃。其粉体与空气混合，能形成爆炸性混合物。受高热分解放出有毒的气体。

活性反应 与氧化剂接触，有引起燃烧的危险。

禁忌物 强氧化剂。

毒性 大鼠经口 LD_{50}：195mg/kg。

侵入途径 吸入、食入、经皮吸收。

环境危害 对水生生物有害，可能在水生环境中造成长期不利影响。

理化特性与用途

理化特性 白色至浅棕色或粉红色结晶粉末。易溶于水，微溶于乙醇。pH 值 2.0 ~ 2.2（5% 水溶液），熔点 184 ~ 187℃。

主要用途　用作彩色显影剂。

包装与储运

安全储运　储存于阴凉、通风的库房。保持容器密封。远离火种、热源。应与强氧化剂等隔离储运。搬运时轻装轻卸，防止容器受损。

紧急处置信息

急救措施

吸入： 脱离接触。如有不适感，就医。

眼睛接触： 分开眼睑，用流动清水或生理盐水冲洗。如有不适感，就医。

皮肤接触： 脱去污染的衣着，用肥皂水和清水冲洗。如有不适感，就医。

食入： 饮足量温水，催吐。就医。

灭火方法　消防人员须佩戴防毒面具，穿全身消防服，在上风向灭火。尽可能将容器从火场移至空旷处。喷水保持火场容器冷却，直至灭火结束。

灭火剂：雾状水、泡沫、干粉、二氧化碳、砂土。

泄漏应急处置　隔离泄漏污染区，限制出入。消除所有点火源。建议应急处理人员戴防尘口罩，穿防毒服，戴防护手套。穿上适当的防护服前严禁接触破裂的容器和泄漏物。尽可能切断泄漏源。用塑料布覆盖泄漏物，减少飞散。勿使水进入包装容器内。用洁净的铲子收集泄漏物，置于干净、干燥、盖子较松的容器中，将容器移离泄漏区。

163. N, N－二乙基对苯二胺盐酸盐

标　识

中文名称　N, N－二乙基对苯二胺盐酸盐

英文名称　4－amino－N, N－diethylaniline hydrochloride；N, N－diethyl－1, 4－phenylenediamine dihydrochloride

别名　盐酸－4－氨基－N,N－二乙苯胺

分子式　$C_{10}H_{16}N_2 \cdot xHCl$

CAS 号　16713－15－8

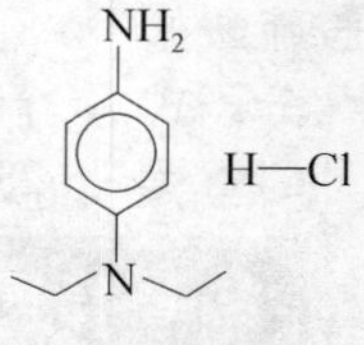

危害信息

燃烧与爆炸危险性　可燃。其粉体与空气混合，能形成爆炸性混合物。受高热分解放出有毒的气体。

活性反应　与氧化剂接触，有引起燃烧的危险。

禁忌物　强氧化剂。

毒性　大鼠经口 LD_{50}：200mg/kg。

侵入途径　吸入、食入、经皮吸收。

环境危害　对水生生物有极高毒性。

理化特性与用途

理化特性　无色针状结晶，久储或见光色变深。溶于水、乙醇，不溶于石油醚。熔点 233～236℃。

主要用途 用作彩色显影剂。

包装与储运

安全储运 储存于阴凉、通风的库房。保持容器密封。远离火种、热源。应与强氧化剂等隔离储运。搬运时轻装轻卸，防止容器受损。

紧急处置信息

急救措施

吸入： 脱离接触。如有不适感，就医。

眼睛接触： 分开眼睑，用流动清水或生理盐水冲洗。如有不适感，就医。

皮肤接触： 脱去污染的衣着，用肥皂水和清水冲洗。如有不适感，就医。

食入： 饮足量温水，催吐。就医。

灭火方法 消防人员须佩戴防毒面具，穿全身消防服，在上风向灭火。尽可能将容器从火场移至空旷处。喷水保持火场容器冷却，直至灭火结束。切勿将水流直接射至熔融物，以免引起严重的流淌火灾或引起剧烈的沸溅。

灭火剂：雾状水、泡沫、干粉、二氧化碳、砂土。

泄漏应急处置 隔离泄漏污染区，限制出入。消除所有点火源。建议应急处理人员戴防尘口罩，穿防毒服，戴防护手套。穿上适当的防护服前严禁接触破裂的容器和泄漏物。尽可能切断泄漏源。用塑料布覆盖泄漏物，减少飞散。勿使水进入包装容器内。用洁净的铲子收集泄漏物，置于干净、干燥、盖子较松的容器中，将容器移离泄漏区。

164. 二乙基二硫代氨基甲酸钠

标　识

中文名称 二乙基二硫代氨基甲酸钠

英文名称 diethyldithiocarbamate sodium salt trihydrate; dithiocarb trihydrate

别名 二乙基二硫代氨基甲酸钠三水合物；促进剂 SDC

分子式 $C_5H_{10}NS_2 Na \cdot 3H_2O$

CAS 号 20624 -25 -3

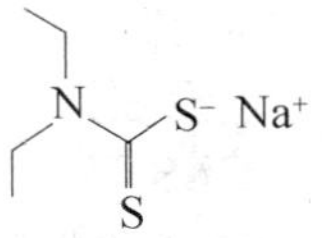

危害信息

燃烧与爆炸危险性 可燃。其粉体与空气混合，能形成爆炸性混合物。受高热分解放出有毒的气体。

禁忌物 强氧化剂。

毒性 大鼠经口 LD_{50}：1500mg/kg；小鼠经口 LD_{50}：1500mg/kg。

侵入途径 吸入、食入、经皮吸收。

环境危害 对水生生物有极高毒性。

理化特性与用途

理化特性 白色至淡黄色结晶粉末，有吸湿性。溶于水、乙醇，微溶于苯、氯仿。pH值 11.6(10% 水溶液)，熔点 95 ~98.5℃，相对密度(水 =1)1.3 ~1.37，相对蒸气密度(空气 =1)5.9。

主要用途 用作天然橡胶、丁苯橡胶、丁腈橡胶、氯丁橡胶的硫化促进剂。

包装与储运

安全储运 储存于阴凉、通风的库房。保持容器密封。远离火种、热源。应与氧化剂等隔离储运。包装必须密封，切勿受潮。搬运时轻装轻卸，防止容器受损。

紧急处置信息

急救措施

吸入：迅速脱离现场至空气新鲜处。保持呼吸道通畅。如呼吸困难，给输氧。如呼吸、心跳停止，立即进行心肺复苏术。就医。

眼睛接触：分开眼睑，用流动清水或生理盐水冲洗。如有不适感，就医。

皮肤接触：脱去污染的衣着，用大量流动清水冲洗。如有不适感，就医。

食入：饮足量温水，催吐。

灭火方法 消防人员须佩戴防毒面具，穿全身消防服，在上风向灭火。尽可能将容器从火场移至空旷处。喷水保持火场容器冷却，直至灭火结束。

灭火剂：雾状水、泡沫、干粉、二氧化碳、砂土。

泄漏应急处置 隔离泄漏污染区，限制出入。消除所有点火源。建议应急处理人员戴防尘口罩，穿防毒服，戴防护手套。穿上适当的防护服前严禁接触破裂的容器和泄漏物。尽可能切断泄漏源。用塑料布覆盖泄漏物，减少飞散。勿使水进入包装容器内。用洁净的铲子收集泄漏物，置于干净、干燥、盖子较松的容器中，将容器移离泄漏区。

165. 二乙基二硫代氨基甲酸锌

标 识

中文名称 二乙基二硫代氨基甲酸锌

英文名称 zinc diethyldithiocarbamate; zinc bis(diethyldithiocarbamate)

别名 促进剂 EZ

分子式 $C_{10}H_{20}N_2S_4.Zn$

CAS 号 14324－55－1

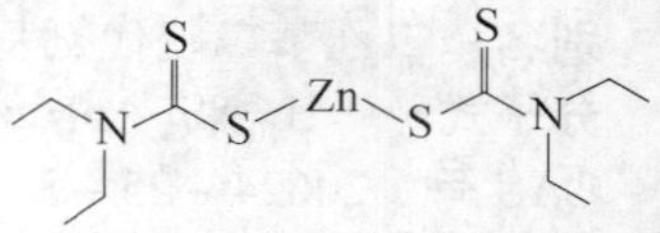

危害信息

燃烧与爆炸危险性 可燃。其粉体与空气混合，能形成爆炸性混合物。燃烧产生有毒的一氧化碳、氮氧化物和氧化硫气体。受高热分解放出有毒的气体。

禁忌物 强氧化剂。

毒性 大鼠经口 LD_{50}：700mg/kg；小鼠经口 LD_{50}：142mg/kg；兔经皮 LD_{50}：570mg/kg。

中毒表现 对皮肤有致敏性，对眼、鼻、喉有刺激作用。引起恶心、呕吐、腹泻、厌食、体重减轻、头痛、头晕、共济失调、昏迷、呼吸麻痹等。

侵入途径 吸入、食入、经皮吸收。

环境危害 对水生生物有极高毒性，可能在水生环境中造成长期不利影响。

理化特性与用途

理化特性 白色或微黄色粉末，无气味。不溶于水、乙醇、乙醚、汽油，溶于二硫化碳、苯、甲苯、氯仿、四氯化碳。熔点 172 ~ 181℃，相对密度(水 = 1)1.47(20℃/20℃)。

主要用途 用作天然和合成橡胶的促进剂、聚乙烯的热稳定剂及分析试剂。

包装与储运

安全储运 储存于阴凉、通风的库房。保持容器密封。远离火种、热源。应与强氧化剂等隔离储运。搬运时轻装轻卸，防止容器受损。

紧急处置信息

急救措施

吸入：迅速脱离现场至空气新鲜处。保持呼吸道通畅。如呼吸困难，给输氧。如呼吸、心跳停止，立即进行心肺复苏术。就医。

眼睛接触：分开眼睑，用流动清水或生理盐水冲洗。如有不适感，就医。

皮肤接触：脱去污染的衣着，用大量流动清水冲洗皮肤。如有不适感，就医。

食入：饮足量温水，催吐。

灭火方法 消防人员须佩戴防毒面具，穿全身消防服，在上风向灭火。尽可能将容器从火场移至空旷处。喷水保持火场容器冷却，直至灭火结束。

灭火剂：雾状水、泡沫、干粉、二氧化碳、砂土。

泄漏应急处置 隔离泄漏污染区，限制出入。消除所有点火源。建议应急处理人员戴防尘口罩，穿防毒服，戴橡胶手套。穿上适当的防护服前严禁接触破裂的容器和泄漏物。尽可能切断泄漏源。用塑料布覆盖泄漏物，减少飞散。勿使水进入包装容器内。用洁净的铲子收集泄漏物，置于干净、干燥、盖子较松的容器中，将容器移离泄漏区。

166. 二乙基二氯化锡

标　识

中文名称 二乙基二氯化锡

英文名称 dichlorodiethylstannane; diethyltin dichloride

别名 二氯二乙基锡

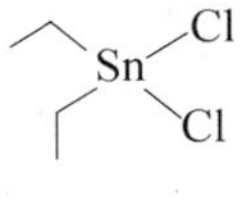

分子式 $C_4H_{10}Cl_2Sn$

CAS 号 866 - 55 - 7

危害信息

危险性类别 第 6 类有毒品。

燃烧与爆炸危险性 可燃。其粉体与空气混合，能形成爆炸性混合物。燃烧产生有毒的一氧化碳、氯化物和氧化锡。受高热分解放出有毒的气体。

禁忌物 强氧化剂。

毒性 大鼠经口 LD_{50}：509mg/kg；小鼠经口 LD_{50}：214mg/kg。

中毒表现 急性中毒时主要表现为中枢神经系统症状，有头痛、头晕、乏力、精神萎靡、恶心等。长期接触可引起神经衰弱综合征。对皮肤可致接触性皮炎和过敏性皮炎。

侵入途径 吸入、食入、经皮吸收。

职业接触限值 美国(ACGIH)：TLV－TWA：0.1mg/m^3，TLV－STEL：0.2mg/m^3[按锡计]。

环境危害 对水生生物有极高毒性，可能在水生环境中造成长期不利影响。

理化特性与用途

理化特性 白色或灰白色结晶粉末。不溶于水，溶于部分有机溶剂。熔点85℃，沸点220℃。

主要用途 农业上用作杀菌剂，工业上用作防霉剂，塑料稳定剂等。

包装与储运

包装标志 有毒品

包装类别 Ⅲ类

安全储运 储存于阴凉、通风的库房。远离火种、热源。防止阳光直射。储存温度不超过35℃，相对湿度不超过85%。保持容器密封。应与氧化剂、食用化学品分开存放，切忌混储。配备相应品种和数量的消防器材。储区应备有合适的材料收容泄漏物。

紧急处置信息

急救措施

吸入：迅速脱离现场至空气新鲜处。保持呼吸道通畅。如呼吸困难，给输氧。如呼吸、心跳停止，立即进行心肺复苏术。就医。

眼睛接触：分开眼睑，用流动清水或生理盐水冲洗。如有不适感，就医。

皮肤接触：脱去污染的衣着，用大量流动清水冲洗皮肤。如有不适感，就医。

食入：饮足量温水，催吐。就医。

灭火方法 消防人员须佩戴防毒面具，穿全身消防服，在上风向灭火。尽可能将容器从火场移至空旷处。喷水保持火场容器冷却，直至灭火结束。

灭火剂：雾状水、泡沫、干粉、二氧化碳、砂土。

泄漏应急处置 隔离泄漏污染区，限制出入。消除所有点火源。建议应急处理人员戴防尘口罩，穿防毒服，戴防毒手套。穿上适当的防护服前严禁接触破裂的容器和泄漏物。尽可能切断泄漏源。用塑料布覆盖泄漏物，减少飞散。勿使水进入包装容器内。用洁净的铲子收集泄漏物，置于干净、干燥、盖子较松的容器中，将容器移离泄漏区。

167. 二(2－乙基己基)胺

标　识

中文名称 二(2－乙基己基)胺

英文名称 bis(2－ethylhexyl)amine；di(2－ethylhexyl)amine

别名 二异辛胺

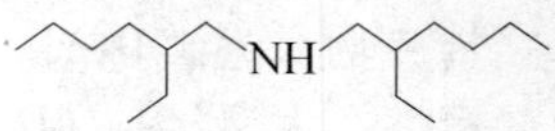

分子式 $C_{16}H_{35}N$

CAS号 106－20－7

危害信息

燃烧与爆炸危险性 可燃。其蒸气与空气混合，能形成爆炸性混合物。燃烧产生有毒的一氧化碳和氮氧化物气体。受高热分解放出有毒的气体。若遇高热，容器内压增大，有开裂和爆炸的危险。

活性反应 与氧化剂可发生反应。

禁忌物 强氧化剂。

毒性 大鼠经口 LD_{50}：1640mg/kg；兔经皮 LD_{50}：952mg/kg。

中毒表现 接触蒸气，可引起眼结膜炎、角膜水肿等；溅入眼内，可引起灼伤、局部组织坏死。可灼伤皮肤。可经皮肤吸收。吸入其蒸气，引起鼻、咽、肺的刺激症状。

侵入途径 吸入、食入、经皮吸收。

环境危害 对水生生物有极高毒性。

理化特性与用途

理化特性 无色至淡黄色透明油状液体，有轻微的氨气味。不溶于水，易溶于乙醇、乙醚、丙酮等有机溶剂。熔点 -60℃，沸点 281℃，相对密度(水=1)0.803，相对蒸气密度(空气=1)8.35，饱和蒸气压 1.3Pa(20℃)，闪点 128℃，引燃温度 255℃。

主要用途 用于生产农药、医药、合成染料、离子交换树脂、表面活性剂、硫化促进剂等。

包装与储运

安全储运 储存于阴凉、通风的库房。保持容器密封。远离火种、热源。应与强氧化剂等隔离储运。搬运时轻装轻卸，防止容器受损。

紧急处置信息

急救措施

吸入：迅速脱离现场至空气新鲜处。保持呼吸道通畅。如呼吸困难，给输氧。如呼吸、心跳停止，立即进行心肺复苏术。就医。

眼睛接触：立即分开眼睑，用大量流动清水或生理盐水彻底冲洗 10～15min。就医。

皮肤接触：立即脱去污染的衣着，用大量流动清水冲洗 20～30min。就医。

食入：用水漱口，给饮牛奶或蛋清。就医。

灭火方法 消防人员须佩戴防毒面具，穿全身消防服，在上风向灭火。尽可能将容器从火场移至空旷处。喷水保持火场容器冷却，直至灭火结束。处在火场中的容器若已变色或从安全泄压装置中发出声音，必须马上撤离。

灭火剂：雾状水、泡沫、干粉、二氧化碳、砂土。

泄漏应急处置 根据液体流动和蒸气扩散的影响区域划定警戒区，无关人员从侧风、上风向撤离至安全区。消除所有点火源。建议应急处理人员戴防毒面具，穿防腐、防毒服，戴防腐蚀手套。穿上适当的防护服前严禁接触破裂的容器和泄漏物。尽可能切断泄漏源。防止泄漏物进入水体、下水道、地下室或受限空间。小量泄漏：用干燥的砂土或其他不燃材料吸收或覆盖，收集于容器中。大量泄漏：构筑围堤或挖坑收容。用耐腐蚀泵转移至槽车或专用收集器内。

168. 二(2－乙基己基)醚

标　识

中文名称　二(2－乙基己基)醚

英文名称　bis(2－ethylhexyl) ether; di(2－ethylhexyl) ether

分子式　$C_{16}H_{34}O$

CAS 号　10143－60－9

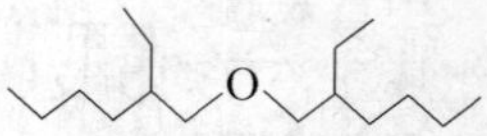

危害信息

燃烧与爆炸危险性　可燃。其粉体与空气混合，能形成爆炸性混合物。燃烧产生有毒的一氧化碳气体。

禁忌物　强氧化剂。

毒性　大鼠经口 LD_{50}：33900mg/kg。

中毒表现　对皮肤和黏膜有一定的刺激作用。浓度高时有麻醉作用。

侵入途径　吸入、食入、经皮吸收。

理化特性与用途

理化特性　固体。不溶于水。沸点 269.4℃，相对密度(水＝1)0.8，相对蒸气密度(空气＝1)8.36，辛醇/水分配系数 6.8，闪点＞100℃，引燃温度 205℃。

主要用途　用于有机合成。

包装与储运

安全储运　储存于阴凉、通风的库房。保持容器密封。远离火种、热源。应与强氧化剂等隔离储运。搬运时轻装轻卸，防止容器受损。

紧急处置信息

急救措施

吸入：迅速脱离现场至空气新鲜处。保持呼吸道通畅。如呼吸困难，给输氧。如呼吸、心跳停止，立即进行心肺复苏术。就医。

眼睛接触：分开眼睑，用流动清水或生理盐水冲洗。如有不适感，就医。

皮肤接触：脱去污染的衣着，用大量流动清水冲洗。如有不适感，就医。

食入：饮足量温水，催吐。就医。

灭火方法　消防人员须佩戴防毒面具，穿全身消防服，在上风向灭火。尽可能将容器从火场移至空旷处。喷水保持火场容器冷却，直至灭火结束。切勿将水流直接射至熔融物，以免引起严重的流淌火灾或引起剧烈的沸溅。

灭火剂：雾状水、泡沫、干粉、二氧化碳、砂土。

泄漏应急处置　隔离泄漏污染区，限制出入。消除所有点火源。建议应急处理人员戴防尘口罩，穿一般作业工作服，戴防护手套。尽可能切断泄漏源。用塑料布覆盖泄漏物，减少飞散。勿使水进入包装容器内。用洁净的铲子收集泄漏物，置于干净、干燥、盖子较松的容器中，将容器移离泄漏区。

169. *N*, *N* – 二乙基甲酰胺

标识

中文名称 *N*, *N* – 二乙基甲酰胺

英文名称 *N*, *N* – diethylformamide; diethyl formamide

别名 二乙基甲酰胺

分子式 $C_5H_{11}NO$

CAS 号 617 – 84 – 5

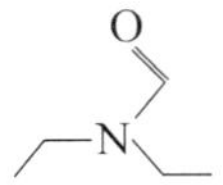

危害信息

危险性类别 第 3 类易燃液体。

燃烧与爆炸危险性 易燃。其蒸气与空气混合，能形成爆炸性混合物。燃烧产生有毒的一氧化碳、氮氧化物。

禁忌物 强氧化剂。

毒性 大鼠腹腔内 LD_{50}：1740mg/kg。

中毒表现 对眼和皮肤有刺激性，可致荨麻疹。

侵入途径 吸入、食入。

理化特性与用途

理化特性 无色至浅黄色透明液体。与水混溶，易溶于乙醇、乙醚。沸点 176 ~ 177℃，密度 0.908g/cm^3，辛醇/水分配系数 0.05，闪点 60℃。

主要用途 用作防腐剂、驱虫剂、溶剂等。

包装与储运

包装标志 易燃液体

包装类别 Ⅲ类

安全储运 储存于阴凉、通风的库房。保持容器密封。远离火种、热源。库温不宜超过 37℃。应与氧化剂分开存放，切忌混储。采用防爆型照明、通风设施。禁止使用易产生火花的机械设备和工具。储区应备有泄漏应急处理设备和合适的收容材料。

紧急处置信息

急救措施

吸入： 脱离现场至空气新鲜处。如呼吸困难，给输氧。就医。

眼睛接触： 分开眼睑，用流动清水或生理盐水冲洗。如有不适感，就医。

皮肤接触： 立即脱去污染的衣着，用肥皂水和清水彻底冲洗皮肤。如有不适感，就医。

食入： 饮足量温水，催吐。就医。

灭火方法 消防人员须佩戴防毒面具，穿全身消防服，在上风向灭火。尽可能将容器从火场移至空旷处。喷水保持火场容器冷却，直至灭火结束。处在火场中的容器若已变色或从安全泄压装置中发出声音，必须马上撤离。

灭火剂：水、雾状水、抗溶性泡沫、干粉、二氧化碳、砂土。

泄漏应急处置 根据液体流动和蒸气扩散的影响区域划定警戒区，无关人员从侧风、上风向撤离至安全区。消除所有点火源。建议应急处理人员戴防毒面具，穿防毒、防静电服，戴橡胶手套。作业时使用的所有设备应接地。禁止接触或跨越泄漏物。尽可能切断泄漏源。防止泄漏物进入水体、下水道、地下室或受限空间。小量泄漏：用砂土或其他不燃材料吸收。使用洁净的无火花工具收集吸收材料。大量泄漏：构筑围堤或挖坑收容。用抗溶性泡沫覆盖，减少蒸发。喷水雾能减少蒸发，但不能降低泄漏物在受限空间内的易燃性。用防爆泵转移至槽车或专用收集器内。

170. *N, N*－二乙基邻甲苯胺

标　识

中文名称 *N, N*－二乙基邻甲苯胺

英文名称 *N, N*－diethyl－2－toluidine；2－(diethylamino)toluene

别名 2－(二乙胺基)甲苯；*N, N*－二乙基－2－甲基苯胺

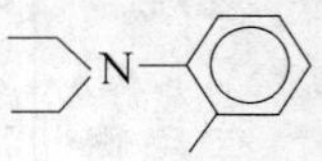

分子式 $C_{11}H_{17}N$

CAS 号 606－46－2

危害信息

燃烧与爆炸危险性 可燃。其蒸气与空气混合，能形成爆炸性混合物。燃烧产生有毒的一氧化碳和氮氧化物气体。受高热分解放出有毒的气体。若遇高热，容器内压增大，有开裂和爆炸的危险。

活性反应 与氧化剂可发生反应。

禁忌物 强氧化剂。

毒性 大鼠经口 LD_{50}：1210mg/kg。

侵入途径 吸入、食入、经皮吸收

理化特性与用途

理化特性 无色或淡黄色液体。微溶于水，溶于乙醇、乙醚。熔点－60℃，沸点209℃，相对密度(水＝1)0.92，辛醇/水分配系数3.7。

主要用途 用于有机合成。

包装与储运

安全储运 储存于阴凉、通风的库房。保持容器密封。远离火种、热源。应与强氧化剂等隔离储运。搬运时轻装轻卸，防止容器受损。

紧急处置信息

急救措施

吸入：迅速脱离现场至空气新鲜处。保持呼吸道通畅。如呼吸困难，给输氧。如呼吸、心跳停止，立即进行心肺复苏术。就医。

眼睛接触：分开眼睑，用流动清水或生理盐水冲洗。如有不适感，就医。

皮肤接触：脱去污染的衣着，用大量流动清水冲洗。如有不适感，就医。

食入：饮足量温水，催吐。就医。

灭火方法 消防人员须佩戴防毒面具，穿全身消防服，在上风向灭火。尽可能将容器从火场移至空旷处。喷水保持火场容器冷却，直至灭火结束。处在火场中的容器若已变色或从安全泄压装置中发出声音，必须马上撤离。

灭火剂：雾状水、泡沫、干粉、二氧化碳、砂土。

泄漏应急处置 根据液体流动和蒸气扩散的影响区域划定警戒区，无关人员从侧风、上风向撤离至安全区。消除所有点火源。建议应急处理人员戴正压自给式呼吸器，穿防毒服，戴橡胶手套。穿上适当的防护服前严禁接触破裂的容器和泄漏物。尽可能切断泄漏源。防止泄漏物进入水体、下水道、地下室或受限空间。小量泄漏：用干燥的砂土或其他不燃材料吸收或覆盖，收集于容器中。大量泄漏：构筑围堤或挖坑收容。用泵转移至槽车或专用收集器内。

171. 1,3－二乙基硫脲

标　识

中文名称 1,3－二乙基硫脲

英文名称 1,3－diethylthiourea;*N*,*N*′－diethylthiourea

别名 1,3－二乙基－2－硫脲;*N*,*N*′－二乙基硫脲

分子式 $C_5H_{12}N_2S$

CAS 号 105－55－5

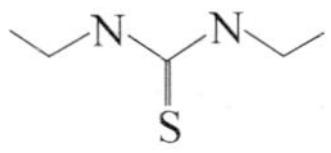

危害信息

燃烧与爆炸危险性 可燃。其粉体与空气混合，能形成爆炸性混合物。燃烧产生有毒的一氧化碳、氮氧化物、氧化硫气体。

禁忌物 强氧化剂。

毒性 大鼠经口 LD_{50}：316mg/kg；小鼠经口 LD_{50}：681mg/kg。

中毒表现 皮肤和黏膜接触可引起炎症反应。

侵入途径 吸入、食入、经皮吸收。

理化特性与用途

理化特性 无色至淡黄色固体。微溶于水，不溶于汽油，溶于甲醇、乙醚、丙酮、苯、乙酸乙酯。熔点 75～79℃，沸点(分解)，相对密度(水＝1)1.11，饱和蒸气压 31.9Pa(25℃)，辛醇/水分配系数 0.57，闪点 186℃。

主要用途 用作氯丁橡胶的硫化促进剂，也用于制腐蚀抑制剂。

包装与储运

安全储运 储存于阴凉、通风的库房。保持容器密封。远离火种、热源。应与强氧化剂等隔离储运。搬运时轻装轻卸，防止容器受损。

紧急处置信息

急救措施

吸入： 脱离现场至空气新鲜处。如呼吸困难，给输氧。就医。

眼睛接触： 分开眼睑，用流动清水或生理盐水冲洗。如有不适感，就医。

皮肤接触： 立即脱去污染的衣着，用肥皂水和清水彻底冲洗皮肤。如有不适感，就医。

食入： 饮足量温水，催吐。就医。

灭火方法 消防人员须佩戴防毒面具，穿全身消防服，在上风向灭火。尽可能将容器从火场移至空旷处。喷水保持火场容器冷却，直至灭火结束。

灭火剂：雾状水、泡沫、干粉、二氧化碳、砂土。

泄漏应急处置 隔离泄漏污染区，限制出入。建议应急处理人员戴防尘口罩，穿防毒服，戴防护手套。穿上适当的防护服前严禁接触破裂的容器和泄漏物。尽可能切断泄漏源。用塑料布覆盖泄漏物，减少飞散。勿使水进入包装容器内。用洁净的铲子收集泄漏物，置于干净、干燥、盖子较松的容器中，将容器移离泄漏区。

172. *N, N*－二乙基乙醇胺

标　识

中文名称 *N, N*－二乙基乙醇胺

英文名称 2－diethylaminoethanol; *N, N*－diethyl ethanolamine

别名 2－二乙氨基乙醇

分子式 $C_6H_{15}NO$

CAS 号 100－37－8

WGH 号 33626；82036［铁规］

UN 号 2686

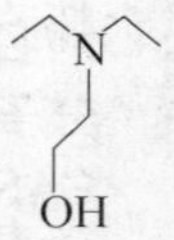

危害信息

危险性类别 第3类易燃液体；按《危险货物品名表》主危险性为腐蚀品。

燃烧与爆炸危险性 易燃。其蒸气与空气混合，能形成爆炸性混合物。遇高热、明火有引起燃烧的危险。燃烧产生有毒的一氧化碳和氮氧化物气体。能腐蚀轻金属和铜。

活性反应 与氧化剂接触发生猛烈反应。能腐蚀轻金属和铜。

禁忌物 强氧化剂、强酸。

毒性 大鼠经口 LD_{50}：1300mg/kg；小鼠吸入 LC_{50}：5000mg/m^3；兔经皮 LD_{50}：1.26mL/kg；人吸入 TCL_0：200ppm。

中毒表现 人吸入1000mg/m^{3}的本品几秒钟，即出现恶心和呕吐。

侵入途径 吸入、食入、经皮吸收。

职业接触限值 中国：PC－TWA：50mg/m^3［皮］。

美国(ACGIH)：TLV－TWA：2ppm［皮］。

理化特性与用途

理化特性 无色液体，有氨味。混溶于水，溶于乙醇、乙醚、丙酮、苯、石油醚等。熔点－70℃，沸点163℃，相对密度(水＝1)0.88，相对蒸气密度(空气＝1)4.03，饱和蒸气压2.8kPa(20℃)，辛醇/水分配系数0.46，闪点52℃(闭杯)、60℃(开杯)，引燃温度250℃，爆炸下限6.7%，爆炸上限11.7%。

主要用途 用于有机合成，用作医药中间体、织物软化剂、乳化剂、固化剂等。

包装与储运

包装标志 腐蚀品，易燃液体

包装类别 Ⅱ类

安全储运 储存于阴凉、通风的库房。远离火种、热源。储存温度不超过30℃，相对湿度不超过80%。保持容器密封。应与氧化剂、酸类、食用化学品分开存放，切忌混储。采用防爆型照明、通风设施。禁止使用易产生火花的机械设备和工具。储区应备有泄漏应急处理设备和合适的收容材料。

紧急处置信息

急救措施

吸入：迅速脱离现场至空气新鲜处。保持呼吸道通畅。如呼吸困难，给输氧。如呼吸、心跳停止，立即进行心肺复苏术。就医。

眼睛接触：立即分开眼睑，用大量流动清水或生理盐水彻底冲洗10~15min。就医。

皮肤接触：立即脱去污染的衣着，用大量流动清水彻底冲洗皮肤，冲洗时间一般要求20~30min。就医。

食入：用水漱口，禁止催吐。就医。

灭火方法 消防人员须佩戴防毒面具，穿全身消防服，在上风向灭火。尽可能将容器从火场移至空旷处。喷水保持火场容器冷却，直至灭火结束。处在火场中的容器若已变色或从安全泄压装置中发出声音，必须马上撤离。

灭火剂：雾状水、抗溶性泡沫、干粉、二氧化碳、砂土。

泄漏应急处置 消除所有点火源。根据液体流动和蒸气扩散的影响区域划定警戒区，无关人员从侧风、上风向撤离至安全区。建议应急处理人员戴正压自给式呼吸器，穿防静电、防腐蚀、防毒服，戴橡胶手套。作业时使用的所有设备应接地。禁止接触或跨越泄漏物。尽可能切断泄漏源。防止泄漏物进入水体、下水道、地下室或受限空间。小量泄漏：用砂土或其他不燃材料吸收。使用洁净的无火花工具收集吸收材料。大量泄漏：构筑围堤或挖坑收容。用抗溶性泡沫覆盖，减少蒸发。喷水雾能减少蒸发，但不能降低泄漏物在受限空间内的易燃性。用防爆、耐腐蚀泵转移至槽车或专用收集器内。

173. 二乙硫醚

标识

中文名称 二乙硫醚

英文名称 diethyl sulfide；ethyl sulfide

别名 二乙基硫；硫代乙醚

分子式 $C_4H_{10}S$

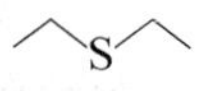

CAS 号 352-93-2

WGH 号 32115；31215［铁规］

UN 号 2375

危害信息

危险性类别 第3类易燃液体。

燃烧与爆炸危险性 易燃。其蒸气与空气混合，能形成爆炸性混合物。受热分解。遇酸及酸雾、水及水蒸气均能生成有毒和易燃的气体。燃烧产生有毒的一氧化碳、硫化氢、氧化硫。

活性反应 与强氧化剂发生反应，可引起燃烧。遇酸及酸雾、水及水蒸气均能生成有毒和易燃的气体。

禁忌物 强氧化剂、酸及酸雾、水及水蒸气。

毒性 小鼠吸入 LC：>1850mg/m^3(10min)。

蒸气对眼、黏膜和上呼吸道有刺激性。对皮肤有刺激性。

中毒表现 接触后可引起头痛、恶心和呕吐。

侵入途径 吸入、食入、经皮吸收。

理化特性与用途

理化特性 无色油状液体，有大蒜样气味。微溶于水，微溶于四氯化碳，溶于乙醇、乙醚。熔点 -103.9℃，沸点 92~93℃，相对密度(水=1)0.837(20℃/4℃)，相当蒸气密度(空气=1)3.11，饱和蒸气压 8.0kPa(25℃)，辛醇/水分配系数 1.95，闪点 -6.7℃。

主要用途 用于有机合成，用作特定溶剂，及用于金银电镀等。

包装与储运

包装标志 易燃液体，有毒品[铁规]

包装类别 Ⅱ类

安全储运 储存于阴凉、通风的库房。远离火种、热源。库温不宜超过37℃。保持容器密封。应与氧化剂分开存放，切忌混储。采用防爆型照明、通风设施。禁止使用易产生火花的机械设备和工具。灌装时注意流速，防止静电积聚。储区应备有泄漏应急处理设备和合适的收容材料。

紧急处置信息

急救措施

吸入： 脱离现场至空气新鲜处。如呼吸困难，给输氧。如呼吸、心跳停止，立即进行心肺复苏术。就医。

眼睛接触： 分开眼睑，用流动清水或生理盐水冲洗。如有不适感，就医。

皮肤接触： 脱去污染的衣着，用肥皂水和清水彻底冲洗皮肤。如有不适感，就医。

食入： 饮水，禁止催吐。就医。

灭火方法 消防人员必须佩戴空气呼吸器，穿全身防火防毒服，在上风向灭火。喷水冷却容器，可能的话将容器从火场移至空旷处。处在火场中的容器若已变色或从安全泄压装置中发出声音，必须马上撤离。

灭火剂：泡沫、二氧化碳、干粉、砂土。

泄漏应急处置 消除所有点火源。根据液体流动和蒸气扩散的影响区域划定警戒区，无关人员从侧风、上风向撤离至安全区。建议应急处理人员戴正压自给式呼吸器，穿防静电服，戴橡胶手套。作业时使用的所有设备应接地。禁止接触或跨越泄漏物。尽可能切断泄漏源。防止泄漏物进入水体、下水道、地下室或受限空间。小量泄漏：用砂土或其他不燃材料吸收。使用洁净的无火花工具收集吸收材料。大量泄漏：构筑围堤或挖坑收容。用抗溶性泡沫覆盖，减少蒸发。喷水雾能减少蒸发，但不能降低泄漏物在受限空间内的易燃性。用防爆泵转移至槽车或专用收集器内。

174. 1,2－二乙烯基苯

标　识

中文名称　1,2－二乙烯基苯

英文名称　1,2－divinylbenzene；*o*－divinylbenzene

别名　邻二乙烯苯

分子式　$C_{10}H_{10}$

CAS 号　91－14－5

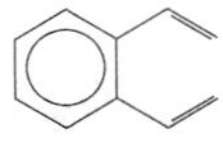

危害信息

燃烧与爆炸危险性　可燃。其蒸气与空气混合，能形成爆炸性混合物。燃烧产生有毒的一氧化碳气体。

禁忌物　强氧化剂、强酸。

毒性　大鼠经口 LD_{50}：4550mg/kg。

中毒表现　长期接触本品蒸气有头痛、上呼吸道刺激症状；皮肤脱脂、粗糙和皲裂。动物实验具有麻醉作用和轻度刺激作用。

侵入途径　吸入、食入。

理化特性与用途

理化特性　无色液体，有特殊臭味。不溶于水。熔点－67℃，沸点 199.5℃、76℃(1.9kPa)，相对密度(水＝1)0.91，相对蒸气密度(空气＝1)4.48，饱和蒸气压 0.13kPa(32.7℃)，辛醇/水分配系数 3.59，闪点 69℃，引燃温度 470℃，爆炸下限 0.69%，爆炸上限 6.2%。

主要用途　是一种十分有用的交联剂，广泛用于离子交换树脂、离子交换膜、ABS 树脂、聚苯乙烯树脂、不饱和聚酯树脂、合成橡胶、木材加工、碳加工等。

包装与储运

安全储运　通常商品加有阻聚剂。储存于阴凉、通风的库房。保持容器密封。远离火种、热源。应与强氧化剂、酸类等隔离储运。搬运时轻装轻卸，防止容器受损。

紧急处置信息

急救措施

吸入：脱离现场至空气新鲜处。如呼吸困难，给输氧。就医。

眼睛接触：分开眼睑，用流动清水或生理盐水冲洗。如有不适感，就医。

皮肤接触：立即脱去污染的衣着，用肥皂水和清水彻底冲洗皮肤。如有不适感，就医。

食入：饮足量温水，催吐、洗胃、导泻。就医。

灭火方法　消防人员须佩戴防毒面具，穿全身消防服，在上风向灭火。尽可能将容器从火场移至空旷处。喷水保持火场容器冷却，直至灭火结束。处在火场中的容器若已变色或从安全泄压装置中发出声音，必须马上撤离。

灭火剂：雾状水、泡沫、干粉、二氧化碳、砂土。

泄漏应急处置 根据液体流动和蒸气扩散的影响区域划定警戒区，无关人员从侧风、上风向撤离至安全区。消除所有点火源。建议应急处理人员戴防毒面具，穿防毒服，戴橡胶手套。穿上适当的防护服前严禁接触破裂的容器和泄漏物。尽可能切断泄漏源。防止泄漏物进入水体、下水道、地下室或受限空间。小量泄漏：用干燥的砂土或其他不燃材料吸收或覆盖，收集于容器中。大量泄漏：构筑围堤或挖坑收容。用泵转移至槽车或专用收集器内。

175. 1,4－二异丙基苯

标　识

中文名称 1,4－二异丙基苯

英文名称 1,4－diisopropylbenzene；*p*－diisopropylbenzene

别名 对二异丙基苯

分子式 $C_{12}H_{18}$

CAS 号 100－18－5

危害信息

燃烧与爆炸危险性 可燃。其蒸气与空气混合，能形成爆炸性混合物。

禁忌物 强氧化剂。

毒性 小鼠经口 LD_{50}：2400mg/kg。

侵入途径 吸入、食入。

环境危害 对水生生物有极高毒性，可能在水生环境中造成长期不利影响。

理化特性与用途

理化特性 无色透明液体。不溶于水，溶于乙醇、乙醚、丙酮、苯。熔点－17℃，沸点203～210.4℃，相对密度(水＝1)0.86，相对蒸气密度(空气＝1)5.6，饱和蒸气压0.033kPa(25℃)，临界温度416℃，临界压力2.45MPa，辛醇/水分配系数4.8，闪点76℃，引燃温度448.9℃。

主要用途 用于有机合成，用作溶剂等。

包装与储运

安全储运 储存于阴凉、通风的库房。保持容器密封。远离火种、热源。应与强氧化剂等隔离储运。搬运时轻装轻卸，防止容器受损。

紧急处置信息

急救措施

吸入：脱离现场至空气新鲜处。如有不适感，就医。

眼睛接触：分开眼睑，用流动清水或生理盐水冲洗。如有不适感，就医。

皮肤接触：立即脱去污染的衣着，用肥皂水和清水彻底冲洗皮肤。如有不适感，就医。

食入：饮足量温水，催吐、洗胃、导泻。就医。

灭火方法 消防人员须佩戴防毒面具，穿全身消防服，在上风向灭火。尽可能将容器

从火场移至空旷处。喷水保持火场容器冷却，直至灭火结束。

灭火剂：雾状水、泡沫、干粉、二氧化碳、砂土。

泄漏应急处置 根据液体流动和蒸气扩散的影响区域划定警戒区，无关人员从侧风、上风向撤离至安全区。消除所有点火源。建议应急处理人员戴防毒面具，穿防毒服，戴橡胶手套。穿上适当的防护服前严禁接触破裂的容器和泄漏物。尽可能切断泄漏源。防止泄漏物进入水体、下水道、地下室或受限空间。小量泄漏：用干燥的砂土或其他不燃材料吸收或覆盖，收集于容器中。大量泄漏：构筑围堤或挖坑收容。用泵转移至槽车或专用收集器内。

176. 二异戊胺

标识

中文名称 二异戊胺

英文名称 diisopentylamine; 3 - methyl - *N* - (3 - methylbutyl) - 1 - butanamine; diisoamylamine

别名 *N*, *N* - 二(3 - 甲基丁基)胺

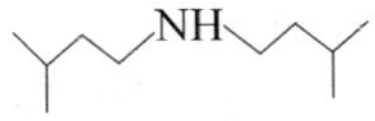

分子式 $C_{10}H_{23}N$

CAS 号 544 - 00 - 3

危害信息

燃烧与爆炸危险性 易燃。其蒸气与空气混合，能形成爆炸性混合物。燃烧分解时，放出有毒的氮氧化物气体。

活性反应 与氧化剂接触，有引起燃烧爆炸的危险。

禁忌物 强氧化剂、强酸、酰基氯。

中毒表现 误服可发生中毒。中毒后出现头晕、恶心、呕吐、视物不清、瞳孔散大、呼吸困难、面色苍白，继之出现紫绀、躁动和抽搐，终至呼吸麻痹、心跳停止。肝、肾受到损害。

侵入途径 吸入、食入

理化特性与用途

理化特性 无色液体。微溶于水，溶于醇、醚、氯仿。熔点 -44℃，沸点 188℃，相对密度(水 =1)0.77(20℃)，辛醇/水分配系数 3.61，闪点 58℃。

主要用途 用于医药、染料、抗氧剂、乳化剂、防腐剂和橡胶硫化促进剂等的生产。

包装与储运

安全储运 储存于阴凉、通风的库房。保持容器密封。远离火种、热源。应与氧化剂、酸类、食用化学品等隔离储运。搬运时轻装轻卸，防止容器受损。

紧急处置信息

急救措施

吸入：迅速脱离现场至空气新鲜处。保持呼吸道通畅。如呼吸困难，给输氧。如呼吸、心跳停止，立即进行心肺复苏术。就医。

眼睛接触： 立即分开眼睑，用流动清水或生理盐水彻底冲洗。就医。

皮肤接触： 立即脱去污染的衣着，用肥皂水和清水彻底冲洗。就医。

食入： 饮足量温水，催吐、洗胃、导泻。就医。

灭火方法 消防人员须佩戴防毒面具，穿全身消防服，在上风向灭火。尽可能将容器从火场移至空旷处。喷水保持火场容器冷却，直至灭火结束。处在火场中的容器若已变色或从安全泄压装置中发出声音，必须马上撤离。

灭火剂：雾状水、泡沫、干粉、二氧化碳、砂土。

泄漏应急处置 根据液体流动和蒸气扩散的影响区域划定警戒区，无关人员从侧风、上风向撤离至安全区。消除所有点火源。建议应急处理人员戴防毒面具，穿防静电服，戴橡胶手套。穿上适当的防护服前严禁接触破裂的容器和泄漏物。尽可能切断泄漏源。防止泄漏物进入水体、下水道、地下室或受限空间。小量泄漏：用干燥的砂土或其他不燃材料吸收或覆盖，收集于容器中。大量泄漏：构筑围堤或挖坑收容。用防爆泵转移至槽车或专用收集器内。

177. 二 正 丙 胺

标　识

中文名称 二正丙胺

英文名称 dipropylamine；*N* – propyl – 1 – propanamine

别名 二丙胺；*N* – 丙基 – 1 – 丙胺

分子式 $C_6H_{15}N$

CAS 号 142 – 84 – 7

WGH 号 32170；31270［铁规］

UN 号 2383

危害信息

危险性类别 第 3 类易燃液体。

燃烧与爆炸危险性 易燃。其蒸气与空气混合，能形成爆炸性混合物。燃烧产生有毒的一氧化碳和氮氧化物气体。蒸气比空气重，能在较低处扩散到相当远的地方，遇火源会着火回燃和爆炸(闪爆)。具有腐蚀性。

禁忌物 强氧化剂、酸类。

毒性 大鼠经口 LD_{50}：300mg/kg；大鼠吸入 LC_{50}：4400mg/m^3（4h）；兔经皮 LD_{50}：925mg/kg。

中毒表现 本品对呼吸道有刺激作用。可引起剧咳、胸痛，可引起肺水肿，此外尚可出现头痛、恶心、虚弱、焦虑等症状。口服刺激口腔和胃。眼接触有强烈的刺激性，角膜发生水肿。对皮肤有强烈的刺激作用，可引起坏死。

侵入途径 吸入、食入、经皮吸收。

理化特性与用途

理化特性 无色透明液体，有氨味。混溶于乙醚，易溶于丙酮，溶于乙醇。熔点 – 63℃，沸点 109.3℃，相对密度(水 = 1)0.74，相对蒸气密度(空气 = 1)3.5，饱和蒸气压 2.7kPa

(20℃)，燃烧热 -4411.9kJ/mol，临界温度 282.8℃，临界压力 3.63MPa，辛醇/水分配系数 1.67，闪点 17℃(开杯)、7℃(闭杯)，引燃温度 275℃，爆炸下限 1.8%，爆炸上限 9.3%。

主要用途 用作有机合成中间体及溶剂。

包装与储运

包装标志 易燃液体，腐蚀品

包装类别 Ⅱ类

安全储运 储存于阴凉、通风的库房。远离火种、热源。储存温度不超过 30℃，相对湿度不超过 80%。保持容器密封。应与氧化剂、酸类分开存放，切忌混储。采用防爆型照明、通风设施。禁止使用易产生火花的机械设备和工具。储区应备有泄漏应急处理设备和合适的收容材料。

紧急处置信息

急救措施

吸入：迅速脱离现场至空气新鲜处。保持呼吸道通畅。如呼吸困难，给输氧。呼吸、心跳停止，立即进行心肺复苏术。就医。

眼睛接触：立即分开眼睑，用大量流动清水或生理盐水彻底冲洗 10~15min。就医。

皮肤接触：立即脱去污染的衣着，用大量流动清水彻底冲洗，冲洗时间一般要求 20~30min。就医。

食入：用水漱口，禁止催吐。给饮牛奶或蛋清。就医。

灭火方法 消防人员须穿全身消防服，佩戴空气呼吸器，在上风向灭火。尽可能将容器从火场移至空旷处。喷水保持火场容器冷却，直至灭火结束。处在火场中的容器若发生异常变化或发出异常声音，须马上撤离。

灭火剂：抗溶性泡沫、二氧化碳、干粉、砂土。

泄漏应急处置 消除所有点火源。根据液体流动和蒸气扩散的影响区域划定警戒区，无关人员从侧风、上风向撤离至安全区。建议应急处理人员戴正压自给式呼吸器，穿防静电、防腐蚀、防毒服，戴橡胶耐油手套。作业时使用的所有设备应接地。禁止接触或跨越泄漏物。尽可能切断泄漏源。防止泄漏物进入水体、下水道、地下室或受限空间。小量泄漏：用砂土或其他不燃材料吸收。使用洁净的无火花工具收集吸收材料。大量泄漏：构筑围堤或挖坑收容。用砂土、惰性物质或蛭石吸收大量液体。用泡沫覆盖，减少蒸发。喷水雾能减少蒸发，但不能降低泄漏物在受限空间内的易燃性。用防爆、耐腐蚀泵转移至槽车或专用收集器内。喷雾状水驱散蒸气、稀释液体泄漏物。

178. 钒 酸 钠

标 识

中文名称 钒酸钠

英文名称 sodium vanadate(V)；sodium metavanadate

别名 偏钒酸钠

分子式 $NaVO_3$

CAS 号 13718-26-8

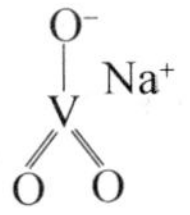

危害信息

燃烧与爆炸危险性 不燃，无特殊燃爆特性。

禁忌物 强氧化剂。

毒性 大鼠经口 LD_{50}：98mg/kg；小鼠经口 LD_{50}：74.6mg/kg。

中毒表现 对眼睛、皮肤、黏膜和上呼吸道有刺激作用。中毒症状有恶心、呕吐，有时体温升高、消瘦、头痛、疲乏无力、干咳等。大量吸入或口服可致死。

侵入途径 吸入、食入。

环境危害 对水生生物有害。

理化特性与用途

理化特性 白色至黄色或浅绿色结晶粉末。溶于水，微溶于乙醇。pH 值 8.7(10% 水溶液)，熔点 630℃，相对密度(水 =1)5.15。

主要用途 用于煤气脱硫、照相及用作媒染剂。

包装与储运

安全储运 储存于阴凉、通风的库房。保持容器密封。远离火种、热源。搬运时轻装轻卸，防止容器受损。

紧急处置信息

急救措施

吸入： 迅速脱离现场至空气新鲜处。保持呼吸道通畅。如呼吸困难，给输氧。呼吸、心跳停止，立即进行心肺复苏术。就医。

眼睛接触： 分开眼睑，用流动清水或生理盐水冲洗。如有不适感，就医。

皮肤接触： 脱去污染的衣着，用大量流动清水冲洗。如有不适感，就医。

食入： 饮足量温水，催吐、洗胃、导泻。就医。

灭火方法 消防人员必须戴空气呼吸器，穿全身防火防毒服，在上风向灭火。灭火时尽可能将容器从火场移至空旷处。本品不燃。根据着火原因选择适当灭火剂灭火。

泄漏应急处置 隔离泄漏污染区，限制出入。建议应急处理人员戴防尘口罩，穿防毒服，戴防毒手套。穿上适当的防护服前严禁接触破裂的容器和泄漏物。尽可能切断泄漏源。用塑料布覆盖泄漏物，减少飞散。勿使水进入包装容器内。用洁净的铲子收集泄漏物，置于干净、干燥、盖子较松的容器中，将容器移离泄漏区。

179. 防老剂 NBC

标　识

中文名称 防老剂 NBC

英文名称 nickel bis(dibutyldithiocarbamate)；bis(dibutyldithio - carbamate)nickel

别名 二丁基二硫代氨基甲酸镍；双(二丁氨基二硫代甲酸)镍

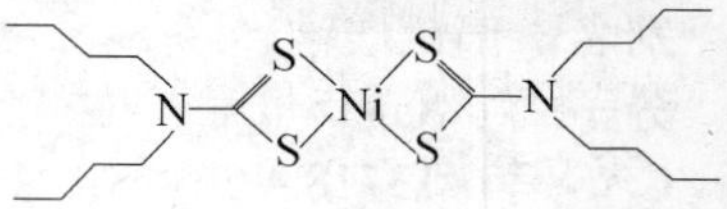

分子式 $C_{18}H_{36}N_2NiS_4$

CAS 号 13927－77－0

危害信息

燃烧与爆炸危险性 可燃，其粉体与空气混合，能形成爆炸性混合物。燃烧产生有毒的一氧化碳、氮氧化物和氧化硫气体。

活性反应 遇明火、高热可燃。

禁忌物 强氧化剂。

毒性 大鼠经口 LD_{50}：17000mg/kg。

侵入途径 吸入、食入。

环境危害 对水生生物有极高毒性。

理化特性与用途

理化特性 深绿色粉末。不溶于水，微溶于乙醇、丙酮，溶于氯仿、苯、二硫化碳。熔点 86～88℃，相对密度(水＝1)1.26(25℃)，闪点 260℃。

主要用途 用作高分子材料的光稳定剂和抗臭氧剂，橡胶硫化促进剂和合成橡胶抗氧剂；用于合成橡胶防止日光龟裂、臭氧龟裂等。

包装与储运

安全储运 储存于阴凉、通风的库房。保持容器密封。远离火种、热源。应与强氧化剂等隔离储运。搬运时轻装轻卸，防止容器受损。

紧急处置信息

急救措施

吸入：脱离现场至空气新鲜处。如呼吸困难，给输氧。就医。

眼睛接触：分开眼睑，用流动清水或生理盐水冲洗。如有不适感，就医。

皮肤接触：脱去污染的衣着，用大量流动清水冲洗。如有不适感，就医。

食入：饮足量温水，催吐。就医。

灭火方法 消防人员须佩戴防毒面具，穿全身消防服，在上风向灭火。尽可能将容器从火场移至空旷处。喷水保持火场容器冷却，直至灭火结束。

灭火剂：雾状水、泡沫、干粉、二氧化碳、砂土。

泄漏应急处置 隔离泄漏污染区，限制出入。消除所有点火源。建议应急处理人员戴防尘口罩，穿防毒服，戴橡胶手套。穿上适当的防护服前严禁接触破裂的容器和泄漏物。尽可能切断泄漏源。用塑料布覆盖泄漏物，减少飞散。勿使水进入包装容器内。用洁净的铲子收集泄漏物，置于干净、干燥、盖子较松的容器中，将容器移离泄漏区。

180. 非草隆

标　识

中文名称 非草隆

英文名称 fenuron；1,1－dimethyl－3－phenylurea；*N*,*N*－dimethyl－*N*′－phenylurea

别名 1,1－二甲基－3－苯基脲

分子式 $C_9H_{12}N_2O$

CAS 号 101 – 42 – 8

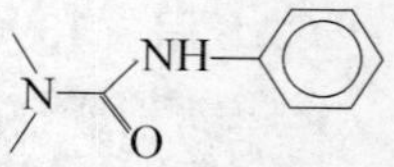

危害信息

燃烧与爆炸危险性 可燃，其粉体与空气混合，能形成爆炸性混合物。燃烧产生有毒的一氧化碳和氮氧化物气体。受高热分解放出有毒的气体。

禁忌物 强氧化剂。

毒性 大鼠经口 LD_{50}：6400mg/kg；小鼠经口 LD_{50}：4700mg/kg。

侵入途径 吸入、食入。

理化特性与用途

理化特性 无色或白色无臭结晶。微溶于水，微溶于烃类，易溶于乙醇、丙酮、氯仿。熔点 133 ~ 134℃，相对密度（水 = 1）1.08（20℃/20℃），饱和蒸气压 21MPa（60℃），辛醇/水分配系数 0.98。

主要用途 用作除草剂，主要用于非耕地防除木本植物、多年生杂草及深根多年生杂草。

包装与储运

安全储运 储存于阴凉、通风的库房。保持容器密封。远离火种、热源。应与强氧化剂等隔离储运。搬运时轻装轻卸，防止容器受损。

紧急处置信息

急救措施

吸入： 迅速脱离现场至空气新鲜处。保持呼吸道通畅。如呼吸困难，给输氧。呼吸、心跳停止，立即进行心肺复苏术。就医。

眼睛接触： 分开眼睑，用流动清水或生理盐水冲洗。如有不适感，就医。

皮肤接触： 脱去污染的衣着，用流动清水冲洗。如有不适感，就医。

食入： 饮足量温水，催吐、洗胃、导泻。就医。

灭火方法 消防人员必须佩戴空气呼吸器，穿全身防火防毒服，在上风向灭火。尽可能将容器从火场移至空旷处。喷水保持火场容器冷却，直至灭火结束。

灭火剂：雾状水、泡沫、干粉、二氧化碳、砂土。

泄漏应急处置 隔离泄漏污染区，限制出入。消除所有点火源。建议应急处理人员戴防尘口罩，穿防毒服，戴防护手套。穿上适当的防护服前严禁接触破裂的容器和泄漏物。尽可能切断泄漏源。用塑料布覆盖泄漏物，减少飞散。勿使水进入包装容器内。用洁净的铲子收集泄漏物，置于干净、干燥、盖子较松的容器中，将容器移离泄漏区。

181. 菲

标　识

中文名称 菲

英文名称 phenanthrene

分子式　$C_{14}H_{10}$

CAS 号　85 - 01 - 8

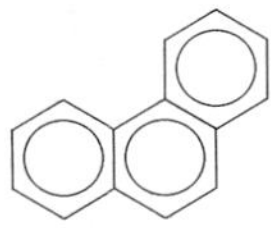

危害信息

燃烧与爆炸危险性　可燃，其粉体与空气混合，能形成爆炸性混合物。燃烧产生有害的一氧化碳和成分未知的黑色烟雾。受高热分解，放出刺激性烟气。

禁忌物　强氧化剂。

毒性　大鼠经口 LD_{50}：1800mg/kg；小鼠经口 LD_{50}：700mg/kg。

中毒表现　有致敏作用。未见职业中毒的报道。

侵入途径　吸入、食入、经皮吸收。

环境危害　对水生生物有极高毒性，可能在水生环境中造成长期不利影响。

理化特性与用途

理化特性　无色带荧光的单斜片状结晶体，略有芳香味。不溶于水，溶于乙醇、乙醚、苯、甲苯、二硫化碳、氯仿、四氯化碳、乙酸等有机溶剂。熔点 99 ~ 101℃，沸点 340℃，相对密度(水 = 1)1.06，相对蒸气密度(空气 = 1)6.14，饱和蒸气压 0.13kPa(118.2℃)，临界温度 600℃，临界压力 3.3MPa，燃烧热 - 7049kJ/mol，辛醇/水分配系数 4.57，闪点 171℃(开杯)，引燃温度 > 450℃，爆炸下限 5.04g/cm^3。

主要用途　可用于染料工业、造纸工业、制药工业、塑料工业等工业部门，合成树脂、植物生长激素、还原染料、鞣剂等；菲经氢化制得全氢菲可用于生产喷气飞机的燃料；还用于生物研究。

包装与储运

安全储运　储存于阴凉、通风的库房。保持容器密封。远离火种、热源。应与强氧化剂等隔离储运。搬运时轻装轻卸，防止容器受损。

紧急处置信息

急救措施

吸入：脱离现场至空气新鲜处。如有不适感，就医。

眼睛接触：分开眼睑，用流动清水或生理盐水冲洗。如有不适感，就医。

皮肤接触：脱去污染的衣着，用肥皂水和清水彻底冲洗皮肤。如有不适感，就医。

食入：饮足量温水，催吐。就医。

灭火方法　消防人员须佩戴防毒面具，穿全身消防服，在上风向灭火。尽可能将容器从火场移至空旷处。喷水保持火场容器冷却，直至灭火结束。

灭火剂：雾状水、泡沫、干粉、二氧化碳、砂土。

泄漏应急处置　隔离泄漏污染区，限制出入。消除所有点火源。建议应急处理人员戴防尘口罩，穿防毒服，戴防护手套。穿上适当的防护服前严禁接触破裂的容器和泄漏物。尽可能切断泄漏源。用塑料布覆盖泄漏物，减少飞散。勿使水进入包装容器内。用洁净的铲子收集泄漏物，置于干净、干燥、盖子较松的容器中，将容器移离泄漏区。

182. 吩　噻　嗪

标　识

中文名称　吩噻嗪

英文名称　phenothiazine；thiodiphenylamine；10H－phenothiazine

别名　10H－吩噻嗪；硫化二苯胺；夹硫氮（杂）蒽

分子式　$C_{12}H_9NS$

CAS 号　92－84－2

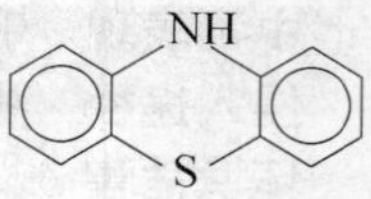

危害信息

燃烧与爆炸危险性　可燃，其粉体与空气混合，能形成爆炸性混合物。燃烧产生有毒的一氧化碳、氧化硫气体。

禁忌物　强氧化剂。

毒性　小鼠经口 LD_{50}：5000mg/kg。

中毒表现　大量接触时能引起溶血性贫血和肝功能的损害，对皮肤有刺激性，有光敏作用。

侵入途径　吸入、食入。

职业接触限值　美国（ACGIH）：TLV－TWA：5ppm。

环境危害　对水生生物有极高毒性，可能在水生环境中造成长期不利影响。

理化特性与用途

理化特性　黄色至灰绿色片状结晶或粉末，对空气和光敏感，暴露于日光下颜色变深。不溶于水，易溶于苯、丙酮，溶于乙醚、热乙酸，微溶于乙醇、矿物油，不溶于石油醚、氯仿。熔点 182～187℃，沸点 371℃，饱和蒸气压 5.3kPa（290℃），辛醇/水分配系数 4.15，闪点 177℃，引燃温度 470℃。

主要用途　用于制造染料和药物，用作阻聚剂、抗氧剂等。

包装与储运

安全储运　储存于阴凉、通风的库房。远离火种、热源。保持容器密封。避免接触空气和光照。应与强氧化剂等隔离储运。搬运时轻装轻卸，防止容器受损。

紧急处置信息

急救措施

吸入：迅速脱离现场至空气新鲜处。保持呼吸道通畅。如呼吸困难，给输氧。呼吸、心跳停止，立即进行心肺复苏术。就医。

眼睛接触：分开眼睑，用流动清水或生理盐水冲洗。如有不适感，就医。

皮肤接触：立即脱去污染的衣着，用肥皂水和清水彻底冲洗皮肤。如有不适感，就医。

食入：饮足量温水，催吐。就医。

灭火方法　消防人员须佩戴防毒面具，穿全身消防服，在上风向灭火。尽可能将容器从火场移至空旷处。喷水保持火场容器冷却，直至灭火结束。

灭火剂：雾状水、泡沫、干粉、二氧化碳、砂土。

泄漏应急处置 隔离泄漏污染区，限制出入。消除所有点火源。建议应急处理人员戴防尘口罩，穿防毒服，戴橡胶手套。穿上适当的防护服前严禁接触破裂的容器和泄漏物。尽可能切断泄漏源。用塑料布覆盖泄漏物，减少飞散。勿使水进入包装容器内。用洁净的铲子收集泄漏物，置于干净、干燥、盖子较松的容器中，将容器移离泄漏区。

183. 氟

标 识

中文名称 氟

英文名称 fluorine

分子式 F_2

CAS 号 7782－41－4

WGH 号 23001

UN 号 1045

F—F

危害信息

危险性类别 第 2. 3 类有毒气体。

燃烧与爆炸危险性 助燃。与可燃物混合会发生爆炸。遇水剧烈反应。对许多金属有腐蚀性，并能形成一层保护性金属氟化物。

活性反应 是最活泼的非金属元素，几乎可与所有的物质发生剧烈反应而燃烧。与氢气混合时会引起爆炸。特别是与水或杂质接触时，可发生激烈反应而燃烧，使容器破裂。氟对许多金属有腐蚀性，并能形成一层保护性金属氟化物。

禁忌物 易燃或可燃物、活性金属粉末、氨、联胺等。

毒性 大鼠吸入 LC_{50}：185ppm(1h)；小鼠吸入 LC_{50}：150ppm(1h)。

本品已列入《剧毒化学品目录》。

中毒表现 高浓度对上呼吸道有强烈刺激，可引起肺水肿、肺出血、喉及支气管痉挛；对皮肤、黏膜有强烈的刺激作用，高浓度时可引起灼伤。对眼有强烈刺激性。

慢性影响表现为可引起慢性鼻炎、咽炎、喉炎、气管炎、植物神经功能紊乱和骨骼改变。

侵入途径 吸入。

职业接触限值 美国(ACGIH)：TLV－TWA：1ppm，TLV－STEL：2ppm。

理化特性与用途

理化特性 黄绿色气体，有不愉快气味。溶于水，发生分解。熔点－219. 61℃，沸点－188. 13℃，相对密度(水＝1)1. 5127(－188. 13℃，液体)，相对蒸气密度(空气＝1)1. 3，饱和蒸气压 101. 3kPa(－187. 8℃)，临界温度－129℃，临界压力 5. 57MPa。

主要用途 用作火箭燃料中的氧化剂，以及用于氟化合物、含氟塑料、氟橡胶等的制造。

包装与储运

包装标志 有毒气体，氧化剂，腐蚀品。

安全储运 储存于阴凉、通风的有毒气体专用库房。保持容器密封。远离火种、热源。

库温不宜超过30℃，相对湿度不超过80%。应与易(可)燃物、活性金属粉末、食用化学品、氨等分开存放，切忌混储。储区应备有泄漏应急处理设备。应严格执行剧毒化学品管理制度。搬运时轻装轻卸，须戴好钢瓶安全帽和防震橡皮圈，防止钢瓶撞击。

紧急处置信息

急救措施

吸入：迅速脱离现场至空气新鲜处。保持呼吸道通畅。如呼吸困难，给输氧。呼吸、心跳停止，立即进行心肺复苏术。就医。

眼睛接触：分开眼睑，用流动清水或生理盐水冲洗。如有不适感，就医。

皮肤接触：用大量流动清水冲洗。如有不适感，就医。

食入：不会通过该途径接触。

灭火方法　切断气源。须有无人操纵的定点水塔和雾状水保持火场中容器冷却。切不可将水喷到漏气的地方，否则会助长火势。本品不燃，根据着火原因选择适当灭火剂灭火。

泄漏应急处置　根据气体扩散的影响区域划定警戒区，无关人员从侧风、上风向撤离至安全区。建议应急处理人员穿内置正压自给式呼吸器的全封闭防化服。禁止接触或跨越泄漏物。勿使泄漏物与可燃物质(如木材、纸、油等)接触。尽可能切断泄漏源。喷雾状水抑制蒸气或改变蒸气云流向，避免水流接触泄漏物。禁止用水直接冲击泄漏物或泄漏源。防止气体通过下水道、通风系统和受限空间扩散。隔离泄漏区直至气体散尽。泄漏场所保持通风。

184. 2－氟苯甲酸

标　识

中文名称　2－氟苯甲酸

英文名称　2－fluorobenzoic acid；*o*－fluorobenzoic acid

别名　邻氟苯甲酸

分子式　$C_7H_5FO_2$

CAS号　445－29－4

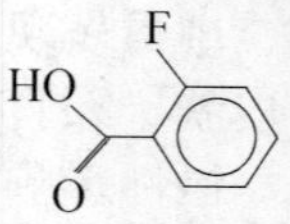

危害信息

燃烧与爆炸危险性　可燃，其粉体与空气混合，能形成爆炸性混合物。受高热分解放出有毒的气体。

禁忌物　强氧化剂、强碱。

中毒表现　对眼睛、皮肤和黏膜有刺激作用，具麻醉作用，对肝、肾也有损害作用。

侵入途径　吸入、食入、经皮吸收。

理化特性与用途

理化特性　白色针状结晶或米色粉末。微溶于水，溶于乙醇、乙醚。熔点123～126.5℃，相对密度(水=1)1.46(25℃/4℃)，饱和蒸气压7.85Pa(25℃)，辛醇/水分配系数1.77，闪点102℃。

主要用途　用作医药、颜料和染料的中间体和用于有机合成。

包装与储运

安全储运 储存于阴凉、通风的库房。保持容器密封。远离火种、热源。应与强氧化剂、碱类等隔离储运。搬运时轻装轻卸，防止容器受损。

紧急处置信息

急救措施

吸入： 迅速脱离现场至空气新鲜处。保持呼吸道通畅。如呼吸困难，给输氧。呼吸、心跳停止，立即进行心肺复苏术。就医。

眼睛接触： 分开眼睑，用流动清水或生理盐水冲洗。如有不适感，就医。

皮肤接触： 立即脱去污染的衣着，用大量流动清水冲洗。如有不适感，就医。

食入： 饮足量温水，催吐。就医。

灭火方法 消防人员须佩戴防毒面具，穿全身耐酸碱消防服，在上风向灭火。尽可能将容器从火场移至空旷处。喷水保持火场容器冷却，直至灭火结束。

灭火剂：雾状水、泡沫、干粉、二氧化碳、砂土。

泄漏应急处置 隔离泄漏污染区，限制出入。消除所有点火源。建议应急处理人员戴防尘口罩，穿一般作业工作服，戴橡胶手套。尽可能切断泄漏源。用塑料布覆盖泄漏物，减少飞散。勿使水进入包装容器内。用洁净的铲子收集泄漏物，置于干净、干燥、盖子较松的容器中，将容器移离泄漏区。

185. 3－氟苯甲酸

标　识

中文名称 3－氟苯甲酸

英文名称 3－fluorobenzoic acid；*m*－fluorobenzoic acid

别名 间氟苯甲酸

分子式 $C_7H_5FO_2$

CAS 号 455－38－9

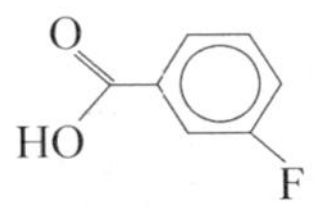

危害信息

燃烧与爆炸危险性 可燃，其粉体与空气混合，能形成爆炸性混合物。受高热分解放出有毒的气体。

禁忌物 强氧化剂、强碱。

中毒表现 本品属低至中等毒类。对眼睛、皮肤和黏膜有刺激作用。具麻醉作用，对肝、肾也有损害作用。

侵入途径 吸入、食入、经皮吸收。

理化特性与用途

理化特性 叶片状结晶或白色至淡黄色粉末。微溶于水。熔点121～125℃，相对密度（水＝1）1.474（25℃/4℃），饱和蒸气压7.85Pa（25℃），辛醇/水分配系数2.15，闪点106℃。

主要用途 用于有机合成。

包装与储运

安全储运　储存于阴凉、通风的库房。保持容器密封。远离火种、热源。应与氧化剂、碱类等隔离储运。搬运时轻装轻卸，防止容器受损。

紧急处置信息

急救措施

吸入：迅速脱离现场至空气新鲜处。保持呼吸道通畅。如呼吸困难，给输氧。呼吸、心跳停止，立即进行心肺复苏术。就医。

眼睛接触：分开眼睑，用流动清水或生理盐水冲洗。如有不适感，就医。

皮肤接触：脱去污染的衣着，用大量流动清水冲洗。如有不适感，就医。

食入：饮足量温水，催吐。就医。

灭火方法　消防人员必须穿全身耐酸碱消防服，佩戴空气呼吸器，在上风向灭火。尽可能将容器从火场移至空旷处。喷水保持火场容器冷却，直至灭火结束。

灭火剂：雾状水、泡沫、干粉、二氧化碳、砂土。

泄漏应急处置　隔离泄漏污染区，限制出入。消除所有点火源。建议应急处理人员戴防尘口罩，穿一般作业工作服，戴橡胶手套。尽可能切断泄漏源。用塑料布覆盖泄漏物，减少飞散。勿使水进入包装容器内。用洁净的铲子收集泄漏物，置于干净、干燥、盖子较松的容器中，将容器移离泄漏区。

186. 4 – 氟苯甲酸

标　识

中文名称　4 – 氟苯甲酸

英文名称　4 – fluorobenzoic acid；p – fluorobenzoic acid

别名　对氟苯甲酸

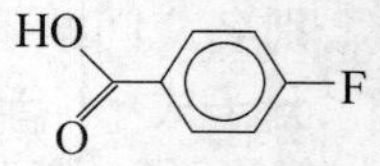

分子式　$C_7H_5FO_2$

CAS 号　456 – 22 – 4

危害信息

燃烧与爆炸危险性　可燃，其粉体与空气混合，能形成爆炸性混合物。受高热分解放出有毒的气体。

禁忌物　强氧化剂、强碱。

中毒表现　本品属低至中等毒类。对眼睛、皮肤和黏膜有刺激作用。具麻醉作用，对肝、肾也有损害作用。

侵入途径　吸入、食入、经皮吸收。

理化特性与用途

理化特性　白色至淡黄色结晶粉末，有特殊的香味。微溶于冷水，溶于热水、乙醇、乙醚。熔点 184 ~ 187℃，相对密度（水 = 1）1.479（25℃/4℃），饱和蒸气压 2.53Pa（25℃），辛醇/水分配系数 2.07，闪点 107℃。

主要用途　用于有机合成，有机微量分析测定氟的标准试剂。

包装与储运

安全储运 储存于阴凉、通风的库房。保持容器密封。远离火种、热源。应与氧化剂、碱类等隔离储运。搬运时轻装轻卸，防止容器受损。

紧急处置信息

急救措施

吸入：迅速脱离现场至空气新鲜处。保持呼吸道通畅。如呼吸困难，给输氧。呼吸、心跳停止，立即进行心肺复苏术。就医。

眼睛接触：分开眼睑，用流动清水或生理盐水冲洗。如有不适感，就医。

皮肤接触：脱去污染的衣着，用大量流动清水冲洗。如有不适感，就医。

食入：饮足量温水，催吐。就医。

灭火方法 消防人员必须穿全身耐酸碱消防服，佩戴空气呼吸器，在上风向灭火。尽可能将容器从火场移至空旷处。喷水保持火场容器冷却，直至灭火结束。

灭火剂：雾状水、泡沫、干粉、二氧化碳、砂土。

泄漏应急处置 隔离泄漏污染区，限制出入。消除所有点火源。建议应急处理人员戴防尘口罩，穿一般作业工作服，戴橡胶手套。尽可能切断泄漏源。用塑料布覆盖泄漏物，减少飞散。勿使水进入包装容器内。用洁净的铲子收集泄漏物，置于干净、干燥、盖子较松的容器中，将容器移离泄漏区。

187. 3－氟丙基硫醇

标　识

中文名称 3－氟丙基硫醇

英文名称 3－fluoro－1－propanethiol；3－fluoropropyl mercaptan；1－mercapto－3－fluoropropane

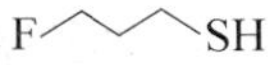

别名 3－氟－1－丙硫醇

分子式 C_3H_7FS

危害信息

燃烧与爆炸危险性 易燃，其蒸气与空气混合，能形成爆炸性混合物。若遇高热，容器内压增大，有开裂和爆炸的危险。蒸气比空气重，能在较低处扩散到相当远的地方，遇火源会着火回燃和爆炸(闪爆)。

活性反应 与氧化剂能发生强烈反应。

禁忌物 强氧化剂。

毒性 小鼠皮下 LD_{50}：＞100mg/kg。

侵入途径 吸入、食入。

理化特性与用途

理化特性 液体。沸点 100～101℃。

主要用途 用于有机合成。

包装与储运

安全储运 储存于阴凉、通风的库房。保持容器密封。远离火种、热源。应与强氧化剂等隔离储运。搬运时轻装轻卸，防止容器受损。

紧急处置信息

急救措施

吸入：脱离现场至空气新鲜处。如有不适感，就医。

眼睛接触：分开眼睑，用流动清水或生理盐水冲洗。如有不适感，就医。

皮肤接触：脱去污染的衣着，用流动清水冲洗。如有不适感，就医。

食入：饮足量温水，催吐。就医。

灭火方法 消防人员须佩戴防毒面具，穿全身消防服，在上风向灭火。尽可能将容器从火场移至空旷处。喷水保持火场容器冷却，直至灭火结束。处在火场中的容器若已变色或从安全泄压装置中发出声音，必须马上撤离。

灭火剂：雾状水、泡沫、干粉、二氧化碳、砂土。

泄漏应急处置 根据液体流动和蒸气扩散的影响区域划定警戒区，无关人员从侧风、上风向撤离至安全区。消除所有点火源。建议应急处理人员戴正压自给式呼吸器，穿防毒、防静电服，戴橡胶手套。穿上适当的防护服前严禁接触破裂的容器和泄漏物。尽可能切断泄漏源。防止泄漏物进入水体、下水道、地下室或受限空间。小量泄漏：用干燥的砂土或其他不燃材料吸收或覆盖，收集于容器中。大量泄漏：构筑围堤或挖坑收容。用防爆泵转移至槽车或专用收集器内。

188. 4－氟丁醇

标　识

中文名称 4－氟丁醇

英文名称 4－fluorobutanol；omega－fluorobutanol

别名 4－氟－1－丁醇

分子式 C_4H_9FO

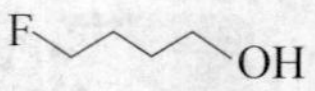

CAS 号 61599－24－4；372－93－C

危害信息

燃烧与爆炸危险性 易燃，其蒸气与空气混合，能形成爆炸性混合物。受热分解放出有毒的氟化物气体。

禁忌物 强氧化剂。

毒性 小鼠腹腔内 LD_{50}：0.9mg/kg。

中毒表现 在体内可生成氟丁酸，再降解为氟乙酸，影响中枢神经系统和心脏。严重者，可因心跳骤停、抽搐发作时窒息或中枢性呼吸衰竭而危及生命。

侵入途径 吸入、食入。

理化特性与用途

理化特性 液体。沸点 57.5℃(2.0kPa)、101.5℃，相对密度(水＝1)0.944，饱和蒸

气压2.0kPa(57.5℃)，闪点45.4℃。

主要用途 用作清洗硅片的溶剂的成分。

包装与储运

安全储运 储存于阴凉、通风的库房。远离火种、热源。保持容器密封。应与氧化剂、食用化学品等隔离储运。搬运时轻装轻卸，防止容器受损。

紧急处置信息

急救措施

吸入：迅速脱离现场至空气新鲜处。保持呼吸道通畅。如呼吸困难，给输氧。呼吸、心跳停止，立即进行心肺复苏术。就医。

眼睛接触：分开眼睑，用流动清水或生理盐水冲洗。如有不适感，就医。

皮肤接触：立即脱去污染的衣着，用肥皂水和清水彻底冲洗皮肤。如有不适感，就医。

食入：饮足量温水，催吐、洗胃、导泻。就医。

灭火方法 消防人员必须佩戴空气呼吸器，穿全身防火防毒服，在上风向灭火。尽可能将容器从火场移至空旷处。喷水保持火场容器冷却，直至灭火结束。处在火场中的容器若已变色或从安全泄压装置中发出声音，必须马上撤离。

灭火剂：雾状水、泡沫、干粉、二氧化碳、砂土。

泄漏应急处置 根据液体流动和蒸气扩散的影响区域划定警戒区，无关人员从侧风、上风向撤离至安全区。消除所有点火源。建议应急处理人员戴正压自给式呼吸器，穿防毒服，戴橡胶手套。穿上适当的防护服前严禁接触破裂的容器和泄漏物。尽可能切断泄漏源。防止泄漏物进入水体、下水道、地下室或受限空间。小量泄漏：用干燥的砂土或其他不燃材料吸收或覆盖，收集于容器中。大量泄漏：构筑围堤或挖坑收容。用泵转移至槽车或专用收集器内。

189. 4－氟丁酸甲酯

标　识

中文名称 4－氟丁酸甲酯

英文名称 4－fluorobutyric acid methyl ester；methyl 4－fluorobutyrate

分子式 $C_5H_9FO_2$

CAS 号 406－20－2

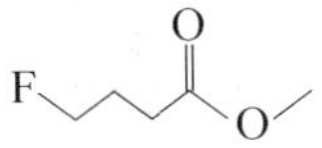

危害信息

燃烧与爆炸危险性 可燃，其蒸气与空气混合，能形成爆炸性混合物。遇高热分解释出高毒烟气。若遇高热，容器内压增大，有开裂和爆炸的危险。

活性反应 与氧化剂可发生反应。

禁忌物 强氧化剂、强碱、强酸。

毒性 大鼠吸入 LC_{50}：350mg/m^3(10min)。

中毒表现 对人能引起恶心、呕吐、上腹痛、目视不清、低血压、心律紊乱、肌痉挛、抽搐、昏迷等。

侵入途径 吸入、食入、经皮吸收。

理化特性与用途

理化特性　液体。不溶于水。沸点 78. 5℃(13. 33kPa)。

主要用途　用作中间体。

包装与储运

安全储运　储存于阴凉、通风的库房。保持容器密封。远离火种、热源。应与氧化剂、酸碱等隔离储运。搬运时轻装轻卸，防止容器受损。

紧急处置信息

急救措施

吸入：迅速脱离现场至空气新鲜处。保持呼吸道通畅。如呼吸困难，给输氧。呼吸、心跳停止，立即进行心肺复苏术。就医。

眼睛接触：分开眼睑，用流动清水或生理盐水冲洗。如有不适感，就医。

皮肤接触：脱去污染的衣着，用大量流动清水冲洗。如有不适感，就医。

食入：饮足量温水，催吐。就医。

灭火方法　消防人员必须佩戴空气呼吸器，穿全身防火防毒服，在上风向灭火。尽可能将容器从火场移至空旷处。喷水保持火场容器冷却，直至灭火结束。处在火场中的容器若已变色或从安全泄压装置中发出声音，必须马上撤离。

灭火剂：雾状水、泡沫、干粉、二氧化碳、砂土。

泄漏应急处置　根据液体流动和蒸气扩散的影响区域划定警戒区，无关人员从侧风、上风向撤离至安全区。消除所有点火源。建议应急处理人员戴正压自给式呼吸器，穿防毒服，戴橡胶手套。穿上适当的防护服前严禁接触破裂的容器和泄漏物。尽可能切断泄漏源。防止泄漏物进入水体、下水道、地下室或受限空间。小量泄漏：用干燥的砂土或其他不燃材料吸收或覆盖，收集于容器中。大量泄漏：构筑围堤或挖坑收容。用泵转移至槽车或专用收集器内。

190. 氟化铝钠

标　识

中文名称　氟化铝钠

英文名称　sodium aluminium fluoride；cryolite ；aluminum sodium fluoride

别名　冰晶石；六氟铝酸钠

分子式　$Na_3(AlF_6)$

CAS 号　15096 - 52 - 3

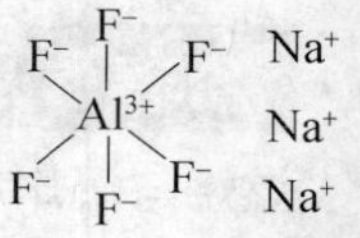

危害信息

燃烧与爆炸危险性　不燃，无特殊燃爆特性。

禁忌物　强酸。

毒性　大鼠经口 LD_{50}： >5000mg/kg；兔经皮 LD_{50}： >2000mg/kg。

中毒表现　误服可引起急性胃肠炎症状。长期吸入本品粉尘，可致尘肺和氟骨症。

侵入途径 吸入、食入。

职业接触限值 中国：PC－TWA：$2mg/m^3$［按氟计］。

美国（ACGIH）：TLV－TWA：$2.5mg/m^3$［按氟计］，TLV－TWA：$2mg/m^3$［按铝计］。

环境危害 对水生生物有毒，可能在水生环境中造成长期不利影响。

理化特性与用途

理化特性 单斜晶体或无定形粉末或白色半透明块状物。微溶于水、乙醇，溶于稀碱、浓硫酸等。熔点1009℃，沸点（分解），相对密度（水＝1）2.95，饱和蒸气压0.19kPa（1009℃）。

主要用途 用于电解铝，制乳白玻璃、杀虫剂等。

包装与储运

安全储运 储存于阴凉、通风的库房。保持容器密封。远离火种、热源。应与酸类等隔离储运。搬运时轻装轻卸，防止容器受损。

紧急处置信息

急救措施

吸入： 迅速脱离现场至空气新鲜处。保持呼吸道通畅。如呼吸困难，给输氧。呼吸、心跳停止，立即进行心肺复苏术。就医。

眼睛接触： 分开眼睑，用流动清水或生理盐水冲洗。如有不适感，就医。

皮肤接触： 脱去污染的衣着，用流动清水冲洗。如有不适感，就医。

食入： 饮足量温水，催吐。就医。

灭火方法 消防人员必须戴空气呼吸器，穿全身防火防毒服，在上风向灭火。灭火时尽可能将容器从火场移至空旷处。本品不燃。根据着火原因选择适当灭火剂灭火。

泄漏应急处置 隔离泄漏污染区，限制出入。建议应急处理人员戴防尘口罩，穿防毒服，戴防护手套。穿上适当的防护服前严禁接触破裂的容器和泄漏物。尽可能切断泄漏源。用塑料布覆盖泄漏物，减少飞散。勿使水进入包装容器内。用洁净的铲子收集泄漏物，置于干净、干燥、盖子较松的容器中，将容器移离泄漏区。

191. 氟己酸乙酯

标 识

中文名称 氟己酸乙酯

英文名称 ethyl 6－fluorohexanoate；ethyl omega－fluorohexanoate

别名 6－氟己酸乙酯

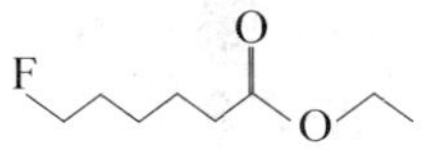

分子式 $C_8H_{15}FO_2$

CAS号 589－79－7

危害信息

燃烧与爆炸危险性 可燃，其蒸气与空气混合，能形成爆炸性混合物。遇高热分解释出高毒烟气。若遇高热，容器内压增大，有开裂和爆炸的危险。

活性反应 与氧化剂可发生反应。

禁忌物 强氧化剂。

中毒表现 对眼睛、皮肤、黏膜和上呼吸道有刺激作用。对人能引起恶心、呕吐、上腹痛、视力障碍、低血压、心律紊乱、肌痉挛、抽搐、昏迷等。

侵入途径 吸入、食入、经皮吸收。

理化特性与用途

理化特性 液体。沸点 82～84℃（1.83kPa）。

主要用途 用作中间体。

包装与储运

安全储运 储存于阴凉、通风的库房。保持容器密封。远离火种、热源。应与强氧化剂等隔离储运。搬运时轻装轻卸，防止容器受损。

紧急处置信息

急救措施

吸入：迅速脱离现场至空气新鲜处。保持呼吸道通畅。如呼吸困难，给输氧。呼吸、心跳停止，立即进行心肺复苏术。就医。

眼睛接触：分开眼睑，用流动清水或生理盐水冲洗。如有不适感，就医。

皮肤接触：脱去污染的衣着，用大量流动清水冲洗。如有不适感，就医。

食入：饮足量温水，催吐。就医。

灭火方法 消防人员必须佩戴空气呼吸器，穿全身防火防毒服，在上风向灭火。尽可能将容器从火场移至空旷处。喷水保持火场容器冷却，直至灭火结束。处在火场中的容器若已变色或从安全泄压装置中发出声音，必须马上撤离。

灭火剂：雾状水、泡沫、干粉、二氧化碳、砂土。

泄漏应急处置 根据液体流动和蒸气扩散的影响区域划定警戒区，无关人员从侧风、上风向撤离至安全区。消除所有点火源。建议应急处理人员戴正压自给式呼吸器，穿防毒服，戴橡胶手套。穿上适当的防护服前严禁接触破裂的容器和泄漏物。尽可能切断泄漏源。防止泄漏物进入水体、下水道、地下室或受限空间。小量泄漏：用干燥的砂土或其他不燃材料吸收或覆盖，收集于容器中。大量泄漏：构筑围堤或挖坑收容。用泵转移至槽车或专用收集器内。

192. 氟 己 烷

标 识

中文名称 氟己烷

英文名称 1－fluorohexane；*n*－hexyl fluoride

别名 1－氟己烷

分子式 $C_6H_{13}F$

CAS 号 373－14－8

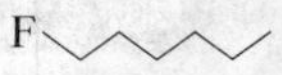

危害信息

危险性类别 第6类有毒品。

燃烧与爆炸危险性 易燃，其蒸气与空气混合，能形成爆炸性混合物。受高热分解放出有毒的气体。若遇高热，容器内压增大，有开裂和爆炸的危险。

活性反应 与氧化剂可发生反应。

禁忌物 强氧化剂。

毒性 小鼠腹腔内 LD_{50}：1.7mg/kg。

中毒表现 对眼睛、皮肤、黏膜和上呼吸道有刺激作用。对人能引起恶心、呕吐、上腹痛、视力障碍、低血压、心律紊乱、肌痉挛、抽搐、昏迷等。

侵入途径 吸入、食入、经皮吸收。

理化特性与用途

理化特性 无色透明液体，有似汽油的气味。不溶于水，溶于乙醚、苯。熔点 -103℃，沸点 91 ~93℃，相对密度(水 =1)0.8，相对蒸气密度(空气 =1)3.59，饱和蒸气压 7.7kPa(25℃)，辛醇/水分配系数 3.23，闪点 16℃。

主要用途 用作中间体。

包装与储运

包装标志 有毒品，易燃液体。

包装类别 Ⅱ类

安全储运 储存于阴凉、通风的库房。远离火种、热源。防止阳光直射。储存温度不超过 35℃，相对湿度不超过 85%。保持容器密封。应与氧化剂、食用化学品分开存放，切忌混储。采用防爆型照明、通风设施。禁止使用易产生火花的机械设备和工具。储区应备有泄漏应急处理设备和合适的收容材料。

紧急处置信息

急救措施

吸入： 迅速脱离现场至空气新鲜处。保持呼吸道通畅。如呼吸困难，给输氧。呼吸、心跳停止，立即进行心肺复苏术。就医。

眼睛接触： 分开眼睑，用流动清水或生理盐水冲洗。如有不适感，就医。

皮肤接触： 脱去污染的衣着，用大量流动清水冲洗。如有不适感，就医。

食入： 饮足量温水，催吐。就医。

灭火方法 消防人员必须佩戴空气呼吸器，穿全身防火防毒服，在上风向灭火。尽可能将容器从火场移至空旷处。喷水保持火场容器冷却，直至灭火结束。处在火场中的容器若已变色或从安全泄压装置中发出声音，必须马上撤离。

灭火剂：雾状水、泡沫、干粉、二氧化碳、砂土。

泄漏应急处置 根据液体流动和蒸气扩散的影响区域划定警戒区，无关人员从侧风、上风向撤离至安全区。消除所有点火源。建议应急处理人员戴正压自给式呼吸器，穿防毒、防静电服，戴防毒手套。穿上适当的防护服前严禁接触破裂的容器和泄漏物。尽可能切断泄漏源。防止泄漏物进入水体、下水道、地下室或受限空间。小量泄漏：用干燥的砂土或其他不燃材料吸收或覆盖，收集于容器中。大量泄漏：构筑围堤或挖坑收容。用防爆泵转移至槽车或专用收集器内。

193. 氟 硼 酸 铵

标　识

中文名称　氟硼酸铵

英文名称　ammonium fluoborate；ammonium tetrafluoroborate；ammonium borofluoride

别名　四氟硼酸铵；硼氟化铵

分子式　NH_4BF_4

CAS 号　13826 - 83 - 0

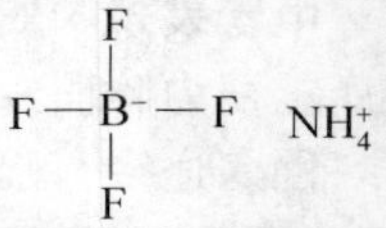

危害信息

燃烧与爆炸危险性　不燃，无特殊燃爆特性。受热分解，放出有毒的氮氧化物和氟化物烟气。

禁忌物　强酸、强碱、水蒸气。

中毒表现　有毒。有强烈刺激性。

侵入途径　吸入、食入。

职业接触限值　中国：PC - TWA：$2mg/m^3$[按氟计]。

理化特性与用途

理化特性　无色针状晶体或白色结晶粉末。溶于水，溶于氢氟酸、氢氧化铵，部分溶于甲醇。pH 值 3 ~4(1% 溶液)，熔点 230℃，沸点(分解)，升华点 238℃，相对密度(水 = 1)1. 871。

主要用途　主要用作铝、铜和铝合金焊接助熔剂，镁铸造件的防氧化添加剂，阻燃剂，农用杀虫剂等；还用于树脂黏结剂及印染中树脂整理催化剂，分析化学试剂等。

包装与储运

安全储运　储存于阴凉、通风的库房。远离火种、热源。保持容器密封。应与酸碱等隔离储运。搬运时轻装轻卸，防止容器受损。

紧急处置信息

急救措施

吸入：迅速脱离现场至空气新鲜处。保持呼吸道通畅。如呼吸困难，给输氧。呼吸、心跳停止，立即进行心肺复苏术。就医。

眼睛接触：立即分开眼睑，用大量流动清水或生理盐水彻底冲洗 10 ~15min。就医。

皮肤接触：立即脱去污染的衣着，用大量流动清水彻底冲洗，冲洗时间一般要求 20 ~30min。就医。

食入：用水漱口，禁止催吐。给饮牛奶或蛋清。就医。

灭火方法　消防人员必须戴空气呼吸器，穿全身防火防毒服，在上风向灭火。灭火时尽可能将容器从火场移至空旷处。本品不燃。根据着火原因选择适当灭火剂灭火。

泄漏应急处置　隔离泄漏污染区，限制出入。建议应急处理人员戴防尘口罩，穿防毒服，戴防护手套。穿上适当的防护服前严禁接触破裂的容器和泄漏物。尽可能切断泄漏源。

用塑料布覆盖泄漏物，减少飞散。勿使水进入包装容器内。用洁净的铲子收集泄漏物，置于干净、干燥、盖子较松的容器中，将容器移离泄漏区。

194. 5－氟戊胺

标　　识

中文名称　5－氟戊胺

英文名称　5－fluoroamylamine；5－fluoro－1－pentylamine

别名　5－氟－1－戊胺

分子式　$C_5H_{12}FN$

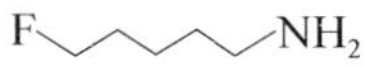

CAS 号　592－79－0

危害信息

燃烧与爆炸危险性　可燃，其蒸气与空气混合，能形成爆炸性混合物。受高热分解放出有毒的气体。若遇高热，容器内压增大，有开裂和爆炸的危险。

活性反应　与氧化剂可发生反应。

禁忌物　强氧化剂。

中毒表现　对眼睛、皮肤和黏膜有刺激性。中毒后有呕吐、上腹痛、恐惧感、肌束震。颤、视力障碍等，继而可发生昏迷、呼吸抑制、心律紊乱或心跳骤停而危及生命。

侵入途径　吸入、食入、经皮吸收。

理化特性与用途

理化特性　液体。沸点 61～61.5℃。

主要用途　用于有机合成。

包装与储运

安全储运　储存于阴凉、通风的库房。远离火种、热源。保持容器密封。应与强氧化剂等隔离储运。搬运时轻装轻卸，防止容器受损。

紧急处置信息

急救措施

吸入：迅速脱离现场至空气新鲜处。保持呼吸道通畅。如呼吸困难，给输氧。呼吸、心跳停止，立即进行心肺复苏术。就医。

眼睛接触：分开眼睑，用流动清水或生理盐水冲洗。如有不适感，就医。

皮肤接触：脱去污染的衣着，用大量流动清水冲洗。如有不适感，就医。

食入：饮足量温水，催吐。就医。

灭火方法　消防人员须佩戴防毒面具，穿全身消防服，在上风向灭火。尽可能将容器从火场移至空旷处。喷水保持火场容器冷却，直至灭火结束。处在火场中的容器若已变色或从安全泄压装置中发出声音，必须马上撤离。

灭火剂：雾状水、泡沫、干粉、二氧化碳、砂土。

泄漏应急处置　根据液体流动和蒸气扩散的影响区域划定警戒区，无关人员从侧风、上风向撤离至安全区。消除所有点火源。建议应急处理人员戴正压自给式呼吸器，穿防毒服，戴防毒手套。穿上适当的防护服前严禁接触破裂的容器和泄漏物。尽可能切断泄漏源。防止泄漏物进入水体、下水道、地下室或受限空间。小量泄漏：用干燥的砂土或其他不燃材料吸收或覆盖，收集于容器中。大量泄漏：构筑围堤或挖坑收容。用泵转移至槽车或专用收集器内。

195. 1－氟辛烷

标　识

中文名称　1－氟辛烷

英文名称　1－fluorooctane；octyl fluoride；*n*－octyl fluoride

别名　辛基氟

分子式　$C_8H_{17}F$

CAS 号　463－11－6

危害信息

燃烧与爆炸危险性　易燃，其蒸气与空气混合，能形成爆炸性混合物。燃烧产生有毒的氟化氢和一氧化碳。

禁忌物　强氧化剂。

毒性　小鼠腹腔内 LD_{50}：2.7mg/kg。

侵入途径　吸入、食入。

理化特性与用途

理化特性　液体。不溶于水。沸点 142～146℃，相对密度(水＝1)0.814，饱和蒸气压 0.79kPa(25℃)，辛醇/水分配系数 4.21，闪点 42℃。

主要用途　在 C_7 支链烷烃的溴、氯衍生物组成的气相色谱固定相的评价中用作分子探针。

包装与储运

安全储运　储存于阴凉、通风的库房。保持容器密封。远离火种、热源。应与氧化剂、食用化学品等隔离储运。搬运时轻装轻卸，防止容器受损。

紧急处置信息

急救措施

吸入：脱离接触。如有不适感，就医。

眼睛接触：分开眼睑，用流动清水或生理盐水冲洗。如有不适感，就医。

皮肤接触：脱去污染的衣着，用肥皂水和清水冲洗。如有不适感，就医。

食入：饮足量温水，催吐。就医。

灭火方法　消防人员必须佩戴空气呼吸器，穿全身防火防毒服，在上风向灭火。尽可能将容器从火场移至空旷处。喷水保持火场容器冷却，直至灭火结束。处在火场中的容器若已变色或从安全泄压装置中发出声音，必须马上撤离。

灭火剂：雾状水、泡沫、干粉、二氧化碳、砂土。

泄漏应急处置　根据液体流动和蒸气扩散的影响区域划定警戒区，无关人员从侧风、

上风向撤离至安全区。消除所有点火源。建议应急处理人员戴防毒面具，穿防毒服，戴防毒手套。穿上适当的防护服前严禁接触破裂的容器和泄漏物。尽可能切断泄漏源。防止泄漏物进入水体、下水道、地下室或受限空间。小量泄漏：用干燥的砂土或其他不燃材料吸收或覆盖，收集于容器中。大量泄漏：构筑围堤或挖坑收容。用泵转移至槽车或专用收集器内。

196. 氟 乙 腈

标 识

中文名称 氟乙腈

英文名称 fluoroacetonitrile；fluoromethyl cyanide

别名 氟甲基氰

分子式 C_2H_2FN

CAS 号 503－20－8

危害信息

危险性类别 第3类易燃液体。

燃烧与爆炸危险性 易燃，其蒸气与空气混合，能形成爆炸性混合物。受高热分解放出有毒的气体。若遇高热，容器内压增大，有开裂和爆炸的危险。

活性反应 与氧化剂接触发生猛烈反应。

禁忌物 强氧化剂、强还原剂、强酸、强碱。

中毒表现 本品为有机腈化物，进入体内能析出氰离子，出现氰化物中毒的表现。

侵入途径 吸入、食入、经皮吸收。

理化特性与用途

理化特性 无色液体，有类似丙酮的气味。熔点－13℃，沸点79～80℃，相对密度(水＝1)1.061，相对蒸气密度(空气＝1)2.04，闪点－14℃。

主要用途 用作中间体。

包装与储运

包装标志 易燃液体，有毒品

包装类别 Ⅱ类

安全储运 储存于阴凉、通风的库房。远离火种、热源。防止阳光直射。库温不宜超过35℃，相对湿度不超过80%。保持容器密封。应与氧化剂、还原剂、酸类、碱类、食用化学品分开存放，切忌混储。采用防爆型照明、通风设施。禁止使用易产生火花的机械设备和工具。储区应备有泄漏应急处理设备和合适的收容材料。

紧急处置信息

急救措施

吸入：迅速脱离现场至空气新鲜处。保持呼吸道通畅。如呼吸困难，给输氧。呼吸、心跳停止，立即进行心肺复苏术。就医。

眼睛接触：立即分开眼睑，用流动清水或生理盐水彻底冲洗。就医。

皮肤接触：立即脱去污染的衣着，用肥皂水和清水彻底冲洗。就医。

食入：催吐，给服活性炭悬液。就医。

如出现腈类物质中毒症状，使用亚硝酸钠和硫代硫酸钠解毒剂，也可用硫代硫酸钠加口服对氨基苯丙酮。

灭火方法 消防人员须佩戴防毒面具，穿全身消防服，在上风向灭火。尽可能将容器从火场移至空旷处。喷水保持火场容器冷却，直至灭火结束。处在火场中的容器若已变色或从安全泄压装置中发出声音，必须马上撤离。用水灭火无效。

灭火剂：泡沫、干粉、二氧化碳、砂土。

泄漏应急处置 根据液体流动和蒸气扩散的影响区域划定警戒区，无关人员从侧风、上风向撤离至安全区。消除所有点火源。建议应急处理人员戴正压自给式呼吸器，穿防毒、防静电服，戴橡胶手套。穿上适当的防护服前严禁接触破裂的容器和泄漏物。尽可能切断泄漏源。防止泄漏物进入水体、下水道、地下室或受限空间。小量泄漏：用干燥的砂土或其他不燃材料吸收或覆盖，收集于容器中。大量泄漏：构筑围堤或挖坑收容。用防爆泵转移至槽车或专用收集器内。

197. 福 美 铁

标 识

中文名称 福美铁

英文名称 Ferbam；tris(dimethyldithiocarbamato)iron；ferric dimethyldithiocarbamate

别名 二甲基二硫代氨基甲酸铁

分子式 $C_9H_{18}N_3S_6Fe$

CAS 号 14484-64-1

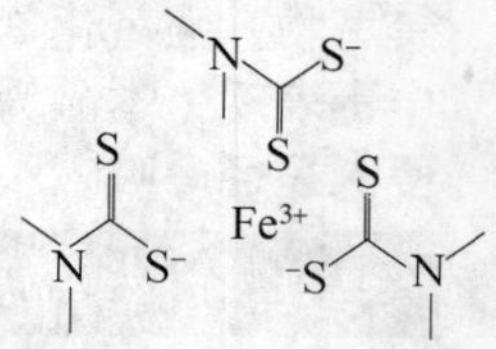

危害信息

燃烧与爆炸危险性 可燃，其粉体与空气混合，能形成爆炸性混合物。燃烧产生有毒的一氧化碳、氮氧化物、氧化硫和氧化铁。受高热分解放出有毒的气体。

禁忌物 强氧化剂、水。

毒性 大鼠经口 LD_{50}：1130mg/kg；小鼠经口 LD_{50}：3400mg/kg；大鼠吸入 LC_{50}：400mg/m^3(4h)。

中毒表现 粉尘对眼睛、皮肤、黏膜和呼吸道有刺激作用。个别人皮肤接触引起皮炎。口服刺激胃肠道。

侵入途径 吸入、食入。

环境危害 对水生生物有极高毒性，可能在水生环境中造成长期不利影响。

理化特性与用途

理化特性 深褐色至黑色固体或粉末，无气味。不溶于水，溶于氯仿、吡啶、乙腈。熔点 180℃(分解)，密度约 0.6kg/L，辛醇/水分配系数 -1.6。

主要用途 用作杀菌剂，用于果树、麦类、蔬菜等防治白粉病、霜霉病、锈病、黑点病、黑斑病等。

包装与储运

安全储运 储存于阴凉、通风的库房。远离火种、热源。保持容器密封。应与强氧化剂等隔离储运。搬运时轻装轻卸，防止容器受损。

紧急处置信息

急救措施

吸入： 迅速脱离现场至空气新鲜处。保持呼吸道通畅。如呼吸困难，给输氧。呼吸、心跳停止，立即进行心肺复苏术。就医。

眼睛接触： 分开眼睑，用流动清水或生理盐水冲洗。如有不适感，就医。

皮肤接触： 脱去污染的衣着，用大量流动清水冲洗。如有不适感，就医。

食入： 饮足量温水，催吐、洗胃、导泻。就医。

灭火方法 消防人员须佩戴防毒面具，穿全身消防服，在上风向灭火。尽可能将容器从火场移至空旷处。喷水保持火场容器冷却，直至灭火结束。

灭火剂：雾状水、泡沫、干粉、二氧化碳、砂土。

泄漏应急处置 隔离泄漏污染区，限制出入。消除所有点火源。建议应急处理人员戴防尘口罩，穿防毒服，戴防毒手套。穿上适当的防护服前严禁接触破裂的容器和泄漏物。尽可能切断泄漏源。用塑料布覆盖泄漏物，减少飞散。勿使水进入包装容器内。用洁净的铲子收集泄漏物，置于干净、干燥、盖子较松的容器中，将容器移离泄漏区。

198. 富马酸二丁酯

标　识

中文名称 富马酸二丁酯

英文名称 dibutyl fumarate；2 - butenedioic acid (2E) - , dibutyl ester

别名 反丁烯二酸二丁酯

分子式 $C_{12}H_{20}O_4$

CAS 号 105 - 75 - 9

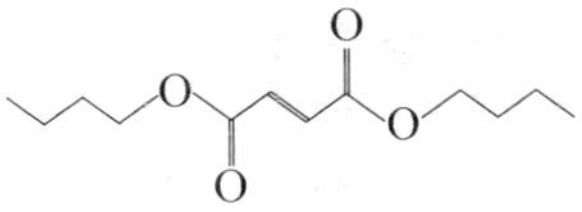

危害信息

燃烧与爆炸危险性 可燃，其蒸气与空气混合，能形成爆炸性混合物。燃烧产生有毒的一氧化碳气体。容易自聚，聚合反应随着温度的上升而急骤加剧。若遇高热，容器内压增大，有开裂和爆炸的危险。

活性反应 与氧化剂可发生反应。

禁忌物 强氧化剂、强碱。

毒性 大鼠经口 LD_{50}：8530mg/kg；兔经皮 LD_{50}：1600mg/kg。

侵入途径 吸入、食入、经皮吸收。

环境危害 对水生生物有极高毒性，可能在水生环境中造成长期不利影响。

理化特性与用途

理化特性 无色透明易流动液体。不溶于水，溶于多数有机溶剂。熔点 -18.9 ~ -13.4℃，沸点 282.2℃、141℃(1.06kPa)，相对密度(水=1)0.987，相对蒸气密度(空气

=1)7.9，辛醇/水分配系数3.91，闪点149℃。

主要用途　用作氯乙烯、醋酸乙烯、苯乙烯、丙烯酸酯类聚合物的内增塑剂。

包装与储运

安全储运　储存于阴凉、通风的库房。保持容器密封。远离火种、热源。应与氧化剂、碱类等隔离储运。搬运时轻装轻卸，防止容器受损。

紧急处置信息

急救措施

吸入：迅速脱离现场至空气新鲜处。保持呼吸道通畅。如呼吸困难，给输氧。呼吸、心跳停止，立即进行心肺复苏术。就医。

眼睛接触：分开眼睑，用流动清水或生理盐水冲洗。如有不适感，就医。

皮肤接触：脱去污染的衣着，用大量流动清水冲洗。如有不适感，就医。

食入：饮足量温水，催吐。就医。

灭火方法　消防人员须佩戴防毒面具，穿全身消防服，在上风向灭火。尽可能将容器从火场移至空旷处。喷水保持火场容器冷却，直至灭火结束。处在火场中的容器若已变色或从安全泄压装置中发出声音，必须马上撤离。

灭火剂：雾状水、泡沫、干粉、二氧化碳、砂土。

泄漏应急处置　根据液体流动和蒸气扩散的影响区域划定警戒区，无关人员从侧风、上风向撤离至安全区。消除所有点火源。建议应急处理人员戴防毒面具，穿一般作业工作服，戴橡胶手套。尽可能切断泄漏源。防止泄漏物进入水体、下水道、地下室或受限空间。小量泄漏：用干燥的砂土或其他不燃材料吸收或覆盖，收集于容器中。大量泄漏：构筑围堤或挖坑收容。用泵转移至槽车或专用收集器内。

199. 富马酸二乙酯

标　识

中文名称　富马酸二乙酯

英文名称　fumaric acid, diethyl ester; diethyl fumarate

别名　延胡索酸二乙酯；反丁烯二酸乙酯

分子式　$C_8H_{12}O_4$

CAS号　623-91-6

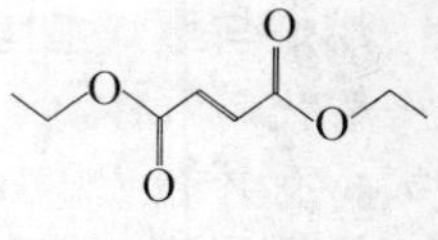

危害信息

燃烧与爆炸危险性　可燃，其粉体或蒸气与空气混合，能形成爆炸性混合物。容易自聚，聚合反应随着温度的上升而急骤加剧。若遇高热，容器内压增大，有开裂和爆炸的危险。

活性反应　与氧化剂可发生反应。

禁忌物　强氧化剂、强酸、碱类、强还原剂。

毒性　大鼠经口 LD_{50}：1780mg/kg。

侵入途径　吸入、食入、经皮吸收。

理化特性与用途

理化特性 无色至淡黄色透明液体。微溶于水，溶于乙醇、乙醚等有机溶剂。熔点0.8～2℃，沸点213.9～219℃，相对密度(水=1)1.0529，相对蒸气密度(空气=1)5.93，饱和蒸气压0.13kPa(53.2℃)，辛醇/水分配系数2.2，闪点92℃(闭杯)。

主要用途 用作溶剂、增塑剂、共聚单体，用于有机合成等。

包装与储运

安全储运 储存于阴凉、通风的库房。远离火种、热源。保持容器密封。应与氧化剂、还原剂、酸碱等隔离储运。搬运时轻装轻卸，防止容器受损。

紧急处置信息

急救措施

吸入：迅速脱离现场至空气新鲜处。保持呼吸道通畅。如呼吸困难，给输氧。呼吸、心跳停止，立即进行心肺复苏术。就医。

眼睛接触：分开眼睑，用流动清水或生理盐水冲洗。如有不适感，就医。

皮肤接触：脱去污染的衣着，用大量流动清水冲洗。如有不适感，就医。

食入：饮足量温水，催吐。就医。

灭火方法 消防人员须佩戴防毒面具，穿全身消防服，在上风向灭火。尽可能将容器从火场移至空旷处。喷水保持火场容器冷却，直至灭火结束。处在火场中的容器若已变色或从安全泄压装置中发出声音，必须马上撤离。

灭火剂：雾状水、泡沫、干粉、二氧化碳、砂土。

泄漏应急处置 根据液体流动和蒸气扩散的影响区域划定警戒区，无关人员从侧风、上风向撤离至安全区。消除所有点火源。建议应急处理人员戴防毒面具，穿防毒服，戴橡胶手套。穿上适当的防护服前严禁接触破裂的容器和泄漏物。尽可能切断泄漏源。防止泄漏物进入水体、下水道、地下室或受限空间。小量泄漏：用干燥的砂土或其他不燃材料吸收或覆盖，收集于容器中。大量泄漏：构筑围堤或挖坑收容。用泵转移至槽车或专用收集器内。

200. 高碱性磷酸戊酯

标　识

中文名称 高碱性磷酸戊酯

英文名称 Phosphoric acid, pentyl ester

别名 戊基磷酸酯；酸式磷酸戊酯

分子式 $C_5H_{13}O_4P$

CAS 号 12789－46－7

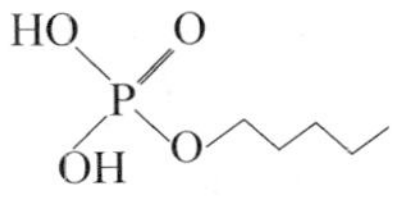

危害信息

危险性类别 第8类腐蚀品。

燃烧与爆炸危险性 可燃，其蒸气与空气混合能形成爆炸性混合物，燃烧产生有毒的一氧化碳和磷氧化物气体。在高温火场中受热的容器有破裂和爆炸的危险。具有腐蚀性。

禁忌物　强氧化剂、强酸。

毒性　大鼠经口 *LD*：>250mg/kg。

侵入途径　吸入、食入、经皮吸收。

理化特性与用途

理化特性　无色液体。不溶于水。沸点 285.6℃，相对密度(水=1)1.23，辛醇/水分配系数 2.09，闪点 126.5℃。

主要用途　用作涂料和塑料的固化剂，用作催化剂、润滑剂、抗静电剂，也用于合成纤维的制造。

包装与储运

包装类别　腐蚀品。

安全储运　储存于阴凉、通风的库房。远离火种、热源。保持容器密封。应与强氧化剂、酸类等隔离储运。搬运时轻装轻卸，防止容器受损。

紧急处置信息

急救措施

吸入：迅速脱离现场至空气新鲜处。保持呼吸道通畅。如呼吸困难，给输氧。呼吸、心跳停止，立即进行心肺复苏术。就医。

眼睛接触：立即分开眼睑，用流动清水或生理盐水彻底冲洗 10~15min。就医。

皮肤接触：立即脱去污染的衣着，用大量流动清水彻底冲洗，冲洗时间一般要求 20~30min。就医。

食入：用水漱口，禁止催吐。给饮牛奶或蛋清。就医。

灭火方法　消防人员必须佩戴空气呼吸器、穿全身防火防毒服，在上风向灭火。尽可能将容器从火场移至空旷处。喷水保持火场容器冷却，直至灭火结束。处在火场中的容器若发生异常变化或发出异常声音，须马上撤离。

灭火剂：水、雾状水、泡沫、干粉、二氧化碳。

泄漏应急处置　消除所有点火源。根据液体流动和蒸气扩散的影响区域划定警戒区，无关人员从侧风、上风向撤离至安全区。建议应急处理人员戴正压自给式呼吸器，穿防静电服。禁止接触或跨越泄漏物。尽可能切断泄漏源。防止泄漏物进入水体、下水道、地下室或受限空间。

201. 镉

标　识

中文名称　镉

英文名称　cadmium

分子式　Cd

CAS 号　7440-43-9

危害信息

燃烧与爆炸危险性 其粉体与空气混合，能形成爆炸性混合物。

禁忌物 氧化剂、酸类、硫、锌、钾等。

毒性 大鼠经口 LD_{50}：225mg/kg；小鼠经口 LD_{50}：890mg/kg。

IARC 致癌性评论：G1，确认人类致癌物。

欧盟法规 1272/2008/EC 将本品列为第 1B 类致癌物——可能对人类有致癌能力；第 2 类生殖细胞致突变物——由于可能导致人类生殖细胞可遗传突变而引起人们关注的物质；第 2 类生殖毒物——可疑的人类生殖毒物。

中毒表现 吸入镉烟雾，可引起急性肺水肿和化学性肺炎。个别病例可伴有肝、肾损害。对眼有刺激性。用镀镉器调制或贮存酸性食物或饮料，食入后可引起急性中毒症状。有恶心、呕吐、腹痛、腹泻、大汗、虚脱，甚至抽搐、休克。

长期吸入较高浓度镉引起职业性慢性镉中毒。临床表现有肺气肿、嗅觉丧失、牙釉黄色环、肾损害、骨软化症等。

侵入途径 吸入、食入。

职业接触限值 中国：PC－TWA：0.01mg/m^3，PC－STEL：0.02mg/m^3［按镉计］。

美国(ACGIH)：TLV－TWA：0.01mg/m^3。

环境危害 对水生生物有极高毒性，可能在水生环境中造成长期不利影响。

理化特性与用途

理化特性 银白色略带蓝色光泽的金属，质软。不溶于水，溶于酸类、硝酸铵溶液。熔点 321℃，沸点 765℃，相对密度(水＝1)8.64，相对蒸气密度(空气＝1)3.9，饱和蒸气压 0.133kPa(394℃)，引燃温度 250℃(镉金属粉尘)。

主要用途 用于电镀工业，也用于制造镉盐、合金、电池、焊药、颜料及半导体材料等。

包装与储运

安全储运 储存于阴凉、通风的库房。远离火种、热源。保持容器密封。应与强氧化剂、酸类等隔离储运。搬运时轻装轻卸，防止容器受损。

紧急处置信息

急救措施

吸入：迅速脱离现场至空气新鲜处。保持呼吸道通畅。如呼吸困难，给输氧。呼吸、心跳停止，立即进行心肺复苏术。就医。

眼睛接触：分开眼睑，用流动清水或生理盐水冲洗。如有不适感，就医。

皮肤接触：立即脱去污染的衣着，用肥皂水和清水彻底冲洗皮肤。如有不适感，就医。

食入：饮足量温水，催吐、洗胃、导泻。就医。

灭火方法 消防人员须佩戴防毒面具，穿全身消防服，在上风向灭火。尽可能将容器从火场移至空旷处。喷水保持火场容器冷却，直至灭火结束。

灭火剂：干粉、砂土。

泄漏应急处置 隔离泄漏污染区，限制出入。建议应急处理人员戴防尘口罩，穿防毒服，戴毒手套。禁止接触或跨越泄漏物。小量泄漏：用洁净的铲子收集泄漏物，置于干净、干燥、盖子较松的容器中，将容器移离泄漏区。大量泄漏：用水润湿，并筑堤收容。防止泄漏物进入水体、下水道、地下室或受限空间。

202. 铬

标　识

中文名称　铬

英文名称　chromium；chromium，metal

别名　金属铬

分子式　Cr

CAS 号　7440－47－3

危害信息

燃烧与爆炸危险性　可燃，其粉体与空气混合，能形成爆炸性混合物。

禁忌物　强酸、强氧化剂。

中毒表现　金属铬对人体几乎不产生有害作用，未见引起工业中毒的报道。

侵入途径　吸入、食入。

职业接触限值　美国(ACGIH)：TLV－TWA：0.5mg/m^3。

环境危害　对水生生物有害。

理化特性与用途

理化特性　蓝白色至钢灰色脆而硬的金属。不溶于水，不溶于硝酸，溶于盐酸、硫酸、高氯酸和强碱。熔点 1890～1900℃，沸点 2642℃，相对密度(水＝1)7.2，饱和蒸气压 0.13kPa(1616℃)。

主要用途　用于制造坚韧优质钢及不锈钢、耐酸合金；用于镀铬和渗铬。

包装与储运

安全储运　储存于阴凉、通风的库房。远离火种、热源。应与强氧化剂、酸类等隔离储运。搬运时轻装轻卸，防止容器受损。

紧急处置信息

急救措施

吸入：脱离现场至空气新鲜处。就医。

眼睛接触：分开眼睑，用流动清水或生理盐水冲洗。如有不适感，就医。

皮肤接触：立即脱去污染的衣着，用肥皂水和清水彻底冲洗皮肤。如有不适感，就医。

食入：饮足量温水，催吐。就医。

灭火方法　消防人员须佩戴防毒面具，穿全身消防服，在上风向灭火。尽可能将容器从火场移至空旷处。喷水保持火场容器冷却，直至灭火结束。

灭火剂：干粉、砂土。

泄漏应急处置　隔离泄漏污染区，限制出入。建议应急处理人员戴防尘口罩，穿一般作业工作服，戴防护手套。尽可能切断泄漏源。用塑料布覆盖泄漏物，减少飞散。勿使水进入包装容器内。用洁净的铲子收集泄漏物，置于干净、干燥、盖子较松的容器中，将容器移离泄漏区。

203. 铬 酸 钙

标 识

中文名称 铬酸钙

英文名称 calcium chromate; chromic acid, calcium salt

别名 二水合铬酸钙

分子式 $CaCrO_{4.2}H_2O$

CAS 号 13765－19－0

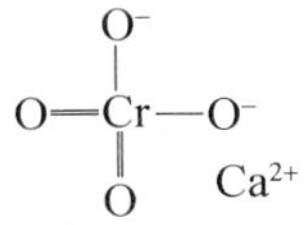

危害信息

燃烧与爆炸危险性 助燃。与可燃物混合能形成爆炸性混合物。

禁忌物 还原剂、易燃或可燃物。

毒性 大鼠经口 LD_{50}：327mg/kg

铬酸盐制造业工人肺癌已列入《职业病目录》，属职业性肿瘤。

IARC 致癌性评论：G1，确认人类致癌物。

欧盟法规 1272/2008/EC 将本品列为第 1B 类致癌物——可能对人类有致癌能力。

中毒表现 对眼睛、皮肤和黏膜具腐蚀性，可造成严重灼伤。吸入引起咽痛、咳嗽、气短，可致过敏性哮喘和肺炎。长期接触能引起鼻黏膜溃疡和鼻中隔穿孔。可引起肺癌。

侵入途径 吸入、食入、经皮吸收。

职业接触限值 中国：PC－TWA：0.05mg/m^3[按铬计]。

美国(ACGIH)：TLV－TWA：0.001mg/m^3[按铬计]。

环境危害 对水生生物有极高毒性，可能在水生环境中造成长期不利影响。

理化特性与用途

理化特性 黄色单斜结晶或亮黄色粉末。微溶于水，不溶于乙醇，溶于稀酸。熔点200℃(－$2H_2O$)，相对密度(水＝1)2.89。

主要用途 用作氧化剂、缓蚀剂，用于电池去极化反应、电镀、制颜料及金属铬等。

包装与储运

安全储运 储存于阴凉、通风的库房。远离火种、热源。保持容器密封。应与还原剂、可(易)燃物质等隔离储运。搬运时轻装轻卸，防止容器受损。

紧急处置信息

急救措施

吸入： 迅速脱离现场至空气新鲜处。保持呼吸道通畅。如呼吸困难，给输氧。呼吸、心跳停止，立即进行心肺复苏术。就医。

眼睛接触： 立即分开眼睑，用大量流动清水或生理盐水彻底冲洗 10～15min。如有不适感，就医。

皮肤接触： 立即脱去污染的衣着，用大量流动清水冲洗 20～30min。如有不适感，就医。

食入：用清水或 1% 硫代硫酸钠溶液洗胃。给饮牛奶或蛋清。就医。

灭火方法 消防人员必须戴空气呼吸器，穿全身防火防毒服，在上风向灭火。灭火时尽可能将容器从火场移至空旷处。本品不燃。根据着火原因选择适当灭火剂灭火。

泄漏应急处置 隔离泄漏污染区，限制出入。建议应急处理人员戴防尘口罩，穿防酸碱服，戴防毒耐腐蚀手套。穿上适当的防护服前严禁接触破裂的容器和泄漏物。禁止接触或跨越泄漏物。用塑料布覆盖泄漏物，减少飞散，避免雨淋。用洁净的铲子收集泄漏物，置于干净、干燥、盖子较松的容器中，将容器移离泄漏区。

204. 铬 酸 钾

标 识

中文名称 铬酸钾

英文名称 potassium chromate；dipotassium chromate

别名 铬酸二钾

分子式 K_2CrO_4

CAS 号 7789－00－6

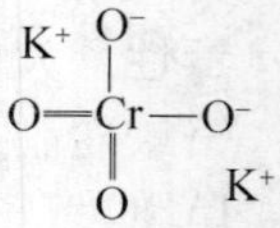

危害信息

危险性类别 第 6 类有毒品。

燃烧与爆炸危险性 助燃。与可燃物混合能形成爆炸性混合物。

禁忌物 还原剂、易燃或可燃物。

毒性 小鼠经口 LD_{50}：180mg/kg

铬酸盐制造业工人肺癌已列入《职业病目录》，属职业性肿瘤。

IARC 致癌性评论：G1，确认人类致癌物。

欧盟法规 1272/2008/EC 将本品列为第 1B 类致癌物——可能对人类有致癌能力；第 1B 类生殖细胞致突变物——应认为可能引起人类生殖细胞可遗传突变的物质。

中毒表现 对眼睛、皮肤和黏膜具腐蚀性，可造成严重灼伤。吸入引起咽痛、咳嗽、气短，可致过敏性哮喘和肺炎。长期接触能引起鼻黏膜溃疡和鼻中隔穿孔。可引起肺癌。

侵入途径 吸入、食入、经皮吸收。

职业接触限值 中国：PC－TWA：0.05mg/m^3[按铬计]。

美国(ACGIH)：TLV－TWA：0.05mg/m^3[按铬计]。

环境危害 对水生生物有极高毒性，可能在水生环境中造成长期不利影响。

理化特性与用途

理化特性 柠檬黄色结晶，无气味。溶于水，不溶于乙醇。pH 值 8.6～9.8(5% 水溶液)，熔点 968～975℃，相对密度(水＝1)2.73，相对蒸气密度(空气＝1)6.72，饱和蒸气压 0.13Pa(940℃)。

主要用途 用于鞣革、金属防锈、医药，并用作媒染剂和分析试剂等。

包装与储运

包装标志 有毒品

包装类别 Ⅲ类

安全储运 储存于阴凉、通风的库房。远离火种、热源。防止阳光直射。储存温度不超过35℃，相对湿度不超过85%。保持容器密。应与还原剂、易(可)燃物、食用化学品分开存放，切忌混储。储区应备有合适的材料收容泄漏物。

紧急处置信息

急救措施

吸入：迅速脱离现场至空气新鲜处。保持呼吸道通畅。如呼吸困难，给输氧。呼吸、心跳停止，立即进行心肺复苏术。就医。

眼睛接触：立即分开眼睑，用大量流动清水或生理盐水彻底冲洗10~15min。如有不适感，就医。

皮肤接触：立即脱去污染的衣着，用大量流动清水冲洗20~30min。如有不适感，就医。

食入：用清水或1%硫代硫酸钠溶液洗胃。给饮牛奶或蛋清。就医。

灭火方法 消防人员必须戴空气呼吸器，穿全身防火防毒服，在上风向灭火。灭火时尽可能将容器从火场移至空旷处。本品不燃。根据着火原因选择适当灭火剂灭火。

泄漏应急处置 隔离泄漏污染区，限制出入。建议应急处理人员戴防尘口罩，穿防腐、防毒服，戴防毒耐腐蚀手套。勿使泄漏物与可燃物质(如木材、纸、油等)接触。穿上适当的防护服前严禁接触破裂的容器和泄漏物。尽可能切断泄漏源。勿使水进入包装容器内。小量泄漏：用洁净的铲子收集泄漏物，置于干净、干燥、盖子较松的容器中，将容器移离泄漏区。大量泄漏：泄漏物回收后，用水冲洗泄漏区。

205. 1,6-庚二烯

标　　识

中文名称 1,6-庚二烯

英文名称 1,6-heptadiene

分子式 C_7H_{12}

CAS号 3070-53-9

危害信息

危险性类别 第3类易燃液体。

燃烧与爆炸危险性 易燃，其蒸气与空气混合，能形成爆炸性混合物。燃烧产生有毒的一氧化碳气体。流速过快，容易产生和积聚静电。容易自聚，聚合反应随着温度的上升而急骤加剧。若遇高热，容器内压增大，有开裂和爆炸的危险。

活性反应 与氧化剂接触发生猛烈反应。

禁忌物 强氧化剂、强酸、卤代烃、卤素。

侵入途径 吸入、食入、经皮吸收。

理化特性与用途

理化特性 无色液体。不溶于水。熔点-129℃，沸点89~90℃，相对密度(水=1)0.714，辛醇/水分配系数3.51，闪点-10℃。

主要用途 用作中间体。

包装与储运

包装标志　易燃液体

包装类别　Ⅱ类

安全储运　储存于阴凉、通风的库房。远离火种、热源。防止阳光直射。库温不宜超过37℃。保持容器密封，严禁与空气接触。应与氧化剂、食用化学品分开存放，切忌混储。采用防爆型照明、通风设施。禁止使用易产生火花的机械设备和工具。储区应备有泄漏应急处理设备和合适的收容材料。

紧急处置信息

急救措施

吸入：迅速脱离现场至空气新鲜处。保持呼吸道通畅。如呼吸困难，给输氧。呼吸、心跳停止，立即进行心肺复苏术。就医。

眼睛接触：分开眼睑，用流动清水或生理盐水冲洗。如有不适感，就医。

皮肤接触：立即脱去污染的衣着，用大量流动清水冲洗。如有不适感，就医。

食入：饮足量温水，催吐。就医。

灭火方法　消防人员须佩戴防毒面具，穿全身消防服，在上风向灭火。尽可能将容器从火场移至空旷处。喷水保持火场容器冷却，直至灭火结束。处在火场中的容器若已变色或从安全泄压装置中发出声音，必须马上撤离。用水灭火无效。

灭火剂：泡沫、干粉、二氧化碳、砂土。

泄漏应急处置　根据液体流动和蒸气扩散的影响区域划定警戒区，无关人员从侧风、上风向撤离至安全区。消除所有点火源。建议应急处理人员戴正压自给式呼吸器，穿防毒、防静电服，戴橡胶耐油手套。作业时使用的所有设备应接地。禁止接触或跨越泄漏物。尽可能切断泄漏源。防止泄漏物进入水体、下水道、地下室或受限空间。小量泄漏：用砂土或其他不燃材料吸收。使用洁净的无火花工具收集吸收材料。大量泄漏：构筑围堤或挖坑收容。用泡沫覆盖，减少蒸发。喷水雾能减少蒸发，但不能降低泄漏物在受限空间内的易燃性。用防爆泵转移至槽车或专用收集器内。

206. 庚　硫　醇

标　识

中文名称　庚硫醇

英文名称　1 – heptanethiol；*n* – heptyl mercaptan；heptylthiol

别名　1 – 庚硫醇；正庚硫醇

分子式　$C_7H_{16}S$

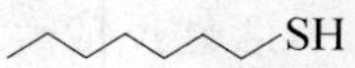

CAS 号　1639 – 09 – 4

危害信息

危险性类别　第6类有毒品。

燃烧与爆炸危险性　易燃，其蒸气与空气混合，能形成爆炸性混合物。受高热分解产生有毒的硫化物烟气。

禁忌物 氧化剂、还原剂、碱金属、碱类。

毒性 小鼠腹腔内 LD_{50}：200mg/kg。

中毒表现 本品属硫醇类，硫醇主要作用于中枢神经系统。低浓度吸入硫醇类蒸气引起头痛、恶心；较高浓度时具有不同程度的麻醉作用；高浓度可引起呼吸麻痹致死。

侵入途径 吸入、食入。

理化特性与用途

理化特性 无色液体，有强烈刺激性臭味。不溶于水，易溶于乙醇、乙醚。熔点 -43℃，沸点 173 ~ 176℃，相对密度(水 = 1)0.84，相对蒸气密度(空气 = 1)4.6，饱和蒸气压 0.17kPa(25℃)，辛醇/水分配系数 3.72，闪点 46℃(闭杯)，爆炸下限 0.9%。

主要用途 用于生产燃料添加剂、催化剂、农药、香料、溶剂和合成橡胶。

包装与储运

包装标志 有毒品，易燃液体

包装类别 Ⅲ类

安全储运 储存于阴凉、通风的库房。远离火种、热源。储存温度不超过 35℃，相对湿度不超过 80%。保持容器密封。应与氧化剂、还原剂、碱金属等分开存放，切忌混储。采用防爆型照明、通风设施。禁止使用易产生火花的机械设备和工具。储区应备有泄漏应急处理设备和合适的收容材料。

紧急处置信息

急救措施

吸入： 迅速脱离现场至空气新鲜处。保持呼吸道通畅。如呼吸困难，给输氧。呼吸、心跳停止，立即进行心肺复苏术。就医。

眼睛接触： 分开眼睑，用流动清水或生理盐水冲洗。如有不适感，就医。

皮肤接触： 脱去污染的衣着，用流动清水冲洗。如有不适感，就医。

食入： 饮足量温水，催吐。就医。

灭火方法 消防人员须佩戴防毒面具，穿全身消防服，在上风向灭火。尽可能将容器从火场移至空旷处。喷水保持火场容器冷却，直至灭火结束。处在火场中的容器若已变色或从安全泄压装置中发出声音，必须马上撤离。

灭火剂：泡沫、二氧化碳、干粉、砂土。

泄漏应急处置 根据液体流动和蒸气扩散的影响区域划定警戒区，无关人员从侧风、上风向撤离至安全区。消除所有点火源。建议应急处理人员戴正压自给式呼吸器，穿防毒、防静电服，戴橡胶手套。作业时使用的所有设备应接地。禁止接触或跨越泄漏物。尽可能切断泄漏源。防止泄漏物进入水体、下水道、地下室或受限空间。小量泄漏：用砂土或其他不燃材料吸收。使用洁净的无火花工具收集吸收材料。大量泄漏：构筑围堤或挖坑收容。用泡沫覆盖，减少蒸发。喷水雾能减少蒸发，但不能降低泄漏物在受限空间内的易燃性。用防爆泵转移至槽车或专用收集器内

207. 庚 酸

标 识

中文名称 庚酸

英文名称 heptanoic acid；*n* – heptanoic acid

别名 正庚酸；毒水芹酸

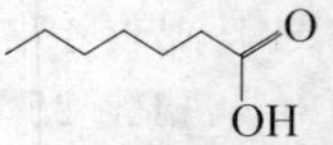

分子式 $C_7H_{14}O_2$

CAS 号 111 – 14 – 8

危害信息

危险性类别 第 8 类腐蚀品。

燃烧与爆炸危险性 可燃，其蒸气与空气混合，能形成爆炸性混合物。燃烧产生有毒的一氧化碳气体。具有腐蚀性。若遇高热，容器内压增大，有开裂和爆炸的危险。

活性反应 与氧化剂可发生反应。

禁忌物 氧化剂、还原剂、碱类。

毒性 大鼠经口 LD_{50}：7000mg/kg。小鼠经口 LD_{50}：6400mg/kg。

中毒表现 对眼睛、皮肤、黏膜和上呼吸道有刺激作用。吸入，可引起喉、支气管的炎症、痉挛，化学性肺炎、肺水肿等。

侵入途径 吸入、食入、经皮吸收

理化特性与用途

理化特性 透明油状液体，有油脂腐臭味。微溶于水，溶于乙醇、乙醚、二甲基甲酰胺、二甲亚砜、丙酮、硝酸。熔点 –7.5℃，沸点 223℃，相对密度(水 =1)0.918，相对蒸气密度(空气 =1)4.5，饱和蒸气压 133.3Pa(78℃)，临界温度 407℃，临界压力 2.99MPa，燃烧热 –537.5kJ/mol，辛醇/水分配系数 2.42，闪点 110℃(开杯)、118℃(闭杯)，引燃温度 380℃，爆炸下限 1.1%，爆炸上限 10.1%。

主要用途 用于有机合成，生产庚酸酯、特种润滑剂、香料和抗霉菌药。

包装与储运

包装标志 腐蚀品。

包装类别 Ⅲ类。

安全储运 储存于阴凉、通风的库房。远离火种、热源。防止阳光直射。储存温度不超过 32℃。保持容器密封。应与氧化剂、还原剂、碱类分开存放，切忌混储。配备相应品种和数量的消防器材。储区应备有泄漏应急处理设备和合适的收容材料。

紧急处置信息

急救措施

吸入： 迅速脱离现场至空气新鲜处。保持呼吸道通畅。如呼吸困难，给输氧。呼吸、心跳停止，立即进行心肺复苏术。就医。

眼睛接触： 立即分开眼睑，用大量流动清水或生理盐水彻底冲洗 10 ~ 15min。就医。

皮肤接触： 立即脱去污染的衣着，用大量流动清水彻底冲洗，冲洗时间一般要求 20 ~

30min。就医。

食入： 用水漱口，禁止催吐。给饮牛奶或蛋清。就医。

灭火方法 消防人员必须穿全身耐酸碱消防服，佩戴空气呼吸器，在上风向灭火。尽可能将容器从火场移至空旷处。喷水保持火场容器冷却，直至灭火结束。处在火场中的容器若已变色或从安全泄压装置中发出声音，必须马上撤离。

灭火剂：雾状水、泡沫、干粉、二氧化碳、砂土。

泄漏应急处置 根据液体流动和蒸气扩散的影响区域划定警戒区，无关人员从侧风、上风向撤离至安全区。消除所有点火源。建议应急处理人员戴正压自给式呼吸器，穿防腐、防毒服，戴防腐蚀手套。穿上适当的防护服前严禁接触破裂的容器和泄漏物。尽可能切断泄漏源。防止泄漏物进入水体、下水道、地下室或受限空间。小量泄漏：用干燥的砂土或其他不燃材料吸收或覆盖，收集于容器中。大量泄漏：构筑围堤或挖坑收容。用耐腐蚀泵转移至槽车或专用收集器内。

208. 庚酸烯丙酯

标　识

中文名称 庚酸烯丙酯

英文名称 allyl heptanoate；2 – propenyl heptanoate

别名 庚酸 – 2 – 丙烯酯

分子式 $C_{10}H_{18}O_2$

CAS 号 142 – 19 – 8

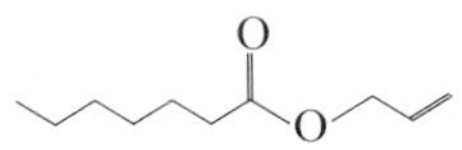

危害信息

燃烧与爆炸危险性 可燃，其蒸气与空气混合，能形成爆炸性混合物。燃烧产生有毒的一氧化碳气体。受高热分解放出有毒的气体。容易自聚，聚合反应随着温度的上升而急骤加剧。若遇高热，容器内压增大，有开裂和爆炸的危险。

活性反应 与氧化剂可发生反应。

禁忌物 强氧化剂。

毒性 大鼠经口 LD_{50}：500mg/kg；小鼠经口 LD_{50}：630mg/kg；兔经皮 LD_{50}：810mg/kg。

侵入途径 吸入、食入、经皮吸收。

环境危害 对水生生物有极高毒性，可能在水生环境中造成长期不利影响。

理化特性与用途

理化特性 无色至淡黄色透明液体，有水果香味。不溶于水，溶于多数有机溶剂。沸点 210℃，相对密度（水 = 1）0.882，饱和蒸气压 0.13kPa（70℃），辛醇/水分配系数 3.65，闪点 99℃。

主要用途 用于有机合成，或制造香料、调料等。

包装与储运

安全储运 储存于阴凉、通风的库房。远离火种、热源。保持容器密封。应与强氧化剂等隔离储运。搬运时轻装轻卸，防止容器受损。

紧急处置信息

急救措施

吸入: 迅速脱离现场至空气新鲜处。保持呼吸道通畅。如呼吸困难，给输氧。呼吸、心跳停止，立即进行心肺复苏术。就医。

眼睛接触: 分开眼睑，用流动清水或生理盐水冲洗。如有不适感，就医。

皮肤接触: 脱去污染的衣着，用流动清水冲洗。如有不适感，就医。

食入: 饮足量温水，催吐。就医。

灭火方法 消防人员须佩戴防毒面具，穿全身消防服，在上风向灭火。尽可能将容器从火场移至空旷处。喷水保持火场容器冷却，直至灭火结束。处在火场中的容器若已变色或从安全泄压装置中发出声音，必须马上撤离。

灭火剂：雾状水、泡沫、干粉、二氧化碳、砂土。

泄漏应急处置 根据液体流动和蒸气扩散的影响区域划定警戒区，无关人员从侧风、上风向撤离至安全区。消除所有点火源。建议应急处理人员戴防毒面具，穿防毒服，戴橡胶手套。穿上适当的防护服前严禁接触破裂的容器和泄漏物。尽可能切断泄漏源。防止泄漏物进入水体、下水道、地下室或受限空间。小量泄漏：用干燥的砂土或其他不燃材料吸收或覆盖，收集于容器中。大量泄漏：构筑围堤或挖坑收容。用泵转移至槽车或专用收集器内。

209. 2 - 庚烯[顺式]

标　识

中文名称 2 - 庚烯[顺式]

英文名称 (*Z*) - hept - 2 - ene; cis - 2 - heptene

别名 顺 - 2 - 庚烯

分子式 C_7H_{14}

CAS 号 6443 - 92 - 1

WGH 号 32015

UN 号 2278

危害信息

危险性类别 第 3 类易燃液体。

燃烧与爆炸危险性 易燃，其蒸气与空气混合，能形成爆炸性混合物。燃烧产生有毒的一氧化碳气体。蒸气比空气重，能在较低处扩散到相当远的地方，遇火源会着火回燃和爆炸(闪爆)。

活性反应 与氧化剂接触发生猛烈反应。

禁忌物 强氧化剂、强酸、卤代烃、卤素。

中毒表现 动物试验显示有麻醉作用。

侵入途径 吸入、食入、经皮吸收。

环境危害 对水生生物有极高毒性，可能在水生环境中造成长期不利影响。

理化特性与用途

理化特性 无色挥发性液体。不溶于水，溶于乙醇、乙醚、丙酮、石油醚。熔点 -109.5℃，沸点 97～99℃，相对密度(水=1)0.708，相对蒸气密度(空气=1)3.4，饱和蒸气压 11.6kPa(37.7℃)，燃烧热 -4688kJ/mol，临界温度 282℃，临界压力 2.96MPa，辛醇/水分配系数 3.56，闪点 -6.1℃，爆炸下限 1.0%。

主要用途 用作溶剂，用于有机合成。

包装与储运

包装标志 易燃液体

包装类别 Ⅱ类

安全储运 储存于阴凉、通风的库房。远离火种、热源。库温不宜超过 37℃。保持容器密封。不可与空气接触。应与氧化剂分开存放，切忌混储。采用防爆型照明、通风设施。禁止使用易产生火花的机械设备和工具。储区应备有泄漏应急处理设备和合适的收容材料。

紧急处置信息

急救措施

吸入：迅速脱离现场至空气新鲜处。保持呼吸道通畅。如呼吸困难，给输氧。呼吸、心跳停止，立即进行心肺复苏术。就医。

眼睛接触：分开眼睑，用流动清水或生理盐水冲洗。如有不适感，就医。

皮肤接触：脱去污染的衣着，用肥皂水和清水彻底冲洗皮肤。如有不适感，就医。

食入：禁止催吐，口服活性炭，洗胃。就医。

灭火方法 消防人员必须佩戴空气呼吸器，穿全身防火防毒服，在上风向灭火。尽可能将容器从火场移至空旷处。喷水保持火场容器冷却，直至灭火结束。处在火场中的容器若发生异常变化或发出异常声音，须马上撤离。用水灭火无效。

灭火剂：泡沫、干粉、二氧化碳、砂土。

泄漏应急处置 消除所有点火源。根据液体流动和蒸气扩散的影响区域划定警戒区，无关人员从侧风、上风向撤离至安全区。建议应急处理人员戴正压自给式呼吸器，穿防静电服，戴橡胶耐油手套。作业时使用的所有设备应接地。禁止接触或跨越泄漏物。尽可能切断泄漏源。防止泄漏物进入水体、下水道、地下室或受限空间。小量泄漏：用砂土或其他不燃材料吸收。使用洁净的无火花工具收集吸收材料。大量泄漏：构筑围堤或挖坑收容。用泡沫覆盖，减少蒸发。喷水雾能减少蒸发，但不能降低泄漏物在受限空间内的易燃性。用防爆泵转移至槽车或专用收集器内。

210. 硅粉［非晶形的］

标　识

中文名称 硅粉［非晶形的］

英文名称 silicon(amorphous)；silicon powder，amorphous

别名 非晶形硅粉

分子式 Si

CAS 号 7440-21-3

WGH号　41510

UN号　1346

危害信息

危险性类别　第4.1类易燃固体。

燃烧与爆炸危险性　易燃，其粉体与空气混合，能形成爆炸性混合物。粉尘遇火焰或与氧化剂接触发生反应，有中等程度的危险性。

活性反应　与钙、碳化铯、氯、氟化钴、氟、三氟化碘、三氟化锰、碳化铷、氟化银、钾钠合金剧烈反应。

禁忌物　强氧化剂、水蒸气。

毒性　大鼠经口 LD_{50}：3160mg/kg。

中毒表现　本品对人体无毒。高浓度吸入引起呼吸道轻度刺激，进入眼内作为异物有刺激性。

侵入途径　吸入、食入。

职业接触限值　美国(ACGIH)：TLV－TWA：10mg/m^3。

理化特性与用途

理化特性　黑褐色无定形粉末。不溶于水，不溶于盐酸、硝酸，溶于氢氟酸和硝酸的混合酸、熔融的碱。熔点1410℃，沸点2355℃，相对密度(水＝1)2.33，饱和蒸气压0.13kPa(1724℃)，临界温度4886℃，临界压力53.6MPa，粉尘云引燃温度780℃。

主要用途　用于制造合金、有机硅化合物和四氯化硅等，是一种极重要的半导体材料，也是电子工业的基础材料。

包装与储运

包装标志　易燃固体

包装类别　Ⅲ类

安全储运　储存于阴凉、干燥、通风良好的库房。库温不宜超过35℃。远离火种、热源。包装要求密封。不可与空气接触。应与氧化剂等分开存放，切忌混储。采用防爆型照明、通风设施。禁止使用易产生火花的机械设备和工具。储区应备有合适的材料收容泄漏物。

紧急处置信息

急救措施

吸入：迅速脱离现场至空气新鲜处。如有不适感，就医。

眼睛接触：分开眼睑，用流动清水或生理盐水冲洗。如有不适感，就医。

皮肤接触：立即脱去污染的衣着，用肥皂水和清水彻底冲洗皮肤。如有不适感，就医。

食入：如有不适感。就医。

灭火方法　消防人员必须佩戴空气呼吸器，穿全身防火防毒服，在上风向灭火。尽可能将容器从火场移至空旷处。喷水保持火场容器冷却，直至灭火结束。禁用水和二氧化碳灭火。

灭火剂：干粉、干砂。

泄漏应急处置　消除所有点火源。隔离泄漏污染区，限制出入。建议应急处理人员戴防尘口罩，穿防静电服，戴防护手套。禁止接触或跨越泄漏物。尽可能切断泄漏源。防止泄漏物进入水体、下水道、地下室或受限空间。

211. 癸 二 胺

标 识

中文名称 癸二胺

英文名称 1,10 – decanediamine; decamethylenediamine; decyldiamine

别名 1,10 – 二氨基癸烷

分子式 $C_{10}H_{24}N_2$

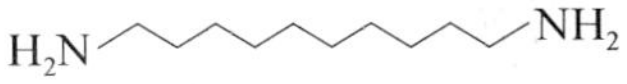

CAS 号 646 – 25 – 3

危害信息

燃烧与爆炸危险性 可燃，其粉体与空气混合，能形成爆炸性混合物。燃烧产生有毒的一氧化碳和氮氧化物气体。受高热分解放出有毒的气体。

禁忌物 氧化剂、酸类、酸酐、酰基氯。

毒性 大鼠经口 LDL_0: 500 mg/kg。

中毒表现 食入有中等毒性。遇热分解，释放出有毒的氮氧化物气体

侵入途径 吸入、食入。

理化特性与用途

理化特性 白色或淡黄色晶体或块状物。溶于乙醇。熔点 62 ~ 63℃，沸点 140℃(1.6kPa)，饱和蒸气压 0.93Pa(25℃)，辛醇/水分配系数 2.17，闪点 127℃。

主要用途 用于制尼龙 1010，用作有机合成原料、试剂等。

包装与储运

安全储运 储存于阴凉、通风的库房。远离火种、热源。保持容器密封。应与氧化剂、酸类、酸酐、酰基氯等隔离储运。搬运时轻装轻卸，防止容器受损。

紧急处置信息

急救措施

吸入：迅速脱离现场至空气新鲜处。保持呼吸道通畅。如呼吸困难，给输氧。呼吸、心跳停止，立即进行心肺复苏术。就医。

眼睛接触：立即分开眼睑，用大量流动清水或生理盐水彻底冲洗 10 ~ 15min。如有不适感，就医。

皮肤接触：立即脱去污染的衣着，用大量流动清水冲洗。如有不适感，就医。

食入：饮足量温水，催吐。就医。

灭火方法 消防人员须佩戴防毒面具，穿全身消防服，在上风向灭火。尽可能将容器从火场移至空旷处。喷水保持火场容器冷却，直至灭火结束。

灭火剂：雾状水、泡沫、干粉、二氧化碳、砂土。

泄漏应急处置 隔离泄漏污染区，限制出入。消除所有点火源。建议应急处理人员戴防尘口罩，穿一般作业工作服，戴橡胶手套。尽可能切断泄漏源。用塑料布覆盖泄漏物，减少飞散。勿使水进入包装容器内。用洁净的铲子收集泄漏物，置于干净、干燥、盖子较

松的容器中，将容器移离泄漏区。

212. 1－癸炔

标　识

中文名称　1－癸炔

英文名称　1－decyne

分子式　$C_{10}H_{18}$

CAS 号　764－93－2

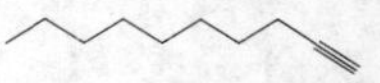

危害信息

危险性类别　第 3 类易燃液体。

燃烧与爆炸危险性　易燃，其蒸气与空气混合，能形成爆炸性混合物。燃烧产生有毒的一氧化碳气体。流速过快，容易产生和积聚静电。容易自聚，聚合反应随着温度的上升而急骤加剧。若遇高热，容器内压增大，有开裂和爆炸的危险。

活性反应　与氧化剂能发生强烈反应。

禁忌物　强氧化剂、碱金属、碱土金属、重金属及重金属盐、卤素。

中毒表现　对眼睛、皮肤、黏膜和上呼吸道有刺激作用，具麻醉作用。

侵入途径　吸入、食入、经皮吸收。

环境危害　对水生生物有毒，可能在水生环境中造成长期不利影响。

理化特性与用途

理化特性　无色至淡黄色透明液体。不溶于水，溶于乙醇、乙醚。熔点－44℃，沸点 174℃，相对密度(水＝1)0.766(20℃)，相对蒸气密度(空气＝1)4.7，辛醇/水分配系数 4.48，闪点 50℃。

主要用途　用于有机合成。

包装与储运

包装标志　易燃液体

包装类别　Ⅲ类

安全储运　储存于阴凉、通风的库房。远离火种、热源。防止阳光直射。库温不宜超过 37℃。保持容器密封。严禁与空气接触。应与氧化剂、酸类、卤素、食用化学品分开存放，切忌混储。采用防爆型照明、通风设施。禁止使用易产生火花的机械设备和工具。储区应备有泄漏应急处理设备和合适的收容材料。

急救措施

吸入：迅速脱离现场至空气新鲜处。保持呼吸道通畅。如呼吸困难，给输氧。呼吸、心跳停止，立即进行心肺复苏术。就医。

眼睛接触：分开眼睑，用流动清水或生理盐水冲洗。如有不适感，就医。

皮肤接触：脱去污染的衣着，用大量流动清水冲洗。如有不适感，就医。

食入：饮足量温水，催吐。就医。

灭火方法　消防人员须佩戴防毒面具，穿全身消防服，在上风向灭火。尽可能将容器从火场移至空旷处。喷水保持火场容器冷却，直至灭火结束。处在火场中的容器若已变色

或从安全泄压装置中发出声音，必须马上撤离。

灭火剂：雾状水、泡沫、干粉、二氧化碳、砂土。

泄漏应急处置 根据液体流动和蒸气扩散的影响区域划定警戒区，无关人员从侧风、上风向撤离至安全区。消除所有点火源。建议应急处理人员戴防毒面具，穿防毒、防静电服，戴橡胶手套。作业时使用的所有设备应接地。禁止接触或跨越泄漏物。尽可能切断泄漏源。防止泄漏物进入水体、下水道、地下室或受限空间。小量泄漏：用砂土或其他不燃材料吸收。使用洁净的无火花工具收集吸收材料。大量泄漏：构筑围堤或挖坑收容。用泡沫覆盖，减少蒸发。喷水雾能减少蒸发，但不能降低泄漏物在受限空间内的易燃性。用防爆泵转移至槽车或专用收集器内。

213. 癸酸乙酯

标识

中文名称 癸酸乙酯

英文名称 ethyl decanoate; ethyl caprate

分子式 $C_{12}H_{24}O_2$

CAS 号 110－38－3

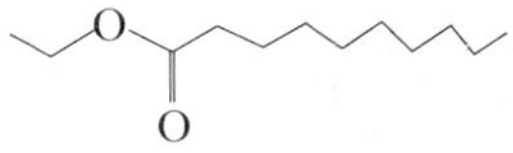

危害信息

燃烧与爆炸危险性 可燃，其蒸气与空气混合，能形成爆炸性混合物。若遇高热，容器内压增大，有开裂和爆炸的危险。

活性反应 与氧化剂可发生反应。

禁忌物 氧化剂、还原剂、酸类、碱类。

中毒表现 对皮肤有刺激性。遇热分解，释放出刺激性烟雾。

侵入途径 吸入、食入。

理化特性与用途

理化特性 无色透明油状液体，有椰子香味。熔点－20℃，沸点241～245℃，相对密度(水＝1)0.863，相对蒸气密度(空气＝1)6.9，饱和蒸气压4.12Pa(25℃)，辛醇/水分配系数4.79，闪点102.2℃。

主要用途 主要用于配制食用香精。

包装与储运

安全储运 储存于阴凉、通风的库房。远离火种、热源。保持容器密封。应与氧化剂、还原剂、酸碱等隔离储运。搬运时轻装轻卸，防止容器受损。

紧急处置信息

急救措施

吸入：迅速脱离现场至空气新鲜处。保持呼吸道通畅。如呼吸困难，给输氧。呼吸、心跳停止，立即进行心肺复苏术。就医。

眼睛接触：立即分开眼睑，用流动清水或生理盐水彻底冲洗。如有不适感，就医。

皮肤接触： 立即脱去污染的衣着，用肥皂水和清水彻底冲洗。如有不适感，就医。

食入： 饮水，催吐。就医。

灭火方法 消防人员须佩戴防毒面具，穿全身消防服，在上风向灭火。尽可能将容器从火场移至空旷处。喷水保持火场容器冷却，直至灭火结束。处在火场中的容器若已变色或从安全泄压装置中发出声音，必须马上撤离。

灭火剂：雾状水、泡沫、干粉、二氧化碳、砂土。

泄漏应急处置 根据液体流动和蒸气扩散的影响区域划定警戒区，无关人员从侧风、上风向撤离至安全区。消除所有点火源。建议应急处理人员戴防毒面具，穿防毒服，戴橡胶耐油手套。穿上适当的防护服前严禁接触破裂的容器和泄漏物。尽可能切断泄漏源。防止泄漏物进入水体、下水道、地下室或受限空间。小量泄漏：用干燥的砂土或其他不燃材料吸收或覆盖，收集于容器中。大量泄漏：构筑围堤或挖坑收容。用泵转移至槽车或专用收集器内。

214. 过(二)碳酸钠

标　识

中文名称 过(二)碳酸钠

英文名称 Sodium carbonate peroxide ; Sodium percarbonate; Disodium carbonate, compound with hydrogen peroxide (2:3)

别名 过氧碳酸钠；固体双氧水

分子式 $2Na_2CO_3 \cdot 3H_2O_2$

CAS 号 3313-92-6；15630-89-4

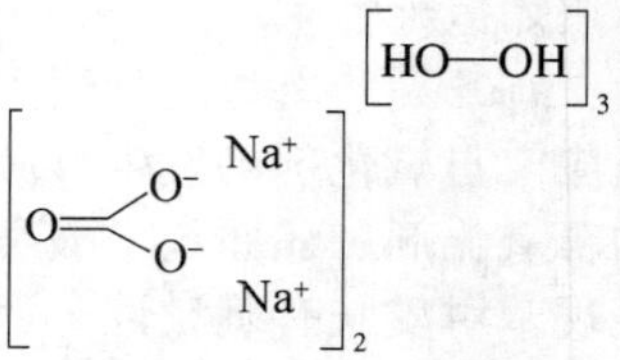

危害信息

危险性类别 第5.1类氧化剂。

燃烧与爆炸危险性 助燃，在高温火场中受热的容器有破裂和爆炸的危险，产生有毒的具有腐蚀性和刺激性的烟雾。

禁忌物 酸类。

毒性 小鼠经口 LD_{50}：2050mg/kg。

中毒表现 对眼睛和呼吸道有刺激性。

侵入途径 吸入、食入、经皮吸收。

理化特性与用途

理化特性 白色结晶或结晶性粉末。pH值10.5(3%溶液)，分解温度50℃，堆积密度0.7~1.1g/cm^3。

主要用途 用作低磷和无磷洗衣粉的原料，在纺织工业中作漂洗剂、还原显色剂，也可单独作为消毒杀菌剂、除味剂等。

包装与储运

包装标志 氧化剂

包装类别 Ⅲ类

安全储运 储存于阴凉、通风的库房。远离火种、热源。储存温度不超过 30℃，相对湿度不超过 80%。保持容器密封。应与酸、可燃物、胺、还原剂等隔离储运。

紧急处置信息

急救措施

吸入：脱离现场至空气新鲜处。如呼吸困难，给输氧。呼吸、心跳停止，立即进行心肺复苏术。就医。

眼睛接触：分开眼睑，用流动清水或生理盐水冲洗。如有不适感，就医。

皮肤接触：脱去污染的衣着，用肥皂水和清水彻底冲洗皮肤。如有不适感，就医。

食入：饮水，禁止催吐。就医。

灭火方法 消防人员必须佩戴空气呼吸器、穿全身防火防毒服，在上风向灭火。尽可能将容器从火场移至空旷处。喷水保持火场容器冷却，直至灭火结束。

灭火剂：水、雾状水、泡沫、干粉、二氧化碳。

泄漏应急处置 隔离泄漏污染区，限制出入。建议应急处理人员戴防尘口罩，穿防毒服。禁止接触或跨越泄漏物。小量泄漏：用洁净的铲子收集泄漏物，置于干净、干燥、盖子较松的容器中，将容器移离泄漏区。大量泄漏：筑堤收容。防止泄漏物进入水体、下水道、地下室或受限空间。

215. 过氧苯甲酸

标　　识

中文名称 过氧苯甲酸

英文名称 perbenzoic acid；peroxybenzoic acid ；benzenecarboperoxoic acid

别名 过苯甲酸；过氧化氢苯甲酰

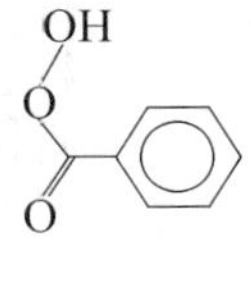

分子式 $C_7H_6O_3$

CAS 号 93－59－4

WGH 号 52055

危害信息

危险性类别 第 5.2 类有机过氧化物。

燃烧与爆炸危险性 易燃。受撞击、摩擦，遇明火或其他点火源极易爆炸。燃烧产生有毒的一氧化碳气体。

活性反应 与还原剂、促进剂、有机物、可燃物等接触会发生剧烈反应，有燃烧爆炸的危险。

禁忌物 强氧化剂、强还原剂、酸类、碱类。

中毒表现 对眼、皮肤和呼吸道有刺激性。

侵入途径 吸入、食入。

理化特性与用途

理化特性 无色或白色棱柱形结晶，有辛辣气味。不溶于水，溶于乙醇、乙醚、氯仿，不溶于甲醇。熔点 42℃，沸点 97～110℃(1.73～2kPa)，辛醇/水分配系数 1.3。

主要用途 用于有机合成。

包装与储运

包装标志 有机过氧化物。

安全储运 储存于阴凉、通风的库房。远离火种、热源。库温不超过30℃。相对湿度不超过80%。保持容器密封。应与氧化剂、还原剂、酸类、碱类、食用化学品分开存放，切忌混储。采用防爆型照明、通风设施。禁止使用易产生火花的机械设备和工具。储区应备有合适的材料收容泄漏物。禁止震动、撞击和摩擦。

紧急处置信息

急救措施

吸入：脱离现场至空气新鲜处。就医。

眼睛接触：分开眼睑，用流动清水或生理盐水冲洗。如有不适感，就医。

皮肤接触：脱去污染的衣着，用流动清水冲洗。如有不适感，就医。

食入：饮水，催吐。就医。

灭火方法 消防人员必须穿全身耐酸碱消防服，佩戴空气呼吸器灭火。尽可能将容器从火场移至空旷处。喷水保持火场容器冷却，直至灭火结束。消防人员须在有防爆掩蔽处操作。禁止用砂土压盖。

灭火剂：雾状水、泡沫、干粉、二氧化碳。

泄漏应急处置 隔离泄漏污染区，限制出入。消除所有点火源。建议应急处理人员戴防尘口罩，穿一般作业工作服，戴防护手套。勿使泄漏物与可燃物质(如木材、纸、油等)接触。用雾状水保持泄漏物湿润。尽可能切断泄漏源。小量泄漏：用惰性、湿润的不燃材料吸收泄漏物，用洁净的非火花工具收集于一盖子较松的塑料容器中，待处理。大量泄漏：用水润湿，并筑堤收容。防止泄漏物进入水体、下水道、地下室或受限空间。在专家指导下清除。

216. 过氧化二(2,4－二氯苯甲酰)

标　识

中文名称 过氧化二(2,4－二氯苯甲酰)

英文名称 bis(2,4－dichlorobenzoyl) peroxide；di－2,4－dichlorobenzoyl peroxide

别名 2,4－二氯过氧化苯甲酰；硫化剂DCBP

分子式 $C_{14}H_6Cl_4O_4$

CAS号 133－14－2

WGH号 52048

危害信息

危险性类别 第5.2类有机过氧化物。

燃烧与爆炸危险性 易燃。受撞击、摩擦，遇明火或其他点火源极易爆炸。受热剧烈分解发生爆炸。

活性反应 与还原剂、促进剂、有机物、可燃物等接触会发生剧烈反应，有燃烧爆炸的危险。

禁忌物 氧化剂、易燃或可燃物。

侵入途径 吸入、食入。

理化特性与用途

理化特性 白色至浅黄色粉末。不溶于水，微溶于乙醇，溶于丙酮，易溶于苯、氯仿。熔点106℃，相对密度(水=1)1.18，辛醇/水分配系数6.01，理论活性氧含量4.21%，自动加速分解温度(SADT)60℃。

主要用途 用作硅橡胶硫化剂。

包装与储运

包装标志 有机过氧化物。

安全储运 通常商品加有稳定剂。储存于阴凉、通风的库房。远离火种、热源。防止阳光直射。库温不超过30℃。相对湿度不超过80%。保持容器密封。应与氧化剂、易(可)燃物分开存放，切忌混储。不宜久存，以免变质。配备相应品种和数量的消防器材。储区应备有合适的材料收容泄漏物。禁止震动、撞击和摩擦。

紧急处置信息

急救措施

吸入：迅速脱离现场至空气新鲜处。保持呼吸道通畅。如呼吸困难，给输氧。呼吸、心跳停止，立即进行心肺复苏术。就医。

眼睛接触：分开眼睑，用流动清水或生理盐水冲洗。如有不适感，就医。

皮肤接触：脱去污染的衣着，用大量流动清水冲洗。如有不适感，就医。

食入：饮足量温水，催吐。就医。

灭火方法 消防人员须佩戴防毒面具，穿全身消防服，在上风向灭火。尽可能将容器从火场移至空旷处。喷水保持火场容器冷却，直至灭火结束。禁止用砂土压盖。

灭火剂：雾状水、泡沫、干粉、二氧化碳。

泄漏应急处置 隔离泄漏污染区，限制出入。消除所有点火源。建议应急处理人员戴防尘口罩，穿一般作业工作服，戴防护手套。勿使泄漏物与可燃物质(如木材、纸、油等)接触。用雾状水保持泄漏物湿润。尽可能切断泄漏源。小量泄漏：用惰性、湿润的不燃材料吸收泄漏物，用洁净的非火花工具收集于一盖子较松的塑料容器中，待处理。大量泄漏：用水润湿，并筑堤收容。防止泄漏物进入水体、下水道、地下室或受限空间。在专家指导下清除。

217. 过氧化二月桂酰

标　识

中文名称 过氧化二月桂酰

英文名称 dilauroyl peroxide; lauroyl peroxide ; dodecanoyl peroxide

别名 过氧化双月桂酰；过氧化十二酰

分子式 $C_{24}H_{46}O_4$

217. 过氧化二月桂酰

CAS 号 105 - 74 - 8

WGH 号 52044

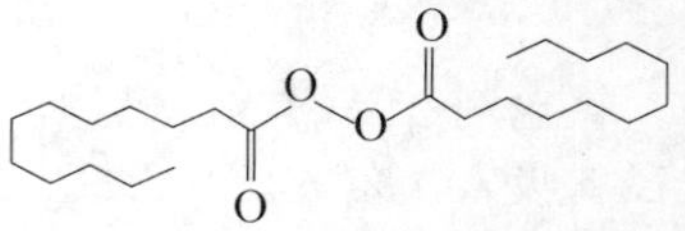

危害信息

危险性类别 第 5.2 类有机过氧化物。

燃烧与爆炸危险性 易燃。受撞击、摩擦，遇明火或其他点火源极易爆炸。燃烧产生有毒的一氧化碳气体。

活性反应 与还原剂、促进剂、有机物、可燃物等接触会发生剧烈反应，有燃烧爆炸的危险。

禁忌物 还原剂、强碱。

毒性 大鼠经口 LD_{50}：10000mg/kg。

中毒表现 粉尘对眼睛、皮肤和黏膜有强烈刺激作用，可引起灼伤。

侵入途径 吸入、食入。

理化特性与用途

理化特性 白色粗粉或薄片，稍有气味。不溶于水，微溶于乙醇，溶于丙酮、氯仿、油类等多数有机溶剂。熔点 49 ~ 57℃，分解温度 70 ~ 80℃，相对密度(水 = 1)0.91，相对蒸气密度(空气 = 1)13.7，辛醇/水分配系数 10.34，引燃温度 112℃。

主要用途 用作不饱和聚酯交联剂，聚氯乙烯、高压聚乙烯的高效引发剂和食品工业中的漂白剂。

包装与储运

包装标志 有机过氧化物。

安全储运 储存于阴凉、通风的库房。远离火种、热源。防止阳光直射。库温不超过 30℃。相对湿度不超过 80%。保持容器密封。应与还原剂、碱类分开存放，切忌混储。配备相应品种和数量的消防器材。储区应备有合适的材料收容泄漏物。禁止震动、撞击和摩擦。

紧急处置信息

急救措施

吸入： 迅速脱离现场至空气新鲜处。保持呼吸道通畅。如呼吸困难，给输氧。呼吸、心跳停止，立即进行心肺复苏术。就医。

眼睛接触： 立即分开眼睑，用大量流动清水或生理盐水彻底冲洗 10 ~ 15min。就医。

皮肤接触： 立即脱去污染的衣着，用大量流动清水冲洗 20 ~ 30min。就医。

食入： 用水漱口，给饮牛奶或蛋清。就医。

灭火方法 消防人员须佩戴防毒面具，穿全身消防服，在上风向灭火。尽可能将容器从火场移至空旷处。喷水保持火场容器冷却，直至灭火结束。禁止用砂土压盖。

灭火剂：雾状水、泡沫、干粉、二氧化碳。

泄漏应急处置 隔离泄漏污染区，限制出入。消除所有点火源。建议应急处理人员戴防尘口罩，穿一般作业工作服，戴防护手套。勿使泄漏物与可燃物质(如木材、纸、油等)接触。用雾状水保持泄漏物湿润。尽可能切断泄漏源。小量泄漏：用惰性、湿润的不燃材料吸收泄漏物，用洁净的非火花工具收集于一盖子较松的塑料容器中，待处理。大量泄漏：用水润湿，并筑堤收容。防止泄漏物进入水体、下水道、地下室或受限空间。在专家指导下清除。

218. 过 氧 化 镁

标 识

中文名称 过氧化镁
英文名称 magnesium peroxide；magnesium dioxide
别名 二氧化镁
分子式 MgO_2
CAS 号 14452－57－4
WGH 号 51005
UN 号 1476

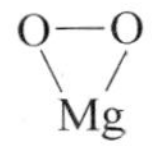

危害信息

危险性类别 第 5.1 类氧化剂。

燃烧与爆炸危险性 与可燃物混合会发生爆炸。卷入火内时或与水、酸类接触会分解放出氧气，助长火势。

禁忌物 还原剂、易燃或可燃物。

中毒表现 对眼、皮肤和黏膜有强烈刺激性。

侵入途径 吸入、食入。

理化特性与用途

理化特性 白色粉末，无臭无味，可潮解。不溶于水，溶于稀酸。相对密度（水＝1）3.3。

主要用途 用作漂白剂、氧化剂、医药、防腐剂、防酵剂、也用于饮水消毒和废水处理。

包装与储运

包装标志 氧化剂

包装类别 Ⅱ类

安全储运 储存于阴凉、干燥、通风良好的库房。库温不超过 30℃。相对湿度不超过 75%。远离火种、热源。保持容器密封。应与易（可）燃物、还原剂分开存放，切忌混储。储区应备有合适的材料收容泄漏物。

紧急处置信息

急救措施

吸入：迅速脱离现场至空气新鲜处。保持呼吸道通畅。如呼吸困难，给输氧。呼吸、心跳停止，立即进行心肺复苏术。就医。

眼睛接触：立即分开眼睑，用大量流动清水或生理盐水彻底冲洗 10～15min。就医。

皮肤接触：立即脱去污染的衣着，用大量流动清水彻底冲洗，冲洗时间一般要求 20～30min。就医。

食入：用水漱口，禁止催吐。给饮牛奶或蛋清。就医。

灭火方法　消防人员必须佩戴空气呼吸器，穿全身防火防毒服，在上风向灭火。尽可能将容器从火场移至空旷处。喷水保持火场容器冷却，直至灭火结束。本品不燃。根据着火原因选择适当灭火剂灭火。

泄漏应急处置　隔离泄漏污染区，限制出入。建议应急处理人员戴防尘口罩，穿防毒服，戴防护手套。勿使泄漏物与可燃物质(如木材、纸、油等)接触。穿上适当的防护服前严禁接触破裂的容器和泄漏物。尽可能切断泄漏源。勿使水进入包装容器内。小量泄漏：用洁净的铲子收集泄漏物，置于干净、干燥、盖子较松的容器中，将容器移离泄漏区。大量泄漏：泄漏物回收后，用水冲洗泄漏区。

219. 过氧化氢二异丙苯

标　识

中文名称　过氧化氢二异丙苯

英文名称　diisopropylbenzene hydroperoxide

别名　过氧化羟基二异丙苯；二异丙基苯基过氧化氢

分子式　$C_{12}H_{18}O_2$

CAS 号　26762 - 93 - 6

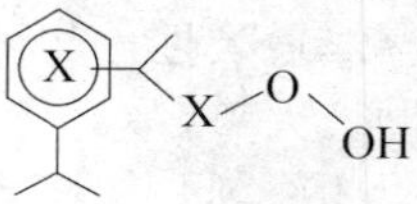

危害信息

危险性类别　第 5.2 类有机过氧化物。

燃烧与爆炸危险性　易燃。受撞击、摩擦，遇明火或其他点火源极易爆炸。燃烧产生有毒的一氧化碳气体。

活性反应　与酸、碱接触剧烈反应会造成燃烧爆炸。与还原剂、促进剂、有机物、可燃物等接触会发生剧烈反应，有燃烧爆炸的危险。

禁忌物　强还原剂、酸类、碱类、易燃或可燃物、硫、磷等。

中毒表现　皮肤接触可引起灼伤，对黏膜有强烈刺激作用。

侵入途径　吸入、食入。

理化特性与用途

理化特性　无色至淡黄色透明油状液体，有令人不愉快的气味。不溶于水。熔点 < -9℃，沸点 263℃，相对密度(水 = 1)0.956(15℃)，饱和蒸气压 0.3Pa(25℃)，辛醇/水分配系数 3.54，闪点 79.4℃(闭杯)。

主要用途　用作聚合引发剂、聚酯树脂固化剂、氧化剂、化学中间体等。

包装与储运

包装标志　有机过氧化物。

安全储运　商品通常稀释后储装。储存于阴凉、通风的库房。库温不超过 30℃。相对湿度不超过 80%。远离火种、热源。保持容器密封。应与易(可)燃物、还原剂、酸类、碱类等分开存放，切忌混储。采用防爆型照明、通风设施。禁止使用易产生火花的机械设备和工具。储区应备有泄漏应急处理设备和合适的收容材料。禁止震动、撞击和摩擦。

紧急处置信息

急救措施

吸入：迅速脱离现场至空气新鲜处。保持呼吸道通畅。如呼吸困难，给输氧。呼吸、心跳停止，立即进行心肺复苏术。就医。

眼睛接触：立即分开眼睑，用大量流动清水或生理盐水彻底冲洗 10～15min。就医。

皮肤接触：立即脱去污染的衣着，用大量流动清水彻底冲洗，冲洗时间一般要求 20～30min。就医。

食入：用水漱口，禁止催吐。给饮牛奶或蛋清。就医。

灭火方法 消防人员必须佩戴空气呼吸器，穿全身防火防毒服，在上风向灭火。尽可能将容器从火场移至空旷处。喷水保持火场容器冷却，直至灭火结束。处在火场中的容器若已变色或从安全泄压装置中发出声音，必须马上撤离。禁止用砂土压盖。

灭火剂：雾状水、泡沫、干粉、二氧化碳。

泄漏应急处置 根据液体流动和蒸气扩散的影响区域划定警戒区，无关人员从侧风、上风向撤离至安全区。消除所有点火源。建议应急处理人员戴正压自给式呼吸器，穿一般作业工作服，戴橡胶手套。勿使泄漏物与可燃物质（如木材、纸、油等）接触。尽可能切断泄漏源。防止泄漏物进入水体、下水道、地下室或受限空间。小量泄漏：用惰性、湿润的不燃材料吸收泄漏物，用洁净的非火花工具收集于一盖子较松的塑料容器中，待处理。大量泄漏：构筑围堤或挖坑收容。在专家指导下清除。

220. 环己基硫醇

标　识

中文名称 环己基硫醇

英文名称 cyclohexanethiol；cyclohexyl mercaptan

别名 环己硫醇

分子式 $C_6H_{12}S$

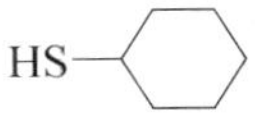

CAS 号 1569－69－3

WGH 号 33563；32063［铁规］

UN 号 3054

危害信息

危险性类别 第 3 类易燃液体。

燃烧与爆炸危险性 易燃，其蒸气与空气混合，能形成爆炸性混合物 。若遇高热，容器内压增大，有开裂和爆炸的危险。

禁忌物 碱类、氧化剂、还原剂、碱金属。

毒性 大鼠经口 LD_{50}：560mg/kg。

中毒表现 作用于中枢神经系统，有麻醉作用。

侵入途径 吸入、食入、经皮吸收。

理化特性与用途

理化特性 无色透明液体，有强烈的令人不愉快的气味。不溶于水，溶于乙醇、乙醚、丙酮、苯、氯仿。熔点 -118℃，沸点 158℃，相对密度(水=1)0.98，相对蒸气密度(空气=1)4.0，饱和蒸气压 1.3kPa(20℃)，辛醇/水分配系数 3.05，闪点 43℃(闭杯)。

主要用途　用作制造医药、杀虫剂的中间体，调味剂。

包装与储运

包装标志　易燃液体。

包装类别　Ⅲ类

安全储运　储存于阴凉、通风的库房。远离火种、热源。库温不宜超过 37℃。保持容器密封。应与氧化剂、碱类、碱金属等分开存放，切忌混储。采用防爆型照明、通风设施。禁止使用易产生火花的机械设备和工具。储区应备有泄漏应急处理设备和合适的收容材料。

紧急处置信息

急救措施

吸入：脱离现场至空气新鲜处。如呼吸困难，给输氧。呼吸、心跳停止，立即进行心肺复苏术。就医。

眼睛接触：分开眼睑，用流动清水或生理盐水冲洗。如有不适感，就医。

皮肤接触：脱去污染的衣着，用肥皂水和清水彻底冲洗皮肤。如有不适感，就医。

食入：大量饮水。就医。

灭火方法　消防人员须穿全身消防服，佩戴空气呼吸器，在上风向灭火。尽可能将容器从火场移至空旷处。喷水保持火场容器冷却，直至灭火结束。处在火场中的容器若发生异常变化或发出异常声音，须马上撤离。

灭火剂：泡沫、二氧化碳、干粉、砂土。

泄漏应急处置　消除所有点火源。根据液体流动和蒸气扩散的影响区域划定警戒区，无关人员从侧风、上风向撤离至安全区。建议应急处理人员戴正压自给式呼吸器，穿防毒、防静电服，戴橡胶手套。作业时使用的所有设备应接地。禁止接触或跨越泄漏物。尽可能切断泄漏源。防止泄漏物进入水体、下水道、地下室或受限空间。小量泄漏：用砂土或其他不燃材料吸收。使用洁净的无火花工具收集吸收材料。大量泄漏：构筑围堤或挖坑收容。用泡沫覆盖，减少蒸发。喷水雾能减少蒸发，但不能降低泄漏物在受限空间内的易燃性。用防爆泵转移至槽车或专用收集器内。

221. 环己基乙酸

标　识

中文名称　环己基乙酸

英文名称　cyclohexyl acetic acid；cyclohexaneacetic acid ；hexahydrophenylacetic acid

别名　六氢苯基乙酸

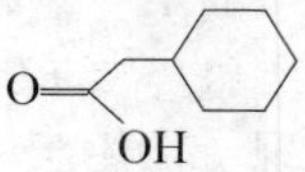

分子式　$C_8H_{14}O_2$

CAS 号　5292-21-7

危害信息

燃烧与爆炸危险性　可燃，其粉体与空气混合，能形成爆炸性混合物。燃烧产生有毒

的一氧化碳气体。受高热分解放出有毒的气体。

禁忌物 强氧化剂。

侵入途径 吸入、食入。

理化特性与用途

理化特性 白色针状结晶。溶于水，溶于多数有机溶剂。熔点 28～33℃，沸点 242～245.1℃，相对密度(水＝1)1.007，饱和蒸气压 3.86Pa(25℃)，辛醇/水分配系数 2.85，闪点 110℃(Tag 闭杯)。

主要用途 用作溶剂、中间体等。

包装与储运

安全储运 储存于阴凉、通风的库房。远离火种、热源。保持容器密封。应与强氧化剂等隔离储运。搬运时轻装轻卸，防止容器受损。

紧急处置信息

急救措施

吸入：脱离接触。如有不适感，就医。

眼睛接触：分开眼睑，用流动清水或生理盐水冲洗。如有不适感，就医。

皮肤接触：脱去污染的衣着，用肥皂水和清水冲洗。如有不适感，就医。

食入：饮足量温水，催吐。就医。

灭火方法 消防人员必须穿全身耐酸碱消防服，佩戴空气呼吸器，在上风向灭火。尽可能将容器从火场移至空旷处。喷水保持火场容器冷却，直至灭火结束。

灭火剂：雾状水、泡沫、干粉、二氧化碳、砂土。

泄漏应急处置 隔离泄漏污染区，限制出入。消除所有点火源。建议应急处理人员戴防尘口罩，穿一般作业工作服，戴橡胶手套。尽可能切断泄漏源。用塑料布覆盖泄漏物，减少飞散。勿使水进入包装容器内。用洁净的铲子收集泄漏物，置于干净、干燥、盖子较松的容器中，将容器移离泄漏区。

222. 3－环己烯－1－腈

标　识

中文名称 3－环己烯－1－腈

英文名称 3－cyclohexene－1－carbonitrile；1－cyano－3－cyclohexene

别名 4－氰基－1－环己烯

分子式 C_7H_9N

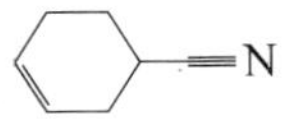

CAS 号 100－45－8

危害信息

危险性类别 第 6 类有毒品。

燃烧与爆炸危险性 可燃。燃烧产生有毒的一氧化碳、氮氧化物和氰化氢气体。遇高热分解释出高毒烟气。流速过快，容易产生和积聚静电。容易自聚，聚合反应随着温度的上升而急骤加剧。若遇高热，容器内压增大，有开裂和爆炸的危险。

活性反应　与氧化剂可发生反应。

禁忌物　强氧化剂、强碱。

毒性　大鼠经口 LD_{50}：460mg/kg；兔经皮 LD_{50}：9460mg/kg。

中毒表现　吸入、摄入或经皮肤吸收后会中毒。具刺激作用。

侵入途径　吸入、食入、经皮吸收。

理化特性与用途

理化特性　液体。溶于部分有机溶剂。熔点 -32℃，沸点 89～91℃(3.33kPa)，相对密度(水=1)0.951，饱和蒸气压 42.6Pa(25℃)，辛醇/水分配系数 1.297，闪点 65℃。

主要用途　用于有机合成。

包装与储运

包装标志　有毒品

包装类别　Ⅲ类

安全储运　储存于阴凉、通风的库房。远离火种、热源。防止阳光直射。储存温度不超过 35℃，相对湿度不超过 85%。保持容器密封。应与氧化剂、碱类、食用化学品分开存放，切忌混储。配备相应品种和数量的消防器材。储区应备有泄漏应急处理设备和合适的收容材料。

紧急处置信息

急救措施

吸入：迅速脱离现场至空气新鲜处。保持呼吸道通畅。如呼吸困难，给输氧。呼吸、心跳停止，立即进行心肺复苏术。就医。

眼睛接触：分开眼睑，用流动清水或生理盐水冲洗。如有不适感，就医。

皮肤接触：脱去污染的衣着，用大量流动清水冲洗。如有不适感，就医。

食入：饮足量温水，催吐。就医。

灭火方法　消防人员须佩戴防毒面具，穿全身消防服，在上风向灭火。尽可能将容器从火场移至空旷处。喷水保持火场容器冷却，直至灭火结束。处在火场中的容器若已变色或从安全泄压装置中发出声音，必须马上撤离。

灭火剂：雾状水、泡沫、干粉、二氧化碳、砂土。

泄漏应急处置　根据液体流动和蒸气扩散的影响区域划定警戒区，无关人员从侧风、上风向撤离至安全区。消除所有点火源。建议应急处理人员戴正压自给式呼吸器，穿防毒服，戴橡胶手套。穿上适当的防护服前严禁接触破裂的容器和泄漏物。尽可能切断泄漏源。防止泄漏物进入水体、下水道、地下室或受限空间。小量泄漏：用干燥的砂土或其他不燃材料吸收或覆盖，收集于容器中。大量泄漏：构筑围堤或挖坑收容。用泵转移至槽车或专用收集器内。

223. 1,5,9－环十二烷三烯

标　识

中文名称　1,5,9－环十二烷三烯

英文名称 1,5,9－Cyclododecatriene
别名 环十二碳三烯
分子式 $C_{12}H_{18}$
CAS 号 4904－61－4

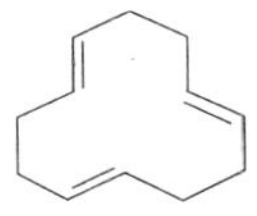

危害信息

危险性类别 第6.1类有毒品。

燃烧与爆炸危险性 可燃，其粉体与空气混合能形成爆炸性混合物，燃烧产生有毒一氧化碳气体。

禁忌物 强氧化剂、酸类、卤素。

毒性 大鼠经口 LD_{50}：1780mg/kg；大鼠吸入 LC_{50}：7500mg/m^3（6h）；大鼠经皮 LD_{50}：>3250mg/kg。

中毒表现 对皮肤和眼睛有严重刺激。

侵入途径 吸入、食入、经皮吸收。

环境危害 对水生生物有毒；严重海洋污染物。

理化特性与用途

理化特性 无色液体，有类似萜烯的气味。不溶于水，溶于苯、氯仿。熔点－17℃，沸点237～240℃，相对密度（水＝1）0.89（20℃/20℃），饱和蒸气压11Pa（25℃），辛醇/水分配系数5.5，闪点88℃（闭杯），引燃温度244℃，爆炸下限1%，爆炸上限4%。

主要用途 是工程塑料聚酰胺（尼龙－12、尼龙－612，尼龙－1012）的原料，还用于生产聚酰胺合成纤维、耐寒增塑剂、人造橡胶、调味剂、环氧树脂交联剂、耐火添加剂等。

包装与储运

包装标志 有毒品。

包装类别 Ⅲ类

安全储运 储存于阴凉、通风的库房。远离火种、热源。储存温度不超过35℃，相对湿度不超过85%。保持容器密封。应与强氧化剂、强酸等隔离储运。

紧急处置信息

急救措施

吸入：脱离现场至空气新鲜处。如呼吸困难，给输氧。呼吸、心跳停止，立即进行心肺复苏术。就医。

眼睛接触：分开眼睑，用流动清水或生理盐水冲洗。如有不适感，就医。

皮肤接触：脱去污染的衣着，用清水彻底冲洗皮肤。如有不适感，就医。

食入：饮水，禁止催吐。就医。

灭火方法 消防人员必须佩戴空气呼吸器、穿全身防火防毒服，在上风向灭火。尽可能将容器从火场移至空旷处。喷水保持火场容器冷却，直至灭火结束。

灭火剂：水、雾状水、泡沫、干粉、二氧化碳。

泄漏应急处置 消除所有点火源。根据液体流动和蒸气扩散的影响区域划定警戒区，无关人员从侧风、上风向撤离至安全区。建议应急处理人员戴正压自给式呼吸器，穿防静电服。作业时使用的所有设备应接地。禁止接触或跨越泄漏物。尽可能切断泄漏源。防止泄漏物进入水体、下水道、地下室或受限空间。小量泄漏：用砂土或其他不燃材料吸收。使用洁净的无火花工具收集吸收材料。大量泄漏：构筑围堤或挖坑收容。用泡沫覆盖，减少蒸发。喷水雾能减少蒸发，但不能降低泄漏物在受限空间内的易燃性。用防爆泵转移至槽车或专用收集器内。

224. 环戊基乙酸

标　识

中文名称　环戊基乙酸

英文名称　Cyclopentylacetic acid；2－cyclopentylacetic acid

别名　2－环戊基乙酸

分子式　$C_7H_{12}O_2$

CAS 号　1123－00－8

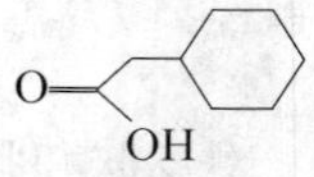

危害信息

燃烧与爆炸危险性　可燃，其蒸气与空气混合，能形成爆炸性混合物。燃烧产生有毒的一氧化碳气体。

活性反应　与氧化剂可发生反应。

禁忌物　强氧化剂、强还原剂、碱类。

中毒表现　蒸气或雾对眼睛、皮肤、黏膜和上呼吸道有刺激作用。

侵入途径　吸入、食入。

理化特性与用途

理化特性　无色透明液体。微溶于水，溶于有机溶剂。熔点 13～14℃，沸点 228℃，相对密度(水＝1)1.022(18℃)，饱和蒸气压 2.66Pa(25℃)，辛醇/水分配系数 2.15，闪点 109℃。

主要用途　有机合成中间体。用于制金属环烷酸盐，作为油漆催干剂和木材防腐剂等；也用于制合成洗涤剂、杀虫剂等；并可用作溶剂。

包装与储运

安全储运　储存于阴凉、通风的库房。远离火种、热源。应与氧化剂、还原剂、碱类等隔离储运。保持容器密封。搬运时轻装轻卸，防止容器受损。储存于阴凉、通风的库房。

紧急处置信息

急救措施

吸入：迅速脱离现场至空气新鲜处。保持呼吸道通畅。如呼吸困难，给输氧。呼吸、心跳停止，立即进行心肺复苏术。就医。

眼睛接触：分开眼睑，用流动清水或生理盐水冲洗。如有不适感，就医。

皮肤接触：立即脱去污染的衣着，用肥皂水和清水彻底冲洗皮肤。如有不适感，就医。

食入：饮足量温水，催吐。就医。

灭火方法　消防人员必须穿全身耐酸碱消防服，佩戴空气呼吸器，在上风向灭火。尽可能将容器从火场移至空旷处。喷水保持火场容器冷却，直至灭火结束。处在火场中的容器若已变色或从安全泄压装置中发出声音，必须马上撤离。

灭火剂：雾状水、泡沫、干粉、二氧化碳、砂土。

泄漏应急处置 根据液体流动和蒸气扩散的影响区域划定警戒区，无关人员从侧风、上风向撤离至安全区。消除所有点火源。建议应急处理人员戴防毒面具，穿防毒服，戴橡胶手套。穿上适当的防护服前严禁接触破裂的容器和泄漏物。尽可能切断泄漏源。防止泄漏物进入水体、下水道、地下室或受限空间。小量泄漏：用干燥的砂土或其他不燃材料吸收或覆盖，收集于容器中。大量泄漏：构筑围堤或挖坑收容。用泵转移至槽车或专用收集器内。

225. 环氧辛烷

标 识

中文名称 环氧辛烷

英文名称 1，2 – epoxyoctane；hexyloxirane ；octylene oxide

别名 氧化辛烯

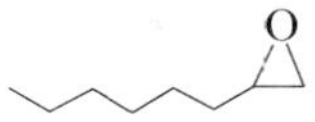

分子式 $C_8H_{16}O$

CAS 号 2984 – 50 – 1

危害信息

危险性类别 第 3 类易燃液体。

燃烧与爆炸危险性 易燃，其蒸气与空气混合，能形成爆炸性混合物。燃烧产生有毒的一氧化碳气体。蒸气比空气重，能在较低处扩散到相当远的地方，遇火源会着火回燃和爆炸(闪爆)。若遇高热，容器内压增大，有开裂和爆炸的危险。

活性反应 与氧化剂可发生反应。

禁忌物 强氧化剂、强酸、强碱、水。

侵入途径 吸入、食入。

理化特性与用途

理化特性 无色至淡黄色透明液体，有水果味。微溶于水，溶于多数有机溶剂。沸点62℃(2.26kPa)，相对密度(水 =1)0.838，相对蒸气密度(空气 =1)3.78，闪点 37℃。

主要用途 用作溶剂稳定剂、增塑剂、润滑剂添加料等，也用于有机合成。

包装与储运

包装标志 易燃液体。

包装类别 Ⅲ类

安全储运 储存于阴凉、干燥、通风良好的库房。远离火种、热源。防止阳光直射。库温不宜超过 37℃。保持容器密封。应与氧化剂、酸类、碱类、食用化学品等分开存放，切忌混储。采用防爆型照明、通风设施。禁止使用易产生火花的机械设备和工具。储区应备有泄漏应急处理设备和合适的收容材料。

紧急处置信息

急救措施

吸入： 迅速脱离现场至空气新鲜处。保持呼吸道通畅。如呼吸困难，给输氧。呼吸、心跳停止，立即进行心肺复苏术。就医。

眼睛接触： 分开眼睑，用流动清水或生理盐水冲洗。如有不适感，就医。

皮肤接触： 脱去污染的衣着，用大量流动清水冲洗。如有不适感，就医。

食入： 饮足量温水，催吐。就医。

灭火方法　消防人员必须佩戴空气呼吸器，穿全身防火防毒服，在上风向灭火。尽可能将容器从火场移至空旷处。喷水保持火场容器冷却，直至灭火结束。处在火场中的容器若已变色或从安全泄压装置中发出声音，必须马上撤离。

灭火剂：雾状水、泡沫、干粉、二氧化碳、砂土。

泄漏应急处置　根据液体流动和蒸气扩散的影响区域划定警戒区，无关人员从侧风、上风向撤离至安全区。消除所有点火源。建议应急处理人员戴正压自给式呼吸器，穿防毒、防静电服，戴橡胶手套。作业时使用的所有设备应接地。禁止接触或跨越泄漏物。尽可能切断泄漏源。防止泄漏物进入水体、下水道、地下室或受限空间。小量泄漏：用砂土或其他不燃材料吸收。使用洁净的无火花工具收集吸收材料。大量泄漏：构筑围堤或挖坑收容。用泡沫覆盖，减少蒸发。喷水雾能减少蒸发，但不能降低泄漏物在受限空间内的易燃性。用防爆泵转移至槽车或专用收集器内。

226. 己二酸二丁氧基乙酯

标　识

中文名称　己二酸二丁氧基乙酯

英文名称　bis(2 - butoxyethyl) adipate ; di(2 - butoxyethyl) adipate

别名　己二酸双(2 - 丁氧基乙)酯

分子式　$C_{18}H_{34}O_6$

CAS 号　141 - 18 - 4

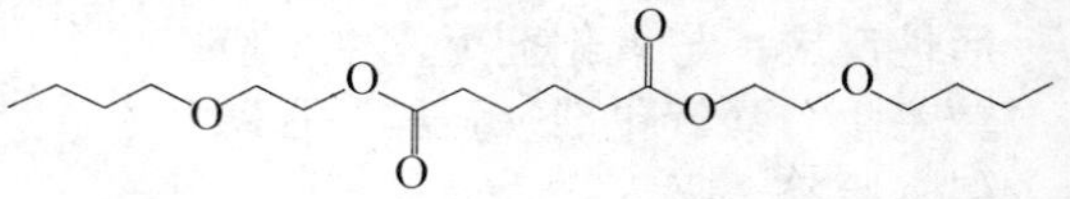

危害信息

燃烧与爆炸危险性　可燃，其蒸气与空气混合，能形成爆炸性混合物。受高热分解放出有毒的气体。若遇高热，容器内压增大，有开裂和爆炸的危险。

活性反应　与氧化剂可发生反应。

禁忌物　强氧化剂。

侵入途径　吸入、食入。

理化特性与用途

理化特性　液体。微溶于水，溶于多数有机溶剂。熔点 - 34℃，沸点 208℃(0.532kPa)、217℃(1.46kPa)，相对密度(水 = 1)1.00，闪点 187.7℃。

主要用途　是重要的化学中间体，并用作增塑剂。

包装与储运

安全储运　储存于阴凉、通风的库房。远离火种、热源。保持容器密封。应与强氧化剂等隔离储运。搬运时轻装轻卸，防止容器受损。

紧急处置信息

急救措施

吸入： 迅速脱离现场至空气新鲜处。保持呼吸道通畅。如呼吸困难，给输氧。呼吸、心跳停止，立即进行心肺复苏术。就医。

眼睛接触： 分开眼睑，用流动清水或生理盐水冲洗。如有不适感，就医。

皮肤接触： 脱去污染的衣着，用大量流动清水冲洗。如有不适感，就医。

食入： 饮足量温水，催吐。就医。

灭火方法 消防人员须佩戴防毒面具，穿全身消防服，在上风向灭火。尽可能将容器从火场移至空旷处。喷水保持火场容器冷却，直至灭火结束。处在火场中的容器若已变色或从安全泄压装置中发出声音，必须马上撤离。

灭火剂：雾状水、泡沫、干粉、二氧化碳、砂土。

泄漏应急处置 根据液体流动和蒸气扩散的影响区域划定警戒区，无关人员从侧风、上风向撤离至安全区。消除所有点火源。建议应急处理人员戴正压自给式呼吸器，穿一般作业工作服，戴橡胶手套。尽可能切断泄漏源。防止泄漏物进入水体、下水道、地下室或受限空间。小量泄漏：用干燥的砂土或其他不燃材料吸收或覆盖，收集于容器中。大量泄漏：构筑围堤或挖坑收容。用泵转移至槽车或专用收集器内。

227. 己二酸二(2－乙基)己酯

标　识

中文名称 己二酸二(2－乙基)己酯

英文名称 di(2－ethylhexyl)adipate；bis(2－ethylhexyl) adipate ；hexanedioic acid，bis(2－ethylhexyl) ester

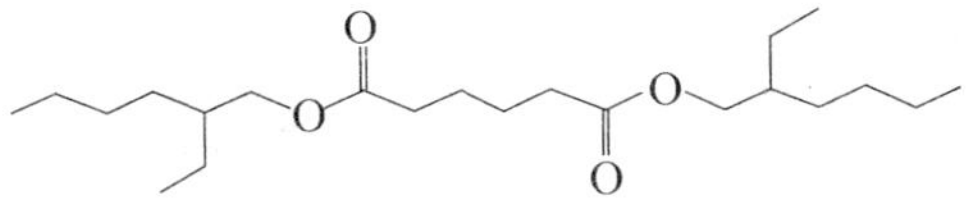

别名 己二酸二异辛酯

分子式 $C_{22}H_{42}O_4$

CAS 号 103－23－1

危害信息

燃烧与爆炸危险性 可燃，其蒸气与空气混合，能形成爆炸性混合物。受高热分解放出有毒的气体。若遇高热，容器内压增大，有开裂和爆炸的危险。

活性反应 与氧化剂可发生反应。

禁忌物 强氧化剂。

毒性 大鼠经口 LD_{50}：7392mg/kg；小鼠经口 LD_{50}：15000mg/kg；兔经皮 LD_{50}：8410mg/kg(24h)。

侵入途径 吸入、食入、经皮吸收。

理化特性与用途

理化特性 无色至淡黄色油状液体，微有芳香气味。微溶于水，溶于多数有机溶剂。熔点－67.8℃，沸点417℃、214℃(0.67kPa)，相对密度(水＝1)0.922(25℃/4℃)，相对蒸气密度(空气＝1)12.8，饱和蒸气压0.35kPa(200℃)，燃烧热－13303.5kJ/mol，临界温度 571.84℃，临界压力 1.12MPa，辛醇/水分配系数 6.11，闪点 181℃（开杯），引燃温度 377℃，爆炸下限 0.38%（242℃）。

主要用途 用作增塑剂、溶剂或特种润滑剂及气相色谱固定液。

包装与储运

安全储运 储存于阴凉、通风的库房。远离火种、热源。保持容器密封。应与强氧化剂等隔离储运。搬运时轻装轻卸，防止容器受损。

紧急处置信息

急救措施

吸入： 迅速脱离现场至空气新鲜处。保持呼吸道通畅。如呼吸困难，给输氧。呼吸、心跳停止，立即进行心肺复苏术。就医。

眼睛接触： 分开眼睑，用流动清水或生理盐水冲洗。如有不适感，就医。

皮肤接触： 脱去污染的衣着，用大量流动清水冲洗。如有不适感，就医。

食入： 饮足量温水，催吐。就医。

灭火方法 消防人员须佩戴防毒面具，穿全身消防服，在上风向灭火。尽可能将容器从火场移至空旷处。喷水保持火场容器冷却，直至灭火结束。处在火场中的容器若已变色或从安全泄压装置中发出声音，必须马上撤离。

灭火剂：雾状水、泡沫、干粉、二氧化碳、砂土。

泄漏应急处置 根据液体流动和蒸气扩散的影响区域划定警戒区，无关人员从侧风、上风向撤离至安全区。消除所有点火源。建议应急处理人员戴正压自给式呼吸器，穿防毒服，戴橡胶手套。穿上适当的防护服前严禁接触破裂的容器和泄漏物。尽可能切断泄漏源。防止泄漏物进入水体、下水道、地下室或受限空间。小量泄漏：用干燥的砂土或其他不燃材料吸收或覆盖，收集于容器中。大量泄漏：构筑围堤或挖坑收容。用泵转移至槽车或专用收集器内。

228. 己 基 醚

标 识

中文名称 己基醚

英文名称 hexyl ether；Dihexyl ether ；1,1′－Oxybis(hexane)

别名 正己醚；二己基醚

分子式 $C_{12}H_{26}O$

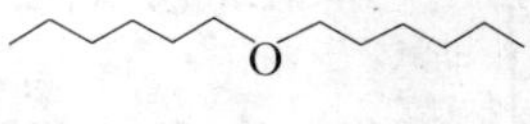

CAS 号 112－58－3

危害信息

燃烧与爆炸危险性 可燃，其蒸气与空气混合，能形成爆炸性混合物。流速过快，容易产生和积聚静电。若遇高热，容器内压增大，有开裂和爆炸的危险。

活性反应 与氧化剂可发生反应。

禁忌物 强氧化剂。

毒性 大鼠经口 LD_{50}：30900mg/kg；兔经皮 LD_{50}：5480mg/kg。

侵入途径　吸入、食入、经皮吸收。

环境危害　对水生生物有极高毒性，可能在水生环境中造成长期不利影响。

理化特性与用途

理化特性　无色液体。微溶于水，溶于乙醚。熔点－43℃，沸点223～229℃，相对密度(水＝1)0.794，相对蒸气密度(空气＝1)6.4，饱和蒸气压6.13Pa(25℃)，辛醇/水分配系数4.98，闪点78.3℃，引燃温度187℃。

主要用途　用作反应介质、去泡剂的成分。

包装与储运

安全储运　储存于阴凉、通风的库房。远离火种、热源。保持容器密封。应与强氧化剂等隔离储运。搬运时轻装轻卸，防止容器受损。

紧急处置信息

急救措施

吸入：迅速脱离现场至空气新鲜处。保持呼吸道通畅。如呼吸困难，给输氧。呼吸、心跳停止，立即进行心肺复苏术。就医。

眼睛接触：分开眼睑，用流动清水或生理盐水冲洗。如有不适感，就医。

皮肤接触：脱去污染的衣着，用大量流动清水冲洗。如有不适感，就医。

食入：饮足量温水，催吐。就医。

灭火方法　消防人员须佩戴防毒面具，穿全身消防服，在上风向灭火。尽可能将容器从火场移至空旷处。喷水保持火场容器冷却，直至灭火结束。处在火场中的容器若已变色或从安全泄压装置中发出声音，必须马上撤离。

灭火剂：雾状水、泡沫、干粉、二氧化碳、砂土。

泄漏应急处置　根据液体流动和蒸气扩散的影响区域划定警戒区，无关人员从侧风、上风向撤离至安全区。消除所有点火源。建议应急处理人员戴防毒面具，穿一般作业工作服，戴橡胶手套。尽可能切断泄漏源。防止泄漏物进入水体、下水道、地下室或受限空间。小量泄漏：用干燥的砂土或其他不燃材料吸收或覆盖，收集于容器中。大量泄漏：构筑围堤或挖坑收容。用泵转移至槽车或专用收集器内。

229. 1－己炔－3－醇

标　　识

中文名称　1－己炔－3－醇

英文名称　1－hexyn－3－ol；3－hydroxy－1－hexyne

别名　3－羟基己炔；己炔醇

分子式　$C_6H_{10}O$

CAS号　105－31－7

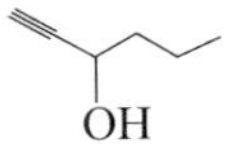

危害信息

燃烧与爆炸危险性　易燃，其蒸气与空气混合，能形成爆炸性混合物。蒸气比空气重，能在较低处扩散到相当远的地方，遇火源会着火回燃和爆炸(闪爆)。若遇高热，容器内压增大，有开裂和爆炸的危险。

活性反应 与氧化剂能发生强烈反应。

禁忌物 强氧化剂。

毒性 大鼠经口 LD_{50}：126mg/kg；大鼠吸入 LC_{50}：>20000mg/m^3；小鼠经口 LD_{50}：210mg/kg；兔经皮 LD_{50}：15.8mg/kg。

中毒表现 对眼和皮肤有中等刺激作用，并可损害肝、肾。吸入本品浓蒸气能危及生命。人皮肤长时间接触本品可因肾功能衰竭而死亡。

侵入途径 吸入、食入、经皮吸收。

理化特性与用途

理化特性 淡黄色液体。溶于水，混溶于多数有机溶剂。熔点－80℃，沸点142℃，相对密度(水=1)0.87，饱和蒸气压0.23kPa(25℃)，辛醇/水分配系数0.98，闪点47.2℃。

主要用途 用于钢的抗腐蚀，油井的酸处理及低碳钢的酸洗等。

包装与储运

安全储运 储存于阴凉、通风的库房。远离火种、热源。保持容器密封。应与氧化剂、食用化学品等隔离储运。搬运时轻装轻卸，防止容器受损。

紧急处置信息

急救措施

吸入：立即脱去污染的衣着，用大量流动清水冲洗20～30min。就医。

眼睛接触：分开眼睑，用流动清水或生理盐水冲洗。如有不适感，就医。

皮肤接触：立即脱去污染的衣着，用大量流动清水冲洗20～30min。如有不适感，就医。

食入：饮足量温水，催吐。就医。

灭火方法 消防人员须佩戴防毒面具，穿全身消防服，在上风向灭火。尽可能将容器从火场移至空旷处。喷水保持火场容器冷却，直至灭火结束。处在火场中的容器若已变色或从安全泄压装置中发出声音，必须马上撤离。

灭火剂：雾状水、泡沫、干粉、二氧化碳、砂土。

泄漏应急处置 根据液体流动和蒸气扩散的影响区域划定警戒区，无关人员从侧风、上风向撤离至安全区。消除所有点火源。建议应急处理人员戴正压自给式呼吸器，穿防毒服，戴防毒手套。作业时使用的所有设备应接地。禁止接触或跨越泄漏物。尽可能切断泄漏源。防止泄漏物进入水体、下水道、地下室或受限空间。小量泄漏：用砂土或其他不燃材料吸收。使用洁净的无火花工具收集吸收材料。大量泄漏：构筑围堤或挖坑收容。用泡沫覆盖，减少蒸发。喷水雾能减少蒸发，但不能降低泄漏物在受限空间内的易燃性。用防爆泵转移至槽车或专用收集器内 。

230. 1,2,6－己三醇

标　识

中文名称 1，2，6－己三醇

英文名称 1，2，6－hexanetriol；1，2，6－trihydroxyhexane

别名 1，2，6－三羟基己烷

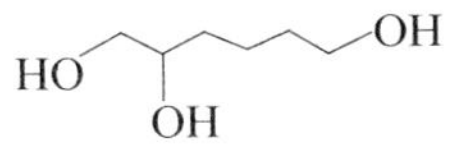

分子式 $C_6H_{14}O_3$

CAS 号 106－69－4

危害信息

燃烧与爆炸危险性 可燃，燃烧产生有毒的一氧化碳气体。

禁忌物 强氧化剂。

毒性 大鼠经口 LD_{50}：15500mg/kg；小鼠经口 LD_{50}：11400mg/kg。

侵入途径 吸入、食入、经皮吸收。

理化特性与用途

理化特性 无色至淡黄色黏性液体，有吸湿性。混溶于水、低级脂族醇、甘油，溶于丙酮，不溶于苯、乙酸乙酯。pH 值 4～7（30% 水溶液），熔点 25～32℃，沸点 178℃（0.67kPa），相对密度（水＝1）1.109，相对蒸气密度（空气＝1）4.63，饱和蒸气压 1.3Pa（20℃），辛醇/水分配系数 －0.77，闪点 79℃。

主要用途 用作医药中间体、增塑剂、树脂中间体、软化剂、溶剂、润湿剂等。

包装与储运

安全储运 储存于阴凉、通风的库房。远离火种、热源。保持容器密封。应与强氧化剂等隔离储运。搬运时轻装轻卸，防止容器受损。

紧急处置信息

急救措施

吸入：脱离现场至空气新鲜处。就医。

眼睛接触：分开眼睑，用流动清水或生理盐水冲洗。如有不适感，就医。

皮肤接触：脱去污染的衣着，用流动清水冲洗。如有不适感，就医。

食入：饮足量温水，催吐。就医。

灭火方法 消防人员必须佩戴空气呼吸器，穿全身防火防毒服，在上风向灭火。尽可能将容器从火场移至空旷处。喷水保持火场容器冷却，直至灭火结束。处在火场中的容器若已变色或从安全泄压装置中发出声音，必须马上撤离。

灭火剂：雾状水、泡沫、干粉、二氧化碳、砂土。

泄漏应急处置 根据液体流动和蒸气扩散的影响区域划定警戒区，无关人员从侧风、上风向撤离至安全区。消除所有点火源。建议应急处理人员戴防毒面具，穿一般作业工作服，戴橡胶手套。尽可能切断泄漏源。防止泄漏物进入水体、下水道、地下室或受限空间。小量泄漏：用砂土、干燥石灰或苏打灰混合。也可以用大量水冲洗，洗水稀释后放入废水系统。大量泄漏：构筑围堤或挖坑收容。用泵转移至槽车或专用收集器内。

231. 2－甲氨基乙醇

标 识

中文名称 2－甲氨基乙醇

英文名称　2－methylaminoethanol；N－methylethanolamine

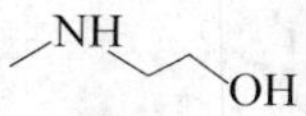

别名　*N*－甲基乙醇胺

分子式　C_3H_9NO

CAS 号　109－83－1

危害信息

燃烧与爆炸危险性　可燃，其蒸气与空气混合，能形成爆炸性混合物。燃烧产生有毒的一氧化碳和氮氧化物气体。

禁忌物　强氧化剂、铜及其合金、锌、酸类。

毒性　大鼠经口 LD_{50}：1391mg/kg；兔经皮 LD_{50}：1005.8mg/kg。

中毒表现　对皮肤有刺激性。蒸气或雾对眼、黏膜、上呼吸道有刺激性，接触后引起烧灼感、咳嗽、喘息、喉炎、气短、头痛、恶心和呕吐。对眼有损害。对皮肤有致敏性。

侵入途径　吸入、食入、经皮吸收。

理化特性与用途

理化特性　无色至淡黄色黏性液体，有似鱼的气味。混溶于水，混溶于乙醇、乙醚。熔点－4.5℃，沸点158～160℃，相对密度(水＝1)0.93(20℃)，相对蒸气密度(空气＝1)2.6，饱和蒸气压0.14kPa(25℃)、0.09kPa(20℃)，临界温度357℃，临界压力5.22MPa，辛醇/水分配系数 －0.94，闪点72℃(闭杯)、74℃(开杯)，引燃温度350℃，爆炸下限1.6%，爆炸上限17.7%。

主要用途　用于化肥厂、合成氨厂、炼油厂的脱硫脱碳，还可用于生产医药中间体以及用作涂料溶剂，制造非离子型洗涤剂、乳化剂等。

包装与储运

安全储运　储存于阴凉、通风的库房。远离火种、热源。保持容器密封。应与氧化剂、酸类等隔离储运。搬运时轻装轻卸，防止容器受损。

紧急处置信息

急救措施

吸入：迅速脱离现场至空气新鲜处。保持呼吸道通畅。如呼吸困难，给输氧。呼吸、心跳停止，立即进行心肺复苏术。就医。

眼睛接触：立即分开眼睑，用流动清水或生理盐水彻底冲洗。就医。

皮肤接触：立即脱去污染的衣着，用肥皂水和清水彻底冲洗。就医。

食入：饮足量温水，催吐。就医。

灭火方法　消防人员须佩戴防毒面具，穿全身消防服，在上风向灭火。尽可能将容器从火场移至空旷处。喷水保持火场容器冷却，直至灭火结束。处在火场中的容器若已变色或从安全泄压装置中发出声音，必须马上撤离。

灭火剂：水、雾状水、抗溶性泡沫、干粉、二氧化碳、砂土灭火。

泄漏应急处置　根据液体流动和蒸气扩散的影响区域划定警戒区，无关人员从侧风、上风向撤离至安全区。消除所有点火源。建议应急处理人员戴防毒面具，穿防腐、防毒服，戴橡胶手套。穿上适当的防护服前严禁接触破裂的容器和泄漏物。尽可能切断泄漏源。防止泄漏物进入水体、下水道、地下室或受限空间。小量泄漏：用干燥的砂土或其他不燃材料吸收或覆盖，收集于容器中。大量泄漏：构筑围堤或挖坑收容。用耐腐蚀泵转移至槽车或专用收集器内。

232. 2－甲基苯并恶唑

标　识

中文名称　2－甲基苯并恶唑

英文名称　2－methyl benzoxazole

别名　2－甲基苯并氧氮唑

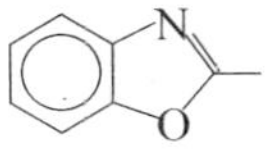

分子式　C_8H_7NO

CAS 号　95－21－6

危害信息

燃烧与爆炸危险性　可燃，其蒸气与空气混合，能形成爆炸性混合物。燃烧产生有毒的一氧化碳和氮氧化物气体。受高热分解放出有毒的气体。若遇高热，容器内压增大，有开裂和爆炸的危险。

活性反应　与氧化剂可发生反应。

禁忌物　强氧化剂。

毒性　大鼠经口 LD_{50}：717mg/kg。

中毒表现　对眼睛、皮肤、黏膜和呼吸道有强烈刺激作用。接触后可引起头痛、恶心、呕吐、咳嗽、气短、烧灼感等。

侵入途径　吸入、食入、经皮吸收。

理化特性与用途

理化特性　无色至淡黄色透明液体。不溶于水，溶于乙醇。熔点 8～10℃，沸点 178～201℃，相对密度（水＝1）1.121，相对蒸气密度（空气＝1）4.59，饱和蒸气压 0.067kPa（25℃），辛醇/水分配系数 2.6，闪点 75℃。

主要用途　用于有机合成、染料合成、制药。

包装与储运

安全储运　储存于阴凉、通风的库房。远离火种、热源。保持容器密封。应与强氧化剂等隔离储运。搬运时轻装轻卸，防止容器受损。

紧急处置信息

急救措施

吸入：迅速脱离现场至空气新鲜处。保持呼吸道通畅。如呼吸困难，给输氧。呼吸、心跳停止，立即进行心肺复苏术。就医。

眼睛接触：立即分开眼睑，用大量流动清水或生理盐水彻底冲洗 10～15min。如有不适感，就医。

皮肤接触：立即脱去污染的衣着，用大量流动清水冲洗。如有不适感，就医。

食入：用水漱口，给饮牛奶或蛋清。就医。

灭火方法　消防人员必须佩戴空气呼吸器，穿全身防火防毒服，在上风向灭火。尽可能将容器从火场移至空旷处。喷水保持火场容器冷却，直至灭火结束。处在火场中的容器若已变色或从安全泄压装置中发出声音，必须马上撤离。

灭火剂：雾状水、泡沫、干粉、二氧化碳、砂土。

泄漏应急处置 根据液体流动和蒸气扩散的影响区域划定警戒区，无关人员从侧风、上风向撤离至安全区。消除所有点火源。建议应急处理人员戴正压自给式呼吸器，穿防腐、防毒服，戴橡胶手套。穿上适当的防护服前严禁接触破裂的容器和泄漏物。尽可能切断泄漏源。防止泄漏物进入水体、下水道、地下室或受限空间。小量泄漏：用干燥的砂土或其他不燃材料吸收或覆盖，收集于容器中。大量泄漏：构筑围堤或挖坑收容。用耐腐蚀泵转移至槽车或专用收集器内。

233. 甲基苯基二乙氧基硅烷

标　识

中文名称 甲基苯基二乙氧基硅烷

英文名称 diethoxymethylphenylsilane；methylphenyldiethoxysilane；phenylmethyldiethoxysilane

别名 二乙氧基甲基苯基硅烷；苯基甲基二乙氧基硅烷

分子式 $C_{11}H_{18}O_2Si$

CAS 号 775-56-4

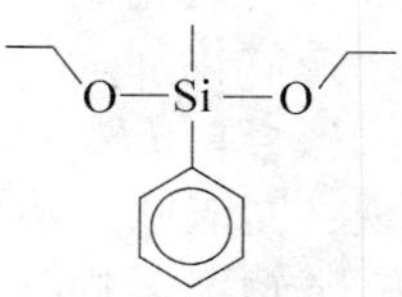

危害信息

燃烧与爆炸危险性 可燃，其蒸气与空气混合，能形成爆炸性混合物。燃烧产生有毒的一氧化碳、氧化硅。

禁忌物 强氧化剂、强酸。

侵入途径 吸入、食入。

理化特性与用途

理化特性 无色或浅黄色透明液体，对湿气敏感，有醇、氯苯的气味。沸点 117～118℃(4kPa)、218℃，相对密度(水=1)0.963(20℃/4℃)，辛醇/水分配系数 2.78，闪点 89℃。

主要用途 是制备有机硅聚合物的原料。用于合成一般有机硅聚合物，还可用来制备特定的有机硅化合物，作为各种表面处理剂、偶联剂、交联剂等。

包装与储运

安全储运 储存于阴凉、干燥、通风的库房。远离火种、热源。保持容器密封。避免接触湿气。应与强氧化剂、碱类、食用化学品等隔离储运。搬运时轻装轻卸，防止容器受损。

紧急处置信息

急救措施

吸入： 脱离现场至空气新鲜处。如有不适感，就医。

眼睛接触： 分开眼睑，用流动清水或生理盐水冲洗。如有不适感，就医。

皮肤接触： 脱去污染的衣着，用肥皂水和清水彻底冲洗皮肤。如有不适感，就医。

食入： 饮足量温水，催吐。就医。

灭火方法 消防人员须佩戴防毒面具，穿全身消防服，在上风向灭火。尽可能将容器从火场移至空旷处。喷水保持火场容器冷却，直至灭火结束。处在火场中的容器若已变色或从安全泄压装置中发出声音，必须马上撤离。

灭火剂：雾状水、泡沫、干粉、二氧化碳、砂土。

泄漏应急处置 根据液体流动和蒸气扩散的影响区域划定警戒区，无关人员从侧风、上风向撤离至安全区。消除所有点火源。建议应急处理人员戴防毒面具，穿防毒服，戴橡胶手套。穿上适当的防护服前严禁接触破裂的容器和泄漏物。尽可能切断泄漏源。防止泄漏物进入水体、下水道、地下室或受限空间。小量泄漏：用干燥的砂土或其他不燃材料吸收或覆盖，收集于容器中。大量泄漏：构筑围堤或挖坑收容。用泵转移至槽车或专用收集器内。

234. 甲基丙烯酸－2－羟丙酯

标　识

中文名称 甲基丙烯酸－2－羟丙酯

英文名称 2－hydroxypropyl methacrylate；2－hydroxypropyl 2－methyl－2－propenoate

别名 甲基丙烯酸－β－羟丙酯

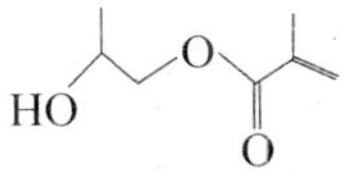

分子式 $C_7-H_{12}-O_3$

CAS 号 923－26－2

危害信息

燃烧与爆炸危险性 可燃，其蒸气与空气混合，能形成爆炸性混合物。容易自聚。若遇高热，容器内压增大，有开裂和爆炸的危险。

活性反应 与氧化剂可发生反应。

禁忌物 强氧化剂。

毒性 小鼠经口 LD_{50}：7964mg/kg。

侵入途径 吸入、食入。

理化特性与用途

理化特性 无色透明液体。溶于水和多数有机溶剂。沸点 240℃，相对密度(水＝1)1.03，相对蒸气密度(空气＝1)4.97，饱和蒸气压 9.6Pa(25℃)，辛醇/水分配系数 0.97，闪点 101℃。

主要用途 用于制造热固性涂料、纤维处理剂、黏接剂和纸加工助剂等，亦可作为树脂交联剂、塑料和橡胶改性剂。

包装与储运

安全储运 储存于阴凉、通风的库房。远离火种、热源。保持容器密封。避免接触空气。应与强氧化剂等隔离储运。搬运时轻装轻卸，防止容器受损。

紧急处置信息

急救措施

吸入：迅速脱离现场至空气新鲜处。保持呼吸道通畅。如呼吸困难，给输氧。呼吸、心跳停止，立即进行心肺复苏术。就医。

眼睛接触：分开眼睑，用流动清水或生理盐水冲洗。如有不适感，就医。

皮肤接触：立即脱去污染的衣着，用大量流动清水冲洗。如有不适感，就医。

食入：饮足量温水，催吐。就医。

灭火方法 消防人员须佩戴防毒面具，穿全身消防服，在上风向灭火。尽可能将容器从火场移至空旷处。喷水保持火场容器冷却，直至灭火结束。处在火场中的容器若已变色或从安全泄压装置中发出声音，必须马上撤离。

灭火剂：雾状水、泡沫、干粉、二氧化碳、砂土。

泄漏应急处置 根据液体流动和蒸气扩散的影响区域划定警戒区，无关人员从侧风、上风向撤离至安全区。消除所有点火源。建议应急处理人员戴正压自给式呼吸器，穿防毒服，戴橡胶手套。穿上适当的防护服前严禁接触破裂的容器和泄漏物。尽可能切断泄漏源。防止泄漏物进入水体、下水道、地下室或受限空间。小量泄漏：用干燥的砂土或其他不燃材料吸收或覆盖，收集于容器中。大量泄漏：构筑围堤或挖坑收容。用泵转移至槽车或专用收集器内。

235. 甲基丙烯酸2－羟乙酯

标 识

中文名称 甲基丙烯酸2－羟乙酯

英文名称 2－hydroxyethyl methacrylate；glycol monomethacrylate

别名 乙二醇单甲基丙烯酸酯

分子式 $C_6H_{10}O_3$

CAS号 868－77－9

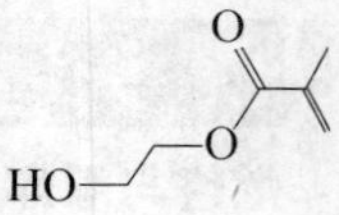

危害信息

燃烧与爆炸危险性 可燃。容易自聚，聚合反应随着温度的上升而急骤加剧。若遇高热，容器内压增大，有开裂和爆炸的危险。

活性反应 与氧化剂可发生反应。

禁忌物 强氧化剂、酸类、碱类。

毒性 大鼠经口 LD_{50}：5050mg/kg；小鼠经口 LD_{50}：3275mg/kg；兔经皮 LD_{50}：＞3000mg/kg。

侵入途径 吸入、食入、经皮吸收。

理化特性与用途

理化特性 无色透明易流动液体。混溶于水，溶于一般有机溶剂。熔点－12℃，沸点205～208℃、67℃(0.47kPa)，相对密度(水＝1)1.07，相对蒸气密度(空气＝1)5.0，饱和蒸气压16.7Pa(25℃)，辛醇/水分配系数0.47，闪点97℃(闭杯)，引燃温度214℃。

主要用途 作为反应性共聚单体，用于制造热固性涂料、黏接剂、无纺布黏合剂、纸加工剂及聚合物的改性。

包装与储运

安全储运 储存于阴凉、通风的库房。远离火种、热源。保持容器密封。避免接触空气。应与强氧化剂、酸碱等隔离储运。搬运时轻装轻卸，防止容器受损。

紧急处置信息

急救措施

吸入：迅速脱离现场至空气新鲜处。保持呼吸道通畅。如呼吸困难，给输氧。呼吸、心跳停止，立即进行心肺复苏术。就医。

眼睛接触：分开眼睑，用流动清水或生理盐水冲洗。如有不适感，就医。

皮肤接触：立即脱去污染的衣着，用大量流动清水冲洗。如有不适感，就医。

食入：饮足量温水，催吐。就医。

灭火方法 消防人员须佩戴防毒面具，穿全身消防服，在上风向灭火。尽可能将容器从火场移至空旷处。喷水保持火场容器冷却，直至灭火结束。处在火场中的容器若已变色或从安全泄压装置中发出声音，必须马上撤离。

灭火剂：雾状水、泡沫、干粉、二氧化碳、砂土。

泄漏应急处置 根据液体流动和蒸气扩散的影响区域划定警戒区，无关人员从侧风、上风向撤离至安全区。消除所有点火源。建议应急处理人员戴正压自给式呼吸器，穿防毒服，戴橡胶手套。穿上适当的防护服前严禁接触破裂的容器和泄漏物。尽可能切断泄漏源。防止泄漏物进入水体、下水道、地下室或受限空间。小量泄漏：用干燥的砂土或其他不燃材料吸收或覆盖，收集于容器中。大量泄漏：构筑围堤或挖坑收容。用泵转移至槽车或专用收集器内。

236. 甲基丙烯酸-2-乙基己酯

标　识

中文名称 甲基丙烯酸-2-乙基己酯

英文名称 2-ethylhexyl methacrylate；2-methyl-2-propenoic acid, 2-ethylhexyl ester

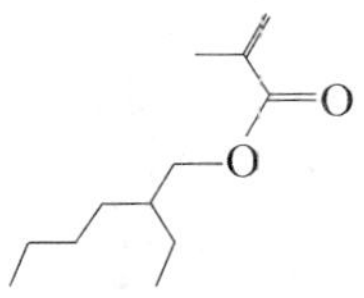

别名 2-甲基-2-丙烯酸-2-乙基己酯

分子式 $C_{12}H_{22}O_2$

CAS号 688-84-6

危害信息

燃烧与爆炸危险性 可燃，其蒸气与空气混合，能形成爆炸性混合物。燃烧产生有毒的一氧化碳气体。容易自聚，聚合反应随着温度的上升而急骤加剧。若遇高热，容器内压增大，有开裂和爆炸的危险 。

活性反应 与强氧化剂接触可发生化学反应。

禁忌物 强氧化剂、强酸、强碱。

毒性 大鼠经口 LD_{50}： >2000mg/kg。

中毒表现 对眼睛、皮肤、黏膜和呼吸道有强烈刺激作用。接触后可引起头痛、头晕、恶心、呕吐、咳嗽、气短等。

侵入途径 吸入、食入。

理化特性与用途

理化特性 无色液体。不溶于水，溶于多数有机溶剂。熔点 -50℃，沸点 120℃(2.39kPa)，相对密度(水 =1)0.884，相对蒸气密度(空气 =1)6.8，饱和蒸气压 10.1Pa(25℃)，辛醇/水分配系数 4.54，闪点 92℃(闭杯)，引燃温度 380℃。

主要用途 用于制造塑料和树脂，也用于制造涂料，润滑油添加剂，纤维处理剂，黏接剂，分散剂及用作内增塑剂。

包装与储运

安全储运 储存于阴凉、通风的库房。远离火种、热源。保持容器密封。避免接触空气。应与氧化剂、酸碱等隔离储运。搬运时轻装轻卸，防止容器受损。

紧急处置信息

急救措施

吸入：迅速脱离现场至空气新鲜处。保持呼吸道通畅。如呼吸困难，给输氧。呼吸、心跳停止，立即进行心肺复苏术。就医。

眼睛接触：立即分开眼睑，用大量流动清水或生理盐水彻底冲洗 10~15min。如有不适感，就医。

皮肤接触：立即脱去污染的衣着，用大量流动清水冲洗。如有不适感，就医。

食入：用水漱口，给饮牛奶或蛋清。就医。

灭火方法 消防人员须佩戴防毒面具，穿全身消防服，在上风向灭火。尽可能将容器从火场移至空旷处。喷水保持火场容器冷却，直至灭火结束。处在火场中的容器若已变色或从安全泄压装置中发出声音，必须马上撤离。

灭火剂：雾状水、泡沫、干粉、二氧化碳、砂土。

泄漏应急处置 根据液体流动和蒸气扩散的影响区域划定警戒区，无关人员从侧风、上风向撤离至安全区。消除所有点火源。建议应急处理人员戴正压自给式呼吸器，穿一般作业工作服，戴橡胶手套。尽可能切断泄漏源。防止泄漏物进入水体、下水道、地下室或受限空间。小量泄漏：用干燥的砂土或其他不燃材料吸收或覆盖，收集于容器中。大量泄漏：构筑围堤或挖坑收容。用泵转移至槽车或专用收集器内。

237. 甲基丙烯酸月桂酯

标　识

中文名称 甲基丙烯酸月桂酯

英文名称 dodecyl methacrylate; lauryl methacrylate

别名 甲基丙烯酸十二烷基酯

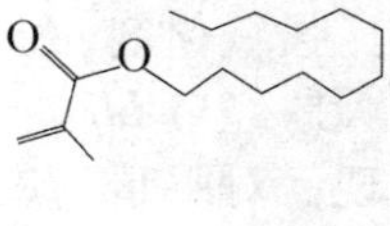

分子式 $C_{16}H_{30}O_2$

CAS 号 142-90-5

危害信息

燃烧与爆炸危险性 可燃，其蒸气与空气混合，能形成爆炸性混合物。燃烧产生有毒的一氧化碳气体。容易自聚，聚合反应随着温度的上升而急骤加剧。若遇高热，容器内压增大，有开裂和爆炸的危险 。

活性反应 与氧化剂可发生反应。

禁忌物 强氧化剂。

毒性 大鼠经口 LD_{50}：>5000mg/kg；小鼠经口 LD_{50}：>87300mg/kg；兔经皮 LD_{50}：>3000mg/kg。

侵入途径 吸入、食入、经皮吸收。

环境危害 对水生生物有极高毒性，可能在水生环境中造成长期不利影响。

理化特性与用途

理化特性 无色至淡黄色透明液体。不溶于水，溶于多数有机溶剂。熔点 -20℃，沸点 145℃ ~146℃(0.4kPa)，相对密度(水=1)0.868，相对蒸气密度(空气=1)8.8，饱和蒸气压 0.16Pa(25℃)，辛醇/水分配系数 6.68，闪点 126℃(闭杯)；引燃温度 296℃。

主要用途 用于制造润滑油添加剂、除臭剂、纸加工剂、黏接剂、皮革剂及用作内增塑剂等。

包装与储运

安全储运 储存于阴凉、通风的库房。远离火种、热源。保持容器密封。避免接触空气。应与氧化剂等隔离储运。不宜大量储存或久存。搬运时轻装轻卸，防止容器受损。

紧急处置信息

急救措施

吸入：迅速脱离现场至空气新鲜处。保持呼吸道通畅。如呼吸困难，给输氧。呼吸、心跳停止，立即进行心肺复苏术。就医。

眼睛接触：分开眼睑，用流动清水或生理盐水冲洗。如有不适感，就医。

皮肤接触：立即脱去污染的衣着，用大量流动清水冲洗。如有不适感，就医。

食入：饮足量温水，催吐。就医。

灭火方法 消防人员须佩戴防毒面具，穿全身消防服，在上风向灭火。尽可能将容器从火场移至空旷处。喷水保持火场容器冷却，直至灭火结束。处在火场中的容器若已变色或从安全泄压装置中发出声音，必须马上撤离。

灭火剂：雾状水、泡沫、干粉、二氧化碳、砂土。

泄漏应急处置 根据液体流动和蒸气扩散的影响区域划定警戒区，无关人员从侧风、上风向撤离至安全区。消除所有点火源。建议应急处理人员戴防毒面具，穿一般作业工作服，戴橡胶手套。尽可能切断泄漏源。防止泄漏物进入水体、下水道、地下室或受限空间。小量泄漏：用干燥的砂土或其他不燃材料吸收或覆盖，收集于容器中。大量泄漏：构筑围堤或挖坑收容。用泵转移至槽车或专用收集器内。

238. 甲 基 橙

标 识

中文名称 甲基橙

英文名称　sodium 4 –(4 – dimethylaminophenylazo) benzenesulphonate ；methyl orange

别名　4 –[(4 –(二甲氨基)苯基)偶氮基]苯磺酸钠；对二甲基氨基偶氮苯磺酸钠

分子式　$C_{14}H_{15}N_3O_3S \cdot Na$

CAS 号　547 – 58 – 0

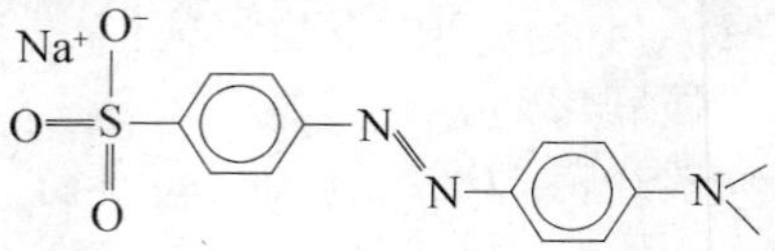

危害信息

危险性类别　第 6 类有毒品。

燃烧与爆炸危险性　可燃，其粉体与空气混合，能形成爆炸性混合物。受高热分解产生有毒的腐蚀性烟气。

禁忌物　强氧化剂。

毒性　大鼠经口 LD_{50}：60mg/kg。

中毒表现　无吸入中毒报道，大量口服可引起腹部不适。对眼睛有刺激作用。有致敏作用，可引起皮肤湿疹。

侵入途径　吸入、食入。

理化特性与用途

理化特性　橙黄色鳞状晶体或粉末。微溶于冷水，溶于热水，不溶于乙醇、乙醚。熔点 >300℃，相对密度(水 =1)1.0，相对蒸气密度(空气 =1)11.3，辛醇/水分配系数 –0.66。

主要用途　用作指示剂，用作分析溴的试剂。

包装与储运

包装标志　有毒品。

包装类别　Ⅲ类

安全储运　储存于阴凉、通风的库房。远离火种、热源。防止阳光直射。储存温度不超过 35℃，相对湿度不超过 85%。保持容器密封。应与氧化剂、食用化学品分开存放，切忌混储。配备相应品种和数量的消防器材。储区应备有合适的材料收容泄漏物。

紧急处置信息

急救措施

吸入：迅速脱离现场至空气新鲜处。保持呼吸道通畅。如呼吸困难，给输氧。呼吸、心跳停止，立即进行心肺复苏术。就医。

眼睛接触：分开眼睑，用流动清水或生理盐水冲洗。如有不适感，就医。

皮肤接触：立即脱去污染的衣着，用大量流动清水冲洗。如有不适感，就医。

食入：饮足量温水，催吐。就医。

灭火方法　消防人员须佩戴防毒面具，穿全身消防服，在上风向灭火。尽可能将容器从火场移至空旷处。喷水保持火场容器冷却，直至灭火结束。切勿将水流直接射至熔融物，以免引起严重的流淌火灾或引起剧烈的沸溅。

灭火剂：雾状水、泡沫、干粉、二氧化碳、砂土。

泄漏应急处置　隔离泄漏污染区，限制出入。消除所有点火源。建议应急处理人员戴防尘口罩，穿防毒服，戴防护手套。穿上适当的防护服前严禁接触破裂的容器和泄漏物。尽可能切断泄漏源。用塑料布覆盖泄漏物，减少飞散。勿使水进入包装容器内。用洁净的铲子收集泄漏物，置于干净、干燥、盖子较松的容器中，将容器移离泄漏区。

239. *N*－甲基丁胺

标　识

中文名称　*N*－甲基丁胺

英文名称　*N*－methyl butylamine；Butylmethylamine

别名　*N*－甲基正丁胺；*N*－丁基甲胺

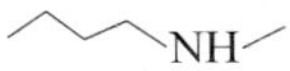

分子式　$C_5H_{13}N$

CAS 号　110－68－9

WGH 号　32173；31273[铁规]

UN 号　2945

危害信息

危险性类别　第3类易燃液体。

燃烧与爆炸危险性　易燃，其蒸气与空气混合，能形成爆炸性混合物。燃烧产生有毒的一氧化碳和氮氧化物气体。蒸气比空气重，能在较低处扩散到相当远的地方，遇火源会着火回燃和爆炸(闪爆)。

禁忌物　强氧化剂、酸类、酸酐、酰基氯。

毒性　大鼠经口 LD_{50}：420mg/kg；兔经皮 LD_{50}：1.26mL/kg。

中毒表现　本品对皮肤有刺激性，对眼有强烈刺激性。

侵入途径　吸入、食入。

理化特性与用途

理化特性　无色液体，具有挥发性，有强烈的氨味。混溶于水，混溶于乙醇。熔点－75℃，沸点91℃，相对密度(水＝1)0.74，相对蒸气密度(空气＝1)3.0，饱和蒸气压6.7kPa(25℃)，辛醇/水分配系数1.33，闪点13℃(开杯)。

主要用途　用作有机合成中间体。

包装与储运

包装标志　易燃液体，腐蚀品。

包装类别　Ⅱ类

安全储运　储存于阴凉、通风的库房。远离火种、热源。储存温度不超过30℃，相对湿度不超过80%。保持容器密封。应与氧化剂、酸类等分开存放，切忌混储。采用防爆型照明、通风设施。禁止使用易产生火花的机械设备和工具。储区应备有泄漏应急处理设备和合适的收容材料。

紧急处置信息

急救措施

吸入：迅速脱离现场至空气新鲜处。保持呼吸道通畅。如呼吸困难，给输氧。呼吸、心跳停止，立即进行心肺复苏术。就医。

眼睛接触：立即分开眼睑，用大量流动清水或生理盐水彻底冲洗10～15min。就医。

皮肤接触：立即脱去污染的衣着，用大量流动清水彻底冲洗，冲洗时间一般要求 20～30min。就医。

食入：用水漱口，禁止催吐。给饮牛奶或蛋清。就医。

灭火方法 消防人员须穿全身消防服，佩戴空气呼吸器，在上风向灭火。尽可能将容器从火场移至空旷处。喷水保持火场容器冷却，直至灭火结束。处在火场中的容器若发生异常变化或发出异常声音，须马上撤离。

灭火剂：抗溶性泡沫、二氧化碳、干粉、砂土。

泄漏应急处置 消除所有点火源。根据液体流动和蒸气扩散的影响区域划定警戒区，无关人员从侧风、上风向撤离至安全区。建议应急处理人员戴正压自给式呼吸器，穿防静电、防腐蚀、防毒服，戴橡胶耐油手套。作业时使用的所有设备应接地。禁止接触或跨越泄漏物。尽可能切断泄漏源。防止泄漏物进入水体、下水道、地下室或受限空间。小量泄漏：用砂土或其他不燃材料吸收。使用洁净的无火花工具收集吸收材料。大量泄漏：构筑围堤或挖坑收容。用抗溶性泡沫覆盖，减少蒸发。喷水雾能减少蒸发，但不能降低泄漏物在受限空间内的易燃性。用防爆、耐腐蚀泵转移至槽车或专用收集器内。

240. 3－甲基丁炔

标　识

中文名称 3－甲基丁炔

英文名称 3－methylbut－1－yne；3－methylbutyne

别名 异丙基乙炔

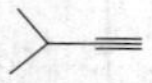

分子式 C_5H_8

CAS 号 598－23－2

危害信息

危险性类别 第 3 类易燃液体。

燃烧与爆炸危险性 易燃，其蒸气与空气混合，能形成爆炸性混合物。是非常活泼的物质，容易产生聚合。

禁忌物 强氧化剂、碱金属、碱土金属、重金属及重金属盐、卤素。

侵入途径 吸入、食入。

理化特性与用途

理化特性 无色液体。不溶于水，易溶于乙醇、乙醚。熔点－89.7℃，沸点 29.5℃，相对密度(水＝1)0.67，临界温度 203℃，临界压力 4.21MPa，辛醇/水分配系数 1.95，闪点－30℃。

主要用途 用作有机合成中间体。

包装与储运

包装标志 易燃液体。

包装类别 Ⅱ类

安全储运 通常商品加有阻聚剂。储存于阴凉、通风的库房。远离火种、热源。库温不宜超过37℃。保持容器密封。应与氧化剂分开存放，切忌混储。不宜大量储存或久存。采用防爆型照明、通风设施。禁止使用易产生火花的机械设备和工具。储区应备有泄漏应急处理设备和合适的收容材料。

紧急处置信息

急救措施

吸入：脱离接触。如有不适感，就医。

眼睛接触：分开眼睑，用流动清水或生理盐水冲洗。如有不适感，就医。

皮肤接触：脱去污染的衣着，用肥皂水和清水冲洗。如有不适感，就医。

食入：饮足量温水，催吐。就医。

灭火方法　消防人员须佩戴防毒面具，穿全身消防服，在上风向灭火。尽可能将容器从火场移至空旷处。喷水保持火场容器冷却，直至灭火结束。处在火场中的容器若已变色或从安全泄压装置中发出声音，必须马上撤离。用水灭火无效。

灭火剂：泡沫、干粉、二氧化碳、砂土。

泄漏应急处置　根据液体流动和蒸气扩散的影响区域划定警戒区，无关人员从侧风、上风向撤离至安全区。消除所有点火源。建议应急处理人员戴防毒面具，穿防毒、防静电服，戴橡胶手套。作业时使用的所有设备应接地。禁止接触或跨越泄漏物。尽可能切断泄漏源。防止泄漏物进入水体、下水道、地下室或受限空间。小量泄漏：用砂土或其他不燃材料吸收。使用洁净的无火花工具收集吸收材料。大量泄漏：构筑围堤或挖坑收容。用泡沫覆盖，减少蒸发。喷水雾能减少蒸发，但不能降低泄漏物在受限空间内的易燃性。用防爆泵转移至槽车或专用收集器内。

241. 2－甲基－1,3－二氧戊环

标　识

中文名称　2－甲基－1,3－二氧戊环

英文名称　2－methyl－1,3－dioxolane；methyldioxolane

别名　甲基二氧戊环

分子式　$C_4H_8O_2$

CAS号　497－26－7

危害信息

危险性类别　第3类易燃液体。

燃烧与爆炸危险性　易燃，其蒸气与空气混合，能形成爆炸性混合物。燃烧产生有毒的一氧化碳气体。蒸气比空气重，能在较低处扩散到相当远的地方，遇火源会着火回燃和爆炸（闪爆）。若遇高热，容器内压增大，有开裂和爆炸的危险。

活性反应　与氧化剂接触发生猛烈反应。

禁忌物　强氧化剂、强酸。

毒性　大鼠经口 LD_{50}：2900mg/kg；小鼠经口 LD_{50}：3500mg/kg；大鼠吸入 LD_{50}：80000 mg/m^3。

侵入途径　吸入、食入。

环境危害 对水生生物有极高毒性，可能在水生环境中造成长期不利影响。

理化特性与用途

理化特性 无色透明液体。易溶于水，溶于乙醇、乙醚。沸点 81～83℃，相对密度（水=1）0.982，相对蒸气密度（空气=1）3.03，辛醇/水分配系数 0.11，闪点 -2℃。

主要用途 用于制聚合物材料。

包装与储运

包装标志 易燃液体。

包装类别 Ⅱ类

安全储运 储存于阴凉、干燥、通风良好的库房。远离火种、热源。防止阳光直射。库温不宜超过37℃。保持容器密封。应与氧化剂、酸类分开存放，切忌混储。采用防爆型照明、通风设施。禁止使用易产生火花的机械设备和工具。储区应备有泄漏应急处理设备和合适的收容材料。

紧急处置信息

急救措施

吸入：迅速脱离现场至空气新鲜处。保持呼吸道通畅。如呼吸困难，给输氧。呼吸、心跳停止，立即进行心肺复苏术。就医。

眼睛接触：分开眼睑，用流动清水或生理盐水冲洗。如有不适感，就医。

皮肤接触：立即脱去污染的衣着，用大量流动清水冲洗。如有不适感，就医。

食入：饮足量温水，催吐。就医。

灭火方法 消防人员须佩戴防毒面具，穿全身消防服，在上风向灭火。尽可能将容器从火场移至空旷处。喷水保持火场容器冷却，直至灭火结束。处在火场中的容器若已变色或从安全泄压装置中发出声音，必须马上撤离。用水灭火无效。

灭火剂：抗溶性泡沫、干粉、二氧化碳、砂土。

泄漏应急处置 根据液体流动和蒸气扩散的影响区域划定警戒区，无关人员从侧风、上风向撤离至安全区。消除所有点火源。建议应急处理人员戴正压自给式呼吸器，穿防静电服，戴橡胶手套。作业时使用的所有设备应接地。禁止接触或跨越泄漏物。尽可能切断泄漏源。防止泄漏物进入水体、下水道、地下室或受限空间。小量泄漏：用砂土或其他不燃材料吸收。使用洁净的无火花工具收集吸收材料。大量泄漏：构筑围堤或挖坑收容。用抗溶性泡沫覆盖，减少蒸发。喷水雾能减少蒸发，但不能降低泄漏物在受限空间内的易燃性。用防爆泵转移至槽车或专用收集器内。

242. 甲 基 汞

标　识

中文名称 甲基汞

英文名称 methyl mercury；monomethylmercury

分子式 CH_3Hg

CAS 号 22967-92-6；16056-34-1

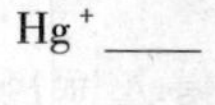

危害信息

危险性类别 第6类有毒品。

燃烧与爆炸危险性 可燃。遇高热、明火会产生剧毒的蒸气。

禁忌物 强氧化剂、强酸。

毒性 大鼠经口 LD_{50}：58mg/kg。

IARC 致癌性评论：G2B，可疑人类致癌物。

中毒表现 本品属有机汞。有机汞系亲脂性毒物，主要侵犯神经系统。有机汞中毒的主要表现有：无论经任何途径侵入，均可发生口腔炎，口服引起急性胃肠炎；神经精神症状有神经衰弱综合征、精神障碍、谵妄、昏迷、瘫痪、震颤、共济失调、向心性视野缩小等；可发生肾脏损害，重者可致急性肾功能衰竭。此外尚可致心脏、肝脏损害，可致皮肤损害。

侵入途径 吸入、食入、经皮吸收。

职业接触限值 中国：PC－TWA：0.01mg/m^3；PC－STEL：0.03mg/m^3[皮，按汞计]。

美国(ACGIH)：TLV－TWA：0.1mg/m^3[皮，按汞计]。

环境危害 对水生生物有极高毒性，可能在水生环境中造成长期不利影响；有害空气污染物；严重海洋污染物。

理化特性与用途

理化特性 无色液体。微溶于水。熔点 －60.49℃，辛醇/水分配系数 0.41。

主要用途 用于有机合成，也用于实验室研究和种子杀菌处理。

包装与储运

包装标志 有毒品。

包装类别 Ⅱ类

安全储运 储存于阴凉、通风的库房。远离火种、热源。库温不宜超过35℃，相对湿度不超过85%。保持容器密封。应与氧化剂、酸类、食用化学品分开存放，切忌混储。配备相应品种和数量的消防器材。储区应备有合适的材料收容泄漏物。

紧急处置信息

急救措施

吸入：迅速脱离现场至空气新鲜处。保持呼吸道通畅。如呼吸困难，给输氧。呼吸、心跳停止，立即进行心肺复苏术。就医。

眼睛接触：分开眼睑，用流动清水或生理盐水冲洗。如有不适感，就医。

皮肤接触：脱去污染的衣着，用流动清水冲洗。如有不适感，就医。

食入：如患者神志清醒，催吐，洗胃。口服活性炭，导泻。就医。

灭火方法 消防人员必须佩戴空气呼吸器，穿全身防火防毒服，在上风向灭火。尽可能将容器从火场移至空旷处。喷水保持火场容器冷却，直至灭火结束。处在火场中的容器若已变色或从安全泄压装置中发出声音，必须马上撤离。

灭火剂：雾状水、泡沫、干粉、二氧化碳、砂土。

泄漏应急处置 根据液体流动和蒸气扩散的影响区域划定警戒区，无关人员从侧风、上风向撤离至安全区。消除所有点火源。建议应急处理人员戴正压自给式呼吸器，穿防静电服，戴橡胶手套。禁止接触或跨越泄漏物。尽可能切断泄漏源。防止泄漏物进入水体、下水道、地下室或受限空间。小量泄漏：用砂土或其他不燃材料吸收。使用洁净的无火花工具收集吸收材料。大量泄漏：构筑围堤或挖坑收容。用泵转移至槽车或专用收集器内。

243. 甲基磺酰氯

标　识

中文名称　甲基磺酰氯

英文名称　methanesulfonyl chloride；methylsulfonyl chloride

别名　甲烷磺酰氯；氯化磺酰甲烷

分子式　CH_3ClO_2S

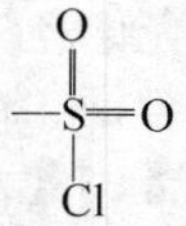

CAS 号　124－63－0

WGH 号　81127

UN 号　3246

危害信息

危险性类别　第 8 类腐蚀品；按《危险货物品名表》主危险性为第 6.1 类有毒品。

燃烧与爆炸危险性　可燃，燃烧产生有毒的氯化氢、氧化硫气体。受热或遇水分解放热，放出有毒的腐蚀性烟气。具有腐蚀性。

活性反应　能与碱、氨发生剧烈反应，造成火灾和爆炸。

禁忌物　水、醇类、强氧化剂、强碱。

毒性　大鼠经口 LD_{50}：50mg/kg；小鼠经口 LD_{50}：200mg/kg。

本品已列入《剧毒化学品目录》。

中毒表现　本品对黏膜、上呼吸道、眼睛和皮肤有强烈刺激性。可致灼伤。吸入后，可引起喉和支气管炎症，化学性肺炎或肺水肿。

侵入途径　吸入、食入、经皮吸收。

理化特性与用途

理化特性　无色至淡黄色发烟液体，有不愉快的气味。不溶于水，溶于乙醇、乙醚。熔点－32℃，沸点 161℃(97.3kPa)，相对密度(水＝1)1.48，相对蒸气密度(空气＝1)3.9，饱和蒸气压 0.27kPa(20℃)，辛醇/水分配系数 1.27，闪点＞110℃。

主要用途　用作分析试剂、酯化和聚合反应催化剂、液态二氧化硫的稳定剂、干性油墨和涂料的速干剂、聚酯染色改进剂、羊毛染色助剂，也是生产甲磺酸、医药和农药的原料。

包装与储运

包装标志　有毒品，腐蚀品。

包装类别　Ⅰ类

安全储运　储存于阴凉、干燥、通风良好的专用库房内。应严格执行剧毒化学品管理制度。远离火种、热源。库温不超过 30℃。相对湿度不超过 75%。保持容器密封。应与氧化剂、碱类、醇类等分开存放，切忌混储。配备相应品种和数量的消防器材。储区应备有泄漏应急处理设备和合适的收容材料。

紧急处置信息

急救措施

吸入：迅速脱离现场至空气新鲜处。保持呼吸道通畅。如呼吸困难，给输氧。呼吸、心跳停止，立即进行心肺复苏术。就医。

眼睛接触：立即分开眼睑，用大量流动清水或生理盐水彻底冲洗 10 ~ 15min。就医。

皮肤接触：立即脱去污染的衣着，用大量流动清水彻底冲洗，冲洗时间一般要求 20 ~ 30min。就医。

食入：用水漱口。给饮牛奶或蛋清。就医。

灭火方法 消防人员必须穿全身耐酸碱消防服，佩戴空气呼吸器，在上风向灭火。尽可能将容器从火场移至空旷处。喷水保持火场容器冷却，直至灭火结束。处在火场中的容器若已变色或从安全泄压装置中发出声音，必须马上撤离。禁止用水、泡沫和酸碱灭火剂灭火。

灭火剂：干粉、二氧化碳。

泄漏应急处置 根据液体流动和蒸气扩散的影响区域划定警戒区，无关人员从侧风、上风向撤离至安全区。消除所有点火源。建议应急处理人员戴正压自给式呼吸器，穿防酸碱服，戴橡胶耐酸碱手套。穿上适当的防护服前严禁接触破裂的容器和泄漏物。尽可能切断泄漏源。防止泄漏物进入水体、下水道、地下室或受限空间。小量泄漏：用干燥的砂土或其他不燃材料吸收或覆盖，收集于容器中。大量泄漏：构筑围堤或挖坑收容。用砂土、惰性物质或蛭石吸收大量液体。用耐腐蚀泵转移至槽车或专用收集器内。

244. 甲基硫菌灵

标识

中文名称 甲基硫菌灵

英文名称 thiophanate - methyl; dimethyl 4, 4′ - *o* - phenylenebis(3 - thioallophanate)

别名 4, 4′ -(邻亚苯基)双(3 - 硫代脲基甲酸甲酯)；1, 2 - 二(3 - 甲氧羰基 - 2 - 硫脲基)苯

分子式 $C_{12}H_{14}N_4O_4S_2$

CAS 号 23564 - 05 - 8

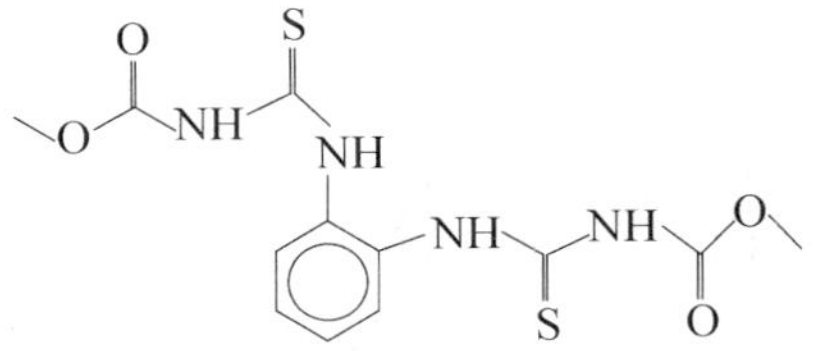

危害信息

燃烧与爆炸危险性 可燃，其粉体与空气混合，能形成爆炸性混合物。燃烧产生有毒的一氧化碳、氮氧化物和氧化硫气体。受高热分解放出有毒的气体。

禁忌物 强氧化剂。

毒性 大鼠经口 LD_{50}：6640mg/kg；小鼠经口 LD_{50}：3400mg/kg；大鼠经皮 LD_{50}：> 10000mg/kg；大鼠吸入 LD_{50}：1700 mg/m^3(4h)。

侵入途径 吸入、食入、经皮吸收。

环境危害 对水生生物有极高毒性，可能在水生环境中造成长期不利影响。

理化特性与用途

理化特性 纯品为无色晶体，工业品为白色粉末。不溶于水，微溶于己烷，溶于甲醇、丙酮、氯仿、乙腈。熔点 172℃(分解)，相对密度(水 = 1)1.5，饱和蒸气压 0.0095MPa (25℃)，辛醇/水分配系数 1.4。

主要用途 农用杀菌剂，用于粮、棉、油、蔬菜、果树等作物防治赤霉病、白粉病、菌核病、黑斑病等多种病害。

包装与储运

安全储运 储存于阴凉、通风的库房。远离火种、热源。保持容器密封。应与强氧化剂等隔离储运。搬运时轻装轻卸，防止容器受损。

紧急处置信息

急救措施

吸入： 迅速脱离现场至空气新鲜处。保持呼吸道通畅。如呼吸困难，给输氧。呼吸、心跳停止，立即进行心肺复苏术。就医。

眼睛接触： 分开眼睑，用流动清水或生理盐水冲洗。如有不适感，就医。

皮肤接触： 脱去污染的衣着，用流动清水冲洗。如有不适感，就医。

食入： 饮足量温水，催吐、洗胃、导泻。就医。

灭火方法 消防人员须佩戴防毒面具，穿全身消防服，在上风向灭火。尽可能将容器从火场移至空旷处。喷水保持火场容器冷却，直至灭火结束。

灭火剂：雾状水、泡沫、干粉、二氧化碳、砂土。

泄漏应急处置 隔离泄漏污染区，限制出入。建议应急处理人员戴防尘口罩，穿一般作业工作服，戴防护手套。尽可能切断泄漏源。用塑料布覆盖泄漏物，减少飞散。勿使水进入包装容器内。用洁净的铲子收集泄漏物，置于干净、干燥、盖子较松的容器中，将容器移离泄漏区。

245. 甲基砷酸钙

标　识

中文名称 甲基砷酸钙

英文名称 calcium methylarsonate；methylarsonic acid calcium salt

别名 稻宁

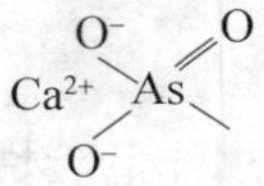

分子式 CH_3AsCaO_3

CAS 号 6423－72－9

危害信息

燃烧与爆炸危险性 不燃，无特殊燃爆特性。受高热分解放出有毒的气体。

禁忌物 强酸。

毒性 大鼠经口 LD_{50}：1886mg/kg。

中毒表现 本品对眼睛、皮肤、上呼吸道和肺有严重的刺激和损害作用，以及对中枢神经系统作用而引起全身性中毒。接触者常可引起神经衰弱综合征。

侵入途径 吸入、食入、经皮吸收。

环境危害 对水生生物有毒，可能在水生环境中造成长期不利影响。

理化特性与用途

理化特性 白色结晶粉末。不溶于水，溶于苯、乙醇。

主要用途 用作除草剂，也用于防治水稻纹枯病，棉花立枯病和炭疽病。

包装与储运

安全储运 储存于阴凉、通风的库房。远离火种、热源。保持容器密封。应与酸类等隔离储运。搬运时轻装轻卸，防止容器受损。

紧急处置信息

急救措施

吸入：迅速脱离现场至空气新鲜处。保持呼吸道通畅。如呼吸困难，给输氧。呼吸、心跳停止，立即进行心肺复苏术。就医。

眼睛接触：分开眼睑，用流动清水或生理盐水冲洗。如有不适感，就医。

皮肤接触：脱去污染的衣着，用流动清水冲洗。如有不适感，就医。

食入：饮足量温水，催吐、洗胃、导泻。就医。

灭火方法 消防人员必须戴自给式呼吸器，穿全身防火防毒服，在上风向灭火。灭火时尽可能将容器从火场移至空旷处。本品不燃。根据着火原因选择适当灭火剂灭火。

泄漏应急处置 隔离泄漏污染区，限制出入。建议应急处理人员戴防尘口罩，穿一般作业工作服，戴防护手套。尽可能切断泄漏源。用塑料布覆盖泄漏物，减少飞散。勿使水进入包装容器内。用洁净的铲子收集泄漏物，置于干净、干燥、盖子较松的容器中，将容器移离泄漏区。

246. 2－甲基3－戊醇

标　　识

中文名称 2－甲基3－戊醇

英文名称 2－methyl－3－pentanol；2－methylpentan－3－ol

别名 乙基异丙基甲醇

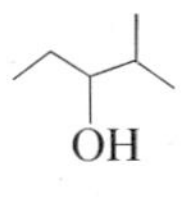

分子式 $C_6H_{14}O$

CAS 号 565－67－3

WGH 号 33554；32054［铁规］

UN 号 2282

危害信息

危险性类别 第3类易燃液体。

燃烧与爆炸危险性 易燃，其蒸气与空气混合，能形成爆炸性混合物。若遇高热，容器内压增大，有开裂和爆炸的危险。

活性反应 与氧化剂可发生反应。

禁忌物 氧化剂、酸类、酸酐、酰基氯。

毒性 小鼠静脉内 LD_{50}：320 mg/kg。

侵入途径　吸入、食入、经皮吸收。

理化特性与用途

理化特性　无色透明液体。不溶于水，混溶于乙醇、乙醚等。沸点 126.5 ~ 128℃，相对密度（水 = 1）0.822，相对蒸气密度（空气 = 1）3.52，饱和蒸气压 0.72kPa（25℃），辛醇/水分配系数 1.68，闪点 46.1℃。

主要用途　用作溶剂，用于有机合成。

包装与储运

包装标志　易燃液体

包装类别　Ⅲ类

安全储运　储存于阴凉、通风的库房。远离火种、热源。防止阳光直射。库温不宜超过 37℃。保持容器密封。应与氧化剂、酸类、酸酐、酰基氯、食用化学品分开存放，切忌混储。采用防爆型照明、通风设施。禁止使用易产生火花的机械设备和工具。储区应备有泄漏应急处理设备和合适的收容材料。

紧急处置信息

急救措施

吸入：迅速脱离现场至空气新鲜处。保持呼吸道通畅。如呼吸困难，给输氧。呼吸、心跳停止，立即进行心肺复苏术。就医。

眼睛接触：分开眼睑，用流动清水或生理盐水冲洗。如有不适感，就医。

皮肤接触：立即脱去污染的衣着，用大量流动清水冲洗。如有不适感，就医。

食入：饮足量温水，催吐。就医。

灭火方法　消防人员须佩戴防毒面具，穿全身消防服，在上风向灭火。尽可能将容器从火场移至空旷处。喷水保持火场容器冷却，直至灭火结束。处在火场中的容器若已变色或从安全泄压装置中发出声音，必须马上撤离。

灭火剂：雾状水、泡沫、干粉、二氧化碳、砂土。

泄漏应急处置　消除所有点火源。根据液体流动和蒸气扩散的影响区域划定警戒区，无关人员从侧风、上风向撤离至安全区。建议应急处理人员戴正压自给式呼吸器，穿防静电服，戴橡胶手套。作业时使用的所有设备应接地。禁止接触或跨越泄漏物。尽可能切断泄漏源。防止泄漏物进入水体、下水道、地下室或受限空间。小量泄漏：用砂土或其他不燃材料吸收。使用洁净的无火花工具收集吸收材料。大量泄漏：构筑围堤或挖坑收容。用泡沫覆盖，减少蒸发。喷水雾能减少蒸发，但不能降低泄漏物在受限空间内的易燃性。用防爆泵转移至槽车或专用收集器内。

247. 2 - 甲基 -2,4 - 戊二醇

标　识

中文名称　2 - 甲基 -2，4 - 戊二醇

英文名称　2 - methyl - 2，4 - pentanediol ；hexylene glycol

别名　己二醇

分子式　$C_6H_{14}O_2$
CAS号　107－41－5

危害信息

燃烧与爆炸危险性　可燃，其蒸气与空气混合，能形成爆炸性混合物。燃烧产生有毒的一氧化碳气体。

禁忌物　强酸、强氧化剂、强还原剂、酰基氯、酸酐。

毒性　大鼠经口 LD_{50}：3700mg/kg；小鼠经口 LD_{50}：3100mg/kg；兔经皮 LD_{50}：7912mg/kg。

中毒表现　高浓度对眼、呼吸道有刺激作用。

侵入途径　吸入、食入、经皮吸收。

职业接触限值　中国：MAC：100mg/m^3。

美国(ACGIH)：TLV－C：25ppm。

理化特性与用途

理化特性　无色液体，略带芳香气味。混溶于水，溶于乙醇、乙醚、低级脂肪烃等多种有机溶剂。熔点－50℃，沸点198℃，相对密度(水＝1)0.92，相对蒸气密度(空气＝1)4.1，饱和蒸气压6.7Pa(20℃)，临界温度348℃，临界压力4.01MPa，辛醇/水分配系数0.58，闪点93℃(闭杯)、96℃(开杯)，引燃温度306℃，爆炸下限1.2%，爆炸上限8.1%。

主要用途　用作溶剂、医用消毒剂、杀微生物剂、燃油和润滑油添加剂，用于有机合成。

包装与储运

安全储运　储存于阴凉、通风的库房。远离火种、热源。保持容器密封。应与氧化剂、还原剂、酸类、食用化学品分等隔离储运。搬运时轻装轻卸，防止容器受损。

紧急处置信息

急救措施

吸入：迅速脱离现场至空气新鲜处。保持呼吸道通畅。如呼吸困难，给输氧。呼吸、心跳停止，立即进行心肺复苏术。就医。

眼睛接触：立即分开眼睑，用流动清水或生理盐水彻底冲洗。就医。

皮肤接触：立即脱去污染的衣着，用肥皂水和清水彻底冲洗。就医。

食入：饮足量温水，催吐。就医。

灭火方法　消防人员须佩戴防毒面具，穿全身消防服，在上风向灭火。尽可能将容器从火场移至空旷处。喷水保持火场容器冷却，直至灭火结束。处在火场中的容器若已变色或从安全泄压装置中发出声音，必须马上撤离。

灭火剂：水、雾状水、抗溶性泡沫、干粉、二氧化碳、砂土。

泄漏应急处置　根据液体流动和蒸气扩散的影响区域划定警戒区，无关人员从侧风、上风向撤离至安全区。消除所有点火源。建议应急处理人员戴防毒面具，穿防毒服，戴橡胶手套。穿上适当的防护服前严禁接触破裂的容器和泄漏物。尽可能切断泄漏源。防止泄漏物进入水体、下水道、地下室或受限空间。小量泄漏：用干燥的砂土或其他不燃材料吸收或覆盖，收集于容器中。大量泄漏：构筑围堤或挖坑收容。用泵转移至槽车或专用收集器内。

248. 2－甲基－1,3－戊二烯

标　识

中文名称　2－甲基－1，3－戊二烯

英文名称　2－methyl－1，3－pentadiene；2－methylpenta－1，3－diene

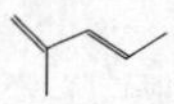

分子式　C_6H_{10}

CAS 号　1118－58－7

WGH 号　31015

UN 号　2461

危害信息

危险性类别　第 3 类易燃液体。

燃烧与爆炸危险性　易燃，其蒸气与空气混合，能形成爆炸性混合物。燃烧产生有毒的一氧化碳气体。容易自聚，聚合反应随着温度的上升而急骤加剧。流速过快，容易产生和积聚静电。蒸气比空气重，能在较低处扩散到相当远的地方，遇火源会着火回燃和爆炸(闪爆)。若遇高热，容器内压增大，有开裂和爆炸的危险。

活性反应　与氧化剂接触发生猛烈反应。

禁忌物　强氧化剂、强酸。

中毒表现　本品具刺激作用，高浓度时有麻醉作用。

侵入途径　吸入、食入。

理化特性与用途

理化特性　无色透明液体。不溶于水。熔点－14.9℃，沸点 73～77.8℃，相对密度(水＝1)0.72，相对蒸气密度(空气＝1)2.83，闪点－12.2℃。

主要用途　用于有机合成，制造醇酸树脂及其他聚合物。

包装与储运

包装标志　易燃液体。

包装类别　Ⅱ类

安全储运　储存于阴凉、通风的库房。远离火种、热源。防止阳光直射。库温不宜超过 37℃。保持容器密封。严禁与空气接触。应与氧化剂、酸类、食用化学品分开存放，切忌混储。采用防爆型照明、通风设施。禁止使用易产生火花的机械设备和工具。灌装时注意流速，防止静电积聚。储区应备有泄漏应急处理设备和合适的收容材料。

紧急处置信息

急救措施

吸入：迅速脱离现场至空气新鲜处。保持呼吸道通畅。如呼吸困难，给输氧。呼吸、心跳停止，立即进行心肺复苏术。就医。

眼睛接触：分开眼睑，用流动清水或生理盐水冲洗。如有不适感，就医。

皮肤接触：立即脱去污染的衣着，用大量流动清水冲洗。如有不适感，就医。

食入： 饮足量温水，催吐。就医。

灭火方法 消防人员须佩戴防毒面具，穿全身消防服，在上风向灭火。尽可能将容器从火场移至空旷处。喷水保持火场容器冷却，直至灭火结束。处在火场中的容器若已变色或从安全泄压装置中发出声音，必须马上撤离。用水灭火无效。

灭火剂：泡沫、干粉、二氧化碳、砂土。

泄漏应急处置 消除所有点火源。根据液体流动和蒸气扩散的影响区域划定警戒区，无关人员从侧风、上风向撤离至安全区。建议应急处理人员戴正压自给式呼吸器，穿防静电服，戴橡胶耐油手套。作业时使用的所有设备应接地。禁止接触或跨越泄漏物。尽可能切断泄漏源。防止泄漏物进入水体、下水道、地下室或受限空间。小量泄漏：用砂土或其他不燃材料吸收。使用洁净的无火花工具收集吸收材料。大量泄漏：构筑围堤或挖坑收容。用泡沫覆盖，减少蒸发。喷水雾能减少蒸发，但不能降低泄漏物在受限空间内的易燃性。用防爆泵转移至槽车或专用收集器内。

249. 2－甲基－1,4－戊二烯

标　识

中文名称 2－甲基－1,4－戊二烯

英文名称 2－methyl－1,4－pentadiene;2－Methylpenta－1,4－diene

分子式 C_6H_{10}

CAS 号 763－30－4

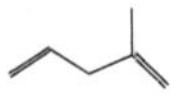

WGH 号 31015

UN 号 2461

危害信息

危险性类别 第3类易燃液体。

燃烧与爆炸危险性 易燃，其蒸气与空气混合，能形成爆炸性混合物。燃烧产生有毒的一氧化碳气体。容易自聚，聚合反应随着温度的上升而急骤加剧。流速过快，容易产生和积聚静电。若遇高热，容器内压增大，有开裂和爆炸的危险。

活性反应 与氧化剂接触发生猛烈反应。

禁忌物 强氧化剂、强酸、卤代烃、卤素。

中毒表现 本品对黏膜有刺激作用，高浓度蒸气具麻醉性。

侵入途径 吸入、食入。

理化特性与用途

理化特性 无色液体。不溶于水，溶于多数有机溶剂。沸点56℃，相对密度（水＝1）0.692，饱和蒸气压27kPa(25℃)，辛醇/水分配系数3.07，闪点－2.22℃。

主要用途 用于有机合成。

包装与储运

包装标志 易燃液体。

包装类别 Ⅱ类

安全储运 储存于阴凉、通风的库房。远离火种、热源。防止阳光直射。库温不宜超过37℃。保持容器密封。严禁与空气接触。应与氧化剂、食用化学品分开存放，切忌混储。采用防爆型照明、通风设施。禁止使用易产生火花的机械设备和工具。灌装时注意流速，防止静电积聚。储区应备有泄漏应急处理设备和合适的收容材料。

紧急处置信息

急救措施

吸入：迅速脱离现场至空气新鲜处。保持呼吸道通畅。如呼吸困难，给输氧。呼吸、心跳停止，立即进行心肺复苏术。就医。

眼睛接触：分开眼睑，用流动清水或生理盐水冲洗。如有不适感，就医。

皮肤接触：立即脱去污染的衣着，用大量流动清水冲洗。如有不适感，就医。

食入：饮足量温水，催吐。就医。

灭火方法 消防人员须佩戴防毒面具，穿全身消防服，在上风向灭火。尽可能将容器从火场移至空旷处。喷水保持火场容器冷却，直至灭火结束。处在火场中的容器若已变色或从安全泄压装置中发出声音，必须马上撤离。用水灭火无效。

灭火剂：泡沫、干粉、二氧化碳、砂土。

泄漏应急处置 消除所有点火源。根据液体流动和蒸气扩散的影响区域划定警戒区，无关人员从侧风、上风向撤离至安全区。建议应急处理人员戴正压自给式呼吸器，穿防静电服，戴橡胶耐油手套。作业时使用的所有设备应接地。禁止接触或跨越泄漏物。尽可能切断泄漏源。防止泄漏物进入水体、下水道、地下室或受限空间。小量泄漏：用砂土或其他不燃材料吸收。使用洁净的无火花工具收集吸收材料。大量泄漏：构筑围堤或挖坑收容。用泡沫覆盖，减少蒸发。喷水雾能减少蒸发，但不能降低泄漏物在受限空间内的易燃性。用防爆泵转移至槽车或专用收集器内。

250. 3－甲基－1,3－戊二烯

标　识

中文名称 3－甲基－1,3－戊二烯

英文名称 3－methyl－1,3－pentadiene ;3－methyl－penta－1,3－diene

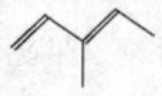

分子式 C_6H_{10}

CAS 号 4549－74－0

WGH 号 31015

UN 号 2461

危害信息

危险性类别 第3类易燃液体。

燃烧与爆炸危险性 极易燃，其蒸气与空气混合，能形成爆炸性混合物。燃烧产生有毒的一氧化碳气体。容易自聚，聚合反应随着温度的上升而急骤加剧。流速过快，容易产生和积聚静电。若遇高热，容器内压增大，有开裂和爆炸的危险。

活性反应 与氧化剂接触发生猛烈反应。

禁忌物 强氧化剂。

中毒表现 本品具刺激作用，高浓度时有麻醉作用。

侵入途径 吸入、食入、经皮吸收。

理化特性与用途

理化特性 无色透明液体。不溶于水。沸点74.8～77.8℃，相对密度(水＝1)0.73，闪点－29℃ 。

主要用途 用于有机合成。

包装与储运

包装标志 易燃液体。

包装类别 Ⅱ类

安全储运 储存于阴凉、通风的库房。远离火种、热源。防止阳光直射。库温不宜超过29℃。保持容器密封。严禁与空气接触。应与氧化剂、食用化学品分开存放，切忌混储。采用防爆型照明、通风设施。禁止使用易产生火花的机械设备和工具。灌装时注意流速，防止静电积聚。储区应备有泄漏应急处理设备和合适的收容材料。

紧急处置信息

急救措施

吸入：迅速脱离现场至空气新鲜处。保持呼吸道通畅。如呼吸困难，给输氧。呼吸、心跳停止，立即进行心肺复苏术。就医。

眼睛接触：分开眼睑，用流动清水或生理盐水冲洗。如有不适感，就医。

皮肤接触：立即脱去污染的衣着，用大量流动清水冲洗。如有不适感，就医。

食入：饮足量温水，催吐。就医。

灭火方法 消防人员须佩戴防毒面具，穿全身消防服，在上风向灭火。尽可能将容器从火场移至空旷处。喷水保持火场容器冷却，直至灭火结束。处在火场中的容器若已变色或从安全泄压装置中发出声音，必须马上撤离。用水灭火无效。

灭火剂：泡沫、干粉、二氧化碳、砂土。

泄漏应急处置 消除所有点火源。根据液体流动和蒸气扩散的影响区域划定警戒区，无关人员从侧风、上风向撤离至安全区。建议应急处理人员戴正压自给式呼吸器，穿防静电服，戴橡胶耐油手套。作业时使用的所有设备应接地。禁止接触或跨越泄漏物。尽可能切断泄漏源。防止泄漏物进入水体、下水道、地下室或受限空间。小量泄漏：用砂土或其他不燃材料吸收。使用洁净的无火花工具收集吸收材料。大量泄漏：构筑围堤或挖坑收容。用泡沫覆盖，减少蒸发。喷水雾能减少蒸发，但不能降低泄漏物在受限空间内的易燃性。用防爆泵转移至槽车或专用收集器内。

251. 3－甲基－1,4－戊二烯

标　识

中文名称 3－甲基－1,4－戊二烯

英文名称 3－methyl－1,4－pentadiene;3－methylpenta－1,4－diene

分子式 C_6H_{10}

251. 3－甲基－1,4－戊二烯

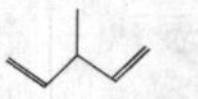

CAS 号　1115－08－8

WGH 号　31015

UN 号　2461

危害信息

危险性类别　第3类易燃液体。

燃烧与爆炸危险性　极易燃，其蒸气与空气混合，能形成爆炸性混合物。燃烧产生有毒的一氧化碳气体。容易自聚，聚合反应随着温度的上升而急骤加剧。流速过快，容易产生和积聚静电。若遇高热，容器内压增大，有开裂和爆炸的危险。

活性反应　与氧化剂接触发生猛烈反应。

禁忌物　氧化剂、酸类、卤代烃、卤素等。

中毒表现　本品具刺激作用，高浓度时有麻醉作用。

侵入途径　吸入、食入。

理化特性与用途

理化特性　无色透明液体，有不愉快的气味。不溶于水。沸点49.6～55.9℃，相对密度(水＝1)0.673，饱和蒸气压35.21kPa(20℃)，闪点－34℃。

主要用途　用于有机合成。

包装与储运

包装标志　易燃液体。

包装类别　Ⅱ类

安全储运　储存于阴凉、通风的库房。远离火种、热源。防止阳光直射。库温不宜超过29℃。保持容器密封。严禁与空气接触。应与氧化剂、食用化学品分开存放，切忌混储。不宜大量储存或久存。采用防爆型照明、通风设施。禁止使用易产生火花的机械设备和工具。灌装时注意流速，防止静电积聚。储区应备有泄漏应急处理设备和合适的收容材料。

紧急处置信息

急救措施

吸入：迅速脱离现场至空气新鲜处。保持呼吸道通畅。如呼吸困难，给输氧。呼吸、心跳停止，立即进行心肺复苏术。就医。

眼睛接触：分开眼睑，用流动清水或生理盐水冲洗。如有不适感，就医。

皮肤接触：立即脱去污染的衣着，用大量流动清水冲洗。如有不适感，就医。

食入：饮足量温水，催吐。就医。

灭火方法　消防人员须佩戴防毒面具，穿全身消防服，在上风向灭火。尽可能将容器从火场移至空旷处。喷水保持火场容器冷却，直至灭火结束。处在火场中的容器若已变色或从安全泄压装置中发出声音，必须马上撤离。用水灭火无效。

灭火剂：泡沫、干粉、二氧化碳、砂土。

泄漏应急处置　消除所有点火源。根据液体流动和蒸气扩散的影响区域划定警戒区，无关人员从侧风、上风向撤离至安全区。建议应急处理人员戴正压自给式呼吸器，穿防静电服，戴橡胶耐油手套。作业时使用的所有设备应接地。禁止接触或跨越泄漏物。尽可能切断泄漏源。防止泄漏物进入水体、下水道、地下室或受限空间。小量泄漏：用砂土或其他不燃材料吸收。使用洁净的无火花工具收集吸收材料。大量泄漏：构筑围堤或挖坑收容。用泡沫覆盖，减少蒸发。喷水雾能减少蒸发，但不能降低泄漏物在受限空间内的易燃性。

用防爆泵转移至槽车或专用收集器内。

252. 4－甲基－1,3－戊二烯

标　识

中文名称　4－甲基－1,3－戊二烯

英文名称　4－methylpenta－1,3－diene；4－methyl－1,3－pentadiene；methylpentadiene

分子式　C_6H_{10}

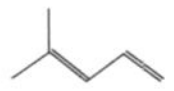

CAS 号　926－56－7

WGH 号　31015

UN 号　2461

危害信息

危险性类别　第3类易燃液体。

燃烧与爆炸危险性　极易燃，其蒸气与空气混合，能形成爆炸性混合物。燃烧产生有毒的一氧化碳气体。容易自聚，聚合反应随着温度的上升而急骤加剧。流速过快，容易产生和积聚静电。若遇高热，容器内压增大，有开裂和爆炸的危险。

活性反应　与氧化剂接触发生猛烈反应。

禁忌物　氧化剂、强酸、卤代烃、卤素。

中毒表现　本品具刺激作用，高浓度时有麻醉作用。

侵入途径　吸入、食入、经皮吸收。

理化特性与用途

理化特性　无色透明液体，有类似石油的气味。不溶于水。熔点－70.1℃，沸点75～77℃，相对密度(水＝1)0.718，饱和蒸气压18.62kPa(25℃)，辛醇/水分配系数2.99，闪点－18℃。

主要用途　用于有机合成。

包装与储运

包装标志　易燃液体

包装类别　Ⅱ类

安全储运　储存于阴凉、通风的库房。远离火种、热源。防止阳光直射。库温不宜超过29℃。保持容器密封。严禁与空气接触。应与氧化剂、食用化学品分开存放，切忌混储。不宜大量储存或久存。采用防爆型照明、通风设施。禁止使用易产生火花的机械设备和工具。灌装时注意流速，防止静电积聚。储区应备有泄漏应急处理设备和合适的收容材料。

紧急处置信息

急救措施

吸入：迅速脱离现场至空气新鲜处。保持呼吸道通畅。如呼吸困难，给输氧。呼吸、心跳停止，立即进行心肺复苏术。就医。

眼睛接触：分开眼睑，用流动清水或生理盐水冲洗。如有不适感，就医。

皮肤接触：立即脱去污染的衣着，用大量流动清水冲洗。如有不适感，就医。

食入：饮足量温水，催吐。就医。

灭火方法 消防人员须佩戴防毒面具，穿全身消防服，在上风向灭火。尽可能将容器从火场移至空旷处。喷水保持火场容器冷却，直至灭火结束。处在火场中的容器若已变色或从安全泄压装置中发出声音，必须马上撤离。用水灭火无效。

灭火剂：泡沫、干粉、二氧化碳、砂土。

泄漏应急处置 消除所有点火源。根据液体流动和蒸气扩散的影响区域划定警戒区，无关人员从侧风、上风向撤离至安全区。建议应急处理人员戴正压自给式呼吸器，穿防静电服，戴橡胶耐油手套。作业时使用的所有设备应接地。禁止接触或跨越泄漏物。尽可能切断泄漏源。防止泄漏物进入水体、下水道、地下室或受限空间。小量泄漏：用砂土或其他不燃材料吸收。使用洁净的无火花工具收集吸收材料。大量泄漏：构筑围堤或挖坑收容。用泡沫覆盖，减少蒸发。喷水雾能减少蒸发，但不能降低泄漏物在受限空间内的易燃性。用防爆泵转移至槽车或专用收集器内。

253. 甲基纤维素

标　识

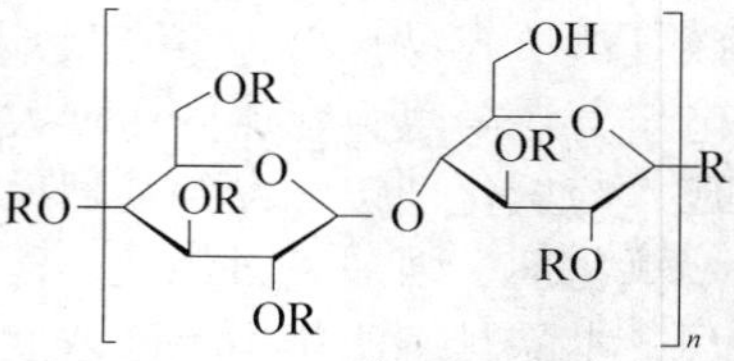

R=H或CH_3

中文名称 甲基纤维素

英文名称 methyl cellulose

别名 纤维素甲醚

分子式 $(C_7H_{12}O_5)_n$

CAS 号 9004－67－5

危害信息

燃烧与爆炸危险性 可燃，其粉体与空气混合，能形成爆炸性混合物。燃烧产生有毒的一氧化碳气体。

禁忌物 强氧化剂。

中毒表现 动物腹腔内注射有较强的毒性。遇热分解释放出刺激性烟雾。

侵入途径 吸入、食入。

理化特性与用途

理化特性 白色至米色粉末或纤维状物。溶于冷水，不溶于热水、丙酮、乙醇、乙醚、甲苯、氯仿，溶于冰醋酸。引燃温度 360℃（粉尘云）、320℃（粉尘层），爆炸下限 30g/m^3。

主要用途 用作分散、乳化剂、增稠剂、胶黏剂、上浆剂、保水剂。

包装与储运

安全储运 储存于阴凉、通风的库房。远离火种、热源。保持容器密封。应与强氧化剂等隔离储运。搬运时轻装轻卸，防止容器受损。

紧急处置信息

急救措施

吸入：脱离接触。如有不适感，就医。

眼睛接触：分开眼睑，用流动清水或生理盐水冲洗。如有不适感，就医。

皮肤接触：脱去污染的衣着，用肥皂水和清水冲洗。如有不适感，就医。

食入：饮足量温水，催吐。就医。

灭火方法 消防人员须佩戴防毒面具，穿全身消防服，在上风向灭火。尽可能将容器从火场移至空旷处。喷水保持火场容器冷却，直至灭火结束。

灭火剂：雾状水、泡沫、干粉、二氧化碳、砂土。

泄漏应急处置 隔离泄漏污染区，限制出入。消除所有点火源。建议应急处理人员戴防尘口罩，穿一般作业工作服，戴防护手套。尽可能切断泄漏源。用塑料布覆盖泄漏物，减少飞散。勿使水进入包装容器内。用洁净的铲子收集泄漏物，置于干净、干燥、盖子较松的容器中，将容器移离泄漏区。

254. 甲醛亚硫酸氢钠

标 识

中文名称 甲醛亚硫酸氢钠

英文名称 sodium hydroxymethanesulphonate; sodium formaldehyde bisulfite

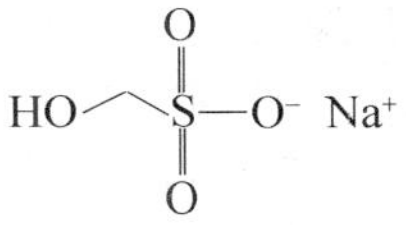

别名 羟甲基磺酸钠

分子式 $CH_4O_4S \cdot Na$

CAS 号 870-72-4

危害信息

燃烧与爆炸危险性 可燃，其粉体与空气混合，能形成爆炸性混合物。受高热分解产生有毒的硫化物烟气。

禁忌物 强酸、酸类。

毒性 小鼠经口 LD_{50}：3200~6400mg/kg。

侵入途径 吸入、食入、经皮吸收。

理化特性与用途

理化特性 白色固体。溶于水，溶于甲醇、乙醇。pH 值 7~8(100g/L 水溶液)，熔点 200℃，沸点(分解)，辛醇/水分配系数 -5.99，闪点 184℃，引燃温度 500℃。

主要用途 用作医药中间体、蛋白香味固定剂、铅锌矿石浮选剂、彩色照片助剂和纺织品退色剂等。

包装与储运

安全储运 储存于阴凉、通风的库房。远离火种、热源。保持容器密封。应与酸类等隔离储运。搬运时轻装轻卸，防止容器受损。

紧急处置信息

急救措施

吸入：脱离现场至空气新鲜处。如有不适感，就医。

眼睛接触：分开眼睑，用流动清水或生理盐水冲洗。如有不适感，就医。

皮肤接触：脱去污染的衣着，用流动清水冲洗。如有不适感，就医。

食入：饮足量温水，催吐。就医。

灭火方法　消防人员必须佩戴空气呼吸器，穿全身防火防毒服，在上风向灭火。尽可能将容器从火场移至空旷处。喷水保持火场容器冷却，直至灭火结束。

灭火剂：雾状水、泡沫、干粉、二氧化碳、砂土。

泄漏应急处置　隔离泄漏污染区，限制出入。消除所有点火源。建议应急处理人员戴防尘口罩，穿一般作业工作服，戴防护手套。尽可能切断泄漏源。用塑料布覆盖泄漏物，减少飞散。勿使水进入包装容器内。用洁净的铲子收集泄漏物，置于干净、干燥、盖子较松的容器中，将容器移离泄漏区。

255. 3－甲氧基－1－丙醇

标　识

中文名称　3－甲氧基－1－丙醇

英文名称　3－methoxy－1－propanol；1,3－propylene glycol monomethyl ether

别名　1,3－丙二醇单甲醚

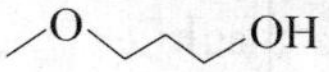

分子式　$C_4H_{10}O_2$

CAS 号　1589－49－7

危害信息

燃烧与爆炸危险性　易燃，其蒸气与空气混合，能形成爆炸性混合物。燃烧产生有毒的一氧化碳气体。蒸气比空气重，能在较低处扩散到相当远的地方，遇火源会着火回燃和爆炸(闪爆)。若遇高热，容器内压增大，有开裂和爆炸的危险。

活性反应　与氧化剂可发生反应。

禁忌物　强氧化剂。

毒性　大鼠经口 LD_{50}：5710mg/kg；兔经皮 LD_{50}：5660mg/kg。

中毒表现　本品具刺激作用，高浓度时有麻醉作用。

侵入途径　吸入、食入、经皮吸收。

理化特性与用途

理化特性　无色透明液体，稍有醚的气味。与水混溶，混溶于乙醇、乙醚、苯。熔点 －96.7℃，沸点 150～152℃，相对密度(水＝1)0.942，相对蒸气密度(空气＝1)3.11，饱和蒸气压 1.45kPa(25℃)，闪点 38℃。

主要用途　用作溶剂，也用作偶合和分散剂。

包装与储运

安全储运　储存于阴凉、通风的库房。远离火种、热源。保持容器密封。应与强氧化剂等隔离储运。搬运时轻装轻卸，防止容器受损。

紧急处置信息

急救措施

吸入：迅速脱离现场至空气新鲜处。保持呼吸道通畅。如呼吸困难，给输氧。呼吸、心跳停止，立即进行心肺复苏术。就医。

眼睛接触：分开眼睑，用流动清水或生理盐水冲洗。如有不适感，就医。

皮肤接触：立即脱去污染的衣着，用大量流动清水冲洗。如有不适感，就医。

食入：饮足量温水，催吐。就医。

灭火方法 消防人员须佩戴防毒面具，穿全身消防服，在上风向灭火。尽可能将容器从火场移至空旷处。喷水保持火场容器冷却，直至灭火结束。处在火场中的容器若已变色或从安全泄压装置中发出声音，必须马上撤离。

灭火剂：雾状水、抗溶性泡沫、干粉、二氧化碳、砂土。

泄漏应急处置 根据液体流动和蒸气扩散的影响区域划定警戒区，无关人员从侧风、上风向撤离至安全区。消除所有点火源。建议应急处理人员戴防毒面具，穿防毒、防静电服，戴橡胶手套。作业时使用的所有设备应接地。禁止接触或跨越泄漏物。尽可能切断泄漏源。防止泄漏物进入水体、下水道、地下室或受限空间。小量泄漏：用砂土或其他不燃材料吸收。使用洁净的无火花工具收集吸收材料。大量泄漏：构筑围堤或挖坑收容。用抗溶性泡沫覆盖，减少蒸发。喷水雾能减少蒸发，但不能降低泄漏物在受限空间内的易燃性。用防爆泵转移至槽车或专用收集器内。

256. β－甲氧基丙腈

标　识

中文名称 β－甲氧基丙腈

英文名称 β－methoxypropionitrile；3－methoxypropanenitrile；1－cyano－2－methoxyethane

别名 3－甲氧基丙腈；β－甲氧基氰基乙烷

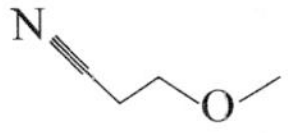

分子式 C_4H_7NO

CAS 号 110－67－8

危害信息

燃烧与爆炸危险性 可燃，其蒸气与空气混合，能形成爆炸性混合物。燃烧产生有毒的一氧化碳、氮氧化物和氰化氢气体。

禁忌物 强氧化剂、强酸、强碱、水。

毒性 大鼠经口 LD_{50}：4390mg/kg；小鼠经口 LD_{50}：3200mg/kg；兔经皮 LD_{50}：＞9370mg/kg。

中毒表现 本品对皮肤有刺激作用。其蒸气和雾对眼睛、黏膜和上呼吸道有刺激作用。其毒作用与乙腈相似。

侵入途径 吸入、食入、经皮吸收。

环境危害 可能在环境中造成长期不利影响。

理化特性与用途

理化特性　无色至黄色透明液体。溶于水，混溶于乙醇、甲苯、普通溶剂。熔点 -62.9 ~ -62.1℃，沸点 160 ~ 165℃，相对密度（水 =1）0.937（20℃/4℃），相对蒸气密度（空气 =1）2.9，饱和蒸气压 1.33kPa（55℃），燃烧热 -2458kJ/mol，临界温度 365℃，临界压力 3.63MPa，辛醇/水分配系数 -0.42，闪点 66℃，引燃温度 410℃，爆炸下限 1.9%，爆炸上限 18.5%。

主要用途　用作医药甲氧苄氨嘧啶的中间体；是一种很好的溶剂，可代替糠醛分离丁二烯。

包装与储运

安全储运　储存于阴凉、通风的库房。远离火种、热源。保持容器密封。应与氧化剂、酸碱等隔离储运。搬运时轻装轻卸，防止容器受损。

紧急处置信息

急救措施

吸入：迅速脱离现场至空气新鲜处。保持呼吸道通畅。如呼吸困难，给输氧。呼吸、心跳停止，立即进行心肺复苏术。就医。

眼睛接触：立即分开眼睑，用流动清水或生理盐水彻底冲洗。就医。

皮肤接触：立即脱去污染的衣着，用肥皂水和清水彻底冲洗。就医。

食入：催吐，给服活性炭悬液。就医。

如出现腈类物质中毒症状，使用亚硝酸钠和硫代硫酸钠解毒剂，也可用硫代硫酸钠加口服对氨基苯丙酮。

灭火方法　消防人员须佩戴防毒面具，穿全身消防服，在上风向灭火。尽可能将容器从火场移至空旷处。喷水保持火场容器冷却，直至灭火结束。处在火场中的容器若已变色或从安全泄压装置中发出声音，必须马上撤离。

灭火剂：雾状水、泡沫、干粉、二氧化碳、砂土。

泄漏应急处置　根据液体流动和蒸气扩散的影响区域划定警戒区，无关人员从侧风、上风向撤离至安全区。消除所有点火源。建议应急处理人员戴防毒面具，穿防毒、防静电服，戴橡胶手套。穿上适当的防护服前严禁接触破裂的容器和泄漏物。尽可能切断泄漏源。防止泄漏物进入水体、下水道、地下室或受限空间。小量泄漏：用干燥的砂土或其他不燃材料吸收或覆盖，收集于容器中。大量泄漏：构筑围堤或挖坑收容。用防爆泵转移至槽车或专用收集器内。

257. 2 - 甲氧基乙基乙烯基醚

标　识

中文名称　2 - 甲氧基乙基乙烯基醚

英文名称　2 - methoxyethyl vinyl ether；1 - Methoxy - 2 - (vinyloxy) ethane ；vinyl 2 - methoxyethyl ether

别名　乙烯基 2 - 甲氧基乙基醚；乙二醇甲基乙烯基醚

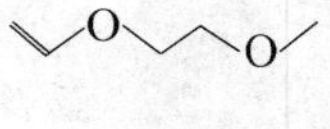

分子式 $C_5H_{10}O_2$
CAS 号 1663－35－0

危害信息

危险性类别 第 3 类易燃液体。

燃烧与爆炸危险性 易燃，其蒸气与空气混合，能形成爆炸性混合物。燃烧产生有毒的一氧化碳气体。长期储存，可生成具有潜在爆炸危险性的过氧化物。蒸气比空气重，能在较低处扩散到相当远的地方，遇火源会着火回燃和爆炸（闪爆）。容易自聚，聚合反应随着温度的上升而急骤加剧。若遇高热，容器内压增大，有开裂和爆炸的危险。

活性反应 与氧化剂接触发生猛烈反应。

禁忌物 强氧化剂、强酸。

毒性 大鼠经口 LD_{50}：3900mg/kg；兔经皮 LD_{50}：6394mg/kg。

侵入途径 吸入、食入、经皮吸收。

理化特性与用途

理化特性 液体。微溶于水，溶于多数有机溶剂。熔点－83℃，沸点 108.8℃，相对密度（水＝1）0.897，相对蒸气密度（空气＝1）3.52，饱和蒸气压 2.4kPa（20℃），闪点 18℃（开杯）。

主要用途 用于有机合成。

包装与储运

包装标志 易燃液体

包装类别 Ⅲ类

安全储运 通常商品加有稳定剂。储存于阴凉、通风的库房。远离火种、热源。防止阳光直射。库温不宜超过 37℃。保持容器密封。避免接触空气。应与氧化剂、酸类分开存放，切忌混储。不宜久存，以免变质。采用防爆型照明、通风设施。禁止使用易产生火花的机械设备和工具。储区应备有泄漏应急处理设备和合适的收容材料。

紧急处置信息

急救措施

吸入： 迅速脱离现场至空气新鲜处。保持呼吸道通畅。如呼吸困难，给输氧。呼吸、心跳停止，立即进行心肺复苏术。就医。

眼睛接触： 分开眼睑，用流动清水或生理盐水冲洗。如有不适感，就医。

皮肤接触： 立即脱去污染的衣着，用大量流动清水冲洗。如有不适感，就医。

食入： 饮足量温水，催吐。就医。

灭火方法 消防人员须佩戴防毒面具，穿全身消防服，在上风向灭火。尽可能将容器从火场移至空旷处。喷水保持火场容器冷却，直至灭火结束。处在火场中的容器若已变色或从安全泄压装置中发出声音，必须马上撤离。

灭火剂：雾状水、泡沫、干粉、二氧化碳、砂土。

泄漏应急处置 根据液体流动和蒸气扩散的影响区域划定警戒区，无关人员从侧风、上风向撤离至安全区。消除所有点火源。建议应急处理人员戴防毒面具，穿防静电服，戴橡胶手套。作业时使用的所有设备应接地。禁止接触或跨越泄漏物。尽可能切断泄漏源。防止泄漏物进入水体、下水道、地下室或受限空间。小量泄漏：用砂土或其他不燃材料吸收。使用洁净的无火花工具收集吸收材料。大量泄漏：构筑围堤或挖坑收容。用泡沫覆盖，减少蒸发。喷水雾能减少蒸发，但不能降低泄漏物在受限空间内的易燃性。用防爆泵转移至槽车或专用收集器内。

258. 间氨基苯甲酸

标　识

中文名称　间氨基苯甲酸

英文名称　*m* – aminobenzoic acid；3 – aminobenzoic acid

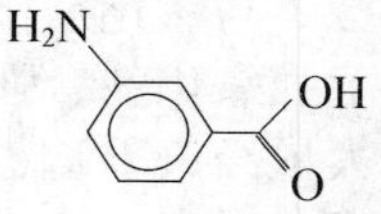

别名　3 – 氨基苯甲酸

分子式　$C_7H_7NO_2$

CAS 号　99 – 05 – 8

危害信息

燃烧与爆炸危险性　可燃，其粉体与空气混合，能形成爆炸性混合物。燃烧产生有毒的一氧化碳和氮氧化物气体。受高热分解放出有毒的气体。

禁忌物　强氧化剂、强酸、强碱。

毒性　小鼠经口 LD_{50}：6300mg/kg。

侵入途径　吸入、食入。

理化特性与用途

理化特性　白色或淡黄色针状结晶或灰色粉末，味甜。微溶于冷水，溶于热水、乙醇、乙醚、氯仿，易溶于丙酮，不溶于苯、汽油。熔点 172 ~ 180℃，相对密度(水 = 1)1.511，饱和蒸气压 0.04Pa(25℃)，辛醇/水分配系数 0.65，闪点 150℃。

主要用途　是医药和染料的中间体，用于制偶氮染料、药品，也用于农药等的合成。

包装与储运

安全储运　储存于阴凉、干燥、通风的库房。远离火种、热源。保持容器密封。应与强氧化剂、酸碱等隔离储运。搬运时轻装轻卸，防止容器受损。

紧急处置信息

急救措施

吸入：迅速脱离现场至空气新鲜处。保持呼吸道通畅。如呼吸困难，给输氧。呼吸、心跳停止，立即进行心肺复苏术。就医。

眼睛接触：分开眼睑，用流动清水或生理盐水冲洗。如有不适感，就医。

皮肤接触：立即脱去污染的衣着，用大量流动清水冲洗。如有不适感，就医。

食入：饮足量温水，催吐。就医。

灭火方法　消防人员必须穿全身耐酸碱消防服，佩戴空气呼吸器，在上风向灭火。尽可能将容器从火场移至空旷处。喷水保持火场容器冷却，直至灭火结束。

灭火剂：雾状水、泡沫、干粉、二氧化碳、砂土。

泄漏应急处置　隔离泄漏污染区，限制出入。消除所有点火源。建议应急处理人员戴防尘口罩，穿防毒服，戴橡胶手套。穿上适当的防护服前严禁接触破裂的容器和泄漏物。

尽可能切断泄漏源。用塑料布覆盖泄漏物，减少飞散。勿使水进入包装容器内。用洁净的铲子收集泄漏物，置于干净、干燥、盖子较松的容器中，将容器移离泄漏区。

259. 间甲苯甲酸

标　识

中文名称　间甲苯甲酸

英文名称　*m* – toluic acid; 3 – methylbenzoic acid ; *m* – methylbenzoic acid

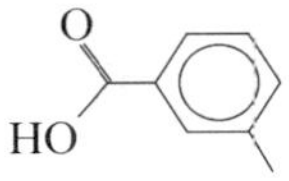

别名　3 – 甲基苯甲酸

分子式　$C_8H_8O_2$

CAS 号　99 – 04 – 7

危害信息

燃烧与爆炸危险性　可燃，其粉体与空气混合，能形成爆炸性混合物。燃烧产生有毒的一氧化碳气体。

禁忌物　强氧化剂、强碱。

毒性　大鼠经口 LD_{50}： > 3200mg/kg；小鼠经口 LD_{50}：1630mg/kg。

中毒表现　在一般情况下接触无明显危险性。其热蒸气对眼睛、皮肤和上呼吸道有刺激作用。

侵入途径　吸入、食入。

理化特性与用途

理化特性　白色至淡黄色棱晶，有微弱的芳香气味。不溶于冷水，溶于沸水，易溶于乙醇、乙醚。pH 值 3.4(饱和溶液)，熔点 108 ~ 112℃，沸点 263℃(升华)，相对密度(水 = 1)1.054，饱和蒸气压 0.13kPa(97℃)，辛醇/水分配系数 2.37，闪点 150℃，引燃温度 500℃。

主要用途　用于染料、药品、农药和塑料合成。

包装与储运

安全储运　储存于阴凉、干燥、通风的库房。远离火种、热源。保持容器密封。应与氧化剂、碱类等隔离储运。搬运时轻装轻卸，防止容器受损。

紧急处置信息

急救措施

吸入： 脱离现场至空气新鲜处。如有不适感，就医。

眼睛接触： 分开眼睑，用流动清水或生理盐水冲洗。如有不适感，就医。

皮肤接触： 立即脱去污染的衣着，用肥皂水和清水彻底冲洗皮肤。如有不适感，就医。

食入： 饮足量温水，催吐。就医。

灭火方法　消防人员必须穿全身耐酸碱消防服，佩戴空气呼吸器，在上风向灭火。尽可能将容器从火场移至空旷处。喷水保持火场容器冷却，直至灭火结束。

灭火剂：雾状水、泡沫、干粉、二氧化碳、砂土。

泄漏应急处置　隔离泄漏污染区，限制出入。消除所有点火源。建议应急处理人员戴防尘口罩，穿一般作业工作服，戴橡胶手套。尽可能切断泄漏源。用塑料布覆盖泄漏物，减少飞散。勿使水进入包装容器内。用洁净的铲子收集泄漏物，置于干净、干燥、盖子较松的容器中，将容器移离泄漏区。

260. 间甲基氯化苄

标　识

中文名称　间甲基氯化苄

英文名称　alpha - chloro - *m* - xylene ; *m* - methyl benzyl chloride; *m* - xylyl chloride

别名　3 - 甲基氯化苄；α - 氯间二甲苯

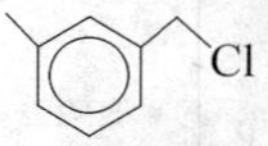

分子式　C_8H_9Cl

CAS 号　620 - 19 - 9

危害信息

燃烧与爆炸危险性　可燃，其蒸气与空气混合，能形成爆炸性混合物。若遇高热，容器内压增大，有开裂和爆炸的危险。

禁忌物　碱类、胺类、醇类、氧化剂。

中毒表现　具有刺激性。

侵入途径　吸入、食入。

理化特性与用途

理化特性　无色至淡黄色透明液体。不溶于水，溶于乙醇、乙醚。沸点 195 ~ 196℃，相对密度(水 = 1) 1.064，相对蒸气密度(空气 = 1) 4.85，辛醇/水分配系数 3.34，闪点 75℃。

主要用途　用于有机合成和医药工业。

包装与储运

安全储运　储存于阴凉、通风的库房。远离火种、热源。保持容器密封。应与氧化剂、碱类、醇类等隔离储运。搬运时轻装轻卸，防止容器受损。

紧急处置信息

急救措施

吸入：迅速脱离现场至空气新鲜处。保持呼吸道通畅。如呼吸困难，给输氧。呼吸、心跳停止，立即进行心肺复苏术。就医。

眼睛接触：立即分开眼睑，用流动清水或生理盐水彻底冲洗。就医。

皮肤接触：立即脱去污染的衣着，用肥皂水和清水彻底冲洗。就医。

食入：饮足量温水，催吐。就医。

灭火方法　消防人员必须穿全身耐酸碱消防服，戴空气呼吸器，在上风向灭火。尽可能将容器从火场移至空旷处。喷水保持火场容器冷却，直至灭火结束。处在火场中的容器若已变色或从安全泄压装置中发出声音，必须马上撤离。

灭火剂：泡沫、干粉、二氧化碳、砂土。

泄漏应急处置 根据液体流动和蒸气扩散的影响区域划定警戒区，无关人员从侧风、上风向撤离至安全区。消除所有点火源。建议应急处理人员戴防毒面具，穿防腐、防毒服，戴橡胶手套。穿上适当的防护服前严禁接触破裂的容器和泄漏物。尽可能切断泄漏源。防止泄漏物进入水体、下水道、地下室或受限空间。小量泄漏：用干燥的砂土或其他不燃材料吸收或覆盖，收集于容器中。大量泄漏：构筑围堤或挖坑收容。用耐腐蚀泵转移至槽车或专用收集器内。

261. 碱式碳酸铜

标识

中文名称 碱式碳酸铜

英文名称 cupric carbonate, basic; copper(Ⅱ) carbonate hydroxide

别名 铜绿

分子式 $Cu_2(OH)_2CO_3$

CAS 号 12069－69－1

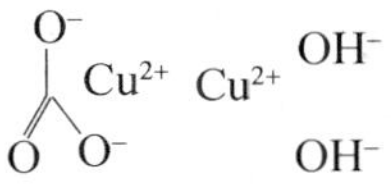

危害信息

燃烧与爆炸危险性 不燃，无特殊燃爆特性。受高热分解放出有毒的气体。

禁忌物 强氧化剂、强酸。

毒性 大鼠经口 LD_{50}：159mg/kg。

中毒表现 对眼睛、皮肤、黏膜和上呼吸道有刺激作用。吸入碳酸铜烟可引起金属烟热。出现肝、肾损害及溶血。

长期吸入可引起肺部纤维组织增生。

侵入途径 吸入、食入。

理化特性与用途

理化特性 浅绿色无定形粉末。不溶于水，溶于酸、氨水等。熔点200℃(分解)，相对密度(水＝1)4.0，辛醇/水分配系数 －2.76。

主要用途 用于催化剂、烟火、农药、颜料、饲料、杀菌剂、电镀、防腐等行业及制造铜化合物。也用作磷中毒的解毒剂。

包装与储运

安全储运 储存于阴凉、通风的库房。远离火种、热源。保持容器密封。应与强酸等隔离储运。搬运时轻装轻卸，防止容器受损。

紧急处置信息

急救措施

吸入： 迅速脱离现场至空气新鲜处。保持呼吸道通畅。如呼吸困难，给输氧。呼吸、心跳停止，立即进行心肺复苏术。就医。

眼睛接触：分开眼睑，用流动清水或生理盐水冲洗。如有不适感，就医。

皮肤接触：脱去污染的衣着，用流动清水冲洗。如有不适感，就医。

食入：饮足量温水，催吐。误服者用0.1%亚铁氰化钾或硫代硫酸钠洗胃。给饮牛奶或蛋清。就医。

灭火方法　消防人员必须戴空气呼吸器，穿全身防火防毒服，在上风向灭火。灭火时尽可能将容器从火场移至空旷处。本品不燃。根据着火原因选择适当灭火剂灭火。

泄漏应急处置　隔离泄漏污染区，限制出入。建议应急处理人员戴防尘口罩，穿防毒服，戴防护手套。穿上适当的防护服前严禁接触破裂的容器和泄漏物。尽可能切断泄漏源。用塑料布覆盖泄漏物，减少飞散。勿使水进入包装容器内。用洁净的铲子收集泄漏物，置于干净、干燥、盖子较松的容器中，将容器移离泄漏区。

262. 抗氧剂 1076

标　识

中文名称　抗氧剂 1076

英文名称　octadecyl 3 -（3,5 - di - tert - butyl - 4 - hydroxyphenyl）propionate ；antioxidant1076；Irganox 1076

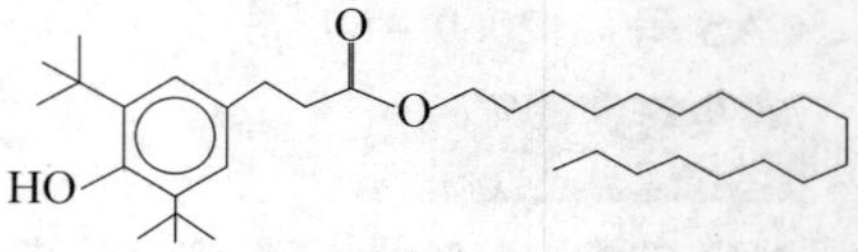

别名　β -（4 - 羟基 - 3,5 - 二叔丁基苯基）丙酸十八碳醇酯

分子式　$C_{35}H_{62}O_3$

CAS 号　2082 - 79 - 3

危害信息

燃烧与爆炸危险性　可燃，其粉体与空气混合，能形成爆炸性混合物。燃烧产生有毒的一氧化碳气体。

禁忌物　强氧化剂。

中毒表现　本品可能具刺激作用。

侵入途径　吸入、食入。

环境危害　对水生生物有极高毒性。

理化特性与用途

理化特性　白色结晶粉末。不溶于水，微溶于甲醇，溶于苯、丙酮、正己烷、乙酸乙酯等。熔点 50 ~ 55℃，相对密度（水 = 1）1.02（25℃），辛醇/水分配系数 13.41，闪点 273℃（开杯），引燃温度 340℃。

主要用途　是一种高效的受阻酚型抗氧剂，广泛用于聚乙烯、聚丙烯、聚苯乙烯、聚酰胺、聚酯、合成橡胶、油脂、涂料和润滑油等。

包装与储运

安全储运　储存于阴凉、通风的库房。远离火种、热源。保持容器密封。应与强氧化剂等隔离储运。搬运时轻装轻卸，防止容器受损。

紧急处置信息

急救措施

吸入： 脱离现场至空气新鲜处。如有不适感，就医。

眼睛接触： 分开眼睑，用流动清水或生理盐水冲洗。如有不适感，就医。

皮肤接触： 脱去污染的衣着，用流动清水冲洗。如有不适感，就医。

食入： 饮足量温水，催吐。就医。

灭火方法 消防人员须佩戴防毒面具，穿全身消防服，在上风向灭火。尽可能将容器从火场移至空旷处。喷水保持火场容器冷却，直至灭火结束。

灭火剂：雾状水、泡沫、干粉、二氧化碳、砂土。

泄漏应急处置 隔离泄漏污染区，限制出入。消除所有点火源。建议应急处理人员戴防尘口罩，穿一般作业工作服，戴防护手套。尽可能切断泄漏源。用塑料布覆盖泄漏物，减少飞散。勿使水进入包装容器内。用洁净的铲子收集泄漏物，置于干净、干燥、盖子较松的容器中，将容器移离泄漏区。

263. 克 草 敌

标 识

中文名称 克草敌

英文名称 pebulate；Butylethylcarbamothioic acid *S* – propyl ester

别名 *S* – 丙基 – *N* – 乙基 – *N* – 丁基硫代氨基甲酸酯；克草猛

分子式 $C_{10}H_{21}NOS$

CAS 号 1114 – 71 – 2

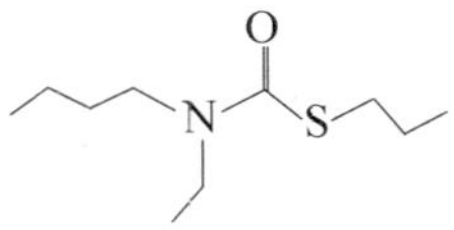

危害信息

燃烧与爆炸危险性 可燃，其蒸气与空气混合，能形成爆炸性混合物。受高热分解放出有毒的气体。若遇高热，容器内压增大，有开裂和爆炸的危险。

活性反应 与氧化剂可发生反应。

禁忌物 强氧化剂。

毒性 大鼠经口 LD_{50}：921mg/kg；小鼠经口 LD_{50}：1652mg/kg；大鼠经皮 LD_{50}：2000mg/kg；兔经皮 LD_{50}：4640mg/kg。

侵入途径 吸入、食入、经皮吸收。

环境危害 对水生生物有毒，可能在水生环境中造成长期不利影响。

理化特性与用途

理化特性 无色或黄色透明液体，有芳香气味。微溶于水，混溶于丙酮、甲醇、异丙醇、二甲苯、煤油。熔点 <25℃，沸点 142℃（2.66kPa），相对密度（水 =1）0.956（20℃），相对蒸气密度（空气 =1）7.0，饱和蒸气压 11.77Pa（25℃），辛醇/水分配系数 3.83，闪点 51℃（开杯）。

主要用途 芽前除草剂，用于甜菜、番茄、移植烟草等作物防除本科杂草、莎草和阔叶杂草。

包装与储运

安全储运　储存于阴凉、通风的库房。远离火种、热源。保持容器密封。应与强氧化剂等隔离储运。搬运时轻装轻卸，防止容器受损。

紧急处置信息

急救措施

吸入：迅速脱离现场至空气新鲜处。保持呼吸道通畅。如呼吸困难，给输氧。呼吸、心跳停止，立即进行心肺复苏术。就医。

眼睛接触：分开眼睑，用流动清水或生理盐水冲洗。如有不适感，就医。

皮肤接触：立即脱去污染的衣着，用大量流动清水冲洗。如有不适感，就医。

食入：饮足量温水，催吐、洗胃、导泻。就医。

灭火方法　消防人员必须佩戴空气呼吸器，穿全身防火防毒服，在上风向灭火。尽可能将容器从火场移至空旷处。喷水保持火场容器冷却，直至灭火结束。处在火场中的容器若已变色或从安全泄压装置中发出声音，必须马上撤离。

灭火剂：雾状水、泡沫、干粉、二氧化碳、砂土。

泄漏应急处置　根据液体流动和蒸气扩散的影响区域划定警戒区，无关人员从侧风、上风向撤离至安全区。消除所有点火源。建议应急处理人员戴防毒面具，穿防毒服，戴橡胶手套。穿上适当的防护服前严禁接触破裂的容器和泄漏物。尽可能切断泄漏源。防止泄漏物进入水体、下水道、地下室或受限空间。小量泄漏：用干燥的砂土或其他不燃材料吸收或覆盖，收集于容器中。大量泄漏：构筑围堤或挖坑收容。用泵转移至槽车或专用收集器内。

264. 克　菌　丹

标　识

中文名称　克菌丹

英文名称　captan; *N*-(trichloromethyl)thio-4-cyclohexene-1,2-dicarboximide

别名　*N*-(三氯甲硫基)-4-环己烯-1,2-二甲酰亚胺

分子式　$C_9H_8Cl_3NO_2S$

CAS 号　133-06-2

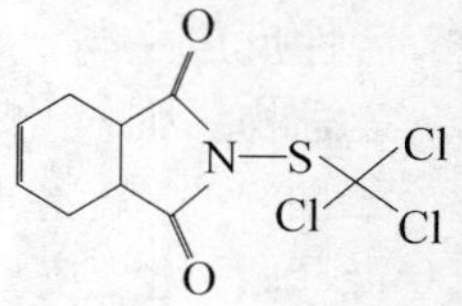

危害信息

燃烧与爆炸危险性　可燃，其粉体与空气混合，能形成爆炸性混合物。受高热分解产生有毒的腐蚀性烟气。

禁忌物　强氧化剂、强碱。

毒性　大鼠经口 LD_{50}：9000mg/kg；小鼠经口 LD_{50}：7000mg/kg；大鼠吸入 LC_{50}：>5700mg/m^3（2h）；大鼠经皮 LD_{50}：>5000mg/kg。

欧盟法规 1272/2008/EC 将本品列为第 2 类致癌物——可疑的人类致癌物。

中毒表现　吸入、摄入或经皮肤吸收后对身体有害。对皮肤及黏膜有刺激作用，能引起皮肤过敏反应。

侵入途径　吸入、食入、经皮吸收。

职业接触限值 美国（ACGIH）：TLV－TWA：5mg/m^3。

环境危害 对水生生物有极高毒性。

理化特性与用途

理化特性 无色结晶或白色至乳白色粉末。不溶于水，溶于苯、乙醚、氯仿、煤油，微溶于二氯乙烷。熔点 178℃，沸点（分解），相对密度（水＝1）1.74，饱和蒸气压＜1.3MPa（25℃），燃烧热－4959.7kJ/mol，辛醇/水分配系数 2.35，闪点 143℃。

主要用途 保护性广谱杀菌剂，用于防治麦类、水稻、玉米、棉花、果树、烟草等作物的多种病害。

包装与储运

安全储运 储存于阴凉、通风的库房。远离火种、热源。保持容器密封。应与氧化剂、强酸、碱等隔离储运。搬运时轻装轻卸，防止容器受损。

紧急处置信息

急救措施

吸入： 迅速脱离现场至空气新鲜处。保持呼吸道通畅。如呼吸困难，给输氧。呼吸、心跳停止，立即进行心肺复苏术。就医。

眼睛接触： 分开眼睑，用流动清水或生理盐水冲洗。如有不适感，就医。

皮肤接触： 立即脱去污染的衣着，用大量流动清水冲洗。如有不适感，就医。

食入： 饮足量温水，催吐、洗胃、导泻。就医。

灭火方法 消防人员须佩戴防毒面具，穿全身消防服，在上风向灭火。尽可能将容器从火场移至空旷处。喷水保持火场容器冷却，直至灭火结束。

灭火剂：雾状水、泡沫、干粉、二氧化碳、砂土。

泄漏应急处置 隔离泄漏污染区，限制出入。消除所有点火源。建议应急处理人员戴防尘口罩，穿防毒服，戴防护手套。穿上适当的防护服前严禁接触破裂的容器和泄漏物。尽可能切断泄漏源。用塑料布覆盖泄漏物，减少飞散。勿使水进入包装容器内。用洁净的铲子收集泄漏物，置于干净、干燥、盖子较松的容器中，将容器移离泄漏区。

265. 利 谷 隆

标 识

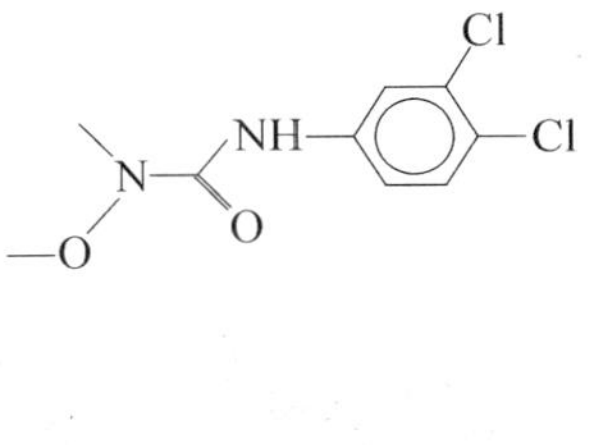

中文名称 利谷隆

英文名称 3－(3,4－dichlorophenyl)－1－methoxy－1－methylurea;linuron

别名 3－(3,4－二氯苯基)－1－甲氧基－1－甲基脲

分子式 $C_9H_{10}Cl_2N_2O_2$

CAS 号 330－55－2

危害信息

燃烧与爆炸危险性 可燃，其粉体与空气混合，能形成爆炸性混合物。受高热分解放

出有毒的气体。

禁忌物 强氧化剂、强碱。

毒性 大鼠经口 LD_{50}：1146mg/kg；小鼠经口 LD_{50}：1500mg/kg；兔经皮 LD_{50}：> 5000mg/kg；大鼠吸入 LC_{50}：48mg/m^3（4h）。

欧盟法规 1272/2008/EC 将本品列为第 2 类致癌物——可疑的人类致癌物；第 1B 类生殖毒物——可能的人类生殖毒物。

中毒表现 属脲类除草剂，大剂量口服可引起急性中毒。

侵入途径 吸入、食入、经皮吸收。

环境危害 对水生生物有极高毒性，可能在水生环境中造成长期不利影响。

理化特性与用途

理化特性 无色或白色结晶固体。微溶于水，易溶于二甲基甲酰胺、氯仿、乙醚，溶于芳烃、丙酮、乙醇，微溶于脂族烃，不溶于甲苯。熔点 93 ~ 94℃，相对密度（水 = 1）1.49，饱和蒸气压 0.002Pa（24℃），辛醇/水分配系数 3.2。

主要用途 除草剂和光合作用抑制剂。芽前用于芦笋、菜豆、棉花、玉米、马铃薯等防除杂草。

包装与储运

安全储运 储存于阴凉、通风的库房。远离火种、热源。保持容器密封。应与强氧化剂、碱类等隔离储运。搬运时轻装轻卸，防止容器受损。

紧急处置信息

急救措施

吸入：迅速脱离现场至空气新鲜处。保持呼吸道通畅。如呼吸困难，给输氧。呼吸、心跳停止，立即进行心肺复苏术。就医。

眼睛接触：分开眼睑，用流动清水或生理盐水冲洗。如有不适感，就医。

皮肤接触：脱去污染的衣着，用流动清水冲洗。如有不适感，就医。

食入：饮足量温水，催吐。就医。

灭火方法 消防人员必须佩戴空气呼吸器，穿全身防火防毒服，在上风向灭火。尽可能将容器从火场移至空旷处。喷水保持火场容器冷却，直至灭火结束。

灭火剂：雾状水、泡沫、干粉、二氧化碳、砂土。

泄漏应急处置 隔离泄漏污染区，限制出入。消除所有点火源。建议应急处理人员戴防尘口罩，穿防毒服，戴防毒手套。穿上适当的防护服前严禁接触破裂的容器和泄漏物。尽可能切断泄漏源。用塑料布覆盖泄漏物，减少飞散。勿使水进入包装容器内。用洁净的铲子收集泄漏物，置于干净、干燥、盖子较松的容器中，将容器移离泄漏区。

266. 联 三 苯

标 识

中文名称 联三苯

英文名称 *p* – terphenyl；1，1′，4′，1″ – terphenyl ；1，4 – diphenylbenzene

别名 二苯基苯
分子式 $C_{18}H_{14}$
CAS 号 92－94－4

危害信息

燃烧与爆炸危险性 可燃，其粉体与空气混合，能形成爆炸性混合物。燃烧产生有害的一氧化碳和成分未知的黑色烟雾。

活性反应 与氧化剂可发生反应。

禁忌物 强氧化剂、酸类、卤素等。

毒性 大鼠经口 LD_{50}：1000mg/kg。

中毒表现 毒性小，饱和蒸气压低，引起职业中毒的可能性较小。

侵入途径 吸入、食入。

环境危害 对水生生物有极高毒性，可能在水生环境中造成长期不利影响。

理化特性与用途

理化特性 无色或浅黄色片状或针状固体。不溶于水，溶于苯、乙醇等普通芳烃溶剂，微溶于乙醚、二硫化碳。熔点 209～216℃，沸点 376～389℃，密度 1.234g/cm³（0℃），临界温度 621℃，临界压力 3.33MPa，辛醇/水分配系数 6.03，闪点 207℃（闭杯）。

主要用途 用作导热体、原子反应堆冷却液、织物染色载体、有机闪烁试剂等。

包装与储运

安全储运 储存于阴凉、通风的库房。远离火种、热源。保持容器密封。应与强氧化剂等隔离储运。搬运时轻装轻卸，防止容器受损。

紧急处置信息

急救措施

吸入：脱离现场至空气新鲜处。如有不适感，就医。

眼睛接触：分开眼睑，用流动清水或生理盐水冲洗。如有不适感，就医。

皮肤接触：脱去污染的衣着，用肥皂水和清水彻底冲洗皮肤。如有不适感，就医。

食入：饮足量温水，催吐。就医。

灭火方法 消防人员须佩戴防毒面具，穿全身消防服，在上风向灭火。尽可能将容器从火场移至空旷处。喷水保持火场容器冷却，直至灭火结束。

灭火剂：雾状水、泡沫、干粉、二氧化碳、砂土。

泄漏应急处置 隔离泄漏污染区，限制出入。消除所有点火源。建议应急处理人员戴防尘口罩，穿防毒服，戴橡胶手套。穿上适当的防护服前严禁接触破裂的容器和泄漏物。尽可能切断泄漏源。用塑料布覆盖泄漏物，减少飞散。勿使水进入包装容器内。用洁净的铲子收集泄漏物，置于干净、干燥、盖子较松的容器中，将容器移离泄漏区。

267. 邻苯二甲酸二丁酯

标 识

中文名称 邻苯二甲酸二丁酯

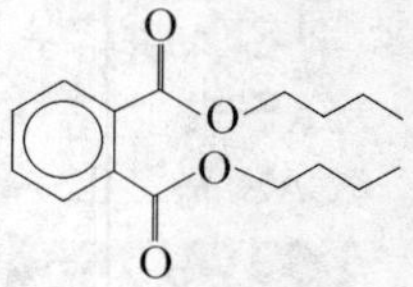

英文名称　dibutyl phthalate；1，2 – benzenedicarboxylic acid，dibutyl ester

别名　1，2 – 苯二甲酸二丁酯

分子式　$C_{16}H_{22}O_4$

CAS 号　84 – 74 – 2

危害信息

燃烧与爆炸危险性　可燃，其蒸气与空气混合，能形成爆炸性混合物。燃烧产生有害的一氧化碳气体。

禁忌物　强氧化剂、酸类。

毒性　大鼠经口 LD_{50}：8000mg/kg；小鼠经口 LD_{50}：9000mg/kg；兔经皮 LD_{50}：20mL/kg。

中毒表现　有误服后引起恶心、呕吐、头晕及中毒性肾炎的报导。

侵入途径　吸入、食入、经皮吸收。

职业接触限值　中国：PC – TWA：2.5mg/m^3。

美国（ACGIH）：TLV – TWA：5mg/m^3。

环境危害　对水生生物有极高毒性。

理化特性与用途

理化特性　无色至淡黄色油状液体，有轻微的芳香气味。不溶于水，溶于多数有机溶剂。熔点 –35℃，沸点 340℃，相对密度（水 =1）1.05，相对蒸气密度（空气 =1）9.6，饱和蒸气压 0.13kPa（147℃）、0.003Pa（20℃），燃烧热 –8500kJ/mol，临界温度 500℃，临界压力 1.7MPa，辛醇/水分配系数 4.72，闪点 157℃（闭杯），引燃温度 402℃，爆炸下限 0.5%，爆炸上限 2.5%。

主要用途　用作纤维素酯、合成及天然橡胶、聚苯乙烯的增塑剂，溶剂，和气相色谱分析的固定液等。

包装与储运

安全储运　储存于阴凉、通风的库房。远离火种、热源。保持容器密封。应与强氧化剂、酸类等隔离储运。搬运时轻装轻卸，防止容器受损。

紧急处置信息

急救措施

吸入：迅速脱离现场至空气新鲜处。保持呼吸道通畅。如呼吸困难，给输氧。呼吸、心跳停止，立即进行心肺复苏术。就医。

眼睛接触：分开眼睑，用流动清水或生理盐水冲洗。如有不适感，就医。

皮肤接触：脱去污染的衣着，用肥皂水和清水彻底冲洗皮肤。如有不适感，就医。

食入：饮足量温水，催吐、洗胃、导泻。就医。

灭火方法　消防人员须佩戴防毒面具，穿全身消防服，在上风向灭火。尽可能将容器从火场移至空旷处。喷水保持火场容器冷却，直至灭火结束。处在火场中的容器若已变色或从安全泄压装置中发出声音，必须马上撤离。

灭火剂：雾状水、泡沫、干粉、二氧化碳、砂土。

泄漏应急处置　根据液体流动和蒸气扩散的影响区域划定警戒区，无关人员从侧风、上风向撤离至安全区。消除所有点火源。建议应急处理人员戴防毒面具，穿防毒服，戴橡胶耐油手套。穿上适当的防护服前严禁接触破裂的容器和泄漏物。尽可能切断泄漏源。防止泄漏物进入水体、下水道、地下室或受限空间。小量泄漏：用干燥的砂土或其他不燃材料吸收或覆盖，收集于容器中。大量泄漏：构筑围堤或挖坑收容。用石灰粉等吸收大量液体。用泵转移至槽车或专用收集器内。

268. 邻苯二甲酸二癸酯

标 识

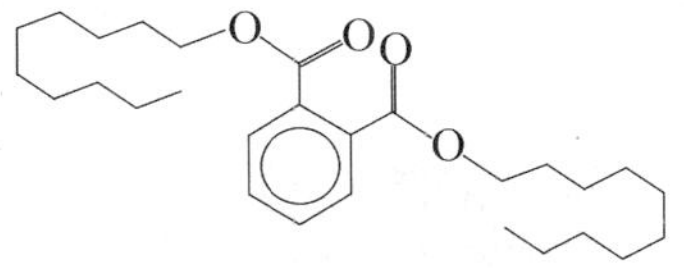

中文名称 邻苯二甲酸二癸酯

英文名称 didecyl phthalate; 1,2 – benzenedicarboxylic acid, didecyl ester

别名 1,2 – 苯二甲酸二癸酯

分子式 $C_{28}H_{46}O_4$

CAS 号 84 – 77 – 5

危害信息

燃烧与爆炸危险性 可燃，其蒸气与空气混合，能形成爆炸性混合物。流速过快，容易产生和积聚静电。若遇高热，容器内压增大，有开裂和爆炸的危险。

活性反应 与氧化剂可发生反应。

禁忌物 强氧化剂。

毒性 大鼠经口 LD_{50}：64000mg/kg；兔经皮 LD_{50}：17000mg/kg。

侵入途径 吸入、食入、经皮吸收。

环境危害 可能在环境中造成长期不利影响。

理化特性与用途

理化特性 无色或淡黄色透明黏性液体。不溶于水，溶于多数有机溶剂。熔点 4℃，沸点 261℃(0.67kPa)，相对密度(水 = 1)0.9675(20℃/20℃)，相对蒸气密度(空气 = 1)15.4，饱和蒸气压 39.9Pa(100℃)，辛醇/水分配系数 9.05，闪点 232℃(闭杯)。

主要用途 用作增塑剂，特别是乙烯基树脂的增塑剂；也用作气相色谱固定液。

包装与储运

安全储运 储存于阴凉、通风的库房。远离火种、热源。保持容器密封。应与强氧化剂等隔离储运。搬运时轻装轻卸，防止容器受损。

紧急处置信息

急救措施

吸入：迅速脱离现场至空气新鲜处。保持呼吸道通畅。如呼吸困难，给输氧。呼吸、心跳停止，立即进行心肺复苏术。就医。

眼睛接触：分开眼睑，用流动清水或生理盐水冲洗。如有不适感，就医。

皮肤接触：立即脱去污染的衣着，用大量流动清水冲洗。如有不适感，就医。

食入：饮足量温水，催吐。就医。

灭火方法 消防人员须佩戴防毒面具，穿全身消防服，在上风向灭火。尽可能将容器

从火场移至空旷处。喷水保持火场容器冷却，直至灭火结束。处在火场中的容器若已变色或从安全泄压装置中发出声音，必须马上撤离。

灭火剂：雾状水、泡沫、干粉、二氧化碳、砂土。

泄漏应急处置　根据液体流动和蒸气扩散的影响区域划定警戒区，无关人员从侧风、上风向撤离至安全区。消除所有点火源。建议应急处理人员戴防毒面具，穿一般作业工作服，戴橡胶耐油手套。尽可能切断泄漏源。防止泄漏物进入水体、下水道、地下室或受限空间。小量泄漏：用干燥的砂土或其他不燃材料吸收或覆盖，收集于容器中。大量泄漏：构筑围堤或挖坑收容。用泵转移至槽车或专用收集器内。

269. 邻苯二甲酸二辛酯

标　识

中文名称　邻苯二甲酸二辛酯

英文名称　dioctyl phthalate; 1,2 - benzenedicarboxylic acid, dioctyl ester

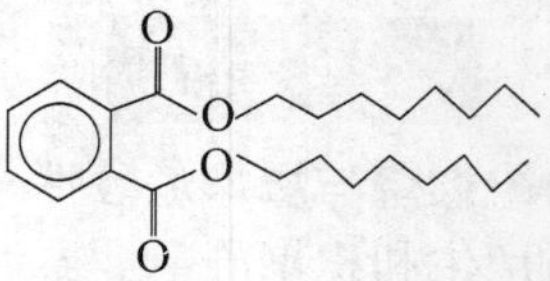

别名　邻苯二甲酸二正辛酯

分子式　$C_{24}H_{38}O_4$

CAS 号　117 - 84 - 0

危害信息

燃烧与爆炸危险性　可燃，其蒸气与空气混合，能形成爆炸性混合物。燃烧产生有毒的一氧化碳气体。流速过快，容易产生和积聚静电。若遇高热，容器内压增大，有开裂和爆炸的危险。

活性反应　与氧化剂可发生反应。

禁忌物　强氧化剂。

毒性　大鼠经口 LD_{50}：30000mg/kg；小鼠经口 LD_{50}：6500mg/kg。

侵入途径　吸入、食入、经皮吸收。

环境危害　可能在环境中造成长期不利影响。

理化特性与用途

理化特性　无色或浅黄色透明油状液体，微有气味。不溶于水，微溶于甘油、乙二醇，溶于烃类、酯类、醚类等有机溶剂。熔点 -25℃，沸点 384 ~ 385.9℃、220℃(0.53kPa)，相对密度(水 =1)0.978，相对蒸气密度(空气 =1)13.45，饱和蒸气压 0.35MPa(25℃)，辛醇/水分配系数 8.1，闪点 218℃(开杯)，引燃温度 390℃，爆炸下限 0.3%，爆炸上限 4.0%。

主要用途　用作增塑剂、溶剂、气相色谱固定液。

包装与储运

安全储运　储存于阴凉、通风的库房。远离火种、热源。保持容器密封。应与强氧化剂等隔离储运。搬运时轻装轻卸，防止容器受损。

紧急处置信息

急救措施

吸入： 迅速脱离现场至空气新鲜处。保持呼吸道通畅。如呼吸困难，给输氧。呼吸、心跳停止，立即进行心肺复苏术。就医。

眼睛接触： 分开眼睑，用流动清水或生理盐水冲洗。如有不适感，就医。

皮肤接触： 立即脱去污染的衣着，用大量流动清水冲洗。如有不适感，就医。

食入： 饮足量温水，催吐。就医。

灭火方法 消防人员须佩戴防毒面具，穿全身消防服，在上风向灭火。尽可能将容器从火场移至空旷处。喷水保持火场容器冷却，直至灭火结束。处在火场中的容器若已变色或从安全泄压装置中发出声音，必须马上撤离。

灭火剂：雾状水、泡沫、干粉、二氧化碳、砂土。

泄漏应急处置 根据液体流动和蒸气扩散的影响区域划定警戒区，无关人员从侧风、上风向撤离至安全区。消除所有点火源。建议应急处理人员戴防毒面具，穿一般工作服，戴橡胶耐油手套。穿上适当的防护服前严禁接触破裂的容器和泄漏物。尽可能切断泄漏源。防止泄漏物进入水体、下水道、地下室或受限空间。小量泄漏：用干燥的砂土或其他不燃材料吸收或覆盖，收集于容器中。大量泄漏：构筑围堤或挖坑收容。用石灰粉等吸收大量液体。用泵转移至槽车或专用收集器内。

270. 邻苯基苯酚

标　识

中文名称 邻苯基苯酚

英文名称 *o* - phenylphenol；biphenyl - 2 - ol ；2 - phenyl phenol

别名 2 - 羟基联苯；联苯 - 2 - 酚

分子式 $C_{12}H_{10}O$

CAS 号 90 - 43 - 7

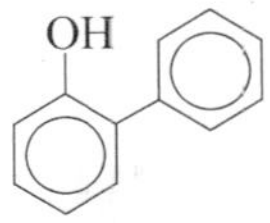

危害信息

燃烧与爆炸危险性 可燃，其粉体与空气混合，能形成爆炸性混合物。

禁忌物 强氧化剂、强碱。

毒性 大鼠经口 LD_{50}：2000mg/kg；小鼠经口 LD_{50}：1050mg/kg；兔经皮 LD_{50}：> 5000mg/kg。

中毒表现 溅入眼内可产生刺激作用。对皮肤有刺激性，直接接触后，局部红肿，出疹及脱屑；炎症消退后可出现白斑。

侵入途径 吸入、食入。

环境危害 对水生生物有极高毒性。

理化特性与用途

理化特性 无色至粉红色结晶或白色片状结晶，有轻微的酚气味。微溶于水，溶于固定碱溶液和多数有机溶剂。熔点 58 ~ 60℃，沸点 286℃，相对密度(水 = 1) 1.213，相对蒸气密度(空气 = 1) 5.9，饱和蒸气压 0.1kPa(100℃)，辛醇/水分配系数 3.09，闪点 124℃(闭杯)，引燃温度 530℃，爆炸下限 1.4%，爆炸上限 9.5%。

主要用途 用于消毒与储存蔬菜和水果，工业上用作杀菌剂、消毒剂、防腐剂、熏剂及染料和橡胶化学品的中间体。

包装与储运

安全储运 储存于阴凉、通风的库房。远离火种、热源。保持容器密封。应与氧化剂、碱类等隔离储运。搬运时轻装轻卸，防止容器受损。

紧急处置信息

急救措施

吸入：脱离现场至空气新鲜处。如呼吸困难，给输氧。就医。

眼睛接触：分开眼睑，用流动清水或生理盐水冲洗。如有不适感，就医。

皮肤接触：立即脱去污染的衣着，用大量流动清水冲洗 20 ~ 30min。如有不适感，就医。

食入：立即给饮植物油 15 ~ 30mL。催吐。口服活性炭，导泻。就医。

灭火方法 消防人员须佩戴防毒面具，穿全身消防服，在上风向灭火。尽可能将容器从火场移至空旷处。喷水保持火场容器冷却，直至灭火结束。

灭火剂：雾状水、泡沫、干粉、二氧化碳、砂土。

泄漏应急处置 隔离泄漏污染区，限制出入。消除所有点火源。建议应急处理人员戴防尘口罩，穿防毒服，戴橡胶手套。穿上适当的防护服前严禁接触破裂的容器和泄漏物。尽可能切断泄漏源。用塑料布覆盖泄漏物，减少飞散。勿使水进入包装容器内。用洁净的铲子收集泄漏物，置于干净、干燥、盖子较松的容器中，将容器移离泄漏区。

271. 邻甲基氯化苄

标　识

中文名称 邻甲基氯化苄

英文名称 *o* - methyl benzyl chloride; alpha - chloro - *o* - xylene; 1 - (chloromethyl) - 2 - methylbenzene

别名 α - 氯邻二甲苯；2 - 甲基氯化苄；1 - 氯甲基 - 2 - 甲基苯

分子式 C_8H_9Cl

CAS 号 552 - 45 - 4

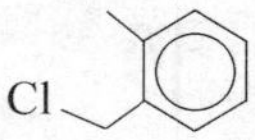

危害信息

燃烧与爆炸危险性 可燃，其蒸气与空气混合，能形成爆炸性混合物。燃烧产生有毒的烟气。若遇高热，容器内压增大，有开裂和爆炸的危险。

禁忌物 碱类、胺类、氧化剂、醇类。

中毒表现 有催泪作用，对皮肤有刺激性。

侵入途径 吸入、食入。

理化特性与用途

理化特性 无色至淡黄色透明液体。不溶于水，溶于乙醇、乙醚、丙酮。熔点 -2℃，沸点 197 ~199℃，相对密度(水 =1)1.063，相对蒸气密度(空气 =1)4.8，辛醇/水分配系数 3.34，闪点 73℃。

主要用途 用于有机合成，用作杀线虫剂。

包装与储运

安全储运 储存于阴凉、通风的库房。远离火种、热源。保持容器密封。应与氧化剂、碱类、醇类等隔离储运。搬运时轻装轻卸，防止容器受损。

紧急处置信息

急救措施

吸入：迅速脱离现场至空气新鲜处。保持呼吸道通畅。如呼吸困难，给输氧。呼吸、心跳停止，立即进行心肺复苏术。就医。

眼睛接触：立即分开眼睑，用流动清水或生理盐水彻底冲洗。就医。

皮肤接触：立即脱去污染的衣着，用肥皂水和清水彻底冲洗。就医。

食入：饮足量温水，催吐。就医。

灭火方法 消防人员必须戴空气呼吸器，穿全身耐酸碱消防服，在上风向灭火。尽可能将容器从火场移至空旷处。喷水保持火场容器冷却，直至灭火结束。处在火场中的容器若已变色或从安全泄压装置中发出声音，必须马上撤离。

灭火剂：泡沫、干粉、二氧化碳、砂土。

泄漏应急处置 根据液体流动和蒸气扩散的影响区域划定警戒区，无关人员从侧风、上风向撤离至安全区。消除所有点火源。建议应急处理人员戴防毒面具，穿防腐、防毒服，戴橡胶手套。穿上适当的防护服前严禁接触破裂的容器和泄漏物。尽可能切断泄漏源。防止泄漏物进入水体、下水道、地下室或受限空间。小量泄漏：用干燥的砂土或其他不燃材料吸收或覆盖，收集于容器中。大量泄漏：构筑围堤或挖坑收容。用耐腐蚀泵转移至槽车或专用收集器内。

272. 邻甲氧基苯酚

标　识

中文名称 邻甲氧基苯酚

英文名称 *o* - methoxyphenol；guaiacol ；2 - methoxyphenol

别名 愈创木酚

分子式 $C_7H_8O_2$

CAS 号 90 - 05 - 1

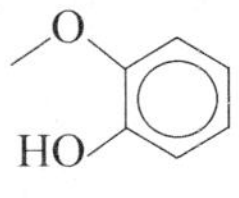

危害信息

燃烧与爆炸危险性 可燃，其蒸气与空气混合，能形成爆炸性混合物。燃烧产生有毒的一氧化碳气体。

禁忌物 强氧化剂、强酸。

毒性 大鼠经口 LD_{50}：520mg/kg；小鼠经口 LD_{50}：621mg/kg；兔经皮 LD_{50}：4600mg/kg。

中毒表现 本品有强烈刺激性。沾染眼睛可发生严重损害。皮肤接触引起烧灼感，若与不纯溶剂接触，可致皮炎和水疱。经皮吸收2g以上，可致中毒死亡。口服可引起急性胃肠炎，呕吐、腹泻，有时可呈血性，可致死。本品饱和蒸气压低，吸入其蒸气而致中毒的可能性小。

侵入途径 吸入、食入、经皮吸收。

理化特性与用途

理化特性 无色至淡黄色透明液体或结晶体，稍有芳香气味。微溶于水，溶于乙醇、乙醚、苯、氯仿、乙酸、油类、碱液等。熔点27～29℃，沸点204～206℃，相对密度(水=1)1.129(21℃/4℃)，相对蒸气密度(空气=1)4.27，饱和蒸气压0.014kPa(25℃)，临界温度427℃，临界压力4.91MPa，辛醇/水分配系数1.32，闪点82℃(开杯)，引燃温度750℃。

主要用途 用作化学中间体，在医药工业中，用于制愈创木酚磺酸钙；在香料工业中用于制香兰素和人造麝香。也作胶化剂和印刷油抗氧剂等。

包装与储运

安全储运 储存于阴凉、通风的库房。远离火种、热源。保持容器密封。应与氧化剂、酸类、食用化学品等隔离储运。搬运时轻装轻卸，防止容器受损。

紧急处置信息

急救措施

吸入：脱离现场至空气新鲜处。就医。

眼睛接触：立即分开眼睑，用大量流动清水或生理盐水彻底冲洗10～15min。如有不适感，就医。

皮肤接触：立即脱去污染的衣着，用甘油、聚乙二醇300至400或聚乙二醇和酒精混合液(7:3)抹洗，然后用水彻底清洗。或用大量流动清水冲洗20～30min。如有不适感，就医。

食入：立即给饮植物油15～30mL。催吐。口服活性炭，导泻。就医。不能使用石蜡油或酒精。

灭火方法 消防人员必须佩戴空气呼吸器，穿全身防火防毒服，在上风向灭火。尽可能将容器从火场移至空旷处。喷水保持火场容器冷却，直至灭火结束。处在火场中的容器若已变色或从安全泄压装置中发出声音，必须马上撤离。

灭火剂：雾状水、泡沫、干粉、二氧化碳、砂土。

泄漏应急处置 根据液体流动和蒸气扩散的影响区域划定警戒区，无关人员从侧风、上风向撤离至安全区。消除所有点火源。建议应急处理人员戴防毒面具，穿防毒服，戴橡胶手套。穿上适当的防护服前严禁接触破裂的容器和泄漏物。尽可能切断泄漏源。防止泄漏物进入水体、下水道、地下室或受限空间。小量泄漏：用干燥的砂土或其他不燃材料吸收或覆盖，收集于容器中。大量泄漏：构筑围堤或挖坑收容。用泵转移至槽车或专用收集器内。

273. 邻甲氧基联苯胺

标　识

中文名称　邻甲氧基联苯胺

英文名称　3,3′-dimethoxybenzidine；*o*-dimethoxybenzidine；(1,1′-biphenyl)-4,4′-diamine，3,3′-dimethoxy-

别名　3,3′-二甲氧基-4,4′-二氨基联苯；联大茴香胺；3,3′-二甲氧基联苯胺；邻联(二)茴香胺

分子式　$C_{14}H_{16}N_2O_2$

CAS 号　119-90-4

WGH 号　61806

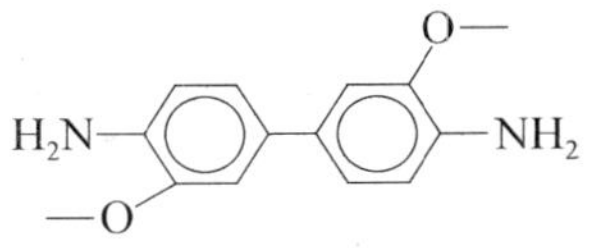

危害信息

危险性类别　第 6 类有毒品。

燃烧与爆炸危险性　可燃，其粉体与空气混合，能形成爆炸性混合物。燃烧产生有毒的氮氧化物和一氧化碳气体。受热分解放出有毒的氧化氮烟气。

活性反应　与强氧化剂接触可发生化学反应。

禁忌物　强氧化剂、酸类、酸酐、酰基氯。

毒性　大鼠经口 LD_{50}：1920mg/kg。

IARC 致癌性评论：G2B，对人类是可疑致癌物。

欧盟法规 1272/2008/EC 将本品列为第 1B 类致癌物——可能对人类有致癌能力。

中毒表现　对皮肤有刺激作用。动物试验显示对肝、肾有损害。

侵入途径　吸入、食入、经皮吸收。

理化特性与用途

理化特性　无色叶片状或针状结晶，放置后变成紫色。不溶于水，溶于乙醇、乙醚、苯、氯仿、丙酮。熔点 137～138℃，沸点 256℃，相对蒸气密度(空气=1)8.43，临界温度 616℃，临界压力 2.83MPa，辛醇/水分配系数 1.81，闪点 206℃(闭杯)。

主要用途　用作偶氮染料中间体，还可用于检测金、镧、钴、钒等元素。

包装与储运

包装标志　有毒品。

包装类别　Ⅲ类

安全储运　储存于阴凉、通风的库房。远离火种、热源。库温不超过 35℃。相对湿度不超过 85%。保持容器密封。应与氧化剂、酸类、食用化学品分开存放，切忌混储。配备相应品种和数量的消防器材。储区应备有合适的材料收容泄漏物。

紧急处置信息

急救措施

吸入：迅速脱离现场至空气新鲜处。保持呼吸道通畅。如呼吸困难，给输氧。呼吸、

心跳停止，立即进行心肺复苏术。就医。

眼睛接触：分开眼睑，用流动清水或生理盐水冲洗。如有不适感，就医。

皮肤接触：立即脱去污染的衣着，用肥皂水和清水彻底冲洗皮肤。如有不适感，就医。

食入：饮足量温水，催吐。就医。

灭火方法 消防人员必须佩戴空气呼吸器，穿全身防火防毒服，在上风向灭火。尽可能将容器从火场移至空旷处。喷水保持火场容器冷却，直至灭火结束。

灭火剂：雾状水、泡沫、二氧化碳、砂土。

泄漏应急处置 隔离泄漏污染区，限制出入。消除所有点火源。建议应急处理人员戴防尘口罩，穿防毒服，戴橡胶手套。穿上适当的防护服前严禁接触破裂的容器和泄漏物。尽可能切断泄漏源。用塑料布覆盖泄漏物，减少飞散。勿使水进入包装容器内。用洁净的铲子收集泄漏物，置于干净、干燥、盖子较松的容器中，将容器移离泄漏区。

274. 邻氯苯甲酸

标 识

中文名称 邻氯苯甲酸

英文名称 *o* - chlorobenzoic acid；2 - chlorobenzoic acid

别名 2 - 氯苯甲酸

分子式 $C_7H_5ClO_2$

CAS 号 118 - 91 - 2

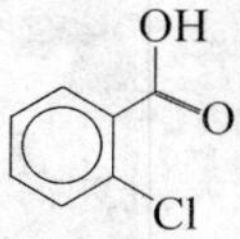

危害信息

燃烧与爆炸危险性 可燃，其粉体与空气混合，能形成爆炸性混合物。受高热分解，放出腐蚀性、刺激性的烟雾。

禁忌物 强氧化剂、强碱。

毒性 大鼠经口 LD_{50}：6460mg/kg。

中毒表现 本品对眼睛、皮肤、黏膜和上呼吸道有刺激作用。

侵入途径 吸入、食入。

理化特性与用途

理化特性 单斜棱晶或白色粗粉末，易升华。不溶于冷水，溶于热水，溶于甲醇、乙醇、乙醚、丙酮、苯。pH 值 3.4(0.2g/L 水溶液)，熔点 138 ~ 143℃，沸点 285 ~ 287℃(升华)，相对密度(水 =1)1.54，饱和蒸气压 0.08Pa(25℃)，辛醇/水分配系数 2.05，燃烧热 -3088kJ/mol，闪点 173℃(闭杯)，引燃温度 530℃。

主要用途 作为染料、农药的中间体，医药上是制氯丙嗪和抗炎灵的原料，还用作胶水及油漆的防腐剂及有机合成的原料。

包装与储运

安全储运 储存于阴凉、通风的库房。远离火种、热源。保持容器密封。应与氧化剂、碱类等隔离储运。搬运时轻装轻卸，防止容器受损。

紧急处置信息

急救措施

吸入： 脱离现场至空气新鲜处。如呼吸困难，给输氧。就医。

眼睛接触： 分开眼睑，用流动清水或生理盐水冲洗。如有不适感，就医。

皮肤接触： 立即脱去污染的衣着，用肥皂水和清水彻底冲洗皮肤。如有不适感，就医。

食入： 饮足量温水，催吐。就医。

灭火方法 消防人员必须穿全身耐酸碱消防服，佩戴空气呼吸器，在上风向灭火。尽可能将容器从火场移至空旷处。喷水保持火场容器冷却，直至灭火结束。

灭火剂：雾状水、泡沫、干粉、二氧化碳、砂土。

泄漏应急处置 隔离泄漏污染区，限制出入。消除所有点火源。建议应急处理人员戴防尘口罩，穿防毒服，戴橡胶手套。穿上适当的防护服前严禁接触破裂的容器和泄漏物。尽可能切断泄漏源。用塑料布覆盖泄漏物，减少飞散。勿使水进入包装容器内。用洁净的铲子收集泄漏物，置于干净、干燥、盖子较松的容器中，将容器移离泄漏区。

275. 邻亚硝基甲苯

标　识

中文名称 邻亚硝基甲苯

英文名称 *o* – nitrosotoluene；1 – methyl – 2 – nitrosobenzene

别名 1 – 甲基 – 2 – 亚硝基苯

分子式 C_7H_7NO

CAS 号 611 – 23 – 4

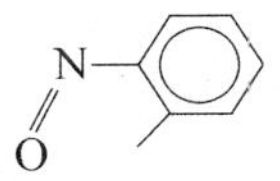

危害信息

燃烧与爆炸危险性 可燃，其粉体与空气混合，能形成爆炸性混合物。燃烧产生有毒的一氧化碳和氮氧化物气体。受高热分解放出有毒的气体。

禁忌物 强氧化剂。

侵入途径 吸入、食入、经皮吸收。

理化特性与用途

理化特性 针状或柱状结晶。易溶于乙醇、乙醚、氯仿。熔点 70 ~ 75℃。

主要用途 用于有机合成。

包装与储运

安全储运 储存于阴凉、通风的库房。远离火种、热源。保持容器密封。应与强氧化剂等隔离储运。搬运时轻装轻卸，防止容器受损。

紧急处置信息

急救措施

吸入： 迅速脱离现场至空气新鲜处。保持呼吸道通畅。如呼吸困难，给输氧。呼吸、

心跳停止，立即进行心肺复苏术。就医。

眼睛接触：分开眼睑，用流动清水或生理盐水冲洗。如有不适感，就医。

皮肤接触：立即脱去污染的衣着，用大量流动清水冲洗。如有不适感，就医。

食入：饮足量温水，催吐。就医。

灭火方法　消防人员须佩戴防毒面具，穿全身消防服，在上风向灭火。尽可能将容器从火场移至空旷处。喷水保持火场容器冷却，直至灭火结束。

灭火剂：雾状水、泡沫、干粉、二氧化碳、砂土。

泄漏应急处置　隔离泄漏污染区，限制出入。消除所有点火源。建议应急处理人员戴防尘口罩，穿防毒服，戴橡胶手套。穿上适当的防护服前严禁接触破裂的容器和泄漏物。尽可能切断泄漏源。用塑料布覆盖泄漏物，减少飞散。勿使水进入包装容器内。用洁净的铲子收集泄漏物，置于干净、干燥、盖子较松的容器中，将容器移离泄漏区。

276. 磷酸二氢钠

标　识

中文名称　磷酸二氢钠

英文名称　sodium dihydrogen phosphate monohydrate; monosodium phosphate monohydrate

别名　磷酸二氢钠一水合物

分子式　$NaH_2PO_4 \cdot H_2O$

CAS 号　10049－21－5

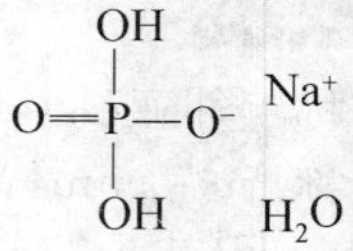

危害信息

燃烧与爆炸危险性　不燃，无特殊燃爆特性。遇高热分解释出高毒烟气。

禁忌物　强酸。

毒性　大鼠经口 LD_{50}：8290mg/kg。

侵入途径　吸入、食入。

理化特性与用途

理化特性　无色正交晶系晶体或白色粉末或颗粒，无味，微吸湿。溶于水，不溶于乙醇。pH 值 4.1～4.5(5%水溶液，20℃)，熔点 100℃(失水)，沸点 204℃(分解)，相对密度(水=1)2.04。

主要用途　用于制造酸性洗涤剂、食品添加剂、锅炉水处理剂以及偏磷酸盐或焦磷酸盐。

包装与储运

安全储运　储存于阴凉、干燥、通风的库房。远离火种、热源。保持容器密封。应与酸类类等隔离储运。搬运时轻装轻卸，防止容器受损。

紧急处置信息

急救措施

吸入：迅速脱离现场至空气新鲜处。保持呼吸道通畅。如呼吸困难，给输氧。呼吸、

心跳停止，立即进行心肺复苏术。就医。

眼睛接触：分开眼睑，用流动清水或生理盐水冲洗。如有不适感，就医。

皮肤接触：脱去污染的衣着，用流动清水冲洗。如有不适感，就医。

食入：饮足量温水，催吐。就医。

灭火方法 消防人员必须戴空气呼吸器，穿全身防火防毒服，在上风向灭火。灭火时尽可能将容器从火场移至空旷处。本品不燃。根据着火原因选择适当灭火剂灭火。

泄漏应急处置 隔离泄漏污染区，限制出入。建议应急处理人员戴防尘口罩，穿防毒服，戴防护手套。穿上适当的防护服前严禁接触破裂的容器和泄漏物。尽可能切断泄漏源。用塑料布覆盖泄漏物，减少飞散。勿使水进入包装容器内。用洁净的铲子收集泄漏物，置于干净、干燥、盖子较松的容器中，将容器移离泄漏区。

277. 磷酸-2,3-二溴-1-丙酯

标 识

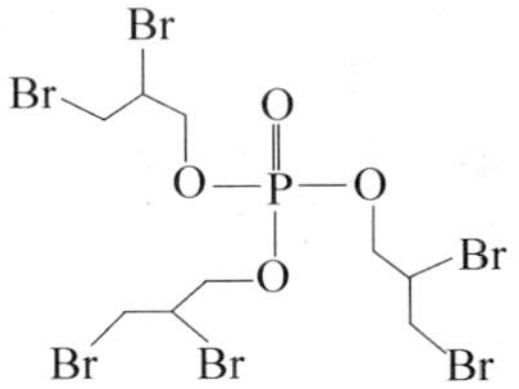

中文名称 磷酸-2,3-二溴-1-丙酯

英文名称 tris(2,3-dibromopropyl) phosphate；2,3-dibromo-1-propanol phosphate

别名 磷酸三(2,3-二溴丙基)酯

分子式 $C_9H_{15}Br_6O_4P$

CAS 号 126-72-7

危害信息

燃烧与爆炸危险性 可燃。燃烧产生有害的一氧化碳、溴化氢和氧化磷。遇高热分解释出高毒烟气。若遇高热，容器内压增大，有开裂和爆炸的危险。

活性反应 与氧化剂可发生反应。

禁忌物 强氧化剂。

毒性 大鼠经口 LD_{50}：810mg/kg；小鼠经口 LD_{50}：6800mg/kg；兔经皮 LD_{50}：>8000mg/kg。

IARC 致癌性评论：G2A，可能人类致癌物。

中毒表现 对眼睛、皮肤和黏膜有刺激性。可引起睾丸萎缩和不育。

侵入途径 吸入、食入、经皮吸收。

环境危害 对水生生物有害。

理化特性与用途

理化特性 淡黄色黏性液体。不溶于水，混溶于氯仿、四氯化碳、二氯甲烷，溶于乙醇、丙酮、卤代烃。熔点 5.5℃，分解温度 200℃，沸点 110~130℃(0.133kPa)，相对密度(水=1)2.27，饱和蒸气压 0.019Pa(25℃)，辛醇/水分配系数 4.29，闪点>110℃。

主要用途 用作合成纤维、塑料的阻燃添加剂。

包装与储运

安全储运 储存于阴凉、通风的库房。远离火种、热源。保持容器密封。应与强氧化

剂等隔离储运。搬运时轻装轻卸，防止容器受损。

紧急处置信息

急救措施

吸入： 迅速脱离现场至空气新鲜处。保持呼吸道通畅。如呼吸困难，给输氧。呼吸、心跳停止，立即进行心肺复苏术。就医。

眼睛接触： 分开眼睑，用流动清水或生理盐水冲洗。如有不适感，就医。

皮肤接触： 脱去污染的衣着，用流动清水冲洗。如有不适感，就医。

食入： 饮足量温水，催吐。就医。

灭火方法 消防人员必须佩戴空气呼吸器，穿全身防火防毒服，在上风向灭火。尽可能将容器从火场移至空旷处。喷水保持火场容器冷却，直至灭火结束。处在火场中的容器若已变色或从安全泄压装置中发出声音，必须马上撤离。

灭火剂：雾状水、泡沫、干粉、二氧化碳、砂土。

泄漏应急处置 根据液体流动和蒸气扩散的影响区域划定警戒区，无关人员从侧风、上风向撤离至安全区。消除所有点火源。建议应急处理人员戴防毒面具，穿防毒服，戴橡胶手套。穿上适当的防护服前严禁接触破裂的容器和泄漏物。尽可能切断泄漏源。防止泄漏物进入水体、下水道、地下室或受限空间。小量泄漏：用干燥的砂土或其他不燃材料吸收或覆盖，收集于容器中。大量泄漏：构筑围堤或挖坑收容。用泵转移至槽车或专用收集器内。

278. 磷酸甲苯二苯酯

标　识

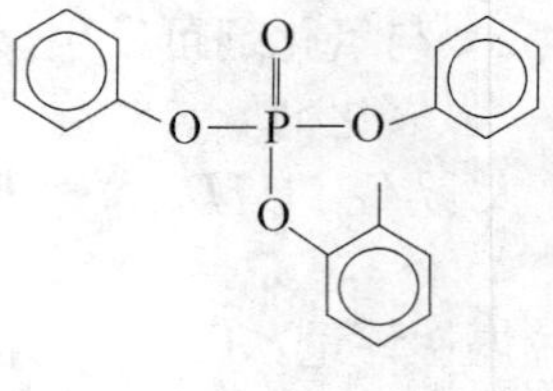

中文名称 磷酸甲苯二苯酯

英文名称 diphenyl tolyl phosphate; cresyl diphenyl phosphate

别名 磷酸二苯甲苯酯

分子式 $C_{19}H_{17}O_4P$

CAS 号 26444－49－5

危害信息

燃烧与爆炸危险性 可燃。受热分解产生有毒的氧化磷烟气。

禁忌物 强氧化剂、强酸、强碱。

毒性 大鼠经口 LD_{50}：6400～12800mg/kg；小鼠经口 LD_{50}：6400～12800mg/kg。

侵入途径 吸入、食入。

环境危害 可能在水生环境中造成长期不利影响。

理化特性与用途

理化特性 无色或淡黄色透明黏性液体，有轻微的气味。不溶于水，溶于除甘油以外的多数有机溶剂。熔点－35～－45℃，沸点390℃，235～255℃(0.53kPa)，相对密度(水=1)1.21(25℃)，相对蒸气密度(空气=1)11.7，饱和蒸气压0.0001Pa(41℃)，辛醇/水分配系数 4.51，闪点 232℃(闭杯)。

主要用途 为阻燃性增塑剂，适用于聚氯乙烯、氯乙烯共聚物、硝酸纤维素、乙基纤维素、天然橡胶和合成橡胶等；也可用于极压润滑油、液压油等。

包装与储运

安全储运 储存于阴凉、通风的库房。远离火种、热源。保持容器密封。应与氧化剂、酸碱等隔离储运。搬运时轻装轻卸，防止容器受损。

紧急处置信息

急救措施

吸入：脱离现场至空气新鲜处。如有不适感，就医。

眼睛接触：分开眼睑，用流动清水或生理盐水冲洗。如有不适感，就医。

皮肤接触：立即脱去污染的衣着，用肥皂水和清水彻底冲洗皮肤。如有不适感，就医。

食入：饮足量温水，催吐。就医。

灭火方法 消防人员须佩戴防毒面具，穿全身消防服，在上风向灭火。尽可能将容器从火场移至空旷处。喷水保持火场容器冷却，直至灭火结束。处在火场中的容器若已变色或从安全泄压装置中发出声音，必须马上撤离。

灭火剂：雾状水、泡沫、干粉、二氧化碳、砂土。

泄漏应急处置 根据液体流动和蒸气扩散的影响区域划定警戒区，无关人员从侧风、上风向撤离至安全区。消除所有点火源。建议应急处理人员戴防毒面具，穿防毒服，戴橡胶手套。穿上适当的防护服前严禁接触破裂的容器和泄漏物。尽可能切断泄漏源。防止泄漏物进入水体、下水道、地下室或受限空间。小量泄漏：用干燥的砂土或其他不燃材料吸收或覆盖，收集于容器中。大量泄漏：构筑围堤或挖坑收容。用泵转移至槽车或专用收集器内。

279. 磷　酸　钠

标　识

中文名称 磷酸钠

英文名称 trisodium phosphate；sodium phosphate

别名 磷酸三钠

分子式 Na_3PO_4

CAS 号 7601－54－9

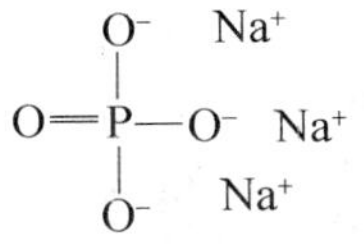

危害信息

燃烧与爆炸危险性 不燃，无特殊燃爆特性。

禁忌物 强酸。

毒性 大鼠经口 LD_{50}：7400mg/kg。

中毒表现 对黏膜有刺激作用。食入后引起腹痛、烧灼感，重者休克。

侵入途径 吸入、食入。

环境危害 可能在水生环境中造成长期不利影响。

理化特性与用途

理化特性 无色至白色结晶，在干燥的空气中易风化。溶于水，不溶于乙醇、二硫化碳。pH 值 11.9(1% 水溶液)，熔点 73.3 ~ 76.6℃(分解)，相对密度(水 = 1)2.52。

主要用途 用作软水剂、锅炉清洁剂、金属防锈剂以及用于造纸、制革、照相、纺织、印染等行业。

包装与储运

安全储运 储存于阴凉、通风的库房。远离火种、热源。保持容器密封。应与酸类等隔离储运。搬运时轻装轻卸，防止容器受损。

紧急处置信息

急救措施

吸入： 脱离现场至空气新鲜处。如呼吸困难，给输氧。就医。

眼睛接触： 分开眼睑，用流动清水或生理盐水冲洗。如有不适感，就医。

皮肤接触： 脱去污染的衣着，用流动清水冲洗。如有不适感，就医。

食入： 用水漱口，饮水。禁止催吐。就医。

灭火方法 消防人员必须佩戴空气呼吸器，穿全身防火防毒服，在上风向灭火。尽可能将容器从火场移至空旷处。喷水保持火场容器冷却，直至灭火结束。本品不燃。根据着火原因选择适当灭火剂灭火。

泄漏应急处置 隔离泄漏污染区，限制出入。建议应急处理人员戴防尘口罩，穿防腐、防毒服，戴橡胶手套。穿上适当的防护服前严禁接触破裂的容器和泄漏物。尽可能切断泄漏源。用塑料布覆盖泄漏物，减少飞散。勿使水进入包装容器内。用洁净的铲子收集泄漏物，置于干净、干燥、盖子较松的容器中，将容器移离泄漏区。

280. 磷 酸 铅

标 识

中文名称 磷酸铅

英文名称 lead phosphate；lead orthophosphate

别名 正磷酸铅

分子式 $Pb_3(PO_4)_2$

CAS 号 7446 - 27 - 7

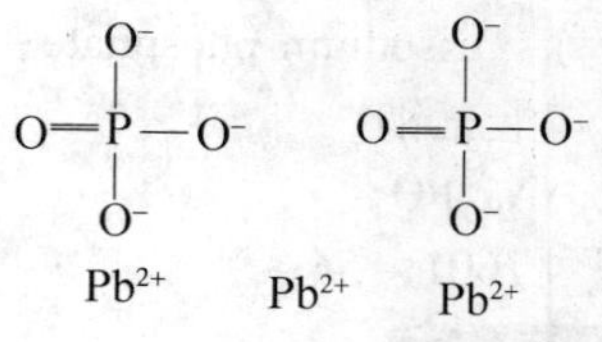

危害信息

燃烧与爆炸危险性 不燃，无特殊燃爆特性。遇高热分解释出高毒烟气。

禁忌物 强酸。

毒性 IARC 致癌性评论：G2A，可能人类致癌物。

欧盟法规 1272/2008/EC 将本品列为第 1A 类生殖毒物——已知的人类生殖毒物。

中毒表现 误服中毒可有中毒性肝、肾损害和溶血性贫血。职业中毒多为慢性，对神经系统、造血系统、消化系统以及肾脏等有损害。

侵入途径 吸入、食入。

职业接触限值 中国：PC - TWA：0.05mg/m^3[铅尘]，PC - TWA：0.03mg/m^3[铅烟]。美国(ACGIH)：TLV - TWA：0.05mg/m^3[按铅计]。

环境危害 对水生生物有极高毒性，可能在水生环境中造成长期不利影响。

理化特性与用途

理化特性 无色或白色六方结晶或粉末。极微溶于冷水，不溶于热水、乙醇、醋酸，溶于硝酸、苛性碱溶液。熔点1014℃，相对密度(水=1)6.9~7.3。

主要用途 用作塑料稳定剂。

包装与储运

安全储运 储存于阴凉、通风的库房。远离火种、热源。保持容器密封。应与酸类等隔离储运。搬运时轻装轻卸，防止容器受损。

紧急处置信息

急救措施

吸入：迅速脱离现场至空气新鲜处。保持呼吸道通畅。如呼吸困难，给输氧。呼吸、心跳停止，立即进行心肺复苏术。就医。

眼睛接触：分开眼睑，用流动清水或生理盐水冲洗。如有不适感，就医。

皮肤接触：脱去污染的衣着，用流动清水冲洗。如有不适感，就医。

食入：饮足量温水，催吐。就医。

灭火方法 消防人员必须戴空气呼吸器，穿全身防火防毒服，在上风向灭火。灭火时尽可能将容器从火场移至空旷处。本品不燃。根据着火原因选择适当灭火剂灭火。

泄漏应急处置 隔离泄漏污染区，限制出入。建议应急处理人员戴防尘口罩，穿防毒服，戴防毒手套。穿上适当的防护服前严禁接触破裂的容器和泄漏物。尽可能切断泄漏源。用塑料布覆盖泄漏物，减少飞散。勿使水进入包装容器内。用洁净的铲子收集泄漏物，置于干净、干燥、盖子较松的容器中，将容器移离泄漏区。

281. 磷酸三苯酯

标 识

中文名称 磷酸三苯酯

英文名称 triphenyl phosphate；phosphoric acid，triphenyl ester

别名 磷酸苯酯；磷酸三苯酚酯

分子式 $C_{18}H_{15}O_4P$

CAS 号 115 - 86 - 6

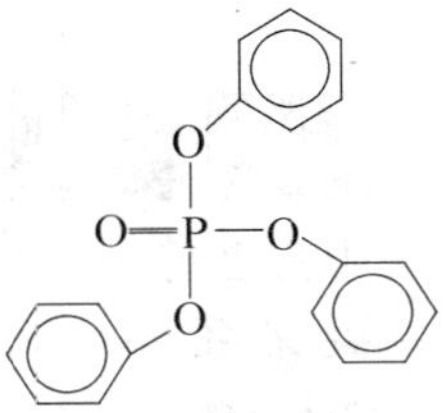

危害信息

燃烧与爆炸危险性 可燃，其粉体与空气混合，能形成爆炸性混合物。受热分解产生有毒的氧化磷烟气。

禁忌物 强氧化剂。

毒性　大鼠经口 LD_{50}：3000mg/kg；小鼠经口 LD_{50}：1300mg/kg；兔经皮 LD_{50}：3000mg/kg。

本品对人红细胞乙酰胆碱酯酶有轻度抑制作用，而对血浆酯酶无抑制。

侵入途径　吸入、食入。

职业接触限值　美国(ACGIH)：TLV－TWA：3mg/m^3。

环境危害　对水生生物有极高毒性，可能在水生环境中造成长期不利影响。

理化特性与用途

理化特性　无色结晶粉末或白色片晶，有轻微的苯酚气味。不溶于水，溶于苯、氯仿、乙醚、乙醇、四氯化碳、丙酮等多数溶剂。熔点 49～50℃，沸点 370℃，相对密度(水＝1) 1.21～1.27，相对蒸气密度(空气＝1)9.42，饱和蒸气压 1Pa(20℃)、0.13kPa(193℃)，辛醇/水分配系数 4.59，闪点 220℃(闭杯)，引燃温度 500℃。

主要用途　用作硝化纤维、醋酸纤维膜的阻燃性增塑剂，聚氯乙烯的增塑剂，黏胶纤维中的樟脑不燃性代用品。

包装与储运

安全储运　储存于阴凉、通风的库房。远离火种、热源。保持容器密封。应与强氧化剂等隔离储运。搬运时轻装轻卸，防止容器受损。

紧急处置信息

急救措施

吸入：脱离现场至空气新鲜处。如有不适感，就医。

眼睛接触：分开眼睑，用流动清水或生理盐水冲洗。如有不适感，就医。

皮肤接触：立即脱去污染的衣着，用肥皂水和清水彻底冲洗皮肤。如有不适感，就医。

食入：饮足量温水，催吐。用 1∶5000 高锰酸钾溶液洗胃。口服活性碳，导泻。就医。

灭火方法　消防人员必须佩戴空气呼吸器，穿全身防火防毒服，在上风向灭火。尽可能将容器从火场移至空旷处。喷水保持火场容器冷却，直至灭火结束。

灭火剂：雾状水、泡沫、干粉、二氧化碳、砂土。

泄漏应急处置　隔离泄漏污染区，限制出入。消除所有点火源。建议应急处理人员戴防尘口罩，穿防毒服，戴防护手套。穿上适当的防护服前严禁接触破裂的容器和泄漏物。尽可能切断泄漏源。用塑料布覆盖泄漏物，减少飞散。勿使水进入包装容器内。用洁净的铲子收集泄漏物，置于干净、干燥、盖子较松的容器中，将容器移离泄漏区。

282. 磷酸三丙酯

标　识

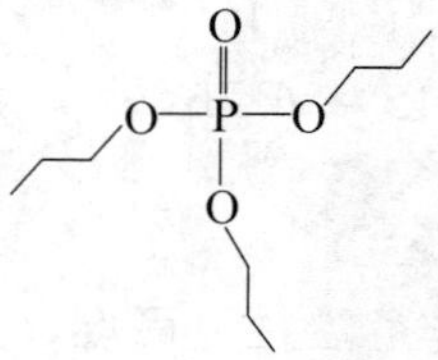

中文名称　磷酸三丙酯

英文名称　tripropyl phosphate; phosphoric acid, tripropyl ester

分子式　$C_9H_{21}O_4P$

CAS 号　513－08－6

危害信息

燃烧与爆炸危险性 可燃，其蒸气与空气混合，能形成爆炸性混合物。受热分解产生有毒的氧化磷烟气。

禁忌物 强氧化剂、强碱、酯类。

中毒表现 本品对皮肤有刺激作用。吸入、摄入或经皮肤吸收后对身体有害。其蒸气或烟雾对眼睛、黏膜和上呼吸道有刺激作用。

侵入途径 吸入、食入、经皮吸收。

环境危害 可能在水生环境中造成长期不利影响。

理化特性与用途

理化特性 无色无味液体。沸点 252℃、120 ~ 122℃（1.33kPa），相对密度（水 = 1）1.012，饱和蒸气压 0.58Pa(25℃)，辛醇/水分配系数 1.87，闪点 113℃。

主要用途 用作增塑剂和阻燃剂等。

包装与储运

安全储运 储存于阴凉、通风的库房。远离火种、热源。保持容器密封。应与氧化剂、碱类等隔离储运。搬运时轻装轻卸，防止容器受损。

紧急处置信息

急救措施

吸入：脱离现场至空气新鲜处。如有不适感，就医。

眼睛接触：分开眼睑，用流动清水或生理盐水冲洗。如有不适感，就医。

皮肤接触：脱去污染的衣着，用流动清水冲洗。

食入：饮足量温水，催吐。就医。

灭火方法 消防人员须佩戴防毒面具，穿全身消防服，在上风向灭火。尽可能将容器从火场移至空旷处。喷水保持火场容器冷却，直至灭火结束。处在火场中的容器若已变色或从安全泄压装置中发出声音，必须马上撤离。

灭火剂：雾状水、泡沫、干粉、二氧化碳、砂土。

泄漏应急处置 根据液体流动和蒸气扩散的影响区域划定警戒区，无关人员从侧风、上风向撤离至安全区。消除所有点火源。建议应急处理人员戴正压自给式呼吸器，穿防毒服，戴橡胶手套。穿上适当的防护服前严禁接触破裂的容器和泄漏物。尽可能切断泄漏源。防止泄漏物进入水体、下水道、地下室或受限空间。小量泄漏：用干燥的砂土或其他不燃材料吸收或覆盖，收集于容器中。大量泄漏：构筑围堤或挖坑收容。用泵转移至槽车或专用收集器内。

283. 磷酸三甲酯

标　识

中文名称 磷酸三甲酯

英文名称 trimethyl phosphate；phosphoric acid，trimethyl ester

283. 磷酸三甲酯

别名 磷酸甲酯

分子式 $C_3H_9O_4P$

CAS 号 512－56－1

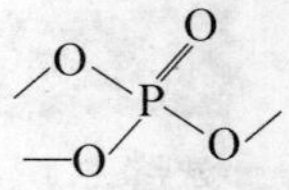

危害信息

燃烧与爆炸危险性 可燃，其蒸气与空气混合，能形成爆炸性混合物。受热分解产生有毒的氧化磷烟气。

禁忌物 强氧化剂、强碱。

毒性 大鼠经口 LD_{50}：840mg/kg；小鼠经口 LD_{50}：1470mg/kg；兔经皮 LD_{50}：2830mg/kg。

中毒表现 本品有刺激作用。

侵入途径 吸入、食入、经皮吸收。

环境危害 可能在水生环境中造成长期不利影响。

理化特性与用途

理化特性 无色至淡黄色透明液体，有令人愉快的气味。溶于水，溶于汽油、乙醚，微溶于乙醇。熔点－46℃，沸点197.2℃，相对密度(水＝1)1.19，饱和蒸气压0.11kPa(20℃)，辛醇/水分配系数 －0.52和－0.78，闪点107℃。

主要用途 用作医药、农药的溶剂和萃取剂，也用作汽油添加剂、甲基化剂、抗氧剂等。

包装与储运

安全储运 储存于阴凉、通风的库房。远离火种、热源。保持容器密封。应与氧化剂、碱类等隔离储运。搬运时轻装轻卸，防止容器受损。

紧急处置信息

急救措施

吸入：脱离现场至空气新鲜处。如有不适感，就医。

眼睛接触：分开眼睑，用流动清水或生理盐水冲洗。如有不适感，就医。

皮肤接触：立即脱去污染的衣着，用肥皂水和清水彻底冲洗皮肤。如有不适感，就医。

食入：饮足量温水，催吐。就医。

灭火方法 消防人员须佩戴防毒面具，穿全身消防服，在上风向灭火。尽可能将容器从火场移至空旷处。喷水保持火场容器冷却，直至灭火结束。处在火场中的容器若已变色或从安全泄压装置中发出声音，必须马上撤离。

灭火剂：雾状水、泡沫、干粉、二氧化碳、砂土。

泄漏应急处置 根据液体流动和蒸气扩散的影响区域划定警戒区，无关人员从侧风、上风向撤离至安全区。消除所有点火源。建议应急处理人员戴防毒面具，穿防毒服，戴橡胶手套。穿上适当的防护服前严禁接触破裂的容器和泄漏物。尽可能切断泄漏源。防止泄漏物进入水体、下水道、地下室或受限空间。小量泄漏：用干燥的砂土或其他不燃材料吸收或覆盖，收集于容器中。大量泄漏：构筑围堤或挖坑收容。用泵转移至槽车或专用收集器内。

284. 磷酸三(2－氯乙基)酯

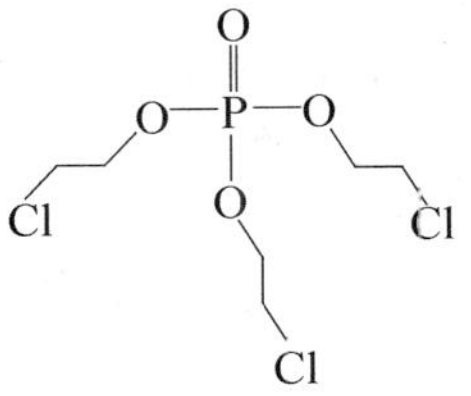

标　识

中文名称　磷酸三(2－氯乙基)酯

英文名称　tris(2－chloroethyl)phosphate；2－chloroethanol phosphate

别名　磷酸三氯乙酯

分子式　$C_6H_{12}Cl_3O_4P$

CAS 号　115－96－8

危害信息

燃烧与爆炸危险性　可燃，其蒸气与空气混合，能形成爆炸性混合物。受热分解，放出氧化磷和氯化物的毒性气体。

禁忌物　强氧化剂、强酸、强碱。

毒性　大鼠经口 LD_{50}：1230mg/kg；小鼠经口 LD_{50}：1866mg/kg。

欧盟法规 1272/2008/EC 将本品列为第 2 类致癌物——可疑的人类致癌物。

中毒表现　对皮肤无刺激。体外对脑胆碱酯酶有抑制作用。进入体内会引起惊厥、运动失调和呼吸困难。大鼠亚急性实验显示有出血倾向。

侵入途径　吸入、食入。

环境危害　对水生生物有毒，可能在水生环境中造成长期不利影响。

理化特性与用途

理化特性　无色至浅黄色油状液体，微带奶油味。微溶于水，溶于醇类、酮类、酯类和芳香烃，微溶于脂族烃。熔点－51℃，沸点 330℃，相对密度(水＝1)1.43，相对蒸气密度(空气＝1)9.8，饱和蒸气压 0.07kPa(145℃)，辛醇/水分配系数 1.44/1.78，闪点 202℃(闭杯)、216℃(开杯)，引燃温度 480℃。

主要用途　主要用作阻燃剂和石油添加剂，也用作辅助增塑剂。

包装与储运

安全储运　储存于阴凉、通风的库房。远离火种、热源。保持容器密封。应与氧化剂、酸碱等隔离储运。搬运时轻装轻卸，防止容器受损。

紧急处置信息

急救措施

吸入：脱离现场至空气新鲜处。如呼吸困难，给输氧。就医。

眼睛接触：分开眼睑，用流动清水或生理盐水冲洗。如有不适感，就医。

皮肤接触：立即脱去污染的衣着，用肥皂水和清水彻底冲洗皮肤。如有不适感，就医。

食入：饮足量温水，催吐。用 1∶5000 高锰酸钾溶液洗胃。口服活性碳，导泻。就医。

灭火方法　消防人员须佩戴防毒面具，穿全身消防服，在上风向灭火。尽可能将容器从火场移至空旷处。喷水保持火场容器冷却，直至灭火结束。处在火场中的容器若已变色

或从安全泄压装置中发出声音，必须马上撤离。

灭火剂：雾状水、泡沫、干粉、二氧化碳、砂土。

泄漏应急处置 根据液体流动和蒸气扩散的影响区域划定警戒区，无关人员从侧风、上风向撤离至安全区。消除所有点火源。建议应急处理人员戴正压自给式呼吸器，穿防毒服，戴橡胶手套。穿上适当的防护服前严禁接触破裂的容器和泄漏物。尽可能切断泄漏源。防止泄漏物进入水体、下水道、地下室或受限空间。小量泄漏：用干燥的砂土或其他不燃材料吸收或覆盖，收集于容器中。大量泄漏：构筑围堤或挖坑收容。用泵转移至槽车或专用收集器内。

285. 磷酸三乙酯

标 识

中文名称 磷酸三乙酯

英文名称 triethyl phosphate；phosphoric acid，triethyl ester

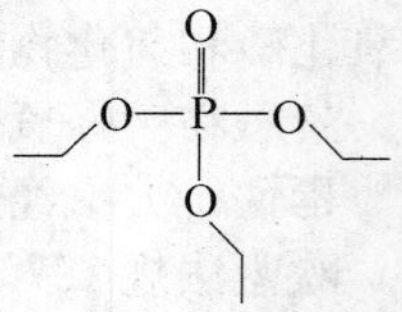

别名 三乙基磷酸酯

分子式 $C_6H_{15}O_4P$

CAS 号 78-40-0

危害信息

燃烧与爆炸危险性 可燃，其蒸气与空气混合，能形成爆炸性混合物。燃烧产生有毒的一氧化碳和氧化磷。受热分解放出有毒气体。

禁忌物 强氧化剂、强碱。

毒性 大鼠经口 LD_{50}：1165mg/kg；小鼠经口 LD_{50}：1180mg/kg。

侵入途径 吸入、食入。

理化特性与用途

理化特性 无色液体，稍有香味。与水混溶，溶于多数有机溶剂。熔点-56.4℃，沸点215~216℃，相对密度（水=1）1.07，相对蒸气密度（空气=1）6.28，饱和蒸气压0.13kPa（39℃），辛醇/水分配系数0.8，闪点115℃（闭杯），引燃温度451.7℃，爆炸下限1.7%，爆炸上限10.0%。

主要用途 用作乙基化剂、溶剂、增塑剂、阻燃剂、消泡剂和制备焦磷酸四乙酯的原料。

包装与储运

安全储运 储存于阴凉、通风的库房。远离火种、热源。保持容器密封。应与氧化剂、酸类、食用化学品分开存放，切忌混储。搬运时轻装轻卸，防止容器受损。

紧急处置信息

急救措施

吸入：脱离现场至空气新鲜处。如有不适感，就医。

眼睛接触：分开眼睑，用流动清水或生理盐水冲洗。如有不适感，就医。

皮肤接触： 立即脱去污染的衣着，用肥皂水和清水彻底冲洗皮肤。如有不适感，就医。

食入： 饮足量温水，催吐。就医。

灭火方法 消防人员须佩戴防毒面具，穿全身消防服，在上风向灭火。尽可能将容器从火场移至空旷处。喷水保持火场容器冷却，直至灭火结束。处在火场中的容器若已变色或从安全泄压装置中发出声音，必须马上撤离。

灭火剂水、雾状水、抗溶性泡沫、干粉、二氧化碳、砂土。

泄漏应急处置 根据液体流动和蒸气扩散的影响区域划定警戒区，无关人员从侧风、上风向撤离至安全区。消除所有点火源。建议应急处理人员戴防毒面具，穿防毒服，戴橡胶手套。穿上适当的防护服前严禁接触破裂的容器和泄漏物。尽可能切断泄漏源。防止泄漏物进入水体、下水道、地下室或受限空间。小量泄漏：用干燥的砂土或其他不燃材料吸收或覆盖，收集于容器中。大量泄漏：构筑围堤或挖坑收容。用泵转移至槽车或专用收集器内。

286. 磷酸-2-乙基己基二苯酯

标　识

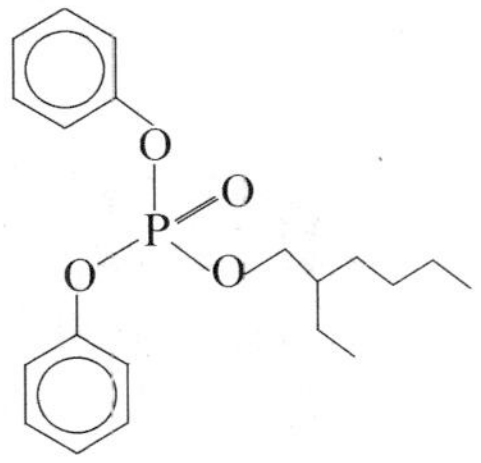

中文名称 磷酸-2-乙基己基二苯酯

英文名称 2-ethylhexyl diphenyl phosphate；octicizer

别名 磷酸二苯-2-乙基己酯；磷酸二苯辛酯

分子式 $C_{20}H_{27}O_4P$

CAS 号 1241-94-7

危害信息

燃烧与爆炸危险性 可燃，其蒸气与空气混合，能形成爆炸性混合物。受热分解产生有毒的氧化磷烟气。

禁忌物 强氧化剂、强酸、强碱。

毒性 大鼠经口 LD_{50}：>24000mg/kg；兔经皮 LD_{50}：>13700mg/kg。

侵入途径 吸入、食入。

环境危害 可能在水生环境中造成长期不利影响。

理化特性与用途

理化特性 无色至淡黄色透明油状液体。不溶于水，混溶于一般有机溶剂。熔点<-54℃，沸点 239℃（1.33kPa）、375℃，相对密度（水=1）1.08～1.09，饱和蒸气压 0.027kPa（150℃），辛醇/水分配系数 5.73，闪点 224℃（开杯）。

主要用途 用作无毒增塑剂、汽油添加剂、润滑剂。

包装与储运

安全储运 储存于阴凉、通风的库房。远离火种、热源。保持容器密封。应与氧化剂、酸碱等隔离储运。搬运时轻装轻卸，防止容器受损。

紧急处置信息

急救措施

吸入：脱离现场至空气新鲜处。如有不适感，就医。

眼睛接触：分开眼睑，用流动清水或生理盐水冲洗。如有不适感，就医。

皮肤接触：立即脱去污染的衣着，用肥皂水和清水彻底冲洗皮肤。如有不适感，就医。

食入：饮足量温水，催吐。就医。

灭火方法 消防人员须佩戴防毒面具，穿全身消防服，在上风向灭火。尽可能将容器从火场移至空旷处。喷水保持火场容器冷却，直至灭火结束。处在火场中的容器若已变色或从安全泄压装置中发出声音，必须马上撤离。

灭火剂：雾状水、泡沫、干粉、二氧化碳、砂土。

泄漏应急处置 根据液体流动和蒸气扩散的影响区域划定警戒区，无关人员从侧风、上风向撤离至安全区。消除所有点火源。建议应急处理人员戴防毒面具，穿一般作业工作服，戴橡胶手套。尽可能切断泄漏源。防止泄漏物进入水体、下水道、地下室或受限空间。小量泄漏：用干燥的砂土或其他不燃材料吸收或覆盖，收集于容器中。大量泄漏：构筑围堤或挖坑收容。用泵转移至槽车或专用收集器内。

287. 硫代二丙酸双十八醇酯

标　识

中文名称 硫代二丙酸双十八醇酯

英文名称 dioctadecyl 3,3′-thiodipropionate;antioxidant STDP;distearyl thiodipropionate

别名 抗氧剂 DSTP；硫代二丙酸二硬脂醇酯

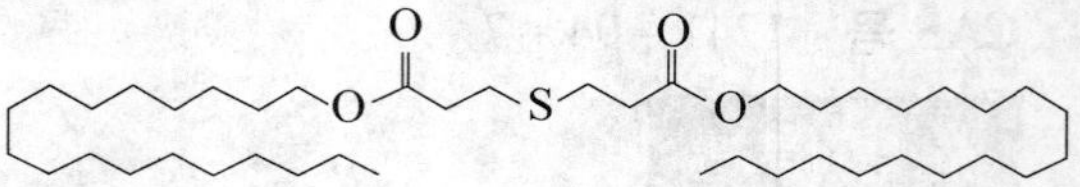

分子式 $C_{42}H_{82}O_4S$

CAS 号 693-36-7

危害信息

燃烧与爆炸危险性 可燃，其粉体与空气混合，能形成爆炸性混合物。燃烧产生有毒的一氧化碳和氧化硫气体 。

活性反应 遇明火、高热可燃。

禁忌物 强氧化剂。

毒性 大鼠经口 LD_{50}：>2500mg/kg；小鼠经口 LD_{50}：>2000mg/kg。

侵入途径 吸入、食入。

理化特性与用途

理化特性 白色絮状或鳞片状结晶。不溶于水，溶于苯、乙醇、乙醚、丙酮等。熔点 64~67℃，相对密度（水=1）0.98（25℃），饱和蒸气压 0.13kPa（250℃），辛醇/水分配系数 >6，闪点 257℃。

主要用途 作为助抗氧剂用于聚乙烯、聚丙烯、合成橡胶及油酯。

包装与储运

安全储运 储存于阴凉、通风的库房。远离火种、热源。保持容器密封。应与强氧化剂等隔离储运。搬运时轻装轻卸，防止容器受损。

紧急处置信息

急救措施

吸入： 脱离现场至空气新鲜处。如有不适感，就医。

眼睛接触： 分开眼睑，用流动清水或生理盐水冲洗。如有不适感，就医。

皮肤接触： 脱去污染的衣着，用大量流动清水冲洗。如有不适感，就医。

食入： 饮足量温水，催吐。就医。

灭火方法 消防人员须佩戴防毒面具，穿全身消防服，在上风向灭火。尽可能将容器从火场移至空旷处。喷水保持火场容器冷却，直至灭火结束。

灭火剂：雾状水、泡沫、干粉、二氧化碳、砂土。

泄漏应急处置 隔离泄漏污染区，限制出入。消除所有点火源。建议应急处理人员戴防尘口罩，穿一般作业工作服，戴防护手套。尽可能切断泄漏源。用塑料布覆盖泄漏物，减少飞散。勿使水进入包装容器内。用洁净的铲子收集泄漏物，置于干净、干燥、盖子较松的容器中，将容器移离泄漏区。

288. 硫 化 镉

标 识

中文名称 硫化镉

英文名称 cadmium sulfide; cadmium Yellow

别名 镉黄

分子式 CdS

CAS 号 1306－23－6

Cd═S

危害信息

燃烧与爆炸危险性 不燃，无特殊燃爆特性。

禁忌物 强氧化剂、酸类。

毒性 大鼠经口 LD_{50}：7080mg/kg；小鼠经口 LD_{50}：1166mg/kg。

IARC 致癌性评论：G1，确认人类致癌物。

欧盟法规 1272/2008/EC 将本品列为第 1B 类致癌物——可能对人类有致癌能力；第 2 类生殖细胞致突变物——由于可能导致人类生殖细胞可遗传突变而引起人们关注的物质；第 2 类生殖毒物——可疑的人类生殖毒物。

中毒表现 急性中毒表现为吸入后引起呼吸道刺激症状，可发生化学性肺炎、肺水肿；误服后可引起急剧的胃肠刺激症状，有恶心、呕吐、腹泻、腹痛、里急后重、全身乏力、肌肉疼痛和虚脱等。

慢性中毒以肺气肿、肾功能损害(蛋白尿)为主要表现；其次还有缺铁性贫血、嗅觉减退或丧失等。

侵入途径 吸入、食入。

职业接触限值 中国：PC－TWA：0.01mg/m^3，PC－STEL：0.02mg/m^3[按镉计]。

美国(ACGIH)：TLV－TWA：0.002mg/m^3[按镉计，呼吸性]。

环境危害 可能在水生环境中造成长期不利影响。

理化特性与用途

理化特性　淡黄至橙色结晶体或黄色至棕色粉末。微溶于水，微溶于乙醇，溶于酸。升华点980℃，相对密度(水=1) 4.8。

主要用途　用于制焰火、玻璃釉、瓷釉、发光材料，并用作油漆、纸、橡胶和玻璃等的颜料(镉黄和镉红)。

包装与储运

安全储运　储存于阴凉、通风的库房。远离火种、热源。保持容器密封。应与氧化剂、酸类等隔离储运。搬运时轻装轻卸，防止容器受损。

紧急处置信息

急救措施

吸入：迅速脱离现场至空气新鲜处。保持呼吸道通畅。如呼吸困难，给输氧。呼吸、心跳停止，立即进行心肺复苏术。就医。

眼睛接触：分开眼睑，用流动清水或生理盐水冲洗。如有不适感，就医。

皮肤接触：脱去污染的衣着，用流动清水冲洗。如有不适感，就医。

食入：饮足量温水，催吐。就医。

灭火方法　消防人员必须戴空气呼吸器，穿全身防火防毒服，在上风向灭火。灭火时尽可能将容器从火场移至空旷处。本品不燃。根据着火原因选择适当灭火剂灭火。

泄漏应急处置　隔离泄漏污染区，限制出入。建议应急处理人员戴防尘口罩，穿防毒服，戴防毒手套。穿上适当的防护服前严禁接触破裂的容器和泄漏物。尽可能切断泄漏源。用塑料布覆盖泄漏物，减少飞散。勿使水进入包装容器内。用洁净的铲子收集泄漏物，置于干净、干燥、盖子较松的容器中，将容器移离泄漏区。

289. 硫　化　铅

标　识

中文名称　硫化铅

英文名称　lead sulfide；lead monosulfide

别名　方铅矿

分子式　PbS

CAS号　1314－87－0

Pb═S

危害信息

燃烧与爆炸危险性　不燃，无特殊燃爆特性。

禁忌物　强氧化剂、强酸。

毒性　大鼠腹腔内 LD_{50}：1810mg/kg。

中毒表现　铅及其化合物损害造血、神经系统、消化系统及肾脏。职业中毒主要为慢性。神经系统主要表现为神经衰弱综合征、周围神经病(以运动功能受累较明显)，重者出现铅中毒性脑病。消化系统表现有齿龈铅线、食欲不振、恶心、腹胀、腹泻或便秘；腹绞痛见于中等及较重病例。造血系统损害出现卟啉代谢障碍、贫血等。短时大量接触可发生急性或亚急性铅中毒，表现类似重症慢性铅中毒。

侵入途径 吸入、食入。

职业接触限值 中国：PC－TWA：0.05mg/m^3[铅尘]，PC－TWA：0.03mg/m^3[铅烟]。美国(ACGIH)：TLV－TWA：0.05mg/m^3[按铅计]。

环境危害 对水生生物有极高毒性，可能在水生环境中造成长期不利影响；有害空气污染物。

理化特性与用途

理化特性 蓝色立方晶系结晶或黑色粉末。不溶于水，不溶于乙醇、氢氧化钾溶液，溶于硝酸、热的稀盐酸。熔点1114℃，沸点1281℃，相对密度(水＝1)7.5，饱和蒸气压0.13kPa(852℃)。

主要用途 高纯度的可作半导体，用于红外线检测器、光电池等。

包装与储运

安全储运 储存于阴凉、通风的库房。远离火种、热源。保持容器密封。应与氧化剂、酸类等隔离储运。搬运时轻装轻卸，防止容器受损。

紧急处置信息

急救措施

吸入：迅速脱离现场至空气新鲜处。保持呼吸道通畅。如呼吸困难，给输氧。呼吸、心跳停止，立即进行心肺复苏术。就医。

眼睛接触：立即分开眼睑，用流动清水或生理盐水彻底冲洗。就医。

皮肤接触：立即脱去污染的衣着，用肥皂水和清水彻底冲洗。就医。

食入：饮足量温水，催吐、洗胃、导泻。就医。

灭火方法 消防人员必须佩戴空气呼吸器，穿全身防火防毒服，在上风向灭火。尽可能将容器从火场移至空旷处。喷水保持火场容器冷却，直至灭火结束。本品不燃。根据着火原因选择适当灭火剂灭火。

泄漏应急处置 隔离泄漏污染区，限制出入。建议应急处理人员戴防尘口罩，穿防毒服，戴防毒手套。穿上适当的防护服前严禁接触破裂的容器和泄漏物。尽可能切断泄漏源。用塑料布覆盖泄漏物，减少飞散。勿使水进入包装容器内。用洁净的铲子收集泄漏物，置于干净、干燥、盖子较松的容器中，将容器移离泄漏区。

290. 硫 菌 灵

标 识

中文名称 硫菌灵

英文名称 thiophanate;4,4′－*o*－phenylenebis(ethyl 3－thioallophanate)

别名 1,2－二(3－乙氧羰基－2－硫代脲基)苯；4,4′－(1,2－亚苯基)双(3－硫代脲基甲酸乙酯)

分子式 $C_{14}H_{18}N_4O_4S_2$

CAS 号 23564－06－9

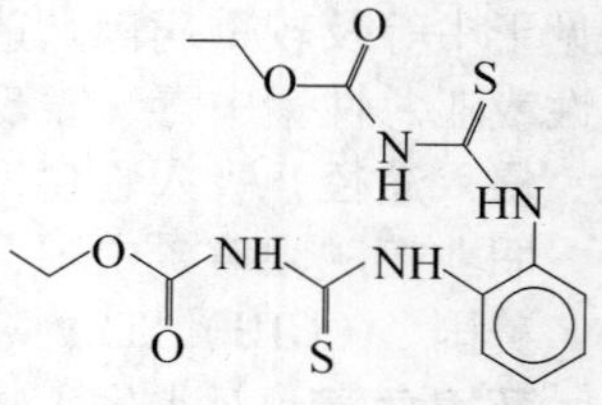

危害信息

燃烧与爆炸危险性 可燃，其粉体与空气混合，能形成爆炸性混合物。燃烧产生有毒的一氧化碳、氮氧化物和氧化硫。受高热分解放出有毒的气体。

禁忌物 强氧化剂。

毒性 大鼠经口 LD_{50}：＞15000mg/kg；大鼠经皮 LD_{50}：＞15000mg/kg；兔经皮 LD_{50}：＞10000mg/kg。

侵入途径 吸入、食入、经皮吸收。

环境危害 对水生生物有毒，可能在水生环境中造成长期不利影响。

理化特性与用途

理化特性 无色片状结晶。不溶于水、苯、二甲苯，微溶于甲醇、丙酮和氯仿，溶于环己酮、乙腈、二甲基甲酰胺。熔点 195℃(分解)，辛醇/水分配系数 2.08。

主要用途 广谱内吸性杀菌剂，用于防治各种作物的黑星病、白粉病、菌核病等。

包装与储运

安全储运 储存于阴凉、通风的库房。远离火种、热源。保持容器密封。应与强氧化剂等隔离储运。搬运时轻装轻卸，防止容器受损。

紧急处置信息

急救措施

吸入：迅速脱离现场至空气新鲜处。保持呼吸道通畅。如呼吸困难，给输氧。呼吸、心跳停止，立即进行心肺复苏术。就医。

眼睛接触：分开眼睑，用流动清水或生理盐水冲洗。如有不适感，就医。

皮肤接触：立即脱去污染的衣着，用大量流动清水冲洗。如有不适感，就医。

食入：饮足量温水，催吐。就医。

灭火方法 消防人员必须佩戴空气呼吸器，穿全身防火防毒服，在上风向灭火。尽可能将容器从火场移至空旷处。喷水保持火场容器冷却，直至灭火结束。

灭火剂：雾状水、泡沫、干粉、二氧化碳、砂土。

泄漏应急处置 隔离泄漏污染区，限制出入。消除所有点火源。建议应急处理人员戴防尘口罩，穿一般作业工作服，戴防护手套。尽可能切断泄漏源。用塑料布覆盖泄漏物，减少飞散。勿使水进入包装容器内。用洁净的铲子收集泄漏物，置于干净、干燥、盖子较松的容器中，将容器移离泄漏区。

291. 硫 氰 酸

标 识

中文名称 硫氰酸

英文名称 thiocyanic acid

别名　硫代氰酸

分子式　CHNS

CAS 号　463－56－9

N≡—SH

危害信息

燃烧与爆炸危险性　室温下迅速分解，产生含氮、硫的毒性气体。

禁忌物　酸类、碱类。

中毒表现　本品对黏膜有刺激作用。无氰化氢的特异作用。但应注意其不纯的制剂中可能含有 HCN 或$(CN)_2$，而且在常温下可迅速分解产生 HCN，必须防止氰化氢和氰中毒。

侵入途径　吸入、食入。

理化特性与用途

理化特性　无色易挥发液体，有醋味。易溶于水(水溶液有强酸性)，溶于乙醇、乙醚。熔点 5℃，沸点(分解)，相对密度(水＝1)1.126(20℃)，相对蒸气密度(空气＝1)2.0，临界温度 366℃，临界压力 6.23MPa，辛醇/水分配系数 0.58。

主要用途　用于制药物和杀虫剂，也用于制硫氰酸酯、各种硫氰化物和氰化物。

包装与储运

安全储运　储存于阴凉、干燥、通风的库房。远离火种、热源。保持容器密封。应与酸碱等隔离储运。搬运时轻装轻卸，防止容器受损。

紧急处置信息

急救措施

吸入：迅速脱离现场至空气新鲜处。保持呼吸道通畅。如呼吸困难，给输氧。呼吸、心跳停止，立即进行人工呼吸(勿用口对口)和胸外心脏按压术。就医。

眼睛接触：立即分开眼睑，用大量流动清水或生理盐水彻底冲洗 10～15min。就医。

皮肤接触：立即脱去污染的衣着，用流动清水或 5% 硫代硫酸钠溶液彻底冲洗。就医。

食入：如伤者神志清醒，催吐，洗胃。就医。

如出现氰化物中毒症状给予吸氧和吸入亚硝酸异戊酯，将亚硝酸异戊酯的安瓿放在手帕里或单衣内打碎放在面罩内使伤员吸入 15s，然后移去 15s，重复 5～6 次。口服 4－DMAP(4－二甲基氨基苯酚)1 片(180mg)和 PAPP(氨基苯丙酮)1 片(90mg)。

灭火方法　消防人员必须穿全身耐酸碱消防服，佩戴空气呼吸器，在上风向灭火。尽可能将容器从火场移至空旷处。喷水保持火场容器冷却，直至灭火结束。处在火场中的容器若已变色或从安全泄压装置中发出声音，必须马上撤离。

灭火剂：水、雾状水、抗溶性泡沫、干粉、二氧化碳、砂土。

泄漏应急处置　根据液体流动和蒸气扩散的影响区域划定警戒区，无关人员从侧风、上风向撤离至安全区。消除所有点火源。建议应急处理人员戴防毒面具，穿防静电服，戴耐酸碱手套。作业时使用的所有设备应接地。穿上适当的防护服前严禁接触破裂的容器和泄漏物。尽可能切断泄漏源。防止泄漏物进入水体、下水道、地下室或受限空间。严禁用水处理。小量泄漏：用干燥的砂土或其他不燃材料覆盖泄漏物。大量泄漏：构筑围堤或挖坑收容。用防爆泵转移至槽车或专用收集器内。

292. 硫氰酸铵

标　识

中文名称　硫氰酸铵

英文名称　ammonium thiocyanate；thiocyanic acid，ammonium salt

别名　硫氰化铵

分子式　NH_4SCN

CAS 号　1762－95－4

$N{\equiv}{-}S^-$　NH_4^+

危害信息

燃烧与爆炸危险性　不燃，无特殊燃爆特性。受热分解，放出氮、硫的氧化物等毒性气体。

禁忌物　强氧化剂、强酸。

毒性　大鼠经口 LD_{50}：750mg/kg；小鼠经口 LD_{50}：500mg/kg。

中毒表现　对眼睛、皮肤有刺激作用。主要因误服而导致中毒，引起恶心、呕吐、腹痛、腹泻、血压降低等。

侵入途径　吸入、食入。

环境危害　对水生生物有害，可能在水生环境中造成长期不利影响。

理化特性与用途

理化特性　无色易潮解的单斜晶体，易溶于水，易溶于乙醇，溶于丙酮、甲醇、氨水，不溶于氯仿、乙酸乙酯。pH 值 5～6(5% 水溶液)，熔点 149～160℃，分解温度 170℃，相对密度(水＝1)1.305，辛醇/水分配系数 －2.29。

主要用途　用作分析化学试剂、聚合催化剂、除莠剂等，是制造双氧水的辅助原料，也是制造氰化物、亚铁氰化物的原料，还用于农药、抗生素的分离等。

包装与储运

安全储运　储存于阴凉、通风的库房。远离火种、热源。保持容器密封。应与氧化剂、酸类、食用化学品分开存放，切忌混储。搬运时轻装轻卸，防止容器受损。

紧急处置信息

急救措施

吸入：迅速脱离现场至空气新鲜处。保持呼吸道通畅。如呼吸困难，给输氧。呼吸、心跳停止，立即进行心肺复苏术。就医。

眼睛接触：分开眼睑，用流动清水或生理盐水冲洗。如有不适感，就医。

皮肤接触：立即脱去污染的衣着，用肥皂水和清水彻底冲洗皮肤。如有不适感，就医。

食入：饮足量温水，催吐、洗胃、导泻。就医。

灭火方法　消防人员必须戴空气呼吸器，穿全身防火防毒服，在上风向灭火。灭火时尽可能将容器从火场移至空旷处。本品不燃。根据着火原因选择适当灭火剂灭火。

泄漏应急处置　隔离泄漏污染区，限制出入。建议应急处理人员戴防尘口罩，穿防毒服，戴防毒手套。穿上适当的防护服前严禁接触破裂的容器和泄漏物。尽可能切断泄漏源。用塑料布覆盖泄漏物，减少飞散。勿使水进入包装容器内。用洁净的铲子收集泄漏物，置于干净、干燥、盖子较松的容器中，将容器移离泄漏区。

293. 硫氰酸钾

标　识

中文名称　硫氰酸钾

英文名称　potassium thiocyanate；thiocyanic acid，potassium salt

别名　硫氰化钾

分子式　KSCN

CAS 号　333－20－0

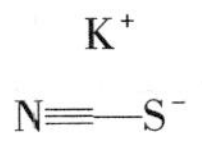

危害信息

燃烧与爆炸危险性　不燃，无特殊燃爆特性。受高热分解，放出有毒的氰化物和硫化物烟气。

禁忌物　强酸。

毒性　大鼠经口 LD_{50}：854mg/kg；小鼠经口 LD_{50}：594mg/kg。

中毒表现　误服致急性中毒时，引起恶心、呕吐、腹痛、腹泻等胃肠道功能紊乱，血压波动、心率变慢。重复中毒可致肾功能明显损害。慢性作用，可抑制甲状腺机能，可使妇女经期延长而量多。

侵入途径　吸入、食入。

职业接触限值　中国：MAC：1mg/m^3[按氰计，皮]。

美国(ACGIH)：TLV－TWA：5mg/m^3[按氰计，皮]。

环境危害　对水生生物有极高毒性，可能在水生环境中造成长期不利影响。

理化特性与用途

理化特性　无色或白色吸湿性结晶粉末。易溶于水，溶于乙醇、丙酮。熔点 173℃，沸点 500℃，相对密度(水＝1)1.89。

主要用途　用于制合成树脂、杀虫杀菌剂、芥子油、硫脲类和药物等，也用作化学试剂。

包装与储运

安全储运　储存于阴凉、通风的库房。远离火种、热源。保持容器密封。应与酸类等隔离储运。搬运时轻装轻卸，防止容器受损。

紧急处置信息

急救措施

吸入：迅速脱离现场至空气新鲜处。保持呼吸道通畅。如呼吸困难，给输氧。呼吸、心跳停止，立即进行心肺复苏术。就医。

眼睛接触：立即分开眼睑，用流动清水或生理盐水彻底冲洗。就医。

皮肤接触： 立即脱去污染的衣着，用肥皂水和清水彻底冲洗。就医。

食入： 饮足量温水，催吐、洗胃、导泻。就医。

灭火方法　消防人员必须佩戴空气呼吸器，穿全身防火防毒服，在上风向灭火。尽可能将容器从火场移至空旷处。喷水保持火场容器冷却，直至灭火结束。本品不燃。根据着火原因选择适当灭火剂灭火。

泄漏应急处置　隔离泄漏污染区，限制出入。建议应急处理人员戴防尘口罩，穿防毒服，戴防毒手套。穿上适当的防护服前严禁接触破裂的容器和泄漏物。尽可能切断泄漏源。用塑料布覆盖泄漏物，减少飞散。勿使水进入包装容器内。用洁净的铲子收集泄漏物，置于干净、干燥、盖子较松的容器中，将容器移离泄漏区。

294. 硫氰酸戊酯

标　识

中文名称　硫氰酸戊酯

英文名称　thiocyanic acid, pentyl ester ; *n* - amyl thiocyanate

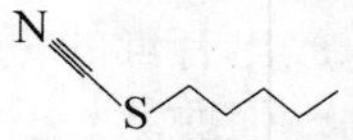

别名　硫氰酸正戊酯

分子式　$C_6H_{11}NS$

CAS 号　32446 - 40 - 5

危害信息

燃烧与爆炸危险性　可燃，其蒸气与空气混合，能形成爆炸性混合物。燃烧产生有毒的一氧化碳、氮氧化物和氧化硫气体。受高热分解放出有毒的气体。若遇高热，容器内压增大，有开裂和爆炸的危险 。

活性反应　与氧化剂可发生反应。

禁忌物　强氧化剂、强酸、强碱。

毒性　小鼠腹腔内 LD_{50}：75mg/kg。

中毒表现　属中等毒类。据动物实验资料，可引起流涎、呼吸抑制、紫绀、肌肉抽动、痉挛等。

侵入途径　吸入、食入、经皮吸收。

理化特性与用途

理化特性　淡黄色油状液体。不溶于水，溶于乙醇、乙醚。沸点 197℃，相对密度（水 = 1）0.905。

主要用途　用于制药物、杀虫剂等。

包装与储运

安全储运　储存于阴凉、通风的库房。远离火种、热源。保持容器密封。应与强氧化剂、酸碱等隔离储运。搬运时轻装轻卸，防止容器受损。

紧急处置信息

急救措施

吸入：迅速脱离现场至空气新鲜处。保持呼吸道通畅。如呼吸困难，给输氧。呼吸、心跳停止，立即进行心肺复苏术。就医。

眼睛接触：分开眼睑，用流动清水或生理盐水冲洗。如有不适感，就医。

皮肤接触：立即脱去污染的衣着，用大量流动清水冲洗。如有不适感，就医。

食入：饮足量温水，催吐。就医。

灭火方法 消防人员须佩戴防毒面具，穿全身消防服，在上风向灭火。尽可能将容器从火场移至空旷处。喷水保持火场容器冷却，直至灭火结束。处在火场中的容器若已变色或从安全泄压装置中发出声音，必须马上撤离。

灭火剂：雾状水、泡沫、干粉、二氧化碳、砂土。

泄漏应急处置 根据液体流动和蒸气扩散的影响区域划定警戒区，无关人员从侧风、上风向撤离至安全区。消除所有点火源。建议应急处理人员戴正压自给式呼吸器，穿一般作业工作服，戴防毒手套。尽可能切断泄漏源。防止泄漏物进入水体、下水道、地下室或受限空间。小量泄漏：用干燥的砂土或其他不燃材料吸收或覆盖，收集于容器中。大量泄漏：构筑围堤或挖坑收容。用泵转移至槽车或专用收集器内。

295. 硫 酸 锆

标 识

中文名称 硫酸锆

英文名称 zirconium sulfate tetrahydrate

别名 硫酸锆四水合物

分子式 $Zr(SO_4)_2 \cdot 4(H_2O)$

CAS 号 7446－31－3

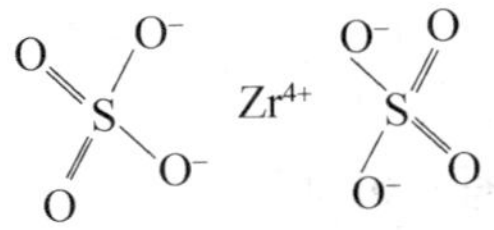

危害信息

燃烧与爆炸危险性 不燃，无特殊燃爆特性。

毒性 大鼠经口 LD_{50}：3500mg/kg。

侵入途径 吸入、食入。

职业接触限值 中国：PC－TWA：5mg/m^3，PC－STEL：10mg/m^3[按锆计]。

美国(ACGIH)：TLV－TWA：5mg/m^3，TLV－STEL：10mg/m^3[按锆计]。

理化特性与用途

理化特性 白色结晶粉末，有吸湿性。溶于水，微溶于乙醇，不溶于烃类。熔点410℃，相对密度(水＝1)3.22。

主要用途 用作蛋白质的沉淀剂，白色革、皱纹革和其他革的鞣剂。也可用作催化剂、减磨剂等。

包装与储运

安全储运 储存于阴凉、干燥、通风的库房。远离火种、热源。应与碱类等隔离储运。包装必须密封，切勿受潮。搬运时轻装轻卸，防止容器受损。

紧急处置信息

急救措施

吸入： 迅速脱离现场至空气新鲜处。保持呼吸道通畅。如呼吸困难，给输氧。呼吸、心跳停止，立即进行心肺复苏术。就医。

眼睛接触： 分开眼睑，用流动清水或生理盐水冲洗。如有不适感，就医。

皮肤接触： 脱去污染的衣着，用大量流动清水冲洗。如有不适感，就医。

食入： 用水漱口，给饮牛奶或蛋清。就医。

灭火方法　消防人员必须戴防毒面具，穿全身防火防毒服，在上风向灭火。灭火时尽可能将容器从火场移至空旷处。本品不燃。根据着火原因选择适当灭火剂灭火。

泄漏应急处置　隔离泄漏污染区，限制出入。建议应急处理人员戴防尘口罩，穿防腐、防毒服，戴防护手套。穿上适当的防护服前严禁接触破裂的容器和泄漏物。尽可能切断泄漏源。用塑料布覆盖泄漏物，减少飞散。勿使水进入包装容器内。用洁净的铲子收集泄漏物，置于干净、干燥、盖子较松的容器中，将容器移离泄漏区。

296. 硫酸化烟碱

标　识

中文名称　硫酸化烟碱

英文名称　nicotine sulfate；（*S*）-3-（1-methyl-2-pyrrolidinyl）pyridine sulfate

别名　硫酸烟碱;1,1-甲基-2-(3-吡啶)吡咯烷硫酸盐

分子式　$(C_{10}H_{14}N_2)_2 \cdot H_2SO_4$

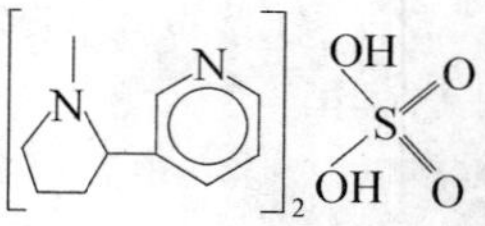

CAS 号　65-30-5

WGH 号　61868

UN 号　1658

危害信息

危险性类别　第6类有毒品。

燃烧与爆炸危险性　不燃，无特殊燃爆特性。遇高热分解释出高毒烟气。

禁忌物　强氧化剂、强碱。

毒性　大鼠经口 LD_{50}：50mg/kg；小鼠经口 LD_{50}：8.6mg/kg；大鼠经皮 LD_{50}：285mg/kg；兔经皮 LD_{50}：50mg/kg。

本品已列入《剧毒化学品目录》。

中毒表现　对眼睛、皮肤和黏膜有刺激作用。进入体内，可引起紫绀。接触后可致头痛、恶心、呕吐、腹泻、眩晕、惊厥等。

侵入途径　吸入、食入、经皮吸收。

环境危害　对水生生物有毒，可能在水生环境中造成长期不利影响。

理化特性与用途

理化特性　白色结晶或固体。溶于水、乙醇、乙醚。相对密度（水=1）1.15（20℃），相对蒸气密度（空气=1）14.5，辛醇/水分配系数0.4，引燃温度244℃。

主要用途 用于医药工业，用作杀虫剂。

包装与储运

包装标志 有毒品。

包装类别 Ⅱ类

安全储运 储存于阴凉、通风良好的专用库房内。应严格执行剧毒化学品管理制度。远离火种、热源。防止阳光直射，储存温度不超过35℃，相对湿度不超过85%。保持容器密封。应与氧化剂、碱类、食用化学品分开存放，切忌混储。配备相应品种和数量的消防器材。储区应备有合适的材料收容泄漏物。

紧急处置信息

急救措施

吸入：迅速脱离现场至空气新鲜处。保持呼吸道通畅。如呼吸困难，给输氧。呼吸、心跳停止，立即进行心肺复苏术。就医。

眼睛接触：分开眼睑，用流动清水或生理盐水冲洗。如有不适感，就医。

皮肤接触：脱去污染的衣着，用大量流动清水冲洗。如有不适感，就医。

食入：口服活性炭，导泻。用1∶5000高锰酸钾溶液或0.5%鞣酸溶液洗胃。就医。

灭火方法 消防人员必须戴自给式呼吸器，穿全身防火防毒服，在上风向灭火。灭火时尽可能将容器从火场移至空旷处。本品不燃。根据着火原因选择适当灭火剂灭火。

泄漏应急处置 隔离泄漏污染区，限制出入。建议应急处理人员戴防尘口罩，穿防毒服，戴防毒手套。穿上适当的防护服前严禁接触破裂的容器和泄漏物。尽可能切断泄漏源。用塑料布覆盖泄漏物，减少飞散。勿使水进入包装容器内。用洁净的铲子收集泄漏物，置于干净、干燥、盖子较松的容器中，将容器移离泄漏区。

297. 硫 酸 肼

标 识

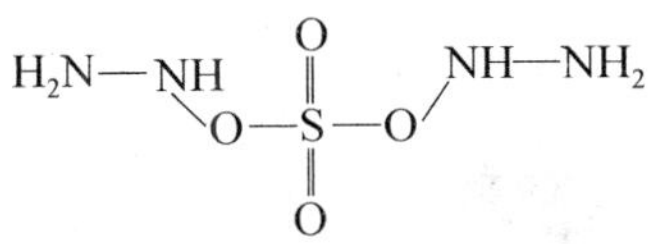

中文名称 硫酸肼

英文名称 hydrazine sulfate; hydrazine monosulfate

别名 硫酸联氨

分子式 $(NH_2)_2 \cdot H_2SO_4$

CAS号 10034－93－2

危害信息

燃烧与爆炸危险性 可燃，其粉体与空气混合，能形成爆炸性混合物。受高热分解放出有毒的气体。

禁忌物 强氧化剂、强碱。

毒性 大鼠经口 LD_{50}：601mg/kg；小鼠经口 LD_{50}：434mg/kg。

中毒表现 对呼吸道有强烈刺激性，吸入引起咳嗽、头晕、恶心和呕吐。高浓度吸入引起震颤和惊厥。对眼和皮肤有刺激性，可致灼伤。长期接触引起肝、肾和皮肤损害。

侵入途径 吸入、食入、经皮吸收。

环境危害　对水生生物有极高毒性，可能在水生环境中造成长期不利影响。

理化特性与用途

理化特性　无色鳞状结晶或斜方晶体或白色结晶粉末。易溶于热水，溶于冷水，不溶于乙醇、乙醚。pH 值 1.3（0.1M 溶液），熔点 254℃，沸点（分解），相对密度（水 =1）1.37。

主要用途　用于制异烟肼、呋喃西林、百生肼、无水肼、杀虫剂、灭菌剂等。

包装与储运

安全储运　储存于阴凉、通风的库房。远离火种、热源。应与碱类等隔离储运。包装必须密封，切勿受潮。搬运时轻装轻卸，防止容器受损。

紧急处置信息

急救措施

吸入：迅速脱离现场至空气新鲜处。保持呼吸道通畅。如呼吸困难，给输氧。呼吸、心跳停止，立即进行心肺复苏术。就医。

眼睛接触：立即分开眼睑，用大量流动清水或生理盐水彻底冲洗 10~15min。就医。

皮肤接触：立即脱去污染的衣着，用大量流动清水彻底冲洗，冲洗时间一般要求 20~30min。就医。

食入：用水漱口，禁止催吐。给饮牛奶或蛋清。就医。

灭火方法　消防人员须佩戴防毒面具，穿全身消防服，在上风向灭火。尽可能将容器从火场移至空旷处。喷水保持火场容器冷却，直至灭火结束。切勿将水流直接射至熔融物，以免引起严重的流淌火灾或引起剧烈的沸溅。

灭火剂：雾状水、泡沫、干粉、二氧化碳、砂土。

泄漏应急处置　隔离泄漏污染区，限制出入。消除所有点火源。建议应急处理人员戴防尘口罩，穿防毒服，戴防毒手套。穿上适当的防护服前严禁接触破裂的容器和泄漏物。尽可能切断泄漏源。用塑料布覆盖泄漏物，减少飞散。勿使水进入包装容器内。用洁净的铲子收集泄漏物，置于干净、干燥、盖子较松的容器中，将容器移离泄漏区。

298. 硫　酸　镁

标　识

中文名称　硫酸镁

英文名称　magnesium sulfate

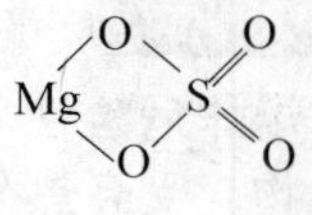

别名　泻盐

分子式　$MgSO_4$

CAS 号　7487-88-9

危害信息

燃烧与爆炸危险性　不燃，无特殊燃爆特性。

中毒表现　本品粉尘对黏膜有刺激作用，长期接触可引起呼吸道炎症。误服有导泻作用，若有肾功能障碍者可致镁中毒，引起胃痛、呕吐、水泻、虚脱、呼吸困难、紫绀等。

侵入途径 吸入、食入。

理化特性与用途

理化特性 白色至灰白色粉末。溶于水、乙醇、甘油，不溶于丙酮。pH 值 7.9(5% 水溶液)，熔点 1124℃(分解)，相对密度(水 =1)2.65。

主要用途 医药上用作泻剂。也用于制革、炸药、肥料、造纸、瓷器、印染等工业。

包装与储运

安全储运 储存于阴凉、通风的库房。远离火种、热源。保持容器密封。应与食用化学品等隔离储运。搬运时轻装轻卸，防止容器受损。

紧急处置信息

急救措施

吸入： 迅速脱离现场至空气新鲜处。保持呼吸道通畅。如呼吸困难，给输氧。呼吸、心跳停止，立即进行心肺复苏术。就医。

眼睛接触： 分开眼睑，用流动清水或生理盐水冲洗。如有不适感，就医。

皮肤接触： 立即脱去污染的衣着，用大量流动清水冲洗。如有不适感，就医。

食入： 饮足量温水，催吐。就医。

灭火方法 消防人员必须戴空气呼吸器，穿全身防火防毒服，在上风向灭火。灭火时尽可能将容器从火场移至空旷处。本品不燃。根据着火原因选择适当灭火剂灭火。

泄漏应急处置 隔离泄漏污染区，限制出入。建议应急处理人员戴防尘口罩，穿防毒服，戴防护手套。穿上适当的防护服前严禁接触破裂的容器和泄漏物。尽可能切断泄漏源。用塑料布覆盖泄漏物，减少飞散。勿使水进入包装容器内。用洁净的铲子收集泄漏物，置于干净、干燥、盖子较松的容器中，将容器移离泄漏区。

299. 硫 酸 锰

标 识

中文名称 硫酸锰

英文名称 manganese sulfate monohydrate

别名 一水合硫酸锰；硫酸亚锰

分子式 $MnSO_4 \cdot H_2O$

CAS 号 10034 -96 -5

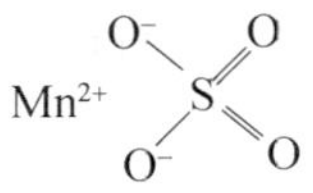

危害信息

燃烧与爆炸危险性 不燃，无特殊燃爆特性。

中毒表现 具刺激作用。长期吸入本品粉尘，可引起慢性锰中毒，早期以神经衰弱综合征和神经功能障碍为主，晚期出现震颤麻痹综合征。

侵入途径 吸入、食入、经皮吸收。

职业接触限值 中国：PC - TWA：0.15mg/m^3［按二氧化锰计］。

美国(ACGIH)：TLV－TWA：0.2mg/m^3[按锰计]。

环境危害　对水生生物有毒，可能在水生环境中造成长期不利影响。

理化特性与用途

理化特性　白色至浅红色细小结晶或粉末，有吸湿性。易溶于水，不溶于乙醇。pH 值 3～3.5(5%水溶液)，熔点 700℃，分解温度 850℃，相对密度(水＝1)2.95。

主要用途　用于制电解锰、锰肥、油漆催干剂等。

包装与储运

安全储运　储存于阴凉、通风的库房。远离火种、热源。保持容器密封。应与酸类等隔离储运。搬运时轻装轻卸，防止容器受损。

紧急处置信息

急救措施

吸入：迅速脱离现场至空气新鲜处。保持呼吸道通畅。如呼吸困难，给输氧。呼吸、心跳停止，立即进行心肺复苏术。就医。

眼睛接触：立即分开眼睑，用大量流动清水或生理盐水彻底冲洗 10～15min。如有不适感，就医。

皮肤接触：脱去污染的衣着，用流动清水冲洗。如有不适感，就医。

食入：用水漱口，给饮牛奶或蛋清。就医。

灭火方法　消防人员必须戴空气呼吸器，穿全身防火防毒服，在上风向灭火。灭火时尽可能将容器从火场移至空旷处。本品不燃。根据着火原因选择适当灭火剂灭火。

泄漏应急处置　隔离泄漏污染区，限制出入。建议应急处理人员戴防尘口罩，穿防毒服，戴防护手套。穿上适当的防护服前严禁接触破裂的容器和泄漏物。尽可能切断泄漏源。用塑料布覆盖泄漏物，减少飞散。勿使水进入包装容器内。用洁净的铲子收集泄漏物，置于干净、干燥、盖子较松的容器中，将容器移离泄漏区。

300. 硫　酸　镍

标　识

中文名称　硫酸镍

英文名称　nickel sulfate；nickel sulphate；nickelous sulfate

别名　镍矾

分子式　$NiSO_4$

CAS 号　7786－81－4

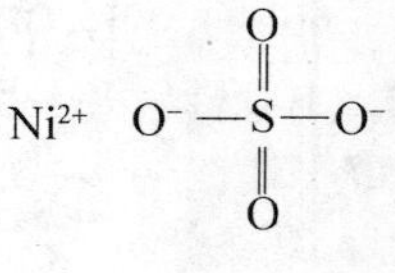

危害信息

危险性类别　第 6 类有毒品。

燃烧与爆炸危险性　不燃，无特殊燃爆特性。

禁忌物　强氧化剂。

毒性　大鼠经口 LD_{50}：264mg/kg。

IARC 致癌性评论：G1，确认人类致癌物。

欧盟法规 1272/2008/EC 将本品列为第 2 类致癌物——可疑的人类致癌物。

中毒表现 吸入后对呼吸道有刺激性。可引起哮喘和肺嗜酸细胞增多症，可致支气管炎。对眼有刺激性。皮肤接触可引起皮炎和湿疹，常伴有剧烈瘙痒，称之为“镍痒症”。大量口服引起恶心、呕吐和眩晕。

侵入途径 吸入、食入。

职业接触限值 中国：PC－TWA：0.5mg/m^3[按镍计]。

美国(ACGIH)：TLV－TWA：0.2mg/m^3[按镍计，可吸入性]。

环境危害 对水生生物有极高毒性，可能在水生环境中造成长期不利影响；有害空气污染物。

理化特性与用途

理化特性 黄绿色正交晶系结晶。易溶于水，不溶于乙醇、乙醚、丙酮。熔点 840℃(分解)，密度 3.68g/cm^3。

主要用途 主要用于电镀工业及制镍镉电池和其他镍盐，也用于有机合成和用作加氢催化剂等。

包装与储运

包装标志 有毒品。

包装类别 Ⅲ类

安全储运 储存于阴凉、通风的库房。远离火种、热源。储存温度不超过 35℃，相对湿度不超过 85%。保持容器密封。应与氧化剂分开存放，切忌混储。储区应备有合适的材料收容泄漏物。

紧急处置信息

急救措施

吸入：迅速脱离现场至空气新鲜处。保持呼吸道通畅。如呼吸困难，给输氧。呼吸、心跳停止，立即进行心肺复苏术。就医。

眼睛接触：分开眼睑，用流动清水或生理盐水冲洗。如有不适感，就医。

皮肤接触：脱去污染的衣着，用肥皂水和清水彻底冲洗皮肤。如有不适感，就医。

食入：饮足量温水，催吐、洗胃、导泻。就医。

灭火方法 消防人员必须戴自给式呼吸器，穿全身防火防毒服，在上风向灭火。灭火时尽可能将容器从火场移至空旷处。本品不燃。根据着火原因选择适当灭火剂灭火。

泄漏应急处置 隔离泄漏污染区，限制出入。建议应急处理人员戴防尘口罩，穿防毒服，戴防毒手套。穿上适当的防护服前严禁接触破裂的容器和泄漏物。尽可能切断泄漏源。用塑料布覆盖泄漏物，减少飞散。勿使水进入包装容器内。用洁净的铲子收集泄漏物，置于干净、干燥、盖子较松的容器中，将容器移离泄漏区。

301. 硫 酸 亚 铁

标 识

中文名称 硫酸亚铁

英文名称 ferrous sulfate heptahydrate

别名 绿矾；七水合硫酸亚铁

分子式 $FeSO_4 \cdot 7H_2O$

CAS 号 7782-63-0

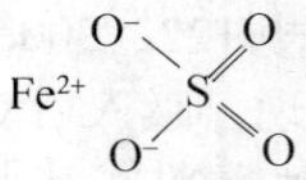

危害信息

燃烧与爆炸危险性 不燃，无特殊燃爆特性。

禁忌物 强氧化剂、强碱。

毒性 小鼠经口 LD_{50}：1520mg/kg。

中毒表现 对呼吸道有刺激性，吸入引起咳嗽和气短。对眼睛、皮肤和黏膜有刺激性。误服引起虚弱、腹痛、恶心、便血、肺及肝受损、休克、昏迷等，严重者可致死。

侵入途径 吸入、食入、经皮吸收。

职业接触限值 美国(ACGIH)：TLV-TWA：1mg/m^3[按铁计]。

理化特性与用途

理化特性 浅蓝或浅蓝绿色单斜晶体。溶于水、甘油，不溶于乙醇。pH 值 3~4(50g/L 水溶液，20℃)，熔点 64~65℃，沸点 300℃，相对密度(水=1)1.89。

主要用途 用作净水剂、煤气净化剂、媒染剂、除草剂，并用于制墨水、颜料等。医学上用作补血剂 。

包装与储运

安全储运 储存于阴凉、通风的库房。远离火种、热源。应与氧化剂、碱类等隔离储运。包装必须密封，切勿受潮。搬运时轻装轻卸，防止容器受损。

紧急处置信息

急救措施

吸入： 迅速脱离现场至空气新鲜处。保持呼吸道通畅。如呼吸困难，给输氧。呼吸、心跳停止，立即进行心肺复苏术。就医。

眼睛接触： 分开眼睑，用流动清水或生理盐水冲洗。如有不适感，就医。

皮肤接触： 脱去污染的衣着，用大量流动清水冲洗。如有不适感，就医。

食入： 用水漱口，给饮牛奶或蛋清。就医。

灭火方法 消防人员必须戴防毒面具，穿全身防火防毒服，在上风向灭火。灭火时尽可能将容器从火场移至空旷处。本品不燃。根据着火原因选择适当灭火剂灭火。

泄漏应急处置 隔离泄漏污染区，限制出入。建议应急处理人员戴防尘口罩，穿防毒服，戴防护手套。穿上适当的防护服前严禁接触破裂的容器和泄漏物。尽可能切断泄漏源。用塑料布覆盖泄漏物，减少飞散。勿使水进入包装容器内。用洁净的铲子收集泄漏物，置于干净、干燥、盖子较松的容器中，将容器移离泄漏区。

302. 六氟-2,3-二氯-2-丁烯

标　识

中文名称 六氟-2,3-二氯-2-丁烯

英文名称 2,3-dichlorohexafluorobut-2-ene;hexafluoro-2,3-dichloro-2-butylene

别名 2,3-二氯六氟-2-丁烯

分子式 $C_4Cl_2F_6$

CAS 号 303-04-8

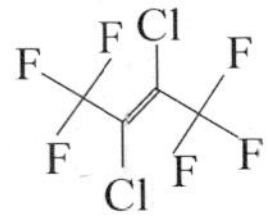

危害信息

危险性类别 第6类有毒品。

燃烧与爆炸危险性 可燃，其蒸气与空气混合，能形成爆炸性混合物。受高热分解，放出有毒的氟化物和氯化物气体。

禁忌物 强氧化剂。

毒性 大鼠吸入 LC_{50}：949mg/m^3(1h)。

中毒表现 本品对肺部有强烈刺激性，引起肺部组织广泛迟发性坏死，间质纤维化；对肝、肾及神经系统亦有毒作用。急性中毒患者在吸入本品后出现明显的窒息性呼吸功能障碍，伴消化系统功能紊乱及腰骶部神经根疼痛。治愈者可残留肺部纤维化病变。

未见慢性中毒的报道。

侵入途径 吸入、食入。

理化特性与用途

理化特性 无色液体。不溶于水。熔点-67.2℃，沸点66~68℃，相对密度(水=1)1.605，相对蒸气密度(空气=1)8.0，饱和蒸气压30.4kPa(20℃)，辛醇/水分配系数3.91。

主要用途 用于中间体。

包装与储运

包装标志 有毒品。

包装类别 Ⅱ类

安全储运 储存于阴凉、通风的库房。远离火种、热源。储存温度不超过32℃，相对湿度不超过80%。保持容器密封。应与氧化剂、食用化学品分开存放，切忌混储。储区应备有泄漏应急处理设备和合适的收容材料。

紧急处置信息

急救措施

吸入：迅速脱离现场至空气新鲜处。保持呼吸道通畅。如呼吸困难，给输氧。呼吸、心跳停止，立即进行心肺复苏术。就医。

眼睛接触：分开眼睑，用流动清水或生理盐水冲洗。如有不适感，就医。

皮肤接触：脱去污染的衣着，用流动清水冲洗。如有不适感，就医。

食入：口服活性炭，洗胃。就医。

灭火方法 消防人员必须佩戴空气呼吸器，穿全身防火防毒服，在上风向灭火。尽可能将容器从火场移至空旷处。喷水保持火场容器冷却，直至灭火结束。处在火场中的容器若已变色或从安全泄压装置中发出声音，必须马上撤离。

灭火剂：泡沫、二氧化碳、干粉、砂土。

泄漏应急处置 根据液体流动和蒸气扩散的影响区域划定警戒区，无关人员从侧风、上风向撤离至安全区。建议应急处理人员戴正压自给式呼吸器，穿防腐、防毒服，戴橡胶手套。穿上适当的防护服前严禁接触破裂的容器和泄漏物。尽可能切断泄漏源。防止泄漏物进入水体、下水道、地下室或受限空间。小量泄漏：用干燥的砂土或其他不燃材料吸收

或覆盖，收集于容器中。大量泄漏：构筑围堤或挖坑收容。用耐腐蚀泵转移至槽车或专用收集器内。

303. 六氟硅酸镁

标　识

中文名称　六氟硅酸镁

英文名称　magnesium silicofluoride；magnesium hexafluorosilicate

别名　氟硅酸镁

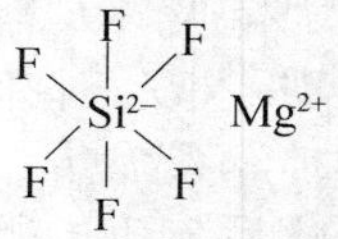

分子式　$MgSiF_6 \cdot 6H_2O$

CAS 号　16949 - 65 - 8

WGH 号　61514

UN 号　2853

危害信息

危险性类别　第 6 类有毒品

燃烧与爆炸危险性　不燃，无特殊燃爆特性。受高热分解放出有毒的气体。

禁忌物　强酸。

中毒表现　口服有中等毒性。遇热分解释放出有毒烟雾。

侵入途径　吸入、食入。

职业接触限值　中国：PC - TWA：$2mg/m^3$[按氟计]。

理化特性与用途

理化特性　无色或白色针状结晶，无臭，易风化。溶于水、稀酸，不溶于乙醇。分解温度 100℃，相对密度(水 =1)1.788。

主要用途　用作混凝土增强剂、混凝土缓硬剂、橡胶胶乳凝固剂、防腐剂和纺织品防蛀剂。

包装与储运

包装标志　有毒品

包装类别　Ⅲ类

安全储运　储存于阴凉、通风的库房。远离火种、热源。防止阳光直射。储存温度不超过 35℃，相对湿度不超过 85%。保持容器密封。应与酸类、食用化学品分开存放，切忌混储。储区应备有合适的材料收容泄漏物。

紧急处置信息

急救措施

吸入：迅速脱离现场至空气新鲜处。保持呼吸道通畅。如呼吸困难，给输氧。呼吸、心跳停止，立即进行心肺复苏术。就医。

眼睛接触：分开眼睑，用流动清水或生理盐水冲洗。如有不适感，就医。

皮肤接触：脱去污染的衣着，用大量流动清水冲洗。如有不适感，就医。

食入： 饮足量温水，催吐。就医。

灭火方法 消防人员必须佩戴空气呼吸器，穿全身防火防毒服，在上风向灭火。尽可能将容器从火场移至空旷处。喷水保持火场容器冷却，直至灭火结束。本品不燃。根据着火原因选择适当灭火剂灭火。

泄漏应急处置 隔离泄漏污染区，限制出入。建议应急处理人员戴防尘口罩，穿防毒服，戴防毒手套。穿上适当的防护服前严禁接触破裂的容器和泄漏物。尽可能切断泄漏源。用塑料布覆盖泄漏物，减少飞散。勿使水进入包装容器内。用洁净的铲子收集泄漏物，置于干净、干燥、盖子较松的容器中，将容器移离泄漏区。

304. 六氟化苯

标识

中文名称 六氟化苯

英文名称 hexafluorobenzene；perfluorobenzene

别名 全氟苯

分子式 C_6F_6

CAS 号 392－56－3

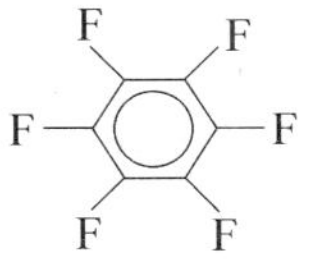

危害信息

危险性类别 第3类易燃液体。

燃烧与爆炸危险性 易燃，其蒸气与空气混合，能形成爆炸性混合物。受热分解放出有毒的氟化物气体。若遇高热，容器内压增大，有开裂和爆炸的危险。

禁忌物 强氧化剂。

毒性 大鼠吸入 LC_{50}：265000mg/m^3(30min)；小鼠吸入 LC_{50}：95000mg/m^3(2h)。

中毒表现 接触本品人员血液的凝血能力下降。本品对皮肤有刺激作用，其蒸气或雾对眼睛、黏膜和上呼吸道有刺激作用。动物实验吸入高浓度本品导致深度麻醉，心血管系统无大变化，呼吸受到抑制。动物反复多次吸入低浓度本品导致白细胞及血小板减少。

侵入途径 吸入、食入。

环境危害 对水生生物有害，可能在水生环境中造成长期不利影响。

理化特性与用途

理化特性 无色透明液体，有苯的气味。不溶于水。熔点3～5.3℃，沸点81～82℃(97.6kPa)，相对密度(水=1)1.612，饱和蒸气压11.24kPa(25℃)，临界温度244℃，临界压力3.27MPa，辛醇/水分配系数2.55，闪点10℃。

主要用途 用作溶剂、麻醉剂、中间体等。

包装与储运

包装标志 易燃液体。

包装类别 Ⅱ类

安全储运 储存于阴凉、通风的库房。远离火种、热源。库温不宜超过30℃。保持容器密封。应与氧化剂、食用化学品分开存放，切忌混储。采用防爆型照明、通风设施。禁止使用易产生火花的机械设备和工具。储区应备有泄漏应急处理设备和合适的收容材料。

紧急处置信息

急救措施

吸入： 迅速脱离现场至空气新鲜处。保持呼吸道通畅。如呼吸困难，给输氧。呼吸、心跳停止，立即进行心肺复苏术。就医。

眼睛接触： 分开眼睑，用流动清水或生理盐水冲洗。如有不适感，就医。

皮肤接触： 立即脱去污染的衣着，用肥皂水和清水彻底冲洗皮肤。如有不适感，就医。

食入： 饮足量温水，催吐。就医。

灭火方法 消防人员必须佩戴空气呼吸器，穿全身防火防毒服，在上风向灭火。尽可能将容器从火场移至空旷处。喷水保持火场容器冷却，直至灭火结束。处在火场中的容器若已变色或从安全泄压装置中发出声音，必须马上撤离。

灭火剂：雾状水、泡沫、干粉、二氧化碳、砂土。

泄漏应急处置 根据液体流动和蒸气扩散的影响区域划定警戒区，无关人员从侧风、上风向撤离至安全区。消除所有点火源。建议应急处理人员戴正压自给式呼吸器，穿防静电服，戴防护手套。作业时使用的所有设备应接地。禁止接触或跨越泄漏物。尽可能切断泄漏源。防止泄漏物进入水体、下水道、地下室或受限空间。小量泄漏：用砂土或其他不燃材料吸收。使用洁净的无火花工具收集吸收材料。大量泄漏：构筑围堤或挖坑收容。用泡沫覆盖，减少蒸发。喷水雾能减少蒸发，但不能降低泄漏物在受限空间内的易燃性。用防爆泵转移至槽车或专用收集器内。

305. 六 甲 基 苯

标 识

中文名称 六甲基苯

英文名称 hexamethylbenzene；1,2,3,4,5,6 – hexamethylbenzene ；mellitene

别名 六甲苯

分子式 $C_{12}H_{18}$

CAS 号 87 – 85 – 4

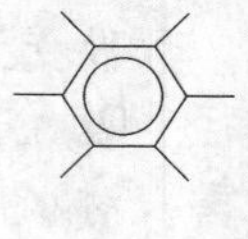

危害信息

燃烧与爆炸危险性 可燃，其粉体与空气混合，能形成爆炸性混合物。燃烧产生有毒的一氧化碳气体。

禁忌物 强氧化剂。

侵入途径 吸入、食入。

环境危害 对水生生物有极高毒性，可能在水生环境中造成长期不利影响。

理化特性与用途

理化特性 无色片状结晶或白色固体。不溶于水，易溶于乙醇和苯，溶于乙醚、丙酮和乙酸。熔点 165 ~ 168℃，沸点 264℃，相对密度(水 = 1) 1.0630(25/4℃)，饱和蒸气压 2.11Pa(25℃)，辛醇/水分配系数 5.11。

主要用途 用于石油重整和化学合成。

包装与储运

安全储运 储存于阴凉、通风的库房。远离火种、热源。保持容器密封。应与强氧化剂等隔离储运。搬运时轻装轻卸，防止容器受损。

紧急处置信息

急救措施

吸入：脱离现场至空气新鲜处。如有不适感，就医。

眼睛接触：分开眼睑，用流动清水或生理盐水冲洗。如有不适感，就医。

皮肤接触：立即脱去污染的衣着，用肥皂水和清水彻底冲洗皮肤。如有不适感，就医。

食入：饮足量温水，催吐。就医。

灭火方法 消防人员须佩戴防毒面具，穿全身消防服，在上风向灭火。尽可能将容器从火场移至空旷处。喷水保持火场容器冷却，直至灭火结束。

灭火剂：雾状水、泡沫、干粉、二氧化碳、砂土。

泄漏应急处置 隔离泄漏污染区，限制出入。消除所有点火源。建议应急处理人员戴防尘口罩，穿一般作业工作服，戴防护手套。尽可能切断泄漏源。用塑料布覆盖泄漏物，减少飞散。勿使水进入包装容器内。用洁净的铲子收集泄漏物，置于干净、干燥、盖子较松的容器中，将容器移离泄漏区。

306. 六 氯 苯

标 识

中文名称 六氯苯

英文名称 hexachlorobenzene；1，2，3，4，5，6 – hexachlorobenzene

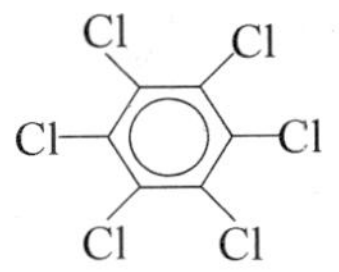

别名 全氯代苯；灭黑穗药

分子式 C_6Cl_6

CAS 号 118 – 74 – 1

WGH 号 61876

UN 号 2729

危害信息

危险性类别 第 6 类有毒品。

燃烧与爆炸危险性 可燃，其粉体与空气混合，能形成爆炸性混合物。燃烧产生有毒的一氧化碳和氯化氢气体。受高热分解产生有毒的腐蚀性烟气。

禁忌物 强氧化剂。

毒性 大鼠经口 LD_{50}：3500mg/kg；小鼠经口 LD_{50}：4000mg/kg。

IARC 致癌性评论：G2B，对人类是可疑致癌物。

欧盟法规 1272/2008/EC 将本品列为第 1B 类致癌物——可能对人类有致癌能力。

中毒表现 接触后引起眼刺激、烧灼感、口鼻发干、疲乏、头痛、恶心等。中毒时可影响肝脏、中枢神经系统和心血管系统。可致皮肤溃疡。

侵入途径 吸入、食入。

职业接触限值 美国(ACGIH)：TLV - TWA：0.002mg/m^3[皮]。

环境危害 对水生生物有极高毒性，可能在水生环境中造成长期不利影响；有害空气污染物。

理化特性与用途

理化特性 纯品为白色针状或小片状结晶，工业品为淡黄色或淡棕色晶体。不溶于水，溶于苯、乙醚、氯仿、二硫化碳等。熔点231℃，沸点323～326℃，相对密度(水=1)2.044(23℃)，相对蒸气密度(空气=1)9.8，饱和蒸气压0.001Pa(20℃)，燃烧热-2372kJ/mol，临界温度552℃，临界压力2.85MPa，辛醇/水分配系数5.5～6.2，闪点242℃(闭杯)。

主要用途 用于防治麦类黑穗病，种子和土壤消毒。

包装与储运

包装标志 有毒品。

包装类别 Ⅲ类

安全储运 储存于阴凉、通风的库房。远离火种、热源。库温不超过35℃。相对湿度不超过85%。保持容器密封。应与氧化剂、食用化学品分开存放，切忌混储。配备相应品种和数量的消防器材。储区应备有合适的材料收容泄漏物。

紧急处置信息

急救措施

吸入：迅速脱离现场至空气新鲜处。保持呼吸道通畅。如呼吸困难，给输氧。呼吸、心跳停止，立即进行心肺复苏术。就医。

眼睛接触：分开眼睑，用流动清水或生理盐水冲洗。如有不适感，就医。

皮肤接触：立即脱去污染的衣着，用肥皂水和清水彻底冲洗皮肤。如有不适感，就医。

食入：饮足量温水，催吐、洗胃、导泻。就医。

灭火方法 消防人员须佩戴防毒面具，穿全身消防服，在上风向灭火。尽可能将容器从火场移至空旷处。喷水保持火场容器冷却，直至灭火结束。

灭火剂：雾状水、泡沫、干粉、二氧化碳、砂土。

泄漏应急处置 隔离泄漏污染区，限制出入。建议应急处理人员戴防尘口罩，穿防毒服，戴氯丁橡胶手套。穿上适当的防护服前严禁接触破裂的容器和泄漏物。尽可能切断泄漏源。用塑料布覆盖泄漏物，减少飞散。勿使水进入包装容器内。用洁净的铲子收集泄漏物，置于干净、干燥、盖子较松的容器中，将容器移离泄漏区。

307. 六硝基二苯硫[干的或含水 <10%]

标　识

中文名称 六硝基二苯硫[干的或含水<10%]

英文名称 hexanitrodiphenyl sulfide(dry or with less than 10% water)

别名 二苦基硫；六硝基二苯硫醚

分子式 $C_{12}H_4N_6O_{12}S$

CAS 号 28930－30－5

WGH 号 11075

UN 号 0401

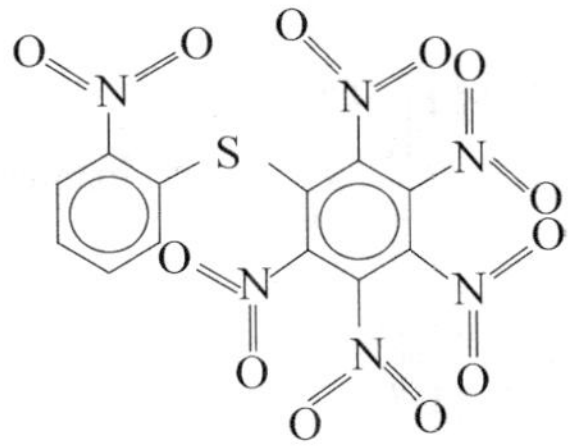

危害信息

危险性类别 第 1 类爆炸品；按《危险货物品名表》主危险性为 1.1D 类爆炸品。

燃烧与爆炸危险性 受撞击、摩擦，遇明火或其他点火源极易爆炸。受高热分解放出有毒的气体。

禁忌物 强氧化剂。

毒性 大鼠经口 LD_{50}：1200mg/kg；小鼠经口 LD_{50}：470mg/kg。

侵入途径 吸入、食入。

环境危害 对水生生物有害。

理化特性与用途

理化特性 金黄色片状晶体。不溶于水。熔点 230～231℃，辛醇/水分配系数 3.94，爆燃点 290℃。

主要用途 用作炸药及生产六硝基二苯砜的原料。

包装与储运

包装标志 爆炸品。

安全储运 储存时用水作稳定剂。储存于阴凉、干燥、通风的爆炸品专用库房。远离火种、热源。防止阳光直射。储存温度不宜超过 32℃，相对湿度不超过 80%。若以水作稳定剂，储存温度应大于 1℃，相对湿度小于 80%。保持容器密封。应与其他爆炸品、氧化剂、还原剂、酸碱、胺、磷等隔离储运。采用防爆型照明、通风设施。禁止使用易产生火花的机械设备和工具。搬运时轻装轻卸，防止容器受损。禁止震动、撞击和摩擦。

紧急处置信息

急救措施

吸入： 迅速脱离现场至空气新鲜处。保持呼吸道通畅。如呼吸困难，给输氧。呼吸、心跳停止，立即进行心肺复苏术。就医。

眼睛接触： 分开眼睑，用流动清水或生理盐水冲洗。如有不适感，就医。

皮肤接触： 脱去污染的衣着，用大量流动清水冲洗。如有不适感，就医。

食入： 饮足量温水，催吐。就医。

灭火方法 消防人员须在有防爆掩蔽处操作。遇大火切勿轻易接近。禁止用砂土压盖。用大量水灭火 。

泄漏应急处置 消除所有点火源。隔离泄漏污染区，限制出入。建议应急处理人员戴防尘口罩，穿一般作业工作服，戴防护手套。作业时使用的所有设备应接地。禁止接触或跨越泄漏物。润湿泄漏物。严禁设法扫除干的泄漏物。在专家指导下清除。

308. 六硝基二苯硫［含水≥10%］

标　识

中文名称　六硝基二苯硫［含水≥10%］

英文名称　hexanitrodiphenyl sulfide(with not less than 10% water); bis(trinitrophenyl) sulfide

别名　二苦基硫；六硝基二苯硫醚

分子式　$C_{12}H_4N_6O_{12}S$

CAS 号　28930－30－5

WGH 号　41020

UN 号　2852

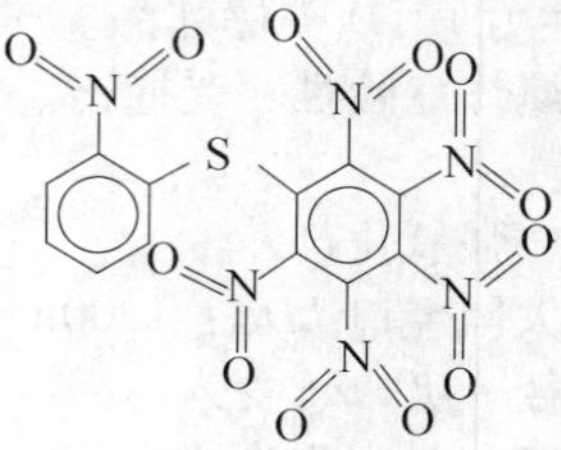

危害信息

危险性类别　第 4.1 类易燃固体。

燃烧与爆炸危险性　易燃。受撞击、摩擦，遇明火或其他点火源极易爆炸。受高热分解放出有毒的气体。

禁忌物　强氧化剂。

毒性　大鼠经口 LD_{50}：1200mg/kg；小鼠经口 LD_{50}：470mg/kg。

侵入途径　吸入、食入。

环境危害　对水生生物有害。

理化特性与用途

理化特性　金黄色片状晶体。不溶于水。熔点 230～231℃，辛醇/水分配系数 3.94，爆燃点 290℃。

主要用途　用作炸药及生产六硝基二苯砜的原料。

包装与储运

包装标志　易燃固体。

包装类别　Ⅰ类

安全储运　储存时用水作钝化稳定剂，不能少于规定要求。储存于阴凉、通风的库房。库温不宜超过 35℃。远离火种、热源。防止阳光直射。保持容器密封。应与氧化剂分开存放，切忌混储。配备相应品种和数量的消防器材。储区应备有合适的材料收容泄漏物。

紧急处置信息

急救措施

吸入： 迅速脱离现场至空气新鲜处。保持呼吸道通畅。如呼吸困难，给输氧。呼吸、心跳停止，立即进行心肺复苏术。就医。

眼睛接触： 分开眼睑，用流动清水或生理盐水冲洗。如有不适感，就医。

皮肤接触： 脱去污染的衣着，用大量流动清水冲洗。如有不适感，就医。

食入： 饮足量温水，催吐。就医。

灭火方法　消防人员须在有防爆掩蔽处操作。遇大火切勿轻易接近。禁止用砂土压盖灭火剂：雾状水、泡沫、干粉、二氧化碳、砂土。

泄漏应急处置 消除所有点火源。隔离泄漏污染区，限制出入。建议应急处理人员戴防尘口罩，穿防毒服，戴防护手套。作业时使用的所有设备应接地。禁止接触或跨越泄漏物。小量泄漏：用大量水冲洗，洗水稀释后放入废水系统。大量泄漏：用水润湿，并筑堤收容。通过慢慢加入大量水保持泄漏物湿润。

309. 六溴联苯

标识

中文名称 六溴联苯

英文名称 hexabromobiphenyl；hexabromo－1，1′－biphenyl

别名 六溴－1，1′－联苯

分子式 $C_{12}H_4Br_6$

CAS 号 36355－01－8

UN 号 3152

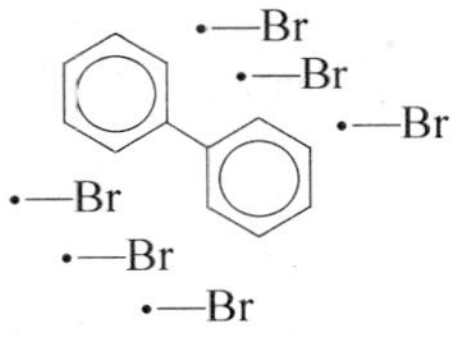

危害信息

燃烧与爆炸危险性 可燃，其粉体与空气混合，能形成爆炸性混合物。受高热分解放出有毒的气体。

禁忌物 强氧化剂。

毒性 大鼠经口 LD_{50}：21500mg/kg；小鼠经口 LD_{50}：＞15000mg/kg。

侵入途径 吸入、食入。

环境危害 可能在环境中造成长期不利影响。

理化特性与用途

理化特性 白色固体或褐色粉末。不溶于水，溶于丙酮、苯。熔点 72℃，相对密度（水＝1）2.75，饱和蒸气压 10.1MPa（90℃），辛醇/水分配系数 6.39。

主要用途 用作塑料和合成纤维的阻燃剂。

包装与储运

包装标志 杂类

包装类别 Ⅱ类

安全储运 储存于阴凉、通风的库房。远离火种、热源。保持容器密封。应与强氧化剂等隔离储运。搬运时轻装轻卸，防止容器受损。

紧急处置信息

急救措施

吸入： 迅速脱离现场至空气新鲜处。保持呼吸道通畅。如呼吸困难，给输氧。呼吸、心跳停止，立即进行心肺复苏术。就医。

眼睛接触： 分开眼睑，用流动清水或生理盐水冲洗。如有不适感，就医。

皮肤接触： 脱去污染的衣着，用大量流动清水冲洗。如有不适感，就医。

食入： 饮足量温水，催吐。就医。

灭火方法 消防人员必须佩戴空气呼吸器，穿全身防火防毒服，在上风向灭火。尽可能将容器从火场移至空旷处。喷水保持火场容器冷却，直至灭火结束。

灭火剂：雾状水、泡沫、干粉、二氧化碳、砂土。

泄漏应急处置 隔离泄漏污染区，限制出入。建议应急处理人员戴防尘口罩，穿一般作业工作服，戴防护手套。尽可能切断泄漏源。用塑料布覆盖泄漏物，减少飞散。勿使水进入包装容器内。用洁净的铲子收集泄漏物，置于干净、干燥、盖子较松的容器中，将容器移离泄漏区。

310. 六亚甲基亚胺

标 识

中文名称 六亚甲基亚胺

英文名称 hexamethyleneimine; hexahydro－1H－azepine

别名 环己亚胺；高哌啶

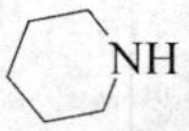

分子式 $C_6H_{13}N$

CAS 号 111－49－9

WGH 号 32182；31282[铁规]

UN 号 2493

危害信息

危险性类别 第 3 类易燃液体。

燃烧与爆炸危险性 易燃，其蒸气与空气混合，能形成爆炸性混合物。燃烧产生有毒的一氧化碳和氮氧化物气体。

禁忌物 强氧化剂、强酸。

毒性 大鼠经口 LD_{50}：20.7mg/kg；小鼠吸入 LC_{50}：10800mg/m^3(2h)。

本品已列入《剧毒化学品目录》。

中毒表现 本品对皮肤、黏膜和眼睛有强烈刺激性。可致皮肤灼伤。吸入高浓度蒸气对中枢神经系统有抑制作用。

侵入途径 吸入、食入、经皮吸收。

理化特性与用途

理化特性 无色至微黄色透明液体，有氨味。溶于水，易溶于乙醇、乙醚。熔点－37℃，沸点 138℃，相对密度(水＝1)0.88，饱和蒸气压 1.08kPa(25℃)，辛醇/水分配系数 1.68，闪点 18℃、37.2℃(开杯)，引燃温度 255℃，爆炸下限 1.6%，爆炸上限 2.3%。

主要用途 用作生产农药、医药品和橡胶制品的原料。

包装与储运

包装标志 易燃液体，腐蚀品。

包装类别 Ⅱ类

安全储运 储存于阴凉、通风良好的专用库房内。严格执行剧毒化学品管理制度。远离火种、热源。储存温度不超过30℃，相对湿度不超过80%。保持容器密封。应与氧化剂、酸类分开存放，切忌混储。采用防爆型照明、通风设施。禁止使用易产生火花的机械设备和工具。储区应备有泄漏应急处理设备和合适的收容材料。

紧急处置信息

急救措施

吸入：迅速脱离现场至空气新鲜处。保持呼吸道通畅。如呼吸困难，给输氧。呼吸、心跳停止，立即进行心肺复苏术。就医。

眼睛接触：立即分开眼睑，用大量流动清水或生理盐水彻底冲洗10~15min。就医。

皮肤接触：立即脱去污染的衣着，用大量流动清水彻底冲洗，冲洗时间一般要求20~30min。就医。

食入：用水漱口，禁止催吐。给饮牛奶或蛋清。就医。

灭火方法 消防人员必须佩戴空气呼吸器，穿全身防火防毒服，在上风向灭火。喷水冷却容器，可能的话将容器从火场移至空旷处。处在火场中的容器若已变色或从安全泄压装置中发出声音，必须马上撤离。

灭火剂：抗溶性泡沫、二氧化碳、干粉、砂土。

泄漏应急处置 消除所有点火源。根据液体流动和蒸气扩散的影响区域划定警戒区，无关人员从侧风、上风向撤离至安全区。建议应急处理人员戴正压自给式呼吸器，穿防静电、防腐蚀、防毒服，戴橡胶耐油手套。作业时使用的所有设备应接地。禁止接触或跨越泄漏物。尽可能切断泄漏源。防止泄漏物进入水体、下水道、地下室或受限空间。小量泄漏：用砂土或其他不燃材料吸收。使用洁净的无火花工具收集吸收材料。大量泄漏：构筑围堤或挖坑收容。用抗溶性泡沫覆盖，减少蒸发。喷水雾能减少蒸发，但不能降低泄漏物在受限空间内的易燃性。用防爆、耐腐蚀泵转移至槽车或专用收集器内。

311. 绿 谷 隆

标 识

中文名称 绿谷隆

英文名称 monolinuron；3 -（*p* - chlorophenyl）- 1 - methoxy - 1 - methylurea

别名 3 -（对氯苯基）- 1 - 甲氧基 - 1 - 甲基脲

分子式 $C_9H_{11}ClN_2O_2$

CAS号 1746 - 81 - 2

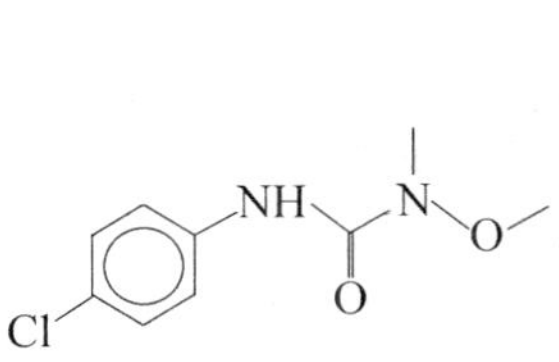

危害信息

燃烧与爆炸危险性 可燃，其粉体与空气混合，能形成爆炸性混合物。燃烧产生有毒的一氧化碳和氯化氢气体。受高热分解放出有毒的气体。

禁忌物 强氧化剂、强碱、强酸。

毒性 大鼠经口 LD_{50}：1800mg/kg。

中毒表现 口服引起高铁血红蛋白血症、溶血性贫血。

侵入途径 吸入、食入。

环境危害　对水生生物有极高毒性，可能在水生环境中造成长期不利影响。

理化特性与用途

理化特性　无色结晶。不溶于水，溶于乙醇、丙酮、苯、甲苯、二甲苯、二噁烷，易溶于乙醚、氯仿。熔点 80 ~ 83℃，相对密度（水 = 1）1.3（20℃），饱和蒸气压 0.02Pa（22℃），辛醇/水分配系数 2.3。

主要用途　除草剂，用于菜豆、玉米、葡萄、观赏植物等防除杂草。

包装与储运

安全储运　储存于阴凉、通风的库房。远离火种、热源。保持容器密封。应与氧化剂、酸碱等隔离储运。搬运时轻装轻卸，防止容器受损。

紧急处置信息

急救措施

吸入：立即脱离接触。如呼吸困难，给吸氧。如呼吸心跳停止，立即行心肺复苏术。就医。

眼睛接触：分开眼睑，用清水或生理盐水冲洗。如有不适感，就医。

皮肤接触：立即脱去污染衣着，用肥皂水或清水彻底冲洗。就医。

食入：催吐。就医。

高铁血红蛋白血症可用美蓝和维生素 C 治疗。

灭火方法　消防人员必须佩戴空气呼吸器，穿全身防火防毒服，在上风向灭火。尽可能将容器从火场移至空旷处。喷水保持火场容器冷却，直至灭火结束。

灭火剂：雾状水、泡沫、干粉、二氧化碳、砂土。

泄漏应急处置　隔离泄漏污染区，限制出入。消除所有点火源。建议应急处理人员戴防尘口罩，穿防毒服，戴防护手套。穿上适当的防护服前严禁接触破裂的容器和泄漏物。尽可能切断泄漏源。用塑料布覆盖泄漏物，减少飞散。勿使水进入包装容器内。用洁净的铲子收集泄漏物，置于干净、干燥、盖子较松的容器中，将容器移离泄漏区。

312. 绿　麦　隆

标　识

中文名称　绿麦隆

英文名称　chlorotoluron; 3 –（3 – chloro – 4 – methylphenyl）– 1,1 – dimethyl – urea

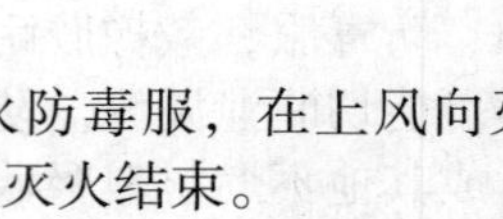

别名　3 –（3 – 氯对甲苯基）– 1,1 – 二甲脲

分子式　$C_{10}H_{13}ClN_2O$

CAS 号　15545 – 48 – 9

危害信息

燃烧与爆炸危险性　可燃，其粉体与空气混合，能形成爆炸性混合物。遇高热分解释出高毒烟气。

禁忌物　强氧化剂、强酸、强碱。

毒性 大鼠经皮 LD_{50}：5800mg/kg；大鼠吸入 LC_{50}：1300mg/m^3；大鼠经皮 LD_{50}：>2000mg/kg。

侵入途径 吸入、食入、经皮吸收。

环境危害 对水生生物有极高毒性，可能在水生环境中造成长期不利影响。

理化特性与用途

理化特性 无色结晶或白色粉末。不溶于水，溶于多数有机溶剂。熔点 148.1℃，相对密度(水=1)1.4，饱和蒸气压 0.017MPa(20℃)，辛醇/水分配系数 2.5。

主要用途 选择性内吸除草剂，用于麦类、高粱、玉米、谷物、花生、棉花防除禾本木及一年生阔叶杂草。

包装与储运

安全储运 储存于阴凉、通风的库房。远离火种、热源。保持容器密封。应与强氧化剂、强酸、碱类等隔离储运。搬运时轻装轻卸，防止容器受损。

紧急处置信息

急救措施

吸入：迅速脱离现场至空气新鲜处。保持呼吸道通畅。如呼吸困难，给输氧。呼吸、心跳停止，立即进行心肺复苏术。就医。

眼睛接触：分开眼睑，用流动清水或生理盐水冲洗。如有不适感，就医。

皮肤接触：脱去污染的衣着，用大量流动清水冲洗。如有不适感，就医。

食入：饮足量温水，催吐、洗胃、导泻。就医。

灭火方法 消防人员必须佩戴空气呼吸器，穿全身防火防毒服，在上风向灭火。尽可能将容器从火场移至空旷处。喷水保持火场容器冷却，直至灭火结束。

灭火剂：雾状水、泡沫、干粉、二氧化碳、砂土。

泄漏应急处置 隔离泄漏污染区，限制出入。建议应急处理人员戴防尘口罩，穿一般作业工作服，戴防护手套。尽可能切断泄漏源。用塑料布覆盖泄漏物，减少飞散。勿使水进入包装容器内。用洁净的铲子收集泄漏物，置于干净、干燥、盖子较松的容器中，将容器移离泄漏区。

313. 氯苯胺灵

标　识

中文名称 氯苯胺灵

英文名称 chlorpropham；isopropy *m* – chlorocarbanilate；*m* – chlorocarbanilic acid，isopropyl ester

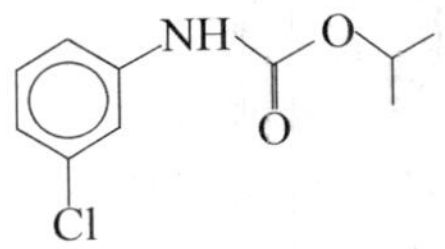

别名 3–氯苯基氨基甲酸异丙酯

分子式 $C_{10}H_{12}ClNO_2$

CAS 号 101–21–3

危害信息

燃烧与爆炸危险性 可燃，其粉体与空气混合，能形成爆炸性混合物。燃烧产生有毒

的一氧化碳、氮氧化物、氯化氢和光气。遇高热分解释出高毒烟气。

禁忌物 强酸、强碱、强氧化剂。

毒性 大鼠经口 LD_{50}：1200mg/kg；小鼠经口 LD_{50}：3650mg/kg；兔经皮 LD_{50}：>2000mg/kg。

侵入途径 吸入、食入、经皮吸收。

环境危害 对水生生物有毒，可能在水生环境中造成长期不利影响。

理化特性与用途

理化特性 淡棕色结晶或褐色粉末，有轻微的特殊气味。不溶于水，易溶于多数有机溶剂。熔点41℃，沸点247℃，相对密度(水=1)1.18(30℃)，饱和蒸气压24MPa(20℃)，辛醇/水分配系数3.4，闪点170℃，引燃温度470℃。

主要用途 作为芽前除草剂和植物生长调节剂，用于防除胡萝卜、块茎观赏植物、韭葱、莴苣的杂草，也可抑制马铃薯发芽。

包装与储运

安全储运 储存于阴凉、通风的库房。远离火种、热源。保持容器密封。应与强氧化剂、酸碱等隔离储运。搬运时轻装轻卸，防止容器受损。

紧急处置信息

急救措施

吸入：迅速脱离现场至空气新鲜处。保持呼吸道通畅。如呼吸困难，给输氧。呼吸、心跳停止，立即进行心肺复苏术。就医。

眼睛接触：分开眼睑，用流动清水或生理盐水冲洗。如有不适感，就医。

皮肤接触：立即脱去污染的衣着，用大量流动清水冲洗。如有不适感，就医。

食入：饮足量温水，催吐。就医。

灭火方法 消防人员必须佩戴空气呼吸器，穿全身防火防毒服，在上风向灭火。尽可能将容器从火场移至空旷处。喷水保持火场容器冷却，直至灭火结束。

灭火剂：雾状水、泡沫、干粉、二氧化碳、砂土。

泄漏应急处置 隔离泄漏污染区，限制出入。消除所有点火源。建议应急处理人员戴防尘口罩，穿防毒服，戴防护手套。穿上适当的防护服前严禁接触破裂的容器和泄漏物。尽可能切断泄漏源。用塑料布覆盖泄漏物，减少飞散。勿使水进入包装容器内。用洁净的铲子收集泄漏物，置于干净、干燥、盖子较松的容器中，将容器移离泄漏区。

314. 氯苯嘧啶醇

标 识

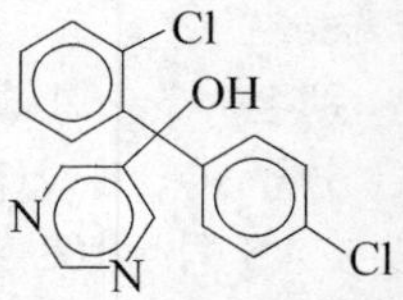

中文名称 氯苯嘧啶醇

英文名称 fenarimol; 2,4′ - dichloro - alpha (pyrimidin - 5 - yl) benzhydryl alcohol

别名 2,4′-二氯-α-(5-嘧啶)二苯基甲醇

分子式 $C_{17}H_{12}Cl_2N_2O$

CAS 号 60168－88－9

危害信息

燃烧与爆炸危险性 可燃，其粉体与空气混合，能形成爆炸性混合物。受高热分解放出有毒的气体。

禁忌物 强氧化剂。

毒性 大鼠经口 LD_{50}：2500mg/kg；小鼠经口 LD_{50}：4500mg/kg；兔经皮 LD_{50}：>2000mg/kg。

侵入途径 吸入、食入、经皮吸收。

环境危害 对水生生物有毒，可能在水生环境中造成长期不利影响。

理化特性与用途

理化特性 白色或灰白色结晶。不溶于水，溶于多数有机溶剂。熔点 117～119℃，相对密度（水＝1）1.4，饱和蒸气压 0.065MPa（25℃），辛醇/水分配系数 3.6，闪点 258℃。

主要用途 广谱杀菌剂，用于苹果、梨、花生等作物防治白粉病、锈病、黑星病、炭疽病、褐斑病等 。

包装与储运

安全储运 储存于阴凉、通风的库房。远离火种、热源。保持容器密封。应与强氧化剂等隔离储运。搬运时轻装轻卸，防止容器受损。

紧急处置信息

急救措施

吸入：迅速脱离现场至空气新鲜处。保持呼吸道通畅。如呼吸困难，给输氧。呼吸、心跳停止，立即进行心肺复苏术。就医。

眼睛接触：分开眼睑，用流动清水或生理盐水冲洗。如有不适感，就医。

皮肤接触：脱去污染的衣着，用大量流动清水冲洗。如有不适感，就医。

食入：饮足量温水，催吐、洗胃、导泻。就医。

灭火方法 消防人员必须佩戴空气呼吸器，穿全身防火防毒服，在上风向灭火。尽可能将容器从火场移至空旷处。喷水保持火场容器冷却，直至灭火结束。

灭火剂：雾状水、泡沫、干粉、二氧化碳、砂土。

泄漏应急处置 隔离泄漏污染区，限制出入。建议应急处理人员戴防尘口罩，穿一般作业工作服，戴防护手套。尽可能切断泄漏源。用塑料布覆盖泄漏物，减少飞散。勿使水进入包装容器内。用洁净的铲子收集泄漏物，置于干净、干燥、盖子较松的容器中，将容器移离泄漏区。

315. 4－氯苯乙烯

标　识

中文名称 4－氯苯乙烯

英文名称 4－chlorostyrene；*p*－chlorostyrene

315. 4－氯苯乙烯

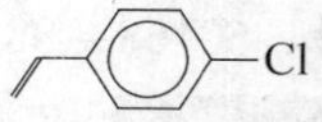

别名 对氯苯乙烯

分子式 C_8H_7Cl

CAS 号 1073－67－2

危害信息

燃烧与爆炸危险性 易燃，其蒸气与空气混合，能形成爆炸性混合物。若遇高热，可发生聚合反应，放出大量热量而引起容器破裂和爆炸事故。

活性反应 与氧化剂接触，有引起燃烧爆炸的危险。

禁忌物 酸类、碱类、氧化剂、卤素。

毒性 大鼠经口 LD_{50}：5200mg/kg；小鼠经口 LD_{50}：1230mg/kg；兔经皮 LD_{50}：20000mg/kg。

中毒表现 对黏膜有刺激性，并具有轻度麻醉作用。急性中毒表现为上呼吸道刺激症状、胸部紧束感、恶心等。

慢性影响：有头痛、乏力、恶心、食欲不振、腹胀、健忘、皮肤粗糙、皲裂和增厚等。

侵入途径 吸入、食入、经皮吸收。

理化特性与用途

理化特性 无色至淡黄色透明液体，有特性气味。不溶于水，易溶于多数有机溶剂。熔点－15.9℃，沸点192℃，相对密度（水＝1）1.155，相对蒸气密度（空气＝1）4.8，饱和蒸气压108.5Pa（25℃），辛醇/水分配系数3.54，闪点60℃。

主要用途 用于制塑料和橡胶。

包装与储运

安全储运 通常商品加有阻聚剂。储存于阴凉、通风的库房。保持容器密封。远离火种、热源。应与氧化剂、碱类、醇类等隔离储运。搬运时轻装轻卸，防止容器受损。

紧急处置信息

急救措施

吸入： 迅速脱离现场至空气新鲜处。保持呼吸道通畅。如呼吸困难，给输氧。呼吸、心跳停止，立即进行心肺复苏术。就医。

眼睛接触： 分开眼睑，用流动清水或生理盐水冲洗。如有不适感，就医。

皮肤接触： 立即脱去污染的衣着，用肥皂水和清水彻底冲洗皮肤。如有不适感，就医。

食入： 饮足量温水，催吐。就医。

灭火方法 消防人员须佩戴防毒面具，穿全身消防服，在上风向灭火。尽可能将容器从火场移至空旷处。喷水保持火场容器冷却，直至灭火结束。处在火场中的容器若已变色或从安全泄压装置中发出声音，必须马上撤离。

灭火剂：雾状水、泡沫、干粉、二氧化碳、砂土。

泄漏应急处置 根据液体流动和蒸气扩散的影响区域划定警戒区，无关人员从侧风、上风向撤离至安全区。消除所有点火源。建议应急处理人员戴防毒面具，穿防静电服，戴橡胶手套。尽可能切断泄漏源。防止泄漏物进入水体、下水道、地下室或受限空间。小量泄漏：用砂土、干燥石灰或苏打灰混合。大量泄漏：构筑围堤或挖坑收容。用泵转移至槽车或专用收集器内。

316. 2－氯丙烯腈

标　识

中文名称　2－氯丙烯腈

英文名称　2－chloroacrylonitrile；2－chloro－2－propenenitrile

别名　α－氯丙烯腈

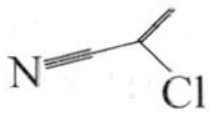

分子式　C_3H_2ClN

CAS 号　920－37－6

危害信息

危险性类别　第3类易燃液体。

燃烧与爆炸危险性　易燃，其蒸气与空气混合，能形成爆炸性混合物。容易自聚。若遇高热，可发生聚合反应，放出大量热量而引起容器破裂和爆炸事故。蒸气比空气重，能在较低处扩散到相当远的地方，遇火源会着火回燃和爆炸(闪爆)。

活性反应　与氧化剂能发生强烈反应。

禁忌物　强氧化剂、强还原剂、强酸、强碱。

毒性　大鼠经口 LD_{50}：25mg/kg；小鼠经口 LD_{50}：25mg/kg；小鼠吸入 LC_{50}：110mg/m^3(2h)。

中毒表现　本品对眼睛、皮肤、黏膜和上呼吸道有强烈刺激作用。

侵入途径　吸入、食入。

理化特性与用途

理化特性　无色至淡黄色透明液体，微溶于水，溶于多数有机溶剂。熔点－65℃，沸点88～89℃，相对密度(水＝1)1.096，辛醇/水分配系数0.70，闪点6℃。

主要用途　作为医药、农药中间体，用于合成杀虫剂、杀菌剂、除草剂、抗风湿痛药物等；也用作感光材料中间体。

包装与储运

包装标志　易燃液体，有毒品。

包装类别　Ⅱ类

安全储运　通常商品加有阻聚剂。储存于阴凉、通风的库房。远离火种、热源。库温不宜超过32℃，相对湿度不超过85%。保持容器密封。应与氧化剂、还原剂、酸类、碱类、食用化学品分开存放，切忌混储。采用防爆型照明、通风设施。禁止使用易产生火花的机械设备和工具。储区应备有泄漏应急处理设备和合适的收容材料。

紧急处置信息

急救措施

吸入：立即脱离接触。如呼吸困难，给吸氧。如呼吸心跳停止，立即行心肺复苏术。就医。

眼睛接触：分开眼睑，用清水或生理盐水冲洗。如有不适感，就医。

皮肤接触： 立即脱去污染衣着，用肥皂水或清水彻底冲洗。就医。

食入： 饮适量水，催吐。就医。

灭火方法　消防人员必须佩戴空气呼吸器，穿全身防火防毒服，在上风向灭火。尽可能将容器从火场移至空旷处。喷水保持火场容器冷却，直至灭火结束。处在火场中的容器若已变色或从安全泄压装置中发出声音，必须马上撤离。

灭火剂：雾状水、泡沫、干粉、二氧化碳、砂土。

泄漏应急处置　根据液体流动和蒸气扩散的影响区域划定警戒区，无关人员从侧风、上风向撤离至安全区。消除所有点火源。建议应急处理人员戴正压自给式呼吸器，穿防毒、防静电服，戴防毒手套。穿上适当的防护服前严禁接触破裂的容器和泄漏物。尽可能切断泄漏源。防止泄漏物进入水体、下水道、地下室或受限空间。小量泄漏：用干燥的砂土或其他不燃材料吸收或覆盖，收集于容器中。大量泄漏：构筑围堤或挖坑收容。用防爆泵转移至槽车或专用收集器内。

317. 2 - 氯对甲苯胺

标　识

中文名称　2 - 氯对甲苯胺

英文名称　2 - chloro - *p* - toluidine；2 - chloro - 4 - methylaniline

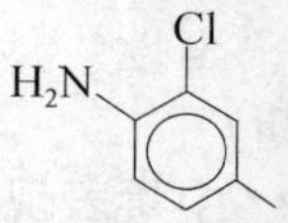

别名　3 - 氯对氨基甲苯

分子式　C_7H_8ClN

CAS 号　615 - 65 - 6

危害信息

燃烧与爆炸危险性　可燃，其蒸气与空气混合，能形成爆炸性混合物。受高热分解放出有毒的气体。若遇高热，容器内压增大，有开裂和爆炸的危险。

禁忌物　强氧化剂、酸类、酸酐、酰基氯。

毒性　大鼠经口 LD_{50}：367mg/kg。

中毒表现　对眼睛、皮肤、黏膜和上呼吸道有刺激作用。进入体内吸收后，可形成高铁血红蛋白，发生紫绀。

侵入途径　吸入、食入、经皮吸收。

环境危害　对水生生物有毒，可能在水生环境中造成长期不利影响。

理化特性与用途

理化特性　黄色至棕色透明液体。不溶于冷水，微溶于热水、丙酮，溶于乙醇、苯。熔点 7℃，沸点 220 ~ 225℃，相对密度(水 = 1)1. 151，相对蒸气密度(空气 = 1)4. 8，辛醇/水分配系数 2. 27，闪点 99℃。

主要用途　用于有机合成，用于制取颜料、涂料和农药等。

包装与储运

安全储运　储存于阴凉、通风的库房。远离火种、热源。保持容器密封。应与强氧化剂、酸类、酸酐、酰基氯、食用化学品等隔离储运。搬运时轻装轻卸，防止容器受损。

紧急处置信息

急救措施

吸入：立即脱离接触。如呼吸困难，给吸氧。如呼吸心跳停止，立即行心肺复苏术。就医。

眼睛接触：分开眼睑，用清水或生理盐水冲洗。如有不适感，就医。

皮肤接触：立即脱去污染衣着，用肥皂水或清水彻底冲洗。就医。

食入：催吐。就医。

高铁血红蛋白血症可用美蓝和维生素 C 治疗。

灭火方法 消防人员须佩戴防毒面具，穿全身消防服，在上风向灭火。尽可能将容器从火场移至空旷处。喷水保持火场容器冷却，直至灭火结束。处在火场中的容器若已变色或从安全泄压装置中发出声音，必须马上撤离。

灭火剂：雾状水、泡沫、干粉、二氧化碳、砂土。

泄漏应急处置 根据液体流动和蒸气扩散的影响区域划定警戒区，无关人员从侧风、上风向撤离至安全区。消除所有点火源。建议应急处理人员戴防毒面具，穿防毒服，戴橡胶手套。穿上适当的防护服前严禁接触破裂的容器和泄漏物。尽可能切断泄漏源。防止泄漏物进入水体、下水道、地下室或受限空间。小量泄漏：用干燥的砂土或其他不燃材料吸收或覆盖，收集于容器中。大量泄漏：构筑围堤或挖坑收容。用泵转移至槽车或专用收集器内。

318. 3－氯对甲苯胺

标　识

中文名称 3－氯对甲苯胺

英文名称 3－chloro－*p*－toluidine；3－chloro－4－methylbenzenamine；2－chloro－4－aminotoluene

别名 3－氯－4－甲苯胺；2－氯－4－氨基甲苯

分子式 C_7H_8ClN

CAS 号 95－74－9

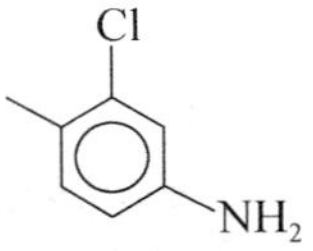

危害信息

燃烧与爆炸危险性 可燃，其蒸气与空气混合，能形成爆炸性混合物。受高热分解放出有毒的气体。若遇高热，容器内压增大，有开裂和爆炸的危险。

禁忌物 强氧化剂、酸类、酸酐、酰基氯。

毒性 大鼠经口 LD_{50}：1500mg/kg；小鼠经口 LD_{50}：316mg/kg。

中毒表现 对眼睛、皮肤、黏膜和上呼吸道有刺激作用。进入体内吸收后，可形成高铁血红蛋白，发生紫绀。对皮肤有致敏性。

侵入途径 吸入、食入、经皮吸收。

环境危害 对水生生物有毒，可能在水生环境中造成长期不利影响。

理化特性与用途

理化特性 无色液体或棕色固体，微有芳香气味。微溶于水。熔点 24～26.1℃，沸点 237～243℃，相对密度(水＝1)1.108～1.167，饱和蒸气压 4Pa(20℃)，辛醇/水分配系数

2.58，闪点100℃，引燃温度500℃，爆炸下限0.85%，爆炸上限5.2%。

主要用途 用于有机合成，用于生产染料等。

包装与储运

安全储运 储存于阴凉、通风的库房。远离火种、热源。保持容器密封。应与强氧化剂、酸类、酸酐、酰基氯、食用化学品等隔离储运。搬运时轻装轻卸，防止容器受损。

紧急处置信息

急救措施

吸入：立即脱离接触。如呼吸困难，给吸氧。如呼吸心跳停止，立即行心肺复苏术。就医。

眼睛接触：分开眼睑，用清水或生理盐水冲洗。如有不适感，就医。

皮肤接触：立即脱去污染衣着，用肥皂水或清水彻底冲洗。就医。

食入：催吐。就医。

高铁血红蛋白血症可用美蓝和维生素C治疗。

灭火方法 消防人员须佩戴防毒面具，穿全身消防服，在上风向灭火。尽可能将容器从火场移至空旷处。喷水保持火场容器冷却，直至灭火结束。处在火场中的容器若已变色或从安全泄压装置中发出声音，必须马上撤离。

灭火剂：雾状水、泡沫、干粉、二氧化碳、砂土。

泄漏应急处置 根据液体流动和蒸气扩散的影响区域划定警戒区，无关人员从侧风、上风向撤离至安全区。消除所有点火源。建议应急处理人员戴防毒面具，穿防毒、防静电服，戴橡胶手套。穿上适当的防护服前严禁接触破裂的容器和泄漏物。尽可能切断泄漏源。防止泄漏物进入水体、下水道、地下室或受限空间。小量泄漏：用干燥的砂土或其他不燃材料吸收或覆盖，收集于容器中。大量泄漏：构筑围堤或挖坑收容。用防爆泵转移至槽车或专用收集器内。

319. 4－氯－1,2－二硝基苯

标　识

中文名称 4－氯－1,2－二硝基苯

英文名称 4－chloro－1,2－dinitrobenzene；1－chloro－3,4－dinitrobenzene；3,4－dinitrochlorobenzene

别名 1－氯－3,4－二硝基苯；3,4－二硝基氯苯

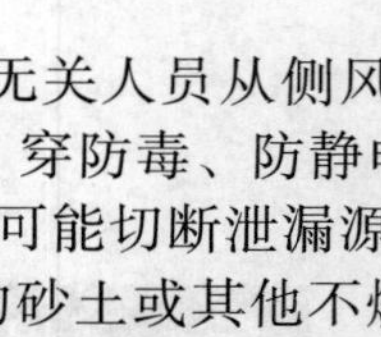

分子式 $C_6H_3ClN_2O_4$

CAS号 610－40－2

WGH号 61681

UN号 1577

危害信息

危险性类别 第6类有毒品。

燃烧与爆炸危险性 可燃，其粉体与空气混合，能形成爆炸性混合物。受高热分解，

放出腐蚀性、刺激性的烟雾。

禁忌物 强氧化剂、强碱。

毒性 大鼠经口 LD_{50}：1070mg/kg；兔经皮 LD_{50}：1300mg/kg。

中毒表现 本品产生高铁血红蛋白的作用和全身毒作用微弱。主要为皮肤致敏物，接触者发生皮炎，重者可致剥脱性皮炎。对皮肤有刺激性。

侵入途径 吸入、食入、经皮吸收。

环境危害 对水生生物有极高毒性，可能在水生环境中造成长期不利影响；海洋污染物。

理化特性与用途

理化特性 淡黄色晶体。不溶于水，溶于热乙醇、乙醚。熔点 40～41℃，沸点 16℃(0.53kPa)、315℃(分解)，相对密度(水=1)1.687，饱和蒸气压 0.03Pa(25℃)，辛醇/水分配系数 2.18，闪点 194℃。

主要用途 用作制染料和塑料的中间体。

包装与储运

包装标志 有毒品

包装类别 Ⅱ类

安全储运 储存于阴凉、通风的库房。远离火种、热源。储存温度不超过 35℃，相对湿度不超过 80%。保持容器密封。应与氧化剂、碱类、食用化学品分开存放，切忌混储。配备相应品种和数量的消防器材。储区应备有泄漏应急处理设备和合适的收容材料。

紧急处置信息

急救措施

吸入：立即脱离接触。如呼吸困难，给吸氧。如呼吸心跳停止，立即行心肺复苏术。就医。

眼睛接触：分开眼睑，用清水或生理盐水冲洗。如有不适感，就医。

皮肤接触：立即脱去污染衣着，用肥皂水或清水彻底冲洗。就医。

食入：催吐。就医。

高铁血红蛋白血症可用美蓝和维生素 C 治疗。

灭火方法 消防人员须佩戴防毒面具。穿全身消防服，在上风向灭火。尽可能将容器从火场移至空旷处。喷水保持火场容器冷却，直至灭火结束。

灭火剂：雾状水、泡沫、干粉、二氧化碳、砂土。

泄漏应急处置 隔离泄漏污染区，限制出入。建议应急处理人员戴防毒面具，穿防毒服，戴橡胶手套。穿上适当的防护服前严禁接触破裂的容器和泄漏物。尽可能切断泄漏源。用塑料布覆盖泄漏物，减少飞散。勿使水进入包装容器内。用洁净的铲子收集泄漏物，置于干净、干燥、盖子较松的容器中，将容器移离泄漏区。

320. 氯化苯醚

标　识

中文名称 氯化苯醚

英文名称　1,1′-oxybisbenzene hexachloro deriv.；hexachlorodiphenyl ether；chlorinated phenyl ether

别名　六氯苯醚

分子式　$C_{12}H_4Cl_6O$

CAS 号　31242-93-0

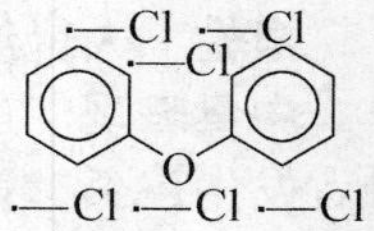

危害信息

燃烧与爆炸危险性　可燃。受高热分解放出有毒的气体。若遇高热，容器内压增大，有开裂和爆炸的危险。

活性反应　与氧化剂可发生反应。

禁忌物　强氧化剂、强还原剂、强酸。

中毒表现　长期、反复、过量与皮肤接触，在接触部位发生痤疮样变，且很痒。

侵入途径　吸入、食入、经皮吸收。

理化特性与用途

理化特性　浅黄色黏性液体或白色至黄色蜡状半固体。微溶于水，溶于甲醇，混溶于乙醚、芳烃。熔点230～260℃(1.064kPa)，相对密度(水=1)1.6，相对蒸气密度(空气=1)13.0，引燃温度627℃。

主要用途　用作缓蚀剂、润滑剂、洗涤剂的添加剂，用于制造阻燃聚合物、农药、木材防腐剂和电气绝缘材料等。

包装与储运

安全储运　储存于阴凉、通风的库房。远离火种、热源。保持容器密封。应与强氧化剂等隔离储运。搬运时轻装轻卸，防止容器受损。

紧急处置信息

急救措施

吸入：迅速脱离现场至空气新鲜处。如有不适感，就医。

眼睛接触：分开眼睑，用流动清水或生理盐水冲洗。如有不适感，就医。

皮肤接触：脱去污染的衣着，用大量流动清水冲洗。如有不适感，就医。

食入：饮足量温水，催吐、洗胃、导泻。就医。

灭火方法　消防人员须佩戴防毒面具，穿全身消防服，在上风向灭火。尽可能将容器从火场移至空旷处。喷水保持火场容器冷却，直至灭火结束。处在火场中的容器若已变色或从安全泄压装置中发出声音，必须马上撤离。

灭火剂：雾状水、泡沫、干粉、二氧化碳、砂土。

泄漏应急处置　根据液体流动和蒸气扩散的影响区域划定警戒区，无关人员从侧风、上风向撤离至安全区。消除所有点火源。建议应急处理人员戴防毒面具，穿一般作业工作服，戴橡胶手套。尽可能切断泄漏源。防止泄漏物进入水体、下水道、地下室或受限空间。小量泄漏：用干燥的砂土或其他不燃材料吸收或覆盖，收集于容器中。大量泄漏：构筑围堤或挖坑收容。用泵转移至槽车或专用收集器内。

321. 氯化二异丁基铝

标　识

中文名称　氯化二异丁基铝

英文名称　chlorodiisobutyl aluminium; bis(isobutyl)aluminum chloride

别名　二异丁基氯化铝

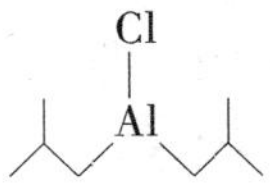

分子式　$C_8-H_{18}-Al-Cl$

CAS 号　1779-25-5

WGH 号　42024

UN 号　3052

危害信息

危险性类别　第 4.2 类自燃物品。

燃烧与爆炸危险性　接触空气易自燃。遇水剧烈反应，产生高度易燃气体。受高热分解放出有毒的气体。

活性反应　与卤化物(如四氯化碳)能发生强烈反应。

禁忌物　强氧化剂、酸类、水、醇类、空气。

毒性　大鼠吸入 LC_{50}：67ppm(1h)。

中毒表现　本品对眼睛、皮肤、黏膜和上呼吸道有强烈的刺激作用，甚至可引起严重灼伤。对神经系统有抑制作用，高浓度下可致死亡。吸入其烟雾可发生金属铸造热。

侵入途径　吸入、食入、经皮吸收。

职业接触限值　美国(ACGIH)：TLV－TWA：$2mg/m^3$[按铝计]。

理化特性与用途

理化特性　无色液体。溶于庚烷。熔点 －40℃，沸点 152℃（1.33kPa）、108℃(0.13kPa)，相对密度(水＝1)0.905，辛醇/水分配系数 4.53，闪点 －18℃。

主要用途　用于有机合成，用作乙烯聚合催化剂。

包装与储运

包装标志　自燃物品，遇湿易燃物品

包装类别　Ⅰ类

安全储运　储存于阴凉、干燥、通风良好的库房。远离火种、热源。防止阳光直射。储存温度不超过 32℃，相对湿度不超过 75%。保持容器密封。不可与空气接触。应与氧化剂、酸类、醇类、食用化学品等隔离储运。采用防爆型照明、通风设施。禁止使用易产生火花的机械设备和工具。储区应备有泄漏应急处理设备和合适的收容材料。

紧急处置信息

急救措施

吸入：迅速脱离现场至空气新鲜处。保持呼吸道通畅。如呼吸困难，给输氧。呼吸、心跳停止，立即进行心肺复苏术。就医。

眼睛接触：立即分开眼睑，用大量流动清水或生理盐水彻底冲洗 10～15min。就医。

皮肤接触： 立即脱去污染的衣着，用大量流动清水彻底冲洗，冲洗时间一般要求 20～30min。就医。

食入： 用水漱口，禁止催吐。给饮牛奶或蛋清。就医。

灭火方法　消防人员必须佩戴空气呼吸器，穿全身防火防毒服，在上风向灭火。尽可能将容器从火场移至空旷处。喷水保持火场容器冷却，直至灭火结束。处在火场中的容器若已变色或从安全泄压装置中发出声音，必须马上撤离。禁止用水和泡沫灭火。

灭火剂：干粉、二氧化碳、砂土。

泄漏应急处置　根据液体流动和蒸气扩散的影响区域划定警戒区，无关人员从侧风、上风向撤离至安全区。消除所有点火源。建议应急处理人员戴正压自给式呼吸器，穿防毒、防静电服，戴橡胶手套。作业时使用的所有设备应接地。禁止接触或跨越泄漏物。尽可能切断泄漏源。防止泄漏物进入水体、下水道、地下室或受限空间。小量泄漏：用砂土或其他不燃材料吸收。使用洁净的无火花工具收集吸收材料。大量泄漏：构筑围堤或挖坑收容。用防爆泵转移至槽车或专用收集器内，回收或运至废物处理场所处置。

322. 氯　化　镉

标　识

中文名称　氯化镉

英文名称　cadmium chloride；cadmium dichloride

分子式　$CdCl_2$

CAS 号　10108－64－2

WGH 号　61504

UN 号　2570

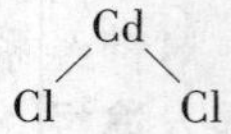

危害信息

危险性类别　第 6 类有毒品。

燃烧与爆炸危险性　不燃，无特殊燃爆特性。受高热分解产生有毒的腐蚀性烟气。

禁忌物　强氧化剂、钾。

毒性　大鼠经口 LD_{50}：88mg/kg；小鼠经口 LD_{50}：60mg/kg。

IARC 致癌性评论：G1，确认人类致癌物。

欧盟法规 1272/2008/EC 将本品列为第 1B 类致癌物——可能对人类有致癌能力；第 1B 类生殖细胞致突变物——应认为可能引起人类生殖细胞可遗传突变的物质；第 1B 类生殖毒物——可能的人类生殖毒物。

中毒表现　误食后可引起急剧的胃肠道刺激症状，有恶心、呕吐、腹痛、腹泻、里急后重、全身乏力、肌肉疼痛和虚脱等，重者危及生命。

侵入途径　吸入、食入。

职业接触限值　中国：PC－TWA：0.01mg/m^3，PC－STEL：0.02mg/m^3[按镉计]。

美国(ACGIH)：TLV－TWA：0.002mg/m^3[按镉计，可呼吸的]。

环境危害　对水生生物有极高毒性，可能在水生环境中造成长期不利影响。

理化特性与用途

理化特性　无色单斜晶体。易溶于水，微溶于甲醇、乙醇，溶于丙酮，不溶于乙醚。

熔点 568℃，沸点 960℃，相对密度（水 =1）4.05，相对蒸气密度（空气 =1）6.3，饱和蒸气压 1.33kPa（656℃）。

主要用途 用于照相术、印染、电镀、合成纤维等工业，并用于制特殊镜子和用作分析试剂。

包装与储运

包装标志 有毒品

包装类别 Ⅱ类

安全储运 储存于阴凉、通风的库房。远离火种、热源。库温不超过 35℃。相对湿度不超过 85%。保持容器密封。应与氧化剂、活性金属粉末、食用化学品分开存放，切忌混储。储区应备有合适的材料收容泄漏物。

紧急处置信息

急救措施

吸入： 迅速脱离现场至空气新鲜处。保持呼吸道通畅。如呼吸困难，给输氧。呼吸、心跳停止，立即进行心肺复苏术。就医。

眼睛接触： 分开眼睑，用流动清水或生理盐水冲洗。如有不适感，就医。

皮肤接触： 立即脱去污染的衣着，用肥皂水和清水彻底冲洗皮肤。如有不适感，就医。

食入： 饮足量温水，催吐、洗胃、导泻。就医。

灭火方法 消防人员必须佩戴空气呼吸器，穿全身防火防毒服，在上风向灭火。尽可能将容器从火场移至空旷处。喷水保持火场容器冷却，直至灭火结束。本品不燃。根据着火原因选择适当灭火剂灭火。

泄漏应急处置 隔离泄漏污染区，限制出入。建议应急处理人员戴防尘口罩，穿防毒服，戴橡胶手套。穿上适当的防护服前严禁接触破裂的容器和泄漏物。尽可能切断泄漏源。用塑料布覆盖泄漏物，减少飞散。勿使水进入包装容器内。用洁净的铲子收集泄漏物，置于干净、干燥、盖子较松的容器中，将容器移离泄漏区。

323. 氯 化 钴

标 识

中文名称 氯化钴

英文名称 cobalt chloride; cobalt dichloride

别名 氯化亚钴；二氯化钴

分子式 $CoCl_2$

CAS 号 7646－79－9

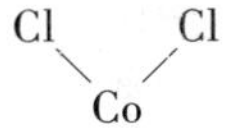

危害信息

危险性类别 第 6 类有毒品。

燃烧与爆炸危险性 不燃，无特殊燃爆特性。受高热分解，放出腐蚀性、刺激性的烟雾。

禁忌物 碱金属。

毒性 大鼠经口 LD_{50}：766mg/kg；大鼠经皮 LD_{50}：>2000mg/kg。

IARC 致癌性评论：G2B，可疑人类致癌物。

欧盟法规 1272/2008/EC 将本品列为第 1B 类致癌物——可能对人类有致癌能力。

中毒表现 吸入本品粉尘对呼吸道有刺激性。对敏感个体，吸入本品粉尘可致肺部阻塞性病变，出现气短等症状。粉尘对眼有刺激性，长期接触可致眼损害。对皮肤有致敏性，可致皮炎。摄入引起恶心、呕吐、腹泻，严重者出现心肌损害。用本品治疗肾性贫血和镰刀状贫血，引起引起恶心、呕吐、胸骨后疼痛、甲状腺肿大和周围红细胞增多。

侵入途径 吸入、食入。

职业接触限值 美国(ACGIH)：TLV－TWA：0.02mg/m^3[按钴计]。

环境危害 对水生生物有极高毒性，可能在水生环境中造成长期不利影响；有害空气污染物。

理化特性与用途

理化特性 浅蓝色叶片状结晶粉末，有吸湿性，暴露于空气或湿气中，变成粉红色。溶于水、乙醇、乙醚、丙酮、吡啶等。熔点 735℃，沸点 1049℃，升华点 500℃，相对密度(水＝1)3.36(25℃/4℃)，饱和蒸气压 10kPa(818℃)，辛醇/水分配系数 0.85。

主要用途 用于油漆干燥剂、氨气吸收剂、毒气罩、干湿指示剂、电镀、气压计、陶瓷着色剂、催化剂和医药试剂等。

包装与储运

包装标志 有毒品

包装类别 Ⅱ类

安全储运 储存于阴凉、通风的库房。远离火种、热源。储存温度不超过 35℃，相对湿度不超过 80%。保持容器密封。应与碱金属、食用化学品分开存放，切忌混储。储区应备有合适的材料收容泄漏物。

紧急处置信息

急救措施

吸入：脱离现场至空气新鲜处。如呼吸困难，给输氧。就医。

眼睛接触：立即分开眼睑，用大量流动清水或生理盐水彻底冲洗 10～15min。如有不适感，就医。

皮肤接触：立即脱去污染的衣着，用肥皂水和清水彻底冲洗皮肤。如有不适感，就医。

食入：饮足量温水，催吐、洗胃、导泻。就医。

灭火方法 消防人员必须戴空气呼吸器，穿全身防火防毒服，在上风向灭火。灭火时尽可能将容器从火场移至空旷处。本品不燃。根据着火原因选择适当灭火剂灭火。

泄漏应急处置 隔离泄漏污染区，限制出入。建议应急处理人员戴防尘口罩，穿防毒服，戴橡胶手套。穿上适当的防护服前严禁接触破裂的容器和泄漏物。尽可能切断泄漏源。用塑料布覆盖泄漏物，减少飞散。勿使水进入包装容器内。用洁净的铲子收集泄漏物，置于干净、干燥、盖子较松的容器中，将容器移离泄漏区。

324. 氯 化 铑

标 识

中文名称 氯化铑

英文名称 rhodium(III) chloride；rhodium trichloride

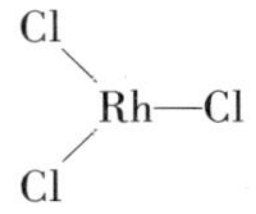

别名 三氯化铑

分子式 $RhCl_3$

CAS 号 10049－07－7

危害信息

燃烧与爆炸危险性 不燃，无特殊燃爆特性。受高热分解，放出腐蚀性、刺激性的烟雾。

禁忌物 强氧化剂。

毒性 大鼠经口 LD_{50}：1302mg/kg。

侵入途径 吸入、食入。

职业接触限值 美国(ACGIH)：TLV－TWA：1mg/m^3[按铑计]。

理化特性与用途

理化特性 红色单斜结晶或黑色结晶粉末。不溶于水，溶于氢氧化钠水溶液、氰化钾溶液。熔点 450～500℃，沸点 800℃、717℃(97.09kPa)，相对密度(水＝1)5.38。

主要用途 用作陶瓷颜料和催化剂。

包装与储运

安全储运 储存于阴凉、通风的库房。远离火种、热源。保持容器密封。应与强氧化剂等隔离储运。搬运时轻装轻卸，防止容器受损。

紧急处置信息

急救措施

吸入：迅速脱离现场至空气新鲜处。保持呼吸道通畅。如呼吸困难，给输氧。呼吸、心跳停止，立即进行心肺复苏术。就医。

眼睛接触：分开眼睑，用流动清水或生理盐水冲洗。如有不适感，就医。

皮肤接触：脱去污染的衣着，用流动清水冲洗。如有不适感，就医。

食入：饮足量温水，催吐。就医。

灭火方法 消防人员必须佩戴空气呼吸器，穿全身防火防毒服，在上风向灭火。尽可能将容器从火场移至空旷处。喷水保持火场容器冷却，直至灭火结束。本品不燃。根据着火原因选择适当灭火剂灭火。

泄漏应急处置 隔离泄漏污染区，限制出入。建议应急处理人员戴防尘口罩，穿防毒服，戴橡胶手套。穿上适当的防护服前严禁接触破裂的容器和泄漏物。尽可能切断泄漏源。用塑料布覆盖泄漏物，减少飞散。勿使水进入包装容器内。用洁净的铲子收集泄漏物，置于干净、干燥、盖子较松的容器中，将容器移离泄漏区。

325. 氯 化 锂

标 识

中文名称 氯化锂

英文名称 lithium chloride

325. 氯化锂

别名 无水氯化锂

分子式 LiCl

Li^{+} Cl^{-}

CAS 号 7447－41－8

危害信息

燃烧与爆炸危险性 不燃，无特殊燃爆特性。受高热分解，放出腐蚀性、刺激性的烟雾。

活性反应 能与氧化物反应，呈强还原性。

禁忌物 强氧化剂、强酸。

毒性 大鼠经口 LD_{50}：1530mg/kg；小鼠经口 LD_{50}：1165mg/kg；大鼠经皮 LD_{50}：1488mg/kg；兔经皮 LD_{50}：1629mg/kg。

中毒表现 呼吸道具有强烈的刺激作用。中毒主要由于误服，病人出现无力、眩晕、恶心、呕吐、腹泻、抽搐、昏迷等。可经呼吸道吸收引起中毒。

侵入途径 吸入、食入、经皮吸收。

理化特性与用途

理化特性 无色立方结晶，味咸，易潮解。易溶于水、乙醇、乙醚、吡啶、硝基苯。pH 值 7～8(50g/L 水溶液)，熔点 613℃，沸点 1382℃，相对密度(水＝1)2.07，饱和蒸气压 0.133kPa(547℃)，辛醇/水分配系数 －2.7。

主要用途 用于空气调节，用作助焊剂、干燥剂、化学试剂，并用于制焰火、锂电池和金属锂等。

包装与储运

安全储运 储存于阴凉、通风的库房。远离火种、热源。保持容器密封。应与酸类等隔离储运。搬运时轻装轻卸，防止容器受损。

紧急处置信息

急救措施

吸入：迅速脱离现场至空气新鲜处。保持呼吸道通畅。如呼吸困难，给输氧。呼吸、心跳停止，立即进行心肺复苏术。就医。

眼睛接触：分开眼睑，用流动清水或生理盐水冲洗。如有不适感，就医。

皮肤接触：立即脱去污染的衣着，用大量流动清水冲洗。如有不适感，就医。

食入：饮足量温水，催吐、洗胃、导泻。就医。

灭火方法 消防人员必须戴空气呼吸器，穿全身防火防毒服，在上风向灭火。灭火时尽可能将容器从火场移至空旷处。本品不燃。根据着火原因选择适当灭火剂灭火。

泄漏应急处置 隔离泄漏污染区，限制出入。建议应急处理人员戴防尘口罩，穿防腐、防毒服，戴橡胶手套。穿上适当的防护服前严禁接触破裂的容器和泄漏物。尽可能切断泄漏源。用塑料布覆盖泄漏物，减少飞散。勿使水进入包装容器内。用洁净的铲子收集泄漏物，置于干净、干燥、盖子较松的容器中，将容器移离泄漏区。

326. 氯化亚汞

标　识

中文名称　氯化亚汞

英文名称　dimercury dichloride；mercurous chloride；calomel

别名　甘汞

分子式　Hg_2Cl_2

Cl—Hg—Hg—Cl

CAS 号　10112－91－1

危害信息

危险性类别　第6类有毒品。

燃烧与爆炸危险性　不燃，无特殊燃爆特性。受高热分解，放出腐蚀性、刺激性的烟雾。

禁忌物　强碱、水蒸气。

毒性　大鼠经口 LD_{50}：210mg/kg；大鼠经皮 LD_{50}：1500mg/kg；小鼠经口 LD_{50}：180mg/kg。

中毒表现　吸入后引起胸痛、胸部紧束感、咳嗽、呼吸困难、蛋白尿等，可致死。对眼和皮肤有刺激性。摄入可致急性胃肠炎、中枢神经系统抑制、肾损害，可致死。

慢性中毒表现为长期接触可在脑、肝和肾中蓄积。中毒后出现头痛、记忆力下降、震颤、牙齿脱落、食欲不振等。可引起皮肤损害。

侵入途径　吸入、食入。

职业接触限值　美国(ACGIH)：TLV－TWA：0.025mg/m^3[皮，按汞计]。

环境危害　对水生生物有极高毒性，可能在水生环境中造成长期不利影响；严重海洋污染物。

理化特性与用途

理化特性　白色结晶粉末。不溶于水，不溶于乙醇、乙醚、稀酸，溶于硝酸、硫酸。升华点400～500℃，相对密度(水＝1)7.15。

主要用途　用作泻剂和用于制甘汞电极、深绿信号烟火等。

包装与储运

包装标志　有毒品

包装类别　Ⅲ类

安全储运　储存于阴凉、干燥、通风良好的库房。库温不宜超过35℃，相对湿度不超过80%。远离火种、热源。保持容器密封。应与碱类、食用化学品分开存放，切忌混储。储区应备有合适的材料收容泄漏物。

紧急处置信息

急救措施

吸入：迅速脱离现场至空气新鲜处。保持呼吸道通畅。如呼吸困难，给输氧。呼吸、心跳停止，立即进行心肺复苏术。就医。

眼睛接触： 分开眼睑，用流动清水或生理盐水冲洗。如有不适感，就医。

皮肤接触： 脱去污染的衣着，用流动清水冲洗。如有不适感，就医。

食入： 饮足量温水，催吐、洗胃、导泻。就医。

灭火方法 消防人员必须戴空气呼吸器，穿全身防火防毒服，在上风向灭火。灭火时尽可能将容器从火场移至空旷处。本品不燃。根据着火原因选择适当灭火剂灭火。

泄漏应急处置 隔离泄漏污染区，限制出入。建议应急处理人员戴防尘口罩，穿防毒服，戴橡胶手套。穿上适当的防护服前严禁接触破裂的容器和泄漏物。尽可能切断泄漏源。用塑料布覆盖泄漏物，减少飞散。勿使水进入包装容器内。用洁净的铲子收集泄漏物，置于干净、干燥、盖子较松的容器中，将容器移离泄漏区。

327. 氯化亚铊

标 识

中文名称 氯化亚铊

英文名称 thallium(Ⅰ)chloride；thallium chloride；thallous chloride

别名 氯化铊；一氯化铊

分子式 TlCl

Tl—Cl

CAS 号 7791－12－0

WGH 号 61023

UN 号 1707

危害信息

危险性类别 第6类有毒品。

燃烧与爆炸危险性 不燃，无特殊燃爆特性。受高热分解，放出有毒的、腐蚀性和刺激性的烟雾 。

活性反应 能与氟或钾发生剧烈反应。

禁忌物 强氧化剂、氟。

毒性 小鼠经口 LD_{50}：24mg/kg。

中毒表现 粉尘对眼睛、黏膜有刺激作用。吸入、摄入或经皮吸收后均可引起中毒。为强烈的神经毒物，并引起严重的心、肝、肾损害。中毒时主要产生神经和消化系统损伤的表现，进而出现局限的肢体麻痹、震颤、呼吸困难、呕吐及出血性腹泻，少尿或无尿，最后死于呼吸和循环衰竭。脱发是其中毒的特征表现。

侵入途径 吸入、食入、经皮吸收。

环境危害 对水生生物有毒，可能在水生环境中造成长期不利影响。

理化特性与用途

理化特性 白色立方结晶或粉末，在空气中或光照下变成紫色。微溶于水，不溶于乙醇、丙酮。熔点 430℃，沸点 720℃，相对密度（水＝1）7.004（30℃/4℃），饱和蒸气压 1.33kPa（517℃）。

主要用途 用作氯化反应催化剂，也用于极谱分析及制药等。

包装与储运

包装标志 有毒品

包装类别 Ⅱ类

安全储运 储存于阴凉、通风的库房。远离火种、热源。防止阳光直射。储存温度不超过35℃，相对湿度不超过85%。保持容器密封。应与氧化剂、氟、食用化学品分开存放，切忌混储。搬运时轻装轻卸，防止容器受损。

紧急处置信息

急救措施

吸入：迅速脱离现场至空气新鲜处。保持呼吸道通畅。如呼吸困难，给输氧。呼吸、心跳停止，立即进行心肺复苏术。就医。

眼睛接触：分开眼睑，用流动清水或生理盐水冲洗。如有不适感，就医。

皮肤接触：立即脱去污染的衣着，用大量流动清水冲洗。如有不适感，就医。

食入：如患者神志清醒，催吐，洗胃。用1%碘化钠或1%碘化钾溶液洗胃效果更佳。口服牛奶、淀粉膏、氢氧化铝凝胶、次碳酸铋。口服活性碳悬液，用硫酸钠、硫酸镁或蓖麻油导泻。就医。

口服中毒使用普鲁士蓝治疗。

灭火方法 消防人员必须戴空气呼吸器，穿全身防火防毒服，在上风向灭火。灭火时尽可能将容器从火场移至空旷处。本品不燃。根据着火原因选择适当灭火剂灭火。

泄漏应急处置 隔离泄漏污染区，限制出入。建议应急处理人员戴防尘口罩，穿防毒服，戴防毒手套。穿上适当的防护服前严禁接触破裂的容器和泄漏物。尽可能切断泄漏源。用塑料布覆盖泄漏物，减少飞散。勿使水进入包装容器内。用洁净的铲子收集泄漏物，置于干净、干燥、盖子较松的容器中，将容器移离泄漏区。

328. 氯磺酸乙酯

标　识

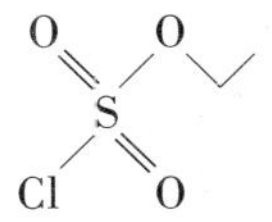

中文名称 氯磺酸乙酯

英文名称 ethyl chlorosulfonate; ethoxysulfonyl chloride

分子式 $C_2H_5ClO_3S$

CAS 号 625－01－4

危害信息

燃烧与爆炸危险性 不燃，无特殊燃爆特性。受高热分解放出有毒的气体。

禁忌物 强氧化剂等。

中毒表现 具强烈的催泪和呼吸道刺激作用，可引起肺水肿。可致皮肤灼伤。

侵入途径 吸入、食入。

理化特性与用途

理化特性 无色液体，有刺激性气味。不溶于水，溶于乙醚、氯仿、石油醚。沸点152.5℃，相对密度(水＝1)1.35(25℃/4℃)，辛醇/水分配系数2.21。

主要用途 为化学合成的中间体，用于有机合成，也用作军用毒气。

包装与储运

安全储运 储存于阴凉、干燥、通风的库房。远离火种、热源。保持容器密封。应与强氧化剂等隔离储运。搬运时轻装轻卸，防止容器受损。

紧急处置信息

急救措施

吸入： 迅速脱离现场至空气新鲜处。保持呼吸道通畅。如呼吸困难，给输氧。呼吸、心跳停止，立即进行心肺复苏术。就医。

眼睛接触： 立即分开眼睑，用大量流动清水或生理盐水彻底冲洗10~15min。就医。

皮肤接触： 立即脱去污染的衣着，用大量流动清水冲洗20~30min。就医。

食入： 用水漱口，给饮牛奶或蛋清。就医。

灭火方法 消防人员必须佩戴空气呼吸器，穿全身防火防毒服，在上风向灭火。尽可能将容器从火场移至空旷处。禁止用水。根据着火原因选择适当灭火剂灭火。

泄漏应急处置 根据液体流动和蒸气扩散的影响区域划定警戒区，无关人员从侧风、上风向撤离至安全区。建议应急处理人员戴防毒面具，穿防毒服，戴橡胶手套。穿上适当的防护服前严禁接触破裂的容器和泄漏物。尽可能切断泄漏源。防止泄漏物进入水体、下水道、地下室或受限空间。小量泄漏：用干燥的砂土或其他不燃材料吸收或覆盖，收集于容器中。大量泄漏：构筑围堤或挖坑收容。用泵转移至槽车或专用收集器内。

329. 4-氯-2-甲酚

标　识

中文名称 4-氯-2-甲酚

英文名称 4-chloro-2-cresol；4-chloro-*o*-cresol

别名 4-氯邻甲酚；对氯邻甲酚

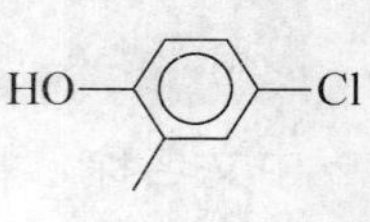

分子式 C_7H_7ClO

CAS号 1570-64-5

UN号 3437

危害信息

危险性类别 第6类有毒品。

燃烧与爆炸危险性 可燃，其粉体与空气混合，能形成爆炸性混合物。遇高热分解释出高毒烟气。

活性反应 与氢氧化钾、氢氧化钠反应剧烈。

禁忌物 强氧化剂、强碱、酸酐、酰基氯。

毒性 大鼠经口 LD_{50}：1190mg/kg；小鼠经口 LD_{50}：1320mg/kg。

侵入途径 吸入、食入、经皮吸收。

环境危害 对水生生物有极高毒性。

理化特性与用途

理化特性 灰色或浅棕色结晶，微有苯酚气味。微溶于水，溶于多数有机溶剂。熔点43～51℃，沸点220～225℃，相对密度(水=1)0.48，饱和蒸气压27Pa(20℃)，辛醇/水分配系数3.09，闪点103℃，引燃温度510℃。

主要用途 用作防腐剂、消毒剂、紫外线吸收剂。

包装与储运

包装标志 有毒品

包装类别 Ⅱ类

安全储运 储存于阴凉、通风的库房。远离火种、热源。防止阳光直射。储存温度不超过35℃，相对湿度不超过80%。保持容器密封。应与氧化剂、碱类、酸酐、酰基氯分开存放，切忌混储。配备相应品种和数量的消防器材。储区应备有合适的材料收容泄漏物。

紧急处置信息

急救措施

吸入： 迅速脱离现场至空气新鲜处。保持呼吸道通畅。如呼吸困难，给输氧。呼吸、心跳停止，立即进行心肺复苏术。就医。

眼睛接触： 立即分开眼睑，用大量流动清水或生理盐水彻底冲洗10～15min。如有不适感，就医。

皮肤接触： 立即脱去污染的衣着，用大量流动清水冲洗20～30min。就医。

食入： 立即给饮植物油15～30mL。催吐。口服活性碳，导泻。就医。

灭火方法 消防人员须佩戴防毒面具，穿全身消防服，在上风向灭火。尽可能将容器从火场移至空旷处。喷水保持火场容器冷却，直至灭火结束。

灭火剂：雾状水、泡沫、干粉、二氧化碳、砂土。

泄漏应急处置 隔离泄漏污染区，限制出入。建议应急处理人员戴防尘口罩，穿防毒服，戴橡胶手套。穿上适当的防护服前严禁接触破裂的容器和泄漏物。尽可能切断泄漏源。用塑料布覆盖泄漏物，减少飞散。勿使水进入包装容器内。用洁净的铲子收集泄漏物，置于干净、干燥、盖子较松的容器中，将容器移离泄漏区。

330. 氯甲基三甲硅烷

标　识

中文名称 氯甲基三甲硅烷

英文名称 chloromethyl trimethylsilane

别名 三甲基氯甲基硅烷

分子式 $C_4H_{11}ClSi$

CAS 号 2344－80－1

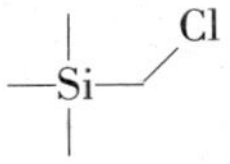

危害信息

危险性类别 第3类易燃液体。

燃烧与爆炸危险性 易燃，其蒸气与空气混合，能形成爆炸性混合物。遇水发生剧烈反应，散发出具有刺激性和腐蚀性的氯化氢气体。受高热分解放出有毒的气体。遇潮时对大多数金属有腐蚀性。若遇高热，容器内压增大，有开裂和爆炸的危险。

活性反应 与氧化剂接触发生猛烈反应。遇水发生剧烈反应，散发出具有刺激性和腐蚀性的氯化氢气体。

禁忌物 强氧化剂、强酸、强碱、水蒸气。

中毒表现 对眼睛、皮肤和黏膜有强烈刺激性，可致灼伤。吸入引起喉、支气管炎症、痉挛，化学性肺炎、肺水肿等。接触可有头痛、恶心、呕吐、喉炎、咳嗽等症状。

侵入途径 吸入、食入。

理化特性与用途

理化特性 无色透明液体。不溶于水，溶于部分有机溶剂。沸点 98～99℃，相对密度(水＝1)0.879，相对蒸气密度(空气＝1)4.23，饱和蒸气压 3.325kPa(20℃)，辛醇/水分配系数 2.97，闪点 －2℃。

主要用途 用于有机合成，用作甲硅烷基化剂等。

包装与储运

包装标志 易燃液体，腐蚀品

包装类别 Ⅱ类

安全储运 储存于阴凉、干燥、通风良好的库房。远离火种、热源。储存温度不超过 30℃，相对湿度不超过 80%。保持容器密封。应与氧化剂、碱类、强还原剂等分开存放，切忌混储。采用防爆型照明、通风设施。禁止使用易产生火花的机械设备和工具。灌装时注意流速，防止静电积聚。储区应备有泄漏应急处理设备和合适的收容材料。

紧急处置信息

急救措施

吸入：迅速脱离现场至空气新鲜处。保持呼吸道通畅。如呼吸困难，给输氧。呼吸、心跳停止，立即进行心肺复苏术。就医。

眼睛接触：立即分开眼睑，用大量流动清水或生理盐水彻底冲洗 10～15min。就医。

皮肤接触：立即脱去污染的衣着，用大量流动清水冲洗 20～30min。就医。

食入：用水漱口，给饮牛奶或蛋清。就医。

灭火方法 消防人员必须佩戴空气呼吸器，穿全身防火防毒服，在上风向灭火。尽可能将容器从火场移至空旷处。喷水保持火场容器冷却，直至灭火结束。处在火场中的容器若已变色或从安全泄压装置中发出声音，必须马上撤离。禁止用水和泡沫灭火。

灭火剂：干粉、二氧化碳、砂土。

泄漏应急处置 根据液体流动和蒸气扩散的影响区域划定警戒区，无关人员从侧风、上风向撤离至安全区。消除所有点火源。建议应急处理人员戴正压自给式呼吸器，穿防静电、防腐服，戴耐腐蚀手套。作业时使用的所有设备应接地。穿上适当的防护服前严禁接触破裂的容器和泄漏物。尽可能切断泄漏源。防止泄漏物进入水体、下水道、地下室或受限空间。严禁用水处理。小量泄漏：用干燥的砂土或其他不燃材料覆盖泄漏物。大量泄漏：构筑围堤或挖坑收容。用防爆、耐腐蚀泵转移至槽车或专用收集器内。

331. 氯甲酸丁酯

标　识

中文名称　氯甲酸丁酯

英文名称　butyl chloroformate; *n* - butyl chloroformate

别名　氯甲酸正丁酯

分子式　$C_5H_9ClO_2$

CAS 号　592 - 34 - 7

WGH 号　61609

UN 号　2743

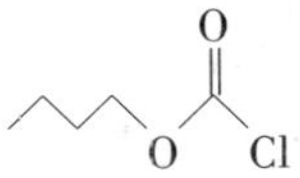

危害信息

危险性类别　第 6 类有毒品。

燃烧与爆炸危险性　易燃，其蒸气与空气混合，能形成爆炸性混合物。遇明火、高热易燃，燃烧产生有毒的一氧化碳、氯化氢。遇水或受热分解，放出有毒的腐蚀性烟气。蒸气比空气重，能在较低处扩散到相当远的地方，遇火源会着火回燃和爆炸(闪爆)。在高温火场中，受热的容器或储罐有破裂和爆炸的危险。

禁忌物　强氧化剂、强酸、强碱、胺类、水蒸气。

中毒表现　具有刺激性和腐蚀性。

侵入途径　吸入、食入。

理化特性与用途

理化特性　无色液体，有刺激性气味。混溶于苯、乙醚。熔点 < -70℃，沸点 138 ~ 145℃，相对密度(水 = 1)1.06，相对蒸气密度(空气 = 1)4.72，饱和蒸气压 0.72kPa (20℃)，辛醇/水分配系数 1.61，闪点 30℃(闭杯)，引燃温度 285℃。

主要用途　用于有机合成。

包装与储运

包装标志　有毒品，易燃液体，腐蚀品

包装类别　Ⅱ类

安全储运　储存于阴凉、干燥、通风良好的库房。远离火种、热源。库温不超过 32℃。相对湿度不超过 80%。保持容器密封。切勿受潮。应与氧化剂、酸类、碱类、胺类等分开存放，切忌混储。采用防爆型照明、通风设施。禁止使用易产生火花的机械设备和工具。灌装时注意流速，防止静电积聚。储区应备有泄漏应急处理设备和合适的收容材料。

紧急处置信息

急救措施

吸入： 迅速脱离现场至空气新鲜处。保持呼吸道通畅。如呼吸困难，给输氧。呼吸、心跳停止，立即进行心肺复苏术。就医。

眼睛接触： 立即分开眼睑，用大量流动清水或生理盐水彻底冲洗 10 ~ 15min。就医。

皮肤接触： 立即脱去污染的衣着，用大量流动清水彻底冲洗，冲洗时间一般要求 20 ~

30min。就医。

食入： 用水漱口，禁止催吐。给饮牛奶或蛋清。就医。

灭火方法　消防人员必须佩戴空气呼吸器，穿全身防火防毒服，在上风向灭火。尽可能将容器从火场移至空旷处。喷水保持火场容器冷却，直至灭火结束。处在火场中的容器若发生异常变化或发出异常声音，须马上撤离。不宜用水。

灭火剂：干粉、二氧化碳、砂土。

泄漏应急处置　消除所有点火源。根据液体流动和蒸气扩散的影响区域划定警戒区，无关人员从侧风、上风向撤离至安全区。建议应急处理人员戴正压自给式呼吸器，穿防毒、防静电服，戴橡胶耐油手套。作业时使用的所有设备应接地。穿上适当的防护服前严禁接触破裂的容器和泄漏物。尽可能切断泄漏源。防止泄漏物进入水体、下水道、地下室或受限空间。严禁用水处理。小量泄漏：用干燥的砂土或其他不燃材料覆盖泄漏物。大量泄漏：构筑围堤或挖坑收容。用防爆泵转移至槽车或专用收集器内。

332. 氯甲酸正丙酯

标　识

中文名称　氯甲酸正丙酯

英文名称　propyl chloroformate; *n* - propyl chloroformate

别名　氯甲酸丙酯

分子式　$C_4H_7ClO_2$

CAS 号　109 - 61 - 5

WGH 号　61101

UN 号　2740

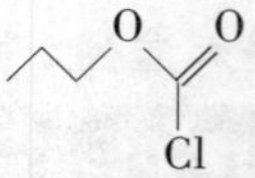

危害信息

危险性类别　第 6 类有毒品。

燃烧与爆炸危险性　易燃，其蒸气与空气混合，能形成爆炸性混合物。遇明火有引起燃烧的危险，燃烧产生有毒的一氧化碳、氯化氢和光气。遇水或受热会反应放出具有刺激性和腐蚀性的白色氯化氢烟雾。

禁忌物　酸类、碱类、醇类、胺类、水。

毒性　小鼠经口 LD_{50}：550mg/kg；小鼠吸入 LC_{50}：1604mg/m^3(1h)。

中毒表现　对眼睛、皮肤、黏膜和呼吸道有强烈的刺激作用。吸入后可引起眼畏光、流泪、刺痛、咽干痛、胸闷、气急、呛咳等。严重者可引起迟发性肺水肿。可致皮肤和眼灼伤。

侵入途径　吸入、食入、经皮吸收。

理化特性与用途

理化特性　无色液体。不溶于水，溶于乙醇、乙醚、苯、氯仿等多数有机溶剂。熔点 < -70℃，沸点 115℃，相对密度(水 = 1)1.09，相对蒸气密度(空气 = 1)4.23，饱和蒸气压 2.6kPa(20℃)，辛醇/水分配系数 1.12，闪点 26℃(闭杯)。

主要用途　用于有机合成。

包装与储运

包装标志 有毒品，易燃液体，腐蚀品

包装类别 Ⅱ类

安全储运 储存于阴凉、干燥、通风良好的库房。远离火种、热源。库温不超过32℃。相对湿度不超过80%。包装必须密封。切勿受潮。应与酸类、碱类、醇类、胺类、食用化学品分开存放，切忌混储。采用防爆型照明、通风设施。禁止使用易产生火花的机械设备和工具。灌装时注意流速，防止静电积聚。储区应备有泄漏应急处理设备和合适的收容材料。

紧急处置信息

急救措施

吸入：迅速脱离现场至空气新鲜处。保持呼吸道通畅。如呼吸困难，给输氧。呼吸、心跳停止，立即进行心肺复苏术。就医。

眼睛接触：立即分开眼睑，用大量流动清水或生理盐水彻底冲洗10~15min。就医。

皮肤接触：立即脱去污染的衣着，用大量流动清水彻底冲洗，冲洗时间一般要求20~30min。就医。

食入：用水漱口，禁止催吐。给饮牛奶或蛋清。就医。

灭火方法 消防人员须佩戴防毒面具，穿全身消防服，在上风向灭火。尽可能将容器从火场移至空旷处。喷水保持火场容器冷却，直至灭火结束。处在火场中的容器若已变色或从安全泄压装置中发出声音，必须马上撤离。不宜用水。

灭火剂：干粉、二氧化碳、砂土。

泄漏应急处置 消除所有点火源。根据液体流动和蒸气扩散的影响区域划定警戒区，无关人员从侧风、上风向撤离至安全区。建议应急处理人员戴正压自给式呼吸器，穿防毒、防静电服，戴橡胶耐油手套。作业时使用的所有设备应接地。穿上适当的防护服前严禁接触破裂的容器和泄漏物。尽可能切断泄漏源。防止泄漏物进入水体、下水道、地下室或受限空间。严禁用水处理。小量泄漏：用干燥的砂土或其他不燃材料覆盖泄漏物。大量泄漏：构筑围堤或挖坑收容。用防爆泵转移至槽车或专用收集器内。

333. 氯硫酰草胺

标　识

中文名称 氯硫酰草胺

英文名称 2,6-dichlorothiobenzamide；chlorthiamid

别名 2,6-二氯硫代苯甲酰胺；草克乐

分子式 $C_7H_5Cl_2NS$

CAS号 1918-13-4

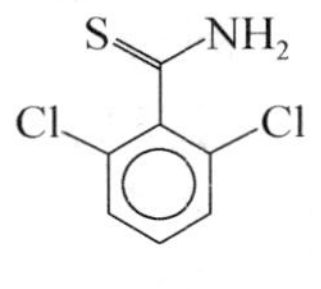

危害信息

燃烧与爆炸危险性 可燃，其粉体与空气混合，能形成爆炸性混合物。燃烧产生有毒的一氧化碳、氮氧化物、氯化氢和氧化硫。受高热分解放出有毒的气体。

禁忌物 强氧化剂。

毒性 大鼠经口 LD_{50}：757mg/kg；小鼠经口 LD_{50}：500mg/kg；大鼠经皮 LD_{50}：>1000mg/kg。

侵入途径 吸入、食入、经皮吸收。

理化特性与用途

理化特性 灰白色固体。不溶于水，溶于芳烃、卤代烃。熔点151~152℃，饱和蒸气压<0.1Pa(20℃)，辛醇/水分配系数2.96。

主要用途 除草剂，用于苹果、葡萄、树莓、森林防除杂草。

包装与储运

安全储运 储存于阴凉、通风的库房。远离火种、热源。保持容器密封。应与强氧化剂等隔离储运。搬运时轻装轻卸，防止容器受损。

紧急处置信息

急救措施

吸入：迅速脱离现场至空气新鲜处。保持呼吸道通畅。如呼吸困难，给输氧。呼吸、心跳停止，立即进行心肺复苏术。就医。

眼睛接触：分开眼睑，用流动清水或生理盐水冲洗。如有不适感，就医。

皮肤接触：立即脱去污染的衣着，用大量流动清水冲洗。如有不适感，就医。

食入：饮足量温水，催吐、洗胃、导泻。就医。

灭火方法 消防人员必须佩戴空气呼吸器，穿全身防火防毒服，在上风向灭火。尽可能将容器从火场移至空旷处。喷水保持火场容器冷却，直至灭火结束。

灭火剂：雾状水、泡沫、干粉、二氧化碳、砂土。

泄漏应急处置 隔离泄漏污染区，限制出入。消除所有点火源。建议应急处理人员戴防尘口罩，穿一般作业工作服，戴橡胶手套。尽可能切断泄漏源。用塑料布覆盖泄漏物，减少飞散。勿使水进入包装容器内。用洁净的铲子收集泄漏物，置于干净、干燥、盖子较松的容器中，将容器移离泄漏区。

334. 2-氯萘

标　识

中文名称 2-氯萘

英文名称 2-chloronaphthalene；β-chloronaphthalene

别名 β-氯萘

分子式 $C_{10}H_7Cl$

CAS号 91-58-7

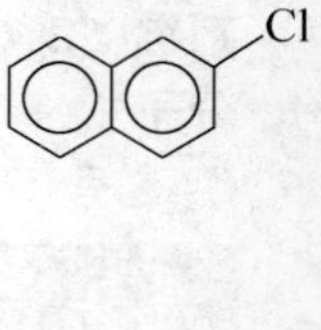

危害信息

燃烧与爆炸危险性 可燃，其粉体与空气混合，能形成爆炸性混合物。受高热分解放出有毒的气体。

禁忌物　强氧化剂。

毒性　大鼠经口 LD_{50}：2078mg/kg；小鼠经口 LD_{50}：886mg/kg。

中毒表现　本品对肝脏有损害作用，可引起光照性皮炎。

侵入途径　吸入、食入。

理化特性与用途

理化特性　白色单斜片状结晶或米色结晶粉末，有强烈的气味。不溶于水，溶于乙醇、乙醚、苯、氯仿、二硫化碳。熔点 57～61℃，沸点 256℃，相对密度(水＝1)1.178(20℃)，饱和蒸气压 1.62Pa(25℃)，辛醇/水分配系数 3.91，闪点 125℃。

主要用途　用于有机合成。

包装与储运

安全储运　储存于阴凉、通风的库房。远离火种、热源。保持容器密封。应与强氧化剂等隔离储运。搬运时轻装轻卸，防止容器受损。

紧急处置信息

急救措施

吸入：迅速脱离现场至空气新鲜处。保持呼吸道通畅。如呼吸困难，给输氧。呼吸、心跳停止，立即进行心肺复苏术。就医。

眼睛接触：分开眼睑，用流动清水或生理盐水冲洗。如有不适感，就医。

皮肤接触：脱去污染的衣着，用大量流动清水冲洗。如有不适感，就医。

食入：饮足量温水，催吐。就医。

灭火方法　消防人员须佩戴防毒面具，穿全身消防服，在上风向灭火。尽可能将容器从火场移至空旷处。喷水保持火场容器冷却，直至灭火结束。

灭火剂：雾状水、泡沫、干粉、二氧化碳、砂土。

泄漏应急处置　隔离泄漏污染区，限制出入。消除所有点火源。建议应急处理人员戴防尘口罩，穿防毒服，戴橡胶手套。穿上适当的防护服前严禁接触破裂的容器和泄漏物。尽可能切断泄漏源。用塑料布覆盖泄漏物，减少飞散。勿使水进入包装容器内。用洁净的铲子收集泄漏物，置于干净、干燥、盖子较松的容器中，将容器移离泄漏区。

335. 4－氯三氟甲苯

标　识

中文名称　4－氯三氟甲苯

英文名称　1－chloro－4－(trifluoromethyl)benzene；4－chloro－alpha，alpha，alpha－trifluorotoluene；4－chlorobenzotrifluoride

别名　对氯三氟甲苯；1－氯－4－(三氟甲基)苯

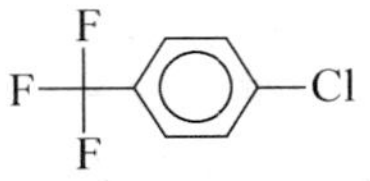

分子式　$C_7H_4ClF_3$

CAS 号　98－56－6

WGH 号　61668

UN 号　2234

危害信息

危险性类别　第6类有毒品。

燃烧与爆炸危险性　易燃，其蒸气与空气混合，能形成爆炸性混合物。受高热分解放出有毒的气体。蒸气比空气重，能在较低处扩散到相当远的地方，遇火源会着火回燃和爆炸(闪爆)。若遇高热，容器内压增大，有开裂和爆炸的危险。

活性反应　与氧化剂可发生反应。

禁忌物　强氧化剂、强碱。

毒性　大鼠经口 LD_{50}：13000mg/kg；小鼠经口 LD_{50}：11500mg/kg；大鼠吸入 LC_{50}：22000mg/m^3。

侵入途径　吸入、食入。

环境危害　对水生生物有害，可能在水生环境中造成长期不利影响。

理化特性与用途

理化特性　无色透明液体，有芳香气味。不溶于水，溶于乙醇、乙醚、苯。熔点 －36～－32.9℃，沸点135～138.6℃，相对密度(水＝1)1.353，相对蒸气密度(空气＝1)6.24，饱和蒸气压1.01kPa(25℃)，临界温度328℃，临界压力3.01MPa，辛醇/水分配系数3.6，闪点47℃(闭杯)，引燃温度＞650℃。

主要用途　用作溶剂，用于制造染料、颜料、药物、农药等。

包装与储运

包装标志　有毒品

包装类别　Ⅲ类

安全储运　储存于阴凉、通风的库房。远离火种、热源。防止阳光直射。储存温度不超过35℃，相对湿度不超过82%。保持容器密封。应与氧化剂、强碱等分开存放，切忌混储。采用防爆型照明、通风设施。禁止使用易产生火花的机械设备和工具。储区应备有泄漏应急处理设备和合适的收容材料。

紧急处置信息

急救措施

吸入：迅速脱离现场至空气新鲜处。保持呼吸道通畅。如呼吸困难，给输氧。呼吸、心跳停止，立即进行心肺复苏术。就医。

眼睛接触：分开眼睑，用流动清水或生理盐水冲洗。如有不适感，就医。

皮肤接触：立即脱去污染的衣着，用大量流动清水冲洗。如有不适感，就医。

食入：饮足量温水，催吐。就医。

灭火方法　消防人员须佩戴防毒面具，穿全身消防服，在上风向灭火。尽可能将容器从火场移至空旷处。喷水保持火场容器冷却，直至灭火结束。处在火场中的容器若已变色或从安全泄压装置中发出声音，必须马上撤离。

灭火剂：泡沫、干粉、二氧化碳、砂土。

泄漏应急处置　消除所有点火源。根据液体流动和蒸气扩散的影响区域划定警戒区，无关人员从侧风、上风向撤离至安全区。建议应急处理人员戴正压自给式呼吸器，穿防静电服，戴橡胶手套。作业时使用的所有设备应接地。禁止接触或跨越泄漏物。尽可能切断泄漏源。防止泄漏物进入水体、下水道、地下室或受限空间。小量泄漏：用砂土或其他不燃材料吸收。使用洁净的无火花工具收集吸收材料。大量泄漏：构筑围堤或挖坑收容。用泡沫覆盖，减少蒸发。喷水雾能减少蒸发，但不能降低泄漏物在受限空间内的易燃性。用防爆泵转移至槽车或专用收集器内。

336. 2－氯－4－硝基(苯)酚

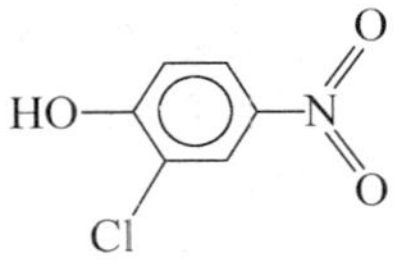

标　识

中文名称　2－氯－4－硝基(苯)酚

英文名称　2－chloro－4－nitrophenol；nitrofungin

别名　邻氯对硝基苯酚

分子式　$C_6H_4ClNO_3$

CAS 号　619－08－9

危害信息

燃烧与爆炸危险性　可燃，其粉体与空气混合，能形成爆炸性混合物。受高热分解放出有毒的气体。

禁忌物　强氧化剂、强碱。

毒性　大鼠经口 LD_{50}：900mg/kg。

侵入途径　吸入、食入。

理化特性与用途

理化特性　淡黄色针状结晶，能随水蒸气挥发。微溶于水，溶于乙醇、氯仿，易溶于乙醚。熔点 106～112℃，饱和蒸气压 0.04Pa(25℃)，辛醇/水分配系数 2.55。

主要用途　用作染料中间体，也用于有机合成。

包装与储运

安全储运　储存于阴凉、通风的库房。远离火种、热源。保持容器密封。应与强氧化剂、碱类等隔离储运。搬运时轻装轻卸，防止容器受损。

紧急处置信息

急救措施

吸入：迅速脱离现场至空气新鲜处。保持呼吸道通畅。如呼吸困难，给输氧。呼吸、心跳停止，立即进行心肺复苏术。就医。

眼睛接触：分开眼睑，用流动清水或生理盐水冲洗。如有不适感，就医。

皮肤接触：脱去污染的衣着，用大量流动清水冲洗。如有不适感，就医。

食入：饮足量温水，催吐。就医。

灭火方法　消防人员须佩戴防毒面具，穿全身消防服，在上风向灭火。尽可能将容器从火场移至空旷处。喷水保持火场容器冷却，直至灭火结束。

灭火剂：雾状水、泡沫、干粉、二氧化碳、砂土。

泄漏应急处置　隔离泄漏污染区，限制出入。消除所有点火源。建议应急处理人员戴防尘口罩，穿防毒服，戴橡胶手套。穿上适当的防护服前严禁接触破裂的容器和泄漏物。尽可能切断泄漏源。用塑料布覆盖泄漏物，减少飞散。勿使水进入包装容器内。用洁净的铲子收集泄漏物，置于干净、干燥、盖子较松的容器中，将容器移离泄漏区。

337. 2－氯－4－硝基甲苯

标　识

中文名称　2－氯－4－硝基甲苯

英文名称　2－chloro－4－nitrotoluene；2－chloro－1－methyl－4－nitrobenzene

别名　4－硝基－2－氯甲苯

分子式　$C_7H_6ClNO_2$

CAS 号　121－86－8

UN 号　2433

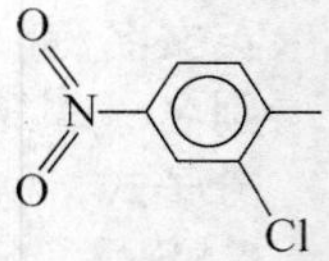

危害信息

危险性类别　第 6 类有毒品。

燃烧与爆炸危险性　可燃，其粉体与空气混合，能形成爆炸性混合物。受高热分解放出有毒的气体。

禁忌物　强氧化剂、强碱。

毒性　大鼠经口 LD_{50}：3020mg/kg。

中毒表现　具刺激作用。进入机体内，可形成高铁血红蛋白致发生紫绀。

侵入途径　吸入、食入、经皮吸收。

环境危害　对水生生物有毒，可能在水生环境中造成长期不利影响；海洋污染物。

理化特性与用途

理化特性　淡黄色针状结晶或粉末，微有芳香气味。不溶于水，溶于乙醇、乙醚。熔点 60～68℃，沸点 260℃，相对密度(水＝1)1.28，饱和蒸气压 1.46Pa(25℃)，辛醇/水分配系数 3.2，闪点 150℃，引燃温度 473℃。

主要用途　用于有机合成，用作染料中间体。

包装与储运

包装标志　有毒品

包装类别　Ⅲ类

安全储运　储存于阴凉、通风的库房。远离火种、热源。防止阳光直射。储存温度不超过 35℃，相对湿度不超过 85%。保持容器密封。应与氧化剂、碱类分开存放，切忌混储。配备相应品种和数量的消防器材。储区应备有合适的材料收容泄漏物。

紧急处置信息

急救措施

吸入：立即脱离接触。如呼吸困难，给吸氧。如呼吸心跳停止，立即行心肺复苏术。就医。

眼睛接触：分开眼睑，用清水或生理盐水冲洗。如有不适感，就医。

皮肤接触：立即脱去污染衣着，用肥皂水或清水彻底冲洗。就医。

食入：催吐。就医。

高铁血红蛋白血症可用美蓝和维生素 C 治疗。

灭火方法 消防人员须佩戴防毒面具，穿全身消防服，在上风向灭火。尽可能将容器从火场移至空旷处。喷水保持火场容器冷却，直至灭火结束。

灭火剂：雾状水、泡沫、干粉、二氧化碳、砂土。

泄漏应急处置 隔离泄漏污染区，限制出入。消除所有点火源。建议应急处理人员戴防尘口罩，穿防毒服，戴橡胶手套。穿上适当的防护服前严禁接触破裂的容器和泄漏物。尽可能切断泄漏源。用塑料布覆盖泄漏物，减少飞散。勿使水进入包装容器内。用洁净的铲子收集泄漏物，置于干净、干燥、盖子较松的容器中，将容器移离泄漏区。

338. 1－氯－1－硝基乙烷

标　识

中文名称 1－氯－1－硝基乙烷

英文名称 1－chloro－1－nitroethane；1－chloronitroethane

别名 1－氯硝基乙烷

分子式 $C_2H_4ClNO_2$

CAS 号 598－92－5

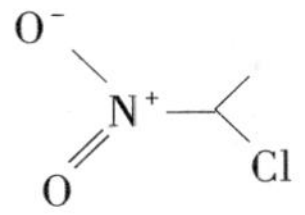

危害信息

燃烧与爆炸危险性 易燃，其蒸气与空气混合，能形成爆炸性混合物。受高热分解，产生有毒的氮氧化物和氯化物气体。

禁忌物 强还原剂、强酸、活性金属粉末。

毒性 小鼠经口 LD_{50}：620mg/kg；小鼠吸入 LC_{50}：21000mg/m^3(3h)。

中毒表现 目前未见人接触本品引起损害的报道。经常接触可引起皮肤干燥。

侵入途径 吸入、食入。

理化特性与用途

理化特性 无色液体。不溶于水，溶于乙醇。沸点 124.5～125℃，相对密度(水＝1)1.258，相对蒸气密度(空气＝1)3.6，饱和蒸气压 1.49kPa(25℃)，辛醇/水分配系数 1.1，闪点 56℃。

主要用途 用于有机合成及消毒和杀虫。

包装与储运

安全储运 储存于阴凉、通风的库房。远离火种、热源。保持容器密封。应与氧化剂、酸类、食用化学品等隔离储运。搬运时轻装轻卸，防止容器受损。

紧急处置信息

急救措施

吸入：脱离现场至空气新鲜处。如有不适感，就医。

眼睛接触：分开眼睑，用流动清水或生理盐水冲洗。如有不适感，就医。

皮肤接触：立即脱去污染的衣着，用肥皂水和清水彻底冲洗皮肤。如有不适感，就医。

食入：饮足量温水，催吐。就医。

灭火方法 消防人员须佩戴防毒面具，穿全身消防服，在上风向灭火。尽可能将容器从火场移至空旷处。喷水保持火场容器冷却，直至灭火结束。处在火场中的容器若已变色或从安全泄压装置中发出声音，必须马上撤离。

灭火剂：雾状水、泡沫、干粉、二氧化碳、砂土。

泄漏应急处置 根据液体流动和蒸气扩散的影响区域划定警戒区，无关人员从侧风、上风向撤离至安全区。消除所有点火源。建议应急处理人员戴防毒面具，穿防毒、防静电服，戴橡胶手套。作业时使用的所有设备应接地。禁止接触或跨越泄漏物。尽可能切断泄漏源。防止泄漏物进入水体、下水道、地下室或受限空间。小量泄漏：用砂土或其他不燃材料吸收。使用洁净的无火花工具收集吸收材料。大量泄漏：构筑围堤或挖坑收容。用泡沫覆盖，减少蒸发。喷水雾能减少蒸发，但不能降低泄漏物在受限空间内的易燃性。用防爆泵转移至槽车或专用收集器内。

339. 2－氯乙基二甲胺

标　识

中文名称 2－氯乙基二甲胺

英文名称 2－chloroethyldimethylamine；2－chloro－*N*,*N*－dimethyl－ethanamine

别名 2－氯－*N*,*N*－二甲基乙胺

分子式 $C_4H_{10}ClN$

CAS 号 107－99－3

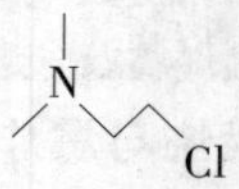

危害信息

燃烧与爆炸危险性 可燃，其蒸气与空气混合，能形成爆炸性混合物。遇高热分解释出高毒烟气。若遇高热，容器内压增大，有开裂和爆炸的危险。

活性反应 与氧化剂可发生反应。

禁忌物 强氧化剂。

中毒表现 吸入其蒸气可引起眼、呼吸道刺激症状，甚至出现迟发性肺水肿；对皮肤、黏膜有强烈刺激和糜烂作用。可引起皮肤灼伤，可造成角膜、虹膜和晶状体的损害。

侵入途径 吸入、食入、经皮吸收。

理化特性与用途

理化特性 液体。微溶于水，易溶于多数有机溶剂。沸点 109～110℃，相对蒸气密度(空气＝1)3.72。

主要用途 用作抗癌药物、杀菌剂和有机合成中间体。

包装与储运

安全储运 储存于阴凉、通风的库房。远离火种、热源。保持容器密封。应与强氧化剂等隔离储运。搬运时轻装轻卸，防止容器受损。

紧急处置信息

急救措施

吸入： 迅速脱离现场至空气新鲜处。保持呼吸道通畅。如呼吸困难，给输氧。呼吸、

心跳停止，立即进行心肺复苏术。就医。

眼睛接触： 立即分开眼睑，用大量流动清水或生理盐水彻底冲洗10～15min。就医。

皮肤接触： 立即脱去污染的衣着，用大量流动清水冲洗20～30min。就医。

食入： 用水漱口，给饮牛奶或蛋清。就医。

灭火方法 消防人员必须佩戴空气呼吸器，穿全身防火防毒服，在上风向灭火。尽可能将容器从火场移至空旷处。喷水保持火场容器冷却，直至灭火结束。处在火场中的容器若已变色或从安全泄压装置中发出声音，必须马上撤离。

灭火剂：雾状水、泡沫、干粉、二氧化碳、砂土。

泄漏应急处置 根据液体流动和蒸气扩散的影响区域划定警戒区，无关人员从侧风、上风向撤离至安全区。消除所有点火源。建议应急处理人员戴防毒面具，穿防毒服，戴橡胶手套。穿上适当的防护服前严禁接触破裂的容器和泄漏物。尽可能切断泄漏源。防止泄漏物进入水体、下水道、地下室或受限空间。小量泄漏：用干燥的砂土或其他不燃材料吸收或覆盖，收集于容器中。大量泄漏：构筑围堤或挖坑收容。用泵转移至槽车或专用收集器内。

340. 2－氯乙基二乙胺

标　识

中文名称 2－氯乙基二乙胺

英文名称 2－chloroethyl diethylamine；*N*,*N*－diethyl－2－chloroethylamine

别名 *N*－二乙氨基乙基氯；*N*,*N*－二乙基氯乙胺

分子式 $C_6H_{14}ClN$

CAS号 100－35－6

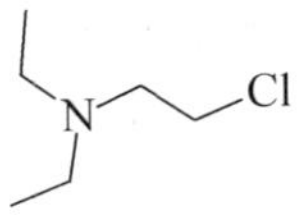

危害信息

危险性类别 第6类有毒品。

燃烧与爆炸危险性 可燃，其蒸气与空气混合，能形成爆炸性混合物。受高热分解放出有毒的气体。若遇高热，容器内压增大，有开裂和爆炸的危险。

活性反应 与氧化剂可发生反应。

禁忌物 强氧化剂。

毒性 大鼠经口LD_{50}：17mg/kg；兔经皮LD_{50}：300mg/kg。

本品已列入《剧毒化学品目录》。

中毒表现 吸入其蒸气可引起眼、呼吸道刺激，恶心、呕吐，甚至出现肺水肿；误服可产生恶心、呕吐、腹泻。对皮肤、黏膜有强烈刺激和糜烂作用。可引起眼和皮肤灼伤。

侵入途径 吸入、食入、经皮吸收。

理化特性与用途

理化特性 无色液体，有氨气味。溶于水，溶于乙醇、乙醚、苯、丙酮。沸点51℃～52℃，相对蒸气密度(空气＝1)4.69。

主要用途 用作抗癌药物、杀菌剂、乳化剂、树脂和合成纤维改性剂、染料和树脂的溶剂以及有机合成中间体。

包装与储运

包装标志 有毒品

包装类别 Ⅱ类

安全储运 储存于阴凉、通风的库房。严格执行剧毒化学品管理制度。远离火种、热源。防止阳光直射。储存温度不超过35℃，相对湿度不超过85%。保持容器密封。应与氧化剂、食用化学品分开存放，切忌混储。搬运时轻装轻卸，防止容器受损。

紧急处置信息

急救措施

吸入：迅速脱离现场至空气新鲜处。保持呼吸道通畅。如呼吸困难，给输氧。呼吸、心跳停止，立即进行心肺复苏术。就医。

眼睛接触：立即分开眼睑，用大量流动清水或生理盐水彻底冲洗10～15min。就医。

皮肤接触：立即脱去污染的衣着，用大量流动清水冲洗20～30min。就医。

食入：用水漱口，给饮牛奶或蛋清。就医。

灭火方法 消防人员必须佩戴空气呼吸器，穿全身防火防毒服，在上风向灭火。尽可能将容器从火场移至空旷处。喷水保持火场容器冷却，直至灭火结束。处在火场中的容器若已变色或从安全泄压装置中发出声音，必须马上撤离。

灭火剂：雾状水、泡沫、干粉、二氧化碳、砂土。

泄漏应急处置 根据液体流动和蒸气扩散的影响区域划定警戒区，无关人员从侧风、上风向撤离至安全区。消除所有点火源。建议应急处理人员戴正压自给式呼吸器，穿防毒服，戴防毒手套。穿上适当的防护服前严禁接触破裂的容器和泄漏物。尽可能切断泄漏源。防止泄漏物进入水体、下水道、地下室或受限空间。小量泄漏：用干燥的砂土或其他不燃材料吸收或覆盖，收集于容器中。大量泄漏：构筑围堤或挖坑收容。用泵转移至槽车或专用收集器内。

341. 马 拉 硫 磷

标 识

中文名称 马拉硫磷

英文名称 Malathion; butanedioic acid, ((dimethoxyphosphinothioyl)thio)-, diethyl ester

别名 *O*,*O*-二甲基-*S*-[1,2-二(乙氧基羰基)乙基]二硫代磷酸酯

分子式 $C_{10}H_{19}O_6PS_2$

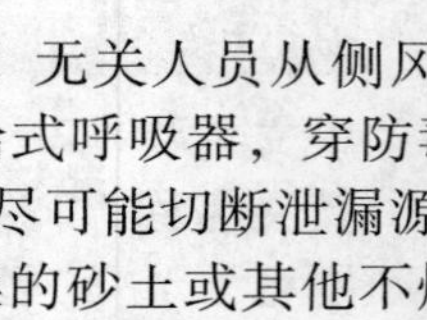

CAS号 121-75-5

WGH号 61875

UN号 3018

危害信息

危险性类别 第6类有毒品。

燃烧与爆炸危险性 可燃，其蒸气与空气混合，能形成爆炸性混合物。燃烧产生有毒的一氧化碳、氧化磷和氧化硫气体。受热分解，放出磷、硫的氧化物等毒性气体。

活性反应 与强氧化剂接触可发生化学反应。

禁忌物 强氧化剂、碱类。

中毒表现 抑制胆碱酯酶活性，造成神经生理功能紊乱。急性中毒多系口服引起。表现有头痛、头昏、食欲减退、恶心、呕吐、腹痛、腹泻、流涎、瞳孔缩小、呼吸道分泌物增多、多汗、肌束震颤等。重者出现肺水肿、脑水肿、昏迷、呼吸麻痹。部分病例可有心、肝、肾损害。少数严重病例在意识恢复后数周或数月发生周围神经病。个别严重病例可发生迟发性猝死。血胆碱酯酶活性降低。

慢性中毒有神经衰弱综合征、多汗、肌束震颤等。血胆碱酯酶活性降低。对皮肤有刺激和致敏作用，可引起皮炎。

侵入途径 吸入、食入、经皮吸收。

职业接触限值 中国：PC－TWA：2mg/m^3[皮]。

美国(ACGIH)：TLV－TWA：10mg/m^3[皮]。

环境危害 对水生生物有极高毒性，可能在水生环境中造成长期不利影响。

理化特性与用途

理化特性 纯品为无色透明液体，有蒜臭气味，工业品为透明的琥珀色液体。微溶于水，混溶于醇类、醚类、酮类、芳烃、烷化芳烃、植物油等。熔点 2.9℃，沸点 156～157℃(93.3Pa)，相对密度(水＝1)1.23(25℃/4℃)，相对蒸气密度(空气＝1)11.4，饱和蒸气压 0.045Pa(25℃)，辛醇/水分配系数 2.89，闪点 163℃(闭杯)。

主要用途 用于麦类、水稻、棉花、豆类、蔬菜、茶树、果树、牧草、林木等防治多种害虫和螨类，也可用于防治仓储害虫。

包装与储运

包装标志 有毒品

包装类别 Ⅱ类

安全储运 储存于阴凉、通风良好的专用库房内。远离火种、热源。库温不超过 32℃。相对湿度不超过 80%。保持容器密封。应与氧化剂、碱类分开存放，切忌混储。配备相应品种和数量的消防器材。储区应备有泄漏应急处理设备和合适的收容材料。

紧急处置信息

急救措施

吸入：迅速脱离现场至空气新鲜处。保持呼吸道通畅。如呼吸困难，给输氧。呼吸、心跳停止，立即进行心肺复苏术。就医。

眼睛接触：分开眼睑，用流动清水或生理盐水冲洗。如有不适感，就医。

皮肤接触：立即脱去污染的衣着，用肥皂水及流动清水彻底冲洗污染的皮肤、头发、指甲等。就医。

食入：饮足量温水，催吐。用 1∶5000 高锰酸钾溶液洗胃。口服活性碳，导泻。每 5min 给服一片阿托品，直到感觉口干为止。就医。

灭火方法 消防人员须佩戴防毒面具，穿全身消防服，在上风向灭火。尽可能将容器从火场移至空旷处。喷水保持火场容器冷却，直至灭火结束。处在火场中的容器若已变色或从安全泄压装置中发出声音，必须马上撤离。

灭火剂：泡沫、干粉、砂土。

泄漏应急处置 根据液体流动和蒸气扩散的影响区域划定警戒区，无关人员从侧风、上风向撤离至安全区。建议应急处理人员戴正压自给式呼吸器，穿防毒服，戴氯丁橡胶手套。穿上适当的防护服前严禁接触破裂的容器和泄漏物。尽可能切断泄漏源。防止泄漏物进入水体、下水道、地下室或受限空间。小量泄漏：用干燥的砂土或其他不燃材料吸收或覆盖，收集于容器中。大量泄漏：构筑围堤或挖坑收容。用泵转移至槽车或专用收集器内。用次氯酸钠或次氯酸钙溶液洗消。

342. 马来酸二丁酯

标　识

中文名称　马来酸二丁酯

英文名称　dibutyl maleate；2 – Butenedioic acid（*Z*）–，dibutyl ester

别名　顺丁烯二酸二丁酯

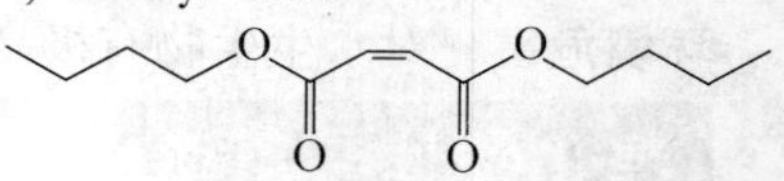

分子式　$C_{12}H_{20}O_4$

CAS 号　105 – 76 – 0

危害信息

燃烧与爆炸危险性　可燃，其蒸气与空气混合，能形成爆炸性混合物。燃烧产生有毒的一氧化碳气体。

禁忌物　强氧化剂、强酸、强碱。

毒性　大鼠经口 LD_{50}：2700mg/kg；小鼠经口 LD_{50}：4400mg/kg；兔经皮 LD_{50}：10100mg/kg。

中毒表现　对眼睛、皮肤、黏膜有刺激作用。可能有致敏作用。

侵入途径　吸入、食入、经皮吸收。

环境危害　对水生生物有极高毒性，可能在水生环境中造成长期不利影响。

理化特性与用途

理化特性　无色至淡黄色透明油状液体。不溶于水，溶于乙醇等。熔点 – 84.5 ~ – 79.9℃，沸点 277 ~ 280℃（98.8kPa），相对密度（水 = 1）0.994，相对蒸气密度（空气 = 1）7.22，饱和蒸气压 0.08Pa（25℃）、< 1Pa（20℃），辛醇/水分配系数 3.38，闪点 120℃（闭杯），引燃温度 280℃，爆炸下限 0.5%，爆炸上限 3.4%。

主要用途　用作多种树脂的内增塑剂、表面涂料的原料。

包装与储运

安全储运　储存于阴凉、通风的库房。远离火种、热源。保持容器密封。应与氧化剂、酸碱等隔离储运。搬运时轻装轻卸，防止容器受损。

紧急处置信息

急救措施

吸入： 脱离现场至空气新鲜处。如有不适感，就医。

眼睛接触： 分开眼睑，用流动清水或生理盐水冲洗。如有不适感，就医。

皮肤接触： 立即脱去污染的衣着，用肥皂水和清水彻底冲洗皮肤。如有不适感，就医。

食入： 饮足量温水，催吐。就医。

灭火方法　消防人员须佩戴防毒面具，穿全身消防服，在上风向灭火。尽可能将容器

从火场移至空旷处。喷水保持火场容器冷却，直至灭火结束。处在火场中的容器若已变色或从安全泄压装置中发出声音，必须马上撤离。

灭火剂：雾状水、泡沫、干粉、二氧化碳、砂土。

泄漏应急处置 根据液体流动和蒸气扩散的影响区域划定警戒区，无关人员从侧风、上风向撤离至安全区。消除所有点火源。建议应急处理人员戴防毒面具，穿一般作业工作服，戴橡胶耐油手套。尽可能切断泄漏源。防止泄漏物进入水体、下水道、地下室或受限空间。小量泄漏：用干燥的砂土或其他不燃材料吸收或覆盖，收集于容器中。大量泄漏：构筑围堤或挖坑收容。用泵转移至槽车或专用收集器内。

343. 马来酸二己酯

标识

中文名称 马来酸二己酯

英文名称 dihexyl maleate; di - *n* - hexyl maleate; 2 - butenedioic acid, (*Z*) -, dihexyl ester

别名 顺丁烯二酸二己酯

分子式 $C_{16}H_{28}O_4$

CAS 号 16064 - 83 - 8; 197166 - 94 - 2

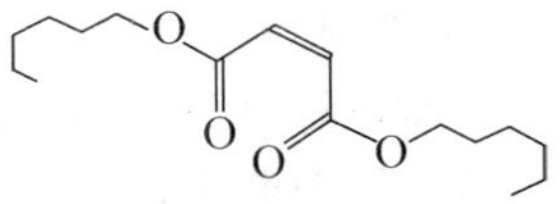

危害信息

燃烧与爆炸危险性 可燃，其蒸气与空气混合，能形成爆炸性混合物。受高热分解放出有毒的气体。

禁忌物 强氧化剂。

毒性 大鼠经口 LD_{50}: 7340mg/kg。

侵入途径 吸入、食入。

理化特性与用途

理化特性 液体。不溶于水。沸点 359.1℃，相对密度(水 =1)0.969，闪点 167.4℃。

主要用途 用作增塑剂，也用于有机合成。

包装与储运

安全储运 储存于阴凉、通风的库房。远离火种、热源。保持容器密封。应与氧化剂、强酸、碱、强还原剂等隔离储运。搬运时轻装轻卸，防止容器受损。

紧急处置信息

急救措施

吸入：迅速脱离现场至空气新鲜处。保持呼吸道通畅。如呼吸困难，给输氧。呼吸、心跳停止，立即进行心肺复苏术。就医。

眼睛接触：分开眼睑，用流动清水或生理盐水冲洗。如有不适感，就医。

皮肤接触：脱去污染的衣着，用流动清水冲洗。如有不适感，就医。

食入：饮足量温水，催吐。就医。

灭火方法 消防人员须佩戴防毒面具，穿全身消防服，在上风向灭火。尽可能将容器

从火场移至空旷处。喷水保持火场容器冷却，直至灭火结束。处在火场中的容器若已变色或从安全泄压装置中发出声音，必须马上撤离。

灭火剂：雾状水、泡沫、干粉、二氧化碳、砂土。

泄漏应急处置 根据液体流动和蒸气扩散的影响区域划定警戒区，无关人员从侧风、上风向撤离至安全区。消除所有点火源。建议应急处理人员戴防毒面具，穿一般作业工作服，戴橡胶耐油手套。尽可能切断泄漏源。防止泄漏物进入水体、下水道、地下室或受限空间。小量泄漏：用干燥的砂土或其他不燃材料吸收或覆盖，收集于容器中。大量泄漏：构筑围堤或挖坑收容。用泵转移至槽车或专用收集器内。

344. 马来酸二甲酯

标 识

中文名称 马来酸二甲酯

英文名称 dimethyl maleate；2 – butenedioic acid（*Z*）–，dimethyl ester；dimethyl cis – butenedioate

别名 顺丁烯二酸二甲酯

分子式 $C_6H_8O_4$

CAS 号 624 – 48 – 6

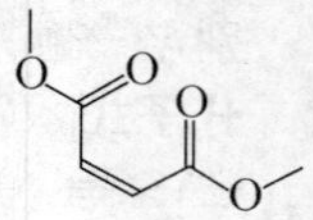

危害信息

燃烧与爆炸危险性 可燃，其蒸气与空气混合，能形成爆炸性混合物。燃烧产生有毒的一氧化碳气体。

禁忌物 酸类、碱类、氧化剂、还原剂。

毒性 大鼠经口 LD_{50}：1410mg/kg；大鼠经皮 LD_{50}：530mg/kg。

中毒表现 吸入、摄入或经皮肤吸收后对身体有害。对眼睛、皮肤、黏膜和上呼吸道有刺激作用。

侵入途径 吸入、食入、经皮吸收。

理化特性与用途

理化特性 无色透明液体。微溶于水，混溶于乙醚。熔点 –19 ~ –17.4℃，沸点 202 ~ 205℃，相对密度（水 =1）1.152，相对蒸气密度（空气 =1）4.97，饱和蒸气压 40Pa（25℃），辛醇/水分配系数 0.22，闪点 95℃（闭杯），引燃温度 390℃，爆炸下限 1.5%。

主要用途 用作增塑剂、脂肪油类的防腐剂、合成树脂的单体及有机合成的原料。

包装与储运

安全储运 储存于阴凉、通风的库房。远离火种、热源。保持容器密封。应与氧化剂、酸碱、食用化学品等隔离储运。搬运时轻装轻卸，防止容器受损。

紧急处置信息

急救措施

吸入：迅速脱离现场至空气新鲜处。保持呼吸道通畅。如呼吸困难，给输氧。呼吸、心跳停止，立即进行心肺复苏术。就医。

眼睛接触： 立即分开眼睑，用流动清水或生理盐水彻底冲洗。就医。

皮肤接触： 立即脱去污染的衣着，用肥皂水和清水彻底冲洗。就医。

食入： 饮足量温水，催吐。就医。

灭火方法 消防人员须佩戴防毒面具，穿全身消防服，在上风向灭火。尽可能将容器从火场移至空旷处。喷水保持火场容器冷却，直至灭火结束。处在火场中的容器若已变色或从安全泄压装置中发出声音，必须马上撤离。

灭火剂：雾状水、泡沫、干粉、二氧化碳、砂土。

泄漏应急处置 根据液体流动和蒸气扩散的影响区域划定警戒区，无关人员从侧风、上风向撤离至安全区。消除所有点火源。建议应急处理人员戴防毒面具，穿防毒服，戴橡胶耐油手套。穿上适当的防护服前严禁接触破裂的容器和泄漏物。尽可能切断泄漏源。防止泄漏物进入水体、下水道、地下室或受限空间。小量泄漏：用干燥的砂土或其他不燃材料吸收或覆盖，收集于容器中。大量泄漏：构筑围堤或挖坑收容。用泵转移至槽车或专用收集器内。

345. 马来酸二烯丙酯

标　识

中文名称 马来酸二烯丙酯

英文名称 diallyl maleate; 2 – butenedioic acid (*Z*) – , di – 2 – propenyl ester

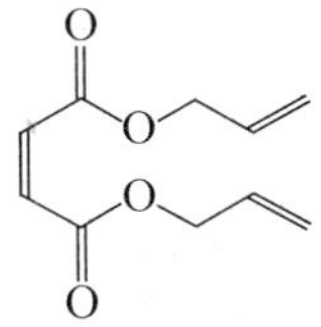

别名 顺丁烯二酸二烯丙酯

分子式 $C_{10}H_{12}O_4$

CAS 号 999 – 21 – 3

危害信息

危险性类别 第 6 类有毒品。

燃烧与爆炸危险性 可燃，其蒸气与空气混合，能形成爆炸性混合物。燃烧产生有毒的一氧化碳气体。

禁忌物 强氧化剂、强碱、强酸。

毒性 大鼠经口 LD_{50}：300mg/kg；兔经皮 LD_{50}：1200mg/kg。

中毒表现 蒸气或雾对眼睛、皮肤、黏膜和上呼吸道有刺激作用。

侵入途径 吸入、食入、经皮吸收。

理化特性与用途

理化特性 无色至淡黄色刺激性液体。不溶于水。熔点 – 47℃，沸点 106 ~ 116℃ (0.53kPa)，相对密度(水 = 1) 1.073，相对蒸气密度(空气 = 1) 6.6，饱和蒸气压 0.91Pa (25℃)，辛醇/水分配系数 2.9，闪点 123℃。

主要用途 在塑料工业中用作交联剂及脂肪、油类的防腐剂，也用作化学合成的原料。

包装与储运

包装标志 有毒品

包装类别 Ⅲ类

安全储运 通常商品加有阻聚剂。储存于阴凉、通风的库房。远离火种、热源。储存温度不超过 35℃，相对湿度不超过 85%。保持容器密封。应与氧化剂、酸类、碱类、食用化学品分开存放，切忌混储。配备相应品种和数量的消防器材。储区应备有泄漏应急处理设备和合适的收容材料。

紧急处置信息

急救措施

吸入： 迅速脱离现场至空气新鲜处。保持呼吸道通畅。如呼吸困难，给输氧。呼吸、心跳停止，立即进行心肺复苏术。就医。

眼睛接触： 立即分开眼睑，用流动清水或生理盐水彻底冲洗。就医。

皮肤接触： 立即脱去污染的衣着，用肥皂水和清水彻底冲洗。就医。

食入： 饮足量温水，催吐。就医。

灭火方法 消防人员须佩戴防毒面具，穿全身消防服，在上风向灭火。尽可能将容器从火场移至空旷处。喷水保持火场容器冷却，直至灭火结束。处在火场中的容器若已变色或从安全泄压装置中发出声音，必须马上撤离。

灭火剂：雾状水、泡沫、干粉、二氧化碳、砂土。

泄漏应急处置 根据液体流动和蒸气扩散的影响区域划定警戒区，无关人员从侧风、上风向撤离至安全区。消除所有点火源。建议应急处理人员戴防毒面具，穿防毒服，戴橡胶耐油手套。穿上适当的防护服前严禁接触破裂的容器和泄漏物。尽可能切断泄漏源。防止泄漏物进入水体、下水道、地下室或受限空间。小量泄漏：用干燥的砂土或其他不燃材料吸收或覆盖，收集于容器中。大量泄漏：构筑围堤或挖坑收容。用泵转移至槽车或专用收集器内。

346. 马来酸二乙酯

标　识

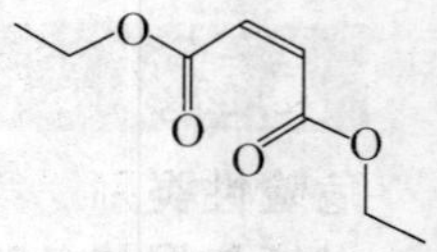

中文名称 马来酸二乙酯

英文名称 diethyl maleate；2 - butenedioic acid, diethyl ester, (*Z*) -

别名 顺丁烯二酸二乙酯

分子式 $C_8H_{12}O_4$

CAS 号 141 - 05 - 9

危害信息

燃烧与爆炸危险性 可燃，其蒸气与空气混合，能形成爆炸性混合物。受高热分解放出有毒的气体。若遇高热，容器内压增大，有开裂和爆炸的危险。

活性反应 与氧化剂可发生反应。

禁忌物 氧化剂、还原剂、酸类、碱类。

毒性 大鼠经口 LD_{50}：3200mg/kg；大鼠经皮 LD_{50}：5000mg/kg；兔经皮 LD_{50}：4000mg/kg。

侵入途径 吸入、食入、经皮吸收。

环境危害

理化特性与用途

理化特性 无色透明液体。不溶于水，溶于乙醇、乙醚、烃类和一般有机溶剂。熔点 -9.9 ~ -8.7℃，沸点 225℃，相对密度(水 = 1)1.064，相对蒸气密度(空气 = 1)5.93，饱和蒸气压 0.133kPa(57.3℃)，辛醇/水分配系数 2.2，闪点 93℃(闭杯)，引燃温度 350℃。

主要用途 用作塑料增塑剂、脂肪、油类的防腐剂。也用于有机合成。

包装与储运

安全储运 储存于阴凉、通风的库房。远离火种、热源。保持容器密封。应与氧化剂、强酸、碱、强还原剂等隔离储运。搬运时轻装轻卸，防止容器受损。

紧急处置信息

急救措施

吸入： 迅速脱离现场至空气新鲜处。保持呼吸道通畅。如呼吸困难，给输氧。呼吸、心跳停止，立即进行心肺复苏术。就医。

眼睛接触： 分开眼睑，用流动清水或生理盐水冲洗。如有不适感，就医。

皮肤接触： 脱去污染的衣着，用流动清水冲洗。如有不适感，就医。

食入： 饮足量温水，催吐。就医。

灭火方法 消防人员须佩戴防毒面具，穿全身消防服，在上风向灭火。尽可能将容器从火场移至空旷处。喷水保持火场容器冷却，直至灭火结束。处在火场中的容器若已变色或从安全泄压装置中发出声音，必须马上撤离。

灭火剂：雾状水、泡沫、干粉、二氧化碳、砂土。

泄漏应急处置 根据液体流动和蒸气扩散的影响区域划定警戒区，无关人员从侧风、上风向撤离至安全区。消除所有点火源。建议应急处理人员戴防毒面具，穿防毒服，戴橡胶手套。穿上适当的防护服前严禁接触破裂的容器和泄漏物。尽可能切断泄漏源。防止泄漏物进入水体、下水道、地下室或受限空间。小量泄漏：用干燥的砂土或其他不燃材料吸收或覆盖，收集于容器中。大量泄漏：构筑围堤或挖坑收容。用泵转移至槽车或专用收集器内。

347. 马来酸二正丙酯

标　识

中文名称 马来酸二正丙酯

英文名称 Dipropyl maleate; 2 - butenedioic acid (*Z*) - , dipropyl ester; di - *n* - propyl maleate

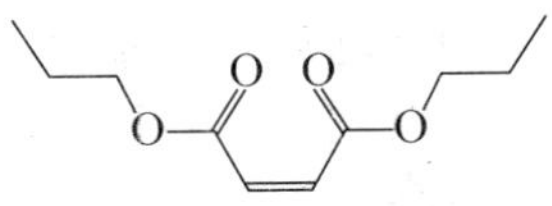

别名 顺丁烯二酸二丙酯

分子式 $C_{10}H_{16}O_4$

CAS 号 2432 - 63 - 5

危害信息

燃烧与爆炸危险性 可燃，其蒸气与空气混合，能形成爆炸性混合物。燃烧产生有毒的一氧化碳气体。

禁忌物 强氧化剂、强酸、强碱。

中毒表现 对眼睛、皮肤、黏膜有刺激作用。

侵入途径 吸入、食入。

理化特性与用途

理化特性 无色液体。不溶于水，溶于乙醇、乙醚、丙酮、苯。沸点258.4℃、114～117℃(0.8kPa)，相对密度(水=1)1.031，闪点119.6℃。

主要用途 在塑料工业中用作增塑剂，脂肪、油类的防腐剂，有机溶剂，也用作化学合成的原料。

包装与储运

安全储运 储存于阴凉、通风的库房。远离火种、热源。保持容器密封。应与氧化剂、酸碱等隔离储运。搬运时轻装轻卸，防止容器受损。

紧急处置信息

急救措施

吸入：迅速脱离现场至空气新鲜处。保持呼吸道通畅。如呼吸困难，给输氧。呼吸、心跳停止，立即进行心肺复苏术。就医。

眼睛接触：立即分开眼睑，用流动清水或生理盐水彻底冲洗。就医。

皮肤接触：立即脱去污染的衣着，用肥皂水和清水彻底冲洗。就医。

食入：饮足量温水，催吐。就医。

灭火方法 消防人员须佩戴防毒面具，穿全身消防服，在上风向灭火。尽可能将容器从火场移至空旷处。喷水保持火场容器冷却，直至灭火结束。处在火场中的容器若已变色或从安全泄压装置中发出声音，必须马上撤离。

灭火剂：雾状水、泡沫、干粉、二氧化碳、砂土。

泄漏应急处置 根据液体流动和蒸气扩散的影响区域划定警戒区，无关人员从侧风、上风向撤离至安全区。消除所有点火源。建议应急处理人员戴防毒面具，穿一般作业工作服，戴橡胶手套。尽可能切断泄漏源。防止泄漏物进入水体、下水道、地下室或受限空间。小量泄漏：用干燥的砂土或其他不燃材料吸收或覆盖，收集于容器中。大量泄漏：构筑围堤或挖坑收容。用泵转移至槽车或专用收集器内。

348. 茅 草 枯

标 识

中文名称 茅草枯

英文名称 2,2－dichloropropionic acid；dalapon

别名 2,2－二氯丙酸

分子式 $C_3H_4Cl_2O_2$

CAS号 75－99－0

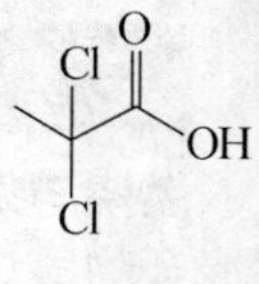

危害信息

燃烧与爆炸危险性 可燃，其蒸气与空气混合，能形成爆炸性混合物。受高热分解产生有毒的腐蚀性烟气。若遇高热，容器内压增大，有开裂和爆炸的危险。

活性反应 与氧化剂可发生反应。

禁忌物 强氧化剂、强碱、水蒸气。

毒性 大鼠经口 LD_{50}：7126mg/kg；小鼠经口 LD_{50}：>4600mg/kg；兔经皮 LD_{50}：>2000mg/kg。

中毒表现 对眼睛、皮肤、黏膜和上呼吸道有刺激作用。中毒症状可能有疲乏、呕吐、腹泻、脉搏变慢、食欲下降。

侵入途径 吸入、食入、经皮吸收。

职业接触限值 美国(ACGIH)：TLV－TWA：5mg/m^3[可吸入性]。

环境危害 对水生生物有害，可能在水生环境中造成长期不利影响。

理化特性与用途

理化特性 无色液体，有辛辣的气味。易溶于水，溶于乙醇、乙醚等多数有机溶剂。pH值1.32(0.099N，23℃)，熔点20℃，沸点190℃，相对密度(水=1)1.4，相对蒸气密度(空气=1)4.9，蒸汽压0.67kPa(71℃)，辛醇/水分配系数0.76，闪点>110℃。

主要用途 用作农用除草剂，也用于合成医药等。

包装与储运

安全储运 储存于阴凉、通风的库房。远离火种、热源。保持容器密封。应与氧化剂、碱类等隔离储运。搬运时轻装轻卸，防止容器受损。

紧急处置信息

急救措施

吸入：迅速脱离现场至空气新鲜处。保持呼吸道通畅。如呼吸困难，给输氧。呼吸、心跳停止，立即进行心肺复苏术。就医。

眼睛接触：分开眼睑，用流动清水或生理盐水冲洗。如有不适感，就医。

皮肤接触：脱去污染的衣着，用大量流动清水冲洗。如有不适感，就医。

食入：饮足量温水，催吐。就医。

灭火方法 消防人员必须穿全身耐酸碱消防服，佩戴空气呼吸器，在上风向灭火。尽可能将容器从火场移至空旷处。喷水保持火场容器冷却，直至灭火结束。处在火场中的容器若已变色或从安全泄压装置中发出声音，必须马上撤离。

灭火剂：雾状水、抗溶性泡沫、干粉、二氧化碳、砂土。

泄漏应急处置 根据液体流动和蒸气扩散的影响区域划定警戒区，无关人员从侧风、上风向撤离至安全区。建议应急处理人员戴正压自给式呼吸器，穿防毒服，戴防护手套。穿上适当的防护服前严禁接触破裂的容器和泄漏物。尽可能切断泄漏源。防止泄漏物进入水体、下水道、地下室或受限空间。小量泄漏：用干燥的砂土或其他不燃材料吸收或覆盖，收集于容器中。大量泄漏：构筑围堤或挖坑收容。用飞尘或石灰粉吸收大量液体。用泵转移至槽车或专用收集器内。

349. 灭 草 隆

标 识

中文名称 灭草隆

英文名称 monuron；3－（p－chloropheny）－1,1－dimethyl urea；*N′*－（4－chlorophenyl）－*N*,*N*－dimethylurea

别名 3－对氯苯基－1,1－二甲基脲

分子式 $C_9H_{11}ClN_2O$

CAS 号 150－68－5

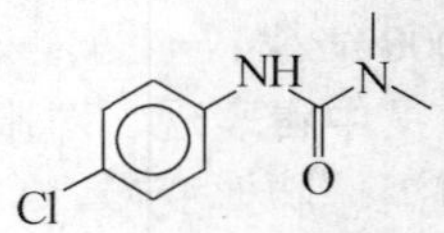

危害信息

燃烧与爆炸危险性 可燃，其粉体与空气混合，能形成爆炸性混合物。燃烧产生有毒的一氧化碳、氮氧化物和氯化氢气体。受高热分解放出有毒的气体。

禁忌物 强氧化剂、强碱、强酸。

毒性 大鼠经口 LD_{50}：1053mg/kg；小鼠经口 LD_{50}：1920mg/kg；兔经皮 LD_{50}：＞2500mg/kg。

中毒表现 脲类除草剂。对眼睛、皮肤和黏膜有刺激作用。中毒后出现头晕、头痛、乏力、失眠、恶心、呕吐等症状。严重者可有贫血、肝脾肿大。

侵入途径 吸入、食入、经皮吸收。

环境危害 对水生生物有极高毒性，可能在水生环境中造成长期不利影响。

理化特性与用途

理化特性 白色无臭结晶或粉末，有轻微的气味。不溶于水，不溶于烃类溶剂，溶于甲醇、乙醇、苯，易溶于卤代烃、热乙醇。熔点 173～174℃，沸点 359℃，相对密度（水＝1）1.27（20℃/20℃），饱和蒸气压 0.067MPa（25℃），辛醇/水分配系数 1.94。

主要用途 除草剂，用于棉花、甘蔗、凤梨、花生、洋葱等作物防除杂草及用作农药分析标准样品。

包装与储运

安全储运 储存于阴凉、通风的库房。远离火种、热源。保持容器密封。应与氧化剂、酸碱等隔离储运。搬运时轻装轻卸，防止容器受损。

紧急处置信息

急救措施

吸入：迅速脱离现场至空气新鲜处。保持呼吸道通畅。如呼吸困难，给输氧。呼吸、心跳停止，立即进行心肺复苏术。就医。

眼睛接触：分开眼睑，用流动清水或生理盐水冲洗。如有不适感，就医。

皮肤接触：立即脱去污染的衣着，用肥皂水及流动清水彻底冲洗污染的皮肤、头发、指甲等。如有不适感，就医。

食入：饮足量温水，催吐、洗胃、导泻。就医。

灭火方法 消防人员必须佩戴空气呼吸器，穿全身防火防毒服，在上风向灭火。尽可能将容器从火场移至空旷处。喷水保持火场容器冷却，直至灭火结束。

灭火剂：雾状水、泡沫、干粉、二氧化碳、砂土。

泄漏应急处置 隔离泄漏污染区，限制出入。消除所有点火源。建议应急处理人员戴防尘口罩，穿一般作业工作服，戴防护手套。尽可能切断泄漏源。用塑料布覆盖泄漏物，减少飞散。勿使水进入包装容器内。用洁净的铲子收集泄漏物，置于干净、干燥、盖子较松的容器中，将容器移离泄漏区。

350. 灭　菌　丹

标　识

中文名称　灭菌丹

英文名称　folpet；*N*－(trichloromethylthio)phthalimide

别名　*N*－(三氯甲硫基)苯邻二甲酰亚胺

分子式　$C_9H_4Cl_3NO_2S$

CAS 号　133－07－3

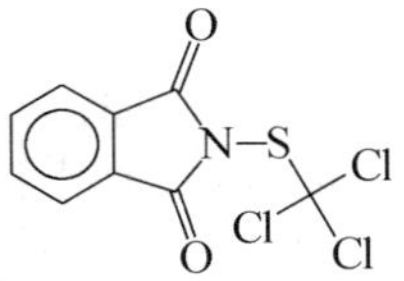

危害信息

燃烧与爆炸危险性　可燃，其粉体与空气混合，能形成爆炸性混合物。遇高热分解释出高毒烟气。

禁忌物　强氧化剂。

毒性　大鼠经口 LD_{50}：2636mg/kg；小鼠经口 LD_{50}：1546mg/kg；大鼠吸入 LC_{50}：>5000mg/m³(2h)；兔经皮 LD_{50}：>22600mg/kg。

欧盟法规 1272/2008/EC 将本品列为第 2 类致癌物——可疑的人类致癌物。

中毒表现　对皮肤、眼睛和呼吸道有刺激作用(短时间接触)；长时间接触的影响有：皮炎、致敏作用，对胃肠道、甲状腺、淋巴和造血组织、肾和肌肉有影响。

侵入途径　吸入、食入、经皮吸收。

环境危害　对水生生物有极高毒性。

理化特性与用途

理化特性　无色结晶或黄色粉末。不溶于水，微溶于苯、甲苯、甲醇、四氯化碳等有机溶剂。熔点177℃(分解)，相对密度(水=1)1.72(20℃)，饱和蒸气压0.021MPa(25℃)，辛醇/水分配系数 2.85。

主要用途　保护性杀菌剂，并对植物有刺激生长作用。用于防治粮食作物、蔬菜、果树、烟草、马铃薯等作物的霜霉病、炭疽病、白粉病等病害，也可用于工业防霉。

包装与储运

安全储运　储存于阴凉、通风的库房。远离火种、热源。保持容器密封。应与强氧化剂、醇类等隔离储运。搬运时轻装轻卸，防止容器受损。

紧急处置信息

急救措施

吸入：迅速脱离现场至空气新鲜处。保持呼吸道通畅。如呼吸困难，给输氧。呼吸、心跳停止，立即进行心肺复苏术。就医。

眼睛接触：分开眼睑，用流动清水或生理盐水冲洗。如有不适感，就医。

皮肤接触：立即脱去污染的衣着，用大量流动清水冲洗。如有不适感，就医。

食入：饮足量温水，催吐、洗胃、导泻。就医。

灭火方法　消防人员须佩戴防毒面具，穿全身消防服，在上风向灭火。尽可能将容器

从火场移至空旷处。喷水保持火场容器冷却，直至灭火结束。

灭火剂：雾状水、泡沫、干粉、二氧化碳、砂土。

泄漏应急处置 隔离泄漏污染区，限制出入。消除所有点火源。建议应急处理人员戴防尘口罩，穿防毒服，戴橡胶手套。穿上适当的防护服前严禁接触破裂的容器和泄漏物。尽可能切断泄漏源。用塑料布覆盖泄漏物，减少飞散。勿使水进入包装容器内。用洁净的铲子收集泄漏物，置于干净、干燥、盖子较松的容器中，将容器移离泄漏区。

351. 灭 蚜 硫 磷

标 识

中文名称 灭蚜硫磷

英文名称 menazon; phosphorodithioic acid, *S* –((4, 6 – diamino – *s* – triazin – 2 – yl) methyl) *O*,*O* – dimethyl ester

别名 *O*,*O* – 二甲基 – *S* –((4,6 – 二氨基 – 1,3,5 – 三嗪 – 2 – 甲基))二硫代磷酸酯；灭那虫

分子式 $C_6H_{12}N_5O_2PS_2$

CAS 号 78 – 57 – 9

WGH 号 61875

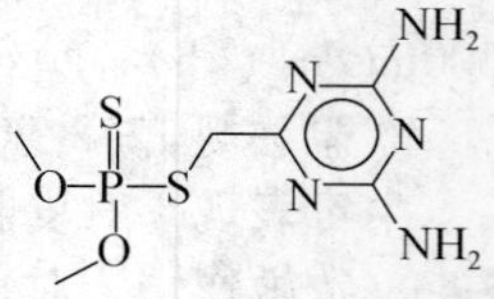

危害信息

危险性类别 第 6 类有毒品。

燃烧与爆炸危险性 可燃，其粉体与空气混合，能形成爆炸性混合物。受高热分解放出有毒的气体。

禁忌物 强氧化剂、强酸、强碱。

毒性 大鼠经口 LD_{50}：890mg/kg；小鼠经口 LD_{50}：427mg/kg；大鼠经皮 LD_{50}：>2000mg/kg；兔经皮 LD_{50}：>800mg/kg。

中毒表现 能抑制胆碱酯酶活性，中毒后全血胆碱酶活性下降，中毒症状有头痛、头晕、恶心、呕吐、流涎、大汗、瞳孔缩小、肌肉震颤等，严重中毒出现肺水肿、脑水肿等。急性中毒潜伏期约几天，胆碱酯酶抑制作用逐渐增强。

侵入途径 吸入、食入、经皮吸收。

环境危害 对水生生物有害，可能在水生环境中造成长期不利影响。

理化特性与用途

理化特性 无色无臭结晶。微溶于水，溶于乙二醇、2 – 甲氧基乙醇、2 – 乙氧基乙醇、四氢糠醇、四氢呋喃。熔点 164 ~ 166℃，饱和蒸气压 0.13MPa(25℃)。

主要用途 内吸性杀蚜剂。胆碱酯酶抑制剂。

包装与储运

包装标志 有毒品

包装类别 Ⅲ类

安全储运 储存于阴凉、通风的库房。远离火种、热源。防止阳光直射。储存温度不超过 35℃，相对湿度不超过 85%。保持容器密封。应与强氧化剂、强碱等分开存放，切忌

混储。配备相应品种和数量的消防器材。储区应备有合适的材料收容泄漏物。

紧急处置信息

急救措施

吸入：迅速脱离现场至空气新鲜处。保持呼吸道通畅。如呼吸困难，给输氧。呼吸、心跳停止，立即进行心肺复苏术。就医。

眼睛接触：分开眼睑，用流动清水或生理盐水冲洗。如有不适感，就医。

皮肤接触：立即脱去污染的衣着，用肥皂水及流动清水彻底冲洗污染的皮肤、头发、指甲等。如有不适感，就医。

食入：饮足量温水，催吐。用1∶5000高锰酸钾溶液洗胃。口服活性炭，导泻。每5min给服一片阿托品，直到感觉口干为止。就医。

灭火方法 消防人员必须佩戴空气呼吸器，穿全身防火防毒服，在上风向灭火。尽可能将容器从火场移至空旷处。喷水保持火场容器冷却，直至灭火结束。

灭火剂：雾状水、泡沫、干粉、二氧化碳、砂土。

泄漏应急处置 隔离泄漏污染区，限制出入。建议应急处理人员戴防尘口罩，穿防毒服，戴防护手套。穿上适当的防护服前严禁接触破裂的容器和泄漏物。尽可能切断泄漏源。用塑料布覆盖泄漏物，减少飞散。勿使水进入包装容器内。用洁净的铲子收集泄漏物，置于干净、干燥、盖子较松的容器中，将容器移离泄漏区。

352. 灭 蚁 灵

标 识

中文名称 灭蚁灵

英文名称 mirex；dodecachloropentacyclo(5.2.1.02，6.03，9.05，8)decane；perchloropentacyclodecane

别名 十二氯五环癸烷；全氯五环癸烷

分子式 $C_{10}Cl_{12}$

CAS号 2385－85－5

WGH号 61877

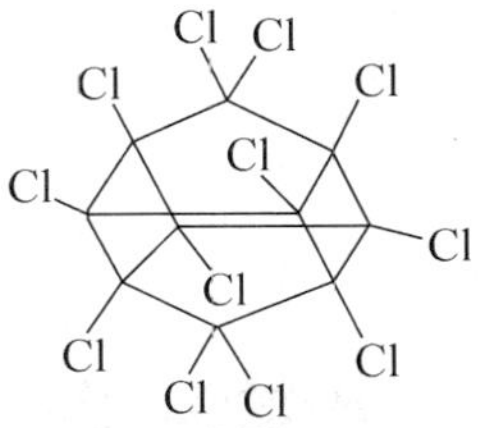

危害信息

危险性类别 第6类有毒品。

燃烧与爆炸危险性 可燃，其粉体与空气混合，能形成爆炸性混合物。受高热分解放出有毒的气体。

禁忌物 强氧化剂。

毒性 大鼠经口 LD_{50}：235mg/kg；大鼠经皮 LD_{50}：＞2000mg/kg；兔经皮 LD_{50}：800mg/kg。

ARC致癌性评论：G2B，可疑人类致癌物。

欧盟法规1272/2008/EC将本品列为第2类致癌物——可疑的人类致癌物。第2类生殖毒物——可疑的人类生殖毒物。

侵入途径 吸入、食入、经皮吸收。

环境危害 对水生生物有极高毒性，可能在水生环境中造成长期不利影响。

理化特性与用途

理化特性 白色无气味结晶。不溶于水，溶于苯、二甲苯、二噁烷、四氯化碳、二硫化碳、四氢呋喃。熔点485℃，分解温度525℃，相对蒸气密度(空气=1)18.8，饱和蒸气压0.11MPa(25℃)，辛醇/水分配系数5.28。

主要用途 用作杀螨剂、杀虫剂。

包装与储运

包装标志 有毒品

包装类别 Ⅲ类

安全储运 储存于阴凉、通风的库房。远离火种、热源。防止阳光直射。储存温度不超过35℃，相对湿度不超过85%。保持容器密封。应与氧化剂等分开存放，切忌混储。配备相应品种和数量的消防器材。储区应备有合适的材料收容泄漏物。

紧急处置信息

急救措施

吸入：迅速脱离现场至空气新鲜处。保持呼吸道通畅。如呼吸困难，给输氧。呼吸、心跳停止，立即进行心肺复苏术。就医。

眼睛接触：分开眼睑，用流动清水或生理盐水冲洗。如有不适感，就医。

皮肤接触：立即脱去污染的衣着，用肥皂水及流动清水彻底冲洗污染的皮肤、头发、指甲等。如有不适感，就医。

食入：饮足量温水，催吐、洗胃、导泻。就医。

灭火方法 消防人员须佩戴防毒面具，穿全身消防服，在上风向灭火。尽可能将容器从火场移至空旷处。喷水保持火场容器冷却，直至灭火结束。

灭火剂：雾状水、泡沫、干粉、二氧化碳、砂土。

泄漏应急处置 隔离泄漏污染区，限制出入。建议应急处理人员戴防尘口罩，穿防毒服，戴防毒手套。穿上适当的防护服前严禁接触破裂的容器和泄漏物。尽可能切断泄漏源。用塑料布覆盖泄漏物，减少飞散。勿使水进入包装容器内。用洁净的铲子收集泄漏物，置于干净、干燥、盖子较松的容器中，将容器移离泄漏区。

353. 钼 粉

标 识

中文名称 钼粉

英文名称 molybdenum；molybdenum powder

别名 钼

分子式 Mo

CAS 号 7439－98－7

危害信息

危险性类别 第4.1类易燃固体。

燃烧与爆炸危险性 可燃，其粉体与空气混合，能形成爆炸性混合物。

活性反应　与氧化剂能发生强烈反应。

禁忌物　氟、酸类。

中毒表现　对眼睛、皮肤有刺激作用。在钼金属提炼工厂中部分工人出现尘肺病变，有自觉呼吸困难、全身疲倦、头晕、胸痛、咳嗽等。

侵入途径　吸入、食入。

职业接触限值　中国：PC－TWA：6mg/m^3［按钼计］。

美国(ACGIH)：TLV－TWA：10mg/m^3［按钼计］。

理化特性与用途

理化特性　深灰色至黑色粉末。不溶于水，溶于热的浓硫酸和硝酸，不溶于氢氟酸、盐酸、稀硫酸、氨、氢氧化钠。熔点 2617℃，沸点 4612℃，相对密度(水＝1)10.2，饱和蒸气压 10Pa(2721℃)。

主要用途　用于制特种钢、耐热耐酸合金、火箭导弹材料、电工器材、玻璃、陶瓷、颜料，也用于化学工业。

包装与储运

包装标志　易燃固体

包装类别　Ⅲ类

安全储运　储存于阴凉、通风的库房。远离火种、热源。防止阳光直射。储存温度不超过 35℃。保持容器密封。应与氟、酸类、食用化学品等分开存放，切忌混储。采用防爆型照明、通风设施。禁止使用易产生火花的机械设备和工具。储区应备有合适的材料收容泄漏物。

紧急处置信息

急救措施

吸入：脱离现场至空气新鲜处。如有不适感，就医。

眼睛接触：分开眼睑，用流动清水或生理盐水冲洗。如有不适感，就医。

皮肤接触：脱去污染的衣着，用大量流动清水冲洗。如有不适感，就医。

食入：饮足量温水，催吐。就医。

灭火方法　消防人员须佩戴防毒面具，穿全身消防服，在上风向灭火。尽可能将容器从火场移至空旷处。喷水保持火场容器冷却，直至灭火结束。切勿将水流直接射至熔融物，以免引起严重的流淌火灾或引起剧烈的沸溅。

灭火剂：雾状水、泡沫、干粉、二氧化碳、砂土。

泄漏应急处置　隔离泄漏污染区，限制出入。建议应急处理人员戴防尘口罩，穿一般作业工作服，戴防护手套。用洁净的无火花工具收集泄漏物，置于一盖子较松的塑料容器中，待处置。

354. 钼 酸 钙

标　识

中文名称　钼酸钙

英文名称　calcium molybdate; calcium molybdenum oxide

分子式　$CaMoO_4$

CAS 号　7789 - 82 - 4

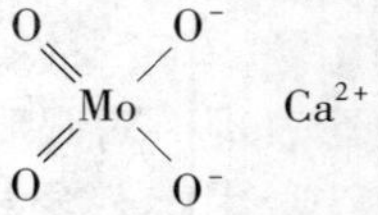

危害信息

燃烧与爆炸危险性　不燃，无特殊燃爆特性。

禁忌物　强氧化剂、强碱。

毒性　大鼠经口 LD_{50}：100mg/kg。

中毒表现　对眼睛、皮肤有刺激作用。在钼金属提炼工厂中部分工人出现尘肺病变，有自觉呼吸困难、全身疲倦、头晕、胸痛、咳嗽等。

侵入途径　吸入、食入。

职业接触限值　中国：PC - TWA：6mg/m^3[按钼计]。

美国(ACGIH)：TLV - TWA：10mg/m^3[按钼计]。

理化特性与用途

理化特性　无色四方结晶或白色结晶粉末。不溶于水、乙醇、乙醚。溶于浓无机酸。分解温度 965℃，相对密度(水 =1)4.35。

主要用途　用作磷光及发光物质，也用于制造钼酸等。

包装与储运

安全储运　储存于阴凉、通风的库房。远离火种、热源。保持容器密封。搬运时轻装轻卸，防止容器受损。

紧急处置信息

急救措施

吸入：迅速脱离现场至空气新鲜处。保持呼吸道通畅。如呼吸困难，给输氧。呼吸、心跳停止，立即进行心肺复苏术。就医。

眼睛接触：分开眼睑，用流动清水或生理盐水冲洗。如有不适感，就医。

皮肤接触：脱去污染的衣着，用大量流动清水冲洗。如有不适感，就医。

食入：饮足量温水，催吐。就医。

灭火方法　消防人员必须戴空气呼吸器，穿全身防火防毒服，在上风向灭火。灭火时尽可能将容器从火场移至空旷处。本品不燃。根据着火原因选择适当灭火剂灭火。

泄漏应急处置　隔离泄漏污染区，限制出入。建议应急处理人员戴防尘口罩，穿防毒服，戴防护手套。穿上适当的防护服前严禁接触破裂的容器和泄漏物。尽可能切断泄漏源。用塑料布覆盖泄漏物，减少飞散。勿使水进入包装容器内。用洁净的铲子收集泄漏物，置于干净、干燥、盖子较松的容器中，将容器移离泄漏区。

355. 钠

标　识

中文名称　钠

英文名称　sodium；sodium metal

别名　金属钠

分子式 Na
CAS 号 7440－23－5
WGH 号 43002
UN 号 1428

危害信息

危险性类别 第4.3类遇湿易燃物品。

燃烧与爆炸危险性 暴露在空气或氧气中能自行燃烧并爆炸。遇水或潮气猛烈反应放出氢气，大量放热，引起燃烧或爆炸。

活性反应 化学反应活性很高，在氧、氯、氟、溴蒸气中会燃烧。遇水或潮气发生猛烈反应放出氢气。金属钠暴露在空气或氧气中能自行燃烧并爆炸，使熔融物飞溅。与卤素、磷、氧化物、氧化剂和酸类发生剧烈反应。100℃时开始蒸发，蒸气可侵蚀玻璃。

禁忌物 强氧化剂、水、氧、酸类、卤素(氯、氟、溴蒸气)、磷、许多氧化物。

毒性 小鼠腹腔内 LD_{50}：4000mg/kg。

中毒表现 在空气中能自燃，燃烧产生的烟(主要含氧化钠)对鼻、喉及上呼吸道有腐蚀作用及极强的刺激作用。同潮湿皮肤或衣服接触可燃烧，造成烧伤。

侵入途径 吸入、食入。

理化特性与用途

理化特性 银白色软质金属。不溶于苯、煤油、石脑油，溶于液氨。熔点97.8℃，沸点880℃，相对密度(水＝1)0.97，饱和蒸气压0.13kPa(440℃)，临界温度2236℃，临界压力25.64MPa，燃烧热－209.5kJ/mol，引燃温度120～125℃。

主要用途 广泛用于无机化学、有机化学、冶金、制药、食品和国防工业。用于制造氰化钠、过氧化钠和多种化学药物，也用作还原剂。

包装与储运

包装标志 遇湿易燃物品

包装类别 Ⅰ类

安全储运 浸于煤油中。储存于阴凉、干燥、通风良好的专用库房内，远离火种、热源。库温不超过32℃。相对湿度不超过75%。包装要求密封，不可与空气接触。应与氧化剂、酸类、卤素等分开存放，切忌混储。采用防爆型照明、通风设施。禁止使用易产生火花的机械设备和工具。储区应备有合适的材料收容泄漏物。

紧急处置信息

急救措施

吸入：迅速脱离现场至空气新鲜处。保持呼吸道通畅。如呼吸困难，给输氧。呼吸、心跳停止，立即进行心肺复苏术。就医。

眼睛接触：分开眼睑，用流动清水或生理盐水冲洗。就医。

皮肤接触：脱去污染的衣着，用大量清水彻底冲洗皮肤。就医。

食入：用水漱口。给饮牛奶或蛋清。就医。

灭火方法 消防人员必须佩戴空气呼吸器，穿全身防火防毒服，在上风向灭火。尽可能将容器从火场移至空旷处。喷水保持火场容器冷却，直至灭火结束。

灭火剂：干燥氯化钠粉末、干燥石墨粉、碳酸钠干粉、碳酸钙干粉、干砂。

泄漏应急处置 严禁用水处理。隔离泄漏污染区，限制出入。消除所有点火源。建议应急处理人员戴正压自给式呼吸器，穿防静电、防腐蚀、防毒服，戴橡胶手套。禁止接触或跨越泄漏物。尽可能切断泄漏源。保持泄漏物干燥。小量泄漏：用干燥的砂土或其他不燃材料覆盖泄漏物，然后用塑料布覆盖，减少飞散、避免雨淋。收入金属容器并保存在煤油或液体石蜡中。大量泄漏：用塑料布或帆布覆盖泄漏物，减少飞散，保持干燥。严禁设法扫除干的泄漏物。在专家指导下清除。

356. 氖

标　识

中文名称　氖

英文名称　neon

分子式　Ne

CAS 号　7440－01－9

WGH 号　22009（压缩）；22010（液化）

UN 号　1065（压缩）；1963（液化）

危害信息

危险性类别　第 2.2 类不燃气体。

燃烧与爆炸危险性　不燃，无特殊燃爆特性。若遇高热，容器内压增大，有开裂和爆炸的危险。

中毒表现　单纯窒息性气体。高浓度时可使呼吸加快、注意力不集中、共济失调。继之疲倦乏力、烦躁不安、恶心、呕吐、昏迷、抽搐，以致死亡。

侵入途径　吸入。

理化特性与用途

理化特性　无色无味气体。微溶于水。熔点－248.7℃，沸点－246.1℃，相对密度（水＝1）1.2（－246℃），相对蒸气密度（空气＝1）0.69，饱和蒸气压 101.32kPa（－246℃），临界温度－228.7℃，临界压力 2.73MPa。

主要用途　用于填充电子管、霓虹灯、钠蒸气灯及用作液化深冷源等。

包装与储运

包装标志　不燃气体

安全储运　储存于阴凉、通风的不燃气体专用库房。远离火种、热源。库温不宜超过 30℃。应与易（可）燃物分开存放，切忌混储。储区应备有泄漏应急处理设备。搬运时轻装轻卸，须戴好钢瓶安全帽和防震橡皮圈，防止钢瓶撞击。

紧急处置信息

急救措施

吸入：迅速脱离现场至空气新鲜处。保持呼吸道通畅。如呼吸困难，给输氧。呼吸、心跳停止，立即进行心肺复苏术。就医。

眼睛接触：不会通过该途径接触。

皮肤接触：不会通过该途径接触。

食入： 不会通过该途径接触。

灭火方法 消防人员须佩带防毒面具，穿全身消防服，在上风向灭火。喷水保持火场容器冷却，直至灭火结束。尽可能将容器从火场移至空旷处。本品不燃，根据着火原因选择适当灭火剂灭火。

泄漏应急处置 大量泄漏：根据气体扩散的影响区域划定警戒区，无关人员从侧风、上风向撤离至安全区。建议应急处理人员戴正压自给式呼吸器，穿一般作业工作服。液化气体泄漏时穿防寒服。尽可能切断泄漏源。漏出气允许排入大气中。泄漏场所保持通风。

357. 1－萘胺－6－磺酸

标 识

中文名称 1－萘胺－6－磺酸

英文名称 5－Aminonaphthalene－2－sulphonic acid；1－Naphthylamine－6－sulfonic acid；1，7－Clever′s Acid

别名 1，6－克列夫酸

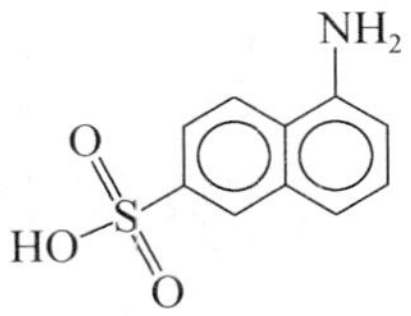

分子式 $C_{10}H_9NO_3S$

CAS 号 119－79－9

危害信息

危险性类别 第8类腐蚀品。

燃烧与爆炸危险性 其粉体与空气混合能形成爆炸性混合物，燃烧产生有毒的一氧化碳、氮氧化物和硫氧化物气体。具有腐蚀性。

禁忌物 强氧化剂、强碱。

毒性 大鼠经口 LD_{50}：14200mg/kg。

侵入途径 吸入、食入、经皮吸收。

理化特性与用途

理化特性 灰红色粉末或针状结晶。微溶于水，不溶于乙醇、乙醚，溶于氨水。熔点>300℃，相对密度(水=1)1.502，辛醇/水分配系数－0.91。

主要用途 用于制备偶氮染料和硫化染料，如直接耐晒蓝BGL、硫化蓝CV等。

包装与储运

包装类别 腐蚀品

安全储运 储存于阴凉、通风的库房。远离火种、热源。保持容器密封。应与强氧化剂、酸类、强碱等隔离储运。搬运时轻装轻卸，防止容器受损。

紧急处置信息

急救措施

吸入： 迅速脱离现场至空气新鲜处。保持呼吸道通畅。如呼吸困难，给输氧。呼吸、心跳停止，立即进行心肺复苏术。就医。

眼睛接触： 立即分开眼睑，用流动清水或生理盐水彻底冲洗10～15min。就医。

皮肤接触： 立即脱去污染的衣着，用大量流动清水彻底冲洗，冲洗时间一般要求20～

30min。就医。

食入：用水漱口，禁止催吐。给饮牛奶或蛋清。就医。

灭火方法 消防人员必须佩戴空气呼吸器、穿全身防火防毒服，在上风向灭火。尽可能将容器从火场移至空旷处。喷水保持火场容器冷却，直至灭火结束。

灭火剂：水、雾状水、泡沫、干粉、二氧化碳。

泄漏应急处置 隔离泄漏污染区，限制出入。建议应急处理人员戴防尘口罩，穿防毒服。禁止接触或跨越泄漏物。防止泄漏物进入水体、下水道、地下室或受限空间。

358. 萘 草 胺

标 识

中文名称 萘草胺

英文名称 *N*－1－naphthyl phthalamic acid；naptalam

别名 *N*－1－萘基酞氨酸；抑草生

分子式 $C_{18}H_{13}NO_3$

CAS 号 132－66－1

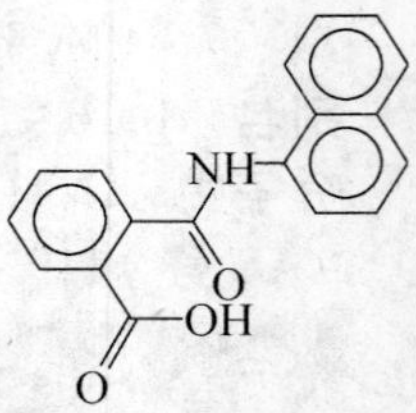

危害信息

燃烧与爆炸危险性 可燃，其粉体与空气混合，能形成爆炸性混合物。受高热分解放出有毒的气体。

禁忌物 强氧化剂。

毒性 大鼠经口 LD_{50}：8200mg/kg；大鼠吸入 LC_{50}：＞2070mg/kg；兔经皮 LD_{50}：＞2000mg/kg。

侵入途径 吸入、食入、经皮吸收。

理化特性与用途

理化特性 白色结晶或紫红色结晶粉末，有不愉快的气味。微溶于水，不溶于己烷、苯、二甲苯、溶剂石脑油，微溶于乙醇，溶于碱液(分解)。熔点185℃，相对密度(水=1)1.4(20℃/4℃)，辛醇/水分配系数3.41。

主要用途 芽前除草剂。用于葫芦科植物、大豆、马铃薯、花生等作物田除草。

包装与储运

安全储运 储存于阴凉、通风的库房。远离火种、热源。保持容器密封。应与强氧化剂等隔离储运。

紧急处置信息

急救措施

吸入：迅速脱离现场至空气新鲜处。保持呼吸道通畅。如呼吸困难，给输氧。呼吸、心跳停止，立即进行心肺复苏术。就医。

眼睛接触：分开眼睑，用流动清水或生理盐水冲洗。如有不适感，就医。

皮肤接触：脱去污染的衣着，用流动清水冲洗。如有不适感，就医。

食入：饮足量温水，催吐、洗胃、导泻。就医。

灭火方法 消防人员须佩戴防毒面具，穿全身消防服，在上风向灭火。尽可能将容器从火场移至空旷处。喷水保持火场容器冷却，直至灭火结束。切勿将水流直接射至熔融物，以免引起严重的流淌火灾或引起剧烈的沸溅。

灭火剂：雾状水、泡沫、干粉、二氧化碳、砂土。

泄漏应急处置 隔离泄漏污染区，限制出入。消除所有点火源。建议应急处理人员戴防尘口罩，穿防毒服，戴橡胶手套。穿上适当的防护服前严禁接触破裂的容器和泄漏物。尽可能切断泄漏源。用塑料布覆盖泄漏物，减少飞散。勿使水进入包装容器内。用洁净的铲子收集泄漏物，置于干净、干燥、盖子较松的容器中，将容器移离泄漏区。

359. 1,5－萘二异氰酸酯

标　识

中文名称 1，5－萘二异氰酸酯

英文名称 1，5－naphthalene diisocyanate；1，5－diisocyanatonaphthalene

别名 1，5－二异氰酸萘酯

分子式 $C_{12}H_6N_2O_2$

CAS 号 3173－72－6

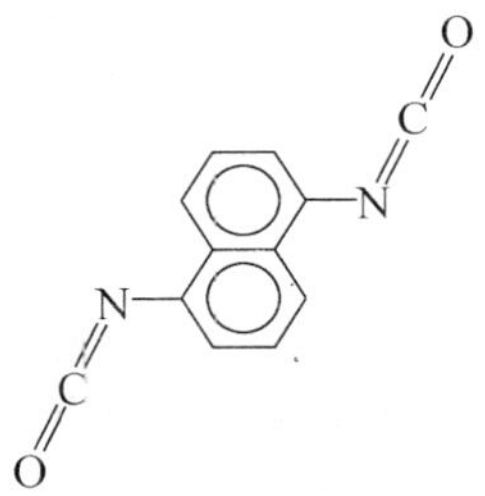

危害信息

危险性类别 第6类有毒品。

燃烧与爆炸危险性 可燃，其粉体与空气混合，能形成爆炸性混合物。受高热分解放出有毒的气体。

禁忌物 强氧化剂、强碱。

毒性 大鼠吸入 LC_{50}：270mg/m^3(4h)。

中毒表现 本品具有刺激和致敏作用。

侵入途径 吸入、食入、经皮吸收。

环境危害 对水生生物有害，可能在水生环境中造成长期不利影响。

理化特性与用途

理化特性 白色至淡黄色片状结晶。溶于苯、乙醇、乙醚、氯仿等。熔点130℃，沸点167℃(0.7kPa)，相对密度(水＝1)1.42，相对蒸气密度(空气＝1)7.3，饱和蒸气压1MPa(20℃)，辛醇/水分配系数0.89，闪点192℃(闭杯)。

主要用途 用作染料和药物中间体，用于制聚氨酯、涂料、黏接剂、氨基甲酸酯等。

包装与储运

包装标志 有毒品

包装类别 Ⅱ类

安全储运 储存于阴凉、通风的库房。远离火种、热源。防止阳光直射。储存温度不超过32℃，相对湿度不超过85%。保持容器密封。应与氧化剂、碱类、胺、醇类等分开存放，切忌混储。配备相应品种和数量的消防器材。储区应备有合适的材料收容泄漏物。

紧急处置信息

急救措施

吸入：迅速脱离现场至空气新鲜处。保持呼吸道通畅。如呼吸困难，给输氧。呼吸、心跳停止，立即进行心肺复苏术。就医。

眼睛接触：分开眼睑，用流动清水或生理盐水冲洗。如有不适感，就医。

皮肤接触：脱去污染的衣着，用大量流动清水冲洗。如有不适感，就医。

食入：饮足量温水，催吐。就医。

灭火方法 消防人员须佩戴防毒面具，穿全身消防服，在上风向灭火。尽可能将容器从火场移至空旷处。喷水保持火场容器冷却，直至灭火结束。

灭火剂：雾状水、泡沫、干粉、二氧化碳、砂土。

泄漏应急处置 隔离泄漏污染区，限制出入。消除所有点火源。建议应急处理人员戴防尘口罩，穿防毒服，戴防毒手套。穿上适当的防护服前严禁接触破裂的容器和泄漏物。尽可能切断泄漏源。用塑料布覆盖泄漏物，减少飞散。勿使水进入包装容器内。用洁净的铲子收集泄漏物，置于干净、干燥、盖子较松的容器中，将容器移离泄漏区。

360. 1－萘酚

标　识

中文名称 1－萘酚

英文名称 1－naphthalenol；1－naphthol；α－naphthol

别名 α－萘酚

分子式 $C_{10}H_8O$

CAS 号 90－15－3

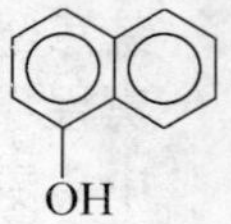

危害信息

燃烧与爆炸危险性 可燃，其粉体与空气混合，能形成爆炸性混合物。燃烧产生有毒的一氧化碳和成分未知的黑色烟雾。

禁忌物 强氧化剂、强碱、酰基氯、酸酐。

毒性 大鼠经口 LD_{50}：1870mg/kg；小鼠经口 LD_{50}：275mg/kg；兔经皮 LD_{50}：880mg/kg。

中毒表现 对眼睛、皮肤、黏膜有强烈刺激作用。可引起出血性肾炎。误服后，可出现呕吐、腹泻 、腹痛、痉挛、贫血、虚脱。萘酚类可引起角膜损伤和眼晶体混浊。

侵入途径 吸入、食入、经皮吸收。

理化特性与用途

理化特性 无色或黄色结晶或粉末。不溶于水，易溶于苯、乙醇、乙醚、氯仿、碱液，溶于丙酮。熔点 94～98℃，沸点 278～288℃，相对密度(水＝1)1.095(98.7℃/4℃)，相对蒸气密度(空气＝1)4.5，饱和蒸气压 0.13kPa(94℃)，辛醇/水分配系数 2.85，闪点 125℃(闭杯)、153℃(开杯)，引燃温度 541℃，爆炸下限 0.8%，爆炸上限 5.0%。

主要用途 用于制染料、香料、药物、农用化学品、橡胶防老剂和彩色电影胶片的成色剂等。

包装与储运

安全储运 储存于阴凉、通风的库房。远离火种、热源。保持容器密封。应与强氧化剂、碱类、食用化学品等隔离储运。搬运时轻装轻卸，防止容器受损。

紧急处置信息

急救措施

吸入：迅速脱离现场至空气新鲜处。保持呼吸道通畅。如呼吸困难，给输氧。呼吸、心跳停止，立即进行心肺复苏术。就医。

眼睛接触：分开眼睑，用流动清水或生理盐水冲洗。就医。

皮肤接触：立即脱去污染的衣着，用肥皂水和清水彻底冲洗皮肤。就医。

食入：饮足量温水，催吐、洗胃、导泻。就医。

灭火方法 消防人员须佩戴防毒面具，穿全身消防服，在上风向灭火。尽可能将容器从火场移至空旷处。喷水保持火场容器冷却，直至灭火结束。

灭火剂：雾状水、泡沫、干粉、二氧化碳、砂土。

泄漏应急处置 隔离泄漏污染区，限制出入。消除所有点火源。建议应急处理人员戴防尘口罩，穿防毒服，戴防护手套。穿上适当的防护服前严禁接触破裂的容器和泄漏物。尽可能切断泄漏源。用塑料布覆盖泄漏物，减少飞散。勿使水进入包装容器内。用洁净的铲子收集泄漏物，置于干净、干燥、盖子较松的容器中，将容器移离泄漏区。

361. 萘酚 AS－BS

标　识

中文名称 萘酚 AS－BS

英文名称 3－Hydroxy－3′－nitro－2－naphthanilide；Naphthol AS－BS

别名 3－羟基－N－(3－硝基苯基)－2－萘甲酰胺；纳夫妥 AS－BS；色酚 AS－BS

分子式 $C_{17}H_{12}N_2O_4$

CAS 号 135－65－9

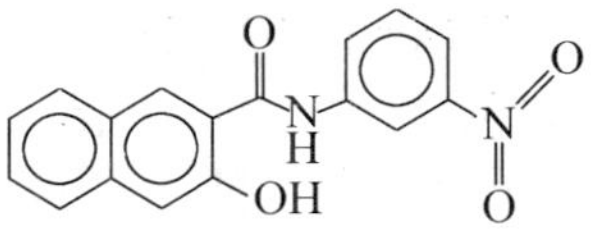

危害信息

侵入途径 吸入、食入、经皮吸收。

理化特性与用途

理化特性 浅黄色或黄绿色粉末。溶于醋酸。溶于烧碱溶液呈黄色。不溶于熔点 246～247℃，沸点 448℃，相对密度(水＝1)1.449，闪点 224.7℃。

主要用途 主要用作棉织物染色和印花的打底剂，并可作快色素和有机颜料的中间体。

包装与储运

安全储运 储存于阴凉、通风的库房。远离火种、热源。应与强氧化剂等隔离储运。

紧急处置信息

急救措施

吸入：脱离接触。如有不适感，就医。

眼睛接触：分开眼睑，用流动清水或生理盐水冲洗。如有不适感，就医。

皮肤接触：脱去污染的衣着，用肥皂水和清水冲洗。如有不适感，就医。

食入：漱口，饮水。就医。

泄漏应急处置 隔离泄漏污染区，限制出入。消除所有点火源。建议应急处理人员戴防尘口罩，穿防毒服。禁止接触或跨越泄漏物。小量泄漏：用洁净的铲子收集泄漏物，置于干净、干燥、盖子较松的容器中，将容器移离泄漏区。大量泄漏：用水润湿，并筑堤收容。防止泄漏物进入水体、下水道、地下室或受限空间。

362. 萘 磺 汞

标 识

中文名称 萘磺汞

英文名称 hydrargaphen; phenylmercuric 3,3′-methylenebis(2-naphthalenesulfonate)

别名 3,3′-亚甲基二(2-萘磺酸)苯汞

分子式 $C_{33}H_{24}Hg_2O_6S_2$

CAS 号 14235-86-0

WGH 号 61851

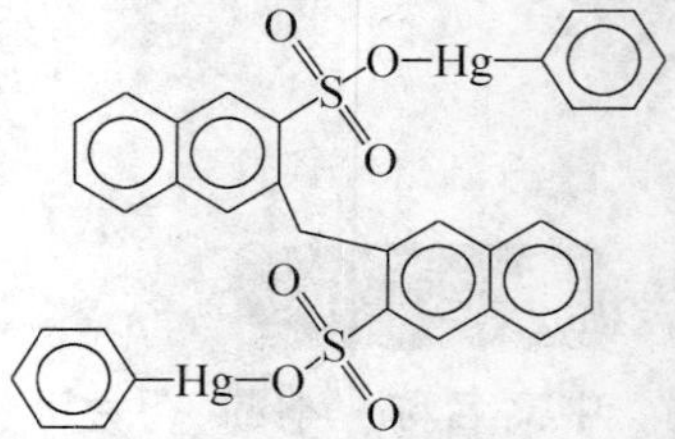

危害信息

危险性类别 第6类有毒品。

燃烧与爆炸危险性 可燃，其粉体与空气混合，能形成爆炸性混合物。遇高热分解释出高毒烟气。

禁忌物 强氧化剂。

毒性 大鼠经口 LD_{50}：70mg/kg；小鼠经口 LD_{50}：70mg/kg。

侵入途径 吸入、食入、经皮吸收。

职业接触限值 中国：PC-TWA：0.01mg/m^3；PC-STEL：0.03mg/m^3[皮，按汞计]。美国(ACGIH)：TLV-TWA：0.1mg/m^3[皮，按汞计]。

理化特性与用途

理化特性 无定形粉末。不溶于水。辛醇/水分配系数 7.77。

主要用途 用于木材处理，用作生皮、皮革、织物、涂料、黏合剂的防霉、防腐、杀菌和杀真菌剂。

包装与储运

包装标志 有毒品

包装类别 Ⅲ类

安全储运 储存于阴凉、通风的库房。远离火种、热源。防止阳光直射。储存温度不超过35℃，相对湿度不超过85%。保持容器密封。应与氧化剂等分开存放，切忌混储。配

备相应品种和数量的消防器材。储区应备有合适的材料收容泄漏物。

紧急处置信息

急救措施

吸入：迅速脱离现场至空气新鲜处。保持呼吸道通畅。如呼吸困难，给输氧。呼吸、心跳停止，立即进行心肺复苏术。就医。

眼睛接触：立即分开眼睑，用大量流动清水或生理盐水彻底冲洗10～15min。如有不适感，就医。

皮肤接触：脱去污染的衣着，用大量流动清水冲洗。如有不适感，就医。

食入：如患者神志清醒，催吐，洗胃。口服活性炭，导泻。就医。

灭火方法 消防人员须佩戴防毒面具，穿全身消防服，在上风向灭火。尽可能将容器从火场移至空旷处。喷水保持火场容器冷却，直至灭火结束。

灭火剂：雾状水、泡沫、干粉、二氧化碳、砂土。

泄漏应急处置 隔离泄漏污染区，限制出入。消除所有点火源。建议应急处理人员戴防尘口罩，穿防毒服，戴防护手套。穿上适当的防护服前严禁接触破裂的容器和泄漏物。尽可能切断泄漏源。用塑料布覆盖泄漏物，减少飞散。勿使水进入包装容器内。用洁净的铲子收集泄漏物，置于干净、干燥、盖子较松的容器中，将容器移离泄漏区。

363. α－萘甲酸

标　识

中文名称 α－萘甲酸

英文名称 1－naphthalenecarboxylic acid；1－naphthoic acid；α－naphthoic acid

别名 1－萘酸

分子式 $C_{11}H_8O_2$

CAS号 86－55－5

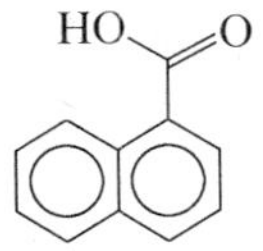

危害信息

燃烧与爆炸危险性 可燃，其粉体与空气混合，能形成爆炸性混合物。受热分解产生有毒的烟气。

禁忌物 强氧化剂、强碱、强酸。

毒性 小鼠经口LD_{50}：1620mg/kg。

中毒表现 在一般情况下接触无明显危险性，其热蒸气对眼睛、皮肤和上呼吸道有刺激作用。

侵入途径 吸入、食入。

理化特性与用途

理化特性 白色针状结晶或淡黄色至褐色粉末。不溶于水，溶于热乙醇、乙醚。熔点158～162℃，沸点300℃，相对密度(水＝1)1.398，相对蒸气密度(空气＝1)5.94，饱和蒸气压0.07Pa(25℃)，辛醇/水分配系数3.1，闪点195℃。

主要用途 用于有机合成。

包装与储运

安全储运 储存于阴凉、通风的库房。远离火种、热源。保持容器密封。应与氧化剂、酸碱等隔离储运。搬运时轻装轻卸，防止容器受损。

紧急处置信息

急救措施

吸入：脱离现场至空气新鲜处。如呼吸困难，给输氧。就医。

眼睛接触：分开眼睑，用流动清水或生理盐水冲洗。如有不适感，就医。

皮肤接触：立即脱去污染的衣着，用肥皂水和清水彻底冲洗皮肤。如有不适感，就医。

食入：饮足量温水，催吐。就医。

灭火方法 消防人员必须佩戴空气呼吸器，穿全身防火防毒服，在上风向灭火。尽可能将容器从火场移至空旷处。喷水保持火场容器冷却，直至灭火结束。

灭火剂：雾状水、泡沫、干粉、二氧化碳、砂土。

泄漏应急处置 隔离泄漏污染区，限制出入。消除所有点火源。建议应急处理人员戴防尘口罩，穿一般作业工作服，戴防护手套。尽可能切断泄漏源。用塑料布覆盖泄漏物，减少飞散。勿使水进入包装容器内。用洁净的铲子收集泄漏物，置于干净、干燥、盖子较松的容器中，将容器移离泄漏区。

364. 镍

标　识

中文名称 镍

英文名称 nickel；nickel, metal

别名 金属镍

分子式 Ni

CAS 号 7440－02－0

WGH 号 42004

危害信息

危险性类别 第 4.2 类自燃物品。

燃烧与爆炸危险性 其粉体化学活性较高，暴露在空气中会发生氧化反应，甚至自燃。粉尘可燃，能与空气形成爆炸性混合物。

活性反应 其粉体化学活性较高，暴露在空气中会发生氧化反应，甚至自燃。遇强酸反应，放出氢气。

禁忌物 酸类、强氧化剂、硫。

毒性 大鼠腹腔内 LD_{50}：250mg/kg。

IARC 致癌性评论：G2B，对人类是可能致癌物。

欧盟法规 1272/2008/EC 将本品列为第 2 类致癌物——可疑的人类致癌物。

中毒表现 可引起镍皮炎，又称镍“痒疹”。皮肤剧痒，后出现丘疹、疱疹及红斑，重者化脓、溃烂。长期吸入镍粉可致呼吸道刺激、慢性鼻炎，甚至发生鼻中隔穿孔。尚可引起变态反应性肺炎、支气管炎、哮喘等。

侵入途径 吸入、食入。

职业接触限值 中国：PC－TWA：1mg/m³[按镍计]。

美国(ACGIH)：TLV－TWA：1.5mg/m³[可吸入性]。

理化特性与用途

理化特性 银白色质硬而坚韧的金属或粉末。不溶于水、氨，溶于稀硝酸，微溶于盐酸和硫酸。熔点 1455℃，沸点 2730℃，相对密度(水＝1)8.9，饱和蒸气压 0.13kPa(1810℃)。

主要用途 用于电子管材料、加氢催化剂及镍盐制造；也用于制造不锈钢、镍铜合金和镍铬合金、镉镍电池等。

包装与储运

包装标志 自燃物品。

安全储运 储存于阴凉、通风的库房。远离火种、热源。包装要求密封。不可与空气接触。避免接触湿气。应与氧化剂、酸类等分开存放，切忌混储。采用防爆型照明、通风设施。禁止使用易产生火花的机械设备和工具。储区应备有合适的材料收容泄漏物。

紧急处置信息

急救措施

吸入：迅速脱离现场至空气新鲜处。保持呼吸道通畅。如呼吸困难，给输氧。呼吸、心跳停止，立即进行心肺复苏术。就医。

眼睛接触：分开眼睑，用流动清水或生理盐水冲洗。如有不适感，就医。

皮肤接触：立即脱去污染的衣着，用肥皂水和清水彻底冲洗皮肤。如有不适感，就医。

食入：饮足量温水，催吐。就医。

灭火方法 消防人员必须佩戴空气呼吸器，穿全身防火防毒服，在上风向灭火。尽可能将容器从火场移至空旷处。喷水保持火场容器冷却，直至灭火结束。

灭火剂：干粉、砂土。

泄漏应急处置 隔离泄漏污染区，限制出入。消除所有点火源。建议应急处理人员戴防尘口罩，穿防毒、防静电服，戴防护手套。禁止接触或跨越泄漏物。尽可能切断泄漏源。用干燥的砂土或其他不燃材料覆盖泄漏物，然后用塑料布覆盖，减少飞散、避免雨淋。用洁净的无火花工具收集泄漏物，置于一盖子较松的塑料容器中，待处置。

365. 柠檬酸三乙酯

标　识

中文名称 柠檬酸三乙酯

英文名称 triethyl citrate；2－hydroxy－1,2,3－propanetricarboxylic acid, delta triethyl ester

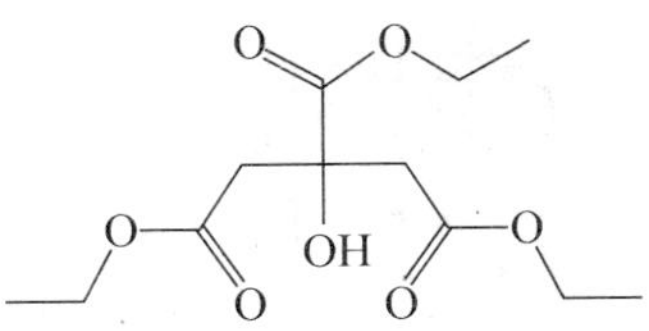

别名 2－羟基－1,2,3－丙烷三羧酸三乙酯

分子式 $C_{12}H_{20}O_7$

CAS 号 77－93－0

危害信息

燃烧与爆炸危险性　可燃，其蒸气与空气混合，能形成爆炸性混合物。燃烧产生有毒的一氧化碳气体。若遇高热，容器内压增大，有开裂和爆炸的危险。

禁忌物　强氧化剂。

毒性　大鼠经口 LD_{50}：5900mg/kg；大鼠吸入 LC_{50}：1300ppm(6h)；兔经皮 LD_{50}：>5000mg/kg。

侵入途径　吸入、食入、经皮吸收。

理化特性与用途

理化特性　无色透明油状液体，有果香气味，味苦。溶于水，混溶于乙醇、乙醚，溶于丙酮。熔点 -55℃，沸点 294℃、127℃(0.133kPa)，相对密度(水=1)1.136，相对蒸气密度(空气=1)9.7，饱和蒸气压 0.3Pa(25℃)，辛醇/水分配系数 0.33，闪点 151℃。

主要用途　用作乙烯基树脂、纤维素树脂的增塑剂，也用于制药物、香料。

包装与储运

安全储运　储存于阴凉、通风的库房。远离火种、热源。保持容器密封。应与强氧化剂等隔离储运。搬运时轻装轻卸，防止容器受损。

紧急处置信息

急救措施

吸入：迅速脱离现场至空气新鲜处。保持呼吸道通畅。如呼吸困难，给输氧。呼吸、心跳停止，立即进行心肺复苏术。就医。

眼睛接触：分开眼睑，用流动清水或生理盐水冲洗。如有不适感，就医。

皮肤接触：脱去污染的衣着，用大量流动清水冲洗。如有不适感，就医。

食入：饮足量温水，催吐。就医。

灭火方法　消防人员须佩戴防毒面具，穿全身消防服，在上风向灭火。尽可能将容器从火场移至空旷处。喷水保持火场容器冷却，直至灭火结束。处在火场中的容器若已变色或从安全泄压装置中发出声音，必须马上撤离。

灭火剂：雾状水、泡沫、干粉、二氧化碳、砂土。

泄漏应急处置　根据液体流动和蒸气扩散的影响区域划定警戒区，无关人员从侧风、上风向撤离至安全区。消除所有点火源。建议应急处理人员戴防毒面具，穿一般作业工作服，戴橡胶手套。尽可能切断泄漏源。防止泄漏物进入水体、下水道、地下室或受限空间。小量泄漏：用干燥的砂土或其他不燃材料吸收或覆盖，收集于容器中。大量泄漏：构筑围堤或挖坑收容。用泵转移至槽车或专用收集器内。

366. 偶 氮 苯

标　识

中文名称　偶氮苯

英文名称　azobenzene；1，2 - diphenyldiazene

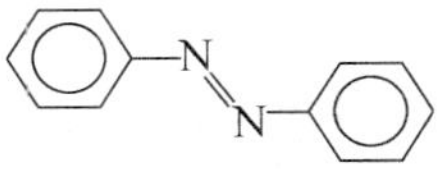

别名 二苯基二氮烯

分子式 $C_{12}H_{10}N_2$

CAS 号 103－33－3

危害信息

燃烧与爆炸危险性 可燃，其粉体与空气混合，能形成爆炸性混合物。受高热分解放出有毒的气体。

禁忌物 强氧化剂。

毒性 大鼠经口 LD_{50}：1000mg/kg。

欧盟法规 1272/2008/EC 将本品列为第 1B 类致癌物——可能对人类有致癌能力；第 2 类生殖细胞致突变物——由于可能导致人类生殖细胞可遗传突变而引起人们关注的物质。

侵入途径 吸入、食入。

环境危害 对水生生物有极高毒性，可能在水生环境中造成长期不利影响。

理化特性与用途

理化特性 橙红色或橙黄色片状结晶。不溶于水，溶于乙醇、乙醚、苯、冰醋酸等多数有机溶剂。熔点 68～69℃，沸点 293℃，相对密度(水＝1)1.203，饱和蒸气压 0.048Pa (25℃)，辛醇/水分配系数 3.82，闪点 100℃，引燃温度 477℃。

主要用途 用于制联苯染料，橡胶促进剂等。

包装与储运

安全储运 储存于阴凉、通风的库房。远离火种、热源。保持容器密封。应与强氧化剂等隔离储运。搬运时轻装轻卸，防止容器受损。

紧急处置信息

急救措施

吸入：迅速脱离现场至空气新鲜处。保持呼吸道通畅。如呼吸困难，给输氧。呼吸、心跳停止，立即进行心肺复苏术。就医。

眼睛接触：分开眼睑，用流动清水或生理盐水冲洗。如有不适感，就医。

皮肤接触：脱去污染的衣着，用大量流动清水冲洗。如有不适感，就医。

食入：饮足量温水，催吐。就医。

灭火方法 消防人员须佩戴防毒面具，穿全身消防服，在上风向灭火。尽可能将容器从火场移至空旷处。喷水保持火场容器冷却，直至灭火结束。

灭火剂：雾状水、泡沫、干粉、二氧化碳、砂土。

泄漏应急处置 隔离泄漏污染区，限制出入。消除所有点火源。建议应急处理人员戴防尘口罩，穿一般作业工作服，戴橡胶手套。尽可能切断泄漏源。用塑料布覆盖泄漏物，减少飞散。勿使水进入包装容器内。用洁净的铲子收集泄漏物，置于干净、干燥、盖子较松的容器中，将容器移离泄漏区。

367. 哌 啶

标 识

中文名称 哌啶

367. 哌　啶

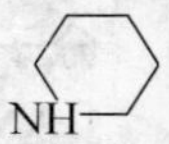

英文名称　piperidine；hexahydropyridine

别名　六氢吡啶；氮己环

分子式　$C_5H_{11}N$

CAS 号　110－89－4

WGH 号　32106；31206［铁规］

UN 号　2401

危害信息

危险性类别　第 3 类易燃液体。

燃烧与爆炸危险性　易燃，其蒸气与空气混合，能形成爆炸性混合物。燃烧产生有毒的一氧化碳和氮氧化物气体。受热分解放出有毒的氧化氮烟气。

活性反应　与氧化剂能发生强烈反应。

禁忌物　酸类、酸酐、强氧化剂。

毒性　大鼠经口 LD_{50}：400mg/kg；小鼠经口 LD_{50}：30mg/kg；兔经皮 LD_{50}：276mg/kg。

中毒表现　对眼睛和皮肤有强烈刺激性并是升压剂。小剂量可刺激交感和副交感神经节，大剂量反而有抑制作用，误服后可引起虚弱、恶心、流涎、呼吸困难、肌肉瘫痪和窒息。

侵入途径　吸入、食入、经皮吸收。

理化特性与用途

理化特性　无色至淡黄色透明液体，有氨味。混溶于水、乙醇，溶于乙醚、丙酮、苯、氯仿。pH 值 12.6，熔点－7℃，沸点 106℃，相对密度（水＝1）0.86，相对蒸气密度（空气＝1）3.0，饱和蒸气压 5.3kPa（29.2℃），燃烧热－3453.2kJ/mol，辛醇/水分配系数 0.84，闪点 16℃（闭杯），引燃温度 320℃，爆炸下限 1.15%，爆炸上限 8.7%。

主要用途　用作溶剂、有机合成中间体、环氧树脂交联剂、缩合催化剂、油类和燃料的成分、络合剂等。

包装与储运

包装标志　腐蚀品，易燃液体

包装类别　Ⅰ类

安全储运　储存于阴凉、通风的库房。远离火种、热源。库温不宜超过 37℃。保持容器密封。应与氧化剂、酸类、食用化学品分开存放，切忌混储。采用防爆型照明、通风设施。禁止使用易产生火花的机械设备和工具。储区应备有泄漏应急处理设备和合适的收容材料。

紧急处置信息

急救措施

吸入：脱离现场至空气新鲜处。如呼吸困难，给输氧。呼吸、心跳停止，立即进行心肺复苏术。就医。

眼睛接触：分开眼睑，用流动清水或生理盐水冲洗。如有不适感，就医。

皮肤接触：脱去污染的衣着，用肥皂水和清水彻底冲洗皮肤。如有不适感，就医。

食入：饮水，禁止催吐。就医。

灭火方法　消防人员必须佩戴空气呼吸器，穿全身防火防毒服，在上风向灭火。喷水保持火场容器冷却，直至灭火结束。处在火场中的容器若发生异常变化或发出异常声音，须马上撤离。

灭火剂：泡沫、二氧化碳、干粉、砂土。

泄漏应急处置 消除所有点火源。根据液体流动和蒸气扩散的影响区域划定警戒区，无关人员从侧风、上风向撤离至安全区。建议应急处理人员戴正压自给式呼吸器，穿防静电、防腐蚀、防毒服，戴橡胶耐油手套。作业时使用的所有设备应接地。禁止接触或跨越泄漏物。尽可能切断泄漏源。防止泄漏物进入水体、下水道、地下室或受限空间。小量泄漏：用砂土或其他不燃材料吸收。使用洁净的无火花工具收集吸收材料。大量泄漏：构筑围堤或挖坑收容。用泡沫覆盖，减少蒸发。喷水雾能减少蒸发，但不能降低泄漏物在受限空间内的易燃性。用防爆、耐腐蚀泵转移至槽车或专用收集器内。

368. 硼

标　识

中文名称 硼

英文名称 boron

分子式 B

CAS 号 7440－42－8

危害信息

危险性类别 第4.1类易燃固体。

燃烧与爆炸危险性 可燃，其粉体与空气混合，能形成爆炸性混合物。燃烧产生有害的氧化硼。

禁忌物 强氧化剂、强酸、水、空气。

毒性 小鼠经口 LD_{50}：2000mg/kg。

中毒表现 工业生产中，仅见引起皮肤刺激、结膜炎、支气管炎，一般无中毒发生。口服引起急性中毒，主要表现为胃肠道症状，有恶心、呕吐、腹痛、腹泻等，继之发生脱水、休克、昏迷或急性肾功能衰竭，可有高热、肝肾损害和惊厥，重者可致死。皮肤出现广泛鲜红色疹，重者成剥脱性皮炎。本品易被损伤皮肤吸收引起中毒。

慢性中毒表现为长期由胃肠道或皮肤吸收小量该品，可发生轻度消化道症状、皮炎、秃发以及肝肾损害。

侵入途径 吸入、食入。

理化特性与用途

理化特性 棕色粉末或灰色有光泽结晶。不溶于水，不溶于乙醇、乙醚，溶于浓硝酸、硫酸。熔点2190～2300℃，沸点2550～3660℃，相对密度(水＝1)2.34～2.37，引燃温度580℃(在空气中)。

主要用途 用作原子反应堆中的控制棒，并用于制火箭燃料和合金钢等。

包装与储运

包装标志 易燃固体

包装类别 Ⅱ类

安全储运 储存于阴凉、干燥、通风良好的库房。远离火种、热源。包装要求密封，不可与空气接触。应与氧化剂、醇类等分开存放，切忌混储。配备相应品种和数量的消防器材。储区应备有合适的材料收容泄漏物。

紧急处置信息

急救措施

吸入：脱离现场至空气新鲜处。如呼吸困难，给输氧。就医。

眼睛接触：分开眼睑，用流动清水或生理盐水冲洗。如有不适感，就医。

皮肤接触：立即脱去污染的衣着，用肥皂水和清水彻底冲洗皮肤。如有不适感，就医。

食入：饮足量温水，催吐、洗胃、导泻。就医。

灭火方法 消防人员必须佩戴空气呼吸器，穿全身防火防毒服，在上风向灭火。尽可能将容器从火场移至空旷处。喷水保持火场容器冷却，直至灭火结束。

灭火剂：干粉、砂土。

泄漏应急处置 隔离泄漏污染区，限制出入。消除所有点火源。建议应急处理人员戴防尘口罩，穿防毒、防静电服，戴防护手套。穿上适当的防护服前严禁接触破裂的容器和泄漏物。尽可能切断泄漏源。用塑料布覆盖泄漏物，减少飞散。勿使水进入包装容器内。用洁净的铲子收集泄漏物，置于干净、干燥、盖子较松的容器中，将容器移离泄漏区。

369. 硼氢化钾

标 识

中文名称 硼氢化钾

英文名称 potassium borohydride；potassium borohydrate；potassium tetrahydroborate

别名 氢硼化钾

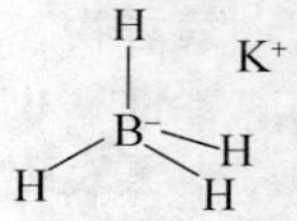

分子式 KBH_4

CAS 号 13762－51－1

WGH 号 43045

UN 号 1870

危害信息

危险性类别 第4.3类遇湿易燃物品。

燃烧与爆炸危险性 接触空气易自燃。遇水剧烈反应，产生高度易燃气体。燃烧产生有害的氧化硼和氧化钾。

禁忌物 强氧化剂、酸类、水、醇类。

毒性 大鼠经口 LD_{50}：167mg/kg；小鼠经口 LD_{50}：55mg/kg；兔经皮 LD_{50}：230mg/kg。

中毒表现 本品对黏膜、上呼吸道、眼睛及皮肤有强烈刺激性。吸入后，可因喉和支气管的炎症、水肿、痉挛，化学性肺炎或肺水肿而致死。中毒表现有烧灼感、咳嗽、喘息、喉炎、气短、头痛、恶心和呕吐等。

侵入途径 吸入、食入、经皮吸收。

理化特性与用途

理化特性 白色结晶粉末。溶于水，不溶于烃类、苯、四氢呋喃、乙醚，微溶于甲醇、乙醇，溶于液氨。熔点500℃（分解），相对密度（水＝1）1.178。

主要用途 用作醛、酮、酰氯化物的还原剂，用于制氢和其他硼氢盐，还可用于分析化学、造纸工业和含汞污水的处理。

包装与储运

包装标志 遇湿易燃物品

包装类别 Ⅰ类

安全储运 储存于阴凉、干燥、通风良好的专用库房内，远离火种、热源。库温不超过32℃。相对湿度不超过75%。保持容器密封。应与氧化剂、酸类、醇类等分开存放，切忌混储。采用防爆型照明、通风设施。禁止使用易产生火花的机械设备和工具。储区应备有合适的材料收容泄漏物。

紧急处置信息

急救措施

吸入：迅速脱离现场至空气新鲜处。保持呼吸道通畅。如呼吸困难，给输氧。呼吸、心跳停止，立即进行心肺复苏术。就医。

眼睛接触：立即分开眼睑，用大量流动清水或生理盐水彻底冲洗10~15min。就医。

皮肤接触：立即脱去污染的衣着，用大量流动清水彻底冲洗，冲洗时间一般要求20~30min。就医。

食入：用水漱口，禁止催吐。给饮牛奶或蛋清。就医。

灭火方法 消防人员必须佩戴空气呼吸器，穿全身防火防毒服，在上风向灭火。尽可能将容器从火场移至空旷处。喷水保持火场容器冷却，直至灭火结束。禁止用水和泡沫灭火。

灭火剂：干粉、二氧化碳、砂土。

泄漏应急处置 严禁用水处理。隔离泄漏污染区，限制出入。消除所有点火源。建议应急处理人员戴防尘口罩，穿防毒、防静电服，戴橡胶手套。禁止接触或跨越泄漏物。尽可能切断泄漏源。保持泄漏物干燥。小量泄漏：用干燥的砂土或其他不燃材料覆盖泄漏物，然后用塑料布覆盖，减少飞散、避免雨淋。大量泄漏：用塑料布或帆布覆盖泄漏物，减少飞散，保持干燥。在专家指导下清除。

370. 硼氢化锂

标　识

中文名称 硼氢化锂

英文名称 lithium tetrahydroborate; lithium borohydride

别名 氢硼化锂；四氢硼酸锂

分子式 $LiBH_4$

CAS 号 16949-15-8

WGH 号 43043

UN 号 1413

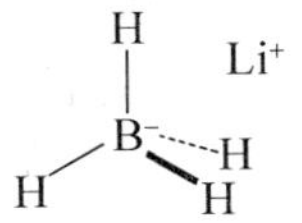

危害信息

危险性类别 第4.3类遇湿易燃物品。

燃烧与爆炸危险性 接触空气易自燃。遇水剧烈反应，产生高度易燃气体。燃烧产生有毒的氧化硼和氧化锂。

禁忌物 强氧化剂、水、醇类、酸类、氯化氢。

毒性 小鼠经口 LD_{50}：87.8mg/kg。

中毒表现 本品对黏膜、上呼吸道、眼睛及皮肤有强烈刺激性。吸入后，可因喉及支气管的痉挛、炎症、水肿，化学性肺炎或肺水肿而致死。中毒表现有烧灼感、咳嗽、喘息、喉炎、气短、头痛、恶心和呕吐等。

侵入途径 吸入、食入、经皮吸收。

理化特性与用途

理化特性 白色至灰白色结晶粉末，有吸湿性。溶于水，在水中分解。溶于二乙胺、乙醚、四氢呋喃。熔点 275℃，相对密度(水＝1)0.67(25℃)，闪点－17℃，爆炸下限 4%，爆炸上限 75.6%。

主要用途 用于发生氢、制造其他硼氢化物，有机合成中用作醛、酮、酯的还原剂。

包装与储运

包装标志 遇湿易燃物品

包装类别 Ⅰ类

安全储运 储存于阴凉、干燥、通风良好的专用库房内，远离火种、热源。库温不超过 32℃。相对湿度不超过 75%。保持容器密封。应与氧化剂、酸类、醇类等分开存放，切忌混储。采用防爆型照明、通风设施。禁止使用易产生火花的机械设备和工具。储区应备有合适的材料收容泄漏物。

紧急处置信息

急救措施

吸入：迅速脱离现场至空气新鲜处。保持呼吸道通畅。如呼吸困难，给输氧。呼吸、心跳停止，立即进行心肺复苏术。就医。

眼睛接触：立即分开眼睑，用大量流动清水或生理盐水彻底冲洗 10～15min。就医。

皮肤接触：立即脱去污染的衣着，用大量流动清水彻底冲洗，冲洗时间一般要求 20～30min。就医。

食入：用水漱口，禁止催吐。给饮牛奶或蛋清。就医。

灭火方法 消防人员须佩戴防毒面具，穿全身消防服，在上风向灭火。尽可能将容器从火场移至空旷处。喷水保持火场容器冷却，直至灭火结束。禁止用水和泡沫灭火。

灭火剂：干粉、二氧化碳、砂土。

泄漏应急处置 严禁用水处理。隔离泄漏污染区，限制出入。消除所有点火源。建议应急处理人员戴防尘口罩，穿防毒、防静电服，戴橡胶手套。禁止接触或跨越泄漏物。尽可能切断泄漏源。保持泄漏物干燥。小量泄漏：用干燥的砂土或其他不燃材料覆盖泄漏物，然后用塑料布覆盖，减少飞散、避免雨淋。大量泄漏：用塑料布或帆布覆盖泄漏物，减少飞散，保持干燥。严禁设法扫除干的泄漏物。在专家指导下清除。

371. 硼氢化铝

标　识

中文名称　硼氢化铝
英文名称　aluminum tetrahydroborate；aluminum borohydride
别名　氢硼化铝
分子式　$Al(BH_4)_3$
CAS 号　16962－07－5
WGH 号　42015
UN 号　2870

BH_4^-
BH_4^-　Al^{3+}
BH_4^-

危害信息

危险性类别　第4.2类自燃物品。
燃烧与爆炸危险性　接触空气易自燃。在潮湿空气中迅速燃烧。在氧气中，即使温度在20℃也会爆炸。遇水或水蒸气、酸或酸气产生有毒的可燃性气体。
活性反应　与氧化剂能发生强烈反应。
禁忌物　氧化剂、酸类、水及水蒸气。
侵入途径　吸入、食入。

理化特性与用途

理化特性　无色透明挥发性液体，室温下缓慢分解，放出氢气。溶于冷水，在水中分解。熔点－64.5℃，沸点44.5℃，相对密度(水＝1)0.549，饱和蒸气压53.2kPa(28.1℃)，爆炸下限5%，爆炸上限90%。
主要用途　用作还原剂、喷气发动机和火箭的燃料。

包装与储运

包装标志　自燃物品，遇湿易燃物品
包装类别　Ⅰ类
安全储运　通常使用惰性气体保护。储存于阴凉、干燥、通风良好的库房。库温不超过30℃。相对湿度不超过80%。远离火种、热源。防止阳光直射。保持容器密封。严禁与空气接触。应与氧化剂、酸类、醇类等分开存放，切忌混储。采用防爆型照明、通风设施。禁止使用易产生火花的机械设备和工具。储区应备有泄漏应急处理设备和合适的收容材料。

紧急处置信息

急救措施
吸入：迅速脱离现场至空气新鲜处。保持呼吸道通畅。如呼吸困难，给输氧。呼吸、心跳停止，立即进行心肺复苏术。就医。
眼睛接触：分开眼睑，用流动清水或生理盐水冲洗。如有不适感，就医。
皮肤接触：脱去污染的衣着，用大量流动清水冲洗。如有不适感，就医。
食入：饮足量温水，催吐。就医。
灭火方法　消防人员须佩戴防毒面具，穿全身消防服，在上风向灭火。尽可能将容器

从火场移至空旷处。喷水保持火场容器冷却，直至灭火结束。处在火场中的容器若已变色或从安全泄压装置中发出声音，必须马上撤离。禁止用水和泡沫灭火。

灭火剂：干粉、二氧化碳、砂土。

泄漏应急处置 消除所有点火源。根据液体流动和蒸气扩散的影响区域划定警戒区，无关人员从侧风、上风向撤离至安全区。建议应急处理人员戴正压自给式呼吸器，穿防毒、防静电服，戴橡胶手套。禁止接触或跨越泄漏物。尽可能切断泄漏源。防止泄漏物进入水体、下水道、地下室或受限空间。小量泄漏：用干燥的砂土或其他不燃材料覆盖泄漏物，用洁净的无火花工具收集泄漏物，置于一盖子较松的塑料容器中，待处置。大量泄漏：构筑围堤或挖坑收容。用防爆泵转移至槽车或专用收集器内。

372. 硼氢化钠

标识

中文名称 硼氢化钠

英文名称 sodium tetrahydroborate ; sodium borohydride

别名 钠硼氢；四氢硼酸钠

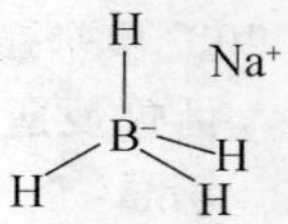

分子式 $NaBH_4$

CAS 号 16940－66－2

WGH 号 43044

UN 号 1426

危害信息

危险性类别 第4.3类遇湿易燃物品。

燃烧与爆炸危险性 接触空气易自燃。遇水剧烈反应，产生高度易燃气体。燃烧产生有害的氧化硼、氧化钠。

禁忌物 强氧化剂、水、醇类、酸类、强碱。

毒性 大鼠经口 LD_{50}：162mg/kg；小鼠经口 LD_{50}：50mg/kg；兔经皮 LD_{50}：230mg/kg。

中毒表现 本品强烈刺激黏膜、上呼吸道、眼睛及皮肤。吸入后，可因喉和支气管的炎症、水肿、痉挛，化学性肺炎或肺水肿而致死。口服腐蚀消化道。

侵入途径 吸入、食入、经皮吸收。

理化特性与用途

理化特性 白色至灰白色结晶粉末或块状物，具有吸湿性。溶于水，溶于液氨、胺类、吡啶、乙二醇二甲醚，微溶于四氢呋喃，不溶于其他醚类、烃类、烷基氯。熔点400℃（分解），沸点500℃（分解），分解温度＞250℃，相对密度（水＝1）1.07，相对蒸气密度（空气＝1）1.3，闪点69℃，引燃温度220℃，爆炸下限3.02%。

主要用途 可用作醛类、酮类和酰氯类的还原剂，塑料的发泡剂，木材纸浆漂白剂，制造双氢链霉素的氢化剂，制硼氢化钾的中间体，合成硼烷的原料，以及用于造纸工业含汞污水的处理。

包装与储运

包装标志 遇湿易燃物品

包装类别 Ⅰ类

安全储运 储存于阴凉、干燥、通风良好的专用库房内，远离火种、热源。库温不超过32℃。相对湿度不超过75%。保持容器密封。应与氧化剂、酸类、碱类、醇类、食用化学品分开存放，切忌混储。采用防爆型照明、通风设施。禁止使用易产生火花的机械设备和工具。储区应备有合适的材料收容泄漏物。

紧急处置信息

急救措施

吸入： 迅速脱离现场至空气新鲜处。保持呼吸道通畅。如呼吸困难，给输氧。呼吸、心跳停止，立即进行心肺复苏术。就医。

眼睛接触： 立即分开眼睑，用大量流动清水或生理盐水彻底冲洗10~15min。就医。

皮肤接触： 立即脱去污染的衣着，用大量流动清水彻底冲洗，冲洗时间一般要求20~30min。就医。

食入： 用水漱口，禁止催吐。给饮牛奶或蛋清。就医。

灭火方法 消防人员须佩戴防毒面具，穿全身消防服，在上风向灭火。尽可能将容器从火场移至空旷处。喷水保持火场容器冷却，直至灭火结束。禁止用水和泡沫灭火。

灭火剂：干粉、二氧化碳、砂土。

泄漏应急处置 严禁用水处理。隔离泄漏污染区，限制出入。消除所有点火源。建议应急处理人员戴防尘口罩，穿防毒、防静电服，戴橡胶手套。禁止接触或跨越泄漏物。尽可能切断泄漏源。保持泄漏物干燥。小量泄漏：用干燥的砂土或其他不燃材料覆盖泄漏物，然后用塑料布覆盖，减少飞散、避免雨淋。大量泄漏：用塑料布或帆布覆盖泄漏物，减少飞散，保持干燥。严禁设法扫除干的泄漏物。在专家指导下清除。

373. 硼酸三烯丙基酯

标　识

中文名称 硼酸三烯丙基酯

英文名称 triallyl borate; boric acid, tri-2-propenyl ester; tris(allyloxy)borane

别名 三烯丙基硼酸酯;

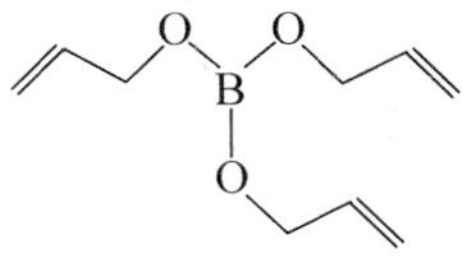

分子式 $C_9H_{15}BO_3$

CAS号 1693-71-6

WGH号 61626

UN号 2609

危害信息

危险性类别 第6类有毒品。

燃烧与爆炸危险性 可燃，其蒸气与空气混合，能形成爆炸性混合物。

活性反应 遇与氧化剂接触，有引起燃烧的危险。

禁忌物 强氧化剂。

毒性 小鼠经口 LD_{50}：1800mg/kg。

侵入途径 吸入、食入。

理化特性与用途

理化特性 无色液体。不溶于水，溶于乙醇、乙醚。沸点 72℃(1.596kPa)，相对密度(水=1)0.92，闪点 31℃(63℃)。

主要用途 用于有机合成。

包装与储运

包装标志 有毒品

包装类别 Ⅲ类

安全储运 储存于阴凉、干燥、通风良好的库房。远离火种、热源。防止阳光直射。储存温度不超过 35℃，相对湿度不超过 82%。保持容器密封。严禁与空气接触。应与氧化剂等分开存放，切忌混储。配备相应品种和数量的消防器材。储区应备有泄漏应急处理设备和合适的收容材料。

紧急处置信息

急救措施

吸入：迅速脱离现场至空气新鲜处。保持呼吸道通畅。如呼吸困难，给输氧。呼吸、心跳停止，立即进行心肺复苏术。就医。

眼睛接触：分开眼睑，用流动清水或生理盐水冲洗。如有不适感，就医。

皮肤接触：脱去污染的衣着，用大量流动清水冲洗。如有不适感，就医。

食入：饮足量温水，催吐。就医。

灭火方法 消防人员须佩戴防毒面具。穿全身消防服，在上风向灭火。尽可能将容器从火场移至空旷处。喷水保持火场容器冷却，直至灭火结束。处在火场中的容器若已变色或从安全泄压装置中发出声音，必须马上撤离。

灭火剂：雾状水、泡沫、干粉、二氧化碳、砂土。

泄漏应急处置 根据液体流动和蒸气扩散的影响区域划定警戒区，无关人员从侧风、上风向撤离至安全区。建议应急处理人员戴正压自给式呼吸器，穿防毒服，戴防护手套。作业时使用的所有设备应接地。穿上适当的防护服前严禁接触破裂的容器和泄漏物。尽可能切断泄漏源。防止泄漏物进入水体、下水道、地下室或受限空间。严禁用水处理。小量泄漏：用干燥的砂土或其他不燃材料覆盖泄漏物。大量泄漏：构筑围堤或挖坑收容。用泵转移至槽车或专用收集器内。

374. 铍 粉

标 识

中文名称 铍粉

英文名称 beryllium；beryllium powder

别名 铍

分子式 Be

CAS 号 7440-41-7

WGH 号 61024

UN 号 1567

危害信息

危险性类别 第6类有毒品。

燃烧与爆炸危险性 超细铍粉接触空气时易自燃。燃烧产生有害的氧化铍。

活性反应 微细粉末遇强酸反应，放出氢气。与四氯化碳混合遇火花或明火能燃烧。能与锂、磷剧烈反应。

禁忌物 酸类、碱、卤素、酰基氯。

毒性 大鼠静脉LD_{50}：496mg/kg。

IARC致癌性评论：G1，确认人类致癌物。

欧盟法规1272/2008/EC将本品列为第1B类致癌物——可能对人类有致癌能力。

中毒表现 短期大量接触可引起急性铍病，主要表现为急性化学性支气管炎或肺炎。肝脏往往肿大，有压痛，甚至出现黄疸。长期接触小量铍可发生慢性铍病。除无力、消瘦、食欲不振外，常有胸闷、胸痛、气短和咳嗽。X线肺部检查分三型：颗粒型、网织型和结节型。晚期可发生右心衰竭。皮肤病变有皮炎、溃疡及皮肤肉芽肿。

侵入途径 吸入、食入。

职业接触限值 中国：PC－TWA：0.0005mg/m^3，PC－STEL：0.001mg/m^3[皮，按铍计]。

美国(ACGIH)：TLV－TWA：0.002mg/m^3，TLV－STEL：0.01mg/m^3[皮，按铍计]。

环境危害 有害空气污染物。

理化特性与用途

理化特性 灰白色轻金属，硬而有展性或灰色至白色粉末。不溶于冷水，微溶于热水，溶于稀酸和碱。熔点1287℃，沸点2970℃，相对密度(水＝1)1.85，饱和蒸气压1.33kPa(1860℃)，引燃温度649℃。

主要用途 用作宇航工程结构材料，用于核反应堆、X射线管制造和合金制造等。

包装与储运

包装标志 有毒品，易燃固体

包装类别 Ⅱ类

安全储运 储存于阴凉、通风的库房。远离火种、热源。库温不超过35℃。相对湿度不超过80%。保持容器密封。应与酸类、碱类、卤素、食用化学品分开存放，切忌混储。采用防爆型照明、通风设施。禁止使用易产生火花的机械设备和工具。储区应备有合适的材料收容泄漏物。

紧急处置信息

急救措施

吸入：迅速脱离现场至空气新鲜处。保持呼吸道通畅。如呼吸困难，给输氧。呼吸、心跳停止，立即进行心肺复苏术。就医。

眼睛接触：分开眼睑，用流动清水或生理盐水冲洗。如有不适感，就医。

皮肤接触：立即脱去污染的衣着，用肥皂水和清水彻底冲洗皮肤。如有不适感，就医。

食入：饮足量温水，催吐。就医。

灭火方法 消防人员必须佩戴空气呼吸器，穿全身防火防毒服，在上风向灭火。尽可能将容器从火场移至空旷处。喷水保持火场容器冷却，直至灭火结束。

灭火剂：二氧化碳、砂土。

泄漏应急处置　消除所有点火源。隔离泄漏污染区，限制出入。建议应急处理人员戴防尘口罩，穿防毒、防静电服，戴橡胶手套。穿上适当的防护服前严禁接触破裂的容器和泄漏物。用塑料布覆盖泄漏物，减少飞散，避免雨淋。用洁净的无火花工具收集泄漏物，置于一盖子较松的塑料容器中，待处置。

375. 皮　蝇　磷

标　识

中文名称　皮蝇磷

英文名称　fenchlorphos；*O*,*O* – dimethyl – *O* – (2,4,5 – trichlorophenyl) phosphorothioate

别名　*O*,*O* – 二甲基 – *O* – (2,4,5 – 三氯苯基)硫代磷酸酯

分子式　$C_8H_8Cl_3O_3PS$

CAS 号　299 – 84 – 3

WGH 号　61874

UN 号　2783

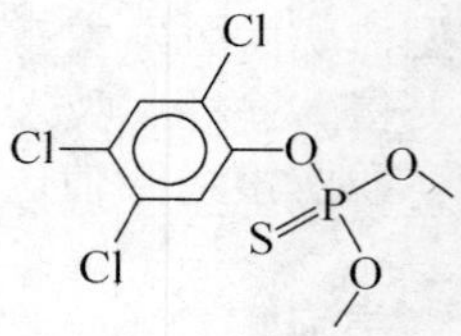

危害信息

危险性类别　第 6 类有毒品。

燃烧与爆炸危险性　可燃，其粉体与空气混合，能形成爆炸性混合物。受高热分解放出有毒的气体。

禁忌物　强氧化剂、强碱。

毒性　大鼠经口 LD_{50}：625mg/kg；小鼠经口 LD_{50}：2000mg/kg；大鼠经皮 LD_{50}：2000mg/kg；兔经皮 LD_{50}：1000mg/kg。

中毒表现　本品为低毒有机磷杀虫剂。抑制胆碱酯酶活性。中毒后胆碱酯酶活性下降，出现头晕、眼花、无力、恶心、呕吐、多汗、流涎、瞳孔缩小、肌肉震颤等症状。

侵入途径　吸入、食入、经皮吸收。

职业接触限值　美国(ACGIH)：TLV – TWA：10mg/m^3。

环境危害　对水生生物有极高毒性，可能在水生环境中造成长期不利影响。

理化特性与用途

理化特性　白色至浅褐色结晶粉末或颗粒，有硫醇气味。难溶于水，易溶于多数有机溶剂。熔点 41℃，沸点 152 ~ 154℃、97℃(1.3Pa)，相对密度(水 = 1)1.48，饱和蒸气压 10MPa(20℃)，辛醇/水分配系数 4.88。

主要用途　内吸性杀虫剂，用于防治危害和寄生家畜的蝇类、虱子、疥螨等害虫。

包装与储运

包装标志　有毒品

包装类别　Ⅱ类

安全储运　储存于阴凉、通风的库房。远离火种、热源。防止阳光直射。储存温度不超过 35℃，相对湿度不超过 85%。保持容器密封。应与氧化剂、碱类等分开存放，切忌混储。配备相应品种和数量的消防器材。储区应备有合适的材料收容泄漏物。

紧急处置信息

急救措施

吸入： 迅速脱离现场至空气新鲜处。保持呼吸道通畅。如呼吸困难，给输氧。呼吸、心跳停止，立即进行心肺复苏术。就医。

眼睛接触： 分开眼睑，用流动清水或生理盐水冲洗。如有不适感，就医。

皮肤接触： 立即脱去污染的衣着，用肥皂水及流动清水彻底冲洗污染的皮肤、头发、指甲等。就医。

食入： 饮足量温水，催吐。用1:5000高锰酸钾溶液洗胃。口服活性炭，导泻。每5min给服一片阿托品，直到感觉口干为止。就医。

灭火方法 消防人员必须佩戴空气呼吸器，穿全身防火防毒服，在上风向灭火。尽可能将容器从火场移至空旷处。喷水保持火场容器冷却，直至灭火结束。

灭火剂：雾状水、泡沫、干粉、二氧化碳、砂土。

泄漏应急处置 隔离泄漏污染区，限制出入。建议应急处理人员戴防尘口罩，穿防毒服，戴防毒手套。穿上适当的防护服前严禁接触破裂的容器和泄漏物。尽可能切断泄漏源。用塑料布覆盖泄漏物，减少飞散。勿使水进入包装容器内。用洁净的铲子收集泄漏物，置于干净、干燥、盖子较松的容器中，将容器移离泄漏区。

376. 芘

标识

中文名称 芘

英文名称 pyrene

别名 嵌二萘

分子式 $C_{16}H_{10}$

CAS号 129－00－0

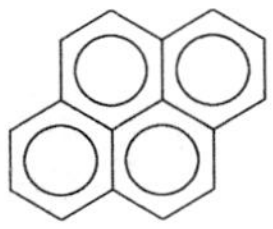

危害信息

燃烧与爆炸危险性 可燃，其粉体与空气混合，能形成爆炸性混合物。燃烧产生有害的一氧化碳和成分未知的黑色烟雾。受高热分解放出有毒的气体。

禁忌物 强氧化剂。

毒性 大鼠经口 LD_{50}：2700mg/kg；小鼠经口 LD_{50}：800mg/kg；大鼠吸入 LC_{50}：170mg/m^3。

中毒表现 长期接触3～5mg/m^3，可出现头痛、乏力、睡眠不佳、易兴奋、食欲减退、白细胞增加、血沉增速等。

侵入途径 吸入、食入、经皮吸收。

环境危害 对水生生物有极高毒性，可能在水生环境中造成长期不利影响。

理化特性与用途

理化特性 无色或淡黄色棱形晶体。不溶于水，溶于乙醇、乙醚、苯、石油醚、二硫化碳、甲苯等。熔点151℃，沸点404℃，密度1.27g/cm^3（23℃），饱和蒸气压0.34kPa

(200℃)，临界温度 665℃，临界压力 2.6MPa，燃烧热 −8049.9kJ/mol，辛醇/水分配系数 4.88，闪点 210℃。

主要用途　用于制合成树脂、还原染料和分散性染料；直接氧化成芘醌，用于制还原染料；也用于制备杀虫剂和增塑剂。

包装与储运

安全储运　储存于阴凉、通风的库房。远离火种、热源。保持容器密封。应与强氧化剂等隔离储运。搬运时轻装轻卸，防止容器受损。

紧急处置信息

急救措施

吸入：脱离现场至空气新鲜处。如有不适感，就医。

眼睛接触：分开眼睑，用流动清水或生理盐水冲洗。如有不适感，就医。

皮肤接触：脱去污染的衣着，用肥皂水和清水彻底冲洗皮肤。如有不适感，就医。

食入：饮足量温水，催吐。就医。

灭火方法　消防人员必须佩戴空气呼吸器，穿全身防火防毒服，在上风向灭火。尽可能将容器从火场移至空旷处。喷水保持火场容器冷却，直至灭火结束。

灭火剂：雾状水、泡沫、干粉、二氧化碳、砂土。

泄漏应急处置　隔离泄漏污染区，限制出入。消除所有点火源。建议应急处理人员戴防尘口罩，穿防毒服，戴防护手套。穿上适当的防护服前严禁接触破裂的容器和泄漏物。尽可能切断泄漏源。用塑料布覆盖泄漏物，减少飞散。勿使水进入包装容器内。用洁净的铲子收集泄漏物，置于干净、干燥、盖子较松的容器中，将容器移离泄漏区。

377. 偏钒酸铵

标　识

中文名称　偏钒酸铵

英文名称　ammonium metavanadate；ammonium vanadate；ammonium trioxovanadate

别名　钒酸铵

分子式　NH_4VO_3

CAS 号　7803－55－6

WGH 号　61029

UN 号　2859

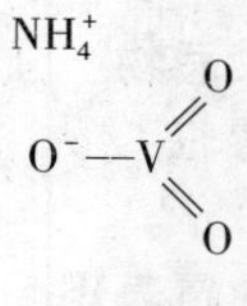

危害信息

危险性类别　第 6 类有毒品。

燃烧与爆炸危险性　不燃，无特殊燃爆特性。

禁忌物　还原剂、易燃或可燃物。

毒性　大鼠经口 LD_{50}：58.1mg/kg；大鼠吸入 LC_{50}：7.8mg/m^3(4h)；大鼠经皮 LD_{50}：2102mg/kg。

中毒表现　粉尘能刺激眼睛、皮肤和呼吸道。吸入和口服可致死亡。吸入引起咳嗽、胸痛、口中金属味和精神症状。对肝、肾有损害。皮肤接触可引起荨麻疹。

侵入途径 吸入、食入、经皮吸收。

理化特性与用途

理化特性 白色至黄色结晶粉末。难溶于冷水，溶于热水、氨水，不溶于乙醇、乙醚、氯化铵溶液。熔点 200℃（分解），相对密度（水 = 1）2.33。

主要用途 用作催化剂、染料、分析试剂，也用于油漆、油墨干燥、显微染色、瓷砖着色等。

包装与储运

包装标志 有毒品

包装类别 Ⅱ类

安全储运 储存于阴凉、通风的库房。远离火种、热源。防止阳光直射。储存温度不超过 35℃，相对湿度不超过 85%。保持容器密封。储区应备有合适的材料收容泄漏物。

紧急处置信息

急救措施

吸入：迅速脱离现场至空气新鲜处。保持呼吸道通畅。如呼吸困难，给输氧。呼吸、心跳停止，立即进行心肺复苏术。就医。

眼睛接触：分开眼睑，用流动清水或生理盐水冲洗。如有不适感，就医。

皮肤接触：脱去污染的衣着，用大量流动清水冲洗。如有不适感，就医。

食入：饮足量温水，催吐、洗胃、导泻。就医。

灭火方法 消防人员须佩戴防毒面具，穿全身消防服，在上风向灭火。尽可能将容器从火场移至空旷处。喷水保持火场容器冷却，直至灭火结束。本品不燃。根据着火原因选择适当灭火剂灭火。

泄漏应急处置 隔离泄漏污染区，限制出入。建议应急处理人员戴防尘口罩，穿防毒服，戴防毒手套。穿上适当的防护服前严禁接触破裂的容器和泄漏物。尽可能切断泄漏源。用塑料布覆盖泄漏物，减少飞散。勿使水进入包装容器内。用洁净的铲子收集泄漏物，置于干净、干燥、盖子较松的容器中，将容器移离泄漏区。

378. 扑 草 净

标 识

中文名称 扑草净

英文名称 prometryn; 2,4 – bis(isopropylamino) – 6 – methylmercapto – *s* – triazine

别名 2 – 甲硫基 – 4,6 – 双(异丙氨基) – 1,3,5 – 三嗪

分子式 $C_{10}H_{19}N_5S$

CAS 号 7287 – 19 – 6

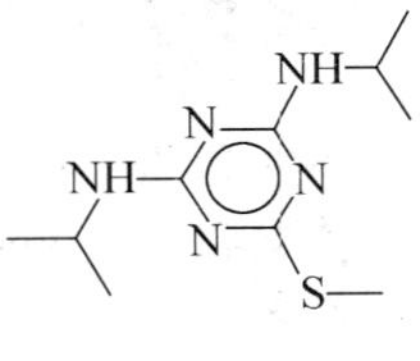

危害信息

燃烧与爆炸危险性 可燃，其粉体与空气混合，能形成爆炸性混合物。受高热分解产生有毒的腐蚀性烟气。

禁忌物 强酸、强碱。

毒性 大鼠经口 LD_{50}：1802mg/kg；小鼠经口 LD_{50}：2138mg/kg；大鼠吸入 LC_{50}：>2430mg/m^3(4h)；兔经皮 LD_{50}：>3100mg/kg。

中毒表现 对眼睛有刺激性。

侵入途径 吸入、食入、经皮吸收。

环境危害 对水生生物有极高毒性，可能在水生环境中造成长期不利影响。

理化特性与用途

理化特性 白色结晶粉末。难溶于水，溶于丙酮、甲醇、乙醇、甲苯等有机溶剂。熔点 118 ~ 120℃，沸点 > 300℃(100kPa)，相对密度(水 = 1) 1.157(20℃)，饱和蒸气压 0.27MPa(25℃)，辛醇/水分配系数 3.51。

主要用途 选择性内吸性芽前、苗后除草剂，用于蚕豆、胡萝卜、芹菜、韭菜、扁豆、豌豆、马铃薯、棉花地防除一年生杂草。

包装与储运

安全储运 储存于阴凉、通风的库房。远离火种、热源。保持容器密封。应与强氧化剂等隔离储运。搬运时轻装轻卸，防止容器受损。

紧急处置信息

急救措施

吸入：迅速脱离现场至空气新鲜处。保持呼吸道通畅。如呼吸困难，给输氧。呼吸、心跳停止，立即进行心肺复苏术。就医。

眼睛接触：分开眼睑，用流动清水或生理盐水冲洗。如有不适感，就医。

皮肤接触：脱去污染的衣着，用大量流动清水冲洗。如有不适感，就医。

食入：饮足量温水，催吐、洗胃、导泻。就医。

灭火方法 消防人员必须佩戴空气呼吸器，穿全身防火防毒服，在上风向灭火。尽可能将容器从火场移至空旷处。喷水保持火场容器冷却，直至灭火结束。

灭火剂：雾状水、泡沫、干粉、二氧化碳、砂土。

泄漏应急处置 隔离泄漏污染区，限制出入。建议应急处理人员戴防尘口罩，穿一般作业工作服，戴防护手套。尽可能切断泄漏源。用塑料布覆盖泄漏物，减少飞散。勿使水进入包装容器内。用洁净的铲子收集泄漏物，置于干净、干燥、盖子较松的容器中，将容器移离泄漏区。

379. 扑 灭 津

标 识

中文名称 扑灭津

英文名称 propazine；2 - chlor - 4，6 - bis(isopropylamino) - *s* - triazine

别名 2 - 氯 - 4,6 - 双(异丙氨基) - 1,3,5 - 三嗪

分子式 $C_9H_{16}ClN_5$

CAS 号 139 - 40 - 2

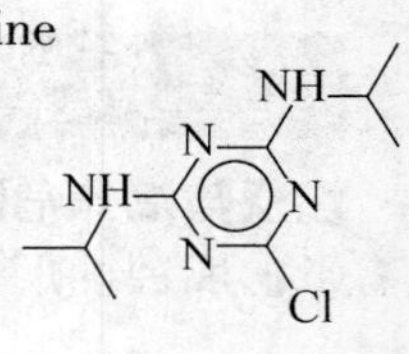

危害信息

燃烧与爆炸危险性 可燃，其粉体与空气混合，能形成爆炸性混合物。受高热分解放出有毒的气体。

禁忌物 强氧化剂、强碱、强酸。

毒性 大鼠经口 LD_{50}：3840mg/kg；小鼠经口 LD_{50}：3180mg/kg；大鼠经皮 LD_{50}：>3100mg/kg；兔经皮 LD_{50}：>10200mg/kg。

欧盟法规 1272/2008/EC 将本品列为第 2 类致癌物——可疑的人类致癌物。

侵入途径 吸入、食入。

环境危害 对水生生物有极高毒性，可能在水生环境中造成长期不利影响。

理化特性与用途

理化特性 无色结晶或粉末。不溶于水，微溶于甲苯、苯、乙醚、四氯化碳。熔点 212~214℃，相对密度(水=1)1.162，辛醇/水分配系数 2.93。

主要用途 选择性内吸性芽前除草剂，用于防除高粱、伞形花科作物田中阔叶和禾本科杂草。

包装与储运

安全储运 储存于阴凉、通风的库房。远离火种、热源。保持容器密封。应与强氧化剂等隔离储运。搬运时轻装轻卸，防止容器受损。

紧急处置信息

急救措施

吸入：迅速脱离现场至空气新鲜处。保持呼吸道通畅。如呼吸困难，给输氧。呼吸、心跳停止，立即进行心肺复苏术。就医。

眼睛接触：分开眼睑，用流动清水或生理盐水冲洗。如有不适感，就医。

皮肤接触：脱去污染的衣着，用大量流动清水冲洗。如有不适感，就医。

食入：饮足量温水，催吐、洗胃、导泻。就医。

灭火方法 消防人员须佩戴防毒面具，穿全身消防服，在上风向灭火。尽可能将容器从火场移至空旷处。喷水保持火场容器冷却，直至灭火结束。切勿将水流直接射至熔融物，以免引起严重的流淌火灾或引起剧烈的沸溅。

灭火剂：雾状水、泡沫、干粉、二氧化碳、砂土。

泄漏应急处置 隔离泄漏污染区，限制出入。建议应急处理人员戴防尘口罩，穿防毒服，戴防护手套。穿上适当的防护服前严禁接触破裂的容器和泄漏物。尽可能切断泄漏源。用塑料布覆盖泄漏物，减少飞散。勿使水进入包装容器内。用洁净的铲子收集泄漏物，置于干净、干燥、盖子较松的容器中，将容器移离泄漏区。

380. 扑 杀 磷

标 识

中文名称 扑杀磷

英文名称 potasan；phosphorothioic acid，*O*,*O*-diethyl *O*-(4-methyl-2-oxo-2H-1

– benzopyran – 7 – yl) ester

别名 *O*,*O* – 二乙基 – *O* –（4 – 甲基香豆素基 – 7 – 硫代磷酸酯；扑打杀

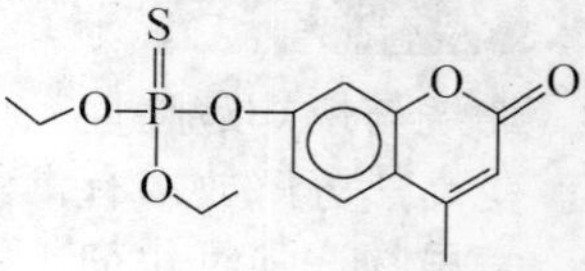

分子式 $C_{14}H_{17}O_5PS$

CAS 号 299 – 45 – 6

危害信息

危险性类别 第 6 类有毒品。

燃烧与爆炸危险性 可燃，其粉体与空气混合，能形成爆炸性混合物。受高热分解放出有毒的气体。

禁忌物 强氧化剂。

毒性 大鼠经口 LD_{50}：14.7mg/kg；小鼠经口 LD_{50}：99mg/kg；兔经皮 LD_{50}：300mg/kg。

本品已列入《剧毒化学品目录》。

中毒表现 抑制胆碱酯酶活性。轻者出现头晕、呕吐、胸闷、视力模糊、无力等；中度中毒出现肌束震颤、瞳孔缩小、呼吸困难；重者出现肺水肿、脑水肿、呼吸麻痹。

侵入途径 吸入、食入、经皮吸收。

环境危害 对水生生物有极高毒性，可能在水生环境中造成长期不利影响。

理化特性与用途

理化特性 无色结晶，有芳香气味。不溶于水，易溶于多数有机溶剂。熔点 38℃，沸点 210℃(0.133kPa)，相对密度(水 = 1)1.26(38℃)，饱和蒸气压 0.03MPa(25℃)，辛醇/水分配系数 3.98。

主要用途 用作杀虫剂。

包装与储运

包装标志 有毒品

包装类别 Ⅱ类

安全储运 储存于阴凉、通风良好的专用库房内。应严格执行剧毒化学品管理制度。远离火种、热源。防止阳光直射。储存温度不超过 35℃，相对湿度不超过 85%。保持容器密封。应与氧化剂等分开存放，切忌混储。配备相应品种和数量的消防器材。储区应备有合适的材料收容泄漏物。

紧急处置信息

急救措施

吸入：迅速脱离现场至空气新鲜处。保持呼吸道通畅。如呼吸困难，给输氧。呼吸、心跳停止，立即进行心肺复苏术。就医。

眼睛接触：分开眼睑，用流动清水或生理盐水冲洗。如有不适感，就医。

皮肤接触：立即脱去污染的衣着，用大量流动清水冲洗。如有不适感，就医。

食入：饮足量温水，催吐。用 1∶5000 高锰酸钾溶液洗胃。口服活性炭，导泻。每 5min 给服一片阿托品，直到感觉口干为止。就医。

灭火方法 消防人员须佩戴防毒面具，穿全身防火、防毒服，在上风向灭火。尽可能将容器从火场移至空旷处。喷水保持火场容器冷却，直至灭火结束。

灭火剂：雾状水、泡沫、干粉、二氧化碳、砂土。

泄漏应急处置 隔离泄漏污染区，限制出入。建议应急处理人员戴防尘口罩，穿防毒服，戴防毒手套。穿上适当的防护服前严禁接触破裂的容器和泄漏物。尽可能切断泄漏源。用塑料布覆盖泄漏物，减少飞散。勿使水进入包装容器内。用洁净的铲子收集泄漏物，置于干净、干燥、盖子较松的容器中，将容器移离泄漏区。

381. 七氟丁醇

标识

中文名称 七氟丁醇

英文名称 2,2,3,3,4,4,4 – heptafluorobutan – 1 – ol；heptafluorobutanol

别名 2,2,3,3,4,4,4 – 七氟代 – 1 – 丁醇

分子式 $C_4H_3F_7O$

CAS 号 375 – 01 – 9

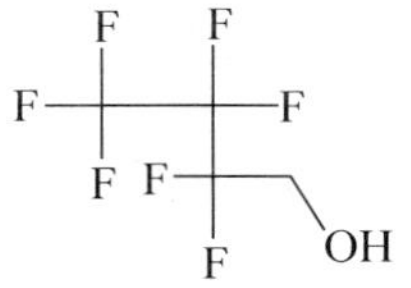

危害信息

危险性类别 第 3 类易燃液体。

燃烧与爆炸危险性 易燃，其蒸气与空气混合，能形成爆炸性混合物。受高热分解放出有毒的气体。若遇高热，容器内压增大，有开裂和爆炸的危险。

活性反应 与氧化剂可发生反应。

禁忌物 强氧化剂、酸酐、酰基氯。

毒性 大鼠经口 LD_{50}：3630mg/kg；小鼠吸入 LC_{50}：10300mg/m^3(2h)。

侵入途径 吸入、食入。

理化特性与用途

理化特性 无色透明液体。微溶于水。沸点 96 ~ 97℃，相对密度(水 = 1)1.6(20℃)，相对蒸气密度(空气 = 1)6.9，饱和蒸气压 4.40kPa(25℃)，辛醇/水分配系数 1.94，闪点 25℃。

主要用途 用于有机合成。

包装与储运

包装标志 易燃液体

包装类别 Ⅲ类

安全储运 储存于阴凉、通风的库房。远离火种、热源。防止阳光直射。库温不宜超过 37℃。保持容器密封。应与氧化剂、酸酐、酰基氯分开存放，切忌混储。采用防爆型照明、通风设施。禁止使用易产生火花的机械设备和工具。储区应备有泄漏应急处理设备和合适的收容材料。

紧急处置信息

急救措施

吸入： 迅速脱离现场至空气新鲜处。保持呼吸道通畅。如呼吸困难，给输氧。呼吸、心跳停止，立即进行心肺复苏术。就医。

眼睛接触： 分开眼睑，用流动清水或生理盐水冲洗。如有不适感，就医。

皮肤接触： 脱去污染的衣着，用大量流动清水冲洗。如有不适感，就医。

食入： 饮足量温水，催吐。就医。

灭火方法 消防人员须佩戴防毒面具，穿全身消防服，在上风向灭火。尽可能将容器从火场移至空旷处。喷水保持火场容器冷却，直至灭火结束。处在火场中的容器若已变色或从安全泄压装置中发出声音，必须马上撤离。

灭火剂：雾状水、泡沫、干粉、二氧化碳、砂土。

泄漏应急处置 根据液体流动和蒸气扩散的影响区域划定警戒区，无关人员从侧风、上风向撤离至安全区。消除所有点火源。建议应急处理人员戴防毒面具，穿防静电服，戴橡胶手套。作业时使用的所有设备应接地。禁止接触或跨越泄漏物。尽可能切断泄漏源。防止泄漏物进入水体、下水道、地下室或受限空间。小量泄漏：用砂土或其他不燃材料吸收。使用洁净的无火花工具收集吸收材料。大量泄漏：构筑围堤或挖坑收容。用泡沫覆盖，减少蒸发。喷水雾能减少蒸发，但不能降低泄漏物在受限空间内的易燃性。用防爆泵转移至槽车或专用收集器内。

382. 七 氟 丁 酸

标 识

中文名称 七氟丁酸

英文名称 heptafluorobutyric acid；perfluorobutyric acid

别名 全氟丁酸

分子式 $C_4HF_7O_2$

CAS 号 375－22－4

WGH 号 61606

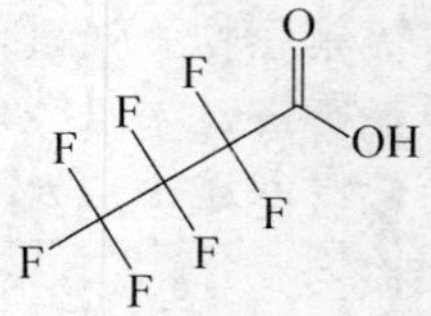

危害信息

危险性类别 第6类有毒品。

燃烧与爆炸危险性 不燃，无特殊燃爆特性。受高热分解放出有毒的气体。具有腐蚀性。

活性反应 遇水或水蒸气反应放热并产生有毒的腐蚀性气体。

禁忌物 氧化剂、还原剂、碱类、水。

中毒表现 具腐蚀性的毒物。对眼睛、皮肤、黏膜和上呼吸道有强烈的刺激作用。可引起皮肤溃疡和坏死，以及化脓性坏死性角膜结膜炎。

侵入途径 吸入、食入、经皮吸收。

环境危害 对水生生物有害。

理化特性与用途

理化特性 无色油状液体，有丁酸的刺鼻气味，易吸湿。混溶于水、丙酮、乙醚，溶于苯、四氯化碳，不溶于二硫化碳。pH 值 1，熔点 －17.5℃，沸点 121℃，相对密度（水＝1）1.645，相对蒸气密度（空气＝1）7.0，饱和蒸气压 1.33kPa（25℃），辛醇/水分配系数 2.43。

主要用途 用作除虫杀菌剂、酯的催化剂、活性剂、酸化剂、中间体，也用于合成橡胶。

包装与储运

包装标志 有毒品

包装类别 Ⅲ类

安全储运 储存于阴凉、干燥、通风良好的库房。远离火种、热源。防止阳光直射。储存温度不超过35℃，相对湿度不超过82%。保持容器密封。应与氧化剂、醇类、酸碱等分开存放，切忌混储。储区应备有泄漏应急处理设备和合适的收容材料。

紧急处置信息

急救措施

吸入：迅速脱离现场至空气新鲜处。保持呼吸道通畅。如呼吸困难，给输氧。呼吸、心跳停止，立即进行心肺复苏术。就医。

眼睛接触：立即分开眼睑，用大量流动清水或生理盐水彻底冲洗10~15min。就医。

皮肤接触：立即脱去污染的衣着，用大量流动清水冲洗20~30min。就医。

食入：用水漱口，给饮牛奶或蛋清。就医。

灭火方法 消防人员必须穿全身耐酸碱消防服，佩戴空气呼吸器，在上风向灭火。尽可能将容器从火场移至空旷处。喷水保持火场容器冷却，直至灭火结束。灭火时尽量切断泄漏源，然后根据着火原因选择适当灭火剂灭火。

泄漏应急处置 根据液体流动和蒸气扩散的影响区域划定警戒区，无关人员从侧风、上风向撤离至安全区。建议应急处理人员戴正压自给式呼吸器，穿防毒服，戴耐腐蚀手套。禁止接触或跨越泄漏物。作业时使用的所有设备应接地。尽可能切断泄漏源。防止泄漏物进入水体、下水道、地下室或受限空间。小量泄漏：用砂土或其他不燃材料吸收。使用洁净的无火花工具收集吸收材料。大量泄漏：构筑围堤或挖坑收容。用泡沫覆盖，减少蒸发。喷水雾能减少蒸发，但不能降低泄漏物在受限空间内的易燃性。用泵转移至槽车或专用收集器内。

383. 七氟钽酸钾

标　识

中文名称 七氟钽酸钾

英文名称 potassium heptafluorotantalate；dipotassium heptafluorotantalate；potassium fluotantalate

别名 氟钽酸钾

分子式 K_2TaF_7

CAS 号 16924-00-8

WGH 号 61516

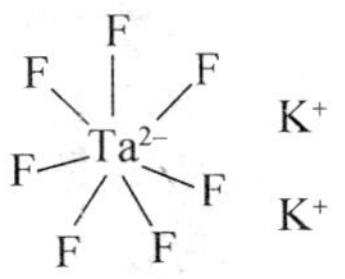

危害信息

危险性类别 第6类有毒品。

燃烧与爆炸危险性 不燃，无特殊燃爆特性。受热分解释出高毒烟雾。

禁忌物 强氧化剂、强酸。

毒性　大鼠经口 LD_{50}：2500mg/kg；小鼠经口 LD_{50}：1100mg/kg。

侵入途径　吸入、食入。

职业接触限值　中国：PC－TWA：$2mg/m^3$［按氟计］。

理化特性与用途

理化特性　无色或白色有光泽的针状结晶或粉末。微溶于冷水，易溶于热水。熔点 730～775℃，相对密度（水＝1）4.56（20℃）。

主要用途　是生产纯钽的原料。

包装与储运

包装标志　有毒品

包装类别　Ⅲ类

安全储运　储存于阴凉、通风的库房。远离火种、热源。防止阳光直射。储存温度不超过 35℃，相对湿度不超过 85%。保持容器密封。应与氧化剂、酸类等分开存放，切忌混储。储区应备有合适的材料收容泄漏物。

紧急处置信息

急救措施

吸入：迅速脱离现场至空气新鲜处。保持呼吸道通畅。如呼吸困难，给输氧。呼吸、心跳停止，立即进行心肺复苏术。就医。

眼睛接触：分开眼睑，用流动清水或生理盐水冲洗。如有不适感，就医。

皮肤接触：脱去污染的衣着，用流动清水冲洗。如有不适感，就医。

食入：饮足量温水，催吐。就医。

灭火方法　消防人员必须戴空气呼吸器，穿全身防火防毒服，在上风向灭火。灭火时尽可能将容器从火场移至空旷处。本品不燃。根据着火原因选择适当灭火剂灭火。

泄漏应急处置　隔离泄漏污染区，限制出入。建议应急处理人员戴防尘口罩，穿防毒服，戴防毒手套。穿上适当的防护服前严禁接触破裂的容器和泄漏物。尽可能切断泄漏源。用塑料布覆盖泄漏物，减少飞散。勿使水进入包装容器内。用洁净的铲子收集泄漏物，置于干净、干燥、盖子较松的容器中，将容器移离泄漏区。

384. 铅

标　识

中文名称　铅

英文名称　lead；plumbum

分子式　Pb

CAS 号　7439－92－1

危害信息

燃烧与爆炸危险性　其粉体与空气混合，能形成爆炸性混合物。粉体在受热、遇明火或接触氧化剂时会引起燃烧爆炸。

禁忌物　氧化剂、强酸。

毒性 大鼠腹腔内 LDL_0：1000mg/kg。

IARC 致癌性评论：G2B，可疑人类致癌物。

中毒表现 损害造血、神经、消化系统及肾脏。职业中毒主要为慢性。神经系统主要表现为神经衰弱综合征、周围神经病(以运动功能受累较明显)，重者出现铅中毒性脑病。消化系统表现有齿龈铅线、食欲不振、恶心、腹胀、腹泻或便秘，腹绞痛见于中等及较重病例。造血系统损害出现卟啉代谢障碍、贫血等。短时接触大剂量可发生急性或亚急性铅中毒，表现类似重症慢性铅中毒。

侵入途径 吸入、食入。

职业接触限值 中国：PC－TWA：0.05mg/m^3[铅尘]，PC－TWA：0.03mg/m^3[铅烟]。美国(ACGIH)：TLV－TWA：0.05mg/m^3[按铅计]。

环境危害 对水生生物有极高毒性，可能在水生环境中造成长期不利影响。

理化特性与用途

理化特性 蓝白或银灰色金属，质柔软，延性差，展性强。不溶于水，不溶于稀盐酸，溶于硝酸、热的浓硫酸、碱液。熔点 327.5℃，沸点 1740℃，相对密度(水＝1)11.34，饱和蒸气压 0.13kPa(970℃)。

主要用途 主要用作电缆、蓄电池、铅冶炼、废杂铜冶炼、印刷、焊锡等。

包装与储运

安全储运 储存于阴凉、通风的库房。远离火种、热源。保持容器密封。应与强氧化剂等隔离储运。搬运时轻装轻卸，防止容器受损。

紧急处置信息

急救措施

吸入：迅速脱离现场至空气新鲜处。保持呼吸道通畅。如呼吸困难，给输氧。呼吸、心跳停止，立即进行心肺复苏术。就医。

眼睛接触：分开眼睑，用流动清水或生理盐水冲洗。如有不适感，就医。

皮肤接触：立即脱去污染的衣着，用肥皂水和清水彻底冲洗皮肤。如有不适感，就医。

食入：饮足量温水，催吐、洗胃、导泻。就医。

灭火方法 消防人员须佩戴防毒面具，穿全身消防服，在上风向灭火。尽可能将容器从火场移至空旷处。喷水保持火场容器冷却，直至灭火结束。

灭火剂：干粉、砂土。

泄漏应急处置 隔离泄漏污染区，限制出入。建议应急处理人员戴防尘口罩，穿防毒服，戴防毒手套。穿上适当的防护服前严禁接触破裂的容器和泄漏物。尽可能切断泄漏源。用塑料布覆盖泄漏物，减少飞散。勿使水进入包装容器内。用洁净的铲子收集泄漏物，置于干净、干燥、盖子较松的容器中，将容器移离泄漏区。

385. 2－羟基丙腈

标　识

中文名称 2－羟基丙腈

英文名称 2－hydroxypropionitrile；lactonitrile

385. 2－羟基丙腈

别名 乳腈

分子式 C_3H_5NO

CAS 号 78－97－7

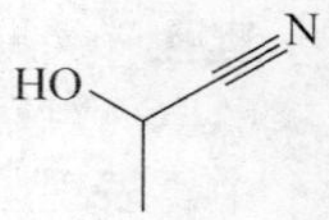

危害信息

危险性类别 第 6 类有毒品。

燃烧与爆炸危险性 可燃，其蒸气与空气混合，能形成爆炸性混合物。燃烧产生有毒的一氧化碳、氮氧化物和氰化氢气体。

禁忌物 强氧化剂、强还原剂、强酸、强碱。

毒性 大鼠经口 LD_{50}：87mg/kg；兔经皮 LD_{50}：20mg/kg。

本品已列入《剧毒化学品目录》。

中毒表现 如吸入、摄入和经皮肤吸收均可引起急性中毒。其毒作用是由本品本身毒性还是在体内释出 CN 作用所致，目前尚未探明。症状有：头晕、眼花、恶心、呕吐；神志不清，肝、肾损害，尿毒症。

侵入途径 吸入、食入、经皮吸收。

理化特性与用途

理化特性 无色至黄色液体。与水混溶，混溶于乙醇，溶于乙醚、氯仿，不溶于石油醚、二硫化碳。熔点－40℃，沸点 183℃，相对密度(水＝1)0.9877(20℃/4℃)，相对蒸气密度(空气＝1)2.45，饱和蒸气压 1.33kPa(74℃)、15.8Pa(25℃)，临界温度 370℃，临界压力 5.03MPa，辛醇/水分配系数 －0.94，闪点 77℃(闭杯)。

主要用途 主要用作溶剂和用于制备丙烯腈、丙烯酸酯、乳酸和乳酸乙酯。

包装与储运

包装标志 有毒品

包装类别 Ⅱ类

安全储运 储存于阴凉、通风的库房。应严格执行剧毒化学品管理制度。远离火种、热源。储存温度不超过 35℃，相对湿度不超过 85%。保持容器密封。应与氧化剂、还原剂、酸类、碱类、食用化学品分开存放，切忌混储。配备相应品种和数量的消防器材。储区应备有泄漏应急处理设备和合适的收容材料。

紧急处置信息

急救措施

吸入： 迅速脱离现场至空气新鲜处。保持呼吸道通畅。如呼吸困难，给输氧。呼吸、心跳停止，立即进行心肺复苏术。就医。

眼睛接触： 立即分开眼睑，用大量流动清水或生理盐水彻底冲洗。就医。

皮肤接触： 立即脱去污染的衣着，用流动清水彻底冲洗。就医。

食入： 如患者神志清醒，催吐，洗胃。就医。

如出现腈类物质中毒症状，使用亚硝酸钠和硫代硫酸钠解毒剂，也可用硫代硫酸钠加口服对氨基苯丙酮。

灭火方法 消防人员须佩戴防毒面具，穿全身消防服，在上风向灭火。尽可能将容器从火场移至空旷处。喷水保持火场容器冷却，直至灭火结束。处在火场中的容器若已变色或从安全泄压装置中发出声音，必须马上撤离。

灭火剂：水、雾状水、抗溶性泡沫、干粉、二氧化碳、砂土。

泄漏应急处置 根据液体流动和蒸气扩散的影响区域划定警戒区，无关人员从侧风、上风向撤离至安全区。消除所有点火源。建议应急处理人员戴防毒面具，穿防毒服，戴防毒手套。穿上适当的防护服前严禁接触破裂的容器和泄漏物。尽可能切断泄漏源。防止泄漏物进入水体、下水道、地下室或受限空间。小量泄漏：用干燥的砂土或其他不燃材料吸收或覆盖，收集于容器中。大量泄漏：构筑围堤或挖坑收容。用泵转移至槽车或专用收集器内。

386. β－羟基萘甲酸

标　识

中文名称 β－羟基萘甲酸
英文名称 2－hydroxy－1－naphthoic acid；β－hydroxy－naphthoic acid
别名 2－羟基萘甲酸
分子式 $C_{11}H_8O_3$
CAS 号 2283－08－1

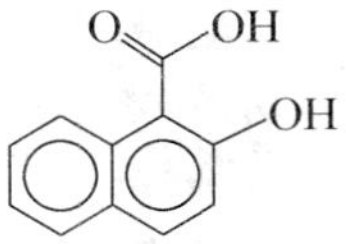

危害信息

燃烧与爆炸危险性 可燃，其粉体与空气混合，能形成爆炸性混合物。受热分解产生有毒的烟气。
禁忌物 强氧化剂、强碱、强酸。
毒性 小鼠腹腔内 LD_{50}：130～250mg/kg。
在一般情况下接触无明显危险性，其热蒸气对眼睛、皮肤和上呼吸道有刺激作用。
侵入途径 吸入、食入。

理化特性与用途

理化特性 白色或棕黄色针状结晶。不溶于冷水，微溶于热水，溶于乙醇、乙醚、苯、氯仿和碱液。熔点 167℃（分解），辛醇/水分配系数 3.42。
主要用途 主要用于合成萘夫西林（Nafcillin）和异丙萘青霉素，也用于合成染料、颜料。

包装与储运

安全储运 储存于阴凉、通风的库房。远离火种、热源。保持容器密封。应与氧化剂、酸碱等隔离储运。搬运时轻装轻卸，防止容器受损。

紧急处置信息

急救措施
吸入：脱离现场至空气新鲜处。如呼吸困难，给输氧。就医。
眼睛接触：分开眼睑，用流动清水或生理盐水冲洗。如有不适感，就医。
皮肤接触：立即脱去污染的衣着，用肥皂水和清水彻底冲洗皮肤。如有不适感，就医。
食入：饮足量温水，催吐。就医。
灭火方法 消防人员须佩戴防毒面具，穿全身消防服，在上风向灭火。尽可能将容器从火场移至空旷处。喷水保持火场容器冷却，直至灭火结束。

灭火剂：雾状水、泡沫、干粉、二氧化碳、砂土。

泄漏应急处置 隔离泄漏污染区，限制出入。消除所有点火源。建议应急处理人员戴防尘口罩，穿一般作业工作服，戴防护手套。尽可能切断泄漏源。用塑料布覆盖泄漏物，减少飞散。勿使水进入包装容器内。用洁净的铲子收集泄漏物，置于干净、干燥、盖子较松的容器中，将容器移离泄漏区。

387. 3－羟基四氢呋喃

标　识

中文名称 3－羟基四氢呋喃

英文名称 tetrahydrofuran－3－ol；3－hydroxytetrahydrofuran

分子式 $C_4H_8O_2$

CAS 号 453－20－3

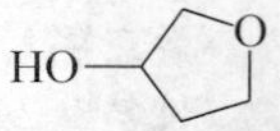

危害信息

燃烧与爆炸危险性 可燃，其蒸气与空气混合，能形成爆炸性混合物。燃烧产生有毒的一氧化碳气体。

禁忌物 强氧化剂、强酸。

侵入途径 吸入、食入、经皮吸收。

理化特性与用途

理化特性 无色至淡黄色透明液体。溶于水。沸点 181℃，相对密度(水＝1)1.09，辛醇/水分配系数 －0.6，闪点 81℃。

主要用途 用作溶剂、中间体等。

包装与储运

安全储运 储存于阴凉、通风的库房。远离火种、热源。保持容器密封。应与强氧化剂、酸类等隔离储运。搬运时轻装轻卸，防止容器受损。

紧急处置信息

急救措施

吸入：迅速脱离现场至空气新鲜处。保持呼吸道通畅。如呼吸困难，给输氧。呼吸、心跳停止，立即进行心肺复苏术。就医。

眼睛接触：分开眼睑，用流动清水或生理盐水冲洗。如有不适感，就医。

皮肤接触：脱去污染的衣着，用大量流动清水冲洗。如有不适感，就医。

食入：饮足量温水，催吐。就医。

灭火方法 消防人员须佩戴防毒面具，穿全身消防服，在上风向灭火。尽可能将容器从火场移至空旷处。喷水保持火场容器冷却，直至灭火结束。处在火场中的容器若已变色或从安全泄压装置中发出声音，必须马上撤离。

灭火剂：雾状水、泡沫、干粉、二氧化碳、砂土。

泄漏应急处置 根据液体流动和蒸气扩散的影响区域划定警戒区，无关人员从侧风、上风向撤离至安全区。消除所有点火源。建议应急处理人员戴防毒面具，穿一般作业工作

服，戴防护手套。尽可能切断泄漏源。防止泄漏物进入水体、下水道、地下室或受限空间。小量泄漏：用干燥的砂土或其他不燃材料吸收或覆盖，收集于容器中。大量泄漏：构筑围堤或挖坑收容。用泵转移至槽车或专用收集器内。

388. 2－羟基－正辛氧基二苯甲酮

标　识

中文名称　2－羟基－正辛氧基二苯甲酮
英文名称　2－hydroxy－4－*n*－octoxy－benzophenone；octabenzone；UV 531
别名　紫外线吸收剂 UV－531
分子式　$C_{21}H_{26}O_3$
CAS 号　1843－05－6

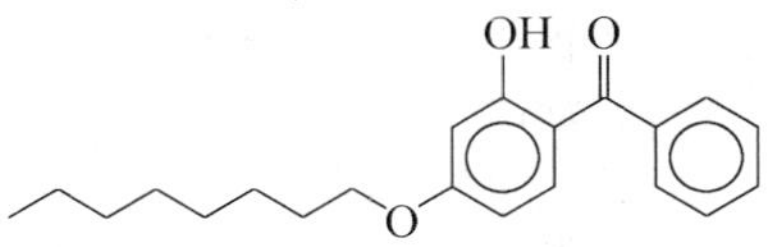

危害信息

燃烧与爆炸危险性　可燃，其粉体与空气混合，能形成爆炸性混合物。燃烧产生有毒的一氧化碳气体。

禁忌物　强氧化剂。

毒性　大鼠经口 LD_{50}：＞10000mg/kg；小鼠经口 LD_{50}：1300mg/kg；兔经皮 LD_{50}：＞10000mg/kg。

中毒表现　本品有刺激和麻醉作用。

侵入途径　吸入、食入、经皮吸收。

理化特性与用途

理化特性　淡黄色结晶粉末。不溶于水，微溶于乙醇、二氯乙烷，易溶于苯、正己烷、丙酮。熔点 47～49℃，沸点＞400℃，相对密度（水＝1）1.6（25℃），辛醇/水分配系数 6.96。

主要用途　作为紫外线吸收剂用于乙烯基树脂、聚苯乙烯、纤维素塑料、聚碳酸酯、有机玻璃、聚酯、聚酰胺等塑料、纤维及涂料中。

包装与储运

安全储运　储存于阴凉、通风的库房。远离火种、热源。保持容器密封。应与强氧化剂等隔离储运。搬运时轻装轻卸，防止容器受损。

紧急处置信息

急救措施

吸入：脱离现场至空气新鲜处。如呼吸困难，给输氧。就医。

眼睛接触：分开眼睑，用流动清水或生理盐水冲洗。如有不适感，就医。

皮肤接触：脱去污染的衣着，用流动清水冲洗。如有不适感，就医。

食入：饮足量温水，催吐。就医。

灭火方法　消防人员须佩戴防毒面具，穿全身消防服，在上风向灭火。尽可能将容器从火场移至空旷处。喷水保持火场容器冷却，直至灭火结束。

灭火剂：雾状水、泡沫、干粉、二氧化碳、砂土。

泄漏应急处置　隔离泄漏污染区，限制出入。消除所有点火源。建议应急处理人员戴防尘口罩，穿一般作业工作服，戴防护手套。尽可能切断泄漏源。用塑料布覆盖泄漏物，减少飞散。勿使水进入包装容器内。用洁净的铲子收集泄漏物，置于干净、干燥、盖子较松的容器中，将容器移离泄漏区。

389. N－羟甲基丙烯酰胺

标　识

中文名称　*N*－羟甲基丙烯酰胺

英文名称　*N*－hydroxymethyl acrylamide；*N*－methylolacrylamide；*N*－(hydroxymethyl)－2－propenamide

别名　*N*－羟甲基－2－丙烯酰胺

分子式　$C_4H_7NO_2$

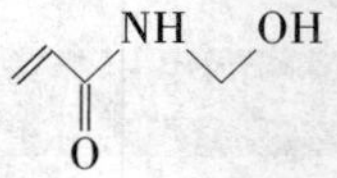

CAS 号　924－42－5

危害信息

燃烧与爆炸危险性　可燃，其粉体与空气混合，能形成爆炸性混合物。燃烧分解时，放出有毒的氮氧化物气体。若遇高热，可发生聚合反应，放出大量热量而引起容器破裂和爆炸事故。

禁忌物　强氧化剂、强酸、强碱。

毒性　大鼠经口 LD_{50}：474mg/kg；小鼠经口 LD_{50}：420mg/kg。

中毒表现　本品对皮肤有刺激作用，其蒸气或雾对眼睛、黏膜和上呼吸道有刺激作用。

侵入途径　吸入、食入。

环境危害　对水生生物有极高毒性。

理化特性与用途

理化特性　白色结晶粉末。溶于水，溶于酯类，不溶于烃类。熔点 74～75℃，沸点 277℃，相对密度(水＝1)1.07，饱和蒸气压 0.03Pa(25℃)，临界温度 518℃，临界压力 5.35MPa，辛醇/水分配系数 －1.81。

主要用途　作为共聚单体和交联剂，用于纤维加工、树脂加工、纸张和涂料工业。

包装与储运

安全储运　通常商品加有阻聚剂。储存于阴凉、通风的库房。保持容器密封。远离火种、热源。应与氧化剂、酸碱、食用化学品等隔离储运。搬运时轻装轻卸，防止容器受损。

紧急处置信息

急救措施

吸入：脱离现场至空气新鲜处。如呼吸困难，给输氧。就医。

眼睛接触：分开眼睑，用流动清水或生理盐水冲洗。如有不适感，就医。

皮肤接触：立即脱去污染的衣着，用肥皂水和清水彻底冲洗皮肤。如有不适感，就医。

食入：饮足量温水，催吐。就医。

灭火方法 消防人员须佩戴防毒面具，穿全身消防服，在上风向灭火。尽可能将容器从火场移至空旷处。喷水保持火场容器冷却，直至灭火结束。

灭火剂：雾状水、泡沫、干粉、二氧化碳、砂土。

泄漏应急处置 隔离泄漏污染区，限制出入。建议应急处理人员戴防尘口罩，穿防毒服，戴防护手套。穿上适当的防护服前严禁接触破裂的容器和泄漏物。尽可能切断泄漏源。用塑料布覆盖泄漏物，减少飞散。勿使水进入包装容器内。用洁净的铲子收集泄漏物，置于干净、干燥、盖子较松的容器中，将容器移离泄漏区。

390. *N*－羟乙基吗啉

标　识

中文名称 N－羟乙基吗啉

英文名称 2－morpholinoethanol；4－morpholineethanol；*N*－hydroxyethyl morpholine

别名 2－吗啉乙醇

分子式 $C_6H_{13}NO_2$

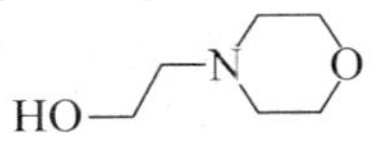

CAS 号 622－40－2

危害信息

燃烧与爆炸危险性 可燃，其蒸气与空气混合，能形成爆炸性混合物。受高热分解放出有毒的气体。若遇高热，容器内压增大，有开裂和爆炸的危险。

活性反应 与氧化剂可发生反应。

禁忌物 强氧化剂、强碱。

毒性 大鼠经口 LD_{50}：5500mg/kg；兔经皮 LD_{50}：＞16000mg/kg。

侵入途径 吸入、食入、经皮吸收。

环境危害

理化特性与用途

理化特性 无色至黄色透明液体。易溶于水、乙醇。pH 值 10.7(100g/l 水溶液)，熔点－1.6℃，沸点 225.5～227℃，相对密度(水＝1)1.08，相对蒸气密度(空气＝1)4.54，饱和蒸气压 179Pa(60℃)，辛醇/水分配系数 －1.32，闪点 107℃，引燃温度 205℃，爆炸下限 1.5%，爆炸上限 9.8%。

主要用途 用作化学中间体。

包装与储运

安全储运 储存于阴凉、通风的库房。远离火种、热源。保持容器密封。应与强氧化剂等隔离储运。搬运时轻装轻卸，防止容器受损。

紧急处置信息

急救措施

吸入： 迅速脱离现场至空气新鲜处。保持呼吸道通畅。如呼吸困难，给输氧。呼吸、心跳停止，立即进行心肺复苏术。就医。

眼睛接触： 分开眼睑，用流动清水或生理盐水冲洗。如有不适感，就医。

皮肤接触：脱去污染的衣着，用大量流动清水冲洗。如有不适感，就医。

食入：饮足量温水，催吐。就医。

灭火方法 消防人员须佩戴防毒面具，穿全身消防服，在上风向灭火。尽可能将容器从火场移至空旷处。喷水保持火场容器冷却，直至灭火结束。处在火场中的容器若已变色或从安全泄压装置中发出声音，必须马上撤离。

灭火剂：雾状水、泡沫、干粉、二氧化碳、砂土。

泄漏应急处置 根据液体流动和蒸气扩散的影响区域划定警戒区，无关人员从侧风、上风向撤离至安全区。消除所有点火源。建议应急处理人员戴防毒面具，穿一般作业工作服，戴防护手套。尽可能切断泄漏源。防止泄漏物进入水体、下水道、地下室或受限空间。小量泄漏：用干燥的砂土或其他不燃材料吸收或覆盖，收集于容器中。大量泄漏：构筑围堤或挖坑收容。用泵转移至槽车或专用收集器内。

391. 嗪 草 酮

标 识

中文名称 嗪草酮

英文名称 metribuzin；4 - amino - 6 - tert - butyl - 3 - (methylthio) - as - triazin - 5(4H) - one

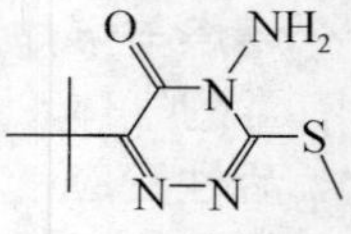

别名 4 - 氨基 - 6 - 叔丁基 - 3 - 甲硫基 - 4,5 - 二氢 - 1,2,4 - 三嗪 - 5(4H) - 酮

分子式 $C_8H_{14}N_4OS$

CAS 号 21087 - 64 - 9

危害信息

燃烧与爆炸危险性 可燃，其粉体与空气混合，能形成爆炸性混合物。受高热分解放出有毒的气体。

禁忌物 强氧化剂。

毒性 大鼠经口 LD_{50}：1100mg/kg；小鼠经口 LD_{50}：564mg/kg；大鼠吸入 LC_{50}：>860mg/m^3(4h)；大鼠经皮 LD_{50}：2000mg/kg；兔经皮 LD_{50}：>20000mg/kg。

侵入途径 吸入、食入、经皮吸收。

职业接触限值 美国(ACGIH)：TLV - TWA：5mg/m^3。

环境危害 对水生生物有极高毒性，可能在水生环境中造成长期不利影响。

理化特性与用途

理化特性 无色结晶或白色粉末。微溶于水、已烷，溶于甲醇、乙醇、乙醚、丙酮、环己酮、甲苯、二甲基甲酰胺、氯仿等。熔点 125～126.8℃，沸点 132℃(2Pa)，相对密度(水 = 1)1.28，饱和蒸气压 <1Pa(20℃)，辛醇/水分配系数 1.7。

主要用途 选择性内吸性芽前苗后除草剂，用于大豆、马铃薯、番茄、苜蓿、胡萝卜芦笋等作物防除多种阔叶杂草和禾本科杂草。

包装与储运

安全储运 储存于阴凉、通风的库房。远离火种、热源。保持容器密封。应与强氧化

剂等隔离储运。搬运时轻装轻卸，防止容器受损。

紧急处置信息

急救措施

吸入：迅速脱离现场至空气新鲜处。保持呼吸道通畅。如呼吸困难，给输氧。呼吸、心跳停止，立即进行心肺复苏术。就医。

眼睛接触：分开眼睑，用流动清水或生理盐水冲洗。如有不适感，就医。

皮肤接触：脱去污染的衣着，用大量流动清水冲洗。如有不适感，就医。

食入：饮足量温水，催吐、洗胃、导泻。就医。

灭火方法 消防人员须佩戴防毒面具，穿全身消防服，在上风向灭火。尽可能将容器从火场移至空旷处。喷水保持火场容器冷却，直至灭火结束。

灭火剂：雾状水、泡沫、干粉、二氧化碳、砂土。

泄漏应急处置 隔离泄漏污染区，限制出入。建议应急处理人员戴防尘口罩，穿防毒服，戴防护手套。穿上适当的防护服前严禁接触破裂的容器和泄漏物。尽可能切断泄漏源。用塑料布覆盖泄漏物，减少飞散。勿使水进入包装容器内。用洁净的铲子收集泄漏物，置于干净、干燥、盖子较松的容器中，将容器移离泄漏区。

392. 氢 碘 酸

标 识

中文名称 氢碘酸

英文名称 hydroiodic acid; hydrogen iodide solution

别名 碘化氢溶液

分子式 HI

H—I

CAS 号 10034－85－2

WGH 号 81019

UN 号 1787

危害信息

危险性类别 第 8 类腐蚀品。

燃烧与爆炸危险性 不燃，无特殊燃爆特性。对大多数金属有强腐蚀性。

活性反应 与氟、钾、硝酸、氯酸钾等发生剧烈反应。

禁忌物 碱类、强氧化剂、氨、活性金属粉末、氟、钾、硝酸、氯酸钾等。

中毒表现 有强腐蚀作用。其蒸气或烟雾对眼睛、皮肤、黏膜和呼吸道有强烈的刺激作用。

侵入途径 吸入、食入。

理化特性与用途

理化特性 无色至浅黄色有刺激性气味的液体，在空气中强烈发烟。溶于水。熔点－51℃（纯品），沸点 127℃（57% 氢碘酸），相对密度（水＝1）1.7（57% 氢碘酸）、1.5（47% 氢碘酸）。

主要用途 用作还原剂，也用于合成碘烷及其他碘化物。

包装与储运

包装标志 腐蚀品

包装类别 Ⅱ类

安全储运 储存于阴凉、通风的库房。远离火种、热源。库温不超过30℃。相对湿度不超过80%。包装要求密封。不可与空气接触。应与氧化剂、碱类等分开存放，切忌混储。储区应备有泄漏应急处理设备和合适的收容材料。

紧急处置信息

急救措施

吸入：迅速脱离现场至空气新鲜处。保持呼吸道通畅。如呼吸困难，给输氧。呼吸、心跳停止，立即进行心肺复苏术。就医。

眼睛接触：分开眼睑，用流动清水或生理盐水冲洗。如有不适感，就医。

皮肤接触：脱去污染的衣着，用肥皂水和清水彻底冲洗皮肤。如有不适感，就医。

食入：用水漱口。给饮牛奶或蛋清。就医。

灭火方法 消防人员必须穿全身耐酸碱消防服，佩戴空气呼吸器，在上风向灭火。尽可能将容器从火场移至空旷处。喷水保持火场容器冷却，直至灭火结束。处在火场中的容器若已变色或从安全泄压装置中发出声音，必须马上撤离。本品不燃。根据着火原因选择适当灭火剂灭火。

泄漏应急处置 根据液体流动和蒸气扩散的影响区域划定警戒区，无关人员从侧风、上风向撤离至安全区。建议应急处理人员戴正压自给式呼吸器，穿防腐蚀、防毒服，戴橡胶耐酸碱手套。穿上适当的防护服前严禁接触破裂的容器和泄漏物。尽可能切断泄漏源。防止泄漏物进入水体、下水道、地下室或受限空间。小量泄漏：用干燥的砂土或其他不燃材料吸收或覆盖，收集于容器中。大量泄漏：构筑围堤或挖坑收容。用碎石灰石($CaCO_3$)、苏打灰(Na_2CO_3)或石灰(CaO)中和。用耐腐蚀泵转移至槽车或专用收集器内。

393. 氢 化 钡

标 识

中文名称 氢化钡

英文名称 barium hydride；barium dihydride

分子式 BaH_2

CAS 号 13477－09－3

WGH 号 43506

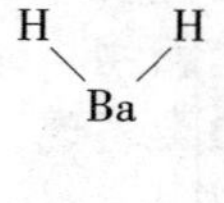

危害信息

危险性类别 第4.3类遇湿易燃物品。

燃烧与爆炸危险性 接触空气易自燃。遇水剧烈反应，可引起燃烧或爆炸。

活性反应 遇水或酸发生反应放出氢气及热量，能引起燃烧。与氧化剂能发生强烈反应。

禁忌物 酸类、水、醇类。

中毒表现 本品有毒。粉尘能刺激眼睛和上呼吸道。误服或经皮肤吸收会中毒，出现低血钾综合征，可导致四肢软瘫、心肌受累及呼吸麻痹。

侵入途径 吸入、食入、经皮吸收。

理化特性与用途

理化特性 灰色正交结晶或粉末。在空气中能缓慢燃烧。与水、醇反应放出氢。不溶于普通溶剂。熔点 675℃(分解)，沸点 1400℃，相对密度(水 =1)4.21。

主要用途 用作强还原剂、氢化剂、真空管除气剂。

包装与储运

包装标志 遇湿易燃物品，有毒品

包装类别 Ⅱ类

安全储运 储存于阴凉、干燥、通风良好的专用库房内，库温不超过 32℃。相对湿度不超过 75%。远离火种、热源。防止阳光直射。包装必须密封，切勿受潮。应与酸类、醇类、食用化学品等分开存放，切忌混储。配备相应品种和数量的消防器材。储区应备有合适的材料收容泄漏物。

紧急处置信息

急救措施

吸入：迅速脱离现场至空气新鲜处。保持呼吸道通畅。如呼吸困难，给输氧。呼吸、心跳停止，立即进行心肺复苏术。就医。

眼睛接触：分开眼睑，用流动清水或生理盐水冲洗。如有不适感，就医。

皮肤接触：脱去污染的衣着，用大量流动清水冲洗。如有不适感，就医。

食入：饮足量温水，催吐。用 2% ~5% 硫酸钠或硫酸镁溶液洗胃，导泻。就医。

灭火方法 消防人员须佩戴防毒面具，穿全身消防服，在上风向灭火。尽可能将容器从火场移至空旷处。喷水保持火场容器冷却，直至灭火结束。禁止用水、泡沫和酸碱灭火剂灭火。

灭火剂：干粉、二氧化碳、砂土。

泄漏应急处置 隔离泄漏污染区，限制出入。消除所有点火源。建议应急处理人员戴防尘口罩，穿防毒、防静电服，戴橡胶手套。禁止接触或跨越泄漏物。尽可能切断泄漏源。用干燥的砂土或其他不燃材料覆盖泄漏物，然后用塑料布覆盖，减少飞散、避免雨淋。用洁净的无火花工具收集泄漏物，置于一盖子较松的塑料容器中，待处置。

394. 氢 化 钙

标 识

中文名称 氢化钙

英文名称 calcium hydride

分子式 CaH_2

CAS 号 7789 -78 -8

WGH 号 43020

H—Ca—H

UN号 1404

危害信息

危险性类别 第4.3类遇湿易燃物品。

燃烧与爆炸危险性 遇潮气、水或酸类发生反应，放出氢气并能引起燃烧。遇湿气和水分生成氢氧化物，腐蚀性很强。

活性反应 化学反应活性很高，遇潮气、水或酸类发生反应，放出氢气并能引起燃烧。与氧化剂、金属氧化物剧烈反应。遇湿气和水分生成氢氧化物，腐蚀性很强。

禁忌物 酸类、醇类、强氧化剂、水、酸酐、卤素、氧。

中毒表现 本品对黏膜、呼吸道、眼和皮肤有强烈的刺激性。

侵入途径 吸入、食入。

理化特性与用途

理化特性 灰色正交晶系结晶，易潮解。不溶于二硫化碳、乙醚等有机溶剂，微溶于浓酸。熔点600℃(分解)，相对密度(水=1)1.9。

主要用途 用作还原剂、干燥剂、缩合剂、氢源、化学分析试剂等。

包装与储运

包装标志 遇湿易燃物品

包装类别 Ⅰ类

安全储运 储存于阴凉、干燥、通风良好的专用库房内，远离火种、热源。库温不超过32℃。相对湿度不超过75%。包装必须密封。切勿受潮。应与氧化剂、酸类、醇类、卤素等分开存放，切忌混储。采用防爆型照明、通风设施。禁止使用易产生火花的机械设备和工具。储区应备有合适的材料收容泄漏物。

紧急处置信息

急救措施

吸入：迅速脱离现场至空气新鲜处。保持呼吸道通畅。如呼吸困难，给输氧。呼吸、心跳停止，立即进行心肺复苏术。就医。

眼睛接触：分开眼睑，用流动清水或生理盐水冲洗。就医。

皮肤接触：脱去污染的衣着，用肥皂水和清水彻底冲洗皮肤。就医。

食入：用水漱口。给饮牛奶或蛋清。就医。

灭火方法 消防人员必须佩戴空气呼吸器，穿全身防火防毒服，在上风向灭火。尽可能将容器从火场移至空旷处。喷水保持火场容器冷却，直至灭火结束。不可用水、泡沫、二氧化碳、卤代烃等灭火。

灭火剂：干燥石墨粉、干燥白云石粉末、干砂。

泄漏应急处置 严禁用水处理。隔离泄漏污染区，限制出入。消除所有点火源。建议应急处理人员戴防尘口罩，穿防静电、防腐蚀服，戴防护手套。禁止接触或跨越泄漏物。尽可能切断泄漏源。保持泄漏物干燥。小量泄漏：用干燥的砂土或其他不燃材料覆盖泄漏物，然后用塑料布覆盖，减少飞散，避免雨淋。大量泄漏：用塑料布或帆布覆盖泄漏物，减少飞散，保持干燥。在专家指导下清除。

395. 氢　化　锆

标　识

中文名称　氢化锆

英文名称　zirconium hydride；zirconium dihydride

别名　二氢化锆

分子式　ZrH_2

CAS 号　7704－99－6

WGH 号　41007

UN 号　1437

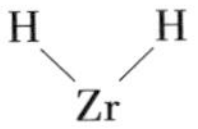

危害信息

危险性类别　第 4.1 类易燃固体。

燃烧与爆炸危险性　易燃。粉体与空气可形成爆炸性混合物。受热或与潮气、酸类接触即放出热量与氢气而引起燃烧和爆炸。

活性反应　与氧化剂能发生强烈反应。

禁忌物　强氧化剂、水、酸类。

侵入途径　吸入、食入。

职业接触限值　中国：PC－TWA：$5mg/m^3$，PC－STEL：$10mg/m^3$[按锆计]。美国(ACGIH)：TLV－TWA：$5mg/m^3$，TLV－STEL：$10mg/m^3$[按锆计]。

理化特性与用途

理化特性　灰黑色四方结晶或粉末。不溶于水，溶于氢氟酸、浓酸。熔点 800℃(分解)，相对密度(水＝1)5.60，引燃温度 270℃。

主要用途　用作强还原剂、纯氢来源、氢化反应催化剂，也用于粉末冶金工业。

包装与储运

包装标志　易燃固体

包装类别　Ⅱ类

安全储运　储存于阴凉、干燥、通风良好的库房。库温不宜超过 35℃。远离火种、热源。防止阳光直射。保持容器密封。应与氧化剂、酸类等分开存放，切忌混储。采用防爆型照明、通风设施。禁止使用易产生火花的机械设备和工具。储区应备有合适的材料收容泄漏物。

紧急处置信息

急救措施

吸入：脱离现场至空气新鲜处。就医。

眼睛接触：分开眼睑，用流动清水或生理盐水冲洗。如有不适感，就医。

皮肤接触：脱去污染的衣着，用大量流动清水冲洗。如有不适感，就医。

食入：饮足量温水，催吐。就医。

灭火方法　消防人员须佩戴防毒面具，穿全身消防服，在上风向灭火。尽可能将容器

从火场移至空旷处。喷水保持火场容器冷却，直至灭火结束。禁止用水、泡沫和酸碱灭火剂灭火。

灭火剂：干粉、二氧化碳、砂土。

泄漏应急处置　严禁用水处理。隔离泄漏污染区，限制出入。消除所有点火源。建议应急处理人员戴防尘口罩，穿防毒、防静电服，戴防护手套。禁止接触或跨越泄漏物。尽可能切断泄漏源。保持泄漏物干燥。小量泄漏：用干燥的砂土或其他不燃材料覆盖泄漏物，然后用塑料布覆盖，减少飞散、避免雨淋。大量泄漏：用塑料布或帆布覆盖泄漏物，减少飞散，保持干燥。在专家指导下清除。

396. 氢　化　钾

标　识

中文名称　氢化钾

英文名称　potassium hydride

分子式　HK

CAS 号　7693-26-7

WGH 号　43018

UN 号　1409

H—K

危害信息

危险性类别　第 4. 3 类遇湿易燃物品。

燃烧与爆炸危险性　遇湿易燃。受热或与潮气、酸类接触即放出热量与氢气而引起燃烧和爆炸。加热分解，放出剧毒的氧化钾烟雾。粉体在受热、遇明火或接触氧化剂时会引起燃烧爆炸。遇湿气和水分生成氢氧化物，腐蚀性很强。

活性反应　化学反应活性很高，与氧化剂能发生强烈反应，引起燃烧或爆炸。受热或与潮气、酸类接触即放出热量与氢气而引起燃烧和爆炸。粉体在受热、遇明火或接触氧化剂时会引起燃烧爆炸。遇湿气和水分生成氢氧化物，腐蚀性很强。

禁忌物　水、醇类、酸类、强氧化剂、氯代烃、卤素、氧、空气。

中毒表现　本品对黏膜、呼吸道、眼和皮肤有强烈的刺激性。

侵入途径　吸入、食入。

理化特性与用途

理化特性　无色立方晶系结晶或灰色粉末。不溶于液氨、二硫化碳和有机溶剂，溶于熔融的钾。密度 1. 44 ~ 1. 5g/cm^3，分解温度 420℃。

主要用途　用作有机合成的缩合剂及烷基化剂，也用作强还原剂和吸水剂。

包装与储运

包装标志　遇湿易燃物品

包装类别　Ⅰ类

安全储运　储存于阴凉、干燥、通风良好的专用库房内，远离火种、热源。库温不超过 32℃。相对湿度不超过 75%。保持容器密封。应与氧化剂、酸类、醇类、卤素等分开存放，切忌混储。采用防爆型照明、通风设施。禁止使用易产生火花的机械设备和工具。储区应备有合适的材料收容泄漏物。

紧急处置信息

急救措施

吸入： 迅速脱离现场至空气新鲜处。保持呼吸道通畅。如呼吸困难，给输氧。呼吸、心跳停止，立即进行心肺复苏术。就医。

眼睛接触： 立即分开眼睑，用大量流动清水或生理盐水彻底冲洗 10～15min。就医。

皮肤接触： 立即脱去污染的衣着，用大量流动清水彻底冲洗，冲洗时间一般要求 20～30min。就医。

食入： 用水漱口，禁止催吐。给饮牛奶或蛋清。就医。

灭火方法 消防人员必须佩戴空气呼吸器，穿全身防火防毒服，在上风向灭火。尽可能将容器从火场移至空旷处。喷水保持火场容器冷却，直至灭火结束。不可用水、泡沫、二氧化碳、卤代烃等灭火。

灭火剂：干燥石墨粉、干燥白云石粉末、干砂。

泄漏应急处置 隔离泄漏污染区，限制出入。消除所有点火源。建议应急处理人员戴防尘口罩，穿防静电、防腐蚀服，戴橡胶手套。禁止接触或跨越泄漏物。尽可能切断泄漏源。严禁用水处理。小量泄漏：用干燥的砂土或其他不燃材料覆盖泄漏物，然后用塑料布覆盖，减少飞散、避免雨淋。大量泄漏：用塑料布或帆布覆盖泄漏物，减少飞散，保持干燥。在专家指导下清除。

397. 氢 化 锂

标 识

中文名称 氢化锂

英文名称 lithium hydride；lithium monohydride

分子式 HLi

Li—H

CAS 号 7580－67－8

WGH 号 43016

UN 号 1414；2805（熔融）

危害信息

危险性类别 第 4.3 类遇湿易燃物品。

燃烧与爆炸危险性 遇湿易燃。化学反应活性很高，暴露在空气中能自燃。受热或与潮气、酸类接触即放出热量与氢气而引起燃烧和爆炸。遇湿气和水分生成氢氧化物，腐蚀性很强。

活性反应 化学反应活性很高，暴露在空气中能自燃。受热或与潮气、酸类接触即放出热量与氢气而引起燃烧和爆炸。与氧化剂能发生强烈反应，引起燃烧或爆炸。遇湿气和水分生成氢氧化物，腐蚀性很强。

禁忌物 强氧化剂、酸类、醇类、水、卤素、空气、氧。

毒性 大鼠经口 LD_{50}：77.5mg/kg。

中毒表现 对皮肤黏膜有强烈的刺激与腐蚀作用。吸入后引起喷嚏、咳嗽、呼吸困难、支气管炎。可引起鼻中隔穿孔。眼接触可致结膜炎或灼伤。可致皮肤灼伤。口服中毒出现无力、眩晕、视力模糊、恶心、呕吐等，重者昏迷、抽搐或精神障碍。

侵入途径 吸入、食入。

职业接触限值 中国：PC－TWA：0.025mg/m³，PC－STEL：0.05mg/m³。美国(ACGIH)：TLV－TWA：0.025mg/m³。

理化特性与用途

理化特性 白色或灰色立方结晶或粉末，易潮解。不溶于苯、甲苯，溶于乙醚。熔点680℃，分解温度<850℃，相对密度(水=1)0.76～0.77，引燃温度200℃。

主要用途 用作干燥剂、有机合成的缩合剂、核防护材料及还原剂、烷基化剂等。

包装与储运

包装标志 遇湿易燃物品

包装类别 Ⅰ类；Ⅱ类(熔融)。

安全储运 储存于阴凉、干燥、通风良好的专用库房内，库温不超过32℃。相对湿度不超过75%。远离火种、热源。包装要求密封。不可与空气接触。应与氧化剂、酸类、醇类等分开存放，切忌混储。采用防爆型照明、通风设施。禁止使用易产生火花的机械设备和工具。储区应备有合适的材料收容泄漏物。

紧急处置信息

急救措施

吸入：迅速脱离现场至空气新鲜处。保持呼吸道通畅。如呼吸困难，给输氧。呼吸、心跳停止，立即进行心肺复苏术。就医。

眼睛接触：立即分开眼睑，用大量流动清水或生理盐水彻底冲洗10～15min。就医。

皮肤接触：立即脱去污染的衣着，用大量流动清水彻底冲洗，冲洗时间一般要求20～30min。就医。

食入：用水漱口，禁止催吐。给饮牛奶或蛋清。就医。

灭火方法 消防人员必须佩戴空气呼吸器，穿全身防火防毒服，在上风向灭火。尽可能将容器从火场移至空旷处。喷水保持火场容器冷却，直至灭火结束。不可用水、泡沫、二氧化碳、卤代烃等灭火。

灭火剂：干燥石墨粉、干燥白云石粉末、干砂。

泄漏应急处置 严禁用水处理。隔离泄漏污染区，限制出入。消除所有点火源。建议应急处理人员戴防尘口罩，穿防静电、防腐、防毒服，戴橡胶手套。禁止接触或跨越泄漏物。尽可能切断泄漏源。保持泄漏物干燥。小量泄漏：用干燥的砂土或其他不燃材料覆盖泄漏物，然后用塑料布覆盖，减少飞散、避免雨淋。大量泄漏：用塑料布或帆布覆盖泄漏物，减少飞散，保持干燥。在专家指导下清除。

398. 氢 化 铝

标 识

中文名称 氢化铝

英文名称 aluminium hydride；aluminium trihydride

别名 三氢化铝

分子式 AlH_3

CAS 号 7784－21－6

WGH 号 43021

UN 号 2463

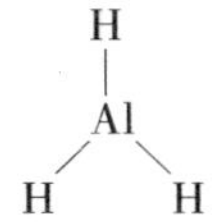

危害信息

危险性类别 第4.3类遇湿易燃物品。

燃烧与爆炸危险性 接触空气易自燃。遇水剧烈反应，可引起燃烧或爆炸。

活性反应 遇水或酸发生反应放出氢气及热量，能引起燃烧。与氧化剂能发生强烈反应。

禁忌物 酸类、醇类、水。

中毒表现 本品粉尘对眼睛、鼻、皮肤和呼吸系统有刺激作用，长期作用可引起尘肺。

侵入途径 吸入、食入。

职业接触限值 美国(ACGIH)：TLV－TWA：2mg/m^3[按铝计]。

理化特性与用途

理化特性 无色至灰色结晶或粉末。与水反应放出氢气。易溶于四氢呋喃，溶于乙醚。熔点150℃，沸点(分解)，相对密度(水＝1)1.486。

主要用途 用作还原剂、聚合催化剂等。

包装与储运

包装标志 遇湿易燃物品

包装类别 Ⅰ类

安全储运 储存于阴凉、干燥、通风良好的专用库房内，库温不超过32℃。相对湿度不超过75%。远离火种、热源。避光保存。包装必须密封。切勿受潮。应与酸类、醇类等分开存放，切忌混储。采用防爆型照明、通风设施。禁止使用易产生火花的机械设备和工具。储区应备有合适的材料收容泄漏物。

紧急处置信息

急救措施

吸入：脱离接触。如有不适感，就医。

眼睛接触：分开眼睑，用流动清水或生理盐水冲洗。如有不适感，就医。

皮肤接触：脱去污染的衣着，用肥皂水和清水冲洗。如有不适感，就医。

食入：饮足量温水，催吐。就医。

灭火方法 消防人员须佩戴防毒面具，穿全身消防服，在上风向灭火。尽可能将容器从火场移至空旷处。喷水保持火场容器冷却，直至灭火结束。禁止用水、泡沫和酸碱灭火剂灭火。

灭火剂：干粉、二氧化碳、砂土。

泄漏应急处置 严禁用水处理。隔离泄漏污染区，限制出入。消除所有点火源。建议应急处理人员戴防尘口罩，穿防静电服，戴防护手套。禁止接触或跨越泄漏物。尽可能切断泄漏源。保持泄漏物干燥。小量泄漏：用干燥的砂土或其他不燃材料覆盖泄漏物，然后用塑料布覆盖，减少飞散、避免雨淋。大量泄漏：用塑料布或帆布覆盖泄漏物，减少飞散，保持干燥。在专家指导下清除。

399. 氢 化 钠

标　识

中文名称　氢化钠

英文名称　sodium hydride；sodium monohydride

分子式　HNa

CAS 号　7646－69－7

WGH 号　43017

UN 号　1427

H—Na

危害信息

危险性类别　第4.3类遇湿易燃物品。

燃烧与爆炸危险性　在潮湿空气中能自燃。遇湿易燃。受热或与潮气、酸类接触即放出热量与氢气而引起燃烧和爆炸。遇湿气和水分生成氢氧化物，腐蚀性很强。

活性反应　化学反应活性很高，在潮湿空气中能自燃。受热或与潮气、酸类接触即放出热量与氢气而引起燃烧和爆炸。与氧化剂能发生强烈反应，引起燃烧或爆炸。遇湿气和水分生成氢氧化物，腐蚀性很强。

禁忌物　酸类、醇类、水、二氧化碳、强氧化剂、氧、卤素。

中毒表现　对眼和呼吸道有刺激性。皮肤直接接触引起灼伤。误服造成消化道灼伤。

侵入途径　吸入、食入。

理化特性与用途

理化特性　白色至浅灰褐色微晶粉末。不溶于液氨、四氯化碳、二硫化碳、苯，溶于熔融的氢氧化钠。熔点800℃(分解)，相对密度(水＝1)0.92。

主要用途　用作缩合剂、烷基化剂及还原剂等。

包装与储运

包装标志　遇湿易燃物品

包装类别　Ⅰ类

安全储运　储存于阴凉、干燥、通风良好的专用库房内，远离火种、热源。库温不超过32℃。相对湿度不超过75%。保持容器密封。应与氧化剂、酸类、醇类、卤素等分开存放，切忌混储。采用防爆型照明、通风设施。禁止使用易产生火花的机械设备和工具。储区应备有合适的材料收容泄漏物。

紧急处置信息

急救措施

吸入：迅速脱离现场至空气新鲜处。保持呼吸道通畅。如呼吸困难，给输氧。呼吸、心跳停止，立即进行心肺复苏术。就医。

眼睛接触：分开眼睑，用流动清水或生理盐水冲洗。就医。

皮肤接触：脱去污染的衣着，用肥皂水和清水彻底冲洗皮肤。就医。

食入：用水漱口。给饮牛奶或蛋清。就医。

灭火方法 消防人员必须佩戴空气呼吸器，穿全身防火防毒服，在上风向灭火。尽可能将容器从火场移至空旷处。喷水保持火场容器冷却，直至灭火结束。不可用水、泡沫、二氧化碳、卤代烃等灭火。

灭火剂：干燥石墨粉、干燥白云石粉末、干砂。

泄漏应急处置 严禁用水处理。隔离泄漏污染区，限制出入。消除所有点火源。建议应急处理人员戴防尘口罩，穿防静电、防腐蚀服，戴橡胶手套。禁止接触或跨越泄漏物。尽可能切断泄漏源。保持泄漏物干燥。小量泄漏：用干燥的砂土或其他不燃材料覆盖泄漏物，然后用塑料布覆盖，减少飞散、避免雨淋。大量泄漏：用塑料布或帆布覆盖泄漏物，减少飞散，保持干燥。在专家指导下清除。

400. 氢 化 钛

标 识

中文名称 氢化钛

英文名称 titanium hydride; titanium dihydride

别名 二氢化钛

分子式 TiH_2

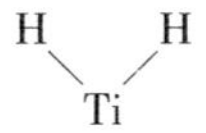

CAS 号 7704－98－5

WGH 号 41006

UN 号 1871

危害信息

危险性类别 第 4.1 类易燃固体。

燃烧与爆炸危险性 易燃。粉体与空气可形成爆炸性混合物。受热或与潮气、酸类接触即放出热量与氢气而引起燃烧和爆炸。

活性反应 与氧化剂能发生强烈反应。粉体与空气可形成爆炸性混合物。

禁忌物 强氧化剂、酸类、水。

中毒表现 动物实验表明，长期接触可能发生肺纤维化，影响肺功能。

侵入途径 吸入、食入。

理化特性与用途

理化特性 灰色至黑色粉末，无气味。不溶于水，遇水缓慢分解。熔点 400℃，分解温度约 450℃，相对密度(水＝1)3.91。

主要用途 用于制钛化合物、涂料，用作催化剂、高纯氢的供源和粉末冶金添加剂，也用于金属－陶瓷封接。

包装与储运

包装标志 易燃固体

包装类别 Ⅱ类

安全储运 储存于阴凉、干燥、通风良好的库房。库温不宜超过 35℃。远离火种、热源。防止阳光直射。保持容器密封。应与氧化剂、酸类等分开存放，切忌混储。采用防爆型照明、通风设施。禁止使用易产生火花的机械设备和工具。储区应备有合适的材料收容泄漏物。

紧急处置信息

急救措施

吸入： 迅速脱离现场至空气新鲜处。保持呼吸道通畅。如呼吸困难，给输氧。呼吸、心跳停止，立即进行心肺复苏术。就医。

眼睛接触： 分开眼睑，用流动清水或生理盐水冲洗。如有不适感，就医。

皮肤接触： 脱去污染的衣着，用大量流动清水冲洗。如有不适感，就医。

食入： 饮足量温水，催吐。就医。

灭火方法 消防人员须佩戴防毒面具，穿全身消防服，在上风向灭火。尽可能将容器从火场移至空旷处。喷水保持火场容器冷却，直至灭火结束。禁止用水、泡沫和酸碱灭火剂灭火。

灭火剂：干粉、二氧化碳、砂土。

泄漏应急处置 消除所有点火源。隔离泄漏污染区，限制出入。建议应急处理人员戴防尘口罩，穿防静电服，戴防护手套。禁止接触或跨越泄漏物。尽可能切断泄漏源。小量泄漏：避免扬尘，用洁净的铲子收集于干燥的密闭容器中。大量泄漏：用塑料布或帆布覆盖泄漏物，减少飞散，保持干燥。收集回收或运至废物处理场所处置。

401. 氢 氧 化 钡

标 识

中文名称 氢氧化钡

英文名称 barium hydroxide；barium hydroxide lime

别名 八水氢氧化钡

分子式 $Ba(OH)_2.8H_2O$

CAS 号 12230－71－6

WGH 号 61021

UN 号 1564

HO—Ba—OH

危害信息

危险性类别 第6类有毒品。

燃烧与爆炸危险性 不燃，无特殊燃爆特性。

禁忌物 酸类。

中毒表现 口服后急性中毒表现为恶心、呕吐、腹痛、腹泻、脉缓、进行性肌麻痹、心律紊乱、血钾明显降低等。可因心律紊乱和呼吸麻痹而死亡。吸入烟尘可引起中毒，但消化道症状不明显。慢性影响表现为长期接触钡化合物的工人，可有无力、气促、流涎、口腔黏膜肿胀糜烂、鼻炎、结膜炎、腹泻、心动过速。压增增高、脱发等。

侵入途径 吸入、食入。

职业接触限值 美国(ACGIH)：TLV－TWA：0.5mg/m^3[按钡计]。

理化特性与用途

理化特性 白色粉末。微溶于水、甲醇、乙醇，易溶于稀酸，不溶于丙酮。熔点78℃，沸点780℃，相对密度(水=1)2.18(16℃)。

主要用途 用于制特种肥皂、杀虫剂、钻井液、缓蚀剂，也用于硬水软化、甜菜糖精制、动植物油精制、锅炉除垢、玻璃润滑等，还用于分析化学。

包装与储运

包装标志 有毒品

包装类别 Ⅱ类

安全储运 储存于阴凉、通风的库房。远离火种、热源。库温不超过35℃。相对湿度不超过85%。包装密封。应与酸类、食用化学品分开存放，切忌混储。储区应备有合适的材料收容泄漏物。

紧急处置信息

急救措施

吸入： 迅速脱离现场至空气新鲜处。保持呼吸道通畅。如呼吸困难，给输氧。呼吸、心跳停止，立即进行心肺复苏术。就医。

眼睛接触： 分开眼睑，用流动清水或生理盐水冲洗。如有不适感，就医。

皮肤接触： 脱去污染的衣着，用肥皂水和清水彻底冲洗皮肤。如有不适感，就医。

食入： 饮足量温水，催吐。用2%~5%硫酸钠或硫酸镁溶液洗胃，导泻。就医。

灭火方法 消防人员必须穿全身耐酸碱消防服，佩戴空气呼吸器，在上风向灭火。尽可能将容器从火场移至空旷处。喷水保持火场容器冷却，直至灭火结束。本品不燃。根据着火原因选择适当灭火剂灭火。

泄漏应急处置 隔离泄漏污染区，限制出入。建议应急处理人员戴防尘口罩，穿防毒服，戴橡胶耐酸碱手套。穿上适当的防护服前严禁接触破裂的容器和泄漏物。尽可能切断泄漏源。用塑料布覆盖泄漏物，减少飞散。勿使水进入包装容器内。用洁净的铲子收集泄漏物，置于干净、干燥、盖子较松的容器中，将容器移离泄漏区。

402. 氢 氧 化 钙

标 识

中文名称 氢氧化钙

英文名称 calcium hydroxide; calcium dihydroxide; slaked lime

别名 熟石灰；消石灰

分子式 $Ca(OH)_2$

CAS号 1305-62-0

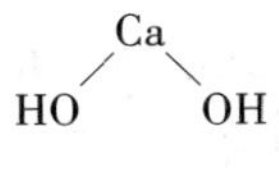

危害信息

燃烧与爆炸危险性 不燃，无特殊燃爆特性。

禁忌物 强酸。

毒性 大鼠经口 LD_{50}：7340mg/kg；小鼠经口 LD_{50}：7300mg/kg。

中毒表现 本品属强碱性物质，有刺激和腐蚀作用。吸入本品粉尘，对呼吸道有强烈刺激性。可引起化学性肺炎。眼接触有强烈刺激性，可致灼伤。误落入消石灰池中，能造成大面积腐蚀灼伤，如不及时处理可致死亡。

长期接触可致皮炎和皮炎溃疡。

侵入途径 吸入、食入。

职业接触限值 美国(ACGIH)：TLV－TWA：$5mg/m^3$。

理化特性与用途

理化特性 白色结晶或软颗粒或粉末。不溶于水，溶于酸、甘油、氯化铵溶液，不溶于醇。熔点580℃(分解)，沸点(分解)，相对密度(水＝1)2.24，相对蒸气密度(空气＝1)2.5，pH值12.4(饱和水溶液，25℃)。

主要用途 用于制造漂白粉、消毒剂和橡胶、石油工业添加剂以及软化水等。

包装与储运

安全储运 储存于阴凉、通风的库房。远离火种、热源。保持容器密封。应与酸类等隔离储运。搬运时轻装轻卸，防止容器受损。

紧急处置信息

急救措施

吸入：迅速脱离现场至空气新鲜处。保持呼吸道通畅。如呼吸困难，给输氧。呼吸、心跳停止，立即进行心肺复苏术。就医。

眼睛接触：立即分开眼睑，用大量流动清水或生理盐水彻底冲洗10～15min。就医。

皮肤接触：立即脱去污染的衣着，用大量流动清水彻底冲洗，冲洗时间一般要求20～30min。就医。

食入：用水漱口，禁止催吐。给饮牛奶或蛋清。就医。

灭火方法 消防人员必须穿全身耐酸碱消防服，佩戴空气呼吸器，在上风向灭火。灭火时尽可能将容器从火场移至空旷处。本品不燃。根据着火原因选择适当灭火剂灭火。

泄漏应急处置 隔离泄漏污染区，限制出入。建议应急处理人员戴防尘口罩，穿防酸碱服，戴耐酸碱手套。穿上适当的防护服前严禁接触破裂的容器和泄漏物。尽可能切断泄漏源。用塑料布覆盖泄漏物，减少飞散。勿使水进入包装容器内。用洁净的铲子收集泄漏物，置于干净、干燥、盖子较松的容器中，将容器移离泄漏区。

403. 氢氧化锂

标　识

中文名称 氢氧化锂

英文名称 lithium hydroxide monohydrate；Lithium hydroxide

别名 氢氧化锂，一水合物

分子式 $LiOH.H_2O$

CAS号 1310－66－3

WGH号 82003

UN号 2680

Li—OH

危害信息

危险性类别 第8类腐蚀品。

燃烧与爆炸危险性 不燃，无特殊燃爆特性。腐蚀性极强。与酸发生中和反应并放热。在水中形成腐蚀性溶液。

活性反应 与酸发生中和反应并放热。

禁忌物 强氧化剂、强酸、二氧化碳。

中毒表现 本品腐蚀性极强，能灼伤眼睛、皮肤和上呼吸道，口服腐蚀消化道，可引起死亡。吸入，可引起喉、支气管炎症、痉挛，化学性肺炎、肺水肿等。

侵入途径 吸入、食入。

环境危害 第 8 类腐蚀品。

理化特性与用途

理化特性 白色四方晶系结晶或粉末，有吸湿性。溶于水，微溶于乙醇。pH 值 14(1N 水溶液)，熔点 450 ~ 471℃，沸点(分解)920℃，相对密度(水 = 1)1.51。

主要用途 用于制造锂肥皂、润滑脂、锂盐、碱性蓄电池、显影液等。

包装与储运

包装标志 腐蚀品

包装类别 Ⅱ类

安全储运 储存于干燥清洁的仓间内。远离火种、热源。防止阳光直射。储存温度不超过 30℃，相对湿度不超过 80%。保持容器密封。应与酸类等分开存放，切忌混储。避免使用铝、铜及其合金制设备。储区应备有合适的材料收容泄漏物。

紧急处置信息

急救措施

吸入：迅速脱离现场至空气新鲜处。保持呼吸道通畅。如呼吸困难，给输氧。呼吸、心跳停止，立即进行心肺复苏术。就医。

眼睛接触：立即分开眼睑，用大量流动清水或生理盐水彻底冲洗 10 ~ 15min。就医。

皮肤接触：立即脱去污染的衣着，用大量流动清水彻底冲洗，冲洗时间一般要求 20 ~ 30min。就医。

食入：用水漱口，禁止催吐。给饮牛奶或蛋清。就医。

灭火方法 消防人员必须穿全身耐酸碱消防服，佩戴空气呼吸器，在上风向灭火。尽可能将容器从火场移至空旷处。喷水保持火场容器冷却，直至灭火结束。本品不燃。根据着火原因选择适当灭火剂灭火。

泄漏应急处置 隔离泄漏污染区，限制出入。建议应急处理人员戴防尘口罩，穿防酸碱服，戴耐酸碱手套。穿上适当的防护服前严禁接触破裂的容器和泄漏物。尽可能切断泄漏源。用塑料布覆盖泄漏物，减少飞散。勿使水进入包装容器内。用洁净的铲子收集泄漏物，置于干净、干燥、盖子较松的容器中，将容器移离泄漏区。

404. 氢氧化镍

标　识

中文名称 氢氧化镍

英文名称 nickel hydroxide；nickel dihydroxide

404. 氢氧化镍

别名 二氢氧化镍

分子式 $Ni(OH)_2$

CAS 号 12054－48－7

危害信息

危险性类别 第 6 类有毒品。

燃烧与爆炸危险性 不燃，无特殊燃爆特性。

禁忌物 强氧化剂、强酸。

毒性 大鼠经口 LD_{50}：1515mg/kg；大鼠吸入 LC_{50}：1200（4h）；大鼠经皮 LD_{50}：＞2000mg/kg。

IARC 致癌性评论：G1，确认人类致癌物。

欧盟法规 1272/2008/EC 将本品列为第 2 类致癌物——可疑的人类致癌物欧盟法规。

中毒表现 对眼睛、皮肤、黏膜和上呼吸道有强烈刺激作用。接触后，可引起敏性皮炎和湿疹。镍化合物属致癌物。

侵入途径 吸入、食入、经皮吸收。

职业接触限值 中国：PC－TWA：1mg/m^3[按镍计]。

美国(ACGIH)：TLV－TWA：0.2mg/m^3[按镍计]。

环境危害 对水生生物有极高毒性，可能在水生环境中造成长期不利影响。

理化特性与用途

理化特性 绿色结晶或淡绿色微晶粉末。微溶于水，溶于酸、氨水。熔点 230℃(分解)，沸点 2837.2℃，相对密度(水=1)4.15，相对蒸气密度(空气=1)3.2，引燃温度 400℃。

主要用途 用于碱蓄电池、镀镍、制镍盐等。

包装与储运

包装标志 有毒品

包装类别 Ⅲ类

安全储运 储存于阴凉、通风的库房。远离火种、热源。防止阳光直射。储存温度不超过 35℃，相对湿度不超过 85%。保持容器密封。应与酸类等分开存放，切忌混储。储区应备有合适的材料收容泄漏物。

紧急处置信息

急救措施

吸入：迅速脱离现场至空气新鲜处。保持呼吸道通畅。如呼吸困难，给输氧。呼吸、心跳停止，立即进行心肺复苏术。就医。

眼睛接触：立即分开眼睑，用大量流动清水或生理盐水彻底冲洗 10～15min。如有不适感，就医。

皮肤接触：立即脱去污染的衣着，用大量流动清水冲洗。如有不适感，就医。

食入：饮足量温水，催吐。就医。

灭火方法 消防人员必须戴空气呼吸器，穿全身防火防毒服，在上风向灭火。灭火时尽可能将容器从火场移至空旷处。本品不燃。根据着火原因选择适当灭火剂灭火。

泄漏应急处置 隔离泄漏污染区，限制出入。建议应急处理人员戴防尘口罩，穿防毒服，戴橡胶手套。穿上适当的防护服前严禁接触破裂的容器和泄漏物。尽可能切断泄漏源。用塑料布覆盖泄漏物，减少飞散。勿使水进入包装容器内。用洁净的铲子收集泄漏物，置

于干净、干燥、盖子较松的容器中，将容器移离泄漏区。

405. 氢氧化铍

标　识

中文名称　氢氧化铍

英文名称　beryllium hydroxide; beryllium dihydroxide

分子式　$Be(OH)_2$

CAS 号　13327－32－7

WGH 号　61025

UN 号　1566

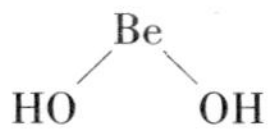

危害信息

危险性类别　第6类有毒品。

燃烧与爆炸危险性　不燃，无特殊燃爆特性。受高热分解放出有毒的气体。

禁忌物　酸类。

毒性　大鼠静注 LD_{50}：3.8mg/kg。

IARC 致癌性评论：G1，确认人类致癌物。

中毒表现　短期大量接触可引起急性铍病，主要表现为急性化学性支气管炎或肺炎。肝脏往往肿大，有压痛，甚至出现黄疸。长期接触小量铍可发生慢性铍病。除无力、消瘦、食欲不振外，常有胸闷、胸痛、气短和咳嗽。X 线肺部检查分为三型：颗粒型、网织型和结节型。晚期可发生右心衰竭。皮肤病变有皮炎、溃疡及皮肤肉芽肿。

侵入途径　吸入、食入。

职业接触限值　中国：PC－TWA：0.0005mg/m^3，PC－STEL：0.001mg/m^3[按铍计]。

美国(ACGIH)：TLV－TWA：0.002mg/m^3，TLV－STEL：0.01mg/m^3[按铍计]。

环境危害　对水生生物有毒，可能在水生环境中造成长期不利影响。

理化特性与用途

理化特性　白色无定形粉末或结晶固体。微溶于水、稀碱，溶于热的浓氢氧化钠溶液和热的浓酸。熔点138℃(分解)，相对密度(水＝1)1.92。

主要用途　用于核技术，制取铍和氧化铍等。

包装与储运

包装标志　有毒品

包装类别　Ⅱ类

安全储运　储存于阴凉、通风的库房。远离火种、热源。库温不超过35℃。相对湿度不超过85%。包装密封。应与酸类、食用化学品分开存放，切忌混储。储区应备有合适的材料收容泄漏物。

紧急处置信息

急救措施

吸入：迅速脱离现场至空气新鲜处。保持呼吸道通畅。如呼吸困难，给输氧。呼吸、

心跳停止，立即进行心肺复苏术。就医。

眼睛接触： 分开眼睑，用流动清水或生理盐水冲洗。如有不适感，就医。

皮肤接触： 立即脱去污染的衣着，用肥皂水和清水彻底冲洗皮肤。如有不适感，就医。

食入： 饮足量温水，催吐。就医。

灭火方法 消防人员必须佩戴空气呼吸器，穿全身防火防毒服，在上风向灭火。尽可能将容器从火场移至空旷处。喷水保持火场容器冷却，直至灭火结束。本品不燃。根据着火原因选择适当灭火剂灭火。

泄漏应急处置 隔离泄漏污染区，限制出入。建议应急处理人员戴防尘口罩，穿防毒服，戴橡胶手套。穿上适当的防护服前严禁接触破裂的容器和泄漏物。尽可能切断泄漏源。用塑料布覆盖泄漏物，减少飞散。勿使水进入包装容器内。用洁净的铲子收集泄漏物，置于干净、干燥、盖子较松的容器中，将容器移离泄漏区。

406. 氢氧化铷

标识

中文名称 氢氧化铷

英文名称 rubidium hydroxide

分子式 Rb(OH)

CAS 号 1310－82－3

WGH 号 82004

UN 号 2678

Rb—OH

危害信息

危险性类别 第 8 类腐蚀品。

燃烧与爆炸危险性 不燃，无特殊燃爆特性。具有强腐蚀性。

活性反应 与酸类物质能发生剧烈反应。

禁忌物 强酸、二氧化碳、水、易燃或可燃物。

毒性 大鼠经口 LD_{50}：586mg/kg；小鼠经口 LD_{50}：840mg/kg。

中毒表现 本品具有强烈的腐蚀性，能造成严重灼伤。吸入粉尘、烟雾能引起化学性上呼吸道炎、肺炎及肺水肿等。

侵入途径 吸入、食入。

理化特性与用途

理化特性 灰白色易潮解块状物。溶于水、乙醇。熔点 300～302℃，沸点 1390℃，相对密度(水＝1)3.203。

主要用途 用作分析试剂、低温蓄电池电解质，用于制备金属铷。

包装与储运

包装标志 腐蚀品

包装类别 Ⅱ类

安全储运 储存于干燥清洁的仓间内。远离火种、热源。防止阳光直射。储存温度不超过 30℃，相对湿度不超过 80%。保持容器密封。应与酸类等分开存放，切忌混储。避免使用铝、铅、锌等制设备。建议使用塑料包装。储区应备有合适的材料收容泄漏物。

紧急处置信息

急救措施

吸入： 迅速脱离现场至空气新鲜处。保持呼吸道通畅。如呼吸困难，给输氧。呼吸、心跳停止，立即进行心肺复苏术。就医。

眼睛接触： 立即分开眼睑，用大量流动清水或生理盐水彻底冲洗 10～15min。就医。

皮肤接触： 立即脱去污染的衣着，用大量流动清水彻底冲洗，冲洗时间一般要求 20～30min。就医。

食入： 用水漱口，禁止催吐。给饮牛奶或蛋清。就医。

灭火方法 消防人员必须穿全身耐酸碱消防服，佩戴空气呼吸器，在上风向灭火。尽可能将容器从火场移至空旷处。喷水保持火场容器冷却，直至灭火结束。本品不燃。根据着火原因选择适当灭火剂灭火。

泄漏应急处置 隔离泄漏污染区，限制出入。建议应急处理人员戴防尘口罩，穿防酸碱服，戴橡胶手套。穿上适当的防护服前严禁接触破裂的容器和泄漏物。尽可能切断泄漏源。用塑料布覆盖泄漏物，减少飞散。勿使水进入包装容器内。用洁净的铲子收集泄漏物，置于干净、干燥、盖子较松的容器中，将容器移离泄漏区。

407. 氢 氧 化 铯

标　识

中文名称 氢氧化铯

英文名称 cesium hydroxide; cesium hydroxide monohydrate

别名 氢氧化铯一水合物

分子式 Cs(OH)

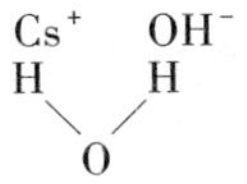

CAS 号 21351－79－1

WGH 号 82005

UN 号 2682

危害信息

危险性类别 第 8 类腐蚀品。

燃烧与爆炸危险性 不燃，无特殊燃爆特性。具有强腐蚀性。

活性反应 与酸类物质能发生剧烈反应。

禁忌物 强酸、二氧化碳。

毒性 大鼠经口 LD_{50}：1026mg/kg；小鼠经口 LD_{50}：800mg/kg。

中毒表现 本品具有强烈的腐蚀性，能造成严重灼伤。吸入粉尘、烟雾能引起化学性上呼吸道炎、肺炎及肺水肿等。

侵入途径 吸入、食入。

职业接触限值 中国：PC－TWA：2mg/m^3。

美国(ACGIH)：TLV－TWA：2mg/m^3。

理化特性与用途

理化特性 无色至淡黄色易潮解结晶。易溶于水，溶于乙醇。熔点 272℃，相对密度（水＝1）3.68。

主要用途 用作蓄电池的电解液、聚合反应的催化剂、化学试剂，用于制备金属铯。

包装与储运

包装标志 腐蚀品

包装类别 Ⅱ类

安全储运 储存于干燥清洁的仓间内。远离火种、热源。防止阳光直射。储存温度不超过 30℃，相对湿度不超过 80％。保持容器密封。应与酸类等分开存放，切忌混储。避免使用铝、铅、锌等制设备。储区应备有合适的材料收容泄漏物。

紧急处置信息

急救措施

吸入：迅速脱离现场至空气新鲜处。保持呼吸道通畅。如呼吸困难，给输氧。呼吸、心跳停止，立即进行心肺复苏术。就医。

眼睛接触：立即分开眼睑，用大量流动清水或生理盐水彻底冲洗 10～15min。就医。

皮肤接触：立即脱去污染的衣着，用大量流动清水彻底冲洗，冲洗时间一般要求 20～30min。就医。

食入：用水漱口，禁止催吐。给饮牛奶或蛋清。就医。

灭火方法 消防人员必须穿全身耐酸碱消防服，佩戴空气呼吸器，在上风向灭火。尽可能将容器从火场移至空旷处。喷水保持火场容器冷却，直至灭火结束。本品不燃。根据着火原因选择适当灭火剂灭火。

泄漏应急处置 隔离泄漏污染区，限制出入。建议应急处理人员戴防尘口罩，穿防酸碱服，戴橡胶手套。禁止接触或跨越泄漏物。作业时使用的所有设备应接地。穿上适当的防护服前严禁接触破裂的容器和泄漏物。尽可能切断泄漏源。用塑料布覆盖，减少飞散、避免雨淋。用洁净的铲子收集泄漏物，置于干净、干燥、盖子较松的容器中，将容器移离泄漏区。

408. 氢氧化四丁基铵［40％水溶液］

标 识

中文名称 氢氧化四丁基铵［40％水溶液］

英文名称 tetrabutylammonium hydroxide（40％ aqueous solution）；*N*,*N*,*N*－tributyl－1－butanaminium hydroxide

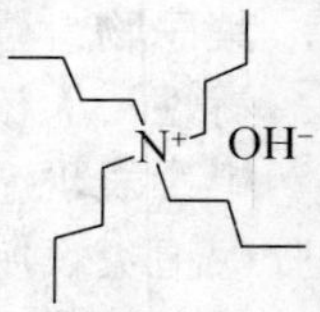

别名 *N*,*N*,*N*－三丁基－1－丁铵氢氧化物

分子式 $C_{16}H_{37}NO$

CAS 号 2052－49－5

危害信息

燃烧与爆炸危险性 不燃，无特殊燃爆特性。受高热分解放出有毒的气体。具有强腐

蚀性。

禁忌物 强氧化剂、强酸、二氧化碳。

中毒表现 呈强碱性。腐蚀性强。对皮肤、眼睛和黏膜有强刺激性和腐蚀性，可引起灼伤。吸入、可引起喉、支气管炎症、痉挛，化学性肺炎及肺水肿等。

侵入途径 吸入、食入。

环境危害 对水生生物有毒。

理化特性与用途

理化特性 无色或淡黄色透明液体。溶于水。pH 值 14，熔点 29.9℃，沸点 >100℃，相对密度(水 =1)0.99。

主要用途 用于电子工业，用作相转移催化剂和化学试剂。

包装与储运

安全储运 储存于阴凉、通风的库房。远离火种、热源。保持容器密封。应与强酸等隔离储运。避免使用铜、铝及其合金制的设备。搬运时轻装轻卸，防止容器受损。

紧急处置信息

急救措施

吸入：迅速脱离现场至空气新鲜处。保持呼吸道通畅。如呼吸困难，给输氧。呼吸、心跳停止，立即进行心肺复苏术。就医。

眼睛接触：立即分开眼睑，用大量流动清水或生理盐水彻底冲洗 10~15min。就医。

皮肤接触：立即脱去污染的衣着，用大量流动清水彻底冲洗，冲洗时间一般要求 20~30min。就医。

食入：用水漱口，禁止催吐。给饮牛奶或蛋清。就医。

灭火方法 消防人员必须佩戴空气呼吸器，穿全身防火防毒服，在上风向灭火。尽可能将容器从火场移至空旷处。喷水保持火场容器冷却，直至灭火结束。灭火时尽量切断泄漏源，然后根据着火原因选择适当灭火剂灭火。

泄漏应急处置 根据液体流动和蒸气扩散的影响区域划定警戒区，无关人员从侧风、上风向撤离至安全区。建议应急处理人员戴正压自给式呼吸器，穿防酸碱服，戴耐酸碱手套。穿上适当的防护服前严禁接触破裂的容器和泄漏物。尽可能切断泄漏源。防止泄漏物进入水体、下水道、地下室或受限空间。小量泄漏：用干燥的砂土或其他不燃材料吸收或覆盖，收集于容器中。大量泄漏：构筑围堤或挖坑收容。用耐腐蚀泵转移至槽车或专用收集器内。

409. 氢氧化四甲铵

标 识

中文名称 氢氧化四甲铵

英文名称 tetramethyl ammonium hydroxide pentahydrate；methanaminium，*N*,*N*,*N*－trimethyl－，hydroxide，pentahydrate

别名 *N*,*N*,*N*－三甲基甲铵氢氧化物五水合物

409. 氢氧化四甲铵

分子式 $C_4H_{13}NO \cdot 5H_2O$
CAS 号 10424－65－4
UN 号 3423

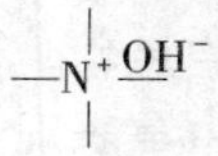

危害信息

危险性类别 第 8 类腐蚀品。

燃烧与爆炸危险性 可燃，粉尘与空气可形成爆炸性混合物。受高热分解放出有毒的气体。具有强腐蚀性。

活性反应 与酸类物质能发生剧烈反应。

禁忌物 强氧化剂、强酸、二氧化碳。

中毒表现 本品呈强碱性。腐蚀性强。对皮肤、眼睛和黏膜 有强刺激性和腐蚀性。吸入可引起喉、支气管炎症、痉挛，化学性肺炎及肺水肿等。

侵入途径 吸入、食入。

环境危害 对水生生物有极高毒性。

理化特性与用途

理化特性 白色至灰白色结晶，有氨的气味，易潮解，易吸收空气中的二氧化碳。易溶于水，溶于甲醇、乙醇。熔点 65～71℃，相对密度(水＝1)1.829，相对蒸气密度(空气＝1)6.3，饱和蒸气压 12.9kPa(20℃)，引燃温度 470℃，爆炸下限 6.7%，爆炸上限 36%。

主要用途 用作化学试剂、中间体等。

包装与储运

包装标志 腐蚀品

包装类别 Ⅱ类

安全储运 储存于阴凉、通风的库房。远离火种、热源。防止阳光直射。储存温度不超过 30℃，相对湿度不超过 80%。保持容器密封。应与强酸等分开存放，切忌混储。储区应备有合适的材料收容泄漏物。

紧急处置信息

急救措施

吸入：迅速脱离现场至空气新鲜处。保持呼吸道通畅。如呼吸困难，给输氧。呼吸、心跳停止，立即进行心肺复苏术。就医。

眼睛接触：立即分开眼睑，用大量流动清水或生理盐水彻底冲洗 10～15min。就医。

皮肤接触：立即脱去污染的衣着，用大量流动清水彻底冲洗，冲洗时间一般要求 20～30min。就医。

食入：用水漱口，禁止催吐。给饮牛奶或蛋清。就医。

灭火方法 消防人员必须戴空气呼吸器，穿全身防火防毒服，在上风向灭火。灭火时尽可能将容器从火场移至空旷处。喷水保持火场容器冷却，直至灭火结束。

灭火剂：雾状水，干粉、二氧化碳。

泄漏应急处置 隔离泄漏污染区，限制出入。消除所有点火源。建议应急处理人员戴防尘口罩，穿防酸碱服，戴橡胶手套。穿上适当的防护服前严禁接触破裂的容器和泄漏物。尽可能切断泄漏源。用塑料布覆盖泄漏物，减少飞散。勿使水进入包装容器内。用洁净的铲子收集泄漏物，置于干净、干燥、盖子较松的容器中，将容器移离泄漏区。

410. 氢氧化四乙基铵

标　识

中文名称　氢氧化四乙基铵

英文名称　tetraethyl ammonium hydroxide; *N*,*N*,*N* - triethyl - ethanaminium hydroxide

别名　*N*,*N*,*N* - 三乙基乙铵氢氧化物；四乙基氢氧化铵

分子式　$C_8H_{21}NO$

CAS 号　77 - 98 - 5

WGH 号　82019

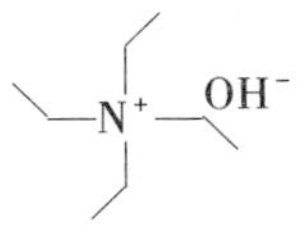

危害信息

危险性类别　第 8 类腐蚀品。

燃烧与爆炸危险性　不燃，无特殊燃爆特性。受高热分解放出有毒的气体。具有强腐蚀性。

活性反应　与酸类物质能发生剧烈反应。

禁忌物　强氧化剂、强酸、二氧化碳。

毒性　大鼠经口 LD_{50}：250mg/kg。

中毒表现　本品呈强碱性。腐蚀性强。对皮肤、眼睛和黏膜 有强刺激性和腐蚀性。吸入可引起喉、支气管炎症、痉挛，化学性肺炎及肺水肿等。

侵入途径　吸入、食入。

环境危害　对水生生物有毒。

理化特性与用途

理化特性　20% 的水溶液为无色或淡黄色透明液体。溶于水。pH 值 >13，沸点 102℃，相对密度（水 =1）1.02，辛醇/水分配系数 -0.51。

主要用途　用作化学试剂、核苷的乙酰化、相转移催化剂，用于电子工业。

包装与储运

包装标志　腐蚀品

包装类别　Ⅱ类

安全储运　储存于阴凉、通风的库房。远离火种、热源。防止阳光直射。储存温度不超过 30℃，相对湿度不超过 80%。保持容器密封。应与强酸等隔离储运。避免使用铜、铝及其合金制的设备。搬运时轻装轻卸，防止容器受损。

紧急处置信息

急救措施

吸入：迅速脱离现场至空气新鲜处。保持呼吸道通畅。如呼吸困难，给输氧。呼吸、心跳停止，立即进行心肺复苏术。就医。

眼睛接触：立即分开眼睑，用大量流动清水或生理盐水彻底冲洗 10 ~ 15min。就医。

皮肤接触：立即脱去污染的衣着，用大量流动清水彻底冲洗，冲洗时间一般要求 20 ~ 30min。就医。

食入： 用水漱口，禁止催吐。给饮牛奶或蛋清。就医。

灭火方法 消防人员必须佩戴空气呼吸器，穿全身防火防毒服，在上风向灭火。尽可能将容器从火场移至空旷处。喷水保持火场容器冷却，直至灭火结束。灭火时尽量切断泄漏源，然后根据着火原因选择适当灭火剂灭火。

泄漏应急处置 根据液体流动和蒸气扩散的影响区域划定警戒区，无关人员从侧风、上风向撤离至安全区。消除所有点火源。建议应急处理人员戴正压自给式呼吸器，穿防酸碱服，戴橡胶手套。穿上适当的防护服前严禁接触破裂的容器和泄漏物。尽可能切断泄漏源。防止泄漏物进入水体、下水道、地下室或受限空间。小量泄漏：用干燥的砂土或其他不燃材料吸收或覆盖，收集于容器中。大量泄漏：构筑围堤或挖坑收容。用耐腐蚀泵转移至槽车或专用收集器内。

411. 氢 氧 化 铜

标　识

中文名称 氢氧化铜

英文名称 cupric hydroxide；copper dihydroxide；kocide 101

别名 可杀得 101

分子式 $Cu(OH)_2$

CAS 号 20427－59－2

Cu^{+2}

$O^{-}H$　　$O^{-}H$

危害信息

燃烧与爆炸危险性 不燃，无特殊燃爆特性。

禁忌物 强酸。

毒性 大鼠经口 LD_{50}：1000mg/kg；兔经皮 LD_{50}：＞3160mg/kg。

中毒表现 吸入、摄入或经皮吸收后会中毒。对眼睛、皮肤、黏膜和上呼吸道有强烈刺激性。吸入，可引起喉、支气管的炎症、痉挛，化学性肺炎和肺水肿等。

侵入途径 吸入、食入、经皮吸收。

理化特性与用途

理化特性 蓝色片状或针状结晶或浅蓝色结晶粉末。不溶于水，溶于酸、氢氧化铵、氰化钾，不溶于乙醇。pH 值 7.8（1% 水溶液），熔点 80℃（分解），相对密度（水＝1）3.37。

主要用途 用于制媒染剂和颜料，也用作农用杀菌剂。

包装与储运

安全储运 储存于阴凉、通风的库房。远离火种、热源。保持容器密封。应与还原剂等隔离储运。搬运时轻装轻卸，防止容器受损。

紧急处置信息

急救措施

吸入： 迅速脱离现场至空气新鲜处。保持呼吸道通畅。如呼吸困难，给输氧。呼吸、心跳停止，立即进行心肺复苏术。就医。

眼睛接触： 分开眼睑，用流动清水或生理盐水冲洗。如有不适感，就医。

皮肤接触： 立即脱去污染的衣着，用大量流动清水冲洗 20～30min。如有不适感，就医。

食入： 分开眼睑，用流动清水或生理盐水冲洗。用清水或 1% 硫代硫酸钠溶液洗胃。就医。

灭火方法 消防人员必须戴空气呼吸器，穿全身防火防毒服，在上风向灭火。灭火时尽可能将容器从火场移至空旷处。本品不燃。根据着火原因选择适当灭火剂灭火。

泄漏应急处置 隔离泄漏污染区，限制出入。建议应急处理人员戴防尘口罩，穿防毒服，戴橡胶手套。穿上适当的防护服前严禁接触破裂的容器和泄漏物。尽可能切断泄漏源。用塑料布覆盖泄漏物，减少飞散。勿使水进入包装容器内。用洁净的铲子收集泄漏物，置于干净、干燥、盖子较松的容器中，将容器移离泄漏区。

412. 氰氨化钙

标 识

中文名称 氰氨化钙

英文名称 calcium cyanamide; Lime nitrogen

别名 石灰氮

分子式 $CH_2N_2 \cdot Ca$

CAS 号 156－62－7

WGH 号 43507

UN 号 1403

$N\equiv\!-N^{2-}\quad Ca^{2+}$

危害信息

危险性类别 第 4.3 类遇湿易燃物品。

燃烧与爆炸危险性 遇明火、高热或与氧化剂接触，有引起燃烧爆炸的危险。遇潮湿空气、水或酸能放出易燃的氢气而引起燃烧，燃烧产生有害的氧化硼和氧化钾。

禁忌物 水、酸类。

毒性 大鼠经口 LD_{50}：158mg/kg；小鼠经口 LD_{50}：334mg/kg；兔经皮 LD_{50}：590mg/kg。

中毒表现 吸入本品粉尘可引起急性中毒。中毒表现为面、颈及胸背上方皮肤发红，眼、软腭及咽喉黏膜 发红，畏寒等。个别可发生多发性神经炎，暂时性局灶性脊髓炎及瘫痪等。进入眼内可引起眼损害；皮肤接触可引起皮炎、荨麻疹及溃疡。长期接触可引起神经衰弱综合征及消化道症状；眼及呼吸道刺激。长期大量吸入其粉尘可引起尘肺。

侵入途径 吸入、食入。

职业接触限值 中国：PC－TWA：1mg/m^3，PC－STEL：3mg/m^3。

美国(ACGIH)：TLV－TWA：0.5mg/m^3。

环境危害 有害空气污染物。

理化特性与用途

理化特性 纯品为白色结晶，含杂质的产品为灰色或黑色结晶或粉末，有特殊臭味。不溶于水，与水反应。熔点 1340℃，升华点 1150～1200℃，相对密度(水＝1)2.29(20℃/4℃)，饱和蒸气压 0.24kPa(25℃)，辛醇/水分配系数 －0.20。

主要用途 用作肥料，用于制氮气、氰化钙和钢铁淬火等。

包装与储运

包装标志 遇湿易燃物品，有毒品[铁规]

包装类别 Ⅲ类

安全储运 储存于阴凉、干燥、通风良好的专用库房内。远离火种、热源。库温不超过32℃。相对湿度不超过75%。保持容器密封。应与酸类、食用化学品分开存放，切忌混储。采用防爆型照明、通风设施。禁止使用易产生火花的机械设备和工具。储区应备有合适的材料收容泄漏物。

紧急处置信息

急救措施

吸入：迅速脱离现场至空气新鲜处。保持呼吸道通畅。如呼吸困难，给输氧。呼吸、心跳停止，立即进行心肺复苏术。就医。

眼睛接触：立即分开眼睑，用流动清水或生理盐水彻底冲洗。就医。

皮肤接触：立即脱去污染的衣着，用肥皂水和清水彻底冲洗。就医。

食入：如患者神志清醒，催吐，洗胃。就医。

灭火方法 消防人员必须佩戴空气呼吸器，穿全身防火防毒服，在上风向灭火。尽可能将容器从火场移至空旷处。喷水保持火场容器冷却，直至灭火结束。禁止用水和泡沫灭火。

灭火剂：干粉、二氧化碳、砂土。

泄漏应急处置 隔离泄漏污染区，限制出入。消除所有点火源。建议应急处理人员戴防尘口罩，穿防毒服，戴橡胶手套。禁止接触或跨越泄漏物。尽可能切断泄漏源。严禁用水处理。小量泄漏：用干燥的砂土或其他不燃材料覆盖泄漏物，然后用塑料布覆盖，减少飞散、避免雨淋。大量泄漏：用塑料布或帆布覆盖泄漏物，减少飞散，保持干燥。在专家指导下清除。

413. 氰 草 津

标 识

中文名称 氰草津

英文名称 cyanazine；2-((4-chloro-6-(ethylamino)-1,3,5-triazin-2-yl)amino)-2-methylpropanenitrile

别名 2-(4-氯-6-乙氨基-1,3,5-三嗪-2-氨基)-2-甲基丙腈

分子式 $C_9H_{13}ClN_6$

CAS号 21725-46-2

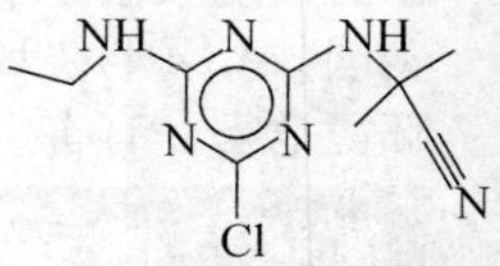

危害信息

危险性类别 第6类有毒品。

燃烧与爆炸危险性 不燃，无特殊燃爆特性。遇高热分解释出高毒烟气。

禁忌物 强氧化剂。

毒性 大鼠经口 LD_{50}：149mg/kg；小鼠经口 LD_{50}：380mg/kg；大鼠经皮 LD_{50}：1200mg/kg；兔经皮 LD_{50}：>2000mg/kg。

中毒表现 在体内释放氰根，但毒性明显低于氰化物。中都表现有头痛、头晕、上腹不适、恶心、呕吐、手足麻木。严重者可出现呼吸困难、发绀、昏迷。

侵入途径 吸入、食入、经皮吸收。

环境危害 对水生生物有极高毒性，可能在水生环境中造成长期不利影响。

理化特性与用途

理化特性 白色结晶粉末。微溶于水，溶于乙醇、氯仿、丙酮、甲基环己酮。熔点168℃，相对密度(水=1)1.26，饱和蒸气压0.02MPa(20℃)，辛醇/水分配系数2.22。

主要用途 内吸性芽前苗后除草剂。用于蚕豆、玉米、棉花、油菜、马铃薯、大豆、甘蔗、林地防除阔叶杂草。

包装与储运

包装标志 有毒品

包装类别 Ⅲ类

安全储运 储存于阴凉、通风的库房。远离火种、热源。防止阳光直射。储存温度不超过35℃，相对湿度不超过85%。保持容器密封。应与氧化剂、强酸、碱类等分开存放，切忌混储。配备相应品种和数量的消防器材。储区应备有合适的材料收容泄漏物。

紧急处置信息

急救措施

吸入：迅速脱离现场至空气新鲜处。保持呼吸道通畅。如呼吸困难，给输氧。呼吸、心跳停止，立即进行人工呼吸(勿用口对口)和胸外心脏按压术。就医。

眼睛接触：立即分开眼睑，用大量流动清水或生理盐水彻底冲洗10~15min。就医。

皮肤接触：立即脱去污染的衣着，用大量流动清水冲洗。就医。

食入：如患者神志清醒，催吐、洗胃、导泻。就医。

给予25%硫代硫酸钠溶液20~25mL缓慢静脉注射。重者可使用亚硝酸钠-硫代硫酸钠疗法。

灭火方法 消防人员必须佩戴空气呼吸器，穿全身防火防毒服，在上风向灭火。尽可能将容器从火场移至空旷处。喷水保持火场容器冷却，直至灭火结束。

灭火剂：雾状水、泡沫、干粉、二氧化碳、砂土。

泄漏应急处置 隔离泄漏污染区，限制出入。建议应急处理人员戴防尘口罩，穿防毒服，戴橡胶手套。穿上适当的防护服前严禁接触破裂的容器和泄漏物。尽可能切断泄漏源。用塑料布覆盖泄漏物，减少飞散。勿使水进入包装容器内。用洁净的铲子收集泄漏物，置于干净、干燥、盖子较松的容器中，将容器移离泄漏区。

414. 氰 化 钡

标 识

中文名称 氰化钡

英文名称 barium cyanide；barium dicyanide

414. 氰化钡

分子式 Ba(CN)$_2$

CAS 号 542-62-1

WGH 号 61001

UN 号 1565

N≡—Ba—≡N

危害信息

危险性类别 第 6 类有毒品。

燃烧与爆炸危险性 不燃。受高热或与酸接触会产生剧毒的氰化物气体。遇酸或露置空气中能吸收水分和二氧化碳分解出剧毒的氰化氢气体。

活性反应 受高热或与酸接触会产生剧毒的氰化物气体。与硝酸盐、亚硝酸盐、氯酸盐反应剧烈，有发生爆炸的危险。遇酸或露置空气中能吸收水分和二氧化碳分解出剧毒的氰化氢气体。

禁忌物 强氧化剂、酸类。

中毒表现 氰化物抑制呼吸酶，造成细胞内窒息。。

吸入、口服或经皮肤吸收均可引起中毒。中毒表现有头痛、眩晕、恶心、呕吐、呼吸困难、心悸、阵发性和强直性痉挛、昏迷、紫绀、呼吸心跳停止而死亡。对眼有刺激性。可致皮肤损害。长期接触小量氰化物引起食欲不振、恶心、头痛、头晕、无力、眼和上呼吸道刺激。

侵入途径 吸入、食入、经皮吸收。

职业接触限值 中国：MAC：1mg/m^3[按氰计，皮]。

美国(ACGIH)：TLV-TWA：0.5mg/m^3[按钡计]，TLV-TWA：5mg/m^3[按氰计，皮]。

环境危害 对水生生物有极高毒性，可能在水生环境中造成长期不利影响；有害险空气污染物；海洋污染物。

理化特性与用途

理化特性 白色光亮鳞片状结晶或灰白色结晶粉末。溶于水，溶于 70% 的乙醇。

主要用途 用于电镀、冶金及农药、氰化物制造等。

包装与储运

包装标志 有毒品

包装类别 Ⅱ类

安全储运 储存于阴凉、通风的库房。远离火种、热源。库温不超过 35℃。相对湿度不超过 85%。包装密封。应与氧化剂、酸类、食用化学品分开存放，切忌混储。储区应备有合适的材料收容泄漏物。

紧急处置信息

急救措施

吸入：迅速脱离现场至空气新鲜处。保持呼吸道通畅。如呼吸困难，给输氧。呼吸、心跳停止，立即进行人工呼吸(勿用口对口)和胸外心脏按压术。如出现中毒症状给予吸氧和吸入亚硝酸异戊酯，将亚硝酸异戊酯的安瓿放在手帕里或单衣内打碎放在面罩内使伤员吸入 15s，然后移去 15s，重复 5~6 次。口服 4-DMAP(4-二甲基氨基苯酚)1 片(180mg)和 PAPP(氨基苯丙酮)1 片(90mg)。就医。

眼睛接触：立即分开眼睑，用大量流动清水或生理盐水彻底冲洗 10~15min。如出现中毒症状，处理同吸入。

皮肤接触：立即脱去污染的衣着，用流动清水或5%硫代硫酸钠溶液彻底冲洗。如出现中毒症状，处理同吸入。

食入：如伤者神志清醒，催吐，洗胃。如果出现中毒症状，处理同吸入。

灭火方法 发生火灾时应尽量抢救商品，防止包装破损，引起环境污染。消防人员必须佩戴空气呼吸器，穿全身防火防毒服，在上风向灭火。喷水保持火场容器冷却，直至灭火结束。禁止使用酸碱灭火剂。本品不燃。根据着火原因选择适当灭火剂灭火。

泄漏应急处置 隔离泄漏污染区，限制出入。建议应急处理人员戴防尘口罩，穿防毒服，戴橡胶手套。作业时使用的所有设备应接地。穿上适当的防护服前严禁接触破裂的容器和泄漏物。尽可能切断泄漏源。用干燥的砂土或其他不燃材料覆盖泄漏物，然后用塑料布覆盖，减少飞散、避免雨淋。用洁净的铲子收集泄漏物，置于干净、干燥、盖子较松的容器中，将容器移离泄漏区。

415. 氰 化 碘

标 识

中文名称 氰化碘

英文名称 cyanogen iodide；iodine cyanide

别名 碘化氰

分子式 I(CN)

CAS 号 506－78－5

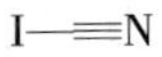

危害信息

危险性类别 第6类有毒品。

燃烧与爆炸危险性 不燃，无特殊燃爆特性。受高热分解，放出腐蚀性、刺激性的烟雾。

禁忌物 强氧化剂、强酸、强碱。

毒性 小鼠皮下 LDL_0：27mg/kg。

中毒表现 吸入、摄入本品可能致死。对眼睛、皮肤、黏膜和上呼吸道有刺激作用。毒作用同氯化氰，在低浓度下亦具明显刺激作用，引起支气管炎、气管炎和肺水肿。高浓度可迅速致死。

侵入途径 吸入、食入。

职业接触限值 中国：MAC：1mg/m^3[按氰计，皮]。

美国(ACGIH)：TLV－TWA：5mg/m^3[按氰计，皮]。

环境危害 对水生生物有极高毒性，可能在水生环境中造成长期不利影响。

理化特性与用途

理化特性 白色针状结晶，有刺激性气味。微溶于水，在水中缓慢反应；易溶于乙醇、乙醚。熔点146～147℃，沸点(升华)，相对密度(水＝1)2.84，相对蒸气密度(空气＝1)1.54，饱和蒸气压133Pa(25.2℃)。

主要用途 用作昆虫标本保存剂。

包装与储运

包装标志　有毒品

包装类别　Ⅰ类

安全储运　储存于阴凉、通风的库房。远离火种、热源。保持容器密封。储存温度不超过35℃，相对湿度不超过85%。保持容器密封。应与氧化剂、酸类、碱类、食用化学品分开存放，切忌混储。储区应备有合适的材料收容泄漏物。

紧急处置信息

急救措施

吸入：迅速脱离现场至空气新鲜处。保持呼吸道通畅。如呼吸困难，给输氧。呼吸、心跳停止，立即进行人工呼吸（勿用口对口）和胸外心脏按压术。如出现中毒症状给予吸氧和吸入亚硝酸异戊酯，将亚硝酸异戊酯的安瓿放在手帕里或单衣内打碎放在面罩内使伤员吸入15s，然后移去15s，重复5～6次。口服4－DMAP（4－二甲基氨基苯酚）1片（180mg）和PAPP（氨基苯丙酮）1片（90mg）。就医。

眼睛接触：立即分开眼睑，用大量流动清水或生理盐水彻底冲洗10～15min。如出现中毒症状，处理同吸入。

皮肤接触：立即脱去污染的衣着，用流动清水或5%硫代硫酸钠溶液彻底冲洗。如出现中毒症状，处理同吸入。

食入：如伤者神志清醒，催吐，洗胃。如果出现中毒症状，处理同吸入。

灭火方法　消防人员必须戴自给式呼吸器，穿全身防火防毒服，在上风向灭火。灭火时尽可能将容器从火场移至空旷处。喷水保持火场容器冷却。本品不燃。根据着火原因选择适当灭火剂灭火。

泄漏应急处置　隔离泄漏污染区，限制出入。建议应急处理人员戴防尘口罩，穿防腐、防毒服，戴防毒物渗透手套。穿上适当的防护服前严禁接触破裂的容器和泄漏物。尽可能切断泄漏源。用塑料布覆盖泄漏物，减少飞散。勿使水进入包装容器内。用洁净的铲子收集泄漏物，置于干净、干燥、盖子较松的容器中，将容器移离泄漏区。

416. 氰　化　钙

标　识

中文名称　氰化钙

英文名称　calcium cyanide

分子式　$Ca(CN)_2$

N≡—Ca—≡N

CAS号　592－01－8

WGH号　61001

UN号　1575

危害信息

危险性类别　第6类有毒品。

燃烧与爆炸危险性　不燃。受高热或与酸接触会产生剧毒的氰化物气体。遇酸或露置空气中能吸收水分和二氧化碳分解出剧毒的氰化氢气体。

活性反应 受高热或与酸接触会产生剧毒的氰化物气体。与硝酸盐、亚硝酸盐、氯酸盐反应剧烈，有发生爆炸的危险。遇酸或露置空气中能吸收水分和二氧化碳分解出剧毒的氰化氢气体。

禁忌物 强氧化剂、酸类、水。

毒性 大鼠经口 LD_{50}：39mg/kg。

本品已列入《剧毒化学品目录》。

中毒表现 抑制呼吸酶。造成细胞内窒息。

大剂量接触引起骤死。非骤死者临床分为 4 期：前驱期有黏膜 刺激、呼吸加快加深、乏力、头痛；口服有舌尖、口腔发麻等。呼吸困难期有呼吸困难、血压升高、皮肤黏膜 呈鲜红色等。惊厥期出现抽搐、昏迷、呼吸衰竭。麻痹期全身肌肉松弛，呼吸心跳停止而死亡。慢性影响 神经衰弱综合征、眼及上呼吸道刺激、皮肤损害。

侵入途径 吸入、食入、经皮吸收。

职业接触限值 中国：MAC：1mg/m^3[按氰计，皮]。

美国(ACGIH)：TLV - TWA：5mg/m^3[按氰计，皮]。

环境危害 对水生生物有极高毒性，可能在水生环境中造成长期不利影响；有害险空气污染物；海洋污染物。

理化特性与用途

理化特性 无色结晶或白色粉末，工业品为灰黑色薄片，有氰化氢的气味。溶于水(分解)，溶于乙醇，缓慢溶于弱酸。熔点 >350℃，相对密度(水 =1)1. 853。

主要用途 用于制氰化钠、黄血盐、赤血盐、试剂，用于提炼金和银等贵重金属，用作果树杀虫剂和仓库消毒，也用于钢铁表面处理。

包装与储运

包装标志 有毒品

包装类别 Ⅰ类

安全储运 储存于阴凉、干燥、通风良好的专用库房内。应严格执行剧毒化学品管理制度。远离火种、热源。库温不超过 35℃。相对湿度不超过 85%。包装密封。应与氧化剂、酸类、食用化学品分开存放，切忌混储。储区应备有合适的材料收容泄漏物。

紧急处置信息

急救措施

吸入：迅速脱离现场至空气新鲜处。保持呼吸道通畅。如呼吸困难，给输氧。呼吸、心跳停止，立即进行人工呼吸(勿用口对口)和胸外心脏按压术。如出现中毒症状给予吸氧和吸入亚硝酸异戊酯，将亚硝酸异戊酯的安瓿放在手帕里或单衣内打碎放在面罩内使伤员吸入 15s，然后移去 15s，重复 5 ~6 次。口服 4 - DMAP(4 - 二甲基氨基苯酚)1 片(180mg)和 PAPP(氨基苯丙酮)1 片(90mg)。就医。

眼睛接触：立即分开眼睑，用大量流动清水或生理盐水彻底冲洗 10 ~15min。如出现中毒症状，处理同吸入。

皮肤接触：立即脱去污染的衣着，用流动清水或 5% 硫代硫酸钠溶液彻底冲洗。如出现中毒症状，处理同吸入。

食入：如伤者神志清醒，催吐，洗胃。如果出现中毒症状，处理同吸入。

灭火方法 发生火灾时应尽量抢救商品，防止包装破损，引起环境污染。消防人员必须佩戴空气呼吸器，穿全身防火防毒服，在上风向灭火。喷水保持火场容器冷却，直至灭火结束。禁止使用酸碱灭火剂。本品不燃。根据着火原因选择适当灭火剂灭火。

泄漏应急处置 隔离泄漏污染区，限制出入。建议应急处理人员戴防尘口罩，穿防毒服，戴橡胶手套。作业时使用的所有设备应接地。穿上适当的防护服前严禁接触破裂的容器和泄漏物。尽可能切断泄漏源。用干燥的砂土或其他不燃材料覆盖泄漏物，然后用塑料布覆盖，减少飞散、避免雨淋。用洁净的铲子收集泄漏物，置于干净、干燥、盖子较松的容器中，将容器移离泄漏区。

417. 氰 化 汞

标　识

中文名称 氰化汞

英文名称 mercuric cyanide; mercury dicyanide ; mercury(II) cyanide

别名 氰化高汞

分子式 $Hg(CN)_2$

CAS 号 592 - 04 - 1

WGH 号 61001

UN 号 1636

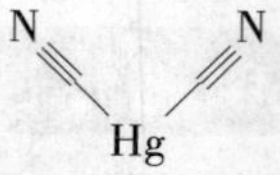

危害信息

危险性类别 第 6 类有毒品。

燃烧与爆炸危险性 不燃。受高热或与酸接触会产生剧毒的氰化物气体。遇酸或露置空气中能吸收水分和二氧化碳分解出剧毒的氰化氢气体。

活性反应 受高热或与酸接触会产生剧毒的氰化物气体。与硝酸盐、亚硝酸盐、氯酸盐反应剧烈，有发生爆炸的危险。遇酸或露置空气中能吸收水分和二氧化碳分解出剧毒的氰化氢气体。

禁忌物 强氧化剂、酸类。

毒性 大鼠经口 LD_{50}：26mg/kg；小鼠经口 LD_{50}：33mg/kg。

本品已列入《剧毒化学品目录》。

中毒表现 接触后氰化物和汞中毒的症状均可出现。吸入本品粉尘可引起急性中毒，症状有胸部紧束感或疼痛，咳嗽，呼吸困难；氰化物中毒症状包括焦虑、神经错乱、头晕、呼吸困难、意识障碍、惊厥、呼气呈苦杏仁味。口服出现腹痛、呕吐、严重腹泻及上述氰化物中毒症状。眼接触引起角膜溃疡和水肿。对皮肤有刺激性，可引起皮炎；经皮吸收可引起中毒。

侵入途径 吸入、食入、经皮吸收。

职业接触限值 中国：MAC：1mg/m^3[按氰计，皮]。

美国(ACGIH)：TLV - TWA：5mg/m^3[按氰计，皮]；TLV - TWA：0.025mg/m^3[按汞计，皮]。

环境危害 对水生生物有极高毒性，可能在水生环境中造成长期不利影响；严重海洋污染物。

理化特性与用途

理化特性 无色或白色结晶粉末，见光颜色变暗。溶于水、甲醇、乙醇、氨水，微溶于乙醚，不溶于苯。熔点320℃(分解)，相对密度(水=1)4.00，辛醇/水分配系数 -2.31。

主要用途 用于医药、杀菌皂、照相及用作分析试剂。

包装与储运

包装标志 有毒品

包装类别 Ⅱ类

安全储运 储存于阴凉、干燥、通风良好的专用库房内。应严格执行剧毒化学品管理制度。远离火种、热源。避免光照。库温不超过35℃。相对湿度不超过85%。包装密封。应与氧化剂、酸类、食用化学品分开存放，切忌混储。储区应备有合适的材料收容泄漏物。

紧急处置信息

急救措施

吸入：迅速脱离现场至空气新鲜处。保持呼吸道通畅。如呼吸困难，给输氧。呼吸、心跳停止，立即进行人工呼吸(勿用口对口)和胸外心脏按压术。如出现中毒症状给予吸氧和吸入亚硝酸异戊酯，将亚硝酸异戊酯的安瓿放在手帕里或单衣内打碎放在面罩内使伤员吸入15s，然后移去15s，重复5~6次。口服4-DMAP(4-二甲基氨基苯酚)1片(180mg)和PAPP(氨基苯丙酮)1片(90mg)。就医。

眼睛接触：立即分开眼睑，用大量流动清水或生理盐水彻底冲洗10~15min。如出现中毒症状，处理同吸入。

皮肤接触：立即脱去污染的衣着，用流动清水或5%硫代硫酸钠溶液彻底冲洗。如出现中毒症状，处理同吸入。

食入：如伤者神志清醒，催吐，洗胃。如果出现中毒症状，处理同吸入。

灭火方法 发生火灾时应尽量抢救商品，防止包装破损，引起环境污染。消防人员必须佩戴空气呼吸器，穿全身防火防毒服，在上风向灭火。喷水保持火场容器冷却，直至灭火结束。禁止使用酸碱灭火剂。本品不燃。根据着火原因选择适当灭火剂灭火。

泄漏应急处置 隔离泄漏污染区，限制出入。建议应急处理人员戴防尘口罩，穿防毒服，戴橡胶手套。穿上适当的防护服前严禁接触破裂的容器和泄漏物。尽可能切断泄漏源。用塑料布覆盖泄漏物，减少飞散。勿使水进入包装容器内。用洁净的铲子收集泄漏物，置于干净、干燥、盖子较松的容器中，将容器移离泄漏区。

418. 氰化汞钾

标识

中文名称 氰化汞钾

英文名称 potassium tetracyanomercurate; potassium cyanomercurate; mercuric potassium cyanide

别名 氰化钾汞；四氰合汞酸钾

分子式 $K_2[Hg(CN)_4]$

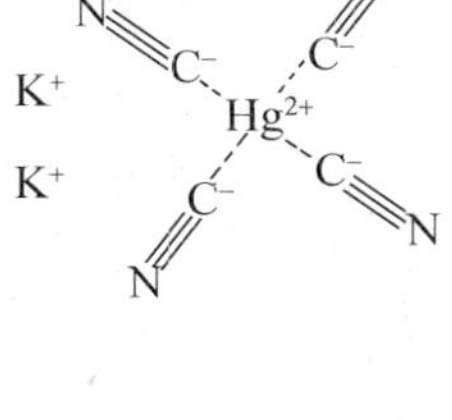

CAS号 591-89-9

WGH号 61001

UN号 1626

危害信息

危险性类别 第6类有毒品。

燃烧与爆炸危险性 遇酸产生剧毒气体。遇高热分解释出高毒烟气。

禁忌物 强酸、亚硝酸钠、亚硝酸钾、氯酸盐、次氯酸盐。

中毒表现 本品剧毒。受热分解能放出剧毒的氰化氢气体与汞蒸气。兼有氰化物及无机汞化合物的危害。

侵入途径 吸入、食入、经皮吸收。

职业接触限值 中国：MAC：$1mg/m^3$[按氰计，皮]。

美国(ACGIH)：TLV－TWA：$0.025mg/m^3$[按汞计，皮]。

环境危害 对水生生物有极高毒性，可能在水生环境中造成长期不利影响；严重海洋污染物。

理化特性与用途

理化特性 无色或白色结晶。溶于水，溶于乙醇。密度$2.42g/cm^3$。

主要用途 用作制镜镀银剂和化学试剂。

包装与储运

包装标志 有毒品

包装类别 Ⅰ类

安全储运 储存于阴凉、干燥、通风良好的库房。远离火种、热源。防止阳光直射。储存温度不超过35℃，相对湿度不超过85%。保持容器密封。应与酸类等分开存放，切忌混储。储区应备有合适的材料收容泄漏物。

紧急处置信息

急救措施

吸入：迅速脱离现场至空气新鲜处。保持呼吸道通畅。如呼吸困难，给输氧。呼吸、心跳停止，立即进行人工呼吸(勿用口对口)和胸外心脏按压术。如出现中毒症状给予吸氧和吸入亚硝酸异戊酯，将亚硝酸异戊酯的安瓿放在手帕里或单衣内打碎放在面罩内使伤员吸入15s，然后移去15s，重复5～6次。口服4－DMAP(4－二甲基氨基苯酚)1片(180mg)和PAPP(氨基苯丙酮)1片(90mg)。就医。

眼睛接触：立即分开眼睑，用大量流动清水或生理盐水彻底冲洗10～15min。如出现中毒症状，处理同吸入。

皮肤接触：立即脱去污染的衣着，用流动清水或5%硫代硫酸钠溶液彻底冲洗。如出现中毒症状，处理同吸入。

食入：如伤者神志清醒，催吐，洗胃。如果出现中毒症状，处理同吸入。

灭火方法 消防人员必须戴自给式呼吸器，穿全身防火防毒服，在上风向灭火。灭火时尽可能将容器从火场移至空旷处。喷水保持火场容器冷却，直至灭火结束。本品不燃。根据着火原因选择适当灭火剂灭火。

泄漏应急处置 隔离泄漏污染区，限制出入。建议应急处理人员戴防尘口罩，穿防毒服，戴防毒物渗透手套。作业时使用的所有设备应接地。穿上适当的防护服前严禁接触破裂的容器和泄漏物。尽可能切断泄漏源。用干燥的砂土或其他不燃材料覆盖泄漏物，然后用塑料布覆盖，减少飞散、避免雨淋。用洁净的铲子收集泄漏物、置于干净、干燥、盖子较松的容器中，将容器移离泄漏区。

419. 氰 化 镍

标 识

中文名称 氰化镍

英文名称 nickel cyanide；nickel dicyanide。

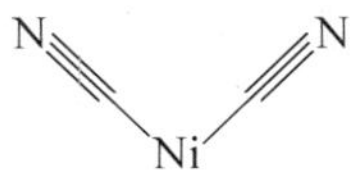

别名 氰化亚镍

分子式 $Ni(CN)_2$

CAS 号 557－19－7

WGH 号 61001

UN 号 1653

危害信息

危险性类别 第6类有毒品。

燃烧与爆炸危险性 遇酸产生剧毒气体。遇高热分解释出高毒烟气。

活性反应 与镁发生剧烈反应。与氯酸盐或亚硝酸钠能形成爆炸性混合物。遇酸或露置空气中能吸收水分和二氧化碳分解出剧毒的氰化氢气体。

禁忌物 强酸、亚硝酸钠、亚硝酸钾、氯酸盐、次氯酸盐。

毒性 IARC 致癌性分类：G1，确认人类致癌物。

中毒表现

吸入、误服可致死。非骤死者，先出现无力、头痛、眩晕、恶心、四肢沉重、呼吸困难，随后出现阵发性和强直性抽搐、昏迷、呼吸停止。

侵入途径

吸入、食入。

职业接触限值 中国：MAC：1mg/m^3[按氰计，皮]；PC－TWA：1mg/m^3[按镍计]。

美国(ACGIH)：TLV－TWA：5mg/m^3[按氰计，皮]；TLV－TWA：0.2mg/m^3[按镍计，可吸入性]。

环境危害 对水生生物有极高毒性，可能在水生环境中造成长期不利影响；严重海洋污染物。

理化特性与用途

理化特性 苹果绿色粉末或绿色结晶。不溶于水，微溶于稀酸，溶于碱金属氰化物水溶液、氢氧化铵、碱金属氢氧化物溶液。熔点>200℃，相对密度(水=1)2.4(25℃)。

主要用途 用于冶金、电镀。

包装与储运

包装标志 有毒品

包装类别 Ⅰ类

安全储运 储存于阴凉、干燥、通风良好的库房。远离火种、热源。防止阳光直射。储存温度不超过35℃，相对湿度不超过85%。保持容器密封。应与酸类、镁氯甲酸盐、亚硝酸钠、亚硝酸钾等分开存放，切忌混储。储区应备有合适的材料收容泄漏物。

紧急处置信息

急救措施

吸入：迅速脱离现场至空气新鲜处。保持呼吸道通畅。如呼吸困难，给输氧。呼吸、心跳停止，立即进行人工呼吸(勿用口对口)和胸外心脏按压术。如出现中毒症状给予吸氧和吸入亚硝酸异戊酯，将亚硝酸异戊酯的安瓿放在手帕里或单衣内打碎放在面罩内使伤员吸入15s，然后移去15s，重复5~6次。口服4-DMAP(4-二甲基氨基苯酚)1片(180mg)和PAPP(氨基苯丙酮)1片(90mg)。就医。

眼睛接触：立即分开眼睑，用大量流动清水或生理盐水彻底冲洗10~15min。如出现中毒症状，处理同吸入。

皮肤接触：立即脱去污染的衣着，用流动清水或5%硫代硫酸钠溶液彻底冲洗。如出现中毒症状，处理同吸入。

食入：如伤者神志清醒，催吐，洗胃。如果出现中毒症状，处理同吸入。

灭火方法 消防人员必须戴自给式呼吸器，穿全身防火防毒服，在上风向灭火。灭火时尽可能将容器从火场移至空旷处。喷水保持火场容器冷却，直至灭火结束。本品不燃。根据着火原因选择适当灭火剂灭火。

泄漏应急处置 隔离泄漏污染区，限制出入。建议应急处理人员戴防尘口罩，穿防毒服，戴防毒物渗透手套。穿上适当的防护服前严禁接触破裂的容器和泄漏物。尽可能切断泄漏源。用塑料布覆盖泄漏物，减少飞散。勿使水进入包装容器内。用洁净的铲子收集泄漏物，置于干净、干燥、盖子较松的容器中，将容器移离泄漏区。

420. 氰 化 铅

标 识

中文名称 氰化铅

英文名称 lead cyanide; lead dicyanide

分子式 $Pb(CN)_2$

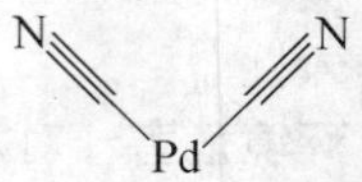

CAS号 592-05-2

WGH号 61001

UN号 1620

危害信息

危险性类别 第6类有毒品。

燃烧与爆炸危险性 遇酸产生剧毒气体。遇高热分解释出高毒烟气。

活性反应 与镁发生剧烈反应。与氯酸盐或亚硝酸钠能形成爆炸性混合物。遇酸或露置空气中能吸收水分和二氧化碳分解出剧毒的氰化氢气体。

禁忌物 强酸、亚硝酸钠、亚硝酸钾、氯酸盐、次氯酸盐。

毒性 大鼠经口 *LD*：>1000mg/kg。

中毒表现

吸入、误服可致死。非骤死者，先出现无力、头痛、眩晕、恶心、呼吸困难，随后出现阵发性和强直性抽搐、昏迷、呼吸停止。长期吸入，可能引起铅中毒。

侵入途径

吸入、食入。

职业接触限值 中国：MAC：1mg/m^3[按氰计，皮]；PC－TWA：0.05mg/m^3[铅尘]，PC－TWA：0.03mg/m^3[铅烟]。

美国(ACGIH)：TLV－TWA：5mg/m^3[按氰计，皮]；TLV－TWA：0.05mg/m^3[按铅计]。

环境危害 对水生生物有极高毒性，可能在水生环境中造成长期不利影响；海洋污染物。

理化特性与用途

理化特性 黄白色结晶粉末。微溶于水，溶于氰化钾、氨水、热硝酸。

主要用途 用于冶金。

包装与储运

包装标志 有毒品

包装类别 Ⅰ类

安全储运 储存于阴凉、干燥、通风良好的库房。远离火种、热源。防止阳光直射。储存温度不超过35℃，相对湿度不超过85%。保持容器密封。应与酸类、镁氯甲酸盐、亚硝酸钠、亚硝酸钾等分开存放，切忌混储。储区应备有合适的材料收容泄漏物。

紧急处置信息

急救措施

吸入：迅速脱离现场至空气新鲜处。保持呼吸道通畅。如呼吸困难，给输氧。呼吸、心跳停止，立即进行人工呼吸(勿用口对口)和胸外心脏按压术。如出现中毒症状给予吸氧和吸入亚硝酸异戊酯，将亚硝酸异戊酯的安瓿放在手帕里或单衣内打碎放在面罩内使伤员吸入15s，然后移去15s，重复5~6次。口服4－DMAP(4－二甲基氨基苯酚)1片(180mg)和PAPP(氨基苯丙酮)1片(90mg)。就医。

眼睛接触：立即分开眼睑，用大量流动清水或生理盐水彻底冲洗10~15min。如出现中毒症状，处理同吸入。

皮肤接触：立即脱去污染的衣着，用流动清水或5%硫代硫酸钠溶液彻底冲洗。如出现中毒症状，处理同吸入。

食入：如伤者神志清醒，催吐，洗胃。如果出现中毒症状，处理同吸入。

灭火方法 消防人员必须戴自给式呼吸器，穿全身防火防毒服，在上风向灭火。灭火时尽可能将容器从火场移至空旷处。喷水保持火场容器冷却，直至灭火结束。本品不燃。根据着火原因选择适当灭火剂灭火。

泄漏应急处置 隔离泄漏污染区，限制出入。建议应急处理人员戴防尘口罩，穿防毒服，戴防毒物渗透手套。穿上适当的防护服前严禁接触破裂的容器和泄漏物。尽可能切断泄漏源。用塑料布覆盖泄漏物，减少飞散。勿使水进入包装容器内。用洁净的铲子收集泄漏物，置于干净、干燥、盖子较松的容器中，将容器移离泄漏区。

421. 氰 化 铜

标 识

中文名称 氰化铜

英文名称 cupric cyanide; copper dicyanide

分子式 $Cu(CN)_2$

CAS 号 14763－77－0；4367－08－2

WGH 号 61001

UN 号 1587

危害信息

危险性类别 第6类有毒品。

燃烧与爆炸危险性 遇酸产生剧毒气体。遇高热分解释出高毒烟气。

活性反应 与镁发生剧烈反应。与氯酸盐或亚硝酸钠能形成爆炸性混合物。遇酸或露置空气中能吸收水分和二氧化碳分解出剧毒的氰化氢气体。

禁忌物 强酸、亚硝酸钠、亚硝酸钾、氯酸盐、次氯酸盐。

毒性 大鼠腹腔内 LDL_0：50mg/kg。

中毒表现 剧毒。吸入、误服可致死。非骤死者，先出现无力、头痛、眩晕、恶心、呕吐、四肢沉重、呼吸困难，随后出现阵发性和强直性抽搐、昏迷、呼吸停止。

侵入途径

吸入、食入。

职业接触限值 中国：MAC：1mg/m^3［按氰计，皮］。

美国(ACGIH)：TLV－TWA：5mg/m^3［按氰计，皮］。

环境危害 对水生生物有极高毒性，可能在水生环境中造成长期不利影响；严重海洋污染物。

理化特性与用途

理化特性 黄绿色粉末，不稳定，受热分解。不溶于水，溶于酸、碱、氰化钾溶液、吡啶。

主要用途 用于镀铜和有机合成等。

包装与储运

包装标志 有毒品

包装类别 Ⅰ类

安全储运 储存于阴凉、干燥、通风良好的库房。远离火种、热源。防止阳光直射。储存温度不超过35℃，相对湿度不超过85%。保持容器密封。应与酸类、镁、氯甲酸盐、亚硝酸钠、亚硝酸钾等分开存放，切忌混储。储区应备有合适的材料收容泄漏物。

紧急处置信息

急救措施

吸入：迅速脱离现场至空气新鲜处。保持呼吸道通畅。如呼吸困难，给输氧。呼吸、

心跳停止，立即进行人工呼吸(勿用口对口)和胸外心脏按压术。如出现中毒症状给予吸氧和吸入亚硝酸异戊酯，将亚硝酸异戊酯的安瓿放在手帕里或单衣内打碎放在面罩内使伤员吸入15s，然后移去15s，重复5～6次。口服4-DMAP(4-二甲基氨基苯酚)1片(180mg)和PAPP(氨基苯丙酮)1片(90mg)。就医。

眼睛接触：立即分开眼睑，用大量流动清水或生理盐水彻底冲洗10～15min。如出现中毒症状，处理同吸入。

皮肤接触：立即脱去污染的衣着，用流动清水或5%硫代硫酸钠溶液彻底冲洗。如出现中毒症状，处理同吸入。

食入：如伤者神志清醒，催吐，洗胃。如果出现中毒症状，处理同吸入。

灭火方法 消防人员必须戴自给式呼吸器，穿全身防火防毒服，在上风向灭火。灭火时尽可能将容器从火场移至空旷处。喷水保持火场容器冷却，直至灭火结束。本品不燃。根据着火原因选择适当灭火剂灭火。

泄漏应急处置 隔离泄漏污染区，限制出入。建议应急处理人员戴防尘口罩，穿防毒服，戴防毒物渗透手套。穿上适当的防护服前严禁接触破裂的容器和泄漏物。尽可能切断泄漏源。用塑料布覆盖泄漏物，减少飞散。勿使水进入包装容器内。用洁净的铲子收集泄漏物，置于干净、干燥、盖子较松的容器中，将容器移离泄漏区。

422. 氰 化 锌

标 识

中文名称 氰化锌

英文名称 zinc cyanide; zinc dicyanide

分子式 $Zn(CN)_2$

CAS 号 557-21-1

WGH 号 61001

UN 号 1713

危害信息

危险性类别 第6类有毒品。

燃烧与爆炸危险性 不燃。受高热或与酸接触会产生剧毒的氰化物气体。遇酸或露置空气中能吸收水分和二氧化碳分解出剧毒的氰化氢气体。

活性反应 受高热或与酸接触会产生剧毒的氰化物气体。与硝酸盐、亚硝酸盐、氯酸盐反应剧烈，有发生爆炸的危险。遇酸或露置空气中能吸收水分和二氧化碳分解出剧毒的氰化氢气体。

禁忌物 强氧化剂、酸类。

毒性 大鼠经口 LD_{50}：54mg/kg。

中毒表现 蒸气对呼吸道有刺激性。吸入后可引起氰化物中毒，出现头痛、乏力、呼吸困难、皮肤黏膜呈鲜红色、抽搐、昏迷等。高浓度吸入可立即引起呼吸心跳停止而死亡。可引起皮肤和眼灼伤。口服可致死。

侵入途径

吸入、食入、经皮吸收。

职业接触限值 中国：MAC：1mg/m³[按氰计，皮]。
美国(ACGIH)：TLV－TWA：5mg/m³[按氰计，皮]。

环境危害 对水生生物有极高毒性，可能在水生环境中造成长期不利影响；有害空气污染物；海洋污染物。

理化特性与用途

理化特性 无色菱形结晶或白色粉末。不溶于冷水，微溶于热水、乙醇，溶于碱金属的氰化物或氢氧化物溶液、氨水。熔点800℃(分解)，相对密度(水=1)1.85(20℃/4℃)。

主要用途 用于电镀及制造医药、农药，也用于有机合成。

包装与储运

包装标志 有毒品

包装类别 Ⅱ类

安全储运 储存于阴凉、干燥、通风的库房。远离火种、热源。库温不超过35℃。相对湿度不超过85%。包装密封。应与氧化剂、酸类、食用化学品分开存放，切忌混储。储区应备有合适的材料收容泄漏物。

紧急处置信息

急救措施

吸入：迅速脱离现场至空气新鲜处。保持呼吸道通畅。如呼吸困难，给输氧。呼吸、心跳停止，立即进行人工呼吸(勿用口对口)和胸外心脏按压术。如出现中毒症状给予吸氧和吸入亚硝酸异戊酯，将亚硝酸异戊酯的安瓿放在手帕里或单衣内打碎放在面罩内使伤员吸入15s，然后移去15s，重复5～6次。口服4－DMAP(4－二甲基氨基苯酚)1片(180mg)和PAPP(氨基苯丙酮)1片(90mg)。就医。

眼睛接触：立即分开眼睑，用大量流动清水或生理盐水彻底冲洗10～15min。如出现中毒症状，处理同吸入。

皮肤接触：立即脱去污染的衣着，用流动清水或5%硫代硫酸钠溶液彻底冲洗。如出现中毒症状，处理同吸入。

食入：如伤者神志清醒，催吐，洗胃。如果出现中毒症状，处理同吸入。

灭火方法 发生火灾时应尽量抢救商品，防止包装破损，引起环境污染。消防人员必须佩戴空气呼吸器，穿全身防火防毒服，在上风向灭火。喷水保持火场容器冷却，直至灭火结束。禁止使用酸碱灭火剂。本品不燃。根据着火原因选择适当灭火剂灭火。

泄漏应急处置 隔离泄漏污染区，限制出入。建议应急处理人员戴防尘口罩，穿防毒服，戴橡胶手套。穿上适当的防护服前严禁接触破裂的容器和泄漏物。尽可能切断泄漏源。用塑料布覆盖泄漏物，减少飞散。勿使水进入包装容器内。用洁净的铲子收集泄漏物，置于干净、干燥、盖子较松的容器中，将容器移离泄漏区。

423. 氰化亚铜

标　识

中文名称 氰化亚铜

英文名称 copper(Ⅰ) cyanide; cuprous cyanide

分子式 CuCN

CAS 号 544－92－3

WGH 号 61001

N≡—Cu

危害信息

危险性类别 第6类有毒品。

燃烧与爆炸危险性 不燃。受高热或与酸接触会产生剧毒的氰化物气体。遇酸或露置空气中能吸收水分和二氧化碳分解出剧毒的氰化氢气体。

活性反应 受高热或与酸接触会产生剧毒的氰化物气体。与硝酸盐、亚硝酸盐、氯酸盐反应剧烈，有发生爆炸的危险。遇酸或露置空气中能吸收水分和二氧化碳分解出剧毒的氰化氢气体。

禁忌物 强氧化剂、酸类。

毒性 大鼠经口 LD_{50}：1265mg/kg。

中毒表现

吸入后引起紫绀、头痛、头晕、恶心、呕吐、虚弱、惊厥、昏迷、咳嗽、呼吸困难。对呼吸道有强烈刺激性，可引起肺水肿而致死。对皮肤、眼有强烈刺激性，可致灼伤。口服出现紫绀、头痛、头晕、恶心、呕吐、虚弱、昏迷、呼吸困难、血压下降等；刺激口腔和消化道或造成灼伤。

侵入途径

吸入、食入、经皮吸收。

职业接触限值 中国：MAC：1mg/m^3[按氰计，皮]。

美国(ACGIH)：TLV－TWA：5mg/m^3[按氰计，皮]。

环境危害 对水生生物有极高毒性，可能在水生环境中造成长期不利影响；海洋污染物。

理化特性与用途

理化特性 白色单斜结晶粉末或淡绿色粉末。不溶于水，不溶于乙醇、稀酸，溶于氢氧化铵、碱金属的氰化物溶液和盐酸。熔点474℃，沸点(分解)，相对密度(水＝1)2.92。

主要用途 用于电镀铜及其他合金，合成抗结核药及防污涂料，用于制造杀虫剂和其他化学药剂等。

包装与储运

包装标志 有毒品

包装类别 Ⅱ类

安全储运 储存于阴凉、干燥、通风的库房。远离火种、热源。库温不超过35℃。相对湿度不超过85%。包装密封。应与氧化剂、酸类、食用化学品分开存放，切忌混储。储区应备有合适的材料收容泄漏物。

紧急处置信息

急救措施

吸入：迅速脱离现场至空气新鲜处。保持呼吸道通畅。如呼吸困难，给输氧。呼吸、心跳停止，立即进行人工呼吸(勿用口对口)和胸外心脏按压术。如出现中毒症状给予吸氧和吸入亚硝酸异戊酯，将亚硝酸异戊酯的安瓿放在手帕里或单衣内打碎放在面罩内使伤员吸入 15s，然后移去 15s，重复 5～6 次。口服 4－DMAP(4－二甲基氨基苯酚)1 片(180mg)和 PAPP(氨基苯丙酮)1 片(90mg)。就医。

眼睛接触：立即分开眼睑，用大量流动清水或生理盐水彻底冲洗 10～15min。如出现中毒症状，处理同吸入。

皮肤接触：立即脱去污染的衣着，用流动清水或 5% 硫代硫酸钠溶液彻底冲洗。如出现中毒症状，处理同吸入。

食入：如伤者神志清醒，催吐，洗胃。如果出现中毒症状，处理同吸入。

灭火方法　发生火灾时应尽量抢救商品，防止包装破损，引起环境污染。消防人员必须佩戴空气呼吸器，穿全身防火防毒服，在上风向灭火。喷水保持火场容器冷却，直至灭火结束。禁止使用酸碱灭火剂。本品不燃。根据着火原因选择适当灭火剂灭火。

泄漏应急处置　隔离泄漏污染区，限制出入。建议应急处理人员戴防尘口罩，穿防毒服，戴橡胶手套。穿上适当的防护服前严禁接触破裂的容器和泄漏物。尽可能切断泄漏源。用塑料布覆盖泄漏物，减少飞散。勿使水进入包装容器内。用洁净的铲子收集泄漏物，置于干净、干燥、盖子较松的容器中，将容器移离泄漏区。

424. 氰化亚铜钾

标　识

中文名称　氰化亚铜钾

英文名称　potassium cuprocyanide; potassium dicyanocuprate

别名　亚铜氰化钾；氰化亚铜钾

分子式　$KCu(CN)_2$

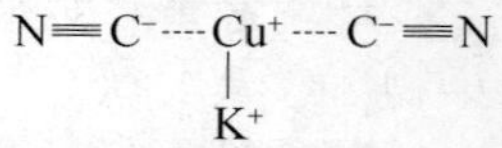

CAS 号　13682－73－0

WGH 号　61001

UN 号　1679

危害信息

危险性类别　第 6 类有毒品。

燃烧与爆炸危险性　遇酸产生剧毒气体。

禁忌物　强酸、亚硝酸钠、亚硝酸钾、氯酸盐、次氯酸盐。

中毒表现　口服剧毒。非骤死者先出现感觉无力、头痛、眩晕、恶心、呼吸困难等，随后面色苍白、抽搐、失去知觉，呼吸停止而死亡。

侵入途径

吸入、食入、经皮吸收。

职业接触限值　中国：MAC：1mg/m^3[按氰计，皮]。

美国(ACGIH)：TLV－TWA：5mg/m^3[按氰计，皮]。

环境危害　对水生生物有极高毒性，可能在水生环境中造成长期不利影响；严重海洋污染物。

理化特性与用途

理化特性　白色结晶粉末。溶于水。熔点 1113℃，相对密度(水＝1)2.38。

主要用途 用于配制和调节镀铜盐浴。

包装与储运

包装标志 有毒品

包装类别 Ⅰ类

安全储运 储存于阴凉、通风的库房。远离火种、热源。防止阳光直射。储存温度不超过35℃，相对湿度不超过85%。保持容器密封。应与酸类等分开存放，切忌混储。储区应备有合适的材料收容泄漏物。

紧急处置信息

急救措施

吸入：迅速脱离现场至空气新鲜处。保持呼吸道通畅。如呼吸困难，给输氧。呼吸、心跳停止，立即进行人工呼吸(勿用口对口)和胸外心脏按压术。如出现中毒症状给予吸氧和吸入亚硝酸异戊酯，将亚硝酸异戊酯的安瓿放在手帕里或单衣内打碎放在面罩内使伤员吸入15s，然后移去15s，重复5～6次。口服4-DMAP(4-二甲基氨基苯酚)1片(180mg)和PAPP(氨基苯丙酮)1片(90mg)。就医。

眼睛接触：立即分开眼睑，用大量流动清水或生理盐水彻底冲洗10～15min。如出现中毒症状，处理同吸入。

皮肤接触：立即脱去污染的衣着，用流动清水或5%硫代硫酸钠溶液彻底冲洗。如出现中毒症状，处理同吸入。

食入：如伤者神志清醒，催吐，洗胃。如果出现中毒症状，处理同吸入。

灭火方法 消防人员必须戴自给式呼吸器，穿全身防火防毒服，在上风向灭火。灭火时尽可能将容器从火场移至空旷处。喷水保持火场容器冷却，直至灭火结束。本品不燃。根据着火原因选择适当灭火剂灭火。

泄漏应急处置 隔离泄漏污染区，限制出入。建议应急处理人员戴防尘口罩，穿防毒服，戴橡胶手套。作业时使用的所有设备应接地。穿上适当的防护服前严禁接触破裂的容器和泄漏物。尽可能切断泄漏源。用干燥的砂土或其他不燃材料覆盖泄漏物，然后用塑料布覆盖，减少飞散、避免雨淋。用洁净的铲子收集泄漏物，置于干净、干燥、盖子较松的容器中，将容器移离泄漏区 。

425. 氰化亚铜钠

标　识

中文名称 氰化亚铜钠

英文名称 sodium copper cyanide；sodium tricyanocuprate

别名 氰化亚铜钠；紫铜盐；紫铜矾；氰化铜钠

分子式 $Na_2Cu(CN)_3$

CAS号 14264-31-4

WGH号 61001

UN号 2316

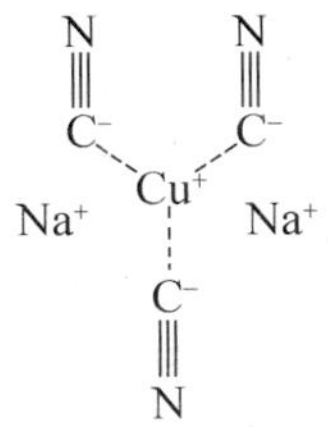

危害信息

危险性类别 第6类有毒品。

燃烧与爆炸危险性 遇酸产生剧毒气体。

禁忌物 强酸、亚硝酸钠、亚硝酸钾、氯酸盐、次氯酸盐。

中毒表现 口服剧毒。非骤死者先出现感觉无力、头痛、眩晕、恶心、呼吸困难等，随后面色苍白、抽搐、失去知觉，呼吸停止而死亡。

侵入途径

吸入、食入、经皮吸收。

职业接触限值 中国：MAC：1mg/m^3[按氰计，皮]。

美国(ACGIH)：TLV－TWA：5mg/m^3[按氰计，皮]。

环境危害 对水生生物有极高毒性，可能在水生环境中造成长期不利影响；严重海洋污染物。

理化特性与用途

理化特性 白色粉末，为氰化亚铜和氰化钠的复盐。溶于水。分解温度100℃，相对密度(水=1)1.01。

主要用途 配制和调节镀铜盐浴。

包装与储运

包装标志 有毒品

包装类别 Ⅰ类

安全储运 储存于阴凉、通风的库房。远离火种、热源。防止阳光直射。储存温度不超过35℃，相对湿度不超过85%。保持容器密封。应与酸类等分开存放，切忌混储。储区应备有合适的材料收容泄漏物。

紧急处置信息

急救措施

吸入：迅速脱离现场至空气新鲜处。保持呼吸道通畅。如呼吸困难，给输氧。呼吸、心跳停止，立即进行人工呼吸(勿用口对口)和胸外心脏按压术。如出现中毒症状给予吸氧和吸入亚硝酸异戊酯，将亚硝酸异戊酯的安瓿放在手帕里或单衣内打碎放在面罩内使伤员吸入15s，然后移去15s，重复5~6次。口服4－DMAP(4－二甲基氨基苯酚)1片(180mg)和PAPP(氨基苯丙酮)1片(90mg)。就医。

眼睛接触：立即分开眼睑，用大量流动清水或生理盐水彻底冲洗10~15min。如出现中毒症状，处理同吸入。

皮肤接触：立即脱去污染的衣着，用流动清水或5%硫代硫酸钠溶液彻底冲洗。如出现中毒症状，处理同吸入。

食入：如伤者神志清醒，催吐，洗胃。如果出现中毒症状，处理同吸入。

灭火方法 消防人员必须戴自给式呼吸器，穿全身防火防毒服，在上风向灭火。灭火时尽可能将容器从火场移至空旷处。喷水保持火场容器冷却，直至灭火结束。本品不燃。根据着火原因选择适当灭火剂灭火。

泄漏应急处置 隔离泄漏污染区，限制出入。建议应急处理人员戴防尘口罩，穿防毒服，戴橡胶手套。作业时使用的所有设备应接地。穿上适当的防护服前严禁接触破裂的容器和泄漏物。尽可能切断泄漏源。用干燥的砂土或其他不燃材料覆盖泄漏物，然后用塑料布覆盖，减少飞散、避免雨淋。用洁净的铲子收集泄漏物，置于干净、干燥、盖子较松的容器中，将容器移离泄漏区 。

426. 氰 化 银

标 识

中文名称 氰化银

英文名称 silver cyanide

分子式 AgCN

CAS 号 506 - 64 - 9

WGH 号 61001

UN 号 1684

Ag—≡N

危害信息

危险性类别 第 6 类有毒品。

燃烧与爆炸危险性 不燃。受高热或与酸接触会产生剧毒的氰化物气体。遇酸或露置空气中能吸收水分和二氧化碳分解出剧毒的氰化氢气体。

活性反应 受高热或与酸接触会产生剧毒的氰化物气体。与硝酸盐、亚硝酸盐、氯酸盐反应剧烈，有发生爆炸的危险。遇酸或露置空气中能吸收水分和二氧化碳分解出剧毒的氰化氢气体。

禁忌物 强氧化剂、强酸。

毒性 大鼠经口 LD_{50}：123mg/kg。

中毒表现 受高热或与酸接触，可产生氰化物气体，吸入后引起氰化物中毒，出现头痛、乏力、呼吸困难、皮肤黏膜 呈鲜红色、抽搐、昏迷，甚至死亡。对眼和皮肤有刺激性。长期接触银化合物可出现全身性银质沉着症，眼、鼻、喉、口腔、内脏器官和皮肤均可发生银质沉着。全身皮肤可呈灰黑色或浅石板色。高浓度反复接触可致肾损害。

侵入途径

吸入、食入。

职业接触限值 中国：MAC：1mg/m^3[按氰计，皮]。

美国(ACGIH)：TLV - TWA：5mg/m^3[按氰计，皮]。

环境危害 对水生生物有极高毒性，可能在水生环境中造成长期不利影响；有害险空气污染物；海洋污染物。

理化特性与用途

理化特性 白色至浅灰色粉末，无臭无味，见光变褐色。不溶于水，不溶于乙醇、稀酸，溶于氢氧化铵、碱金属的氰化物溶液、硫代硫酸钠溶液、沸的浓硝酸等。熔点 320℃(分解)，相对密度(水 =1)3. 95。

主要用途 用于医药和镀银。

包装与储运

包装标志 有毒品

包装类别　Ⅱ类

安全储运　储存于阴凉、干燥、通风的库房。远离火种、热源。库温不超过35℃。相对湿度不超过85%。包装密封。应与氧化剂、酸类、食用化学品分开存放，切忌混储。储区应备有合适的材料收容泄漏物。

紧急处置信息

急救措施

吸入：迅速脱离现场至空气新鲜处。保持呼吸道通畅。如呼吸困难，给输氧。呼吸、心跳停止，立即进行人工呼吸(勿用口对口)和胸外心脏按压术。如出现中毒症状给予吸氧和吸入亚硝酸异戊酯，将亚硝酸异戊酯的安瓿放在手帕里或单衣内打碎放在面罩内使伤员吸入15s，然后移去15s，重复5~6次。口服4-DMAP(4-二甲基氨基苯酚)1片(180mg)和PAPP(氨基苯丙酮)1片(90mg)。就医。

眼睛接触：立即分开眼睑，用大量流动清水或生理盐水彻底冲洗10~15min。如出现中毒症状，处理同吸入。

皮肤接触：立即脱去污染的衣着，用流动清水或5%硫代硫酸钠溶液彻底冲洗。如出现中毒症状，处理同吸入。

食入：如伤者神志清醒，催吐，洗胃。如果出现中毒症状，处理同吸入。

灭火方法　发生火灾时应尽量抢救商品，防止包装破损，引起环境污染。消防人员必须佩戴空气呼吸器，穿全身防火防毒服，在上风向灭火。喷水保持火场容器冷却，直至灭火结束。禁止使用酸碱灭火剂。本品不燃。根据着火原因选择适当灭火剂灭火。

泄漏应急处置　隔离泄漏污染区，限制出入。建议应急处理人员戴防尘口罩，穿防毒服，戴橡胶手套。穿上适当的防护服前严禁接触破裂的容器和泄漏物。尽可能切断泄漏源。用塑料布覆盖泄漏物，减少飞散。勿使水进入包装容器内。用洁净的铲子收集泄漏物，置于干净、干燥、盖子较松的容器中，将容器移离泄漏区。

427. 氰化银钾

标　识

中文名称　氰化银钾

英文名称　potassium silver cyanide; potassium dicyanoargentate; silver potassium cyanide

别名　银氰化钾；二氰合银酸钾

分子式　$KAg(CN)_2$

CAS 号　506-61-6

WGH 号　61001

UN 号　1588

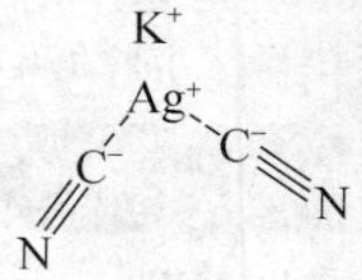

危害信息

危险性类别　第6类有毒品。

燃烧与爆炸危险性　遇酸产生剧毒气体。遇高热分解释出高毒烟气。

活性反应　遇酸或露置空气中能吸收水分和二氧化碳分解出剧毒的氰化氢气体。

禁忌物　强酸、亚硝酸钠、亚硝酸钾、氯酸盐、次氯酸盐。

毒性 大鼠经口 LD_{50}：20.9mg/kg。

本品已列入《剧毒化学品目录》。

中毒表现 口服剧毒。非骤死者先出现感觉无力、头痛、眩晕、恶心、呼吸困难等，随后面色苍白、抽搐、失去知觉，呼吸停止而死亡。

侵入途径

吸入、食入、经皮吸收。

职业接触限值 中国：MAC：1mg/m^3[按氰计，皮]。

美国(ACGIH)：TLV－TWA：5mg/m^3[按氰计，皮]；TLV－TWA：0.01mg/m^3[按银计]。

环境危害 对水生生物有极高毒性，可能在水生环境中造成长期不利影响；海洋污染物。

理化特性与用途

理化特性 白色结晶或粉末，对光敏感。溶于水、甲醇、乙醇。相对密度(水＝1)2.36(25℃)。

主要用途 用于电镀银、制造催化剂和感光材料，并用作杀菌剂、防腐剂。

包装与储运

包装标志 有毒品

包装类别 Ⅰ类

安全储运 储存于阴凉、干燥、通风良好的专用库房内，应严格执行剧毒化学品管理制度。远离火种、热源。防止阳光直射。储存温度不超过35℃，相对湿度不超过85%。保持容器密封。应与酸类等分开存放，切忌混储。储区应备有合适的材料收容泄漏物。

紧急处置信息

急救措施

吸入：迅速脱离现场至空气新鲜处。保持呼吸道通畅。如呼吸困难，给输氧。呼吸、心跳停止，立即进行人工呼吸(勿用口对口)和胸外心脏按压术。如出现中毒症状给予吸氧和吸入亚硝酸异戊酯，将亚硝酸异戊酯的安瓿放在手帕里或单衣内打碎放在面罩内使伤员吸入15s，然后移去15s，重复5~6次。口服4－DMAP(4－二甲基氨基苯酚)1片(180mg)和PAPP(氨基苯丙酮)1片(90mg)。就医。

眼睛接触：立即分开眼睑，用大量流动清水或生理盐水彻底冲洗10~15min。如出现中毒症状，处理同吸入。

皮肤接触：立即脱去污染的衣着，用流动清水或5%硫代硫酸钠溶液彻底冲洗。如出现中毒症状，处理同吸入。

食入：如伤者神志清醒，催吐，洗胃。如果出现中毒症状，处理同吸入。

灭火方法 消防人员必须戴空气呼吸器，穿全身防火防毒服，在上风向灭火。灭火时尽可能将容器从火场移至空旷处。喷水保持火场容器冷却，直至灭火结束。本品不燃。根据着火原因选择适当灭火剂灭火。

泄漏应急处置 隔离泄漏污染区，限制出入。建议应急处理人员戴防尘口罩，穿防毒服，戴橡胶手套。穿上适当的防护服前严禁接触破裂的容器和泄漏物。尽可能切断泄漏源。用塑料布覆盖泄漏物，减少飞散。勿使水进入包装容器内。用洁净的铲子收集泄漏物，置于干净、干燥、盖子较松的容器中，将容器移离泄漏区。

428. 3－氰基吡啶

标　识

中文名称　3－氰基吡啶

英文名称　3－pyridinecarbonitrile；nicotinonitrile；3－cyanopyridine

别名　3－吡啶甲腈；尼可丁腈

分子式　$C_6H_4N_2$

CAS 号　100－54－9

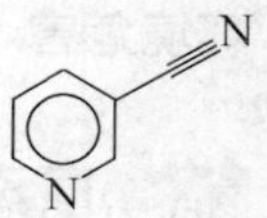

危害信息

燃烧与爆炸危险性　可燃，其粉体与空气混合，能形成爆炸性混合物。燃烧产生有毒的一氧化碳、氮氧化物和氰化氢。

禁忌物　强氧化剂、强还原剂、强酸、强碱。

毒性　大鼠经口 LD_{50}：1180mg/kg。

中毒表现　本品对眼睛、皮肤、黏膜和上呼吸道有刺激作用。对中枢神经系统有抑制作用。本品粉末可致眼角膜永久性浑浊。

侵入途径

吸入、食入。

环境危害　可能在环境中造成长期不利影响。

理化特性与用途

理化特性　白色结晶粉末。溶于水，溶于乙醇、乙醚、苯、热石油醚。熔点 48～51℃，沸点 204～208℃，相对密度（水＝1）1.159，饱和蒸气压 39.4Pa（25℃），辛醇/水分配系数 0.36，闪点 84℃（闭杯），引燃温度＞600℃。

主要用途　用作除草剂，用于生产菸酸和菸酰胺。

包装与储运

安全储运　储存于阴凉、通风的库房。远离火种、热源。保持容器密封。应与氧化剂、酸碱等隔离储运。搬运时轻装轻卸，防止容器受损。

紧急处置信息

急救措施

吸入：迅速脱离现场至空气新鲜处。保持呼吸道通畅。如呼吸困难，给输氧。呼吸、心跳停止，立即进行心肺复苏术。就医。

眼睛接触：立即分开眼睑，用流动清水或生理盐水彻底冲洗。就医。

皮肤接触：立即脱去污染的衣着，用肥皂水和清水彻底冲洗。就医。

食入：饮足量温水，催吐。就医。

灭火方法　消防人员须佩戴防毒面具，穿全身消防服，在上风向灭火。尽可能将容器从火场移至空旷处。喷水保持火场容器冷却，直至灭火结束。

灭火剂：雾状水、泡沫、干粉、二氧化碳、砂土。

泄漏应急处置 隔离泄漏污染区，限制出入。消除所有点火源。建议应急处理人员戴防尘口罩，穿防毒服，戴橡胶手套。穿上适当的防护服前严禁接触破裂的容器和泄漏物。尽可能切断泄漏源。用塑料布覆盖泄漏物，减少飞散。勿使水进入包装容器内。用洁净的铲子收集泄漏物，置于干净、干燥、盖子较松的容器中，将容器移离泄漏区。

429. 氰 基 胍

标 识

中文名称 氰基胍

英文名称 cyanoguanidine；N－cyanoguanidine ；dicyanodiamide

别名 双氰胺

分子式 $C_2H_4N_4$

CAS 号 461－58－5

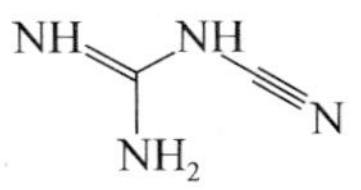

危害信息

燃烧与爆炸危险性 可燃，其粉体与空气混合，能形成爆炸性混合物。受高热分解，产生氰化物和氮氧化物剧毒烟气。

活性反应 遇硝酸铵、氯酸钾等能发生强烈的反应，引起爆炸。

禁忌物 强氧化剂、强酸、强碱。

毒性 小鼠经口 LD_{50}： >4000mg/kg。

中毒表现

吸入、摄入或经皮肤吸收后对身体有害。急性中毒的危险性极小。

侵入途径

吸入、食入。

环境危害 可能在环境中造成长期不利影响。

理化特性与用途

理化特性 白色棱形结晶或粉末。溶于水，溶于乙醇、丙酮、液氨，微溶于乙醚，不溶于苯、氯仿。熔点 208～211℃，相对密度（水＝1）1.40（25℃/4℃），燃烧热－1382kJ/mol，辛醇/水分配系数 －1.15。

主要用途 是重要的医药、有机化工原料；用作印染着色剂、优质高效氮肥和氮肥稳定剂；还是良好的橡胶促进剂，钢铁表面硬化剂，合成洗涤剂、胶降稠剂，纤维木材的阻燃剂。

包装与储运

安全储运 储存于阴凉、通风的库房。远离火种、热源。保持容器密封。应与氧化剂、酸碱等隔离储运。搬运时轻装轻卸，防止容器受损。

紧急处置信息

急救措施

吸入： 迅速脱离现场至空气新鲜处。保持呼吸道通畅。如呼吸困难，给输氧。呼吸、

心跳停止，立即进行心肺复苏术。就医。

眼睛接触：立即分开眼睑，用流动清水或生理盐水彻底冲洗。就医。

皮肤接触：立即脱去污染的衣着，用肥皂水和清水彻底冲洗。就医。

食入：饮足量温水，催吐。就医。

灭火方法 消防人员必须佩戴空气呼吸器，穿全身防火防毒服，在上风向灭火。尽可能将容器从火场移至空旷处。喷水保持火场容器冷却，直至灭火结束。

灭火剂：雾状水、泡沫、干粉、二氧化碳、砂土。

泄漏应急处置 隔离泄漏污染区，限制出入。消除所有点火源。建议应急处理人员戴防尘口罩，穿防毒服，戴橡胶手套。穿上适当的防护服前严禁接触破裂的容器和泄漏物。尽可能切断泄漏源。用塑料布覆盖泄漏物，减少飞散。勿使水进入包装容器内。用洁净的铲子收集泄漏物，置于干净、干燥、盖子较松的容器中，将容器移离泄漏区。

430. 氰基甲酸甲酯

标　识

中文名称 氰基甲酸甲酯

英文名称 methyl cyanoformate；carbonocyanidic acid，methyl ester

分子式 $C_3H_3NO_2$

CAS 号 17640－15－2

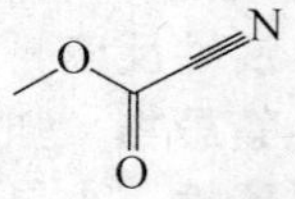

危害信息

危险性类别 第6类有毒品。

燃烧与爆炸危险性 易燃，其蒸气与空气混合，能形成爆炸性混合物。燃烧产生有毒的一氧化碳、氮氧化物和氰化氢气体。若遇高热，容器内压增大，有开裂和爆炸的危险。蒸气比空气重，能在较低处扩散到相当远的地方，遇火源会着火回燃和爆炸(闪爆)。

活性反应 与氧化剂接触，有引起燃烧爆炸的危险。

禁忌物 强氧化剂、强还原剂、强酸、强碱、水。

毒性 狗吸入 LC_{50}：100mg/m^3(10min)。

中毒表现 本品的毒作用与氢氰酸相似，在低浓度时，可出现较氢氰酸更高的毒性。对黏膜有刺激性 。

侵入途径

吸入、食入、经皮吸收。

环境危害 可能在环境中造成长期不利影响。

理化特性与用途

理化特性 无色液体，有酯味。溶于乙醇、乙醚、苯。沸点100～101℃，相对密度(水=1)1.072，相对蒸气密度(空气=1)2.95，闪点26℃。

主要用途 用作农业杀虫剂，用于火车车厢消毒，也用于有机合成。

包装与储运

包装标志 有毒品，易燃液体

包装类别 Ⅰ类

安全储运 储存于阴凉、干燥、通风良好的库房。远离火种、热源。库温不宜超过35℃，相对湿度不超过85%。保持容器密封。应与氧化剂、还原剂、酸类、碱类、食用化学品分开存放，切忌混储。采用防爆型照明、通风设施。禁止使用易产生火花的机械设备和工具。储区应备有泄漏应急处理设备和合适的收容材料。

紧急处置信息

急救措施

吸入：迅速脱离现场至空气新鲜处。保持呼吸道通畅。如呼吸困难，给输氧。呼吸、心跳停止，立即进行人工呼吸（勿用口对口）和胸外心脏按压术。如出现中毒症状给予吸氧和吸入亚硝酸异戊酯，将亚硝酸异戊酯的安瓿放在手帕里或单衣内打碎放在面罩内使伤员吸入15s，然后移去15s，重复5~6次。口服4-DMAP（4-二甲基氨基苯酚）1片（180mg）和PAPP（氨基苯丙酮）1片（90mg）。就医。

眼睛接触：立即分开眼睑，用大量流动清水或生理盐水彻底冲洗10~15min。如出现中毒症状，处理同吸入。

皮肤接触：立即脱去污染的衣着，用流动清水或5%硫代硫酸钠溶液彻底冲洗。如出现中毒症状，处理同吸入。

食入：如伤者神志清醒，催吐，洗胃。如果出现中毒症状，处理同吸入。

灭火方法 消防人员必须佩戴空气呼吸器、穿全身防火防毒服，在上风向灭火。尽可能将容器从火场移至空旷处。喷水保持火场容器冷却，直至灭火结束。处在火场中的容器若已变色或从安全泄压装置中发出声音，必须马上撤离。

灭火剂：雾状水、泡沫、干粉、二氧化碳、砂土。

泄漏应急处置 根据液体流动和蒸气扩散的影响区域划定警戒区，无关人员从侧风、上风向撤离至安全区。消除所有点火源。建议应急处理人员戴防毒面具，穿防毒、防静电服，戴橡胶手套。作业时使用的所有设备应接地。禁止接触或跨越泄漏物。尽可能切断泄漏源。防止泄漏物进入水体、下水道、地下室或受限空间。小量泄漏：用砂土或其他不燃材料吸收。使用洁净的无火花工具收集吸收材料。大量泄漏：构筑围堤或挖坑收容。用泡沫覆盖，减少蒸发。喷水雾能减少蒸发，但不能降低泄漏物在受限空间内的易燃性。用防爆泵转移至槽车或专用收集器内 。

431. 氰基甲酸乙酯

标　识

中文名称 氰基甲酸乙酯

英文名称 ethyl cyanoformate；carbonocyanidic acid，ethyl ester

别名 氰甲酸乙酯

分子式 $C_4H_5NO_2$

CAS 号 623-49-4

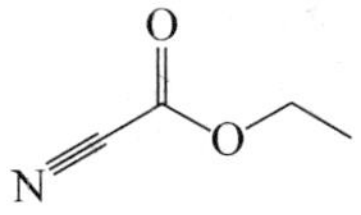

危害信息

危险性类别 第6类有毒品。

燃烧与爆炸危险性　易燃，其蒸气与空气混合，能形成爆炸性混合物。燃烧产生有毒的一氧化碳、氮氧化物和氰化氢气体。若遇高热，容器内压增大，有开裂和爆炸的危险。蒸气比空气重能在较低处扩散到相当远的地方，遇火源会着火回燃和爆炸(闪爆)。

活性反应　与氧化剂接触，有引起燃烧爆炸的危险。

禁忌物　强氧化剂、强还原剂、强酸、强碱、水。

中毒表现　本品的毒作用与氢氰酸相似。

侵入途径

吸入、食入、经皮吸收。

环境危害　可能在环境中造成长期不利影响。

理化特性与用途

理化特性　无色透明液体。溶于水，溶于乙醇。沸点 115 ~ 116℃，相对密度(水 = 1) 1.003，相对蒸气密度(空气 = 1)3.42，饱和蒸气压 2.53kPa(25℃)，辛醇/水分配系数 -0.60，闪点 24℃。

主要用途　用作化学中间体。

包装与储运

包装标志　有毒品，易燃液体

包装类别　Ⅰ类

安全储运　储存于阴凉、干燥、通风良好的库房。远离火种、热源。库温不宜超过 37℃，相对湿度不超过 85%。保持容器密封。应与氧化剂、还原剂、酸类、碱类、食用化学品分开存放，切忌混储。采用防爆型照明、通风设施。禁止使用易产生火花的机械设备和工具。储区应备有泄漏应急处理设备和合适的收容材料。

紧急处置信息

急救措施

吸入：迅速脱离现场至空气新鲜处。保持呼吸道通畅。如呼吸困难，给输氧。呼吸、心跳停止，立即进行人工呼吸(勿用口对口)和胸外心脏按压术。如出现中毒症状给予吸氧和吸入亚硝酸异戊酯，将亚硝酸异戊酯的安瓿放在手帕里或单衣内打碎放在面罩内使伤员吸入 15s，然后移去 15s，重复 5 ~ 6 次。口服 4 - DMAP(4 - 二甲基氨基苯酚)1 片(180mg)和 PAPP(氨基苯丙酮)1 片(90mg)。就医。

眼睛接触：立即分开眼睑，用大量流动清水或生理盐水彻底冲洗 10 ~ 15min。如出现中毒症状，处理同吸入。

皮肤接触：立即脱去污染的衣着，用流动清水或 5% 硫代硫酸钠溶液彻底冲洗。如出现中毒症状，处理同吸入。

食入：如伤者神志清醒，催吐，洗胃。如果出现中毒症状，处理同吸入。

灭火方法　消防人员必须佩戴空气呼吸器，穿全身防火防毒服，在上风向灭火。尽可能将容器从火场移至空旷处。喷水保持火场容器冷却，直至灭火结束。处在火场中的容器若已变色或从安全泄压装置中发出声音，必须马上撤离。

灭火剂：雾状水、泡沫、干粉、二氧化碳、砂土。

泄漏应急处置　根据液体流动和蒸气扩散的影响区域划定警戒区，无关人员从侧风、上风向撤离至安全区。消除所有点火源。建议应急处理人员戴防毒面具，穿防毒、防静电服，戴橡胶手套。作业时使用的所有设备应接地。禁止接触或跨越泄漏物。尽可能切断泄漏源。防止泄漏物进入水体、下水道、地下室或受限空间。小量泄漏：用砂土或其他不燃材料吸收。使用洁净的无火花工具收集吸收材料。大量泄漏：构筑围堤或挖坑收容。用泡沫覆盖，减少蒸发。喷水雾能减少蒸发，但不能降低泄漏物在受限空间内的易燃性。用防爆泵转移至槽车或专用收集器内 。

432. 氰(基)乙酸

标　识

中文名称　氰(基)乙酸

英文名称　cyanoacetic acid; acetic acid, 2 - cyano -

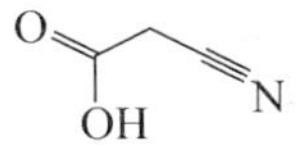

别名　氰(基)醋酸

分子式　$C_3H_3NO_2$

CAS 号　372 - 09 - 8

WGH 号　61645

危害信息

危险性类别　第 6 类有毒品。

燃烧与爆炸危险性　可燃，其粉体与空气混合，能形成爆炸性混合物。遇明火能燃烧，燃烧产生有毒的一氧化碳、氮氧化物气体。受潮或受高热分解释出剧毒的乙氰蒸气。具有腐蚀性。

活性反应　受潮或受高热分解释出剧毒的乙氰蒸气。

禁忌物　强氧化剂、强还原剂、强酸、强碱。

毒性　大鼠经口 LD_{50}：1500mg/kg。

中毒表现　大量吸入可致类似氰化物中毒的表现，出现周身乏力、步态蹒跚、意识模糊、呼吸困难，进而出现昏迷、抽搐。可出现典型的氰化物中毒的四期：即前区期、呼吸困难期、痉挛期、麻痹期。

侵入途径

吸入、食入、经皮吸收。

理化特性与用途

理化特性　白色或浅黄色结晶，有吸湿性。溶于水、乙醇、乙醚，微溶于乙酸、氯仿、苯。pH 值 2(10g/L，20℃)，熔点 66 ~ 68℃，沸点 108℃(2.0kPa)，相对密度(水 = 1) > 1.1，饱和蒸气压 4.65Pa(25℃)，燃烧热 - 1249kJ/mol，辛醇/水分配系数 - 0.76，闪点 108℃，引燃温度 575℃。

主要用途　用于有机合成，合成氰乙酸酯类。医药上用于制造咖啡因、维生素 B6、巴比妥等。

包装与储运

包装标志　有毒品

包装类别　Ⅲ类

安全储运　储存于阴凉、通风的库房。远离火种、热源。库温不超过 35℃。相对湿度不超过 85%。包装密封。应与氧化剂、还原剂、酸类、食用化学品分开存放，切忌混储。

配备相应品种和数量的消防器材。储区应备有合适的材料收容泄漏物。

紧急处置信息

急救措施

吸入：迅速脱离现场至空气新鲜处。保持呼吸道通畅。如呼吸困难，给输氧。呼吸、心跳停止，立即进行人工呼吸(勿用口对口)和胸外心脏按压术。如出现中毒症状给予吸氧和吸入亚硝酸异戊酯，将亚硝酸异戊酯的安瓿放在手帕里或单衣内打碎放在面罩内使伤员吸入15s，然后移去15s，重复5~6次。口服4-DMAP(4-二甲基氨基苯酚)1片(180mg)和PAPP(氨基苯丙酮)1片(90mg)。就医。

眼睛接触：立即分开眼睑，用大量流动清水或生理盐水彻底冲洗10~15min。如出现中毒症状，处理同吸入。

皮肤接触：立即脱去污染的衣着，用流动清水或5%硫代硫酸钠溶液彻底冲洗。如出现中毒症状，处理同吸入。

食入：如伤者神志清醒，催吐，洗胃。如果出现中毒症状，处理同吸入。

灭火方法 消防人员须佩戴防毒面具，穿全身消防服，在上风向灭火。尽可能将容器从火场移至空旷处。喷水保持火场容器冷却，直至灭火结束。不宜用水。

灭火剂：干粉、二氧化碳。

泄漏应急处置 隔离泄漏污染区，限制出入。消除所有点火源。建议应急处理人员戴防尘口罩，穿防毒服，戴橡胶手套。穿上适当的防护服前严禁接触破裂的容器和泄漏物。尽可能切断泄漏源。用塑料布覆盖泄漏物，减少飞散。勿使水进入包装容器内。用洁净的铲子收集泄漏物，置于干净、干燥、盖子较松的容器中，将容器移离泄漏区。

433. 氰基乙酸甲酯

标　识

中文名称 氰基乙酸甲酯

英文名称 methyl cyanoacetate；methyl 2-cyanoacetate

别名 2-氰基乙酸甲酯

分子式 $C_4H_5NO_2$

CAS号 105-34-0

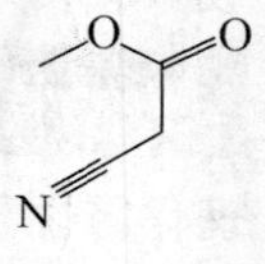

危害信息

燃烧与爆炸危险性 可燃，其蒸气与空气混合，能形成爆炸性混合物。燃烧产生有毒的一氧化碳、氮氧化物和氰化氢气体。

活性反应 与氧化剂接触，有引起燃烧爆炸的危险。

禁忌物 强氧化剂、酸类、酰基氯、酸酐。

毒性 小鼠腹腔内LD_{50}：200mg/kg。

中毒表现 本品对眼睛、皮肤、黏膜和上呼吸道有刺激作用。

侵入途径

吸入、食入、经皮吸收。

理化特性与用途

理化特性 无色至微黄色透明液体。微溶于水，混溶于乙醇、乙醚。熔点 -22.4 ~ -12.9℃，沸点 204 ~ 207℃，相对密度（水 = 1）1.123（25℃/4℃），相对蒸气密度（空气 = 1）3.4，饱和蒸气压 0.027kPa（20℃），辛醇/水分配系数 -0.47，闪点 > 110℃，引燃温度 478℃。

主要用途 是有机合成、医药、染料的中间体，主要用于制造合剂、维生素 B6、丙二腈等。

包装与储运

安全储运 储存于阴凉、通风的库房。远离火种、热源。保持容器密封。应与氧化剂、酸类、食用化学品等隔离储运。搬运时轻装轻卸，防止容器受损。

紧急处置信息

急救措施

吸入： 迅速脱离现场至空气新鲜处。保持呼吸道通畅。如呼吸困难，给输氧。呼吸、心跳停止，立即进行心肺复苏术。就医。

眼睛接触： 立即分开眼睑，用流动清水或生理盐水彻底冲洗。就医。

皮肤接触： 立即脱去污染的衣着，用肥皂水和清水彻底冲洗。就医。

食入： 饮足量温水，就医。

灭火方法 消防人员须佩戴防毒面具，穿全身消防服，在上风向灭火。尽可能将容器从火场移至空旷处。喷水保持火场容器冷却，直至灭火结束。处在火场中的容器若已变色或从安全泄压装置中发出声音，必须马上撤离。

灭火剂：雾状水、泡沫、干粉、二氧化碳、砂土。

泄漏应急处置 根据液体流动和蒸气扩散的影响区域划定警戒区，无关人员从侧风、上风向撤离至安全区。消除所有点火源。建议应急处理人员戴防毒面具，穿防毒服，戴橡胶手套。作业时使用的所有设备应接地。禁止接触或跨越泄漏物。尽可能切断泄漏源。防止泄漏物进入水体、下水道、地下室或受限空间。小量泄漏：用砂土或其他不燃材料吸收。使用洁净的无火花工具收集吸收材料。大量泄漏：构筑围堤或挖坑收容。用泡沫覆盖，减少蒸发。喷水雾能减少蒸发，但不能降低泄漏物在受限空间内的易燃性。用泵转移至槽车或专用收集器内。

434. 氰基乙酸钠

标　识

中文名称 氰基乙酸钠

英文名称 sodium cyanoacetate

分子式 $C_3H_3NO_2.Na$

CAS 号 1071 -36 -9

危害信息

燃烧与爆炸危险性 可燃，其蒸气与空气混合，能形成爆炸性混合物。受热分解放出剧毒的氰化物气体。

禁忌物 强氧化剂、强还原剂、强酸、强碱。

毒性 小鼠腹腔内 LD_{50}：5700mg/kg。

中毒表现 动物实验结果，先出现短时间兴奋症状，随后陷入抑制，并有呼吸困难、痉挛，可引起死亡。可经皮肤吸收，对皮肤有刺激性和腐蚀性。

侵入途径

吸入、食入、经皮吸收。

理化特性与用途

理化特性 黄色至褐色透明液体。与水混溶。沸点100℃，相对密度(水=1)1.32。

主要用途 用于人工合成咖啡因。

包装与储运

安全储运 储存于阴凉、通风的库房。远离火种、热源。保持容器密封。应与氧化剂、还原剂、酸碱等隔离储运。搬运时轻装轻卸，防止容器受损。

紧急处置信息

急救措施

吸入： 迅速脱离现场至空气新鲜处。保持呼吸道通畅。如呼吸困难，给输氧。呼吸、心跳停止，立即进行人工呼吸(勿用口对口)和胸外心脏按压术。如出现中毒症状给予吸氧和吸入亚硝酸异戊酯，将亚硝酸异戊酯的安瓿放在手帕里或单衣内打碎放在面罩内使伤员吸入15s，然后移去15s，重复5~6次。口服4-DMAP(4-二甲基氨基苯酚)1片(180mg)和PAPP(氨基苯丙酮)1片(90mg)。就医。

眼睛接触： 立即分开眼睑，用大量流动清水或生理盐水彻底冲洗10~15min。如出现中毒症状，处理同吸入。

皮肤接触： 立即脱去污染的衣着，用流动清水或5%硫代硫酸钠溶液彻底冲洗。如出现中毒症状，处理同吸入。

食入： 如伤者神志清醒，催吐，洗胃。如果出现中毒症状，处理同吸入。

灭火方法 消防人员须佩戴防毒面具，穿全身消防服，在上风向灭火。尽可能将容器从火场移至空旷处。喷水保持火场容器冷却，直至灭火结束。处在火场中的容器若已变色或从安全泄压装置中发出声音，必须马上撤离。

鸹鸺粒骸糎 T]雾状水、泡沫、干粉、二氧化碳、砂土。

泄漏应急处置 根据液体流动和蒸气扩散的影响区域划定警戒区，无关人员从侧风、上风向撤离至安全区。消除所有点火源。建议应急处理人员戴防毒面具，穿防腐、防毒服，戴橡胶手套。穿上适当的防护服前严禁接触破裂的容器和泄漏物。尽可能切断泄漏源。防止泄漏物进入水体、下水道、地下室或受限空间。小量泄漏：用干燥的砂土或其他不燃材料吸收或覆盖，收集于容器中。大量泄漏：构筑围堤或挖坑收容。用耐腐蚀泵转移至槽车或专用收集器内。

435. 氰基乙酰胺

标　识

中文名称　氰基乙酰胺

英文名称　2 – cyanoacetamide ; cyanoacetamide; 3 – nitrilo – propionamide

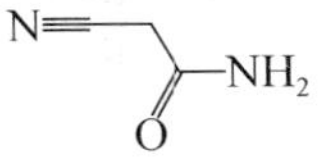

别名　2 – 氰基乙酰胺

分子式　$C_3H_4N_2O$

CAS 号　107 – 91 – 5

危害信息

燃烧与爆炸危险性　可燃，其粉体与空气混合，能形成爆炸性混合物。受高热分解，产生氰化物和氮氧化物剧毒烟气。

禁忌物　强氧化剂、强还原剂、强酸、还原剂。

毒性　大鼠经口 LD_{50}：7230mg/kg。小鼠经口 LD_{50}：1680mg/kg。

中毒表现　本品对眼睛、皮肤、黏膜 和上呼吸道有刺激作用。动物实验，未发现经皮中毒的症状。

侵入途径

吸入、食入。

环境危害　可能在环境中造成长期不利影响。

理化特性与用途

理化特性　无色至浅黄色结晶性粉末。溶于水，溶于乙醇。熔点 118 ~ 122℃，辛醇/水分配系数 –0.91，闪点 215℃。

主要用途　用于有机合成，制药物、染料、丙二腈及电镀液等。

包装与储运

安全储运　储存于阴凉、通风的库房。远离火种、热源。保持容器密封。应与氧化剂、酸碱等隔离储运。搬运时轻装轻卸，防止容器受损。

紧急处置信息

急救措施

吸入：迅速脱离现场至空气新鲜处。保持呼吸道通畅。如呼吸困难，给输氧。呼吸、心跳停止，立即进行心肺复苏术。就医。

眼睛接触：立即分开眼睑，用流动清水或生理盐水彻底冲洗。就医。

皮肤接触：立即脱去污染的衣着，用肥皂水和清水彻底冲洗。就医。

食入：饮足量温水，催吐、洗胃、导泻。就医。

灭火方法　消防人员必须佩戴空气呼吸器，穿全身防火防毒服，在上风向灭火。尽可能将容器从火场移至空旷处。喷水冷却火场中的容器，直至灭火结束。

鸹鸺粒骸糎 T]雾状水、泡沫、干粉、二氧化碳、砂土。

泄漏应急处置　隔离泄漏污染区，限制出入。消除所有点火源。建议应急处理人员戴防尘口罩，穿防毒服，戴橡胶手套。穿上适当的防护服前严禁接触破裂的容器和泄漏物。尽可能切断泄漏源。用塑料布覆盖泄漏物，减少飞散。勿使水进入包装容器内。用洁净的铲子收集泄漏物，置于干净、干燥、盖子较松的容器中，将容器移离泄漏区。

436. 氰　酸　钠

标　识

中文名称　氰酸钠

英文名称　sodium cyanate；cyanic acid，sodium salt

分子式　NaOCN

CAS 号　917－61－3

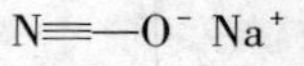

危害信息

燃烧与爆炸危险性　不燃，无特殊燃爆特性。受热分解放出剧毒的氰化物气体。

禁忌物　强氧化剂、强酸。

毒性　大鼠经口 LD_{50}：1500mg/kg。

中毒表现　较小剂量时引起嗜睡，较大剂量时引起嗜睡和阵发性痉挛；后期呈强直性痉挛。本品的毒作用可能由氰酸基所致。

侵入途径

吸入、食入、经皮吸收。

职业接触限值　中国：MAC：1mg/m^3［按氰计，皮］。

美国（ACGIH）：TLV－TWA：5mg/m^3［按氰计，皮］。

环境危害　对水生生物有害，可能在水生环境中造成长期不利影响。

理化特性与用途

理化特性　白色或灰白色结晶或粉末。溶于水，微溶于乙醇、乙醚、苯、液氨。熔点550℃，相对密度（水＝1）1.937（20℃）。

主要用途　用于有机合成，钢热处理，制药物、除草剂等。

包装与储运

安全储运　储存于阴凉、通风的库房。远离火种、热源。保持容器密封。应与氧化剂、酸类、食用化学品等隔离储运。搬运时轻装轻卸，防止容器受损。

紧急处置信息

急救措施

吸入：迅速脱离现场至空气新鲜处。保持呼吸道通畅。如呼吸困难，给输氧。呼吸、心跳停止，立即进行人工呼吸（勿用口对口）和胸外心脏按压术。如出现中毒症状给予吸氧和吸入亚硝酸异戊酯，将亚硝酸异戊酯的安瓿放在手帕里或单衣内打碎放在面罩内使伤员吸入15s，然后移去15s，重复5～6次。口服4－DMAP（4－二甲基氨基苯酚）1片（180mg）和PAPP（氨基苯丙酮）1片（90mg）。就医。

眼睛接触： 立即分开眼睑，用大量流动清水或生理盐水彻底冲洗 10 ~ 15min。如出现中毒症状，处理同吸入。

皮肤接触： 立即脱去污染的衣着，用流动清水或5%硫代硫酸钠溶液彻底冲洗。如出现中毒症状，处理同吸入。

食入： 如伤者神志清醒，催吐，洗胃。如果出现中毒症状，处理同吸入。

灭火方法 消防人员必须戴自给式呼吸器，穿全身防火防毒服，在上风向灭火。灭火时尽可能将容器从火场移至空旷处。禁止使用酸碱灭火剂。本品不燃。根据着火原因选择适当灭火剂灭火。

泄漏应急处置 隔离泄漏污染区，限制出入。建议应急处理人员戴防尘口罩，穿防毒服，戴橡胶手套。穿上适当的防护服前严禁接触破裂的容器和泄漏物。尽可能切断泄漏源。用塑料布覆盖泄漏物，减少飞散。勿使水进入包装容器内。用洁净的铲子收集泄漏物，置于干净、干燥、盖子较松的容器中，将容器移离泄漏区。

437. 氰戊菊酯

标识

中文名称 氰戊菊酯

英文名称 fenvalerate; cyano (3 - phenoxybenzyl) methyl 2 - (4 - chlorophenyl) - 3 - methylbutyrate

别名 (RS) - α - 氰基 - 3 - 苯氧基苄基(RS) - 2 - (4 - 氯苯基) - 3 - 甲基丁酸酯；速灭杀丁

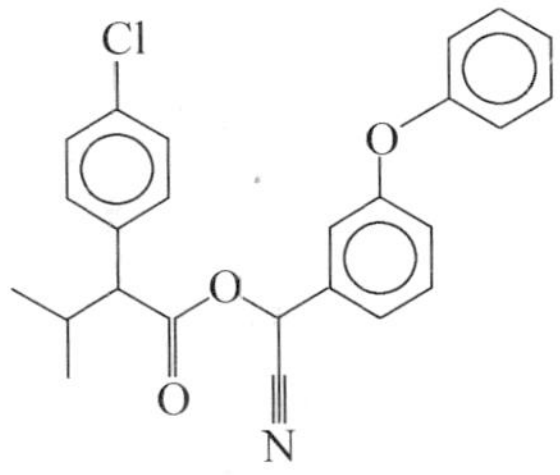

分子式 $C_{25}H_{22}ClNO_3$

CAS 号 51630 - 58 - 1

WGH 号 61905

危害信息

危险性类别 第6类有毒品。

燃烧与爆炸危险性 可燃，其蒸气与空气混合，能形成爆炸性混合物。燃烧或遇高热分解释出高毒烟气。若遇高热，容器内压增大，有开裂和爆炸的危险。

活性反应 与氧化剂可发生反应。遇高热分解释出高毒烟气。

禁忌物 强氧化剂、强碱。

毒性 大鼠经口 LD_{50}：451mg/kg；小鼠经口 LD_{50}：>5000mg/kg；大鼠吸入 LC_{50}：>101000mg/m^3(4h)；大鼠经皮 LD_{50}：>5000mg/kg；兔经皮 LD_{50}：1000mg/kg。

中毒表现 对皮肤、上呼吸道有刺激作用。口服和皮肤污染可引起中毒。急性中毒引起恶心、流涎、头晕、口唇麻木、瞳孔缩小、肌纤维震颤，神经过敏、全身痉挛。

侵入途径

吸入、食入、经皮吸收。

职业接触限值 中国：PC - TWA：0.05mg/m^3[皮]。

环境危害 对水生生物有极高毒性，可能在水生环境中造成长期不利影响。

理化特性与用途

理化特性　黄色至棕色透明黏性液体。不溶于水，溶于多数有机溶剂。熔点45℃，沸点300℃(4.9kPa)，相对密度(水=1)1.17，饱和蒸气压0.02MPa(20℃)，辛醇/水分配系数6.2，闪点280℃。

主要用途　广谱杀虫剂。用于棉花、烟草、玉米、马铃薯、花生、大豆、果树等防治鳞翅目、同翅目、直翅目、半翅目害虫。

包装与储运

包装标志　有毒品

包装类别　Ⅲ类

安全储运　储存于阴凉、通风的库房。远离火种、热源。防止阳光直射。储存温度不超过35℃，相对湿度不超过82%。保持容器密封。应与氧化剂、碱类等分开存放，切忌混储。配备相应品种和数量的消防器材。储区应备有泄漏应急处理设备和合适的收容材料。

紧急处置信息

急救措施

吸入：迅速脱离现场至空气新鲜处。保持呼吸道通畅。如呼吸困难，给输氧。呼吸、心跳停止，立即进行心肺复苏术。就医。

眼睛接触：分开眼睑，用流动清水或生理盐水冲洗。就医。

皮肤接触：立即脱去污染的衣着，用肥皂水及流动清水彻底冲洗污染的皮肤、头发、指甲等。就医。

食入：饮足量温水，催吐、洗胃、导泻。就医。

灭火方法　消防人员须佩戴防毒面具，穿全身消防服，在上风向灭火。尽可能将容器从火场移至空旷处。喷水保持火场容器冷却，直至灭火结束。处在火场中的容器若已变色或从安全泄压装置中发出声音，必须马上撤离。

鸹鸺粒骸粳 T‖雾状水、泡沫、干粉、二氧化碳、砂土。

泄漏应急处置　根据液体流动和蒸气扩散的影响区域划定警戒区，无关人员从侧风、上风向撤离至安全区。建议应急处理人员戴正压自给式呼吸器，穿防毒服，戴橡胶手套。穿上适当的防护服前严禁接触破裂的容器和泄漏物。尽可能切断泄漏源。防止泄漏物进入水体、下水道、地下室或受限空间。小量泄漏：用干燥的砂土或其他不燃材料吸收或覆盖，收集于容器中。大量泄漏：构筑围堤或挖坑收容。用泵转移至槽车或专用收集器内。

438. 氰乙酸丁酯

标　识

中文名称　氰乙酸丁酯

英文名称　*n*-butyl cyanoacetate; acetic acid, 2-cyano-, butyl ester

别名　氰基乙酸丁酯

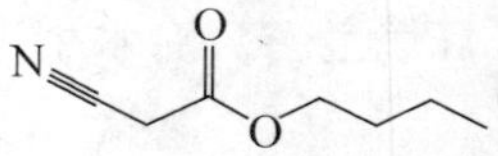

分子式　$C_7H_{11}NO_2$

CAS号　5459-58-5

WGH 号 61647

危害信息

危险性类别 第 6 类有毒品。

燃烧与爆炸危险性 可燃，其蒸气与空气混合，能形成爆炸性混合物。燃烧产生有毒的一氧化碳和氮氧化物气体。受高热或与酸接触会产生剧毒的氰化物气体。遇水或水蒸气反应放出有毒和易燃的气体 。

活性反应 受高热或与酸接触会产生剧毒的氰化物气体。与强氧化剂接触可发生化学反应。

禁忌物 强氧化剂、强酸、强还原剂、强碱。

毒性 大鼠经口 LD_{50}：4180mg/kg；小鼠经口 LD_{50}：6270mg/kg。

中毒表现 蒸气或雾对眼及上呼吸道有刺激性。对皮肤有刺激性。动物经口给予出现嗜睡和呼吸困难 。

侵入途径

吸入、食入、经皮吸收。

理化特性与用途

理化特性 无色或淡黄色透明液体。不溶于水，混溶于乙醇。沸点 115℃(2.0kPa)、230.7～231.2℃，相对密度(水=1)0.993，辛醇/水分配系数 1.0，闪点 87℃。

主要用途 用于有机合成和用作医药中间体。

包装与储运

包装标志 有毒品

包装类别 Ⅲ类

安全储运 储存于阴凉、通风的库房。远离火种、热源。储存温度不超过 35℃，相对湿度不超过 85%。保持容器密封。应与氧化剂、还原剂、酸类、碱类、食用化学品分开存放，切忌混储。配备相应品种和数量的消防器材。储区应备有泄漏应急处理设备和合适的收容材料。

紧急处置信息

急救措施

吸入： 迅速脱离现场至空气新鲜处。保持呼吸道通畅。如呼吸困难，给输氧。呼吸、心跳停止，立即进行人工呼吸和胸外心脏按压术。就医。

眼睛接触： 分开眼睑，用流动清水或生理盐水冲洗。如有不适感，就医。

皮肤接触： 立即脱去污染的衣着，用流动清水或 5% 硫代硫酸钠溶液彻底冲洗。就医。

食入： 催吐，洗胃。就医。

如出现中毒症状，可使用亚硝酸钠－硫代硫酸钠疗法。

灭火方法 消防人员须佩戴防毒面具，穿全身消防服，在上风向灭火。尽可能将容器从火场移至空旷处。喷水保持火场容器冷却，直至灭火结束。处在火场中的容器若已变色或从安全泄压装置中发出声音，必须马上撤离。禁止用水、泡沫和酸碱灭火剂灭火。

鸹鸺粒骸糎 T‖干粉、二氧化碳。

泄漏应急处置 根据液体流动和蒸气扩散的影响区域划定警戒区，无关人员从侧风、上风向撤离至安全区。消除所有点火源。建议应急处理人员戴正压自给式呼吸器，穿防毒服，戴橡胶耐油手套。穿上适当的防护服前严禁接触破裂的容器和泄漏物。尽可能切断泄漏源。防止泄漏物进入水体、下水道、地下室或受限空间。小量泄漏：用干燥的砂土或其他不燃材料吸收或覆盖，收集于容器中。大量泄漏：构筑围堤或挖坑收容。用泵转移至槽车或专用收集器内。

439. 氰乙酸乙酯

标　识

中文名称　氰乙酸乙酯

英文名称　ethyl cyanoacetate；acetic acid，2 - cyano - ，ethyl ester

别名　氰基乙酸乙酯

分子式　$C_5H_7NO_2$

CAS 号　105 - 56 - 6

WGH 号　61646

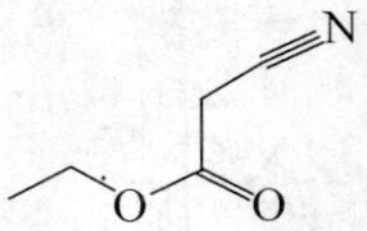

危害信息

危险性类别　第 6 类有毒品。

燃烧与爆炸危险性　可燃，其蒸气与空气混合，能形成爆炸性混合物。燃烧产生有毒的一氧化碳和氮氧化物气体。受高热或与酸接触会产生剧毒的氰化物气体。遇水或水蒸气反应放出有毒和易燃的气体 。

活性反应　受高热或与酸接触会产生剧毒的氰化物气体。与强氧化剂接触可发生化学反应。

禁忌物　强氧化剂、强还原剂、强酸、强碱。

毒性　大鼠吸入 LC_{50}：550mg/m^3(2h)。

中毒表现　中毒表现似氢氰酸。低浓度时实验动物有呼吸急促、流泪、嗜睡、精神萎靡、反应迟钝；浓度稍高还可出现呼吸困难，侧卧，眼球突出；浓度高时出现极度呼吸困难，痉挛，死亡。可经皮吸收引起中毒死亡。

侵入途径

吸入、食入、经皮吸收。

理化特性与用途

理化特性　无色至淡黄色透明液体，略有芳香气味。微溶于水，溶于氨水、碱液，混溶于乙醇、乙醚。熔点 -22℃，沸点 206 ~ 210℃，相对密度(水 = 1)1.056(25℃/4℃)，相对蒸气密度(空气 = 1)3.9，饱和蒸气压 0.13kPa(68℃)，临界温度 406℃，临界压力 3.34MPa，辛醇/水分配系数 0.02，闪点 110℃，引燃温度 478℃。

主要用途　是医药和染料中间体，用于合成酯类、酰胺类、腈类化合物，也是快干胶的中间体。

包装与储运

包装标志　有毒品

包装类别　Ⅲ类

安全储运　储存于阴凉、干燥、通风的库房。远离火种、热源。储存温度不超过 35℃，相对湿度不超过85%。保持容器密封。应与氧化剂、还原剂、酸类、碱类、食用化学品分开存放，切忌混储。配备相应品种和数量的消防器材。储区应备有泄漏应急处理设备和合适的收容材料。

紧急处置信息

急救措施

吸入：迅速脱离现场至空气新鲜处。保持呼吸道通畅。如呼吸困难，给输氧。呼吸、心跳停止，立即进行人工呼吸(勿用口对口)和胸外心脏按压术。如出现中毒症状给予吸氧和吸入亚硝酸异戊酯，将亚硝酸异戊酯的安瓿放在手帕里或单衣内打碎放在面罩内使伤员吸入15s，然后移去15s，重复5~6次。口服4-DMAP(4-二甲基氨基苯酚)1片(180mg)和PAPP(氨基苯丙酮)1片(90mg)。就医。

眼睛接触：立即分开眼睑，用大量流动清水或生理盐水彻底冲洗10~15min。如出现中毒症状，处理同吸入。

皮肤接触：立即脱去污染的衣着，用流动清水或5%硫代硫酸钠溶液彻底冲洗。如出现中毒症状，处理同吸入。

食入：如患者神志清醒，催吐，洗胃。如果出现中毒症状，处理同吸入。

灭火方法 消防人员须佩戴防毒面具，穿全身消防服，在上风向灭火。尽可能将容器从火场移至空旷处。喷水保持火场容器冷却，直至灭火结束。处在火场中的容器若已变色或从安全泄压装置中发出声音，必须马上撤离。禁止用水、泡沫和酸碱灭火剂灭火。

灭火剂：干粉、二氧化碳。

泄漏应急处置 根据液体流动和蒸气扩散的影响区域划定警戒区，无关人员从侧风、上风向撤离至安全区。建议应急处理人员戴正压自给式呼吸器，穿防毒服，戴橡胶耐油手套。作业时使用的所有设备应接地。穿上适当的防护服前严禁接触破裂的容器和泄漏物。尽可能切断泄漏源。防止泄漏物进入水体、下水道、地下室或受限空间。严禁用水处理。小量泄漏：用干燥的砂土或其他不燃材料覆盖泄漏物。大量泄漏：构筑围堤或挖坑收容。用泵转移至槽车或专用收集器内。

440. 巯 乙 胺

标 识

中文名称 巯乙胺

英文名称 2-aminoethanethiol; cysteamine; mercaptamine。

别名 2-氨基乙硫醇；半胱胺

分子式 C_2H_7NS

CAS号 60-23-1

危害信息

燃烧与爆炸危险性 可燃，其粉体与空气混合，能形成爆炸性混合物。燃烧或受热分解产生有毒的烟气。

禁忌物 强氧化剂、水。

毒性　小鼠经口 LD_{50}：630mg/kg。

中毒表现　可能有刺激作用，接触后引起头痛、恶心和呕吐。

侵入途径

吸入、食入。

理化特性与用途

理化特性　白色结晶体，有不愉快的气味。易溶于水，溶于甲醇、乙醇。熔点 97 ~ 98.5℃，沸点(分解)，饱和蒸气压 0.33kPa(25℃)，辛醇/水分配系数 -0.20。

主要用途　用于辐射病的治疗和防护，并用作医药、农药和化妆品的中间体。

包装与储运

安全储运　储存于阴凉、通风的库房。远离火种、热源。保持容器密封。应与强氧化剂等隔离储运。搬运时轻装轻卸，防止容器受损。

紧急处置信息

急救措施

吸入：迅速脱离现场至空气新鲜处。保持呼吸道通畅。如呼吸困难，给输氧。呼吸、心跳停止，立即进行心肺复苏术。就医。

眼睛接触：立即分开眼睑，用流动清水或生理盐水彻底冲洗。就医。

皮肤接触：立即脱去污染的衣着，用肥皂水和清水彻底冲洗。就医。

食入：饮足量温水，催吐。就医。

灭火方法　消防人员须佩戴防毒面具，穿全身消防服，在上风向灭火。尽可能将容器从火场移至空旷处。喷水保持火场容器冷却，直至灭火结束。

灭火剂：雾状水、泡沫、干粉、二氧化碳、砂土。

泄漏应急处置　隔离泄漏污染区，限制出入。消除所有点火源。建议应急处理人员戴防尘口罩，穿一般作业工作服，戴橡胶手套。尽可能切断泄漏源。用塑料布覆盖泄漏物，减少飞散。勿使水进入包装容器内。用洁净的铲子收集泄漏物，置于干净、干燥、盖子较松的容器中，将容器移离泄漏区。

441. 壬　胺

标　识

中文名称　壬胺

英文名称　nonylamine；1 - nonanamine

别名　1 - 氨基壬烷

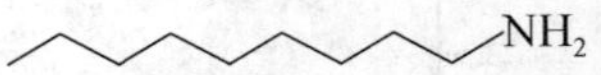

分子式　$C_9H_{21}N$

CAS 号　112 - 20 - 9

危害信息

燃烧与爆炸危险性　可燃，其蒸气与空气混合，能形成爆炸性混合物。燃烧或受高热分解时，放出有毒的氮氧化物气体。

禁忌物 酸类、酰基氯、酸酐、强氧化剂、二氧化碳。

中毒表现 蒸气或雾对眼、黏膜和上呼吸道有刺激性。对皮肤有刺激性。

侵入途径

吸入、食入、经皮吸收。

理化特性与用途

理化特性 无色至淡黄色透明液体。微溶于水，溶于多数有机溶剂。熔点 -1℃，沸点 201 ~202.3℃，相对密度(水 =1)0.784，饱和蒸气压 0.037kPa(25℃)，辛醇/水分配系数 3.29，闪点 63℃。

主要用途 用于有机合成。

包装与储运

安全储运 储存于阴凉、通风的库房。远离火种、热源。保持容器密封。应与氧化剂、酸类等隔离储运。搬运时轻装轻卸，防止容器受损。

紧急处置信息

急救措施

吸入：迅速脱离现场至空气新鲜处。保持呼吸道通畅。如呼吸困难，给输氧。呼吸、心跳停止，立即进行心肺复苏术。就医。

眼睛接触：立即分开眼睑，用流动清水或生理盐水彻底冲洗。就医。

皮肤接触：立即脱去污染的衣着，用肥皂水和清水彻底冲洗。就医。

食入：饮足量温水，催吐。就医。

灭火方法 消防人员须佩戴防毒面具，穿全身消防服，在上风向灭火。尽可能将容器从火场移至空旷处。喷水保持火场容器冷却，直至灭火结束。处在火场中的容器若已变色或从安全泄压装置中发出声音，必须马上撤离。

灭火剂：雾状水、泡沫、干粉、二氧化碳、砂土。

泄漏应急处置 根据液体流动和蒸气扩散的影响区域划定警戒区，无关人员从侧风、上风向撤离至安全区。消除所有点火源。建议应急处理人员戴防毒面具，穿防毒服，戴橡胶手套。穿上适当的防护服前严禁接触破裂的容器和泄漏物。尽可能切断泄漏源。防止泄漏物进入水体、下水道、地下室或受限空间。小量泄漏：用干燥的砂土或其他不燃材料吸收或覆盖，收集于容器中。大量泄漏：构筑围堤或挖坑收容。用泵转移至槽车或专用收集器内。

442. 壬二酸二 -2 - 乙基己酯

标 识

中文名称 壬二酸二 -2 - 乙基己酯

英文名称 di(2 - ethylhexyl) azelate; nonanedioic acid, bis(2 - ethylhexyl) ester; bis(2 - ethylhexyl) azelate

别名 壬二酸二辛酯

分子式 $C_{25}H_{48}O_4$

442. 壬二酸二-2-乙基己酯

CAS 号 103-24-2

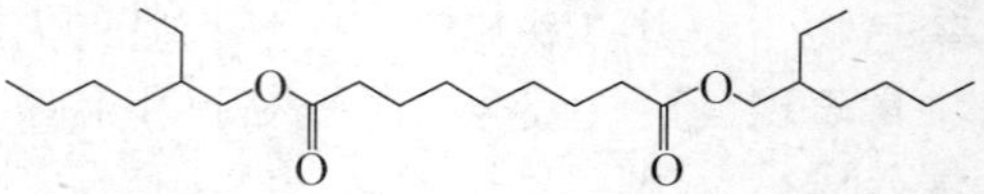

危害信息

燃烧与爆炸危险性 可燃，其蒸气与空气混合，能形成爆炸性混合物。燃烧产生有毒的一氧化碳气体。

禁忌物 强氧化剂、强酸、强碱。

毒性 大鼠经口 LD_{50}：8700mg/kg；小鼠经口 LD_{50}：25600mg/kg。

中毒表现 对眼睛、皮肤、黏膜有刺激作用。

侵入途径

吸入、食入。

理化特性与用途

理化特性 无色无味液体。不溶于水，溶于乙醇、丙酮、苯等多数有机溶剂。熔点-78℃，沸点237℃(0.67kPa)，相对密度(水=1)0.92，相对蒸气密度(空气=1)18.7，饱和蒸气压0.67kPa(237℃)，辛醇/水分配系数9.59，闪点212℃，引燃温度373.9℃，爆炸下限0.3%。

主要用途 用作聚氯乙烯、聚苯乙烯等塑料和弹性体的增塑剂。

包装与储运

安全储运 储存于阴凉、通风的库房。远离火种、热源。保持容器密封。应与氧化剂、酸碱等隔离储运。搬运时轻装轻卸，防止容器受损。

紧急处置信息

急救措施

吸入：迅速脱离现场至空气新鲜处。保持呼吸道通畅。如呼吸困难，给输氧。呼吸、心跳停止，立即进行心肺复苏术。就医。

眼睛接触：立即分开眼睑，用流动清水或生理盐水彻底冲洗。就医。

皮肤接触：立即脱去污染的衣着，用肥皂水和清水彻底冲洗。就医。

食入：饮足量温水，催吐。就医。

灭火方法 消防人员须佩戴防毒面具，穿全身消防服，在上风向灭火。尽可能将容器从火场移至空旷处。喷水保持火场容器冷却，直至灭火结束。处在火场中的容器若已变色或从安全泄压装置中发出声音，必须马上撤离。

灭火剂：雾状水、泡沫、干粉、二氧化碳、砂土。

泄漏应急处置 根据液体流动和蒸气扩散的影响区域划定警戒区，无关人员从侧风、上风向撤离至安全区。消除所有点火源。建议应急处理人员戴防毒面具，穿一般作业工作服，戴橡胶手套。尽可能切断泄漏源。防止泄漏物进入水体、下水道、地下室或受限空间。小量泄漏：用干燥的砂土或其他不燃材料吸收或覆盖，收集于容器中。大量泄漏：构筑围堤或挖坑收容。用泵转移至槽车或专用收集器内。

443. 壬二酸二乙酯

标 识

中文名称 壬二酸二乙酯
英文名称 diethyl azelate; nonanedioic acid, diethyl ester
别名 杜鹃花酸乙酯
分子式 $C_{13}H_{24}O_4$
CAS 号 624-17-9

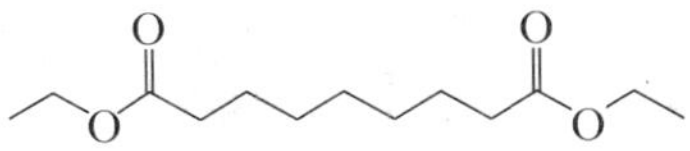

危害信息

燃烧与爆炸危险性 可燃，其蒸气与空气混合，能形成爆炸性混合物。燃烧产生有毒的一氧化碳气体。

禁忌物 强氧化剂。

侵入途径
吸入、食入。

理化特性与用途

理化特性 无色透明液体。不溶于水，混溶于乙醇、乙醚。熔点 -16 ~ -15.8℃，沸点 289 ~ 292℃、172℃(2.39kPa)，相对密度(水 = 1)0.973(25℃)，饱和蒸气压 0.78Pa(25℃)，辛醇/水分配系数 3.84，闪点 112.78℃(Tag 闭杯)。

主要用途 用作增塑剂、润滑剂、气相色谱固定液。

包装与储运

安全储运 储存于阴凉、通风的库房。远离火种、热源。保持容器密封。应与强氧化剂等隔离储运。搬运时轻装轻卸，防止容器受损。

紧急处置信息

急救措施
吸入： 脱离现场至空气新鲜处。如有不适感，就医。
眼睛接触： 分开眼睑，用流动清水或生理盐水冲洗。如有不适感，就医。
皮肤接触： 脱去污染的衣着，用流动清水冲洗。如有不适感，就医。
食入： 饮足量温水，催吐。就医。

灭火方法 消防人员须佩戴防毒面具，穿全身消防服，在上风向灭火。尽可能将容器从火场移至空旷处。喷水保持火场容器冷却，直至灭火结束。处在火场中的容器若已变色或从安全泄压装置中发出声音，必须马上撤离。

灭火剂：雾状水、泡沫、干粉、二氧化碳、砂土。

泄漏应急处置 根据液体流动和蒸气扩散的影响区域划定警戒区，无关人员从侧风、上风向撤离至安全区。消除所有点火源。建议应急处理人员戴防毒面具，穿一般作业工作服，戴橡胶手套。尽可能切断泄漏源。防止泄漏物进入水体、下水道、地下室或受限空间。小量泄漏：用干燥的砂土或其他不燃材料吸收或覆盖，收集于容器中。大量泄漏：构筑围堤或挖坑收容。用泵转移至槽车或专用收集器内。

444. 壬基三氯硅烷

标　识

中文名称 壬基三氯硅烷

英文名称 trichlorononylsilane ; nonyl trichlorosilane

别名 三氯壬基硅烷

分子式 $C_9H_{19}Cl_3Si$

CAS 号 5283－67－0

WGH 号 81133

UN 号 1799

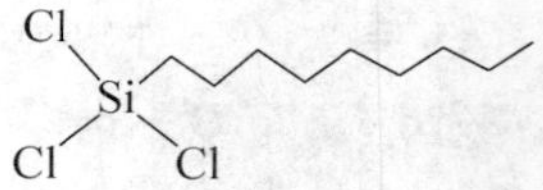

危害信息

危险性类别 第 8 类腐蚀品。

燃烧与爆炸危险性 可燃。遇水发生剧烈反应，散发出具有刺激性和腐蚀性的氯化氢气体。受高热分解放出有毒的气体。遇潮时能腐蚀大多数金属及有机组织。

活性反应 与氧化剂接触，有引起燃烧的危险。遇水发生剧烈反应。

禁忌物 强氧化剂、水、强酸、强碱。

中毒表现 本品对眼睛、皮肤和黏膜有腐蚀和刺激作用。

侵入途径

吸入、食入、经皮吸收。

理化特性与用途

理化特性 无色液体，有刺激性气味，在潮湿的空气中能发烟。不溶于水，溶于部分有机溶剂。沸点 116℃（1. 33kPa），相对密度（水 = 1）1. 072（25℃），饱和蒸气压 6. 65Pa（25℃），辛醇/水分配系数 8. 44，闪点 114℃。

主要用途 用作有机硅化合物中间体。

包装与储运

包装标志 腐蚀品，有毒品[铁规]

包装类别 Ⅱ类

安全储运 储存于阴凉、干燥、通风良好的库房。远离火种、热源。防止阳光直射。储存温度不超过 30℃，相对湿度不超过 75%。保持容器密封。应与氧化剂、酸碱等分开存放，切忌混储。配备相应品种和数量的消防器材。储区应备有泄漏应急处理设备和合适的收容材料。

紧急处置信息

急救措施

吸入：迅速脱离现场至空气新鲜处。保持呼吸道通畅。如呼吸困难，给输氧。呼吸、心跳停止，立即进行心肺复苏术。就医。

眼睛接触：立即分开眼睑，用大量流动清水或生理盐水彻底冲洗 10 ~ 15min。就医。

皮肤接触：立即脱去污染的衣着，用大量流动清水冲洗 20 ~ 30min。就医。

食入：用水漱口，给饮牛奶或蛋清。就医。

灭火方法 消防人员须佩戴防毒面具，穿全身消防服，在上风向灭火。尽可能将容器从火场移至空旷处。喷水保持火场容器冷却，直至灭火结束。处在火场中的容器若已变色或从安全泄压装置中发出声音，必须马上撤离。禁止用水和泡沫灭火。

灭火剂：干粉、二氧化碳、砂土。

泄漏应急处置 根据液体流动和蒸气扩散的影响区域划定警戒区，无关人员从侧风、上风向撤离至安全区。建议应急处理人员戴正压自给式呼吸器，穿防腐、防毒服，戴耐腐蚀手套。作业时使用的所有设备应接地。穿上适当的防护服前严禁接触破裂的容器和泄漏物。尽可能切断泄漏源。防止泄漏物进入水体、下水道、地下室或受限空间。严禁用水处理。小量泄漏：用干燥的砂土或其他不燃材料覆盖泄漏物。大量泄漏：构筑围堤或挖坑收容。用碎石灰石（$CaCO_3$）、苏打灰（Na_2CO_3）或石灰（CaO）中和。用耐腐蚀泵转移至槽车或专用收集器内。

445. 铷

标　识

中文名称 铷

英文名称 rubidium

别名 金属铷

分子式 Rb

CAS 号 7440 - 17 - 7

WGH 号 43006

UN 号 1423

危害信息

危险性类别 第 4. 3 类遇湿易燃物品。

燃烧与爆炸危险性 接触空气易自燃。遇水剧烈反应，可引起燃烧或爆炸。燃烧产生有害的氧化铷。

活性反应 化学反应活性很高，暴露在空气或氧气中能自行燃烧并爆炸使熔融物飞溅。与空气中的氧气反应则生成超氧化物，如混有有机物等，可能发生爆炸性反应。遇水或潮气发生猛烈反应放出氢气，大量放热，引起燃烧或爆炸。与卤素、硫、磷等发生剧烈的化学反应，引起燃烧 。

禁忌物 强氧化剂、硫、卤素、酸类、水、氯代烃、磷等。

毒性 小鼠腹腔内 LD_{50}：1200mg/kg。

至今尚未证明铷对人体有任何毒性，未见中毒病例报道。

侵入途径

吸入、食入。

理化特性与用途

理化特性 银白色蜡状柔软金属。熔点 39 ~ 39. 5℃，沸点 688℃，相对密度（水 = 1）

1.53，饱和蒸气压0.13kPa(297℃)。

主要用途 用于制造光电池、真空管和用作催化剂等。

包装与储运

包装标志 遇湿易燃物品

包装类别 Ⅰ类

安全储运 浸于煤油中。储存于阴凉、干燥、通风良好的专用库房内，远离火种、热源。库温不超过32℃。相对湿度不超过75%。包装要求密封，不可与空气接触。应与氧化剂、酸类、卤素、氯代烃等分开存放，切忌混储。采用防爆型照明、通风设施。禁止使用易产生火花的机械设备和工具。储区应备有合适的材料收容泄漏物。

紧急处置信息

急救措施

吸入：脱离接触。如有不适感，就医。

眼睛接触：分开眼睑，用流动清水或生理盐水冲洗。如有不适感，就医。

皮肤接触：脱去污染的衣着，用肥皂水和清水冲洗。如有不适感，就医。

食入：饮足量温水，催吐。就医。

灭火方法 消防人员必须佩戴空气呼吸器，穿全身防火防毒服，在上风向灭火。尽可能将容器从火场移至空旷处。喷水保持火场容器冷却，直至灭火结束。不可用水、卤代烃，碳酸氢钠、碳酸氢钾作为灭火剂。即使石墨干粉及干砂亦不适用。

灭火剂：干燥氯化钠粉末、碳酸钠干粉、碳酸钙干粉。

泄漏应急处置 严禁用水处理。隔离泄漏污染区，限制出入。消除所有点火源。建议应急处理人员戴防尘口罩，穿防静电服，戴防护手套。禁止接触或跨越泄漏物。保持泄漏物干燥。尽可能切断泄漏源。小量泄漏：用干燥的砂土或其他不燃材料覆盖泄漏物，然后用塑料布覆盖，减少飞散、避免雨淋。大量泄漏：用塑料布或帆布覆盖泄漏物，减少飞散，保持干燥。严禁设法扫除干的泄漏物。在专家指导下清除。

446. 乳 酸 丁 酯

标 识

中文名称 乳酸丁酯

英文名称 butyl lactate；2－hydroxypropanoic acid butyl ester

别名 2－羟基丙酸丁酯

分子式 $C_7H_{14}O_3$

CAS号 138－22－7

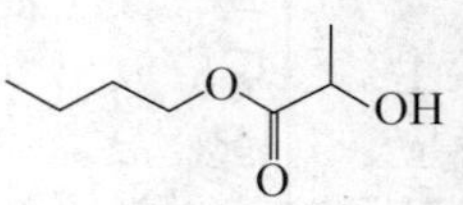

危害信息

燃烧与爆炸危险性 可燃。其蒸气与空气混合，能形成爆炸性混合物。蒸气比空气重，能在较低处扩散到相当远的地方，遇火源会着火回燃和爆炸(闪爆)。若遇高热，容器内压增大，有开裂和爆炸的危险。

活性反应 与氧化剂可发生反应。

禁忌物 强氧化剂、强碱。

毒性 大鼠经口 LD_{50}：>2000mg/kg；大鼠吸入 LC_{50}：>5140mg/m³；兔经皮 LD_{50}：>5000mg/kg。

中毒表现 动物实验，可引起气急、呼吸困难、共济失调等。

侵入途径

吸入、食入、经皮吸收。

职业接触限值 中国：PC－TWA：25mg/m³。

美国(ACGIH)：TLV－TWA：5ppm。

理化特性与用途

理化特性 无色透明液体，略有气味。微溶于水，混溶于乙醇、乙醚、油类。熔点－43℃，沸点188℃，相对密度(水＝1)0.98，相对蒸气密度(空气＝1)5.04，饱和蒸气压0.053kPa(20℃)，辛醇/水分配系数0.8，闪点71℃(开杯)，引燃温度340℃，爆炸下限1.15%。

主要用途 高沸点溶剂，用作天然树脂、合成树脂、香料、油漆、印刷油墨、干洗剂、结剂的溶剂。

包装与储运

安全储运 储存于阴凉、通风的库房。远离火种、热源。保持容器密封。应与强氧化剂等隔离储运。搬运时轻装轻卸，防止容器受损。

紧急处置信息

急救措施

吸入：迅速脱离现场至空气新鲜处。保持呼吸道通畅。如呼吸困难，给输氧。呼吸、心跳停止，立即进行心肺复苏术。就医。

眼睛接触：分开眼睑，用流动清水或生理盐水冲洗。如有不适感，就医。

皮肤接触：脱去污染的衣着，用流动清水冲洗。如有不适感，就医。

食入：饮足量温水，催吐。就医。

灭火方法 消防人员须佩戴防毒面具，穿全身消防服，在上风向灭火。尽可能将容器从火场移至空旷处。喷水保持火场容器冷却，直至灭火结束。处在火场中的容器若已变色或从安全泄压装置中发出声音，必须马上撤离。

灭火剂：雾状水、泡沫、干粉、二氧化碳、砂土。

泄漏应急处置 根据液体流动和蒸气扩散的影响区域划定警戒区，无关人员从侧风、上风向撤离至安全区。消除所有点火源。建议应急处理人员戴防毒面具，穿防毒服，戴橡胶耐油手套。穿上适当的防护服前严禁接触破裂的容器和泄漏物。尽可能切断泄漏源。防止泄漏物进入水体、下水道、地下室或受限空间。小量泄漏：用干燥的砂土或其他不燃材料吸收或覆盖，收集于容器中。大量泄漏：构筑围堤或挖坑收容。用泵转移至槽车或专用收集器内。

447. 乳酸甲酯

标 识

中文名称 乳酸甲酯

447. 乳酸甲酯

英文名称 methyl lactate ; methyl 2 – hydroxypropanoate

别名 2 – 羟基丙酸甲酯

分子式 $C_4H_8O_3$

CAS 号 547 – 64 – 8

WGH 号 33602；32102［铁规］

UN 号 3272

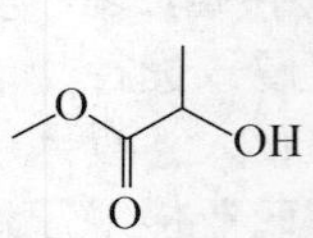

危害信息

危险性类别 第 3 类易燃液体。

燃烧与爆炸危险性 易燃，其蒸气与空气混合，能形成爆炸性混合物。蒸气比空气重，能在较低处扩散到相当远的地方，遇火源会着火回燃和爆炸（闪爆）。若遇高热，容器内压增大，有开裂和爆炸的危险。燃烧产生有毒的一氧化碳气体。

活性反应 与强氧化剂发生反应，可引起燃烧。

禁忌物 强氧化剂、强酸、强碱。

毒性 大鼠腹腔内 LDL_0：>2000mg/kg。

侵入途径

吸入、食入。

理化特性与用途

理化特性 无色透明液体。溶于水，溶于乙醇、乙醚等多数有机溶剂。熔点 – 66℃，沸点 144 ~ 145℃，相对密度（水 = 1）1.09，相对蒸气密度（空气 = 1）3.6，饱和蒸气压 0.25kPa（25℃），燃烧热 – 2078.3kJ/mol，辛醇/水分配系数 – 0.67，闪点 49℃（闭杯），引燃温度 385℃，爆炸下限 2.2%（100℃）。

主要用途 用作纤维素、油漆、染色素的溶剂。

包装与储运

包装标志 易燃液体

包装类别 Ⅲ类

安全储运 储存于阴凉、干燥、通风良好的库房。库温不宜超过 37℃。远离火种、热源。保持容器密封。应与氧化剂、酸类、碱类等分开存放，切忌混储。采用防爆型照明、通风设施。禁止使用易产生火花的机械设备和工具。灌装时注意流速，防止静电积聚。储区应备有泄漏应急处理设备和合适的收容材料。

紧急处置信息

急救措施

吸入： 脱离现场至空气新鲜处。如呼吸困难，给输氧。呼吸、心跳停止，立即进行心肺复苏术。就医。

眼睛接触： 分开眼睑，用流动清水或生理盐水冲洗。如有不适感，就医。

皮肤接触： 脱去污染的衣着，用肥皂水和清水彻底冲洗皮肤。如有不适感，就医。

食入： 饮水，禁止催吐。就医。

灭火方法 消防人员须穿全身消防服，佩戴空气呼吸器，在上风向灭火。尽可能将容器从火场移至空旷处。喷水保持火场容器冷却，直至灭火结束。处在火场中的容器若发生异常变化或发出异常声音，须马上撤离。

灭火剂：抗溶性泡沫、雾状水、干粉、二氧化碳、砂土。

泄漏应急处置 消除所有点火源。根据液体流动和蒸气扩散的影响区域划定警戒区，无关人员从侧风、上风向撤离至安全区。建议应急处理人员戴正压自给式呼吸器，穿防静电服，戴橡胶手套。作业时使用的所有设备应接地。禁止接触或跨越泄漏物。尽可能切断泄漏源。防止泄漏物进入水体、下水道、地下室或受限空间。小量泄漏：用砂土或其他不燃材料吸收。使用洁净的无火花工具收集吸收材料。大量泄漏：构筑围堤或挖坑收容。用抗溶性泡沫覆盖，减少蒸发。喷水雾能减少蒸发，但不能降低泄漏物在受限空间内的易燃性。用防爆泵转移至槽车或专用收集器内。

448. 乳 酸 锑

标 识

中文名称 乳酸锑
英文名称 antimony lactate; antimony trilactate
别名 2－羟基丙酸锑
分子式 $C_9H_{15}O_9Sb$
CAS 号 58164－88－8
WGH 号 61855
UN 号 1550

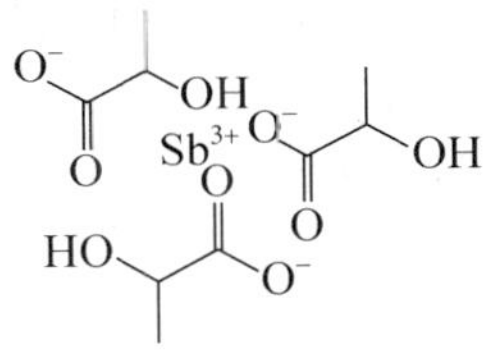

危害信息

危险性类别 第6类有毒品。
燃烧与爆炸危险性 可燃，其粉体与空气混合，能形成爆炸性混合物。燃烧或受高热分解放出有毒的烟气。
禁忌物 强氧化剂。
中毒表现 有毒。经口摄入或吸入粉尘会引起中毒。对肝、心、肾等发生损害。误服可发生急性胃肠炎。
侵入途径
吸入、食入。
职业接触限值 中国：PC－TWA：0.5mg/m^3[按锑计]。
美国(ACGIH)：TLV－TWA：0.5mg/m^3[按锑计]。
环境危害 对水生生物有毒，可能在水生环境中造成长期不利影响。

理化特性与用途

理化特性 棕褐色块状物或白色结晶粉末。溶于水。
主要用途 用于有机合成，也用作媒染剂。

包装与储运

包装标志 有毒品
包装类别 Ⅲ类
安全储运 储存于阴凉、通风的库房。远离火种、热源。防止阳光直射。储存温度不超过35℃，相对湿度不超过85%。保持容器密封。应与氧化剂、食用化学品分开存放，切忌混储。配备相应品种和数量的消防器材。储区应备有合适的材料收容泄漏物。

紧急处置信息

急救措施

吸入： 迅速脱离现场至空气新鲜处。保持呼吸道通畅。如呼吸困难，给输氧。呼吸、心跳停止，立即进行心肺复苏术。就医。

眼睛接触： 分开眼睑，用流动清水或生理盐水冲洗。如有不适感，就医。

皮肤接触： 脱去污染的衣着，用流动清水冲洗。如有不适感，就医。

食入： 饮足量温水，催吐。就医。

灭火方法 消防人员必须佩戴空气呼吸器，穿全身防火防毒服，在上风向灭火。尽可能将容器从火场移至空旷处。喷水保持火场容器冷却，直至灭火结束。

灭火剂：雾状水、泡沫、干粉、二氧化碳、砂土。

泄漏应急处置 隔离泄漏污染区，限制出入。建议应急处理人员戴防尘口罩，穿防毒服，戴橡胶手套。穿上适当的防护服前严禁接触破裂的容器和泄漏物。尽可能切断泄漏源。用塑料布覆盖泄漏物，减少飞散。勿使水进入包装容器内。用洁净的铲子收集泄漏物，置于干净、干燥、盖子较松的容器中，将容器移离泄漏区。

449. 乳 酸 乙 酯

标　识

中文名称 乳酸乙酯

英文名称 2 – hydroxy – propanoic acid ethyl ester；ethyl lactate

别名 2 – 羟基丙酸乙酯

分子式 $C_5H_{10}O_3$

CAS 号 97 – 64 – 3

WGH 号 33602；32102［铁规］

UN 号 1192

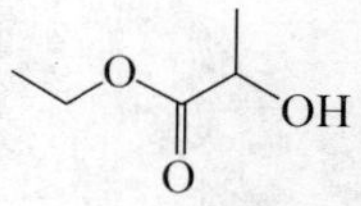

危害信息

危险性类别 第 3 类易燃液体。

燃烧与爆炸危险性 易燃，其蒸气与空气混合，能形成爆炸性混合物。蒸气比空气重，能在较低处扩散到相当远的地方，遇火源会着火回燃和爆炸（闪爆）。若遇高热，容器内压增大，有开裂和爆炸的危险。燃烧产生有毒的一氧化碳气体。

活性反应 与强氧化剂发生反应，可引起燃烧。

禁忌物 强氧化剂、酸类、碱类。

毒性 大鼠经口 LD_{50}： > 2000mg/kg；小鼠经口 LD_{50}：2500mg/kg；兔经皮 LD_{50}： > 5000mg/kg。

中毒表现 长期吸入可造成神经系统损伤、肝损害，皮炎接触引起脱脂、皮炎等。

侵入途径

吸入、食入、经皮吸收。

理化特性与用途

理化特性 无色透明液体，稍有氨味。混溶于水、醇类、酯类、烃类、油类。熔点 –25℃，沸点 154℃，相对密度(水 =1)1.03，相对蒸气密度(空气 =1)4.07，饱和蒸气压 0.5kPa (25℃)，燃烧热 –3189.5kJ/mol，辛醇/水分配系数 –0.18，闪点 46.1℃(闭杯)，引燃温度 400℃，爆炸下限 1.5%，爆炸上限 11.4%。

主要用途 用作纤维素酯、树脂、涂料等的溶剂，也用作香料。

包装与储运

包装标志 易燃液体

包装类别 Ⅲ类

安全储运 储存于阴凉、干燥、通风良好的库房。库温不宜超过 37℃。远离火种、热源。保持容器密封。应与氧化剂、酸类、碱类分开存放，切忌混储。采用防爆型照明、通风设施。禁止使用易产生火花的机械设备和工具。灌装时注意流速，防止静电积聚。储区应备有泄漏应急处理设备和合适的收容材料。

紧急处置信息

急救措施

吸入：脱离现场至空气新鲜处。如呼吸困难，给输氧。呼吸、心跳停止，立即进行心肺复苏术。就医。

眼睛接触：分开眼睑，用流动清水或生理盐水冲洗。如有不适感，就医。

皮肤接触：脱去污染的衣着，用肥皂水和清水彻底冲洗皮肤。如有不适感，就医。

食入：饮水，禁止催吐。就医。

灭火方法 消防人员须穿全身防火防毒服，佩戴空气呼吸器，在上风向灭火。尽可能将容器从火场移至空旷处。喷水保持火场容器冷却，直至灭火结束。处在火场中的容器若发生异常变化或发出异常声音，须马上撤离。

灭火剂：抗溶性泡沫、雾状水、干粉、二氧化碳、砂土。

泄漏应急处置 消除所有点火源。根据液体流动和蒸气扩散的影响区域划定警戒区，无关人员从侧风、上风向撤离至安全区。建议应急处理人员戴正压自给式呼吸器，穿防静电服，戴橡胶耐油手套。作业时使用的所有设备应接地。禁止接触或跨越泄漏物。尽可能切断泄漏源。防止泄漏物进入水体、下水道、地下室或受限空间。小量泄漏：用砂土或其他不燃材料吸收。使用洁净的无火花工具收集吸收材料。大量泄漏：构筑围堤或挖坑收容。用抗溶性泡沫覆盖，减少蒸发。喷水雾能减少蒸发，但不能降低泄漏物在受限空间内的易燃性。用防爆泵转移至槽车或专用收集器内。

450. 乳 香 油

标 识

中文名称 乳香油

英文名称 olibanum oil

别名 乳香净油

450. 乳香油

CAS 号 8016 – 36 – 2

WGH 号 33637；32137［铁规］

危害信息

危险性类别 第 3 类易燃液体。

燃烧与爆炸危险性 易燃，其蒸气与空气混合，能形成爆炸性混合物。若遇高热，容器内压增大，有开裂和爆炸的危险。燃烧产生有毒的一氧化碳气体。

禁忌物 强氧化剂。

侵入途径

吸入、食入。

环境危害 对水生生物有极高毒性，可能在水生环境中造成长期不利影响。

理化特性与用途

理化特性 无色至苍黄色油状液体，具有香脂或淡的柠檬香味。不溶于甘油，溶于乙醇、乙醚、氯仿、二硫化碳。相对密度（水 =1）0. 862 ~0. 889（25℃/25℃），闪点 35℃。

主要用途 用作香料，并用于医药。

包装与储运

包装标志 易燃液体

包装类别 Ⅲ类

安全储运 储存于阴凉、通风的库房。远离火种、热源。防止阳光直射。库温不宜超过 37℃。保持容器密封。应与氧化剂分开存放，切忌混储。不宜久存，以免变质。采用防爆型照明、通风设施。禁止使用易产生火花的机械设备和工具。储区应备有泄漏应急处理设备和合适的收容材料。

紧急处置信息

急救措施

吸入：脱离接触。如有不适感，就医。

眼睛接触：分开眼睑，用流动清水或生理盐水冲洗。如有不适感，就医。

皮肤接触：脱去污染的衣着，用肥皂水和清水冲洗。如有不适感，就医。

食入：饮足量温水，催吐。就医。

灭火方法 消防人员须佩戴防毒面具，穿全身消防服，在上风向灭火。尽可能将容器从火场移至空旷处。喷水保持火场容器冷却，直至灭火结束。处在火场中的容器若已变色或从安全泄压装置中发出声音，必须马上撤离。

灭火剂：雾状水、泡沫、干粉、二氧化碳、砂土。

泄漏应急处置 消除所有点火源。根据液体流动和蒸气扩散的影响区域划定警戒区，无关人员从侧风、上风向撤离至安全区。建议应急处理人员戴正压自给式呼吸器，穿防静电服，戴橡胶手套。作业时使用的所有设备应接地。禁止接触或跨越泄漏物。尽可能切断泄漏源。防止泄漏物进入水体、下水道、地下室或受限空间。小量泄漏：用砂土或其他不燃材料吸收。使用洁净的无火花工具收集吸收材料。大量泄漏：构筑围堤或挖坑收容。用泡沫覆盖，减少蒸发。喷水雾能减少蒸发，但不能降低泄漏物在受限空间内的易燃性。用防爆泵转移至槽车或专用收集器内。

451. 噻 菌 灵

标 识

中文名称 噻菌灵

英文名称 thiabendazole；2－(4－Thiazolyl)benzimidazole

别名 2－(4－噻唑基)苯并咪唑

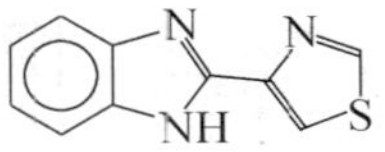

分子式 $C_{10}H_7N_3S$

CAS 号 148－79－8

危害信息

燃烧与爆炸危险性 可燃，其粉体与空气混合，能形成爆炸性混合物。燃烧或受高热分解放出有毒的气体。

禁忌物 强氧化剂。

毒性 大鼠经口 LD_{50}：2080mg/kg；小鼠经口 LD_{50}：1300mg/kg。

侵入途径

吸入、食入。

环境危害 对水生生物有极高毒性，可能在水生环境中造成长期不利影响。

理化特性与用途

理化特性 白色至乳白色结晶或粉末，无气味。不溶于水，微溶于醇类、酯类、氯化烃，易溶于稀酸、碱。熔点 300～305℃，310℃升华，饱和蒸气压＜1MPa(20℃)，辛醇/水分配系数 2.47。

主要用途 杀菌剂。用于防治禾谷类、棉花和玉米的镰孢菌和腐霉菌以及防治麦类核腔菌和黑粉菌。

包装与储运

安全储运 储存于阴凉、通风的库房。远离火种、热源。保持容器密封。应与强氧化剂等隔离储运。搬运时轻装轻卸，防止容器受损。

紧急处置信息

急救措施

吸入：迅速脱离现场至空气新鲜处。保持呼吸道通畅。如呼吸困难，给输氧。呼吸、心跳停止，立即进行心肺复苏术。就医。

眼睛接触：分开眼睑，用流动清水或生理盐水冲洗。如有不适感，就医。

皮肤接触：脱去污染的衣着，用流动清水冲洗。如有不适感，就医。

食入：饮足量温水，催吐、洗胃、导泻。就医。

灭火方法 消防人员须佩戴防毒面具，穿全身消防服，在上风向灭火。尽可能将容器从火场移至空旷处。喷水保持火场容器冷却，直至灭火结束。切勿将水流直接射至熔融物，以免引起严重的流淌火灾或引起剧烈的沸溅。

灭火剂：雾状水、泡沫、干粉、二氧化碳、砂土。

泄漏应急处置　隔离泄漏污染区，限制出入。建议应急处理人员戴防尘口罩，穿防毒服，戴橡胶手套。穿上适当的防护服前严禁接触破裂的容器和泄漏物。尽可能切断泄漏源。用塑料布覆盖泄漏物，减少飞散。勿使水进入包装容器内。用洁净的铲子收集泄漏物，置于干净、干燥、盖子较松的容器中，将容器移离泄漏区。

452. 噻　唑

标　识

中文名称　噻唑

英文名称　thiazole

别名　硫氮(杂)茂

分子式　C_3H_3NS

CAS 号　288－47－1

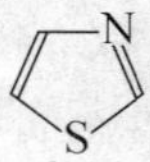

危害信息

危险性类别　第 3 类易燃液体。

燃烧与爆炸危险性　易燃，其蒸气与空气混合，能形成爆炸性混合物，遇明火、高热可能引起燃烧爆炸。若遇高热，容器内压增大，有开裂和爆炸的危险。燃烧产生有毒的一氧化碳、氮氧化物、氧化硫气体。

活性反应　与氧化剂接触，有引起燃烧爆炸的危险。

禁忌物　酸类、酸酐、酰基氯、强氧化剂。

毒性　大鼠经口 LD_{50}：983mg/kg。

侵入途径

吸入、食入。

理化特性与用途

理化特性　无色或淡黄色透明液体，有特殊臭味。微溶于水，溶于乙醇、乙醚。熔点－33.5℃，沸点 116～118℃，相对密度(水＝1)1.2，辛醇/水分配系数 0.44，闪点 22.2℃(Tag 闭杯)。

主要用途　用于合成药物、杀菌剂和染料等。

包装与储运

包装标志　易燃液体

包装类别　Ⅱ类

安全储运　储存于阴凉、通风的库房。保持容器密封。远离火种、热源。库温不宜超过 37℃。应与氧化剂、酸类、食用化学品分开存放，切忌混储。采用防爆型照明、通风设施。禁止使用易产生火花的机械设备和工具。储区应备有泄漏应急处理设备和合适的收容材料。

紧急处置信息

急救措施

吸入：脱离接触。如有不适感，就医。

眼睛接触： 分开眼睑，用流动清水或生理盐水冲洗。如有不适感，就医。

皮肤接触： 脱去污染的衣着，用肥皂水和清水冲洗。如有不适感，就医。

食入： 饮足量温水，催吐。就医。

灭火方法 消防人员须佩戴防毒面具，穿全身消防服，在上风向灭火。尽可能将容器从火场移至空旷处。喷水保持火场容器冷却，直至灭火结束。处在火场中的容器若已变色或从安全泄压装置中发出声音，必须马上撤离。

灭火剂：雾状水、泡沫、干粉、二氧化碳、砂土。

泄漏应急处置 根据液体流动和蒸气扩散的影响区域划定警戒区，无关人员从侧风、上风向撤离至安全区。消除所有点火源。建议应急处理人员戴防毒面具，穿防毒、防静电服，戴橡胶手套。作业时使用的所有设备应接地。禁止接触或跨越泄漏物。尽可能切断泄漏源。防止泄漏物进入水体、下水道、地下室或受限空间。小量泄漏：用砂土或其他不燃材料吸收。使用洁净的无火花工具收集吸收材料。大量泄漏：构筑围堤或挖坑收容。用泡沫覆盖，减少蒸发。喷水雾能减少蒸发，但不能降低泄漏物在受限空间内的易燃性。用防爆泵转移至槽车或专用收集器内 。

453. 赛 硫 磷

标 识

中文名称 赛硫磷

英文名称 amidithion；*O*, *O* – dimethyl – *S* – (2 – methoxyethylcarbamoylmethyl) dithiophosphate

别名 *O*, *O* – 二甲基 – *S* – (*N* – 甲氧乙基) – 氨基甲酰甲基二硫代磷酸酯；赛果

分子式 $C_7H_{16}NO_4PS_2$

CAS 号 919 – 76 – 6

WGH 号 61875

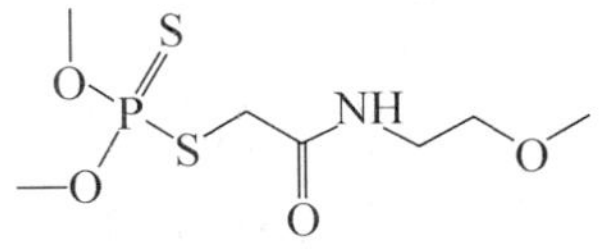

危害信息

危险性类别 第 6 类有毒品。

燃烧与爆炸危险性 可燃。遇高热分解释出高毒烟气。若遇高热，容器内压增大，有开裂和爆炸的危险。

活性反应 与氧化剂可发生反应。

禁忌物 强氧化剂。

毒性 大鼠经口 LD_{50}：420mg/kg；大鼠经皮 LD_{50}：1600mg/kg。

中毒表现 能使全血胆碱酯酶活性下降。中毒症状有：头痛、头晕、恶心、无力、多汗、呕吐、流涎、视力模糊、瞳孔缩小、肌纤维震颤，甚至昏迷、肺水肿等。

侵入途径

吸入、食入、经皮吸收。

理化特性与用途

理化特性 黄色黏性液体，有臭味。微溶于水，易溶于多数有机溶剂。熔点 25 ~ 26℃，相对密度(水 = 1)1.136，饱和蒸气压 0.36MPa(25℃)。

主要用途 内吸性杀虫杀螨剂。用于棉花、玉米、花生、甜菜、果树等作物防治蚜虫、

蓟马、叶螨、果蝇等害虫。

包装与储运

包装标志 有毒品

包装类别 Ⅲ类

安全储运 储存于阴凉、通风的库房。远离火种、热源。防止阳光直射。储存温度不超过35℃，相对湿度不超过85%。保持容器密封。应与氧化剂、强碱等分开存放，切忌混储。配备相应品种和数量的消防器材。储区应备有泄漏应急处理设备和合适的收容材料。

紧急处置信息

急救措施

吸入：迅速脱离现场至空气新鲜处。保持呼吸道通畅。如呼吸困难，给输氧。呼吸、心跳停止，立即进行心肺复苏术。就医。

眼睛接触：分开眼睑，用流动清水或生理盐水冲洗。如有不适感，就医。

皮肤接触：立即脱去污染的衣着，用肥皂水及流动清水彻底冲洗污染的皮肤、头发、指甲等。如有不适感，就医。

食入：饮足量温水，催吐。用1∶5000高锰酸钾溶液洗胃。口服活性炭，导泻。每5min给服一片阿托品，直到感觉口干为止。就医。

灭火方法 消防人员须佩戴防毒面具，穿全身消防服，在上风向灭火。尽可能将容器从火场移至空旷处。喷水保持火场容器冷却，直至灭火结束。处在火场中的容器若已变色或从安全泄压装置中发出声音，必须马上撤离。

灭火剂：雾状水、泡沫、干粉、二氧化碳、砂土。

泄漏应急处置 根据液体流动和蒸气扩散的影响区域划定警戒区，无关人员从侧风、上风向撤离至安全区。建议应急处理人员戴正压自给式呼吸器，穿防毒服，戴橡胶手套。穿上适当的防护服前严禁接触破裂的容器和泄漏物。尽可能切断泄漏源。防止泄漏物进入水体、下水道、地下室或受限空间。小量泄漏：用干燥的砂土或其他不燃材料吸收或覆盖，收集于容器中。大量泄漏：构筑围堤或挖坑收容。用泵转移至槽车或专用收集器内。

454. 三苯(基)膦

标 识

中文名称 三苯(基)膦

英文名称 triphenyl phosphine; triphenylphosphorus

别名 膦化三苯基

分子式 $C_{18}H_{15}P$

CAS号 603-35-0

WGH号 61861

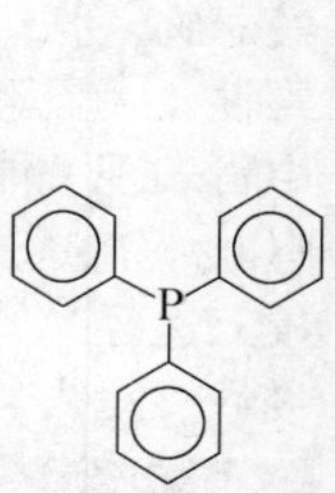

危害信息

危险性类别 第6类有毒品。

燃烧与爆炸危险性 可燃，其粉体与空气混合，能形成爆炸性混合物。燃烧产生有毒

的一氧化碳和氧化磷气体。受热分解产生有毒的氧化磷烟气。

活性反应 受热分解产生有毒的氧化磷烟气。与氧化剂可发生反应。

禁忌物 强氧化剂。

毒性 大鼠经口 LD_{50}：700mg/kg；小鼠经口 LD_{50}：1000mg/kg；兔经皮 LD_{50}：>5000mg/kg。

中毒表现 对眼、上呼吸道、黏膜和皮肤有刺激性。有神经毒效应。

侵入途径

吸入、食入。

理化特性与用途

理化特性 白色片状结晶。不溶于水，易溶于乙醚，溶于苯、氯仿、四氯化碳、冰醋酸、丙酮，微溶于乙醇。熔点 80℃，沸点 377℃，相对密度(水=1)1.1，相对蒸气密度(空气=1)9.0，饱和蒸气压 1Pa(88℃)，辛醇/水分配系数 5.69，闪点 180℃(开杯)。

主要用途 广泛用于医药、石化、涂料、橡胶等行业，用作中间体、催化剂、促进剂、聚合引发剂、阻燃剂，也用作分析试剂。

包装与储运

包装标志 有毒品

包装类别 Ⅱ类

安全储运 储存于阴凉、通风的库房。远离火种、热源。库温不超过 35℃。相对湿度不超过 85%。包装密封。应与氧化剂、食用化学品分开存放，切忌混储。配备相应品种和数量的消防器材。储区应备有合适的材料收容泄漏物。

紧急处置信息

急救措施

吸入：迅速脱离现场至空气新鲜处。保持呼吸道通畅。如呼吸困难，给输氧。呼吸、心跳停止，立即进行心肺复苏术。就医。

眼睛接触：分开眼睑，用流动清水或生理盐水冲洗。如有不适感，就医。

皮肤接触：立即脱去污染的衣着，用肥皂水和清水彻底冲洗皮肤。如有不适感，就医。

食入：饮足量温水，催吐。就医。

灭火方法 消防人员必须佩戴空气呼吸器，穿全身防火防毒服，在上风向灭火。尽可能将容器从火场移至空旷处。喷水保持火场容器冷却，直至灭火结束。

灭火剂：雾状水、泡沫、二氧化碳、砂土。

泄漏应急处置 隔离泄漏污染区，限制出入。消除所有点火源。建议应急处理人员戴防尘口罩，穿防毒服，戴防化学品手套。穿上适当的防护服前严禁接触破裂的容器和泄漏物。尽可能切断泄漏源。用塑料布覆盖泄漏物，减少飞散。勿使水进入包装容器内。用洁净的铲子收集泄漏物，置于干净、干燥、盖子较松的容器中，将容器移离泄漏区。

455. 三苯基氢氧化锡

标　识

中文名称 三苯基氢氧化锡

455. 三苯基氢氧化锡

英文名称 fentin hydroxide；triphenyltin hydroxide

别名 三苯羟基锡；毒菌锡

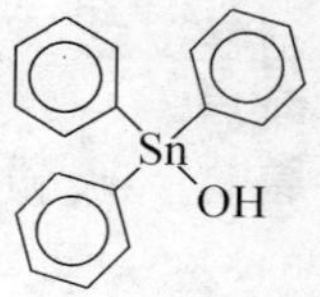

分子式 $C_{18}H_{16}OSn$

CAS 号 76 – 87 – 9

WGH 号 61884

危害信息

危险性类别 第 6 类有毒品。

燃烧与爆炸危险性 可燃，其粉体与空气混合，能形成爆炸性混合物。燃烧产生有毒的一氧化碳和氧化锡。受高热分解放出有毒的气体。

禁忌物 强氧化剂。

毒性 大鼠经口 LD_{50}：46mg/kg；小鼠经口 LD_{50}：209mg/kg；兔经皮 LD_{50}：1600mg/kg。

本品已列入《剧毒化学品目录》。

欧盟法规 1272/2008/EC 将本品列为第 2 类致癌物——可疑的人类致癌物；第 2 类生殖毒物——可疑的人类生殖毒物。

中毒表现 本品为中等毒杀菌剂。对眼睛有强烈刺激作用。中毒症状有剧烈头痛、恶心、呕吐，重者可有嗜睡，甚至昏迷。

侵入途径

吸入、食入。

职业接触限值 美国（ACGIH）：TLV – TWA：0.1mg/m³，TLV – STEL：0.2mg/m³［按锡计］。

环境危害 对水生生物有极高毒性，可能在水生环境中造成长期不利影响；严重海洋污染物。

理化特性与用途

理化特性 白色结晶粉末，无气味。不溶于水，微溶于甲苯、乙醇，溶于多数有机溶剂。熔点 118 ~ 120℃，相对密度（水 = 1）1.54（20℃），饱和蒸气压 0.047MPa（25℃），辛醇/水分配系数 3.66，闪点 400℃。

主要用途 农用杀菌剂，用于防治马铃薯早疫病、晚疫病、水稻稻瘟病、咖啡浆果病害。

包装与储运

包装标志 有毒品

包装类别 Ⅲ类

安全储运 储存于阴凉、通风良好的专用库房内，应严格执行剧毒化学品管理制度。远离火种、热源。防止阳光直射。储存温度不超过 35℃，相对湿度不超过 85%。保持容器密封。应与氧化剂、食用化学品分开存放，切忌混储。配备相应品种和数量的消防器材。储区应备有合适的材料收容泄漏物。

紧急处置信息

急救措施

吸入：迅速脱离现场至空气新鲜处。保持呼吸道通畅。如呼吸困难，给输氧。呼吸、心跳停止，立即进行心肺复苏术。就医。

眼睛接触: 立即分开眼睑,用大量流动清水或生理盐水彻底冲洗10~15min。如有不适感,就医。

皮肤接触: 立即脱去污染的衣着,用肥皂水及流动清水彻底冲洗污染的皮肤、头发、指甲等。如有不适感,就医。

食入: 饮足量温水,催吐、洗胃、导泻。就医。

灭火方法 消防人员须佩戴防毒面具,穿全身消防服,在上风向灭火。尽可能将容器从火场移至空旷处。喷水保持火场容器冷却,直至灭火结束。

灭火剂:雾状水、泡沫、干粉、二氧化碳、砂土。

泄漏应急处置 隔离泄漏污染区,限制出入。消除所有点火源。建议应急处理人员戴防尘口罩,穿防毒服,戴防毒物渗透手套。穿上适当的防护服前严禁接触破裂的容器和泄漏物。尽可能切断泄漏源。用塑料布覆盖泄漏物,减少飞散。勿使水进入包装容器内。用洁净的铲子收集泄漏物,置于干净、干燥、盖子较松的容器中,将容器移离泄漏区。

456. 三丙二醇

标识

中文名称 三丙二醇

英文名称 tripropylene glycol; ((methylethylene)bis(oxy))dipropanol

别名 二缩三个丙二醇

分子式 $C_9H_{20}O_4$

CAS 号 24800-44-0

危害信息

燃烧与爆炸危险性 可燃。其蒸气可与空气形成爆炸性混合物。燃烧产生有毒的一氧化碳气体。

禁忌物 强氧化剂。

毒性 大鼠经口 LD_{50}: 3000mg/kg。

中毒表现 对眼和皮肤无刺激性。

侵入途径

吸入、食入。

理化特性与用途

理化特性 无色无气味的液体。与水混溶,溶于乙醇、乙醚、甲醇等。熔点-44.9~-29.9℃,沸点267~273℃,相对密度(水=1)1.02(20℃),相对蒸气密度(空气=1)6.63,饱和蒸气压133Pa(96℃),燃烧热-6058kJ/mol,辛醇/水分配系数 -0.5,闪点141℃(闭杯),爆炸下限0.8%,爆炸上限5.0%。

主要用途 用作树脂、药物、杀虫剂、染料、增塑剂等的溶剂和有机合成中间体。

包装与储运

安全储运 储存于阴凉、通风的库房。远离火种、热源。保持容器密封。应与强氧化剂等隔离储运。搬运时轻装轻卸,防止容器受损。

紧急处置信息

急救措施

吸入：脱离现场至空气新鲜处。如有不适感，就医。

眼睛接触：分开眼睑，用流动清水或生理盐水冲洗。如有不适感，就医。

皮肤接触：立即脱去污染的衣着，用肥皂水和清水彻底冲洗皮肤。如有不适感，就医。

食入：饮足量温水，催吐。就医。

灭火方法 消防人员须佩戴防毒面具，穿全身消防服，在上风向灭火。尽可能将容器从火场移至空旷处。喷水保持火场容器冷却，直至灭火结束。处在火场中的容器若已变色或从安全泄压装置中发出声音，必须马上撤离。

灭火剂：水、雾状水、抗溶性泡沫、干粉、二氧化碳、砂土。

泄漏应急处置 根据液体流动和蒸气扩散的影响区域划定警戒区，无关人员从侧风、上风向撤离至安全区。消除所有点火源。建议应急处理人员戴防毒面具，穿一般作业工作服，戴橡胶手套。尽可能切断泄漏源。防止泄漏物进入水体、下水道、地下室或受限空间。小量泄漏：用干燥的砂土或其他不燃材料吸收或覆盖，收集于容器中。大量泄漏：构筑围堤或挖坑收容。用泵转移至槽车或专用收集器内。

457. 三丙二醇单甲醚

标　识

中文名称 三丙二醇单甲醚

英文名称 1－(2－(2－methoxy－1－methylethoxy)－1－methylethoxy)propan－2－ol; tripropylene glycol monomethyl ether

别名 1－(2－(2－甲氧基－1－甲基乙氧基)－1－甲基乙氧基)－2－丙醇

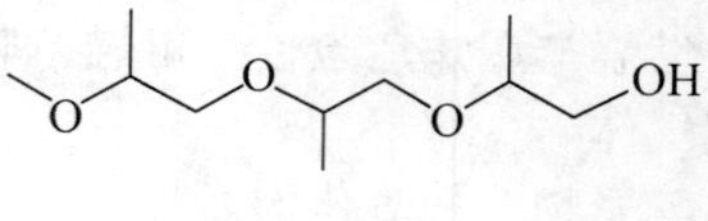

分子式 $C_{10}H_{22}O_4$

CAS 号 20324－33－8；10213－77－1

危害信息

燃烧与爆炸危险性 可燃。其蒸气与空气混合，能形成爆炸性混合物。燃烧产生有毒的一氧化碳气体。接触空气或在光照条件下可生成具有潜在爆炸危险性的过氧化物。

活性反应 与氧化剂可发生反应。

禁忌物 强氧化剂。

毒性 大鼠经口 LD_{50}：3300mg/kg。

中毒表现 动物实验属低毒类。其中毒表现主要为中枢神经系统抑制和麻醉状态。对眼睛、皮肤的刺激不明显。可经皮肤吸收。

侵入途径

吸入、食入、经皮吸收。

理化特性与用途

理化特性 无色液体，有轻微的醚的气味和苦味。溶于水。熔点－78.8℃，沸点

242.2～250℃，相对密度（水＝1）0.967，相对蒸气密度（空气＝1）7.12，饱和蒸气压 2Pa（25℃），辛醇/水分配系数 −0.2，闪点 121℃（闭杯），引燃温度 277℃。

主要用途 用作油漆、树脂、染料、油类的溶剂，也用作偶合剂和分散剂。

包装与储运

安全储运 储存于阴凉、通风的库房。远离火种、热源。保持容器密封。应与强氧化剂等隔离储运。搬运时轻装轻卸，防止容器受损。

紧急处置信息

急救措施

吸入：迅速脱离现场至空气新鲜处。保持呼吸道通畅。如呼吸困难，给输氧。呼吸、心跳停止，立即进行心肺复苏术。就医。

眼睛接触：分开眼睑，用流动清水或生理盐水冲洗。如有不适感，就医。

皮肤接触：立即脱去污染的衣着，用大量流动清水冲洗。如有不适感，就医。

食入：饮足量温水，催吐。就医。

灭火方法 消防人员须佩戴防毒面具，穿全身消防服，在上风向灭火。尽可能将容器从火场移至空旷处。喷水保持火场容器冷却，直至灭火结束。处在火场中的容器若已变色或从安全泄压装置中发出声音，必须马上撤离。

灭火剂：雾状水、泡沫、干粉、二氧化碳、砂土。

泄漏应急处置 根据液体流动和蒸气扩散的影响区域划定警戒区，无关人员从侧风、上风向撤离至安全区。消除所有点火源。建议应急处理人员戴防毒面具，穿一般作业工作服，戴橡胶手套。尽可能切断泄漏源。防止泄漏物进入水体、下水道、地下室或受限空间。小量泄漏：用干燥的砂土或其他不燃材料吸收或覆盖，收集于容器中。大量泄漏：构筑围堤或挖坑收容。用泵转移至槽车或专用收集器内。

458. 三丙基铝

标　识

中文名称 三丙基铝

英文名称 tripropyl aluminium

别名 三正丙基铝

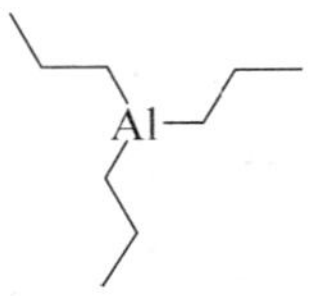

分子式 $C_9H_{21}Al$

CAS 号 102－67－0

WGH 号 42022

UN 号 3051

危害信息

危险性类别 第 4.2 类自燃物品。

燃烧与爆炸危险性 接触空气易自燃。遇水强烈分解，放出易燃的烷烃气体。加热分解产生易燃气体。

活性反应 遇水强烈分解，放出易燃的烷烃气体。遇氧化剂、酸、碱、胺类、卤代烃、醇发生剧烈反应。

禁忌物 氧化剂、空气、水、氧、酸类、醇类、碱、胺类、卤代烃。

中毒表现

吸入、摄入或皮肤吸收后对身体有害。对眼睛、皮肤、膜和上呼吸道有强烈刺激作用。吸入其蒸气，可引起类似金属烟尘热的表现。

侵入途径

吸入、食入、经皮吸收。

职业接触限值 美国(ACGIH)：TLV－TWA：2mg/m^3[按铝计]。

理化特性与用途

理化特性 无色透明黏性液体。溶于烃类。与水发生剧烈反应。空气中能自燃。熔点－107℃，沸点82～84℃(0.27kPa)，相对密度(水＝1)0.823，辛醇/水分配系数4.92，闪点－18℃。

主要用途 用于有机合成。

包装与储运

包装标志 自燃物品，遇湿易燃物品

包装类别 Ⅰ类

安全储运 储存于阴凉、干燥、通风良好的专用库房内，库温不超过30℃。相对湿度不超过75%。远离火种、热源。防止阳光直射。保持容器密封，严禁与空气接触。应与氧化剂、酸类、醇类、胺等分开存放，切忌混储。采用防爆型照明、通风设施。禁止使用易产生火花的机械设备和工具。储区应备有泄漏应急处理设备和合适的收容材料。

紧急处置信息

急救措施

吸入：迅速脱离现场至空气新鲜处。保持呼吸道通畅。如呼吸困难，给输氧。呼吸、心跳停止，立即进行心肺复苏术。就医。

眼睛接触：分开眼睑，用流动清水或生理盐水冲洗。如有不适感，就医。

皮肤接触：立即脱去污染的衣着，用大量流动清水冲洗。如有不适感，就医。

食入：用水漱口，给饮牛奶或蛋清。就医。

灭火方法 消防人员必须佩戴空气呼吸器，穿全身防火防毒服，在上风向灭火。尽可能将容器从火场移至空旷处。喷水保持火场容器冷却，直至灭火结束。处在火场中的容器若已变色或从安全泄压装置中发出声音，必须马上撤离。禁止用水和泡沫灭火。

灭火剂：干粉、二氧化碳、砂土。

泄漏应急处置 根据液体流动和蒸气扩散的影响区域划定警戒区，无关人员从侧风、上风向撤离至安全区。消除所有点火源。建议应急处理人员戴正压自给式呼吸器，穿防毒、防静电服，戴橡胶手套。禁止接触或跨越泄漏物。尽可能切断泄漏源。防止泄漏物进入水体、下水道、地下室或受限空间。小量泄漏：用干燥的砂土或其他不燃材料覆盖泄漏物，用洁净的无火花工具收集泄漏物，置于一盖子较松的塑料容器中，待处置。大量泄漏：构筑围堤或挖坑收容。用防爆泵转移至槽车或专用收集器内。

459. 三丙酸甘油酯

标 识

中文名称 三丙酸甘油酯

英文名称 glycerol tripropionate; tripropionin

别名 甘油三丙酸酯

分子式 $C_{12}H_{20}O_6$

CAS 号 139-45-7

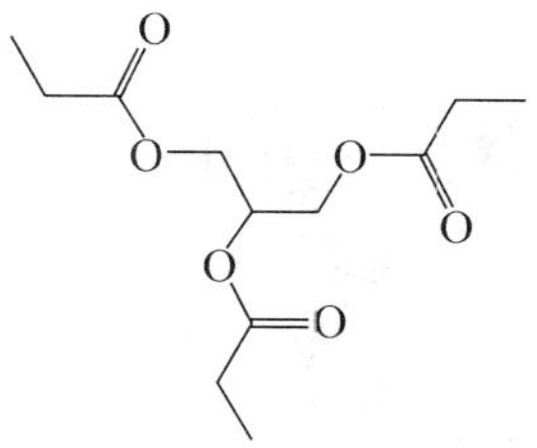

危害信息

燃烧与爆炸危险性 可燃。其蒸气与空气混合，能形成爆炸性混合物。燃烧产生有毒的一氧化碳气体。

禁忌物 强氧化剂。

毒性 大鼠经口 LD_{50}：6400mg/kg；小鼠经口 LD_{50}：6400mg/kg。

侵入途径

吸入、食入。

理化特性与用途

理化特性 无色或淡黄色透明液体。不溶于水，溶于乙醇、脂肪。沸点 282℃、175～176℃(2.7kPa)，相对密度(水=1)1.082，相对蒸气密度(空气=1)8.95，饱和蒸气压 0.48Pa(25℃)，辛醇/水分配系数 1.84，闪点>110℃，引燃温度 421℃，爆炸下限 0.8%(85.5℃)。

主要用途 用于制造食品、肥皂、蜡烛，也用作溶剂和增塑剂。

包装与储运

安全储运 储存于阴凉、通风的库房。远离火种、热源。保持容器密封。应与强氧化剂等隔离储运。搬运时轻装轻卸，防止容器受损。

紧急处置信息

急救措施

吸入： 迅速脱离现场至空气新鲜处。保持呼吸道通畅。如呼吸困难，给输氧。呼吸、心跳停止，立即进行心肺复苏术。就医。

眼睛接触： 分开眼睑，用流动清水或生理盐水冲洗。如有不适感，就医。

皮肤接触： 立即脱去污染的衣着，用大量流动清水冲洗。如有不适感，就医。

食入： 饮足量温水，催吐。就医。

灭火方法 消防人员须佩戴防毒面具，穿全身消防服，在上风向灭火。尽可能将容器从火场移至空旷处。喷水保持火场容器冷却，直至灭火结束。处在火场中的容器若已变色或从安全泄压装置中发出声音，必须马上撤离。

灭火剂：雾状水、泡沫、干粉、二氧化碳、砂土。

泄漏应急处置 根据液体流动和蒸气扩散的影响区域划定警戒区，无关人员从侧风、

上风向撤离至安全区。消除所有点火源。建议应急处理人员戴防毒面具，穿一般作业工作服，戴橡胶手套。尽可能切断泄漏源。防止泄漏物进入水体、下水道、地下室或受限空间。小量泄漏：用干燥的砂土或其他不燃材料吸收或覆盖，收集于容器中。大量泄漏：构筑围堤或挖坑收容。用泵转移至槽车或专用收集器内。

460. 三氮化银

标　识

中文名称　三氮化银

英文名称　silver azide

别名　叠氮银

分子式　AgN_3

CAS 号　13863－88－2

$Ag^+\ N^-{=}N^+{=}N^-$

危害信息

危险性类别　第 1 类爆炸品。

燃烧与爆炸危险性　受撞击、摩擦，遇明火或其他点火源极易爆炸。

禁忌物　强氧化剂、卤素、金属氧化物、硫化物。

中毒表现　热解时，放出有毒的 NO_x 烟雾，对眼睛、上呼吸道有刺激作用，甚至发生肺水肿。

侵入途径

吸入、食入。

理化特性与用途

理化特性　白色正交结晶或无色固体，见光分解为紫黑色。不溶于水，溶于稀硝酸、碘化钾。熔点 250℃(爆炸性分解)，相对密度(水＝1)4.9，爆燃点 273℃。

主要用途　用作起爆药。

包装与储运

包装标志　爆炸品

安全储运　储存于阴凉、通风的库房。远离火种、热源。库温不宜超过 30℃。保持容器密封。应与氧化剂、卤素、金属氧化物、硫化物分开存放，切忌混储。采用防爆型照明、通风设施。禁止使用易产生火花的机械设备和工具。储区应备有合适的材料收容泄漏物。搬运时轻装轻卸，防止容器受损。禁止震动、撞击和摩擦。

紧急处置信息

急救措施

吸入：迅速脱离现场至空气新鲜处。保持呼吸道通畅。如呼吸困难，给输氧。呼吸、心跳停止，立即进行心肺复苏术。就医。

眼睛接触：立即分开眼睑，用流动清水或生理盐水彻底冲洗。就医。

皮肤接触：立即脱去污染的衣着，用肥皂水和清水彻底冲洗。就医。

食入：饮足量温水，催吐。就医。

灭火方法 消防人员须戴好防毒面具，在安全距离以外，在上风向灭火。消防人员须在有防爆掩蔽处操作。禁止用砂土压盖。

灭火剂：雾状水、泡沫。

泄漏应急处置 隔离泄漏污染区，限制出入。消除所有点火源。建议应急处理人员戴防尘口罩，穿防静电服，戴防护手套。作业时使用的所有设备应接地。禁止接触或跨越泄漏物。在专家指导下清除。

461. 三碘苯酚

标识

中文名称 三碘苯酚

英文名称 2, 4, 6 – triiodophenol

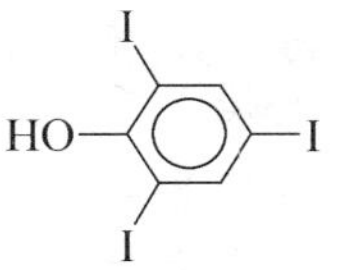

别名 间三碘苯酚；2, 4, 6 – 三碘苯酚

分子式 $C_6H_3I_3O$

CAS 号 609 – 23 – 4

危害信息

燃烧与爆炸危险性 可燃。其粉体与空气混合，能形成爆炸性混合物。受高热分解放出有毒的气体。

禁忌物 强氧化剂、酸酐、酰基氯。

毒性 大鼠经口 LD_{50}：2000mg/kg；小鼠经口 LD_{50}：>4000mg/kg。

中毒表现

吸入、摄入或经皮肤吸收对身体有害。对眼睛、皮肤、膜有刺激作用。遇热分解出碘烟雾。

侵入途径

吸入、食入、经皮吸收。

理化特性与用途

理化特性 米色至褐色针状结晶或粉末。不溶于水，微溶于乙醇，溶于丙酮、乙醚。熔点 157 ~ 161℃，饱和蒸气压 0.14MPa（25℃），辛醇/水分配系数 5.01。

主要用途 用作中间体、消毒剂等。

包装与储运

安全储运 储存于阴凉、通风的库房。远离火种、热源。保持容器密封。应与氧化剂、酸酐、酰基氯等隔离储运。搬运时轻装轻卸，防止容器受损。

紧急处置信息

急救措施

吸入：迅速脱离现场至空气新鲜处。保持呼吸道通畅。如呼吸困难，给输氧。呼吸、心跳停止，立即进行心肺复苏术。就医。

眼睛接触： 立即分开眼睑，用流动清水或生理盐水彻底冲洗。就医。

皮肤接触： 立即脱去污染的衣着，用肥皂水和清水彻底冲洗。就医。

食入： 饮足量温水，催吐。就医。

灭火方法 消防人员须佩戴防毒面具，穿全身消防服，在上风向灭火。尽可能将容器从火场移至空旷处。喷水保持火场容器冷却，直至灭火结束。

灭火剂：雾状水、泡沫、干粉、二氧化碳、砂土。

泄漏应急处置 隔离泄漏污染区，限制出入。消除所有点火源。建议应急处理人员戴防尘口罩，穿一般作业工作服，戴防护手套。尽可能切断泄漏源。用塑料布覆盖泄漏物，减少飞散。勿使水进入包装容器内。用洁净的铲子收集泄漏物，置于干净、干燥、盖子较松的容器中，将容器移离泄漏区。

462. 三 碘 化 砷

标　识

中文名称 三碘化砷

英文名称 arsenic triiodide; arsenic iodide; arsenous triiodide

别名 碘化亚砷

分子式 AsI_3

CAS 号 7784－45－4

WGH 号 61014

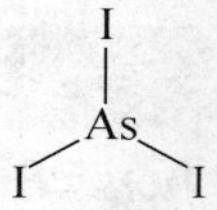

危害信息

危险性类别 第 6 类有毒品。

燃烧与爆炸危险性 不燃，无特殊燃爆特性。若遇高热，升华产生剧毒的气体。

活性反应 与金属钾和钠能形成对撞击敏感的物质。

禁忌物 强氧化剂、强酸、钾、钠。

中毒表现 无机砷化合物口服中毒表现为急性胃肠炎、休克、中毒性心肌炎、肝炎，以及抽搐、昏迷等，甚至死亡。可在急性中毒的 1～3 周内发生周围神经病。大量吸入亦可引起急性中毒。

慢性中毒表现有消化系统症状，肝肾损害，皮肤色素沉着、角化过度或疣状增生，多发性神经炎等。

侵入途径

吸入、食入、经皮吸收。

职业接触限值 中国：PC－TWA：0.01mg/m^3[按砷计]，PC－STEL：0.02mg/m^3[按砷计]。

美国(ACGIH)：TLV－TWA：0.01mg/m^3[按砷计]。

环境危害 对水生生物有极高毒性，可能在水生环境中造成长期不利影响。

理化特性与用途

理化特性 橙红色鳞状或粉状结晶。溶于水，微溶于乙醚，溶于二硫化碳，易溶于氯仿、苯、甲苯、二甲苯。pH 值 1.1(0.1N 水溶液)，熔点 140.9℃，沸点 403℃，相对密度

(水=1)4.69(25℃/4℃)。

主要用途 用于化学分析和医药工业等。

包装与储运

包装标志 有毒品

包装类别 Ⅱ类

安全储运 储存于阴凉、干燥、通风良好的库房。远离火种、热源。库温不超过35℃。相对湿度不超过80%。包装必须密封，切勿受潮。应与氧化剂、酸类、活性金属粉末、食用化学品分开存放，切忌混储混运。储区应备有合适的材料收容泄漏物。

紧急处置信息

急救措施

吸入：迅速脱离现场至空气新鲜处。保持呼吸道通畅。如呼吸困难，给输氧。呼吸、心跳停止，立即进行心肺复苏术。就医。

眼睛接触：分开眼睑，用流动清水或生理盐水冲洗。如有不适感，就医。

皮肤接触：立即脱去污染的衣着，用肥皂水和清水彻底冲洗皮肤。如有不适感，就医。

食入：饮足量温水，催吐。给饮牛奶或蛋清。就医。

解毒剂用二巯基丙磺酸钠、二巯基丁二酸钠等。

灭火方法 消防人员须佩戴防毒面具，穿全身消防服，在上风向灭火。尽可能将容器从火场移至空旷处。喷水保持火场容器冷却，直至灭火结束。本品不燃。根据着火原因选择适当灭火剂灭火 。

泄漏应急处置 隔离泄漏污染区，限制出入。建议应急处理人员戴防尘口罩，穿防毒服，戴橡胶手套。穿上适当的防护服前严禁接触破裂的容器和泄漏物。尽可能切断泄漏源。用塑料布覆盖泄漏物，减少飞散。勿使水进入包装容器内。用洁净的铲子收集泄漏物，置于干净、干燥、盖子较松的容器中，将容器移离泄漏区。

463. 三 碘 化 锑

标 识

中文名称 三碘化锑

英文名称 antimony triiodide;

别名 碘化锑

分子式 SbI_3

CAS 号 7790-44-5

WGH 号 81527

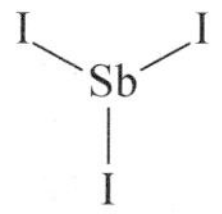

危害信息

危险性类别 第8类腐蚀品。

燃烧与爆炸危险性 不燃，无特殊燃爆特性。但遇高热能放出有毒的烟气。具有腐蚀性。

活性反应 遇钾、钠剧烈反应。

禁忌物　强碱、氰化物、钾、钠、水蒸气。

中毒表现　本品有腐蚀性和毒性。对眼睛、黏膜 、皮肤和上呼吸道有强烈刺激作用。

侵入途径

吸入、食入。

职业接触限值　中国：PC－TWA：0.5mg/m^3[按锑计]。

美国(ACGIH)：TLV－TWA：0.5mg/m^3[按锑计]。

环境危害　对水生生物有害，可能在水生环境中造成长期不利影响。

理化特性与用途

理化特性　红色结晶体。不溶于四氯化碳，溶于乙醇、丙酮、盐酸、氢碘酸、二硫化碳、碘化钾溶液。熔点170℃，沸点401℃，相对密度(水=1)4.92(17℃/4℃)，饱和蒸气压0.13kPa(163.6℃)，临界温度1101℃，临界压力5.57MPa。

主要用途　用于制药工业。

包装与储运

包装标志　腐蚀品

包装类别　Ⅲ类

安全储运　储存于阴凉、通风的库房。远离火种、热源。避免光照。库温不超过30℃。相对湿度不超过75%。包装密封。应与酸类、氰化物、食用化学品分开存放，切忌混储。储区应备有合适的材料收容泄漏物。

紧急处置信息

急救措施

吸入：迅速脱离现场至空气新鲜处。保持呼吸道通畅。如呼吸困难，给输氧。呼吸、心跳停止，立即进行心肺复苏术。就医。

眼睛接触：立即分开眼睑，用大量流动清水或生理盐水彻底冲洗10～15min。就医。

皮肤接触：立即脱去污染的衣着，用大量流动清水彻底冲洗，冲洗时间一般要求20～30min。就医。

食入：用水漱口，禁止催吐。给饮牛奶或蛋清。就医。

灭火方法　消防人员必须佩戴空气呼吸器，穿全身防火防毒服，在上风向灭火。尽可能将容器从火场移至空旷处。喷水保持火场容器冷却，直至灭火结束。

灭火剂：干粉、砂土。

泄漏应急处置　隔离泄漏污染区，限制出入。建议应急处理人员戴防尘口罩，穿防毒服，戴橡胶手套。作业时使用的所有设备应接地。穿上适当的防护服前严禁接触破裂的容器和泄漏物。尽可能切断泄漏源。用干燥的砂土或其他不燃材料覆盖泄漏物，然后用塑料布覆盖，减少飞散、避免雨淋。用洁净的铲子收集泄漏物，置于干净、干燥、盖子较松的容器中，将容器移离泄漏区 。

464. 三碘甲烷

标　识

中文名称　三碘甲烷

英文名称 iodoform；triiodomethane

别名 碘仿

分子式 CHI_3

CAS 号 75 - 47 - 8

WGH 号 61570

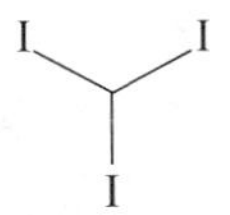

危害信息

危险性类别 第 6 类有毒品。

燃烧与爆炸危险性 不燃，无特殊燃爆特性。本品较不稳定，在空气与阳光照射下容易分解出游离碘能刺激眼睛和呼吸道，并灼伤皮肤。

活性反应 与锂、钾钠合金接触剧烈反应。

禁忌物 强氧化剂、强碱、碱金属、汞及其化合物。

毒性 大鼠经口 LD_{50}：355mg/kg；小鼠经口 LD_{50}：470mg/kg；大鼠经皮 LD_{50}：1184mg/kg。

中毒表现 急性中毒表现为对呼吸道有刺激性，吸入后出现咳嗽、呼吸困难、胸痛，重者发生肺水肿。高浓度接触可引起神经系统改变，出现精神错乱、兴奋、头痛、幻觉、共济失调等。对眼有刺激性。口服灼伤口腔和胃，出现中枢神经系统抑制及心、肝、肾损害。

慢性影响表现为皮肤长期接触可致湿疹；有时引起全身反应，如发热、皮疹等。可致肝、肾损害。

侵入途径

吸入、食入、经皮吸收。

职业接触限值 中国：PC - TWA：10mg/m^3。

美国(ACGIH)：TLV - TWA：0.6ppm。

理化特性与用途

理化特性 黄色结晶或粉末，有不愉快的气味。微溶于水，溶于苯、乙醚、丙酮、乙酸、二硫化碳、氯仿。熔点 119 ~ 120℃，沸点 218℃，相对密度(水 = 1)4.01，相对蒸气密度(空气 = 1)13.4，饱和蒸气压 5.3Pa(25℃)，临界温度 585℃，临界压力 5.63MPa，辛醇/水分配系数 3.03。

主要用途 用作化工中间体，在医药和生物化学中用作防腐剂、消毒剂。

包装与储运

包装标志 有毒品

包装类别 Ⅲ类

安全储运 储存于阴凉、通风的库房。远离火种、热源。避免光照。库温不超过 35℃。相对湿度不超过 80%。包装密封。应与氧化剂、碱类、碱金属、食用化学品分开存放，切忌混储。储区应备有合适的材料收容泄漏物。

紧急处置信息

急救措施

吸入： 迅速脱离现场至空气新鲜处。保持呼吸道通畅。如呼吸困难，给输氧。呼吸、心跳停止，立即进行心肺复苏术。就医。

眼睛接触： 分开眼睑，用流动清水或生理盐水冲洗。如有不适感，就医。

皮肤接触： 立即脱去污染的衣着，用肥皂水和清水彻底冲洗皮肤。如有不适感，就医。

食入： 漱口，给饮牛奶或蛋清。就医。

灭火方法　消防人员须佩戴防毒面具，穿全身消防服，在上风向灭火。尽可能将容器从火场移至空旷处。喷水保持火场容器冷却，直至灭火结束。

灭火剂：雾状水、泡沫、二氧化碳、砂土。

泄漏应急处置　隔离泄漏污染区，限制出入。消除所有点火源。建议应急处理人员戴防尘口罩，穿防毒服，戴防化学品手套。穿上适当的防护服前严禁接触破裂的容器和泄漏物。尽可能切断泄漏源。用塑料布覆盖泄漏物，减少飞散。勿使水进入包装容器内。用洁净的铲子收集泄漏物，置于干净、干燥、盖子较松的容器中，将容器移离泄漏区。

465. 三丁基氟化锡

标　识

中文名称　三丁基氟化锡

英文名称　tributyltin fluoride；fluorotributylstannane

别名　氟三丁基锡

分子式　$C_{12}H_{27}FSn$

CAS 号　1983-10-4

WGH 号　61857

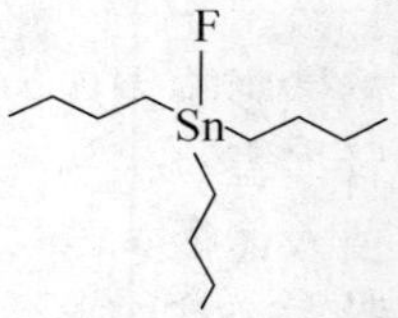

危害信息

危险性类别　第 6 类有毒品。

燃烧与爆炸危险性　可燃。其粉体与空气混合，能形成爆炸性混合物。受高热分解放出有毒的气体。

禁忌物　强氧化剂。

毒性　小鼠经口 LDL_0：3200mg/kg。

中毒表现　本品对黏膜有刺激作用。对中枢神经系统有明显毒性，可引起中毒性神经衰弱综合征；重症患者，可引起中毒性脑病。

侵入途径

吸入、食入、经皮吸收。

职业接触限值　美国(ACGIH)：TLV-TWA：0.1mg/m^3，TLV-STEL：0.2mg/m^3[按锡计]。

环境危害　对水生生物有极高毒性，可能在水生环境中造成长期不利影响；严重海洋污染物。

理化特性与用途

理化特性　白色结晶固体。不溶于水，溶于多数有机溶剂。熔点 260℃，相对密度(水=1)1.28，饱和蒸气压 0.47MPa(25℃)，辛醇/水分配系数 4.39，闪点 145℃。

主要用途　用作杀虫剂、塑料的防霉剂及用于有机合成。

包装与储运

包装标志 有毒品

包装类别 Ⅲ类

安全储运 储存于阴凉、干燥、通风的库房。远离火种、热源。防止阳光直射。储存温度不超过35℃，相对湿度不超过82%。保持容器密封，注意防潮。应与氧化剂、强酸、碱类、醇类等分开存放，切忌混储。配备相应品种和数量的消防器材。储区应备有合适的材料收容泄漏物。

紧急处置信息

急救措施

吸入：迅速脱离现场至空气新鲜处。保持呼吸道通畅。如呼吸困难，给输氧。呼吸、心跳停止，立即进行心肺复苏术。就医。

眼睛接触：分开眼睑，用流动清水或生理盐水冲洗。如有不适感，就医。

皮肤接触：立即脱去污染的衣着，用大量流动清水冲洗。如有不适感，就医。

食入：饮足量温水，催吐。就医。

灭火方法 消防人员须佩戴防毒面具，穿全身消防服，在上风向灭火。尽可能将容器从火场移至空旷处。喷水保持火场容器冷却，直至灭火结束。切勿将水流直接射至熔融物，以免引起严重的流淌火灾或引起剧烈的沸溅。

灭火剂：雾状水、泡沫、干粉、二氧化碳、砂土。

泄漏应急处置 隔离泄漏污染区，限制出入。消除所有点火源。建议应急处理人员戴防尘口罩，穿防毒服，戴防化学手套。穿上适当的防护服前严禁接触破裂的容器和泄漏物。尽可能切断泄漏源。用塑料布覆盖泄漏物，减少飞散。勿使水进入包装容器内。用洁净的铲子收集泄漏物，置于干净、干燥、盖子较松的容器中，将容器移离泄漏区。

466. 三丁基磷烷

标　识

中文名称 三丁基磷烷

英文名称 tributyl phosphine; tri－*n*－butylphosphine

别名 三丁基膦；三正丁基膦

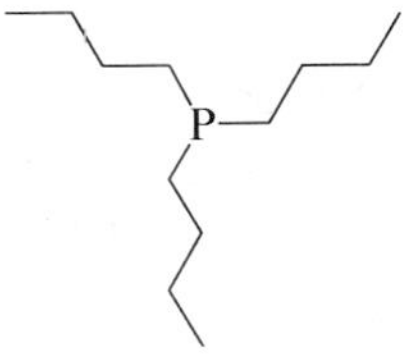

分子式 $C_{12}H_{27}P$

CAS 号 998－40－3

UN 号 3254

危害信息

危险性类别 第4.2类自燃物品。

燃烧与爆炸危险性 接触空气易自燃。燃烧产生有毒的一氧化碳和氧化磷。

禁忌物 强氧化剂、氧。

毒性 大鼠经口 LD_{50}：750mg/kg；兔经皮 LD_{50}：2000mg/kg。

中毒表现 本品对眼睛、皮肤、黏膜和上呼吸道有强烈刺激作用。吸入后可引起喉、支气管的炎症、水肿、痉挛，化学性肺炎。接触后可引起烧灼感、咳嗽、喉炎、气短、头痛、恶心和呕吐。

侵入途径

吸入、食入、经皮吸收。

理化特性与用途

理化特性 无色至淡黄色透明油状液体，有大蒜样气味。不溶于水，混溶于甲醇、乙醇、乙醚、苯。熔点 -65 ~ -60℃，沸点 240 ~ 242℃、150℃(6.65kPa)，相对密度(水 = 1)0.81，相对蒸气密度(空气 = 1)9，饱和蒸气压 9Pa(20℃)，闪点 37.2℃，引燃温度 200℃。

主要用途 用作聚合交联催化剂、有机合成中间体。

包装与储运

包装标志 自燃物品

包装类别 Ⅰ类

安全储运 储存于阴凉、通风的库房。远离火种、热源。储存温度不超过 32℃，相对湿度不超过 80%。保持容器密封。避免接触空气。应与氧化剂、氧、食用化学品分开存放，切忌混储。采用防爆型照明、通风设施。禁止使用易产生火花的机械设备和工具。储区应备有泄漏应急处理设备和合适的收容材料。

紧急处置信息

急救措施

吸入：迅速脱离现场至空气新鲜处。保持呼吸道通畅。如呼吸困难，给输氧。呼吸、心跳停止，立即进行心肺复苏术。就医。

眼睛接触：立即分开眼睑，用大量流动清水或生理盐水彻底冲洗 10 ~ 15min。如有不适感，就医。

皮肤接触：立即脱去污染的衣着，用大量流动清水冲洗 20 ~ 30min。如有不适感，就医。

食入：用水漱口，给饮牛奶或蛋清。就医。

灭火方法 消防人员必须佩戴空气呼吸器，穿全身防火防毒服，在上风向灭火。尽可能将容器从火场移至空旷处。处在火场中的容器若已变色或从安全泄压装置中发出声音，必须马上撤离。

灭火剂：干粉、二氧化碳、砂土。

泄漏应急处置 严禁用水处理。根据液体流动和蒸气扩散的影响区域划定警戒区，无关人员从侧风、上风向撤离至安全区。消除所有点火源。建议应急处理人员戴防毒面具，穿防毒、防静电服，戴橡胶手套。尽可能切断泄漏源。防止泄漏物进入水体、下水道、地下室或受限空间。小量泄漏：用砂土、干燥石灰或苏打灰混合。大量泄漏：构筑围堤或挖坑收容。用石灰粉等吸收大量液体。用泵转移至槽车或专用收集器内。

467. 三丁酸甘油酯

标　识

中文名称　三丁酸甘油酯

英文名称　glycerol tributyrate; tributyrin

别名　甘油三丁酸酯；丁酸 -1, 2, 3 - 三丙酯

分子式　$C_{15}H_{26}O_6$

CAS 号　60 -01 -5

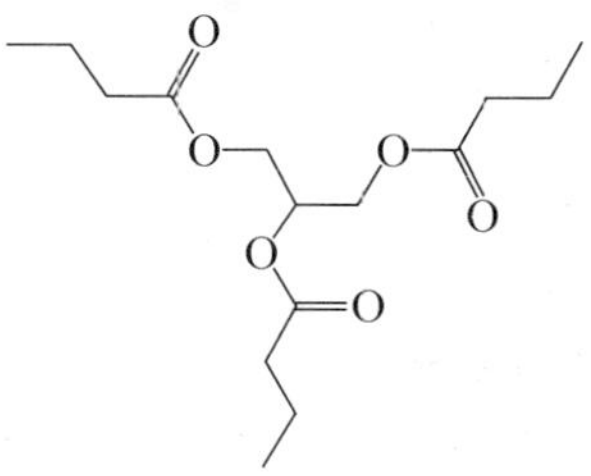

危害信息

燃烧与爆炸危险性　可燃。其蒸气与空气混合，能形成爆炸性混合物。燃烧产生有毒的一氧化碳气体。

禁忌物　强氧化剂。

毒性　大鼠经口 LD_{50}：3200mg/kg；小鼠经口 LD_{50}：12800mg/kg。

侵入途径

吸入、食入、经皮吸收。

理化特性与用途

理化特性　无色透明油状液体，有果香气味。不溶于水，溶于丙酮、苯，易溶于乙醇、乙醚、氯仿。熔点 -75℃，沸点 305 ~310℃，相对密度（水 =1）1. 032（20℃），相对蒸气密度（空气 =1）10. 4，饱和蒸气压 0. 05Pa（25℃），辛醇/水分配系数 3. 31，闪点 173℃，引燃温度 407℃，爆炸下限 0. 5%。

主要用途　用于制造食品、肥皂、蜡烛等，也用作溶剂和增塑剂。

包装与储运

安全储运　储存于阴凉、通风的库房。远离火种、热源。保持容器密封。应与强氧化剂等隔离储运。搬运时轻装轻卸，防止容器受损。

紧急处置信息

急救措施

吸入：脱离现场至空气新鲜处。如有不适感，就医。

眼睛接触：分开眼睑，用流动清水或生理盐水冲洗。如有不适感，就医。

皮肤接触：脱去污染的衣着，用流动清水冲洗。如有不适感，就医。

食入：饮足量温水，催吐。就医。

灭火方法　消防人员必须佩戴空气呼吸器，穿全身防火防毒服，在上风向灭火。尽可能将容器从火场移至空旷处。喷水保持火场容器冷却，直至灭火结束。处在火场中的容器若已变色或从安全泄压装置中发出声音，必须马上撤离。

灭火剂：雾状水、泡沫、干粉、二氧化碳、砂土。

泄漏应急处置　根据液体流动和蒸气扩散的影响区域划定警戒区，无关人员从侧风、上风向撤离至安全区。消除所有点火源。建议应急处理人员戴防毒面具，穿一般作业工作

服，戴橡胶手套。尽可能切断泄漏源。防止泄漏物进入水体、下水道、地下室或受限空间。小量泄漏：用干燥的砂土或其他不燃材料吸收或覆盖，收集于容器中。大量泄漏：构筑围堤或挖坑收容。用泵转移至槽车或专用收集器内。

468. 三氟丙酮

标　识

中文名称　三氟丙酮

英文名称　1,1,1 – trifluoro – 2 – propanone ；1,1,1 – trifluoroacetone ；trifluoroacetone

别名　1,1,1 – 三氟 – 2 – 丙酮

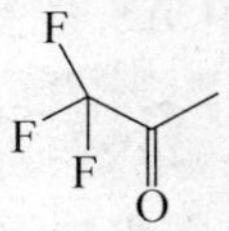

分子式　$C_3H_3F_3O$

CAS 号　421 – 50 – 1

WGH 号　32082；31182［铁规］

危害信息

危险性类别　第 3 类易燃液体。

燃烧与爆炸危险性　极易燃。其蒸气与空气混合，能形成爆炸性混合物。若遇高热，容器内压增大，有开裂和爆炸的危险。

活性反应　与氧化剂接触发生猛烈反应。

禁忌物　强氧化剂、强碱。

中毒表现　本品有毒，有催泪性。吸入、摄入或经皮肤吸收后对身体有害。对眼睛、皮肤、黏膜和上呼吸道有刺激作用。

侵入途径

吸入、食入、经皮吸收。

理化特性与用途

理化特性　无色透明液体，有氯仿气味。混溶于水。熔点 –78℃，沸点 22℃，相对密度(水 =1)1.25，饱和蒸气压 93.7kPa(20℃)，辛醇/水分配系数 0.2，闪点 –30℃(闭杯)。

主要用途　用作溶剂，用于生物活性物质和药物等的合成。

包装与储运

包装标志　易燃液体

包装类别　Ⅰ类

安全储运　储存于阴凉、通风的库房。远离火种、热源。防止阳光直射。库温不宜超过 29℃。保持容器密封。应与氧化剂、碱类等分开存放，切忌混储。采用防爆型照明、通风设施。禁止使用易产生火花的机械设备和工具。储区应备有泄漏应急处理设备和合适的收容材料。

紧急处置信息

急救措施

吸入：迅速脱离现场至空气新鲜处。保持呼吸道通畅。如呼吸困难，给输氧。呼吸、心跳停止，立即进行心肺复苏术。就医。

眼睛接触：分开眼睑，用流动清水或生理盐水冲洗。如有不适感，就医。

皮肤接触：立即脱去污染的衣着，用大量流动清水冲洗。如有不适感，就医。

食入：饮足量温水，催吐。就医。

灭火方法 消防人员须佩戴防毒面具，穿全身消防服，在上风向灭火。尽可能将容器从火场移至空旷处。喷水保持火场容器冷却，直至灭火结束。处在火场中的容器若已变色或从安全泄压装置中发出声音，必须马上撤离。用水灭火无效。

灭火剂：泡沫、干粉、二氧化碳、砂土。

泄漏应急处置 消除所有点火源。根据液体流动和蒸气扩散的影响区域划定警戒区，无关人员从侧风、上风向撤离至安全区。建议应急处理人员戴正压自给式呼吸器，穿防静电服，戴橡胶手套。作业时使用的所有设备应接地。禁止接触或跨越泄漏物。尽可能切断泄漏源。防止泄漏物进入水体、下水道、地下室或受限空间。小量泄漏：用砂土或其他不燃材料吸收。使用洁净的无火花工具收集吸收材料。大量泄漏：构筑围堤或挖坑收容。用泡沫覆盖，减少蒸发。喷水雾能减少蒸发，但不能降低泄漏物在受限空间内的易燃性。用防爆泵转移至槽车或专用收集器内。

469. 三氟化氮

标 识

中文名称 三氟化氮

英文名称 nitrogen trifluoride；Nitrogen fluoride

分子式 F_3N

CAS 号 7783－54－2

WGH 号 23016

UN 号 2451

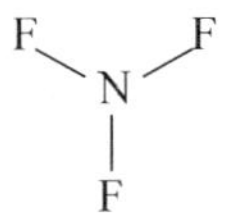

危害信息

危险性类别 第2.3类有毒气体。

燃烧与爆炸危险性 助燃。受撞击、摩擦，遇明火或其他点火源极易爆炸。与可燃物接触易着火燃烧。

活性反应 与易燃物(如苯)和可燃物(如糖、纤维素等)接触会发生剧烈反应，甚至引起燃烧。与还原剂能发生强烈反应，引起燃烧爆炸。

禁忌物 还原剂、易燃或可燃物。

毒性 大鼠吸入 LC_{50}：6700ppm(1h)；小鼠吸入 LC_{50}：2000ppm(4h)。

中毒表现 对呼吸道有刺激性。可引起呼吸困难、紫绀，动物协调障碍、痉挛、虚脱等。

侵入途径

吸入。

职业接触限值 中国：PC－TWA：2ppm(按F计)。

美国(ACGIH)：TLV－TWA：10ppm。

理化特性与用途

理化特性 无色有霉味的气体。不溶于水。熔点 -208.5℃，沸点 -129℃，相对密度(水=1)1.885(-129℃，液体)，相对蒸气密度(空气=1)2.45，饱和蒸气压 4442kPa(-40℃)，临界温度 -39.3℃，临界压力 4.5299MPa。

主要用途 用作高能燃料、电子工业中氟的来源，用于生产全氟铵盐等。

包装与储运

包装标志 有毒气体，氧化剂

安全储运 储存于阴凉、通风的有毒气体专用库房。远离火种、热源。库温不宜超过 30℃，相对湿度不超过 80%。保持容器密封。应与易(可)燃物、还原剂、食用化学品分开存放，切忌混储。储区应备有泄漏应急处理设备。搬运时轻装轻卸，须戴好钢瓶安全帽和防震橡皮圈，防止钢瓶撞击。

紧急处置信息

急救措施

吸入： 迅速脱离现场至空气新鲜处。保持呼吸道通畅。如呼吸困难，给输氧。呼吸、心跳停止，立即进行心肺复苏术。就医。

眼睛接触： 不会通过该途径接触。

皮肤接触： 不会通过该途径接触。

食入： 不会通过该途径接触。

灭火方法 本品不燃。根据着火原因选择适当灭火剂灭火。

泄漏应急处置 根据气体扩散的影响区域划定警戒区，无关人员从侧风、上风向撤离至安全区。消除所有点火源。建议应急处理人员穿内置正压自给式呼吸器的全封闭防化服。勿使泄漏物与可燃物质(如木材、纸、油等)接触。禁止接触或跨越泄漏物。尽可能切断泄漏源。喷雾状水抑制蒸气或改变蒸气云流向，避免水流接触泄漏物。禁止用水直接冲击泄漏物或泄漏源。防止气体通过下水道、通风系统和受限空间扩散。漏出气允许排入大气中。隔离泄漏区直至气体散尽。

470. 三 氟 化 磷

标　　识

中文名称 三氟化磷

英文名称 phophorous trifluoride; phosphorus fluoride

别名 氟化亚磷

分子式 F_3P

CAS 号 7783-55-3

WGH 号 23017

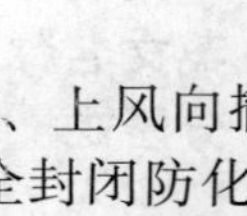

危害信息

危险性类别 第 2.3 类有毒气体。

燃烧与爆炸危险性 不燃，无特殊燃爆特性。遇水或高热能放出大量的有毒气体。

活性反应 接触二氟化氧发生爆炸。与硼烷、氟、氧等发生剧烈反应。遇水或高热能放出大量的有毒气体。

禁忌物 水、碱类、氧、氟、二氟化氧、硼烷。

中毒表现 对眼、皮肤和黏膜有强烈刺激性。

侵入途径

吸入。

职业接触限值 中国：PC－TWA：2mg/m^3[按氟计]。

美国(ACGIH)：TLV－TWA：2.5mg/m^3[按氟计]。

理化特性与用途

理化特性 无色气体，遇湿气缓慢分解。溶于乙醇。熔点－151.9℃，沸点－101.7℃，相对密度(水＝1)1.6，相对蒸气密度(空气＝1)3.91 临界温度－2.05℃，临界压力4.33MPa。

主要用途 用于发生气体，用作聚合催化剂，有机合成中用作氟化剂，电子工业中用作磷离子注入剂 。

包装与储运

包装标志 有毒气体，腐蚀品

安全储运 储存于阴凉、干燥、通风的有毒气体专用库房。库温不宜超过30℃，相对湿度不宜超过75%。远离火种、热源。防止阳光直射。保持容器密封。应与碱类、氧、氟等分开存放，切忌混储。储区应备有泄漏应急处理设备。

紧急处置信息

急救措施

吸入：迅速脱离现场至空气新鲜处。保持呼吸道通畅。如呼吸困难，给输氧。呼吸、心跳停止，立即进行心肺复苏术。就医。

眼睛接触：分开眼睑，用流动清水或生理盐水冲洗。如有不适感，就医。

皮肤接触：立即脱去污染的衣着，用大量流动清水冲洗。如有不适感，就医。

食入：不会通过该途径接触。

灭火方法 消防人员必须佩戴空气呼吸器，穿全身防火防毒服，在上风向灭火。迅速切断气源，用水喷淋保护切断气源的人员。然后根据着火原因选择适当灭火剂灭火。尽可能将容器从火场移至空旷处。喷水保持火场容器冷却，直至灭火结束。禁止用水和泡沫灭火。根据着火原因选择适当灭火剂灭火。

泄漏应急处置 根据气体扩散的影响区域划定警戒区，无关人员从侧风、上风向撤离至安全区。建议应急处理人员穿内置正压自给式呼吸器的全封闭防化服。禁止接触或跨越泄漏物。尽可能切断泄漏源。防止气体通过下水道、通风系统和受限空间扩散。喷雾状水抑制蒸气或改变蒸气云流向，避免水流接触泄漏物。禁止用水直接冲击泄漏物或泄漏源。隔离泄漏区直至气体散尽。

471. 三氟化硼四氢呋喃

标　识

中文名称　三氟化硼四氢呋喃

英文名称　Boron trifluoride tetrahydrofuran；Trifluoro(tetrahydrofuran)boron

别名　三氟化硼四氢呋喃络和物

分子式　$C_4H_8BF_3O$

CAS 号　462－34－0(70157－12－9)

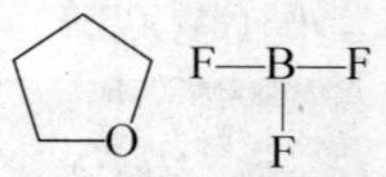

危害信息

侵入途径

吸入、食入、经皮吸收。

理化特性与用途

理化特性　无色透明液体，储存期间略显淡黄色，有刺激性气味不溶于水(遇水发生水解)。pH 值＜1，熔点 12℃，沸点 180℃，相对密度(水＝1)1.268，闪点 92℃，引燃温度 250℃，爆炸下限 2.3%，爆炸上限 17.7%。

主要用途　用作化学试剂、有机反应的催化剂、聚合反应的抑制剂以及作为医药中间体。

包装与储运

安全储运　储存于阴凉、通风的库房。远离火种、热源。应与强氧化剂、强酸等隔离储运。

紧急处置信息

急救措施

吸入：脱离接触。如有不适感，就医。

眼睛接触：分开眼睑，用流动清水或生理盐水冲洗。如有不适感，就医。

皮肤接触：脱去污染的衣着，用肥皂水和清水冲洗。如有不适感，就医。

食入：漱口，饮水。就医。

泄漏应急处置　消除所有点火源。根据液体流动和蒸气扩散的影响区域划定警戒区，无关人员从侧风、上风向撤离至安全区。建议应急处理人员戴正压自给式呼吸器，穿防静电服。禁止接触或跨越泄漏物。尽可能切断泄漏源。防止泄漏物进入水体、下水道、地下室或受限空间。

472. 三氟化硼乙胺

标　识

中文名称　三氟化硼乙胺

英文名称 ethylamine boron trifluoride ; boron trifluoride ethylamine; boron trifluoride ethylamine complex

别名 三氟化硼乙胺络合物

分子式 $C_2H_7BF_3N$

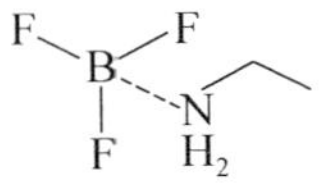

CAS 号 75-23-0

WGH 号 61736

危害信息

危险性类别 第6类有毒品。

燃烧与爆炸危险性 可燃。其粉体与空气混合，能形成爆炸性混合物。受高热分解放出有毒的气体。具有腐蚀性。

禁忌物 强氧化剂、强碱。

毒性 小鼠腹腔内 LDL_0：422mg/kg。

中毒表现 本品为具腐蚀性的毒物，有催泪作用。经口摄入和皮肤接触能吸收引起中毒。对眼睛、皮肤、黏膜和上呼吸道有强烈刺激作用。

侵入途径

吸入、食入、经皮吸收。

理化特性与用途

理化特性 白色或淡黄色结晶，稍有氨气味，具有强吸湿性。熔点85~89℃，沸点147~148℃(0.13kPa)，相对密度(水=1)1.38，闪点157℃。

主要用途 用作树脂固化剂，有机合成反应催化剂。

包装与储运

包装标志 有毒品

包装类别 Ⅱ类

安全储运 储存于阴凉、干燥、通风的库房。远离火种、热源。防止阳光直射。包装密封。应与氧化剂、碱类、食用化学品分开存放，切忌混储。配备相应品种和数量的消防器材。储区应备有合适的材料收容泄漏物。

紧急处置信息

急救措施

吸入：迅速脱离现场至空气新鲜处。保持呼吸道通畅。如呼吸困难，给输氧。呼吸、心跳停止，立即进行心肺复苏术。就医。

眼睛接触：立即分开眼睑，用大量流动清水或生理盐水彻底冲洗10~15min。就医。

皮肤接触：立即脱去污染的衣着，用大量流动清水彻底冲洗，冲洗时间一般要求20~30min。就医。

食入：用水漱口，给饮牛奶或蛋清。就医。

灭火方法 消防人员须佩戴防毒面具，穿全身消防服，在上风向灭火。尽可能将容器从火场移至空旷处。喷水保持火场容器冷却，直至灭火结束。

灭火剂：雾状水、泡沫、干粉、二氧化碳、砂土。

泄漏应急处置 隔离泄漏污染区，限制出入。消除所有点火源。建议应急处理人员戴防尘口罩，穿防毒服，戴耐酸碱手套。穿上适当的防护服前严禁接触破裂的容器和泄漏物。尽可能切断泄漏源。用塑料布覆盖泄漏物，减少飞散。勿使水进入包装容器内。用洁净的铲子收集泄漏物，置于干净、干燥、盖子较松的容器中，将容器移离泄漏区。

473. 三氟化砷

标识

中文名称 三氟化砷

英文名称 arsenous trifluoride；arsenic trifluoride；trifluoroarsine

别名 氟化亚砷

分子式 AsF_3

CAS 号 7784-35-2

WGH 号 61013

危害信息

危险性类别 第6类有毒品。

燃烧与爆炸危险性 不燃，无特殊燃爆特性。遇水或水蒸气、酸或酸气产生剧毒的烟雾。在潮湿条件下能腐蚀某些金属。

活性反应 与三氧化磷发生剧烈反应。在潮湿条件下能腐蚀某些金属。

禁忌物 酸类、强氧化剂。

毒性 小鼠吸入 LCL_0：2000mg/m^3(10min)。

IARC致癌性评论：G1，确认人类致癌物。

中毒表现 无机砷化合物口服中毒表现为急性胃肠炎、休克、中毒性心肌炎、肝炎，以及抽搐、昏迷等，甚至死亡。可在急性中毒的1~3周内发生周围神经病。大量吸入亦可引起急性中毒。

慢性中毒表现有消化系统症状，肝肾损害，皮肤色素沉着、角化过度或疣状增生，多发性神经炎等。

侵入途径

吸入、食入、经皮吸收。

职业接触限值 中国：PC-TWA：0.01mg/m^3[按砷计]，PC-TWA：2mg/m^3[按氟计]；PC-STEL：0.02mg/m^3[按砷计]。

美国(ACGIH)：TLV-TWA：0.01mg/m^3[按砷计]，TLV-TWA：2.5mg/m^3[按氟计]。

环境危害 对水生生物有极高毒性，可能在水生环境中造成长期不利影响。

理化特性与用途

理化特性 无色透明油状液体。溶于水，溶于氢氧化铵、乙醇、乙醚、苯。熔点-5.9℃，沸点57.8℃，相对密度(水=1)2.7，饱和蒸气压13.33kPa(13.2℃)。

主要用途 用于制造杀虫剂，用作氟化物的中间体，也用作氟化剂、催化剂、掺杂剂等。

包装与储运

包装标志 有毒品

包装类别 Ⅱ类

安全储运 储存于阴凉、干燥、通风的库房。远离火种、热源。库温不超过35℃。相对湿度不超过80%。包装必须密封。切勿受潮。应与氧化剂、酸类、食用化学品分开存放，切忌混储。储区应备有泄漏应急处理设备和合适的收容材料。

紧急处置信息

急救措施

吸入：迅速脱离现场至空气新鲜处。保持呼吸道通畅。如呼吸困难，给输氧。呼吸、心跳停止，立即进行心肺复苏术。就医。

眼睛接触：分开眼睑，用流动清水或生理盐水冲洗。如有不适感，就医。

皮肤接触：立即脱去污染的衣着，用肥皂水和清水彻底冲洗皮肤。如有不适感，就医。

食入：饮足量温水，催吐、洗胃。给饮牛奶或蛋清。就医。

解毒剂用二巯基丙磺酸钠、二巯基丁二酸钠等。

灭火方法 消防人员必须戴空气呼吸器，穿全身防火防毒服，在上风向灭火。尽可能将容器从火场移至空旷处。喷水保持火场容器冷却，直至灭火结束。禁止用水。本品不燃。根据着火原因选择适当灭火剂灭火。

泄漏应急处置 根据液体流动和蒸气扩散的影响区域划定警戒区，无关人员从侧风、上风向撤离至安全区。建议应急处理人员戴正压自给式呼吸器，穿防毒服，戴橡胶手套。穿上适当的防护服前严禁接触破裂的容器和泄漏物。尽可能切断泄漏源。防止泄漏物进入水体、下水道、地下室或受限空间。小量泄漏：用干燥的砂土或其他不燃材料吸收或覆盖，收集于容器中。大量泄漏：构筑围堤或挖坑收容。用泵转移至槽车或专用收集器内。

474. 三氟化锑

标识

中文名称 三氟化锑

英文名称 antimony trifluoride; trifluorostibine

别名 氟化锑；氟化亚锑

分子式 SbF_3

CAS号 7783-56-4

WGH号 61513

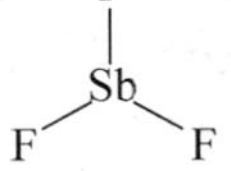

危害信息

危险性类别 第6类有毒品。

燃烧与爆炸危险性 不燃。受高热或接触酸或酸雾放出剧毒的烟雾。

活性反应 受高热或接触酸或酸雾放出剧毒的烟雾。

禁忌物 氧化剂、水、酸类。

毒性 小鼠经口 LD_{50}：804mg/kg。

中毒表现 本品遇水或潮湿空气产生氟化氢。对皮肤、黏膜和呼吸道有刺激作用。

侵入途径

吸入、食入。

职业接触限值 中国：PC-TWA：0.5mg/m³[按锑计]，PC-TWA：2mg/m³[按氟计]。

美国(ACGIH)：TLV－TWA：0.5mg/m^3[按锑计]，TLV－TWA：2.5mg/m^3[按氟计]。

环境危害 对水生生物有毒，可能在水生环境中造成长期不利影响。

理化特性与用途

理化特性 白色至灰色正交晶系结晶，有吸湿性。溶于水，溶于甲醇、乙醇、苯、丙酮，不溶于氨。熔点292℃，沸点376℃，升华点376℃，相对密度(水＝1)4.38，饱和蒸气压26.34kPa(熔点)。

主要用途 用作分析试剂、织物媒染剂、氟化剂，也用于电镀及陶瓷工业。

包装与储运

包装标志 有毒品

包装类别 Ⅲ类

安全储运 储存于阴凉、干燥、通风良好的库房。库温不超过35℃。相对湿度不超过80%。包装必须密封，切勿受潮。应与氧化剂、酸类、食用化学品分开存放，切忌混储。储区应备有合适的材料收容泄漏物。

紧急处置信息

急救措施

吸入：迅速脱离现场至空气新鲜处。保持呼吸道通畅。如呼吸困难，给输氧。呼吸、心跳停止，立即进行心肺复苏术。就医。

眼睛接触：分开眼睑，用流动清水或生理盐水冲洗。如有不适感，就医。

皮肤接触：立即脱去污染的衣着，用肥皂水和清水彻底冲洗皮肤。如有不适感，就医。

食入：饮足量温水，催吐。就医。

灭火方法 消防人员必须佩戴空气呼吸器，穿全身防火防毒服，在上风向灭火。尽可能将容器从火场移至空旷处。喷水保持火场容器冷却，直至灭火结束。禁止用水。本品不燃。根据着火原因选择适当灭火剂灭火。

泄漏应急处置 隔离泄漏污染区，限制出入。建议应急处理人员戴防尘口罩，穿防毒服，戴橡胶手套。禁止接触或跨越泄漏物。用干燥的砂土或其他不燃材料覆盖泄漏物，然后用塑料布覆盖，减少飞散、避免雨淋。用洁净的铲子收集泄漏物，置于干净、干燥、盖子较松的容器中，将容器移离泄漏区。

475. 三 氟 化 溴

标 识

中文名称 三氟化溴

英文名称 bromine trifluoride

别名 Bromine fluoride

分子式 BrF_3

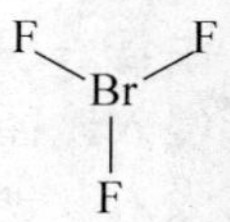

CAS 号 7787－71－5

WGH 号 51012

UN 号 1746

危害信息

危险性类别 第5.1类氧化剂。

燃烧与爆炸危险性 助燃。遇水发生剧烈反应，散发出白色有强刺激性和腐蚀性的氟化氢烟雾。受高热或接触酸或酸雾放出剧毒的烟雾。具有强腐蚀性。

活性反应 化学反应活性很高，能与许多化学物质发生爆炸性反应。与有机材料如木、棉花或草接触，会着火。遇水发生剧烈反应，散发出白色有强刺激性和腐蚀性的氟化氢烟雾。

禁忌物 还原剂、易燃或可燃物、金属氧化物、金属及其卤化物、水。

中毒表现 本品对皮肤、眼睛、黏膜和呼吸道有刺激作用，其液体或蒸气致眼灼伤。有腐蚀性。吸入可致死。

侵入途径

吸入、食入。

职业接触限值 中国：PC－TWA：2mg/m^3[按氟计]。

美国(ACGIH)：TLV－TWA：2.5mg/m^3[按氟计]。

环境危害 对水生生物有极高毒性。

理化特性与用途

理化特性 无色至淡黄色发烟液体，有刺激性气味。与水反应。溶于硫酸。熔点8.8℃，沸点125.75℃，相对密度(水=1)2.803(25℃)，相对蒸气密度(空气=1)4.7。

主要用途 用作氟化剂、氧化剂和氟化物的溶剂。

包装与储运

包装标志 氧化剂，有毒品，腐蚀品

包装类别 Ⅰ类

安全储运 储存于阴凉、干燥、通风良好的库房。库温不超过30℃。相对湿度不超过75%。远离火种、热源。防止阳光直射。保持容器密封。切勿受潮。应与还原剂、易(可)燃物、金属氧化物、金属及其卤化物等分开存放，切忌混储。储区应备有泄漏应急处理设备和合适的收容材料。

紧急处置信息

急救措施

吸入：迅速脱离现场至空气新鲜处。保持呼吸道通畅。如呼吸困难，给输氧。呼吸、心跳停止，立即进行心肺复苏术。就医。

眼睛接触：立即分开眼睑，用大量流动清水或生理盐水彻底冲洗10～15min。就医。

皮肤接触：立即脱去污染的衣着，用大量流动清水彻底冲洗，冲洗时间一般要求20～30min。就医。

食入：用水漱口，给饮牛奶或蛋清。就医。

灭火方法 消防人员必须戴空气呼吸器，穿全身防火防毒服，在上风向灭火。灭火时尽可能将容器从火场移至空旷处。禁止用水、泡沫和酸碱灭火剂灭火。本品不燃。根据着火原因选择适当灭火剂灭火。

泄漏应急处置 根据液体流动和蒸气扩散的影响区域划定警戒区，无关人员从侧风、上风向撤离至安全区。建议应急处理人员戴正压自给式呼吸器，穿防腐、防毒服，戴防腐蚀手套。穿上适当的防护服前严禁接触破裂的容器和泄漏物。尽可能切断泄漏源。喷雾状

水抑制蒸气或改变蒸气云流向，避免水流接触泄漏物。严禁用水处理。防止泄漏物进入水体、下水道、地下室或受限空间。小量泄漏：用干燥的砂土或其他不燃材料覆盖泄漏物。大量泄漏：用碎石灰石($CaCO_3$)、苏打灰(Na_2CO_3)或石灰(CaO)中和。在专家指导下清除。

476. 三氟 - 3 - 氯甲苯

标　识

中文名称　三氟 - 3 - 氯甲苯

英文名称　3 - chlorobenzotrifluoride；3 - chloro - alpha，alpha，alpha - trifluorotoluene；1 - chloro - 3 - (trifluoromethyl) benzene

别名　三氟甲基氯苯；间氯三氟苄

分子式　$C_7H_4ClF_3$

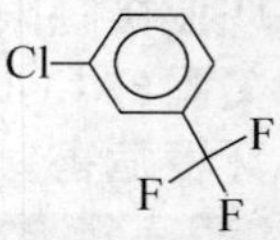

CAS 号　98 - 15 - 7

WGH 号　61668

UN 号　2234

危害信息

危险性类别　第 6 类有毒品。

燃烧与爆炸危险性　易燃。其蒸气与空气混合，能形成爆炸性混合物。受高热分解放出有毒的气体。蒸气比空气重，能在较低处扩散到相当远的地方，遇火源会着火回燃和爆炸(闪爆)。若遇高热，容器内压增大，有开裂和爆炸的危险。

活性反应　与氧化剂可发生反应。

禁忌物　强氧化剂、水蒸气。

毒性　大鼠经口 LD_{50}：>5000mg/kg；大鼠吸入 LC_{50}：>23600mg/m^3(4h)。

中毒表现　高浓度时，对眼睛、皮肤、黏膜和上呼吸道有强烈刺激性。

侵入途径

吸入、食入、经皮吸收。

环境危害　对水生生物有害，可能在水生环境中造成长期不利影响。

理化特性与用途

理化特性　无色透明液体，有类似鱼的气味。不溶于水，溶于乙醇、乙醚。熔点 -55.4℃，沸点 137 ~ 138℃，相对密度(水 = 1)1.336，相对蒸气密度(空气 = 1)6.23，饱和蒸气压 0.86kPa(21℃)，辛醇/水分配系数 3.6，闪点 36℃，引燃温度 >450℃。

主要用途　用于制造染料、颜料、药物、农药，用作溶剂。

包装与储运

包装标志　有毒品

包装类别　Ⅲ类

安全储运　储存于阴凉、通风的库房。远离火种、热源。防止阳光直射。储存温度不超过 35℃，相对湿度不超过 82%。保持容器密封。应与氧化剂、强碱等分开存放，切忌混储。采用防爆型照明、通风设施。禁止使用易产生火花的机械设备和工具。储区应备有泄漏应急处理设备和合适的收容材料。

紧急处置信息

急救措施

吸入：迅速脱离现场至空气新鲜处。保持呼吸道通畅。如呼吸困难，给输氧。呼吸、心跳停止，立即进行心肺复苏术。就医。

眼睛接触：分开眼睑，用流动清水或生理盐水冲洗。如有不适感，就医。

皮肤接触：立即脱去污染的衣着，用大量流动清水冲洗。如有不适感，就医。

食入：饮足量温水，催吐。就医。

灭火方法 消防人员必须佩戴空气呼吸器，穿全身防火防毒服，在上风向灭火。尽可能将容器从火场移至空旷处。喷水保持火场容器冷却，直至灭火结束。处在火场中的容器若已变色或从安全泄压装置中发出声音，必须马上撤离。

灭火剂：泡沫、干粉、二氧化碳、砂土。

泄漏应急处置 消除所有点火源。根据液体流动和蒸气扩散的影响区域划定警戒区，无关人员从侧风、上风向撤离至安全区。建议应急处理人员戴正压自给式呼吸器，穿防毒、防静电服，戴橡胶手套。作业时使用的所有设备应接地。禁止接触或跨越泄漏物。尽可能切断泄漏源。防止泄漏物进入水体、下水道、地下室或受限空间。小量泄漏：用砂土或其他不燃材料吸收。使用洁净的无火花工具收集吸收材料。大量泄漏：构筑围堤或挖坑收容。用石灰粉等吸收大量液体。用泡沫覆盖，减少蒸发。喷水雾能减少蒸发，但不能降低泄漏物在受限空间内的易燃性。用防爆泵转移至槽车或专用收集器内。

477. 三氟溴乙烯

标 识

中文名称 三氟溴乙烯

英文名称 bromotrifluoroethylene；trifluorobromoethylene

别名 溴三氟乙烯

分子式 C_2BrF_3

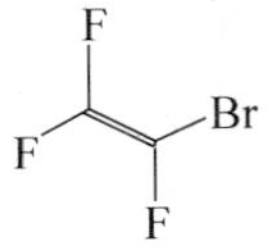

CAS 号 598－73－2

WGH 号 21035

UN 号 2419

危害信息

危险性类别 第 2.1 类易燃气体。

燃烧与爆炸危险性 易燃。与空气混合能形成爆炸性混合物，遇明火、高热能引起燃烧爆炸。

禁忌物 强氧化剂、氧。

中毒表现 高浓度时对中枢神经系统有抑制作用，亦可引起心律不齐。

侵入途径

吸入。

理化特性与用途

理化特性 无色液化气体，有芳香气味。不溶于水，溶于部分有机溶剂。沸点 -2.9~0℃，相对密度(水=1)1.9(-18℃)，相对蒸气密度(空气=1)5.61，饱和蒸气压 252kPa(21℃)，临界温度 185℃，辛醇/水分配系数 1.55，可燃极限 9%~32.6%(体积)。

主要用途 用于有机合成。

包装与储运

包装标志 易燃气体。

安全储运 储存于阴凉、通风的易燃气体专用库房。库温不宜超过 30℃。远离火种、热源。防止阳光直射。保持容器密封。严禁与空气接触。应与氧化剂等分开存放，切忌混储。采用防爆型照明、通风设施。禁止使用易产生火花的机械设备和工具。储区应备有泄漏应急处理设备。

紧急处置信息

急救措施

吸入：迅速脱离现场至空气新鲜处。保持呼吸道通畅。如呼吸困难，给输氧。呼吸、心跳停止，立即进行心肺复苏术。就医。

眼睛接触：分开眼睑，用流动清水或生理盐水冲洗。如有不适感，就医。

皮肤接触：立即脱去污染的衣着，用大量流动清水冲洗。如有不适感，就医。

食入：饮足量温水，催吐。就医。

灭火方法 消防人员必须佩戴空气呼吸器，穿全身防火防毒服，在上风向灭火。切断气源，若不能切断气源，则不允许熄灭泄漏处的火焰。尽可能将容器从火场移至空旷处。喷水保持火场容器冷却，直至灭火结束。

灭火剂：泡沫、干粉、二氧化碳、砂土。

泄漏应急处置 消除所有点火源。根据气体扩散的影响区域划定警戒区，无关人员从侧风、上风向撤离至安全区。建议应急处理人员戴正压自给式呼吸器，穿防静电服。液化气体泄漏时穿防静电、防寒服。作业时使用的所有设备应接地。禁止接触或跨越泄漏物。尽可能切断泄漏源。若可能翻转容器，使之逸出气体而非液体。喷雾状水抑制蒸气或改变蒸气云流向，避免水流接触泄漏物。禁止用水直接冲击泄漏物或泄漏源。防止气体通过下水道、通风系统和受限空间扩散。隔离泄漏区直至气体散尽。

478. 三氟乙酸

标 识

中文名称 三氟乙酸

英文名称 trifluoroacetic acid; 2, 2, 2 - trifluoroacetic acid

别名 三氟醋酸

分子式 $C_2HF_3O_2$

CAS 号 76-05-1

WGH 号 81102

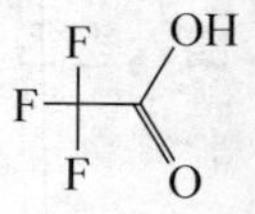

UN 号 2699

危害信息

危险性类别 第 8 类腐蚀品。

燃烧与爆炸危险性 不燃。受热分解或与酸类接触放出有毒气体。具有强腐蚀性。

活性反应 受热分解或与酸类接触放出有毒气体。

禁忌物 碱类、强氧化剂、强还原剂。

毒性 大鼠经口 LD_{50}：200mg/kg；大鼠吸入 LC_{50}：1000mg/m^3。

中毒表现 对眼、黏膜和皮肤有强烈刺激作用。

侵入途径

吸入、食入。

环境危害 对水生生物有害，可能在水生环境中造成长期不利影响。

理化特性与用途

理化特性 无色透明吸湿性发烟液体，有强烈的刺激性气味。与水、乙醇、乙醚、丙酮、苯、四氯化碳、己烷混溶。pH 值 2(100g/L 水溶液)，熔点 -15℃，沸点 72℃，相对密度(水 = 1) 1.5，相对蒸气密度(空气 = 1) 3.9，饱和蒸气压 11kPa(20℃)，临界温度 218.3℃，临界压力 3.26MPa，辛醇/水分配系数 -2.1。

主要用途 用作实验试剂、溶剂、催化剂及用于有机合成。

包装与储运

包装标志 腐蚀品，有毒品[铁规]

包装类别 Ⅰ类

安全储运 储存于阴凉、通风的库房。远离火种、热源。库温不超过 32℃。相对湿度不超过 80%。保持容器密封。应与氧化剂、还原剂、碱类、食用化学品分开存放，切忌混储。储区应备有泄漏应急处理设备和合适的收容材料。

紧急处置信息

急救措施

吸入： 迅速脱离现场至空气新鲜处。保持呼吸道通畅。如呼吸困难，给输氧。呼吸、心跳停止，立即进行心肺复苏术。就医。

眼睛接触： 立即分开眼睑，用大量流动清水或生理盐水彻底冲洗 10～15min。就医。

皮肤接触： 立即脱去污染的衣着，用大量流动清水彻底冲洗，冲洗时间一般要求 20～30min。就医。

食入： 用水漱口，给饮牛奶或蛋清。就医。

灭火方法 消防人员必须穿全身耐酸碱消防服，佩戴空气呼吸器，在上风向灭火。尽可能将容器从火场移至空旷处。喷水保持火场容器冷却，直至灭火结束。处在火场中的容器若已变色或从安全泄压装置中发出声音，必须马上撤离。禁止用水和泡沫灭火。

灭火剂：干粉、砂土。

泄漏应急处置 根据液体流动和蒸气扩散的影响区域划定警戒区，无关人员从侧风、上风向撤离至安全区。建议应急处理人员戴正压自给式呼吸器，穿防腐蚀、防毒服，戴橡胶耐酸碱手套。穿上适当的防护服前严禁接触破裂的容器和泄漏物。尽可能切断泄漏源。防止泄漏物进入水体、下水道、地下室或受限空间。小量泄漏：用干燥的砂土或其他不燃材料吸收或覆盖，收集于容器中。大量泄漏：构筑围堤或挖坑收容。用耐腐蚀泵转移至槽车或专用收集器内。

479. 三氟乙酸酐

标　识

中文名称　三氟乙酸酐

英文名称　trifluoroacetic anhydride; trifluoroacetic acid anhydride

别名　三氟醋酸酐

分子式　$C_4F_6O_3$

CAS 号　407－25－0

WGH 号　81102

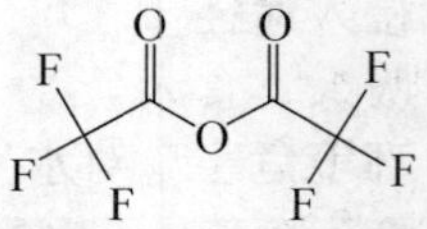

危害信息

危险性类别　第 8 类腐蚀品。

燃烧与爆炸危险性　不燃，无特殊燃爆特性。受高热产生有毒的一氧化碳和氟化氢气体。对很多金属尤其是潮湿空气存在下有腐蚀性。

活性反应　遇低级醇和水起化学反应而分解。对很多金属尤其是潮湿空气存在下有腐蚀性。

禁忌物　强氧化剂、强酸、强碱、水、醇类。

中毒表现　本品对皮肤和黏膜具有强烈刺激作用，并能引起灼伤。

侵入途径

吸入、食入。

环境危害　对水生生物有害，可能在水生环境中造成长期不利影响。

理化特性与用途

理化特性　无色易挥发性液体，有刺激性气味。pH 值 1(1.05%，20℃)，熔点－65℃，沸点 39.5℃，相对密度(水＝1)1.51，相对蒸气密度(空气＝1)3.9，饱和蒸气压 5.48kPa(25℃)，辛醇/水分配系数 0.25，闪点－26℃。

主要用途　用于有机合成，用作分析试剂、溶剂、催化剂、脱水缩合剂、羟基和氨基三氟乙酰化时的保护剂。

包装与储运

包装标志　腐蚀品，有毒品

包装类别　Ⅰ类

安全储运　储存于阴凉、干燥、通风良好的库房。远离火种、热源。库温不超过 30℃。相对湿度不超过 75%。包装必须密封。切勿受潮。应与氧化剂、酸类、碱类、醇类等分开存放，切忌混储。储区应备有泄漏应急处理设备和合适的收容材料。

紧急处置信息

急救措施

吸入：迅速脱离现场至空气新鲜处。保持呼吸道通畅。如呼吸困难，给输氧。呼吸、

心跳停止，立即进行心肺复苏术。就医。

眼睛接触： 立即分开眼睑，用大量流动清水或生理盐水彻底冲洗 10 ~ 15min。就医。

皮肤接触： 立即脱去污染的衣着，用大量流动清水彻底冲洗，冲洗时间一般要求 20 ~ 30min。就医。

食入： 用水漱口。给饮牛奶或蛋清。就医。

灭火方法 消防人员必须穿全身耐酸碱消防服，佩戴空气呼吸器，在上风向灭火。尽可能将容器从火场移至空旷处。喷水保持火场容器冷却，直至灭火结束。处在火场中的容器若已变色或从安全泄压装置中发出声音，必须马上撤离。不宜用水。

灭火剂：干粉、二氧化碳、砂土。

泄漏应急处置 根据液体流动和蒸气扩散的影响区域划定警戒区，无关人员从侧风、上风向撤离至安全区。建议应急处理人员戴正压自给式呼吸器，穿防腐蚀、防毒服，戴橡胶耐酸碱手套。作业时使用的所有设备应接地。穿上适当的防护服前严禁接触破裂的容器和泄漏物。勿使水进入包装容器内。尽可能切断泄漏源。小量泄漏：用干燥的砂土或其他不燃材料覆盖泄漏物。大量泄漏：构筑围堤或挖坑收容。撒湿冰或冰水冷却。

480. 三氟乙酸乙酯

标识

中文名称 三氟乙酸乙酯

英文名称 ethyl trifluoroacetate; trifluoroacetic acid, ethyl ester

别名 三氟醋酸乙酯

分子式 $C_4H_5F_3O_2$

CAS 号 383 - 63 - 1

WGH 号 32134；31234[铁规]

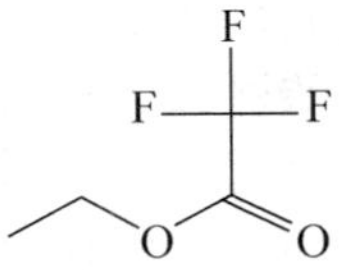

危害信息

危险性类别 第 3 类易燃液体。

燃烧与爆炸危险性 易燃。其蒸气与空气混合，能形成爆炸性混合物。遇高热分解释出高毒烟气。具有腐蚀性。若遇高热，容器内压增大，有开裂和爆炸的危险。

活性反应 与氧化剂接触发生猛烈反应。

禁忌物 强氧化剂、强酸、强碱。

中毒表现 具腐蚀性。对眼睛、皮肤、黏膜和上呼吸道有强烈刺激作用。吸入可引起喉、支气管痉挛、化学性肺炎、肺水肿。接触可引起烧灼感、咳嗽、头痛、呕吐等。

侵入途径

吸入、食入。

理化特性与用途

理化特性 无色透明液体，有酯香味。微溶于水，易溶于乙醇、乙醚，溶于氯仿。熔点 -78℃，沸点 60 ~62℃，相对密度(水 =1)1. 194，相对蒸气密度(空气 =1)4. 9，饱和蒸气压 26. 07kPa(25℃)，辛醇/水分配系数 1. 18，闪点 -1℃。

主要用途 制造有机氟化合物。

包装与储运

包装标志 易燃液体，腐蚀品

包装类别 Ⅱ类

安全储运 储存于阴凉、通风的库房。远离火种、热源。防止阳光直射。库温不宜超过37℃。保持容器密封。应与氧化剂、强酸、碱类等分开存放，切忌混储。采用防爆型照明、通风设施。禁止使用易产生火花的机械设备和工具。储区应备有泄漏应急处理设备和合适的收容材料。

紧急处置信息

急救措施

吸入：迅速脱离现场至空气新鲜处。保持呼吸道通畅。如呼吸困难，给输氧。呼吸、心跳停止，立即进行心肺复苏术。就医。

眼睛接触：立即分开眼睑，用大量流动清水或生理盐水彻底冲洗10～15min。就医。

皮肤接触：立即脱去污染的衣着，用大量流动清水彻底冲洗，冲洗时间一般要求20～30min。就医。

食入：用水漱口，给饮牛奶或蛋清。就医。

灭火方法 消防人员必须佩戴空气呼吸器，穿全身防火防毒服，在上风向灭火。尽可能将容器从火场移至空旷处。喷水保持火场容器冷却，直至灭火结束。处在火场中的容器若已变色或从安全泄压装置中发出声音，必须马上撤离。用水灭火无效。

灭火剂：泡沫、干粉、二氧化碳、砂土。

泄漏应急处置 消除所有点火源。根据液体流动和蒸气扩散的影响区域划定警戒区，无关人员从侧风、上风向撤离至安全区。建议应急处理人员戴正压自给式呼吸器，穿防静电、防腐、防毒服，戴橡胶耐酸碱手套。作业时使用的所有设备应接地。禁止接触或跨越泄漏物。尽可能切断泄漏源。防止泄漏物进入水体、下水道、地下室或受限空间。小量泄漏：用砂土或其他不燃材料吸收。使用洁净的无火花工具收集吸收材料。大量泄漏：构筑围堤或挖坑收容。用泡沫覆盖，减少蒸发。喷水雾能减少蒸发，但不能降低泄漏物在受限空间内的易燃性。用防爆、耐腐蚀泵转移至槽车或专用收集器内。

481. 三氟乙酰苯胺

标　识

中文名称 三氟乙酰苯胺

英文名称 trifluoroacetanilide；2,2,2－trifluoro－*N*－phenylacetamide；2,2,2－trifluoroacetanilide

别名 2,2,2－三氟－*N*－苯基乙酰胺

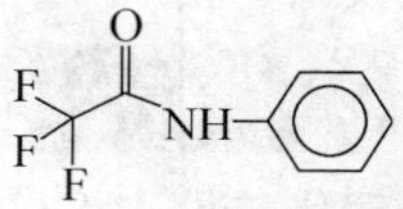

分子式 $C_8H_6F_3NO$

CAS号 404－24－0

WGH号 61764

危害信息

危险性类别 第6类有毒品。

燃烧与爆炸危险性 可燃。其粉体与空气混合，能形成爆炸性混合物。燃烧产生有毒的一氧化碳、氮氧化物、氟化物气体。受热分解产生有毒的烟气。

禁忌物 强氧化剂、强酸。

侵入途径

吸入、食入。

理化特性与用途

理化特性 无色结晶或白色结晶粉末。不溶于水，溶于苯、热的四氯化碳。熔点86～90℃。

主要用途 用作测定氟的标准物及用于有机元素分析。

包装与储运

包装标志 有毒品

包装类别 Ⅲ类

安全储运 储存于阴凉、通风的库房。远离火种、热源。库温不超过35℃。相对湿度不超过80%。包装密封。应与氧化剂、酸类、食用化学品分开存放，切忌混储。配备相应品种和数量的消防器材。储区应备有合适的材料收容泄漏物。

紧急处置信息

急救措施

吸入：迅速脱离现场至空气新鲜处。保持呼吸道通畅。如呼吸困难，给输氧。呼吸、心跳停止，立即进行心肺复苏术。就医。

眼睛接触：分开眼睑，用流动清水或生理盐水冲洗。如有不适感，就医。

皮肤接触：立即脱去污染的衣着，用肥皂水和清水彻底冲洗皮肤。如有不适感，就医。

食入：饮足量温水，催吐。就医。

灭火方法 消防人员必须佩戴空气呼吸器，穿全身防火防毒服，在上风向灭火。尽可能将容器从火场移至空旷处。喷水保持火场容器冷却，直至灭火结束。

灭火剂：泡沫、二氧化碳、砂土。

泄漏应急处置 隔离泄漏污染区，限制出入。消除所有点火源。建议应急处理人员戴防尘口罩，穿防毒服，戴橡胶手套。穿上适当的防护服前严禁接触破裂的容器和泄漏物。尽可能切断泄漏源。用塑料布覆盖泄漏物，减少飞散。勿使水进入包装容器内。用洁净的铲子收集泄漏物，置于干净、干燥、盖子较松的容器中，将容器移离泄漏区。

482. 三 环 唑

标 识

中文名称 三环唑

英文名称 5 – methyl – 1, 2, 4 – triazolo(3, 4 – b)benzo – 1, 3 – thiazole ；tricyclazole

482. 三环唑

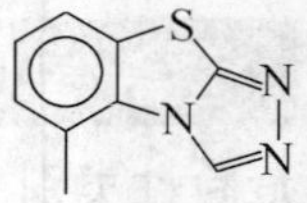

别名 5－甲基－1,2,4－三唑并[3,4－b][1,3]苯并噻唑；克瘟唑

分子式 $C_9H_7N_3S$

CAS 号 41814－78－2

WGH 号 61880

危害信息

危险性类别 第6类有毒品。

燃烧与爆炸危险性 可燃。其粉体与空气混合，能形成爆炸性混合物。受高热分解放出有毒的气体。

禁忌物 强氧化剂。

毒性 大鼠经口 LD_{50}：250mg/kg；小鼠经口 LD_{50}：245mg/kg；大鼠吸入 LC_{50}：250mg/m^3；大鼠经皮 LD_{50}：＞5000mg/m^3；兔经皮 LD_{50}：＞2000mg/m^3。

中毒表现 三环唑的中毒症状表现为四肢无力、步态蹒跚、肌肉震颤及瘫痪。

侵入途径

吸入、食入、经皮吸收。

理化特性与用途

理化特性 白色结晶固体。微溶于水，溶于甲醇、乙醇、二氯乙烷、氯仿、丙酮。熔点187～188℃，沸点275℃，饱和蒸气压0.027MPa(25℃)，辛醇/水分配系数1.7。

主要用途 内吸性杀菌剂和黑色素生物合成抑制剂，用于移栽和直播水稻田防治稻瘟病。

包装与储运

包装标志 有毒品

包装类别 Ⅲ类

安全储运 储存于阴凉、通风的库房。远离火种、热源。防止阳光直射。储存温度不超过35℃，相对湿度不超过85%。保持容器密封。应与氧化剂等分开存放，切忌混储。配备相应品种和数量的消防器材。储区应备有合适的材料收容泄漏物。

紧急处置信息

急救措施

吸入：迅速脱离现场至空气新鲜处。保持呼吸道通畅。如呼吸困难，给输氧。呼吸、心跳停止，立即进行心肺复苏术。就医。

眼睛接触：分开眼睑，用流动清水或生理盐水冲洗。如有不适感，就医。

皮肤接触：立即脱去污染的衣着，用大量流动清水冲洗。如有不适感，就医。

食入：饮足量温水，催吐。就医。

灭火方法 消防人员须佩戴防毒面具，穿全身消防服，在上风向灭火。尽可能将容器从火场移至空旷处。喷水保持火场容器冷却，直至灭火结束。

灭火剂：雾状水、泡沫、干粉、二氧化碳、砂土。

泄漏应急处置 隔离泄漏污染区，限制出入。建议应急处理人员戴防尘口罩，穿防毒服，戴橡胶手套。穿上适当的防护服前严禁接触破裂的容器和泄漏物。尽可能切断泄漏源。用塑料布覆盖泄漏物，减少飞散。勿使水进入包装容器内。用洁净的铲子收集泄漏物，置

于干净、干燥、盖子较松的容器中，将容器移离泄漏区。

483. 三甲胺［无水］

标识

中文名称 三甲胺［无水］

英文名称 trimethylamine；*N*, *N* – dimethylmethanamine

别名 *N*, *N* – 二甲基甲胺；无水三甲胺

分子式 C_3H_9N

CAS 号 75 – 50 – 3

WGH 号 21045

UN 号 1083

危害信息

危险性类别 第 2. 1 类易燃气体。

燃烧与爆炸危险性 易燃。与空气混合能形成爆炸性混合物，遇高热和明火能引起燃烧或爆炸。受热分解产生有毒烟气。蒸气比空气重，能在较低处扩散到相当远的地方，遇火源会着火回燃和爆炸（闪爆）。

活性反应 与氧化剂接触发生猛烈反应。

禁忌物 强氧化剂、强酸、卤素。

毒性 大鼠经口 LD_{50}：500mg/kg；小鼠吸入 LC_{50}：19000mg/m^3。

中毒表现 对眼睛和上呼吸道有刺激作用。浓三甲胺水溶液能引起皮肤剧烈的烧灼感和潮红，洗去溶液后皮肤上仍可残留点状出血。长期接触感到眼、鼻、咽喉干燥不适。

侵入途径

吸入、食入。

职业接触限值 美国（ACGIH）：TLV – TWA：5ppm，TLV – STEL：15ppm。

理化特性与用途

理化特性 无色气体，有鱼样的气味。溶于水，溶于乙醇、乙醚、苯、甲苯、二甲苯、乙苯、氯仿等。熔点 –117℃，沸点 3℃，相对密度（水 =1）0. 6（液体），相对蒸气密度（空气 =1）2. 0，饱和蒸气压 187kPa（20℃），燃烧热 –2443. 1kJ/mol，临界温度 161℃，临界压力 4. 15MPa，辛醇/水分配系数 0. 2，闪点 –6. 7℃（闭杯），引燃温度 190℃，爆炸下限 2. 0%，爆炸上限 11. 6%。

主要用途 用作分析试剂和用于有机合成，也用作消毒剂等。

包装与储运

包装标志 易燃气体

安全储运 储存于阴凉、通风的易燃气体专用库房。远离火种、热源。库温不宜超过 30℃。保持容器密封。应与氧化剂、酸类、卤素分开存放，切忌混储。采用防爆型照明、通风设施。禁止使用易产生火花的机械设备和工具。储区应备有泄漏应急处理设备。搬运时轻装轻卸，须戴好钢瓶安全帽和防震橡皮圈，防止钢瓶撞击。

紧急处置信息

急救措施

吸入：迅速脱离现场至空气新鲜处。保持呼吸道通畅。如呼吸困难，给输氧。呼吸、心跳停止，立即进行心肺复苏术。就医。

眼睛接触：分开眼睑，用流动清水或生理盐水冲洗。如有不适感，就医。

皮肤接触：用大量流动清水冲洗。

食入：不会通过该途径接触。

灭火方法 切断气源。若不能切断气源，则不允许熄灭泄漏处的火焰。消防人员须戴空气呼吸器，穿全身消防服，在上风向灭火。喷水保持火场容器冷却，直至灭火结束。尽可能将容器从火场移至空旷处。

灭火剂：雾状水、抗溶性泡沫、干粉、二氧化碳。

泄漏应急处置 消除所有点火源。根据气体扩散的影响区域划定警戒区，无关人员从侧风、上风向撤离至安全区。建议应急处理人员戴正压自给式呼吸器，穿防静电、防腐蚀、防毒服，戴橡胶手套。作业时使用的所有设备应接地。禁止接触或跨越泄漏物。尽可能切断泄漏源。喷雾状水抑制蒸气或改变蒸气云流向，避免水流接触泄漏物。禁止用水直接冲击泄漏物或泄漏源。喷雾状水稀释、溶解，构筑围堤或挖坑收容废水。隔离泄漏区，直至气体散尽。

484. 2,4,6 – 三甲基吡啶

标 识

中文名称 2, 4, 6 – 三甲基吡啶

英文名称 2, 4, 6 – trimethylpyridine；2, 4, 6 – collidine

别名 可力丁

分子式 $C_8H_{11}N$

CAS 号 108 – 75 – 8

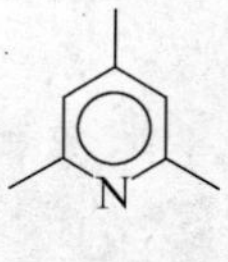

危害信息

危险性类别 第 3 类易燃液体。

燃烧与爆炸危险性 易燃。其蒸气与空气混合，能形成爆炸性混合物。燃烧产生有毒的一氧化碳和氮氧化物气体。

活性反应 与氧化剂接触，有引起燃烧爆炸的危险。

禁忌物 强氧化剂、强酸。

毒性 大鼠经口 LD_{50}：400mg/kg。

中毒表现 本品蒸气和雾对眼睛、黏膜和上呼吸道有刺激作用。对皮肤有刺激作用。

侵入途径

吸入、食入、经皮吸收。

理化特性与用途

理化特性 无色至淡黄色透明液体，有芳香气味。微溶于水，溶于甲醇、乙醇、氯仿、

苯、甲苯、丙酮、稀酸，混溶于乙醚。熔点－43℃，沸点171～172℃，相对密度(水＝1)0.91，相对蒸气密度(空气＝1)4.2，饱和蒸气压0.26kPa(25℃)，燃烧热－4689kJ/mol，辛醇/水分配系数1.88，闪点58℃(闭杯)。

主要用途 用作色谱分析标准物质，也用作溶剂，并用于有机合成。

包装与储运

包装标志 易燃液体，有毒品

包装类别 Ⅲ类

安全储运 储存于阴凉、通风的库房。远离火种、热源。库温不宜超过35℃，相对湿度不超过85%。保持容器密封。应与氧化剂、酸类、食用化学品分开存放，切忌混储。配备相应品种和数量的消防器材。储区应备有泄漏应急处理设备和合适的收容材料。

紧急处置信息

急救措施

吸入：迅速脱离现场至空气新鲜处。保持呼吸道通畅。如呼吸困难，给输氧。呼吸、心跳停止，立即进行心肺复苏术。就医。

眼睛接触：分开眼睑，用流动清水或生理盐水冲洗。如有不适感，就医。

皮肤接触：脱去污染的衣着，用大量流动清水冲洗。如有不适感，就医。

食入：饮足量温水，催吐。就医。

灭火方法 消防人员须佩戴防毒面具，穿全身消防服，在上风向灭火。尽可能将容器从火场移至空旷处。喷水保持火场容器冷却，直至灭火结束。处在火场中的容器若已变色或从安全泄压装置中发出声音，必须马上撤离。

灭火剂：雾状水、泡沫、干粉、二氧化碳、砂土。

泄漏应急处置 根据液体流动和蒸气扩散的影响区域划定警戒区，无关人员从侧风、上风向撤离至安全区。消除所有点火源。建议应急处理人员戴防毒面具，穿防毒、防静电服，戴橡胶手套。作业时使用的所有设备应接地。禁止接触或跨越泄漏物。尽可能切断泄漏源。防止泄漏物进入水体、下水道、地下室或受限空间。小量泄漏：用砂土或其他不燃材料吸收。使用洁净的无火花工具收集吸收材料。大量泄漏：构筑围堤或挖坑收容。用泡沫覆盖，减少蒸发。喷水雾能减少蒸发，但不能降低泄漏物在受限空间内的易燃性。用防爆泵转移至槽车或专用收集器内 。

485. 3,5,5－三甲基己醇

标　识

中文名称 3,5,5－三甲基己醇

英文名称 3,5,5－trimethylhexan－1－ol；3,5,5－trimethyl hexanol

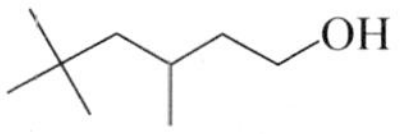

别名 异壬醇

分子式 $C_9H_{20}O$

CAS 号 3452－97－9

危害信息

燃烧与爆炸危险性　可燃。其蒸气与空气混合，能形成爆炸性混合物。燃烧产生有毒的一氧化碳气体。

禁忌物　强氧化剂、强酸。

侵入途径

吸入、食入。

环境危害　对水生生物有毒，可能在水生环境中造成长期不利影响。

理化特性与用途

理化特性　无色透明液体，略有气味。不溶于水。熔点 -70℃，沸点 193 ~ 202℃，相对密度(水 =1)0.829(20℃)，相对蒸气密度(空气 =1)5.0，饱和蒸气压 30Pa(20℃)，临界温度 354.6℃，临界压力 2.595MPa，辛醇/水分配系数 3.11，闪点 93℃(开杯)。

主要用途　用作溶剂和制作润滑剂、塑料软化剂、消毒杀菌剂。

包装与储运

安全储运　储存于阴凉、通风的库房。远离火种、热源。保持容器密封。应与氧化剂、酸类等隔离储运。搬运时轻装轻卸，防止容器受损。

紧急处置信息

急救措施

吸入：脱离现场至空气新鲜处。如有不适感，就医。

眼睛接触：分开眼睑，用流动清水或生理盐水冲洗。如有不适感，就医。

皮肤接触：脱去污染的衣着，用大量流动清水冲洗。如有不适感，就医。

食入：饮足量温水，催吐。就医。

灭火方法　消防人员须佩戴防毒面具，穿全身消防服，在上风向灭火。尽可能将容器从火场移至空旷处。喷水保持火场容器冷却，直至灭火结束。处在火场中的容器若已变色或从安全泄压装置中发出声音，必须马上撤离。

灭火剂：雾状水、泡沫、干粉、二氧化碳、砂土。

泄漏应急处置　根据液体流动和蒸气扩散的影响区域划定警戒区，无关人员从侧风、上风向撤离至安全区。消除所有点火源。建议应急处理人员戴防毒面具，穿防毒服，戴橡胶手套。穿上适当的防护服前严禁接触破裂的容器和泄漏物。尽可能切断泄漏源。防止泄漏物进入水体、下水道、地下室或受限空间。小量泄漏：用干燥的砂土或其他不燃材料吸收或覆盖，收集于容器中。大量泄漏：构筑围堤或挖坑收容。用泵转移至槽车或专用收集器内。

486. 三甲基氯硅烷

标　　识

中文名称　三甲基氯硅烷

英文名称　trimethylchlorosilane；chlorotrimethylsilane

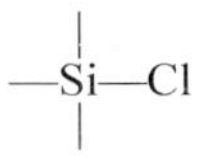

别名 氯化三甲基硅烷

分子式 C_3H_9ClSi

CAS 号 75－77－4

WGH 号 32186；31286［铁规］

UN 号 1298

危害信息

危险性类别 第3类易燃液体。

燃烧与爆炸危险性 极易燃。其蒸气与空气混合，能形成爆炸性混合物。燃烧产生有毒的一氧化碳、氧化硅、氯化氢气体。受热或遇水分解放热，放出有毒的腐蚀性烟气。具有腐蚀性。

活性反应 受热或遇水分解放热，放出有毒的腐蚀性烟气。

禁忌物 强酸、强碱、水。

毒性 大鼠经口 LD_{50}：4813mg/kg；兔经皮 LD_{50}：1513mg/kg。

中毒表现 有强烈刺激性。接触工人往往有眼痛、流泪、咳嗽、头痛、易激动、皮肤发痒等。吸入后可因喉、支气管的痉挛、水肿、炎症，化学性肺炎、肺水肿而致死。眼和皮肤接触其液体可致灼伤。

侵入途径

吸入、食入。

理化特性与用途

理化特性 无色至淡黄色透明液体，有刺激性气味。溶于苯、乙醚、全氯乙烯。熔点－58℃，沸点57℃，相对密度(水＝1)0.85，相对蒸气密度(空气＝1)3.8，饱和蒸气压26.7kPa(20℃)，辛醇/水分配系数2.48，闪点－18℃(开杯)、－28℃(闭杯)，引燃温度395℃，爆炸下限1.8%，爆炸上限6%。

主要用途 用作硅酮油制造的中间体、憎水剂和分析用试剂。

包装与储运

包装标志 易燃液体，腐蚀品

包装类别 Ⅱ类

安全储运 储存于阴凉、干燥、通风良好的库房。远离火种、热源。储存温度不超过30℃，相对湿度不超过80%。保持容器密封。应与氧化剂、碱类、强还原剂等分开存放，切忌混储。采用防爆型照明、通风设施。禁止使用易产生火花的机械设备和工具。灌装时注意流速，防止静电积聚。储区应备有泄漏应急处理设备和合适的收容材料。

紧急处置信息

急救措施

吸入：迅速脱离现场至空气新鲜处。保持呼吸道通畅。如呼吸困难，给输氧。呼吸、心跳停止，立即进行心肺复苏术。就医。

眼睛接触：立即分开眼睑，用大量流动清水或生理盐水彻底冲洗10～15min。就医。

皮肤接触：立即脱去污染的衣着，用大量流动清水彻底冲洗，冲洗时间一般要求20～30min。就医。

食入：用水漱口，禁止催吐。给饮牛奶或蛋清。就医。

灭火方法 消防人员必须佩戴空气呼吸器，穿全身防火防毒服，在上风向灭火。尽可

能将容器从火场移至空旷处。喷水保持火场容器冷却，直至灭火结束。处在火场中的容器若已变色或从安全泄压装置中发出声音，必须马上撤离。

灭火剂：二氧化碳、干粉、干砂。禁止用水和泡沫灭火。

泄漏应急处置　消除所有点火源。根据液体流动和蒸气扩散的影响区域划定警戒区，无关人员从侧风、上风向撤离至安全区。建议应急处理人员戴正压自给式呼吸器，穿防静电、防腐蚀、防毒服，戴橡胶耐油手套。作业时使用的所有设备应接地。穿上适当的防护服前严禁接触破裂的容器和泄漏物。尽可能切断泄漏源。防止泄漏物进入水体、下水道、地下室或受限空间。严禁用水处理。小量泄漏：用干燥的砂土或其他不燃材料覆盖泄漏物。大量泄漏：构筑围堤或挖坑收容。用碎石灰石($CaCO_3$)、苏打灰(Na_2CO_3)或石灰(CaO)中和。用防爆、耐腐蚀泵转移至槽车或专用收集器内。

487. 2, 6, 8 - 三甲基 -4 - 壬酮

标　识

中文名称　2, 6, 8 - 三甲基 -4 - 壬酮

英文名称　2, 6, 8 - trimethylnonan -4 - one；2, 6, 8 - trimethyl -4 - nonanone

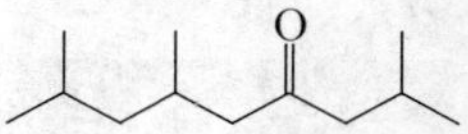

别名　异丁基庚基甲酮

分子式　$C_{12}H_{24}O$

CAS 号　123 -18 -2

危害信息

燃烧与爆炸危险性　可燃。其蒸气与空气混合，能形成爆炸性混合物。流速过快，容易产生和积聚静电。若遇高热，容器内压增大，有开裂和爆炸的危险。

活性反应　与氧化剂可发生反应。

禁忌物　强氧化剂。

毒性　大鼠经口 LD_{50}：8470mg/kg；兔经皮 LD_{50}：8982mg/kg。

中毒表现　反复长期接触能引起轻度皮炎。

侵入途径

吸入、食入、经皮吸收。

理化特性与用途

理化特性　无色液体，有水果香味。微溶于水，易溶于多数有机溶剂。熔点 -75℃，沸点 218.3℃，相对密度(水 =1)0.822，相对蒸气密度(空气 =1)6.37，饱和蒸气压 7.4Pa(20℃)，辛醇/水分配系数 3.96，闪点 91℃(开杯)。

主要用途　用作溶剂和聚氯乙烯的分散剂。

包装与储运

安全储运　储存于阴凉、通风的库房。远离火种、热源。保持容器密封。应与强氧化剂等隔离储运。搬运时轻装轻卸，防止容器受损。

紧急处置信息

急救措施

吸入： 脱离接触。如有不适感，就医。

眼睛接触： 分开眼睑，用流动清水或生理盐水冲洗。如有不适感，就医。

皮肤接触： 脱去污染的衣着，用肥皂水和清水冲洗。如有不适感，就医。

食入： 饮足量温水，催吐。就医。

灭火方法 消防人员须佩戴防毒面具，穿全身消防服，在上风向灭火。尽可能将容器从火场移至空旷处。喷水保持火场容器冷却，直至灭火结束。处在火场中的容器若已变色或从安全泄压装置中发出声音，必须马上撤离。

灭火剂：雾状水、泡沫、干粉、二氧化碳、砂土。

泄漏应急处置 根据液体流动和蒸气扩散的影响区域划定警戒区，无关人员从侧风、上风向撤离至安全区。消除所有点火源。建议应急处理人员戴防毒面具，穿一般作业工作服，戴橡胶手套。尽可能切断泄漏源。防止泄漏物进入水体、下水道、地下室或受限空间。小量泄漏：用干燥的砂土或其他不燃材料吸收或覆盖，收集于容器中。大量泄漏：构筑围堤或挖坑收容。用泵转移至槽车或专用收集器内。

488. 2,2,4－三甲基－1,3－戊二醇

标　识

中文名称 2,2,4－三甲基－1,3－戊二醇

英文名称 2,2,4－trimethylpentane－1,3－diol；2,2,4－trimethyl－1,3－pentanediol

别名 三甲基戊二醇

分子式 $C_8H_{18}O_2$

CAS 号 144－19－4

危害信息

燃烧与爆炸危险性 可燃。其粉体与空气混合，能形成爆炸性混合物。燃烧产生有毒的一氧化碳气体。

禁忌物 强氧化剂。

毒性 大鼠经口 LD_{50}：2000mg/kg；小鼠经口 LD_{50}：2200mg/kg；兔经皮 LD_{50}：6.3ml/kg。

中毒表现 基本无毒害。对眼基本无刺激，对皮肤有轻至中度刺激作用。

侵入途径

吸入、食入。

理化特性与用途

理化特性 白色结晶固体。微溶于水，溶于热苯、丙酮、乙醇、乙醚。熔点 49～56℃，沸点 228.9～235℃，相对密度(水＝1)0.94(15℃)，饱和蒸气压 1.46Pa(25℃)、2.8kPa(129℃)，燃烧热－5050kJ/mol，辛醇/水分配系数 1.24，闪点 113℃(开杯)，引燃温度 300℃。

主要用途　用作制造聚酯树脂、增塑剂、润滑剂、驱虫剂、印刷油墨、表面涂料、弹性体以及多元醇等的中间体。

包装与储运

安全储运　储存于阴凉、通风的库房。远离火种、热源。保持容器密封。应与强氧化剂等隔离储运。搬运时轻装轻卸，防止容器受损。

紧急处置信息

急救措施

吸入：脱离接触。如有不适感，就医。

眼睛接触：分开眼睑，用流动清水或生理盐水冲洗。如有不适感，就医。

皮肤接触：脱去污染的衣着，用肥皂水和清水冲洗。如有不适感，就医。

食入：饮足量温水，催吐。就医。

灭火方法　消防人员须佩戴防毒面具，穿全身消防服，在上风向灭火。尽可能将容器从火场移至空旷处。喷水保持火场容器冷却，直至灭火结束。

灭火剂：雾状水、泡沫、干粉、二氧化碳、砂土。

泄漏应急处置　隔离泄漏污染区，限制出入。消除所有点火源。建议应急处理人员戴防尘口罩，穿一般作业工作服，戴防护手套。尽可能切断泄漏源。用塑料布覆盖泄漏物，减少飞散。勿使水进入包装容器内。用洁净的铲子收集泄漏物，置于干净、干燥、盖子较松的容器中，将容器移离泄漏区。

489. 三甲基乙酰氯

标　识

中文名称　三甲基乙酰氯

英文名称　pivaloyl chloride；trimethylacetyl chloride；2, 2 – dimethylpropanoyl chloride

别名　新戊酰氯；2, 2 – 二甲基丙酰氯

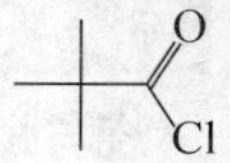

分子式　C_5H_9ClO

CAS 号　3282 – 30 – 2

WGH 号　81117；61156[铁规]

UN 号　2438

危害信息

危险性类别　第 8 类腐蚀品；按《危险货物品名表》主危险性为第 6.1 类有毒品。

燃烧与爆炸危险性　易燃。其蒸气与空气混合，能形成爆炸性混合物。遇水发生剧烈反应，散发出具有刺激性和腐蚀性的氯化氢气体。受高热分解放出有毒的气体。遇潮时对大多数金属有腐蚀性。若遇高热，容器内压增大，有开裂和爆炸的危险。

活性反应　与氧化剂接触发生猛烈反应。遇水发生剧烈反应，散发出具有刺激性和腐蚀性的氯化氢气体。

禁忌物　氧化剂、强碱、醇类、水。

毒性　大鼠经口 LD_{50}： >3500mg/kg。

中毒表现 对眼睛、皮肤、黏膜和上呼吸道有强烈刺激性。吸入可致喉、支气管痉挛、炎症，化学性肺炎、肺水肿。接触后有烧灼感，出现咳嗽、头痛、恶心和呕吐等。

侵入途径

吸入、食入。

理化特性与用途

理化特性 无色透明发烟液体，有刺激性气味。遇水分解。易溶于乙醚。熔点 -56℃，沸点 104 ~ 106℃，相对密度(水 =1)0.98，相对蒸气密度(空气 =1)4.2，饱和蒸气压 4kPa(20℃)，辛醇/水分配系数 0.89，闪点 15.5℃(闭杯)，引燃温度 455℃，爆炸下限 1.9%，爆炸上限 7.4%。

主要用途 用作医药、照相材料、有机黄色剂的中间体，也用作酰化剂。

包装与储运

包装标志 有毒品，易燃液体，腐蚀品

包装类别 Ⅰ类

安全储运 储存于阴凉、干燥、通风良好的库房。远离火种、热源。防止阳光直射。储存温度不超过 30℃，相对湿度不超过 75%。保持容器密封。切勿受潮。应与氧化剂、碱类、醇类、食用化学品等分开存放，切忌混储。采用防爆型照明、通风设施。禁止使用易产生火花的机械设备和工具。储区应备有泄漏应急处理设备和合适的收容材料。

紧急处置信息

急救措施

吸入：迅速脱离现场至空气新鲜处。保持呼吸道通畅。如呼吸困难，给输氧。呼吸、心跳停止，立即进行心肺复苏术。就医。

眼睛接触：立即分开眼睑，用大量流动清水或生理盐水彻底冲洗 10 ~ 15min。就医。

皮肤接触：立即脱去污染的衣着，用大量流动清水冲洗。就医。

食入：用水漱口，给饮牛奶或蛋清。就医。

灭火方法 消防人员必须佩戴空气呼吸器，穿全身防火防毒服，在上风向灭火。尽可能将容器从火场移至空旷处。喷水保持火场容器冷却，直至灭火结束。处在火场中的容器若已变色或从安全泄压装置中发出声音，必须马上撤离。禁止用水、泡沫和酸碱灭火剂灭火。

灭火剂：干粉、二氧化碳、砂土。

泄漏应急处置 根据液体流动和蒸气扩散的影响区域划定警戒区，无关人员从侧风、上风向撤离至安全区。消除所有点火源。建议应急处理人员戴正压自给式呼吸器，穿防静电、防腐、防毒服，戴橡胶耐酸碱手套。作业时使用的所有设备应接地。禁止接触或跨越泄漏物。尽可能切断泄漏源。防止泄漏物进入水体、下水道、地下室或受限空间。小量泄漏：用砂土或其他不燃材料吸收。使用洁净的无火花工具收集吸收材料。大量泄漏：构筑围堤或挖坑收容。用石灰粉等吸收大量液体。用防爆泵转移至槽车或专用收集器内。

490. 三甲氧基丁烷

标　识

中文名称　三甲氧基丁烷

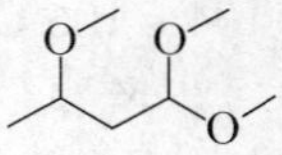

英文名称　1, 1, 3 - trimethoxybutane；3 - methoxybutyraldehyde dimethyl acetal

分子式　$C_7H_{16}O_3$

CAS 号　10138 - 89 - 3

危害信息

危险性类别　第 3 类易燃液体。

燃烧与爆炸危险性　易燃。其蒸气与空气混合，能形成爆炸性混合物。燃烧产生有毒的一氧化碳气体。

禁忌物　强氧化剂、强酸、强碱、卤素。

毒性　大鼠经口 LD_{50}：1480mg/kg。

侵入途径

吸入、食入。

理化特性与用途

理化特性　无色液体。溶于水。沸点 157℃，相对密度(水 = 1)0.921，饱和蒸气压 0.48kPa(25℃)，辛醇/水分配系数 0.37，闪点 47℃。

主要用途　用于有机合成。

包装与储运

包装标志　易燃液体

包装类别　Ⅲ类

安全储运　储存于阴凉、通风的库房。远离火种、热源。防止阳光直射。储存温度不超过 37℃。保持容器密封。应与氧化剂、酸类等分开存放，切忌混储。采用防爆型照明、通风设施。禁止使用易产生火花的机械设备和工具。储区应备有泄漏应急处理设备和合适的收容材料。

紧急处置信息

急救措施

吸入：迅速脱离现场至空气新鲜处。保持呼吸道通畅。如呼吸困难，给输氧。呼吸、心跳停止，立即进行心肺复苏术。就医。

眼睛接触：分开眼睑，用流动清水或生理盐水冲洗。如有不适感，就医。

皮肤接触：立即脱去污染的衣着，用大量流动清水冲洗。如有不适感，就医。

食入：饮足量温水，催吐。就医。

灭火方法　消防人员须佩戴防毒面具，穿全身消防服，在上风向灭火。尽可能将容器从火场移至空旷处。喷水保持火场容器冷却，直至灭火结束。处在火场中的容器若已变色

或从安全泄压装置中发出声音，必须马上撤离。

灭火剂：雾状水、泡沫、干粉、二氧化碳、砂土。

泄漏应急处置 根据液体流动和蒸气扩散的影响区域划定警戒区，无关人员从侧风、上风向撤离至安全区。消除所有点火源。建议应急处理人员戴防毒面具，穿防静电服，戴橡胶手套。作业时使用的所有设备应接地。禁止接触或跨越泄漏物。尽可能切断泄漏源。防止泄漏物进入水体、下水道、地下室或受限空间。小量泄漏：用砂土或其他不燃材料吸收。使用洁净的无火花工具收集吸收材料。大量泄漏：构筑围堤或挖坑收容。用泡沫覆盖，减少蒸发。喷水雾能减少蒸发，但不能降低泄漏物在受限空间内的易燃性。用防爆泵转移至槽车或专用收集器内。

491. 三甲氧基甲烷

标　识

中文名称 三甲氧基甲烷

英文名称 trimethyl orthoformate；trimethoxymethane

别名 原甲酸(三)甲酯

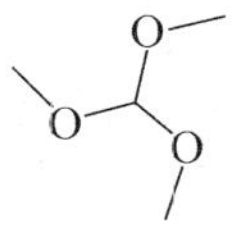

分子式 $C_4H_{10}O_3$

CAS 号 149－73－5

WGH 号 32124；31224[铁规]。

危害信息

危险性类别 第3类易燃液体。

燃烧与爆炸危险性 易燃。其蒸气与空气混合，能形成爆炸性混合物。蒸气比空气重，能在较低处扩散到相当远的地方，遇火源会着火回燃和爆炸(闪爆)。若遇高热，容器内压增大，有开裂和爆炸的危险。

活性反应 与氧化剂接触发生猛烈反应。

禁忌物 强氧化剂、强酸、强碱、卤素。

毒性 大鼠经口 LD_{50}：3130mg/kg；大鼠吸入 LC_{50}：5000ppm(4h)。

中毒表现 对眼睛、皮肤、黏膜 和上呼吸道有刺激作用。易水解放出甲醇，甲醇可致眼睛失明。

侵入途径

吸入、食入。

理化特性与用途

理化特性 无色液体，有刺激性气味。微溶于水，遇水分解。溶于乙醇、乙醚、苯。熔点－53℃，沸点101～102℃，相对密度(水＝1)0.97，相对蒸气密度(空气＝1)3.67，饱和蒸气压1kPa(7℃)、3.13kPa(20℃)，辛醇/水分配系数0.25，闪点13℃，引燃温度255℃，爆炸下限1.4%，爆炸上限44.6%。

主要用途 用于制造药物，也用于染料、香料和涂料工业。

包装与储运

包装标志 易燃液体

包装类别 Ⅱ类

安全储运 储存于阴凉、通风的库房。远离火种、热源。防止阳光直射。库温不宜超过37℃。保持容器密封。应与氧化剂等分开存放，切忌混储。采用防爆型照明、通风设施。禁止使用易产生火花的机械设备和工具。储区应备有泄漏应急处理设备和合适的收容材料。

紧急处置信息

急救措施

吸入： 迅速脱离现场至空气新鲜处。保持呼吸道通畅。如呼吸困难，给输氧。呼吸、心跳停止，立即进行心肺复苏术。就医。

眼睛接触： 分开眼睑，用流动清水或生理盐水冲洗。如有不适感，就医。

皮肤接触： 立即脱去污染的衣着，用大量流动清水冲洗。如有不适感，就医。

食入： 饮足量温水，催吐。就医。

灭火方法 消防人员须佩戴防毒面具，穿全身消防服，在上风向灭火。尽可能将容器从火场移至空旷处。喷水保持火场容器冷却，直至灭火结束。处在火场中的容器若已变色或从安全泄压装置中发出声音，必须马上撤离。

灭火剂：雾状水、泡沫、干粉、二氧化碳、砂土。

泄漏应急处置 消除所有点火源。根据液体流动和蒸气扩散的影响区域划定警戒区，无关人员从侧风、上风向撤离至安全区。建议应急处理人员戴正压自给式呼吸器，穿防静电服，戴橡胶手套。作业时使用的所有设备应接地。禁止接触或跨越泄漏物。尽可能切断泄漏源。防止泄漏物进入水体、下水道、地下室或受限空间。小量泄漏：用砂土或其他不燃材料吸收。使用洁净的无火花工具收集吸收材料。大量泄漏：构筑围堤或挖坑收容。用抗溶性泡沫覆盖，减少蒸发。喷水雾能减少蒸发，但不能降低泄漏物在受限空间内的易燃性。用防爆泵转移至槽车或专用收集器内。

492. 三甲氧基硼氧烷

标　识

中文名称 三甲氧基硼氧烷

英文名称 trimethoxyboroxin; triboron trimethyl hexaoxide

别名 三甲氧基环硼氧烷

分子式 $C_3H_9B_3O_6$

CAS 号 102-24-9

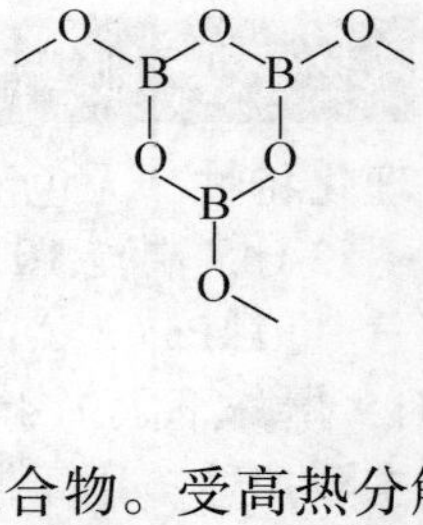

危害信息

危险性类别 第3类易燃液体。

燃烧与爆炸危险性 易燃。其蒸气与空气混合，能形成爆炸性混合物。受高热分解放出有毒的气体。若遇高热，容器内压增大，有开裂和爆炸的危险。

活性反应 与氧化剂接触发生猛烈反应。

禁忌物 强氧化剂、水。

毒性 大鼠经口 LD_{50}：5160mg/kg。

侵入途径

吸入、食入。

理化特性与用途

理化特性 无色液体，有辛辣气味。易分解。与水反应。熔点 10 ~11℃，沸点 130℃，相对密度(水 =1)1.195，饱和蒸气压 3.99kPa(25℃)，闪点 10℃。

主要用途 用于金属火焰的灭火剂。

包装与储运

包装标志 易燃液体

包装类别 Ⅱ类

安全储运 储存于阴凉、干燥、通风良好的库房。远离火种、热源。防止阳光直射。库温不宜超过 37℃。包装必须密封。切勿受潮。应与氧化剂等分开存放，切忌混储。采用防爆型照明、通风设施。禁止使用易产生火花的机械设备和工具。储区应备有泄漏应急处理设备和合适的收容材料。

紧急处置信息

急救措施

吸入：迅速脱离现场至空气新鲜处。保持呼吸道通畅。如呼吸困难，给输氧。呼吸、心跳停止，立即进行心肺复苏术。就医。

眼睛接触：分开眼睑，用流动清水或生理盐水冲洗。如有不适感，就医。

皮肤接触：立即脱去污染的衣着，用大量流动清水冲洗。如有不适感，就医。

食入：饮足量温水，催吐。就医。

灭火方法 消防人员必须佩戴空气呼吸器，穿全身防火防毒服，在上风向灭火。尽可能将容器从火场移至空旷处。喷水保持火场容器冷却，直至灭火结束。处在火场中的容器若已变色或从安全泄压装置中发出声音，必须马上撤离。

灭火剂：雾状水、泡沫、干粉、二氧化碳、砂土。

泄漏应急处置 根据液体流动和蒸气扩散的影响区域划定警戒区，无关人员从侧风、上风向撤离至安全区。消除所有点火源。建议应急处理人员戴防毒面具，穿防静电服，戴橡胶手套。作业时使用的所有设备应接地。禁止接触或跨越泄漏物。尽可能切断泄漏源。防止泄漏物进入水体、下水道、地下室或受限空间。小量泄漏：用砂土或其他不燃材料吸收。使用洁净的无火花工具收集吸收材料。大量泄漏：构筑围堤或挖坑收容。用泡沫覆盖，减少蒸发。喷水雾能减少蒸发，但不能降低泄漏物在受限空间内的易燃性。用防爆、耐腐蚀泵转移至槽车或专用收集器内。

493. 三聚氰酸

标 识

中文名称 三聚氰酸

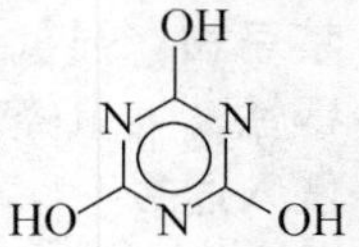

英文名称 cyanuric acid；1, 3, 5 – triazine – 2, 4, 6 (1H, 3H, 5H) – trione；*s* – triazine – 2, 4, 6 – triol

别名 2, 4, 6 – 三羟基 – 1, 3, 5 – 三嗪；氰尿酸；均三嗪三醇

分子式 $C_3H_3N_3O_3$

CAS 号 108 – 80 – 5

危害信息

燃烧与爆炸危险性 不燃，无特殊燃爆特性。受热分解放出剧毒的氰化物气体。

禁忌物 强氧化剂。

毒性 大鼠经口 LD_{50}：7700mg/kg；小鼠经口 LD_{50}：3400mg/kg；兔经皮 LD_{50}：> 5000mg/kg。

中毒表现 需注意浓溶液中分解产生 NCl_3 及加热时产生氰酸时的危害。

侵入途径

吸入、食入。

理化特性与用途

理化特性 略带苦味的白色结晶固体或结晶性粉末，有吸湿性。微溶于水，溶于热水、热乙醇、吡啶、浓盐酸、硫酸、氢氧化钠和氢氧化钾水溶液，不溶于冷乙醇、乙醚、丙酮、苯、氯仿。pH 值 4. 1(1% 水溶液)，熔点 320 ~ 330℃(分解)，密度 2. 5g/cm^3，饱和蒸气压 <0. 005Pa(25℃)，辛醇/水分配系数 <0. 3。

主要用途 用于合成氯代衍生物，合成氰脲酸 – 甲醛树脂、环氧树脂、抗氧剂、合剂、除草剂、高分子材料改性剂等。

包装与储运

安全储运 储存于阴凉、干燥、通风的库房。远离火种、热源。保持容器密封。应与强氧化剂等隔离储运。搬运时轻装轻卸，防止容器受损。

紧急处置信息

急救措施

吸入：迅速脱离现场至空气新鲜处。保持呼吸道通畅。如呼吸困难，给输氧。呼吸、心跳停止，立即进行心肺复苏术。就医。

眼睛接触：分开眼睑，用流动清水或生理盐水冲洗。如有不适感，就医。

皮肤接触：立即脱去污染的衣着，用肥皂水和清水彻底冲洗皮肤。如有不适感，就医。

食入：饮足量温水，催吐。就医。

灭火方法 消防人员必须佩戴空气呼吸器，穿全身防火防毒服，在上风向灭火。尽可能将容器从火场移至空旷处。喷水保持火场容器冷却，直至灭火结束。

灭火剂：雾状水、泡沫、干粉、二氧化碳、砂土。

泄漏应急处置 隔离泄漏污染区，限制出入。建议应急处理人员戴防尘口罩，穿防毒服，戴防护手套。穿上适当的防护服前严禁接触破裂的容器和泄漏物。尽可能切断泄漏源。用塑料布覆盖泄漏物，减少飞散。勿使水进入包装容器内。用洁净的铲子收集泄漏物，置于干净、干燥、盖子较松的容器中，将容器移离泄漏区。

494. 三聚氰酸三烯丙酯

标　识

中文名称　三聚氰酸三烯丙酯

英文名称　2, 4, 6 – triallyloxy – 1, 3, 5 – triazine; triallyl cyanurate

别名　2, 4, 6 – 三(烯丙氧基)均三嗪

分子式　$C_{12}H_{15}N_3O_3$

CAS 号　101 – 37 – 1

WGH 号　61652

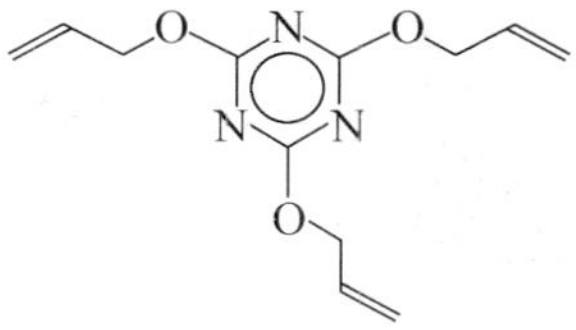

危害信息

危险性类别　第6类有毒品。

燃烧与爆炸危险性　可燃。其粉体或蒸气与空气混合，能形成爆炸性混合物。受高热或与酸接触会产生剧毒的氰化物气体。容易自聚，聚合反应随着温度的上升而急骤加剧。若遇高热，容器内压增大，有开裂和爆炸的危险。

活性反应　与氧化剂可发生反应。受高热或与酸接触会产生剧毒的氰化物气体。

禁忌物　强氧化剂、酸类。

毒性　大鼠经口 LD_{50}：590mg/kg；大鼠吸入 LC_{50}：>333mg/m³（1h）；兔经皮 LD_{50}：8600mg/kg。

侵入途径

吸入、食入、经皮吸收。

环境危害　对水生生物有毒，可能在水生环境中造成长期不利影响。

理化特性与用途

理化特性　无色液体或固体。混溶于乙醇、乙酸乙酯、丙酮、苯、二甲苯、氯仿。熔点26～28℃，沸点120℃（0.67kPa），相对密度（水=1）1.113，饱和蒸气压0.133kPa（100℃），闪点113℃（闭杯）。

主要用途　用作聚合物的交联剂，也用于有机合成。

包装与储运

包装标志　有毒品

包装类别　Ⅱ类

安全储运　通常商品加有阻聚剂。储存于阴凉、通风的库房。远离火种、热源。防止阳光直射。储存温度不超过35℃，相对湿度不超过82%。保持容器密封。严禁与空气接触。应与氧化剂、酸类、铁盐等分开存放，切忌混储。避免使用铜、铁制设备。配备相应品种和数量的消防器材。储区应备有泄漏应急处理设备和合适的收容材料。

紧急处置信息

急救措施

吸入：迅速脱离现场至空气新鲜处。保持呼吸道通畅。如呼吸困难，给输氧。呼吸、

心跳停止，立即进行心肺复苏术。就医。

眼睛接触： 分开眼睑，用流动清水或生理盐水冲洗。如有不适感，就医。

皮肤接触： 立即脱去污染的衣着，用大量流动清水冲洗。如有不适感，就医。

食入： 饮足量温水，催吐。就医。

灭火方法　消防人员须佩戴防毒面具，穿全身消防服，在上风向灭火。尽可能将容器从火场移至空旷处。喷水保持火场容器冷却，直至灭火结束。处在火场中的容器若已变色或从安全泄压装置中发出声音，必须马上撤离。

灭火剂：雾状水、泡沫、干粉、二氧化碳、砂土。

泄漏应急处置　隔离泄漏污染区，限制出入。消除所有点火源。建议应急处理人员戴防尘口罩，穿防毒服，戴橡胶手套。穿上适当的防护服前严禁接触破裂的容器和泄漏物。尽可能切断泄漏源。用塑料布覆盖泄漏物，减少飞散。勿使水进入包装容器内。用洁净的铲子收集泄漏物，置于干净、干燥、盖子较松的容器中，将容器移离泄漏区。

495. 三聚乙醛

标　识

中文名称　三聚乙醛

英文名称　2, 4, 6 – trimethyl – 1, 3, 5 – trioxane；paraldehyde

别名　仲(乙)醛；三聚醋醛

分子式　$C_6H_{12}O_3$

CAS 号　123 – 63 – 7

WGH 号　33576；32076［铁规］

UN 号　1264

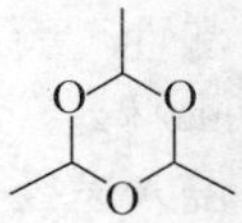

危害信息

危险性类别　第 3 类易燃液体。

燃烧与爆炸危险性　易燃。其蒸气与空气混合，能形成爆炸性混合物。燃烧产生有毒的一氧化碳气体。受高热分解放出有毒的气体。蒸气比空气重，能在较低处扩散到相当远的地方，遇火源会着火回燃和爆炸(闪爆)。

活性反应　与氧化剂接触发生猛烈反应。

禁忌物　强氧化剂、碱、氢氰酸、塑料、橡胶。

毒性　大鼠经口 LD_{50}：1530mg/kg；小鼠经口 LD_{50}：2750mg/kg；兔经皮 LD_{50}：13959mg/kg。

中毒表现　口服后出现急性胃肠炎、上消化道出血、昏睡、木僵、昏迷、代谢性酸中毒、低血压、心动过速、呼吸急促等。严重者可死于循环和呼吸衰竭。高浓度本品蒸气对眼和呼吸道有刺激性。

慢性影响表现为长期大量口服后，可引起食欲丧失、幻听、记忆力减退和步态不稳等。

侵入途径

吸入、食入。

理化特性与用途

理化特性 无色透明油状液体，有芳香味。溶于水，混溶于乙醇、乙醚、氯仿、油类等有机溶剂。熔点12.6℃，沸点124.5℃，相对密度(水=1)0.99，相对蒸气密度(空气=1)4.5，饱和蒸气压1kPa(20℃)，燃烧热-3119kJ/mol，临界温度290℃，辛醇/水分配系数0.67，闪点24℃(闭杯)、35.6℃(开杯)，引燃温度235℃，爆炸下限1.3%，爆炸上限17%。

主要用途 用作溶剂，以及用于有机合成，橡胶促进剂和抗氧剂制造等。

包装与储运

包装标志 易燃液体

包装类别 Ⅲ类

安全储运 储存于阴凉、通风的库房。远离火种、热源。库温不宜超过37℃。保持容器密封。应与氧化剂、酸类等分开存放，切忌混储。不宜大量储存或久存。采用防爆型照明、通风设施。禁止使用易产生火花的机械设备和工具。储区应备有泄漏应急处理设备和合适的收容材料。

紧急处置信息

急救措施

吸入：脱离现场至空气新鲜处。如呼吸困难，给输氧。呼吸、心跳停止，立即进行心肺复苏术。就医。

眼睛接触：分开眼睑，用流动清水或生理盐水冲洗。如有不适感，就医。

皮肤接触：脱去污染的衣着，用肥皂水和清水彻底冲洗皮肤。如有不适感，就医。

食入：饮水，禁止催吐。就医。

灭火方法 消防人员必须佩戴空气呼吸器，穿全身防火防毒服，在上风向灭火。尽可能将容器从火场移至空旷处。喷水保持火场容器冷却，直至灭火结束。处在火场中的容器若已变色或从安全泄压装置中发出声音，必须马上撤离。

灭火剂：抗溶性泡沫、二氧化碳、干粉、砂土。

泄漏应急处置 消除所有点火源。根据液体流动和蒸气扩散的影响区域划定警戒区，无关人员从侧风、上风向撤离至安全区。建议应急处理人员戴正压自给式呼吸器，穿防静电服，戴橡胶手套。作业时使用的所有设备应接地。禁止接触或跨越泄漏物。尽可能切断泄漏源。防止泄漏物进入水体、下水道、地下室或受限空间。小量泄漏：用砂土或其他不燃材料吸收。使用洁净的无火花工具收集吸收材料。大量泄漏：构筑围堤或挖坑收容。用抗溶性泡沫覆盖，减少蒸发。喷水雾能减少蒸发，但不能降低泄漏物在受限空间内的易燃性。用防爆泵转移至槽车或专用收集器内。喷雾状水驱散蒸气、稀释液体泄漏物。

496. 三 硫 化 锑

标 识

中文名称 三硫化锑

英文名称 antimony trisulfide；antimony sulfide；antimonous sulfide

496. 三硫化锑

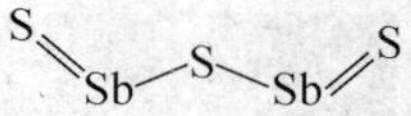

别名 三硫化二锑；硫化亚锑

分子式 Sb_2S_3

CAS 号 1345－04－6

WGH 号 61506

危害信息

危险性类别 第 6 类有毒品。

燃烧与爆炸危险性 其粉体与空气混合，能形成爆炸性混合物。燃烧产生有毒的氧化硫、氧化锑。

活性反应 与氧化剂接触，有引起燃烧爆炸的危险。

禁忌物 氧化剂、酸类。

毒性 大鼠腹腔内 LD_{50}：1000mg/kg；小鼠腹腔内 LD_{50}：209mg/kg。

中毒表现 接触锑及其化合物可致眼结膜和呼吸道刺激，发生支气管炎，较重者出现胸痛、呼吸困难、肺炎。口服中毒有急性胃肠炎，肝、肾及心肌损害。

慢性影响表现为长期接触低浓度锑化合物粉尘可致鼻炎，鼻中隔穿孔，支气管炎，口腔炎，消化功能障碍。可致皮肤损害。

侵入途径

吸入、食入。

职业接触限值 中国：PC－TWA：0.5mg/m^3[按锑计]。

美国(ACGIH)：TLV－TWA：0.5mg/m^3[按锑计]。

环境危害 对水生生物有极高毒性，可能在水生环境中造成长期不利影响。

理化特性与用途

理化特性 灰色有光泽结晶或灰黑色粉末。不溶于水，溶于浓盐酸、乙醇、硫化钾、氢硫化铵。熔点 550℃，沸点 1150℃，相对密度(水＝1)4.1～4.6，饱和蒸气压 4.4Pa(400℃)。

主要用途 用于制宝石红玻璃、炸药、颜料、烟火、火柴、雷管、伪装漆、锑盐和锑化合物等。

包装与储运

包装标志 有毒品

包装类别 Ⅱ类

安全储运 储存于阴凉、通风的库房。远离火种、热源。储存温度不超过 35℃，相对湿度不超过 85%。包装要求密封。不可与空气接触。应与氧化剂、酸类、食用化学品分开存放，切忌混储。采用防爆型照明、通风设施。禁止使用易产生火花的机械设备和工具。储区应备有合适的材料收容泄漏物。

紧急处置信息

急救措施

吸入： 迅速脱离现场至空气新鲜处。保持呼吸道通畅。如呼吸困难，给输氧。呼吸、心跳停止，立即进行心肺复苏术。就医。

眼睛接触： 分开眼睑，用流动清水或生理盐水冲洗。如有不适感，就医。

皮肤接触： 脱去污染的衣着，用肥皂水和清水彻底冲洗皮肤。如有不适感，就医。

食入： 饮足量温水，催吐。用 2%～5% 硫酸钠或硫酸镁溶液洗胃，导泻。就医。

灭火方法 消防人员必须佩戴空气呼吸器，穿全身防火防毒服，在上风向灭火。尽可能将容器从火场移至空旷处。喷水保持火场容器冷却，直至灭火结束。

灭火剂：雾状水、泡沫、砂土。

泄漏应急处置 隔离泄漏污染区，限制出入。建议应急处理人员戴防尘口罩，穿防毒、防静电服，戴防化学品手套。作业时使用的所有设备应接地。穿上适当的防护服前严禁接触破裂的容器和泄漏物。尽可能切断泄漏源。用干燥的砂土或其他不燃材料覆盖泄漏物，然后用塑料布覆盖，减少飞散、避免雨淋。用洁净的铲子收集泄漏物，置于干净、干燥、盖子较松的容器中，将容器移离泄漏区。

497. 1,2,4－三氯苯

标　识

中文名称 1,2,4－三氯苯

英文名称 1,2,4－trichlorobenzene；1,2,4－trichlorobenzol

别名 三氯苯

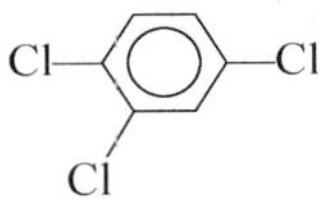

分子式 $C_6H_3Cl_3$

CAS 号 120－82－1

WGH 号 61658

UN 号 2321

危害信息

危险性类别 第6类有毒品。

燃烧与爆炸危险性 可燃。其蒸气与空气混合，能形成爆炸性混合物。在空气中受热分解释出剧毒的光气和氯化氢气体。

活性反应 与氧化剂接触发生猛烈反应。

禁忌物 强氧化剂。

毒性 大鼠经口 LD_{50}：756mg/kg；小鼠经口 LD_{50}：300mg/kg。

中毒表现 高浓度吸入引起呼吸道刺激、麻醉作用及肝损害。眼接触本品液体或雾，引起刺激反应。对皮肤有刺激性，可引起化学灼伤。口服刺激口腔和胃肠道，可引起死亡。

慢性影响表现为可引起头痛、恶心、上腹部和心前区不适、上呼吸道和眼刺激。皮损多为黑头粉刺、色素沉着。可发生角膜点状溃疡。

侵入途径

吸入、食入。

职业接触限值 美国(ACGIH)：TLV－C：5ppm。

环境危害 对水生生物有极高毒性，可能在水生环境中造成长期不利影响。

理化特性与用途

理化特性 无色液体或结晶固体，有芳香气味。不溶于水，微溶于乙醇，混溶于乙醚、苯、石油醚、二硫化碳。熔点17℃，沸点213℃，相对密度(水＝1)1.45，相对蒸气密度(空气＝1)6.26，饱和蒸气压40Pa(25℃)，燃烧热－2798kJ/mol，临界温度453.3℃，临界压力3.72MPa，辛醇/水分配系数3.98，闪点105℃(闭杯)，引燃温度571℃，爆炸下限

2.5%（150℃），爆炸上限6.6%（150℃）。

主要用途 用作溶剂、热载体、绝缘液；用于有机合成，合成医药、农药、染料等。

包装与储运

包装标志 有毒品

包装类别 Ⅲ类

安全储运 储存于阴凉、通风的库房。远离火种、热源。库温不超过35℃。相对湿度不超过85%。保持容器密封。应与氧化剂、食用化学品分开存放，切忌混储。配备相应品种和数量的消防器材。储区应备有泄漏应急处理设备和合适的收容材料。

紧急处置信息

急救措施

吸入：迅速脱离现场至空气新鲜处。保持呼吸道通畅。如呼吸困难，给输氧。呼吸、心跳停止，立即进行心肺复苏术。就医。

眼睛接触：立即分开眼睑，用大量流动清水或生理盐水彻底冲洗10～15min。就医。

皮肤接触：立即脱去污染的衣着，用大量流动清水彻底冲洗，冲洗时间一般要求20～30min。就医。

食入：用水漱口，禁止催吐。给饮牛奶或蛋清。就医。

灭火方法 消防人员必须佩戴空气呼吸器，穿全身防火防毒服，在上风向灭火。尽可能将容器从火场移至空旷处。喷水保持火场容器冷却，直至灭火结束。处在火场中的容器若已变色或从安全泄压装置中发出声音，必须马上撤离。

灭火剂：雾状水、泡沫、二氧化碳、砂土。

泄漏应急处置 根据液体流动和蒸气扩散的影响区域划定警戒区，无关人员从侧风、上风向撤离至安全区。消除所有点火源。建议应急处理人员戴正压自给式呼吸器，穿防毒服，戴橡胶耐油手套。穿上适当的防护服前严禁接触破裂的容器和泄漏物。尽可能切断泄漏源。防止泄漏物进入水体、下水道、地下室或受限空间。小量泄漏：用干燥的砂土或其他不燃材料吸收或覆盖，收集于容器中。大量泄漏：构筑围堤或挖坑收容。用泵转移至槽车或专用收集器内。

498. 1,3,5－三氯苯

标　识

中文名称 1,3,5－三氯苯

英文名称 1,3,5－trichlorobenzene；sym－trichlorobenzene

别名 均三氯苯

分子式 $C_6H_3Cl_3$

CAS号 108－70－3

WGH号 61658

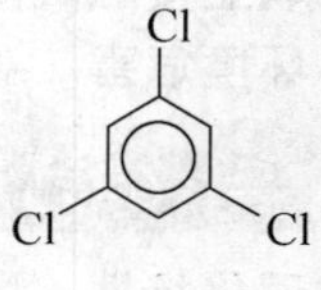

危害信息

危险性类别 第6类有毒品。

燃烧与爆炸危险性 可燃。其粉体与空气混合，能形成爆炸性混合物。在空气中受热分解释出剧毒的光气和氯化氢气体。

活性反应 与氧化剂接触发生猛烈反应。

禁忌物 强氧化剂。

毒性 大鼠经口 LD_{50}：800mg/kg；小鼠经口 LD_{50}：3350mg/kg。

中毒表现 高浓度吸入引起呼吸道刺激、麻醉作用及肝损害。眼接触本品液体或雾，引起刺激反应。对皮肤有刺激性，可引起化学灼伤。口服刺激口腔和胃肠道，可引起死亡。

慢性影响表现为可引起头痛、恶心、上腹部和心前区不适、上呼吸道和眼刺激。皮损多为黑头粉刺、色素沉着。可发生角膜点状溃疡。

侵入途径

吸入、食入。

环境危害 对水生生物有极高毒性，可能在水生环境中造成长期不利影响。

理化特性与用途

理化特性 白色结晶，有特殊气味。不溶于水，微溶于乙醇，易溶于乙醚、苯、石油醚、二硫化碳、冰醋酸。熔点63℃，沸点208℃，密度1.356g/cm^3(100℃)，相对蒸气密度(空气=1)6.26，饱和蒸气压32Pa(25℃)，燃烧热－2782kJ/mol，临界温度470.8℃，临界压力3.01MPa，辛醇/水分配系数4.19，闪点107℃。

主要用途 用于有机合成，制取杀虫剂、染料、医药、润滑油等；用作溶剂。

包装与储运

包装标志 有毒品

包装类别 Ⅲ类

安全储运 储存于阴凉、通风的库房。远离火种、热源。库温不超过35℃。相对湿度不超过85%。包装密封。应与氧化剂、食用化学品分开存放，切忌混储。配备相应品种和数量的消防器材。储区应备有合适的材料收容泄漏物。

紧急处置信息

急救措施

吸入：迅速脱离现场至空气新鲜处。保持呼吸道通畅。如呼吸困难，给输氧。呼吸、心跳停止，立即进行心肺复苏术。就医。

眼睛接触：立即分开眼睑，用大量流动清水或生理盐水彻底冲洗10～15min。就医。

皮肤接触：立即脱去污染的衣着，用大量流动清水彻底冲洗，冲洗时间一般要求20～30min。就医。

食入：用水漱口，禁止催吐。给饮牛奶或蛋清。就医。

灭火方法 消防人员必须佩戴空气呼吸器，穿全身防火防毒服，在上风向灭火。尽可能将容器从火场移至空旷处。喷水保持火场容器冷却，直至灭火结束。

灭火剂：雾状水、泡沫、二氧化碳、砂土。

泄漏应急处置 隔离泄漏污染区，限制出入。消除所有点火源。建议应急处理人员戴防尘口罩，穿防毒服，戴橡胶手套。穿上适当的防护服前严禁接触破裂的容器和泄漏物。尽可能切断泄漏源。勿使水进入包装容器内。用丙酮润湿固体泄漏物，并把润湿物转移到合适的容器中。

499. 2, 4, 5 - 三氯苯酚

标　识

中文名称　2, 4, 5 - 三氯苯酚

英文名称　2, 4, 5 - trichlorophenol

别名　2, 4, 5 - 三氯酚

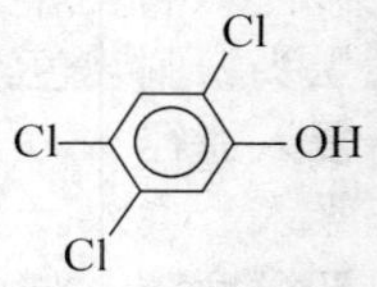

分子式　$C_6H_3Cl_3O$

CAS 号　95 - 95 - 4

WGH 号　61705

UN 号　2020

危害信息

危险性类别　第 6 类有毒品。

燃烧与爆炸危险性　可燃。其粉体与空气混合，能形成爆炸性混合物。受高热分解放出有毒的气体。

禁忌物　氧化剂、酸酐、酰基氯。

毒性　大鼠经口 LD_{50}：820mg/kg；小鼠经口 LD_{50}：600mg/kg。

中毒表现　引起接触性光敏性皮炎、黑头粉刺、粉瘤、明显的角质化等。对肺有刺激作用，长时间接触可引起肺纤维化。

侵入途径

吸入、食入、经皮吸收。

环境危害　对水生生物有极高毒性，可能在水生环境中造成长期不利影响；有害空气污染物。

理化特性与用途

理化特性　无色针状结晶或灰色片状物，有强烈的苯酚气味。不溶于水，溶于甲醇、乙醇、乙醚、苯、四氯化碳。熔点 67℃，沸点 253℃，相对密度(水 = 1)1. 68，饱和蒸气压 2. 9Pa(25℃)，辛醇/水分配系数 3. 7。

主要用途　用作木材、胶黏剂、醋酸乙烯乳胶等的防腐剂，橡胶、人造纤维和工业循环水的杀菌剂以及气相色谱对比样品。

包装与储运

包装标志　有毒品

包装类别　Ⅲ类

安全储运　储存于阴凉、通风的库房。远离火种、热源。防止阳光直射。储存温度不超过 35℃，相对湿度不超过 85%。保持容器密封。应与氧化剂、碱类、强还原剂、硫酸、稀硝酸等分开存放，切忌混储。避免使用铜、铝及其合金制设备。配备相应品种和数量的消防器材。储区应备有合适的材料收容泄漏物。

紧急处置信息

急救措施

吸入：迅速脱离现场至空气新鲜处。保持呼吸道通畅。如呼吸困难，给输氧。呼吸、心跳停止，立即进行心肺复苏术。就医。

眼睛接触：立即分开眼睑，用流动清水或生理盐水彻底冲洗。就医。

皮肤接触：立即脱去污染的衣着，用肥皂水和清水彻底冲洗。就医。

食入：饮足量温水，催吐。就医。

灭火方法 消防人员须佩戴防毒面具，穿全身消防服，在上风向灭火。尽可能将容器从火场移至空旷处。喷水保持火场容器冷却，直至灭火结束。

灭火剂：雾状水、泡沫、干粉、二氧化碳、砂土。

泄漏应急处置 隔离泄漏污染区，限制出入。消除所有点火源。建议应急处理人员戴防尘口罩，穿防毒服，戴橡胶手套。穿上适当的防护服前严禁接触破裂的容器和泄漏物。尽可能切断泄漏源。用塑料布覆盖泄漏物，减少飞散。勿使水进入包装容器内。用洁净的铲子收集泄漏物，置于干净、干燥、盖子较松的容器中，将容器移离泄漏区。

500. 2,4,6－三氯苯酚

标　识

中文名称 2,4,6－三氯苯酚

英文名称 2,4,6－trichlorophenol

别名 2,4,6－三氯酚

分子式 $C_6H_3Cl_3O$

CAS 号 88－06－2

WGH 号 61705

UN 号 2020

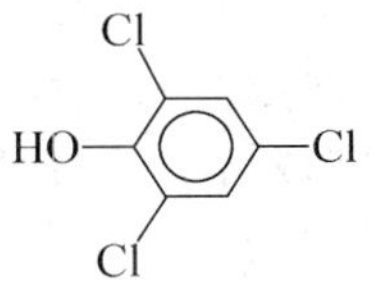

危害信息

危险性类别 第6类有毒品。

燃烧与爆炸危险性 可燃。其粉体与空气混合，能形成爆炸性混合物。受高热分解放出有毒的气体。具有腐蚀性。

禁忌物 氧化剂、酸酐、酰基氯。

毒性 大鼠经口 LD_{50}：820mg/kg；小鼠经口 LD_{50}：770mg/kg。

中毒表现 皮肤接触，引起皮肤发红、水肿；皮肤长时间接触可引起化学性灼伤，刺激眼结膜、损伤角膜。对呼吸系统有刺激作用。

侵入途径

吸入、食入、经皮吸收。

环境危害 对水生生物有极高毒性，可能在水生环境中造成长期不利影响；有害空气污染物。

理化特性与用途

理化特性 无色针状结晶或黄色固体，有强烈的苯酚气味。不溶于水，溶于热乙酸、乙醇、乙醚、氯仿、甘油、石油醚、二硫化碳。熔点69℃，沸点246℃，相对密度(水＝1)1.5(58℃)，饱和蒸气压133Pa(76.5℃)，辛醇/水分配系数3.87，闪点99℃(闭杯)。

主要用途 用作医药、染料中间体，杀菌剂，防腐剂，也用作聚酯纤维的溶剂。

包装与储运

包装标志 有毒品

包装类别 Ⅲ类

安全储运 储存于阴凉、通风的库房。远离火种、热源。防止阳光直射。储存温度不超过35℃，相对湿度不超过85%。保持容器密封。应与氧化剂、碱类、强还原剂、硫酸、稀硝酸等分开存放，切忌混储。避免使用铜、铝及其合金制设备。配备相应品种和数量的消防器材。储区应备有合适的材料收容泄漏物。

紧急处置信息

急救措施

吸入：迅速脱离现场至空气新鲜处。保持呼吸道通畅。如呼吸困难，给输氧。呼吸、心跳停止，立即进行心肺复苏术。就医。

眼睛接触：立即分开眼睑，用流动清水或生理盐水彻底冲洗。就医。

皮肤接触：立即脱去污染的衣着，用肥皂水和清水彻底冲洗。就医。

食入：饮足量温水，催吐。就医。

灭火方法 消防人员须佩戴防毒面具，穿全身消防服，在上风向灭火。尽可能将容器从火场移至空旷处。喷水保持火场容器冷却，直至灭火结束。

灭火剂：雾状水、泡沫、干粉、二氧化碳、砂土。

泄漏应急处置 隔离泄漏污染区，限制出入。消除所有点火源。建议应急处理人员戴防尘口罩，穿防毒服，戴橡胶手套。穿上适当的防护服前严禁接触破裂的容器和泄漏物。尽可能切断泄漏源。用塑料布覆盖泄漏物，减少飞散。勿使水进入包装容器内。用洁净的铲子收集泄漏物，置于干净、干燥、盖子较松的容器中，将容器移离泄漏区。

501. 三氯吡氧乙酸

标　识

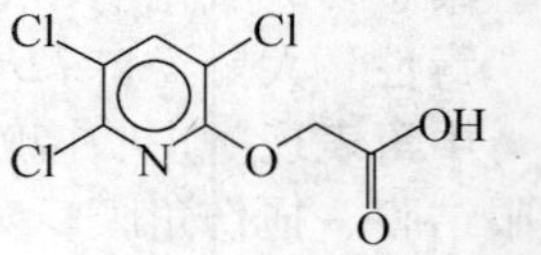

中文名称 三氯吡氧乙酸

英文名称 ((3,5,6 - trichloropyridin - 2 - yl) oxy) acetic acid; triclopyr

别名 ((3,5,6 - 三氯 - 2 - 吡啶)氧基)乙酸；绿草定

分子式 $C_7H_4Cl_3NO_3$

CAS 号 55335 - 06 - 3

危害信息

燃烧与爆炸危险性 可燃。其粉体与空气混合，能形成爆炸性混合物。受高热分解放出有毒的气体。

禁忌物 强氧化剂。

毒性 大鼠经口 LD_{50}：630mg/kg；大鼠吸入 LC_{50}：>256ppm(4h)；兔经皮 LD_{50}：>2000mg/kg。

中毒表现 本品为低毒除草剂。误服有毒。对眼睛有刺激作用。

侵入途径

吸入、食入、经皮吸收。

理化特性与用途

理化特性 无色蓬松固体。微溶于水，溶于乙醇、丙酮、甲醇、乙酸乙酯。熔点 148 ~ 150℃，沸点 290℃、136 ~ 137.5(1.47kPa)，分解温度 208℃，相对密度(水 = 1)1.85，饱和蒸气压 0.17MPa(25℃)，辛醇/水分配系数 2.53。

主要用途 农用除草剂，用于造林前除草及灭灌木。

包装与储运

安全储运 储存于阴凉、通风的库房。远离火种、热源。保持容器密封。应与强氧化剂、强碱等隔离储运。搬运时轻装轻卸，防止容器受损。

紧急处置信息

急救措施

吸入： 迅速脱离现场至空气新鲜处。保持呼吸道通畅。如呼吸困难，给输氧。呼吸、心跳停止，立即进行心肺复苏术。就医。

眼睛接触： 分开眼睑，用流动清水或生理盐水冲洗。如有不适感，就医。

皮肤接触： 脱去污染的衣着，用流动清水冲洗。如有不适感，就医。

食入： 饮足量温水，催吐、洗胃、导泻。就医。

灭火方法 消防人员须佩戴防毒面具，穿全身消防服，在上风向灭火。尽可能将容器从火场移至空旷处。喷水保持火场容器冷却，直至灭火结束。

灭火剂：雾状水、泡沫、干粉、二氧化碳、砂土。

泄漏应急处置 隔离泄漏污染区，限制出入。建议应急处理人员戴防尘口罩，穿防毒服，戴橡胶手套。穿上适当的防护服前严禁接触破裂的容器和泄漏物。尽可能切断泄漏源。用塑料布覆盖泄漏物，减少飞散。勿使水进入包装容器内。用洁净的铲子收集泄漏物，置于干净、干燥、盖子较松的容器中，将容器移离泄漏区。

502. 三氯硅烷

标 识

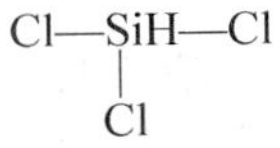

中文名称 三氯硅烷

英文名称 trichlorosilane

别名 硅仿；硅氯仿

分子式 Cl_3HSi

CAS 号 10025－78－2

WGH 号 43049

UN 号 1295

危害信息

危险性类别 第 4.3 类遇湿易燃物品。

燃烧与爆炸危险性 遇湿易燃。遇明火强烈燃烧，燃烧产生有毒的氯化氢和氧化硅。受高热分解产生有毒的氯化物气体。极易挥发，在空气中发烟，遇水或水蒸气能产生热和有毒的腐蚀性烟雾。

活性反应 与氧化剂发生反应，有燃烧危险。极易挥发，在空气中发烟，遇水或水蒸气能产生热和有毒的腐蚀性烟雾。

禁忌物 酸类、强碱、强氧化剂、水、醇类、胺类。

毒性 大鼠经口 LD_{50}：1030mg/kg；小鼠吸入 LC_{50}：1500mg/m^3(2h)。

中毒表现 对眼和呼吸道黏膜有强烈刺激作用。高浓度下，引起角膜混浊、呼吸道炎症，甚至肺水肿。并可伴有头昏、头痛、乏力、恶心、呕吐、心慌等症状。溅在皮肤上，可引起坏死，溃疡长期不愈。

动物慢性中毒见慢性卡他性气管炎、支气管炎及早期肺硬化。

侵入途径

吸入、食入。

理化特性与用途

理化特性 无色液体，有辛辣气味，极易挥发。溶于苯、二硫化碳、氯仿、四氯化碳、乙醚、庚烷和全氯乙烯等。pH 值 <1(5g/L 水溶液)，熔点 -126.5℃，沸点 31.8℃，相对密度(水 =1)1.34，相对蒸气密度(空气 =1)4.7，饱和蒸气压 65.8kPa(20℃)，闪点 -27℃(闭杯)、-14℃(开杯)，引燃温度 185℃，爆炸下限 1.2%，爆炸上限 90.5%。

主要用途 用于制造硅酮化合物、偶联剂和表面处理剂，用作生产高纯度多晶硅的原料、硅烷助剂中间体。

包装与储运

包装标志 遇湿易燃物品，易燃液体，腐蚀品

包装类别 Ⅰ类

安全储运 储存于阴凉、干燥、通风良好的专用库房内，远离火种、热源。库温不超过 30℃。相对湿度不超过 75%。包装必须密封。切勿受潮。应与氧化剂、酸类、碱类等分开存放，切忌混储。采用防爆型照明、通风设施。禁止使用易产生火花的机械设备和工具。储区应备有泄漏应急处理设备和合适的收容材料。

紧急处置信息

急救措施

吸入：迅速脱离现场至空气新鲜处。保持呼吸道通畅。如呼吸困难，给输氧。呼吸、心跳停止，立即进行心肺复苏术。就医。

眼睛接触：立即分开眼睑，用大量流动清水或生理盐水彻底冲洗 10 ~ 15min。就医。

皮肤接触：立即脱去污染的衣着，用大量流动清水彻底冲洗，冲洗时间一般要求 20 ~ 30min。就医。

食入：用水漱口，禁止催吐。给饮牛奶或蛋清。就医。

灭火方法 消防人员必须佩戴空气呼吸器，穿全身防火防毒服，在上风向灭火。尽可能将容器从火场移至空旷处。喷水保持火场容器冷却，直至灭火结束。处在火场中的容器若已变色或从安全泄压装置中发出声音，必须马上撤离。切忌使用水、泡沫、二氧化碳、

酸碱灭火剂灭火。

灭火剂：干粉、干砂。

泄漏应急处置 消除所有点火源。根据液体流动和蒸气扩散的影响区域划定警戒区，无关人员从侧风、上风向撤离至安全区。建议应急处理人员戴正压自给式呼吸器，穿防静电、防腐蚀、防毒服，戴橡胶手套。禁止接触或跨越泄漏物。尽可能切断泄漏源。防止泄漏物进入水体、下水道、地下室或受限空间。严禁用水处理。小量泄漏：用干燥的砂土或其他不燃材料覆盖泄漏物。大量泄漏：构筑围堤或挖坑收容。用碎石灰石($CaCO_3$)、苏打灰(Na_2CO_3)或石灰(CaO)中和。在专家指导下清除。

503. 三 氯 化 碘

标 识

中文名称 三氯化碘

英文名称 iodine trichloride; iodine chloride (ICl_3)

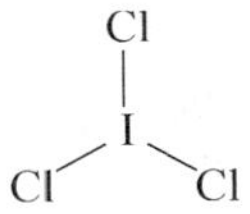

分子式 ICl_3

CAS 号 865－44－1

WGH 号 81521

危害信息

危险性类别 第8类腐蚀品。

燃烧与爆炸危险性 不燃，无特殊燃爆特性。受高热分解，放出腐蚀性、刺激性的烟雾。吸潮或遇水会产生大量的腐蚀性烟雾。具有强腐蚀性。

禁忌物 易燃或可燃物、水蒸气、碱类、氰化物、强还原剂。

中毒表现 本品具有刺激作用。对皮肤有强腐蚀性。加热分解成一氯化碘和剧毒的氯气。

侵入途径

吸入、食入。

环境危害 对水生生物有极高毒性。

理化特性与用途

理化特性 黄色或棕色针状晶体，有刺激性气味，具强吸湿性，遇水易分解，在室温下能挥发。溶于水(分解)，溶于乙醇、乙醚、苯、四氯化碳。熔点33℃，沸点77℃(分解)，相对密度(水＝1)3.11(15℃)。

主要用途 作为氯化剂及碘化剂用于有机合成，也用于测定碘值及用于医药工业。

包装与储运

包装标志 腐蚀品

包装类别 Ⅱ类

安全储运 储存于阴凉、干燥、通风良好的库房。远离火种、热源。库温不超过30℃。相对湿度不超过75%。包装必须密封。切勿受潮。应与易(可)燃物、还原剂、碱类、氰化物等分开存放，切忌混储。储区应备有合适的材料收容泄漏物。

紧急处置信息

急救措施

吸入： 迅速脱离现场至空气新鲜处。保持呼吸道通畅。如呼吸困难，给输氧。呼吸、心跳停止，立即进行心肺复苏术。就医。

眼睛接触： 立即分开眼睑，用大量流动清水或生理盐水彻底冲洗 10～15min。就医。

皮肤接触： 立即脱去污染的衣着，用大量流动清水彻底冲洗，冲洗时间一般要求 20～30min。就医。

食入： 用水漱口，禁止催吐。给饮牛奶或蛋清。就医。

灭火方法　消防人员必须穿全身耐酸碱消防服，佩戴空气呼吸器，在上风向灭火。尽可能将容器从火场移至空旷处。喷水保持火场容器冷却，直至灭火结束。禁止用水和泡沫灭火。

灭火剂：二氧化碳、砂土。

泄漏应急处置　隔离泄漏污染区，限制出入。建议应急处理人员戴防尘口罩，穿防酸碱服，戴橡胶手套。作业时使用的所有设备应接地。穿上适当的防护服前严禁接触破裂的容器和泄漏物。尽可能切断泄漏源。用干燥的砂土或其他不燃材料覆盖泄漏物，然后用塑料布覆盖，减少飞散、避免雨淋。用洁净的铲子收集泄漏物，置于干净、干燥、盖子较松的容器中，将容器移离泄漏区。

504. 三 氯 化 钒

标　识

中文名称　三氯化钒

英文名称　vanadium trichloride；vanadium chloride

别名　氯化钒

分子式　VCl_3

CAS 号　7718－98－1

WGH 号　81519

UN 号　2475

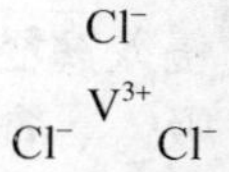

危害信息

危险性类别　第 8 类腐蚀品。

燃烧与爆炸危险性　不燃，无特殊燃爆特性。遇水产生刺激性气体。受高热分解放出有毒的气体。遇潮时对大多数金属有腐蚀性。

活性反应　与甲基碘化镁和其他格利雅试剂发生剧烈反应。

禁忌物　水及水蒸气、格利雅试剂。

毒性　大鼠经口 LD_{50}：350mg/kg；小鼠经口 LD_{50}：24mg/kg。

侵入途径

吸入、食入。

理化特性与用途

理化特性 粉红至紫红色结晶或粉末，有刺激性气味，易吸水。溶于甲醇、乙醇、乙醚，不溶于非极性溶剂。425℃分解。相对密度(水 =1)3.0。

主要用途 用于制钒化合物，用作试剂和有机合成催化剂。

包装与储运

包装标志 腐蚀品

包装类别 Ⅲ类

安全储运 储存于阴凉、干燥、通风良好的库房。远离火种、热源。防止阳光直射。储存温度不超过30℃，相对湿度不超过75%。保持容器密封。切勿受潮。应与五羰基铁、醇类、强碱等分开存放，切忌混储。储区应备有合适的材料收容泄漏物。

紧急处置信息

急救措施

吸入：迅速脱离现场至空气新鲜处。保持呼吸道通畅。如呼吸困难，给输氧。呼吸、心跳停止，立即进行心肺复苏术。就医。

眼睛接触：立即分开眼睑，用大量流动清水或生理盐水彻底冲洗10~15min。就医。

皮肤接触：立即脱去污染的衣着，用大量流动清水彻底冲洗，冲洗时间一般要求20~30min。就医。

食入：用水漱口，禁止催吐。给饮牛奶或蛋清。就医。

灭火方法 消防人员必须戴空气呼吸器，穿全身防火防毒服，在上风向灭火。灭火时尽可能将容器从火场移至空旷处。本品不燃。根据着火原因选择适当灭火剂灭火。

泄漏应急处置 隔离泄漏污染区，限制出入。建议应急处理人员戴防尘口罩，穿防酸碱服，戴橡胶耐酸碱手套。作业时使用的所有设备应接地。穿上适当的防护服前严禁接触破裂的容器和泄漏物。尽可能切断泄漏源。用干燥的砂土或其他不燃材料覆盖泄漏物，然后用塑料布覆盖，减少飞散、避免雨淋。用洁净的铲子收集泄漏物，置于干净、干燥、盖子较松的容器中，将容器移离泄漏区。

505. 三 氯 化 钌

标 识

中文名称 三氯化钌

英文名称 ruthenium trichloride; ruthenium chloride

别名 氯化钌

分子式 $RuCl_3$

CAS 号 10049-08-8

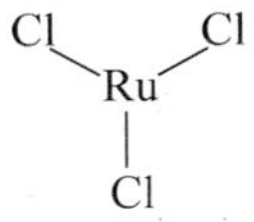

危害信息

燃烧与爆炸危险性 不燃，无特殊燃爆特性。燃烧时，放出腐蚀性的有毒气体。受高热分解放出有毒的气体。具有腐蚀性。

禁忌物 肼、锌、五羰基铁。

毒性 大鼠腹腔内 LD_{50}：360mg/kg；小鼠腹腔内 LD_{50}：132mg/kg。

侵入途径

吸入、食入。

理化特性与用途

理化特性 褐色结晶粉末，有吸湿性。不溶于水，不溶于乙醇，溶于盐酸。熔点 > 500℃(分解)，相对密度(水＝1)3.11。

主要用途 用于制造染料，检验亚硫酸盐及测定钌化合物的原子价；也用作有机合成催化剂。

包装与储运

安全储运 储存于阴凉、通风的库房。远离火种、热源。保持容器密封。应与肼、铁、酸等隔离储运。搬运时轻装轻卸，防止容器受损。

紧急处置信息

急救措施

吸入： 迅速脱离现场至空气新鲜处。保持呼吸道通畅。如呼吸困难，给输氧。呼吸、心跳停止，立即进行心肺复苏术。就医。

眼睛接触： 分开眼睑，用流动清水或生理盐水冲洗。如有不适感，就医。

皮肤接触： 立即脱去污染的衣着，用大量流动清水冲洗。如有不适感，就医。

食入： 饮足量温水，催吐。就医。

灭火方法 消防人员必须戴空气呼吸器，穿全身防火防毒服，在上风向灭火。灭火时尽可能将容器从火场移至空旷处。本品不燃。根据着火原因选择适当灭火剂灭火。

泄漏应急处置 隔离泄漏污染区，限制出入。建议应急处理人员戴防尘口罩，穿一般作业工作服，戴橡胶手套。尽可能切断泄漏源。用塑料布覆盖泄漏物，减少飞散。勿使水进入包装容器内。用洁净的铲子收集泄漏物，置于干净、干燥、盖子较松的容器中，将容器移离泄漏区。

506. 三 氯 化 钕

标　　识

中文名称 三氯化钕

英文名称 neodymium trichloride；neodymium chloride

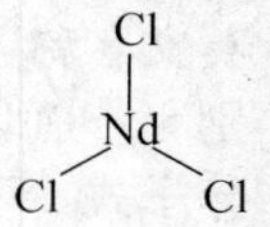

别名 氯化钕

分子式 $NdCl_3$

CAS 号 10024－93－8

危害信息

燃烧与爆炸危险性 不燃，无特殊燃爆特性。受高热分解放出有毒的气体。

禁忌物 强氧化剂、强酸。

毒性　大鼠腹腔内 LD_{50}：150mg/kg；小鼠经口 LD_{50}：3692mg/kg。

侵入途径

吸入、食入。

理化特性与用途

理化特性　红紫色棱形结晶，有吸湿性。溶于水，溶于乙醇。熔点 784℃，沸点 1600℃，相对密度(水=1)4.134。

主要用途　用于制造钕，用作生产其他钕化合物的原料。

包装与储运

安全储运　储存于阴凉、通风的库房。远离火种、热源。保持容器密封。应与强碱、三氟化氯、三氟化溴等隔离储运。搬运时轻装轻卸，防止容器受损。

紧急处置信息

急救措施

吸入：迅速脱离现场至空气新鲜处。保持呼吸道通畅。如呼吸困难，给输氧。呼吸、心跳停止，立即进行心肺复苏术。就医。

眼睛接触：分开眼睑，用流动清水或生理盐水冲洗。如有不适感，就医。

皮肤接触：立即脱去污染的衣着，用大量流动清水冲洗。如有不适感，就医。

食入：饮足量温水，催吐。就医。

灭火方法　消防人员必须戴空气呼吸器，穿全身防火防毒服，在上风向灭火。灭火时尽可能将容器从火场移至空旷处。本品不燃。根据着火原因选择适当灭火剂灭火。

泄漏应急处置　隔离泄漏污染区，限制出入。建议应急处理人员戴防尘口罩，穿一般作业工作服，戴橡胶手套。尽可能切断泄漏源。用塑料布覆盖泄漏物，减少飞散。勿使水进入包装容器内。用洁净的铲子收集泄漏物，置于干净、干燥、盖子较松的容器中，将容器移离泄漏区。

507. 三 氯 化 硼

标　识

中文名称　三氯化硼

英文名称　boron trichloride；Trichloroborane

别名　氯化硼

分子式　BCl_3

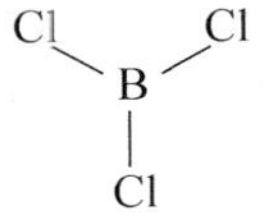

CAS 号　10294-34-5

WGH 号　22023

UN 号　1741

危害信息

危险性类别　第 2.2 类不燃气体。

燃烧与爆炸危险性　遇水剧烈反应，产生有毒气体。化学反应活性很高，遇水发生爆炸性分解。遇潮气时，对大多数金属具有强腐蚀性。在潮湿空气中可形成白色的腐蚀性浓厚烟雾。

活性反应　化学反应活性很高，遇水发生爆炸性分解。遇潮气时对大多数金属有强腐蚀性，也能腐蚀玻璃等。

禁忌物　水、碱、醇类、碱金属、强氧化剂。

毒性　大鼠吸入 LC_{50}：2541ppm(1h)。

中毒表现　对接触部位有强刺激性、腐蚀性。急性中毒表现为化学性肺炎。

侵入途径

吸入。

理化特性与用途

理化特性　无色发烟液体或气体，有强烈的臭味，易潮解。溶于苯、二硫化碳。熔点 -107℃，沸点 12.5℃，相对密度(水 = 1)1.35，相对蒸气密度(空气 = 1)4.03，饱和蒸气压 150kPa(20℃)，临界温度 182℃，临界压力 3.87MPa。

主要用途　用作半导体硅的掺杂源，有机合成催化剂；还可用于制取高纯硼和有机硼化合物。

包装与储运

包装标志　不燃气体，腐蚀品

安全储运　储存于阴凉、干燥、通风的不燃气体专用库房。远离火种、热源。库温不宜超过 30℃，相对湿度不超过 80%。保持容器密封。防止受潮。应与氧化剂、碱类、醇类、碱金属等分开存放，切忌混储。储区应备有泄漏应急处理设备。搬运时轻装轻卸，须戴好钢瓶安全帽和防震橡皮圈，防止钢瓶撞击。

紧急处置信息

急救措施

吸入：迅速脱离现场至空气新鲜处。保持呼吸道通畅。如呼吸困难，给输氧。呼吸、心跳停止，立即进行心肺复苏术。就医。

眼睛接触：立即分开眼睑，用大量流动清水或生理盐水彻底冲洗 10～15min。就医。

皮肤接触：立即脱去污染的衣着，用大量流动清水彻底冲洗，冲洗时间一般要求 20～30min。就医。

食入：用水漱口，禁止催吐。给饮牛奶或蛋清。就医。

灭火方法　切断气源。消防人员须佩带空气呼吸器，穿全身防火防毒服，在上风向灭火。尽可能将容器从火场移至空旷处。火场中有大量本品泄漏时，禁用水、泡沫和酸碱灭火剂。本品不燃，根据着火原因选择适当灭火剂灭火。

泄漏应急处置　根据气体扩散的影响区域划定警戒区，无关人员从侧风、上风向撤离至安全区。建议应急处理人员穿内置正压自给式呼吸器的全封闭防化服。禁止接触或跨越泄漏物。尽可能切断泄漏源。防止气体通过下水道、通风系统和受限空间扩散。喷雾状水抑制蒸气或改变蒸气云流向，避免水流接触泄漏物。禁止用水直接冲击泄漏物或泄漏源。构筑围堤堵截泄漏的液体。隔离泄漏区直至气体散尽。

508. 三氯化三甲基二铝

标 识

中文名称 三氯化三甲基二铝

英文名称 trichlorotrimethyl dialuminum; methylaluminum sesquichloride

别名 三甲基三氯化二铝；三氯化三甲基(二)铝

分子式 $C_3H_9Al_2Cl_3$

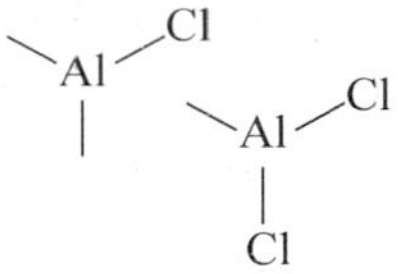

CAS 号 12542－85－7

WGH 号 42024

UN 号 3052(液体)；3461(固体)

危害信息

危险性类别 第4.2类自燃物品。

燃烧与爆炸危险性 接触空气易自燃。受高热分解放出有毒的气体。

活性反应 与水、强氧化剂、酸类、卤代烃、胺类发生强烈反应。

禁忌物 强氧化剂、强酸、水、胺类、卤代烃、二氧化碳。

中毒表现 对眼睛、皮肤、黏膜和呼吸道有强烈刺激作用，可引起灼伤。吸入，可引起喉炎、化学性肺炎、肺水肿等。

侵入途径

吸入、食入、经皮吸收。

职业接触限值 美国(ACGIH)：TLV－TWA：$2mg/m^3$[按铝计]。

理化特性与用途

理化特性 无色液体。在空气中自燃。遇水分解。熔点23℃，沸点144℃，相对密度(水＝1)0.889，闪点－18.3℃。

主要用途 用于有机合成，用作催化剂等。

包装与储运

包装标志 自燃物品，遇湿易燃物品

包装类别 Ⅰ类

安全储运 储存于阴凉、干燥、通风良好的专用库房内，远离火种、热源。防止阳光直射。储存温度不超过30℃，相对湿度不超过75%。保持容器密封。严禁与空气接触。应与氧化剂、酸类、胺类、卤代烃、醇类等分开存放，切忌混储。采用防爆型照明、通风设施。禁止使用易产生火花的机械设备和工具。储区应备有泄漏应急处理设备和合适的收容材料。

紧急处置信息

急救措施

吸入：迅速脱离现场至空气新鲜处。保持呼吸道通畅。如呼吸困难，给输氧。呼吸、心跳停止，立即进行心肺复苏术。就医。

眼睛接触：立即分开眼睑，用大量流动清水或生理盐水彻底冲洗 10～15min。就医。

皮肤接触：立即脱去污染的衣着，用大量流动清水彻底冲洗，冲洗时间一般要求 20～30min。就医。

食入：用水漱口，禁止催吐。给饮牛奶或蛋清。就医。

灭火方法　消防人员必须佩戴空气呼吸器，穿全身防火防毒服，在上风向灭火。尽可能将容器从火场移至空旷处。喷水保持火场容器冷却，直至灭火结束。处在火场中的容器若已变色或从安全泄压装置中发出声音，必须马上撤离。严禁用水、泡沫、二氧化碳扑救。

灭火剂：干粉、砂土。

泄漏应急处置　根据液体流动和蒸气扩散的影响区域划定警戒区，无关人员从侧风、上风向撤离至安全区。消除所有点火源。建议应急处理人员戴正压自给式呼吸器，穿防毒、防静电服，戴防护手套。禁止接触或跨越泄漏物。尽可能切断泄漏源。防止泄漏物进入水体、下水道、地下室或受限空间。小量泄漏：用干燥的砂土或其他不燃材料覆盖泄漏物，用洁净的无火花工具收集泄漏物，置于一盖子较松的塑料容器中，待处置。大量泄漏：构筑围堤或挖坑收容。用防爆泵转移至槽车或专用收集器内。

509. 三 氯 化 砷

标　识

中文名称　三氯化砷

英文名称　arsenic trichloride；arsenic chloride；arsenous trichloride

别名　氯化亚砷

分子式　$AsCl_3$

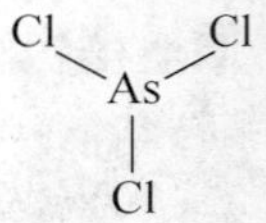

CAS 号　7784－34－1

WGH 号　61013

UN 号　1560

危害信息

危险性类别　第 6 类有毒品。

燃烧与爆炸危险性　不燃，无特殊燃爆特性。遇水和紫外线分解，散发出白色烟雾状的刺激性和腐蚀性的氯化氢气体。具有较强的腐蚀性。

活性反应　与金属钠、钾、铝混合，撞击后能发生猛烈爆炸。

禁忌物　强碱。

毒性　大鼠经口 LD_{50}：48mg/kg。

IARC 致癌性评论：G1，确认人类致癌物。

本品已列入《剧毒化学品目录》。

中毒表现　蒸气对眼、呼吸道黏膜有强烈刺激性，可引起喉水肿致窒息。大量接触可引起神经损害、食欲不振、恶心、呕吐、腹痛、腹泻，甚至死亡。对皮肤有强烈刺激性，可致灼伤。可经皮肤吸收引起中毒。可致眼灼伤。本品在有酸或酸雾存在时，可产生溶血性毒物砷化氢。

侵入途径

吸入、食入、经皮吸收。

职业接触限值 中国：PC－TWA：0.01mg/m^3[按砷计]，PC－STEL：0.02mg/m^3[按砷计]。

美国(ACGIH)：TLV－TWA：0.01mg/m^3[按砷计]。

环境危害 对水生生物有极高毒性，可能在水生环境中造成长期不利影响。

理化特性与用途

理化特性 无色或淡黄色油状发烟液体，有辛辣的气味。溶于乙醇、乙醚、盐酸，混溶于氯仿、四氯化碳、碘、碱金属碘化物、油脂类。熔点－16℃，沸点130℃，相对密度(水＝1)2.16，相对蒸气密度(空气＝1)6.25，饱和蒸气压1.17kPa(20℃)、1.33kPa(23.5℃)，临界温度654℃。

主要用途 用于制造杀虫剂，用作化学中间体。

包装与储运

包装标志 有毒品

包装类别 Ⅰ类

安全储运 储存于阴凉、通风良好的专用库房内。应严格执行剧毒化学品管理制度。远离火种、热源。库温不超过35℃。相对湿度不超过80%。保持容器密封。应与碱类、食用化学品分开存放，切忌混储。储区应备有泄漏应急处理设备和合适的收容材料。

紧急处置信息

急救措施

吸入：迅速脱离现场至空气新鲜处。保持呼吸道通畅。如呼吸困难，给输氧。呼吸、心跳停止，立即进行心肺复苏术。就医。

眼睛接触：分开眼睑，用流动清水或生理盐水冲洗。就医。

皮肤接触：立即脱去污染的衣着，用肥皂水和清水彻底冲洗皮肤。就医。

食入：饮足量温水，催吐、洗胃。给饮牛奶或蛋清。就医。

解毒剂用二巯基丙磺酸钠、二巯基丁二酸钠等。

灭火方法 消防人员必须戴空气呼吸器，穿全身防火防毒服，在上风向灭火。尽可能将容器从火场移至空旷处。喷水保持火场容器冷却，直至灭火结束。不宜用水。本品不燃。根据着火原因选择适当灭火剂灭火。

泄漏应急处置 根据液体流动和蒸气扩散的影响区域划定警戒区，无关人员从侧风、上风向撤离至安全区。建议应急处理人员戴正压自给式呼吸器，穿防毒服，戴橡胶手套。作业时使用的所有设备应接地。穿上适当的防护服前严禁接触破裂的容器和泄漏物。勿使水进入包装容器内。尽可能切断泄漏源。防止泄漏物进入水体、下水道、地下室或受限空间。小量泄漏：用干燥的砂土或其他不燃材料覆盖泄漏物。大量泄漏：构筑围堤或挖坑收容。用砂土、惰性物质或蛭石收大量液体。用泵转移至槽车或专用收集器内。

510. 三 氯 化 锑

标 识

中文名称 三氯化锑

英文名称 antimony trichloride；antimony(Ⅲ) chloride；trichlorostibine

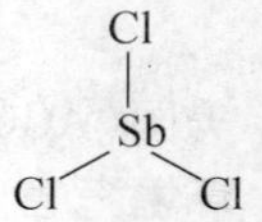

别名 氯化亚锑

分子式 $SbCl_3$

CAS 号 10025－91－9

WGH 号 81046

UN 号 1733

危害信息

危险性类别 第 8 类腐蚀品。

燃烧与爆炸危险性 不燃，无特殊燃爆特性。受热或遇水分解放热，放出有毒的腐蚀性烟气。对很多金属尤其是潮湿空气存在下有腐蚀性。

禁忌物 强还原剂、水、醇类、碱类。

毒性 大鼠经口 LD_{50}：525mg/kg。

中毒表现 高浓度对眼睛、皮肤、黏膜和呼吸道有强烈的刺激作用。可引起支气管炎、肺炎、肺水肿。本品溅落在皮肤上，遇水产生盐酸和热可灼伤皮肤，并可因锑吸收而引起锑中毒全身性症状，如肝肿大，肝功能异常。

侵入途径

吸入、食入、经皮吸收。

职业接触限值 中国：PC－TWA：0.5mg/m^3[按锑计]。

美国(ACGIH)：TLV－TWA：0.5mg/m^3[按锑计]。

环境危害 对水生生物有毒，可能在水生环境中造成长期不利影响。

理化特性与用途

理化特性 无色吸湿性结晶体，有刺激性气味，在空气中发烟。溶于乙醇、丙酮、苯、氯仿、二硫化碳，不溶于吡啶、喹啉、有机碱。熔点 73℃，沸点 223.5℃，相对密度(水＝1)3.14，相对蒸气密度(空气＝1)7.9，饱和蒸气压 133Pa(49℃)，临界温度 521℃，临界压力 4.82MPa。

主要用途 用作分析试剂、催化剂、氯化剂及用于有机合成。

包装与储运

包装标志 腐蚀品

包装类别 Ⅱ类

安全储运 储存于阴凉、干燥、通风良好的库房。远离火种、热源。库温不超过 30℃。相对湿度不超过 75%。包装必须密封。切勿受潮。应与还原剂、醇类、碱类等分开存放，切忌混储。储区应备有合适的材料收容泄漏物。

紧急处置信息

急救措施

吸入：迅速脱离现场至空气新鲜处。保持呼吸道通畅。如呼吸困难，给输氧。呼吸、心跳停止，立即进行心肺复苏术。就医。

眼睛接触：分开眼睑，用流动清水或生理盐水冲洗。如有不适感，就医。

皮肤接触：脱去污染的衣着，用肥皂水和清水彻底冲洗皮肤。如有不适感，就医。

食入：用水漱口。给饮牛奶或蛋清。就医。

灭火方法 消防人员须佩戴防毒面具，穿全身消防服，在上风向灭火。尽可能将容器

从火场移至空旷处。喷水保持火场容器冷却，直至灭火结束。禁止用水和泡沫灭火。本品不燃。根据着火原因选择适当灭火剂灭火。

泄漏应急处置 隔离泄漏污染区，限制出入。建议应急处理人员戴防尘口罩，穿防酸碱服，戴橡胶耐酸碱手套。作业时使用的所有设备应接地。穿上适当的防护服前严禁接触破裂的容器和泄漏物。尽可能切断泄漏源。用干燥的砂土或其他不燃材料覆盖泄漏物，然后用塑料布覆盖，减少飞散、避免雨淋。用洁净的铲子收集泄漏物，置于干净、干燥、盖子较松的容器中，将容器移离泄漏区。

511. 1,3,5－三氯－2,4,6－三氟化苯

标　识

中文名称 1,3,5－三氯－2,4,6－三氟化苯

英文名称 1,3,5－trichloro－2,4,6－trifluorobenzene；sym- trifluorotrichlorobenzene

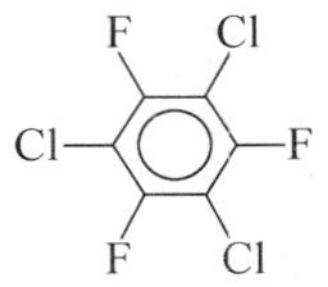

别名 1,3,5－三氯三氟化苯

分子式 $C_6Cl_3F_3$

CAS 号 319－88－0

危害信息

燃烧与爆炸危险性 可燃。其粉体与空气混合，能形成爆炸性混合物。受高热分解放出有毒的气体。

禁忌物 强氧化剂、强碱。

侵入途径

吸入、食入。

环境危害 对水生生物有极高毒性，可能在水生环境中造成长期不利影响。

理化特性与用途

理化特性 白色至米色结晶或粉末，有有机卤化物的气味。不溶于水，溶于苯、乙醇、乙醚。熔点 60～64℃，沸点 198.4℃、79.5℃（1.6kPa），临界温度 411.65℃，临界压力 3.27MPa，辛醇/水分配系数 4.53，闪点 102℃。

主要用途 用作中间体。

包装与储运

安全储运 储存于阴凉、通风的库房。远离火种、热源。保持容器密封。应与强氧化剂、强碱等隔离储运。搬运时轻装轻卸，防止容器受损。

紧急处置信息

急救措施

吸入： 脱离接触。如有不适感，就医。

眼睛接触： 分开眼睑，用流动清水或生理盐水冲洗。如有不适感，就医。

皮肤接触： 脱去污染的衣着，用肥皂水和清水冲洗。如有不适感，就医。

食入: 饮足量温水，催吐。就医。

灭火方法　消防人员须佩戴防毒面具，穿全身消防服，在上风向灭火。尽可能将容器从火场移至空旷处。喷水保持火场容器冷却，直至灭火结束。

灭火剂：雾状水、泡沫、干粉、二氧化碳、砂土。

泄漏应急处置　隔离泄漏污染区，限制出入。消除所有点火源。建议应急处理人员戴防尘口罩，穿一般作业工作服，戴防护手套。尽可能切断泄漏源。用塑料布覆盖泄漏物，减少飞散。勿使水进入包装容器内。用洁净的铲子收集泄漏物，置于干净、干燥、盖子较松的容器中，将容器移离泄漏区。

512. 1, 1, 2 - 三氯三氟乙烷

标　识

中文名称　1, 1, 2 - 三氯三氟乙烷

英文名称　1, 1, 2 - trichlorotrifluoroethane; 1, 1, 2 - trichloro - 1, 2, 2 - trifluoroethane; Freon 113

别名　1, 1, 2 - 三氯 - 1, 2, 2 - 三氟乙烷；氟利昂 - 113

分子式　$C_2Cl_3F_3$

CAS 号　76 - 13 - 1

WGH 号　61573

危害信息

危险性类别　第 6 类有毒品。

燃烧与爆炸危险性　不燃，无特殊燃爆特性。受高热分解防潮有毒的烟气。

活性反应　与铝、铍、锂、钙、钾钠合金剧烈反应。

禁忌物　活性金属粉末、铝、镁锌、钾、钠。

毒性　大鼠经口 LD_{50}：43000mg/kg；大鼠吸入 LC_{50}：38500ppm(4h)。

中毒表现　长时间接触有麻醉作用。对眼和皮肤有刺激性。国外有因职业性接触本品引起死亡的病例，死因为心律紊乱。

侵入途径

吸入、食入、经皮吸收。

环境危害　对水生生物有毒，可能在水生环境中造成长期不利影响；对大气臭氧层有极强破坏力。

理化特性与用途

理化特性　无色易挥发的透明液体，有四氯化碳的气味。不溶于水，溶于乙醇、油类、脂肪，混溶于乙醚、苯。熔点 -36℃，沸点 48℃，相对密度(水 = 1)1. 563(25℃/4℃)，相对蒸气密度(空气 = 1)6. 5，饱和蒸气压 36kPa(20℃)，临界温度 214. 1℃，临界压力 3. 4MPa，辛醇/水分配系数 3. 16，闪点 350℃，引燃温度 680℃。

主要用途　用作聚三氟氯乙烯树脂的中间体，也用作致冷剂、萃取剂、干洗剂、发泡剂、灭火剂和溶剂等。

包装与储运

包装标志 有毒品

包装类别 Ⅲ类

安全储运 储存于阴凉、通风的库房。远离火种、热源。储存温度不超过35℃，相对湿度不超过80%。保持容器密封。应与活性金属粉末等分开存放，切忌混储。储区应备有泄漏应急处理设备和合适的收容材料。

紧急处置信息

急救措施

吸入：迅速脱离现场至空气新鲜处。保持呼吸道通畅。如呼吸困难，给输氧。呼吸、心跳停止，立即进行心肺复苏术。就医。

眼睛接触：分开眼睑，用流动清水或生理盐水冲洗。如有不适感，就医。

皮肤接触：脱去污染的衣着，用大量流动清水冲洗。如有不适感，就医。

食入：禁止催吐，口服活性炭，洗胃。就医。

灭火方法 消防人员须佩戴防毒面具，穿全身消防服，在上风向灭火。喷水冷却容器，可能的话将容器从火场移至空旷处。处在火场中的容器若已变色或从安全泄压装置中发出声音，必须马上撤离。本品不燃。根据着火原因选择适当灭火剂灭火。

泄漏应急处置 根据液体流动和蒸气扩散的影响区域划定警戒区，无关人员从侧风、上风向撤离至安全区。建议应急处理人员戴正压自给式呼吸器，穿防毒服，戴橡胶手套。穿上适当的防护服前严禁接触破裂的容器和泄漏物。尽可能切断泄漏源。防止泄漏物进入水体、下水道、地下室或受限空间。小量泄漏：用干燥的砂土或其他不燃材料吸收或覆盖，收集于容器中。大量泄漏：构筑围堤或挖坑收容。用泵转移至槽车或专用收集器内。

513. 三氯杀虫酯

标　识

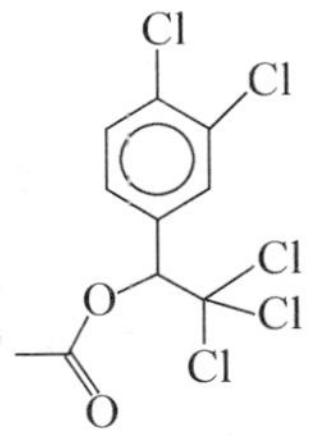

中文名称 三氯杀虫酯

英文名称 2, 2, 2 – trichloro – 1 – (3, 4 – dichlorophenyl) ethanol acetate; 3, 4 – dichloro – alpha – (trichloromethyl) benzyl acetate; plifenate; acetofenate

别名 1, 1, 1 – 三氯 – 1 – (3, 4 – 二氯苯基)乙醇乙酸酯

分子式 $C_{10}H_7Cl_5O_2$

CAS 号 21757 – 82 – 4

危害信息

燃烧与爆炸危险性 可燃。其粉体与空气混合，能形成爆炸性混合物。受高热分解放出有毒的气体。

禁忌物 强氧化剂、强碱。

中毒表现 本品为低毒杀虫剂。中毒症状有：头痛、头晕、多汗、心悸、胸闷、瞳孔散大、视物不清、恶心、呕吐和腹泻。局部接触可引起接触性皮炎。

侵入途径

吸入、食入、经皮吸收。

环境危害　对水生生物有极高毒性，可能在水生环境中造成长期不利影响。

理化特性与用途

理化特性　白色结晶。微溶于水，易溶于丙酮、环已酮、苯、甲苯、二甲苯、热甲醇、乙醇。熔点84.5℃，沸点409℃，饱和蒸气压0.014MPa(20℃)，辛醇/水分配系数4.92，闪点166℃。

主要用途　卫生杀虫剂，用于防治蚊、蝇等卫生害虫。

包装与储运

安全储运　储存于阴凉、通风的库房。远离火种、热源。保持容器密封。应与强氧化剂、强碱等隔离储运。搬运时轻装轻卸，防止容器受损。

紧急处置信息

急救措施

吸入：迅速脱离现场至空气新鲜处。保持呼吸道通畅。如呼吸困难，给输氧。呼吸、心跳停止，立即进行心肺复苏术。就医。

眼睛接触：分开眼睑，用流动清水或生理盐水冲洗。如有不适感，就医。

皮肤接触：立即脱去污染的衣着，用肥皂水及流动清水彻底冲洗污染的皮肤、头发、指甲等。如有不适感，就医。

食入：饮足量温水，催吐、洗胃、导泻。就医。

灭火方法　消防人员必须佩戴空气呼吸器，穿全身防火防毒服，在上风向灭火。尽可能将容器从火场移至空旷处。喷水保持火场容器冷却，直至灭火结束。

灭火剂：雾状水、泡沫、干粉、二氧化碳、砂土。

泄漏应急处置　隔离泄漏污染区，限制出入。建议应急处理人员戴防尘口罩，穿一般作业工作服，戴橡胶手套。尽可能切断泄漏源。用塑料布覆盖泄漏物，减少飞散。勿使水进入包装容器内。用洁净的铲子收集泄漏物，置于干净、干燥、盖子较松的容器中，将容器移离泄漏区。

514. 三氯杀螨醇

标　识

中文名称　三氯杀螨醇

英文名称　dicofol; 4,4′-dichloro-alpha-(trichloromethyl)benzhydrol; 1,1-bis(chlorophenyl)-2,2,2-trichloroethanol

别名　2,2,2-三氯-1,1-双(4-氯苯基)乙醇

分子式　$C_{14}H_9Cl_5O$

CAS号　115-32-2

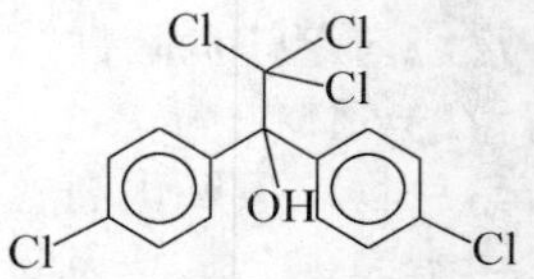

危害信息

燃烧与爆炸危险性 可燃。其粉体或蒸气与空气混合，能形成爆炸性混合物。受高热分解放出有毒的气体。

禁忌物 强氧化剂、强碱。

毒性 大鼠经口 LD_{50}：575mg/kg；小鼠经口 LD_{50}：420mg/kg；大鼠吸入 LC_{50}：> 5000mg/m^3(4h)；兔经皮 LD_{50}：1870mg/kg。

中毒表现 本品中毒症状：头痛、头晕、多汗、胸闷、瞳孔散大、视物不清，以及恶心、呕吐、腹泻。局部接触可引起接触性皮炎。

侵入途径

吸入、食入、经皮吸收。

环境危害 对水生生物有极高毒性，可能在水生环境中造成长期不利影响。

理化特性与用途

理化特性 无色结晶体，工业品为棕色稠油状物。微溶于水，溶于苯、丙酮、乙醇、乙醚等多数有机溶剂。熔点 77 ~ 78℃，沸点 180℃(13.3Pa)，相对密度(水 = 1)1.13，饱和蒸气压 0.053MPa(20℃)，辛醇/水分配系数 4.28，闪点 193℃(开杯)。

主要用途 非内吸性杀螨剂，主要用于防治棉花、玉米、果树、小麦等作物的红蜘蛛。

包装与储运

安全储运 储存于阴凉、通风的库房。远离火种、热源。保持容器密封。应与强氧化剂等隔离储运。搬运时轻装轻卸，防止容器受损。

紧急处置信息

急救措施

吸入：迅速脱离现场至空气新鲜处。保持呼吸道通畅。如呼吸困难，给输氧。呼吸、心跳停止，立即进行心肺复苏术。就医。

眼睛接触：分开眼睑，用流动清水或生理盐水冲洗。如有不适感，就医。

皮肤接触：立即脱去污染的衣着，用肥皂水及流动清水彻底冲洗污染的皮肤、头发、指甲等。如有不适感，就医。

食入：饮足量温水，催吐、洗胃、导泻。就医。

灭火方法 消防人员必须佩戴空气呼吸器，穿全身防火防毒服，在上风向灭火。尽可能将容器从火场移至空旷处。喷水保持火场容器冷却，直至灭火结束。

灭火剂：雾状水、泡沫、干粉、二氧化碳、砂土。

泄漏应急处置 隔离泄漏污染区，限制出入。建议应急处理人员戴防尘口罩，穿防毒服，戴橡胶手套。穿上适当的防护服前严禁接触破裂的容器和泄漏物。尽可能切断泄漏源。用塑料布覆盖泄漏物，减少飞散。勿使水进入包装容器内。用洁净的铲子收集泄漏物，置于干净、干燥、盖子较松的容器中，将容器移离泄漏区。

515. 三氯硝基甲烷

标 识

中文名称 三氯硝基甲烷

英文名称 trichloronitromethane；chloropicrin；nitrotrichloromethane

别名 硝基三氯甲烷；氯化苦

分子式 CCl_3NO_2

CAS 号 76－06－2

WGH 号 61051

UN 号 1580

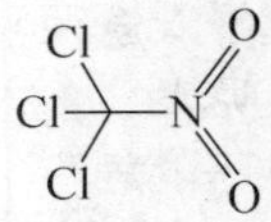

危害信息

危险性类别 第 6 类有毒品。

燃烧与爆炸危险性 不燃，无特殊燃爆特性。其蒸气沿地面扩散，有毒。遇发烟硫酸可分解产生光气。

活性反应 遇发烟硫酸可分解产生光气。

禁忌物 强还原剂、无机碱、碱金属、卤代烷烃、金属氢化物、金属烷氧化物、氨、胺、发烟硫酸等。

毒性 大鼠经口 LD_{50}：250mg/kg；大鼠吸入 LC_{50}：14400ppb(4h)；小鼠经口 LD_{50}：126～271mg/kg。

本品已列入《剧毒化学品目录》。

中毒表现 蒸气强烈刺激眼和肺，具有全身毒作用。损害中、小支气管，导致中毒性肺炎和肺水肿。急性中毒出现眼与咽喉部刺激症状、头痛、恶心、呕吐、腹痛、呼吸困难、心悸、气促、胸部紧束感等。严重者发生肺水肿，往往由于肺水肿而致死。可引起角膜炎和虹膜炎。皮肤接触可致灼伤。

侵入途径

吸入、食入。

职业接触限值 中国：MAC：$1mg/m^3$。

环境危害 对水生环境有害。

理化特性与用途

理化特性 无色或微黄色油状液体，有催泪性。不溶于水；溶于多数有机溶剂，如甲醇、乙醇、乙醚、丙酮、苯、二硫化碳、四氯化碳。熔点－64℃，沸点 112℃，相对密度(水＝1)1.7，相对蒸气密度(空气＝1)5.7，饱和蒸气压 2.26kPa(20℃)，辛醇/水分配系数 2.09。

主要用途 主要用于杀虫、杀菌、灭鼠，可作为粮仓及土壤熏蒸剂；也用于有机合成，制造染料等。

包装与储运

包装标志 有毒品。

包装类别 Ⅰ类

安全储运 储存于阴凉、通风良好的专用库房内。应严格执行剧毒化学品管理制度。远离火种、热源。库温不超过35℃。相对湿度不超过80%。保持容器密封。应与氧化剂、还原剂、酸类、食用化学品分开存放，切忌混储。储区应备有泄漏应急处理设备和合适的收容材料。

紧急处置信息

急救措施

吸入：迅速脱离现场至空气新鲜处。保持呼吸道通畅。如呼吸困难，给输氧。呼吸、心跳停止，立即进行心肺复苏术。就医。

眼睛接触：立即分开眼睑，用大量流动清水或生理盐水彻底冲洗10～15min。就医。

皮肤接触：立即脱去污染的衣着，用大量流动清水彻底冲洗，冲洗时间一般要求20～30min。就医。

食入：用水漱口，禁止催吐。给饮牛奶或蛋清。就医。

灭火方法 消防人员须佩戴防毒面具，穿全身消防服，在上风向灭火。尽可能将容器从火场移至空旷处。喷水保持火场容器冷却，直至灭火结束。处在火场中的容器若已变色或从安全泄压装置中发出声音，必须马上撤离。

灭火剂：雾状水、泡沫、二氧化碳、砂土。

泄漏应急处置 根据液体流动和蒸气扩散的影响区域划定警戒区，无关人员从侧风、上风向撤离至安全区。建议应急处理人员戴正压自给式呼吸器，穿防毒服，戴橡胶手套。穿上适当的防护服前严禁接触破裂的容器和泄漏物。尽可能切断泄漏源。防止泄漏物进入水体、下水道、地下室或受限空间。小量泄漏：用干燥的砂土或其他不燃材料吸收或覆盖，收集于容器中。大量泄漏：构筑围堤或挖坑收容。用砂土、惰性物质或蛭石吸收大量液体。用耐腐蚀泵转移至槽车或专用收集器内。

516. 三氯氧化钒

标　识

中文名称 三氯氧化钒

英文名称 vanadium trichloride oxide；vanadium oxytrichloride

别名 三氯氧钒；三氯一氧化钒

分子式 $VOCl_3$

CAS号 7727－18－6

WGH号 83502

UN号 2443

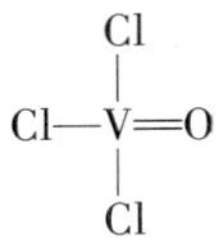

危害信息

危险性类别 第8类腐蚀品。

燃烧与爆炸危险性 不燃，无特殊燃爆特性。受高热分解放出有毒的气体。遇潮时对大多数金属有腐蚀性。若遇高热，容器内压增大，有开裂和爆炸的危险。

禁忌物 酸类、碱类、醇类、胺类、钾、钠。

毒性 大鼠经口 LD_{50}：140mg/kg。

中毒表现 对眼睛、皮肤、黏膜有刺激性和强腐蚀性。吸入可引起肺部损害。口服引起口腔、烟喉、胸部和胃部严重烧灼痛，以及呕吐、柏油样便。舌苔呈墨绿色

侵入途径 吸入、食入。

理化特性与用途

理化特性 柠檬黄色液体，有令人不愉快的气味，有吸湿性，接触空气散发出红色的烟雾。与水反应。溶于甲醇、乙醚、丙酮、乙酸、四氯化碳，混溶于许多烃和金属卤化物。熔点 -77℃，沸点 126～127℃，相对密度(水=1)1.83(20℃)，相对蒸气密度(空气=1)5.98，饱和蒸气压 2.57kPa(25℃)。

主要用途 用作烯烃聚合催化剂，用于合成有机钒化合物，也是多种有机化合物溶剂。

包装与储运

包装标志 腐蚀品，有毒品[铁规]

包装类别 Ⅱ类

安全储运 储存于阴凉、干燥、通风良好的库房。远离火种、热源。防止阳光直射。储存温度不超过 30℃，相对湿度不超过 75%。保持容器密封。切勿受潮。应与酸类、碱类、醇类、胺类等分开存放，切忌混储。储区应备有泄漏应急处理设备和合适的收容材料。

紧急处置信息

急救措施

吸入：迅速脱离现场至空气新鲜处。保持呼吸道通畅。如呼吸困难，给输氧。呼吸、心跳停止，立即进行心肺复苏术。就医。

眼睛接触：立即分开眼睑，用大量流动清水或生理盐水彻底冲洗 10～15min。就医。

皮肤接触：立即脱去污染的衣着，用大量流动清水彻底冲洗，冲洗时间一般要求 20～30min。就医。

食入：用水漱口，给饮牛奶或蛋清。就医。

灭火方法 消防人员必须戴空气呼吸器，穿全身耐酸碱消防服，在上风向灭火。尽可能将容器从火场移至空旷处。喷水保持火场容器冷却，直至灭火结束。灭火时尽量切断泄漏源。根据着火原因选择适当灭火剂灭火。

泄漏应急处置 根据液体流动和蒸气扩散的影响区域划定警戒区，无关人员从侧风、上风向撤离至安全区。建议应急处理人员戴正压自给式呼吸器，穿防酸碱服，戴橡胶耐酸碱手套。穿上适当的防护服前严禁接触破裂的容器和泄漏物。尽可能切断泄漏源。勿使泄漏物与可燃物质(如木材、纸、油等)接触。防止泄漏物进入水体、下水道、地下室或受限空间。小量泄漏：用干燥的砂土或其他不燃材料覆盖泄漏物，用洁净的无火花工具收集泄漏物，置于一盖子较松的塑料容器中，待处置。大量泄漏：构筑围堤或挖坑收容。用碎石灰石($CaCO_3$)、苏打灰(Na_2CO_3)或石灰(CaO)中和。用耐腐蚀泵转移至槽车或专用收集器内。

517. 三氯乙腈

标 识

中文名称 三氯乙腈

英文名称 trichloroacetonitrile; trichloromethyl cyanide

别名 三氯甲基氰；氰化三氯甲烷

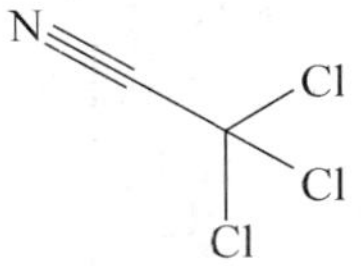

分子式 C_2Cl_3N

CAS 号 545－06－2

WGH 号 61634

危害信息

危险性类别 第6类有毒品。

燃烧与爆炸危险性 可燃。其蒸气与空气混合，能形成爆炸性混合物。受热分解放出剧毒的氰化物气体。燃烧产生有毒的一氧化碳、氮氧化物、氯化氢气体。遇水或水蒸气、酸或酸气产生有毒的可燃性气体。

活性反应 遇水或水蒸气、酸或酸气产生有毒的可燃性气体。与强氧化剂接触可发生化学反应。

禁忌物 强氧化剂、强还原剂、强酸、强碱。

毒性 大鼠经口 LD_{50}：250mg/kg；兔经皮 LD_{50}：0.9mL/kg。

中毒表现 本品对呼吸道有明显刺激作用。动物吸入蒸气时见抽搐、乱跑、角弓反张，随后不动、流泪、咳嗽和气急。

侵入途径 吸入、食入、经皮吸收。

环境危害 对水生生物有毒，可能在水生环境中造成长期不利影响。

理化特性与用途

理化特性 无色液体。不溶于水。熔点－42℃，沸点83～84℃，相对密度(水＝1)1.44，饱和蒸气压9.86kPa(25℃)，辛醇/水分配系数2.09，闪点74℃。

主要用途 用作杀虫剂、薰剂以及有机合成中间体。

包装与储运

包装标志 有毒品，易燃液体[铁规]

包装类别 Ⅱ类

安全储运 储存于阴凉、干燥、通风的库房。远离火种、热源。库温不超过32℃。相对湿度不超过80%。包装必须密封。防止受潮。应与氧化剂、还原剂、酸类、碱类、食用化学品分开存放，切忌混储。配备相应品种和数量的消防器材。禁止使用易产生火花的机械设备和工具。储区应备有泄漏应急处理设备和合适的收容材料。

紧急处置信息

急救措施

吸入：迅速脱离现场至空气新鲜处。保持呼吸道通畅。如呼吸困难，给输氧。呼吸、心跳停止，立即进行心肺复苏术。就医。

眼睛接触：立即分开眼睑，用流动清水或生理盐水彻底冲洗。就医。

皮肤接触：立即脱去污染的衣着，用肥皂水和清水彻底冲洗。就医。

食入：催吐，给服活性炭悬液。就医。

如出现腈类物质中毒症状，使用亚硝酸钠和硫代硫酸钠解毒剂，也可用硫代硫酸钠加口服对氨基苯丙酮。

灭火方法 消防人员须佩戴防毒面具，穿全身消防服，在上风向灭火。尽可能将容器从火场移至空旷处。喷水保持火场容器冷却，直至灭火结束。处在火场中的容器若已变色

或从安全泄压装置中发出声音，必须马上撤离。禁止用水、泡沫和酸碱灭火剂灭火。

灭火剂：干粉、二氧化碳、砂土。

泄漏应急处置 根据液体流动和蒸气扩散的影响区域划定警戒区，无关人员从侧风、上风向撤离至安全区。消除所有点火源。建议应急处理人员戴正压自给式呼吸器，穿防毒服，戴橡胶手套。作业时使用的所有设备应接地。禁止接触或跨越泄漏物。尽可能切断泄漏源。防止泄漏物进入水体、下水道、地下室或受限空间。小量泄漏：用砂土或其他不燃材料吸收。使用洁净的无火花工具收集吸收材料。大量泄漏：构筑围堤或挖坑收容。用泡沫覆盖，减少蒸发。用防爆泵转移至槽车或专用收集器内。

518. 三氯乙醛[无水的，抑制了的]

标 识

中文名称 三氯乙醛[无水的，抑制了的]

英文名称 trichloroacetaldehyde(anhydrous, inhibited); chloral

别名 无水氯醛；氯油

分子式 C_2HCl_3O

CAS 号 75－87－6

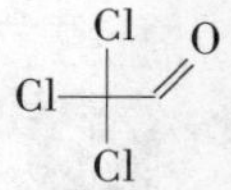

WGH 号 61079

UN 号 2075

危害信息

危险性类别 第6类有毒品。

燃烧与爆炸危险性 不燃，无特殊燃爆特性。受热分解放出有催泪性及腐蚀性的气体。

禁忌物 强氧化剂、强碱。

毒性 大鼠经口 LD_{50}：850mg/kg；小鼠经口 LD_{50}：725mg/kg；大鼠吸入 LC_{50}：440mg/m^3(4h)。

中毒表现 本品对皮肤和黏膜有强烈的刺激作用。对动物全身毒作用较强，引起麻醉作用。表现有短期兴奋，继而抑制、共济失调、侧倒、麻醉及死亡。大鼠长期接触其蒸气，可导致发育迟滞，中枢神经系统功能紊乱，低血压倾向，肝、肾及脾脏损害，支气管炎等。

侵入途径 吸入、食入。

职业接触限值 中国：MAC：3mg/m^3。

理化特性与用途

理化特性 无色易挥发的油状液体，有刺激性气味。易溶于水，溶于乙醇、乙醚、氯仿。熔点－57.5℃，沸点97.8℃，相对密度(水＝1)1.51，相对蒸气密度(空气＝1)5.1，饱和蒸气压4.66kPa(20℃)，辛醇/水分配系数0.99，闪点75℃。

主要用途 用于制造农药，如滴滴涕、甲氧滴滴涕、敌百虫、敌敌畏、二溴磷；医药工业用于制造氯霉素和合霉素等；也作为有机原料，用于生产 *N*,*N*－二甲基甲酰胺、氯仿等。

包装与储运

包装标志 有毒品

包装类别 Ⅱ类

安全储运 储存于阴凉、通风的库房。远离火种、热源。库温不超过32℃。相对湿度不超过80%。保持容器密封。应与氧化剂、碱类、食用化学品分开存放，切忌混储。储区应备有泄漏应急处理设备和合适的收容材料。

紧急处置信息

急救措施

吸入：迅速脱离现场至空气新鲜处。保持呼吸道通畅。如呼吸困难，给输氧。呼吸、心跳停止，立即进行心肺复苏术。就医。

眼睛接触：分开眼睑，用流动清水或生理盐水彻底冲洗。如有不适感，就医。

皮肤接触：立即脱去污染的衣着，用肥皂水和清水彻底冲洗皮肤。如有不适感，就医。

食入：饮足量温水，催吐。就医。

灭火方法 消防人员必须佩戴空气呼吸器，穿全身防火防毒服，在上风向灭火。尽可能将容器从火场移至空旷处。喷水保持火场容器冷却，直至灭火结束。处在火场中的容器若已变色或从安全泄压装置中发出声音，必须马上撤离。

灭火剂：雾状水、抗溶性泡沫、二氧化碳、砂土。

泄漏应急处置 根据液体流动和蒸气扩散的影响区域划定警戒区，无关人员从侧风、上风向撤离至安全区。建议应急处理人员戴正压自给式呼吸器，穿防毒服，戴橡胶耐油手套。穿上适当的防护服前严禁接触破裂的容器和泄漏物。尽可能切断泄漏源。防止泄漏物进入水体、下水道、地下室或受限空间。小量泄漏：用干燥的砂土或其他不燃材料吸收或覆盖，收集于容器中。大量泄漏：构筑围堤或挖坑收容。用泵转移至槽车或专用收集器内。

519. 三 氯 乙 酸

标 识

中文名称 三氯乙酸

英文名称 trichloroacetic acid; acetic acid, 2,2,2 – trichloro –

别名 三氯醋酸

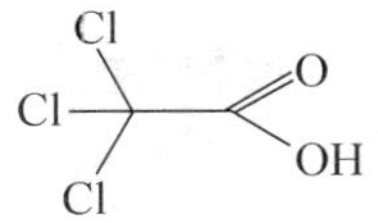

分子式 $C_2HCl_3O_2$

CAS 号 76 – 03 – 9

WGH 号 81606

UN 号 1839

危害信息

危险性类别 第8类腐蚀品。

燃烧与爆炸危险性 可燃。其粉体与空气混合，能形成爆炸性混合物。受高热分解产生有毒的腐蚀性烟气。具有较强的腐蚀性。

禁忌物 强氧化剂、强碱。

毒性 大鼠经口 LD_{50}：3320mg/kg；小鼠经口 LD_{50}：4970mg/kg。

中毒表现 吸入本品粉尘对呼吸道有刺激作用，可引起咳嗽、胸痛和中枢神经系统抑制。眼直接接触可造成严重损害，重者可导致失明。皮肤接触可致严重的化学性灼伤。口服灼伤口腔和消化道，出现剧烈腹痛、呕吐和虚脱。

侵入途径 吸入、食入、经皮吸收。

职业接触限值 美国(ACGIH)：TLV－TWA：1ppm。

环境危害 对水生生物有极高毒性，可能在水生环境中造成长期不利影响。

理化特性与用途

理化特性 无色至白色易吸潮的结晶，有刺激性气味。溶于水，溶于乙醇、乙醚、丙酮、苯，微溶于四氯化碳。pH 值 1.2(0.1M 水溶液)，熔点 57.5℃，沸点 196～197℃，相对密度(水＝1)1.62，相对蒸气密度(空气＝1)5.6，饱和蒸气压 133Pa(51℃)，燃烧热－387.9kJ/mol，辛醇/水分配系数 1.33。

主要用途 用于有机合成，制医药品、化学试剂、杀虫剂。

包装与储运

包装标志 腐蚀品

包装类别 Ⅱ类

安全储运 储存于阴凉、通风的库房。远离火种、热源。库温不超过 30℃。相对湿度不超过 75%。包装密封。应与氧化剂、碱类分开存放，切忌混储。配备相应品种和数量的消防器材。储区应备有合适的材料收容泄漏物。

紧急处置信息

急救措施

吸入：迅速脱离现场至空气新鲜处。保持呼吸道通畅。如呼吸困难，给输氧。呼吸、心跳停止，立即进行心肺复苏术。就医。

眼睛接触：立即分开眼睑，用大量流动清水或生理盐水彻底冲洗 10～15min。就医。

皮肤接触：立即脱去污染的衣着，用大量流动清水彻底冲洗，冲洗时间一般要求 20～30min。就医。

食入：用水漱口，禁止催吐。给饮牛奶或蛋清。就医。

灭火方法 消防人员必须穿全身耐酸碱消防服，佩戴空气呼吸器，在上风向灭火。尽可能将容器从火场移至空旷处。喷水保持火场容器冷却，直至灭火结束。

灭火剂：雾状水、泡沫、二氧化碳。

泄漏应急处置 隔离泄漏污染区，限制出入。建议应急处理人员戴防尘口罩，穿防酸碱服，戴橡胶耐酸碱手套。穿上适当的防护服前严禁接触破裂的容器和泄漏物。尽可能切断泄漏源。用塑料布覆盖泄漏物，减少飞散。勿使水进入包装容器内。用洁净的铲子收集泄漏物，置于干净、干燥、盖子较松的容器中，将容器移离泄漏区。

520. 三氯乙酸甲酯

标　识

中文名称 三氯乙酸甲酯

英文名称 methyl trichloroacetate

别名 三氯醋酸甲酯

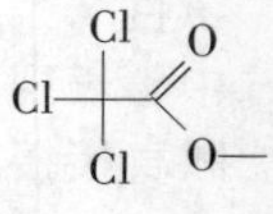

分子式 $C_3H_3Cl_3O_2$
CAS 号 598-99-2
WGH 号 61614
UN 号 2533

危害信息

危险性类别 第6类有毒品。

燃烧与爆炸危险性 可燃。其蒸气与空气混合，能形成爆炸性混合物。受高热分解放出有毒的气体。若遇高热，容器内压增大，有开裂和爆炸的危险。

活性反应 与氧化剂可发生反应。

禁忌物 氧化剂、还原剂、碱类、酸类。

侵入途径 吸入、食入。

环境危害 对水生生物有极高毒性，可能在水生环境中造成长期不利影响。

理化特性与用途

理化特性 无色液体，有刺激性气味。微溶于水，易溶于乙醇、乙醚。熔点-17.5℃，沸点152~153.9℃，相对密度(水=1)1.488，饱和蒸气压0.73kPa(25℃)，辛醇/水分配系数2.03，闪点72.8℃。

主要用途 用于有机合成。

包装与储运

包装标志 有毒品

包装类别 Ⅲ类

安全储运 储存于阴凉、通风的库房。远离火种、热源。防止阳光直射。储存温度不超过35℃，相对湿度不超过82%。保持容器密封。应与氧化剂、强还原剂、酸碱等分开存放，切忌混储。配备相应品种和数量的消防器材。储区应备有泄漏应急处理设备和合适的收容材料。

紧急处置信息

急救措施

吸入：迅速脱离现场至空气新鲜处。保持呼吸道通畅。如呼吸困难，给输氧。呼吸、心跳停止，立即进行心肺复苏术。就医。

眼睛接触：分开眼睑，用流动清水或生理盐水冲洗。如有不适感，就医。

皮肤接触：立即脱去污染的衣着，用大量流动清水冲洗。如有不适感，就医。

食入：饮足量温水，催吐。就医。

灭火方法 消防人员须佩戴防毒面具，穿全身消防服，在上风向灭火。尽可能将容器从火场移至空旷处。喷水保持火场容器冷却，直至灭火结束。处在火场中的容器若已变色或从安全泄压装置中发出声音，必须马上撤离。

灭火剂：雾状水、泡沫、干粉、二氧化碳、砂土。

泄漏应急处置 根据液体流动和蒸气扩散的影响区域划定警戒区，无关人员从侧风、上风向撤离至安全区。建议应急处理人员戴正压自给式呼吸器，穿防毒服，戴橡胶手套。作业时使用的所有设备应接地。穿上适当的防护服前严禁接触破裂的容器和泄漏物。尽可能切断泄漏源。防止泄漏物进入水体、下水道、地下室或受限空间。严禁用水处理。小量泄漏：用干燥的砂土或其他不燃材料覆盖泄漏物，收集于适当的容器中。大量泄漏：构筑围堤或挖坑收容。用泵转移至槽车或专用收集器内。

521. 三氯乙酰氯

标 识

中文名称 三氯乙酰氯

英文名称 trichloroacetyl chloride

别名 氯化三氯乙酰

分子式 C_2Cl_4O

CAS 号 76－02－8

WGH 号 81118

UN 号 2442

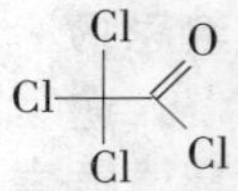

危害信息

危险性类别 第 8 类腐蚀品。

燃烧与爆炸危险性 可燃，但不易引燃。遇水产生刺激性气体。受高热分解放出有毒的气体。遇潮时对大多数金属有腐蚀性。

禁忌物 水、碱类、氰化物、醇类。

毒性 大鼠经口 LD_{50}：600mg/kg；大鼠吸入 LC_{50}：475mg/m^3（4h）；小鼠吸入 LC_{50}：445mg/m^3。

中毒表现 对眼睛、皮肤、黏膜有强烈刺激性。吸入可引起喉、支气管炎症、化学性肺炎、肺水肿。接触可引起烧灼感、气短、头痛、恶心、呕吐、哮喘、过敏反应。

侵入途径 吸入、食入、经皮吸收。

理化特性与用途

理化特性 无色至淡黄色透明液体，有刺激性气味。遇水和醇分解。溶于乙醇、乙醚。熔点－57℃，沸点 114～118℃，相对密度（水＝1）1.6202（20℃/4℃），相对蒸气密度（空气＝1）6.3，饱和蒸气压 2.13kPa（20℃），辛醇/水分配系数 0.88，闪点＞100℃。

主要用途 用作军用毒气；用于有机合成，是广谱、高效杀虫剂、杀螨剂以及除草剂的中间体。

包装与储运

包装标志 腐蚀品

包装类别 Ⅱ类

安全储运 储存于阴凉、干燥、通风良好的库房。远离火种、热源。防止阳光直射。储存温度不超过 30℃，相对湿度不超过 75%。保持容器密封。应与强碱、氰化物、醇类等分开存放，切忌混储。配备相应品种和数量的消防器材。储区应备有泄漏应急处理设备和合适的收容材料。

紧急处置信息

急救措施

吸入：迅速脱离现场至空气新鲜处。保持呼吸道通畅。如呼吸困难，给输氧。呼吸、

心跳停止，立即进行心肺复苏术。就医。

眼睛接触：立即分开眼睑，用大量流动清水或生理盐水彻底冲洗 10～15min。就医。

皮肤接触：立即脱去污染的衣着，用大量流动清水彻底冲洗，冲洗时间一般要求 20～30min。就医。

食入：用水漱口，禁止催吐。给饮牛奶或蛋清。就医。

灭火方法 消防人员必须佩戴空气呼吸器，穿全身防火防毒服，在上风向灭火。尽可能将容器从火场移至空旷处。喷水保持火场容器冷却，直至灭火结束。处在火场中的容器若已变色或从安全泄压装置中发出声音，必须马上撤离。禁止用水、泡沫和酸碱灭火剂灭火。

灭火剂：干粉，二氧化碳。

泄漏应急处置 根据液体流动和蒸气扩散的影响区域划定警戒区，无关人员从侧风、上风向撤离至安全区。建议应急处理人员戴正压自给式呼吸器，穿防酸碱服，戴橡胶耐酸碱手套。作业时使用的所有设备应接地。穿上适当的防护服前严禁接触破裂的容器和泄漏物。尽可能切断泄漏源。防止泄漏物进入水体、下水道、地下室或受限空间。严禁用水处理。小量泄漏：用干燥的砂土或其他不燃材料覆盖泄漏物。大量泄漏：构筑围堤或挖坑收容。用耐腐蚀泵转移至槽车或专用收集器内。

522. 1,1,1－三羟甲基丙烷

标 识

中文名称 1,1,1－三羟甲基丙烷

英文名称 propylidynetrimethanol；2－ethyl－2－(hydroxymethyl)－1,3－propanediol；1,1,1－trihydroxymethylpropane

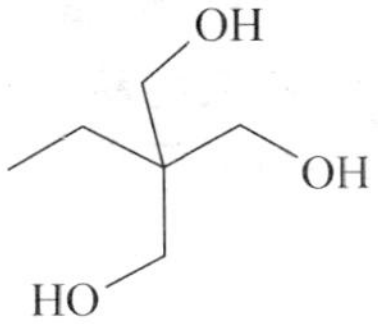

别名 2－乙基－2－(羟甲基)－1,3－丙二醇；三甲醇丙烷

分子式 $C_6H_{14}O_3$

CAS 号 77－99－6

危害信息

燃烧与爆炸危险性 可燃。其粉体与空气混合，能形成爆炸性混合物，遇明火、高热可能引起燃烧爆炸。

禁忌物 强氧化剂、强酸、强碱、卤素。

毒性 大鼠经口 LD_{50}：14000mg/kg；小鼠经口 LD_{50}：13700mg/kg。

侵入途径 吸入、食入。

理化特性与用途

理化特性 无色结晶体或白色粉末，有吸湿性。与水混溶，溶于乙醇，不溶于苯、四氯化碳。熔点 58℃，沸点 292～297℃，相对密度(水＝1)1.084，相对蒸气密度(空气＝1)4.63，饱和蒸气压 10Pa(50℃)，辛醇/水分配系数 －0.5，闪点 172℃(闭杯)，引燃温度 375℃，爆炸下限 2.0%，爆炸上限 11.8%。

主要用途 广泛用于聚酯和聚氨酯泡沫塑料生产，也用于醇酸涂料、合成润滑剂、增

塑剂、表面活性剂、松香酯和炸药的制造；还直接用作纺织助剂和PVC树脂的热稳定剂。

包装与储运

安全储运 储存于阴凉、通风的库房。远离火种、热源。保持容器密封。应与氧化剂、酸类等隔离储运。搬运时轻装轻卸，防止容器受损。

紧急处置信息

急救措施

吸入：脱离现场至空气新鲜处。如有不适感，就医。

眼睛接触：分开眼睑，用流动清水或生理盐水冲洗。如有不适感，就医。

皮肤接触：立即脱去污染的衣着，用肥皂水和清水彻底冲洗皮肤。如有不适感，就医。

食入：饮足量温水，催吐。就医。

灭火方法 消防人员必须佩戴空气呼吸器，穿全身防火防毒服，在上风向灭火。尽可能将容器从火场移至空旷处。喷水保持火场容器冷却，直至灭火结束。

灭火剂：雾状水、泡沫、干粉、二氧化碳、砂土。

泄漏应急处置 隔离泄漏污染区，限制出入。消除所有点火源。建议应急处理人员戴防尘口罩，穿一般作业工作服，戴防护手套。尽可能切断泄漏源。用塑料布覆盖泄漏物，减少飞散。勿使水进入包装容器内。用洁净的铲子收集泄漏物，置于干净、干燥、盖子较松的容器中，将容器移离泄漏区。

523. 2,4,6 - 三硝基苯甲酸［干的或含水 <30%］

标 识

中文名称 2,4,6 - 三硝基苯甲酸［干的或含水 <30%］

英文名称 2,4,6 - trinitrobenzoic acid (dry or with less than 30% water)；*s* - trinitrobenzoic acid

别名 对称三硝基苯甲酸；三硝基安息香酸

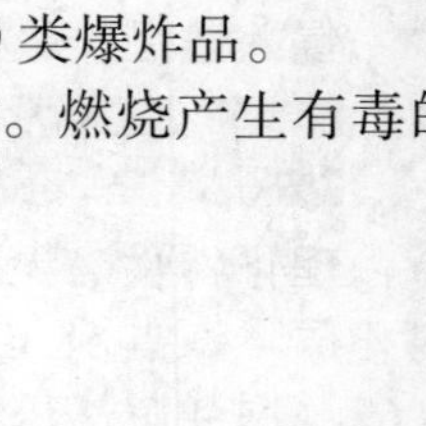

分子式 $C_7H_3N_3O_8$

CAS号 129 - 66 - 8

WGH号 11064

UN号 0215

危害信息

危险性类别 第1类爆炸品；按《危险货物品名表》主危险性为1.1D类爆炸品。

燃烧与爆炸危险性 受撞击、摩擦，遇明火或其他点火源极易爆炸。燃烧产生有毒的一氧化碳和氮氧化物气体 。

禁忌物 强氧化剂、强碱、活性金属粉末、易燃或可燃物。

侵入途径 吸入、食入、经皮吸收。

理化特性与用途

理化特性 黄色针状结晶。微溶于水，溶于甲醇、乙醇、乙醚、丙酮，微溶于苯。熔点228.7℃(分解)，相对密度(水＝1)1.785，辛醇/水分配系数0.23。

主要用途 用于制造炸药，用作化学中间体和试剂。

包装与储运

包装标志 爆炸品

安全储运 储存于阴凉、干燥、通风的爆炸品专用库房。远离火种、热源。防止阳光直射。储存温度不宜超过32℃，相对湿度不超过80％。若以水作稳定剂，储存温度应大于1℃，相对湿度小于80％。包装密封。应与氧化剂、碱类、活性金属粉末、易(可)燃物等分开存放，切忌混储。采用防爆型照明、通风设施。禁止使用易产生火花的机械设备和工具。储区应备有合适的材料收容泄漏物。禁止震动、撞击和摩擦。

紧急处置信息

急救措施

吸入：迅速脱离现场至空气新鲜处。保持呼吸道通畅。如呼吸困难，给输氧。呼吸、心跳停止，立即进行心肺复苏术。就医。

眼睛接触：立即分开眼睑，用大量流动清水或生理盐水彻底冲洗10～15。如有不适感，就医。

皮肤接触：立即脱去污染的衣着，用大量流动清水冲洗。如有不适感，就医。

食入：饮足量温水，催吐。就医。

灭火方法 消防人员须戴自给式呼吸器，穿全身消防服，在防爆掩蔽处操作。遇大火切勿轻易接近。禁止用砂土压盖。用大量水灭火。

泄漏应急处置 消除所有点火源。隔离泄漏污染区，限制出入。建议应急处理人员戴防尘口罩，穿一般作业工作服，戴橡胶手套。作业时使用的所有设备应接地。禁止接触或跨越泄漏物。润湿泄漏物。严禁设法扫除干的泄漏物。在专家指导下清除。

524. 2,4,6－三硝基苯甲酸［含水≥30％］

标　识

中文名称 2,4,6－三硝基苯甲酸［含水≥30％］

英文名称 2,4,6－trinitrobenzoic acid(with not less than 30％ water)

别名 三硝基苯甲酸［含水≥30％］

分子式 $C_7H_3N_3O_8$

CAS号 129－66－8

WGH号 41019

UN号 1355

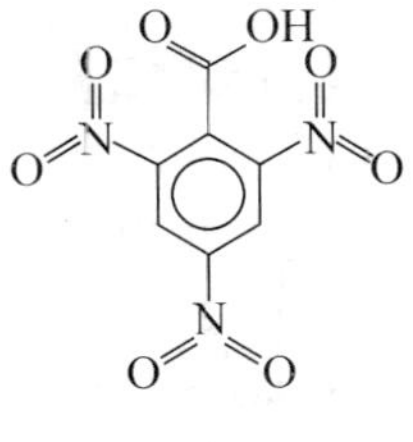

危害信息

危险性类别 第4.1类易燃固体。

燃烧与爆炸危险性 易燃。受撞击、摩擦，遇明火或其他点火源极易爆炸。燃烧产生有毒的一氧化碳和氮氧化物气体。

禁忌物 强氧化剂、强碱、活性金属粉末、易燃或可燃物。

侵入途径 吸入、食入、经皮吸收。

理化特性与用途

理化特性 黄色针状结晶。微溶于水，溶于甲醇、乙醇、乙醚、丙酮，微溶于苯。熔点228.7℃(分解)，相对密度(水=1)1.785，辛醇/水分配系数0.23。

主要用途 用于有机合成和生产炸药。

包装与储运

包装标志 易燃固体

包装类别 Ⅰ类

安全储运 储存于阴凉、通风的库房。远离火种、热源。防止阳光直射。库温不宜超过35℃。包装密封。应与氧化剂、碱类、活性金属粉末等分开存放，切忌混储。采用防爆型照明、通风设施。禁止使用易产生火花的机械设备和工具。储区应备有合适的材料收容泄漏物。

紧急处置信息

急救措施

吸入： 迅速脱离现场至空气新鲜处。保持呼吸道通畅。如呼吸困难，给输氧。呼吸、心跳停止，立即进行心肺复苏术。就医。

眼睛接触： 立即分开眼睑，用大量流动清水或生理盐水彻底冲洗。如有不适感，就医。

皮肤接触： 立即脱去污染的衣着，用大量流动清水冲洗。如有不适感，就医。

食入： 饮足量温水，催吐。就医。

灭火方法 消防人员须戴自给式呼吸器，穿全身消防服，在防爆掩蔽处操作。遇大火切勿轻易接近。禁止用砂土压盖。

灭火剂：雾状水、泡沫、干粉、二氧化碳。

泄漏应急处置 消除所有点火源。隔离泄漏污染区，限制出入。建议应急处理人员戴防尘口罩，穿一般作业工作服，戴橡胶手套。作业时使用的所有设备应接地。禁止接触或跨越泄漏物。小量泄漏：用大量水冲洗，洗水稀释后放入废水系统。大量泄漏：用水润湿，并筑堤收容。通过慢慢加入大量水保持泄漏物湿润。

525. 2,4,6-三硝基间甲酚

标　识

中文名称 2,4,6-三硝基间甲酚

英文名称 2,4,6-trinitro-*m*-cresol; methyl picric acid

分子式 $C_7H_5N_3O_7$

CAS号 602-99-3

WGH号 11060

UN号 0216

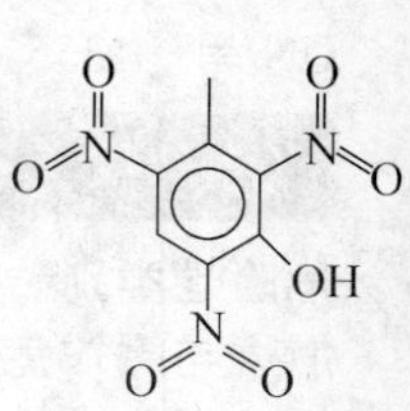

危害信息

危险性类别 第1类爆炸品；按《危险货物品名表》主危险性为1.1D类爆炸品。

燃烧与爆炸危险性 受撞击、摩擦，遇明火或其他点火源极易爆炸。受热分解产生有毒的烟气。

活性反应 与氧化剂能发生强烈反应。

禁忌物 强氧化剂、碱类、还原剂、活性金属粉末、易燃或可燃物。

毒性 小鼠腹腔内 LD_{50}：168mg/kg。

侵入途径 吸入、食入。

理化特性与用途

理化特性 黄色针状结晶。微溶于水，易溶于乙醇、乙醚、丙酮。熔点 109.5℃，高于 150℃发生爆炸，相对密度（水 = 1）1.68，饱和蒸气压 0.03Pa（25℃），辛醇/水分配系数 2.05。

主要用途 与苦味酸混合，用于装填手榴弹。

包装与储运

包装标志 爆炸品

安全储运 储存于阴凉、干燥、通风的爆炸品专用库房。远离火种、热源。防止阳光直射。储存温度不宜超过 32℃，相对湿度不超过 80%。若以水作稳定剂，储存温度应大于 1℃，相对湿度小于 80%。包装密封。应与氧化剂、碱类、还原剂、活性金属粉末、易（可）燃物等分开存放，切忌混储。配备相应品种和数量的消防器材。储区应备有合适的材料收容泄漏物。禁止震动、撞击和摩擦。

紧急处置信息

急救措施

吸入：迅速脱离现场至空气新鲜处。保持呼吸道通畅。如呼吸困难，给输氧。呼吸、心跳停止，立即进行心肺复苏术。就医。

眼睛接触：立即分开眼睑，用大量流动清水或生理盐水彻底冲洗。如有不适感，就医。

皮肤接触：立即脱去污染的衣着，用大量流动清水冲洗。如有不适感，就医。

食入：饮足量温水，催吐。就医。

灭火方法 消防人员须戴自给式呼吸器，穿全身消防服，在防爆掩蔽处操作。遇大火切勿轻易接近。禁止用砂土压盖。用大量水灭火。

泄漏应急处置 消除所有点火源。隔离泄漏污染区，限制出入。建议应急处理人员戴防尘口罩，穿一般作业工作服，戴橡胶手套。作业时使用的所有设备应接地。禁止接触或跨越泄漏物。润湿泄漏物。严禁设法扫除干的泄漏物。在专家指导下清除。

526. 2,4,7－三硝基－9－芴酮

标　识

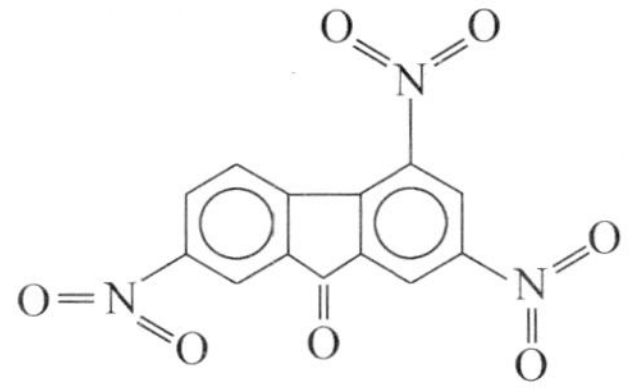

中文名称 2,4,7－三硝基－9－芴酮

英文名称 2,4,7－trinitrofluoren－9－one

别名 2,4,7－三硝基芴酮

分子式 $C_{13}H_5N_3O_7$

CAS 号　129－79－3
WGH 号　11069
UN 号　0387

危害信息

危险性类别　第 1 类爆炸品；按《危险货物品名表》主危险性为 1. 1D 类爆炸品。

燃烧与爆炸危险性　受撞击、摩擦，遇明火或其他点火源极易爆炸。粉体与空气混合能形成爆炸性混合物。燃烧产生有毒的一氧化碳和氮氧化物气体。

禁忌物　强氧化剂、强碱。

毒性　大鼠经口 LD_{50}：9910mg/kg；兔经皮 LD_{50}：＞2000mg/kg。

中毒表现　本品对眼、呼吸道和胃肠道黏膜有刺激性。

侵入途径　吸入、食入、经皮吸收。

环境危害　对水生生物是有害的。

理化特性与用途

理化特性　黄色针状结晶。微溶于水，易溶于丙酮、苯、氯仿。熔点 175. 2～176℃，辛醇/水分配系数 2. 42。

主要用途　用于制造炸药，用作化学试剂。

包装与储运

包装标志　爆炸品

安全储运　储存于阴凉、干燥、通风的爆炸品专用库房。远离火种、热源。储存温度不宜超过 32℃，相对湿度不超过 80%。若以水作稳定剂，储存温度应大于 1℃，相对湿度小于 80%。保持容器密封。应与其他爆炸品、氧化剂、还原剂、碱等隔离储运。采用防爆型照明、通风设施。禁止使用易产生火花的机械设备和工具。搬运时轻装轻卸，防止容器受损。禁止震动、撞击和摩擦。

紧急处置信息

急救措施

吸入：迅速脱离现场至空气新鲜处。保持呼吸道通畅。如呼吸困难，给输氧。呼吸、心跳停止，立即进行心肺复苏术。就医。

眼睛接触：分开眼睑，用流动清水或生理盐水冲洗。如有不适感，就医。

皮肤接触：脱去污染的衣着，用肥皂水和清水彻底冲洗皮肤。如有不适感，就医。

食入：饮足量温水，催吐。就医。

灭火方法　消防人员需戴好防毒面具，穿全身消防服，在安全距离以外，在上风向灭火。遇大火切勿轻易接近，禁止用砂土压盖。用大量水灭火。

泄漏应急处置　隔离泄漏污染区，限制出入。消除所有点火源。建议应急处理人员戴防尘口罩，穿一般作业工作服，戴橡胶手套。作业时使用的所有设备应接地。禁止接触或跨越泄漏物。用丙酮润湿固体泄漏物，并把润湿物转移到合适的容器中。

527. 2,4,6－三溴酚

标识

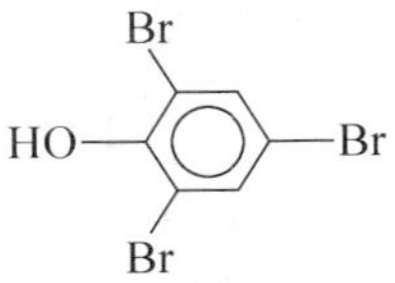

中文名称 2,4,6－三溴酚
英文名称 2,4,6－tribromophenol
别名 2,4,6－三溴苯酚
分子式 $C_6H_3Br_3O$
CAS 号 118－79－6

危害信息

燃烧与爆炸危险性 可燃。其粉体与空气混合，能形成爆炸性混合物。受高热分解产生有毒的溴化物气体。

禁忌物 酰基氯、酸酐、氧化剂。

毒性 大鼠经口 LD_{50}：200mg/kg；大鼠吸入 LC_{50}：＞1630mg/m^3(4h)。

中毒表现 中毒表现有呼吸次数增多，呼吸加深，全身震颤，有时抽搐，甚至死亡。可引起肺部明显病变由轻微到严重充血和点状出血，经口对胃肠道有刺激和腐蚀性。

侵入途径 吸入、食入。

环境危害 对水生生物有毒，可能在水生环境中造成长期不利影响。

理化特性与用途

理化特性 白色至淡黄色针状或棱状结晶，有刺激性气味。微溶于水，溶于多数有机溶剂。熔点 94～96℃，沸点 282～290℃，相对密度(水＝1)2.55(20℃)，相对蒸气密度(空气＝1)11.4，饱和蒸气压 0.04Pa(25℃)，辛醇/水分配系数 4.13。

主要用途 用于制药物、消毒剂、阻燃剂等。

包装与储运

安全储运 储存于阴凉、通风的库房。远离火种、热源。保持容器密封。应与氧化剂、食用化学品等隔离储运。搬运时轻装轻卸，防止容器受损。

紧急处置信息

急救措施

吸入：迅速脱离现场至空气新鲜处。保持呼吸道通畅。如呼吸困难，给输氧。呼吸、心跳停止，立即进行心肺复苏术。就医。

眼睛接触：立即分开眼睑，用大量流动清水或生理盐水彻底冲洗 10～15min。就医。

皮肤接触：立即脱去污染的衣着，用大量流动清水彻底冲洗，冲洗时间一般要求 20～30min。就医。

食入：用水漱口。就医。

灭火方法 消防人员须佩戴防毒面具，穿全身消防服，在上风向灭火。尽可能将容器从火场移至空旷处。喷水保持火场容器冷却，直至灭火结束。

灭火剂：雾状水、泡沫、干粉、二氧化碳、砂土。

泄漏应急处置　隔离泄漏污染区，限制出入。消除所有点火源。建议应急处理人员戴防尘口罩，穿防毒服，戴橡胶手套。穿上适当的防护服前严禁接触破裂的容器和泄漏物。尽可能切断泄漏源。用塑料布覆盖泄漏物，减少飞散。勿使水进入包装容器内。用洁净的铲子收集泄漏物，置于干净、干燥、盖子较松的容器中，将容器移离泄漏区。

528. 三溴化磷

标　识

中文名称　三溴化磷

英文名称　phosphorus tribromide；phosphorous tribromide；tribromophosphine

分子式　PBr_3

CAS 号　7789－60－8

WGH 号　81056

UN 号　1808

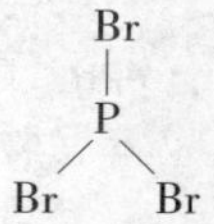

危害信息

危险性类别　第 8 类腐蚀品。

燃烧与爆炸危险性　不燃，无特殊燃爆特性。遇水发热、冒烟甚至燃烧爆炸。具有腐蚀性。

禁忌物　强碱、水、醇类、强氧化剂、酸类、碱类、钾、钠。

毒性　大鼠经口 LDL_0：50mg/kg。

中毒表现　吸入对鼻、喉和肺部产生强烈刺激。眼和皮肤接触可致灼伤。

侵入途径　吸入、食入。

理化特性与用途

理化特性　无色或淡黄色发烟液体，有刺激性气味。溶于丙酮、氯仿、二硫化碳、四氯化碳等。熔点－41.5～－39.9℃，沸点 175℃，相对密度(水＝1)2.86，相对蒸气密度(空气＝1)9.3，饱和蒸气压 1.33kPa(48℃)。

主要用途　用作测定糖和氧的试剂，用作催化剂、溴化剂，也用于有机合成。

包装与储运

包装标志　腐蚀品，有毒品

包装类别　Ⅱ类

安全储运　储存于阴凉、干燥、通风良好的库房。远离火种、热源。库温不超过 30℃。相对湿度不超过 75%。包装必须密封。切勿受潮。应与氧化剂、酸类、碱类等分开存放，切忌混储。不宜久存，以免变质。储区应备有泄漏应急处理设备和合适的收容材料。

紧急处置信息

急救措施

吸入：迅速脱离现场至空气新鲜处。保持呼吸道通畅。如呼吸困难，给输氧。呼吸、

心跳停止，立即进行心肺复苏术。就医。

眼睛接触： 立即分开眼睑，用大量流动清水或生理盐水彻底冲洗 10～15min。就医。

皮肤接触： 立即脱去污染的衣着，用大量流动清水彻底冲洗，冲洗时间一般要求 20～30min。就医。

食入： 用水漱口，禁止催吐。给饮牛奶或蛋清。就医。

灭火方法 消防人员必须穿全身耐酸碱消防服，佩戴空气呼吸器，在上风向灭火。尽可能将容器从火场移至空旷处。喷水保持火场容器冷却，直至灭火结束。禁止用水和泡沫灭火。

灭火剂：二氧化碳、砂土。

泄漏应急处置 根据液体流动和蒸气扩散的影响区域划定警戒区，无关人员从侧风、上风向撤离至安全区。建议应急处理人员戴正压自给式呼吸器，穿防酸碱服，戴橡胶耐酸碱手套。穿上适当的防护服前严禁接触破裂的容器和泄漏物。尽可能切断泄漏源。勿使泄漏物与可燃物质(如木材、纸、油等)接触。防止泄漏物进入水体、下水道、地下室或受限空间。小量泄漏：用干燥的砂土或其他不燃材料覆盖泄漏物，用洁净的无火花工具收集泄漏物，置于一盖子较松的塑料容器中，待处置。大量泄漏：构筑围堤或挖坑收容。用碎石灰石($CaCO_3$)、苏打灰(Na_2CO_3)或石灰(CaO)中和。用耐腐蚀泵转移至槽车或专用收集器内。

529. 三溴化硼

标识

中文名称 三溴化硼

英文名称 boron tribromide；boron bromide

别名 溴化硼

分子式 BBr_3

CAS 号 10294－33－4

WGH 号 81059

UN 号 2692

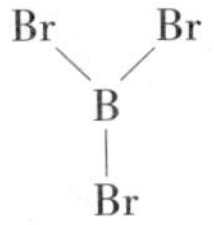

危害信息

危险性类别 第 8 类腐蚀品。

燃烧与爆炸危险性 不燃，无特殊燃爆特性。受热或遇水分解，放出有毒的腐蚀性气体，有时会发生爆炸。具有腐蚀性。

活性反应 受热或遇水分解，放出有毒的腐蚀性气体，有时会发生爆炸。

禁忌物 碱类、水、醇类。

中毒表现 对眼睛、皮肤、黏膜和呼吸道有强烈的刺激作用。可引起眼和皮肤灼伤。

侵入途径 吸入、食入。

职业接触限值 美国(ACGIH)：TLV－C：10mg/m^3。

理化特性与用途

理化特性 无色或稍带黄色的发烟液体，有强烈的刺激性气味。溶于四氯化碳、液态二氧化硫、二硫化碳。熔点 -46℃，沸点 90~91.3℃，相对密度(水=1)2.64，相对蒸气密度(空气=1)8.6，饱和蒸气压 5.3kPa(14℃)，临界温度 308℃，辛醇/水分配系数 3.61。

主要用途 用于有机硼化合物和高纯硼的制取；用作半导体的掺杂材料，有机合成的催化剂、溴化剂等。

包装与储运

包装标志 腐蚀品

包装类别 Ⅰ类

安全储运 储存于阴凉、干燥、通风良好的库房。远离火种、热源。库温不超过 30℃。相对湿度不超过 75%。包装必须密封。切勿受潮。应与碱类、醇类等分开存放，切忌混储。不宜久存，以免变质。储区应备有泄漏应急处理设备和合适的收容材料。

紧急处置信息

急救措施

吸入：迅速脱离现场至空气新鲜处。保持呼吸道通畅。如呼吸困难，给输氧。呼吸、心跳停止，立即进行心肺复苏术。就医。

眼睛接触：立即分开眼睑，用大量流动清水或生理盐水彻底冲洗 10~15min。就医。

皮肤接触：立即脱去污染的衣着，用大量流动清水彻底冲洗，冲洗时间一般要求 20~30min。就医。

食入：用水漱口，禁止催吐。给饮牛奶或蛋清。就医。

灭火方法 消防人员须佩戴防毒面具，穿全身消防服，在上风向灭火。尽可能将容器从火场移至空旷处。喷水保持火场容器冷却，直至灭火结束。处在火场中的容器若已变色或从安全泄压装置中发出声音，必须马上撤离。禁止用水和泡沫灭火。

灭火剂：干粉、二氧化碳、干燥砂土。

泄漏应急处置 根据液体流动和蒸气扩散的影响区域划定警戒区，无关人员从侧风、上风向撤离至安全区。建议应急处理人员戴正压自给式呼吸器，穿防酸碱服，戴橡胶耐酸碱手套。作业时使用的所有设备应接地。穿上适当的防护服前严禁接触破裂的容器和泄漏物。勿使水进入包装容器内。尽可能切断泄漏源。防止泄漏物进入水体、下水道、地下室或受限空间。小量泄漏：用干燥的砂土或其他不燃材料覆盖泄漏物。大量泄漏：构筑围堤或挖坑收容。用碎石灰石($CaCO_3$)、苏打灰(Na_2CO_3)或石灰(CaO)中和。用耐腐蚀泵转移至槽车或专用收集器内。

530. 三溴化三甲基二铝

标识

中文名称 三溴化三甲基二铝

英文名称 tribromotrimethyl dialuminum; methylaluminum sesquibromide

别名 三溴化三甲基铝；三溴化三甲基(二)铝

分子式 $C_3H_9Al_2Br_3$

CAS 号 12263-85-3

WGH 号 42024

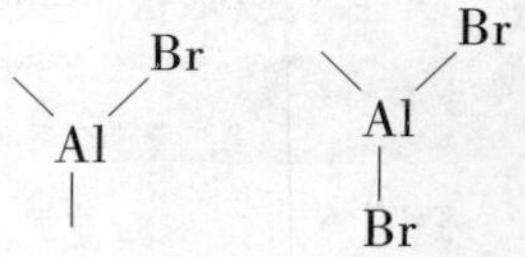

危害信息

危险性类别 第4.2类自燃物品。
燃烧与爆炸危险性 接触空气易自燃。受高热分解放出有毒的气体。
禁忌物 强氧化剂、强酸、水、胺类、卤代烃、空气、二氧化碳。
侵入途径 吸入、食入。
职业接触限值 美国(ACGIH)：TLV－TWA：2mg/m^3[按铝计]。

理化特性与用途

理化特性 混浊的黄色液体(25℃)。与水发生强烈反应。熔点－4℃，沸点166℃，相对密度(水＝1)1.514(25℃)。
主要用途 用作烯烃聚合催化剂、中间体等。

包装与储运

包装标志 自燃物品，遇湿易燃物品
包装类别 Ⅰ类
安全储运 储存于阴凉、干燥、通风良好的专用库房内，远离火种、热源。防止阳光直射。储存温度不超过30℃，相对湿度不超过75%。保持容器密封。严禁与空气接触。应与氧化剂、酸类、胺类、卤代烃等分开存放，切忌混储。采用防爆型照明、通风设施。禁止使用易产生火花的机械设备和工具。储区应备有泄漏应急处理设备和合适的收容材料。

紧急处置信息

急救措施
吸入：迅速脱离现场至空气新鲜处。如有不适感，就医。
眼睛接触：分开眼睑，用流动清水或生理盐水冲洗。如有不适感，就医。
皮肤接触：脱去污染的衣着，用流动清水冲洗。如有不适感，就医。
食入：饮足量温水，催吐。就医
灭火方法 消防人员须佩戴防毒面具，穿全身消防服，在上风向灭火。尽可能将容器从火场移至空旷处。喷水保持火场容器冷却，直至灭火结束。处在火场中的容器若已变色或从安全泄压装置中发出声音，必须马上撤离。严禁用水、泡沫、二氧化碳扑救。
灭火剂：干粉、砂土。
泄漏应急处置 根据液体流动和蒸气扩散的影响区域划定警戒区，无关人员从侧风、上风向撤离至安全区。消除所有点火源。建议应急处理人员戴正压自给式呼吸器，穿防毒、防静电服，戴橡胶手套。禁止接触或跨越泄漏物。尽可能切断泄漏源。防止泄漏物进入水体、下水道、地下室或受限空间。小量泄漏：用干燥的砂土或其他不燃材料覆盖泄漏物，用洁净的无火花工具收集泄漏物，置于一盖子较松的塑料容器中，待处置。大量泄漏：构筑围堤或挖坑收容。用防爆泵转移至槽车或专用收集器内。

531. 三溴化砷

标　识

中文名称 三溴化砷

英文名称　arsenic tribromide; arsenous tribromide; arsenic(II) bromide

别名　溴化亚砷

分子式　$AsBr_3$

CAS 号　7784-33-0

WGH 号　61014

UN 号　1555

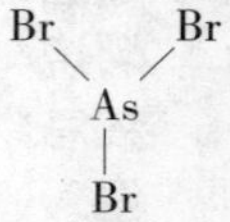

危害信息

危险性类别　第6类有毒品。

燃烧与爆炸危险性　不燃，无特殊燃爆特性。遇水或高热能放出大量有毒的气体。

禁忌物　水。

中毒表现　有毒。吸入、摄入或经皮肤吸收后会中毒。砷化合物属致癌物。对眼睛、皮肤和上呼吸道有强刺激作用。

侵入途径　吸入、食入、经皮吸收。

职业接触限值　中国：PC-TWA：0.01mg/m^3[按砷计]，PC-STEL：0.02mg/m^3[按砷计]。美国(ACGIH)：TLV-TWA：0.01mg/m^3[按砷计]。

环境危害　对水生生物有极高毒性，可能在水生环境中造成长期不利影响。

理化特性与用途

理化特性　无色至微黄色斜方晶系结晶，易潮解。溶于烃、卤代烃、二硫化碳、油、脂肪，易溶于苯、乙醚。熔点31.1℃，沸点221℃，相对密度(水=1)3.4(25℃)，饱和蒸气压0.133kPa(41.8℃)。

主要用途　用于制造有机砷化合物、药品等，也用于分析化学。

包装与储运

包装标志　有毒品

包装类别　Ⅱ类

安全储运　储存于阴凉、干燥、通风良好的库房。远离火种、热源。防止阳光直射。储存温度不超过35℃，相对湿度不超过82%。保持容器密封。应与强酸、碱类等分开存放，切忌混储。储区应备有合适的材料收容泄漏物。

紧急处置信息

急救措施

吸入：迅速脱离现场至空气新鲜处。保持呼吸道通畅。如呼吸困难，给输氧。呼吸、心跳停止，立即进行心肺复苏术。就医。

眼睛接触：分开眼睑，用流动清水或生理盐水冲洗。如有不适感，就医。

皮肤接触：立即脱去污染的衣着，用大量流动清水冲洗。如有不适感，就医。

食入：饮足量温水，催吐。就医。

解毒剂用二巯基丙磺酸钠、二巯基丁二酸钠等。

灭火方法　消防人员必须戴空气呼吸器，穿全身防火防毒服，在上风向灭火。灭火时尽可能将容器从火场移至空旷处。本品不燃。根据着火原因选择适当灭火剂灭火。

泄漏应急处置　隔离泄漏污染区，限制出入。建议应急处理人员戴防尘口罩，穿防毒服，戴橡胶手套。穿上适当的防护服前严禁接触破裂的容器和泄漏物。尽可能切断泄漏源。用塑料布覆盖泄漏物，减少飞散。勿使水进入包装容器内。用洁净的铲子收集泄漏物，置

于干净、干燥、盖子较松的容器中，将容器移离泄漏区。

532. 三溴化锑

标　识

中文名称　三溴化锑

英文名称　antimony tribromide；antimony bromide；tribromostibine

别名　溴化锑

分子式　$SbBr_3$

CAS 号　7789－61－9

WGH 号　81523

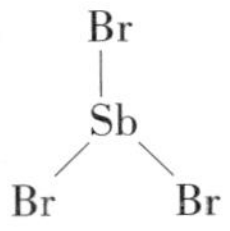

危害信息

危险性类别　第 8 类腐蚀品。

燃烧与爆炸危险性　不燃，无特殊燃爆特性。受热或遇水分解放热，放出有毒的腐蚀性烟气。具有腐蚀性。

活性反应　受热或遇水分解放热，放出有毒的腐蚀性烟气。

禁忌物　强氧化剂、碱类。

中毒表现　本品对呼吸道有刺激性，接触后可引起咳嗽、恶心和口中金属味。高浓度接触发生肺水肿、心律不齐，甚至心跳停止，造成死亡。皮肤或眼接触可致灼伤。

慢性影响表现为反复接触引起头痛、食欲不振、咽干、失眠。可能发生肝肾损害。

侵入途径　吸入、食入。

职业接触限值　中国：PC－TWA：0. 5mg/m^3［按锑计］。

美国(ACGIH)：TLV－TWA：0. 5mg/m^3［按锑计］。

环境危害　对水生生物有毒，可能在水生环境中造成长期不利影响；有害空气污染物。

理化特性与用途

理化特性　白色至淡黄色结晶，有潮解性。溶于稀盐酸、氢溴酸、二硫化碳、丙酮、苯、氯仿、氨、乙醇等。熔点 96～97℃，沸点 288℃(99. 62kPa)，相对密度(水＝1)4. 15，饱和蒸气压 0. 13kPa(93. 9℃)，临界温度 904. 5℃，临界压力 5. 67MPa。

主要用途　用作试剂，用于分析化学和制锑盐。

包装与储运

包装标志　腐蚀品

包装类别　Ⅱ类

安全储运　储存于阴凉、干燥、通风的库房。远离火种、热源。库温不超过 30℃。相对湿度不超过 75%。包装密封。切勿受潮。应与氧化剂、碱类分开存放，切忌混储。储区应备有合适的材料收容泄漏物。

紧急处置信息

急救措施

吸入：迅速脱离现场至空气新鲜处。保持呼吸道通畅。如呼吸困难，给输氧。呼吸、

心跳停止，立即进行心肺复苏术。就医。

眼睛接触：分开眼睑，用流动清水或生理盐水冲洗。如有不适感，就医。

皮肤接触：脱去污染的衣着，用肥皂水和清水彻底冲洗皮肤。如有不适感，就医。

食入：用水漱口。给饮牛奶或蛋清。就医。

灭火方法 消防人员必须穿全身耐酸碱消防服，佩戴空气呼吸器，在上风向灭火。尽可能将容器从火场移至空旷处。喷水保持火场容器冷却，直至灭火结束。禁止用水和泡沫灭火。

灭火剂：干粉、二氧化碳、干燥砂土。

泄漏应急处置 隔离泄漏污染区，限制出入。建议应急处理人员戴防尘口罩，穿防酸碱服，戴橡胶耐酸碱手套。穿上适当的防护服前严禁接触破裂的容器和泄漏物。尽可能切断泄漏源。用塑料布覆盖泄漏物，减少飞散。勿使水进入包装容器内。用洁净的铲子收集泄漏物，置于干净、干燥、盖子较松的容器中，将容器移离泄漏区。

533. 三溴甲烷

标识

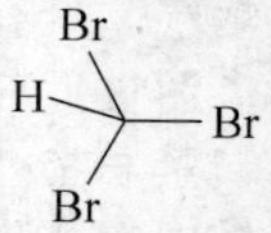

中文名称 三溴甲烷

英文名称 tribromomethane; bromoform

别名 溴仿

分子式 $CHBr_3$

CAS 号 75-25-2

WGH 号 61562

UN 号 2515

危害信息

危险性类别 第6类有毒品。

燃烧与爆炸危险性 不燃，无特殊燃爆特性。受高热分解产生有毒的溴化物气体。

活性反应 与锂、钾钠合金接触发生剧烈反应。

禁忌物 强氧化剂、活性金属粉末。

毒性 大鼠经口 LD_{50}：933mg/kg；小鼠经口 LD_{50}：1072mg/kg。

中毒表现 本品有麻醉和刺激作用，对肝脏有一定损害。轻度中毒有流泪、咽痒、头晕、头痛、无力。严重者可有恶心、呕吐、昏迷、抽搐等。可致死。

侵入途径 吸入、食入。

职业接触限值 美国(ACGIH)：TLV-TWA：0.5ppm[皮]。

环境危害 对水生生物有毒，可能在水生环境中造成长期不利影响；有害空气污染物；海洋污染物。

理化特性与用途

理化特性 无色至黄色重质液体，有类似氯仿的气味。微溶于水，溶于氯仿、苯、溶剂石脑油，混溶于乙醇、乙醚、丙酮、石油醚、油类。熔点 8.3℃，沸点 149～152℃，相对密度(水=1)2.89，相对蒸气密度(空气=1)8.7，饱和蒸气压 0.7kPa(20℃)，临界温度

402℃，临界压力5.72MPa，辛醇/水分配系数2.38。

主要用途 用作溶剂和有机合成中间体。

包装与储运

包装标志 有毒品

包装类别 Ⅲ类

安全储运 储存于阴凉、通风的库房。远离火种、热源。库温不超过32℃。相对湿度不超过80%。保持容器密封。应与氧化剂、活性金属粉末、食用化学品分开存放，切忌混储。储区应备有泄漏应急处理设备和合适的收容材料。

紧急处置信息

急救措施

吸入：迅速脱离现场至空气新鲜处。保持呼吸道通畅。如呼吸困难，给输氧。呼吸、心跳停止，立即进行心肺复苏术。就医。

眼睛接触：分开眼睑，用流动清水或生理盐水冲洗。如有不适感，就医。

皮肤接触：脱去污染的衣着，用肥皂水和清水彻底冲洗皮肤。如有不适感，就医。

食入：禁止催吐，口服活性炭，洗胃。就医。

灭火方法 消防人员须佩戴防毒面具，穿全身消防服，在上风向灭火。尽可能将容器从火场移至空旷处。喷水保持火场容器冷却，直至灭火结束。处在火场中的容器若已变色或从安全泄压装置中发出声音，必须马上撤离。

灭火剂：泡沫、干粉、二氧化碳、砂土。

泄漏应急处置 根据液体流动和蒸气扩散的影响区域划定警戒区，无关人员从侧风、上风向撤离至安全区。建议应急处理人员戴正压自给式呼吸器，穿防毒服，戴橡胶手套。禁止接触或跨越泄漏物。尽可能切断泄漏源。小量泄漏：用砂土或其他不燃材料吸收。大量泄漏：构筑围堤或挖坑收容。用泡沫覆盖，减少蒸发。用泵转移至槽车或专用收集器内。

534. 三溴乙醛

标识

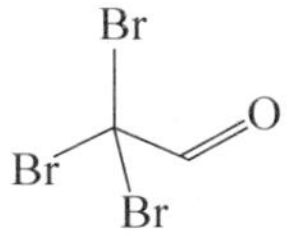

中文名称 三溴乙醛

英文名称 tribromoacetaldehyde；bromal

别名 溴醛

分子式 C_2HBr_3O

CAS号 115－17－3

WGH号 61597

危害信息

危险性类别 第6类有毒品。

燃烧与爆炸危险性 可燃。其蒸气与空气混合，能形成爆炸性混合物。燃烧或受高热分解产生有毒的烟气。

活性反应 与氧化剂可发生反应。

禁忌物 强氧化剂、强碱。

毒性 大鼠经口 LD_{50}：100mg/kg；小鼠经口 LD_{50}：25mg/kg。

中毒表现 有毒性和腐蚀性。慢性中毒，可有胃炎和皮疹，也可出现肾损害。

侵入途径 吸入、食入。

理化特性与用途

理化特性 淡黄色油状液体。溶于水、乙醇、乙醚、丙酮。熔点 -57.5℃，沸点 173～174℃，相对密度(水=1)2.66，饱和蒸气压 0.2kPa(25℃)，辛醇/水分配系数 1.46，闪点 65℃。

主要用途 用于有机合成，合成安眠、镇静等药物。

包装与储运

包装标志 有毒品

包装类别 Ⅲ类

安全储运 储存于阴凉、通风的库房。远离火种、热源。防止阳光直射。储存温度不超过 32℃，相对湿度不超过 82%。保持容器密封。严禁与空气接触。应与氧化剂、强碱、醇类等分开存放，切忌混储。配备相应品种和数量的消防器材。储区应备有泄漏应急处理设备和合适的收容材料。

紧急处置信息

急救措施

吸入：迅速脱离现场至空气新鲜处。保持呼吸道通畅。如呼吸困难，给输氧。呼吸、心跳停止，立即进行心肺复苏术。就医。

眼睛接触：立即分开眼睑，用大量流动清水或生理盐水彻底冲洗 10～15min。如有不适感，就医。

皮肤接触：立即脱去污染的衣着，用大量流动清水冲洗 20～30min。如有不适感，就医。

食入：用水漱口，给饮牛奶或蛋清。就医。

灭火方法 消防人员须佩戴空气呼吸器，穿全身消防服，在上风向灭火。尽可能将容器从火场移至空旷处。喷水保持火场容器冷却，直至灭火结束。处在火场中的容器若已变色或从安全泄压装置中发出声音，必须马上撤离。

灭火剂：雾状水、泡沫、干粉、二氧化碳、砂土。

泄漏应急处置 根据液体流动和蒸气扩散的影响区域划定警戒区，无关人员从侧风、上风向撤离至安全区。消除所有点火源。建议应急处理人员戴正压自给式呼吸器，穿防毒服，戴橡胶手套。穿上适当的防护服前严禁接触破裂的容器和泄漏物。尽可能切断泄漏源。防止泄漏物进入水体、下水道、地下室或受限空间。小量泄漏：用干燥的砂土或其他不燃材料吸收或覆盖，收集于容器中。大量泄漏：构筑围堤或挖坑收容。用耐腐蚀泵转移至槽车或专用收集器内。

535. 三溴乙酸

标识

中文名称 三溴乙酸

英文名称 tribromoacetic acid; acetic acid, 2, 2, 2 - tribromo -

别名 三溴醋酸

分子式 $C_2HBr_3O_2$

CAS 号 75 - 96 - 7

WGH 号 81608

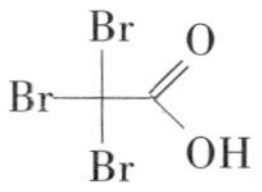

危害信息

危险性类别 第 8 类腐蚀品。

燃烧与爆炸危险性 可燃。其粉体与空气混合，能形成爆炸性混合物。受高热分解产生有毒的溴化物气体。遇潮时对大多数金属有腐蚀性。

活性反应 与强氧化剂接触可发生化学反应。

禁忌物 强氧化剂、强碱。

中毒表现 本品对黏膜 、上呼吸道、眼睛和皮肤有强烈刺激性。

侵入途径 吸入、食入。

理化特性与用途

理化特性 白色有光泽的片状结晶。溶于水，溶于乙醇、乙醚，不溶于石油醚。熔点 130 ~ 133℃，沸点 245℃(分解)，辛醇/水分配系数 1.71。

主要用途 用于有机合成和制药。

包装与储运

包装标志 腐蚀品

包装类别 Ⅱ类

安全储运 储存于阴凉、干燥、通风的库房。远离火种、热源。库温不超过 30℃。相对湿度不超过 75%。包装密封。应与氧化剂、碱类分开存放，切忌混储。配备相应品种和数量的消防器材。储区应备有合适的材料收容泄漏物。

紧急处置信息

急救措施

吸入： 迅速脱离现场至空气新鲜处。保持呼吸道通畅。如呼吸困难，给输氧。呼吸、心跳停止，立即进行心肺复苏术。就医。

眼睛接触： 立即分开眼睑，用大量流动清水或生理盐水彻底冲洗 10 ~ 15min。就医。

皮肤接触： 立即脱去污染的衣着，用大量流动清水彻底冲洗，冲洗时间一般要求 20 ~ 30min。就医。

食入： 用水漱口。给饮牛奶或蛋清。就医。

灭火方法 消防人员必须穿全身耐酸碱消防服，佩戴空气呼吸器，在上风向灭火。尽可能将容器从火场移至空旷处。喷水保持火场容器冷却，直至灭火结束。

灭火剂：雾状水、抗溶性泡沫、二氧化碳。

泄漏应急处置 隔离泄漏污染区，限制出入。建议应急处理人员戴防尘口罩，穿防酸碱服，戴橡胶耐酸碱手套。穿上适当的防护服前严禁接触破裂的容器和泄漏物。尽可能切断泄漏源。用塑料布覆盖泄漏物，减少飞散。勿使水进入包装容器内。用洁净的铲子收集泄漏物，置于干净、干燥、盖子较松的容器中，将容器移离泄漏区。

536. 三溴乙烯

标　识

中文名称　三溴乙烯

英文名称　tribromoethylene；1,1,2 - tribromoethylene

别名　1,1,2 - 三溴乙烯

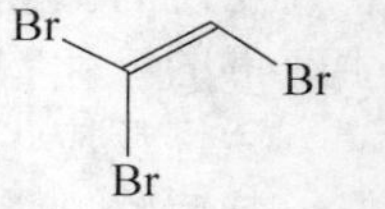

分子式　C_2HBr_3

CAS 号　598 - 16 - 3

WGH 号　61581

危害信息

危险性类别　第 6 类有毒品。

燃烧与爆炸危险性　可燃。其蒸气与空气混合，能形成爆炸性混合物，遇明火能引起燃烧或爆炸。受高热分解产生有毒的溴化物气体。

禁忌物　强氧化剂、活性金属粉末。

毒性　小鼠经口 LD_{50}：1100mg/kg。

中毒表现　本品有麻醉作用。对皮肤有刺激作用。

侵入途径　吸入、食入。

理化特性与用途

理化特性　黄色液体。不溶于水，混溶于乙醇、乙醚。沸点 163 ~ 164℃，相对密度（水 = 1）2.71，饱和蒸气压 66Pa（25℃），辛醇/水分配系数 3.2。

主要用途　用于有机合成。

包装与储运

包装标志　有毒品

包装类别　Ⅲ类

安全储运　储存于阴凉、通风的库房。远离火种、热源。库温不超过 32℃。相对湿度不超过 80%。包装要求密封。不可与空气接触。应与氧化剂、活性金属粉末、食用化学品分开存放，切忌混储。不宜大量储存或久存。配备相应品种和数量的消防器材。储区应备有泄漏应急处理设备和合适的收容材料。

紧急处置信息

急救措施

吸入：迅速脱离现场至空气新鲜处。保持呼吸道通畅。如呼吸困难，给输氧。呼吸、心跳停止，立即进行心肺复苏术。就医。

眼睛接触：分开眼睑，用流动清水或生理盐水冲洗。如有不适感，就医。

皮肤接触：立即脱去污染的衣着，用肥皂水和清水彻底冲洗皮肤。如有不适感，就医。

食入：饮足量温水，催吐。就医。

灭火方法　消防人员须佩戴防毒面具，穿全身消防服，在上风向灭火。尽可能将容器

从火场移至空旷处。喷水保持火场容器冷却，直至灭火结束。处在火场中的容器若已变色或从安全泄压装置中发出声音，必须马上撤离。

灭火剂：雾状水、泡沫、二氧化碳、砂土。

泄漏应急处置 根据液体流动和蒸气扩散的影响区域划定警戒区，无关人员从侧风、上风向撤离至安全区。消除所有点火源。建议应急处理人员戴正压自给式呼吸器，穿防毒服，戴防化学品手套。穿上适当的防护服前严禁接触破裂的容器和泄漏物。尽可能切断泄漏源。防止泄漏物进入水体、下水道、地下室或受限空间。小量泄漏：用干燥的砂土或其他不燃材料吸收或覆盖，收集于容器中。大量泄漏：构筑围堤或挖坑收容。用泵转移至槽车或专用收集器内。

537. 三亚乙基蜜胺

标识

中文名称 三亚乙基蜜胺

英文名称 tretamine；2,4,6-tris(1-aziridinyl)-s-triazine

别名 2,4,6-三(1-氮丙啶基)-1,3,5-三嗪；2,4,6-三亚乙基亚氨基均三嗪；不育津

分子式 $C_9H_{12}N_6$

CAS 号 51-18-3

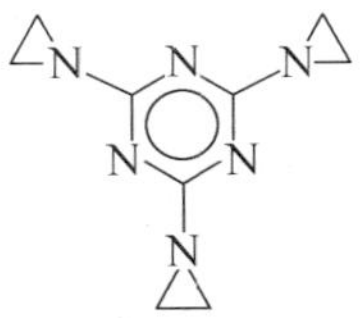

危害信息

危险性类别 第6类有毒品。

燃烧与爆炸危险性 可燃。其粉体与空气混合，能形成爆炸性混合物。受高热分解放出有毒的气体。

禁忌物 强氧化剂。

毒性 大鼠经口 LD_{50}：13mg/kg；小鼠经口 LD_{50}：15mg/kg。

本品已列入《剧毒化学品目录》。

中毒表现 本品属高毒类。用于治疗白血病及恶性肿瘤，有明显的拟放射性作用。目前未见职业中毒的报道。本品遇热分解，产生高毒的氮氧化物气体。

侵入途径 吸入、食入。

理化特性与用途

理化特性 白色结晶粉末，无气味。溶于水，溶于氯仿、二氯甲烷、二恶烷、丙酮等。熔点160℃（熔化后迅速聚合成白色固体），分解温度139℃，沸点285℃，饱和蒸气压4.8MPa(25℃)，辛醇/水分配系数2.56、-0.54。

主要用途 工业上用于制造树脂、织物整理剂，医学上用于治疗白血病及恶性肿瘤。

包装与储运

包装标志 有毒品

包装类别 Ⅱ类

安全储运　储存于阴凉、通风的库房。应严格执行剧毒化学品管理制度。远离火种、热源。防止阳光直射。储存温度不超过35℃，相对湿度不超过85%。保持容器密封。禁止与空气接触。应与氧化剂、强酸、碱等分开存放，切忌混储。配备相应品种和数量的消防器材。储区应备有合适的材料收容泄漏物。

紧急处置信息

急救措施

吸入：迅速脱离现场至空气新鲜处。保持呼吸道通畅。如呼吸困难，给输氧。呼吸、心跳停止，立即进行心肺复苏术。就医。

眼睛接触：立即分开眼睑，用大量流动清水或生理盐水彻底冲洗。如有不适感，就医。

皮肤接触：立即脱去污染的衣着，用大量流动清水冲洗。如有不适感，就医。

食入：饮足量温水，催吐。就医。

灭火方法　消防人员须佩戴防毒面具，穿全身消防服，在上风向灭火。尽可能将容器从火场移至空旷处。喷水保持火场容器冷却，直至灭火结束。处在火场中的容器若已变色或从安全泄压装置中发出声音，必须马上撤离。

灭火剂：雾状水、抗溶性泡沫、干粉、二氧化碳、砂土。

泄漏应急处置　隔离泄漏污染区，限制出入。消除所有点火源。建议应急处理人员戴防尘口罩，穿防毒服，戴橡胶手套。穿上适当的防护服前严禁接触破裂的容器和泄漏物。尽可能切断泄漏源。用塑料布覆盖泄漏物，减少飞散。勿使水进入包装容器内。用洁净的铲子收集泄漏物，置于干净、干燥、盖子较松的容器中，将容器移离泄漏区。

538. 三氧化二氮

标　识

中文名称　三氧化二氮

英文名称　nitrogen trioxide; nitrogen oxide

别名　亚硝酐

分子式　N_2O_3

CAS 号　10544－73－7

WGH 号　23011

UN 号　2421

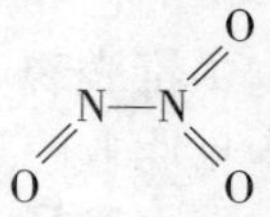

危害信息

危险性类别　第2.3类有毒气体。

燃烧与爆炸危险性　助燃，与可燃物接触易着火燃烧。遇高热可发生剧烈分解，引起容器破裂和爆炸事故。

禁忌物　易燃或可燃物、还原剂。

中毒表现　吸入初期仅有轻微的眼及呼吸道刺激症状，如咽部不适、干咳等。常经数小时至十几小时或更长时间潜伏期后发生迟发性肺水肿、成人呼吸窘迫综合征，出现胸闷、呼吸窘迫、咳嗽、咯泡沫痰、紫绀等。可并发气胸及纵隔气肿。肺水肿消退后两周左右可出现迟发性阻塞性细气支气管炎。

慢性影响表现为吸入初期仅有轻微的眼及呼吸道刺激症状，如咽部不适、干咳等。常经数小时至十几小时或更长时间潜伏期后发生迟发性肺水肿、成人呼吸窘迫综合征，出现胸闷、呼吸窘迫、咳嗽、咯泡沫痰、紫绀等。可并发气胸及纵隔气肿。肺水肿消退后两周左右可出现迟发性阻塞性细气支气管炎。

侵入途径 吸入。

理化特性与用途

理化特性 红棕色气体，3.5℃时冷凝为蓝色液体。溶于甲苯、苯、乙醚、氯仿、四氯化碳、酸、碱。熔点 -101.9℃，沸点3.5℃，相对密度(水=1)1.4(液体)，相对蒸气密度(空气=1)2.6。

主要用途 用作火箭燃料系统中的氧化剂，用于制取纯亚硝酸。

包装与储运

包装标志 有毒气体，氧化剂，腐蚀品。

安全储运 储存于通风、低温的有毒气体专用库房内。库温不宜超过30℃，相对湿度不超过80%。远离火种、热源。应与易(可)燃物、还原剂、食用化学品分开存放，切忌混储。储区应备有泄漏应急处理设备。搬运时轻装轻卸，须戴好钢瓶安全帽和防震橡皮圈，防止钢瓶撞击。

紧急处置信息

急救措施

吸入：迅速脱离现场至空气新鲜处。保持呼吸道通畅。如呼吸困难，给输氧。呼吸、心跳停止，立即进行心肺复苏术。就医。

眼睛接触：立即分开眼睑，用大量流动清水或生理盐水彻底冲洗10~15min。如有不适感，就医。

皮肤接触：立即脱去污染的衣着，用大量流动清水冲洗20~30min。如有不适感，就医。

食入：不会通过该途径接触。

灭火方法 切断气源。消防人员须佩带空气呼吸器，穿全身防火防毒服，在上风向灭火。喷水保持火场容器冷却，直至灭火结束。尽可能将容器从火场移至空旷处。

灭火剂：干粉、二氧化碳。

泄漏应急处置 根据气体扩散的影响区域划定警戒区，无关人员从侧风、上风向撤离至安全区。建议应急处理人员穿内置正压自给式呼吸器的全封闭防化服。禁止接触或跨越泄漏物。勿使泄漏物与可燃物质(如木材、纸、油等)接触。尽可能切断泄漏源。喷雾状水抑制蒸气或改变蒸气云流向，避免水流接触泄漏物。禁止用水直接冲击泄漏物或泄漏源。若可能翻转容器，使之逸出气体而非液体。防止气体通过下水道、通风系统和受限空间扩散。隔离泄漏区直至气体散尽。泄漏场所保持通风。

539. 三氧化二钒

标　识

中文名称 三氧化二钒

539. 三氧化二钒

英文名称 vanadium trioxide；divanadium trioxide

别名 三氧化钒

分子式 V_2O_3

CAS 号 1314－34－7

WGH 号 61028

危害信息

危险性类别 第6类有毒品。

燃烧与爆炸危险性 不燃，无特殊燃爆特性。在空气中加热能着火。受高热分解放出有毒的气体。

禁忌物 热硝酸。

毒性 大鼠经口 LD_{50}：566mg/kg；小鼠经口 LD_{50}：130mg/kg；兔经皮 LD_{50}：200mg/kg。

中毒表现 吸入后引起咳嗽、胸痛、咳血和口中金属味。对眼有刺激性，有催泪作用，对皮肤有刺激性。口服引起胃部不适、腹痛、呕吐、虚弱。中毒者舌苔呈墨绿色。

侵入途径 吸入、食入、经皮吸收。

环境危害 对水生生物有毒，可能在水生环境中造成长期不利影响。

理化特性与用途

理化特性 黑色粉末。不溶于水，溶于硝酸、氢氟酸。熔点1940～1970℃，沸点3000℃，相对密度(水＝1)4.87。

主要用途 用作有机合成催化剂，用于制造其他钒化合物和纯钒金属。

包装与储运

包装标志 有毒品。

包装类别 Ⅱ类

安全储运 储存于阴凉、通风的库房。远离火种、热源。防止阳光直射。储存温度不超过35℃，相对湿度不超过85%。保持容器密封。应与热硝酸等分开存放，切忌混储。储区应备有合适的材料收容泄漏物。

紧急处置信息

急救措施

吸入：迅速脱离现场至空气新鲜处。保持呼吸道通畅。如呼吸困难，给输氧。呼吸、心跳停止，立即进行心肺复苏术。就医。

眼睛接触：立即分开眼睑，用大量流动清水或生理盐水彻底冲洗。如有不适感，就医。

皮肤接触：立即脱去污染的衣着，用大量流动清水冲洗。如有不适感，就医。

食入：饮足量温水，催吐。就医。

灭火方法 消防人员必须戴空气呼吸器，穿全身防火防毒服，在上风向灭火。灭火时尽可能将容器从火场移至空旷处。本品不燃。根据着火原因选择适当灭火剂灭火。

泄漏应急处置 隔离泄漏污染区，限制出入。建议应急处理人员戴防尘口罩，穿防毒服，戴橡胶手套。穿上适当的防护服前严禁接触破裂的容器和泄漏物。尽可能切断泄漏源。用塑料布覆盖泄漏物，减少飞散。勿使水进入包装容器内。用洁净的铲子收集泄漏物，置于干净、干燥、盖子较松的容器中，将容器移离泄漏区。

540. 三氧化二钴

标 识

中文名称 三氧化二钴
英文名称 dicobalt trioxide；cobaltic oxide
别名 氧化高钴
分子式 Co_2O_3
CAS 号 1308－04－9

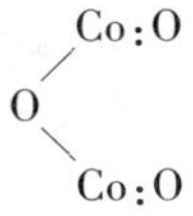

危害信息

燃烧与爆炸危险性 不燃，无特殊燃爆特性。
活性反应 与过氧化氢发生剧烈反应。
禁忌物 过氧化氢、强还原剂。
毒性 大鼠腹腔内 LD_{50}：5000mg/kg
IARC 致癌性评论：G2B，可疑人类致癌物。
中毒表现 对眼睛、呼吸系统和胃肠道有刺激性。皮肤接触有过敏性皮炎、接触性皮炎。
侵入途径 吸入、食入。
职业接触限值 中国：PC－TWA：0.05mg/m^3；PC－STEL：0.1mg/m^3[按钴计]。
美国(ACGIH)：TLV－TWA：0.02mg/m^3[按钴计]。
环境危害 对水生生物有毒，可能在水生环境中造成长期不利影响。

理化特性与用途

理化特性 钢灰色或灰黑色结晶粉末。不溶于水，不溶于乙醇，溶于热盐酸、稀硫酸。熔点 895℃(分解)，相对密度(水＝1)5.2。
主要用途 用作颜料、釉料、氧化剂、催化剂、分析试剂，也用于制取钴和不含镍的钴盐。

包装与储运

安全储运 储存于阴凉、通风的库房。远离火种、热源。保持容器密封。应与强氧化剂、碱类、强还原剂等隔离储运。搬运时轻装轻卸，防止容器受损。

紧急处置信息

急救措施
吸入：迅速脱离现场至空气新鲜处。保持呼吸道通畅。如呼吸困难，给输氧。呼吸、心跳停止，立即进行心肺复苏术。就医。
眼睛接触：立即分开眼睑，用大量流动清水或生理盐水彻底冲洗。如有不适感，就医。
皮肤接触：立即脱去污染的衣着，用大量流动清水冲洗。如有不适感，就医。
食入：饮足量温水，催吐。就医。

灭火方法　消防人员必须戴空气呼吸器，穿全身防火防毒服，在上风向灭火。灭火时尽可能将容器从火场移至空旷处。本品不燃。根据着火原因选择适当灭火剂灭火。

泄漏应急处置　隔离泄漏污染区，限制出入。建议应急处理人员戴防尘口罩，穿防毒服，戴橡胶手套。穿上适当的防护服前严禁接触破裂的容器和泄漏物。尽可能切断泄漏源。用塑料布覆盖泄漏物，减少飞散。勿使水进入包装容器内。用洁净的铲子收集泄漏物，置于干净、干燥、盖子较松的容器中，将容器移离泄漏区。

541. 三氧化二磷

标　识

中文名称　三氧化二磷

英文名称　phosphorus trioxide; phosphorus oxide

别名　亚磷(酸)酐；亚磷酸酐；三氧化磷

分子式　P_2O_3

CAS 号　1314－24－5

WGH 号　81503

UN 号　2578

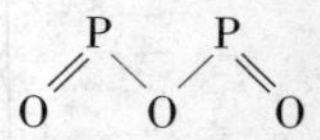

危害信息

危险性类别　第 8 类腐蚀品。

燃烧与爆炸危险性　遇水剧烈反应。受高热分解放出有毒的气体。

活性反应　遇氧气、空气、卤素、硫酸、水、氨等发生剧烈反应。

禁忌物　氨、卤素、氧、五氯化磷、氯化磷、硫、硫酸、水。

中毒表现　误服或吸入会中毒。对眼睛、皮肤、膜有强刺激性和腐蚀性。

侵入途径　吸入、食入。

理化特性与用途

理化特性　无色单斜晶体或液体，易潮解。溶于苯、乙醚、二硫化碳。熔点 23.8℃，沸点 173.1℃，相对密度(水＝1)2.135，饱和蒸气压 1.33kPa(53℃)。

主要用途　用于制亚磷酸及其盐。

包装与储运

包装标志　腐蚀品，有毒品[铁规]

包装类别　Ⅲ类

安全储运　储存于阴凉、干燥、通风良好的库房。远离火种、热源。库温不超过 30℃。相对湿度不超过 80%。防止阳光直射。保持容器密封。应与氨、卤素、氧、五氯化磷、氯化硫、硫、硫酸等分开存放，切忌混储。储区应备有泄漏应急处理设备和合适的收容材料。

紧急处置信息

急救措施

吸入：迅速脱离现场至空气新鲜处。保持呼吸道通畅。如呼吸困难，给输氧。呼吸、

心跳停止，立即进行心肺复苏术。就医。

眼睛接触： 立即分开眼睑，用大量流动清水或生理盐水彻底冲洗 10～15min。就医。

皮肤接触： 立即脱去污染的衣着，用大量流动清水彻底冲洗，冲洗时间一般要求 20～30min。就医。

食入： 用水漱口，给饮牛奶或蛋清。就医。

灭火方法 消防人员必须佩戴空气呼吸器，穿全身防火防毒服，在上风向灭火。尽可能将容器从火场移至空旷处。喷水保持火场容器冷却，直至灭火结束。灭火时尽量切断泄漏源。根据着火原因选择适当灭火剂灭火。

泄漏应急处置 隔离泄漏污染区，限制出入。建议应急处理人员戴防尘口罩，穿防腐、防毒服，戴橡胶耐酸碱手套。作业时使用的所有设备应接地。穿上适当的防护服前严禁接触破裂的容器和泄漏物。尽可能切断泄漏源。用干燥的砂土或其他不燃材料覆盖泄漏物，然后用塑料布覆盖，减少飞散、避免雨淋。用洁净的铲子收集泄漏物，置于干净、干燥、盖子较松的容器中，将容器移离泄漏区。

542. 三氧化铬［无水］

标　识

中文名称 三氧化铬［无水］

英文名称 chromium trioxide; chromium oxide ; chromium anhydride

别名 铬酸酐；铬酐

分子式 CrO_3

CAS 号 1333－82－0

WGH 号 51519

UN 号 1463

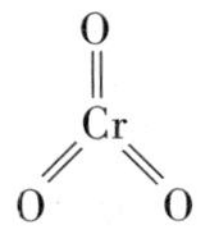

危害信息

危险性类别 第 5.1 类氧化剂。

燃烧与爆炸危险性 助燃。与可燃物接触易着火燃烧。具有较强的腐蚀性。

活性反应 与易燃物（如苯）和可燃物（如糖、纤维素等）接触会发生剧烈反应，甚至引起燃烧。与还原性物质如镁粉、铝粉、硫、磷等混合后，经摩擦或撞击，能引起燃烧或爆炸。具有较强的腐蚀性。

禁忌物 易燃或可燃物、强还原剂、活性金属粉末、硫、磷。

毒性 大鼠经口 LD_{50}：80mg/kg；小鼠经口 LD_{50}：80mg/kg。

IARC 致癌性评论：G1，对人类是致癌物。

欧盟法规 1272/2008/EC 将本品列为第 1A 类致癌物——已知对人类有致癌能力；第 1B 类生殖细胞致突变物——应认为可能引起人类生殖细胞可遗传突变的物质；第 2 类生殖毒物——可疑的人类生殖毒物。

中毒表现 急性中毒表现为吸入后可引起急性呼吸道刺激症状、鼻出血、声音嘶哑、鼻黏膜萎缩，有时出现哮喘和紫绀。重者可发生化学性肺炎。口服可刺激和腐蚀消化道，引起恶心、呕吐、腹痛、血便等；重者出现呼吸困难、紫绀、休克、肝损害及急性肾功能衰竭等。

慢性影响表现为有接触性皮炎、铬溃疡、鼻炎、鼻中隔穿孔及呼吸道炎症等。

六价铬为对人的确认致癌物。

侵入途径 吸入、食入、经皮吸收。

职业接触限值 中国：PC－TWA：0.05mg/m^3[按铬计]。

美国(ACGIH)：TLV－TWA：0.05mg/m^3[按铬计]。

环境危害 对水生生物有极高毒性，可能在水生环境中造成长期不利影响。

理化特性与用途

理化特性 暗红或暗紫色斜方结晶，易潮解。溶于水，溶于乙醇、乙醚、丙酮、乙酸、硫酸、硝酸。熔点197℃，沸点(分解)，相对密度(水=1)2.7。

主要用途 用于电镀工业、医药工业、印刷工业、鞣革和织物媒染；用作制造其他铬化合物、颜料等的中间体，循环水系统的缓蚀剂，有机合成的催化剂和氧化剂。

包装与储运

包装标志 氧化剂，腐蚀品

包装类别 Ⅱ类

安全储运 储存于阴凉、干燥、通风良好的库房。库温不超过30℃。相对湿度不超过80%。包装必须密封。切勿受潮。应与易(可)燃物、还原剂、活性金属粉末、食用化学品分开存放，切忌混储。储区应备有合适的材料收容泄漏物。

紧急处置信息

急救措施

吸入：迅速脱离现场至空气新鲜处。保持呼吸道通畅。如呼吸困难，给输氧。呼吸、心跳停止，立即进行心肺复苏术。就医。

眼睛接触：分开眼睑，用流动清水或生理盐水冲洗。如有不适感，就医

皮肤接触：脱去污染的衣着，用肥皂水和清水彻底冲洗皮肤。如有不适感，就医。

食入：饮足量温水，催吐。用清水或1%硫代硫酸钠溶液洗胃。给饮牛奶或蛋清。就医。

灭火方法 消防人员必须佩戴空气呼吸器，穿全身防火防毒服，在上风向灭火。尽可能将容器从火场移至空旷处。喷水保持火场容器冷却，直至灭火结束。切勿将水流直接射至熔融物，以免引起严重的流淌火灾或引起剧烈的沸溅。本品不燃。根据着火原因选择适当灭火剂灭火。

泄漏应急处置 隔离泄漏污染区，限制出入。建议应急处理人员戴防尘口罩，穿防毒服，戴橡胶手套。勿使泄漏物与可燃物质(如木材、纸、油等)接触。穿上适当的防护服前严禁接触破裂的容器和泄漏物。尽可能切断泄漏源。用洁净的铲子收集泄漏物，置于干净、干燥、盖子较松的容器中，将容器移离泄漏区。

543. 三 氧 化 钨

标　识

中文名称 三氧化钨

英文名称 tungsten trioxide; tungsten oxide; tungstic anhydride
别名 氧化钨
分子式 WO_3
CAS 号 1314-35-8

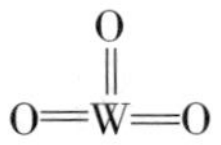

危害信息

燃烧与爆炸危险性 不燃，无特殊燃爆特性。
活性反应 与卤素化合物如五氟化溴、三氟化氯发生剧烈反应。
禁忌物 五氟化溴、三氟化氯。
毒性 大鼠经口 LD_{50}：1059mg/kg。
中毒表现 对眼睛、皮肤有刺激性。熔炼钨钢工人出现全身无力、发热，麻疹样皮疹、蛋白尿，可能与熔炼时吸入三氧化钨有关。
侵入途径 吸入、食入。
职业接触限值 中国：PC-TWA：5mg/m^3；PC-STEL：10mg/m^3[按钨计]。
美国(ACGIH)：TLV-TWA：5mg/m^3；TLV-STEL：10mg/m^3[按钨计]。

理化特性与用途

理化特性 黄色菱形结晶或橙色重质粉末，受热变成深橙色。不溶于水，微溶于酸，溶于苛性碱。熔点 1470~1475℃，沸点 1837℃，相对密度(水=1)7.16。
主要用途 用于制备金属钨及其化合物、合金、陶瓷颜料，也用作分析试剂。

包装与储运

安全储运 储存于阴凉、通风的库房。远离火种、热源。保持容器密封。应与强五氟化溴、三氟化氯等隔离储运。搬运时轻装轻卸，防止容器受损。

紧急处置信息

急救措施
吸入： 迅速脱离现场至空气新鲜处。保持呼吸道通畅。如呼吸困难，给输氧。呼吸、心跳停止，立即进行心肺复苏术。就医。
眼睛接触： 立即分开眼睑，用大量流动清水或生理盐水彻底冲洗。如有不适感，就医。
皮肤接触： 立即脱去污染的衣着，用大量流动清水冲洗。如有不适感，就医。
食入： 饮足量温水，催吐。就医。
灭火方法 消防人员必须穿全身防火防毒服，在上风向灭火。灭火时尽可能将容器从火场移至空旷处。本品不燃。根据着火原因选择适当灭火剂灭火。
泄漏应急处置 隔离泄漏污染区，限制出入。建议应急处理人员戴防尘口罩，穿防毒服，戴橡胶手套。穿上适当的防护服前严禁接触破裂的容器和泄漏物。尽可能切断泄漏源。用塑料布覆盖泄漏物，减少飞散。勿使水进入包装容器内。用洁净的铲子收集泄漏物，置于干净、干燥、盖子较松的容器中，将容器移离泄漏区。

544. 三氧化硒

标　识

中文名称　三氧化硒

英文名称　selenium trioxide；selenium oxide

别名　硒酸酐

分子式　SeO_3

CAS 号　13768－86－0

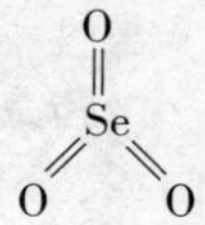

危害信息

燃烧与爆炸危险性　不燃，无特殊燃爆特性。受高热分解，放出有毒的蒸气。

禁忌物　易燃或可燃物、强还原剂。

中毒表现　对皮肤、黏膜有强烈的刺激和腐蚀作用。吸入本品蒸气可引起化学性支气管炎，严重者可发生肺炎或肺水肿。

侵入途径　吸入、食入。

职业接触限值　中国：PC－TWA：0.1mg/m^3［按硒计］。

美国（ACGIH）：TLV－TWA：0.2mg/m^3［按硒计］。

理化特性与用途

理化特性　浅黄白色吸湿性结晶粉末。易溶于水并发生反应，易溶于乙醇，不溶于乙醚、氯仿、四氯化碳。熔点 118℃，分解温度 180℃，相对密度（水＝1）3.6。

主要用途　用于制光电池和太阳能装置。

包装与储运

安全储运　储存于阴凉、通风的库房。远离火种、热源。保持容器密封。应与易（可）燃物、还原剂等隔离储运。搬运时轻装轻卸，防止容器受损。

紧急处置信息

急救措施

吸入：迅速脱离现场至空气新鲜处。保持呼吸道通畅。如呼吸困难，给输氧。呼吸、心跳停止，立即进行心肺复苏术。就医。

眼睛接触：立即分开眼睑，用大量流动清水或生理盐水彻底冲洗 10～15min。就医。

皮肤接触：立即脱去污染的衣着，用大量流动清水彻底冲洗，冲洗时间一般要求 20～30min。就医。

食入：用水漱口，给饮牛奶或蛋清。就医。

灭火方法　消防人员必须穿全身耐酸碱消防服，佩戴空气呼吸器，在上风向灭火。尽可能将容器从火场移至空旷处。喷水保持火场容器冷却，直至灭火结束。本品不燃。根据着火原因选择适当灭火剂灭火。

泄漏应急处置 隔离泄漏污染区，限制出入。建议应急处理人员戴防尘口罩，穿防酸碱服，戴橡胶手套。穿上适当的防护服前严禁接触破裂的容器和泄漏物。尽可能切断泄漏源。用塑料布覆盖泄漏物，减少飞散。勿使水进入包装容器内。用洁净的铲子收集泄漏物，置于干净、干燥、盖子较松的容器中，将容器移离泄漏区。也可以用大量水、稀碳酸氢钠溶液或苏打灰冲洗。

545. 三 乙 胺

标 识

中文名称 三乙胺

英文名称 triethylamine；*N*,*N* – diethyl – 1 – ethanamine

别名 *N*,*N* – 二乙基乙胺

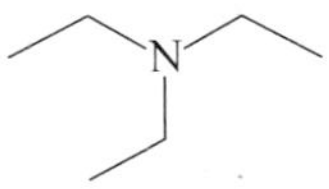

分子式 $C_6H_{15}N$

CAS 号 121 – 44 – 8

WGH 号 32168；31268[铁规]

UN 号 1296

危害信息

危险性类别 第 3 类易燃液体。

燃烧与爆炸危险性 易燃。其蒸气与空气混合，能形成爆炸性混合物，遇明火、高热能引起燃烧爆炸。燃烧产生有毒的一氧化碳和氮氧化物气体。蒸气比空气重，能在较低处扩散到相当远的地方，遇火源会着火回燃和爆炸(闪爆)。具有腐蚀性。

活性反应 与氧化剂能发生强烈反应。

禁忌物 强氧化剂、酸类。

毒性 大鼠经口 LD_{50}：460mg/kg；小鼠经口 LD_{50}：546mg/kg；兔经皮 LD_{50}：0.57mL/kg；人吸入 TCL_0：12mg/m^3(11 周，连续)。

中毒表现 对呼吸道有强烈的刺激性，吸入后可引起肺水肿甚至死亡。口服腐蚀口腔、食道及胃。眼及皮肤接触可引起化学性灼伤。

侵入途径 吸入、食入、经皮吸收。

职业接触限值 美国(ACGIH)：TLV – TWA：1ppm，TLV – STEL：3ppm[皮]。

环境危害 有害空气污染物。

理化特性与用途

理化特性 无色油状液体，有强烈的氨味。微溶于水，溶于乙醇、乙醚、四氯化碳、油类，易溶于丙酮、苯、氯仿。pH 值 11.9(1%溶液，计算值)，熔点 –115℃，沸点 89℃，相对密度(水 =1)0.7，相对蒸气密度(空气 =1)3.5，饱和蒸气压 7.2kPa(20℃)，燃烧热 –4341.7kJ/mol，临界温度 262.6℃，临界压力 3.032MPa，辛醇/水分配系数 1.45，闪点 –17℃(闭杯)、 –8.9℃(开杯)，引燃温度 249℃，爆炸下限 1.2%，爆炸上限 8%。

主要用途 用作溶剂、阻聚剂、防腐剂，用于合成染料等。

包装与储运

包装标志 易燃液体，腐蚀品

包装类别 Ⅱ类

安全储运 储存于阴凉、通风的库房。远离火种、热源。储存温度不超过30℃，相对湿度不超过80%。保持容器密封。应与氧化剂、酸类分开存放，切忌混储。采用防爆型照明、通风设施。禁止使用易产生火花的机械设备和工具。储区应备有泄漏应急处理设备和合适的收容材料。

紧急处置信息

急救措施

吸入： 迅速脱离现场至空气新鲜处。保持呼吸道通畅。如呼吸困难，给输氧。呼吸、心跳停止，立即进行心肺复苏术。就医。

眼睛接触： 立即分开眼睑，用大量流动清水或生理盐水彻底冲洗10~15min。就医。

皮肤接触： 立即脱去污染的衣着，用大量流动清水彻底冲洗，冲洗时间一般要求20~30min。就医。

食入： 用水漱口，禁止催吐。给饮牛奶或蛋清。就医。

灭火方法 消防人员必须佩戴空气呼吸器，穿全身防火防毒服，在上风向灭火。可能的话将容器从火场移至空旷处。喷水冷却容器，直至灭火结束。处在火场中的容器若已变色或从安全泄压装置中发出声音，必须马上撤离。

灭火剂：泡沫、二氧化碳、干粉、砂土。

泄漏应急处置 消除所有点火源。根据液体流动和蒸气扩散的影响区域划定警戒区，无关人员从侧风、上风向撤离至安全区。建议应急处理人员戴正压自给式呼吸器，穿防静电、防腐蚀、防毒服，戴橡胶耐酸碱手套。作业时使用的所有设备应接地。禁止接触或跨越泄漏物。尽可能切断泄漏源。防止泄漏物进入水体、下水道、地下室或受限空间。小量泄漏：用砂土或其他不燃材料吸收。使用洁净的无火花工具收集吸收材料。大量泄漏：构筑围堤或挖坑收容。用砂土、惰性物质或蛭石吸收大量液体。用硫酸氢钠($NaHSO_4$)中和。用抗溶性泡沫覆盖，减少蒸发。喷水雾能减少蒸发，但不能降低泄漏物在受限空间内的易燃性。用防爆、耐腐蚀泵转移至槽车或专用收集器内。喷雾状水驱散蒸气、稀释液体泄漏物。

546. 三乙二醇丁基醚

标　识

中文名称 三乙二醇丁基醚

英文名称 2-(2-(2-butoxyethoxy)ethoxy)ethanol; triethylene glycol monobutyl ether

别名 2-[2-(2-丁氧基乙氧基)乙氧基]乙醇；三甘醇单丁醚

分子式 $C_{10}H_{22}O_4$

CAS号 143-22-6

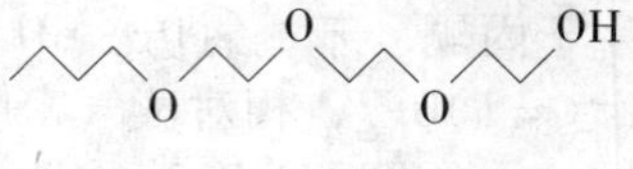

危害信息

燃烧与爆炸危险性 可燃。其蒸气与空气混合，能形成爆炸性混合物。燃烧产生有毒的一氧化碳气体。接触空气或在光照条件下可生成具有潜在爆炸危险性的过氧化物。

禁忌物 强氧化剂。

毒性 大鼠经口 LD_{50}：5300mg/kg；兔经皮 LD_{50}：3540mg/kg。

侵入途径 吸入、食入、经皮吸收。

理化特性与用途

理化特性 无色黏性液体。混溶于水，易溶于乙醇、甲醇。熔点 -35℃，沸点 278℃，相对密度(水=1)0.98(25℃)，相对蒸气密度(空气=1)7.1，饱和蒸气压 1Pa(20℃)，辛醇/水分配系数 0.02，闪点 143℃(闭杯)，爆炸下限 0.8%，爆炸上限 3.8%。

主要用途 用于有机合成；用作硝酸纤维素、纤维素醚、天然和合成树脂、涂料等的溶剂等。

包装与储运

安全储运 储存于阴凉、通风的库房。远离火种、热源。保持容器密封。避免光照和接触空气。应与氧化剂等隔离储运。搬运时轻装轻卸，防止容器受损。

紧急处置信息

急救措施

吸入：迅速脱离现场至空气新鲜处。保持呼吸道通畅。如呼吸困难，给输氧。呼吸、心跳停止，立即进行心肺复苏术。就医。

眼睛接触：分开眼睑，用流动清水或生理盐水冲洗。如有不适感，就医。

皮肤接触：立即脱去污染的衣着，用大量流动清水冲洗。如有不适感，就医。

食入：饮足量温水，催吐。就医。

灭火方法 消防人员须佩戴防毒面具，穿全身消防服，在上风向灭火。尽可能将容器从火场移至空旷处。喷水保持火场容器冷却，直至灭火结束。处在火场中的容器若已变色或从安全泄压装置中发出声音，必须马上撤离。

灭火剂：雾状水、抗溶性泡沫、干粉、二氧化碳、砂土。

泄漏应急处置 根据液体流动和蒸气扩散的影响区域划定警戒区，无关人员从侧风、上风向撤离至安全区。消除所有点火源。建议应急处理人员戴防毒面具，穿防毒服，戴橡胶手套。穿上适当的防护服前严禁接触破裂的容器和泄漏物。尽可能切断泄漏源。防止泄漏物进入水体、下水道、地下室或受限空间。小量泄漏：用干燥的砂土或其他不燃材料吸收或覆盖，收集于容器中。大量泄漏：构筑围堤或挖坑收容。用泵转移至槽车或专用收集器内。

547. 三乙二醇甲醚

标　识

中文名称 三乙二醇甲醚

英文名称 2-(2-(2-methoxyethoxy)ethoxy)ethanol；triethylene glycol monomethyl ether；methoxy triglycol

别名 2-(2-(2-甲氧基乙氧基)乙氧基)乙醇；三甘醇单甲醚

分子式 $C_7H_{16}O_4$

CAS 号 112-35-6

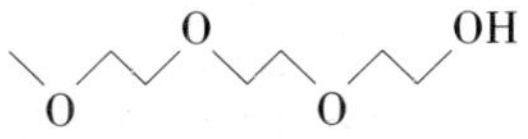

危害信息

燃烧与爆炸危险性 可燃。其蒸气与空气混合，能形成爆炸性混合物。接触空气或在光照条件下可生成具有潜在爆炸危险性的过氧化物。

禁忌物 强氧化剂。

毒性 大鼠经口 LD_{50}：11300mg/kg；兔经皮 LD_{50}：7100mg/kg。

侵入途径 吸入、食入、经皮吸收。

理化特性与用途

理化特性 无色黏性液体。混溶于水，溶于丙酮、苯、乙醚、甲醇、四氯化碳。熔点 -44℃，沸点 249℃，相对密度(水 =1)1.05，相对蒸气密度(空气 =1)5.7，饱和蒸气压 10Pa(20℃)，辛醇/水分配系数 -1.46，闪点 114.4℃(闭杯)、118℃(开杯)，引燃温度 210℃。

主要用途 用作水基涂料的偶合溶剂、刹车油的成分、增塑剂/湿润剂、溶剂；用于有机合成等。

包装与储运

安全储运 储存于阴凉、通风的库房。远离火种、热源。保持容器密封。避免光照和接触空气。应与氧化剂等隔离储运。搬运时轻装轻卸，防止容器受损。

紧急处置信息

急救措施

吸入：迅速脱离现场至空气新鲜处。保持呼吸道通畅。如呼吸困难，给输氧。呼吸、心跳停止，立即进行心肺复苏术。就医。

眼睛接触：分开眼睑，用流动清水或生理盐水冲洗。如有不适感，就医。

皮肤接触：立即脱去污染的衣着，用大量流动清水冲洗。如有不适感，就医。

食入：饮足量温水，催吐。就医。

灭火方法 消防人员须佩戴防毒面具，穿全身消防服，在上风向灭火。尽可能将容器从火场移至空旷处。喷水保持火场容器冷却，直至灭火结束。处在火场中的容器若已变色或从安全泄压装置中发出声音，必须马上撤离。

灭火剂：雾状水、抗溶性泡沫、干粉、二氧化碳、砂土。

泄漏应急处置 根据液体流动和蒸气扩散的影响区域划定警戒区，无关人员从侧风、上风向撤离至安全区。消除所有点火源。建议应急处理人员戴防毒面具，穿防毒服，戴橡胶手套。穿上适当的防护服前严禁接触破裂的容器和泄漏物。尽可能切断泄漏源。防止泄漏物进入水体、下水道、地下室或受限空间。小量泄漏：用干燥的砂土或其他不燃材料吸收或覆盖，收集于容器中。大量泄漏：构筑围堤或挖坑收容。用泵转移至槽车或专用收集器内。

548. 三乙二醇乙醚

标　识

中文名称 三乙二醇乙醚

英文名称 2 -(2 -(2 - ethoxyethoxy)ethoxy)ethanol ; triethylene glycol ethyl ether

别名 三甘醇单乙醚

分子式 $C_8H_{18}O_4$

CAS 号 112 - 50 - 5

危害信息

燃烧与爆炸危险性 可燃。其蒸气与空气混合，能形成爆炸性混合物。燃烧产生有毒的一氧化碳气体。

禁忌物 强氧化剂。

毒性 大鼠经口 LD_{50}：7750mg/kg；小鼠经口 LD_{50}：5800mg/kg；兔经皮 LD_{50}：8160mg/kg。

侵入途径 吸入、食入、经皮吸收。

环境危害 对水生生物有害；有害空气污染物。

理化特性与用途

理化特性 无色黏性液体。混溶于水和多数有机溶剂。熔点 -18.7℃，沸点 255℃，相对密度(水=1)1.02，相对蒸气密度(空气=1)6.2，饱和蒸气压 0.3Pa(25℃)，临界温度 415℃，临界压力 2.64MPa，燃烧热 -4597kJ/mol，辛醇/水分配系数 -2.79，闪点 135℃(开杯)，爆炸下限 1%，爆炸上限 6.5%。

主要用途 用作溶剂、稀释剂、增塑剂和化学中间体。

包装与储运

安全储运 储存于阴凉、通风的库房。远离火种、热源。保持容器密封。应与强氧化剂等隔离储运。搬运时轻装轻卸，防止容器受损。

紧急处置信息

急救措施

吸入：脱离现场至空气新鲜处。如有不适感，就医。

眼睛接触：分开眼睑，用流动清水或生理盐水冲洗。如有不适感，就医。

皮肤接触：立即脱去污染的衣着，用肥皂水和清水冲洗皮肤。如有不适感，就医。

食入：饮足量温水，催吐。就医。

灭火方法 消防人员须佩戴防毒面具，穿全身消防服，在上风向灭火。尽可能将容器从火场移至空旷处。喷水保持火场容器冷却，直至灭火结束。处在火场中的容器若已变色或从安全泄压装置中发出声音，必须马上撤离。

灭火剂：雾状水、泡沫、干粉、二氧化碳、砂土。

泄漏应急处置 根据液体流动和蒸气扩散的影响区域划定警戒区，无关人员从侧风、上风向撤离至安全区。消除所有点火源。建议应急处理人员戴防毒面具，穿防毒服，戴橡胶手套。穿上适当的防护服前严禁接触破裂的容器和泄漏物。尽可能切断泄漏源。防止泄漏物进入水体、下水道、地下室或受限空间。小量泄漏：用干燥的砂土或其他不燃材料吸收或覆盖，收集于容器中。大量泄漏：构筑围堤或挖坑收容。用泵转移至槽车或专用收集器内。

549. 三 乙 基 硼

标　识

中文名称　三乙基硼

英文名称　triethylborane; boron triethyl

别名　三乙基硼烷；乙基硼

分子式　$C_6H_{15}B$

CAS 号　97－94－9

WGH 号　42029

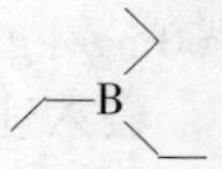

危害信息

危险性类别　第4.2类自燃物品。

燃烧与爆炸危险性　接触空气易自燃。遇水分解放出易燃气体。加热分解产生易燃的有毒气体。

禁忌物　氧化剂、空气、氧。

毒性　大鼠经口 LD_{50}：235mg/kg；小鼠经口 LD_{50}：720mg/kg；大鼠吸入 LC_{50}：700ppm（4h）。

中毒表现　对眼睛、皮肤和呼吸道有强烈刺激作用。

慢性中毒引起厌食、体重减轻、呕吐、轻度腹泻、皮疹、秃头、抽搐和贫血。

侵入途径　吸入、食入。

理化特性与用途

理化特性　无色发烟液体。与水反应。混溶于多数有机溶剂。熔点－93℃，沸点95℃，相对密度（水＝1）0.70（23℃），相对蒸气密度（空气＝1）5.0，饱和蒸气压7.05kPa（25℃），辛醇/水分配系数3.34，闪点－36℃（开杯）。

主要用途　用于有机合成，与三乙基铝混合可用作火箭推进系统双组分点火物，用作烯烃聚合催化剂 。

包装与储运

包装标志　自燃物品。

包装类别　Ⅰ类

安全储运　储存于阴凉、干燥、通风良好的库房。远离火种、热源。防止阳光直射。库温不超过30℃。相对湿度不超过80%。保持容器密封。严禁与空气接触。应与氧化剂等分开存放，切忌混储。采用防爆型照明、通风设施。禁止使用易产生火花的机械设备和工具。储区应备有泄漏应急处理设备和合适的收容材料。

紧急处置信息

急救措施

吸入：迅速脱离现场至空气新鲜处。保持呼吸道通畅。如呼吸困难，给输氧。呼吸、心跳停止，立即进行心肺复苏术。就医。

眼睛接触： 分开眼睑，用流动清水或生理盐水冲洗。如有不适感，就医。

皮肤接触： 脱去污染的衣着，用流动清水冲洗。如有不适感，就医。

食入： 饮水。就医。

灭火方法 消防人员须佩戴防毒面具，穿全身消防服，在上风向灭火。尽可能将容器从火场移至空旷处。喷水保持火场容器冷却，直至灭火结束。处在火场中的容器若已变色或从安全泄压装置中发出声音，必须马上撤离。禁止用水和泡沫灭火。

灭火剂：干粉、二氧化碳、砂土。

泄漏应急处置 根据液体流动和蒸气扩散的影响区域划定警戒区，无关人员从侧风、上风向撤离至安全区。消除所有点火源。建议应急处理人员戴正压自给式呼吸器，穿防静电服，戴橡胶手套。禁止接触或跨越泄漏物。尽可能切断泄漏源。防止泄漏物进入水体、下水道、地下室或受限空间。小量泄漏：用干燥的砂土或其他不燃材料覆盖泄漏物，用洁净的无火花工具收集泄漏物，置于一盖子较松的塑料容器中，待处置。大量泄漏：构筑围堤或挖坑收容。用防爆泵转移至槽车或专用收集器内。

550. 三 乙 基 锑

标 识

中文名称 三乙基锑

英文名称 triethylstibine；triethylantimony

别名 三乙锑

分子式 $C_6H_{15}Sb$

CAS 号 617－85－6

WGH 号 42027

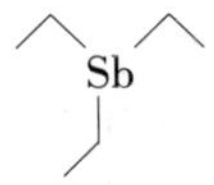

危害信息

危险性类别 第 4.2 类自燃物品。

燃烧与爆炸危险性 接触空气易自燃。遇水剧烈反应，可引起燃烧或爆炸。燃烧产生有毒的一氧化碳、氧化锑。具有腐蚀性。

活性反应 自燃物品。遇空气、氧气、水、四氯化碳、卤代烷、三乙基硼、氧化剂和高热，都有引起燃烧爆炸的危险。

禁忌物 水、四氯化碳、氯代烃、氧化剂、氧气、三乙基硼。

毒性 本品有毒，具有腐蚀性。热解时能释放出有毒的锑烟雾。

侵入途径 吸入、食入。

职业接触限值 中国：PC－TWA：0.5mg/m^3[按锑计]。

美国(ACGIH)：TLV－TWA：0.5mg/m^3[按锑计]。

理化特性与用途

理化特性 无色液体，在空气中能自燃。不溶于水，熔于乙醇、乙醚。熔点－98℃，沸点 156～161.4℃，密度 1.324g/cm^3，辛醇/水分配系数 3.84。

主要用途 主要用作有机合成催化剂。

包装与储运

包装标志 自燃物品

安全储运 储存时必须用充有惰性气体或特定的容器包装。储存于阴凉、干燥、通风良好的专用库房内。远离火种、热源。库温不超过30℃。相对湿度不超过80%。应与氧化剂、氯代烃、食用化学品分开存放，切忌混储。采用防爆型照明、通风设施。禁止使用易产生火花的机械设备和工具。储区应备有泄漏应急处理设备和合适的收容材料。

紧急处置信息

急救措施

吸入： 迅速脱离现场至空气新鲜处。保持呼吸道通畅。如呼吸困难，给输氧。呼吸、心跳停止，立即进行心肺复苏术。就医。

眼睛接触： 立即分开眼睑，用大量流动清水或生理盐水彻底冲洗10~15min。就医。

皮肤接触： 立即脱去污染的衣着，用大量流动清水彻底冲洗，冲洗时间一般要求20~30min。就医。

食入： 用水漱口，禁止催吐。给饮牛奶或蛋清。就医。

灭火方法 消防人员必须佩戴空气呼吸器，穿全身防火防毒服，在上风向灭火。尽可能将容器从火场移至空旷处。喷水保持火场容器冷却，直至灭火结束。禁止用水、泡沫和酸碱灭火剂灭火。

灭火剂：干粉、干砂。

泄漏应急处置 根据液体流动和蒸气扩散的影响区域划定警戒区，无关人员从侧风、上风向撤离至安全区。消除所有点火源。建议应急处理人员戴正压自给式呼吸器，穿防静电、防腐蚀服，戴橡胶手套。禁止接触或跨越泄漏物。尽可能切断泄漏源。防止泄漏物进入水体、下水道、地下室或受限空间。小量泄漏：用干燥的砂土或其他不燃材料覆盖泄漏物，用洁净的无火花工具收集泄漏物，置于一盖子较松的塑料容器中，待处置。大量泄漏：构筑围堤或挖坑收容。用防爆、耐腐蚀泵转移至槽车或专用收集器内。

551. 三乙四胺六乙酸

标　识

中文名称 三乙四胺六乙酸

英文名称 3,6,9,12-tetrakis(carboxymethyl)-3,6,9,12-tetraazatetradecanedioic acid; triethylene tetramine hexaacetic acid; TTHA

别名 3,6,9,12-四羧甲基-3,6,9,12-四氮杂十四烷二羧酸

分子式 $C_{18}H_{30}N_4O_{12}$

CAS号 869-52-3

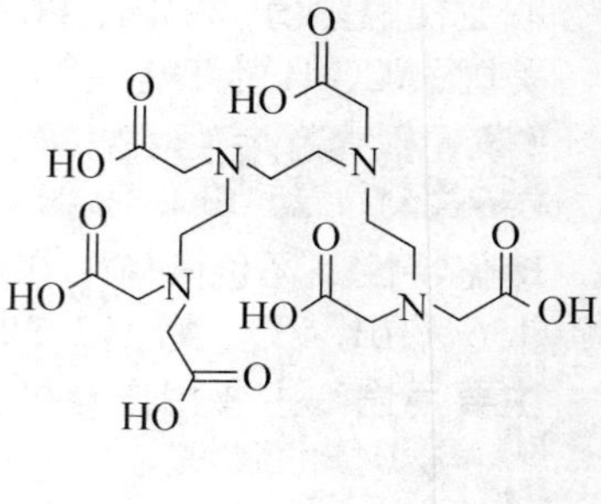

危害信息

燃烧与爆炸危险性 可燃。其粉体与空气混合，能形

成爆炸性混合物。燃烧产生有毒的一氧化碳和氮氧化物气体。受高热分解放出有毒的气体。

禁忌物 强氧化剂。

中毒表现 吸入、摄入或经皮肤吸收后对身体有害。对眼睛、皮肤、膜和上呼吸道有刺激作用。

侵入途径 吸入、食入、经皮吸收。

理化特性与用途

理化特性 白色结晶粉末。微溶于水，不溶于酸、多数有机溶剂。熔点232~233℃。

主要用途 用作络合剂。

包装与储运

安全储运 储存于阴凉、通风的库房。远离火种、热源。保持容器密封。应与强氧化剂等隔离储运。搬运时轻装轻卸，防止容器受损。

紧急处置信息

急救措施

吸入：迅速脱离现场至空气新鲜处。保持呼吸道通畅。如呼吸困难，给输氧。呼吸、心跳停止，立即进行心肺复苏术。就医。

眼睛接触：分开眼睑，用流动清水或生理盐水冲洗。如有不适感，就医。

皮肤接触：立即脱去污染的衣着，用大量流动清水冲洗。如有不适感，就医。

食入：饮足量温水，催吐。就医。

灭火方法 消防人员须佩戴防毒面具，穿全身消防服，在上风向灭火。尽可能将容器从火场移至空旷处。喷水保持火场容器冷却，直至灭火结束。切勿将水流直接射至熔融物，以免引起严重的流淌火灾或引起剧烈的沸溅。

灭火剂：雾状水、泡沫、干粉、二氧化碳、砂土。

泄漏应急处置 隔离泄漏污染区，限制出入。消除所有点火源。建议应急处理人员戴防尘口罩，穿一般作业工作服，戴防护手套。尽可能切断泄漏源。用塑料布覆盖泄漏物，减少飞散。勿使水进入包装容器内。用洁净的铲子收集泄漏物，置于干净、干燥、盖子较松的容器中，将容器移离泄漏区。

552. 三乙酸甘油酯

标　识

中文名称 三乙酸甘油酯

英文名称 1,2,3 – propanetriol, triacetate; triacetin; glyceryl triacetate

别名 三乙酸1,2,3–丙三醇酯；三醋精

分子式 $C_9H_{14}O_6$

CAS号 102–76–1

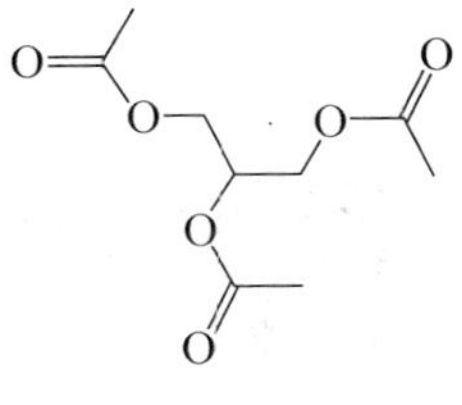

危害信息

燃烧与爆炸危险性 可燃。其蒸气与空气混合，能形成爆炸性混

合物。燃烧产生有毒的一氧化碳气体。

禁忌物 强氧化剂。

毒性 大鼠经口 LD_{50}：3000mg/kg；小鼠经口 LD_{50}：1100mg/kg；大鼠吸入 LC_{50}：1721mg/m^3(4h)。

侵入途径 吸入、食入。

理化特性与用途

理化特性 无色透明油状液体，稍有脂肪气味。微溶于水，混溶于乙醇、乙醚、氯仿，溶于苯、丙酮，微溶于四氯化碳、二硫化碳。pH 值 5～6(50g/L 水溶液)，熔点 3℃，沸点 258℃，相对密度(水＝1)1.16，相对蒸气密度(空气＝1)7.52，饱和蒸气压 0.33Pa(25℃)，辛醇/水分配系数 0.21，闪点 138℃(闭杯)，引燃温度 433℃，爆炸下限 1%，爆炸上限 6.4%。

主要用途 用作香料固定剂、溶剂、增韧剂；用于化妆品、医药、染料生产；用作卷烟过滤嘴棒的增塑剂等。

包装与储运

安全储运 储存于阴凉、通风的库房。远离火种、热源。保持容器密封。应与氧化剂等隔离储运。搬运时轻装轻卸，防止容器受损。

紧急处置信息

急救措施

吸入：迅速脱离现场至空气新鲜处。保持呼吸道通畅。如呼吸困难，给输氧。呼吸、心跳停止，立即进行心肺复苏术。就医。

眼睛接触：分开眼睑，用流动清水或生理盐水冲洗。如有不适感，就医。

皮肤接触：脱去污染的衣着，用流动清水冲洗。如有不适感，就医。

食入：饮足量温水，催吐。就医。

灭火方法 消防人员须佩戴防毒面具，穿全身消防服，在上风向灭火。尽可能将容器从火场移至空旷处。喷水保持火场容器冷却，直至灭火结束。处在火场中的容器若已变色或从安全泄压装置中发出声音，必须马上撤离。

灭火剂：雾状水、泡沫、干粉、二氧化碳、砂土。

泄漏应急处置 根据液体流动和蒸气扩散的影响区域划定警戒区，无关人员从侧风、上风向撤离至安全区。消除所有点火源。建议应急处理人员戴防毒面具，穿一般作业工作服，戴防护手套。尽可能切断泄漏源。防止泄漏物进入水体、下水道、地下室或受限空间。小量泄漏：用干燥的砂土或其他不燃材料吸收或覆盖，收集于容器中。大量泄漏：构筑围堤或挖坑收容。用泵转移至槽车或专用收集器内。

553. 1,3,3－三乙氧基丙烷

标　识

中文名称 1,3,3－三乙氧基丙烷

英文名称 1,3,3－triethoxypropane；1,1,3－Triethoxypropane

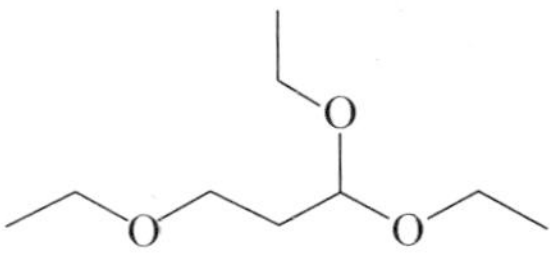

别名 1,1,3－三乙氧基丙烷

分子式 $C_9H_{20}O_3$

CAS 号 7789－92－6

WGH 号 33597；32097[铁规]

危害信息

危险性类别 第3类易燃液体。

燃烧与爆炸危险性 易燃。其蒸气与空气混合，能形成爆炸性混合物，遇明火、高热或与氧化剂接触，有引起燃烧爆炸的危险。燃烧产生有毒的一氧化碳气体。

禁忌物 强氧化剂、强酸。

毒性 大鼠经口 LD_{50}：1600mg/kg；兔经皮 LD_{50}：8mL/kg。

中毒表现 本品对眼睛、皮肤、黏膜和上呼吸道有刺激作用。

侵入途径 吸入、食入、经皮吸收。

理化特性与用途

理化特性 无色至亮黄色液体。不溶于水，溶于乙醇、乙醚等多数有机溶剂。沸点184～186℃，相对密度(水＝1)0.898，辛醇/水分配系数1.6，闪点53.33℃。

主要用途 用于有机合成。

包装与储运

包装标志 易燃液体

包装类别 Ⅲ类

安全储运 储存于阴凉、通风的库房。库温不宜超过37℃。远离火种、热源。保持容器密封。应与氧化剂、酸类分开存放，切忌混储。采用防爆型照明、通风设施。禁止使用易产生火花的机械设备和工具。灌装时注意流速，防止静电积聚。储区应备有泄漏应急处理设备和合适的收容材料。

紧急处置信息

急救措施

吸入：脱离现场至空气新鲜处。如呼吸困难，给输氧。呼吸、心跳停止，立即进行心肺复苏术。就医。

眼睛接触：分开眼睑，用流动清水或生理盐水冲洗。如有不适感，就医。

皮肤接触：脱去污染的衣着，用肥皂水和清水彻底冲洗皮肤。如有不适感，就医。

食入：饮水。就医。

灭火方法 消防人员必须佩戴空气呼吸器，穿全身防火防毒服，在上风向灭火。喷水冷却容器，可能的话将容器从火场移至空旷处。处在火场中的容器若已变色或从安全泄压装置中发出声音，必须马上撤离。

灭火剂：泡沫、干粉、二氧化碳、砂土。

泄漏应急处置 消除所有点火源。根据液体流动和蒸气扩散的影响区域划定警戒区，无关人员从侧风、上风向撤离至安全区。建议应急处理人员戴正压自给式呼吸器，穿防静电服，戴橡胶手套。作业时使用的所有设备应接地。禁止接触或跨越泄漏物。尽可能切断泄漏源。防止泄漏物进入水体、下水道、地下室或受限空间。小量泄漏：用砂土或其他不燃材料吸收。使用洁净的无火花工具收集吸收材料。大量泄漏：构筑围堤或挖坑收容。用泡沫覆盖，减少蒸发。喷水雾能减少蒸发，但不能降低泄漏物在受限空间内的易燃性。用防爆泵转移至槽车或专用收集器内。

554. 三异丙醇胺

标　识

中文名称 三异丙醇胺

英文名称 triisopropanolamine; 1,1′,1″ - nitrilotripropan - 2 - ol; tris(2 - hydroxypropyl) amine

别名 1, 1′, 1″ - 叔胺基 - 2 - 丙三醇

分子式 $C_9H_{21}NO_3$

CAS 号 122 - 20 - 3

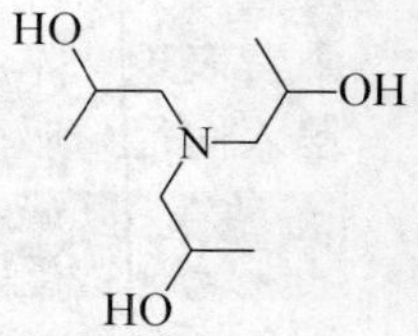

危害信息

燃烧与爆炸危险性 可燃。其粉体与空气混合，能形成爆炸性混合物。燃烧产生有毒的一氧化碳和氮氧化物气体。

禁忌物 强氧化剂、强酸。

毒性 大鼠经口 LD_{50}：4730mg/kg；小鼠经口 LD_{50}：2520mg/kg。

中毒表现 吸入蒸气对呼吸道有刺激性。对眼有强烈刺激性，能引起角膜损害。短时间皮肤接触，可致皮肤红肿；长时间接触，对皮肤有强烈刺激性，可致灼伤。摄入后引起恶心、呕吐和腹痛。

长期反复接触可引起肾脏损害。

侵入途径 吸入、食入、经皮吸收。

环境危害 对水生生物有害，可能在水生环境中造成长期不利影响。

理化特性与用途

理化特性 白色结晶固体，有吸湿性。溶于水，微溶于氯仿。溶于乙醇、芳烃溶剂。pH 值 10. 8(100g/L 水溶液，20℃)，熔点 45℃，沸点 305℃，相对密度(水 = 1)1. 00，相对蒸气密度(空气 = 1)6. 6，饱和蒸气压 0. 1kPa(100℃)，辛醇/水分配系数 - 1. 2，闪点 160℃(开杯)，引燃温度 320℃，爆炸下限 0. 8%，爆炸上限 5. 8%。

主要用途 用作医药原料、乳化剂、制取锌酸盐镀锌添加剂、黑色金属防锈剂、气体吸收剂、抗氧剂；用于制造肥皂和化妆品等。

包装与储运

安全储运 储存于阴凉、通风的库房。远离火种、热源。保持容器密封。应与氧化剂、酸类等隔离储运。搬运时轻装轻卸，防止容器受损。

紧急处置信息

急救措施

吸入： 迅速脱离现场至空气新鲜处。保持呼吸道通畅。如呼吸困难，给输氧。呼吸、心跳停止，立即进行心肺复苏术。就医。

眼睛接触： 立即分开眼睑，用大量流动清水或生理盐水彻底冲洗 10 ~ 15min。就医。

皮肤接触： 立即脱去污染的衣着，用大量流动清水彻底冲洗，冲洗时间一般要求 20 ~ 30min。就医。

食入： 用水漱口，给饮牛奶或蛋清。就医。

灭火方法 消防人员须佩戴防毒面具，穿全身消防服，在上风向灭火。尽可能将容器从火场移至空旷处。喷水保持火场容器冷却，直至灭火结束。

灭火剂：雾状水、泡沫、干粉、二氧化碳、砂土。

泄漏应急处置 隔离泄漏污染区，限制出入。消除所有点火源。建议应急处理人员戴防尘口罩，穿防腐、防毒服，戴橡胶手套。穿上适当的防护服前严禁接触破裂的容器和泄漏物。尽可能切断泄漏源。用塑料布覆盖泄漏物，减少飞散。勿使水进入包装容器内。用洁净的铲子收集泄漏物，置于干净、干燥、盖子较松的容器中，将容器移离泄漏区。也可以用大量水冲洗，洗水稀释后放入废水系统。

555. 三 正 丙 胺

标　识

中文名称 三正丙胺

英文名称 tri - *n* - propylamine；*N*,*N* - dipropyl - 1 - propanamine

别名 三丙胺；*N*,*N* - 二丙基 - 1 - 丙胺

分子式 $C_9H_{21}N$

CAS 号 102 - 69 - 2

WGH 号 33618；32118[铁规]

UN 号 2260

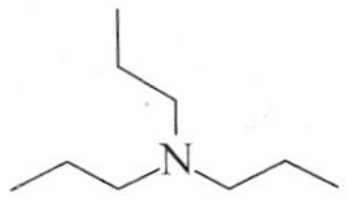

危害信息

危险性类别 第 3 类易燃液体。

燃烧与爆炸危险性 易燃。其蒸气与空气混合，能形成爆炸性混合物。燃烧产生有毒的一氧化碳和氮氧化物气体。受热分解放出有毒的氧化氮烟气。具有腐蚀性。

禁忌物 强氧化剂、酸类。

毒性 大鼠经口 LD_{50}：96mg/kg；小鼠吸入 LC_{50}：5100mg/m^3（4h）；兔经皮 LD_{50}：433mg/kg。

中毒表现 蒸气或雾对眼、黏膜和上呼吸道有刺激性。对皮肤有刺激性。

侵入途径 吸入、食入、经皮吸收。

环境危害 对水生生物有害，可能在水生环境中造成长期不利影响。

理化特性与用途

理化特性 无色至淡黄色液体，有氨的气味。微溶于水，易溶于乙醇、乙醚。熔点 -93.5℃，沸点 156℃，相对密度(水 =1)0.756，相对蒸气密度(空气 =1)4.9，饱和蒸气压 0.2kPa(25℃)，燃烧热 -6335.7kJ/mol，临界温度 284.5℃，临界压力 2.23MPa，辛醇/水分配系数 2.79，闪点 36.67℃，引燃温度 180℃，爆炸下限 0.7%，爆炸上限 5.6%。

主要用途 为有机合成中间体，用于制取全氟化人造血浆和石油化工季胺分子筛催化剂等。

包装与储运

包装标志　易燃液体，腐蚀品。

包装类别　Ⅱ类

安全储运　储存于阴凉、通风的库房。远离火种、热源。储存温度不超过30℃，相对湿度不超过80%。保持容器密封。应与氧化剂、酸类分开存放，切忌混储。采用防爆型照明、通风设施。禁止使用易产生火花的机械设备和工具。储区应备有泄漏应急处理设备和合适的收容材料。

紧急处置信息

急救措施

吸入：迅速脱离现场至空气新鲜处。保持呼吸道通畅。如呼吸困难，给输氧。呼吸、心跳停止，立即进行心肺复苏术。就医。

眼睛接触：立即分开眼睑，用大量流动清水或生理盐水彻底冲洗。就医。

皮肤接触：立即脱去污染的衣着，用大量流动清水彻底冲洗。就医。

食入：用水漱口。就医。

灭火方法　消防人员须佩戴防毒面具，穿全身消防服，在上风向灭火。尽可能将容器从火场移至空旷处。喷水保持火场容器冷却，直至灭火结束。处在火场中的容器若已变色或从安全泄压装置中发出声音，必须马上撤离。

灭火剂：雾状水、泡沫、干粉、二氧化碳、砂土。

泄漏应急处置　消除所有点火源。根据液体流动和蒸气扩散的影响区域划定警戒区，无关人员从侧风、上风向撤离至安全区。建议应急处理人员戴正压自给式呼吸器，穿防静电、防腐蚀、防毒服，戴橡胶耐油手套。作业时使用的所有设备应接地。禁止接触或跨越泄漏物。尽可能切断泄漏源。防止泄漏物进入水体、下水道、地下室或受限空间。小量泄漏：用砂土或其他不燃材料吸收。使用洁净的无火花工具收集吸收材料。大量泄漏：构筑围堤或挖坑收容。用泡沫覆盖，减少蒸发。喷水雾能减少蒸发，但不能降低泄漏物在受限空间内的易燃性。用防爆、耐腐蚀泵转移至槽车或专用收集器内。

556. 三（正）丁胺

标　识

中文名称　三（正）丁胺

英文名称　tributylamine；*N*,*N* – dibutyl – 1 – butanamine

别名　*N*,*N* – 二丁基 – 1 – 丁胺；三丁胺

分子式　$C_{12}H_{27}N$

CAS 号　102 – 82 – 9

WGH 号　82510；61160［铁规］

UN 号　2542

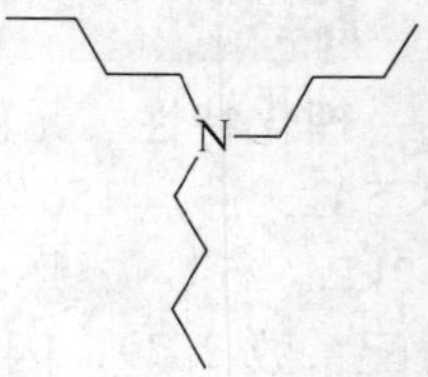

危害信息

危险性类别　第8.2类腐蚀品；按《危险货物品名表》第6.1类有毒品。

燃烧与爆炸危险性 易燃。其蒸气与空气混合，能形成爆炸性混合物，遇明火、高热易引起燃烧爆炸。燃烧产生有毒的一氧化碳和氮氧化物气体。

活性反应 与强氧化剂接触可发生化学反应。

禁忌物 强氧化剂、酸类、酰基氯、酸酐。

毒性 大鼠经口 LD_{50}：114mg/kg；兔经皮 LD_{50}：195mg/kg。

中毒表现 蒸气对呼吸道有刺激性，可引起咳嗽、呼吸困难，甚至发生肺水肿；眼睛和皮肤直接接触可致灼伤，引起流泪、结膜炎和角膜水肿；对皮肤有致敏性。

侵入途径 吸入、食入、经皮吸收。

环境危害 对水生生物有毒，可能在水生环境中造成长期不利影响。

理化特性与用途

理化特性 无色至黄色吸湿性液体，有类似氨的气味。不溶于水，易溶于乙醇、乙醚，溶于多数有机溶剂。熔点 -70℃，沸点216 ~217℃，相对密度(水 =1)0.78，相对蒸气密度(空气 =1)6.4，饱和蒸气压 40 ~93Pa(20℃)，辛醇/水分配系数 1.52，临界温度 365.2℃，闪点 86℃(开杯)、63℃(闭杯)，引燃温度 210℃，爆炸下限 1.4%，爆炸上限 6%。

主要用途 用于生产医药、农药、染料、矿物浮选剂，用作精细化学品中间体等。

包装与储运

包装标志 有毒品

包装类别 Ⅱ类

安全储运 储存于阴凉、通风的库房。远离火种、热源。储存温度不超过 30℃，相对湿度不超过 80%。保持容器密封。应与氧化剂、酸类等分开存放，切忌混储。配备相应品种和数量的消防器材。储区应备有泄漏应急处理设备和合适的收容材料。

紧急处置信息

急救措施

吸入：脱离现场至空气新鲜处。如呼吸困难，给输氧。呼吸、心跳停止，立即进行心肺复苏术。就医。

眼睛接触：分开眼睑，用流动清水或生理盐水冲洗。如有不适感，就医。

皮肤接触：脱去污染的衣着，用肥皂水和清水彻底冲洗皮肤。如有不适感，就医。

食入：漱口。就医。

灭火方法 消防人员须佩戴防毒面具，穿全身消防服，在上风向灭火。尽可能将容器从火场移至空旷处。用水灭火无效，但可用水保持火场中容器冷却。处在火场中的容器若已变色或从安全泄压装置中发出声音，必须马上撤离。

灭火剂：干粉、二氧化碳、泡沫、砂土。

泄漏应急处置 根据液体流动和蒸气扩散的影响区域划定警戒区，无关人员从侧风、上风向撤离至安全区。消除所有点火源。建议应急处理人员戴正压自给式呼吸器，穿防静电、防腐蚀服，戴橡胶耐油手套。穿上适当的防护服前严禁接触破裂的容器和泄漏物。尽可能切断泄漏源。防止泄漏物进入水体、下水道、地下室或受限空间。小量泄漏：用干燥的砂土或其他不燃材料吸收或覆盖，收集于容器中。大量泄漏：构筑围堤或挖坑收容。用砂土、惰性物质或蛭石吸收大量液体。用防爆、耐腐蚀泵转移至槽车或专用收集器内。

557. 三 唑 醇

标　识

中文名称　三唑醇

英文名称　triadimenol；2 –（4 – chlorophenoxy）– 1 – tert – butyl – 2 –（1H – 1,2,4 – triazole – 1 – yl）ethanol

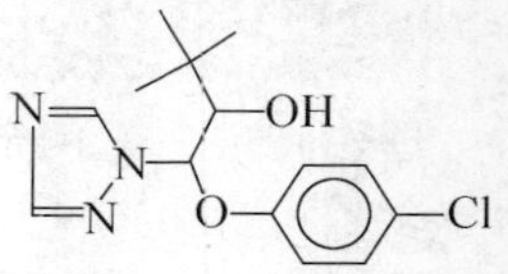

别名　1 –（4 – 氯苯氧基）– 1 –（1H – 1,2,4 – 三唑）– 3,3 – 二甲基 – 2 – 丁醇；羟锈宁

分子式　$C_{14}H_{18}ClN_3O_2$

CAS 号　55219 – 65 – 3

WGH 号　61894

危害信息

危险性类别　第 6 类有毒品。

燃烧与爆炸危险性　可燃。其粉体与空气混合，能形成爆炸性混合物。受高热分解放出有毒的气体。

禁忌物　强氧化剂。

毒性　大鼠经口 LD_{50}：3800mg/kg；小鼠经口 LD_{50}：3250mg/kg；大鼠经皮 LD_{50}：> 5000mg/kg；大鼠吸入 LC_{50}：3060mg/m^3。

中毒表现　对眼、上呼吸道和皮肤有刺激性。大量接触，可引起呼吸困难和倦睡。

侵入途径　吸入、食入、经皮吸收。

环境危害　对水生生物有毒，可能在水生环境中造成长期不利影响。

理化特性与用途

理化特性　无色结晶，有特殊气味。熔点 118 ~ 130℃，饱和蒸气压 0. 01Pa（90℃），辛醇/水分配系数 2. 9。

主要用途　广谱内吸性杀菌剂。可作为拌种剂用于禾谷类作物防治黑粉病、黑穗病、叶斑病、根腐病、白粉病等病害。

包装与储运

包装标志　有毒品。

包装类别　Ⅲ类

安全储运　储存于阴凉、通风的库房。远离火种、热源。防止阳光直射。储存温度不超过 35℃，相对湿度不超过 85%。保持容器密封。应与氧化剂等分开存放，切忌混储。配备相应品种和数量的消防器材。储区应备有合适的材料收容泄漏物。

紧急处置信息

急救措施

吸入：迅速脱离现场至空气新鲜处。保持呼吸道通畅。如呼吸困难，给输氧。呼吸、心跳停止，立即进行心肺复苏术。就医。

眼睛接触： 分开眼睑，用流动清水或生理盐水冲洗。如有不适感，就医。

皮肤接触： 脱去污染的衣着，用流动清水冲洗。如有不适感，就医。

食入： 饮足量温水，催吐、洗胃、导泻。就医。

灭火方法 消防人员必须佩戴空气呼吸器，穿全身防火防毒服，在上风向灭火。尽可能将容器从火场移至空旷处。喷水保持火场容器冷却，直至灭火结束。

灭火剂：雾状水、泡沫、干粉、二氧化碳、砂土。

泄漏应急处置 隔离泄漏污染区，限制出入。建议应急处理人员戴防尘口罩，穿防毒服，戴橡胶手套。穿上适当的防护服前严禁接触破裂的容器和泄漏物。尽可能切断泄漏源。用塑料布覆盖泄漏物，减少飞散。勿使水进入包装容器内。用洁净的铲子收集泄漏物，置于干净、干燥、盖子较松的容器中，将容器移离泄漏区。

558. 三 唑 磷

标 识

中文名称 三唑磷

英文名称 triazophos; phosphorothioic acid, *O*,*O* – diethyl *O* – (1 – phenyl – 1,2,4 – triazolyl) ester

别名 *O*,*O* – 二乙基 – *O* – (1 – 苯基 – 1,2,4 – 三唑) – 3 – 硫代磷酸酯

分子式 $C_{12}H_{16}N_3O_3PS$

CAS 号 24017 – 47 – 8

WGH 号 61874

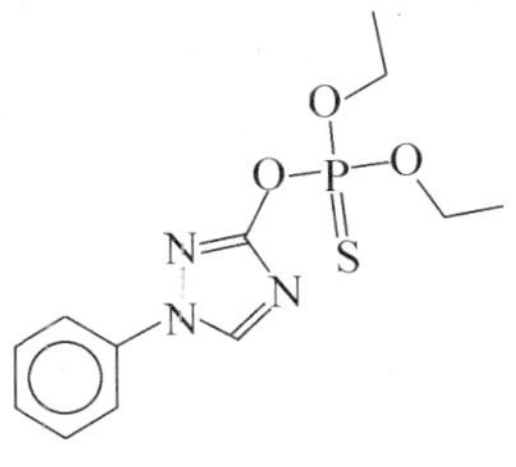

危害信息

危险性类别 第 6 类有毒品。

燃烧与爆炸危险性 可燃。其蒸气与空气混合，能形成爆炸性混合物。遇高热分解释出高毒烟气。若遇高热，容器内压增大，有开裂和爆炸的危险。

禁忌物 强氧化剂。

毒性 大鼠经口 LD_{50}：57mg/kg；大鼠经皮 LD_{50}：1100mg/kg；大鼠吸入 LC_{50}：280 mg/m^3 (4h)。

本品已列入《剧毒化学品目录》。

中毒表现 能抑制胆碱酯酶活性。中毒可引起头痛、头晕、腹痛、瞳孔缩小、视力模糊、肌肉震颤等。口服中毒者发病快，常见有昏迷，抽搐和肺水肿，消化道刺激症状。

侵入途径 吸入、食入、经皮吸收。

环境危害 对水生生物有极高毒性，可能在水生环境中造成长期不利影响。

理化特性与用途

理化特性 淡黄色油状液体。微溶于水，易溶于多数有机溶剂。熔点 2 ~ 5℃，沸点(分解)，相对密度(水 = 1) 1.247(20℃/4℃)，饱和蒸气压 0.39MPa(30℃)，辛醇/水分配系数 3.34，闪点 135℃。

主要用途 广谱杀虫剂、杀线虫剂。用于粮食、棉花、马铃薯、甜菜果树等防治多种害虫。

包装与储运

包装标志　有毒品

包装类别　Ⅱ类

安全储运　储存于阴凉、通风良好的专用库房内。应严格执行剧毒化学品管理制度。远离火种、热源。防止阳光直射。冬天要做好防冻工作，防止冻结。储存温度不超过32℃，相对湿度不超过85%。保持容器密封。应与氧化剂等分开存放，切忌混储。配备相应品种和数量的消防器材。储区应备有泄漏应急处理设备和合适的收容材料。

紧急处置信息

急救措施

吸入：迅速脱离现场至空气新鲜处。保持呼吸道通畅。如呼吸困难，给输氧。呼吸、心跳停止，立即进行心肺复苏术。就医。

眼睛接触：分开眼睑，用流动清水或生理盐水冲洗。如有不适感，就医。

皮肤接触：立即脱去污染的衣着，用肥皂水及流动清水彻底冲洗污染的皮肤、头发、指甲等。如有不适感，就医。

食入：饮足量温水，催吐。用1∶5000高锰酸钾溶液洗胃。口服活性炭，导泻。每5min给服一片阿托品，直到感觉口干为止。就医。

灭火方法　消防人员须佩戴防毒面具，穿全身消防服，在上风向灭火。尽可能将容器从火场移至空旷处。喷水保持火场容器冷却，直至灭火结束。处在火场中的容器若已变色或从安全泄压装置中发出声音，必须马上撤离。

灭火剂：雾状水、泡沫、干粉、二氧化碳、砂土。

泄漏应急处置　根据液体流动和蒸气扩散的影响区域划定警戒区，无关人员从侧风、上风向撤离至安全区。建议应急处理人员戴正压自给式呼吸器，穿防毒服，戴防毒物渗透手套。穿上适当的防护服前严禁接触破裂的容器和泄漏物。尽可能切断泄漏源。防止泄漏物进入水体、下水道、地下室或受限空间。小量泄漏：用干燥的砂土或其他不燃材料吸收或覆盖，收集于容器中。大量泄漏：构筑围堤或挖坑收容。用泵转移至槽车或专用收集器内。

559. 三　唑　酮

标　识

中文名称　三唑酮

英文名称　triadimefon；1－(4－chlorophenoxy)－3,3－dimethyl－1－(1,2,4－triazol－1－yl)butanone

别名　3,3－二甲基－1－(4－氯苯氧基)－1－(4H－1,2,4－三唑)－2－丁酮；百菌酮

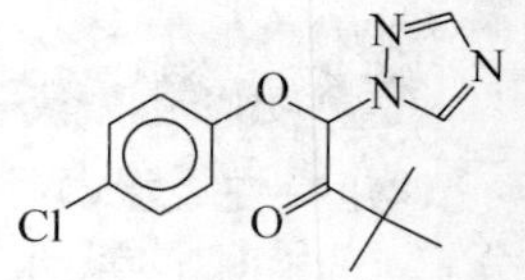

分子式　$C_{14}H_{16}ClN_3O_2$

CAS 号　43121－43－3

WGH 号　61894

危害信息

危险性类别 第6类有毒品。

燃烧与爆炸危险性 可燃。其粉体与空气混合，能形成爆炸性混合物。受高热分解放出有毒的气体。

禁忌物 强氧化剂。

毒性 大鼠经口 LD_{50}：90mg/kg；小鼠经口 LD_{50}：1000mg/kg；大鼠经皮 LD_{50}：310 mg/kg；大鼠吸入 LC_{50}：3270mg/m^3(4h)。

中毒表现 中毒症状一般为呕吐、激动、头昏、眩晕等。

侵入途径 吸入、食入、经皮吸收。

环境危害 对水生生物有毒，可能在水生环境中造成长期不利影响。

理化特性与用途

理化特性 无色至淡黄色结晶，微有气味。微溶于水，溶于除脂肪族溶剂外的多数有机溶剂。熔点82～83℃，相对密度(水=1)1.283(21.5℃)，相对蒸气密度(空气=1)10.1，饱和蒸气压0.002MPa(25℃)，辛醇/水分配系数2.77，闪点221℃。

主要用途 广谱内吸性杀菌剂。用于禾谷类、蔬菜、果树、花卉、烟草等作物防治白粉病、锈病和黑穗病等。

包装与储运

包装标志 有毒品

包装类别 Ⅲ类

安全储运 储存于阴凉、通风的库房。远离火种、热源。防止阳光直射。储存温度不超过35℃，相对湿度不超过85%。保持容器密封。应与氧化剂等分开存放，切忌混储。配备相应品种和数量的消防器材。储区应备有合适的材料收容泄漏物。

紧急处置信息

急救措施

吸入：迅速脱离现场至空气新鲜处。保持呼吸道通畅。如呼吸困难，给输氧。呼吸、心跳停止，立即进行心肺复苏术。就医。

眼睛接触：分开眼睑，用流动清水或生理盐水冲洗。如有不适感，就医。

皮肤接触：脱去污染的衣着，用流动清水冲洗。如有不适感，就医。

食入：饮足量温水，催吐、洗胃、导泻。就医。

灭火方法 消防人员必须佩戴空气呼吸器，穿全身防火防毒服，在上风向灭火。尽可能将容器从火场移至空旷处。喷水保持火场容器冷却，直至灭火结束。

灭火剂：雾状水、泡沫、干粉、二氧化碳、砂土。

泄漏应急处置 隔离泄漏污染区，限制出入。建议应急处理人员戴防尘口罩，穿防毒服，戴橡胶手套。穿上适当的防护服前严禁接触破裂的容器和泄漏物。尽可能切断泄漏源。用塑料布覆盖泄漏物，减少飞散。勿使水进入包装容器内。用洁净的铲子收集泄漏物，置于干净、干燥、盖子较松的容器中，将容器移离泄漏区。

560. 三　唑　锡

标　识

中文名称　三唑锡

英文名称　azocyclotin；1 –（tricyclohexylstannyl）– 1H – 1,2,4 – triazole

别名　三（环己基）– 1,2,4 – 三唑 – 1 – 锡；三唑环锡

分子式　$C_{20}H_{35}N_3Sn$

CAS 号　41083 – 11 – 8

WGH 号　61884

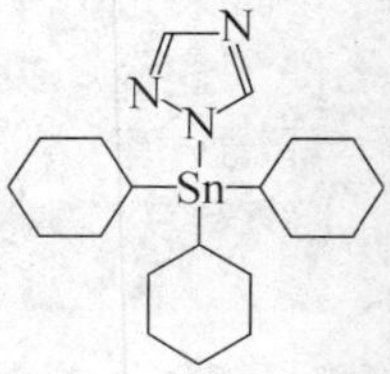

危害信息

危险性类别　第 6 类有毒品。

燃烧与爆炸危险性　可燃。其粉体与空气混合，能形成爆炸性混合物。受高热分解放出有毒的气体。

禁忌物　强氧化剂。

毒性　大鼠经口 LD_{50}：76mg/kg；小鼠经口 LD_{50}：410mg/kg；大鼠经皮 LD_{50}：1000 mg/kg；兔经皮 LD_{50}：＞5000mg/kg；大鼠吸入 LC_{50}：17mg/m^3（4h）；小鼠吸入 LC_{50}：35mg/m^3（4h）。

侵入途径　吸入、食入、经皮吸收。

职业接触限值　美国（ACGIH）：TLV – TWA：0.1mg/m^3；TLV – STEL：0.2mg/m^3［按锡计］。

环境危害　对水生生物有极高毒性，可能在水生环境中造成长期不利影响；严重海洋污染物。

理化特性与用途

理化特性　无色结晶或粉末。不溶于水，难溶于多数有机溶剂。熔点 210℃（分解），相对密度（水 = 1）1.335，辛醇/水分配系数 5.3，闪点 249℃。

主要用途　触杀性杀螨剂。用于棉花、果树蔬菜等作物防治植食性螨类。

包装与储运

包装标志　有毒品

包装类别　Ⅲ类

安全储运　储存于阴凉、通风的库房。远离火种、热源。防止阳光直射。储存温度不超过 35℃，相对湿度不超过 85%。保持容器密封。应与氧化剂、强酸、碱等分开存放，切忌混储。配备相应品种和数量的消防器材。储区应备有合适的材料收容泄漏物。

紧急处置信息

急救措施

吸入：迅速脱离现场至空气新鲜处。保持呼吸道通畅。如呼吸困难，给输氧。呼吸、心跳停止，立即进行心肺复苏术。就医。

眼睛接触：分开眼睑，用流动清水或生理盐水冲洗。如有不适感，就医。

皮肤接触：立即脱去污染的衣着，用大量流动清水冲洗。如有不适感，就医。

食入：饮足量温水，催吐。就医。

灭火方法 消防人员须佩戴防毒面具，穿全身消防服，在上风向灭火。尽可能将容器从火场移至空旷处。喷水保持火场容器冷却，直至灭火结束。切勿将水流直接射至熔融物，以免引起严重的流淌火灾或引起剧烈的沸溅。

灭火剂：雾状水、泡沫、干粉、二氧化碳、砂土。

泄漏应急处置 隔离泄漏污染区，限制出入。消除所有点火源。建议应急处理人员戴防尘口罩，穿防毒、防静电服，戴橡胶手套。穿上适当的防护服前严禁接触破裂的容器和泄漏物。尽可能切断泄漏源。用洁净的铲子收集泄漏物，置于干净、干燥、盖子较松的容器中，将容器移离泄漏区 。

561. 铯

标 识

中文名称 铯

英文名称 cesium；caesium

别名 金属铯

分子式 Cs

CAS 号 7440－46－2

WGH 号 43007

UN 号 1407

危害信息

危险性类别 第4.3类遇湿易燃物品。

燃烧与爆炸危险性 接触空气易自燃。遇水剧烈反应，可引起燃烧或爆炸。燃烧产生有害的氧化铯。

活性反应 化学反应活性很高，在潮湿空气中能自燃。与空气中的氧气反应则生成超氧化物，如混有有机物等，发生爆炸性反应。与水和酸强烈反应，发热冒烟，甚至发生燃烧爆炸。与卤素及其他氧化剂发生剧烈反应。

禁忌物 强氧化剂、水、氧、卤素、磷。

毒性 小鼠腹腔内 LD_{50}：1700mg/kg。

中毒表现 尚未见铯中毒的病例报告。工人长期接触未见对健康有影响。

侵入途径 吸入、食入。

理化特性与用途

理化特性 银白色柔软韧性的金属或银白色液体。溶于液氨、酸、乙醇。熔点28.5℃，沸点705℃，相对密度（水＝1）1.87，饱和蒸气压0.13kPa（279℃），临界温度1665℃，临界压力9.4MPa，辛醇/水分配系数0.23。

主要用途 用作光电池、电子管的吸气剂、氢化催化剂、红外检测器，用于冶金和石油工业等。

包装与储运

包装标志 遇湿易燃物品

包装类别 Ⅰ类

安全储运 浸于煤油中。储存于阴凉、干燥、通风良好的专用库房内，远离火种、热源。库温不超过32℃。相对湿度不超过75%。包装要求密封。不可与空气接触。应与氧化剂、卤素等分开存放，切忌混储。采用防爆型照明、通风设施。禁止使用易产生火花的机械设备和工具。储区应备有泄漏应急处理设备和合适的收容材料。

紧急处置信息

急救措施

吸入：脱离接触。如有不适感，就医。

眼睛接触：分开眼睑，用流动清水或生理盐水冲洗。如有不适感，就医。

皮肤接触：脱去污染的衣着，用肥皂水和清水冲洗。如有不适感，就医。

食入：饮足量温水，催吐。就医。

灭火方法 消防人员必须佩戴空气呼吸器，穿全身防火防毒服，在上风向灭火。尽可能将容器从火场移至空旷处。喷水保持火场容器冷却，直至灭火结束。不可用水、卤代烃，碳酸氢钠、碳酸氢钾作为灭火剂。即使石墨干粉及干砂亦不适用。

灭火剂：干燥氯化钠粉末、碳酸钠干粉、碳酸钙干粉。

泄漏应急处置 严禁用水处理。隔离泄漏污染区，限制出入。消除所有点火源。建议应急处理人员戴防尘口罩，穿防静电服，戴防护手套。禁止接触或跨越泄漏物。保持泄漏物干燥。尽可能切断泄漏源。小量泄漏：用干燥的砂土或其他不燃材料覆盖泄漏物，然后用塑料布覆盖，减少飞散、避免雨淋。大量泄漏：用塑料布或帆布覆盖泄漏物，减少飞散，保持干燥。在专家指导下清除。

562. 杀虫脒[含量 >50%]

标　识

中文名称 杀虫脒[含量 >50%]

英文名称 *N'*-(4-chloro-o-tolyl)-*N,N*-dimethylformamidine; chlordimeform

别名 *N'*-(4-氯-2-甲基苯基)-*N,N*-二甲基甲脒；杀螨脒；克死螨

分子式 $C_{10}H_{13}ClN_2$

CAS 号 6164-98-3

WGH 号 61876

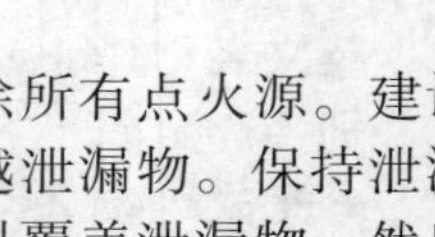

危害信息

危险性类别 第6类有毒品。

燃烧与爆炸危险性 可燃。其粉体与空气混合，能形成爆炸性混合物。燃烧产生有毒的一氧化碳、氯化氢、氮氧化物气体。受高热分解，产生有毒的氮氧化物和氯化物气体。

禁忌物 强氧化剂。

毒性 大鼠经口 LD_{50}：160mg/kg；小鼠经口 LD_{50}：160mg/kg；兔经皮 LD_{50}：

640mg/kg。

欧盟法规 1272/2008/EC 将本品列为第 2 类致癌物——可疑的人类致癌物。

中毒表现 本品主要毒作用表现为意识障碍、高铁血红蛋白血症及出血性膀胱炎。短期内大量经皮肤、呼吸道吸收及口服致中毒出现头昏、头痛、乏力、胸闷、恶心、嗜睡、紫绀、尿急、尿频、尿痛、血尿，甚至昏迷。部分中毒者可有心肌损害。血高铁血红蛋白含量升高，大于 10% 。

侵入途径 吸入、食入、经皮吸收。

环境危害 对水生生物有极高毒性，可能在水生环境中造成长期不利影响。

理化特性与用途

理化特性 无色结晶，有胺的气味。微溶于水，溶于苯、氯仿、丙酮、乙酸乙酯、己烷、甲醇等有机溶剂。熔点 32℃，沸点 163～165℃（1.86kPa），相对密度（水=1）1.1，相对蒸气密度（空气=1）6.8，饱和蒸气压 0.05Pa（20℃），辛醇/水分配系数 0.11。

主要用途 用作杀虫剂和杀螨剂。

包装与储运

包装标志 有毒品

包装类别 Ⅰ类

安全储运 储存于阴凉、通风的库房。远离火种、热源。库温不超过 35℃。相对湿度不超过 85%。包装密封。应与氧化剂、食用化学品分开存放，切忌混储。配备相应品种和数量的消防器材。储区应备有合适的材料收容泄漏物。

紧急处置信息

急救措施

吸入：迅速脱离现场至空气新鲜处。保持呼吸道通畅。如呼吸困难，给输氧。呼吸、心跳停止，立即进行心肺复苏术。就医。

眼睛接触：分开眼睑，用流动清水或生理盐水冲洗。如有不适感，就医。

皮肤接触：立即脱去污染的衣着，用肥皂水和清水彻底冲洗皮肤。就医。

食入：饮足量温水，催吐、洗胃。口服活性炭，导泻。就医。

高铁血红蛋白血症可用美蓝和维生素 C 治疗。

灭火方法 消防人员须佩戴防毒面具，穿全身消防服，在上风向灭火。尽可能将容器从火场移至空旷处。喷水保持火场容器冷却，直至灭火结束。

灭火剂：泡沫、干粉、砂土。

泄漏应急处置 隔离泄漏污染区，限制出入。消除一切火源。建议应急处理人员戴防尘口罩，穿防毒服，戴氯丁橡胶手套。穿上适当的防护服前严禁接触破裂的容器和泄漏物。尽可能切断泄漏源。用塑料布覆盖泄漏物，减少飞散。勿使水进入包装容器内。用洁净的铲子收集泄漏物，置于干净、干燥、盖子较松的容器中，将容器移离泄漏区。

563. 杀 虫 畏

标 识

中文名称 杀虫畏

英文名称　tetrachlorvinphos；phosphoric acid，(1Z) – 2 – chloro – 1 – (2,4,5 – trichlorophenyl) ethenyl dimethyl ester

别名　甲基杀螟威；(*Z*) – *O*,*O* – 二甲基 – O – (2 – 氯 – 1 – (2,4,5 – 三氯苯基) 乙烯基) 磷酸酯

分子式　$C_{10}H_9Cl_4O_4P$

CAS 号　22248 – 79 – 9

WGH 号　61875

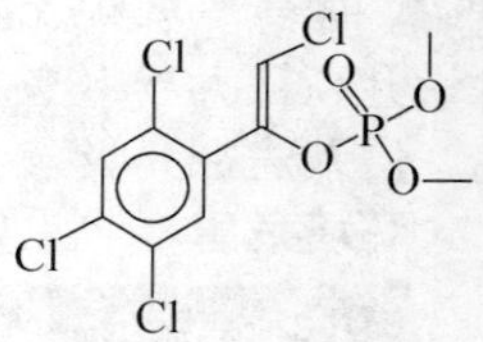

危害信息

危险性类别　第 6 类有毒品。

燃烧与爆炸危险性　可燃。其粉体与空气混合，能形成爆炸性混合物。受高热分解放出有毒的气体。

禁忌物　强氧化剂、强碱。

毒性　大鼠经口 LD_{50}：4000mg/kg；小鼠经口 LD_{50}：4200mg/kg；大鼠经皮 LD_{50}：>10000mg/kg；小鼠吸入 LC_{50}：>1500mg/m^3(4h)。

中毒表现　本品为低毒有机磷杀虫剂。可使胆碱酯酶活性下降，引起头痛、头晕、流涎、大汗、瞳孔缩小、肌肉震颤、肺水肿、昏迷等。

侵入途径　吸入、食入、经皮吸收。

环境危害　对水生生物有极高毒性，可能在水生环境中造成长期不利影响。

理化特性与用途

理化特性　白色或灰色结晶或粉末。微溶于水，溶于氯仿、二氯甲烷、丙酮、二甲苯。熔点 97 ~ 98℃，饱和蒸气压 0.0056MPa(20℃)，辛醇/水分配系数 3.53。

主要用途　杀虫剂和胆碱酯酶抑制剂。用于水稻、玉米、果树、蔬菜、烟草防治鳞翅目和鞘翅目害虫 。

包装与储运

包装标志　有毒品

包装类别　Ⅲ类

安全储运　储存于阴凉、通风的库房。远离火种、热源。防止阳光直射。储存温度不超过 35℃，相对湿度不超过 85%。保持容器密封。应与氧化剂、碱类等分开存放，切忌混储。配备相应品种和数量的消防器材。储区应备有合适的材料收容泄漏物。

紧急处置信息

急救措施

吸入：迅速脱离现场至空气新鲜处。保持呼吸道通畅。如呼吸困难，给输氧。呼吸、心跳停止，立即进行心肺复苏术。就医。

眼睛接触：分开眼睑，用流动清水或生理盐水冲洗。如有不适感，就医。

皮肤接触：立即脱去污染的衣着，用肥皂水及流动清水彻底冲洗污染的皮肤、头发、指甲等。就医。

食入：饮足量温水，催吐。用 1∶5000 高锰酸钾溶液洗胃。口服活性炭，导泻。每 5min 给服一片阿托品，直到感觉口干为止。就医。

灭火方法　消防人员必须佩戴空气呼吸器，穿全身防火防毒服，在上风向灭火。尽可

能将容器从火场移至空旷处。喷水保持火场容器冷却，直至灭火结束。

灭火剂：雾状水、泡沫、干粉、二氧化碳、砂土。

泄漏应急处置 隔离泄漏污染区，限制出入。建议应急处理人员戴防尘口罩，穿防毒服，戴橡胶手套。穿上适当的防护服前严禁接触破裂的容器和泄漏物。尽可能切断泄漏源。用塑料布覆盖泄漏物，减少飞散。勿使水进入包装容器内。用洁净的铲子收集泄漏物，置于干净、干燥、盖子较松的容器中，将容器移离泄漏区。

564. 杀 螨 醇

标 识

中文名称 杀螨醇

英文名称 chlorfenethol; 1,1 - bis(4 - chlorophenyl) ethanol

别名 1,1 - 双(4 - 氯苯基)乙醇

分子式 $C_{14}H_{12}Cl_2O$

CAS 号 80 - 06 - 8

危害信息

燃烧与爆炸危险性 可燃。其粉体与空气混合，能形成爆炸性混合物。受高热分解产生有毒的腐蚀性烟气。

禁忌物 氧化剂、酸类、酸酐、酰基氯。

毒性 大鼠经口 LD_{50}：500mg/kg；大鼠经皮 LD_{50}：10mg/kg。

中毒表现 本品对眼睛、皮肤有刺激作用。有报道，接触可引起全身不适，皮肤发痒、多汗、皮肤潮红、眼痒、食欲消失、头痛、恶心、易疲劳等。

侵入途径 吸入、食入、经皮吸收。

环境危害 对水生生物有毒，可能在水生环境中造成长期不利影响。

理化特性与用途

理化特性 无色结晶或白色固体。不溶于水，不溶于乙醇，溶于苯、乙醚。熔点 68 ~ 71℃，饱和蒸气压 0.07MPa(25℃)，辛醇/水分配系数 4.45。

主要用途 用作农用杀虫剂。

包装与储运

安全储运 储存于阴凉、通风的库房。远离火种、热源。保持容器密封。应与氧化剂、酸类、酸酐、酰基氯等隔离储运。搬运时轻装轻卸，防止容器受损。

紧急处置信息

急救措施

吸入：迅速脱离现场至空气新鲜处。保持呼吸道通畅。如呼吸困难，给输氧。呼吸、心跳停止，立即进行心肺复苏术。就医。

眼睛接触：立即分开眼睑，用大量流动清水或生理盐水彻底冲洗。如有不适感，就医。

皮肤接触：立即脱去污染的衣着，用大量流动清水冲洗。如有不适感，就医。

食入：饮足量温水，催吐。就医。

灭火方法　消防人员须佩戴防毒面具，穿全身消防服，在上风向灭火。尽可能将容器从火场移至空旷处。喷水保持火场容器冷却，直至灭火结束。

灭火剂：雾状水、泡沫、干粉、二氧化碳、砂土。

泄漏应急处置　隔离泄漏污染区，限制出入。消除所有点火源。建议应急处理人员戴防尘口罩，穿防毒服，待橡胶手套。穿上适当的防护服前严禁接触破裂的容器和泄漏物。尽可能切断泄漏源。用塑料布覆盖泄漏物，减少飞散。勿使水进入包装容器内。用洁净的铲子收集泄漏物，置于干净、干燥、盖子较松的容器中，将容器移离泄漏区。

565. 杀　螨　醚

标　识

中文名称　杀螨醚

英文名称　chlorbenside；*p* – chlorobenzyl – *p* – chlorophenyl sulfide

别名　对氯苄基对氯苯基硫醚

分子式　$C_{13}H_{10}Cl_2S$

CAS 号　103 – 17 – 3

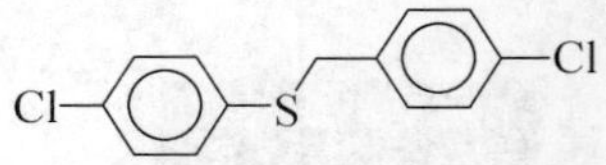

危害信息

燃烧与爆炸危险性　可燃。其粉体与空气混合，能形成爆炸性混合物。受高热分解放出有毒的气体。

禁忌物　强氧化剂。

毒性　大鼠经口 LD_{50}：2000mg/kg；小鼠经口 LD_{50}：＞3000mg/kg。

中毒表现　属低毒杀螨剂，对人的皮肤有刺激性。吸入、食入或经皮吸收可引起中毒。动物实验表明对肝、肾有损害作用。

侵入途径　吸入、食入、经皮吸收。

环境危害　可能在水生环境中造成长期不利影响。

理化特性与用途

理化特性　白色无臭结晶，工业品有杏仁味。不溶于水，微溶于矿物油、乙醇，溶于丙酮、苯甲苯、二甲苯、石油醚等。熔点 75 ~ 76℃，沸点 83℃ ~ 84℃(0.32Pa)，相对密度(水 = 1)1.421(25℃/4℃)，饱和蒸气压 1.6MPa(30℃)，辛醇/水分配系数 5.59。

主要用途　杀螨剂，用于农田和温室防治螨。

包装与储运

安全储运　储存于阴凉、通风的库房。远离火种、热源。保持容器密封。应与强氧化剂等隔离储运。搬运时轻装轻卸，防止容器受损。

紧急处置信息

急救措施

吸入：迅速脱离现场至空气新鲜处。保持呼吸道通畅。如呼吸困难，给输氧。呼吸、心跳停止，立即进行心肺复苏术。就医。

眼睛接触：分开眼睑，用流动清水或生理盐水冲洗。如有不适感，就医。

皮肤接触：立即脱去污染的衣着，用大量流动清水冲洗。如有不适感，就医。

食入：饮足量温水，催吐、洗胃、导泻。就医。

灭火方法 消防人员须佩戴防毒面具，穿全身消防服，在上风向灭火。尽可能将容器从火场移至空旷处。喷水保持火场容器冷却，直至灭火结束。

灭火剂：雾状水、泡沫、干粉、二氧化碳、砂土。

泄漏应急处置 隔离泄漏污染区，限制出入。消除所有点火源。建议应急处理人员戴防尘口罩，穿防毒服，戴橡胶手套。穿上适当的防护服前严禁接触破裂的容器和泄漏物。尽可能切断泄漏源。用塑料布覆盖泄漏物，减少飞散。勿使水进入包装容器内。用洁净的铲子收集泄漏物，置于干净、干燥、盖子较松的容器中，将容器移离泄漏区。

566. 杀 螨 特

标 识

中文名称 杀螨特

英文名称 aramite；2 – *p* – tert – butylphenoxyisopropyl – 2 – chloroethyl sulfite

别名 2 –（4 – 叔丁基苯氧基）异丙基 – 2 – 氯乙基亚硫酸酯

分子式 $C_{15}H_{23}ClO_4S$

CAS 号 140 – 57 – 8

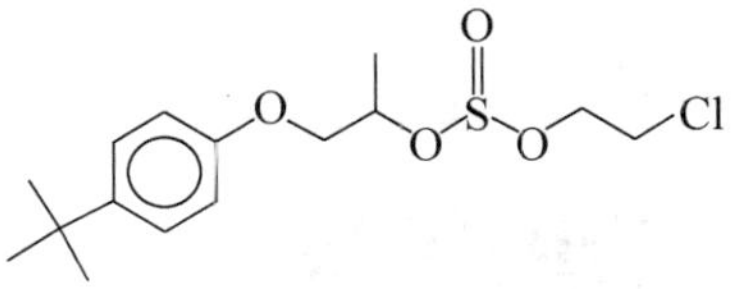

危害信息

燃烧与爆炸危险性 可燃。其蒸气与空气混合，能形成爆炸性混合物。受热分解产生有毒的烟气。若遇高热，容器内压增大，有开裂和爆炸的危险。

活性反应 与氧化剂可发生反应

禁忌物 强氧化剂

毒性 大鼠经口 LD_{50}：3900mg/kg；小鼠经口 LD_{50}：2000mg/kg。

IARC 致癌性评论：G2B，可疑人类致癌物。

侵入途径 吸入、食入、经皮吸收。

环境危害 对水生生物有毒，可能在水生环境中造成长期不利影响。

理化特性与用途

理化特性 无色透明液体，工业品呈琥珀色。不溶于水，混溶于多数有机溶剂。熔点 –37.3℃，沸点 175℃（13.3Pa）、195℃（0.27kPa），相对密度（水 =1）1.145 ~1.162，饱和蒸气压 0.03MPa（25℃），辛醇/水分配系数 4.82。

主要用途 杀螨剂。用于果树、棉花、蔬菜等作物防治植食性害螨。

包装与储运

安全储运 储存于阴凉、通风的库房。远离火种、热源。保持容器密封。应与强氧化剂等隔离储运。搬运时轻装轻卸，防止容器受损。

紧急处置信息

急救措施

吸入： 迅速脱离现场至空气新鲜处。保持呼吸道通畅。如呼吸困难，给输氧。呼吸、心跳停止，立即进行心肺复苏术。就医。

眼睛接触： 分开眼睑，用流动清水或生理盐水冲洗。如有不适感，就医。

皮肤接触： 脱去污染的衣着，用大量流动清水冲洗。如有不适感，就医。

食入： 饮足量温水，催吐、洗胃、导泻。就医。

灭火方法 消防人员必须佩戴空气呼吸器，穿全身防火防毒服，在上风向灭火。尽可能将容器从火场移至空旷处。喷水保持火场容器冷却，直至灭火结束。处在火场中的容器若已变色或从安全泄压装置中发出声音，必须马上撤离。

灭火剂：雾状水、泡沫、干粉、二氧化碳、砂土。

泄漏应急处置 根据液体流动和蒸气扩散的影响区域划定警戒区，无关人员从侧风、上风向撤离至安全区。消除所有点火源。建议应急处理人员戴防毒面具，穿一般作业工作服，戴防护手套。尽可能切断泄漏源。防止泄漏物进入水体、下水道、地下室或受限空间。小量泄漏：用干燥的砂土或其他不燃材料吸收或覆盖，收集于容器中。大量泄漏：构筑围堤或挖坑收容。用泵转移至槽车或专用收集器内。

567. 杀 螟 丹

标 识

中文名称 杀螟丹

英文名称 carbamothioic acid, *S*,*S'* –(2 –(dimethylamino) –1,3 –propanediyl) ester; cartap

别名 *S*,*S'* –(2 –二甲基氨基 –1,3 –亚丙基) –双(硫代氨基甲酸酯)；巴丹

分子式 $C_7H_{15}N_3O_2S_2$

CAS 号 15263 –53 –3

WGH 号 61888

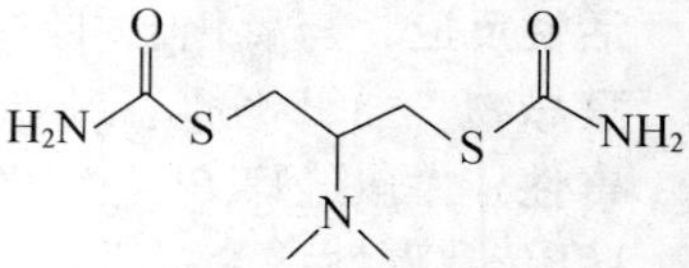

危害信息

危险性类别 第6类有毒品。

燃烧与爆炸危险性 可燃。其粉体与空气混合，能形成爆炸性混合物。受高热分解放出有毒的气体。具有腐蚀性。

禁忌物 强氧化剂、碱。

毒性 大鼠经口 LD_{50}：250mg/kg；小鼠经口 LD_{50}：165mg/kg。

中毒表现 中毒表现有头痛、头晕、乏力、恶心、呕吐、腹痛、流涎、多汗，严重者

昏迷，也可出现肺水肿。

侵入途径 吸入、食入、经皮吸收。

环境危害 对水生生物有极高毒性，可能在水生环境中造成长期不利影响。

理化特性与用途

理化特性 盐酸盐为白色结晶粉末，稍有臭味，稍有吸湿性。溶于水，微溶于甲醇、乙醇、丙酮、乙醚、乙酸乙酯，不溶于苯、氯仿、己烷。熔点 131℃（分解）、179 ~ 181℃（盐酸盐），辛醇/水分配系数 −0. 95。

主要用途 杀虫剂。用于防治水稻、果树、蔬菜等作物的多种害虫。

包装与储运

包装标志 有毒品

包装类别 Ⅲ类

安全储运 储存于阴凉、通风的库房。远离火种、热源。防止阳光直射。储存温度不超过 35℃，相对湿度不超过 85%。保持容器密封。应与氧化剂、碱类等分开存放，切忌混储。配备相应品种和数量的消防器材。储区应备有合适的材料收容泄漏物。

紧急处置信息

急救措施

吸入：迅速脱离现场至空气新鲜处。保持呼吸道通畅。如呼吸困难，给输氧。呼吸、心跳停止，立即进行心肺复苏术。就医。

眼睛接触：分开眼睑，用流动清水或生理盐水冲洗。如有不适感，就医。

皮肤接触：立即脱去污染的衣着，用肥皂水及流动清水彻底冲洗污染的皮肤、头发、指甲等。就医。

食入：饮足量温水，催吐、洗胃、导泻。就医。

灭火方法 消防人员必须佩戴空气呼吸器，穿全身防火防毒服，在上风向灭火。尽可能将容器从火场移至空旷处。喷水保持火场容器冷却，直至灭火结束。

灭火剂：雾状水、泡沫、干粉、二氧化碳、砂土。

泄漏应急处置 隔离泄漏污染区，限制出入。建议应急处理人员戴防尘口罩，穿防毒服，戴橡胶手套。穿上适当的防护服前严禁接触破裂的容器和泄漏物。尽可能切断泄漏源。用塑料布覆盖泄漏物，减少飞散。勿使水进入包装容器内。用洁净的铲子收集泄漏物，置于干净、干燥、盖子较松的容器中，将容器移离泄漏区。

568. 杀 螟 腈

标 识

中文名称 杀螟腈

英文名称 cyanophos；*O*,*O* − dimethyl − *O* − 4 − cyanophenyl phosphorothioate

别名 *O*,*O* − 二甲基 − *O* −（4 − 氰基苯基）硫代磷酸酯

分子式 $C_9H_{10}NO_3PS$

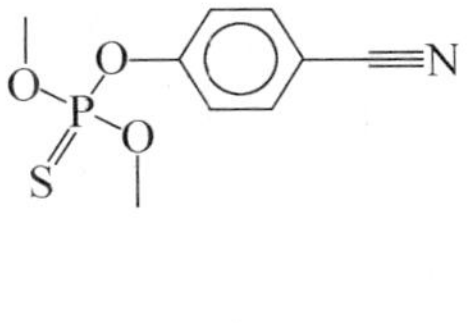

CAS 号 2636 − 26 − 2

WGH 号 61875

危害信息

危险性类别 第6类有毒品。

燃烧与爆炸危险性 可燃。其蒸气与空气混合，能形成爆炸性混合物。遇高热分解释出高毒烟气。若遇高热，容器内压增大，有开裂和爆炸的危险。

活性反应 与氧化剂可发生反应。

禁忌物 强氧化剂、强碱。

毒性 大鼠经口 LD_{50}：215mg/kg；小鼠经口 LD_{50}：720mg/kg；大鼠经皮 LD_{50}：800mg/kg。

中毒表现 本品为中等毒有机磷杀虫剂。能抑制胆碱酯酶活性。中毒症状有头痛、头晕、恶心、呕吐、流涎、多汗、瞳孔缩小、肌束震颤等。

侵入途径 吸入、食入、经皮吸收。

环境危害 对水生生物有极高毒性，可能在水生环境中造成长期不利影响。

理化特性与用途

理化特性 黄色至橙色透明液体。微溶于水，混溶于醇类、苯、氯仿、酮类、甲苯、二甲苯。熔点14~15℃，沸点119~120℃(12Pa)，相对密度(水=1)1.255~1.265，饱和蒸气压0.105Pa(20℃)，辛醇/水分配系数2.71，闪点104℃。

主要用途 广谱杀虫剂。用于水稻、茶树、甜菜等作物防治鳞翅目害虫、蚜虫、飞虱、粉虱、叶蝉和螨类，也可用于防治卫生害虫。

包装与储运

包装标志 有毒品

包装类别 Ⅱ类

安全储运 储存于阴凉、通风的库房。远离火种、热源。防止阳光直射。储存温度不超过35℃，相对湿度不超过85%。保持容器密封。应与氧化剂、碱类等分开存放，切忌混储。配备相应品种和数量的消防器材。储区应备有泄漏应急处理设备和合适的收容材料。

紧急处置信息

急救措施

吸入：迅速脱离现场至空气新鲜处。保持呼吸道通畅。如呼吸困难，给输氧。呼吸、心跳停止，立即进行心肺复苏术。就医。

眼睛接触：分开眼睑，用流动清水或生理盐水冲洗。如有不适感，就医。

皮肤接触：立即脱去污染的衣着，用肥皂水及流动清水彻底冲洗污染的皮肤、头发、指甲等。就医。

食入：饮足量温水，催吐。用1:5000高锰酸钾溶液洗胃。口服活性炭，导泻。每5min给服一片阿托品，直到感觉口干为止。就医。

灭火方法 消防人员须佩戴防毒面具，穿全身消防服，在上风向灭火。尽可能将容器从火场移至空旷处。喷水保持火场容器冷却，直至灭火结束。处在火场中的容器若已变色或从安全泄压装置中发出声音，必须马上撤离。

灭火剂：雾状水、泡沫、干粉、二氧化碳、砂土。

泄漏应急处置 根据液体流动和蒸气扩散的影响区域划定警戒区，无关人员从侧风、上风向撤离至安全区。建议应急处理人员戴正压自给式呼吸器，穿防毒服，戴橡胶手套。

穿上适当的防护服前严禁接触破裂的容器和泄漏物。尽可能切断泄漏源。防止泄漏物进入水体、下水道、地下室或受限空间。小量泄漏：用干燥的砂土或其他不燃材料吸收或覆盖，收集于容器中。大量泄漏：构筑围堤或挖坑收容。用泵转移至槽车或专用收集器内。

569. 杀螟硫磷

标识

中文名称 杀螟硫磷

英文名称 *O*,*O* - dimethyl - *O* - 4 - nitro - *m* - tolyl phosphorothioate；fenitrothion

别名 *O*,*O* - 二甲基 - *O* - (3 - 甲基 - 4 - 硝基苯基)硫代磷酸酯；杀螟松；速灭松

分子式 $C_9H_{12}NO_5PS$

CAS 号 122 - 14 - 5

WGH 号 61875(含量 > 10%)；61874(粉剂、可湿性粉剂)

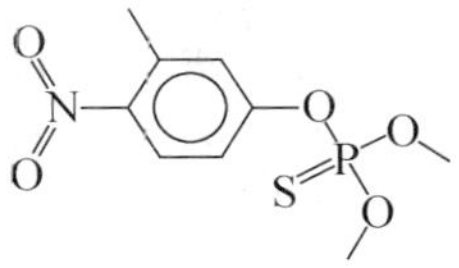

危害信息

危险性类别 第 6 类有毒品。

燃烧与爆炸危险性 可燃。其蒸气与空气混合，能形成爆炸性混合物。燃烧产生有毒的一氧化碳、氧化磷、氮氧化物气体。受热分解，放出氮、磷的氧化物等毒性气体。

活性反应 与强氧化剂接触可发生化学反应。

禁忌物 强氧化剂、强碱。

毒性 大鼠经口 LD_{50}：250mg/kg；小鼠经口 LD_{50}：229mg/kg；大鼠吸入 LC_{50}：378mg/m^3(4h)；兔经皮 LD_{50}：1250mg/kg。

本品已列入《剧毒化学品目录》。

中毒表现

有机磷抑制体内胆碱酯酶活性，造成神经生理功能紊乱。急性中毒表现有头痛、头昏、乏力、食欲不振、恶心、呕吐、腹痛、腹泻、流涎、瞳孔缩小、呼吸道分泌物增多、多汗、肌束震颤等。重度中毒者出现肺水肿、昏迷、呼吸麻痹、脑水肿。血胆碱酯酶活性降低。

侵入途径 吸入、食入、经皮吸收。

职业接触限值 中国：PC - TWA：1mg/m^3，PC - STEL：2mg/m^3[皮]。

环境危害 对水生生物有极高毒性，可能在水生环境中造成长期不利影响。

理化特性与用途

理化特性 纯品为淡黄色液体，工业品为棕色液体，有苯酚气味。不溶于水，溶于二氯甲烷、2 - 丙醇、甲苯、乙醇、乙醚、苯，难溶于己烷。熔点 3.4℃，沸点 118℃(6.7Pa)，分解温度 140 ~ 145℃，相对密度(水 = 1)1.32(25℃/4℃)，饱和蒸气压 0.018Pa(20℃)，辛醇/水分配系数 3.27，闪点 157℃。

主要用途 用于水稻、棉花、蔬菜、豆类、茶树等防治各种害虫作杀虫剂，对水稻大螟、二化螟、三化螟、终卷叶螟有特效；也可用于防治卫生害虫。

包装与储运

包装标志 有毒品

包装类别　Ⅰ类

安全储运　储存于阴凉、通风良好的专用库房内，应严格执行剧毒化学品管理制度。远离火种、热源。库温不超过35℃。相对湿度不超过85%。保持容器密封。应与氧化剂、碱类分开存放，切忌混储。配备相应品种和数量的消防器材。储区应备有泄漏应急处理设备和合适的收容材料。

紧急处置信息

急救措施

吸入：脱离现场至空气新鲜处。如呼吸困难，给输氧。就医。

眼睛接触：分开眼睑，用流动清水或生理盐水冲洗。如有不适感，就医。

皮肤接触：立即脱去污染的衣着，用肥皂水和清水彻底冲洗皮肤。就医。

食入：饮足量温水，催吐。用1∶5000高锰酸钾溶液洗胃。口服活性炭，导泻。每5min给服一片阿托品，直到感觉口干为止。就医。

灭火方法　消防人员必须佩戴空气呼吸器，穿全身防火防毒服，在上风向灭火。尽可能将容器从火场移至空旷处。喷水保持火场容器冷却，直至灭火结束。处在火场中的容器若已变色或从安全泄压装置中发出声音，必须马上撤离。

灭火剂：泡沫、干粉、砂土。

泄漏应急处置　根据液体流动和蒸气扩散的影响区域划定警戒区，无关人员从侧风、上风向撤离至安全区。建议应急处理人员戴防毒面具，穿防毒服，戴氯丁橡胶手套。穿上适当的防护服前严禁接触破裂的容器和泄漏物。尽可能切断泄漏源。防止泄漏物进入水体、下水道、地下室或受限空间。小量泄漏：用干燥的砂土或其他不燃材料吸收或覆盖，收集于容器中。大量泄漏：构筑围堤或挖坑收容。用泵转移至槽车或专用收集器内。

570. 杀　鼠　醚

标　识

中文名称　杀鼠醚

英文名称　coumatetralyl; 4 – hydroxy – 3 – (1,2,3,4 – tetrahydro – 1 – naphthalenyl) – 2H – 1 – benzopyran – 2 – one; racumin

别名　3 –(1,2,3,4 – 四氢 – 1 – 萘基) – 4 – 羟基香豆素；立克命

分子式　$C_{19}H_{16}O_3$

CAS 号　5836 – 29 – 3

WGH 号　61135

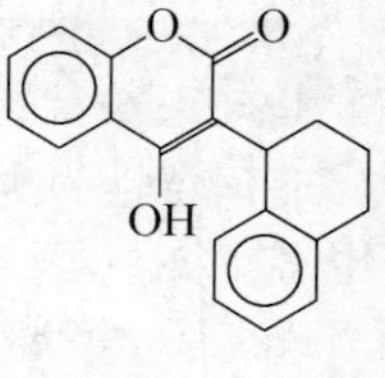

危害信息

危险性类别　第6类有毒品。

燃烧与爆炸危险性　可燃。其粉体与空气混合，能形成爆炸性混合物。受高热分解放出有毒的气体。

禁忌物　强氧化剂。

毒性　大鼠经口 LD_{50}：16.5mg/kg；小鼠经口 LD_{50}：>1000mg/kg；大鼠经皮 LD_{50}：40mg/kg；大鼠吸入 LC_{50}：39mg/m^3(4h)。

本品已列入《剧毒化学品目录》。

中毒表现 本品为高毒杀鼠剂，是一种慢性杀鼠剂。人误食，可引起头昏、恶心、心悸、食欲不振、皮疹、脏器及皮下出血，重者可危及生命。

侵入途径 吸入、食入、经皮吸收。

环境危害 对水生生物有害，可能在水生环境中造成长期不利影响。

理化特性与用途

理化特性 淡黄色至白色结晶粉末。不溶于水，微溶于苯、甲苯、乙醚、环己酮，溶于二氯甲烷、丙酮、醇类等。熔点 172～176℃，辛醇/水分配系数 3.46。

主要用途 抗凝血性杀鼠剂。用于住宅和田间防治家鼠等鼠类。

包装与储运

包装标志 有毒品

包装类别 Ⅱ类

安全储运 储存于阴凉、通风良好的专用库房内。应严格执行剧毒化学品管理制度。远离火种、热源。避光保存。储存温度不超过 35℃，相对湿度不超过 85%。保持容器密封。应与氧化剂等分开存放，切忌混储。配备相应品种和数量的消防器材。储区应备有合适的材料收容泄漏物。

紧急处置信息

急救措施

吸入：迅速脱离现场至空气新鲜处。保持呼吸道通畅。如呼吸困难，给输氧。呼吸、心跳停止，立即进行心肺复苏术。就医。

眼睛接触：分开眼睑，用流动清水或生理盐水冲洗。如有不适感，就医。

皮肤接触：脱去污染的衣着，用大量流动清水彻底冲洗。就医。

食入：饮足量温水，催吐、洗胃、导泻。就医。

灭火方法 消防人员须佩戴防毒面具，穿全身消防服，在上风向灭火。尽可能将容器从火场移至空旷处。喷水保持火场容器冷却，直至灭火结束。

灭火剂：雾状水、泡沫、干粉、二氧化碳、砂土。

泄漏应急处置 隔离泄漏污染区，限制出入。建议应急处理人员戴防尘口罩，穿防毒服，戴防毒物渗透手套。穿上适当的防护服前严禁接触破裂的容器和泄漏物。尽可能切断泄漏源。用塑料布覆盖泄漏物，减少飞散。勿使水进入包装容器内。用洁净的铲子收集泄漏物，置于干净、干燥、盖子较松的容器中，将容器移离泄漏区。

571. 杀　线　威

标　识

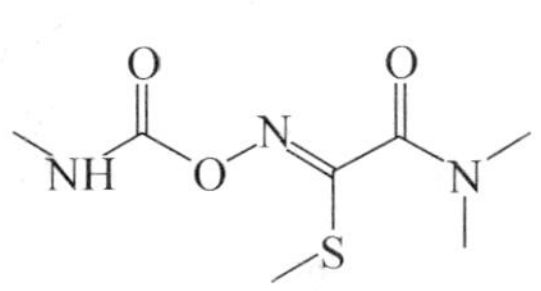

中文名称 杀线威

英文名称 oxamyl; *N′*, *N′* – Dimethylcarbamoyl (methylthio) methylenamine *N* – methylcarbamate

别名 *O* – 甲基氨基甲酰基 –1 – 二甲氨基甲酰 –1 – 甲硫基

甲醛肟；草肟威

分子式 $C_7H_{13}N_3O_3S$

CAS 号 23135－22－0

WGH 号 61133

危害信息

危险性类别 第6类有毒品。

燃烧与爆炸危险性 可燃。其粉体与空气混合，能形成爆炸性混合物。受高热分解放出有毒的气体。

禁忌物 强氧化剂、强碱。

毒性 大鼠经口 LD_{50}：2.5mg/kg；小鼠经口 LD_{50}：2.3mg/kg；大鼠经皮 LD_{50}：1200mg/kg；兔经皮 LD_{50}：740mg/kg；大鼠吸入 LC_{50}：170mg/m^3(1h)。

本品已列入《剧毒化学品目录》。

中毒表现 本品为高毒杀虫剂。吸入、摄入或经皮肤吸收后会中毒。受热分解释出氮氧化物和氧化硫烟雾。

侵入途径 吸入、食入、经皮吸收。

环境危害 对水生生物有毒，可能在水生环境中造成长期不利影响。

理化特性与用途

理化特性 白色结晶，略带硫磺气味。溶于水、丙酮、甲醇、乙醇，微溶于甲苯。熔点100～102℃，沸点(分解)，相对密度(水＝1)0.97(25℃)，饱和蒸气压0.03Pa(25℃)，辛醇/水分配系数 －0.47。

主要用途 内吸性杀虫剂和杀螨剂。用于棉花、马铃薯、柑橘、花生、烟草、苹果、观赏植物防治蓟马、蚜虫、跳甲、夜蛾、螨等害虫。

包装与储运

包装标志 有毒品

包装类别 Ⅱ类

安全储运 储存于阴凉、通风良好的专用库房内。应严格执行剧毒化学品管理制度。远离火种、热源。防止阳光直射。储存温度不超过35℃，相对湿度不超过85%。保持容器密封。应与氧化剂、强酸、碱类等分开存放，切忌混储。配备相应品种和数量的消防器材。储区应备有合适的材料收容泄漏物。

紧急处置信息

急救措施

吸入：迅速脱离现场至空气新鲜处。保持呼吸道通畅。如呼吸困难，给输氧。呼吸、心跳停止，立即进行心肺复苏术。就医。

眼睛接触：分开眼睑，用流动清水或生理盐水冲洗。如有不适感，就医。

皮肤接触：立即脱去污染的衣着，用大量流动清水冲洗。就医。

食入：饮足量温水，催吐。用1∶5000高锰酸钾溶液洗胃。口服活性炭，导泻。就医。

灭火方法 消防人员须佩戴防毒面具，穿全身消防服，在上风向灭火。尽可能将容器从火场移至空旷处。喷水保持火场容器冷却，直至灭火结束。

灭火剂：雾状水、泡沫、干粉、二氧化碳、砂土。

泄漏应急处置 隔离泄漏污染区，限制出入。消除所有点火源。建议应急处理人员戴防尘口罩，穿防毒、防静电服，戴防毒物渗透手套。穿上适当的防护服前严禁接触破裂的容器和泄漏物。尽可能切断泄漏源。用塑料布覆盖泄漏物，减少飞散。勿使水进入包装容器内。用洁净的铲子收集泄漏物，置于干净、干燥、盖子较松的容器中，将容器移离泄漏区。

572. 砷 化 氢

标 识

中文名称 砷化氢

英文名称 arsine；arsenic hydride

别名 砷烷；胂

分子式 AsH_3

CAS 号 7784-42-1

WGH 号 23006

UN 号 2188

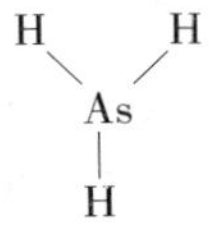

危害信息

危险性类别 第2.3类有毒气体。

燃烧与爆炸危险性 易燃。与空气混合能形成爆炸性混合物。燃烧产生有毒的氧化砷。

禁忌物 强氧化剂。

毒性 大鼠吸入 LC_{50}：390mg/m^3(10min)；小鼠吸入 LC_{50}：250mg/m^3(10min)；人吸入 TCL_0：3ppm。

本品已列入《剧毒化学品目录》。

IARC 致癌性分类：G1，确认人类致癌物。

中毒表现 本品为强烈溶血毒物，红细胞溶解后的产物可堵塞肾小管，引起急性肾功衰竭。

急性中毒一般在十多小时内即出现溶血症状和体征。轻者全身无力、恶心、呕吐、腰痛、巩膜轻度黄染、尿色深暗；较重者出现寒战，体温升高，尿呈酱油色甚至黑色，黄疸加深，肝脏肿大；严重者导致急性肾功衰竭，病人全身症状加重，体温升高，出现尿闭，可因急性心力衰竭和尿毒症而死亡。慢性影响表现为头痛、乏力、恶心、呕吐，较重者可有多发性神经炎，常伴有贫血。

侵入途径 吸入。

职业接触限值 中国：MAC：0.03mg/m^3。

美国(ACGIH)：TLV-TWA：0.005ppm。

环境危害 对水生生物有极高毒性，可能在水生环境中造成长期不利影响。

理化特性与用途

理化特性 无色气体，有不愉快的大蒜气味。微溶于水，微溶于乙醇、碱液，溶于氯仿、苯。熔点-116℃，沸点-62℃，相对密度(水=1)2.69，相对蒸气密度(空气=1)2.7，饱和蒸气压1043kPa(20℃)，临界温度100.1℃，爆炸下限4.5%，爆炸上限78%。

主要用途 用于有机合成，用作军用毒气，及应用于科研或某些特殊实验中。

包装与储运

包装标志 有毒气体，易燃气体。

安全储运 储存于阴凉、通风的有毒气体专用库房。应严格执行剧毒化学品管理制度。远离火种、热源。库温不宜超过30℃。应与氧化剂、食用化学品分开存放，切忌混储。采用防爆型照明、通风设施。禁止使用易产生火花的机械设备和工具。储区应备有泄漏应急处理设备。搬运时轻装轻卸，须戴好钢瓶安全帽和防震橡皮圈，防止钢瓶撞击。

紧急处置信息

急救措施

吸入： 迅速脱离现场至空气新鲜处。保持呼吸道通畅。如呼吸困难，给输氧。呼吸、心跳停止，立即进行心肺复苏术。就医。

眼睛接触： 不会通过该途径接触。

皮肤接触： 不会通过该途径接触。

食入： 不会通过该途径接触。

灭火方法 切断气源。若不能切断气源则不允许熄灭泄漏处的火焰。消防人员须佩带空气呼吸器，穿全身防火防毒服，在上风向灭火。喷水保持火场容器冷却，直至灭火结束。尽可能将容器从火场移至空旷处。喷水保持火场容器冷却，直至灭火结束。

灭火剂：雾状水、泡沫、干粉。

泄漏应急处置 消除所有点火源。根据气体扩散的影响区域划定警戒区，无关人员从侧风、上风向撤离至安全区。建议应急处理人员穿内置正压自给式呼吸器的全封闭防化服。如果是液化气体泄漏，还应注意防冻伤。作业时使用的所有设备应接地。禁止接触或跨越泄漏物。尽可能切断泄漏源。喷雾状水抑制蒸气或改变蒸气云流向，避免水流接触泄漏物。禁止用水直接冲击泄漏物或泄漏源。若可能翻转容器，使之逸出气体而非液体。防止气体通过下水道、通风系统和受限空间扩散。隔离泄漏区直至气体散尽。

573. 砷 酸

标 识

中文名称 砷酸

英文名称 arsenic acid；arsenic acid，hemihydrate；orthoarsenic acid hemihydrate

别名 原砷酸

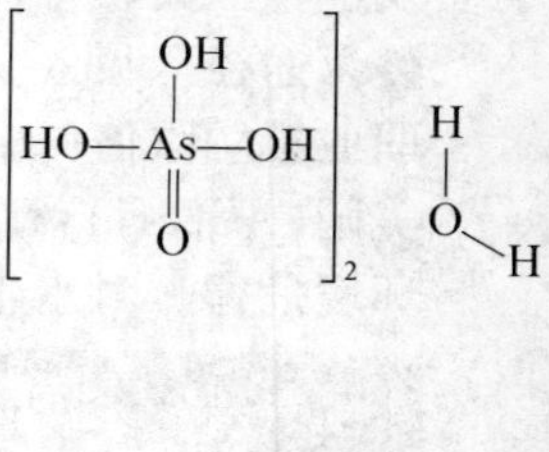

分子式 $H_3AsO_4 \cdot 1/2H_2O$

CAS 号 7774－41－6

WGH 号 61011

UN 号 1553(液态)；1554(固态)

危害信息

危险性类别 第6类有毒品。

燃烧与爆炸危险性 不燃，无特殊燃爆特性。遇高热、明火会产生剧毒的蒸气。

活性反应 与金属接触会散发出剧毒的砷化氢。

禁忌物 酸类、卤素、水及水蒸气。

毒性 大鼠经口 LD_{50}：48mg/kg；小鼠经口 LD_{50}：238mg/kg。

IARC 致癌性评论：G1，确认人类致癌物。

中毒表现 砷及其化合物对体内酶蛋白巯基有特殊亲和力。

大量吸入砷化合物可致咳嗽、胸痛、呼吸困难、头痛、眩晕、全身衰弱、烦躁、痉挛和昏迷；可有消化道症状；重者可致死。口服致急性胃肠炎、休克、周围神经病、贫血及中毒性肝病、心肌炎等。可因呼吸中枢麻痹而死亡。慢性影响表现为长期接触较高浓度砷化合物粉尘，可发生慢性中毒。主要有神经衰弱综合征，皮肤损害，多发性神经病，肝损害。可致鼻炎、鼻中隔穿孔、支气管炎。

侵入途径 吸入、食入、经皮吸收。

职业接触限值 中国：PC－TWA：0.01mg/m^3［按砷计］，PC－STEL：0.02mg/m^3［按砷计］。

美国（ACGIH）：TLV－TWA：0.01mg/m^3［按砷计］。

环境危害 对水生生物有极高毒性，可能在水生环境中造成长期不利影响。

理化特性与用途

理化特性 无色至白色斜方晶系结晶，具有潮解性。溶于水，溶于乙醇、碱液、甘油。熔点 35.5℃，沸点 160℃（失水），相对密度（水＝1）2.0～2.5。

主要用途 用于制造药物、颜料、砷化合物，也用作杀虫剂、灭鼠剂。

包装与储运

包装标志 有毒品

包装类别 Ⅱ类

安全储运 储存于阴凉、干燥、通风良好的库房。远离火种、热源。库温不超过 35℃。相对湿度不超过 85%。包装必须密封。切勿受潮。应与酸类、卤素、食用化学品分开存放，切忌混储。储区应备有合适的材料收容泄漏物。

紧急处置信息

急救措施

吸入：迅速脱离现场至空气新鲜处。保持呼吸道通畅。如呼吸困难，给输氧。呼吸、心跳停止，立即进行心肺复苏术。就医。

眼睛接触：分开眼睑，用流动清水或生理盐水冲洗。如有不适感，就医。

皮肤接触：立即脱去污染的衣着，用肥皂水和清水彻底冲洗皮肤。就医。

食入：饮足量温水，催吐、洗胃。给饮牛奶或蛋清。就医。

解毒剂用二巯基丙磺酸钠、二巯基丁二酸钠等。

灭火方法 消防人员须佩戴防毒面具，穿全身消防服，在上风向灭火。尽可能将容器从火场移至空旷处。喷水保持火场容器冷却，直至灭火结束。本品不燃。根据着火原因选择适当灭火剂灭火 。

泄漏应急处置 隔离泄漏污染区，限制出入。建议应急处理人员戴防尘口罩，穿防毒服，戴橡胶手套。穿上适当的防护服前严禁接触破裂的容器和泄漏物。尽可能切断泄漏源。用塑料布覆盖泄漏物，减少飞散。勿使水进入包装容器内。用洁净的铲子收集泄漏物，置于干净、干燥、盖子较松的容器中，将容器移离泄漏区。也可以用大量水、碳酸氢钠或石灰溶液冲洗。

574. 砷 酸 钙

标 识

中文名称 砷酸钙

英文名称 calcium arsenate；tricalcium arsenate

别名 砷酸三钙

分子式 $Ca_3(AsO_4)_2$

CAS 号 7778-44-1

WGH 号 61012

UN 号 1573

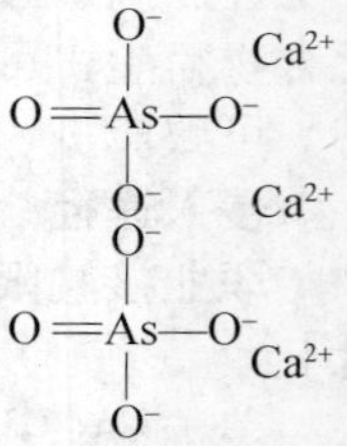

危害信息

危险性类别 第6类有毒品。

燃烧与爆炸危险性 不燃，无特殊燃爆特性。受高热分解放出有毒的气体。

禁忌物 强氧化剂、酸类。

毒性 大鼠经口 LD_{50}：20mg/kg；小鼠经口 LD_{50}：794mg/kg。

IARC 致癌性评论：G1，确认人类致癌物。

本品已列入《剧毒化学品目录》。

中毒表现 口服砷化合物引起急性胃肠炎、休克、周围神经病、中毒性心肌炎、肝炎，以及抽搐、昏迷等，甚至死亡。大量吸入亦可引起急性中毒，但消化道症状较轻。慢性中毒表现为长期接触砷化合物引起消化系统症状，肝肾损害，皮肤色素沉着、角化过度或疣状增生，多发性神经炎等。

侵入途径 吸入、食入、经皮吸收。

职业接触限值 中国：PC-TWA：0.01mg/m^3[按砷计]，PC-STEL：0.02mg/m^3[按砷计]。

美国(ACGIH)：TLV-TWA：0.01mg/m^3[按砷计]。

环境危害 对水生生物有极高毒性，可能在水生环境中造成长期不利影响；海洋污染物。

理化特性与用途

理化特性 无色或白色粉末。微溶于水，溶于稀酸，不溶于有机溶剂。熔点1455℃(分解)，沸点(分解)，相对密度(水=1)3.62。

主要用途 用作杀虫剂、灭螺剂、杀菌剂等。

包装与储运

包装标志 有毒品

包装类别 Ⅱ类

安全储运 储存于阴凉、通风良好的专用库房内。应严格执行剧毒化学品管理制度。远离火种、热源。库温不超过35℃。相对湿度不超过85%。包装密封。应与氧化剂、酸类、食用化学品分开存放，切忌混储。储区应备有合适的材料收容泄漏物。

紧急处置信息

急救措施

吸入： 迅速脱离现场至空气新鲜处。保持呼吸道通畅。如呼吸困难，给输氧。呼吸、心跳停止，立即进行心肺复苏术。就医。

眼睛接触： 分开眼睑，用流动清水或生理盐水冲洗。如有不适感，就医。

皮肤接触： 立即脱去污染的衣着，用肥皂水和清水彻底冲洗皮肤。就医。

食入： 饮足量温水，催吐、洗胃。给饮牛奶或蛋清。就医。

解毒剂用二巯基丙磺酸钠、二巯基丁二酸钠等。

灭火方法 消防人员须佩戴防毒面具，穿全身消防服，在上风向灭火。尽可能将容器从火场移至空旷处。喷水保持火场容器冷却，直至灭火结束。本品不燃。根据着火原因选择适当灭火剂灭火 。

泄漏应急处置 隔离泄漏污染区，限制出入。建议应急处理人员戴防尘口罩，穿防毒服，戴防毒物渗透手套。穿上适当的防护服前严禁接触破裂的容器和泄漏物。尽可能切断泄漏源。用塑料布覆盖泄漏物，减少飞散。勿使水进入包装容器内。用洁净的铲子收集泄漏物，置于干净、干燥、盖子较松的容器中，将容器移离泄漏区。

575. 砷 酸 汞

标 识

中文名称 砷酸汞

英文名称 mercury hydrogenarsenate；mercuric arsenate

别名 砷酸氢汞

分子式 $HgHAsO_4$

CAS 号 7784 - 37 - 4

WGH 号 61012

UN 号 1623

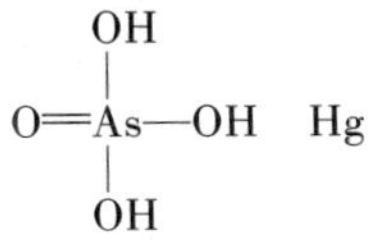

危害信息

危险性类别 第 6 类有毒品。

燃烧与爆炸危险性 不燃，无特殊燃爆特性。遇高热分解释出高毒烟气。

禁忌物 强氧化剂、强碱。

毒性 IARC 致癌性评论：G1，确认人类致癌物。

中毒表现 高毒。吸入、摄入会中毒，引起吞咽困难、腹痛、突发性呕吐、休克、麻痹等症状。

侵入途径 吸入、食入。

职业接触限值 中国：PC - TWA：0. 01mg/m^3[按砷计]，PC - STEL：0. 02mg/m^3[按砷计]。

美国(ACGIH)：TLV - TWA：0. 025mg/m^3[按汞计，皮]。

环境危害 对水生生物有极高毒性，可能在水生环境中造成长期不利影响；严重海洋污染物。

理化特性与用途

理化特性 白色结晶或黄色粉末。不溶于水，溶于盐酸、硝酸。熔点(分解)

主要用途 用作化学试剂及用于油漆、涂料工业

包装与储运

包装标志 有毒品

包装类别 Ⅱ类

安全储运 储存于阴凉、通风的库房。远离火种、热源。防止阳光直射。储存温度不超过35℃，相对湿度不超过85%。保持容器密封。配备相应品种和数量的消防器材。储区应备有合适的材料收容泄漏物。

紧急处置信息

急救措施

吸入： 迅速脱离现场至空气新鲜处。保持呼吸道通畅。如呼吸困难，给输氧。呼吸、心跳停止，立即进行心肺复苏术。就医。

眼睛接触： 分开眼睑，用流动清水或生理盐水冲洗。如有不适感，就医。

皮肤接触： 脱去污染的衣着，用大量流动清水冲洗。就医。

食入： 如患者神志清醒，催吐，洗胃。口服活性炭，导泻。就医。

解毒剂用二巯基丙磺酸钠、二巯基丁二酸钠等。

灭火方法 消防人员必须戴空气呼吸器，穿全身防火防毒服，在上风向灭火。灭火时尽可能将容器从火场移至空旷处。喷水保持火场容器冷却，直至灭火结束。本品不燃。根据着火原因选择适当灭火剂灭火。

泄漏应急处置 隔离泄漏污染区，限制出入。建议应急处理人员戴防尘口罩，穿防毒服，戴橡胶手套。穿上适当的防护服前严禁接触破裂的容器和泄漏物。尽可能切断泄漏源。用塑料布覆盖泄漏物，减少飞散。勿使水进入包装容器内。用洁净的铲子收集泄漏物，置于干净、干燥、盖子较松的容器中，将容器移离泄漏区。

576. 砷 酸 镁

标 识

中文名称 砷酸镁

英文名称 arsenic acid, magnesium salt; magnesium arsenate

分子式 $Mg_3(AsO_4)_2 \cdot xH_2O$

CAS 号 10103－50－1

WGH 号 61012

UN 号 1622

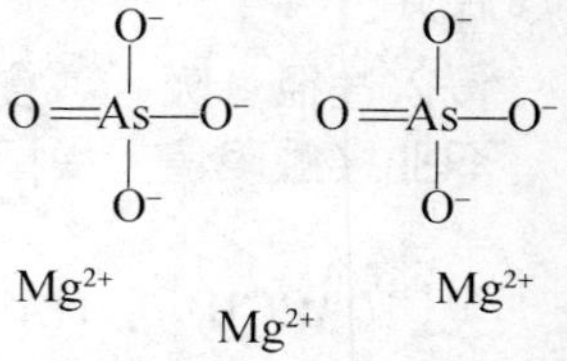

危害信息

危险性类别 第6类有毒品。

燃烧与爆炸危险性 不燃，无特殊燃爆特性。遇高热分解释出高毒烟气。

禁忌物 强氧化剂。

毒性 大鼠经口 LD_{50}：315mg/kg。

IARC 致癌性评论：G1，确认人类致癌物

中毒表现 高毒。吸入、摄入会中毒，引起吞咽困难、腹痛、呕吐、休克、麻痹等症状。

侵入途径 吸入、食入。

职业接触限值 中国：PC－TWA：0.01mg/m^3[按砷计]，PC－STEL：0.02mg/m^3[按砷计]。

美国(ACGIH)：TLV－TWA：0.01mg/m^3[按砷计]。

环境危害 对水生生物有极高毒性，可能在水生环境中造成长期不利影响；海洋污染物。

理化特性与用途

理化特性 白色单斜结晶或白色粉末。不溶于水，溶于酸、氯化铵。相对密度(水＝1)2.6～2.61(八水合物)。

主要用途 用作杀虫剂，用于制荧光灯。

包装与储运

包装标志 有毒品

包装类别 Ⅱ类

安全储运 储存于阴凉、通风的库房。远离火种、热源。防止阳光直射。储存温度不超过35℃，相对湿度不超过85%。保持容器密封。储区应备有合适的材料收容泄漏物。

紧急处置信息

急救措施

吸入：迅速脱离现场至空气新鲜处。保持呼吸道通畅。如呼吸困难，给输氧。呼吸、心跳停止，立即进行心肺复苏术。就医。

眼睛接触：分开眼睑，用流动清水或生理盐水冲洗。如有不适感，就医。

皮肤接触：脱去污染的衣着，用大量流动清水冲洗。就医。

食入：饮足量温水，催吐、洗胃、导泻。就医。

解毒剂用二巯基丙磺酸钠、二巯基丁二酸钠等。

灭火方法 消防人员必须戴空气呼吸器，穿全身防火防毒服，在上风向灭火。灭火时尽可能将容器从火场移至空旷处。喷水保持火场容器冷却，直至灭火结束。本品不燃。根据着火原因选择适当灭火剂灭火。

泄漏应急处置 隔离泄漏污染区，限制出入。建议应急处理人员戴防尘口罩，穿防毒服，戴橡胶手套。穿上适当的防护服前严禁接触破裂的容器和泄漏物。尽可能切断泄漏源。用塑料布覆盖泄漏物，减少飞散。勿使水进入包装容器内。用洁净的铲子收集泄漏物，置于干净、干燥、盖子较松的容器中，将容器移离泄漏区。

577. 砷　酸　铅

标　识

中文名称　砷酸铅

英文名称　trilead diarsenate; lead arsenate

分子式　$Pb_3(AsO_4)_2$

CAS 号　3687 - 31 - 8

WGH 号　61012

UN 号　1617

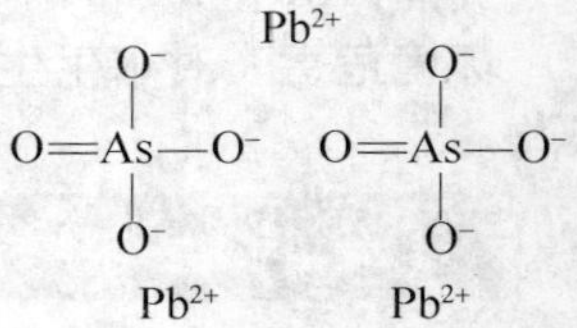

危害信息

危险性类别　第 6 类有毒品。

燃烧与爆炸危险性　不燃，无特殊燃爆特性。受高热分解放出有毒的气体。

禁忌物　强氧化剂、强酸。

毒性　大鼠经口 LD_{50}：825mg/kg。

IARC 致癌性评论：G1，确认人类致癌物。

中毒表现　同时具有铅和砷的毒性，但通常以砷的毒作用表现为突出。急性中毒表现有恶心、呕吐、腹痛、腹泻、肌肉痉挛、兴奋、定向力障碍等。皮肤接触引起接触性皮炎。

慢性影响表现为厌食、体重减轻、全身无力、面色苍白、腹痛。可能发生肝、肾损害及鼻中隔穿孔。长期皮肤接触可引起弥漫性色素沉着及手、脚掌皮肤过度角化。

侵入途径　吸入、食入、经皮吸收。

职业接触限值　中国：PC - TWA：0.01mg/m^3[按砷计]，PC - STEL：0.02mg/m^3[按砷计]；PC - TWA：0.05mg/m^3[铅尘]，PC - TWA：0.03mg/m^3[铅烟]。

美国(ACGIH)：TLV - TWA：0.01mg/m^3[按砷计]；TLV - TWA：0.05mg/m^3[按铅计]；TLV - TWA：0.15mg/m^3。

环境危害　对水生生物有极高毒性；海洋污染物。

理化特性与用途

理化特性　白色结晶粉末。不溶于水，溶于氨水、氢氧化钠水溶液。熔点 1042℃(分解)，相对密度(水 = 1)5.79。

主要用途　用作杀虫剂，除草剂。

包装与储运

包装标志　有毒品

包装类别　Ⅱ类

安全储运　储存于阴凉、通风的库房。远离火种、热源。库温不超过 35℃。相对湿度不超过 85%。包装密封。应与氧化剂、酸类、食用化学品分开存放，切忌混储。储区应备有合适的材料收容泄漏物。

紧急处置信息

急救措施

吸入：迅速脱离现场至空气新鲜处。保持呼吸道通畅。如呼吸困难，给输氧。呼吸、心跳停止，立即进行心肺复苏术。就医。

眼睛接触：分开眼睑，用流动清水或生理盐水冲洗。如有不适感，就医。

皮肤接触：立即脱去污染的衣着，用肥皂水和清水彻底冲洗皮肤。就医。

食入：饮足量温水，催吐、洗胃。给饮牛奶或蛋清。就医。

解毒剂用二巯基丙磺酸钠、二巯基丁二酸钠等。

灭火方法 消防人员须佩戴防毒面具，穿全身消防服，在上风向灭火。尽可能将容器从火场移至空旷处。喷水保持火场容器冷却，直至灭火结束。本品不燃。根据着火原因选择适当灭火剂灭火 。

泄漏应急处置 隔离泄漏污染区，限制出入。建议应急处理人员戴防尘口罩，穿防毒服，戴橡胶手套。穿上适当的防护服前严禁接触破裂的容器和泄漏物。尽可能切断泄漏源。用塑料布覆盖泄漏物，减少飞散。勿使水进入包装容器内。用洁净的铲子收集泄漏物，置于干净、干燥、盖子较松的容器中，将容器移离泄漏区。

578. 砷酸氢二铵

标　识

中文名称 砷酸氢二铵

英文名称 diammonium hydrogenarsenate; arsenic acid, diammonium salt; ammonium arsenate

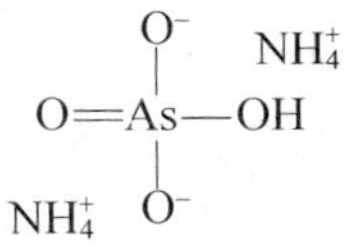

别名 砷酸二铵；砷酸铵

分子式 $(NH_4)_2HAsO_4$

CAS 号 7784-44-3

WGH 号 61012

UN 号 1546

危害信息

危险性类别 第6类有毒品。

燃烧与爆炸危险性 不燃，无特殊燃爆特性。遇高热分解释出高毒烟气。

禁忌物 强碱。

毒性 IARC 致癌性评论：G1，确认人类致癌物。

中毒表现 高毒。误服或吸入粉尘会中毒，出现呕吐、腹痛、吞咽困难、休克、麻痹等症状。

侵入途径 吸入、食入。

职业接触限值 中国：PC-TWA：0.01mg/m^3[按砷计]，PC-STEL：0.02mg/m^3[按砷计]。

美国(ACGIH)：TLV-TWA：0.01mg/m^3[按砷计]。

环境危害 对水生生物有极高毒性，可能在水生环境中造成长期不利影响。

理化特性与用途

理化特性　白色单斜棱柱状结晶或粉末，有氨样气味。溶于水，不溶于乙醇、丙酮。在热水中分解。相对密度(水=1)2.0。

主要用途　用作分析试剂及用于医药工业

包装与储运

包装标志　有毒品

包装类别　Ⅱ类

安全储运　储存于阴凉、通风的库房。远离火种、热源。防止阳光直射。储存温度不超过35℃，相对湿度不超过85%。保持容器密封。应与碱类、强还原剂等分开存放，切忌混储。不宜久存。储区应备有合适的材料收容泄漏物。

紧急处置信息

急救措施

吸入：迅速脱离现场至空气新鲜处。保持呼吸道通畅。如呼吸困难，给输氧。呼吸、心跳停止，立即进行心肺复苏术。就医。

眼睛接触：分开眼睑，用流动清水或生理盐水冲洗。如有不适感，就医。

皮肤接触：脱去污染的衣着，用大量流动清水冲洗。就医。

食入：饮足量温水，催吐、洗胃、导泻。就医。

解毒剂用二巯基丙磺酸钠、二巯基丁二酸钠等。

灭火方法　消防人员必须戴空气呼吸器，穿全身防火防毒服，在上风向灭火。灭火时尽可能将容器从火场移至空旷处。喷水保持火场容器冷却，直至灭火结束。本品不燃。根据着火原因选择适当灭火剂灭火。

泄漏应急处置　隔离泄漏污染区，限制出入。建议应急处理人员戴防尘口罩，穿防毒服，戴橡胶手套。穿上适当的防护服前严禁接触破裂的容器和泄漏物。尽可能切断泄漏源。用塑料布覆盖泄漏物，减少飞散。勿使水进入包装容器内。用洁净的铲子收集泄漏物，置于干净、干燥、盖子较松的容器中，将容器移离泄漏区。

579. 砷酸氢二钠

标　识

中文名称　砷酸氢二钠

英文名称　disodium hydrogen arsenate; sodium arsenate, dibasic; Sodium orthoarsenate

别名　碱式砷酸钠；砷酸二钠

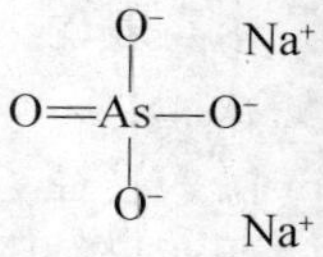

分子式　Na_2HAsO_4

CAS 号　7778-43-0

WGH 号　61012

危害信息

危险性类别　第6类有毒品。

燃烧与爆炸危险性 不燃，无特殊燃爆特性。在火焰中释放出刺激性或有毒烟雾。有水存在时侵蚀许多金属。

禁忌物 强氧化剂、强酸。

毒性 IARC 致癌性评论：G1，确认人类致癌物。

中毒表现 口服砷化合物引起急性胃肠炎、休克、周围神经病、中毒性心肌炎、肝炎，以及抽搐、昏迷等，甚至死亡。大量吸入亦可引起急性中毒，但消化道症状较轻。砷酸钠对眼、呼吸道及皮肤有刺激性。慢性中毒表现为长期接触砷化合物引起消化系统症状，肝肾损害，皮肤色素沉着、角化过度或疣状增生，多发性神经炎等。

侵入途径 吸入、食入、经皮吸收。

职业接触限值 中国：PC－TWA：0.01mg/m^3［按砷计］，PC－STEL：0.02mg/m^3［按砷计］。

美国(ACGIH)：TLV－TWA：0.01mg/m^3［按砷计］。

环境危害 对水生生物有极高毒性，可能在水生环境中造成长期不利影响。

理化特性与用途

理化特性 无色至白色结晶或粉末。易溶于水，微溶于乙醇，不溶于乙醚。熔点 57℃，相对密度(水＝1)1.87。

主要用途 用作杀虫剂、防腐剂，也用于农业资源研究等。

包装与储运

包装标志 有毒品

包装类别 Ⅱ类

安全储运 储存于阴凉、干燥、通风的库房。远离火种、热源。库温不超过 35℃。相对湿度不超过 85%。包装密封。应与氧化剂、酸类、食用化学品分开存放，切忌混储。储区应备有合适的材料收容泄漏物。

紧急处置信息

急救措施

吸入：迅速脱离现场至空气新鲜处。保持呼吸道通畅。如呼吸困难，给输氧。呼吸、心跳停止，立即进行心肺复苏术。就医。

眼睛接触：分开眼睑，用流动清水或生理盐水冲洗。如有不适感，就医。

皮肤接触：立即脱去污染的衣着，用肥皂水和清水彻底冲洗皮肤。就医。

食入：饮足量温水，催吐、洗胃。给饮牛奶或蛋清。就医。

解毒剂用二巯基丙磺酸钠、二巯基丁二酸钠等。

灭火方法 消防人员须佩戴防毒面具，穿全身消防服，在上风向灭火。尽可能将容器从火场移至空旷处。喷水保持火场容器冷却，直至灭火结束。本品不燃。根据着火原因选择适当灭火剂灭火 。

泄漏应急处置 隔离泄漏污染区，限制出入。建议应急处理人员戴防尘口罩，穿防毒服，戴橡胶手套。穿上适当的防护服前严禁接触破裂的容器和泄漏物。尽可能切断泄漏源。用塑料布覆盖泄漏物，减少飞散。勿使水进入包装容器内。用洁净的铲子收集泄漏物，置于干净、干燥、盖子较松的容器中，将容器移离泄漏区。

580. 砷　酸　铁

标　识

中文名称　砷酸铁

英文名称　iron arsenate; ferric arsenate

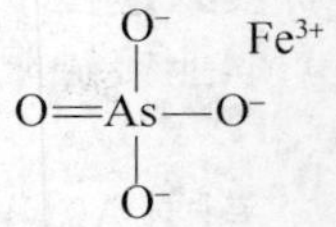

分子式　$FeAsO_4$

CAS 号　10102 – 49 – 5

WGH 号　61012

UN 号　1606

危害信息

危险性类别　第 6 类有毒品。

燃烧与爆炸危险性　不燃，无特殊燃爆特性。遇高热分解释出高毒烟气。

禁忌物　强氧化剂、强碱。

毒性　IARC 致癌性评论：G1，确认人类致癌物。

中毒表现　高毒。吸入、摄入会中毒，引起吞咽困难、腹痛、突发性呕吐、休克、麻痹等症状。

侵入途径　吸入、食入。

职业接触限值　中国：PC – TWA：0.01mg/m^3[按砷计]，PC – STEL：0.02mg/m^3[按砷计]。

美国(ACGIH)：TLV – TWA：0.01mg/m^3[按砷计]。

环境危害　对水生生物有极高毒性，可能在水生环境中造成长期不利影响；海洋污染物。

理化特性与用途

理化特性　绿色或褐色结晶或粉末。不溶于水，溶于盐酸。熔点(二水合物，分解)，相对密度(水 = 1)3.18(二水合物)。

主要用途　用作杀虫剂、化学试剂。

包装与储运

包装标志　有毒品

包装类别　Ⅱ类

安全储运　储存于阴凉、通风的库房。远离火种、热源。防止阳光直射。储存温度不超过 35℃，相对湿度不超过 85%。保持容器密封。储区应备有合适的材料收容泄漏物。

紧急处置信息

急救措施

吸入：迅速脱离现场至空气新鲜处。保持呼吸道通畅。如呼吸困难，给输氧。呼吸、心跳停止，立即进行心肺复苏术。就医。

眼睛接触：分开眼睑，用流动清水或生理盐水冲洗。如有不适感，就医。

皮肤接触：脱去污染的衣着，用大量流动清水冲洗。就医。

食入：饮足量温水，催吐、洗胃、导泻。就医。

解毒剂用二巯基丙磺酸钠、二巯基丁二酸钠等。

灭火方法 消防人员必须戴空气呼吸器，穿全身防火防毒服，在上风向灭火。灭火时尽可能将容器从火场移至空旷处。喷水保持火场容器冷却，直至灭火结束。本品不燃。根据着火原因选择适当灭火剂灭火。

泄漏应急处置 隔离泄漏污染区，限制出入。建议应急处理人员戴防尘口罩，穿防毒服，戴橡胶手套。穿上适当的防护服前严禁接触破裂的容器和泄漏物。尽可能切断泄漏源。用塑料布覆盖泄漏物，减少飞散。勿使水进入包装容器内。用洁净的铲子收集泄漏物，置于干净、干燥、盖子较松的容器中，将容器移离泄漏区。

581. 砷 酸 锌

标 识

中文名称 砷酸锌

英文名称 zinc arsenate; arsenic acid, zinc salt

分子式 $Zn_3(AsO_4)_2 \cdot 4H_2O$

CAS 号 1303－39－5

WGH 号 61012

UN 号 1712

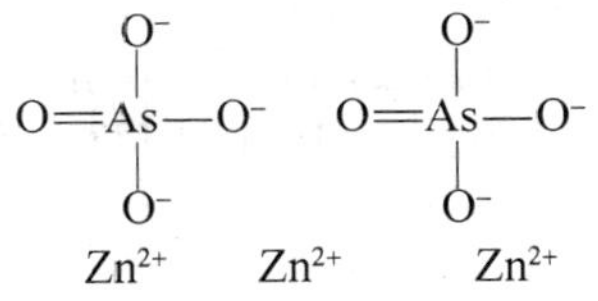

危害信息

危险性类别 第 6 类有毒品。

燃烧与爆炸危险性 不燃，无特殊燃爆特性。遇高热分解释出高毒烟气。

禁忌物 强氧化剂、强碱。

毒性 大鼠经口 LD_{50}：6.2mg/kg。

IARC 致癌性评论：G1，确认人类致癌物。

中毒表现 高毒。吸入、摄入会中毒，引起吞咽困难、腹痛、突发性呕吐、休克、麻痹等症状。

侵入途径 吸入、食入。

职业接触限值 中国：PC－TWA：0.01mg/m^3[按砷计]，PC－STEL：0.02mg/m^3[按砷计]。

美国(ACGIH)：TLV－TWA：0.01mg/m^3[按砷计]。

环境危害 对水生生物有极高毒性，可能在水生环境中造成长期不利影响；海洋污染物。

理化特性与用途

理化特性 白色单斜晶系结晶或粉末，无气味。不溶于水，溶于酸、碱、氨水。沸点(分解)，相对密度(水＝1)3.31(15℃)。

主要用途 用作杀虫剂。

包装与储运

包装标志 有毒品

包装类别 Ⅱ类

安全储运 储存于阴凉、通风的库房。远离火种、热源。防止阳光直射。储存温度不超过35℃，相对湿度不超过85%。保持容器密封。储区应备有合适的材料收容泄漏物。

紧急处置信息

急救措施

吸入：迅速脱离现场至空气新鲜处。保持呼吸道通畅。如呼吸困难，给输氧。呼吸、心跳停止，立即进行心肺复苏术。就医。

眼睛接触：立即分开眼睑，用流动清水或生理盐水彻底冲洗。就医。

皮肤接触：立即脱去污染的衣着，用肥皂水和清水彻底冲洗。就医。

食入：催吐、彻底洗胃，洗胃后服活性炭30~50g(用水调成浆状)，而后再服用硫酸镁或硫酸钠导泻。就医。

解毒剂用二巯基丙磺酸钠、二巯基丁二酸钠等。

灭火方法 消防人员必须戴空气呼吸器，穿全身防火防毒服，在上风向灭火。灭火时尽可能将容器从火场移至空旷处。喷水保持火场容器冷却，直至灭火结束。本品不燃。根据着火原因选择适当灭火剂灭火。

泄漏应急处置 隔离泄漏污染区，限制出入。建议应急处理人员戴防尘口罩，穿防毒服。穿上适当的防护服前严禁接触破裂的容器和泄漏物。尽可能切断泄漏源。用塑料布覆盖泄漏物，减少飞散。勿使水进入包装容器内。用洁净的铲子收集泄漏物，置于干净、干燥、盖子较松的容器中，将容器移离泄漏区。

582. 十八烷基三氯硅烷

标　　识

中文名称 十八烷基三氯硅烷

英文名称 trichloro(octadecyl)silane; octadecyl trichlorosilane

别名 三氯十八烷基硅烷

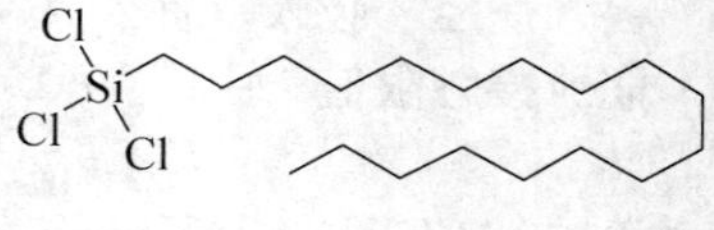

分子式 $C_{18}H_{37}SiCl_3$

CAS号 112-04-9

WGH号 81133

UN号 1800

危害信息

危险性类别 第8类腐蚀品。

燃烧与爆炸危险性 可燃。遇水反应，放出具有刺激性和腐蚀性的氯化氢气体。受高热分解产生有毒的腐蚀性烟气。遇潮时对大多数金属有腐蚀性。

禁忌物 强氧化剂、强酸、强碱、水。

中毒表现 对眼睛、皮肤、黏膜和上呼吸道有强烈刺激性，具腐蚀性。吸入可致喉炎、化学性肺炎和肺水肿等。遇水或水蒸气能生成有毒的腐蚀性烟雾。

侵入途径 吸入、食入、经皮吸收。

理化特性与用途

理化特性 无色至淡黄色透明液体。不溶于水，与水反应。溶于乙醚、苯、过氯乙烯、庚烷。沸点380℃、223℃(1.33kPa)，相对密度(水=1)0.984，相对蒸气密度(空气=1)>1，饱和蒸气压1.32MPa(25℃)，辛醇/水分配系数10.36，闪点89℃，爆炸下限0.4%。

主要用途 制造有机硅的中间体及聚合物。

包装与储运

包装标志 腐蚀品、有毒品[铁规]

包装类别 Ⅱ类

安全储运 储存于阴凉、干燥、通风良好的库房。远离火种、热源。防止阳光直射。储存温度不超过30℃，相对湿度不超过75%。保持容器密封。切勿受潮。应与氧化剂、酸类、强碱、醇类等分开存放，切忌混储。配备相应品种和数量的消防器材。储区应备有泄漏应急处理设备和合适的收容材料。

紧急处置信息

急救措施

吸入：迅速脱离现场至空气新鲜处。保持呼吸道通畅。如呼吸困难，给输氧。呼吸、心跳停止，立即进行心肺复苏术。就医。

眼睛接触：立即分开眼睑，用大量流动清水或生理盐水彻底冲洗10~15min。如有不适感，就医。

皮肤接触：立即脱去污染的衣着，用大量流动清水冲洗20~30min。如有不适感，就医。

食入：用水漱口，给饮牛奶或蛋清。就医。

灭火方法 消防人员须佩戴防毒面具，穿全身消防服，在上风向灭火。尽可能将容器从火场移至空旷处。喷水保持火场容器冷却，直至灭火结束。处在火场中的容器若已变色或从安全泄压装置中发出声音，必须马上撤离。禁止用水和泡沫灭火。

灭火剂：干粉、二氧化碳、砂土。

泄漏应急处置 根据液体流动和蒸气扩散的影响区域划定警戒区，无关人员从侧风、上风向撤离至安全区。建议应急处理人员戴正压自给式呼吸器，穿防腐、防毒服，戴橡胶耐酸碱手套。作业时使用的所有设备应接地。穿上适当的防护服前严禁接触破裂的容器和泄漏物。尽可能切断泄漏源。防止泄漏物进入水体、下水道、地下室或受限空间。严禁用水处理。小量泄漏：用干燥的砂土或其他不燃材料覆盖泄漏物。大量泄漏：构筑围堤或挖坑收容。用碎石灰石($CaCO_3$)、苏打灰(Na_2CO_3)或石灰(CaO)中和。用耐腐蚀泵转移至槽车或专用收集器内。

583. 十八烷腈

标　识

中文名称 十八烷腈

英文名称 octadecanonitrile；stearonitrile

别名 硬脂腈

分子式 $C_{18}H_{35}N$

CAS 号 638 －65 －3

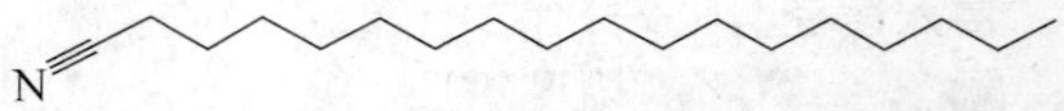

危害信息

燃烧与爆炸危险性 可燃，燃烧产生有毒的一氧化碳、氮氧化物和氰化氢气体。

禁忌物 强氧化剂。

毒性 大鼠经口 LD_{50}：＞10000mg/kg。

中毒表现 对眼睛有刺激作用。本品毒性低，未见中毒报告。

侵入途径 吸入、食入。

理化特性与用途

理化特性 白色蜡状物质。不溶于水，溶于乙醇，易溶于乙醚、丙酮、氯仿。熔点38～42.9℃，沸点362℃，相对密度(水＝1)0.8325(20℃/4℃)，辛醇/水分配系数7.71，闪点＞100℃。

主要用途 用作脂肪胺及其衍生物的中间体。

包装与储运

安全储运 储存于阴凉、通风的库房。远离火种、热源。保持容器密封。应与强氧化剂等隔离储运。搬运时轻装轻卸，防止容器受损。

紧急处置信息

急救措施

吸入：脱离现场至空气新鲜处。如呼吸困难，给输氧。就医。

眼睛接触：分开眼睑，用流动清水或生理盐水冲洗。如有不适感，就医。

皮肤接触：立即脱去污染的衣着，用肥皂水和清水彻底冲洗皮肤。如有不适感，就医。

食入：饮足量温水，催吐。就医。

灭火方法 消防人员须佩戴防毒面具，穿全身消防服，在上风向灭火。尽可能将容器从火场移至空旷处。喷水保持火场容器冷却，直至灭火结束。

灭火剂：雾状水、泡沫、干粉、二氧化碳、砂土。

泄漏应急处置 隔离泄漏污染区，限制出入。消除所有点火源。建议应急处理人员戴防尘口罩，穿防毒服，戴橡胶手套。穿上适当的防护服前严禁接触破裂的容器和泄漏物。尽可能切断泄漏源。用塑料布覆盖泄漏物，减少飞散。勿使水进入包装容器内。用洁净的铲子收集泄漏物，置于干净、干燥、盖子较松的容器中，将容器移离泄漏区。

584. 十 八 烯

标 识

中文名称 十八烯

英文名称 1 - octadecane；alpha - octadecene

别名 1 - 十八(碳)烯

分子式 $C_{18}H_{36}$

CAS 号 112 - 88 - 9

危害信息

燃烧与爆炸危险性 可燃。其蒸气与空气混合，能形成爆炸性混合物。燃烧产生有毒的一氧化碳气体。

禁忌物 强氧化剂、酸类、卤代烃、卤素。

中毒表现 吸入、摄入或经皮肤吸收对身体有害。对眼、黏膜 和皮肤有刺激性。具麻醉作用。

侵入途径 吸入、食入、经皮吸收。

理化特性与用途

理化特性 无色至琥珀色液体。不溶于水，溶于热丙酮。熔点 17.5 ~ 18.3℃，沸点 314 ~ 315℃、179℃(2.0kPa)，相对密度(水 = 1)0.789，相对蒸气密度(空气 = 1)8.7，饱和蒸气压 0.024kPa(100℃)，燃烧热 - 11947kJ/mol，辛醇/水分配系数 9.04，闪点 154℃(闭杯)，引燃温度 250℃，爆炸下限 0.4%，爆炸上限 6.9%。

主要用途 用于有机合成，用作表面活性剂、气相色谱对比样品。

包装与储运

安全储运 储存于阴凉、通风的库房。远离火种、热源。保持容器密封。应与强氧化剂等隔离储运。搬运时轻装轻卸，防止容器受损。

紧急处置信息

急救措施

吸入：脱离现场至空气新鲜处。如呼吸困难，给输氧。就医。

眼睛接触：分开眼睑，用流动清水或生理盐水冲洗。如有不适感，就医。

皮肤接触：立即脱去污染的衣着，用肥皂水和清水彻底冲洗皮肤。如有不适感，就医。

食入：饮足量温水，催吐。就医。

灭火方法 消防人员须佩戴防毒面具，穿全身消防服，在上风向灭火。尽可能将容器从火场移至空旷处。喷水保持火场容器冷却，直至灭火结束。处在火场中的容器若已变色或从安全泄压装置中发出声音，必须马上撤离。

灭火剂：雾状水、泡沫、干粉、二氧化碳、砂土。

泄漏应急处置 根据液体流动和蒸气扩散的影响区域划定警戒区，无关人员从侧风、上风向撤离至安全区。消除所有点火源。建议应急处理人员戴防毒面具，穿防毒服，戴橡胶手套。穿上适当的防护服前严禁接触破裂的容器和泄漏物。尽可能切断泄漏源。防止泄漏物进入水体、下水道、地下室或受限空间。小量泄漏：用干燥的砂土或其他不燃材料吸收或覆盖，收集于容器中。大量泄漏：构筑围堤或挖坑收容。用泵转移至槽车或专用收集器内。

585. 十 二 醇

标 识

中文名称 十二醇

英文名称 dodecanol；1 - dodecanol；lauryl alcohol

别名 月桂醇

分子式 $C_{12}H_{26}O$

CAS 号 112 - 53 - 8

危害信息

燃烧与爆炸危险性 可燃。其粉体或蒸气与空气混合，能形成爆炸性混合物，遇明火、高热有引起燃烧、爆炸的危险。

活性反应 与氧化剂可发生反应。

禁忌物 强氧化剂、酸类、酸酐、酰基氯。

毒性 大鼠经口 LD_{50}：4150mg/kg；小鼠经口 LD_{50}：1170mg/kg。

中毒表现 本品的蒸气或(烟)雾对眼睛、皮肤、黏膜和上呼吸道有刺激作用。

侵入途径 吸入、食入。

环境危害 对水生生物有极高毒性，可能在水生环境中造成长期不利影响。

理化特性与用途

理化特性 无色液体或白色叶片状结晶固体，有芳香气味。不溶于水、甘油，易溶于苯，溶于乙醇、乙醚、氯仿、丙二醇。熔点 22 ~ 27℃，沸点 259 ~ 262℃，相对密度(水 = 1)0.8309(24℃/4℃)，相对蒸气密度(空气 = 1)6.43，饱和蒸气压 0.112Pa(25℃)、0.133kPa(91℃)，临界温度 448℃，临界压力 1.93MPa，燃烧热 - 7338kJ/mol，辛醇/水分配系数 5.13，闪点 127℃(闭杯)、140℃(开杯)，引燃温度 275℃，爆炸下限 0.6%，爆炸上限 5.11%。

主要用途 广泛用于轻工、化工、冶金和医药工业，用于制造高效洗涤剂、表面活性剂、乳化剂、浮选剂杀菌剂、化妆品、增塑剂、植物生长调节剂、润滑油添加剂及纺织、皮革加工助剂。

包装与储运

安全储运 储存于阴凉、通风的库房。远离火种、热源。保持容器密封。应与氧化剂、强酸、酸酐、酰基氯分开存放，切忌混储。搬运时轻装轻卸，防止容器受损。

紧急处置信息

急救措施

吸入： 迅速脱离现场至空气新鲜处。保持呼吸道通畅。如呼吸困难，给输氧。呼吸、心跳停止，立即进行心肺复苏术。就医。

眼睛接触： 分开眼睑，用流动清水或生理盐水冲洗。如有不适感，就医。

皮肤接触：脱去污染的衣着，用大量流动清水冲洗。如有不适感，就医。

食入：饮足量温水，催吐。就医。

灭火方法 消防人员须佩戴防毒面具，穿全身消防服，在上风向灭火。尽可能将容器从火场移至空旷处。喷水保持火场容器冷却，直至灭火结束。处在火场中的容器若已变色或从安全泄压装置中发出声音，必须马上撤离。

灭火剂：雾状水、泡沫、干粉、二氧化碳、砂土。

泄漏应急处置 隔离泄漏污染区，限制出入。消除所有点火源。建议应急处理人员戴防尘口罩，穿一般作业工作服，戴橡胶手套。尽可能切断泄漏源。防止泄漏物进入水体、下水道、地下室或受限空间。小量泄漏：用干燥的砂土或其他不燃材料吸收或覆盖，收集于容器中。大量泄漏：构筑围堤或挖坑收容。用泵转移至槽车或专用收集器内。

586. 十二碳烯

标识

中文名称 十二碳烯

英文名称 1 - dodecene；dodecene

别名 1 - 十二烯

分子式 $C_{12}H_{24}$

CAS 号 112 - 41 - 4

危害信息

燃烧与爆炸危险性 可燃。其蒸气与空气混合，能形成爆炸性混合物。燃烧产生有毒的一氧化碳气体。容易自聚，聚合反应随着温度的上升而急骤加剧。若遇高热，容器内压增大，有开裂和爆炸的危险 。

活性反应 与氧化剂可发生反应。

禁忌物 碱类、氧化剂、卤素等。

中毒表现 对眼睛、皮肤、黏膜和上呼吸道具有刺激作用。人吸入，可引起头痛、注意力不集中、眩晕、恶心及麻醉。

侵入途径 吸入、食入、经皮吸收。

理化特性与用途

理化特性 无色液体，微有令人愉快的气味。不溶于水，溶于乙醇、乙醚、丙酮、石油醚。熔点 -35℃，沸点 214℃，相对密度（水 =1）0.76，相对蒸气密度（空气 =1）5.81，饱和蒸气压 2.11Pa（25℃），临界温度 384.6℃，临界压力 1.93，辛醇/水分配系数 6.1，闪点 77℃（闭杯），引燃温度 225℃ 。

主要用途 用于有机合成，生产洗涤剂、表面活性剂、润滑油添加剂、增塑剂及其他化工产品和精细化工产品。

包装与储运

安全储运 储存于阴凉、通风的库房。远离火种、热源。保持容器密封。应与强氧化

剂、强酸等隔离储运。搬运时轻装轻卸，防止容器受损。

紧急处置信息

急救措施

吸入： 迅速脱离现场至空气新鲜处。保持呼吸道通畅。如呼吸困难，给输氧。呼吸、心跳停止，立即进行心肺复苏术。就医。

眼睛接触： 分开眼睑，用流动清水或生理盐水冲洗。如有不适感，就医。

皮肤接触： 脱去污染的衣着，用大量流动清水冲洗。如有不适感，就医。

食入： 饮足量温水，催吐。就医。

灭火方法 消防人员须佩戴防毒面具，穿全身消防服，在上风向灭火。尽可能将容器从火场移至空旷处。喷水保持火场容器冷却，直至灭火结束。处在火场中的容器若已变色或从安全泄压装置中发出声音，必须马上撤离。

灭火剂：雾状水、泡沫、干粉、二氧化碳、砂土。

泄漏应急处置 根据液体流动和蒸气扩散的影响区域划定警戒区，无关人员从侧风、上风向撤离至安全区。消除所有点火源。建议应急处理人员戴防毒面具，穿防毒、防静电服，戴橡胶手套。穿上适当的防护服前严禁接触破裂的容器和泄漏物。尽可能切断泄漏源。防止泄漏物进入水体、下水道、地下室或受限空间。小量泄漏：用干燥的砂土或其他不燃材料吸收或覆盖，收集于容器中。大量泄漏：构筑围堤或挖坑收容。用防爆泵转移至槽车或专用收集器内。

587. 十 二 烷

标 识

中文名称 十二烷

英文名称 dodecane；*n* - Dodecane

别名 正十二烷

分子式 $C_{12}H_{26}$

CAS 号 112 - 40 - 3

危害信息

燃烧与爆炸危险性 可燃。其蒸气与空气混合，能形成爆炸性混合物。燃烧产生有毒的一氧化碳气体。受高热分解放出有毒的气体。若遇高热，容器内压增大，有开裂和爆炸的危险。

活性反应 与氧化剂可发生反应。

禁忌物 强氧化剂、强酸、强碱、卤素。

毒性 大鼠吸入 LC_{50}： >142ppm(8h)。

中毒表现 对呼吸道黏膜有轻度刺激性，高浓度吸入有麻醉作用。

侵入途径 吸入、食入、经皮吸收。

理化特性与用途

理化特性 无色透明液体。不溶于水，易溶于乙醇、乙醚、丙酮、氯仿、四氯化碳。熔点－9.6℃，沸点216.3℃，相对密度(水＝1)0.75(20℃/4℃)，相对蒸气密度(空气＝1)5.96，饱和蒸气压18Pa(25℃)、0.133kPa(47.8℃)，临界温度386℃，临界压力1.8MPa，辛醇/水分配系数6.1，闪点71℃，引燃温度203℃，爆炸下限0.6%。

主要用途 用于有机合成，用作溶剂和气相色谱标准样品。

包装与储运

安全储运 储存于阴凉、通风的库房。远离火种、热源。保持容器密封。应与强氧化剂等隔离储运。搬运时轻装轻卸，防止容器受损。

紧急处置信息

急救措施

吸入：迅速脱离现场至空气新鲜处。保持呼吸道通畅。如呼吸困难，给输氧。呼吸、心跳停止，立即进行心肺复苏术。就医。

眼睛接触：分开眼睑，用流动清水或生理盐水冲洗。如有不适感，就医。

皮肤接触：脱去污染的衣着，用大量流动清水冲洗。如有不适感，就医。

食入：饮足量温水，催吐。就医。

灭火方法 消防人员必须佩戴空气呼吸器，穿全身防火防毒服，在上风向灭火。尽可能将容器从火场移至空旷处。喷水保持火场容器冷却，直至灭火结束。处在火场中的容器若已变色或从安全泄压装置中发出声音，必须马上撤离。

灭火剂：雾状水、泡沫、干粉、二氧化碳、砂土。

泄漏应急处置 根据液体流动和蒸气扩散的影响区域划定警戒区，无关人员从侧风、上风向撤离至安全区。消除所有点火源。建议应急处理人员戴防毒面具，穿防毒服，戴橡胶手套。穿上适当的防护服前严禁接触破裂的容器和泄漏物。尽可能切断泄漏源。防止泄漏物进入水体、下水道、地下室或受限空间。小量泄漏：用干燥的砂土或其他不燃材料吸收或覆盖，收集于容器中。大量泄漏：构筑围堤或挖坑收容。用泵转移至槽车或专用收集器内。

588. 1,12－十二烷二醇

标 识

中文名称 1,12－十二烷二醇

英文名称 1,12－Dodecanediol；Dodecamethylene glycol

别名 十二烷二元醇

分子式 $C_{12}H_{26}O_2$

CAS 号 5675－51－4

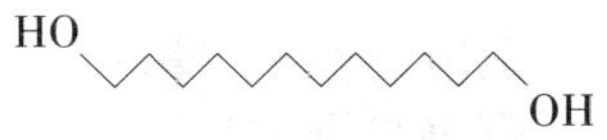

危害信息

燃烧与爆炸危险性 其粉体与空气混合能形成爆炸性混合物，燃烧产生有毒一氧化碳气体。

禁忌物 强氧化剂。

侵入途径 吸入、食入、经皮吸收。

理化特性与用途

理化特性 白色至米色结晶或粉末。不溶于水。熔点 79～81.3℃，沸点 324℃、189℃(1.6kPa)，相对密度(水=1)1.08，饱和蒸气压 5.3MPa(25℃)，辛醇/水分配系数 3.71，闪点 176℃ 。

主要用途 用于合成医药、高级涂料、润滑剂、洗涤剂、表面活性剂等。

包装与储运

安全储运 储存于阴凉、通风的库房。远离火种、热源。应与强氧化剂、酸碱等隔离储运。搬运时轻装轻卸，防止容器受损。

紧急处置信息

急救措施

吸入： 脱离接触。如有不适感，就医。

眼睛接触： 分开眼睑，用流动清水或生理盐水冲洗。如有不适感，就医。

皮肤接触： 脱去污染的衣着，用肥皂水和清水冲洗。如有不适感，就医。

食入： 漱口，饮水。就医。

灭火方法 消防人员必须佩戴空气呼吸器、穿全身防火防毒服，在上风向灭火。尽可能将容器从火场移至空旷处。喷水保持火场容器冷却，直至灭火结束。灭火剂：水、雾状水、泡沫、干粉、二氧化碳。

泄漏应急处置 隔离泄漏污染区，限制出入。消除所有点火源。建议应急处理人员戴防尘口罩，穿防毒服。禁止接触或跨越泄漏物。小量泄漏：用洁净的铲子收集泄漏物，置于干净、干燥、盖子较松的容器中，将容器移离泄漏区。大量泄漏：用水润湿，并筑堤收容。防止泄漏物进入水体、下水道、地下室或受限空间。

589. 十二烷基硫醇

标 识

中文名称 十二烷基硫醇

英文名称 1－dodecanethiol；dodecyl mercaptan

别名 十二硫醇；月桂硫醇

分子式 $C_{12}H_{26}S$

CAS 号 112－55－0

WGH 号 61591

危害信息

危险性类别 第 6 类有毒品。

燃烧与爆炸危险性 可燃。其蒸气与空气混合，能形成爆炸性混合物。燃烧产生有毒的一氧化碳和硫化氢气体。受高热分解产生有毒的硫化物烟气。

禁忌物 碱、强氧化剂、强还原剂、碱金属。

毒性 小鼠经口 LD_{50}：4225mg/kg。

中毒表现 本品蒸气或雾对鼻、喉有刺激性。高浓度吸入引起头痛、恶心、呕吐，甚至昏迷。极高浓度或长时间吸入可引起神志不清，甚至死亡。液体或雾对眼睛有刺激性。大量口服引起头痛、恶心、呕吐、神志丧失。

慢性影响表现为反复接触可致哮喘。皮肤长期反复接触，可引起皮炎。

侵入途径 吸入、食入。

理化特性与用途

理化特性 水白色至淡黄色油状液体，稍有气味。不溶于水，溶于甲醇、乙醇、乙醚、丙酮、氯仿、苯、乙酸乙酯、汽油等。熔点 -9 ~ -7℃，沸点 266 ~ 283℃，相对密度(水 = 1)0.85，相对蒸气密度(空气 = 1)7.0，饱和蒸气压 0.33kPa(25℃)，燃烧热 -8558.8kJ/mol，辛醇/水分配系数 6.18，闪点 88℃(开杯)，引燃温度 230℃。

主要用途 用于合成塑料、橡胶及制造药品、杀虫剂、防霉剂、去污剂等。

包装与储运

包装标志 有毒品，易燃液体[铁规]

包装类别 Ⅱ类

安全储运 储存于阴凉、通风的库房。远离火种、热源。库温不超过 35℃。相对湿度不超过 85%。保持容器密封。应与氧化剂、还原剂、碱类、碱金属、食用化学品分开存放，切忌混储。配备相应品种和数量的消防器材。禁止使用易产生火花的机械设备和工具。储区应备有泄漏应急处理设备和合适的收容材料。

紧急处置信息

急救措施

吸入：迅速脱离现场至空气新鲜处。保持呼吸道通畅。如呼吸困难，给输氧。呼吸、心跳停止，立即进行心肺复苏术。就医。

眼睛接触：分开眼睑，用流动清水或生理盐水冲洗。如有不适感，就医。

皮肤接触：立即脱去污染的衣着，用肥皂水和清水彻底冲洗皮肤。如有不适感，就医。

食入：饮足量温水，催吐。就医。

灭火方法 消防人员必须佩戴空气呼吸器，穿全身防火防毒服，在上风向灭火。尽可能将容器从火场移至空旷处。喷水保持火场容器冷却，直至灭火结束。处在火场中的容器若已变色或从安全泄压装置中发出声音，必须马上撤离。

灭火剂：干粉、泡沫、二氧化碳、砂土。

泄漏应急处置 根据液体流动和蒸气扩散的影响区域划定警戒区，无关人员从侧风、上风向撤离至安全区。消除所有点火源。建议应急处理人员戴正压自给式呼吸器，穿防毒、防静电服，戴防化学品手套。作业时使用的所有设备应接地。禁止接触或跨越泄漏物。尽可能切断泄漏源。防止泄漏物进入水体、下水道、地下室或受限空间。小量泄漏：用砂土或其他不燃材料吸收。使用洁净的无火花工具收集吸收材料。大量泄漏：构筑围堤或挖坑收容。喷水雾或用泡沫覆盖，减少蒸发。用泵转移至槽车或专用收集器内。

590. 十二烷基三氯硅烷

标　识

中文名称　十二烷基三氯硅烷

英文名称　trichloro(dodecyl)silane; dodecyltrichlorosilane

别名　三氯十二烷基硅烷

分子式　$C_{12}H_{25}Cl_3Si$

CAS 号　4484-72-4

WGH 号　81133

UN 号　1771

危害信息

危险性类别　第 8 类腐蚀品。

燃烧与爆炸危险性　可燃。遇水反应，放出具有刺激性和腐蚀性的氯化氢气体。受高热分解产生有毒的腐蚀性烟气。遇潮时对大多数金属有腐蚀性。若遇高热，容器内压增大，有开裂和爆炸的危险。

活性反应　与氧化剂可发生反应。

禁忌物　强氧化剂、强碱、醇类、水。

中毒表现　对眼睛、皮肤、黏膜和上呼吸道有强烈刺激作用。吸入可引起喉、支气管痉挛、炎症和水肿，化学性肺炎、肺水肿。

侵入途径　吸入、食入、经皮吸收。

理化特性与用途

理化特性　无色或淡黄色液体，有刺激性气味。不溶于水，与水反应。溶于有机溶剂。沸点 288～294℃，相对密度(水=1)1.026，饱和蒸气压<0.133kPa(25℃)，闪点>65.5℃(开杯)。

主要用途　用作聚硅氧烷的中间体及防水剂。

包装与储运

包装标志　腐蚀品，有毒品[铁规]

包装类别　Ⅱ类

安全储运　储存于阴凉、干燥、通风良好的库房。远离火种、热源。防止阳光直射。储存温度不超过 30℃，相对湿度不超过 75%。保持容器密封。切勿受潮。应与氧化剂、强碱、醇类等分开存放，切忌混储。配备相应品种和数量的消防器材。储区应备有泄漏应急处理设备和合适的收容材料。

紧急处置信息

急救措施

吸入：迅速脱离现场至空气新鲜处。保持呼吸道通畅。如呼吸困难，给输氧。呼吸、心跳停止，立即进行心肺复苏术。就医。

眼睛接触： 立即分开眼睑，用大量流动清水或生理盐水彻底冲洗10～15min。就医。

皮肤接触： 立即脱去污染的衣着，用大量流动清水冲洗。就医。

食入： 用水漱口，给饮牛奶或蛋清。就医。

灭火方法 消防人员必须佩戴空气呼吸器，穿全身防火防毒服，在上风向灭火。尽可能将容器从火场移至空旷处。喷水保持火场容器冷却，直至灭火结束。处在火场中的容器若已变色或从安全泄压装置中发出声音，必须马上撤离。禁止用水和泡沫灭火。

灭火剂：干粉、二氧化碳、砂土。

泄漏应急处置 根据液体流动和蒸气扩散的影响区域划定警戒区，无关人员从侧风、上风向撤离至安全区。建议应急处理人员戴正压自给式呼吸器，穿防腐、防毒服，戴橡胶耐酸碱手套。作业时使用的所有设备应接地。穿上适当的防护服前严禁接触破裂的容器和泄漏物。尽可能切断泄漏源。防止泄漏物进入水体、下水道、地下室或受限空间。严禁用水处理。小量泄漏：用干燥的砂土或其他不燃材料覆盖泄漏物。大量泄漏：构筑围堤或挖坑收容。用碎石灰石($CaCO_3$)、苏打灰(Na_2CO_3)或石灰(CaO)中和。用耐腐蚀泵转移至槽车或专用收集器内。

591. 十　九　烷

标　识

中文名称 十九烷

英文名称 nonadecane；*n*－nonadecane

别名 正十九烷

分子式 $C_{19}H_{40}$

CAS号 629－92－5

危害信息

燃烧与爆炸危险性 可燃。其粉体与空气混合，能形成爆炸性混合物。燃烧产生有毒的一氧化碳气体。受高热分解放出有毒的气体。

禁忌物 强氧化剂、强酸、强碱、卤素。

侵入途径 吸入、食入。

理化特性与用途

理化特性 白色固体。不溶于水，微溶于乙醇，溶于乙醚。熔点32～34℃，沸点330℃，相对密度(水=1)0.782，相对蒸气密度(空气=1)9.27，饱和蒸气压0.04Pa(25℃)、0.133kPa(133℃)，辛醇/水分配系数9.67，闪点168℃，引燃温度230℃，爆炸下限0.6%，爆炸上限6.5%。

主要用途 用于有机合成和用作色谱分析标准物。

包装与储运

安全储运 储存于阴凉、通风的库房。远离火种、热源。保持容器密封。应与强氧化剂等隔离储运。搬运时轻装轻卸，防止容器受损。

紧急处置信息

急救措施

吸入： 迅速脱离现场至空气新鲜处。保持呼吸道通畅。如呼吸困难，给输氧。呼吸、心跳停止，立即进行心肺复苏术。就医。

眼睛接触： 分开眼睑，用流动清水或生理盐水冲洗。如有不适感，就医。

皮肤接触： 脱去污染的衣着，用大量流动清水冲洗。如有不适感，就医。

食入： 饮足量温水，催吐。就医。

灭火方法 消防人员须佩戴防毒面具，穿全身消防服，在上风向灭火。尽可能将容器从火场移至空旷处。喷水保持火场容器冷却，直至灭火结束。

灭火剂：雾状水、泡沫、干粉、二氧化碳、砂土。

泄漏应急处置 隔离泄漏污染区，限制出入。消除所有点火源。建议应急处理人员戴防尘口罩，穿一般作业工作服，戴防护手套。尽可能切断泄漏源。用塑料布覆盖泄漏物，减少飞散。勿使水进入包装容器内。用洁净的铲子收集泄漏物，置于干净、干燥、盖子较松的容器中，将容器移离泄漏区。

592. 十 六 烷

标 识

中文名称 十六烷

英文名称 hexadecane；*n* - hexadecane

别名 正十六烷

分子式 $C_{16}H_{34}$

CAS 号 544 - 76 - 3

危害信息

燃烧与爆炸危险性 可燃。其蒸气与空气混合，能形成爆炸性混合物。燃烧产生有毒的一氧化碳气体。

禁忌物 强氧化剂、强酸、强碱、卤素。

中毒表现 蒸气对上呼吸道有刺激性，高浓度吸入有刺激作用。液体直接吸入肺部可引起化学性肺炎。口服有害。对眼睛和皮肤有刺激性。

侵入途径 吸入、食入、经皮吸收。

理化特性与用途

理化特性 无色液体。不溶于水，溶于乙醇、乙醚、丙酮。熔点 18.1℃，沸点 287℃，相对密度（水 = 1）0.773，相对蒸气密度（空气 = 1）7.8，饱和蒸气压 0.133kPa（105℃）、0.19Pa（25℃），燃烧热 - 10699kJ/mol，临界温度 444℃，临界压力 1.4MPa，辛醇/水分配系数 8.25，闪点 135℃，引燃温度 202℃，爆炸下限 0.5%，爆炸上限 5.2%。

主要用途 用作有机合成中间体、溶剂、气相色谱固定液、气相色谱对比样品、测定柴油燃烧质量的标准物质。

包装与储运

安全储运 储存于阴凉、通风的库房。远离火种、热源。保持容器密封。应与强氧化剂等隔离储运。搬运时轻装轻卸，防止容器受损。

紧急处置信息

急救措施

吸入：迅速脱离现场至空气新鲜处。保持呼吸道通畅。如呼吸困难，给输氧。呼吸、心跳停止，立即进行心肺复苏术。就医。

眼睛接触：分开眼睑，用流动清水或生理盐水冲洗。如有不适感，就医。

皮肤接触：脱去污染的衣着，用大量流动清水冲洗。如有不适感，就医。

食入：饮足量温水，催吐。就医。

灭火方法 消防人员须佩戴防毒面具，穿全身消防服，在上风向灭火。尽可能将容器从火场移至空旷处。喷水保持火场容器冷却，直至灭火结束。处在火场中的容器若已变色或从安全泄压装置中发出声音，必须马上撤离。

灭火剂：雾状水、泡沫、干粉、二氧化碳、砂土。

泄漏应急处置 根据液体流动和蒸气扩散的影响区域划定警戒区，无关人员从侧风、上风向撤离至安全区。消除所有点火源。建议应急处理人员戴防毒面具，穿防毒服，戴橡胶手套。穿上适当的防护服前严禁接触破裂的容器和泄漏物。尽可能切断泄漏源。防止泄漏物进入水体、下水道、地下室或受限空间。小量泄漏：用干燥的砂土或其他不燃材料吸收或覆盖，收集于容器中。大量泄漏：构筑围堤或挖坑收容。用泵转移至槽车或专用收集器内。

593. 十六烷基三氯硅烷

标　识

中文名称 十六烷基三氯硅烷

英文名称 trichloro(hexadecyl)silane；hexadecyl trichlorosilane

别名 三氯(十六烷)基硅烷

分子式 $C_{16}H_{33}Cl_3Si$

CAS 号 5894－60－0

WGH 号 81133

UN 号 1781

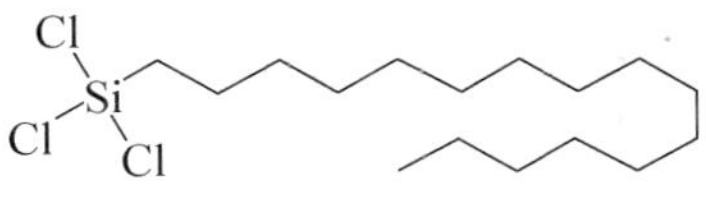

危害信息

危险性类别 第 8 类腐蚀品。

燃烧与爆炸危险性 可燃。遇水剧烈反应，产生有毒气体。受高热分解放出有毒的气体。遇潮时对大多数金属有腐蚀性。

禁忌物 碱类、酸类、强氧化剂、水。

中毒表现 对皮肤、眼睛和黏膜有腐蚀性刺激作用。摄入，引起上腹痛、恶心、呕吐、口渴、循环衰竭，还可因声带水肿而窒息死亡。

侵入途径 吸入、食入、经皮吸收。

理化特性与用途

理化特性 无色至黄色液体。与水、醇反应。溶于部分有机溶剂。熔点 20℃，沸点 269℃，相对密度(水 =1)0.996(25℃/25℃)，闪点 146℃。

主要用途 用作聚硅氧烷的中间体。

包装与储运

包装标志 腐蚀品，有毒品[铁规]

包装类别 Ⅱ类

安全储运 储存于阴凉、干燥、通风良好的库房。远离火种、热源。防止阳光直射。储存温度不超过 30℃，相对湿度不超过 75%。保持容器密封。切勿受潮。应与氧化剂、强碱、醇类等分开存放，切忌混储。配备相应品种和数量的消防器材。储区应备有泄漏应急处理设备和合适的收容材料。

紧急处置信息

急救措施

吸入：迅速脱离现场至空气新鲜处。保持呼吸道通畅。如呼吸困难，给输氧。呼吸、心跳停止，立即进行心肺复苏术。就医。

眼睛接触：立即分开眼睑，用大量流动清水或生理盐水彻底冲洗 10 ~ 15min。就医。

皮肤接触：立即脱去污染的衣着，用大量流动清水彻底冲洗，冲洗时间一般要求 20 ~ 30min。就医。

食入：用水漱口，禁止催吐。给饮牛奶或蛋清。就医。

灭火方法 消防人员必须佩戴空气呼吸器，穿全身防火防毒服，在上风向灭火。尽可能将容器从火场移至空旷处。喷水保持火场容器冷却，直至灭火结束。处在火场中的容器若已变色或从安全泄压装置中发出声音，必须马上撤离。禁止用水和泡沫灭火。

灭火剂：干粉、二氧化碳、砂土。

泄漏应急处置 根据液体流动和蒸气扩散的影响区域划定警戒区，无关人员从侧风、上风向撤离至安全区。建议应急处理人员戴正压自给式呼吸器，穿防腐、防毒服，戴橡胶耐酸碱手套。作业时使用的所有设备应接地。穿上适当的防护服前严禁接触破裂的容器和泄漏物。尽可能切断泄漏源。防止泄漏物进入水体、下水道、地下室或受限空间。严禁用水处理。小量泄漏：用干燥的砂土或其他不燃材料覆盖泄漏物。大量泄漏：构筑围堤或挖坑收容。用碎石灰石($CaCO_3$)、苏打灰(Na_2CO_3)或石灰(CaO)中和。用耐腐蚀泵转移至槽车或专用收集器内。

594. 十 六 烯

标 识

中文名称 十六烯

英文名称 1 - hexadecene；hexadecene

别名 1 - 十六烯

分子式 $C_{16}H_{32}$
CAS 号 629 - 73 - 2

危害信息

燃烧与爆炸危险性 可燃。其蒸气与空气混合，能形成爆炸性混合物。燃烧产生有毒的一氧化碳气体。

禁忌物 强氧化剂、强酸、卤代烃、卤素。

毒性 大鼠吸入 *LC*：>8500mg/m^3。

中毒表现 具麻醉作用。对眼睛和皮肤有刺激作用。

侵入途径 吸入、食入、经皮吸收。

理化特性与用途

理化特性 无色透明液体。不溶于水，溶于乙醇、乙醚、石油醚以及石油和煤焦油溶剂。熔点 4.1℃，沸点 284.4℃，相对密度(水=1)0.781(20℃/4℃)，相对蒸气密度(空气=1)8.2，饱和蒸气压 0.35Pa(25℃)，燃烧热 -10629kJ/mol，辛醇/水分配系数 8.06，闪点 128℃，引燃温度 240℃，爆炸下限 0.5%，爆炸上限 5.8%。

主要用途 用作合成洗涤剂、增塑剂以及它化工产品和精细化工产品的原料。

包装与储运

安全储运 储存于阴凉、通风的库房。远离火种、热源。保持容器密封，严禁与空气接触。应与强氧化剂等隔离储运。搬运时轻装轻卸，防止容器受损。

紧急处置信息

急救措施

吸入： 迅速脱离现场至空气新鲜处。保持呼吸道通畅。如呼吸困难，给输氧。呼吸、心跳停止，立即进行心肺复苏术。就医。

眼睛接触： 立即分开眼睑，用大量流动清水或生理盐水彻底冲洗。如有不适感，就医。

皮肤接触： 立即脱去污染的衣着，用大量流动清水冲洗。如有不适感，就医。

食入： 饮足量温水，催吐。就医。

灭火方法 消防人员须佩戴防毒面具，穿全身消防服，在上风向灭火。尽可能将容器从火场移至空旷处。喷水保持火场容器冷却，直至灭火结束。处在火场中的容器若已变色或从安全泄压装置中发出声音，必须马上撤离。

灭火剂：雾状水、泡沫、干粉、二氧化碳、砂土。

泄漏应急处置 根据液体流动和蒸气扩散的影响区域划定警戒区，无关人员从侧风、上风向撤离至安全区。消除所有点火源。建议应急处理人员戴防毒面具，穿防毒服，戴橡胶手套。穿上适当的防护服前严禁接触破裂的容器和泄漏物。尽可能切断泄漏源。防止泄漏物进入水体、下水道、地下室或受限空间。小量泄漏：用干燥的砂土或其他不燃材料吸收或覆盖，收集于容器中。大量泄漏：构筑围堤或挖坑收容。用石灰粉等吸收大量液体。用泵转移至槽车或专用收集器内。

595. 十　硼　烷

标　识

中文名称　十硼烷

英文名称　decaborane; boron hydride

别名　癸硼烷；十硼氢

分子式　$B_{10}H_{14}$

CAS 号　17702 - 41 - 9

WGH 号　41056

UN 号　1868

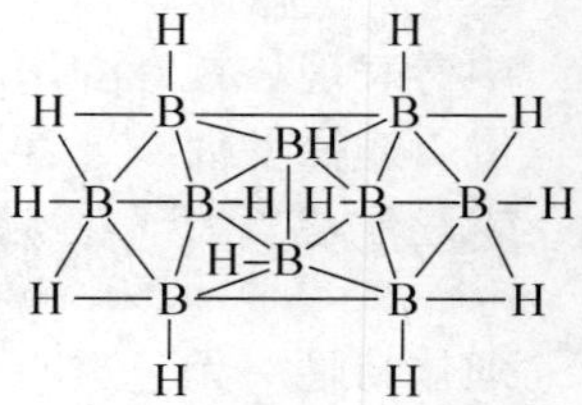

危害信息

危险性类别　第 4.1 类易燃固体。

燃烧与爆炸危险性　易燃。遇水剧烈反应，产生有毒气体。

禁忌物　氧、强氧化剂、卤化物、水、酸类。

毒性　大鼠经口 LD_{50}：64mg/kg。小鼠经口 LD_{50}：41mg/kg。兔经皮 LD_{50}：71mg/kg。本品已列入《剧毒化学品目录》。

中毒表现　急性中毒出现神经系统症状，主要表现有头痛、头晕、嗜睡、眼肌麻痹、皮肤感觉过敏，重者出现共济失调、肌痉挛、抽搐、角弓反张、意识障碍或精神紊乱。可有干咳、胸闷、食欲不振等症状，可有心、肝、肾损害。对皮肤和黏膜有强烈刺激性，可经皮肤吸收引起中毒。

长期接触可引起肝、肾损害，中枢神经系统损害较轻。

侵入途径　吸入、食入、经皮吸收。

职业接触限值　中国：PC - TWA：0.25mg/m^3，PC - STEL：0.75mg/m^3[皮]。美国(ACGIH)：TLV - TWA：0.05ppm，TLV - STEL：0.15ppm[皮]。

理化特性与用途

理化特性　白色斜方晶系结晶，有刺激性气味。微溶于水，在热水中分解，溶于乙醇、乙酸乙酯、苯、甲苯、四氯化碳、二硫化碳等。熔点 99.6℃，沸点 213℃，相对密度(水 = 1)0.94，相对蒸气密度(空气 = 1)4.2(沸点)，饱和蒸气压 6.65Pa(25℃)，燃烧热 -8153.36kJ/mol，闪点 80℃(闭杯)，引燃温度 149℃。

主要用途　用作烯烃聚合催化剂、高能燃料、腐蚀抑制剂、稳定剂、还原剂、橡胶硫化剂等。

包装与储运

包装标志　易燃固体，有毒品

包装类别　Ⅱ类

安全储运　储存于阴凉、干燥、通风良好的专用库房内。严格执行剧毒化学品管理制度。库温不宜超过 35℃，相对湿度不超过 85%。远离火种、热源。包装必须密封。切勿受潮。应与氧化剂、卤化物、食用化学品分开存放，切忌混储。采用防爆型照明、通风设施。

禁止使用易产生火花的机械设备和工具。储区应备有合适的材料收容泄漏物。

紧急处置信息

急救措施

吸入： 迅速脱离现场至空气新鲜处。保持呼吸道通畅。如呼吸困难，给输氧。呼吸、心跳停止，立即进行心肺复苏术。就医。

眼睛接触： 立即分开眼睑，用大量流动清水或生理盐水彻底冲洗 10～15min。就医。

皮肤接触： 立即脱去污染的衣着，立即用 1%～3% 三乙醇胺水溶液或 3% 氨水冲洗，至少 5min，再用肥皂水及清水彻底冲洗。就医。

食入： 饮足量温水，催吐。就医。

灭火方法 消防人员必须佩戴空气呼吸器，穿全身防火防毒服，在上风向灭火。尽可能将容器从火场移至空旷处。喷水保持火场容器冷却，直至灭火结束。禁止用水和泡沫灭火。

灭火剂：二氧化碳、砂土。

泄漏应急处置 消除所有点火源。隔离泄漏污染区，限制出入。建议应急处理人员戴防尘口罩，穿防毒、防静电服，戴防毒物渗透手套。穿上适当的防护服前严禁接触破裂的容器和泄漏物。用洁净的无火花工具收集泄漏物，置于一盖子较松的塑料容器中，待处置。

596. 十 氢 萘

标 识

中文名称 十氢萘

英文名称 decahydronaphthalene；naphthane

别名 十氢化萘；萘烷

分子式 $C_{10}H_{18}$

CAS 号 91－17－8

WGH 号 33550；32050[铁规]

UN 号 1147

危害信息

危险性类别 第 3 类易燃液体。

燃烧与爆炸危险性 易燃。其蒸气与空气混合，能形成爆炸性混合物。燃烧产生有毒的一氧化碳气体。

活性反应 与氧化剂能发生强烈反应。

禁忌物 强氧化剂。

毒性 大鼠经口 LD_{50}：4170mg/kg；大鼠吸入 LC_{50}：710ppm（4h）；兔经皮 LD_{50}：5900mg/kg。

中毒表现 本品对皮肤黏膜有刺激性，有麻醉作用。吸入后可引起呼吸道刺激、头痛、头晕；液体或高浓度蒸气对眼有刺激性。

慢性影响表现为长期接触可引起周围神经病，对胃肠道有影响，皮肤接触可引起小水疱、湿疹、皮肤脱脂，对肾脏可能有影响。

侵入途径　吸入、食入、经皮吸收。

职业接触限值　中国：PC－TWA：$60mg/m^3$。

环境危害　对水生生物有毒，可能在水生环境中造成长期不利影响。

理化特性与用途

理化特性　无色透明液体，有芳香味。易溶于甲醇、乙醇、乙醚、氯仿，混溶于丙醇、异丙醇及大多数酮类和酯类。熔点－40℃，沸点185～195℃，相对密度(水＝1)0.87～0.9，相对蒸气密度(空气＝1)4.8，饱和蒸气压127Pa(20℃)，燃烧热－6179.8kJ/mol，辛醇/水分配系数4.6，闪点57℃(闭杯)，引燃温度255℃，爆炸下限0.7%，爆炸上限5.4%。

主要用途　用作油、脂、树脂、橡胶等的溶剂，也用作除漆剂和润滑剂。

包装与储运

包装标志　易燃液体

包装类别　Ⅲ类

安全储运　储存于阴凉、通风的库房。库温不宜超过37℃。远离火种、热源。保持容器密封。应与氧化剂分开存放，切忌混储。采用防爆型照明、通风设施。禁止使用易产生火花的机械设备和工具。灌装时注意流速，防止静电积聚。储区应备有泄漏应急处理设备和合适的收容材料。

紧急处置信息

急救措施

吸入：脱离现场至空气新鲜处。如呼吸困难，给输氧。呼吸、心跳停止，立即进行心肺复苏术。就医。

眼睛接触：分开眼睑，用流动清水或生理盐水冲洗。如有不适感，就医。

皮肤接触：脱去污染的衣着，用肥皂水和清水彻底冲洗皮肤。如有不适感，就医。

食入：饮水，禁止催吐。就医。

灭火方法　消防人员须穿全身消防服，佩戴空气呼吸器，在上风向灭火。尽可能将容器从火场移至空旷处。喷水保持火场容器冷却，直至灭火结束。处在火场中的容器若发生异常变化或发出异常声音，须马上撤离。

灭火剂：雾状水、泡沫、干粉、二氧化碳、砂土。

泄漏应急处置　消除所有点火源。根据液体流动和蒸气扩散的影响区域划定警戒区，无关人员从侧风、上风向撤离至安全区。建议应急处理人员戴正压自给式呼吸器，穿防静电服，戴橡胶手套。作业时使用的所有设备应接地。禁止接触或跨越泄漏物。尽可能切断泄漏源。防止泄漏物进入水体、下水道、地下室或受限空间。小量泄漏：用砂土或其他不燃材料吸收。使用洁净的无火花工具收集吸收材料。大量泄漏：构筑围堤或挖坑收容。用泡沫覆盖，减少蒸发。喷水雾能减少蒸发，但不能降低泄漏物在受限空间内的易燃性。用防爆泵转移至槽车或专用收集器内。

597. 十三吗啉

标　识

中文名称　十三吗啉

英文名称 tridemorph；2,6-dimethyl-4-tridecylmorpholine

别名 4-十三烷基-2,6-二甲基吗啉；克啉菌

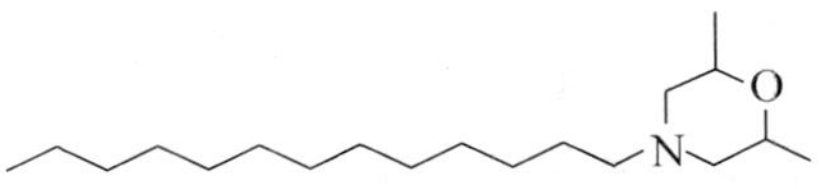

分子式 $C_{19}H_{39}NO$

CAS 号 24602-86-6；81412-43-3

WGH 号 61895

危害信息

危险性类别 第6类有毒品。

燃烧与爆炸危险性 可燃。其蒸气与空气混合，能形成爆炸性混合物。燃烧产生有毒的一氧化碳和氮氧化物气体。受高热分解放出有毒的气体。若遇高热，容器内压增大，有开裂和爆炸的危险。

活性反应 与氧化剂可发生反应。

禁忌物 强氧化剂。

毒性 大鼠经口 LD_{50}：650mg/kg；大鼠经皮 LD_{50}：>4000mg/kg；兔经皮 LD_{50}：1350mg/kg；大鼠吸入 LC_{50}：4500mg/m^3(4h)。

侵入途径 吸入、食入、经皮吸收。

环境危害 对水生生物有极高毒性，可能在水生环境中造成长期不利影响。

理化特性与用途

理化特性 黄色油状液体，稍有氨的气味。不溶于水，与乙醇、丙酮、乙酸乙酯、苯、环己烷、氯仿、橄榄油等有机溶剂混溶。熔点<-20℃，沸点134℃(66.7Pa)，相对密度(水=1)0.86(20℃)，饱和蒸气压12MPa(20℃)，辛醇/水分配系数4.2，闪点142℃。

主要用途 内吸性杀菌剂。用于防治禾谷类植物及水果白粉病。

包装与储运

包装标志 有毒品

包装类别 Ⅲ类

安全储运 储存于阴凉、通风的库房。远离火种、热源。防止阳光直射。储存温度不超过35℃，相对湿度不超过85%。保持容器密封。应与氧化剂等分开存放，切忌混储。配备相应品种和数量的消防器材。储区应备有泄漏应急处理设备和合适的收容材料。

紧急处置信息

急救措施

吸入：迅速脱离现场至空气新鲜处。保持呼吸道通畅。如呼吸困难，给输氧。呼吸、心跳停止，立即进行心肺复苏术。就医。

眼睛接触：立即分开眼睑，用大量流动清水或生理盐水彻底冲洗10~15min。如有不适感，就医。

皮肤接触：立即脱去污染的衣着，用大量流动清水冲洗。如有不适感，就医。

食入：饮足量温水，催吐。就医。

灭火方法 消防人员须佩戴防毒面具，穿全身消防服，在上风向灭火。尽可能将容器从火场移至空旷处。喷水保持火场容器冷却，直至灭火结束。处在火场中的容器若已变色或从安全泄压装置中发出声音，必须马上撤离。

灭火剂：雾状水、泡沫、干粉、二氧化碳、砂土。

泄漏应急处置 根据液体流动和蒸气扩散的影响区域划定警戒区，无关人员从侧风、上风向撤离至安全区。建议应急处理人员戴正压自给式呼吸器，穿防毒服，戴橡胶手套。穿上适当的防护服前严禁接触破裂的容器和泄漏物。尽可能切断泄漏源。防止泄漏物进入水体、下水道、地下室或受限空间。小量泄漏：用干燥的砂土或其他不燃材料吸收或覆盖，收集于容器中。大量泄漏：构筑围堤或挖坑收容。用泵转移至槽车或专用收集器内。

598. 十 三 烷

标 识

中文名称 十三烷

英文名称 tridecane；*n* – tridecane

别名 正十三烷

分子式 $C_{13}H_{28}$

CAS 号 629 – 50 – 5

危害信息

燃烧与爆炸危险性 可燃。其蒸气与空气混合，能形成爆炸性混合物。若遇高热，容器内压增大，有开裂和爆炸的危险。

禁忌物 强氧化剂、强酸、强碱、卤素。

毒性 大鼠吸入 LC_{50}：>41ppm(8h)。

侵入途径 吸入、食入。

理化特性与用途

理化特性 无色透明液体。不溶于水，易溶于乙醇、乙醚，溶于四氯化碳。熔点 –5.3℃，沸点 235.4℃，相对密度(水 =1)0.7564(20℃/4℃)，相对蒸气密度(空气 =1)6.3，饱和蒸气压 0.133kPa(59℃)、7.45Pa(25℃)，燃烧热 –8746kJ/mol，临界温度 404℃，临界压力 1.7MPa，辛醇/水分配系数 5.1 ~7.2，闪点 79℃(闭杯)，引燃温度 202℃。

主要用途 用作有机合成原料、溶剂等。

包装与储运

安全储运 储存于阴凉、通风的库房。远离火种、热源。保持容器密封。应与强氧化剂等隔离储运。搬运时轻装轻卸，防止容器受损。

紧急处置信息

急救措施

吸入：迅速脱离现场至空气新鲜处。保持呼吸道通畅。如呼吸困难，给输氧。呼吸、心跳停止，立即进行心肺复苏术。就医。

眼睛接触：立即分开眼睑，用大量流动清水或生理盐水彻底冲洗。如有不适感，就医。

皮肤接触：立即脱去污染的衣着，用大量流动清水冲洗。如有不适感，就医。

食入：饮足量温水，催吐。就医。

灭火方法 消防人员须佩戴防毒面具，穿全身消防服，在上风向灭火。尽可能将容器从火场移至空旷处。喷水保持火场容器冷却，直至灭火结束。处在火场中的容器若已变色或从安全泄压装置中发出声音，必须马上撤离。

灭火剂：雾状水、泡沫、干粉、二氧化碳、砂土。

泄漏应急处置 根据液体流动和蒸气扩散的影响区域划定警戒区，无关人员从侧风、上风向撤离至安全区。消除所有点火源。建议应急处理人员戴防毒面具，穿防毒服，戴橡胶手套。穿上适当的防护服前严禁接触破裂的容器和泄漏物。尽可能切断泄漏源。防止泄漏物进入水体、下水道、地下室或受限空间。小量泄漏：用干燥的砂土或其他不燃材料吸收或覆盖，收集于容器中。大量泄漏：构筑围堤或挖坑收容。用泵转移至槽车或专用收集器内。

599. 十 四 烷

标 识

中文名称 十四烷

英文名称 tetradecane；*n* – tetradecane

别名 正十四烷

分子式 $C_{14}H_{30}$

CAS 号 629 – 59 – 4

危害信息

燃烧与爆炸危险性 可燃。其蒸气与空气混合，能形成爆炸性混合物。燃烧产生有毒的一氧化碳气体。若遇高热，容器内压增大，有开裂和爆炸的危险。

禁忌物 强氧化剂、强酸、强碱、卤素。

毒性 小鼠静脉 LDL_0：5800mg/kg。

侵入途径 吸入、食入。

理化特性与用途

理化特性 无色透明液体。不溶于水，溶于乙醇、乙醚、丙酮。熔点 5.8℃，沸点 253.7℃，相对密度(水 = 1)0.7628(20℃)，相对蒸气密度(空气 = 1)6.83，饱和蒸气压 0.133kPa(76.4℃)、1.54Pa(25℃)，临界温度 420℃，临界压力 1.6MPa，辛醇/水分配系数 7.2，闪点 99℃，引燃温度 202℃，爆炸下限 0.5%。

主要用途 用作合成原料、溶剂、气相色谱标准样品。

包装与储运

安全储运 储存于阴凉、通风的库房。远离火种、热源。保持容器密封。应与强氧化剂等隔离储运。搬运时轻装轻卸，防止容器受损。

紧急处置信息

急救措施

吸入：迅速脱离现场至空气新鲜处。保持呼吸道通畅。如呼吸困难，给输氧。呼吸、心跳停止，立即进行心肺复苏术。就医。

眼睛接触：立即分开眼睑，用大量流动清水或生理盐水彻底冲洗。如有不适感，就医。

皮肤接触：立即脱去污染的衣着，用大量流动清水冲洗。如有不适感，就医。

食入：饮足量温水，催吐。就医。

灭火方法　消防人员须佩戴防毒面具，穿全身消防服，在上风向灭火。尽可能将容器从火场移至空旷处。喷水保持火场容器冷却，直至灭火结束。处在火场中的容器若已变色或从安全泄压装置中发出声音，必须马上撤离。

灭火剂：雾状水、泡沫、干粉、二氧化碳、砂土。

泄漏应急处置　根据液体流动和蒸气扩散的影响区域划定警戒区，无关人员从侧风、上风向撤离至安全区。消除所有点火源。建议应急处理人员戴防毒面具，穿防毒服，戴橡胶手套。穿上适当的防护服前严禁接触破裂的容器和泄漏物。尽可能切断泄漏源。防止泄漏物进入水体、下水道、地下室或受限空间。小量泄漏：用干燥的砂土或其他不燃材料吸收或覆盖，收集于容器中。大量泄漏：构筑围堤或挖坑收容。用泵转移至槽车或专用收集器内。

600. 十四烷酰氯

标　识

中文名称　十四烷酰氯

英文名称　tetradecanoyl chloride；myristoyl chloride

别名　肉豆蔻酰氯；十四酰氯

分子式　$C_{14}H_{27}ClO$

CAS 号　112-64-1

WGH 号　81633

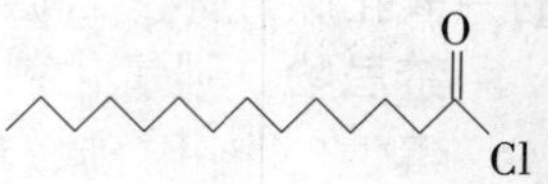

危害信息

危险性类别　第 8 类腐蚀品。

燃烧与爆炸危险性　可燃。遇水或水蒸气反应放热并产生有毒的腐蚀性气体。受热分解释出高毒烟雾。遇潮时对大多数金属有腐蚀性。若遇高热，容器内压增大，有开裂和爆炸的危险。

活性反应　与氧化剂可发生反应。

禁忌物　碱、氧化剂、水、醇类。

中毒表现　对眼睛、皮肤、黏膜和上呼吸道有强烈刺激性。吸入后可引起喉、支气管的痉挛、炎症，化学性肺炎、肺水肿等。接触有烧灼感、咳嗽、气短、头痛、恶心和呕吐。

侵入途径　吸入、食入。

理化特性与用途

理化特性　无色至淡黄色透明液体。溶于乙醚。熔点 -1℃，沸点 250℃(13.3kPa)，相对密度(水=1)0.908，相对蒸气密度(空气=1)8.5，饱和蒸气压 0.19Pa(25℃)，辛醇/水分配系数 5.42，闪点 >100℃。

主要用途 用于有机合成。

包装与储运

包装标志 腐蚀品

包装类别 Ⅲ类

安全储运 储存于阴凉、干燥、通风良好的库房。远离火种、热源。储存温度不超过30℃，相对湿度不超过75%。保持容器密封。切勿受潮。应与氧化剂、强醇、醇类等分开存放，切忌混储。配备相应品种和数量的消防器材。储区应备有泄漏应急处理设备和合适的收容材料。

紧急处置信息

急救措施

吸入：迅速脱离现场至空气新鲜处。保持呼吸道通畅。如呼吸困难，给输氧。呼吸、心跳停止，立即进行心肺复苏术。就医。

眼睛接触：立即分开眼睑，用大量流动清水或生理盐水彻底冲洗10～15min。就医。

皮肤接触：立即脱去污染的衣着，用大量流动清水冲洗。就医。

食入：用水漱口，给饮牛奶或蛋清。就医。

灭火方法 消防人员必须穿全身耐酸碱消防服，佩戴空气呼吸器，在上风向灭火。尽可能将容器从火场移至空旷处。喷水保持火场容器冷却，直至灭火结束。处在火场中的容器若已变色或从安全泄压装置中发出声音，必须马上撤离。禁止用水、泡沫和酸碱灭火剂灭火。

灭火剂：干粉、二氧化碳、砂土。

泄漏应急处置 根据液体流动和蒸气扩散的影响区域划定警戒区，无关人员从侧风、上风向撤离至安全区。消除所有点火源。建议应急处理人员戴正压自给式呼吸器，穿防酸碱服，戴橡胶耐酸碱手套。穿上适当的防护服前严禁接触破裂的容器和泄漏物。尽可能切断泄漏源。防止泄漏物进入水体、下水道、地下室或受限空间。小量泄漏：用干燥的砂土或其他不燃材料吸收或覆盖，收集于容器中。大量泄漏：构筑围堤或挖坑收容。用耐腐蚀泵转移至槽车或专用收集器内。

601. 十一胺

标识

中文名称 十一胺

英文名称 undecylamine；1－undecylamine

别名 正十一胺；1－氨基十一烷

分子式 $C_{11}H_{25}N$

CAS号 7307－55－3

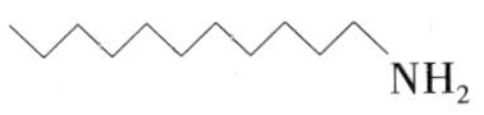

危害信息

燃烧与爆炸危险性 可燃。其蒸气与空气混合，能形成爆炸性混合物。受高热分解放出有毒的气体。若遇高热，容器内压增大，有开裂和爆炸的危险。

活性反应　与氧化剂可发生反应。

禁忌物　强氧化剂、酸类、酸酐、酰基氯、二氧化碳。

毒性　小鼠腹腔内 LD_{50}：78mg/kg。

侵入途径　吸入、食入、经皮吸收。

环境危害　对环境有害。

理化特性与用途

理化特性　无色至淡黄色透明液体。微溶于水，不溶于乙醚。熔点 15 ~ 17℃，沸点 240 ~ 242.1℃，相对密度（水 = 1）0.796，相对蒸气密度（空气 = 1）5.7，辛醇/水分配系数 4.27，闪点 92℃（闭杯）。

主要用途　用于有机合成。

包装与储运

安全储运　储存于阴凉、通风的库房。远离火种、热源。应与强氧化剂、酸类、酸酐、酰基氯等隔离储运。搬运时轻装轻卸，防止容器受损。

紧急处置信息

急救措施

吸入：迅速脱离现场至空气新鲜处。保持呼吸道通畅。如呼吸困难，给输氧。呼吸、心跳停止，立即进行心肺复苏术。就医。

眼睛接触：立即分开眼睑，用大量流动清水或生理盐水彻底冲洗。如有不适感，就医。

皮肤接触：立即脱去污染的衣着，用大量流动清水冲洗。如有不适感，就医。

食入：饮足量温水，催吐。就医。

灭火方法　消防人员必须佩戴空气呼吸器，穿全身防火防毒服，在上风向灭火。尽可能将容器从火场移至空旷处。喷水保持火场容器冷却，直至灭火结束。处在火场中的容器若已变色或从安全泄压装置中发出声音，必须马上撤离。

灭火剂：雾状水、泡沫、干粉、二氧化碳、砂土。

泄漏应急处置　根据液体流动和蒸气扩散的影响区域划定警戒区，无关人员从侧风、上风向撤离至安全区。消除所有点火源。建议应急处理人员戴防毒面具，穿一般作业工作服，戴橡胶手套。尽可能切断泄漏源。防止泄漏物进入水体、下水道、地下室或受限空间。小量泄漏：用干燥的砂土或其他不燃材料吸收或覆盖，收集于容器中。大量泄漏：构筑围堤或挖坑收容。用泵转移至槽车或专用收集器内。

602. 十　一　酸

标　识

中文名称　十一酸

英文名称　undecanoic acid；*n* - undecylic acid

别名　十一烷酸

分子式　$C_{11}H_{22}O_2$

CAS 号　112 - 37 - 8

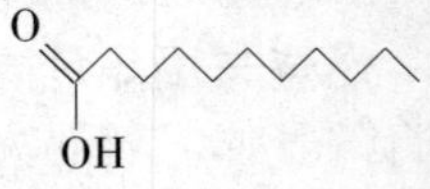

危害信息

燃烧与爆炸危险性 可燃。其粉体与空气混合，能形成爆炸性混合物。粉体在受热、遇明火或接触氧化剂时会引起燃烧爆炸。受高热分解放出有毒的气体。

禁忌物 氧化剂、还原剂、碱。

毒性 小鼠静脉 LD_{50}：140mg/kg。

侵入途径 吸入、食入。

理化特性与用途

理化特性 白色至淡黄色结晶固体或粉末。不溶于水，溶于乙醇、乙醚。熔点 28℃ ~ 31℃，沸点 284℃、228℃（21.3kPa），相对密度（水 = 1）0.981（30℃），相对蒸气密度（空气 =1）6.42，饱和蒸气压 0.8kPa（16℃），辛醇/水分配系数 4.42，闪点 >110℃。

主要用途 用于有机合成。

包装与储运

安全储运 储存于阴凉、通风的库房。远离火种、热源。应与强氧化剂、碱类等隔离储运。搬运时轻装轻卸，防止容器受损。

紧急处置信息

急救措施

吸入：迅速脱离现场至空气新鲜处。保持呼吸道通畅。如呼吸困难，给输氧。呼吸、心跳停止，立即进行心肺复苏术。就医。

眼睛接触：立即分开眼睑，用大量流动清水或生理盐水彻底冲洗。如有不适感，就医。

皮肤接触：立即脱去污染的衣着，用大量流动清水冲洗。如有不适感，就医。

食入：饮足量温水，催吐。就医。

灭火方法 消防人员须佩戴防毒面具，穿全身消防服，在上风向灭火。尽可能将容器从火场移至空旷处。喷水保持火场容器冷却，直至灭火结束。

灭火剂：雾状水、泡沫、干粉、二氧化碳、砂土。

泄漏应急处置 隔离泄漏污染区，限制出入。消除所有点火源。建议应急处理人员戴防尘口罩，穿防毒服，戴橡胶手套。穿上适当的防护服前严禁接触破裂的容器和泄漏物。尽可能切断泄漏源。用塑料布覆盖泄漏物，减少飞散。勿使水进入包装容器内。用洁净的铲子收集泄漏物，置于干净、干燥、盖子较松的容器中，将容器移离泄漏区。

603. 十 一 烷

标 识

中文名称 十一烷

英文名称 undecane；*n* – undecane

别名 十一碳烷

分子式 $C_{11}H_{24}$

CAS 号 1120 – 21 – 4

UN 号　2330

危害信息

危险性类别　第 3 类易燃液体。

燃烧与爆炸危险性　易燃。其蒸气与空气混合，能形成爆炸性混合物。受高热分解放出有毒的气体。

禁忌物　强氧化剂、强酸、强碱、卤素。

毒性　小鼠静脉 LD_{50}：517mg/kg。

中毒表现　高浓度蒸气的情况下，可使人窒息或因麻醉作用而死亡。

侵入途径　吸入、食入。

环境危害　对水生生物有极高毒性，可能在水生环境中造成长期不利影响。

理化特性与用途

理化特性　无色液体，有汽油味。不溶于水，混溶于乙醇、乙醚。熔点 -25.6℃，沸点 195.9℃，相对密度(水 =1)0.74，相对蒸气密度(空气 =1)5.4，饱和蒸气压 0.055kPa(25℃)，燃烧热 -7437kJ/mol，临界温度 365.76℃，临界压力 1.97MPa，辛醇/水分配系数 6.5，闪点 60℃，引燃温度 240℃。

主要用途　用于制造致冷剂、杀虫剂、润滑剂、油漆等，也用作色谱分析标准物。

包装与储运

包装标志　易燃液体

包装类别　Ⅲ类

安全储运　储存于阴凉、通风的库房。远离火种、热源。防止阳光直射。库温不宜超过 37℃。保持容器密封。应与氧化剂等分开存放，切忌混储。采用防爆型照明、通风设施。禁止使用易产生火花的机械设备和工具。灌装时注意流速，防止静电积聚。储区应备有泄漏应急处理设备和合适的收容材料。

紧急处置信息

急救措施

吸入：迅速脱离现场至空气新鲜处。保持呼吸道通畅。如呼吸困难，给输氧。呼吸、心跳停止，立即进行心肺复苏术。就医。

眼睛接触：立即分开眼睑，用流动清水或生理盐水彻底冲洗。如有不适感，就医。

皮肤接触：立即脱去污染的衣着，用大量流动清水冲洗。如有不适感，就医。

食入：饮足量温水，催吐。就医。

灭火方法　消防人员须佩戴防毒面具，穿全身消防服，在上风向灭火。尽可能将容器从火场移至空旷处。喷水保持火场容器冷却，直至灭火结束。处在火场中的容器若已变色或从安全泄压装置中发出声音，必须马上撤离。

灭火剂：雾状水、泡沫、干粉、二氧化碳、砂土。

泄漏应急处置　消除所有点火源。根据液体流动和蒸气扩散的影响区域划定警戒区，无关人员从侧风、上风向撤离至安全区。建议应急处理人员戴正压自给式呼吸器，穿防静电服，戴橡胶耐油手套。作业时使用的所有设备应接地。禁止接触或跨越泄漏物。尽可能切断泄漏源。防止泄漏物进入水体、下水道、地下室或受限空间。小量泄漏：用砂土或其他不燃材料吸收。使用洁净的无火花工具收集吸收材料。大量泄漏：构筑围堤或挖坑收容。用泡沫覆盖，减少蒸发。喷水雾能减少蒸发，但不能降低泄漏物在受限空间内的易燃性。

用防爆泵转移至槽车或专用收集器内。

604. 石油裂解气

标 识

中文名称 石油裂解气
英文名称 petroleum cracking gas

危害信息

危险性类别 第 2.1 类易燃气体。

燃烧与爆炸危险性 易燃。与空气混合能形成爆炸性混合物，遇明火、高热极易燃烧爆炸。燃烧产生有毒的一氧化碳气体。蒸气比空气重，能在较低处扩散到相当远的地方，遇火源会着火回燃和爆炸(闪爆)。

活性反应 与氟、氯等接触会发生剧烈的化学反应。

禁忌物 强氧化剂、卤素。

中毒表现 急性中毒的特点是引起中枢神经系统的抑制作用。中毒表现主要有共济失调和乏力，偶可见抽搐现象。

长期接触引起神经衰弱综合征。

侵入途径 吸入。

理化特性与用途

理化特性 无色气体，有不愉快的气味。主要成分为 C_3 ~ C_5 烃类。熔点 -160 ~ -107℃，沸点 -12 ~ 4℃，相对密度(水 = 1)0.6，相对蒸气密度(空气 = 1)2.0，闪点 -60℃，爆炸下限 1.6%，爆炸上限 8.5%。

主要用途 是石油化学工业的重要原料，可供制造合成溶剂、合成树脂、合成塑料、合成橡胶和合成氨原料气等。

包装与储运

包装标志 易燃气体

安全储运 气柜储存。远离火种、热源。切忌混储。采用防爆型照明、通风设施。禁止使用易产生火花的机械设备和工具。储区应备有泄漏应急处理设备。

紧急处置信息

急救措施

吸入： 迅速脱离现场至空气新鲜处。保持呼吸道通畅。如呼吸困难，给输氧。呼吸、心跳停止，立即进行心肺复苏术。就医。

眼睛接触： 不会通过该途径接触。

皮肤接触： 不会通过该途径接触。

食入： 不会通过该途径接触。

灭火方法 消防人员须佩戴防毒面具，穿全身消防服，在上风向灭火。切断气源，若不能切断气源，则不允许熄灭泄漏处的火焰。尽可能将容器从火场移至空旷处。喷水保持火场容器冷却，直至灭火结束。

灭火剂：水、泡沫、干粉、二氧化碳。

泄漏应急处置 根据气体扩散的影响区域划定警戒区，无关人员从侧风、上风向撤离至安全区。消除所有点火源。建议应急处理人员戴正压自给式呼吸器，穿防静电服。作业时使用的所有设备应接地。禁止接触或跨越泄漏物。尽可能切断泄漏源。若可能翻转容器，使之逸出气体而非液体。喷雾状水抑制蒸气或改变蒸气云流向，避免水流接触泄漏物。禁止用水直接冲击泄漏物或泄漏源。防止气体通过下水道、通风系统和受限空间扩散。隔离泄漏区直至气体散尽。

605. 叔 丁 醇

标 识

中文名称 叔丁醇

英文名称 tert - butyl alcohol; 2 - methyl - 2 - propanol

别名 三甲基甲醇；2 - 甲基 - 2 - 丙醇

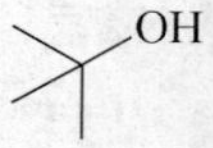

分子式 $C_4H_{10}O$

CAS 号 75 - 65 - 0

WGH 号 32066；31166[铁规]

UN 号 1120

危害信息

危险性类别 第 3 类易燃液体。

燃烧与爆炸危险性 易燃。其蒸气与空气混合，能形成爆炸性混合物，遇明火、高热能引起燃烧爆炸。蒸气比空气重，能在较低处扩散到相当远的地方，遇火源会着火回燃和爆炸(闪爆)。

活性反应 与氧化剂能发生强烈反应。

禁忌物 酸类、酸酐、强氧化剂。

毒性 大鼠经口 LD_{50}：2743mg/kg；大鼠吸入 LC_{50}：＞10000ppm(4h)；兔经皮 LD_{50}：＞2000mg/kg。

中毒表现 具有刺激和麻醉作用 。对眼睛、皮肤、黏膜和呼吸道有刺激作用。中毒表现可有头痛、恶心、眩晕。涂于皮肤引起轻度充血和红斑。

侵入途径 吸入、食入、经皮吸收。

职业接触限值 美国(ACGIH)：TLV - TWA：100ppm。

理化特性与用途

理化特性 无色结晶或液体，有樟脑气味。溶于水，溶于乙醇、乙醚，混溶于酯类、芳香烃和脂族烃。熔点 25℃，沸点 83℃，相对密度(水 = 1)0.786，相对蒸气密度(空气 = 1)2.55，燃烧热 - 2360.5kJ/mol，辛醇/水分配系数 0.35，闪点 11℃(闭杯)，引燃温度 470℃，爆炸下限 1.7%，爆炸上限 8%。

主要用途 用于有机合成，及制造香精等。

包装与储运

包装标志 易燃液体，有毒品[铁规]

包装类别 Ⅱ类

安全储运 储存于阴凉、通风的库房。远离火种、热源。库温不宜超过37℃。保持容器密封。应与氧化剂、酸类等分开存放，切忌混储。采用防爆型照明、通风设施。禁止使用易产生火花的机械设备和工具。储区应备有泄漏应急处理设备和合适的收容材料。

紧急处置信息

急救措施

吸入：脱离现场至空气新鲜处。如呼吸困难，给输氧。呼吸、心跳停止，立即进行心肺复苏术。就医。

眼睛接触：分开眼睑，用流动清水或生理盐水冲洗。如有不适感，就医。

皮肤接触：脱去污染的衣着，用肥皂水和清水彻底冲洗皮肤。如有不适感，就医。

食入：饮足量温水，催吐。就医。

灭火方法 消防人员须佩戴防毒面具，穿全身消防服，在上风向灭火。尽可能将容器从火场移至空旷处。喷水保持火场容器冷却，直至灭火结束。处在火场中的容器若已变色或从安全泄压装置中发出声音，必须马上撤离。

灭火剂：抗溶性泡沫、干粉、二氧化碳、砂土。

泄漏应急处置 消除所有点火源。根据液体流动和蒸气扩散的影响区域划定警戒区，无关人员从侧风、上风向撤离至安全区。建议应急处理人员戴正压自给式呼吸器，穿防静电服戴橡胶手套。作业时使用的所有设备应接地。禁止接触或跨越泄漏物。尽可能切断泄漏源。防止泄漏物进入水体、下水道、地下室或受限空间。小量泄漏：用砂土或其他不燃材料吸收。使用洁净的无火花工具收集吸收材料。大量泄漏：构筑围堤或挖坑收容。用抗溶性泡沫覆盖，减少蒸发。喷水雾能减少蒸发，但不能降低泄漏物在受限空间内的易燃性。用防爆泵转移至槽车或专用收集器内。

606. 2-叔丁基苯酚

标　识

中文名称 2-叔丁基苯酚

英文名称 2-tert-butylphenol；*o*-tert-butyl phenol

别名 邻叔丁基苯酚；1-羟基-2-叔丁基苯

分子式 $C_{10}H_{14}O$

CAS号 88-18-6

WGH号 61701

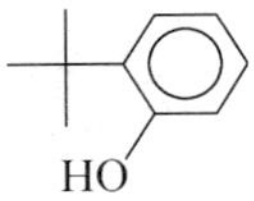

危害信息

危险性类别 第6类有毒品。

燃烧与爆炸危险性 可燃。其蒸气与空气混合，能形成爆炸性混合物。受高热分解放出有毒的气体。具有腐蚀性。若遇高热，容器内压增大，有开裂和爆炸的危险。

活性反应 与氧化剂可发生反应。

禁忌物 强氧化剂、酸酐、酰基氯、碱类。

毒性 大鼠经口 LD_{50}：440mg/kg；大鼠经皮 LD_{50}：705mg/kg；兔经皮 LD_{50}：7450 mg/kg。大鼠吸入 LC_{50}：1070mg/m^3(4h)。

中毒表现 对眼睛、皮肤和黏膜有中等刺激作用。吸入可引起喉、支气管的痉挛、炎症，化学性肺炎、肺水肿等。

侵入途径 吸入、食入、经皮吸收。

理化特性与用途

理化特性 无色至淡黄色油状液体，有特性气味。不溶于水，溶于乙醇、甲苯、四氯化碳、异戊烷，易溶于乙醚。熔点-6.8℃，沸点223℃，相对密度(水=1)0.978，相对蒸气密度(空气=1)5.2，饱和蒸气压5Pa(20℃)，燃烧热-5683kJ/mol，临界温度452.38℃，临界压力3.51MPa，辛醇/水分配系数3.31，闪点80℃(闭杯)、110℃(开杯)，引燃温度355℃。

主要用途 用作抗氧化剂、植物保护剂、合成树脂、医药、农药中间体及香精香料的原料。

包装与储运

包装标志 有毒品

包装类别 Ⅲ类

安全储运 储存于阴凉、通风的库房。远离火种、热源。防止阳光直射。储存温度不超过35℃，相对湿度不超过85%。保持容器密封。应与氧化剂、酸酐、酰基氯、碱类、食用化学品分开存放，切忌混储。配备相应品种和数量的消防器材。储区应备有泄漏应急处理设备和合适的收容材料。

紧急处置信息

急救措施

吸入：迅速脱离现场至空气新鲜处。保持呼吸道通畅。如呼吸困难，给输氧。呼吸、心跳停止，立即进行心肺复苏术。就医。

眼睛接触：分开眼睑，用流动清水或生理盐水冲洗。如有不适感，就医。

皮肤接触：立即脱去污染的衣着，用大量流动清水冲洗。如有不适感，就医。

食入：饮水，催吐。就医。

灭火方法 消防人员须佩戴防毒面具，穿全身消防服，在上风向灭火。尽可能将容器从火场移至空旷处。喷水保持火场容器冷却，直至灭火结束。处在火场中的容器若已变色或从安全泄压装置中发出声音，必须马上撤离。

灭火剂：雾状水、泡沫、干粉、二氧化碳、砂土。

泄漏应急处置 根据液体流动和蒸气扩散的影响区域划定警戒区，无关人员从侧风、上风向撤离至安全区。消除所有点火源。建议应急处理人员戴正压自给式呼吸器，穿防毒服，戴橡胶手套。穿上适当的防护服前严禁接触破裂的容器和泄漏物。尽可能切断泄漏源。防止泄漏物进入水体、下水道、地下室或受限空间。小量泄漏：用干燥的砂土或其他不燃材料吸收或覆盖，收集于容器中。大量泄漏：构筑围堤或挖坑收容。用泵转移至槽车或专用收集器内。

607. 叔丁基碘

标识

中文名称 叔丁基碘

英文名称 tert－butyl iodide

别名 2－碘－2－甲基丙烷；碘代叔丁烷

分子式 C_4H_9I

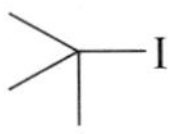

CAS 号 558－17－8

WGH 号 32048；31148［铁规］

UN 号 2391

危害信息

危险性类别 第3类易燃液体。

燃烧与爆炸危险性 易燃。其蒸气与空气混合，能形成爆炸性混合物。燃烧产生有毒的一氧化碳和碘化氢气体。受热分解放出有毒的碘化物烟气。

禁忌物 强氧化剂、强酸、强碱。

中毒表现 本品有刺激性。吸入蒸气引起咳嗽、喘息、喉炎、气短、头痛、恶心和呕吐。

侵入途径 吸入、食入。

理化特性与用途

理化特性 红黑色液体。不溶于水，溶于乙醇、乙醚等有机溶剂。熔点－38℃，沸点99～100℃，相对密度（水＝1）1.54，辛醇/水分配系数2.95，闪点7℃。

主要用途 用于分析及用于有机合成。

包装与储运

包装标志 易燃液体

包装类别 Ⅱ类

安全储运 储存于阴凉、通风的库房。远离火种、热源。库温不宜超过37℃。保持容器密封。应与氧化剂、酸类等分开存放，切忌混储。采用防爆型照明、通风设施。禁止使用易产生火花的机械设备和工具。储区应备有泄漏应急处理设备和合适的收容材料。

紧急处置信息

急救措施

吸入： 脱离现场至空气新鲜处。如呼吸困难，给输氧。呼吸、心跳停止，立即进行心肺复苏术。就医。

眼睛接触： 分开眼睑，用流动清水或生理盐水冲洗。如有不适感，就医。

皮肤接触： 脱去污染的衣着，用肥皂水和清水彻底冲洗皮肤。如有不适感，就医。

食入： 饮水，催吐。就医。

灭火方法 消防人员须佩戴防毒面具，穿全身消防服，在上风向灭火。尽可能将容器

从火场移至空旷处。喷水保持火场容器冷却，直至灭火结束。处在火场中的容器若已变色或从安全泄压装置中发出声音，必须马上撤离。

灭火剂：雾状水、泡沫、干粉、二氧化碳、砂土。

泄漏应急处置　消除所有点火源。根据液体流动和蒸气扩散的影响区域划定警戒区，无关人员从侧风、上风向撤离至安全区。建议应急处理人员戴正压自给式呼吸器，穿防静电服，戴橡胶手套。作业时使用的所有设备应接地。禁止接触或跨越泄漏物。尽可能切断泄漏源。防止泄漏物进入水体、下水道、地下室或受限空间。小量泄漏：用砂土或其他不燃材料吸收。使用洁净的无火花工具收集吸收材料。大量泄漏：构筑围堤或挖坑收容。用泡沫覆盖，减少蒸发。喷水雾能减少蒸发，但不能降低泄漏物在受限空间内的易燃性。用防爆泵转移至槽车或专用收集器内。

608. 叔丁基过苯二甲酸

标　识

中文名称　叔丁基过苯二甲酸

英文名称　tert – butyl peroxyphthalic acid

别名　第三丁基过苯二甲酸

分子式　$C_{12}H_{14}O_6$

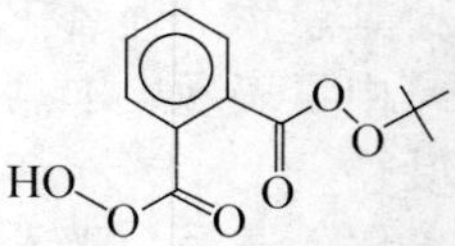

危害信息

危险性类别　第 5.2 类有机过氧化物。

燃烧与爆炸危险性　易燃。受撞击、摩擦，遇明火或其他点火源极易爆炸。燃烧产生有毒的一氧化碳气体。

活性反应　与还原剂、促进剂、有机物、可燃物等接触会发生剧烈反应，有燃烧爆炸的危险。

禁忌物　还原剂、易燃或可燃物、活性金属粉末。

中毒表现　本品对皮肤、眼睛及膜有刺激作用。

侵入途径　吸入、食入。

理化特性与用途

理化特性　白色结晶固体。不溶于水，溶于乙醇、稀碱，也溶于含氧有机溶剂、氯烃和聚酯类单体，微溶于石油烃类。熔点 96 ~ 99℃。

主要用途　用作聚合反应催化剂及氧化剂。

包装与储运

包装标志　有机过氧化物

安全储运　储存于阴凉、通风的库房。远离火种、热源。库温不超过 30℃。相对湿度不超过 80%。保持容器密封。应与易(可)燃物、还原剂等分开存放，切忌混储。采用防爆型照明、通风设施。禁止使用易产生火花的机械设备和工具。储区应备有合适的材料收容泄漏物。禁止震动、撞击和摩擦。

紧急处置信息

急救措施

吸入： 脱离现场至空气新鲜处。如呼吸困难，给输氧。就医。

眼睛接触： 分开眼睑，用流动清水或生理盐水冲洗。如有不适感，就医。

皮肤接触： 脱去污染的衣着，用流动清水冲洗。如有不适感，就医。

食入： 饮水，催吐。就医。

灭火方法 消防人员必须穿全身耐酸碱消防服，佩戴空气呼吸器，在上风向灭火。遇大火，消防人员须在有防护掩蔽处操作。禁止用砂土压盖。

灭火剂：雾状水、泡沫、干粉、二氧化碳。

泄漏应急处置 隔离泄漏污染区，限制出入。消除所有点火源。建议应急处理人员戴防尘口罩，穿一般作业工作服，戴防护手套。勿使泄漏物与可燃物质(如木材、纸、油等)接触。用雾状水保持泄漏物湿润。尽可能切断泄漏源。小量泄漏：用惰性、湿润的不燃材料吸收泄漏物，用洁净的非火花工具收集于一盖子较松的塑料容器中，待处理。大量泄漏：用水润湿，并筑堤收容。防止泄漏物进入水体、下水道、地下室或受限空间。在专家指导下清除。

609. 叔丁基环己烷

标　识

中文名称 叔丁基环己烷

英文名称 tert - butyl cyclohexane；(1,1 - dimethylethyl) cyclohexane

别名 环己基叔丁烷

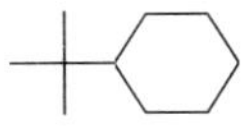

分子式 $C_{10}H_{20}$

CAS 号 3178 - 22 - 1

WGH 号 32012；31112[铁规]

危害信息

危险性类别 第 3 类易燃液体。

燃烧与爆炸危险性 易燃。其蒸气与空气混合，能形成爆炸性混合物。燃烧产生有毒的一氧化碳气体。流速过快，容易产生和积聚静电。若遇高热，容器内压增大，有开裂和爆炸的危险。

活性反应 与氧化剂接触发生猛烈反应。

禁忌物 强氧化剂、强酸、强碱、卤素。

中毒表现 具刺激作用，误服会中毒。

侵入途径 吸入、食入。

环境危害 对水生生物有毒，可能在水生环境中造成长期不利影响。

理化特性与用途

理化特性 无色透明液体，有类似汽油的气味。微溶于水。熔点 -41℃，沸点 166.9 ~ 174.9℃，相对密度(水=1)0.831，饱和蒸气压 0.66kPa(37.7℃)，辛醇/水分配系数 6.04，闪点 40℃，引燃温度 340℃，爆炸下限 0.6%，爆炸上限 5.4%。

主要用途 试剂，用作色谱分析对比样品。

包装与储运

包装标志 易燃液体

包装类别 Ⅱ类

安全储运 储存于阴凉、通风的库房。远离火种、热源。防止阳光直射。库温不宜超过 37℃。保持容器密封。应与氧化剂、食用化学品分开存放，切忌混储。采用防爆型照明、通风设施。禁止使用易产生火花的机械设备和工具。储区应备有泄漏应急处理设备和合适的收容材料。

紧急处置信息

急救措施

吸入： 迅速脱离现场至空气新鲜处。保持呼吸道通畅。如呼吸困难，给输氧。呼吸、心跳停止，立即进行心肺复苏术。就医。

眼睛接触： 分开眼睑，用流动清水或生理盐水冲洗。如有不适感，就医。

皮肤接触： 脱去污染的衣着，用大量流动清水冲洗。如有不适感，就医。

食入： 饮足量温水，催吐。就医。

灭火方法 消防人员须佩戴防毒面具，穿全身消防服，在上风向灭火。尽可能将容器从火场移至空旷处。喷水保持火场容器冷却，直至灭火结束。处在火场中的容器若已变色或从安全泄压装置中发出声音，必须马上撤离。用水灭火无效。

灭火剂：泡沫、干粉、二氧化碳、砂土。

泄漏应急处置 消除所有点火源。根据液体流动和蒸气扩散的影响区域划定警戒区，无关人员从侧风、上风向撤离至安全区。建议应急处理人员戴正压自给式呼吸器，穿防静电服，戴橡胶耐油手套。作业时使用的所有设备应接地。禁止接触或跨越泄漏物。尽可能切断泄漏源。防止泄漏物进入水体、下水道、地下室或受限空间。小量泄漏：用砂土或其他不燃材料吸收。使用洁净的无火花工具收集吸收材料。大量泄漏：构筑围堤或挖坑收容。用泡沫覆盖，减少蒸发。喷水雾能减少蒸发，但不能降低泄漏物在受限空间内的易燃性。用防爆泵转移至槽车或专用收集器内。

610. 叔丁硫醇

标　识

中文名称 叔丁硫醇

英文名称 tert－butyl mercaptan

别名 叔丁基硫醇；第三丁硫醇

分子式 $C_4H_{10}S$

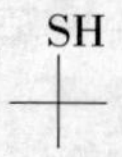

CAS 号 75－66－1

WGH 号 31036

UN 号 2347

危害信息

危险性类别 第3类易燃液体。

燃烧与爆炸危险性 极易燃。其蒸气与空气混合，能形成爆炸性混合物。燃烧产生有毒的一氧化碳、硫化氢和氧化硫气体。受热分解产生有毒的烟气。在高温火场中受热的容器或储罐有破裂和爆炸的危险。蒸气比空气重，能在较低处扩散到相当远的地方，遇火源会着火回燃和爆炸(闪爆)。

活性反应 与氧化剂能发生强烈反应。接触酸和酸雾产生有毒气体。

禁忌物 强氧化剂、酸类、酸酸酐、酰基氯、碱金属。

毒性 大鼠经口 LD_{50}：4729mg/kg。

中毒表现 可引起头痛、恶心。吸入高浓度蒸气可引起昏迷、紫绀、脉速，甚至发生肺水肿。

侵入途径 吸入、食入。

环境危害 对水生生物有毒，可能在水生环境中造成长期不利影响。

理化特性与用途

理化特性 无色液体，有强烈的令人不愉快的气味。微溶于水，溶于四氯化碳，易溶于乙醇、乙醚、丙酮、液态硫化氢。熔点 -0.5℃，沸点 64℃，相对密度(水=1)0.8，相对蒸气密度(空气=1)3.1，饱和蒸气压 19kPa(20℃)，辛醇/水分配系数 2.14，闪点 -26℃(闭杯)。

主要用途 用作气味剂、有机合成中间体，用于制备合成橡胶。

包装与储运

包装标志 易燃液体，有毒品[铁规]

包装类别 Ⅱ类

安全储运 储存于阴凉、通风的库房。远离火种、热源。库温不宜超过 29℃。包装要求密封。不可与空气接触。应与氧化剂、酸类、碱金属等分开存放，切忌混储。采用防爆型照明、通风设施。禁止使用易产生火花的机械设备和工具。储区应备有泄漏应急处理设备和合适的收容材料。

紧急处置信息

急救措施

吸入： 脱离现场至空气新鲜处。如呼吸困难，给输氧。呼吸、心跳停止，立即进行心肺复苏术。就医。

眼睛接触： 分开眼睑，用流动清水或生理盐水冲洗。如有不适感，就医。

皮肤接触： 脱去污染的衣着，用肥皂水和清水彻底冲洗皮肤。如有不适感，就医。

食入： 漱口。就医。

灭火方法 消防人员须佩戴防毒面具，穿全身消防服，在上风向灭火。尽可能将容器从火场移至空旷处。喷水保持火场容器冷却，直至灭火结束。处在火场中的容器若已变色或从安全泄压装置中发出声音，必须马上撤离。用水灭火无效。

灭火剂：泡沫、二氧化碳、干粉、砂土。

泄漏应急处置 消除所有点火源。根据液体流动和蒸气扩散的影响区域划定警戒区，无关人员从侧风、上风向撤离至安全区。建议应急处理人员戴正压自给式呼吸器，穿防静电服，戴橡胶耐油手套。作业时使用的所有设备应接地。禁止接触或跨越泄漏物。尽可能切断泄漏源。防止泄漏物进入水体、下水道、地下室或受限空间。小量泄漏：用砂土或其他不燃材料吸收。使用洁净的无火花工具收集吸收材料。大量泄漏：构筑围堤或挖坑收容。用抗溶性泡沫覆盖，减少蒸发。喷水雾能减少蒸发，但不能降低泄漏物在受限空间内的易燃性。用防爆泵转移至槽车或专用收集器内。

611. 叔 戊 醇

标 识

中文名称 叔戊醇

英文名称 tert－pentyl alcohol；2－methylbutan－2－ol；2－methyl－2－butanol

别名 2－甲基－2－丁醇；二甲基乙基甲醇

分子式 $C_5H_{12}O$

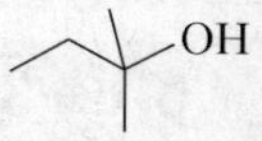

CAS 号 75－85－4

WGH 号 33553

UN 号 1105

危害信息

危险性类别 第3类易燃液体。

燃烧与爆炸危险性 易燃。其蒸气与空气混合，能形成爆炸性混合物。燃烧产生有毒的一氧化碳气体。蒸气比空气重，能在较低处扩散到相当远的地方，遇火源会着火回燃和爆炸(闪爆)。若遇高热，容器内压增大，有开裂和爆炸的危险。

活性反应 与氧化剂可发生反应。

禁忌物 强氧化剂。

毒性 大鼠经口 LD_{50}：1000mg/kg；兔经皮 LD_{50}：1720mg/kg。

中毒表现 对眼睛、皮肤和黏膜有刺激作用。吸入引起上呼吸道刺激、头痛、眩晕、呼吸困难、恶心和呕吐等。重者可有复视、耳聋、谵妄等症状。可经皮肤吸收引起中毒。

侵入途径 吸入、食入、经皮吸收。

理化特性与用途

理化特性 无色挥发性液体，有类似樟脑的气味。溶于水，混溶于乙醇、乙醚、苯、氯仿、甘油、油类，易溶于丙酮。熔点 －11.9～－8.7℃，沸点 102～103℃，相对密度(水＝1)0.805，相对蒸气密度(空气＝1)3.0，饱和蒸气压 2.23kPa(25℃)，临界温度 272℃，临界压力 3.88MPa，燃烧热 －3305.3kJ/mol，辛醇/水分配系数 0.89，闪点 20℃(闭杯)、24℃(开杯)，引燃温度 437.2℃，爆炸下限 1.2%，爆炸上限 9%。

主要用途 用作溶剂和有机合成原料，生产香料、药物、彩色胶片成色剂、增塑剂、有色金属浮选剂等。

包装与储运

包装标志 易燃液体

包装类别 Ⅲ类

安全储运 储存于阴凉、通风的库房。远离火种、热源。防止阳光直射。库温不宜超过37℃。保持容器密封。应与氧化剂分开存放，切忌混储。采用防爆型照明、通风设施。禁止使用易产生火花的机械设备和工具。储区应备有泄漏应急处理设备和合适的收容材料。

紧急处置信息

急救措施

吸入： 迅速脱离现场至空气新鲜处。保持呼吸道通畅。如呼吸困难，给输氧。呼吸、心跳停止，立即进行心肺复苏术。就医。

眼睛接触： 分开眼睑，用流动清水或生理盐水冲洗。如有不适感，就医。

皮肤接触： 立即脱去污染的衣着，用大量流动清水冲洗。就医。

食入： 饮足量温水，催吐。就医。

灭火方法 消防人员须佩戴防毒面具，穿全身消防服，在上风向灭火。尽可能将容器从火场移至空旷处。喷水保持火场容器冷却，直至灭火结束。处在火场中的容器若已变色或从安全泄压装置中发出声音，必须马上撤离。

灭火剂：雾状水、泡沫、干粉、二氧化碳、砂土。

泄漏应急处置 消除所有点火源。根据液体流动和蒸气扩散的影响区域划定警戒区，无关人员从侧风、上风向撤离至安全区。建议应急处理人员戴正压自给式呼吸器，穿防静电服，戴橡胶手套。作业时使用的所有设备应接地。禁止接触或跨越泄漏物。尽可能切断泄漏源。防止泄漏物进入水体、下水道、地下室或受限空间。小量泄漏：用砂土或其他不燃材料吸收。使用洁净的无火花工具收集吸收材料。大量泄漏：构筑围堤或挖坑收容。用飞尘或石灰粉吸收大量液体。用抗溶性泡沫覆盖，减少蒸发。喷水雾能减少蒸发，但不能降低泄漏物在受限空间内的易燃性。用防爆泵转移至槽车或专用收集器内。喷雾状水驱散蒸气、稀释液体泄漏物。

612. 鼠 特 灵

标 识

中文名称 鼠特灵

英文名称 norbormide；5－(α－hydroxy－α－2－pyridylbenzyl)－7－(α－2－pyridylbenzylidene)－8,9,10－trinorborn－5－ene－2,3－dicarboximide

别名 5－(α－羟基－α－2－吡啶基苄基)－7－(α－2－吡啶基亚苄基)－5－(8,9,10－三降冰片烯)－2,3－二羧酰亚胺；鼠克星；灭鼠宁

分子式 $C_{33}H_{25}N_3O_3$

CAS 号 991－42－4

WGH 号 61135

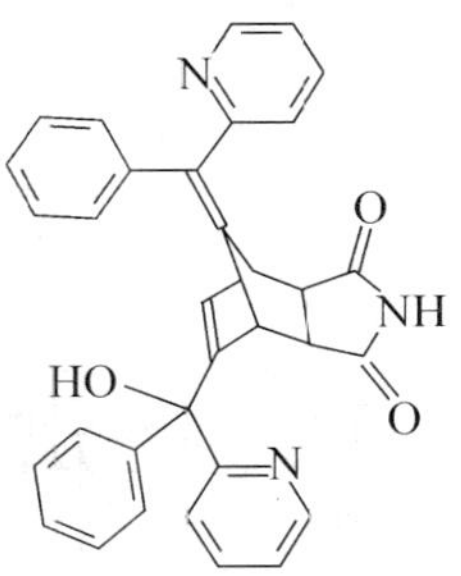

危害信息

危险性类别 第6类有毒品。

燃烧与爆炸危险性 可燃。其粉体与空气混合，能形成爆炸性混合物。受高热分解放出有毒的气体。

禁忌物 强氧化剂、强碱。

毒性 大鼠经口 LD_{50}：5.3mg/kg；小鼠经口 LD_{50}：2.3mg/kg。

本品已列入《剧毒化学品名录》。

中毒表现　本品为高毒杀鼠剂。实验发现，该药吸收快，动物食后15min出现症状，表现为活跃、动作失调，进而乏力、呼吸困难、痉挛30min后即可死亡。人摄入300mg本品，出现体温、血压轻度改变。有报道与皮肤接触引起接触性皮炎。

侵入途径　吸入、食入、经皮吸收。

理化特性与用途

理化特性　白色至灰白色结晶粉末。微溶于水，溶于氯仿、稀酸。熔点190～198℃，沸点(分解)，辛醇/水分配系数3.2。

主要用途　杀鼠剂。用于防治所有种类大鼠。

包装与储运

包装标志　有毒品

包装类别　Ⅱ类

安全储运　储存于阴凉、通风良好的专用库房内。应严格执行剧毒化学品管理制度。远离火种、热源。防止阳光直射。储存温度不超过35℃，相对湿度不超过85%。保持容器密封。应与氧化剂等分开存放，切忌混储。配备相应器材。储区应备有合适的材料收容泄漏物。

紧急处置信息

急救措施

吸入：迅速脱离现场至空气新鲜处。保持呼吸道通畅。如呼吸困难，给输氧。呼吸、心跳停止，立即进行心肺复苏术。就医。

眼睛接触：立即分开眼睑，用大量流动清水或生理盐水彻底冲洗10～15min。如有不适感，就医。

皮肤接触：立即脱去污染的衣着，用大量流动清水彻底冲洗。如有不适感，就医。

食入：饮足量温水，催吐、洗胃、导泻。就医。

灭火方法　消防人员须佩戴防毒面具，穿全身消防服，在上风向灭火。尽可能将容器从火场移至空旷处。喷水保持火场容器冷却，直至灭火结束。

灭火剂：雾状水、泡沫、干粉、二氧化碳、砂土。

泄漏应急处置　隔离泄漏污染区，限制出入。建议应急处理人员戴防尘口罩，穿防毒服，戴防毒物渗透手套。穿上适当的防护服前严禁接触破裂的容器和泄漏物。尽可能切断泄漏源。用塑料布覆盖泄漏物，减少飞散。勿使水进入包装容器内。用洁净的铲子收集泄漏物，置于干净、干燥、盖子较松的容器中，将容器移离泄漏区。

613. 鼠　完

标　识

中文名称　鼠完

英文名称　pindone;2-pivaloyl-1,3-indandione

别名　2-新戊酰-1,3-茚满二酮

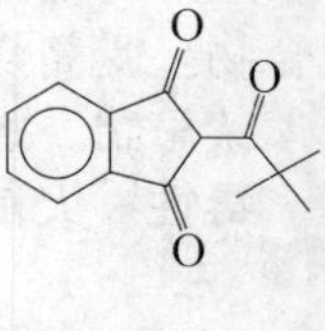

分子式 $C_{14}H_{14}O_3$
CAS 号 83－26－1
WGH 号 61902

危害信息

危险性类别 第6类有毒品。
燃烧与爆炸危险性 可燃。其粉体与空气混合,能形成爆炸性混合物。燃烧产生有毒的一氧化碳气体。
禁忌物 强氧化剂。
毒性 大鼠经口 LD_{50}:280mg/kg。
中毒表现 误食可引起:一类为急性型,心慌、头昏、恶心、低热、皮疹,重者腹痛、不省人事;另一类为亚急性型,表现为各脏器及皮下广泛出血,重者可危及生命。
侵入途径 吸入、食入。
职业接触限值 美国(ACGIH):TLV－TWA:0.1mg/m^3。
环境危害 对水生生物有极高毒性,可能在水生环境中造成长期不利影响。

理化特性与用途

理化特性 黄色结晶固体或粉末。微溶于水,溶于乙醇、乙醚、丙酮等多数有机溶剂。熔点108～110℃,沸点180℃(0.133kPa),相对密度(水＝1)1.06,饱和蒸气压1.11MPa(25℃),辛醇/水分配系数2.87。
主要用途 用作抗凝血杀鼠剂、杀虫剂和医药中间体。

包装与储运

包装标志 有毒品
包装类别 Ⅱ类
安全储运 储存于阴凉、通风的库房。远离火种、热源。防止阳光直射。储存温度不超过35℃,相对湿度不超过85%。保持容器密封。应与氧化剂等分开存放,切忌混储。配备相应品种和数量的消防器材。储区应备有合适的材料收容泄漏物。

紧急处置信息

急救措施
吸入:迅速脱离现场至空气新鲜处。保持呼吸道通畅。如呼吸困难,给输氧。呼吸、心跳停止,立即进行心肺复苏术。就医。
眼睛接触:立即分开眼睑,用流动清水或生理盐水彻底冲洗。如有不适感,就医。
皮肤接触:立即脱去污染的衣着,用大量流动清水冲洗。如有不适感,就医。
食入:饮足量温水,催吐、洗胃、导泻。就医。
灭火方法 消防人员须佩戴防毒面具,穿全身消防服,在上风向灭火。尽可能将容器从火场移至空旷处。喷水保持火场容器冷却,直至灭火结束
灭火剂:雾状水、泡沫、干粉、二氧化碳、砂土。
泄漏应急处置 隔离泄漏污染区,限制出入。建议应急处理人员戴防尘口罩,穿防毒服,戴防毒物渗透手套。穿上适当的防护服前严禁接触破裂的容器和泄漏物。尽可能切断泄漏源。用塑料布覆盖泄漏物,减少飞散。勿使水进入包装容器内。用洁净的铲子收集泄漏物,置于干净、干燥、盖子较松的容器中,将容器移离泄漏区。

614. 树脂酸钙

标　识

中文名称　树脂酸钙

英文名称　calcium resinate；resin acids and rosin acids，calcium salts

别名　熔融树脂酸钙；石灰松香

分子式　$C_{40}H_{58}CaO_4$

CAS 号　9007-13-0

WGH 号　41541

UN 号　1313

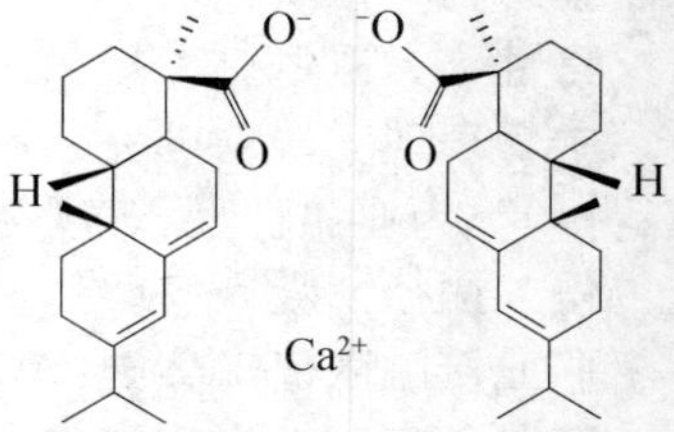

危害信息

危险性类别　第 4.1 类易燃固体。

燃烧与爆炸危险性　易燃。其粉体与空气混合，能形成爆炸性混合物。

禁忌物　强氧化剂、酸类。

侵入途径　吸入、食入。

理化特性与用途

理化特性　白色至淡黄色无定形粉末或块状物，有树脂气味。不溶于水，溶于酸、乙酸丁酯、乙酸戊酯、戊醇、乙醚。熔点 160～180℃，沸点 >316℃，相对密度(水=1)1.13(25℃)，辛醇/水分配系数 >3.5，引燃温度 248℃。

主要用途　用于制陶器、搪瓷、香料、化妆品、防水化合物、琥珀取代品、鞣革材料。

包装与储运

包装标志　易燃固体

包装类别　Ⅲ类

安全储运　储存于阴凉、通风的库房。库温不宜超过 35℃。远离火种、热源。防止阳光直射。包装密封。应与氧化剂、酸类等分开存放，切忌混储。采用防爆型照明、通风设施。禁止使用易产生火花的机械设备和工具。储区应备有合适的材料收容泄漏物。

紧急处置信息

急救措施

吸入：迅速脱离现场至空气新鲜处。保持呼吸道通畅。如呼吸困难，给输氧。呼吸、心跳停止，立即进行心肺复苏术。就医。

眼睛接触：立即分开眼睑，用流动清水或生理盐水彻底冲洗。如有不适感，就医。

皮肤接触：立即脱去污染的衣着，用大量流动清水冲洗。如有不适感，就医。

食入：饮足量温水，催吐。就医。

灭火方法　消防人员须佩戴防毒面具，穿全身消防服，在上风向灭火。尽可能将容器从火场移至空旷处。喷水保持火场容器冷却，直至灭火结束

灭火剂：雾状水、泡沫、干粉、二氧化碳、砂土。

泄漏应急处置　消除所有点火源。隔离泄漏污染区，限制出入。建议应急处理人员戴

防尘口罩，穿防静电服，戴防护手套。禁止接触或跨越泄漏物。小量泄漏：用洁净的铲子收集泄漏物，置于干净、干燥、盖子较松的容器中，将容器移离泄漏区。大量泄漏：用水润湿，并筑堤收容。防止泄漏物进入水体、下水道、地下室或受限空间。

615. 树脂酸钴

标　识

中文名称　树脂酸钴
英文名称　resin acids and rosin acids, cobalt salts; cobalt resinate
别名　树脂酸亚钴
分子式　$Co(C_{44}H_{62}O_4)_2$
CAS 号　68956－82－1
WGH 号　41544
UN 号　1318

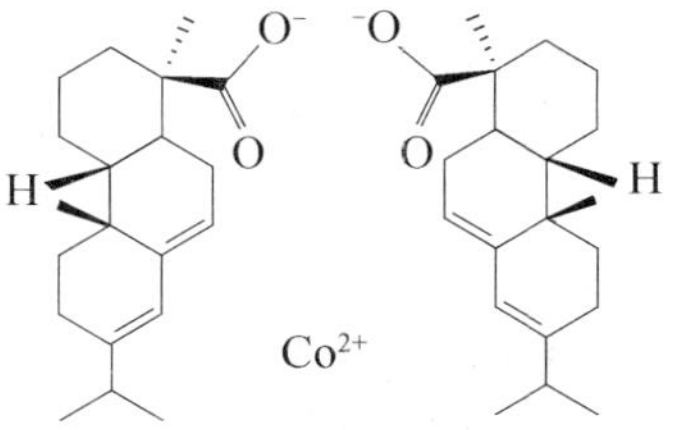

危害信息

危险性类别　第 4.1 类易燃固体。
燃烧与爆炸危险性　易燃。其粉体与空气混合，能形成爆炸性混合物。
禁忌物　强氧化剂。
中毒表现　可引起咽炎、呼吸道刺激和胃肠道刺激症状。
侵入途径　吸入、食入。

理化特性与用途

理化特性　棕红色粉末。不溶于水，溶于油
主要用途　用于油漆催干剂。

包装与储运

包装标志　易燃固体
包装类别　Ⅲ类
安全储运　储存于阴凉、通风的库房。库温不宜超过 35℃。远离火种、热源。防止阳光直射。包装密封。应与氧化剂等分开存放，切忌混储。采用防爆型照明、通风设施。禁止使用易产生火花的机械设备和工具。储区应备有合适的材料收容泄漏物。

紧急处置信息

急救措施

吸入：迅速脱离现场至空气新鲜处。保持呼吸道通畅。如呼吸困难，给输氧。呼吸、心跳停止，立即进行心肺复苏术。就医。

眼睛接触：立即分开眼睑，用流动清水或生理盐水彻底冲洗。如有不适感，就医。

皮肤接触：立即脱去污染的衣着，用大量流动清水冲洗。如有不适感，就医。

食入：饮足量温水，催吐。就医。

灭火方法　消防人员须佩戴防毒面具，穿全身消防服，在上风向灭火。尽可能将容器从火场移至空旷处。喷水保持火场容器冷却，直至灭火结束

灭火剂：雾状水、泡沫、干粉、二氧化碳、砂土。

泄漏应急处置 消除所有点火源。隔离泄漏污染区，限制出入。建议应急处理人员戴防尘口罩，穿防毒、防静电服，戴橡胶手套。禁止接触或跨越泄漏物。小量泄漏：用洁净的铲子收集泄漏物，置于干净、干燥、盖子较松的容器中，将容器移离泄漏区。大量泄漏：用水润湿，并筑堤收容。防止泄漏物进入水体、下水道、地下室或受限空间。

616. 双(2－丁氧基乙基)醚

标 识

中文名称 双(2－丁氧基乙基)醚

英文名称 bis(2－butoxyethyl) ether; diethylene glycol dibutyl ether

别名 二乙二醇二丁醚；二丁基卡必醇

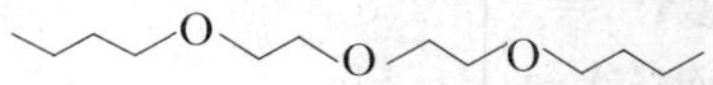

分子式 $C_{12}H_{26}O_3$

CAS 号 112－73－2

危害信息

燃烧与爆炸危险性 易燃。其蒸气与空气混合，能形成爆炸性混合物。燃烧产生有毒的一氧化碳气体。

禁忌物 强氧化剂

毒性 大鼠经口 LD_{50}：3900mg/kg；兔经皮 LD_{50}：4040μL/kg。

中毒表现 对皮肤和黏膜有一定的刺激作用，浓度高时有麻醉作用。

侵入途径 吸入、食入、经皮吸收。

理化特性与用途

理化特性 无色液体，有特性气味。微溶于水，与醇类、醚类、酮类、酯类、卤代烃混溶。熔点－60℃，沸点256℃，相对密度(水＝1)0.885，相对蒸气密度(空气＝1)＞1，饱和蒸气压3.47Pa(25℃)，辛醇/水分配系数1.92，闪点118.3℃，引燃温度310℃。

主要用途 溶剂。主要用作脂肪酸的稀水溶液萃取剂，用于铀、钋、黄金的提取，也用于香料和制药工业。

包装与储运

安全储运 储存于阴凉、通风的库房。远离火种、热源。保持容器密封。应与强氧化剂等隔离储运。搬运时轻装轻卸，防止容器受损。

紧急处置信息

急救措施

吸入：迅速脱离现场至空气新鲜处。保持呼吸道通畅。如呼吸困难，给输氧。呼吸、心跳停止，立即进行心肺复苏术。就医。

眼睛接触：分开眼睑，用流动清水或生理盐水冲洗。如有不适感，就医。

皮肤接触：脱去污染的衣着，用大量流动清水冲洗。如有不适感，就医。

食入：饮足量温水，催吐。就医。

灭火方法 消防人员须佩戴防毒面具，穿全身消防服，在上风向灭火。尽可能将容器

从火场移至空旷处。喷水保持火场容器冷却，直至灭火结束。处在火场中的容器若已变色或从安全泄压装置中发出声音，必须马上撤离。

灭火剂：雾状水、泡沫、干粉、二氧化碳、砂土。

泄漏应急处置 根据液体流动和蒸气扩散的影响区域划定警戒区，无关人员从侧风、上风向撤离至安全区。消除所有点火源。建议应急处理人员戴防毒面具，穿防毒服，戴橡胶手套。作业时使用的所有设备应接地。禁止接触或跨越泄漏物。尽可能切断泄漏源。防止泄漏物进入水体、下水道、地下室或受限空间。小量泄漏：用砂土或其他不燃材料吸收。使用洁净的无火花工具收集吸收材料。大量泄漏：构筑围堤或挖坑收容。用泡沫覆盖，减少蒸发。喷水雾能减少蒸发。用泵转移至槽车或专用收集器内。

617. 双胍辛胺

标识

中文名称 双胍辛胺

英文名称 bis(8 - guanidino - octyl) amine；iminoctadine

别名 二(8 - 胍基辛基)胺

分子式 $C_{18}H_{41}N_7$

CAS 号 13516 - 27 - 3

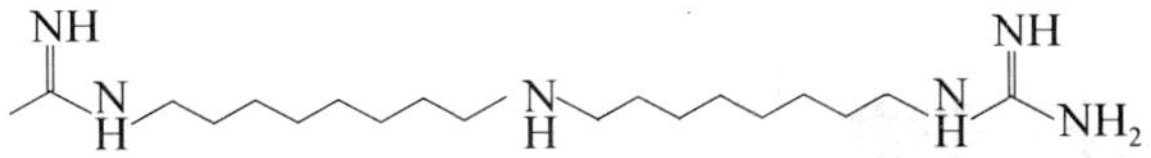

危害信息

危险性类别 第 6 类有毒品。

燃烧与爆炸危险性 可燃。其粉体与空气混合，能形成爆炸性混合物。受高热分解放出有毒的气体。

禁忌物 强氧化剂。

毒性 大鼠经口 LD_{50}：300mg/kg；小鼠经口 LD_{50}：300mg/kg；大鼠经皮 LD_{50}：1500mg/kg；大鼠吸入 LC_{50}：73mg/m^3(4h)。

中毒表现 本品为中等毒性杀虫剂。对眼睛和皮肤有刺激作用。

侵入途径 吸入、食入、经皮吸收。

环境危害 对水生生物有极高毒性，可能在水生环境中造成长期不利影响。

理化特性与用途

理化特性 固体。溶于水和部分有机溶剂。熔点 143 ~ 144. 2℃，饱和蒸气压 0. 2MPa(20℃)，辛醇/水分配系数 2. 71，闪点 >120℃。

主要用途 杀菌剂。通常加工成盐，用于多种作物防治各种真菌病害。

包装与储运

包装标志 有毒品

包装类别 Ⅰ类

安全储运 储存于阴凉、通风的库房。远离火种、热源。防止阳光直射。储存温度不超过 32℃，相对湿度不超过 85%。保持容器密封。应与氧化剂等分开存放，切忌混储。配备相应品种和数量的消防器材。储区应备有合适的材料收容泄漏物。

紧急处置信息

急救措施

吸入： 迅速脱离现场至空气新鲜处。保持呼吸道通畅。如呼吸困难，给输氧。呼吸、心跳停止，立即进行心肺复苏术。就医。

眼睛接触： 立即分开眼睑，用流动清水或生理盐水彻底冲洗。如有不适感，就医。

皮肤接触： 立即脱去污染的衣着，用大量流动清水冲洗。如有不适感，就医。

食入： 饮足量温水，催吐、洗胃、导泻。就医。

灭火方法 消防人员须佩戴防毒面具，穿全身消防服，在上风向灭火。尽可能将容器从火场移至空旷处。喷水保持火场容器冷却，直至灭火结束

灭火剂：雾状水、泡沫、干粉、二氧化碳、砂土。

泄漏应急处置 隔离泄漏污染区，限制出入。建议应急处理人员戴防尘口罩，穿防毒服，戴防毒物渗透手套。穿上适当的防护服前严禁接触破裂的容器和泄漏物。尽可能切断泄漏源。用塑料布覆盖泄漏物，减少飞散。勿使水进入包装容器内。用洁净的铲子收集泄漏物，置于干净、干燥、盖子较松的容器中，将容器移离泄漏区。

618. 双甲基丙烯酸乙二醇酯

标　识

中文名称 双甲基丙烯酸乙二醇酯

英文名称 ethylene dimethacrylate; ethylene glycol dimethacrylate

别名 二甲基丙烯酸乙二醇酯

分子式 $C_{10}H_{14}O_4$

CAS 号 97-90-5

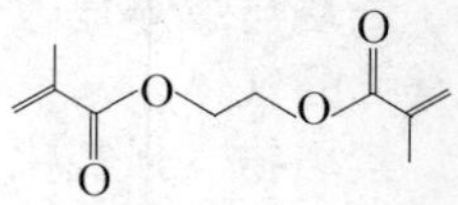

危害信息

燃烧与爆炸危险性 可燃。其蒸气与空气混合，能形成爆炸性混合物。容易自聚，聚合反应随着温度的上升而急骤加剧。若遇高热，容器内压增大，有开裂和爆炸的危险。

活性反应 与强氧化剂接触可发生化学反应。

禁忌物 强氧化剂、强酸、强碱。

毒性 大鼠经口 LD_{50}：3300mg/kg；小鼠经口 LD_{50}：2000mg/kg。

中毒表现 其蒸气或烟雾对眼睛、黏膜和上呼吸道有刺激作用。接触后可引起烧灼感、咳嗽、眩晕、头痛、恶心和呕吐。

侵入途径 吸入、食入、经皮吸收。

理化特性与用途

理化特性 无色至淡黄色透明液体。不溶于水，溶于苯、石油醚、乙醇等有机溶剂。熔点 -40℃，沸点 260℃、99℃(0.67kPa)，相对密度(水=1)1.05，相对蒸气密度(空气=1)6.8，饱和蒸气压 478Pa(20℃)，辛醇/水分配系数 1.87，闪点 101℃。

主要用途 用于有机合成；作为交联剂用于树脂、涂料和黏合剂。

包装与储运

安全储运 储存于阴凉、通风的库房。远离火种、热源。防止阳光直射。库温不宜超过30℃。保持容器密封。严禁与空气接触。应与氧化剂、强酸、碱类等分开存放，切忌混储。不宜久存，以免变质。搬运时轻装轻卸，防止容器受损。

紧急处置信息

急救措施

吸入： 迅速脱离现场至空气新鲜处。保持呼吸道通畅。如呼吸困难，给输氧。呼吸、心跳停止，立即进行心肺复苏术。就医。

眼睛接触： 立即分开眼睑，用流动清水或生理盐水彻底冲洗。如有不适感，就医。

皮肤接触： 立即脱去污染的衣着，用大量流动清水冲洗。如有不适感，就医。

食入： 饮足量温水，催吐。就医。

灭火方法 消防人员须佩戴防毒面具，穿全身消防服，在上风向灭火。尽可能将容器从火场移至空旷处。喷水保持火场容器冷却，直至灭火结束。处在火场中的容器若已变色或从安全泄压装置中发出声音，必须马上撤离。

灭火剂：雾状水、泡沫、干粉、二氧化碳、砂土。

泄漏应急处置 根据液体流动和蒸气扩散的影响区域划定警戒区，无关人员从侧风、上风向撤离至安全区。消除所有点火源。建议应急处理人员戴防毒面具，穿一般作业工作服，戴橡胶耐油手套。尽可能切断泄漏源。防止泄漏物进入水体、下水道、地下室或受限空间。小量泄漏：用干燥的砂土或其他不燃材料吸收或覆盖，收集于容器中。大量泄漏：构筑围堤或挖坑收容。用泵转移至槽车或专用收集器内。

619. 1,4－双甲基磺氧基丁烷

标　识

中文名称 1,4－双甲基磺氧基丁烷

英文名称 busulfan;1,4－butanediol, dimethanesulfonate; 1,4－bis(methyl sulfonoxy)butane

别名 二甲基磺酸1,4－丁二醇酯;白消安

分子式 $C_6H_{14}O_6S_2$

CAS 号 55－98－1

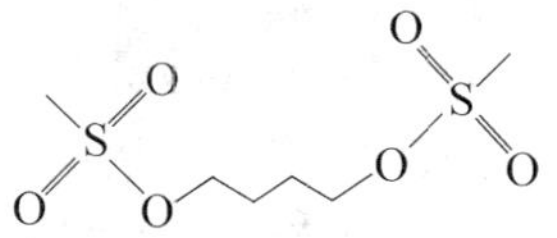

危害信息

危险性类别 第6类有毒品。

燃烧与爆炸危险性 可燃。其粉体与空气混合,能形成爆炸性混合物。受高热分解放出有毒的气体。

禁忌物 强氧化剂、水。

毒性 大鼠经口 LD_{50}:110mg/kg。

IARC 致癌性评论:G1,确认人类致癌物。

侵入途径 吸入、食入、经皮吸收。

理化特性与用途

理化特性　白色针状结晶或粉末。微溶于水，微溶于乙醇，溶于丙酮。熔点 114 ~ 118℃，饱和蒸气压 0.88MPa（25℃），辛醇/水分配系数 −0.52。

主要用途　用作有机合成反应中的强烷基化剂和慢性白血病的治疗药物。

包装与储运

包装标志　有毒品

包装类别　Ⅲ类

安全储运　储存于阴凉、干燥、通风良好的库房。远离火种、热源。防止阳光直射。储存温度不超过 35℃，相对湿度不超过 82%。保持容器密封。切勿受潮。应与氧化剂、醇类等分开存放，切忌混储。配备相应品种和数量的消防器材。储区应备有合适的材料收容泄漏物。

紧急处置信息

急救措施

吸入：迅速脱离现场至空气新鲜处。保持呼吸道通畅。如呼吸困难，给输氧。呼吸、心跳停止，立即进行心肺复苏术。就医。

眼睛接触：立即分开眼睑，用流动清水或生理盐水彻底冲洗。如有不适感，就医。

皮肤接触：立即脱去污染的衣着，用大量流动清水冲洗。如有不适感，就医。

食入：饮足量温水，催吐、洗胃、导泻。就医。

灭火方法　消防人员须佩戴防毒面具，穿全身消防服，在上风向灭火。尽可能将容器从火场移至空旷处。喷水保持火场容器冷却，直至灭火结束

灭火剂：雾状水、泡沫、干粉、二氧化碳、砂土。

泄漏应急处置　隔离泄漏污染区，限制出入。消除所有点火源。建议应急处理人员戴防尘口罩，穿防毒服，戴橡胶手套。穿上适当的防护服前严禁接触破裂的容器和泄漏物。尽可能切断泄漏源。用塑料布覆盖泄漏物，减少飞散。勿使水进入包装容器内。用洁净的铲子收集泄漏物，置于干净、干燥、盖子较松的容器中，将容器移离泄漏区。

620. 双　硫　磷

标　识

中文名称　双硫磷

英文名称　temephos; phosphorothioic acid, *O*,*O*′ −（thiodi −4,1 −phenylene）*O*,*O*,*O*′,*O*′ −tetramethyl ester

别名　4,4′ −双（*O*,*O* −二甲基硫代磷酰氧基）苯硫醚

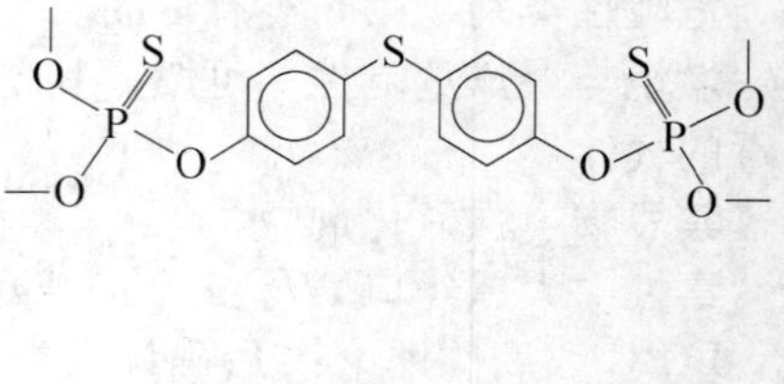

分子式　$C_{16}H_{20}O_6P_2S_3$

CAS 号　3383 −96 −8

WGH 号　61875

危害信息

危险性类别 第 6 类有毒品。

燃烧与爆炸危险性 可燃。其粉体或蒸气与空气混合,能形成爆炸性混合物。受高热分解放出有毒的气体。

禁忌物 强氧化剂、强酸、强碱。

毒性 大鼠经口 LD_{50}:1000mg/kg;小鼠经口 LD_{50}:223mg/kg;大鼠经皮 LD_{50}:1370mg/kg;兔经皮 LD_{50}:970mg/kg。

中毒表现 抑制胆碱酯酶活性。中毒表现有头痛、头晕、流涎、多汗、瞳孔缩小、肌肉震颤、呼吸困难、肺水肿等。

侵入途径 吸入、食入、经皮吸收。

职业接触限值 美国(ACGIH):TLV－TWA:10mg/m^3。

环境危害 对水生生物有毒,可能在水生环境中造成长期不利影响。

理化特性与用途

理化特性 白色结晶,工业品为深褐色黏性液体。不溶于水、己烷、甲基环己烷,溶于四氯化碳、二氯乙烷、甲苯、丙酮、乙醚、乙腈、芳烃等。熔点 30℃,沸点 120～125℃,相对密度(水＝1)1.32,辛醇/水分配系数 5.96,闪点 43～93℃。

主要用途 触杀性杀虫剂。用于公共卫生防治蚊、跳蚤、虱子等害虫;也可防治畜类寄生虫;农业上用于防治地老虎、蓟马、盲蝽等。

包装与储运

包装标志 有毒品

包装类别 Ⅱ类

安全储运 储存于阴凉、通风的库房。远离火种、热源。防止阳光直射。储存温度不超过 35℃,相对湿度不超过 82%。保持容器密封。应与氧化剂、酸类、碱类等分开存放,切忌混储。配备相应品种和数量的消防器材。储区应备有泄漏应急处理设备和合适的收容材料。

紧急处置信息

急救措施

吸入:迅速脱离现场至空气新鲜处。保持呼吸道通畅。如呼吸困难,给输氧。呼吸、心跳停止,立即进行心肺复苏术。就医。

眼睛接触:立即分开眼睑,用流动清水或生理盐水彻底冲洗。如有不适感,就医。

皮肤接触:立即脱去污染的衣着,用大量流动清水冲洗。如有不适感,就医。

食入:饮足量温水,催吐。用 1:5000 高锰酸钾溶液洗胃。口服活性炭,导泻。每 5min 给服一片阿托品,直到感觉口干为止。就医。

灭火方法 消防人员必须佩戴空气呼吸器,穿全身防火防毒服,在上风向灭火。尽可能将容器从火场移至空旷处。喷水保持火场容器冷却,直至灭火结束

灭火剂:雾状水、泡沫、干粉、二氧化碳、砂土。

泄漏应急处置 隔离泄漏污染区,限制出入。建议应急处理人员戴防尘口罩,穿防毒服,戴防毒物渗透手套。穿上适当的防护服前严禁接触破裂的容器和泄漏物。尽可能切断泄漏源。用塑料布覆盖泄漏物,减少飞散。勿使水进入包装容器内。用洁净的铲子收集泄漏物,置于干净、干燥、盖子较松的容器中,将容器移离泄漏区。

621. 双　硫　腙

标　识

中文名称　双硫腙

英文名称　1,5 – diphenyl – 3 – thiocarbazone; dithizone

别名　二苯基硫卡巴腙;加打萨宗

分子式　$C_{13}H_{12}N_4S$

CAS 号　60 – 10 – 6

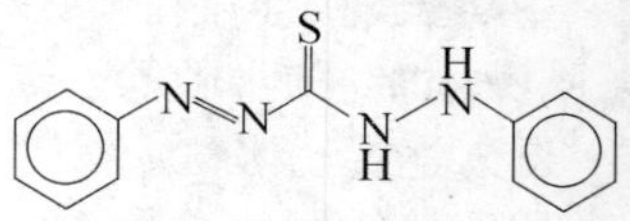

危害信息

燃烧与爆炸危险性　可燃。其粉体与空气混合,能形成爆炸性混合物。受高热分解放出有毒的气体。

禁忌物　强氧化剂。

毒性　小鼠静脉 LD_{50}:56mg/kg;小鼠腹腔内 LD_{50}:200mg/kg。

中毒表现　对眼睛有刺激作用。大量口服引起胃肠不适。

侵入途径　吸入、食入、经皮吸收。

理化特性与用途

理化特性　蓝黑色结晶或粉末。不溶于水,微溶于乙醇,易溶于氯仿、四氯化碳。熔点 168℃(分解),相对蒸气密度(空气 =1)8.8,辛醇/水分配系数 4.17,闪点 168℃。

主要用途　用于检验 Cu,Ag,Pb,Hg 等,也用作络合指示剂。

包装与储运

安全储运　储存于阴凉、通风的库房。远离火种、热源。保持容器密封。应与强氧化剂等隔离储运。搬运时轻装轻卸,防止容器受损。

紧急处置信息

急救措施

吸入:迅速脱离现场至空气新鲜处。保持呼吸道通畅。如呼吸困难,给输氧。呼吸、心跳停止,立即进行心肺复苏术。就医。

眼睛接触:立即分开眼睑,用流动清水或生理盐水彻底冲洗。如有不适感,就医。

皮肤接触:立即脱去污染的衣着,用大量流动清水冲洗。如有不适感,就医。

食入:饮足量温水,催吐。就医。

灭火方法　消防人员须佩戴防毒面具,穿全身消防服,在上风向灭火。尽可能将容器从火场移至空旷处。喷水保持火场容器冷却,直至灭火结束

灭火剂:雾状水、泡沫、干粉、二氧化碳、砂土。

泄漏应急处置　隔离泄漏污染区,限制出入。消除所有点火源。建议应急处理人员戴防尘口罩,穿一般作业工作服,戴橡胶手套。尽可能切断泄漏源。用塑料布覆盖泄漏物,减少飞散。勿使水进入包装容器内。用洁净的铲子收集泄漏物,置于干净、干燥、盖子较松的容器中,将容器移离泄漏区。

622. 双(2－氯乙基)胺盐酸盐

标　识

中文名称　双(2－氯乙基)胺盐酸盐

英文名称　bis(2－chloroethyl)amine hydrochloride;Nor－HN_2 hydrochloride

别名　盐酸双(2－氯乙基)胺

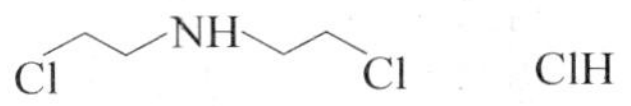

分子式　$C_4H_9Cl_2N$. HCl

CAS 号　821－48－7

危害信息

燃烧与爆炸危险性　可燃。其粉体与空气混合,能形成爆炸性混合物。受高热分解产生有毒的腐蚀性烟气。

禁忌物　强氧化剂、强碱。

毒性　大鼠腹腔内 LD_{50}:100mg/kg。

侵入途径　吸入、食入。

理化特性与用途

理化特性　白色至灰白色粉末,易吸潮。溶于水。pH 值 4.5～5,熔点 210～215℃,相对密度(水＝1)1.412。

主要用途　用作抗癌药及用于有机合成。

包装与储运

安全储运　储存于阴凉、通风的库房。远离火种、热源。保持容器密封。应与强氧化剂、强碱等隔离储运。搬运时轻装轻卸,防止容器受损。

紧急处置信息

急救措施

吸入:迅速脱离现场至空气新鲜处。保持呼吸道通畅。如呼吸困难,给输氧。呼吸、心跳停止,立即进行心肺复苏术。就医。

眼睛接触:立即分开眼睑,用流动清水或生理盐水彻底冲洗。如有不适感,就医。

皮肤接触:立即脱去污染的衣着,用大量流动清水冲洗。如有不适感,就医。

食入:饮足量温水,催吐。就医。

灭火方法　消防人员须佩戴防毒面具,穿全身消防服,在上风向灭火。尽可能将容器从火场移至空旷处。喷水保持火场容器冷却,直至灭火结束。切勿将水流直接射至熔融物,以免引起严重的流淌火灾或引起剧烈的沸溅。

灭火剂:雾状水、泡沫、干粉、二氧化碳、砂土。

泄漏应急处置　隔离泄漏污染区,限制出入。消除所有点火源。建议应急处理人员戴防尘口罩,穿防毒服,戴橡胶手套。穿上适当的防护服前严禁接触破裂的容器和泄漏物。尽可能切断泄漏源。用塑料布覆盖泄漏物,减少飞散。勿使水进入包装容器内。用洁净的铲子收集泄漏物,置于干净、干燥、盖子较松的容器中,将容器移离泄漏区。

623. 双(2 - 氯乙基)甲胺

标　　识

中文名称　双(2 - 氯乙基)甲胺

英文名称　chlormethine;nitrogen mustard; bis - (2 - chloroethyl) methylamine

别名　氮芥

分子式　$C_5H_{11}Cl_2N$

CAS 号　51 - 75 - 2

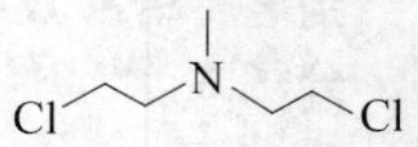

危害信息

危险性类别　第 6 类有毒品。

燃烧与爆炸危险性　可燃。其蒸气与空气混合,能形成爆炸性混合物。受高热分解放出有毒的气体。若遇高热,容器内压增大,有开裂和爆炸的危险。

活性反应　与氧化剂可发生反应。

禁忌物　强氧化剂、水。

毒性　大鼠经口 LD_{50}:10mg/kg;小鼠经口 LD_{50}:10mg/kg;大鼠经皮 LD_{50}:12mg/kg;兔经皮 LD_{50}:12mg/kg。

本品已列入《剧毒化学品目录》。

IARC 致癌性评论:G2A,可能人类致癌物。

中毒表现　吸入、摄入或经皮吸收均可引起中毒。人静脉注射 0. 4mg/kg,可迅速引起胃肠道症状,迟发性白细胞抑制。本品是一种起疱剂和局部刺激剂。

侵入途径　吸入、食入、经皮吸收。

理化特性与用途

理化特性　无色或淡黄色易流动液体,稍有气味。微溶于水,混溶于四氯化碳、二硫化碳、二甲基甲酰胺等许多有机溶剂。熔点 -60℃,沸点 87℃(2. 39kPa)、75℃(1. 33kPa),相对密度(水 =1)1. 118(25℃),相对蒸气密度(空气 =1)5. 9,饱和蒸气压 0. 02kPa(25℃),辛醇/水分配系数 0. 91。

主要用途　主要用作抗癌药物及用于有机合成。

包装与储运

包装标志　有毒品

包装类别　Ⅰ类

安全储运　储存于阴凉、干燥、通风良好的库房。应严格执行剧毒化学品管理制度。保持容器密封。远离火种、热源。防止阳光直射。储存温度不超过 32℃,相对湿度不超过 82%。保持容器密封。切勿受潮。应与氧化剂等分开存放,切忌混储。配备相应品种和数量的消防器材。储区应备有泄漏应急处理设备和合适的收容材料。

紧急处置信息

急救措施

吸入:迅速脱离现场至空气新鲜处。保持呼吸道通畅。如呼吸困难,给输氧。呼吸、心跳停止,立即进行心肺复苏术。就医。

眼睛接触:立即分开眼睑,用流动清水或生理盐水彻底冲洗。如有不适感,就医。

皮肤接触:立即脱去污染的衣着,用大量流动清水冲洗。如有不适感,就医。

食入:饮足量温水,催吐。就医。

灭火方法 消防人员必须佩戴空气呼吸器,穿全身防火防毒服,在上风向灭火。尽可能将容器从火场移至空旷处。喷水保持火场容器冷却,直至灭火结束。处在火场中的容器若已变色或从安全泄压装置中发出声音,必须马上撤离。

灭火剂:雾状水、泡沫、干粉、二氧化碳、砂土。

泄漏应急处置 根据液体流动和蒸气扩散的影响区域划定警戒区,无关人员从侧风、上风向撤离至安全区。消除所有点火源。建议应急处理人员戴正压自给式呼吸器,穿防毒服,戴防毒物渗透手套。禁止接触或跨越泄漏物。尽可能切断泄漏源。防止泄漏物进入水体、下水道、地下室或受限空间。小量泄漏:用砂土吸收。大量泄漏:构筑围堤或挖坑收容。用泵转移至槽车或专用收集器内。

624. 2,2－双(4′－羟基苯基)丙烷

标　识

中文名称 2,2－双(4′－羟基苯基)丙烷

英文名称 4,4′－isopropylidenediphenol; bisphenol A; 2,2－bis(4－Hydroxyphenyl) propane

别名 双酚 A

分子式 $C_{15}H_{16}O_2$

CAS 号 80－05－7

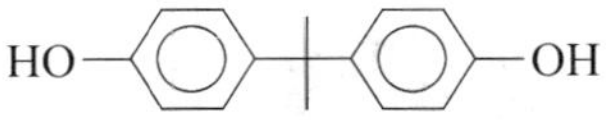

危害信息

燃烧与爆炸危险性 可燃。其粉体与空气混合,能形成爆炸性混合物。燃烧产生有毒的一氧化碳气体。

禁忌物 强氧化剂、强碱、酰基氯、硝酸盐及亚硝酸盐等。

毒性 大鼠经口 LD_{50}: 3250mg/kg; 小鼠经口 LD_{50}: 2400mg/kg; 兔经皮 LD_{50}: 3600mg/kg。

欧盟法规 1272/2008/EC 将本品列为第 2 类生殖毒物——可疑的人类生殖毒物。

中毒表现 本品对眼睛、皮肤、黏膜及上呼吸道有刺激作用。接触者有口苦感、恶心及头痛并伴有上呼吸道刺激症状。有报道可引起皮肤过敏反应。

侵入途径 吸入、食入。

理化特性与用途

理化特性 白色片状结晶或粉末,略有酚味。不溶于水,微溶于四氯化碳,溶于乙醇、乙酸、丙酮、碱液。熔点 150℃～155℃,沸点 220℃(0.53kPa)、250～252℃(1.7kPa),相对密度(水＝1)1.2,饱和蒸气压 87Pa(190℃),燃烧热 －7826kJ/mol,辛醇/水分配系数 3.32,闪点 207℃(开杯),引燃温度 510℃,爆炸下限 20g/cm^3。

主要用途 用于制环氧树脂、聚碳酸酯、聚苯醚、聚砜、聚酯树脂;用作聚氯乙烯稳

定剂、塑料抗氧剂、紫外光吸收剂、农用杀菌剂、橡胶防老剂等。

包装与储运

安全储运　储存于阴凉、通风的库房。远离火种、热源。保持容器密封。应与强氧化剂、碱类等隔离储运。搬运时轻装轻卸，防止容器受损。

紧急处置信息

急救措施

吸入：脱离现场至空气新鲜处。如呼吸困难，给输氧。就医。

眼睛接触：分开眼睑，用流动清水或生理盐水冲洗。如有不适感，就医。

皮肤接触：立即脱去污染的衣着，用肥皂水和清水彻底冲洗皮肤。如有不适感，就医。

食入：饮足量温水，催吐。就医。

灭火方法　消防人员须佩戴防毒面具，穿全身消防服，在上风向灭火。尽可能将容器从火场移至空旷处。喷水保持火场容器冷却，直至灭火结束

灭火剂：雾状水、泡沫、干粉、二氧化碳、砂土。

泄漏应急处置　隔离泄漏污染区，限制出入。消除所有点火源。建议应急处理人员戴防尘口罩，穿一般作业工作服，戴防护手套。尽可能切断泄漏源。用塑料布覆盖泄漏物，减少飞散。勿使水进入包装容器内。用洁净的铲子收集泄漏物，置于干净、干燥、盖子较松的容器中，将容器移离泄漏区。

625. 双(β－氰乙基)胺

标　识

中文名称　双(β－氰乙基)胺

英文名称　3, 3′－iminobispropanenitrile; bis(beta－cyanoethyl)amine

别名　β,β′－亚氨基二丙腈;3,3′－亚氨基二丙腈;双(2－氰乙基)胺

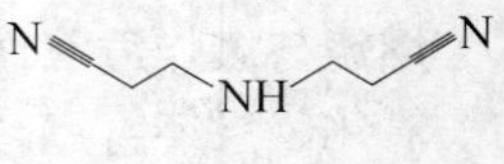

分子式　$C_6H_9N_3$

CAS 号　111－94－4

WGH 号　61632

危害信息

危险性类别　第6类有毒品。

燃烧与爆炸危险性　可燃。其蒸气与空气混合,能形成爆炸性混合物。遇高热分解释出高毒烟气。若遇高热,容器内压增大,有开裂和爆炸的危险。

活性反应　与氧化剂能发生强烈反应。

禁忌物　强氧化剂、酸类。

毒性　大鼠经口 LD_{50}: 2700mg/kg; 小鼠经口 LD_{50}: > 3200mg/kg; 兔经皮 LD_{50}: 2520mg/kg。

侵入途径　吸入、食入、经皮吸收。

理化特性与用途

理化特性 无色至淡黄色透明液体。溶于水,溶于乙醇、丙酮、苯。熔点 -6℃,沸点173℃(1.33kPa),相对密度(水=1)1.02,相对蒸气密度(空气=1)4.2,饱和蒸气压0.133kPa(140℃),辛醇/水分配系数 -1.34,闪点110℃。

主要用途 用作化学中间体和用于医学研究。

包装与储运

包装标志 有毒品

包装类别 Ⅲ类

安全储运 储存于阴凉、通风的库房。远离火种、热源。防止阳光直射。储存温度不超过35℃,相对湿度不超过85%。保持容器密封。应与氧化剂、强酸、碱类、强还原剂等分开存放,切忌混储。配备相应品种和数量的消防器材。储区应备有泄漏应急处理设备和合适的收容材料。

紧急处置信息

急救措施

吸入:迅速脱离现场至空气新鲜处。保持呼吸道通畅。如呼吸困难,给输氧。呼吸、心跳停止,立即进行心肺复苏术。就医。

眼睛接触:立即分开眼睑,用流动清水或生理盐水彻底冲洗。如有不适感,就医。

皮肤接触:立即脱去污染的衣着,用大量流动清水冲洗。如有不适感,就医。

食入:用水漱口。就医。

灭火方法 消防人员须佩戴防毒面具,穿全身消防服,在上风向灭火。尽可能将容器从火场移至空旷处。喷水保持火场容器冷却,直至灭火结束。处在火场中的容器若已变色或从安全泄压装置中发出声音,必须马上撤离。

灭火剂:雾状水、泡沫、干粉、二氧化碳、砂土。

泄漏应急处置 根据液体流动和蒸气扩散的影响区域划定警戒区,无关人员从侧风、上风向撤离至安全区。消除所有点火源。建议应急处理人员戴正压自给式呼吸器,穿一般作业工作服,戴橡胶手套。尽可能切断泄漏源。防止泄漏物进入水体、下水道、地下室或受限空间。小量泄漏:用干燥的砂土或其他不燃材料吸收或覆盖,收集于容器中。大量泄漏:构筑围堤或挖坑收容。用泵转移至槽车或专用收集器内。

626. 双 戊 烯

标 识

中文名称 双戊烯

英文名称 dipentene

别名 1,8-萜二烯;苎烯;二聚戊烯

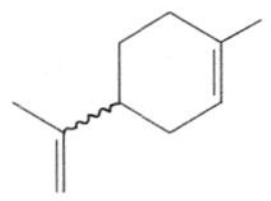

分子式 $C_{10}H_{16}$

CAS 号 138-86-3

WGH 号 33639;32139[铁规]

UN 号　2052

危害信息

危险性类别　第 3 类易燃液体。

燃烧与爆炸危险性　易燃。其蒸气与空气混合，能形成爆炸性混合物。燃烧产生有毒的一氧化碳气体。若遇高热，可发生聚合反应，放出大量热量而引起容器破裂和爆炸事故。

活性反应　与氧化剂接触发生猛烈反应。

禁忌物　强氧化剂、强酸、卤代烃、卤素。

毒性　大鼠经口 LD_{50}：5300mg/kg；小鼠经口 LD_{50}：4662mg/kg；小鼠吸入 LC_{50}：67500mg/m^3。

中毒表现　液体对眼睛和皮肤有刺激性，对皮肤有致敏性。食入刺激胃肠道，大量食入有可能引起蛋白尿和血尿。

侵入途径　吸入、食入。

环境危害　对水生生物有极高毒性，可能在水生环境中造成长期不利影响。

理化特性与用途

理化特性　无色易流动液体，有类似柠檬的香味。不溶于水，混溶于乙醇、乙醚。熔点 -95.5℃，沸点 175.5 ~ 176.5℃，相对密度(水 = 1)0.84，相对蒸气密度(空气 = 1)4.7，饱和蒸气压 0.2kPa(25℃)，燃烧热 -6184.8kJ/mol，辛醇/水分配系数 4.57，闪点 45℃(闭杯)，引燃温度 237℃，爆炸下限 0.7%，爆炸上限 6.1%。

主要用途　用作溶剂和用于有机合成。

包装与储运

包装标志　易燃液体

包装类别　Ⅲ类

安全储运　储存于阴凉、通风的库房。远离火种、热源。库温不宜超过 37℃。包装要求密封，不可与空气接触。应与氧化剂、酸类分开存放，切忌混储。不宜大量储存或久存。采用防爆型照明、通风设施。禁止使用易产生火花的机械设备和工具。灌装时注意流速，防止静电积聚。储区应备有泄漏应急处理设备和合适的收容材料。

紧急处置信息

急救措施

吸入：脱离现场至空气新鲜处。如呼吸困难，给输氧。呼吸、心跳停止，立即进行心肺复苏术。就医。

眼睛接触：分开眼睑，用流动清水或生理盐水冲洗。如有不适感，就医。

皮肤接触：脱去污染的衣着，用肥皂水和清水彻底冲洗皮肤。如有不适感，就医。

食入：饮水，催吐。就医。

灭火方法　消防人员须穿全身消防服，佩戴空气呼吸器，在上风向灭火。尽可能将容器从火场移至空旷处。喷水保持火场容器冷却，直至灭火结束。处在火场中的容器若发生异常变化或发出异常声音，须马上撤离。

灭火剂：泡沫、干粉、二氧化碳、砂土。

泄漏应急处置　消除所有点火源。根据液体流动和蒸气扩散的影响区域划定警戒区，无关人员从侧风、上风向撤离至安全区。建议应急处理人员戴正压自给式呼吸器，穿防静

电服，戴橡胶耐油手套。作业时使用的所有设备应接地。禁止接触或跨越泄漏物。尽可能切断泄漏源。防止泄漏物进入水体、下水道、地下室或受限空间。小量泄漏：用砂土或其他不燃材料吸收。使用洁净的无火花工具收集吸收材料。大量泄漏：构筑围堤或挖坑收容。用泡沫覆盖，减少蒸发。喷水雾能减少蒸发，但不能降低泄漏物在受限空间内的易燃性。用防爆泵转移至槽车或专用收集器内。

627. 双 酰 草 胺

标 识

中文名称 双酰草胺

英文名称 carbetamide;(*R*) - *N* - ethyl - 2 - (((phenylamino) carbonyl) oxy) propanamide

别名 (*R*) - *N* - 乙基 - 2 - (苯氨基羰基氧基)丙酰胺;卡草胺

分子式 $C_{12}H_{16}N_2O_3$

CAS 号 16118 - 49 - 3

危害信息

燃烧与爆炸危险性 可燃。其粉体与空气混合,能形成爆炸性混合物。燃烧产生有毒的一氧化碳和氮氧化物气体。受高热分解放出有毒的气体。

禁忌物 强氧化剂。

毒性 大鼠经口 LD_{50}:11000mg/kg;小鼠经口 LD_{50}:1200mg/kg;大鼠吸入 LC_{50}: >130mg/m^3(4h)。

侵入途径 吸入、食入

理化特性与用途

理化特性 无色结晶体或粉末。微溶于水,微溶于环己烷,易溶于甲醇、丙酮、N,N - 二甲基甲酰胺。熔点 118 ~ 119℃,相对密度(水 =1)0.5,辛醇/水分配系数 1.63。

主要用途 除草剂,用于苜蓿、红三叶草、油菜、等作物防除禾本科和某些阔叶杂草。

包装与储运

安全储运 储存于阴凉、通风的库房。远离火种、热源。保持容器密封。应与强氧化剂等隔离储运。搬运时轻装轻卸,防止容器受损。

紧急处置信息

急救措施

吸入:迅速脱离现场至空气新鲜处。保持呼吸道通畅。如呼吸困难,给输氧。呼吸、心跳停止,立即进行心肺复苏术。就医。

眼睛接触:分开眼睑,用流动清水或生理盐水冲洗。如有不适感,就医。

皮肤接触:脱去污染的衣着,用大量流动清水冲洗。如有不适感,就医。

食入:饮足量温水,催吐、洗胃、导泻。就医。

灭火方法 消防人员必须佩戴空气呼吸器,穿全身防火防毒服,在上风向灭火。尽可能将容器从火场移至空旷处。喷水保持火场容器冷却,直至灭火结束。

灭火剂:雾状水、泡沫、干粉、二氧化碳、砂土。

泄漏应急处置　隔离泄漏污染区，限制出入。建议应急处理人员戴防尘口罩，穿一般作业工作服，戴防护手套。尽可能切断泄漏源。用塑料布覆盖泄漏物，减少飞散。勿使水进入包装容器内。用洁净的铲子收集泄漏物，置于干净、干燥、盖子较松的容器中，将容器移离泄漏区。

628. 水合 *a* – 氨基乙酰基 – *L* – 精氨酸

标　识

中文名称　水合 *a* – 氨基乙酰基 – *L* – 精氨酸

英文名称　*N* – Acetyl – *L* – arginine；(2S) – 2 – acetamido – 5 – (diaminomethylideneamino) pentanoic acid

别名　*N* – α – 乙酰 – *L* – 精氨酸

分子式　$C_8 - H_{16} - N_4 - O_3$

CAS 号　155 – 84 – 0

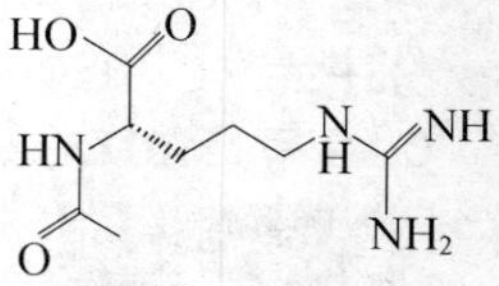

危害信息

燃烧与爆炸危险性　其粉体与空气混合能形成爆炸性混合物，燃烧产生有毒的一氧化碳和氮氧化物气体。

禁忌物　强氧化剂。

侵入途径　吸入、食入、经皮吸收。

理化特性与用途

理化特性　固体。密度 1.39g/cm^3。

主要用途　用作有机合成中间体。

包装与储运

安全储运　储存于阴凉、通风的库房。远离火种、热源。应与强氧化剂等隔离储运。

紧急处置信息

急救措施

吸入：脱离接触。如有不适感，就医。

眼睛接触：分开眼睑，用流动清水或生理盐水冲洗。如有不适感，就医。

皮肤接触：脱去污染的衣着，用肥皂水和清水冲洗。如有不适感，就医。

食入：漱口，饮水。就医。

灭火方法　消防人员必须佩戴空气呼吸器、穿全身防火防毒服，在上风向灭火。尽可能将容器从火场移至空旷处。喷水保持火场容器冷却，直至灭火结束。

灭火剂：水、雾状水、泡沫、干粉、二氧化碳。

泄漏应急处置　隔离泄漏污染区，限制出入。建议应急处理人员戴防尘口罩，穿防毒服。禁止接触或跨越泄漏物。防止泄漏物进入水体、下水道、地下室或受限空间。

629. 水 杨 醛

标 识

中文名称 水杨醛

英文名称 salicylaldehyde;2 - hydroxybenzaldehyde

别名 2 - 羟基苯甲醛;邻羟基苯甲醛

分子式 $C_7H_6O_2$

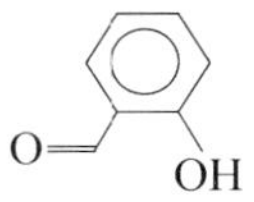

CAS 号 90 - 02 - 8

WGH 号 61599

危害信息

危险性类别 第 6 类有毒品。

燃烧与爆炸危险性 可燃。其蒸气与空气混合,能形成爆炸性混合物。遇高热、明火及强氧化剂易引起燃烧并放出有毒气体。

禁忌物 强氧化剂、强酸、强碱。

毒性 大鼠经口 LD_{50}:520mg/kg;小鼠经口 LD_{50}:504mg/kg;兔经皮 LD_{50}:3000mg/kg。

中毒表现 本品对呼吸道有刺激性,吸入后引起咳嗽、胸痛。对眼睛和皮肤有刺激性。

侵入途径 吸入、食入、经皮吸收。

理化特性与用途

理化特性 无色透明至淡黄色油状液体,有苦杏仁味。微溶于水,溶于多数有机溶剂。熔点 -7℃,沸点 197℃,相对密度(水 =1)1. 167(20℃/4℃),相对蒸气密度(空气 =1)4. 2,饱和蒸气压 0. 13kPa(33℃),燃烧热 -3328. 9kJ/mol,辛醇/水分配系数 1. 81,闪点 77. 8℃(闭杯)。

主要用途 用作分析试剂、香料、汽油添加剂和其他有机合成的中间体等。

包装与储运

包装标志 有毒品

包装类别 Ⅲ类

安全储运 储存于阴凉、通风的库房。远离火种、热源。库温不超过 35℃。相对湿度不超过 85%。保持容器密封。应与氧化剂、酸类、碱类、食用化学品分开存放,切忌混储。配备相应品种和数量的消防器材。储区应备有泄漏应急处理设备和合适的收容材料。

紧急处置信息

急救措施

吸入:迅速脱离现场至空气新鲜处。保持呼吸道通畅。如呼吸困难,给输氧。呼吸、心跳停止,立即进行心肺复苏术。就医。

眼睛接触:分开眼睑,用流动清水或生理盐水冲洗。如有不适感,就医。

皮肤接触:立即脱去污染的衣着,用肥皂水和清水彻底冲洗皮肤。如有不适感,就医。

食入:饮足量温水,催吐。就医。

灭火方法 消防人员必须佩戴空气呼吸器,穿全身防火防毒服,在上风向灭火。尽可能

将容器从火场移至空旷处。喷水保持火场容器冷却,直至灭火结束。处在火场中的容器若已变色或从安全泄压装置中发出声音,必须马上撤离。

灭火剂:雾状水、泡沫、二氧化碳、干粉、砂土。

泄漏应急处置 根据液体流动和蒸气扩散的影响区域划定警戒区,无关人员从侧风、上风向撤离至安全区。消除所有点火源。建议应急处理人员戴正压自给式呼吸器,穿防毒服,戴防化学品手套。穿上适当的防护服前严禁接触破裂的容器和泄漏物。尽可能切断泄漏源。防止泄漏物进入水体、下水道、地下室或受限空间。小量泄漏:用干燥的砂土或其他不燃材料吸收或覆盖,收集于容器中。大量泄漏:构筑围堤或挖坑收容。用泵转移至槽车或专用收集器内。

630. 水杨酸甲酯

标　识

中文名称 水杨酸甲酯

英文名称 methyl salicylate;methyl 2 - hydroxybenzoate;wintergreen oil

别名 邻羟基苯甲酸甲酯;冬青油

分子式 $C_8H_8O_3$

CAS 号 119 - 36 - 8

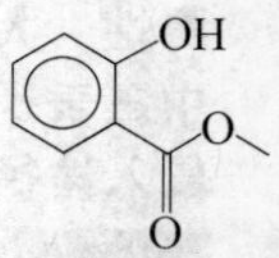

危害信息

燃烧与爆炸危险性 可燃。其蒸气与空气混合,能形成爆炸性混合物。受高热分解,放出刺激性烟气。

禁忌物 强氧化剂、强碱。

毒性 大鼠经口 LD_{50}:887mg/kg。

中毒表现 本品对皮肤有刺激作用。蒸气或雾对眼睛、黏膜和上呼吸道有刺激作用。经口有明显的胃肠道刺激症状、中枢神经系统症状及高热。

侵入途径 吸入、食入。

环境危害 对水生生物有毒,可能在水生环境中造成长期不利影响。

理化特性与用途

理化特性 无色至淡黄色或微红色油状液体,有冬青叶香味。微溶于水,溶于氯仿、乙醚,混溶于乙醇、乙酸。熔点 -8.6℃,沸点 220~224℃,相对密度(水=1)1.18,相对蒸气密度(空气=1)5.24,饱和蒸气压 0.013kPa(20℃),燃烧热 -3776.5kJ/mol,临界温度 428℃,临界压力 4.09MPa,辛醇/水分配系数 2.55,闪点 96℃(闭杯),引燃温度 451℃,爆炸下限 1.2%,爆炸上限 7.2%。

主要用途 用作溶剂和中间体,用于制造杀虫剂、杀菌剂、香料、涂料、化妆品、油墨及纤维助染剂等。

包装与储运

安全储运 储存于阴凉、通风的库房。远离火种、热源。保持容器密封。应与氧化剂、碱类、食用化学品等隔离储运。搬运时轻装轻卸,防止容器受损。

紧急处置信息

急救措施

吸入: 脱离现场至空气新鲜处。如呼吸困难,给输氧。就医。

眼睛接触: 分开眼睑,用流动清水或生理盐水冲洗。如有不适感,就医。

皮肤接触: 立即脱去污染的衣着,用肥皂水和清水彻底冲洗皮肤。如有不适感,就医。

食入: 饮足量温水,催吐。就医。

灭火方法 消防人员须佩戴防毒面具,穿全身消防服,在上风向灭火。尽可能将容器从火场移至空旷处。喷水保持火场容器冷却,直至灭火结束。处在火场中的容器若已变色或从安全泄压装置中发出声音,必须马上撤离

灭火剂:雾状水、泡沫、干粉、二氧化碳、砂土。

泄漏应急处置 根据液体流动和蒸气扩散的影响区域划定警戒区,无关人员从侧风、上风向撤离至安全区。消除所有点火源。建议应急处理人员戴防毒面具,穿防毒服,戴橡胶手套。穿上适当的防护服前严禁接触破裂的容器和泄漏物。尽可能切断泄漏源。防止泄漏物进入水体、下水道、地下室或受限空间。小量泄漏:用干燥的砂土或其他不燃材料吸收或覆盖,收集于容器中。大量泄漏:构筑围堤或挖坑收容。用泵转移至槽车或专用收集器内。

631. 水杨酸钠

标　识

中文名称 水杨酸钠

英文名称 sodium salicylate; monosodium 2 - hydroxybenzoate

别名 邻羟基苯甲酸钠

分子式 $C_7H_6O_3.Na$

CAS 号 54 - 21 - 7

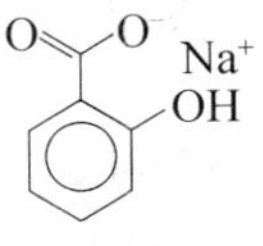

危害信息

燃烧与爆炸危险性 可燃。其粉体与空气混合,能形成爆炸性混合物。受高热分解放出有毒的气体。

禁忌物 强氧化剂、强碱。

毒性 大鼠经口 LD_{50}:930mg/kg;小鼠经口 LD_{50}:540mg/kg;兔经口 LD_{50}:1700mg/kg。

中毒表现 对眼睛、皮肤、黏膜、呼吸道有刺激作用。吸入后引起咳嗽、呼吸困难和胸痛、恶心、呕吐、头痛、眩晕、耳鸣、视力减退、过敏反应等。大量口服可致死。

侵入途径 吸入、食入。

理化特性与用途

理化特性 白色鳞片状结晶或粉末,无气味,见光逐渐变成粉红色。溶于水,溶于甘油,不溶于苯、乙醚、氯仿。熔点 213℃(分解),辛醇/水分配系数 -1.43,引燃温度 >250℃。

主要用途 作解热镇痛药和抗风湿药、分析试剂、防腐剂,以及有机合成原料。

包装与储运

安全储运 储存于阴凉、通风的库房。远离火种、热源。保持容器密封。应与氧化剂、强

酸、碱类等隔离储运。搬运时轻装轻卸,防止容器受损。

紧急处置信息

急救措施

吸入:迅速脱离现场至空气新鲜处。保持呼吸道通畅。如呼吸困难,给输氧。呼吸、心跳停止,立即进行心肺复苏术。就医。

眼睛接触:立即分开眼睑,用流动清水或生理盐水彻底冲洗。如有不适感,就医。

皮肤接触:立即脱去污染的衣着,用大量流动清水冲洗。如有不适感,就医。

食入:饮足量温水,催吐。就医。

灭火方法　消防人员须佩戴防毒面具,穿全身消防服,在上风向灭火。尽可能将容器从火场移至空旷处。喷水保持火场容器冷却,直至灭火结束。切勿将水流直接射至熔融物,以免引起严重的流淌火灾或引起剧烈的沸溅。

灭火剂:雾状水、泡沫、干粉、二氧化碳、砂土。

泄漏应急处置　隔离泄漏污染区,限制出入。消除所有点火源。建议应急处理人员戴防尘口罩,穿防毒服,戴防护手套。穿上适当的防护服前严禁接触破裂的容器和泄漏物。尽可能切断泄漏源。用塑料布覆盖泄漏物,减少飞散。勿使水进入包装容器内。用洁净的铲子收集泄漏物,置于干净、干燥、盖子较松的容器中,将容器移离泄漏区。

632. 水杨酸异戊酯

标　识

中文名称　水杨酸异戊酯

英文名称　isopentyl salicylate; isopentyl *o* - hydroxybenzoate

别名　邻羟基苯甲酸异戊酯

分子式　$C_{12}H_{16}O_3$

CAS 号　87 - 20 - 7

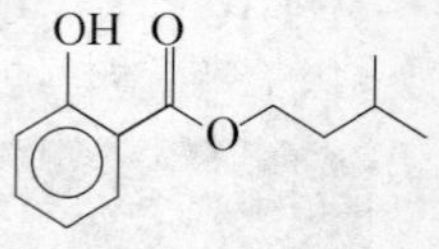

危害信息

燃烧与爆炸危险性　可燃。其蒸气与空气混合,能形成爆炸性混合物。燃烧产生有毒的一氧化碳气体。

禁忌物　强氧化剂、强酸、强碱。

毒性　大鼠经口 TDL_0:12600mg/kg。

侵入途径　吸入、食入。

环境危害　对水生生物有毒,可能在水生环境中造成长期不利影响。

理化特性与用途

理化特性　无色透明油状液体,有浓郁的香气。不溶于水,不溶于甘油,溶于乙醇、乙醚。沸点 277 ~ 278℃,相对密度(水 = 1)1.05,饱和蒸气压 9Pa(20℃),辛醇/水分配系数 4.49,闪点 > 100℃。

主要用途　有定香作用,用于配制许多类型的香精,极适用于皂用香精;也用于医药、日用化工。

包装与储运

安全储运 储存于阴凉、通风的库房。远离火种、热源。保持容器密封。应与氧化剂、碱类、食用化学品等隔离储运。搬运时轻装轻卸,防止容器受损。

紧急处置信息

急救措施

吸入:脱离现场至空气新鲜处。如有不适感,就医。

眼睛接触:分开眼睑,用流动清水或生理盐水冲洗。如有不适感,就医。

皮肤接触:立即脱去污染的衣着,用肥皂水和清水彻底冲洗皮肤。如有不适感,就医。

食入:饮足量温水,催吐。就医。

灭火方法 消防人员须佩戴防毒面具,穿全身消防服,在上风向灭火。尽可能将容器从火场移至空旷处。喷水保持火场容器冷却,直至灭火结束。处在火场中的容器若已变色或从安全泄压装置中发出声音,必须马上撤离

灭火剂:雾状水、泡沫、干粉、二氧化碳、砂土。

泄漏应急处置 根据液体流动和蒸气扩散的影响区域划定警戒区,无关人员从侧风、上风向撤离至安全区。消除所有点火源。建议应急处理人员戴防毒面具,穿防毒服,戴橡胶手套。穿上适当的防护服前严禁接触破裂的容器和泄漏物。尽可能切断泄漏源。防止泄漏物进入水体、下水道、地下室或受限空间。小量泄漏:用干燥的砂土或其他不燃材料吸收或覆盖,收集于容器中。大量泄漏:构筑围堤或挖坑收容。用泵转移至槽车或专用收集器内。

633. 顺丁烯二酸二丁基锡

标　识

中文名称 顺丁烯二酸二丁基锡

英文名称 dibutyltin maleate;2,2 - dibutyl - 1,3,2 - dioxastannepin - 4,7 - dione

别名 马来酸二丁基锡;2,2 - 二丁基 - 1,3,2 - 二氧杂锡卓 - 4,7 - 二酮

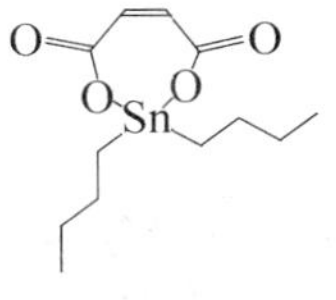

分子式 $C_{12}H_{20}O_4Sn$

CAS 号 78 - 04 - 6

危害信息

危险性类别 第 6 类有毒品。

燃烧与爆炸危险性 可燃。其粉体与空气混合,能形成爆炸性混合物。受高热分解放出有毒的气体。

禁忌物 强氧化剂。

中毒表现 有机锡中毒的主要表现为中枢神经系统症状,有头痛、头晕、乏力、多汗、恶心等。

侵入途径 吸入、食入、经皮吸收。

职业接触限值 美国(ACGIH):TLV - TWA:0.1mg/m^3,TLV - STEL:0.2mg/m^3[按锡计]。

环境危害 对水生生物有害。

理化特性与用途

理化特性 白色无定形粉末，具有吸湿性和催泪性。不溶于水，溶于多数常用有机溶剂。熔点108～113℃，沸点145℃(1kPa)，相对密度(水=1)1.318，闪点204℃。

主要用途 用作聚氯乙烯的热稳定剂、催化剂。

包装与储运

包装标志 有毒品

包装类别 Ⅲ类

安全储运 储存于阴凉、通风的库房。远离火种、热源。防止阳光直射。储存温度不超过35℃，相对湿度不超过85%。保持容器密封。应与氧化剂、食用化学品分开存放，切忌混储。配备相应品种和数量的消防器材。储区应备有合适的材料收容泄漏物。

紧急处置信息

急救措施

吸入：迅速脱离现场至空气新鲜处。保持呼吸道通畅。如呼吸困难，给输氧。呼吸、心跳停止，立即进行心肺复苏术。就医。

眼睛接触：分开眼睑，用流动清水或生理盐水冲洗。如有不适感，就医。

皮肤接触：立即脱去污染的衣着，用大量流动清水冲洗。如有不适感，就医。

食入：饮足量温水，催吐。就医。

灭火方法 消防人员须佩戴防毒面具，穿全身消防服，在上风向灭火。尽可能将容器从火场移至空旷处。喷水保持火场容器冷却，直至灭火结束

灭火剂：雾状水、泡沫、干粉、二氧化碳、砂土。

泄漏应急处置 隔离泄漏污染区，限制出入。消除所有点火源。建议应急处理人员戴防尘口罩，穿防毒服，戴橡胶手套。穿上适当的防护服前严禁接触破裂的容器和泄漏物。尽可能切断泄漏源。用塑料布覆盖泄漏物，减少飞散。勿使水进入包装容器内。用洁净的铲子收集泄漏物，置于干净、干燥、盖子较松的容器中，将容器移离泄漏区。

634. 锶

标　识

中文名称 锶

英文名称 strontium

别名 金属锶

分子式 Sr

CAS号 7440-24-6

WGH号 43008

UN号 1383

危害信息

危险性类别 第4.3类遇湿易燃物品。

燃烧与爆炸危险性 遇湿易燃。微细粉末遇明火极易燃烧爆炸。燃烧时发出深红色火

焰。燃烧产生有害的氧化锶。

活性反应 化学反应活性较高,微细粉末遇明火极易燃烧爆炸。遇水或酸发生反应放出氢气及热量,能引起燃烧。与卤素、硫、磷等发生剧烈的化学反应,引起燃烧。

禁忌物 强氧化剂、氧、水、酸类、卤素、硫、磷等。

中毒表现 在动物实验中,急性锶中毒的症状是共济失调,肌肉异常软弱无力,甚至转为肌肉抽搐以致死亡。死因主要是呼吸衰竭。

侵入途径 吸入、食入。

理化特性与用途

理化特性 银白色至淡黄色软金属。与水反应。溶于液氨、酸、乙醇。熔点757℃,沸点1384℃,相对密度(水=1)2.64,饱和蒸气压1.33kPa(898℃)。

主要用途 用于制造合金,及用作电子管的吸气剂,也用于化学分析、制烟火、信号弹等。

包装与储运

包装标志 遇湿易燃物品

包装类别 Ⅰ类

安全储运 储存于阴凉、干燥、通风良好的专用库房内,远离火种、热源。库温不超过32℃。相对湿度不超过75%。包装要求密封。防止受潮。应与氧化剂、酸类、食用化学品分开存放,切忌混储。采用防爆型照明、通风设施。禁止使用易产生火花的机械设备和工具。储区应备有合适的材料收容泄漏物。

紧急处置信息

急救措施

吸入:迅速脱离现场至空气新鲜处。保持呼吸道通畅。如呼吸困难,给输氧。呼吸、心跳停止,立即进行心肺复苏术。就医。

眼睛接触:分开眼睑,用流动清水或生理盐水冲洗。如有不适感,就医。

皮肤接触:脱去污染的衣着,用肥皂水和清水彻底冲洗皮肤。如有不适感,就医。

食入:用水漱口。就医。

灭火方法 消防人员必须佩戴空气呼吸器,穿全身防火防毒服,在上风向灭火。尽可能将容器从火场移至空旷处。喷水保持火场容器冷却,直至灭火结束。不可用水、泡沫、二氧化碳、卤代烃等灭火

灭火剂:干燥石墨粉或其他干粉。

泄漏应急处置 隔离泄漏污染区,限制出入。消除所有点火源。建议应急处理人员戴防尘口罩,穿防静电服,戴防护手套。禁止接触或跨越泄漏物。尽可能切断泄漏源。严禁用水处理。小量泄漏:用干燥的砂土或其他不燃材料覆盖泄漏物,然后用塑料布覆盖,减少飞散、避免雨淋。粉末泄漏:用塑料布或帆布覆盖泄漏物,减少飞散,保持干燥。在专家指导下清除。

635. 四苯基锡

标　识

中文名称 四苯基锡

英文名称 tetraphenyltin;tetraphenylstannane

别名 四苯锡

分子式 $C_{24}H_{20}Sn$

CAS 号 595-90-4

WGH 号 61857

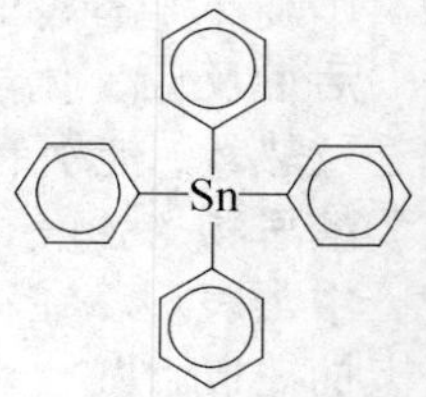

危害信息

危险性类别 第6类有毒品。

燃烧与爆炸危险性 可燃。其粉体与空气混合,能形成爆炸性混合物。受高热分解放出有毒的气体。

禁忌物 强氧化剂、强碱。

中毒表现 对黏膜有刺激作用,可产生皮肤过敏反应。中毒症状有:头痛、头晕、失眠、乏力、多汗等神经衰弱综合征;重症患者,可出现中毒性脑病。

侵入途径 吸入、食入、经皮吸收。

职业接触限值 美国(ACGIH):TLV-TWA:0.1mg/m^3,TLV-STEL:0.2mg/m^3[按锡计]。

环境危害 严重海洋污染物。

理化特性与用途

理化特性 白色至米色结晶粉末。不溶于水,微溶于乙醇,溶于苯、甲苯、二甲苯、氯仿、四氯化碳。熔点224~230.1℃,沸点420℃,相对密度(水=1)1.49(0℃),相对蒸气密度(空气=1)14.7,辛醇/水分配系数8.34,闪点232℃。

主要用途 用作防蛀虫剂及有机合成中间体。

包装与储运

包装标志 有毒品

包装类别 Ⅲ类

安全储运 储存于阴凉、通风的库房。远离火种、热源。防止阳光直射。储存温度不超过35℃,相对湿度不超过85%。保持容器密封。应与氧化剂、强酸等分开存放,切忌混储。配备相应品种和数量的消防器材。储区应备有合适的材料收容泄漏物。

紧急处置信息

急救措施

吸入:迅速脱离现场至空气新鲜处。保持呼吸道通畅。如呼吸困难,给输氧。呼吸、心跳停止,立即进行心肺复苏术。就医。

眼睛接触:立即分开眼睑,用流动清水或生理盐水彻底冲洗。如有不适感,就医。

皮肤接触:立即脱去污染的衣着,用大量流动清水冲洗。如有不适感,就医。

食入:饮足量温水,催吐。就医。

灭火方法 消防人员须佩戴防毒面具,穿全身消防服,在上风向灭火。尽可能将容器从火场移至空旷处。喷水保持火场容器冷却,直至灭火结束。切勿将水流直接射至熔融物,以免引起严重的流淌火灾或引起剧烈的沸溅。

灭火剂:雾状水、泡沫、干粉、二氧化碳、砂土。

泄漏应急处置 隔离泄漏污染区,限制出入。消除所有点火源。建议应急处理人员戴防尘口罩,穿防毒服,戴橡胶手套。穿上适当的防护服前严禁接触破裂的容器和泄漏物。尽可能切断泄漏源。用塑料布覆盖泄漏物,减少飞散。勿使水进入包装容器内。用洁净的铲子收集泄漏物,置于干净、干燥、盖子较松的容器中,将容器移离泄漏区。

636. 四碘化锡

标识

中文名称 四碘化锡

英文名称 tin tetraiodide; stannic iodide

别名 碘化高锡

分子式 SnI_4

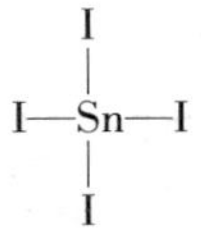

CAS 号 7790-47-8

WGH 号 81528

危害信息

危险性类别 第 8 类腐蚀品。

燃烧与爆炸危险性 不燃,无特殊燃爆特性。但遇高热能放出有毒的烟气。具有腐蚀性。

活性反应 遇氰化物能产生剧毒的氰化氢气体。遇 H 发泡剂立即燃烧。

禁忌物 强氧化剂、强碱、水蒸气。

毒性 大鼠静脉 LDL_0:200mg/kg。

中毒表现 本品对眼睛、皮肤和黏膜具有腐蚀性。

侵入途径 吸入、食入。

职业接触限值 美国(ACGIH):TLV-TWA:2mg/m^3[按锡计]。

理化特性与用途

理化特性 呈黄色或微红色结晶或粉末。不溶于水,溶于乙醇、苯、氯仿等。熔点 144℃,沸点 364℃,相对密度(水=1)4.47,饱和蒸气压 0.8kPa(160℃)。

主要用途 用作试剂。

包装与储运

包装标志 腐蚀品

包装类别 Ⅲ类

安全储运 储存于阴凉、干燥、通风良好的库房。远离火种、热源。库温不超过 30℃。相对湿度不超过 75%。包装必须完整密封。防止吸潮。应与氧化剂、碱类等分开存放,切忌混储。储区应备有合适的材料收容泄漏物。

紧急处置信息

急救措施

吸入:迅速脱离现场至空气新鲜处。保持呼吸道通畅。如呼吸困难,给输氧。呼吸、心跳停止,立即进行心肺复苏术。就医。

眼睛接触:立即分开眼睑,用大量流动清水或生理盐水彻底冲洗 10~15min。就医。

皮肤接触:立即脱去污染的衣着,用大量流动清水彻底冲洗,冲洗时间一般要求 20~30min。就医。

食入:用水漱口。给饮牛奶或蛋清。就医。

灭火方法 消防人员必须佩戴空气呼吸器,穿全身防火防毒服,在上风向灭火。尽可能将容器从火场移至空旷处。喷水保持火场容器冷却,直至灭火结束。

灭火剂:干粉、砂土。

泄漏应急处置 隔离泄漏污染区,限制出入。建议应急处理人员戴防尘口罩,穿防毒、防腐蚀服,戴橡胶手套。穿上适当的防护服前严禁接触破裂的容器和泄漏物。尽可能切断泄漏源。用塑料布覆盖泄漏物,减少飞散。勿使水进入包装容器内。用洁净的铲子收集泄漏物,置于干净、干燥、盖子较松的容器中,将容器移离泄漏区。

637. 四丁基锡

标识

中文名称 四丁基锡

英文名称 tetrabutyltin;tetrabutylstannane;tetra-*n*-butyltin

别名 四丁锡

分子式 $C_{16}H_{36}Sn$

CAS 号 1461-25-2

WGH 号 61857

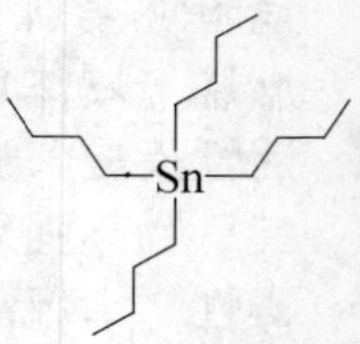

危害信息

危险性类别 第6类有毒品。

燃烧与爆炸危险性 可燃。其蒸气与空气混合,能形成爆炸性混合物。受高热分解放出有毒的气体。若遇高热,容器内压增大,有开裂和爆炸的危险。

活性反应 与氧化剂可发生反应。

禁忌物 强氧化剂。

毒性 大鼠经口 LD_{50}:1268mg/kg;小鼠经口 LD_{50}:6000mg/kg;小鼠吸入 LC_{50}:142mg/m^3。

中毒表现 对黏膜有刺激作用。中毒症状有:剧烈头痛、头晕、失眠、乏力、多汗等神经衰弱综合征;重症患者,可出现中毒性脑病。

侵入途径 吸入、食入、经皮吸收。

职业接触限值 美国(ACGIH):TLV-TWA:0.1mg/m^3,TLV-STEL:0.2mg/m^3[按锡计]。

环境危害 对水生生物有极高毒性,可能在水生环境中造成长期不利影响;严重海洋污染物。

理化特性与用途

理化特性 无色或微黄色透明油状液体。不溶于水,溶于多数普通有机溶剂。熔点-97℃,沸点145℃(1.33kPa),相对密度(水=1)1.057,饱和蒸气压0.14Pa(25℃),辛醇/水分配系数9.37,闪点107℃,引燃温度265℃。

主要用途 用作防锈剂、PVC热稳定剂、聚合催化剂、润滑油和燃油添加剂等。

包装与储运

包装标志 有毒品

包装类别 Ⅲ类

安全储运 储存于阴凉、通风的库房。远离火种、热源。防止阳光直射。保储存温度不超过35℃,相对湿度不超过85%。保持容器密封。应与氧化剂、强酸、碱类等分开存放,切忌混储。配备相应品种和数量的消防器材。储区应备有泄漏应急处理设备和合适的收容材料。

紧急处置信息

急救措施

吸入:迅速脱离现场至空气新鲜处。保持呼吸道通畅。如呼吸困难,给输氧。呼吸、心跳停止,立即进行心肺复苏术。就医。

眼睛接触:立即分开眼睑,用流动清水或生理盐水彻底冲洗。如有不适感,就医。

皮肤接触:立即脱去污染的衣着,用大量流动清水冲洗。如有不适感,就医。

食入:饮足量温水,催吐。就医。

灭火方法 消防人员须佩戴防毒面具,穿全身消防服,在上风向灭火。尽可能将容器从火场移至空旷处。喷水保持火场容器冷却,直至灭火结束。处在火场中的容器若已变色或从安全泄压装置中发出声音,必须马上撤离。

灭火剂:雾状水、泡沫、干粉、二氧化碳、砂土。

泄漏应急处置 根据液体流动和蒸气扩散的影响区域划定警戒区,无关人员从侧风、上风向撤离至安全区。消除所有点火源。建议应急处理人员戴正压自给式呼吸器,穿防毒服,戴橡胶手套。穿上适当的防护服前严禁接触破裂的容器和泄漏物。尽可能切断泄漏源。防止泄漏物进入水体、下水道、地下室或受限空间。小量泄漏:用干燥的砂土或其他不燃材料吸收或覆盖,收集于容器中。大量泄漏:构筑围堤或挖坑收容。用泵转移至槽车或专用收集器内。

638. 四氟丙醇

标 识

中文名称 四氟丙醇

英文名称 2,2,3,3 – tetrafluoro – 1 – propanol; tetrafluoropropyl alcohol

别名 2,2,3,3 – 四氟 – 1 – 丙醇

分子式 $C_3H_4F_4O$

CAS 号 76 – 37 – 9

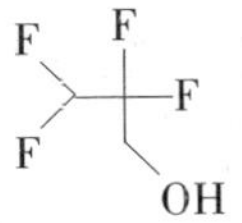

危害信息

危险性类别 第3类易燃液体。

燃烧与爆炸危险性 易燃。其蒸气与空气混合，能形成爆炸性混合物。受高热分解放出有毒的气体。蒸气比空气重，能在较低处扩散到相当远的地方，遇火源会着火回燃和爆炸(闪爆)。若遇高热，容器内压增大，有开裂和爆炸的危险。

活性反应 与氧化剂可发生反应。与氢氧化钾、氢氧化钠反应剧烈。

禁忌物 强氧化剂、强碱。

毒性 小鼠吸入 LC_{50}: 8600mg/m^3(2h)。

侵入途径 吸入、食入。

理化特性与用途

理化特性 无色液体。微溶于苯、甲苯、氯仿、四氯化碳，溶于甲醇、乙醚、乙酸。熔点 -15℃，沸点 109 ~ 110℃，相对密度(水 = 1)1.471，相对蒸气密度(空气 = 1)4.56，饱和蒸气压 1.96kPa(25℃)，辛醇/水分配系数 0.63，闪点 43℃。

主要用途 用于有机合成。

包装与储运

包装标志 易燃液体

包装类别 Ⅲ类

安全储运 储存于阴凉、通风的库房。保持容器密封。远离火种、热源。防止阳光直射。储存温度不超过 37℃。炎热季节早晚运输。应与氧化剂、强碱、强碱等分开存放，切忌混储。采用防爆型照明、通风设施。禁止使用易产生火花的机械设备和工具。储区应备有泄漏应急处理设备和合适的收容材料。

紧急处置信息

急救措施

吸入： 迅速脱离现场至空气新鲜处。保持呼吸道通畅。如呼吸困难，给输氧。呼吸、心跳停止，立即进行心肺复苏术。就医。

眼睛接触： 立即分开眼睑，用流动清水或生理盐水彻底冲洗。如有不适感，就医。

皮肤接触： 立即脱去污染的衣着，用大量流动清水冲洗。如有不适感，就医。

食入： 饮足量温水，催吐。就医。

灭火方法 消防人员须佩戴防毒面具，穿全身消防服，在上风向灭火。尽可能将容器从火场移至空旷处。喷水保持火场容器冷却，直至灭火结束。处在火场中的容器若已变色或从安全泄压装置中发出声音，必须马上撤离

灭火剂：雾状水、泡沫、干粉、二氧化碳、砂土。

泄漏应急处置 根据液体流动和蒸气扩散的影响区域划定警戒区，无关人员从侧风、上风向撤离至安全区。消除所有点火源。建议应急处理人员戴防毒面具，穿防毒、防静电服，戴橡胶手套。作业时使用的所有设备应接地。禁止接触或跨越泄漏物。尽可能切断泄漏源。防止泄漏物进入水体、下水道、地下室或受限空间。小量泄漏：用砂土或其他不燃材料吸收。使用洁净的无火花工具收集吸收材料。大量泄漏：构筑围堤或挖坑收容。用泡沫覆盖，减少蒸发。喷水雾能减少蒸发，但不能降低泄漏物在受限空间内的易燃性。用防爆泵转移至槽车或专用收集器内。

639. 四 氟 化 硅

标 识

中文名称 四氟化硅

英文名称 tetrafluorosilane；silicon tetrafluoride；silicon fluoride

别名 四氟硅烷；氟化硅

分子式 SiF_4

CAS 号 7783－61－1
WGH 号 23020
UN 号 1859

危害信息

危险性类别 第 2.3 类有毒气体。

燃烧与爆炸危险性 不燃,无特殊燃爆特性。在潮湿空气中产生白色有腐蚀性和刺激性的氟化氢烟雾。

活性反应 在潮湿空气中产生白色有腐蚀性和刺激性的氟化氢烟雾。遇水剧烈反应,生成硅酸及氟化氢。

禁忌物 强酸。

毒性 大鼠吸入 LC_{50}:2272ppm。

中毒表现 人吸入 $10mg/m^3$ 浓度,半数人可有眼、鼻刺激感,喉痒,口内异味,有时见鼻黏膜溃疡。

侵入途径 吸入。

职业接触限值 中国:PC－TWA:$2mg/m^3$[按氟计]。

美国(ACGIH):TLV－TWA:$2.5mg/m^3$[按氟计]。

理化特性与用途

理化特性 无色气体,有令人窒息的气味,易吸潮,在潮湿的空气中可产生白雾。溶于无水乙醇、硝酸和氢氟酸,不溶于乙醚。熔点－90.2℃,沸点－86℃,密度 $1.598g/cm^3$(－80℃),相对蒸气密度(空气＝1)3.57,临界温度－1.5℃,临界压力 5.07MPa。

主要用途 用于氟硅酸及氟化铅的制取,也用作水泥和人造大理石的硬化剂,制造纯硅的中间体。

包装与储运

包装标志 有毒气体,腐蚀品类

安全储运 储存于阴凉、通风的有毒气体专用库房。远离火种、热源。库温不宜超过30℃,相对湿度不超过 80%。应与酸类、食用化学品分开存放,切忌混储。储区应备有泄漏应急处理设备。搬运时轻装轻卸,须戴好钢瓶安全帽和防震橡皮圈,防止钢瓶撞击。

紧急处置信息

急救措施

吸入:迅速脱离现场至空气新鲜处。保持呼吸道通畅。如呼吸困难,给输氧。呼吸、心跳停止,立即进行心肺复苏术。就医。

眼睛接触:分开眼睑,用流动清水或生理盐水冲洗。如有不适感,就医。

皮肤接触:立即脱去污染的衣着,用大量流动清水冲洗。如有不适感,就医。

食入:不会通过该途径接触。

灭火方法 切断气源。消防人员须佩带空气呼吸器,穿全身防火防毒服,在上风向灭火。喷水保持火场容器冷却,直至灭火结束。尽可能将容器从火场移至空旷处

灭火剂:雾状水、干粉、砂土。

泄漏应急处置 根据气体扩散的影响区域划定警戒区,无关人员从侧风、上风向撤离至安全区。建议应急处理人员穿内置正压自给式呼吸器的全封闭防化服。禁止接触或跨越泄

漏物。尽可能切断泄漏源。防止气体通过下水道、通风系统和受限空间扩散。喷雾状水抑制蒸气或改变蒸气云流向，避免水流接触泄漏物。禁止用水直接冲击泄漏物或泄漏源。隔离泄漏区直至气体散尽。

640. 四 氟 甲 烷

标 识

中文名称 四氟甲烷

英文名称 tetrafluoromethane; carbon tetrafluoride

别名 制冷剂 R－14；四氟化碳

分子式 CF_4

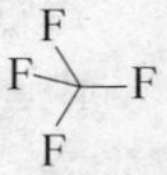

CAS 号 75－73－0

WGH 号 22033

UN 号 1982

危害信息

危险性类别 第 2.2 类不燃气体。

燃烧与爆炸危险性 不燃，无特殊燃爆特性。在高温火场中，容器内压增大，有开裂和爆炸的危险。

禁忌物 强氧化剂、易燃或可燃物、金属等。

毒性 大鼠吸入 LCL_0：895000ppm（15min）。

中毒表现 高浓度有麻醉作用。接触后可引起头痛、恶心和呕吐。接触液化气体可引起冻伤。

侵入途径 吸入。

理化特性与用途

理化特性 无色无味气体。不溶于水。熔点 －183.6℃，沸点 －127.8℃，相对密度（水＝1）1.89，相对蒸气密度（空气＝1）3.04，饱和蒸气压 13.33kPa（－150.7℃），临界温度 －45.5℃，临界压力 3.74MPa，辛醇/水分配系数 1.18，引燃温度 >1100℃。

主要用途 主要用于制取氟硅橡胶，用于半导体生产中等离子蚀刻、表面清洗，也可用作制冷剂、绝缘气体，并用作太阳能电池气体，激光器工作介质等。

包装与储运

包装标志 不燃气体类

安全储运 储存于阴凉、通风的不燃气体专用库房。远离火种、热源。库温不宜超过 30℃。应与易（可）燃物、氧化剂分开存放，切忌混储。储区应备有泄漏应急处理设备。搬运时轻装轻卸，须戴好钢瓶安全帽和防震橡皮圈，防止钢瓶撞击。

紧急处置信息

急救措施

吸入：迅速脱离现场至空气新鲜处。保持呼吸道通畅。如呼吸困难，给输氧。呼吸、心跳停止，立即进行心肺复苏术。就医。

眼睛接触:不会通过该途径接触

皮肤接触:如发生冻伤,用温水(38~42℃)复温,忌用热水或辐射热,不要揉搓

食入:不会通过该途径接触。

灭火方法 切断气源。消防人员须佩带防毒面具,穿全身消防服,在上风向灭火。喷水保持火场容器冷却,直至灭火结束。尽可能将容器从火场移至空旷处。本品不燃,根据着火原因选择适当灭火剂灭火。

泄漏应急处置 根据气体的影响区域划定警戒区,无关人员从侧风、上风向撤离至安全区。建议应急处理人员戴正压自给式呼吸器,穿一般作业工作服。液化气体泄漏时穿防寒服。禁止接触或跨越泄漏物。尽可能切断泄漏源。喷雾状水抑制蒸气或改变蒸气云流向,避免水流接触泄漏物。禁止用水直接冲击泄漏物或泄漏源。若可能翻转容器,使之逸出气体而非液体。防止气体通过下水道、通风系统和受限空间扩散。漏出气允许排入大气中。泄漏场所保持通风。

641. 四甲基硅烷

标 识

中文名称 四甲基硅烷

英文名称 tetramethylsilane

别名 四甲基硅

分子式 $C_4H_{12}Si$

CAS 号 75-76-3

WGH 号 31049

UN 号 2749

危害信息

危险性类别 第3类易燃液体。

燃烧与爆炸危险性 极易燃。其蒸气与空气混合,能形成爆炸性混合物。燃烧产生有毒的一氧化碳和氧化硅。在高温火场中,受热的容器或储罐有破裂和爆炸的危险。

活性反应 与强氧化剂发生反应,可引起燃烧。

禁忌物 强氧化剂、强酸、强碱。

中毒表现 对眼和上呼吸道黏膜有刺激作用,吸入高浓度可引起肺水肿。直接接触可引起皮肤和黏膜灼伤。

侵入途径 吸入、食入。

理化特性与用途

理化特性 无色易挥发性液体。不溶于水,溶于乙醚等多数有机溶剂。熔点-99℃,沸点26.6℃,相对密度(水=1)0.65,饱和蒸气压74.5kPa(20℃),辛醇/水分配系数3.24,闪点-27℃,引燃温度345℃,爆炸下限1%,爆炸上限37.9%。

主要用途 用作试剂、航空燃料。

包装与储运

包装标志 易燃液体

包装类别 Ⅰ类

安全储运 储存于阴凉、干燥、通风良好的库房。远离火种、热源。库温不宜超过 29℃。包装必须密封。应与氧化剂、酸类、碱类分开存放，切忌混储。采用防爆型照明、通风设施。禁止使用易产生火花的机械设备和工具。灌装时注意流速，防止静电积聚。储区应备有泄漏应急处理设备和合适的收容材料。

紧急处置信息

急救措施

吸入：迅速脱离现场至空气新鲜处。保持呼吸道通畅。如呼吸困难，给输氧。呼吸、心跳停止，立即进行心肺复苏术。就医。

眼睛接触：立即分开眼睑，用大量流动清水或生理盐水彻底冲洗 10～15min。就医。

皮肤接触：立即脱去污染的衣着，用大量流动清水彻底冲洗，冲洗时间一般要求 20～30min。就医。

食入：用水漱口。给饮牛奶或蛋清。就医。

灭火方法 消防人员必须佩戴空气呼吸器，穿全身防火防毒服，在上风向灭火。尽可能将容器从火场移至空旷处。喷水保持火场容器冷却，直至灭火结束。处在火场中的容器若发生异常变化或发出异常声音，须马上撤离。

灭火剂：泡沫、干粉、二氧化碳、砂土。

泄漏应急处置 消除所有点火源。根据液体流动和蒸气扩散的影响区域划定警戒区，无关人员从侧风、上风向撤离至安全区。建议应急处理人员戴正压自给式呼吸器，穿防静电服，戴橡胶手套。作业时使用的所有设备应接地。禁止接触或跨越泄漏物。尽可能切断泄漏源。防止泄漏物进入水体、下水道、地下室或受限空间。小量泄漏：用砂土或其他不燃材料吸收。使用洁净的无火花工具收集吸收材料。大量泄漏：构筑围堤或挖坑收容。用泡沫覆盖，减少蒸发。喷水雾能减少蒸发，但不能降低泄漏物在受限空间内的易燃性。用防爆泵转移至槽车或专用收集器内。

642. 四甲基锡

标　识

中文名称 四甲基锡

英文名称 tetramethylstannane；tetramethyltin

分子式 $C_4H_{12}Sn$

CAS 号 594－27－4

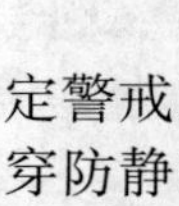

危害信息

危险性类别 第 6 类有毒品。

燃烧与爆炸危险性 易燃。其蒸气与空气混合，能形成爆炸性混合物。燃烧产生有毒的一氧化碳和氧化锡。蒸气比空气重，能在较低处扩散到相当远的地方，遇火源会着火回燃和爆炸(闪爆)。若遇高热，容器内压增大，有开裂和爆炸的危险。

活性反应 与氧化剂接触，有引起燃烧爆炸的危险。

禁忌物 强氧化剂。

中毒表现 本品进入体内后,其中毒表现主要为中枢神经系统症状。有头痛,初为阵发性,后为持续且剧烈,常有头痛、精神萎靡、乏力、多汗、食欲减退,可伴有恶心,常出现心动过缓,重者可出现昏迷、抽搐等。对皮肤、黏膜有刺激作用。慢性影响可有神衰综合征。

侵入途径 吸入、食入、经皮吸收。

职业接触限值 美国(ACGIH):TLV-TWA:0.1mg/m^3[皮,按锡计]。

环境危害 对水生生物有极高毒性,可能在水生环境中造成长期不利影响。

理化特性与用途

理化特性 无色透明液体,有醚的气味。不溶于水,溶于有机溶剂。熔点 -54.9 ~ -53.9℃,沸点 74 ~78℃,相对密度(水=1)1.291,相对蒸气密度(空气=1)6.16,饱和蒸气压 14.63kPa(25℃),辛醇/水分配系数 3.48,闪点 -12℃(闭杯)。

主要用途 用于有机合成,用作乙烯聚合催化剂、镀锡原料和计数管填料以及合成聚酯润滑剂的抗磨剂等。

包装与储运

包装标志 有毒品,易燃液体

包装类别 Ⅰ类

安全储运 储存于阴凉、通风的库房。远离火种、热源。储存温度不超过 32℃,相对湿度不超过 85%。保持容器密封。应与氧化剂、食用化学品分开存放,切忌混储。采用防爆型照明、通风设施。禁止使用易产生火花的机械设备和工具。储区应备有泄漏应急处理设备和合适的收容材料。

紧急处置信息

急救措施

吸入:迅速脱离现场至空气新鲜处。保持呼吸道通畅。如呼吸困难,给输氧。呼吸、心跳停止,立即进行心肺复苏术。就医。

眼睛接触:分开眼睑,用流动清水或生理盐水冲洗。如有不适感,就医。

皮肤接触:脱去污染的衣着,用流动清水冲洗。如有不适感,就医。

食入:饮足量温水,催吐。就医。

灭火方法 消防人员须佩戴防毒面具,穿全身消防服,在上风向灭火。尽可能将容器从火场移至空旷处。喷水保持火场容器冷却,直至灭火结束。处在火场中的容器若已变色或从安全泄压装置中发出声音,必须马上撤离。用水灭火无效。

灭火剂:泡沫、干粉、二氧化碳、砂土。

泄漏应急处置 根据液体流动和蒸气扩散的影响区域划定警戒区,无关人员从侧风、上风向撤离至安全区。消除所有点火源。建议应急处理人员戴正压自给式呼吸器,穿防毒、防静电服,戴防毒物渗透手套。作业时使用的所有设备应接地。禁止接触或跨越泄漏物。尽可能切断泄漏源。防止泄漏物进入水体、下水道、地下室或受限空间。小量泄漏:用砂土或其他不燃材料吸收。使用洁净的无火花工具收集吸收材料。大量泄漏:构筑围堤或挖坑收容。用泡沫覆盖,减少蒸发。喷水雾能减少蒸发,但不能降低泄漏物在受限空间内的易燃性。用防爆泵转移至槽车或专用收集器内。

643. 四甲基一硫化秋兰姆

标 识

中文名称 四甲基一硫化秋兰姆

英文名称 tetramethyl thiuram monosulfide; bis(dimethylthiocarbamoyl) sulfide; TMTM

别名 一硫化四甲基秋兰姆;促进剂 TMTM

分子式 $C_6H_{12}N_2S_3$

CAS 号 97-74-5

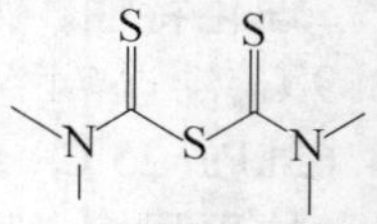

危害信息

燃烧与爆炸危险性 可燃。其粉体与空气混合,能形成爆炸性混合物。受高热分解放出有毒的气体。

禁忌物 强氧化剂。

毒性 大鼠经口 LD_{50}:450mg/kg;小鼠经口 LD_{50}:818mg/kg。

中毒表现 本品对黏膜、皮肤有刺激作用,对皮肤有致敏作用。误服中毒,可出现恶心、呕吐、腹痛、腹泻等症状。

侵入途径 吸入、食入。

环境危害 对水生生物有毒,可能在水生环境中造成长期不利影响。

理化特性与用途

理化特性 黄色结晶粉末或颗粒。不溶于水,不溶于汽油,溶于乙醇、苯、丙酮、氯仿、二氯乙烷、二硫化碳。熔点 106~110℃,相对密度(水=1)1.37(20℃),饱和蒸气压 0.04Pa(25℃),辛醇/水分配系数 1.17,闪点 159℃(开杯),引燃温度 250℃。

主要用途 用作天然橡胶与合成橡胶的硫化促进剂。

包装与储运

安全储运 储存于阴凉、通风的库房。保持容器密封。远离火种、热源。应与氧化剂、强酸等隔离储运。搬运时轻装轻卸,防止容器受损。

紧急处置信息

急救措施

吸入:迅速脱离现场至空气新鲜处。保持呼吸道通畅。如呼吸困难,给输氧。呼吸、心跳停止,立即进行心肺复苏术。就医。

眼睛接触:立即分开眼睑,用流动清水或生理盐水彻底冲洗。如有不适感,就医。

皮肤接触:立即脱去污染的衣着,用大量流动清水冲洗。如有不适感,就医。

食入:饮足量温水,催吐、洗胃、导泻。就医。

灭火方法 消防人员须佩戴防毒面具,穿全身消防服,在上风向灭火。尽可能将容器从火场移至空旷处。喷水保持火场容器冷却,直至灭火结束

灭火剂:雾状水、泡沫、干粉、二氧化碳、砂土。

泄漏应急处置 隔离泄漏污染区,限制出入。消除所有点火源。建议应急处理人员戴防尘口罩,穿防毒服,戴橡胶手套。穿上适当的防护服前严禁接触破裂的容器和泄漏物。尽可

能切断泄漏源。用塑料布覆盖泄漏物,减少飞散。勿使水进入包装容器内。用洁净的铲子收集泄漏物,置于干净、干燥、盖子较松的容器中,将容器移离泄漏区。

644. 四甲基乙二胺

标　识

中文名称　四甲基乙二胺

英文名称　*N*,*N*,*N*′,*N*′－tetramethylethylenediamine

别名　*N*,*N*,*N*′,*N*′－四甲基乙二胺；1,2－双(二甲基氨基)乙烷；四甲基－1,2－亚乙基二胺

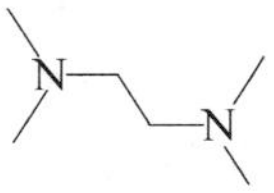

分子式　$C_6H_{16}N_2$

CAS 号　110－18－9

WGH 号　32178；31278[铁规]

UN 号　2372

危害信息

危险性类别　第3类易燃液体。

燃烧与爆炸危险性　易燃。其蒸气与空气混合，能形成爆炸性混合物。燃烧产生有毒的一氧化碳和氮氧化物气体。

禁忌物　强氧化剂、强酸。

毒性　大鼠经口 LD_{50}：268mg/kg；小鼠经口 LD_{50}：630mg/kg；兔经皮 LD_{50}：5390mg/kg。

中毒表现　本品蒸气对眼睛和呼吸道有刺激性。液体可致严重眼损害；对皮肤有刺激性，可致灼伤。

侵入途径　吸入、食入、经皮吸收。

理化特性与用途

理化特性　无色透明液体，有轻微的氨味。与水混溶，溶于多数有机溶剂。熔点－55℃，沸点121℃，相对密度(水＝1)0.77，相对蒸气密度(空气＝1)4.0，饱和蒸气压0.4kPa(20℃)，辛醇/水分配系数0.3，闪点10℃，爆炸下限1%，爆炸上限9%。

主要用途　用于制备环氧树脂固化剂、腐蚀抑制剂、织物整理剂，也是制备季胺化合物的中间体。

包装与储运

包装标志　易燃液体

包装类别　Ⅱ类

安全储运　储存于阴凉、通风的库房。远离火种、热源。库温不宜超过37℃。保持容器密封。应与氧化剂、酸类分开存放，切忌混储。采用防爆型照明、通风设施。禁止使用易产生火花的机械设备和工具。储区应备有泄漏应急处理设备和合适的收容材料。

紧急处置信息

急救措施

吸入：迅速脱离现场至空气新鲜处。保持呼吸道通畅。如呼吸困难，给输氧。呼吸、

心跳停止，立即进行心肺复苏术。就医。

眼睛接触： 立即分开眼睑，用大量流动清水或生理盐水彻底冲洗 10～15min。就医。

皮肤接触： 立即脱去污染的衣着，用大量流动清水彻底冲洗，冲洗时间一般要求 20～30min。就医。

食入： 用水漱口，禁止催吐。给饮牛奶或蛋清。就医。

灭火方法 消防人员必须佩戴空气呼吸器，穿全身防火防毒服，在上风向灭火。尽可能将容器从火场移至空旷处。喷水保持火场容器冷却，直至灭火结束。处在火场中的容器若发生异常变化或发出异常声音，须马上撤离。

灭火剂：抗溶性泡沫、二氧化碳、干粉、砂土。

泄漏应急处置 消除所有点火源。根据液体流动和蒸气扩散的影响区域划定警戒区，无关人员从侧风、上风向撤离至安全区。建议应急处理人员戴正压自给式呼吸器，穿防静电、防腐蚀、防毒服，戴橡胶耐酸碱手套。作业时使用的所有设备应接地。禁止接触或跨越泄漏物。尽可能切断泄漏源。防止泄漏物进入水体、下水道、地下室或受限空间。小量泄漏：用砂土或其他不燃材料吸收。使用洁净的无火花工具收集吸收材料。大量泄漏：构筑围堤或挖坑收容。用抗溶性泡沫覆盖，减少蒸发。喷水雾能减少蒸发，但不能降低泄漏物在受限空间内的易燃性。用防爆、耐腐蚀泵转移至槽车或专用收集器内。

645. 四聚乙醛

标识

中文名称 四聚乙醛

英文名称 2,4,6,8－tetramethyl－1,3,5,7－tetraoxacyclooctane；metaldehyde

别名 2,4,6,8－四甲基－1,3,5,7－四氧杂环辛烷；多聚乙醛；蜗牛敌

分子式 $C_8H_{16}O_4$

CAS 号 108－62－3

WGH 号 61904

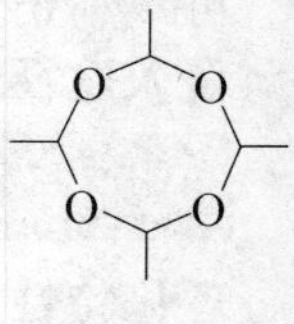

危害信息

危险性类别 第6类有毒品。

燃烧与爆炸危险性 易燃。其蒸气与空气混合，能形成爆炸性混合物。燃烧产生有毒的一氧化碳气体。

禁忌物 强氧化剂。

毒性 大鼠经口 LD_{50}：227mg/kg；小鼠经口 LD_{50}：200mg/kg；大鼠经皮 LD_{50}：2275mg/kg。

中毒表现 吸入、摄入或经皮肤吸收后会中毒。口服引起剧烈腹痛、恶心、呕吐、腹泻、体温显著增高、惊厥、昏迷

长期接触有可能引起肝、肾损害。

侵入途径 吸入、食入、经皮吸收。

理化特性与用途

理化特性 无色菱形结晶或结晶粉末。溶于水。熔点 246℃，升华点 110～200℃，相对密度(水＝1)1.27，相对蒸气密度(空气＝1)6.06，辛醇/水分配系数 0.12，闪点 50～

55℃，引燃温度 580℃。

主要用途 杀软体动物剂。用于灭杀蜗牛等。

包装与储运

包装标志 有毒品

包装类别 Ⅲ类

安全储运 储存于阴凉、通风的库房。远离火种、热源。防止阳光直射。储存温度不超过 35℃，相对湿度不超过 82%。保持容器密封。应与氧化剂等分开存放，切忌混储。采用防爆型照明、通风设施。禁止使用易产生火花的机械设备和工具。储区应备有合适的材料收容泄漏物。

紧急处置信息

急救措施

吸入：迅速脱离现场至空气新鲜处。保持呼吸道通畅。如呼吸困难，给输氧。呼吸、心跳停止，立即进行心肺复苏术。就医。

眼睛接触：分开眼睑，用流动清水或生理盐水冲洗。如有不适感，就医。

皮肤接触：立即脱去污染的衣着，用大量流动清水冲洗。如有不适感，就医。

食入：饮足量温水，催吐、洗胃、导泻。就医。

灭火方法 消防人员须佩戴防毒面具，穿全身消防服，在上风向灭火。尽可能将容器从火场移至空旷处。喷水保持火场容器冷却，直至灭火结束。切勿将水流直接射至熔融物，以免引起严重的流淌火灾或引起剧烈的沸溅

灭火剂：雾状水、泡沫、干粉、二氧化碳、砂土。

泄漏应急处置 隔离泄漏污染区，限制出入。建议应急处理人员戴防尘口罩，穿防静电服，戴防护手套。穿上适当的防护服前严禁接触破裂的容器和泄漏物。尽可能切断泄漏源。用塑料布覆盖泄漏物，减少飞散。勿使水进入包装容器内。用洁净的铲子收集泄漏物，置于干净、干燥、盖子较松的容器中，将容器移离泄漏区。

646. 四磷酸六乙酯

标 识

中文名称 四磷酸六乙酯

英文名称 hexaethyl tetraphosphate；ethyl tetraphosphate

别名 乙基四磷酸酯

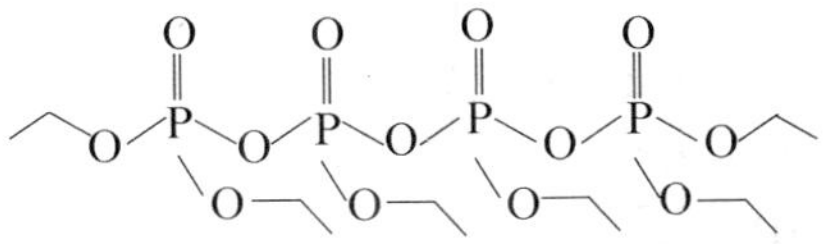

分子式 $C_{12}H_{30}O_{13}P_4$

CAS 号 757－58－4

WGH 号 61862

UN 号 1611

危害信息

危险性类别 第 6 类有毒品。

燃烧与爆炸危险性 可燃。其蒸气与空气混合，能形成爆炸性混合物。受高热分解放出

有毒的气体。若遇高热，容器内压增大，有开裂和爆炸的危险。

活性反应　与氧化剂可发生反应。

禁忌物　强氧化剂。

毒性　大鼠经口 LD_{50}:7mg/kg；小鼠经口 LD_{50}:56mg/kg；大鼠经皮 LD_{50}:15mg/kg。本品已列入《剧毒化学品目录》。

中毒表现　抑制胆碱酯酶活性。中毒后胆碱酯酶活性下降，出现头晕、眼花、无力、恶心、呕吐、多汗、流涎、瞳孔缩小，重者肌肉痉挛、昏迷、呼吸困难、肺水肿等。

侵入途径　吸入、食入、经皮吸收。

理化特性与用途

理化特性　黄色液体，有吸湿性。混溶于水和多数有机溶剂。熔点 -40℃，沸点 150℃（分解），相对密度（水=1）1.26~1.28（25℃/4℃），饱和蒸气压 0.003MPa（25℃），辛醇/水分配系数 -0.39。

主要用途　用作杀虫剂。

包装与储运

包装标志　有毒品

包装类别　Ⅲ类

安全储运　储存于阴凉、通风良好的专用库房内。应严格执行剧毒化学品管理制度。远离火种、热源。防止阳光直射。储存温度不超过 35℃，相对湿度不超过 85%。保持容器密封。应与氧化剂、强酸等分开存放，切忌混储。配备相应品种和数量的消防器材。储区应备有泄漏应急处理设备和合适的收容材料。

紧急处置信息

急救措施

吸入：迅速脱离现场至空气新鲜处。保持呼吸道通畅。如呼吸困难，给输氧。呼吸、心跳停止，立即进行心肺复苏术。就医。

眼睛接触：立即分开眼睑，用流动清水或生理盐水彻底冲洗。如有不适感，就医。

皮肤接触：立即脱去污染的衣着，用肥皂水和流动清水彻底冲洗。如有不适感，就医。

食入：饮足量温水，催吐。用 1:5000 高锰酸钾溶液洗胃。口服活性炭，导泻。每 5min 给服一片阿托品，直到感觉口干为止。就医。

灭火方法　消防人员必须佩戴空气呼吸器，穿全身防火防毒服，在上风向灭火。尽可能将容器从火场移至空旷处。喷水保持火场容器冷却，直至灭火结束。处在火场中的容器若已变色或从安全泄压装置中发出声音，必须马上撤离。

灭火剂：水、雾状水、抗溶性泡沫、干粉、二氧化碳、砂土。

泄漏应急处置　根据液体流动和蒸气扩散的影响区域划定警戒区，无关人员从侧风、上风向撤离至安全区。建议应急处理人员戴正压自给式呼吸器，穿防毒服，戴橡胶手套。穿上适当的防护服前严禁接触破裂的容器和泄漏物。尽可能切断泄漏源。防止泄漏物进入水体、下水道、地下室或受限空间。小量泄漏：用干燥的砂土或其他不燃材料吸收或覆盖，收集于容器中。大量泄漏：构筑围堤或挖坑收容。用石灰粉等吸收大量液体。用泵转移至槽车或专用收集器内。

647. 1,2,3,4 – 四氯苯

标　识

中文名称　1,2,3,4 – 四氯苯
英文名称　1,2,3,4 – tetrachlorobenzene
分子式　$C_6H_2Cl_4$
CAS 号　634 – 66 – 2
WGH 号　61659

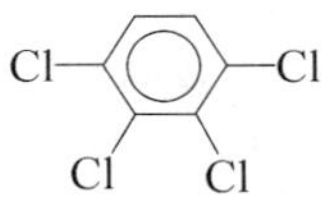

危害信息

危险性类别　第 6 类有毒品。

燃烧与爆炸危险性　可燃。其粉体与空气混合，能形成爆炸性混合物。燃烧产生有毒的一氧化碳和氯化氢气体。受高热分解产生有毒的氯化物气体。

活性反应　与强氧化剂接触可发生化学反应。

禁忌物　强氧化剂、强碱。

毒性　大鼠经口 LD_{50}：1167mg/kg。

中毒表现　低浓度对眼睛、黏膜有刺激性。高浓度时可抑制中枢神经系统并可损害肝、肾。可引起气管炎和皮肤损害。

侵入途径　吸入、食入。

环境危害　对水生生物有极高毒性，可能在水生环境中造成长期不利影响。

理化特性与用途

理化特性　白色针状结晶。不溶于水，微溶于乙醇，易溶于乙醚、二硫化碳。熔点 47.5℃，沸点 254℃，相对密度（水 = 1）1.70，饱和蒸气压 5.19Pa（25℃），临界温度 450℃，临界压力 3.38MPa，燃烧热 –2643kJ/mol，辛醇/水分配系数 4.64，闪点 >110℃。

主要用途　用于有机合成，用作绝缘液及变压器油的凝固抑制剂。

包装与储运

包装标志　有毒品

包装类别　Ⅲ类

安全储运　储存于阴凉、通风的库房。远离火种、热源。库温不超过 35℃。相对湿度不超过 85%。包装密封。应与氧化剂、碱类、食用化学品分开存放，切忌混储。配备相应品种和数量的消防器材。储区应备有合适的材料收容泄漏物。

紧急处置信息

急救措施

吸入：迅速脱离现场至空气新鲜处。保持呼吸道通畅。如呼吸困难，给输氧。呼吸、心跳停止，立即进行心肺复苏术。就医。

眼睛接触：分开眼睑，用流动清水或生理盐水冲洗。如有不适感，就医。

皮肤接触：立即脱去污染的衣着，用肥皂水和清水彻底冲洗皮肤。如有不适感，就医。

食入：饮足量温水，催吐。就医。

灭火方法 消防人员必须佩戴空气呼吸器，穿全身防火防毒服，在上风向灭火。尽可能将容器从火场移至空旷处。喷水保持火场容器冷却，直至灭火结束。处在火场中的容器若已变色或从安全泄压装置中发出声音，必须马上撤离。

灭火剂：泡沫、二氧化碳、砂土。

泄漏应急处置 隔离泄漏污染区，限制出入。消除所有点火源。建议应急处理人员戴防尘口罩，穿防毒服，戴橡胶手套。穿上适当的防护服前严禁接触破裂的容器和泄漏物。尽可能切断泄漏源。勿使水进入包装容器内。用丙酮润湿固体泄漏物，并把润湿物转移到合适的容器中。

648. 1,2,4,5－四氯苯

标 识

中文名称 1,2,4,5－四氯苯

英文名称 1,2,4,5－tetrachlorobenzene;1,2,4,5－tetrachlorbenzol

分子式 $C_6H_2Cl_4$

CAS号 95－94－3

WGH号 61659

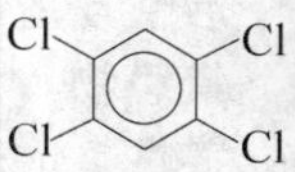

危害信息

危险性类别 第6类有毒品。

燃烧与爆炸危险性 可燃。其粉体与空气混合，能形成爆炸性混合物。燃烧产生有毒的一氧化碳和氯化氢气体。受高热分解产生有毒的氯化物气体。

活性反应 与强氧化剂接触可发生化学反应。

禁忌物 强氧化剂、强碱。

毒性 大鼠经口 LD_{50}：1500mg/kg；小鼠经口 LD_{50}：1035mg/kg。兔经口 LD_{50}：1500mg/kg。

中毒表现 低浓度对眼、黏膜有刺激性。高浓度时可抑制中枢神经系统并可损害肝、肾。可引起气管炎和皮肤损害。

侵入途径 吸入、食入。

环境危害 对水生生物有极高毒性，可能在水生环境中造成长期不利影响。

理化特性与用途

理化特性 白色薄片或白色针状结晶，有令人不愉快的气味。不溶于水，微溶于乙醇，溶于苯、乙醚。熔点139～140℃，沸点243～246℃，相对密度(水＝1)1.83，相对蒸气密度(空气＝1)7.4，饱和蒸气压0.7Pa(25℃)，临界温度489.8℃，临界压力3.38MPa，辛醇/水分配系数4.64，闪点155℃(闭杯)。

主要用途 用作有机合成中间体。

包装与储运

包装标志 有毒品

包装类别 Ⅲ类

安全储运 储存于阴凉、通风的库房。远离火种、热源。库温不超过35℃。相对湿度

不超过85%。包装密封。应与氧化剂、碱类、食用化学品分开存放，切忌混储。配备相应品种和数量的消防器材。储区应备有合适的材料收容泄漏物。

紧急处置信息

急救措施

吸入：迅速脱离现场至空气新鲜处。保持呼吸道通畅。如呼吸困难，给输氧。呼吸、心跳停止，立即进行心肺复苏术。就医。

眼睛接触：分开眼睑，用流动清水或生理盐水冲洗。如有不适感，就医。

皮肤接触：立即脱去污染的衣着，用肥皂水和清水彻底冲洗皮肤。如有不适感，就医。

食入：饮足量温水，催吐。就医。

灭火方法 消防人员必须佩戴空气呼吸器，穿全身防火防毒服，在上风向灭火。尽可能将容器从火场移至空旷处。喷水保持火场容器冷却，直至灭火结束。

灭火剂：泡沫、二氧化碳、砂土。

泄漏应急处置 隔离泄漏污染区，限制出入。消除所有点火源。建议应急处理人员戴防尘口罩，穿防毒服，戴橡胶手套。穿上适当的防护服前严禁接触破裂的容器和泄漏物。尽可能切断泄漏源。勿使水进入包装容器内。用丙酮润湿固体泄漏物，并把润湿物转移到合适的容器中。

649. 2,3,4,5－四氯苯酚

标 识

中文名称 2,3,4,5－四氯苯酚

英文名称 2,3,4,5－tetrachlorophenol

别名 羟基四氯苯

分子式 $C_6H_2Cl_4O$

CAS号 4901－51－3

UN号 2020

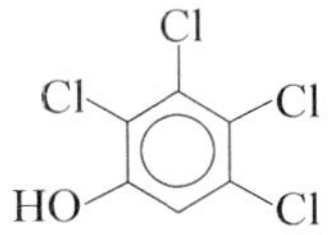

危害信息

危险性类别 第6类有毒品。

燃烧与爆炸危险性 可燃。其粉体与空气混合，能形成爆炸性混合物。受高热分解放出有毒的气体。

禁忌物 氧化剂、酸酐、酰基氯。

毒性 大鼠经口 LD_{50}：140mg/kg；小鼠经口 LD_{50}：400mg/kg。

侵入途径 吸入、食入、经皮吸收。

环境危害 对水生生物有极高毒性，可能在水生环境中造成长期不利影响。

理化特性与用途

理化特性 白色针状结晶或粉末。微溶于水，易溶于乙醇、乙醚。熔点116.3℃，沸点（升华），相对密度（水＝1）1.6，饱和蒸气压0.045Pa（25℃），辛醇/水分配系数4.21，闪点129℃。

主要用途 用作杀菌剂和木材防腐剂。

包装与储运

包装标志 有毒品

包装类别 Ⅲ类

安全储运 储存于阴凉、通风良好的专用库房内。远离火种、热源。防止阳光直射。储存温度不超过35℃，相对湿度不超过85%。保持容器密封。应与氧化剂、酸酐、酰基氯等分开存放，切忌混储。配备相应品种和数量的消防器材。储区应备有泄漏应急处理设备和合适的收容材料。

紧急处置信息

急救措施

吸入：迅速脱离现场至空气新鲜处。保持呼吸道通畅。如呼吸困难，给输氧。呼吸、心跳停止，立即进行心肺复苏术。就医。

眼睛接触：立即分开眼睑，用大量流动清水或生理盐水彻底冲洗10～15min。如有不适感，就医。

皮肤接触：立即脱去污染的衣着，用大量流动清水冲洗20～30min。如有不适感，就医。

食入：口服活性炭，导泻。就医。

灭火方法 消防人员须佩戴防毒面具，穿全身消防服，在上风向灭火。尽可能将容器从火场移至空旷处。喷水保持火场容器冷却，直至灭火结束。

灭火剂：雾状水、泡沫、干粉、二氧化碳、砂土。

泄漏应急处置 隔离泄漏污染区，限制出入。消除所有点火源。建议应急处理人员戴防尘口罩，穿防毒服，戴橡胶手套。穿上适当的防护服前严禁接触破裂的容器和泄漏物。尽可能切断泄漏源。用塑料布覆盖泄漏物，减少飞散。勿使水进入包装容器内。用洁净的铲子收集泄漏物，置于干净、干燥、盖子较松的容器中，将容器移离泄漏区。

650. 2,3,4,6－四氯苯酚

标　识

中文名称 2,3,4,6－四氯苯酚

英文名称 2,3,4,6－tetrachlorophenol

别名 2,3,4,6－四氯酚

分子式 $C_6H_2Cl_4O$

CAS号 58－90－2

WGH号 61706

UN号 2020

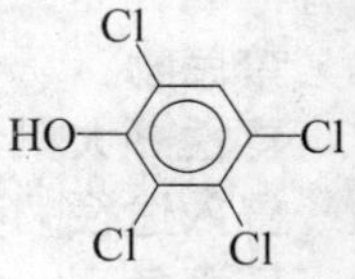

危害信息

危险性类别 第6类有毒品。

燃烧与爆炸危险性 可燃。其粉体与空气混合，能形成爆炸性混合物。受高热分解放出有毒的气体。

禁忌物 氧化剂、酸酐、酰基氯。

毒性 大鼠经口 LD_{50}：140mg/kg；小鼠经口 LD_{50}：30mg/kg；大鼠经皮 LD_{50}：485mg/kg；兔经皮 LD_{50}：250mg/kg。

中毒表现 有毒。严重刺激结膜和泪管。受热放出有毒氯气。引起结膜类和轻度至中度角膜损伤。本品粉尘对鼻、咽有刺激作用。

侵入途径 吸入、食入、经皮吸收。

环境危害 对水生生物有极高毒性，可能在水生环境中造成长期不利影响。

理化特性与用途

理化特性 白色针状结晶或浅褐色块状物，有强烈的特殊气味。微溶于水，溶于乙醇、乙醚、丙酮、苯、氯仿、四氯化碳。熔点70℃，沸点150℃（2.0kPa），相对密度（水＝1）1.8，饱和蒸气压0.133kPa（100℃）、0.56Pa（25℃），辛醇/水分配系数4.45，闪点100℃。

主要用途 用作杀虫剂、消毒剂和木材、乳胶、皮革防腐剂。

包装与储运

包装标志 有毒品

包装类别 Ⅲ类

安全储运 储存于阴凉、通风良好的专用库房内。远离火种、热源。防止阳光直射。储存温度不超过35℃，相对湿度不超过85%。保持容器密封。应与氧化剂、酸酐、酰基氯等分开存放，切忌混储。配备相应品种和数量的消防器材。储区应备有泄漏应急处理设备和合适的收容材料。

紧急处置信息

急救措施

吸入：迅速脱离现场至空气新鲜处。保持呼吸道通畅。如呼吸困难，给输氧。呼吸、心跳停止，立即进行心肺复苏术。就医。

眼睛接触：立即分开眼睑，用大量流动清水或生理盐水彻底冲洗10～15min。如有不适感，就医。

皮肤接触：立即脱去污染的衣着，用大量流动清水冲洗20～30min。如有不适感，就医。

食入：口服活性炭。就医。

灭火方法 消防人员须佩戴防毒面具，穿全身消防服，在上风向灭火。尽可能将容器从火场移至空旷处。喷水保持火场容器冷却，直至灭火结束。

灭火剂：雾状水、泡沫、干粉、二氧化碳、砂土。

泄漏应急处置 隔离泄漏污染区，限制出入。消除所有点火源。建议应急处理人员戴防尘口罩，穿防毒服，戴橡胶手套。穿上适当的防护服前严禁接触破裂的容器和泄漏物。尽可能切断泄漏源。用塑料布覆盖泄漏物，减少飞散。勿使水进入包装容器内。用洁净的铲子收集泄漏物，置于干净、干燥、盖子较松的容器中，将容器移离泄漏区。

651. 2,3,5,6－四氯苯酚

标 识

中文名称 2,3,5,6－四氯苯酚

651. 2,3,5,6 – 四氯苯酚

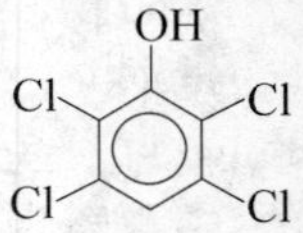

英文名称 2,3,5,6 – tetrachlorophenol

别名 2,3,5,6 – 四氯酚

分子式 $C_6H_2Cl_4O$

CAS 号 935 – 95 – 5

UN 号 2020

危害信息

危险性类别 第6类有毒品。

燃烧与爆炸危险性 可燃。其粉体与空气混合，能形成爆炸性混合物。受高热分解放出有毒的气体。

禁忌物 氧化剂、酸酐、酰基氯。

毒性 小鼠经口 LD_{50}：89mg/kg。

侵入途径 吸入、食入、经皮吸收。

环境危害 对水生生物有极高毒性，可能在水生环境中造成长期不利影响。

理化特性与用途

理化特性 灰白色至褐色叶片状结晶或粉末。微溶于水，溶于石油醚，易溶于苯、乙醇、乙醚。熔点115℃，沸点288℃(分解)，相对密度(水=1)1.6(60℃)，相对蒸气密度(空气=1)8.0，饱和蒸气压130Pa(100℃)，辛醇/水分配系数3.88。

主要用途 用作杀菌剂和木材防腐剂。

包装与储运

包装标志 有毒品

包装类别 Ⅲ类

安全储运 储存于阴凉、通风良好的专用库房内。远离火种、热源。防止阳光直射。储存温度不超过35℃，相对湿度不超过85%。保持容器密封。应与氧化剂、酸酐、酰基氯等分开存放，切忌混储。配备相应品种和数量的消防器材。储区应备有泄漏应急处理设备和合适的收容材料。

紧急处置信息

急救措施

吸入：迅速脱离现场至空气新鲜处。保持呼吸道通畅。如呼吸困难，给输氧。呼吸、心跳停止，立即进行心肺复苏术。就医。

眼睛接触：立即分开眼睑，用大量流动清水或生理盐水彻底冲洗10~15min。如有不适感，就医。

皮肤接触：立即脱去污染的衣着，用大量流动清水冲洗20~30min。如有不适感，就医。

食入：口服活性炭。就医。

灭火方法 消防人员须佩戴防毒面具，穿全身消防服，在上风向灭火。尽可能将容器从火场移至空旷处。喷水保持火场容器冷却，直至灭火结束。

灭火剂：雾状水、泡沫、干粉、二氧化碳、砂土。

泄漏应急处置 隔离泄漏污染区，限制出入。消除所有点火源。建议应急处理人员戴防尘口罩，穿防毒服，戴橡胶手套。穿上适当的防护服前严禁接触破裂的容器和泄漏物。尽可能切断泄漏源。用塑料布覆盖泄漏物，减少飞散。勿使水进入包装容器内。用洁净的

铲子收集泄漏物，置于干净、干燥、盖子较松的容器中，将容器移离泄漏区。

652. 四氯苯酞

标识

中文名称 四氯苯酞

英文名称 4,5,6,7 - tetrachlorophthalide ;phthalide

别名 稻瘟酞

分子式 $C_8H_2Cl_4O_2$

CAS 号 27355 - 22 - 2

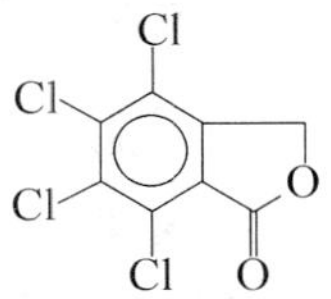

危害信息

燃烧与爆炸危险性 可燃。其粉体与空气混合，能形成爆炸性混合物。受高热分解放出有毒的气体。

禁忌物 强氧化剂、强碱。

毒性 大鼠经口 LD_{50}：20000mg/kg；小鼠经口 LD_{50}：>10000mg/kg；大鼠经皮 LD_{50}：>10000mg/kg。

侵入途径 吸入、食入、经皮吸收。

理化特性与用途

理化特性 无色结晶固体或白色粉末。难溶于水，溶于丙酮、苯、二噁烷、四氢呋喃。熔点 209.5℃，相对密度（水 = 1）1.77，饱和蒸气压 0.003MPa（25℃），辛醇/水分配系数 3.2。

主要用途 杀菌剂。用于防治水稻白叶枯病和稻瘟病。

包装与储运

安全储运 储存于阴凉、通风的库房。保持容器密封。远离火种、热源。应与强氧化剂、碱类等隔离储运。搬运时轻装轻卸，防止容器受损。

紧急处置信息

急救措施

吸入：迅速脱离现场至空气新鲜处。保持呼吸道通畅。如呼吸困难，给输氧。呼吸、心跳停止，立即进行心肺复苏术。就医。

眼睛接触：分开眼睑，用流动清水或生理盐水冲洗。如有不适感，就医。

皮肤接触：脱去污染的衣着，用流动清水冲洗。如有不适感，就医。

食入：饮足量温水，催吐。就医。

灭火方法 消防人员须佩戴防毒面具，穿全身消防服，在上风向灭火。尽可能将容器从火场移至空旷处。喷水保持火场容器冷却，直至灭火结束。切勿将水流直接射至熔融物，以免引起严重的流淌火灾或引起剧烈的沸溅。

灭火剂：雾状水、泡沫、干粉、二氧化碳、砂土。

泄漏应急处置 隔离泄漏污染区，限制出入。建议应急处理人员戴防尘口罩，穿一般作业工作服，戴防护手套。尽可能切断泄漏源。用塑料布覆盖泄漏物，减少飞散。勿使水进入包装容器内。用洁净的铲子收集泄漏物，置于干净、干燥、盖子较松的容器中，将容器移离泄漏区。

653. 1,1,3,3 - 四氯丙酮

标　识

中文名称　1,1,3,3 - 四氯丙酮

英文名称　1,1,3,3 - tetrachloroacetone; 1,1,3,3 - tetrachloro - 2 - propanone

别名　1,1,3,3 - 四氯 - 2 - 丙酮

分子式　$C_3H_2Cl_4O$

CAS 号　632 - 21 - 3

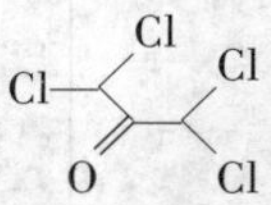

危害信息

危险性类别　第 6 类有毒品。

燃烧与爆炸危险性　可燃。其蒸气与空气混合，能形成爆炸性混合物。受高热分解放出有毒的气体。若遇高热，容器内压增大，有开裂和爆炸的危险。

活性反应　与氧化剂可发生反应。

禁忌物　强氧化剂。

毒性　小鼠经口 LD_{50}：176mg/kg；兔经皮 LD_{50}：80mg/kg。

本品已列入《剧毒化学品目录》。

侵入途径　吸入、食入、经皮吸收。

理化特性与用途

理化特性　液体，有强烈的辛辣气味。易溶于苯、丙二醇、乙醚。沸点 183℃，相对密度(水 = 1) 1.594，辛醇/水分配系数 0.63。

主要用途　用于有机合成。

包装与储运

包装标志　有毒品

包装类别　Ⅲ类

安全储运　储存于阴凉、通风的库房。严格执行剧毒化学品管理制度。远离火种、热源。防止阳光直射。储存温度不超过 35℃，相对湿度不超过 82%。保持容器密封。应与氧化剂等分开存放，切忌混储。配备相应品种和数量的消防器材。储区应备有泄漏应急处理设备和合适的收容材料。

紧急处置信息

急救措施

吸入：迅速脱离现场至空气新鲜处。保持呼吸道通畅。如呼吸困难，给输氧。呼吸、心跳停止，立即进行心肺复苏术。就医。

眼睛接触：分开眼睑，用流动清水或生理盐水冲洗。如有不适感，就医。

皮肤接触：脱去污染的衣着，用流动清水彻底冲洗。如有不适感，就医。

食入：饮足量温水，催吐。就医。

灭火方法　消防人员须佩戴防毒面具，穿全身消防服，在上风向灭火。尽可能将容器从火场移至空旷处。喷水保持火场容器冷却，直至灭火结束。处在火场中的容器若已变色或从安全泄压装置中发出声音，必须马上撤离。

灭火剂：雾状水、泡沫、干粉、二氧化碳、砂土。

泄漏应急处置　根据液体流动和蒸气扩散的影响区域划定警戒区，无关人员从侧风、上风向撤离至安全区。消除所有点火源。建议应急处理人员戴防毒面具，穿防毒服，戴防毒物渗透手套。穿上适当的防护服前严禁接触破裂的容器和泄漏物。尽可能切断泄漏源。防止泄漏物进入水体、下水道、地下室或受限空间。小量泄漏：用干燥的砂土或其他不燃材料吸收或覆盖，收集于容器中。大量泄漏：构筑围堤或挖坑收容。用泵转移至槽车或专用收集器内。

654. 1,1,2,3－四氯丙烯

标　识

中文名称　1,1,2,3－四氯丙烯

英文名称　1,1,2,3－tetrachloropropene;tetrachloropropene

别名　四氯丙烯

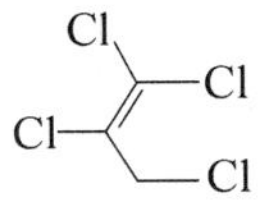

分子式　$C_3H_2Cl_4$

CAS 号　10436－39－2

WGH 号　61580

危害信息

危险性类别　第6类有毒品。

燃烧与爆炸危险性　可燃。其蒸气与空气混合，能形成爆炸性混合物。燃烧产生有毒的一氧化碳、氯化氢、光气。受高热分解产生有毒的腐蚀性烟气。

禁忌物　强氧化剂、强碱、钾、钠。

毒性　大鼠经口 LD_{50}：350mg/kg；大鼠吸入 LC_{50}：1500mg/m^3；小鼠经口 LD_{50}：800mg/kg；小鼠吸入 LC_{50}：3000mg/m^3；兔经皮 LD_{50}：0.4mL/kg。

中毒表现　抑制中枢神经系统；刺激呼吸道黏膜。对动物能导致呼吸道刺激、运动性兴奋及呼吸加速，然后呼吸极度困难、共济失调、轻瘫、四肢麻痹。本品对皮肤有强烈刺激性。可经皮吸收。

侵入途径　吸入、食入、经皮吸收。

理化特性与用途

理化特性　无色透明液体，工业品为棕黄色液体。不溶于水。沸点167～167.5℃，相对密度(水=1)1.55，饱和蒸气压0.36kPa(25℃)。

主要用途　用于合成耐热塑料，为制造1,2－二氯丙烯的中间产物。

包装与储运

包装标志　有毒品

包装类别　Ⅲ类

安全储运　储存于阴凉、通风的库房。远离火种、热源。库温不超过35℃。相对湿度不超过80%。保持容器密封。应与氧化剂、碱类、活性金属粉末、食用化学品分开存放，切忌混储。配备相应品种和数量的消防器材。储区应备有泄漏应急处理设备和合适的收容材料。

紧急处置信息

急救措施

吸入：迅速脱离现场至空气新鲜处。保持呼吸道通畅。如呼吸困难，给输氧。呼吸、心跳停止，立即进行心肺复苏术。就医。

眼睛接触：分开眼睑，用流动清水或生理盐水冲洗。如有不适感，就医。

皮肤接触：立即脱去污染的衣着，用肥皂水和清水彻底冲洗皮肤。如有不适感，就医。

食入：饮足量温水，催吐。就医。

灭火方法　消防人员须佩戴防毒面具，穿全身消防服，在上风向灭火。尽可能将容器从火场移至空旷处。喷水保持火场容器冷却，直至灭火结束。处在火场中的容器若已变色或从安全泄压装置中发出声音，必须马上撤离

灭火剂：雾状水、泡沫、干粉、二氧化碳、砂土。

泄漏应急处置　根据液体流动和蒸气扩散的影响区域划定警戒区，无关人员从侧风、上风向撤离至安全区。建议应急处理人员戴正压自给式呼吸器，穿防毒服，戴防化学品手套。穿上适当的防护服前严禁接触破裂的容器和泄漏物。尽可能切断泄漏源。防止泄漏物进入水体、下水道、地下室或受限空间。小量泄漏：用干燥的砂土或其他不燃材料吸收或覆盖，收集于容器中。大量泄漏：构筑围堤或挖坑收容。用泵转移至槽车或专用收集器内。

655. 四氯二氟乙烷

标　识

中文名称　四氯二氟乙烷

英文名称　1,1,2,2 - tetrachloro - 1,2 - difluoroethane; tetrachloro - 1,2 - difluoroethane; CFC - 112

别名　四氯 - 1,2 - 二氟乙烷；氟利昂 112

分子式　$C_2Cl_4F_2$

CAS 号　76 - 12 - 0

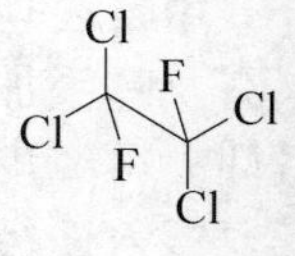

危害信息

燃烧与爆炸危险性　不燃，无特殊燃爆特性。受高热分解放出有毒的气体。若遇高热，容器内压增大，有开裂和爆炸的危险。

禁忌物　强氧化剂、强碱、钾、钠、镁、锌、镉等。

毒性　小鼠经口 LD_{50}：800mg/kg；大鼠吸入 LC_{50}：2pph(15min)。

中毒表现　本品对呼吸道有刺激作用，有麻醉作用，对肝脏有损害作用。

侵入途径　吸入、食入。

职业接触限值　美国(ACGIH)：TLV - TWA：500ppm。

环境危害　对大气臭氧层有极强破坏力。

理化特性与用途

理化特性 无色至白色固体或液体，有轻微樟脑气味(高浓度)或醚味(低浓度)。不溶于水，溶于乙醇、乙醚、氯仿。熔点26℃，沸点93℃，相对密度(水=1)1.65，相对蒸气密度(空气=1)7.03，饱和蒸气压6.72kPa(25℃)，临界温度278℃，临界压力3.44MPa，辛醇/水分配系数3.41。

主要用途 用作干洗剂、电子工业用清洗剂、聚合物和塑料工业用发泡剂、溶剂、缓蚀剂和致冷剂等。

包装与储运

安全储运 储存于阴凉、通风的库房。远离火种、热源。防止阳光直射。保持容器密封。应与钾、钠分开存放，切忌混储。搬运时轻装轻卸，防止容器受损。

紧急处置信息

急救措施

吸入：迅速脱离现场至空气新鲜处。保持呼吸道通畅。如呼吸困难，给输氧。呼吸、心跳停止，立即进行心肺复苏术。就医。

眼睛接触：分开眼睑，用流动清水或生理盐水冲洗。如有不适感，就医。

皮肤接触：脱去污染的衣着，用流动清水冲洗。如有不适感，就医。

食入：用水漱口。就医。

灭火方法 消防人员须佩戴防毒面具，穿全身消防服，在上风向灭火。尽可能将容器从火场移至空旷处。喷水保持火场容器冷却，直至灭火结束。灭火时尽量切断泄漏源，然后根据着火原因选择适当灭火剂灭火。

泄漏应急处置 根据液体流动和蒸气扩散的影响区域划定警戒区，无关人员从侧风、上风向撤离至安全区。建议应急处理人员戴防毒面具，穿防毒服，戴橡胶手套。穿上适当的防护服前严禁接触破裂的容器和泄漏物。尽可能切断泄漏源。防止泄漏物进入水体、下水道、地下室或受限空间。小量泄漏：用干燥的砂土或其他不燃材料吸收或覆盖，收集于容器中。大量泄漏：构筑围堤或挖坑收容。用泵转移至槽车或专用收集器内。

656. 四氯化碲

标识

中文名称 四氯化碲

英文名称 tellurium tetrachloride; tellurium chloride

别名 氯化碲

分子式 $TeCl_4$

CAS号 10026-07-0

WGH号 81044

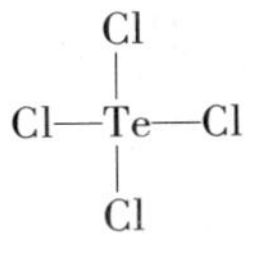

危害信息

危险性类别 第8类腐蚀品。

燃烧与爆炸危险性 不燃，无特殊燃爆特性。遇水产生有毒气体。遇高热分解释出高毒烟气。

禁忌物 强碱、氨、水。

中毒表现 本品遇水即产生氯化氢气体，有腐蚀性及毒性。在0.1mg/m^{3}浓度以上时，接触者即可发生中毒。接触者及中毒者，其呼气中出现严重的蒜臭味。

侵入途径 吸入、食入、经皮吸收。

职业接触限值 美国(ACGIH)：TLV－TWA：0.1mg/m^3[按碲计]。

理化特性与用途

理化特性 米色至浅黄色粉末，极易潮解。溶于冷水，在热水中分解。溶于甲醇、氯仿、甲苯、盐酸，不溶于二硫化碳。熔点224℃，沸点380℃，相对密度(水=1)3.01，饱和蒸气压1.44kPa(233℃)。

主要用途 用作化学试剂，并用于有机合成。

包装与储运

包装标志 腐蚀品、有毒品

包装类别 Ⅱ类

安全储运 储存于阴凉、干燥、通风良好的库房。远离火种、热源。库温不超过30℃。相对湿度不超过75%。防止阳光直射。包装密封。应与碱类、氨等分开存放，切忌混储。储区应备有合适的材料收容泄漏物。

紧急处置信息

急救措施

吸入：迅速脱离现场至空气新鲜处。保持呼吸道通畅。如呼吸困难，给输氧。呼吸、心跳停止，立即进行心肺复苏术。就医。

眼睛接触：立即分开眼睑，用大量流动清水或生理盐水彻底冲洗10～15min。就医。

皮肤接触：立即脱去污染的衣着，用大量流动清水彻底冲洗，冲洗时间一般要求20～30min。就医。

食入：用水漱口。给饮牛奶或蛋清。就医。

灭火方法 消防人员必须穿全身耐酸碱消防服，佩戴空气呼吸器，在上风向灭火。尽可能将容器从火场移至空旷处。喷水保持火场容器冷却，直至灭火结束。禁止用水和泡沫灭火。本品不燃。根据着火原因选择适当灭火剂灭火。

泄漏应急处置 隔离泄漏污染区，限制出入。建议应急处理人员戴防尘口罩，穿防腐、防毒服，戴耐腐蚀手套。作业时使用的所有设备应接地。穿上适当的防护服前严禁接触破裂的容器和泄漏物。尽可能切断泄漏源。用干燥的砂土或其他不燃材料覆盖泄漏物，然后用塑料布覆盖，减少飞散、避免雨淋。用洁净的铲子收集泄漏物，置于干净、干燥、盖子较松的容器中，将容器移离泄漏区。

657. 四氯化锆

标识

中文名称 四氯化锆

英文名称 zirconium tetrachloride；zirconium chloride

别名 氯化锆

分子式 $ZrCl_4$

CAS 号 10026－11－6

WGH 号 81517

UN 号 2503

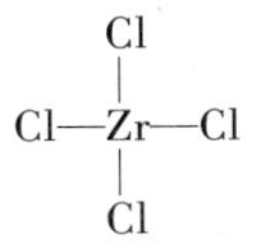

危害信息

危险性类别 第 8 类腐蚀品。

燃烧与爆炸危险性 不燃，无特殊燃爆特性。受热或遇水分解放热，放出有毒的腐蚀性烟气。对金属有强腐蚀性。

禁忌物 水、胺类、醇类、酸类、酯类、酮。

毒性 大鼠经口 LD_{50}：1688mg/kg；小鼠经口 LD_{50}：489mg/kg。

中毒表现 吸入后引起呼吸道刺激。对眼有强烈刺激性。皮肤直接接触有强烈刺激性，可致灼伤。口服出现口腔和咽喉烧灼感、恶心、呕吐、水样便、血便、虚脱和惊厥

慢性影响：对呼吸道有轻度刺激作用。

侵入途径 吸入、食入。

职业接触限值 中国：PC－TWA：5mg/m^3，PC－STEL：10mg/m^3[按锆计]。

美国(ACGIH)：TLV－TWA：5mg/m^3，TLV－STEL：10mg/m^3[按锆计]。

理化特性与用途

理化特性 白色有光泽的单斜晶体或粉末。溶于冷水(分解)，溶于乙醇、乙醚，不溶于苯、氯仿、二硫化碳。熔点 437℃，相对密度(水＝1)2.803，饱和蒸气压 0.13kPa(190℃)，临界温度 505℃，临界压力 5.77MPa。

主要用途 用作分析试剂、有机合成催化剂、织物防水剂、鞣剂，用于制金属锆、颜料等。

包装与储运

包装标志 腐蚀品

包装类别 Ⅲ类

安全储运 储存于阴凉、干燥、通风良好的库房。远离火种、热源。库温不超过 30℃。相对湿度不超过 75%。包装必须密封。切勿受潮。应与酸类、胺类、醇类、酯类等分开存放，切忌混储。储区应备有合适的材料收容泄漏物。

紧急处置信息

急救措施

吸入：迅速脱离现场至空气新鲜处。保持呼吸道通畅。如呼吸困难，给输氧。呼吸、心跳停止，立即进行心肺复苏术。就医。

眼睛接触：立即分开眼睑，用大量流动清水或生理盐水彻底冲洗 10～15min。就医。

皮肤接触：立即脱去污染的衣着，用大量流动清水彻底冲洗，冲洗时间一般要求 20～30min。就医。

食入：用水漱口，禁止催吐。给饮牛奶或蛋清。就医。

灭火方法 消防人员须佩戴防毒面具，穿全身消防服，在上风向灭火。尽可能将容器从火场移至空旷处。喷水保持火场容器冷却，直至灭火结束。禁止用水和泡沫灭火。

灭火剂：干燥砂土。

泄漏应急处置　隔离泄漏污染区，限制出入。建议应急处理人员戴防尘口罩，穿防酸碱服，戴橡胶手套。穿上适当的防护服前严禁接触破裂的容器和泄漏物。尽可能切断泄漏源。勿使泄漏物与可燃物质（如木材、纸、油等）接触。小量泄漏：用干燥的砂土或其他不燃材料覆盖泄漏物，用洁净的无火花工具收集泄漏物，置于一盖子较松的塑料容器中，待处置。大量泄漏：用塑料布覆盖泄漏物，减少飞散，避免雨淋。在专家指导下清除。

658. 四氯化硫

标　识

中文名称　四氯化硫

英文名称　sulfur tetrachloride

分子式　SCl_4

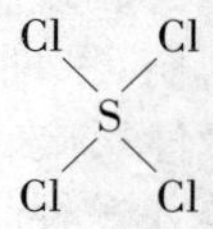

CAS 号　13451－08－6

WGH 号　81034

UN 号　1828

危害信息

危险性类别　第 8 类腐蚀品。

燃烧与爆炸危险性　不燃，无特殊燃爆特性。遇水产生刺激性气体。受高热分解放出有毒的气体。遇潮时对大多数金属有腐蚀性。

禁忌物　强氧化剂、水及水蒸气、碱类

中毒表现　对眼、皮肤、黏膜有刺激性和腐蚀性。吸入会中毒。

侵入途径　吸入、食入。

环境危害　对水生生物有极高毒性。

理化特性与用途

理化特性　黄褐色液体或气体。在水中分解。熔点－30℃，仅在－20℃以下稳定，大于－20℃分解。

主要用途　用作中间体。

包装与储运

包装标志　腐蚀品

包装类别　Ⅱ类

安全储运　储存于阴凉、干燥、通风良好的库房。远离火种、热源。防止阳光直射。储存温度不超过 30℃，相对湿度不超过 75%。保持容器密封。切勿受潮。应与酸碱、还原剂等分开存放，切忌混储。储区应备有泄漏应急处理设备。

紧急处置信息

急救措施

吸入：迅速脱离现场至空气新鲜处。保持呼吸道通畅。如呼吸困难，给输氧。呼吸、心跳停止，立即进行心肺复苏术。就医。

眼睛接触：立即分开眼睑，用大量流动清水或生理盐水彻底冲洗 10～15min。就医。

皮肤接触:立即脱去污染的衣着,用大量流动清水彻底冲洗,冲洗时间一般要求20~30min。就医。

食入:用水漱口,禁止催吐。给饮牛奶或蛋清。就医。

灭火方法 消防人员须佩戴防毒面具,穿全身消防服,在上风向灭火。尽可能将容器从火场移至空旷处。喷水保持火场容器冷却,直至灭火结束。禁止用水和泡沫灭火。灭火时尽量切断泄漏源,然后根据着火原因选择适当灭火剂灭火。

泄漏应急处置 根据气体的影响区域划定警戒区,无关人员从侧风、上风向撤离至安全区。建议应急处理人员戴正压自给式呼吸器,穿防酸碱服,戴耐酸碱手套。穿上适当的防护服前严禁接触破裂的容器和泄漏物。尽可能切断泄漏源。勿使泄漏物与可燃物质(如木材、纸、油等)接触。防止泄漏物进入水体、下水道、地下室或受限空间。用干燥的砂土或其他不燃材料覆盖泄漏物,用洁净的无火花工具收集泄漏物,置于一盖子较松的塑料容器中,待处置。大量泄漏:构筑围堤或挖坑收容。用耐腐蚀泵转移至槽车或专用收集器内。

659. 四氯化硒

标识

中文名称 四氯化硒

英文名称 selenium tetrachloride;selenium(IV) chloride

分子式 $SeCl_4$

CAS 号 10026-03-6

WGH 号 61019

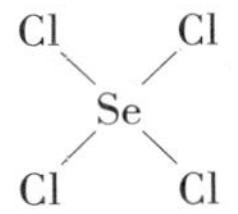

危害信息

危险性类别 第6类有毒品。

燃烧与爆炸危险性 不燃,无特殊燃爆特性。遇高热分解释出剧毒的气体。遇水或潮湿空气分解出有腐蚀性和刺激性的气体。

活性反应 能与磷、钾、过氧化钾、过氧化钠剧烈反应。

禁忌物 强氧化剂、强酸、强碱、磷、钾、过氧化钾、过氧化钠、水。

侵入途径 吸入、食入。

职业接触限值 中国:PC-TWA:0.1mg/m^3[按硒计]。

美国(ACGIH):TLV-TWA:0.2mg/m^3[按硒计]。

理化特性与用途

理化特性 白色至淡黄色结晶粉末,易潮解。溶于水,不溶于乙醇、乙醚、二硫化碳。熔点200~210℃,沸点280℃(分解),相对密度(水=1)2.6(25℃),饱和蒸气压0.13kPa(74℃)。

主要用途 用于电子仪器和仪表工业。

包装与储运

包装标志 有毒品,腐蚀品

包装类别 Ⅱ类

安全储运 储存于阴凉、干燥、通风的库房。远离火种、热源。库温不超过35℃。相对湿度不超过80%。保持容器密封。避免受潮。应与氧化剂、酸类、碱类等分开存放,切忌混储。储区应备有合适的材料收容泄漏物。

紧急处置信息

急救措施

吸入:脱离现场至空气新鲜处。就医。

眼睛接触:分开眼睑,用流动清水或生理盐水冲洗。如有不适感,就医。

皮肤接触:脱去污染的衣着,用流动清水冲洗。如有不适感,就医。

食入:饮足量温水,催吐。就医。

灭火方法 消防人员必须穿全身防火防毒服,戴自给式呼吸器,在上风向灭火。灭火时尽可能将容器从火场移至空旷处。本品不燃。根据着火原因选择适当灭火剂灭火。

泄漏应急处置 隔离泄漏污染区,限制出入。建议应急处理人员戴防尘口罩,穿防毒服,戴防毒、防腐蚀手套。穿上适当的防护服前严禁接触破裂的容器和泄漏物。尽可能切断泄漏源。用塑料布覆盖泄漏物,减少飞散。用洁净的铲子收集泄漏物,置于干净、干燥、盖子较松的容器中。勿使水进入包装容器内。将容器移离泄漏区。

660. 四氯化锡［无水］

标　识

中文名称 四氯化锡［无水］

英文名称 tin tetrachloride;tin chloride;stannic tetrachloride

别名 氯化锡

分子式 $SnCl_4$

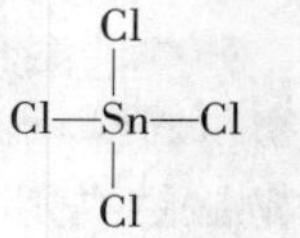

CAS 号 7646－78－8

WGH 号 81053

UN 号 1827

危害信息

危险性类别 第 8 类腐蚀品。

燃烧与爆炸危险性 不燃,无特殊燃爆特性。在潮湿空气存在下,放出热和近似白色烟雾状有刺激性和腐蚀性的氯化氢气体。具有腐蚀性。

活性反应 遇 H 发泡剂立即燃烧。与碱性物质混合能引起爆炸。

禁忌物 强碱、易燃或可燃物、水、醇类。

毒性 大鼠吸入 LC_{50}:2300mg/m^3(10min)。

中毒表现 对眼睛、皮肤、黏膜和呼吸道有强烈的刺激作用。

侵入途径 吸入、食入。

职业接触限值 美国(ACGIH):TLV－TWA:2mg/m^3［按锡计］。

环境危害 对水生生物有害,可能在水生环境中造成长期不利影响。

理化特性与用途

理化特性 无色或浅黄色发烟液体,有辛辣气味,强吸湿性。溶于水(缓慢分解),溶于乙醇、丙酮、苯、四氯化碳、二硫化碳、甲醇、甲苯、汽油、煤油等多数有机溶剂。pH 值 0.2(60g/L,20℃),熔点－33℃,沸点 114℃,相对密度(水＝1)2.26,相对蒸气密度(空气＝1)9,饱和蒸气压 2.4kPa(20℃),临界温度 318.9℃,临界压力 3.75MPa。

主要用途 用于有机锡化合物的制造,用作分析试剂、有机合成脱水剂。也用于电镀工业。

包装与储运

包装标志 腐蚀品

包装类别 Ⅱ类

安全储运 储存于阴凉、干燥、通风良好的库房。远离火种、热源。库温不超过30℃。相对湿度不超过75%。包装必须密封。切勿受潮。应与易(可)燃物、碱类、醇类、H 发泡剂等分开存放,切忌混储。储区应备有泄漏应急处理设备和合适的收容材料。

紧急处置信息

急救措施

吸入:迅速脱离现场至空气新鲜处。保持呼吸道通畅。如呼吸困难,给输氧。呼吸、心跳停止,立即进行心肺复苏术。就医。

眼睛接触:分开眼睑,用流动清水或生理盐水冲洗。如有不适感,就医。

皮肤接触:脱去污染的衣着,用肥皂水和清水彻底冲洗皮肤。如有不适感,就医。

食入:用水漱口。给饮牛奶或蛋清。就医。

灭火方法 消防人员必须佩戴空气呼吸器,穿全身防火防毒服,在上风向灭火。尽可能将容器从火场移至空旷处。喷水保持火场容器冷却,直至灭火结束。禁止用水和泡沫灭火

灭火剂:干粉、二氧化碳。

泄漏应急处置 隔离泄漏污染区,限制出入。建议应急处理人员戴防尘口罩,穿防酸碱服,戴橡胶耐酸碱手套。穿上适当的防护服前严禁接触破裂的容器和泄漏物。尽可能切断泄漏源。勿使泄漏物与可燃物质(如木材、纸、油等)接触。小量泄漏:用干燥的砂土或其他不燃材料覆盖泄漏物,收集泄漏物于一盖子较松的塑料容器中,待处置。大量泄漏:用塑料布覆盖泄漏物,减少飞散,避免雨淋。在专家指导下清除。

661. 四 氯 化 锗

标 识

中文名称 四氯化锗

英文名称 germanium tetrachloride; germanium chloride; tetrachlorogermane

别名 氯化锗

分子式 $GeCl_4$

CAS 号 10038-98-9

WGH 号 81048

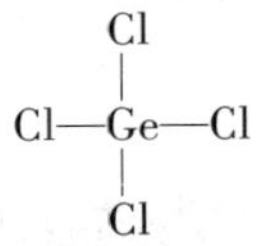

危害信息

危险性类别 第8类腐蚀品。

燃烧与爆炸危险性 不燃,无特殊燃爆特性。受热或遇水分解放热,放出有毒的腐蚀性烟气。对很多金属尤其是潮湿空气存在下有腐蚀性。

禁忌物 强氧化剂、水、醇类、碱类。

毒性　小鼠静脉 LD_{50}:56mg/kg。

中毒表现　对呼吸道有刺激作用,可引起支气管炎和肺炎。对皮肤有刺激性。

侵入途径　吸入、食入。

理化特性与用途

理化特性　无色液体。溶于水(分解),溶于盐酸,溶于苯等有机溶剂。熔点 -49.5℃,沸点 82~84℃,相对密度(水=1)1.844,饱和蒸气压 10.13kPa(20℃)。

主要用途　用作光导纤维渗杂剂,用于制二氧化锗等。

包装与储运

包装标志　腐蚀品

包装类别　Ⅱ类

安全储运　储存于阴凉、干燥、通风良好的库房。远离火种、热源。库温不超过 30℃。相对湿度不超过 75%。包装必须密封。切勿受潮。应与氧化剂、碱类、醇类等分开存放,切忌混储。储区应备有泄漏应急处理设备和合适的收容材料。

紧急处置信息

急救措施

吸入:迅速脱离现场至空气新鲜处。保持呼吸道通畅。如呼吸困难,给输氧。呼吸、心跳停止,立即进行心肺复苏术。就医。

眼睛接触:分开眼睑,用流动清水或生理盐水冲洗。如有不适感,就医。

皮肤接触:脱去污染的衣着,用肥皂水和清水彻底冲洗皮肤。如有不适感,就医。

食入:用水漱口。给饮牛奶或蛋清。就医。

灭火方法　消防人员必须穿全身耐酸碱消防服,佩戴空气呼吸器,在上风向灭火。尽可能将容器从火场移至空旷处。喷水保持火场容器冷却,直至灭火结束。禁止用水和泡沫灭火

灭火剂:干燥砂土。

泄漏应急处置　根据液体流动和蒸气扩散的影响区域划定警戒区,无关人员从侧风、上风向撤离至安全区。建议应急处理人员戴正压自给式呼吸器,穿防酸碱服,戴乳胶耐酸碱手套。穿上适当的防护服前严禁接触破裂的容器和泄漏物。尽可能切断泄漏源。防止泄漏物进入水体、下水道、地下室或受限空间。小量泄漏:用干燥的砂土或其他不燃材料吸收或覆盖,收集于容器中。大量泄漏:构筑围堤或挖坑收容。用耐腐蚀泵转移至槽车或专用收集器内。

662. 四氯硝基苯

标　识

中文名称　四氯硝基苯

英文名称　1,2,4,5 - tetrachloro - 3 - nitrobenzene;2,3,5,6 - tetrachloronitrobenzene;tecnazene

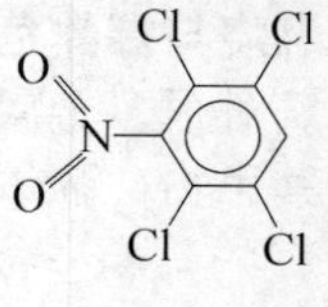

别名　1,2,4,5 - 四氯 - 3 - 硝基苯;2,3,5,6 - 四氯硝基苯

分子式　$C_6HCl_4NO_2$

CAS 号 117－18－0

危害信息

燃烧与爆炸危险性 可燃。其粉体与空气混合，能形成爆炸性混合物。受高热分解放出有毒的气体。

禁忌物 强氧化剂、强碱。

毒性 大鼠经口 LD_{50}：7500mg/kg。

侵入途径 吸入、食入、经皮吸收。

环境危害 对水生生物有极高毒性，可能在水生环境中造成长期不利影响。

理化特性与用途

理化特性 无色或淡黄色结晶或灰白色粉末，无气味。不溶于水，溶于乙醇、苯、氯仿，易溶于二硫化碳、酮类、芳烃等。熔点 99.5℃，沸点 304℃（分解），相对密度（水＝1）1.744（25℃），饱和蒸气压 0.24Pa（15℃），辛醇/水分配系数 4.38。

主要用途 选择性杀菌剂。用于防治马铃薯块茎干腐病和抑制马铃薯块茎出芽。

包装与储运

安全储运 储存于阴凉、通风的库房。保持容器密封。远离火种、热源。应与强氧化剂等隔离储运。搬运时轻装轻卸，防止容器受损。

紧急处置信息

急救措施

吸入： 迅速脱离现场至空气新鲜处。保持呼吸道通畅。如呼吸困难，给输氧。呼吸、心跳停止，立即进行心肺复苏术。就医。

眼睛接触： 分开眼睑，用流动清水或生理盐水冲洗。如有不适感，就医。

皮肤接触： 脱去污染的衣着，用流动清水冲洗。如有不适感，就医。

食入： 饮足量温水，催吐。就医。

灭火方法 消防人员须佩戴防毒面具，穿全身消防服，在上风向灭火。尽可能将容器从火场移至空旷处。喷水保持火场容器冷却，直至灭火结束。

灭火剂：雾状水、泡沫、干粉、二氧化碳、砂土。

泄漏应急处置 隔离泄漏污染区，限制出入。建议应急处理人员戴防尘口罩，穿防毒服，戴橡胶手套。穿上适当的防护服前严禁接触破裂的容器和泄漏物。尽可能切断泄漏源。用塑料布覆盖泄漏物，减少飞散。勿使水进入包装容器内。用洁净的铲子收集泄漏物，置于干净、干燥、盖子较松的容器中，将容器移离泄漏区。

663. 四 氢 吡 喃

标 识

中文名称 四氢吡喃

英文名称 tetrahydropyran；tetrahydro－2H－pyran；pentamethylene oxide

别名 氧己环

663. 四氢吡喃

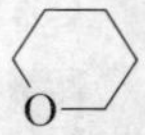

分子式 $C_5H_{10}O$

CAS 号 142－68－7

WGH 号 31043

危害信息

危险性类别 第3类易燃液体。

燃烧与爆炸危险性 极易燃。其蒸气与空气混合，能形成爆炸性混合物。

活性反应 与氧化剂接触发生猛烈反应。

禁忌物 氧化剂、强酸。

毒性 大鼠经口 LDL_0:3000mg/kg。

中毒表现 吸入，可引起头痛、流涕、咳嗽、气短、胸痛、支气管痉挛，偶见上呼吸道水肿或急性肺损伤。误服，可引起口腔黏膜和食道的刺激。

侵入途径 吸入、食入、经皮吸收。

理化特性与用途

理化特性 无色液体，有醚的气味。溶于水，易溶于乙醇、乙醚等许多有机溶剂。熔点－45℃，沸点88℃，相对密度(水＝1)0.881(20℃)，相对蒸气密度(空气＝1)4.0，饱和蒸气压9.51kPa(25℃)，辛醇/水分配系数0.95，闪点－20℃(闭杯)。

主要用途 用作硝基喷漆、橡胶、Grignard反应的溶剂；是医药中间体，并用于生产合成纤维。

包装与储运

包装标志 易燃液体

包装类别 Ⅱ类

安全储运 通常商品加有稳定剂。储存于阴凉、通风的库房。远离火种、热源。防止阳光直射。库温不宜超过29℃。保持容器密封。应与氧化剂、酸类等分开存放，切忌混储。采用防爆型照明、通风设施。禁止使用易产生火花的机械设备和工具。储区应备有泄漏应急处理设备和合适的收容材料。灌装时注意流速，防止静电积聚。

紧急处置信息

急救措施

吸入：迅速脱离现场至空气新鲜处。保持呼吸道通畅。如呼吸困难，给输氧。呼吸、心跳停止，立即进行心肺复苏术。就医。

眼睛接触：分开眼睑，用流动清水或生理盐水冲洗。如有不适感，就医。

皮肤接触：脱去污染的衣着，用流动清水冲洗。如有不适感，就医。

食入：饮足量温水，催吐。就医。

灭火方法 消防人员须佩戴防毒面具，穿全身消防服，在上风向灭火。尽可能将容器从火场移至空旷处。喷水保持火场容器冷却，直至灭火结束。处在火场中的容器若已变色或从安全泄压装置中发出声音，必须马上撤离。

灭火剂：水、雾状水、抗溶性泡沫、干粉、二氧化碳、砂土。

泄漏应急处置 消除所有点火源。根据液体流动和蒸气扩散的影响区域划定警戒区，无关人员从侧风、上风向撤离至安全区。建议应急处理人员戴正压自给式呼吸器，穿防静电服，戴橡胶手套。作业时使用的所有设备应接地。禁止接触或跨越泄漏物。尽可能切断泄漏源。防止泄漏物进入水体、下水道、地下室或受限空间。小量泄漏：用砂土或其他不燃材料吸收。

使用洁净的无火花工具收集吸收材料。大量泄漏:构筑围堤或挖坑收容。用抗溶性泡沫覆盖,减少蒸发。喷水雾能减少蒸发,但不能降低泄漏物在受限空间内的易燃性。用防爆泵转移至槽车或专用收集器内。

664. 四氢 -2 - 呋喃甲醇

标 识

中文名称 四氢 -2 - 呋喃甲醇

英文名称 tetrahydro -2 - furanmethanol;tetrahydrofurfuryl alcohol

别名 四氢糠醇

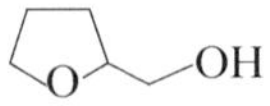

分子式 $C_5H_{10}O_2$

CAS 号 97 -99 -4

危害信息

燃烧与爆炸危险性 可燃。其蒸气与空气混合,能形成爆炸性混合物。燃烧产生有毒的一氧化碳气体。

活性反应 与 3 - 硝基 - *N* - 溴酞酰亚胺发生爆炸性反应。

禁忌物 强氧化剂、强还原剂、强酸、酸酐、酰基氯。

毒性 大鼠经口 LD_{50}:1600mg/kg;小鼠经口 LD_{50}:2300mg/kg。

中毒表现 对眼睛有强烈的刺激作用,对皮肤和黏膜有刺激作用。接触后能引起头痛、头晕、恶心等。

侵入途径 吸入、食入、经皮吸收。

理化特性与用途

理化特性 无色或淡黄色透明液体,有吸湿性。混溶于水,混溶于乙醇、乙醚、丙酮、苯、氯仿。熔点 < -80℃,沸点 178℃,相对密度(水 =1)1.05,相对蒸气密度(空气 =1)3.5,饱和蒸气压 30Pa(20℃),辛醇/水分配系数 -0.11,闪点 74℃(开杯),引燃温度 282℃,爆炸下限 1.5%,爆炸上限 9.7%。

主要用途 用作纤维素、聚苯乙烯、酚醛树脂等的溶剂,用于制造酯类、增塑剂及作为化学中间体。

包装与储运

安全储运 储存于阴凉、通风的库房。保持容器密封。远离火种、热源。应与氧化剂、还原剂、强酸、酸酐、酰基氯等隔离储运。搬运时轻装轻卸,防止容器受损。

紧急处置信息

急救措施

吸入:迅速脱离现场至空气新鲜处。保持呼吸道通畅。如呼吸困难,给输氧。呼吸、心跳停止,立即进行心肺复苏术。就医。

眼睛接触:分开眼睑,用流动清水或生理盐水冲洗。如有不适感,就医。

皮肤接触:脱去污染的衣着,用流动清水冲洗。如有不适感,就医。

食入:饮足量温水,催吐。就医。

灭火方法 消防人员必须佩戴空气呼吸器，穿全身防火防毒服，在上风向灭火。尽可能将容器从火场移至空旷处。喷水保持火场容器冷却，直至灭火结束。处在火场中的容器若已变色或从安全泄压装置中发出声音，必须马上撤离。

灭火剂：水、雾状水、抗溶性泡沫、干粉、二氧化碳、砂土。

泄漏应急处置 根据液体流动和蒸气扩散的影响区域划定警戒区，无关人员从侧风、上风向撤离至安全区。消除所有点火源。建议应急处理人员戴防毒面具，穿防毒服，戴橡胶手套。穿上适当的防护服前严禁接触破裂的容器和泄漏物。尽可能切断泄漏源。防止泄漏物进入水体、下水道、地下室或受限空间。小量泄漏：用干燥的砂土或其他不燃材料吸收或覆盖，收集于容器中。大量泄漏：构筑围堤或挖坑收容。用泵转移至槽车或专用收集器内。喷雾状水驱散蒸气、稀释液体泄漏物。

665. 四氢化铝锂

标 识

中文名称 四氢化铝锂

英文名称 lithium tetrahydridoaluminate ;lithium aluminium hydride

别名 氢化铝锂

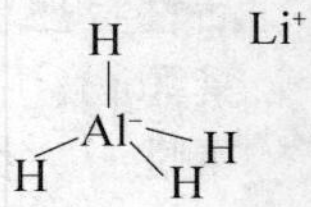

分子式 AlH_4Li

CAS 号 16853 - 85 - 3

WGH 号 43022

UN 号 1410

危害信息

危险性类别 第 4.3 类遇湿易燃物品。

燃烧与爆炸危险性 遇湿易燃。加热至 125℃ 即分解出氢化锂与金属铝，并放出氢气。在空气中磨碎时可发火。受热或与湿气、水、醇、酸类接触，即发生放热反应并放出氢气而燃烧或爆炸。

活性反应 与强氧化剂接触发生猛烈反应而爆炸。

禁忌物 强氧化剂、酸类、醇类、水。

毒性 小鼠经口 LD_{50}：85mg/kg；小鼠吸入 LC_{50}：85mg/m^3。

中毒表现 本品对黏膜、上呼吸道、眼睛及皮肤有强烈刺激性。吸入后，可因喉和支气管的炎症、水肿、痉挛，化学性肺炎或肺水肿而致死。接触后引起烧灼感、咳嗽、喘息、喉炎、气短、头痛、恶心和呕吐等。

侵入途径 吸入、食入。

职业接触限值 美国(ACGIH)：TLV - TWA：2mg/m^3[按铝计]。

理化特性与用途

理化特性 白色至灰白色单斜结晶或粉末，有吸湿性。不溶于烃，溶于乙醚、四氢呋喃。与水反应。熔点 125℃(分解)，相对密度(水 =1)0.92。

主要用途 用作聚合催化剂、还原剂、喷气发动机燃料，也用于合成药物。

包装与储运

包装标志 遇湿易燃物品

包装类别 Ⅰ类

安全储运 储存于阴凉、干燥、通风良好的专用库房内，远离火种、热源。库温不超过32℃。相对湿度不超过75%。包装密封。避免接触湿气和水。应与氧化剂、酸类、醇类等分开存放，切忌混储。储区应备有合适的材料收容泄漏物。

紧急处置信息

急救措施

吸入：迅速脱离现场至空气新鲜处。保持呼吸道通畅。如呼吸困难，给输氧。呼吸、心跳停止，立即进行心肺复苏术。就医。

眼睛接触：立即分开眼睑，用大量流动清水或生理盐水彻底冲洗10～15min。就医。

皮肤接触：立即脱去污染的衣着，用大量流动清水彻底冲洗，冲洗时间一般要求20～30min。就医。

食入：用水漱口。给饮牛奶或蛋清。就医。

灭火方法 消防人员必须佩戴空气呼吸器，穿全身防火防毒服，在上风向灭火。尽可能将容器从火场移至空旷处。喷水保持火场容器冷却，直至灭火结束。不可用水、泡沫、二氧化碳、卤代烃等灭火。

灭火剂：用金属盖或干燥石墨粉、干燥白云石粉末将火焖熄。

泄漏应急处置 严禁用水处理。隔离泄漏污染区，限制出入。消除所有点火源。建议应急处理人员戴防尘口罩，穿防毒、防静电服，戴橡胶手套。禁止接触或跨越泄漏物。尽可能切断泄漏源。保持泄漏物干燥。用干燥的砂土或其他不燃材料覆盖泄漏物，然后用塑料布覆盖，减少飞散、避免雨淋。粉末泄漏：用塑料布或帆布覆盖泄漏物，减少飞散，保持干燥。严禁设法扫除干的泄漏物。在专家指导下清除。

666. 1,2,3,4－四氢萘

标　识

中文名称 1,2,3,4－四氢萘

英文名称 tetrahydronaphthalene；1,2,3,4－tetrahydronaphthalene；tetralin

别名 四氢萘；萘满

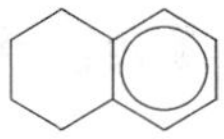

分子式 $C_{10}H_{12}$

CAS号 119－64－2

危害信息

燃烧与爆炸危险性 可燃。其蒸气与空气混合，能形成爆炸性混合物。燃烧产生有毒的一氧化碳气体。

禁忌物 强氧化剂、强酸、强碱。

毒性 大鼠经口 LD_{50}：1587.6mg/kg；兔经皮 LD_{50}：16954mg/kg。

中毒表现 高浓度有麻醉作用。摄入引起胃肠道刺激，肝、肾损害及绿色尿。慢性影

响表现为长期接触有头痛、不适及上呼吸道刺激。可有特殊的绿色尿。可致皮炎。

侵入途径 吸入、食入、经皮吸收。

环境危害 对水生生物有毒，可能在水生环境中造成长期不利影响。

理化特性与用途

理化特性 无色液体，有刺激性气味。不溶于水，溶于甲醇，混溶于乙醇、丁醇、丙酮、苯、石油醚、氯仿。熔点 -35.8℃，沸点207.6℃，相对密度(水=1)0.973，相对蒸气密度(空气=1)4.55，饱和蒸气压 50Pa(25℃)，临界温度 447.15℃，临界压力 3.62MPa，燃烧热 -5645.6kJ/mol，辛醇/水分配系数 3.78，闪点 77℃(开杯)、80℃(闭杯)，引燃温度385℃，爆炸下限0.8%(100℃)，爆炸上限5.0%(150℃)。

主要用途 用于制造杀虫剂、润滑剂，用作溶剂、脱脂剂、软化剂、驱虫剂、松节油的代用品、上光剂，与酒精和苯混合作为内燃机的燃料。

包装与储运

安全储运 储存于阴凉、通风的库房。远离火种、热源。保持容器密封。应与氧化剂、酸碱等隔离储运。搬运时轻装轻卸，防止容器受损。

紧急处置信息

急救措施

吸入：迅速脱离现场至空气新鲜处。保持呼吸道通畅。如呼吸困难，给输氧。呼吸、心跳停止，立即进行心肺复苏术。就医。

眼睛接触：分开眼睑，用流动清水或生理盐水冲洗。如有不适感，就医。

皮肤接触：脱去污染的衣着，用大量流动清水冲洗。如有不适感，就医。

食入：饮足量温水，催吐。就医。

灭火方法 消防人员须佩戴防毒面具，穿全身消防服，在上风向灭火。尽可能将容器从火场移至空旷处。喷水保持火场容器冷却，直至灭火结束。处在火场中的容器若已变色或从安全泄压装置中发出声音，必须马上撤离。

灭火剂：雾状水、泡沫、干粉、二氧化碳、砂土。

泄漏应急处置 根据液体流动和蒸气扩散的影响区域划定警戒区，无关人员从侧风、上风向撤离至安全区。消除所有点火源。建议应急处理人员戴防毒面具，穿防毒服，戴橡胶手套。穿上适当的防护服前严禁接触破裂的容器和泄漏物。尽可能切断泄漏源。防止泄漏物进入水体、下水道、地下室或受限空间。小量泄漏：用干燥的砂土或其他不燃材料吸收或覆盖，收集于容器中。大量泄漏：构筑围堤或挖坑收容。用石灰粉等吸收大量液体。用泵转移至槽车或专用收集器内。

667. 四 氢 噻 吩

标 识

中文名称 四氢噻吩

英文名称 tetrahydrothiophene

别名 四氢硫杂茂

分子式 C_4H_8S

CAS 号 110－01－0

WGH 号 32111;31211[铁规]

UN 号 2412

危害信息

危险性类别 第 3 类易燃液体。

燃烧与爆炸危险性 易燃。其蒸气与空气混合,能形成爆炸性混合物。燃烧产生有毒的一氧化碳、硫化氢、氧化硫气体。

禁忌物 强氧化剂。

毒性 大鼠经口 LD_{50}:1750mg/kg;小鼠吸入 LC_{50}:27000mg/m^3(2h)。

中毒表现 短时间接触出现头痛、心悸、眼花、恶心和全身不适。动物试验显示有麻醉作用,小鼠吸入中毒时,出现运动性兴奋、共济失调、麻醉,最后死亡。

慢性中毒实验中,小鼠表现为行为异常、体重增长停顿及肝功能改变。对皮肤有弱刺激性。

侵入途径 吸入、食入。

环境危害 对水生生物有害,可能在水生环境中造成长期不利影响。

理化特性与用途

理化特性 无色透明液体,有恶臭味。不溶于水,混溶于乙醇、乙醚、苯、丙酮等有机溶剂。熔点－96.2℃,沸点 119～121℃,相对密度(水＝1)1.0,相对蒸气密度(空气＝1)3.05,饱和蒸气压 2.4kPa(25℃),辛醇/水分配系数 1.8,闪点 12℃,引燃温度 200℃,爆炸下限 1.1%,爆炸上限 12.3%。

主要用途 用作城市煤气、石油液化气、天然液化气等燃料气体的加臭剂,也可用作医药和农药原料。

包装与储运

包装标志 易燃液体

包装类别 Ⅱ类

安全储运 储存于阴凉、通风的库房。远离火种、热源。库温不宜超过 37℃。保持容器密封。应与氧化剂分开存放,切忌混储。采用防爆型照明、通风设施。禁止使用易产生火花的机械设备和工具。储区应备有泄漏应急处理设备和合适的收容材料。

紧急处置信息

急救措施

吸入:脱离现场至空气新鲜处。如呼吸困难,给输氧。呼吸、心跳停止,立即进行心肺复苏术。就医。

眼睛接触:分开眼睑,用流动清水或生理盐水冲洗。如有不适感,就医。

皮肤接触:脱去污染的衣着,用肥皂水和清水彻底冲洗皮肤。如有不适感,就医。

食入:用水漱口。就医。

灭火方法 消防人员必须佩戴空气呼吸器,穿全身防火防毒服,在上风向灭火。尽可能将容器从火场移至空旷处。喷水保持火场容器冷却,直至灭火结束。处在火场中的容器若发生异常变化或发出异常声音,须马上撤离。

灭火剂:泡沫、二氧化碳、干粉、砂土。

泄漏应急处置 消除所有点火源。根据液体流动和蒸气扩散的影响区域划定警戒区,无关人员从侧风、上风向撤离至安全区。建议应急处理人员戴正压自给式呼吸器,穿防静电服,戴橡胶耐油手套。作业时使用的所有设备应接地。禁止接触或跨越泄漏物。尽可能切断泄漏源。防止泄漏物进入水体、下水道、地下室或受限空间。小量泄漏:用砂土或其他不燃材料吸收。使用洁净的无火花工具收集吸收材料。大量泄漏:构筑围堤或挖坑收容。用泡沫覆盖,减少蒸发。喷水雾能减少蒸发,但不能降低泄漏物在受限空间内的易燃性。用防爆泵转移至槽车或专用收集器内。

668. 四氰基乙烯

标　识

中文名称 四氰基乙烯

英文名称 tetracyanoethylene;1,1,2,2 – ethenetetracarbonitrile

别名 四氰乙烯

分子式 C_6N_4

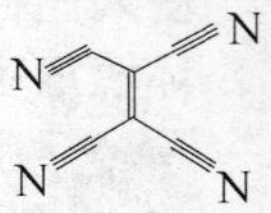

CAS 号 670 – 54 – 2

WGH 号 61651

危害信息

危险性类别 第 6 类有毒品。

燃烧与爆炸危险性 可燃。其粉体与空气混合,能形成爆炸性混合物。遇高热分解释出高毒烟气。

活性反应 遇水或水蒸气能水解产生剧毒的氰化氢气体。

禁忌物 强氧化剂、水及水蒸气、强还原剂、强酸、强碱。

毒性 大鼠经口 LD_{50}: 5mg/kg; 小鼠经口 LD_{50}: 5mg/kg。

中毒表现 本品有强烈的刺激性。经口摄入会严重中毒。接触后可引起烧灼感、咳嗽、头痛、恶心、呕吐、喉炎、气短,可引起紫绀。

侵入途径 吸入、食入、经皮吸收。

理化特性与用途

理化特性 无色或白色至米色结晶。难溶于水,溶于多数有机溶剂。熔点 195 ~ 200℃,沸点 223℃,升华点 130 ~ 140℃(0.013kPa),相对密度(水 = 1)1.348(25℃),饱和蒸气压 15.96Pa(25℃),辛醇/水分配系数 – 0.29。

主要用途 用于有机合成,也用作分析试剂。

包装与储运

包装标志 有毒品

包装类别 Ⅱ类

安全储运 储存于阴凉、干燥、通风良好的库房。远离火种、热源。防止阳光直射。保持容器密封。严禁与空气接触。避免接触水和湿气。应与氧化剂、还原剂、酸类、碱类、食用化学品等分开存放,切忌混储。配备相应品种和数量的消防器材。储区应备有合适的材料收容泄漏物。

紧急处置信息

急救措施

吸入：迅速脱离现场至空气新鲜处。保持呼吸道通畅。如呼吸困难，给输氧。呼吸、心跳停止，立即进行心肺复苏术。就医。

眼睛接触：分开眼睑，用流动清水或生理盐水冲洗。如有不适感，就医。

皮肤接触：脱去污染的衣着，用流动清水冲洗。如有不适感，就医。

食入：饮足量温水，催吐。就医。

灭火方法 消防人员须佩戴防毒面具，穿全身消防服，在上风向灭火。尽可能将容器从火场移至空旷处。喷水保持火场容器冷却，直至灭火结束。禁止用水和泡沫灭火

灭火剂：干粉、二氧化碳、砂土。

泄漏应急处置 隔离泄漏污染区，限制出入。消除所有点火源。建议应急处理人员戴防尘口罩，穿防毒服，戴橡胶手套。穿上适当的防护服前严禁接触破裂的容器和泄漏物。尽可能切断泄漏源。用塑料布覆盖泄漏物，减少飞散。勿使水进入包装容器内。用洁净的铲子收集泄漏物，置于干净、干燥、盖子较松的容器中，将容器移离泄漏区。

669. 四硝基甲烷

标　识

中文名称 四硝基甲烷

英文名称 tetranitromethane

分子式 CN_4O_8

CAS 号 509－14－8

WGH 号 51079

UN 号 1510

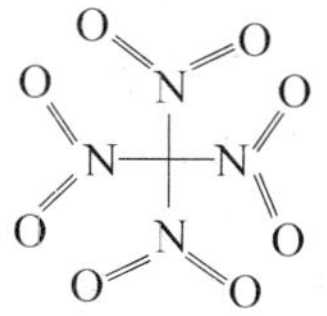

危害信息

危险性类别 第 5.1 类氧化剂。

燃烧与爆炸危险性 受撞击、摩擦，遇明火或其他点火源极易爆炸。与可燃物混合会发生爆炸。燃烧产生有毒的一氧化碳、氮氧化物。

禁忌物 强还原剂、强碱、活性金属粉末、铜。胺类、酸、可燃物、有机物、易氧化物质。

毒性 大鼠经口 LD_{50}：130mg/kg；小鼠经口 LD_{50}：375mg/kg；大鼠吸入 LC_{50}：18ppm（4h）。本品已列入《剧毒化学品目录》。

中毒表现 本品对眼睛和呼吸道有强烈刺激作用。吸入后可引起支气管炎、肺炎，重者可引起肺水肿，甚至发生死亡。可引起高铁血红蛋白血症而致紫绀。高浓度时有麻醉作用，并可有肝、肾损害。对皮肤无刺激作用。

慢性影响：长期吸入可引起头痛和呼吸系统的损害。

侵入途径 吸入、食入、经皮吸收。

职业接触限值 美国（ACGIH）：TLV－TWA：0.005ppm。

理化特性与用途

理化特性 无色至淡黄色液体，有刺激性气味。不溶于水，溶于乙醇、乙醚、四氯化碳等。熔

点 13～14.2℃，沸点 126℃，相对密度(水＝1)1.64，相对蒸气密度(空气＝1)6.8，饱和蒸气压 1.1kPa(20℃)，临界温度 267.1℃，临界压力 3.99MPa，辛醇/水分配系数 －2.05，闪点＞110℃。

主要用途 用作火箭燃料、有机试剂、柴油添加剂、炸药，分析上用于不饱和化合物的测定。

包装与储运

包装标志 氧化剂，有毒品

包装类别 Ⅰ类

安全储运 储存于阴凉、通风良好的专用库房内。应严格执行剧毒化学品管理制度。库温不超过 30℃。相对湿度不超过 80%。远离火种、热源。保持容器密封。应与氧化剂、还原剂、碱类、食用化学品分开存放，切忌混储。采用防爆型照明、通风设施。禁止使用易产生火花的机械设备和工具。储区应备有泄漏应急处理设备和合适的收容材料。

紧急处置信息

急救措施

吸入：立即脱离接触。如呼吸困难，给吸氧。如呼吸心跳停止，立即行心肺复苏术。就医。

眼睛接触：分开眼睑，用清水或生理盐水冲洗。如有不适感，就医。

皮肤接触：立即脱去污染衣着，用肥皂水或清水彻底冲洗。就医。

食入：催吐。就医。

高铁血红蛋白血症可用美蓝和维生素 C 治疗。

灭火方法 消防人员须在有防爆掩蔽处操作。遇大火须远离以防炸伤。在物料附近失火，须用水保持容器冷却。禁止用砂土压盖。

灭火剂：雾状水、二氧化碳。

泄漏应急处置 根据液体流动和蒸气扩散的影响区域划定警戒区，无关人员从侧风、上风向撤离至安全区。消除所有点火源。建议应急处理人员戴正压自给式呼吸器，穿防毒服，戴橡胶手套。勿使泄漏物与可燃物质(如木材、纸、油等)接触。穿上适当的防护服前严禁接触破裂的容器和泄漏物。喷雾状水抑制蒸气或改变蒸气云流向。防止泄漏物进入水体、下水道、地下室或受限空间。小量泄漏：用大量水冲洗，洗水稀释后放入废水系统。大量泄漏：在专家指导下清除。

670. 1,3,6,8－四硝基萘

标　识

中文名称 1,3,6,8－四硝基萘

英文名称 1,3,6,8－tetranitronaphthalene

分子式 $C_{10}H_4N_4O_8$

CAS 号 28995－89－3

WGH 号 11071

危害信息

危险性类别 第 1 类爆炸品。

燃烧与爆炸危险性 受撞击、摩擦，遇明火或其他点火源极易爆炸。受高热分解放出有毒的气体。

活性反应 与还原剂能发生强烈反应。

禁忌物 还原剂

中毒表现 对眼睛、皮肤和黏膜有刺激性。

侵入途径 吸入、食入。

理化特性与用途

理化特性 黄色针状结晶。不溶于水，微溶于乙醇。熔点207℃，沸点(爆炸)，辛醇/水分配系数2.44。

主要用途 用作炸药。

包装与储运

包装标志 爆炸品

安全储运 储存于阴凉、干燥、通风的爆炸品专用库房。远离火种、热源。防止阳光直射。库温不超过32℃。相对湿度不超过80%。包装密封。应与还原剂分开存放，切忌混储。采用防爆型照明、通风设施。禁止使用易产生火花的机械设备和工具。储区应备有合适的材料收容泄漏物。禁止震动、撞击和摩擦。

紧急处置信息

急救措施

吸入：迅速脱离现场至空气新鲜处。保持呼吸道通畅。如呼吸困难，给输氧。呼吸、心跳停止，立即进行心肺复苏术。就医。

眼睛接触：分开眼睑，用流动清水或生理盐水冲洗。如有不适感，就医。

皮肤接触：脱去污染的衣着，用流动清水冲洗。如有不适感，就医。

食入：饮足量温水，催吐。就医。

灭火方法 消防人员须在有防爆掩蔽处操作。遇大火切勿轻易接近。禁止用砂土压盖。用大量水灭火。

泄漏应急处置 隔离泄漏污染区，限制出入。消除所有点火源。建议应急处理人员戴防尘口罩，穿一般作业工作服，戴防护手套。作业时使用的所有设备应接地。禁止接触或跨越泄漏物。在专家指导下清除。

671. 四溴化锡

标识

中文名称 四溴化锡

英文名称 tin tetrabromide; stannic bromide

别名 溴化锡

分子式 $SnBr_4$

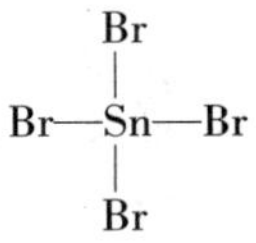

CAS 号 7789-67-5

WGH 号 81524

危害信息

危险性类别　第 8 类腐蚀品。

燃烧与爆炸危险性　不燃，无特殊燃爆特性。吸潮或遇水会产生大量的腐蚀性烟雾。在空气中强烈发烟。

禁忌物　强氧化剂、强酸、强碱、水蒸气。

毒性　小鼠静脉 LD_{50}：18mg/kg。

中毒表现　本品对眼睛、皮肤、黏膜和呼吸道有强烈刺激作用。

侵入途径　吸入、食入。

职业接触限值　美国(ACGIH)：TLV－TWA：2mg/m^3[按锡计]。

环境危害　对水生环境有害。

理化特性与用途

理化特性　白色结晶块，在空气中发烟。易溶于水，溶于乙醇、四氯化碳。熔点 31℃，沸点 202℃，相对密度(水＝1)(水＝1)3. 34，饱和蒸汽压 1. 33kPa(72. 7℃)。

主要用途　用作试剂，用于矿石分离。

包装与储运

包装标志　腐蚀品

包装类别　Ⅱ类

安全储运　储存于阴凉、干燥、通风良好的库房。远离火种、热源。库温不超过 30℃。相对湿度不超过 75%。包装必须密封。防止吸潮。应与氧化剂、酸类、碱类等分开存放，切忌混储。储区应备有合适的材料收容泄漏物。

紧急处置信息

急救措施

吸入：迅速脱离现场至空气新鲜处。保持呼吸道通畅。如呼吸困难，给输氧。呼吸、心跳停止，立即进行心肺复苏术。就医。

眼睛接触：分开眼睑，用流动清水或生理盐水冲洗。如有不适感，就医。

皮肤接触：脱去污染的衣着，用肥皂水和清水彻底冲洗皮肤。如有不适感，就医。

食入：用水漱口。给饮牛奶或蛋清。就医。

灭火方法　消防人员必须穿全身耐酸碱消防服，佩戴空气呼吸器，在上风向灭火。尽可能将容器从火场移至空旷处。喷水保持火场容器冷却，直至灭火结束。

灭火剂：本品不燃，根据火灾原因选择适当的灭火剂。禁止用水和泡沫灭火

泄漏应急处置　隔离泄漏污染区，限制出入。建议应急处理人员戴防尘口罩，穿防酸碱服，戴橡胶手套。穿上适当的防护服前严禁接触破裂的容器和泄漏物。尽可能切断泄漏源。用塑料布覆盖泄漏物，减少飞散。勿使水进入包装容器内。用洁净的铲子收集泄漏物，置于干净、干燥、盖子较松的容器中，将容器移离泄漏区。

672. 四溴甲烷

标识

中文名称 四溴甲烷

英文名称 tetrabromomethane;carbon tetrabromide

别名 四溴化碳

分子式 CBr_4

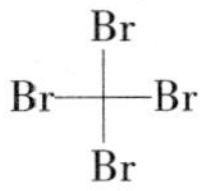

CAS 号 558－13－4

WGH 号 61563

UN 号 2516

危害信息

危险性类别 第6类有毒品。

燃烧与爆炸危险性 不燃，无特殊燃爆特性。受高热分解产生有毒的溴化物气体。

禁忌物 强氧化剂、强碱。

毒性 大鼠经口 LD_{50}:1800mg/kg。

中毒表现 本品对眼睛和呼吸道有刺激作用。患者有流泪、咳嗽、咽痛，并可造成角膜溃疡。吸入高浓度可导致支气管炎、肺炎和肺水肿，也可伴有肝、肾损害。

侵入途径 吸入、食入。

职业接触限值 中国：PC－TWA:1.5mg/m^3,PC－STEL:4mg/m^3。

美国(ACGIH)：TLV－TWA:0.1ppm,TLV－STEL:0.3ppm。

环境危害 海洋污染物。

理化特性与用途

理化特性 无色至黄棕色结晶。不溶于水，溶于乙醇、乙醚、氯仿、二硫化碳、氢氟酸。熔点90℃，沸点190℃，相对密度(水=1)3.42，相对蒸气密度(空气=1)11.4，饱和蒸气压5.33kPa(96℃)、96Pa(25℃)，辛醇/水分配系数3.42。

主要用途 用于制医药，合成季铵类化合物；用作制冷剂、农药原料、染料中间体和分析化学试剂。

包装与储运

包装标志 有毒品

包装类别 Ⅲ类

安全储运 储存于阴凉、通风的库房。远离火种、热源。库温不超过35℃。相对湿度不超过80%。包装密封。应与氧化剂、碱类、食用化学品分开存放，切忌混储。储区应备有合适的材料收容泄漏物。

紧急处置信息

急救措施

吸入：迅速脱离现场至空气新鲜处。保持呼吸道通畅。如呼吸困难，给输氧。呼吸、心跳停止，立即进行心肺复苏术。就医。

眼睛接触: 分开眼睑,用流动清水或生理盐水冲洗。如有不适感,就医。

皮肤接触: 立即脱去污染的衣着,用肥皂水和清水彻底冲洗皮肤。如有不适感,就医。

食入: 饮足量温水,催吐。就医。

灭火方法　消防人员须佩戴防毒面具,穿全身消防服,在上风向灭火。尽可能将容器从火场移至空旷处。喷水保持火场容器冷却,直至灭火结束。本品不燃。根据着火原因选择适当灭火剂灭火。

泄漏应急处置　隔离泄漏污染区,限制出入。建议应急处理人员戴防尘口罩,穿防毒服,戴防化学品手套。穿上适当的防护服前严禁接触破裂的容器和泄漏物。尽可能切断泄漏源。用塑料布覆盖泄漏物,减少飞散。勿使水进入包装容器内。用洁净的铲子收集泄漏物,置于干净、干燥、盖子较松的容器中,将容器移离泄漏区。

673. 四 氧 化 锇

标　识

中文名称　四氧化锇

英文名称　osmium tetroxide; osmium oxide ; osmic acid anhydride

别名　锇酸酐;锇(酸)酐

分子式　OsO_4

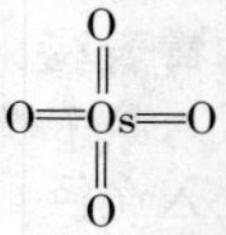

CAS 号　20816 - 12 - 0

WGH 号　61026

UN 号　2471

危害信息

危险性类别　第 6 类有毒品。

燃烧与爆炸危险性　不燃,无特殊燃爆特性。蒸气在灼烧时与氢接触会引起爆炸。与有机物接触剧烈反应。

活性反应　与有机物接触剧烈反应。

禁忌物　强还原剂、易燃或可燃物。

毒性　小鼠经口 LD_{50}:162mg/kg。

本品已列入《剧毒化学品目录》。

中毒表现　对眼睛、黏膜、呼吸道及皮肤有强烈刺激作用。可引起严重眼结膜炎、支气管炎、肺炎等,可因肺炎而致死。吸收后可引起肾炎和血尿。对皮肤可引起坏死性皮炎。进入眼内可引起严重眼损害。

侵入途径　吸入、食入、经皮吸收。

职业接触限值　美国(ACGIH):TLV - TWA:0.0002mg/m^3,TLV - STEL:0.0006mg/m^3。

理化特性与用途

理化特性　白色或淡黄色单斜结晶体,有刺激性气味。微溶于水,溶于苯、乙醇、乙醚、氢氧化铵、四氯化碳和氧氯化磷。熔点 40 ~ 42℃,沸点 130℃,相对密度(水 = 1)4.9,相对蒸气密度(空气 = 1)8.8,饱和蒸气压 1.5kPa(27℃),临界温度 405℃,临界压力 17.2MPa。

主要用途　用作催化剂、氧化剂、化学试剂,还用于医药和制造白热气灯的纱罩等。

包装与储运

包装标志 有毒品

包装类别 Ⅰ类

安全储运 储存于阴凉、通风良好的专用库房内。应严格执行剧毒化学品管理制度。库温不超过35℃。相对湿度不超过85%。保持容器密封。远离火种、热源。应与易(可)燃物、还原剂、食用化学品分开存放,切忌混储。储区应备有合适的材料收容泄漏物。

紧急处置信息

急救措施

吸入:迅速脱离现场至空气新鲜处。保持呼吸道通畅。如呼吸困难,给输氧。呼吸、心跳停止,立即进行心肺复苏术。就医。

眼睛接触:立即分开眼睑,用大量流动清水或生理盐水彻底冲洗10~15min。就医。

皮肤接触:立即脱去污染的衣着,用大量流动清水冲洗20~30min。就医。

食入:用水漱口。就医。

灭火方法 消防人员必须穿全身防火防毒服,戴自给式呼吸器,在上风向灭火。灭火时尽可能将容器从火场移至空旷处。喷水保持容器冷却,直至 灭火结束。本品不燃。根据着火原因选择适当灭火剂灭火。

泄漏应急处置 隔离泄漏污染区,限制出入。建议应急处理人员戴防尘口罩,穿防毒服,戴防毒物渗透手套。穿上适当的防护服前严禁接触破裂的容器和泄漏物。尽可能切断泄漏源。用塑料布覆盖泄漏物,减少飞散。勿使水进入包装容器内。用洁净的铲子收集泄漏物,置于干净、干燥、盖子较松的容器中,将容器移离泄漏区。

674. 四氧化二氮

标　识

中文名称 四氧化二氮

英文名称 dinitrogen tetroxide;nitrogen tetroxide

别名 二氧化氮

分子式 N_2O_4

CAS号 10544-72-6

WGH号 23012

UN号 1067

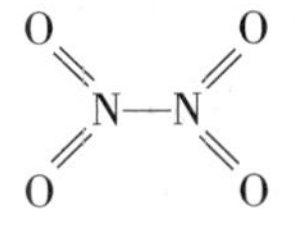

危害信息

危险性类别 第2.3类有毒气体。

燃烧与爆炸危险性 助燃。与可燃物接触易着火燃烧。遇水具有腐蚀性,腐蚀作用随水含量增加而加剧。

活性反应 与一般燃料或火箭燃料以及氯代烃等猛烈反应引起爆炸。遇水有腐蚀性,腐蚀作用随水分含量增加而加剧。

禁忌物 易燃或可燃物、强还原剂、硫、磷。

毒性 大鼠吸入 LC_{50}:105mg/m^3;小鼠吸入 LC_{50}:190mg/m^3。

中毒表现 对眼和上呼吸道有强烈刺激性 。引起抽搐突然发作,咳嗽,支气管炎,急性肺水肿。

侵入途径 吸入。

理化特性与用途

理化特性 无色至黄褐色气体或液体,有刺激性气味。遇水分解。熔点 -11℃,沸点 21.2℃,相对密度(水=1)1.45,相对蒸气密度(空气=1)1.58,饱和蒸气压 96kPa(20℃),临界温度 158℃,临界压力 10.1MPa。

主要用途 用于制硝酸、硝化剂、氧化剂、催化剂、丙烯酸酯聚合抑制剂等。

包装与储运

包装标志 有毒气体,氧化剂,腐蚀品类

安全储运 储存于阴凉、通风的有毒气体专用库房。远离火种、热源。库温不宜超过 30℃,相对湿度不超过 80%。保持容器密封。应与易(可)燃物、还原剂、氨、醇等分开存放,切忌混储。储区应备有泄漏应急处理设备。搬运时轻装轻卸,须戴好钢瓶安全帽和防震橡皮圈,防止钢瓶撞击。

紧急处置信息

急救措施

吸入:迅速脱离现场至空气新鲜处。保持呼吸道通畅。如呼吸困难,给输氧。呼吸、心跳停止,立即进行心肺复苏术。就医。

眼睛接触:分开眼睑,用流动清水或生理盐水冲洗。如有不适感,就医。

皮肤接触:用大量流动清水冲洗。如有不适感,就医。

食入:不会通过该途径接触。

灭火方法 切断气源。消防人员须佩带空气呼吸器,穿全身防火防毒服,在上风向灭火。喷水保持火场容器冷却,直至灭火结束。尽可能将容器从火场移至空旷处。本品不燃。根据着火原因选择适当灭火剂灭火。

泄漏应急处置 根据气体扩散的影响区域划定警戒区,无关人员从侧风、上风向撤离至安全区。建议应急处理人员穿内置正压自给式呼吸器的全封闭防化服。如果是液化气体泄漏,还应注意防冻伤。禁止接触或跨越泄漏物。勿使泄漏物与可燃物质(如木材、纸、油等)接触。尽可能切断泄漏源。喷雾状水抑制蒸气或改变蒸气云流向,避免水流接触泄漏物。禁止用水直接冲击泄漏物或泄漏源。若可能翻转容器,使之逸出气体而非液体。防止气体通过下水道、通风系统和受限空间扩散。隔离泄漏区直至气体散尽。泄漏场所保持通风。

675. 四氧化三锰

标　识

中文名称 四氧化三锰

英文名称 trimanganese tetraoxide; manganese tetraoxide; manganese oxide

别名 氧化锰;辉锰

分子式 Mn_3O_4

CAS 号 1317－35－7

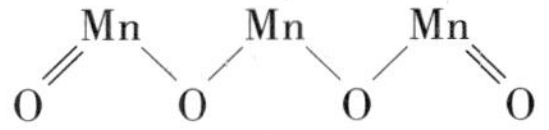

危害信息

燃烧与爆炸危险性 不燃,无特殊燃爆特性。

活性反应 与盐酸反应放出氯气。

禁忌物 盐酸。

毒性 大鼠气管内 LDL_0:375mg/kg。

中毒表现 吸入氧化锰烟尘可致"金属烟雾热"。长期吸入其烟、尘引起慢性锰中毒,初期为神经衰弱综合征和神经功能障碍,进一步发展出现锥体外系损害为主的神经体征。

侵入途径 吸入、食入。

职业接触限值 中国:PC－TWA:0.15mg/m^3[按 MnO_2 计]。

美国(ACGIH):TLV－TWA:0.2mg/m^3[按锰计]。

理化特性与用途

理化特性 棕色至黑色结晶粉末。不溶于水,溶于盐酸、硫酸。熔点 1564℃,相对密度(水＝1)4.8。

主要用途 用于制造陶瓷和玻璃颜料,也可作为铁氧体磁体材料用于制造变压器、电感器等。

包装与储运

安全储运 储存于阴凉、通风的库房。远离火种、热源。保持容器密封。应与盐酸等隔离储运。搬运时轻装轻卸,防止容器受损。

紧急处置信息

急救措施

吸入:迅速脱离现场至空气新鲜处。保持呼吸道通畅。如呼吸困难,给输氧。呼吸、心跳停止,立即进行心肺复苏术。就医。

眼睛接触:分开眼睑,用流动清水或生理盐水冲洗。如有不适感,就医。

皮肤接触:脱去污染的衣着,用流动清水冲洗。如有不适感,就医。

食入:饮足量温水,催吐。就医。

灭火方法 消防人员戴自给式呼吸器,穿全身消防服,在上风向灭火。尽可能将容器从火场移至空旷处。喷水保持火场容器冷却,直至灭火结束。本品不燃。根据着火原因选择适当灭火剂灭火。

泄漏应急处置 隔离泄漏污染区,限制出入。建议应急处理人员戴防尘口罩,穿防毒服,戴防护手套。穿上适当的防护服前严禁接触破裂的容器和泄漏物。尽可能切断泄漏源。用塑料布覆盖泄漏物,减少飞散。勿使水进入包装容器内。用洁净的铲子收集泄漏物,置于干净、干燥、盖子较松的容器中,将容器移离泄漏区。

676. 四氧化(三)铅

标 识

中文名称 四氧化(三)铅

676. 四氧化(三)铅

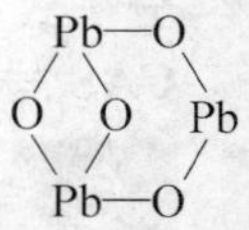

英文名称 lead tetroxide;orange lead;red Lead

别名 红丹;铅丹

分子式 Pb_3O_4

CAS 号 1314 - 41 - 6

WGH 号 61507

危害信息

危险性类别 第 6 类有毒品。

燃烧与爆炸危险性 不燃,无特殊燃爆特性。受高热分解放出有毒的气体。

禁忌物 强还原剂。

毒性 大鼠腹腔内 LD_{50}:630mg/kg。

IARC 致癌性评论:G2A,可能人类致癌物。

中毒表现 铅及其化合物损害造血、神经、消化系统及肾脏。职业中毒主要为慢性。神经系统主要表现为神经衰弱综合征、周围神经病(以运动功能受累较明显),重者出现铅中毒性脑病。消化系统表现有齿龈铅线、食欲不振、恶心、腹胀、腹泻或便秘;腹绞痛见于中度及重度中毒病例。造血系统损害出现卟啉代谢障碍、贫血等。短时大量接触可发生急性或亚急性中毒,表现类似重症慢性铅中毒。对肾脏损害多见于急性、亚急性或较重慢性病例。

侵入途径 吸入、食入。

职业接触限值 中国:PC - TWA:0.05mg/m^3[铅尘],PC - TWA:0.03mg/m^3[铅烟]。

美国(ACGIH):TLV - TWA:0.05mg/m^3[按铅计]。

环境危害 对水生生物有极高毒性,可能在水生环境中造成长期不利影响。

理化特性与用途

理化特性 鲜桔红色粉末或块状固体。不溶于水,溶于热盐酸、热碱液、乙酸和存在过氧化氢的稀硝酸。熔点 500℃(分解),沸点 1472℃,相对密度(水 = 1)9.1,饱和蒸气压 0.13kPa(943℃)。

主要用途 用作防锈颜料、有机合成的氧化剂,用于制蓄电池、玻璃、陶瓷、搪瓷。

包装与储运

包装标志 有毒品

包装类别 Ⅱ类

安全储运 储存于阴凉、通风的库房。保持容器密封。远离火种、热源。库温不超过 35℃。相对湿度不超过 80%。应与还原剂、食用化学品分开存放,切忌混储。储区应备有合适的材料收容泄漏物。

紧急处置信息

急救措施

吸入:迅速脱离现场至空气新鲜处。保持呼吸道通畅。如呼吸困难,给输氧。呼吸、心跳停止,立即进行心肺复苏术。就医。

眼睛接触:分开眼睑,用流动清水或生理盐水冲洗。如有不适感,就医。

皮肤接触:立即脱去污染的衣着,用肥皂水和清水彻底冲洗皮肤。如有不适感,就医。

食入:饮足量温水,催吐。就医。

灭火方法 消防人员必须佩戴空气呼吸器,穿全身防火防毒服,在上风向灭火。尽可能将容器从火场移至空旷处。喷水保持火场容器冷却,直至灭火结束。本品不燃。根据着火原因选择适当灭火剂灭火。

泄漏应急处置 隔离泄漏污染区,限制出入。建议应急处理人员戴防尘口罩,穿防毒服,戴防化学品手套。穿上适当的防护服前严禁接触破裂的容器和泄漏物。尽可能切断泄漏源。用塑料布覆盖泄漏物,减少飞散。勿使水进入包装容器内。用洁净的铲子收集泄漏物,置于干净、干燥、盖子较松的容器中,将容器移离泄漏区。

677. 四乙二醇二丁醚

标 识

中文名称 四乙二醇二丁醚

英文名称 5,8,11,14,17 - pentaoxaheneicosane ;tetraethylene glycol dibutyl ether

别名 5,8,11,14,17 - 五氧杂二十一烷;二丁氧基四甘醇醚

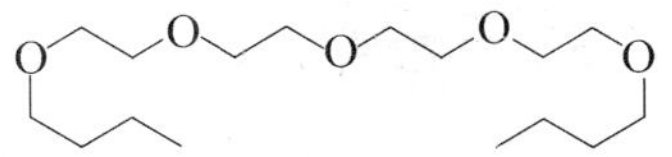

分子式 $C_{16}H_{34}O_5$

CAS 号 112 - 98 - 1

危害信息

燃烧与爆炸危险性 受撞击、摩擦，遇明火或其他点火源极易爆炸。蒸气比空气重，能在较低处扩散到相当远的地方，遇火源会着火回燃和爆炸(闪爆)。若遇高热，容器内压增大，有开裂和爆炸的危险。

活性反应 与氧化剂可发生反应。

禁忌物 强氧化剂。

毒性 大鼠经口 LD_{50}：6500mg/kg；兔经皮 LD_{50}：10000mg/kg。

侵入途径 吸入、食入、经皮吸收。

理化特性与用途

理化特性 无色黏性液体。微溶于水。沸点 335℃，相对密度(水 =1)0.97，相对蒸气密度(空气 =1)10.5，闪点 137.2℃

主要用途 用于有机合成、工业溶剂等。

包装与储运

安全储运 储存于阴凉、通风的库房。保持容器密封。远离火种、热源。应与强氧化剂等隔离储运。搬运时轻装轻卸，防止容器受损。

紧急处置信息

急救措施

吸入：迅速脱离现场至空气新鲜处。保持呼吸道通畅。如呼吸困难，给输氧。呼吸、心跳停止，立即进行心肺复苏术。就医。

眼睛接触：分开眼睑，用流动清水或生理盐水冲洗。如有不适感，就医。

皮肤接触：脱去污染的衣着，用流动清水冲洗。如有不适感，就医。

食入：饮足量温水，催吐。就医。

灭火方法 消防人员必须佩戴空气呼吸器，穿全身防火防毒服，在上风向灭火。尽可

能将容器从火场移至空旷处。喷水保持火场容器冷却，直至灭火结束。处在火场中的容器若已变色或从安全泄压装置中发出声音，必须马上撤离。

灭火剂：雾状水、干粉、泡沫、二氧化碳、沙土。

泄漏应急处置　根据液体流动和蒸气扩散的影响区域划定警戒区，无关人员从侧风、上风向撤离至安全区。消除所有点火源。建议应急处理人员戴防毒面具，穿防毒服，戴橡胶手套。穿上适当的防护服前严禁接触破裂的容器和泄漏物。尽可能切断泄漏源。防止泄漏物进入水体、下水道、地下室或受限空间。小量泄漏：用干燥的砂土或其他不燃材料吸收或覆盖，收集于容器中。大量泄漏：构筑围堤或挖坑收容。用泵转移至槽车或专用收集器内。

678. 四乙基二硫代双甲硫羰酰胺

标　识

中文名称　四乙基二硫代双甲硫羰酰胺

英文名称　disulfiram ;tetraethyl thiuramdisulfide;TETD

别名　二硫代四乙基秋兰姆;硫化促进剂 TETD

分子式　$C_{10}H_{20}N_2S_4$

CAS 号　97－77－8

危害信息

燃烧与爆炸危险性　可燃。其粉体与空气混合,能形成爆炸性混合物。受高热分解放出有毒的气体。

禁忌物　强氧化剂。

毒性　大鼠经口 LD_{50}:500mg/kg;小鼠经口 LD_{50}:1980mg/kg;兔经皮 LD_{50}:>2000mg/kg。

中毒表现　对黏膜、皮肤有致敏作用。口服中毒剂量时,引起胃肠功能紊乱,出现恶心、呕吐、腹痛、腹泻等。

侵入途径　吸入、食入、经皮吸收。

职业接触限值　中国:PC－TWA:2mg/m^3。

美国(ACGIH):TLV－TWA:2mg/m^3。

环境危害　对水生生物有极高毒性,可能在水生环境中造成长期不利影响。

理化特性与用途

理化特性　白色至浅灰色结晶粉末。不溶于水,微溶于丙酮,溶于乙醇、乙醚、苯、氯仿、二硫化碳。熔点 71℃,沸点 117℃(2.3kPa),相对密度(水＝1)1.3,饱和蒸气压 0.12Pa(25℃),辛醇/水分配系数 3.88,引燃温度 890℃。

主要用途　用作天然橡胶,合成橡胶的硫化促进剂及杀虫剂、杀菌剂。

包装与储运

安全储运　储存于阴凉、通风的库房。保持容器密封。远离火种、热源。应与强氧化剂、强酸等隔离储运。搬运时轻装轻卸,防止容器受损。

紧急处置信息

急救措施

吸入:迅速脱离现场至空气新鲜处。保持呼吸道通畅。如呼吸困难,给输氧。呼吸、心跳停止,立即进行心肺复苏术。就医。

眼睛接触:分开眼睑,用流动清水或生理盐水冲洗。如有不适感,就医。

皮肤接触:脱去污染的衣着,用流动清水冲洗。如有不适感,就医。

食入:饮足量温水,催吐。就医。

灭火方法 消防人员必须佩戴空气呼吸器,穿全身防火防毒服,在上风向灭火。尽可能将容器从火场移至空旷处。喷水保持火场容器冷却,直至灭火结束。

灭火剂 :雾状水、干粉、泡沫、二氧化碳。

泄漏应急处置 隔离泄漏污染区,限制出入。消除所有点火源。建议应急处理人员戴防尘口罩,穿防毒服,戴橡胶手套。穿上适当的防护服前严禁接触破裂的容器和泄漏物。尽可能切断泄漏源。用塑料布覆盖泄漏物,减少飞散。勿使水进入包装容器内。用洁净的铲子收集泄漏物,置于干净、干燥、盖子较松的容器中,将容器移离泄漏区。

679. 松 节 油

标 识

中文名称 松节油

英文名称 turpentine;turpentine oil

CAS 号 8006-64-2

WGH 号 33638;32138[铁规]

UN 号 1299

危害信息

危险性类别 第 3 类易燃液体。

燃烧与爆炸危险性 易燃。其蒸气与空气混合,能形成爆炸性混合物。燃烧产生有毒的一氧化碳气体。与硝酸发生剧烈反应或立即燃烧。

活性反应 与氧化剂能发生强烈反应。与硝酸发生剧烈反应或立即燃烧。

禁忌物 强氧化剂、硝酸。

毒性 大鼠经口 LD_{50}:5760mg/kg;大鼠吸入 LC_{50}:13700mg/m^3(4h);人吸入 LDL_0:3mg/kg。

中毒表现 高浓度蒸气可引起麻醉作用,出现平衡失调、四肢痉挛性抽搐、流涎、头痛、眩晕。可引起膀胱炎,有时有肾损害。还可出现眼及上呼吸道刺激症状。液体溅入眼内,可引起结膜炎及角膜灼伤

慢性影响:长期接触可发生呼吸道刺激症状及乏力、嗜睡、头痛、眩晕、食欲减退等。还可能有尿频及蛋白尿。对皮肤有原发性刺激作用,引起脱脂、干燥发红等。可引起过敏性皮炎,表现为红斑或丘疹,有瘙痒感;重者可发生水疱或脓疱;特别敏感者可发生全身性皮炎。

侵入途径 吸入、食入、经皮吸收。

职业接触限值 中国:PC-TWA:300mg/m^3。

美国(ACGIH):TLV-TWA:20ppm(敏)。

环境危害 对水生生物有毒，可能在水生环境中造成长期不利影响。

理化特性与用途

理化特性 无色至淡黄色油状液体，具有松香气味。不溶于水，溶于乙醇，混溶于苯、氯仿、乙醚、二硫化碳、石油醚、油类。熔点 -50 ~ -60℃，沸点 149 ~ 180℃，相对密度（水 = 1）0.9，相对蒸气密度（空气 = 1）4.6 ~ 4.8，饱和蒸气压 0.25 ~ 0.67kPa（20℃），临界温度 376℃，闪点 30 ~ 46℃（闭杯），引燃温度 220 ~ 255℃，爆炸下限 0.8%，爆炸上限 6%。

主要用途 工业上用在溶剂和有机合成原料。医学上用于治疗关节和肌肉酸痛。也用作颜料、油漆稀释剂。

包装与储运

包装标志 易燃液体

包装类别 Ⅲ类

安全储运 储存于阴凉、通风的库房。远离火种、热源。库温不宜超过 37℃。保持容器密封。应与氧化剂、酸类分开存放，切忌混储。采用防爆型照明、通风设施。禁止使用易产生火花的机械设备和工具。灌装时注意流速，防止静电积聚。储区应备有泄漏应急处理设备和合适的收容材料。

紧急处置信息

急救措施

吸入：脱离现场至空气新鲜处。如呼吸困难，给输氧。呼吸、心跳停止，立即进行心肺复苏术。就医。

眼睛接触：分开眼睑，用流动清水或生理盐水冲洗。如有不适感，就医。

皮肤接触：脱去污染的衣着，用肥皂水和清水彻底冲洗皮肤。如有不适感，就医。

食入：饮水，禁止催吐。就医。

灭火方法 消防人员必须佩戴空气呼吸器，穿全身防火防毒服，在上风向灭火。尽可能将容器从火场移至空旷处。喷水保持火场容器冷却，直至灭火结束。处在火场中的容器若已变色或从安全泄压装置中发出声音，必须马上撤离。

灭火剂：泡沫、二氧化碳、干粉、砂土。

泄漏应急处置 消除所有点火源。根据液体流动和蒸气扩散的影响区域划定警戒区，无关人员从侧风、上风向撤离至安全区。建议应急处理人员戴正压自给式呼吸器，穿防静电服，戴橡胶耐油手套。作业时使用的所有设备应接地。禁止接触或跨越泄漏物。尽可能切断泄漏源。防止泄漏物进入水体、下水道、地下室或受限空间。小量泄漏：用砂土或其他不燃材料吸收。使用洁净的无火花工具收集吸收材料。大量泄漏：构筑围堤或挖坑收容。用泡沫覆盖，减少蒸发。喷水雾能减少蒸发，但不能降低泄漏物在受限空间内的易燃性。用防爆泵转移至槽车或专用收集器内。

680. 速 灭 磷

标 识

中文名称 速灭磷

英文名称 mevinphos；*O*，*O* - dimethyl *O* - （1 - methyl - 2 - carboxyvinyl） phosphate

别名　*O*,*O*－二甲基－*O*－(2－甲氧甲酰基－1－甲基)乙烯基磷酸酯;磷君

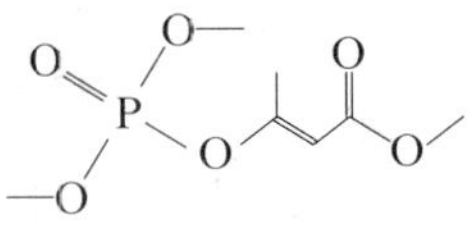

分子式　$C_7H_{13}O_6P$

CAS 号　7786－34－7

WGH 号　61875

危害信息

危险性类别　第6类有毒品。

燃烧与爆炸危险性　可燃。其蒸气与空气混合，能形成爆炸性混合物。受高热分解放出有毒的气体。若遇高热，容器内压增大，有开裂和爆炸的危险。

活性反应　与氧化剂可发生反应。

禁忌物　强氧化剂。

毒性　大鼠经口 LD_{50}：3mg/kg；小鼠经口 LD_{50}：4mg/kg；大鼠经皮 LD_{50}：4.2mg/kg；兔经皮 LD_{50}：4.7mg/kg；大鼠吸入 LC_{50}：14ppm(1h)。本品已列入《剧毒化学品目录》

中毒表现　高毒有机磷杀虫剂。能抑制胆碱酯酶活性，出现头晕、眼花、无力、呕吐、多汗、流涎、瞳孔缩小，重者出现肌肉痉挛、昏迷、呼吸困难、肺水肿。人成年男性最低中毒剂量为0.7mg/kg，有报道人口服5mg/kg可致死。

侵入途径　吸入、食入、经皮吸收。

职业接触限值　美国(ACGIH)：TLV－TWA：0.09mg/m^3，TLV－STEL：0.27mg/m^3[皮]。

环境危害　对水生生物有极高毒性，可能在水生环境中造成长期不利影响。

理化特性与用途

理化特性　淡黄色至橙色液体。混溶于水，混溶于丙酮、苯、氯仿、四氯化碳、异丙醇、甲苯、二甲苯，不溶于己烷。熔点21℃(顺式)、6.9℃(反式)，分解温度300℃，相对密度(水＝1)1.25，相对蒸气密度(空气＝1)7.5，饱和蒸气压0.38Pa(21℃)，辛醇/水分配系数0.13，闪点175℃(开杯)。

主要用途　内吸性杀螨剂。用于果树、蔬菜、大田作物防治蚜虫、卷叶蛾、象甲、盲蝽及螨类等。

包装与储运

包装标志　有毒品

包装类别　Ⅱ类

安全储运　储存于阴凉、通风良好的专用库房内。应严格执行剧毒化学品管理制度。远离火种、热源。防止阳光直射。储存温度不超过32℃，相对湿度不超过82%。保持容器密封。应与氧化剂、强酸、醇类等分开存放，切忌混储。避免使用塑料、橡胶制品。配备相应品种和数量的消防器材。储区应备有泄漏应急处理设备和合适的收容材料。

紧急处置信息

急救措施

吸入：迅速脱离现场至空气新鲜处。保持呼吸道通畅。如呼吸困难，给输氧。呼吸、心跳停止，立即进行心肺复苏术。就医。

眼睛接触：分开眼睑，用流动清水或生理盐水冲洗。如有不适感，就医。

皮肤接触：脱去污染的衣着，用大量肥皂水和流动清水彻底冲洗。如有不适感，就医。

食入: 饮足量温水，催吐。用 1:5000 高锰酸钾溶液洗胃。口服活性炭，导泻。每 5min 给服一片阿托品，直到感觉口干为止。就医。

灭火方法 消防人员必须佩戴空气呼吸器，穿全身防火防毒服，在上风向灭火。尽可能将容器从火场移至空旷处。喷水保持火场容器冷却，直至灭火结束。处在火场中的容器若已变色或从安全泄压装置中发出声音，必须马上撤离。

灭火剂：雾状水、泡沫、干粉、二氧化碳、砂土。

泄漏应急处置 根据液体流动和蒸气扩散的影响区域划定警戒区，无关人员从侧风、上风向撤离至安全区。建议应急处理人员戴正压自给式呼吸器，穿防毒服，戴防毒物渗透手套。穿上适当的防护服前严禁接触破裂的容器和泄漏物。尽可能切断泄漏源。防止泄漏物进入水体、下水道、地下室或受限空间。小量泄漏：用干燥的砂土或其他不燃材料吸收或覆盖，收集于容器中。大量泄漏：构筑围堤或挖坑收容。用飞尘或石灰粉吸收大量液体。用泵转移至槽车或专用收集器内。

681. 速　灭　威

标　识

中文名称 速灭威

英文名称 *m* - tolyl methylcarbamate; metolcarb

别名 3 - 甲苯基 - *N* - 甲基氨基甲酸酯

分子式 $C_9H_{11}NO_2$

CAS 号 1129 - 41 - 5

WGH 号 61888

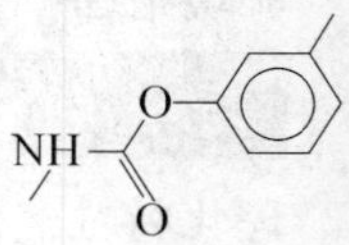

危害信息

危险性类别 第 6 类有毒品。

燃烧与爆炸危险性 可燃。其粉体与空气混合,能形成爆炸性混合物。受高热分解放出有毒的气体。

禁忌物 强氧化剂、强碱。

毒性 大鼠经口 LD_{50}:268mg/kg;小鼠经口 LD_{50}:109mg/kg;大鼠经皮 LD_{50}:896mg/kg;兔经皮 LD_{50}:6000mg/kg。

中毒表现 本品为中等毒杀虫剂。急性中毒症状:头痛、恶心、呕吐、食欲下降、流泪、流涎,严重时震颤、四肢瘫痪。

侵入途径 吸入、食入、经皮吸收。

环境危害 对水生生物有毒,可能在水生环境中造成长期不利影响。

理化特性与用途

理化特性 无色或白色结晶。难溶于水,易溶于极性溶剂,微溶于非极性溶剂。熔点 76 ~ 77℃,沸点 180℃(分解),相对密度(水 = 1)1.2,饱和蒸气压 0.01Pa(25℃),辛醇/水分配系数 1.7,闪点 145℃。

主要用途 内吸性杀虫剂。用于防治水稻叶蝉、飞虱、蓟马,也可用于防治苹果蠹虫、柑橘粉蚧、洋葱蓟马及果蝇、棉红铃虫和棉蚜等。

包装与储运

包装标志 有毒品

包装类别 Ⅲ类

安全储运 储存于阴凉、通风的库房。远离火种、热源。防止阳光直射。储存温度不超过35℃，相对湿度不超过82%。保持容器密封。应与氧化剂、碱类等分开存放，切忌混储。配备相应品种和数量的消防器材。储区应备有合适的材料收容泄漏物。

紧急处置信息

急救措施

吸入：迅速脱离现场至空气新鲜处。保持呼吸道通畅。如呼吸困难，给输氧。呼吸、心跳停止，立即进行心肺复苏术。就医。

眼睛接触：分开眼睑，用流动清水或生理盐水冲洗。如有不适感，就医。

皮肤接触：脱去污染的衣着，用流动清水冲洗。如有不适感，就医。

食入：饮足量温水，催吐。就医。

灭火方法 消防人员必须佩戴空气呼吸器，穿全身防火防毒服，在上风向灭火。尽可能将容器从火场移至空旷处。喷水保持火场容器冷却，直至灭火结束。

灭火剂：雾状水、泡沫、干粉、二氧化碳、砂土。

泄漏应急处置 隔离泄漏污染区，限制出入。建议应急处理人员戴防尘口罩，穿防毒服，戴橡胶手套。穿上适当的防护服前严禁接触破裂的容器和泄漏物。尽可能切断泄漏源。用塑料布覆盖泄漏物，减少飞散。勿使水进入包装容器内。用洁净的铲子收集泄漏物，置于干净、干燥、盖子较松的容器中，将容器移离泄漏区。

682. 铊

标　识

中文名称 铊

英文名称 thallium

别名 金属铊

分子式 Tl

CAS 号 7440－28－0

WGH 号 61022

危害信息

危险性类别 第6类有毒品。

燃烧与爆炸危险性 可燃，但不易点燃。燃烧产生有毒的氧化铊。暴露在空气中会被氧化而变质。

活性反应 与氧发生剧烈反应；与强酸反应；在室温下能与氟和其他卤素反应。

禁忌物 强酸、强氧化剂。

毒性 大鼠经口 LDL_0：30mg/kg。

本品已列入《剧毒化学品目录》。

中毒表现 为强烈的神经毒物，对肝、肾有损害作用。

急性中毒表现为口服出现恶心、呕吐、腹部绞痛、厌食等。3 ~ 5 天后出现多发性颅神经和周围神经损害。出现感觉障碍及上行性肌麻痹。中枢神经损害严重者,可发生中毒性脑病。脱发为其特异表现。皮肤出现皮疹,指(趾)甲有白色横纹,可有肝、肾损害。

慢性中毒主要症状有神经衰弱综合征、脱发、胃纳差。可有周围神经病、球后视神经炎。可发生肝损害。

侵入途径　吸入、食入。

职业接触限值　中国:PC - TWA:0. 05mg/m^3,PC - STEL:0. 1mg/m^3[皮,按铊计]。

美国(ACGIH):TLV - TWA:0. 1mg/m^3[皮,按铊计]。

环境危害　可能在水生环境中造成长期不利影响。

理化特性与用途

理化特性　蓝白色软质金属。不溶于水,微溶于碱,溶于硫酸、硝酸。熔点 304℃,沸点 1457℃,相对密度(水 =1)11. 9,饱和蒸气压 0. 1kPa(824℃)。

主要用途　用于制光电管、低温计、光学玻璃、红外探测仪,也用于制铊的化合物。

包装与储运

包装标志　有毒品

包装类别　Ⅱ类

安全储运　应保存在水中,且必须浸没在水下,隔绝空气。储存于阴凉、通风良好的专用库房内。应严格执行剧毒化学品管理制度。远离火种、热源。储存温度不超过 35℃,相对湿度不超过 80%。保持容器密封。应与氧化剂、酸类、食用化学品分开存放,切忌混储。采用防爆型照明、通风设施。禁止使用易产生火花的机械设备和工具。储区应备有合适的材料收容泄漏物。

紧急处置信息

急救措施

吸入:迅速脱离现场至空气新鲜处。保持呼吸道通畅。如呼吸困难,给输氧。呼吸、心跳停止,立即进行心肺复苏术。就医。

眼睛接触:分开眼睑,用流动清水或生理盐水冲洗。如有不适感,就医。

皮肤接触:脱去污染的衣着,用肥皂水和清水彻底冲洗皮肤。如有不适感,就医。

食入:如患者神志清醒,催吐,洗胃。用 1% 碘化钠或 1% 碘化钾溶液洗胃效果更佳。口服牛奶、淀粉膏、氢氧化铝凝胶、次碳酸铋。口服活性炭悬液,用硫酸钠、硫酸镁或蓖麻油导泻。就医

口服中毒使用普鲁士蓝治疗。

灭火方法　消防人员须佩戴防毒面具,穿全身消防服,在上风向灭火。尽可能将容器从火场移至空旷处。喷水保持火场容器冷却,直至灭火结束。

灭火剂:二氧化碳、干燥砂土。

泄漏应急处置　隔离泄漏污染区,限制出入。建议应急处理人员戴防尘口罩,穿防毒服,戴橡胶手套。穿上适当的防护服前严禁接触破裂的容器和泄漏物。尽可能切断泄漏源。用塑料布覆盖泄漏物,减少飞散。勿使水进入包装容器内。用洁净的铲子收集泄漏物,置于干净、干燥、盖子较松的容器中,将容器移离泄漏区。

683. 钛酸(四)乙酯

标　识

中文名称　钛酸(四)乙酯

英文名称　titanium(4+) ethanolate; tetraethyl titanate; ethyl titanate

别名　四乙氧基钛

分子式　$C_8H_{20}O_4Ti$

CAS 号　3087-36-3

WGH 号　32158;31258[铁规]

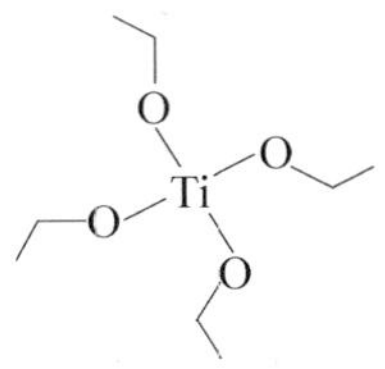

危害信息

危险性类别　第3类易燃液体。

燃烧与爆炸危险性　易燃。其蒸气与空气混合,能形成爆炸性混合物。燃烧产生有毒的一氧化碳和氧化钛气体。遇水或水蒸气反应放出有毒和易燃的气体。在火场中,受热的容器有破裂和爆炸危险。

禁忌物　强氧化剂、强酸、水。

侵入途径　吸入、食入。

理化特性与用途

理化特性　无色至浅黄色透明稠液体。遇水极易分解。混溶于乙醚、苯。熔点-40℃,沸点150~152℃(1.33kPa),相对密度(水=1)1.09,饱和蒸气压0.67kPa(134℃),闪点28℃(闭杯)。

主要用途　用于酯的交换反应,并能增强橡胶和塑料在金属表面的附性,用作涂料抗热添加剂及医药中间体。

包装与储运

包装标志　易燃液体

包装类别　Ⅱ类

安全储运　储存于阴凉、干燥、通风良好的库房。远离火种、热源。库温不宜超过37℃。包装必须密封。切勿受潮。应与氧化剂、酸类等分开存放,切忌混储。采用防爆型照明、通风设施。禁止使用易产生火花的机械设备和工具。灌装时注意流速,防止静电积聚。储区应备有泄漏应急处理设备和合适的收容材料。

紧急处置信息

急救措施

吸入:迅速脱离现场至空气新鲜处。保持呼吸道通畅。如呼吸困难,给输氧。呼吸、心跳停止,立即进行心肺复苏术。就医。

眼睛接触:分开眼睑,用流动清水或生理盐水冲洗。如有不适感,就医。

皮肤接触:立即脱去污染的衣着,用肥皂水和清水彻底冲洗皮肤。如有不适感,就医。

食入:饮足量温水,催吐。就医。

灭火方法　消防人员必须佩戴空气呼吸器,穿全身防火防毒服,在上风向灭火。尽可能

将容器从火场移至空旷处。喷水保持火场容器冷却，直至灭火结束。处在火场中的容器若已变色或从安全泄压装置中发出声音，必须马上撤离。禁止用水和泡沫灭火

灭火剂：二氧化碳、干粉、砂土。

泄漏应急处置　消除所有点火源。根据液体流动和蒸气扩散的影响区域划定警戒区，无关人员从侧风、上风向撤离至安全区。建议应急处理人员戴正压自给式呼吸器，穿防静电服，戴橡胶耐油手套。作业时使用的所有设备应接地。禁止接触或跨越泄漏物。尽可能切断泄漏源。防止泄漏物进入水体、下水道、地下室或受限空间。小量泄漏：用砂土或其他不燃材料吸收。使用洁净的无火花工具收集吸收材料。大量泄漏：构筑围堤或挖坑收容。用防爆泵转移至槽车或专用收集器内。

684. 钛酸（四）异丙酯

标　识

中文名称　钛酸（四）异丙酯

英文名称　titanium tetraisopropanolate; tetraisopropyl titanate; titanium tetraisopropoxide

别名　四异丙醇钛

分子式　$C_{12}H_{28}O_4Ti$

CAS 号　546 - 68 - 9

WGH 号　32158;31258［铁规］

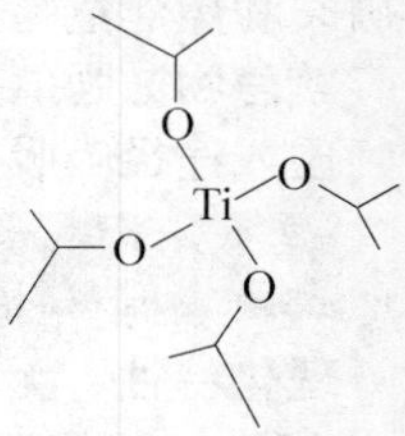

危害信息

危险性类别　第3类易燃液体。

燃烧与爆炸危险性　易燃。其蒸气与空气混合，能形成爆炸性混合物。燃烧产生有毒的一氧化碳和氧化钛气体。遇水或水蒸气反应放出有毒和易燃的气体。在火场中，受热的容器有破裂和爆炸危险。

禁忌物　强氧化剂、强酸、水。

毒性　大鼠经口 LD_{50}：7200mg/kg；兔经皮 LD_{50}：>1536mg/kg。

中毒表现　本品有刺激性。

侵入途径　吸入、食入。

理化特性与用途

理化特性　无色至淡黄色液体，在潮湿的空气中发烟。遇水易分解。溶于多数有机溶剂。pH 值 7，熔点 18 ~ 20℃，沸点 220℃，相对密度（水 = 1）0.96，相对蒸气密度（空气 = 1）9.8，饱和蒸气压 13Pa（21℃），辛醇/水分配系数 1.03，闪点 46℃（闭杯）。

主要用途　用于酯交换反应；用于制造涂料、橡胶的合剂；也可作聚合催化剂；还用作涂料和塑料表面的耐热涂层，环氧树脂、三聚氰胺树脂、硅酮树脂的硬化剂和交联剂等。

包装与储运

包装标志　易燃液体

包装类别　Ⅱ类

安全储运　储存于阴凉、干燥、通风良好的库房。远离火种、热源。库温不宜超过 37℃。包装必须密封。切勿受潮。应与氧化剂、酸类等分开存放，切忌混储。采用防爆型照明、通风

设施。禁止使用易产生火花的机械设备和工具。灌装时注意流速，防止静电积聚。储区应备有泄漏应急处理设备和合适的收容材料。

紧急处置信息

急救措施

吸入：迅速脱离现场至空气新鲜处。保持呼吸道通畅。如呼吸困难，给输氧。呼吸、心跳停止，立即进行心肺复苏术。就医。

眼睛接触：分开眼睑，用流动清水或生理盐水冲洗。如有不适感，就医。

皮肤接触：立即脱去污染的衣着，用肥皂水和清水彻底冲洗皮肤。如有不适感，就医。

食入：饮足量温水，催吐。就医。

灭火方法 消防人员必须佩戴空气呼吸器，穿全身防火防毒服，在上风向灭火。尽可能将容器从火场移至空旷处。喷水保持火场容器冷却，直至灭火结束。处在火场中的容器若已变色或从安全泄压装置中发出声音，必须马上撤离。禁止用水和泡沫灭火。

灭火剂：二氧化碳、干粉、砂土。

泄漏应急处置 消除所有点火源。根据液体流动和蒸气扩散的影响区域划定警戒区，无关人员从侧风、上风向撤离至安全区。建议应急处理人员戴正压自给式呼吸器，穿防静电服，戴橡胶耐油手套。作业时使用的所有设备应接地。禁止接触或跨越泄漏物。尽可能切断泄漏源。防止泄漏物进入水体、下水道、地下室或受限空间。小量泄漏：用砂土或其他不燃材料吸收。使用洁净的无火花工具收集吸收材料。大量泄漏：构筑围堤或挖坑收容。用砂土、惰性物质或蛭石吸收大量液体。用防爆泵转移至槽车或专用收集器内。

685. 钛酸(四)正丙酯

标 识

中文名称 钛酸(四)正丙酯

英文名称 titanium tetrapropanolate; tetrapropylorthotitanate; tetrapropyl titanate

别名 钛酸正丙酯

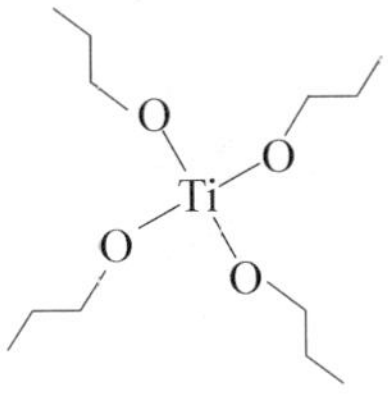

分子式 $C_{12}H_{28}O_4Ti$

CAS 号 3087－37－4

WGH 号 32158;31258[铁规]

UN 号 2413

危害信息

危险性类别 第3类易燃液体。

燃烧与爆炸危险性 易燃。其蒸气与空气混合，能形成爆炸性混合物。遇水产生有毒和易燃的气体。在火场中，受热的容器有爆炸危险。

禁忌物 强氧化剂、强酸、水及水蒸气。

中毒表现 对皮肤有刺激性。其蒸气或雾对眼睛、黏膜和上呼吸道有刺激作用。酯类化合物有麻醉作用。

侵入途径 吸入、食入。

理化特性与用途

理化特性　浅黄色油状黏性液体，遇水分解。溶于多数有机溶剂。沸点 170℃(0.4kPa)，相对密度(水=1)1.03，闪点 42.8℃。

主要用途　用于有机合成。

包装与储运

包装标志　易燃液体

包装类别　Ⅱ类

安全储运　储存于阴凉、干燥、通风良好的不燃库房。远离火种、热源。库温不宜超过 37℃。保持容器密封。防止受潮。应与氧化剂、酸类等分开存放，切忌混储。采用防爆型照明、通风设施。禁止使用易产生火花的机械设备和工具。灌装时注意流速，防止静电积聚。储区应备有泄漏应急处理设备和合适的收容材料。

紧急处置信息

急救措施

吸入：迅速脱离现场至空气新鲜处。保持呼吸道通畅。如呼吸困难，给输氧。呼吸、心跳停止，立即进行心肺复苏术。就医。

眼睛接触：分开眼睑，用流动清水或生理盐水冲洗。如有不适感，就医。

皮肤接触：立即脱去污染的衣着，用肥皂水和清水彻底冲洗皮肤。如有不适感，就医。

食入：饮足量温水，催吐。就医。

灭火方法　消防人员必须佩戴空气呼吸器，穿全身防火防毒服，在上风向灭火。尽可能将容器从火场移至空旷处。喷水保持火场容器冷却，直至灭火结束。处在火场中的容器若已变色或从安全泄压装置中发出声音，必须马上撤离。禁止用水和泡沫灭火。

灭火剂：干粉、二氧化碳、砂土。

泄漏应急处置　消除所有点火源。根据液体流动和蒸气扩散的影响区域划定警戒区，无关人员从侧风、上风向撤离至安全区。建议应急处理人员戴正压自给式呼吸器，穿防静电服，戴橡胶耐油手套。作业时使用的所有设备应接地。禁止接触或跨越泄漏物。尽可能切断泄漏源。防止泄漏物进入水体、下水道、地下室或受限空间。小量泄漏：用砂土或其他不燃材料吸收。使用洁净的无火花工具收集吸收材料。大量泄漏：构筑围堤或挖坑收容。用泡沫覆盖，减少蒸发。喷水雾能减少蒸发，但不能降低泄漏物在受限空间内的易燃性。用防爆泵转移至槽车或专用收集器内。

686. 酞酸苄基丁酯

标　识

中文名称　酞酸苄基丁酯

英文名称　benzyl butyl phthalate；butyl benzyl phthalate

别名　邻苯二甲酸苄基丁基酯

分子式　$C_{19}H_{20}O_4$

CAS 号　85－68－7

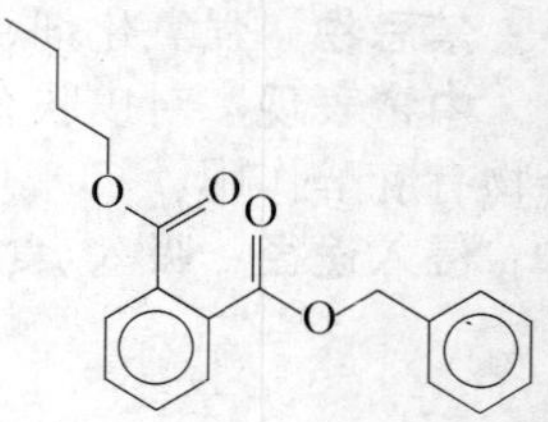

危害信息

燃烧与爆炸危险性 可燃。其蒸气与空气混合,能形成爆炸性混合物。若遇高热,容器内压增大,有开裂和爆炸的危险。

活性反应 与氧化剂可发生反应。

禁忌物 强氧化剂、强碱。

毒性 大鼠经口 LD_{50}:2330mg/kg;小鼠经口 LD_{50}:4170mg/kg;大鼠经皮 LD_{50}:6700mg/kg。兔经皮 LD_{50}:>10000mg/kg。

侵入途径 吸入、食入、经皮吸收。

环境危害 对水生生物有极高毒性,可能在水生环境中造成长期不利影响。

理化特性与用途

理化特性 透明油状液体,微有芳香味。不溶于水,溶于多数有机溶剂。熔点 -35℃,沸点 370℃,相对密度(水=1)1.11,相对蒸气密度(空气=1)10.8,饱和蒸气压 1.07MPa(25℃),辛醇/水分配系数 4.77,闪点 199℃(开杯),引燃温度 232℃,爆炸下限 1.2%(233℃)。

主要用途 用作聚氯乙烯、氯乙烯共聚物、纤维素树脂、天然橡胶和合成橡胶的增塑剂。

包装与储运

安全储运 储存于阴凉、通风的库房。远离火种、热源。保持容器密封。应与氧化剂、强酸等隔离储运。搬运时轻装轻卸,防止容器受损。

紧急处置信息

急救措施

吸入:迅速脱离现场至空气新鲜处。保持呼吸道通畅。如呼吸困难,给输氧。呼吸、心跳停止,立即进行心肺复苏术。就医。

眼睛接触:分开眼睑,用流动清水或生理盐水冲洗。如有不适感,就医。

皮肤接触:脱去污染的衣着,用流动清水冲洗。如有不适感,就医。

食入:饮足量温水,催吐。就医。

灭火方法 消防人员须佩戴防毒面具,穿全身消防服,在上风向灭火。尽可能将容器从火场移至空旷处。喷水保持火场容器冷却,直至灭火结束。处在火场中的容器若已变色或从安全泄压装置中发出声音,必须马上撤离。

灭火剂:雾状水、泡沫、干粉、二氧化碳、砂土。

泄漏应急处置 根据液体流动和蒸气扩散的影响区域划定警戒区,无关人员从侧风、上风向撤离至安全区。消除所有点火源。建议应急处理人员戴防毒面具,穿防毒服,戴橡胶手套。穿上适当的防护服前严禁接触破裂的容器和泄漏物。尽可能切断泄漏源。防止泄漏物进入水体、下水道、地下室或受限空间。小量泄漏:用干燥的砂土或其他不燃材料吸收或覆盖,收集于容器中。大量泄漏:构筑围堤或挖坑收容。用飞尘或石灰粉吸收大量液体。用泵转移至槽车或专用收集器内。

687. 碳 化 铝

标 识

中文名称 碳化铝

英文名称 aluminium carbide;tetraaluminium tricarbide

别名 三碳化四铝

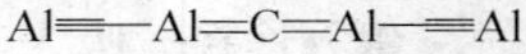

分子式 C_3Al_4

CAS 号 1299-86-1

WGH 号 43026

UN 号 1394

危害信息

危险性类别 第 4.3 类遇湿易燃物品。

燃烧与爆炸危险性 遇湿易燃。与水接触,会很快放出易燃气体甲烷,遇热源或火种能引起燃烧和爆炸。

活性反应 与酸类物质能发生剧烈反应。

禁忌物 水、酸类。

中毒表现 对眼睛、黏膜和上呼吸道有刺激性。

侵入途径 吸入、食入。

职业接触限值 美国(ACGIH):TLV-TWA:5mg/m^3[熔烟,按铝计]。

理化特性与用途

理化特性 黄色或绿灰色结晶或粉末,有吸湿性。不溶于丙酮。熔点 2100℃,沸点 2200℃(分解),相对密度(水=1)2.36。

主要用途 用作甲烷发生剂、催化剂、干燥剂等,也用于冶金。

包装与储运

包装标志 遇湿易燃物品

包装类别 Ⅱ类

安全储运 储存于阴凉、干燥、通风良好的专用库房内,库温不超过 32℃。相对湿度不超过 75%。远离火种、热源。包装密封。避免接触湿气。应与酸类等分开存放,切忌混储。储区应备有合适的材料收容泄漏物。

紧急处置信息

急救措施

吸入:迅速脱离现场至空气新鲜处。保持呼吸道通畅。如呼吸困难,给输氧。呼吸、心跳停止,立即进行心肺复苏术。就医。

眼睛接触:分开眼睑,用流动清水或生理盐水冲洗。如有不适感,就医。

皮肤接触:立即脱去污染的衣着,用肥皂水和清水彻底冲洗皮肤。如有不适感,就医。

食入:饮足量温水,催吐。就医。

灭火方法 消防人员必须佩戴空气呼吸器,穿全身防火防毒服,在上风向灭火。尽可能

将容器从火场移至空旷处。喷水保持火场容器冷却,直至灭火结束。禁止用水、泡沫和酸碱灭火剂灭火

灭火剂:干粉、干燥砂土。

泄漏应急处置 严禁用水处理。隔离泄漏污染区,限制出入。消除所有点火源。建议应急处理人员戴防尘口罩,穿防静电服,戴橡胶手套。禁止接触或跨越泄漏物。尽可能切断泄漏源。保持泄漏物干燥。小量泄漏:用干燥的砂土或其他不燃材料覆盖泄漏物,然后用塑料布覆盖,减少飞散、避免雨淋。粉末泄漏:用塑料布或帆布覆盖泄漏物,减少飞散,保持干燥。在专家指导下清除。

688. 碳氯灵

标识

中文名称 碳氯灵

英文名称 isobenzan;1,3,4,5,6,7,8,8 - octachlorohexahydro - 4,7 - methanoisobenzofuran

别名 1,3,4,5,6,7,8,8 - 八氯 - 1,3,3a,4,7,7a - 六氢 - 4,7 - 亚甲基异苯并呋喃

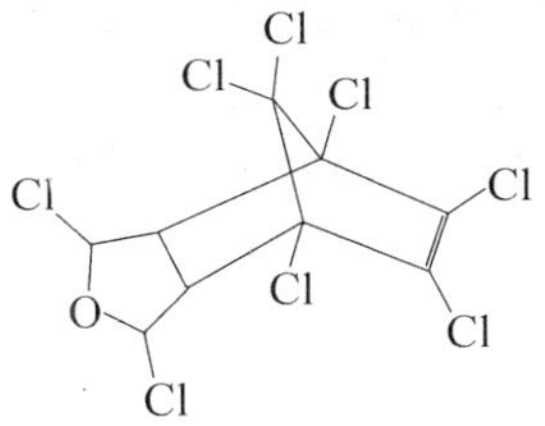

分子式 $C_9H_4Cl_8O$

CAS 号 297 - 78 - 9

WGH 号 61127

危害信息

危险性类别 第6类有毒品。

燃烧与爆炸危险性 可燃。其粉体与空气混合，能形成爆炸性混合物。受高热分解放出有毒的气体。

禁忌物 强氧化剂、强碱。

毒性 大鼠经口 LD_{50}：3mg/kg；小鼠经口 LD_{50}：6mg/kg；大鼠经皮 LD_{50}：5mg/kg。兔经皮 LD_{50}：12mg/kg。

本品已列入《剧毒化学品目录》。

中毒表现 中毒出现头痛、眩晕、食欲不振、视力模糊、失眠、震颤等。口服者，首先出现反复发作的肌肉痉挛和癫痫样抽搐，重者昏迷。

侵入途径 吸入、食入、经皮吸收。

环境危害 对水生生物有极高毒性。

理化特性与用途

理化特性 白色至浅棕色结晶。不溶于水，易溶于苯、四氯化碳、甲苯、二甲苯、丙酮。熔点 120 ~ 122℃，相对密度（水 = 1）1.87，饱和蒸气压 0.39MPa（25℃），辛醇/水分配系数 4.51。

主要用途 用作农用杀虫剂及农药分析标准样品。

包装与储运

包装标志 有毒品

包装类别 Ⅱ类

安全储运 储存于阴凉、通风良好的专用库房内。应严格执行剧毒化学品管理制度。远离火种、热源。防止阳光直射。储存温度不超过35℃，相对湿度不超过85%。保持容器密封。应与氧化剂等分开存放，切忌混储。配备相应品种和数量的消防器材。储区应备有合适的材料收容泄漏物。

紧急处置信息

急救措施

吸入: 迅速脱离现场至空气新鲜处。保持呼吸道通畅。如呼吸困难，给输氧。呼吸、心跳停止，立即进行心肺复苏术。就医。

眼睛接触: 分开眼睑，用流动清水或生理盐水冲洗。如有不适感，就医。

皮肤接触: 脱去污染的衣着，用流动清水冲洗。如有不适感，就医。

食入: 饮足量温水，催吐、洗胃、导泻。就医。

灭火方法 消防人员须佩戴防毒面具，穿全身防火防毒服，在上风向灭火。尽可能将容器从火场移至空旷处。喷水保持火场容器冷却，直至灭火结束。

灭火剂：雾状水、泡沫、干粉、二氧化碳、砂土。

泄漏应急处置 隔离泄漏污染区，限制出入。建议应急处理人员戴防尘口罩，穿防毒服，戴防毒物渗透手套。穿上适当的防护服前严禁接触破裂的容器和泄漏物。尽可能切断泄漏源。用塑料布覆盖泄漏物，减少飞散。勿使水进入包装容器内。用洁净的铲子收集泄漏物，置于干净、干燥、盖子较松的容器中，将容器移离泄漏区。

689. 碳 酸 钡

标 识

中文名称 碳酸钡

英文名称 barium carbonate; carbonic acid, barium salt

别名 沉淀碳酸钡;毒重石

分子式 $BaCO_3$

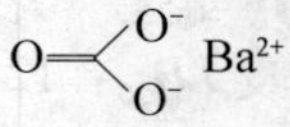

CAS 号 513－77－9

WGH 号 61503

危害信息

危险性类别 第6类有毒品。

燃烧与爆炸危险性 不燃,无特殊燃爆特性。

禁忌物 强酸。

毒性 大鼠经口 LD_{50}:418mg/kg;小鼠经口 LD_{50}:200mg/kg。

中毒表现 口服后与胃酸起反应,变为氯化钡而发生中毒。急性中毒表现有恶心、呕吐、腹痛、腹泻、脉缓、进行性肌麻痹、心律紊乱、血钾明显降低等。可因心律紊乱和呼吸肌麻痹而死亡。重症可并发急性肾功能衰竭、缺氧性脑病、酸中毒等。吸入高浓度本品粉尘可发生急性中毒

慢性影响表现为长期接触钡化合物的工人,可有无力、气促、流涎、口腔黏膜肿胀、糜烂、鼻炎、结膜炎、腹泻、心动过速、血压增高、脱发等。

侵入途径 吸入、食入。

理化特性与用途

理化特性 白色结晶粉末。不溶于水，溶于氯化铵、硝酸铵溶液，易溶于盐酸、硝酸、醋酸，不溶于硫酸。熔点 811℃，分解温度 1450℃，相对密度（水 =1）4.43，辛醇/水分配系数 -1.32（计算）。

主要用途 用作分析试剂、净水剂、杀鼠剂及制钡盐、颜料、焰火、光学玻璃、陶瓷等，也用于电子工业、仪器仪表、冶金工业。

包装与储运

包装标志 有毒品

包装类别 Ⅱ类

安全储运 储存于阴凉、通风的库房。远离火种、热源。库温不超过 35℃。相对湿度不超过 85%。包装密封。应与酸类、食用化学品分开存放，切忌混储。储区应备有合适的材料收容泄漏物。

紧急处置信息

急救措施

吸入：迅速脱离现场至空气新鲜处。保持呼吸道通畅。如呼吸困难，给输氧。呼吸、心跳停止，立即进行心肺复苏术。就医。

眼睛接触：分开眼睑，用流动清水或生理盐水冲洗。如有不适感，就医。

皮肤接触：脱去污染的衣着，用肥皂水和清水彻底冲洗皮肤。如有不适感，就医。

食入：饮足量温水，催吐。用 2% ~5% 硫酸钠或硫酸镁溶液洗胃，导泻。就医。

灭火方法 消防人员必须佩戴空气呼吸器，穿全身防火防毒服，在上风向灭火。尽可能将容器从火场移至空旷处。喷水保持火场容器冷却，直至灭火结束。本品不燃。根据着火原因选择适当灭火剂灭火。

泄漏应急处置 隔离泄漏污染区，限制出入。建议应急处理人员戴防尘口罩，穿防毒服，戴橡胶手套。穿上适当的防护服前严禁接触破裂的容器和泄漏物。尽可能切断泄漏源。用塑料布覆盖泄漏物，减少飞散。勿使水进入包装容器内。用洁净的铲子收集泄漏物，置于干净、干燥、盖子较松的容器中，将容器移离泄漏区。

690. 碳酸二丙酯

标 识

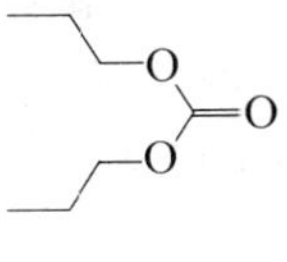

中文名称 碳酸二丙酯

英文名称 dipropyl carbonate; carbonic acid, dipropyl ester

别名 碳酸丙酯；羧酸二丙酯

分子式 $C_7H_{14}O_3$

CAS 号 623-96-1

WGH 号 33608；32108[铁规]。

UN 号 3272

危害信息

危险性类别　第3类易燃液体。

燃烧与爆炸危险性　易燃。其蒸气与空气混合,能形成爆炸性混合物。燃烧产生有毒的一氧化碳气体。蒸气比空气重,能在较低处扩散到相当远的地方,遇火源会着火回燃和爆炸(闪爆)。

禁忌物　强氧化剂、强碱、强酸、强还原剂。

侵入途径　吸入、食入。

理化特性与用途

理化特性　无色液体,有类似乙醚的气味。微溶于水,混溶于乙醇、乙醚。熔点<25℃,沸点167~168℃,相对密度(水=1)0.944,辛醇/水分配系数2.2,闪点55℃(闭杯)。

主要用途　用作溶剂。

包装与储运

包装标志　易燃液体

包装类别　Ⅲ类

安全储运　储存于阴凉、干燥、通风良好的库房。远离火种、热源。库温不宜超过37℃。包装必须密封。切勿受潮。应与氧化剂、酸类等分开存放,切忌混储。采用防爆型照明、通风设施。禁止使用易产生火花的机械设备和工具。灌装时注意流速,防止静电积聚。储区应备有泄漏应急处理设备和合适的收容材料。

紧急处置信息

急救措施

吸入:脱离现场至空气新鲜处。如呼吸困难,给输氧。呼吸、心跳停止,立即进行心肺复苏术。就医。

眼睛接触:分开眼睑,用流动清水或生理盐水冲洗。如有不适感,就医。

皮肤接触:脱去污染的衣着,用肥皂水和清水彻底冲洗皮肤。如有不适感,就医。

食入:饮水,禁止催吐。就医。

灭火方法　消防人员必须佩戴空气呼吸器,穿全身防火防毒服,在上风向灭火。尽可能将容器从火场移至空旷处。喷水保持火场容器冷却,直至灭火结束。处在火场中的容器若发生异常变化或发出异常声音,须马上撤离。

灭火剂:泡沫、干粉、二氧化碳、砂土。

泄漏应急处置　消除所有点火源。根据液体流动和蒸气扩散的影响区域划定警戒区,无关人员从侧风、上风向撤离至安全区。建议应急处理人员戴正压自给式呼吸器,穿防静电服,戴橡胶耐油手套。作业时使用的所有设备应接地。禁止接触或跨越泄漏物。尽可能切断泄漏源。防止泄漏物进入水体、下水道、地下室或受限空间。小量泄漏:用砂土或其他不燃材料吸收。使用洁净的无火花工具收集吸收材料。大量泄漏:构筑围堤或挖坑收容。用泡沫覆盖,减少蒸发。喷水雾能减少蒸发,但不能降低泄漏物在受限空间内的易燃性。用防爆泵转移至槽车或专用收集器内。

691. 碳酸二甲酯

标　识

中文名称　碳酸二甲酯

英文名称　dimethyl carbonate; methyl carbonate

分子式　$C_3H_6O_3$

CAS 号　616-38-6

WGH 号　32157;31257[铁规]

UN 号　1161

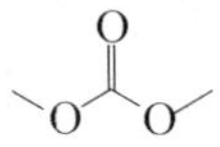

危害信息

危险性类别　第3类易燃液体。

燃烧与爆炸危险性　易燃。其蒸气与空气混合,能形成爆炸性混合物。燃烧产生有毒的一氧化碳气体。在高温火场中,受热的容器有破裂和爆炸的危险。

禁忌物　氧化剂、还原剂、强酸、强碱。

毒性　大鼠经口 LD_{50}: 13000mg/m^3; 小鼠经口 LD_{50}: 6000mg/m^3; 兔经皮 LD_{50}: >5000mg/m^3。

侵入途径　吸入、食入、经皮吸收。

理化特性与用途

理化特性　无色液体,有芳香味。不溶于水,混溶于乙醇、乙醚等多数有机溶剂,混溶于酸、碱。熔点3℃,沸点90℃,相对密度(水=1)1.07,相对蒸气密度(空气=1)3.1,饱和蒸气压7.4kPa(25℃),临界温度275℃,临界压力4.5MPa,辛醇/水分配系数0.23,闪点18℃(开杯),引燃温度458℃,爆炸下限4.2%,爆炸上限12.9%。

主要用途　用作溶剂。在有机合成中用作甲基化剂和羰基化剂,用于制备多种化工产品。还可用作清洁剂、表面活性剂、柔软剂的添加剂。

包装与储运

包装标志　易燃液体

包装类别　Ⅱ类

安全储运　储存于阴凉、干燥、通风良好的库房。远离火种、热源。库温不宜超过37℃。保持容器密封。应与氧化剂、酸类等分开存放,切忌混储。采用防爆型照明、通风设施。禁止使用易产生火花的机械设备和工具。灌装时注意流速,防止静电积聚。储区应备有泄漏应急处理设备和合适的收容材料。

紧急处置信息

急救措施

吸入:脱离现场至空气新鲜处。如呼吸困难,给输氧。呼吸、心跳停止,立即进行心肺复苏术。就医。

眼睛接触:分开眼睑,用流动清水或生理盐水冲洗。如有不适感,就医。

皮肤接触：脱去污染的衣着，用肥皂水和清水彻底冲洗皮肤。如有不适感，就医。

食入：漱口。就医。

灭火方法 消防人员必须佩戴空气呼吸器，穿全身防火防毒服，在上风向灭火。尽可能将容器从火场移至空旷处。喷水保持火场容器冷却，直至灭火结束。处在火场中的容器若已变色或从安全泄压装置中发出声音，必须马上撤离。

灭火剂：泡沫、干粉、二氧化碳、砂土。

泄漏应急处置 消除所有点火源。根据液体流动和蒸气扩散的影响区域划定警戒区，无关人员从侧风、上风向撤离至安全区。建议应急处理人员戴正压自给式呼吸器，穿防静电服，戴橡胶耐油手套。作业时使用的所有设备应接地。禁止接触或跨越泄漏物。尽可能切断泄漏源。防止泄漏物进入水体、下水道、地下室或受限空间。小量泄漏：用砂土或其他不燃材料吸收。使用洁净的无火花工具收集吸收材料。大量泄漏：构筑围堤或挖坑收容。用泡沫覆盖，减少蒸发。喷水雾能减少蒸发，但不能降低泄漏物在受限空间内的易燃性。用防爆泵转移至槽车或专用收集器内。

692. 碳酸（二）乙酯

标识

中文名称 碳酸（二）乙酯

英文名称 diethyl carbonate；ethyl carbonate

别名 碳酸乙酯

分子式 $C_5H_{10}O_3$

CAS 号 105－58－8

WGH 号 33608；32108[铁规]

UN 号 2366

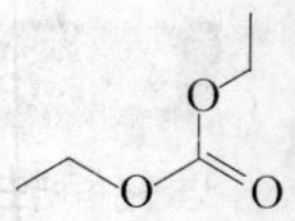

危害信息

危险性类别 第3类易燃液体。

燃烧与爆炸危险性 易燃。其蒸气与空气混合，能形成爆炸性混合物。燃烧产生有毒的一氧化碳气体。蒸气比空气重，能在较低处扩散到相当远的地方，遇火源会着火回燃和爆炸（闪爆）。

禁忌物 强氧化剂、强还原剂、强酸、强碱。

毒性 大鼠经口 LD_{50}：8500mg/kg。

中毒表现 本品为轻度刺激剂和麻醉剂。吸入后引起头痛、头昏、虚弱、恶心、呼吸困难等。液体或高浓度蒸气对眼有刺激性。口服刺激胃肠道。皮肤长期反复接触有刺激性。

侵入途径 吸入、食入、经皮吸收。

理化特性与用途

理化特性 无色液体，有醚的气味。不溶于水，溶于乙醇、乙醚、氯仿，混溶于酮类、酯类、芳烃和某些脂族溶剂。熔点－43℃，沸点126℃，相对密度（水＝1）0.98，相对蒸气密度（空气＝1）4.07，饱和蒸气压1.1kPa（20℃），辛醇/水分配系数1.21，闪点25℃（闭杯），引燃温度445℃，爆炸下限1.4%，爆炸上限11%。

主要用途 用作硝化纤维素、纤维素醚、合成树脂和天然树脂的溶剂及用于有机合成。

包装与储运

包装标志 易燃液体

包装类别 Ⅲ类

安全储运 储存于阴凉、干燥、通风良好的库房。远离火种、热源。库温不宜超过37℃。保持容器密封。应与氧化剂、酸类、食用化学品分开存放,切忌混储。采用防爆型照明、通风设施。禁止使用易产生火花的机械设备和工具。灌装时注意流速,防止静电积聚。储区应备有泄漏应急处理设备和合适的收容材料。

紧急处置信息

急救措施

吸入:脱离现场至空气新鲜处。如呼吸困难,给输氧。呼吸、心跳停止,立即进行心肺复苏术。就医。

眼睛接触:分开眼睑,用流动清水或生理盐水冲洗。如有不适感,就医。

皮肤接触:脱去污染的衣着,用肥皂水和清水彻底冲洗皮肤。如有不适感,就医。

食入:漱口。就医。

灭火方法 消防人员必须佩戴空气呼吸器,穿全身防火防毒服,在上风向灭火。尽可能将容器从火场移至空旷处。喷水保持火场容器冷却,直至灭火结束。处在火场中的容器若发生异常变化或发出异常声音,须马上撤离。

灭火剂:泡沫、干粉、二氧化碳、砂土。

泄漏应急处置 消除所有点火源。根据液体流动和蒸气扩散的影响区域划定警戒区,无关人员从侧风、上风向撤离至安全区。建议应急处理人员戴正压自给式呼吸器,穿防静电服,戴橡胶耐油手套。作业时使用的所有设备应接地。禁止接触或跨越泄漏物。尽可能切断泄漏源。防止泄漏物进入水体、下水道、地下室或受限空间。小量泄漏:用砂土或其他不燃材料吸收。使用洁净的无火花工具收集吸收材料。大量泄漏:构筑围堤或挖坑收容。用泡沫覆盖,减少蒸发。喷水雾能减少蒸发,但不能降低泄漏物在受限空间内的易燃性。用防爆泵转移至槽车或专用收集器内。

693. 碳酸二异丙酯

标　识

中文名称 碳酸二异丙酯

英文名称 diisopropyl carbonate

分子式 $C_7H_{14}O_3$

CAS 号 6482-34-4

危害信息

燃烧与爆炸危险性 易燃。其蒸气与空气混合,能形成爆炸性混合物。燃烧产生有毒的一氧化碳气体。

禁忌物 强氧化剂、强酸、强碱。

侵入途径 吸入、食入。

理化特性与用途

理化特性 无色液体，气味温和。不溶于水。沸点 147℃，相对密度（水 =1）0.92，闪点 53℃。

主要用途 可作特殊溶剂，也可用作聚碳酸酯的原料。

包装与储运

安全储运 储存于阴凉、通风的库房。远离火种、热源。保持容器密封。应与氧化剂、酸碱等隔离储运。搬运时轻装轻卸，防止容器受损。

紧急处置信息

急救措施

吸入：脱离现场至空气新鲜处。如呼吸困难，给输氧。就医。

眼睛接触：分开眼睑，用流动清水或生理盐水冲洗。如有不适感，就医。

皮肤接触：立即脱去污染的衣着，用肥皂水和清水彻底冲洗皮肤。如有不适感，就医。

食入：饮足量温水，催吐。就医。

灭火方法 消防人员须佩戴防毒面具，穿全身消防服，在上风向灭火。尽可能将容器从火场移至空旷处。喷水保持火场容器冷却，直至灭火结束。处在火场中的容器若已变色或从安全泄压装置中发出声音，必须马上撤离。

灭火剂：雾状水、泡沫、干粉、二氧化碳、砂土。

泄漏应急处置 根据液体流动和蒸气扩散的影响区域划定警戒区，无关人员从侧风、上风向撤离至安全区。消除所有点火源。建议应急处理人员戴防毒面具，穿防静电服，戴橡胶手套。尽可能切断泄漏源。防止泄漏物进入水体、下水道、地下室或受限空间。小量泄漏：用干燥的砂土或其他不燃材料吸收或覆盖，收集于容器中。大量泄漏：构筑围堤或挖坑收容。用泵转移至槽车或专用收集器内。

694. 碳酸二异丁酯

标　识

中文名称 碳酸二异丁酯

英文名称 diisobutyl carbonate; carbonic acid, diisobutyl ester; isobutyl carbonate

分子式 $C_9H_{18}O_3$

CAS 号 539 -92 -4

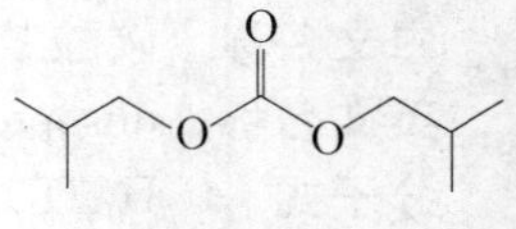

危害信息

燃烧与爆炸危险性 可燃。其蒸气与空气混合，能形成爆炸性混合物。燃烧产生有毒的一氧化碳气体。

禁忌物 强氧化剂、强酸、强碱。

侵入途径 吸入、食入。

理化特性与用途

理化特性 无色液体,气味温和。不溶于水。沸点 190.3℃,相对密度(水=1)0.92,辛醇/水分配系数 3.03。

主要用途 用作溶剂,也可作为聚碳酸酯的原料。

包装与储运

安全储运 储存于阴凉、通风的库房。远离火种、热源。保持容器密封。应与氧化剂、酸碱等隔离储运。搬运时轻装轻卸,防止容器受损。

紧急处置信息

急救措施

吸入:脱离现场至空气新鲜处。如呼吸困难,给输氧。就医。

眼睛接触:分开眼睑,用流动清水或生理盐水冲洗。如有不适感,就医。

皮肤接触:立即脱去污染的衣着,用肥皂水和清水彻底冲洗皮肤。如有不适感,就医。

食入:饮足量温水,催吐。就医。

灭火方法 消防人员须佩戴防毒面具,穿全身消防服,在上风向灭火。尽可能将容器从火场移至空旷处。喷水保持火场容器冷却,直至灭火结束。处在火场中的容器若已变色或从安全泄压装置中发出声音,必须马上撤离。

灭火剂:雾状水、泡沫、干粉、二氧化碳、砂土。

泄漏应急处置 根据液体流动和蒸气扩散的影响区域划定警戒区,无关人员从侧风、上风向撤离至安全区。消除所有点火源。建议应急处理人员戴防毒面具,穿一般防护服,戴橡胶手套。尽可能切断泄漏源。防止泄漏物进入水体、下水道、地下室或受限空间。小量泄漏:用干燥的砂土或其他不燃材料吸收或覆盖,收集于容器中。大量泄漏:构筑围堤或挖坑收容。用泵转移至槽车或专用收集器内。

695. 碳酸二正丁酯

标 识

中文名称 碳酸二正丁酯

英文名称 di-*n*-butyl carbonate;*n*-butyl carbonate

分子式 $C_9H_{18}O_3$

CAS 号 542-52-9

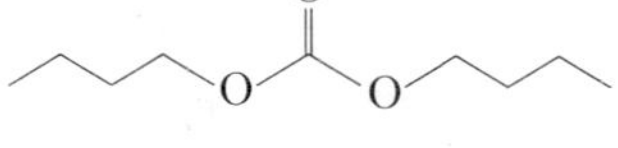

危害信息

燃烧与爆炸危险性 可燃。其蒸气与空气混合,能形成爆炸性混合物。燃烧产生有毒的一氧化碳气体。

禁忌物 强氧化剂、强酸、强碱。

侵入途径 吸入、食入。

理化特性与用途

理化特性 无色液体,气味温和。不溶于水,溶于乙醇、乙醚等有机溶剂。熔点 <25℃,沸点 207.9℃、95℃(2kPa),相对密度(水 =1)0.92,辛醇/水分配系数 3.18。

主要用途 用作溶剂,也用作聚碳酸酯的原料。

包装与储运

安全储运 储存于阴凉、通风的库房。远离火种、热源。保持容器密封。应与氧化剂、酸碱等隔离储运。搬运时轻装轻卸,防止容器受损。

紧急处置信息

急救措施

吸入:脱离现场至空气新鲜处。如呼吸困难,给输氧。就医。

眼睛接触:分开眼睑,用流动清水或生理盐水冲洗。如有不适感,就医。

皮肤接触:立即脱去污染的衣着,用肥皂水和清水彻底冲洗皮肤。如有不适感,就医。

食入:饮足量温水,催吐。就医。

灭火方法 消防人员须佩戴防毒面具,穿全身消防服,在上风向灭火。尽可能将容器从火场移至空旷处。喷水保持火场容器冷却,直至灭火结束。处在火场中的容器若已变色或从安全泄压装置中发出声音,必须马上撤离

灭火剂:雾状水、泡沫、干粉、二氧化碳、砂土。

泄漏应急处置 根据液体流动和蒸气扩散的影响区域划定警戒区,无关人员从侧风、上风向撤离至安全区。消除所有点火源。建议应急处理人员戴防毒面具,穿一般防护服,戴橡胶手套。尽可能切断泄漏源。防止泄漏物进入水体、下水道、地下室或受限空间。小量泄漏:用干燥的砂土或其他不燃材料吸收或覆盖,收集于容器中。大量泄漏:构筑围堤或挖坑收容。用泵转移至槽车或专用收集器内。

696. 碳　酸　锂

标　识

中文名称 碳酸锂

英文名称 lithium carbonate; carbonic acid, dilithium salt

分子式 Li_2CO_3

CAS 号 554-13-2

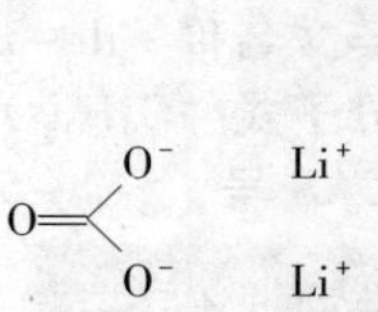

危害信息

燃烧与爆炸危险性 不燃,无特殊燃爆特性。受高热分解放出有毒的气体。

禁忌物 强氧化剂、强酸、氟。

毒性 大鼠经口 LD_{50}:525mg/kg;小鼠经口 LD_{50}:531mg/kg。

中毒表现 误服中毒后,主要损及胃肠道、心脏、肾脏和神经系统。中毒表现有恶心、呕吐、腹泻、头痛、头晕、嗜睡、视力障碍、口唇、四肢震颤、抽搐和昏迷等。

侵入途径 吸入、食入。

理化特性与用途

理化特性 白色单斜结晶或粉末,有吸湿性。不溶于水,不溶于乙醇、丙酮、氨,溶于稀酸。pH 值 10 ~ 11(5g/L 水溶液,20℃),熔点 723℃,沸点 1310℃(分解),相对密度(水 = 1)2.11。

主要用途 用于制陶瓷、药物、催化剂和喷气发动机喷嘴等。

包装与储运

安全储运 储存于阴凉、通风的库房。远离火种、热源。保持容器密封。应与强酸等隔离储运。搬运时轻装轻卸,防止容器受损。

紧急处置信息

急救措施

吸入:迅速脱离现场至空气新鲜处。保持呼吸道通畅。如呼吸困难,给输氧。呼吸、心跳停止,立即进行心肺复苏术。就医。

眼睛接触:分开眼睑,用流动清水或生理盐水冲洗。如有不适感,就医。

皮肤接触:脱去污染的衣着,用大量流动清水冲洗。如有不适感,就医。

食入:饮足量温水,催吐、洗胃、导泻。就医。

灭火方法 消防人员必须穿全身防火防毒服,戴空气呼吸器,在上风向灭火。灭火时尽可能将容器从火场移至空旷处。本品不燃。根据着火原因选择适当灭火剂灭火。

泄漏应急处置 隔离泄漏污染区,限制出入。建议应急处理人员戴防尘口罩,穿一般作业工作服,戴防护手套。尽可能切断泄漏源。用塑料布覆盖泄漏物,减少飞散。勿使水进入包装容器内。用洁净的铲子收集泄漏物,置于干净、干燥、盖子较松的容器中,将容器移离泄漏区。

697. 碳 酸 镍

标 识

中文名称 碳酸镍

英文名称 nickel carbonate;nickelous carbonate

分子式 $NiCO_3$

CAS 号 3333 - 67 - 3

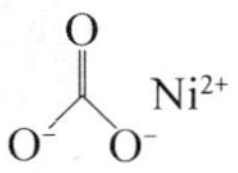

危害信息

燃烧与爆炸危险性 不燃,无特殊燃爆特性。受高热分解放出有毒的气体。

禁忌物 强氧化剂、强酸。

毒性 大鼠经口 LD_{50}:850mg/kg。

IARC 致癌性评论,G1,确认人类致癌物。

欧盟法规 1272/2008/EC 将本品列为第 2 类致癌物——可疑的人类致癌物。

中毒表现 吸入本品粉尘刺激上呼吸道。对敏感个体可引起哮喘,可致支气管炎。粉尘对眼有刺激性。刺激皮肤,对皮肤有致敏作用,可致皮炎和湿疹,有剧烈瘙痒,称为“镍痒症”。

侵入途径 吸入、食入。

职业接触限值 中国:PC-TWA:1mg/m^3[按镍计]。

美国(ACGIH):TLV-TWA:0.2mg/m^3[按镍计,可吸入性]。

环境危害 对水生生物有极高毒性,可能在水生环境中造成长期不利影响。

理化特性与用途

理化特性 淡绿色六方结晶体或粉末。不溶于水,溶于稀酸、氨水。熔点(分解),分解温度270℃,密度2.6g/cm^3。

主要用途 用于制镍催化剂、镍盐、颜料,用于镀镍和电子工业;用作玻璃、陶瓷着色剂等。

包装与储运

安全储运 储存于阴凉、通风的库房。远离火种、热源。保持容器密封。应与氧化剂、酸类等隔离储运。搬运时轻装轻卸,防止容器受损。

紧急处置信息

急救措施

吸入:脱离现场至空气新鲜处。如呼吸困难,给输氧。就医。

眼睛接触:分开眼睑,用流动清水或生理盐水冲洗。如有不适感,就医。

皮肤接触:立即脱去污染的衣着,用肥皂水和清水彻底冲洗皮肤。如有不适感,就医。

食入:饮足量温水,催吐。就医。

灭火方法 消防人员必须穿全身耐酸碱消防服,佩戴空气呼吸器灭火。尽可能将容器从火场移至空旷处。喷水保持火场容器冷却,直至灭火结束。本品不燃。根据着火原因选择适当灭火剂灭火。

泄漏应急处置 隔离泄漏污染区,限制出入。建议应急处理人员戴防尘口罩,穿防毒服,戴防毒物渗透手套。穿上适当的防护服前严禁接触破裂的容器和泄漏物。尽可能切断泄漏源。用塑料布覆盖泄漏物,减少飞散。勿使水进入包装容器内。用洁净的铲子收集泄漏物,置于干净、干燥、盖子较松的容器中,将容器移离泄漏区。

698. 碳 酸 铍

标 识

中文名称 碳酸铍

英文名称 bis(carbonato(2-))dihydroxytriberyllium;berylium carbonate

别名 碱式碳酸铍

分子式 $Be_2CO_3(OH)_2$

CAS号 66104-24-3

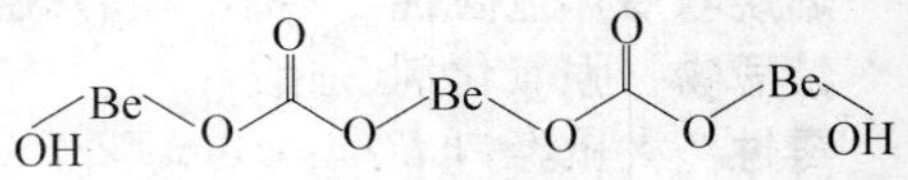

危害信息

危险性类别 第6类有毒品。

燃烧与爆炸危险性 不燃,无特殊燃爆特性。遇高热分解释出高毒烟气。

禁忌物 强氧化剂。

毒性 小鼠腹腔内 LD_{50}:50mg/kg。

IARC 致癌性评论:G2A,可能人类致癌物。

中毒表现 急性中毒主要表现为急性化学性支气管炎和支气管肺炎(急性铍病)。长期小量接触,可引起慢性铍病,对皮肤的损害有:接触性皮炎、铍溃疡和皮肤肉芽肿。

侵入途径 吸入、食入、经皮吸收。

职业接触限值 中国:PC - TWA:0.0005mg/m^3,PC - STEL:0.001mg/m^3[按铍计]。

美国(ACGIH):TLV - TWA:0.002mg/m^3,TLV - STEL:0.01mg/m^3[按铍计]。

理化特性与用途

理化特性 白色粉末,有多种可变组成。不溶于水,溶于酸。

主要用途 用于制氧化铍和铍盐。

包装与储运

包装标志 有毒品

包装类别 Ⅱ类

安全储运 储存于阴凉、干燥、通风良好的库房。远离火种、热源。防止阳光直射。储存温度不超过35℃,相对湿度不超过85%。保持容器密封。应与强酸等分开存放,切忌混储。储区应备有合适的材料收容泄漏物。

紧急处置信息

急救措施

吸入:迅速脱离现场至空气新鲜处。保持呼吸道通畅。如呼吸困难,给输氧。呼吸、心跳停止,立即进行心肺复苏术。就医。

眼睛接触:分开眼睑,用流动清水或生理盐水冲洗。如有不适感,就医。

皮肤接触:脱去污染的衣着,用大量流动清水冲洗。如有不适感,就医。

食入:饮足量温水,催吐。就医。

灭火方法 消防人员必须穿全身防火防毒服,戴空气呼吸器,在上风向灭火。灭火时尽可能将容器从火场移至空旷处。本品不燃。根据着火原因选择适当灭火剂灭火。

泄漏应急处置 隔离泄漏污染区,限制出入。建议应急处理人员戴防尘口罩,穿防毒服,戴防毒物渗透手套。穿上适当的防护服前严禁接触破裂的容器和泄漏物。尽可能切断泄漏源。用塑料布覆盖泄漏物,减少飞散。勿使水进入包装容器内。用洁净的铲子收集泄漏物,置于干净、干燥、盖子较松的容器中,将容器移离泄漏区。

699. 碳 酸 铅

标 识

中文名称 碳酸铅

英文名称 lead carbonate;carbonic acid, lead(2^+) salt

别名 铅白

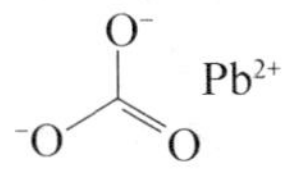

分子式　$PbCO_3$

CAS 号　598 - 63 - 0

危害信息

燃烧与爆炸危险性　不燃,无特殊燃爆特性。遇高热分解释出高毒烟气。

禁忌物　强氧化剂、强酸。

中毒表现　铅及其化合物损害造血、神经、消化系统及肾脏。职业中毒主要为慢性。神经系统主要表现为神经衰弱综合征,周围神经病,重者出现铅中毒性脑病。

侵入途径　吸入、食入。

职业接触限值　中国:PC - TWA:0.05mg/m^3[铅尘],PC - TWA:0.03mg/m^3[铅烟]。美国(ACGIH):TLV - TWA:0.05mg/m^3[按铅计]。

环境危害　对水生生物有极高毒性,可能在水生环境中造成长期不利影响。

理化特性与用途

理化特性　无色或白色结晶。不溶于水、乙醇、氨,溶于酸和碱液。熔点 315℃(分解),相对密度(水 = 1)6.6。

主要用途　用于油漆和陶瓷工业。

包装与储运

安全储运　储存于阴凉、通风的库房。远离火种、热源。保持容器密封。应与强酸等隔离储运。搬运时轻装轻卸,防止容器受损。

紧急处置信息

急救措施

吸入:迅速脱离现场至空气新鲜处。保持呼吸道通畅。如呼吸困难,给输氧。呼吸、心跳停止,立即进行心肺复苏术。就医。

眼睛接触:分开眼睑,用流动清水或生理盐水冲洗。如有不适感,就医。

皮肤接触:脱去污染的衣着,用流动清水冲洗。如有不适感,就医。

食入:饮足量温水,催吐。就医。

灭火方法　消防人员必须佩戴空气呼吸器,穿全身防火防毒服,在上风向灭火。尽可能将容器从火场移至空旷处。喷水保持火场容器冷却,直至灭火结束。本品不燃。根据着火原因选择适当灭火剂灭火。

泄漏应急处置　隔离泄漏污染区,限制出入。建议应急处理人员戴防尘口罩,穿防毒服,戴防毒物渗透手套。穿上适当的防护服前严禁接触破裂的容器和泄漏物。尽可能切断泄漏源。用塑料布覆盖泄漏物,减少飞散。勿使水进入包装容器内。用洁净的铲子收集泄漏物,置于干净、干燥、盖子较松的容器中,将容器移离泄漏区。

700. 碳　酸　铊

标　识

中文名称　碳酸铊

英文名称　thallium carbonate;dithallium carbonate;thallous carbonate

别名 碳酸亚铊

分子式 Tl_2CO_3

CAS 号 6533-73-9

WGH 号 61023

UN 号

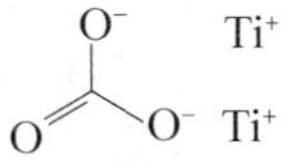

危害信息

危险性类别 第6类有毒品。

燃烧与爆炸危险性 不燃,无特殊燃爆特性。遇高热分解释出高毒烟气。

禁忌物 强氧化剂、强酸。

毒性 大鼠经口 LD_{50}:15mg/kg;小鼠经口 LD_{50}:21mg/kg;大鼠经皮 LD_{50}:117mg/kg。

本品已列入《剧毒化学品目录》。

中毒表现 为强烈的神经毒物,并引起严重的心、肝、肾损害。中毒时主要产生神经和消化系统损伤的表现,进而出现局限的肢体麻痹、震颤、呼吸困难、呕吐及出血性腹泻,少尿或无尿,最后死于呼吸和循环衰竭。脱发是其中毒的特征表现,可累及全身毛发,但眉毛内侧1/3不受累。

侵入途径 吸入、食入、经皮吸收。

职业接触限值 中国:PC-TWA:0.05mg/m³,PC-STEL:0.1mg/m³[皮,按铊计]。

美国(ACGIH):TLV-TWA:0.1mg/m³[皮,按铊计]。

环境危害 对水生生物有毒,可能在水生环境中造成长期不利影响。

理化特性与用途

理化特性 无色单斜结晶或白色粉末。溶于沸水,不溶于无水乙醇、乙醚、丙酮。熔点272℃,相对密度(水=1)7.1,饱和蒸气压<0.1MPa(25℃)。

主要用途 是制备铊化合物的原料。用于分析二氧化硫和光谱分析,制造人造钻石和特种玻璃添加剂。

包装与储运

包装标志 有毒品

包装类别 Ⅱ类

安全储运 储存于阴凉、干燥、通风良好的库房。应严格执行剧毒化学品管理制度。远离火种、热源。防止阳光直射。储存温度不超过35℃,相对湿度不超过85%。保持容器密封。应与强酸等分开存放,切忌混储。储区应备有合适的材料收容泄漏物。

紧急处置信息

急救措施

吸入:迅速脱离现场至空气新鲜处。保持呼吸道通畅。如呼吸困难,给输氧。呼吸、心跳停止,立即进行心肺复苏术。就医。

眼睛接触:分开眼睑,用流动清水或生理盐水冲洗。如有不适感,就医。

皮肤接触:脱去污染的衣着,用流动清水冲洗。如有不适感,就医。

食入:如患者神志清醒,催吐,洗胃。用1%碘化钠或1%碘化钾溶液洗胃效果更佳。口服牛奶、淀粉膏、氢氧化铝凝胶、次碳酸铋。口服活性炭悬液,用硫酸钠、硫酸镁或蓖麻油导泻。就医。

口服中毒使用普鲁士蓝治疗。

灭火方法 消防人员必须穿全身防火防毒服,戴自给式呼吸器,在上风向灭火。灭火时尽可能将容器从火场移至空旷处。本品不燃。根据着火原因选择适当灭火剂灭火。

泄漏应急处置 隔离泄漏污染区,限制出入。建议应急处理人员戴防尘口罩,穿防毒服,戴防毒物渗透手套。穿上适当的防护服前严禁接触破裂的容器和泄漏物。尽可能切断泄漏源。用塑料布覆盖泄漏物,减少飞散。勿使水进入包装容器内。用洁净的铲子收集泄漏物,置于干净、干燥、盖子较松的容器中,将容器移离泄漏区。

701. 羰 基 镍

标 识

中文名称 羰基镍

英文名称 nickel carbonyl;tetracarbonylnickel

别名 四羰基镍

分子式 $Ni(CO)_4$

CAS 号 13463-39-3

WGH 号 61031

UN 号 1259

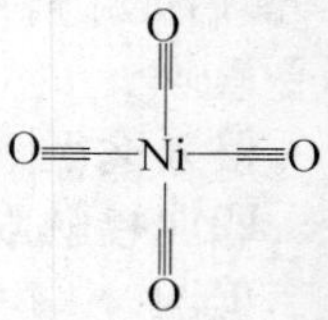

危害信息

危险性类别 第6类有毒品。

燃烧与爆炸危险性 易燃。其蒸气与空气混合,能形成爆炸性混合物。本品在空气中氧化,加热至60℃时发生爆炸。受热、接触酸或酸雾会放出有毒的烟雾。

禁忌物 强氧化剂、酸类。

毒性 大鼠吸入 LC_{50}:873mg/m^3(30min);兔经皮 LD_{50}:63mg/kg。

本品已列入《剧毒化学品目录》。

IARC 致癌性评论:G1,确认人类致癌物。

欧盟法规 1272/2008/EC 将本品列为第2类致癌物——可疑的人类致癌物;第1B类生殖毒物——可能的人类生殖毒物。

中毒表现 对呼吸道有刺激作用,并有全身毒作用,可导致肺、肝、脑损害。如肺水肿抢救不及时,可引起死亡。急性中毒早期表现有头痛、头晕、步态不稳、视力模糊、眼刺激、恶心、心悸、胸闷、气短等。迟发的症状主要有明显的胸闷、气短、严重呼吸困难、紫绀、咳嗽、大量粉红色泡沫痰,心动过速等,这些是肺水肿及弥漫性间质肺炎的表现。可伴有心肌损害或肝损害。

侵入途径 吸入、食入、经皮吸收。

职业接触限值 中国:MAC:0.002mg/m^3[按镍计]。

美国(ACGIH):TLV-TWA:0.05ppm。

环境危害 对水生生物有极高毒性,可能在水生环境中造成长期不利影响;有害空气污染物;严重海洋污染物。

理化特性与用途

理化特性 无色至黄色挥发性液体,有霉烂的气味。不溶于水,溶于乙醇、苯、氯仿、丙酮、四氯化碳和许多有机溶剂,溶于浓硝酸。熔点-19℃,沸点43℃,相对密度(水=1)1.318

(17℃),相对蒸气密度(空气=1)5.89,饱和蒸气压53kPa(25.8℃),临界温度约200℃,临界压力3.04MPa,燃烧热-1179.5kJ/mol,闪点<-20℃(闭杯)引燃温度60℃,爆炸下限2.0%,爆炸上限34%。

主要用途 用于制高纯镍粉,也用于电子工业,及制造塑料中间体,也用作有机合成催化剂。

包装与储运

包装标志 有毒品,易燃液体

包装类别 Ⅰ类

安全储运 储存于阴凉、通风良好的专用库房内。应严格执行剧毒化学品管理制度。远离火种、热源。库温不超过35℃。相对湿度不超过80%。保持容器密封。应与氧化剂、酸类、食用化学品分开存放,切忌混储。采用防爆型照明、通风设施。禁止使用易产生火花的机械设备和工具。储区应备有泄漏应急处理设备和合适的收容材料。

紧急处置信息

急救措施

吸入:迅速脱离现场至空气新鲜处。保持呼吸道通畅。如呼吸困难,给输氧。呼吸、心跳停止,立即进行心肺复苏术。就医。

眼睛接触:分开眼睑,用流动清水或生理盐水冲洗。如有不适感,就医。

皮肤接触:脱去污染的衣着,用流动清水冲洗。如有不适感,就医。

食入:饮足量温水,催吐。就医。

灭火方法 消防人员须佩戴防毒面具,穿全身消防服,在上风向灭火。尽可能将容器从火场移至空旷处。喷水保持火场容器冷却,直至灭火结束。处在火场中的容器若已变色或从安全泄压装置中发出声音,必须马上撤离。用水灭火无效

灭火剂:泡沫、干粉、二氧化碳。

泄漏应急处置 消除所有点火源。根据液体流动和蒸气扩散的影响区域划定警戒区,无关人员从侧风、上风向撤离至安全区。建议应急处理人员戴正压自给式呼吸器,穿防毒、防静电服,戴防毒物渗透手套。作业时使用的所有设备应接地。禁止接触或跨越泄漏物。尽可能切断泄漏源。防止泄漏物进入水体、下水道、地下室或受限空间。小量泄漏:用砂土或其他不燃材料吸收。使用洁净的无火花工具收集吸收材料。大量泄漏:构筑围堤或挖坑收容。用泡沫覆盖,减少蒸发。喷水雾能减少蒸发,但不能降低泄漏物在受限空间内的易燃性。用防爆泵转移至槽车或专用收集器内。

702. 特 乐 酚

标 识

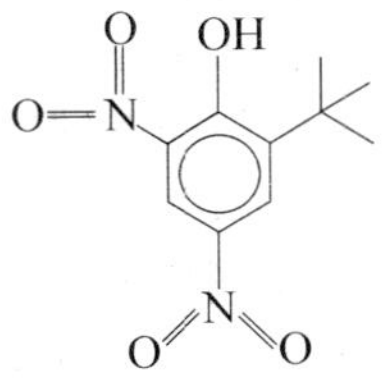

中文名称 特乐酚

英文名称 dinoterb;2,4-dinitro-6-tert-butylphenol

别名 2-叔丁基-4,6-二硝酚

分子式 $C_{10}H_{12}N_2O_5$

CAS 号 1420-07-1

WGH号 61138

危害信息

危险性类别 第6类有毒品。

燃烧与爆炸危险性 可燃。其粉体与空气混合,能形成爆炸性混合物。受高热分解放出有毒的气体。

禁忌物 强氧化剂。

毒性 大鼠经口 LD_{50}:62mg/kg;小鼠经口 LD_{50}:19.5mg/kg。

本品已列入《剧毒化学品目录》。

欧盟法规1272/2008/EC将本品列为第1B类生殖毒物——可能的人类生殖毒物。

中毒表现 本品为高毒除草剂。吸入、摄入或经皮肤吸收后会中毒。受热分解释出氮氧化物烟雾。全身中毒可能有:恶心、呕吐、腹痛、口渴、疲乏、出汗、心动过速、高热、呼吸困难、抽搐、昏迷等,以及不同程度的肝、肾损害。

侵入途径 吸入、食入、经皮吸收。

环境危害 对水生生物有毒,可能在水生环境中造成长期不利影响。

理化特性与用途

理化特性 黄色结晶固体,有酚样气味。不溶于水,溶于醇类、乙二醇类、脂肪烃、环己酮、二甲亚砜、乙酸乙酯等。熔点126℃,辛醇/水分配系数3.51。

主要用途 触杀性苗后除草剂。用于禾谷类、玉米、豌豆、苜蓿及菜田防除一年生杂草。

包装与储运

包装标志 有毒品

包装类别 Ⅱ类

安全储运 储存于阴凉、通风良好的专用库房内。应严格执行剧毒化学品管理制度。远离火种、热源。防止阳光直射。储存温度不超过35℃,相对湿度不超过85%。保持容器密封。应与氧化剂、强酸、重金属及其盐类等分开存放,切忌混储。配备相应品种和数量的消防器材。储区应备有合适的材料收容泄漏物。

紧急处置信息

急救措施

吸入:迅速脱离现场至空气新鲜处。保持呼吸道通畅。如呼吸困难,给输氧。呼吸、心跳停止,立即进行心肺复苏术。就医。

眼睛接触:分开眼睑,用流动清水或生理盐水冲洗。如有不适感,就医。

皮肤接触:脱去污染的衣着,用大量流动清水冲洗。如有不适感,就医。

食入:饮足量温水,催吐。就医。

灭火方法 消防人员须佩戴防毒面具,穿全身消防服,在上风向灭火。尽可能将容器从火场移至空旷处。喷水保持火场容器冷却,直至灭火结束。

灭火剂:雾状水、泡沫、干粉、二氧化碳、砂土。

泄漏应急处置 隔离泄漏污染区,限制出入。建议应急处理人员戴防尘口罩,穿防毒服,戴防毒物渗透手套。穿上适当的防护服前严禁接触破裂的容器和泄漏物。尽可能切断泄漏源。用塑料布覆盖泄漏物,减少飞散。勿使水进入包装容器内。用洁净的铲子收集泄漏物,置于干净、干燥、盖子较松的容器中,将容器移离泄漏区。

703. 特　　普

标　识

中文名称　特普

英文名称　teraethyl pyrophosphate;TEPP

别名　焦磷酸四乙酯;四乙基焦磷酸酯

分子式　$C_8H_{20}O_7P_2$

CAS 号　107－49－3

WGH 号　61126

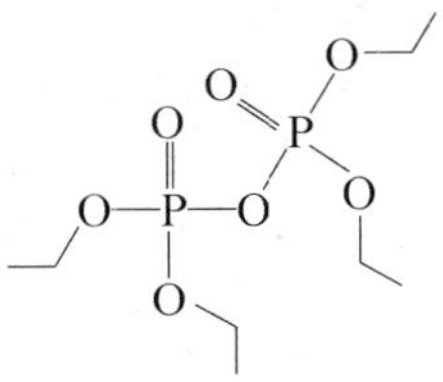

危害信息

危险性类别　第6类有毒品。

燃烧与爆炸危险性　可燃。受高热分解放出有毒的气体。若遇高热,容器内压增大,有开裂和爆炸的危险。

活性反应　与氧化剂可发生反应。

禁忌物　强碱、水及水蒸气。

毒性　大鼠经口 LD_{50}:0.5mg/kg;小鼠经口 LD_{50}:3mg/kg;大鼠经皮 LD_{50}:2.4mg/kg;大鼠吸入 LC_{50}:6.75mg/m^3(4h)。

本品已列入《剧毒化学品目录》。

中毒表现　抑制胆碱酯酶活性。轻者头痛、头晕、流涎、呕吐和胸闷;中度中毒肌束震颤、瞳孔缩小、呼吸困难、腹痛等;重者出现肺水肿、呼吸抑制和脑水肿等。

侵入途径　吸入、食入、经皮吸收。

职业接触限值　美国(ACGIH):TLV－TWA:0.05mg/m^3[皮]。

环境危害　对水生生物有极高毒性。

理化特性与用途

理化特性　无色至琥珀色吸湿性液体。混溶于水,混溶于甘油、乙二醇、甲苯、丙二醇、丙酮、甲醇、苯、氯仿、四氯化碳、二甲苯等。沸点82℃(6.65Pa),分解温度＜170℃(沸点),相对密度(水＝1)1.2,相对蒸气密度(空气＝1)10,饱和蒸气压0.035Pa(25℃),辛醇/水分配系数2.94。

主要用途　农用杀蚜虫、杀螨剂。

包装与储运

包装标志　有毒品

包装类别　Ⅱ类

安全储运　储存于阴凉、通风良好的专用库房内。应严格执行剧毒化学品管理制度。远离火种、热源。储存温度不超过35℃,相对湿度不超过82%。保持容器密封,切勿受潮。应与氧化剂、醇类等分开存放,切忌混储。配备相应品种和数量的消防器材。储区应备有泄漏应急处理设备和合适的收容材料。

紧急处置信息

急救措施

吸入:迅速脱离现场至空气新鲜处。保持呼吸道通畅。如呼吸困难,给输氧。呼吸、心跳停止,立即进行心肺复苏术。就医。

眼睛接触:分开眼睑,用流动清水或生理盐水冲洗。如有不适感,就医。

皮肤接触:脱去污染的衣着,用大量流动清水冲洗。如有不适感,就医。

食入:饮足量温水,催吐。用1:5000高锰酸钾溶液洗胃。口服活性炭,导泻。每5min给服一片阿托品,直到感觉口干为止。就医。

灭火方法 消防人员必须佩戴空气呼吸器,穿全身防火防毒服,在上风向灭火。尽可能将容器从火场移至空旷处。喷水保持火场容器冷却,直至灭火结束。处在火场中的容器若已变色或从安全泄压装置中发出声音,必须马上撤离。

灭火剂:水、雾状水、抗溶性泡沫、干粉、二氧化碳、砂土。

泄漏应急处置 根据液体流动和蒸气扩散的影响区域划定警戒区,无关人员从侧风、上风向撤离至安全区。建议应急处理人员戴正压自给式呼吸器,穿防毒服,戴防毒物渗透手套。穿上适当的防护服前严禁接触破裂的容器和泄漏物。尽可能切断泄漏源。防止泄漏物进入水体、下水道、地下室或受限空间。小量泄漏:用干燥的砂土或其他不燃材料吸收或覆盖,收集于容器中。大量泄漏:构筑围堤或挖坑收容。用飞尘或石灰粉吸收大量液体。用泵转移至槽车或专用收集器内。

704. 锑 粉

标 识

中文名称 锑粉

英文名称 antimony powder

分子式 Sb

CAS 号 7440-36-0

WGH 号 61505

UN 号 2871

危害信息

危险性类别 第6类有毒品。

燃烧与爆炸危险性 可燃。其粉体与空气混合,能形成爆炸性混合物。燃烧产生有害的氧化锑。

活性反应 与硝酸铵、二氟化溴、三氮化溴、氯酸、氧化氯、三氟化氯、硝酸、硝酸钾、高锰酸钾、过氧化钾接触能引起反应。

禁忌物 强氧化剂、酸类、硝酸铵、二氟化溴、三氮化溴、氯酸、氧化氯、三氟化氯、硝酸、硝酸钾、高锰酸钾、过氧化钾。

毒性 大鼠经口 LD_{50}:7000mg/kg。

中毒表现 锑对黏膜有刺激作用,可引起内脏损害。急性中毒表现为接触较高浓度引起化学性结膜炎、鼻炎、咽炎、喉炎、支气管炎、肺炎。口服引起急性胃肠炎。全身症状有疲乏无力、头晕、头痛、四肢肌肉酸痛。可引起心、肝、肾损害。慢性影响表现为常出现头痛、头晕、易兴奋、失眠、乏力、胃肠功能紊乱、黏膜刺激症状。可引起鼻中隔穿孔；在锑冶炼过程中可引起锑尘肺；对皮肤有明显的刺激作用和致敏作用。

侵入途径　吸入、食入。

职业接触限值　中国：PC－TWA：0.5mg/m^3。

美国（ACGIH）：TLV－TWA：0.5mg/m^3。

环境危害　对水生生物有毒，可能在水生环境中造成长期不利影响。

理化特性与用途

理化特性　银灰色或深灰色金属粉末。不溶于水、盐酸、碱液，溶于王水、浓硫酸。熔点630℃，沸点1635℃，相对密度（水＝1）6.7，相对蒸气密度（空气＝1）4.2，饱和蒸气压0.13kPa（886℃），引燃温度300℃，爆炸下限420.7g/m^3（0.42 oz/ft^3）。

主要用途　主要用于制造合金，也用于半导体、印刷和颜料行业。

包装与储运

包装标志　有毒品

包装类别　Ⅲ类

安全储运　储存于阴凉、干燥、通风良好的库房。远离火种、热源。库温不超过35℃。相对湿度不超过80%。包装密封。应与氧化剂、酸类、食用化学品分开存放，切忌混储。配备相应品种和数量的消防器材。储区应备有合适的材料收容泄漏物。

紧急处置信息

急救措施

吸入：迅速脱离现场至空气新鲜处。保持呼吸道通畅。如呼吸困难，给输氧。呼吸、心跳停止，立即进行心肺复苏术。就医。

眼睛接触：分开眼睑，用流动清水或生理盐水冲洗。如有不适感，就医。

皮肤接触：立即脱去污染的衣着，用肥皂水和清水彻底冲洗皮肤。如有不适感，就医。

食入：饮足量温水，催吐。就医。

灭火方法　消防人员必须佩戴空气呼吸器，穿全身防火防毒服，在上风向灭火。尽可能将容器从火场移至空旷处。喷水保持火场容器冷却，直至灭火结束。禁止用二氧化碳和酸碱灭火剂灭火。

灭火剂：干粉、干砂。

泄漏应急处置　消除所有点火源。隔离泄漏污染区，限制出入。建议应急处理人员戴防尘口罩，穿防毒服，戴防化学品手套。禁止接触或跨越泄漏物。尽可能切断泄漏源。防止泄漏物进入水体、下水道、地下室或受限空间。小量泄漏：避免扬尘，用洁净的铲子收集于干燥、清洁、有盖的容器中。大量泄漏：用塑料布、帆布覆盖，减少飞散。收集回收。

705. 锑　化　氢

标　识

中文名称　锑化氢

英文名称　stibine；antimony trihydride

别名　锑化三氢

705. 锑化氢

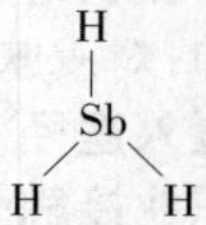

分子式 H_3Sb

CAS 号 7803 - 52 - 3

WGH 号 23008

UN 号 2676

危害信息

危险性类别 第 2.3 类有毒气体。

燃烧与爆炸危险性 易燃。与空气混合能形成爆炸性混合物,遇明火、高热能引起燃烧爆炸。遇热分解出易燃的氢气。

活性反应 与氧化剂、氯气、硝酸、臭氧、氨能发生剧烈反应。

禁忌物 强氧化剂、强酸、强碱、氨、氯气、硝酸、臭氧。

毒性 小鼠吸入 LCL_0:100ppm(1h)。

中毒表现 吸入较高浓度的锑化氢,可发生溶血。表现头痛,恶心,呕吐,无力,呼吸减慢、微弱,脉不规则,腹绞痛以及血红蛋白尿。最后可造成急性溶血性贫血和急性肾功能衰竭。吸入高浓度可迅速致死。

侵入途径 吸入。

职业接触限值 中国:PC - TWA:0.5mg/m^3[按锑计]。

美国(ACGIH):TLV - TWA:0.1ppm。

理化特性与用途

理化特性 无色气体,有恶臭。微溶于水,溶于多数有机溶剂。熔点 - 88℃,沸点 - 18℃,相对密度(水 = 1)2.26(- 25℃),相对蒸气密度(空气 = 1)4.4,饱和蒸气压 > 100kPa (20℃)。

主要用途 用于制有机锑化合物,分析上常用于鉴定砷和锑,还用作熏蒸剂。

包装与储运

包装标志 有毒气体,易燃气体类

安全储运 储存于阴凉、通风的有毒气体专用库房。库温不宜超过 30℃。远离火种、热源。包装要求密封。不可与空气接触。应与氧化剂、酸类、碱类、食用化学品分开存放,切忌混储。采用防爆型照明、通风设施。禁止使用易产生火花的机械设备和工具。储区应备有泄漏应急处理设备。搬运时轻装轻卸,须戴好钢瓶安全帽和防震橡皮圈,防止钢瓶撞击。

紧急处置信息

急救措施

吸入:迅速脱离现场至空气新鲜处。保持呼吸道通畅。如呼吸困难,给输氧。呼吸、心跳停止,立即进行心肺复苏术。就医。

眼睛接触:分开眼睑,用流动清水或生理盐水冲洗。如有不适感,就医。

皮肤接触:如果发生冻伤:将患部浸泡于保持在 38 ~ 42℃ 的温水中复温。不要涂擦。不要使用热水或辐射热。使用清洁、干燥的敷料包扎。如有不适感,就医。

食入:不会通过该途径接触。

灭火方法 消防人员须佩带空气呼吸器,穿全身防火防毒服,在上风向灭火。切断气源,若不能切断气源则不允许熄灭泄露处的火焰。喷水保持火场容器冷却,直至灭火结束。尽可能将容器从火场移至空旷处。

灭火剂:雾状水、泡沫、二氧化碳。

泄漏应急处置 消除所有点火源。根据气体扩散的影响区域划定警戒区,无关人员从侧风、上风向撤离至安全区。建议应急处理人员穿内置正压自给式呼吸器的全封闭防化服。作业时使用的所有设备应接地。禁止接触或跨越泄漏物。尽可能切断泄漏源。喷雾状水抑制蒸气或改变蒸气云流向,避免水流接触泄漏物。禁止用水直接冲击泄漏物或泄漏源。防止气体通过下水道、通风系统和受限空间扩散。隔离泄漏区直至气体散尽。

706. 涕 灭 威

标 识

中文名称 涕灭威

英文名称 aldicarb; propanal, 2 - methyl - 2 - (methylthio) - , *O* - ((methylamino) carbonyl) oxime

别名 *O* -(甲基氨基甲酰基)-2-甲基-2-甲硫基丙醛肟;铁灭克

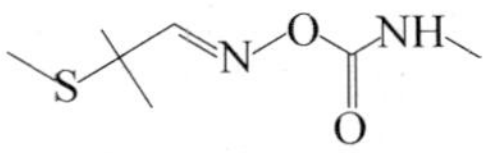

分子式 $C_7H_{14}N_2O_2S$

CAS 号 116-06-3

WGH 号 61888

危害信息

危险性类别 第6类有毒品。

燃烧与爆炸危险性 可燃。其粉体与空气混合,能形成爆炸性混合物。受高热分解放出有毒的气体。

禁忌物 强氧化剂、强碱。

毒性 大鼠经口 LD_{50}:0.46mg/kg;大鼠经皮 LD_{50}:2.5mg/kg;兔经皮 LD_{50}:5mg/kg;大鼠吸入 LC_{50}:200mg/m^3(5h)。

本品已列入《剧毒化学品目录》。

中毒表现 吸入、摄入或经皮肤吸收后会中毒。抑制胆碱酯酶,产生相应的症状。

侵入途径 吸入、食入、经皮吸收。

环境危害 对水生生物有极高毒性,可能在水生环境中造成长期不利影响。

理化特性与用途

理化特性 无色或白色结晶,微有硫磺气味。微溶于水,溶于丙酮、苯、甲苯、四氯化碳、二氯甲烷。熔点100℃,沸点(分解),相对密度(水=1)1.195,相对蒸气密度(空气=1)6.6,饱和蒸气压0.01Pa(25℃),辛醇/水分配系数1.13。

主要用途 内吸触杀性杀虫剂、杀螨剂、杀线虫剂。用于防治蚜虫、蓟马、叶蝉、椿象、螨、线虫等。

包装与储运

包装标志 有毒品

包装类别 Ⅱ类

安全储运 储存于阴凉、通风良好的专用库房内。应严格执行剧毒化学品管理制度。远离火种、热源。储存温度不超过35℃，相对湿度不超过85%。保持容器密封。应与氧化剂、强酸、碱类等分开存放，切忌混储。配备相应品种和数量的消防器材。储区应备有合适的材料收容泄漏物。

紧急处置信息

急救措施

吸入：迅速脱离现场至空气新鲜处。保持呼吸道通畅。如呼吸困难，给输氧。呼吸、心跳停止，立即进行心肺复苏术。就医。

眼睛接触：分开眼睑，用流动清水或生理盐水冲洗。如有不适感，就医。

皮肤接触：脱去污染的衣着，用大量流动清水冲洗。如有不适感，就医。

食入：饮足量温水，催吐。用1:5000高锰酸钾溶液洗胃。口服活性炭，导泻。每5min给服一片阿托品，直到感觉口干为止。就医。

灭火方法　消防人员必须佩戴空气呼吸器，穿全身防火防毒服，在上风向灭火。尽可能将容器从火场移至空旷处。喷水保持火场容器冷却，直至灭火结束

灭火剂：雾状水、泡沫、干粉、二氧化碳、砂土。

泄漏应急处置　隔离泄漏污染区，限制出入。建议应急处理人员戴防尘口罩，穿防毒服，戴防毒物渗透手套。穿上适当的防护服前严禁接触破裂的容器和泄漏物。尽可能切断泄漏源。用塑料布覆盖泄漏物，减少飞散。勿使水进入包装容器内。用洁净的铲子收集泄漏物，置于干净、干燥、盖子较松的容器中，将容器移离泄漏区。

707. 铁氰化钾

标　识

中文名称　铁氰化钾

英文名称　potassium ferricyanide; tripotassium hexacyanoferrate

别名　赤血盐

分子式　$K_3[Fe(CN)_6]$

CAS号　13746-66-2

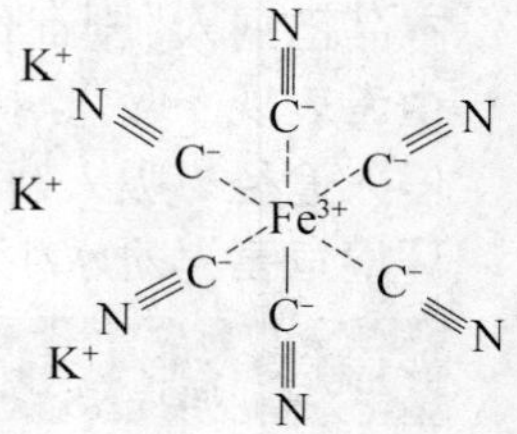

危害信息

燃烧与爆炸危险性　不燃，无特殊燃爆特性。受高热分解，放出腐蚀性、刺激性的烟雾。

禁忌物　强氧化剂、强酸。

毒性　小鼠经口 LD_{50}：2970mg/kg。

中毒表现　吸入、摄入或经皮肤吸收对身体可能有害。可致肾损害。加热或酸作用下可产生氰化氢。

侵入途径　吸入、食入、经皮吸收。

职业接触限值　中国：MAC：1mg/m³[按氰计，皮]。

美国(ACGIH)：TLV-TWA：5mg/m³[按氰计，皮]。

环境危害　对水生生物有毒。

理化特性与用途

理化特性　橙色至红色结晶粉末。溶于水,溶于丙酮,微溶于乙醇。pH 值约为 6(5% 水溶液),熔点 300℃,沸点(分解),相对密度(水 =1)1.89(17℃/4℃)。

主要用途　用作化学试剂, 也用于印刷制版、感光材料、漂白、制药、油漆、锻造、电镀、制革以及金属的提纯,精细化工等行业。

包装与储运

安全储运　储存于阴凉、通风的库房。远离火种、热源。保持容器密封。应与氧化剂、酸类等隔离储运。搬运时轻装轻卸,防止容器受损。

紧急处置信息

急救措施　吸入:迅速脱离现场至空气新鲜处。保持呼吸道通畅。如呼吸困难,给输氧。呼吸、心跳停止,立即进行心肺复苏术。就医。

眼睛接触:立即分开眼睑,用流动清水或生理盐水彻底冲洗。就医。

皮肤接触:立即脱去污染的衣着,用肥皂水和清水彻底冲洗。就医。

食入:饮足量温水,催吐。就医。

灭火方法　消防人员必须穿全身防火防毒服,戴空气呼吸器,在上风向灭火。灭火时尽可能将容器从火场移至空旷处。本品不燃。根据着火原因选择适当灭火剂灭火。

泄漏应急处置　隔离泄漏污染区,限制出入。建议应急处理人员戴防尘口罩,穿一般作业工作服,戴橡胶手套。尽可能切断泄漏源。用塑料布覆盖泄漏物,减少飞散。勿使水进入包装容器内。用洁净的铲子收集泄漏物,置于干净、干燥、盖子较松的容器中,将容器移离泄漏区。

708. 王　铜

标　识

中文名称　王铜

英文名称　copper chloride oxide, hydrate; dicopper chloride trioxide; copper oxychloride

别名　碱式氯化铜;氧氯化铜

分子式　$3Cu_2(OH)_2CuCl_2$

CAS 号　1332-40-7

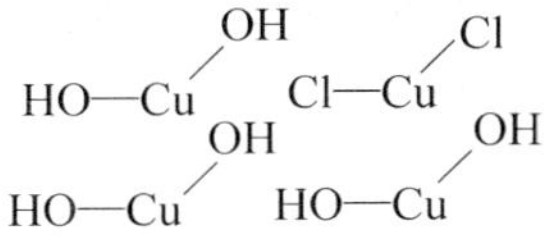

危害信息

燃烧与爆炸危险性　不燃,无特殊燃爆特性。受高热分解放出有毒的气体。

禁忌物　强氧化剂。

毒性　大鼠经口 LD_{50}:700mg/kg;小鼠经口 LD_{50}:373mg/kg。

中毒表现　刺激呼吸道和皮肤。误服可引起急性胃肠炎,肝、肾、中枢神经损害及溶血,重者死于休克或肾衰。长期皮肤接触可致皮炎,可致鼻黏膜溃疡或鼻中隔穿孔。

侵入途径　吸入、食入。

理化特性与用途

理化特性 绿色或蓝绿色粉末。不溶于水,不溶于有机溶剂,溶于酸、氨水。熔点300℃(分解),饱和蒸气压0.00001MPa(25℃),辛醇/水分配系数0.44。

主要用途 杀菌剂。用于水稻、小麦、马铃薯、果树、瓜类等作物防止疫病、白粉病、疮痂病、霜霉病、炭疽病等,也用作木材防腐剂及用于制造涂料等。

包装与储运

安全储运 储存于阴凉、通风的库房。远离火种、热源。保持容器密封。应与强氧化剂等隔离储运。搬运时轻装轻卸,防止容器受损。

紧急处置信息

急救措施

吸入:迅速脱离现场至空气新鲜处。保持呼吸道通畅。如呼吸困难,给输氧。呼吸、心跳停止,立即进行心肺复苏术。就医。

眼睛接触:分开眼睑,用流动清水或生理盐水冲洗。如有不适感,就医。

皮肤接触:脱去污染的衣着,用流动清水冲洗。如有不适感,就医。

食入:用0.1%亚铁氰化钾洗胃。给饮牛奶或蛋清。就医。

灭火方法 消防人员必须穿全身防火防毒服,戴空气呼吸器,在上风向灭火。灭火时尽可能将容器从火场移至空旷处。本品不燃。根据着火原因选择适当灭火剂灭火。

泄漏应急处置 隔离泄漏污染区,限制出入。建议应急处理人员戴防尘口罩,穿防毒服,戴橡胶手套。穿上适当的防护服前严禁接触破裂的容器和泄漏物。尽可能切断泄漏源。用塑料布覆盖泄漏物,减少飞散。勿使水进入包装容器内。用洁净的铲子收集泄漏物,置于干净、干燥、盖子较松的容器中,将容器移离泄漏区。

709. 威 菌 磷

标 识

中文名称 威菌磷

英文名称 triamiphos; 5 - amino - 1 - bis(dimethylamido)phosphoryl - 3 - phenyl - 1,2,4 - triazole

别名 5-氨基-3-苯基-1-(双(*N*,*N*-二甲基氨基氧膦基))-1,2,4-三唑;三唑磷胺

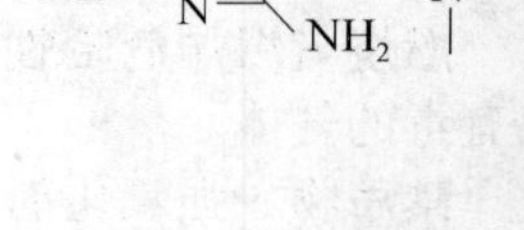

分子式 $C_{12}H_{19}N_6OP$

CAS号 1031-47-6

WGH号 61125

危害信息

危险性类别 第6类有毒品。

燃烧与爆炸危险性 可燃。其粉体与空气混合,能形成爆炸性混合物。受高热分解放出有毒的气体。

禁忌物 强氧化剂。

毒性 大鼠经口 LD_{50}：20mg/kg；小鼠经口 LD_{50}：10mg/kg；大鼠经皮 LD_{50}：48mg/kg；兔经皮 LD_{50}：1500mg/kg。

本品已列入《剧毒化学品目录》。

中毒表现 抑制胆碱酯酶活性。轻者头痛、头晕、流涎、呕吐和胸闷；中度中毒肌束震颤、瞳孔缩小、呼吸困难、腹痛等；重者出现肺水肿、呼吸抑制和脑水肿等。

侵入途径 吸入、食入、经皮吸收。

理化特性与用途

理化特性 无色或白色结晶固体，无气味。微溶于水，溶于除石油醚以外的多数有机溶剂。熔点 167 ~ 169℃，沸点(分解)，辛醇/水分配系数 0.19。

主要用途 内吸性杀菌剂、杀虫剂。用于防治蚜虫和白粉病。

包装与储运

包装标志 有毒品

包装类别 Ⅱ类

安全储运 储存于阴凉、通风良好的专用库房内。应严格执行剧毒化学品管理制度。远离火种、热源。防止阳光直射。储存温度不超过 35℃，相对湿度不超过 82%。保持容器密封。切勿受潮。应与强碱等分开存放，切忌混储。配备相应品种和数量的消防器材。储区应备有合适的材料收容泄漏物。

紧急处置信息

急救措施

吸入：迅速脱离现场至空气新鲜处。保持呼吸道通畅。如呼吸困难，给输氧。呼吸、心跳停止，立即进行心肺复苏术。就医。

眼睛接触：分开眼睑，用流动清水或生理盐水冲洗。如有不适感，就医。

皮肤接触：脱去污染的衣着，用大量流动清水冲洗。如有不适感，就医。

食入：饮足量温水，催吐。用 1∶5000 高锰酸钾溶液洗胃。口服活性炭，导泻。每 5min 给服一片阿托品，直到感觉口干为止。就医。

灭火方法 消防人员须佩戴防毒面具，穿全身消防服，在上风向灭火。尽可能将容器从火场移至空旷处。喷水保持火场容器冷却，直至灭火结束。

灭火剂：雾状水、泡沫、干粉、二氧化碳、砂土。

泄漏应急处置 隔离泄漏污染区，限制出入。建议应急处理人员戴防尘口罩，穿防毒服，戴橡胶手套。穿上适当的防护服前严禁接触破裂的容器和泄漏物。尽可能切断泄漏源。用塑料布覆盖泄漏物，减少飞散。勿使水进入包装容器内。用洁净的铲子收集泄漏物，置于干净、干燥、盖子较松的容器中，将容器移离泄漏区。

710. 萎 锈 灵

标 识

中文名称 萎锈灵

英文名称 carboxin;5,6 - dihydro - 2 - methyl - 1,4 - oxathiin - 3 - carboxanilide

别名 2-甲基-5,6-二氢-1,4-氧硫杂环己二烯-3-甲酰苯胺

分子式 $C_{12}H_{13}NO_2S$

CAS号 5234-68-4

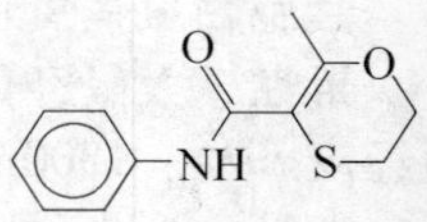

危害信息

燃烧与爆炸危险性 可燃。其粉体与空气混合，能形成爆炸性混合物。受高热分解放出有毒的气体。

禁忌物 强氧化剂、强酸。

毒性 大鼠经口 LD_{50}：3820mg/kg；兔经皮 LD_{50}：>8000mg/kg。

中毒表现 本品为低毒杀菌剂。对眼睛和皮肤有刺激作用。

侵入途径 吸入、食入、经皮吸收。

环境危害 对水生生物有害，可能在水生环境中造成长期不利影响。

理化特性与用途

理化特性 白色固体或米色结晶。微溶于水，溶于苯、二甲基甲酰胺、甲醇、乙醇、丙酮、三氯丙烷、吡啶等。熔点91.5~92.5℃，相对密度(水=1)1.36(20℃)，饱和蒸气压0.02MPa(25℃)，辛醇/水分配系数2.14，闪点203℃。

主要用途 杀菌剂。用于小麦、大麦、棉花、蔬菜、花生防治锈病、黑粉病及苗期病害。也可作木材防腐剂。

包装与储运

安全储运 储存于阴凉、通风的库房。远离火种、热源。保持容器密封。应与强氧化剂、酸类等隔离储运。搬运时轻装轻卸，防止容器受损。

紧急处置信息

急救措施

吸入：迅速脱离现场至空气新鲜处。保持呼吸道通畅。如呼吸困难，给输氧。呼吸、心跳停止，立即进行心肺复苏术。就医。

眼睛接触：分开眼睑，用流动清水或生理盐水冲洗。如有不适感，就医。

皮肤接触：脱去污染的衣着，用大量流动清水冲洗。如有不适感，就医。

食入：饮足量温水，催吐。就医。

灭火方法 消防人员须佩戴防毒面具，穿全身消防服，在上风向灭火。尽可能将容器从火场移至空旷处。喷水保持火场容器冷却，直至灭火结束。

灭火剂：雾状水、泡沫、干粉、二氧化碳、砂土。

泄漏应急处置 隔离泄漏污染区，限制出入。建议应急处理人员戴防尘口罩，穿一般作业工作服，戴防护手套。尽可能切断泄漏源。用塑料布覆盖泄漏物，减少飞散。勿使水进入包装容器内。用洁净的铲子收集泄漏物，置于干净、干燥、盖子较松的容器中，将容器移离泄漏区。

711. 钨

标　识

中文名称 钨

英文名称 tungsten; wolfram

分子式 W

CAS 号 7440－33－7

危害信息

燃烧与爆炸危险性 可燃。其粉体与空气混合，能形成爆炸性混合物。燃烧产生有毒的氧化钨。

禁忌物 强氧化剂、卤素。

毒性 大鼠腹腔内 LD_{50}：5000mg/kg。

中毒表现 本品对眼睛和皮肤有刺激性。尚无关于单纯接触钨及其化合物引起尘肺的报道。

侵入途径 吸入、食入。

职业接触限值 中国：PC－TWA：5mg/m^3，PC－STEL：10mg/m^3。

美国(ACGIH)：TLV－TWA：5mg/m^3，TLV－STEL：10mg/m^3。

理化特性与用途

理化特性 钢灰色至锡白色粉末或薄片。不溶于水，溶于硝酸和氢氟酸的混合酸。熔点 3410℃，沸点 5660～5900℃，相对密度(水＝1)19.3(20℃/4℃)。

主要用途 用于制钨丝和制高速切削钢、特种钢等，也用于制电器元件和光学仪器。

包装与储运

安全储运 储存于阴凉、通风的库房。远离火种、热源。保持容器密封。应与氧化剂、卤素等隔离储运。搬运时轻装轻卸，防止容器受损。

紧急处置信息

急救措施

吸入：脱离现场至空气新鲜处。如呼吸困难，给输氧。就医。

眼睛接触：分开眼睑，用流动清水或生理盐水冲洗。如有不适感，就医。

皮肤接触：立即脱去污染的衣着，用肥皂水和清水彻底冲洗皮肤。如有不适感，就医。

食入：饮足量温水，催吐。就医。

灭火方法 消防人员须佩戴防毒面具，穿全身消防服，在上风向灭火。尽可能将容器从火场移至空旷处。喷水保持火场容器冷却，直至灭火结束。

灭火剂：干粉、砂土。

泄漏应急处置 隔离泄漏污染区，限制出入。建议应急处理人员戴防尘口罩，穿防毒服，戴防护手套。穿上适当的防护服前严禁接触破裂的容器和泄漏物。尽可能切断泄漏源。用塑料布覆盖泄漏物，减少飞散。勿使水进入包装容器内。用洁净的铲子收集泄漏物，置于干净、干燥、盖子较松的容器中，将容器移离泄漏区。

712. 五 氟 丙 醇

标 识

中文名称 五氟丙醇

712. 五氟丙醇

英文名称 2, 2, 3, 3, 3 – pentafluoropropanol；2, 2, 3, 3, 3 – pentafluoropropanol – 1

别名 2, 2, 3, 3, 3 – 五氟 – 1 – 丙醇

分子式 $C_3H_3F_5O$

CAS 号 422 – 05 – 9

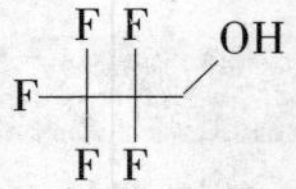

危害信息

燃烧与爆炸危险性 可燃。其蒸气与空气混合，能形成爆炸性混合物。受高热分解放出有毒的气体。若遇高热，容器内压增大，有开裂和爆炸的危险。

活性反应 与氧化剂可发生反应。

禁忌物 强氧化剂、酸酐、酰基氯。

毒性 大鼠经口 LD_{50}：2250mg/kg；小鼠经口 LD_{50}：1000mg/kg；小鼠吸入 LC_{50}：10000mg/m^3。

中毒表现 对人的刺激阈为 3000mg/m^3。本品对眼睛、皮肤、黏膜和上呼吸道有刺激作用。

侵入途径 吸入、食入、经皮吸收。

理化特性与用途

理化特性 无色至淡黄色液体，有醇的气味。溶于水。沸点 80 ~ 82℃，相对密度（水 = 1）1. 505，辛醇/水分配系数 1. 23。

主要用途 用于有机合成。

包装与储运

安全储运 储存于阴凉、通风的库房。远离火种、热源。保持容器密封。应与氧化剂、酸酐、酰基氯等隔离储运。搬运时轻装轻卸，防止容器受损。

紧急处置信息

急救措施

吸入：迅速脱离现场至空气新鲜处。保持呼吸道通畅。如呼吸困难，给输氧。呼吸、心跳停止，立即进行心肺复苏术。就医。

眼睛接触：分开眼睑，用流动清水或生理盐水冲洗。如有不适感，就医。

皮肤接触：脱去污染的衣着，用大量流动清水冲洗。如有不适感，就医。

食入：饮足量温水，催吐。就医。

灭火方法 消防人员须佩戴防毒面具，穿全身消防服，在上风向灭火。尽可能将容器从火场移至空旷处。喷水保持火场容器冷却，直至灭火结束。处在火场中的容器若已变色或从安全泄压装置中发出声音，必须马上撤离。

灭火剂：雾状水、泡沫、干粉、二氧化碳、砂土。

泄漏应急处置 根据液体流动和蒸气扩散的影响区域划定警戒区，无关人员从侧风、上风向撤离至安全区。消除所有点火源。建议应急处理人员戴正压自给式呼吸器，穿一般作业工作服，戴防护手套。尽可能切断泄漏源。防止泄漏物进入水体、下水道、地下室或受限空间。小量泄漏：用干燥的砂土或其他不燃材料吸收或覆骨，收集于容器中。大量泄漏：构筑围堤或挖坑收容。用泵转移至槽车或专用收集器内。

713. 五氟化铋

标识

中文名称 五氟化铋
英文名称 bismuth pentafluoride
分子式 BiF_5
CAS 号 7787－62－4
WGH 号 61513

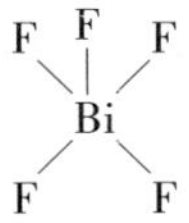

危害信息

危险性类别 第6类有毒品。

燃烧与爆炸危险性 不燃，无特殊燃爆特性。受高热分解，放出高毒的氟化物烟气。

活性反应 遇水发生剧烈反应，产生剧毒的腐蚀性的氟化氢气体。与酸反应，放出大量热和臭氧。50℃以上能和液体石蜡发生剧烈反应。塑高热分解，放出高毒的氟化物烟气。

禁忌物 水、酸类。

中毒表现 本品有刺激性。

侵入途径 吸入、食入。

职业接触限值 中国：PC－TWA：2mg/m^3[按氟计]。

美国(ACGIH)：TLV－TWA：2.5mg/m^3[按氟计]。

理化特性与用途

理化特性 无色或白色针状结晶，有吸湿性，在潮湿的空气中立即变成黄褐色。与水反应。熔点154℃，沸点230℃，相对密度(水＝1)5.55（20℃）。

主要用途 用作氟化剂。

包装与储运

包装标志 有毒品

包装类别 Ⅲ类

安全储运 储存于阴凉、通风的库房。库温不宜超过32℃，相对湿度不超过82%。远离火种、热源。防止阳光直射。保持容器密封。防止受潮。应与酸类等分开存放，切忌混储。储区应备有泄漏应急处理设备。

紧急处置信息

急救措施

吸入：迅速脱离现场至空气新鲜处。保持呼吸道通畅。如呼吸困难，给输氧。呼吸、心跳停止，立即进行心肺复苏术。就医。

眼睛接触：立即分开眼睑，用流动清水或生理盐水彻底冲洗。如有不适感，就医。

皮肤接触：立即脱去污染的衣着，用大量流动清水冲洗。如有不适感，就医。

食入：用水漱口，给饮牛奶或蛋清。就医。

灭火方法 消防人员必须戴自给式呼吸器，穿全身防火防毒服，在上风向灭火。灭火时尽可能将容器从火场移至空旷处。禁止用水、泡沫和酸碱灭火剂灭火。本品不燃。根据着火原因选择适当灭火剂灭火。

泄漏应急处置　隔离泄漏污染区，限制出入。建议应急处理人员戴防尘口罩，穿防毒服，戴防毒物渗透手套。穿上适当的防护服前严禁接触破裂的容器和泄漏物。尽可能切断泄漏源。用塑料布覆盖泄漏物，减少飞散。勿使水进入包装容器内。用洁净的铲子收集泄漏物，置于干净、干燥、盖子较松的容器中，将容器移离泄漏区。

714. 五氟化碘

标　识

中文名称　五氟化碘

英文名称　iodine pentafluoride；iodine fluoride

分子式　IF_5

CAS 号　7783-66-6

WGH 号　51014

UN 号　2495

危害信息

危险性类别　第 5.1 类氧化剂。

燃烧与爆炸危险性　助燃。遇水剧烈反应。

活性反应　与易燃物、有机物接触易着火燃烧。与水发生强烈反应，放出剧毒的腐蚀性烟雾。

禁忌物　水、易燃或可燃物。

毒性　大鼠经口 LD_{50}：146mg/kg；小鼠经口 LD_{50}：63mg/kg；兔经皮 LD_{50}：330mg/kg；大鼠吸入 LC_{50}：890mg/m^3；小鼠吸入 LC_{50}：760mg/m^3。

中毒表现　对皮肤、眼睛和黏膜有强烈的刺激性和腐蚀性，与水或潮湿空气剧烈反应，放出剧毒和腐蚀性烟雾，吸入会中毒。

侵入途径　吸入、食入、经皮吸收。

职业接触限值　中国：PC-TWA：2mg/m^3[按氟计]。

美国(ACGIH)：TLV-TWA：2.5mg/m^3[按氟计]。

理化特性与用途

理化特性　无色发烟液体，有轻微刺激性气味。遇水分解。熔点 9.43℃，沸点 100.5℃，分解温度>400℃，相对密度(水=1)3.2，饱和蒸气压 2.93kPa(22℃)。

主要用途　用作氟化剂、燃烧剂和中间体。

包装与储运

包装标志　氧化剂，有毒品，腐蚀品

包装类别　Ⅰ类

安全储运　储存于阴凉、干燥、通风良好的库房。库温不超过 30℃。相对湿度不超过 75%。远离火种、热源。防止阳光直射。保持容器密封。防止受潮。应与易(可)燃物、酸类、硫等分开存放，切忌混储。储区应备有泄漏应急处理设备和合适的收容材料。

紧急处置信息

急救措施

吸入：迅速脱离现场至空气新鲜处。保持呼吸道通畅。如呼吸困难，给输氧。呼吸、心跳停止，立即进行心肺复苏术。就医。

眼睛接触：立即分开眼睑，用大量流动清水或生理盐水彻底冲洗 10～15min。就医。

皮肤接触：立即脱去污染的衣着，用大量流动清水冲洗 20～30min。就医。

食入：用水漱口，给饮牛奶或蛋清。就医。

灭火方法 消防人员必须戴自给式呼吸器，穿全身防火防毒服，在上风向灭火。灭火时尽可能将容器从火场移至空旷处。禁止用水、泡沫和酸碱灭火剂灭火。本品不燃。根据着火原因选择适当灭火剂灭火。

泄漏应急处置 根据液体流动和蒸气扩散的影响区域划定警戒区，无关人员从侧风、上风向撤离至安全区。建议应急处理人员戴正压自给式呼吸器，穿防腐蚀、防毒服，戴防腐蚀、防毒物手套。穿上适当的防护服前严禁接触破裂的容器和泄漏物。尽可能切断泄漏源。喷雾状水抑制蒸气或改变蒸气云流向，避免水流接触泄漏物。严禁用水处理。防止泄漏物进入水体、下水道、地下室或受限空间。小量泄漏：用干燥的砂土或其他不燃材料覆盖泄漏物。大量泄漏：用碎石灰石（$CaCO_3$）、苏打灰（Na_2CO_3）或石灰（CaO）中和。在专家指导下清除。

715. 五 氟 化 磷

标　识

中文名称 五氟化磷

英文名称 phosphorus pentafluoride；pentafluorophosphorane

别名 氟化磷

分子式 F_5P

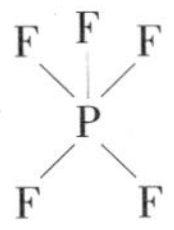

CAS 号 7647－19－0

WGH 号 23022

UN 号 2198

危害信息

危险性类别 第 2.3 类有毒气体。

燃烧与爆炸危险性 不燃，无特殊燃爆特性。遇水剧烈反应，产生剧毒的腐蚀性气体。在潮湿空气中，产生白色有腐蚀性和刺激性的氟化氢烟雾。

活性反应 在潮湿空气中产生白色有腐蚀性和刺激性的氟化氢烟雾。在水中分解放出剧毒的腐蚀性气体。遇碱分解。

禁忌物 强碱、水。

中毒表现 本品遇水分解为磷酸和磷化氢，对皮肤、眼睛、黏膜有强烈刺激作用 。吸入后可引起呼吸道炎症，严重者出现肺水肿。

侵入途径 吸入。

职业接触限值 中国：PC－TWA：2mg/m^3[按氟计]。

美国（ACGIH）：TLV－TWA：2.5mg/m^3（F）。

理化特性与用途

理化特性 无色气体，有令人不愉快的气味，在潮湿的空气中剧烈发烟。熔点 −93.8℃，沸点 −84.6℃，密度 5.805g/L(气体)，相对蒸气密度(空气 = 1)4.46，饱和蒸气压 133kPa(20℃)，临界温度 >25℃。

主要用途 用于电子工业，并用作聚合反应催化剂。

包装与储运

包装标志 有毒气体，腐蚀品

安全储运 储存于阴凉、通风的有毒气体专用库房。库温不宜超过 30℃。远离火种、热源。应与碱类等分开存放，切忌混储。储区应备有泄漏应急处理设备。搬运时轻装轻卸，须戴好钢瓶安全帽和防震橡皮圈，防止钢瓶撞击。

紧急处置信息

急救措施

吸入：迅速脱离现场至空气新鲜处。保持呼吸道通畅。如呼吸困难，给输氧。呼吸、心跳停止，立即进行心肺复苏术。就医。

眼睛接触：分开眼睑，用流动清水或生理盐水冲洗。如有不适感，就医。

皮肤接触：用大量流动清水冲洗。如有不适感，就医。

食入：不会通过该途径接触。

灭火方法 切断气源。消防人员须佩带防毒面具，穿全身消防服，在上风向灭火。喷水保持火场容器冷却，直至灭火结束。火场中有大量本品泄露时，禁用水、泡沫和酸碱灭火剂。

灭火剂：干粉、二氧化碳。

泄漏应急处置 根据气体扩散的影响区域划定警戒区，无关人员从侧风、上风向撤离至安全区。建议应急处理人员穿内置正压自给式呼吸器的全封闭防化服。禁止接触或跨越泄漏物。尽可能切断泄漏源。防止气体通过下水道、通风系统和受限空间扩散。喷雾状水抑制蒸气或改变蒸气云流向，避免水流接触泄漏物。禁止用水直接冲击泄漏物或泄漏源。隔离泄漏区直至气体散尽。

716. 五 氟 化 硫

标　识

中文名称 五氟化硫

英文名称 disulphur decafluoride；sulfur pentafluoride

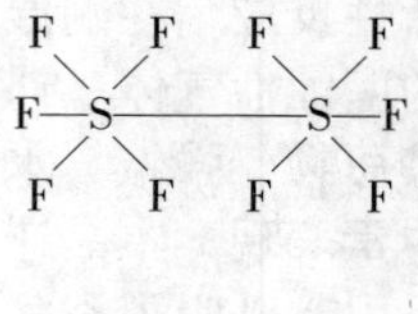

别名 十氟化二硫

分子式 S_2F_{10}

CAS 号 5714－22－7

危害信息

燃烧与爆炸危险性 不燃，无特殊燃爆特性。遇水产生有毒气体。受高热分解，放出高毒的氟化物烟气。

禁忌物 水。

毒性 兔静脉 LD_{50}：5.79mg/kg。

侵入途径 吸入、食入

职业接触限值

中国：PC－TWA：2mg/m^3[按氟计]。

美国(ACGIH)：TLV－C：0.1mg/m^3。

理化特性与用途

理化特性 无色挥发性液体或气体，有轻微的类似二氧化硫的气味。不溶于水。熔点－92℃，沸点29℃，相对密度(水＝1)2.08，相对蒸气密度(空气＝1)8.77，饱和蒸气压74.8kPa(20℃)，辛醇/水分配系数3.06。

主要用途 用作氟化剂。

包装与储运

安全储运 储存于阴凉、干燥、通风的库房。保持容器密封。防止受潮。远离火种、热源。搬运时轻装轻卸，防止容器受损。

紧急处置信息

急救措施

吸入：迅速脱离现场至空气新鲜处。保持呼吸道通畅。如呼吸困难，给输氧。呼吸、心跳停止，立即进行心肺复苏术。就医。

眼睛接触：立即分开眼睑，用流动清水或生理盐水彻底冲洗。如有不适感，就医。

皮肤接触：立即脱去污染的衣着，用大量流动清水冲洗。如有不适感，就医。

食入：饮足量温水，催吐。就医。

灭火方法 消防人员须佩戴防毒面具，穿全身消防服，在上风向灭火。尽可能将容器从火场移至空旷处。喷水保持火场容器冷却，直至灭火结束。禁止用水、泡沫和酸碱灭火剂灭火。灭火时尽量切断泄漏源，然后根据着火原因选择适当灭火剂灭火。

泄漏应急处置 根据液体流动和蒸气扩散的影响区域划定警戒区，无关人员从侧风、上风向撤离至安全区。建议应急处理人员戴正压自给式呼吸器，穿防毒服，戴防护手套。穿上适当的防护服前严禁接触破裂的容器和泄漏物。尽可能切断泄漏源。防止泄漏物进入水体、下水道、地下室或受限空间。小量泄漏：用干燥的砂土或其他不燃材料吸收或覆盖，收集于容器中。大量泄漏：构筑围堤或挖坑收容。用泵转移至槽车或专用收集器内。

717. 五氟化氯

标　识

中文名称 五氟化氯

英文名称 chlorine pentafluoride；chlorine fluoride

分子式 ClF_5

CAS号 13637－63－3

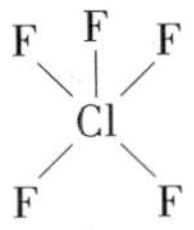

WGH 号 23021
UN 号 2548

危害信息

危险性类别 第 2.3 类有毒气体。

燃烧与爆炸危险性 助燃。与可燃物接触易着火燃烧。遇水剧烈反应。遇高热分解释出高毒烟气。遇潮时对大多数金属有腐蚀性。

活性反应 与水、硝酸、金属接触发生强烈反应。

禁忌物 易燃或可燃物、水、硝酸、金属。

毒性 大鼠吸入 LC_{50}：122ppm(1h)。小鼠吸入 LC_{50}：57ppm(1h)。

本品已列入《剧毒化学品目录》。

中毒表现 本品对眼睛、鼻和黏膜有强烈刺激和腐蚀作用。

侵入途径 吸入。

职业接触限值

中国：PC－TWA：2mg/m^3[按氟计]。

美国(ACGIH)：TLV－TWA：2.5mg/m^3[按氟计]。

理化特性与用途

理化特性 无色气体，有刺激性气味，遇潮气产生白色腐蚀性烟雾。遇水迅速水解。熔点 −95℃，沸点 −13℃，相对密度(水＝1)1.9，相对蒸气密度(空气＝1)4.5，饱和蒸气压 340kPa(20℃)，临界温度 143℃。

主要用途 用作氟化剂、助燃剂，用于制备氟化物。

包装与储运

包装标志 有毒气体，氧化剂，腐蚀品。

安全储运 储存于阴凉、干燥、通风的有毒气体专用库房。应严格执行剧毒化学品管理制度。库温不宜超过 30℃，相对湿度不超过 75%。远离火种、热源。防止阳光直射。保持容器密封。应与易(可)燃物、酸类等分开存放，切忌混储。储区应备有泄漏应急处理设备。

紧急处置信息

急救措施

吸入：迅速脱离现场至空气新鲜处。保持呼吸道通畅。如呼吸困难，给输氧。呼吸、心跳停止，立即进行心肺复苏术。就医。

眼睛接触：立即分开眼睑，用流动清水或生理盐水彻底冲洗。就医。

皮肤接触：立即脱去污染的衣着，用流动清水冲洗。如有不适感，就医。

食入：不会通过该途径接触。

灭火方法 消防人员必须佩戴空气呼吸器，穿全身防火防毒服，在上风向灭火。迅速切断气源，用水喷淋保护切断气源的人员，然后根据着火原因选择适当灭火剂灭火。尽可能将容器从火场移至空旷处。喷水保持火场容器冷却，直至灭火结束。禁止用水、泡沫和酸碱灭火剂灭火。

泄漏应急处置 根据气体扩散的影响区域划定警戒区，无关人员从侧风、上风向撤离至安全区。建议应急处理人员穿内置正压自给式呼吸器的全封闭防化服。禁止接触或跨越泄漏物。勿使泄漏物与可燃物质(如木材、纸、油等)接触。尽可能切断泄漏源。严禁用水处理。防止气体通过下水道、通风系统和受限空间扩散。隔离泄漏区直至气体散尽。泄漏场所保持通风。

718. 五 氟 化 溴

标　识

中文名称　五氟化溴

英文名称　bromine pentafluoride；bromine fluoride

别名　氟化溴

分子式　BrF_5

CAS 号　7789－30－2

WGH 号　51013

UN 号　1745

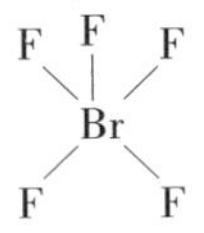

危害信息

危险性类别　第 5.1 类氧化剂。

燃烧与爆炸危险性　助燃。遇水剧烈反应。遇高热分解释出高毒烟气。具有强腐蚀性。

活性反应　与许多有机物、某些无机物发生强烈反应。与含氢物(如乙酸、乙醇、氢、甲烷、石蜡、氯甲烷等)接触发生爆炸或燃烧。与酸、卤素、非金属、金属卤化物、金属、氧、水发生强烈反应，并引起燃烧。

禁忌物　水、酸类、水蒸气、易燃或可燃物、卤素、卤化物、氧、含氢物(如乙酸、乙醇、氢、甲烷、石蜡、氯甲烷等)。

中毒表现　本品是强腐蚀性毒物。接触眼睛和皮肤引起严重灼伤，吸入引起黏膜严重灼伤，摄入严重灼伤口腔。短时间高浓度的吸入，引起类似光气损害的严重肺损伤；低浓度引起眼流泪和呼吸困难。

侵入途径　吸入、食入。

职业接触限值

中国：PC－TWA：$2mg/m^3$[按氟计]。

美国(ACGIH)：TLV－TWA：0.1ppm。

理化特性与用途

理化特性　无色至淡黄色发烟液体，有强烈的刺激性气味。与水发生剧烈反应。熔点－61℃，沸点 41℃，相对密度(水＝1)2.5，相对蒸气密度(空气＝1)6.1，饱和蒸气压 44kPa(20℃)，临界温度 197℃。

主要用途　用作氟化反应试剂和火箭推进剂的氧化剂，用于有机合成。

包装与储运

包装标志　氧化剂，有毒品，腐蚀品。

安全储运　储存于阴凉、干燥、通风的库房。库温不宜超过 30℃，相对湿度不超过 75%。远离火种、热源。防止阳光直射。保持容器密封。应与易(可)燃物、酸类等分开存放，切忌混储。储区应备有泄漏应急处理设备。

紧急处置信息

急救措施

吸入： 迅速脱离现场至空气新鲜处。保持呼吸道通畅。如呼吸困难，给输氧。呼吸、心跳停止，立即进行心肺复苏术。就医。

眼睛接触： 立即分开眼睑，用大量流动清水或生理盐水彻底冲洗 10 ~ 15min。就医。

皮肤接触： 立即脱去污染的衣着，用大量流动清水彻底冲洗，冲洗时间一般要求 20 ~ 30min。就医。

食入： 用水漱口，禁止催吐。给饮牛奶或蛋清。就医。

灭火方法　消防人员必须戴自给式呼吸器，穿全身防火防毒服，在上风向灭火。灭火时尽可能将容器从火场移至空旷处。禁止用水、泡沫和酸碱灭火剂灭火。本品不燃。根据着火原因选择适当灭火剂灭火。

泄漏应急处置　根据液体流动和蒸气扩散的影响区域划定警戒区，无关人员从侧风、上风向撤离至安全区。建议应急处理人员戴正压自给式呼吸器，穿防腐蚀、防毒服，戴防腐蚀、防毒手套。穿上适当的防护服前严禁接触破裂的容器和泄漏物。尽可能切断泄漏源。喷雾状水抑制蒸气或改变蒸气云流向，避免水流接触泄漏物。严禁用水处理。防止泄漏物进入水体、下水道、地下室或受限空间。小量泄漏：用干燥的砂土或其他不燃材料覆盖泄漏物。大量泄漏：用碎石灰石($CaCO_3$)、苏打灰(Na_2CO_3)或石灰(CaO)中和。在专家指导下清除。

719. 五　甲　苯

标　识

中文名称　五甲苯

英文名称　1, 2, 3, 4, 5 - pentamethylbenzene; pentamethylbenzene

别名　1, 2, 3, 4, 5 - 五甲基苯

分子式　$C_{11}H_{16}$

CAS 号　700 - 12 - 9

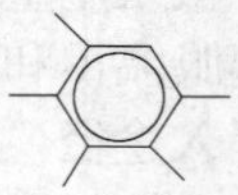

危害信息

燃烧与爆炸危险性　可燃。其粉体与空气混合，能形成爆炸性混合物。受高热分解放出有毒的气体。

禁忌物　强氧化剂、酸类、卤素等。

侵入途径　吸入、食入、经皮吸收。

环境危害　对水生生物有毒，可能在水生环境中造成长期不利影响。

理化特性与用途

理化特性　白色结晶粉末。不溶于水，易溶于乙醇、苯。熔点 49 ~ 52℃，沸点 231℃，相对密度(水 = 1)0.917(25℃)，饱和蒸气压 4.63Pa(20℃)，燃烧热 - 6471kJ/mol，辛醇/水分配系数 4.56，闪点 91℃。

主要用途　用作杀菌剂。

包装与储运

安全储运 储存于阴凉、通风的库房。远离火种、热源。防止阳光直射。包装密封。应与氧化剂、酸类等分开存放，切忌混储。配备相应品种和数量的消防器材。储区应备有合适的材料收容泄漏物。

紧急处置信息

急救措施

吸入：迅速脱离现场至空气新鲜处。保持呼吸道通畅。如呼吸困难，给输氧。呼吸、心跳停止，立即进行心肺复苏术。就医。

眼睛接触：分开眼睑，用流动清水或生理盐水冲洗。如有不适感，就医。

皮肤接触：脱去污染的衣着，用大量流动清水冲洗。如有不适感，就医。

食入：饮足量温水，催吐。就医。

灭火方法 消防人员须佩戴防毒面具，穿全身消防服，在上风向灭火。尽可能将容器从火场移至空旷处。喷水保持火场容器冷却，直至灭火结束。

灭火剂：雾状水、泡沫、干粉、二氧化碳、砂土。

泄漏应急处置 隔离泄漏污染区，限制出入。消除所有点火源。建议应急处理人员戴防尘口罩，穿防毒服，戴防护手套。穿上适当的防护服前严禁接触破裂的容器和泄漏物。尽可能切断泄漏源。用塑料布覆盖泄漏物，减少飞散。勿使水进入包装容器内。用洁净的铲子收集泄漏物，置于干净、干燥、盖子较松的容器中，将容器移离泄漏区。

720. 五硫化锑

标识

中文名称 五硫化锑

英文名称 antimony pentasulfide; diantimony pentasulphide

别名 五硫化二锑

分子式 Sb_2S_5

CAS 号 1315－04－4

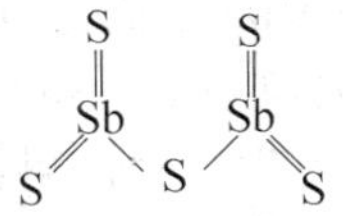

危害信息

危险性类别 第 4.1 类易燃固体。

燃烧与爆炸危险性 与氧化性物质混合会发生爆炸。急剧加热可能导致爆炸。燃烧产生有毒的氧化硫、硫化氢和氧化锑气体。

活性反应 与氧化剂接触，有引起燃烧爆炸的危险。急剧加热时可发生爆炸。

禁忌物 氧化剂、酸类、水。

毒性 大鼠腹腔内 LD_{50}：1500mg/kg。

中毒表现 接触锑及其化合物可致眼结膜和呼吸道刺激，发生支气管炎，较重者出现胸痛、呼吸困难。口服中毒有急性胃肠炎，肝脏、肾脏和心肌损害。

慢性影响表现为长期接触锑化合物粉尘可致鼻炎、鼻中隔穿孔、支气管炎、口腔炎、消化功能障碍等。锑化合物可致皮肤损害。

侵入途径 吸入、食入。

职业接触限值

中国：PC－TWA：0.5mg/m^3[按锑计]。

美国(ACGIH)：TLV－TWA：0.5mg/m^3[按锑计]。

环境危害　对水生生物有极高毒性，可能在水生环境中造成长期不利影响。

理化特性与用途

理化特性　深橙黄色粉末。不溶于水，不溶于乙醇，溶于碱、盐酸。熔点75℃(分解)，相对密度(水＝1)4.12。

主要用途　用于制颜料、烟火、火柴和硫化橡胶等。

包装与储运

包装标志　易燃固体

包装类别　Ⅱ类

安全储运　储存于阴凉、干燥、通风的库房。远离火种、热源。储存温度不超过35℃。保持容器密封。应与氧化剂、酸类等分开存放，切忌混储。采用防爆型照明、通风设施。禁止使用易产生火花的机械设备和工具。储区应备有合适的材料收容泄漏物。

紧急处置信息

急救措施

吸入：迅速脱离现场至空气新鲜处。保持呼吸道通畅。如呼吸困难，给输氧。呼吸、心跳停止，立即进行心肺复苏术。就医。

眼睛接触：分开眼睑，用流动清水或生理盐水冲洗。如有不适感，就医。

皮肤接触：脱去污染的衣着，用大量流动清水冲洗。如有不适感，就医。

食入：饮足量温水，催吐。就医。

灭火方法　消防人员须佩戴防毒面具，穿全身消防服，在上风向灭火。尽可能将容器从火场移至空旷处。喷水保持火场容器冷却，直至灭火结束。

灭火剂：雾状水、泡沫、干粉、二氧化碳、砂土。

泄漏应急处置　隔离泄漏污染区，限制出入。消除所有点火源。建议应急处理人员戴防尘口罩，穿防毒、防静电服，戴橡胶手套。禁止接触或跨越泄漏物。小量泄漏：用洁净的铲子收集泄漏物，置于干净、干燥、盖子较松的容器中，将容器移离泄漏区。大量泄漏：用水润湿，并筑堤收容。防止泄漏物进入水体、下水道、地下室或受限空间。

721. 五氯吡啶

标　识

中文名称　五氯吡啶

英文名称　pentachloropyridine；2, 3, 4, 5, 6－pentachloropyridine

别名　2, 3, 4, 5, 6－五氯吡啶

分子式　C_5Cl_5N

CAS 号　2176－62－7

危害信息

燃烧与爆炸危险性 可燃。其粉体与空气混合，能形成爆炸性混合物。受高热分解放出有毒的气体。

禁忌物 强氧化剂、强碱。

毒性 大鼠经口 LD_{50}：435mg/kg。

侵入途径 吸入、食入。

环境危害 对环境有对水生生物有极高毒性，可能在水生环境中造成长期不利影响。

理化特性与用途

理化特性 白色或米色小片状固体。不溶于水，溶于乙醇、苯、石油醚。熔点 124～126℃，沸点 280℃，相对蒸气密度(空气＝1)8.4，饱和蒸气压 1.3Pa(20℃)，辛醇/水分配系数 3.53。

主要用途 农药中间体，用于制杀虫剂、除草剂、杀菌剂等。

包装与储运

安全储运 储存于阴凉、通风的库房。远离火种、热源。保持容器密封。应与强氧化剂等隔离储运。搬运时轻装轻卸，防止容器受损。

紧急处置信息

急救措施

吸入：迅速脱离现场至空气新鲜处。保持呼吸道通畅。如呼吸困难，给输氧。呼吸、心跳停止，立即进行心肺复苏术。就医。

眼睛接触：分开眼睑，用流动清水或生理盐水冲洗。如有不适感，就医。

皮肤接触：脱去污染的衣着，用大量流动清水冲洗。如有不适感，就医。

食入：饮足量温水，催吐。就医。

灭火方法 消防人员须佩戴防毒面具，穿全身消防服，在上风向灭火。尽可能将容器从火场移至空旷处。喷水保持火场容器冷却，直至灭火结束。

灭火剂：雾状水、泡沫、干粉、二氧化碳、砂土。

泄漏应急处置 隔离泄漏污染区，限制出入。消除所有点火源。建议应急处理人员戴防尘口罩，穿一般作业工作服，戴防护手套。尽可能切断泄漏源。用塑料布覆盖泄漏物，减少飞散。勿使水进入包装容器内。用洁净的铲子收集泄漏物，置于干净、干燥、盖子较松的容器中，将容器移离泄漏区。

722. 1,1,2,2,3－五氯丙烷

标　识

中文名称 1,1,2,2,3－五氯丙烷

英文名称 1,1,2,2,3－pentachloropropane

别名 五氯丙烷

分子式 $C_3H_3Cl_5$

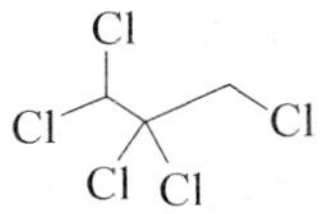

CAS 号　16714 - 68 - 4

危害信息

燃烧与爆炸危险性　不燃，无特殊燃爆特性。受高热分解产生有毒的腐蚀性烟气。

禁忌物　强氧化剂、强碱、钾、钠。

毒性　大鼠经口 LD_{50}：819mg/kg；小鼠经口 LD_{50}：551mg/kg；兔经口 LD_{50}：500mg/kg。

中毒表现　能严重损害肝脏。动物急性毒性试验导致不安、胆怯、共济失调、后肢瘫痪，并在呼吸障碍的情况下死亡。

侵入途径　吸入、食入、经皮吸收。

理化特性与用途

理化特性　无色透明液体，有氯仿气味。不溶于水，易溶于乙醚，混溶于多数有机溶剂。沸点 191 ~ 191.5℃，相对密度（水 = 1）1.63。

主要用途　用作防治农作物害虫的有效薰蒸剂。

包装与储运

安全储运　储存于阴凉、通风的库房。远离火种、热源。保持容器密封。应与强氧化剂、碱类、食用化学品等隔离储运。搬运时轻装轻卸，防止容器受损。

紧急处置信息

急救措施

吸入： 脱离现场至空气新鲜处。就医。

眼睛接触： 分开眼睑，用流动清水或生理盐水冲洗。如有不适感，就医。

皮肤接触： 脱去污染的衣着，用肥皂水和清水彻底冲洗皮肤。如有不适感，就医。

食入： 饮足量温水，催吐。就医。

灭火方法　消防人员须佩戴防毒面具，穿全身消防服，在上风向灭火。尽可能将容器从火场移至空旷处。喷水保持火场容器冷却，直至灭火结束。本品不燃，根据着火原因选择适当灭火剂灭火。

泄漏应急处置　根据液体流动和蒸气扩散的影响区域划定警戒区，无关人员从侧风、上风向撤离至安全区。建议应急处理人员戴防毒面具，穿防毒服，戴防护手套。穿上适当的防护服前严禁接触破裂的容器和泄漏物。尽可能切断泄漏源。防止泄漏物进入水体、下水道、地下室或受限空间。小量泄漏：用干燥的砂土或其他不燃材料吸收或覆盖，收集于容器中。大量泄漏：构筑围堤或挖坑收容。用泵转移至槽车或专用收集器内。

723. 五氯化磷

标　识

中文名称　五氯化磷

英文名称　phosphorus pentachloride；pentachlorophosphorane

别名　氯化磷

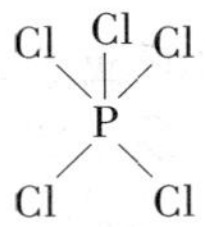

分子式 PCl_5

CAS 号 10026－13－8

WGH 号 81042

UN 号 1806

危害信息

危险性类别 第 8 类腐蚀品。

燃烧与爆炸危险性 不燃，无特殊燃爆特性。遇水剧烈反应，产生有毒气体。与可燃物接触易着火燃烧。具有较强的腐蚀性。

活性反应 与易燃物（如苯）和可燃物（如糖、纤维素等）接触会发生剧烈反应，甚至引起燃烧。

禁忌物 醇类、水、活性金属粉末、铝、碱金属、酸类、易燃物和可燃物。

毒性 大鼠经口 LD_{50}：660mg/kg。大鼠吸入 LC_{50}：205mg/m^3。

中毒表现 其蒸气和烟尘可引起眼结膜刺激症状。刺激咽喉引起灼痛、失音或吞咽困难。可引起支气管炎，严重者发生肺炎、肺水肿，喉头水肿可致窒息。眼和皮肤接触可致灼伤。

慢性影响表现为长期低浓度接触可引起眼及呼吸道刺激症状。可引起磷毒性口腔病。

侵入途径 吸入、食入。

职业接触限值 美国（ACGIH）：TLV－TWA：0.1ppm。

理化特性与用途

理化特性 白色至黄色发烟晶体，有刺激性气味。溶于水（分解），溶于四氯化碳、二硫化碳、苯。pH 值 1（5g/L，20℃），升华点 100℃，相对密度（水＝1）1.6，相对蒸气密度（空气＝1）7.2，饱和蒸气压 133Pa（55.5℃），临界温度 372℃。

主要用途 有机合成中用作氯化剂，催化剂、脱水剂，用于生产医药、染料、化学纤维，也是生产氯化磷腈、磷酰氯的原料。

包装与储运

包装标志 腐蚀品

包装类别 Ⅱ类

安全储运 储存于阴凉、干燥、通风良好的库房。远离火种、热源。库温不超过 30℃。相对湿度不超过 75%。包装必须密封，切勿受潮。应与酸类、醇类、活性金属粉末、碱金属、食用化学品分开存放，切忌混储。储区应备有合适的材料收容泄漏物。

紧急处置信息

急救措施

吸入： 迅速脱离现场至空气新鲜处。保持呼吸道通畅。如呼吸困难，给输氧。呼吸、心跳停止，立即进行心肺复苏术。就医。

眼睛接触： 立即分开眼睑，用大量流动清水或生理盐水彻底冲洗 10～15min。就医。

皮肤接触： 立即脱去污染的衣着，用大量流动清水彻底冲洗，冲洗时间一般要求 20～30min。就医。

食入： 用水漱口，禁止催吐。给饮牛奶或蛋清。就医。

灭火方法 消防人员须佩戴防毒面具，穿全身消防服，在上风向灭火。尽可能将容器从火场移至空旷处。喷水保持火场容器冷却，直至灭火结束。禁止用水和泡沫灭火。

灭火剂：干粉、二氧化碳、干燥砂土。

泄漏应急处置 隔离泄漏污染区，限制出入。建议应急处理人员戴防尘口罩，穿耐酸碱防护服，戴橡胶耐酸碱手套。穿上适当的防护服前严禁接触破裂的容器和泄漏物。尽可能切断泄漏源。勿使泄漏物与可燃物质（如木材、纸、油等）接触。小量泄漏：用干燥的砂土或其他不燃材料覆盖泄漏物，用洁净的无火花工具收集泄漏物，置于一盖子较松的塑料容器中，待处置。大量泄漏：用塑料布覆盖泄漏物，减少飞散，避免雨淋。

724. 五氯化钼

标识

中文名称 五氯化钼

英文名称 molybdenum pentachloride; molybdenum(V) chloride

别名 氯化钼

分子式 $MoCl_5$

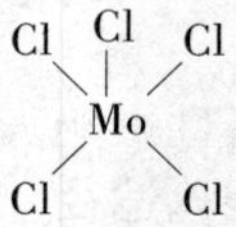

CAS 号 10241－05－1

WGH 号 81514

UN 号 2508

危害信息

危险性类别 第8类腐蚀品。

燃烧与爆炸危险性 不燃，无特殊燃爆特性。与水发生剧烈反应，放出近似白色烟雾状有毒和腐蚀性的氯化氢气体。潮湿时会腐蚀金属。

活性反应 与水发生剧烈反应，放出近似白色烟雾状有毒和腐蚀性的氯化氢气体。

禁忌物 强氧化剂、水。

毒性 大鼠经口 TDL_0：1800mg/kg。

中毒表现 本品对眼睛、皮肤、黏膜有腐蚀性刺激作用。

侵入途径 吸入、食入。

职业接触限值

中国：PC－TWA：4mg/m^3[按钼计]。

美国(ACGIH)：TLV－TWA：0.5mg/m^3[按钼计]。

理化特性与用途

理化特性 暗绿色或灰黑色针状结晶，有潮解性。溶于酸。熔点194℃，沸点268℃，相对密度(水＝1)(水＝1)2.93，相对蒸气密度(空气＝1)9.41，饱和蒸气压0.23kPa(25℃)。

主要用途 用作氯化触媒、耐火树脂的组分，用于制备有机金属化合物，如六羰基钼。

包装与储运

包装标志 腐蚀品

包装类别 Ⅲ类

安全储运 储存于阴凉、干燥、通风良好的库房。远离火种、热源。库温不超过30℃。相对湿度不超过75%。包装必须完整密封，防止吸潮。应与氧化剂等分开存放，切忌混储。

储区应备有合适的材料收容泄漏物。

紧急处置信息

急救措施

吸入：迅速脱离现场至空气新鲜处。保持呼吸道通畅。如呼吸困难，给输氧。呼吸、心跳停止，立即进行心肺复苏术。就医。

眼睛接触：立即分开眼睑，用大量流动清水或生理盐水彻底冲洗 10～15min。就医。

皮肤接触：立即脱去污染的衣着，用大量流动清水彻底冲洗，冲洗时间一般要求 20～30min。就医。

食入：用水漱口，禁止催吐。给饮牛奶或蛋清。就医。

灭火方法 消防人员须佩戴防毒面具，穿全身消防服，在上风向灭火。尽可能将容器从火场移至空旷处。喷水保持火场容器冷却，直至灭火结束。禁止用水和泡沫灭火

灭火剂：二氧化碳、砂土。

泄漏应急处置 隔离泄漏污染区，限制出入。建议应急处理人员戴防尘口罩，穿防毒、防腐蚀服，戴橡胶手套。作业时使用的所有设备应接地。穿上适当的防护服前严禁接触破裂的容器和泄漏物。尽可能切断泄漏源。用干燥的砂土或其他不燃材料覆盖泄漏物，然后用塑料布覆盖，减少飞散、避免雨淋。用洁净的铲子收集泄漏物，置于干净、干燥、盖子较松的容器中，将容器移离泄漏区。

725. 五氯化锑

标　识

中文名称 五氯化锑

英文名称 antimony pentachloride; antimony(V) chloride

分子式 $SbCl_5$

CAS 号 7647－18－9

WGH 号 81047

UN 号 1730

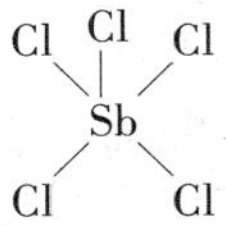

危害信息

危险性类别 第 8 类腐蚀品。

燃烧与爆炸危险性 不燃，无特殊燃爆特性。受热或遇水分解放热，放出有毒的腐蚀性烟气。对很多金属尤其是潮湿空气存在下有腐蚀性。

禁忌物 水、醇类、碱类。

毒性 大鼠经口 LD_{50}：1115mg/kg；大鼠吸入 LC_{50}：720mg/m^3(2h)。

中毒表现 对眼睛、皮肤、黏膜和呼吸道有强烈的刺激作用。吸入可引起喉、支气管的炎症，化学性肺炎，肺水肿。

侵入途径 吸入、食入。

职业接触限值

中国：PC－TWA：0.5mg/m^3[按锑计]。

美国(ACGIH)：TLV－TWA：0.5mg/m^3[按锑计]。

环境危害 对水生生物有毒，可能在水生环境中造成长期不利影响。

理化特性与用途

理化特性 黄棕色油状液体，有刺激性气味，在空气中发烟。溶于氯仿、四氯化碳、盐酸、酒石酸溶液。熔点2.8℃，沸点79℃(2.93kPa)、92℃(4kPa)、140℃(分解)，相对密度(水=1)2.36，相对蒸气密度(空气=1)10，饱和蒸气压0.13kPa(22.7℃)。

主要用途 用作分析试剂、催化剂及制备高纯锑的原料。

包装与储运

包装标志 腐蚀品

包装类别 Ⅱ类

安全储运 储存于阴凉、干燥、通风良好的专用库房内。远离火种、热源。库温不超过30℃。相对湿度不超过75%。包装必须密封，切勿受潮。应与碱类、醇类等分开存放，切忌混储。不宜久存，以免变质。储区应备有泄漏应急处理设备和合适的收容材料。

紧急处置信息

急救措施

吸入：迅速脱离现场至空气新鲜处。保持呼吸道通畅。如呼吸困难，给输氧。呼吸、心跳停止，立即进行心肺复苏术。就医。

眼睛接触：立即分开眼睑，用大量流动清水或生理盐水彻底冲洗10~15min。就医。

皮肤接触：立即脱去污染的衣着，用大量流动清水彻底冲洗，冲洗时间一般要求20~30min。就医。

食入：用水漱口，禁止催吐。给饮牛奶或蛋清。就医。

灭火方法 消防人员须佩戴防毒面具，穿全身消防服，在上风向灭火。尽可能将容器从火场移至空旷处。喷水保持火场容器冷却，直至灭火结束。禁止用水和泡沫灭火。本品不燃。根据着火原因选择适当灭火剂灭火。

泄漏应急处置 根据液体流动和蒸气扩散的影响区域划定警戒区，无关人员从侧风、上风向撤离至安全区。建议应急处理人员戴正压自给式呼吸器，穿防酸碱服，戴耐酸碱手套。穿上适当的防护服前严禁接触破裂的容器和泄漏物。勿使水进入包装容器内。尽可能切断泄漏源。防止泄漏物进入水体、下水道、地下室或受限空间。小量泄漏：用干燥的砂土或其他不燃材料覆盖泄漏物。大量泄漏：构筑围堤或挖坑收容。用石灰(CaO)、碎石灰石($CaCO_3$)或碳酸氢钠($NaHCO_3$)中和。用耐腐蚀泵转移至槽车或专用收集器内。

726. 五氯乙烷

标　识

中文名称 五氯乙烷

英文名称 pentachloroethane；1,1,1,2,2-pentachloroethane

别名 1,1,1,2,2-五氯乙烷

分子式 C_2HCl_5

CAS号 76-01-7

WGH号 61557

UN号 1669

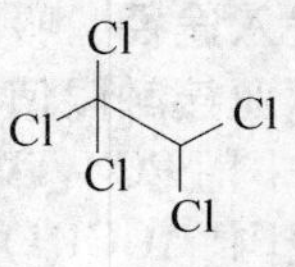

危害信息

危险性类别 第6类有毒品。

燃烧与爆炸危险性 不燃。受高热分解产生有毒的氯化物气体。极易挥发，在空气中发烟。遇水或水蒸气能产生热和有毒的腐蚀性烟雾。

活性反应 与强碱、金属粉末和钾钠合金剧烈反应。

禁忌物 强氧化剂、强碱、钾、钠。

毒性 大鼠经口 LD_{50}：920mg/kg；大鼠吸入 LC_{50}：35006mg/m^3(2h)。

中毒表现 本品具有麻醉作用，对眼睛和呼吸道黏膜有刺激作用，并可引起肺、肝、肾损害。

侵入途径 吸入、食入。

环境危害 对水生生物有毒，可能在水生环境中造成长期不利影响；海洋污染物。

理化特性与用途

理化特性 无色液体，有氯仿气味。不溶于水，混溶于乙醇、乙醚等多数有机溶剂。熔点 -29℃，沸点162℃，相对密度(水=1)1.68，相对蒸气密度(空气=1)7.0，饱和蒸气压0.45kPa(20℃)，临界温度373℃，临界压力3.65MPa，辛醇/水分配系数3.67。

主要用途 五氯乙烷是良好的极性溶剂、清洁剂、矿石浮选剂、木材干燥剂，还用于制造四氯乙烯、六氯乙烷等。

包装与储运

包装标志 有毒品

包装类别 Ⅱ类

安全储运 储存于阴凉、通风的库房。远离火种、热源。库温不超过35℃。相对湿度不超过85%。保持容器密封。应与氧化剂、碱类、钾、食用化学品分开存放，切忌混储。配备相应品种和数量的消防器材。储区应备有泄漏应急处理设备和合适的收容材料。

紧急处置信息

急救措施

吸入：迅速脱离现场至空气新鲜处。保持呼吸道通畅。如呼吸困难，给输氧。呼吸、心跳停止，立即进行心肺复苏术。就医。

眼睛接触：分开眼睑，用流动清水或生理盐水冲洗。如有不适感，就医。

皮肤接触：立即脱去污染的衣着，用肥皂水和清水彻底冲洗皮肤。如有不适感，就医。

食入：饮足量温水，催吐。就医。

灭火方法 消防人员须佩戴防毒面具，穿全身消防服，在上风向灭火。尽可能将容器从火场移至空旷处。喷水保持火场容器冷却，直至灭火结束。处在火场中的容器若已变色或从安全泄压装置中发出声音，必须马上撤离。

灭火剂：雾状水、泡沫、二氧化碳、砂土。

泄漏应急处置 根据液体流动和蒸气扩散的影响区域划定警戒区，无关人员从侧风、上风向撤离至安全区。建议应急处理人员戴正压自给式呼吸器，穿防毒服，戴防化学品手套。穿上适当的防护服前严禁接触破裂的容器和泄漏物。尽可能切断泄漏源。防止泄漏物进入水体、下水道、地下室或受限空间。小量泄漏：用干燥的砂土或其他不燃材料吸收或覆盖，收集于容器中。大量泄漏：构筑围堤或挖坑收容。用泵转移至槽车或专用收集器内。

727. 五 硼 烷

标　识

中文名称　五硼烷

英文名称　pentaborane

别名　戊硼烷

分子式　B_5H_9

CAS 号　19624－22－7

WGH 号　42031

UN 号　1380

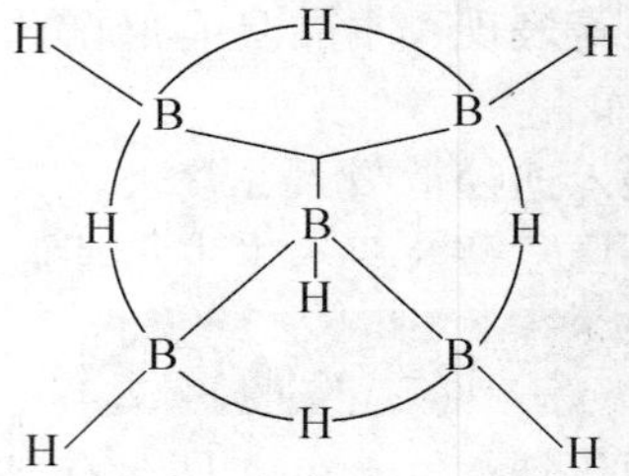

危害信息

危险性类别　第 4.2 类自燃物品。

燃烧与爆炸危险性　暴露在空气中能自燃。遇明火、高热、摩擦、撞击有引起燃烧的危险。若遇高热可发生剧烈分解，引起容器破裂或爆炸事故。与水和水蒸气反应，放出易爆炸着火的氢气。

活性反应　与强氧化剂如铬酸酐、氯酸盐和高锰酸钾等接触，能发生强烈反应，引起燃烧或爆炸。与水和水蒸气反应，放出易爆炸着火的氢气。

禁忌物　强氧化剂(如铬酸酐、氯酸盐和高锰酸钾等)、空气、水、氧、酸类。

毒性　大鼠吸入 LC_{50}：18mg/m^3(4h)；小鼠吸入 LC_{50}：3400ppb(4h)。

本品已列入《剧毒化学品目录》。

中毒表现　急性中毒可出现神经系统症状，主要表现有头痛、头晕、嗜睡、眼肌麻痹、皮肤感觉过敏，重者出现共济失调、肌痉挛、抽搐、角弓反张、意识障碍或精神错乱。可有神经炎及心、肝、肾损害。对皮肤和黏膜有强烈刺激性，可经皮肤吸收引起中毒

长期接触可引起肝、肾损害。中枢神经系统损害较轻。

侵入途径　吸入、食入、经皮吸收。

职业接触限值　美国(ACGIH)：TLV－TWA：0.005ppm，TLV－STEL：0.015ppm。

理化特性与用途

理化特性　无色液体，有刺激性气味。与水反应。熔点－46.6℃，沸点 60℃，相对密度(水＝1)0.61，相对蒸气密度(空气＝1)2.2，饱和蒸气压 22.8kPa(20℃)，燃烧热－4273.9kJ/mol，临界温度 227℃，临界压力 3.85MPa，闪点 30℃(闭杯)，引燃温度 35℃，爆炸下限 0.42%，爆炸上限 98%。

主要用途　用作喷射机燃料、推进剂、催化剂、缓蚀剂、化学中间体等。

包装与储运

包装标志　自燃物品，有毒品

包装类别　Ⅰ类

安全储运　储存于阴凉、通风良好的专用库房内。应严格执行剧毒化学品管理制度。远离火种、热源。库温不宜超过 30℃，相对湿度不超过 80%。包装必须密封，切勿受潮。

应与氧化剂、食用化学品分开存放，切忌混储。采用防爆型照明、通风设施。禁止使用易产生火花的机械设备和工具。储区应备有泄漏应急处理设备和合适的收容材料。

紧急处置信息

急救措施

吸入：迅速脱离现场至空气新鲜处。保持呼吸道通畅。如呼吸困难，给输氧。呼吸、心跳停止，立即进行心肺复苏术。就医。

眼睛接触：立即分开眼睑，用大量流动清水或生理盐水彻底冲洗 10～15min。如有不适感，就医。

皮肤接触：立即脱去污染的衣着，立即用 1%～3% 三乙醇胺水溶液或 3% 氨水冲洗，至少 5min，再用肥皂水及清水彻底冲洗。如有不适感，就医。

食入：饮足量温水，催吐。就医。

灭火方法 消防人员必须佩戴空气呼吸器，穿全身防火防毒服，在上风向灭火。尽可能将容器从火场移至空旷处。喷水保持火场容器冷却，直至灭火结束。处在火场中的容器若已变色或从安全泄压装置中发出声音，必须马上撤离。禁止用水和泡沫灭火

灭火剂：干粉、二氧化碳、干砂。

泄漏应急处置 严禁用水处理。根据液体流动和蒸气扩散的影响区域划定警戒区，无关人员从侧风、上风向撤离至安全区。消除所有点火源。建议应急处理人员戴正压自给式呼吸器，穿防毒、防静电服，戴橡胶手套。禁止接触或跨越泄漏物。尽可能切断泄漏源。防止泄漏物进入水体、下水道、地下室或受限空间。小量泄漏：用干燥的砂土或其他不燃材料覆盖泄漏物，用洁净的无火花工具收集泄漏物，置于一盖子较松的塑料容器中，待处置。大量泄漏：构筑围堤或挖坑收容。用防爆泵转移至槽车或专用收集器内。

728. 五羰基铁

标　识

中文名称 五羰基铁

英文名称 pentacarbonyliron; iron carbonyl; iron pentacarbonyl

别名 羰基铁；五羰铁

分子式 C_5FeO_5

CAS 号 13463－40－6

WGH 号 61031

UN 号 1994

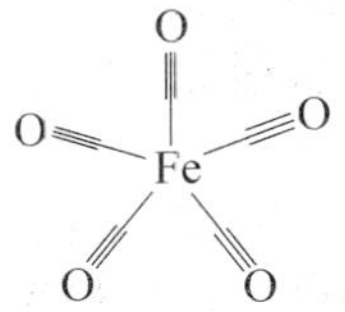

危害信息

危险性类别 第 6 类有毒品。

燃烧与爆炸危险性 易燃。其蒸气与空气混合，能形成爆炸性混合物。蒸气比空气重，能在较低处扩散到相当远的地方，遇火源会着火回燃和爆炸(闪爆)。

活性反应 与氧化剂能发生强烈反应。与锌及过渡金属卤化物发生剧烈反应。

禁忌物 强氧化剂、强碱、胺类、卤素。

毒性 大鼠经口 LD_{50}：25mg/kg；小鼠经口 LD_{50}：62mg/kg；兔经皮 LD_{50}：56mg/kg；

大鼠吸入 LC_{50}：10ppm(4h)。

本品已列入《剧毒化学品目录》。

中毒表现　剧毒。接触引起眩晕、头痛、呼吸困难和呕吐。脱离现场吸入新鲜空气后可缓解，但 12～36h 后又可出现呼吸困难、急性肺水肿等。

侵入途径　吸入、食入、经皮吸收。

职业接触限值

中国：PC－TWA：0.25mg/m^3，PC－STEL：0.5mg/m^3[按铁计]。

美国(ACGIH)：TLV－TWA：0.1ppm，TLV－STEL：0.2ppm[按铁计]。

理化特性与用途

理化特性　无色至黄色或深红色黏性液体，见光分解。不溶于水、液氨，易溶于乙醚、丙酮、苯等多数有机溶剂。熔点－20℃，沸点 103℃，相对密度(水＝1)1.5，相对蒸气密度(空气＝1)6.74，饱和蒸气压 4.7kPa(25℃)，燃烧热－1617kJ/mol，临界温度 285～288℃，临界压力 2.9MPa，辛醇/水分配系数 3，闪点－15℃(闭杯)，引燃温度 50℃，爆炸下限 3.7%，爆炸上限 12.5%。

主要用途　用作汽油抗震剂、脱卤剂、磨光粉，用作羰基化和聚合催化剂，用于制备高纯铁粉。

包装与储运

包装标志　有毒品，易燃液体

包装类别　Ⅰ类

安全储运　储存于阴凉、通风良好的专用库房内。应严格执行剧毒化学品管理制度。远离火种、热源。防止阳光直射。储存温度不超过 32℃，相对湿度不超过 82%。应与氧化剂、碱类、胺类、卤素、醇类等分开存放，切忌混储。采用防爆型照明、通风设施。禁止使用易产生火花的机械设备和工具。储区应备有泄漏应急处理设备和合适的收容材料。

紧急处置信息

急救措施

吸入：迅速脱离现场至空气新鲜处。保持呼吸道通畅。如呼吸困难，给输氧。呼吸、心跳停止，立即进行心肺复苏术。就医。

眼睛接触：分开眼睑，用流动清水或生理盐水冲洗。如有不适感，就医。

皮肤接触：脱去污染的衣着，用大量流动清水冲洗。如有不适感，就医。

食入：饮足量温水，催吐。就医。

灭火方法　消防人员必须佩戴空气呼吸器，穿全身防火防毒服，在上风向灭火。尽可能将容器从火场移至空旷处。喷水保持火场容器冷却，直至灭火结束。处在火场中的容器若已变色或从安全泄压装置中发出声音，必须马上撤离。用水灭火无效

灭火剂：泡沫、干粉、二氧化碳、砂土。

泄漏应急处置　消除所有点火源。根据液体流动和蒸气扩散的影响区域划定警戒区，无关人员从侧风、上风向撤离至安全区。建议应急处理人员戴正压自给式呼吸器，穿防毒、防静电服，戴橡胶手套。作业时使用的所有设备应接地。禁止接触或跨越泄漏物。尽可能切断泄漏源。防止泄漏物进入水体、下水道、地下室或受限空间。小量泄漏：用砂土或其他不燃材料吸收。使用洁净的无火花工具收集吸收材料。大量泄漏：构筑围堤或挖坑收容。用泡沫覆盖，减少蒸发。喷水雾能减少蒸发，但不能降低泄漏物在受限空间内的易燃性。用防爆泵转移至槽车或专用收集器内。

729. 五溴苯酚

标　识

中文名称　五溴苯酚

英文名称　pentabromophenol；2, 3, 4, 5, 6 – pentabromophenol

别名　五溴酚

分子式　C_6HBr_5O

CAS 号　608 –71 –9

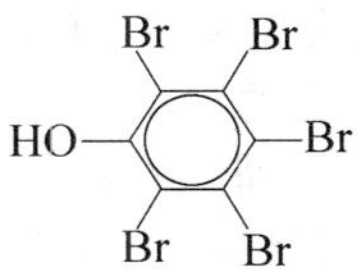

危害信息

危险性类别　第 6 类有毒品。

燃烧与爆炸危险性　不燃，无特殊燃爆特性。受高热分解放出有毒的气体。

禁忌物　强氧化剂、强碱。

毒性　大鼠经口 LD_{50}：200mg/kg。

侵入途径　吸入、食入。

环境危害　对水生生物有极高毒性，可能在水生环境中造成长期不利影响。

理化特性与用途

理化特性　橙色至褐色针状结晶粉末。不溶于水，溶于乙醇、苯、乙酸、二硫化碳，微溶于乙醚。熔点 230℃，沸点(升华)，饱和蒸气压 0.05MPa(25℃)，辛醇/水分配系数 6。

主要用途　是反应型阻燃剂，适用于环氧树脂、酚醛树酯，也用于有机合成。

包装与储运

包装标志　有毒品

包装类别　Ⅲ类

安全储运　储存于阴凉、通风的库房。远离火种、热源。防止阳光直射。储存温度不超过 35℃，相对湿度不超过 85%。保持容器密封。应与氧化剂等分开存放，切忌混储。配备相应品种和数量的消防器材。储区应备有合适的材料收容泄漏物。

紧急处置信息

急救措施

吸入： 迅速脱离现场至空气新鲜处。保持呼吸道通畅。如呼吸困难，给输氧。呼吸、心跳停止，立即进行心肺复苏术。就医。

眼睛接触： 立即分开眼睑，用流动清水或生理盐水彻底冲洗。如有不适感，就医。

皮肤接触： 立即脱去污染的衣着，用大量流动清水冲洗。如有不适感，就医。

食入： 用水漱口，口服活性炭。就医。

灭火方法　消防人员必须戴自给式呼吸器，穿全身防火防毒服，在上风向灭火。灭火时尽可能将容器从火场移至空旷处。本品不燃。根据着火原因选择适当灭火剂灭火。

泄漏应急处置　隔离泄漏污染区，限制出入。消除所有点火源。建议应急处理人员戴防尘口罩，穿防毒服，戴防毒物渗透手套。穿上适当的防护服前严禁接触破裂的容器和泄漏物。尽可能切断泄漏源。用塑料布覆盖泄漏物，减少飞散。勿使水进入包装容器内。用洁净的铲子收集泄漏物，置于干净、干燥、盖子较松的容器中，将容器移离泄漏区。

730. 五溴化磷

标　识

中文名称　五溴化磷

英文名称　phosphorus pentabromide；pentabromophosphorane

分子式　PBr_5

CAS 号　7789 -69 -7

WGH 号　81057

UN 号　2691

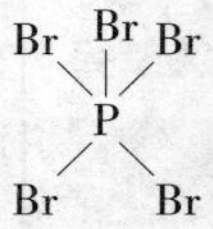

危害信息

危险性类别　第 8 类腐蚀品。

燃烧与爆炸危险性　不燃，无特殊燃爆特性。受热或遇水分解放热，放出有毒的腐蚀性烟气。对很多金属尤其是潮湿空气存在下有腐蚀性。

活性反应　遇水分解放热，放出有毒的腐蚀性烟气。

禁忌物　水。

中毒表现　遇水或水蒸气后释放出有毒和腐蚀性烟雾。加热分解释出高毒的溴化物烟雾。对眼睛、皮肤和黏膜有强烈刺激性和腐蚀性。

侵入途径　吸入、食入。

理化特性与用途

理化特性　黄色结晶粉末或块状固体，遇水分解为氢溴酸及磷酸。溶于苯。熔点 > 100℃（分解），沸点 106℃（分解），相对密度（水 =1）3.61。

主要用途　用于有机合成，用作溴化剂。

包装与储运

包装标志　腐蚀品

包装类别　Ⅱ类

安全储运　储存于阴凉、干燥、通风良好的库房。库温不超过 30℃。相对湿度不超过 75%。包装必须完整密封，防止吸潮。应与易（可）燃物、氧化剂、碱类、食用化学品分开存放，切忌混储。不宜久存，以免变质。储区应备有合适的材料收容泄漏物。

紧急处置信息

急救措施

吸入：迅速脱离现场至空气新鲜处。保持呼吸道通畅。如呼吸困难，给输氧。呼吸、心跳停止，立即进行心肺复苏术。就医。

眼睛接触：立即分开眼睑，用大量流动清水或生理盐水彻底冲洗 10 ~ 15min。就医。

皮肤接触：立即脱去污染的衣着，用大量流动清水彻底冲洗，冲洗时间一般要求 20 ~ 30min。就医。

食入：用水漱口，禁止催吐。给饮牛奶或蛋清。就医。

灭火方法 消防人员须佩戴防毒面具，穿全身消防服，在上风向灭火。尽可能将容器从火场移至空旷处。喷水保持火场容器冷却，直至灭火结束。禁止用水

灭火剂：干粉、砂土。

泄漏应急处置 隔离泄漏污染区，限制出入。建议应急处理人员戴防尘口罩，穿耐酸碱防护服，戴耐酸碱手套。穿上适当的防护服前严禁接触破裂的容器和泄漏物。尽可能切断泄漏源。勿使泄漏物与可燃物质(如木材、纸、油等)接触。小量泄漏：用干燥的砂土或其他不燃材料覆盖泄漏物，用洁净的无火花工具收集泄漏物，置于一盖子较松的塑料容器中，待处置。大量泄漏：用塑料布覆盖泄漏物，减少飞散，避免雨淋。在专家指导下清除。

731. 五氧化二砷

标 识

中文名称 五氧化二砷

英文名称 arsenic pentoxide; arsenic oxide; diarsenic pentaoxide

别名 五氧化砷；砷(酸)酐

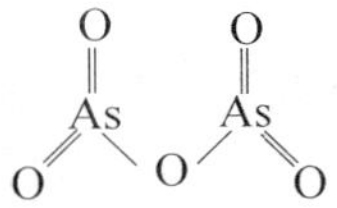

分子式 As_2O_5

CAS 号 1303-28-2

WGH 号 61010

UN 号 1559

危害信息

危险性类别 第6类有毒品。

燃烧与爆炸危险性 不燃，无特殊燃爆特性。遇高热、明火会产生剧毒的蒸气。

禁忌物 酸类、卤素、水及水蒸气。

毒性 大鼠经口 LD_{50}：8mg/kg；小鼠经口 LD_{50}：55mg/kg。

本品已列入《剧毒化学品目录》。

IARC 致癌性评论：G1，确认人类致癌物。

欧盟法规 1272/2008/EC 将本品列为第1A类致癌物——已知对人类有致癌能力。

中毒表现 砷及其化合物对体内酶蛋白的巯基有特殊亲和力

急性中毒表现为口服致急性胃肠炎、休克、周围神经病、贫血及中毒性肝病，心肌炎等。可因呼吸中枢麻痹而死亡。短期内大量吸入可致咳嗽、胸痛、呼吸困难、头痛、头晕等。消化道症状较轻，其他症状似口服。重者可致死

慢性影响表现为长期接触较高浓度粉尘引起慢性中毒，主要有神经衰弱综合征，多发性神经病，肝损害，鼻炎、鼻中隔穿孔，支气管炎等。

侵入途径 吸入、食入、经皮吸收。

职业接触限值

中国：PC-TWA：0.01mg/m^3[按砷计]，PC-STEL：0.02mg/m^3[按砷计]。

美国(ACGIH)：TLV-TWA：0.01mg/m^3[按砷计]。

环境危害 对水生生物有极高毒性，可能在水生环境中造成长期不利影响；有害空气污染物。

理化特性与用途

理化特性 白色无定形粉末，易吸潮。溶于水、酸、碱，易溶于乙醇。熔点315℃(分

解)，相对密度(水 =1)4. 32。

主要用途　用于制药物、杀虫剂、金属接剂、有色玻璃等。

包装与储运

包装标志　有毒品

包装类别　Ⅱ类

安全储运　储存于阴凉、干燥、通风良好的专用库房内，应严格执行剧毒化学品管理制度。远离火种、热源。低温储存。库温不超过35℃。相对湿度不超过80%。包装要求密封，不可与空气接触。应与酸类、卤素、食用化学品分开存放，切忌混储。储区应备有合适的材料收容泄漏物。

紧急处置信息

急救措施

吸入：脱离现场至空气新鲜处。如呼吸困难，给输氧。就医。

眼睛接触：分开眼睑，用流动清水或生理盐水冲洗。如有不适感，就医。

皮肤接触：立即脱去污染的衣着，用肥皂水和清水彻底冲洗皮肤。如有不适感，就医。

食入：饮足量温水，催吐。洗胃。给饮牛奶或蛋清。就医。

解毒剂用二巯基丙磺酸钠、二巯基丁二酸钠等

灭火方法　消防人员必须佩戴空气呼吸器，穿全身防火防毒服，在上风向灭火。尽可能将容器从火场移至空旷处。喷水保持火场容器冷却，直至灭火结束。本品不燃。根据着火原因选择适当灭火剂灭火。

泄漏应急处置　隔离泄漏污染区，限制出入。建议应急处理人员戴防尘口罩，穿防毒服，戴防毒物渗透手套。穿上适当的防护服前严禁接触破裂的容器和泄漏物。尽可能切断泄漏源。用塑料布覆盖泄漏物，减少飞散。勿使水进入包装容器内。用洁净的铲子收集泄漏物，置于干净、干燥、盖子较松的容器中，将容器移离泄漏区。

732. 五氧化二锑

标　识

中文名称　五氧化二锑

英文名称　antimony pentoxide；diantimony pentoxide；antimony oxide

别名　锑酸酐；氧化锑(Ⅴ)

分子式　Sb_2O_5

CAS 号　1314 -60 -9

WGH 号　61506

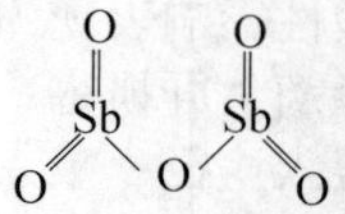

危害信息

危险性类别　第6类有毒品。

燃烧与爆炸危险性　不燃，无特殊燃爆特性。

活性反应　与还原剂能发生反应。

禁忌物 强还原剂、强酸。

毒性 大鼠腹腔内 LD_{50}：4000mg/kg。

中毒表现 对黏膜有刺激作用，可引起内脏损害。急性中毒表现为接触较高浓度可引起化学性结膜炎、鼻炎、咽炎、喉炎、气管炎、肺炎。口服引起胃肠炎。全身症状有疲乏无力、头晕、头痛、四肢肌肉酸痛。可引起心、肝、肾损害。

慢性影响表现为常出现头痛、头晕、易兴奋、失眠、乏力、胃肠功能紊乱、黏膜刺激症状，可引起鼻中隔穿孔。对皮肤有明显的刺激作用和致敏作用。在锑冶炼过程中可引起锑尘肺。

侵入途径 吸入、食入。

职业接触限值

中国：PC－TWA：0.5mg/m^3［按锑计］。

美国(ACGIH)：TLV－TWA：0.5mg/m^3［按锑计］。

环境危害 对水生生物有毒，可能在水生环境中造成长期不利影响。

理化特性与用途

理化特性 白色或黄色粉末。不溶于水，溶于热盐酸。熔点380℃(分解)，相对密度(水=1)3.78。

主要用途 用于制造锑酸盐、锑化合物及制药工业。

包装与储运

包装标志 有毒品

包装类别 Ⅱ类

安全储运 储存于阴凉、通风的库房。远离火种、热源。库温不超过35℃。相对湿度不超过80%。包装密封。应与还原剂、酸类、食用化学品分开存放，切忌混储。储区应备有合适的材料收容泄漏物。

紧急处置信息

急救措施

吸入：脱离现场至空气新鲜处。如呼吸困难，给输氧。就医。

眼睛接触：分开眼睑，用流动清水或生理盐水冲洗。如有不适感，就医。

皮肤接触：立即脱去污染的衣着，用肥皂水和清水彻底冲洗皮肤。如有不适感，就医。

食入：饮足量温水，催吐。就医。

灭火方法 消防人员必须佩戴空气呼吸器，穿全身防火防毒服，在上风向灭火。尽可能将容器从火场移至空旷处。喷水保持火场容器冷却，直至灭火结束。本品不燃。根据着火原因选择适当灭火剂灭火。

泄漏应急处置 隔离泄漏污染区，限制出入。建议应急处理人员戴防尘口罩，穿防毒服，戴防化学品手套。穿上适当的防护服前严禁接触破裂的容器和泄漏物。尽可能切断泄漏源。用塑料布覆盖泄漏物，减少飞散。勿使水进入包装容器内。用洁净的铲子收集泄漏物，置于干净、干燥、盖子较松的容器中，将容器移离泄漏区。

733. 1,5 – 戊二醇

标　识

中文名称　1,5 – 戊二醇

英文名称　1,5 – pentanediol；1,5 – pentylene glycol；pentamethylene glycol

分子式　$C_5H_{12}O_2$

CAS 号　111 – 29 – 5

危害信息

燃烧与爆炸危险性　可燃。其蒸气能与空气形成爆炸性混合物，遇明火、高热有引起燃烧爆炸的危险。燃烧产生有毒的一氧化碳气体。

禁忌物　酰基氯、酸酐、氧化剂、氯仿、还原剂。

毒性　大鼠经口 LD_{50}：2000mg/kg；小鼠经口 LD_{50}：6300mg/kg；兔经皮 LD_{50}：> 21mL/kg。

中毒表现　对眼有轻微刺激性，对皮肤无刺激性。

侵入途径　吸入、食入、经皮吸收。

理化特性与用途

理化特性　无色无气味的透明黏性液体，有吸湿性。与水混溶，混溶于甲醇、乙醇、丙酮、乙酸乙酯。熔点 – 18℃，沸点 239℃，相对密度(水 = 1)0.994，相对蒸气密度(空气 = 1)3.59，饱和蒸气压 0.52Pa(25℃)，辛醇/水分配系数 0.27，燃烧热 – 3154kJ/mol，闪点 129℃，引燃温度 330℃，爆炸下限 1.3%，爆炸上限 13.1%。

主要用途　用于有机合成，用于制造聚酯、聚醚、香料等。

包装与储运

安全储运　储存于阴凉、通风的库房。远离火种、热源。保持容器密封。应与强氧化剂、酰基氯和酸酐等隔离储运。搬运时轻装轻卸，防止容器受损。

紧急处置信息

急救措施

吸入：脱离现场至空气新鲜处。如有不适感，就医。

眼睛接触：分开眼睑，用流动清水或生理盐水冲洗。如有不适感，就医。

皮肤接触：立即脱去污染的衣着，用肥皂水和清水彻底冲洗皮肤。如有不适感，就医。

食入：饮足量温水，催吐。就医。

灭火方法　消防人员须佩戴防毒面具，穿全身消防服，在上风向灭火。尽可能将容器从火场移至空旷处。喷水保持火场容器冷却，直至灭火结束。处在火场中的容器若已变色或从安全泄压装置中发出声音，必须马上撤离。

灭火剂：水、雾状水、抗溶性泡沫、干粉、二氧化碳、砂土。

泄漏应急处置　根据液体流动和蒸气扩散的影响区域划定警戒区，无关人员从侧风、上风向撤离至安全区。消除所有点火源。建议应急处理人员戴防毒面具，穿防护服，戴橡胶手套。穿上适当的防护服前严禁接触破裂的容器和泄漏物。尽可能切断泄漏源。防止泄漏物进入水体、下水道、地下室或受限空间。小量泄漏：用干燥的砂土或其他不燃材料吸收或覆盖，收集于容器中。大量泄漏：构筑围堤或挖坑收容。用泵转移至槽车或专用收集器内。

734. 戊 二 腈

标　识

中文名称　戊二腈

英文名称　pentanedinitrile；1,3 - trimethylenedinitrile；glutaronitrile

别名　1,3 - 二氰基丙烷

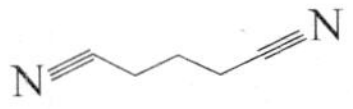

分子式　$C_5H_6N_2$

CAS 号　544 - 13 - 8

WGH 号　61630

危害信息

危险性类别　第 6 类有毒品。

燃烧与爆炸危险性　可燃。其蒸气与空气混合，能形成爆炸性混合物。燃烧产生有毒的一氧化碳和氮氧化物气体。受高热或与酸接触会产生剧毒的氰化物气体。

活性反应　与酸接触会产生剧毒的氰化物气体。

禁忌物　强氧化剂、强还原剂、强酸、强碱。

毒性　小鼠经口 LD_{50}：266mg/kg

中毒表现　腈类物质可抑制细胞呼吸，造成组织缺氧

腈类中毒出现恶心、呕吐、腹痛、腹泻、胸闷、乏力等症状，重者出现呼吸抑制、血压下降、昏迷、抽搐等。

侵入途径　吸入、食入、经皮吸收。

理化特性与用途

理化特性　无色或浅黄色透明液体。溶于水、乙醇、氯仿、乙酸乙酯，不溶于乙醚、丙酮。熔点 -29℃，沸点 285 ~ 287℃，相对密度（水 = 1）0.995，饱和蒸气压 1.1Pa（25℃）、2.93kPa（160.4℃），燃烧热 -2930kJ/mol，辛醇/水分配系数 -0.72，闪点 > 110℃。

主要用途　用于有机合成。

包装与储运

包装标志　有毒品

包装类别　Ⅲ类

安全储运　储存于阴凉、通风的库房。远离火种、热源。库温不超过 35℃。相对湿度不超过 85%。保持容器密封。应与氧化剂、还原剂、酸类、食用化学品分开存放，切忌混储。配备相应品种和数量的消防器材。储区应备有泄漏应急处理设备和合适的收容材料。

紧急处置信息

急救措施

吸入：迅速脱离现场至空气新鲜处。保持呼吸道通畅。如呼吸困难，给输氧。呼吸、

心跳停止，立即进行心肺复苏术。就医。

眼睛接触： 立即分开眼睑，用流动清水或生理盐水彻底冲洗。就医。

皮肤接触： 立即脱去污染的衣着，用肥皂水和清水彻底冲洗。就医。

食入： 催吐，给服活性炭悬液。就医。

如出现腈类物质中毒症状，使用亚硝酸钠和硫代硫酸钠解毒剂，也可用硫代硫酸钠加口服对氨基苯丙酮。

灭火方法 消防人员必须佩戴空气呼吸器，穿全身防火防毒服，在上风向灭火。尽可能将容器从火场移至空旷处。喷水保持火场容器冷却，直至灭火结束。处在火场中的容器若已变色或从安全泄压装置中发出声音，必须马上撤离。

灭火剂：抗溶性泡沫、干粉、二氧化碳、砂土。

泄漏应急处置 根据液体流动和蒸气扩散的影响区域划定警戒区，无关人员从侧风、上风向撤离至安全区。消除所有点火源。建议应急处理人员戴正压自给式呼吸器，穿防毒服，戴橡胶手套。穿上适当的防护服前严禁接触破裂的容器和泄漏物。尽可能切断泄漏源。防止泄漏物进入水体、下水道、地下室或受限空间。小量泄漏：用干燥的砂土或其他不燃材料吸收或覆盖，收集于容器中。大量泄漏：构筑围堤或挖坑收容。用泵转移至槽车或专用收集器内。

735. 戊二酸二乙酯

标识

中文名称 戊二酸二乙酯

英文名称 diethyl glutarate; glutaric acid, diethyl ester; diethyl pentanedioate

别名 胶酸二乙酯

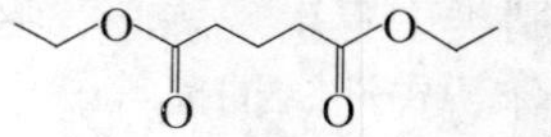

分子式 $C_9H_{16}O_4$

CAS号 818-38-2

危害信息

燃烧与爆炸危险性 可燃。其蒸气与空气混合，能形成爆炸性混合物，遇明火、高热有燃烧爆炸的危险。燃烧产生有毒的一氧化碳气体。

禁忌物 酸类、碱类、氧化剂、还原剂。

毒性 大鼠经口 LD_{50}：>1600mg/kg。

中毒表现 对眼睛、皮肤、黏膜有刺激作用。

侵入途径 吸入、食入。

理化特性与用途

理化特性 无色透明液体。微溶于水，溶于乙醇、乙醚。熔点 -24℃，沸点 236.5~237.1℃，相对密度(水=1)1.022，辛醇/水分配系数 1.88，闪点 96℃。

主要用途 用作增塑剂或特种润滑剂，有机合成和医药中间体。

包装与储运

安全储运 储存于阴凉、通风的库房。远离火种、热源。保持容器密封。应与氧化剂、酸碱、食用化学品等隔离储运。搬运时轻装轻卸，防止容器受损。

紧急处置信息

急救措施

吸入：脱离现场至空气新鲜处。如呼吸困难，给输氧。就医。

眼睛接触：分开眼睑，用流动清水或生理盐水冲洗。如有不适感，就医。

皮肤接触：立即脱去污染的衣着，用肥皂水和清水彻底冲洗皮肤。如有不适感，就医。

食入：饮足量温水，催吐。就医。

灭火方法　消防人员须佩戴防毒面具，穿全身消防服，在上风向灭火。尽可能将容器从火场移至空旷处。喷水保持火场容器冷却，直至灭火结束。处在火场中的容器若已变色或从安全泄压装置中发出声音，必须马上撤离。

灭火剂：雾状水、泡沫、干粉、二氧化碳、砂土。

泄漏应急处置　根据液体流动和蒸气扩散的影响区域划定警戒区，无关人员从侧风、上风向撤离至安全区。消除所有点火源。建议应急处理人员戴防毒面具，穿防毒服，戴橡胶手套。穿上适当的防护服前严禁接触破裂的容器和泄漏物。尽可能切断泄漏源。防止泄漏物进入水体、下水道、地下室或受限空间。小量泄漏：用干燥的砂土或其他不燃材料吸收或覆盖，收集于容器中。大量泄漏：构筑围堤或挖坑收容。用泵转移至槽车或专用收集器内。

736. 戊　腈

标　识

中文名称　戊腈

英文名称　pentanenitrile; valeronitrile; butyl cyanide

别名　丁基氰；1－氰基丁烷

分子式　C_5H_9N

CAS 号　110－59－8

WGH 号　61629

危害信息

危险性类别　第 6 类有毒品。

燃烧与爆炸危险性　易燃。其蒸气与空气混合，能形成爆炸性混合物。燃烧产生有毒的一氧化碳和氮氧化物气体。受高热或与酸接触会产生剧毒的氰化物气体。

活性反应　与酸接触会产生剧毒的氰化物气体。

禁忌物　强氧化剂、强还原剂、强酸。

毒性　小鼠经口 LD_{50}：191mg/kg。

中毒表现　腈类物质可抑制细胞呼吸，造成组织缺氧。

腈类中毒出现恶心、呕吐、腹痛、腹泻、胸闷、乏力等症状，重者出现呼吸抑制、血压下降、昏迷、抽搐等。

侵入途径　吸入、食入、经皮吸收。

理化特性与用途

理化特性　无色液体。不溶于水，溶于乙醇、乙醚。熔点 －96℃，沸点 139～141℃，相对密度(水＝1)0.799，相对蒸气密度(空气＝1)2.8，饱和蒸气压 1.33kPa(30℃)，燃烧

热 -3229.1kJ/mol，临界温度 337℃，临界压力 3.58MPa，辛醇/水分配系数 1.12，闪点 34℃(闭杯)。

主要用途 用作有机合成原料、溶剂、萃取剂。

包装与储运

包装标志 有毒品，易燃液体

包装类别 Ⅲ类

安全储运 储存于阴凉、通风的库房。远离火种、热源。库温不超过35℃。相对湿度不超过85%。保持容器密封。应与氧化剂、还原剂、酸类、食用化学品分开存放，切忌混储。采用防爆型照明、通风设施。禁止使用易产生火花的机械设备和工具。储区应备有泄漏应急处理设备和合适的收容材料。

紧急处置信息

急救措施

吸入：迅速脱离现场至空气新鲜处。保持呼吸道通畅。如呼吸困难，给输氧。呼吸、心跳停止，立即进行心肺复苏术。就医。

眼睛接触：立即分开眼睑，用流动清水或生理盐水彻底冲洗。就医。

皮肤接触：立即脱去污染的衣着，用肥皂水和清水彻底冲洗。就医。

食入：催吐，给服活性炭悬液。就医。

如出现腈类物质中毒症状，使用亚硝酸钠和硫代硫酸钠解毒剂，也可用硫代硫酸钠加口服对氨基苯丙酮。

灭火方法 消防人员必须佩戴空气呼吸器，穿全身防火防毒服，在上风向灭火。喷水保持火场容器冷却，直至灭火结束。处在火场中的容器若发生异常变化或发出异常声音，须马上撤离。禁止使用酸碱灭火剂。

灭火剂：泡沫、干粉、二氧化碳、砂土。

泄漏应急处置 根据液体流动和蒸气扩散的影响区域划定警戒区，无关人员从侧风、上风向撤离至安全区。消除所有点火源。建议应急处理人员戴正压自给式呼吸器，穿防毒、防静电服，戴橡胶手套。作业时使用的所有设备应接地。禁止接触或跨越泄漏物。尽可能切断泄漏源。防止泄漏物进入水体、下水道、地下室或受限空间。小量泄漏：用砂土或其他不燃材料吸收。使用洁净的无火花工具收集吸收材料。大量泄漏：构筑围堤或挖坑收容。用泡沫覆盖，减少蒸发。喷水雾能减少蒸发，但不能降低泄漏物在受限空间内的易燃性。用防爆泵转移至槽车或专用收集器内。

737. γ－戊内酯

标 识

中文名称 γ－戊内酯

英文名称 gamma－valerolactone；5－methyloxolan－2－one

别名 1,4－戊内酯

分子式 $C_5H_8O_2$

CAS 号 108－29－2

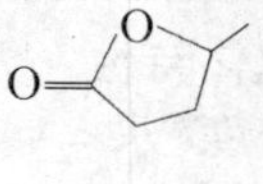

危害信息

燃烧与爆炸危险性 可燃。其蒸气与空气混合，能形成爆炸性混合物。若遇高热，容器内压增大，有开裂和爆炸的危险。

活性反应 与氧化剂可发生反应。

禁忌物 强氧化剂、强还原剂、强酸。

毒性 大鼠经口 LD_{50}：8800mg/kg；兔经皮 LD_{50}：>5000mg/kg。

侵入途径 吸入、食入、经皮吸收。

理化特性与用途

理化特性 无色透明易流动液体。与水混溶，溶于乙醇、乙醚、丙酮、四氯化碳。pH值4.2（10%水溶液），熔点－31℃，沸点207～208℃，相对密度（水＝1）1.057（20℃），相对蒸气密度（空气＝1）3.45，饱和蒸气压0.067kPa（29℃），燃烧热－2650kJ/mol，辛醇/水分配系数 －0.27，闪点81℃。

主要用途 可用作树脂溶剂及各种有关化合物的中间体；也用作润滑剂、增塑剂、非离子型表面活性剂的胶凝剂、加铅汽油的内酯类添加剂；用于纤维素酯和合成纤维的染色；还用作食用香料。

包装与储运

安全储运 储存于阴凉、通风的库房。远离火种、热源。保持容器密封。应与强氧化剂、强酸、碱类等隔离储运。搬运时轻装轻卸，防止容器受损。

紧急处置信息

急救措施

吸入：迅速脱离现场至空气新鲜处。保持呼吸道通畅。如呼吸困难，给输氧。呼吸、心跳停止，立即进行心肺复苏术。就医。

眼睛接触：分开眼睑，用流动清水或生理盐水冲洗。如有不适感，就医。

皮肤接触：脱去污染的衣着，用大量流动清水冲洗。如有不适感，就医。

食入：饮足量温水，催吐。就医。

灭火方法 消防人员须佩戴防毒面具，穿全身消防服，在上风向灭火。尽可能将容器从火场移至空旷处。喷水保持火场容器冷却，直至灭火结束。处在火场中的容器若已变色或从安全泄压装置中发出声音，必须马上撤离。

灭火剂：水、雾状水、抗溶性泡沫、干粉、二氧化碳、砂土。

泄漏应急处置 根据液体流动和蒸气扩散的影响区域划定警戒区，无关人员从侧风、上风向撤离至安全区。消除所有点火源。建议应急处理人员戴防毒面具，穿一般作业工作服，戴橡胶手套。尽可能切断泄漏源。防止泄漏物进入水体、下水道、地下室或受限空间。小量泄漏：用干燥的砂土或其他不燃材料吸收或覆盖，收集于容器中。大量泄漏：构筑围堤或挖坑收容。用泵转移至槽车或专用收集器内。

738. 戊　醛

标　识

中文名称　戊醛

英文名称　pentanal；valeraldehyde

别名　正戊醛

分子式　$C_5H_{10}O$

CAS 号　110－62－3

WGH 号　32069；31169［铁规］

UN 号　2058

危害信息

危险性类别　第 3 类易燃液体。

燃烧与爆炸危险性　易燃。其蒸气与空气混合，能形成爆炸性混合物。燃烧产生有毒的一氧化碳气体。若遇高热，可发生聚合反应，放出大量热量而引起容器破裂和爆炸事故。蒸气比空气重，能在较低处扩散到相当远的地方，遇火源会着火回燃和爆炸（闪爆）。

禁忌物　强氧化剂、强碱、强还原剂、氧。

毒性　大鼠经口 LD_{50}：5.66mg/kg；小鼠经口 LD_{50}：6.4mg/kg；大鼠吸入 LC_{50}：14000mg/m^3（4h）。

中毒表现　蒸气对眼睛及上呼吸道黏膜有刺激作用，对中枢神经系统有抑制作用。

侵入途径　吸入、食入。

职业接触限值　美国（ACGIH）：TLV－TWA：50ppm。

环境危害　对水生生物有毒，可能在水生环境中造成长期不利影响。

对水生生物有极高毒性。

理化特性与用途

理化特性　无色液体，有强刺激性气味。微溶于水，溶于乙醇、乙醚、丙二醇、油类。熔点－91℃，沸点 103℃，相对密度（水＝1）0.81，相对蒸气密度（空气＝1）3.0，饱和蒸气压 3.4kPa（20℃），辛醇/水分配系数 1.31，闪点 12℃（开杯），引燃温度 222℃，爆炸下限 1.4%，爆炸上限 7.2%。

主要用途　主要用于加氢制戊醇及氧化制戊酸；也用作香料、橡胶促进剂的原料。

包装与储运

包装标志　易燃液体

包装类别　Ⅱ类

安全储运　储存于阴凉、通风的库房。远离火种、热源。库温不宜超过 37℃。包装要求密封，不可与空气接触。应与氧化剂、还原剂、碱类等分开存放，切忌混储。采用防爆型照明、通风设施。禁止使用易产生火花的机械设备和工具。储区应备有泄漏应急处理设备和合适的收容材料。

紧急处置信息

急救措施

吸入：脱离现场至空气新鲜处。如呼吸困难，给输氧。呼吸、心跳停止，立即进行心肺复苏术。就医。

眼睛接触：分开眼睑，用流动清水或生理盐水冲洗。如有不适感，就医。

皮肤接触：脱去污染的衣着，用肥皂水和清水彻底冲洗皮肤。如有不适感，就医。

食入：漱口，大量饮水。就医。

灭火方法 消防人员须佩戴防毒面具，穿全身消防服，在上风向灭火。尽可能将容器从火场移至空旷处。喷水保持火场容器冷却，直至灭火结束。处在火场中的容器若已变色或从安全泄压装置中发出声音，必须马上撤离。用水灭火无效。

灭火剂：泡沫、干粉、二氧化碳、砂土。

泄漏应急处置 消除所有点火源。根据液体流动和蒸气扩散的影响区域划定警戒区，无关人员从侧风、上风向撤离至安全区。建议应急处理人员戴正压自给式呼吸器，穿防静电服，戴橡胶手套。作业时使用的所有设备应接地。禁止接触或跨越泄漏物。尽可能切断泄漏源。防止泄漏物进入水体、下水道、地下室或受限空间。小量泄漏：用砂土或其他不燃材料吸收。使用洁净的无火花工具收集吸收材料。大量泄漏：构筑围堤或挖坑收容。用抗溶性泡沫覆盖，减少蒸发。喷水雾能减少蒸发，但不能降低泄漏物在受限空间内的易燃性。用防爆泵转移至槽车或专用收集器内。

739. 戊 酸 丁 酯

标 识

中文名称 戊酸丁酯

英文名称 *n* - butyl valerate；butyl pentanoate

别名 戊酸正丁酯

分子式 $C_9H_{18}O_2$

CAS 号 591 - 68 - 4

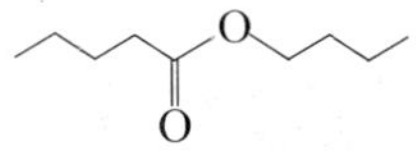

危害信息

燃烧与爆炸危险性 可燃。其蒸气与空气混合，能形成爆炸性混合物。燃烧产生有毒的一氧化碳气体。在高温火场中，受热的容器或储罐有破裂和爆炸的危险。

活性反应 与氧化剂能发生强烈反应。

禁忌物 强氧化剂、强酸、强碱。

毒性 大鼠 LD_{50}： > 35000mg/kg。

侵入途径 吸入、食入。

理化特性与用途

理化特性 无色液体，有果香味。不溶于水，溶于乙醇、乙醚。熔点 -92.8℃，沸点 185.8 ~186.9℃，相对密度（水 =1）0.868，相对蒸气密度（空气 =1）5.4，辛醇/水分配系数 3.32，闪点 66.67℃（Tag 闭杯）。

主要用途　用作香料、溶剂，也用于有机合成。

包装与储运

安全储运　储存于阴凉、通风的库房。远离火种、热源。保持容器密封。应与强氧化剂等隔离储运。搬运时轻装轻卸，防止容器受损。

紧急处置信息

急救措施

吸入：脱离现场至空气新鲜处。如呼吸困难，给输氧。呼吸、心跳停止，立即进行心肺复苏术。就医。

眼睛接触：分开眼睑，用流动清水或生理盐水冲洗。如有不适感，就医。

皮肤接触：脱去污染的衣着，用肥皂水和清水彻底冲洗皮肤。如有不适感，就医。

食入：漱口，大量饮水。就医。

灭火方法　消防人员必须佩戴空气呼吸器，穿全身防火防毒服，在上风向灭火。尽可能将容器从火场移至空旷处。喷水保持火场容器冷却，直至灭火结束。处在火场中的容器若发生异常变化或发出异常声音，须马上撤离。

灭火剂：泡沫、干粉、二氧化碳、砂土。

泄漏应急处置　消除所有点火源。根据液体流动和蒸气扩散的影响区域划定警戒区，无关人员从侧风、上风向撤离至安全区。建议应急处理人员戴正压自给式呼吸器，穿防静电服，戴橡胶耐油手套。作业时使用的所有设备应接地。禁止接触或跨越泄漏物。尽可能切断泄漏源。防止泄漏物进入水体、下水道、地下室或受限空间。小量泄漏：用砂土或其他不燃材料吸收。使用洁净的无火花工具收集吸收材料。大量泄漏：构筑围堤或挖坑收容。用泡沫覆盖，减少蒸发。用防爆泵转移至槽车或专用收集器内。

740. 戊酸戊酯

标　识

中文名称　戊酸戊酯

英文名称　pentyl valerate; amyl valerate

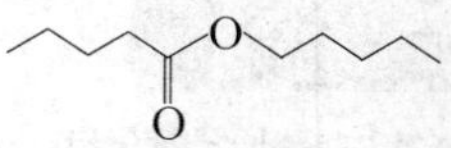

别名　正戊酸正戊酯

分子式　$C_{10}H_{20}O_2$

CAS 号　2173-56-0

危害信息

燃烧与爆炸危险性　可燃。其蒸气与空气混合，能形成爆炸性混合物。燃烧产生有毒的一氧化碳气体。在高温火场中，受热的容器或储罐有破裂和爆炸的危险。

活性反应　与氧化剂能发生强烈反应。

禁忌物　强氧化剂、强酸、强碱。

毒性　大鼠经口 LD_{50}：>35420mg/kg。

侵入途径　吸入、食入。

理化特性与用途

理化特性 无色透明液体，有苹果香味。微溶于水，混溶于乙醇、乙醚。熔点 -78.7℃，沸点 203.7 ~ 205.9℃，相对密度(水 = 1)0.86，相对蒸气密度(空气 = 1)4.5，饱和蒸气压 0.746kPa(25℃)，燃烧热 -5760.4kJ/mol，临界温度 326.1℃，临界压力 2.84MPa，辛醇/水分配系数 3.81，闪点 75℃(Tag 闭杯)，引燃温度 379℃。

主要用途 用作香料、溶剂，也用于有机合成。

包装与储运

安全储运 储存于阴凉、通风的库房。远离火种、热源。保持容器密封。应与强氧化剂等隔离储运。搬运时轻装轻卸，防止容器受损。

紧急处置信息

急救措施

吸入： 脱离现场至空气新鲜处。如呼吸困难，给输氧。呼吸、心跳停止，立即进行心肺复苏术。就医。

眼睛接触： 分开眼睑，用流动清水或生理盐水冲洗。如有不适感，就医。

皮肤接触： 脱去污染的衣着，用肥皂水和清水彻底冲洗皮肤。如有不适感，就医。

食入： 饮水，口服活性炭。就医。

灭火方法 消防人员必须佩戴空气呼吸器，穿全身防火防毒服，在上风向灭火。尽可能将容器从火场移至空旷处。喷水保持火场容器冷却，直至灭火结束。处在火场中的容器若发生异常变化或发出异常声音，须马上撤离。

灭火剂：泡沫、干粉、二氧化碳、砂土。

泄漏应急处置 消除所有点火源。根据液体流动和蒸气扩散的影响区域划定警戒区，无关人员从侧风、上风向撤离至安全区。建议应急处理人员戴正压自给式呼吸器，穿防静电服，戴橡胶耐油手套。作业时使用的所有设备应接地。禁止接触或跨越泄漏物。尽可能切断泄漏源。防止泄漏物进入水体、下水道、地下室或受限空间。小量泄漏：用砂土或其他不燃材料吸收。使用洁净的无火花工具收集吸收材料。大量泄漏：构筑围堤或挖坑收容。用泡沫覆盖，减少蒸发。用防爆泵转移至槽车或专用收集器内。

741. 戊酸乙酯

标识

中文名称 戊酸乙酯

英文名称 ethyl valerate；ethyl pentanoate

别名 正戊酸乙酯

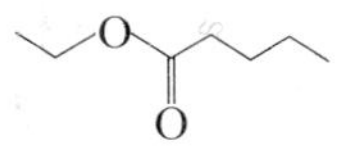

分子式 $C_7H_{14}O_2$

CAS 号 539 - 82 - 2

WGH 号 33599；32099[铁规]

危害信息

危险性类别　第3类易燃液体。

燃烧与爆炸危险性　易燃。其蒸气与空气混合，能形成爆炸性混合物。燃烧产生有毒的一氧化碳气体。在高温火场中，受热的容器或储罐有破裂和爆炸的危险。

活性反应　与氧化剂能发生强烈反应。

禁忌物　强氧化剂、强酸。

侵入途径　吸入、食入。

理化特性与用途

理化特性　无色至淡黄色透明油状液体，有果香味。不溶于水，混溶于乙醇、乙醚。熔点 -91℃，沸点 145～146℃，相对密度(水=1)0.87，相对蒸气密度(空气=1)4.4，饱和蒸气压0.64kPa(25℃)，临界温度297℃，辛醇/水分配系数2.34，闪点38℃(闭杯)。

主要用途　用作香精及食品添加剂。

包装与储运

包装标志　易燃液体

包装类别　Ⅲ类

安全储运　储存于阴凉、通风的库房。远离火种、热源。库温不宜超过37℃。保持容器密封。应与氧化剂、酸类分开存放，切忌混储。采用防爆型照明、通风设施。禁止使用易产生火花的机械设备和工具。灌装时注意流速，防止静电积聚。储区应备有泄漏应急处理设备和合适的收容材料。

紧急处置信息

急救措施

吸入：脱离现场至空气新鲜处。如呼吸困难，给输氧。呼吸、心跳停止，立即进行心肺复苏术。就医。

眼睛接触：分开眼睑，用流动清水或生理盐水冲洗。如有不适感，就医。

皮肤接触：脱去污染的衣着，用肥皂水和清水彻底冲洗皮肤。如有不适感，就医。

食入：饮水，口服活性炭。就医。

灭火方法　消防人员必须佩戴空气呼吸器，穿全身防火防毒服，在上风向灭火。尽可能将容器从火场移至空旷处。喷水保持火场容器冷却，直至灭火结束。处在火场中的容器若发生异常变化或发出异常声音，须马上撤离。

灭火剂：泡沫、干粉、二氧化碳、砂土。

泄漏应急处置　消除所有点火源。根据液体流动和蒸气扩散的影响区域划定警戒区，无关人员从侧风、上风向撤离至安全区。建议应急处理人员戴正压自给式呼吸器，穿防静电服，戴橡胶耐油手套。作业时使用的所有设备应接地。禁止接触或跨越泄漏物。尽可能切断泄漏源。防止泄漏物进入水体、下水道、地下室或受限空间。小量泄漏：用砂土或其他不燃材料吸收。使用洁净的无火花工具收集吸收材料。大量泄漏：构筑围堤或挖坑收容。用泡沫覆盖，减少蒸发。喷水雾能减少蒸发，但不能降低泄漏物在受限空间内的易燃性。用防爆泵转移至槽车或专用收集器内。

742. 4－戊烯醛

标 识

中文名称 4－戊烯醛

英文名称 4－pentenal；pent－4－enal

分子式 C_5H_8O

CAS 号 2100－17－6

危害信息

燃烧与爆炸危险性 可燃。其蒸气与空气混合，能形成爆炸性混合物。燃烧产生有毒的一氧化碳气体。容易自聚，聚合反应随着温度的上升而急骤加剧。若遇高热，容器内压增大，有开裂和爆炸的危险。

活性反应 与氧化剂可发生反应。

禁忌物 强氧化剂。

毒性 大鼠经口 LD_{50}：620mg/kg；兔经皮 LD_{50}：1590mg/kg

中毒表现 吸入、食入和经皮吸收有可能引起中毒

侵入途径 吸入、食入、经皮吸收。

理化特性与用途

理化特性 无色透明液体。微溶于水，溶于乙醚、丙酮。熔点 －89.9℃，沸点 99～104℃，相对密度（水＝1）0.852，饱和蒸气压 5.7kPa（25℃），辛醇/水分配系数 1.17，闪点 7℃。

主要用途 用于有机合成。

包装与储运

安全储运 储存于阴凉、通风的库房。远离火种、热源。防止阳光直射。保持容器密封。严禁与空气接触。应与氧化剂等分开存放，切忌混储。配备相应品种和数量的消防器材。储区应备有泄漏应急处理设备和合适的收容材料。

紧急处置信息

急救措施

吸入：迅速脱离现场至空气新鲜处。保持呼吸道通畅。如呼吸困难，给输氧。呼吸、心跳停止，立即进行心肺复苏术。就医。

眼睛接触：分开眼睑，用流动清水或生理盐水冲洗。如有不适感，就医。

皮肤接触：脱去污染的衣着，用大量流动清水冲洗。如有不适感，就医。

食入：饮足量温水，催吐。就医。

灭火方法 消防人员须佩戴防毒面具，穿全身消防服，在上风向灭火。尽可能将容器从火场移至空旷处。喷水保持火场容器冷却，直至灭火结束。处在火场中的容器若已变色或从安全泄压装置中发出声音，必须马上撤离。

灭火剂：雾状水、泡沫、干粉、二氧化碳、砂土。

泄漏应急处置 根据液体流动和蒸气扩散的影响区域划定警戒区，无关人员从侧风、上风向撤离至安全区。消除所有点火源。建议应急处理人员戴防毒面具，穿防毒服，戴橡胶手套。穿上适当的防护服前严禁接触破裂的容器和泄漏物。尽可能切断泄漏源。防止泄漏物进入水体、下水道、地下室或受限空间。小量泄漏：用干燥的砂土或其他不燃材料吸收或覆盖，收集于容器中。大量泄漏：构筑围堤或挖坑收容。用泵转移至槽车或专用收集器内。

743. 戊 酰 氯

标 识

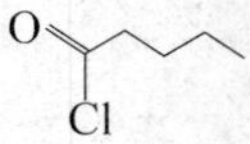

中文名称 戊酰氯

英文名称 valeryl chloride；pentanoyl chloride

别名 正戊酰氯

分子式 C_5H_9ClO

CAS 号 638 - 29 - 9

WGH 号 81115

UN 号 2502

危害信息

危险性类别 第 8 类腐蚀品。

燃烧与爆炸危险性 易燃。其蒸气与空气混合，能形成爆炸性混合物。遇水反应，放出具有刺激性和腐蚀性的氯化氢气体。遇高热分解释出高毒烟气。

活性反应 与氧化剂可发生反应。遇水反应，放出具有刺激性和腐蚀性的氯化氢气体。

禁忌物 强碱、氧化剂、水、醇类。

侵入途径 吸入、食入、经皮吸收。

理化特性与用途

理化特性 无色至淡黄色透明发烟液体，有刺激性气味。溶于部分有机溶剂。遇水分解。熔点 -110℃，沸点 125 ~ 127℃，相对密度（水 = 1）1.01，相对蒸气密度（空气 = 1）4.16，饱和蒸气压 1.14kPa（20℃），辛醇/水分配系数 1.0，闪点 23℃，引燃温度 265℃。

主要用途 用于有机合成，作为液晶和医药的中间体。

包装与储运

包装标志 腐蚀品，易燃液体

包装类别 Ⅱ类

安全储运 储存于阴凉、干燥、通风良好的库房。远离火种、热源。防止阳光直射。储存温度不超过 30℃，相对湿度不超过 75%。保持容器密封。应与强碱、氧化剂、醇类等分开存放，切忌混储。采用防爆型照明、通风设施。禁止使用易产生火花的机械设备和工具。储区应备有泄漏应急处理设备和合适的收容材料。

紧急处置信息

急救措施

吸入： 迅速脱离现场至空气新鲜处。保持呼吸道通畅。如呼吸困难，给输氧。呼吸、

心跳停止，立即进行心肺复苏术。就医。

眼睛接触：分开眼睑，用流动清水或生理盐水冲洗。如有不适感，就医。

皮肤接触：脱去污染的衣着，用大量流动清水冲洗。如有不适感，就医。

食入：用水漱口，给饮牛奶或蛋清。就医。

灭火方法 消防人员必须戴自给式呼吸器，穿全身耐酸碱消防服，在上风向灭火。尽可能将容器从火场移至空旷处。喷水保持火场容器冷却，直至灭火结束。处在火场中的容器若已变色或从安全泄压装置中发出声音，必须马上撤离。禁止用水和泡沫灭火。

灭火剂：干粉、二氧化碳、砂土。

泄漏应急处置 消除所有点火源。根据液体流动和蒸气扩散的影响区域划定警戒区，无关人员从侧风、上风向撤离至安全区。建议应急处理人员戴正压自给式呼吸器，穿防静电、防腐、防毒服，戴耐酸碱手套。作业时使用的所有设备应接地。禁止接触或跨越泄漏物。尽可能切断泄漏源。防止泄漏物进入水体、下水道、地下室或受限空间。小量泄漏：用砂土或其他不燃材料吸收。使用洁净的无火花工具收集吸收材料。大量泄漏：构筑围堤或挖坑收容。用碎石灰石（$CaCO_3$）、苏打灰（Na_2CO_3）或石灰（CaO）中和。用防爆泵转移至槽车或专用收集器内。

744. 西　玛　津

标　识

中文名称 西玛津

英文名称 simazine；2-chloro-4,6-bis(ethylamino)-*s*-triazine

别名 2-氯-4,6-双(乙氨基)-1,3,5-三嗪

分子式 $C_7H_{12}ClN_5$

CAS 号 122-34-9

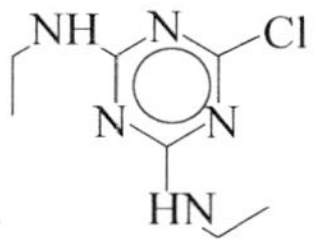

危害信息

燃烧与爆炸危险性 可燃。其粉体与空气混合，能形成爆炸性混合物。受高热分解放出有毒的气体。

禁忌物 强氧化剂、强酸、强碱。

毒性 大鼠经口 LD_{50}：971mg/kg；小鼠经口 LD_{50}：>5000mg/kg；大鼠经皮 LD_{50}：>5000mg/kg；兔经皮 LD_{50}：>3100mg/kg；大鼠吸入 LC_{50}：9800mg/m^3(4h)。

欧盟法规 1272/2008/EC 将本品列为第 2 类致癌物——可疑的人类致癌物。

中毒表现 本品为低毒除草剂。对眼睛、皮肤和呼吸道有刺激性。中毒症状有全身不适、头晕、口中有异味、嗅觉减退或消失。

侵入途径 吸入、食入、经皮吸收。

环境危害 对水生生物有极高毒性，可能在水生环境中造成长期不利影响。

理化特性与用途

理化特性 白色至米色结晶粉末。难溶于水，微溶于二噁烷、乙醇、丙酮、甲苯等。熔点 225~227℃，相对密度(水=1)1.3，饱和蒸气压 0.0029MPa(25℃)，辛醇/水分配系数 2.18。

主要用途 选择性芽前内吸除草剂。用于甘蔗、果园、茶园、橡胶园、观赏植物等作物田防除阔叶和禾本科杂草，也用作分析农药残留量标准样品。

包装与储运

安全储运 储存于阴凉、通风的库房。远离火种、热源。保持容器密封。应与强氧化剂、酸碱等隔离储运。搬运时轻装轻卸，防止容器受损。

紧急处置信息

急救措施

吸入： 迅速脱离现场至空气新鲜处。保持呼吸道通畅。如呼吸困难，给输氧。呼吸、心跳停止，立即进行心肺复苏术。就医。

眼睛接触： 分开眼睑，用流动清水或生理盐水冲洗。如有不适感，就医。

皮肤接触： 脱去污染的衣着，用大量流动清水冲洗。如有不适感，就医。

食入： 饮足量温水，催吐。就医。

灭火方法 消防人员须佩戴防毒面具，穿全身消防服，在上风向灭火。尽可能将容器从火场移至空旷处。喷水保持火场容器冷却，直至灭火结束。

灭火剂：雾状水、泡沫、干粉、二氧化碳、砂土。

泄漏应急处置 隔离泄漏污染区，限制出入。建议应急处理人员戴防尘口罩，穿防毒服，戴防护手套。穿上适当的防护服前严禁接触破裂的容器和泄漏物。尽可能切断泄漏源。用塑料布覆盖泄漏物，减少飞散。勿使水进入包装容器内。用洁净的铲子收集泄漏物，置于干净、干燥、盖子较松的容器中，将容器移离泄漏区。

745. 西 玛 通

标 识

中文名称 西玛通

英文名称 simetone; 2, 4 – bis(ethylamino) – 6 – methoxy – *s* – triazine

别名 2 – 甲氧基 – 4, 6 – 双(乙氨基)均三嗪

分子式 $C_8H_{15}N_5O$

CAS 号 673 – 04 – 1

WGH 号 61898

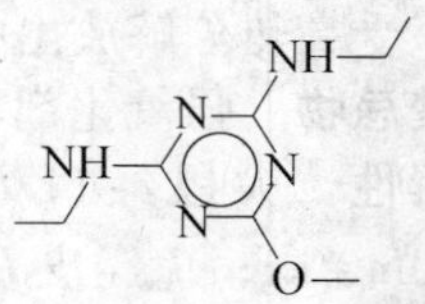

危害信息

危险性类别 第 6 类有毒品。

燃烧与爆炸危险性 可燃。其粉体与空气混合，能形成爆炸性混合物。受高热分解放出有毒的气体。

禁忌物 强氧化剂。

毒性 大鼠经口 LD_{50}：535mg/kg。

侵入途径 吸入、食入、经皮吸收。

理化特性与用途

理化特性 白色结晶。易溶于水，溶于甲醇等部分有机溶剂。熔点 92 ~ 94℃，饱和蒸气压 0.32MPa(20℃)，辛醇/水分配系数 2.73。

主要用途 用作农用芽前、苗后除草剂。

包装与储运

包装标志 有毒品

包装类别 Ⅲ类

安全储运 储存于阴凉、通风的库房。远离火种、热源。防止阳光直射。储存温度不超过 35℃，相对湿度不超过 85%。保持容器密封。应与氧化剂等分开存放，切忌混储。配备相应品种和数量的消防器材。储区应备有合适的材料收容泄漏物。

紧急处置信息

急救措施

吸入：迅速脱离现场至空气新鲜处。保持呼吸道通畅。如呼吸困难，给输氧。呼吸、心跳停止，立即进行心肺复苏术。就医。

眼睛接触：分开眼睑，用流动清水或生理盐水冲洗。如有不适感，就医。

皮肤接触：脱去污染的衣着，用大量流动清水冲洗。如有不适感，就医。

食入：饮足量温水，催吐。就医。

灭火方法 消防人员必须佩戴空气呼吸器，穿全身防火防毒服，在上风向灭火。尽可能将容器从火场移至空旷处。喷水保持火场容器冷却，直至灭火结束。

灭火剂：雾状水、泡沫、干粉、二氧化碳、砂土。

泄漏应急处置 隔离泄漏污染区，限制出入。建议应急处理人员戴防尘口罩，穿防毒服，戴橡胶手套。穿上适当的防护服前严禁接触破裂的容器和泄漏物。尽可能切断泄漏源。用塑料布覆盖泄漏物，减少飞散。勿使水进入包装容器内。用洁净的铲子收集泄漏物，置于干净、干燥、盖子较松的容器中，将容器移离泄漏区。

746. 烯 丙 胺

标 识

中文名称 烯丙胺

英文名称 2 - propen - 1 - amine; allylamine; 3 - aminopropene

别名 2 - 丙烯 - 1 - 胺；3 - 氨基丙烯

分子式 C_3H_7N

CAS 号 107 - 11 - 9

WGH 号 31048；61142[铁规]

UN 号 2334

危害信息

危险性类别 第 3 类易燃液体；按《危险货物品名表》第 6.1 类有毒品。

燃烧与爆炸危险性 极易燃。其蒸气与空气混合，能形成爆炸性混合物。燃烧时，放出剧毒的氰化氢气体。在火场高温下，能发生聚合放热，使容器破裂。具有腐蚀性。

禁忌物 酸类、酰基氯、酸酐、强氧化剂、二氧化碳。

毒性 大鼠经口 LD_{50}：102mg/kg；小鼠经口 LD_{50}：57mg/kg；大鼠吸入 LC_{50}：177ppm（8h）；兔经皮 LD_{50}：35mg/kg。

本品已列入《剧毒化学品目录》。

中毒表现 蒸气对眼及上呼吸道有强刺激性，严重者伴有恶心、眩晕、头痛等 。接触本品的生产工人可发生接触性皮炎。

侵入途径 吸入、食入、经皮吸收。

环境危害 对水生生物有毒，可能在水生环境中造成长期不利影响。

理化特性与用途

理化特性 无色液体，有强烈的氨味。混溶于水，混溶于乙醇、乙醚、氯仿。熔点 -88℃，沸点 55 ~ 58℃，相对密度（水 = 1）0.76，相对蒸气密度（空气 = 1）2.0，饱和蒸气压 25.7kPa（20℃），燃烧热 -2207.5kJ/mol，辛醇/水分配系数 0.03，闪点 -29℃（闭杯），引燃温度 371℃，爆炸下限 2.2%，爆炸上限 22%。

主要用途 用于制造药品、离子交换树脂、水分散聚合物及有机合成和用作溶剂等。

包装与储运

包装标志 有毒品，易燃液体

包装类别 Ⅰ类

安全储运 储存于阴凉、通风的库房。应严格执行剧毒化学品管理制度。远离火种、热源。库温不宜超过 29℃，相对湿度不超过 80%。保持容器密封。应与氧化剂、酸类、食用化学品分开存放，切忌混储。采用防爆型照明、通风设施。禁止使用易产生火花的机械设备和工具。储区应备有泄漏应急处理设备和合适的收容材料。

紧急处置信息

急救措施

吸入：脱离现场至空气新鲜处。如呼吸困难，给输氧。呼吸、心跳停止，立即进行心肺复苏术。就医。

眼睛接触：分开眼睑，用流动清水或生理盐水冲洗。如有不适感，就医。

皮肤接触：脱去污染的衣着，用肥皂水和清水彻底冲洗皮肤。如有不适感，就医。

食入：漱口，禁止催吐。就医。

灭火方法 消防人员必须佩戴空气呼吸器，穿全身防火防毒服，在上风向灭火。尽可能将容器从火场移至空旷处。喷水保持火场容器冷却，直至灭火结束。处在火场中的容器若发生异常变化或发出异常声音，须马上撤离。

灭火剂：抗溶性泡沫、二氧化碳、干粉、砂土。

泄漏应急处置 消除所有点火源。根据液体流动和蒸气扩散的影响区域划定警戒区，无关人员从侧风、上风向撤离至安全区。建议应急处理人员戴正压自给式呼吸器，穿防毒、防静电服，戴防毒物渗透手套。作业时使用的所有设备应接地。禁止接触或跨越泄漏物。尽可能切断泄漏源。防止泄漏物进入水体、下水道、地下室或受限空间。小量泄漏：用砂土或其他不燃材料吸收。使用洁净的无火花工具收集吸收材料。大量泄漏：构筑围堤或挖坑收容。用抗溶性泡沫覆盖，减少蒸发。喷水雾能减少蒸发，但不能降低泄漏物在受限空间内的易燃性。用防爆泵转移至槽车或专用收集器内。

747. 烯丙基三氯硅烷［稳定了的］

标　识

中文名称　烯丙基三氯硅烷［稳定了的］

英文名称　allyl trichlorosilane(stabilized)；trichloro－2－propenylsilane

别名　2－丙烯基三氯硅烷

分子式　$C_3H_5Cl_3Si$

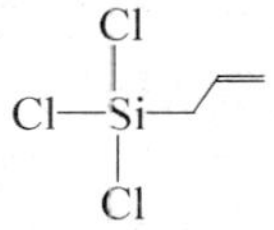

CAS 号　107－37－9

WGH 号　81133

UN 号　1724

危害信息

危险性类别　第 8 类腐蚀品。

燃烧与爆炸危险性　易燃。其蒸气与空气混合，能形成爆炸性混合物。遇水产生刺激性气体。受高热分解放出有毒的气体。蒸气比空气重，能在较低处扩散到相当远的地方，遇火源会着火回燃和爆炸(闪爆)。容易自聚，聚合反应随着温度的上升而急骤加剧。遇潮时对大多数金属有腐蚀性。若遇高热，容器内压增大，有开裂和爆炸的危险。

活性反应　与氧化剂可发生反应。遇水反应，放出具有刺激性和腐蚀性的氯化氢气体。

禁忌物　强氧化剂、强碱、氰化物。

毒性　小鼠静脉 LD_{50}：56mg/kg。

中毒表现　对眼睛、皮肤、黏膜和上呼吸道有强烈刺激性。吸入可引起喉炎、肺炎和肺水肿。接触可发生头痛、呕吐、咳嗽、气短等症状。

侵入途径　吸入、食入。

理化特性与用途

理化特性　无色液体，有刺激性气味。与水反应。熔点 35℃，沸点 117.5℃，相对密度(水＝1)1.2，相对蒸气密度(空气＝1)6.05，饱和蒸气压 3.06kPa(25℃)，辛醇/水分配系数 2.85，闪点 35℃(闭杯)、38℃(开杯)。

主要用途　用作硅酮的中间体和玻璃纤维整理剂。

包装与储运

包装标志　腐蚀品，易燃液体

包装类别　Ⅱ类

安全储运　储存于阴凉、干燥、通风良好的库房。远离火种、热源。防止阳光直射。库温不宜超过 30℃，相对湿度不超过 75%。保持容器密封，严禁与空气接触。应与氧化剂、酸碱、氰化物、醇类等分开存放，切忌混储。采用防爆型照明、通风设施。禁止使用易产生火花的机械设备和工具。储区应备有泄漏应急处理设备和合适的收容材料。

紧急处置信息

急救措施

吸入：迅速脱离现场至空气新鲜处。保持呼吸道通畅。如呼吸困难，给输氧。呼吸、

心跳停止，立即进行心肺复苏术。就医。

眼睛接触： 立即分开眼睑，用大量流动清水或生理盐水彻底冲洗 10～15min。就医。

皮肤接触： 立即脱去污染的衣着，用大量流动清水彻底冲洗，冲洗时间一般要求 20～30min。就医。

食入： 用水漱口。给饮牛奶或蛋清。就医。

灭火方法 消防人员必须佩戴空气呼吸器，穿全身防火防毒服，在上风向灭火。尽可能将容器从火场移至空旷处。喷水保持火场容器冷却，直至灭火结束。处在火场中的容器若已变色或从安全泄压装置中发出声音，必须马上撤离。禁止用水和泡沫灭火。

灭火剂：干粉、二氧化碳、砂土。

泄漏应急处置 消除所有点火源。根据液体流动和蒸气扩散的影响区域划定警戒区，无关人员从侧风、上风向撤离至安全区。建议应急处理人员戴正压自给式呼吸器，穿防静电、防腐、防毒服，戴耐酸碱手套。作业时使用的所有设备应接地。穿上适当的防护服前严禁接触破裂的容器和泄漏物。尽可能切断泄漏源。防止泄漏物进入水体、下水道、地下室或受限空间。严禁用水处理。小量泄漏：用干燥的砂土或其他不燃材料覆盖泄漏物。大量泄漏：构筑围堤或挖坑收容。用石灰粉等吸收大量液体。用防爆、耐腐蚀泵转移至槽车或专用收集器内。

748. 烯丙基溴

标识

中文名称 烯丙基溴

英文名称 3－bromopropene；allyl bromide；3－bromo－1－propene

别名 3－溴－1－丙烯

分子式 C_3H_5Br

CAS 号 106－95－6

WGH 号 32045；31145［铁规］

UN 号 1099

危害信息

危险性类别 第 3 类易燃液体。

燃烧与爆炸危险性 易燃。其蒸气与空气混合，能形成爆炸性混合物。并散发出有毒气体。受高热分解产生有毒的溴化物气体。蒸气比空气重，能在较低处扩散到相当远的地方，遇火源会着火回燃和爆炸(闪爆)。

禁忌物 强氧化剂、强碱。

毒性 大鼠经口 LD_{50}：120mg/kg；大鼠吸入 LC_{50}：10000mg/m^3(2h)；小鼠吸入 LC_{50}：4110mg/m^3(2h)。

中毒表现 有刺激性。

侵入途径 吸入、食入。

理化特性与用途

理化特性 无色至淡黄色液体，有令人不愉快的刺激性气味。不溶于水，混溶于乙醇、乙醚、氯仿、四氯化碳、二硫化碳等。熔点 -119℃，沸点 71.3℃，相对密度(水=1)1.398(20℃/4℃)，相对蒸气密度(空气=1)4.17，饱和蒸气压 18.6kPa(25℃)，燃烧热 -1814.85kJ/mol，辛醇/水分配系数 1.79，闪点 -1℃，引燃温度 295℃，爆炸下限 4.4%，爆炸上限 7.3%。

主要用途 用于有机合成，制造树脂、合成香料、医药、土壤熏蒸剂和其他烯丙基化合物。

包装与储运

包装标志 易燃液体，有毒品

包装类别 Ⅰ类

安全储运 储存于阴凉、通风的库房。远离火种、热源。储存温度不超过 35℃，相对湿度不超过 80%。保持容器密封。应与氧化剂、碱类分开存放，切忌混储。不宜久存，以免变质。采用防爆型照明、通风设施。禁止使用易产生火花的机械设备和工具。储区应备有泄漏应急处理设备和合适的收容材料。

紧急处置信息

急救措施

吸入：脱离现场至空气新鲜处。如呼吸困难，给输氧。呼吸、心跳停止，立即进行心肺复苏术。就医。

眼睛接触：分开眼睑，用流动清水或生理盐水冲洗。如有不适感，就医。

皮肤接触：脱去污染的衣着，用肥皂水和清水彻底冲洗皮肤。如有不适感，就医。

食入：饮水。就医。

灭火方法 消防人员须佩戴防毒面具，穿全身消防服，在上风向灭火。尽可能将容器从火场移至空旷处。喷水保持火场容器冷却，直至灭火结束。处在火场中的容器若已变色或从安全泄压装置中发出声音，必须马上撤离。用水灭火无效

灭火剂：泡沫、干粉、二氧化碳、砂土。

泄漏应急处置 消除所有点火源。根据液体流动和蒸气扩散的影响区域划定警戒区，无关人员从侧风、上风向撤离至安全区。建议应急处理人员戴正压自给式呼吸器，穿防毒、防静电服，戴橡胶耐油手套。作业时使用的所有设备应接地。禁止接触或跨越泄漏物。尽可能切断泄漏源。防止泄漏物进入水体、下水道、地下室或受限空间。小量泄漏：用砂土或其他不燃材料吸收。使用洁净的无火花工具收集吸收材料。大量泄漏：构筑围堤或挖坑收容。用泡沫覆盖，减少蒸发。喷水雾能减少蒸发，但不能降低泄漏物在受限空间内的易燃性。用防爆泵转移至槽车或专用收集器内。喷雾状水驱散蒸气、稀释液体泄漏物。

749. 烯丙酰草胺

标　识

中文名称 烯丙酰草胺

英文名称 *N*, *N* - diallyl - 2, 2 - dichloroacetamide；*N*, *N* - diallyldichloroacetamide；dichlormid

别名 *N*, *N* - 二烯丙基 - 2, 2 - 二氯乙酰胺；二氯丙烯胺

分子式　$C_8H_{11}Cl_2NO$

CAS 号　37764－25－3

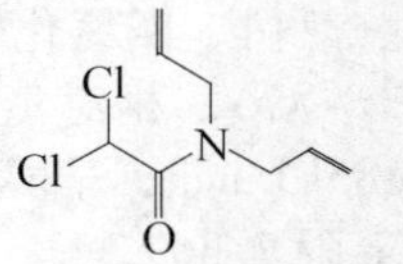

危害信息

燃烧与爆炸危险性　可燃。受高热分解放出有毒的气体。容易自聚，聚合反应随着温度的上升而急骤加剧。若遇高热，容器内压增大，有开裂和爆炸的危险。

活性反应　与氧化剂可发生反应。

禁忌物　强氧化剂。

毒性　大鼠经口 LD_{50}：2146mg/kg；大鼠吸入 LC_{50}：5500mg/m^3（1h）；大鼠经皮 LD_{50}：2040mg/kg；兔经皮 LD_{50}：＞5000mg/kg。

侵入途径　吸入、食入、经皮吸收。

理化特性与用途

理化特性　纯品为透明黏性液体，原药为琥珀至棕色液体。微溶于水、煤油，与丙酮、乙醇、4－甲基戊－2－酮、二甲苯混溶。熔点 5.0～6.5℃，沸点 130℃（1.33kPa），相对密度（水＝1）1.202，饱和蒸气压 0.8Pa（25℃），辛醇/水分配系数 1.84。

主要用途　用于提高玉米对硫代氨基甲酸酯类除草剂的安全性。

包装与储运

安全储运　储存于阴凉、通风的库房。远离火种、热源。保持容器密封。应与强氧化剂等隔离储运。搬运时轻装轻卸，防止容器受损。

紧急处置信息

急救措施

吸入：迅速脱离现场至空气新鲜处。保持呼吸道通畅。如呼吸困难，给输氧。呼吸、心跳停止，立即进行心肺复苏术。就医。

眼睛接触：分开眼睑，用流动清水或生理盐水冲洗。如有不适感，就医。

皮肤接触：脱去污染的衣着，用大量流动清水冲洗。如有不适感，就医。

食入：饮足量温水，催吐。就医。

灭火方法　消防人员须佩戴防毒面具，穿全身消防服，在上风向灭火。尽可能将容器从火场移至空旷处。喷水保持火场容器冷却，直至灭火结束。处在火场中的容器若已变色或从安全泄压装置中发出声音，必须马上撤离。

灭火剂：雾状水、泡沫、干粉、二氧化碳、砂土。

泄漏应急处置　根据液体流动和蒸气扩散的影响区域划定警戒区，无关人员从侧风、上风向撤离至安全区。消除所有点火源。建议应急处理人员戴防毒面具，穿一般作业工作服，戴防护手套。尽可能切断泄漏源。防止泄漏物进入水体、下水道、地下室或受限空间。小量泄漏：用干燥的砂土或其他不燃材料吸收或覆盖，收集于容器中。大量泄漏：构筑围堤或挖坑收容。用泵转移至槽车或专用收集器内。

750. 硒 粉

标 识

中文名称 硒粉

英文名称 selenium powder；selenium

分子式 Se

CAS 号 7782－49－2

WGH 号 61502

危害信息

危险性类别 第6类有毒品。

燃烧与爆炸危险性 可燃。其粉体与空气混合，能形成爆炸性混合物。燃烧产生有害的氧化硒。

禁忌物 强氧化剂、酸类。

毒性 大鼠经口 LD_{50}：6700mg/kg。

中毒表现 硒对皮肤、黏膜有较强的刺激性。大量吸入可引起急性中毒，出现鼻塞、流涕、咽痛、咳嗽、眼刺痛、头痛、头晕、恶心、呕吐等症状。大量吸入硒烟尘可引起肺炎或肺水肿。

慢性中毒：长期接触一定浓度的硒，可有上呼吸道刺激症状，呼出气有大蒜味，有时有胃肠道功能紊乱及神经衰弱综合征。

侵入途径 吸入、食入。

职业接触限值

中国：PC－TWA：0.1mg/m^3[按硒计]。

美国(ACGIH)：TLV－TWA：0.2mg/m^3[按硒计]。

环境危害 可能在水生环境中造成长期不利影响；有害空气污染物。

理化特性与用途

理化特性 各种形式的无臭固体，深红棕色至蓝黑色无定形固体或红色透明结晶或灰色至黑色晶体。不溶于水，溶于硫酸、浓硝酸稀碱、氰化钾溶液、硫酸钾溶液等。熔点217～222℃，沸点685℃，相对密度(水＝1)4.26～4.81，饱和蒸气压0.1Pa(20℃)。

主要用途 用于制半导体材料、光度计、光电池、整流器、红玻璃、颜料、感光乳剂等，也广泛用于纺织、石油、医药等工业部门。

包装与储运

包装标志 有毒品

包装类别 Ⅲ类

安全储运 储存于阴凉、通风的库房。远离火种、热源。库温不超过35℃。相对湿度不超过80%。保持容器密封。应与氧化剂、酸类分开存放，切忌混储。配备相应品种和数量的消防器材。储区应备有合适的材料收容泄漏物。

紧急处置信息

急救措施

吸入： 迅速脱离现场至空气新鲜处。保持呼吸道通畅。如呼吸困难，给输氧。呼吸、心跳停止，立即进行心肺复苏术。就医。

眼睛接触： 分开眼睑，用流动清水或生理盐水冲洗。如有不适感，就医。

皮肤接触： 脱去污染的衣着，用大量流动清水冲洗。如有不适感，就医。

食入： 饮足量温水，催吐。就医。

灭火方法　消防人员必须佩戴空气呼吸器，穿全身防火防毒服，在上风向灭火。尽可能将容器从火场移至空旷处。喷水保持火场容器冷却，直至灭火结束。

灭火剂：干粉、砂土。

泄漏应急处置　隔离泄漏污染区，限制出入。建议应急处理人员戴防尘口罩，穿防毒服，戴橡胶手套。穿上适当的防护服前严禁接触破裂的容器和泄漏物。尽可能切断泄漏源。用塑料布覆盖泄漏物，减少飞散。勿使水进入包装容器内。用洁净的铲子收集泄漏物，置于干净、干燥、盖子较松的容器中，将容器移离泄漏区。

751. 硒　化　镉

标　识

中文名称　硒化镉

英文名称　cadmium selenide

分子式　CdSe

CAS 号　1306 - 24 - 7

WGH 号　61018

Cd═Se

危害信息

危险性类别　第 6 类有毒品。

燃烧与爆炸危险性　不燃，无特殊燃爆特性。受热或遇酸能产生有毒的硒化氢气体。

活性反应　遇酸能产生有毒的硒化氢气体。

禁忌物　强氧化剂、强酸。

毒性　IARC 致癌性评论：G1，确认人类致癌物。

中毒表现　受热、遇酸可产生剧毒的硒化氢气体，能刺激眼和呼吸道，引起肺炎。接触可引起恶心、头痛和呕吐。误服损害消化道。皮肤接触引起皮炎

慢性影响表现为肾和肺脏损害。

侵入途径　吸入、食入。

职业接触限值

中国：PC - TWA：0.01mg/m^3，PC - STEL：0.02mg/m^3[按镉计]；PC - TWA：0.1mg/m^3[按硒计]。

美国(ACGIH)：TLV - TWA：0.002mg/m^3[按镉计，可呼吸性]；TLV - TWA：0.2mg/m^3[按硒计]。

环境危害　对环境有害，可能在环境中造成长期不利影响。

理化特性与用途

理化特性 灰棕色或红色结晶体。不溶于水。熔点 1350℃，相对密度（水 = 1）5.81（15℃）。

主要用途 用于电子发射器和光谱分析、光导体、半导体、光敏元件等。

包装与储运

包装标志 有毒品

包装类别 Ⅱ类

安全储运 储存于阴凉、干燥、通风良好的库房。远离火种、热源。库温不超过 35℃。相对湿度不超过 85%。包装密封。应与氧化剂、酸类、食用化学品分开存放，切忌混储。配备相应品种和数量的消防器材。储区应备有合适的材料收容泄漏物。

紧急处置信息

急救措施

吸入：迅速脱离现场至空气新鲜处。保持呼吸道通畅。如呼吸困难，给输氧。呼吸、心跳停止，立即进行心肺复苏术。就医。

眼睛接触：分开眼睑，用流动清水或生理盐水冲洗。如有不适感，就医。

皮肤接触：立即脱去污染的衣着，用肥皂水和清水彻底冲洗皮肤。如有不适感，就医。

食入：饮足量温水，催吐。就医。

灭火方法 消防人员须佩戴防毒面具，穿全身消防服，在上风向灭火。尽可能将容器从火场移至空旷处。喷水保持火场容器冷却，直至灭火结束。本品不燃。根据着火原因选择适当灭火剂灭火。

泄漏应急处置 隔离泄漏污染区，限制出入。建议应急处理人员戴防尘口罩，穿防毒服，戴橡胶手套。穿上适当的防护服前严禁接触破裂的容器和泄漏物。尽可能切断泄漏源。用塑料布覆盖泄漏物，减少飞散。勿使水进入包装容器内。用洁净的铲子收集泄漏物，置于干净、干燥、盖子较松的容器中，将容器移离泄漏区。

752. 硒　化　锌

标　识

中文名称 硒化锌

英文名称 zinc selenide

分子式 ZnSe　　Zn^{2+}　Se^{2-}

CAS 号 1315 – 09 – 9

WGH 号 61018

危害信息

危险性类别 第 6 类有毒品。

燃烧与爆炸危险性 不燃，无特殊燃爆特性。

活性反应 遇稀硝酸分解放出剧毒的硒化氢气体。

禁忌物 强氧化剂、强酸、水蒸气。

中毒表现 皮肤经常接触可引起皮炎。

侵入途径 吸入、食入。

职业接触限值

中国：PC－TWA：0.1mg/m^3[按硒计]。

美国(ACGIH)：TLV－TWA：0.2mg/m^3[按硒计]。

环境危害 对水生生物有极高毒性，可能在水生环境中造成长期不利影响。

理化特性与用途

理化特性 橙黄色立方晶系结晶或黄色细粉末。不溶于水。熔点＞1100℃，沸点(升华)，相对密度(水＝1)5.42。

主要用途 用作有机合成催化剂，用于制荧光粉和红外光学仪器，也用作电子工业掺杂材料和高纯试剂。

包装与储运

包装标志 有毒品

包装类别 Ⅱ类

安全储运 储存于阴凉、干燥、通风的库房。远离火种、热源。防止阳光直射。储存温度不超过35℃，相对湿度不超过82%。保持容器密封。切勿受潮。应与氧化剂、酸类、醇类等分开存放，切忌混储。配备相应品种和数量的消防器材。储区应备有合适的材料收容泄漏物。

紧急处置信息

急救措施

吸入：迅速脱离现场至空气新鲜处。保持呼吸道通畅。如呼吸困难，给输氧。呼吸、心跳停止，立即进行心肺复苏术。就医。

眼睛接触：分开眼睑，用流动清水或生理盐水冲洗。如有不适感，就医。

皮肤接触：脱去污染的衣着，用大量流动清水冲洗。如有不适感，就医。

食入：饮足量温水，催吐。就医。

灭火方法 消防人员必须戴自给式呼吸器，穿全身防火防毒服，在上风向灭火。灭火时尽可能将容器从火场移至空旷处。本品不燃。根据着火原因选择适当灭火剂灭火。

泄漏应急处置 隔离泄漏污染区，限制出入。建议应急处理人员戴防尘口罩，穿防毒服，戴橡胶手套。穿上适当的防护服前严禁接触破裂的容器和泄漏物。尽可能切断泄漏源。用塑料布覆盖泄漏物，减少飞散。勿使水进入包装容器内。用洁净的铲子收集泄漏物，置于干净、干燥、盖子较松的容器中，将容器移离泄漏区。

753. 硒 酸

标 识

中文名称 硒酸

英文名称 selenic acid

分子式 H_2SeO_4

CAS 号 7783 - 08 - 6

WGH 号 81030

UN 号 1905

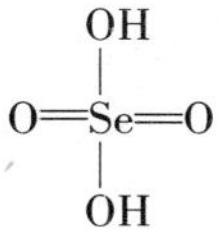

危害信息

危险性类别 第 8 类腐蚀品。

燃烧与爆炸危险性 不燃，无特殊燃爆特性。其水溶液有腐蚀性和强烈的刺激性。

禁忌物 强氧化剂、碱类。

中毒表现 本品吸湿性腐蚀性强。对眼睛、皮肤、黏膜和呼吸道有刺激作用。吸入、口服或经皮肤吸收中毒重者可致死。可引起化学性支气管炎、肺炎或肺水肿。慢性影响表现为可有头痛、眩晕、疲倦、食欲减退等表现。

侵入途径 吸入、食入。

职业接触限值

中国：PC - TWA：0. 1mg/m^3[按硒计]。

美国(ACGIH)：TLV - TWA：0. 2mg/m^3[按硒计]。

环境危害 对水生生物有极高毒性，可能在水生环境中造成长期不利影响。

理化特性与用途

理化特性 白色六方棱晶，极易吸潮。易溶于水，不溶于氨，溶于硫酸。熔点 58℃，沸点 260℃(分解)，相对密度(水 = 1)2. 95。

主要用途 用作鉴别甲醇和乙醇的试剂，用于硒酸盐制备和化学合成。

包装与储运

包装标志 腐蚀品，有毒品[铁规]

包装类别 Ⅰ类

安全储运 储存于阴凉、干燥、通风良好的库房。远离火种、热源。包装必须密封。切勿受潮。应与氧化剂、碱类分开存放，切忌混储。储区应备有合适的材料收容泄漏物。

紧急处置信息

急救措施

吸入： 迅速脱离现场至空气新鲜处。保持呼吸道通畅。如呼吸困难，给输氧。呼吸、心跳停止，立即进行心肺复苏术。就医。

眼睛接触： 立即分开眼睑，用大量流动清水或生理盐水彻底冲洗 10 ~ 15min。就医。

皮肤接触： 立即脱去污染的衣着，用大量流动清水彻底冲洗，冲洗时间一般要求 20 ~ 30min。就医。

食入： 用水漱口。给饮牛奶或蛋清。就医。

灭火方法 消防人员必须穿全身耐酸碱消防服，佩戴空气呼吸器，在上风向灭火。尽可能将容器从火场移至空旷处。喷水保持火场容器冷却，直至灭火结束。本品不燃。根据着火原因选择适当灭火剂灭火。

泄漏应急处置 隔离泄漏污染区，限制出入。建议应急处理人员戴防尘口罩，穿防腐蚀、防毒服，戴耐酸碱手套。穿上适当的防护服前严禁接触破裂的容器和泄漏物。尽可能切断泄漏源。用塑料布覆盖泄漏物，减少飞散。勿使水进入包装容器内。用洁净的铲子收集泄漏物，置于干净、干燥、盖子较松的容器中，将容器移离泄漏区。

754. 硒　酸　钾

标　识

中文名称　硒酸钾

英文名称　potassium selenate；selenic acid，dipotassium salt

分子式　K_2SeO_4

CAS 号　7790－59－2

WGH 号　61017

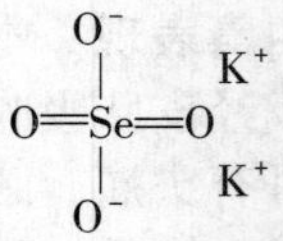

危害信息

危险性类别　第6类有毒品。

燃烧与爆炸危险性　不燃，无特殊燃爆特性。受高热分解放出有毒的气体。

禁忌物　强氧化剂。

毒性　兔经口 LD_{50}：1.8mg/kg。

中毒表现　误服或吸入会中毒。溶液能灼伤皮肤。中毒时可见上呼吸道和眼黏膜刺激症状、头痛、眩晕、恶心、呕吐、全身虚弱等。

侵入途径　吸入、食入、经皮吸收。

职业接触限值

中国：PC－TWA：0.1mg/m^3［按硒计］。

美国(ACGIH)：TLV－TWA：0.2mg/m^3［按硒计］。

环境危害　对水生生物有极高毒性，可能在水生环境中造成长期不利影响。

理化特性与用途

理化特性　无色无臭斜方晶系结晶或白色粉末。溶于水。900℃开始挥发。熔点1000℃，相对密度(水＝1)3.07(20℃)。

主要用途　用作玻璃和饲料添加剂，也用作化学试剂。

包装与储运

包装标志　有毒品

包装类别　Ⅰ类

安全储运　储存于阴凉、通风的库房。远离火种、热源。防止阳光直射。储存温度不超过35℃，相对湿度不超过82%。保持容器密封。应与氧化剂、强酸等分开存放，切忌混储。储区应备有合适的材料收容泄漏物。

紧急处置信息

急救措施

吸入：迅速脱离现场至空气新鲜处。保持呼吸道通畅。如呼吸困难，给输氧。呼吸、心跳停止，立即进行心肺复苏术。就医。

眼睛接触：立即分开眼睑，用大量流动清水或生理盐水彻底冲洗10～15min。就医。

皮肤接触：立即脱去污染的衣着，用大量流动清水彻底冲洗，冲洗时间一般要求20～

30min。就医。

食入：用水漱口。给饮牛奶或蛋清。就医。

灭火方法 消防人员必须戴自给式呼吸器，穿全身防火防毒服，在上风向灭火。灭火时尽可能将容器从火场移至空旷处。本品不燃。根据着火原因选择适当灭火剂灭火。

泄漏应急处置 隔离泄漏污染区，限制出入。建议应急处理人员戴防尘口罩，穿防毒服，戴橡胶手套。穿上适当的防护服前严禁接触破裂的容器和泄漏物。尽可能切断泄漏源。用塑料布覆盖泄漏物，减少飞散。勿使水进入包装容器内。用洁净的铲子收集泄漏物，置于干净、干燥、盖子较松的容器中，将容器移离泄漏区。

755. 硒酸钠(十水物)

标　识

中文名称 硒酸钠(十水物)

英文名称 sodium selenate (decahydrate)

别名 十水硒酸钠

分子式 $Na_2SeO_4 \cdot 10(H_2O)$

CAS 号 10102-23-5

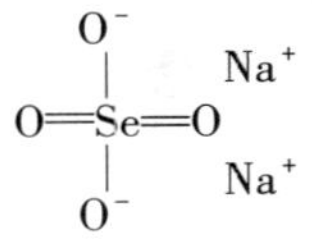

危害信息

危险性类别 第6类有毒品。

燃烧与爆炸危险性 不燃，无特殊燃爆特性。受高热分解放出有毒的气体。

禁忌物 强氧化剂。

毒性 大鼠经口 LD_{50}：1.6mg/kg。小鼠腹腔内 LD_{50}：18mg/kg。

中毒表现 对眼睛、皮肤和黏膜有刺激作用。对肝、肾有损害作用。其溶液能灼伤皮肤，能经皮肤吸收而中毒。有致突变作用。

侵入途径 吸入、食入、经皮吸收。

职业接触限值

中国：PC-TWA：0.1mg/m^3[按硒计]。

美国(ACGIH)：TLV-TWA：0.2mg/m^3[按硒计]。

环境危害 对水生生物有极高毒性，可能在水生环境中造成长期不利影响。

理化特性与用途

理化特性 白色单斜晶系结晶或粉末。易溶于水。熔点35℃(分解)，相对密度(水=1)1.6(25℃)。

主要用途 用于除壁虱、蚜虫、红虫，用作玻璃脱色剂、增光剂、抗腐蚀剂和化学试剂。

包装与储运

包装标志 有毒品

包装类别 Ⅰ类

安全储运 储存于阴凉、通风的库房。远离火种、热源。防止阳光直射。储存温度不超过 35℃，相对湿度不超过 82%。保持容器密封。应与氧化剂、强酸等分开存放，切忌混储。储区应备有合适的材料收容泄漏物。

紧急处置信息

急救措施

吸入： 迅速脱离现场至空气新鲜处。保持呼吸道通畅。如呼吸困难，给输氧。呼吸、心跳停止，立即进行心肺复苏术。就医。

眼睛接触： 立即分开眼睑，用大量流动清水或生理盐水彻底冲洗 10 ~ 15min。就医。

皮肤接触： 立即脱去污染的衣着，用大量流动清水彻底冲洗，冲洗时间一般要求 20 ~ 30min。就医。

食入： 用水漱口。给饮牛奶或蛋清。就医。

灭火方法　消防人员必须戴自给式呼吸器，穿全身防火防毒服，在上风向灭火。灭火时尽可能将容器从火场移至空旷处。本品不燃。根据着火原因选择适当灭火剂灭火。

泄漏应急处置　隔离泄漏污染区，限制出入。建议应急处理人员戴防尘口罩，穿防毒服，戴橡胶手套。穿上适当的防护服前严禁接触破裂的容器和泄漏物。尽可能切断泄漏源。用塑料布覆盖泄漏物，减少飞散。勿使水进入包装容器内。用洁净的铲子收集泄漏物，置于干净、干燥、盖子较松的容器中，将容器移离泄漏区。

756. 氙

标　识

中文名称　氙

英文名称　xenon

分子式　Xe

CAS 号　7440 − 63 − 3

WGH 号　22015；22016(液化)

UN 号　2036；2591(液化)

危害信息

危险性类别　第 2.2 类不燃气体。

燃烧与爆炸危险性　不燃，无特殊燃爆特性。若遇高热，容器内压增大，有开裂和爆炸的危险。

毒性　大鼠吸入 TCL_0：70pph(15min)。人吸入 TCL_0：70pph(3min)。

中毒表现　常气压下无毒。高浓度时，使氧分压降低而发生窒息。人吸入混有 70% 氙气的氧，引起轻度麻醉，约经 3min 即意识丧失。

侵入途径　吸入。

理化特性与用途

理化特性　无色无味惰性气体。不溶于水。熔点 −111.8℃，沸点 −108.1℃，相对密度(水 = 1)1.987，相对蒸气密度(空气 = 1)4.5，饱和蒸气压 724.56kPa(−64℃)，临界温度 16.6℃，临界压力 5.88MPa，辛醇/水分配系数 1.4。

主要用途　用于闪光管、闪光灯充气，以及用作深度麻醉剂。

包装与储运

包装标志 不燃气体

安全储运 储存于阴凉、通风的不燃气体专用库房。远离火种、热源。库温不宜超过30℃。应与易(可)燃物分开存放，切忌混储。储区应备有泄漏应急处理设备。搬运时轻装轻卸。须戴好钢瓶安全帽和防震橡皮圈，防止钢瓶撞击。

紧急处置信息

急救措施

吸入： 迅速脱离现场至空气新鲜处。保持呼吸道通畅。如呼吸困难，给输氧。呼吸、心跳停止，立即进行心肺复苏术。就医。

眼睛接触： 不会通过该途径接触。

皮肤接触： 不会通过该途径接触。

食入： 不会通过该途径接触。

灭火方法 消防人员须佩戴防毒面具，穿全身消防服，在上风向灭火。喷水冷却容器，可能的话将容器从火场移至空旷处。本品不燃。根据着火原因选择适当灭火剂灭火。

泄漏应急处置 大量泄漏：根据气体扩散的影响区域划定警戒区，无关人员从侧风、上风向撤离至安全区。建议应急处理人员戴正压自给式呼吸器，穿一般作业工作服。液化气体泄漏时穿防寒服，戴防寒手套。尽可能切断泄漏源。漏出气允许排入大气中。泄漏场所保持通风。

757. 消 螨 通

标 识

中文名称 消螨通

英文名称 dinobuton；2 - sec - butyl - 4, 6 - dinitrophenyl isopropyl carbonate

别名 2 - 仲丁基 - 4, 6 - 二硝基苯基异丙基碳酸酯

分子式 $C_{14}H_{18}N_2O_7$

CAS 号 973 - 21 - 7

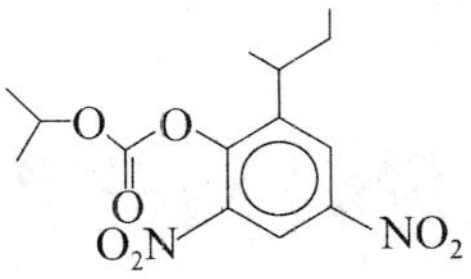

危害信息

危险性类别 第6类有毒品。

燃烧与爆炸危险性 可燃。其粉体与空气混合，能形成爆炸性混合物。受高热分解放出有毒的气体。

禁忌物 强氧化剂、强碱。

毒性 大鼠经口 LD_{50}：140mg/kg；小鼠经口 LD_{50}：254mg/kg；大鼠经皮 LD_{50}：>5000 mg/kg。

中毒表现 本品为中等毒杀虫剂。对眼睛有轻度刺激作用。

侵入途径 吸入、食入、经皮吸收。

环境危害 对水生生物有极高毒性，可能在水生环境中造成长期不利影响。

理化特性与用途

理化特性 浅黄色结晶。不溶于水，溶于乙醇、脂肪烃、脂肪油，易溶于芳烃、低级脂肪酮。熔点61℃~62℃，相对密度（水=1）0.9（20℃），饱和蒸气压0.15MPa（25℃），辛醇/水分配系数3.94。

主要用途 杀螨剂、杀菌剂。用于温室和大田防治红蜘蛛和白粉病。

包装与储运

包装标志 有毒品

包装类别 Ⅰ类

安全储运 储存于阴凉、通风的库房。远离火种、热源。防止阳光直射。储存温度不超过35℃，相对湿度不超过85%。保持容器密封。应与氧化剂、强酸、重金属及其盐类等分开存放，切忌混储。配备相应品种和数量的消防器材。储区应备有合适的材料收容泄漏物。

紧急处置信息

急救措施

吸入： 迅速脱离现场至空气新鲜处。保持呼吸道通畅。如呼吸困难，给输氧。呼吸、心跳停止，立即进行心肺复苏术。就医。

眼睛接触： 分开眼睑，用流动清水或生理盐水冲洗。如有不适感，就医。

皮肤接触： 脱去污染的衣着，用流动清水冲洗。如有不适感，就医。

食入： 饮足量温水，催吐。就医。

灭火方法 消防人员须佩戴防毒面具，穿全身消防服，在上风向灭火。尽可能将容器从火场移至空旷处。喷水保持火场容器冷却，直至灭火结束。

灭火剂：雾状水、泡沫、干粉、二氧化碳、砂土。

泄漏应急处置 隔离泄漏污染区，限制出入。消除所有点火源。建议应急处理人员戴防尘口罩，穿防毒服，戴橡胶手套。穿上适当的防护服前严禁接触破裂的容器和泄漏物。尽可能切断泄漏源。用塑料布覆盖泄漏物，减少飞散。勿使水进入包装容器内。用洁净的铲子收集泄漏物，置于干净、干燥、盖子较松的容器中，将容器移离泄漏区。

758. 硝化丙三醇［含不挥发、不溶于水的钝感剂≥40%］

标　识

中文名称 硝化丙三醇［含不挥发、不溶于水的钝感剂≥40%］

英文名称 nitroglycerine(with more than 40% nonvolatile insoluble phlegmatizer)

别名 甘油三硝酸酯；硝化甘油

分子式 $C_3H_5N_3O_9$

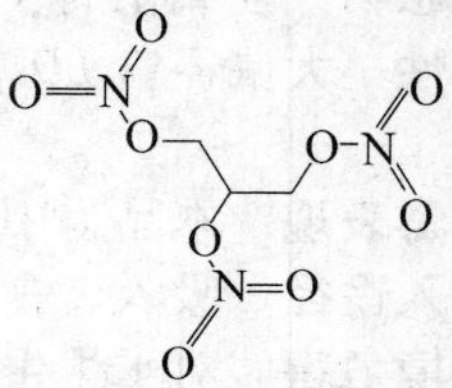

CAS号 55-63-0

WGH号 11033

UN号 0143

危害信息

危险性类别 第1类爆炸品；按《危险货物品名表》主危险性为1.1D类爆炸品。

燃烧与爆炸危险性 受暴冷暴热、撞击、摩擦，遇明火或其他点火源极易爆炸。与强酸接触发生强烈反应引起燃烧和爆炸。燃烧产生有毒的一氧化碳和氮氧化物气体。

活性反应 与强酸接触能发生强烈反应，引起燃烧或爆炸。

禁忌物 强氧化剂、活性金属粉末、酸类。

毒性 大鼠经口 LD_{50}：105mg/kg；小鼠经口 LD_{50}：115mg/kg；兔经皮 LD_{50}：>280 mg/kg。

中毒表现 少量吸收即可引起剧烈的搏动性头痛，常有恶心、心悸，有时有呕吐和腹痛，面部发热、潮红；大量吸入产生低血压、抑郁、精神错乱，偶见谵妄、高铁血红蛋白血症和紫绀。饮酒后，上述症状加剧，并可发生躁狂症。

慢性影响表现为头痛、疲劳。

侵入途径 吸入、食入、经皮吸收。

职业接触限值

中国：MAC：1mg/m^3［皮］。

美国(ACGIH)：TLV－TWA：0.05ppm［皮］。

环境危害 对水生生物有毒，可能在水生环境中造成长期不利影响。

理化特性与用途

理化特性 无色至淡黄色稠液体。不溶于水，微溶于石油醚、甘油，混溶于冰醋酸、硝基苯、吡啶、乙酸乙酯、二氯乙烯等。熔点13℃，分解温度<218℃，相对密度(水=1) 1.6(15℃/4℃)，相对蒸气密度(空气=1)7.8，饱和蒸气压0.03Pa(20℃)，燃烧热－1540 kJ/mol，引燃温度270℃，辛醇/水分配系数1.62。

主要用途 用于制造军事和商业用炸药，以及作为防治心绞痛的药物。

包装与储运

包装标志 爆炸品

安全储运 储存于阴凉、干燥、通风的爆炸品专用库房。远离火种、热源。储存温度不宜超过32℃，相对湿度不超过80%。若以水作稳定剂，储存温度应大于1℃，相对湿度小于80%。保持容器密封。应与其他爆炸品、氧化剂、酸类、活性金属粉末等隔离储运。采用防爆型照明、通风设施。禁止使用易产生火花的机械设备和工具。搬运时轻装轻卸，防止容器受损。禁止震动、撞击和摩擦。

紧急处置信息

急救措施

吸入：立即脱离接触。如呼吸困难，给吸氧。如呼吸心跳停止，立即进行心肺复苏术。就医。

眼睛接触：分开眼睑，用清水或生理盐水冲洗。如有不适感，就医。

皮肤接触：立即脱去污染衣着，用肥皂水或清水彻底冲洗。就医。

食入：饮足量温水，催吐。就医。

高铁血红蛋白血症可用美蓝和维生素C治疗。

灭火方法 消防人员需戴好防毒面具，穿全身消防服，在安全距离以外，在上风向灭火。遇大火切勿轻易接近，禁止用砂土压盖。用大量水灭火。

泄漏应急处置 消除所有点火源。根据液体流动和蒸气扩散的影响区域划定警戒区，无关人员从侧风、上风向撤离至安全区。建议应急处理人员戴正压自给式呼吸器，穿防毒服，戴防化学品手套。作业时使用的所有设备应接地。禁止接触或跨越泄漏物。在专家指导下清除。

759. 3－硝基苯甲酸

标识

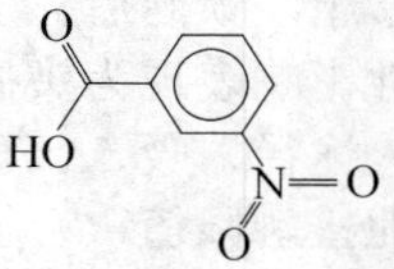

中文名称 3－硝基苯甲酸

英文名称 3－nitrobenzoic acid；*m*－nitrobenzoic acid

别名 间硝基苯甲酸

分子式 $C_7H_5NO_4$

CAS号 121－92－6

危害信息

燃烧与爆炸危险性 可燃。其粉体与空气混合，能形成爆炸性混合物。燃烧产生有毒的氮氧化物和一氧化碳气体。

禁忌物 强氧化剂、强还原剂、碱类。

毒性 大鼠腹腔内 LD_{50}：670mg/kg；兔经口 LD_{50}：＞200mg/kg

侵入途径 吸入、食入。

理化特性与用途

理化特性 淡黄白色晶体。微溶于水，溶于乙醇、乙醚、甲醇、丙酮，微溶于苯、二硫化碳、石油醚。熔点140～142℃，相对密度(水＝1)1.494，饱和蒸气压0.005Pa(25℃)，燃烧热－3053kJ/mol，辛醇/水分配系数1.83，引燃温度＞300℃。

主要用途 是染料、功能色素、药物的中间体，也是生物碱的试剂。

包装与储运

安全储运 储存于阴凉、通风的库房。远离火种、热源。保持容器密封。应与强氧化剂、还原剂、碱类、食用化学品等隔离储运。搬运时轻装轻卸，防止容器受损。储存于阴凉、通风的库房。

紧急处置信息

急救措施

吸入：脱离现场至空气新鲜处。如呼吸困难，给输氧。就医。

眼睛接触：分开眼睑，用流动清水或生理盐水冲洗。如有不适感，就医。

皮肤接触：脱去污染的衣着，用肥皂水和清水彻底冲洗皮肤。如有不适感，就医。

食入：饮足量温水，催吐。就医。

灭火方法 消防人员必须穿全身耐酸碱消防服，佩戴空气呼吸器，在上风向灭火。尽可能将容器从火场移至空旷处。喷水保持火场容器冷却，直至灭火结束。

灭火剂：雾状水、泡沫、干粉、二氧化碳、砂土。

泄漏应急处置 隔离泄漏污染区，限制出入。消除所有点火源。建议应急处理人员戴防尘口罩，穿防毒服，戴橡胶手套。穿上适当的防护服前严禁接触破裂的容器和泄漏物。尽可能切断泄漏源。用塑料布覆盖泄漏物，减少飞散。勿使水进入包装容器内。用洁净的铲子收集泄漏物，置于干净、干燥、盖子较松的容器中，将容器移离泄漏区。

760. 3－硝基苯甲酰氯

标识

中文名称 3－硝基苯甲酰氯

英文名称 3－nitrobenzoyl chloride；*m*－nitrobenzoyl chloride

别名 间硝基苯甲酰氯；氯化间硝基苯甲酰

分子式 $C_7H_4ClNO_3$

CAS 号 121－90－4

WGH 号 81638

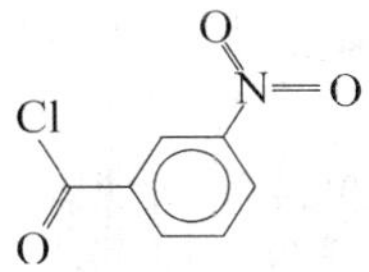

危害信息

危险性类别 第8类腐蚀品。

燃烧与爆炸危险性 可燃。燃烧产生有毒的氮氧化物、一氧化碳、氯化氢和光气。遇水发生剧烈反应，散发出具有刺激性和腐蚀性的氯化氢气体。遇高热分解释出高毒烟气。遇潮时对大多数金属有腐蚀性。若遇高热，容器内压增大，有开裂和爆炸的危险。

活性反应 与强氧化剂接触可发生化学反应。遇水发生剧烈反应，散发出具有刺激性和腐蚀性的氯化氢气体。

禁忌物 强氧化剂、强碱、水、醇类。

毒性 大鼠经口 LD_{50}：2460mg/kg；兔经皮 LD_{50}：790mg/kg。

侵入途径 吸入、食入、经皮吸收。

理化特性与用途

理化特性 黄色结晶或黄色至棕色液体，有刺激性气味。遇水和乙醇分解。溶于乙醚、苯。熔点30～35℃，沸点275～278℃，相对密度(水＝1)1.428，相对蒸气密度(空气＝1)6.43，饱和蒸气压0.67Pa(25℃)，辛醇/水分配系数1.25，闪点＞112℃。

主要用途 用于制染料、医药、彩色显影剂和有机合成。

包装与储运

包装标志 腐蚀品

包装类别 Ⅲ类

安全储运 储存于阴凉、干燥、通风良好的库房。远离火种、热源。防止阳光直射。储存温度不超过30℃，相对湿度不超过75%。保持容器密封。应与氧化剂、碱类、醇类等分开存放，切忌混储。配备相应品种和数量的消防器材。储区应备有泄漏应急处理设备和合适的收容材料。

紧急处置信息

急救措施

吸入：迅速脱离现场至空气新鲜处。保持呼吸道通畅。如呼吸困难，给输氧。呼吸、心跳停止，立即进行心肺复苏术。就医。

眼睛接触：分开眼睑，用流动清水或生理盐水冲洗。如有不适感，就医。

皮肤接触：立即脱去污染的衣着，用大量流动清水冲洗。如有不适感，就医。

食入：饮水。给饮牛奶或蛋清。就医。

灭火方法 消防人员必须穿全身耐酸碱消防服，佩戴空气呼吸器，在上风向灭火。尽可能将容器从火场移至空旷处。喷水保持火场容器冷却，直至灭火结束。处在火场中的容器若已变色或从安全泄压装置中发出声音，必须马上撤离。禁止用水、泡沫和酸碱灭火剂灭火

灭火剂：干粉、二氧化碳、砂土。

泄漏应急处置 隔离泄漏污染区，限制出入。消除所有点火源。建议应急处理人员戴防尘口罩，穿防酸碱服，戴耐酸碱手套。穿上适当的防护服前严禁接触破裂的容器和泄漏物。尽可能切断泄漏源。用塑料布覆盖泄漏物，减少飞散。勿使水进入包装容器内。用洁净的铲子收集泄漏物，置于干净、干燥、盖子较松的容器中，将容器移离泄漏区。

761. 硝基胍[含水≥20%]

标 识

中文名称 硝基胍[含水≥20%]

英文名称 nitroguanidine(wetted with not less than 20% water)

别名 橄苦岩；硝基亚胺脲

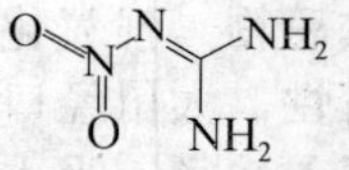

分子式 $CH_4N_4O_2$

CAS 号 556-88-7

WGH 号 11027

UN 号 0282

危害信息

危险性类别 第1类爆炸品；按《危险货物品名表》主危险性为1.1D类爆炸品。

燃烧与爆炸危险性 受撞击、摩擦，遇明火或其他点火源极易爆炸。受高热分解产生有毒的氮氧化物气体。

禁忌物 强氧化剂、强碱。

毒性 大鼠经口 LD_{50}：10200mg/kg；小鼠经口 LD_{50}：3850mg/kg。

中毒表现 本品进入机体可能有害。对眼睛、皮肤、黏膜和上呼吸道有刺激作用。

侵入途径 吸入、食入、经皮吸收。

环境危害 对水生生物是有害的。

理化特性与用途

理化特性 白色针状结晶。不溶于冷水，溶于热水，微溶于乙醇，不溶于乙醚，溶于碱。熔点239℃(分解)，沸点(爆炸)，相对密度(水=1)1.71，辛醇/水分配系数-0.89。

主要用途 是硝化纤维火药、硝化甘油火药以及二甘醇二硝酸酯的掺合剂，固体火箭推进剂的重要组分，也用作医药和化学中间体。

包装与储运

包装标志 爆炸品

安全储运 为安全起见，储存时可加不少于15%的水作稳定剂。储存于阴凉、干燥、通风的爆炸品专用库房。远离火种、热源。库温控制在0℃以下。应与氧化剂、碱类分开存放，切忌混储。配备相应品种和数量的消防器材。储区应备有合适的材料收容泄漏物。禁止震动、撞击和摩擦。

紧急处置信息

急救措施

吸入： 脱离现场至空气新鲜处。如呼吸困难，给输氧。呼吸、心跳停止，立即进行心肺复苏术。就医。

眼睛接触： 分开眼睑，用流动清水或生理盐水冲洗。如有不适感，就医。

皮肤接触： 脱去污染的衣着，用肥皂水和清水彻底冲洗皮肤。如有不适感，就医。

食入： 饮足量温水，催吐。就医。

灭火方法 消防人员需戴好防毒面具，穿全身消防服，在安全距离以外，在上风向灭火。遇大火切勿轻易接近，消防人员须在有防护掩蔽处操作。禁止用砂土压盖。用大量水灭火。

泄漏应急处置 消除所有点火源。隔离泄漏污染区，限制出入。建议应急处理人员戴防尘口罩，穿防毒服，戴橡胶手套。作业时使用的所有设备应接地。禁止接触或跨越泄漏物。润湿泄漏物。严禁设法扫除干的泄漏物。

762. 4－硝基联苯

标　　识

中文名称 4－硝基联苯

英文名称 4－nitrobiphenyl；*p*－nitrobiphenyl

别名 对硝基联苯

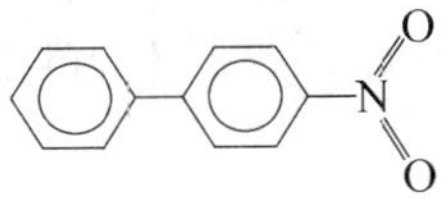

分子式 $C_{12}H_9NO_2$

CAS 号 92－93－3

WGH 号 41518

危害信息

危险性类别 第4.1类易燃固体。

燃烧与爆炸危险性 易燃。其粉体与空气混合，能形成爆炸性混合物。燃烧产生有毒的一氧化碳和氮氧化物。受热分解产生有毒的烟气。

活性反应 强氧化剂易引起燃烧。

禁忌物 强氧化剂、强碱。

毒性 大鼠经口 LD_{50}：2230mg/kg；兔经皮 LD_{50}：1970mg/kg。

欧盟法规1272/2008/EC将本品列为第1B类致癌物——可能对人类有致癌能力。

中毒表现 对人体有毒。中毒时损害中枢神经系统，出现紫绀、心肌缺氧、贫血、高铁血红蛋白血症。

侵入途径 吸入、食入、经皮吸收。

环境危害 对水生生物有毒，可能在水生环境中造成长期不利影响；有害空气污染物。

理化特性与用途

理化特性 白色至黄色针状结晶，略有芳香气味。不溶于水，微溶于冷乙醇，溶于乙醚、苯、氯仿、乙酸。熔点114℃，沸点340℃，相对密度（水＝1）1.328，饱和蒸气压0.004Pa（25℃），燃烧热－6064kJ/mol，辛醇/水分配系数3.77，闪点143℃（闭杯）。

主要用途 用作有机合成中间体。

包装与储运

包装标志 易燃固体

包装类别 Ⅲ类

安全储运 储存于阴凉、通风的库房。库温不宜超过35℃。远离火种、热源。防止阳光直射。包装密封。应与氧化剂、碱类分开存放，切忌混储。配备相应品种和数量的消防器材。储区应备有合适的材料收容泄漏物。

紧急处置信息

急救措施

吸入：立即脱离接触。如呼吸困难，给吸氧。如呼吸心跳停止，立即行心肺复苏术。就医。

眼睛接触：分开眼睑，用清水或生理盐水冲洗。如有不适感，就医。

皮肤接触：立即脱去污染衣着，用肥皂水或清水彻底冲洗。就医。

食入：饮足量温水，催吐。就医。

高铁血红蛋白血症可用美蓝和维生素C治疗。

灭火方法 消防人员必须佩戴空气呼吸器，穿全身防火防毒服，在上风向灭火。尽可能将容器从火场移至空旷处。喷水保持火场容器冷却，直至灭火结束。

灭火剂：雾状水、泡沫、干粉、二氧化碳、砂土。

泄漏应急处置 隔离泄漏污染区，限制出入。消除所有点火源。建议应急处理人员戴防尘口罩，穿一般作业工作服，戴防护手套。禁止接触或跨越泄漏物。小量泄漏：用洁净的铲子收集泄漏物，置于干净、干燥、盖子较松的容器中，将容器移离泄漏区。大量泄漏：用水润湿，并筑堤收容。防止泄漏物进入水体、下水道、地下室或受限空间。

763. 6－硝基－2－氯甲苯

标　识

中文名称 6－硝基－2－氯甲苯

英文名称 2－chlolor－6－nitrotoluene；1－chloro－2－methyl－3－nitrobenzene；6－chloro－2－nitrotoluene

别名 2－氯－6－硝基甲苯

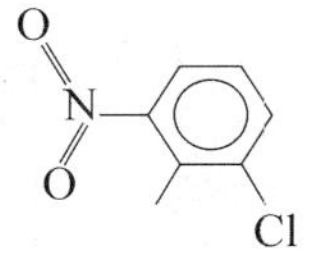

分子式 $C_7H_6ClNO_2$

CAS 号 83－42－1

UN 号 3457

危害信息

危险性类别 第6类有毒品。

燃烧与爆炸危险性 可燃。其粉体与空气混合，能形成爆炸性混合物。受高热分解放出有毒的气体。

禁忌物 强氧化剂、强碱。

毒性 小鼠静脉 LD_{50}：56mg/kg。

中毒表现 吸入、摄入或经皮肤吸收后对身体有害。具刺激作用。进入体内，可形成高铁血红蛋白致发生紫绀。

侵入途径 吸入、食入、经皮吸收。

环境危害 对水生生物有毒，可能在水生环境中造成长期不利影响；海洋污染物。

理化特性与用途

理化特性 黄色针状结晶或黄色至浅褐色块状物。不溶于水，溶于乙醇等多数有机溶剂。熔点33～37℃，沸点238℃，饱和蒸气压1.46Pa(25℃)，辛醇/水分配系数3.09，闪点125℃，引燃温度435℃。

主要用途 用于有机合成。

包装与储运

包装标志 有毒品

包装类别 Ⅲ类

安全储运 储存于阴凉、通风的库房。远离火种、热源。防止阳光直射。库温不宜超过35℃，相对湿度不超过82%。保持容器密封。应与氧化剂、碱类、强还原剂等分开存放，切忌混储。配备相应品种和数量的消防器材。储区应备有合适的材料收容泄漏物。

紧急处置信息

急救措施

吸入：立即脱离接触。如呼吸困难，给吸氧。如呼吸心跳停止，立即行心肺复苏术。就医。

眼睛接触：分开眼睑，用清水或生理盐水冲洗。如有不适感，就医。

皮肤接触：立即脱去污染衣着，用肥皂水或清水彻底冲洗。就医。

食入：饮足量温水，催吐。就医。

高铁血红蛋白血症可用美蓝和维生素C治疗

灭火方法 消防人员须佩戴防毒面具，穿全身消防服，在上风向灭火。尽可能将容器从火场移至空旷处。喷水保持火场容器冷却，直至灭火结束。

灭火剂：雾状水、泡沫、干粉、二氧化碳、砂土。

泄漏应急处置 隔离泄漏污染区，限制出入。消除所有点火源。建议应急处理人员戴防尘口罩，穿防毒服，戴防护手套。穿上适当的防护服前严禁接触破裂的容器和泄漏物。尽可能切断泄漏源。用塑料布覆盖泄漏物，减少飞散。勿使水进入包装容器内。用洁净的铲子收集泄漏物，置于干净、干燥、盖子较松的容器中，将容器移离泄漏区。

764. 4－硝基－1－萘胺

标　识

中文名称　4－硝基－1－萘胺

英文名称　4－nitro－1－naphthylamine；4－nitronaphthylamine

别名　1－氨基－4－硝基萘；4－硝基萘胺

分子式　$C_{10}H_8N_2O_2$

CAS 号　776－34－1

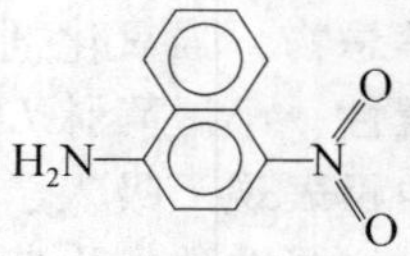

危害信息

燃烧与爆炸危险性　可燃。其粉体与空气混合，能形成爆炸性混合物。燃烧分解时，放出有毒的氮氧化物气体。

禁忌物　强氧化剂 。

中毒表现　对眼睛、黏膜、上呼吸道有刺激性，进入体内致高铁血红蛋白血症，引起紫绀。有溶血作用

侵入途径　吸入、食入、经皮吸收。

理化特性与用途

理化特性　金黄色粉末。微溶于热水，溶于乙醇、乙酸。熔点 190～193℃。

主要用途　用于有机合成，用作染料。

包装与储运

安全储运　储存于阴凉、通风的库房。远离火种、热源。保持容器密封。应与强氧化剂等隔离储运。搬运时轻装轻卸，防止容器受损。

紧急处置信息

急救措施

吸入：立即脱离接触。如呼吸困难，给吸氧。如呼吸心跳停止，立即行心肺复苏术。就医。

眼睛接触：分开眼睑，用清水或生理盐水冲洗。如有不适感，就医。

皮肤接触：立即脱去污染衣着，用肥皂水或清水彻底冲洗。就医。

食入：饮足量温水，催吐。就医。

高铁血红蛋白血症可用美蓝和维生素 C 治疗。

灭火方法　消防人员须佩戴防毒面具，穿全身消防服，在上风向灭火。尽可能将容器从火场移至空旷处。喷水保持火场容器冷却，直至灭火结束。

灭火剂：雾状水、泡沫、干粉、二氧化碳、砂土。

泄漏应急处置　隔离泄漏污染区，限制出入。消除所有点火源。建议应急处理人员戴防尘口罩，穿防毒服，戴橡胶手套。穿上适当的防护服前严禁接触破裂的容器和泄漏物。尽可能切断泄漏源。用塑料布覆盖泄漏物，减少飞散。勿使水进入包装容器内。用洁净的铲子收集泄漏物，置于干净、干燥、盖子较松的容器中，将容器移离泄漏区。

765. 硝基乙烷

标识

中文名称 硝基乙烷

英文名称 nitroethane

分子式 $C_2H_5NO_2$

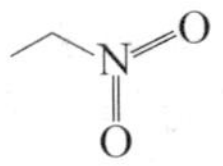

CAS 号 79-24-3

WGH 号 33521；32021[铁规]

UN 号 2842

危害信息

危险性类别 第3类易燃液体。

燃烧与爆炸危险性 易燃。其蒸气与空气混合，能形成爆炸性混合物。强烈震动或受热均能引起燃烧爆炸。燃烧分解时，放出有毒的氮氧化物气体。

活性反应 强烈震动及受热或遇无机碱类、氧化剂、烃类、胺类及三氯化铝、六甲基苯等均能引起燃烧爆炸。

禁忌物 强还原剂、强酸、强碱、胺类。

毒性 大鼠经口 LD_{50}：1100mg/kg；小鼠经口 LD_{50}：860mg/kg。

中毒表现 本品有麻醉作用，有轻度刺激性。

侵入途径 吸入、食入。

职业接触限值

中国：PC-TWA：300mg/m^3。

美国(ACGIH)：TLV-TWA：100ppm。

理化特性与用途

理化特性 无色油状液体，有令人愉快的但轻微刺激性气味。不溶于水，混溶于甲醇、乙醇、乙醚、氯仿，溶于丙酮，稀碱等。熔点-89.5℃，沸点114℃，相对密度(水=1)1.05，相对蒸气密度(空气=1)2.58，饱和蒸气压2.08kPa(20℃)，燃烧热-1362kJ/mol，临界温度388℃，辛醇/水分配系数0.18，闪点28℃(闭杯)、40℃(开杯)，引燃温度414℃，爆炸下限3.4%。

主要用途 用于有机合成；用作硝化纤维素及其他树脂、蜡、脂肪、染料等的溶剂，医药中间体，炸药，火箭燃料和分析试剂。

包装与储运

包装标志 易燃液体

包装类别 Ⅲ类

安全储运 储存于阴凉、干燥、通风良好的不燃库房。远离火种、热源。库温不宜超过37℃。保持容器密封。应与氧化剂、还原剂、酸类、碱类等分开存放，切忌混储。采用防爆型照明、通风设施。禁止使用易产生火花的机械设备和工具。储区应备有泄漏应急处理设备和合适的收容材料。

紧急处置信息

急救措施

吸入: 脱离现场至空气新鲜处。如呼吸困难,给输氧。呼吸、心跳停止,立即进行心肺复苏术。就医。

眼睛接触: 分开眼睑,用流动清水或生理盐水冲洗。如有不适感,就医。

皮肤接触: 脱去污染的衣着,用肥皂水和清水彻底冲洗皮肤。如有不适感,就医。

食入: 漱口。就医。

灭火方法　消防人员须戴好防毒面具,穿全身消防服,在安全距离以外,在上风向灭火。尽可能将容器从火场移至空旷处。喷水保持火场容器冷却,直至灭火结束。处在火场中的容器若已变色或从安全泄压装置中发出声音,必须马上撤离。禁止用砂土压盖。

灭火剂:雾状水、泡沫、二氧化碳、干粉。

泄漏应急处置　消除所有点火源。根据液体流动和蒸气扩散的影响区域划定警戒区,无关人员从侧风、上风向撤离至安全区。建议应急处理人员戴正压自给式呼吸器,穿防静电服,戴橡胶耐油手套。作业时使用的所有设备应接地。禁止接触或跨越泄漏物。尽可能切断泄漏源。防止泄漏物进入水体、下水道、地下室或受限空间。小量泄漏:用砂土或其他不燃材料吸收。使用洁净的无火花工具收集吸收材料。大量泄漏:构筑围堤或挖坑收容。用泡沫覆盖,减少蒸发。喷水雾能减少蒸发,但不能降低泄漏物在受限空间内的易燃性。用防爆泵转移至槽车或专用收集器内。

766. 硝　酸　钯

标　识

中文名称　硝酸钯

英文名称　palladium dinitrate; palladium nitrate; palladous nitrate

别名　硝酸亚钯

分子式　$Pd(NO_3)_2$

CAS 号　10102-05-3

WGH 号　51522

UN 号　1477

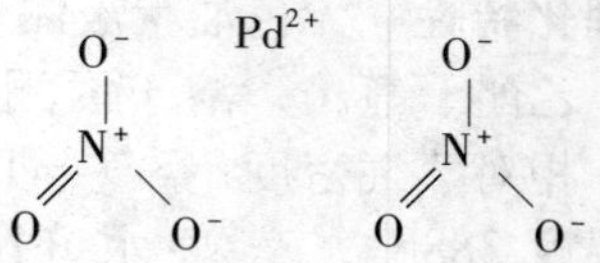

危害信息

危险性类别　第 5.1 类氧化剂。

燃烧与爆炸危险性　助燃。与可燃物混合能形成爆炸性混合物。高温时分解,释出有毒的氮氧化物气体。

活性反应　与还原剂、有机物、易燃物如硫、磷或金属粉末等混合可形成爆炸性混合物。

禁忌物　还原剂、易燃或可燃物、活性金属粉末、硫、磷。

中毒表现　对皮肤有刺激性。热解释出剧毒的氮氧化物气体。

侵入途径　吸入、食入。

环境危害　对水生生物是有害的。

理化特性与用途

理化特性 棕色吸湿性结晶或粉末。溶于水，溶于稀硝酸。密度1.118g/cm^3(25℃)。

主要用途 用作分析试剂和氧化剂，用于分离氯和碘，也用作有机合成催化剂。

包装与储运

包装标志 氧化剂

包装类别 Ⅲ类

安全储运 储存于阴凉、通风的库房。远离火种、热源。库温不超过30℃。相对湿度不超过80%。包装密封。应与易(可)燃物、还原剂等分开存放，切忌混储。储区应备有合适的材料收容泄漏物。

紧急处置信息

急救措施

吸入: 迅速脱离现场至空气新鲜处。保持呼吸道通畅。如呼吸困难，给输氧。呼吸、心跳停止，立即进行心肺复苏术。就医。

眼睛接触: 分开眼睑，用流动清水或生理盐水冲洗。如有不适感，就医。

皮肤接触: 立即脱去污染的衣着，用肥皂水和清水彻底冲洗皮肤。如有不适感，就医。

食入: 饮足量温水，催吐。就医。

灭火方法 消防人员必须佩戴空气呼吸器，穿全身防火防毒服，在上风向灭火。尽可能将容器从火场移至空旷处。喷水保持火场容器冷却，直至灭火结束。切勿将水流直接射至熔融物，以免引起严重的流淌火灾或引起剧烈的沸溅。本品不燃。根据着火原因选择适当灭火剂灭火。

泄漏应急处置 隔离泄漏污染区，限制出入。建议应急处理人员戴防尘口罩，穿防毒服，戴橡胶手套。勿使泄漏物与可燃物质(如木材、纸、油等)接触。穿上适当的防护服前严禁接触破裂的容器和泄漏物。尽可能切断泄漏源。勿使水进入包装容器内。小量泄漏:用洁净的铲子收集泄漏物，置于干净、干燥、盖子较松的容器中，将容器移离泄漏区。大量泄漏:泄漏物回收后，用水冲洗泄漏区。

767. 硝 酸 钡

标 识

中文名称 硝酸钡

英文名称 barium nitrate; nitric acid, barium salt

分子式 $Ba(NO_3)_2$

CAS 号 10022-31-8

WGH 号 51060

UN 号 1446

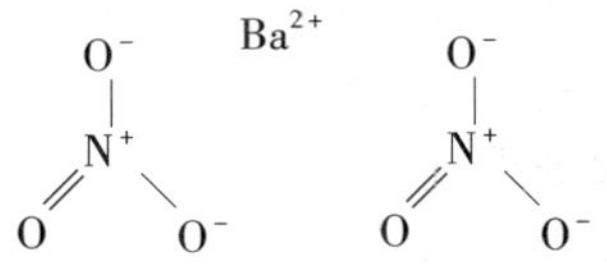

危害信息

危险性类别 第5.1类氧化剂。

燃烧与爆炸危险性　助燃。与可燃物混合能形成爆炸性混合物。燃烧分解时，放出有毒的氮氧化物气体。

活性反应　与还原剂、有机物、易燃物如硫、磷或金属粉末等混合可形成爆炸性混合物。

禁忌物　酸类、碱、酸酐、易燃或可燃物、强还原剂。

毒性　大鼠经口 LD_{50}：355mg/kg；小鼠经口 LD_{50}：266mg/kg。

中毒表现　误服后表现为恶心、呕吐、腹痛、腹泻、脉缓、头痛、眩晕等。严重中毒出现进行性肌麻痹、心律紊乱、血压降低、血钾明显降低等。可死于心律紊乱和呼吸肌麻痹。肾脏可能受损。大量吸入本品粉尘亦可引起中毒，但消化道反应较轻

长期接触可致口腔炎、鼻炎、结膜炎、腹泻、心动过速、脱发等。

侵入途径　吸入、食入。

职业接触限值

中国：PC－TWA：0.5mg/m^3，PC－STEL：1.5mg/m^3[按钡计]。

美国(ACGIH)：TLV－TWA：0.5mg/m^3[按钡计]。

环境危害　对水生生物有毒。

理化特性与用途

理化特性　无色或白色立方结晶或粉末，微有吸湿性。溶于水，微溶于乙醇、丙酮，溶于浓硫酸，不溶于浓硝酸。熔点590℃，沸点(分解)，相对密度(水=1)3.24，相对蒸气密度(空气=1)9。

主要用途　用于制造烟火、搪瓷、杀虫剂、钡盐等。

包装与储运

包装标志　氧化剂，有毒品

包装类别　Ⅱ类

安全储运　储存于阴凉、通风的库房。库温不超过30℃。相对湿度不超过80%。远离火种、热源。应与易(可)燃物、还原剂、酸类、碱类、食用化学品分开存放，切忌混储。储区应备有合适的材料收容泄漏物。

紧急处置信息

急救措施

吸入：迅速脱离现场至空气新鲜处。保持呼吸道通畅。如呼吸困难，给输氧。呼吸、心跳停止，立即进行心肺复苏术。就医。

眼睛接触：分开眼睑，用流动清水或生理盐水冲洗。如有不适感，就医。

皮肤接触：脱去污染的衣着，用肥皂水和清水彻底冲洗皮肤。如有不适感，就医。

食入：饮足量温水，催吐。用2%～5%硫酸钠或硫酸镁溶液洗胃，导泻。就医。

灭火方法　消防人员必须佩戴空气呼吸器，穿全身防火防毒服，在上风向灭火。尽可能将容器从火场移至空旷处。喷水保持火场容器冷却，直至灭火结束。切勿将水流直接射至熔融物，以免引起严重的流淌火灾或引起剧烈的沸溅。本品不燃。根据着火原因选择适当灭火剂灭火。

泄漏应急处置　隔离泄漏污染区，限制出入。建议应急处理人员戴防尘口罩，穿防毒服，戴氯丁橡胶手套。勿使泄漏物与可燃物质(如木材、纸、油等)接触。穿上适当的防护服前严禁接触破裂的容器和泄漏物。尽可能切断泄漏源。用洁净的铲子收集泄漏物，置于干净、干燥、盖子较松的容器中，将容器移离泄漏区。

768. 硝酸苯汞

标识

中文名称 硝酸苯汞

英文名称 phenyl mercuric nitrate; nitratophenylmercury

分子式 $C_6H_5HgNO_3$

CAS 号 55-68-5

WGH 号 61093

UN 号 1895

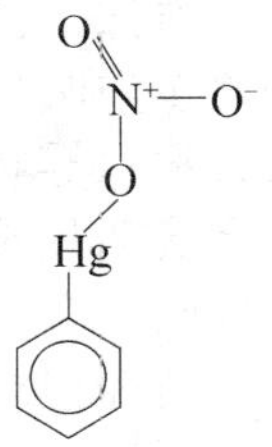

危害信息

危险性类别 第6类有毒品。

燃烧与爆炸危险性 可燃。其粉体与空气混合，能形成爆炸性混合物。遇高热分解释出高毒烟气。

禁忌物 强氧化剂、强酸。

毒性 大鼠皮下 LD_{50}：63mg/kg。小鼠腹腔内 LD_{50}：8mg/kg。

中毒表现 误服或吸入会中毒。有机汞主要侵犯神经系统，表现为进行性神经麻痹、共济失调、神经衰弱综合征，重者可出现神志障碍、谵妄、昏迷，可引起接触性皮炎等。

侵入途径 吸入、食入、经皮吸收。

职业接触限值

中国：PC-TWA：0.01mg/m^3；PC-STEL：0.03mg/m^3[皮，按汞计]。

美国(ACGIH)：TLV-TWA：0.1mg/m^3[皮，按汞计]。

环境危害 对水生生物有极高毒性，可能在水生环境中造成长期不利影响；严重海洋污染物。

理化特性与用途

理化特性 白色结晶或灰色结晶粉末。不溶于水，微溶于乙醇、甘油，溶于热乙醇、苯。熔点176~186℃，分解温度187~190℃，饱和蒸气压8.26MPa(25℃)，辛醇/水分配系数1.27。

主要用途 用作除草剂、杀菌剂、消毒剂、防腐剂。

包装与储运

包装标志 有毒品

包装类别 Ⅱ类

安全储运 储存于阴凉、通风的库房。远离火种、热源。防止阳光直射。库温不宜超过35℃，相对湿度不超过85%。保持容器密封。应与氧化剂、强酸、碱类等分开存放，切忌混储。避免使用铝、铜、锌等制设备。配备相应品种和数量的消防器材。储区应备有合适的材料收容泄漏物。

紧急处置信息

急救措施

吸入：迅速脱离现场至空气新鲜处。保持呼吸道通畅。如呼吸困难，给输氧。呼吸、心跳停止，立即进行心肺复苏术。就医。

眼睛接触：分开眼睑，用流动清水或生理盐水冲洗。如有不适感，就医。

皮肤接触：脱去污染的衣着，用大量流动清水冲洗。如有不适感，就医。

食入：如患者神志清醒，催吐，洗胃。口服活性炭，导泻。就医。

灭火方法 消防人员须佩戴防毒面具，穿全身消防服，在上风向灭火。尽可能将容器从火场移至空旷处。喷水保持火场容器冷却，直至灭火结束。

灭火剂：雾状水、泡沫、干粉、二氧化碳、砂土。

泄漏应急处置 隔离泄漏污染区，限制出入。建议应急处理人员戴防尘口罩，穿防毒服，戴橡胶手套。穿上适当的防护服前严禁接触破裂的容器和泄漏物。尽可能切断泄漏源。用塑料布覆盖泄漏物，减少飞散。勿使水进入包装容器内。用洁净的铲子收集泄漏物，置于干净、干燥、盖子较松的容器中，将容器移离泄漏区。

769. 硝 酸 铋

标 识

中文名称 硝酸铋

英文名称 bismuth nitrate；bismuth trinitrate

别名 五水合硝酸铋

分子式 $Bi(NO_3)_3$

CAS 号 10361－44－1

WGH 号 51522

UN 号 1477

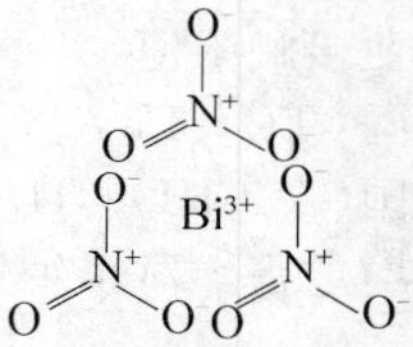

危害信息

危险性类别 第5.1类氧化剂。

燃烧与爆炸危险性 助燃。与可燃物混合能形成爆炸性混合物。

活性反应 与还原剂、有机物、易燃物如硫、磷或金属粉末等混合可形成爆炸性混合物。

禁忌物 还原剂、易燃或可燃物、活性金属粉末、硫、磷。

毒性 大鼠经口 LD_{50}：4042mg/kg；小鼠经口 LD_{50}：3710mg/kg。

中毒表现 对眼睛、皮肤、黏膜和上呼吸道有刺激性。至今未发现有职业中毒报导。非职业性中毒可发生肝、肾、中枢神经系统损害及药疹等。

侵入途径 吸入、食入。

环境危害 对水生生物有毒。

理化特性与用途

理化特性 无色透明有光泽的结晶，有吸湿性。溶于稀硝酸、丙酮，不溶于乙醇。熔点30℃，相对密度(水＝1)2.83。

主要用途 用于制造药物、铋盐和发光涂料，用作各种触媒原料，也用作化学试剂。

包装与储运

包装标志 氧化剂

包装类别 Ⅲ类

安全储运 储存于阴凉、通风的库房。远离火种、热源。库温不超过30℃。相对湿度不超过80%。包装密封。应与易(可)燃物、还原剂等分开存放，切忌混储。储区应备有合适的材料收容泄漏物。

紧急处置信息

急救措施

吸入：迅速脱离现场至空气新鲜处。保持呼吸道通畅。如呼吸困难，给输氧。呼吸、心跳停止，立即进行心肺复苏术。就医。

眼睛接触：分开眼睑，用流动清水或生理盐水冲洗。如有不适感，就医。

皮肤接触：立即脱去污染的衣着，用肥皂水和清水彻底冲洗皮肤。如有不适感，就医。

食入：饮足量温水，催吐。就医。

灭火方法 消防人员必须佩戴空气呼吸器，穿全身防火防毒服，在上风向灭火。尽可能将容器从火场移至空旷处。喷水保持火场容器冷却，直至灭火结束。切勿将水流直接射至熔融物，以免引起严重的流淌火灾或引起剧烈的沸溅。本品不燃。根据着火原因选择适当灭火剂灭火。

泄漏应急处置 隔离泄漏污染区，限制出入。建议应急处理人员戴防尘口罩，穿防毒服，戴橡胶手套。勿使泄漏物与可燃物质(如木材、纸、油等)接触。穿上适当的防护服前严禁接触破裂的容器和泄漏物。尽可能切断泄漏源。勿使水进入包装容器内。小量泄漏：用洁净的铲子收集泄漏物，置于干净、干燥、盖子较松的容器中，将容器移离泄漏区。大量泄漏：泄漏物回收后，用水冲洗泄漏区。

770. 硝酸丙酯

标　识

中文名称 硝酸丙酯

英文名称 *n* - propyl nitrate；propyl nitrate

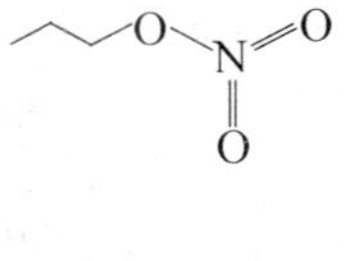

别名 硝酸正丙酯

分子式 $C_3H_7NO_3$

CAS 号 627 - 13 - 4

WGH 号 32155；31255[铁规]

UN 号 1865

危害信息

危险性类别 第3类易燃液体。

燃烧与爆炸危险性 易燃。其蒸气与空气混合，能形成爆炸性混合物，遇明火、高热可能引起燃烧爆炸。燃烧产生有毒的一氧化碳和氮氧化物气体。

活性反应 具有强氧化性。

禁忌物 还原剂、氧化剂。

毒性 兔静注 LD_{50}：200mg/kg。

侵入途径 吸入、食入。

职业接触限值 美国(ACGIH)：TLV－TWA：25ppm；TLV－STEL：40ppm。

环境危害 对水生生物是有毒的。

理化特性与用途

理化特性 淡黄色液体，有类似醚的气味。微溶于水，溶于乙醇、乙醚。熔点－100℃，沸点110℃，相对密度(水＝1)1.05，相对蒸气密度(空气＝1)3.6，饱和蒸气压2.4kPa(20℃)，辛醇/水分配系数1.74，闪点20℃(闭杯)，引燃温度175℃，爆炸下限2%，爆炸上限100%

主要用途 用作火箭燃料，有机合成中间体和化学试剂等。

包装与储运

包装标志 易燃液体

包装类别 Ⅱ类

安全储运 储存于阴凉、干燥、通风良好的库房。远离火种、热源。库温不宜超过37℃。保持容器密封。应与还原剂、酸类等分开存放，切忌混储。采用防爆型照明、通风设施。禁止使用易产生火花的机械设备和工具。灌装时注意流速，防止静电积聚。储区应备有泄漏应急处理设备和合适的收容材料。

紧急处置信息

急救措施

吸入： 脱离现场至空气新鲜处。如呼吸困难，给输氧。呼吸、心跳停止，立即进行心肺复苏术。就医。

眼睛接触： 分开眼睑，用流动清水或生理盐水冲洗。如有不适感，就医。

皮肤接触： 脱去污染的衣着，用肥皂水和清水彻底冲洗皮肤。如有不适感，就医。

食入： 口服活性炭。就医。

灭火方法 消防人员须戴好防毒面具，穿全身消防服，在上风向灭火。尽可能将容器从火场移至空旷处。喷水保持火场容器冷却，直至灭火结束。处在火场中的容器若已变色或从安全泄压装置中发出声音，必须马上撤离。

灭火剂：泡沫、二氧化碳、干粉、砂土。

泄漏应急处置 消除所有点火源。根据液体流动和蒸气扩散的影响区域划定警戒区，无关人员从侧风、上风向撤离至安全区。建议应急处理人员戴正压自给式呼吸器，穿防毒、防静电服，戴橡胶耐油手套。作业时使用的所有设备应接地。禁止接触或跨越泄漏物。尽可能切断泄漏源。防止泄漏物进入水体、下水道、地下室或受限空间。小量泄漏：用砂土或其他不燃材料吸收。使用洁净的无火花工具收集吸收材料。大量泄漏：构筑围堤或挖坑收容。用泡沫覆盖，减少蒸发。喷水雾能减少蒸发，但不能降低泄漏物在受限空间内的易燃性。用防爆泵转移至槽车或专用收集器内。

771. 硝 酸 钙

标 识

中文名称 硝酸钙

英文名称 calcium nitrate；lime nitrate

别名 钙硝石

分子式 $Ca(NO_3)_2$

CAS 号 10124－37－5

WGH 号 51057

UN 号 1454

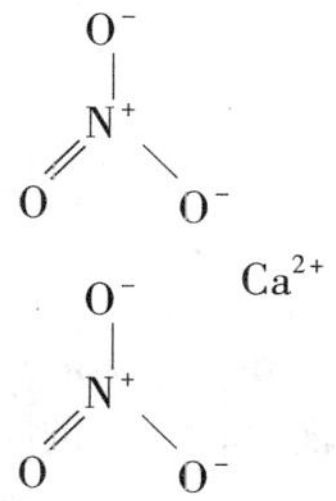

危害信息

危险性类别 第5.1类氧化剂。

燃烧与爆炸危险性 助燃。与可燃物混合能形成爆炸性混合物。受热分解，放出氧气。燃烧和受高热分解，产生有毒的氮氧化物气体。

禁忌物 强还原剂、强酸、磷、铝、硫。

毒性 大鼠经口3900mg/kg。

中毒表现 吸入本品粉尘，对鼻、喉及呼吸道有刺激性，引起咳嗽及胸部不适等。对眼有刺激性。

长期反复接触粉尘对皮肤有刺激性。

侵入途径 吸入、食入。

环境危害 对水生生物有毒。

理化特性与用途

理化特性 无色透明单斜结晶或粉末，易潮解。易溶于水，易溶于液氨、丙酮，不溶于浓硝酸。pH值6(5%水溶液)，熔点560℃，密度2.5g/cm^3(25℃)。

主要用途 用于制造烟火、炸药、火柴、肥料等。

包装与储运

包装标志 氧化剂

包装类别 Ⅲ类

安全储运 储存于阴凉、通风的库房。库温不超过28℃。相对湿度不超过75%。远离火种、热源。应与还原剂、酸类等分开存放，切忌混储。储区应备有合适的材料收容泄漏物。

紧急处置信息

急救措施

吸入：迅速脱离现场至空气新鲜处。保持呼吸道通畅。如呼吸困难，给输氧。呼吸、心跳停止，立即进行心肺复苏术。就医。

眼睛接触：分开眼睑，用流动清水或生理盐水冲洗。如有不适感，就医。

皮肤接触：立即脱去污染的衣着，用肥皂水和清水彻底冲洗皮肤。如有不适感，就医。

食入：饮足量温水，催吐。就医。

灭火方法　消防人员必须佩戴空气呼吸器，穿全身防火防毒服，在上风向灭火。尽可能将容器从火场移至空旷处。喷水保持火场容器冷却，直至灭火结束。本品不燃。根据着火原因选择适当灭火剂灭火。

泄漏应急处置　隔离泄漏污染区，限制出入。建议应急处理人员戴防尘口罩，穿防毒服，戴氯丁橡胶手套。勿使泄漏物与可燃物质(如木材、纸、油等)接触。穿上适当的防护服前严禁接触破裂的容器和泄漏物。尽可能切断泄漏源。勿使水进入包装容器内。小量泄漏：用洁净的铲子收集泄漏物，置于干净、干燥、盖子较松的容器中，将容器移离泄漏区。大量泄漏：泄漏物回收后，用水冲洗泄漏区。

772. 硝　酸　锆

标　识

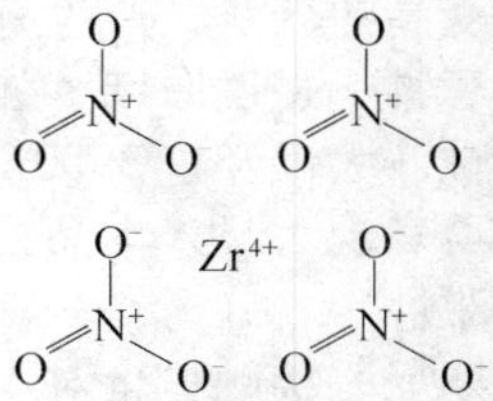

中文名称　硝酸锆

英文名称　zirconium nitrate；zirconium tetranitrate

分子式　$Zr(NO_3)_4$

CAS 号　13746－89－9

WGH 号　51064

UN 号　2728

危害信息

危险性类别　第 5.1 类氧化剂。

燃烧与爆炸危险性　助燃。与可燃物混合能形成爆炸性混合物。受高热分解，产生有毒的氮氧化物。

活性反应　与还原剂、有机物、易燃物如硫、磷或金属粉末等混合可形成爆炸性混合物。

禁忌物　还原剂、易燃或可燃物、活性金属粉末、硫、磷。

毒性　大鼠经口 LD_{50}：3170mg/kg。

中毒表现　对眼睛、皮肤、黏膜有刺激作用。工业上接触尚未见有中毒病例。在高温下可分解，释放出剧毒的氮氧化物气体，吸入后可引起中毒。

侵入途径　吸入、食入。

职业接触限值

中国：PC－TWA：5mg/m^3，PC－STEL：10mg/m^3[按锆计]。

美国(ACGIH)：TLV－TWA：5mg/m^3，TLV－STEL：10mg/m^3[按锆计]。

环境危害　对水生生物有害。

理化特性与用途

理化特性　白色板状结晶，易吸潮。溶于水，溶于乙醇。熔点 100℃(分解)，相对密度(水＝1)1.4。

主要用途　用作防腐剂、试剂、催化剂及用于锆盐制造。

包装与储运

包装标志 氧化剂

包装类别 Ⅲ类

安全储运 储存于阴凉、通风的库房。库温不超过30℃。相对湿度不超过80%。远离火种、热源。包装必须完整密封。防止吸潮。应与易(可)燃物、还原剂等分开存放，切忌混储。储区应备有合适的材料收容泄漏物。

紧急处置信息

急救措施

吸入：迅速脱离现场至空气新鲜处。保持呼吸道通畅。如呼吸困难，给输氧。呼吸、心跳停止，立即进行心肺复苏术。就医。

眼睛接触：分开眼睑，用流动清水或生理盐水冲洗。如有不适感，就医。

皮肤接触：立即脱去污染的衣着，用肥皂水和清水彻底冲洗皮肤。如有不适感，就医。

食入：饮足量温水，催吐。就医。

灭火方法 消防人员须佩戴防毒面具，穿全身消防服，在上风向灭火。尽可能将容器从火场移至空旷处。喷水保持火场容器冷却，直至灭火结束。本品不燃。根据着火原因选择适当灭火剂灭火。

泄漏应急处置 隔离泄漏污染区，限制出入。建议应急处理人员戴防尘口罩，穿防毒服，戴氯丁橡胶手套。勿使泄漏物与可燃物质(如木材、纸、油等)接触。穿上适当的防护服前严禁接触破裂的容器和泄漏物。尽可能切断泄漏源。勿使水进入包装容器内。小量泄漏：用洁净的铲子收集泄漏物，置于干净、干燥、盖子较松的容器中，将容器移离泄漏区。大量泄漏：泄漏物回收后，用水冲洗泄漏区。

773. 硝 酸 镉

标 识

中文名称 硝酸镉

英文名称 cadmium nitrate；cadmium（Ⅱ）nitrate，tetrahydrate；cadmium dinitrate

别名 四水合硝酸镉

分子式 $Cd(NO_3)_2$

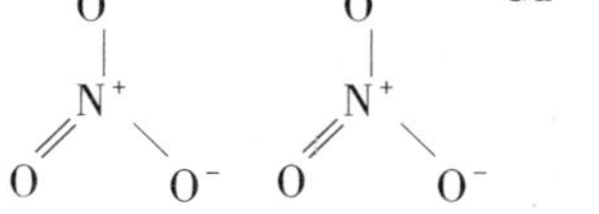

CAS 号 10325－94－7

WGH 号 51522

UN 号 1477

危害信息

危险性类别 第5.1类氧化剂。

燃烧与爆炸危险性 助燃。与可燃物混合能形成爆炸性混合物。高温时分解，释出有毒的氮氧化物气体。

活性反应 与还原剂、有机物、易燃物如硫、磷或金属粉末等混合可形成爆炸性混合物。

禁忌物 易燃或可燃物、硫、磷、还原剂、金属粉末等。

毒性 大鼠经口 LD_{50}：300mg/kg；小鼠经口 LD_{50}：47mg/kg；小鼠吸入 LC_{50}：3850mg/m^3

IARC 致癌性评论：G1，确认人类致癌物。

中毒表现 急性中毒表现为吸入可引起呼吸道刺激症状，可发生化学性肺炎，肺水肿；误食后可引起急剧的胃肠道刺激症状，有恶心、呕吐、腹泻、腹痛、里急后重、全身乏力、肌肉疼痛和虚脱等，重者可危及生命。

慢性中毒：长期接触引起支气管炎，肺气肿，以肾小管病变为主的肾脏损害。重者可发生骨质疏松，骨质软化或慢性肾功能衰竭。可发生贫血、嗅觉减退或丧失等。

侵入途径 吸入、食入。

职业接触限值

中国：PC－TWA：0.01mg/m^3，PC－STEL：0.02mg/m^3[按镉计]。

美国(ACGIH)：TLV－TWA：0.002mg/m^3[按镉计，可呼吸性]。

环境危害 对水生生物有极高毒性，可能在水生环境中造成长期不利影响。

理化特性与用途

理化特性 无色棱形或针状结晶，在空气中潮解。溶于水，溶于乙醇、乙醚、丙酮、乙酸乙酯、氨，易溶于酸。熔点59.4℃，沸点132℃，相对密度(水＝1)2.46。

主要用途 用于制其他镉盐、催化剂、电池、照相乳剂，用作陶瓷和玻璃着色剂、分析试剂等。

包装与储运

包装标志 氧化剂

包装类别 Ⅲ类

安全储运 储存于阴凉、干燥、通风的库房。远离火种、热源。库温不超过30℃。相对湿度不超过80%。包装必须完整密封。防止吸潮。应与易(可)燃物、食用化学品分开存放，切忌混储。储区应备有合适的材料收容泄漏物。

紧急处置信息

急救措施

吸入：迅速脱离现场至空气新鲜处。保持呼吸道通畅。如呼吸困难，给输氧。呼吸、心跳停止，立即进行心肺复苏术。就医。

眼睛接触：分开眼睑，用流动清水或生理盐水冲洗。如有不适感，就医。

皮肤接触：立即脱去污染的衣着，用肥皂水和清水彻底冲洗皮肤。如有不适感，就医。

食入：饮足量温水，催吐。就医。

灭火方法 消防人员必须佩戴空气呼吸器，穿全身防火防毒服，在上风向灭火。尽可能将容器从火场移至空旷处。喷水保持火场容器冷却，直至灭火结束。本品不燃。根据着火原因选择适当灭火剂灭火。

泄漏应急处置 隔离泄漏污染区，限制出入。建议应急处理人员戴防尘口罩，穿防毒服，戴橡胶手套。勿使泄漏物与可燃物质(如木材、纸、油等)接触。穿上适当的防护服前严禁接触破裂的容器和泄漏物。尽可能切断泄漏源。勿使水进入包装容器内。小量泄漏：用洁净的铲子收集泄漏物，置于干净、干燥、盖子较松的容器中，将容器移离泄漏区。大量泄漏：泄漏物回收后，用水冲洗泄漏区。

774. 硝 酸 铬

标 识

中文名称 硝酸铬

英文名称 chromium trinitrate; chromium(III) nitrate; chromic nitrate

别名 九水合硝酸铬

分子式 $Cr(NO_3)_3 \cdot 9H_2O$

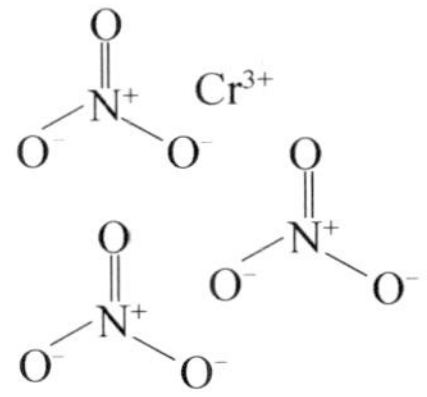

CAS 号 13548-38-4

WGH 号 51522

UN 号 2720

危害信息

危险性类别 第5.1类氧化剂。

燃烧与爆炸危险性 助燃。与可燃物混合能形成爆炸性混合物。遇高热分解释出高毒烟气。

活性反应 与有机物、还原剂、易燃物如硫、磷等接触或混合时有引起燃烧爆炸的危险。

禁忌物 强还原剂、易燃或可燃物如硫、磷等。

毒性 大鼠经口 LD_{50}：3250mg/kg；小鼠经口 LD_{50}：2976mg/kg。

中毒表现 吸入有害，刺激和灼伤呼吸道。对眼睛和皮肤有刺激性，可致灼伤。对皮肤有致敏性。口服灼伤消化道。

侵入途径 吸入、食入、经皮吸收。

职业接触限值 美国(ACGIH)：TLV-TWA：0.5mg/m^3[皮，按铬计]。

环境危害 对水生生物有害。

理化特性与用途

理化特性 红紫色单斜结晶或粉末，易潮解。易溶于水，溶于乙醇、丙酮、酸、碱，不溶于苯、氯仿、四氯化碳。熔点60℃，分解温度100℃，相对密度(水=1)1.8。

主要用途 用于制备含铬的催化剂、玻璃陶瓷釉彩，用作媒染剂、缓蚀剂等。

包装与储运

包装标志 氧化剂

包装类别 Ⅲ类

安全储运 储存于阴凉、干燥、通风的库房。远离火种、热源。库温不超过30℃。相对湿度不超过80%。防止阳光直射。包装密封。应与还原剂、易(可)燃物等分开存放，切忌混储。配备相应品种和数量的消防器材。储区应备有合适的材料收容泄漏物。

紧急处置信息

急救措施

吸入：迅速脱离现场至空气新鲜处。保持呼吸道通畅。如呼吸困难，给输氧。呼吸、心跳停止，立即进行心肺复苏术。就医。

眼睛接触: 立即分开眼睑，用大量流动清水或生理盐水彻底冲洗 10 ~ 15min。就医。

皮肤接触: 立即脱去污染的衣着，用大量流动清水彻底冲洗，冲洗时间一般要求 20 ~ 30min。就医。

食入: 用水漱口，给饮牛奶或蛋清。就医。

灭火方法 消防人员必须戴空气呼吸器，穿全身防火防毒服，在上风向灭火。灭火时尽可能将容器从火场移至空旷处。本品不燃。根据着火原因选择适当灭火剂灭火。

泄漏应急处置 隔离泄漏污染区，限制出入。消除所有点火源。建议应急处理人员戴防尘口罩，穿防毒服，戴橡胶手套。勿使泄漏物与可燃物质(如木材、纸、油等)接触。穿上适当的防护服前严禁接触破裂的容器和泄漏物。尽可能切断泄漏源。用洁净的铲子收集泄漏物，置于干净、干燥、盖子较松的容器中，将容器移离泄漏区。

775. 硝 酸 钴

标 识

中文名称 硝酸钴

英文名称 cobalt dinitrate; cobaltous nitrate; cobalt(II) nitrate

别名 硝酸亚钴

分子式 $Co(NO_3)_2$

CAS 号 10141 - 05 - 6

WGH 号 51522

UN 号 1477

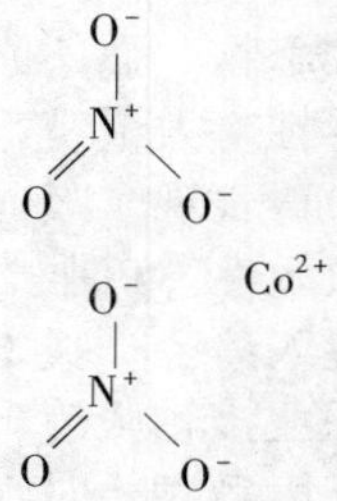

危害信息

危险性类别 第 5.1 类氧化剂。

燃烧与爆炸危险性 助燃。与可燃物混合能形成爆炸性混合物。在 74℃开始分解，放出有毒的氮氧化物。

活性反应 与还原剂、有机物、易燃物如硫、磷或金属粉末等混合可形成爆炸性混合物。

禁忌物 易燃或可燃物、强还原剂、活性金属粉末、硫、磷。

毒性 大鼠经口 LD_{50}: 434mg/kg。

IARC 致癌性评论：G2B，对人类是可疑致癌物。

中毒表现 皮肤长期反复接触有致敏性。长期反复接触吸入对呼吸道有致敏性，可致哮喘。本品对心脏、甲状腺和骨髓有影响，可致心肌病、甲状腺肿和红细胞增多症。

侵入途径 吸入、食入。

职业接触限值 美国(ACGIH): TLV - TWA: 0.02mg/m^3[按钴计]。

环境危害 对水生生物有极高毒性，可能在水生环境中造成长期不利影响；有害空气污染物。

理化特性与用途

理化特性 红色结晶，易潮解。溶于水，溶于酸。熔点(分解)100 ~ 105℃，密度 2.49g/cm^3。

主要用途 用于制造颜料、催化剂、隐显墨水、动物饲料添加剂、染发剂、氰化物中毒解毒剂，也用于陶瓷工业。

包装与储运

包装标志 氧化剂

包装类别 Ⅲ类

安全储运 储存于阴凉、干燥、通风良好的库房。远离火种、热源。库温不超过30℃。相对湿度不超过80%。包装密封。应与易(可)燃物、还原剂、活性金属粉末等分开存放，切忌混储。储区应备有合适的材料收容泄漏物。

紧急处置信息

急救措施

吸入：迅速脱离现场至空气新鲜处。保持呼吸道通畅。如呼吸困难，给输氧。呼吸、心跳停止，立即进行心肺复苏术。就医。

眼睛接触：分开眼睑，用流动清水或生理盐水冲洗。如有不适感，就医。

皮肤接触：立即脱去污染的衣着，用肥皂水和清水彻底冲洗皮肤。如有不适感，就医。

食入：饮足量温水，催吐。就医。

灭火方法 消防人员必须佩戴空气呼吸器，穿全身防火防毒服，在上风向灭火。尽可能将容器从火场移至空旷处。喷水保持火场容器冷却，直至灭火结束。本品不燃。根据着火原因选择适当灭火剂灭火。

泄漏应急处置 隔离泄漏污染区，限制出入。建议应急处理人员戴防尘口罩，穿防毒服，戴橡胶手套。勿使泄漏物与可燃物质(如木材、纸、油等)接触。穿上适当的防护服前严禁接触破裂的容器和泄漏物。尽可能切断泄漏源。勿使水进入包装容器内。小量泄漏：用洁净的铲子收集泄漏物，置于干净、干燥、盖子较松的容器中，将容器移离泄漏区。大量泄漏：泄漏物回收后，用水冲洗泄漏区。

776. 硝 酸 胍

标 识

中文名称 硝酸胍

英文名称 guanidine nitrate；guanidine，mononitrate

别名 硝酸亚氨脲

分子式 $CH_6N_3 \cdot NO_3$

CAS 号 506－93－4

WGH 号 51068

UN 号 1467

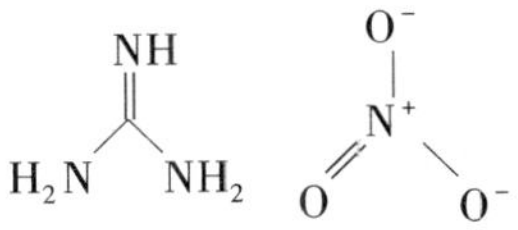

危害信息

危险性类别 第5.1类氧化剂。

燃烧与爆炸危险性 助燃。与可燃物混合能形成爆炸性混合物。加热至150℃ 时分解并爆炸。受高热分解，产生有毒的氮氧化物。

禁忌物 强还原剂、易燃或可燃物、硫、磷。

毒性 大鼠经口 LD_{50}：730mg/kg；小鼠经口 LD_{50}：1028mg/kg。

中毒表现 本品对眼睛、皮肤、黏膜和上呼吸道具有刺激作用，过量吸入可致死。高温下释放出氮氧化物气体，对呼吸道有刺激性。

侵入途径 吸入、食入。

环境危害 对水生生物有害。

理化特性与用途

理化特性 白色颗粒。溶于水，溶于乙醇，微溶于丙酮，不溶于乙醚、苯。熔点217℃，沸点(分解)，密度1.436g/cm^3(30℃)，辛醇/水分配系数 -8.35。

主要用途 用于制造炸药、消毒剂、照像化学品等。

包装与储运

包装标志 氧化剂

包装类别 Ⅲ类

安全储运 储存于阴凉、通风的库房。库温不超过30℃。相对湿度不超过80%。远离火种、热源。包装密封。应与易(可)燃物、还原剂等分开存放，切忌混储。储区应备有合适的材料收容泄漏物。

紧急处置信息

急救措施

吸入： 迅速脱离现场至空气新鲜处。保持呼吸道通畅。如呼吸困难，给输氧。呼吸、心跳停止，立即进行心肺复苏术。就医。

眼睛接触： 分开眼睑，用流动清水或生理盐水冲洗。如有不适感，就医。

皮肤接触： 立即脱去污染的衣着，用肥皂水和清水彻底冲洗皮肤。如有不适感，就医。

食入： 饮足量温水，催吐。就医。

灭火方法 消防人员必须佩戴空气呼吸器，穿全身防火防毒服，在上风向灭火。尽可能将容器从火场移至空旷处。喷水保持火场容器冷却，直至灭火结束。切勿将水流直接射至熔融物，以免引起严重的流淌火灾或引起剧烈的沸溅。本品不燃。根据着火原因选择适当灭火剂灭火。

泄漏应急处置 隔离泄漏污染区，限制出入。建议应急处理人员戴防尘口罩，穿防毒服，戴氯丁橡胶手套。勿使泄漏物与可燃物质(如木材、纸、油等)接触。穿上适当的防护服前严禁接触破裂的容器和泄漏物。小量泄漏：用大量水冲洗，洗水稀释后放入废水系统。大量泄漏：在专家指导下清除。

777. 硝 酸 甲 酯

标　识

中文名称 硝酸甲酯

英文名称 methyl nitrate；nitric acid, methyl ester

分子式 CH_3NO_3

CAS号 598-58-3

危害信息

危险性类别 第1类爆炸品。

燃烧与爆炸危险性 易燃。其蒸气与空气混合，能形成爆炸性混合物。遇明火、高温、受撞击，有引起燃烧爆炸危险。燃烧时，不需要外部氧气。能自发分解，发生燃烧爆炸。燃烧产生有毒的一氧化碳和氮氧化物气体。

禁忌物 强还原剂、强酸、活性金属粉末。

毒性 大鼠经口 LD_{50}：344mg/kg；小鼠经口 LD_{50}：1820mg/kg；小鼠吸入 LC_{50}：5942ppm(4h)。

中毒表现 主要作用为扩张血管及形成高铁血红蛋白。血管扩张导致血压降低和头痛，可有心率加快及心搏出量增加。

侵入途径 吸入、食入。

环境危害 对水生生物有害。

理化特性与用途

理化特性 无色液体。微溶于水，溶于乙醇、乙醚。熔点 -82.5℃，沸点65℃(爆炸)，相对密度(水=1)1.203，相对蒸气密度(空气=1)2.66，饱和蒸气压23.94kPa(25℃)，辛醇/水分配系数0.76。

主要用途 用作火箭燃料。

包装与储运

包装标志 爆炸品

安全储运 储存于有冷藏装置、通风良好、散热良好的不燃结构的库房内。远离火种、热源。避免受撞击。保持容器密封。应与还原剂、酸类、食用化学品分开存放，切忌混储。采用防爆型照明、通风设施。禁止使用易产生火花的机械设备和工具。储区应备有泄漏应急处理设备和合适的收容材料。禁止使用易产生火花的机械设备和工具。

紧急处置信息

急救措施

吸入：立即脱离接触。如呼吸困难，给吸氧。如呼吸心跳停止，立即行心肺复苏术。就医。

眼睛接触：分开眼睑，用清水或生理盐水冲洗。如有不适感，就医。

皮肤接触：立即脱去污染衣着，用肥皂水或清水彻底冲洗。就医。

食入：饮足量温水，催吐。就医。

高铁血红蛋白血症可用美蓝和维生素C治疗。

灭火方法 消防人员须佩戴防毒面具，穿全身消防服，在上风向灭火。由于火场中可能发生容器爆破的情况，消防人员须在有防爆掩蔽处操作。尽可能将容器从火场移至空旷处。喷水保持火场容器冷却，直至灭火结束。处在火场中的容器若已变色或从安全泄压装置中发出声音，必须马上撤离。

灭火剂：雾状水、泡沫、干粉、二氧化碳、砂土。

泄漏应急处置 根据液体流动和蒸气扩散的影响区域划定警戒区，无关人员从侧风、上风向撤离至安全区。消除所有点火源。建议应急处理人员戴正压自给式呼吸器，穿防毒服。作业时使用的所有设备应接地。禁止接触或跨越泄漏物。尽可能切断泄漏源。防止泄漏物进入水体、下水道、地下室或受限空间。小量泄漏：用砂土或其他不燃材料吸收。使用洁净的无火花工具收集吸收材料。大量泄漏：构筑围堤或挖坑收容。用泡沫覆盖，减少蒸发。喷水雾能减少蒸发，但不能降低泄漏物在受限空间内的易燃性。用泵转移至槽车或专用收集器内。

778. 硝 酸 镧

标 识

中文名称 硝酸镧

英文名称 lanthanum nitrate；nitric acid，lanthanum (3+) salt

分子式 $La(NO_3)_3$

CAS 号 10099-59-9

WGH 号 51523

UN 号 1477

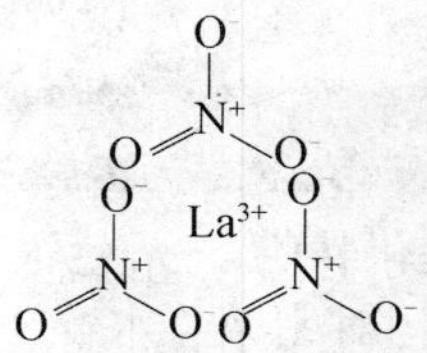

危害信息

危险性类别 第5.1类氧化剂。

燃烧与爆炸危险性 助燃。与可燃物混合能形成爆炸性混合物。高温时分解，释出有毒的氮氧化物气体。

禁忌物 还原剂、易燃或可燃物。

毒性 大鼠经口 LD_{50}：4500mg/kg。

中毒表现 人吸入镧及其化合物烟尘可出现头痛和恶心等症状。大鼠急性镧中毒的症状有立即排便、运动失调、呼吸困难，常因呼吸衰竭或心力衰竭而死亡。

侵入途径 吸入、食入。

环境危害 对水生生物有害。

理化特性与用途

理化特性 白色粒状晶体。易溶于水，易溶于乙醇。熔点40℃，沸点126℃，相对密度(水=1)2.05。

主要用途 用于制光学玻璃、萤光粉、陶瓷电容器添加剂、石油精制加工催化剂。

包装与储运

包装标志 氧化剂

包装类别 Ⅱ类

安全储运 储存于阴凉、通风的库房。远离火种、热源。库温不超过30℃。相对湿度不超过80%。包装必须完整密封。防止吸潮。应与易(可)燃物、还原剂、食用化学品分开存放，切忌混储。储区应备有合适的材料收容泄漏物。

紧急处置信息

急救措施

吸入：迅速脱离现场至空气新鲜处。保持呼吸道通畅。如呼吸困难，给输氧。呼吸、心跳停止，立即进行心肺复苏术。就医。

眼睛接触：分开眼睑，用流动清水或生理盐水冲洗。如有不适感，就医。

皮肤接触：立即脱去污染的衣着，用肥皂水和清水彻底冲洗皮肤。如有不适感，就医。

食入：饮足量温水，催吐。就医。

灭火方法 消防人员必须佩戴空气呼吸器，穿全身防火防毒服，在上风向灭火。尽可能将容器从火场移至空旷处。喷水保持火场容器冷却，直至灭火结束。本品不燃。根据着火原因选择适当灭火剂灭火。

泄漏应急处置 隔离泄漏污染区，限制出入。建议应急处理人员戴防尘口罩，穿防毒服，戴橡胶手套。勿使泄漏物与可燃物质(如木材、纸、油等)接触。穿上适当的防护服前严禁接触破裂的容器和泄漏物。尽可能切断泄漏源。勿使水进入包装容器内。小量泄漏：用洁净的铲子收集泄漏物，置于干净、干燥、盖子较松的容器中，将容器移离泄漏区。大量泄漏：泄漏物回收后，用水冲洗泄漏区。

779. 硝 酸 铑

标 识

中文名称 硝酸铑

英文名称 rhodium nitrate；rhodium trinitrate

分子式 $Rh(NO_3)_3$

CAS 号 10139 - 58 - 9

WGH 号 51522

UN 号 1477

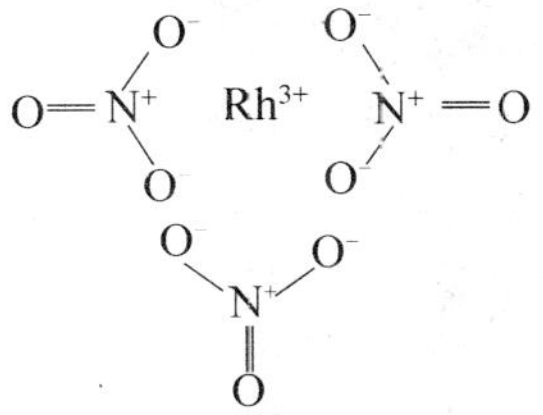

危害信息

危险性类别 第 5.1 类氧化剂。

燃烧与爆炸危险性 助燃。与可燃物混合能形成爆炸性混合物。具有腐蚀性。

禁忌物 还原剂、易燃或可燃物。

侵入途径 吸入、食入。

职业接触限值 美国(ACGIH)：TLV - TWA：0.01mg/m^3[按铑计]。

环境危害 对水生生物有害。

理化特性与用途

理化特性 棕黄色或红色结晶。易溶于水，不溶于乙醇。熔点(分解)。

主要用途 用作氧化剂。

包装与储运

包装标志 氧化剂

包装类别 Ⅲ类

安全储运 储存于阴凉、通风的库房。远离火种、热源。库温不超过 30℃。相对湿度不超过 80%。保持容器密封。应与易(可)燃物、还原剂分开存放，切忌混储。储区应备有合适的材料收容泄漏物。

紧急处置信息

急救措施

吸入：迅速脱离现场至空气新鲜处。保持呼吸道通畅。如呼吸困难，给输氧。呼吸、

心跳停止，立即进行心肺复苏术。就医。

眼睛接触：立即分开眼睑，用大量流动清水或生理盐水彻底冲洗10~15min。就医。

皮肤接触：立即脱去污染的衣着，用大量流动清水彻底冲洗，冲洗时间一般要求20~30min。就医。

食入：用水漱口，给饮牛奶或蛋清。就医。

灭火方法 消防人员须佩戴防毒面具，穿全身消防服，在上风向灭火。尽可能将容器从火场移至空旷处。喷水保持火场容器冷却，直至灭火结束。本品不燃。根据着火原因选择适当灭火剂灭火。

泄漏应急处置 隔离泄漏污染区，限制出入。建议应急处理人员戴防尘口罩，穿防毒服，戴橡胶手套。勿使泄漏物与可燃物质(如木材、纸、油等)接触。穿上适当的防护服前严禁接触破裂的容器和泄漏物。尽可能切断泄漏源。勿使水进入包装容器内。小量泄漏：用洁净的铲子收集泄漏物，置于干净、干燥、盖子较松的容器中，将容器移离泄漏区。大量泄漏：泄漏物回收后，用水冲洗泄漏区。

780. 硝 酸 锂

标 识

中文名称 硝酸锂

英文名称 lithium nitrate; nitric acid, lithium salt

分子式 $LiNO_3$

CAS号 7790-69-4

WGH号 51054

UN号 2722

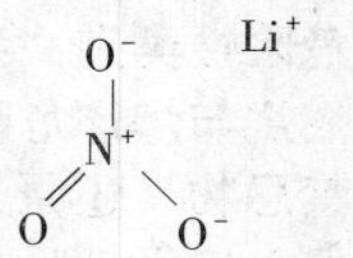

危害信息

危险性类别 第5.1类氧化剂。

燃烧与爆炸危险性 助燃。与可燃物混合能形成爆炸性混合物。燃烧或受高热分解时，产生有毒的氮氧化物。

活性反应 与易氧化物质、硫磺、亚硫酸氢钠、还原剂、强酸接触能引起燃烧或爆炸。

禁忌物 还原剂、易燃或可燃物。

中毒表现 本品对眼睛、皮肤、黏膜和上呼吸道有刺激作用。接触后可引起胃痛、恶心、呕吐、头痛、眩晕等，大剂量可引起肾损害。在高温下分解产生剧毒的氮氧化物。

侵入途径 吸入、食入。

环境危害 对水生生物是有害。

理化特性与用途

理化特性 无色三角晶体或白色粉末，有强吸湿性。溶于水，溶于乙醇。熔点255~264℃，沸点600℃(分解)，相对密度(水=1)2.38。

主要用途 用于制造陶器、烟火、热交换介质、分析试剂等。

包装与储运

包装标志 氧化剂

包装类别 Ⅲ类

安全储运 储存于阴凉、通风的库房。库温不超过30℃。相对湿度不超过80%。远离火种、热源。包装必须完整密封。防止吸潮。应与易(可)燃物、还原剂分开存放，切忌混储。储区应备有合适的材料收容泄漏物。

紧急处置信息

急救措施

吸入：迅速脱离现场至空气新鲜处。保持呼吸道通畅。如呼吸困难，给输氧。呼吸、心跳停止，立即进行心肺复苏术。就医。

眼睛接触：分开眼睑，用流动清水或生理盐水冲洗。如有不适感，就医。

皮肤接触：立即脱去污染的衣着，用肥皂水和清水彻底冲洗皮肤。如有不适感，就医。

食入：饮足量温水，催吐。就医。

灭火方法 消防人员须佩戴防毒面具，穿全身消防服，在上风向灭火。尽可能将容器从火场移至空旷处。喷水保持火场容器冷却，直至灭火结束。切勿将水流直接射至熔融物，以免引起严重的流淌火灾或引起剧烈的沸溅。本品不燃。根据着火原因选择适当灭火剂灭火。

泄漏应急处置 隔离泄漏污染区，限制出入。建议应急处理人员戴防尘口罩，穿防毒服，戴橡胶手套。勿使泄漏物与可燃物质(如木材、纸、油等)接触。穿上适当的防护服前严禁接触破裂的容器和泄漏物。尽可能切断泄漏源。勿使水进入包装容器内。小量泄漏：用洁净的铲子收集泄漏物，置于干净、干燥、盖子较松的容器中，将容器移离泄漏区。大量泄漏：泄漏物回收后，用水冲洗泄漏区。

781. 硝 酸 铝

标 识

中文名称 硝酸铝

英文名称 aluminium nitrate; nitric acid, aluminum salt

分子式 $Al(NO_3)_3$

CAS号 13473-90-0

WGH号 51522

UN号 1438

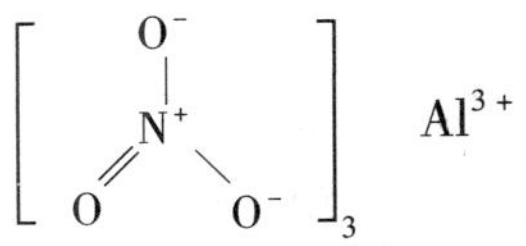

危害信息

危险性类别 第5.1类氧化剂。

燃烧与爆炸危险性 助燃。与可燃物混合能形成爆炸性混合物。高温时分解，释出有毒的氮氧化物气体。

禁忌物 强还原剂、强酸、活性金属粉末、易燃或可燃物、硫、磷。

毒性 大鼠经口 LD_{50}：3671mg/kg；小鼠经口 LD_{50}：3980mg/kg。

中毒表现　本品粉尘对上呼吸道有刺激性，吸入后引起咳嗽和胸部不适。对眼有刺激性。口服引起恶心、呕吐。长期接触对皮肤有刺激性。

侵入途径　吸入、食入。

职业接触限值　美国(ACGIH)：TLV－TWA：2mg/m^3[按铝计]。

环境危害　对水生生物是有毒的。

理化特性与用途

理化特性　无色或白色单斜晶体，易潮解。易溶于冷水，易溶于乙醇、二硫化碳，不溶于乙酸乙酯，微溶于丙酮。熔点72.8℃，沸点150℃，相对密度(水＝1)1.401(25℃)。

主要用途　用于有机合成，用作石油加工的催化剂、纺织工业的媒染剂。

包装与储运

包装标志　氧化剂

包装类别　Ⅲ类

安全储运　储存于阴凉、干燥、通风良好的库房。远离火种、热源。库温不超过30℃。相对湿度不超过80%。包装必须密封。切勿受潮。应与易(可)燃物、还原剂、酸类、活性金属粉末等分开存放，切忌混储。储区应备有合适的材料收容泄漏物。

紧急处置信息

急救措施

吸入：迅速脱离现场至空气新鲜处。保持呼吸道通畅。如呼吸困难，给输氧。呼吸、心跳停止，立即进行心肺复苏术。就医。

眼睛接触：分开眼睑，用流动清水或生理盐水冲洗。如有不适感，就医。

皮肤接触：立即脱去污染的衣着，用肥皂水和清水彻底冲洗皮肤。如有不适感，就医。

食入：饮足量温水，催吐。就医。

灭火方法　消防人员必须佩戴空气呼吸器，穿全身防火防毒服，在上风向灭火。尽可能将容器从火场移至空旷处。喷水保持火场容器冷却，直至灭火结束。本品不燃。根据着火原因选择适当灭火剂灭火。

泄漏应急处置　隔离泄漏污染区，限制出入。建议应急处理人员戴防尘口罩，穿防毒服，戴橡胶手套。勿使泄漏物与可燃物质(如木材、纸、油等)接触。穿上适当的防护服前严禁接触破裂的容器和泄漏物。尽可能切断泄漏源。勿使水进入包装容器内。小量泄漏：用洁净的铲子收集泄漏物，置于干净、干燥、盖子较松的容器中，将容器移离泄漏区。大量泄漏：泄漏物回收后，用水冲洗泄漏区。

782. 硝　酸　镁

标　识

中文名称　硝酸镁

英文名称　magnesium(Ⅱ) nitrate (1:2), hexahydrate; magnesium nitrate

别名　六水合硝酸镁

分子式　$Mg(NO_3)_2 \cdot 6H_2O$

CAS号　13446－18－9

WGH 号 51522

UN 号 1474

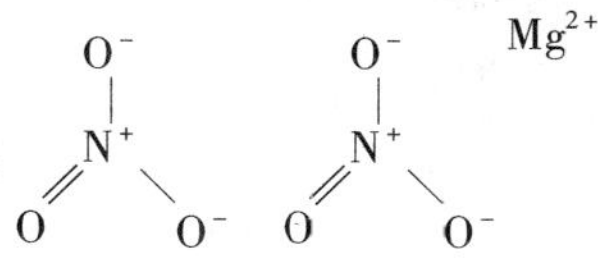

危害信息

危险性类别 第 5.1 类氧化剂。

燃烧与爆炸危险性 助燃。与可燃物混合能形成爆炸性混合物。高温时分解，释出有毒的氮氧化物气体。

活性反应 与还原剂、有机物、易燃物如硫、磷或金属粉末等混合可形成爆炸性混合物。

禁忌物 强还原剂、易燃或可燃物、活性金属粉末、硫、磷。

毒性 大鼠经口 LD_{50}：5440mg/kg。

中毒表现 本品粉尘对上呼吸道有刺激性，引起咳嗽和气短。刺激眼睛和皮肤，引起红肿和疼痛。大量口服出现腹痛、腹泻、呕吐、紫绀、血压下降、眩晕、惊厥和虚脱。

侵入途径 吸入、食入。

环境危害 对水生生物有害。

理化特性与用途

理化特性 白色单斜晶体，有苦味，易潮解。易溶于水，溶于乙醇、液氨。pH 值 5.0～8.2(5%溶液)，熔点 89℃，沸点 330℃(分解)，相对密度(水=1)1.46，相对蒸气密度(空气=1)6.0。

主要用途 主要用于制造烟花、陶瓷、印刷业，也用作化学试剂、催化剂等。

包装与储运

包装标志 氧化剂

包装类别 Ⅲ类

安全储运 储存于阴凉、干燥、通风良好的库房。远离火种、热源。库温不超过 28℃。相对湿度不超过 75%。包装必须密封。切勿受潮。应与易(可)燃物、还原剂等分开存放，切忌混储。储区应备有合适的材料收容泄漏物。

紧急处置信息

急救措施

吸入： 迅速脱离现场至空气新鲜处。保持呼吸道通畅。如呼吸困难，给输氧。呼吸、心跳停止，立即进行心肺复苏术。就医。

眼睛接触： 分开眼睑，用流动清水或生理盐水冲洗。如有不适感，就医。

皮肤接触： 立即脱去污染的衣着，用肥皂水和清水彻底冲洗皮肤。如有不适感，就医。

食入： 饮足量温水，催吐。就医。

灭火方法 消防人员必须佩戴空气呼吸器，穿全身防火防毒服，在上风向灭火。尽可能将容器从火场移至空旷处。喷水保持火场容器冷却，直至灭火结束。切勿将水流直接射至熔融物，以免引起严重的流淌火灾或引起剧烈的沸溅。本品不燃。根据着火原因选择适当灭火剂灭火。

泄漏应急处置 隔离泄漏污染区，限制出入。建议应急处理人员戴防尘口罩，穿防毒服，戴橡胶手套。勿使泄漏物与可燃物质(如木材、纸、油等)接触。穿上适当的防护服前严禁接触破裂的容器和泄漏物。尽可能切断泄漏源。勿使水进入包装容器内。小量泄漏：用洁净的铲子收集泄漏物，置于干净、干燥、盖子较松的容器中，将容器移离泄漏区。大量泄漏：泄漏物回收后，用水冲洗泄漏区。

783. 硝 酸 锰

标 识

中文名称 硝酸锰

英文名称 manganese(Ⅱ) nitrate hexahydrate；manganous nitrate

别名 硝酸锰六水合物；硝酸亚锰

分子式 $Mn(NO_3)_2 \cdot 6H_2O$

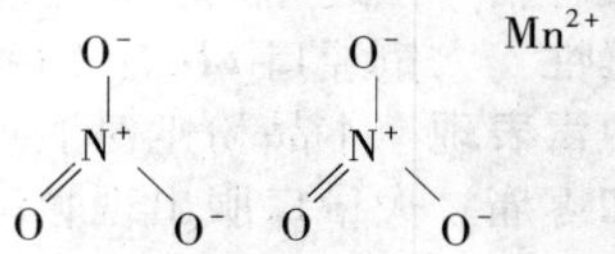

CAS 号 10377－66－9

WGH 号 51522

UN 号 2724

危害信息

危险性类别 第 5.1 类氧化剂。

燃烧与爆炸危险性 助燃。与可燃物混合能形成爆炸性混合物。高温时分解，释出有毒的氮氧化物气体。

活性反应 与还原剂、有机物、易燃物如硫、磷或金属粉末等混合可形成爆炸性混合物。

禁忌物 还原剂、易燃或可燃物、活性金属粉末、硫、磷。

中毒表现 对眼睛、皮肤、黏膜和上呼吸道有刺激性。可引起呼吸道炎症和肺炎。

侵入途径 吸入、食入。

职业接触限值

中国：PC－TWA：0.15mg/m^3[按 MnO_2 计]。

美国(ACGIH)：TLV－TWA：0.2mg/m^3[按锰计]。

环境危害 对水生生物有害。

理化特性与用途

理化特性 粉红色结晶，易潮解。易溶于水，溶于乙醇。熔点 37℃，沸点 129℃，相对密度(水＝1)1.82。

主要用途 用作中间体、催化剂及用于制造二氧化锰，并用作陶瓷着色剂、金属磷化剂、分析试剂等。

包装与储运

包装标志 氧化剂

包装类别 Ⅲ类

安全储运 储存于阴凉、通风的库房。远离火种、热源。库温应低于 25℃。包装必须完整密封。防止吸潮。应与易(可)燃物、还原剂等分开存放，切忌混储。储区应备有合适的材料收容泄漏物。

紧急处置信息

急救措施

吸入： 迅速脱离现场至空气新鲜处。保持呼吸道通畅。如呼吸困难，给输氧。呼吸、

心跳停止，立即进行心肺复苏术。就医。

眼睛接触： 分开眼睑，用流动清水或生理盐水冲洗。如有不适感，就医。

皮肤接触： 立即脱去污染的衣着，用肥皂水和清水彻底冲洗皮肤。如有不适感，就医。

食入： 饮足量温水，催吐。就医。

灭火方法 消防人员必须佩戴空气呼吸器，穿全身防火防毒服，在上风向灭火。尽可能将容器从火场移至空旷处。喷水保持火场容器冷却，直至灭火结束。本品不燃。根据着火原因选择适当灭火剂灭火。

泄漏应急处置 隔离泄漏污染区，限制出入。建议应急处理人员戴防尘口罩，穿防毒服，戴橡胶手套。勿使泄漏物与可燃物质(如木材、纸、油等)接触。穿上适当的防护服前严禁接触破裂的容器和泄漏物。尽可能切断泄漏源。勿使水进入包装容器内。小量泄漏：用洁净的铲子收集泄漏物，置于干净、干燥、盖子较松的容器中，将容器移离泄漏区。大量泄漏：泄漏物回收后，用水冲洗泄漏区。

784. 硝 酸 脲

标 识

中文名称 硝酸脲

英文名称 urea nitrate

别名 尿素单硝酸盐

分子式 $CH_4N_2O \cdot HNO_3$

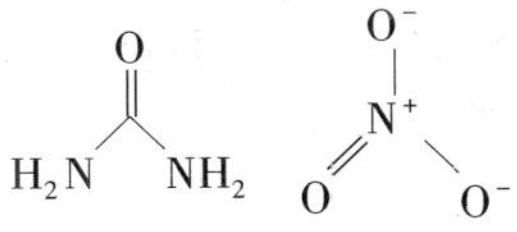

CAS 号 124－47－0

WGH 号 11029(干的，或湿的，按质量含水低于20%)；41024(湿的，按质量含水不低于20%)。

UN 号 0220(干的，或湿的，按质量含水低于20%)；1357(湿的，按质量含水不低于20%)。

危害信息

危险性类别 第1类爆炸品，按《危险货物品名表》主危险性为1.1D类爆炸品(干的，或湿的，按质量含水低于20%)；第4.1类易燃固体(湿的，按质量含水不低于20%)。

燃烧与爆炸危险性 受撞击、摩擦，遇明火或其他点火源极易爆炸。燃烧产生有毒的氮氧化物气体。

禁忌物 强还原剂、易燃或可燃物、硫、磷。

中毒表现 本品有刺激作用。

侵入途径 吸入、食入。

理化特性与用途

理化特性 无色或白色片状结晶。微溶于冷水、硝酸，溶于热水、乙醇，不溶于乙醚、苯、氯仿。熔点152℃(分解)，相对密度(水＝1)1.69(20℃/4℃)，辛醇/水分配系数－3.51。

主要用途 用于制造炸药，用作有机合成中间体和油田三次采油解堵酸化剂。

包装与储运

包装标志 爆炸品(干的，或湿的，按质量含水低于20%)；易燃固体(湿的，按质量含水不低于20%)

包装类别 Ⅰ类(按质量含水不低于20%)。

安全储运 储存于阴凉、干燥、通风的爆炸品专用库房。库温不超过32℃。相对湿度不超过80%。若含有水作稳定剂，库温不低于1℃。相对湿度小于80%。远离火种、热源。包装密封。应与氧化剂、易(可)燃物等分开存放，切忌混储。采用防爆型照明、通风设施。禁止使用易产生火花的机械设备和工具。储区应备有合适的材料收容泄漏物。禁止震动、撞击和摩擦。

紧急处置信息

急救措施

吸入： 脱离现场至空气新鲜处。如呼吸困难，给输氧。呼吸、心跳停止，立即进行心肺复苏术。就医。

眼睛接触： 分开眼睑，用流动清水或生理盐水冲洗。如有不适感，就医。

皮肤接触： 脱去污染的衣着，用肥皂水和清水彻底冲洗皮肤。如有不适感，就医。

食入： 饮足量温水，催吐。就医。

灭火方法 消防人员需戴好防毒面具，在安全距离以外，在上风向灭火。遇大火切勿轻易接近，禁止用砂土压盖。用大量水灭火。

泄漏应急处置 隔离泄漏污染区，限制出入。建议应急处理人员戴防尘口罩，穿防静电服，戴防化学品手套。作业时使用的所有设备应接地。禁止接触或跨越泄漏物。润湿泄漏物。严禁设法扫除干的泄漏物。大量泄漏，在专家指导下清除。

785. 硝 酸 钕

标 识

中文名称 硝酸钕

英文名称 neodymium(Ⅲ) nitrate, hexahydrate; neodymium trintrate hexahydrate

别名 硝酸钕六水合物

分子式 $Nd(NO_3)_3 \cdot 6H_2O$

CAS 号 16454-60-7

WGH 号 51523

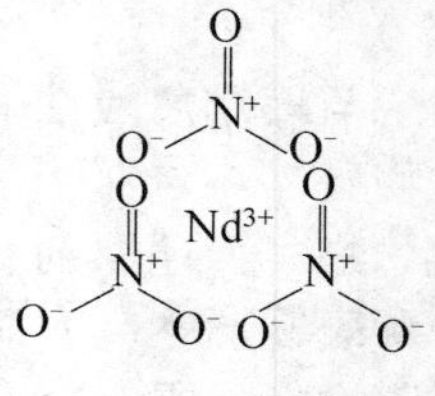

危害信息

危险性类别 第5.1类氧化剂。

燃烧与爆炸危险性 助燃。与可燃物混合能形成爆炸性混合物。受高热分解放出有毒的气体。

活性反应 与有机物、还原剂、易燃物如硫、磷等接触或混合时有引起燃烧爆炸的危险。

禁忌物 强还原剂、易燃或可燃物如硫、磷等。

毒性 大鼠经口 LD_{50}：2750mg/kg。

中毒表现 本品对哺乳动物的毒性，主要影响肝、肾功能，显著影响凝血酶原及凝血时间的延长。误服会中毒，受热分解放出氮氧化物。

侵入途径 吸入、食入。

理化特性与用途

理化特性 淡红至紫红色无味结晶。易溶于水，溶于乙醇、丙酮。熔点 69～71℃，相对密度(水=1)2.265。

主要用途 用作化学试剂、玻璃着色剂及用于制氧化钕。

包装与储运

包装标志 氧化剂

包装类别 Ⅱ类

安全储运 储存于阴凉、通风的库房。远离火种、热源。库温不超过 30℃。相对湿度不超过 80%。防止阳光直射。包装密封。防止受潮。应与还原剂、易(可)燃物等分开存放，切忌混储。储区应备有合适的材料收容泄漏物。

紧急处置信息

急救措施

吸入：迅速脱离现场至空气新鲜处。保持呼吸道通畅。如呼吸困难，给输氧。呼吸、心跳停止，立即进行心肺复苏术。就医。

眼睛接触：分开眼睑，用流动清水或生理盐水冲洗。如有不适感，就医。

皮肤接触：脱去污染的衣着，用大量流动清水冲洗。如有不适感，就医。

食入：饮足量温水，催吐。就医。

灭火方法 消防人员必须戴空气呼吸器，穿全身防火防毒服，在上风向灭火。灭火时尽可能将容器从火场移至空旷处。本品不燃。根据着火原因选择适当灭火剂灭火。

泄漏应急处置 隔离泄漏污染区，限制出入。建议应急处理人员戴防尘口罩，穿一般作业工作服，戴橡胶手套。勿使泄漏物与可燃物质(如木材、纸、油等)接触。尽可能切断泄漏源。勿使水进入包装容器内。小量泄漏：用洁净的铲子收集泄漏物，置于干净、干燥、盖子较松的容器中，将容器移离泄漏区。大量泄漏：泄漏物回收后，用水冲洗泄漏区。

786. 硝 酸 铍

标 识

中文名称 硝酸铍

英文名称 beryllium nitrate；beryllium dinitrate

分子式 $Be(NO_3)_2$

CAS 号 13597－99－4

WGH 号 51061

UN 号 2464

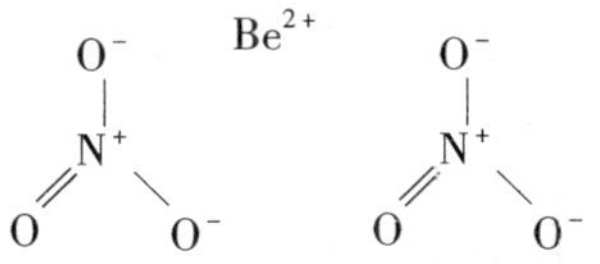

危害信息

危险性类别　第5.1类氧化剂。

燃烧与爆炸危险性　助燃。与可燃物混合能形成爆炸性混合物。受高热分解，产生有毒的氮氧化物。

活性反应　与易氧化物质、硫磺、亚硫酸氢钠、还原剂、强酸接触能引起燃烧或爆炸。

禁忌物　还原剂、易燃或可燃物、活性金属粉末、硫、磷、亚硫酸氢钠等。

毒性　豚鼠腹腔内 LD_{50}：50mg/kg。

IARC致癌性评论：G1，确认人类致癌物。

中毒表现　短期大量接触，可发生急性铍痛。主要表现为急性化学性肺炎。肝脏往往肿大，有压痛，甚至出现黄疸。口服可溶性铍盐可引起胃黏膜出血坏死。进入眼内可致结膜炎，重者可致灼伤。

长期接触小量铍可发生慢性铍病。除有无力、消瘦、食欲不振外，常有胸闷、胸痛、气短和咳嗽。X线检查分为三型：颗粒型、网织型和结节型。晚期可发生右心衰竭。皮肤病变有皮炎、溃疡及皮肤肉芽肿。

侵入途径　吸入、食入。

职业接触限值

中国：PC－TWA：0.0005mg/m^3，PC－STEL：0.001mg/m^3[按铍计]。

美国(ACGIH)：TLV－TWA：0.002mg/m^3，TLV－STEL：0.01mg/m^3[按铍计]。

环境危害　对水生生物有害。

理化特性与用途

理化特性　白色或微黄色结晶，有潮解性。易溶于水，易溶于乙醇。熔点60℃，沸点(分解)100℃，相对密度(水=1)1.56。

主要用途　用作化学试剂及用于气灯和乙炔灯罩的硬化。

包装与储运

包装标志　氧化剂，有毒品

包装类别　Ⅱ类

安全储运　储存于阴凉、通风的库房。库温不超过30℃。相对湿度不超过80%。远离火种、热源。包装密封。防止受潮。应与易(可)燃物、还原剂、食用化学品分开存放，切忌混储。储区应备有合适的材料收容泄漏物。

紧急处置信息

急救措施

吸入：迅速脱离现场至空气新鲜处。保持呼吸道通畅。如呼吸困难，给输氧。呼吸、心跳停止，立即进行心肺复苏术。就医。

眼睛接触：分开眼睑，用流动清水或生理盐水冲洗。如有不适感，就医。

皮肤接触：立即脱去污染的衣着，用肥皂水和清水彻底冲洗皮肤。如有不适感，就医。

食入：饮足量温水，催吐。就医。

灭火方法　消防人员须佩戴防毒面具，穿全身消防服，在上风向灭火。尽可能将容器从火场移至空旷处。喷水保持火场容器冷却，直至灭火结束。本品不燃。根据着火原因选择适当灭火剂灭火。

泄漏应急处置　隔离泄漏污染区，限制出入。建议应急处理人员戴防尘口罩，穿防毒服，戴橡胶手套。勿使泄漏物与可燃物质(如木材、纸、油等)接触。穿上适当的防护服前严禁接触破裂的容器和泄漏物。尽可能切断泄漏源。用洁净的铲子收集泄漏物，置于干净、干燥、盖子较松的容器中，将容器移离泄漏区。

787. 硝 酸 铅

标 识

中文名称 硝酸铅

英文名称 lead nitrate；lead dinitrate

分子式 $Pb(NO_3)_2$

CAS 号 10099 – 74 – 8

WGH 号 51065

UN 号 1469

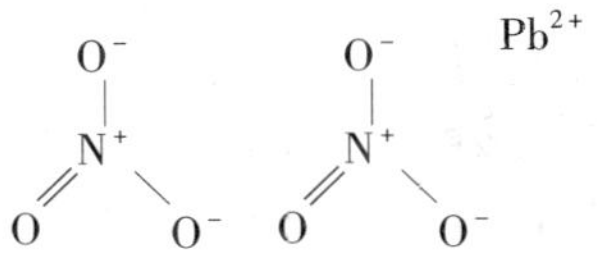

危害信息

危险性类别 第 5.1 类氧化剂。

燃烧与爆炸危险性 助燃。与可燃物混合能形成爆炸性混合物。受高热分解，产生有毒的氮氧化物。

活性反应 遇易氧化物质立即猛烈反应，着火爆炸。与还原剂、有机物、易燃物如硫、磷或金属粉末等混合可形成爆炸性混合物。

禁忌物 强还原剂、活性金属粉末、易燃或可燃物。

毒性 大鼠静注 LD_{50}：93mg/kg。小鼠腹腔内 LD_{50}：74mg/kg。

IARC 致癌性评论：G2A，对人类是可能致癌物。

中毒表现 铅及其化合物损害造血、神经、消化系统及肾脏损害。职业中毒主要为慢性。神经系统主要表现为神经衰弱综合征、周围神经病(以运动功能受累较明显)，重者出现铅中毒性脑病。消化系统表现有齿龈铅线、食欲不振、恶心、腹胀、腹泻或便秘；腹绞痛见于中度及重度中毒病例。造血系统损害出现卟啉代谢障碍、贫血等。短时大量接触可发生急性或亚急性中毒，表现类似重症慢性铅中毒。对肾脏损害多见于急性亚急性中毒或较重慢性病例。

侵入途径 吸入、食入。

职业接触限值

中国：PC – TWA：0.05mg/m^3[铅尘]，PC – TWA：0.03mg/m^3[铅烟]。

美国(ACGIH)：TLV – TWA：0.05mg/m^3[按铅计]。

环境危害 对水生生物有害。

理化特性与用途

理化特性 白色立方或斜方晶体，或白色结晶粉末。易溶于水，易溶于液氨、联氨，微溶于乙醇，不溶于浓硝酸。pH 值 3 ~ 4(20% 水溶液，25℃)，熔点 470℃(分解)，相对密度(水 = 1)4.53，相对蒸气密度(空气 = 1)11。

主要用途 用于铅盐、烟花、火柴、炸药、医药等的制造，用作媒染剂、相片增感剂、矿石浮选剂等。

包装与储运

包装标志 氧化剂，有毒品

包装类别 Ⅱ类

安全储运 储存于阴凉、通风的库房。库温不超过30℃。相对湿度不超过80%。远离火种、热源。包装密封。应与易(可)燃物、还原剂、食用化学品分开存放，切忌混储。储区应备有合适的材料收容泄漏物。

紧急处置信息

急救措施

吸入：迅速脱离现场至空气新鲜处。保持呼吸道通畅。如呼吸困难，给输氧。呼吸、心跳停止，立即进行心肺复苏术。就医。

眼睛接触：分开眼睑，用流动清水或生理盐水冲洗。如有不适感，就医。

皮肤接触：立即脱去污染的衣着，用肥皂水和清水彻底冲洗皮肤。如有不适感，就医。

食入：饮足量温水，催吐。就医。

灭火方法 消防人员必须佩戴空气呼吸器，穿全身防火防毒服，在上风向灭火。尽可能将容器从火场移至空旷处。喷水保持火场容器冷却，直至灭火结束。切勿将水流直接射至熔融物，以免引起严重的流淌火灾或引起剧烈的沸溅。本品不燃。根据着火原因选择适当灭火剂灭火。

泄漏应急处置 隔离泄漏污染区，限制出入。建议应急处理人员戴防尘口罩，穿防毒服，戴氯丁橡胶手套。勿使泄漏物与可燃物质(如木材、纸、油等)接触。穿上适当的防护服前严禁接触破裂的容器和泄漏物。尽可能切断泄漏源。用洁净的铲子收集泄漏物，置于干净、干燥、盖子较松的容器中，将容器移离泄漏区。

788. 硝　酸　铯

标　识

中文名称 硝酸铯

英文名称 cesium nitrate；caesium nitrate

分子式 $CsNO_3$

CAS号 7789－18－6

WGH号 51058

UN号 1451

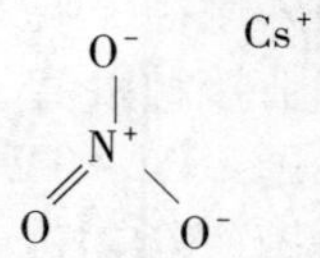

危害信息

危险性类别 第5.1类氧化剂。

燃烧与爆炸危险性 助燃。与可燃物混合能形成爆炸性混合物 。受高热分解放出有毒的气体。

活性反应 与还原剂、有机物、易燃物如硫、磷或金属粉末等混合可形成爆炸性混合物。

禁忌物 还原剂、易燃或可燃物、活性金属粉末、硫、磷。

毒性 大鼠经口 LD_{50}：2390mg/kg。小鼠经口 LD_{50}：2300mg/kg。

中毒表现 对眼睛、皮肤、黏膜和上呼吸道有刺激作用。

侵入途径 吸入、食入。

理化特性与用途

理化特性 白色结晶粉末，易潮解。溶于水，溶于丙酮，微溶于乙醇。熔点 414℃，相对密度(水 =1)3.685。

主要用途 用于铯盐制造。

包装与储运

包装标志 氧化剂

包装类别 Ⅲ类

安全储运 储存于阴凉、干燥、通风的库房。库温不超过 30℃。相对湿度不超过 80%。远离火种、热源。包装必须完整密封。防止吸潮。应与易(可)燃物、还原剂等分开存放，切忌混储。储区应备有合适的材料收容泄漏物。

紧急处置信息

急救措施

吸入：迅速脱离现场至空气新鲜处。保持呼吸道通畅。如呼吸困难，给输氧。呼吸、心跳停止，立即进行心肺复苏术。就医。

眼睛接触：分开眼睑，用流动清水或生理盐水冲洗。如有不适感，就医。

皮肤接触：立即脱去污染的衣着，用肥皂水和清水彻底冲洗皮肤。如有不适感，就医。

食入：饮足量温水，催吐。就医。

灭火方法 消防人员须佩戴防毒面具，穿全身消防服，在上风向灭火。尽可能将容器从火场移至空旷处。喷水保持火场容器冷却，直至灭火结束。本品不燃。根据着火原因选择适当灭火剂灭火。

泄漏应急处置 隔离泄漏污染区，限制出入。建议应急处理人员戴防尘口罩，穿防毒服，戴氯丁橡胶手套。勿使泄漏物与可燃物质(如木材、纸、油等)接触。穿上适当的防护服前严禁接触破裂的容器和泄漏物。尽可能切断泄漏源。勿使水进入包装容器内。小量泄漏：用洁净的铲子收集泄漏物，置于干净、干燥、盖子较松的容器中，将容器移离泄漏区。大量泄漏：泄漏物回收后，用水冲洗泄漏区。

789. 硝 酸 铈

标 识

中文名称 硝酸铈

英文名称 cerium(Ⅲ) nitrate, hexahydrate; cerium nitrate

别名 硝酸铈六水合物

分子式 $Ce(NO_3)_3 \cdot 6H_2O$

CAS 号 10294 -41 -4

WGH 号 51524

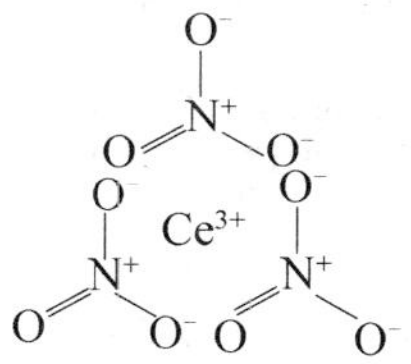

UN 号　1477

危害信息

危险性类别　第 5.1 类氧化剂。

燃烧与爆炸危险性　助燃。与可燃物混合能形成爆炸性混合物。受高热分解，释出有毒的氮氧化物气体。

活性反应　与还原剂、有机物、易燃物如硫、磷或金属粉末等混合可形成爆炸性混合物。

禁忌物　还原剂、易燃或可燃物、活性金属粉末、硫、磷。

毒性　大鼠经口 LD_{50}：4200mg/kg。

中毒表现　至今尚未见铈及其化合物职业性中毒的报告。但高浓度时对肝脏有毒性作用。生产中应防止溅入眼内，以免引起眼损害。

侵入途径　吸入、食入。

环境危害　对水生生物有害。

理化特性与用途

理化特性　白色结晶，工业品呈微红色，有潮解性。易溶于水，溶于乙醇、丙酮。熔点 150℃，沸点 200℃。

主要用途　用作试剂，用于制造煤气灯网罩、药物，并用于原子能、电子管等工业。

包装与储运

包装标志　氧化剂

包装类别　Ⅱ类

安全储运　储存于阴凉、干燥、通风的库房。远离火种、热源。库温不超过 30℃。相对湿度不超过 80%。包装密封。防止受潮。应与易(可)燃物、还原剂等分开存放，切忌混储。储区应备有合适的材料收容泄漏物。

紧急处置信息

急救措施

吸入：迅速脱离现场至空气新鲜处。保持呼吸道通畅。如呼吸困难，给输氧。呼吸、心跳停止，立即进行心肺复苏术。就医。

眼睛接触：分开眼睑，用流动清水或生理盐水冲洗。如有不适感，就医。

皮肤接触：立即脱去污染的衣着，用肥皂水和清水彻底冲洗皮肤。如有不适感，就医。

食入：饮足量温水，催吐。就医。

灭火方法　消防人员必须佩戴空气呼吸器，穿全身防火防毒服，在上风向灭火。尽可能将容器从火场移至空旷处。喷水保持火场容器冷却，直至灭火结束。本品不燃。根据着火原因选择适当灭火剂灭火。

泄漏应急处置　隔离泄漏污染区，限制出入。建议应急处理人员戴防尘口罩，穿防毒服，戴橡胶手套。勿使泄漏物与可燃物质(如木材、纸、油等)接触。穿上适当的防护服前严禁接触破裂的容器和泄漏物。尽可能切断泄漏源。勿使水进入包装容器内。小量泄漏：用洁净的铲子收集泄漏物，置于干净、干燥、盖子较松的容器中，将容器移离泄漏区。大量泄漏：泄漏物回收后，用水冲洗泄漏区。

790. 硝酸铈铵

标 识

中文名称 硝酸铈铵

英文名称 diammonium hexanitratocerate; ceric ammonium nitrate; ammonium ceric nitrate

别名 硝酸铵铈

分子式 $Ce(NH_4)_2(NO_3)_6$

CAS 号 16774-21-3

WGH 号 51523

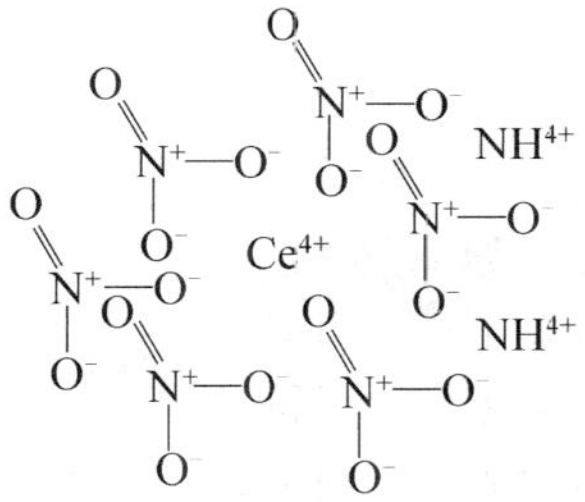

危害信息

危险性类别 第5.1类氧化剂。

燃烧与爆炸危险性 助燃。与可燃物混合能形成爆炸性混合物。受高热分解放出有毒的气体。

活性反应 与有机物、还原剂、易燃物如硫、磷等接触或混合时有引起燃烧爆炸的危险。

禁忌物 强还原剂、活性金属粉末。

中毒表现 本品对哺乳动物的毒性，主要影响肝、肾功能，显著影响凝血酶原及凝血时间的延长。

侵入途径 吸入、食入。

理化特性与用途

理化特性 橙红色单斜晶系结晶，易吸潮。易溶于水，易溶于乙醇，不溶于浓硝酸。熔点107~108℃。

主要用途 用作烯烃聚合催化剂和分析试剂。

包装与储运

包装标志 氧化剂

包装类别 Ⅱ类

安全储运 储存于阴凉、干燥、通风的库房。远离火种、热源。库温不超过30℃。相对湿度不超过80%。防止阳光直射。包装密封。防止受潮。应与还原剂、活性金属粉末等分开存放，切忌混储。配备相应品种和数量的消防器材。储区应备有合适的材料收容泄漏物。

紧急处置信息

急救措施

吸入：迅速脱离现场至空气新鲜处。保持呼吸道通畅。如呼吸困难，给输氧。呼吸、心跳停止，立即进行心肺复苏术。就医。

眼睛接触：分开眼睑，用流动清水或生理盐水冲洗。如有不适感，就医。

皮肤接触：脱去污染的衣着，用流动清水冲洗。如有不适感，就医。

食入：饮足量温水，催吐。就医。

灭火方法　消防人员必须戴空气呼吸器，穿全身防火防毒服，在上风向灭火。灭火时尽可能将容器从火场移至空旷处。本品不燃。根据着火原因选择适当灭火剂灭火。

泄漏应急处置　隔离泄漏污染区，限制出入。消除所有点火源。建议应急处理人员戴防尘口罩，穿防毒服，戴橡胶手套。勿使泄漏物与可燃物质（如木材、纸、油等）接触。穿上适当的防护服前严禁接触破裂的容器和泄漏物。尽可能切断泄漏源。勿使水进入包装容器内。小量泄漏：用洁净的铲子收集泄漏物，置于干净、干燥、盖子较松的容器中，将容器移离泄漏区。大量泄漏：泄漏物回收后，用水冲洗泄漏区。

791. 硝　酸　锶

标　识

中文名称　硝酸锶

英文名称　strontium nitrate；nitric acid，strontium salt

分子式　$Sr(NO_3)_2$

CAS 号　10042－76－9

WGH 号　51059

UN 号　1507

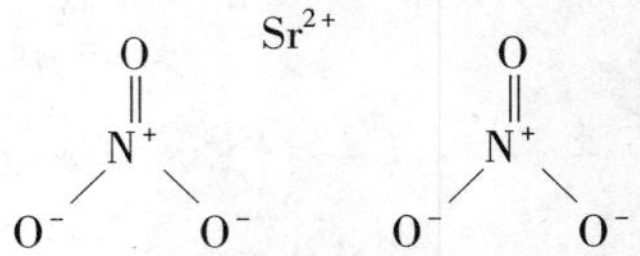

危害信息

危险性类别　第 5.1 类氧化剂。

燃烧与爆炸危险性　助燃。与可燃物混合能形成爆炸性混合物。遇高热分解释出有毒烟气。

活性反应　与有机物、还原剂、易燃物如硫、磷等接触或混合时有引起燃烧爆炸的危险。

禁忌物　强还原剂、强酸、易燃或可燃物如硫、磷等。

毒性　大鼠经口 LD_{50}：1892mg/kg；小鼠经口 LD_{50}：1028mg/kg。

中毒表现　口服大剂量引起中毒，出现头痛、皮肤发红、呕吐、腹泻、头晕、血压降低、虚脱、昏迷、呼吸麻痹等。

侵入途径　吸入、食入、经皮吸收。

理化特性与用途

理化特性　无色立方结晶或白色粉末或颗粒。溶于水，易溶于液氨，微溶于乙醇、丙酮，不溶于硝酸。pH 值 5.0～7.0（5% 水溶液），熔点 570℃，沸点 645℃，相对密度（水＝1）2.99，相对蒸气密度（空气＝1）7.3。

主要用途　用于红色火焰、信号灯、信号弹、玻璃工业、医药及分析等。

包装与储运

包装标志　氧化剂

包装类别　Ⅲ类

安全储运　储存于阴凉、通风的库房。库温不超过 30℃。相对湿度不超过 80%。远离火种、热源。防止阳光直射。包装密封。应与还原剂、酸类、易（可）燃物等分开存放，切忌混储。配备相应品种和数量的消防器材。储区应备有合适的材料收容泄漏物。

紧急处置信息

急救措施

吸入： 迅速脱离现场至空气新鲜处。保持呼吸道通畅。如呼吸困难，给输氧。呼吸、心跳停止，立即进行心肺复苏术。就医。

眼睛接触： 分开眼睑，用流动清水或生理盐水冲洗。如有不适感，就医。

皮肤接触： 脱去污染的衣着，用流动清水冲洗。如有不适感，就医。

食入： 饮足量温水，催吐。就医。

灭火方法 消防人员必须戴空气呼吸器，穿全身防火防毒服，在上风向灭火。灭火时尽可能将容器从火场移至空旷处。本品不燃。根据着火原因选择适当灭火剂灭火。

泄漏应急处置 隔离泄漏污染区，限制出入。消除所有点火源。建议应急处理人员戴防尘口罩，穿防毒服，戴橡胶手套。勿使泄漏物与可燃物质(如木材、纸、油等)接触。穿上适当的防护服前严禁接触破裂的容器和泄漏物。尽可能切断泄漏源。勿使水进入包装容器内。小量泄漏：用洁净的铲子收集泄漏物，置于干净、干燥、盖子较松的容器中，将容器移离泄漏区。大量泄漏：泄漏物回收后，用水冲洗泄漏区。

792. 硝 酸 铊

标 识

中文名称 硝酸铊

英文名称 thallium nitrate；thallous nitrate

别名 硝酸亚铊

分子式 $TiNO_3$

CAS 号 10102－45－1

WGH 号 61023

UN 号 2727

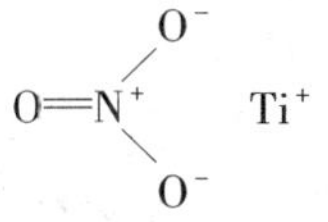

危害信息

危险性类别 第6类有毒品。

燃烧与爆炸危险性 助燃。经摩擦、震动或撞击可引起燃烧或爆炸 。受高热分解放出有毒的气体。

活性反应 与还原剂、有机物、易燃物如硫、磷或金属粉末等混合可形成爆炸性混合物。

禁忌物 还原剂、易燃或可燃物、活性金属粉末、硫、磷。

毒性 小鼠经口 LD_{50}：15mg/kg。

中毒表现 为强烈的神经毒物，对肝、肾有损害作用。吸入、摄入可引起急性中毒。表现有恶心、呕吐、腹部绞痛、厌食等症状；上行性神经麻痹、颅神经损害；重症者可发生中毒性脑病，脱发为其特异表现。皮肤出现皮疹，指甲有白色横纹。可有肝、肾损害

慢性中毒主要症状有脱发、乏力、胃纳差、多发性神经炎。可有视神经损害。

侵入途径 吸入、食入、经皮吸收。

职业接触限值

中国：PC－TWA：0.05mg/m^3，PC－STEL：0.1mg/m^3[皮，按铊计]。

环境危害 对水生生物有毒，可能在水生环境中造成长期不利影响；海洋污染物。

理化特性与用途

理化特性 白色立方结晶体，有吸湿性。溶于水，溶于丙酮，不溶于乙醇。熔点206℃，沸点430～433℃，相对密度（水＝1）5.55（21℃/4℃），相对蒸气密度（空气＝1）9.2。

主要用途 有机合成中用作氧化剂；用于烟花和分析试剂；与高氯酸和氯化亚汞及树脂混和产生绿火，作海上标记物。

包装与储运

包装标志 有毒品

包装类别 Ⅱ类

安全储运 储存于阴凉、干燥、通风的库房。远离火种、热源。库温不超过35℃。相对湿度不超过85%。保持容器密封。防止受潮。应与易（可）燃物、还原剂、活性金属粉末、食用化学品分开存放，切忌混储。储区应备有合适的材料收容泄漏物。

紧急处置信息

急救措施

吸入：迅速脱离现场至空气新鲜处。保持呼吸道通畅。如呼吸困难，给输氧。呼吸、心跳停止，立即进行心肺复苏术。就医。

眼睛接触：分开眼睑，用流动清水或生理盐水冲洗。如有不适感，就医。

皮肤接触：脱去污染的衣着，用大量流动清水冲洗。如有不适感，就医。

食入：如患者神志清醒，催吐，洗胃。用1%碘化钠或1%碘化钾溶液洗胃效果更佳。口服牛奶、淀粉膏、氢氧化铝凝胶、次碳酸铋。口服活性炭悬液，用硫酸钠、硫酸镁或蓖麻油导泻。就医。

口服中毒使用普鲁士蓝治疗

灭火方法 消防人员必须戴自给式呼吸器，穿全身防火防毒服，在上风向灭火。尽可能将容器从火场移至空旷处。喷水保持火场容器冷却，直至灭火结束。本品不燃。根据着火原因选择适当灭火剂灭火。

泄漏应急处置 隔离泄漏污染区，限制出入。建议应急处理人员戴防尘口罩，穿防毒服，戴橡胶手套。勿使泄漏物与可燃物质（如木材、纸、油等）接触。穿上适当的防护服前严禁接触破裂的容器和泄漏物。尽可能切断泄漏源。用洁净的铲子收集泄漏物，置于干净、干燥、盖子较松的容器中，将容器移离泄漏区。

793. 硝　酸　铁

标　识

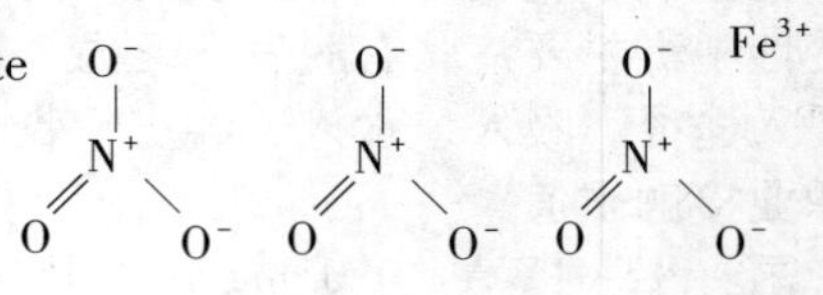

中文名称 硝酸铁

英文名称 ferric nitrate nonahydrate；ferric nitrate

别名 九水合硝酸铁

分子式 $Fe(NO_3)_3 \cdot 9H_2O$

CAS 号 7782－61－8

WGH 号 51522

UN 号 1466

危害信息

危险性类别 第 5.1 类氧化剂。

燃烧与爆炸危险性 助燃。与可燃物混合能形成爆炸性混合物。受高热分解，释出有毒的氮氧化物气体。

活性反应 与有机物、还原剂、易燃物如硫、磷等接触或混合时有引起燃烧爆炸的危险。

禁忌物 易燃或可燃物、强还原剂、活性金属粉末、硫、磷。

毒性 大鼠经口 LD_{50}：3250mg/kg。

中毒表现 吸入本品粉尘对呼吸道有刺激性。粉尘对眼有强烈刺激和腐蚀作用。皮肤接触其浓水溶液或粉尘可造成灼伤。对消化道有腐蚀性，大量口服引起呕吐、头痛、头晕、紫绀、休克和惊厥，重者可致死。可引起高铁血红蛋白血症。大量铁在体内蓄积可引起胃痛、恶心、便秘等

侵入途径 吸入、食入。

职业接触限值 美国(ACGIH)：TLV－TWA：1mg/m^3[按铁计]。

环境危害 对水生生物有害。

理化特性与用途

理化特性 无色或淡紫色单斜结晶，易潮解。易溶于水，易溶于乙醇、丙酮。熔点 47.1℃，相对密度(水＝1)1.68。

主要用途 用作媒染剂、医药、分析试剂、催化剂等。

包装与储运

包装标志 氧化剂

包装类别 Ⅲ类

安全储运 储存于阴凉、干燥、通风良好的库房。远离火种、热源。库温不超过 30℃。相对湿度不超过 80%。包装密封。防止受潮。应与易(可)燃物、还原剂、活性金属粉末等分开存放，切忌混储。储区应备有合适的材料收容泄漏物。

紧急处置信息

急救措施

吸入：迅速脱离现场至空气新鲜处。保持呼吸道通畅。如呼吸困难，给输氧。呼吸、心跳停止，立即进行心肺复苏术。就医。

眼睛接触：立即分开眼睑，用大量流动清水或生理盐水彻底冲洗 10～15min。就医。

皮肤接触：立即脱去污染的衣着，用大量流动清水彻底冲洗，冲洗时间一般要求 20～30min。就医。

食入：用水漱口。给饮牛奶或蛋清。就医。

高铁血红蛋白血症可用美蓝和维生素 C 治疗。

灭火方法 消防人员必须佩戴空气呼吸器，穿全身防火防毒服，在上风向灭火。尽可能将容器从火场移至空旷处。喷水保持火场容器冷却，直至灭火结束。本品不燃。根据着火原因选择适当灭火剂灭火。

泄漏应急处置　隔离泄漏污染区，限制出入。建议应急处理人员戴防尘口罩，穿防毒服，戴橡胶手套。勿使泄漏物与可燃物质（如木材、纸、油等）接触。穿上适当的防护服前严禁接触破裂的容器和泄漏物。尽可能切断泄漏源。勿使水进入包装容器内。小量泄漏：用洁净的铲子收集泄漏物，置于干净、干燥、盖子较松的容器中，将容器移离泄漏区。大量泄漏：泄漏物回收后，用水冲洗泄漏区。

794. 硝　酸　铜

标　识

中文名称　硝酸铜

英文名称　copper（Ⅱ）nitrate，trihydrate；cupric nitrate，trihydrate

别名　三水合硝酸铜

分子式　$Cu(NO_3)_2 \cdot 3H_2O$

CAS 号　10031－43－3

WGH 号　51522

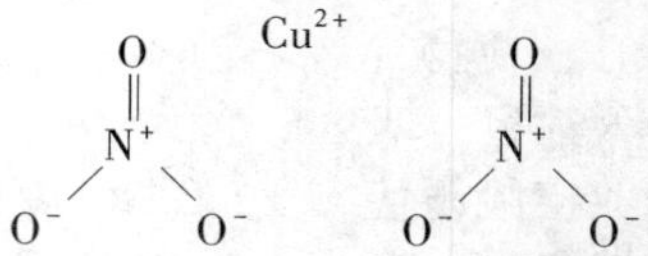

危害信息

危险性类别　第 5.1 类氧化剂。

燃烧与爆炸危险性　助燃。与可燃物混合能形成爆炸性混合物。具有腐蚀性。

活性反应　与有机物、还原剂、易燃物如硫、磷等接触或混合时有引起燃烧爆炸的危险。与浓氨水形成二硝酸的氨铜络合物，加热即发生爆炸。

禁忌物　强还原剂、易燃或可燃物如硫、磷等、浓氨水。

毒性　大鼠经口 LD_{50}：940mg/kg。

中毒表现　吸入对呼吸道有刺激性，出现咳嗽、气短等。对眼和皮肤有刺激性。长期接触引起皮炎、血液损害、肝损害、鼻黏膜溃疡，鼻中隔穿孔。

侵入途径　吸入、食入。

环境危害　对水生生物有极高毒性，可能在水生环境中造成长期不利影响。

理化特性与用途

理化特性　蓝色结晶，易吸潮。易溶于热水，易溶于液氨，溶于冷水、乙醇。熔点 114℃，沸点 170℃（分解），相对密度（水＝1）2.32。

主要用途　用作氧化剂、镀镍浴添加剂、搪瓷着色剂、铝的光泽剂、有机反应催化剂，也用于制感光纸、杀菌剂、木材防腐剂、杀虫剂及医药。

包装与储运

包装标志　氧化剂

包装类别　Ⅲ类

安全储运　储存于阴凉、干燥、通风的库房。远离火种、热源。库温不超过 30℃。相对湿度不超过 80%。防止阳光直射。包装密封。防止受潮。应与还原剂、易（可）燃物、重金属等分开存放，切忌混储。储区应备有合适的材料收容泄漏物。

紧急处置信息

急救措施

吸入：迅速脱离现场至空气新鲜处。保持呼吸道通畅。如呼吸困难，给输氧。呼吸、心跳停止，立即进行心肺复苏术。就医。

眼睛接触：分开眼睑，用流动清水或生理盐水冲洗。如有不适感，就医。

皮肤接触：脱去污染的衣着，用大量流动清水冲洗。如有不适感，就医。

食入：饮足量温水，催吐。误服者用0.1%亚铁氰化钾或硫代硫酸钠洗胃。就医。

灭火方法 消防人员须佩戴防毒面具，穿全身消防服，在上风向灭火。尽可能将容器从火场移至空旷处。喷水保持火场容器冷却，直至灭火结束。本品不燃。根据着火原因选择适当灭火剂灭火。

泄漏应急处置 隔离泄漏污染区，限制出入。建议应急处理人员戴防尘口罩，穿防毒服，戴橡胶手套。勿使泄漏物与可燃物质（如木材、纸、油等）接触。穿上适当的防护服前严禁接触破裂的容器和泄漏物。尽可能切断泄漏源。勿使水进入包装容器内。小量泄漏：用洁净的铲子收集泄漏物，置于干净、干燥、盖子较松的容器中，将容器移离泄漏区。大量泄漏：泄漏物回收后，用水冲洗泄漏区。

795. 硝酸戊酯

标 识

中文名称 硝酸戊酯

英文名称 pentyl nitrate; amyl nitrate

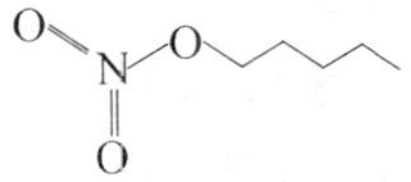

别名 硝酸正戊酯

分子式 $C_5H_{11}NO_3$

CAS 号 1002－16－0

WGH 号 33606；32106［铁规］

UN 号 1112

危害信息

危险性类别 第3类易燃液体。

燃烧与爆炸危险性 易燃。其蒸气与空气混合，能形成爆炸性混合物。燃烧产生有毒的一氧化碳和氮氧化物气体。受热分解放出有毒的氧化氮气体。

禁忌物 还原剂、氧化剂。

毒性 小鼠吸入 LCL_0：1807ppm（7h）。

中毒表现 有报道人在接触本品后，仅见恶心和呕吐。未见本品引起中毒的报道。中毒死亡动物可见肝、肾、脑的弥漫性病变，肺充血和水肿。

侵入途径 吸入、食入。

理化特性与用途

理化特性 无色至微黄色透明液体，有醚味。不溶于水。熔点－123℃，沸点145～157℃，相对密度（水＝1）0.996，饱和蒸气压0.67kPa（25℃），辛醇/水分配系数2.72，闪点 48℃。

主要用途　用作溶剂、汽车燃料添加剂，用于有机合成。

包装与储运

包装标志　易燃液体

包装类别　Ⅲ类

安全储运　储存于阴凉、通风的库房。远离火种、热源。库温不宜超过 37℃。保持容器密封。应与氧化剂等分开存放，切忌混储。采用防爆型照明、通风设施。禁止使用易产生火花的机械设备和工具。灌装时注意流速，防止静电积聚。储区应备有泄漏应急处理设备和合适的收容材料。

紧急处置信息

急救措施

吸入： 脱离现场至空气新鲜处。如呼吸困难，给输氧。呼吸、心跳停止，立即进行心肺复苏术。就医。

眼睛接触： 分开眼睑，用流动清水或生理盐水冲洗。如有不适感，就医。

皮肤接触： 脱去污染的衣着，用肥皂水和清水彻底冲洗皮肤。如有不适感，就医。

食入： 饮水。就医。

灭火方法　消防人员必须佩戴空气呼吸器，穿全身防火防毒服，在上风向灭火。尽可能将容器从火场移至空旷处。喷水保持火场容器冷却，直至灭火结束。处在火场中的容器若发生异常变化或发出异常声音，须马上撤离。

灭火剂：泡沫、干粉、二氧化碳、砂土。

泄漏应急处置　消除所有点火源。根据液体流动和蒸气扩散的影响区域划定警戒区，无关人员从侧风、上风向撤离至安全区。建议应急处理人员戴正压自给式呼吸器，穿防静电服，戴橡胶耐油手套。勿使泄漏物与可燃物质(如木材、纸、油等)接触。穿上适当的防护服前严禁接触破裂的容器和泄漏物。尽可能切断泄漏源。勿使水进入包装容器内。防止泄漏物进入水体、下水道、地下室或受限空间。小量泄漏：用蛭石、砂土等不燃性材料吸收泄漏物，置于容器中以待处理。大量泄漏：构筑围堤或挖坑收容。用防爆泵转移至适当的容器中待处置。

796. 硝　酸　锌

标　识

中文名称　硝酸锌

英文名称　zinc(Ⅱ) nitrate, hexahydrate; zinc nitrate

别名　六水合硝酸锌

分子式　$Zn(NO_3)_2 \cdot 6H_2O$

CAS 号　10196－18－6

WGH 号　51062

UN 号　1514

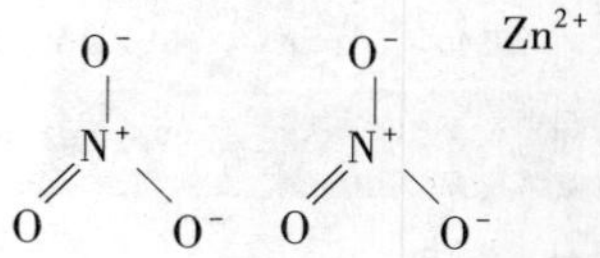

危害信息

危险性类别 第 5.1 类氧化剂。

燃烧与爆炸危险性 助燃。与可燃物混合能形成爆炸性混合物。受高热分解，产生有毒的氮氧化物。

活性反应 与硫、磷、炭末、铜、金属硫化物及有机物接触剧烈反应。

禁忌物 还原剂、易燃或可燃物、活性金属粉末、硫、磷。

毒性 大鼠经口 LD_{50}：1190mg/kg；小鼠经口 LD_{50}：926mg/kg。

中毒表现 本品有腐蚀性。在高温下分解产生有刺激和剧毒的氮氧化物气体，吸入引起中毒。

侵入途径 吸入、食入。

环境危害 对水生生物有害。

理化特性与用途

理化特性 无色无味结晶或白色粉末，易潮解。易溶于水，易溶于乙醇。熔点 36℃，相对密度(水 =1)2.06，相对蒸气密度(空气 =1)8.4。在 105 ~131℃失去六个水分子。

主要用途 用作酸化催化剂、乳胶凝结剂、树脂加工催化剂、印染媒染剂、钢铁磷化剂及化学试剂，也用于机器零件镀锌等。

包装与储运

包装标志 氧化剂

包装类别 Ⅱ类

安全储运 储存于阴凉、干燥、通风的库房。库温不超过 28℃。相对湿度不超过 75%。远离火种、热源。包装必须完整密封。防止吸潮。应与易(可)燃物、还原剂、活性金属粉末等分开存放，切忌混储。储区应备有合适的材料收容泄漏物。

紧急处置信息

急救措施

吸入：迅速脱离现场至空气新鲜处。保持呼吸道通畅。如呼吸困难，给输氧。呼吸、心跳停止，立即进行心肺复苏术。就医。

眼睛接触：立即分开眼睑，用大量流动清水或生理盐水彻底冲洗 10 ~15min。就医。

皮肤接触：立即脱去污染的衣着，用大量流动清水彻底冲洗，冲洗时间一般要求 20 ~30min。就医。

食入：用水漱口。给饮牛奶或蛋清。就医。

灭火方法 消防人员必须佩戴空气呼吸器，穿全身防火防毒服，在上风向灭火。尽可能将容器从火场移至空旷处。喷水保持火场容器冷却，直至灭火结束。本品不燃。根据着火原因选择适当灭火剂灭火。

泄漏应急处置 隔离泄漏污染区，限制出入。建议应急处理人员戴防尘口罩，穿防毒服，戴橡胶手套。勿使泄漏物与可燃物质(如木材、纸、油等)接触。穿上适当的防护服前严禁接触破裂的容器和泄漏物。尽可能切断泄漏源。勿使水进入包装容器内。小量泄漏：用洁净的铲子收集泄漏物，置于干净、干燥、盖子较松的容器中，将容器移离泄漏区。大量泄漏：泄漏物回收后，用水冲洗泄漏区。

797. 硝酸亚汞

标识

中文名称 硝酸亚汞

英文名称 nitric acid, mercury(1+) salt, dihydrate; mercurous nitrate

别名 硝酸亚汞二水合物

分子式 $HgNO_3 \cdot 2H_2O$

CAS 号 7782-86-7

WGH 号 61509

UN 号 1627

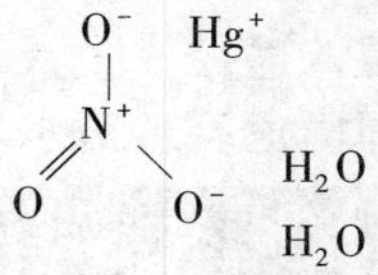

危害信息

危险性类别 第6类有毒品。

燃烧与爆炸危险性 助燃。与可燃物混合能形成爆炸性混合物。受高热分解放出有毒的气体。

活性反应 与还原剂、有机物、易燃物如硫、磷或金属粉末等混合可形成爆炸性混合物。

禁忌物 强氧化剂。

毒性 大鼠经口 LD_{50}：170mg/kg；大鼠经皮 LD_{50}：2330mg/kg。

中毒表现 汞离子可使含巯基的酶丧失活性，失去功能；还能与酶中的氨基、二巯基、羧基、羟基以及细胞内的磷酰基结合，引起相应的损害。

急性中毒表现有头痛、头晕、乏力、失眠、多梦、口腔炎、发热等全身症状。可有食欲不振、恶心、腹痛、腹泻等。部分患者皮肤出现红色斑丘疹。严重者发生间质性肺炎及肾损害。口服可发生急性腐蚀性胃肠炎，严重者昏迷、休克，甚至发生坏死性肾病致急性肾功能衰竭。对眼有刺激性。可致皮炎。

慢性中毒表现有神经衰弱综合征；易兴奋症；精神情绪障碍，如胆怯、害羞、易怒、爱哭等；汞毒性震颤；口腔炎。少数病例有肝、肾损伤。

侵入途径 吸入、食入、经皮吸收。

职业接触限值 美国(ACGIH)：TLV-TWA：0.025mg/m^3[皮，按汞计]。

环境危害 对水生生物有极高毒性，可能在水生环境中造成长期不利影响；严重海洋污染物。

理化特性与用途

理化特性 无色棱形或单斜板状结晶。溶于水，溶于稀硝酸，不溶于乙醇、乙醚。熔点70℃，相对密度(水=1)4.78。

主要用途 用作分析试剂、氧化剂，也用于制药。

包装与储运

包装标志 有毒品

包装类别 Ⅱ类

安全储运 储存于阴凉、通风的库房。远离火种、热源。避免光照。库温不超过32℃。

相对湿度不超过 80%。包装必须密封。切勿受潮。应与氧化剂、食用化学品分开存放，切忌混储。储区应备有合适的材料收容泄漏物。禁止震动、撞击和摩擦。

紧急处置信息

急救措施

吸入： 迅速脱离现场至空气新鲜处。保持呼吸道通畅。如呼吸困难，给输氧。呼吸、心跳停止，立即进行心肺复苏术。就医。

眼睛接触： 分开眼睑，用流动清水或生理盐水冲洗。如有不适感，就医。

皮肤接触： 立即脱去污染的衣着，用肥皂水和清水彻底冲洗皮肤。如有不适感，就医。

食入： 口服牛奶或蛋清。就医。

灭火方法 消防人员须佩戴防毒面具，穿全身消防服，在上风向灭火。尽可能将容器从火场移至空旷处。喷水保持火场容器冷却，直至灭火结束。本品不燃。根据着火原因选择适当灭火剂灭火。

泄漏应急处置 隔离泄漏污染区，限制出入。建议应急处理人员戴防尘口罩，穿防毒服，戴氯丁橡胶手套。勿使泄漏物与可燃物质(如木材、纸、油等)接触。穿上适当的防护服前严禁接触破裂的容器和泄漏物。尽可能切断泄漏源。用洁净的铲子收集泄漏物，置于干净、干燥、盖子较松的容器中，将容器移离泄漏区。

798. 硝酸乙酯

标　识

中文名称 硝酸乙酯

英文名称 ethyl nitrate；nitric acid，ethyl ester

分子式 $C_2H_5NO_3$

CAS 号 625 - 58 - 1

WGH 号 32154；31254[铁规]

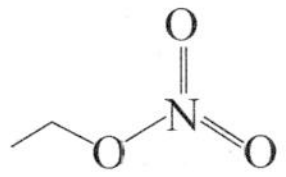

危害信息

危险性类别 第 3 类易燃液体。

燃烧与爆炸危险性 易燃。其蒸气与空气混合，能形成爆炸性混合物。受热分解放出有毒的氧化氮烟气。

活性反应 与还原剂能发生强烈反应。

禁忌物 还原剂、氧化剂。

毒性 猫腹腔内 LD_{50}：300mg/kg。

中毒表现 吸入本品后可引起头痛、呕吐和麻醉。

侵入途径 吸入、食入。

环境危害 对水生生物是有毒的。

理化特性与用途

理化特性 无色液体，有令人愉快的气味。微溶于水，溶于乙醇、乙醚。熔点 -94.6℃，沸点 87.2℃，相对密度(水 = 1)1.1084(20℃/4℃)，相对蒸气密度(空气 = 1)3.14，饱和蒸气压 8.5kPa(25℃)，燃烧热 -1347.6kJ/mol，辛醇/水分配系数 1.25，闪点

10℃(闭杯)，引燃温度 85℃，爆炸下限 3.8%。

主要用途　主要用于药物、香料、染料的合成，也可用作液体火箭推进剂。

包装与储运

包装标志　易燃液体

包装类别　Ⅱ类

安全储运　储存于有冷藏装置、通风良好、散热良好的不燃结构的库房内。库温不宜超过 37℃。远离火种、热源。应与氧化剂、还原剂、酸类、胺类等分开存放，切忌混储。采用防爆型照明、通风设施。禁止使用易产生火花的机械设备和工具。灌装时注意流速，防止静电积聚。储区应备有泄漏应急处理设备和合适的收容材料。搬运时轻装轻卸，防止容器受损。禁止震动、撞击和摩擦。

紧急处置信息

急救措施

吸入: 脱离现场至空气新鲜处。如呼吸困难，给输氧。呼吸、心跳停止，立即进行心肺复苏术。就医。

眼睛接触: 分开眼睑，用流动清水或生理盐水冲洗。如有不适感，就医。

皮肤接触: 脱去污染的衣着，用肥皂水和清水彻底冲洗皮肤。如有不适感，就医。

食入: 饮水，禁止催吐。就医。

灭火方法　消防人员必须佩戴空气呼吸器，穿全身防火防毒服，在上风向灭火。喷水保持火场容器冷却，直至灭火结束。处在火场中的容器若已变色或从安全泄压装置中发出声音，必须马上撤离。

灭火剂：泡沫、二氧化碳、干粉、砂土。

泄漏应急处置　消除所有点火源。根据液体流动和蒸气扩散的影响区域划定警戒区，无关人员从侧风、上风向撤离至安全区。建议应急处理人员戴正压自给式呼吸器，穿防静电服，戴橡胶耐油手套。作业时使用的所有设备应接地。禁止接触或跨越泄漏物。尽可能切断泄漏源。防止泄漏物进入水体、下水道、地下室或受限空间。小量泄漏：用砂土或其他不燃材料吸收。使用洁净的无火花工具收集吸收材料。大量泄漏：构筑围堤或挖坑收容。用砂土、惰性物质或蛭石吸收大量液体。用泡沫覆盖，减少蒸发。喷水雾能减少蒸发，但不能降低泄漏物在受限空间内的易燃性。用防爆泵转移至槽车或专用收集器内。

799. 硝　酸　钇

标　识

中文名称　硝酸钇

英文名称　yttrium (Ⅲ) nitrate hexahydrate; yttrium trinitrate hexahydrate

别名　硝酸钇六水合物

分子式　$Y(NO_3)_3 \cdot 6H_2O$

CAS 号　13494-98-9

WGH 号　51523

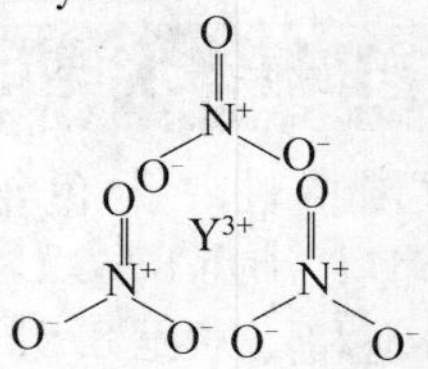

危害信息

危险性类别 第5.1类氧化剂。

燃烧与爆炸危险性 助燃。与可燃物混合能形成爆炸性混合物。受高热分解放出有毒的气体。

活性反应 与有机物、还原剂、易燃物如硫、磷等接触或混合时有引起燃烧爆炸的危险。

禁忌物 强还原剂、易燃或可燃物如硫、磷等。

侵入途径 吸入、食入。

职业接触限值

中国：PC－TWA：1mg/m^3[按钇计]。

美国(ACGIH)：TLV－TWA：1mg/m^3[按钇计]。

理化特性与用途

理化特性 无色至粉红色或白色结晶，易潮解。溶于水，溶于乙醇、硝酸。沸点100℃(失水)，相对密度(水＝1)2.7。

主要用途 用作分析试剂、催化剂等，用于各种荧光材料、高质量耐火材料，人造宝石激光晶体，超导材材料以及电子工业方面的许多尖端应用。

包装与储运

包装标志 氧化剂

包装类别 Ⅱ类

安全储运 储存于阴凉、干燥、通风的库房。远离火种、热源。库温不超过30℃。相对湿度不超过80%。防止阳光直射。包装密封。防止受潮。应与还原剂、易(可)燃物等分开存放，切忌混储。配备相应品种和数量的消防器材。储区应备有合适的材料收容泄漏物。

紧急处置信息

急救措施

吸入：迅速脱离现场至空气新鲜处。保持呼吸道通畅。如呼吸困难，给输氧。呼吸、心跳停止，立即进行心肺复苏术。就医。

眼睛接触：分开眼睑，用流动清水或生理盐水冲洗。如有不适感，就医。

皮肤接触：脱去污染的衣着，用大量流动清水冲洗。如有不适感，就医。

食入：饮足量温水，催吐。就医。

灭火方法 消防人员必须戴空气呼吸器，穿全身防火防毒服，在上风向灭火。灭火时尽可能将容器从火场移至空旷处。本品不燃。根据着火原因选择适当灭火剂灭火。

泄漏应急处置 隔离泄漏污染区，限制出入。消除所有点火源。建议应急处理人员戴防尘口罩，穿防毒服，戴橡胶手套。勿使泄漏物与可燃物质(如木材、纸、油等)接触。穿上适当的防护服前严禁接触破裂的容器和泄漏物。尽可能切断泄漏源。勿使水进入包装容器内。小量泄漏：用洁净的铲子收集泄漏物，置于干净、干燥、盖子较松的容器中，将容器移离泄漏区。大量泄漏：泄漏物回收后，用水冲洗泄漏区。

800. 硝酸异丙酯

标　识

中文名称　硝酸异丙酯

英文名称　isopropyl nitrate；nitric acid，1－methylethyl ester

别名　硝酸1－甲基乙丙酯

分子式　$C_3H_7NO_3$

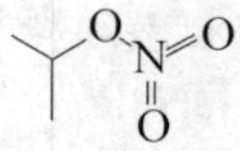

CAS 号　1712－64－7

WGH 号　32155；31255［铁规］

UN 号　1222

危害信息

危险性类别　第3类易燃液体。

燃烧与爆炸危险性　易燃。其蒸气与空气混合，能形成爆炸性混合物。燃烧产生有毒的一氧化碳和氮氧化物气体。

禁忌物　强还原剂、强酸、活性金属粉末。

毒性　大鼠吸入 LC_{50}：29000mg/m^3(2h)。

侵入途径　吸入、食入。

环境危害　对水生生物是有毒的。

理化特性与用途

理化特性　无色液体，有令人愉快的气味。不溶于水，溶于乙醇、乙醚。沸点98～102℃，相对密度(水＝1)1.036，相对蒸气密度(空气＝1)3.62，饱和蒸气压4.5kPa(25℃)，辛醇/水分配系数1.66，闪点12.78℃，爆炸下限2%，爆炸上限100%。

主要用途　用作汽车燃料添加剂、溶剂、医药中间体，用于有机合成。

包装与储运

包装标志　易燃液体

包装类别　Ⅱ类

安全储运　储存于通风、低温的库房内。库温不宜超过37℃。远离火种、热源。保持容器密封。应与还原剂、酸类、活性金属粉末分开存放，切忌混储。采用防爆型照明、通风设施。禁止使用易产生火花的机械设备和工具。灌装时注意流速，防止静电积聚。储区应备有泄漏应急处理设备和合适的收容材料。

紧急处置信息

急救措施

吸入：脱离现场至空气新鲜处。如呼吸困难，给输氧。呼吸、心跳停止，立即进行心肺复苏术。就医。

眼睛接触：分开眼睑，用流动清水或生理盐水冲洗。如有不适感，就医。

皮肤接触：脱去污染的衣着，用肥皂水和清水彻底冲洗皮肤。如有不适感，就医。

食入：用水漱口。就医。

灭火方法 消防人员必须佩戴空气呼吸器，穿全身防火防毒服，在上风向灭火。喷水保持火场容器冷却，直至灭火结束。处在火场中的容器若已变色或从安全泄压装置中发出声音，必须马上撤离。

灭火剂：泡沫、二氧化碳、干粉、砂土。

泄漏应急处置 消除所有点火源。根据液体流动和蒸气扩散的影响区域划定警戒区，无关人员从侧风、上风向撤离至安全区。建议应急处理人员戴正压自给式呼吸器，穿防静电服，戴橡胶耐油手套。作业时使用的所有设备应接地。禁止接触或跨越泄漏物。尽可能切断泄漏源。防止泄漏物进入水体、下水道、地下室或受限空间。小量泄漏：用砂土或其他不燃材料吸收。使用洁净的无火花工具收集吸收材料。大量泄漏：构筑围堤或挖坑收容。用泡沫覆盖，减少蒸发。喷水雾能减少蒸发，但不能降低泄漏物在受限空间内的易燃性。用防爆泵转移至槽车或专用收集器内。

801. 硝酸异戊酯

标　识

中文名称 硝酸异戊酯

英文名称 isopentyl nitrate; 3 - methyl - 1 - butanol nitrate; isoamyl nitrate

别名 硝酸 3 - 甲基 - 1 - 丁酯；硝酸 γ - 甲基丁酯

分子式 $C_5H_{11}NO_3$

CAS 号 543 - 87 - 3

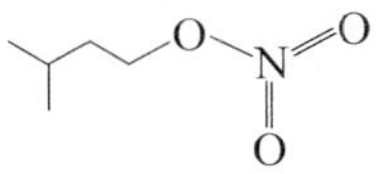

危害信息

危险性类别 第 3 类易燃液体。

燃烧与爆炸危险性 易燃。其蒸气与空气混合，能形成爆炸性混合物。燃烧产生有毒的一氧化碳和氮氧化物气体。

活性反应 与氧化剂可发生反应。

禁忌物 强氧化剂、强还原剂、易燃或可燃物。

毒性 小鼠腹腔内 LD_{50}：480mg/kg。

侵入途径 吸入、食入、经皮吸收。

理化特性与用途

理化特性 无色液体。微溶于水，溶于乙醇、乙醚。熔点 < -60℃，沸点 147 ~ 148℃，相对密度(水 = 1)0.996(22℃)，饱和蒸气压 0.72kPa(25℃)，辛醇/水分配系数 2.84，闪点 36℃。

主要用途 用于制药，用作试剂。

包装与储运

包装标志 易燃液体

包装类别 Ⅲ类

安全储运 储存于阴凉、通风的库房。远离火种、热源。防止阳光直射。库温不宜超过 37℃。保持容器密封。应与氧化剂等分开存放，切忌混储。采用防爆型照明、通风设施。

禁止使用易产生火花的机械设备和工具。储区应备有泄漏应急处理设备和合适的收容材料。

紧急处置信息

急救措施

吸入： 迅速脱离现场至空气新鲜处。保持呼吸道通畅。如呼吸困难，给输氧。呼吸、心跳停止，立即进行心肺复苏术。就医。

眼睛接触： 分开眼睑，用流动清水或生理盐水冲洗。如有不适感，就医。

皮肤接触： 脱去污染的衣着，用大量流动清水冲洗。如有不适感，就医。

食入： 饮足量温水，催吐。就医。

灭火方法　消防人员须戴好防毒面具，穿全身消防服，在安全距离以外，在上风向灭火。尽可能将容器从火场移至空旷处。喷水保持火场容器冷却，直至灭火结束。处在火场中的容器若已变色或从安全泄压装置中发出声音，必须马上撤离。

灭火剂：雾状水、泡沫、干粉、二氧化碳、砂土。

泄漏应急处置　消除所有点火源。根据液体流动和蒸气扩散的影响区域划定警戒区，无关人员从侧风、上风向撤离至安全区。建议应急处理人员戴正压自给式呼吸器，穿防静电服，戴橡胶耐油手套。作业时使用的所有设备应接地。禁止接触或跨越泄漏物。尽可能切断泄漏源。防止泄漏物进入水体、下水道、地下室或受限空间。小量泄漏：用砂土或其他不燃材料吸收。使用洁净的无火花工具收集吸收材料。大量泄漏：构筑围堤或挖坑收容。用泡沫覆盖，减少蒸发。喷水雾能减少蒸发，但不能降低泄漏物在受限空间内的易燃性。用防爆泵转移至槽车或专用收集器内。

802. 硝　酸　铟

标　识

中文名称　硝酸铟

英文名称　indium nitrate；indium trinitrate

别名　硝酸铟水合物

分子式　$In(NO_3)_3 \cdot 3H_2O$

CAS 号　13770－61－1

WGH 号　51522

UN 号　1477

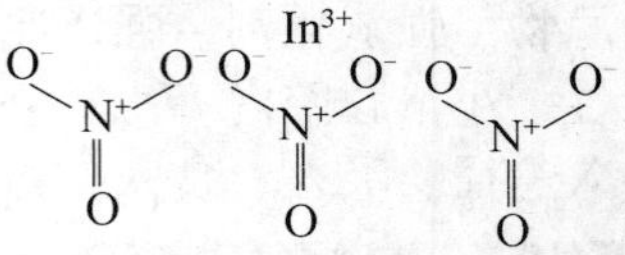

危害信息

危险性类别　第 5.1 类氧化剂。

燃烧与爆炸危险性　助燃。与可燃物混合能形成爆炸性混合物。具有腐蚀性。

禁忌物　易燃或可燃物、硫、磷。

侵入途径　吸入、食入。

职业接触限值

中国：PC－TWA：0.1mg/m^3，PC－STEL：0.3mg/m^3[按铟计]。

美国(ACGIH)：TLV－TWA：0.1mg/m^3[按铟计]。

环境危害　对水生生物有害。

理化特性与用途

理化特性

白色片状结晶，易潮解。易溶于水，溶于乙醇。100℃失去$2H_2O$，沸点(分解)。

主要用途

用作氧化剂，用于电镀铟。

包装与储运

包装标志

氧化剂

包装类别

Ⅲ类

安全储运

储存于阴凉、通风的库房。远离火种、热源。库温不超过30℃。相对湿度不超过80%。应与易(可)燃物等分开存放，切忌混储。储区应备有合适的材料收容泄漏物。

紧急处置信息

急救措施

吸入：脱离现场至空气新鲜处。如呼吸困难，给输氧。就医。

眼睛接触：分开眼睑，用流动清水或生理盐水冲洗。如有不适感，就医。

皮肤接触：脱去污染的衣着，用流动清水冲洗。如有不适感，就医。

食入：饮足量温水，催吐。就医。

灭火方法

消防人员须佩戴防毒面具，穿全身消防服，在上风向灭火。尽可能将容器从火场移至空旷处。喷水保持火场容器冷却，直至灭火结束。本品不燃。根据着火原因选择适当灭火剂灭火。

泄漏应急处置

隔离泄漏污染区，限制出入。建议应急处理人员戴防尘口罩，穿防毒服，戴防化学品手套。勿使泄漏物与可燃物质(如木材、纸、油等)接触。穿上适当的防护服前严禁接触破裂的容器和泄漏物。尽可能切断泄漏源。勿使水进入包装容器内。小量泄漏：用洁净的铲子收集泄漏物，置于干净、干燥、盖子较松的容器中，将容器移离泄漏区。大量泄漏：泄漏物回收后，用水冲洗泄漏区。

803. 硝 酸 铀 酰

标 识

中文名称 硝酸铀酰

英文名称 bis(nitrato－O)dioxouranium；uranyl nitrate

别名 硝酸双氧铀

分子式 $UO_2(NO_3)_2$

CAS 号 10102－06－4；13520－83－7(六水合物)

WGH 号 71004[铁规]

危害信息

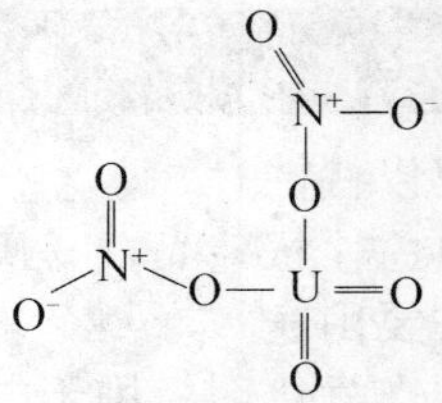

危险性类别

第7类放射性物品。

燃烧与爆炸危险性

助燃。与可燃物混合能形成爆炸性混合物。燃烧时产生大量放射性灰尘。具有放射性。

活性反应

与有机物、还原剂、易燃物如硫、磷等接触或混合时有引起燃烧爆炸的危险。

禁忌物

强还原剂、易燃或可燃物如硫、磷等。

毒性

大鼠经口 LD_{50}：>500mg/kg。

中毒表现

对眼睛、皮肤和黏膜具腐蚀性和刺激性。有放射性元素的损伤作用。急性中毒可致肾损害，中毒性肝炎，甚至致死。慢性损害为造血系统损害。

侵入途径

吸入、食入。

职业接触限值

美国(ACGIH)：TLV-TWA：0.2mg/m^3，TLV-STEL：0.6mg/m^3[按铀计]。

环境危害

对水生生物有毒，可能在水生环境中造成长期不利影响。

理化特性与用途

理化特性

硝酸双氧铀的六水合物为黄绿色固体，有吸湿性。溶于水，溶于乙醇、乙醚、磷酸三丁酯，不溶于苯、甲苯。熔点60℃，分解温度118℃，相对密度(水=1)2.81(13℃)。

主要用途

用作氧化剂、胶片增感剂、釉料，并用于砷、矾、乙酸、过氧化氢和血钠的测定，还用于核废料处理和制备各种铀盐。

包装与储运

包装标志

放射性物品，氧化剂

安全储运

储存于阴凉、通风的库房。远离火种、热源。库温不超过32℃。相对湿度不超过80%。防止阳光直射。包装密封。应与还原剂、易(可)燃物等分开存放，切忌混储。储区应备有合适的材料收容泄漏物。根据放射量决定运输方式，包装必须符合国际原子能机构的规定。

紧急处置信息

急救措施

吸入：迅速脱离现场至空气新鲜处。保持呼吸道通畅。如呼吸困难，给输氧。呼吸、心跳停止，立即进行心肺复苏术。就医。

眼睛接触：分开眼睑，用流动清水或生理盐水冲洗。如有不适感，就医。

皮肤接触： 脱去污染的衣着，用大量流动清水冲洗。如有不适感，就医。

食入： 饮足量温水，催吐。就医。

灭火方法

消防人员必须戴自给式呼吸器，穿全身防火防毒服，在上风向灭火。灭火时尽可能将容器从火场移至空旷处。本品不燃。根据着火原因选择适当灭火剂灭火。

泄漏应急处置

隔离泄漏污染区，限制出入。建议应急处理人员戴防尘口罩，穿防辐射服，戴防辐射手套。禁止接触或跨越泄漏物。小量泄漏：用干燥的砂土、蛭石或其他惰性材料覆盖。用洁净的铲子收集于密闭容器中。大量泄漏：转移回收。在专家指导下清除。

804. 硝酸正丁酯

标　识

中文名称　硝酸正丁酯

英文名称　butyl nitrate; n – butyl nitrate

别名　硝酸丁酯

分子式　$C_4H_9NO_3$

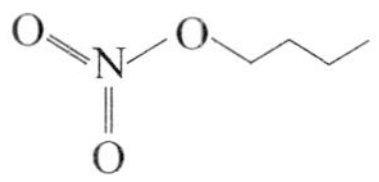

CAS 号　928 – 45 – 0

WGH 号　33606；32106［铁规］

危害信息

危险性类别

第 3 类易燃液体。

燃烧与爆炸危险性

易燃。其蒸气与空气混合，能形成爆炸性混合物。燃烧产生有毒的一氧化碳和氮氧化物气体。受高热分解放出有毒的气体。

活性反应

遇三氟化硼、氯化铝等发生爆炸性反应。

禁忌物

强氧化剂、三氟化硼、氯化铝等。

侵入途径

吸入、食入、经皮吸收。

环境危害

对水生生物有害。

理化特性与用途

理化特性

无色液体，有类似醚的气味。不溶于水，溶于乙醇、乙醚。熔点 <0℃，沸点 133 ~ 136℃，相对密度（水 =1）1.1，相对蒸气密度（空气 =1）4.1，饱和蒸气压 1.1kPa（25℃），辛醇/水分配系数 2.15，闪点 36℃。

主要用途

用于有机合成，也用作有机溶剂及油品添加剂。

包装与储运

包装标志

易燃液体

包装类别

Ⅲ类

安全储运

储存于阴凉、通风的库房。远离火种、热源。防止阳光直射。库温不宜超过37℃。保持容器密封。应与氧化剂等分开存放，切忌混储。采用防爆型照明、通风设施。禁止使用易产生火花的机械设备和工具。储区应备有泄漏应急处理设备和合适的收容材料。

紧急处置信息

急救措施

吸入：迅速脱离现场至空气新鲜处。保持呼吸道通畅。如呼吸困难，给输氧。呼吸、心跳停止，立即进行心肺复苏术。就医。

眼睛接触：分开眼睑，用流动清水或生理盐水冲洗。如有不适感，就医。

皮肤接触：脱去污染的衣着，用大量流动清水冲洗。如有不适感，就医。

食入：饮足量温水，催吐。就医。

灭火方法

消防人员须戴好防毒面具，穿全身消防服，在安全距离以外，在上风向灭火。尽可能将容器从火场移至空旷处。喷水保持火场容器冷却，直至灭火结束。处在火场中的容器若已变色或从安全泄压装置中发出声音，必须马上撤离。遇大火，消防人员须在有防护掩蔽处操作

灭火剂：雾状水、泡沫、干粉、二氧化碳、砂土。

泄漏应急处置

消除所有点火源。根据液体流动和蒸气扩散的影响区域划定警戒区，无关人员从侧风、上风向撤离至安全区。建议应急处理人员戴正压自给式呼吸器，穿防毒、防静电服，戴橡胶耐油手套。作业时使用的所有设备应接地。禁止接触或跨越泄漏物。尽可能切断泄漏源。防止泄漏物进入水体、下水道、地下室或受限空间。小量泄漏：用砂土或其他不燃材料吸收。使用洁净的无火花工具收集吸收材料。大量泄漏：构筑围堤或挖坑收容。用泡沫覆盖，减少蒸发。喷水雾能减少蒸发，但不能降低泄漏物在受限空间内的易燃性。用防爆泵转移至槽车或专用收集器内。

805. 辛 胺

标 识

中文名称 辛胺

英文名称 1 - octylamine；octylamine

别名 1 - 氨基辛烷

分子式 $C_8H_{19}N$

CAS 号 111 - 86 - 4

危害信息

燃烧与爆炸危险性

可燃。其蒸气与空气混合，能形成爆炸性混合物。燃烧分解时，放出有毒的氮氧化物气体。

禁忌物

强氧化剂、强酸、酰基氯、酸酐。

毒性

小鼠静脉 LD_{50}：18mg/kg。

中毒表现

吸入本品蒸气或雾对呼吸道有刺激性。蒸气对眼有刺激性；液体或雾对眼有强烈刺激性，引起眼损害。对皮肤有强烈刺激性。摄入灼伤消化道，引起剧烈腹痛、恶心、呕吐和虚脱，大量摄入可致死。人误服辛胺，引起头痛、血压下降、脉速及出现荨麻疹。

侵入途径

吸入、食入。

理化特性与用途

理化特性

无色透明液体，有鱼腥气味。微溶于水，混溶于乙醇、乙醚。熔点 -1℃，沸点179.6℃，相对密度(水 =1)0.782，相对蒸气密度(空气 =1)4.5，饱和蒸气压 0.13kPa(25℃)，燃烧热 -5635kJ/mol，临界温度 354℃，临界压力 2.58MPa，辛醇/水分配系数 2.9，闪点 60℃，引燃温度 265℃，爆炸下限 1.6%，爆炸上限 8.2%。

主要用途

用于有机合成，用作环氧催化剂、缓蚀剂、润滑剂的添加剂、生物杀伤剂和表面活性剂等

包装与储运

安全储运

储存于阴凉、通风的库房。远离火种、热源。保持容器密封。应与氧化剂、酸类、食用化学品等隔离储运。搬运时轻装轻卸，防止容器受损。

紧急处置信息

急救措施

吸入：迅速脱离现场至空气新鲜处。保持呼吸道通畅。如呼吸困难，给输氧。呼吸、心跳停止，立即进行心肺复苏术。就医。

眼睛接触：立即分开眼睑，用流动清水或生理盐水彻底冲洗 10 ~ 15min。就医。

皮肤接触：立即脱去污染的衣着，用大量流动清水冲洗 20 ~ 30min。就医。

食入：用水漱口，给饮牛奶或蛋清。就医。

灭火方法

消防人员必须佩戴空气呼吸器，穿全身防火防毒服，在上风向灭火。尽可能将容器从火场移至空旷处。喷水保持火场容器冷却，直至灭火结束。处在火场中的容器若已变色或从安全泄压装置中发出声音，必须马上撤离。

灭火剂：雾状水、泡沫、干粉、二氧化碳、砂土。

泄漏应急处置

消除所有点火源。根据液体流动和蒸气扩散的影响区域划定警戒区，无关人员从侧风、

上风向撤离至安全区。建议应急处理人员戴防毒面具，穿防静电、防腐蚀、防毒服，戴耐酸碱手套。穿上适当的防护服前严禁接触破裂的容器和泄漏物。尽可能切断泄漏源。防止泄漏物进入水体、下水道、地下室或受限空间。小量泄漏：用干燥的砂土或其他不燃材料吸收或覆盖，收集于容器中。大量泄漏：构筑围堤或挖坑收容。用石灰粉等吸收大量液体。用防爆、耐腐蚀泵转移至槽车或专用收集器内。

806. 辛　二　烯

标　识

中文名称　辛二烯

英文名称　1,7 - octadiene；alpha，omega - octadiene

别名　1,7 - 辛二烯

分子式　C_8H_{14}

CAS 号　3710 - 30 - 3

WGH 号　32018；31118［铁规］

UN 号　2309

危害信息

危险性类别

第 3 类易燃液体。

燃烧与爆炸危险性

易燃。其蒸气与空气混合，能形成爆炸性混合物。燃烧产生有毒的一氧化碳气体。容易自聚，聚合反应随着温度的上升而急骤加剧。流速过快，容易产生和积聚静电。若遇高热，容器内压增大，有开裂和爆炸的危险。

活性反应

与氧化剂接触发生猛烈反应。容易自聚，聚合反应随着温度的上升而急骤加剧。

禁忌物

强氧化剂。

毒性

大鼠经口 LD_{50}：20000mg/kg；大鼠经皮 LD_{50}：1400mg/kg。

侵入途径

吸入、食入、经皮吸收。

理化特性与用途

理化特性

无色至淡黄色透明液体。不溶于水，溶于乙醇、乙醚。熔点 -70℃，沸点 114～121℃，相对密度(水=1)0.746，相对蒸气密度(空气=1)3.8，饱和蒸气压 9.5kPa(50℃)，辛醇/水分配系数 4.0，闪点 9℃，引燃温度 230℃。

主要用途

用于有机合成。

包装与储运

包装标志

易燃液体

包装类别

Ⅱ类

安全储运

储存于阴凉、通风的库房。远离火种、热源。防止阳光直射。库温不宜超过37℃。保持容器密封。严禁与空气接触。应与氧化剂、强酸等分开存放，切忌混储。不宜大量储存或久存。采用防爆型照明、通风设施。禁止使用易产生火花的机械设备和工具。灌装时注意流速，防止静电积聚。储区应备有泄漏应急处理设备和合适的收容材料。

紧急处置信息

急救措施

吸入：迅速脱离现场至空气新鲜处。保持呼吸道通畅。如呼吸困难，给输氧。呼吸、心跳停止，立即进行心肺复苏术。就医。

眼睛接触：分开眼睑，用流动清水或生理盐水冲洗。如有不适感，就医。

皮肤接触：脱去污染的衣着，用流动清水冲洗。如有不适感，就医。

食入：饮足量温水，催吐。就医。

灭火方法

消防人员须佩戴防毒面具，穿全身消防服，在上风向灭火。尽可能将容器从火场移至空旷处。喷水保持火场容器冷却，直至灭火结束。处在火场中的容器若已变色或从安全泄压装置中发出声音，必须马上撤离。

灭火剂：雾状水、泡沫、干粉、二氧化碳、砂土。

泄漏应急处置

消除所有点火源。根据液体流动和蒸气扩散的影响区域划定警戒区，无关人员从侧风、上风向撤离至安全区。建议应急处理人员戴正压自给式呼吸器，穿防静电服。作业时使用的所有设备应接地。禁止接触或跨越泄漏物。尽可能切断泄漏源。防止泄漏物进入水体、下水道、地下室或受限空间。小量泄漏：用砂土或其他不燃材料吸收。使用洁净的无火花工具收集吸收材料。大量泄漏：构筑围堤或挖坑收容。用泡沫覆盖，减少蒸发。喷水雾能减少蒸发，但不能降低泄漏物在受限空间内的易燃性。用防爆泵转移至槽车或专用收集器内。

807. 1－辛基磺酸钠

标 识

中文名称 1－辛基磺酸钠

英文名称 1－Octanesulfonic acid, sodium salt; Sodium 1－octanesulfonate

别名 1－辛烷磺酸钠

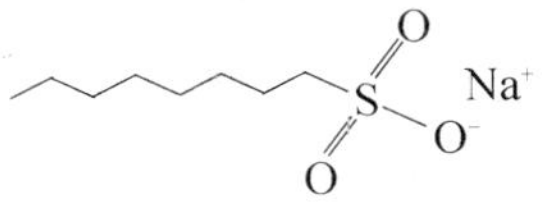

分子式 $C_8H_{18}O_3S \cdot Na$

CAS 号 5324－84－5

危害信息

燃烧与爆炸危险性

其粉体与空气混合能形成爆炸性混合物，燃烧产生有毒硫氧化物气体。

活性反应

与强氧化剂反应。

禁忌物

强氧化剂。

侵入途径

吸入、食入、经皮吸收。

理化特性与用途

理化特性

白色结晶粉末，无气味。溶于水。pH 值 5.5 ~ 7.5（1% 水溶液），熔点 300℃，辛醇/水分配系数 2.2。

主要用途

用于分析多肽和蛋白质。

包装与储运

安全储运

储存于阴凉、通风的库房。远离火种、热源。应与强氧化剂等隔离储运。

紧急处置信息

急救措施

吸入：脱离接触。如有不适感，就医。

眼睛接触：分开眼睑，用流动清水或生理盐水冲洗。如有不适感，就医。

皮肤接触：脱去污染的衣着，用肥皂水和清水冲洗。如有不适感，就医。

食入：漱口，饮水。就医。

灭火方法

消防人员必须佩戴空气呼吸器、穿全身防火防毒服，在上风向灭火。尽可能将容器从火场移至空旷处。喷水保持火场容器冷却，直至灭火结束。

灭火剂：水、雾状水、泡沫、干粉、二氧化碳。

泄漏应急处置

隔离泄漏污染区，限制出入。建议应急处理人员戴防尘口罩，穿防毒服。禁止接触或跨越泄漏物。防止泄漏物进入水体、下水道、地下室或受限空间。

808. 辛基三氯硅烷

标　识

中文名称　辛基三氯硅烷

英文名称　octyl trichlorosilane；trichlorooctylsilane

别名　三氯辛基硅烷

分子式 $C_8H_{17}Cl_3Si$

CAS 号 5283-66-9

WGH 号 81133

UN 号 1801

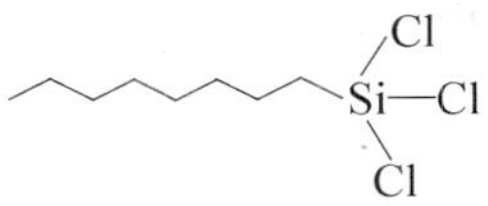

危害信息

危险性类别

第 8 类腐蚀品。

燃烧与爆炸危险性

可燃。受热或遇水分解放热，放出有毒的腐蚀性烟气。遇潮时对大多数金属有腐蚀性。

禁忌物

强氧化剂、强碱、水、醇类。

中毒表现

具腐蚀性、刺激性。蒸气强烈刺激皮肤、眼睛和黏膜 。

侵入途径

吸入、食入。

理化特性与用途

理化特性

无色至淡黄色透明液体，有刺激性气味。在水和乙醇中分解。溶于四氯化碳。沸点233℃(97.2kPa)，相对密度(水=1)1.07，相对蒸气密度(空气=1)8.5，辛醇/水分配系数5.44，闪点96℃。

主要用途

用于有机合成，用作聚硅氧烷的中间体。

包装与储运

包装标志

腐蚀品，有毒品[铁规]

包装类别

Ⅱ类

安全储运

储存于阴凉、干燥、通风良好的库房。远离火种、热源。防止阳光直射。储存温度不超过30℃，相对湿度不超过75%。保持容器密封。防止受潮。应与氧化剂、碱类、醇类等分开存放，切忌混储。配备相应品种和数量的消防器材。储区应备有泄漏应急处理设备和合适的收容材料。

紧急处置信息

急救措施

吸入：迅速脱离现场至空气新鲜处。保持呼吸道通畅。如呼吸困难，给输氧。呼吸、心跳停止，立即进行心肺复苏术。就医。

眼睛接触：立即分开眼睑，用大量流动清水或生理盐水彻底冲洗 10~15min。就医。

皮肤接触：立即脱去污染的衣着，用大量流动清水彻底冲洗，冲洗时间一般要求 20~30min。就医。

食入：用水漱口。给饮牛奶或蛋清。就医。

灭火方法

消防人员必须佩戴空气呼吸器，穿全身防火防毒服，在上风向灭火。尽可能将容器从火场移至空旷处。喷水保持火场容器冷却，直至灭火结束。处在火场中的容器若已变色或从安全泄压装置中发出声音，必须马上撤离。禁止用水和泡沫灭火

灭火剂：干粉、二氧化碳、砂土。

泄漏应急处置

根据液体流动和蒸气扩散的影响区域划定警戒区，无关人员从侧风、上风向撤离至安全区。建议应急处理人员戴正压自给式呼吸器，穿防腐、防毒服，戴耐酸碱手套。作业时使用的所有设备应接地。穿上适当的防护服前严禁接触破裂的容器和泄漏物。尽可能切断泄漏源。防止泄漏物进入水体、下水道、地下室或受限空间。严禁用水处理。小量泄漏：用干燥的砂土或其他不燃材料覆盖泄漏物。大量泄漏：构筑围堤或挖坑收容。用碎石灰石（$CaCO_3$）、苏打灰（$NaCO_3$）或石灰（CaO）中和。用耐腐蚀泵转移至槽车或专用收集器内。

809. 辛 硫 磷

标 识

中文名称 辛硫磷

英文名称 phoxim; phenylglyoxylnitrile oxime *O*,*O* - diethyl phosphorothioate

别名 *O*,*O* - 二乙基 - *O* - ((α - 氰基亚苄氨基)氧)硫代磷酸酯;肟硫磷;倍氰松;腈肟磷

分子式 $C_{12}H_{15}N_2O_3PS$

CAS 号 14816 - 18 - 3

WGH 号 61875

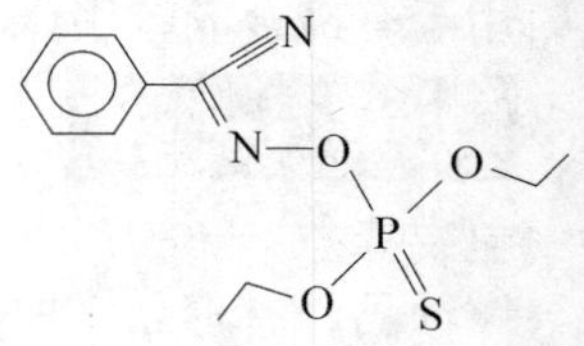

危害信息

危险性类别 第6类有毒品。

燃烧与爆炸危险性 可燃。其蒸气与空气混合，能形成爆炸性混合物。遇高热分解释出高毒烟气。若遇高热，容器内压增大，有开裂和爆炸的危险。

禁忌物 强氧化剂、强碱。

毒性 大鼠经口 LD_{50}：300mg/kg；小鼠经口 LD_{50}：1050mg/kg；大鼠经皮 LD_{50}：1000mg/kg；大鼠吸入 LC_{50}：>3200mg/m^3(1h)。

中毒表现 本品为低毒有机磷杀虫剂。能抑制胆碱酯酶活性。中毒症状有头痛、头昏、恶心、多汗、流涎、瞳孔缩小、肌肉震颤、腹痛等症状。

侵入途径 吸入、食入、经皮吸收。

环境危害 对水生生物有极高毒性，可能在水生环境中造成长期不利影响。

理化特性与用途

理化特性 淡黄色或浅红棕色油状液体。不溶于水，溶于丙酮、芳烃、二氯甲烷、异丙醇等。熔点 5 ~ 6.1℃，沸点 102℃（1.33Pa），相对密度（水 = 1）1.17，饱和蒸气压 2.1MPa(25℃)，辛醇/水分配系数 4.39，闪点 173℃。

主要用途 广谱杀虫剂。用于多种作物防治各种害虫，也可用于防治储粮和卫生

害虫。

包装与储运

包装标志　有毒品

包装类别　Ⅱ类

安全储运　储存于阴凉、通风的库房。远离火种、热源。防止阳光直射。储存温度不超过32℃，相对湿度不超过85%。保持容器密封。应与氧化剂、碱类等分开存放，切忌混储。配备相应品种和数量的消防器材。储区应备有泄漏应急处理设备和合适的收容材料。

紧急处置信息

急救措施

吸入：迅速脱离现场至空气新鲜处。保持呼吸道通畅。如呼吸困难，给输氧。呼吸、心跳停止，立即进行心肺复苏术。就医。

眼睛接触：分开眼睑，用流动清水或生理盐水冲洗。如有不适感，就医。

皮肤接触：脱去污染的衣着，用流动清水冲洗。如有不适感，就医。

食入：饮足量温水，催吐。用1：5000高锰酸钾溶液洗胃。每5min给服一片阿托品，直到感觉口干为止。就医。

灭火方法　消防人员须佩戴防毒面具，穿全身消防服，在上风向灭火。尽可能将容器从火场移至空旷处。喷水保持火场容器冷却，直至灭火结束。处在火场中的容器若已变色或从安全泄压装置中发出声音，必须马上撤离。

灭火剂：雾状水、泡沫、干粉、二氧化碳、砂土。

泄漏应急处置　根据液体流动和蒸气扩散的影响区域划定警戒区，无关人员从侧风、上风向撤离至安全区。建议应急处理人员戴正压自给式呼吸器，穿防毒服，戴橡胶手套。穿上适当的防护服前严禁接触破裂的容器和泄漏物。尽可能切断泄漏源。防止泄漏物进入水体、下水道、地下室或受限空间。小量泄漏：用干燥的砂土或其他不燃材料吸收或覆盖，收集于容器中。大量泄漏：构筑围堤或挖坑收容。用泵转移至槽车或专用收集器内。

810. 辛　醛

标　识

中文名称　辛醛

英文名称　octanal；1 – octanal ；caprylaldehyde

别名　1 – 辛醛；羊脂醛

分子式　$C_8H_{16}O$

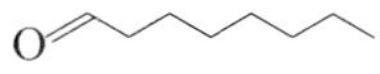

CAS号　124 – 13 – 0

WGH号　33575；32075［铁规］

UN号　1191

危害信息

危险性类别　第3类易燃液体。

燃烧与爆炸危险性 易燃。其蒸气与空气混合，能形成爆炸性混合物。

禁忌物 强氧化剂、强还原剂、强碱。

毒性 大鼠经口 LD_{50}：5630mg/kg；兔经皮 LD_{50}：6350mg/kg。

中毒表现 本品具有刺激性。

侵入途径 吸入、食入。

环境危害 对水生生物有毒，可能在水生环境中造成长期不利影响。

理化特性与用途

理化特性 无色至淡黄色液体，有强烈的水果香味。微溶于水，不溶于甘油，混溶于乙醇、乙醚、氯仿、丙酮，易溶于苯。熔点 -23℃，沸点 163.4℃，相对密度(水=1)0.82，相对蒸气密度(空气=1)4.4，饱和蒸气压 0.16kPa(25℃)，辛醇/水分配系数 2.78，闪点 51.67℃(Tag 闭杯)。

主要用途 用于制作香精、香料和用作有机合成中间体。

包装与储运

包装标志 易燃液体

包装类别 Ⅲ类

安全储运 储存于阴凉、通风的库房。库温不宜超过 37℃。远离火种、热源。保持容器密封。应与氧化剂、还原剂、碱类分开存放，切忌混储。不宜大量储存或久存。采用防爆型照明、通风设施。禁止使用易产生火花的机械设备和工具。储区应备有泄漏应急处理设备和合适的收容材料。

紧急处置信息

急救措施

吸入： 脱离现场至空气新鲜处。如呼吸困难，给输氧。呼吸、心跳停止，立即进行心肺复苏术。就医。

眼睛接触： 分开眼睑，用流动清水或生理盐水冲洗。如有不适感，就医。

皮肤接触： 脱去污染的衣着，用肥皂水和清水彻底冲洗皮肤。如有不适感，就医。

食入： 饮水，禁止催吐。就医。

灭火方法 消防人员必须佩戴空气呼吸器，穿全身防火防毒服，在上风向灭火。尽可能将容器从火场移至空旷处。喷水保持火场容器冷却，直至灭火结束。处在火场中的容器若发生异常变化或发出异常声音，须马上撤离。

灭火剂：泡沫、干粉、二氧化碳、砂土。

泄漏应急处置 消除所有点火源。根据液体流动和蒸气扩散的影响区域划定警戒区，无关人员从侧风、上风向撤离至安全区。建议应急处理人员戴正压自给式呼吸器，穿防静电服，戴橡胶耐油手套。尽可能切断泄漏源。防止泄漏物进入水体、下水道、地下室或受限空间。小量泄漏：用砂土或其他不燃材料吸收。大量泄漏：构筑围堤或挖坑收容。用砂土、惰性物质或蛭石吸收大量液体。用防爆泵转移至槽车或专用收集器内。

811. 辛 酸 甲 酯

标 识

中文名称 辛酸甲酯

英文名称 methyl octanoate ; octanoic acid, methyl ester; methyl caprylate

别名 正辛酸甲酯

分子式 $C_9H_{18}O_2$

CAS 号 111 -11 -5

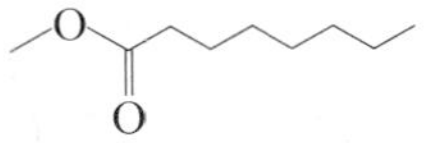

危害信息

燃烧与爆炸危险性 可燃。其蒸气与空气混合，能形成爆炸性混合物。燃烧产生有毒的一氧化碳气体。

禁忌物 强氧化剂、强还原剂、强酸、强碱。

毒性 大鼠经口 LD_{50}：10080mg/kg。

侵入途径 吸入、食入。

理化特性与用途

理化特性 无色透明油状液体，有橘子香味。不溶于水，易溶于乙醇、乙醚。熔点 -41 ~ -36.7℃，沸点 192.9 ~ 195℃，相对密度(水 =1)0.88，相对蒸气密度(空气 =1) 5.4，饱和蒸气压 0.133kPa(34.2℃)，辛醇/水分配系数 3.32，闪点 73℃。

主要用途 用于化妆品和杀灭疥螨的药剂，用作辛酸洗涤剂、乳化剂、湿润剂、稳定剂、增塑剂、润滑剂等的中间体。

包装与储运

安全储运 储存于阴凉、通风的库房。远离火种、热源。保持容器密封。应与强氧化剂、强酸、碱类等隔离储运。搬运时轻装轻卸，防止容器受损。

紧急处置信息

急救措施

吸入：迅速脱离现场至空气新鲜处。保持呼吸道通畅。如呼吸困难，给输氧。呼吸、心跳停止，立即进行心肺复苏术。就医。

眼睛接触：分开眼睑，用流动清水或生理盐水冲洗。如有不适感，就医。

皮肤接触：脱去污染的衣着，用流动清水冲洗。如有不适感，就医。

食入：大量饮水。口服活性炭，导泻。就医。

灭火方法 消防人员须佩戴防毒面具，穿全身消防服，在上风向灭火。尽可能将容器从火场移至空旷处。喷水保持火场容器冷却，直至灭火结束。处在火场中的容器若已变色或从安全泄压装置中发出声音，必须马上撤离。

灭火剂：雾状水、泡沫、干粉、二氧化碳、砂土。

泄漏应急处置 根据液体流动和蒸气扩散的影响区域划定警戒区，无关人员从侧风、上风向撤离至安全区。消除所有点火源。建议应急处理人员戴防毒面具，穿防毒服，戴橡胶手套。穿上适当的防护服前严禁接触破裂的容器和泄漏物。尽可能切断泄漏源。防止泄漏物进入水体、下水道、地下室或受限空间。小量泄漏：用干燥的砂土或其他不燃材料吸收或覆盖，收集于容器中。大量泄漏：构筑围堤或挖坑收容。用泵转移至槽车或专用收集器内。

812. 辛酸亚锡

标　识

中文名称　辛酸亚锡

英文名称　tin bis(2 – ethylhexanoate)；stannous 2 – ethylhexoate；stannous octanoate

别名　2 – 乙基己酸亚锡

分子式　$C_{16}H_{30}O_4Sn$

CAS 号　301 – 10 – 0

WGH 号　61857

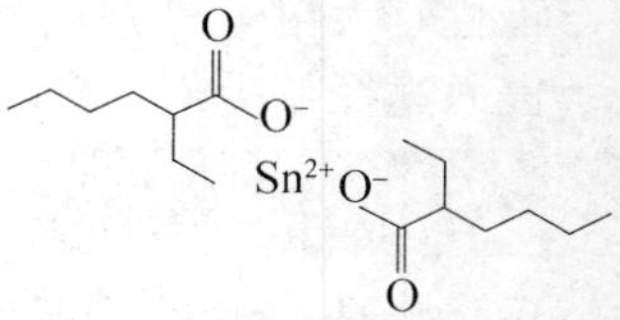

危害信息

危险性类别　第 6 类有毒品。

燃烧与爆炸危险性　可燃。其粉体与空气混合，能形成爆炸性混合物。受高热分解放出有毒的气体。若遇高热，容器内压增大，有开裂和爆炸的危险。

活性反应　与氧化剂可发生反应。

禁忌物　强氧化剂。

中毒表现　有毒。对眼睛、皮肤、黏膜和上呼吸道有刺激作用。

侵入途径　吸入、食入、经皮吸收。

职业接触限值　美国(ACGIH)：TLV – TWA：0.1mg/m³[按锡计]，TLV – STEL：0.2mg/m³[按锡计]。

环境危害　对水生生物有极高毒性，可能在水生环境中造成长期不利影响。

理化特性与用途

理化特性　白色或黄褐色膏体。不溶于水，溶于石油醚。相对密度(水 = 1)1.230 ~ 1.270(20℃)，闪点 > 100℃。

主要用途　是生产聚氨酯泡沫塑料的基本催化剂，主要用于聚醚 – 聚氨酯发泡时的胶化反应。

包装与储运

包装标志　有毒品

包装类别　Ⅲ类

安全储运　储存于阴凉、通风的库房。远离火种、热源。保持容器密封。防止阳光直射。储存温度不超过 35℃，相对湿度不超过 80%。应与氧化剂分开存放，切忌混储。配备相应品种和数量的消防器材。储区应备有合适的材料收容泄漏物。

紧急处置信息

急救措施

吸入：迅速脱离现场至空气新鲜处。保持呼吸道通畅。如呼吸困难，给输氧。呼吸、心跳停止，立即进行心肺复苏术。就医。

眼睛接触：分开眼睑，用流动清水或生理盐水冲洗。如有不适感，就医。

皮肤接触： 脱去污染的衣着，用流动清水冲洗。如有不适感，就医。

食入： 大量饮水。口服活性炭，导泻。就医。

灭火方法 消防人员须佩戴防毒面具，穿全身消防服，在上风向灭火。尽可能将容器从火场移至空旷处。喷水保持火场容器冷却，直至灭火结束。处在火场中的容器若已变色或从安全泄压装置中发出声音，必须马上撤离。

灭火剂：雾状水、泡沫、干粉、二氧化碳、砂土。

泄漏应急处置 隔离泄漏污染区，限制出入。消除所有点火源。建议应急处理人员戴防尘口罩，穿一般作业防护服，戴防化学品手套。尽可能切断泄漏源。用塑料布覆盖泄漏物，减少飞散。勿使水进入包装容器内。用洁净的铲子收集泄漏物，置于干净、干燥、盖子较松的容器中，将容器移离泄漏区。

813. 辛酸乙酯

标　识

中文名称 辛酸乙酯

英文名称 ethyl octanoate；ethyl caprylate

别名 正辛酸乙酯

分子式 $C_{10}H_{20}O_2$

CAS 号 106－32－1

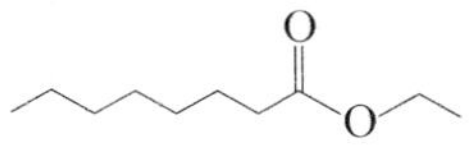

危害信息

燃烧与爆炸危险性 可燃。其蒸气与空气混合，能形成爆炸性混合物。燃烧产生有毒的一氧化碳气体。

禁忌物 氧化剂、还原剂、酸类、碱类。

毒性 大鼠经口 LD_{50}：25960mg/kg。

侵入途径 吸入、食入。

理化特性与用途

理化特性 无色透明液体，有菠萝香味。不溶于水，不溶于丙二醇，易溶于乙醇、乙醚、氯仿。熔点－48～－47℃，沸点206～208℃，相对密度(水=1)0.868，相对蒸气密度(空气=1)5.9，饱和蒸气压0.028kPa(25℃)，辛醇/水分配系数3.81，闪点75℃。

主要用途 用于调味品、香料制造。

包装与储运

安全储运 储存于阴凉、通风的库房。远离火种、热源。保持容器密封。应与强氧化剂、强酸、碱类等隔离储运。搬运时轻装轻卸，防止容器受损。

紧急处置信息

急救措施

吸入： 迅速脱离现场至空气新鲜处。保持呼吸道通畅。如呼吸困难，给输氧。呼吸、心跳停止，立即进行心肺复苏术。就医。

眼睛接触：分开眼睑，用流动清水或生理盐水冲洗。如有不适感，就医。

皮肤接触：脱去污染的衣着，用流动清水冲洗。如有不适感，就医。

食入：大量饮水，口服活性炭，导泻。就医。

灭火方法 消防人员须佩戴防毒面具，穿全身消防服，在上风向灭火。尽可能将容器从火场移至空旷处。喷水保持火场容器冷却，直至灭火结束。处在火场中的容器若已变色或从安全泄压装置中发出声音，必须马上撤离。

灭火剂：雾状水、泡沫、干粉、二氧化碳、砂土。

泄漏应急处置 根据液体流动和蒸气扩散的影响区域划定警戒区，无关人员从侧风、上风向撤离至安全区。消除所有点火源。建议应急处理人员戴防毒面具，穿防护服，戴橡胶手套。穿上适当的防护服前严禁接触破裂的容器和泄漏物。尽可能切断泄漏源。防止泄漏物进入水体、下水道、地下室或受限空间。小量泄漏：用干燥的砂土或其他不燃材料吸收或覆盖，收集于容器中。大量泄漏：构筑围堤或挖坑收容。用泵转移至槽车或专用收集器内。

814. 辛 酰 氯

标 识

中文名称 辛酰氯

英文名称 octanoyl chloride；caprylyl chloride

别名 正辛酰氯

分子式 $C_8H_{15}ClO$

CAS 号 111－64－8

WGH 号 81633

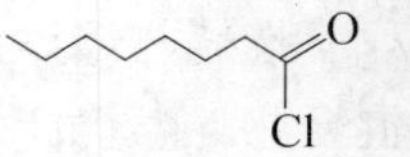

危害信息

危险性类别 第 8 类腐蚀品。

燃烧与爆炸危险性 可燃。遇水或水蒸气反应放热并产生有毒的腐蚀性气体。受热分解释出高毒烟雾。遇潮时对大多数金属有腐蚀性。若遇高热，容器内压增大，有开裂和爆炸的危险。

活性反应 与氧化剂可发生反应。遇水或水蒸气反应放热并产生有毒的腐蚀性气体。

禁忌物 强碱、水、氧化剂、醇类。

中毒表现 对眼睛、皮肤和黏膜有强烈的刺激作用。吸入可引起喉、支气管痉挛，炎症，化学性肺炎、肺水肿等。

侵入途径 吸入、食入、经皮吸收。

理化特性与用途

理化特性 无色至稻草色透明液体，有刺激性气味。不溶于水，溶于乙醚。熔点－63℃，沸点 195.6℃，相对密度(水＝1)0.953，相对蒸气密度(空气＝1)5.6，饱和蒸气压 1.69kPa(25℃)，辛醇/水分配系数 2.47，闪点 80℃。

主要用途 用于有机合成和配制食用香精。

包装与储运

包装标志 腐蚀品。

包装类别 Ⅲ类

安全储运 储存于阴凉、干燥、通风良好的库房。远离火种、热源。防止阳光直射。储存温度不超过30℃，相对湿度不超过75%。保持容器密封。避免受潮。应与碱类、氧化剂、醇类等分开存放，切忌混储。配备相应品种和数量的消防器材。储区应备有泄漏应急处理设备和合适的收容材料。

紧急处置信息

急救措施

吸入：迅速脱离现场至空气新鲜处。保持呼吸道通畅。如呼吸困难，给输氧。呼吸、心跳停止，立即进行心肺复苏术。就医。

眼睛接触：立即分开眼睑，用大量流动清水或生理盐水彻底冲洗10～15min。就医。

皮肤接触：立即脱去污染的衣着，用大量流动清水彻底冲洗，冲洗时间一般要求20～30min。就医。

食入：用水漱口，禁止催吐。给饮牛奶或蛋清。就医。

灭火方法 消防人员必须穿全身耐酸碱消防服，佩戴空气呼吸器灭火。尽可能将容器从火场移至空旷处。喷水保持火场容器冷却，直至灭火结束。处在火场中的容器若已变色或从安全泄压装置中发出声音，必须马上撤离。禁止用水、泡沫和酸碱灭火剂灭火。

灭火剂：干粉、二氧化碳、砂土。

泄漏应急处置 根据液体流动和蒸气扩散的影响区域划定警戒区，无关人员从侧风、上风向撤离至安全区。消除所有点火源。建议应急处理人员戴正压自给式呼吸器，穿防酸碱服，戴耐酸碱手套。作业时使用的所有设备应接地。穿上适当的防护服前严禁接触破裂的容器和泄漏物。尽可能切断泄漏源。防止泄漏物进入水体、下水道、地下室或受限空间。严禁用水处理。小量泄漏：用干燥的砂土或其他不燃材料覆盖泄漏物。大量泄漏：构筑围堤或挖坑收容。用耐腐蚀泵转移至槽车或专用收集器内。

815. 锌 粉

标 识

中文名称 锌粉

英文名称 zinc; zinc powder

别名 锌灰；锌粉尘

分子式 Zn

CAS号 7440-66-6

WGH号 43014

UN号 1436

危害信息

危险性类别 第4.3类遇湿易燃物品。

燃烧与爆炸危险性 遇湿易燃。粉末与空气能形成爆炸性混合物，易被明火点燃引起爆炸。潮湿粉尘在空气中易自行发热燃烧。燃烧产生有害的氧化锌。

活性反应 与水、酸类或碱金属氢氧化物接触能放出易燃的氢气。与氧化剂、硫磺反应会引起燃烧或爆炸。

禁忌物 胺类、硫、氯代烃、强酸、强碱、强氧化剂、水、碱金属氢氧化物。

毒性 大鼠气管内 TDL_0：25mg/kg。

中毒表现 吸入锌在高温下形成的氧化锌烟雾可致金属烟雾热，症状有口中金属味、口渴、胸部紧束感、干咳、头痛、头晕、高热、寒战等。粉尘对眼有刺激性。口服刺激胃肠道。长期反复接触对皮肤有刺激性。

侵入途径 吸入、食入。

环境危害 对水生生物有极高毒性，可能在水生环境中造成长期不利影响。

理化特性与用途

理化特性 浅灰色细小粉末。不溶于水，溶于酸、碱。熔点419℃，沸点907℃，相对密度(水＝1)7.14，饱和蒸气压0.1kPa(487℃)，引燃温度460℃，爆炸下限212～284mg/m^3。

主要用途 用作催化剂、还原剂，用于有机合成，也用于电镀锌和制备有色金属合金。

包装与储运

包装标志 遇湿易燃物品，自燃物品

包装类别 Ⅱ类

安全储运 储存于阴凉、干燥、通风良好的专用库房内，远离火种、热源。库温不超过32℃。相对湿度不超过75%。包装密封。防止受潮。应与氧化剂、酸类、碱类、胺类、氯代烃等分开存放，切忌混储。采用防爆型照明、通风设施。禁止使用易产生火花的机械设备和工具。储区应备有合适的材料收容泄漏物。

紧急处置信息

急救措施

吸入：迅速脱离现场至空气新鲜处。保持呼吸道通畅。如呼吸困难，给输氧。呼吸、心跳停止，立即进行心肺复苏术。就医。

眼睛接触：分开眼睑，用流动清水或生理盐水冲洗。如有不适感，就医。

皮肤接触：立即脱去污染的衣着，用肥皂水和清水彻底冲洗皮肤。如有不适感，就医。

食入：饮足量温水，催吐。就医。

灭火方法 消防人员必须佩戴空气呼吸器，穿全身防火防毒服，在上风向灭火。尽可能将容器从火场移至空旷处。喷水保持火场容器冷却，直至灭火结束。禁止用水和泡沫灭火。

灭火剂：干粉、干砂。

泄漏应急处置 隔离泄漏污染区，限制出入。消除所有点火源。建议应急处理人员戴防尘口罩，穿防静电服，戴防护手套。禁止接触或跨越泄漏物。尽可能切断泄漏源。严禁用水处理。小量泄漏：用干燥的砂土或其他不燃材料覆盖泄漏物，然后用塑料布覆盖，减少飞散、避免雨淋。粉末泄漏：用塑料布或帆布覆盖泄漏物，减少飞散，保持干燥。在专家指导下清除。

816. 溴

标　识

中文名称　溴
英文名称　bromine
别名　溴素
分子式　Br_2
CAS 号　7726-95-6
WGH 号　81021
UN 号　1744

危害信息

危险性类别　第8类腐蚀品。

燃烧与爆炸危险性　助燃。与可燃物接触易着火燃烧。能腐蚀大多数金属及有机组织。

活性反应　与易燃物（如苯）和可燃物（如糖、纤维素等）接触会发生剧烈反应，甚至引起燃烧。和氢、甲烷、硫磺、锑、砷、磷、钠、钾及其他金属粉末发生剧烈反应，甚至引起燃烧爆炸。与还原剂能发生强烈反应。

禁忌物　强还原剂、碱金属、铝、铜、易燃或可燃物。

毒性　大鼠经口 LD_{50}：1700mg/kg；大鼠吸入 LC_{50}：2700mg/m^3。

中毒表现　对皮肤、黏膜有强烈刺激作用和腐蚀作用。吸入较低浓度，很快发生眼和呼吸道黏膜的刺激症状，并有头痛、眩晕、全身无力、胸部发紧、干咳、恶心和呕吐等症状；吸入高浓度时有剧咳、呼吸困难、哮喘。严重时可发生窒息、肺炎、肺水肿。可出现中枢神经系统症状。皮肤接触高浓度溴蒸气或液态溴可造成严重灼伤。

长期吸入，除黏膜刺激症状外，还伴有神经衰弱综合征。

侵入途径　吸入、食入、经皮吸收。

职业接触限值　中国：PC-TWA：0.6mg/m^3；PC-STEL：2mg/m^3。

美国（ACGIH）：TLV-TWA：0.1ppm，TLV-STEL：0.2ppm。

环境危害　对水生生物有极高毒性。

理化特性与用途

理化特性　暗红褐色发烟液体，有刺激性气味，有挥发性。微溶于水，易溶于乙醇、乙醚、苯、氯仿、四氯化铁、二硫化碳、浓盐酸和溴化物水溶液。熔点 -7.2℃，沸点 58.8℃，相对密度（水=1）3.1，相对蒸气密度（空气=1）5.5，饱和蒸气压 23.3kPa（20℃），临界温度 315℃，临界压力 10.3MPa。

主要用途　用作分析试剂、氧化剂、烯烃吸收剂、溴化剂；用作制造溴化物的原料，用于生产药物、杀虫剂、植物生长激素、含溴染料、香料、催泪毒剂和灭火剂1211等，还用于石油、选矿、冶金等部门。

包装与储运

包装标志　腐蚀品，有毒品

包装类别 Ⅰ类

安全储运 储存于阴凉、通风的库房。远离火种、热源。库温不超过28℃。保持容器密封。应与还原剂、碱金属、易(可)燃物、金属粉末等分开存放，切忌混储。储区应备有泄漏应急处理设备和合适的收容材料。

紧急处置信息

急救措施

吸入： 迅速脱离现场至空气新鲜处。保持呼吸道通畅。如呼吸困难，给输氧。呼吸、心跳停止，立即进行心肺复苏术。就医。

眼睛接触： 立即分开眼睑，用流动清水或生理盐水彻底冲洗10~15min。就医。

皮肤接触： 立即脱去污染的衣着，用大量流动清水彻底冲洗，冲洗时间一般要求20~30min。就医。

食入： 用水漱口。给饮牛奶或蛋清。就医。

灭火方法 喷水保持火场容器冷却，直至灭火结束。用雾状水赶走泄漏的液体。用氨水从远处喷射，驱散蒸气，并使之中和。但对泄漏出来的溴液不可用氨水喷射，以免引起强烈反应，放热而产生大量剧毒的溴蒸气。本品不燃。根据着火原因选择适当灭火剂灭火。

泄漏应急处置 根据液体流动和蒸气扩散的影响区域划定警戒区，无关人员从侧风、上风向撤离至安全区。建议应急处理人员戴正压自给式呼吸器，穿防腐蚀、防毒服，戴橡胶耐酸碱手套。穿上适当的防护服前严禁接触破裂的容器和泄漏物。尽可能切断泄漏源。防止泄漏物进入水体、下水道、地下室或受限空间。小量泄漏：用干燥的砂土或其他不燃材料吸收或覆盖，收集于容器中。大量泄漏：构筑围堤或挖坑收容。用耐腐蚀泵转移至槽车或专用收集器内。

817. 溴 苯

标 识

中文名称 溴苯

英文名称 bromobenzene；phenyl bromide

别名 溴代苯

分子式 C_6H_5Br

CAS号 108-86-1

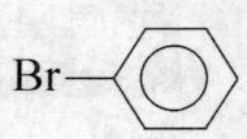

WGH号 33547；32047[铁规]

UN号 2514

危害信息

危险性类别 第3类易燃液体。

燃烧与爆炸危险性 易燃。其蒸气与空气混合，能形成爆炸性混合物。燃烧产生有毒的一氧化碳和溴化氢气体。

禁忌物 强氧化剂。

毒性 大鼠经口 LD_{50}：2383mg/kg；大鼠吸入 LC_{50}：20411mg/m^3；小鼠经口 LD_{50}：2700mg/kg。

中毒表现 吸入本品蒸气或雾刺激上呼吸道，引起咳嗽、胸部不适。高浓度吸入有麻醉作用。液体或雾对眼睛有刺激性。较长时间接触对皮肤有刺激性。口服引起恶心、呕吐、腹痛、腹泻、头痛、迟钝、中枢神经系统影响，甚至发生死亡。

侵入途径 吸入、食入、经皮吸收。

环境危害 对水生生物有毒，可能在水生环境中造成长期不利影响；海洋污染物。

理化特性与用途

理化特性 无色易流动液体，有芳香气味。不溶于水，混溶于多数有机溶剂。熔点 -30.7℃，沸点156.2℃，相对密度（水=1）1.5，相对蒸气密度（空气=1）5.41，饱和蒸气压0.55kPa（25℃），燃烧热-3124.6kJ/mol，临界温度397℃，临界压力4.52MPa，辛醇/水分配系数2.99，闪点51℃（闭杯），引燃温度565℃，爆炸下限6%，爆炸上限36.5%。

主要用途 用作溶剂、分析试剂、润滑油添加剂和用于有机合成等。

包装与储运

包装标志 易燃液体

包装类别 Ⅲ类

安全储运 储存于阴凉、通风的库房。库温不宜超过37℃。远离火种、热源。保持容器密封。应与氧化剂分开存放，切忌混储。采用防爆型照明、通风设施。禁止使用易产生火花的机械设备和工具。灌装时注意流速，防止静电积聚。储区应备有泄漏应急处理设备和合适的收容材料。

紧急处置信息

急救措施

吸入：脱离现场至空气新鲜处。如呼吸困难，给输氧。呼吸、心跳停止，立即进行心肺复苏术。就医。

眼睛接触：分开眼睑，用流动清水或生理盐水冲洗。如有不适感，就医。

皮肤接触：脱去污染的衣着，用肥皂水和清水彻底冲洗皮肤。如有不适感，就医。

食入：饮水，禁止催吐。就医。

灭火方法 消防人员必须佩戴空气呼吸器，穿全身防火防毒服，在上风向灭火。尽可能将容器从火场移至空旷处。喷水保持火场容器冷却，直至灭火结束。处在火场中的容器若发生异常变化或发出异常声音，须马上撤离。

灭火剂：雾状水、泡沫、干粉、二氧化碳、砂土。

泄漏应急处置 消除所有点火源。根据液体流动和蒸气扩散的影响区域划定警戒区，无关人员从侧风、上风向撤离至安全区。建议应急处理人员戴正压自给式呼吸器，穿防静电服，戴橡胶耐油手套。作业时使用的所有设备应接地。禁止接触或跨越泄漏物。尽可能切断泄漏源。防止泄漏物进入水体、下水道、地下室或受限空间。小量泄漏：用砂土或其他不燃材料吸收。使用洁净的无火花工具收集吸收材料。大量泄漏：构筑围堤或挖坑收容。用泡沫覆盖，减少蒸发。喷水雾能减少蒸发，但不能降低泄漏物在受限空间内的易燃性。用防爆泵转移至槽车或专用收集器内。

818. 溴丙酮

标识

中文名称 溴丙酮

英文名称 bromopropanone；1－bromo－2－propanone

别名 1－溴－2－丙酮

分子式 C_3H_5BrO

CAS 号 598－31－2

WGH 号 61604

UN 号 1569

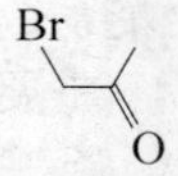

危害信息

危险性类别 第6类有毒品。

燃烧与爆炸危险性 易燃。其蒸气与空气混合，能形成爆炸性混合物。燃烧产生有毒的一氧化碳和溴化氢气体。受高热燃烧并分解产生有毒气体。

禁忌物 强氧化剂。

毒性 人吸入 LCL_0：572ppm(10min)。

中毒表现 本品有强烈的催泪性，对眼睛有刺激性，对上呼吸道刺激性强烈。皮肤直接接触其液体，可引起水疱，皮炎及荨麻疹。

侵入途径 吸入、食入、经皮吸收。

环境危害 海洋污染物。

理化特性与用途

理化特性 无色液体，有刺激性气味，见光变成紫色。微溶于水，溶于乙醇、乙醚、丙酮、苯。熔点－36.5℃，沸点137℃，相对密度(水＝1)1.63，相对蒸气密度(空气＝1)4.75，饱和蒸气压1.2kPa(20℃)，辛醇/水分配系数0.11，闪点51.1℃。

主要用途 用于有机合成，也用作化学武器。

包装与储运

包装标志 有毒品，易燃液体

包装类别 Ⅱ类

安全储运 储存于阴凉、通风的库房。远离火种、热源。库温不超过35℃。相对湿度不超过85%。保持容器密封。应与氧化剂、食用化学品分开存放，切忌混储。采用防爆型照明、通风设施。禁止使用易产生火花的机械设备和工具。储区应备有泄漏应急处理设备和合适的收容材料。

紧急处置信息

急救措施

吸入： 迅速脱离现场至空气新鲜处。保持呼吸道通畅。如呼吸困难，给输氧。呼吸、心跳停止，立即进行心肺复苏术。就医。

眼睛接触：分开眼睑，用流动清水或生理盐水冲洗。如有不适感，就医。

皮肤接触：立即脱去污染的衣着，用肥皂水和清水彻底冲洗皮肤。如有不适感，就医。

食入：饮足量温水，催吐。就医。

灭火方法 消防人员须佩戴防毒面具，穿全身消防服，在上风向灭火。尽可能将容器从火场移至空旷处。喷水保持火场容器冷却，直至灭火结束。处在火场中的容器若已变色或从安全泄压装置中发出声音，必须马上撤离。

灭火剂：泡沫、二氧化碳、砂土。

泄漏应急处置 消除所有点火源。根据液体流动和蒸气扩散的影响区域划定警戒区，无关人员从侧风、上风向撤离至安全区。建议应急处理人员戴正压自给式呼吸器，穿防毒、防静电服，戴橡胶耐油手套。作业时使用的所有设备应接地。禁止接触或跨越泄漏物。尽可能切断泄漏源。防止泄漏物进入水体、下水道、地下室或受限空间。小量泄漏：用砂土或其他不燃材料吸收。使用洁净的无火花工具收集吸收材料。大量泄漏：构筑围堤或挖坑收容。用抗溶性泡沫覆盖，减少蒸发。喷水雾能减少蒸发，但不能降低泄漏物在受限空间内的易燃性。用防爆泵转移至槽车或专用收集器内。

819. 溴 敌 隆

标 识

中文名称 溴敌隆

英文名称 bromadiolone;3－(3－(4′－Bromo(1,1′－biphenyl)－4－yl)－3－hydroxy －1－phenylpropyl)－4－hydroxy－2－benzopyrone

别名 3－(3,4′－溴(1,1′－联苯)－4－基)－3－羟基－1－苯丙基－4－羟基－2H－1－苯并吡喃－2－酮;乐万通

分子式 $C_{30}H_{23}BrO_4$

CAS 号 28772－56－7

WGH 号 61135

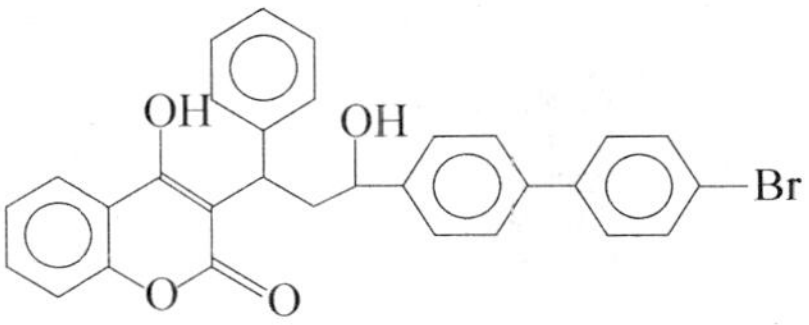

危害信息

危险性类别 第6类有毒品。

燃烧与爆炸危险性 可燃。其粉体与空气混合，能形成爆炸性混合物。受高热分解放出有毒的气体。

禁忌物 强氧化剂。

毒性 大鼠经口 LD_{50}：0.49mg/kg；小鼠经口 LD_{50}：1.75mg/kg；兔经皮 LD_{50}：2.1mg/kg；大鼠吸入 LC_{50}：200mg/m^3。

本品已列入《剧毒化学品目录》。

中毒表现 本品为高毒杀鼠剂。对眼睛有中度刺激作用。对皮肤无明显刺激。中毒时，可引起皮肤和脏器出血。

侵入途径 吸入、食入、经皮吸收。

环境危害 对水生生物有极高毒性，可能在水生环境中造成长期不利影响。

理化特性与用途

理化特性 白色至灰白色或淡黄色粉末。不溶于水，微溶于乙醇、乙酸乙酯，溶于二甲基甲酰胺、二甲亚砜。熔点 200 ~ 210℃，饱和蒸气压 0.002MPa(20℃)，辛醇/水分配系数 7.02，闪点 218℃。

主要用途 第二代抗凝血杀鼠剂。用于宾馆、车站、轮船、民宅、仓库、机场、林地及果园防治家鼠和野鼠。

包装与储运

包装标志 有毒品

包装类别 Ⅰ类

安全储运 储存于阴凉、通风良好的专用库房内。应严格执行剧毒化学品管理制度。远离火种、热源。防止阳光直射。储存温度不超过 35℃，相对湿度不超过 85%。保持容器密封。应与氧化剂等分开存放，切忌混储。配备相应品种和数量的消防器材。储区应备有合适的材料收容泄漏物。

紧急处置信息

急救措施

吸入：迅速脱离现场至空气新鲜处。保持呼吸道通畅。如呼吸困难，给输氧。呼吸、心跳停止，立即进行心肺复苏术。就医。

眼睛接触：分开眼睑，用流动清水或生理盐水冲洗。如有不适感，就医。

皮肤接触：脱去污染的衣着，用流动清水冲洗。如有不适感，就医。

食入：饮足量温水，催吐、洗胃、导泻。就医。

灭火方法 消防人员须佩戴防毒面具，穿全身消防服，在上风向灭火。尽可能将容器从火场移至空旷处。喷水保持火场容器冷却，直至灭火结束。切勿将水流直接射至熔融物，以免引起严重的流淌火灾或引起剧烈的沸溅。

灭火剂：雾状水、泡沫、干粉、二氧化碳、砂土。

泄漏应急处置 隔离泄漏污染区，限制出入。建议应急处理人员戴防尘口罩，穿防毒服，戴防毒物渗透手套。穿上适当的防护服前严禁接触破裂的容器和泄漏物。尽可能切断泄漏源。用塑料布覆盖泄漏物，减少飞散。勿使水进入包装容器内。用洁净的铲子收集泄漏物，置于干净、干燥、盖子较松的容器中，将容器移离泄漏区。

820. 溴 丁 酮

标 识

中文名称 溴丁酮

英文名称 1 - bromo - 2 - butanone；1 - bromobutanone

别名 1 - 溴 - 2 - 丁酮

分子式 C_4H_7BrO

CAS 号 816 - 40 - 0

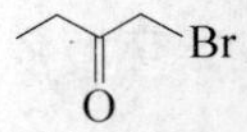

危害信息

燃烧与爆炸危险性 可燃。其蒸气与空气混合，能形成爆炸性混合物。受高热分解放出有毒的气体。若遇高热，容器内压增大，有开裂和爆炸的危险。

活性反应 与氧化剂可发生反应。

禁忌物 强氧化剂、强碱。

毒性 小鼠吸入 LC_{50}：500mg/m^3(10min)。

中毒表现 吸入、摄入或经皮肤吸收后对身体有害。对眼睛、皮肤和黏膜有刺激作用。接触后可引起头痛、恶心、呕吐、咳嗽、气短等。

侵入途径 吸入、食入、经皮吸收。

理化特性与用途

理化特性 无色至淡黄色液体。微溶于水。熔点105℃(20kPa)、146℃，相对密度(水=1)1.479，相对蒸气密度(空气=1)4.2，饱和蒸气压0.48kPa(25℃)，辛醇/水分配系数0.6，闪点68℃。

主要用途 用于催泪气体、有机合成等。

包装与储运

安全储运 储存于阴凉、通风的库房。远离火种、热源。保持容器密封。应与强氧化剂、强碱等隔离储运。搬运时轻装轻卸，防止容器受损。

紧急处置信息

急救措施

吸入：迅速脱离现场至空气新鲜处。保持呼吸道通畅。如呼吸困难，给输氧。呼吸、心跳停止，立即进行心肺复苏术。就医。

眼睛接触：分开眼睑，用流动清水或生理盐水冲洗。如有不适感，就医。

皮肤接触：脱去污染的衣着，用流动清水冲洗。如有不适感，就医。

食入：饮足量温水，催吐。就医。

灭火方法 消防人员须佩戴防毒面具，穿全身消防服，在上风向灭火。尽可能将容器从火场移至空旷处。喷水保持火场容器冷却，直至灭火结束。处在火场中的容器若已变色或从安全泄压装置中发出声音，必须马上撤离。

灭火剂：雾状水、泡沫、干粉、二氧化碳、砂土。

泄漏应急处置 根据液体流动和蒸气扩散的影响区域划定警戒区，无关人员从侧风、上风向撤离至安全区。消除所有点火源。建议应急处理人员戴防毒面具，穿一般作业工作服，戴橡胶手套。尽可能切断泄漏源。防止泄漏物进入水体、下水道、地下室或受限空间。小量泄漏：用干燥的砂土或其他不燃材料吸收或覆盖，收集于容器中。大量泄漏：构筑围堤或挖坑收容。用泵转移至槽车或专用收集器内。

821. 溴 丁 烷

标 识

中文名称 溴丁烷

821. 溴丁烷

英文名称 1 – bromobutane；butyl bromide

别名 1 – 溴丁烷；正丁基溴；溴代正丁烷

分子式 C_4H_9Br

CAS 号 109 – 65 – 9

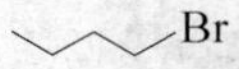

WGH 号 32043；31143［铁规］

UN 号 1126

危害信息

危险性类别 第 3 类易燃液体。

燃烧与爆炸危险性 易燃。其蒸气与空气混合，能形成爆炸性混合物。蒸气比空气重，能在较低处扩散到相当远的地方，遇火源会着火回燃和爆炸（闪爆）。受高热分解产生有毒的溴化物气体。

禁忌物 强氧化剂、强碱、钾、钠、镁。

毒性 大鼠经口 LD_{50}：2761mg/kg；大鼠吸入 LC_{50}：47000mg/m^3（2h）。

中毒表现 吸入本品蒸气可引起咳嗽、胸痛和呼吸困难。高浓度时有麻醉作用，引起神志障碍。眼和皮肤接触可致灼伤。

侵入途径 吸入、食入。

理化特性与用途

理化特性 无色至淡黄色透明液体。不溶于水，微溶于四氯化碳，溶于氯仿，混溶于乙醇、乙醚、丙酮。熔点 –112℃，沸点 100 ~ 104℃，相对密度（水 = 1）1. 276，相对蒸气密度（空气 = 1）4. 72，饱和蒸气压 5. 58kPa（25℃），辛醇/水分配系数 2. 75，闪点 23℃，引燃温度 265℃，爆炸下限 2. 6%（100℃），爆炸上限 7%（100℃）。

主要用途 用作烷化剂、溶剂、稀有元素萃取剂，用于有机合成和制药等。

包装与储运

包装标志 易燃液体，有毒品［铁规］

包装类别 Ⅱ类

安全储运 储存于阴凉、通风的库房。远离火种、热源。库温不宜超过 37℃。保持容器密封。应与氧化剂、碱类、活性金属粉末等分开存放，切忌混储。采用防爆型照明、通风设施。禁止使用易产生火花的机械设备和工具。灌装时注意流速，防止静电积聚。储区应备有泄漏应急处理设备和合适的收容材料。

紧急处置信息

急救措施

吸入： 脱离现场至空气新鲜处。如呼吸困难，给输氧。呼吸、心跳停止，立即进行心肺复苏术。就医。

眼睛接触： 分开眼睑，用流动清水或生理盐水冲洗。如有不适感，就医。

皮肤接触： 脱去污染的衣着，用肥皂水和清水彻底冲洗皮肤。如有不适感，就医。

食入： 口服活性炭。就医。

灭火方法 消防人员须佩戴防毒面具，穿全身消防服，在上风向灭火。尽可能将容器从火场移至空旷处。喷水保持火场容器冷却，直至灭火结束。处在火场中的容器若已变色或从安全泄压装置中发出声音，必须马上撤离。

灭火剂：雾状水、泡沫、干粉、二氧化碳、砂土。

泄漏应急处置 消除所有点火源。根据液体流动和蒸气扩散的影响区域划定警戒区，无关人员从侧风、上风向撤离至安全区。建议应急处理人员戴正压自给式呼吸器，穿防静电服，戴橡胶耐油手套。作业时使用的所有设备应接地。禁止接触或跨越泄漏物。尽可能切断泄漏源。防止泄漏物进入水体、下水道、地下室或受限空间。小量泄漏：用砂土或其他不燃材料吸收。使用洁净的无火花工具收集吸收材料。大量泄漏：构筑围堤或挖坑收容。用泡沫覆盖，减少蒸发。喷水雾能减少蒸发，但不能降低泄漏物在受限空间内的易燃性。用防爆泵转移至槽车或专用收集器内。

822. 溴谷隆

标识

中文名称 溴谷隆

英文名称 metobromuron；3－(p－bromophenyl)－1－methoxy－methyl urea；N′－(4－bromophenyl)－N－methoxy－N－methylurea

别名 3－(4－溴苯基)－1－甲氧基甲基脲；秀谷隆

分子式 $C_9H_{11}BrN_2O_2$

CAS 号 3060－89－7。

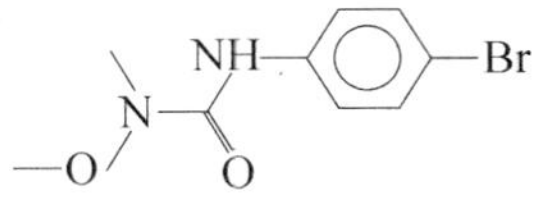

危害信息

燃烧与爆炸危险性 可燃。其粉体与空气混合，能形成爆炸性混合物。燃烧产生有毒的一氧化碳、氮氧化物和溴化氢气体。

禁忌物 强氧化剂。

毒性 大鼠经口 LD_{50}：2000mg/kg；小鼠经口 LD_{50}：2098mg/kg；大鼠吸入 LC_{50}：>1100mg/m^3(4h)；兔经皮 LD_{50}：>10200mg/kg。

中毒表现 对眼睛有刺激作用。受热分解放出有毒的溴和氮氧化物气体。。

侵入途径 吸入、食入、经皮吸收。

理化特性与用途

理化特性 白色结晶。微溶于水，溶于甲醇、乙醇、丙酮、氯仿。熔点95℃～96℃，相对密度(水=1)1.6(20℃)，饱和蒸气压0.4MPa(25℃)，辛醇/水分配系数2.38。

主要用途 除草剂，用于烟草、菜豆、番茄、马铃薯等作物防除本科杂草。

包装与储运

安全储运 储存于阴凉、通风的库房。远离火种、热源。包装应密封。应与强氧化剂等隔离储运。搬运时轻装轻卸，防止容器受损。

紧急处置信息

急救措施

吸入： 迅速脱离现场至空气新鲜处。保持呼吸道通畅。如呼吸困难，给输氧。呼吸、心跳停止，立即进行心肺复苏术。就医。

眼睛接触： 分开眼睑，用流动清水或生理盐水冲洗。如有不适感，就医。

皮肤接触：脱去污染的衣着，用大量流动清水冲洗。如有不适感，就医。

食入：饮足量温水，催吐。就医。

灭火方法 消防人员须佩戴防毒面具，穿全身消防服，在上风向灭火。尽可能将容器从火场移至空旷处。喷水保持火场容器冷却，直至灭火结束。

灭火剂：雾状水、泡沫、干粉、二氧化碳、砂土。

泄漏应急处置 隔离泄漏污染区，限制出入。消除所有点火源。建议应急处理人员戴防尘口罩，穿一般作业工作服，戴橡胶手套。尽可能切断泄漏源。用塑料布覆盖泄漏物，减少飞散。勿使水进入包装容器内。用洁净的铲子收集泄漏物，置于干净、干燥、盖子较松的容器中，将容器移离泄漏区。

823. 溴 化 苄

标 识

中文名称 溴化苄

英文名称 alpha－bromotoluene；(bromomethyl)benzene；benzyl bromide

别名 α－溴甲苯；苄基溴

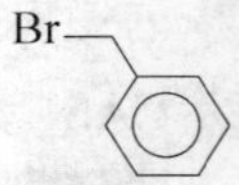

分子式 C_7H_7Br

CAS 号 100－39－0

WGH 号 61065

UN 号 1737

危害信息

危险性类别 第6类有毒品。

燃烧与爆炸危险性 可燃。其蒸气与空气混合，能形成爆炸性混合物。燃烧产生有毒的一氧化碳和溴化氢气体。受高热分解产生有毒的溴化物气体。

活性反应 与强氧化剂接触可发生化学反应。

禁忌物 碱类、胺类、强氧化剂、醇类。

中毒表现 本品具有刺激性，可引起明显的呼吸道刺激，胸部紧束感。吸入高浓度蒸气可出现呼吸道炎症，甚至肺水肿。有催泪作用。皮服接触可引起皮炎和荨麻疹。

侵入途径 吸入、食入。

理化特性与用途

理化特性 无色至黄色液体，具有芳香气味，有催泪性。不溶于水，在水中缓慢分解；混溶于乙醇、乙醚，溶于苯、四氯化碳。熔点－4.0℃，沸点198～199℃，相对密度(水＝1)1.438，相对蒸气密度(空气＝1)5.8，饱和蒸气压133Pa(32.2℃)，燃烧热－3591.8kJ/mol，辛醇/水分配系数2.92，闪点79℃(闭杯)。

主要用途 用于有机合成及制造发泡剂和酵母防腐剂。

包装与储运

包装标志 有毒品，腐蚀品

包装类别 Ⅱ类

安全储运 储存于阴凉、干燥、通风的库房。远离火种、热源。库温不超过35℃。相对湿度不超过80%。保持容器密封。应与氧化剂、碱类、胺类、醇类、食用化学品分开存放，切忌混储。配备相应品种和数量的消防器材。储区应备有泄漏应急处理设备和合适的收容材料。

紧急处置信息

急救措施

吸入：迅速脱离现场至空气新鲜处。保持呼吸道通畅。如呼吸困难，给输氧。呼吸、心跳停止，立即进行心肺复苏术。就医。

眼睛接触：分开眼睑，用流动清水或生理盐水冲洗。如有不适感，就医。

皮肤接触：立即脱去污染的衣着，用肥皂水和清水彻底冲洗皮肤。如有不适感，就医。

食入：用水漱口。给饮牛奶或蛋清。就医。

灭火方法 消防人员须佩戴防毒面具，穿全身消防服，在上风向灭火。尽可能将容器从火场移至空旷处。喷水保持火场容器冷却，直至灭火结束。处在火场中的容器若已变色或从安全泄压装置中发出声音，必须马上撤离。

灭火剂：雾状水、泡沫、干粉、二氧化碳。

泄漏应急处置 根据液体流动和蒸气扩散的影响区域划定警戒区，无关人员从侧风、上风向撤离至安全区。建议应急处理人员戴正压自给式呼吸器，穿防毒服，戴橡胶耐腐蚀手套。作业时使用的所有设备应接地。穿上适当的防护服前严禁接触破裂的容器和泄漏物。尽可能切断泄漏源。防止泄漏物进入水体、下水道、地下室或受限空间。严禁用水处理。小量泄漏：用干燥的砂土或其他不燃材料覆盖泄漏物。大量泄漏：构筑围堤或挖坑收容。用泵转移至槽车或专用收集器内。

824. 溴 化 碘

标 识

中文名称 溴化碘

英文名称 iodine bromide; iodine monobromide

别名 一溴化碘

分子式 IBr I – Br

CAS 号 7789 – 33 – 5

WGH 号 81525

危害信息

危险性类别 第8类腐蚀品。

燃烧与爆炸危险性 不燃，无特殊燃爆特性。受热或遇水分解放热，放出有毒的腐蚀性烟气。

禁忌物 醇类、水及水蒸气、钾、钠、磷等。

中毒表现 本品对眼睛、皮肤、黏膜和上呼吸道有强烈刺激作用。

侵入途径 吸入、食入。

环境危害 对水生生物有害。

理化特性与用途

理化特性 灰黑色至黑褐色固体。溶于水，溶于乙醇。熔点 41 ~ 50℃，沸点 116℃(分解)，相对密度(水 = 1)4.416，饱和蒸气压 13Pa(-25℃)。

主要用途 用于有机合成。

包装与储运

包装标志 腐蚀品

包装类别 Ⅱ类

安全储运 储存于阴凉、干燥、通风良好的库房。远离火种、热源。保持容器密封。应与易(可)燃物等分开存放，切忌混储。储区应备有合适的材料收容泄漏物。

紧急处置信息

急救措施

吸入： 脱离现场至空气新鲜处。如呼吸困难，给输氧。就医。

眼睛接触： 立即分开眼睑，用流动清水或生理盐水彻底冲洗 10 ~ 15min。就医。

皮肤接触： 立即脱去污染的衣着，用大量流动清水冲洗 20 ~ 30min。就医。

食入： 用水漱口，给饮牛奶或蛋清。就医。

灭火方法 消防人员必须戴空气呼吸器，穿全身防火防毒服，在上风向灭火。灭火时尽可能将容器从火场移至空旷处。本品不燃。根据着火原因选择适当灭火剂灭火。

泄漏应急处置 隔离泄漏污染区，限制出入。建议应急处理人员戴防尘口罩，穿防腐、防毒服，戴橡胶手套。穿上适当的防护服前严禁接触破裂的容器和泄漏物。尽可能切断泄漏源。用塑料布覆盖泄漏物，减少飞散。勿使水进入包装容器内。用洁净的铲子收集泄漏物，置于干净、干燥、盖子较松的容器中，将容器移离泄漏区。

825. 溴 化 磷 酰

标　识

中文名称 溴化磷酰

英文名称 phosphoryl tribromide；phosphorous oxybromide

别名 氧溴化磷；三溴氧(化)磷；磷酰溴

分子式 $POBr_3$

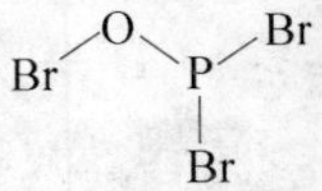

CAS 号 7789 - 59 - 5

WGH 号 81055

UN 号 1939

危害信息

危险性类别 第 8 类腐蚀品。

燃烧与爆炸危险性 助燃。与可燃物接触易着火燃烧。遇水产生有毒气体。受高热分解放出有毒的气体。遇潮时对大多数金属有腐蚀性。

活性反应 遇水或水蒸气反应放热并产生有毒的腐蚀性气体。

禁忌物 强还原剂、水、醇类。

中毒表现 对眼、皮肤和黏膜有腐蚀性刺激作用。

侵入途径 吸入、食入、经皮吸收。

理化特性与用途

理化特性 无色至淡黄色片状结晶，有刺激性气味。在冷水中分解。溶于乙醚、苯、氯仿、二硫化碳、浓硫酸。熔点 56℃，沸点 190～193℃（分解），相对密度（水=1）2.82，饱和蒸气压 0.11kPa（25℃），辛醇/水分配系数 1.76。

主要用途 用作化学中间体。

包装与储运

包装标志 腐蚀品

包装类别 Ⅱ类

安全储运 储存于通风、干燥、低温的库房内。远离火种、热源。防止阳光直射。储存温度不超过 30℃，相对湿度不超过 75%。保持容器密封。防止受潮。应与还原剂、醇类等分开存放，切忌混储。储区应备有合适的材料收容泄漏物。

紧急处置信息

急救措施

吸入：迅速脱离现场至空气新鲜处。保持呼吸道通畅。如呼吸困难，给输氧。呼吸、心跳停止，立即进行心肺复苏术。就医。

眼睛接触：分开眼睑，用流动清水或生理盐水冲洗。如有不适感，就医。

皮肤接触：脱去污染的衣着，用流动清水冲洗。如有不适感，就医。

食入：用水漱口，给饮牛奶或蛋清。就医。

灭火方法 消防人员须佩戴防毒面具，穿全身消防服，在上风向灭火。尽可能将容器从火场移至空旷处。喷水保持火场容器冷却，直至灭火结束。

灭火剂：雾状水、泡沫、干粉、二氧化碳、砂土。

泄漏应急处置 隔离泄漏污染区，限制出入。建议应急处理人员戴防尘口罩，穿防酸碱服。穿上适当的防护服前严禁接触破裂的容器和泄漏物。尽可能切断泄漏源。勿使泄漏物与可燃物质（如木材、纸、油等）接触。小量泄漏：用干燥的砂土或其他不燃材料覆盖泄漏物，用洁净的无火花工具收集泄漏物，置于一盖子较松的塑料容器中，待处置。大量泄漏：用塑料布覆盖泄漏物，减少飞散，避免雨淋。

826. 溴化铝［无水］

标 识

中文名称 溴化铝［无水］

英文名称 aluminum bromide（anhydrous）；aluminium tribromide（anhydrous）

别名 三溴化铝

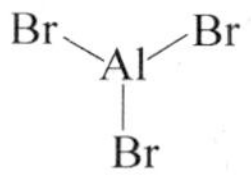

分子式 $AlBr_3$

CAS 号 7727－15－3

WGH号 81058

UN号 1725

危害信息

危险性类别 第8类腐蚀品。

燃烧与爆炸危险性 不燃，无特殊燃爆特性。受高热分解产生有毒的溴化物气体。与水强烈反应产生高热，可发生爆炸。具有腐蚀性。

活性反应 与水强烈反应产生高热，可发生爆炸。与金属钾和钠能形成对撞击敏感的物质。

禁忌物 强氧化剂、水、醇类、碱类。

毒性 大鼠经口 LD_{50}：1598mg/kg；小鼠经口 LD_{50}：1623mg/kg。

中毒表现 对眼睛、黏膜、呼吸道和皮肤有强刺激性。可引起灼伤。

侵入途径 吸入、食入。

职业接触限值 美国(ACGIH)：TLV－TWA：2mg/m^3［按铝计］。

理化特性与用途

理化特性 白色或淡黄色单斜晶体或块状固体，易吸潮。溶于水，溶于乙醇、乙醚、苯、硝基苯、甲苯、二甲苯等有机溶剂。熔点97～97.5℃，沸点265℃，相对密度(水=1)3.2，饱和蒸气压0.13kPa(81℃)。

主要用途 用作分析试剂和有机合成中溴化、烷基化和异构化反应的催化剂。

包装与储运

包装标志 腐蚀品

包装类别 Ⅱ类

安全储运 储存于阴凉、干燥、通风良好的库房。远离火种、热源。相对湿度不超过75%。包装必须密封。切勿受潮。应与氧化剂、碱类、醇类等分开存放，切忌混储。不宜久存，以免变质。储区应备有合适的材料收容泄漏物。

紧急处置信息

急救措施

吸入： 迅速脱离现场至空气新鲜处。保持呼吸道通畅。如呼吸困难，给输氧。呼吸、心跳停止，立即进行心肺复苏术。就医。

眼睛接触： 立即分开眼睑，用流动清水或生理盐水彻底冲洗10～15min。就医。

皮肤接触： 立即脱去污染的衣着，用大量流动清水彻底冲洗，冲洗时间一般要求20～30min。就医。

食入： 用水漱口。给饮牛奶或蛋清。就医。

灭火方法 消防人员须佩戴防毒面具，穿全身消防服，在上风向灭火。尽可能将容器从火场移至空旷处。喷水保持火场容器冷却，直至灭火结束。禁止用水和泡沫灭火。

灭火剂：二氧化碳、干燥砂土。

泄漏应急处置 隔离泄漏污染区，限制出入。建议应急处理人员戴防尘口罩，穿防酸碱服，戴橡胶耐酸碱手套。穿上适当的防护服前严禁接触破裂的容器和泄漏物。尽可能切断泄漏源。勿使泄漏物与可燃物质(如木材、纸、油等)接触。小量泄漏：用干燥的砂土或其他不燃材料覆盖泄漏物，用洁净的无火花工具收集泄漏物，置于一盖子较松的塑料容器中，待处置。大量泄漏：用塑料布覆盖泄漏物，减少飞散，避免雨淋。

827. 溴 化 氰

标　识

中文名称　溴化氰

英文名称　cyanogen bromide；bromine cyanide

别名　氰化溴

分子式　CBrN

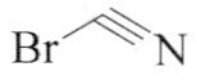

CAS 号　506 – 68 – 3

WGH 号　61001

UN 号　1889

危害信息

危险性类别　第 6 类有毒品。

燃烧与爆炸危险性　与水或水蒸气接触会散发出剧毒、易燃和腐蚀性的溴化氢和氰化氢气体。

活性反应　与水或水蒸气接触会散发出剧毒、易燃和腐蚀性的溴化氢和氰化氢气体。

禁忌物　强氧化剂、碱类。

毒性　小鼠吸入 LCL_0：500mg/m^3(10min)。

中毒表现　毒作用似氢氰酸，并有明显刺激性。吸入后引起紫绀、头痛、头晕、恶心、呕吐、虚弱、神志不清、惊厥、呼吸困难、咳嗽，重者发生肺水肿，可致死。对眼和皮肤有强烈刺激性，可致灼伤。口服后引起口腔和胃刺激或灼伤，可引起死亡。

侵入途径　吸入、食入、经皮吸收。

职业接触限值　中国：MAC：1mg/m^3[皮，按氰计]。

美国(ACGIH)：TLV – C：5mg/m^3[皮，按氰计]。

环境危害　对水生生物有极高毒性，可能在水生环境中造成长期不利影响；海洋污染物。

理化特性与用途

理化特性　无色或白色针状或立方形结晶，有刺激性气味，室温下升华。溶于水，溶于乙醇、乙醚。熔点 52℃，沸点 61 ~ 62℃，相对密度(水 = 1)2.02，相对蒸气密度(空气 = 1)3.62，饱和蒸气压 16.2kPa(25℃)，辛醇/水分配系数 –0.29。

主要用途　用于有机合成、炼金、制杀虫剂和熏蒸剂等。

包装与储运

包装标志　有毒品，腐蚀品

包装类别　Ⅰ类

安全储运　储存于阴凉、干燥、通风的库房。远离火种、热源。库温不超过 32℃。相对湿度不超过 80%。包装要求密封。不可与空气接触。防止受潮。应与氧化剂、碱类、食用化学品分开存放，切忌混储。不宜大量储存或久存。储区应备有合适的材料收容泄漏物。

紧急处置信息

急救措施

吸入： 迅速脱离现场至空气新鲜处。保持呼吸道通畅。如呼吸困难，给输氧。呼吸、心跳停止，立即进行人工呼吸（勿用口对口）和胸外心脏按压术。如出现中毒症状给予吸氧和吸入亚硝酸异戊酯，将亚硝酸异戊酯的安瓿放在手帕里或单衣内打碎放在面罩内使伤员吸入15s，然后移去15s，重复5~6次。口服4-DMAP（4-二甲基氨基苯酚）1片（180mg）和PAPP（氨基苯丙酮）1片（90mg）。就医。

眼睛接触： 立即分开眼睑，用大量流动清水或生理盐水彻底冲洗10~15min。如出现中毒症状，处理同吸入。

皮肤接触： 立即脱去污染的衣着，用流动清水或5%硫代硫酸钠溶液彻底冲洗。如出现中毒症状，处理同吸入。

食入： 如患者神志清醒，催吐，洗胃。如果出现中毒症状，处理同吸入。

灭火方法　消防人员必须佩戴空气呼吸器，穿全身防火防毒服，在上风向灭火。尽可能将容器从火场移至空旷处。喷水保持火场容器冷却，直至灭火结束。本品不燃。根据着火原因选择适当灭火剂灭火。

泄漏应急处置　隔离泄漏污染区，限制出入。建议应急处理人员戴防尘口罩，穿防毒服，戴橡胶手套。作业时使用的所有设备应接地。穿上适当的防护服前严禁接触破裂的容器和泄漏物。尽可能切断泄漏源。用干燥的砂土或其他不燃材料覆盖泄漏物，然后用塑料布覆盖，减少飞散、避免雨淋。用洁净的铲子收集泄漏物，置于干净、干燥、盖子较松的容器中，将容器移离泄漏区。

828. 溴　化　铊

标　识

中文名称　溴化铊

英文名称　thallium bromide; thallous bromide

别名　溴化亚铊；一溴化铊

分子式　TlBr　　Br－Tl

CAS 号　7789-40-4

WGH 号　61023

UN 号　1707

危害信息

危险性类别　第6类有毒品。

燃烧与爆炸危险性　不燃，无特殊燃爆特性。受高热分解产生有毒的溴化物气体。

禁忌物　强氧化剂、强酸。

毒性　大鼠经口 LDL_0：35mg/kg。

中毒表现　铊及其化合物为强烈的神经毒，对肝肾有损害。急性中毒表现有恶心、呕吐、腹部绞痛、厌食等症状，肢体及躯干有感觉、痛觉过敏；重者可发生中毒性脑病、中毒性神经病。脱发为其特异表现。皮肤出现皮疹，指甲有白色横纹。可有肝、肾损害。

慢性中毒主要症状有脱发、乏力、胃纳差、肢体运动和感觉障碍，可发生球后视神经炎。

侵入途径 吸入、食入、经皮吸收。

环境危害 对水生生物有毒，可能在水生环境中造成长期不利影响；海洋污染物。

理化特性与用途

理化特性 黄白色结晶性粉末。微溶于水，溶于乙醇，不溶于丙酮。熔点460℃，沸点815℃，相对密度(水=1)7.54，相对蒸气密度(空气=1)10，饱和蒸气压1.33kPa(522℃)。

主要用途 用于制造药物和室温X、γ射线检测器。

包装与储运

包装标志 有毒品

包装类别 Ⅱ类

安全储运 储存于阴凉、通风的库房。远离火种、热源。库温不超过35℃。相对湿度不超过80%。包装密封。应与氧化剂、酸类、食用化学品分开存放，切忌混储。储区应备有合适的材料收容泄漏物。

紧急处置信息

急救措施

吸入：迅速脱离现场至空气新鲜处。保持呼吸道通畅。如呼吸困难，给输氧。呼吸、心跳停止，立即进行心肺复苏术。就医。

眼睛接触：分开眼睑，用流动清水或生理盐水冲洗。如有不适感，就医。

皮肤接触：脱去污染的衣着，用肥皂水和清水彻底冲洗皮肤。如有不适感，就医。

食入：如患者神志清醒，催吐，洗胃。用1%碘化钠或1%碘化钾溶液洗胃效果更佳。口服牛奶、淀粉膏、氢氧化铝凝胶、次碳酸铋。口服活性炭悬液，用硫酸钠、硫酸镁或蓖麻油导泻。就医。

口服中毒使用普鲁士蓝治疗。

灭火方法 消防人员须佩戴防毒面具，穿全身消防服，在上风向灭火。尽可能将容器从火场移至空旷处。喷水保持火场容器冷却，直至灭火结束。本品不燃。根据着火原因选择适当灭火剂灭火。

泄漏应急处置 隔离泄漏污染区，限制出入。建议应急处理人员戴防尘口罩，穿防毒服，戴橡胶手套。穿上适当的防护服前严禁接触破裂的容器和泄漏物。尽可能切断泄漏源。用塑料布覆盖泄漏物，减少飞散。勿使水进入包装容器内。用洁净的铲子收集泄漏物，置于干净、干燥、盖子较松的容器中，将容器移离泄漏区。

829. 溴化亚汞

标　识

中文名称 溴化亚汞

英文名称 mercury(Ⅰ) bromide; mercurous bromide

别名 一溴化汞

829. 溴化亚汞

分子式 HgBr Hg—Br

CAS 号 10031－18－2

WGH 号 61509

UN 号 1634

危害信息

危险性类别 第6类有毒品。

燃烧与爆炸危险性 不燃，无特殊燃爆特性。受高热升华产生有毒气体。

禁忌物 强酸。

中毒表现 汞离子可使含巯基的酶丧失活性，失去功能；还能与酶中的氨基、二巯基、羧基、羟基以及细胞膜内的磷酰基结合，引起相应的损害。

急性中毒表现有头痛、头晕、乏力、失眠、多梦、口腔炎、发热等全身症状。可有食欲不振、恶心、腹痛、腹泻等。部分患者皮肤出现红色斑丘疹。严重者可发生间质性肺炎及肾损害。口服可发生急性腐蚀性胃肠炎，严重者昏迷、休克，甚至发生坏死性肾病致急性肾功能衰竭。对眼有刺激性。可致皮炎。

慢性中毒表现有神经衰弱综合征、易兴奋症；精神情绪障碍，如胆怯、害羞、发怒、爱哭等；汞毒性震颤；口腔炎。少数病例有肝、肾损害。

侵入途径 吸入、食入、经皮吸收。

职业接触限值 美国(ACGIH)：TLV－TWA：0.025mg/m^3[皮，按汞计]。

环境危害 对水生生物有极高毒性，可能在水生环境中造成长期不利影响；严重海洋污染物。

理化特性与用途

理化特性 白色粉末或黄色四角结晶体，无气味。不溶于水，不溶于乙醇、乙醚、丙酮，溶于发烟硝酸、热浓硫酸、热碳酸铵溶液。熔点345℃(升华)、405℃，相对密度(水=1)7.31，相对蒸气密度(空气=1)19.3。

主要用途 主要用于医药工业，也用作分析试剂。

包装与储运

包装标志 有毒品

包装类别 Ⅱ类

安全储运 储存于阴凉、通风的库房。远离火种、热源。库温不超过35℃。相对湿度不超过80%。包装密封。应与酸类、食用化学品分开存放，切忌混储。储区应备有合适的材料收容泄漏物。

紧急处置信息

急救措施

吸入： 脱离现场至空气新鲜处。如呼吸困难，给输氧。呼吸、心跳停止，立即进行心肺复苏术。就医。

眼睛接触： 分开眼睑，用流动清水或生理盐水冲洗。如有不适感，就医。

皮肤接触： 脱去污染的衣着，用肥皂水和清水彻底冲洗皮肤。如有不适感，就医。

食入： 如患者神志清醒，催吐，口服活性炭，导泻。洗胃。就医。

灭火方法 消防人员必须佩戴空气呼吸器，穿全身防火防毒服，在上风向灭火。尽可能将容器从火场移至空旷处。喷水保持火场容器冷却，直至灭火结束。本品不燃。根据着火原因选择适当灭火剂灭火。

泄漏应急处置 隔离泄漏污染区，限制出入。建议应急处理人员戴防尘口罩，穿防毒服，戴氯丁橡胶手套。穿上适当的防护服前严禁接触破裂的容器和泄漏物。尽可能切断泄漏源。用塑料布覆盖泄漏物，减少飞散。勿使水进入包装容器内。用洁净的铲子收集泄漏物，置于干净、干燥、盖子较松的容器中，将容器移离泄漏区。

830. 2-溴己酸

标识

中文名称 2-溴己酸

英文名称 2-bromohexanoic acid; alpha-bromo-*n*-caproic acid

别名 α-溴-正己酸

分子式 $C_6H_{11}BrO_2$

CAS 号 616-05-7。

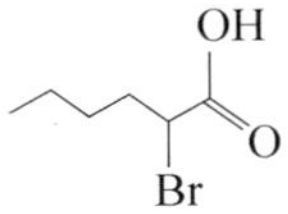

危害信息

危险性类别 第8类腐蚀品。

燃烧与爆炸危险性 可燃。其蒸气与空气混合，能形成爆炸性混合物。受高热分解放出有毒的气体。具有腐蚀性。若遇高热，容器内压增大，有开裂和爆炸的危险。

活性反应 与氧化剂可发生反应。

禁忌物 氧化剂、还原剂、碱类。

毒性 小鼠经口 LD_{50}：590mg/kg。

中毒表现 对眼睛、皮肤和黏膜有刺激作用。吸入可引起喉、支气管的痉挛、炎症、水肿，化学性肺炎、肺水肿。

侵入途径 吸入、食入、经皮吸收。

理化特性与用途

理化特性 无色至浅棕色透明液体。易溶于水，溶于乙醇、乙醚。熔点4℃，沸点240℃、136~138℃(2.39kPa)，相对密度(水=1)1.37，饱和蒸气压0.002kPa(25℃)，辛醇/水分配系数2.32，闪点>100℃。

主要用途 用于有机合成。

包装与储运

包装标志 腐蚀品

包装类别 Ⅱ类

安全储运 储存于阴凉、通风的库房。远离火种、热源。防止阳光直射。寒冷季节要注意保持库温在结晶点以上，防止冻裂容器及变质。储存温度不超过32℃，相对湿度不超过80%。保持容器密封。应与氧化剂、还原剂、碱类等分开存放，切忌混储。配备相应品种和数量的消防器材。储区应备有泄漏应急处理设备和合适的收容材料。

紧急处置信息

急救措施

吸入： 迅速脱离现场至空气新鲜处。保持呼吸道通畅。如呼吸困难，给输氧。呼吸、心跳停止，立即进行心肺复苏术。就医。

眼睛接触： 分开眼睑，用流动清水或生理盐水冲洗。如有不适感，就医。

皮肤接触： 脱去污染的衣着，用流动清水冲洗。如有不适感，就医。

食入： 漱口，给饮牛奶或蛋清。就医。

灭火方法　消防人员必须穿全身耐酸碱消防服，佩戴空气呼吸器，在上风向灭火。尽可能将容器从火场移至空旷处。喷水保持火场容器冷却，直至灭火结束。处在火场中的容器若已变色或从安全泄压装置中发出声音，必须马上撤离。

灭火剂：雾状水、泡沫、干粉、二氧化碳、砂土。

泄漏应急处置　根据液体流动和蒸气扩散的影响区域划定警戒区，无关人员从侧风、上风向撤离至安全区。消除所有点火源。建议应急处理人员戴防毒面具，穿防腐、防毒服，戴耐腐蚀手套。穿上适当的防护服前严禁接触破裂的容器和泄漏物。尽可能切断泄漏源。防止泄漏物进入水体、下水道、地下室或受限空间。小量泄漏：用干燥的砂土或其他不燃材料吸收或覆盖，收集于容器中。大量泄漏：构筑围堤或挖坑收容。用耐腐蚀泵转移至槽车或专用收集器内。

831. 溴　己　烷

标　识

中文名称　溴己烷

英文名称　1 - bromohexane；bromohexane；hexyl bromide

别名　1 - 溴己烷；1 - 溴代正己烷；己基溴

分子式　$C_6H_{13}Br$

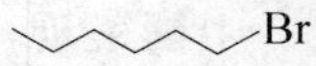

CAS 号　111 - 25 - 1

WGH 号　33527；32027［铁规］

危害信息

危险性类别　第 3 类易燃液体。

燃烧与爆炸危险性　易燃。其蒸气与空气混合，能形成爆炸性混合物。燃烧产生有毒的一氧化碳和溴化氢气体。受高热分解放出有毒的气体。

禁忌物　强氧化剂、强碱、金属等。

毒性　大鼠经口 LD_{50}：3300mg/kg；小鼠经口 LD_{50}：2100mg/kg；大鼠吸入 LC_{50}：550g/m^3(30min)。

中毒表现　本品具有刺激性。

侵入途径　吸入、食入。

理化特性与用途

理化特性　无色或淡黄色透明液体，有刺激性气味。不溶于水，溶于醇类、醚类和酯类。熔点 - 85℃，沸点 154 ~ 158℃，相对密度(水 = 1)1.176，相对蒸气密度(空气 = 1)5.7，辛醇/水分配系数 3.8，闪点 57℃。

主要用途　用于有机合成。

包装与储运

包装标志 易燃液体

包装类别 Ⅲ类

安全储运 储存于阴凉、通风的库房。库温不宜超过37℃。远离火种、热源。保持容器密封。应与氧化剂分开存放，切忌混储。采用防爆型照明、通风设施。禁止使用易产生火花的机械设备和工具。灌装时注意流速，防止静电积聚。储区应备有泄漏应急处理设备和合适的收容材料。

紧急处置信息

急救措施

吸入：脱离现场至空气新鲜处。如呼吸困难，给输氧。呼吸、心跳停止，立即进行心肺复苏术。就医。

眼睛接触：分开眼睑，用流动清水或生理盐水冲洗。如有不适感，就医。

皮肤接触：脱去污染的衣着，用肥皂水和清水彻底冲洗皮肤。如有不适感，就医。

食入：饮水。就医。

灭火方法 消防人员必须佩戴空气呼吸器，穿全身防火防毒服，在上风向灭火。喷水保持火场容器冷却，直至灭火结束。处在火场中的容器若发生异常变化或发出异常声音，须马上撤离。

灭火剂：泡沫、二氧化碳、干粉、砂土。

泄漏应急处置 消除所有点火源。根据液体流动和蒸气扩散的影响区域划定警戒区，无关人员从侧风、上风向撤离至安全区。建议应急处理人员戴正压自给式呼吸器，穿防静电服，戴橡胶耐油手套。作业时使用的所有设备应接地。禁止接触或跨越泄漏物。尽可能切断泄漏源。防止泄漏物进入水体、下水道、地下室或受限空间。小量泄漏：用砂土或其他不燃材料吸收。使用洁净的无火花工具收集吸收材料。大量泄漏：构筑围堤或挖坑收容。用泡沫覆盖，减少蒸发。喷水雾能减少蒸发，但不能降低泄漏物在受限空间内的易燃性。用防爆泵转移至槽车或专用收集器内。

832. 溴 螨 酯

标 识

中文名称 溴螨酯

英文名称 bromopropylate; benzilic acid, 4, 4′ - dibromo - , isopropyl ester

别名 4, 4′ - 二溴苯乙醇酸异丙酯; 2, 2 - 双(4 - 溴苯基) - 2 - 羟基乙酸异丙酯

分子式 $C_{17}H_{16}Br_2O_3$

CAS 号 18181 - 80 - 1

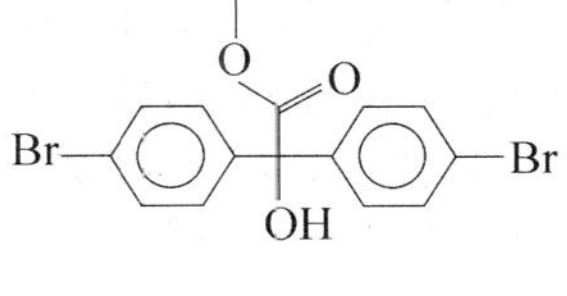

危害信息

燃烧与爆炸危险性 可燃。其粉体与空气混合，能形成爆炸性混合物。受高热分解放出有毒的气体。

禁忌物　强氧化剂。

毒性　大鼠经口 LD_{50}：5000mg/kg；小鼠经口 LD_{50}：8000mg/kg；兔经皮 LD_{50}：10200mg/kg。

侵入途径　吸入、食入、经皮吸收。

理化特性与用途

理化特性　白色结晶体。不溶于水，易溶于丙酮、二氯甲烷、二噁烷、苯、二甲苯等多数有机溶剂。熔点 77℃，沸点(分解)，相对密度(水 =1)1.59，饱和蒸气压 0.011MPa(20℃)，辛醇/水分配系数 5.4。

主要用途　触杀性杀螨剂。用于棉花、果树、大豆、观赏植物、蔬菜防治叶螨。

包装与储运

安全储运　储存于阴凉、通风的库房。远离火种、热源。包装应密封。应与强氧化剂等隔离储运。搬运时轻装轻卸，防止容器受损。

紧急处置信息

急救措施

吸入：迅速脱离现场至空气新鲜处。保持呼吸道通畅。如呼吸困难，给输氧。呼吸、心跳停止，立即进行心肺复苏术。就医。

眼睛接触：分开眼睑，用流动清水或生理盐水冲洗。如有不适感，就医。

皮肤接触：脱去污染的衣着，用流动清水冲洗。如有不适感，就医。

食入：饮足量温水，催吐。就医。

灭火方法　消防人员须佩戴防毒面具，穿全身消防服，在上风向灭火。尽可能将容器从火场移至空旷处。喷水保持火场容器冷却，直至灭火结束。

灭火剂：雾状水、泡沫、干粉、二氧化碳、砂土。

泄漏应急处置　隔离泄漏污染区，限制出入。建议应急处理人员戴防尘口罩，穿一般作业防护服，戴防护手套。尽可能切断泄漏源。用塑料布覆盖泄漏物，减少飞散。勿使水进入包装容器内。用洁净的铲子收集泄漏物，置于干净、干燥、盖子较松的容器中，将容器移离泄漏区。

833. 溴　鼠　灵

标　识

中文名称　溴鼠灵

英文名称　brodifacoum;3-(3-(4′-bromo-1,1′-biphenyl-4-yl)-1,2,3,4-tetrahydro-1-naphthyl)-4-hydroxycoumarin

别名　3-[3-(4′-溴联苯-4-基)-1,2,3,4-四氢-1-萘基]-4-羟基香豆素;大隆;溴联苯杀鼠迷

分子式　$C_{31}H_{23}BrO_3$

CAS 号　56073-10-0

WGH 号　61135

危害信息

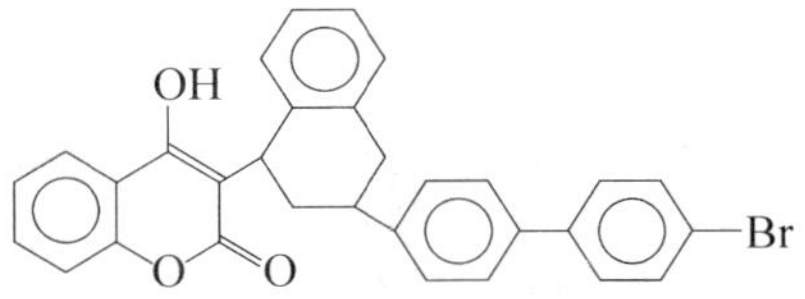

危险性类别 第6类有毒品。

燃烧与爆炸危险性 可燃。其粉体与空气混合，能形成爆炸性混合物。受高热分解放出有毒的气体。

禁忌物 强氧化剂。

毒性 大鼠经口 LD_{50}：0.16mg/kg；小鼠经口 LD_{50}：0.29mg/kg；大鼠经皮 LD_{50}：200mg/kg；大鼠吸入 LC_{50}：0.5mg/m^3(4h)。

本品已列入《剧毒化学品目录》。

中毒表现 本品为高毒杀鼠剂，吸入、摄入或经皮肤吸收后会中毒。能影响凝血作用。

侵入途径 吸入、食入、经皮吸收。

环境危害 对水生生物有极高毒性，可能在水生环境中造成长期不利影响。

理化特性与用途

理化特性 灰白色至黄褐色粉末。不溶于水，不溶于苯、氯仿、石油醚，溶于乙醇、乙酸乙酯、丙酮。熔点228～232℃，相对密度(水=1)1.42，相对蒸气密度(空气=1)18.3，饱和蒸气压0.133MPa(25℃)，辛醇/水分配系数8.5。

主要用途 第二代抗凝血杀鼠剂。用于仓库、住宅、田野等防治各种鼠类。

包装与储运

包装标志 有毒品

包装类别 Ⅰ类

安全储运 储存于阴凉、通风良好的专用库房内。应严格执行剧毒化学品管理制度。远离火种、热源。防止阳光直射。储存温度不超过35℃，相对湿度不超过85%。保持容器密封。应与氧化剂等分开存放，切忌混储。配备相应品种和数量的消防器材。储区应备有合适的材料收容泄漏物。

紧急处置信息

急救措施

吸入：迅速脱离现场至空气新鲜处。保持呼吸道通畅。如呼吸困难，给输氧。呼吸、心跳停止，立即进行心肺复苏术。就医。

眼睛接触：分开眼睑，用流动清水或生理盐水冲洗。如有不适感，就医。

皮肤接触：脱去污染的衣着，用流动清水冲洗。如有不适感，就医。

食入：饮足量温水，催吐、洗胃、导泻。就医。

灭火方法 消防人员须佩戴防毒面具，穿全身消防服，在上风向灭火。尽可能将容器从火场移至空旷处。喷水保持火场容器冷却，直至灭火结束。切勿将水流直接射至熔融物，以免引起严重的流淌火灾或引起剧烈的沸溅。

灭火剂：雾状水、泡沫、干粉、二氧化碳、砂土。

泄漏应急处置 隔离泄漏污染区，限制出入。建议应急处理人员戴防尘口罩，穿防毒服，戴防毒物渗透手套。穿上适当的防护服前严禁接触破裂的容器和泄漏物。尽可能切断泄漏源。用塑料布覆盖泄漏物，减少飞散。勿使水进入包装容器内。用洁净的铲子收集泄漏物，置于干净、干燥、盖子较松的容器中，将容器移离泄漏区。

834. 溴 酸 钡

标 识

中文名称 溴酸钡

英文名称 barium bromate；bromic acid，barium salt

分子式 $Ba(BrO_3)_2$

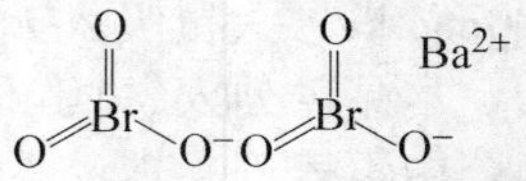

CAS 号 13967－90－3

WGH 号 51510

UN 号 2719

危害信息

危险性类别 第 5.1 类氧化剂。

燃烧与爆炸危险性 助燃。与可燃物混合能形成爆炸性混合物。

活性反应 与铵盐、金属粉末、可燃物、有机物或其他易氧化物质形成爆炸性混合物，经摩擦或受热易引起燃烧或爆炸。与硫酸接触容易发生爆炸。能与铝、砷、铜、碳、金属硫化物、有机物、磷、硒、硫发生剧烈反应。

禁忌物 还原剂、易燃或可燃物、活性金属粉末、硫、磷、铝、砷、铜、碳、金属硫化物、磷、硒、硫酸。

中毒表现 吸入后刺激上呼吸道。眼和皮肤接触有刺激性。口服引起腹痛、恶心、呕吐、腹泻、脉缓、面色苍白、紫绀、呼吸困难、流涎、惊厥、昏迷、胃肠出血、进行性肌麻痹、心律紊乱等。可致死。溴酸盐可引起高铁血红蛋白血症和肝损害。

慢性影响 长期接触钡化合物的工人，可有无力、气促、流涎、口腔黏膜 肿胀糜烂、鼻炎、结膜炎、腹泻、心动过速、血压增高、脱发等。

侵入途径 吸入、食入。

职业接触限值 美国(ACGIH)：TLV－TWA：0.5mg/m^3[按钡计]。

理化特性与用途

理化特性 白色有光泽的结晶或粉末。溶于水，溶于丙酮，不溶于乙醇及多数有机溶剂。熔点 260℃(分解)，相对密度(水＝1)3.99(18℃)。

主要用途 用作分析试剂、氧化剂、低碳钢腐蚀抑制剂，用于制备稀土溴酸盐。

包装与储运

包装标志 氧化剂，有毒品

包装类别 Ⅱ类

安全储运 储存于阴凉、通风的库房。远离火种、热源。库温不超过 30℃。相对湿度不超过 80%。包装密封。应与易(可)燃物、还原剂、食用化学品分开存放，切忌混储。储区应备有合适的材料收容泄漏物。

紧急处置信息

急救措施

吸入：迅速脱离现场至空气新鲜处。保持呼吸道通畅。如呼吸困难，给输氧。呼吸、

心跳停止，立即进行心肺复苏术。就医。

眼睛接触： 分开眼睑，用流动清水或生理盐水冲洗。如有不适感，就医。

皮肤接触： 立即脱去污染的衣着，用肥皂水和清水彻底冲洗皮肤。如有不适感，就医。

食入： 饮足量温水，催吐。用2% ~5%硫酸钠或硫酸镁溶液洗胃，导泻。就医。

高铁血红蛋白血症可用美蓝和维生素 C 治疗。

灭火方法 消防人员必须佩戴空气呼吸器，穿全身防火防毒服，在上风向灭火。喷水保持火场容器冷却，直至灭火结束。尽可能将容器从火场移至空旷处。本品不燃。根据着火原因选择适当灭火剂灭火。

泄漏应急处置 隔离泄漏污染区，限制出入。建议应急处理人员戴防尘口罩，穿防毒服，戴橡胶手套。勿使泄漏物与可燃物质（如木材、纸、油等）接触。穿上适当的防护服前严禁接触破裂的容器和泄漏物。尽可能切断泄漏源。用洁净的铲子收集泄漏物，置于干净、干燥、盖子较松的容器中，将容器移离泄漏区。

835. 溴 酸 镉

标 识

中文名称 溴酸镉

英文名称 cadmium bromate

别名 一水合溴酸镉

分子式 $Cd(BrO_3)_2H_2O$

CAS 号 14518 – 94 – 6

WGH 号 51510

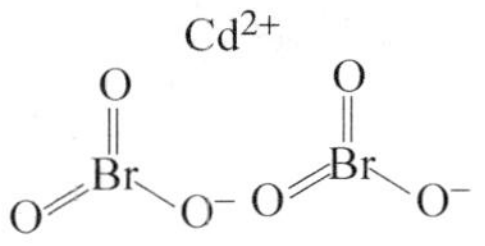

危害信息

危险性类别 第 5.1 类氧化剂。

燃烧与爆炸危险性 助燃。与可燃物混合能形成爆炸性混合物。

活性反应 强氧化剂。与铵盐、金属粉末、可燃物、有机物或其他易氧化物质形成爆炸性混合物，经摩擦或受热易引起燃烧或爆炸。与硫酸接触容易发生爆炸。能与铝、砷、铜、碳、金属硫化物、有机物、磷、硒、硫剧烈反应。

禁忌物 还原剂、易燃或可燃物、活性金属粉末、硫、磷。

毒性 IARC 致癌性评论：G1，确认人类致癌物。

中毒表现 误服能产生流涎、呕吐、腹痛、腹泻、窒息等症状。经常接触低浓度粉尘能损害肺部和肾脏，并使牙齿变黄。溴酸盐可引起高铁血红蛋白血症和肝损害。

侵入途径 吸入、食入。

职业接触限值 中国：PC – TWA：0.01mg/m^3，PC – STEL：0.02mg/m^3[按镉计]。

美国(ACGIH)：TLV – TWA：0.002mg/m^3[按镉计，可呼吸的]。

理化特性与用途

理化特性 白色结晶或结晶性粉末。溶于水，溶于乙醇。熔点（分解），相对密度（水 =1）3.76。

主要用途 用作分析试剂。

包装与储运

包装标志　氧化剂，有毒品[铁规]

包装类别　Ⅱ类

安全储运　储存于阴凉、通风的库房。远离火种、热源。库温不超过30℃。相对湿度不超过80%。包装密封。应与易(可)燃物、还原剂、食用化学品分开存放，切忌混储。储区应备有合适的材料收容泄漏物。

紧急处置信息

急救措施

吸入：迅速脱离现场至空气新鲜处。保持呼吸道通畅。如呼吸困难，给输氧。呼吸、心跳停止，立即进行心肺复苏术。就医。

眼睛接触：分开眼睑，用流动清水或生理盐水冲洗。如有不适感，就医。

皮肤接触：立即脱去污染的衣着，用肥皂水和清水彻底冲洗皮肤。如有不适感，就医。

食入：饮足量温水，催吐。就医。

高铁血红蛋白血症可用美蓝和维生素C治疗。

灭火方法　消防人员必须佩戴空气呼吸器，穿全身防火防毒服，在上风向灭火。喷水保持火场容器冷却，直至灭火结束。尽可能将容器从火场移至空旷处。本品不燃。根据着火原因选择适当灭火剂灭火。

泄漏应急处置　隔离泄漏污染区，限制出入。建议应急处理人员戴防尘口罩，穿防毒服，戴橡胶手套。勿使泄漏物与可燃物质(如木材、纸、油等)接触。穿上适当的防护服前严禁接触破裂的容器和泄漏物。尽可能切断泄漏源。用洁净的铲子收集泄漏物，置于干净、干燥、盖子较松的容器中，将容器移离泄漏区。

836. 溴　酸　钾

标　识

中文名称　溴酸钾

英文名称　potassium bromate; bromic acid, potassium salt

分子式　$KBrO_3$

CAS号　7758-01-2

WGH号　51510

UN号　1484

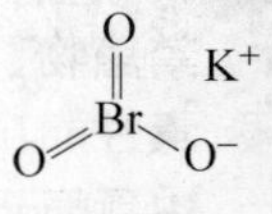

危害信息

危险性类别　第5.1类氧化剂。

燃烧与爆炸危险性　助燃。与可燃物混合能形成爆炸性混合物。

活性反应　与铵盐、金属粉末、可燃物、有机物或其他易氧化物质形成爆炸性混合物，经摩擦或受热易引起燃烧或爆炸。与硫酸接触容易发生爆炸。能与铝、砷、铜、碳、金属硫化物、有机物、磷、硒、硫发生剧烈反应。

禁忌物　还原剂、易燃或可燃物、活性金属粉末、硫、磷等。

毒性 大鼠经口 LD_{50}：157mg/kg；小鼠经口 LD_{50}：289mg/kg。

IARC 致癌性评论：G2B，对人类是可疑致癌物。

欧盟法规 1272/2008/EC 将本品列为第 1B 类致癌物——可能对人类有致癌能力。

中毒表现 本品对眼睛、皮肤、黏膜有刺激性。口服后，可引起恶心、呕吐、胃痛、呕血、腹泻等。严重者发生肾小管坏死和肝脏损害，高铁血红蛋白血症，听力损害。大量接触可致血压下降。

侵入途径 吸入、食入。

理化特性与用途

理化特性 无色三方结晶或白色晶状粉末。溶于水，微溶于乙醇，不溶于丙酮。熔点350℃，沸点(分解)370℃，相对密度(水=1)3.27，相对蒸气密度(空气=1)5.8。

主要用途 用作分析试剂、氧化剂、食品添加剂、羊毛漂白处理剂。

包装与储运

包装标志 氧化剂，有毒品[铁规]

包装类别 Ⅱ类

安全储运 储存于阴凉、通风的库房。远离火种、热源。库温不超过30℃。相对湿度不超过80%。包装密封。应与易(可)燃物、还原剂等分开存放，切忌混储。储区应备有合适的材料收容泄漏物。

紧急处置信息

急救措施

吸入： 迅速脱离现场至空气新鲜处。保持呼吸道通畅。如呼吸困难，给输氧。呼吸、心跳停止，立即进行心肺复苏术。就医。

眼睛接触： 分开眼睑，用流动清水或生理盐水冲洗。如有不适感，就医。

皮肤接触： 立即脱去污染的衣着，用肥皂水和清水彻底冲洗皮肤。如有不适感，就医。

食入： 饮足量温水，催吐。就医。

高铁血红蛋白血症可用美蓝和维生素 C 治疗。

灭火方法 消防人员必须佩戴空气呼吸器，穿全身防火防毒服，在上风向灭火。喷水保持火场容器冷却，直至灭火结束。尽可能将容器从火场移至空旷处。本品不燃。根据着火原因选择适当灭火剂灭火。

泄漏应急处置 隔离泄漏污染区，限制出入。建议应急处理人员戴防尘口罩，穿防毒服，戴橡胶手套。勿使泄漏物与可燃物质(如木材、纸、油等)接触。穿上适当的防护服前严禁接触破裂的容器和泄漏物。尽可能切断泄漏源。勿使水进入包装容器内。小量泄漏：用洁净的铲子收集泄漏物，置于干净、干燥、盖子较松的容器中，将容器移离泄漏区。大量泄漏：泄漏物回收后，用水冲洗泄漏区。

837. 溴 酸 镁

标 识

中文名称 溴酸镁

837. 溴酸镁

英文名称 bromic acid, magnesium salt, hexahydrate; magnesium bromate

别名 溴酸镁六水合物

分子式 $Mg(BrO_3)_2 \cdot 6H_2O$

CAS 号 7789－36－8

WGH 号 51510

UN 号 1473

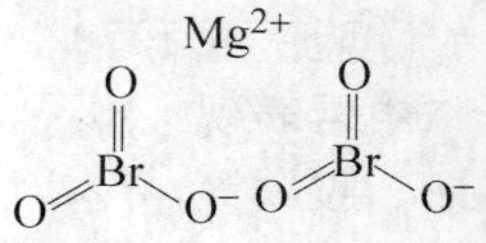

危害信息

危险性类别 第 5.1 类氧化剂。

燃烧与爆炸危险性 助燃。与可燃物混合能形成爆炸性混合物。

活性反应 与铵盐、金属粉末、可燃物、有机物或其他易氧化物质形成爆炸性混合物，经摩擦或受热易引起燃烧或爆炸。与硫酸接触容易发生爆炸。能与铝、砷、铜、碳、金属硫化物、有机物、磷、硒、硫发生剧烈反应。

禁忌物 还原剂、易燃或可燃物、活性金属粉末、硫、磷。

毒性 大鼠经口 LD_{50}：5250mg/kg。

中毒表现 粉尘对眼睛和呼吸道有刺激作用。过量口服可引起上腹痛、呕吐、腹泻、烦渴、呼吸困难、紫绀以及肾损害。溴酸盐可引起高铁血红蛋白血症和肝损害。

侵入途径 吸入、食入。

理化特性与用途

理化特性 无色或白色三棱柱状结晶。易溶于水，溶于乙醇。分解温度 200℃，相对密度(水＝1)2.29。

主要用途 用作分析试剂、氧化剂。

包装与储运

包装标志 氧化剂，有毒品[铁规]

包装类别 Ⅱ类

安全储运 储存于阴凉、通风的库房。远离火种、热源。库温不超过 30℃。相对湿度不超过 80%。包装密封。应与易(可)燃物、还原剂等分开存放，切忌混储。储区应备有合适的材料收容泄漏物。

紧急处置信息

急救措施

吸入：迅速脱离现场至空气新鲜处。保持呼吸道通畅。如呼吸困难，给输氧。呼吸、心跳停止，立即进行心肺复苏术。就医。

眼睛接触：分开眼睑，用流动清水或生理盐水冲洗。如有不适感，就医。

皮肤接触：立即脱去污染的衣着，用肥皂水和清水彻底冲洗皮肤。如有不适感，就医。

食入：饮足量温水，催吐。就医。

高铁血红蛋白血症可用美蓝和维生素 C 治疗。

灭火方法 消防人员必须佩戴空气呼吸器，穿全身防火防毒服，在上风向灭火。喷水保持火场容器冷却，直至灭火结束。尽可能将容器从火场移至空旷处。本品不燃。根据着火原因选择适当灭火剂灭火。

泄漏应急处置 隔离泄漏污染区，限制出入。建议应急处理人员戴防尘口罩，穿防毒服，戴橡胶手套。勿使泄漏物与可燃物质(如木材、纸、油等)接触。穿上适当的防护服前严禁接触破裂的容器和泄漏物。尽可能切断泄漏源。勿使水进入包装容器内。小量泄漏：用洁净的铲子收集泄漏物，置于干净、干燥、盖子较松的容器中，将容器移离泄漏区。大量泄漏：泄漏物回收后，用水冲洗泄漏区。

838. 溴 酸 钠

标 识

中文名称 溴酸钠

英文名称 sodium bromate; bromic acid, sodium salt

分子式 $NaBrO_3$

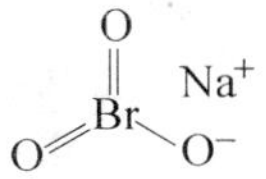

CAS 号 7789-38-0

WGH 号 51510

UN 号 1494

危害信息

危险性类别 第5.1类氧化剂。

燃烧与爆炸危险性 助燃。与可燃物混合能形成爆炸性混合物。

活性反应 与铵盐、金属粉末、可燃物、有机物或其他易氧化物质形成爆炸性混合物，经摩擦或受热易引起燃烧或爆炸。与硫酸接触容易发生爆炸。能与铝、砷、铜、碳、金属硫化物、有机物、磷、硒、硫发生剧烈反应。

禁忌物 还原剂、易燃或可燃物、活性金属粉末、铝、砷、铜、碳、金属硫化物、磷、硒、硫酸。

毒性 小鼠腹腔内 LD_{50}：140mg/kg。

中毒表现 急性口服中毒可出现急性胃肠炎、高铁血红蛋白血症、肝功能损害。重者可抑制血管运动中枢，导致血压下降。可引起听力损害。

侵入途径 吸入、食入。

理化特性与用途

理化特性 无色立方结晶或白色粉末。溶于水，不溶于乙醇。熔点381℃(分解，放出氧气)，沸点1390℃，相对密度(水=1)3.34(17.5℃)，相对蒸气密度(空气=1)5.2。

主要用途 用作分析试剂和氧化剂、烫发药剂，与溴化钠混合用作金的溶解剂。

包装与储运

包装标志 氧化剂，有毒品[铁规]

包装类别 Ⅱ类

安全储运 储存于阴凉、通风的库房。远离火种、热源。库温不超过30℃。相对湿度不超过80%。包装密封。应与易(可)燃物、还原剂等分开存放，切忌混储。储区应备有合适的材料收容泄漏物。

紧急处置信息

急救措施

吸入： 迅速脱离现场至空气新鲜处。保持呼吸道通畅。如呼吸困难，给输氧。呼吸、

心跳停止，立即进行心肺复苏术。就医。

眼睛接触： 分开眼睑，用流动清水或生理盐水冲洗。如有不适感，就医。

皮肤接触： 立即脱去污染的衣着，用肥皂水和清水彻底冲洗皮肤。如有不适感，就医。

食入： 饮足量温水，催吐。就医。

高铁血红蛋白血症可用美蓝和维生素 C 治疗。

灭火方法 消防人员必须佩戴空气呼吸器，穿全身防火防毒服，在上风向灭火，喷水保持火场容器冷却直至灭火结束。尽可能将容器从火场移至空旷处。本品不燃。根据着火原因选择适当灭火剂灭火。

泄漏应急处置 隔离泄漏污染区，限制出入。建议应急处理人员戴防尘口罩，穿防毒服，戴橡胶手套。勿使泄漏物与可燃物质(如木材、纸、油等)接触。穿上适当的防护服前严禁接触破裂的容器和泄漏物。尽可能切断泄漏源。用洁净的铲子收集泄漏物，置于干净、干燥、盖子较松的容器中，将容器移离泄漏区。

839. 溴 酸 铅

标 识

中文名称 溴酸铅

英文名称 lead dibromate; lead bromate

分子式 $Pb(BrO_3)_2$

CAS 号 34018 – 28 – 5

WGH 号 51510

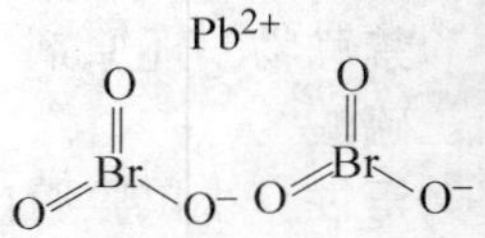

危害信息

危险性类别 第 5.1 类氧化剂。

燃烧与爆炸危险性 助燃。与可燃物混合能形成爆炸性混合物。

活性反应 能与可燃物、有机物或易氧化物质形成爆炸性混合物，经摩擦和与少量水接触可导致燃烧或爆炸。

禁忌物 还原剂、易燃或可燃物、硫、磷。

毒性 IARC 致癌性评论：G2A，对人类是可能致癌物。

中毒表现 铅及其化合物损害造血、神经、消化系统及肾脏。职业中毒主要为慢性。神经系统主要表现为神经衰弱综合征、周围神经病(以运动功能受累较明显)，重者出现铅中毒性脑病。消化系统表现有齿龈铅线。食欲不振、恶心、腹胀、腹泻或便秘；腹绞痛见于中度及重度中毒病例。造血系统损害出现卟啉代谢障碍、贫血等。短时大量接触可发生急性或亚急性中毒，表现类似重症慢性铅中毒。对肾脏损害多见于急性、亚急性中毒或较重慢性病例。溴酸盐可引起高铁血红蛋白血症和肝损害。

侵入途径 吸入、食入。

职业接触限值 中国：PC – TWA：0.05mg/m^3[铅尘]，PC – TWA：0.03mg/m^3[铅烟]。美国(ACGIH)：TLV – TWA：0.05mg/m^3[按铅计]。

环境危害 对水生生物有极高毒性，可能在水生环境中造成长期不利影响。

理化特性与用途

理化特性 无色结晶。不溶于冷水，溶于热水。熔点 180℃（分解），相对密度（水 = 1)5.53。

主要用途 用作试剂。

包装与储运

包装标志 氧化剂，有毒品

包装类别 Ⅱ类

安全储运 储存于阴凉、通风的库房。远离火种、热源。库温不超过 30℃。相对湿度不超过 80%。包装密封。应与易（可）燃物、还原剂、食用化学品分开存放，切忌混储。储区应备有合适的材料收容泄漏物。

紧急处置信息

急救措施

吸入：迅速脱离现场至空气新鲜处。保持呼吸道通畅。如呼吸困难，给输氧。呼吸、心跳停止，立即进行心肺复苏术。就医。

眼睛接触：分开眼睑，用流动清水或生理盐水冲洗。如有不适感，就医。

皮肤接触：立即脱去污染的衣着，用肥皂水和清水彻底冲洗皮肤。如有不适感，就医。

食入：饮足量温水，催吐。就医。

高铁血红蛋白血症可用美蓝和维生素 C 治疗。

灭火方法 消防人员必须佩戴空气呼吸器，穿全身防火防毒服，在上风向灭火。喷水保持火场容器冷却，直至灭火结束。尽可能将容器从火场移至空旷处。本品不燃。根据着火原因选择适当灭火剂灭火。

泄漏应急处置 隔离泄漏污染区，限制出入。建议应急处理人员戴防尘口罩，穿防毒服，戴橡胶手套。勿使泄漏物与可燃物质（如木材、纸、油等）接触。穿上适当的防护服前严禁接触破裂的容器和泄漏物。尽可能切断泄漏源。用洁净的铲子收集泄漏物，置于干净、干燥、盖子较松的容器中，将容器移离泄漏区。

840. 溴 酸 锶

标 识

中文名称 溴酸锶

英文名称 strontium bromate；strontium bromate monohydrate

分子式 $Sr(BrO_3)_2 \cdot H_2O$

CAS 号 14519－18－7

WGH 号 51510

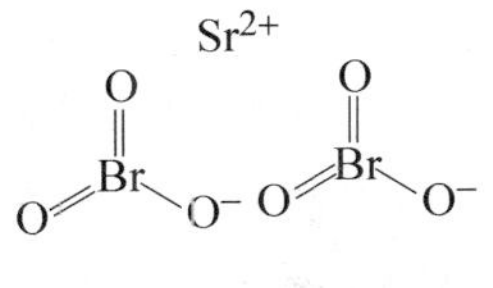

危害信息

危险性类别 第 5.1 类氧化剂。

燃烧与爆炸危险性 助燃。与可燃物混合能形成爆炸性混合物。

活性反应 与铵盐、金属粉末、可燃物、有机物或其他易氧化物质形成爆炸性混合物，经摩擦或受热易引起燃烧或爆炸。与硫酸接触容易发生爆炸。能与铝、砷、铜、碳、金属硫化物、有机物、磷、硒、硫发生剧烈反应。

禁忌物 还原剂、易燃或可燃物、活性金属粉末、硫、磷。

中毒表现 粉尘对眼睛和呼吸道有刺激性。目前尚未见锶化合物职业中毒报道。溴酸盐可引起高铁血红蛋白血症和肝损害。

侵入途径 吸入、食入。

理化特性与用途

理化特性 无色至微黄色结晶，有吸湿性。溶于水。熔点120℃(分解)，沸点(分解)，相对密度(水=1)3.77。

主要用途 用作氧化剂。

包装与储运

包装标志 氧化剂，有毒品[铁规]

包装类别 Ⅱ类

安全储运 储存于阴凉、通风的库房。远离火种、热源。库温不超过30℃。相对湿度不超过80%。包装密封。应与易(可)燃物、还原剂等分开存放，切忌混储。储区应备有合适的材料收容泄漏物。

紧急处置信息

急救措施

吸入：迅速脱离现场至空气新鲜处。保持呼吸道通畅。如呼吸困难，给输氧。呼吸、心跳停止，立即进行心肺复苏术。就医。

眼睛接触：分开眼睑，用流动清水或生理盐水冲洗。如有不适感，就医。

皮肤接触：立即脱去污染的衣着，用肥皂水和清水彻底冲洗皮肤。如有不适感，就医。

食入：饮足量温水，催吐。就医。

高铁血红蛋白血症可用美蓝和维生素C治疗。

灭火方法 消防人员必须佩戴空气呼吸器，穿全身防火防毒服，在上风向灭火。喷水保持火场容器冷却，直至灭火结束。尽可能将容器从火场移至空旷处。本品不燃。根据着火原因选择适当灭火剂灭火。

泄漏应急处置 隔离泄漏污染区，限制出入。建议应急处理人员戴防尘口罩，穿防毒服，戴橡胶手套。勿使泄漏物与可燃物质(如木材、纸、油等)接触。穿上适当的防护服前严禁接触破裂的容器和泄漏物。尽可能切断泄漏源。用洁净的铲子收集泄漏物，置于干净、干燥、盖子较松的容器中，将容器移离泄漏区。

841. 溴 酸 锌

标 识

中文名称 溴酸锌

英文名称 zinc bromate; bromic acid, zinc salt

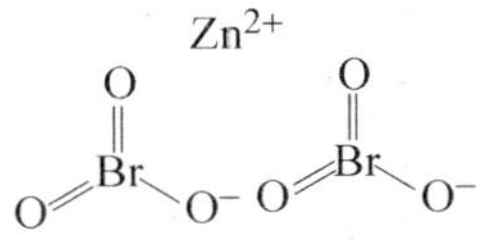

别名 溴酸锌六水合物

分子式 $ZnBrO_{3.}6H_2O$

CAS 号 14519－07－4

WGH 号 51510

UN 号 2469

危害信息

危险性类别 第 5.1 类氧化剂。

燃烧与爆炸危险性 助燃。与可燃物混合能形成爆炸性混合物。

活性反应 与铵盐、金属粉末、可燃物、有机物或其他易氧化物质形成爆炸性混合物，经摩擦或受热易引起燃烧或爆炸。与硫酸接触容易发生爆炸。能与铝、砷、铜、碳、金属硫化物、有机物、磷、硒、硫发生剧烈反应。

禁忌物 还原剂、易燃或可燃物、硫酸、活性金属粉末、硫、磷等。

中毒表现 粉尘对眼睛和呼吸道有刺激性。误服引起呕吐、腹泻、肾脏损害及高铁血红蛋白血症。

侵入途径 吸入、食入。

理化特性与用途

理化特性 无色结晶或结晶性粉末，有潮解性。易溶于水。熔点 100℃，沸点 200℃（失去结晶水），相对密度（水＝1）2.57。

主要用途 用于医药工业，用作有机合成缩合剂、催化剂。

包装与储运

包装标志 氧化剂，有毒品［铁规］

包装类别 Ⅲ类

安全储运 储存于阴凉、通风的库房。远离火种、热源。库温不超过 30℃。相对湿度不超过 80%。包装密封。应与易（可）燃物、还原剂等分开存放，切忌混储。储区应备有合适的材料收容泄漏物。

紧急处置信息

急救措施

吸入：迅速脱离现场至空气新鲜处。保持呼吸道通畅。如呼吸困难，给输氧。呼吸、心跳停止，立即进行心肺复苏术。就医。

眼睛接触：分开眼睑，用流动清水或生理盐水冲洗。如有不适感，就医。

皮肤接触：立即脱去污染的衣着，用肥皂水和清水彻底冲洗皮肤。如有不适感，就医。

食入：饮足量温水，催吐。就医。

高铁血红蛋白血症可用美蓝和维生素 C 治疗。

灭火方法 消防人员必须佩戴空气呼吸器，穿全身防火防毒服，在上风向灭火。喷水保持火场容器冷却，直至灭火结束。尽可能将容器从火场移至空旷处。本品不燃。根据着火原因选择适当灭火剂灭火。

泄漏应急处置 隔离泄漏污染区，限制出入。建议应急处理人员戴防尘口罩，穿防毒服，戴橡胶手套。勿使泄漏物与可燃物质（如木材、纸、油等）接触。穿上适当的防护服前严禁接触破裂的容器和泄漏物。尽可能切断泄漏源。勿使水进入包装容器内。小量泄漏：用洁净的铲子收集泄漏物，置于干净、干燥、盖子较松的容器中，将容器移离泄漏区。大量泄漏：泄漏物回收后，用水冲洗泄漏区。

842. 溴 酸 银

标 识

中文名称 溴酸银

英文名称 silver bromate

分子式 $AgBrO_3$

CAS 号 7783－89－3

WGH 号 51510

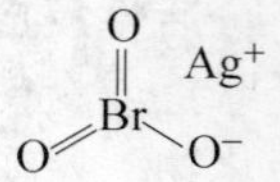

危害信息

危险性类别 第 5.1 类氧化剂。

燃烧与爆炸危险性 助燃。与可燃物混合能形成爆炸性混合物。

活性反应 与铵盐、金属粉末、可燃物、有机物或其他易氧化物质形成爆炸性混合物，经摩擦或受热易引起燃烧或爆炸。与硫酸接触容易发生爆炸。能与铝、砷、铜、碳、金属硫化物、有机物、磷、硒、硫发生剧烈反应。

禁忌物 还原剂、易燃或可燃物、活性金属粉末、硫、磷等。

中毒表现 粉尘对眼睛和呼吸道有刺激性。口服刺激胃肠道，引起腹痛，甚至有呕吐、剧烈胃痛、出血性胃炎的表现。溴酸盐可引起高铁血红蛋白血症和肝损害。

侵入途径 吸入、食入。

理化特性与用途

理化特性 白色四方晶体粉末，对光敏感。不溶于冷水，微溶于热水，溶于氨水。熔点 308～310℃，相对密度（水＝1）5.1983。

主要用途 用作氧化剂。

包装与储运

包装标志 氧化剂，有毒品[铁规]

包装类别 Ⅱ类

安全储运 储存于阴凉、通风的库房。远离火种、热源。库温不超过 30℃。相对湿度不超过 80%。包装密封。应与易（可）燃物、还原剂等分开存放，切忌混储。储区应备有合适的材料收容泄漏物。

紧急处置信息

急救措施

吸入：迅速脱离现场至空气新鲜处。保持呼吸道通畅。如呼吸困难，给输氧。呼吸、心跳停止，立即进行心肺复苏术。就医。

眼睛接触：分开眼睑，用流动清水或生理盐水冲洗。如有不适感，就医。

皮肤接触：立即脱去污染的衣着，用肥皂水和清水彻底冲洗皮肤。如有不适感，就医。

食入：饮足量温水，催吐。就医。

高铁血红蛋白血症可用美蓝和维生素 C 治疗。

灭火方法 消防人员必须佩戴空气呼吸器，穿全身防火防毒服，在上风向灭火。喷水保持火场容器冷却，直至灭火结束。尽可能将容器从火场移至空旷处。本品不燃。根据着火原因选择适当灭火剂灭火。

泄漏应急处置 隔离泄漏污染区，限制出入。建议应急处理人员戴防尘口罩，穿防毒服，戴橡胶手套。勿使泄漏物与可燃物质(如木材、纸、油等)接触。穿上适当的防护服前严禁接触破裂的容器和泄漏物。尽可能切断泄漏源。用洁净的铲子收集泄漏物，置于干净、干燥、盖子较松的容器中，将容器移离泄漏区。

843. 溴 戊 烷

标 识

中文名称 溴戊烷

英文名称 1 - bromopentane；*n* - amyl bromide；bromopentane

别名 1 - 溴戊烷；1 - 溴代正戊烷；戊基溴

分子式 $C_5H_{11}Br$

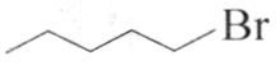

CAS 号 110 - 53 - 2

WGH 号 33531；32031[铁规]

危害信息

危险性类别 第 3 类易燃液体。

燃烧与爆炸危险性 易燃。其蒸气与空气混合，能形成爆炸性混合物。受高热分解产生有毒的溴化物气体。

禁忌物 强氧化剂、强碱。

毒性 大鼠经口 LD_{50}：1850mg/kg；大鼠吸入 LC_{50}：47600mg/m^3(2h)；小鼠经口 LD_{50}：1300mg/kg。

中毒表现 本品具有刺激性。

侵入途径 吸入、食入。

理化特性与用途

理化特性 无色透明液体。不溶于水，溶于乙醇、乙醚等多数有机溶剂。pH 值 6 ~ 8，熔点 -95℃，沸点 130℃，相对密度(水 =1)1.22，饱和蒸气压 1.68kPa(25℃)，辛醇/水分配系数 3.37，闪点 31℃，引燃温度 206℃。

主要用途 用作合成医药、染料、香料等的中间体，也可用作溶剂。

包装与储运

包装标志 易燃液体

包装类别 Ⅱ类

安全储运 储存于阴凉、通风的库房。远离火种、热源。库温不宜超过 37℃。保持容器密封。应与氧化剂、碱类、食用化学品分开存放，切忌混储。采用防爆型照明、通风设施。禁止使用易产生火花的机械设备和工具。灌装时注意流速，防止静电积聚。储区应备有泄漏应急处理设备和合适的收容材料。

紧急处置信息

急救措施

吸入：脱离现场至空气新鲜处。如呼吸困难，给输氧。呼吸、心跳停止，立即进行心肺复苏术。就医。

眼睛接触：分开眼睑，用流动清水或生理盐水冲洗。如有不适感，就医。

皮肤接触：脱去污染的衣着，用肥皂水和清水彻底冲洗皮肤。如有不适感，就医。

食入：饮水。就医。

灭火方法　消防人员必须佩戴空气呼吸器，穿全身防火防毒服，在上风向灭火。喷水保持火场容器冷却，直至灭火结束。处在火场中的容器若发生异常变化或发出异常声音，须马上撤离。

灭火剂：泡沫、二氧化碳、干粉、砂土。

泄漏应急处置　消除所有点火源。根据液体流动和蒸气扩散的影响区域划定警戒区，无关人员从侧风、上风向撤离至安全区。建议应急处理人员戴正压自给式呼吸器，穿防静电服，戴橡胶耐油手套。作业时使用的所有设备应接地。禁止接触或跨越泄漏物。尽可能切断泄漏源。防止泄漏物进入水体、下水道、地下室或受限空间。小量泄漏：用砂土或其他不燃材料吸收。使用洁净的无火花工具收集吸收材料。大量泄漏：构筑围堤或挖坑收容。用泡沫覆盖，减少蒸发。喷水雾能减少蒸发，但不能降低泄漏物在受限空间内的易燃性。用防爆泵转移至槽车或专用收集器内。

844. 溴　乙　酸

标　识

中文名称　溴乙酸

英文名称　bromoacetic acid；monobromoacetic acid；2 - bromoacetic acid

别名　溴醋酸；溴代乙酸

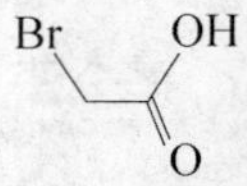

分子式　$C_2H_3BrO_2$

CAS 号　79 - 08 - 3

WGH 号　81607

UN 号　3425；1938(溶液)

危害信息

危险性类别　第8类腐蚀品。

燃烧与爆炸危险性　可燃。其粉体与空气混合，能形成爆炸性混合物。燃烧产生有毒的一氧化碳和溴化氢气体。受高热分解产生有毒的溴化物气体。遇潮时对大多数金属有腐蚀性。

活性反应　与强氧化剂接触可发生化学反应。

禁忌物　强氧化剂、强碱。

毒性　大鼠经口 LD_{50}：50mg/kg；小鼠经口 LD_{50}：100mg/kg；兔经皮 LD_{50}：59.9mg/kg。

中毒表现 对眼睛、呼吸道和皮肤有刺激作用。直接接触可引起灼伤。

侵入途径 吸入、食入、经皮吸收。

环境危害 对水生生物有极高毒性。

理化特性与用途

理化特性 白色至淡黄色结晶，易潮解，有刺激性气味。易溶于水，易溶于乙醇、乙醚，溶于苯、丙酮。熔点 49～51℃，沸点 206～208℃，相对密度（水=1）1.93，饱和蒸气压 15.8Pa（25℃），辛醇/水分配系数 0.41，闪点 113℃（闭杯）。

主要用途 用于有机合成，生产农药、医药品，以及溴乙酸酯类。

包装与储运

包装标志 腐蚀品

包装类别 Ⅱ类

安全储运 储存于阴凉、通风的库房。远离火种、热源。库温不超过 30℃。相对湿度不超过 75%。包装密封。应与氧化剂、碱类、食用化学品分开存放，切忌混储。配备相应品种和数量的消防器材。储区应备有合适的材料收容泄漏物。

紧急处置信息

急救措施

吸入：迅速脱离现场至空气新鲜处。保持呼吸道通畅。如呼吸困难，给输氧。呼吸、心跳停止，立即进行心肺复苏术。就医。

眼睛接触：立即分开眼睑，用流动清水或生理盐水彻底冲洗 10～15min。就医。

皮肤接触：立即脱去污染的衣着，用大量流动清水彻底冲洗，冲洗时间一般要求 20～30min。就医。

食入：用水漱口。给饮牛奶或蛋清。就医。

灭火方法 消防人员必须佩戴空气呼吸器，穿全身防火防毒服，在上风向灭火。尽可能将容器从火场移至空旷处。喷水保持火场容器冷却，直至灭火结束。

灭火剂：雾状水、泡沫、二氧化碳。

泄漏应急处置 隔离泄漏污染区，限制出入。建议应急处理人员戴防尘口罩，穿防酸碱服，戴橡胶耐酸碱手套。作业时使用的所有设备应接地。穿上适当的防护服前严禁接触破裂的容器和泄漏物。尽可能切断泄漏源。用干燥的砂土或其他不燃材料覆盖泄漏物，然后用塑料布覆盖，减少飞散、避免雨淋。用洁净的铲子收集泄漏物，置于干净、干燥、盖子较松的容器中，将容器移离泄漏区。

845. 溴乙酸甲酯

标　识

中文名称 溴乙酸甲酯

英文名称 methyl bromoacetate；methyl alpha－bromoacetate

别名 溴醋酸甲酯

分子式 $C_3H_5BrO_2$

845. 溴乙酸甲酯

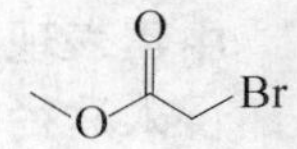

CAS 号 96－32－2
WGH 号 61103
UN 号 2643

危害信息

危险性类别 第6类有毒品。

燃烧与爆炸危险性 易燃。其蒸气与空气混合，能形成爆炸性混合物。燃烧产生有毒的一氧化碳和溴化氢气体。受热或遇水、酸分解放热，放出有毒烟气。

禁忌物 酸类、碱类、强氧化剂、强还原剂。

毒性 小鼠静脉 LDL_0：15.8mg/kg。

中毒表现 对眼睛、呼吸道黏膜有强烈的刺激作用，重者可引起肺水肿。

侵入途径 吸入、食入、经皮吸收。

理化特性与用途

理化特性 无色至黄色透明液体，有吸湿性。不溶于水，溶于甲醇、乙醇、乙醚、丙酮、苯。熔点－50℃，沸点145℃，相对密度(水＝1)1.61，相对蒸气密度(空气＝1)5.28，饱和蒸气压2.0kPa(51℃)，临界温度334℃，临界压力4.87MPa，辛醇/水分配系数0.72，闪点62℃。

主要用途 用于合成除草剂，用作制造染料、药品的中间体，也用作溶剂。

包装与储运

包装标志 有毒品，易燃液体[铁规]

包装类别 Ⅱ类

安全储运 储存于阴凉、干燥、通风的库房。远离火种、热源。库温不超过35℃。相对湿度不超过80%。保持容器密封。应与氧化剂、还原剂、酸类、碱类、食用化学品分开存放，切忌混储。配备相应品种和数量的消防器材。储区应备有泄漏应急处理设备和合适的收容材料。

紧急处置信息

急救措施

吸入： 迅速脱离现场至空气新鲜处。保持呼吸道通畅。如呼吸困难，给输氧。呼吸、心跳停止，立即进行心肺复苏术。就医。

眼睛接触： 分开眼睑，用流动清水或生理盐水冲洗。如有不适感，就医。

皮肤接触： 立即脱去污染的衣着，用肥皂水和清水彻底冲洗皮肤。如有不适感，就医。

食入： 饮足量温水，催吐。就医。

灭火方法 消防人员须佩戴防毒面具，穿全身消防服，在上风向灭火。尽可能将容器从火场移至空旷处。喷水保持火场容器冷却，直至灭火结束。处在火场中的容器若已变色或从安全泄压装置中发出声音，必须马上撤离。

灭火剂：泡沫、干粉、砂土。

泄漏应急处置 根据液体流动和蒸气扩散的影响区域划定警戒区，无关人员从侧风、上风向撤离至安全区。消除所有点火源。建议应急处理人员戴正压自给式呼吸器，穿防毒服，戴橡胶耐油手套。作业时使用的所有设备应接地。穿上适当的防护服前严禁接触破裂的容器和泄漏物。尽可能切断泄漏源。防止泄漏物进入水体、下水道、地下室或受限空间。严禁用水处理。小量泄漏：用干燥的砂土或其他不燃材料覆盖泄漏物。大量泄漏：构筑围堤或挖坑收容。用泵转移至槽车或专用收集器内。

846. 溴乙酸叔丁酯

标　识

中文名称　溴乙酸叔丁酯

英文名称　tert - butyl bromoacetate; acetic acid, 2 - bromo - , 1,1 - dimethylethyl ester

别名　溴醋酸叔丁酯

分子式　$C_6H_{11}BrO_2$

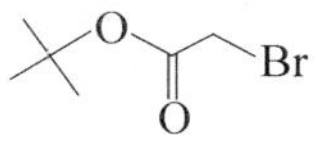

CAS 号　5292 - 43 - 3

WGH 号　61617

危害信息

危险性类别　第6类有毒品。

燃烧与爆炸危险性　易燃。其蒸气与空气混合，能形成爆炸性混合物。燃烧产生有毒的一氧化碳和溴化氢气体。受高热燃烧并分解产生有毒气体。

禁忌物　强氧化剂、强酸、强碱。

中毒表现　本品具有刺激性。

侵入途径　吸入、食入、经皮吸收。

理化特性与用途

理化特性　无色至淡黄色透明液体，有刺激性气味。不溶于水，溶于乙醇、乙醚等多数有机溶剂。沸点 50℃（1.33kPa），相对密度（水 = 1）1.338，相对蒸气密度（空气 = 1）6.73，闪点 49℃。

主要用途　用作医药中间体；用于有机合成，合成氨基酸和肽类化合物等。

包装与储运

包装标志　有毒品，易燃液体

包装类别　Ⅱ类

安全储运　储存于阴凉、通风的库房。远离火种、热源。库温不超过 32℃。相对湿度不超过 80%。保持容器密封。应与氧化剂、酸类、碱类、食用化学品分开存放，切忌混储。采用防爆型照明、通风设施。禁止使用易产生火花的机械设备和工具。灌装时注意流速，防止静电积聚。储区应备有泄漏应急处理设备和合适的收容材料。

紧急处置信息

急救措施

吸入：迅速脱离现场至空气新鲜处。保持呼吸道通畅。如呼吸困难，给输氧。呼吸、心跳停止，立即进行心肺复苏术。就医。

眼睛接触：分开眼睑，用流动清水或生理盐水冲洗。如有不适感，就医。

皮肤接触：脱去污染的衣着，用肥皂水和清水彻底冲洗皮肤。如有不适感，就医。

食入：用水漱口。就医。

灭火方法 消防人员必须佩戴空气呼吸器，穿全身防火防毒服，在上风向灭火。尽可能将容器从火场移至空旷处。喷水保持火场容器冷却，直至灭火结束。处在火场中的容器若发生异常变化或发出异常声音，须马上撤离。

灭火剂：雾状水、泡沫、干粉、砂土。

泄漏应急处置 根据液体流动和蒸气扩散的影响区域划定警戒区，无关人员从侧风、上风向撤离至安全区。消除所有点火源。建议应急处理人员戴正压自给式呼吸器，穿防毒、防静电服，戴橡胶耐油手套。穿上适当的防护服前严禁接触破裂的容器和泄漏物。尽可能切断泄漏源。防止泄漏物进入水体、下水道、地下室或受限空间。小量泄漏：用干燥的砂土或其他不燃材料吸收或覆盖，收集于容器中。大量泄漏：构筑围堤或挖坑收容。用防爆泵转移至槽车或专用收集器内。

847. 溴乙酸乙酯

标 识

中文名称 溴乙酸乙酯

英文名称 ethyl bromoacetate；ethyl 2 - bromoacetate

别名 溴醋酸乙酯

分子式 $C_4H_7BrO_2$

CAS 号 105 - 36 - 2

WGH 号 61103

UN 号 1603

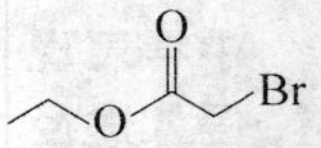

危害信息

危险性类别 第 6 类有毒品。

燃烧与爆炸危险性 易燃。其蒸气与空气混合，能形成爆炸性混合物。燃烧产生有毒的一氧化碳和溴化氢气体。受高热分解产生有毒的溴化物气体。

禁忌物 碱类、酸类、强氧化剂、强还原剂。

中毒表现 对眼睛、呼吸道黏膜有强烈的刺激作用，重者可引起肺水肿。

侵入途径 吸入、食入、经皮吸收。

理化特性与用途

理化特性 无色至黄色透明液体，有刺激性气味。不溶于水，混溶于乙醇、乙醚、苯、芳烃溶剂，溶于丙酮。熔点 -38℃，沸点 159℃，相对密度(水 =1)1. 51，相对蒸气密度(空气 =1)5. 8，饱和蒸气压 0. 35kPa(25℃)，临界温度 354℃，临界压力 4. 29MPa，辛醇/水分配系数 1. 12，闪点 48℃(闭杯)。

主要用途 用于有机合成，及制造军用毒气。

包装与储运

包装标志 有毒品，易燃液体

包装类别 Ⅱ类

安全储运 储存于阴凉、干燥、通风的库房。远离火种、热源。库温不超过 35℃。相对湿度不超过80%。保持容器密封。应与氧化剂、还原剂、酸类、碱类、食用化学品分开存放，切忌混储。采用防爆型照明、通风设施。禁止使用易产生火花的机械设备和工具。灌装时注意流速，防止静电积聚。储区应备有泄漏应急处理设备和合适的收容材料。

紧急处置信息

急救措施

吸入：迅速脱离现场至空气新鲜处。保持呼吸道通畅。如呼吸困难，给输氧。呼吸、心跳停止，立即进行心肺复苏术。就医。

眼睛接触：分开眼睑，用流动清水或生理盐水冲洗。如有不适感，就医。

皮肤接触：立即脱去污染的衣着，用肥皂水和清水彻底冲洗皮肤。如有不适感，就医。

食入：饮足量温水，催吐。就医。

灭火方法 消防人员须佩戴防毒面具，穿全身消防服，在上风向灭火。尽可能将容器从火场移至空旷处。喷水保持火场容器冷却，直至灭火结束。处在火场中的容器若已变色或从安全泄压装置中发出声音，必须马上撤离。

灭火剂：泡沫、干粉、砂土。

泄漏应急处置 消除所有点火源。根据液体流动和蒸气扩散的影响区域划定警戒区，无关人员从侧风、上风向撤离至安全区。建议应急处理人员戴正压自给式呼吸器，穿防毒、防静电服，戴橡胶耐油手套。作业时使用的所有设备应接地。穿上适当的防护服前严禁接触破裂的容器和泄漏物。尽可能切断泄漏源。防止泄漏物进入水体、下水道、地下室或受限空间。严禁用水处理。小量泄漏：用干燥的砂土或其他不燃材料覆盖泄漏物。大量泄漏：构筑围堤或挖坑收容。用防爆泵转移至槽车或专用收集器内。

848. 溴乙酸异丙酯

标　识

中文名称 溴乙酸异丙酯

英文名称 isopropyl bromoacetate；acetic acid，bromo－，1－methylethyl ester

别名 溴醋酸异丙酯

分子式 $C_5H_9BrO_2$

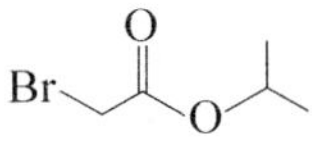

CAS号 29921－57－1

WGH号 61617

危害信息

危险性类别 第6类有毒品。

燃烧与爆炸危险性 可燃。其蒸气与空气混合，能形成爆炸性混合物。受高热分解放出有毒的气体。具有腐蚀性。若遇高热，容器内压增大，有开裂和爆炸的危险。

活性反应 与氧化剂可发生反应。

禁忌物 强氧化剂、强碱。

中毒表现 对眼睛、皮肤和黏膜有刺激作用。吸入后，可引起喉、支气管炎症、痉挛，化学性肺炎、肺水肿等。

侵入途径 吸入、食入、经皮吸收。

理化特性与用途

理化特性　无色至黄色透明液体，有醋酸气味。不溶于水。沸点 59～61℃(1.33kPa)、65℃(1.99kPa)，相对密度(水=1)1.399，相对蒸气密度(空气=1)6.24，闪点 113℃。

主要用途　用于有机合成。

包装与储运

包装标志　有毒品

包装类别　Ⅱ类

安全储运　储存于阴凉、通风的库房。远离火种、热源。防止阳光直射。储存温度不超过 35℃，相对湿度不超过 85%。保持容器密封。应与氧化剂、碱类等分开存放，切忌混储。配备相应品种和数量的消防器材。储区应备有泄漏应急处理设备和合适的收容材料。

紧急处置信息

急救措施

吸入：迅速脱离现场至空气新鲜处。保持呼吸道通畅。如呼吸困难，给输氧。呼吸、心跳停止，立即进行心肺复苏术。就医。

眼睛接触：分开眼睑，用流动清水或生理盐水冲洗。如有不适感，就医。

皮肤接触：脱去污染的衣着，用流动清水冲洗。如有不适感，就医。

食入：用水漱口。就医。

灭火方法　消防人员须佩戴防毒面具，穿全身消防服，在上风向灭火。尽可能将容器从火场移至空旷处。喷水保持火场容器冷却，直至灭火结束。处在火场中的容器若已变色或从安全泄压装置中发出声音，必须马上撤离。

灭火剂：雾状水、泡沫、干粉、二氧化碳、砂土。

泄漏应急处置　根据液体流动和蒸气扩散的影响区域划定警戒区，无关人员从侧风、上风向撤离至安全区。消除所有点火源。建议应急处理人员戴正压自给式呼吸器，穿防毒服，戴橡胶手套。穿上适当的防护服前严禁接触破裂的容器和泄漏物。尽可能切断泄漏源。防止泄漏物进入水体、下水道、地下室或受限空间。小量泄漏：用干燥的砂土或其他不燃材料吸收或覆盖，收集于容器中。大量泄漏：构筑围堤或挖坑收容。用泵转移至槽车或专用收集器内。

849. 溴乙酸异丁酯

标　识

中文名称　溴乙酸异丁酯

英文名称　isobutyl bromoacetate; acetic acid, bromo-, 2-methyl propyl ester

别名　溴醋酸异丁酯

分子式　$C_6H_{11}BrO_2$

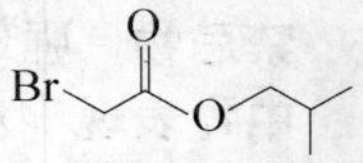

CAS 号　59956-48-8

WGH 号　61617

危害信息

危险性类别 第6类有毒品。

燃烧与爆炸危险性 可燃。其蒸气与空气混合，能形成爆炸性混合物。燃烧产生有毒的一氧化碳和溴化氢气体。受高热分解产生有毒的溴化物气体。

禁忌物 强氧化剂、强酸。

中毒表现 本品具有刺激性。

侵入途径 吸入、食入、经皮吸收。

理化特性与用途

理化特性 液体。不溶于水，溶于丙酮，易溶于乙醇、乙醚等多数有机溶剂。沸点188℃，相对密度(水=1)1.33。

主要用途 用于有机合成。

包装与储运

包装标志 有毒品

包装类别 Ⅱ类

安全储运 储存于阴凉、通风的库房。远离火种、热源。库温不超过35℃。相对湿度不超过80%。保持容器密封。应与氧化剂、酸类、食用化学品分开存放，切忌混储。配备相应品种和数量的消防器材。储区应备有泄漏应急处理设备和合适的收容材料。

紧急处置信息

急救措施

吸入：迅速脱离现场至空气新鲜处。保持呼吸道通畅。如呼吸困难，给输氧。呼吸、心跳停止，立即进行心肺复苏术。就医。

眼睛接触：分开眼睑，用流动清水或生理盐水冲洗。如有不适感，就医。

皮肤接触：脱去污染的衣着，用肥皂水和清水彻底冲洗皮肤。如有不适感，就医。

食入：用水漱口。就医。

灭火方法 消防人员必须佩戴空气呼吸器，穿全身防火防毒服，在上风向灭火。尽可能将容器从火场移至空旷处。喷水保持火场容器冷却，直至灭火结束。处在火场中的容器若发生异常变化或发出异常声音，须马上撤离。

灭火剂：雾状水、泡沫、干粉、砂土。

泄漏应急处置 根据液体流动和蒸气扩散的影响区域划定警戒区，无关人员从侧风、上风向撤离至安全区。消除所有点火源。建议应急处理人员戴正压自给式呼吸器，穿防毒服，戴橡胶耐油手套。穿上适当的防护服前严禁接触破裂的容器和泄漏物。尽可能切断泄漏源。防止泄漏物进入水体、下水道、地下室或受限空间。小量泄漏：用干燥的砂土或其他不燃材料吸收或覆盖，收集于容器中。大量泄漏：构筑围堤或挖坑收容。用泵转移至槽车或专用收集器内。

850. 溴乙酸正丙酯

标　识

中文名称　溴乙酸正丙酯

英文名称　acetic acid, bromo -, propyl ester; *n* - propyl bromoacetate

别名　溴醋酸正丙酯；溴乙酸丙酯

分子式　$C_5H_9BrO_2$

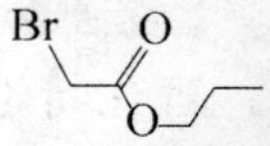

CAS 号　35223 - 80 - 4

WGH 号　61617

危害信息

危险性类别　第 6 类有毒品。

燃烧与爆炸危险性　可燃。其蒸气与空气混合，能形成爆炸性混合物。燃烧产生有毒的一氧化碳、溴化氢。受高热分解产生有毒的溴化物气体。

禁忌物　强氧化剂、强酸。

中毒表现　本品具有刺激性。

侵入途径　吸入、食入、经皮吸收。

理化特性与用途

理化特性　无色至微黄色透明液体。不溶于水，溶于乙醇、乙醚、丙酮。沸点 175 ~ 176℃，相对密度(水 =1)1. 399，闪点 82℃。

主要用途　用于有机合成。

包装与储运

包装标志　有毒品

包装类别　Ⅱ类

安全储运　储存于阴凉、通风的库房。远离火种、热源。库温不超过 35℃。相对湿度不超过 80%。保持容器密封。应与氧化剂、酸类、食用化学品分开存放，切忌混储。配备相应品种和数量的消防器材。储区应备有泄漏应急处理设备和合适的收容材料。

紧急处置信息

急救措施

吸入： 迅速脱离现场至空气新鲜处。保持呼吸道通畅。如呼吸困难，给输氧。呼吸、心跳停止，立即进行心肺复苏术。就医。

眼睛接触： 分开眼睑，用流动清水或生理盐水冲洗。如有不适感，就医。

皮肤接触： 脱去污染的衣着，用肥皂水和清水彻底冲洗皮肤。如有不适感，就医。

食入： 用水漱口。就医。

灭火方法　消防人员必须佩戴空气呼吸器，穿全身防火防毒服，在上风向灭火。尽可能将容器从火场移至空旷处。喷水保持火场容器冷却，直至灭火结束。处在火场中的容器若发生异常变化或发出异常声音，须马上撤离。

灭火剂：雾状水、泡沫、干粉、砂土。

泄漏应急处置 根据液体流动和蒸气扩散的影响区域划定警戒区，无关人员从侧风、上风向撤离至安全区。消除所有点火源。建议应急处理人员戴正压自给式呼吸器，穿防毒服，戴橡胶耐油手套。穿上适当的防护服前严禁接触破裂的容器和泄漏物。尽可能切断泄漏源。防止泄漏物进入水体、下水道、地下室或受限空间。小量泄漏：用干燥的砂土或其他不燃材料吸收或覆盖，收集于容器中。大量泄漏：构筑围堤或挖坑收容。用泵转移至槽车或专用收集器内。

851. 溴 乙 烷

标 识

中文名称 溴乙烷

英文名称 bromoethane；ethyl bromide

别名 乙基溴；溴代乙烷

分子式 C_2H_5Br

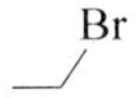

CAS 号 74－96－4

WGH 号 61564

UN 号 1891

危害信息

危险性类别 第 6 类有毒品。

燃烧与爆炸危险性 极易燃。其蒸气与空气可形成爆炸性混合物，遇明火、高热能引起燃烧爆炸。受高热分解产生有毒的溴化物气体。受光照或火焰下易分解生成溴化氢和碳酰溴。

活性反应 与强氧化剂接触可发生化学反应。

禁忌物 强碱、强氧化剂、镁。

毒性 大鼠经口 LD_{50}：1350mg/kg；大鼠吸入 LC_{50}：534000mg/m^3（4h）；小鼠吸入 LC_{50}：72386mg/m^3（1h）。

欧盟法规 1272/2008/EC 将本品列为第 2 类致癌物——可疑的人类致癌物。

中毒表现 本品具有麻醉作用。对眼和呼吸道刺激较轻，对肝、肾、心肌有损害。本品可由呼吸道和皮肤进入人体。急性中毒表现有头痛、眩晕、面部潮红、瞳孔散大、脉搏加速、四肢震颤、呼吸困难、紫绀、虚脱，甚至呼吸麻痹。慢性中毒表现有头痛、头晕、四肢乏力和麻木、身体沉重感。随病情发展，可有四肢无力加剧、肌力减退、行走困难、腱反射亢进。可发生语言障碍，眼球、手指震颤，流涎。

侵入途径 吸入、食入、经皮吸收。

职业接触限值 美国(ACGIH)：TLV－TWA：5ppm。

理化特性与用途

理化特性 无色至黄色易挥发液体，有乙醚样的气味。不溶于水，与乙醇、乙醚、氯仿及其他有机溶剂混溶。熔点－119℃，沸点 38.4℃，相对密度(水＝1)1.46，相对蒸气密度(空气＝1)3.76，饱和蒸气压 51kPa(20℃)，燃烧热－1284.4kJ/mol，临界温度 231℃，临界压力 6.23MPa，辛醇/水分配系数 1.61，闪点－20℃(闭杯)，引燃温度 511℃，爆炸下限6.7%，爆炸上限11.3%。

主要用途 有机合成中用作乙基化剂，也是合成医药、农药、染料和香料的原料，还用作溶剂、致冷剂、熏蒸剂等。

包装与储运

包装标志 有毒品

包装类别 Ⅱ类

安全储运 储存于阴凉、通风的库房。远离火种、热源。库温不超过32℃。相对湿度不超过80%。保持容器密封。应与氧化剂、碱类、食用化学品分开存放，切忌混储。采用防爆型照明、通风设施。禁止使用易产生火花的机械设备和工具。灌装时注意流速，防止静电积聚。储区应备有泄漏应急处理设备和合适的收容材料。

紧急处置信息

急救措施

吸入： 迅速脱离现场至空气新鲜处。保持呼吸道通畅。如呼吸困难，给输氧。呼吸、心跳停止，立即进行心肺复苏术。就医。

眼睛接触： 分开眼睑，用流动清水或生理盐水冲洗。如有不适感，就医。

皮肤接触： 立即脱去污染的衣着，用肥皂水和清水彻底冲洗皮肤。如有不适感，就医。

食入： 饮足量温水，催吐。就医。

灭火方法 消防人员必须佩戴空气呼吸器、穿全身防火防毒服，在上风向灭火。尽可能将容器从火场移至空旷处。喷水保持火场容器冷却，直至灭火结束。处在火场中的容器若已变色或从安全泄压装置中发出声音，必须马上撤离。用水灭火无效。

灭火剂：泡沫、干粉、二氧化碳、砂土。

泄漏应急处置 消除所有点火源。根据液体流动和蒸气扩散的影响区域划定警戒区，无关人员从侧风、上风向撤离至安全区。建议应急处理人员戴正压自给式呼吸器，穿防毒、防静电服，戴防化学品手套。作业时使用的所有设备应接地。禁止接触或跨越泄漏物。尽可能切断泄漏源。防止泄漏物进入水体、下水道、地下室或受限空间。小量泄漏：用砂土或其他不燃材料吸收。使用洁净的无火花工具收集吸收材料。大量泄漏：构筑围堤或挖坑收容。用泡沫覆盖，减少蒸发。喷水雾能减少蒸发，但不能降低泄漏物在受限空间内的易燃性。用防爆泵转移至槽车或专用收集器内。

852. 溴 乙 烯

标 识

中文名称 溴乙烯

英文名称 bromoethylene; vinyl bromide

别名 乙烯基溴

分子式 C_2H_3Br

CAS 号 593-60-2

WGH 号 21038

UN 号 1085

危害信息

危险性类别 第2.1类易燃气体。

燃烧与爆炸危险性 易燃气体。与空气混合能形成爆炸性混合物，遇热源和明火有燃烧爆炸的危险。燃烧产生有毒的一氧化碳和溴化氢气体。与氧化剂接触猛烈反应。燃烧或无抑制剂时可发生剧烈聚合。

活性反应 与氧化剂接触发生猛烈反应。

禁忌物 强氧化剂、铜及其合金。

毒性 大鼠经口 LD_{50}：500mg/kg。

IARC 致癌性分类：G2A，对人类很可能是致癌物。

欧盟法规 1272/2008/EC 将本品列为第 1B 类致癌物——可能对人类有致癌能力。

中毒表现 对眼睛、呼吸道黏膜和皮肤有刺激性。

侵入途径 吸入、食入。

职业接触限值 美国(ACGIH)：TLV－TWA：0.5ppm。

理化特性与用途

理化特性 无色气体或液体，有刺激性气味。不溶于水，溶于氯仿、乙醇、乙醚、丙酮、苯。熔点－139.5℃，沸点15.6℃，相对密度(水=1)1.49，相对蒸气密度(空气=1)3.7，饱和蒸气压119kPa(20℃)，燃烧热－1294.1kJ/mol(气体)，临界温度190.5℃，临界压力6.86MPa，辛醇/水分配系数1.57，闪点(易燃气体)，引燃温度530℃，爆炸下限9%，爆炸上限15%。

主要用途 作为合成树脂的中间体。

包装与储运

包装标志 易燃气体类

安全储运 储存于阴凉、通风的易燃气体专用库房。远离火种、热源。库温不宜超过30℃。应与氧化剂、金属粉末等分开存放，切忌混储。采用防爆型照明、通风设施。禁止使用易产生火花的机械设备和工具。储区应备有泄漏应急处理设备。搬运时轻装轻卸，须戴好钢瓶安全帽和防震橡皮圈，防止钢瓶撞击。

紧急处置信息

急救措施

吸入：脱离现场至空气新鲜处。如呼吸困难，给输氧。呼吸、心跳停止，立即进行心肺复苏术。就医。

眼睛接触：分开眼睑，用流动清水或生理盐水冲洗。如有不适感，就医。

皮肤接触：脱去污染的衣着，用肥皂水和清水彻底冲洗皮肤。如有不适感，就医。

食入：饮足量温水，催吐。就医。

灭火方法 切断气源。喷水冷却容器。可能的话将容器从火场移至空旷处。若不能切断气源，则不允许熄灭泄漏处的火焰。消防人员须佩戴防毒面具，穿全身消防服，在上风向灭火。处在火场中的容器若已变色或从安全泄压装置中发出声音，必须马上撤离。

灭火剂：雾状水、泡沫、干粉、二氧化碳。

泄漏应急处置 消除所有点火源。根据液体流动和蒸气扩散的影响区域划定警戒区，无关人员从侧风、上风向撤离至安全区。建议应急处理人员戴正压自给式呼吸器，穿防静电服。作业时使用的所有设备应接地。禁止接触或跨越泄漏物。尽可能切断泄漏源。喷雾状水抑制蒸气或改变蒸气云流向，避免水流接触泄漏物。禁止用水直接冲击泄漏物或泄漏源。防止气体通过下水道、通风系统和受限空间扩散。隔离泄漏区直至气体散尽。

853. 溴乙酰溴

标识

中文名称 溴乙酰溴

英文名称 bromoacetyl bromide; 2-bromoacetyl bromide

别名 溴化乙酰溴

分子式 $C_2H_2Br_2O$

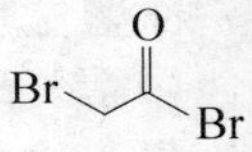

CAS 号 598-21-0

WGH 号 81112

UN 号 2513

危害信息

危险性类别 第8类腐蚀品。

燃烧与爆炸危险性 可燃。遇水和乙醇发生剧烈反应，释出具有刺激性、腐蚀性的溴化氢烟气。受高热分解放出有毒的气体。遇潮时对大多数金属有腐蚀性。

活性反应 与碱类剧烈反应。遇水和乙醇发生剧烈反应，释出具有刺激性、腐蚀性的溴化氢烟气。

禁忌物 强氧化剂、强碱、醇类。

中毒表现 本品对眼睛、皮肤、黏膜和上呼吸道有强烈的刺激作用和腐蚀性。吸入，可引起喉、支气管炎症、痉挛，化学性肺炎，肺水肿等。

侵入途径 吸入、食入、经皮吸收。

理化特性与用途

理化特性 无色至淡黄色液体，有刺激性气味。遇水分解。溶于苯、乙醚、氯仿。沸点147~150℃，相对密度（水=1）2.317，相对蒸气密度（空气=1）6.96，饱和蒸气压0.51kPa（25℃），辛醇/水分配系数 -0.04，闪点>105℃。

主要用途 用于有机合成，主要用作医药中间体。

包装与储运

包装标志 腐蚀品

包装类别 Ⅱ类

安全储运 储存于阴凉、干燥、通风良好的库房。远离火种、热源。防止阳光直射。储存温度不超过30℃，相对湿度不超过75%。保持容器密封。防止受潮。应与氧化剂、碱类、醇类等分开存放，切忌混储。配备相应品种和数量的消防器材。储区应备有泄漏应急处理设备和合适的收容材料。

紧急处置信息

急救措施

吸入：迅速脱离现场至空气新鲜处。保持呼吸道通畅。如呼吸困难，给输氧。呼吸、心跳停止，立即进行心肺复苏术。就医。

眼睛接触： 立即分开眼睑，用流动清水或生理盐水彻底冲洗 10~15min。就医。

皮肤接触： 立即脱去污染的衣着，用大量流动清水彻底冲洗，冲洗时间一般要求 20~30min。就医。

食入： 用水漱口，给饮牛奶或蛋清。就医。

灭火方法 消防人员必须穿全身耐酸碱消防服，佩戴空气呼吸器，在上风向灭火。尽可能将容器从火场移至空旷处。喷水保持火场容器冷却，直至灭火结束。处在火场中的容器若已变色或从安全泄压装置中发出声音，必须马上撤离。禁止用水、泡沫和酸碱灭火剂灭火。

灭火剂：干粉、二氧化碳、砂土。

泄漏应急处置 根据液体流动和蒸气扩散的影响区域划定警戒区，无关人员从侧风、上风向撤离至安全区。建议应急处理人员戴正压自给式呼吸器，穿防酸碱服，戴耐酸碱手套。作业时使用的所有设备应接地。穿上适当的防护服前严禁接触破裂的容器和泄漏物。尽可能切断泄漏源。防止泄漏物进入水体、下水道、地下室或受限空间。严禁用水处理。小量泄漏：用干燥的砂土或其他不燃材料覆盖泄漏物。大量泄漏：构筑围堤或挖坑收容。用耐腐蚀泵转移至槽车或专用收集器内。

854. 溴异丙烷

标识

中文名称 溴异丙烷

英文名称 2-bromopropane；isopropyl bromide

别名 2-溴丙烷；异丙基溴；溴代异丙烷

分子式 C_3H_7Br

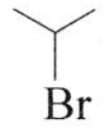

CAS 号 75-26-3

WGH 号 32042；31142[铁规]

UN 号 2344

危害信息

危险性类别 第 3 类易燃液体。

燃烧与爆炸危险性 易燃。其蒸气与空气混合，能形成爆炸性混合物。遇明火、高热易引起燃烧，并放出有毒气体。受高热分解产生有毒的溴化物气体。

禁忌物 强氧化剂、强酸、强碱。

毒性 小鼠吸入 LC_{50}：31171ppm(4h)。

中毒表现 其蒸气或雾对眼睛、黏膜和上呼吸道有刺激作用。接触后有可能引起神经系统功能紊乱。

慢性影响表现为对肝、肾有损害。

侵入途径 吸入、食入。

环境危害 对水生生物有害。

理化特性与用途

理化特性　无色或淡黄色液体，有芳香气味。微溶于水，混溶于乙醇、乙醚、苯、四氯化碳，微溶于丙酮。熔点 -89℃，沸点 59 ~ 60℃，相对密度(水 = 1)1.31，相对蒸气密度(空气 = 1)4.24，饱和蒸气压 28.7kPa(25℃)，燃烧热 -2049.9kJ/mol，辛醇/水分配系数 2.14，闪点 1℃，爆炸下限 4%，爆炸上限 7%。

主要用途　用于药物、染料、农药及其他有机化合物合成。

包装与储运

包装标志　易燃液体

包装类别　Ⅱ类

安全储运　储存于阴凉、通风的库房。远离火种、热源。库温不宜超过 37℃。保持容器密封。应与氧化剂、酸类、碱类分开存放，切忌混储。采用防爆型照明、通风设施。禁止使用易产生火花的机械设备和工具。灌装时注意流速，防止静电积聚。储区应备有泄漏应急处理设备和合适的收容材料。

紧急处置信息

急救措施

吸入：脱离现场至空气新鲜处。如呼吸困难，给输氧。呼吸、心跳停止，立即进行心肺复苏术。就医。

眼睛接触：分开眼睑，用流动清水或生理盐水冲洗。如有不适感，就医。

皮肤接触：脱去污染的衣着，用肥皂水和清水彻底冲洗皮肤。如有不适感，就医。

食入：口服活性炭。就医。

灭火方法　消防人员须佩戴防毒面具，穿全身消防服，在上风向灭火。尽可能将容器从火场移至空旷处。喷水保持火场容器冷却，直至灭火结束。处在火场中的容器若已变色或从安全泄压装置中发出声音，必须马上撤离。

灭火剂：雾状水、泡沫、干粉、二氧化碳、砂土。

泄漏应急处置　消除所有点火源。根据液体流动和蒸气扩散的影响区域划定警戒区，无关人员从侧风、上风向撤离至安全区。建议应急处理人员戴正压自给式呼吸器，穿防静电服，戴橡胶耐油手套。作业时使用的所有设备应接地。禁止接触或跨越泄漏物。尽可能切断泄漏源。防止泄漏物进入水体、下水道、地下室或受限空间。小量泄漏：用砂土或其他不燃材料吸收。使用洁净的无火花工具收集吸收材料。大量泄漏：构筑围堤或挖坑收容。用泡沫覆盖，减少蒸发。喷水雾能减少蒸发，但不能降低泄漏物在受限空间内的易燃性。用防爆泵转移至槽车或专用收集器内。

855. 亚 胺 硫 磷

标　识

中文名称　亚胺硫磷

英文名称　phosmet; *O,O* - Dimethyl phthalimidomethyl phosphorodithioate

别名　*O,O* - 二甲基 - *S* - (酞酰亚胺甲基)二硫代磷酸酯；亚胺磷；酞胺硫磷

分子式 $C_{11}H_{12}NO_4PS_2$
CAS 号 732－11－6
WGH 号 61874

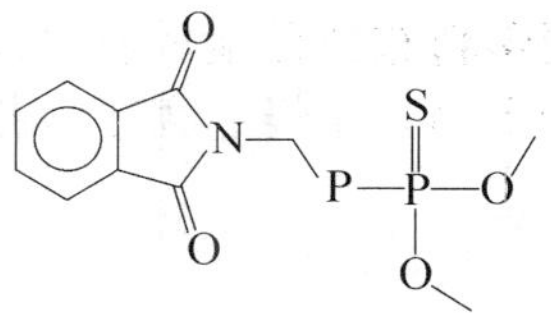

危害信息

危险性类别 第6类有毒品。

燃烧与爆炸危险性 可燃。其粉体与空气混合，能形成爆炸性混合物。受高热分解放出有毒的气体。

禁忌物 强氧化剂、强碱。

毒性 大鼠经口 LD_{50}：92.5mg/kg；小鼠经口 LD_{50}：26mg/kg；兔经皮 LD_{50}：>3160mg/kg；大鼠吸入 LC_{50}：54mg/m^3(4h)。

中毒表现 中等毒有机磷杀虫剂。抑制胆碱酯酶活性。中毒症状有：头痛、头昏、无力、多汗、呕吐、流涎、瞳孔缩小、肌肉震颤、腹痛、抽搐、肺水肿、昏迷等。

侵入途径 吸入、食入、经皮吸收。

环境危害 对水生生物有极高毒性，可能在水生环境中造成长期不利影响。

理化特性与用途

理化特性 无色至灰白色结晶，有恶臭。微溶于水，溶于丙酮、丁酮、苯、甲苯、二甲苯、二氯甲烷等多数有机溶剂。熔点72℃，分解温度<沸点，相对密度(水=1)1.03，饱和蒸气压0.065MPa(25℃)，辛醇/水分配系数2.83，闪点>106℃。

主要用途 杀虫杀螨剂。用于果树、园林植物防治鳞翅目幼虫、蚜虫、红蜘蛛，还用于马铃薯甲虫、棉花棉铃虫、玉米螟等多种害虫的防治。

包装与储运

包装标志 有毒品

包装类别 Ⅱ类

安全储运 储存于阴凉、通风的库房。远离火种、热源。防止阳光直射。储存温度不超过35℃，相对湿度不超过85%。保持容器密封。应与氧化剂、碱类等分开存放，切忌混储。配备相应品种和数量的消防器材。储区应备有合适的材料收容泄漏物。

紧急处置信息

急救措施

吸入：迅速脱离现场至空气新鲜处。保持呼吸道通畅。如呼吸困难，给输氧。呼吸、心跳停止，立即进行心肺复苏术。就医。

眼睛接触：分开眼睑，用流动清水或生理盐水冲洗。如有不适感，就医。

皮肤接触：脱去污染的衣着，用流动清水冲洗。如有不适感，就医。

食入：饮足量温水，催吐。用1∶5000高锰酸钾溶液洗胃。每5min给服一片阿托品，直到感觉口干为止。就医。

灭火方法 消防人员必须佩戴空气呼吸器，穿全身防火防毒服，在上风向灭火。尽可能将容器从火场移至空旷处。喷水保持火场容器冷却，直至灭火结束。

灭火剂：雾状水、泡沫、干粉、二氧化碳、砂土。

泄漏应急处置 隔离泄漏污染区，限制出入。建议应急处理人员戴防尘口罩，穿防毒服，戴橡胶手套。穿上适当的防护服前严禁接触破裂的容器和泄漏物。尽可能切断泄漏源。

用塑料布覆盖泄漏物，减少飞散。勿使水进入包装容器内。用洁净的铲子收集泄漏物，置于干净、干燥、盖子较松的容器中，将容器移离泄漏区。

856. 亚 碲 酸 钠

标　识

中文名称　亚碲酸钠

英文名称　telluric acid, disodium salt; sodium tellurite

分子式　Na_2TeO_3

CAS 号　10102－20－2

WGH 号　61510

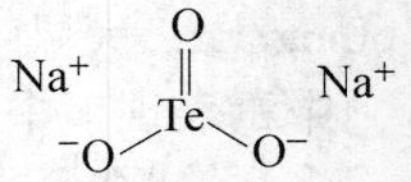

危害信息

危险性类别　第 6 类有毒品。

燃烧与爆炸危险性　不燃，无特殊燃爆特性。受高热分解放出有毒的气体。若遇高热，容器内压增大，有开裂和爆炸的危险。

禁忌物　强酸。

毒性　大鼠经口 LD_{50}：83mg/kg；小鼠经口 LD_{50}：20mg/kg。

中毒表现　高毒。有报道本品用作造影剂注入输尿管引起中毒，中毒症状有：呼气蒜臭味、恶心、呕吐、昏迷、呼吸困难、明显紫绀等，6h 后死亡。2 例误服 2g(30mg/kg)，6h 后死亡：紫绀、呕吐、腰痛、最后昏迷、死亡。尸解见：尿道和膀胱黏膜具有黑色碲沉着，肺水肿，肝、脾、肾充血，肝脂肪变。

侵入途径　吸入、食入、经皮吸收。

职业接触限值　美国(ACGIH)：TLV－TWA：0.1mg/m^3[按碲计]。

理化特性与用途

理化特性　白色斜方结晶或粉末。微溶于冷水，易溶于热水。熔点 710℃，相对密度(水＝1)6.245。

主要用途　用于医药和细菌学用试剂，也用于改善镀镍层的耐腐蚀性，其溶液用作铁、钢、铜和铝的黑色或蓝黑色涂层。

包装与储运

包装标志　有毒品

包装类别　Ⅱ类

安全储运　储存于阴凉、通风的库房。远离火种、热源。防止阳光直射。库温不超过 35℃。相对湿度不超过 85%。包装密封。应与强酸等分开存放，切忌混储。储区应备有合适的材料收容泄漏物。

紧急处置信息

急救措施

吸入：迅速脱离现场至空气新鲜处。保持呼吸道通畅。如呼吸困难，给输氧。呼吸、

心跳停止，立即进行心肺复苏术。就医。

眼睛接触： 分开眼睑，用流动清水或生理盐水冲洗。如有不适感，就医。

皮肤接触： 脱去污染的衣着，用大量流动清水冲洗。如有不适感，就医。

食入： 饮足量温水，催吐。就医。

灭火方法 消防人员须佩戴防毒面具，穿全身消防服，在上风向灭火。尽可能将容器从火场移至空旷处。喷水保持火场容器冷却，直至灭火结束。尽量切断泄漏源。本品不燃，根据着火原因选择适当灭火剂灭火。

泄漏应急处置 隔离泄漏污染区，限制出入。建议应急处理人员戴防尘口罩，穿防毒服，戴防化学品手套。穿上适当的防护服前严禁接触破裂的容器和泄漏物。尽可能切断泄漏源。用塑料布覆盖泄漏物，减少飞散。勿使水进入包装容器内。用洁净的铲子收集泄漏物，置于干净、干燥、盖子较松的容器中，将容器移离泄漏区。

857. 亚甲基丁二酸

标　识

中文名称 亚甲基丁二酸

英文名称 methylenebutanedioic acid; methylene succinic acid; itaconic acid

别名 衣康酸

分子式 $C_5H_6O_4$

CAS 号 97-65-4

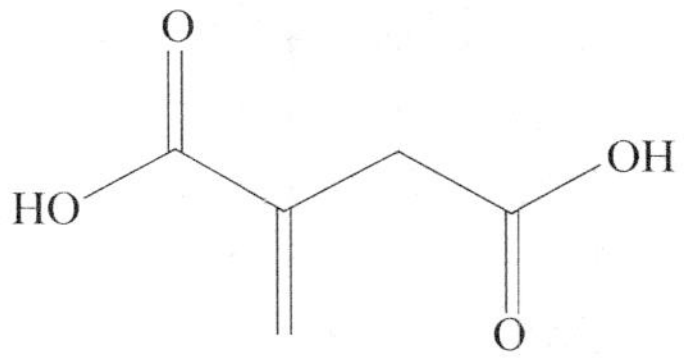

危害信息

燃烧与爆炸危险性 可燃。其粉体与空气混合，能形成爆炸性混合物。燃烧产生有毒的一氧化碳气体。

禁忌物 碱类、氧化剂。

中毒表现 吸入、摄入对身体有害。对眼睛、皮肤、黏膜有刺激性。

侵入途径 吸入、食入。

环境危害 对水生生物有害。

理化特性与用途

理化特性 白色至灰白色结晶或粉末，有特殊气味，具有吸湿性。溶于水，溶于乙醇、丙酮，微溶于苯、氯仿、乙醚、石油醚、二硫化碳等。pH 值 3～3.5(10%水溶液)，熔点 165～169℃，沸点 268℃(升华)，相对密度(水=1)1.632，临界温度 548℃，临界压力 4.24MPa，辛醇/水分配系数 -0.4，引燃温度 800℃。

主要用途 是制备合成纤维、合成树脂、塑料、离子交换树脂的重要原料，也用于制造乳胶、水溶性涂料、油溶性接剂、印刷油墨等，还用于生化研究。

包装与储运

安全储运 储存于阴凉、通风的库房。远离火种、热源。包装要密封。应与强氧化剂、强碱等隔离储运。搬运时轻装轻卸，防止容器受损。

紧急处置信息

急救措施

吸入： 迅速脱离现场至空气新鲜处。保持呼吸道通畅。如呼吸困难，给输氧。呼吸、心跳停止，立即进行心肺复苏术。就医。

眼睛接触： 分开眼睑，用流动清水或生理盐水冲洗。如有不适感，就医。

皮肤接触： 脱去污染的衣着，用流动清水冲洗。如有不适感，就医。

食入： 饮足量温水，催吐。就医。

灭火方法 消防人员必须穿全身耐酸碱消防服，佩戴空气呼吸器，在上风向灭火。尽可能将容器从火场移至空旷处。喷水保持火场容器冷却，直至灭火结束。

灭火剂：雾状水、泡沫、干粉、二氧化碳、砂土。

泄漏应急处置 隔离泄漏污染区，限制出入。消除所有点火源。建议应急处理人员戴防尘口罩，穿一般作业工作服，戴橡胶手套。尽可能切断泄漏源。用塑料布覆盖泄漏物，减少飞散。勿使水进入包装容器内。用洁净的铲子收集泄漏物，置于干净、干燥、盖子较松的容器中，将容器移离泄漏区。

858. 亚磷酸三苯酯

标　识

中文名称 亚磷酸三苯酯

英文名称 triphenyl phosphite；phosphorous acid，triphenyl ester

分子式 $C_{18}H_{15}O_3P$

CAS 号 101－02－0

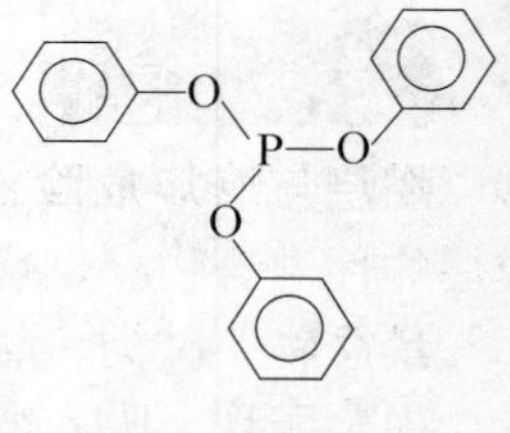

危害信息

燃烧与爆炸危险性 可燃。其蒸气与空气混合，能形成爆炸性混合物。燃烧产生有害的一氧化碳、氧化磷、磷烷。遇潮气逐渐分解。

禁忌物 强氧化剂、强酸、强碱。

毒性 大鼠经口 LD_{50}：444mg/kg；小鼠经口 LD_{50}：1080mg/kg。

中毒表现 对眼睛、黏膜 、皮肤和上呼吸道有刺激作用。动物接触后引起抽搐、腹泻、血管扩张，对胆碱酯酶有弱抑制作用。

侵入途径 吸入、食入、经皮吸收。

环境危害 对水生生物有极高毒性，可能在水生环境中造成长期不利影响。

理化特性与用途

理化特性 无色至淡黄色油状液体或固体，有芳香气味。不溶于水，溶于多数有机溶剂。熔点 22～25℃，沸点 360℃，相对密度（水＝1）1.18，相对蒸气密度（空气＝1）10.7，辛醇/水分配系数 6.62，闪点 188℃（闭杯）、218℃（开杯）。

主要用途 可用作许多聚合物的抗氧剂和稳定剂，与许多酚类抗氧剂有较好的协同作用。

包装与储运

安全储运 储存于阴凉、通风的库房。远离火种、热源。保持容器密封。应与氧化剂、酸类、碱类、食用化学品等隔离储运。搬运时轻装轻卸，防止容器受损。

紧急处置信息

急救措施

吸入：脱离现场至空气新鲜处。如呼吸困难，给输氧。就医。

眼睛接触：分开眼睑，用流动清水或生理盐水冲洗。如有不适感，就医。

皮肤接触：脱去污染的衣着，用肥皂水和清水彻底冲洗皮肤。如有不适感，就医。

食入：饮足量温水，催吐。就医。

灭火方法 消防人员须佩戴防毒面具，穿全身消防服，在上风向灭火。尽可能将容器从火场移至空旷处。喷水保持火场容器冷却，直至灭火结束。处在火场中的容器若已变色或从安全泄压装置中发出声音，必须马上撤离。

灭火剂：雾状水、泡沫、干粉、二氧化碳、砂土。

泄漏应急处置 根据液体流动和蒸气扩散的影响区域划定警戒区，无关人员从侧风、上风向撤离至安全区。消除所有点火源。建议应急处理人员戴防毒面具，穿防毒服，戴橡胶手套。穿上适当的防护服前严禁接触破裂的容器和泄漏物。尽可能切断泄漏源。防止泄漏物进入水体、下水道、地下室或受限空间。小量泄漏：用干燥的砂土或其他不燃材料吸收或覆盖，收集于容器中。大量泄漏：构筑围堤或挖坑收容。用泵转移至槽车或专用收集器内。

859. 亚磷酸三丁酯

标　识

中文名称 亚磷酸三丁酯

英文名称 tributyl phosphite；phosphorous acid，tributyl ester

别名 亚磷酸三正丁酯

分子式 $C_{12}H_{27}O_3P$

CAS 号 102－85－2

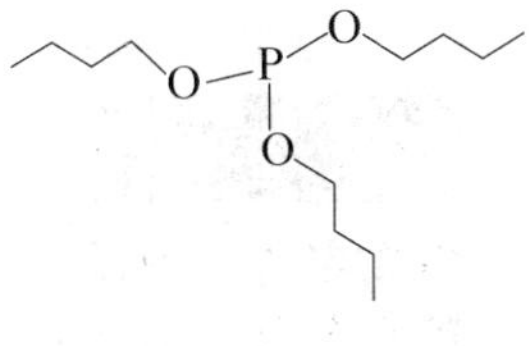

危害信息

燃烧与爆炸危险性 可燃。其蒸气与空气混合，能形成爆炸性混合物。受热分解产生有毒的氧化磷烟气。

禁忌物 强氧化剂、强碱。

毒性 大鼠经口 LD_{50}：3000mg/kg；兔经皮 LD_{50}：2000mg/kg。

中毒表现 本品对皮肤有刺激作用。其蒸气或雾对眼睛、黏膜和上呼吸道有刺激作用。

侵入途径 吸入、食入、经皮吸收。

理化特性与用途

理化特性 无色透明液体，略有气味。不溶于水，溶于多数有机溶剂。熔点 -80℃，沸点 118 ~ 125℃(0.93kPa)，相对密度(水 =1)0.915，饱和蒸气压 1.33Pa(25℃)，辛醇/水分配系数 3.85，闪点 121℃。

主要用途 用作汽油、润滑油添加剂，以及聚酰胺稳定剂。

包装与储运

安全储运 储存于阴凉、通风的库房。远离火种、热源。保持容器密封。应与氧化剂、碱类等隔离储运。搬运时轻装轻卸，防止容器受损。

紧急处置信息

急救措施

吸入： 脱离现场至空气新鲜处。如呼吸困难，给输氧。就医。

眼睛接触： 分开眼睑，用流动清水或生理盐水冲洗。如有不适感，就医。

皮肤接触： 立即脱去污染的衣着，用肥皂水和清水彻底冲洗皮肤。如有不适感，就医。

食入： 饮足量温水，催吐。就医。

灭火方法 消防人员须佩戴防毒面具，穿全身消防服，在上风向灭火。尽可能将容器从火场移至空旷处。喷水保持火场容器冷却，直至灭火结束。处在火场中的容器若已变色或从安全泄压装置中发出声音，必须马上撤离。

灭火剂：雾状水、泡沫、干粉、二氧化碳、砂土。

泄漏应急处置 根据液体流动和蒸气扩散的影响区域划定警戒区，无关人员从侧风、上风向撤离至安全区。消除所有点火源。建议应急处理人员戴防毒面具，穿防毒服，戴橡胶手套。穿上适当的防护服前严禁接触破裂的容器和泄漏物。尽可能切断泄漏源。防止泄漏物进入水体、下水道、地下室或受限空间。小量泄漏：用干燥的砂土或其他不燃材料吸收或覆盖，收集于容器中。大量泄漏：构筑围堤或挖坑收容。用泵转移至槽车或专用收集器内。

860. 亚磷酸三邻甲苯酯

标　识

中文名称 亚磷酸三邻甲苯酯

英文名称 tri - *o* - tolyl phosphite；tri - *o* - cresyl phosphite

别名 亚磷酸三邻甲酚酯

分子式 $C_{21}H_{21}O_3P$

CAS 号 2622 - 08 - 4

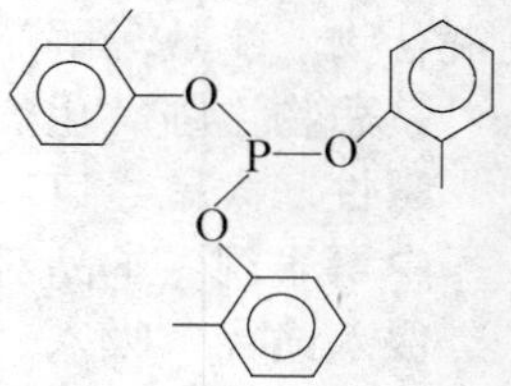

危害信息

燃烧与爆炸危险性 可燃。受高热分解放出有毒的气体。若遇高热，容器内压增大，有开裂和爆炸的危险。

活性反应 与氧化剂可发生反应。

禁忌物 强氧化剂、水及水蒸气。

毒性 猫皮下 LD_{50}：100mg/kg。

中毒表现 对皮肤和呼吸道有刺激作用。对胆碱酯酶活性有弱的抑制作用。

侵入途径 吸入、食入、经皮吸收。

理化特性与用途

理化特性 无色液体。不溶于水，不溶于乙醇，溶于乙醚。沸点 193～194℃(0.133kPa)、200～202℃(0.32～0.35kPa)，相对密度(水=1)1.138。

主要用途 用作增塑剂等。

包装与储运

安全储运 储存于阴凉、干燥、通风良好的库房。远离火种、热源。防止阳光直射。包装必须密封。切勿受潮。应与氧化剂等分开存放，切忌混储。搬运时轻装轻卸，防止容器受损。

紧急处置信息

急救措施

吸入：迅速脱离现场至空气新鲜处。保持呼吸道通畅。如呼吸困难，给输氧。呼吸、心跳停止，立即进行心肺复苏术。就医。

眼睛接触：分开眼睑，用流动清水或生理盐水冲洗。如有不适感，就医。

皮肤接触：脱去污染的衣着，用流动清水冲洗。如有不适感，就医。

食入：饮足量温水，催吐。就医。

灭火方法 消防人员须佩戴防毒面具，穿全身消防服，在上风向灭火。尽可能将容器从火场移至空旷处。喷水保持火场容器冷却，直至灭火结束。处在火场中的容器若已变色或从安全泄压装置中发出声音，必须马上撤离。

灭火剂：雾状水、泡沫、干粉、二氧化碳、砂土。

泄漏应急处置 根据液体流动和蒸气扩散的影响区域划定警戒区，无关人员从侧风、上风向撤离至安全区。消除所有点火源。建议应急处理人员戴防毒面具，穿防毒服，戴橡胶手套。穿上适当的防护服前严禁接触破裂的容器和泄漏物。尽可能切断泄漏源。防止泄漏物进入水体、下水道、地下室或受限空间。小量泄漏：用干燥的砂土或其他不燃材料吸收或覆盖，收集于容器中。大量泄漏：构筑围堤或挖坑收容。用泵转移至槽车或专用收集器内。

861. 亚磷酸三异丙酯

标　识

中文名称 亚磷酸三异丙酯

英文名称 triisopropyl phosphite；isopropyl phosphite；tri－2－propyl phosphite

别名 亚磷酸三－2－丙酯

分子式 $C_9H_{21}O_3P$

861. 亚磷酸三异丙酯

CAS 号 116－17－6

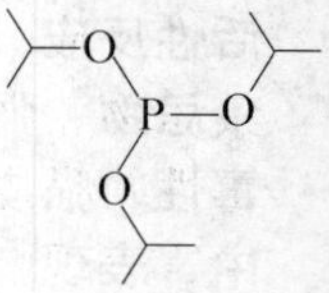

危害信息

危险性类别 第6类有毒品。

燃烧与爆炸危险性 易燃。其蒸气与空气混合，能形成爆炸性混合物。受热分解产生有毒的氧化磷烟气。

活性反应 与氧化剂接触，有引起燃烧爆炸的危险。

禁忌物 强氧化剂、强酸、强碱。

毒性 大鼠经口 LD_{50}：167mg/kg；兔经皮 LD_{50}：＞2000mg/kg。

中毒表现 本品对眼睛有刺激作用，其蒸气和雾对眼睛、黏膜和上呼吸道有刺激作用。

侵入途径 吸入、食入、经皮吸收。

职业接触限值

理化特性与用途

理化特性 无色透明液体，有特性气味。不溶于水，混溶于多数有机溶剂。在水中缓慢分解。沸点63～64℃(1.46kPa)、94～96℃(6.7kPa)，相对密度(水＝1)0.844～0.906，相对蒸气密度(空气＝1)7.18，饱和蒸气压0.26kPa(20℃)，闪点62℃。

主要用途 用作塑料增塑剂、稳定剂，杀虫剂的中间体，润滑油添加剂，特种溶剂和抗氧化剂。

包装与储运

包装标志 有毒品

包装类别 Ⅲ类

安全储运 储存于阴凉、通风的库房。远离火种、热源。储存温度不超过35℃，相对湿度不超过85%。保持容器密封。应与氧化剂、酸类、碱类、食用化学品分开存放，切忌混储。采用防爆型照明、通风设施。禁止使用易产生火花的机械设备和工具。储区应备有泄漏应急处理设备和合适的收容材料。

紧急处置信息

急救措施

吸入：脱离现场至空气新鲜处。如呼吸困难，给输氧。就医。

眼睛接触：分开眼睑，用流动清水或生理盐水冲洗。如有不适感，就医。

皮肤接触：立即脱去污染的衣着，用肥皂水和清水彻底冲洗皮肤。如有不适感，就医。

食入：饮足量温水，催吐。就医。

灭火方法 消防人员须佩戴防毒面具，穿全身消防服，在上风向灭火。尽可能将容器从火场移至空旷处。喷水保持火场容器冷却，直至灭火结束。处在火场中的容器若已变色或从安全泄压装置中发出声音，必须马上撤离。

灭火剂：雾状水、泡沫、干粉、二氧化碳、砂土。

泄漏应急处置 根据液体流动和蒸气扩散的影响区域划定警戒区，无关人员从侧风、上风向撤离至安全区。消除所有点火源。建议应急处理人员戴正压自给式呼吸器，穿防毒服，戴橡胶手套。穿上适当的防护服前严禁接触破裂的容器和泄漏物。尽可能切断泄漏源。防止泄漏物进入水体、下水道、地下室或受限空间。小量泄漏：用干燥的砂土或其他不燃材料吸收或覆盖，收集于容器中。大量泄漏：构筑围堤或挖坑收容。用泵转移至槽车或专用收集器内。

862. 亚 硫 酸

标 识

中文名称 亚硫酸

英文名称 sulfurous acid; sulfur dioxide solution

分子式 H_2SO_3

CAS 号 7782－99－2

WGH 号 81011

UN 号 1833

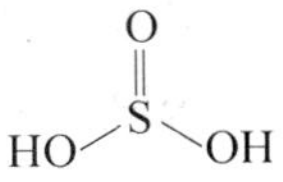

危害信息

危险性类别 第8类腐蚀品。

燃烧与爆炸危险性 不燃，无特殊燃爆特性。受高热分解产生有毒的硫化物烟气。具有腐蚀性。

活性反应 暴露在空气中可发生氧化反应。

禁忌物 强碱。

毒性 人经口 TDL_0：0.5mg/kg。

中毒表现 对眼睛、皮肤、黏膜和呼吸道有强烈的刺激作用。吸入后可引起喉、支气管的炎症，化学性肺炎、肺水肿。

侵入途径 吸入、食入。

理化特性与用途

理化特性 无色透明液体，有二氧化硫的气味，易分解。溶于水。相对密度（水＝1）1.03，相对蒸气密度（空气＝1）2.8。

主要用途 用作分析试剂、还原剂及防腐剂，用于纺织、造纸、冶金工业和有机合成。

包装与储运

包装标志 腐蚀品

包装类别 Ⅱ类

安全储运 储存于阴凉、通风的库房。远离火种、热源。库温在0～30℃。相对湿度不超过80%。包装要求密封。不可与空气接触。应与碱类分开存放，切忌混储。储区应备有泄漏应急处理设备和合适的收容材料。

紧急处置信息

急救措施

吸入：迅速脱离现场至空气新鲜处。保持呼吸道通畅。如呼吸困难，给输氧。呼吸、心跳停止，立即进行心肺复苏术。就医。

眼睛接触： 立即分开眼睑，用流动清水或生理盐水彻底冲洗10～15min。就医。

皮肤接触： 立即脱去污染的衣着，用大量流动清水彻底冲洗，冲洗时间一般要求20～

30min。就医。

食入: 用水漱口。给饮牛奶或蛋清。就医。

灭火方法　消防人员必须穿全身耐酸碱消防服，佩戴空气呼吸器灭火。尽可能将容器从火场移至空旷处。喷水保持火场容器冷却，直至灭火结束。本品不燃。根据着火原因选择适当灭火剂灭火。

泄漏应急处置　根据液体流动和蒸气扩散的影响区域划定警戒区，无关人员从侧风、上风向撤离至安全区。建议应急处理人员戴正压自给式呼吸器，穿防酸碱服，戴橡胶耐酸碱手套。穿上适当的防护服前严禁接触破裂的容器和泄漏物。尽可能切断泄漏源。防止泄漏物进入水体、下水道、地下室或受限空间。小量泄漏：用干燥的砂土或其他不燃材料吸收或覆盖，收集于容器中。大量泄漏：构筑围堤或挖坑收容。用碎石灰石($CaCO_3$)、苏打灰(Na_2CO_3)或石灰(CaO)中和。用耐腐蚀泵转移至槽车或专用收集器内。

863. 亚硫酸氢钙

标　识

中文名称　亚硫酸氢钙

英文名称　calcium bisulfite; calcium hydrogensulphite

别名　酸式亚硫酸钙

分子式　$Ca(HSO_3)_2$

CAS 号　13780－03－5

WGH 号　81510

UN 号　1923

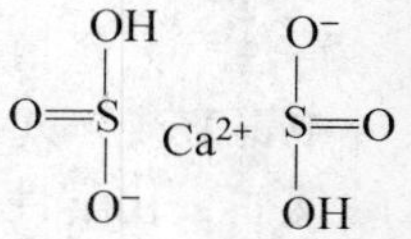

危害信息

危险性类别　第 8 类腐蚀品。

燃烧与爆炸危险性　不燃，无特殊燃爆特性。受高热分解放出有毒的气体。具有腐蚀性。

活性反应　接触酸或酸气能产生有毒气体。

禁忌物　强氧化剂、强酸、强碱。

中毒表现　有毒。误服会中毒。蒸气刺激眼睛和黏膜。液体能腐蚀眼睛、皮肤和黏膜。

侵入途径　吸入、食入。

理化特性与用途

理化特性　无色或微黄色固体，有强烈的二氧化硫的气味。溶于水、酸。相对密度(水=1)1.06(15℃)。

主要用途　用作二氧化硫发生剂、还原剂、漂白剂、防腐剂等。

包装与储运

包装标志　腐蚀品

包装类别　Ⅱ类

安全储运　储存于阴凉、通风的库房。远离火种、热源。防止阳光直射。保持容器密封。应与氧化剂、酸类、碱类分开存放，切忌混储。不宜久存，以免变质。储区应备有泄漏应急处理设备和合适的收容材料。

紧急处置信息

急救措施

吸入：迅速脱离现场至空气新鲜处。保持呼吸道通畅。如呼吸困难，给输氧。呼吸、心跳停止，立即进行心肺复苏术。就医。

眼睛接触：立即分开眼睑，用流动清水或生理盐水彻底冲洗 10～15min。就医。

皮肤接触：立即脱去污染的衣着，用大量流动清水彻底冲洗，冲洗时间一般要求 20～30min。就医。

食入：用水漱口，给饮牛奶或蛋清。就医。

灭火方法 消防人员须佩戴防毒面具，穿全身消防服，在上风向灭火。尽可能将容器从火场移至空旷处。喷水保持火场容器冷却，直至灭火结束。灭火时尽量切断泄漏源，然后根据着火原因选择适当灭火剂灭火。

泄漏应急处置 根据液体流动和蒸气扩散的影响区域划定警戒区，无关人员从侧风、上风向撤离至安全区。消除所有点火源。建议应急处理人员戴正压自给式呼吸器，穿防静电、防腐服。禁止接触或跨越泄漏物。尽可能切断泄漏源。若是液体，防止泄漏物进入水体、下水道、地下室或受限空间。用砂土吸收。若大量泄漏，构筑围堤或挖坑收容。用泵转移至槽车或专用收集器内。若是固体，用洁净的铲子收集于干燥、洁净、有盖的容器中。

864. 亚砷酸钙

标　识

中文名称 亚砷酸钙

英文名称 tricalcium diarsenite; arsenious acid, calcium salt; calcium arsenite

别名 亚砒酸钙

分子式 $Ca_3(AsO_3)_2$

CAS 号 27152－57－4

WGH 号 61009

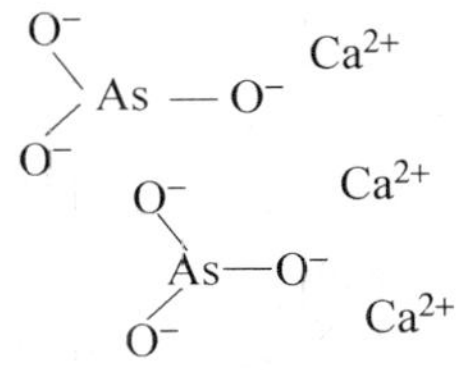

危害信息

危险性类别 第 6 类有毒品。

燃烧与爆炸危险性 不燃，无特殊燃爆特性。遇高热、明火会产生剧毒的蒸气。

活性反应 遇酸产生剧毒的三氧化二砷。

禁忌物 酸类、强氧化剂。

毒性 小鼠经口 LD_{50}：1mg/kg。

IARC 致癌性评论：G1，确认人类致癌物。

中毒表现 急性中毒表现为口服致急性胃肠炎、休克、周围神经病、贫血及中毒性肝病，心肌炎等。可因呼吸中枢麻痹而死亡。短期内大量吸入可致咳嗽、胸痛、呼吸困难、头痛、头晕等。消化道症状较轻，其他症状似口服。重者可致死。

慢性影响表现为长期接触较高浓度粉尘引起慢性中毒，主要有神经衰弱综合征，多发性神经病，肝损害，鼻炎、鼻中隔穿孔，支气管炎等。

侵入途径　吸入、食入、经皮吸收。

职业接触限值　中国：PC－TWA：0.01mg/m³[按砷计]，PC－STEL：0.02mg/m³[按砷计]。

美国(ACGIH)：TLV－TWA：0.01mg/m³[按砷计]。

环境危害　对水生生物有极高毒性，可能在水生环境中造成长期不利影响；海洋污染物。

理化特性与用途

理化特性　白色粉末。微溶于水，溶于酸。

主要用途　用作杀虫剂、杀菌剂、杀软体动物药剂。

包装与储运

包装标志　有毒品

包装类别　Ⅱ类

安全储运　储存于阴凉、通风的库房。远离火种、热源。库温不超过35℃。库内相对湿度不超过85%。包装要求密封。不可与空气接触。应与氧化剂、酸类、食用化学品分开存放，切忌混储。储区应备有合适的材料收容泄漏物。

紧急处置信息

急救措施

吸入：迅速脱离现场至空气新鲜处。保持呼吸道通畅。如呼吸困难，给输氧。呼吸、心跳停止，立即进行心肺复苏术。就医。

眼睛接触：分开眼睑，用流动清水或生理盐水冲洗。如有不适感，就医。

皮肤接触：立即脱去污染的衣着，用肥皂水和清水彻底冲洗皮肤。如有不适感，就医。

食入：饮足量温水，催吐、洗胃。给饮牛奶或蛋清。就医。

解毒剂用二巯基丙磺酸钠、二巯基丁二酸钠等。

灭火方法　消防人员须佩戴防毒面具，穿全身消防服，在上风向灭火。尽可能将容器从火场移至空旷处。喷水保持火场容器冷却，直至灭火结束。本品不燃。根据着火原因选择适当灭火剂灭火。

泄漏应急处置　隔离泄漏污染区，限制出入。建议应急处理人员戴防尘口罩，穿防毒服，戴橡胶手套。穿上适当的防护服前严禁接触破裂的容器和泄漏物。尽可能切断泄漏源。用塑料布覆盖泄漏物，减少飞散。勿使水进入包装容器内。用洁净的铲子收集泄漏物，置于干净、干燥、盖子较松的容器中，将容器移离泄漏区。

865. 亚砷酸钾

标　识

中文名称　亚砷酸钾

英文名称　potassium arsenite；potassium arsonate；potassium metaarsenite

别名　偏亚砷酸钾

分子式 $AsH_3O_4 \cdot xK$

CAS 号 10124－50－2

WGH 号 61009

UN 号 1678

危害信息

危险性类别 第6类有毒品。

燃烧与爆炸危险性 不燃，无特殊燃爆特性。受高热分解放出有毒的气体。暴露于空气中遇二氧化碳逐渐分解。

活性反应 遇酸产生剧毒的三氧化二砷。暴露于空气中遇二氧化碳逐渐分解。

禁忌物 强氧化剂、强酸、二氧化碳。

毒性 大鼠经口 LD_{50}：14mg/kg；大鼠经皮 LD_{50}：150mg/kg。

本品已列入《剧毒化学品目录》。

IARC 致癌性评论：G1，确认人类致癌物。

中毒表现 急性中毒表现为口服致急性胃肠炎、休克、周围神经病、贫血及中毒性肝病，心肌炎等。可因呼吸中枢麻痹而死亡。短期内大量吸入可致咳嗽、胸痛、呼吸困难、头痛、头晕等。消化道症状较轻，其他症状似口服。重者可致死。

慢性影响表现为长期接触较高浓度粉尘引起慢性中毒，主要有神经衰弱综合征，多发性神经病，肝损害，鼻炎、鼻中隔穿孔，支气管炎等。

侵入途径 吸入、食入、经皮吸收。

职业接触限值 中国：PC－TWA：0.01mg/m^3[按砷计]，PC－STEL：0.02mg/m^3[按砷计]。

美国(ACGIH)：TLV－TWA：0.01mg/m^3[按砷计]。

环境危害 对水生生物有极高毒性，可能在水生环境中造成长期不利影响。

理化特性与用途

理化特性 无色单斜棱晶或白色粉末，有吸湿性，在空气中缓慢分解。溶于水，微溶于乙醇。分解温度300℃，相对密度(水＝1)8.76。

主要用途 用作分析试剂及还原剂，也用于杀虫剂、杀菌剂、除草剂和木材防腐剂。

包装与储运

包装标志 有毒品

包装类别 Ⅱ类

安全储运 储存于阴凉、通风良好的专用库房内。应严格执行剧毒化学品管理制度。远离火种、热源。库温不超过35℃。库内相对湿度不超过80%。包装必须密封。切勿受潮。应与氧化剂、酸类、食用化学品分开存放，切忌混储。储区应备有合适的材料收容泄漏物。

紧急处置信息

急救措施

吸入：迅速脱离现场至空气新鲜处。保持呼吸道通畅。如呼吸困难，给输氧。呼吸、心跳停止，立即进行心肺复苏术。就医。

眼睛接触：分开眼睑，用流动清水或生理盐水冲洗。如有不适感，就医。

皮肤接触：立即脱去污染的衣着，用肥皂水和清水彻底冲洗皮肤。如有不适感，就医。

食入： 饮足量温水，催吐、洗胃。给饮牛奶或蛋清。就医。

解毒剂用二巯基丙磺酸钠、二巯基丁二酸钠等。

灭火方法　消防人员须佩戴防毒面具，穿全身消防服，在上风向灭火。尽可能将容器从火场移至空旷处。喷水保持火场容器冷却，直至灭火结束。本品不燃。根据着火原因选择适当灭火剂灭火。

泄漏应急处置　隔离泄漏污染区，限制出入。建议应急处理人员戴防尘口罩，穿防毒服，戴橡胶手套。穿上适当的防护服前严禁接触破裂的容器和泄漏物。尽可能切断泄漏源。用塑料布覆盖泄漏物，减少飞散。勿使水进入包装容器内。用洁净的铲子收集泄漏物，置于干净、干燥、盖子较松的容器中，将容器移离泄漏区。

866. 亚砷酸铅

标　识

中文名称　亚砷酸铅

英文名称　lead arsenite；arsenenous acid，lead(2＋) salt

分子式　$Pb(AsO_2)_2$

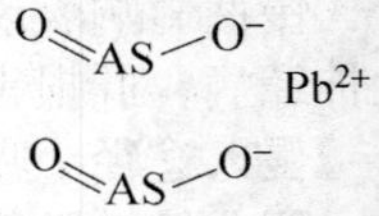

CAS 号　10031－13－7

WGH 号　61009

UN 号　1618

危害信息

危险性类别　第 6 类有毒品。

燃烧与爆炸危险性　不燃，无特殊燃爆特性。遇高热分解释出高毒烟气。

禁忌物　强氧化剂、强酸。

毒性　IARC 致癌性评论：G1，确认人类致癌物。

中毒表现　本品属剧毒类。对皮肤、黏膜有刺激作用，吸入或误服会中毒。兼有铅和砷的毒性。

侵入途径　吸入、食入。

职业接触限值　中国：PC－TWA：0.05mg/m^3[铅尘]，PC－TWA：0.03mg/m^3[铅烟]；PC－TWA：0.01mg/m^3[按砷计]，PC－STEL：0.02mg/m^3[按砷计]。

美国(ACGIH)：TLV－TWA：0.05mg/m^3[按铅计]；TLV－TWA：0.01mg/m^3[按砷计]。

环境危害　对水生生物有极高毒性，可能在水生环境中造成长期不利影响；海洋污染物。

理化特性与用途

理化特性　白色粉末。不溶于水，溶于稀硝酸，易溶于碱液。相对密度(水＝1)5.85。

主要用途　用作杀虫剂。

包装与储运

包装标志　有毒品

包装类别 Ⅱ类

安全储运 储存于阴凉、通风的库房。远离火种、热源。防止阳光直射。储存温度不超过35℃，相对湿度不超过85%。保持容器密封。应与强酸、还原剂等分开存放，切忌混储。储区应备有合适的材料收容泄漏物。

紧急处置信息

急救措施

吸入：迅速脱离现场至空气新鲜处。保持呼吸道通畅。如呼吸困难，给输氧。呼吸、心跳停止，立即进行心肺复苏术。就医。

眼睛接触：分开眼睑，用流动清水或生理盐水冲洗。如有不适感，就医。

皮肤接触：脱去污染的衣着，用流动清水冲洗。如有不适感，就医。

食入：饮足量温水，催吐、洗胃、导泻。就医。

解毒剂用二巯基丙磺酸钠、二巯基丁二酸钠等。

灭火方法 消防人员必须戴自给式呼吸器，穿全身防火防毒服，在上风向灭火。灭火时尽可能将容器从火场移至空旷处。本品不燃。根据着火原因选择适当灭火剂灭火。

泄漏应急处置 隔离泄漏污染区，限制出入。建议应急处理人员戴防尘口罩，穿防毒服，戴防化学品手套。穿上适当的防护服前严禁接触破裂的容器和泄漏物。尽可能切断泄漏源。用塑料布覆盖泄漏物，减少飞散。勿使水进入包装容器内。用洁净的铲子收集泄漏物，置于干净、干燥、盖子较松的容器中，将容器移离泄漏区。

867. 亚砷酸锶

标识

中文名称 亚砷酸锶

英文名称 strontium arsenite; arsenious acid, strontium salt

别名 原亚砷酸锶

分子式 $Sr(As_2O_4)$

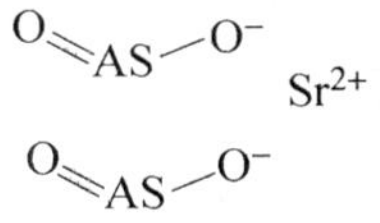

CAS 号 91724-16-2

WGH 号 61009

UN 号 1691

危害信息

危险性类别 第6类有毒品。

燃烧与爆炸危险性 不燃，无特殊燃爆特性。遇高热分解释出高毒烟气。

禁忌物 强氧化剂、强酸。

毒性 IARC 致癌性评论：G1，确认人类致癌物。

中毒表现 吸入引起呼吸道及神经系统症状，重者出现呼吸中枢和血管舒缩中枢麻痹而死亡。误服严重者出现中枢神经系统症状，也可因呼吸中枢麻痹而死亡。

侵入途径 吸入、食入。

职业接触限值 中国：PC-TWA：0.01mg/m^3[按砷计]，PC-STEL：0.02mg/m^3[按砷计]。

美国(ACGIH)：TLV－TWA：0.01mg/m^3[按砷计]。

环境危害　对水生生物有极高毒性，可能在水生环境中造成长期不利影响；海洋污染物。

理化特性与用途

理化特性　白色粉末。微溶于水，微溶于乙醇，溶于稀酸。

主要用途　用作杀虫剂等。

包装与储运

包装标志　有毒品

包装类别　Ⅱ类

安全储运　储存于阴凉、通风的库房。远离火种、热源。防止阳光直射。储存温度不超过35℃，相对湿度不超过85%。保持容器密封。应与强酸、还原剂等分开存放，切忌混储。储区应备有合适的材料收容泄漏物。

紧急处置信息

急救措施

吸入：迅速脱离现场至空气新鲜处。保持呼吸道通畅。如呼吸困难，给输氧。呼吸、心跳停止，立即进行心肺复苏术。就医。

眼睛接触：分开眼睑，用流动清水或生理盐水冲洗。如有不适感，就医。

皮肤接触：脱去污染的衣着，用流动清水冲洗。如有不适感，就医。

食入：饮足量温水，催吐、洗胃、导泻。就医。

解毒剂用二巯基丙磺酸钠、二巯基丁二酸钠等。

灭火方法　消防人员必须戴空气呼吸器，穿全身防火防毒服，在上风向灭火。灭火时尽可能将容器从火场移至空旷处。本品不燃。根据着火原因选择适当灭火剂灭火。

泄漏应急处置　隔离泄漏污染区，限制出入。建议应急处理人员戴防尘口罩，穿防毒服，戴橡胶手套。穿上适当的防护服前严禁接触破裂的容器和泄漏物。尽可能切断泄漏源。用塑料布覆盖泄漏物，减少飞散。勿使水进入包装容器内。用洁净的铲子收集泄漏物，置于干净、干燥、盖子较松的容器中，将容器移离泄漏区。

868. 亚砷酸铜

标　识

中文名称　亚砷酸铜

英文名称　copper arsonate; cupric arsenite

别名　亚砷酸氢铜

分子式　$CuAsHO_3$

CAS 号　10290－12－7

WGH 号　61009

UN 号　1586

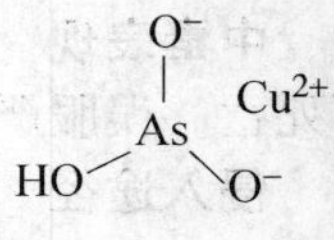

危害信息

危险性类别 第6类有毒品。

燃烧与爆炸危险性 不燃，无特殊燃爆特性。遇高热分解释出高毒烟气。

禁忌物 强氧化剂、强酸。

毒性 IARC致癌性评论：G1，确认人类致癌物。

中毒表现 吸入引起呼吸道及神经系统症状，重者出现中枢神经系统症状，也可因呼吸中枢麻痹而死亡。口服引起急性胃肠炎，并出现头痛、出冷汗、黄疸及肝、肾损害。

侵入途径 吸入、食入。

职业接触限值 中国：PC－TWA：0.01mg/m^3[按砷计]，PC－STEL：0.02mg/m^3[按砷计]。

美国(ACGIH)：TLV－TWA：0.01mg/m^3[按砷计]。

环境危害 对水生生物有极高毒性，可能在水生环境中造成长期不利影响；海洋污染物。

理化特性与用途

理化特性 淡绿色或淡黄绿色粉末。不溶于水，不溶于乙醇，溶于酸、氨水。分解温度<熔点，相对密度(水=1)>1.1(20℃)。

主要用途 用作杀虫剂、杀菌剂、羊毛防腐剂、颜料。

包装与储运

包装标志 有毒品

包装类别 Ⅱ类

安全储运 储存于阴凉、通风的库房。远离火种、热源。防止阳光直射。储存温度不超过35℃，相对湿度不超过85%。保持容器密封。应与强酸、还原剂等分开存放，切忌混储。储区应备有合适的材料收容泄漏物。

紧急处置信息

急救措施

吸入：迅速脱离现场至空气新鲜处。保持呼吸道通畅。如呼吸困难，给输氧。呼吸、心跳停止，立即进行心肺复苏术。就医。

眼睛接触：分开眼睑，用流动清水或生理盐水冲洗。如有不适感，就医。

皮肤接触：脱去污染的衣着，用流动清水冲洗。如有不适感，就医。

食入：饮足量温水，催吐、洗胃、导泻。就医。

灭火方法 消防人员必须戴空气呼吸器，穿全身防火防毒服，在上风向灭火。灭火时尽可能将容器从火场移至空旷处。本品不燃。根据着火原因选择适当灭火剂灭火。

泄漏应急处置 隔离泄漏污染区，限制出入。建议应急处理人员戴防尘口罩，穿防毒服，戴橡胶手套。穿上适当的防护服前严禁接触破裂的容器和泄漏物。尽可能切断泄漏源。用塑料布覆盖泄漏物，减少飞散。勿使水进入包装容器内。用洁净的铲子收集泄漏物，置于干净、干燥、盖子较松的容器中，将容器移离泄漏区。

869. 亚砷酸锌

标识

中文名称 亚砷酸锌

英文名称 arsenious acid, zinc salt; zinc meta－arsenite; zinc arsenite

别名 偏亚砷酸锌

分子式 $Zn(AsO_2)_2$

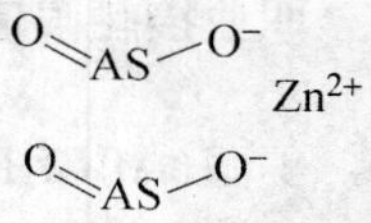

CAS 号 10326－24－6

WGH 号 61009

UN 号 1712

危害信息

危险性类别 第6类有毒品。

燃烧与爆炸危险性 不燃，无特殊燃爆特性。遇高热分解释出高毒烟气。

禁忌物 强氧化剂、强酸。

毒性 IARC致癌性评论：G1，确认人类致癌物。

中毒表现 吸入引起呼吸道及神经系统症状，重者出现呼吸中枢和血管舒缩中枢麻痹而死亡。误服严重者出现中枢神经系统症状，也可因呼吸中枢麻痹而死亡。

侵入途径 吸入、食入。

职业接触限值 中国：PC－TWA：0.01mg/m^3[按砷计]，PC－STEL：0.02mg/m^3[按砷计]。

美国(ACGIH)：TLV－TWA：0.01mg/m^3[按砷计]。

环境危害 对水生生物有极高毒性，可能在水生环境中造成长期不利影响；海洋污染物。

理化特性与用途

理化特性 白色粉末。不溶于水，溶于酸。

主要用途 用作木材防腐剂、杀虫剂。。

包装与储运

包装标志 有毒品

包装类别 Ⅱ类

安全储运 储存于阴凉、通风的库房。远离火种、热源。防止阳光直射。储存温度不超过35℃，相对湿度不超过85%。保持容器密封。应与强酸、还原剂等分开存放，切忌混储。储区应备有合适的材料收容泄漏物。

紧急处置信息

急救措施

吸入：迅速脱离现场至空气新鲜处。保持呼吸道通畅。如呼吸困难，给输氧。呼吸、心跳停止，立即进行心肺复苏术。就医。

眼睛接触：分开眼睑，用流动清水或生理盐水冲洗。如有不适感，就医。

皮肤接触：脱去污染的衣着，用流动清水冲洗。如有不适感，就医。

食入：饮足量温水，催吐、洗胃、导泻。就医。

解毒剂用二巯基丙磺酸钠、二巯基丁二酸钠等。

灭火方法 消防人员必须戴空气呼吸器，穿全身防火防毒服，在上风向灭火。灭火时尽可能将容器从火场移至空旷处。本品不燃。根据着火原因选择适当灭火剂灭火。

泄漏应急处置 隔离泄漏污染区，限制出入。建议应急处理人员戴防尘口罩，穿防毒服，戴橡胶手套。穿上适当的防护服前严禁接触破裂的容器和泄漏物。尽可能切断泄漏源。用塑料布覆盖泄漏物，减少飞散。勿使水进入包装容器内。用洁净的铲子收集泄漏物，置于干净、干燥、盖子较松的容器中，将容器移离泄漏区。

870. 亚铁氰化钾

标　识

中文名称 亚铁氰化钾

英文名称 tetrapotassium hexacyanoferrate; potassiun ferrocyanide

别名 黄血盐；亚铁氰化钾三水合物

分子式 $K_4Fe(CN)_6 \cdot 3(H_2O)$

CAS 号 13943－58－3(无水物)；14459－95－1（三水物）

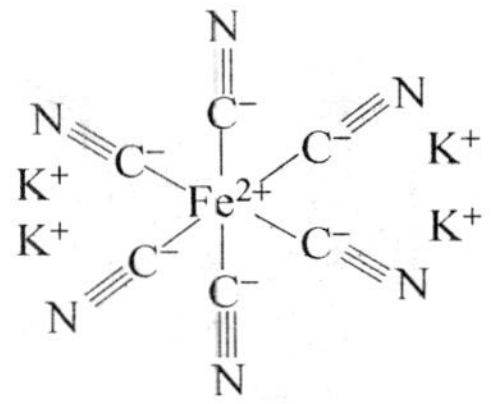

危害信息

燃烧与爆炸危险性 不燃，无特殊燃爆特性。遇高热分解释出高毒烟气。

活性反应 与硝酸铜、亚硝酸钠加热时发生爆炸。

禁忌物 硝酸盐(如硝酸铜、亚硝酸钠)。

毒性 大鼠经口 LD_{50}：6400mg/kg；小鼠经口 LD_{50}：5000mg/kg。

中毒表现 本品属低毒类。吸入引起咳嗽、气短。大量口服引起胃肠不适。中毒时肾脏受损害，尿糖升高。

侵入途径 吸入、食入。

职业接触限值 中国：MAC：1mg/m^3[按氰计，皮]。

美国(ACGIH)：TLV－TWA：5mg/m^3[按氰计，皮]，TLV－TWA：1mg/m^3[按铁计]。

环境危害 对水生生物有毒，可能在水生环境中造成长期不利影响。

理化特性与用途

理化特性 亚铁氰化钾的三水合物是黄色单斜结晶。溶于水，不溶于乙醇、乙醚。熔点 70℃(失水)，相对密度(水＝1)1.85。

主要用途 用作化学试剂，用于冶金工业和制造氰化钾、铁氰化钾颜料等。

包装与储运

安全储运 储存于阴凉、通风的库房。远离火种、热源。包装要密封。应与酸类、亚硝酸盐等隔离储运。搬运时轻装轻卸，防止容器受损。

紧急处置信息

急救措施

吸入：迅速脱离现场至空气新鲜处。保持呼吸道通畅。如呼吸困难，给输氧。呼吸、心跳停止，立即进行心肺复苏术。就医。

眼睛接触：分开眼睑，用流动清水或生理盐水冲洗。如有不适感，就医。

皮肤接触：脱去污染的衣着，用流动清水冲洗。如有不适感，就医。

食入：饮足量温水，催吐。就医。

灭火方法　消防人员必须佩戴空气呼吸器，穿全身防火防毒服，在上风向灭火。尽可能将容器从火场移至空旷处。喷水保持火场容器冷却，直至灭火结束。本品不燃。根据着火原因选择适当灭火剂灭火。

泄漏应急处置　隔离泄漏污染区，限制出入。建议应急处理人员戴防尘口罩，穿一般作业防护服，戴橡胶手套。尽可能切断泄漏源。用塑料布覆盖泄漏物，减少飞散。勿使水进入包装容器内。用洁净的铲子收集泄漏物，置于干净、干燥、盖子较松的容器中，将容器移离泄漏区。

871. 亚 硒 酸 钡

标　识

中文名称　亚硒酸钡

英文名称　barium selenite; selenious acid, barium salt

分子式　$BaSeO_3$

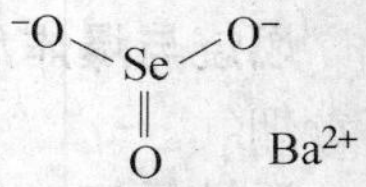

CAS 号　13718 - 59 - 7

WGH 号　61016

危害信息

危险性类别　第 6 类有毒品。

燃烧与爆炸危险性　不燃，无特殊燃爆特性。遇高热分解释出高毒烟气。

禁忌物　强氧化剂、强酸。

中毒表现　本品属高毒类。对皮肤黏膜有较强的刺激性。皮肤长期小量接触能引起皮炎。溶液能灼伤皮肤。

侵入途径　吸入、食入、经皮吸收。

职业接触限值　中国：PC - TWA：0.1mg/m^3[按硒计]。

美国(ACGIH)：TLV - TWA：0.2mg/m^3[按硒计]。

环境危害　对水生生物有极高毒性，可能在水生环境中造成长期不利影响。

理化特性与用途

理化特性　粉红色粉末。不溶于水，溶于酸。

主要用途　玻璃工业中用作去色剂。

包装与储运

包装标志 有毒品

包装类别 Ⅰ类

安全储运 储存于阴凉、通风的库房。远离火种、热源。防止阳光直射。储存温度不超过35℃，相对湿度不超过85%。保持容器密封。应与氧化剂、酸类等分开存放，切忌混储。储区应备有合适的材料收容泄漏物。

紧急处置信息

急救措施

吸入：迅速脱离现场至空气新鲜处。保持呼吸道通畅。如呼吸困难，给输氧。呼吸、心跳停止，立即进行心肺复苏术。就医。

眼睛接触：立即分开眼睑，用流动清水或生理盐水彻底冲洗10～15min。就医。

皮肤接触：立即脱去污染的衣着，用大量流动清水彻底冲洗，冲洗时间一般要求20～30min。就医。

食入：用水漱口。给饮牛奶或蛋清。就医。

灭火方法 消防人员必须戴空气呼吸器，穿全身防火防毒服，在上风向灭火。灭火时尽可能将容器从火场移至空旷处。本品不燃。根据着火原因选择适当灭火剂灭火。

泄漏应急处置 隔离泄漏污染区，限制出入。建议应急处理人员戴防尘口罩，穿防毒服，戴橡胶手套。穿上适当的防护服前严禁接触破裂的容器和泄漏物。尽可能切断泄漏源。用塑料布覆盖泄漏物，减少飞散。勿使水进入包装容器内。用洁净的铲子收集泄漏物，置于干净、干燥、盖子较松的容器中，将容器移离泄漏区。

872. 亚 硒 酸 钠

标 识

中文名称 亚硒酸钠

英文名称 sodium selenite; selenious acid, disodium salt

分子式 Na_2SeO_3

CAS 号 10102－18－8

WGH 号 61016

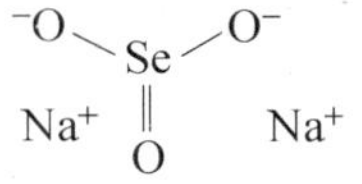

危害信息

危险性类别 第6类有毒品。

燃烧与爆炸危险性 不燃，无特殊燃爆特性。受高热分解放出有毒的气体。

禁忌物 强氧化剂、强酸。

毒性 大鼠经口 LD_{50}：7mg/kg；小鼠经口 LD_{50}：7mg/kg；兔经口 LD_{50}：2.25mg/kg。本品已列入《剧毒化学品目录》。

中毒表现 人经口摄取1g，能引起中毒死亡。急性中毒时可见：上呼吸道、眼睛、黏膜的刺激症状，头痛，眩晕，恶心，呼出气和皮肤有大蒜味等。皮肤接触可引起皮炎。亚硒酸钠溶液对皮肤、黏膜有强的刺激性，其腐蚀作用与氢氟酸相似，引起灼伤。

侵入途径 吸入、食入、经皮吸收。

职业接触限值 中国：PC－TWA：0.1mg/m^3[按硒计]。

美国(ACGIH)：TLV－TWA：0.2mg/m^3[按硒计]。

环境危害 对水生生物有极高毒性，可能在水生环境中造成长期不利影响。

理化特性与用途

理化特性 无色四方结晶或白色结晶粉末，有吸湿性。溶于水，不溶于乙醇。熔点320℃(分解)，沸点(分解)，相对密度(水＝1)3.1，饱和蒸气压<0.133Pa(20℃)。

主要用途 用作玻璃脱色剂、生物学试剂，用于预防和控制克山病和预防牲畜缺硒疾病。

包装与储运

包装标志 有毒品

包装类别 Ⅰ类

安全储运 储存于阴凉、通风良好的专用库房内。应严格执行剧毒化学品管理制度。远离火种、热源。防止阳光直射。储存温度不超过35℃，相对湿度不超过85%。保持容器密封。应与氧化剂、酸类等分开存放，切忌混储。储区应备有合适的材料收容泄漏物。

紧急处置信息

急救措施

吸入：迅速脱离现场至空气新鲜处。保持呼吸道通畅。如呼吸困难，给输氧。呼吸、心跳停止，立即进行心肺复苏术。就医。

眼睛接触：分开眼睑，用流动清水或生理盐水冲洗。如有不适感，就医。

皮肤接触：脱去污染的衣着，用流动清水冲洗。如有不适感，就医。

食入：饮足量温水，催吐、洗胃、导泻。就医。

灭火方法 消防人员必须戴空气呼吸器，穿全身防火防毒服，在上风向灭火。灭火时尽可能将容器从火场移至空旷处。本品不燃。根据着火原因选择适当灭火剂灭火。

泄漏应急处置 隔离泄漏污染区，限制出入。建议应急处理人员戴防尘口罩，穿防毒服，戴橡胶手套。穿上适当的防护服前严禁接触破裂的容器和泄漏物。尽可能切断泄漏源。用塑料布覆盖泄漏物，减少飞散。勿使水进入包装容器内。用洁净的铲子收集泄漏物，置于干净、干燥、盖子较松的容器中，将容器移离泄漏区。

873. 亚硒酸铜

标　识

中文名称 亚硒酸铜

英文名称 cupric selenite；copper(2＋) selenite

分子式 $CuSeO_3$

CAS 号 15168－20－4

WGH 号 61016

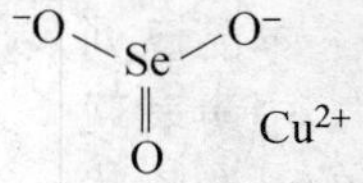

危害信息

危险性类别 第6类有毒品。

燃烧与爆炸危险性 不燃，无特殊燃爆特性。遇高热分解释出高毒烟气。

禁忌物 强酸。

中毒表现 急性中毒时可见：上呼吸道和眼睛、黏膜的刺激症状，头痛、眩晕、全身虚弱、恶心、呼出气和皮肤有大蒜味等。皮肤接触小量本品可引起皮炎。

侵入途径 吸入、食入、经皮吸收。

职业接触限值 中国：PC－TWA：0.1mg/m^3[按硒计]。

美国(ACGIH)：TLV－TWA：0.2mg/m^3[按硒计]。

环境危害 对水生生物有极高毒性，可能在水生环境中造成长期不利影响。

理化特性与用途

理化特性 蓝色斜方晶系结晶或单斜晶系结晶。不溶于水，溶于酸、氨水。熔点(分解)，相对密度(水＝1)3.31。

主要用途 用于电子、仪器、仪表工业。

包装与储运

包装标志 有毒品

包装类别 Ⅰ类

安全储运 储存于阴凉、通风的库房。远离火种、热源。防止阳光直射。储存温度不超过35℃，相对湿度不超过85%。保持容器密封。应与氧化剂、酸类等分开存放，切忌混储。储区应备有合适的材料收容泄漏物。

紧急处置信息

急救措施

吸入： 迅速脱离现场至空气新鲜处。保持呼吸道通畅。如呼吸困难，给输氧。呼吸、心跳停止，立即进行心肺复苏术。就医。

眼睛接触： 分开眼睑，用流动清水或生理盐水冲洗。如有不适感，就医。

皮肤接触： 脱去污染的衣着，用流动清水冲洗。如有不适感，就医。

食入： 饮足量温水，催吐。就医。

灭火方法 消防人员必须戴空气呼吸器，穿全身防火防毒服，在上风向灭火。灭火时尽可能将容器从火场移至空旷处。本品不燃。根据着火原因选择适当灭火剂灭火。

泄漏应急处置 隔离泄漏污染区，限制出入。建议应急处理人员戴防尘口罩，穿防毒服，戴橡胶手套。穿上适当的防护服前严禁接触破裂的容器和泄漏物。尽可能切断泄漏源。用塑料布覆盖泄漏物，减少飞散。勿使水进入包装容器内。用洁净的铲子收集泄漏物，置于干净、干燥、盖子较松的容器中，将容器移离泄漏区。

874. 亚硒酸锌

标　识

中文名称 亚硒酸锌

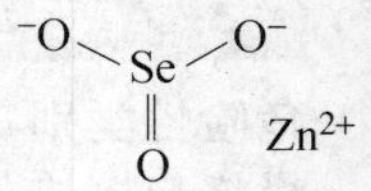

英文名称　zinc selenite；selenious acid，zinc salt

分子式　$ZnSeO_3$

CAS 号　13597－46－1

危害信息

危险性类别　第 6 类有毒品。

燃烧与爆炸危险性　不燃，无特殊燃爆特性。遇高热分解释出高毒烟气。

禁忌物　强氧化剂、强酸。

中毒表现　急性中毒时可见眼睛、黏膜和上呼吸道的刺激症状，头痛，眩晕，全身虚弱，恶心，呕吐，呼出气和皮肤有大蒜味等。皮肤接触后可引起皮炎。

侵入途径　吸入、食入、经皮吸收。

职业接触限值　中国：PC－TWA：0.1mg/m^3［按硒计］。

美国(ACGIH)：TLV－TWA：0.2mg/m^3［按硒计］。

环境危害　对水生生物有极高毒性，可能在水生环境中造成长期不利影响。

理化特性与用途

理化特性　白色至黄色结晶。不溶于水，溶于酸。熔点 618℃。

主要用途　用作分析试剂。

包装与储运

包装标志　有毒品

包装类别　Ⅰ类

安全储运　储存于阴凉、通风的库房。远离火种、热源。防止阳光直射。储存温度不超过 35℃，相对湿度不超过 85%。保持容器密封。应与氧化剂、酸类等分开存放，切忌混储。储区应备有合适的材料收容泄漏物。

紧急处置信息

急救措施

吸入：迅速脱离现场至空气新鲜处。保持呼吸道通畅。如呼吸困难，给输氧。呼吸、心跳停止，立即进行心肺复苏术。就医。

眼睛接触：分开眼睑，用流动清水或生理盐水冲洗。如有不适感，就医。

皮肤接触：脱去污染的衣着，用流动清水冲洗。如有不适感，就医。

食入：饮足量温水，催吐。就医。

灭火方法　消防人员必须戴空气呼吸器，穿全身防火防毒服，在上风向灭火。灭火时尽可能将容器从火场移至空旷处。本品不燃。根据着火原因选择适当灭火剂灭火。

泄漏应急处置　隔离泄漏污染区，限制出入。建议应急处理人员戴防尘口罩，穿防毒服，戴橡胶手套。穿上适当的防护服前严禁接触破裂的容器和泄漏物。尽可能切断泄漏源。用塑料布覆盖泄漏物，减少飞散。勿使水进入包装容器内。用洁净的铲子收集泄漏物，置于干净、干燥、盖子较松的容器中，将容器移离泄漏区。

875. 4－亚硝基苯酚

标　识

中文名称　4－亚硝基苯酚

英文名称　4－nitrosophenol；*p*－nitrosophenol

别名　对亚硝基苯酚；4－亚硝基酚；对亚硝基酚

分子式　$C_6H_5NO_2$

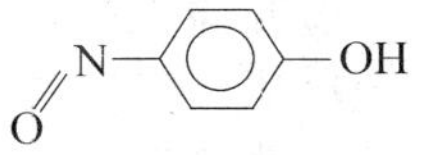

CAS 号　104－91－6

WGH 号　41009

危害信息

危险性类别　第 4.1 类易燃固体。

燃烧与爆炸危险性　易燃。与氧化剂混合能形成爆炸性混合物。受热分解产生有毒的烟气。

活性反应　与酸、碱接触能引起燃烧爆炸。

禁忌物　强氧化剂、强酸、强碱。

毒性　小鼠腹腔内 LDL_0：250mg/kg。

欧盟法规 1272/2008/EC 将本品列为第 2 类生殖细胞致突变物——由于可能导致人类生殖细胞可遗传突变而引起人们关注的物质。

中毒表现　对皮肤、黏膜有刺激性，有致敏作用，并有生成高铁血红蛋白的作用。

侵入途径　吸入、食入。

环境危害　对水生生物有毒，可能在水生环境中造成长期不利影响。

理化特性与用途

理化特性　浅棕色片状结晶。微溶于水，溶于乙醇、乙醚、丙酮、热苯、稀碱。熔点 132～144℃（分解），饱和蒸气压 20.3Pa（25℃），燃烧热 －3005kJ/mol，辛醇/水分配系数 1.29，闪点 115℃，引燃温度 390℃。

主要用途　用作精细化学品的中间体，可用于生产橡胶交联剂、硫化蓝 BRN、硫化深蓝 BBF、硫化还原蓝 RNX 及解热镇痛药扑热息痛等。

包装与储运

包装标志　易燃固体

包装类别　Ⅰ类

安全储运　储存于阴凉、通风的库房。库温不宜超过 35℃。远离火种、热源。防止阳光直射。包装密封。应与氧化剂、酸类、碱类、食用化学品分开存放，切忌混储。采用防爆型照明、通风设施。禁止使用易产生火花的机械设备和工具。储区应备有合适的材料收容泄漏物。

紧急处置信息

急救措施

吸入：迅速脱离现场至空气新鲜处。保持呼吸道通畅。如呼吸困难，给输氧。呼吸、

心跳停止，立即进行心肺复苏术。就医。

眼睛接触：分开眼睑，用流动清水或生理盐水冲洗。如有不适感，就医。

皮肤接触：立即脱去污染的衣着，用肥皂水及流动清水彻底冲洗污染的皮肤。如有不适感，就医。

食入：饮足量温水，催吐。就医。

高铁血红蛋白血症可用美蓝和维生素 C 治疗。

灭火方法 消防人员须佩戴防毒面具，穿全身消防服，在上风向灭火。尽可能将容器从火场移至空旷处。喷水保持火场容器冷却，直至灭火结束。

灭火剂：雾状水、泡沫、干粉、二氧化碳。

泄漏应急处置 隔离泄漏污染区，限制出入。消除所有点火源。建议应急处理人员戴防尘口罩，穿防毒、防静电服，戴橡胶手套。禁止接触或跨越泄漏物。小量泄漏：用洁净的铲子收集泄漏物，置于干净、干燥、盖子较松的容器中，将容器移离泄漏区。大量泄漏：用水润湿，并筑堤收容。防止泄漏物进入水体、下水道、地下室或受限空间。

876. N－亚硝基－N－丙基－1－丙胺

标　识

中文名称 N－亚硝基－N－丙基－1－丙胺

英文名称 N－nitroso－n－propyl－1－propanamine；N，N－dipropylnitrosamine；nitrosodipropylamine

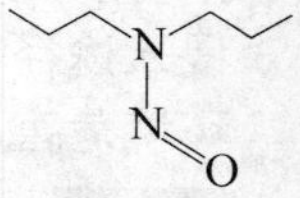

别名 N－亚硝基二丙胺

分子式 $C_6H_{14}N_2O$

CAS 号 621－64－7。

危害信息

燃烧与爆炸危险性 可燃。其蒸气与空气混合，能形成爆炸性混合物。燃烧产生有毒的一氧化碳和氮氧化物气体。受热分解产生有毒的烟气。若遇高热，容器内压增大，有开裂和爆炸的危险。

活性反应 与氧化剂可发生反应。

禁忌物 强酸、强氧化剂。

毒性 大鼠经口 LD_{50}：480mg/kg；大鼠皮下 LD_{50}：487mg/kg。

IARC 致癌性评论：G2B，可疑人类致癌物。

欧盟法规 1272/2008/EC 将本品列为第 1B 类致癌物——可能对人类有致癌能力。

侵入途径 吸入、食入、经皮吸收。

环境危害 对水生生物有毒，可能在水生环境中造成长期不利影响。

理化特性与用途

理化特性 黄色透明液体，对光敏感。溶于水，溶于乙醇、乙醚等。沸点 206℃、78℃(1.06kPa)，相对密度(水＝1)0.92，饱和蒸气压 11.4Pa(25℃)，辛醇/水分配系数 1.36，闪点 98℃。

主要用途 用于有机合成，用于医药和食品分析研究。

包装与储运

安全储运 储存于阴凉、通风的库房。远离火种、热源。保持容器密封。应与强氧化剂、酸类等隔离储运。搬运时轻装轻卸，防止容器受损。

紧急处置信息

急救措施

吸入：迅速脱离现场至空气新鲜处。保持呼吸道通畅。如呼吸困难，给输氧。呼吸、心跳停止，立即进行心肺复苏术。就医。

眼睛接触：分开眼睑，用流动清水或生理盐水冲洗。如有不适感，就医。

皮肤接触：脱去污染的衣着，用流动清水冲洗。如有不适感，就医。

食入：饮足量温水，催吐。就医。

灭火方法 消防人员必须佩戴空气呼吸器，穿全身防火防毒服，在上风向灭火。尽可能将容器从火场移至空旷处。喷水保持火场容器冷却，直至灭火结束。处在火场中的容器若已变色或从安全泄压装置中发出声音，必须马上撤离。

灭火剂：雾状水、泡沫、干粉、二氧化碳、砂土。

泄漏应急处置 根据液体流动和蒸气扩散的影响区域划定警戒区，无关人员从侧风、上风向撤离至安全区。消除所有点火源。建议应急处理人员戴防毒面具，穿防毒服，戴橡胶手套。穿上适当的防护服前严禁接触破裂的容器和泄漏物。尽可能切断泄漏源。防止泄漏物进入水体、下水道、地下室或受限空间。小量泄漏：用干燥的砂土或其他不燃材料吸收或覆盖，收集于容器中。大量泄漏：构筑围堤或挖坑收容。用泵转移至槽车或专用收集器内。

877. 4－亚硝基－*N*,*N*－二甲基苯胺

标　识

中文名称 4－亚硝基－*N*,*N*－二甲基苯胺

英文名称 *N*,*N*－dimethyl－*p*－nitrosoaniline;*p*－nitrosodimethylaniline

别名 对亚硝基二甲基苯胺;*N*,*N*－二甲基对亚硝基苯胺;*N*,*N*－二甲基－4－亚硝基苯胺

分子式 $C_8H_{10}N_2O$

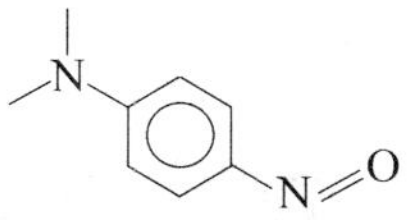

CAS 号 138－89－6

WGH 号 42033

UN 号 1369

危害信息

危险性类别 第 4.2 类自燃物品。

燃烧与爆炸危险性 接触空气易自燃。燃烧产生有毒的一氧化碳和氮氧化物气体。

禁忌物 强氧化剂、强还原剂、强酸。

毒性 大鼠经口 LD_{50}：65mg/kg。

侵入途径 吸入、食入、经皮吸收。

理化特性与用途

理化特性 绿色结晶粉末或黄绿色固体。不溶于水，溶于乙醇、乙醚、苯、甲酰胺等。熔点92.5 ~93.5℃，相对密度(水 =1)1.145(20℃)，饱和蒸气压0.054kPa(25℃)，燃烧热 -4680kJ/mol，辛醇/水分配系数 2.04，闪点 110℃。

主要用途 用于亚甲蓝制造及有机合成；用作硫化促进剂；测定二氧化碳时用以吸收氯化氢，用作苯基葡萄糖的沉淀剂，用于测定氯化氢、钯和高氯酸盐，分光光度测定铱、钯、铂和铑。

包装与储运

包装标志 自燃物品

包装类别 Ⅱ类

安全储运 储存于阴凉、通风的库房。远离火种、热源。储存温度不超过 32℃，相对湿度不超过 80%。应与氧化剂、还原剂、酸类、食用化学品分开存放，切忌混储。采用防爆型照明、通风设施。禁止使用易产生火花的机械设备和工具。储区应备有合适的材料收容泄漏物。

紧急处置信息

急救措施

吸入： 脱离现场至空气新鲜处。如呼吸困难，给输氧。就医。

眼睛接触： 分开眼睑，用流动清水或生理盐水冲洗。如有不适感，就医。

皮肤接触： 脱去污染的衣着，用流动清水冲洗。如有不适感，就医。

食入： 饮足量温水，催吐。就医。

灭火方法 消防人员须佩戴防毒面具，穿全身消防服，在上风向灭火。尽可能将容器从火场移至空旷处。喷水保持火场容器冷却，直至灭火结束。

灭火剂：雾状水、泡沫、干粉、二氧化碳、砂土。

泄漏应急处置 隔离泄漏污染区，限制出入。消除所有点火源。建议应急处理人员戴防尘口罩，穿防静电服，戴橡胶手套。禁止接触或跨越泄漏物。尽可能切断泄漏源。用干燥的砂土或其他不燃材料覆盖泄漏物，然后用塑料布覆盖，减少飞散、避免雨淋。用洁净的无火花工具收集泄漏物，置于一盖子较松的塑料容器中，待处置。

878. *N* - 亚硝基二乙胺

标 识

中文名称 *N* - 亚硝基二乙胺

英文名称 *N* - nitrosodiethylamine；*N*,*N* - diethylnitrosamine

别名 *N* - 二乙基亚硝胺

分子式 $C_4H_{10}N_2O$

CAS 号 55 - 18 - 5。

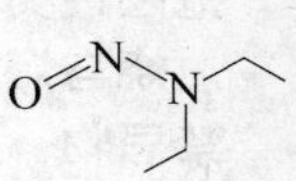

危害信息

危险性类别 第6类有毒品。

燃烧与爆炸危险性 可燃。其蒸气与空气混合，能形成爆炸性混合物。受高热分解放出有毒的气体。若遇高热，容器内压增大，有开裂和爆炸的危险。

活性反应 与氧化剂可发生反应。

禁忌物 强氧化剂。

毒性 大鼠经口 LD_{50}：220mg/kg；小鼠经口 LD_{50}：200mg/kg；大鼠经皮 LD_{50}：195mg/kg。

IARC致癌性评论：G2A，可能人类致癌物。

中毒表现 具刺激作用。长期接触对肝、肾有损害。

侵入途径 吸入、食入、经皮吸收。

理化特性与用途

理化特性 淡黄色透明油状液体，有胺的气味。溶于水，溶于乙醇、乙醚等有机溶剂。沸点175～177℃，相对密度(水=1)0.942，饱和蒸气压0.114kPa(20℃)，辛醇/水分配系数0.48，闪点62℃。

主要用途 用于有机合成，用作汽油和润滑油添加剂、塑料的抗氧剂和稳定剂，也用于研究。

包装与储运

包装标志 有毒品

包装类别 Ⅲ类

安全储运 储存于阴凉、通风的库房。远离火种、热源。防止阳光直射。储存温度不超过35℃，相对湿度不超过85%。保持容器密封。应与氧化剂、酸类等分开存放，切忌混储。储区应备有合适的材料收容泄漏物。

紧急处置信息

急救措施

吸入：迅速脱离现场至空气新鲜处。保持呼吸道通畅。如呼吸困难，给输氧。呼吸、心跳停止，立即进行心肺复苏术。就医。

眼睛接触：分开眼睑，用流动清水或生理盐水冲洗。如有不适感，就医。

皮肤接触：脱去污染的衣着，用流动清水冲洗。如有不适感，就医。

食入：饮足量温水，催吐。就医。

灭火方法 消防人员必须佩戴空气呼吸器，穿全身防火防毒服，在上风向灭火。尽可能将容器从火场移至空旷处。喷水保持火场容器冷却，直至灭火结束。处在火场中的容器若已变色或从安全泄压装置中发出声音，必须马上撤离。

灭火剂：雾状水、泡沫、干粉、二氧化碳、砂土。

泄漏应急处置 根据液体流动和蒸气扩散的影响区域划定警戒区，无关人员从侧风、上风向撤离至安全区。消除所有点火源。建议应急处理人员戴防毒面具，穿防毒服，戴橡胶手套。穿上适当的防护服前严禁接触破裂的容器和泄漏物。尽可能切断泄漏源。防止泄漏物进入水体、下水道、地下室或受限空间。小量泄漏：用干燥的砂土或其他不燃材料吸收或覆盖，收集于容器中。大量泄漏：构筑围堤或挖坑收容。用泵转移至槽车或专用收集器内。

879. 亚硝基甲脲

标　识

中文名称　亚硝基甲脲

英文名称　*N* – nitroso – *N* – methyl urea；1 – methyl – 1 – nitrosourea

别名　1 – 甲基 – 1 – 亚硝基脲

分子式　$C_2H_5N_3O_2$

CAS 号　684 – 93 – 5。

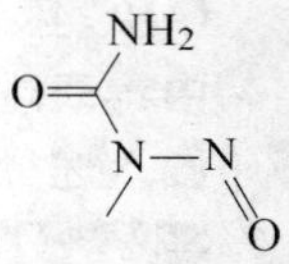

危害信息

危险性类别　第 6 类有毒品。

燃烧与爆炸危险性　自燃物品。燃烧产生有毒的一氧化碳和氮氧化物气体。受高热分解放出有毒的气体。

禁忌物　强氧化剂。

毒性　大鼠经口 LD_{50}：110mg/kg。

IARC 致癌性评论：G2A，可能人类致癌物。

中毒表现　接触本品可致皮炎。蒸气对眼睛、皮肤和呼吸道有强烈刺激作用。

侵入途径　吸入、食入、经皮吸收。

环境危害　有害空气污染物。

理化特性与用途

理化特性　浅黄色结晶。溶于水，溶于乙醇、乙醚、丙酮、苯、氯仿等有机溶剂。熔点 124℃(分解)，饱和蒸气压 3. 86Pa(25℃)，辛醇/水分配系数 –0. 03。

主要用途　用于制造重氮甲烷和供实验用；用作地塞米松醋酸酯的中间体。

包装与储运

包装标志　有毒品

包装类别　Ⅲ类

安全储运　储存于阴凉、干燥、通风良好的库房。远离火种、热源。防止阳光直射。储存温度不超过 35℃，相对湿度不超过 80%。保持容器密封。应与氧化剂、强酸、碱类、醇类等分开存放，切忌混储。不宜久存。配备相应品种和数量的消防器材。储区应备有合适的材料收容泄漏物。

紧急处置信息

急救措施

吸入：迅速脱离现场至空气新鲜处。保持呼吸道通畅。如呼吸困难，给输氧。呼吸、心跳停止，立即进行心肺复苏术。就医。

眼睛接触：分开眼睑，用流动清水或生理盐水冲洗。如有不适感，就医。

皮肤接触：脱去污染的衣着，用流动清水冲洗。如有不适感，就医。

食入： 饮足量温水，催吐。就医。

灭火方法 消防人员须戴好防毒面具，穿全身消防服，在安全距离以外，在上风向灭火。尽可能将容器从火场移至空旷处。喷水保持火场容器冷却，直至灭火结束。遇大火，消防人员须在有防护掩蔽处操作。

灭火剂：雾状水、泡沫、干粉、二氧化碳、砂土。

泄漏应急处置 隔离泄漏污染区，限制出入。消除所有点火源。建议应急处理人员戴防尘口罩，穿防毒服，戴橡胶手套。禁止接触或跨越泄漏物。小量泄漏：用洁净的铲子收集泄漏物，置于干净、干燥、盖子较松的容器中，将容器移离泄漏区。大量泄漏：用水润湿，并筑堤收容。防止泄漏物进入水体、下水道、地下室或受限空间。

880. 亚硝基甲替尿烷

标　识

中文名称 亚硝基甲替尿烷

英文名称 nitrosomethyl urethane; *N* - methyl - *N* - nitrosourethane

别名 *N* - 甲基 - *N* - 亚硝基氨基甲酸乙酯

分子式 $C_4H_8N_2O_3$

CAS 号 615 - 53 - 2。

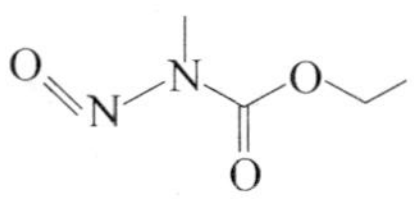

危害信息

危险性类别 第 1 类爆炸品。

燃烧与爆炸危险性 可燃。其蒸气与空气混合，能形成爆炸性混合物。燃烧产生有毒的一氧化碳和氮氧化物气体。急剧加热时可发生爆炸。受热分解产生有毒的烟气。

禁忌物 强氧化剂、强酸、强碱。

毒性 大鼠经口 LD_{50}：180mg/kg。

IARC 致癌性评论：G2B，可疑人类致癌物。

中毒表现 接触本品可致皮炎。蒸气对眼睛、皮肤和呼吸道有强烈刺激作用。

侵入途径 吸入、食入、经皮吸收。

理化特性与用途

理化特性 黄色至粉红色油状液体，有芳香气味。微溶于热水，溶于乙醇、苯等许多普通有机溶剂。熔点 < -20℃，沸点 62 ~ 64℃（1.6kPa），相对密度（水 = 1）1.133（20℃），饱和蒸气压 0.16kPa（25℃），辛醇/水分配系数 1.22。

主要用途 用于制造重氮甲烷及供实验用。

包装与储运

包装标志 爆炸品，腐蚀品，有毒品类

安全储运 储存于阴凉、干燥、通风的爆炸品专用库房。远离火种、热源。防止阳光直射。储存温度不宜超过 15℃，相对湿度不超过 80%。若以水作稳定剂，储存温度应大于 1℃，相对湿度小于 80%。保持容器密封。应与氧化剂、酸类、碱类等分开存放，切忌混储。采用防爆型照明、通风设施。禁止使用易产生火花的机械设备和工具。搬运时轻装轻

卸，防止容器受损。禁止震动、撞击和摩擦。

紧急处置信息

急救措施

吸入： 迅速脱离现场至空气新鲜处。保持呼吸道通畅。如呼吸困难，给输氧。呼吸、心跳停止，立即进行心肺复苏术。就医。

眼睛接触： 分开眼睑，用流动清水或生理盐水冲洗。如有不适感，就医。

皮肤接触： 脱去污染的衣着，用流动清水冲洗。如有不适感，就医。

食入： 饮足量温水，催吐。就医。

灭火方法 消防人员须戴好防毒面具，穿全身消防服，在安全距离以外，在上风向灭火。尽可能将容器从火场移至空旷处。喷水保持火场容器冷却，直至灭火结束。处在火场中的容器若已变色或从安全泄压装置中发出声音，必须马上撤离。遇大火，消防人员须在有防护掩蔽处操作。

灭火剂：雾状水、泡沫、干粉、二氧化碳、砂土。

泄漏应急处置 根据液体流动和蒸气扩散的影响区域划定警戒区，无关人员从侧风、上风向撤离至安全区。消除所有点火源。建议应急处理人员戴正压自给式呼吸器，穿防腐、防毒服，戴橡胶手套。穿上适当的防护服前严禁接触破裂的容器和泄漏物。尽可能切断泄漏源。防止泄漏物进入水体、下水道、地下室或受限空间。小量泄漏：用干燥的砂土或其他不燃材料吸收或覆盖，收集于容器中。大量泄漏：构筑围堤或挖坑收容。用耐腐蚀泵转移至槽车或专用收集器内。

881. 亚 硝 酸 铵

标　识

中文名称 亚硝酸铵

英文名称 ammonium nitrite；nitrous acid，ammonium salt

分子式 NH_4NO_2

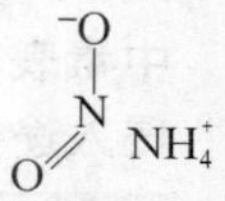

CAS 号 13446－48－5

WGH 号 51071

UN 号 2627

危害信息

危险性类别 第5.1类氧化剂。

燃烧与爆炸危险性 助燃。与可燃物混合或急剧加热会发生爆炸。受热或经摩擦、震动、撞击可引起燃烧或爆炸。受热易分解，燃烧时产生有毒的氮化物气体。

活性反应 与有机物、还原剂、易燃物如硫、磷等接触或混合时有引起燃烧爆炸的危险。

禁忌物 强还原剂、易燃或可燃物。

中毒表现 具刺激作用。误服可引起高铁血红蛋白症。

侵入途径 吸入、食入、经皮吸收。

理化特性与用途

理化特性 无色针状结晶或白色至黄色结晶。易溶于水。升华点 32～33℃，熔点 60～70℃(分解，爆炸)，相对密度(水=1)1.69。

主要用途 是氨氧化过程的中间体。用作灭鼠剂、杀微生物剂和农用杀虫剂。

包装与储运

包装标志 氧化剂

包装类别 Ⅰ类

安全储运 储存于阴凉、干燥、通风良好的专用库房内，远离火种、热源。避免受热。库温不超过 30℃。相对湿度不超过 80%。包装密封。应与还原剂、易(可)燃物等分开存放，切忌混储。储区应备有合适的材料收容泄漏物。

紧急处置信息

急救措施

吸入：立即脱离接触。如呼吸困难，给吸氧。如呼吸心跳停止，立即行心肺复苏术。就医。

眼睛接触：分开眼睑，用清水或生理盐水冲洗。如有不适感，就医。

皮肤接触：立即脱去污染衣着，用肥皂水或清水彻底冲洗。就医。

食入：饮足量温水，催吐。就医。

高铁血红蛋白血症可用美蓝和维生素 C 治疗。

灭火方法 消防人员须在有防爆掩蔽处操作。遇大火切勿轻易接近。禁止用砂土压盖。用大量水灭火。

泄漏应急处置 隔离泄漏污染区，限制出入。建议应急处理人员戴防尘口罩，穿防毒服，戴橡胶手套。勿使泄漏物与可燃物质(如木材、纸、油等)接触。穿上适当的防护服前严禁接触破裂的容器和泄漏物。尽可能切断泄漏源。勿使水进入包装容器内。小量泄漏：用洁净的铲子收集泄漏物，置于干净、干燥、盖子较松的容器中，将容器移离泄漏区。大量泄漏：泄漏物回收后，用水冲洗泄漏区。

882. 亚硝酸钡

标　识

中文名称 亚硝酸钡

英文名称 barium nitrite; nitrous acid, barium salt

分子式 $Ba(NO_2)_2$

CAS 号 13465－94－6。

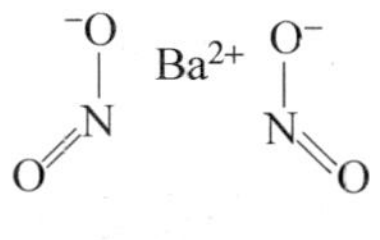

危害信息

危险性类别 第 5.1 类氧化剂。

燃烧与爆炸危险性 助燃。与可燃物混合能形成爆炸性混合物。受高热分解放出有毒的气体。

活性反应 与有机物、还原剂、易燃物如硫、磷等接触或混合时有引起燃烧爆炸的危险。

禁忌物 强还原剂、强酸、铵盐、胺类、氰化物、易燃物如硫、磷等。

中毒表现 对眼结膜、鼻黏膜、咽部和皮肤有刺激性。急性中毒多为误服所致，出现流涎、呕吐、腹痛、腹泻，重者瘫痪，可因呼吸肌麻痹、严重心律紊乱而死亡。

侵入途径 吸入、食入、经皮吸收。

职业接触限值 美国(ACGIH)：TLV－TWA：0.5mg/m^3[按钡计]。

理化特性与用途

理化特性 无色至黄色六方结晶或粉末。溶于水，易溶于盐酸，微溶于乙醇，不溶于丙酮。熔点115℃(分解)，相对密度(水＝1)3.173。

主要用途 用于重氮化反应，也可用于制造炸药及钢条的防腐蚀。

包装与储运

包装标志 氧化剂，有毒品

包装类别 Ⅲ类

安全储运 储存于阴凉、干燥、通风良好的专用库房内，远离火种、热源。库温不超过30℃。相对湿度不超过80%。防止阳光直射。包装密封。应与还原剂、易(可)燃物、酸类、铵盐、胺类、氰化物等分开存放，切忌混储。储区应备有合适的材料收容泄漏物。

紧急处置信息

急救措施

吸入：迅速脱离现场至空气新鲜处。保持呼吸道通畅。如呼吸困难，给输氧。呼吸、心跳停止，立即进行心肺复苏术。就医。

眼睛接触：分开眼睑，用流动清水或生理盐水冲洗。如有不适感，就医。

皮肤接触：脱去污染的衣着，用流动清水冲洗。如有不适感，就医。

食入：饮足量温水，催吐。用2%～5%硫酸钠或硫酸镁溶液洗胃，导泻。就医。

灭火方法 消防人员必须戴空气呼吸器，穿全身防火防毒服，在上风向灭火。灭火时尽可能将容器从火场移至空旷处。本品不燃。根据着火原因选择适当灭火剂灭火。

泄漏应急处置 隔离泄漏污染区，限制出入。建议应急处理人员戴防尘口罩，穿防毒服，戴橡胶手套。勿使泄漏物与可燃物质(如木材、纸、油等)接触。穿上适当的防护服前严禁接触破裂的容器和泄漏物。尽可能切断泄漏源。勿使水进入包装容器内。小量泄漏：用洁净的铲子收集泄漏物，置于干净、干燥、盖子较松的容器中，将容器移离泄漏区。大量泄漏：泄漏物回收后，用水冲洗泄漏区。

883. 亚硝酸丙酯

标　识

中文名称 亚硝酸丙酯

英文名称 propyl nitrite；*n*－propyl－nitrite

别名 亚硝酸正丙酯

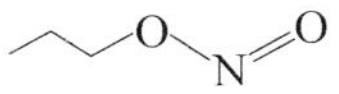

分子式 $C_3H_7NO_2$

CAS 号 543 - 67 - 9

WGH 号 32153；31253[铁规]

危害信息

危险性类别 第 3 类易燃液体。

燃烧与爆炸危险性 易燃。其蒸气与空气混合，能形成爆炸性混合物。燃烧产生有毒的一氧化碳和氮氧化物气体。受热分解放出有毒的氧化氮烟气。

活性反应 接触铵盐、氰化物可引起强烈分解。

禁忌物 强氧化剂。

毒性 大鼠吸入 LC_{50}：300ppm(4h)。

中毒表现 本品属亚硝酸酯类，亚硝酸酯类的主要作用是使血管扩张，引起血压下降及心动过速。大剂量可引起高铁血红蛋白血症。

侵入途径 吸入、食入。

理化特性与用途

理化特性 无色液体。微溶于水，溶于乙醇、乙醚。沸点 46 ~ 48℃，相对密度(水 = 1)0.89，饱和蒸气压 30.1kPa(25℃)，辛醇/水分配系数 1.86，闪点 16℃。

主要用途 用于有机合成，用作溶剂。

包装与储运

包装标志 易燃液体

包装类别 Ⅱ类

安全储运 储存于阴凉、干燥、通风良好的库房。远离火种、热源。避光保存。库温不宜超过 37℃。保持容器密封。应与氧化剂、还原剂、酸类等分开存放，切忌混储。采用防爆型照明、通风设施。禁止使用易产生火花的机械设备和工具。灌装时注意流速，防止静电积聚。储区应备有泄漏应急处理设备和合适的收容材料。

紧急处置信息

急救措施

吸入：立即脱离接触。如呼吸困难，给吸氧。如呼吸心跳停止，立即行心肺复苏术。就医。

眼睛接触：分开眼睑，用清水或生理盐水冲洗。如有不适感，就医。

皮肤接触：立即脱去污染衣着，用肥皂水或清水彻底冲洗。就医。

食入：饮足量温水，催吐。就医。

高铁血红蛋白血症可用美蓝和维生素 C 治疗。

灭火方法 消防人员须戴好防毒面具，穿全身消防服，在安全距离以外，在上风向灭火。尽可能将容器从火场移至空旷处。喷水保持火场容器冷却，直至灭火结束。处在火场中的容器若已变色或从安全泄压装置中发出声音，必须马上撤离。

灭火剂：泡沫、二氧化碳、干粉、砂土。

泄漏应急处置 消除所有点火源。根据液体流动和蒸气扩散的影响区域划定警戒区，无关人员从侧风、上风向撤离至安全区。建议应急处理人员戴正压自给式呼吸器，穿防静电服，戴橡胶耐油手套。作业时使用的所有设备应接地。禁止接触或跨越泄漏物。尽可能切断泄漏源。防止泄漏物进入水体、下水道、地下室或受限空间。小量泄漏：用砂土或其他不燃材料吸收。使用洁净的无火花工具收集吸收材料。大量泄漏：构筑围堤或挖坑收容。用砂土、惰性物质或蛭石吸收大量液体。用泡沫覆盖，减少蒸发。喷水雾能减少蒸发，但不能降低泄漏物在受限空间内的易燃性。用防爆泵转移至槽车或专用收集器内。喷雾状水驱散蒸气、稀释液体泄漏物。

884. 亚硝酸钙

标 识

中文名称 亚硝酸钙

英文名称 calcium nitrite；nitrous acid，calcium salt

分子式 $Ca(NO_2)_2$

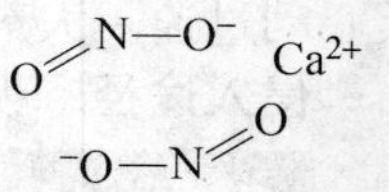

CAS 号 13780－06－8

WGH 号 51525

UN 号 2627

危害信息

危险性类别 第 5.1 类氧化剂。

燃烧与爆炸危险性 助燃。与可燃物混合能形成爆炸性混合物。高温时分解，释出有毒的氮氧化物气体。

活性反应 与还原剂、有机物、易燃物如硫、磷或金属粉末等混合可形成爆炸性混合物。

禁忌物 强还原剂、强酸、活性金属粉末。

中毒表现 亚硝酸盐可引起高铁血红蛋白血症。

侵入途径 吸入、食入。

环境危害 对水生生物有害。

理化特性与用途

理化特性 无色或微黄色结晶，有潮解性。易溶于水，微溶于乙醇。熔点 100℃（一水合物，失去结晶水），相对密度（水＝1）1.23。

主要用途 用于有机合成和医药工业；是混凝土防冻剂、早强剂、钢筋阻锈剂的主要原料。

包装与储运

包装标志 氧化剂

包装类别 Ⅲ类

安全储运 储存于阴凉、干燥、通风良好的专用库房内，远离火种、热源。库温不超过 30℃。相对湿度不超过 80%。包装要求密封。不可与空气接触。应与还原剂、酸类、活性金属粉末分开存放，切忌混储。储区应备有合适的材料收容泄漏物。

紧急处置信息

急救措施

吸入： 立即脱离接触。如呼吸困难，给吸氧。如呼吸心跳停止，立即行心肺复苏术。就医。

眼睛接触： 分开眼睑，用清水或生理盐水冲洗。如有不适感，就医。

皮肤接触： 立即脱去污染衣着，用肥皂水或清水彻底冲洗。就医。

食入： 饮足量温水，催吐。就医。

高铁血红蛋白血症可用美蓝和维生素 C 治疗。

灭火方法 消防人员须佩戴防毒面具，穿全身消防服，在上风向灭火。尽可能将容器从火场移至空旷处。喷水保持火场容器冷却，直至灭火结束。切勿将水流直接射至熔融物，以免引起严重的流淌火灾或引起剧烈的沸溅。本品不燃。根据着火原因选择适当灭火剂灭火。

泄漏应急处置 隔离泄漏污染区，限制出入。建议应急处理人员戴防尘口罩，穿防毒服，戴橡胶手套。勿使泄漏物与可燃物质(如木材、纸、油等)接触。穿上适当的防护服前严禁接触破裂的容器和泄漏物。尽可能切断泄漏源。勿使水进入包装容器内。小量泄漏：用洁净的铲子收集泄漏物，置于干净、干燥、盖子较松的容器中，将容器移离泄漏区。大量泄漏：泄漏物回收后，用水冲洗泄漏区。

885. 亚硝酸甲酯

标 识

中文名称 亚硝酸甲酯

英文名称 methyl nitrite

分子式 CH_3NO_2

CAS 号 624－91－9

WGH 号 21048；22059[铁规]

UN 号 2455

危害信息

危险性类别 第 2. 1 类易燃气体；按《危险货物品名表》第 2. 2 类不燃气体。

燃烧与爆炸危险性 易燃。与空气混合能形成爆炸性混合物。燃烧产生有毒的一氧化碳和氮氧化物气体。受热和光照易发生分解反应并有爆炸危险。

活性反应 与联氨、卤化铵、铵盐、硫氰酸盐、铁氰化物、可燃物和氧化剂接触受热爆炸。

禁忌物 易燃或可燃物、强氧化剂、氰化物。

毒性 大鼠吸入 LC_{50}：176ppm(4h)。

中毒表现 主要使血管扩张，引起血压降低及心动过速。大剂量可产生高铁血红蛋白血症。有报道人接触本品后，初期症状有眩晕，后期为头痛、心悸等。

侵入途径 吸入。

理化特性与用途

理化特性 无色气体。溶于乙醇、乙醚。熔点 －16℃，沸点 －12℃，密度 0. 991g/cm^3(15℃)，饱和蒸气压 219. 45kPa(25℃)，辛醇/水分配系数 0. 88(计算)。

主要用途 用于有机合成，还用作治疗药物(血管舒张剂)、炸药。

包装与储运

包装标志 不燃气体类

安全储运 储存于阴凉、通风的专用库房。库温不宜超过30℃。远离火种、热源。避光保存。应与易(可)燃物等分开存放，切忌混储。采用防爆型照明、通风设施储区应备有泄漏应急处理设备。搬运时轻装轻卸，须戴好钢瓶安全帽和防震橡皮圈，防止钢瓶撞击。

紧急处置信息

急救措施

吸入：迅速脱离现场至空气新鲜处。保持呼吸道通畅。如呼吸困难，给输氧。呼吸、心跳停止，立即进行心肺复苏术。就医。

眼睛接触：不会通过该途径接触。

皮肤接触：不会通过该途径接触。

食入：不会通过该途径接触。

灭火方法 切断气源。若不能切断气源，则不允许熄灭泄漏处的火焰。消防人员须佩带防毒面具，在安全距离以外，在上风向灭火。喷水保持火场容器冷却，直至灭火结束。尽可能将容器从火场移至空旷处。

灭火剂：泡沫、二氧化碳。

泄漏应急处置 消除所有点火源。根据气体扩散的影响区域划定警戒区，无关人员从侧风、上风向撤离至安全区。建议应急处理人员戴正压自给式呼吸器，穿防静电服。作业时使用的所有设备应接地。禁止接触或跨越泄漏物。尽可能切断泄漏源。若可能翻转容器，使之逸出气体而非液体。喷雾状水抑制蒸气或改变蒸气云流向，避免水流接触泄漏物。禁止用水直接冲击泄漏物或泄漏源。防止气体通过下水道、通风系统和受限空间扩散。隔离泄漏区直至气体散尽。

886. 亚 硝 酸 钾

标 识

中文名称 亚硝酸钾

英文名称 potassium nitrite; nitrous acid, potassium salt

分子式 KNO_2

CAS 号 7758 - 09 - 0

WGH 号 51073

UN 号 1488

危害信息

危险性类别 第5.1类氧化剂。

燃烧与爆炸危险性 助燃。与可燃物混合会发生爆炸。加热或遇酸能产生有毒的氮氧化物气体。

活性反应 与有机物、可燃物的混合物能燃烧和爆炸，并放出有毒和刺激性的氧化氮气体。与铵盐、可燃物粉末或氰化物的混合物会爆炸。加热或遇酸能产生有毒的氮氧化物气体。

禁忌物 强还原剂、强酸、活性金属粉末。

毒性 大鼠经口 LD_{50}：200mg/kg。

中毒表现 口服刺激口腔和胃肠道。大量口服可引起亚硝酸盐中毒，引起高铁血红蛋白血症，表现有紫绀、血压下降、呼吸困难、恶心、呕吐、头晕、腹痛、心率快、心律不齐、惊厥、昏迷，甚至死亡。吸入本品粉尘对呼吸道有刺激性；高浓度吸入的毒作用类似口服。本品对眼睛及皮肤有刺激性。

侵入途径 吸入、食入。

环境危害 对水生生物有害。

理化特性与用途

理化特性 白色至微黄色结晶，易潮解。易溶于水，易溶于液氨，微溶于乙醇，溶于热乙醇，不溶于丙酮。pH 值 7～10（5% 水溶液），熔点 441℃（350℃ 开始分解），沸点 537℃（爆炸），相对密度（水＝1）1.92，相对蒸气密度（空气＝1）2.9。

主要用途 用作分析试剂、氧化剂、腐蚀抑制剂、食品防腐剂和着色剂，用于制偶氮染料、橡胶，也用于医药、纺织等工业。

包装与储运

包装标志 氧化剂

包装类别 Ⅱ类

安全储运 储存于阴凉、干燥、通风良好的专用库房内，库温不超过 30℃。相对湿度不超过 80%。远离火种、热源。包装要求密封。不可与空气接触。应与还原剂、酸类、活性金属粉末、食用化学品分开存放，切忌混储。储区应备有合适的材料收容泄漏物。

紧急处置信息

急救措施。

吸入：立即脱离接触。如呼吸困难，给吸氧。如呼吸心跳停止，立即行心肺复苏术。就医。

眼睛接触：分开眼睑，用清水或生理盐水冲洗。如有不适感，就医。

皮肤接触：立即脱去污染衣着，用肥皂水或清水彻底冲洗。就医。

食入：饮足量温水，催吐。就医。

高铁血红蛋白血症可用美蓝和维生素 C 治疗。

灭火方法 消防人员须佩戴防毒面具，穿全身消防服，在上风向灭火。尽可能将容器从火场移至空旷处。喷水保持火场容器冷却，直至灭火结束。切勿将水流直接射至熔融物，以免引起严重的流淌火灾或引起剧烈的沸溅。本品不燃。根据着火原因选择适当灭火剂灭火。

泄漏应急处置 隔离泄漏污染区，限制出入。建议应急处理人员戴防尘口罩，穿防毒服，戴橡胶手套。勿使泄漏物与可燃物质（如木材、纸、油等）接触。穿上适当的防护服前严禁接触破裂的容器和泄漏物。尽可能切断泄漏源。勿使水进入包装容器内。小量泄漏：用洁净的铲子收集泄漏物，置于干净、干燥、盖子较松的容器中，将容器移离泄漏区。大量泄漏：泄漏物回收后，用水冲洗泄漏区。

887. 亚硝酸镍

标识

中文名称 亚硝酸镍

英文名称 nitrous acid, nickel(2 +) salt; nickel nitrite

分子式 $Ni(NO_2)_2$

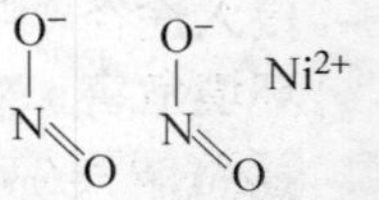

CAS 号 17861 - 62 - 0

WGH 号 51525

UN 号 2726

危害信息

危险性类别 第 5.1 类氧化剂。

燃烧与爆炸危险性 助燃。与可燃物混合能形成爆炸性混合物。受高热分解放出有毒的气体。

禁忌物 强还原剂、易燃或可燃物、铵盐、氰化物。

毒性 IARC 致癌性评论：G1，确认人类致癌物。

中毒表现 生产中，可见引起接触性皮炎或过敏性湿疹。

侵入途径 吸入、食入。

职业接触限值 中国：PC - TWA：0.5mg/m^3[按镍计]。

美国(ACGIH)：TLV - TWA：0.1mg/m^3[按镍计]。

理化特性与用途

理化特性 蓝绿色结晶。溶于水。熔点 1555℃，沸点 2837℃，密度 8.9g/cm^3(20℃)。

主要用途 用于制染料、药物及用作试剂等。

包装与储运

包装标志 氧化剂

包装类别 Ⅲ类

安全储运 储存于阴凉、干燥、通风良好的专用库房内，远离火种、热源。防止阳光直射。库温不超过 30℃。相对湿度不超过 80%。包装密封。应与还原剂、易(可)燃物、铵盐、氰化物、食用化学品分开存放，切忌混储。配备相应品种和数量的消防器材。储区应备有合适的材料收容泄漏物。

紧急处置信息

急救措施

吸入： 迅速脱离现场至空气新鲜处。保持呼吸道通畅。如呼吸困难，给输氧。呼吸、心跳停止，立即进行心肺复苏术。就医。

眼睛接触： 分开眼睑，用流动清水或生理盐水冲洗。如有不适感，就医。

皮肤接触： 脱去污染的衣着，用流动清水冲洗。如有不适感，就医。

食入： 饮足量温水，催吐。就医。

灭火方法 消防人员必须戴空气呼吸器，穿全身防火防毒服，在上风向灭火。灭火时尽可能将容器从火场移至空旷处。本品不燃。根据着火原因选择适当灭火剂灭火。

泄漏应急处置 隔离泄漏污染区，限制出入。消除所有点火源。建议应急处理人员戴防尘口罩，穿防毒服，戴橡胶手套。勿使泄漏物与可燃物质(如木材、纸、油等)接触。穿上适当的防护服前严禁接触破裂的容器和泄漏物。尽可能切断泄漏源。勿使水进入包装容器内。小量泄漏：用洁净的铲子收集泄漏物，置于干净、干燥、盖子较松的容器中，将容器移离泄漏区。大量泄漏：泄漏物回收后，用水冲洗泄漏区。

888. 亚硝酸叔丁酯

标 识

中文名称 亚硝酸叔丁酯

英文名称 tert - butyl nitrite; nitrous acid, 1,1 - dimethylethyl ester

别名 亚硝酸 1,1 - 二甲基乙酯

分子式 $C_4H_9NO_2$

CAS 号 540 - 80 - 7

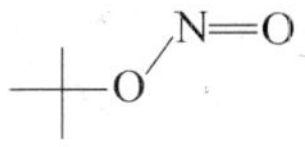

危害信息

危险性类别 第 3 类易燃液体。

燃烧与爆炸危险性 易燃。其蒸气与空气混合，能形成爆炸性混合物。燃烧产生有毒的一氧化碳和氮氧化物气体。受高热分解放出有毒的气体。若遇高热，容器内压增大，有开裂和爆炸的危险。

活性反应 与氧化剂接触发生猛烈反应。

禁忌物 强还原剂、强酸。

毒性 小鼠经口 LD_{50}：308mg/kg；小鼠吸入 LC_{50}：10852ppm(1h)。

中毒表现 对眼睛、皮肤、黏膜和上呼吸道有刺激性。大剂量可产生高铁血红蛋白。吸入可使心率加快、血压下降，导致意识丧失、休克和紫绀。突出的症状是头痛。

侵入途径 吸入、食入、经皮吸收。

理化特性与用途

理化特性 黄色透明液体。微溶于水，易溶于乙醇、乙醚、氯仿、二硫化碳，不溶于甘油。沸点 61 ~63℃，相对密度(水 =1)0.867，辛醇/水分配系数 2.24，闪点 -11℃。

主要用途 用作喷气燃料，用于有机合成。

包装与储运

包装标志 易燃液体

包装类别 Ⅱ类

安全储运 储存于阴凉、通风的库房。远离火种、热源。防止阳光直射。储存温度不超过 30℃。保持容器密封。应与氧化剂、酸类、醇类等分开存放，切忌混储。采用防爆型照明、通风设施。禁止使用易产生火花的机械设备和工具。储区应备有泄漏应急处理设备和合适的收容材料。

紧急处置信息

急救措施

吸入：立即脱离接触。如呼吸困难，给吸氧。如呼吸心跳停止，立即行心肺复苏术。就医。

眼睛接触：分开眼睑，用清水或生理盐水冲洗。如有不适感，就医。

皮肤接触：立即脱去污染衣着，用肥皂水或清水彻底冲洗。就医。

食入：饮足量温水，催吐。就医。

高铁血红蛋白血症可用美蓝和维生素 C 治疗。

灭火方法 消防人员须戴好防毒面具，穿全身消防服，在安全距离以外，在上风向灭火。尽可能将容器从火场移至空旷处。喷水保持火场容器冷却，直至灭火结束。处在火场中的容器若已变色或从安全泄压装置中发出声音，必须马上撤离。遇大火，消防人员须在有防护掩蔽处操作。用水灭火无效。

灭火剂：泡沫、干粉、二氧化碳、砂土。

泄漏应急处置 消除所有点火源。根据液体流动和蒸气扩散的影响区域划定警戒区，无关人员从侧风、上风向撤离至安全区。建议应急处理人员戴正压自给式呼吸器，穿防静电服，戴橡胶手套。作业时使用的所有设备应接地。禁止接触或跨越泄漏物。尽可能切断泄漏源。防止泄漏物进入水体、下水道、地下室或受限空间。小量泄漏：用砂土或其他不燃材料吸收。使用洁净的无火花工具收集吸收材料。大量泄漏：构筑围堤或挖坑收容。用泡沫覆盖，减少蒸发。喷水雾能减少蒸发，但不能降低泄漏物在受限空间内的易燃性。用防爆泵转移至槽车或专用收集器内。

889. 亚硝酸乙酯

标　识

中文名称 亚硝酸乙酯

英文名称 ethy nitrite；nitrous acid，ethyl ester

分子式 $C_2H_5NO_2$

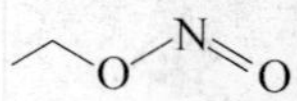

CAS 号 109－95－5

WGH 号 31039

UN 号 1194

危害信息

危险性类别 第 3 类易燃液体。

燃烧与爆炸危险性 极易燃。其蒸气与空气混合，能形成爆炸性混合物。燃烧产生有毒的一氧化碳和氮氧化物气体。受热或光照易发生分解，分解时有爆炸危险。

活性反应 接触铵盐、氰化物可引起强烈分解。

禁忌物 强氧化剂。

毒性 大鼠吸入 LC_{50}：160ppm(4h)。

本品已列入《剧毒化学品目录》。

中毒表现 本品主要使血管扩张，引起血压降低及心动过速。大剂量可引起高铁血红蛋白血症。人急性中毒的特点为头痛、心动过速、高铁血红蛋白血症，可致死。

侵入途径 吸入、食入。

理化特性与用途

理化特性 无色或淡黄色透明液体，有特殊气味，易挥发。不溶于水，混溶于乙醇、乙醚。熔点 -50℃，沸点 17 ~18℃，相对密度(水 =1)0.9，相对蒸气密度(空气 =1)2.6，饱和蒸气压 82.5kPa(25℃)，燃烧热 -1351.3kJ/mol，辛醇/水分配系数 1.37，闪点 -35℃，引燃温度 90℃，爆炸下限 3.0%，爆炸上限 50%。

主要用途 用于医药工业，用作有机合成的中间体。

包装与储运

包装标志 易燃液体，有毒品

包装类别 Ⅰ类

安全储运 储存于阴凉、通风良好的专用库房内。应严格执行剧毒化学品管理制度。远离火种、热源。避光保存。库温不宜超过 29℃，相对湿度不超过 85%。保持容器密封。应与氧化剂分开存放，切忌混储。采用防爆型照明、通风设施。禁止使用易产生火花的机械设备和工具。灌装时注意流速，防止静电积聚。储区应备有泄漏应急处理设备和合适的收容材料。

紧急处置信息

急救措施

吸入：立即脱离接触。如呼吸困难，给吸氧。如呼吸心跳停止，立即行心肺复苏术。就医。

眼睛接触：分开眼睑，用清水或生理盐水冲洗。如有不适感，就医。

皮肤接触：立即脱去污染衣着，用肥皂水或清水彻底冲洗。就医。

食入：饮足量温水，催吐。就医。

高铁血红蛋白血症可用美蓝和维生素 C 治疗。

灭火方法 消防人员须戴正压自给式呼吸器，穿防火、防毒服，在安全距离以外，在上风向灭火。尽可能将容器从火场移至空旷处。处在火场中的容器若已变色或从安全泄压装置中发出声音，必须马上撤离。用水灭火无效。禁止用水和泡沫灭火。

灭火剂：泡沫、二氧化碳、干粉、砂土。

泄漏应急处置 消除所有点火源。根据液体流动和蒸气扩散的影响区域划定警戒区，无关人员从侧风、上风向撤离至安全区。建议应急处理人员戴正压自给式呼吸器，穿防毒、防静电服，戴防毒物渗透手套。作业时使用的所有设备应接地。禁止接触或跨越泄漏物。尽可能切断泄漏源。防止泄漏物进入水体、下水道、地下室或受限空间。小量泄漏：用砂土或其他不燃材料吸收。使用洁净的无火花工具收集吸收材料。大量泄漏：构筑围堤或挖坑收容。用砂土、惰性物质或蛭石吸收大量液体。用泡沫覆盖，减少蒸发。喷水雾能减少蒸发，但不能降低泄漏物在受限空间内的易燃性。用防爆泵转移至槽车或专用收集器内。

890. 亚硝酸异丙酯

标　识

中文名称　亚硝酸异丙酯

英文名称　isopropyl nitrite; nitrous acid, 1 - methylethyl ester

别名　亚硝酸 1 - 甲基乙酯

分子式　$C_3H_7NO_2$

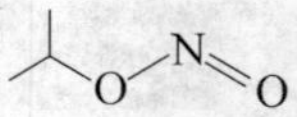

CAS 号　541 - 42 - 4

WGH 号　32153; 31253［铁规］

危害信息

危险性类别　第 3 类易燃液体。

燃烧与爆炸危险性　易燃．其蒸气与空气混合，能形成爆炸性混合物。燃烧产生有毒的一氧化碳和氮氧化物气体。受热或光照易发生分解，分解时有爆炸危险。

活性反应　接触铵盐、氰化物可引起强烈分解。

禁忌物　强氧化剂。

毒性　大鼠吸入 LC_{50}：1250mg/m^3(4h)。

中毒表现　本品属亚硝酸酯类，亚硝酸酯类的主要作用是使血管扩张，引起血压下降及心动过速。大剂量可引起高铁血红蛋白血症。

侵入途径　吸入、食入。

理化特性与用途

理化特性　灰黄色油状液体，易挥发。不溶于水，溶于乙醇、乙醚。沸点 40℃，相对密度(水 = 1)0.86，辛醇/水分配系数 1.79，闪点 <10℃。

主要用途　用作火箭燃料，工业上用作有机合成的中间体。

包装与储运

包装标志　易燃液体

包装类别　Ⅱ类

安全储运　储存于阴凉、干燥、通风良好的库房。远离火种、热源。避光保存。库温不宜超过 37℃。保持容器密封。应与氧化剂、还原剂、酸类等分开存放，切忌混储。采用防爆型照明、通风设施。禁止使用易产生火花的机械设备和工具。灌装时注意流速，防止静电积聚。储区应备有泄漏应急处理设备和合适的收容材料。

紧急处置信息

急救措施

吸入：立即脱离接触。如呼吸困难，给吸氧。如呼吸心跳停止，立即行心肺复苏术。就医。

眼睛接触：分开眼睑，用清水或生理盐水冲洗。如有不适感，就医。

皮肤接触：立即脱去污染衣着，用肥皂水或清水彻底冲洗。就医。

食入： 饮足量温水，催吐。就医。

高铁血红蛋白血症可用美蓝和维生素 C 治疗。

灭火方法 消防人员必须佩戴空气呼吸器，穿全身防火防毒服，在上风向灭火。喷水保持火场容器冷却，直至灭火结束。处在火场中的容器若已变色或从安全泄压装置中发出声音，必须马上撤离。用水灭火无效。

灭火剂：泡沫、二氧化碳、干粉、砂土。

泄漏应急处置 消除所有点火源。根据液体流动和蒸气扩散的影响区域划定警戒区，无关人员从侧风、上风向撤离至安全区。建议应急处理人员戴正压自给式呼吸器，穿防静电服，戴橡胶耐油手套。作业时使用的所有设备应接地。禁止接触或跨越泄漏物。尽可能切断泄漏源。防止泄漏物进入水体、下水道、地下室或受限空间。小量泄漏：用砂土或其他不燃材料吸收。使用洁净的无火花工具收集吸收材料。大量泄漏：构筑围堤或挖坑收容。用泡沫覆盖，减少蒸发。喷水雾能减少蒸发，但不能降低泄漏物在受限空间内的易燃性。用防爆泵转移至槽车或专用收集器内。

891. 亚硝酸异丁酯

标 识

中文名称 亚硝酸异丁酯

英文名称 isobutyl nitrite；nitrous acid，2 - methylpropyl ester

别名 亚硝酸 2 - 甲基丙酯

分子式 $C_4H_9NO_2$

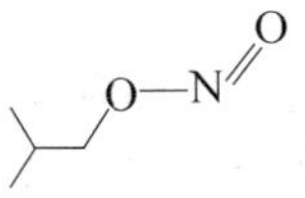

CAS 号 542 - 56 - 3

WGH 号 32153；31253［铁规］

UN 号 2351

危害信息

危险性类别 第 3 类易燃液体。

燃烧与爆炸危险性 易燃。其蒸气与空气混合，能形成爆炸性混合物。燃烧产生有毒的一氧化碳和氮氧化物气体。受热分解放出有毒的氧化氮烟气。

活性反应 接触铵盐、氰化物可引起强烈分解。

禁忌物 强氧化剂。

毒性 大鼠经口 LD_{50}：410mg/kg；小鼠经口 LD_{50}：205mg/kg；大鼠吸入 LC_{50}：777ppm（4h）。

中毒表现 本品属亚硝酸酯类，亚硝酸酯类的主要作用是使血管扩张，引起血压下降及心动过速。大剂量可引起高铁血红蛋白血症。

侵入途径 吸入、食入。

理化特性与用途

理化特性 无色至黄色透明液体，有水果香味。微溶于水，混溶于乙醇。沸点 67℃，相对密度（水 =1）0.87，相对蒸气密度（空气 =1）3.56，饱和蒸气压 1.33kPa（20℃），辛醇/水分配系数 2.28，闪点 -21℃，爆炸下限 1.2%，爆炸上限 26.9%。

主要用途 用作溶剂，用于有机合成。

包装与储运

包装标志 易燃液体

包装类别 Ⅱ类

安全储运 储存于阴凉、干燥、通风良好的库房。远离火种、热源。避光保存。库温不宜超过37℃。保持容器密封。应与氧化剂、还原剂、酸类等分开存放，切忌混储。采用防爆型照明、通风设施。禁止使用易产生火花的机械设备和工具。灌装时注意流速，防止静电积聚。储区应备有泄漏应急处理设备和合适的收容材料。

紧急处置信息

急救措施

吸入：立即脱离接触。如呼吸困难，给吸氧。如呼吸心跳停止，立即行心肺复苏术。就医。

眼睛接触：分开眼睑，用清水或生理盐水冲洗。如有不适感，就医。

皮肤接触：立即脱去污染衣着，用肥皂水或清水彻底冲洗。就医。

食入：饮足量温水，催吐。就医。

高铁血红蛋白血症可用美蓝和维生素 C 治疗。

灭火方法 消防人员必须佩戴空气呼吸器，穿全身防火防毒服，在上风向灭火。喷水保持火场容器冷却，直至灭火结束。处在火场中的容器若已变色或从安全泄压装置中发出声音，必须马上撤离。

灭火剂：泡沫、二氧化碳、干粉、砂土。

泄漏应急处置 消除所有点火源。根据液体流动和蒸气扩散的影响区域划定警戒区，无关人员从侧风、上风向撤离至安全区。建议应急处理人员戴正压自给式呼吸器，穿防静电服，戴橡胶耐油手套。作业时使用的所有设备应接地。禁止接触或跨越泄漏物。尽可能切断泄漏源。防止泄漏物进入水体、下水道、地下室或受限空间。小量泄漏：用砂土或其他不燃材料吸收。使用洁净的无火花工具收集吸收材料。大量泄漏：构筑围堤或挖坑收容。用泡沫覆盖，减少蒸发。喷水雾能减少蒸发，但不能降低泄漏物在受限空间内的易燃性。用防爆泵转移至槽车或专用收集器内。

892. 亚硝酸异戊酯

标　识

中文名称 亚硝酸异戊酯

英文名称 isoamyl nitrite；isopentyl nitrite

分子式 $C_5H_{11}NO_2$

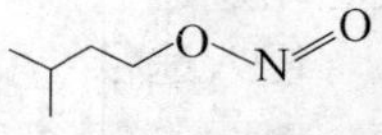

CAS 号 110－46－3

WGH 号 32153；31253［铁规］

UN 号 1113

危害信息

危险性类别 第3类易燃液体。

燃烧与爆炸危险性 易燃。其蒸气与空气混合，能形成爆炸性混合物。燃烧产生有毒的一氧化碳和氮氧化物气体。受热分解放出有毒的氧化氮烟气。

活性反应 接触铵盐、氰化物可引起强烈分解。

禁忌物 强氧化剂。

毒性 大鼠经口 LD_{50}：505mg/kg；小鼠经口 LD_{50}：852mg/kg；大鼠吸入 LC_{50}：716ppm(4h)。

中毒表现 本品主要使血管扩张，引起血压降低及心动过速。大剂量可产生高铁血红蛋白血症。大量吸入后，出现颜面潮红、搏动性头痛、心动过速、紫绀、软弱、躁动、昏厥、虚脱等。口服可在消化道破坏而失去作用。

侵入途径 吸入、食入。

理化特性与用途

理化特性 淡黄色透明液体，有水果香味，具有挥发性。不溶于水，溶于乙醇、乙醚、氯仿、汽油。沸点97～99℃，相对密度(水=1)0.875，相对蒸气密度(空气=1)4.0，饱和蒸气压3.5kPa(20℃)，辛醇/水分配系数2.77，闪点10℃，引燃温度209℃，爆炸下限1.5%，爆炸上限17.6%。

主要用途 在有机合成中用作亚硝化剂和氧化剂，用于制取药物，也用于治疗氰化物和一氧化碳中毒。

包装与储运

包装标志 易燃液体

包装类别 Ⅱ类

安全储运 储存于阴凉、干燥、通风良好的库房。远离火种、热源。避光保存。库温不宜超过37℃。保持容器密封。应与氧化剂、还原剂、酸类等分开存放，切忌混储。采用防爆型照明、通风设施。禁止使用易产生火花的机械设备和工具。灌装时注意流速，防止静电积聚。储区应备有泄漏应急处理设备和合适的收容材料。

紧急处置信息

急救措施

吸入：立即脱离接触。如呼吸困难，给吸氧。如呼吸心跳停止，立即行心肺复苏术。就医。

眼睛接触：分开眼睑，用清水或生理盐水冲洗。如有不适感，就医。

皮肤接触：立即脱去污染衣着，用肥皂水或清水彻底冲洗。就医。

食入：饮足量温水，催吐。就医。

高铁血红蛋白血症可用美蓝和维生素C治疗。

灭火方法 消防人员必须佩戴空气呼吸器，穿全身防火防毒服，在上风向灭火。喷水保持火场容器冷却，直至灭火结束。处在火场中的容器若已变色或从安全泄压装置中发出声音，必须马上撤离。用水灭火无效。

灭火剂：泡沫、二氧化碳、干粉、砂土。

泄漏应急处置 消除所有点火源。根据液体流动和蒸气扩散的影响区域划定警戒区，无关人员从侧风、上风向撤离至安全区。建议应急处理人员戴正压自给式呼吸器，穿防静

电服，戴橡胶耐油手套。作业时使用的所有设备应接地。禁止接触或跨越泄漏物。尽可能切断泄漏源。防止泄漏物进入水体、下水道、地下室或受限空间。小量泄漏：用砂土或其他不燃材料吸收。使用洁净的无火花工具收集吸收材料。大量泄漏：构筑围堤或挖坑收容。用泡沫覆盖，减少蒸发。喷水雾能减少蒸发，但不能降低泄漏物在受限空间内的易燃性。用防爆泵转移至槽车或专用收集器内。

893. 亚硝酸正丁酯

标　识

中文名称　亚硝酸正丁酯

英文名称　butyl nitrite; *n* – butyl nitrite

别名　亚硝酸丁酯

分子式　$C_4H_9NO_2$

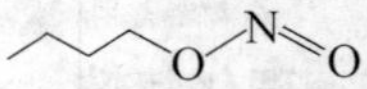

CAS 号　544 – 16 – 1

WGH 号　32153；31253［铁规］

UN 号　2351

危害信息

危险性类别　第 3 类易燃液体。

燃烧与爆炸危险性　极易燃。其蒸气与空气混合，能形成爆炸性混合物。燃烧产生有毒的一氧化碳和氮氧化物气体。受热分解放出有毒的氧化氮烟气。

禁忌物　强氧化剂。

毒性　大鼠经口 LD_{50}：83mg/kg；小鼠经口 LD_{50}：171mg/kg；大鼠吸入 LC_{50}：420ppm (4h)。

中毒表现　本品属亚硝酸酯类，亚硝酸酯类的主要作用是使血管扩张，引起血压下降，心动过速。大剂量可引起高铁血红蛋白血症。

侵入途径　吸入、食入。

理化特性与用途

理化特性　无色至淡黄色油状液体，有特殊气味。不溶于水，混溶于乙醇、乙醚。沸点 78℃，相对密度(水 = 1)0. 897，相对蒸气密度(空气 = 1)3. 5，饱和蒸气压 10. 8kPa (25℃)，辛醇/水分配系数 2. 35，闪点 – 13℃。

主要用途　用于有机合成。

包装与储运

包装标志　易燃液体

包装类别　Ⅱ类

安全储运　储存于阴凉、干燥、通风良好的库房。远离火种、热源。避光保存。库温不宜超过 37℃。保持容器密封。应与氧化剂、还原剂、酸类等分开存放，切忌混储。采用防爆型照明、通风设施。禁止使用易产生火花的机械设备和工具。灌装时注意流速，防止静电积聚。储区应备有泄漏应急处理设备和合适的收容材料。

紧急处置信息

急救措施

吸入：立即脱离接触。如呼吸困难，给吸氧。如呼吸心跳停止，立即行心肺复苏术。就医。

眼睛接触：分开眼睑，用清水或生理盐水冲洗。如有不适感，就医。

皮肤接触：立即脱去污染衣着，用肥皂水或清水彻底冲洗。就医。

食入：饮足量温水，催吐。就医。

高铁血红蛋白血症可用美蓝和维生素 C 治疗。

灭火方法 消防人员必须佩戴空气呼吸器，穿全身防火防毒服，在上风向灭火。尽可能将容器从火场移至空旷处。喷水保持火场容器冷却，直至灭火结束。处在火场中的容器若发生异常变化或发出异常声音，须马上撤离。

灭火剂：泡沫、二氧化碳、干粉、砂土。

泄漏应急处置 消除所有点火源。根据液体流动和蒸气扩散的影响区域划定警戒区，无关人员从侧风、上风向撤离至安全区。建议应急处理人员戴正压自给式呼吸器，穿防静电服，戴橡胶耐油手套。作业时使用的所有设备应接地。禁止接触或跨越泄漏物。尽可能切断泄漏源。防止泄漏物进入水体、下水道、地下室或受限空间。小量泄漏：用砂土或其他不燃材料吸收。使用洁净的无火花工具收集吸收材料。大量泄漏：构筑围堤或挖坑收容。用泡沫覆盖，减少蒸发。喷水雾能减少蒸发，但不能降低泄漏物在受限空间内的易燃性。用防爆泵转移至槽车或专用收集器内。

894. 亚硝酰氯

标识

中文名称 亚硝酰氯

英文名称 nitrosyl chloride；nitrogen oxychloride

别名 氧氯化氮

分子式 ClNO

CAS 号 2696－92－6

WGH 号 23039

UN 号 1069

危害信息

危险性类别 第 2.3 类有毒气体。

燃烧与爆炸危险性 助燃。与可燃物接触易着火燃烧。遇水产生刺激性气体。对钢铁具有腐蚀性。

活性反应 与丙酮、铝接触发生剧烈反应。与易燃物、有机物接触易着火燃烧。遇水或潮气分解。对钢铁有腐蚀性。

禁忌物 强还原剂、强酸、易燃或可燃物、水、丙酮、铝。

毒性 本品对眼睛、皮肤和黏膜有强烈刺激性，具有类似氯气和氮氧化物的毒作用。

中毒表现 吸入后可引起化学性肺炎、肺水肿。可致皮肤灼伤。

侵入途径　吸入。

理化特性与用途

理化特性　红褐色液体或黄色气体，有刺鼻恶臭气味。遇水分解。溶于发烟硫酸。熔点 -64℃，沸点 -5 ~ -6℃，密度 2.99g/L（气体），相对密度（水 =1）1.417（-12℃，液体），相对蒸气密度（空气 =1）2.3，饱和蒸气压 340kPa（20℃），临界温度 167℃，临界压力 9.36MPa。

主要用途　用于合成洗涤剂、触媒及用作中间体。

包装与储运

包装标志　有毒气体，腐蚀品类

安全储运　储存于阴凉、干燥、通风的有毒气体专用库房。库温不宜超过 30℃，相对湿度不超过 80%。保持容器密封。远离火种、热源。应与氧化剂、酸类、易（可）燃物、食用化学品分开存放，切忌混储。储区应备有泄漏应急处理设备。搬运时轻装轻卸，须戴好钢瓶安全帽和防震橡皮圈，防止钢瓶撞击。

紧急处置信息

急救措施

吸入：迅速脱离现场至空气新鲜处。保持呼吸道通畅。如呼吸困难，给输氧。呼吸、心跳停止，立即进行心肺复苏术。就医。

眼睛接触：分开眼睑，用流动清水或生理盐水冲洗。如有不适感，就医。

皮肤接触：立即脱去污染的衣着，用大量流动清水冲洗。如有不适感，就医。

食入：不会通过该途径接触。

灭火方法　消防人员必须穿特殊防护服，在掩蔽处操作。切断气源。喷水保持火场容器冷却，直至灭火结束。尽可能将容器从火场移至空旷处。火场中有大量本品泄漏时，禁用水、泡沫和酸碱灭火剂。本品不燃。根据着火原因选择适当灭火剂灭火。

泄漏应急处置　根据气体扩散的影响区域划定警戒区，无关人员从侧风、上风向撤离至安全区。消除所有点火源。建议应急处理人员穿内置正压自给式呼吸器的全封闭防化服。禁止接触或跨越泄漏物。尽可能切断泄漏源。防止气体通过下水道、通风系统和受限空间扩散。喷雾状水抑制蒸气或改变蒸气云流向，避免水流接触泄漏物。禁止用水直接冲击泄漏物或泄漏源。隔离泄漏区直至气体散尽。

895. 燕　麦　敌

标　　识

中文名称　燕麦敌

英文名称　diallate; *S* - 2,3 - dichloroallyl *N*,*N* - diisopropylthiolcarbamate

别名　*N*,*N* - 二异丙基硫代氨基甲酸 - *S* - 2,3 - 二氯烯丙基酯

分子式　$C_{10}H_{17}Cl_2NOS$

CAS 号　2303 - 16 - 4

WGH 号　61889

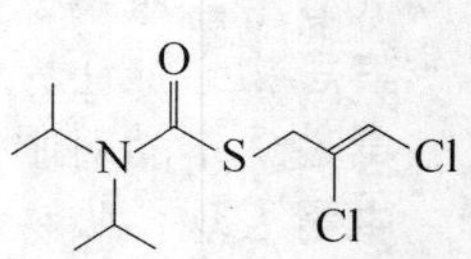

危害信息

危险性类别 第6类有毒品。

燃烧与爆炸危险性 可燃。其蒸气与空气混合，能形成爆炸性混合物。遇高热分解释出高毒烟气。若遇高热，容器内压增大，有开裂和爆炸的危险。

活性反应 与氧化剂可发生反应。

禁忌物 强氧化剂。

毒性 大鼠经口 LD_{50}：395mg/kg；大鼠经皮 LD_{50}：2124mg/kg；兔经皮 LD_{50}：2000mg/kg。

欧盟法规1272/2008/EC将本品列为第2类致癌物——可疑的人类致癌物。

侵入途径 吸入、食入、经皮吸收。

环境危害 对水生生物有极高毒性，可能在水生环境中造成长期不利影响。

理化特性与用途

理化特性 棕色油状液体。微溶于水，溶于丙酮、乙醇、乙酸乙酯、煤油、二甲苯等多数有机溶剂。熔点25～30℃，沸点150℃(1.2kPa)、97℃(20Pa)，相对密度(水=1)1.188(25℃/15.6℃)，饱和蒸气压0.02Pa(25℃)，辛醇/水分配系数4.49，闪点96℃(开杯)、77℃(闭杯)。

主要用途 播前除草剂。用于防除小麦、马铃薯、豌豆、蚕豆、油菜等作物田的野燕麦。

包装与储运

包装标志 有毒品

包装类别 Ⅲ类

安全储运 储存于阴凉、通风的库房。远离火种、热源。防止阳光直射。寒冷季节要注意保持库温在结晶点以上，防止冻裂容器及变质。库温不超过35℃。相对湿度不超过85%。保持容器密封。应与氧化剂、等分开存放，切忌混储。配备相应品种和数量的消防器材。储区应备有泄漏应急处理设备和合适的收容材料。

紧急处置信息

急救措施

吸入：迅速脱离现场至空气新鲜处。保持呼吸道通畅。如呼吸困难，给输氧。呼吸、心跳停止，立即进行心肺复苏术。就医。

眼睛接触：分开眼睑，用流动清水或生理盐水冲洗。如有不适感，就医。

皮肤接触：脱去污染的衣着，用大量流动清水冲洗。如有不适感，就医。

食入：饮足量温水，催吐。就医。

灭火方法 消防人员必须佩戴空气呼吸器，穿全身防火防毒服，在上风向灭火。尽可能将容器从火场移至空旷处。喷水保持火场容器冷却，直至灭火结束。处在火场中的容器若已变色或从安全泄压装置中发出声音，必须马上撤离。

灭火剂：雾状水、泡沫、干粉、二氧化碳、砂土。

泄漏应急处置 根据液体流动和蒸气扩散的影响区域划定警戒区，无关人员从侧风、上风向撤离至安全区。建议应急处理人员戴正压自给式呼吸器，穿防毒服，戴橡胶手套。穿上适当的防护服前严禁接触破裂的容器和泄漏物。尽可能切断泄漏源。防止泄漏物进入水体、下水道、地下室或受限空间。小量泄漏：用干燥的砂土或其他不燃材料吸收或覆盖，收集于容器中。大量泄漏：构筑围堤或挖坑收容。用泵转移至槽车或专用收集器内。

896. 燕 麦 灵

标 识

中文名称 燕麦灵

英文名称 barban；4 - chloro - 2 - butynyl - *m* - chlorocarbanilate

别名 *N* -（3 - 氯苯基）- 4 - 氯丁炔 - 2 - 氯基甲酸酯；巴尔板

分子式 $C_{11}H_9Cl_2NO_2$

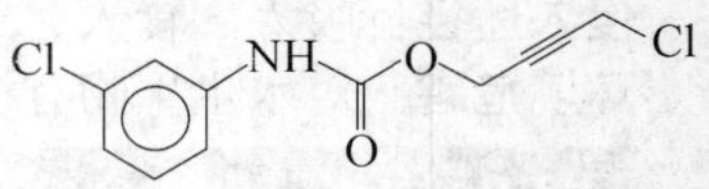

CAS 号 101 - 27 - 9

WGH 号 61888

危害信息

危险性类别 第 6 类有毒品。

燃烧与爆炸危险性 可燃。其粉体与空气混合，能形成爆炸性混合物。受高热分解放出有毒的气体。

禁忌物 强氧化剂、强酸、强碱。

毒性 大鼠经口 LD_{50}：600mg/kg；小鼠经口 LD_{50}：322mg/kg；兔经皮 LD_{50}：23000mg/kg。

中毒表现 吸入、摄入或经皮吸收会中毒。可引起接触性皮炎，出现风疹块，皮肤红肿、发痒，分布于上下肢对称部位，重者累及面部，愈合皮肤色素略深。再接触可复发。

侵入途径 吸入、食入、经皮吸收。

环境危害 对水生生物有极高毒性，可能在水生环境中造成长期不利影响。

理化特性与用途

理化特性 无色或白色结晶，无气味；原药为棕色固体。微溶于水，微溶于已烷，溶于苯、二氯乙烷。熔点 75 ~ 76℃，沸点 224℃（分解），相对密度（水 = 1）1.403，饱和蒸气压 0.05MPa（25℃），辛醇/水分配系数 3.41，闪点 50℃（闭杯）。

主要用途 选择性苗后除草剂。用于小麦、大麦、油菜、青稞、苜蓿田防除燕麦、看麦娘和早熟禾等，也用作农药分析标准样品。

包装与储运

包装标志 有毒品

包装类别 Ⅲ类

安全储运 储存于阴凉、通风的库房。远离火种、热源。防止阳光直射。库温不超过 35℃。相对湿度不超过 85%。保持容器密封。应与氧化剂、酸类、碱类等分开存放，切忌混储。配备相应品种和数量的消防器材。储区应备有合适的材料收容泄漏物。

紧急处置信息

急救措施

吸入：迅速脱离现场至空气新鲜处。保持呼吸道通畅。如呼吸困难，给输氧。呼吸、

心跳停止，立即进行心肺复苏术。就医。

眼睛接触： 分开眼睑，用流动清水或生理盐水冲洗。如有不适感，就医。

皮肤接触： 脱去污染的衣着，用大量流动清水冲洗。如有不适感，就医。

食入： 饮足量温水，催吐。就医。

灭火方法 消防人员必须佩戴空气呼吸器，穿全身防火防毒服，在上风向灭火。尽可能将容器从火场移至空旷处。喷水保持火场容器冷却，直至灭火结束。

灭火剂：雾状水、泡沫、干粉、二氧化碳、砂土。

泄漏应急处置 隔离泄漏污染区，限制出入。建议应急处理人员戴防尘口罩，穿一般作业工作服，戴橡胶手套。尽可能切断泄漏源。用塑料布覆盖泄漏物，减少飞散。勿使水进入包装容器内。用洁净的铲子收集泄漏物，置于干净、干燥、盖子较松的容器中，将容器移离泄漏区。

897. 氧化苯乙烯

标　识

中文名称 氧化苯乙烯

英文名称 styrene oxide；(epoxyethyl)benzene

别名 1,2－环氧乙基苯;苯基环氧乙烷

分子式 C_8H_8O

CAS 号 96－09－3

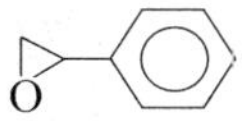

危害信息

燃烧与爆炸危险性 可燃。其蒸气与空气混合，能形成爆炸性混合物。容易自聚，聚合反应随着温度的上升而急骤加剧。若遇高热，容器内压增大，有开裂和爆炸的危险。

活性反应 与氧化剂可发生反应。

禁忌物 氧化剂、酸类、碱类。

毒性 大鼠经口 LD_{50}：2000mg/kg；小鼠经口 LD_{50}：1500mg/kg；兔经皮 LD_{50}：0.89mL/kg。

IARC 致癌性评论：G2A，可能人类致癌物。

欧盟法规 1272/2008/EC 将本品列为第 1B 类致癌物——可能对人类有致癌能力。

中毒表现 本品属低毒类。最大危害是对皮肤的刺激和致敏作用。接触后可引起头痛、恶心和呕吐、咳嗽、喉炎及气短等。原液可致眼灼伤，对眼有轻度刺激。

侵入途径 吸入、食入、经皮吸收。

环境危害 有害空气污染物。

理化特性与用途

理化特性 无色至淡黄色透明液体，有芳香气味。微溶于水，混溶于甲醇、乙醚、丙酮、苯、四氯化碳、庚烷。熔点 36.7℃，沸点 194℃，相对密度(水＝1)1.05，相对蒸气密度(空气＝1)4.3，饱和蒸气压 40Pa(20℃)，辛醇/水分配系数 1.61，闪点 76℃(闭杯)、74℃(开杯)，引燃温度 498℃，爆炸下限 1.1%，爆炸上限 22%。

主要用途 高反应性有机中间体。用作医药中间体、苯代乙二醇及其衍生物的中间体，也用作环氧树脂的反应性稀释剂。

包装与储运

安全储运 储存于阴凉、通风的库房。远离火种、热源。保持容器密封。应与强氧化剂、酸碱等隔离储运。搬运时轻装轻卸，防止容器受损。

紧急处置信息

急救措施

吸入： 迅速脱离现场至空气新鲜处。保持呼吸道通畅。如呼吸困难，给输氧。呼吸、心跳停止，立即进行心肺复苏术。就医。

眼睛接触： 分开眼睑，用流动清水或生理盐水冲洗。如有不适感，就医。

皮肤接触： 脱去污染的衣着，用大量流动清水冲洗。如有不适感，就医。

食入： 饮足量温水，催吐。就医。

灭火方法 消防人员必须佩戴空气呼吸器，穿全身防火防毒服，在上风向灭火。尽可能将容器从火场移至空旷处。喷水保持火场容器冷却，直至灭火结束。处在火场中的容器若已变色或从安全泄压装置中发出声音，必须马上撤离。

灭火剂：雾状水、泡沫、干粉、二氧化碳、砂土。

泄漏应急处置 根据液体流动和蒸气扩散的影响区域划定警戒区，无关人员从侧风、上风向撤离至安全区。消除所有点火源。建议应急处理人员戴防毒面具，穿防毒服，戴橡胶手套。穿上适当的防护服前严禁接触破裂的容器和泄漏物。尽可能切断泄漏源。防止泄漏物进入水体、下水道、地下室或受限空间。小量泄漏：用干燥的砂土或其他不燃材料吸收或覆盖，收集于容器中。大量泄漏：构筑围堤或挖坑收容。用泵转移至槽车或专用收集器内。

898. 氧 化 钙

标 识

中文名称 氧化钙

英文名称 calcium oxide；lime

别名 生石灰

分子式 CaO

CAS 号 1305－78－8

Ca＝O

WGH 号 82522［铁规］

UN 号 1910

危害信息

危险性类别 第 8 类腐蚀品。

燃烧与爆炸危险性 本品不燃，无特殊燃爆特性。具有较强的腐蚀性。

活性反应 与酸类物质能发生剧烈反应。

禁忌物 水、酸类。

毒性 小鼠腹腔内 LD_{50}：3059mg/kg。

中毒表现 本品属强碱，有刺激和腐蚀作用。对呼吸道有强烈刺激性，吸入本品粉尘可致化学性肺炎、肺水肿。对眼和皮肤有强烈刺激性，可致灼伤。口服刺激和灼伤消化道。长期接触本品可致手掌皮肤角化、皲裂、指甲变形(匙甲)。

侵入途径 吸入、食入。

职业接触限值 中国：PC－TWA：2mg/m^3。

美国(ACGIH)：TLV－TWA：2mg/m^3。

理化特性与用途

理化特性 白色结晶粉末或块状立方晶系晶体，含杂质时呈灰色或淡黄色，有吸湿性。遇水激烈反应生成氢氧化钙。不溶于乙醇，溶于甘油、酸类、糖溶液。pH 值 12.8(饱和水溶液)，熔点 2570℃，沸点 2850℃，相对密度(水＝1)3.3～3.4，相对蒸气密度(空气＝1)1.9。

主要用途 用于建筑，并用于制造电石、液碱、漂白粉和石膏。实验室用于氨气的干燥和醇的脱水等。

包装与储运

包装标志 腐蚀品

包装类别 Ⅲ类

安全储运 储存于阴凉、干燥、通风的库房。包装必须完整密封。防止吸潮。应与易(可)燃物、酸类等分开存放，切忌混储。储区应备有合适的材料收容泄漏物。

紧急处置信息

急救措施

吸入：迅速脱离现场至空气新鲜处。保持呼吸道通畅。如呼吸困难，给输氧。呼吸、心跳停止，立即进行心肺复苏术。就医。

眼睛接触：立即分开眼睑，用流动清水或生理盐水彻底冲洗 10～15min。就医。

皮肤接触：立即脱去污染的衣着，用大量流动清水彻底冲洗，冲洗时间一般要求 20～30min。就医。

食入：用水漱口，禁止催吐。给饮牛奶或蛋清。就医。

灭火方法 消防人员必须穿全身耐酸碱消防服，佩戴空气呼吸器，在上风向灭火。尽可能将容器从火场移至空旷处。喷水保持火场容器冷却，直至灭火结束。本品不燃。根据着火原因选择适当灭火剂灭火。

泄漏应急处置 隔离泄漏污染区，限制出入。建议应急处理人员戴防尘口罩，穿防酸碱服，戴耐酸碱手套。作业时使用的所有设备应接地。穿上适当的防护服前严禁接触破裂的容器和泄漏物。尽可能切断泄漏源。用干燥的砂土或其他不燃材料覆盖泄漏物，然后用塑料布覆盖，减少飞散、避免雨淋。用洁净的铲子收集泄漏物，置于干净、干燥、盖子较松的容器中，将容器移离泄漏区。

899. 氧 化 镉

标 识

中文名称 氧化镉

899. 氧化镉

英文名称 cadmium oxide

分子式 CdO　　$Cd=O$

CAS 号 1306 - 19 - 0。

危害信息

危险性类别 第 6 类有毒品。

燃烧与爆炸危险性 不燃，无特殊燃爆特性。受高热分解放出有毒的气体。

禁忌物 氧化剂(如氯酸盐、硝酸盐、高氯酸盐或高锰酸盐等)、强酸。

毒性 大鼠经口 LD_{50}：72mg/kg；小鼠经口 LD_{50}：67mg/kg；大鼠吸入 LC_{50}：45mg/m^3(1h)；小鼠吸入 LC_{50}：250mg/m^3(2h)。

IARC 致癌性评论：G1，确认人类致癌物。

欧盟法规 1272/2008/EC 将本品列为第 1B 类致癌物——可能对人类有致癌能力；第 2 类生殖细胞致突变物——由于可能导致人类生殖细胞可遗传突变而引起人们关注的物质；第 2 类生殖毒物——可疑的人类生殖毒物。

中毒表现 对眼睛、皮肤、黏膜和上呼吸道有刺激作用。吸入可引起化学性肺炎和肺水肿。误服，可引起急性胃肠刺激症状。

慢性影响对肾、肺有损害作用。

侵入途径 吸入、食入。

职业接触限值 中国：PC - TWA：0.01mg/m^3，PC - STEL：0.02mg/m^3[按镉计]。

美国(ACGIH)：TLV - TWA：0.002mg/m^3[按镉计，可呼吸性]。

环境危害 对水生生物有极高毒性，可能在水生环境中造成长期不利影响；有害空气污染物。

理化特性与用途

理化特性 深棕色立方结晶或无定形粉末。不溶于水、碱，溶于稀酸、氨水和铵盐溶液。熔点 900 ~ 1000℃(分解，无定形)，升华点 1559℃，相对密度(水 = 1)6.95(无定形)、8.15(晶体)，饱和蒸气压 0.133kPa(1000℃)。

主要用途 用于制镉盐、颜料、合金、镍 - 镉碱性电池、光学玻璃、有色玻璃、中子吸收玻璃，用作 PVC 热稳定剂、有机合成催化剂、橡胶改性剂等。

包装与储运

包装标志 有毒品

包装类别 Ⅲ类

安全储运 储存于阴凉、通风的库房。远离火种、热源。防止阳光直射。库温不超过 35℃。相对湿度不超过 85%。保持容器密封。应与氧化剂、酸类等分开存放，切忌混储。储区应备有合适的材料收容泄漏物。

紧急处置信息

急救措施

吸入：迅速脱离现场至空气新鲜处。保持呼吸道通畅。如呼吸困难，给输氧。呼吸、心跳停止，立即进行心肺复苏术。就医。

眼睛接触：分开眼睑，用流动清水或生理盐水冲洗。如有不适感，就医。

皮肤接触: 脱去污染的衣着，用流动清水冲洗。如有不适感，就医。

食入: 饮足量温水，催吐。就医。

灭火方法 消防人员必须戴空气呼吸器，穿全身防火防毒服，在上风向灭火。灭火时尽可能将容器从火场移至空旷处。本品不燃。根据着火原因选择适当灭火剂灭火。

泄漏应急处置 隔离泄漏污染区，限制出入。建议应急处理人员戴防尘口罩，穿防毒服，戴橡胶手套。穿上适当的防护服前严禁接触破裂的容器和泄漏物。尽可能切断泄漏源。用塑料布覆盖泄漏物，减少飞散。勿使水进入包装容器内。用洁净的铲子收集泄漏物，置于干净、干燥、盖子较松的容器中，将容器移离泄漏区。

900. 氧 化 钠

标 识

中文名称 氧化钠

英文名称 sodium oxide; disodium oxide

别名 一氧化钠

分子式 Na_2O

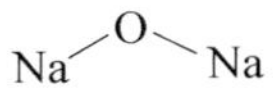

CAS 号 1313－59－3

WGH 号 82006

UN 号 1825

危害信息

危险性类别 第 8 类腐蚀品。

燃烧与爆炸危险性 不燃，无特殊燃爆特性。遇水发生剧烈反应并放热。在潮湿条件下能腐蚀某些金属。

活性反应 遇水发生剧烈反应并放热。与酸类物质能发生剧烈反应。与铵盐反应放出氨气。

禁忌物 酸类、水。

中毒表现 对人体有强烈刺激性和腐蚀性。对眼睛、皮肤、黏膜能造成严重灼伤。接触后可引起灼伤、头痛、恶心、呕吐、咳嗽、喉炎、气短。

侵入途径 吸入、食入。

理化特性与用途

理化特性 灰白色颗粒或粉末。与水反应。熔点 1132℃，升华点 1275℃，沸点 1950℃(分解)，相对密度(水＝1)2.27。

主要用途 主要用于制取钠化合物；用作漂白剂、消毒剂等，也用作聚合、缩合剂及脱氢剂。

包装与储运

包装标志 腐蚀品

包装类别 Ⅱ类

安全储运 储存于通风、干燥、低温的库房内。远离火种、热源。防止阳光直射。库温不超过 30℃。相对湿度不超过 80%。保持容器密封。应与酸类、铵盐等分开存放，切忌混储。储区应备有合适的材料收容泄漏物。

紧急处置信息

急救措施

吸入：迅速脱离现场至空气新鲜处。保持呼吸道通畅。如呼吸困难，给输氧。呼吸、心跳停止，立即进行心肺复苏术。就医。

眼睛接触：立即分开眼睑，用流动清水或生理盐水彻底冲洗 10～15min。就医。

皮肤接触：立即脱去污染的衣着，用大量流动清水彻底冲洗，冲洗时间一般要求 20～30min。就医。

食入：用水漱口，禁止催吐。给饮牛奶或蛋清。就医。

灭火方法　消防人员必须穿全身耐酸碱消防服，佩戴空气呼吸器，在上风向灭火。灭火时尽可能将容器从火场移至空旷处。本品不燃。根据着火原因选择适当灭火剂灭火。

泄漏应急处置　隔离泄漏污染区，限制出入。建议应急处理人员戴防尘口罩，穿防酸碱服，戴耐酸碱手套。作业时使用的所有设备应接地。穿上适当的防护服前严禁接触破裂的容器和泄漏物。尽可能切断泄漏源。小量泄漏：用干燥的砂土或其他不燃材料覆盖泄漏物，然后用塑料布覆盖，减少飞散、避免雨淋。用洁净的铲子收集泄漏物，置于干净、干燥、盖子较松的容器中，将容器移离泄漏区。

901. 氧　化　铍

标　识

中文名称　氧化铍

英文名称　beryllium oxide

别名　一氧化铍

分子式　BeO　　Be═O

CAS 号　1304－56－9

WGH 号　61025

危害信息

危险性类别　第 6 类有毒品。

燃烧与爆炸危险性　不燃，无特殊燃爆特性。

禁忌物　强氧化剂。

毒性　小鼠经口 LD_{50}：2062mg/kg。

IARC 致癌性评论：G1，确认人类致癌物。

欧盟法规 1272/2008/EC 将本品列为第 1B 类致癌物——可能对人类有致癌能力。

中毒表现　误服或吸入粉尘会中毒。急性中毒可致支气管炎、支气管周围炎及支气管肺炎等。可引起皮炎、皮肤溃汤和皮肤肉芽肿。

慢性接触可引起肺内弥漫性肉芽肿性病变。

侵入途径　吸入、食入、经皮吸收。

职业接触限值　中国：PC－TWA：0.0005mg/m^3，PC－STEL：0.001mg/m^3［按铍计］。

美国（ACGIH）：TLV－TWA：0.002mg/m^3，TLV－STEL：0.01mg/m^3［按铍计］。

理化特性与用途

理化特性 白色六方晶系结晶或无定形粉末。不溶于水，缓慢溶于浓酸和浓碱液。熔点2507～2575℃，沸点3900℃，相对密度(水=1)3.01。

主要用途 用于原子反应堆，用于制霓虹灯、铍合金、陶瓷制品，也用作有机合成催化剂等。

包装与储运

包装标志 有毒品

包装类别 Ⅱ类

安全储运 储存于阴凉、通风的库房。远离火种、热源。防止阳光直射。库温不超过35℃。相对湿度不超过85%。保持容器密封。应与氧化剂等分开存放，切忌混储。储区应备有合适的材料收容泄漏物。

紧急处置信息

急救措施

吸入： 迅速脱离现场至空气新鲜处。保持呼吸道通畅。如呼吸困难，给输氧。呼吸、心跳停止，立即进行心肺复苏术。就医。

眼睛接触： 分开眼睑，用流动清水或生理盐水冲洗。如有不适感，就医。

皮肤接触： 脱去污染的衣着，用流动清水冲洗。如有不适感，就医。

食入： 饮足量温水，催吐。就医。

灭火方法 消防人员必须穿全身防火防毒服，在上风向灭火。灭火时尽可能将容器从火场移至空旷处。本品不燃。根据着火原因选择适当灭火剂灭火。

泄漏应急处置 隔离泄漏污染区，限制出入。建议应急处理人员戴防尘口罩，穿防毒服，戴橡胶手套。穿上适当的防护服前严禁接触破裂的容器和泄漏物。尽可能切断泄漏源。用塑料布覆盖泄漏物，减少飞散。勿使水进入包装容器内。用洁净的铲子收集泄漏物，置于干净、干燥、盖子较松的容器中，将容器移离泄漏区。

902. 氧 化 铊

标 识

中文名称 氧化铊

英文名称 dithallium trioxide; thallic oxide;; thallium sesquioxide

别名 三氧化二铊

分子式 Tl_2O_3

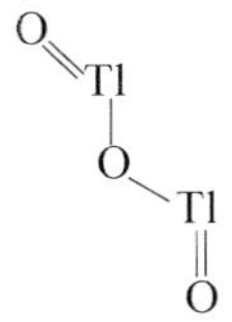

CAS 号 1314-32-5

WGH 号 61023

危害信息

危险性类别 第6类有毒品。

燃烧与爆炸危险性 不燃，无特殊燃爆特性。受高热分解放出有毒的气体。

活性反应 与硫、三硫化锑的混合物在研磨时可能发生爆炸。

禁忌物 强氧化剂、硫、三硫化锑。

毒性 大鼠经口 LD_{50}：44mg/kg。

本品已列入《剧毒化学品目录》。

中毒表现 误服出现急性胃肠道刺激症状，腹痛、恶心、呕吐，几天后出现周围神经炎表现，同时出现心、肝及肾损害。毛发脱落是铊中毒的特征表现。还可引起皮炎。

侵入途径 吸入、食入、经皮吸收。

环境危害 对水生生物有毒，可能在水生环境中造成长期不利影响；海洋污染物。

理化特性与用途

理化特性 棕色立方晶系结晶或粉末。不溶于水、碱液，溶于酸。熔点 717℃，沸点 875 ~1196℃，相对密度(水 =1)10.2。

主要用途 用作分析试剂，用于制光学玻璃、人造金石。

包装与储运

包装标志 有毒品

包装类别 Ⅱ类

安全储运 储存于阴凉、通风良好的专用库房内。应严格执行剧毒化学品管理制度。远离火种、热源。防止阳光直射。库温不超过 35℃。相对湿度不超过 85%。保持容器密封。应与氧化剂、强酸等分开存放，切忌混储。储区应备有合适的材料收容泄漏物。

紧急处置信息

急救措施

吸入：迅速脱离现场至空气新鲜处。保持呼吸道通畅。如呼吸困难，给输氧。呼吸、心跳停止，立即进行心肺复苏术。就医。

眼睛接触：分开眼睑，用流动清水或生理盐水冲洗。如有不适感，就医。

皮肤接触：脱去污染的衣着，用流动清水冲洗。如有不适感，就医。

食入：如患者神志清醒，催吐，洗胃。用 1% 碘化钠或 1% 碘化钾溶液洗胃效果更佳。口服牛奶、淀粉膏、氢氧化铝凝胶、次碳酸铋。口服活性炭悬液，用硫酸钠、硫酸镁或蓖麻油导泻。就医。

口服中毒使用普鲁士蓝治疗。

灭火方法 消防人员必须戴正压自给式呼吸器，穿全身防火防毒服，在上风向灭火。灭火时尽可能将容器从火场移至空旷处。本品不燃。根据着火原因选择适当灭火剂灭火。

泄漏应急处置 隔离泄漏污染区，限制出入。建议应急处理人员戴防尘口罩，穿防毒服，戴防毒物渗透手套。穿上适当的防护服前严禁接触破裂的容器和泄漏物。尽可能切断泄漏源。用塑料布覆盖泄漏物，减少飞散。勿使水进入包装容器内。用洁净的铲子收集泄漏物，置于干净、干燥、盖子较松的容器中，将容器移离泄漏区。

903. 氧 化 钽

标 识

中文名称 氧化钽

英文名称 tantalum oxide; ditantalum pentaoxide; tantalum pentoxide

别名 五氧化二钽

分子式 Ta_2O_5

CAS 号 1314－61－0

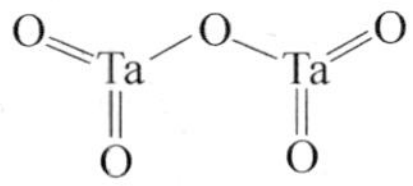

危害信息

燃烧与爆炸危险性 不燃，无特殊燃爆特性。

禁忌物 三氟化氯、三氟化溴。

毒性 大鼠经口 LD_{50}：8000mg/kg；小鼠经口 LD_{50}：4000mg/kg。

中毒表现 本品属微毒类。对呼吸系统有刺激作用。

侵入途径 吸入、食入。

职业接触限值 中国：PC－TWA：5mg/m^3[按钽计]。

美国(ACGIH)：TLV－TWA：5mg/m^3[按钽计]。

理化特性与用途

理化特性 白色或淡黄色结晶或粉末。不溶于水，不溶于乙醇、酸，溶于氢氟酸。熔点1800～1872℃，相对密度(水＝1)8.2。

主要用途 用于制造高折射率的光学玻璃，用于整流器和电容器，也用于制备钽金属及其化合物。

包装与储运

安全储运 储存于阴凉、通风的库房。远离火种、热源。防止阳光直射。包装密封。应与三氟化氯、三氟化溴分开存放，切忌混储。搬运时轻装轻卸，防止容器受损。

紧急处置信息

急救措施

吸入：迅速脱离现场至空气新鲜处。保持呼吸道通畅。如呼吸困难，给输氧。呼吸、心跳停止，立即进行心肺复苏术。就医。

眼睛接触：分开眼睑，用流动清水或生理盐水冲洗。如有不适感，就医。

皮肤接触：脱去污染的衣着，用流动清水冲洗。如有不适感，就医。

食入：饮足量温水，催吐。就医。

灭火方法 消防人员必须戴空气呼吸器，穿全身防火防毒服，在上风向灭火。灭火时尽可能将容器从火场移至空旷处。本品不燃。根据着火原因选择适当灭火剂灭火。

泄漏应急处置 隔离泄漏污染区，限制出入。建议应急处理人员戴防尘口罩，穿一般作业工作服，戴一般作业防护手套。尽可能切断泄漏源。用塑料布覆盖泄漏物，减少飞散。勿使水进入包装容器内。用洁净的铲子收集泄漏物，置于干净、干燥、盖子较松的容器中，将容器移离泄漏区。

904. 氧化亚汞

标识

中文名称 氧化亚汞

904. 氧化亚汞

英文名称 mercury(I) oxide; mercurous oxide, black

别名 黑色氧化汞；黑降汞

分子式 Hg_2O

CAS 号 15829 – 53 – 5

WGH 号 61509

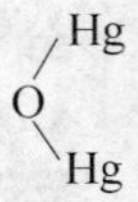

危害信息

危险性类别 第6类有毒品。

燃烧与爆炸危险性 不燃，无特殊燃爆特性。遇高热分解释出高毒烟气。

活性反应 与硫、磷形成爆炸性混合物。遇双氧水会引起燃烧爆炸。

禁忌物 强还原剂、碱金属、硫、磷、过氧化氢。

中毒表现 误服或吸入会中毒。急性中毒有明显的口腔炎及胃肠症状、皮疹、化学性肺炎。

慢性中毒主要是精神神经障碍和口腔炎的症候群。其蒸气可引起过敏性皮炎。

侵入途径 吸入、食入、经皮吸收。

职业接触限值 美国(ACGIH)：TLV – TWA：0.025mg/m^3[皮，按汞计]。

环境危害 对水生生物有极高毒性，可能在水生环境中造成长期不利影响；严重海洋污染物。

理化特性与用途

理化特性 黑色或棕黑色粉末。不溶于水，溶于酸类。熔点100℃(分解)，沸点356.6℃，相对密度(水=1)9.8。

主要用途 医药工业上用作制药剂的原料。

包装与储运

包装标志 有毒品

包装类别 Ⅱ类

安全储运 储存于阴凉、通风的库房。远离火种、热源。避光保存。库温不超过35℃。相对湿度不超过85%。保持容器密封。应与还原剂、碱金属等分开存放，切忌混储。储区应备有合适的材料收容泄漏物。

紧急处置信息

急救措施

吸入：迅速脱离现场至空气新鲜处。保持呼吸道通畅。如呼吸困难，给输氧。呼吸、心跳停止，立即进行心肺复苏术。就医。

眼睛接触：分开眼睑，用流动清水或生理盐水冲洗。如有不适感，就医。

皮肤接触：脱去污染的衣着，用大量流动清水冲洗。如有不适感，就医。

食入：如患者神志清醒，催吐，洗胃。口服活性炭，导泻。就医。

灭火方法 消防人员必须戴空气呼吸器，穿全身防火防毒服，在上风向灭火。灭火时尽可能将容器从火场移至空旷处。本品不燃。根据着火原因选择适当灭火剂灭火。

泄漏应急处置 隔离泄漏污染区，限制出入。建议应急处理人员戴防尘口罩，穿防毒服，戴橡胶手套。穿上适当的防护服前严禁接触破裂的容器和泄漏物。尽可能切断泄漏源。用塑料布覆盖泄漏物，减少飞散。勿使水进入包装容器内。用洁净的铲子收集泄漏物，置于干净、干燥、盖子较松的容器中，将容器移离泄漏区。

905. 氧 化 铟

标 识

中文名称 氧化铟
英文名称 indium oxide；diindium trioxide
别名 三氧化二铟
分子式 In_2O_3
CAS 号 1312－43－2

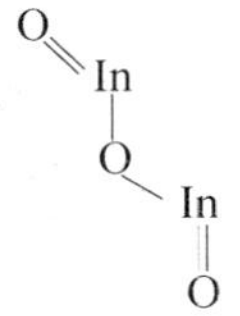

危害信息

燃烧与爆炸危险性 不燃，无特殊燃爆特性。
禁忌物 强氧化剂、强酸。
毒性 小鼠经口 LDL_0：10000mg/kg。
侵入途径 吸入、食入。
职业接触限值 中国：PC－TWA：0.1mg/m^3，PC－STEL：0.3mg/m^3［按铟计］。美国（ACGIH）：TLV－TWA：0.1mg/m^3［按铟计］。

理化特性与用途

理化特性 白色至淡黄色立方结晶或粉末。不溶于水，溶于热无机酸。熔点 1900～1920℃，相对密度（水＝1）7.18。
主要用途 用于制造陶瓷传感器、铟化合物，也用作催化剂。

包装与储运

安全储运 储存于阴凉、通风的库房。远离火种、热源。防止阳光直射。包装密封。应与氧化剂、酸类等分开存放，切忌混储。搬运时轻装轻卸，防止容器受损。

紧急处置信息

急救措施
吸入：迅速脱离现场至空气新鲜处。保持呼吸道通畅。如呼吸困难，给输氧。呼吸、心跳停止，立即进行心肺复苏术。就医。
眼睛接触：分开眼睑，用流动清水或生理盐水冲洗。如有不适感，就医。
皮肤接触：脱去污染的衣着，用流动清水冲洗。如有不适感，就医。
食入：饮足量温水，催吐。就医。
灭火方法 消防人员必须戴空气呼吸器，穿全身防火防毒服，在上风向灭火。灭火时尽可能将容器从火场移至空旷处。本品不燃。根据着火原因选择适当灭火剂灭火。
泄漏应急处置 隔离泄漏污染区，限制出入。建议应急处理人员戴防尘口罩，穿防毒服，戴橡胶手套。穿上适当的防护服前严禁接触破裂的容器和泄漏物。尽可能切断泄漏源。用塑料布覆盖泄漏物，减少飞散。勿使水进入包装容器内。用洁净的铲子收集泄漏物，置于干净、干燥、盖子较松的容器中，将容器移离泄漏区。

906. 氧　乐　果

标　识

中文名称　氧乐果

英文名称　omethoate；*O*，*O* – dimethyl *S* – ((methylcarbamoyl)methyl)phosphorothioate

别名　*O*，*O* – 二甲基 – *S* – (*N* – 甲基氨基甲酰甲基)硫代磷酸酯；氧化乐果；华果

分子式　$C_5H_{12}NO_4PS$

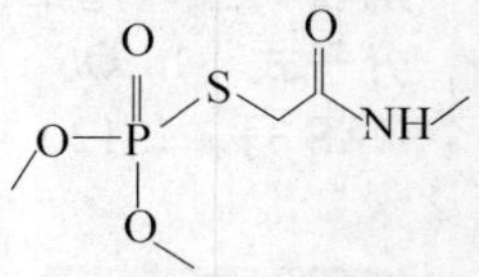

CAS 号　1113 – 02 – 6

WGH 号　61126

危害信息

危险性类别　第 6 类有毒品。

燃烧与爆炸危险性　可燃。其蒸气与空气混合，能形成爆炸性混合物。受高热分解放出有毒的气体。若遇高热，容器内压增大，有开裂和爆炸的危险。

活性反应　与氧化剂可发生反应。

禁忌物　强氧化剂、碱类。

毒性　大鼠经口 LD_{50}：50mg/kg；大鼠经皮 LD_{50}：700mg/kg

本品已列入《剧毒化学品目录》。

中毒表现　抑制胆碱酯酶活性。轻者表现有头痛、头晕、多汗、流涎、视力模糊、呕吐和胸闷；中度中毒出现肌束震颤、瞳孔缩小、呼吸困难等；重者出现肺水肿、脑水肿。

侵入途径　吸入、食入、经皮吸收。

职业接触限值

中国：PC – TWA：0.15mg/m^3[皮]。

环境危害　对水生生物有极高毒性。

理化特性与用途

理化特性　无色至淡黄色透明油状液体，有硫醇气味。易溶于水，易溶于醇类、丙酮、烃类，微溶于乙醚，不溶于石油醚。熔点 – 28℃(固化)，沸点约 135℃(分解)，相对密度(水 = 1)1.32，饱和蒸气压 3.3MPa(20℃)，辛醇/水分配系数 – 0.74。

主要用途　内吸性杀虫剂、杀螨剂。用于水稻、棉花、果树、蔬菜、小麦防治蚜虫、叶螨、叶蝉、稻飞虱等。

包装与储运

包装标志　有毒品。

包装类别　Ⅱ类。

安全储运　储存于阴凉、通风良好的专用库房内。应严格执行剧毒化学品管理制度。远离火种、热源。防止阳光直射。库温不超过 35℃。相对湿度不超过 85%。保持容器密封。应与氧化剂、碱类等分开存放，切忌混储。配备相应品种和数量的消防器材。储区应备有泄漏应急处理设备和合适的收容材料。

紧急处置信息

急救措施

吸入： 迅速脱离现场至空气新鲜处。保持呼吸道通畅。如呼吸困难，给输氧。呼吸、心跳停止，立即进行心肺复苏术。就医。

眼睛接触： 分开眼睑，用流动清水或生理盐水冲洗。如有不适感，就医。

皮肤接触： 脱去污染的衣着，用流动清水冲洗。如有不适感，就医。

食入： 饮足量温水，催吐。用 1：5000 高锰酸钾溶液洗胃。口服活性炭，导泻。每 5min 给服一片阿托品，直到感觉口干为止。就医。

灭火方法　消防人员须佩戴防毒面具，穿全身消防服，在上风向灭火。尽可能将容器从火场移至空旷处。喷水保持火场容器冷却，直至灭火结束。处在火场中的容器若已变色或从安全泄压装置中发出声音，必须马上撤离。

灭火剂：雾状水、抗溶性泡沫、干粉、二氧化碳、砂土。

泄漏应急处置　根据液体流动和蒸气扩散的影响区域划定警戒区，无关人员从侧风、上风向撤离至安全区。建议应急处理人员戴正压自给式呼吸器，穿防毒服，戴防毒物渗透手套。穿上适当的防护服前严禁接触破裂的容器和泄漏物。尽可能切断泄漏源。防止泄漏物进入水体、下水道、地下室或受限空间。小量泄漏：用干燥的砂土或其他不燃材料吸收或覆盖，收集于容器中。大量泄漏：构筑围堤或挖坑收容。用泵转移至槽车或专用收集器内。

907. 氧 氯 化 磷

标　识

中文名称　氧氯化磷

英文名称　phosphoryl trichloride；phosphoryl chloride；phosphorus oxychloride

别名　三氯氧磷；氯化磷酰；三氯氧化磷；磷酰氯

分子式　$POCl_3$

CAS 号　10025－87－3

WGH 号　81040

UN 号　1810

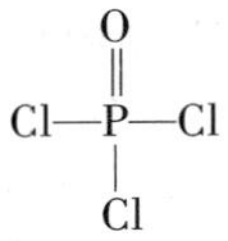

危害信息

危险性类别　第 8 类腐蚀品。

燃烧与爆炸危险性　不燃，无特殊燃爆特性。遇水猛烈分解，产生大量的热和浓烟，可引起燃烧甚至爆炸。对很多金属尤其是潮湿空气存在下有腐蚀性。

活性反应　遇水猛烈分解，产生大量的热和浓烟，甚至爆炸。

禁忌物　强还原剂、活性金属粉末、水、醇类。

毒性　大鼠经口 LD_{50}：36mg/kg；小鼠经口 LD_{50}：327mg/kg；大鼠吸入 LC_{50}：48ppm（4h）。

本品已列入《剧毒化学品目录》。

中毒表现　本品遇水蒸气分解成磷酸与氯化氢，含磷可致磷中毒。对皮肤、黏膜 有刺激腐蚀作用。毒性与光气类似。急性中毒表现为短期内吸入大量蒸气，可引起上呼吸道刺激症状、咽喉炎、支气管炎；严重者可发生喉头水肿窒息、肺炎、肺水肿、心力衰竭。亦可发生贫血、肝脏损害、蛋白尿。口服引起消化道灼伤。眼和皮肤接触引起灼伤。

长期低浓度接触可引起口、眼及呼吸道刺激症状。

侵入途径　吸入、食入。

职业接触限值

中国：PC－TWA：0.3mg/m^3；PC－STEL：0.6mg/m^3。

美国(ACGIH)：TLV－TWA：0.1ppm。

理化特性与用途

理化特性　无色至淡黄色透明油状发烟液体，有刺激性气味。遇水反应。pH 值 1(5g/L，20℃)，熔点 1.25℃，沸点 105.8℃，相对密度(水＝1)1.645，相对蒸气密度(空气＝1)5.3，饱和蒸气压 5.3kPa(27.3℃)，临界温度 332℃，辛醇/水分配系数 1.26。

主要用途　用于制造增塑剂、石油添加剂、液压油、有机磷化物、阻燃剂、催化剂，也用于医药和合成染料等的生产。

包装与储运

包装标志　腐蚀品，有毒品[铁规]

包装类别　Ⅱ类

安全储运　储存于阴凉、干燥、通风良好的专用库房内。应严格执行剧毒化学品管理制度。远离火种、热源。库温不超过 30℃。相对湿度不超过 75%。包装必须密封。切勿受潮。应与还原剂、活性金属粉末、醇类等分开存放，切忌混储。储区应备有泄漏应急处理设备和合适的收容材料。

紧急处置信息

急救措施

吸入：迅速脱离现场至空气新鲜处。保持呼吸道通畅。如呼吸困难，给输氧。呼吸、心跳停止，立即进行心肺复苏术。就医。

眼睛接触：立即分开眼睑，用流动清水或生理盐水彻底冲洗 10～15min。就医。

皮肤接触：立即脱去污染的衣着，用大量流动清水彻底冲洗，冲洗时间一般要求 20～30min。就医。

食入：用水漱口。给饮牛奶或蛋清。就医。

灭火方法　消防人员必须穿全身耐酸碱消防服，佩戴空气呼吸器，在上风向灭火。尽可能将容器从火场移至空旷处。喷水保持火场容器冷却，直至灭火结束。禁止用水、泡沫和酸碱灭火剂灭火。

灭火剂：干粉、干燥砂土。

泄漏应急处置　根据液体流动和蒸气扩散的影响区域划定警戒区，无关人员从侧风、上风向撤离至安全区。建议应急处理人员戴正压自给式呼吸器，穿防酸碱服，戴橡胶耐酸碱手套。穿上适当的防护服前严禁接触破裂的容器和泄漏物。尽可能切断泄漏源。勿使泄漏物与可燃物质(如木材、纸、油等)接触。防止泄漏物进入水体、下水道、地下室或受限空间。小量泄漏：用干燥的砂土或其他不燃材料覆盖泄漏物，用洁净的无火花工具收集泄漏物，置于一盖子较松的塑料容器中，待处置。大量泄漏：构筑围堤或挖坑收容。用砂土、惰性物质或蛭石吸收大量液体。用石灰(CaO)、碎石灰石($CaCO_3$)或碳酸氢钠($NaHCO_3$)中和。用耐腐蚀泵转移至槽车或专用收集器内。

908. 氧氯化硒

标 识

中文名称 氧氯化硒

英文名称 seleninyl chloride；seleninyl dichloride；selenium oxychloride

别名 氯化亚硒酰；二氯氧化硒

分子式 $SeOCl_2$

CAS 号 7791－23－3

WGH 号 81039

UN 号 2879

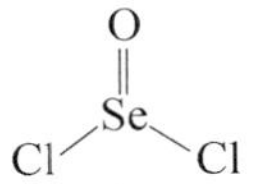

危害信息

危险性类别 第 8 类腐蚀品。

燃烧与爆炸危险性 不燃，无特殊燃爆特性。遇水发生剧烈反应，散发出具有刺激性和腐蚀性的氯化氢气体。对很多金属尤其是潮湿空气存在下有腐蚀性。

活性反应 遇水发生剧烈反应，散发出具有刺激性和腐蚀性的氯化氢气体。与磷、钾能发生猛烈的化学反应。

禁忌物 强碱、水、碱金属。

毒性 兔经皮 LD_{50}：7mg/kg。

中毒表现 本品为强烈的起泡剂及糜烂性液体，易使皮肤受损发生灼伤；对黏膜有刺激作用。

侵入途径 吸入、食入、经皮吸收。

职业接触限值

中国：PC－TWA：0.1mg/m^3[按硒计]。

美国(ACGIH)：TLV－TWA：0.2mg/m^3[按硒计]。

理化特性与用途

理化特性 无色或微黄色的透明发烟液体。溶于水(分解)，混溶于氯仿、四氯化碳、苯、二硫化碳。熔点 8.5℃，沸点 176.4℃，相对密度(水＝1)(水＝1)2.42，相对蒸气密度(空气＝1)5.7，蒸汽压 0.13kPa(34.8℃)，临界温度 457℃。

主要用途 用作树脂溶剂、增塑剂、氯化剂等。

包装与储运

包装标志 腐蚀品，有毒品

包装类别 Ⅰ类

安全储运 储存于阴凉、干燥、通风良好的库房。远离火种、热源。库温不超过 30℃。相对湿度不超过 75%。包装必须密封。切勿受潮。应与碱类、碱金属、食用化学品分开存放，切忌混储。储区应备有泄漏应急处理设备和合适的收容材料。

紧急处置信息

急救措施

吸入： 迅速脱离现场至空气新鲜处。保持呼吸道通畅。如呼吸困难，给输氧。呼吸、心跳停止，立即进行心肺复苏术。就医。

眼睛接触： 立即分开眼睑，用流动清水或生理盐水彻底冲洗 10 ~ 15min。就医。

皮肤接触： 立即脱去污染的衣着，用大量流动清水彻底冲洗，冲洗时间一般要求 20 ~ 30min。就医。

食入： 用水漱口。给饮牛奶或蛋清。就医。

灭火方法 消防人员必须穿全身耐酸碱消防服，佩戴空气呼吸器，在上风向灭火。尽可能将容器从火场移至空旷处。喷水保持火场容器冷却，直至灭火结束。处在火场中的容器若已变色或从安全泄压装置中发出声音，必须马上撤离。禁止用水、泡沫和酸碱灭火剂灭火。

灭火剂：干粉、二氧化碳。

泄漏应急处置 根据液体流动和蒸气扩散的影响区域划定警戒区，无关人员从侧风、上风向撤离至安全区。建议应急处理人员戴正压自给式呼吸器，穿防腐蚀、防毒服，戴橡胶耐酸碱手套。作业时使用的所有设备应接地。穿上适当的防护服前严禁接触破裂的容器和泄漏物。勿使水进入包装容器内。尽可能切断泄漏源。防止泄漏物进入水体、下水道、地下室或受限空间。小量泄漏：用干燥的砂土或其他不燃材料覆盖泄漏物。大量泄漏：构筑围堤或挖坑收容。用耐腐蚀泵转移至槽车或专用收集器内。

909. 氧氰化汞

标 识

中文名称 氧氰化汞

英文名称 mercury oxycyanide；dimercury dicyanide oxide

别名 氰氧化汞

分子式 $HgO \cdot Hg(CN)_2$

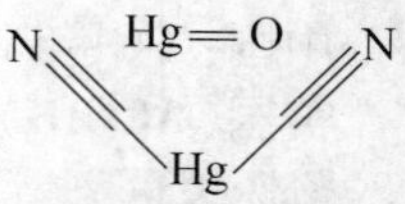

CAS 号 1335 - 31 - 5

WGH 号 61030

UN 号 1642

危害信息

危险性类别 第 6 类有毒品。

燃烧与爆炸危险性 可燃。其粉体与空气混合，能形成爆炸性混合物。遇高热分解释出高毒烟气。

禁忌物 强氧化剂、强酸。

毒性 兔静脉 LDL_0：2.5mg/kg。

中毒表现 本品剧毒。与酸类发生反应，会散发出剧毒的氰化氢气体。误服、吸入或皮肤接触均会严重中毒，出现氰化物、汞的中毒表现。

侵入途径 吸入、食入。

职业接触限值

美国(ACGIH)：TLV - C：5mg/m^3[皮，按氰计]；TLV - TWA：0.025mg/m^3[皮，按汞计]。

环境危害 对水生生物有极高毒性，可能在水生环境中造成长期不利影响；有害空气污染物。

理化特性与用途

理化特性 白色针状结晶或粉末。微溶于冷水，溶于热水。相对密度(水＝1)4.44(20℃)。

主要用途 用于医药工业，用作杀菌消毒剂。

包装与储运

包装标志 有毒品

包装类别 Ⅱ类

安全储运 通常商品加有稳定剂。储存于阴凉、通风的库房。远离火种、热源。防止阳光直射。库温不超过35℃。相对湿度不超过85%。保持容器密封。应与氧化剂、酸类等分开存放，切忌混储。配备相应品种和数量的消防器材。储区应备有合适的材料收容泄漏物。

紧急处置信息

急救措施

吸入：迅速脱离现场至空气新鲜处。保持呼吸道通畅。如呼吸困难，给输氧。呼吸、心跳停止，立即进行人工呼吸(勿用口对口)和胸外心脏按压术。如出现中毒症状给予吸氧和吸入亚硝酸异戊酯，将亚硝酸异戊酯的安瓿放在手帕里或单衣内打碎放在面罩内使伤员吸入15s，然后移去15s，重复5～6次。口服4－DMAP(4－二甲基氨基苯酚)1片(180mg)和PAPP(氨基苯丙酮)1片(90mg)。就医。

眼睛接触：立即分开眼睑，用大量流动清水或生理盐水彻底冲洗10～15min。如出现中毒症状，处理同吸入。

皮肤接触：立即脱去污染的衣着，用流动清水或5%硫代硫酸钠溶液彻底冲洗。如出现中毒症状，处理同吸入。

食入：如患者神志清醒，催吐，洗胃。如果出现中毒症状，处理同吸入。

灭火方法 消防人员须佩戴防毒面具，穿全身消防服，在上风向灭火。尽可能将容器从火场移至空旷处。喷水保持火场容器冷却，直至灭火结束。

灭火剂：雾状水、泡沫、干粉、二氧化碳、砂土。

泄漏应急处置 隔离泄漏污染区，限制出入。建议应急处理人员戴防尘口罩，穿防毒服，戴防毒物手套。穿上适当的防护服前严禁接触破裂的容器和泄漏物。尽可能切断泄漏源。用塑料布覆盖泄漏物，减少飞散。勿使水进入包装容器内。用洁净的铲子收集泄漏物，置于干净、干燥、盖子较松的容器中，将容器移离泄漏区。

910. 阳离子蓝 X－GRRL

标　识

中文名称 阳离子蓝 X－GRRL

英文名称 2－((4－(Ethyl(2－hydroxyethyl)amino)phenyl)azo)－6－methoxy－3－methylbenzothiazolium methyl sulphate；C. I. Basic Blue 41；Cationic Blue X－GRRL

别名 碱性蓝41；阳离子蓝 X－GRL

分子式 $C_{20}H_{26}N_4O_6S_2$

CAS 号 12270－13－2

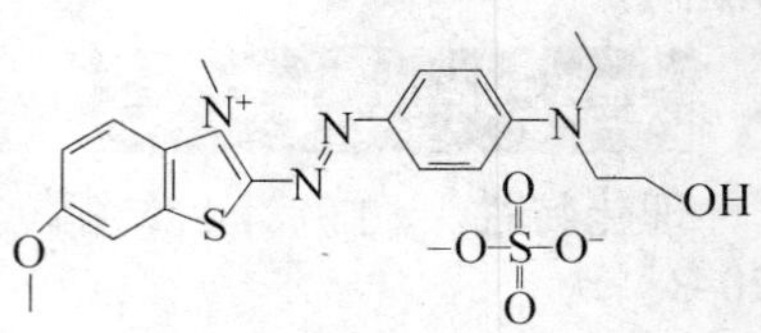

危害信息

燃烧与爆炸危险性 可燃，其蒸气与空气混合，能形成爆炸性混合物，燃烧产生有毒的刺激性烟雾。在高温火场中，受热的容器有破裂和爆炸的危险。蒸气比空气重，能在较低处扩散到相当远的地方，遇火源会着火回燃和爆炸(闪爆)。

侵入途径 吸入、食入、经皮吸收。

理化特性与用途

理化特性 蓝绿色粉状物。易溶于水呈蓝色。

主要用途 主要用于腈纶及其混纺织物的印花和染色。

包装与储运

安全储运 储存于阴凉、通风的库房。远离火种、热源。应与强氧化剂等隔离储运。搬运时轻装轻卸，防止容器受损。

紧急处置信息

急救措施 吸入：脱离接触。如有不适感，就医。

眼睛接触：分开眼睑，用流动清水或生理盐水冲洗。如有不适感，就医。

皮肤接触：脱去污染的衣着，用肥皂水和清水冲洗。如有不适感，就医。

食入：漱口，饮水。就医。

灭火方法 消防人员必须佩戴空气呼吸器、穿全身防火防毒服，在上风向灭火。尽可能将容器从火场移至空旷处。喷水保持火场容器冷却，直至灭火结束。处在火场中的容器若发生异常变化或发出异常声音，须马上撤离。

灭火剂：雾状水、泡沫、干粉、二氧化碳、砂土。

泄漏应急处置 隔离泄漏污染区，限制出入。消除所有点火源。建议应急处理人员戴防尘口罩，穿防毒服。禁止接触或跨越泄漏物。小量泄漏：用洁净的铲子收集泄漏物，置于干净、干燥、盖子较松的容器中，将容器移离泄漏区。大量泄漏：用水润湿，并筑堤收容。防止泄漏物进入水体、下水道、地下室或受限空间。

911. 野 麦 畏

标 识

中文名称 野麦畏

英文名称 tri－allate；S－(2，3，3－trichloroallyl) diisopropylthiocarbamate

别名 N，N－二异丙基硫代氨基甲酸S－2，3，3－三氯烯丙基酯；阿畏达；三氯烯丹

分子式 $C_{10}H_{16}Cl_3NOS$

CAS 号 2303－17－5

WGH 号 61877

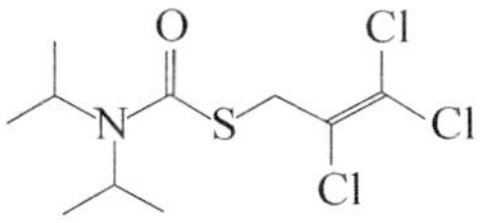

危害信息

危险性类别 第6类有毒品。

燃烧与爆炸危险性 可燃。其蒸气与空气混合，能形成爆炸性混合物。受高热分解放出有毒的气体。若遇高热，容器内压增大，有开裂和爆炸的危险。

活性反应 与氧化剂可发生反应。

禁忌物 强氧化剂。

毒性 大鼠经口 LD_{50}：800mg/kg；小鼠经口 LD_{50}：930mg/kg；大鼠经皮 LD_{50}：3500mg/kg；兔经皮 LD_{50}：2225mg/kg；大鼠吸入 LC_{50}：5300mg/m^3。

欧盟法规1272/2008/EC将本品列为第1B类致癌物——可能对人类有致癌能力。

侵入途径 吸入、食入、经皮吸收。

环境危害 对水生生物有极高毒性，可能在水生环境中造成长期不利影响。

理化特性与用途

理化特性 黄色至深棕色固体或棕色至深棕色透明液体。微溶于水，溶于乙醇、乙醚、丙酮、苯、乙酸乙酯、庚烷。熔点29～30℃，沸点117℃(0.04kPa)，相对密度(水=1)1.27，相对蒸气密度(空气=1)10.5，饱和蒸气压0.016Pa(25℃)，辛醇/水分配系数3.98，闪点90℃(闭杯)、95℃(开杯)。

主要用途 芽前苗后除草剂。用于小麦、大麦、青稞、油菜、豌豆、甜菜等作物田防除野燕麦。

包装与储运

包装标志 有毒品

包装类别 Ⅲ类

安全储运 储存于阴凉、通风的库房。远离火种、热源。防止阳光直射。寒冷季节要注意保持库温在结晶点以上，防止冻裂容器及变质。库温不超过35℃。相对湿度不超过85%。保持容器密封。应与氧化剂分开存放，切忌混储。配备相应品种和数量的消防器材。储区应备有泄漏应急处理设备和合适的收容材料。

紧急处置信息

急救措施

吸入：迅速脱离现场至空气新鲜处。保持呼吸道通畅。如呼吸困难，给输氧。呼吸、心跳停止，立即进行心肺复苏术。就医。

眼睛接触：分开眼睑，用流动清水或生理盐水冲洗。如有不适感，就医。

皮肤接触：脱去污染的衣着，用流动清水冲洗。如有不适感，就医。

食入：饮足量温水，催吐。就医。

灭火方法 消防人员须佩戴防毒面具，穿全身消防服，在上风向灭火。尽可能将容器从火场移至空旷处。喷水保持火场容器冷却，直至灭火结束。处在火场中的容器若已变色或从安全泄压装置中发出声音，必须马上撤离。

灭火剂：雾状水、泡沫、干粉、二氧化碳、砂土。

泄漏应急处置 根据液体流动和蒸气扩散的影响区域划定警戒区，无关人员从侧风、上风向撤离至安全区。建议应急处理人员戴正压自给式呼吸器，穿防毒服，戴橡胶手套。穿上适当的防护服前严禁接触破裂的容器和泄漏物。尽可能切断泄漏源。防止泄漏物进入水体、下水道、地下室或受限空间。小量泄漏：用干燥的砂土或其他不燃材料吸收或覆盖，收集于容器中。大量泄漏：构筑围堤或挖坑收容。用泵转移至槽车或专用收集器内。

912. 液　氮

标　识

中文名称　液氮

英文名称　Liquid nitrogen

别名　冷冻液态氮

分子式　N_2

CAS 号　7727－37－9

WGH 号　22006

UN 号　1977

N≡N

危害信息

危险性类别　第 2.2 类不燃气体。

燃烧与爆炸危险性　不燃，无特殊燃爆特性。若遇高热，容器内压增大，有开裂和爆炸的危险。

毒性　皮肤接触液氮可致冻伤。常压下汽化产生的氮气过量，可使空气中氧分压下降，引起缺氧窒息。

侵入途径　吸入。

理化特性与用途

理化特性　无色无味的液体。微溶于水，微溶于乙醇，溶于液氨。熔点－210℃，沸点－196℃，相对密度(水＝1)0.81(－196℃)，相对蒸气密度(空气＝1)0.97，饱和蒸气压101.3kPa(－195.6℃)，临界温度－147℃，临界压力3.40MPa，辛醇/水分配系数0.67。

主要用途　用于合成氨、硝酸盐、氰化物或用作致冷剂等。

包装与储运

包装标志　不燃气体。

安全储运　储存于阴凉、通风的不燃气体专用库房。库温不宜超过30℃。储区应备有泄漏应急处理设备。搬运时轻装轻卸，须戴好钢瓶安全帽和防震橡皮圈，防止钢瓶撞击。

紧急处置信息

急救措施

吸入：迅速脱离现场至空气新鲜处。保持呼吸道通畅。如呼吸困难，给输氧。呼吸、心跳停止，立即进行心肺复苏术。就医。

眼睛接触：分开眼睑，用流动清水或生理盐水冲洗。如有不适感，就医。

皮肤接触：用大量流动清水冲洗。如果发生冻伤：将患部浸泡于保持在38～42℃的温水中复温。不要涂擦。不要使用热水或辐射热。使用清洁、干燥的敷料包扎。如有不适感，就医。

食入：不会通过该途径接触。

灭火方法 用雾状水保持火场容器冷却，可用雾状水喷淋加速液氮蒸发，但不可使水射至液氮。本品不燃。根据着火原因选择适当灭火剂灭火。

泄漏应急处置 根据气体扩散的影响区域划定警戒区，无关人员从侧风、上风向撤离至安全区。建议应急处理人员戴正压自给式呼吸器，穿防寒服，戴防寒手套。禁止接触或跨越泄漏物。尽可能切断泄漏源。喷雾状水抑制蒸气或改变蒸气云流向，避免水流接触泄漏物。禁止用水直接冲击泄漏物或泄漏源。若可能翻转容器，使之逸出气体而非液体。漏出气允许排入大气中。泄漏场所保持通风。

913. 一 氮 化 锂

标 识

中文名称 一氮化锂

英文名称 lithium nitride；trilithium nitride

别名 氮化锂

分子式 Li_3N

CAS 号 26134－62－3

WGH 号 43024

UN 号 2806

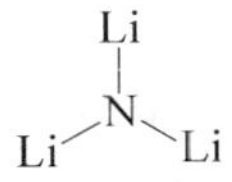

危害信息

危险性类别 第 4.3 类遇湿易燃物品。

燃烧与爆炸危险性 遇湿易燃。遇水或水蒸气反应放出有毒和易燃的气体。受高热分解放出有毒的气体。

活性反应 遇水或水蒸气反应放出有毒和易燃的气体。与酸类物质能发生剧烈反应。与氧化剂能发生强烈反应。

禁忌物 强氧化剂、强酸、水及水蒸气。

中毒表现 遇水或潮气产生有刺激性、腐蚀性的氨毒气。对眼睛、黏膜和呼吸道有腐蚀性。

侵入途径 吸入、食入。

理化特性与用途

理化特性 红棕色结晶或粉末。与水反应。不溶于多数有机溶剂。熔点 813～845℃，相对密度(水＝1)1.3，辛醇/水分配系数 3.24。

主要用途 用作渗氮剂，有机反应中的还原剂及无机反应中的氮气来源，化学合成催化剂，也用于冶金。

包装与储运

包装标志 遇湿易燃物品

包装类别 Ⅰ类

安全储运 储存于阴凉、干燥、通风良好的专用库房内，库温不超过 32℃。相对湿度不超过 75%。远离火种、热源。防止阳光直射。包装必须密封。切勿受潮。应与氧化剂、酸类等分开存放，切忌混储。采用防爆型照明、通风设施。禁止使用易产生火花的机械设备和工具。储区应备有合适的材料收容泄漏物。

紧急处置信息

急救措施

吸入：迅速脱离现场至空气新鲜处。保持呼吸道通畅。如呼吸困难，给输氧。呼吸、心跳停止，立即进行心肺复苏术。就医。

眼睛接触：立即分开眼睑，用流动清水或生理盐水彻底冲洗 10~15min。就医。

皮肤接触：立即脱去污染的衣着，用大量流动清水彻底冲洗，冲洗时间一般要求 20~30min。就医。

食入：用水漱口。给饮牛奶或蛋清。就医。

灭火方法 消防人员须佩戴防毒面具，穿全身消防服，在上风向灭火。尽可能将容器从火场移至空旷处。喷水保持火场容器冷却，直至灭火结束。禁止用水、泡沫和酸碱灭火剂灭火

灭火剂：干粉、二氧化碳、砂土。

泄漏应急处置 严禁用水处理。隔离泄漏污染区，限制出入。消除所有点火源。建议应急处理人员戴防尘口罩，穿防毒、防静电服，戴橡胶手套。禁止接触或跨越泄漏物。尽可能切断泄漏源。保持泄漏物干燥。小量泄漏：用干燥的砂土或其他不燃材料覆盖泄漏物，然后用塑料布覆盖，减少飞散、避免雨淋。大量泄漏：用塑料布或帆布覆盖泄漏物，减少飞散，保持干燥。在专家指导下清除。

914. 一氟二氯甲烷

标　识

中文名称 一氟二氯甲烷

英文名称 dichlorofluoromethane；HCFC-21

别名 氟利昂-21；制冷气体 R-21

分子式 $CHCl_2F$

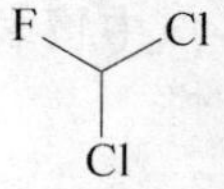

CAS 号 75-43-4

WGH 号 22044

UN 号 1029

危害信息

危险性类别 第 2.2 类不燃气体。

燃烧与爆炸危险性 不易燃。遇火或赤热表面会分解出剧毒的氯化氢、氟化氢，还可能有光气。若遇高热，容器内压增大，有开裂和爆炸的危险。

禁忌物 强氧化剂、碱金属、碱土金属、易燃或可燃物。

毒性 大鼠吸入 LC_{50}：49900ppm(4h)；小鼠吸入 LC_{50}：>800000mg/m^3(2h)。

中毒表现 高浓度吸入有麻醉作用。液化气体可引起冻伤。

侵入途径 吸入。

职业接触限值

美国(ACGIH)：TLV-TWA：10ppm。

环境危害 对大气臭氧层有极强破坏力。

理化特性与用途

理化特性 无色重质气体，有似四氯化碳的气味。不溶于水，溶于乙醇、乙醚、四氯化碳。熔点 -135℃，沸点 8.9℃，相对密度(水=1)1.48(20℃)，相对蒸气密度(空气=1)3.8，饱和蒸气压 159kPa(21℃)，临界温度 178.58℃，临界压力 5.18MPa，辛醇/水分配系数 1.55，引燃温度 522℃，燃烧热 -231.17kJ/mol。

主要用途 用作溶剂、致冷剂、气溶胶喷射剂。

包装与储运

包装标志 不燃气体。

安全储运 储存于阴凉、通风的不燃气体专用库房。远离火种、热源。库温不宜超过 30℃。应与氧化剂、碱金属、碱土金属等分开存放，切忌混储。储区应备有泄漏应急处理设备。搬运时轻装轻卸，须戴好钢瓶安全帽和防震橡皮圈，防止钢瓶撞击。

紧急处置信息

急救措施

吸入：迅速脱离现场至空气新鲜处。保持呼吸道通畅。如呼吸困难，给输氧。呼吸、心跳停止，立即进行心肺复苏术。就医。

眼睛接触：分开眼睑，用流动清水或生理盐水冲洗。如有不适感，就医。

皮肤接触：用大量流动清水冲洗。如果发生冻伤：将患部浸泡于保持在 38~42℃ 的温水中复温。不要涂擦。不要使用热水或辐射热。使用清洁、干燥的敷料包扎。如有不适感，就医。

食入：不会通过该途径接触。

灭火方法 消防人员须佩戴防毒面具，穿全身消防服，在上风向灭火。切断气源。喷水保持火场容器冷却直至灭火结束，可能的话将容器从火场移至空旷处。本品不易燃。根据着火原因选择适当灭火剂灭火。

泄漏应急处置 根据气体扩散的影响区域划定警戒区，无关人员从侧风、上风向撤离至安全区。建议应急处理人员戴正压自给式呼吸器，穿一般作业工作服。液化气体泄漏时穿防寒服，戴防寒手套。禁止接触或跨越泄漏物。尽可能切断泄漏源。喷雾状水抑制蒸气或改变蒸气云流向，避免水流接触泄漏物。禁止用水直接冲击泄漏物或泄漏源。若可能翻转容器，使之逸出气体而非液体。防止气体通过下水道、通风系统和受限空间扩散。漏出气允许排入大气中。泄漏场所保持通风。

915. 一氯二氟溴甲烷

标　识

中文名称 一氯二氟溴甲烷

英文名称 bromochlorodifluoromethane；monobromomonochlorodifluoromethane；Halon 1211

别名 溴氯二氟甲烷；一溴一氯二氟甲烷；制冷剂 R-12B1

分子式 $CBrClF_2$

915. 一氯二氟溴甲烷

CAS 号 353－59－3

WGH 号 22048

UN 号 1974

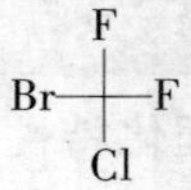

危害信息

危险性类别 第 2.2 类不燃气体。

燃烧与爆炸危险性 不燃，无特殊燃爆特性。受高热分解，放出有毒的氟、氯、溴化物的烟气。若遇高热，容器内压增大，有开裂和爆炸的危险。

禁忌物 碱金属、碱土金属、活性金属粉末。

毒性 大鼠吸入 LC_{50}：2140000mg/m^3(5min)。

中毒表现 液化气体可引起冻伤。

侵入途径 吸入。

环境危害 对臭氧层有严重的危害。

理化特性与用途

理化特性 无色气体。不溶于水。熔点－160.4～－159.4℃，沸点－3.9～－2.5℃，相对密度(水＝1)1.85(液体)，相对蒸气密度(空气＝1)5.7，饱和蒸气压 257.3kPa(25℃)，临界温度 153.15℃，临界压力 4.25MPa，辛醇/水分配系数 2.1。

主要用途 用作致冷剂、金属表面润滑剂、灭火剂、火箭燃料等。

包装与储运

包装标志 不燃气体。

安全储运 储存于阴凉、通风的不燃气体专用库房。库温不宜超过 30℃。远离火种、热源。应与碱金属、碱土金属、食用化学品分开存放，切忌混储。储区应备有泄漏应急处理设备。

紧急处置信息

急救措施

吸入：迅速脱离现场至空气新鲜处。保持呼吸道通畅。如呼吸困难，给输氧。呼吸、心跳停止，立即进行心肺复苏术。就医。

眼睛接触：不会通过该途径接触。

皮肤接触：如发生冻伤，用温水(38～42℃)复温，忌用热水或辐射热，不要揉搓。

食入：不会通过该途径接触。

灭火方法 消防人员须佩戴防毒面具，穿全身消防服，在上风向灭火。迅速切断气源，用水喷淋保护切断气源的人员。尽可能将容器从火场移至空旷处。喷水保持火场容器冷却，直至灭火结束。本品不燃。根据着火原因选择适当灭火剂灭火。

泄漏应急处置 根据气体扩散的影响区域划定警戒区，无关人员从侧风、上风向撤离至安全区。建议应急处理人员戴正压自给式呼吸器，穿防毒服。禁止接触或跨越泄漏物。尽可能切断泄漏源。喷雾状水抑制蒸气或改变蒸气云流向，避免水流接触泄漏物。禁止用水直接冲击泄漏物或泄漏源。防止气体通过下水道、通风系统和受限空间扩散。漏出气允许排入大气中。泄漏场所保持通风。

916. 一氯二氟乙烷

标　　识

中文名称　一氯二氟乙烷

英文名称　1 – Chloro – 1,1 – difluoroethane;HCFC – 142b

别名　1 – 氯 – 1，1 – 二氟乙烷；制冷气体 R142b

分子式　$C_2H_3ClF_2$

CAS 号　75 – 68 – 3

WGH 号　21033

UN 号　2517

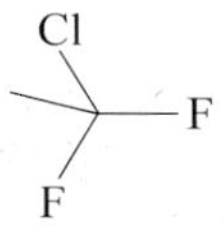

危害信息

危险性类别　第 2. 1 类易燃气体。

燃烧与爆炸危险性　易燃。与空气混合能形成爆炸性混合物，遇热源和明火有燃烧爆炸的危险。受热分解放出有毒的氟化物气体。气体比空气重，能在较低处扩散到相当远的地方，遇火源会着火回燃和爆炸(闪爆)。

活性反应　与氧化剂接触发生猛烈反应。

禁忌物　强氧化剂、镁铜及其合金。

毒性　大鼠吸入 LC_{50}：2050000mg/m^3(4h)；小鼠吸入 LC_{50}：1758000mg/m^3(2h)。

中毒表现　吸入高浓度本品，有可能引起心律不齐、昏迷甚至死亡。接触本品液体可致冻伤。

侵入途径　吸入。

环境危害　对大气臭氧层有极强破坏力。

理化特性与用途

理化特性　无色气体，有轻微的醚味。不溶于水，溶于苯、烃类和氯化溶剂。熔点 –131℃,沸点 –9. 7℃，相对密度(水 =1)1. 1，相对蒸气密度(空气 =1)3. 5，饱和蒸气压 337kPa(25℃)，临界温度 137. 1℃，临界压力 4. 12MPa，辛醇/水分配系数 1. 6，闪点(易燃气体)，引燃温度 632℃，爆炸下限 6. 2%，爆炸上限 18%。

主要用途　用作致冷剂、气雾剂的挥发剂、发泡剂以及 1,1 – 二氟乙烷的化学中间体等。

包装与储运

包装标志　易燃气体。

安全储运　储存于阴凉、通风的易燃气体专用库房。库温不宜超过 30℃。保持容器密封。远离火种、热源。应与氧化剂、金属粉末等分开存放，切忌混储。采用防爆型照明、通风设施。禁止使用易产生火花的机械设备和工具。储区应备有泄漏应急处理设备。搬运时轻装轻卸，须戴好钢瓶安全帽和防震橡皮圈，防止钢瓶撞击。

紧急处置信息

急救措施

吸入：迅速脱离现场至空气新鲜处。保持呼吸道通畅。如呼吸困难，给输氧。呼吸、心跳停止，立即进行心肺复苏术。就医。

眼睛接触：分开眼睑，用流动清水或生理盐水冲洗。如有不适感，就医。

皮肤接触：用大量流动清水冲洗。如果发生冻伤：将患部浸泡于保持在 38～42℃的温水中复温。不要涂擦。不要使用热水或辐射热。使用清洁、干燥的敷料包扎。如有不适感，就医。

食入：不会通过该途径接触。

灭火方法 切断气源。若不能切断气源，则不允许熄灭泄漏处的火焰。消防人员必须佩戴空气呼吸器，穿全身防火防毒服，在上风向灭火。尽可能将容器从火场移至空旷处。喷水保持火场容器冷却，直至灭火结束。

灭火剂：雾状水、泡沫、干粉、二氧化碳。

泄漏应急处置 消除所有点火源。根据气体扩散的影响区域划定警戒区，无关人员从侧风、上风向撤离至安全区。建议应急处理人员戴正压自给式呼吸器，穿防静电服。液化气体泄漏时穿防静电、防寒服，戴防寒手套。作业时使用的所有设备应接地。禁止接触或跨越泄漏物。尽可能切断泄漏源。若可能翻转容器，使之逸出气体而非液体。喷雾状水抑制蒸气或改变蒸气云流向，避免水流接触泄漏物。禁止用水直接冲击泄漏物或泄漏源。防止气体通过下水道、通风系统和受限空间扩散。隔离泄漏区直至气体散尽。

917. 一氯三氟乙烷

标　识

中文名称 一氯三氟乙烷

英文名称 2 – Chloro – 1,1,1 – trifluoroethane；HCFC – 133a

别名 2 – 氯 – 1，1，1 – 三氟氯乙烷；制冷气体 R133a

分子式 $C_2H_2ClF_3$

CAS 号 75 – 88 – 7

WGH 号 22041

UN 号 1983

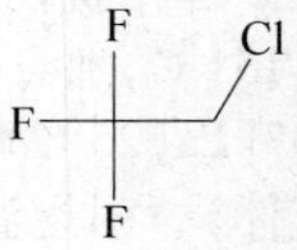

危害信息

危险性类别 第 2. 2 类不燃气体。

燃烧与爆炸危险性 不燃，无特殊燃爆特性。受高热分解，放出有毒的氟化物和氯化物气体。若遇高热，容器内压增大，有开裂和爆炸的危险。

禁忌物 强氧化剂、镁铜及其合金。

毒性 小鼠吸入 LC_{50}：15pph(1h)。

中毒表现 本品属多氟烷烃。多氟烷烃的主要毒作用为麻醉作用；高浓度使空气中氧分压降低，可致缺氧性窒息。

侵入途径

吸入。

环境危害　对大气臭氧层有极强破坏力。

理化特性与用途

理化特性　无色气体。微溶于水。熔点 -105.5℃，沸点 6.9℃，相对密度（水 =1）1.4，相对蒸气密度（空气 =1）4.1，饱和蒸气压 180 kPa（20℃），辛醇/水分配系数 1.99。

主要用途　用作致冷剂、发泡剂、化学中间体和实验室试剂等。

包装与储运

包装标志　不燃气体。

安全储运　储存于阴凉、通风的不燃气体专用库房。库温不宜超过 30℃。远离火种、热源。应与氧化剂、金属粉末等分开存放，切忌混储。储区应备有泄漏应急处理设备。搬运时轻装轻卸，须戴好钢瓶安全帽和防震橡皮圈，防止钢瓶撞击。

紧急处置信息

急救措施

吸入：迅速脱离现场至空气新鲜处。保持呼吸道通畅。如呼吸困难，给输氧。呼吸、心跳停止，立即进行心肺复苏术。就医。

眼睛接触：分开眼睑，用流动清水或生理盐水冲洗。如有不适感，就医。

皮肤接触：用大量流动清水冲洗。如果发生冻伤：将患部浸泡于保持在 38～42℃的温水中复温。不要涂擦。不要使用热水或辐射热。使用清洁、干燥的敷料包扎。如有不适感，就医。

食入：不会通过该途径接触。

灭火方法　消防人员须佩戴防毒面具，穿全身消防服，在上风向灭火。尽可能将容器从火场移至空旷处。喷水保持火场容器冷却，直至灭火结束。处在火场中的容器若已变色或从安全泄压装置中发出声音，必须马上撤离。本品不燃。根据着火原因选择适当灭火剂灭火。

泄漏应急处置　根据气体扩散的影响区域划定警戒区，无关人员从侧风、上风向撤离至安全区。建议应急处理人员戴正压自给式呼吸器，穿一般作业工作服。液化气体泄漏时穿防寒服，戴防寒手套。禁止接触或跨越泄漏物。尽可能切断泄漏源。喷雾状水抑制蒸气或改变蒸气云流向，避免水流接触泄漏物。禁止用水直接冲击泄漏物或泄漏源。若可能翻转容器，使之逸出气体而非液体。防止气体通过下水道、通风系统和受限空间扩散。漏出气允许排入大气中。泄漏场所保持通风。

918. 一氯杀螨砜

标　识

中文名称　一氯杀螨砜

英文名称　*p*-chlorophenyl phenyl sulphone；sulphenone

别名　4-氯苯基苯砜；氯苯砜

分子式　$C_{12}H_9ClO_2S$

CAS 号　80-00-2

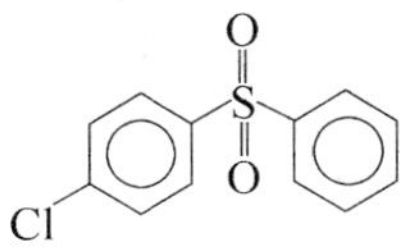

WGH 号 61904

危害信息

危险性类别 第6类有毒品。

燃烧与爆炸危险性 可燃。其粉体与空气混合，能形成爆炸性混合物。受高热分解放出有毒的气体。

禁忌物 强氧化剂。

毒性 大鼠经口 LD_{50}：1400mg/kg；小鼠经口 LD_{50}：2700mg/kg；兔经皮 LD_{50}：>1000mg/kg。

中毒表现 属低毒类。如中毒，可出现头痛、眩晕、乏力、食欲不振等症状。敷贴在皮肤上未引起明显的刺激和致敏作用。

侵入途径 吸入、食入、经皮吸收。

理化特性与用途

理化特性 无色结晶或白色固体，有芳香气味。不溶于水，易溶于极性和芳族有机溶剂。熔点90～94℃，沸点250℃（1.33kPa），饱和蒸气压0.52MPa（25℃）辛醇/水分配系数3.25。

主要用途 杀螨剂。用于苹果、桃树防治各种螨类。

包装与储运

包装标志 有毒品

包装类别 Ⅲ类

安全储运 储存于阴凉、通风的库房。远离火种、热源。防止阳光直射。库温不超过35℃。相对湿度不超过80%。保持容器密封。应与氧化剂分开存放，切忌混储。配备相应品种和数量的消防器材。储区应备有合适的材料收容泄漏物。

紧急处置信息

急救措施

吸入：迅速脱离现场至空气新鲜处。保持呼吸道通畅。如呼吸困难，给输氧。呼吸、心跳停止，立即进行心肺复苏术。就医。

眼睛接触：分开眼睑，用流动清水或生理盐水冲洗。如有不适感，就医。

皮肤接触：脱去污染的衣着，用流动清水冲洗。如有不适感，就医。

食入：饮足量温水，催吐。就医。

灭火方法 消防人员须佩戴防毒面具，穿全身消防服，在上风向灭火。尽可能将容器从火场移至空旷处。喷水保持火场容器冷却，直至灭火结束。

灭火剂：雾状水、泡沫、干粉、二氧化碳、砂土。

泄漏应急处置 隔离泄漏污染区，限制出入。建议应急处理人员戴防尘口罩，穿防毒服，戴橡胶手套。穿上适当的防护服前严禁接触破裂的容器和泄漏物。尽可能切断泄漏源。用塑料布覆盖泄漏物，减少飞散。勿使水进入包装容器内。用洁净的铲子收集泄漏物，置于干净、干燥、盖子较松的容器中，将容器移离泄漏区。

919. 一氯五氟化苯

标　识

中文名称　一氯五氟化苯

英文名称　chloropentafluorobenzene；pentafluorochlorobenzene

别名　氯五氟苯

分子式　C_6ClF_5

CAS 号　344－07－0

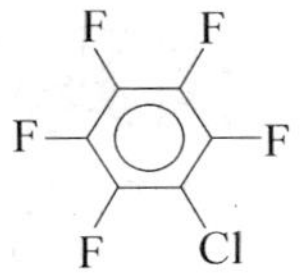

危害信息

燃烧与爆炸危险性　可燃。其粉体与空气混合，能形成爆炸性混合物。受高热分解，放出有毒的氟化物和氯化物气体。

禁忌物　强氧化剂、强酸、活性金属粉末。

毒性　大鼠经口 LD_{50}：＞5000mg/kg；小鼠经口 LD_{50}：3000mg/kg；大鼠吸入 LC_{50}：4840mg/m^3(4h)。

中毒表现　氟苯化合物多为麻醉剂，加入氯原子后麻醉作用不变，但细胞毒性加大，且影响卟啉代谢。

侵入途径　吸入、食入。

理化特性与用途

理化特性　无色至淡黄色透明液体。不溶于水。沸点 116.9～123℃，相对密度(水＝1)1.569，相对蒸气密度(空气＝1)6.98，饱和蒸气压 2.1kPa(20℃)，临界温度 297.8℃，临界压力 3.24MPa，辛醇/水分配系数 3.64。

主要用途　用作医药、农药、液晶材料的中间体等。

包装与储运

安全储运　储存于阴凉、通风的库房。远离火种、热源。保持容器密封。应与氧化剂、酸类、活性金属粉末等隔离储运。搬运时轻装轻卸，防止容器受损。

紧急处置信息

急救措施

吸入：迅速脱离现场至空气新鲜处。保持呼吸道通畅。如呼吸困难，给输氧。呼吸、心跳停止，立即进行心肺复苏术。就医。

眼睛接触：分开眼睑，用流动清水或生理盐水冲洗。如有不适感，就医。

皮肤接触：立即脱去污染的衣着，用肥皂水和清水彻底冲洗皮肤。如有不适感，就医。

食入：饮足量温水，催吐。就医。

灭火方法　消防人员必须佩戴空气呼吸器，穿全身防火防毒服，在上风向灭火。尽可能将容器从火场移至空旷处。喷水保持火场容器冷却，直至灭火结束。

灭火剂：雾状水、泡沫、二氧化碳、干粉、砂土。

泄漏应急处置　根据液体流动和蒸气扩散的影响区域划定警戒区，无关人员从侧风、

上风向撤离至安全区。建议应急处理人员戴空气呼吸器，穿一般作业工作服，戴橡胶手套。尽可能切断泄漏源。防止泄漏物进入水体、下水道、地下室或受限空间。小量泄漏：用干燥的砂土或其他不燃材料吸收或覆盖，收集于容器中。大量泄漏：构筑围堤或挖坑收容。用泵转移至槽车或专用收集器内。

920. 一氯五氟乙烷

标 识

中文名称 一氯五氟乙烷

英文名称 chloropentafluoroethane; 1 - Chloro - 1, 1, 2, 2, 2 - pentafluoroethane; CFC - 115

别名 五氟氯乙烷；制冷气体 R115

分子式 C_2ClF_5

CAS 号 76 - 15 - 3

WGH 号 22043

UN 号 1020

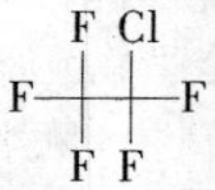

危害信息

危险性类别 第 2.2 类不燃气体。

燃烧与爆炸危险性 不燃，无特殊燃爆特性。受高热分解，放出有毒的氟化物和氯化物气体。若遇高热，容器内压增大，有开裂和爆炸的危险。

禁忌物 强氧化剂、铝、铜、碱金属、碱土金属。

毒性 大鼠吸入 LC_{50}：$4880g/m^3$(4h)。

中毒表现 吸入高浓度本品，有可能引起心律不齐，昏迷甚至死亡。接触本品液体可致冻伤。

侵入途径

吸入。

职业接触限值

中国：PC - TWA：$5000mg/m^3$。

美国(ACGIH)：TLV - TWA：1000ppm。

环境危害 对大气臭氧层有极强破坏力。

理化特性与用途

理化特性 无色无味气体，有轻微的醚味。不溶于水，溶于乙醇、乙醚。熔点 -106℃，沸点 -39℃，相对密度(水 = 1)1.3，相对蒸气密度(空气 = 1)5.3，饱和蒸气压 797kPa(20℃)，临界温度 80.0℃，临界压力 3.12MPa，辛醇/水分配系数 2.4。

主要用途 食品工业中用作致冷剂，用作气溶胶的挥发剂、绝缘气、蚀刻剂。

包装与储运

包装标志 不燃气体

安全储运 储存于阴凉、通风的不燃气体专用库房。库温不宜超过 30℃。远离火种、热源。应与氧化剂、碱金属、碱土金属等分开存放，切忌混储。储区应备有泄漏应急处理设备。搬运时轻装轻卸，须戴好钢瓶安全帽和防震橡皮圈，防止钢瓶撞击。

紧急处置信息

急救措施

吸入：迅速脱离现场至空气新鲜处。保持呼吸道通畅。如呼吸困难，给输氧。呼吸、心跳停止，立即进行心肺复苏术。就医。

眼睛接触：分开眼睑，用流动清水或生理盐水冲洗。如有不适感，就医。

皮肤接触：用大量流动清水冲洗。如果发生冻伤：将患部浸泡于保持在38～42℃的温水中复温。不要涂擦。不要使用热水或辐射热。使用清洁、干燥的敷料包扎。如有不适感，就医。

食入：不会通过该途径接触。

灭火方法 消防人员须佩戴防毒面具，穿全身消防服，在上风向灭火。切断气源。喷水冷却容器，直至灭火结束。可能的话将容器从火场移至空旷处。本品不燃。根据着火原因选择适当灭火剂灭火。

泄漏应急处置 根据气体扩散的影响区域划定警戒区，无关人员从侧风、上风向撤离至安全区。建议应急处理人员戴正压自给式呼吸器，穿一般作业工作服。液化气体泄漏时穿防寒服，戴防寒手套。禁止接触或跨越泄漏物。尽可能切断泄漏源。喷雾状水抑制蒸气或改变蒸气云流向，避免水流接触泄漏物。禁止用水直接冲击泄漏物或泄漏源。若可能翻转容器，使之逸出气体而非液体。防止气体通过下水道、通风系统和受限空间扩散。漏出气允许排入大气中。泄漏场所保持通风。

921. 一氧化氮

标识

中文名称 一氧化氮

英文名称 nitrogen monoxide; nitric oxide

别名 氧化氮

分子式 NO

CAS号 10102－43－9

N*═O

WGH号 23009

UN号 1660

危害信息

危险性类别 第2.3类有毒气体。

燃烧与爆炸危险性 助燃。与可燃物接触易着火燃烧。遇到氢气爆炸性化合。接触空气会散发出棕色有氧化性的烟雾。

禁忌物 易燃或可燃物、铝、卤素、氧、氢气。

毒性 大鼠吸入 LC_{50}：160mg/m^3；人吸入 TCL_0：76mg/m^3。

中毒表现 本品不稳定，在空气中很快转变为二氧化氮产生刺激作用。

氮氧化物主要损害呼吸道。吸入初期仅有轻微的眼及呼吸道刺激症状，如咽部不适、干咳等。常经数小时至十几小时或更长时间潜伏期后发生迟发性肺水肿、成人呼吸窘迫综合征，出现胸闷、呼吸窘迫、咳嗽、咯泡沫痰、紫绀等。可并发气胸及纵隔气肿。肺水肿消退后两周左右可出现迟发性阻塞性细支气管炎。一氧化氮浓度高可致高铁血红蛋白血症。

慢性影响表现为神经衰弱综合征及慢性呼吸道炎症。个别病例出现肺纤维化。可引起牙齿酸蚀症。

侵入途径

吸入。

职业接触限值

中国：PC－TWA：15mg/m^3。

美国(ACGIH)：TLV－TWA：25ppm。

理化特性与用途

理化特性 无色气体，有芳香味。微溶于水，溶于乙醇、二硫化碳。熔点－163.6℃，沸点－151.8℃，相对密度(水＝1)1.27(－150.2℃)，相对蒸气密度(空气＝1)1.04，饱和蒸气压6064.8kPa(－94.8℃)，临界温度－93℃，临界压力6.48MPa。

主要用途 用于制硝酸，用作人造丝漂白剂、丙烯及二甲醚的稳定剂。

包装与储运

包装标志 有毒气体，氧化剂

安全储运 储存于阴凉、通风的有毒气体专用库房。远离火种、热源。库温不宜超过30℃。应与易(可)燃物、卤素、食用化学品分开存放，切忌混储。储区应备有泄漏应急处理设备。搬运时轻装轻卸，须戴好钢瓶安全帽和防震橡皮圈，防止钢瓶撞击。

紧急处置信息

急救措施

吸入：迅速脱离现场至空气新鲜处。保持呼吸道通畅。如呼吸困难，给输氧。呼吸、心跳停止，立即进行心肺复苏术。就医。

眼睛接触：不会通过该途径接触。

皮肤接触：不会通过该途径接触。

食入：不会通过该途径接触。

灭火方法 切断气源。若不能切断气源，则不允许熄灭泄漏处的火焰。消防人员必须佩戴空气呼吸器，穿全身防火防毒服，在上风向灭火。尽可能将容器从火场移至空旷处。喷水保持火场容器冷却，直至灭火结束。本品不燃。根据着火原因选择适当灭火剂灭火。

泄漏应急处置 根据气体扩散的影响区域划定警戒区，无关人员从侧风、上风向撤离至安全区。建议应急处理人员穿内置正压自给式呼吸器的全封闭防化服。禁止接触或跨越泄漏物。勿使泄漏物与可燃物质(如木材、纸、油等)接触。尽可能切断泄漏源。喷雾状水抑制蒸气或改变蒸气云流向，避免水流接触泄漏物。禁止用水直接冲击泄漏物或泄漏源。防止气体通过下水道、通风系统和受限空间扩散。隔离泄漏区直至气体散尽。泄漏场所保持通风。

922. 一氧化二氮［压缩的］

标 识

中文名称 一氧化二氮［压缩的］

英文名称 nitrous oxide(compressed); dinitrogen oxide

别名 氧化亚氮；笑气

分子式 N_2O

CAS 号 10024-97-2

WGH 号 22017

UN 号 1070

N≡N=O

危害信息

危险性类别 第2.2类不燃气体。

燃烧与爆炸危险性 助燃。遇乙醚、乙烯等易燃气体能起助燃作用，可加剧燃烧。

禁忌物 强还原剂、易燃或可燃物、乙醚、乙烯。

毒性 人吸入 TCL_0：24mg/kg(2h)。

中毒表现 吸入本品和空气的混合物，当其中氧浓度很低时可引起窒息；吸入80%本品和氧气的混合物引起深麻醉，苏醒后一般无后遗作用。

侵入途径

吸入。

职业接触限值

美国(ACGIH)：TLV-TWA：50ppm。

理化特性与用途

理化特性 无色有甜味的气体。溶于水，溶于乙醇、乙醚、硫酸。熔点-90.8℃，沸点-88.5℃，相对密度(水=1)1.23(-89℃)，相对蒸气密度(空气=1)1.53，饱和蒸气压5150kPa(20℃)，临界温度36.5℃，临界压力7.26MPa，辛醇/水分配系数0.35。

主要用途 用作医药麻醉剂、防腐剂，以及用于气密性检查。

包装与储运

包装标志 不燃气体，氧化剂

安全储运 储存于阴凉、通风的不燃气体专用库房。远离火种、热源。库温不宜超过30℃，相对湿度不超过80%。应与易(可)燃物、还原剂分开存放，切忌混储。储区应备有泄漏应急处理设备。搬运时轻装轻卸，须戴好钢瓶安全帽和防震橡皮圈，防止钢瓶撞击。

紧急处置信息

急救措施

吸入：迅速脱离现场至空气新鲜处。保持呼吸道通畅。如呼吸困难，给输氧。呼吸、心跳停止，立即进行心肺复苏术。就医。

眼睛接触：不会通过该途径接触。

皮肤接触：不会通过该途径接触。

食入：不会通过该途径接触。

灭火方法 切断气源。消防人员必须佩戴空气呼吸器，穿全身防火防毒服，在上风向灭火。尽可能将容器从火场移至空旷处。喷水保持火场容器冷却，直至灭火结束。本品不燃。根据着火原因选择适当灭火剂灭火。

泄漏应急处置 根据气体扩散的影响区域划定警戒区，无关人员从侧风、上风向撤离至安全区。消除所有点火源。建议应急处理人员戴正压自给式呼吸器，穿一般作业工作服。勿使泄漏物与可燃物质(如木材、纸、油等)接触。禁止接触或跨越泄漏物。尽可能切断泄漏源。喷雾状水抑制蒸气或改变蒸气云流向，避免水流接触泄漏物。禁止用水直接冲击泄漏物或泄漏源。防止气体通过下水道、通风系统和受限空间扩散。漏出气允许排入大气中。隔离泄漏区直至气体散尽。

923. 一氧化二氯

标　识

中文名称　一氧化二氯

英文名称　dichlorine monoxide；chlorine oxide；chlorine monoxide

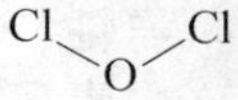

别名　单氧化二氯

分子式　Cl_2O

CAS 号　7791－21－1

危害信息

燃烧与爆炸危险性　助燃。与可燃物混合或急剧加热会发生爆炸。

活性反应　与还原剂接触有燃烧爆炸危险。

禁忌物　还原剂、氮氧化物、钾、碳、双氰、二苯汞、可氧化物。

中毒表现　接触后，可引起咳嗽、喷嚏、气急、胸闷以及流涕、流泪等眼、鼻、咽喉部刺激症状，重者可引起肺水肿。

长期接触可引起慢性支气管炎。

侵入途径　吸入。

环境危害　对环境有害。

理化特性与用途

理化特性　黄棕色气体，有刺激性气味。极易溶于水，溶于四氯化碳、碱、硫酸。熔点－120.6℃，沸点2.2℃，相对蒸气密度(空气＝1)3.02(22℃)，爆炸下限23.55，爆炸上限100%。

主要用途　用作选择性氯化剂。

包装与储运

安全储运　储存于阴凉、通风的库房。远离火种、热源。防止阳光直射。保持容器密封。应与氮氧化物、钾、碳、双氰、二苯汞、可氧化物、食用化学品分开存放，切忌混储。采用防爆型照明、通风设施。禁止使用易产生火花的机械设备和工具。储区应备有泄漏应急处理设备。

紧急处置信息

急救措施

吸入：迅速脱离现场至空气新鲜处。保持呼吸道通畅。如呼吸困难，给输氧。呼吸、心跳停止，立即进行心肺复苏术。就医。

眼睛接触：分开眼睑，用流动清水或生理盐水冲洗。如有不适感，就医。

皮肤接触：脱去污染的衣着，用流动清水冲洗。如有不适感，就医。

食入：不会通过该途径接触。

灭火方法 消防人员须戴好防毒面具，穿全身消防服，在安全距离以外，在上风向灭火。迅速切断气源，用水喷淋保护切断气源的人员，然后根据着火原因选择适当灭火剂灭火。尽可能将容器从火场移至空旷处。喷水保持火场容器冷却，直至灭火结束。遇大火，消防人员须在有防护掩蔽处操作。

泄漏应急处置 根据气体的影响区域划定警戒区，无关人员从侧风、上风向撤离至安全区。建议应急处理人员戴正压自给式呼吸器，穿一般作业工作服。禁止接触或跨越泄漏物。尽可能切断泄漏源。若可能翻转容器，使之逸出气体而非液体。防止气体通过下水道、通风系统和受限空间扩散。喷雾状水抑制蒸气或改变蒸气云流向，避免水流接触泄漏物。禁止用水直接冲击泄漏物或泄漏源。隔离泄漏区直至气体散尽。

924. 一 氧 化 铅

标 识

中文名称 一氧化铅

英文名称 lead monoxide; lead oxide

别名 氧化铅；黄丹；密陀僧

分子式 PbO

CAS 号 1317－36－8

Pb═O

WGH 号 61507

UN 号 2291

危害信息

危险性类别 第 6 类有毒品。

燃烧与爆炸危险性 不燃，无特殊燃爆特性。

禁忌物 强酸、强碱。

毒性 大鼠腹腔内 LD_{50}：450mg/kg。

中毒表现 铅及其化合物损害造血、神经、消化系统及肾脏。职业中毒主要为慢性。神经系统主要表现为神经衰弱综合征，周围神经病(以运动功能受累较明显)，重者出现铅中毒性脑病。消化系统表现有齿龈铅线、食欲不振、恶心、腹胀、腹泻或便秘；腹绞痛见于中度及重度中毒病例。造血系统损害出现卟啉代谢障碍、贫血等。短时大量接触可发生急性或亚急性中毒，表现类似重症慢性铅中毒。对肾脏损害多见于急性、亚急性或较重慢性病例。

侵入途径 吸入、食入。

职业接触限值

中国：PC－TWA：0.05mg/m^3[铅尘]，PC－TWA：0.03mg/m^3[铅烟]。

美国(ACGIH)：TLV－TWA：0.05mg/m^3[按铅计]。

环境危害 对水生生物有极高毒性，可能在水生环境中造成长期不利影响；海洋污染物。

理化特性与用途

理化特性 黄色或略带红色的粉末或四方晶体，遇光易变色。不溶于水，不溶于乙醇，溶于稀硝酸、乙酸、氯化铵、热碱液。熔点 888℃，沸点 1470℃，相对密度(水＝1)9.53，饱和蒸气压 1Pa(724℃)、1.3kPa(1085℃)。

主要用途　用作颜料、冶金助熔剂、油漆催干剂、橡胶硫化促进剂、杀虫剂等，也用于制玻璃和陶瓷。

包装与储运

包装标志　有毒品

包装类别　Ⅱ类

安全储运　储存于阴凉、通风的库房。库温不超过 35℃。相对湿度不超过 85%。包装密封。避光保存。应与酸类、碱类、食用化学品分开存放，切忌混储。储区应备有合适的材料收容泄漏物。

紧急处置信息

急救措施

吸入：迅速脱离现场至空气新鲜处。保持呼吸道通畅。如呼吸困难，给输氧。呼吸、心跳停止，立即进行心肺复苏术。就医。

眼睛接触：分开眼睑，用流动清水或生理盐水冲洗。如有不适感，就医。

皮肤接触：立即脱去污染的衣着，用肥皂水和清水彻底冲洗皮肤。如有不适感，就医。

食入：饮足量温水，催吐。就医。

灭火方法　消防人员必须佩戴空气呼吸器，穿全身防火防毒服，在上风向灭火。尽可能将容器从火场移至空旷处。喷水保持火场容器冷却，直至灭火结束。本品不燃。根据着火原因选择适当灭火剂灭火。

泄漏应急处置　隔离泄漏污染区，限制出入。建议应急处理人员戴防尘口罩，穿防毒服，戴防化学品手套。穿上适当的防护服前严禁接触破裂的容器和泄漏物。尽可能切断泄漏源。用塑料布覆盖泄漏物，减少飞散。勿使水进入包装容器内。用洁净的铲子收集泄漏物，置于干净、干燥、盖子较松的容器中，将容器移离泄漏区。

925. 一乙酸甘油酯

标　识

中文名称　一乙酸甘油酯

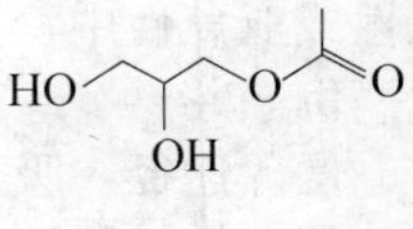

英文名称　1,2,3 – propanetriol, 1 – acetate; 2,3 – dihydroxypropyl acetate; monoacetin

别名　单乙酸甘油酯

分子式　$C_5H_{10}O_4$

CAS 号　106 – 61 – 6

危害信息

燃烧与爆炸危险性　可燃。其蒸气与空气混合，能形成爆炸性混合物。燃烧产生有毒的一氧化碳气体。

禁忌物　强氧化剂。

毒性　大鼠皮下 LD_{50}：5500mg/kg；小鼠皮下 LD_{50}：3500mg/kg。

侵入途径 吸入、食入。

理化特性与用途

理化特性 无色至淡黄色液体，有特殊气味，易吸湿。易溶于水，易溶于乙醇，微溶于乙醚。不溶于苯。熔点 -78℃，沸点 258℃、158℃(2.26kPa)，相对密度(水 =1)1.206(20℃)，饱和蒸气压 0.39kPa(130℃)。

主要用途 用作制造食品、肥皂、蜡烛、胶等的原料，也用作火药、鞣制皮革和染料的溶剂及增塑剂。

包装与储运

安全储运 储存于阴凉、通风的库房。远离火种、热源。保持容器密封。应与强氧化剂等隔离储运。搬运时轻装轻卸，防止容器受损。

紧急处置信息

急救措施

吸入：迅速脱离现场至空气新鲜处。保持呼吸道通畅。如呼吸困难，给输氧。呼吸、心跳停止，立即进行心肺复苏术。就医。

眼睛接触：分开眼睑，用流动清水或生理盐水冲洗。如有不适感，就医。

皮肤接触：脱去污染的衣着，用流动清水冲洗。如有不适感，就医。

食入：饮足量温水，催吐。就医。

灭火方法 消防人员须佩戴防毒面具，穿全身消防服，在上风向灭火。尽可能将容器从火场移至空旷处。喷水保持火场容器冷却，直至灭火结束。处在火场中的容器若已变色或从安全泄压装置中发出声音，必须马上撤离。

灭火剂：雾状水、抗溶性泡沫、干粉、二氧化碳、砂土。

泄漏应急处置 根据液体流动和蒸气扩散的影响区域划定警戒区，无关人员从侧风、上风向撤离至安全区。消除所有点火源。建议应急处理人员戴防毒面具，穿一般作业工作服，戴橡胶手套。尽可能切断泄漏源。防止泄漏物进入水体、下水道、地下室或受限空间。小量泄漏：用干燥的砂土或其他不燃材料吸收或覆盖，收集于容器中。大量泄漏：构筑围堤或挖坑收容。用泵转移至槽车或专用收集器内。

926. 一乙酸间苯二酚酯

标　识

中文名称 一乙酸间苯二酚酯

英文名称 resorcinol monoacetate; 1,3 - benzenediol, 1 - acetate; 3 - hydroxyphenyl acetate

别名 间苯二酚一乙酸酯

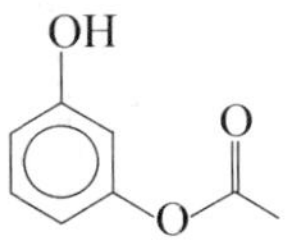

分子式 $C_8H_8O_3$

CAS 号 102 - 29 - 4

危害信息

燃烧与爆炸危险性 可燃。燃烧产生有毒的一氧化碳气体。

禁忌物 氧化剂、酸类、酸酐、碱。

毒性 小鼠腹膜腔 LD_{50}：400mg/kg。

侵入途径 吸入、食入。

理化特性与用途

理化特性 黄色性液体。沸点 283℃，相对密度（水 =1）1.223，饱和蒸气压 0.75Pa（25℃），辛醇/水分配系数 1.23，闪点 >110℃。

主要用途 用作溶剂。

包装与储运

安全储运 储存于阴凉、通风的库房。远离火种、热源。保持容器密封。应与氧化剂、酸类、酸酐、碱类等隔离储运。搬运时轻装轻卸，防止容器受损。

紧急处置信息

急救措施

吸入：迅速脱离现场至空气新鲜处。保持呼吸道通畅。如呼吸困难，给输氧。呼吸、心跳停止，立即进行心肺复苏术。就医。

眼睛接触：分开眼睑，用流动清水或生理盐水冲洗。如有不适感，就医。

皮肤接触：脱去污染的衣着，用流动清水冲洗。如有不适感，就医。

食入：饮足量温水，催吐。就医。

灭火方法 消防人员须佩戴防毒面具，穿全身消防服，在上风向灭火。尽可能将容器从火场移至空旷处。喷水保持火场容器冷却，直至灭火结束。处在火场中的容器若已变色或从安全泄压装置中发出声音，必须马上撤离。

灭火剂：雾状水、泡沫、干粉、二氧化碳、砂土。

泄漏应急处置 根据液体流动和蒸气扩散的影响区域划定警戒区，无关人员从侧风、上风向撤离至安全区。消除所有点火源。建议应急处理人员戴防毒面具，穿防毒服，戴橡胶手套。穿上适当的防护服前严禁接触破裂的容器和泄漏物。尽可能切断泄漏源。防止泄漏物进入水体、下水道、地下室或受限空间。小量泄漏：用干燥的砂土或其他不燃材料吸收或覆盖，收集于容器中。大量泄漏：构筑围堤或挖坑收容。用泵转移至槽车或专用收集器内。

927. 乙二醇单丙基醚

标　识

中文名称 乙二醇单丙基醚

英文名称 2-(propyloxy)ethanol; ethylene glycol monopropyl ether

别名 2-丙氧基乙醇

分子式 $C_5H_{12}O_2$

CAS 号 2807-30-9

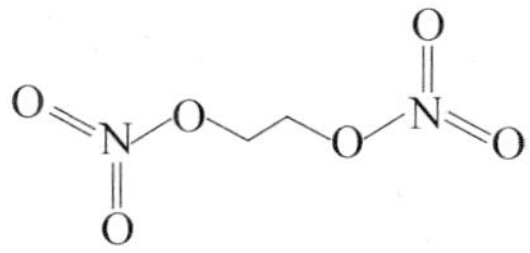

危害信息

危险性类别 第3类易燃液体。

燃烧与爆炸危险性 易燃，其蒸气与空气混合，能形成爆炸性混合物，燃烧产生有毒的一氧化碳气体。若遇高热，容器内压增大，有开裂和爆炸的危险。

活性反应 与氧化剂接触发生猛烈反应。

禁忌物 强氧化剂、强酸。

毒性 大鼠经口 LD_{50}：4450mg/kg。小鼠经口 LD_{50}：2400mg/kg。兔经皮 LD_{50}：870mg/kg。大鼠吸入 LC_{50}：1530ppm(7h)。

中毒表现 蒸气对皮肤、呼吸道有刺激性，吸入引起流涕、胸闷、咳嗽。短时皮肤接触引起红肿、疼痛，长时间接触引起灼伤。可经皮吸收引起中毒。可致角膜损伤。

侵入途径 吸入、食入、经皮吸收。

理化特性与用途

理化特性 无色挥发性液体，有乙醚的气味。溶于水、乙醇、乙醚。熔点 -90℃，沸点149℃～152℃，相对密度0.91，相对蒸气密度3.6，蒸气压130Pa(25℃)，辛醇/水分配系数0.08，闪点57℃(闭杯)，引燃温度230℃，爆炸下限1.3%，爆炸上限16%。

主要用途 用作树胶、喷漆、颜料、清漆、染料、油墨、清洁剂等的溶剂。也作为稀释剂和合成农药的原料。

包装与储运

包装标志 易燃液体

包装类别 Ⅲ类

安全储运 储存于阴凉、通风的库房。远离火种、热源。防止阳光直射。储存温度不超过37℃。炎热季节早晚运输，应与氧化剂等隔离储运。采用防爆型照明、通风设施。禁止使用易产生火花的机械设备和工具。储区应备有泄漏应急处理设备和合适的收容材料。

紧急处置信息

急救措施

吸入：迅速脱离现场至空气新鲜处。保持呼吸道通畅。如呼吸困难，给输氧。呼吸、心跳停止，立即进行心肺复苏术。就医。

眼睛接触：分开眼睑，用流动清水或生理盐水冲洗。如有不适感，就医。

皮肤接触：脱去污染的衣着，用流动清水冲洗。如有不适感，就医。

食入：饮足量温水，催吐。就医。

灭火方法 消防人员须佩戴防毒面具、穿全身消防服，在上风向灭火。尽可能将容器从火场移至空旷处。喷水保持火场容器冷却，直至灭火结束。处在火场中的容器若已变色或从安全泄压装置中发出声音，必须马上撤离。

灭火剂：雾状水、抗溶性泡沫、干粉、二氧化碳、砂土。

泄漏应急处置 根据液体流动和蒸气扩散的影响区域划定警戒区，无关人员从侧风、上风向撤离至安全区。消除所有点火源。建议应急处理人员戴防毒面具，穿防毒、防静电服。作业时使用的所有设备应接地。禁止接触或跨越泄漏物。尽可能切断泄漏源。防止泄漏物进入水体、下水道、地下室或受限空间。小量泄漏：用砂土或其他不燃材料吸收。使用洁净的无火花工具收集吸收材料。大量泄漏：构筑围堤或挖坑收容。用泡沫覆盖，减少蒸发。喷水雾能减少蒸发，但不能降低泄漏物在受限空间内的易燃性。用防爆泵转移至槽车或专用收集器内。

928. 乙二醇单醋酸酯

标　识

中文名称　乙二醇单醋酸酯

英文名称　ethylene glycol monoacetate; 2 - hydroxyethyl acetate

别名　乙酸羟乙基酯；乙二醇乙酸酯

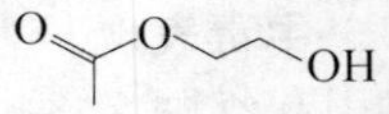

分子式　$C_4H_8O_3$

CAS 号　542 - 59 - 6

危害信息

燃烧与爆炸危险性　可燃。其蒸气与空气混合，能形成爆炸性混合物。燃烧产生有毒的一氧化碳气体。

禁忌物　强氧化剂、强酸、强碱。

毒性　大鼠经口 LD_{50}：8250mg/kg。

侵入途径　吸入、食入。

理化特性与用途

理化特性　无色透明液体，几乎无味。溶于水，溶于乙醇、乙醚、苯、甲苯。熔点 -61.7℃，沸点 182 ~ 189℃，相对密度(水 = 1)1.108，相对蒸气密度(空气 = 1)3.6，饱和蒸气压 1.2kPa(23℃)，辛醇/水分配系数 -0.6，闪点 102℃(闭杯)。

主要用途　用作溶剂、去漆剂。

包装与储运

安全储运　储存于阴凉、通风的库房。远离火种、热源。保持容器密封。应与氧化剂、酸碱等隔离储运。搬运时轻装轻卸，防止容器受损。

紧急处置信息

急救措施

吸入： 脱离现场至空气新鲜处。就医。

眼睛接触： 分开眼睑，用流动清水或生理盐水冲洗。如有不适感，就医。

皮肤接触： 脱去污染的衣着，用流动清水冲洗。如有不适感，就医。

食入： 饮足量温水，催吐。就医。

灭火方法　消防人员须佩戴防毒面具，穿全身消防服，在上风向灭火。尽可能将容器从火场移至空旷处。喷水保持火场容器冷却，直至灭火结束。处在火场中的容器若已变色或从安全泄压装置中发出声音，必须马上撤离。

灭火剂：雾状水、泡沫、干粉、二氧化碳、砂土。

泄漏应急处置　根据液体流动和蒸气扩散的影响区域划定警戒区，无关人员从侧风、上风向撤离至安全区。消除所有点火源。建议应急处理人员戴防毒面具，穿防毒服，戴橡胶手套。穿上适当的防护服前严禁接触破裂的容器和泄漏物。尽可能切断泄漏源。防止泄漏物进入水体、下水道、地下室或受限空间。小量泄漏：用干燥的砂土或其他不燃材料吸收或覆盖，收集于容器中。大量泄漏：构筑围堤或挖坑收容。用泵转移至槽车或专用收集器内。

929. 乙二醇二甲醚

标　识

中文名称　乙二醇二甲醚

英文名称　1,2 - dimethoxyethane;ethylene glycol dimethyl ether

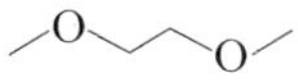

别名　1,2 - 二甲氧基乙烷;二甲基溶纤剂

分子式　$C_4H_{10}O_2$

CAS 号　110 - 71 - 4

WGH 号　32093;31193[铁规]

UN 号　2252

危害信息

危险性类别　第 3 类易燃液体。

燃烧与爆炸危险性　易燃。其蒸气与空气混合,能形成爆炸性混合物。接触空气或在光照条件下可生成具有潜在爆炸危险性的过氧化物。蒸气比空气重,能在较低处扩散到相当远的地方,遇火源会着火回燃和爆炸(闪爆)。

禁忌物　强氧化剂、强酸。

毒性　大鼠经口 LD_{50}:775mg/kg;小鼠经口 LD_{50}:3200mg/kg。

中毒表现　口服引起恶心、呕吐、腹绞痛、虚弱、昏迷。具有刺激性。

侵入途径　吸入、食入。

理化特性与用途

理化特性　无色液体,稍有醚味。混溶于水,混溶于乙醇,溶于乙醚、丙酮、氯仿、苯。pH 值 8.2,熔点 -58℃,沸点 82 ~ 83℃,相对密度(水 = 1)0.86,相对蒸气密度(空气 = 1)3.1,饱和蒸气压 6.4kPa(20℃),燃烧热 -2520.7kJ/mol,临界温度 263℃,临界压力 3.87MPa,辛醇/水分配系数 -0.21,闪点 -2℃(闭杯),引燃温度 202℃,爆炸下限 1.6%,爆炸上限 10.4%。

主要用途　用作溶剂、医药抽提剂、有机合成中间体、催化剂、腐蚀抑制剂。

包装与储运

包装标志　易燃液体

包装类别　Ⅱ类

安全储运　通常商品加有稳定剂。储存于阴凉、通风的库房。远离火种、热源。库温不宜超过 37℃。包装要求密封。不可与空气接触。应与氧化剂、酸类分开存放,切忌混储。采用防爆型照明、通风设施。禁止使用易产生火花的机械设备和工具。灌装时注意流速,防止静电积聚。储区应备有泄漏应急处理设备和合适的收容材料。

紧急处置信息

急救措施

吸入:脱离现场至空气新鲜处。如呼吸困难,给输氧。呼吸、心跳停止,立即进行心肺复苏术。就医。

眼睛接触:分开眼睑,用流动清水或生理盐水冲洗。如有不适感,就医。

皮肤接触:脱去污染的衣着,用肥皂水和清水彻底冲洗皮肤。如有不适感,就医。

食入:饮水。就医。

灭火方法 消防人员须佩戴防毒面具,穿全身消防服,在上风向灭火。尽可能将容器从火场移至空旷处。喷水保持火场容器冷却,直至灭火结束。处在火场中的容器若已变色或从安全泄压装置中发出声音,必须马上撤离。

灭火剂:抗溶性泡沫、干粉、二氧化碳、砂土。

泄漏应急处置 消除所有点火源。根据液体流动和蒸气扩散的影响区域划定警戒区,无关人员从侧风、上风向撤离至安全区。建议应急处理人员戴正压自给式呼吸器,穿防静电服,戴橡胶耐油手套。作业时使用的所有设备应接地。禁止接触或跨越泄漏物。尽可能切断泄漏源。防止泄漏物进入水体、下水道、地下室或受限空间。小量泄漏:用砂土或其他不燃材料吸收。使用洁净的无火花工具收集吸收材料。大量泄漏:构筑围堤或挖坑收容。用抗溶性泡沫覆盖,减少蒸发。喷水雾能减少蒸发,但不能降低泄漏物在受限空间内的易燃性。用防爆泵转移至槽车或专用收集器内。

930. 乙二醇二硝酸酯

标　识

中文名称 乙二醇二硝酸酯

英文名称 ethylene glycol dinitrate; 1,2 - ethanediol, dinitrate

别名 硝化乙二醇

分子式 $C_2H_4N_2O_6$

CAS 号 628 - 96 - 6

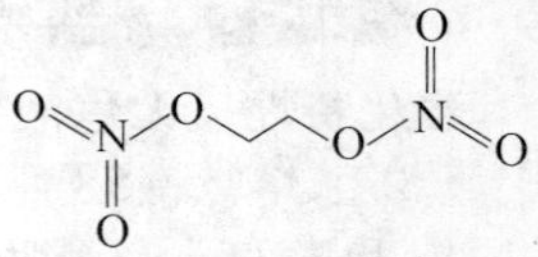

危害信息

危险性类别 第 1 类爆炸品。

燃烧与爆炸危险性 受撞击、摩擦，遇明火或其他点火源有爆炸危险。燃烧产生有毒的一氧化碳和氮氧化物气体。

禁忌物 强还原剂、强酸。

毒性 大鼠经口 LD_{50}：460mg/kg；小鼠经口 LD_{50}：540mg/kg；大鼠经皮 LD_{50}：3800mg/kg。

中毒表现 本品的毒性主要表现在神经系统和心血管系统。急性中毒可引起头痛、恶心、呕吐、低血压和心动过速。反复接触，可对本品所致的头痛产生短暂的耐受性。

侵入途径 吸入、食入、经皮吸收。

职业接触限值

中国：PC - TWA：0.3mg/m^3[皮]。

美国(ACGIH)：TLV - TWA：0.05ppm[皮]。

理化特性与用途

理化特性 无色至淡黄色油状液体。微溶于水，溶于乙醇、乙醚、氯仿、苯、甲苯、丙酮等多数有机溶剂。熔点 -22℃，沸点 114℃(爆炸)，相对密度(水=1)1.49，相对蒸气密度(空气=1)5.2，饱和蒸气压 7Pa(20℃)，辛醇/水分配系数 1.16，闪点 215℃(闭杯)。

主要用途 用于制造液体炸药，用作增塑剂。

包装与储运

包装标志 爆炸品。

安全储运 储存于阴凉、通风的库房。远离火种、热源。防止阳光直射。冬天要做好防冻工作，防止冻结。储存温度不宜超过 32℃，相对湿度不超过 80%。若以水作稳定剂，储存温度应大于 1℃，相对湿度小于 80%。保持容器密封。应与其他爆炸品、还原剂、酸类等分开存放，切忌混储。配备相应品种和数量的消防器材。储区应备有泄漏应急处理设备和合适的收容材料。采用防爆型照明、通风设施。禁止使用易产生火花的机械设备和工具。搬运时轻装轻卸，防止容器受损。禁止震动、撞击和摩擦。

紧急处置信息

急救措施

吸入：迅速脱离现场至空气新鲜处。保持呼吸道通畅。如呼吸困难，给输氧。呼吸、心跳停止，立即进行心肺复苏术。就医。

眼睛接触：分开眼睑，用流动清水或生理盐水冲洗。如有不适感，就医。

皮肤接触：脱去污染的衣着，用流动清水冲洗。如有不适感，就医。

食入：饮足量温水，催吐。就医。

灭火方法 消防人员须佩戴防毒面具，穿全身消防服，在上风向灭火。尽可能将容器从火场移至空旷处。喷水保持火场容器冷却，直至灭火结束。处在火场中的容器若已变色或从安全泄压装置中发出声音，必须马上撤离。

灭火剂：雾状水、泡沫、干粉、二氧化碳、砂土。

泄漏应急处置 根据液体流动和蒸气扩散的影响区域划定警戒区，无关人员从侧风、上风向撤离至安全区。消除所有点火源。建议应急处理人员戴防毒面具，穿一般作业防护服，戴橡胶手套。尽可能切断泄漏源。防止泄漏物进入水体、下水道、地下室或受限空间。小量泄漏：用干燥的砂土或其他不燃材料吸收或覆盖，收集于容器中。大量泄漏：构筑围堤或挖坑收容。用泵转移至槽车或专用收集器内。

931. 乙二醇二乙酸酯

标 识

中文名称 乙二醇二乙酸酯

英文名称 ethylene glycol diacetate；1,2 - ethanediol, diacetate；glycol diacetate

别名 乙二醇二醋酸酯

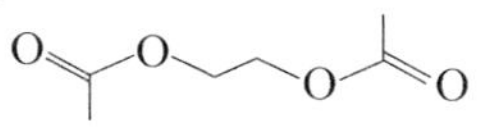

分子式 $C_6H_{10}O_4$

CAS 号 111 - 55 - 7

危害信息

燃烧与爆炸危险性 可燃。其蒸气与空气混合，能形成爆炸性混合物。燃烧产生有毒的一氧化碳气体。若遇高热，容器内压增大，有开裂和爆炸的危险。

活性反应 与氧化剂可发生反应。

禁忌物 强氧化剂、强酸、强碱、强还原剂。

毒性 大鼠经口 LD_{50}：6860mg/kg；兔经皮 LD_{50}：8480mg/kg。

中毒表现 口服引起恶心、腹痛、腹泻及中枢神经损害，重者引起昏迷、呼吸停止而死亡，可致肝、肾损害。吸入与口服中毒症状相同。对眼和皮肤、呼吸道有刺激性。

侵入途径 吸入、食入、经皮吸收。

理化特性与用途

理化特性 无色低挥发性液体，有轻微的乙酸酯的芳香气味。溶于水，混溶于乙醚，溶于乙醇、丙酮等。熔点 -31℃，沸点 190～191℃，相对密度(水=1)1.104，相对蒸气密度(空气=1)5.0，饱和蒸气压 10.3Pa(25℃)，燃烧热 -3653.5kJ/mol，辛醇/水分配系数 0.4，闪点 88℃(闭杯)，引燃温度 482℃，爆炸下限 1.6%，爆炸上限 8.4%。

主要用途 用作炸药、油类、纤维素酯、树脂、油墨等的溶剂。

包装与储运

安全储运 储存于阴凉、通风的库房。远离火种、热源。保持容器密封。应与氧化剂、酸类、碱类、还原剂等隔离储运。搬运时轻装轻卸，防止容器受损。

紧急处置信息

急救措施

吸入：迅速脱离现场至空气新鲜处。保持呼吸道通畅。如呼吸困难，给输氧。呼吸、心跳停止，立即进行心肺复苏术。就医。

眼睛接触：分开眼睑，用流动清水或生理盐水冲洗。如有不适感，就医。

皮肤接触：脱去污染的衣着，用流动清水冲洗。如有不适感，就医。

食入：饮足量温水，催吐。就医。

灭火方法 消防人员须佩戴防毒面具，穿全身消防服，在上风向灭火。尽可能将容器从火场移至空旷处。喷水保持火场容器冷却，直至灭火结束。处在火场中的容器若已变色或从安全泄压装置中发出声音，必须马上撤离。

灭火剂：雾状水、泡沫、干粉、二氧化碳、砂土。

泄漏应急处置 根据液体流动和蒸气扩散的影响区域划定警戒区，无关人员从侧风、上风向撤离至安全区。消除所有点火源。建议应急处理人员戴防毒面具，穿一般作业防护服，戴橡胶手套。尽可能切断泄漏源。防止泄漏物进入水体、下水道、地下室或受限空间。小量泄漏：用干燥的砂土或其他不燃材料吸收或覆盖，收集于容器中。大量泄漏：构筑围堤或挖坑收容。用石灰粉等吸收大量液体。用泵转移至槽车或专用收集器内。

932. 乙二酸二丁酯

标　识

中文名称　乙二酸二丁酯

英文名称　dibutyl oxalate；dibutyl ethanedioate；butyl oxalate

别名　草酸二丁酯；草酸丁酯

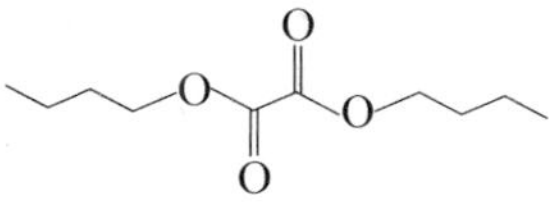

分子式　$C_{10}H_{18}O_4$

CAS 号　2050－60－4

WGH 号　61621

危害信息

危险性类别　第 6 类有毒品。

燃烧与爆炸危险性　可燃。其蒸气与空气混合，能形成爆炸性混合物。加热分解产生易燃的有毒气体。

活性反应　与氧化剂可发生反应。

禁忌物　酸类、碱、强氧化剂、强还原剂。

中毒表现　酯类化合物对眼睛、呼吸道黏膜和皮肤有刺激作用，对中枢神经系统有麻醉作用。

侵入途径　吸入、食入、经皮吸收。

理化特性与用途

理化特性　无色透明液体，略有芳香气味。不溶于水，混溶于醇、醚、酮、酯类。熔点－30.4～－28.9℃，沸点 239～245.6℃，相对密度(水＝1)0.987，相对蒸气密度(空气＝1)7.0，饱和蒸气压 12.77Pa(25℃)，辛醇/水分配系数 2.37，闪点 108℃。

主要用途　用作溶剂、硝基纤维的增塑剂及用于有机合成。

包装与储运

包装标志　有毒品

包装类别　Ⅲ类

安全储运　储存于阴凉、通风的库房。远离火种、热源。库温不超过 35℃。相对湿度不超过 80%。保持容器密封。应与氧化剂、还原剂、酸类、碱类、食用化学品分开存放，切忌混储。配备相应品种和数量的消防器材。储区应备有泄漏应急处理设备和合适的收容材料。

紧急处置信息

急救措施

吸入：迅速脱离现场至空气新鲜处。保持呼吸道通畅。如呼吸困难，给输氧。呼吸、心跳停止，立即进行心肺复苏术。就医。

眼睛接触：分开眼睑，用流动清水或生理盐水冲洗。如有不适感，就医。

皮肤接触：立即脱去污染的衣着，用肥皂水和清水彻底冲洗皮肤。如有不适感，就医。

食入：用水漱口。就医。

灭火方法 消防人员必须佩戴空气呼吸器，穿全身防火防毒服，在上风向灭火。尽可能将容器从火场移至空旷处。喷水保持火场容器冷却，直至灭火结束。处在火场中的容器若已变色或从安全泄压装置中发出声音，必须马上撤离。

灭火剂：泡沫、干粉、二氧化碳、砂土。

泄漏应急处置 根据液体流动和蒸气扩散的影响区域划定警戒区，无关人员从侧风、上风向撤离至安全区。消除所有点火源。建议应急处理人员戴正压自给式呼吸器，穿防毒服，戴防化学品手套。穿上适当的防护服前严禁接触破裂的容器和泄漏物。尽可能切断泄漏源。防止泄漏物进入水体、下水道、地下室或受限空间。小量泄漏：用干燥的砂土或其他不燃材料吸收或覆盖，收集于容器中。大量泄漏：构筑围堤或挖坑收容。用泵转移至槽车或专用收集器内。

933. 乙二酸二甲酯

标 识

中文名称 乙二酸二甲酯

英文名称 dimethyl oxalate; dimethyl ethanedioate; methyl oxalate

别名 草酸二甲酯；草酸甲酯

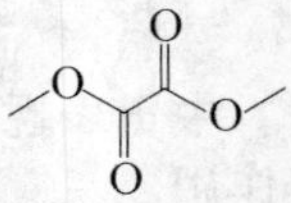

分子式 $C_4H_6O_4$

CAS 号 553－90－2

WGH 号 61621

危害信息

危险性类别 第6类有毒品。

燃烧与爆炸危险性 可燃。其粉体与空气混合，能形成爆炸性混合物。遇明火、高热可燃。加热分解产生毒性气体。

禁忌物 酸类、碱、强氧化剂、强还原剂。

中毒表现 酯类化合物对眼、呼吸道黏膜和皮肤有刺激作用，对中枢神经系统有麻醉作用。

侵入途径 吸入、食入、经皮吸收。

理化特性与用途

理化特性 无色单斜晶体或白色固体。微溶于水，溶于乙醇、乙醚。熔点54℃，沸点163.5℃，相对密度(水＝1)1.15，饱和蒸气压0.15kPa(25℃)，燃烧热－1672.8kJ/mol，临界温度355℃，临界压力3.98MPa，辛醇/水分配系数 －0.17，闪点75℃(闭杯)，引燃温度480℃。

主要用途 用于有机合成，制取高纯度的甲醇、维生素B13；也可用作增塑剂。

包装与储运

包装标志 有毒品

包装类别 Ⅲ类

安全储运 储存于阴凉、通风的库房。远离火种、热源。库温不超过35℃。相对湿度不超过80%。包装密封。应与氧化剂、还原剂、酸类、碱类、食用化学品分开存放，切忌混储。配备相应品种和数量的消防器材。储区应备有合适的材料收容泄漏物。

紧急处置信息

急救措施

吸入： 迅速脱离现场至空气新鲜处。保持呼吸道通畅。如呼吸困难，给输氧。呼吸、心跳停止，立即进行心肺复苏术。就医。

眼睛接触： 分开眼睑，用流动清水或生理盐水冲洗。如有不适感，就医。

皮肤接触： 立即脱去污染的衣着，用肥皂水和清水彻底冲洗皮肤。如有不适感，就医。

食入： 饮水。就医。

灭火方法 消防人员必须佩戴空气呼吸器，穿全身防火防毒服，在上风向灭火。尽可能将容器从火场移至空旷处。喷水保持火场容器冷却，直至灭火结束。

灭火剂：泡沫、干粉、二氧化碳、砂土。

泄漏应急处置 隔离泄漏污染区，限制出入。消除所有点火源。建议应急处理人员戴防尘口罩，穿防毒服，戴防化学品手套。穿上适当的防护服前严禁接触破裂的容器和泄漏物。尽可能切断泄漏源。用塑料布覆盖泄漏物，减少飞散。勿使水进入包装容器内。用洁净的铲子收集泄漏物，置于干净、干燥、盖子较松的容器中，将容器移离泄漏区。

934. 乙二酸二乙酯

标　识

中文名称 乙二酸二乙酯

英文名称 diethyl oxalate；diethyl ethanedioate；ethyl oxalate

别名 草酸二乙酯；草酸乙酯

分子式 $C_6H_{10}O_4$

CAS 号 95-92-1

WGH 号 61621

UN 号 2525

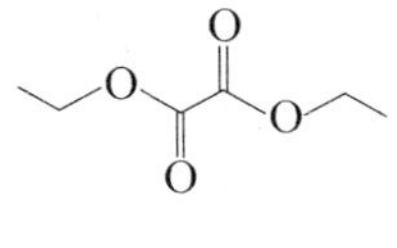

危害信息

危险性类别 第6类有毒品。

燃烧与爆炸危险性 可燃。其蒸气与空气混合，能形成爆炸性混合物。加热分解产生易燃的有毒气体。

禁忌物 酸类、碱、强氧化剂、强还原剂、水。

毒性 大鼠经口 LD_{50}：400mg/kg；小鼠经口 LD_{50}：2000mg/kg。

中毒表现 酯类化合物对眼睛、呼吸道黏膜和皮肤有刺激作用，对中枢神经系统有麻醉作用。

侵入途径 吸入、食入、经皮吸收。

理化特性与用途

理化特性 无色油状液体，有芳香气味。微溶于水，混溶于乙醇、乙醚、乙酸乙酯等多数有机溶剂。熔点 -40.6℃，沸点 185.7℃，相对密度(水=1)1.0785(20℃/4℃)，相对蒸气密度(空气=1)5.04，饱和蒸气压 0.133kPa(47℃)，燃烧热 -2992.9kJ/mol，辛醇/水分配系数 0.56，闪点 75.6℃(闭杯)，引燃温度 410℃，爆炸下限 0.8%。

主要用途　主要用于医药工业，是苯巴比妥、磺胺甲基恶唑等的中间体；也用作染料中间体和溶剂。

包装与储运

包装标志　有毒品

包装类别　Ⅲ类

安全储运　储存于阴凉、干燥、通风良好的库房。远离火种、热源。库温不超过 35℃。相对湿度不超过 80%。保持容器密封。应与氧化剂、还原剂、酸类、碱类、食用化学品分开存放，切忌混储。配备相应品种和数量的消防器材。储区应备有泄漏应急处理设备和合适的收容材料。

紧急处置信息

急救措施

吸入：迅速脱离现场至空气新鲜处。保持呼吸道通畅。如呼吸困难，给输氧。呼吸、心跳停止，立即进行心肺复苏术。就医。

眼睛接触：分开眼睑，用流动清水或生理盐水冲洗。如有不适感，就医。

皮肤接触：立即脱去污染的衣着，用肥皂水和清水彻底冲洗皮肤。如有不适感，就医。

食入：用水漱口。就医。

灭火方法　消防人员必须佩戴空气呼吸器，穿全身防火防毒服，在上风向灭火。尽可能将容器从火场移至空旷处。喷水保持火场容器冷却，直至灭火结束。处在火场中的容器若已变色或从安全泄压装置中发出声音，必须马上撤离。

灭火剂：泡沫、干粉、二氧化碳、砂土。

泄漏应急处置　根据液体流动和蒸气扩散的影响区域划定警戒区，无关人员从侧风、上风向撤离至安全区。建议应急处理人员戴正压自给式呼吸器，穿防毒服，戴防化学品手套。作业时使用的所有设备应接地。穿上适当的防护服前严禁接触破裂的容器和泄漏物。尽可能切断泄漏源。防止泄漏物进入水体、下水道、地下室或受限空间。严禁用水处理。小量泄漏：用干燥的砂土或其他不燃材料覆盖泄漏物。大量泄漏：构筑围堤或挖坑收容。用泵转移至槽车或专用收集器内。

935. 乙基丙基醚

标　识

中文名称　乙基丙基醚

英文名称　ethyl propyl ether；1 – ethoxypropane

别名　乙丙醚；1 – 乙氧基丙烷

分子式　$C_5H_{12}O$

CAS 号　628 – 32 – 0

WGH 号　31028

UN 号　2615

危害信息

危险性类别 第3类易燃液体。

燃烧与爆炸危险性 极易燃。其蒸气与空气混合，能形成爆炸性混合物。接触空气或在光照条件下可生成具有潜在爆炸危险性的过氧化物。蒸气比空气重，能在较低处扩散到相当远的地方，遇火源会着火回燃和爆炸(闪爆)。在高温火场中，受热的容器有破裂和爆炸的危险。

活性反应 与氧化剂能发生强烈反应。接触空气或在光照条件下可生成具有潜在爆炸危险性的过氧化物。

禁忌物 强氧化剂、氧、卤素、过氯酸、硫、硫化物。

毒性 小鼠吸入 LC_{50}：220000mg/m^3(15min)。

中毒表现 醚类具有麻醉作用。

侵入途径 吸入、食入。

理化特性与用途

理化特性 无色透明液体。溶于水，溶于多数有机溶剂。熔点 -127.4 ~ -126.6℃，沸点63.2~64℃，相对密度(水=1)0.733，饱和蒸气压24.1kPa(25℃)，临界温度227℃，临界压力3.25MPa，辛醇/水分配系数1.54，闪点 -25℃，爆炸下限1.7%，爆炸上限9%。

主要用途 用于有机合成，用作溶剂。

包装与储运

包装标志 易燃液体

包装类别 Ⅱ类

安全储运 储存于阴凉、通风的库房。远离火种、热源。库温不宜超过29℃。包装要求密封。不可与空气接触。应与氧化剂、酸类、卤素等分开存放，切忌混储。不宜大量储存或久存。采用防爆型照明、通风设施。禁止使用易产生火花的机械设备和工具。灌装时注意流速，防止静电积聚。储区应备有泄漏应急处理设备和合适的收容材料。

紧急处置信息

急救措施

吸入：迅速脱离现场至空气新鲜处。保持呼吸道通畅。如呼吸困难，给输氧。呼吸、心跳停止，立即进行心肺复苏术。就医。

眼睛接触：分开眼睑，用流动清水或生理盐水冲洗。如有不适感，就医。

皮肤接触：立即脱去污染的衣着，用肥皂水和清水彻底冲洗皮肤。如有不适感，就医。

食入：饮足量温水，催吐。就医。

灭火方法 消防人员须佩戴防毒面具，穿全身消防服，在上风向灭火。尽可能将容器从火场移至空旷处。喷水保持火场容器冷却，直至灭火结束。处在火场中的容器若已变色或从安全泄压装置中发出声音，必须马上撤离。

灭火剂：抗溶性泡沫、二氧化碳、干粉、砂土。

泄漏应急处置 消除所有点火源。根据液体流动和蒸气扩散的影响区域划定警戒区，无关人员从侧风、上风向撤离至安全区。建议应急处理人员戴正压自给式呼吸器，穿防静电服，戴橡胶耐油手套。作业时使用的所有设备应接地。禁止接触或跨越泄漏物。尽可能切断泄漏源。防止泄漏物进入水体、下水道、地下室或受限空间。小量泄漏：用砂土或其他不燃材料吸收。使用洁净的无火花工具收集吸收材料。大量泄漏：构筑围堤或挖坑收容。

用抗溶性泡沫覆盖，减少蒸发。喷水雾能减少蒸发，但不能降低泄漏物在受限空间内的易燃性。用防爆泵转移至槽车或专用收集器内。

936. 2－(2－乙基丁氧基)乙醇

标　识

中文名称　2－(2－乙基丁氧基)乙醇

英文名称　2－(2－ethylbutoxy)ethanol；ethyleneglycol 2－ethylbutyl ether

别名　乙二醇单2－乙基丁醚

分子式　$C_8H_{18}O_2$

CAS 号　4468－93－3

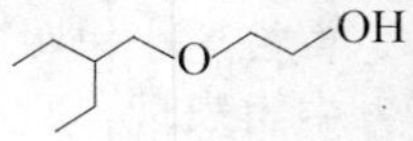

危害信息

燃烧与爆炸危险性　可燃。其蒸气与空气混合，能形成爆炸性混合物。若遇高热，容器内压增大，有开裂和爆炸的危险。

活性反应　与氧化剂可发生反应。

禁忌物　氧化剂。

毒性　大鼠经口 LD_{50}：1910mg/kg；兔经皮 LD_{50}：286.5mg/kg。

中毒表现　对皮肤和眼睛有刺激作用。摄入或皮肤接触可引起中毒。高浓度吸入本品有麻醉作用。

侵入途径　吸入、食入、经皮吸收。

环境危害　对环境有害。

理化特性与用途

理化特性　透明液体。微溶于水。熔点－90℃，沸点197℃，相对密度(水＝1)0.895，相对蒸气密度(空气＝1)5.04，饱和蒸气压23Pa(20℃)，闪点82℃。

主要用途　用作溶剂等。

包装与储运

安全储运　储存于阴凉、通风的库房。远离火种、热源。防止阳光直射。保持容器密封。应与氧化剂分开存放，切忌混储。配备相应品种和数量的消防器材。储区应备有泄漏应急处理设备和合适的收容材料。

紧急处置信息

急救措施

吸入：迅速脱离现场至空气新鲜处。保持呼吸道通畅。如呼吸困难，给输氧。呼吸、心跳停止，立即进行心肺复苏术。就医。

眼睛接触：分开眼睑，用流动清水或生理盐水冲洗。如有不适感，就医。

皮肤接触：脱去污染的衣着，用流动清水冲洗。如有不适感，就医。

食入：饮足量温水，催吐。就医。

灭火方法　消防人员须佩戴防毒面具，穿全身消防服，在上风向灭火。尽可能将容器从火场移至空旷处。喷水保持火场容器冷却，直至灭火结束。处在火场中的容器若已变色

或从安全泄压装置中发出声音，必须马上撤离。

灭火剂：雾状水、泡沫、干粉、二氧化碳、砂土。

泄漏应急处置 根据液体流动和蒸气扩散的影响区域划定警戒区，无关人员从侧风、上风向撤离至安全区。消除所有点火源。建议应急处理人员戴防毒面具，穿防毒、防静电服，戴橡胶手套。穿上适当的防护服前严禁接触破裂的容器和泄漏物。尽可能切断泄漏源。防止泄漏物进入水体、下水道、地下室或受限空间。小量泄漏：用干燥的砂土或其他不燃材料吸收或覆盖，收集于容器中。大量泄漏：构筑围堤或挖坑收容。用防爆泵转移至槽车或专用收集器内。

937. 乙基二氯硅烷

标　识

中文名称 乙基二氯硅烷

英文名称 dichloroethylsilane；ethyldichlorosilane

别名 二氯乙基硅烷

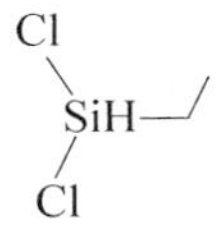

分子式 $C_2H_6Cl_2Si$

CAS 号 1789－58－8

WGH 号 43050

UN 号 1183

危害信息

危险性类别 第 4.3 类遇湿易燃物品。

燃烧与爆炸危险性 遇湿易燃。遇水或水蒸气剧烈反应，放出的热量可导致其自燃，并放出有毒和腐蚀性的烟雾。燃烧产生有毒的一氧化碳、氯化氢、氧化硅。

活性反应 遇水或水蒸气剧烈反应，放出的热量可导致其自燃，并放出有毒和腐蚀性的烟雾。与氧化剂接触发生猛烈反应。

禁忌物 强氧化剂、水、强酸、酸类。

中毒表现 对眼、上呼吸道黏膜有强烈刺激作用。局部可出现充血、水肿，甚至溃疡、坏死。长时间高浓度接触，可引起鼻黏膜萎缩，支气管炎，肺充血和肺水肿。皮肤接触其液体，可发生皮炎和灼伤。

侵入途径 吸入、食入。

理化特性与用途

理化特性 无色液体，遇水分解，释放出氯化氢。溶于苯、甲苯、二甲苯和氯代烃。沸点 74～75.5℃，相对密度(水＝1)1.09，相对蒸气密度(空气＝1)4.45，闪点－1℃(闭杯)，爆炸下限 2.9%。

主要用途 用作制造聚硅氧烷的中间体。

包装与储运

包装标志 遇湿易燃物品，易燃液体，腐蚀品

包装类别 Ⅰ类

安全储运 储存于阴凉、干燥、通风良好的专用库房内，远离火种、热源。库温不超

过 30℃。相对湿度不超过 75%。包装必须密封。防止受潮。应与氧化剂、酸类等分开存放，切忌混储。采用防爆型照明、通风设施。禁止使用易产生火花的机械设备和工具。储区应备有泄漏应急处理设备和合适的收容材料。

紧急处置信息

急救措施　吸入：迅速脱离现场至空气新鲜处。保持呼吸道通畅。如呼吸困难，给输氧。呼吸、心跳停止，立即进行心肺复苏术。就医。

眼睛接触：立即分开眼睑，用流动清水或生理盐水彻底冲洗 10 ~ 15min。就医。

皮肤接触：立即脱去污染的衣着，用大量流动清水彻底冲洗，冲洗时间一般要求 20 ~ 30min。就医。

食入：用水漱口。给饮牛奶或蛋清。就医。

灭火方法　消防人员必须戴空气呼吸器，穿全身防火防毒服，在上风向灭火。尽可能将容器从火场移至空旷处。喷水保持火场容器冷却，直至灭火结束。处在火场中的容器若已变色或从安全泄压装置中发出声音，必须马上撤离。禁止用水和泡沫灭火。

灭火剂：干粉、二氧化碳、砂土。

泄漏应急处置　消除所有点火源。根据液体流动和蒸气扩散的影响区域划定警戒区，无关人员从侧风、上风向撤离至安全区。建议应急处理人员戴正压自给式呼吸器，穿防静电、防腐蚀、防毒服，戴橡胶耐油手套。禁止接触或跨越泄漏物。尽可能切断泄漏源。防止泄漏物进入水体、下水道、地下室或受限空间。严禁用水处理。小量泄漏：用干燥的砂土或其他不燃材料覆盖泄漏物。大量泄漏：构筑围堤或挖坑收容。用碎石灰石（$CaCO_3$）、苏打灰（Na_2CO_3）或石灰（CaO）中和。在专家指导下清除。

938. 乙基二氯胂

标　识

中文名称　乙基二氯胂

英文名称　dichloro(ethyl)arsine; ethyldichloroarsine

别名　二氯乙胂；二氯化乙基胂

分子式　$C_2H_5AsCl_2$

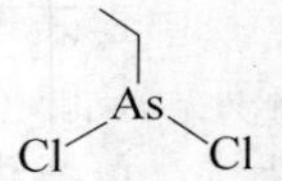

CAS 号　598 - 14 - 1

WGH 号　61098

UN 号　1892

危害信息

危险性类别　第 6 类有毒品。

燃烧与爆炸危险性　可燃。其蒸气与空气混合，能形成爆炸性混合物。吸潮或遇水会产生大量的腐蚀性烟雾。遇高热分解释出高毒烟气。

活性反应　遇酸释出剧毒的胂和光气。吸潮或遇水会产生大量的腐蚀性烟雾。与氧化剂可发生反应。

禁忌物　氧化剂、酸类、水。

毒性　小鼠吸入 LC_{50}：1555mg/m^3（10min）。

中毒表现　误服、皮肤接触或吸入会中毒。强烈刺激黏膜，引起呼吸困难及支气管炎。

在高浓度时，可能因出血性肺水肿及化脓性支气管炎而死亡。

侵入途径 吸入、食入、经皮吸收。

理化特性与用途

理化特性 无色易流动液体，有刺激性气味，接触空气或见光变成黄色。溶于水，溶于乙醇、乙醚、苯。熔点 -65℃，沸点 156℃(分解)，相对密度(水=1)1.742(14℃)，相对蒸气密度(空气=1)6，饱和蒸气压 0.305kPa(21.5℃)，辛醇/水分配系数 2.34。

主要用途 用作军用毒剂。

包装与储运

包装标志 有毒品

包装类别 Ⅰ类

安全储运 储存于阴凉、干燥、通风良好的库房。远离火种、热源。防止阳光直射。储存温度不超过 35℃，相对湿度不超过 85%。保持容器密封。应与氧化剂、酸类等分开存放，切忌混储。配备相应品种和数量的消防器材。储区应备有泄漏应急处理设备和合适的收容材料。

紧急处置信息

急救措施

吸入：迅速脱离现场至空气新鲜处。保持呼吸道通畅。如呼吸困难，给输氧。呼吸、心跳停止，立即进行心肺复苏术。就医。

眼睛接触：立即分开眼睑，用流动清水或生理盐水彻底冲洗。就医。

皮肤接触：立即脱去污染的衣着，用大量流动清水彻底冲洗。就医。

食入：饮足量温水，催吐。就医。

灭火方法 消防人员必须佩戴空气呼吸器，穿全身防火防毒服，在上风向灭火。尽可能将容器从火场移至空旷处。喷水保持火场容器冷却，直至灭火结束。处在火场中的容器若已变色或从安全泄压装置中发出声音，必须马上撤离。禁止用水和泡沫灭火。

灭火剂：干粉、二氧化碳、砂土。

泄漏应急处置 根据液体流动和蒸气扩散的影响区域划定警戒区，无关人员从侧风、上风向撤离至安全区。建议应急处理人员戴正压自给式呼吸器，穿防毒服，戴橡胶手套。穿上适当的防护服前严禁接触破裂的容器和泄漏物。尽可能切断泄漏源。防止泄漏物进入水体、下水道、地下室或受限空间。小量泄漏：用干燥的砂土或其他不燃材料吸收或覆盖，收集于容器中。大量泄漏：构筑围堤或挖坑收容。用泵转移至槽车或专用收集器内。

939. 乙基环己烷

标　识

中文名称 乙基环己烷

英文名称 ethylcyclohexane

别名 环己基乙烷

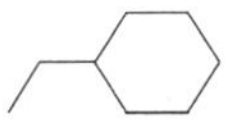

分子式 C_8H_{16}

CAS 号 1678-91-7

WGH 号 33508；32008［铁规］

危害信息

危险性类别 第3类易燃液体。

燃烧与爆炸危险性 易燃。其蒸气与空气混合，能形成爆炸性混合物，遇明火、高热能引起燃烧爆炸。在高温火场中，受热的容器有破裂和爆炸的危险。

活性反应 与氧化剂接触发生猛烈反应。

禁忌物 强氧化剂、强酸、强碱、卤素。

毒性 小鼠吸入 LCL_0：35000mg/m^3。

中毒表现 本品有刺激和麻醉作用。

侵入途径 吸入、食入。

理化特性与用途

理化特性 无色液体。不溶于水，混溶于乙醇、乙醚、丙酮、苯、石油醚。熔点-111℃，沸点130~132℃，相对密度（水=1）0.788，相对蒸气密度（空气=1）3.87，饱和蒸气压1.7kPa（25℃），燃烧热-5267kJ/mol，辛醇/水分配系数4.56，闪点18℃，引燃温度262℃，爆炸下限0.9%，爆炸上限6.6%。

主要用途 用作溶剂、化学中间体、气相色谱对比样品，用于有机合成。

包装与储运

包装标志 易燃液体

包装类别 Ⅲ类

安全储运 储存于阴凉、通风的库房。远离火种、热源。库温不宜超过37℃。保持容器密封。应与氧化剂、酸类、碱类分开存放，切忌混储。采用防爆型照明、通风设施。禁止使用易产生火花的机械设备和工具。灌装时注意流速，防止静电积聚。储区应备有泄漏应急处理设备和合适的收容材料。

紧急处置信息

急救措施

吸入： 迅速脱离现场至空气新鲜处。保持呼吸道通畅。如呼吸困难，给输氧。呼吸、心跳停止，立即进行心肺复苏术。就医。

眼睛接触： 分开眼睑，用流动清水或生理盐水冲洗。如有不适感，就医。

皮肤接触： 脱去污染的衣着，用肥皂水和清水彻底冲洗皮肤。如有不适感，就医。

食入： 饮水。就医。

灭火方法 消防人员须佩戴防毒面具，穿全身消防服，在上风向灭火。尽可能将容器从火场移至空旷处。用水灭火无效，但须用水保持火场容器冷却。用雾状水保护消防人员，用砂土堵逸出液体。处在火场中的容器若已变色或从安全泄压装置中发出声音，必须马上撤离。

灭火剂：泡沫、二氧化碳、干粉、砂土。

泄漏应急处置 消除所有点火源。根据液体流动和蒸气扩散的影响区域划定警戒区，无关人员从侧风、上风向撤离至安全区。建议应急处理人员戴正压自给式呼吸器，穿防静电服，戴橡胶耐油手套。尽可能切断泄漏源。防止泄漏物进入水体、下水道、地下室或受限空间。小量泄漏：用砂土、蛭石或其他惰性材料吸收。大量泄漏：构筑围堤或挖坑收容。

用泡沫覆盖，减少蒸发。用防爆泵转移至槽车或专用收集器内。

940. 乙基环戊烷

标　识

中文名称　乙基环戊烷

英文名称　ethylcyclopentane

分子式　C_7H_{14}

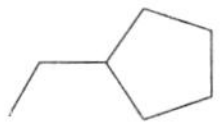

CAS 号　1640－89－7

WGH 号　32011；31111［铁规］

危害信息

危险性类别　第3类易燃液体。

燃烧与爆炸危险性　易燃。其蒸气与空气混合，能形成爆炸性混合物。燃烧产生有毒的一氧化碳气体。在高温火场中，受热的容器有破裂和爆炸的危险。蒸气比空气重，能在较低处扩散到相当远的地方，遇火源会着火回燃和爆炸(闪爆)。

活性反应　与氧化剂能发生强烈反应，引起燃烧或爆炸。

禁忌物　强氧化剂、强酸、强碱、卤素。

毒性　小鼠吸入 LCL_0：45000mg/m^3。

中毒表现　本品属烃类，吸入烃类化合物可引起呼吸道轻度刺激、头晕、恶心和倦睡；极高浓度吸入引起昏迷甚至死亡。液体进入肺部，引起吸入性肺炎。蒸气或液体对眼睛有刺激性。液体对皮肤有轻度刺激性；反复接触可致皮炎。口服引起恶心和呕吐。

侵入途径　吸入、食入。

理化特性与用途

理化特性　无色液体。不溶于水，混溶于乙醇、乙醚、丙酮、苯、四氯化碳。熔点－138℃，沸点103℃，相对密度(水＝1)0.77，相对蒸气密度(空气＝1)2.64，饱和蒸气压5.29kPa(25℃)、9.7kPa(37.7℃)，燃烧热－4595kJ/mol，临界温度296.5℃，临界压力3.4MPa，辛醇/水分配系数3.59，闪点15.6℃，引燃温度260℃，爆炸下限1.1%，爆炸上限6.7%。

主要用途　用作化学中间体、分析试剂。

包装与储运

包装标志　易燃液体

包装类别　Ⅱ类

安全储运　储存于阴凉、通风的库房。远离火种、热源。库温不宜超过37℃。保持容器密封。应与氧化剂、酸类、碱类分开存放，切忌混储。采用防爆型照明、通风设施。禁止使用易产生火花的机械设备和工具。灌装时注意流速，防止静电积聚。储区应备有泄漏应急处理设备和合适的收容材料。

紧急处置信息

急救措施

吸入：迅速脱离现场至空气新鲜处。保持呼吸道通畅。如呼吸困难，给输氧。呼吸、心跳停止，立即进行心肺复苏术。就医。

眼睛接触：分开眼睑，用流动清水或生理盐水冲洗。如有不适感，就医。

皮肤接触：脱去污染的衣着，用肥皂水和清水彻底冲洗皮肤。如有不适感，就医。

食入：饮水。就医。

灭火方法　消防人员必须佩戴空气呼吸器，穿全身防火防毒服，在上风向灭火。尽可能将容器从火场移至空旷处。喷水保持火场容器冷却，直至灭火结束。处在火场中的容器若发生异常变化或发出异常声音，须马上撤离。

灭火剂：泡沫、二氧化碳、干粉、砂土。

泄漏应急处置　消除所有点火源。根据液体流动和蒸气扩散的影响区域划定警戒区，无关人员从侧风、上风向撤离至安全区。建议应急处理人员戴正压自给式呼吸器，穿防静电服，戴橡胶耐油手套。尽可能切断泄漏源。防止泄漏物进入水体、下水道、地下室或受限空间。小量泄漏：用砂土、蛭石或其他惰性材料吸收。大量泄漏：构筑围堤或挖坑收容。用泡沫覆盖，减少蒸发。用防爆泵转移至槽车或专用收集器内。

941. 2－乙基－1,3－己二醇

标　识

中文名称　2－乙基－1,3－己二醇

英文名称　2－ethyl－1,3－hexanediol；ethohexadiol；octylene glycol

别名　驱蚊醇

分子式　$C_8H_{18}O_2$

CAS 号　94－96－2

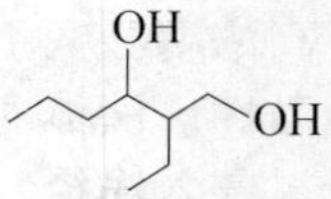

危害信息

燃烧与爆炸危险性　可燃。其蒸气与空气混合，能形成爆炸性混合物。燃烧产生有毒的一氧化碳气体。

禁忌物　强氧化剂、强还原剂、强酸、酰基氯、酸酐。

毒性　大鼠经口 LD_{50}：1400mg/kg；小鼠经口 LD_{50}：1900mg/kg；兔经皮 LD_{50}：2000mg/kg。

侵入途径　吸入、食入、经皮吸收。

理化特性与用途

理化特性　无色、无臭油状液体，有吸湿性。微溶于水，溶于异丙醇、丙二醇、蓖麻油，混溶于乙醚、氯仿。熔点－40℃，沸点244℃，相对密度(水＝1)0.942，相对蒸气密度(空气＝1)5.03，饱和蒸气压1Pa(20℃)，辛醇/水分配系数1.60，闪点126℃(开杯)，引燃温度360℃。

主要用途　用于有机合成，可制取聚酯树脂、聚酯增塑剂、聚氨酯树脂等；是有效的蚊蝇驱虫剂；也可用于生产化妆品或作为油墨溶剂、硼酸的螯合剂。

包装与储运

安全储运　储存于阴凉、通风的库房。远离火种、热源。保持容器密封。应与氧化剂、

还原剂、酸类、食用化学品等隔离储运。搬运时轻装轻卸，防止容器受损。

紧急处置信息

急救措施

吸入：脱离现场至空气新鲜处。如呼吸困难，给输氧。就医。

眼睛接触：分开眼睑，用流动清水或生理盐水冲洗。如有不适感，就医。

皮肤接触：脱去污染的衣着，用大量流动清水冲洗。如有不适感，就医。

食入：饮足量温水，催吐。就医。

灭火方法 消防人员须佩戴防毒面具，穿全身消防服，在上风向灭火。尽可能将容器从火场移至空旷处。喷水保持火场容器冷却，直至灭火结束。处在火场中的容器若已变色或从安全泄压装置中发出声音，必须马上撤离。

灭火剂：雾状水、泡沫、干粉、二氧化碳、砂土。

泄漏应急处置 根据液体流动和蒸气扩散的影响区域划定警戒区，无关人员从侧风、上风向撤离至安全区。消除所有点火源。建议应急处理人员戴防毒面具，穿防毒服，戴橡胶手套。穿上适当的防护服前严禁接触破裂的容器和泄漏物。尽可能切断泄漏源。防止泄漏物进入水体、下水道、地下室或受限空间。小量泄漏：用干燥的砂土或其他不燃材料吸收或覆盖，收集于容器中。大量泄漏：构筑围堤或挖坑收容。用泵转移至槽车或专用收集器内。

942. 2－乙基己基乙烯基醚

标　识

中文名称 2－乙基己基乙烯基醚

英文名称 2－ethylexyl vinyl ether；vinyl 2－ethylhexyl ether

别名 乙烯－2－乙基己基醚

分子式 $C_{10}H_{20}O$

CAS 号 103－44－6

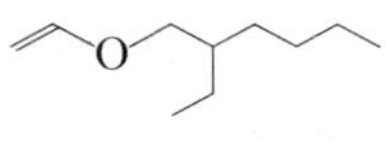

危害信息

危险性类别 第3类易燃液体。

燃烧与爆炸危险性 易燃。其蒸气与空气混合，能形成爆炸性混合物。燃烧产生有毒的一氧化碳气体。接触空气或在光照条件下可生成具有潜在爆炸危险性的过氧化物。蒸气比空气重，能在较低处扩散到相当远的地方，遇火源会着火回燃和爆炸(闪爆)。容易自聚，聚合反应随着温度的上升而急骤加剧。若遇高热，容器内压增大，有开裂和爆炸的危险。

活性反应 与氧化剂可发生反应。接触空气或在光照条件下可生成具有潜在爆炸危险性的过氧化物。

禁忌物 强氧化剂、氧、酸类。

毒性 大鼠经口 LD_{50}：1350mg/kg；兔经皮 LD_{50}：2884mg/kg。

中毒表现 吸入高浓度本品有麻醉作用。

侵入途径 吸入、食入、经皮吸收。

理化特性与用途

理化特性 液体。微溶于水。熔点－100℃，沸点177.5℃，相对密度(水＝1)0.81，相对蒸气密度(空气＝1)5.4，饱和蒸气压0.123kPa(20℃)，辛醇/水分配系数3.79，闪点47℃，引燃温度202℃。

主要用途 用于有机合成。

包装与储运

包装标志 易燃液体

包装类别 Ⅲ类

安全储运 通常商品加有阻聚剂。储存于阴凉、通风的库房。远离火种、热源。防止阳光直射。储存温度不超过37℃。保持容器密封。严禁与空气接触。应与氧化剂、酸类分开存放，切忌混储。采用防爆型照明、通风设施。禁止使用易产生火花的机械设备和工具。储区应备有泄漏应急处理设备和合适的收容材料。

紧急处置信息

急救措施

吸入：迅速脱离现场至空气新鲜处。保持呼吸道通畅。如呼吸困难，给输氧。呼吸、心跳停止，立即进行心肺复苏术。就医。

眼睛接触：分开眼睑，用流动清水或生理盐水冲洗。如有不适感，就医。

皮肤接触：脱去污染的衣着，用流动清水冲洗。如有不适感，就医。

食入：饮足量温水，催吐。就医。

灭火方法 消防人员须佩戴防毒面具，穿全身消防服，在上风向灭火。尽可能将容器从火场移至空旷处。喷水保持火场容器冷却，直至灭火结束。处在火场中的容器若已变色或从安全泄压装置中发出声音，必须马上撤离。

灭火剂：雾状水、泡沫、干粉、二氧化碳、砂土。

泄漏应急处置 根据液体流动和蒸气扩散的影响区域划定警戒区，无关人员从侧风、上风向撤离至安全区。消除所有点火源。建议应急处理人员戴防毒面具，穿防毒、防静电服，戴橡胶手套。作业时使用的所有设备应接地。禁止接触或跨越泄漏物。尽可能切断泄漏源。防止泄漏物进入水体、下水道、地下室或受限空间。小量泄漏：用砂土或其他不燃材料吸收。使用洁净的无火花工具收集吸收材料。大量泄漏：构筑围堤或挖坑收容。用泡沫覆盖，减少蒸发。喷水雾能减少蒸发，但不能降低泄漏物在受限空间内的易燃性。用防爆泵转移至槽车或专用收集器内。

943. 2－乙基己酸乙烯酯

标　识

中文名称 2－乙基己酸乙烯酯

英文名称 vinyl 2－ethylhexanoate；2－ethylhexanoic acid，vinyl ester

分子式 $C_{10}H_{18}O_2$

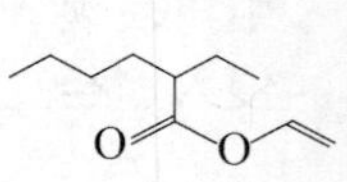

CAS号 94－04－2

危害信息

燃烧与爆炸危险性　可燃。其蒸气与空气混合，能形成爆炸性混合物。燃烧产生有毒的一氧化碳气体。蒸气比空气重，能在较低处扩散到相当远的地方，遇火源会着火回燃和爆炸(闪爆)。容易自聚，聚合反应随着温度的上升而急骤加剧。若遇高热，容器内压增大，有开裂和爆炸的危险。

活性反应　与氧化剂可发生反应。

禁忌物　强氧化剂、强酸、强碱。

毒性　大鼠经口 LD_{50}：4290mg/kg；兔经皮 LD_{50}：10mL/kg。

侵入途径　吸入、食入、经皮吸收。

环境危害　对水生生物有害。

理化特性与用途

理化特性　无色液体。不溶于水。熔点－90℃，沸点128℃(2.66kPa)，相对密度(水=1)0.875，相对蒸气密度(空气=1)6.0，闪点65℃。

主要用途　用于有机合成。

包装与储运

安全储运　通常商品加有阻聚剂。储存于阴凉、通风的库房。远离火种、热源。防止阳光直射。保持容器密封。严禁与空气接触。应与氧化剂、酸类、碱类分开存放，切忌混储。不宜大量储存或久存。搬运时轻装轻卸，防止容器受损。

紧急处置信息

急救措施

吸入：迅速脱离现场至空气新鲜处。保持呼吸道通畅。如呼吸困难，给输氧。呼吸、心跳停止，立即进行心肺复苏术。就医。

眼睛接触：分开眼睑，用流动清水或生理盐水冲洗。如有不适感，就医。

皮肤接触：脱去污染的衣着，用流动清水冲洗。如有不适感，就医。

食入：饮足量温水，催吐。就医。

灭火方法　消防人员须佩戴防毒面具，穿全身消防服，在上风向灭火。尽可能将容器从火场移至空旷处。喷水保持火场容器冷却，直至灭火结束。处在火场中的容器若已变色或从安全泄压装置中发出声音，必须马上撤离。

灭火剂：雾状水、泡沫、干粉、二氧化碳、砂土。

泄漏应急处置　根据液体流动和蒸气扩散的影响区域划定警戒区，无关人员从侧风、上风向撤离至安全区。消除所有点火源。建议应急处理人员戴防毒面具，穿防毒服，戴橡胶手套。穿上适当的防护服前严禁接触破裂的容器和泄漏物。尽可能切断泄漏源。防止泄漏物进入水体、下水道、地下室或受限空间。小量泄漏：用干燥的砂土或其他不燃材料吸收或覆盖，收集于容器中。大量泄漏：构筑围堤或挖坑收容。用泵转移至槽车或专用收集器内。

944. 2 – 乙基 – 1 – 己烯

标　识

中文名称　2 – 乙基 – 1 – 己烯

英文名称　2 – ethylhex – 1 – ene；2 – ethylhexene – 1；heptane，3 – methylene –

别名　3 – 亚甲基庚烷

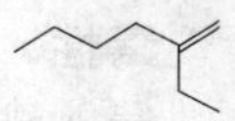

分子式　C_8H_{16}

CAS 号　1632 – 16 – 2

危害信息

危险性类别　第 3 类易燃液体。

燃烧与爆炸危险性　易燃。其蒸气与空气混合，能形成爆炸性混合物。燃烧产生有毒的一氧化碳气体。流速过快，容易产生和积聚静电。蒸气比空气重，沿地面扩散并易积存于低洼处，遇火源会着火回燃。容易自聚，聚合反应随着温度的上升而急骤加剧。若遇高热，容器内压增大，有开裂和爆炸的危险。

活性反应　与氧化剂可发生反应。

禁忌物　强氧化剂、酸类、卤代烃、卤素等。

毒性　大鼠吸入 LC_{50}：4000ppm。

中毒表现　吸入本品可引起中毒，出现头痛、头晕、嗜睡或兴奋等症状。

侵入途径　吸入、食入、经皮吸收。

环境危害　对水生生物有极高毒性，可能在水生环境中造成长期不利影响。

理化特性与用途

理化特性　无色液体。不溶于水，溶于乙醇、乙醚、丙酮、石油烃、焦油溶剂。沸点 120℃，相对密度（水 = 1）0.727，相对蒸气密度（空气 = 1）3.87，饱和蒸气压 2.62kPa（25℃），辛醇/水分配系数 4.19，闪点 24℃。

主要用途　用于合成香料、药物、染料及树脂。

包装与储运

包装标志　易燃液体

包装类别　Ⅲ类

安全储运　通常商品加有阻聚剂。储存于阴凉、通风的库房。远离火种、热源。防止阳光直射。库温不宜超过 37℃。保持容器密封。严禁与空气接触。应与氧化剂等分开存放，切忌混储。配备相应品种和数量的消防器材。储区应备有泄漏应急处理设备和合适的收容材料。

紧急处置信息

急救措施

吸入：迅速脱离现场至空气新鲜处。保持呼吸道通畅。如呼吸困难，给输氧。呼吸、心跳停止，立即进行心肺复苏术。就医。

眼睛接触：分开眼睑，用流动清水或生理盐水冲洗。如有不适感，就医。

皮肤接触：脱去污染的衣着，用流动清水冲洗。如有不适感，就医。

食入：饮足量温水，催吐。就医。

灭火方法 消防人员须佩戴防毒面具，穿全身消防服，在上风向灭火。尽可能将容器从火场移至空旷处。喷水保持火场容器冷却，直至灭火结束。处在火场中的容器若已变色或从安全泄压装置中发出声音，必须马上撤离。

灭火剂：雾状水、泡沫、干粉、二氧化碳、砂土。

泄漏应急处置 根据液体流动和蒸气扩散的影响区域划定警戒区，无关人员从侧风、上风向撤离至安全区。消除所有点火源。建议应急处理人员戴防毒面具，穿防毒服，戴橡胶手套。作业时使用的所有设备应接地。禁止接触或跨越泄漏物。尽可能切断泄漏源。防止泄漏物进入水体、下水道、地下室或受限空间。小量泄漏：用砂土或其他不燃材料吸收。使用洁净的无火花工具收集吸收材料。大量泄漏：构筑围堤或挖坑收容。用泡沫覆盖，减少蒸发。喷水雾能减少蒸发，但不能降低泄漏物在受限空间内的易燃性。用泵转移至槽车或专用收集器内。

945. 乙基硫醇

标识

中文名称 乙基硫醇

英文名称 ethanethiol；ethyl mercaptan；mercaptoethane

别名 巯基乙烷；乙硫醇；硫氢乙烷

分子式 C_2H_6S

CAS 号 75－08－1

WGH 号 31034

UN 号 2363

危害信息

危险性类别 第3类易燃液体。

燃烧与爆炸危险性 极易燃。其蒸气与空气混合，能形成爆炸性混合物。燃烧产生有毒的一氧化碳和氧化硫气体。遇水或水蒸气反应放出有毒和易燃的气体。蒸气比空气重，能在较低处扩散到相当远的地方，遇火源会着火回燃和爆炸（闪爆）。在高温火场中，受热的容器或储罐有破裂和爆炸的危险。

活性反应 与氧化剂接触发生猛烈反应。接触酸和酸雾产生有毒气体。遇水或水蒸气反应放出有毒和易燃的气体。与次氯酸钙、氢氧化钙发生剧烈反应。

禁忌物 酸类、强氧化剂、碱金属。

毒性 大鼠经口 LD_{50}：682mg/kg；大鼠吸入 LC_{50}：4420ppm（4h）；兔经皮 LD_{50}：＞2000mg/kg。

中毒表现 本品主要作用于中枢神经系统。吸入低浓度蒸气时可引起头痛、恶心；较高浓度出现麻醉作用。高浓度可引起呼吸麻痹致死。中毒者可发生呕吐、腹泻，尿中出现蛋白、管型及血尿。

侵入途径 吸入、食入、经皮吸收。

职业接触限值

中国：PC－TWA：$1mg/m^3$。

美国(ACGIH)：TLV－TWA：0.5ppm。

环境危害 对水生生物有极高毒性，可能在水生环境中造成长期不利影响；海洋污染物。

理化特性与用途

理化特性 无色至黄色透明液体，有强烈的蒜气味。微溶于水，溶于乙醇、乙醚、丙酮、石脑油等多数有机溶剂。熔点－148～－144.4℃，沸点35℃，相对密度(水＝1)0.839，相对蒸气密度(空气＝1)2.14，饱和蒸气压58.9kPa(20℃)，燃烧热－1889.4kJ/mol，临界温度225.5℃，临界压力5.49MPa，辛醇/水分配系数1.27，闪点－48.3℃(闭杯)，引燃温度299℃，爆炸下限2.8%，爆炸上限18.2%。

主要用途 用作天然气增气味剂、黏合剂的稳定剂，用作制造塑料、杀虫剂、杀螨剂、脱叶剂、胶黏剂、防老剂和药物的中间体或原料。

包装与储运

包装标志 易燃液体

包装类别 Ⅰ类

安全储运 储存于阴凉、通风的库房。远离火种、热源。库温不宜超过29℃。保持容器密封。应与氧化剂、酸类、碱金属分开存放，切忌混储。采用防爆型照明、通风设施。禁止使用易产生火花的机械设备和工具。储区应备有泄漏应急处理设备和合适的收容材料。

紧急处置信息

急救措施

吸入：迅速脱离现场至空气新鲜处。保持呼吸道通畅。如呼吸困难，给输氧。呼吸、心跳停止，立即进行心肺复苏术。就医。

眼睛接触：分开眼睑，用流动清水或生理盐水冲洗。如有不适感，就医。

皮肤接触：立即脱去污染的衣着，用肥皂水和清水彻底冲洗皮肤。如有不适感，就医。

食入：饮足量温水，催吐。就医。

灭火方法 消防人员须佩戴防毒面具，穿全身消防服，在上风向灭火。尽可能将容器从火场移至空旷处。喷水保持火场容器冷却，直至灭火结束。处在火场中的容器若已变色或从安全泄压装置中发出声音，必须马上撤离。

灭火剂：泡沫、二氧化碳、干粉、砂土。

泄漏应急处置 消除所有点火源。根据液体流动和蒸气扩散的影响区域划定警戒区，无关人员从侧风、上风向撤离至安全区。建议应急处理人员戴正压自给式呼吸器，穿防静电服，戴橡胶手套。作业时使用的所有设备应接地。禁止接触或跨越泄漏物。尽可能切断泄漏源。防止泄漏物进入水体、下水道、地下室或受限空间。小量泄漏：用砂土或其他不燃材料吸收。使用洁净的无火花工具收集吸收材料。大量泄漏：构筑围堤或挖坑收容。用泡沫覆盖，减少蒸发。喷水雾能减少蒸发，但不能降低泄漏物在受限空间内的易燃性。用防爆泵转移至槽车或专用收集器内。

946. 乙基三氯硅烷

标　识

中文名称　乙基三氯硅烷

英文名称　trichloro(ethyl)silane；ethyltrichlorosilane

别名　三氯乙基硅烷

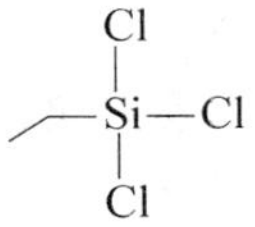

分子式　$C_2H_5Cl_3Si$

CAS 号　115－21－9

WGH 号　32186；31286[铁规]

UN 号　1196

危害信息

危险性类别　第3类易燃液体。

燃烧与爆炸危险性　易燃。其蒸气与空气混合，能形成爆炸性混合物。燃烧产生有毒的一氧化碳、氧化硅和氯化氢气体。受热或遇水分解放热，放出有毒的腐蚀性烟气。具有腐蚀性。

禁忌物　强氧化剂、强碱、水、醇类。

毒性　大鼠经口 LD_{50}：800mg/kg；小鼠吸入 LC_{50}：300mg/m^3(2h)。

中毒表现　吸入后可因喉、支气管的痉挛、水肿、炎症，化学性肺炎、肺水肿而致死。接触本品工人往往有眼痛、流泪、咳嗽、头痛、易激动、皮肤发痒。

侵入途径　吸入、食入。

理化特性与用途

理化特性　无色透明液体，有刺激性气味。溶于苯、乙醚、庚烷、全氯乙烯、卤代烃等。熔点－105.6℃，沸点98～100.5℃，相对密度(水＝1)1.238，相对蒸气密度(空气＝1)5.6，饱和蒸气压6.27kPa(25℃)，临界温度286.8℃，临界压力3.33MPa，辛醇/水分配系数2.5，闪点13.9℃(闭杯)、22℃(开杯)。

主要用途　用作制造硅酮的中间体。

包装与储运

包装标志　易燃液体，腐蚀品

包装类别　Ⅰ类

安全储运　储存于阴凉、干燥、通风良好的库房。远离火种、热源。储存温度不超过30℃，相对湿度不超过75%。包装要求密封。不可与空气接触。防止受潮。应与氧化剂、碱类等分开存放，切忌混储。采用防爆型照明、通风设施。禁止使用易产生火花的机械设备和工具。储区应备有泄漏应急处理设备和合适的收容材料。

紧急处置信息

急救措施

吸入：脱离现场至空气新鲜处。如呼吸困难，给输氧。呼吸、心跳停止，立即进行心肺复苏术。就医。

眼睛接触： 分开眼睑，用流动清水或生理盐水冲洗。如有不适感，就医。

皮肤接触： 脱去污染的衣着，用肥皂水和清水彻底冲洗皮肤。如有不适感，就医。

食入： 饮水。就医。

灭火方法　消防人员必须佩戴空气呼吸器，穿全身防火防毒服，在上风向灭火。尽可能将容器从火场移至空旷处。喷水保持火场容器冷却，直至灭火结束。处在火场中的容器若发生异常变化或发出异常声音，须马上撤离。禁止用水、泡沫和酸碱灭火剂灭火

灭火剂：二氧化碳、干粉、干砂。

泄漏应急处置　消除所有点火源。根据液体流动和蒸气扩散的影响区域划定警戒区，无关人员从侧风、上风向撤离至安全区。建议应急处理人员戴正压自给式呼吸器，穿防静电、防腐蚀、防毒服，戴橡胶耐酸碱手套。作业时使用的所有设备应接地。穿上适当的防护服前严禁接触破裂的容器和泄漏物。尽可能切断泄漏源。防止泄漏物进入水体、下水道、地下室或受限空间。严禁用水处理。小量泄漏：用干燥的砂土或其他不燃材料覆盖泄漏物。大量泄漏：构筑围堤或挖坑收容。用碎石灰石（$CaCO_3$）、苏打灰（Na_2CO_3）或石灰（CaO）中和。用防爆、耐腐蚀泵转移至槽车或专用收集器内。

947. 5 – 乙基 – 2 – 乙烯吡啶

标　识

中文名称　5 – 乙基 – 2 – 乙烯吡啶

英文名称　5 – ethyl – 2 – vinylpyridine；2 – vinyl – 5 – ethylpyridine

别名　2 – 乙烯基 – 5 – 乙基吡啶

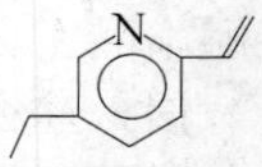

分子式　$C_9H_{11}N$

CAS 号　5408 – 74 – 2

危害信息

燃烧与爆炸危险性　可燃。其蒸气与空气混合，能形成爆炸性混合物。燃烧产生有毒的一氧化碳和氮氧化物气体。受高热分解放出有毒的气体。容易自聚，聚合反应随着温度的上升而急骤加剧。若遇高热，容器内压增大，有开裂和爆炸的危险。

活性反应　与氧化剂可发生反应。

禁忌物　强氧化剂。

毒性　大鼠经口 LD_{50}：1230mg/kg；兔经皮 LD_{50}：0. 89mL/kg。

中毒表现　吸入可引起眼、鼻、咽喉刺激，并有头痛、恶心、食欲减退；严重者可产生运动失调、呼吸困难和抽搐。皮肤直接接触，可引起灼痛。对皮肤有致敏作用。

侵入途径　吸入、食入、经皮吸收。

理化特性与用途

理化特性　无色液体，有恶臭味。不溶于水。沸点 120℃（6. 65kPa）、208. 5℃，相对密度（水 =1）0. 94，相对蒸气密度（空气 =1）4. 6，饱和蒸气压 0. 04kPa（25℃），闪点 76. 2℃。

主要用途　用于合成橡胶，离子交换树脂及制药等。

包装与储运

安全储运　储存于阴凉、通风的库房。远离火种、热源。保持容器密封。应与强氧化

剂等隔离储运。搬运时轻装轻卸，防止容器受损。

紧急处置信息

急救措施

吸入： 迅速脱离现场至空气新鲜处。保持呼吸道通畅。如呼吸困难，给输氧。呼吸、心跳停止，立即进行心肺复苏术。就医。

眼睛接触： 分开眼睑，用流动清水或生理盐水冲洗。如有不适感，就医。

皮肤接触： 脱去污染的衣着，用流动清水冲洗。如有不适感，就医。

食入： 用水漱口。就医。

灭火方法 消防人员须佩戴防毒面具，穿全身消防服，在上风向灭火。尽可能将容器从火场移至空旷处。喷水保持火场容器冷却，直至灭火结束。处在火场中的容器若已变色或从安全泄压装置中发出声音，必须马上撤离。

灭火剂：雾状水、泡沫、干粉、二氧化碳、砂土。

泄漏应急处置 根据液体流动和蒸气扩散的影响区域划定警戒区，无关人员从侧风、上风向撤离至安全区。消除所有点火源。建议应急处理人员戴防毒面具，穿防毒服，戴橡胶手套。穿上适当的防护服前严禁接触破裂的容器和泄漏物。尽可能切断泄漏源。防止泄漏物进入水体、下水道、地下室或受限空间。小量泄漏：用干燥的砂土或其他不燃材料吸收或覆盖，收集于容器中。大量泄漏：构筑围堤或挖坑收容。用泵转移至槽车或专用收集器内。

948. 乙 硫 磷

标 识

中文名称 乙硫磷

英文名称 phosphorodithioic acid, *S*, *S'* – methylene *O*, *O*, *O'*, *O'* – tetraethyl ester; ethion

别名 *O*, *O*, *O'*, *O'* – 四乙基 – *S*, *S'* – 亚甲基双(二硫代磷酸酯)；益赛昂

分子式 $C_9H_{22}O_4P_2S_4$

CAS 号 563 – 12 – 2

WGH 号 61126（含量 > 25%）；61874（粉剂、可湿性粉剂、颗粒剂，含量 2% ~ 25%）；61875（乳剂，含量 0.5% ~25%）

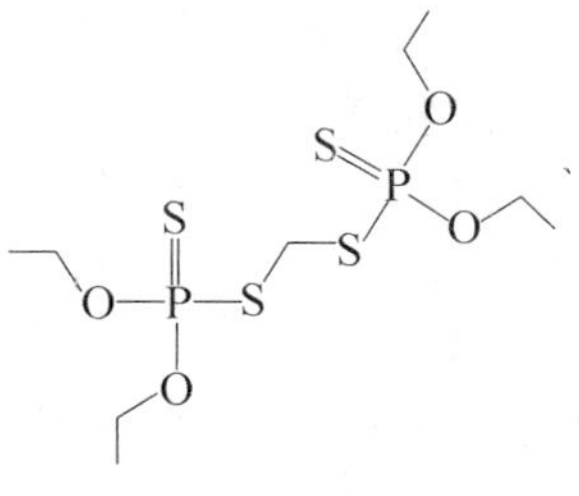

危害信息

危险性类别 第 6 类有毒品。

燃烧与爆炸危险性 可燃。其蒸气与空气混合，能形成爆炸性混合物。燃烧产生有毒的一氧化碳、氧化磷、氧化硫。受热分解，放出磷、硫的氧化物等毒性气体。

禁忌物 强氧化剂、碱类、酸类。

毒性 大鼠经口 LD_{50}：13mg/kg；小鼠经口 LD_{50}：40mg/kg；兔经皮 LD_{50}：915mg/kg

本品已列入《剧毒化学品目录》。

中毒表现 有机磷农药抑制胆碱酯酶活性，造成神经生理功能紊乱。

急性中毒表现为短期内接触（口服、吸入、皮肤、黏膜）大量引起急性中毒。表现有

头痛、头昏、食欲减退、恶心、呕吐、腹痛、腹泻、流涎、瞳孔缩小、呼吸道分泌物增多、多汗、肌束震颤等。重者出现肺水肿、脑水肿、昏迷、呼吸麻痹。部分病例可有心、肝、肾损害。少数严重病例在意识恢复后数周或数月后发生周围神经病。个别严重病例可发生迟发性猝死。血胆碱酯酶活性降低。

慢性中毒有神经衰弱综合征、多汗、肌束震颤等。

侵入途径 吸入、食入、经皮吸收。

职业接触限值

美国（ACGIH）：TLV－TWA：0.4mg/m^3。

环境危害 对水生生物有极高毒性，可能在水生环境中造成长期不利影响。

理化特性与用途

理化特性 无色至琥珀色液体。微溶于水，溶于甲醇、乙醇、丙酮、苯、氯仿、二甲苯等多数有机溶剂。熔点－13～－12℃，沸点164～165℃（40Pa），相对密度（水＝1）1.22，相对蒸气密度（空气＝1）13.26，饱和蒸气压0.0002Pa（25℃），辛醇/水分配系数5.073，闪点176℃。

主要用途 用于棉花、水稻、蔬菜、柑桔树等作物防治多种害虫和螨类。

包装与储运

包装标志 有毒品

包装类别 Ⅱ类

安全储运 储存于阴凉、通风良好的专用库房内。应严格执行剧毒化学品管理制度。远离火种、热源。库温不超过35℃。相对湿度不超过85%。保持容器密封。应与氧化剂、酸类、碱类、食用化学品分开存放，切忌混储。配备相应品种和数量的消防器材。储区应备有泄漏应急处理设备和合适的收容材料。

紧急处置信息

急救措施

吸入：脱离现场至空气新鲜处。如呼吸困难，给输氧。就医。

眼睛接触：分开眼睑，用流动清水或生理盐水冲洗。如有不适感，就医。

皮肤接触：立即脱去污染的衣着，用肥皂水和清水彻底冲洗皮肤。如有不适感，就医。

食入：饮足量温水，催吐。用1：5000高锰酸钾溶液洗胃。口服活性炭，导泻。每5min给服一片阿托品，直到感觉口干为止。就医。

灭火方法 消防人员必须佩戴空气呼吸器，穿全身防火防毒服，在上风向灭火。尽可能将容器从火场移至空旷处。喷水保持火场容器冷却，直至灭火结束。处在火场中的容器若已变色或从安全泄压装置中发出声音，必须马上撤离。

灭火剂：干粉、泡沫、砂土。

泄漏应急处置 根据液体流动和蒸气扩散的影响区域划定警戒区，无关人员从侧风、上风向撤离至安全区。建议应急处理人员戴正压自给式呼吸器，穿防毒服，戴防毒物渗透手套。穿上适当的防护服前严禁接触破裂的容器和泄漏物。尽可能切断泄漏源。防止泄漏物进入水体、下水道、地下室或受限空间。小量泄漏：用干燥的砂土或其他不燃材料吸收或覆盖，收集于容器中。大量泄漏：构筑围堤或挖坑收容。用砂土、惰性物质或蛭石吸收大量液体。用泵转移至槽车或专用收集器内。

949. 乙 硼 烷

标 识

中文名称 乙硼烷
英文名称 diborane
别名 二硼烷
分子式 B_2H_6
CAS 号 19287 -45 -7
WGH 号 21049；23059[铁规]
UN 号 1911

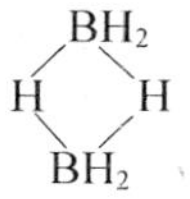

危害信息

危险性类别 第 2.1 类易燃气体；按《危险货物品名表》主危险性为有毒气体。

燃烧与爆炸危险性 极易燃。与空气混合能形成爆炸性混合物，遇热源和明火有燃烧爆炸的危险。在室温下遇潮湿空气能自燃。燃烧产生有毒的氧化硼气体。

活性反应 与氟、氯、溴等卤素会发生剧烈反应。并能与氟氯烷灭火剂发生猛烈反应。

禁忌物 强氧化剂、碱、氟、氯、溴等卤素、水、四氯化碳。

毒性 大鼠吸入 LC_{50}：40ppm(4h)；小鼠吸入 LC_{50}：29ppm(4h).

本品已列入《剧毒化学品目录》。

中毒表现 吸入高浓度乙硼烷出现胸闷、气短、干咳、心前区不适；可出现恶心、头痛、发热等症状。重者可发生肺炎、肺水肿。可引起严重眼灼伤。接触液态本品可引起冻伤。

慢性影响 表现为长期接触可能引起肝、肾损害，支气管炎，中枢神经系统症状较轻。

侵入途径 吸入。

职业接触限值

中国：PC - TWA：0.1mg/m^3。

美国(ACGIH)：TLV - TWA：0.1ppm。

理化特性与用途

理化特性 无色气体，有令人厌恶的气味。溶于二硫化碳。熔点 -165℃，沸点 -92.5℃，相对密度(水 =1)0.447(-112℃)，相对蒸气密度(空气 =1)0.96，饱和蒸气压 29.8kPa(-112℃)，临界温度 16.7℃，临界压力 4.0MPa，引燃温度 40 ~50℃，爆炸下限 0.8%，爆炸上限 88%。

主要用途 用作链烯烃聚合催化剂、橡胶硫化剂、还原剂、火箭燃料等。

包装与储运

包装标志 有毒气体，易燃气体

安全储运 储存于阴凉、通风良好的专用库房内。应严格执行剧毒化学品管理制度。库温不宜超过 30℃。远离火种、热源。应与氧化剂、碱类、卤素、食用化学品分开存放，切忌混储。采用防爆型照明、通风设施。禁止使用易产生火花的机械设备和工具。储区应备有泄漏应急处理设备。搬运时轻装轻卸，须戴好钢瓶安全帽和防震橡皮圈，防止钢瓶撞击。

紧急处置信息

急救措施

吸入：迅速脱离现场至空气新鲜处。保持呼吸道通畅。如呼吸困难，给输氧。呼吸、心跳停止，立即进行心肺复苏术。就医。

眼睛接触：立即分开眼睑，用流动清水或生理盐水彻底冲洗 10 ~ 15min。就医。

皮肤接触：如发生冻伤，用温水(38 ~ 42℃)复温，忌用热水或辐射热，不要揉搓。

食入：不会通过该途径接触。

灭火方法　切断气源。若不能切断气源，则不允许熄灭泄漏处的火焰。消防人员必须佩戴空气呼吸器、穿全身防火防毒服，在上风向灭火。尽可能将容器从火场移至空旷处。禁止用水和泡沫灭火。

灭火剂：二氧化碳。

泄漏应急处置　消除所有点火源。根据气体扩散的影响区域划定警戒区，无关人员从侧风、上风向撤离至安全区。建议应急处理人员穿内置正压自给式呼吸器的全封闭防化服。如果是液化气体泄漏，还应注意防冻伤。作业时使用的所有设备应接地。禁止接触或跨越泄漏物。尽可能切断泄漏源。喷雾状水抑制蒸气或改变蒸气云流向，避免水流接触泄漏物。禁止用水直接冲击泄漏物或泄漏源。若可能翻转容器，使之逸出气体而非液体。防止气体通过下水道、通风系统和受限空间扩散。隔离泄漏区直至气体散尽。

950. 乙　炔　银

标　识

中文名称　乙炔银

英文名称　silver acetylide

分子式　C_2HAg

H—C≡C—Ag

CAS 号　13092 – 75 – 6

危害信息

危险性类别　第 1 类爆炸品。

燃烧与爆炸危险性　受撞击、摩擦，遇明火或其他点火源极易爆炸。燃烧产生有毒的一氧化碳和氧化银。

禁忌物　氧化剂、易燃或可燃物、硫、磷。

毒性　乙炔银分解时，放出刺激性的烟雾。

侵入途径　吸入、食入。

理化特性与用途

理化特性　白色粉末或黄色固体。不溶于水，微溶于醇。熔点(爆炸)，爆燃点 200℃。

主要用途　用作起爆药。

包装与储运

包装标志 爆炸品

安全储运 储存于阴凉、通风的库房。远离火种、热源。库温不宜超过30℃。保持容器密封。应与易(可)燃物、氧化剂等分开存放，切忌混储。采用防爆型照明、通风设施。禁止使用易产生火花的机械设备和工具。储区应备有合适的材料收容泄漏物。采用防爆型照明、通风设施。禁止使用易产生火花的机械设备和工具。搬运时轻装轻卸，防止容器受损。禁止震动、撞击和摩擦。

紧急处置信息

急救措施

吸入：脱离现场至空气新鲜处。如呼吸困难，给输氧。就医。

眼睛接触：分开眼睑，用流动清水或生理盐水冲洗。如有不适感，就医。

皮肤接触：脱去污染的衣着，用流动清水冲洗。如有不适感，就医。

食入：饮足量温水，催吐。就医。

灭火方法 消防人员须戴好防毒面具，穿全身消防服，在安全距离以外，在上风向灭火。消防人员须在有防爆掩蔽处操作。禁止用砂土压盖。用大量水灭火。

泄漏应急处置 隔离泄漏污染区，限制出入。消除所有点火源。建议应急处理人员戴防尘口罩，穿防静电服，戴防护手套。作业时使用的所有设备应接地。禁止接触或跨越泄漏物。在专家指导下清除。

951. 乙酸丙酯

标　识

中文名称 乙酸丙酯

英文名称 *n* - propyl acetate; propyl acetate

别名 乙酸正丙酯；醋酸正丙酯

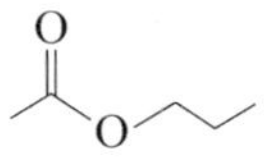

分子式 $C_5H_{10}O_2$

CAS 号 109 - 60 - 4

WGH 号 32128；31228[铁规]

UN 号 1276

危害信息

危险性类别 第3类易燃液体。

燃烧与爆炸危险性 易燃。其蒸气与空气混合，能形成爆炸性混合物。燃烧产生有毒的一氧化碳气体。蒸气比空气重，能在较低处扩散到相当远的地方，遇火源会着火回燃和爆炸(闪爆)。

活性反应 与氧化剂能发生强烈反应。

禁忌物 强氧化剂、酸类、碱类。

毒性 大鼠经口 LD_{50}：9370mg/kg；小鼠经口 LD_{50}：8300mg/kg；兔经皮 LD_{50}：17600mg/kg。

中毒表现 本品有刺激性。吸入高浓度时，感到恶心、眼部灼热感、胸闷、疲乏无力，并可引起麻醉。

侵入途径 吸入、食入。

职业接触限值

中国：PC－TWA：200mg/m^3，PC－STEL：300mg/m^3。

美国(ACGIH)：TLV－TWA：200ppm；TLV－STEL：250ppm。

理化特性与用途

理化特性 无色透明液体，有芳香气味。微溶于水，溶于醇类、酮类、酯类和油类等。熔点－92℃，沸点101.6℃，相对密度(水＝1)0.89，相对蒸气密度(空气＝1)3.5，饱和蒸气压3.3kPa(20℃)，燃烧热－2890.5kJ/mol，临界温度276℃，临界压力3.34MPa，辛醇/水分配系数1.24，闪点14℃(闭杯)，引燃温度450℃，爆炸下限2%，爆炸上限8%。

主要用途 用作调味剂、食用香料、硝化纤维溶剂和试剂，以及用于造漆、塑料、有机物合成等。

包装与储运

包装标志 易燃液体

包装类别 Ⅱ类

安全储运 储存于阴凉、通风的库房。远离火种、热源。库温不宜超过37℃。保持容器密封。应与氧化剂、酸类、碱类分开存放，切忌混储。采用防爆型照明、通风设施。禁止使用易产生火花的机械设备和工具。灌装时注意流速，防止静电积聚。储区应备有泄漏应急处理设备和合适的收容材料。

紧急处置信息

急救措施

吸入：脱离现场至空气新鲜处。如呼吸困难，给输氧。呼吸、心跳停止，立即进行心肺复苏术。就医。

眼睛接触：分开眼睑，用流动清水或生理盐水冲洗。如有不适感，就医。

皮肤接触：脱去污染的衣着，用肥皂水和清水彻底冲洗皮肤。如有不适感，就医。

食入：饮足量温水，催吐。就医。

灭火方法 消防人员须佩戴防毒面具，穿全身消防服，在上风向灭火。尽可能将容器从火场移至空旷处。处在火场中的容器若已变色或从安全泄压装置中发出声音，必须马上撤离。用水灭火无效，但可用水保持火场中容器冷却。

灭火剂：泡沫、二氧化碳、干粉、砂土。

泄漏应急处置 消除所有点火源。根据液体流动和蒸气扩散的影响区域划定警戒区，无关人员从侧风、上风向撤离至安全区。建议应急处理人员戴正压自给式呼吸器，穿防静电服，戴橡胶耐油手套。作业时使用的所有设备应接地。禁止接触或跨越泄漏物。尽可能切断泄漏源。防止泄漏物进入水体、下水道、地下室或受限空间。小量泄漏：用砂土或其他不燃材料吸收。使用洁净的无火花工具收集吸收材料。大量泄漏：构筑围堤或挖坑收容。用泡沫覆盖，减少蒸发。喷水雾能减少蒸发，但不能降低泄漏物在受限空间内的易燃性。用防爆泵转移至槽车或专用收集器内。喷雾状水驱散蒸气、稀释液体泄漏物。

952. 乙酸 -2-丁氧基乙酯

标　识

中文名称　乙酸 -2-丁氧基乙酯

英文名称　2-butoxyethyl acetate；ethylene glycol butyl ether acetate

别名　乙二醇一丁醚醋酸酯；醋酸 -2-丁氧基乙酯

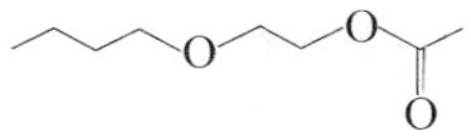

分子式　$C_8H_{16}O_3$

CAS 号　112-07-2

危害信息

燃烧与爆炸危险性　可燃。其蒸气与空气混合，能形成爆炸性混合物。燃烧产生有毒的一氧化碳气体。

禁忌物　氧化剂。

毒性　大鼠经口 LD_{50}：2400mg/kg；小鼠经口 LD_{50}：3200mg/kg；兔经皮 LD_{50}：1500mg/kg。

中毒表现　本品对皮肤有刺激作用，其蒸气或雾对黏膜有刺激作用。

侵入途径　吸入、食入、经皮吸收。

理化特性与用途

理化特性　无色液体，有水果香气味。微溶于水，溶于烃类和多数有机溶剂。熔点 -64℃，沸点 192℃，相对密度（水 =1）0.94，相对蒸气密度（空气 =1）5.5，饱和蒸气压 31Pa（20℃），燃烧热 -5157kJ/mol，辛醇/水分配系数 1.51，闪点 71℃（闭杯），引燃温度 340℃，爆炸下限 0.9%（93℃），爆炸上限 8.5%（135℃）。

主要用途　用作纤维素漆、环氧树脂、涂料、印刷油墨等的溶剂。

包装与储运

安全储运　储存于阴凉、通风的库房。远离火种、热源。保持容器密封。应与强氧化剂等隔离储运。搬运时轻装轻卸，防止容器受损。

紧急处置信息

急救措施

吸入：脱离现场至空气新鲜处。如呼吸困难，给输氧。就医。

眼睛接触：分开眼睑，用流动清水或生理盐水冲洗。如有不适感，就医。

皮肤接触：立即脱去污染的衣着，用肥皂水和清水彻底冲洗皮肤。如有不适感，就医。

食入：饮足量温水，催吐。就医。

灭火方法　消防人员须佩戴防毒面具，穿全身消防服，在上风向灭火。尽可能将容器从火场移至空旷处。喷水保持火场容器冷却，直至灭火结束。处在火场中的容器若已变色或从安全泄压装置中发出声音，必须马上撤离。

灭火剂：雾状水、泡沫、干粉、二氧化碳、砂土。

泄漏应急处置　根据液体流动和蒸气扩散的影响区域划定警戒区，无关人员从侧风、上风向撤离至安全区。消除所有点火源。建议应急处理人员戴防毒面具，穿防毒服，戴橡胶手套。穿上适当的防护服前严禁接触破裂的容器和泄漏物。尽可能切断泄漏源。防止泄漏物进入水体、下水道、地下室或受限空间。小量泄漏：用干燥的砂土或其他不燃材料吸收或覆盖，收集于容器中。大量泄漏：构筑围堤或挖坑收容。用泵转移至槽车或专用收集器内。

953. 乙 酸 镉

标　识

中文名称　乙酸镉

英文名称　cadmium acetate；cadmium di(acetate)

别名　醋酸镉

分子式　$C_4H_6O_4 \cdot Cd$

CAS 号　543 -90 -8

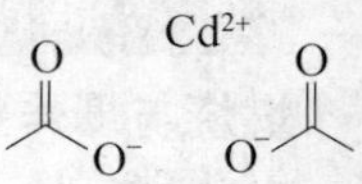

危害信息

危险性类别　第 6 类有毒品。

燃烧与爆炸危险性　可燃。其粉体与空气混合，能形成爆炸性混合物。遇明火、高热、或与氧化剂接触能燃烧，并散发出有毒气体。

禁忌物　强氧化剂、强酸。

毒性　大鼠经口 LD_{50}：333mg/kg

IARC 致癌性评论：G1，确认人类致癌物。

中毒表现　误食镉盐后可引起急剧的胃肠道刺激症状，有恶心、呕吐、腹泻、腹痛、里急后重、全身乏力、肌肉疼痛和虚脱等，甚至出现抽搐、休克。

侵入途径　吸入、食入。

职业接触限值

中国：PC -TWA：0. 01mg/m^3，PC -STEL：0. 02mg/m^3[按镉计]。

美国(ACGIH)：TLV -TWA：0. 002mg/m^3[按镉计，可呼吸性]。

环境危害　对水生生物有极高毒性，可能在水生环境中造成长期不利影响；有害空气污染物。

理化特性与用途

理化特性　无色晶体，稍有醋酸气味。易溶于水，易溶于醇类，不溶于乙醚。熔点 255℃，沸点(分解)，相对密度(水 =1)2. 34，辛醇/水分配系数 0. 88。

主要用途　用于使陶瓷器产生珍珠样光泽。

包装与储运

包装标志　有毒品

包装类别　Ⅲ类

安全储运　储存于阴凉、通风的库房。远离火种、热源。储存温度不超过 35℃，相对湿度不超过 85%。保持容器密封。应与氧化剂、酸类分开存放，切忌混储。配备相应品种和数量的消防器材。储区应备有合适的材料收容泄漏物。

紧急处置信息

急救措施

吸入：迅速脱离现场至空气新鲜处。保持呼吸道通畅。如呼吸困难，给输氧。呼吸、心跳停止，立即进行心肺复苏术。就医。

眼睛接触：分开眼睑，用流动清水或生理盐水冲洗。如有不适感，就医。

皮肤接触：立即脱去污染的衣着，用肥皂水和清水彻底冲洗皮肤。如有不适感，就医。

食入：用水漱口，给饮牛奶或蛋清。就医。

灭火方法 消防人员须佩戴防毒面具，穿全身消防服，在上风向灭火。尽可能将容器从火场移至空旷处。喷水保持火场容器冷却，直至灭火结束。

灭火剂：雾状水、泡沫、干粉、二氧化碳、砂土。

泄漏应急处置 隔离泄漏污染区，限制出入。消除所有点火源。建议应急处理人员戴防尘口罩，穿防毒服，戴橡胶手套。穿上适当的防护服前严禁接触破裂的容器和泄漏物。尽可能切断泄漏源。用塑料布覆盖泄漏物，减少飞散。勿使水进入包装容器内。用洁净的铲子收集泄漏物，置于干净、干燥、盖子较松的容器中，将容器移离泄漏区。

954. 乙 酸 戊 酯

标　识

中文名称 乙酸戊酯

英文名称 pentyl acetate；*n* – amyl acetate

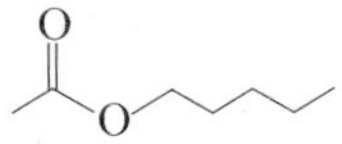

别名 乙酸正戊酯

分子式 $C_7H_{14}O_2$

CAS 号 628 – 63 – 7

WGH 号 33596；32096［铁规］

UN 号 1104

危害信息

危险性类别 第 3 类易燃液体。

燃烧与爆炸危险性 易燃。其蒸气与空气混合，能形成爆炸性混合物。蒸气比空气重，能在较低处扩散到相当远的地方，遇火源会着火回燃和爆炸(闪爆)。具有腐蚀性。

活性反应 与氧化剂能发生强烈反应。

禁忌物 强氧化剂、强碱、强酸。

毒性 大鼠经口 LD_{50}：>1600mg/kg；兔经口 LD_{50}：7400mg/kg。

中毒表现 对眼及上呼吸道黏膜有刺激作用，可引起 结膜炎、鼻炎、咽喉炎等，重者伴有头痛、嗜睡、胸闷、心悸、食欲不振、恶心、呕吐等症状。皮肤长期接触可致、皮炎或湿疹。有的可发生贫血和嗜酸性粒细胞增多。

侵入途径 吸入、食入。

职业接触限值

中国：PC – TWA：100mg/m^3，PC – STEL：200mg/m^3。

美国(ACGIH)：TLV – TWA：50ppm；TLV – STEL：100ppm。

理化特性与用途

理化特性　无色液体，有香蕉的香味。微溶于水，混溶于醇、醚等多数有机溶剂。熔点 -71℃，沸点 149℃，相对密度(水 = 1)0.88，相对蒸气密度(空气 = 1)4.5，饱和蒸气压 0.65kPa(25℃)，燃烧热 -4125kJ/mol(液体)、-4267.8kJ/mol(气体)，临界温度 305.9℃，临界压力 3.1MPa，辛醇/水分配系数 2.3，闪点 25℃(闭杯)，引燃温度 360℃，爆炸下限 1.1%，爆炸上限 7.5%。

主要用途　用作溶剂、稀释剂、萃取剂，用于制造香精、化妆品、人造革、胶卷、火药等。

包装与储运

包装标志　易燃液体

包装类别　Ⅲ类

安全储运　储存于阴凉、通风的库房。远离火种、热源。库温不宜超过 37℃。保持容器密封。应与氧化剂、酸类、碱类分开存放，切忌混储。采用防爆型照明、通风设施。禁止使用易产生火花的机械设备和工具。灌装时注意流速，防止静电积聚。储区应备有泄漏应急处理设备和合适的收容材料。

紧急处置信息

急救措施

吸入：脱离现场至空气新鲜处。如呼吸困难，给输氧。呼吸、心跳停止，立即进行心肺复苏术。就医。

眼睛接触：分开眼睑，用流动清水或生理盐水冲洗。如有不适感，就医。

皮肤接触：脱去污染的衣着，用肥皂水和清水彻底冲洗皮肤。如有不适感，就医。

食入：饮水。就医。

灭火方法　消防人员须穿全身防火防毒服，佩戴空气呼吸器，在上风向灭火。尽可能将容器从火场移至空旷处。喷水保持火场容器冷却，直至灭火结束。处在火场中的容器若发生异常变化或发出异常声音，须马上撤离。

灭火剂：泡沫、干粉、二氧化碳、砂土。

泄漏应急处置　消除所有点火源。根据液体流动和蒸气扩散的影响区域划定警戒区，无关人员从侧风、上风向撤离至安全区。建议应急处理人员戴正压自给式呼吸器，穿防静电服，戴橡胶耐油手套。作业时使用的所有设备应接地。禁止接触或跨越泄漏物。尽可能切断泄漏源。防止泄漏物进入水体、下水道、地下室或受限空间。小量泄漏：用砂土或其他不燃材料吸收。使用洁净的无火花工具收集吸收材料。大量泄漏：构筑围堤或挖坑收容。用砂土、惰性物质或蛭石吸收大量液体。用抗溶性泡沫覆盖，减少蒸发。喷水雾能减少蒸发，但不能降低泄漏物在受限空间内的易燃性。用防爆泵转移至槽车或专用收集器内。喷雾状水驱散蒸气、稀释液体泄漏物。

955. 乙酸乙二醇甲醚

标　识

中文名称　乙酸乙二醇甲醚

英文名称 2 - methoxyethanol acetate; ethylene glycol methyl ether acetate

别名 乙酸 2 - 甲氧基乙酯；乙酸乙二醇一甲醚酯

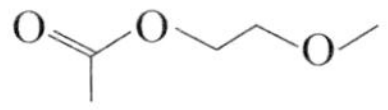

分子式 $C_5H_{10}O_3$

CAS 号 110 - 49 - 6

WGH 号 33570；32070［铁规］

UN 号 1189

危害信息

危险性类别 第 3 类易燃液体。

燃烧与爆炸危险性 易燃。其蒸气与空气混合，能形成爆炸性混合物。燃烧产生有毒的一氧化碳气体。

禁忌物 酸类、碱类、强氧化剂。

毒性 大鼠经口 LD_{50}：1250mg/kg；小鼠经口 LD_{50}：3100mg/kg；兔经皮 LD_{50}：5250mg/kg。

欧盟法规 1272/2008/EC 将本品列为第 1B 类生殖细胞致突变物——应认为可能引起人类生殖细胞可遗传突变的物质。

中毒表现 其蒸气或雾对眼睛、黏膜和上呼吸道有刺激性。中毒表现有头痛、恶心和呕吐。对肾脏有损害。有可能发生生殖系统有损害。

侵入途径 吸入、食入、经皮吸收。

职业接触限值

中国：PC - TWA：20mg/m^3［皮］。

美国（ACGIH）：TLV - TWA：0.1ppm［皮］。

环境危害 有害空气污染物。

理化特性与用途

理化特性 无色液体，略有醚味。混溶于水，混溶于多数有机溶剂。熔点 -65.1℃，沸点 145℃，相对密度（水 = 1）1.01，相对蒸气密度（空气 = 1）4.1，饱和蒸气压 0.27kPa（20℃），辛醇/水分配系数 0.121，闪点 45℃（闭杯）、55.6℃（开杯），引燃温度 380℃，爆炸下限 1.5%（93℃），爆炸上限 12.3%（93℃）。

主要用途 用作纤维素脂、树脂、蜡、油的溶剂等。

包装与储运

包装标志 易燃液体

包装类别 Ⅲ类

安全储运 储存于阴凉、通风的库房。远离火种、热源。库温不宜超过 37℃。保持容器密封。应与氧化剂、酸类、碱类分开存放，切忌混储。采用防爆型照明、通风设施。禁止使用易产生火花的机械设备和工具。灌装时注意流速，防止静电积聚。储区应备有泄漏应急处理设备和合适的收容材料。

紧急处置信息

急救措施

吸入： 脱离现场至空气新鲜处。如呼吸困难，给输氧。呼吸、心跳停止，立即进行心肺复苏术。就医。

眼睛接触： 分开眼睑，用流动清水或生理盐水冲洗。如有不适感，就医。

皮肤接触： 脱去污染的衣着，用肥皂水和清水彻底冲洗皮肤。如有不适感，就医。

食入： 漱口，禁止催吐。就医。

灭火方法 消防人员须佩戴防毒面具，穿全身消防服，在上风向灭火。尽可能将容器从火场移至空旷处。喷水保持火场容器冷却，直至灭火结束。处在火场中的容器若已变色或从安全泄压装置中发出声音，必须马上撤离。

灭火剂：抗溶性泡沫、干粉、二氧化碳、砂土。

泄漏应急处置 消除所有点火源。根据液体流动和蒸气扩散的影响区域划定警戒区，无关人员从侧风、上风向撤离至安全区。建议应急处理人员戴正压自给式呼吸器，穿防静电服，戴橡胶耐油手套。作业时使用的所有设备应接地。禁止接触或跨越泄漏物。尽可能切断泄漏源。防止泄漏物进入水体、下水道、地下室或受限空间。小量泄漏：用砂土或其他不燃材料吸收。使用洁净的无火花工具收集吸收材料。大量泄漏：构筑围堤或挖坑收容。用抗溶性泡沫覆盖，减少蒸发。喷水雾能减少蒸发，但不能降低泄漏物在受限空间内的易燃性。用防爆泵转移至槽车或专用收集器内。喷雾状水驱散蒸气、稀释液体泄漏物。

956. 乙酸乙二醇乙醚

标 识

中文名称 乙酸乙二醇乙醚。

英文名称 2 – ethoxyethyl acetate；ethylene glycol ethyl ether acetate。

别名 乙酸 2 – 乙氧基乙酯；乙酸乙二醇一乙醚酯。

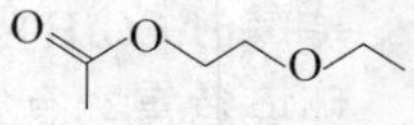

分子式 $C_6H_{12}O_3$。

CAS 号 111 – 15 – 9。

WGH 号 33570；32070[铁规]。

UN 号 1172。

危害信息

危险性类别 第 3 类易燃液体。

燃烧与爆炸危险性 易燃。其蒸气与空气混合，能形成爆炸性混合物。燃烧产生有毒的一氧化碳气体。

禁忌物 酸类、碱类、强氧化剂。

毒性 大鼠经口 LD_{50}：2700mg/kg；大鼠吸入 LC_{50}：12100mg/m^3(8h)；兔经皮 LD_{50}：10185mg/kg

欧盟法规 1272/2008/EC 将本品列为第 1B 类生殖细胞致突变物——应认为可能引起人类生殖细胞可遗传突变的物质。

中毒表现 对中枢神经系统有抑制作用，中毒表现有头痛、恶心、呕吐、倦睡等。对肾脏有损害

慢性影响表现为有可能引起生殖功能紊乱。

侵入途径 吸入、食入、经皮吸收。

职业接触限值

中国：PC – TWA：30mg/m^3[皮]

美国(ACGIH)：TLV – TWA：5ppm[皮]。

环境危害 有害空气污染物。

理化特性与用途

理化特性 无色液体，有轻微的类似酯的气味。溶于水，溶于乙醇、乙醚、丙酮，混溶于橄榄油、芳烃。熔点 -61.7℃，沸点 156℃，相对密度(水 = 1)0.97，相对蒸气密度(空气 = 1)4.7，饱和蒸气压 0.27kPa(20℃)，燃烧热 -3304kJ/mol，临界温度 334℃，临界压力 3.0MPa，辛醇/水分配系数 0.24，闪点 51.1℃(闭杯)、59℃(开杯)，引燃温度 379℃，爆炸下限 1.3%，爆炸上限 14%。

主要用途 用作硝酸纤维素、油脂、树脂的溶剂，脱漆剂及化学合成中间体。

包装与储运

包装标志 易燃液体

包装类别 Ⅲ类

安全储运 储存于阴凉、通风的库房。远离火种、热源。库温不宜超过 37℃。保持容器密封。应与氧化剂、酸类、碱类分开存放，切忌混储。采用防爆型照明、通风设施。禁止使用易产生火花的机械设备和工具。灌装时注意流速，防止静电积聚。储区应备有泄漏应急处理设备和合适的收容材料。

紧急处置信息

急救措施

吸入：脱离现场至空气新鲜处。如呼吸困难，给输氧。呼吸、心跳停止，立即进行心肺复苏术。就医。

眼睛接触：分开眼睑，用流动清水或生理盐水冲洗。如有不适感，就医。

皮肤接触：脱去污染的衣着，用肥皂水和清水彻底冲洗皮肤。如有不适感，就医。

食入：饮足量温水，催吐。就医。

灭火方法 消防人员须佩戴防毒面具，穿全身消防服，在上风向灭火。尽可能将容器从火场移至空旷处。喷水保持火场容器冷却，直至灭火结束。处在火场中的容器若已变色或从安全泄压装置中发出声音，必须马上撤离

灭火剂：泡沫、干粉、二氧化碳、砂土。

泄漏应急处置 消除所有点火源。根据液体流动和蒸气扩散的影响区域划定警戒区，无关人员从侧风、上风向撤离至安全区。建议应急处理人员戴正压自给式呼吸器，穿防静电服，戴橡胶耐油手套。作业时使用的所有设备应接地。禁止接触或跨越泄漏物。尽可能切断泄漏源。防止泄漏物进入水体、下水道、地下室或受限空间。小量泄漏：用砂土或其他不燃材料吸收。使用洁净的无火花工具收集吸收材料。大量泄漏：构筑围堤或挖坑收容。用抗溶性泡沫覆盖，减少蒸发。喷水雾能减少蒸发，但不能降低泄漏物在受限空间内的易燃性。用防爆泵转移至槽车或专用收集器内。

957. 乙酸异丁酯

标　识

中文名称 乙酸异丁酯

英文名称 isobutyl acetate; acetic acid, 2 - methylpropyl ester

别名 醋酸异丁酯

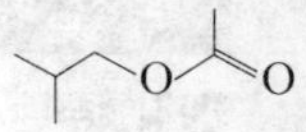

分子式　$C_6H_{12}O_2$

CAS 号　110－19－0

WGH 号　32130；31230［铁规］

UN 号　1213

危害信息

危险性类别　第 3 类易燃液体。

燃烧与爆炸危险性　易燃。其蒸气与空气混合，能形成爆炸性混合物。燃烧产生有毒的一氧化碳气体。蒸气比空气重，能在较低处扩散到相当远的地方，遇火源会着火回燃和爆炸（闪爆）。

活性反应　与强氧化剂发生反应，可引起燃烧。

禁忌物　强氧化剂、强碱、强酸。

毒性　大鼠经口 LD_{50}：13400mg/kg；兔经皮 LD_{50}：＞17400mg/kg。

中毒表现　蒸气对眼及上呼吸道有刺激性。高浓度吸入有麻醉作用，引起头痛、头晕、恶心、呕吐等。大量口服引起头痛、恶心、呕吐，甚至发生昏迷。皮肤较长时间接触有刺激性。

侵入途径　吸入、食入。

职业接触限值

美国（ACGIH）：TLV－TWA：150ppm。

理化特性与用途

理化特性　无色透明液体，有水果香味。微溶于水，易溶于乙醇、乙醚，溶于丙酮。熔点－98.9℃，沸点 114～118℃，相对密度（水＝1）0.87，相对蒸气密度（空气＝1）4.0，饱和蒸气压 1.73kPa（20℃），燃烧热－3533.8kJ/mol，临界温度 296℃，临界压力 3.24MPa，辛醇/水分配系数 1.78，闪点 17.8℃（闭杯）、29.4℃（开杯），引燃温度 421℃，爆炸下限 1.3%，爆炸上限 10.5%。

主要用途　用作硝化纤维和漆的溶剂、化学试剂，以及用于调制香料。

包装与储运

包装标志　易燃液体

包装类别　Ⅱ类

安全储运　储存于阴凉、通风的库房。远离火种、热源。库温不宜超过 37℃。保持容器密封。应与氧化剂、酸类、碱类分开存放，切忌混储。采用防爆型照明、通风设施。禁止使用易产生火花的机械设备和工具。灌装时注意流速，防止静电积聚。储区应备有泄漏应急处理设备和合适的收容材料。

紧急处置信息

急救措施

吸入：脱离现场至空气新鲜处。如呼吸困难，给输氧。呼吸、心跳停止，立即进行心肺复苏术。就医。

眼睛接触：分开眼睑，用流动清水或生理盐水冲洗。如有不适感，就医。

皮肤接触：脱去污染的衣着，用肥皂水和清水彻底冲洗皮肤。如有不适感，就医。

食入：漱口，禁止催吐。就医。

灭火方法 消防人员必须佩戴空气呼吸器，穿全身防火防毒服，在上风向灭火。尽可能将容器从火场移至空旷处。喷水保持火场容器冷却，直至灭火结束。处在火场中的容器若已变色或从安全泄压装置中发出声音，必须马上撤离

灭火剂：泡沫、二氧化碳、干粉、砂土。

泄漏应急处置 消除所有点火源。根据液体流动和蒸气扩散的影响区域划定警戒区，无关人员从侧风、上风向撤离至安全区。建议应急处理人员戴正压自给式呼吸器，穿防静电服，戴橡胶耐油手套。作业时使用的所有设备应接地。禁止接触或跨越泄漏物。尽可能切断泄漏源。防止泄漏物进入水体、下水道、地下室或受限空间。小量泄漏：用砂土或其他不燃材料吸收。使用洁净的无火花工具收集吸收材料。大量泄漏：构筑围堤或挖坑收容。用砂土、惰性物质或蛭石吸收大量液体。用抗溶性泡沫覆盖，减少蒸发。喷水雾能减少蒸发，但不能降低泄漏物在受限空间内的易燃性。用防爆泵转移至槽车或专用收集器内。

958. 乙酸仲丁酯

标　识

中文名称 乙酸仲丁酯

英文名称 sec – butyl acetate；acetic acid，1 – methylpropyl ester

别名 醋酸第二丁酯；醋酸仲丁酯

分子式 $C_6H_{12}O_2$

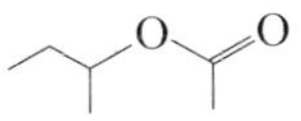

CAS 号 105 – 46 – 4

WGH 号 32130；31230［铁规］

UN 号 1123

危害信息

危险性类别 第 3 类易燃液体。

燃烧与爆炸危险性 易燃。其蒸气与空气混合，能形成爆炸性混合物。燃烧产生有毒的一氧化碳气体。蒸气比空气重，能在较低处扩散到相当远的地方，遇火源会着火回燃和爆炸(闪爆)。

活性反应 与氧化剂能发生强烈反应。

禁忌物 强氧化剂、强酸、强碱。

毒性 大鼠经口 LD_{50}：3200mg/kg。

中毒表现 本品对眼睛及上呼吸道黏膜有刺激性，有麻醉作用。可引起皮肤干燥，并可通过完整的皮肤吸收。

侵入途径 吸入、食入、经皮吸收。

职业接触限值

美国(ACGIH)：TLV – TWA：200ppm。

理化特性与用途

理化特性 无色液体，有水果香味。不溶于水，混溶于乙醇、乙醚等多数有机溶剂。熔点 –99℃，沸点 112℃，相对密度(水 =1)0.87，相对蒸气密度(空气 =1)4.0，饱和蒸气压 1.33kPa(20℃)，燃烧热 –3542.4kJ/mol，临界温度 288℃，临界压力 3.24MPa，辛醇/水分配系数 1.72，闪点 16.7℃(闭杯)、31℃(开杯)，引燃温度 390℃，爆炸下限 1.7%，爆

炸上限9.8%。

主要用途　用作溶剂、化学试剂，用于调制香料。

包装与储运

包装标志　易燃液体

包装类别　Ⅱ类

安全储运　储存于阴凉、通风的库房。远离火种、热源。库温不宜超过37℃。保持容器密封。应与氧化剂、酸类、碱类分开存放，切忌混储。采用防爆型照明、通风设施。禁止使用易产生火花的机械设备和工具。灌装时注意流速，防止静电积聚。储区应备有泄漏应急处理设备和合适的收容材料。

紧急处置信息

急救措施

吸入：脱离现场至空气新鲜处。如呼吸困难，给输氧。呼吸、心跳停止，立即进行心肺复苏术。就医。

眼睛接触：分开眼睑，用流动清水或生理盐水冲洗。如有不适感，就医。

皮肤接触：脱去污染的衣着，用肥皂水和清水彻底冲洗皮肤。如有不适感，就医。

食入：漱口，禁止催吐。就医。

灭火方法　消防人员必须佩戴空气呼吸器，穿全身防火防毒服，在上风向灭火。尽可能将容器从火场移至空旷处。喷水保持火场容器冷却，直至灭火结束。处在火场中的容器若已变色或从安全泄压装置中发出声音，必须马上撤离。

灭火剂：泡沫、二氧化碳、干粉、砂土。

泄漏应急处置　消除所有点火源。根据液体流动和蒸气扩散的影响区域划定警戒区，无关人员从侧风、上风向撤离至安全区。建议应急处理人员戴正压自给式呼吸器，穿防静电服，戴橡胶耐油手套。作业时使用的所有设备应接地。禁止接触或跨越泄漏物。尽可能切断泄漏源。防止泄漏物进入水体、下水道、地下室或受限空间。小量泄漏：用砂土或其他不燃材料吸收。使用洁净的无火花工具收集吸收材料。大量泄漏：构筑围堤或挖坑收容。用泡沫覆盖，减少蒸发。喷水雾能减少蒸发，但不能降低泄漏物在受限空间内的易燃性。用防爆泵转移至槽车或专用收集器内。

959. 乙烯(基)三氯硅烷

标　识

中文名称　乙烯(基)三氯硅烷

英文名称　trichloro(vinyl)silane; vinyltrichlorosilane

别名　三氯乙烯硅烷

分子式　$C_2H_3Cl_3Si$

CAS号　75-94-5

WGH号　32186；31286[铁规]

UN号　1305

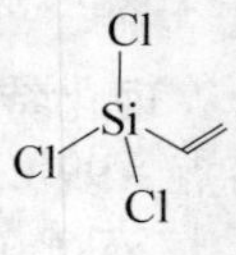

危害信息

危险性类别 第3类易燃液体。

燃烧与爆炸危险性 易燃。其蒸气与空气混合，能形成爆炸性混合物。燃烧产生有毒的一氧化碳、氯化氢和氧化硅。受热或遇水分解放热，放出有毒的腐蚀性烟气。具有腐蚀性。

禁忌物 强氧化剂、强酸、强碱、水。

毒性 大鼠经口 LD_{50}：1280mg/kg；兔经皮 LD_{50}：864mg/kg。

中毒表现 氯硅烷类单体对眼睛、上呼吸道黏膜 有强烈刺激性。局部可出现充血、水肿，甚至坏死。长时间接触高浓度，可引起鼻黏膜萎缩、支气管炎、肺充血和肺水肿。黏膜和皮肤接触其液体，可致灼伤。

侵入途径 吸入、食入。

理化特性与用途

理化特性 无色至淡黄色液体，有窒息性气味。溶于多数有机溶剂。熔点 -95℃，沸点 90 ~ 92℃，相对密度(水 = 1)1.27，相对蒸气密度(空气 = 1)5.61，饱和蒸气压 6.2kPa(18℃)，燃烧热 -1610kJ/mol，辛醇/水分配系数 2.36，闪点 11℃(闭杯)、15.6℃(开杯)，引燃温度 263℃，爆炸下限 3%。

主要用途 用于有机合成；用作制造硅酮的中间体，胶剂的偶联剂，合成防水树脂、耐高温树脂和涂料的共聚单体以及化学试剂。

包装与储运

包装标志 易燃液体，腐蚀品

包装类别 Ⅰ类

安全储运 储存于阴凉、干燥、通风良好的库房。远离火种、热源。储存温度不超过30℃，相对湿度不超过75%。包装要求密封。不可与空气接触。应与氧化剂、醇类等分开存放，切忌混储。采用防爆型照明、通风设施。禁止使用易产生火花的机械设备和工具。储区应备有泄漏应急处理设备和合适的收容材料。

紧急处置信息

急救措施

吸入： 迅速脱离现场至空气新鲜处。保持呼吸道通畅。如呼吸困难，给输氧。呼吸、心跳停止，立即进行心肺复苏术。就医。

眼睛接触： 立即分开眼睑，用流动清水或生理盐水彻底冲洗 10 ~ 15min。就医。

皮肤接触： 立即脱去污染的衣着，用大量流动清水彻底冲洗，冲洗时间一般要求 20 ~ 30min。就医。

食入： 用水漱口。给饮牛奶或蛋清。就医。

灭火方法 消防人员必须佩戴空气呼吸器，穿全身防火防毒服，在上风向灭火。喷水冷却容器，可能的话将容器从火场移至空旷处。处在火场中的容器若已变色或从安全泄压装置中发出声音，必须马上撤离。禁止用水、泡沫和酸碱灭火剂灭火。

灭火剂：二氧化碳、干粉、干砂。

泄漏应急处置 消除所有点火源。根据液体流动和蒸气扩散的影响区域划定警戒区，无关人员从侧风、上风向撤离至安全区。建议应急处理人员戴正压自给式呼吸器，穿防静电、防腐蚀、防毒服，戴橡胶耐酸碱手套。作业时使用的所有设备应接地。穿上适当的防护服前严禁接触破裂的容器和泄漏物。尽可能切断泄漏源。防止泄漏物进入水体、下水道、地下室或受限空间。严禁用水处理。小量泄漏：用干燥的砂土或其他不燃材料覆盖泄漏物。大量泄漏：构筑围堤或挖坑收容。用砂土、惰性物质或蛭石吸收大量液体。用碎石灰石（$CaCO_3$）、苏打灰（Na_2CO_3）或石灰（CaO）中和。用防爆、耐腐蚀泵转移至槽车或专用收集器内。

960. 乙 酰 氯

标　识

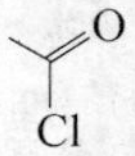

中文名称　乙酰氯

英文名称　acetyl chloride

别名　氯化乙酰；氯乙酰

分子式　C_2H_3ClO

CAS 号　75－36－5

WGH 号　32119；31219[铁规]

UN 号　1717

危害信息

危险性类别　第3类易燃液体。

燃烧与爆炸危险性　易燃。其蒸气与空气混合，能形成爆炸性混合物。遇水剧烈反应，可引起燃烧或爆炸。在空气中受热分解释出剧毒的光气和氯化氢气体。蒸气比空气重，能在较低处扩散到相当远的地方，遇火源会着火回燃和爆炸（闪爆）。

活性反应　遇水、水蒸气或乙醇剧烈反应甚至爆炸。

禁忌物　水、醇类、强氧化剂、强碱。

毒性　大鼠经口 LD_{50}：910mg/kg。

中毒表现　本品对眼睛和呼吸道有刺激性，吸入后引起咳嗽、胸痛。口服引起口腔及消化道灼伤。可致皮肤灼伤。

侵入途径　吸入、食入。

理化特性与用途

理化特性　无色发烟液体，有强烈刺激性气味。溶于丙酮，混溶于苯、氯仿、乙醚、冰醋酸、石油醚。熔点－112℃，沸点51℃，相对密度（水＝1）1.11，相对蒸气密度（空气＝1）2.7，饱和蒸气压32kPa（20℃），燃烧热－1099kJ/mol，临界温度246℃，临界压力5.83MPa，辛醇/水分配系数 －0.47，闪点4℃（闭杯），引燃温度390℃，爆炸下限7.3%，爆炸上限19%。

主要用途　用作乙酰化剂，用于有机化合物、染料及药品的制造。

包装与储运

包装标志　易燃液体，腐蚀品

包装类别　Ⅱ类

安全储运　储存于阴凉、干燥、通风良好的库房。远离火种、热源。储存温度不超过30℃，相对湿度不超过75%。包装要求密封。不可与空气接触。应与氧化剂、醇类等分开存放，切忌混储。采用防爆型照明、通风设施。禁止使用易产生火花的机械设备和工具。储区应备有泄漏应急处理设备和合适的收容材料。

紧急处置信息

急救措施

吸入：迅速脱离现场至空气新鲜处。保持呼吸道通畅。如呼吸困难，给输氧。呼吸、心跳停止，立即进行心肺复苏术。就医。

眼睛接触：立即分开眼睑，用流动清水或生理盐水彻底冲洗10～15min。就医。

皮肤接触：立即脱去污染的衣着，用大量流动清水彻底冲洗，冲洗时间一般要求20～30min。就医。

食　入：用水漱口，禁止催吐。给饮牛奶或蛋清。就医。

灭火方法　消防人员必须穿全身耐酸碱消防服，佩戴空气呼吸器，在上风向灭火。尽可能将容器从火场移至空旷处。喷水保持火场容器冷却，直至灭火结束。处在火场中的容器若已变色或从安全泄压装置中发出声音，必须马上撤离。禁止用水、泡沫和酸碱灭火剂灭火

灭火剂：二氧化碳、干粉、砂土。

泄漏应急处置　消除所有点火源。根据液体流动和蒸气扩散的影响区域划定警戒区，无关人员从侧风、上风向撤离至安全区。建议应急处理人员戴正压自给式呼吸器，穿防静电、防腐蚀、防毒服，戴耐酸碱手套。作业时使用的所有设备应接地。禁止接触或跨越泄漏物。尽可能切断泄漏源。防止泄漏物进入水体、下水道、地下室或受限空间。小量泄漏：用砂土或其他不燃材料吸收。使用洁净的无火花工具收集吸收材料。大量泄漏：构筑围堤或挖坑收容。用石灰粉等吸收大量液体。用农用石灰（CaO）、碎石灰石（$CaCO_3$）或碳酸氢钠（$NaHCO_3$）中和。用防爆、耐腐蚀泵转移至槽车或专用收集器内。

961. （+）-N-（3-乙氧丙基）-2,4-二羟基-3,3-二甲基丁酰胺

标　识

中文名称　（+）-N-（3-乙氧丙基）-2,4-二羟基-3,3-二甲基丁酰胺

英文名称　（+）-N-（3-Ethoxypropyl）-2,4-dihydroxy-3,3-dimethylbutyramide；panthenyl ethyl ether

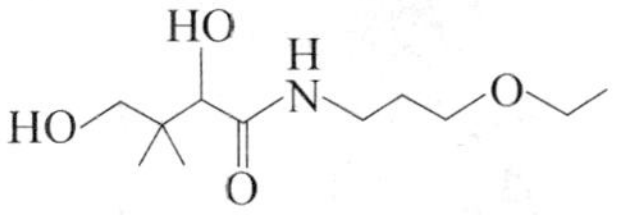

别名　泛酸醇乙基醚

分子式　$C_{11}H_{23}NO_4$

CAS号　667-83-4

危害信息

燃烧与爆炸危险性　本品可燃，遇明火、高热可能引起燃烧。燃烧产生有毒的氮氧化物、碳氧化物烟气。

禁忌物　强氧化剂 。

侵入途径　吸入、食入

理化特性与用途

理化特性 无色至淡黄色黏稠透明液体。易溶于水、乙醇、甘油、丙二醇，混溶于玉米油、葵花籽油、花生油、蓖麻油，不溶于石蜡、聚二甲基硅氧烷等。pH 值 9 ~ 11，沸点 443.8℃，相对密度 1.073，闪点 110℃。

主要用途 用于医药工业，合成维生素 B_5，作为保湿剂用于化妆品护理头发、皮肤和指甲等。

包装与储运

安全储运 保持容器密闭。储存在阴凉、通风的库房。远离明火热源。应与氧化剂、酸碱等隔离储运。搬运时轻装轻卸，防止容器受损。

紧急处置信息

急救措施

吸入： 脱离现场至空气新鲜处。如有不适，就医。。

眼睛接触： 分开眼睑，用流动清水冲洗。如有不适，就医。

皮肤接触： 脱去污染衣着，用流动清水冲洗。如有不适，就医。

食入： 饮水，催吐。如有不适，就医。

灭火方法 消防人员须佩戴防毒面具，穿全身消防服，在上风向灭火。尽可能将容器从火场移至空旷处。喷水保持火场容器冷却，直至灭火结束。

灭火剂：雾状水、泡沫、干粉、二氧化碳、砂土。

泄漏应急处置 根据液体流动和蒸气扩散的影响区域划定警戒区，无关人员从侧风、上风向撤离至安全区。消除所有点火源。建议应急处理人员戴呼吸器，穿一般作业工作服，戴橡胶手套。尽可能切断泄漏源。防止泄漏物进入水体、下水道、地下室或受限空间。小量泄漏：用干燥的砂土或其他不燃材料吸收或覆盖，收集于容器中。大量泄漏：构筑围堤或挖坑收容。用泵转移至槽车或专用收集器内。

962. 异 丙 胺

标 识

中文名称 异丙胺

英文名称 isopropylamine; 2 - aminopropane; 2 - propanamine

别名 2 - 氨基丙烷；1 - 甲基乙胺

分子式 C_3H_9N

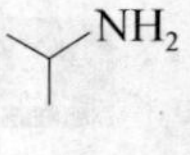

CAS 号 75 - 31 - 0

WGH 号 31047

UN 号 1221

危害信息

危险性类别 第 3 类易燃液体。

燃烧与爆炸危险性 极易燃。其蒸气与空气混合，能形成爆炸性混合物。燃烧产生有毒的一氧化碳和氮氧化物气体。蒸气比空气重，能在较低处扩散到相当远的地方，遇火源会着火回燃和爆炸(闪爆)。具有腐蚀性。

活性反应 与氧化剂能发生强烈反应。

禁忌物 酸类、酰基氯、酸酐、强氧化剂、二氧化碳。

毒性 大鼠经口 LD_{50}：111mg/kg；大鼠吸入 LC_{50}：4000ppm(4h)；小鼠经口 LD_{50}：2200mg/kg；兔经皮 LD_{50}：380mg/kg。

中毒表现 对人的急性毒作用，可引起眼、呼吸道及皮肤刺激、灼伤等。实验动物中毒，显示主要刺激呼吸道，引起肺水肿；高浓度有麻醉作用。

侵入途径 吸入、食入。

职业接触限值

中国：PC－TWA：12mg/m^3，PC－STEL：24mg/m^3。

美国(ACGIH)：TLV－TWA：5ppm，TLV－STEL：10ppm。

理化特性与用途

理化特性 无色易挥发性液体，有氨样气味。混溶于水，混溶于乙醇、乙醚，易溶于丙酮。熔点－95.2℃，沸点33～34℃，相对密度(水＝1)0.69，相对蒸气密度(空气＝1)2.04，饱和蒸气压63.7kPa(20℃)，燃烧热－2345.5kJ/mol(液体)、－2383.1kJ/mol(气体)，临界温度198.8℃，临界压力4.54MPa，辛醇/水分配系数0.26，闪点－26℃(开杯)，引燃温度402℃，爆炸下限2.3%，爆炸上限10.4%。

主要用途 用作溶剂、有机合成的中间体，用于合成乳化剂、表面活性剂、橡胶硫化促进剂、农药、医药、染料等。

包装与储运

包装标志 易燃液体，腐蚀品，有毒品(铁规)。

包装类别 Ⅰ类。

安全储运 储存于阴凉、通风的库房。远离火种、热源。库温不宜超过29℃，相对湿度不超过80%。保持容器密封。应与氧化剂、酸类等分开存放，切忌混储。采用防爆型照明、通风设施。禁止使用易产生火花的机械设备和工具。储区应备有泄漏应急处理设备和合适的收容材料。

紧急处置信息

急救措施

吸入：迅速脱离现场至空气新鲜处。保持呼吸道通畅。如呼吸困难，给输氧。呼吸、心跳停止，立即进行心肺复苏术。就医。

眼睛接触：立即分开眼睑，用流动清水或生理盐水彻底冲洗10～15min。就医。

皮肤接触：立即脱去污染的衣着，用大量流动清水彻底冲洗，冲洗时间一般要求20～30min。就医。

食入：用水漱口。给饮牛奶或蛋清。就医。

灭火方法 消防人员必须佩戴空气呼吸器，穿全身防火防毒服，在上风向灭火。尽可能将容器从火场移至空旷处。喷水保持火场容器冷却，直至灭火结束。处在火场中的容器若发生异常变化或发出异常声音，须马上撤离。

灭火剂：抗溶性泡沫、二氧化碳、干粉、砂土。

泄漏应急处置 消除所有点火源。根据液体流动和蒸气扩散的影响区域划定警戒区，无关人员从侧风、上风向撤离至安全区。建议应急处理人员戴正压自给式呼吸器，穿防静

电、防腐蚀、防毒服，戴橡胶耐酸碱手套。作业时使用的所有设备应接地。禁止接触或跨越泄漏物。尽可能切断泄漏源。防止泄漏物进入水体、下水道、地下室或受限空间。小量泄漏：用砂土或其他不燃材料吸收。使用洁净的无火花工具收集吸收材料。大量泄漏：构筑围堤或挖坑收容。用抗溶性泡沫覆盖，减少蒸发。喷水雾能减少蒸发，但不能降低泄漏物在受限空间内的易燃性。用防爆、耐腐蚀泵转移至槽车或专用收集器内。喷雾状水驱散蒸气、稀释液体泄漏物。

963. 异丙醇胺

标 识

中文名称 异丙醇胺

英文名称 1－aminopropan－2－ol；isopropanolamine；2－hydroxypropylamine

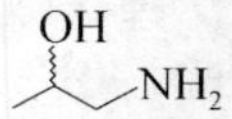

别名 1－氨基－2－丙醇；2－羟基丙胺

分子式 C_3H_9NO

CAS 号 78－96－6

危害信息

燃烧与爆炸危险性 可燃。其蒸气与空气混合，能形成爆炸性混合物。燃烧产生有毒的一氧化碳和氮氧化物。

禁忌物 强氧化剂、强酸。

毒性 大鼠经口 LD_{50}：1715mg/kg；兔经皮 LD_{50}：1574mg/kg。

中毒表现 本品严重损害黏膜、上呼吸道、眼睛和皮肤。吸入后可因喉和支气管的痉挛、炎症和水肿，化学性肺炎或肺水肿而致死。接触后引起烧灼感、咳嗽、喘息、喉炎、气短、头痛、恶心和呕吐。

侵入途径 吸入、食入、经皮吸收。

理化特性与用途

理化特性 无色透明液体，略有氨味。溶于水，溶于乙醇、乙醚、丙酮、苯、四氯化碳。熔点－2℃，沸点159.5℃，相对密度(水＝1)0.96，相对蒸气密度(空气＝1)2.6，饱和蒸气压0.193kPa(20℃)，临界温度341℃，临界压力5.67MPa，辛醇/水分配系数－0.96，闪点77℃(闭杯)，引燃温度374℃，爆炸下限1.9%，爆炸上限10.4%。

主要用途 用于制药物、乳化剂、杀虫剂、干洗剂、脱蜡剂、金属切削油、化妆品、乳液涂料等。

包装与储运

安全储运 储存于阴凉、通风的库房。远离火种、热源。保持容器密封。应与氧化剂、酸类等隔离储运。搬运时轻装轻卸，防止容器受损。

紧急处置信息

急救措施

吸入：迅速脱离现场至空气新鲜处。保持呼吸道通畅。如呼吸困难，给输氧。呼吸、

心跳停止，立即进行心肺复苏术。就医。

眼睛接触： 立即分开眼睑，用大量流动清水或生理盐水彻底冲洗10～15min。如有不适感，就医。

皮肤接触： 立即脱去污染的衣着，用大量流动清水冲洗20～30min。如有不适感，就医。

食入： 用水漱口，给饮牛奶或蛋清。就医。

灭火方法 消防人员须佩戴防毒面具，穿全身消防服，在上风向灭火。尽可能将容器从火场移至空旷处。喷水保持火场容器冷却，直至灭火结束。处在火场中的容器若已变色或从安全泄压装置中发出声音，必须马上撤离。

灭火剂：雾状水、泡沫、干粉、二氧化碳、砂土。

泄漏应急处置 根据液体流动和蒸气扩散的影响区域划定警戒区，无关人员从侧风、上风向撤离至安全区。消除所有点火源。建议应急处理人员戴防毒面具，穿防腐蚀、防毒服，戴耐酸碱手套。穿上适当的防护服前严禁接触破裂的容器和泄漏物。尽可能切断泄漏源。防止泄漏物进入水体、下水道、地下室或受限空间。小量泄漏：用干燥的砂土或其他不燃材料吸收或覆盖，收集于容器中。大量泄漏：构筑围堤或挖坑收容。用石灰粉等吸收大量液体。用耐腐蚀泵转移至槽车或专用收集器内。喷雾状水驱散蒸气、稀释液体泄漏物。

964. 异稻瘟净

标　识

中文名称 异稻瘟净

英文名称 *O*,*O*－diisopropyl－*S*－benzylthiophosphate;iprobenfos

别名 *O*，*O*－双(1－甲基乙基)－*S*－(苯基甲基)硫代磷酸酯

分子式 $C_{13}H_{21}O_3PS$

CAS号 26087－47－8

WGH号 61875(液)；61874(粉剂)

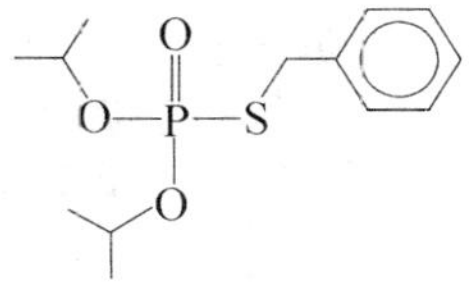

危害信息

危险性类别 第6类有毒品。

燃烧与爆炸危险性 可燃。其粉体或蒸气与空气混合，能形成爆炸性混合物。燃烧产生有毒的一氧化碳、氧化磷、氧化硫。受热分解，放出磷、硫的氧化物等毒性气体。

活性反应 与强氧化剂接触可发生化学反应。

禁忌物 强氧化剂、碱类。

毒性 大鼠经口 LD_{50}：550mg/kg；大鼠吸入 LC_{50}：2836mg/m^3；小鼠经口 LD_{50}：435mg/kg；兔经皮 LD_{50}：3708mg/kg。

中毒表现 本品属有机磷农药，有机磷中毒症状有头痛、头晕、恶心、呕吐、腹泻、流涎、多汗、瞳孔缩小、肌束震颤等。此外，大鼠吸入本品后出现嗜睡、共济失调和呼吸困难。

侵入途径 吸入、食入、经皮吸收。

职业接触限值

中国：PC－TWA：2mg/m^3［皮］，PC－STEL：5mg/m^3［皮］。

环境危害 对水生生物有毒，可能在水生环境中造成长期不利影响。

理化特性与用途

理化特性　无色至淡黄色透明液体或固体。不溶于水，易溶于多数有机溶剂。熔点22.5～23.8℃，沸点126℃(5.3Pa)，密度1.103，辛醇/水分配系数3.34，闪点168℃。

主要用途　用于防治稻瘟病、纹枯病、小球菌核病等。

包装与储运

包装标志　有毒品

包装类别　Ⅱ类

安全储运　储存于阴凉、通风的库房。远离火种、热源。库温不超过35℃。相对湿度不超过85%。保持容器密封。应与氧化剂、碱类、食用化学品分开存放，切忌混储。配备相应品种和数量的消防器材。储区应备有泄漏应急处理设备和合适的收容材料。

紧急处置信息

急救措施

吸入：脱离现场至空气新鲜处。如呼吸困难，给输氧。就医。

眼睛接触：分开眼睑，用流动清水或生理盐水冲洗。如有不适感，就医。

皮肤接触：立即脱去污染的衣着，用肥皂水和清水彻底冲洗皮肤。如有不适感，就医。

食入：饮足量温水，催吐。用1∶5000高锰酸钾溶液洗胃。口服活性炭，导泻。每5min给服一片阿托品，直到感觉口干为止。就医。

灭火方法　消防人员必须佩戴空气呼吸器，穿全身防火防毒服，在上风向灭火。尽可能将容器从火场移至空旷处。喷水保持火场容器冷却，直至灭火结束。

灭火剂：泡沫、干粉、砂土。

泄漏应急处置　根据液体流动和蒸气扩散的影响区域划定警戒区，无关人员从侧风、上风向撤离至安全区。建议应急处理人员戴正压自给式呼吸器，穿防毒服，戴橡胶手套。穿上适当的防护服前严禁接触破裂的容器和泄漏物。尽可能切断泄漏源。防止泄漏物进入水体、下水道、地下室或受限空间。小量泄漏：用干燥的砂土或其他不燃材料吸收或覆盖，收集于容器中。大量泄漏：构筑围堤或挖坑收容。用泵转移至槽车或专用收集器内。

965. 异　丁　胺

标　识

中文名称　异丁胺

英文名称　isobutylamine；2 - methylpropylamine

别名　1 - 氨基 - 2 - 甲基丙烷；2 - 甲基丙胺

分子式　$C_4H_{11}N$

CAS 号　78 - 81 - 9

WGH 号　32172；31272［铁规］

UN 号　1214

危害信息

危险性类别 第3类易燃液体。

燃烧与爆炸危险性 易燃。其蒸气与空气混合，能形成爆炸性混合物。燃烧产生有毒的一氧化碳和氮氧化物气体。蒸气比空气重，能在较低处扩散到相当远的地方，遇火源会着火回燃和爆炸(闪爆)。具有腐蚀性。

活性反应 与氧化剂能发生强烈反应。

禁忌物 强氧化剂、酸类。

毒性 大鼠经口 LD_{50}：224mg/kg。

中毒表现 对呼吸道有刺激性，吸入后引起咳嗽、胸痛；可引起肺水肿。本品有拟交感神经作用，心脏抑制和引起惊厥作用。口服引起恶心、流涎。对眼有强烈刺激性，引起角膜水肿。对皮肤有强烈的刺激性。

侵入途径 吸入、食入。

理化特性与用途

理化特性 无色液体，有氨味。溶于水，易溶于乙醇、乙醚，溶于丙酮、苯。熔点 -85℃，沸点68～69℃，相对密度(水=1)0.72，相对蒸气密度(空气=1)2.5，饱和蒸气压13.3kPa(18.8℃)，燃烧热 -3013.5kJ/mol(液体)、-3047.4 kJ/mol(气体)，临界温度246℃，临界压力4.07MPa，辛醇/水分配系数0.73，闪点 -9℃(闭杯)，引燃温度378℃，爆炸下限3.4%，爆炸上限9%。

主要用途 用于有机合成，制造杀虫剂、脱毛剂等。

包装与储运

包装标志 易燃液体，腐蚀品

包装类别 Ⅱ类

安全储运 储存于阴凉、通风的库房。远离火种、热源。库温不宜超过30℃，相对湿度不超过80%。保持容器密封。应与氧化剂、酸类分开存放，切忌混储。采用防爆型照明、通风设施。禁止使用易产生火花的机械设备和工具。储区应备有泄漏应急处理设备和合适的收容材料。

紧急处置信息

急救措施

吸入：脱离现场至空气新鲜处。如呼吸困难，给输氧。呼吸、心跳停止，立即进行心肺复苏术。就医。

眼睛接触：分开眼睑，用流动清水或生理盐水冲洗。如有不适感，就医。

皮肤接触：脱去污染的衣着，用肥皂水和清水彻底冲洗皮肤。如有不适感，就医。

食入：饮水，禁止催吐。就医。

灭火方法 消防人员必须佩戴空气呼吸器，穿全身防火防毒服，在上风向灭火。尽可能将容器从火场移至空旷处。喷水保持火场容器冷却，直至灭火结束。处在火场中的容器若发生异常变化或发出异常声音，须马上撤离。

灭火剂：抗溶性泡沫、二氧化碳、干粉、砂土。

泄漏应急处置 消除所有点火源。根据液体流动和蒸气扩散的影响区域划定警戒区，无关人员从侧风、上风向撤离至安全区。建议应急处理人员戴正压自给式呼吸器，穿防静电、防腐蚀、防毒服，戴橡胶耐酸碱手套。作业时使用的所有设备应接地。禁止接触或跨越泄漏物。尽可能切断泄漏源。防止泄漏物进入水体、下水道、地下室或受限空间。小量泄漏：用砂土或其他不燃材料吸收。使用洁净的无火花工具收集吸收材料。大量泄漏：构筑围堤或挖坑收容。用砂土、惰性物质或蛭石吸收大量液体。用硫酸氢钠（$NaHSO_4$）中和。用抗溶性泡沫覆盖，减少蒸发。喷水雾能减少蒸发，但不能降低泄漏物在受限空间内的易燃性。用防爆、耐腐蚀泵转移至槽车或专用收集器内。喷雾状水驱散蒸气、稀释液体泄漏物。

966. 异 丁 腈

标 识

中文名称 异丁腈

英文名称 isobutyronitrile；2 – methylpropanenitrile

别名 2 – 甲基丙腈，异丙基氰

分子式 C_4H_7N

CAS 号 78 – 82 – 0

WGH 号 32161；31261［铁规］

UN 号 2284

危害信息

危险性类别 第 3 类易燃液体。

燃烧与爆炸危险性 易燃。其蒸气与空气混合，能形成爆炸性混合物。燃烧产生有毒的一氧化碳和氮氧化物气体。蒸气比空气重，能在较低处扩散到相当远的地方，遇火源会着火回燃和爆炸（闪爆）。

禁忌物 强氧化剂、强还原剂、强酸、强碱。

毒性 大鼠经口 LD_{50}：50mg/kg；小鼠经口 LD_{50}：25mg/kg；兔经皮 LD_{50}：200mg/kg。本品已列入《剧毒化学品目录》。

中毒表现 抑制呼吸酶。急性中毒出现眩晕、恶心、步态不稳、呕吐、血压升高、脉速意识丧失、呼吸困难、强直性痉挛、紫绀，以致呼吸抑制。对黏膜和皮肤刺激较弱。

侵入途径 吸入、食入、经皮吸收。

理化特性与用途

理化特性 无色液体，有像杏仁的气味。微溶于水，溶于丙酮，易溶于乙醇、乙醚。熔点 –72℃，沸点 107℃，相对密度（水 = 1）0.76，相对蒸气密度（空气 = 1）2.38，饱和蒸气压 13.3kPa（54.4℃）、4.35kPa（25℃），燃烧热 –2560.65kJ/mol（液体），辛醇/水分配系数 0.46，闪点 8℃（闭杯），引燃温度 482℃。

主要用途 用于有机合成，制杀虫剂等，用作乙烯聚合催化剂和汽油添加剂。

包装与储运

包装标志 易燃液体，有毒品

包装类别 Ⅱ类

安全储运 储存于阴凉、通风良好的专用库房内。应严格执行剧毒化学品管理制度。

远离火种、热源。库温不宜超过 32℃，相对湿度不超过 85%。保持容器密封。应与氧化剂、还原剂、酸类、碱类、食用化学品分开存放，切忌混储。采用防爆型照明、通风设施。禁止使用易产生火花的机械设备和工具。储区应备有泄漏应急处理设备和合适的收容材料。

紧急处置信息

急救措施

吸入： 迅速脱离现场至空气新鲜处。保持呼吸道通畅。如呼吸困难，给输氧。呼吸、心跳停止，立即进行心肺复苏术。就医。

眼睛接触： 立即分开眼睑，用流动清水或生理盐水彻底冲洗。就医。

皮肤接触： 立即脱去污染的衣着，用肥皂水和清水彻底冲洗。就医。

食入： 催吐，给服活性炭悬液。就医

如出现腈类物质中毒症状，使用亚硝酸钠和硫代硫酸钠解毒剂，也可用硫代硫酸钠加口服对氨基苯丙酮。

灭火方法 消防人员必须佩戴空气呼吸器，穿全身防火防毒服，在上风向灭火。用水灭火无效，但须用水保持火场容器冷却。处在火场中的容器若已变色或从安全泄压装置中发出声音，必须马上撤离。

灭火剂：二氧化碳、干粉、砂土。

泄漏应急处置 消除所有点火源。根据液体流动和蒸气扩散的影响区域划定警戒区，无关人员从侧风、上风向撤离至安全区。建议应急处理人员戴正压自给式呼吸器，穿防毒、防静电服，戴防毒物渗透手套。作业时使用的所有设备应接地。禁止接触或跨越泄漏物。尽可能切断泄漏源。防止泄漏物进入水体、下水道、地下室或受限空间。小量泄漏：用砂土或其他不燃材料吸收。使用洁净的无火花工具收集吸收材料。大量泄漏：构筑围堤或挖坑收容。用泡沫覆盖，减少蒸发。喷水雾能减少蒸发，但不能降低泄漏物在受限空间内的易燃性。用防爆泵转移至槽车或专用收集器内。喷雾状水驱散蒸气、稀释液体泄漏物。

967. 异 丁 硫 醇

标 识

中文名称 异丁硫醇

英文名称 2 - methyl - 1 - propanethiol；isobutanethiol

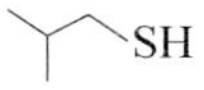

别名 2 - 甲基 - 1 - 丙硫醇

分子式 $C_4H_{10}S$

CAS 号 513 - 44 - 0

WGH 号 32116；31216[铁规]

UN 号 2347

危害信息

危险性类别 第 3 类易燃液体。

燃烧与爆炸危险性 易燃。其蒸气与空气混合，能形成爆炸性混合物。燃烧产生有毒的一氧化碳、硫化氢、氧化硫气体。受热分解。遇水或水蒸气反应放热并产生有毒的腐蚀性气体。

活性反应 接触酸或酸气能产生有毒气体。遇水或水蒸气反应放热并产生有毒的腐蚀

性气体。

禁忌物 碱、强氧化剂、碱金属、酸、水。

毒性 大鼠经口 LD_{50}：7168mg/kg。

中毒表现 硫醇类主要作用于中枢神经系统，引起头痛、恶心及不同程度的麻醉作用。

侵入途径 吸入、食入。

环境危害 对水生生物有毒，可能在水生环境中造成长期不利影响。

理化特性与用途

理化特性 无色液体，有强烈的特异气味。微溶于水，易溶于乙醇、乙醚等。沸点87～89℃，相对密度（水＝1）0.83，相对蒸气密度（空气＝1）3.1，饱和蒸气压16.5kPa（37.8℃），辛醇/水分配系数2.18，闪点－9℃。

主要用途 石油分析用试剂及用于有机合成。

包装与储运

包装标志 易燃液体

包装类别 Ⅱ类

安全储运 储存于阴凉、通风的库房。远离火种、热源。库温不宜超过37℃。保持容器密封。应与氧化剂、碱类、碱金属分开存放，切忌混储。采用防爆型照明、通风设施。禁止使用易产生火花的机械设备和工具。储区应备有泄漏应急处理设备和合适的收容材料。

紧急处置信息

急救措施

吸入：脱离现场至空气新鲜处。如呼吸困难，给输氧。呼吸、心跳停止，立即进行心肺复苏术。就医。

眼睛接触：分开眼睑，用流动清水或生理盐水冲洗。如有不适感，就医。

皮肤接触：脱去污染的衣着，用肥皂水和清水彻底冲洗皮肤。如有不适感，就医。

食入：饮水。就医。

灭火方法 消防人员必须佩戴空气呼吸器，穿全身防火防毒服，在上风向灭火。尽可能将容器从火场移至空旷处。喷水保持火场容器冷却，直至灭火结束。处在火场中的容器若发生异常变化或发出异常声音，须马上撤离。用水灭火无效。

灭火剂：泡沫、二氧化碳、干粉、砂土。

泄漏应急处置 消除所有点火源。根据液体流动和蒸气扩散的影响区域划定警戒区，无关人员从侧风、上风向撤离至安全区。建议应急处理人员戴正压自给式呼吸器，穿防静电服，戴橡胶手套。作业时使用的所有设备应接地。禁止接触或跨越泄漏物。尽可能切断泄漏源。防止泄漏物进入水体、下水道、地下室或受限空间。小量泄漏：用砂土或其他不燃材料吸收。使用洁净的无火花工具收集吸收材料。大量泄漏：构筑围堤或挖坑收容。用泡沫覆盖，减少蒸发。喷水雾能减少蒸发，但不能降低泄漏物在受限空间内的易燃性。用防爆泵转移至槽车或专用收集器内。

968. 异 丁 酸

标 识

中文名称 异丁酸

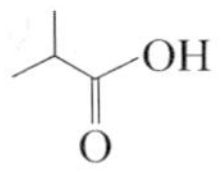

英文名称 isobutyric acid；2 – methylpropanoic acid

别名 2 – 甲基丙酸

分子式 $C_4H_8O_2$

CAS 号 79 – 31 – 2

WGH 号 33592；32092[铁规]

UN 号 2529

危害信息

危险性类别 第 3 类易燃液体。

燃烧与爆炸危险性 易燃。其蒸气与空气混合，能形成爆炸性混合物。燃烧产生有毒的一氧化碳气体。具有腐蚀性。

禁忌物 碱类、强氧化剂、强还原剂。

毒性 大鼠经口 LD_{50}：266mg/kg；兔经皮 LD_{50}：475mg/kg。

中毒表现 本品有刺激性。

侵入途径 吸入、食入。

理化特性与用途

理化特性 无色透明液体，有刺激性气味。溶于水，混溶于乙醇、乙醚、氯仿。熔点 –47℃，沸点 152～155℃，相对密度(水 =1)0.95，相对蒸气密度(空气 =1)3.0，饱和蒸气压 0.2kPa(20℃)，燃烧热 –2165.3kJ/mol，临界温度 336℃，临界压力 4.05，辛醇/水分配系数 0.88，闪点 56℃(闭杯)、76.7℃(开杯)，引燃温度 481℃，爆炸下限 2%，爆炸上限 9%。

主要用途 主要用于合成异丁酸酯类产品，如异丁酸甲酯、丙酯、异戊酯、苄酯等，也用于制药。

包装与储运

包装标志 易燃液体，腐蚀品

包装类别 Ⅲ类

安全储运 储存于阴凉、通风的库房。远离火种、热源。库温不宜超过 32℃，相对湿度不超过 80%。保持容器密封。应与氧化剂、碱类等分开存放，切忌混储。采用防爆型照明、通风设施。禁止使用易产生火花的机械设备和工具。储区应备有泄漏应急处理设备和合适的收容材料。

紧急处置信息

急救措施

吸入：脱离现场至空气新鲜处。如呼吸困难，给输氧。呼吸、心跳停止，立即进行心肺复苏术。就医。

眼睛接触：分开眼睑，用流动清水或生理盐水冲洗。如有不适感，就医。

皮肤接触：脱去污染的衣着，用肥皂水和清水彻底冲洗皮肤。如有不适感，就医。

食入：饮水，禁止催吐。就医。

灭火方法　消防人员必须穿全身耐酸碱消防服，佩戴空气呼吸器，在上风向灭火。喷水冷却容器，可能的话将容器从火场移至空旷处。处在火场中的容器若已变色或从安全泄压装置中发出声音，必须马上撤离。

灭火剂：雾状水、抗溶性泡沫、二氧化碳、干粉、砂土。

泄漏应急处置　消除所有点火源。根据液体流动和蒸气扩散的影响区域划定警戒区，无关人员从侧风、上风向撤离至安全区。建议应急处理人员戴正压自给式呼吸器，穿防静电、防腐蚀、防毒服，戴耐酸碱手套。作业时使用的所有设备应接地。禁止接触或跨越泄漏物。尽可能切断泄漏源。防止泄漏物进入水体、下水道、地下室或受限空间。小量泄漏：用砂土或其他不燃材料吸收。使用洁净的无火花工具收集吸收材料。大量泄漏：构筑围堤或挖坑收容。用砂土、惰性物质或蛭石吸收大量液体。用石灰（CaO）、碎石灰石（$CaCO_3$）或碳酸氢钠（$NaHCO_3$）中和。用抗溶性泡沫覆盖，减少蒸发。喷水雾能减少蒸发，但不能降低泄漏物在受限空间内的易燃性。用防爆、耐腐蚀泵转移至槽车或专用收集器内。

969. 异丁酸酐

标　识

中文名称　异丁酸酐

英文名称　isobutyric anhydride；2 – methylpropanoic anhydride

别名　2 – 甲基丙酸酐

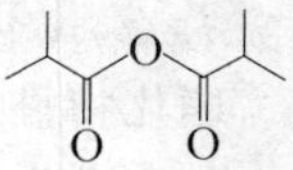

分子式　$C_8H_{14}O_3$

CAS 号　97 – 72 – 3

WGH 号　33593；32093［铁规］

危害信息

危险性类别　第 3 类易燃液体。

燃烧与爆炸危险性　易燃。其蒸气与空气混合，能形成爆炸性混合物。遇水起化学反应而分解。具有腐蚀性。

活性反应　与强氧化剂发生反应，可引起燃烧。遇低级醇和水起化学反应而分解。

禁忌物　强氧化剂、强碱、碱类。

毒性　本品对黏膜、上呼吸道、眼和皮肤有强烈的刺激性。

中毒表现　吸入后，可因喉及支气管的痉挛、炎症、水肿，化学性肺炎或肺水肿而致死。接触后引起烧灼感、咳嗽、喘息、喉炎、气短、头痛、恶心、呕吐。

侵入途径　吸入、食入。

理化特性与用途

理化特性　无色液体，有刺激性气味。混溶于乙醚。熔点 –53.5℃，沸点 182℃（101.1kPa），相对密度（水 =1）0.9535（20℃/4℃），相对蒸气密度（空气 =1）5.45，饱和蒸气压 1.33kPa（67℃），辛醇/水分配系数 1.24，闪点 59.4℃，引燃温度 329℃，爆炸下限 1.09%，爆炸上限 7.7%。

主要用途 用作合成农药和药物的中间体，用于制取异丁酸酯类增塑剂及香精、香料等。

包装与储运

包装标志 易燃液体，腐蚀品

包装类别 Ⅲ类

安全储运 储存于阴凉、干燥、通风良好的库房。远离火种、热源。库温不宜超过32℃，相对湿度不超过80%。包装必须密封。切勿受潮。应与氧化剂、碱类等分开存放，切忌混储。采用防爆型照明、通风设施。禁止使用易产生火花的机械设备和工具。储区应备有泄漏应急处理设备和合适的收容材料。

紧急处置信息

急救措施

吸入：迅速脱离现场至空气新鲜处。保持呼吸道通畅。如呼吸困难，给输氧。呼吸、心跳停止，立即进行心肺复苏术。就医。

眼睛接触：立即分开眼睑，用流动清水或生理盐水彻底冲洗10～15min。就医。

皮肤接触：立即脱去污染的衣着，用大量流动清水彻底冲洗，冲洗时间一般要求20～30min。就医。

食入：用水漱口，禁止催吐。给饮牛奶或蛋清。就医。

灭火方法 消防人员必须穿全身耐酸碱消防服，佩戴空气呼吸器，在上风向灭火。尽可能将容器从火场移至空旷处。喷水保持火场容器冷却，直至灭火结束。处在火场中的容器若发生异常变化或发出异常声音，须马上撤离。

灭火剂：水、二氧化碳、泡沫、干粉、砂土。

泄漏应急处置 消除所有点火源。根据液体流动和蒸气扩散的影响区域划定警戒区，无关人员从侧风、上风向撤离至安全区。建议应急处理人员戴正压自给式呼吸器，穿防静电、防腐蚀、防毒服，戴耐酸碱手套。作业时使用的所有设备应接地。禁止接触或跨越泄漏物。尽可能切断泄漏源。防止泄漏物进入水体、下水道、地下室或受限空间。小量泄漏：用砂土或其他不燃材料吸收。使用洁净的无火花工具收集吸收材料。大量泄漏：构筑围堤或挖坑收容。用碎石灰石($CaCO_3$)、苏打灰(Na_2CO_3)或石灰(CaO)中和。用泡沫覆盖，减少蒸发。喷水雾能减少蒸发，但不能降低泄漏物在受限空间内的易燃性。用防爆、耐腐蚀泵转移至槽车或专用收集器内。

970. 异丁酸乙酯

标　识

中文名称 异丁酸乙酯

英文名称 ethyl isobutyrate; ethyl 2－methylpropanoate

别名 2－甲基丙酸乙酯

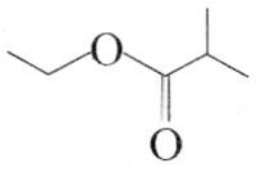

分子式 $C_6H_{12}O_2$

CAS 号 97－62－1

WGH 号 32141；31241[铁规]

UN号 2385

危害信息

危险性类别 第3类易燃液体。

燃烧与爆炸危险性 易燃。其蒸气与空气混合，能形成爆炸性混合物。燃烧产生有毒的一氧化碳气体。

禁忌物 强氧化剂、强碱、强酸。

毒性 小鼠静注 LD_{50}：800mg/kg。

侵入途径 吸入、食入。

理化特性与用途

理化特性 无色透明易挥发液体，有水果香味。微溶于水，混溶于乙醇、乙醚，溶于丙酮。熔点 -88.2℃，沸点 110.1℃，相对密度（水=1）0.87，相对蒸气密度（空气=1）4.01，饱和蒸气压 3.38kPa（25℃），燃烧热 -3535kJ/mol，临界温度 280℃，临界压力 3.04，辛醇/水分配系数 1.77，闪点 13℃。

主要用途 用于有机合成和香料工业，也可用作溶剂等。

包装与储运

包装标志 易燃液体

包装类别 Ⅱ类

安全储运 储存于阴凉、通风的库房。远离火种、热源。库温不宜超过37℃。保持容器密封。应与氧化剂、酸类、碱类分开存放，切忌混储。采用防爆型照明、通风设施。禁止使用易产生火花的机械设备和工具。灌装时注意流速，防止静电积聚。储区应备有泄漏应急处理设备和合适的收容材料。

紧急处置信息

急救措施

吸入： 脱离现场至空气新鲜处。如呼吸困难，给输氧。呼吸、心跳停止，立即进行心肺复苏术。就医。

眼睛接触： 分开眼睑，用流动清水或生理盐水冲洗。如有不适感，就医。

皮肤接触： 脱去污染的衣着，用肥皂水和清水彻底冲洗皮肤。如有不适感，就医。

食入： 饮水。就医。

灭火方法 消防人员须佩戴防毒面具，穿全身消防服，在上风向灭火。尽可能将容器从火场移至空旷处。喷水保持火场容器冷却，直至灭火结束。处在火场中的容器若已变色或从安全泄压装置中发出声音，必须马上撤离。用水灭火无效，但须用水保持火场容器冷却。

灭火剂：泡沫、二氧化碳、干粉、砂土。

泄漏应急处置 消除所有点火源。根据液体流动和蒸气扩散的影响区域划定警戒区，无关人员从侧风、上风向撤离至安全区。建议应急处理人员戴正压自给式呼吸器，穿防静电服，戴橡胶手套。作业时使用的所有设备应接地。禁止接触或跨越泄漏物。尽可能切断泄漏源。防止泄漏物进入水体、下水道、地下室或受限空间。小量泄漏：用砂土或其他不燃材料吸收。使用洁净的无火花工具收集吸收材料。大量泄漏：构筑围堤或挖坑收容。用抗溶性泡沫覆盖，减少蒸发。喷水雾能减少蒸发，但不能降低泄漏物在受限空间内的易燃性。用防爆泵转移至槽车或专用收集器内。

971. 异丁酸异丁酯

标　识

中文名称　异丁酸异丁酯

英文名称　isobutylisobutyrate；isobutyl 2 – methylpropanoate

别名　2 – 甲基丙酸异丁酯

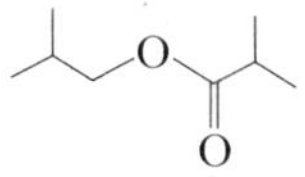

分子式　$C_8H_{16}O_2$

CAS 号　97 – 85 – 8

WGH 号　33598；32098[铁规]

UN 号　2528

危害信息

危险性类别　第 3 类易燃液体。

燃烧与爆炸危险性　易燃。其蒸气与空气混合，能形成爆炸性混合物。燃烧产生有毒的一氧化碳气体。在高温火场中，受热的容器或储罐有破裂和爆炸的危险。

禁忌物　强氧化剂、强碱。

毒性　大鼠经口 LD_{50}：12800mg/kg；小鼠经口 LD_{50}：12800mg/kg；大鼠吸入 LC_{50}：5000pph(6h)；兔经皮 LD_{50}：>8600mg/kg。

侵入途径　吸入、食入。

理化特性与用途

理化特性　无色液体，有菠萝香味。不溶于水，溶于多数有机溶剂。熔点 –80.7℃，沸点 148.6℃，相对密度(水 =1)0.875(0℃/4℃)，相对蒸气密度(空气 =1)4.9，饱和蒸气压 0.58kPa(25℃)，辛醇/水分配系数 2.68，闪点 38℃(闭杯)，引燃温度 432℃，爆炸下限 0.96%，爆炸上限 7.59%。

主要用途　用作溶剂、增塑剂，用于合成香料、调味料及有机合成等。

包装与储运

包装标志　易燃液体

包装类别　Ⅲ类

安全储运　储存于阴凉、通风的库房。远离火种、热源。库温不宜超过 37℃。保持容器密封。应与氧化剂、碱类分开存放，切忌混储。采用防爆型照明、通风设施。禁止使用易产生火花的机械设备和工具。灌装时注意流速，防止静电积聚。储区应备有泄漏应急处理设备和合适的收容材料。

紧急处置信息

急救措施

吸入：脱离现场至空气新鲜处。如呼吸困难，给输氧。呼吸、心跳停止，立即进行心肺复苏术。就医。

眼睛接触：分开眼睑，用流动清水或生理盐水冲洗。如有不适感，就医。

皮肤接触： 脱去污染的衣着，用肥皂水和清水彻底冲洗皮肤。如有不适感，就医。

食入： 饮水。就医。

灭火方法　消防人员必须佩戴空气呼吸器，穿全身防火防毒服，在上风向灭火。尽可能将容器从火场移至空旷处。喷水保持火场容器冷却，直至灭火结束。处在火场中的容器若发生异常变化或发出异常声音，须马上撤离。

灭火剂：泡沫、干粉、二氧化碳、砂土。

泄漏应急处置　消除所有点火源。根据液体流动和蒸气扩散的影响区域划定警戒区，无关人员从侧风、上风向撤离至安全区。建议应急处理人员戴正压自给式呼吸器，穿防静电服，戴橡胶耐油手套。作业时使用的所有设备应接地。禁止接触或跨越泄漏物。尽可能切断泄漏源。防止泄漏物进入水体、下水道、地下室或受限空间。小量泄漏：用砂土或其他不燃材料吸收。使用洁净的无火花工具收集吸收材料。大量泄漏：构筑围堤或挖坑收容。用泡沫覆盖，减少蒸发。喷水雾能减少蒸发，但不能降低泄漏物在受限空间内的易燃性。用防爆泵转移至槽车或专用收集器内。

972. 异丁酸正丙酯

标　识

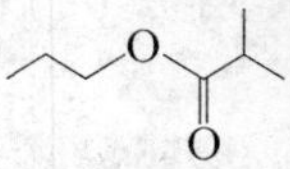

中文名称　异丁酸正丙酯

英文名称　*n* - propyl isobutyrate; propyl 2 - methylpropanoate

别名　2 - 甲基丙酸丙酯

分子式　$C_7H_{14}O_2$

CAS 号　644 - 49 - 5

WGH 号　33598；32098[铁规]

危害信息

危险性类别　第 3 类易燃液体。

燃烧与爆炸危险性　易燃。其蒸气与空气混合，能形成爆炸性混合物。燃烧产生有毒的一氧化碳气体。在高温火场中，受热的容器或储罐有破裂和爆炸的危险。

活性反应　与氧化剂接触发生猛烈反应。

禁忌物　强氧化剂、强酸。

侵入途径　吸入、食入。

理化特性与用途

理化特性　无色液体，有水果香味。微溶于水，溶于乙醇、丙酮，易溶于乙醚。沸点 134 ~ 135℃，相对密度(水 = 1)0.88，饱和蒸气压 1.12kPa(25℃)，临界温度 308℃，临界压力 2.83MPa，辛醇/水分配系数 2.26，闪点 26.67℃(Tag 闭杯)。

主要用途　用于合成香料。

包装与储运

包装标志　易燃液体

包装类别　Ⅲ类

安全储运　储存于阴凉、通风的库房。远离火种、热源。库温不宜超过 37℃。保持容器密封。应与氧化剂、酸类分开存放，切忌混储。采用防爆型照明、通风设施。禁止使用易产生火花的机械设备和工具。灌装时注意流速，防止静电积聚。储区应备有泄漏应急处理设备和合适的收容材料。

紧急处置信息

急救措施

吸入：脱离现场至空气新鲜处。如呼吸困难，给输氧。呼吸、心跳停止，立即进行心肺复苏术。就医。

眼睛接触：分开眼睑，用流动清水或生理盐水冲洗。如有不适感，就医。

皮肤接触：脱去污染的衣着，用肥皂水和清水彻底冲洗皮肤。如有不适感，就医。

食入：饮水。就医。

灭火方法 消防人员必须佩戴空气呼吸器，穿全身防火防毒服，在上风向灭火。尽可能将容器从火场移至空旷处。喷水保持火场容器冷却，直至灭火结束。处在火场中的容器若发生异常变化或发出异常声音，须马上撤离。

灭火剂：泡沫、干粉、二氧化碳、砂土。

泄漏应急处置 消除所有点火源。根据液体流动和蒸气扩散的影响区域划定警戒区，无关人员从侧风、上风向撤离至安全区。建议应急处理人员戴正压自给式呼吸器，穿防静电服，戴橡胶耐油手套。作业时使用的所有设备应接地。禁止接触或跨越泄漏物。尽可能切断泄漏源。防止泄漏物进入水体、下水道、地下室或受限空间。小量泄漏：用砂土或其他不燃材料吸收。使用洁净的无火花工具收集吸收材料。大量泄漏：构筑围堤或挖坑收容。用泡沫覆盖，减少蒸发。喷水雾能减少蒸发，但不能降低泄漏物在受限空间内的易燃性。用防爆泵转移至槽车或专用收集器内。

973. 异硫氰酸苯酯

标　识

中文名称 异硫氰酸苯酯

英文名称 phenyl isothiocyanate；isothiocyanatobenzene；phenyl mustard oil

别名 苯基芥子油

分子式 C_7H_5NS

CAS 号 103-72-0

WGH 号 61656

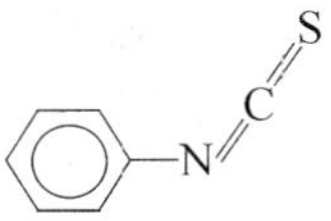

危害信息

危险性类别 第6类有毒品。

燃烧与爆炸危险性 可燃。其蒸气与空气混合，能形成爆炸性混合物。燃烧产生有毒的一氧化碳、氮氧化物、氧化硫气体。若遇高热可发生剧烈分解，引起容器破裂或爆炸事故。

活性反应 与强氧化剂接触可发生化学反应。

禁忌物 水、醇类、强碱、胺类、酸类、强氧化剂。

毒性 小鼠经口 LD_{50}：87mg/kg。

中毒表现　吸入本品对呼吸道有强烈刺激作用，可引起死亡。对眼和皮肤有强烈刺激性，可引起灼伤。

慢性影响可表现为肝、肾损害。

侵入途径　吸入、食入。

环境危害　对水生生物有毒，可能在水生环境中造成长期不利影响。

理化特性与用途

理化特性　无色或淡黄色液体，有强刺激性气味。不溶于水，溶于乙醇、乙醚等有机溶剂。pH 值 7，熔点 -21℃，沸点 221℃，相对密度(水=1)1.13，相对蒸气密度(空气=1)4.65，饱和蒸气压 0.16kPa(50℃)，辛醇/水分配系数 3.28，闪点 87℃。

主要用途　用作有机合成中间体，用于制药，也用于生化分析。

包装与储运

包装标志　有毒品

包装类别　Ⅱ类

安全储运　储存于阴凉、干燥、通风良好的库房。远离火种、热源。库温不超过 35℃。相对湿度不超过 85%。保持容器密封。应与氧化剂、酸类、碱类、食用化学品分开存放，切忌混储。配备相应品种和数量的消防器材。储区应备有泄漏应急处理设备和合适的收容材料。

紧急处置信息

急救措施

吸入：迅速脱离现场至空气新鲜处。保持呼吸道通畅。如呼吸困难，给输氧。呼吸、心跳停止，立即进行心肺复苏术。就医。

眼睛接触：立即分开眼睑，用流动清水或生理盐水彻底冲洗 10~15min。就医。

皮肤接触：立即脱去污染的衣着，用大量流动清水彻底冲洗，冲洗时间一般要求 20~30min。就医。

食入：用水漱口。给饮牛奶或蛋清。就医。

灭火方法　消防人员必须佩戴空气呼吸器，穿全身防火防毒服，在上风向灭火。尽可能将容器从火场移至空旷处。处在火场中的容器若已变色或从安全泄压装置中发出声音，必须马上撤离。禁止使用酸碱灭火剂。用水灭火无效，但可用水保持火场中容器冷却。

灭火剂：泡沫、干粉、二氧化碳、砂土。

泄漏应急处置　根据液体流动和蒸气扩散的影响区域划定警戒区，无关人员从侧风、上风向撤离至安全区。消除所有点火源。建议应急处理人员戴正压自给式呼吸器，穿防毒服，戴橡胶耐油手套。穿上适当的防护服前严禁接触破裂的容器和泄漏物。尽可能切断泄漏源。防止泄漏物进入水体、下水道、地下室或受限空间。小量泄漏：用干燥的砂土或其他不燃材料吸收或覆盖，收集于容器中。大量泄漏：构筑围堤或挖坑收容。用泵转移至槽车或专用收集器内。

974. 异硫氰酸烯丙酯

标　识

中文名称　异硫氰酸烯丙酯

英文名称 allyl isothiocyanate；3－isothiocyanato－1－propene；allyl mustard oil

别名 烯丙基异硫氰酸酯；烯丙基芥子油；人造芥子油

分子式 C_4H_5NS

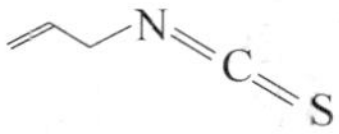

CAS 号 57－06－7

WGH 号 61656

UN 号 1545

危害信息

危险性类别 第6类有毒品。

燃烧与爆炸危险性 易燃。其蒸气与空气混合，能形成爆炸性混合物。燃烧产生有毒的一氧化碳、氮氧化物、氰化氢、氧化硫气体。受高热或与酸接触会产生剧毒的氰化物气体。

禁忌物 水、醇类、强碱、胺类、酸类、强氧化剂。

毒性 大鼠经口 LD_{50}：112mg/kg；小鼠经口 LD_{50}：308mg/kg；兔经皮 LD_{50}：88mg/kg

本品已列入《剧毒化学目录》。

中毒表现 本品对呼吸道有刺激性，引起鼻炎、咽喉炎、支气管炎等。可有眼睛刺激症状，引起结膜角膜炎。皮肤接触引起灼热、疼痛、发红。作用较长时间可出现水疱。对皮肤有致敏作用，可引起皮肤湿疹。

侵入途径 吸入、食入、经皮吸收。

环境危害 对水生生物有极高毒性，可能在水生环境中造成长期不利影响。

理化特性与用途

理化特性 无色或淡黄色油状液体，有强刺激性气味。微溶于水，溶于多数有机溶剂。熔点－80℃，沸点148～154℃，相对密度(水＝1)1.01，相对蒸气密度(空气＝1)3.41，饱和蒸气压0.49kPa(20℃)、1.33kPa(38.3℃)，燃烧热－3061kJ/mol，辛醇/水分配系数2.11，闪点46℃(闭杯)。

主要用途 用于食品工业，合成芥末、食品加工用调味品；也用于医药和有机合成；还可用作熏蒸剂，军用毒气等。

包装与储运

包装标志 有毒品，易燃液体

包装类别 Ⅱ类

安全储运 储存于阴凉、干燥、通风良好的专用库房内。应严格执行剧毒化学品管理制度。远离火种、热源。库温不超过35℃。相对湿度不超过85%。包装要求密封。不可与空气接触。应与氧化剂、酸类、碱类、食用化学品分开存放，切忌混储。采用防爆型照明、通风设施。禁止使用易产生火花的机械设备和工具。灌装时注意流速，防止静电积聚。储区应备有泄漏应急处理设备和合适的收容材料。

紧急处置信息

急救措施

吸入： 迅速脱离现场至空气新鲜处。保持呼吸道通畅。如呼吸困难，给输氧。呼吸、心跳停止，立即进行心肺复苏术。就医。

眼睛接触： 分开眼睑，用流动清水或生理盐水冲洗。如有不适感，就医。

皮肤接触： 立即脱去污染的衣着，用肥皂水和清水彻底冲洗皮肤。如有不适感，就医。

食入: 饮水。就医。

灭火方法 消防人员必须佩戴空气呼吸器,穿全身防火防毒服,在上风向灭火。尽可能将容器从火场移至空旷处。处在火场中的容器若已变色或从安全泄压装置中发出声音,必须马上撤离。禁止使用酸碱灭火剂。用水灭火无效,但可用水保持火场中容器冷却。

灭火剂:泡沫、干粉、二氧化碳、砂土。

泄漏应急处置 消除所有点火源。根据液体流动和蒸气扩散的影响区域划定警戒区,无关人员从侧风、上风向撤离至安全区。建议应急处理人员戴正压自给式呼吸器,穿防静电、防腐蚀、防毒服,戴防毒物渗透手套。作业时使用的所有设备应接地。穿上适当的防护服前严禁接触破裂的容器和泄漏物。尽可能切断泄漏源。防止泄漏物进入水体、下水道、地下室或受限空间。严禁用水处理。小量泄漏:用干燥的砂土或其他不燃材料覆盖泄漏物。大量泄漏:构筑围堤或挖坑收容。用砂土、惰性物质或蛭石吸收大量液体。用防爆、耐腐蚀泵转移至槽车或专用收集器内。

975. 异硫氰酸乙酯

标　识

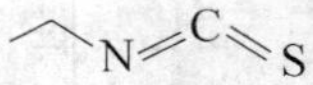

中文名称 异硫氰酸乙酯

英文名称 ethyl isothiocyanate; isothiocyanatoethane; ethyl mustard oil

别名 异硫氰酸基乙烷;乙基芥子油

分子式 C_3H_5NS

CAS 号 542-85-8

WGH 号 61656

危害信息

危险性类别 第6类有毒品。

燃烧与爆炸危险性 易燃。其蒸气与空气混合,能形成爆炸性混合物。燃烧产生有毒的一氧化碳、氮氧化物、氰化氢、硫化物气体。受高热或与酸接触会产生剧毒的氰化物气体。

禁忌物 强氧化剂、强碱、酸类、醇类、胺类。

中毒表现 本品具有剧烈的芥末味。对眼睛、皮肤、黏膜和上呼吸道有强烈的刺激作用。吸入后,可引起喉、支气管的痉挛、炎症、水肿,化学性肺炎、肺水肿,严重者可致死。

侵入途径 吸入、食入、经皮吸收。

环境危害 对水生生物有极高毒性。

理化特性与用途

理化特性 无色透明油状液体,有刺激性气味。不溶于水。pH 值 6.3(20℃),熔点 -5.9℃,沸点 130~132℃,相对密度(水=1)0.995,相对蒸气密度(空气=1)3,饱和蒸气压 1.52kPa(25℃),燃烧热 -2529kJ/mol,辛醇/水分配系数 1.47,闪点 32℃。

主要用途 用于制药和杀虫剂,用作军用毒气。

包装与储运

包装标志 有毒品，易燃液体

包装类别 Ⅱ类

安全储运 储存于阴凉、通风的库房。远离火种、热源。库温不超过35℃。相对湿度不超过85%。保持容器密封。应与氧化剂、酸类、碱类、食用化学品分开存放，切忌混储。采用防爆型照明、通风设施。禁止使用易产生火花的机械设备和工具。灌装时注意流速，防止静电积聚。储区应备有泄漏应急处理设备和合适的收容材料。

紧急处置信息

急救措施

吸入：迅速脱离现场至空气新鲜处。保持呼吸道通畅。如呼吸困难，给输氧。呼吸、心跳停止，立即进行心肺复苏术。就医。

眼睛接触：分开眼睑，用流动清水或生理盐水冲洗。如有不适感，就医。

皮肤接触：立即脱去污染的衣着，用肥皂水和清水彻底冲洗皮肤。如有不适感，就医。

食入：饮足量温水，催吐。就医。

灭火方法 消防人员必须佩戴空气呼吸器，穿全身防火防毒服，在上风向灭火。尽可能将容器从火场移至空旷处。处在火场中的容器若已变色或从安全泄压装置中发出声音，必须马上撤离。禁止使用酸碱灭火剂。用水灭火无效，但可用水保持火场中容器冷却。

灭火剂：泡沫、干粉、二氧化碳、砂土。

泄漏应急处置 根据液体流动和蒸气扩散的影响区域划定警戒区，无关人员从侧风、上风向撤离至安全区。消除所有点火源。建议应急处理人员戴正压自给式呼吸器，穿防毒、防静电服，戴橡胶耐油手套。穿上适当的防护服前严禁接触破裂的容器和泄漏物。尽可能切断泄漏源。防止泄漏物进入水体、下水道、地下室或受限空间。小量泄漏：用干燥的砂土或其他不燃材料吸收或覆盖，收集于容器中。大量泄漏：构筑围堤或挖坑收容。用防爆泵转移至槽车或专用收集器内。

976. 异氰基乙烷

标　识

中文名称 异氰基乙烷

英文名称 isocyanoethane; ethyl isocyanide

别名 乙胩

分子式 C_3H_5N

CAS 号 624-79-3

危害信息

燃烧与爆炸危险性 易燃。其蒸气与空气混合，能形成爆炸性混合物。燃烧产生有毒的一氧化碳、氮氧化物和氰化氢气体。

活性反应 与氧化剂接触，有引起燃烧爆炸的危险。

禁忌物 强氧化剂、强酸、水蒸气。

中毒表现 兔中毒的症状有周围血管扩张、呼吸减慢、体温下降、腹泻、抽搐、麻痹等。本品有恶臭。

侵入途径 吸入、食入。

理化特性与用途

理化特性 无色液体，有恶臭气味。不溶于水，溶于多数有机溶剂。熔点 < -66℃，沸点 79℃，相对密度(水=1)0.74(20℃/4℃)。.

主要用途 可用作可燃气体的加臭剂及有机合成试剂。

包装与储运

安全储运 储存于阴凉、通风的库房。远离火种、热源。保持容器密封。应与氧化剂、酸类、食用化学品等隔离储运。搬运时轻装轻卸，防止容器受损。

紧急处置信息

急救措施

吸入： 迅速脱离现场至空气新鲜处。保持呼吸道通畅。如呼吸困难，给输氧。呼吸、心跳停止，立即进行心肺复苏术。就医。

眼睛接触： 立即分开眼睑，用流动清水或生理盐水彻底冲洗。就医。

皮肤接触： 立即脱去污染的衣着，用肥皂水和清水彻底冲洗。就医。

食入： 催吐，给服活性炭悬液。就医。

灭火方法 消防人员须佩戴防毒面具，穿全身消防服，在上风向灭火。尽可能将容器从火场移至空旷处。喷水保持火场容器冷却，直至灭火结束。处在火场中的容器若已变色或从安全泄压装置中发出声音，必须马上撤离。

灭火剂：雾状水、泡沫、干粉、二氧化碳、砂土。

泄漏应急处置 根据液体流动和蒸气扩散的影响区域划定警戒区，无关人员从侧风、上风向撤离至安全区。消除所有点火源。建议应急处理人员戴正压自给式呼吸器，穿防毒、防静电服，戴橡胶手套。作业时使用的所有设备应接地。禁止接触或跨越泄漏物。尽可能切断泄漏源。防止泄漏物进入水体、下水道、地下室或受限空间。小量泄漏：用砂土或其他不燃材料吸收。使用洁净的无火花工具收集吸收材料。大量泄漏：构筑围堤或挖坑收容。用泡沫覆盖，减少蒸发。喷水雾能减少蒸发，但不能降低泄漏物在受限空间内的易燃性。用防爆泵转移至槽车或专用收集器内。

977. 异氰酸苯酯

标　识

中文名称 异氰酸苯酯

英文名称 phenyl isocyanate；isocyanic acid，phenyl ester

别名 苯基异氰酸酯

分子式 C_7H_5NO

CAS 号 103-71-9

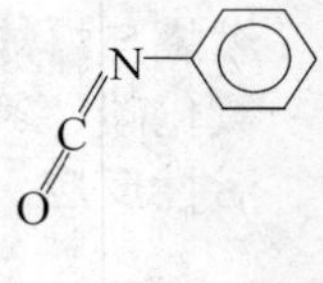

WGH 号 61109

UN 号 2487

危害信息

危险性类别 第 6 类有毒品。

燃烧与爆炸危险性 易燃。其蒸气与空气混合，能形成爆炸性混合物。燃烧产生有毒的一氧化碳、氮氧化物、氰化氢气体。遇明火、高热能引起燃烧爆炸。加热至沸点以上时即分解释出有毒的亚硝酸蒸气。

活性反应 与酸类、胺类、醇类、碱类和水发生强烈反应，有引起燃烧爆炸的危险。遇水或水蒸气分解放出有毒的气体。

禁忌物 水、醇类、强碱、胺类、酸类、强氧化剂。

毒性 大鼠经口 LD_{50}：800mg/kg；大鼠吸入 LC_{50}：22mg/m^3（4h）；小鼠经口 LD_{50}：196mg/kg；兔经皮 LD_{50}：7130mg/kg。

本品已列入《剧毒化学品目录》。

中毒表现 吸入本品后对呼吸道有强烈刺激性，可引起肺水肿。对眼睛和皮肤有刺激性，可引起灼伤。口服刺激和灼伤口腔和消化道。

侵入途径 吸入、食入、经皮吸收。

理化特性与用途

理化特性 无色至淡黄色液体，有刺激性气味。易溶于乙醚、苯、氯仿。熔点 -30℃，沸点 158～168℃，相对密度(水 =1)1.095，相对蒸气密度(空气 =1)3，饱和蒸气压 0.2kPa(20℃)，燃烧热 -3408kJ/mol，临界温度 402℃，临界压力 4.54MPa，辛醇/水分配系数 2.59，闪点 51℃(闭杯)、56℃(开杯)，引燃温度 300℃。

主要用途 用作有机合成中间体，用于制造杀虫剂，也用于鉴别醇及胺。

包装与储运

包装标志 有毒品，易燃液体

包装类别 Ⅱ类

安全储运 储存于阴凉、干燥、通风良好的专用库房内。应严格执行剧毒化学品管理制度。远离火种、热源。库温不超过 35℃。相对湿度不超过 85%。保持容器密封。应与氧化剂、酸类、碱类、食用化学品分开存放，切忌混储。采用防爆型照明、通风设施。禁止使用易产生火花的机械设备和工具。灌装时注意流速，防止静电积聚。储区应备有泄漏应急处理设备和合适的收容材料。

紧急处置信息

急救措施

吸入：迅速脱离现场至空气新鲜处。保持呼吸道通畅。如呼吸困难，给输氧。呼吸、心跳停止，立即进行心肺复苏术。就医。

眼睛接触：立即分开眼睑，用流动清水或生理盐水彻底冲洗 10～15min。就医。

皮肤接触：立即脱去污染的衣着，用大量流动清水彻底冲洗，冲洗时间一般要求 20～30min。就医。

食入：用水漱口，禁止催吐。给饮牛奶或蛋清。就医。

灭火方法 消防人员须佩戴防毒面具，穿全身消防服，在上风向灭火。尽可能将容器从火场移至空旷处。喷水保持火场容器冷却，直至灭火结束。处在火场中的容器若已变色

或从安全泄压装置中发出声音，必须马上撤离。禁止用水、泡沫和酸碱灭火剂灭火。

灭火剂：干粉、二氧化碳。

泄漏应急处置 消除所有点火源。根据液体流动和蒸气扩散的影响区域划定警戒区，无关人员从侧风、上风向撤离至安全区。建议应急处理人员戴正压自给式呼吸器，穿防毒、防静电服，戴防化学品手套。作业时使用的所有设备应接地。穿上适当的防护服前严禁接触破裂的容器和泄漏物。尽可能切断泄漏源。防止泄漏物进入水体、下水道、地下室或受限空间。严禁用水处理。小量泄漏：用干燥的砂土或其他不燃材料覆盖泄漏物。大量泄漏：构筑围堤或挖坑收容。用防爆泵转移至槽车或专用收集器内。

978. 异 戊 胺

标 识

中文名称 异戊胺

英文名称 isopentylamine; 3 - methyl - 1 - butanamine

别名 3 - 甲基丁胺

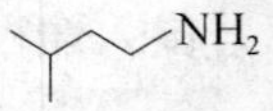

分子式 $C_5H_{13}N$

CAS 号 107 - 85 - 7

WGH 号 32175；31275［铁规］

UN 号 1106

危害信息

危险性类别 第 3 类易燃液体。

燃烧与爆炸危险性 易燃。其蒸气与空气混合，能形成爆炸性混合物。燃烧产生有毒的一氧化碳和氮氧化物气体。蒸气比空气重，能在较低处扩散到相当远的地方，遇火源会着火回燃和爆炸(闪爆)。具有腐蚀性。

活性反应 与氧化剂能发生强烈反应。

禁忌物 酸类、酸酐、强氧化剂、二氧化碳。

毒性 大鼠经口 LD_{50}：470mg/kg。

中毒表现 接触低浓度蒸气时表现有眼睛及上呼吸道刺激症状，高浓度可致角膜水肿、溃疡、喉头声带水肿和支气管肺炎。神经系统受损时表现为意识障碍、瞳孔散大、视力模糊、四肢肌束震颤及运动障碍。严重中毒病例可因呼吸麻痹、心跳停止而死亡。肝、肾可受到损害。液体可致眼和皮肤灼伤。

侵入途径 吸入、食入。

理化特性与用途

理化特性 无色至淡黄色透明液体，有氨味。溶于水，溶于乙醇、乙醚。熔点 -60℃，沸点 95 ~ 97℃，相对密度(水 = 1)0.75，相对蒸气密度(空气 = 1)3，饱和蒸气压 5kPa(20℃)，燃烧热 -3623.2kJ/mol，辛醇/水分配系数 1.25，闪点 18.3℃，引燃温度 365℃。

主要用途 用作溶剂及用于有机合成。

包装与储运

包装标志 易燃液体，腐蚀品

包装类别 Ⅱ类

安全储运 储存于阴凉、通风的库房。远离火种、热源。库温不宜超过30℃，相对湿度不超过80%。保持容器密封。应与氧化剂、酸类等分开存放，切忌混储。采用防爆型照明、通风设施。禁止使用易产生火花的机械设备和工具。储区应备有泄漏应急处理设备和合适的收容材料。

紧急处置信息

急救措施

吸入： 迅速脱离现场至空气新鲜处。保持呼吸道通畅。如呼吸困难，给输氧。呼吸、心跳停止，立即进行心肺复苏术。就医。

眼睛接触： 立即分开眼睑，用流动清水或生理盐水彻底冲洗10~15min。就医。

皮肤接触： 立即脱去污染的衣着，用大量流动清水彻底冲洗，冲洗时间一般要求20~30min。就医。

食入： 用水漱口。给饮牛奶或蛋清。就医。

灭火方法 消防人员必须佩戴空气呼吸器，穿全身防火防毒服，在上风向灭火。尽可能将容器从火场移至空旷处。喷水保持火场容器冷却，直至灭火结束。处在火场中的容器若发生异常变化或发出异常声音，须马上撤离。

灭火剂：抗溶性泡沫、二氧化碳、干粉、砂土。

泄漏应急处置 消除所有点火源。根据液体流动和蒸气扩散的影响区域划定警戒区，无关人员从侧风、上风向撤离至安全区。建议应急处理人员戴正压自给式呼吸器，穿防静电、防腐蚀、防毒服，戴耐酸碱手套。作业时使用的所有设备应接地。禁止接触或跨越泄漏物。尽可能切断泄漏源。防止泄漏物进入水体、下水道、地下室或受限空间。小量泄漏：用砂土或其他不燃材料吸收。使用洁净的无火花工具收集吸收材料。大量泄漏：构筑围堤或挖坑收容。用抗溶性泡沫覆盖，减少蒸发。喷水雾能减少蒸发，但不能降低泄漏物在受限空间内的易燃性。用防爆、耐腐蚀泵转移至槽车或专用收集器内。

979. 异戊基氯

标 识

中文名称 异戊基氯

英文名称 1-chloro-3-methylbutane; isoamyl chloride

别名 1-氯-3-甲基丁烷；氯代异戊烷

分子式 $C_5H_{11}Cl$

CAS号 107-84-6

WGH号 32034；31134[铁规]

UN号 1107

危害信息

危险性类别 第3类易燃液体。

燃烧与爆炸危险性 易燃。其蒸气与空气混合，能形成爆炸性混合物。燃烧产生有毒的一氧化碳和氯化氢气体。受热分解产生有毒的烟气。蒸气比空气重，能在较低处扩散到相当远的地方，遇火源会着火回燃和爆炸(闪爆)。

活性反应　与氧化剂接触发生猛烈反应。

禁忌物　强氧化剂、强碱。

侵入途径　吸入、食入。

理化特性与用途

理化特性　无色至黄色液体。不溶于水，溶于乙醇、乙醚等多数有机溶剂。熔点 -104℃，沸点 98.9℃，相对密度(水 =1)0.88，相对蒸气密度(空气 =1)3.67，辛醇/水分配系数 2.98，闪点 <21℃，爆炸下限 1.5%，爆炸上限 7.4%。

主要用途　用于制造有机化合物，以及用作硝基纤维素和漆等的溶剂。

包装与储运

包装标志　易燃液体

包装类别　Ⅱ类

安全储运　储存于阴凉、通风的库房。远离火种、热源。库温不宜超过 37℃。保持容器密封。应与氧化剂、酸碱等分开存放，切忌混储。采用防爆型照明、通风设施。禁止使用易产生火花的机械设备和工具。储区应备有泄漏应急处理设备和合适的收容材料。

紧急处置信息

急救措施

吸入：迅速脱离现场至空气新鲜处。保持呼吸道通畅。如呼吸困难，给输氧。呼吸、心跳停止，立即进行心肺复苏术。就医。

眼睛接触：分开眼睑，用流动清水或生理盐水冲洗。如有不适感，就医。

皮肤接触：立即脱去污染的衣着，用肥皂水和清水彻底冲洗皮肤。如有不适感，就医。

食入：饮足量温水，催吐。就医。

灭火方法　消防人员必须穿全身耐酸碱消防服，佩戴空气呼吸器，在上风向灭火。尽可能将容器从火场移至空旷处。喷水保持火场容器冷却，直至灭火结束。处在火场中的容器若发生异常变化或发出异常声音，须马上撤离。

灭火剂：泡沫、干粉、二氧化碳、砂土。

泄漏应急处置　消除所有点火源。根据液体流动和蒸气扩散的影响区域划定警戒区，无关人员从侧风、上风向撤离至安全区。建议应急处理人员戴正压自给式呼吸器，穿防静电服，戴橡胶耐油手套。作业时使用的所有设备应接地。禁止接触或跨越泄漏物。尽可能切断泄漏源。防止泄漏物进入水体、下水道、地下室或受限空间。小量泄漏：用砂土或其他不燃材料吸收。使用洁净的无火花工具收集吸收材料。大量泄漏：构筑围堤或挖坑收容。用泡沫覆盖，减少蒸发。喷水雾能减少蒸发，但不能降低泄漏物在受限空间内的易燃性。用防爆泵转移至槽车或专用收集器内。

980. 异 戊 腈

标　识

中文名称　异戊腈

英文名称　isovaleronitrile；3 - methylbutyronitrile；isopentanenitrile

别名 3 – 甲基丁腈；异丁基氰；氰化异丁烷

分子式 C_5H_9N

CAS 号 625 – 28 – 5

WGH 号 61629

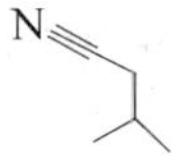

危害信息

危险性类别 第 6 类有毒品。

燃烧与爆炸危险性 易燃。其蒸气与空气混合，能形成爆炸性混合物。燃烧产生有毒的一氧化碳和氮氧化物气体。受高热燃烧并分解产生有毒气体。

禁忌物 强氧化剂、强还原剂、强酸。

毒性 小鼠经口 LD_{50}：233mg/kg。

中毒表现 腈类中毒出现恶心、呕吐、腹痛、腹泻、胸闷、乏力等症状，重者出现呼吸抑制、血压下降、昏迷、抽搐等。兔皮下注射本品，最低致死量为 43.4mg/kg，出现呼吸兴奋和痉挛性麻痹。

侵入途径 吸入、食入、经皮吸收。

理化特性与用途

理化特性 无色液体。微溶于水，易溶于丙酮，混溶于乙醇、乙醚。熔点 –101℃，沸点 128 ~130℃，相对密度（水 =1）0.795，饱和蒸气压 1.37kPa（25℃），燃烧热 –3248kJ/mol，辛醇/水分配系数 1.07，闪点 28.3℃。

主要用途 用于有机合成。

包装与储运

包装标志 有毒品，易燃液体

包装类别 Ⅲ类

安全储运 储存于阴凉、通风的库房。远离火种、热源。库温不超过 35℃。相对湿度不超过 85%。保持容器密封。应与氧化剂、还原剂、酸类、食用化学品分开存放，切忌混储。采用防爆型照明、通风设施。禁止使用易产生火花的机械设备和工具。储区应备有泄漏应急处理设备和合适的收容材料。

紧急处置信息

急救措施

吸入：迅速脱离现场至空气新鲜处。保持呼吸道通畅。如呼吸困难，给输氧。呼吸、心跳停止，立即进行心肺复苏术。就医。

眼睛接触：立即分开眼睑，用流动清水或生理盐水彻底冲洗。就医。

皮肤接触：立即脱去污染的衣着，用肥皂水和清水彻底冲洗。就医。

食入：催吐，给服活性炭悬液。就医

如出现腈类物质中毒症状，使用亚硝酸钠和硫代硫酸钠解毒剂，也可用硫代硫酸钠加口服对氨基苯丙酮。

灭火方法 消防人员必须佩戴空气呼吸器。穿全身防火防毒服，在上风向灭火。喷水保持火场容器冷却，直至灭火结束。处在火场中的容器若发生异常变化或发出异常声音，须马上撤离。禁止使用酸碱灭火剂

灭火剂：泡沫、干粉、二氧化碳、砂土。

泄漏应急处置 根据液体流动和蒸气扩散的影响区域划定警戒区，无关人员从侧风、

上风向撤离至安全区。消除所有点火源。建议应急处理人员戴正压自给式呼吸器，穿防毒、防静电服，戴橡胶耐油手套。作业时使用的所有设备应接地。禁止接触或跨越泄漏物。尽可能切断泄漏源。防止泄漏物进入水体、下水道、地下室或受限空间。小量泄漏：用砂土或其他不燃材料吸收。使用洁净的无火花工具收集吸收材料。大量泄漏：构筑围堤或挖坑收容。用泡沫覆盖，减少蒸发。喷水雾能减少蒸发，但不能降低泄漏物在受限空间内的易燃性。用防爆泵转移至槽车或专用收集器内。

981. 异戊硫醇

标　识

中文名称　异戊硫醇

英文名称　3 - methyl - 1 - butanethiol；isoamyl mercaptan

别名　3 - 甲基 - 1 - 丁硫醇

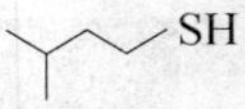

分子式　$C_5H_{12}S$

CAS 号　541 - 31 - 1

WGH 号　32117；31217[铁规]

UN 号　1111

危害信息

危险性类别　第 3 类易燃液体。

燃烧与爆炸危险性　易燃。其蒸气与空气混合，能形成爆炸性混合物。燃烧产生有毒的一氧化碳、氧化硫和硫化氢气体。受热或遇酸易产生有毒的硫氧化物气体。

活性反应　受热或遇酸易产生有毒的硫氧化物气体。与强氧化剂发生反应，可引起燃烧。

禁忌物　碱、强氧化剂、碱金属。

中毒表现　对眼和皮肤有刺激作用，接触后可引起头痛、恶心和呕吐。

侵入途径　吸入、食入。

理化特性与用途

理化特性　水白色至淡黄色液体，有令人不愉快的气味。不溶于水，溶于乙醇。熔点 -169℃，沸点 118 ~ 120℃，相对密度(水 = 1)0.835，相对蒸气密度(空气 = 1)3.59，饱和蒸气压 3.1kPa(25℃)，辛醇/水分配系数 2.67，闪点 18℃(闭杯)。

主要用途　用于合成硫的有机化合物。

包装与储运

包装标志　易燃液体

包装类别　Ⅱ类

安全储运　储存于阴凉、通风的库房。远离火种、热源。库温不宜超过 37℃。保持容器密封。应与氧化剂、碱类、碱金属分开存放，切忌混储。采用防爆型照明、通风设施。禁止使用易产生火花的机械设备和工具。储区应备有泄漏应急处理设备和合适的收容材料。

紧急处置信息

急救措施

吸入： 脱离现场至空气新鲜处。如呼吸困难，给输氧。呼吸、心跳停止，立即进行心肺复苏术。就医。

眼睛接触： 分开眼睑，用流动清水或生理盐水冲洗。如有不适感，就医。

皮肤接触： 脱去污染的衣着，用肥皂水和清水彻底冲洗皮肤。如有不适感，就医。

食入： 饮水。就医。

灭火方法 消防人员必须佩戴空气呼吸器，穿全身防火防毒服，在上风向灭火。喷水保持火场容器冷却，直至灭火结束。处在火场中的容器若发生异常变化或发出异常声音，须马上撤离

灭火剂：泡沫、二氧化碳、干粉、砂土。

泄漏应急处置 消除所有点火源。根据液体流动和蒸气扩散的影响区域划定警戒区，无关人员从侧风、上风向撤离至安全区。建议应急处理人员戴正压自给式呼吸器，穿防静电服，戴橡胶耐油手套。作业时使用的所有设备应接地。禁止接触或跨越泄漏物。尽可能切断泄漏源。防止泄漏物进入水体、下水道、地下室或受限空间。小量泄漏：用砂土或其他不燃材料吸收。使用洁净的无火花工具收集吸收材料。大量泄漏：构筑围堤或挖坑收容。用泡沫覆盖，减少蒸发。喷水雾能减少蒸发，但不能降低泄漏物在受限空间内的易燃性。用防爆泵转移至槽车或专用收集器内。

982. 异戊酸乙酯

标　识

中文名称 异戊酸乙酯

英文名称 ethyl isovalerate；ethyl 3 – methylbutyrate

别名 3 – 甲基丁酸乙酯

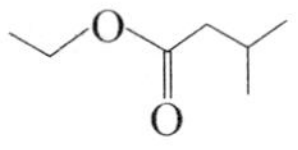

分子式 $C_7H_{14}O_2$

CAS 号 108 – 64 – 5

WGH 号 33599；32099［铁规］

UN 号 3272

危害信息

危险性类别 第 3 类易燃液体。

燃烧与爆炸危险性 易燃。其蒸气与空气混合，能形成爆炸性混合物。燃烧产生有毒的一氧化碳气体。在高温火场中，受热的容器有破裂和爆炸的危险。

活性反应 与氧化剂能发生强烈反应。

禁忌物 强氧化剂、强酸、强碱。

毒性 大鼠腹腔内 LD_{50}：1200mg/kg。

中毒表现 动物试验对皮肤有轻度刺激性。

侵入途径 吸入、食入。

理化特性与用途

理化特性 无色油状液体，有类似苹果的香味。熔点 -99℃，沸点 131 ~ 133℃，相对密度(水 =1)0.863，相对蒸气密度(空气 =1)4.4，饱和蒸气压 1.1kPa(25℃)，燃烧热 -4180kJ/mol，临界温度 214.8℃，辛醇/水分配系数 2.26，闪点 26℃。

主要用途 用作香精，也可用作溶剂。

包装与储运

包装标志 易燃液体

包装类别 Ⅲ类

安全储运 储存于阴凉、通风的库房。远离火种、热源。库温不宜超过 37℃。保持容器密封。应与氧化剂、酸类、碱类分开存放，切忌混储。采用防爆型照明、通风设施。禁止使用易产生火花的机械设备和工具。灌装时注意流速，防止静电积聚。储区应备有泄漏应急处理设备和合适的收容材料。

紧急处置信息

急救措施

吸入：脱离现场至空气新鲜处。如有不适感，就医。

眼睛接触：分开眼睑，用流动清水或生理盐水冲洗。如有不适感，就医。

皮肤接触：脱去污染的衣着，用肥皂水和清水彻底冲洗皮肤。如有不适感，就医。

食入：饮水。就医。

灭火方法 消防人员必须佩戴空气呼吸器，穿全身防火防毒服，在上风向灭火。喷水保持火场容器冷却，直至灭火结束。处在火场中的容器若发生异常变化或发出异常声音，须马上撤离。

灭火剂：泡沫、干粉、二氧化碳、砂土。

泄漏应急处置 消除所有点火源。根据液体流动和蒸气扩散的影响区域划定警戒区，无关人员从侧风、上风向撤离至安全区。建议应急处理人员戴正压自给式呼吸器，穿防静电服，戴橡胶耐油手套。作业时使用的所有设备应接地。禁止接触或跨越泄漏物。尽可能切断泄漏源。防止泄漏物进入水体、下水道、地下室或受限空间。小量泄漏：用砂土或其他不燃材料吸收。使用洁净的无火花工具收集吸收材料。大量泄漏：构筑围堤或挖坑收容。用泡沫覆盖，减少蒸发。喷水雾能减少蒸发，但不能降低泄漏物在受限空间内的易燃性。用防爆泵转移至槽车或专用收集器内。

983. 异 辛 烯

标 识

中文名称 异辛烯

英文名称 isooctene；6 - methyl - 1 - heptene

别名 6 - 甲基 - 1 - 庚烯

分子式 C_8H_{16}

CAS 号 5026 - 76 - 6

WGH 号 32017；31117[铁规]

UN 号 1216

危害信息

危险性类别 第 3 类易燃液体。

燃烧与爆炸危险性 易燃。其蒸气与空气混合，能形成爆炸性混合物。燃烧产生有毒的一氧化碳气体。在高温火场中，可发生聚合反应，放出大量热量而引起容器破裂和爆炸事故。蒸气比空气重，能在较低处扩散到相当远的地方，遇火源会着火回燃和爆炸(闪爆)。

活性反应 与氧化剂接触发生猛烈反应。

禁忌物 强氧化剂、酸类、卤代烃、卤素等。

毒性 本品有刺激性，高浓度时有麻醉作用。

侵入途径 吸入、食入。

理化特性与用途

理化特性 无色透明挥发性液体。不溶于水。沸点 113.2℃，相对密度(水＝1)0.72(15.5℃)，饱和蒸气压 3.35kPa(25℃)，辛醇/水分配系数 4.06，闪点 10℃，爆炸下限 0.9%。

主要用途 用作溶剂。

包装与储运

包装标志 易燃液体

包装类别 Ⅱ类

安全储运 通常商品加有阻聚剂。储存于阴凉、通风的库房。远离火种、热源。库温不宜超过 37℃。包装要求密封。不可与空气接触。应与氧化剂、酸类、过氧化物分开存放，切忌混储。不宜大量储存或久存。采用防爆型照明、通风设施。禁止使用易产生火花的机械设备和工具。储区应备有泄漏应急处理设备和合适的收容材料。

紧急处置信息

急救措施

吸入：迅速脱离现场至空气新鲜处。保持呼吸道通畅。如呼吸困难，给输氧。呼吸、心跳停止，立即进行心肺复苏术。就医。

眼睛接触：分开眼睑，用流动清水或生理盐水冲洗。如有不适感，就医。

皮肤接触：立即脱去污染的衣着，用肥皂水和清水彻底冲洗皮肤。如有不适感，就医。

食入：饮足量温水，催吐。就医。

灭火方法 消防人员必须佩戴空气呼吸器，穿全身防火防毒服，在上风向灭火。喷水保持火场容器冷却，直至灭火结束。处在火场中的容器若发生异常变化或发出异常声音，须马上撤离。用水灭火无效。

灭火剂：泡沫、干粉、二氧化碳、砂土。

泄漏应急处置 消除所有点火源。根据液体流动和蒸气扩散的影响区域划定警戒区，无关人员从侧风、上风向撤离至安全区。建议应急处理人员戴正压自给式呼吸器，穿防静电服，戴橡胶耐油手套。作业时使用的所有设备应接地。禁止接触或跨越泄漏物。尽可能切断泄漏源。防止泄漏物进入水体、下水道、地下室或受限空间。小量泄漏：用砂土或其他不燃材料吸收。使用洁净的无火花工具收集吸收材料。大量泄漏：构筑围堤或挖坑收容。用泡沫覆盖，减少蒸发。喷水雾能减少蒸发，但不能降低泄漏物在受限空间内的易燃性。用防爆泵转移至槽车或专用收集器内。

984. 抑芽丹

标　识

中文名称　抑芽丹

英文名称　maleic hydrazine；1，2 - dihydro - 3，6 - pyridazinedione

别名　1,2 - 二氢 - 3,6 - 哒嗪二酮;马来酰肼

分子式　$C_4H_4N_2O_2$

CAS 号　123 - 33 - 1

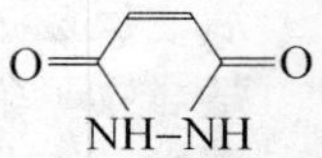

危害信息

燃烧与爆炸危险性　可燃。其粉体与空气混合，能形成爆炸性混合物。燃烧产生有毒的一氧化碳和氮氧化物气体。受高热分解放出有毒的气体。

禁忌物　强氧化剂、强酸。

毒性　大鼠经口 LD_{50}：3800mg/kg；大鼠吸入 LD_{50}：>20000mg/kg；兔经皮 LD_{50}：>4000mg/kg。

中毒表现　目前尚未见有关临床中毒的报道。动物中毒表现呈抑郁状态、呼吸增快、肢端紫绀，并见震颤、痉挛和瘫痪。

侵入途径　吸入、食入。

理化特性与用途

理化特性　无色或白色结晶或粉末。微溶于冷水，微溶于乙醇，溶于热水、热碱液，不溶于乙醚、氯仿。熔点 300 ~ 308℃，沸点（分解），相对密度（水 = 1）1.60（25℃），饱和蒸气压 0.02MPa（25℃），燃烧热 - 2129.9kJ/mol，辛醇/水分配系数 - 0.84，闪点 300℃（闭杯），引燃温度 374℃。

主要用途　植物生长调节剂。用于抑止甜菜、马玲薯、洋葱等作物发芽，阻止烟草腋芽生长及抑制草、树篱和林木生长。

包装与储运

安全储运　储存于阴凉、通风的库房。远离火种、热源。保持容器密封。应与氧化剂等隔离储运。搬运时轻装轻卸，防止容器受损。

紧急处置信息

急救措施

吸入：迅速脱离现场至空气新鲜处。保持呼吸道通畅。如呼吸困难，给输氧。呼吸、心跳停止，立即进行心肺复苏术。就医。

眼睛接触：分开眼睑，用流动清水或生理盐水冲洗。如有不适感，就医。

皮肤接触：脱去污染的衣着，用流动清水冲洗。如有不适感，就医。

食入：饮足量温水，催吐。就医。

灭火方法　消防人员必须佩戴空气呼吸器，穿全身防火防毒服，在上风向灭火。尽可能将容器从火场移至空旷处。喷水保持火场容器冷却，直至灭火结束。

灭火剂：雾状水、泡沫、干粉、二氧化碳、砂土。

泄漏应急处置 隔离泄漏污染区，限制出入。消除所有点火源。建议应急处理人员戴防尘口罩，穿一般作业工作服，戴一般作业防护手套。尽可能切断泄漏源。用塑料布覆盖泄漏物，减少飞散。勿使水进入包装容器内。用洁净的铲子收集泄漏物，置于干净、干燥、盖子较松的容器中，将容器移离泄漏区。

985. 益 棉 磷

标 识

中文名称 益棉磷

英文名称 azinphos－ethyl; phosphorodithioic acid, *O*, *O*－diethyl *S*－((4－oxo－1,2,3－benzotriazin－3(4H)－yl)methyl) ester

别名 *S*－(3，4－二氢－4－氧代苯并[d]－[1，2，3]－三嗪－3－甲基)－*O*，*O*－二乙基二硫代磷酸酯；乙基保棉磷；乙基谷硫磷

分子式 $C_{12}H_{16}N_3O_3PS_2$

CAS 号 2642－71－9

WGH 号 61875

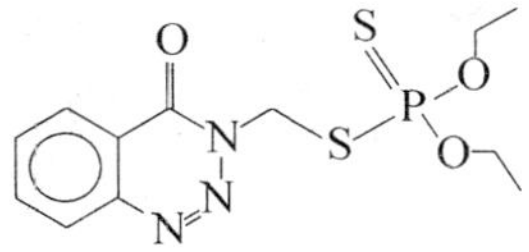

危害信息

危险性类别 第6类有毒品。

燃烧与爆炸危险性 可燃。其粉体与空气混合，能形成爆炸性混合物。受高热分解放出有毒的气体。

禁忌物 强氧化剂、强碱。

毒性 大鼠经口 LD_{50}：7mg/kg；大鼠经皮 LD_{50}：250mg/kg；大鼠吸入 LC_{50}：390mg/m^3。

本品已列入《剧毒化学品目录》。

中毒表现 抑制胆碱酯酶活性。中毒出现头痛、呕吐、流涎、瞳孔缩小、肌肉颤抖、抽搐、痉挛、呼吸困难、紫绀，重者伴有肺水肿和脑水肿，死于脑水肿和呼吸衰竭。

侵入途径 吸入、食入、经皮吸收。

环境危害 对水生生物有极高毒性，可能在水生环境中造成长期不利影响。

理化特性与用途

理化特性 无色针状结晶。不溶于水，溶于除石油醚、脂肪烃以外的多数有机溶剂。熔点53℃，沸点111℃(0.133Pa)，相对密度(水＝1)1.284(20℃)，饱和蒸气压0.32MPa(20℃)，辛醇/水分配系数3.4。

主要用途 杀虫杀螨剂。用于防治棉椿象、棉红铃虫、蚜虫、蓟马、黏虫、木虱、介壳虫等。

包装与储运

包装标志 有毒品

包装类别 Ⅱ类

安全储运　储存于阴凉、通风良好的专用库房内。应严格执行剧毒化学品管理制度。远离火种、热源。防止阳光直射。储存温度不超过35℃，相对湿度不超过85%。保持容器密封。应与氧化剂、碱类等分开存放，切忌混储。配备相应品种和数量的消防器材。储区应备有合适的材料收容泄漏物。

紧急处置信息

急救措施

吸入：迅速脱离现场至空气新鲜处。保持呼吸道通畅。如呼吸困难，给输氧。呼吸、心跳停止，立即进行心肺复苏术。就医。

眼睛接触：分开眼睑，用流动清水或生理盐水冲洗。如有不适感，就医。

皮肤接触：脱去污染的衣着，用流动清水冲洗。如有不适感，就医。

食入：饮足量温水，催吐。用1∶5000高锰酸钾溶液洗胃。口服活性炭，导泻。每5min给服一片阿托品，直到感觉口干为止。就医。

灭火方法　消防人员须佩戴防毒面具，穿全身消防服，在上风向灭火。尽可能将容器从火场移至空旷处。喷水保持火场容器冷却，直至灭火结束。

灭火剂：雾状水、泡沫、干粉、二氧化碳、砂土。

泄漏应急处置　隔离泄漏污染区，限制出入。建议应急处理人员戴防尘口罩，穿防毒服，戴橡胶手套。穿上适当的防护服前严禁接触破裂的容器和泄漏物。尽可能切断泄漏源。用塑料布覆盖泄漏物，减少飞散。勿使水进入包装容器内。用洁净的铲子收集泄漏物，置于干净、干燥、盖子较松的容器中，将容器移离泄漏区。

986. 铟

标　识

中文名称　铟

英文名称　indium

分子式　In

CAS 号　7440－74－6

危害信息

危险性类别　第4.1类易燃固体。

燃烧与爆炸危险性　易燃。其粉体与空气混合，能形成爆炸性混合物，当达到一定浓度时，遇火星会发生爆炸。

禁忌物　强氧化剂、强酸。

毒性　大鼠经口 LD_{50}：4200mg/kg。

侵入途径　吸入、食入。

职业接触限值

中国：PC－TWA：0.1mg/m^3，TLV－STEL：0.3mg/m^3。

美国(ACGIH)：TLV－TWA：0.1mg/m^3。

理化特性与用途

理化特性　银白色软金属或黑色粉末。不溶于水，溶于酸类，不溶于碱类。熔点

156.6℃，沸点2000~2080℃，相对密度(水=1)7.31。

主要用途 用作贵金属合金、低熔点合金、轴承合金和半导体的原料，还用于电镀。

包装与储运

包装标志 易燃固体

包装类别 Ⅱ类

安全储运 储存于阴凉、通风的库房。库温不宜超过35℃。远离火种、热源。应与氧化剂、酸类分开存放，切忌混储。采用防爆型照明、通风设施。禁止使用易产生火花的机械设备和工具。配备相应品种和数量的消防器材。储区应备有合适的材料收容泄漏物。

紧急处置信息

急救措施

吸入：脱离现场至空气新鲜处。就医。

眼睛接触：分开眼睑，用流动清水或生理盐水冲洗。如有不适感，就医。

皮肤接触：脱去污染的衣着，用流动清水冲洗。如有不适感，就医。

食入：饮足量温水，催吐。就医。

灭火方法 消防人员须佩戴防毒面具，穿全身消防服，在上风向灭火。尽可能将容器从火场移至空旷处。喷水保持火场容器冷却，直至灭火结束。

灭火剂：干粉、二氧化碳、砂土。

泄漏应急处置 隔离泄漏污染区，限制出入。消除所有点火源。建议应急处理人员戴防尘口罩，穿防静电、防毒服，戴橡胶手套。穿上适当的防护服前严禁接触破裂的容器和泄漏物。尽可能切断泄漏源。用塑料布覆盖泄漏物，减少飞散。勿使水进入包装容器内。用洁净的铲子收集泄漏物，置于干净、干燥、盖子较松的容器中，将容器移离泄漏区。

987. 原甲酸三乙酯

标　识

中文名称 原甲酸三乙酯

英文名称 triethyl orthoformate；ethyl orthoformate；triethoxymethane

别名 三乙氧基甲烷；原甲酸乙酯

分子式 $C_7H_{16}O_3$

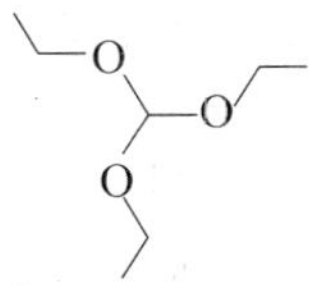

CAS号 122-51-0

WGH号 33595；32095[铁规]

UN号 2524

危害信息

危险性类别 第3类易燃液体。

燃烧与爆炸危险性 易燃。其蒸气与空气混合，能形成爆炸性混合物。燃烧产生有毒的一氧化碳气体。蒸气比空气重，能在较低处扩散到相当远的地方，遇火源会着火回燃和爆炸(闪爆)。

禁忌物 强氧化剂、水、强酸。

毒性 大鼠经口 LD_{50}：7060mg/kg；兔经皮 LD_{50}：17800mg/kg。

中毒表现 口服可引起呼吸困难及软弱。对皮肤无刺激性。

侵入途径 吸入、食入。

理化特性与用途

理化特性 无色透明液体，有辛辣气味。微溶于水，混溶于乙醇、乙醚等多数有机溶剂。熔点 -61℃，沸点 143 ~ 145℃，相对密度(水 =1)0.89，相对蒸气密度(空气 =1)5.11，蒸汽压 0.51kPa(25℃)，辛醇/水分配系数 1.2，闪点 30℃。

主要用途 用作医药原料，合成抗疟药物氯喹和喹哌等。也用于制高聚物、照相药品、感光材料、防光晕染料、花青染料及合成农药等。

包装与储运

包装标志 易燃液体

包装类别 Ⅲ类

安全储运 储存于阴凉、通风的库房。远离火种、热源。库温不宜超过 37℃。保持容器密封。应与氧化剂、酸类等分开存放，切忌混储。采用防爆型照明、通风设施。禁止使用易产生火花的机械设备和工具。灌装时注意流速，防止静电积聚。储区应备有泄漏应急处理设备和合适的收容材料。

紧急处置信息

急救措施

吸入： 脱离现场至空气新鲜处。如呼吸困难，给输氧。呼吸、心跳停止，立即进行心肺复苏术。就医。

眼睛接触： 分开眼睑，用流动清水或生理盐水冲洗。如有不适感，就医。

皮肤接触： 脱去污染的衣着，用肥皂水和清水彻底冲洗皮肤。如有不适感，就医。

食入： 饮水。就医。

灭火方法 消防人员必须佩戴空气呼吸器，穿全身防火防毒服，在上风向灭火。喷水保持火场容器冷却，直至灭火结束。处在火场中的容器若发生异常变化或发出异常声音，须马上撤离

灭火剂：泡沫、干粉、二氧化碳、砂土。

泄漏应急处置 消除所有点火源。根据液体流动和蒸气扩散的影响区域划定警戒区，无关人员从侧风、上风向撤离至安全区。建议应急处理人员戴正压自给式呼吸器，穿防静电服，戴橡胶耐油手套。作业时使用的所有设备应接地。禁止接触或跨越泄漏物。尽可能切断泄漏源。防止泄漏物进入水体、下水道、地下室或受限空间。小量泄漏：用砂土或其他不燃材料吸收。使用洁净的无火花工具收集吸收材料。大量泄漏：构筑围堤或挖坑收容。用泡沫覆盖，减少蒸发。喷水雾能减少蒸发，但不能降低泄漏物在受限空间内的易燃性。用防爆泵转移至槽车或专用收集器内。

988. 增 效 醚

标 识

中文名称 增效醚

英文名称 piperonyl butoxide；2 -（2 - butoxyethoxy）ethyl 6 - propylpiperonyl ether

别名 2 -（2 - 丁氧基乙氧基）乙基 6 - 丙基胡椒基醚；胡椒基丁醚

分子式 $C_{19}H_{30}O_5$

CAS 号 51 - 03 - 6

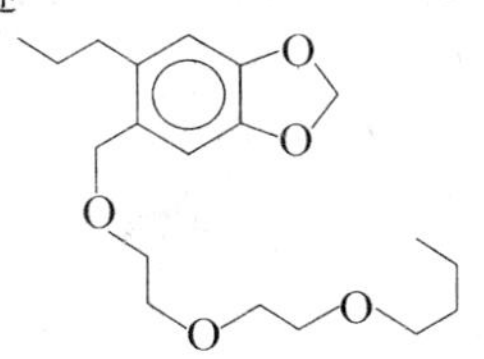

危害信息

燃烧与爆炸危险性 可燃。其蒸气与空气混合，能形成爆炸性混合物。若遇高热，容器内压增大，有开裂和爆炸的危险。

活性反应 与氧化剂可发生反应。

禁忌物 强氧化剂。

毒性 大鼠经口 LD_{50}：11500mg/kg；小鼠经口 LD_{50}：2600mg/kg；兔经皮 LD_{50}：1880mg/kg。

中毒表现 具刺激作用。误服大量本品，可引起呕吐、腹泻。

侵入途径 吸入、食入、经皮吸收。

环境危害 对水生生物有极高毒性，可能在水生环境中造成长期不利影响。

理化特性与用途

理化特性 无色至淡黄色或淡褐色透明油状液体。溶于常用有机溶剂。沸点 180℃（0.133kPa）、155℃（0.04kPa），相对密度（水 = 1）1.06，饱和蒸气压 2.7Pa（60℃），辛醇/水分配系数 4.29，闪点 171℃。

主要用途 用作拟除虫菊酯类和有关杀虫剂的增效剂。

包装与储运

安全储运 储存于阴凉、通风的库房。远离火种、热源。保持容器密封。应与强氧化剂等隔离储运。搬运时轻装轻卸，防止容器受损。

紧急处置信息

急救措施

吸入：迅速脱离现场至空气新鲜处。保持呼吸道通畅。如呼吸困难，给输氧。呼吸、心跳停止，立即进行心肺复苏术。就医。

眼睛接触：分开眼睑，用流动清水或生理盐水冲洗。如有不适感，就医。

皮肤接触：立即脱去污染的衣着，用大量流动清水冲洗。如有不适感，就医。

食入：饮足量温水，催吐。就医。

灭火方法 消防人员须佩戴防毒面具，穿全身消防服，在上风向灭火。尽可能将容器从火场移至空旷处。喷水保持火场容器冷却，直至灭火结束。处在火场中的容器若已变色或从安全泄压装置中发出声音，必须马上撤离。

灭火剂：雾状水、泡沫、干粉、二氧化碳、砂土。

泄漏应急处置 根据液体流动和蒸气扩散的影响区域划定警戒区，无关人员从侧风、上风向撤离至安全区。消除所有点火源。建议应急处理人员戴防毒面具，穿防毒服，带橡胶手套。穿上适当的防护服前严禁接触破裂的容器和泄漏物。尽可能切断泄漏源。防止泄漏物进入水体、下水道、地下室或受限空间。小量泄漏：用干燥的砂土或其他不燃材料吸收或覆盖，收集于容器中。大量泄漏：构筑围堤或挖坑收容。用泵转移至槽车或专用收集器内。

989. 樟　脑

标　识

中文名称　樟脑

英文名称　camphor; 1,7,7 - trimethylbicyclo(2.2.1) - 2 - heptanone; 2 - camphanone

别名　1,7,7 - 三甲基二环[2.2.1] - 2 - 庚酮;2 - 莰酮

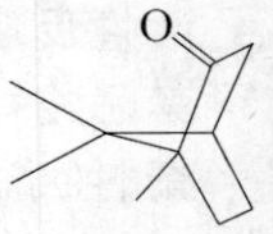

分子式　$C_{10}H_{16}O$

CAS 号　76 - 22 - 2

WGH 号　41536

UN 号　2717

危害信息

危险性类别　第 4.1 类易燃固体。

燃烧与爆炸危险性　易燃。遇明火、高热或与氧化剂接触,有引起燃烧爆炸的危险。燃烧时产生大量烟雾。常温下有蒸气挥发,高温下能迅速挥发。

活性反应　遇明火、高热或与氧化剂接触,有引起燃烧爆炸的危险。

禁忌物　强氧化剂、强还原剂、卤化物、氯苯。

毒性　小鼠经口 LD_{50}:1310mg/kg;大鼠吸入 LC_{50}:500mg/m^3。

中毒表现　樟脑是中枢神经系统刺激剂,摄入后很快由胃肠道吸收,引起癫痫发作。口服引起恶心、呕吐、运动失调、精神错乱、谵妄、惊厥、肌肉抽搐和昏迷。可因呼吸停止或癫痫持续状态引起死亡。皮肤长时间接触引起局部灼伤。

侵入途径　吸入、食入。

职业接触限值

美国(ACGIH):TLV - TWA:2ppm,TLV - STEL:4ppm。

理化特性与用途

理化特性　无色或白色结晶,有芳香气味。微溶于水,溶于乙醇、乙醚、氯仿、二硫化碳、油类等多数有机溶剂。熔点 180℃,沸点 204℃,相对密度(水 = 1)0.99,相对蒸气密度(空气 = 1)5.24,饱和蒸气压 27Pa(20℃),燃烧热 - 5898kJ/mol,辛醇/水分配系数 2.38,闪点 66℃(闭杯),引燃温度 466℃,爆炸下限 0.6%,爆炸上限 3.5%。

主要用途　用于制造赛璐珞、化学漆、照相软片、炸药、香料、杀虫药、医药等。

包装与储运

包装标志　易燃固体

包装类别　Ⅲ类

安全储运　储存于阴凉、通风的库房。远离火种、热源。库温不宜超过 35℃。包装密封。应与氧化剂、还原剂、卤化物等分开存放,切忌混储。配备相应品种和数量的消防器材。储区应备有合适的材料收容泄漏物。

紧急处置信息

急救措施

吸入:迅速脱离现场至空气新鲜处。保持呼吸道通畅。如呼吸困难,给输氧。呼吸、心跳停止,立即进行心肺复苏术。就医。

眼睛接触:分开眼睑,用流动清水或生理盐水冲洗。如有不适感,就医。

皮肤接触:立即脱去污染的衣着,用肥皂水和清水彻底冲洗皮肤。如有不适感,就医。

食入:饮足量温水,催吐。就医。

灭火方法 消防人员须佩戴防毒面具,穿全身消防服,在上风向灭火。尽可能将容器从火场移至空旷处。喷水保持火场容器冷却,直至灭火结束。

灭火剂:雾状水、二氧化碳、干粉、砂土。

泄漏应急处置 消除所有点火源。隔离泄漏污染区,限制出入。建议应急处理人员戴防尘口罩,穿防毒、防静电服,戴防化学品手套。禁止接触或跨越泄漏物。小量泄漏:用洁净的铲子收集泄漏物,置于干净、干燥、盖子较松的容器中,将容器移离泄漏区。大量泄漏:用水润湿,并筑堤收容。防止泄漏物进入水体、下水道、地下室或受限空间。

990. 正丙基环戊烷

标　识

中文名称 正丙基环戊烷

英文名称 propylcyclopentane; *n* – propylcyclopentane; 1 – cyclopentylpropane

别名 丙基环戊烷; 1 – 环戊基丙烷

分子式 C_8H_{16}

CAS 号 2040 – 96 – 2

WGH 号 32011; 31111[铁规]

危害信息

危险性类别 第 3 类易燃液体。

燃烧与爆炸危险性 易燃。其蒸气与空气混合,能形成爆炸性混合物。蒸气比空气重,能在较低处扩散到相当远的地方,遇火源会着火回燃和爆炸(闪爆)。若遇高热,容器内压增大,有开裂和爆炸的危险。

活性反应 与氧化剂接触,有引起燃烧爆炸的危险。

禁忌物 强氧化剂、强酸、强碱、卤素。

毒性 小鼠吸入 LC_{50}: 50000mg/m^3。

中毒表现 本品属烃类,吸入有关烃类化合物蒸气时可引起轻度呼吸道刺激、头晕、恶心和倦睡;极高浓度可引起昏迷甚至死亡。液体进入肺部对肺组织产生强烈的刺激和损伤,甚至引起死亡。高浓度蒸气对眼有刺激性;液体可引起眼部暂时性红肿和疼痛。液体对皮肤有轻度刺激性;反复接触可致皮炎,摄入引起恶心和腹泻。

侵入途径 吸入、食入。

理化特性与用途

理化特性 无色透明液体。溶于乙醇、乙醚等多数有机溶剂。熔点 –117.35℃,沸点 131℃,相对密度(水 =1)0.78,相对蒸气密度(空气 =1)3.02,饱和蒸气压 1.65kPa(25℃),临界温度 329.8℃,临界压力 3.0MPa,辛醇/水分配系数 4.08,闪点 16℃,引燃温度269℃。

主要用途 用于有机合成。

包装与储运

包装标志 易燃液体

包装类别 Ⅱ类

安全储运 储存于阴凉、通风的库房。远离火种、热源。库温不宜超过37℃。保持容器密封。应与氧化剂、酸类、碱类分开存放，切忌混储。采用防爆型照明、通风设施。灌装时注意流速，防止静电积聚。禁止使用易产生火花的机械设备和工具。储区应备有泄漏应急处理设备和合适的收容材料。

紧急处置信息

急救措施

吸入：迅速脱离现场至空气新鲜处。保持呼吸道通畅。如呼吸困难，给输氧。呼吸、心跳停止，立即进行心肺复苏术。就医。

眼睛接触：分开眼睑，用流动清水或生理盐水冲洗。如有不适感，就医。

皮肤接触：脱去污染的衣着，用流动清水冲洗。如有不适感，就医。

食入：饮足量温水，催吐。就医。

灭火方法 消防人员须佩戴防毒面具，穿全身消防服，在上风向灭火。尽可能将容器从火场移至空旷处。喷水保持火场容器冷却，直至灭火结束。处在火场中的容器若已变色或从安全泄压装置中发出声音，必须马上撤离。

灭火剂：雾状水、泡沫、干粉、二氧化碳、砂土。

泄漏应急处置 根据液体流动和蒸气扩散的影响区域划定警戒区，无关人员从侧风、上风向撤离至安全区。消除所有点火源。建议应急处理人员戴防毒面具，穿防静电服，戴橡胶手套。作业时使用的所有设备应接地。禁止接触或跨越泄漏物。尽可能切断泄漏源。防止泄漏物进入水体、下水道、地下室或受限空间。小量泄漏：用砂土或其他不燃材料吸收。使用洁净的无火花工具收集吸收材料。大量泄漏：构筑围堤或挖坑收容。用泡沫覆盖，减少蒸发。喷水雾能减少蒸发，但不能降低泄漏物在受限空间内的易燃性。用泵转移至槽车或专用收集器内。

991. 正丙硫醇

标识

中文名称 正丙硫醇

英文名称 1-propanethiol；*n*-propyl mercaptan；propyl mercaptan

别名 硫氢丙烷；1-巯基丙烷；硫代正丙醇

分子式 C_3H_8S

CAS号 107-03-9

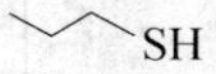

WGH号 31035

UN号 2402

危害信息

危险性类别　第3类易燃液体。

燃烧与爆炸危险性　极易燃，其蒸气与空气混合，能形成爆炸性混合物。燃烧产生有毒的一氧化碳和氧化硫气体。蒸气比空气重，能在较低处扩散到相当远的地方，遇火源会着火回燃和爆炸(闪爆)。

活性反应　与氧化剂、次氯酸钙接触剧烈反应。遇强酸能分解释出有毒气体。

禁忌物　强氧化剂、酸类、酸酐、酰基氯、碱金属。

毒性　大鼠经口 LD_{50}：1730mg/kg；大鼠吸入 LC_{50}：22703mg/m^3(4h)。

中毒表现　蒸气或雾对眼睛及上呼吸道有刺激性。对皮肤有刺激性。接触后出现头痛、恶心、呕吐。

侵入途径　吸入、食入。

环境危害　对水生生物有毒，可能在水生环境中造成长期不利影响。

理化特性与用途

理化特性　无色或淡黄色透明液体，有刺激性气味。微溶于水，溶于乙醇、乙醚、丙酮、苯、丙二醇等。熔点 -113℃，沸点67～68℃，相对密度(水=1)0.84，相对蒸气密度(空气=1)2.63，饱和蒸气压20.6kPa(25℃)、16.2kPa(20℃)，燃烧热 -2833.2kJ/mol，临界温度257℃，临界压力4.6MPa，辛醇/水分配系数1.81，闪点 -20℃。

主要用途　用于生产食用香料、除草剂、杀菌剂，用作有机合成中间体等。

包装与储运

包装标志　易燃液体

包装类别　Ⅱ类

安全储运　储存于阴凉、通风的库房。远离火种、热源。库温不宜超过29℃。保持容器密封。应与氧化剂、酸类、碱金属等分开存放，切忌混储。采用防爆型照明、通风设施。禁止使用易产生火花的机械设备和工具。储区应备有泄漏应急处理设备和合适的收容材料。

紧急处置信息

急救措施

吸入：迅速脱离现场至空气新鲜处。保持呼吸道通畅。如呼吸困难，给输氧。呼吸、心跳停止，立即进行心肺复苏术。就医。

眼睛接触：分开眼睑，用流动清水或生理盐水冲洗。如有不适感，就医。

皮肤接触：脱去污染的衣着，用肥皂水和清水彻底冲洗皮肤。如有不适感，就医。

食入：饮足量温水，催吐。就医。

灭火方法　消防人员须佩戴防毒面具，穿全身消防服，在上风向灭火。尽可能将容器从火场移至空旷处。喷水保持火场容器冷却，直至灭火结束。处在火场中的容器若已变色或从安全泄压装置中发出声音，必须马上撤离。用水灭火无效

灭火剂：泡沫、二氧化碳、干粉、砂土。

泄漏应急处置　消除所有点火源。根据液体流动和蒸气扩散的影响区域划定警戒区，无关人员从侧风、上风向撤离至安全区。建议应急处理人员戴正压自给式呼吸器，穿防静电服，戴橡胶手套。作业时使用的所有设备应接地。禁止接触或跨越泄漏物。尽可能切断泄漏源。防止泄漏物进入水体、下水道、地下室或受限空间。小量泄漏：用砂土或其他不燃材料吸收。使用洁净的无火花工具收集吸收材料。大量泄漏：构筑围堤或挖坑收容。用

泡沫覆盖，减少蒸发。喷水雾能减少蒸发，但不能降低泄漏物在受限空间内的易燃性。用防爆泵转移至槽车或专用收集器内。

992. 正丁基苯

标　识

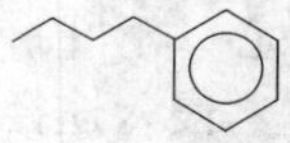

中文名称　正丁基苯

英文名称　butylbenzene；1 - phenylbutane

别名　丁苯；正丁苯

分子式　$C_{10}H_{14}$

CAS 号　104 - 51 - 8

WGH 号　33540；32040［铁规］

UN 号　2709

危害信息

危险性类别　第 3 类易燃液体。

燃烧与爆炸危险性　可燃。其蒸气与空气混合，能形成爆炸性混合物。燃烧产生有毒的一氧化碳气体。

禁忌物　强氧化剂、酸类、卤素等。

毒性　大鼠经口 LDL_0：10mL/kg。

中毒表现　未见人体中毒报道。动物实验表明本品具有神经毒作用，可因血管损伤而致脊髓出血。大鼠经口摄入 0. 075mL 本品后，造成不可逆的前肢麻痹。

侵入途径　吸入、食入、经皮吸收。

理化特性与用途

理化特性　无色透明液体。不溶于水，混溶于乙醇、乙醚、苯。熔点 - 87. 9℃，沸点 183. 3℃，相对密度（水 = 1）0. 86，相对蒸气密度（空气 = 1）4. 6，饱和蒸气压 0. 14kPa（25℃），临界温度 447℃，临界压力 3. 65MPa，燃烧热 - 5872. 5kJ/mol，辛醇/水分配系数 4. 38，闪点 71℃（开杯），引燃温度 410℃，爆炸下限 0. 8%，爆炸上限 5. 8%。

主要用途　用作溶剂及有机合成。

包装与储运

包装标志　易燃液体

包装类别　Ⅲ类

安全储运　储存于阴凉、通风的库房。库温不宜超过 37℃。远离火种、热源。保持容器密封。应与氧化剂分开存放，切忌混储。采用防爆型照明、通风设施。禁止使用易产生火花的机械设备和工具。灌装时注意流速，防止静电积聚。储区应备有泄漏应急处理设备和合适的收容材料。

紧急处置信息

急救措施

吸入：脱离现场至空气新鲜处。如呼吸困难，给输氧。呼吸、心跳停止，立即进行心肺复苏术。就医。

眼睛接触：分开眼睑，用流动清水或生理盐水冲洗。如有不适感，就医。

皮肤接触：脱去污染的衣着，用肥皂水和清水彻底冲洗皮肤。如有不适感，就医。

食入：饮水。就医。

灭火方法 消防人员须穿全身消防服，佩戴空气呼吸器，在上风向灭火。尽可能将容器从火场移至空旷处。喷水保持火场容器冷却，直至灭火结束。处在火场中的容器若发生异常变化或发出异常声音，须马上撤离。

灭火剂：泡沫、二氧化碳、干粉、砂土。

泄漏应急处置 消除所有点火源。根据液体流动和蒸气扩散的影响区域划定警戒区，无关人员从侧风、上风向撤离至安全区。建议应急处理人员戴正压自给式呼吸器，穿防静电服，戴橡胶耐油手套。作业时使用的所有设备应接地。禁止接触或跨越泄漏物。尽可能切断泄漏源。防止泄漏物进入水体、下水道、地下室或受限空间。小量泄漏：用砂土或其他不燃材料吸收。使用洁净的无火花工具收集吸收材料。大量泄漏：构筑围堤或挖坑收容。用泡沫覆盖，减少蒸发。喷水雾能减少蒸发，但不能降低泄漏物在受限空间内的易燃性。用防爆泵转移至槽车或专用收集器内。

993. 正 丁 硫 醇

标　识

中文名称 正丁硫醇

英文名称 *n* – butyl mercaptan；1 – butanethiol

别名 1 – 丁硫醇；1 – 硫代丁醇

分子式 $C_4H_{10}S$

CAS 号 109 – 79 – 5

WGH 号 32116；31216［铁规］

UN 号 2347

危害信息

危险性类别 第 3 类易燃液体。

燃烧与爆炸危险性 易燃。其蒸气与空气混合，能形成爆炸性混合物。燃烧产生有毒的一氧化碳、硫化氢、氧化硫。受热、接触酸或酸雾会放出有毒的烟雾。

活性反应 受热、接触酸或酸雾会放出有毒的烟雾。

禁忌物 碱、强氧化剂、碱金属。

毒性 大鼠经口 LD_{50}：1500mg/kg；大鼠吸入 LC_{50}：4020ppm（4h）；小鼠经口 LD_{50}：3000mg/kg。

中毒表现 吸入本品蒸气后，可引起头痛、恶心及麻醉作用。高浓度吸入后可因呼吸麻痹而死亡。

侵入途径 吸入、食入。

职业接触限值

中国：PC – TWA：2mg/m^3。

美国（ACGIH）：TLV – TWA：0.5ppm。

环境危害 对水生生物有毒，可能在水生环境中造成长期不利影响。

理化特性与用途

理化特性　无色液体，有强烈的令人讨厌的气味。微溶于水，微溶于氯仿，易溶于乙醇、乙醚、液态硫化氢。熔点 -116℃，沸点 98℃，相对密度(水 = 1)0. 83，相对蒸气密度(空气 = 1)3. 1，蒸汽压 4. 0kPa(20℃)，燃烧热 -3481. 3kJ/mol，辛醇/水分配系数 2. 28，闪点 2℃(闭杯)，引燃温度 225℃，爆炸下限 1. 4%，爆炸上限 10. 2%。

主要用途　用作溶剂、有机合成中间体。

包装与储运

包装标志　易燃液体

包装类别　Ⅱ类

安全储运　储存于阴凉、通风的库房。远离火种、热源。库温不宜超过 37℃。保持容器密封。应与氧化剂、碱类、碱金属分开存放，切忌混储。采用防爆型照明、通风设施。禁止使用易产生火花的机械设备和工具。储区应备有泄漏应急处理设备和合适的收容材料。

紧急处置信息

急救措施

吸入：脱离现场至空气新鲜处。如呼吸困难，给输氧。呼吸、心跳停止，立即进行心肺复苏术。就医。

眼睛接触：分开眼睑，用流动清水或生理盐水冲洗。如有不适感，就医。

皮肤接触：脱去污染的衣着，用肥皂水和清水彻底冲洗皮肤。如有不适感，就医。

食入：饮水。就医。

灭火方法　消防人员必须佩戴空气呼吸器，穿全身防火防毒服，在上风向灭火。喷水保持火场容器冷却，直至灭火结束。处在火场中的容器若发生异常变化或发出异常声音，须马上撤离。用水灭火无效

灭火剂：泡沫、二氧化碳、干粉、砂土。

泄漏应急处置　消除所有点火源。根据液体流动和蒸气扩散的影响区域划定警戒区，无关人员从侧风、上风向撤离至安全区。建议应急处理人员戴正压自给式呼吸器，穿防静电服，戴橡胶手套。作业时使用的所有设备应接地。禁止接触或跨越泄漏物。尽可能切断泄漏源。防止泄漏物进入水体、下水道、地下室或受限空间。小量泄漏：用砂土或其他不燃材料吸收。使用洁净的无火花工具收集吸收材料。大量泄漏：构筑围堤或挖坑收容。用泡沫覆盖，减少蒸发。喷水雾能减少蒸发，但不能降低泄漏物在受限空间内的易燃性。用防爆泵转移至槽车或专用收集器内。喷雾状水驱散蒸气、稀释液体泄漏物 。

994. 正丁酸甲酯

标　　识

中文名称　正丁酸甲酯

英文名称　methyl butyrate；methyl *n* - butyrate

别名　丁酸甲酯

分子式　$C_5H_{10}O_2$

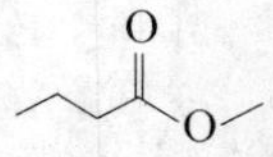

CAS 号 623－42－7

WGH 号 32140；31240[铁规]

UN 号 1237

危害信息

危险性类别 第3类易燃液体。

燃烧与爆炸危险性 易燃。其蒸气与空气混合，能形成爆炸性混合物。燃烧产生有毒的一氧化碳气体。蒸气比空气重，能在较低处扩散到相当远的地方，遇火源会着火回燃和爆炸(闪爆)。

禁忌物 强氧化剂、强碱、强酸。

毒性 大鼠经口 LD_{50}：＞5000mg/kg；小鼠吸入 LC_{50}：18g/m^3(2h)；兔经皮 LD_{50}：3560mg/kg。

中毒表现 给动物致死量时发生皮毛粗糙、共济失调、气急、呼吸困难、抽搐和体温降低。

侵入途径 吸入、食入、经皮吸收。

理化特性与用途

理化特性 无色透明液体，有苹果香味。微溶于水，微溶于四氯化碳，混溶于乙醇、乙醚。熔点－85.8℃，沸点102.8℃，相对密度(水＝1)0.9，相对蒸气密度(空气＝1)3.5，饱和蒸气压 4.3kPa(25℃)，燃烧热 －2895.9kJ/mol，临界温度 281.3℃，临界压力3.47MPa，辛醇/水分配系数1.29，闪点14℃(闭杯)，爆炸下限0.9%，爆炸上限3.5%。

主要用途 用作溶剂和用于有机合成。

包装与储运

包装标志 易燃液体

包装类别 Ⅱ类

安全储运 储存于阴凉、通风的库房。远离火种、热源。库温不宜超过37℃。保持容器密封。应与氧化剂、酸类等分开存放，切忌混储。采用防爆型照明、通风设施。禁止使用易产生火花的机械设备和工具。灌装时注意流速，防止静电积聚。储区应备有泄漏应急处理设备和合适的收容材料。

紧急处置信息

急救措施

吸入：脱离现场至空气新鲜处。如呼吸困难，给输氧。呼吸、心跳停止，立即进行心肺复苏术。就医。

眼睛接触：分开眼睑，用流动清水或生理盐水冲洗。如有不适感，就医。

皮肤接触：脱去污染的衣着，用肥皂水和清水彻底冲洗皮肤。如有不适感，就医。

食入：饮水。就医。

灭火方法 消防人员须佩戴防毒面具，穿全身消防服，在上风向灭火。尽可能将容器从火场移至空旷处。处在火场中的容器若已变色或从安全泄压装置中发出声音，必须马上撤离。用水灭火无效，但可用水保持火场中容器冷却。

灭火剂：泡沫、二氧化碳、干粉、砂土。

泄漏应急处置 消除所有点火源。根据液体流动和蒸气扩散的影响区域划定警戒区，无关人员从侧风、上风向撤离至安全区。建议应急处理人员戴正压自给式呼吸器，穿防静

电服，戴橡胶手套。作业时使用的所有设备应接地。禁止接触或跨越泄漏物。尽可能切断泄漏源。防止泄漏物进入水体、下水道、地下室或受限空间。小量泄漏：用砂土或其他不燃材料吸收。使用洁净的无火花工具收集吸收材料。大量泄漏：构筑围堤或挖坑收容。用抗溶性泡沫覆盖，减少蒸发。喷水雾能减少蒸发，但不能降低泄漏物在受限空间内的易燃性。用防爆泵转移至槽车或专用收集器内。喷雾状水驱散蒸气、稀释液体泄漏物。

995. 正丁酸异丙酯

标　识

中文名称　正丁酸异丙酯

英文名称　isopropyl butyrate；isopropyl *n* – butyrate

别名　丁酸异丙酯

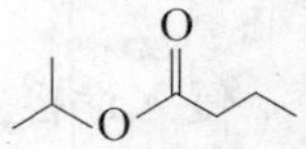

分子式　$C_7H_{14}O_2$

CAS 号　638 – 11 – 9

WGH 号　33598；32098[铁规]

UN 号　2405

危害信息

危险性类别　第 3 类易燃液体。

燃烧与爆炸危险性　易燃。其蒸气与空气混合，能形成爆炸性混合物。燃烧产生有毒的一氧化碳气体。

活性反应　与氧化剂可发生反应。

禁忌物　强氧化剂、强碱。

中毒表现　蒸气或雾对眼睛、黏膜和上呼吸道有刺激性。对皮肤有刺激性。酯类化合物有麻醉作用。

侵入途径　吸入、食入。

理化特性与用途

理化特性　无色液体。不溶于水，混溶于乙醇、乙醚。沸点 130 ~ 131℃，相对密度(水 = 1)0. 86，饱和蒸气压 0. 8kPa(20℃)，辛醇/水分配系数 2. 26，闪点 30℃(闭杯)。

主要用途　用作纤维素的溶剂，用于香料制取和有机合成。

包装与储运

包装标志　易燃液体

包装类别　Ⅲ类

安全储运　储存于阴凉、通风的库房。远离火种、热源。库温不宜超过 37℃。保持容器密封。应与氧化剂、碱类分开存放，切忌混储。采用防爆型照明、通风设施。禁止使用易产生火花的机械设备和工具。灌装时注意流速，防止静电积聚。储区应备有泄漏应急处理设备和合适的收容材料。

紧急处置信息

急救措施

吸入： 脱离现场至空气新鲜处。如呼吸困难，给输氧。呼吸、心跳停止，立即进行心肺复苏术。就医。

眼睛接触： 分开眼睑，用流动清水或生理盐水冲洗。如有不适感，就医。

皮肤接触： 脱去污染的衣着，用肥皂水和清水彻底冲洗皮肤。如有不适感，就医。

食入： 饮水。就医。

灭火方法 消防人员必须佩戴空气呼吸器，穿全身防火防毒服，在上风向灭火。喷水保持火场容器冷却，直至灭火结束。处在火场中的容器若发生异常变化或发出异常声音，须马上撤离。

灭火剂：泡沫、干粉、二氧化碳、砂土。

泄漏应急处置 消除所有点火源。根据液体流动和蒸气扩散的影响区域划定警戒区，无关人员从侧风、上风向撤离至安全区。建议应急处理人员戴正压自给式呼吸器，穿防静电服，戴橡胶耐油手套。作业时使用的所有设备应接地。禁止接触或跨越泄漏物。尽可能切断泄漏源。防止泄漏物进入水体、下水道、地下室或受限空间。小量泄漏：用砂土或其他不燃材料吸收。使用洁净的无火花工具收集吸收材料。大量泄漏：构筑围堤或挖坑收容。用泡沫覆盖，减少蒸发。喷水雾能减少蒸发，但不能降低泄漏物在受限空间内的易燃性。用防爆泵转移至槽车或专用收集器内。

996. 正硅酸甲酯

标　识

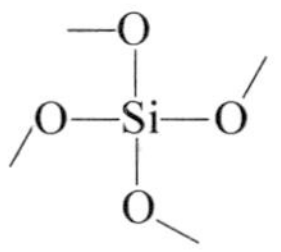

中文名称 正硅酸甲酯

英文名称 tetramethyl orthosilicate; methyl silicate

别名 四甲氧基硅烷；硅酸四甲酯；原硅酸甲酯

分子式 $C_4H_{12}O_4Si$

CAS 号 681－84－5

WGH 号 32188；61148[铁规]

UN 号 2606

危害信息

危险性类别 第 3 类易燃液体；按《危险货物品名表》主危险性为第 6.1 类有毒品。

燃烧与爆炸危险性 易燃。其蒸气与空气混合，能形成爆炸性混合物。燃烧产生有毒的一氧化碳和氧化硅烟气。加热分解产生毒性气体。

活性反应 与强氧化剂接触可发生化学反应。遇低级醇和水起化学反应而分解。

禁忌物 强氧化剂、水、醇类。

毒性 大鼠腹腔内 LD_{50}：100mg/kg；兔经皮 LD_{50}：17540mg/kg。

中毒表现 对眼睛、皮肤、黏膜和呼吸道有强烈刺激作用。可引起角膜进行性坏死及溃疡，甚至失明。

侵入途径 吸入、食入。

职业接触限值

美国(ACGIH)：TLV－TWA：1ppm。

理化特性与用途

理化特性 无色透明液体，有芳香气味，易潮解。不溶于水，溶于有机溶剂。熔点 -2℃，沸点 121℃，相对密度(水 = 1)1.02，相对蒸气密度(空气 = 1)5.3，饱和蒸气压 2.2kPa(20℃)，辛醇/水分配系数 -1.93，闪点 20℃(闭杯)，引燃温度 240℃。

主要用途 用于有机硅的合成，抗热漆和黏合剂的制造等。

包装与储运

包装标志 有毒品，易燃液体

包装类别 Ⅰ类

安全储运 储存于阴凉、干燥、通风良好的库房。远离火种、热源。储存温度不超过 35℃，相对湿度不超过 85%。保持容器密封。应与氧化剂、醇类等分开存放，切忌混储。采用防爆型照明、通风设施。禁止使用易产生火花的机械设备和工具。灌装时注意流速，防止静电积聚。储区应备有泄漏应急处理设备和合适的收容材料。

紧急处置信息

急救措施

吸入： 迅速脱离现场至空气新鲜处。保持呼吸道通畅。如呼吸困难，给输氧。呼吸、心跳停止，立即进行心肺复苏术。就医。

眼睛接触： 立即分开眼睑，用流动清水或生理盐水彻底冲洗 10～15min。就医。

皮肤接触： 立即脱去污染的衣着，用大量流动清水彻底冲洗，冲洗时间一般要求 20～30min。就医。

食入： 用水漱口。给饮牛奶或蛋清。就医。

灭火方法 消防人员必须佩戴空气呼吸器，穿全身防火防毒服，在上风向灭火。喷水保持火场容器冷却，直至灭火结束。处在火场中的容器若发生异常变化或发出异常声音，须马上撤离。禁止用水、泡沫和酸碱灭火剂灭火

灭火剂：二氧化碳、干粉、砂土。

泄漏应急处置 消除所有点火源。根据液体流动和蒸气扩散的影响区域划定警戒区，无关人员从侧风、上风向撤离至安全区。建议应急处理人员戴正压自给式呼吸器，穿防静电服，戴橡胶耐油手套。作业时使用的所有设备应接地。穿上适当的防护服前严禁接触破裂的容器和泄漏物。尽可能切断泄漏源。防止泄漏物进入水体、下水道、地下室或受限空间。严禁用水处理。小量泄漏：用干燥的砂土或其他不燃材料覆盖泄漏物。大量泄漏：构筑围堤或挖坑收容。用砂土、惰性物质或蛭石吸收大量液体。用防爆泵转移至槽车或专用收集器内。

997. 正己酸甲酯

标　识

中文名称 正己酸甲酯

英文名称 methyl hexanoate；methyl *n* - caproate

别名 己酸甲酯

分子式 $C_7H_{14}O_2$

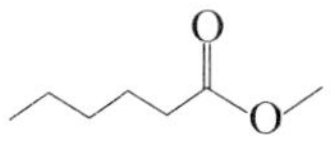

CAS 号 106－70－7

WGH 号 33600；32100[铁规]

危害信息

危险性类别 第3类易燃液体。

燃烧与爆炸危险性 易燃。其蒸气与空气混合，能形成爆炸性混合物。燃烧产生有毒的一氧化碳气体。受热分解放出有毒的气体。

禁忌物 强氧化剂、强碱。

毒性 大鼠经口 LD_{50}：＞5000mg/kg；小鼠吸入 LC_{50}：14000mg/m^3(2h)。

中毒表现 蒸气或雾对眼睛、黏膜和上呼吸道有刺激性。对皮肤有刺激性。酯类化合物有麻醉作用。

侵入途径 吸入、食入、经皮吸收。

理化特性与用途

理化特性 无色透明液体，有菠萝香味。微溶于水，溶于乙醇、乙醚。熔点－71℃，沸点151℃，相对密度(水＝1)0.89，相对蒸气密度(空气＝1)4.4，饱和蒸气压0.67kPa(30℃)，辛醇/水分配系数2.34，闪点43℃(闭杯)。

主要用途 用作香料，还用作制造去垢剂、乳化剂、润湿剂、增塑剂等的中间体。

包装与储运

包装标志 易燃液体

包装类别 Ⅲ类

安全储运 储存于阴凉、通风的库房。远离火种、热源。库温不宜超过37℃。保持容器密封。应与氧化剂、碱类分开存放，切忌混储。采用防爆型照明、通风设施。禁止使用易产生火花的机械设备和工具。灌装时注意流速，防止静电积聚。储区应备有泄漏应急处理设备和合适的收容材料。

紧急处置信息

急救措施

吸入：脱离现场至空气新鲜处。如呼吸困难，给输氧。呼吸、心跳停止，立即进行心肺复苏术。就医。

眼睛接触：分开眼睑，用流动清水或生理盐水冲洗。如有不适感，就医。

皮肤接触：脱去污染的衣着，用肥皂水和清水彻底冲洗皮肤。如有不适感，就医。

食入：饮水。就医。

灭火方法 消防人员必须佩戴空气呼吸器，穿全身防火防毒服，在上风向灭火。喷水保持火场容器冷却，直至灭火结束。处在火场中的容器若发生异常变化或发出异常声音，须马上撤离。

灭火剂：泡沫、干粉、二氧化碳、砂土。

泄漏应急处置 消除所有点火源。根据液体流动和蒸气扩散的影响区域划定警戒区，无关人员从侧风、上风向撤离至安全区。建议应急处理人员戴正压自给式呼吸器，穿防静电服，戴橡胶耐油手套。作业时使用的所有设备应接地。禁止接触或跨越泄漏物。尽可能切断泄漏源。防止泄漏物进入水体、下水道、地下室或受限空间。小量泄漏：用砂土或其他不燃材料吸收。使用洁净的无火花工具收集吸收材料。大量泄漏：构筑围堤或挖坑收容。

用泡沫覆盖，减少蒸发。喷水雾能减少蒸发，但不能降低泄漏物在受限空间内的易燃性。用防爆泵转移至槽车或专用收集器内。

998. 正辛硫醇

标　识

中文名称　正辛硫醇

英文名称　1－octanethiol；*n*－octyl mercaptan

别名　巯基辛烷；1－辛硫醇

分子式　$C_8H_{18}S$

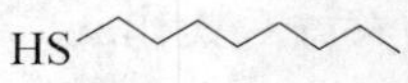

CAS 号　111－88－6

WGH 号　61591

危害信息

危险性类别　第 6 类有毒品。

燃烧与爆炸危险性　易燃。其蒸气与空气混合，能形成爆炸性混合物。受高热分解产生有毒的硫化物烟气。

禁忌物　碱、强氧化剂、强还原剂、碱金属。

毒性　大鼠经口 LD_{50}：2000mg/kg；兔经皮 LD_{50}：2000mg/kg。

中毒表现　对皮肤和眼有刺激性。接触后出现恶心、头痛和呕吐。

侵入途径　吸入、食入。

职业接触限值

理化特性与用途

理化特性　水白色液体，略有气味。不溶于水，溶于乙醇、乙醚、丙酮、苯。微溶于四氯化碳。熔点－49℃，沸点 199℃，相对密度(水＝1)0.8433(20℃/4℃)，相对蒸气密度(空气＝1)5.0，饱和蒸气压 0.056kPa(25℃)，临界温度 391℃，临界压力 2.52MPa，辛醇/水分配系数 4.21，闪点 68℃(闭杯)、69℃(开杯)，爆炸下限 0.8%。

主要用途　用作聚合调节剂；用于有机合成，生产橡胶助剂、医药、染料和农药等。

包装与储运

包装标志　有毒品，易燃液体[铁规]

包装类别　Ⅱ类

安全储运　储存于阴凉、通风的库房。远离火种、热源。储存温度不超过 35℃，相对湿度不超过 80%。保持容器密封。应与氧化剂、还原剂、碱类等分开存放，切忌混储。采用防爆型照明、通风设施。禁止使用易产生火花的机械设备和工具。储区应备有泄漏应急处理设备和合适的收容材料。

紧急处置信息

急救措施

吸入：脱离现场至空气新鲜处。如呼吸困难，给输氧。就医。

眼睛接触：分开眼睑，用流动清水或生理盐水冲洗。1 滴橄榄油或 3 滴肾上腺素，要反复滴可控制结膜炎症状。如有不适感，就医。

皮肤接触：脱去污染的衣着，用大量流动清水冲洗。如有不适感，就医。

食入：饮足量温水，催吐。就医。

灭火方法 消防人员须佩戴防毒面具，穿全身消防服，在上风向灭火。尽可能将容器从火场移至空旷处。喷水保持火场容器冷却，直至灭火结束。处在火场中的容器若已变色或从安全泄压装置中发出声音，必须马上撤离。

灭火剂：雾状水、泡沫、干粉、二氧化碳、砂土。

泄漏应急处置 消除所有点火源。根据液体流动和蒸气扩散的影响区域划定警戒区，无关人员从侧风、上风向撤离至安全区。建议应急处理人员戴正压自给式呼吸器，穿防毒、防静电服，戴橡胶手套。作业时使用的所有设备应接地。禁止接触或跨越泄漏物。尽可能切断泄漏源。防止泄漏物进入水体、下水道、地下室或受限空间。小量泄漏：用砂土或其他不燃材料吸收。使用洁净的无火花工具收集吸收材料。大量泄漏：构筑围堤或挖坑收容。用泡沫覆盖，减少蒸发。喷水雾能减少蒸发，但不能降低泄漏物在受限空间内的易燃性。用防爆泵转移至槽车或专用收集器内。

999. 重氮甲烷

标　识

中文名称 重氮甲烷

英文名称 diazomethane

分子式 CH_2N_2

CAS 号 334-88-3

WGH 号 11020

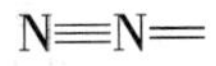

危害信息

危险性类别 第1类爆炸品。

燃烧与爆炸危险性 受撞击、摩擦，遇明火或其他点火源极易爆炸。燃烧产生有毒的一氧化碳和氮气。

活性反应 未经稀释的液体或气体，在接触碱金属或粗糙的物品表面即能引起爆炸。

禁忌物 强氧化剂、酸、酚、醛、酮、烯、炔等。

毒性 猫吸入 LC_{50}：175ppm(10min)。

中毒表现 本品有强烈刺激作用。轻度急性中毒出现头痛、头晕、结膜及呼吸道刺激症状，高浓度吸入后立即或经一段潜伏期后出现剧烈刺激性咳嗽、呼吸困难、胸痛。伴有疲乏无力、呕吐、冷汗、脉快而弱等症状。严重者发生肺炎、肺水肿、休克、昏迷，甚至死亡。有时可出现哮喘样症状。

接触液态本品可引起冻伤。

侵入途径

吸入。

职业接触限值

中国：PC-TWA：0.35mg/m^3，PC-STEL：0.7mg/m^3。

美国(ACGIH)：TLV-TWA：0.02ppm。

环境危害 有害空气污染物。

理化特性与用途

理化特性 黄色气体，有发霉气味。微溶于乙醇，溶于乙醚、二噁烷、苯。熔点 -145℃，沸点 -23℃，相对密度（水 =1）1.45，相对蒸气密度（空气 =1）1.4，引燃温度 100℃，辛醇/水分配系数 2.0。

主要用途 用于有机合成。

包装与储运

包装标志 爆炸品，有毒品

包装类别 Ⅱ类

安全储运 储存于阴凉、干燥、通风的爆炸品专用库房。远离火种、热源。库温不超过 32℃。相对湿度不超过 80%。包装必须密封。切勿受潮。应与氧化剂、活性金属粉末、食用化学品分开存放，切忌混储。配备相应品种和数量的消防器材。储区应备有泄漏应急处理设备。禁止震动、撞击和摩擦。

紧急处置信息

急救措施

吸入： 脱离现场至空气新鲜处。如呼吸困难，给输氧。呼吸、心跳停止，立即进行心肺复苏术。就医。

眼睛接触： 分开眼睑，用流动清水或生理盐水冲洗。如有不适感，就医。

皮肤接触： 如发生冻伤，用温水（38 ~ 42℃）复温，忌用热水或辐射热，不要揉搓。

食入： 不会通过该途径接触。

灭火方法 消防人员需戴好防毒面具，在安全距离以外，在上风向灭火。遇大火切勿轻易接近，禁止用砂土压盖。

灭火剂：雾状水、干粉、二氧化碳。

泄漏应急处置 根据气体扩散的影响区域划定警戒区，无关人员从侧风、上风向撤离至安全区。消除所有点火源。建议应急处理人员戴正压自给式呼吸器，穿防静电服，戴橡胶手套。作业时使用的所有设备应接地。禁止接触或跨越泄漏物。尽可能切断泄漏源。喷雾状水抑制蒸气或改变蒸气云流向，避免水流接触泄漏物。禁止用水直接冲击泄漏物或泄漏源。防止气体通过下水道、通风系统和受限空间扩散。隔离泄漏区直至气体散尽。

1000. 重铬酸铵

标　识

中文名称 重铬酸铵

英文名称 ammonium dichromate; ammonium bichromate

别名 红矾铵

分子式 $(NH_4)_2Cr_2O_7$

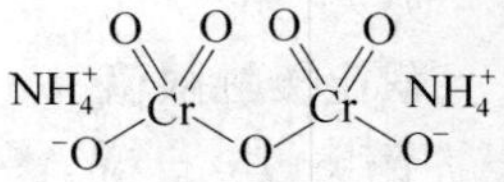

CAS 号 7789-09-5

WGH 号 51520

UN号 1439

危害信息

危险性类别 第5.1类氧化剂。

燃烧与爆炸危险性 助燃。与可燃物混合能形成爆炸性混合物。

活性反应 与还原剂、有机物、易燃物如硫、磷或金属粉末等混合可形成爆炸性混合物。与硝酸盐、氯酸盐接触剧烈反应。

禁忌物 强还原剂、易燃或可燃物、强酸、醇类、硫、磷。

毒性 大鼠静注 LD_{50}：30mg/kg；兔经皮 LD_{50}：549mg/kg

铬酸盐制造业工人肺癌已列入《职业病目录》，属职业性肿瘤。

IARC致癌性评论：G1，确认人类致癌物。

欧盟法规1272/2008/EC将本品列为第1B类致癌物——可能对人类有致癌能力；第1B类生殖细胞致突变物——应认为可能引起人类生殖细胞可遗传突变的物质；第1B类生殖毒物——可能的人类生殖毒物。

中毒表现 急性中毒表现为吸入后可引起急性呼吸道刺激症状、鼻出血、声音嘶哑、鼻黏膜萎缩，有时出现哮喘和紫绀。重者可发生化学性肺炎。口服可刺激和腐蚀消化道，引起恶心、呕吐、腹痛和血便等；重者出现呼吸困难、紫绀、休克、肝损害及急性肾功能衰竭等。皮肤或眼睛接触引起刺激或灼伤，可经皮肤吸收引起中毒死亡。

慢性影响表现为有接触性皮炎、铬溃疡、鼻炎、鼻中隔穿孔及呼吸道炎症等。六价铬为对人的确认致癌物。

侵入途径 吸入、食入、经皮吸收。

职业接触限值

中国：PC－TWA：0.05mg/m^3[按铬计]。

美国(ACGIH)：TLV－TWA：0.05mg/m^3[按铬计]。

环境危害 对水生生物有极高毒性，可能在水生环境中造成长期不利影响。

理化特性与用途

理化特性 亮橙红色单斜结晶或粉末。易溶于水，溶于乙醇，不溶于丙酮。pH值3.95(1%溶液)、3.45(10%溶液)，熔点(分解)180℃，相对密度(水=1)2.15，相对蒸气密度(空气=1)8.7。

主要用途 用作鞣革、媒染剂、烟花、香料合成等。

包装与储运

包装标志 氧化剂

包装类别 Ⅱ类

安全储运 储存于阴凉、通风的库房。库温不超过30℃。相对湿度不超过80%。远离火种、热源。包装密封。应与易(可)燃物、还原剂等分开存放，切忌混储。储区应备有合适的材料收容泄漏物。

紧急处置信息

急救措施

吸入：迅速脱离现场至空气新鲜处。保持呼吸道通畅。如呼吸困难，给输氧。呼吸、心跳停止，立即进行心肺复苏术。就医。

眼睛接触：分开眼睑，用流动清水或生理盐水冲洗。如有不适感，就医。

皮肤接触：脱去污染的衣着，用肥皂水和清水彻底冲洗皮肤。如有不适感，就医。

食入：饮足量温水，催吐。用清水或1%硫代硫酸钠溶液洗胃。给饮牛奶或蛋清。就医。

灭火方法 消防人员必须佩戴空气呼吸器，穿全身防火防毒服，在上风向灭火。尽可能将容器从火场移至空旷处。喷水保持火场容器冷却，直至灭火结束。本品不燃。根据着火原因选择适当灭火剂灭火。

泄漏应急处置 隔离泄漏污染区，限制出入。建议应急处理人员戴防尘口罩，穿防毒服，戴橡胶手套。勿使泄漏物与可燃物质(如木材、纸、油等)接触。穿上适当的防护服前严禁接触破裂的容器和泄漏物。尽可能切断泄漏源。用洁净的铲子收集泄漏物，置于干净、干燥、盖子较松的容器中，将容器移离泄漏区。

卷索引

中文名称	卷序
A	
AES	Ⅰ
吖啶	Ⅱ
阿巴姆	Ⅰ
阿苯唑	Ⅴ
阿尼林油	Ⅰ
阿司匹林	Ⅴ
阿特拉津	Ⅰ
阿托品	Ⅴ
阿畏达	Ⅲ
阿西通	Ⅰ
矮壮素	Ⅱ
艾氏剂	Ⅱ
安氟醚	Ⅴ
安果	Ⅱ
安硫磷	Ⅱ
安妥	Ⅱ
安息香醛	Ⅰ
安息香酸	Ⅰ
安息香酸汞	Ⅱ
安息香酸甲酯	Ⅰ
桉叶油	Ⅴ
桉叶油醇	Ⅱ
氨苯砜	Ⅱ
N－氨丙基吗啉	Ⅳ
氨丁基二甲基缩醛	Ⅴ
4－氨基安替比林	Ⅳ
4－氨基－2－(氨甲基)苯酚二盐酸盐	Ⅴ
氨基苯	Ⅰ
1－氨基－4－(4－苯氨磺酰基－3－磺基苯胺基)蒽醌－2－磺酸二钠	Ⅴ
2－氨基苯酚	Ⅰ
3－氨基苯酚	Ⅰ
4－氨基苯酚	Ⅰ
2－氨基苯酚－4－(2′－甲氧基)磺酰乙胺盐酸盐	Ⅴ
5－氨基－3－苯基－1－(双(*N*,*N*－二甲基氨基氧膦基))－1,2,4－三唑	Ⅲ
3－氨基苯甲腈	Ⅱ
4－氨基苯甲酸	Ⅳ
3－氨基苯甲酸	Ⅲ
4－氨基苯甲酸－2－乙基己酯	Ⅴ
2－氨基苯硫酚	Ⅱ
2－氨基苯胂酸	Ⅱ
4－氨基苯胂酸	Ⅱ
4－氨基苯胂酸钠	Ⅱ
4－氨基吡啶	Ⅰ
2－氨基吡啶	Ⅱ
3－氨基吡啶	Ⅱ
3－氨基苄胺	Ⅴ
N－(3－氨基丙基)－*N*－甲基－1,3－丙二胺	Ⅴ
3－氨基丙腈	Ⅲ
2－氨基丙烷	Ⅲ
1－氨基丙烷	Ⅰ
3－氨基丙烯	Ⅲ
8－氨基氮杂萘	Ⅲ
6－氨基氮杂萘	Ⅳ
2－氨基丁醇	Ⅲ
2－氨基－1－丁醇	Ⅳ
4－氨基－1－丁醇	Ⅳ
1－氨基丁烷	Ⅱ
3－氨基－2－丁烯酸－2－(*N*－苄基－*N*－甲氨基)乙酯	Ⅳ
2－氨基－9,10－蒽二酮	Ⅱ
α－氨基蒽醌	Ⅱ
1－氨基蒽醌	Ⅱ
2－氨基蒽醌	Ⅱ
4－氨基二苯胺	Ⅰ
2－氨基二苯硫醚	Ⅴ
1－氨基－3,4－二甲苯	Ⅳ
1－氨基－2,3－二甲基苯	Ⅱ

中文名称	卷序
1－氨基－2,4－二甲基苯	Ⅱ
1－氨基－2,5－二甲基苯	Ⅱ
1－氨基－2,6－二甲基苯	Ⅱ
1－氨基－3,4－二甲基苯	Ⅳ
1－氨基－3,5－二甲基苯	Ⅱ
4－氨基－*N*,*N*－二甲基苯胺	Ⅱ
1－氨基－3,4－二氯苯	Ⅱ
3－氨基－2,5－二氯苯甲酸	Ⅳ
4－氨基－3,5－二氯－2,6－二氟吡啶	Ⅳ
O－(4－氨基－3,5－二氯－6－氟－2－吡啶氧基)乙酸甲酯	Ⅳ
5－氨基－1－(2,6－二氯－4－(三氟甲基)苯基)－3－氰基－4－((三氟甲基)亚磺酰基)吡唑	Ⅳ
1－氨基－2,6－二硝基苯	Ⅱ
2－氨基－4,6－二硝基苯酚	Ⅱ
2－氨基－5－二乙基氨基戊烷	Ⅱ
4－氨基酚	Ⅰ
4－氨基－3－氟苯酚	Ⅴ
氨基庚烷	Ⅰ
1－氨基庚烷	Ⅰ
氨基胍重碳酸盐	Ⅳ
氨基化锂	Ⅳ
氨基化钠	Ⅳ
氨基环戊烷	Ⅱ
氨基环已烷	Ⅰ
氨基磺酸	Ⅰ
氨基磺酸铵	Ⅴ
2－氨基磺酰基－*N*,*N*－二甲基烟酰胺	Ⅳ
2－氨基磺酰基－6－(三氟甲基)吡啶－3－羧酸甲酯	Ⅳ
1－氨基己烷	Ⅰ
2－氨基甲苯	Ⅰ
3－氨基甲苯	Ⅱ
4－氨基甲苯	Ⅱ
(2－(氨基甲基)苯基)乙酰氯盐酸盐	Ⅴ
氨基－3－甲基吡啶	Ⅳ
2－氨基－4－甲基吡啶	Ⅳ
2－氨基－6－甲基吡啶	Ⅳ
3－氨基－*N*－甲基苄胺	Ⅴ
2－氨基－2－甲基－1－丙醇	Ⅴ
1－氨基－2－甲基丙烷	Ⅲ
3－(氨基甲基)庚烷	Ⅱ
4－氨基－*N*－甲基－α－甲苯磺胺盐酸盐	Ⅳ
8－氨基－7－甲基喹啉	Ⅴ
6－氨基－*N*－甲基萘磺酰胺	Ⅴ
2－氨基－4－甲基戊烷	Ⅱ
氨基甲烷	Ⅰ
3－氨基－4－甲氧基乙酰苯胺	Ⅳ
3－氨基喹啉	Ⅱ
4－氨基喹啉	Ⅱ
6－氨基喹啉	Ⅳ
8－氨基喹啉	Ⅲ
氨基锂	Ⅳ
2－氨基联苯	Ⅱ
4－氨基联苯	Ⅰ
4－氨基邻二甲苯	Ⅳ
氨基硫代酯	Ⅰ
2－氨基－1,3－硫氮杂茂	Ⅱ
2－氨基－4－氯苯酚	Ⅲ
5－氨基－4－氯－2－苯基哒嗪－3(2H)－酮	Ⅴ
3－氨基－4－氯苯甲酸十六烷基酯	Ⅴ
2－氨基－4－氯酚	Ⅲ
2－氨基－4－氯甲苯	Ⅱ
2－氨基－4－氯－6－甲氧基嘧啶	Ⅴ
2－氨基－3－氯－5－三氟甲基吡啶	Ⅴ
2－氨基萘	Ⅱ
2－氨基－5－萘酚－7－磺酸	Ⅰ
2－氨基－1－萘磺酸	Ⅰ
3－氨基－2－萘甲酸	Ⅲ
3－氨基－2－萘酸	Ⅲ
氨基偶氮苯	Ⅳ
2－氨基－4－皮考林	Ⅳ
2－氨基－6－皮考林	Ⅳ
2－氨基－β－皮考林	Ⅳ
(3S,4a,8aS)－2－((2R,3S)－3－氨基－2－羟基－4－苯基丁基)－*N*－叔丁基十氢异喹啉－3－甲酰胺	Ⅳ
1－氨基－4－羟基蒽醌	Ⅲ
L－2－氨基－4－((羟基)(甲基)－膦基)丁酰－*L*－丙氨酰－*L*－丙氨酸的钠盐	Ⅳ
2－氨基－4－(羟基(甲基)氧膦基)丁酸	Ⅳ
L－2－氨基－4－((羟基)(甲基)氧膦基)丁酰－*L*－丙氨酰－*L*－丙氨酸	Ⅳ

中文名称	卷序
氨基氰酸铅盐	Ⅴ
1－氨基壬烷	Ⅲ
2－氨基噻唑	Ⅱ
2－(2－氨基－1,3－噻唑－4－基)－(*Z*)－2－甲氧基亚氨基乙酰氯盐酸盐	Ⅴ
5－氨基－2,4,6－三碘异酞酰氯	Ⅳ
3－氨基三氟甲苯	Ⅱ
1－氨基－2,4,5－三氯苯	Ⅱ
1－氨基－2,4,6－三氯苯	Ⅱ
氨基三亚甲基膦酸	Ⅰ
氨基三乙酸	Ⅰ
氨基三唑	Ⅱ
1－氨基十一烷	Ⅲ
氨基酸酰胺	Ⅰ
7－氨基－3－((5－羧甲基－4－甲基－1,3－噻唑－2－基硫)甲基)－8－氧代－5－硫代－1－氮杂环(4．2．0)－2－辛烯－2－羧酸	Ⅴ
1－氨基戊烷	Ⅰ
氨基酰胺	Ⅰ
2－氨基－5－硝基苯酚	Ⅱ
2－氨基－4－硝基苯酚	Ⅲ
2－((4－氨基－2－硝基苯基)氨基)苯甲酸	Ⅴ
2－氨基－5－硝基苯腈	Ⅳ
2－氨基－1－硝基萘	Ⅱ
2－氨基辛烷	Ⅳ
2－氨基乙醇	Ⅰ
N－(2－氨基乙基)－1,2－乙二胺	Ⅱ
氨基乙腈	Ⅲ
氨基乙烷	Ⅰ
2－氨基－6－乙氧基－4－甲氨基－1,3,5－三嗪	Ⅴ
2－(2－氨基乙氧基)乙醇	Ⅱ
α－氨基异戊酰胺	Ⅴ
氨腈	Ⅴ
氨气	Ⅰ
氨溶液	Ⅰ
氨水	Ⅰ
N－氨乙基吗啉	Ⅲ
胺丙畏	Ⅴ
胺甲萘粉剂	Ⅳ
胺菊酯	Ⅲ

中文名称	卷序
胺吸磷	Ⅲ
奥克托金	Ⅱ
B	
BTA	Ⅰ
八氟丙烷	Ⅱ
八氟代－1－醇	Ⅲ
八氟－2－丁烯	Ⅱ
八氟环丁烷	Ⅱ
八氟戊醇	Ⅲ
八氟异丁烯	Ⅱ
八甲基环四硅氧烷	Ⅴ
八甲基焦磷酰胺	Ⅱ
八甲磷	Ⅱ
八氯莰烯	Ⅱ
1,3,4,5,6,7,8,8－八氯－1,3,3a,4,7,7a－六氢－4,7－亚甲基异苯并呋喃	Ⅲ
1,2,4,5,6,7,8,8－八氯－2,3,3a,4,7,7a－六氢－4,7－亚甲基茚	Ⅱ
八氯萘	Ⅲ
(3aα,4α,7α,7aα)－八氢－4,7－亚甲基－3aH－茚－3a－甲酸乙酯	Ⅳ
八羰基二钴	Ⅲ
八溴二苯醚	Ⅴ
八溴联苯	Ⅳ
巴丹	Ⅲ
巴豆醇	Ⅱ
巴豆基氯	Ⅱ
巴豆腈	Ⅱ
巴豆醛	Ⅱ
巴豆醛缩二乙醇	Ⅳ
巴豆炔	Ⅱ
巴豆酸	Ⅱ
巴豆酸酐	Ⅳ
巴豆酸甲酯	Ⅱ
巴豆酸乙烯酯	Ⅲ
巴豆酸乙酯	Ⅱ
巴毒磷	Ⅱ
巴尔板	Ⅲ
巴黎绿	Ⅳ
拔头油	Ⅰ
钯	Ⅳ
白降汞	Ⅱ
白克松	Ⅴ

中文名称	卷序
白矿油	Ⅰ
白蜡油	Ⅰ
白磷	Ⅱ
白砒	Ⅰ
白炭黑	Ⅲ
白陶土	Ⅰ
白油	Ⅰ
白油原料	Ⅰ
百草枯	Ⅱ
百菌清	Ⅲ
百菌酮	Ⅲ
百克敏	Ⅳ
百里酚	Ⅴ
百里坦	Ⅲ
百治磷	Ⅱ
败脂酸甲酯	Ⅰ
败脂酸乙酯	Ⅰ
拜丹	Ⅲ
稗草畏	Ⅳ
斑脱岩	Ⅰ
半胱胺	Ⅲ
半精炼石蜡	Ⅰ
拌种胺	Ⅴ
拌种剂	Ⅲ
保米磷	Ⅱ
保棉磷	Ⅱ
保险粉	Ⅰ
钡	Ⅱ
钡基润滑脂	Ⅰ
743 钡皂	Ⅰ
倍半碳酸钠	Ⅴ
倍硫磷	Ⅱ
倍硫磷亚砜	Ⅳ
倍氰松	Ⅲ
苯	Ⅰ
4-(苯氨基)苯酚	Ⅰ
苯氨基重氮苯	Ⅳ
苯胺	Ⅰ
2′-苯胺基-3′-甲基-6′-二戊氨基螺(异苯并呋喃-1(1H),9′-呫吨)-3-酮	Ⅴ
苯胺灵	Ⅲ
苯胺盐酸盐	Ⅳ
苯巴比妥	Ⅳ
1-(3-苯丙基)-2-甲基吡啶鎓溴化物	Ⅴ
苯并吡啶	Ⅱ
1,2-苯并蒽	Ⅲ
苯并蒽	Ⅲ
苯并蒽酮	Ⅲ
N-((1,4-苯并二噁烷-2-基)羰基)哌嗪盐酸盐	Ⅳ
苯并呋喃	Ⅱ
苯并(a)芘	Ⅰ
苯并(e)芘	Ⅴ
3,4-苯并芘	Ⅰ
苯并噻唑	Ⅴ
2-苯并噻唑基硫代丁二酸二-叔-($C_{12\sim14}$)-烷基铵	Ⅳ
2-苯并噻唑基-*N*-吗啉基硫醚	Ⅰ
苯并三氮唑	Ⅰ
苯并三氮唑脂肪铵盐	Ⅰ
1H-苯并三唑	Ⅰ
3-(2H-苯并三唑-2-基)-4-羟基-5-(1-甲基丙基)苯磺酸单钠盐	Ⅴ
1,2-苯并异噻唑基-3(2H)-酮	Ⅴ
1,2-苯并异噻唑-3(2H)-酮锂盐	Ⅴ
1,2-苯并异噻唑-3(2H)-酮钠盐	Ⅲ
苯并荧蒽	Ⅴ
苯草醚	Ⅴ
苯哒嗪硫磷	Ⅳ
苯代丙腈	Ⅲ
苯代丁腈	Ⅲ
苯代三聚氰胺甲醛树脂	Ⅳ
苯代乙二醇	Ⅲ
苯丁锡	Ⅲ
1,2-苯二胺	Ⅳ
1,3-苯二胺	Ⅱ
1,4-苯二胺	Ⅰ
1,4-苯二胺二盐酸盐	Ⅳ
1,2-苯二酚	Ⅰ
1,3-苯二酚	Ⅰ
1,4-苯二甲酸	Ⅰ
1,3-苯二甲酸	Ⅰ
1,4-苯二甲酸二甲酯	Ⅰ
1,3-苯二甲酸二(4-(乙烯氧基)丁基)酯	Ⅳ

中文名称	卷序
1,2－苯二甲酸二异癸酯	Ⅰ
6－苯二甲酰氨基过氧己酸	Ⅳ
1,2－苯二甲酰氯	Ⅱ
1,3－苯二甲酰氯	Ⅱ
1,4－苯二碳酰二氯	Ⅱ
苯二乙烯	Ⅴ
苯酚	Ⅰ
苯酚钠	Ⅱ
苯氟仿	Ⅳ
苯氟磺胺	Ⅴ
苯酐	Ⅰ
苯磺酸	Ⅳ
苯磺酸钠	Ⅳ
苯磺酰胺	Ⅳ
S－2－苯磺酰基氨基乙基－*O*,*O*－二异丙基二硫代磷酸酯	Ⅴ
苯磺酰肼	Ⅰ
苯磺酰氯	Ⅰ
苯基氨基甲酸－2－((3－碘－2－丙炔基)氧)乙醇酯	Ⅴ
N－苯基氨基甲酸异丙酯	Ⅲ
苯基苯	Ⅰ
1－苯基－3－吡唑烷酮	Ⅴ
2－苯基－1,3－丙二醇	Ⅴ
3－苯基丙腈	Ⅲ
1－苯基丙烷	Ⅰ
2－苯基丙烯	Ⅰ
苯基丁腈	Ⅲ
4－苯基－1－丁烯	Ⅴ
N－苯基－对苯二胺	Ⅰ
苯基二氯化磷	Ⅱ
苯基环己烷	Ⅳ
2－苯基己腈	Ⅴ
苯基甲基二乙氧基硅烷	Ⅲ
苯基芥子油	Ⅲ
苯基联氨	Ⅰ
苯基膦	Ⅴ
苯基硫醇	Ⅲ
苯基氯	Ⅰ
N－苯基－1－萘胺	Ⅰ
N－苯基－2－萘胺	Ⅰ
4－(苯基偶氮)苯胺	Ⅳ
苯基羟胺	Ⅲ

中文名称	卷序
苯基氰	Ⅰ
苯基取代的硫代吗啉	Ⅳ
苯基(2,4,6－三甲基苯基)甲酮	Ⅴ
苯基三甲基氯化铵	Ⅴ
苯基三氯硅烷	Ⅱ
1－苯基十二烷	Ⅰ
苯基双(2,4,6－三甲基苯甲酰基)氧化膦	Ⅴ
苯基溴化镁	Ⅳ
2－苯基乙硫醇	Ⅱ
N－苯基乙酰胺	Ⅱ
苯基异氰酸酯	Ⅲ
苯甲胺	Ⅰ
苯甲醇	Ⅰ
2－苯甲基吡啶	Ⅱ
4－苯甲基吡啶	Ⅱ
苯甲腈	Ⅰ
苯甲醚	Ⅰ
苯甲醛	Ⅰ
苯甲酸	Ⅰ
苯甲酸苄酯	Ⅲ
苯甲酸丁酯	Ⅲ
苯甲酸汞	Ⅱ
苯甲酸甲酯	Ⅰ
苯甲酸乙酯	Ⅲ
苯甲酸异丙酯	Ⅲ
苯甲酸正丁酯	Ⅲ
苯甲酸正己酯	Ⅲ
苯甲酰胺	Ⅳ
苯甲酰丙烯酸乙酯	Ⅳ
苯甲酰氯	Ⅰ
苯甲酰氧基苯－4－磺酸钠	Ⅳ
2－(苯甲氧基)萘	Ⅴ
苯甲氧基碳酰氯	Ⅱ
苯腈磷	Ⅲ
苯腈硫磷	Ⅲ
苯肼	Ⅰ
苯均四酸二酐	Ⅱ
苯菌灵	Ⅲ
苯胩	Ⅱ
1,4－苯醌	Ⅰ
苯醌	Ⅰ
苯来特	Ⅲ
苯磷化二氯	Ⅱ

中文名称	卷序
苯膦酰二氯	Ⅱ
苯硫代磷酰二氯	Ⅱ
苯硫酚	Ⅲ
苯硫磷	Ⅱ
苯硫威	Ⅳ
苯醚	Ⅴ
苯嗪草酮	Ⅴ
苯绕蒽酮	Ⅲ
苯噻隆	Ⅴ
苯噻氰	Ⅲ
苯噻酰草胺	Ⅳ
苯三氮唑	Ⅰ
苯三氟甲烷	Ⅳ
苯三唑十八胺	Ⅳ
苯三唑衍生物	Ⅰ
苯三唑脂肪胺盐	Ⅰ
苯胂化二氯	Ⅲ
苯胂化氧	Ⅲ
苯霜灵	Ⅳ
1,2,4,5－苯四酸酐	Ⅱ
苯酸甲酯	Ⅰ
苯缩水甘油醚	Ⅳ
苯妥因	Ⅴ
苯酰胺	Ⅳ
苯线磷	Ⅲ
S－4－苯氧丁基－*N*,*N*－二甲基硫代氨基甲酸酯	Ⅳ
3－苯氧基苄基3－(2,2－二氯乙烯)－2,2－二甲基环丙烷羧酸酯	Ⅱ
苯氧基醋酸	Ⅳ
苯氧基钠	Ⅱ
N－(苯氧基羰基)－*L*－缬氨酸甲酯	Ⅴ
2－苯氧基乙醇	Ⅲ
苯氧基乙酸	Ⅳ
苯氧喹啉	Ⅴ
苯氧氯化膦	Ⅱ
苯氧威	Ⅴ
1－苯乙胺	Ⅴ
β－苯乙醇	Ⅲ
苯乙醇腈	Ⅱ
苯乙二醇	Ⅲ
2－苯乙基异氰酸酯	Ⅴ
苯乙腈	Ⅰ
苯乙醚	Ⅳ
苯乙醛	Ⅳ
苯乙炔	Ⅱ
苯乙酸	Ⅳ
苯乙酮	Ⅰ
苯乙烯	Ⅰ
苯乙烯－丙烯晴共聚物	Ⅰ
苯乙烯－丁二烯－苯乙烯热塑性弹性体	Ⅰ
苯乙烯化苯酚	Ⅰ
苯乙烯－4－磺酰氯	Ⅴ
苯乙烯焦油	Ⅰ
苯乙烯－马来酸酐－丙烯酸二十二酯共聚物	Ⅰ
苯乙烯－马来酰十八亚胺共聚物	Ⅰ
苯乙酰氯	Ⅱ
苯扎氯铵	Ⅰ
苯扎溴铵	Ⅰ
苯佐卡因	Ⅲ
比欠	Ⅲ
吡草醚	Ⅴ
吡草酮	Ⅳ
吡虫啉	Ⅳ
吡啶	Ⅱ
γ－吡啶胺	Ⅰ
2－(3－吡啶基)－哌啶	Ⅳ
2－(3－吡啶基)－哌啶硫酸盐	Ⅳ
3－吡啶羧酸－2－(4,5－二氢－4－甲基－4－(1－甲基乙基)－5－氧－1H－咪唑－2－基)酯	Ⅴ
吡氟草胺	Ⅴ
吡氟禾草灵	Ⅴ
吡菌磷	Ⅴ
吡咯	Ⅱ
吡咯烷	Ⅳ
2－吡咯烷酮	Ⅱ
α－吡咯烷酮	Ⅱ
吡螨胺	Ⅳ
吡喃灵	Ⅴ
吡蚜酮	Ⅴ
吡氧磷	Ⅴ
吡唑硫磷	Ⅳ
吡唑特	Ⅳ
蓖麻油	Ⅰ

中文名称	卷序
避虫醇	Ⅴ
扁桃腈	Ⅱ
苄胺	Ⅰ
苄草丹	Ⅴ
苄草唑	Ⅳ
苄醇	Ⅰ
4－苄基吡啶	Ⅱ
2－苄基吡啶	Ⅱ
2－苄基－2－(二甲氨基)－1－(4－吗啉代苯基)－1－丁酮	Ⅴ
苄基二甲胺	Ⅱ
S－苄基－*N*－(1,2－二甲基丙基)－*N*－乙基硫代氨基甲酸酯	Ⅳ
S－苄基－*O*,*O*－二乙基硫代磷酸酯	Ⅱ
苄基氯	Ⅱ
苄基氰	Ⅰ
苄基溴	Ⅲ
S－苄基－*S*－乙基二硫代磷酸丁酯	Ⅳ
3－(2－(3－苄基－4－乙氧基－2,5－二氧代咪唑烷－1－基)－4,4－二甲基－3－氧代戊酰胺基)－4－氯苯甲酸十二基酯	Ⅳ
1－苄基－5－乙氧基－2,4－咪唑烷二酮	Ⅴ
苄硫醇	Ⅱ
苄氯三唑醇	Ⅴ
苄螨醚	Ⅳ
苄氰	Ⅰ
4－苄氧基－4′－(2,3－环氧－2－甲基丙－1－基氧)二苯砜	Ⅴ
变干油	Ⅰ
变性淀粉	Ⅰ
变压器气相干燥油(变干油,沧州炼油厂)	Ⅰ
标准异辛烷	Ⅰ
标准正庚烷	Ⅰ
表氯醇	Ⅰ
表面活性剂1292	Ⅰ
表面活性剂1227	Ⅰ
表溴醇	Ⅱ
冰醋酸	Ⅰ
冰晶石	Ⅲ
冰片	Ⅱ
丙胺	Ⅰ
丙胺氟磷	Ⅴ
丙苯	Ⅰ
丙苯磺隆	Ⅴ
丙虫磷	Ⅳ
丙虫硫磷	Ⅳ
2－丙醇	Ⅰ
1－丙醇	Ⅰ
丙醇酸	Ⅱ
1,2－丙二胺	Ⅱ
1,3－丙二胺	Ⅰ
1,3－丙二胺四乙酸	Ⅳ
1,3－丙二醇	Ⅲ
1,2－丙二醇	Ⅰ
丙二醇单丁醚	Ⅲ
丙二醇单甲醚	Ⅲ
1,2－丙二醇二硝酸酯	Ⅴ
1,2－丙二醇碳酸酯	Ⅳ
丙二醇乙醚	Ⅱ
丙二腈	Ⅱ
丙二酸	Ⅳ
丙二酸二乙酯	Ⅳ
丙二酸铊	Ⅱ
丙二酸亚铊	Ⅱ
丙二烯	Ⅱ
丙二酰氯	Ⅱ
丙环唑	Ⅴ
1,3－丙磺酸内酯	Ⅴ
丙(基)苯	Ⅴ
丙基碘	Ⅱ
4－丙基环己酮	Ⅴ
丙基环戊烷	Ⅲ
1－丙基磷酸环酐	Ⅳ
丙基硫氧嘧啶	Ⅴ
丙基氯	Ⅰ
丙基氰	Ⅰ
丙基三氯硅烷	Ⅳ
S－丙基－*N*－乙基－*N*－丁基硫代氨基甲酸酯	Ⅲ
丙基乙炔	Ⅱ
丙腈	Ⅱ
丙硫克百威	Ⅴ
丙硫特普	Ⅴ
丙醚	Ⅱ
β－丙内酯	Ⅳ

中文名称	卷序
丙醛	Ⅰ
丙炔	Ⅰ
2－丙炔－1－醇	Ⅰ
丙炔醇	Ⅰ
丙炔恶草酮	Ⅴ
丙炔氟草胺	Ⅴ
丙三醇	Ⅰ
丙三醇聚氧丙烯醚	Ⅰ
丙三醇聚氧乙烯聚氧丙烯醚	Ⅰ
丙三醇聚氧乙烯醚磷酸酯	Ⅰ
丙森锌	Ⅳ
丙酸	Ⅰ
丙酸苯汞	Ⅲ
丙酸丙酯	Ⅴ
丙酸丁酯	Ⅰ
丙酸酐	Ⅰ
丙酸－2－甲基丙酯	Ⅰ
丙酸甲酯	Ⅰ
丙酸戊酯	Ⅰ
丙酸烯丙酯	Ⅳ
丙酸乙烯酯	Ⅲ
丙酸乙酯	Ⅰ
丙酸异丙酯	Ⅴ
丙酸异丁酯	Ⅰ
丙酸异戊酯	Ⅰ
丙酸正丁酯	Ⅰ
丙酸正戊酯	Ⅰ
丙酸仲丁酯	Ⅳ
丙酮	Ⅰ
丙酮基丙酮	Ⅳ
丙酮氰醇	Ⅰ
丙酮缩二甲醇	Ⅱ
丙酮肟	Ⅰ
丙烷	Ⅰ
丙烯	Ⅰ
2－丙烯－1－醇	Ⅱ
4－丙烯基－2－甲氧基苯酚	Ⅳ
丙烯基氰	Ⅱ
2－丙烯基三氯硅烷	Ⅲ
丙烯腈	Ⅰ
丙烯腈－丙烯酸钾共聚物	Ⅰ
丙烯腈－丁二烯－苯乙烯三元共聚物	Ⅰ
2－丙烯－1－硫醇	Ⅱ
丙烯醛(抑制了的)	Ⅱ
丙烯醛	Ⅰ
丙烯醛二乙缩醛	Ⅱ
丙烯酸	Ⅰ
丙烯酸－丙烯磺酸钠共聚物	Ⅰ
丙烯酸－丙烯酸甲酯共聚物	Ⅰ
丙烯酸－丙烯酸－β－羟丙酯－次磷酸钠调聚物	Ⅰ
丙烯酸－丙烯酸－β－羟丙酯－次磷酸钠共聚物	Ⅰ
丙烯酸－丙烯酸－β－羟丙酯共聚物	Ⅰ
丙烯酸－丙烯酸酯共聚物	Ⅰ
丙烯酸－丙烯酰胺共聚物	Ⅰ
丙烯酸－2－丙烯酰基－2－甲基丙磺酸钠－次磷酸钠调聚物	Ⅰ
丙烯酸－2－丙烯酰基－2－甲基丙基膦酸共聚物	Ⅰ
丙烯酸－AMPS－次磷酸钠共聚物	Ⅰ
丙烯酸－次膦酸的调聚物	Ⅰ
丙烯酸丁酯	Ⅰ
丙烯酸多元共聚物	Ⅰ
丙烯酸－2－(二甲基氨基)乙酯	Ⅳ
丙烯酸癸酯	Ⅲ
丙烯酸－2,3－环氧丙酯	Ⅳ
丙烯酸己酯	Ⅳ
2－丙烯酸－(1－甲基－1,2－亚乙基)双(β－甲氧乙基)酯	Ⅴ
丙烯酸甲酯	Ⅰ
丙烯酸氯乙酯	Ⅲ
丙烯酸－马来酸酐共聚物	Ⅰ
丙烯酸羟丙酯三元共聚物	Ⅰ
丙烯酸－2－羟乙酯	Ⅲ
丙烯酸氰乙酯	Ⅲ
丙烯酸叔丁酯	Ⅴ
丙烯酸－亚甲基丁二酸共聚物	Ⅰ
丙烯酸－衣康酸共聚物	Ⅰ
丙烯酸－2－乙基丁酯	Ⅲ
丙烯酸－2－乙基己酯	Ⅰ
2－丙烯酸－2－乙基－2－(羟基甲基)－1,3－丙二酯	Ⅲ
丙烯酸－乙烯基磺酸共聚物	Ⅰ
丙烯酸乙酯	Ⅰ
丙烯酸异丁酯(抑制了的)	Ⅲ

中文名称	卷序
丙烯酸异辛酯	Ⅰ
丙烯酸正丁酯	Ⅰ
丙烯酸酯－马来酸酐共聚物	Ⅰ
丙烯酸酯－马来酸酐－乙酸乙烯酯共聚物	Ⅰ
丙烯酸酯与醚共聚物	Ⅰ
丙烯酰胺	Ⅰ
丙烯酰胺－丙烯磺酸钠共聚物	Ⅰ
丙烯酰胺－丙烯腈共聚物	Ⅰ
丙烯酰胺－丙烯酸钾共聚物	Ⅰ
丙烯酰胺和马来酸酐共聚物	Ⅰ
丙烯酰胺基甘醇酸甲酯(含≥0.1%丙烯酰胺)	Ⅴ
丙烯酰胺基甲氧基乙酸甲酯(含≥0.1%丙烯酰胺)	Ⅳ
丙烯酰胺－甲基丙烯酸二甲氨基乙酯共聚物	Ⅰ
丙烯酰氯	Ⅳ
丙酰胺	Ⅳ
丙酰氯	Ⅱ
丙酰溴	Ⅱ
丙溴磷	Ⅴ
4－丙氧基苯甲醛	Ⅳ
并苯	Ⅰ
菠萝蛋白酶	Ⅳ
铂	Ⅴ
铂重整原料油	Ⅰ
不对称二甲基硒脲	Ⅱ
不对称二甲肼	Ⅱ
不育津	Ⅲ
C	
CHP	Ⅰ
CMHPG	Ⅰ
彩色油墨溶剂油	Ⅰ
莱草畏	Ⅱ
菜油	Ⅰ
菜籽油	Ⅰ
残虫畏	Ⅲ
残杀威	Ⅲ
草胺膦	Ⅳ
草甘膦	Ⅲ
草克乐	Ⅲ
草克死	Ⅱ

中文名称	卷序
草硫膦	Ⅴ
草灭平	Ⅳ
草乃敌	Ⅱ
草酸	Ⅳ
草酸铵	Ⅳ
草酸钡	Ⅲ
草酸丁酯	Ⅲ
草酸二丁酯	Ⅲ
草酸二甲酯	Ⅲ
草酸二乙酯	Ⅲ
草酸钙	Ⅳ
草酸高铁铵	Ⅳ
草酸甲酯	Ⅲ
草酸钾	Ⅳ
草酸锰	Ⅳ
草酸钠	Ⅳ
草酸钛	Ⅳ
草酸钛钾	Ⅳ
草酸钍	Ⅳ
草酸锌	Ⅳ
草酸亚铁	Ⅳ
草酸亚锡	Ⅳ
草酸盐类	Ⅴ
草酸乙酯	Ⅲ
草完隆	Ⅴ
草肟威	Ⅲ
草酰氯	Ⅳ
草芽畏	Ⅱ
柴油	Ⅲ
柴油芳烃	Ⅰ
柴油机油	Ⅰ
柴油流动改进剂	Ⅰ
常压蜡油	Ⅰ
超氧化钾	Ⅳ
超氧化钠	Ⅳ
车用柴油	Ⅰ
车用汽油	Ⅰ
车用无铅汽油	Ⅰ
车用乙醇汽油	Ⅰ
车用乙醇汽油调和组分油	Ⅰ
赤血盐	Ⅲ
虫螨灵	Ⅳ
虫螨畏	Ⅴ

中文名称	卷序	中文名称	卷序
虫酰肼	Ⅳ	促进剂 NOBS	Ⅰ
虫线磷	Ⅱ	促进剂 SDC	Ⅲ
抽出油	Ⅰ	促进剂 TBBS	Ⅰ
6 号抽提溶剂油	Ⅰ	促进剂 TMTM	Ⅲ
抽余油	Ⅰ	醋酐	Ⅰ
稠二萘	Ⅴ	醋醛	Ⅰ
臭碱	Ⅰ	醋酸	Ⅰ
臭碳五	Ⅰ	醋酸钡	Ⅳ
臭氧	Ⅲ	醋酸苯汞	Ⅰ
除草定	Ⅴ	醋酸苯乙酯	Ⅳ
除草醚	Ⅲ	醋酸第二丁酯	Ⅲ
除虫菊	Ⅴ	醋酸 -2 - 丁氧基乙酯	Ⅲ
除虫菊素	Ⅱ	醋酸丁酯	Ⅰ
除虫菊素Ⅱ	Ⅴ	醋酸酐	Ⅰ
除虫菊酯	Ⅱ	醋酸镉	Ⅲ
除虫脲	Ⅲ	醋酸汞	Ⅰ
除害威	Ⅳ	醋酸钴	Ⅳ
除线磷	Ⅱ	醋酸环己酯	Ⅳ
船用内燃机燃料油	Ⅰ	醋酸己酯	Ⅳ
纯碱	Ⅰ	醋酸甲氧基乙基汞	Ⅳ
醇酸树脂	Ⅳ	醋酸甲酯	Ⅰ
磁性氧化铁红	Ⅴ	醋酸镁	Ⅲ
次氮基三(亚甲基)三膦酸	Ⅰ	醋酸钠,无水	Ⅰ
次氮基三乙酸	Ⅰ	醋酸镍	Ⅲ
次磷酸	Ⅱ	醋酸铍	Ⅳ
次膦酸基聚丙烯酸	Ⅰ	醋酸铅	Ⅳ
次硫化镍	Ⅴ	醋酸叔丁酯	Ⅰ
次氯酸钠	Ⅰ	醋酸铊	Ⅳ
4,4′,4″ - 次乙基三苯酚	Ⅴ	醋酸铜	Ⅳ
次乙基双硬脂酰胺	Ⅰ	醋酸烯丙酯	Ⅳ
次乙酸铅	Ⅲ	醋酸锌	Ⅲ
粗酚	Ⅰ	醋酸亚汞	Ⅳ
粗汽油	Ⅰ	醋酸亚砷酸铜	Ⅳ
粗石蜡	Ⅰ	醋酸乙烯酯	Ⅰ
促进剂 M	Ⅰ	醋酸乙酯	Ⅰ
促进剂 NS	Ⅳ	醋酸异丙烯酯	Ⅳ
促进剂 D	Ⅲ	醋酸异丙酯	Ⅰ
促进剂 BZ	Ⅲ	醋酸异丁酯	Ⅲ
促进剂 CBS(CZ)	Ⅰ	醋酸正丙酯	Ⅲ
促进剂 DCBS(DZ)	Ⅰ	醋酸正己酯	Ⅳ
促进剂 DIP	Ⅰ	醋酸仲丁酯	Ⅲ
促进剂 EZ	Ⅲ	醋酰胺	Ⅰ
促进剂 MBTS(DM)	Ⅰ	催化碳四橡胶原料	Ⅰ

中文名称	卷序
D	
D1221	Ⅰ
DDDMAC	Ⅰ
DINP	Ⅰ
DMAM	Ⅰ
DMF	Ⅰ
DMSO	Ⅰ
哒草特	Ⅳ
哒螨灵	Ⅴ
达拉朋钠	Ⅲ
大豆抽提溶剂油	Ⅰ
大红色基 GGS	Ⅱ
大隆	Ⅲ
大苏打	Ⅰ
代森铵	Ⅰ
代森硫	Ⅴ
代森锰	Ⅱ
代森锰锌	Ⅴ
代森钠	Ⅰ
代森锌	Ⅰ
丹宁酸	Ⅰ
单过氧草酸－*O*,*O*－叔丁基－*O*－二十二基酯	Ⅳ
单宁	Ⅰ
(*Z*)－单－9－十八烯酸脱水山梨醇酯	Ⅰ
单十二酸脱水山梨醇酯	Ⅰ
单烯基丁二酰亚胺	Ⅰ
单氧化二氯	Ⅲ
单乙醇胺	Ⅰ
单乙酸甘油酯	Ⅲ
胆矾	Ⅰ
氮	Ⅰ
氮丙啶	Ⅱ
氮川三乙酸	Ⅳ
氮化锂	Ⅲ
氮己环	Ⅲ
氮芥	Ⅲ
氮气	Ⅰ
10－氮(杂)蒽	Ⅱ
((1R,4S)－2－氮杂二环(2.2.1)庚－5－烯－3－酮	Ⅴ
1－氮杂环丙烷	Ⅱ
1－氮杂－2,4－环戊二烯	Ⅱ

中文名称	卷序
9－氮杂芴	Ⅱ
氘	Ⅳ
导热油	Ⅰ
导生 A	Ⅰ
道路石油沥青	Ⅰ
稻丰散	Ⅱ
稻宁	Ⅲ
稻瘟净	Ⅱ
稻瘟灵	Ⅳ
稻瘟酞	Ⅲ
灯用煤油	Ⅰ
灯油	Ⅰ
低分子聚丁二烯	Ⅰ
低聚甲醛	Ⅱ
低硫低芳烃特种溶剂油	Ⅰ
2,4－滴	Ⅱ
2,4－滴丙酸	Ⅲ
滴滴滴	Ⅲ
滴滴涕	Ⅱ
滴滴伊	Ⅲ
2,4－滴丁酸	Ⅱ
2,4－滴丁酯	Ⅰ
2,4－滴钠	Ⅱ
2,4－滴盐	Ⅴ
狄氏剂	Ⅱ
敌百虫	Ⅰ
敌稗	Ⅱ
敌草腈	Ⅳ
敌草净	Ⅴ
敌草快	Ⅱ
敌草隆	Ⅱ
敌草特	Ⅴ
敌稻瘟	Ⅱ
敌敌畏	Ⅱ
敌恶磷	Ⅱ
敌磺钠	Ⅱ
敌菌丹	Ⅴ
敌菌灵	Ⅴ
敌菌酮	Ⅱ
敌螨通	Ⅲ
敌灭生	Ⅴ
敌鼠	Ⅱ
敌鼠灵	Ⅱ

中文名称	卷序
敌死通	Ⅳ
敌瘟磷	Ⅱ
敌蚜胺	Ⅱ
敌蝇威	Ⅱ
涤纶	Ⅰ
地胺磷	Ⅴ
地虫硫磷	Ⅴ
地乐酚	Ⅱ
地乐酯	Ⅱ
地麦威	Ⅴ
地散磷	Ⅴ
第三丁基过苯二甲酸	Ⅲ
第三丁硫醇	Ⅲ
碲	Ⅲ
碲化氢	Ⅲ
碲酸钠	Ⅱ
碘	Ⅳ
4－碘苯酚	Ⅲ
碘苯腈	Ⅱ
1－碘丙烷	Ⅱ
2－碘丙烷	Ⅱ
3－碘－2－丙烯	Ⅳ
3－碘－1－丙烯	Ⅱ
碘醋酸	Ⅱ
碘代叔丁烷	Ⅲ
碘代异丁烷	Ⅱ
碘代正丁烷	Ⅱ
碘代正戊烷	Ⅱ
1－碘丁烷	Ⅱ
2－碘丁烷	Ⅱ
碘仿	Ⅲ
4－碘酚	Ⅲ
碘钙石	Ⅱ
碘化二正辛基铝	Ⅴ
碘化高汞	Ⅰ
碘化高锡	Ⅲ
碘化镉	Ⅲ
碘化汞	Ⅰ
碘化汞钾	Ⅱ
碘化钾汞	Ⅱ
碘化铅	Ⅳ
碘化氢(无水)	Ⅳ
碘化氢溶液	Ⅲ
碘化氰	Ⅲ
碘化锑	Ⅲ
碘化亚砷	Ⅲ
碘化亚铊	Ⅱ
碘化亚铜	Ⅳ
碘化乙酰	Ⅳ
碘化银	Ⅲ
1－碘－2－甲基丙烷	Ⅱ
2－碘－2－甲基丙烷	Ⅲ
碘甲烷	Ⅰ
碘酸	Ⅱ
碘酸铵	Ⅱ
碘酸钡	Ⅱ
碘酸钙	Ⅱ
碘酸镉	Ⅱ
碘酸钾	Ⅱ
碘酸钾合二碘酸	Ⅳ
碘酸锂	Ⅱ
碘酸钠	Ⅱ
碘酸铅	Ⅱ
碘酸氢钾	Ⅱ
碘酸锶	Ⅱ
碘酸铁	Ⅱ
碘酸锌	Ⅱ
碘酸银	Ⅱ
1－碘戊烷	Ⅱ
碘酰苯	Ⅴ
3－碘硝基苯	Ⅱ
2－碘硝基苯	Ⅱ
1－碘－2－硝基苯	Ⅱ
1－碘－3－硝基苯	Ⅱ
1－碘－4－硝基苯	Ⅱ
2－(2－碘乙基)－1,3－丙二醇二乙酸酯	Ⅳ
碘乙酸	Ⅱ
碘乙酸乙酯	Ⅲ
碘乙烷	Ⅱ
碘乙酰	Ⅳ
电缆沥青	Ⅰ
电石	Ⅰ
电石气	Ⅰ
α－淀粉酶	Ⅳ
靛红酸酐	Ⅴ
叠氮化钡(干的或含水＜50％)	Ⅲ

中文名称	卷序
叠氮化钡(含水>50%)	Ⅲ
叠氮化钠	Ⅰ
叠氮化铅	Ⅲ
叠氮化氢	Ⅲ
3-叠氮基磺酰基苯甲酸	Ⅳ
叠氮镁	Ⅳ
叠氮铅	Ⅲ
叠氮酸	Ⅲ
叠氮银	Ⅲ
叠合汽油	Ⅰ
丁胺醇	Ⅳ
丁苯	Ⅲ
丁苯胶	Ⅰ
丁苯胶乳	Ⅰ
丁苯吗啉	Ⅴ
丁苯热塑橡胶	Ⅰ
丁苯橡胶	Ⅰ
丁草胺	Ⅲ
丁草特	Ⅲ
丁醇	Ⅰ
1-丁醇	Ⅰ
2-丁醇	Ⅱ
3-丁醇醛	Ⅱ
1,4-丁二胺	Ⅰ
1,3-丁二醇	Ⅲ
2,3-丁二醇	Ⅲ
丁二醇单甲基醚	Ⅲ
丁二醇单乙基醚	Ⅲ
1,4-丁二醇二缩水甘油醚	Ⅴ
2,2′-(1,4-丁二基二(氧亚甲基))二环氧乙烷	Ⅴ
丁二腈	Ⅰ
丁二醛	Ⅳ
丁二炔	Ⅲ
丁二酸	Ⅳ
丁二酸二丙酯	Ⅲ
丁二酸二丁酯	Ⅳ
丁二酸二乙酯	Ⅳ
丁二酸二正丙酯	Ⅲ
丁二酸双异辛酯磺酸钙	Ⅰ
2,3-丁二酮	Ⅱ
1,3-丁二烯	Ⅰ
丁二酰氯	Ⅱ
丁二酰亚胺	Ⅱ
N-丁基苯胺	Ⅳ
5-丁基-1-*H*-苯并三唑钠	Ⅴ
2-(1-丁基-2-苯基-3,5-二氧代-1,2,4-三唑烷-4-基)-5′-(3-十二烷磺酰基-2-甲基丙酰氨基)-2′-甲氧基-4,4-二甲基-3-氧代戊酰苯胺	Ⅳ
2-(4-(*N*-丁基-*N*-苯乙基氨基)苯基)乙烯-1,1,2-三腈	Ⅴ
N-丁基吡咯烷	Ⅳ
α-丁基-α-对氯苯基-1*H*-1,2,4-三唑-1-甲基己腈丁基	Ⅴ
-2,3-环氧丙基醚	Ⅱ
N-丁基甲胺	Ⅲ
1-丁基-2-甲基溴化吡啶	Ⅴ
丁基锂	Ⅰ
丁基磷酸	Ⅱ
2-丁基硫醇	Ⅱ
2-丁基-4-氯-5-甲酰基咪唑	Ⅴ
N-丁基-2-(4-吗啉基羰基)苯甲酰胺	Ⅳ
丁基氰	Ⅲ
丁基-(R)-2-(4-(4-氰基-2-氟苯氧基)苯氧基)丙酸酯	Ⅳ
丁基溶纤剂	Ⅰ
丁基三苯基硼酸四丁铵盐	Ⅴ
丁基三环己基锡	Ⅴ
丁基三氯硅烷	Ⅳ
丁基三乙二醇	Ⅲ
2-丁基-2-乙基-1,5-戊二胺	Ⅳ
丁基乙烯	Ⅰ
丁基异氰酸酯	Ⅳ
丁间二醇	Ⅲ
丁腈	Ⅰ
丁腈胶	Ⅰ
丁腈胶乳	Ⅰ
丁腈橡胶	Ⅰ
丁硫醇	Ⅴ
丁硫环磷	Ⅴ
丁硫克百威	Ⅴ
丁醚脲	Ⅳ
丁内酰胺	Ⅱ

中文名称	卷序
γ-丁内酯	Ⅳ
β-丁内酯	Ⅴ
丁醛肟	Ⅱ
丁醛肟威	Ⅲ
1-丁炔	Ⅱ
2-丁炔	Ⅱ
1-丁炔-3-醇	Ⅴ
1,4-丁炔二醇	Ⅱ
3-丁炔-2-酮	Ⅳ
丁噻隆	Ⅴ
丁酸	Ⅰ
丁酸丙酯	Ⅰ
丁酸丁酯	Ⅰ
丁酸酐	Ⅰ
丁酸甲酯	Ⅲ
丁酸戊酯	Ⅰ
丁酸烯丙酯	Ⅳ
丁酸乙烯酯	Ⅳ
丁酸乙酯	Ⅰ
2-丁酮	Ⅰ
2-丁酮酸	Ⅰ
丁酮威	Ⅴ
2-丁酮肟	Ⅴ
丁烷	Ⅰ
丁蜗锡	Ⅰ
丁烯	Ⅰ
1-丁烯	Ⅰ
2-丁烯(顺式)	Ⅰ
丁烯醇	Ⅱ
2-丁烯-1-醇	Ⅱ
丁烯二酰氯(反式)	Ⅱ
2-丁烯腈	Ⅱ
3-丁烯腈	Ⅱ
丁烯磷	Ⅱ
2-丁烯醛(抑制了的)	Ⅱ
2-丁烯酸	Ⅱ
丁烯酸	Ⅱ
丁烯酸酐	Ⅳ
2-丁烯酸甲酯	Ⅱ
丁烯酸乙烯酯	Ⅲ
2-丁烯酸乙酯	Ⅱ
丁烯缩醛	Ⅳ
3-丁烯-2-酮	Ⅱ
丁烯酮	Ⅱ
丁酰胺	Ⅳ
丁酰氯	Ⅳ
丁香酚甲醚	Ⅳ
1-丁氧基-2-丙醇	Ⅴ
3-丁氧基-1-丙醇	Ⅲ
1-(2-丁氧基丙氧基)-2-丙醇	Ⅴ
2-丁氧基乙醇	Ⅰ
1-丁氧基-2-乙氧基乙烷	Ⅲ
N-(丁氧甲基)-α-氯-*N*-(2,6-二乙基苯基)乙酰胺	Ⅲ
啶虫咪	Ⅳ
啶嘧磺隆	Ⅴ
冬青油	Ⅲ
毒扁豆碱	Ⅴ
毒草胺	Ⅱ
毒虫威	Ⅴ
毒菌锡	Ⅲ
G 毒毛旋花苷	Ⅴ
毒毛旋花苷 K	Ⅴ
毒壤磷	Ⅲ
毒杀芬	Ⅱ
毒鼠碱	Ⅰ
毒鼠磷	Ⅴ
毒水芹酸	Ⅲ
毒死蜱	Ⅱ
杜鹃花酸	Ⅳ
杜烯	Ⅱ
煅烧石油焦	Ⅰ
对氨基苯丙酮	Ⅲ
对氨基苯酚	Ⅰ
对氨基苯磺酸	Ⅳ
对氨基苯磺酰胺	Ⅲ
对氨基苯甲醚	Ⅳ
对氨基苯甲酸	Ⅳ
对氨基苯甲酸乙酯	Ⅲ
对氨基苯醛	Ⅳ
对氨基苯胂酸	Ⅱ
对氨基苯胂酸钠	Ⅱ
对氨基苯乙醚	Ⅱ
对氨基吡啶	Ⅰ
对氨基-*N*,*N*-二甲基苯胺	Ⅱ
对氨基联苯	Ⅰ

中文名称	卷序
对氨基氯苯	Ⅱ
对氨基萘磺酸	Ⅳ
对氨基－2′,3－偶氮甲苯	Ⅱ
对氨基溴化苯	Ⅱ
对氨基乙酰苯胺	Ⅱ
对苯二胺	Ⅰ
对苯二酚	Ⅰ
对苯二甲酸	Ⅰ
对苯二甲酸二甲酯	Ⅰ
对苯二甲酸二乙酯	Ⅲ
对苯二甲酰氯	Ⅱ
对苯二甲酯乙酯	Ⅲ
对苯酚磺酸	Ⅱ
对苯基苯胺	Ⅰ
对苯醌	Ⅰ
对苄氧基苯酚	Ⅳ
对丙烯基邻甲氧基苯酚	Ⅳ
对丙氧基苯醛	Ⅳ
对称二苯肼	Ⅰ
对称二氯二乙醚	Ⅰ
敌诱酮	Ⅱ
对称二氯乙烯	Ⅱ
对称三噁烷	Ⅳ
对称三硝基苯	Ⅱ
对称三硝基苯甲酸(干的或含水＜30%)	Ⅲ
对碘苯酚	Ⅲ
对二氨基联苯	Ⅱ
对二氮己环	Ⅳ
对二氟苯	Ⅰ
对二甲氨基苯甲醛	Ⅳ
对二甲苯	Ⅰ
对二甲苯磺酸	Ⅳ
对二甲基氨基苯基硫酸重氮盐	Ⅳ
对二甲基氨基苯醛	Ⅳ
对二甲基氨基苯重氮磺酸钠	Ⅱ
对二甲基氨基偶氮苯	Ⅲ
对二甲基氨基偶氮苯	Ⅴ
对二甲基氨基偶氮苯磺酸钠	Ⅲ
对二氯苯	Ⅰ
对二硝基苯	Ⅱ
对二硝基二苯基羰(酰)二肼	Ⅱ
对二溴苯	Ⅲ
对二亚硝基苯	Ⅱ
对二乙基苯	Ⅰ
对二异丙基苯	Ⅲ
对氟苯胺	Ⅱ
对氟苯甲酸	Ⅲ
对茴香胺	Ⅳ
对甲苯胺	Ⅱ
对甲苯磺氯代酰胺钠	Ⅰ
对甲苯磺酸(硫酸含量≤5%)	Ⅴ
对甲苯磺酸	Ⅳ
对甲苯磺酸甲酯	Ⅳ
对甲苯磺酸铁(Ⅲ)	Ⅴ
对甲苯磺酰基苯胺苯汞	Ⅱ
对甲苯磺酰氯	Ⅱ
对甲苯基氰	Ⅱ
对甲苯甲酸	Ⅲ
对甲苯硫酚	Ⅱ
对甲苯醛	Ⅳ
对甲酚	Ⅰ
对甲基苯胺	Ⅳ
对甲基苯磺酰异氰酸酯	Ⅴ
对甲基苯甲腈	Ⅱ
对甲基苯乙烯	Ⅰ
对氟甲苯	Ⅱ
对甲基环己醇	Ⅳ
对甲基氯化苄	Ⅲ
对甲基异丙基苯	Ⅱ
对甲氧苯基缩水甘油酸甲酯	Ⅴ
对甲氧基苯胺	Ⅳ
对甲氧基苯醛	Ⅳ
对甲氧基氯化苄	Ⅲ
对甲氧基硝基苯	Ⅱ
对硫磷	Ⅰ
对硫氰酸苯胺	Ⅱ
对氯苯胺	Ⅱ
对氯苯酚	Ⅱ
3－对氯苯基－1,1－二甲基脲	Ⅲ
3－对氯苯基－1,1－二甲基脲三氯乙酸季铵盐	Ⅴ
3－对氯苯基－1－甲氧基－1－甲基脲	Ⅲ
对氯苯甲基氯	Ⅱ
对氯苯甲酰氯	Ⅱ
对氯苯硫醇	Ⅱ
对氯苯乙烯	Ⅲ

中文名称	卷序
对氯苄基对氯苯基硫醚	Ⅲ
对氯苄基氯	Ⅱ
对氯代苯氧基乙酸	Ⅲ
对氯氟苯	Ⅱ
对氯化汞苯甲酸	Ⅱ
对氯甲苯	Ⅱ
对氯邻氨基苯酚	Ⅲ
对氯邻氨基(苯)酚	Ⅲ
对氯邻甲苯胺	Ⅱ
对氯邻硝基苯胺	Ⅱ
对氯邻硝基甲苯	Ⅱ
对氯三氟苄	Ⅲ
对氯三氟甲苯	Ⅲ
对羟基安息香酸甲酯	Ⅲ
对羟基苯磺酸	Ⅱ
对羟基苯甲醚	Ⅰ
对羟基苯甲酸	Ⅳ
对羟基苯甲酸丙酯	Ⅲ
对羟基苯甲酸甲酯	Ⅲ
对羟基苯醛	Ⅳ
对羟基二苯胺	Ⅰ
对氰基苯甲酸	Ⅱ
对叔丁基苯酚	Ⅰ
对叔丁基儿茶酚	Ⅰ
对叔丁基酚	Ⅰ
对叔丁基甲苯	Ⅳ
对叔丁基邻苯二酚	Ⅰ
对酞酸	Ⅰ
2－(对－特丁基苯氧基)异丙基－2′－氯乙基亚硫酸酯	Ⅲ
对戊基环己酮	Ⅴ
对硝基苯胺	Ⅰ
对硝基苯酚	Ⅰ
对硝基苯酚钠	Ⅰ
对硝基苯磺酰氯	Ⅱ
对硝基苯甲醚	Ⅱ
对硝基苯甲醛	Ⅳ
对硝基苯甲酸	Ⅳ
对硝基苯甲酰胺	Ⅰ
对硝基苯甲酰氯	Ⅱ
对硝基苯肼	Ⅱ
对硝基苯胂酸	Ⅱ
对硝基苯乙腈	Ⅱ
对硝基苯乙醚	Ⅱ
对硝基苯异氰酸酯	Ⅳ
4－(对硝基苄基)吡啶	Ⅱ
对硝基苄基氯	Ⅱ
对硝基苄基氰	Ⅱ
对硝基苄基溴	Ⅱ
对硝基碘苯	Ⅱ
对硝基酚钠	Ⅰ
对硝基甲苯	Ⅱ
对硝基联苯	Ⅲ
对硝基邻氨基(苯)酚	Ⅲ
对硝基邻甲苯胺	Ⅱ
对硝基邻甲氧基苯胺	Ⅱ
对硝基氯苯	Ⅰ
对硝基氯(化)苄	Ⅱ
对硝基溴苯	Ⅱ
对硝基溴(化)苄	Ⅱ
对辛基苯酚	Ⅳ
对溴苯胺	Ⅱ
对溴苯酚	Ⅱ
对溴苯磺酰氯	Ⅱ
3－对溴苯基－1－甲氧基甲基脲	Ⅲ
对溴苯甲醚	Ⅰ
对溴苯甲酰甲基溴	Ⅲ
对溴苯甲酰氯	Ⅱ
对溴苯肼	Ⅰ
N－(对溴苄基)－2－单氟乙酰胺	Ⅳ
对溴茴香醚	Ⅰ
对溴基溴化苯乙酮	Ⅲ
对溴甲苯	Ⅱ
对溴邻二甲苯	Ⅱ
对亚硝基苯酚	Ⅲ
对亚硝基二甲基苯胺	Ⅲ
对亚硝基二乙(基)苯胺	Ⅱ
对亚硝基酚	Ⅲ
对乙基硝基苯	Ⅱ
对乙酰氨基苯胺	Ⅱ
对乙酰氨基苯乙醚	Ⅳ
对乙酰乙氧基苯胺	Ⅳ
对乙氧基苯胺	Ⅱ
对乙氧基硝基苯	Ⅱ
对异丙基苯酚	Ⅳ
对异丙基甲苯	Ⅱ

中文名称	卷序
对异硫氰基苯胺	Ⅱ
多果定	Ⅱ
多聚甲醛	Ⅴ
多聚磷酸	Ⅱ
多聚乙醛	Ⅲ
多菌灵	Ⅴ
多硫化铵	Ⅴ
多硫化钡	Ⅱ
多硫化钙	Ⅴ
多硫化钾	Ⅴ
多硫化钠	Ⅴ
多氯联苯	Ⅱ
多氯三联苯	Ⅳ
多羟基化合物磷酸混酯	Ⅰ
多烯基丁二酰亚胺	Ⅰ
多效油性剂 T406	Ⅰ
多溴联苯	Ⅳ
多亚乙基多胺	Ⅰ
多乙烯多胺	Ⅰ
多元醇磷酸酯	Ⅰ
E	
锇	Ⅲ
锇(酸)酐	Ⅲ
锇酸酐	Ⅲ
噁烷	Ⅰ
苊	Ⅱ
噁草酮	Ⅴ
噁虫威	Ⅱ
噁霉灵	Ⅴ
噁唑禾草灵	Ⅴ
噁唑菌酮	Ⅴ
噁唑磷	Ⅴ
恩诺沙星	Ⅲ
蒽	Ⅱ
蒽油	Ⅳ
儿茶酚	Ⅰ
二-2-丙烯基胺	Ⅳ
二氨合二异氰酸根络锌	Ⅴ
1,2-二氨基苯	Ⅰ
1,4-二氨基苯	Ⅰ
2,4-二氨基-6-苯基-1,3,5-三嗪	Ⅴ
2,4-二氨基苯甲醚	Ⅱ
1,3-二氨基丙烷	Ⅰ

中文名称	卷序
1,2-二氨基丙烷	Ⅱ
1,4-二氨基丁烷	Ⅰ
4,4′-二氨基二苯砜	Ⅱ
4,4′-二氨基二苯基二硫	Ⅱ
4,4′二氨基二苯基甲烷	Ⅱ
4,4′-二氨基二苯硫醚	Ⅴ
4,4′-二氨基二苯醚	Ⅱ
3,3′-二氨基二丙胺	Ⅱ
4,4-二氨基-3,3-二甲基二苯基甲烷	Ⅴ
4,4′-二氨基-3,3′-二氯二苯基甲烷	Ⅳ
2,6-二氨基-3,5-二乙基甲苯	Ⅳ
1,10-二氨基癸烷	Ⅲ
1,2-二氨基环己烷	Ⅱ
1,6-二氨基己烷	Ⅰ
2,4-二氨基甲苯	Ⅱ
2,5-二氨基甲苯	Ⅱ
4,4′-二氨基-2-甲基偶氮苯	Ⅴ
1,3-二(氨基甲酰硫)-2-二甲基氨基丙烷	Ⅲ
2,4-二氨基-5-甲氧甲基嘧啶	Ⅴ
4,4′-二氨基联苯	Ⅱ
二氨基镁	Ⅳ
1,4-二氨基-2-氰基-3-(2-丁基-2H-四氮唑-5-基)-9,10-二氢-9,10-蒽醌	Ⅴ
S-((4,6-二氨基-1,3,5-三嗪-2-基)甲基)-*O*,*O*-二甲基二硫代磷酸酯	Ⅲ
1,2-二氨基乙烷	Ⅰ
二苯胺	Ⅲ
二苯并吡啶	Ⅱ
二苯并(*a*,*h*)蒽	Ⅴ
二苯二氯硅烷	Ⅳ
二苯汞	Ⅲ
二苯胍	Ⅲ
二苯基苯	Ⅲ
N,*N*′-二苯基对苯二胺	Ⅲ
二苯基二甲氧基硅烷	Ⅳ
二苯基二氯硅烷	Ⅳ
二苯基二硒	Ⅱ
二苯基汞	Ⅲ
5,5-二苯基海因	Ⅴ
二苯基甲烷-4,4-二异氰酸酯	Ⅴ
二苯基硫卡巴腙	Ⅲ

中文名称	卷序
二苯基氯胂	Ⅱ
二苯基镁	Ⅳ
5,5-二苯基-2,4-咪唑烷二酮	Ⅴ
二苯基溴甲烷	Ⅱ
2-二苯基乙酰基-1,3-茚二酮	Ⅱ
二苯甲烷	Ⅱ
4,4′-二苯甲烷二异氰酸酯	Ⅰ
1,2-二苯肼	Ⅰ
二苯醚	Ⅴ
二苯亚硝胺	Ⅱ
1,2-二苯乙烷	Ⅲ
二苄基二硫	Ⅰ
二苄基二硫醚	Ⅰ
二苄醚	Ⅴ
二丙胺	Ⅲ
二丙二醇	Ⅰ
二丙二醇单丁醚	Ⅲ
二丙二醇甲醚	Ⅲ
二丙基-4-甲基硫代苯基磷酸酯	Ⅳ
二丙基(甲)酮	Ⅱ
二丙基硫	Ⅱ
N,*N*-二丙基硫代氨基甲酸-*S*-乙酯	Ⅱ
二丙硫醚	Ⅱ
二丙酮腙	Ⅱ
二丙烯草胺	Ⅴ
二丙烯酸二乙二醇酯	Ⅴ
二碘化汞	Ⅰ
二碘甲烷	Ⅱ
3-(((二丁氨基)硫代甲基))硫代)丙酸甲酯	Ⅴ
二丁氨基乙醇	Ⅱ
二丁胺	Ⅱ
二丁基二硫代氨基甲酸钼	Ⅰ
二丁基二硫代氨基甲酸铅	Ⅰ
二丁基二硫代氨基甲酸锑	Ⅰ
二丁基二硫代氨基甲酸锌	Ⅲ
二丁基二氯化锡	Ⅲ
二丁基二(十二酸)锡	Ⅱ
二丁基二月桂酸锡	Ⅱ
二丁基甲酮	Ⅲ
二丁基萘磺酸钠	Ⅰ
二丁基锡氢硼烷	Ⅴ
二丁基氧化锡	Ⅱ
N,*N*-二丁基乙醇胺	Ⅱ
二丁醚	Ⅱ
二丁氧基四甘醇醚	Ⅲ
2,2′-二丁氧基乙醚	Ⅲ
1,2-二丁氧基乙烷	Ⅲ
二-*L*-对薄荷烯	Ⅴ
N,*N*-二(2-(对甲苯磺酰氧)乙基)-对甲苯磺酰胺	Ⅴ
二噁类化合物	Ⅳ
二噁烷	Ⅰ
S,*S*′-(1,4-二噁烷-2,3-二基)双(*O*,*O*-二乙基二硫代磷酸酯)	Ⅱ
二噁项	Ⅴ
二((1,1-二甲基-2-丙炔基)氧基)二甲基硅烷	Ⅴ
2,5-二(1,1-二甲基丁基)对苯二酚	Ⅴ
2-(2,4-二(1,1-二甲基-乙基)苯氧基)-*N*-(2-羟基-5-甲基-苯基)己酰胺	Ⅳ
二(1,1-二甲基乙基)过氧化物	Ⅰ
2,4-二(1,1-二甲基乙基)环己酮	Ⅴ
二芳基二硫代磷酸锌	Ⅰ
1,3-二氟苯	Ⅱ
1,2-二氟苯	Ⅰ
1,4-二氟苯	Ⅰ
二氟醋酸	Ⅲ
二氟代磷酸(无水)	Ⅲ
二氟二氯甲烷	Ⅳ
1,1-二氟-1,2-二氯乙烷	Ⅲ
二氟二溴甲烷	Ⅱ
二氟化钴	Ⅱ
二氟化铅	Ⅱ
二氟化氢铵	Ⅱ
二氟化铜	Ⅱ
二氟化锡	Ⅳ
二氟化氧	Ⅱ
二氟磷酸(无水)	Ⅲ
2,3-二氟-5-氯吡啶	Ⅴ
2,4-二氟-3-氯硝基苯	Ⅴ
二氟氯溴甲烷	Ⅲ
1,1-二氟-1-氯乙烷	Ⅲ
2,4-二氟-α-(1H-1,2,4-三唑-1-基)乙酰苯盐酸盐	Ⅴ

中文名称	卷序
1,2－二氟四氯乙烷	Ⅴ
二氟乙酸	Ⅲ
1,1－二氟乙烷	Ⅲ
1,1－二氟乙烯	Ⅱ
二甘醇	Ⅱ
二甘醇胺	Ⅱ
二甘醇单己基醚	Ⅴ
二甘醇二丙烯酸酯	Ⅴ
二甘醇二硝酸酯	Ⅱ
二(8－胍基辛基)胺	Ⅲ
二环庚二烯	Ⅱ
二环(2,2,1)庚－2,5－二烯	Ⅱ
二环己胺	Ⅰ
二环己基甲烷－4,4′－二异氰酸酯	Ⅴ
N,*N*'－二环己基碳二亚胺	Ⅴ
二环戊基二甲氧基硅烷	Ⅴ
二(2－环氧丙基)醚	Ⅱ
N,*N*－二环已基－2－苯并噻唑次磺酰胺	Ⅰ
二黄原酸	Ⅴ
1,3－二磺酰肼苯	Ⅱ
二己基醚	Ⅲ
N－(4－(4－(二甲氨基)苯基)(4－(乙基((3－磺基苯基)甲基)氨基)苯基)亚甲基)－2,5－亚环己二烯－1－基)－*N*－乙基－3－磺基苯甲铵内盐钠盐	Ⅳ
3－二甲氨基－1－丙胺	Ⅲ
二甲氨基丙胺	Ⅲ
1－(二甲氨基)－2－丙醇	Ⅱ
3－(二甲氨基)－1－丙醇	Ⅱ
3－(二甲氨基)丙基脲	Ⅴ
β－二甲氨基丙腈	Ⅱ
3－二甲氨基丙腈	Ⅱ
2－二甲氨基－5,6－二甲基嘧啶－4－基－*N*,*N*－二甲基氨基甲酸酯	Ⅱ
二甲氨基环己烷	Ⅱ
6－二甲氨基－1－己醇	Ⅴ
2－(2－(2－(二甲氨基)乙氧基乙基)甲氨基)－乙醇	Ⅴ
二甲胺	Ⅰ
二甲胺基磺酰氯	Ⅴ
2－(二甲胺基)乙腈	Ⅱ
1,2－二甲苯	Ⅰ
二甲苯	Ⅴ

中文名称	卷序
N,*N*－二甲苯胺	Ⅱ
3,4－二甲苯胺	Ⅳ
二甲苯胺	Ⅴ
2,4－二甲苯酚	Ⅲ
2,3－二甲苯酚	Ⅱ
2,5－二甲苯酚	Ⅱ
2,6－二甲苯酚	Ⅱ
3,4－二甲苯酚	Ⅱ
3,5－二甲苯酚	Ⅱ
N－(2′,6′－二甲苯基)－2－哌啶甲酰胺盐酸盐	Ⅳ
二甲苯麝香	Ⅴ
二甲草胺	Ⅴ
二甲次胂酸	Ⅱ
2,6－二甲酚	Ⅳ
二甲酚	Ⅰ
2,4－二甲酚	Ⅲ
4－二甲基氨基苯重氮磺酸钠	Ⅱ
2－二甲基氨基甲酰基－3－甲基－5－吡唑基－*N*,*N*－二甲基氨基甲酸酯	Ⅱ
二甲基氨基甲酰氯	Ⅳ
二甲基氨基氰	Ⅲ
5－二甲基氨基－1,2,3－三噻烷草酸盐	Ⅳ
2－二甲基氨基乙醇	Ⅱ
二甲基氨基乙腈	Ⅱ
N,*N*－二甲基氨基乙腈	Ⅱ
3,4－二甲基苯胺	Ⅳ
2,3－二甲基苯胺	Ⅱ
2,4－二甲基苯胺	Ⅱ
2,5－二甲基苯胺	Ⅱ
2,6－二甲基苯胺	Ⅱ
3,5－二甲基苯胺	Ⅱ
N,*N*－二甲基苯胺	Ⅱ
N,*N*－二甲基苯胺四(五氟苯基)硼酸盐	Ⅴ
2,2－二甲基－1,3－苯并二氧戊环－4－醇	Ⅴ
2,2－二甲基－1,3－苯并间二氧杂环戊烯－*N*－甲基氨基甲酸酯	Ⅱ
N,*N*－二甲基苯－1,3－二胺	Ⅴ
2,6－二甲基苯酚	Ⅳ
二甲基苯酚	Ⅰ
1,1－二甲基－3－苯基脲	Ⅲ
1,1－二甲基－3－苯基脲鎓三氯乙酸盐	Ⅴ

中文名称	卷序
4-((2,4-二甲基苯基)偶氮)-3-羟基-2,7-萘二磺酸二钠)	Ⅴ
3,5-二甲基苯甲酰氯	Ⅴ
2,4-二甲基苯乙烯	Ⅱ
2,4-二甲基吡啶	Ⅱ
2,5-二甲基吡啶	Ⅱ
2,6-二甲基吡啶	Ⅱ
3,4-二甲基吡啶	Ⅱ
3,5-二甲基吡啶	Ⅱ
二甲基吡啶氯化苄季铵盐	Ⅰ
N,*N*-二甲基苄胺	Ⅱ
N,*N*-二甲基丙胺	Ⅳ
N,*N*-二甲基丙醇胺	Ⅱ
N,*N*-二甲基-1,3-丙二胺	Ⅲ
(*Z*)-2,2-二甲基-1,3-丙二醇二-9-十八碳烯酸酯	Ⅲ
N,*N*-二(2-甲基丙基)胺	Ⅱ
3,3-二((1,1-二甲基丙基)二氧代)丁酸乙酯	Ⅳ
2,2-二甲基丙酸-3-甲基-3-丁烯基酯	Ⅴ
2,2-二甲基丙酸甲酯	Ⅱ
2,2-二甲基丙烷	Ⅰ
二甲基丙烯酸乙二醇酯	Ⅲ
N,*N*-二甲基丙烯酰胺	Ⅲ
1,3-二甲基丁胺	Ⅱ
N-(1,3 二甲基丁基)-*N*'-苯基-对苯二胺	Ⅰ
3,3-二甲基-2-丁酮	Ⅱ
2,2-二甲基丁烷	Ⅰ
2,3-二甲基丁烷	Ⅱ
2,3-二甲基-1-丁烯	Ⅱ
2,3-二甲基-2-丁烯	Ⅱ
N,*N*-二甲基对苯二胺	Ⅱ
N,*N*-二甲基对甲苯胺	Ⅴ
8-(3,3'-二甲基-4'-(4-((对甲苯基)磺酰氧基)苯基偶氮)-1,1'-联苯-4-偶氮基)-7-羟基-1,3-萘二磺酸的二钠盐	Ⅴ
二甲基-*S*-对氯苯基硫代磷酸酯	Ⅳ
O,*O*-二甲基-*O*-(对氰基苯基)硫代磷酸酯	Ⅲ
N,*N*-二甲基对亚硝基苯胺	Ⅲ
3,3'-二甲基-4,4'-二氨基二环己基甲烷	Ⅴ
3,3'-二甲基-4,4'-二氨基联苯	Ⅱ
O,*O*-二甲基-*S*-((4,6-二氨基-1,3,5-三嗪-2-甲基))二硫代磷酸酯	Ⅲ
N,*N*-二甲基-2,2-二苯乙酰胺	Ⅱ
2,5-二甲基-1,4-二噁烷	Ⅴ
4,4'-二甲基-1,3-二噁烷	Ⅱ
二甲基二噁烷	Ⅱ
二甲基-3-((二甲氧基磷氧基)氧代)-2-戊烯二酸酯	Ⅱ
二甲基二硫	Ⅰ
二甲基二硫代氨基甲酸三苯基锡	Ⅳ
二甲基二硫代氨基甲酸铁	Ⅲ
二甲基二硫代氨基甲酸铜	Ⅴ
二甲基二硫代氨基甲酸锌	Ⅱ
二甲基二氯硅烷	Ⅱ
二甲基二烯丙基氯化铵的均聚物	Ⅰ
O,*O*-二甲基-*O*-(1,2-二溴-2,2-二氯乙基)磷酸酯	Ⅱ
二甲基二乙氧基硅烷	Ⅱ
O,*O*-二甲基-*S*-(1,2-二(乙氧基羰基)乙基)二硫代磷酸酯	Ⅲ
2,5-二甲基呋喃	Ⅱ
3,4-二甲基庚烷	Ⅴ
2,4-二甲基庚烷	Ⅴ
2,3-二甲基庚烷	Ⅴ
3,3-二甲基庚烷	Ⅴ
2,2-二甲基庚烷	Ⅴ
2,5-二甲基庚烷	Ⅱ
3,5-二甲基庚烷	Ⅱ
4,4-二甲基庚烷	Ⅱ
2,6-二甲基-3-庚烯	Ⅱ
二甲基汞	Ⅴ
二甲基硅油	Ⅰ
2,5-二甲基-2,5-过氧化二氢己烷(含量≤82%,含水)	Ⅴ
二甲基琥珀酰肼	Ⅲ
N,*N*-二甲基环己胺	Ⅱ
1-(3,3-二甲基环己基)-4-戊烯-1-酮	Ⅴ

中文名称	卷序
1,2-二甲基环己烷	Ⅳ
1,1-二甲基环己烷	Ⅱ
1,3-二甲基环己烷	Ⅱ
1,4-二甲基环己烷	Ⅱ
α,α-二甲基环己烷丙醇	Ⅴ
1,2-二甲基环戊烷	Ⅱ
1,1-二甲基环戊烷	Ⅳ
1,3-二甲基环戊烷	Ⅳ
二甲基磺酸-1,4-丁二醇酯	Ⅲ
2,5-二甲基-1,5-己二烯	Ⅴ
2,5-二甲基-2,4-己二烯	Ⅱ
2,5-二甲基己烷	Ⅲ
2,2-二甲基己烷	Ⅱ
2,3-二甲基己烷	Ⅱ
2,4-二甲基己烷	Ⅱ
O,*O*-二甲基-*S*-甲基氨基甲酰甲基二硫代磷酸酯	Ⅱ
O,*O*-二甲基-*S*-(*N*-甲基氨基甲酰甲基)硫代磷酸酯	Ⅲ
二甲基-4-(甲基硫代)苯基磷酸酯	Ⅴ
2,4-二甲基-6-(1-甲基-十五烷基)苯酚	Ⅴ
O,*O*-二甲基-*O*-(3-甲基-4-硝基苯基)硫代磷酸酯	Ⅲ
3,5-二甲基-4-(甲硫基)苯基甲基氨基甲酸酯	Ⅱ
O,*O*-二甲基-*O*-4-甲硫基-3-甲苯基硫代磷酸酯	Ⅱ
二甲基甲酰胺	Ⅰ
N,*N*-二甲基甲酰胺	Ⅰ
O,*O*-二甲基*S*-(*N*-甲酰基-*N*-甲基氨基甲酰甲基)二硫代磷酸酯	Ⅱ
O,*O*-二甲基-*O*-(2-甲氧甲酰基-1-甲基)乙烯基磷酸酯	Ⅲ
O,*O*-二甲基-*S*-(*N*-甲氧乙基)-氨基甲酰甲基二硫代磷酸酯	Ⅲ
N,*N*-二甲基间硝基苯胺	Ⅱ
N,*N*-二甲基肼	Ⅱ
1,1-二甲基肼	Ⅱ
1,2-二甲基肼	Ⅱ
二甲基聚硅氧烷	Ⅰ
N,*N*'-二甲基联苯胺	Ⅴ
3,3′-二甲基联苯胺	Ⅱ
1,1-二甲基-4,4′-联吡啶鎓双硫酸甲酯盐	Ⅴ
1,1′-二甲基-4,4′-联吡啶阳离子	Ⅱ
3-二甲基磷氧基-*N*,*N*-二甲基异丁烯酰胺	Ⅱ
O,*S*-二甲基硫代磷酰胺酯	Ⅱ
O,*O*′-二甲基硫代磷酰氯	Ⅱ
O,*O*-二甲基-*O*-(2-氯-2-二乙胺基甲酰基-1-甲基乙烯基)磷酸酯	Ⅱ
N,*N*-二甲基-*N*′-(3-氯-4-甲苯基)脲	Ⅲ
(*Z*)-*O*,*O*-二甲基-*O*-(2-氯-1-(2,4,5-三氯苯基)乙烯基)磷酸酯	Ⅲ
O,*O*-二甲基-*O*-(2-氯-4-硝基苯基)硫代磷酸酯	Ⅳ
二甲基氯乙缩醛	Ⅱ
2,6-二甲基吗啉	Ⅱ
二甲基镁	Ⅱ
1,2-二甲基-1H-咪唑	Ⅴ
1,1-二甲基哌啶翁氯化物	Ⅴ
1,4-二甲基哌嗪	Ⅱ
N,*N*'-二甲基哌嗪	Ⅱ
N,*N*-二甲基-2-羟基乙胺	Ⅱ
5,5-二甲基全氢化嘧啶-2-酮-4-(三氟甲基)-α-(4-三氟甲基苯乙烯基)亚肉桂基)腙	Ⅴ
二甲基溶纤剂	Ⅲ
3,3-二甲基-5-(2,2,3-三甲基-3-环戊烯-1-基)-4-戊烯-2-醇	Ⅴ
O,*O*-二甲基-*O*-(2,4,5-三氯苯基)硫代磷酸酯	Ⅲ
二甲基-(2,2,2-三氯-1-羟基乙基)膦酸酯	Ⅰ
4,4-二甲基-3,5,8-三氧杂双环(5,1,0)辛烷	Ⅴ
二甲基砷酸钠	Ⅲ
N,*N*-二甲基十二胺	Ⅰ
N,*N*-二甲基十二烷基胺	Ⅰ
N,*N*-二甲基十二烷基-*N*-氧化胺	Ⅳ
2,5-二甲基-2,5-双(过氧化叔丁基)己烷	Ⅲ

中文名称	卷序
3,3′-((3,3′-二甲基-4,4′-双亚苯基)双偶氮)双(5-氨基-4-羟基-2,7-萘二磺酸)四钠盐	Ⅴ
O,*O*-二甲基-*S*-(酞酰亚胺甲基)二硫代磷酸酯	Ⅲ
二甲基酮	Ⅰ
二甲基酮肟	Ⅰ
2,3-二甲基戊醛	Ⅱ
2,4-二甲基-3-戊酮	Ⅱ
2,2-二甲基戊烷	Ⅰ
3,3-二甲基戊烷	Ⅰ
2,3-二甲基戊烷	Ⅰ
2,4-二甲基戊烷	Ⅰ
2,2-二甲基-4-戊烯醛	Ⅳ
二甲基硒	Ⅲ
N,*N*-二甲基硒脲	Ⅱ
3,5-二甲基硝基苯	Ⅱ
2,3-二甲基硝基苯	Ⅱ
3,4-二甲基硝基苯	Ⅲ
1,3-二甲基-4-硝基苯	Ⅱ
2,4-二甲基硝基苯	Ⅱ
2,6-二甲基硝基苯	Ⅱ
2,5-二甲基硝基苯	Ⅱ
1,2-二甲基-3-硝基苯	Ⅱ
1,3-二甲基-2-硝基苯	Ⅱ
1,3-二甲基-5-硝基苯	Ⅱ
1,4-二甲基-2-硝基苯	Ⅱ
O,*O*-二甲基-*O*,4-硝基苯基硫代磷酸酯	Ⅱ
3,7-二甲基-2,6-辛二烯醛	Ⅴ
3,7-二甲基辛腈	Ⅳ
二甲基锌	Ⅱ
3,4-二甲基溴化苯	Ⅱ
N,*N*′-(2,2-二甲基亚丙基)六亚甲基二胺	Ⅴ
二甲基亚砜	Ⅰ
6,6-二甲基-2-亚甲基-二环(3,1,1)-庚烷	Ⅱ
2,2-二甲基-3-亚甲基双环(2,2,1)庚烷	Ⅱ
二甲基亚硝胺	Ⅱ
N,*N*-二甲基-4-亚硝基苯胺	Ⅲ
4-(4,4-二甲基-3-氧代-1-吡唑烷基)-苯甲酸	Ⅴ
7,7-二甲基-3-氧杂-6-氮杂-1-辛醇	Ⅴ
2,5-二甲基氧(杂)茂	Ⅱ
N,*N*-二甲基乙胺	Ⅴ
1,1-二甲基乙胺	Ⅰ
N,*N*-二甲基乙醇胺	Ⅱ
N,*N*-二甲基乙二胺	Ⅴ
4-(1,1-二甲基乙基)-1,2-苯二酚	Ⅰ
2-(1,1-二甲基乙基)苯酚	Ⅲ
1-((2-(1,1-二甲基乙基)-环己基)氧)-2-丁醇	Ⅴ
二甲基乙基甲醇	Ⅲ
1,1-二甲基乙基-1-甲基-1-苯基乙基过氧化物	Ⅳ
二甲基乙炔	Ⅱ
N,*N*-二甲基乙酰胺	Ⅴ
O,*S*-二甲基乙酰基硫代磷酰胺	Ⅳ
二甲基乙氧基硅烷	Ⅴ
N,*N*-二甲基异丙醇胺	Ⅱ
二甲硫	Ⅰ
二甲硫醚	Ⅰ
二甲醚	Ⅰ
二甲胂酸	Ⅱ
二甲胂酸钠	Ⅲ
二甲威	Ⅴ
二甲戊乐灵	Ⅲ
二甲硒	Ⅲ
二甲亚砜	Ⅰ
1,4-二甲氧基苯	Ⅳ
1-((2,5-二甲氧基苯基)偶氮)-2-萘酚	Ⅴ
2,6-二甲氧基苯甲酰氯	Ⅱ
4,6-二甲氧基-2-(苯氧基羰基)氨基嘧啶	Ⅴ
3,4-二甲氧基苯乙腈	Ⅲ
1,2-二甲氧基丙烷	Ⅴ
2,2-二甲氧基丙烷	Ⅱ
1,3-二甲氧基丁烷	Ⅳ
3,3′-二甲氧基-4,4′-二氨基联苯	Ⅲ
3,3′-((3,3′-二甲氧基-4,4′-二亚苯基)双(偶氮))双(5-氨基-4-羟基-2,7-萘二磺酸)四钠盐	Ⅴ

中文名称	卷序
1－二甲氧基甲基－2－硝基苯	Ⅴ
二甲氧基甲烷	Ⅱ
3,3′－二甲氧基联苯胺	Ⅲ
3,3′－二甲氧基联苯胺二盐酸盐	Ⅱ
2,3－二甲氧基马钱子碱	Ⅴ
二甲氧基双(1－甲基乙基)硅烷	Ⅴ
1,1－二甲氧基乙烷	Ⅱ
1,2－二甲氧基乙烷	Ⅲ
1,1－二(2－甲氧基乙氧基)乙烷	Ⅳ
1,2－二(3－甲氧羰基－2－硫脲基)苯	Ⅲ
二甲乙醚	Ⅰ
二聚丙烯醛(稳定的)	Ⅲ
二聚环戊二烯	Ⅰ
二聚酸	Ⅰ
二聚戊烯	Ⅲ
二聚亚油酸	Ⅰ
二苦胺	Ⅴ
二苦基胺	Ⅱ
二磷化三镁	Ⅱ
二磷酰甲基琥珀酸	Ⅴ
4,4′－二硫代二苯胺	Ⅱ
2,2′二硫代二苯骈噻唑	Ⅰ
二硫代二乙酸双(2－乙基己基)酯	Ⅳ
二硫代磷酸的邻－乙基－邻－(4－甲基硫代苯基)－*S*－正丙酯	Ⅳ
二硫代磷酸－*O*,*O*－二甲基－*S*－(α－乙羧基)苄基酯	Ⅱ
二硫代磷酸－*O*,*O*′－(硫代二－4,1－亚苯基)－*O*,*O*,*O*′,*O*′－四乙基酯	Ⅲ
二硫代磷酸－*O*－乙基－*S*,*S*－二苯酯	Ⅱ
二硫代四乙基秋兰姆	Ⅲ
二硫化丙基丙烯	Ⅴ
二硫化二异丙基黄原酸酯	Ⅰ
二硫化钼	Ⅰ
二硫化钼锂基润滑脂	Ⅰ
二硫化三镍	Ⅴ
二硫化四苄基秋兰姆	Ⅴ
二硫化四甲基秋兰姆	Ⅰ
二硫化碳	Ⅰ
二硫化硒	Ⅱ
二硫酰氯	Ⅱ
1,3－二硫杂环戊烷－2－叉丙二酸二异丙酯	Ⅳ
1,1－二氯－1－硝基乙烷	Ⅱ
1,4－二氯苯	Ⅰ
1,2－二氯苯	Ⅰ
2,3－二氯苯胺	Ⅱ
2,4－二氯苯胺	Ⅱ
2,5－二氯苯胺	Ⅱ
2,6－二氯苯胺	Ⅱ
3,4－二氯苯胺	Ⅱ
2,3－二氯苯酚	Ⅲ
2,4－二氯苯酚	Ⅳ
2,5－二氯苯酚	Ⅲ
2,6－二氯苯酚	Ⅳ
3,4－二氯苯酚	Ⅲ
2－(2,4－二氯苯基)－2－(2－丙烯基)环氧乙烷	Ⅴ
N－(3,4－二氯苯基)丙酰胺	Ⅱ
3－(3,4－二氯苯基)－1,1－二甲基脲	Ⅱ
O－(2,4－二氯苯基)－*O*,*O*－二乙基硫代磷酸酯	Ⅱ
3－(2,4－二氯苯基)－6－氟－喹唑啉－2,4(1H,3H)－二酮	Ⅳ
3－(3,5－二氯苯基)－5－甲基－5－乙烯基－1,3－噁唑烷－2,4－二酮	Ⅳ
3－(3,4－二氯苯基)－1－甲氧基－1－甲基脲	Ⅲ
二氯苯基三氯硅烷	Ⅱ
(±)－2－(2,4－二氯苯基)－3－(1H－1,2,4－三唑－1－基)－1－丙醇	Ⅴ
(±)2－(2,4－二氯苯基)－3－(1H－1,2,4－三唑－1－基)丙基－1,1,2,2－四氟乙基醚	Ⅴ
2－(2,4－二氯苯基)－1－(1H－1,2,4－三唑－1－基)－4－戊烯－2－醇	Ⅴ
O－2,4－二氯苯基－*O*－乙基－*S*－丙基二硫代磷酸酯	Ⅳ
2,6－二氯苯基异氰酸酯	Ⅳ
3,4－二氯苯基异氰酸酯	Ⅱ
2,3－二氯苯基异氰酸酯	Ⅳ
2,5－二氯苯基异氰酸酯	Ⅳ
2,4－二氯苯基异氰酸酯	Ⅳ
4－(2,4－二氯苯甲酰基)－1,3－二甲基－5－吡唑基－4－甲苯磺酸盐	Ⅳ

中文名称	卷序
2－(4－(2,4－二氯苯甲酰基)－1,3－二甲基－5－吡唑基氧)乙酰苯酮	Ⅳ
2,4－二氯苯甲酰氯	Ⅱ
2,6－二氯苯腈	Ⅳ
4－(3,4－二氯苯偶氮基)－2,6－仲丁基苯酚	Ⅴ
3,4－二氯苯偶氮硫代氨基甲酰胺	Ⅴ
二氯苯胂	Ⅲ
(＋)－*R*－2－(2,4－二氯苯氧基)丙酸	Ⅴ
2－(2,4－二氯苯氧基)丙酸	Ⅲ
2－(2,4－二氯苯氧基)－(*R*)－丙酸钾	Ⅳ
4－(2,4－二氯苯氧基)丁酸	Ⅱ
二－(4－氯苯氧基)甲烷	Ⅲ
2,4－二氯苯氧基乙基硫酸酯单钠盐	Ⅴ
2,4－二氯苯氧基乙酸	Ⅱ
2,4－二氯苯氧乙酸钠	Ⅱ
2,4－二氯苯氧乙酸正丁酯	Ⅰ
二氯吡啶酸	Ⅳ
3,4－二氯苄基氯	Ⅱ
1,3－二氯－2－丙醇	Ⅱ
二氯丙醛	Ⅱ
2,3－二氯丙醛	Ⅱ
2,2－二氯丙酸	Ⅲ
2,2－二氯丙酸钠	Ⅲ
1,3－二氯－2－丙酮	Ⅱ
1,3－二氯丙酮	Ⅱ
1,2－二氯丙烷	Ⅰ
1,3－二氯丙烷	Ⅱ
1,1－二氯丙烯	Ⅴ
1,2－二氯丙烯	Ⅱ
1,3－二氯丙烯	Ⅱ
2,3－二氯丙烯	Ⅱ
二氯醋酸	Ⅱ
二氯醋酸甲酯	Ⅱ
二氯代苯胩	Ⅱ
二氯代丁烯醛酸	Ⅱ
1,3－二氯代甘油	Ⅱ
1,4－二氯－2－丁炔	Ⅳ
1,4－二氯丁烷	Ⅱ
1,3－二氯－2－丁烯	Ⅱ
1,4－二氯－2－丁烯	Ⅱ
4,4'－二氯二苯乙醇酸乙酯	Ⅱ
4,4'－二氯二丁基醚	Ⅱ
二氯二丁基锡	Ⅲ
1－(3,5－二氯－2,4－二氟苯基)－3－(2,6－二氟苯甲酰基)脲	Ⅳ
二氯二氟乙烷	Ⅲ
二氯二甲吡啶酚	Ⅴ
3,5－二氯－*N*－(1,1－二甲基－2－丙炔基)苯甲酰胺	Ⅳ
二氯二甲基硅烷	Ⅱ
1,3－二氯－5,5－二甲基咪唑烷－2,4－二酮	Ⅴ
3,5－二氯－2,6－二甲基－4－羟基吡啶	Ⅴ
二氯二硝基甲烷	Ⅳ
二氯二乙基硅烷	Ⅱ
二氯二乙基锡	Ⅲ
二氯二乙硫醚	Ⅱ
2,4－二氯酚	Ⅳ
2,5－二氯酚	Ⅲ
3,4－二氯酚	Ⅲ
2,6－二氯酚	Ⅳ
2,3－二氯酚	Ⅲ
2,4－二氯－1－氟苯	Ⅴ
1,1－二氯－1－氟代乙烷	Ⅴ
2－((二氯氟甲基)－硫)－1H－异吲哚－1,3－(2H)－二酮	Ⅴ
N－二氯氟甲硫基－*N*,*N'*－二甲基－*N*－苯基氨基磺酰胺	Ⅴ
二氯硅烷	Ⅱ
2,4－二氯过氧化苯甲酰	Ⅲ
二氯海因	Ⅴ
二氯化苯胩	Ⅱ
二氯化苄	Ⅱ
二氯化二硫	Ⅳ
二氯化二硒	Ⅱ
二氯化汞	Ⅰ
二氯化钴	Ⅲ
二氯化膦苯	Ⅱ
二氯化硫	Ⅰ
二氯化锰	Ⅲ
二氯化钛	Ⅳ
二氯化锡	Ⅳ
二氯化乙基铝	Ⅱ
二氯化乙基胂	Ⅲ
二氯化乙烯	Ⅰ

中文名称	卷序
2,4－二氯甲苯	Ⅱ
2,5－二氯甲苯	Ⅱ
2,6－二氯甲苯	Ⅱ
3,4－二氯甲苯	Ⅱ
1,3－二氯－2－甲基苯	Ⅱ
2,4－二氯－1－甲基苯	Ⅱ
(二氯甲基)苯	Ⅱ
1,2－二氯－4－甲基苯	Ⅱ
1,4－二氯－2－甲基苯	Ⅱ
二氯甲基苯基硅烷	Ⅱ
二氯(甲基)硅烷	Ⅱ
二氯甲基膦	Ⅳ
二(氯甲基)醚	Ⅱ
O－(二氯(甲硫基)苯基)－*O*,*O*－二乙基硫代磷酸酯	Ⅲ
二氯甲醚	Ⅱ
二氯甲烷	Ⅰ
3,6－二氯－2－甲氧基苯甲酸	Ⅱ
3,6－二氯－2－甲氧基苯甲酸钠	Ⅳ
2－(4－(2,4－二氯－间－甲苯酰)－1,3－二甲基－5－吡唑基氧)－4－甲基苯乙酮	Ⅳ
二氯喹啉酸	Ⅲ
3,3′－二氯联苯胺	Ⅱ
3,3′－二氯联苯胺盐酸盐	Ⅱ
3,3′－二氯联苯－4,4′－二胺	Ⅱ
2,6－二氯硫代苯甲酰胺	Ⅲ
二氯硫化碳	Ⅱ
1,4－二氯－2－(1,1,2,3,3,3－六氟丙氧基)－5－硝基苯	Ⅴ
2,3－二氯六氟－2－丁烯	Ⅲ
二氯－(3－(3－氯－4－氟苯基)丙基)甲基硅烷	Ⅴ
1,2－二氯－4－(氯甲基)苯	Ⅱ
2,3－二氯－1,4－萘醌	Ⅱ
二氯萘醌	Ⅱ
2,2－二氯－*N*－(2－羟基－1－(羟甲基)－2－(4－硝基苯基)乙基)乙酰胺	Ⅳ
2,6－二氯－4－三氟甲基苯胺	Ⅴ
2,3－二氯－5－三氟甲基吡啶	Ⅴ
2′,4－二氯－α,α,α－三氟－4′－硝基－间甲苯磺酰苯胺	Ⅳ
2,2－二氯－1,1,1－三氟乙烷	Ⅳ
1,1－二氯－2,2－双(4－氯苯基)乙烷	Ⅲ
1,1－二氯－2,2－双(4－氯苯基)乙烯	Ⅲ
1,3－二氯四氟丙酮	Ⅱ
1,2－二氯－1,1,2,2－四氟乙烷	Ⅱ
二氯四氟乙烷	Ⅱ
3,5－二氯－4－(1,1,2,2－四氟乙氧基)苯胺	Ⅳ
二氯五氟丙烷	Ⅳ
1,5－二氯戊烷	Ⅱ
二氯烯丹	Ⅲ
1,4－二氯－2－硝基苯	Ⅲ
1,2－二氯－4－硝基苯	Ⅱ
2,3－二氯硝基苯	Ⅳ
3,4－二氯硝基苯	Ⅱ
2,5－二氯硝基苯	Ⅲ
1,2－二氯－3－硝基苯	Ⅳ
2,5－二氯硝基苯	Ⅳ
2,6－二氯－4－硝基苯胺	Ⅱ
2,4－二氯－6－硝基苯酚	Ⅳ
2,4－二氯－6－硝基苯酚钠盐	Ⅳ
2,4－二氯－1－(4－硝基苯氧基)苯	Ⅲ
2,6－二氯－4－硝基茴香醚	Ⅴ
2′,5－二氯－4′－硝基水杨酰替苯胺	Ⅱ
二氯亚锡	Ⅳ
二氯氧化二苯	Ⅳ
二氯氧化锆	Ⅰ
二氯氧化硒	Ⅲ
2,4－二氯－3－乙基苯酚	Ⅴ
1,3－二氯－5－乙基－5－甲基－2,4－咪唑烷二酮	Ⅴ
二(2－氯乙基)硫醚	Ⅱ
3′,5′－二氯－4′－乙基－2′－羟基棕榈酸酰苯胺	Ⅳ
2,4－二氯－3－乙基－6－硝基苯酚	Ⅴ
二氯乙腈	Ⅱ
二氯乙醚	Ⅰ
2,2－二氯乙醛	Ⅱ
二氯乙醛	Ⅱ
二氯乙炔	Ⅲ
二氯乙胂	Ⅲ
二氯乙酸	Ⅱ
二氯乙酸甲酯	Ⅱ
1,1－二氯乙烷	Ⅰ

中文名称	卷序
1,2－二氯乙烷	Ⅰ
二氯乙烷(对称)	Ⅰ
1,1－二氯乙烯	Ⅰ
1,2－二氯乙烯	Ⅱ
二氯乙酰氯	Ⅱ
2,2－二氯乙酰氯	Ⅱ
二氯异丙醚	Ⅰ
二氯异氰尿酸	Ⅰ
二氯异氰尿酸钠	Ⅲ
二茂铁	Ⅰ
EDTA 二钠盐	Ⅰ
二(哌啶基硫代羰基)二硫化物	Ⅴ
二硼烷	Ⅲ
二(2－羟丙基)醚	Ⅰ
2,4－二羟基苯甲醛	Ⅳ
2,5－二羟基苯甲酸	Ⅳ
2,3－二羟基丙醇十二酸酯	Ⅰ
4－(4－(1,3－二羟基丙－2－基)苯氨基)－1,8－二羟基－5－硝基蒽醌	Ⅴ
1,4－二羟基－2－丁炔	Ⅱ
2,3－二羟基丁烷	Ⅲ
1,3－二羟基－2,4－二亚硝基苯	Ⅱ
2,2′－二羟基二乙胺	Ⅰ
2,4－二羟基－*N*－(2－甲氧基苯基)苯甲酰胺	Ⅳ
二羟基聚氧化丙烯醚	Ⅰ
3,6－二羟基邻苯二甲腈	Ⅱ
2,2′－二羟基六氯二苯甲烷	Ⅲ
二羟基吲哚	Ⅴ
1,4－二羟甲基环己烷	Ⅰ
二嗪磷	Ⅱ
2,3－二氢吡喃	Ⅳ
2,3－二氢－6－丙基－2－硫代－4(1H)－嘧啶酮	Ⅴ
2,3－二氢－2,2－二甲基苯并呋喃－7－基－*N*－甲基氨基甲酸酯	Ⅱ
二氢化镁	Ⅱ
二氢化脂二甲基氯化铵	Ⅳ
1,4－二氢－1－环丙基－7－(4－乙基－1－哌嗪基)－6－氟－4－氧－3－喹啉羧酸	Ⅲ
5,6－二氢－2－甲基－2H－环戊并(d)异噻唑－3(4H)－酮	Ⅴ

中文名称	卷序
二氢六氯铂酸	Ⅱ
S－3,4－二氢－4－氧苯并(d)(1,2,3)－三嗪－3－基甲基－*O*,*O*－二甲基二硫代磷酸酯	Ⅱ
O－(1,6－二氢－6－氧代－1－苯基－3－哒嗪基)－*O*,*O*－二乙基硫代磷酸酯	Ⅳ
二氢氧化镍	Ⅲ
二氰胺钠	Ⅲ
二氰蒽醌	Ⅲ
2,3－二氰－5,6－二氯苯醌	Ⅳ
二氰合金酸钾	Ⅳ
1,2－二氰基苯	Ⅴ
1,3－二氰基丙烷	Ⅲ
1,4－二氰基丁烷	Ⅰ
2,3－二氰基对苯二酚	Ⅱ
2,3－二氰基－1,4－二硫代蒽醌	Ⅲ
1,6－二氰基己烷	Ⅱ
1,5－二氰基戊烷	Ⅱ
1,2－二氰基乙烷	Ⅰ
二氰甲烷	Ⅱ
二巯基丙醇	Ⅲ
3,4－二巯基甲苯	Ⅱ
2,5－二巯基甲基－1,4－二噻烷	Ⅴ
二壬基萘磺酸钡	Ⅰ
二壬基萘磺酸锌	Ⅰ
二噻农	Ⅲ
二(三(2－甲基－2－苯基丙基)锡)氧化物	Ⅲ
二(3－(三甲氧基甲硅烷基)丙基)胺	Ⅴ
二十二烯酸酰胺	Ⅳ
6,9－二(十六基氧甲基)－4,7－二氧杂壬烷－1,2,9－三醇	Ⅴ
3,5－二(十四烷基氧羰基)苯亚磺酸	Ⅴ
3,5－二(十四烷基氧羰基)苯亚磺酸钠盐	Ⅴ
3－二十烷基－4－亚二十一烷基－2－氧杂环丁酮	Ⅴ
(11Z)－11－二十烯酸	Ⅰ
2,6－二叔丁基苯酚	Ⅰ
2,6－二叔丁基对甲酚	Ⅰ
2,6－二叔丁基－α－二甲氨基对甲酚	Ⅰ
2,2－二(叔丁基过氧)丁烷	Ⅲ
1,1－二叔丁基过氧化环己烷	Ⅰ
二叔丁基过氧化物	Ⅰ

中文名称	卷序
2,6－二叔丁基－4－甲酚	Ⅴ
二水合醋酸锌	Ⅴ
二水合二氯异氰尿酸钠	Ⅴ
二水合氯化钡	Ⅳ
二水合氯化铜铵	Ⅳ
二水合重铬酸锂	Ⅳ
N,*N*－二(羧甲基)甘氨酸	Ⅰ
二缩水甘油醚	Ⅱ
二缩原磷酸	Ⅳ
二戊胺	Ⅲ
二戊基苯	Ⅲ
二烯丙胺	Ⅳ
二烯丙基	Ⅱ
4－二烯丙基氨基－3,5－二甲基苯基－*N*－甲基氨基甲酸酯	Ⅳ
二烯丙基胺	Ⅳ
N,*N*－二烯丙基－2,2－二氯乙酰胺	Ⅲ
二烯丙基硫醚	Ⅱ
N,*N*－二烯丙基氯代乙酰胺	Ⅴ
二烯丙基醚	Ⅱ
二烯丙基氰胺	Ⅱ
二硝基(苯)酚	Ⅴ
4,6－二硝基－2－氨基苯酚	Ⅱ
4,6－二硝基－2－氨基苯酚锆(干的或含水＜20%)	Ⅳ
4,6－二硝基－2－氨基苯酚钠	Ⅳ
二硝基巴豆酸酯	Ⅳ
1,2－二硝基苯	Ⅱ
1,3－二硝基苯	Ⅱ
1,4－二硝基苯	Ⅱ
2,4－二硝基苯胺	Ⅰ
2,6－二硝基苯胺	Ⅱ
3,5－二硝基苯胺	Ⅱ
2,5－二硝基苯酚(含水≥15%)	Ⅱ
2,4－二硝基苯酚	Ⅰ
2,4－二硝基苯酚(含水≥15%)	Ⅲ
γ－二硝基苯酚	Ⅱ
二硝基(苯)酚碱金属盐(干的或含水＜15%)	Ⅳ
2,4－二硝基苯磺酰氯	Ⅱ
2,4－二硝基－*N*－苯基苯胺	Ⅱ
2,4－二硝基苯甲醚	Ⅱ
3,5－二硝基苯甲酰氯	Ⅱ
2,4－二硝基苯肼	Ⅱ
1,3－二硝基丙烷	Ⅱ
2,6－二硝基对甲酚	Ⅱ
2,4－二硝基二苯胺	Ⅱ
4,4′－二硝基二苯基二氨基脲	Ⅱ
2,6－二硝基－*N*,*N*－二丙基－4－(三氟甲基)苯胺	Ⅳ
2,4－二硝基酚	Ⅲ
2,4－二硝基酚	Ⅰ
2,4－二硝基－1－氟苯	Ⅱ
2,4－二硝基茴香醚	Ⅱ
3,5－二硝基甲苯	Ⅴ
2,5－二硝基甲苯	Ⅴ
3,4－二硝基甲苯	Ⅴ
2,3－二硝基甲苯	Ⅴ
2,4－二硝基甲苯	Ⅱ
2,6－二硝基甲苯	Ⅱ
2,6－二硝基－4－甲基苯酚	Ⅱ
2,4－二硝基间苯二酚(干的或含水＜15%)	Ⅲ
二硝基联苯	Ⅱ
2,2′－二硝基联苯	Ⅱ
4,6－二硝基邻甲苯酚	Ⅱ
二硝基邻甲苯酚钠	Ⅲ
二硝基邻甲酚铵	Ⅱ
4,6－二硝基邻甲酚铵	Ⅱ
二硝基邻甲酚钠(含水≥15%)	Ⅲ
2,4－二硝基硫氰基苯	Ⅲ
2,4－二硝基氯苯	Ⅰ
3,4－二硝基氯苯	Ⅲ
2,4－二硝基氯苯	Ⅰ
3,5－二硝基氯化苯甲酰	Ⅱ
2,4－二硝基氯化苄	Ⅱ
1,5－二硝基萘	Ⅱ
1,8－二硝基萘	Ⅳ
2,4－二硝基萘酚	Ⅱ
2,4－二硝基－1－萘酚	Ⅱ
2,7－二硝基芴	Ⅱ
1,3－二硝基－4－溴苯	Ⅱ
1,2－二硝基－4－溴化苯	Ⅱ
二硝基重氮酚	Ⅱ
二硝散	Ⅲ

中文名称	卷序
二硝酸丙二醇酯	Ⅴ
二硝特丁酚	Ⅲ
二硝托胺	Ⅴ
1,3-二溴苯	Ⅱ
1,2-二溴苯	Ⅲ
1,4-二溴苯	Ⅲ
2,4-二溴苯胺	Ⅱ
2,5-二溴苯胺	Ⅱ
4,4′-二溴苯乙醇酸异丙酯	Ⅲ
2,4′-二溴苯乙酮	Ⅲ
2,3-二溴-1-丙醇	Ⅴ
2,3-二溴丙腈	Ⅳ
1,3-二溴丙烷	Ⅴ
1,2-二溴丙烷	Ⅱ
2,3-二溴丙烯	Ⅳ
2,2-二溴-3-次氮基丙酰胺	Ⅰ
1,2-二溴-3-丁酮	Ⅱ
3,4-二溴丁酮	Ⅱ
二溴二氟甲烷	Ⅱ
二溴二氟乙烷	Ⅲ
1,2-二溴-1,1-二氟乙烷	Ⅲ
二溴化丙烯	Ⅱ
二溴化汞	Ⅰ
二溴化亚甲基	Ⅱ
二溴化乙烯	Ⅱ
二溴甲烷	Ⅱ
二溴磷	Ⅱ
二溴氯丙烷	Ⅱ
1,2-二溴-3-氯丙烷	Ⅱ
1,2-二溴-1-氯乙烷	Ⅳ
3,5-二溴-4-羟基苄腈	Ⅱ
3,5-二溴-4-羟基-4′-硝基偶氮苯	Ⅳ
2,2-二溴氰乙酰胺	Ⅰ
二溴四氟乙烷	Ⅳ
2,2-二溴-2-硝基乙醇	Ⅴ
1,1-二溴乙烷	Ⅲ
1,2-二溴乙烷	Ⅱ
1,3-二(2,2-亚丙基)苯双(过氧化新癸酰)	Ⅳ
N,N′-二亚水杨-1,2-丙二胺	Ⅰ
N,N′-二亚水杨基-1,2-二氨基丙烷	Ⅰ
1,4-二亚硝基苯	Ⅱ
2,4-二亚硝基-1,3-苯二酚	Ⅱ

中文名称	卷序
2,4-二亚硝基间苯二酚	Ⅱ
3,7-二亚硝基-1,3,5,7-四氮杂双环(3,3,1)壬烷	Ⅱ
N,N′-二亚硝基五亚甲基四胺(含钝感剂的)	Ⅱ
二亚乙基三胺	Ⅱ
二亚乙基三胺五亚甲基膦酸	Ⅰ
二亚乙基三胺五乙酸	Ⅰ
二亚异丙腙	Ⅱ
二盐基邻苯二甲酸铅	Ⅳ
二盐基性亚硫酸铅	Ⅳ
二盐基亚磷酸铅	Ⅳ
5-(2,4-二氧代-1,2,3,4-四氢嘧啶)-3-氟-2-羟甲基四氢呋喃	Ⅳ
二氧化钡	Ⅱ
二氧化碲	Ⅲ
二氧化丁二烯	Ⅳ
二氧化二聚环戊二烯	Ⅳ
二氧化二戊烯	Ⅳ
二氧化钙	Ⅱ
二氧化硅	Ⅲ
二氧化钌	Ⅲ
二氧化硫	Ⅰ
二氧化硫脲	Ⅳ
二氧化氯	Ⅰ
二氧化镁	Ⅲ
二氧化锰	Ⅳ
二氧化钠	Ⅱ
二氧化镍	Ⅴ
二氧化铅	Ⅱ
二氧化锶	Ⅱ
1,1-二氧化四氢噻吩	Ⅰ
二氧化钛	Ⅳ
二氧化碳(液化的)	Ⅳ
二氧化碳	Ⅰ
二氧化萜二烯	Ⅳ
二氧化钍	Ⅲ
二氧化硒	Ⅱ
二氧化锡	Ⅳ
二氧化锌	Ⅱ
二氧化乙烯基环己烯	Ⅳ
1,4-二氧己环	Ⅰ
二氧威	Ⅴ

中文名称	卷序
1,3-二氧戊环	Ⅱ
1,4-二氧杂环己烷	Ⅰ
1,3-二氧杂环戊烷	Ⅱ
二乙氨基苯	Ⅱ
4-(二乙氨基)甲苯	Ⅱ
5-二乙氨基-2-戊酮	Ⅳ
2-二乙氨基乙醇	Ⅲ
S-(2-(二乙氨基)乙基)-*O*,*O*-二乙基硫赶磷酸酯	Ⅲ
N-二乙氨基乙基氯	Ⅲ
二乙胺	Ⅰ
2-(二乙胺基)甲苯	Ⅲ
二乙醇胺	Ⅰ
二乙醇缩乙醛	Ⅰ
二乙二醇	Ⅱ
二乙二醇单丁基醚	Ⅲ
二乙二醇单丁基醚醋酸酯	Ⅲ
二乙二醇单甲基醚	Ⅲ
二乙二醇单甲基醚醋酸酯	Ⅲ
二乙二醇单乙基醚	Ⅲ
二乙二醇单乙基醚醋酸酯	Ⅳ
二乙二醇二丁醚	Ⅲ
二乙二醇二甲醚	Ⅴ
二乙二醇二硝酸酯	Ⅱ
二乙二醇二乙烯基醚	Ⅳ
二乙二醇甲醚	Ⅲ
二乙二醇乙醚	Ⅲ
N-(3-(4-(二乙基氨基)-2-甲基苯基)亚氨基)-6-氧代-1,4-环己二烯-1-基-乙酰胺	Ⅳ
二乙基氨基甲酰氯	Ⅴ
二乙基氨腈	Ⅱ
1,2-二乙基苯	Ⅱ
1,3-二乙基苯	Ⅱ
N,*N*-二乙基苯胺	Ⅱ
2,6-二乙基苯胺	Ⅴ
N-(2,6-二乙基苯基)-*N*-甲氧基甲基-氯乙酰胺	Ⅰ
O,*O*-二乙基-*O*-(1-苯基-1,2,4-三唑-3-基)硫代磷酸酯	Ⅲ
O,*O*-二乙基-*O*-吡嗪-2-基-硫代磷酸酯	Ⅱ
二乙基-*S*-苄基-硫代磷酸酯	Ⅳ
N,*N*-二乙基-1,3-丙二胺	Ⅱ
2,2-二乙基丙烷	Ⅰ
N,*N*-二乙基对苯二胺	Ⅴ
二乙基对苯二胺硫酸盐	Ⅲ
N,*N*-二乙基对苯二胺盐酸盐	Ⅲ
N,*N*-二乙基对甲基苯胺	Ⅱ
O,*O*-二乙基-*O*-(对(甲基亚磺酰基)苯基)硫代磷酸酯	Ⅱ
N,*N*-二乙基-1,3-二氨基丙烷	Ⅱ
N,*N*-二乙基-*N'*,*N'*-二甲基-1,3-丙二胺	Ⅴ
N,*N*-二乙基二硫代氨基甲酸-2-氯烯丙酯	Ⅱ
二乙基二硫代氨基甲酸钠	Ⅲ
二乙基二硫代氨基甲酸锌	Ⅲ
二乙基二氯硅烷	Ⅱ
二乙基二氯化锡	Ⅲ
O,*O*-二乙基-*S*-(3,4-二氢-4-氧代苯并(d)-(1,2,3)-三氮苯-3-基甲基)二硫代磷酸酯	Ⅲ
二乙基汞	Ⅱ
二(2-乙基己基)胺	Ⅲ
二(2-乙基己基)磷酸酯	Ⅱ
二(2-乙基己基)醚	Ⅲ
N,*N*-二(2-乙基己基)-((1,2,4-三唑-1-基)甲基)胺	Ⅴ
N,*N*-二乙基-2-甲基苯胺	Ⅲ
N,*N*-二乙基-3-甲基-1,4-苯二胺盐酸盐	Ⅳ
O,*O*-二乙基-*O*-(4-甲基香豆素基-7)硫代磷酸酯	Ⅲ
二乙基甲酮	Ⅰ
二乙基甲酰胺	Ⅲ
N,*N*-二乙基甲酰胺	Ⅲ
N,*N*-二乙基间甲苯酰胺	Ⅳ
二乙基肼	Ⅳ
1,2-二乙基肼	Ⅴ
N,*N*-二乙基邻甲苯胺	Ⅲ
二乙基硫	Ⅲ
O,*O'*-二乙基硫代磷酰氯	Ⅱ
1,3-二乙基硫脲	Ⅲ
二乙基氯化铝	Ⅰ

中文名称	卷序
O,O-二乙基-O-(3-氯-4-甲基香豆素-7-基)硫代磷酸酯	Ⅳ
O,O-二乙基-S-2-氯-1-酞酰亚胺基乙基二硫代磷酸酯	Ⅱ
二乙基镁	Ⅱ
D,L-(N,N-二乙基-2-羟基-2-苯乙酰胺)	Ⅳ
O,O-二乙基-O-((α-氰基亚苄氨基)氧)硫代磷酸酯	Ⅲ
二乙基溶纤剂	Ⅰ
N,N-二乙基-3-(2,4,6-三甲基苯基磺酰基)-1H-1,2,4-三唑-1-甲酰胺	Ⅳ
O,O-二乙基-O-3,5,6-三氯-2-吡啶基硫代磷酸酯	Ⅱ
O,O-二乙基-S-叔丁基硫甲基二硫代磷酸酯	Ⅴ
二乙基四硫	Ⅰ
二乙基四硫化物	Ⅰ
二乙(基)酮	Ⅰ
N,N-二乙基-1,4-戊二胺	Ⅱ
二乙基硒	Ⅳ
O,O-二乙基-O-(4-硝基苯基)硫代磷酸酯	Ⅰ
二乙基锌	Ⅱ
N-二乙基亚硝胺	Ⅲ
N,N-二乙基-4-亚硝基苯胺	Ⅱ
N,N-二乙基乙胺	Ⅲ
N,N-二乙基乙醇胺	Ⅲ
N,N-二乙基乙二胺	Ⅳ
二乙基(乙基二甲基硅烷醇)铝	Ⅴ
O,O-二乙基-S-(乙硫基)甲基二硫代磷酸酯	Ⅱ
O,O-二乙基-S-(2-(乙硫基)乙基)二硫代磷酸酯	Ⅳ
O,O-二乙基-O-(2-(乙硫基)乙基)硫代磷酸酯和O,O-二乙基-S-(2-(乙硫基)乙基)硫代磷酸酯混剂	Ⅳ
二乙基乙醛	Ⅱ
二乙基乙酸	Ⅳ
N,N-二乙基乙烯二胺	Ⅳ
O,O-二乙基-S-异丙基氨基甲酰甲基二硫代磷酸酯	Ⅱ
O,O-二乙基-O-(2-异丙基-6-甲基-4-嘧啶基)硫代磷酸酯	Ⅱ
二乙肼	Ⅳ
N,N-二乙肼	Ⅳ
二乙硫醚	Ⅲ
二乙醚	Ⅰ
二乙炔	Ⅲ
二乙烯苯	Ⅰ
二乙烯基苯	Ⅰ
1,2-二乙烯基苯	Ⅲ
二乙烯基醚(抑制了的)	Ⅱ
二乙烯基乙炔	Ⅰ
二乙烯三胺五亚甲基膦酸	Ⅰ
二乙烯三胺五乙酸	Ⅰ
二乙烯酮	Ⅱ
N,N′-二乙酰联苯胺	Ⅴ
二乙酰乙酸甲酯	Ⅳ
1,2-二乙氧基丙烷	Ⅴ
1,3-二乙氧基丙烷	Ⅴ
3,3-二乙氧基丙烯	Ⅱ
二乙氧基二甲基硅烷	Ⅱ
4-(3-(二乙氧基甲基甲硅烷基丙氧基)-2,2,6,6-四甲基)哌啶	Ⅴ
二乙氧基甲烷	Ⅱ
2-(二乙氧基磷酰亚氨基)-1,3-二硫戊环	Ⅳ
1,1-二乙氧基乙烷	Ⅰ
1,2-二乙氧基乙烷	Ⅰ
N,N-二异丙氨基乙醇	Ⅱ
二异丙胺	Ⅰ
二异丙醇胺	Ⅰ
二异丙醇二乳酸钛二铵	Ⅰ
二异丙基	Ⅱ
1,4-二异丙基苯	Ⅲ
二异丙基苯基过氧化氢	Ⅲ
N,N′-二异丙基对苯二胺	Ⅰ
二异丙基二硫代磷酸锑	Ⅱ
二异丙基甲酮	Ⅱ
N,N-二异丙基硫代氨基甲酸-S-2,3-二氯烯丙基酯	Ⅲ
N,N-二异丙基硫代氨基甲酸-S-2,3,3-三氯烯丙基酯	Ⅲ
N,N-二异丙基乙胺	Ⅱ

中文名称	卷序
N,N－二异丙基乙醇胺	Ⅱ
二异丁胺	Ⅱ
二异丁基甲酮	Ⅳ
二异丁基氯化铝	Ⅲ
二异丁基酮	Ⅳ
二异丁烯	Ⅰ
1,6－二异氰酸根合－2,4,4－三甲基己烷	Ⅴ
1,6－二异氰酸根合－2,2,4－三甲基－己烷	Ⅴ
1,5－二异氰酸萘酯	Ⅲ
二异氰酸异佛尔酮酯	Ⅳ
二异戊胺	Ⅲ
二异戊醚	Ⅱ
二异辛胺	Ⅲ
二油酸新戊二醇酯	Ⅲ
二元乙丙橡胶	Ⅰ
二月桂基硫代二丙酸酯	Ⅳ
二正丙胺	Ⅲ
二(正)丙醚	Ⅱ
二正丁胺	Ⅱ
2－(二正丁基氨基)乙醇	Ⅳ
二正丁醚	Ⅱ
二正庚胺	Ⅳ
二正戊胺	Ⅲ
N,N′－二仲丁基－1,4－苯二胺	Ⅰ
N,N′－二仲丁基对苯二胺	Ⅰ
F	
发动机清洗剂	Ⅰ
发汗脱蜡油	Ⅰ
发硫磷	Ⅱ
发泡级聚苯乙烯	Ⅰ
发泡剂 AC	Ⅰ
发泡剂 H	Ⅱ
发泡剂 BSH	Ⅰ
发泡剂 ADC	Ⅰ
发泡剂 N	Ⅰ
发烟硫酸	Ⅰ
发烟硝酸	Ⅰ
伐虫脒	Ⅴ
番木鳖碱	Ⅴ
凡士林原料油	Ⅰ
矾土	Ⅳ
钒	Ⅰ
钒酸铵	Ⅲ
钒酸酐	Ⅰ
钒酸钠	Ⅲ
钒铁	Ⅴ
反－4－苯基－L－脯氨酸	Ⅳ
4－(反－4－丙基环己基)乙酰苯	Ⅴ
反丁烯二酸	Ⅰ
反丁烯二酸二乙酯	Ⅲ
反－4－(4’－氟苯基)－3－羟甲基－N－甲基哌啶	Ⅴ
1－(4－(反－4－庚基环己基)苯基)乙烷	Ⅴ
反－5－氨基－6－羟基－2,2－二甲基－1,3－二氧杂环庚烷	Ⅴ
(±)－反－4－(4－氟苯基)－3－羟甲基－1－甲基哌啶	Ⅴ
反－4－环己基－L－脯氨酸－盐酸盐	Ⅴ
反－N－(6－氯－3－吡啶甲基)－N－氰基－N－甲基乙脒	Ⅳ
反十六烷酸－3,7－二甲基－2,6－辛二烯酯	Ⅳ
(S,S)－反－4－乙酰胺基－5,6－二氢－6－甲基－7,7－二氧代－4H－噻吩并(2,3,b)噻喃－2－磺酰胺	Ⅳ
芳烃抽余油	Ⅰ
防冻油	Ⅰ
防老剂 PPD	Ⅲ
防老剂 NBC	Ⅲ
防老剂 BHT	Ⅴ
防老剂 RD	Ⅰ
防老剂 SP	Ⅰ
防老剂 4020	Ⅰ
防老剂 4010NA	Ⅰ
防老剂 264	Ⅰ
防老剂 300	Ⅴ
防老剂 A	Ⅰ
防老剂 DMPPD	Ⅰ
防老剂 IPPD	Ⅰ
防老剂丁	Ⅰ
防老剂甲	Ⅰ
T706 防锈剂	Ⅰ
701B 防锈剂	Ⅰ

中文名称	卷序
702 防锈剂	Ⅰ
T701 防锈剂	Ⅰ
T704 防锈剂	Ⅰ
T702A 防锈剂	Ⅰ
T746 防锈剂	Ⅰ
T708 防锈剂	Ⅰ
T743 防锈剂	Ⅰ
防锈乳化油	Ⅰ
防锈添加剂 T705	Ⅰ
防锈油	Ⅰ
放线菌酮	Ⅴ
非草隆	Ⅲ
非那西丁	Ⅳ
非那西酊	Ⅳ
菲	Ⅲ
1,10-菲咯啉	Ⅴ
肥酸	Ⅰ
肥酸乙酯	Ⅳ
翡翠绿	Ⅳ
分散剂 T154	Ⅰ
154 分散剂	Ⅰ
分散剂 CMN	Ⅰ
分散剂 M-9	Ⅰ
T151 分散剂	Ⅰ
152 分散剂	Ⅰ
155 分散剂	Ⅰ
T155 分散剂	Ⅰ
C.I. 分散蓝	Ⅴ
分散耐晒桃红 B	Ⅲ
分子筛脱蜡原料油	Ⅰ
吩噻嗪	Ⅲ
3-(吩噻嗪-10-基)丙酸	Ⅴ
芬硫磷	Ⅴ
芬螨酯	Ⅳ
酚醛树脂	Ⅰ
丰索磷	Ⅱ
风梨醛	Ⅳ
砜拌磷	Ⅴ
砜吸磷	Ⅴ
呋草酮	Ⅴ
呋喃	Ⅰ
2,5-呋喃二酮	Ⅰ
2-呋喃甲胺	Ⅱ
呋喃甲醇	Ⅰ
呋喃甲醛	Ⅰ
呋喃甲酰氯	Ⅱ
呋线威	Ⅴ
伏杀硫磷	Ⅱ
氟	Ⅲ
氟胺氰菊酯	Ⅳ
氟苯	Ⅱ
2-氟苯胺	Ⅱ
3-氟苯胺	Ⅱ
4-氟苯胺	Ⅱ
3-(4-氟苯基)-1-异丙基吲哚	Ⅴ
2-氟苯甲酸	Ⅲ
3-氟苯甲酸	Ⅲ
4-氟苯甲酸	Ⅲ
氟苯脲	Ⅳ
1-(3-(4-氟苯氧基)丙基)-3-甲氧基-4-哌啶酮	Ⅴ
氟吡乙禾灵	Ⅴ
3-氟丙基硫醇	Ⅲ
3-氟丙酸	Ⅳ
1-氟-2-丙酮	Ⅱ
氟丙酮	Ⅱ
氟醋酸	Ⅰ
氟醋酸乙酯	Ⅱ
氟代苯	Ⅱ
氟担菌宁	Ⅴ
4-氟丁醇	Ⅲ
4-氟丁醛	Ⅳ
4-氟丁酸	Ⅳ
4-氟丁酸甲酯	Ⅲ
氟啶胺	Ⅳ
氟啶嘧磺隆	Ⅴ
4′-氟-2,2-二甲氧基乙酰苯	Ⅴ
1-氟-2,4-二硝基苯	Ⅱ
氟仿	Ⅰ
氟锆酸钾	Ⅱ
氟光气	Ⅳ
氟硅酸	Ⅰ
氟硅酸钡	Ⅱ
氟硅酸钙	Ⅳ
氟硅酸镉	Ⅴ
氟硅酸钾	Ⅱ

中文名称	卷序
氟硅酸镁	Ⅱ
氟硅酸锰	Ⅳ
氟硅酸钠	Ⅰ
氟硅酸铜	Ⅳ
氟硅酸锡	Ⅳ
氟硅酸锌	Ⅱ
氟硅唑	Ⅴ
氟化铵	Ⅱ
氟化钡	Ⅱ
氟化钙	Ⅳ
氟化锆	Ⅱ
氟化镉	Ⅱ
氟化铬	Ⅱ
氟化钴	Ⅱ
氟化硅	Ⅲ
氟化过氯酰	Ⅱ
氟化钾	Ⅱ
氟化锂	Ⅱ
氟化磷	Ⅲ
氟化铝	Ⅱ
氟化铝钠	Ⅲ
氟化钠	Ⅱ
氟化铍	Ⅱ
氟化铅	Ⅱ
氟化氢	Ⅰ
氟化氢铵	Ⅱ
氟化氢钾	Ⅱ
氟化氢钠	Ⅱ
氟化氢溶液	Ⅰ
氟化铷	Ⅱ
氟化铯	Ⅱ
氟化钛钾	Ⅳ
氟化碳酰	Ⅳ
氟化锑	Ⅲ
氟化铜	Ⅱ
氟化锌	Ⅱ
氟化亚磷	Ⅲ
氟化亚砷	Ⅲ
氟化亚锑	Ⅲ
氟化亚锡	Ⅳ
氟环唑	Ⅴ
氟磺隆	Ⅴ
氟磺酸	Ⅱ
氟己酸乙酯	Ⅲ
1－氟己烷	Ⅲ
氟己烷	Ⅲ
2－氟甲苯	Ⅱ
3－氟甲苯	Ⅱ
4－氟甲苯	Ⅱ
1－氟－3－甲基苯	Ⅱ
6－氟－2－甲基－3－(4－甲基硫代苄基)茚	Ⅴ
氟甲烷	Ⅱ
氟节胺	Ⅳ
氟乐灵	Ⅳ
氟里昂－11	Ⅰ
氟里昂－12	Ⅰ
氟里昂－13	Ⅰ
氟利昂－21	Ⅲ
氟利昂－112	Ⅴ
氟利昂－113	Ⅲ
氟利昂－115	Ⅲ
氟利昂－124	Ⅱ
氟里昂－143	Ⅱ
氟里昂－152	Ⅲ
氟里昂－22	Ⅰ
氟里昂－23	Ⅰ
氟磷酸二异丙酯	Ⅳ
氟磷酸异丙酯	Ⅳ
氟硫隆	Ⅳ
氟氯菊酯	Ⅳ
氟氯氰菊酯	Ⅴ
氟螨噻	Ⅴ
氟硼酸	Ⅱ
氟硼酸镉	Ⅱ
氟硼酸锂	Ⅳ
氟硼酸镁	Ⅳ
氟硼酸钠	Ⅳ
氟硼酸铅	Ⅱ
氟氢酸	Ⅰ
氟噻草胺	Ⅴ
氟三丁基锡	Ⅲ
2－氟－5－三氟甲基吡啶	Ⅴ
氟三己基锡	Ⅴ
氟三戊基锡	Ⅴ
氟鼠灵	Ⅴ

中文名称	卷序
μ - 氟 - 双(三乙基铝)钾	Ⅴ
氟钛酸钾	Ⅳ
氟钽酸钾	Ⅲ
氟烷	Ⅴ
5 - 氟戊胺	Ⅲ
氟酰胺	Ⅴ
氟橡胶	Ⅰ
1 - 氟辛烷	Ⅲ
氟乙腈	Ⅲ
氟乙醛	Ⅳ
氟乙酸	Ⅰ
氟乙酸钾	Ⅱ
氟乙酸钠	Ⅱ
氟乙酸乙酯	Ⅱ
氟乙烷	Ⅰ
氟乙烯	Ⅰ
2 - 氟乙酰胺	Ⅱ
氟乙酰胺	Ⅱ
氟蚁腙	Ⅴ
福尔马林	Ⅰ
福化利	Ⅳ
福美甲胂	Ⅱ
福美铁	Ⅲ
福美锌	Ⅱ
腐肉碱	Ⅰ
腐殖酸 - 栲胶磺化交联木质素磺酸盐	Ⅰ
富含芳香族的碳氢化合物	Ⅳ
富马酸	Ⅰ
富马酸二丁酯	Ⅲ
富马酸二乙酯	Ⅲ
富马酰氯	Ⅱ
富民农	Ⅱ
G	
钙(粉)	Ⅱ
钙硝石	Ⅲ
干气	Ⅰ
甘醇	Ⅰ
甘汞	Ⅲ
甘露糖醇六硝酸酯	Ⅴ
甘油	Ⅰ
甘油三丙酸酯	Ⅲ
甘油三丁酸酯	Ⅲ
甘油三硝酸酯	Ⅲ
柑橘红 2 号	Ⅴ
橄苦岩	Ⅲ
刚玉	Ⅴ
高丙体六六六	Ⅱ
高氮聚异丁烯基丁二酰亚胺	Ⅰ
高碘酸	Ⅱ
高碘酸铵	Ⅱ
高碘酸钾	Ⅱ
高碘酸钠	Ⅱ
高碱性磷酸戊酯	Ⅲ
高铼酸铵	Ⅱ
高铼酸钾	Ⅱ
高硫石油焦	Ⅰ
高氯酸	Ⅰ
高氯酸铵	Ⅰ
高氯酸钡	Ⅱ
高氯酸钙	Ⅱ
高氯酸钾	Ⅱ
高氯酸锂	Ⅱ
高氯酸镁	Ⅱ
高氯酸钠	Ⅱ
高氯酸铅	Ⅱ
高氯酸锶	Ⅳ
高氯酸亚铁	Ⅳ
高氯酸银	Ⅱ
高锰酸钡	Ⅱ
高锰酸钙	Ⅱ
高锰酸钾	Ⅰ
高锰酸钠	Ⅱ
高锰酸锌	Ⅱ
高密度喷气燃料	Ⅰ
高灭磷	Ⅳ
高硼酸钠	Ⅱ
(高)铅酸钙	Ⅳ
高闪点喷气燃料	Ⅰ
高铁酸钾	Ⅰ
高效甲霜灵	Ⅴ
高效氯氟氰菊酯	Ⅴ
高效油溶性缓蚀剂 T771	Ⅰ
锆粉	Ⅱ

中文名称	卷序
格利雅溶液	Ⅳ
镉	Ⅲ
铬	Ⅲ
铬酐	Ⅲ
铬红	Ⅳ
铬黄	Ⅳ
铬明矾	Ⅰ
铬酸钡	Ⅴ
铬酸铋	Ⅳ
铬酸二钾	Ⅲ
铬酸钙	Ⅲ
铬酸酐	Ⅲ
铬酸铬	Ⅴ
铬酸钾	Ⅲ
铬酸钠	Ⅰ
铬酸铅	Ⅳ
铬酸溶液	Ⅱ
铬酸锶	Ⅴ
铬酸锌	Ⅳ
铬酸锌钾	Ⅳ
铬酸氧铅	Ⅳ
铬酸银	Ⅳ
铬酰氯	Ⅱ
庚胺	Ⅰ
2－庚醇	Ⅳ
3－庚醇	Ⅳ
庚二腈	Ⅱ
1,6－庚二炔	Ⅳ
1,6－庚二烯	Ⅲ
庚基氰	Ⅳ
庚硫醇	Ⅲ
1－庚炔	Ⅱ
庚酸	Ⅲ
庚酸烯丙酯	Ⅲ
2－庚酮	Ⅱ
3－庚酮	Ⅱ
4－庚酮	Ⅱ
庚烷异构体	Ⅳ
2－庚烯(顺式)	Ⅲ
3－庚烯	Ⅰ
1－庚烯	Ⅰ
庚烯磷	Ⅴ
工业白油	Ⅰ
工业凡士林	Ⅰ
工业酚	Ⅰ
工业钙基脂	Ⅰ
工业己烷	Ⅰ
工业石炭酸	Ⅰ
工业用裂解碳四	Ⅰ
工业用液体氢氧化钠	Ⅰ
工业脂	Ⅰ
汞	Ⅰ
汞氰化钾	Ⅲ
AM/AMPS 共聚物	Ⅰ
AA/HPA 共聚物	Ⅰ
枸橼酸	Ⅰ
谷乐生	Ⅱ
钴	Ⅴ
固态石蜡	Ⅴ
瓜胶	Ⅰ
瓜叶菊素 I	Ⅴ
瓜叶菊素 II	Ⅴ
管道防腐沥青	Ⅰ
光气	Ⅰ
光稳定剂 120	Ⅳ
硅仿	Ⅲ
硅粉(非晶形的)	Ⅲ
硅氟酸	Ⅰ
硅化钙	Ⅱ
硅化镁	Ⅳ
硅锂	Ⅱ
硅锂合金	Ⅱ
硅氯仿	Ⅲ
硅酸二钠	Ⅴ
硅酸铝铂	Ⅳ
硅酸钠	Ⅰ
硅酸铅	Ⅱ
硅酸四甲酯	Ⅲ
硅酸四乙基酯	Ⅰ
硅酸乙酯	Ⅰ
硅铁(30% ≤含硅 <90%)	Ⅳ
硅铁锂	Ⅳ
硅烷	Ⅰ
硅橡胶	Ⅰ
癸醇	Ⅰ
1－癸醇	Ⅰ

中文名称	卷序
癸二胺	Ⅲ
癸二酸二丙酯	Ⅳ
癸二酸二丁酯	Ⅳ
癸二酸二甲酯	Ⅳ
癸二酸二壬酯	Ⅳ
癸二酸二辛酯	Ⅳ
癸二酸二乙酯	Ⅳ
癸二酰氯	Ⅱ
癸基苯磺酸	Ⅳ
癸基苯磺酸钠	Ⅴ
癸甲氯铵	Ⅰ
2－癸硫基乙胺盐酸盐	Ⅴ
癸硼烷	Ⅲ
1－癸炔	Ⅲ
癸酸	Ⅰ
癸酸乙酯	Ⅲ
癸烷	Ⅰ
1－癸烯	Ⅰ
果虫磷	Ⅴ
过苯甲酸	Ⅲ
过碘酸	Ⅱ
过碘酸铵	Ⅱ
过碘酸钾	Ⅱ
过二硫酸铵	Ⅰ
过二硫酸钾	Ⅰ
过二硫酸钠	Ⅰ
过(二)碳酸钠	Ⅴ
过甲酸	Ⅱ
过铼酸铵	Ⅱ
过铼酸钾	Ⅱ
过磷酸钙	Ⅰ
过硫酸铵	Ⅰ
过硫酸钾	Ⅰ
过硫酸钠	Ⅰ
过氯甲硫醇	Ⅳ
过氯酸	Ⅰ
过氯酸铵	Ⅰ
过氯酸钡	Ⅱ
过氯酸钙	Ⅱ
过氯酸钾	Ⅱ
过氯酸锂	Ⅱ
过氯酸镁	Ⅱ
过氯酸钠	Ⅱ
过氯酸铅	Ⅱ
过氯酸银	Ⅱ
过氯酰氟	Ⅱ
过锰酸钡	Ⅱ
过锰酸钙	Ⅱ
过锰酸钾	Ⅰ
过锰酸钠	Ⅱ
过锰酸锌	Ⅱ
过硼酸钠	Ⅱ
过碳酰胺	Ⅱ
过溴化2－羟乙基铵	Ⅴ
过氧化钡	Ⅱ
过氧化苯甲酸叔丁酯	Ⅰ
过氧化苯甲酰	Ⅰ
过氧化醋酸叔丁酯	Ⅱ
过氧化丁二酸	Ⅱ
过氧化2－丁酮	Ⅱ
过氧化对氯苯甲酰	Ⅱ
过氧化二苯甲酰	Ⅰ
过氧化二(对氯苯甲酰)	Ⅱ
过氧化二(2,4－二氧苯甲酰)	Ⅲ
过氧化(二)琥珀酸	Ⅱ
过氧化二(4－甲基苯甲酰)	Ⅳ
过氧化二叔丁基	Ⅰ
过氧化二叔丁烷	Ⅰ
过氧化二碳酸二(2－乙基己基)酯	Ⅰ
过氧化二碳酸二乙酯	Ⅱ
过氧化二碳酸二异丙酯	Ⅰ
过氧化二碳酸二正丙酯	Ⅱ
过氧化二碳酸二仲丁酯	Ⅱ
过氧化二(2－乙基己基)二碳酸酯	Ⅰ
过氧化二乙酰	Ⅰ
过氧化二异丙苯	Ⅰ
过氧化二月桂酰	Ⅲ
过氧化二正丙基二碳酸酯	Ⅱ
过氧化二仲丁基二碳酸酯	Ⅱ
过氧化钙	Ⅱ
过氧化环己酮	Ⅱ
过氧化甲乙酮	Ⅱ
过氧化钾	Ⅱ
过氧化锂	Ⅱ
过氧化镁	Ⅲ
过氧化钠	Ⅱ

中文名称	卷序
过氧化尿素	Ⅱ
过氧化脲	Ⅱ
过氧化铅	Ⅱ
过氧化羟基二异丙苯	Ⅲ
过氧化氢	Ⅰ
过氧化氢苯甲酰	Ⅲ
过氧化氢(对)孟烷	Ⅳ
过氧化氢二异丙苯	Ⅲ
过氧化氢叔丁基	Ⅱ
过氧化氢异丙苯	Ⅰ
过氧化氢异丙基	Ⅴ
过氧化十二烷酰	Ⅲ
过氧化十二酰	Ⅲ
过氧化叔丁醇	Ⅱ
过氧化双(3,5,5－三甲基己酰)	Ⅰ
过氧化锶	Ⅱ
过氧化特戊酸叔丁酯	Ⅰ
过氧化锑	Ⅲ
过氧化锌	Ⅱ
过氧化2－乙基己酸叔丁酯	Ⅰ
过氧化乙酸叔丁酯	Ⅱ
过氧化乙酰	Ⅰ
过氧化乙酰苯甲酰	Ⅱ
过氧化乙酰磺酰环己烷(含量≤82%,含水≥12%)	Ⅴ
过氧化异壬酰	Ⅰ
过氧乙酸	Ⅱ
过乙酸	Ⅱ
过蚁酸	Ⅱ
H	
HCFC－124	Ⅳ
HPCMT	Ⅰ
HPMA	Ⅰ
铪	Ⅱ
海波	Ⅰ
海伯隆	Ⅰ
海葱糖甙	Ⅴ
海军燃料油	Ⅰ
海藻酸钠	Ⅰ
害扑威	Ⅳ
氦(液化的)	Ⅳ
氦	Ⅰ
氦气	Ⅰ
汉生胶	Ⅰ
航空煤油	Ⅰ
航空汽油	Ⅰ
航空润滑油	Ⅰ
航空洗涤汽油	Ⅰ
120号溶剂油	Ⅰ
皓矾	Ⅰ
禾草丹	Ⅴ
禾草敌	Ⅴ
禾草克	Ⅳ
合成磺酸钡	Ⅰ
合成磺酸钙	Ⅰ
合成磺酸钠	Ⅰ
褐块石棉	Ⅴ
褐煤焦油	Ⅴ
褐煤栲胶改性木质素	Ⅰ
褐藻胶	Ⅰ
褐藻酸钠	Ⅰ
黑降汞	Ⅲ
黑色氧化汞	Ⅲ
黑索金	Ⅰ
红丹	Ⅲ
红矾铵	Ⅲ
红磷	Ⅴ
胡椒基丁醚	Ⅲ
胡萝卜酸乙酯	Ⅳ
琥珀腈	Ⅰ
琥珀醛	Ⅳ
琥珀酸	Ⅳ
琥珀酸二烷酯磺酸钠	Ⅰ
琥珀酸二异辛酯磺酸钠	Ⅰ
琥珀酸二正丁酯	Ⅳ
琥珀酸乙酯	Ⅳ
琥珀酰氯	Ⅱ
琥珀酰亚胺	Ⅱ
花椒毒素	Ⅳ
花生一烯酸	Ⅰ
华果	Ⅲ
化工轻油	Ⅰ
化工专用溶剂油	Ⅰ
环丙氟灵	Ⅴ
1－环丙基－6,7－二氟－1,4－二氢－4－氧代喹啉－3－羧酸	Ⅳ

中文名称	卷序
环丙基甲醇	Ⅱ
环丙烷	Ⅰ
1,1－环丙烷二甲酸二甲酯	Ⅴ
环丙酰胺酸	Ⅳ
环丙唑醇	Ⅳ
环丁砜	Ⅰ
环丁烷	Ⅳ
环庚草醚	Ⅴ
环庚(间)三烯	Ⅱ
1,3,5－环庚三烯	Ⅱ
环庚酮	Ⅰ
环庚烷	Ⅱ
环庚烯	Ⅱ
环己胺	Ⅰ
环己醇	Ⅰ
1,2－环己二胺	Ⅱ
1,3－环己二烯	Ⅱ
1,4－环己二烯	Ⅱ
2,5－环己二烯－1,4－二酮	Ⅰ
环己基苯	Ⅳ
2－环己基丁烷	Ⅴ
N－环己基－1,1－二氧－苯并(b)噻吩－2－甲酰胺	Ⅳ
N－环己基环己胺亚硝酸盐	Ⅴ
环己基甲基二甲氧基硅烷	Ⅴ
环己基甲酸	Ⅰ
环己基甲烷	Ⅰ
2－环己基联苯	Ⅴ
环己基硫醇	Ⅲ
环己基氯	Ⅰ
环己基三氯硅烷	Ⅱ
环己基叔丁烷	Ⅲ
环己基溴	Ⅳ
环己基乙酸酯	Ⅳ
环己基异丁烷	Ⅴ
1－环己基正丁烷	Ⅰ
环己甲酸	Ⅰ
环己硫醇	Ⅲ
环己酮	Ⅰ
环己烷	Ⅰ
1,4－环己烷二甲醇	Ⅰ
1,4－环己烷化二甲醇化二乙烯基醚	Ⅴ
环己烯	Ⅰ
环己烯基三氯硅烷	Ⅱ
3－环己烯－1－腈	Ⅲ
环己烯酮	Ⅳ
环己乙酸	Ⅲ
环吗啉	Ⅲ
环嗪酮	Ⅴ
环三次甲基三硝胺(含水≥15%)	Ⅰ
环十二醇	Ⅰ
环十二碳三烯	Ⅲ
1,5,9－环十二烷三烯	Ⅲ
环四亚甲基四硝胺	Ⅱ
环烷酸	Ⅰ
环烷酸钙	Ⅰ
环烷酸钴	Ⅱ
环烷酸镁	Ⅰ
环烷酸镍	Ⅰ
环烷酸铅	Ⅰ
环烷酸铜	Ⅰ
环烷酸锌	Ⅰ
环戊胺	Ⅱ
环戊醇	Ⅱ
环戊二茂铁	Ⅰ
环戊二烯	Ⅰ
1,3－环戊二烯	Ⅰ
环戊基氯	Ⅱ
环戊基溴	Ⅳ
环戊基乙酸	Ⅲ
环戊酮	Ⅰ
环戊烷	Ⅰ
环戊烯	Ⅱ
环酰菌胺	Ⅳ
1,5－环辛二烯	Ⅱ
1,3－环辛二烯	Ⅴ
1,3,5,7－环辛四烯	Ⅱ
环辛四烯	Ⅱ
环辛烷	Ⅱ
环辛烯	Ⅱ
1,2－环氧－3－苯氧基丙烷	Ⅳ
2,3－环氧－1－丙醇	Ⅳ
环氧丙基苯基醚	Ⅳ
环氧丙基丁醚	Ⅱ
2,3－环氧丙基－2－乙基环己基醚	Ⅴ
2,3－环氧丙基异丙基醚	Ⅳ

中文名称	卷序
2,3－环氧丙醛	Ⅱ
1,3－环氧丙烷	Ⅴ
1,2－环氧丙烷	Ⅰ
环氧丙烷	Ⅰ
3,4－环氧丁酸异丁酯	Ⅳ
1,2－环氧丁烷	Ⅰ
1,2－环氧环己烷	Ⅰ
环氧环己烷	Ⅰ
环氧氯丙烷	Ⅰ
环氧氯丙烷－多亚乙基多胺缩聚物	Ⅰ
环氧氯丙烷－二甲胺缩聚物	Ⅰ
环氧嘧磺隆	Ⅳ
环氧树脂	Ⅰ
环氧辛烷	Ⅲ
1,2－环氧－3－溴丙烷	Ⅱ
环氧溴丙烷	Ⅱ
1,2－环氧乙基苯	Ⅲ
环氧乙烷	Ⅰ
1,2－环氧－4－乙烯基环己烷	Ⅳ
1,2－环氧－3－乙氧基丙烷	Ⅴ
1,2－环氧－3－异丙氧基丙烷	Ⅳ
N－环已基－2－苯骈噻唑次磺酰胺	Ⅰ
2－环已烯－1－酮	Ⅳ
黄草伏	Ⅴ
黄丹	Ⅲ
黄单细胞多糖	Ⅰ
黄胶	Ⅰ
黄矿物油	Ⅰ
黄蜡油	Ⅰ
黄磷	Ⅱ
黄石蜡	Ⅰ
黄血盐	Ⅲ
黄原胶	Ⅰ
黄月砂	Ⅰ
黄樟脑	Ⅴ
黄樟素	Ⅴ
磺胺	Ⅲ
磺胺苯汞	Ⅱ
磺胺酸	Ⅳ
磺胺乙汞	Ⅱ
4－磺苯基－6－((1－氧代壬基)氨基)己酸钠	Ⅴ
磺化丙酮甲醛缩聚物	Ⅰ
磺化单宁	Ⅰ
磺化酚醛树脂	Ⅰ
磺化琥珀酸二仲辛酯钠盐	Ⅰ
磺化沥青	Ⅰ
磺化木质素	Ⅰ
磺化木质素酚醛树脂	Ⅰ
磺基乙酸	Ⅳ
磺甲基酚醛树脂	Ⅰ
磺甲基化聚丙烯酰胺	Ⅰ
磺甲基化栲胶	Ⅰ
磺菌胺	Ⅳ
磺菌威	Ⅳ
磺噻隆	Ⅴ
磺酸钠	Ⅰ
磺酰胺	Ⅳ
磺酰胺酸	Ⅰ
4,4′－磺酰二苯胺	Ⅱ
磺酰磺隆	Ⅳ
4,4′－磺酰基双(2－(2－丙烯基))苯酚	Ⅴ
磺酰氯	Ⅱ
磺乙基淀粉	Ⅰ
灰锰养	Ⅰ
回火油	Ⅰ
茴香醚	Ⅰ
2号混合苯	Ⅰ
混合二甲酚	Ⅰ
混合二硝基氯苯(主要是2,4－二硝氯化苯和2,6－二硝基氯化苯)	Ⅰ
混合氯化二烷基二甲基铵	Ⅰ
混合碳九	Ⅰ
混合碳十	Ⅰ
混合碳四	Ⅰ
混合碳五	Ⅰ
活性白土	Ⅰ
活性漂土	Ⅰ
活性炭	Ⅰ
火碱	Ⅰ
13号机械油	Ⅰ
J	
J酸	Ⅰ
机油	Ⅳ
361极压抗磨剂	Ⅰ
353极压抗磨剂	Ⅰ

中文名称	卷序
351 极压抗磨剂	Ⅰ
T304 极压抗磨剂	Ⅰ
T301 极压抗磨剂	Ⅰ
T305 极压抗磨剂	Ⅰ
T307 极压抗磨剂	Ⅰ
T306 极压抗磨剂	Ⅰ
T309 极压抗磨剂	Ⅰ
T323 极压抗磨剂	Ⅰ
T321 极压抗磨剂	Ⅰ
T352 极压抗磨剂	Ⅰ
305 极压/抗磨添加剂	Ⅳ
几奴尼	Ⅰ
3－己醇	Ⅱ
1－己醇	Ⅳ
2－己醇	Ⅰ
1,6－己二胺	Ⅰ
己二胺四亚甲基膦酸	Ⅰ
己二醇	Ⅲ
1,6－己二醇二丙烯酸酯	Ⅳ
N,*N'*－1,6－己二基二(*N*－(2,2,6,6－四甲基－4－哌啶))－甲酰胺	Ⅳ
1,6－己二基双－氨基甲酸双(2－(2－(1－乙戊基)－3－噁唑烷基)乙基)酯	Ⅳ
己二腈	Ⅰ
己二醛	Ⅳ
己二酸	Ⅰ
己二酸丁酯	Ⅱ
己二酸二丁氧基乙酯	Ⅲ
己二酸二丁酯	Ⅱ
己二酸二辛酯	Ⅲ
己二酸二(2－乙基－己醇)酯	Ⅳ
己二酸二(2－乙基)己酯	Ⅲ
己二酸二乙酯	Ⅳ
2,5－己二酮	Ⅳ
己二烯	Ⅳ
1,3－己二烯	Ⅱ
1,4－己二烯	Ⅱ
1,5－己二烯	Ⅱ
2,4－己二烯	Ⅱ
己二酰二氯	Ⅱ
己基卡必醇	Ⅴ
己基氯	Ⅰ
己基醚	Ⅲ
(3S,4S)－3－己基－4－((R)－2－羟基十三烷基)－2－氧杂环丁酮	Ⅴ
己基三氯硅烷	Ⅱ
己基溴	Ⅲ
己腈	Ⅱ
1－己硫醇	Ⅱ
己内酰胺	Ⅰ
己醛	Ⅰ
1－己炔	Ⅱ
2－己炔	Ⅱ
3－己炔	Ⅱ
己炔醇	Ⅲ
1－己炔－3－醇	Ⅲ
1,2,6－己三醇	Ⅲ
己酸	Ⅱ
己酸甲酯	Ⅲ
己酸烯丙酯	Ⅳ
己酸乙酯	Ⅱ
2－己酮	Ⅱ
3－己酮	Ⅱ
己烷油	Ⅰ
己烯	Ⅰ
1－己烯	Ⅰ
2－己烯	Ⅱ
Z－3－(3－己烯基氧)丙腈	Ⅴ
5－己烯－2－酮	Ⅱ
己酰氯	Ⅱ
2－(己氧基)乙醇	Ⅴ
己唑醇	Ⅴ
季铵盐	Ⅰ
季戊四醇	Ⅰ
季戊四醇四硝酸酯	Ⅱ
季戊炸药	Ⅱ
加打萨宗	Ⅲ
加氢戊烯	Ⅰ
夹硫氮(杂)蒽	Ⅲ
2－甲氨基－4－甲氧基－6－甲基均三嗪	Ⅴ
2－甲氨基乙醇	Ⅲ
甲胺磷	Ⅱ
甲拌磷	Ⅱ
甲苯	Ⅰ
甲苯－3,4－二硫酚	Ⅱ
甲苯胺	Ⅴ

中文名称	卷序
甲苯-2,4-二胺	Ⅱ
甲苯二胺硫酸盐	Ⅱ
甲苯二异氰酸酯	Ⅰ
2,6-甲苯二异氰酸酯	Ⅴ
2,4-甲苯二异氰酸酯	Ⅱ
甲苯-2,4-二异氰酸酯	Ⅱ
甲苯氟磺胺	Ⅳ
4-甲苯磺酰氯	Ⅱ
3-甲苯基-*N*-甲基氨基甲酸酯	Ⅲ
(4-甲苯基)-1,3,5-三甲苯基磺酸盐	Ⅴ
α-甲苯硫醇	Ⅱ
4-甲苯硫酚	Ⅱ
3-甲苯硫酚	Ⅱ
甲丙硫磷	Ⅳ
甲丙醚	Ⅱ
甲草胺	Ⅰ
甲醇	Ⅰ
甲醇钾	Ⅴ
甲醇锂	Ⅴ
甲醇钠	Ⅱ
甲酚	Ⅳ
甲氟磷	Ⅱ
甲硅烷	Ⅰ
甲磺隆	Ⅴ
甲磺酸	Ⅳ
甲磺酸甲酯	Ⅴ
甲磺酸铅	Ⅴ
甲磺酸铜	Ⅴ
甲磺酸锡(II)盐	Ⅴ
甲磺酸乙酯	Ⅴ
1-(3-甲磺酰氧基-5-三苯甲氧甲基-2-*D*-呋喃基)胸腺嘧啶	Ⅴ
N-甲基-4-氨基苯酚硫酸盐	Ⅳ
甲基氨基甲酸-2,3-二氢-2-甲基-7-苯并呋喃酯	Ⅴ
O-甲基氨基甲酰基-1-二甲氨基甲酰-1-甲硫基甲醛肟	Ⅲ
O-(甲基氨基甲酰基)-2-甲基-2-甲硫基丙醛肟	Ⅲ
N-甲基氨基甲酰-2-氯酚	Ⅳ
N-((4-甲基氨基)-3-硝基苯基)二乙醇胺	Ⅴ
2-甲基氨基乙醇	Ⅲ
2-甲基苯胺	Ⅰ
3-甲基苯胺	Ⅱ
4-甲基苯胺	Ⅱ
N-甲基苯胺	Ⅱ
2-甲基苯并噁唑	Ⅲ
2-甲基苯并氧氮唑	Ⅲ
2-甲基-1,4-苯二胺	Ⅱ
4-甲基苯酚	Ⅰ
3-甲基苯酚	Ⅰ
2-甲基苯酚	Ⅰ
4-甲基苯磺酸-2,5-二丁氧基-4-(吗啉-4-基)重氮苯	Ⅳ
2-甲基-2-苯基丙烷	Ⅳ
甲基苯基二氯硅烷	Ⅱ
甲基苯基二乙氧基硅烷	Ⅲ
α-甲基苯基甲醇	Ⅱ
1-((2-甲基苯基)偶氮)-2-萘酚	Ⅴ
2-甲基-4-苯基戊醇	Ⅴ
2-甲基苯甲腈	Ⅱ
4-甲基苯甲腈	Ⅱ
4-甲基苯甲醛	Ⅳ
4-甲基苯甲酸	Ⅲ
3-甲基苯甲酸	Ⅲ
2-甲基苯甲酸	Ⅳ
2-甲基苯硫酚	Ⅱ
甲基苯噻隆	Ⅴ
β-甲基苯戊醇	Ⅴ
4-(4-甲基苯氧基)-1,1′-联苯	Ⅴ
(*Z*)-2′-甲基苯乙酮-4,6-二甲基-2-嘧啶腙	Ⅳ
4-甲基苯乙烯(抑制了的)	Ⅰ
α-甲基苯乙烯	Ⅰ
4-甲基吡啶	Ⅴ
3-甲基吡啶	Ⅱ
β-甲基吡啶	Ⅱ
2-甲基吡啶	Ⅰ
1,1-甲基-2-(3-吡啶)吡咯烷硫酸盐	Ⅲ
1-甲基-2-(3-吡啶)吡咯烷	Ⅳ
N-甲基吡咯烷酮	Ⅰ
1-甲基-2-吡咯烷酮	Ⅰ
5-甲基吡嗪-2-羧酸	Ⅴ
3-甲基吡唑-5-基二甲基氨基甲酸酯	Ⅴ
α-甲基苄醇	Ⅱ

中文名称	卷序
2－甲基－2－苄基－3－丁烯腈	Ⅴ
甲基苄基溴	Ⅳ
2－甲基丙胺	Ⅲ
2－甲基－2－丙胺	Ⅰ
2－甲基－2－丙醇	Ⅰ
2－甲基－1－丙醇	Ⅰ
1－甲基－4－丙基苯	Ⅴ
1－甲基－3－丙基苯	Ⅴ
甲基丙基(甲)酮	Ⅰ
甲基丙基醚	Ⅱ
2－(1－甲基丙基)－4－叔丁基苯酚	Ⅴ
2－甲基－1－丙硫醇	Ⅲ
2－甲基丙醛	Ⅰ
2－甲基丙酸	Ⅲ
2－甲基丙酸丁酯	Ⅲ
2－甲基丙酸甲酯	Ⅳ
2－甲基丙酸辛酯	Ⅰ
2－甲基丙酸乙酯	Ⅲ
3－甲基丙酮酸	Ⅰ
2－甲基丙烷	Ⅰ
2－甲基丙烯	Ⅰ
甲基丙烯腈	Ⅱ
2－甲基丙烯腈	Ⅱ
2－甲基丙烯醛	Ⅱ
β－甲基丙烯醛	Ⅱ
α－甲基丙烯醛	Ⅱ
α－甲基丙烯酸	Ⅰ
甲基丙烯酸	Ⅰ
2－甲基－2－丙烯酸－2－丙烯基酯	Ⅴ
2－甲基－2－丙烯酸的均聚物	Ⅰ
甲基丙烯酸二甲基氨基乙酯	Ⅰ
甲基丙烯酸－6－(2,3－二甲基马来酰亚胺基)己酯	Ⅳ
甲基丙烯酸甲酯	Ⅰ
2－甲基－2－丙烯酸甲酯	Ⅰ
甲基丙烯酸2－羟丙酯	Ⅲ
甲基丙烯酸2－羟乙酯	Ⅲ
甲基丙烯酸三丁基锡	Ⅳ
甲基丙烯酸三硝基乙酯	Ⅳ
甲基丙烯酸十二烷基酯	Ⅲ
甲基丙烯酸缩水甘油酯	Ⅴ
甲基丙烯酸－2－乙基己醇酯	Ⅳ
甲基丙烯酸2－乙基己酯	Ⅲ
2－甲基－2－丙烯酸乙酯	Ⅱ
甲基丙烯酸乙酯	Ⅱ
2－甲基丙烯酸异丁酯	Ⅱ
甲基丙烯酸异丁酯	Ⅱ
甲基丙烯酸月桂酯	Ⅲ
甲基丙烯酸正丁酯	Ⅰ
甲基丙烯酰胺	Ⅳ
4－(11－甲基丙烯酰胺基十一酰胺基)苯磺酸钾	Ⅳ
2－甲基丙酰氯	Ⅳ
甲基橙	Ⅲ
2－甲基氮丙啶	Ⅱ
2－甲基－2－氮杂二环(2,2，1)庚烷	Ⅴ
6－甲基氮杂萘	Ⅱ
甲基碘	Ⅰ
甲基(1－((丁氨基)甲酰)－1H－苯并咪唑－2－基)氨基甲酸酯	Ⅲ
3－甲基丁胺	Ⅲ
N－甲基丁胺	Ⅲ
2－甲基－1－丁醇	Ⅴ
2－甲基－2－丁醇	Ⅲ
3－甲基－1－丁醇	Ⅰ
3－甲基－2－丁醇	Ⅱ
N,*N*－二(3－甲基丁基)胺	Ⅲ
甲基丁基(甲)酮	Ⅱ
甲基丁基醚	Ⅱ
2－甲基－2－丁硫醇	Ⅱ
2－甲基－1－丁硫醇	Ⅳ
3－甲基－1－丁硫醇	Ⅲ
3－甲基丁醛	Ⅰ
3－甲基丁炔	Ⅲ
2－甲基－3－丁炔－2－醇	Ⅱ
3－甲基－3－丁炔醇	Ⅱ
3－甲基丁酸甲酯	Ⅳ
3－甲基－2－丁酮	Ⅰ
3－甲基丁酮	Ⅰ
2－甲基丁烷	Ⅰ
2－甲基丁烯	Ⅱ
2－甲基－1－丁烯	Ⅱ
2－甲基－2－丁烯	Ⅱ
3－甲基－1－丁烯	Ⅱ
2－甲基－1－丁烯－3－炔	Ⅱ
3－甲基－3－丁烯－2－酮	Ⅱ

中文名称	卷序
3－甲基丁酰氯	Ⅳ
甲基丁香酚	Ⅳ
甲基毒虫畏	Ⅴ
甲基毒死蜱	Ⅴ
甲基对硫磷	Ⅱ
4－甲基－N,N－二(2－(((4－甲苯基)磺酰)氨基)乙基)苯磺酰胺	Ⅴ
2－甲基－4－(1,1－二甲基乙基)－6－(1－甲基－十五基)－苯酚	Ⅴ
甲基－2－(4,6－二甲氧基－2－嘧啶基氧)－6－(1－(甲氧基亚氨基)乙基)苯甲酸酯	Ⅴ
N－甲基二硫代氨基甲酸	Ⅳ
甲基二硫代氨基甲酸钠	Ⅴ
甲基二硫代氨基甲酸锌	Ⅳ
6－甲基－1,3－二硫杂环戊烯并(4,5,b)喹啉－2－二酮	Ⅴ
甲基二氯硅烷	Ⅱ
2－甲基－5,6－二氢－1,4－氧硫杂环己二烯－3－甲酰苯胺	Ⅲ
1,3－甲基－1,3－二(三甲基甲硅烷基)脲	Ⅳ
2－甲基－1,3－二硝基苯	Ⅱ
1－甲基－2,4－二硝基苯	Ⅱ
2－甲基－3,5－二硝基苯并胺	Ⅴ
2－甲基－4,6－二硝基苯酚	Ⅱ
2－甲基－1,3－二氧戊环	Ⅲ
甲基二乙醇胺	Ⅰ
2－甲基呋喃	Ⅱ
甲基氟	Ⅱ
5－甲基－3－庚酮	Ⅳ
2－甲基庚烷	Ⅱ
4－甲基庚烷	Ⅱ
甲基汞	Ⅲ
201 甲基硅油	Ⅰ
甲基硅油	Ⅰ
甲基环己醇	Ⅴ
2－甲基环己醇	Ⅳ
3－甲基环己醇	Ⅳ
4－甲基环己醇	Ⅳ
甲基环己基－4－氯苯基硫代磷酸酯	Ⅳ
α－甲基－环己基乙醛	Ⅴ
2－甲基环己酮	Ⅱ

中文名称	卷序
甲基环己酮	Ⅴ
甲基环己烷	Ⅰ
α－甲基环己烷乙酸乙酯	Ⅴ
4－甲基环己烯	Ⅱ
4－甲基－1－环己烯	Ⅱ
β－甲基环十二基乙醇	Ⅴ
甲基环戊二烯	Ⅴ
甲基环戊二烯三羰基锰	Ⅰ
甲基环戊烷	Ⅰ
1－甲基－1－环戊烯	Ⅱ
1－甲基环戊烯	Ⅱ
甲基黄	Ⅲ
甲基磺草酮	Ⅴ
甲基磺酸	Ⅳ
甲基磺酰氯	Ⅲ
S－(4－甲基磺酰氧苯基)－N－甲基硫代氨基甲酸酯	Ⅳ
甲基己基甲酮	Ⅳ
5－甲基－2－己酮	Ⅱ
2－甲基己烷	Ⅱ
3－甲基己烷	Ⅱ
3－(N－甲基－N－(4－甲氨基－3－硝基苯基)氨基)－1,2－丙二醇盐酸盐	Ⅴ
2－甲基－4－(2－甲苯基)二氮烯基苯胺	Ⅱ
2(或3)甲基－4－(甲苯基偶氮)苯胺	Ⅱ
4－甲基－N－(甲基磺酰基)苯磺酰胺	Ⅴ
2－甲基－1－(4－(甲基硫代)苯基)－2－(4－吗啉基)－1－丙酮	Ⅴ
甲基甲酰胺	Ⅰ
N－甲基甲酰胺	Ⅰ
3－甲基－6－甲氧基苯胺	Ⅱ
4－甲基－间苯二胺硫酸盐	Ⅴ
甲基芥子油	Ⅳ
甲基肼	Ⅱ
甲基肼氨	Ⅴ
2－甲基喹啉	Ⅱ
4－甲基喹啉	Ⅱ
6－甲基喹啉	Ⅱ
7－甲基喹啉	Ⅱ
8－甲基喹啉	Ⅱ
甲基联	Ⅴ
甲基联胺	Ⅱ
甲基膦酸二甲酯	Ⅳ

中文名称	卷序
甲基膦酰二氯	Ⅳ
甲基硫菌灵	Ⅲ
甲基硫茂	Ⅱ
3-甲基六氢吡啶	Ⅱ
4-甲基六氢吡啶	Ⅱ
2-甲基六氢吡啶	Ⅱ
甲基氯	Ⅰ
N'-(2-甲基-4-氯苯基)-*N*,*N*-二甲基甲脒盐酸盐	Ⅳ
甲基-3-氯-5-(4,6-二甲氧基-2-嘧啶基氨基甲酰基氨磺酰基)-1-甲基吡唑-4-甲酸酯	Ⅳ
甲基氯仿	Ⅰ
甲基氯硅烷	Ⅱ
2-甲基氯化苄	Ⅲ
3-甲基氯化苄	Ⅲ
4-甲基氯化苄	Ⅲ
甲基氯甲醚	Ⅱ
N-甲基吗啉	Ⅱ
4-甲基吗啉	Ⅱ
4-(2-(1-甲基-2-(4-吗啉基)乙氧基)乙基)吗啉	Ⅴ
1-甲基-1H-咪唑	Ⅴ
甲基嘧啶磷	Ⅴ
甲基内吸磷-*O*	Ⅴ
甲基内吸磷	Ⅱ
α-甲基萘	Ⅱ
1-甲基萘	Ⅱ
2-甲基萘	Ⅱ
β-甲基萘	Ⅱ
N-甲基-*N*-(1-萘基)单氟乙酰胺	Ⅳ
N-甲基哌啶	Ⅱ
1-甲基哌啶	Ⅱ
2-甲基哌啶	Ⅱ
3-甲基哌啶	Ⅱ
4-甲基哌啶	Ⅱ
甲基硼	Ⅳ
甲基氰	Ⅰ
甲基溶纤剂	Ⅰ
3-甲基噻吩	Ⅱ
甲基三硫磷	Ⅱ
甲基三氯硅烷	Ⅱ
N-甲基三嗪	Ⅴ
甲基三乙氧基硅烷	Ⅳ
5-甲基-1,2,4-三唑并(3,4,b)(1,3)苯并噻唑	Ⅲ
甲基杀螟威	Ⅲ
甲基砷酸钙	Ⅲ
甲基砷酸铁	Ⅳ
甲基胂酸	Ⅱ
甲基胂酸二钠	Ⅱ
甲基胂酸锌	Ⅱ
甲基胂酸一钠	Ⅱ
甲基叔丁基(甲)酮	Ⅱ
甲基叔丁基醚	Ⅰ
甲基双乙磺丙烷	Ⅳ
2-甲基-5-(1,1,3,3-四甲基丁基)对苯二酚	Ⅴ
2-甲基四氢呋喃	Ⅱ
甲基四氢呋喃	Ⅱ
2-甲基3-戊醇	Ⅲ
2-甲基-1-戊醇	Ⅱ
2-甲基-2-戊醇	Ⅱ
3-甲基-3-戊醇	Ⅱ
4-甲基戊-2-醇	Ⅱ
2-甲基-2,4-戊二醇	Ⅲ
3-甲基戊二醛	Ⅳ
甲基戊二烯	Ⅳ
2-甲基-1,3-戊二烯	Ⅲ
3-甲基-1,3-戊二烯	Ⅲ
4-甲基-1,3-戊二烯	Ⅲ
2-甲基-1,4-戊二烯	Ⅲ
3-甲基-1,4-戊二烯	Ⅲ
甲基戊基(甲)酮	Ⅱ
3-(3-甲基-3-戊基)-5-异噁唑基胺	Ⅴ
4-甲基戊腈	Ⅱ
α-甲基戊醛	Ⅱ
2-甲基戊醛	Ⅱ
3-甲基-1-戊炔-3-醇	Ⅱ
4-甲基戊酸	Ⅳ
4-甲基-2-戊酮	Ⅰ
2-甲基-3-戊酮	Ⅱ
3-甲基-2-戊酮	Ⅱ
2-甲基戊烷	Ⅰ
3-甲基戊烷	Ⅰ

中文名称	卷序
2－甲基－1－戊烯	Ⅱ
2－甲基－2－戊烯	Ⅱ
3－甲基－1－戊烯	Ⅱ
3－甲基－2－戊烯	Ⅱ
4－甲基－1－戊烯	Ⅱ
4－甲基－2－戊烯	Ⅱ
2－甲基－2－戊烯醛	Ⅳ
3－甲基－2－戊烯－4－炔醇	Ⅱ
4－甲基－3－戊烯－2－酮	Ⅱ
2－甲基烯丙醇	Ⅱ
甲基烯丙基氯	Ⅱ
甲基纤维素	Ⅲ
4－甲基－2－硝基(苯)酚	Ⅱ
N－(4－甲基－2－硝基苯基)乙醇胺	Ⅴ
2－甲基－1－硝基蒽醌	Ⅴ
1－甲基－3－硝基－1－亚硝基胍	Ⅴ
7－甲基－1,6－辛二烯	Ⅴ
甲基锌	Ⅱ
甲基锌乃浦	Ⅳ
甲基溴	Ⅰ
3－甲基溴苯	Ⅱ
2－甲(基)溴苯	Ⅱ
甲基溴化镁(在乙醚中)	Ⅳ
甲基溴化镁的乙醚溶液	Ⅳ
6－甲基－5－溴－3－仲丁基脲嘧啶	Ⅴ
甲基－1,3－亚苯基二异氰酸酯	Ⅴ
1－甲基－2－(3,4－亚甲基二氧基苯基)乙基辛基亚砜	Ⅳ
4－甲基－8－亚甲基－三环(3,3,1,13,7)癸－2－醇	Ⅴ
N－甲基－*N*－亚硝基氨基甲酸乙酯	Ⅲ
1－甲基－2－亚硝基苯	Ⅲ
2－甲基－4－亚硝基苯酚	Ⅱ
1－甲基－1－亚硝基脲	Ⅲ
(1－甲基亚乙基)－2－丙酮腙	Ⅰ
(1－甲基亚乙基)二－4,1－亚苯基四苯基磷酸酯	Ⅲ
4－甲基亚乙基硫脲	Ⅴ
2,2′－((1－甲基亚乙基)双(4,1－亚苯基甲醛))双环氧乙烷	Ⅴ
1－甲基乙胺	Ⅲ
甲基乙拌磷	Ⅱ
甲基乙拌磷亚砜	Ⅴ

中文名称	卷序
(4－(1－甲基乙基)苯基)(4－甲基苯基)碘鎓四(五氟代苯基)硼酸盐	Ⅴ
2－甲基－3－乙基丙烯醛	Ⅳ
N－(1－甲基乙基)－2－丙烯酰胺	Ⅳ
甲基乙基(甲)酮	Ⅰ
2－甲基－3－乙基戊烷	Ⅱ
甲基乙炔	Ⅰ
甲基乙烯基(甲)酮	Ⅱ
甲基乙烯基酮	Ⅴ
甲基乙烯醚	Ⅳ
2－(1－甲基乙氧基)苯基甲基氨基甲酸酯	Ⅲ
甲基异丙基(甲)酮	Ⅰ
甲基异丙基醚	Ⅳ
甲基异丙烯基醚	Ⅳ
甲基异丙烯(甲)酮	Ⅱ
2－甲基－*N*－(3－异丙氧基苯基)苯甲酰胺	Ⅴ
甲基异丁基甲醇	Ⅱ
甲基异丁基甲酮	Ⅰ
3－甲基－4,5－异噁唑二酮－4－((2－氯(苯基)腙)	Ⅱ
1－甲基异喹啉	Ⅱ
甲基异氰酸酯	Ⅰ
甲基异戊基(甲)酮	Ⅱ
N－甲基正丁胺	Ⅲ
甲基仲丁基(甲)酮	Ⅱ
甲基紫	Ⅳ
甲硫醇	Ⅰ
3－甲硫基－4－氨基－6－叔丁基－4,5－二氢－1,2,4－三嗪－5－酮	Ⅲ
3－甲硫基－2－丁酮－*O*－甲基氨基甲酰基肟	Ⅴ
2－甲硫基4,6－双(异丙氨基)－1,3,5－三嗪	Ⅲ
甲硫磷	Ⅴ
甲硫醚	Ⅰ
甲硫威	Ⅱ
2－甲－4－氯	Ⅱ
2－甲－4－氯丙酸	Ⅱ
甲氯叉威	Ⅲ
2－甲－4－氯丁酸	Ⅱ
甲醚	Ⅰ

中文名称	卷序
甲萘威粉剂	Ⅳ
甲哌鎓	Ⅴ
甲氰菊酯	Ⅴ
甲醛溶液	Ⅰ
甲醛水	Ⅰ
甲醛缩二甲醇	Ⅱ
甲醛缩二乙醇	Ⅱ
甲醛亚硫酸氢钠	Ⅲ
甲胂二钠	Ⅱ
甲胂一钠	Ⅱ
甲霜灵	Ⅱ
甲酸	Ⅰ
甲酸2-丙烯酯	Ⅱ
甲酸苄酯	Ⅳ
甲酸丙酯	Ⅱ
甲酸丁酯	Ⅱ
甲酸镉	Ⅴ
甲酸环己酯	Ⅱ
甲酸己酯	Ⅱ
甲酸3-甲基-1-丁酯	Ⅱ
甲酸甲基环己酯	Ⅳ
甲酸甲酯	Ⅱ
甲酸戊酯	Ⅱ
甲酸烯丙酯	Ⅱ
甲酸乙烯酯	Ⅳ
甲酸乙酯	Ⅱ
甲酸异丙酯	Ⅱ
甲酸异丁酯	Ⅱ
甲酸异戊酯	Ⅱ
甲酸正丁酯	Ⅱ
甲酸正己酯	Ⅱ
甲酸正戊酯	Ⅱ
甲缩醛	Ⅱ
甲烷	Ⅰ
甲烷磺酸	Ⅳ
甲烷磺酰氯	Ⅲ
甲酰胺	Ⅳ
2-(-2-甲酰肼基)-4-(5-硝基-2-呋喃基)噻唑	Ⅴ
2-(4-(4-甲氧苯基)-6-苯基-1,3,5-三嗪-2-基)苯酚	Ⅴ
(4-甲氧苯基)亚甲基丙二酸双(1,2,2,6,6-五甲基-4-哌啶基)酯	Ⅴ
甲氧滴滴涕	Ⅳ
甲氧滴涕	Ⅴ
甲氧基苯	Ⅰ
3-甲氧基苯胺	Ⅱ
2-甲氧基苯胺	Ⅱ
4-甲氧基苯胺	Ⅳ
4-甲氧基苯酚	Ⅰ
1-(*p*-甲氧基苯基)乙醛肟	Ⅴ
4-甲氧基苯甲醛	Ⅳ
2-甲氧基苯甲酰氯	Ⅱ
3-甲氧基苯甲酰氯	Ⅳ
1-甲氧基-2-丙胺	Ⅴ
1-甲氧基-2-丙醇	Ⅴ
2-甲氧基丙醇	Ⅴ
3-甲氧基-1-丙醇	Ⅲ
2-甲氧基-1-丙醇乙酸酯	Ⅴ
β-甲氧基丙腈	Ⅲ
1-甲氧基丙烷	Ⅱ
3-甲氧基丙烯酸甲酯	Ⅴ
1-甲氧基-1,3-丁二烯	Ⅳ
3-甲氧基丁基乙酸酯	Ⅳ
3-甲氧基丁醛	Ⅳ
1-甲氧基丁烷	Ⅱ
1-甲氧基-2,4-二硝基苯	Ⅱ
4-甲氧基-4-甲基-2-戊酮	Ⅱ
1-(2-甲氧基-2-甲基乙氧基)-2-丙醇	Ⅴ
4-甲氧基间苯二胺	Ⅱ
4-甲氧基氯化苄	Ⅲ
甲氧基钠	Ⅱ
2-甲氧基-4,6-双(乙氨基)均三嗪	Ⅲ
2-甲氧基-4-硝基苯胺	Ⅱ
(*E*)-*α*-(甲氧基亚氨基)-2-((2-甲苯氧甲基)苯基)乙酸甲酯	Ⅴ
2-甲氧基乙醇	Ⅰ
2-甲氧基乙基乙烯基醚	Ⅲ
甲氧基乙酸	Ⅳ
3-甲氧基乙酸丁酯	Ⅳ
甲氧基乙烷	Ⅱ
N-(2-甲氧基乙酰基)-*N*-(2,6-二甲苯基)-*DL*-*α*-氨基丙酸甲酯	Ⅱ
甲氧基异氰酸甲酯	Ⅳ
甲氧隆	Ⅴ

中文名称	卷序
甲氧咪草烟	Ⅴ
甲氧亚氨基呋喃乙酸铵盐	Ⅴ
甲乙醚	Ⅱ
甲乙酮	Ⅰ
钾	Ⅱ
钾铬矾	Ⅰ
钾碱	Ⅰ
钾明矾	Ⅰ
钾钠合金	Ⅳ
假枯烯	Ⅰ
间氨基苯酚	Ⅰ
间氨基苯磺酸	Ⅳ
间氨基苯甲腈	Ⅱ
间氨基苯甲酸	Ⅲ
间氨基吡啶	Ⅱ
间氨基氟苯	Ⅱ
间氨基氯苯	Ⅳ
间苯二胺	Ⅱ
间苯二胺二盐酸盐	Ⅳ
间苯二酚	Ⅰ
间苯二酚二缩水甘油醚	Ⅳ
1,3－间苯二甲胺	Ⅴ
间苯二甲酸	Ⅰ
间苯二腈	Ⅴ
间苯二酰氯	Ⅱ
间苯三酚	Ⅱ
间二氟苯	Ⅱ
间二磺酰肼苯	Ⅱ
间二甲苯	Ⅰ
间二氯苯	Ⅰ
间－二氯苯	Ⅰ
间二氰基	Ⅴ
间二硝基苯	Ⅱ
间二硝基苯胺	Ⅰ
间二溴苯	Ⅱ
间二乙基苯	Ⅱ
间－二乙烯基苯	Ⅴ
间氟苯胺	Ⅱ
间氟苯甲酸	Ⅲ
间氟甲苯	Ⅱ
间甲苯胺	Ⅱ
4－间甲苯基偶氮间甲苯胺	Ⅱ
间甲苯甲酸	Ⅲ
间甲苯硫酚	Ⅱ
间甲酚	Ⅰ
间甲基环己醇	Ⅳ
间甲基氯化苄	Ⅲ
(间)甲基异丙基苯	Ⅳ
间甲氧基苯胺	Ⅱ
间甲氧基苯甲酰氯	Ⅳ
间甲氧基硝基苯	Ⅱ
间氯苯氨基甲酸异丙酯	Ⅲ
间氯苯胺	Ⅱ
间－氯苯胺	Ⅳ
间氯苯酚	Ⅱ
间氯苯甲酸	Ⅳ
间氯氟苯	Ⅱ
间氯甲苯	Ⅱ
间氯三氟苄	Ⅲ
间羟基苯胺	Ⅰ
间羟基苯甲酸	Ⅳ
间(三氟甲基)苯胺	Ⅱ
间戊二烯	Ⅰ
间硝基苯胺	Ⅰ
间硝基苯酚	Ⅱ
间硝基苯磺酸	Ⅱ
间硝基苯磺酸钠	Ⅴ
间硝基苯磺酰氯	Ⅱ
间硝基苯甲醚	Ⅱ
间硝基苯甲醛	Ⅳ
间硝基苯甲酸	Ⅲ
间硝基苯甲酰氯	Ⅲ
间硝基苯甲酰溴	Ⅱ
间硝基苯肼	Ⅱ
间硝基苄基氯	Ⅱ
间硝基碘苯	Ⅱ
间硝基对甲苯胺	Ⅱ
间硝基二甲苯胺	Ⅱ
间硝基甲苯	Ⅱ
间－硝基甲苯	Ⅴ
间硝基氯苯	Ⅰ
间硝基氯(化)苄	Ⅱ
间硝基溴苯	Ⅱ
间溴苯胺	Ⅱ
间溴苯酚	Ⅱ

中文名称	卷序
间溴甲苯	Ⅱ
间溴硝基苯	Ⅱ
间异丙酚	Ⅳ
间异丙基苯酚	Ⅳ
间异丙基甲苯	Ⅳ
减水剂 UNF	Ⅰ
碱式铬酸锌	Ⅳ
碱式氯化铝	Ⅰ
碱式碳酸铋	Ⅳ
碱式碳酸铍	Ⅲ
碱式碳酸铜	Ⅲ
碱式碳酸锌	Ⅰ
碱式乙酸铅	Ⅲ
碱性蓝 41	Ⅲ
建筑石油沥青	Ⅰ
2,5－降冰片二烯	Ⅱ
T803D 降凝剂	Ⅰ
801 降凝剂	Ⅰ
803C 降凝剂	Ⅰ
814 降凝剂	Ⅰ
803A 降凝剂	Ⅰ
降凝剂 T804	Ⅰ
803B 降凝剂	Ⅰ
降失水剂	Ⅰ
胶酸二乙酯	Ⅲ
焦棓酚	Ⅴ
焦磷酸钠	Ⅴ
焦磷酸四乙酯	Ⅲ
焦磷酸铜	Ⅳ
焦磷酸锡(Ⅱ)	Ⅳ
焦磷酸锌	Ⅳ
焦磷酸氧钒	Ⅴ
焦硫酰二氯	Ⅱ
焦硫酰氯	Ⅱ
焦硼酸钠十水合物	Ⅳ
焦亚硫酸钠	Ⅳ
焦油	Ⅳ
脚子油	Ⅳ
杰酸	Ⅰ
洁尔灭	Ⅰ
结晶紫	Ⅳ
解草胺	Ⅴ
芥酸酰胺	Ⅳ
芥子气	Ⅱ
金刚砂	Ⅴ
金属钝化剂	Ⅰ
金属钙粉	Ⅱ
金属锆粉	Ⅱ
金属钾	Ⅱ
551 金属减活剂	Ⅰ
561 金属减活剂	Ⅰ
金属锂	Ⅱ
金属钠	Ⅲ
金属钕	Ⅳ
金属清洗剂	Ⅰ
金属铷	Ⅲ
金属铯	Ⅲ
金属铈	Ⅳ
金属锶	Ⅲ
金属铊	Ⅲ
金属钛粉	Ⅱ
锦纶－66	Ⅰ
锦纶－6	Ⅰ
锦纶－66 盐	Ⅰ
腈苯唑	Ⅴ
腈化二氯甲烷	Ⅱ
腈菌唑	Ⅴ
腈肟磷	Ⅲ
精吡氟禾草灵	Ⅳ
精制碳五	Ⅰ
鲸蜡醇	Ⅰ
(4－肼苯基)－*N*－甲基甲基磺酰胺盐酸盐	Ⅴ
2－肼基乙醇	Ⅳ
肼菌酮	Ⅱ
肼－三硝基甲烷	Ⅴ
净洗剂 6501	Ⅰ
久效磷	Ⅴ
久效威	Ⅴ
酒精	Ⅰ
聚氨基甲酸酯树脂	Ⅴ
聚氨酯弹性体	Ⅰ
聚氨酯树脂	Ⅳ
聚氨酯橡胶	Ⅰ
聚苯乙烯	Ⅰ

中文名称	卷序
聚苯乙烯磺酸钠	Ⅰ
聚苯乙烯焦油	Ⅰ
聚苯乙烯油性剂	Ⅰ
聚丙烯(等规)	Ⅳ
聚丙烯腈	Ⅰ
聚丙烯酸	Ⅰ
聚丙烯酸钠	Ⅰ
聚丙烯酸酯	Ⅰ
聚丙烯酰胺	Ⅰ
聚醋酸乙烯酯	Ⅰ
聚丁二烯	Ⅰ
聚丁二烯油	Ⅰ
聚丁烯胺	Ⅰ
聚对苯二甲酸丙二酯	Ⅰ
聚对苯二甲酸丁二酯	Ⅰ
聚对苯二甲酸乙二酯	Ⅰ
聚二甲基硅氧烷(201 型)	Ⅰ
聚二甲基硅油	Ⅰ
聚二烯丙基二甲基氯化铵	Ⅰ
聚合碱式硫酸铁	Ⅰ
聚合硫酸铁	Ⅰ
聚合氯化铝	Ⅰ
聚合汽油	Ⅰ
聚环氧琥珀酸盐	Ⅰ
聚环氧氯丙烷吡啶季铵盐	Ⅰ
聚环氧乙烷－环氧丙烷醚	Ⅰ
聚磺基苯乙烯	Ⅰ
聚己二酸己二胺	Ⅰ
聚己内酰胺树脂	Ⅰ
聚季铵盐－6	Ⅰ
聚季铵盐	Ⅰ
聚甲基丙烯酸	Ⅰ
聚甲基丙烯酸酯	Ⅰ
聚甲醛	Ⅱ
聚硫橡胶	Ⅰ
聚氯乙烯	Ⅰ
聚醚 330、303	Ⅰ
360 聚醚	Ⅰ
聚醚 210、220、204	Ⅰ
聚醚 403	Ⅰ
聚醚 635	Ⅰ
聚醚多元醇 MN－3050	Ⅰ
聚醚酰亚胺	Ⅰ
聚羟甲基丙烯酰胺	Ⅰ
聚四氟乙烯	Ⅰ
聚酞菁钴	Ⅰ
聚天冬氨酸	Ⅰ
聚铁	Ⅰ
聚维酮 K30	Ⅰ
聚 α－2－烯烃	Ⅰ
聚 α－3－烯烃	Ⅰ
聚 α－4－烯烃	Ⅰ
聚 α－烯烃合成油	Ⅰ
聚 α－2－烯烃降凝剂	Ⅰ
聚 α－3－烯烃降凝剂	Ⅰ
聚 α－4－烯烃降凝剂	Ⅰ
聚酰胺－66 树脂	Ⅰ
聚酰胺－66 盐	Ⅰ
聚 *N*,*N*－亚甲基双丙烯酰胺	Ⅰ
聚亚乙基聚胺	Ⅰ
聚氧乙烯聚氧丙烯丙二醇单醚	Ⅰ
聚氧乙烯聚氧丙烯单丁基醚	Ⅰ
聚氧乙烯醚丙三醇磷酸酯	Ⅰ
聚氧乙烯氢化羊毛脂	Ⅰ
聚乙二醇	Ⅰ
聚乙烯	Ⅰ
聚乙烯吡咯烷酮	Ⅰ
聚乙烯醇	Ⅰ
聚乙烯－醋酸乙烯酯	Ⅰ
聚乙烯低聚物	Ⅰ
聚乙烯基正丁基醚	Ⅰ
聚乙烯蜡	Ⅰ
聚乙烯乙酸乙烯酯	Ⅰ
聚(乙氧基)壬基苯醚	Ⅳ
聚异丁烯	Ⅰ
聚异丁烯丁二酰亚胺	Ⅰ
聚异丁烯丁二酰亚胺(低氮)	Ⅰ
聚异戊二烯	Ⅰ
聚酯	Ⅰ
军柴	Ⅰ
军舰用燃料油	Ⅰ
军用柴油	Ⅰ
均苯四甲酸二酐	Ⅱ
均三甲苯	Ⅰ
均三氯苯	Ⅲ
均四甲苯	Ⅱ

中文名称	卷序
菌螨酚	Ⅲ
菌霉净	Ⅰ
K	
K12	Ⅰ
咔唑	Ⅱ
咖啡因	Ⅴ
卡草胺	Ⅲ
卡可地钠	Ⅲ
卡可基钠	Ⅲ
卡可基酸	Ⅱ
卡可酸钠	Ⅲ
卡松	Ⅰ
开蓬	Ⅴ
凯松	Ⅰ
2－莰醇	Ⅱ
2－莰酮	Ⅲ
莰烯	Ⅱ
糠胺	Ⅱ
糠醇	Ⅰ
糠基硫醇	Ⅱ
糠醛	Ⅰ
糠酰氯	Ⅱ
抗静电剂 T1501	Ⅰ
抗螨唑	Ⅴ
抗磨剂 T－302	Ⅰ
911 或 912 抗泡剂	Ⅰ
901 抗泡沫剂	Ⅰ
抗鼠灵	Ⅳ
抗蚜威	Ⅱ
T501 抗氧防胶剂	Ⅰ
抗氧剂 1076	Ⅲ
702 抗氧剂	Ⅰ
抗氧剂 2246	Ⅰ
521 抗氧剂	Ⅰ
T502 抗氧剂	Ⅰ
抗氧剂 1010	Ⅳ
抗氧剂 DSTP	Ⅲ
抗氧抗腐蚀剂 T201	Ⅰ
T202 抗氧抗腐蚀剂	Ⅰ
T203 抗氧抗腐蚀剂	Ⅰ
T204 抗氧抗腐蚀剂	Ⅰ
T205 抗氧抗腐蚀剂	Ⅰ
苛性钾	Ⅰ
苛性钠	Ⅰ
颗粒白土	Ⅰ
可发性聚苯乙烯	Ⅰ
可力丁	Ⅲ
可杀得 101	Ⅲ
克百威	Ⅱ
克草丹	Ⅲ
克打净 P	Ⅲ
克菌丹	Ⅲ
克菌强	Ⅰ
1,6－克列夫酸	Ⅲ
克啉菌	Ⅲ
克杀螨	Ⅴ
克死螨	Ⅲ
克瘟散	Ⅱ
克瘟唑	Ⅲ
克线磷	Ⅲ
氪(压缩的)	Ⅳ
空白汽油	Ⅰ
空气压缩机油	Ⅰ
空压机油	Ⅰ
孔雀绿草酸盐	Ⅴ
孔雀绿盐酸盐	Ⅴ
枯草杆菌蛋白酶	Ⅴ
枯基过氧化氢	Ⅰ
枯烯	Ⅰ
(η－枯烯)－(η－环戊二烯基)铁六氟锑酸盐	Ⅴ
(η－枯烯)－(η－环戊二烯基)铁三氟甲磺酸盐	Ⅴ
苦氨酸	Ⅱ
苦基胺	Ⅱ
苦基氯	Ⅱ
苦土	Ⅰ
苦味酸	Ⅰ
苦味酸铵	Ⅱ
苦味酸甲酯	Ⅱ
苦杏仁油	Ⅰ
快杀稗	Ⅲ
快速渗透剂 T	Ⅰ
宽馏分喷气燃料	Ⅰ
喹禾糠酯	Ⅴ
喹禾灵	Ⅳ

中文名称	卷序
喹啉	Ⅱ
4－喹啉基胺	Ⅱ
1－((2－喹啉基－羰基)氧)－2,5－吡咯烷酮	Ⅴ
喹硫磷	Ⅴ
喹螨醚	Ⅴ
喹哪啶	Ⅱ
醌肟腙	Ⅳ
L	
LPG	Ⅰ
LRG	Ⅰ
拉开粉	Ⅰ
拉沙里菌素	Ⅳ
拉索	Ⅰ
蜡膏	Ⅰ
兰109	Ⅰ
兰708	Ⅰ
蓝矾	Ⅰ
莨菪胺	Ⅴ
酪酸	Ⅰ
乐果	Ⅱ
乐杀螨	Ⅱ
乐万通	Ⅲ
勒皮啶	Ⅱ
雷酸汞	Ⅴ
雷琐辛	Ⅰ
冷气虹－11	Ⅰ
冷榨脱蜡油	Ⅰ
藜芦碱	Ⅴ
藜芦酸－4－氯丁酯	Ⅳ
锂	Ⅱ
立克命	Ⅲ
丽春红G	Ⅴ
丽春红3R	Ⅴ
利谷隆	Ⅲ
沥青	Ⅳ
连苯三酚	Ⅴ
连二亚硫酸钙	Ⅳ
连二亚硫酸钾	Ⅳ
连二亚硫酸钠	Ⅰ
连二亚硫酸锌	Ⅳ
连三甲苯	Ⅱ
连三氯苯	Ⅳ

中文名称	卷序
1,1′－联苯	Ⅰ
联苯	Ⅰ
1,1′－联苯－2－酚钠盐	Ⅴ
2－联苯基胺	Ⅱ
联苯菊酯	Ⅳ
联苯－联苯醚	Ⅰ
联苯醚	Ⅰ
联大茴香胺	Ⅲ
联三苯	Ⅲ
联乙烯	Ⅰ
炼厂干气	Ⅰ
两性表面活性剂BS－12	Ⅰ
两性酚醛树脂	Ⅰ
裂化原料油	Ⅰ
裂解碳四抽余油	Ⅰ
裂解碳五	Ⅰ
邻氨基苯酚	Ⅰ
邻氨基苯磺酰胺	Ⅳ
邻氨基苯甲醚	Ⅱ
邻氨基苯甲酸	Ⅳ
邻氨基苯硫醇	Ⅱ
邻氨基苯硫酚	Ⅱ
邻氨基苯胂酸	Ⅱ
邻氨基吡啶	Ⅱ
邻氨基对甲苯甲醚	Ⅱ
邻氨基对硝基苯酚	Ⅲ
邻氨基对硝基(苯)酚	Ⅲ
邻氨基氟(化)苯	Ⅱ
邻氨基甲苯	Ⅰ
邻氨基偶氮甲苯	Ⅱ
邻氨基溴化苯	Ⅱ
邻氨基乙苯	Ⅱ
邻苯二胺	Ⅰ
邻苯二胺二盐酸盐	Ⅳ
邻苯二酚	Ⅰ
邻苯二甲腈	Ⅴ
邻苯二甲酸苄基丁基酯	Ⅲ
邻苯二甲酸二(2－甲氧乙基)酯	Ⅳ
邻苯二甲酸二丙烯酯	Ⅳ
邻苯二甲酸二丁酯	Ⅲ
邻苯二甲酸二癸酯	Ⅲ
邻苯二甲酸二甲酯	Ⅳ
邻苯二甲酸二铅	Ⅳ

中文名称	卷序
邻苯二甲酸二壬酯	Ⅳ
邻苯二甲酸二辛酯	Ⅰ
邻苯二甲酸二乙酯	Ⅳ
邻苯二甲酸二异丙酯	Ⅳ
邻苯二甲酸二异丁酯	Ⅳ
邻苯二甲酸二异癸酯	Ⅰ
邻苯二甲酸二异壬酯	Ⅰ
邻苯二甲酸二异辛酯	Ⅰ
邻苯二甲酸二正庚酯	Ⅳ
邻苯二甲酸酐	Ⅰ
邻苯二甲酰氯	Ⅱ
邻苯二甲酰亚胺	Ⅱ
邻苯二酸	Ⅳ
邻苯基苯胺	Ⅱ
邻苯基苯酚	Ⅲ
邻苯基苯酸钠	Ⅴ
邻二氨基苯	Ⅰ
邻二氟苯	Ⅰ
邻二甲苯	Ⅰ
邻二氯苯	Ⅰ
邻二硝基苯	Ⅱ
邻二溴苯	Ⅲ
邻二乙基苯	Ⅱ
邻氟苯胺	Ⅱ
邻氟苯甲酸	Ⅲ
邻氟甲苯	Ⅱ
邻甲苯胺	Ⅰ
邻甲苯基氰	Ⅱ
邻甲苯甲酸	Ⅳ
邻甲苯硫酚	Ⅱ
邻甲酚	Ⅰ
邻甲呋喃	Ⅱ
邻甲基苯酚	Ⅰ
邻甲基苯甲腈	Ⅱ
邻甲基苯乙烯	Ⅴ
邻甲(基)氟苯	Ⅱ
邻甲基环已醇	Ⅳ
邻甲基环已酮	Ⅱ
邻甲基氯化苄	Ⅲ
邻甲基溴化苄	Ⅳ
邻甲氧基苯胺	Ⅱ
邻甲氧基苯酚	Ⅲ
邻甲氧基苯甲酰氯	Ⅱ
邻甲氧基联苯胺	Ⅲ
邻甲氧基硝基苯	Ⅱ
邻联(二)茴香胺	Ⅲ
邻氯苯胺	Ⅱ
邻氯苯酚	Ⅱ
邻氯苯甲酸	Ⅲ
邻氯苯乙烯	Ⅴ
邻氯对氨基苯甲醚	Ⅱ
邻氯对硝基苯胺	Ⅱ
邻氯对硝基苯酚	Ⅲ
邻氯甲苯	Ⅱ
邻氯(三氟甲基)苯	Ⅱ
邻氯硝基苯	Ⅰ
邻氯乙酰基乙酰苯胺	Ⅳ
邻羟基苯胺	Ⅰ
邻羟基苯甲醛	Ⅲ
邻羟基苯甲酸	Ⅳ
邻羟基苯甲酸钠	Ⅲ
邻羟基苯甲酸异戊酯	Ⅲ
邻叔丁基苯酚	Ⅲ
邻酞酸二异辛酯	Ⅰ
邻硝基苯胺	Ⅰ
邻硝基苯酚	Ⅱ
邻硝基苯磺酰氯	Ⅱ
邻硝基苯甲醚	Ⅱ
邻硝基苯甲酸	Ⅳ
邻硝基苯甲酰氯	Ⅱ
邻硝基苯肼	Ⅱ
邻硝基苯乙醚	Ⅱ
邻硝基苄基氯	Ⅱ
邻硝基碘苯	Ⅱ
邻硝基对甲苯胺	Ⅱ
邻硝基－1,4－二氯苯	Ⅲ
邻硝基甲苯	Ⅱ
邻硝基联苯	Ⅱ
邻硝基氯苯	Ⅰ
邻硝基氯化苄	Ⅱ
邻硝基溴苯	Ⅱ
邻硝基乙苯	Ⅱ
邻溴苯胺	Ⅱ
邻溴(苯)酚	Ⅱ
邻溴苯甲酰氯	Ⅱ
邻溴苄基氰	Ⅱ

中文名称	卷序
邻溴甲苯	Ⅱ
邻溴硝基苯	Ⅱ
邻亚硝基甲苯	Ⅲ
邻乙基苯胺	Ⅱ
邻乙氧基苯胺	Ⅴ
邻乙氧基硝基苯	Ⅱ
邻异丙基苯酚	Ⅳ
邻－仲丁基苯酚	Ⅴ
林丹	Ⅱ
磷胺	Ⅱ
磷化钙	Ⅴ
磷化钾	Ⅱ
磷化铝	Ⅱ
磷化镁	Ⅱ
磷化钠	Ⅱ
磷化氢	Ⅱ
磷化三氢	Ⅱ
磷化锶	Ⅱ
磷化锡	Ⅱ
磷化锌	Ⅱ
磷君	Ⅲ
磷酸	Ⅰ
磷酸二苯甲苯酯	Ⅲ
磷酸二苯辛酯	Ⅲ
磷酸二甲酚酯	Ⅳ
磷酸－*O*,*O*－二甲基－*O*－2,2－二氯乙烯基酯	Ⅱ
磷酸2,2－二氯乙烯基－2－乙基亚硫酰基乙基甲酯	Ⅴ
磷酸二氢钠	Ⅲ
磷酸－2,3－二溴－1－丙酯	Ⅲ
磷酸二异辛酯	Ⅱ
磷酸二正丁基苯基酯	Ⅴ
磷酸二正丁酯	Ⅴ
磷酸钙	Ⅳ
磷酸酐	Ⅰ
磷酸甲苯二苯酯	Ⅲ
磷酸甲酯	Ⅲ
磷酸钠	Ⅲ
磷酸钠玻璃	Ⅳ
磷酸铅	Ⅲ
磷酸氢氧化氧钒	Ⅴ
磷酸三苯酯	Ⅲ
磷酸三丙酯	Ⅲ
磷酸三丁酯	Ⅰ
磷酸三(二甲苯酚)酯	Ⅳ
磷酸三(2,3－二溴丙基)酯	Ⅲ
磷酸三钙	Ⅳ
磷酸三甲苯酯	Ⅰ
磷酸三甲酚酯	Ⅰ
磷酸三甲酯	Ⅲ
磷酸三(2－氯乙酯)	Ⅲ
磷酸三钠	Ⅲ
磷酸三辛酯	Ⅰ
磷酸三(2－乙基己)酯	Ⅰ
磷酸三乙酯	Ⅲ
磷酸氧钒	Ⅴ
磷酸基汞	Ⅱ
磷酸乙基汞	Ⅱ
磷酸－2－乙基己基二苯酯	Ⅲ
磷酰氯	Ⅲ
磷酰溴	Ⅲ
2－膦酸丁烷－1,2,4－三羧酸	Ⅰ
膦酸二丁酯	Ⅰ
N－(膦酸基甲基)甘氨酸	Ⅲ
T－1804 流动改进剂	Ⅰ
1804 流动改进剂	Ⅰ
硫铵	Ⅰ
硫钡合剂	Ⅱ
2－硫醇基苯并噻唑	Ⅰ
硫代苯酚	Ⅲ
硫代醋酸	Ⅱ
1－硫代丁醇	Ⅲ
硫代二丙酸十八烷基十二酯	Ⅳ
硫代二丙酸双十八酯	Ⅲ
硫代二丙酸双十二烷酯	Ⅳ
硫代二丙酸月桂十八酯	Ⅳ
4,4′－硫代二邻甲酚	Ⅴ
硫代二氯化磷苯	Ⅱ
2,2′－硫代二乙醇	Ⅴ
硫代呋喃	Ⅱ
2－硫代呋喃甲醇	Ⅱ
硫代磷酸胺盐	Ⅰ
硫代磷酸苯酯	Ⅰ
硫代磷酸－*O*,*O*－二甲基－*O*－(3,5,6－三氯－2－吡啶基)酯	Ⅴ

中文名称	卷序
硫代磷酰氯	Ⅱ
硫代硫酸钠	Ⅰ
硫代氯甲酸乙酯	Ⅱ
硫代尿素	Ⅰ
硫代氰基乙酸异冰片酯	Ⅱ
硫代氰酸锌	Ⅳ
4,4′-硫代双(6-叔丁基-3-甲基苯酚)	Ⅴ
硫代乙醇酸	Ⅱ
硫代乙醚	Ⅲ
硫代乙酸	Ⅱ
硫代乙酰胺	Ⅴ
硫代异丙醇	Ⅳ
硫代异氰酸甲酯	Ⅳ
硫代正丙醇	Ⅲ
硫丹	Ⅱ
硫氮(杂)茂	Ⅲ
硫二甘醇	Ⅴ
硫光气	Ⅱ
硫化钡	Ⅱ
硫化促进剂 H	Ⅰ
硫化促进剂 TETD	Ⅲ
硫化促进剂 TMTD	Ⅰ
硫化钙	Ⅴ
硫化镉	Ⅲ
硫化钴	Ⅴ
硫化剂 DCBP	Ⅲ
硫化剂 DCP	Ⅰ
硫化钾	Ⅱ
硫化碱	Ⅰ
硫化鲸鱼油	Ⅰ
硫化棉籽油	Ⅰ
硫化钠	Ⅰ
硫化镍	Ⅴ
硫化铅	Ⅲ
硫化切削油	Ⅰ
硫化氢	Ⅰ
硫化砷	Ⅳ
硫化碳酰	Ⅳ
硫化羰	Ⅳ
硫化烷基酚钙	Ⅰ
硫化烯烃棉籽油	Ⅰ
硫化硒	Ⅱ
硫化亚砷	Ⅳ
硫化亚锑	Ⅲ
硫化亚铁	Ⅰ
硫化异丁烯	Ⅰ
硫环磷	Ⅳ
硫磺	Ⅰ
硫菌灵	Ⅲ
硫菌威	Ⅴ
硫磷伯仲醇基锌盐	Ⅰ
硫磷丁辛基锌盐	Ⅰ
硫磷化聚异丁烯钡盐	Ⅰ
硫磷双辛基碱性锌盐	Ⅰ
硫磷酸含氮衍生物	Ⅰ
硫磷烷基酚锌盐	Ⅰ
硫磷仲醇基锌盐	Ⅰ
硫脲	Ⅰ
硫氢丙烷	Ⅲ
硫氢化钠	Ⅱ
硫氢基乙酸	Ⅱ
硫氢乙烷	Ⅲ
硫氰化铵	Ⅲ
硫氰化钙	Ⅱ
硫氰化汞	Ⅱ
硫氰化钾	Ⅲ
硫氰化钠	Ⅰ
2-(硫氰基甲基硫代)苯并噻唑	Ⅲ
硫氰酸	Ⅲ
硫氰酸铵	Ⅲ
硫氰酸苄	Ⅱ
硫氰酸苄酯	Ⅱ
硫氰酸2-(2-丁氧基乙氧基)乙酯	Ⅴ
硫氰酸丁酯	Ⅱ
硫氰酸对氨基苯酯	Ⅱ
硫氰酸钙	Ⅱ
硫氰酸汞	Ⅱ
硫氰酸甲酯	Ⅱ
硫氰酸钾	Ⅲ
硫氰酸钠	Ⅰ
硫氰酸铊(Ⅰ)	Ⅴ
硫氰酸戊酯	Ⅲ
硫氰酸亚铜	Ⅳ
硫氰酸乙酯	Ⅱ
硫氰酸异丙酯	Ⅱ

中文名称	卷序
硫氰酸异戊酯	Ⅱ
硫双灭多威	Ⅳ
硫双威	Ⅳ
硫酸	Ⅰ
硫酸-8-羟基喹啉	Ⅴ
硫酸铵	Ⅰ
硫酸苯肼(2:1)	Ⅳ
硫酸二氨基甲苯	Ⅱ
硫酸二甲酯	Ⅰ
硫酸二乙酯	Ⅱ
硫酸二异丙酯	Ⅴ
硫酸酐	Ⅰ
硫酸锆	Ⅲ
硫酸镉	Ⅳ
硫酸铬钾	Ⅰ
硫酸汞	Ⅱ
硫酸钴	Ⅱ
硫酸胲	Ⅱ
硫酸化烟碱	Ⅲ
硫酸甲酯	Ⅰ
硫酸肼	Ⅲ
硫酸联氨	Ⅲ
硫酸铝	Ⅰ
硫酸铝钾	Ⅰ
硫酸镁	Ⅲ
硫酸锰	Ⅲ
硫酸钠	Ⅳ
硫酸镍	Ⅲ
硫酸铍	Ⅱ
硫酸铅	Ⅱ
硫酸羟胺	Ⅱ
硫酸氢钾	Ⅱ
硫酸氢钠	Ⅱ
硫酸三氧化四铅	Ⅳ
硫酸三乙基锡	Ⅱ
硫酸铊	Ⅰ
硫酸铜	Ⅰ
硫酸锡(Ⅱ)	Ⅳ
硫酸锌(七水合物)	Ⅰ
硫酸锌	Ⅴ
硫酸亚锰	Ⅲ
硫酸亚铊	Ⅰ
硫酸亚铁	Ⅲ
硫酸亚锡	Ⅳ
硫酸烟碱	Ⅲ
硫酸乙酯	Ⅱ
硫酸银	Ⅳ
硫烯	Ⅰ
硫酰氟	Ⅱ
硫酰氯	Ⅱ
硫氧粉	Ⅰ
C_4 馏分	Ⅰ
C_5 馏分	Ⅰ
C_9 馏分	Ⅰ
C_{10}馏分	Ⅰ
C_{11}馏分	Ⅰ
六氟丙酮	Ⅱ
六氟丙烯	Ⅱ
六氟-2,3-二氯-2-丁烯	Ⅲ
六氟锆酸钾	Ⅱ
六氟硅酸铵	Ⅱ
六氟硅酸钡	Ⅱ
六氟硅酸钾	Ⅱ
六氟硅酸镁	Ⅱ
六氟硅酸钠	Ⅰ
六氟硅酸铅	Ⅴ
六氟硅酸铜(Ⅱ)	Ⅳ
六氟硅酸锌	Ⅱ
六氟合磷氢酸(无水)	Ⅱ
六氟化苯	Ⅲ
六氟化碲	Ⅱ
六氟化硫	Ⅱ
六氟化钨	Ⅱ
六氟化硒	Ⅱ
六氟磷酸	Ⅱ
六氟砷酸锂	Ⅳ
六氟锑酸二苯基(4-苯基苯硫基)锍盐	Ⅴ
六氟锑酸二苄基苯基锍	Ⅴ
六氟乙烷	Ⅱ
六甲基苯	Ⅲ
六甲基二硅氮烷	Ⅱ
六甲基二硅醚	Ⅱ
六甲基二硅烷	Ⅱ
六甲基二硅烷胺	Ⅱ
六甲基二硅氧烷	Ⅱ
六甲基磷酰胺	Ⅴ

中文名称	卷序
六甲基乙烷	Ⅱ
六六六	Ⅳ
(1R,4S,5R,8S)-1,2,3,4,10,10-六氯-1,4,4a,5,6,7,8,8a-八氢-6,7-环氧-1,4,5,8-二亚甲基萘	Ⅳ
六氯苯	Ⅲ
六氯苯醚	Ⅲ
六氯丙酮	Ⅱ
六氯-1,3-丁二烯	Ⅱ
1,4,5,6,7,7-六氯二环(2,2,1)庚-5-烯-2,3二甲酸	Ⅳ
六氯化苯	Ⅱ
1,2,3,4,5,6-六氯环己烷	Ⅳ
六氯环己烷	Ⅱ
六氯环戊二烯	Ⅱ
六氯-环氧八氢-二亚甲基萘	Ⅱ
六氯萘	Ⅴ
(1,4,5,6,7,7-六氯-8,9,10-三降冰片-5-烯-2,3-亚基双亚甲基)亚硫酸酯	Ⅱ
六氯氧化二苯	Ⅳ
六氯乙烷	Ⅰ
六偏磷酸钠	Ⅳ
六羟基聚氧化丙烯醚	Ⅰ
六氢-4-甲基邻苯二甲酸酐	Ⅴ
六氢苯酚	Ⅰ
六氢苯基乙酸	Ⅲ
六氢吡啶	Ⅲ
六氢对二甲苯	Ⅱ
六氢化苯	Ⅰ
六氢化苯胺	Ⅰ
六氢化苯甲酸	Ⅰ
六氢化甲苯	Ⅰ
(2R,6aS,12aS)-1,2,6,6a,12,12a-六氢-2-异丙烯基-8,9-二甲氧基苯丙吡喃(3,4,b)呋喃并(2,3,h)吡喃-6-酮	Ⅳ
六水合六氟硅酸镁	Ⅳ
六水合六氟硅酸锰	Ⅳ
六水合氯酸镁	Ⅱ
六水合硝酸镍	Ⅰ
六戊基二锡氧烷	Ⅴ
2,4,6,2′,4′,6′-六硝基二苯胺	Ⅱ
六硝基二苯胺铵盐	Ⅳ
六硝基二苯硫(干的或含水<10%)	Ⅲ
六硝基二苯硫(含水≥10%)	Ⅲ
六硝基-1,2-二苯乙烯	Ⅳ
六硝基甘露醇	Ⅴ
六溴联苯	Ⅲ
六亚甲基二胺	Ⅰ
六亚甲基二胺己二酸盐	Ⅰ
六亚甲基二胺四亚甲基膦酸	Ⅰ
六亚甲基亚胺	Ⅲ
咯喹酮	Ⅴ
龙胶	Ⅰ
龙脑	Ⅱ
隆杀鼠剂	Ⅲ
2,6-卢剔啶	Ⅱ
3,4-卢剔啶	Ⅱ
2,4-卢剔啶	Ⅱ
2,5-卢剔啶	Ⅱ
3,5-卢剔啶	Ⅱ
铝板、箔冷轧制基础油(沧州炼油厂)	Ⅰ
铝箔油	Ⅰ
铝粉(无涂层的)	Ⅱ
铝基润滑脂	Ⅰ
铝基脂	Ⅰ
铝酸钠	Ⅰ
铝银粉	Ⅱ
绿草定	Ⅲ
绿矾	Ⅲ
绿谷隆	Ⅲ
绿麦隆	Ⅲ
4-氯-2-氨基苯甲醚	Ⅱ
4-氯-2-氨基苯酚	Ⅲ
4-氯-2-氨基(苯)酚	Ⅲ
2-氯-4-氨基苯甲醚	Ⅱ
2-氯-6-氨基甲苯	Ⅳ
2-氯-4-氨基甲苯	Ⅲ
氯胺-T	Ⅰ
氯胺	Ⅰ
氯苯	Ⅰ
3-氯苯胺	Ⅱ
2-氯苯胺	Ⅱ
4-氯苯胺	Ⅱ
4-氯-1,2-苯二胺	Ⅴ

中文名称	卷序
2-氯苯酚	Ⅱ
4-氯苯酚	Ⅱ
3-氯苯酚	Ⅱ
氯苯砜	Ⅲ
N-(3-氯苯基)氨基甲酸(4-氯丁炔-2-基)酯	Ⅲ
4-氯苯基苯砜	Ⅲ
2-(2-(4-氯苯基)-2-苯基乙酰基)茚-1,3-二酮	Ⅱ
O-1-(4-氯苯基)-4-吡唑基-*O*-乙基-*S*-丙基硫代磷酸酯	Ⅳ
1-(4-氯苯基)-3-(2,6-二氟苯甲酰基)脲	Ⅲ
4-(3-(4-氯苯基)-3-(3,4-二甲氧基苯基)丙烯酰)吗啉	Ⅴ
(*E*)-3-(2-氯苯基)-2-(4-氟苯基)丙烯醛	Ⅴ
1-(((2S,3S)-3-(2-氯苯基)-2-(4-氟苯基)环氧乙烷-2-基)甲基)-1,2,4-三唑	Ⅴ
(*E*,*Z*)-4-氯苯基(环丙基)酮-*O*-(4-硝基苯甲基)肟	Ⅴ
(3-氯苯基)-(4-甲氧基-3-硝基苯基)-2-甲酮	Ⅴ
S-(((4-氯苯基)硫代)甲基)-*O*,*O*-二乙基二硫代磷酸酯	Ⅳ
S-((4-氯苯基)硫)甲基)-*O*,*O*-二甲基二硫代磷酸酯	Ⅱ
2-氯苯基-4-氯苯基-α-嘧啶-5-基甲醇	Ⅲ
氯苯基三氯硅烷	Ⅱ
(*E*)-5-((4-氯苯基)亚甲基)-2,2-二甲基环戊酮	Ⅴ
DL-α-(2-(4-氯-苯基)乙基)-α-(1,1-二甲基乙基)-1H-1,2,4-三唑-1-乙醇	Ⅴ
2-氯苯甲醛	Ⅴ
3-氯苯甲酸	Ⅳ
2-氯苯甲酸	Ⅲ
4-氯苯甲酸对甲苯酯	Ⅴ
4-氯苯甲酰氯	Ⅱ
4-氯苯硫醇	Ⅱ
氯苯脒	Ⅲ
氯苯嘧啶醇	Ⅲ
1-(4-氯苯氧基)-1-(1H-1,2,4-三唑-1-基)-3,3-二甲基-丁-2-醇	Ⅲ
1-(4-氯苯氧基)-1-(1H-1,2,4-三唑-1-基)-3,3-二甲基-丁-2-酮	Ⅲ
2-氯苯乙酮	Ⅴ
4-氯苯乙烯	Ⅲ
2-氯吡啶	Ⅱ
1-(6-氯-3-吡啶基甲基)-*N*-硝基咪唑烷-2-亚胺	Ⅳ
氯吡多	Ⅴ
氯吡嘧磺隆	Ⅳ
2-氯苄叉丙二腈	Ⅴ
4-氯苄基-*N*-(2,4-二氯苯基)-2-(1H-1,2,4-三唑-1-基)硫代乙酰胺化物	Ⅳ
S-4-氯苄基二乙基硫代氨基甲酸酯	Ⅴ
4-氯苄基氯	Ⅱ
2-氯苄腈	Ⅳ
2-氯丙醇	Ⅱ
1-氯-2-丙醇	Ⅱ
2-氯-1-丙醇	Ⅱ
3-氯-1-丙醇	Ⅱ
3-氯-1,2-丙二醇	Ⅱ
2-(3-氯丙基)-2,5,5-三甲基-1,3-二噁烷	Ⅴ
3-氯丙腈	Ⅱ
β-氯丙腈	Ⅱ
2-氯丙酸	Ⅱ
β-氯丙酸	Ⅱ
α-氯丙酸	Ⅱ
3-氯丙酸	Ⅱ
α-氯丙酸甲酯	Ⅱ
2-氯丙酸甲酯	Ⅱ
(*S*)-2-氯丙酸甲酯	Ⅳ
α-氯丙酸乙酯	Ⅱ
2-氯丙酸乙酯	Ⅱ
3-氯丙酸乙酯	Ⅱ
2-氯丙酸异丙酯	Ⅴ
1-氯-2-丙酮	Ⅳ

中文名称	卷序
1,1,1,3,3,3-氯-2-丙酮	Ⅱ
氯丙酮	Ⅳ
1-氯丙烷	Ⅰ
2-氯丙烷	Ⅰ
2-氯丙烯	Ⅰ
3-氯丙烯	Ⅰ
1-氯丙烯腈	Ⅲ
氯丙锡	Ⅱ
氯铂酸	Ⅱ
氯铂酸铵	Ⅴ
氯铂酸钾	Ⅴ
氯铂酸钠	Ⅴ
氯草敏	Ⅴ
氯醋酸	Ⅰ
氯醋酸酐	Ⅱ
氯醋酸甲酯	Ⅱ
氯醋酸钠	Ⅳ
氯醋酸叔丁酯	Ⅱ
氯醋酸乙酯	Ⅱ
(2*S*)-2-氯代丙酸	Ⅳ
氯代环己烷	Ⅰ
氯代异丁烷	Ⅱ
氯代正丁烷	Ⅰ
氯代正己烷	Ⅰ
氯代正戊烷	Ⅱ
氯代仲丁烷	Ⅰ
氯丹	Ⅱ
2-氯-1,3-丁二烯	Ⅰ
氯丁二烯	Ⅰ
4-氯丁炔-α-基-3′-氯苯氨基甲酸酯	Ⅲ
3-氯丁酸乙酯	Ⅱ
2-氯丁酸乙酯	Ⅱ
4-氯丁酸乙酯	Ⅱ
3-氯丁酮	Ⅳ
2-氯丁烷	Ⅰ
1-氯丁烷	Ⅰ
1-氯-2-丁烯	Ⅱ
3-氯-1-丁烯	Ⅱ
氯丁酰	Ⅳ
氯丁橡胶	Ⅰ
3-氯对氨基甲苯	Ⅲ
2-氯对甲苯胺	Ⅲ
3-氯对甲苯胺	Ⅲ
2-氯-对甲苯磺酰氯	Ⅴ
氯锇酸铵	Ⅱ
2-氯-2,2-二苯基乙酸乙酯	Ⅴ
4-氯二苯醚	Ⅳ
2-氯-4,5-二氟苯甲酸	Ⅴ
4-氯-3,5-二甲酚	Ⅴ
氯二甲酚	Ⅴ
2-氯-4,5-二甲基苯基-*N*-甲基氨基甲酸酯	Ⅳ
2-氯-1,1-二甲氧基乙烷	Ⅱ
2-氯-1-(2,4-二氯苯基)乙烯基二甲基磷酸酯	Ⅴ
2-氯-1-(2,4-二氯苯基)乙烯基乙基甲基磷酸酯	Ⅳ
3-氯-1,2-二羟基丙烷	Ⅱ
S-6-氯-2,3-二氢-2-氧代-1,3-苯并噁唑-3-基甲基-*O*,*O*-二乙基二硫代磷酸酯	Ⅱ
4-氯-1,2-二硝基苯	Ⅲ
1-氯-2,4-二硝基苯	Ⅳ
α-氯-2,4-二硝基甲苯	Ⅱ
N-(5-氯-3-(4-二乙氨基-2-甲苯基亚氨基)-4-甲基-6-氧代-1,4-环己二烯基)氨基甲酸乙酯	Ⅴ
N-(5-氯-3-(4-二乙氨基-2-甲苯基)亚氨基-4-甲基-6-氧代-1,4-环己二烯-1-基)苯甲酰胺	Ⅳ
N-(5-氯-3-((4-二乙氨基-2-甲基苯基)亚氨基)-4-甲基-6-氧代-1,4-环己二烯-1-基)乙酰胺	Ⅴ
2-氯-2′,6′-二乙基-*N*-(2-丙氧基乙基)乙酰苯胺	Ⅳ
1-氯-*N*,*N*-二乙基-1,1-二苯基-1-苯基甲基磷酰胺	Ⅴ
氯仿	Ⅰ
氯封端的二甲基(硅氧烷与聚硅氧烷)	Ⅱ
氯封端的聚(二甲基硅氧烷)	Ⅱ
3-氯氟苯	Ⅱ
1-氯-3-氟苯	Ⅱ
1-氯-4-氟苯	Ⅱ
1-((3-(3-氯-4-氟苯)丙基)二甲基甲硅烷基)-4-乙氧基苯	Ⅴ

中文名称	卷序
氯氟吡氧乙酸	Ⅴ
氯氟氰菊酯	Ⅱ
α-氯甘油	Ⅱ
2-氯汞苯酚	Ⅱ
4-氯汞苯甲酸	Ⅱ
氯化氨基汞	Ⅱ
氯化铵	Ⅳ
氯化铵汞	Ⅱ
氯化钡	Ⅰ
氯化苯汞	Ⅱ
氯化苯磺酰	Ⅰ
氯化苯醚	Ⅲ
氯化苄	Ⅱ
氯化氮	Ⅳ
氯化碲	Ⅲ
氯化碘	Ⅱ
氯化丁酰	Ⅳ
氯化锇铵	Ⅱ
氯化二苯胂	Ⅱ
氯化-2,4-二氯苯甲酰	Ⅱ
氯化二乙基铝	Ⅰ
氯化二异丁基铝	Ⅲ
氯化钒	Ⅲ
氯化钙	Ⅴ
氯化高汞	Ⅰ
氯化锆	Ⅲ
氯化镉	Ⅲ
氯化汞	Ⅰ
氯化钴	Ⅲ
氯化硅	Ⅰ
氯化环己烷	Ⅳ
氯化环戊烷	Ⅱ
氯化磺酰甲烷	Ⅲ
氯化甲基汞	Ⅱ
氯化甲氧基乙基汞	Ⅴ
氯化间硝基苯甲酰	Ⅲ
氯化钶	Ⅳ
氯化苦	Ⅲ
氯化镧	Ⅰ
氯化铑	Ⅲ
氯化锂	Ⅲ
氯化钌	Ⅲ
氯化磷	Ⅲ
氯化磷酰	Ⅲ
氯化铝	Ⅰ
氯化铝	Ⅰ
氯化(2-氯乙基)三甲基铵	Ⅱ
氯化锰	Ⅲ
氯化钼	Ⅲ
1-氯化萘	Ⅱ
氯化镍	Ⅰ
氯化镍(Ⅱ)	Ⅳ
氯化钕	Ⅲ
氯化硼	Ⅲ
氯化铍	Ⅱ
氯化铅(Ⅱ)	Ⅳ
氯化氢	Ⅰ
氯化氰	Ⅱ
氯化肉豆蔻基二甲基苄基铵	Ⅰ
氯化三丙基锡	Ⅱ
氯化三丁基锡	Ⅳ
氯化三氟乙酰	Ⅳ
氯化三甲基硅烷	Ⅲ
氯化十六烷基吡啶	Ⅰ
氯化石蜡	Ⅰ
氯化鈰	Ⅰ
氯化双十八烷基二甲基铵	Ⅰ
氯化双十二烷基二甲基铵	Ⅰ
氯化双辛烷基二甲基铵	Ⅰ
氯化双月桂基二甲基铵	Ⅰ
氯化铊	Ⅲ
氯化钛	Ⅰ
氯化钽	Ⅳ
氯化铜	Ⅰ
氯化筒箭毒碱	Ⅱ
氯化硒	Ⅱ
氯化锡	Ⅲ
氯化辛癸基二甲铵	Ⅰ
氯化锌	Ⅰ
氯化溴	Ⅱ
氯化亚砜	Ⅱ
氯化亚汞	Ⅲ
氯化亚镍	Ⅳ
氯化亚砷	Ⅲ
氯化亚铊	Ⅲ
氯化亚钛	Ⅰ

中文名称	卷序
氯化亚锑	Ⅲ
氯化亚铜	Ⅴ
氯化亚硒酰	Ⅲ
氯化亚锡	Ⅳ
氯化乙二酰	Ⅳ
氯化乙基丙氧基铝	Ⅴ
氯化乙基汞	Ⅱ
氯化乙酰	Ⅲ
氯化异丁酰	Ⅳ
氯化锗	Ⅲ
7-氯-1-环丙基-6-氟-1,4-二氢-4-氧代喹啉-3-羧酸	Ⅴ
3-氯-1,2-环氧丙烷	Ⅰ
R-1-氯-2,3-环氧丙烷	Ⅴ
氯磺化聚乙烯	Ⅰ
氯磺隆	Ⅴ
氯磺酸	Ⅱ
氯磺酸甲酯	Ⅱ
氯磺酸乙酯	Ⅲ
1-氯己烷	Ⅰ
α-氯甲苯	Ⅱ
2-氯甲苯	Ⅱ
3-氯甲苯	Ⅱ
4-氯甲苯	Ⅱ
2-(4-氯-2-甲苯氧基)丙酸	Ⅱ
4-(4-氯-2-甲苯氧基)丁酸	Ⅱ
4-氯-2-甲苯氧基乙酸	Ⅱ
4-氯-2-甲酚	Ⅲ
2-氯-5-甲酚	Ⅱ
2-氯-4-甲磺酰基苯甲酸	Ⅴ
5-氯-2-甲基苯胺	Ⅱ
N′-(4-氯-2-甲基苯基)-*N,N*-二甲基甲脒	Ⅲ
2-氯-5-甲基吡啶	Ⅴ
N-(2-(6-氯-7-甲基吡唑(1,5,b)-1,2,4-三唑-4-基)丙基)-2-(2,4-二叔戊基苯氧基)辛酰胺	Ⅴ
1-氯-2-甲基丙烷	Ⅱ
2-氯-2-甲基丙烷	Ⅱ
3-氯-2-甲基-1-丙烯	Ⅱ
1-氯-3-甲基丁烷	Ⅲ
2-氯-2-甲基丁烷	Ⅱ
氯甲基二(4-氟苯基)乙基硅烷	Ⅴ
2-氯甲基-3,4-二甲氧基吡啶盐酸盐	Ⅳ
S-(氯甲基)-*O,O*-二乙基二硫代磷酸酯	Ⅱ
氯(甲基)硅烷	Ⅱ
氯甲基甲醚	Ⅱ
氯甲基氰	Ⅱ
氯甲基三甲硅烷	Ⅲ
2-氯-*N*-(1-甲基乙基)-*N*-乙酰苯胺	Ⅱ
氯甲基乙醚	Ⅱ
氯甲硫磷	Ⅱ
氯甲桥萘	Ⅱ
氯甲醛肟	Ⅱ
氯甲酸苯酯	Ⅱ
氯甲酸苄酯	Ⅱ
氯甲酸丙酯	Ⅲ
氯甲酸丁酯	Ⅲ
氯甲酸环戊酯	Ⅳ
氯甲酸甲酯	Ⅱ
氯甲酸氯甲酯	Ⅱ
氯甲酸三氯甲酯	Ⅱ
氯甲酸戊酯	Ⅱ
氯甲酸烯丙酯	Ⅰ
氯甲酸-2-乙基己酯	Ⅱ
氯甲酸乙酯	Ⅱ
氯甲酸异丙酯	Ⅱ
氯甲酸异丁酯	Ⅱ
氯甲酸正丙酯	Ⅲ
氯甲酸正丁酯	Ⅲ
氯甲酸正戊酯	Ⅱ
氯甲烷	Ⅰ
氯甲肟	Ⅱ
3-氯-4-甲氧基苯胺	Ⅱ
5-氯-2-甲氧基苯胺	Ⅱ
2-氯-*N*-(3-甲氧基-2-噻吩基)-2′,6′-二甲基乙酰苯胺	Ⅳ
氯甲氧基乙烷	Ⅱ
4-氯间甲酚	Ⅱ
氯菊酯	Ⅱ
2-(4-(6-氯-2-喹喔啉氧基)苯氧基)丙酸乙酯	Ⅳ
4-氯邻甲苯胺	Ⅱ
3-氯邻甲苯胺	Ⅳ

中文名称	卷序
5－氯邻甲苯胺	Ⅱ
4－氯邻甲苯胺盐酸盐	Ⅱ
4－氯邻甲酚	Ⅲ
氯硫磷	Ⅴ
N－(3－氯－4－氯二氟甲基硫代苯基)－*N*'，*N*'－二甲基脲	Ⅳ
2－氯－5－(4－氯－5－二氟甲氧基－1－甲基吡唑－3－基)－4－氟苯氧基乙酸	Ⅴ
氯(3－(3－氯－4－氟苯基)丙基)二甲基硅烷	Ⅴ
3－氯－*N*－(3－氯－5－三氟甲基－2－吡啶基)－α,α,α－三氟－2,6－二硝基－对－甲苯胺	Ⅳ
氯霉素	Ⅳ
氯灭杀威	Ⅳ
氯灭鼠灵	Ⅱ
α－氯萘	Ⅱ
1－氯萘	Ⅳ
2－氯萘	Ⅲ
β－氯萘	Ⅲ
氯气	Ⅰ
氯羟吡啶	Ⅴ
5－氯－2－羟基苯胺	Ⅲ
4－氯－1－羟基丁烷－1－磺酸钠	Ⅳ
2－氯－5－羟基甲苯	Ⅱ
4－氯－*N*－(2－羟基乙基)－2－硝基苯胺	Ⅴ
氯桥酸	Ⅳ
2－氯－4－(1－氰基－1－甲基乙基氨基)－6－乙氨基－1,3,5－三嗪	Ⅲ
氯氰菊酯	Ⅱ
氯醛	Ⅲ
α－氯醛糖	Ⅱ
氯炔草灵	Ⅲ
2－氯三氟甲苯	Ⅱ
4－氯三氟甲苯	Ⅲ
1－氯－4－(三氟甲基)苯	Ⅲ
1－氯－2－(三氟甲基)苯	Ⅱ
2－氯－1,1,2－三氟乙基二氟甲基醚	Ⅴ
2－氯－1,1,2－三氟乙基甲醚	Ⅳ
氯三氟乙烯	Ⅳ
2－氯－*N*,*N*,6－三甲基嘧啶－4－胺	Ⅴ
2－氯－1－(2,4,5－三氯苯基)乙烯基二甲基磷酸酯	Ⅴ
氯鼠酮	Ⅱ
2－氯－4,6－双(乙氨基)－1,3,5－三嗪	Ⅲ
2－氯－4,6－双(异丙氨基)－1,3,5－三嗪	Ⅲ
2－氯－1,1,1,2－四氟乙烷	Ⅳ
1－氯－1,2,2,2－四氟乙烷	Ⅱ
氯酸铵	Ⅱ
氯酸钡	Ⅱ
氯酸钙	Ⅳ
氯酸钾	Ⅱ
氯酸镁	Ⅱ
氯酸钠	Ⅱ
氯酸溶液(浓度≤10%)	Ⅴ
氯酸锶	Ⅱ
氯酸铊	Ⅱ
氯酸铜	Ⅱ
氯酸锌	Ⅱ
氯酸银	Ⅱ
氯碳酸甲酯	Ⅱ
1－(4－氯－3－((2,2,3,3,3－五氟丙氧基)甲基)苯基)－5－苯基－1H－1,2,4－三唑－3－甲酰胺	Ⅳ
3－氯－4,5－二氟三氟甲苯	Ⅴ
3－氯－4,5,α,α,α－五氟甲苯	Ⅴ
1－氯戊烷	Ⅱ
氯硝胺	Ⅱ
2－氯硝基苯	Ⅳ
1－氯－3－硝基苯	Ⅰ
2－氯－4－硝基苯胺	Ⅱ
4－氯－2－硝基苯胺	Ⅱ
2－氯－4－硝基(苯)酚	Ⅲ
4－氯－2－硝基苯酚	Ⅳ
1－氯－1－硝基丙烷	Ⅱ
2－氯－2－硝基丙烷	Ⅱ
4－氯－2－硝基酚	Ⅳ
4－氯－2－硝基甲苯	Ⅱ
2－氯－4－硝基甲苯	Ⅲ
1－氯－1－硝基乙烷	Ⅲ
氯硝散	Ⅱ
1－氯－3－溴丙烷	Ⅱ
1－氯－2－溴丙烷	Ⅱ

中文名称	卷序
氯溴甲烷	Ⅱ
1 – 氯 – 2 – 溴乙烷	Ⅱ
氯亚胺硫磷	Ⅱ
氯亚铂酸铵	Ⅴ
氯亚铂酸钾	Ⅴ
氯亚明	Ⅰ
氯氧化锆	Ⅰ
2 – 氯 – 6 – 乙氨基 – 4 – 硝基苯酚	Ⅴ
2 – 氯 – 4 – 乙氨基 – 6 – 异丙氨基 – 1,3,5 – 三嗪	Ⅰ
氯乙醇	Ⅰ
2 – 氯乙醇	Ⅰ
2 – 氯乙基二甲胺	Ⅲ
2 – 氯乙基二乙胺	Ⅲ
氯乙基汞	Ⅱ
2 – 氯 – 2′ – 乙基 – *N* – (2 – 甲氧基 – 1 – 甲基乙基) – 6′ – 甲基乙酰苯胺	Ⅳ
2 – 氯乙基膦酸	Ⅳ
5 – (2 – 氯乙基) – 6 – 氯 – 1,3 – 二氢 – 吲哚 – 2 – (2H) – 酮	Ⅴ
(2 – 氯乙基)乙烯醚	Ⅳ
氯乙腈	Ⅱ
氯乙醛	Ⅱ
氯乙酸	Ⅰ
氯乙酸酐	Ⅱ
氯乙酸甲酯	Ⅱ
氯乙酸钠	Ⅳ
氯乙酸叔丁酯	Ⅱ
氯乙酸乙酯	Ⅱ
氯乙酸异丙酯	Ⅴ
氯乙缩醛	Ⅳ
氯乙烷	Ⅰ
氯乙烯	Ⅰ
氯乙酰	Ⅲ
2 – 氯乙酰胺	Ⅳ
氯乙酰氯	Ⅳ
5 – 氯 – *N* – (2 – (4 – (2 – 乙氧基乙基) – 2,3 – 二甲基苯氧基)乙基) – 6 – 乙基嘧啶 – 4 – 胺	Ⅳ
1 – 氯异丙醇	Ⅱ
3 – 氯 – 2 – (异丙硫基)苯胺	Ⅴ
氯异丁酰	Ⅳ
5 – 氯吲哚 – 2 – 酮	Ⅴ
氯油	Ⅲ
2 – 氯正丁酸乙酯	Ⅱ
3 – 氯正丁酸乙酯	Ⅱ
4 – 氯正丁酸乙酯	Ⅱ
2 – 氯 – 5 – 仲十六烷基氢醌	Ⅴ
氯唑磷	Ⅴ
17 – (5,5 – 二甲基 – 1,3 – 二氧杂环己 – 2 – 基) – 1,4 – 二烯 – 3 – 酮	Ⅴ
螺环菌胺	Ⅳ
M	
MEK	Ⅰ
MTBE	Ⅰ
麻黄碱	Ⅴ
马拉硫磷	Ⅲ
马拉赛昂	Ⅲ
马拉松	Ⅲ
马来酸	Ⅳ
马来酸二丁基锡	Ⅲ
马来酸二丁酯	Ⅲ
马来酸二己酯	Ⅲ
马来酸二甲酯	Ⅲ
马来酸二烯丙酯	Ⅲ
马来酸二乙酯	Ⅲ
马来酸二正丙酯	Ⅲ
马来酸酐	Ⅰ
马来酸酐 – 苯乙烯磺酸共聚物	Ⅰ
马来酸酐 – 丙烯酸共聚物	Ⅰ
马来酸酐 – 乙酸乙烯酯共聚物	Ⅰ
马来酰肼	Ⅲ
马钱子碱	Ⅰ
吗草快	Ⅴ
吗草快硫酸盐	Ⅴ
吗啉	Ⅰ
1 – (4 – 吗啉基苯基) – 1 – 丁酮	Ⅴ
4 – 吗啉碳酰氯	Ⅴ
麦草畏	Ⅱ
麦角钙化(甾)醇	Ⅴ
麦穗宁	Ⅴ
螨完锡	Ⅲ
毛地黄毒苷	Ⅴ
毛沸石	Ⅳ
毛果芸香碱	Ⅴ
茅草枯	Ⅲ

中文名称	卷序
茅草枯钠盐	Ⅲ
茂	Ⅰ
茂硫磷	Ⅴ
煤焦油	Ⅳ
煤油	Ⅰ
镁粉	Ⅳ
猛杀威	Ⅳ
锰	Ⅴ
锰粉	Ⅳ
锰酸钾	Ⅳ
咪鲜胺	Ⅴ
咪唑菌酮	Ⅴ
咪唑啉聚氧乙烯醚	Ⅰ
咪唑啉乙酸盐	Ⅰ
咪唑烟酸	Ⅴ
迷迭香油	Ⅳ
醚苯磺隆	Ⅳ
醚化淀粉	Ⅰ
醚菊酯	Ⅴ
醚菌酯	Ⅴ
米蚩酮	Ⅴ
米螨	Ⅳ
脒基亚硝氨基脒基叉肼(含水≥30%)	Ⅳ
脒基亚硝氨基脒基四氮烯(含水或水加乙醇≥30%)	Ⅳ
密斑油	Ⅰ
密陀僧	Ⅲ
嘧草醚	Ⅴ
嘧啶磷	Ⅳ
嘧菌醇	Ⅴ
嘧菌酯	Ⅴ
嘧菌腙	Ⅳ
嘧螨醚	Ⅳ
蜜胺	Ⅰ
棉果威	Ⅴ
棉隆	Ⅴ
棉油	Ⅰ
棉籽油	Ⅰ
灭草敌	Ⅴ
灭草灵	Ⅴ
灭草隆	Ⅲ
灭草松	Ⅱ
灭草特	Ⅲ
灭草唑	Ⅴ
灭除威	Ⅴ
灭多威	Ⅳ
灭害威	Ⅴ
灭黑穗药	Ⅲ
灭菌丹	Ⅲ
灭菌磷	Ⅴ
灭螨猛	Ⅴ
灭那虫	Ⅲ
灭雀灵	Ⅱ
灭杀威	Ⅳ
灭鼠肼	Ⅴ
灭鼠宁	Ⅲ
灭鼠威	Ⅳ
灭鼠优	Ⅳ
灭瘟素的苄氨基苯磺酸盐	Ⅳ
灭线磷	Ⅴ
灭锈胺	Ⅴ
灭蚜磷	Ⅳ
灭蚜灵	Ⅲ
灭蚜硫磷	Ⅲ
灭蚁灵	Ⅲ
明矾	Ⅰ
莫能菌素	Ⅳ
莫能菌素钠盐	Ⅳ
木醇	Ⅰ
木瓜蛋白酶	Ⅳ
木精	Ⅰ
木钠	Ⅰ
木素磺酸钠	Ⅰ
木质素磺酸盐	Ⅰ
钼	Ⅴ
钼粉	Ⅲ
钼酸铵	Ⅳ
钼酸钙	Ⅲ
钼酸钠	Ⅰ
N	
内吸磷 - *S*	Ⅴ
内吸磷 - *O*	Ⅴ
内吸磷	Ⅳ
纳夫妥 AS - BS	Ⅲ
钠	Ⅲ
钠硼氢	Ⅲ

中文名称	卷序
钠硝石	Ⅰ
EDTMP 钠盐	Ⅰ
氖(液化的)	Ⅳ
氖	Ⅲ
奈斯勒试剂	Ⅱ
萘	Ⅰ
α-萘胺	Ⅱ
β-萘胺	Ⅱ
1-萘胺	Ⅱ
2-萘胺	Ⅱ
1-萘胺-4-磺酸	Ⅳ
1-萘胺-6-磺酸	Ⅲ
1-萘胺盐酸盐	Ⅱ
萘丙胺	Ⅳ
萘草胺一钠盐	Ⅴ
1,5-萘二胺	Ⅴ
1,8-萘二甲酸酐	Ⅱ
萘二异氰酸酯	Ⅲ
1-萘酚	Ⅲ
β-萘酚	Ⅰ
2-萘酚	Ⅰ
α-萘酚	Ⅲ
萘酚 AS-BS	Ⅲ
1,8-萘酐	Ⅱ
萘磺汞	Ⅲ
β-萘磺酸	Ⅳ
萘磺酸甲醛缩聚物	Ⅰ
1-萘-*N*-甲基氨基甲酸酯	Ⅳ
萘基芥子油	Ⅳ
α-萘基硫脲	Ⅱ
N-1-萘基酞氨酸	Ⅲ
1-(1-萘甲基)喹啉鎓氯化物	Ⅴ
α-萘甲腈	Ⅱ
1-萘甲腈	Ⅱ
α-萘甲酸	Ⅲ
1-萘硫脲	Ⅱ
萘满	Ⅲ
1-萘酸	Ⅲ
萘酸铅	Ⅰ
萘酸铜	Ⅰ
萘酸锌	Ⅰ
萘烷	Ⅲ
1-萘氧二氯化膦	Ⅳ

中文名称	卷序
2-(2-萘氧基)丙酰替苯胺	Ⅳ
1-萘氧基二氯化膦	Ⅳ
α-萘乙酸	Ⅱ
β-萘乙酸	Ⅱ
1-萘乙酸	Ⅱ
2-萘乙酸	Ⅱ
硇砂	Ⅳ
尼奥宗 D	Ⅰ
尼古丁	Ⅳ
尼龙-66	Ⅰ
尼龙-6	Ⅰ
尼龙-66 盐	Ⅰ
尼哦油	Ⅰ
尿素	Ⅰ
尿素甲醛树脂	Ⅰ
脲	Ⅰ
脲醛树脂	Ⅰ
镍	Ⅲ
柠檬醛	Ⅴ
柠檬酸	Ⅰ
柠檬酸三乙酯	Ⅲ
凝乳酶	Ⅳ
农利灵	Ⅳ
钕(浸在煤油中的)	Ⅳ
O	
偶氮苯	Ⅲ
2,2′-偶氮二(2,4-二甲基戊腈)	Ⅰ
2,2′-偶氮二(2-甲基丙基咪)二盐酸盐	Ⅴ
2,2′-偶氮-二(2-甲基丁腈)	Ⅳ
偶氮二甲基戊腈	Ⅰ
偶氮二甲酰胺	Ⅰ
1,1′-偶氮-二(六氢苄腈)	Ⅳ
偶氮二酰胺	Ⅰ
偶氮二异丁腈	Ⅰ
偶氮二异庚腈	Ⅰ
偶氮磷	Ⅴ
P	
PAAS	Ⅰ
PES	Ⅰ
PHMA	Ⅰ
PVP	Ⅰ
PX	Ⅰ

中文名称	卷序
哌草丹	Ⅴ
哌草磷	Ⅴ
哌啶	Ⅲ
哌嗪	Ⅳ
哌嗪二盐酸盐	Ⅴ
2－(1－哌嗪基)乙胺	Ⅳ
α－蒎烯	Ⅱ
β－蒎烯	Ⅱ
抛光沥青	Ⅰ
泡花碱	Ⅰ
RT 培司	Ⅰ
喷气燃料	Ⅰ
硼	Ⅲ
硼氟化铵	Ⅲ
硼酐	Ⅴ
硼氢化钾	Ⅲ
硼氢化锂	Ⅲ
硼氢化铝	Ⅲ
硼氢化钠	Ⅲ
硼砂	Ⅰ
硼酸	Ⅳ
硼酸甲酯	Ⅳ
硼酸钾	Ⅰ
硼酸钠	Ⅰ
硼酸铅	Ⅳ
硼酸三丙酯	Ⅳ
硼酸三甲酯	Ⅳ
硼酸三烯丙基酯	Ⅲ
硼酸三烯丙酯	Ⅲ
硼酸三乙酯	Ⅳ
硼酸(三)异丙酯	Ⅳ
硼酸三异丙酯	Ⅳ
硼酸盐	Ⅰ
硼酸乙酯	Ⅳ
硼酸异丙酯	Ⅳ
硼酸正丙酯	Ⅳ
膨润土	Ⅰ
膨土岩	Ⅰ
砒	Ⅰ
砒霜	Ⅰ
铍粉	Ⅲ
α－皮考林	Ⅰ
3－皮考林	Ⅱ
皮蝇磷	Ⅲ
皮脂酸二辛酯	Ⅳ
芘	Ⅲ
偏二氟乙烯	Ⅱ
偏二氯乙烯	Ⅰ
偏二亚硫酸钠	Ⅳ
偏钒酸铵	Ⅲ
偏钒酸钠	Ⅲ
偏过碘酸钠	Ⅱ
偏磷酸	Ⅳ
偏铝酸钠	Ⅰ
偏氯乙烯	Ⅰ
偏硼酸钡	Ⅳ
偏三甲苯	Ⅰ
偏四氯乙烷	Ⅳ
偏锑酸钠	Ⅰ
偏亚砷酸钾	Ⅲ
偏亚砷酸钠	Ⅰ
偏亚砷酸锌	Ⅲ
漂白粉	Ⅰ
漂白水	Ⅰ
平平加 *O*	Ⅰ
破乳剂 PR－23	Ⅰ
破乳剂	Ⅰ
扑草净	Ⅲ
扑打散	Ⅲ
扑打杀	Ⅲ
扑灭津	Ⅲ
扑虱灵	Ⅳ
β－葡糖苷酶	Ⅳ
葡萄糖酸钠	Ⅰ
普钙	Ⅰ
普通淬火油	Ⅰ
Q	
七氟丁醇	Ⅲ
七氟丁酸	Ⅲ
七氟菊酯	Ⅳ
七氟钽酸钾	Ⅲ
七硫化磷	Ⅳ
七硫化四磷	Ⅳ
七硫化亚磷	Ⅳ
七氯	Ⅳ
七氯化茚	Ⅳ

中文名称	卷序
七氯环氧	Ⅴ
1,4,5,6,7,8,8-七氯-3a、4、7、7a-四氢-4,7-亚甲基-*H*-茚	Ⅳ
七水合硫酸锌	Ⅳ
汽车制动液	Ⅰ
汽轮机油	Ⅰ
汽油(-18℃≤闪点<23℃)	Ⅴ
汽油	Ⅰ
汽油机油	Ⅰ
铅	Ⅲ
铅白	Ⅲ
铅丹	Ⅲ
嵌二萘	Ⅲ
强氯精	Ⅰ
羟(2-(苯磺酰胺基)苯甲酸根合)锌	Ⅴ
2-(4-((4-羟苯基)磺酰基)苯氧基)-4,4-二甲基-*N*-(5-((甲磺酰基)氨基)-2-(4-(1,1,3,3-四甲基丁基)苯氧基)苯基)-3-氧代戊酰胺	Ⅳ
4-((3-羟丙基)氨基)-3-硝基苯酚	Ⅳ
羟丙基淀粉	Ⅰ
羟丙基瓜尔胶	Ⅰ
羟丙基羧甲基田菁胶	Ⅰ
羟丙基田菁胶	Ⅰ
羟基胺	Ⅴ
(羟基(4-苯丁基)氧膦基)乙酸	Ⅴ
(羟基(4-苯丁基)氧膦基)乙酸苄酯	Ⅳ
3-(羟基苯基氧膦基)丙酸	Ⅴ
4-羟基苯甲醛	Ⅳ
2-羟基苯甲醛	Ⅲ
4-羟基苯甲酸	Ⅳ
4-羟基苯甲酸丙酯	Ⅲ
R-2-(4-羟基苯氧基)丙酸	Ⅴ
5-(α-羟基-α-吡啶-2-基苄基)-7-(α-吡啶-2-基亚苄基)-5-降冰片烯-2,3-二甲酰亚胺	Ⅲ
2-羟基丙胺	Ⅲ
3-羟基丙二硫醇-(1,2)	Ⅲ
2-羟基丙腈	Ⅲ
3-羟基丙腈	Ⅳ
2-羟基丙酸	Ⅱ
2-羟基丙酸丁酯	Ⅲ
2-羟基丙酸甲酯	Ⅲ
2-羟基丙酸乙酯	Ⅲ
2-羟基丙烷-1,2,3-三羧酸	Ⅰ
2-羟基-1,2,3-丙烷三羧酸三乙酯	Ⅲ
3-羟基丁醛	Ⅱ
3-羟基丁酸甲酯	Ⅳ
3-羟基-2-丁酮	Ⅱ
4-羟基二苯胺	Ⅰ
4-羟基-3,5-二碘苯腈	Ⅱ
1-羟基-2,4-二甲苯	Ⅲ
1-羟基-3,4-二甲基苯	Ⅱ
1-羟基-2,6-二甲基苯	Ⅱ
1-羟基-2,5-二甲基苯	Ⅱ
1-羟基-3,5-二甲基苯	Ⅱ
1-羟基-2,3-二甲基苯	Ⅱ
β-(4′-羟基-3,5-二叔丁基苯基)丙酸十八碳醇酯	Ⅲ
2-羟基-4-(*N*,*N*-二正丁基)氨基-2′-羧基二苯甲酮	Ⅴ
羟基环己烷	Ⅰ
羟基环戊烷	Ⅱ
2-羟基-3-磺酸基丙基淀粉	Ⅰ
α-羟基己二醛	Ⅳ
3-羟基己炔	Ⅲ
2-羟基-2-甲基丙腈	Ⅰ
2-羟基-2-甲基丙酸乙酯	Ⅱ
1-羟基-5-(2-甲基丙氧基碳酰胺基)-*N*-(3-十二烷氧基丙基)-2-萘甲酰胺	Ⅳ
2-羟基-2-甲基-3-丁烯酸2-甲基丙酯	Ⅳ
4-羟基-4-甲基-2-戊酮	Ⅱ
2-羟基-2-甲基戊烷	Ⅱ
2-羟基-4-甲硫基丁酸	Ⅳ
α-羟基聚(甲基-(3-(2,2,6,6-四甲基哌啶-4-基氧)丙基)硅氧烷)	Ⅴ
8-羟基喹啉铜	Ⅳ
2-羟基联苯	Ⅲ
2-羟基膦酰基乙酸	Ⅴ
4-羟基氯苯	Ⅱ
2-羟基-5-氯苯甲醛	Ⅳ
羟基氯化铵	Ⅳ
羟基氯化铝	Ⅰ

中文名称	卷序
2－羟基萘	Ⅰ
4－羟基萘－1－磺酸苄基三丁基铵	Ⅴ
β－羟基萘甲酸	Ⅲ
3羟基－4－((2,4,5－三甲基苯基)偶氮)－2,7－萘二磺酸二钠	Ⅴ
1－羟基－2－叔丁基苯	Ⅲ
3－羟基四氢呋喃	Ⅲ
5－羟基－2－戊酮	Ⅱ
2－羟基－5－硝基苯胺	Ⅲ
3－羟基－N－(3－硝基苯基)－2－萘甲酰胺	Ⅲ
羟基亚乙基二膦酸	Ⅰ
羟基亚乙基二膦酸四钠	Ⅰ
3－羟基－5－氧代－3－环己烯－1－羧酸乙酯	Ⅴ
羟基亚乙基二膦酸	Ⅰ
羟基乙硫醚	Ⅳ
羟基乙酸	Ⅳ
2－(2－(2－羟基乙氧基)乙基)－2－氮杂－二环(2,2,1)庚烷	Ⅴ
2－羟基异丁酸乙酯	Ⅱ
3－羟基异己烷	Ⅲ
6－羟基吲哚	Ⅴ
2－羟基－正辛氧基二苯甲酮	Ⅲ
N－羟甲基丙烯酰胺	Ⅲ
羟甲基环丙烷	Ⅱ
5－羟甲基噻唑	Ⅴ
羟锈宁	Ⅲ
2－羟乙基苦氨酸	Ⅴ
羟乙基六氯均三嗪	Ⅴ
N－羟乙基吗啉	Ⅲ
羟乙基纤维素	Ⅰ
羟乙肼	Ⅳ
嗪草酮	Ⅲ
氢(液化的)	Ⅳ
氢	Ⅰ
氢碘酸	Ⅲ
氢氟酸	Ⅰ
氢过氧化－1,2,3,4－四氢化－1－萘	Ⅳ
氢化钡	Ⅲ
氢化二聚十二碳烯	Ⅴ
氢化钙	Ⅲ
氢化锆	Ⅲ
氢化钾	Ⅲ
氢化锂	Ⅲ
氢化铝	Ⅲ
氢化铝锂	Ⅲ
氢化铝钠	Ⅳ
氢化镁	Ⅱ
氢化钠	Ⅲ
氢化三聚十二碳烯	Ⅴ
氢化钛	Ⅲ
氢化羊毛脂聚氧乙烯醚	Ⅰ
氢醌	Ⅰ
氢醌苄基醚	Ⅳ
氢醌单甲醚	Ⅰ
氢醌二甲基醚	Ⅳ
氢硫化钠	Ⅱ
氢硫基乙烷	Ⅲ
氢氯酸	Ⅰ
氢硼化钾	Ⅲ
氢硼化锂	Ⅲ
氢硼化铝	Ⅲ
氢气	Ⅰ
氢氰酸	Ⅰ
氢溴酸	Ⅰ
氢氧化钡	Ⅲ
氢氧化钙	Ⅲ
氢氧化镉	Ⅴ
氢氧化铬水合物	Ⅳ
氢氧化钾	Ⅰ
氢氧化锂	Ⅲ
氢氧化锂水合物	Ⅴ
氢氧化钠	Ⅰ
氢氧化镍	Ⅲ
氢氧化铍	Ⅲ
氢氧化铅	Ⅳ
氢氧化铷	Ⅲ
氢氧化铯	Ⅲ
氢氧化四丁基铵(40%水溶液)	Ⅲ
氢氧化四甲铵	Ⅲ
氢氧化四乙基铵	Ⅲ
氢氧化铜	Ⅲ
轻柴油	Ⅰ
轻芳烃	Ⅰ
轻汽油	Ⅰ

中文名称	卷序
轻石脑油	Ⅰ
轻碳四	Ⅰ
轻质裂解焦油	Ⅰ
轻质重整液	Ⅰ
T108 清净剂	Ⅰ
氰	Ⅳ
氰氨化钙	Ⅲ
N－(4－(3－(4－氰苯基)脲基)－3－羟苯基)－2－(2,4－二叔戊基苯氧基)辛酰胺	Ⅴ
O－(4－氰苯基)－*O*－乙基苯基硫代膦酸酯	Ⅲ
3－(2－(4－(2－(4－氰苯基)乙烯基)苯基)乙烯基)苄腈	Ⅳ
氰草津	Ⅲ
氰氟草酯	Ⅳ
氰化钡	Ⅲ
氰化碘	Ⅲ
氰化钙	Ⅲ
氰化高汞	Ⅲ
氰化高铜	Ⅲ
氰化镉	Ⅴ
氰化汞	Ⅲ
氰化汞钾	Ⅲ
氰化钾	Ⅰ
氰化钾汞	Ⅲ
氰化金钾	Ⅳ
氰化氯	Ⅱ
氰化钠	Ⅰ
氰化镍	Ⅲ
氰化铅	Ⅲ
氰化氢	Ⅰ
氰化三氯甲烷	Ⅲ
氰化铜	Ⅲ
氰化铜钠	Ⅲ
氰化锌	Ⅲ
氰化溴	Ⅲ
氰化亚镍	Ⅲ
氰化亚铜	Ⅲ
氰化亚铜钾	Ⅲ
氰化亚铜钠	Ⅲ
氰化亚铜(三)钾	Ⅲ
氰化亚铜三钾	Ⅲ
氰化亚铜三钠	Ⅲ
氰化乙醇	Ⅳ
氰化异丁烷	Ⅲ
氰化银	Ⅲ
氰化银(Ⅰ)	Ⅳ
氰化银钾	Ⅲ
2－(1－氰环己基)醋酸乙酯	Ⅴ
氰基苯	Ⅰ
4－氰基苯甲酸	Ⅱ
α－氰基－3－苯氧苄基－3－(2－氯－3,3,3－三氟丙烯基)－2,2－二甲基环丙烷羧酸酯	Ⅱ
α－氰基－3－苯氧基苄基3－(2,2－二氯乙烯基)－2,2－二甲基环丙烷羧酸酯	Ⅱ
α－氰基－3－苯氧基苄基－2,2－二氯－1－(4－乙氧基苯基)环丙烷甲酸酯	Ⅳ
α－氰基苯氧基苄基(1*R*,3*R*)－3－(2,2－二溴乙烯基)－2,2－二甲基环丙烷羧酸酯	Ⅱ
(*RS*)－α－氰基－3－苯氧基苄基(*RS*)－2－(4－氯苯基)－3－甲基丁酸酯	Ⅲ
3－氰基吡啶	Ⅲ
2－氰基丙烯酸甲酯	Ⅳ
2－氰基－2－丙烯酸乙酯	Ⅴ
氰(基)醋酸	Ⅲ
3－氰基－*N*－(1,1－二甲基乙基)雄－3,5－二烯－17－β－甲酰胺	Ⅳ
4－((5－氰基－1,6－二氢－2－羟基－1,4－二甲基－6－氧代－3－吡啶基)偶氮)苯甲酸－2－苯氧基乙基酯	Ⅴ
N－氰基二烯丙基胺	Ⅱ
N－氰基二乙胺	Ⅱ
N－(4－(4－氰基－2－呋喃亚甲基－2,5－二氢－5－氧代－3－呋喃基)苯基)丁烷－1－磺酰胺	Ⅳ
氰基胍	Ⅲ
氰基甲酸甲酯	Ⅲ
氰基甲酸乙酯	Ⅲ
1－氰基萘	Ⅱ
3－氰基－3,5,5－三甲基环己酮	Ⅴ
2－氰基－4－硝基苯胺	Ⅳ

中文名称	卷序
2－氰基－N－((乙胺基)羧基)－2－(甲氧亚胺基)乙酰胺	Ⅴ
2－氰基乙基酰氨基单氯乙酸酯	Ⅳ
氰(基)乙酸	Ⅲ
氰基乙酸丁酯	Ⅲ
氰基乙酸甲酯	Ⅲ
氰基乙酸钠	Ⅲ
氰基乙酸乙酯	Ⅲ
氰基乙烯	Ⅰ
氰基乙酰胺	Ⅲ
氰硫基乙酸乙酯	Ⅳ
氰尿酸	Ⅲ
氰尿酰氯	Ⅳ
氰脲酰胺	Ⅰ
氰酸钾	Ⅳ
氰酸钠	Ⅲ
S－氰戊菊酯	Ⅴ
氰戊菊酯	Ⅲ
氰亚金酸钾	Ⅳ
氰氧化汞	Ⅲ
2－氰乙基丙烯酸酯	Ⅲ
(4－(((2－氰乙基)硫代)甲基)－2－噻唑基)胍	Ⅴ
氰乙酸丁酯	Ⅲ
氰乙酸乙酯	Ⅲ
秋水仙素	Ⅴ
巯基苯	Ⅲ
巯基苯并噻唑	Ⅰ
β－巯基丙酸	Ⅳ
1－巯基丙烷	Ⅲ
2－巯基丙烷	Ⅳ
1－巯基己烷	Ⅱ
2－巯基甲苯	Ⅱ
4－巯基甲苯	Ⅱ
巯基甲烷	Ⅰ
5－巯基四唑并－1－乙酸	Ⅳ
巯基辛烷	Ⅲ
2－巯基乙醇	Ⅰ
β－巯基乙醇	Ⅰ
巯基乙酸	Ⅱ
巯基乙烷	Ⅲ
4－巯甲基－3,6－二硫杂－1,8－辛二硫醇	Ⅴ
巯乙胺	Ⅲ
去蜡油	Ⅰ
全氟丙酮	Ⅱ
全氟丙烷	Ⅱ
全氟丙烯	Ⅱ
全氟丁酸	Ⅲ
全氟－2－丁烯	Ⅱ
全氟甲基环己烷	Ⅰ
全氟乙烷	Ⅱ
全氟乙烯	Ⅰ
全氟异丁烯	Ⅱ
全氯代苯	Ⅲ
全氯－1,3－丁二烯	Ⅱ
全氯环戊二烯	Ⅱ
全氯甲硫醇	Ⅳ
全氯乙烷	Ⅰ
全氯乙烯	Ⅰ
全氰乙烯	Ⅲ
炔丙醇	Ⅰ
炔氧甲基季铵盐	Ⅰ
R	
燃料油	Ⅰ
A 燃料油	Ⅰ
燃料渣油	Ⅰ
燃气轮机液体燃料	Ⅰ
壤虫磷	Ⅲ
SIS 热塑性弹性体	Ⅰ
SBS 热塑性弹性体	Ⅰ
人造芥子油	Ⅲ
壬胺	Ⅲ
1－壬醇	Ⅳ
壬二酸	Ⅳ
壬二酸二丁酯	Ⅳ
壬二酸二辛酯	Ⅲ
壬二酸二－2－乙基己酯	Ⅲ
壬二酸二乙酯	Ⅲ
6－(壬基氨基)－6－氧代－过氧己酸	Ⅳ
壬基苯酚	Ⅰ
壬基酚	Ⅰ
壬基酚聚氧乙烯醚	Ⅰ
壬基酚聚氧乙烯醚硫酸钠	Ⅰ
壬基三氯硅烷	Ⅲ
壬酸	Ⅳ

中文名称	卷序
壬酸乙酯	Ⅳ
壬酮-5	Ⅲ
壬烷	Ⅰ
1-壬烯	Ⅰ
2-壬烯	Ⅱ
3-壬烯	Ⅱ
4-壬烯	Ⅱ
1号溶剂	Ⅰ
溶剂橙2	Ⅴ
溶剂黄	Ⅴ
C.I. 溶剂黄3	Ⅱ
6号溶剂油	Ⅰ
溶剂油(70、90、190、260号)	Ⅰ
200号溶剂油	Ⅰ
熔融树脂酸钙	Ⅲ
鞣酸	Ⅰ
肉豆蔻酸	Ⅰ
肉豆蔻酰氯	Ⅲ
铷	Ⅲ
乳百灵	Ⅰ
乳化剂1231	Ⅰ
乳化剂*OP*	Ⅰ
M-74乳剂	Ⅳ
乳腈	Ⅲ
乳酸	Ⅱ
乳酸丁酯	Ⅲ
乳酸甲酯	Ⅲ
乳酸锑	Ⅲ
乳酸乙酯	Ⅲ
乳酸异丁酯	Ⅴ
乳酸正丁酯	Ⅴ
乳香油	Ⅲ
软化油	Ⅰ
软麻油	Ⅰ
软木酮	Ⅰ
软木烷	Ⅱ
软脂酸	Ⅰ
润滑剂EBS	Ⅰ
润滑油	Ⅳ
润滑油基础油	Ⅰ
润滑脂	Ⅳ
S	
SAF	Ⅰ
噻虫啉	Ⅳ
噻二唑衍生物	Ⅰ
噻吩	Ⅱ
噻吩草胺	Ⅳ
噻吩磺隆	Ⅴ
(2-噻吩基甲基)丙二酸单乙酯	Ⅴ
噻氟隆	Ⅴ
噻菌灵	Ⅲ
噻螨酮	Ⅴ
噻嗪酮	Ⅳ
噻唑	Ⅲ
2-(噻唑-4-基)苯并咪唑	Ⅲ
噻唑磷	Ⅴ
赛果	Ⅲ
赛力散	Ⅰ
赛璐珞	Ⅳ
赛松	Ⅴ
三苯胺	Ⅴ
三苯基氟化锡	Ⅳ
三苯基甲基氯化鏻	Ⅴ
三苯基磷乙酸叔丁酯	Ⅴ
三苯(基)膦	Ⅲ
三苯基氯硅烷	Ⅳ
三苯基氯化锡	Ⅳ
三苯基氢氧化锡	Ⅲ
三苯基锡氯乙酸盐	Ⅳ
三苯基乙酸锡	Ⅳ
N-三苯甲基吗啉	Ⅱ
4-三苯甲基吗啉	Ⅱ
三苯羟基锡	Ⅲ
三丙二醇	Ⅲ
三丙二醇单甲醚	Ⅲ
三丙基铝	Ⅲ
三丙基氯化锡	Ⅳ
三丙铝	Ⅲ
三丙酸甘油酯	Ⅲ
三(2-丙烯基)胺	Ⅳ
三草酸铁三钠	Ⅳ
三草酰铁酸三铵	Ⅳ
2,4,6-三(1-氮丙啶基)-1,3,5-三嗪	Ⅲ
三氮二苯	Ⅳ
三氮化银	Ⅲ
三氮杂十一亚甲基二胺	Ⅰ

中文名称	卷序
三碘苯酚	Ⅲ
三碘醋酸	Ⅳ
三碘化砷	Ⅲ
三碘化锑	Ⅲ
三碘甲烷	Ⅲ
三碘乙酸	Ⅳ
三丁基氟化锡	Ⅲ
三丁基磷烷	Ⅲ
三丁基膦	Ⅲ
三丁基铝	Ⅳ
三丁基氯化锡	Ⅳ
三丁基硼	Ⅳ
三丁基氢氧化锡	Ⅳ
三丁基四癸基鏻四氟硼酸盐	Ⅴ
三丁基锡磺酸盐	Ⅳ
三丁基锡十二(月桂)酸盐	Ⅳ
三丁基氧化锡	Ⅰ
三丁基乙酸锡	Ⅳ
三丁氯苄鏻	Ⅴ
三丁酸甘油酯	Ⅲ
2,4,6－三((二甲氨基)甲基)苯酚	Ⅴ
2,3,4－三氟苯胺	Ⅴ
1,1,1－三氟－2－丙酮	Ⅲ
三氟丙酮	Ⅲ
3,3,3－三氟－1－丙烯基)－2,2－二甲基环丙烷甲酸酯	Ⅳ
三氟醋酸	Ⅲ
三氟醋酸酐	Ⅲ
三氟醋酸乙酯	Ⅲ
三氟碘甲烷	Ⅴ
三氟化氮	Ⅲ
三氟化铬	Ⅱ
三氟化磷	Ⅲ
三氟化铝	Ⅱ
三氟化氯	Ⅳ
三氟化硼	Ⅰ
三氟化硼醋酸酐	Ⅳ
三氟化硼酐	Ⅳ
三氟化硼甲醚络合物	Ⅳ
三氟化硼四氢呋喃	Ⅲ
三氟化硼四氢呋喃络和物	Ⅲ
三氟化硼乙胺	Ⅲ
三氟化硼乙醚	Ⅰ
三氟化硼乙醚络合物	Ⅰ
三氟化硼乙酸酐	Ⅳ
三氟化硼乙酸络合物	Ⅳ
三氟化砷(Ⅲ)	Ⅳ
三氟化砷	Ⅲ
三氟化锑	Ⅲ
三氟化溴	Ⅲ
三氟甲苯	Ⅳ
3－三氟甲苯基异氰酸酯	Ⅳ
3－三氟甲基苯胺	Ⅱ
2－(3－三氟甲基苯氧基)－3－(N－2,4－二氟苯基氨基羰基)吡啶	Ⅴ
三氟甲基碘	Ⅴ
三氟甲基氯苯	Ⅲ
三氟甲烷磺酸	Ⅳ
三氟－3－氯甲苯	Ⅲ
三氟－4－氯甲苯	Ⅲ
三氟氯甲烷	Ⅳ
1,1,1－三氟－2－氯乙烷	Ⅲ
三氟氯乙烯	Ⅳ
1,1,1－三氟－N－((三氟甲基)磺酰基)甲磺酰胺)锂盐	Ⅳ
1,1,2－三氟－1,2,2－三氯乙烷	Ⅲ
3,4,5－三氟溴苯	Ⅴ
三氟溴甲烷	Ⅳ
三氟溴氯乙烷	Ⅴ
三氟溴乙烯	Ⅲ
2,2,2－三氟乙醇	Ⅱ
三氟乙酸	Ⅲ
三氟乙酸酐	Ⅲ
三氟乙酸乙酯	Ⅲ
1,1,1－三氟乙烷	Ⅱ
三氟乙酰苯胺	Ⅲ
三氟乙酰氯	Ⅳ
α,α,α－三氟－3－异丙氧基－邻甲苯甲酰苯胺	Ⅴ
三甘醇	Ⅳ
三甘醇单甲醚	Ⅲ
三甘醇二丙烯酸酯	Ⅴ
三甘醇二甲醚	Ⅴ
三环己基氯化锡	Ⅴ
三环己基氢氧化锡	Ⅴ
三(环己基)－1,2,4－三唑－1－基锡	Ⅲ

中文名称	卷序
三环锡	Ⅴ
三环唑	Ⅲ
O,*O*,*O*-三(2(或4)-$C_{9\sim10}$-异烷基苯基)硫代磷酸酯	Ⅴ
((*N*-(3-三甲氨基丙基)氨磺酰)甲基磺基酞菁)铜钠盐	Ⅴ
三甲胺	Ⅰ
三甲胺(无水)	Ⅲ
三甲胺溶液	Ⅳ
三甲苯	Ⅴ
1,2,3-三甲苯	Ⅱ
1,2,4-三甲基苯	Ⅰ
1,3,5-三甲基苯	Ⅰ
2,4,5-三甲基苯胺	Ⅴ
β,*β*-3-三甲基苯丙醇	Ⅴ
α,*α*,*γ*-三甲基苯丁腈	Ⅴ
2,4,6-三甲基吡啶	Ⅲ
三(2-甲基氮丙啶)氧化磷	Ⅲ
三(2-甲基氮杂环丙烯)氧化磷	Ⅲ
2,2,3-三甲基丁烷	Ⅱ
2,4,6-三甲基二苯甲酮	Ⅴ
2,2,4-三甲基-1,2-二氢喹啉聚合物	Ⅰ
3,5,5-三甲基-2-环己烯-1-酮	Ⅳ
3,5,5-三甲基己醇	Ⅲ
3,5,5-三甲基-1-己醇	Ⅳ
2,2,4-三甲基己烷	Ⅳ
2,2,5-三甲基己烷	Ⅰ
三甲基甲醇	Ⅰ
三甲基铝	Ⅳ
三甲基氯硅烷	Ⅲ
三甲基氯甲基硅烷	Ⅲ
三甲基氯乙酰	Ⅲ
三甲基硼	Ⅳ
2,3,5-三甲基氢醌	Ⅴ
2,6,8-三甲基-4-壬酮	Ⅲ
三甲基三氯化二铝	Ⅲ
6,6,10-三甲基双环-3,1,1-庚-2-烯	Ⅱ
2,2,4-三甲基-1,3-戊二醇	Ⅲ
4-(2,4,4-三甲基戊基碳酰氧)苯磺酸钠盐	Ⅴ
2,2,3-三甲基戊烷	Ⅰ
2,3,4-三甲基戊烷	Ⅰ
2,4,4-三甲基-1-戊烯	Ⅰ
2,4,4-三甲基-2-戊烯	Ⅳ
1,3,3-三甲基-2-氧杂二环(2,2,2)辛烷	Ⅱ
三甲基乙酸甲酯	Ⅱ
三甲基乙酰氯	Ⅲ
三甲基乙氧基硅烷	Ⅳ
三甲氧基丁烷	Ⅲ
三甲氧基环硼氧烷	Ⅲ
三甲氧基甲烷	Ⅲ
三甲氧基硼烷	Ⅳ
三甲氧基硼氧烷	Ⅲ
1,1,1-三甲氧基乙烷	Ⅱ
三碱式硫酸铅	Ⅳ
三聚丙烯	Ⅴ
三聚醋醛	Ⅲ
三聚甲醛	Ⅳ
三聚氰胺	Ⅰ
三聚氰胺甲醛树脂	Ⅴ
三聚氰酸	Ⅲ
三聚氰酸三烯丙酯	Ⅲ
三聚氰酰氯	Ⅳ
三聚乙醛	Ⅲ
三聚蚁醛	Ⅳ
三聚异丁烯	Ⅴ
三联苯	Ⅴ
三硫代环庚二烯-3,4,6,7-四腈	Ⅳ
三硫代磷酸三丁酯	Ⅳ
三硫化二磷	Ⅳ
三硫化二锑	Ⅲ
三硫化磷	Ⅳ
三硫化四磷	Ⅳ
三硫化锑	Ⅲ
三硫化亚磷	Ⅳ
三硫磷	Ⅳ
1,2,3-三氯苯	Ⅳ
1,3,5-三氯苯	Ⅲ
1,2,4-三氯苯	Ⅲ
2,4,5-三氯苯胺	Ⅱ
2,4,6-三氯苯胺	Ⅱ
2,4,5-三氯苯酚	Ⅲ
2,4,6-三氯苯酚	Ⅲ
三氯(苯基)硅烷	Ⅱ

中文名称	卷序
2,3,6-三氯苯甲酸	Ⅱ
2-(2,4,5-三氯苯氧基)丙酸	Ⅱ
2,4,5-三氯苯氧基乙酸甲氧基丁酯	Ⅳ
2,4,5-三氯苯氧乙酸	Ⅱ
2,3,5-三氯吡啶	Ⅴ
((3,5,6-三氯-2-吡啶)氧基)乙酸	Ⅲ
三氯吡氧乙酸	Ⅲ
三氯丙基硅烷	Ⅳ
1,2,3-三氯丙烷	Ⅰ
三氯醋酸	Ⅲ
三氯醋酸甲酯	Ⅲ
三氯丁基硅烷	Ⅳ
2,3,4-三氯-1-丁烯	Ⅴ
三氯(二氯苯基)硅烷	Ⅱ
1,1,1-三氯-1-(3,4-二氯苯基)乙酸乙酯	Ⅲ
1,2,4-三氯-3,5-二硝基苯	Ⅱ
2,4,6-三氯酚	Ⅲ
2,4,5-三氯酚	Ⅲ
三氯硅烷	Ⅲ
三氯化苄	Ⅰ
三氯化氮	Ⅳ
三氯化碘	Ⅲ
三氯化钒	Ⅲ
三氯化铬	Ⅰ
三氯化铑	Ⅲ
三氯化钌	Ⅲ
三氯化磷	Ⅰ
三氯化铝	Ⅰ
三氯化铝	Ⅰ
三氯化铝六水合物	Ⅴ
三氯化萘	Ⅴ
三氯化钕	Ⅲ
三氯化硼	Ⅲ
三氯化三甲基二铝	Ⅲ
三氯化三甲基(二)铝	Ⅲ
三氯化砷	Ⅲ
三氯化铈	Ⅰ
三氯化钛	Ⅰ
三氯化锑	Ⅲ
三氯化铁	Ⅴ
三氯环己基硅烷	Ⅱ
三氯-3-环己烯基-1-硅烷	Ⅱ
三氯(己基)硅烷	Ⅱ
α,α,α-三氯甲苯(98-07-7)	Ⅰ
三氯甲基吡啶	Ⅴ
三氯甲基硅烷	Ⅱ
三氯甲基氰	Ⅲ
N-三氯甲硫基苯邻二甲酰亚胺	Ⅲ
N-三氯甲硫基-1,2,3,6-四氢苯邻二甲酰亚胺	Ⅲ
三氯甲烷	Ⅰ
三氯硫磷	Ⅱ
三氯硫氯甲烷	Ⅳ
三氯(氯苯基)硅烷	Ⅱ
1,2,4-三氯-5-((4-氯苯基)磺酰)苯	Ⅳ
三氯三氟丙酮	Ⅱ
1,1,3-三氯-1,3,3-三氟丙酮	Ⅱ
1,3,5-三氯-2,4,6-三氟化苯	Ⅲ
1,3,5-三氯三氟化苯	Ⅲ
1,1,2-三氯三氟乙烷	Ⅲ
三氯三氟乙烷	Ⅳ
2,4,6-三氯-1,3,5-三嗪	Ⅳ
三氯杀虫酯	Ⅲ
三氯杀螨醇	Ⅲ
三氯杀螨砜	Ⅳ
三氯十八烷基硅烷	Ⅲ
三氯十二烷基硅烷	Ⅲ
1,1,1-三氯-2,2-双(对甲氧苯基)乙烷	Ⅳ
1,1,1-三氯-2,2-双(4-甲氧苯基)乙烷	Ⅴ
2,2,2-三氯-1,1-双(4-氯苯基)乙醇	Ⅲ
1,1,1-三氯-2,2-双(*p*-氯苯基)乙烷	Ⅱ
三氯烯丹	Ⅲ
三氯硝基甲烷	Ⅲ
三氯硝基乙烯	Ⅳ
三氯辛基硅烷	Ⅲ
1,2-*O*-(2,2,2-三氯亚乙基)-α-*D*-呋喃葡萄糖	Ⅱ
三氯氧钒	Ⅲ
三氯氧化钒	Ⅲ
三氯氧化磷	Ⅲ
三氯氧磷	Ⅲ
三氯一氟甲烷	Ⅳ

中文名称	卷序
三氯一氧化钒	Ⅲ
三氯乙基硅烷	Ⅲ
三氯乙腈	Ⅲ
三氯乙醛(无水的,抑制了的)	Ⅲ
三氯乙酸	Ⅲ
三氯乙酸甲酯	Ⅲ
三氯乙酸钠	Ⅴ
1,1,1-三氯乙烷	Ⅰ
1,1,2-三氯乙烷	Ⅰ
三氯乙烯	Ⅰ
三氯乙烯硅烷	Ⅲ
三氯乙酰氯	Ⅲ
三氯异氰尿酸	Ⅰ
1,3,5-三羟基苯	Ⅱ
1,1,1-三(4-羟基苯基)乙烷	Ⅴ
3,4,5-三羟基苯甲酸十二酯	Ⅴ
3,4,5-三羟基苯甲酸辛酯	Ⅴ
3,4,5-三羟基苯甲酸正丙酯	Ⅴ
三羟基聚氧化丙烯醚	Ⅰ
1,1,1-三羟甲基丙烷	Ⅲ
三(羟甲基)硝基甲烷	Ⅳ
三(羟乙基)胺	Ⅰ
1,3,5-三(2-羟乙基)-*S*-六氢三嗪	Ⅴ
三氢化铝	Ⅲ
三氢化锑	Ⅴ
三赛昂	Ⅳ
三缩四乙二醇	Ⅰ
三碳化四铝	Ⅲ
三烷基硼烷	Ⅴ
三西	Ⅱ
三烯丙胺	Ⅳ
三烯丙基胺	Ⅳ
三烯丙基硼酸酯	Ⅲ
2,4,6-三(烯丙氧基)均三嗪	Ⅲ
三硝基安息香酸	Ⅲ
1,3,5-三硝基苯(干的或含水<30%)	Ⅱ
2,4,6-三硝基苯胺	Ⅱ
2,4,6-三硝基苯酚(干的或含水<30%)	Ⅰ
2,4,6-三硝基苯酚铵(含水<10%)	Ⅱ
2,4,6-三硝基苯酚钠	Ⅳ
三硝基苯磺酸	Ⅳ
2,4,6-三硝基苯磺酸钠	Ⅳ
2,4,6-三硝基苯甲醚	Ⅱ
三硝基苯甲酸(含水≥30%)	Ⅲ
2,4,6-三硝基苯甲酸	Ⅲ
2,4,6-三硝基苯甲酸(含水≥30%)	Ⅲ
2,4,6-三硝基苯甲硝胺	Ⅱ
三硝基苯乙醚	Ⅳ
2,4,6-三硝基甲苯(干的或含水<30%)	Ⅱ
2,4,6-三硝基间苯二酚	Ⅱ
三硝基间苯二酚铅	Ⅳ
2,4,6-三硝基间苯二酚铅	Ⅳ
2,4,6-三硝基间二甲苯	Ⅴ
2,4,6-三硝基间甲酚	Ⅲ
2,4,6-三硝基氯(化)苯	Ⅱ
三硝基萘	Ⅳ
2,4,7-三硝基芴酮	Ⅲ
三辛基锡烷	Ⅴ
2,4,6-三溴苯胺	Ⅱ
2,4,6-三溴苯酚	Ⅲ
三溴醋酸	Ⅲ
2,4,6-三溴酚	Ⅲ
三溴化碘	Ⅳ
三溴化磷	Ⅲ
三溴化铝(无水)	Ⅲ
三溴化硼	Ⅲ
三溴化三甲基(二)铝	Ⅲ
三溴化三甲基二铝	Ⅲ
三溴化三甲基铝	Ⅲ
三溴化砷	Ⅲ
三溴化锑	Ⅲ
三溴甲烷	Ⅲ
三溴氧(化)磷	Ⅲ
三溴乙醛	Ⅲ
三溴乙酸	Ⅲ
三溴乙烯	Ⅲ
三亚甲基	Ⅰ
三亚甲基氯醇	Ⅱ
三亚乙基蜜胺	Ⅲ
三盐基硫酸铅	Ⅳ
三氧化二氮	Ⅲ
三氧化二钒	Ⅲ
三氧化二铬	Ⅳ
三氧化二钴	Ⅲ
三氧化二磷	Ⅲ
三氧化二镍	Ⅳ

中文名称	卷序
三氧化二硼	Ⅴ
三氧化二铅	Ⅳ
三氧化二砷	Ⅰ
三氧化二铊	Ⅲ
三氧化二铁	Ⅴ
三氧化二铟	Ⅲ
三氧化钒	Ⅲ
三氧化铬(无水)	Ⅲ
三氧化磷	Ⅲ
三氧化硫	Ⅰ
三氧化钼	Ⅳ
三氧化铊	Ⅲ
三氧化锑	Ⅳ
三氧化钨	Ⅲ
三氧化硒	Ⅲ
三氧杂环己烷	Ⅳ
三氧杂十一烷－1,11－二醇	Ⅰ
三乙胺	Ⅲ
三乙醇铵－2,4－二硝基－6－(1－甲基丙基)酚盐	Ⅳ
三乙醇胺	Ⅰ
三乙醇胺钛酸异丙酯	Ⅰ
三乙醇胺油酸皂	Ⅰ
三乙二醇	Ⅳ
三乙二醇丁基醚	Ⅲ
三乙二醇甲醚	Ⅲ
三乙二醇乙醚	Ⅲ
三乙基铝	Ⅰ
三乙基氯化锡	Ⅳ
三乙基硼	Ⅲ
三乙基锑	Ⅲ
三乙磷酸酯	Ⅲ
三乙四胺六乙酸	Ⅲ
三乙酸甘油酯	Ⅲ
三乙酸基氨	Ⅳ
三乙酸锑	Ⅳ
三乙烯四胺	Ⅰ
三乙氧基丙烷	Ⅳ
1,1,3－三乙氧基丙烷	Ⅲ
1,3,3－三乙氧基丙烷	Ⅲ
1,1,1－三乙氧基丙烷	Ⅳ
1,1,3－三乙氧基己烷	Ⅳ
3－三乙氧基甲硅烷基－1－丙胺	Ⅴ

中文名称	卷序
三乙氧基甲基硅烷	Ⅳ
三乙氧基甲烷	Ⅲ
三乙氧基硼烷	Ⅳ
三乙氧基乙基硅烷	Ⅳ
三乙氧基乙烯硅烷	Ⅳ
三乙氧基异丁基硅烷	Ⅴ
三异丙醇胺	Ⅲ
三(异丙烯氧)基苯基硅烷	Ⅴ
三异丁基铝	Ⅰ
三异丁酸甘油酯	Ⅳ
三油酸清凉醇酯	Ⅰ
三油酰基钛酸异丙酯	Ⅰ
三正丙胺	Ⅲ
三(正)丁胺	Ⅲ
1,2,4－三唑	Ⅴ
1H－1,2,4－三唑－3－胺	Ⅱ
三唑苯噻	Ⅲ
三唑醇	Ⅲ
三唑二甲酮	Ⅲ
三唑环锡	Ⅲ
三唑磷	Ⅲ
三唑磷胺	Ⅲ
三唑硫磷	Ⅲ
三唑酮	Ⅲ
三唑锡	Ⅲ
色酚 AS－BS	Ⅲ
铯	Ⅲ
杀草强	Ⅱ
杀虫环	Ⅳ
杀虫磺	Ⅴ
杀虫净	Ⅳ
杀虫灵	Ⅳ
杀虫脒(含量＞50%)	Ⅲ
杀虫威	Ⅴ
杀虫畏	Ⅲ
杀菌剂 1227	Ⅰ
杀螺胺	Ⅱ
杀螺吗啉	Ⅱ
杀螨醇	Ⅲ
杀螨砜	Ⅲ
杀螨醚	Ⅲ
杀螨脒	Ⅲ
杀螨特	Ⅲ

中文名称	卷序
杀灭菊酯	Ⅲ
杀螟丹	Ⅲ
杀螟腈	Ⅲ
杀螟菊酯	Ⅳ
杀螟磷	Ⅲ
杀螟硫磷	Ⅲ
杀螟松	Ⅲ
杀扑磷	Ⅴ
杀虱多	Ⅳ
杀鼠醚	Ⅲ
杀线威	Ⅲ
杀藻氰	Ⅲ
刹车油	Ⅰ
山梨醇酐单月桂酸酯	Ⅰ
山梨糖醇酐单油酸酯	Ⅰ
山梨糖醇酐三油酸酯	Ⅰ
山梨糖醇酐油酸酯聚氧乙烯醚	Ⅰ
山奈	Ⅰ
山奈钾	Ⅰ
山奈钠	Ⅰ
山萮酸酰胺基丙基－二甲基－(二羟丙基)氯化铵	Ⅴ
商品渣油	Ⅰ
烧碱	Ⅰ
麝香草酚	Ⅴ
砷	Ⅰ
砷化氢	Ⅲ
砷酸	Ⅲ
砷酸铵	Ⅲ
砷酸二铵	Ⅲ
砷酸二钠	Ⅲ
砷酸钙	Ⅲ
砷(酸)酐	Ⅲ
砷酸汞	Ⅲ
砷酸镁	Ⅲ
砷酸钠(一氢)	Ⅲ
砷酸铅	Ⅲ
砷酸氢二铵	Ⅲ
砷酸氢汞	Ⅲ
砷酸氢铅	Ⅴ
砷酸三钙	Ⅲ
砷酸三乙酯	Ⅴ
砷酸铁	Ⅲ

中文名称	卷序
砷酸铜	Ⅳ
砷酸锌	Ⅲ
砷烷	Ⅲ
胂	Ⅲ
渗透剂 BX	Ⅰ
升汞	Ⅰ
生石灰	Ⅲ
生物苄呋菊酯	Ⅴ
尸胺	Ⅱ
失水苹果酸酐	Ⅰ
十八胺	Ⅰ
十八醇	Ⅰ
十八酸钙	Ⅰ
十八酸镉盐	Ⅳ
十八酸铝	Ⅰ
十八酸镁	Ⅴ
十八酸钠	Ⅴ
十八酸铅	Ⅰ
十八酸锌	Ⅳ
十八酸乙酯	Ⅳ
十八碳二烯酸	Ⅳ
十八碳二烯酸二聚体	Ⅰ
十八烷	Ⅳ
十八烷基胺	Ⅰ
十八烷基二甲苯磺酸钙	Ⅴ
十八烷基二甲基苄基氯化铵	Ⅰ
十八烷基三氯硅烷	Ⅲ
十八烷基异氰酸酯	Ⅳ
十八(烷基)异氰酸酯	Ⅳ
十八烷腈	Ⅲ
十八(烷)酸	Ⅰ
十八烷酰氯	Ⅳ
十八(烷)酰氯	Ⅳ
十八烯	Ⅲ
十八烯酸	Ⅰ
9－十八烯酸丁酯	Ⅰ
十八烯酸甲氧基乙酯	Ⅳ
(*Z*)－9－十八烯酸－2－羟基乙基酯	Ⅰ
十八酰胺	Ⅳ
十八酰氯	Ⅳ
十二醇	Ⅲ
十二醇硫酸钠	Ⅰ
十二环吗啉	Ⅴ

中文名称	卷序
十二硫醇	Ⅲ
十二氯代八氢-1,3,4-亚甲基-1H-环丁并(c,d)双茂	Ⅲ
十二水合硫酸铬钾	Ⅰ
十二酸单甘油酯	Ⅰ
十二碳烷	Ⅲ
十二碳烯	Ⅲ
十二碳酰胺	Ⅳ
十二烷	Ⅲ
1,12-十二烷二醇	Ⅲ
十二烷二元醇	Ⅲ
十二烷基苯磺酸	Ⅳ
十二烷基苯磺酸铵	Ⅰ
十二烷基苯磺酸钙	Ⅰ
十二烷基苯磺酸钠	Ⅰ
1-十二烷基-2-吡咯烷酮	Ⅴ
N-十二烷基吡咯烷酮	Ⅴ
十二烷基醇硫酸钠	Ⅰ
十二烷基二甲基苄基氯化铵	Ⅰ
十二烷基二甲基苄基溴化铵	Ⅰ
N-十二烷基-*N*,*N*-二甲基苄基溴化铵	Ⅰ
十二烷基二甲基氧化胺	Ⅳ
十二烷基硫醇	Ⅲ
十二烷基三甲基氯化铵	Ⅰ
十二烷基三氯硅烷	Ⅲ
十二烷基甜菜碱	Ⅰ
3-十二烷基-1-(1,2,2,6,6-五甲基-4-哌啶基)-2,5-吡咯烷二酮	Ⅳ
十二(烷)酸	Ⅰ
十二烷酸乙酯	Ⅳ
十二烷酰氯	Ⅳ
十二(烷)酰氯	Ⅳ
1-十二烯	Ⅲ
十二烯基丁二酸	Ⅰ
十二酰甲胺乙酸钠	Ⅰ
十氟化二硫	Ⅲ
十九烷	Ⅲ
十六醇	Ⅰ
十六酸	Ⅰ
十六烷	Ⅲ
N-十六烷基(或十八烷基)-*N*-十六烷基(或十八烷基)苯甲酰胺	Ⅴ
十六烷基氯化吡啶	Ⅰ
十六烷基三甲基氯化铵	Ⅰ
十六烷基三甲基溴化铵	Ⅰ
十六烷基三氯硅烷	Ⅲ
十六烷酸乙酯	Ⅳ
N-(3-十六烷氧基-2-羟丙基)-*N*-(2-羟乙基)棕榈酸酰胺	Ⅳ
十六烯	Ⅲ
1-十六烯	Ⅲ
十硼氢	Ⅲ
十硼烷	Ⅲ
十七烯基咪唑啉	Ⅰ
十氢化萘	Ⅲ
十氢萘	Ⅲ
十三吗啉	Ⅲ
十三烷	Ⅲ
十三烷基苯磺酸	Ⅳ
十三烷基苯磺酸钠	Ⅳ
4-十三烷基-2,6-二甲基吗啉	Ⅲ
十水四硼酸钠	Ⅰ
十四酸	Ⅰ
十四烷	Ⅲ
十四烷基苯磺酸	Ⅳ
十四烷基苯磺酸钠	Ⅳ
十四烷基二甲基苄基氯化铵	Ⅰ
十四烷酰氯	Ⅲ
十烷基苯磺酸	Ⅳ
十烷基苯磺酸钠	Ⅴ
十五代氟辛酸铵	Ⅴ
十溴二苯醚	Ⅳ
十一胺	Ⅲ
十一氟(三氟甲基)环己烷	Ⅰ
十一酸	Ⅲ
十一碳烷	Ⅲ
十一烷	Ⅲ
十一烷基苯磺酸	Ⅴ
十一烷基苯磺酸铵	Ⅴ
十一烷基苯磺酸钠	Ⅳ
石灰氮	Ⅲ
石蜡	Ⅰ
石蜡油	Ⅰ
石脑油	Ⅰ
石炭酸	Ⅰ
石油	Ⅰ

中文名称	卷序
石油苯	Ⅰ
石油苯磺酸钠	Ⅰ
石油磺酸钡	Ⅰ
石油磺酸钙	Ⅰ
石油磺酸钠	Ⅰ
石油混合二甲苯	Ⅰ
石油甲苯	Ⅰ
石油焦	Ⅰ
石油焦油	Ⅳ
石油脚子油	Ⅳ
石油精	Ⅰ
石油裂解气	Ⅲ
石油醚	Ⅰ
石油汽油	Ⅴ
石油石脑油	Ⅴ
石油疏松石蜡	Ⅳ
石油酸	Ⅰ
石油酸铅	Ⅰ
石油脂型防锈油	Ⅰ
士的宁	Ⅰ
铈(浸在煤油中的)	Ⅳ
收敛酸	Ⅱ
收敛酸铅	Ⅳ
叔丁胺	Ⅰ
叔丁苯	Ⅳ
叔丁醇	Ⅰ
叔丁基苯	Ⅳ
N－叔丁基－2－苯并噻唑次磺酰胺	Ⅰ
N－叔丁基－*N*－(2－苯并噻唑磺基)－2－苯并噻唑次磺酰亚胺	Ⅴ
N－叔丁基－2－苯并噻唑亚磺酰胺	Ⅳ
2－叔丁基苯酚	Ⅲ
4－叔丁基苯酚	Ⅰ
O－3－叔丁基苯基 *N*－(6－甲氧基－2－吡啶基)－*N*－甲基硫代氨基甲酸酯	Ⅳ
2－(4－叔丁基苯基)乙醇	Ⅴ
4－((4－叔丁基苯基)乙氧基)喹唑啉	Ⅴ
N－(4－叔丁基苄基)－4－氯－3－乙基－1－甲基吡唑－5－甲酰胺	Ⅳ
叔丁基碘	Ⅲ
2－叔丁基对甲酚	Ⅰ
叔丁基－4－((((1,3－二甲基－5－苯氧基－4－吡唑基)亚甲基)氨基氧)甲基)苯甲酸酯	Ⅳ

中文名称	卷序
5－叔丁基－3－(2,4－二氯－5－异丙氧苯基)－1,3,4－噁二唑－2(3H)－酮	Ⅴ
1－叔丁基－3－(2,6－二异丙基－4－苯氧基苯基)硫脲	Ⅳ
叔丁基过苯二甲酸	Ⅲ
叔丁基过苯甲酸酯	Ⅰ
叔丁基过氧化氢	Ⅴ
叔丁基过氧化－2－乙基己酸酯	Ⅰ
叔丁基环己烷	Ⅲ
N－(叔丁基)－3－甲基吡啶－2－酰胺	Ⅳ
叔丁基甲醚	Ⅰ
叔丁基硫醇	Ⅲ
叔丁基氯	Ⅱ
3－(3－叔丁基－4－羟苯基)丙酸	Ⅴ
1－(5－叔丁基－1,3,4,－噻二唑－2－基)－1,3－二甲基脲	Ⅴ
叔丁基三氯硅烷	Ⅳ
叔丁基胂	Ⅴ
(*S*)－*N*－叔丁基－1,2,3,4－四氢异喹啉－3－甲酰胺	Ⅳ
N－叔丁基－*N*－(4－乙基苯甲酰基)－3,5－二甲基苯甲酰肼	Ⅳ
叔丁基异氰酸酯	Ⅳ
叔丁硫醇	Ⅲ
2－叔丁亚氨基－3－异丙基－5－苯基－4－H－1,3,5－噻二嗪－4－酮	Ⅳ
1－叔丁氧基－2－丙醇	Ⅴ
叔戊醇	Ⅲ
N－叔戊基－2－苯并噻唑亚磺酰胺	Ⅴ
叔戊基氯	Ⅱ
叔戊硫醇	Ⅱ
叔辛胺	Ⅳ
疏松石蜡	Ⅳ
蔬果磷	Ⅴ
熟石灰	Ⅲ
鼠克星	Ⅲ
鼠立死	Ⅴ
鼠特灵	Ⅲ
鼠完	Ⅲ
薯瘟锡	Ⅳ
AS 树脂	Ⅰ
SAN 树脂	Ⅰ
ABS 树脂	Ⅰ

中文名称	卷序
EVA 树脂	Ⅰ
树脂酸钙	Ⅲ
树脂酸钴	Ⅲ
树脂酸铝	Ⅳ
树脂酸锰	Ⅳ
树脂酸锌	Ⅳ
树脂酸亚钴	Ⅲ
双苯汞亚甲基二萘磺酸酯	Ⅲ
双苯酰草胺	Ⅱ
双丙甘醇	Ⅰ
双丙酮醇	Ⅱ
双(N,N－二丁基二硫代胺基)镍	Ⅲ
双(2－二甲氨基乙基)二硫化物二盐酸盐	Ⅴ
双(二甲胺基)磷酰氟	Ⅱ
双(2－二甲基氨基乙基)醚(双二甲胺乙基醚)	Ⅴ
1,2－双(二甲基氨基)乙烷	Ⅲ
双(二甲基二硫代氨基甲酸)锌	Ⅱ
双(二甲基硫代氨基甲酰硫基)甲基胂	Ⅱ
4,4′－双(O,O－二甲基硫代磷酰氧基)苯硫醚	Ⅲ
3,5－双((3,5－二叔丁基－4－羟基)苄基)－2,4,6－三甲基苯酚	Ⅴ
N,N－双(O,O－二烷基二硫代磷酸－5－亚甲基)十八胺	Ⅰ
4－(双(4－(二乙氨基)苯基)甲基)苯－1,2－二甲磺酸	Ⅴ
双酚 A	Ⅲ
双酚 A 双(二苯基磷酸酯)	Ⅲ
双(4－氟苯基)－甲基－(1,2,4－三唑－4－基甲基)硅烷	Ⅴ
双氟磺草胺	Ⅴ
双胍辛胺	Ⅲ
双光气	Ⅱ
双癸基二甲基氯化铵	Ⅰ
2,2－双(过氧化叔丁基)丁烷	Ⅲ
1,1－双(过氧化叔丁基)环己烷	Ⅰ
双环戊二烯	Ⅰ
双环戊二烯基铁	Ⅰ
双(2,3－环氧丙基)醚(二环氧甘油醚)	Ⅴ
双环氧乙烷	Ⅳ
双－2,5－己烷	Ⅲ
1,2－双(3－甲基苯氧基)乙烷	Ⅴ
双甲基丙烯酸乙二醇酯	Ⅲ

中文名称	卷序
1,4－双甲基磺氧基丁烷	Ⅲ
O,O－双(1－甲基乙基)－S－(苯基甲基)硫代磷酸酯	Ⅲ
双甲脒	Ⅴ
双硫磷	Ⅲ
双硫腙	Ⅲ
3,6－双(2－氯苯基)－1,2,4,5－四嗪	Ⅳ
1,1－双(4－氯苯基)乙醇	Ⅲ
双(4－氯丁基)醚	Ⅱ
双氯酚	Ⅰ
双(2－氯－1－甲基乙基)醚	Ⅰ
双(2－(5－氯－4－硝基－2－氧苯偶氮基)－5－磺基－1－萘酚基)铬酸三钠	Ⅳ
双(2－氯乙基)胺盐酸盐	Ⅲ
双(2－氯乙基)甲胺	Ⅲ
双(氯乙基)甲胺	Ⅲ
双(2－氯乙基)醚	Ⅰ
双茂	Ⅰ
2,2－双(4′－羟基苯基)丙烷	Ⅲ
2,2－双(羟甲基)丁酸	Ⅴ
双(氢化牛油烷基)二甲基氯化铵	Ⅳ
双氰胺	Ⅲ
1,1－双(4－氰氧苯基)乙烷	Ⅴ
双(β－氰乙基)胺	Ⅲ
双(氰乙基)胺	Ⅲ
双(2－氰乙基)醚	Ⅱ
双乳酸双异丙基钛酸铵	Ⅰ
双(三丁基锡)－2,3－二溴丁二酸盐	Ⅳ
双(三丁基锡)反丁烯二酸盐	Ⅳ
双(三丁基锡)邻苯二甲酸盐	Ⅳ
双(三丁基锡)顺丁烯二酸盐	Ⅳ
双三丁基氧化锡	Ⅰ
双(3,5,5－三甲基己酰)过氧化物	Ⅰ
双(3,5,6－三氯－2－羟基苯)甲烷	Ⅲ
双三乙醇胺双异丙基钛酸酯	Ⅰ
双十八烷基二甲基氯化铵	Ⅰ
双(4－十二基苯基)碘鎓(OC－6－11)－六氟锑酸盐	Ⅴ
双十二烷基二甲基氯化铵	Ⅰ
N,N′－双十六基－N,N′－二(2－羟乙基)丙二酰胺	Ⅳ
双叔丁基	Ⅱ
α,α′－双(叔丁基过氧基)二异丙苯	Ⅰ

中文名称	卷序
双叔丁基过氧异丙基苯	Ⅰ
1,4(或1,3-)-双叔丁基过氧异丙基苯	Ⅰ
N,*N*'-双(2,2,6,6-四甲基-4-哌啶基)-1,3-苯二甲酰胺	Ⅳ
双(2,2,6,6-四甲基-4-哌啶基)丁二酸酯	Ⅳ
双(3-羧基-4-羟基苯磺酸)肼	Ⅴ
N,*N*-双(羧甲基)-β-氨基丙酸三钠盐	Ⅳ
N,*N*-(双(羧甲基)-3-氨基)-2-羟基丙酸三钠盐	Ⅴ
双戊烯	Ⅲ
双烯基丁二酰亚胺	Ⅰ
1,3-双((4-硝基苯基)氨基)脲	Ⅱ
双辛基二甲基氯化铵	Ⅰ
2,2-双(4-溴苯基)-2-羟基乙酸异丙酯	Ⅲ
双氧水	Ⅰ
双乙磺酰丙烷	Ⅳ
3,4-双乙酸基-1-丁烯	Ⅴ
1,3-双(乙烯基磺酰基乙酰氨基)丙烷	Ⅳ
双乙烯酮	Ⅱ
1,4-双(2-(乙烯氧基)乙氧基)苯	Ⅴ
双乙酰	Ⅱ
双异丁烯	Ⅰ
2,5-双-异氰酸根甲基-二环(2,2,1)庚烷	Ⅴ
霜脲氰	Ⅴ
水玻璃	Ⅰ
水合 α-氨基乙酰基-*L*-精氨酸	Ⅲ
水合肼	Ⅰ
水合联氨	Ⅰ
水合氯醛	Ⅴ
水合氧化铬	Ⅳ
水解聚丙烯腈铵盐	Ⅰ
水解聚丙烯腈钾铵盐	Ⅰ
水解聚丙烯腈钾盐	Ⅰ
水解聚丙烯腈钠盐	Ⅰ
水解聚马来酸酐	Ⅰ
水煤气	Ⅰ
水芹醛	Ⅰ
次氯酸锂	Ⅳ
水杨醛	Ⅲ
水杨酸	Ⅳ
水杨酸甲酯	Ⅲ
水杨酸钠	Ⅲ
水杨酸异戊酯	Ⅲ
水杨酰胺	Ⅳ
水-乙二醇液压油	Ⅰ
水银	Ⅰ
顺丁胶	Ⅰ
顺-2-丁烯	Ⅰ
顺丁烯二酸	Ⅳ
顺丁烯二酸二丙酯	Ⅲ
顺丁烯二酸二丁基锡	Ⅲ
顺丁烯二酸二丁酯	Ⅲ
顺丁烯二酸二己酯	Ⅲ
顺丁烯二酸二烯丙酯	Ⅲ
顺丁烯二酸二仲辛酯磺酸钠	Ⅰ
顺丁烯二酸酐	Ⅰ
顺丁烯二酰肼	Ⅲ
顺丁橡胶	Ⅰ
顺二十碳-11-烯酸	Ⅰ
顺酐	Ⅰ
顺式-1-苯甲酰-4-((4-甲磺酰基)氧)-L-脯氨酸	Ⅴ
顺式1,4-聚丁二烯	Ⅰ
顺式-1,4-聚丁二烯橡胶	Ⅰ
顺式1,4-聚异戊二烯	Ⅰ
顺式-1-(3-氯丙基)-2,6-二甲基哌啶盐酸盐	Ⅴ
顺式氯氰菊酯	Ⅴ
顺式氰戊菊酯	Ⅴ
顺式-9-十八(碳)烯酸	Ⅰ
斯盘20	Ⅰ
斯盘80	Ⅰ
斯盘85	Ⅰ
锶	Ⅲ
1,4,5,8-四氨基蒽醌	Ⅴ
四氨硝酸镍	Ⅳ
四苯基锡	Ⅲ
四苯锡	Ⅲ
四碘化锡	Ⅲ
1,1,3,3-四丁基-1,3-二锡氧基二辛酸酯	Ⅴ
四丁基锡	Ⅲ
四丁锡	Ⅲ

中文名称	卷序
1,4,7,10－四(对甲苯磺酰基)－1,4,7,10－四氮杂环十二烷	Ⅴ
2,3,5,6－四氟苯甲酸	Ⅳ
四氟苯菊酯	Ⅳ
四氟丙醇	Ⅲ
四氟(代)肼	Ⅳ
四氟化硅	Ⅲ
四氟化硫	Ⅳ
四氟化碳	Ⅲ
2,3,5,6－四氟－4－甲基苄基－(*Z*)－3－(2－氯－3,3,3－三氟－1－丙烯基)－2,2－二甲基环丙烷甲酸酯	Ⅳ
四氟甲烷	Ⅲ
四氟醚唑	Ⅴ
四氟硼酸锂	Ⅳ
四氟硼酸钠	Ⅳ
四氟乙烯	Ⅰ
四甘醇	Ⅰ
P,*P*,*P*′,*P*′－四(*O*－甲氧基苯基)丙烷－1,3－二膦	Ⅴ
四环己基锡	Ⅴ
1,2,4,5－四甲苯	Ⅱ
四甲基丁二腈	Ⅴ
1,1,3,3－四甲基丁基过氧化氢(工业纯)	Ⅳ
2,2,3,3－四甲基丁烷	Ⅱ
四甲基硅	Ⅲ
四甲基硅烷	Ⅲ
四甲基(甲)酮连氮	Ⅰ
2,2'－((3,3′5,5′－四甲基(1,1′－联苯基)－4,4′－二基)二氧亚甲基))联(二)环氧乙烷	Ⅴ
3,3,5,5－四甲基联苯双酚二缩水甘油醚	Ⅴ
四甲基邻苯二甲酸氢铵	Ⅳ
四甲基铅	Ⅳ
N,*N*,*N*,*N*－四甲基－4,4′－双氨基双环己基甲烷	Ⅴ
(1,1,4,4－四甲基四亚甲基)二(叔丁基)过氧化物	Ⅲ
2,4,6,8－四甲基－1,3,5,7－四氧杂环辛烷	Ⅲ
四甲基锡	Ⅲ
2,5,7,7－四甲基辛醛	Ⅴ
2,4,4,7－四甲基－6－辛烯－3－酮	Ⅴ
四甲基－1,2－亚乙基二胺	Ⅲ
四甲基一硫化秋兰姆	Ⅲ
四甲基乙二胺	Ⅲ
N,*N*,*N*′,*N*′－四甲基乙二胺	Ⅲ
四甲基乙烯	Ⅱ
四甲铅	Ⅳ
四甲氧基硅烷	Ⅲ
四聚丙烯	Ⅴ
四聚乙醛	Ⅲ
四磷酸	Ⅱ
四磷酸六乙酯	Ⅲ
四硫化四砷	Ⅳ
1,2,3,5－四氯苯	Ⅱ
1,2,3,4－四氯苯	Ⅲ
1,2,4,5－四氯苯	Ⅲ
2,4,5,6－四氯－1,3－苯二甲腈	Ⅲ
2,3,4,5－四氯苯酚	Ⅲ
2,3,4,6－四氯苯酚	Ⅲ
2,3,5,6－四氯苯酚	Ⅲ
四氯苯基三氯硅烷	Ⅳ
2,3,4,5－四氯苯甲酰氯	Ⅳ
四氯苯醌	Ⅴ
四氯苯酞	Ⅲ
1,1,3,3－四氯－2－丙酮	Ⅲ
1,1,1,3－四氯丙酮	Ⅱ
1,1,3,3－四氯丙酮	Ⅲ
四氯丙酮	Ⅱ
四氯丙烯	Ⅲ
1,1,2,3－四氯丙烯	Ⅲ
四氯对苯二腈	Ⅴ
2,3,7,8－四氯二苯并对二恶英	Ⅴ
四氯二氟乙烷	Ⅲ
4,4,5,5－四氯－1,3－二氧戊环－2－酮	Ⅴ
2,3,4,6－四氯酚	Ⅲ
四氯硅烷	Ⅰ
2,4,2′,4′－四氯过氧化二苯甲酰	Ⅲ
四氯化铂酸二钠	Ⅴ
四氯化碲	Ⅲ
四氯化锆	Ⅲ
四氯化硅	Ⅰ
四氯化硫	Ⅲ
四氯化萘	Ⅴ
1,2,3,4－四氯化萘	Ⅱ

中文名称	卷序
四氯化铅	Ⅳ
四氯化钛	Ⅰ
四氯化碳	Ⅰ
四氯化硒	Ⅲ
四氯化锡(无水)	Ⅲ
四氯化锗	Ⅲ
α,α,α,4－四氯甲苯	Ⅴ
2,3,5,6－四氯－4－(甲磺酰)吡啶	Ⅴ
四氯甲烷	Ⅰ
四氯间苯二腈	Ⅲ
四氯邻苯二甲酸酐	Ⅴ
1,2,3,4－四氯萘	Ⅱ
2,3,5,6－四氯硝基苯	Ⅲ
1,2,4,5－四氯－3－硝基苯	Ⅲ
1,1,1,2－四氯乙烷	Ⅳ
1,1,2,2－四氯乙烷	Ⅴ
四氯乙烯	Ⅰ
四螨嗪	Ⅳ
四硼酸钾	Ⅰ
四硼酸钠	Ⅰ
四硼酸钠十水合物	Ⅳ
四羟基聚氧化丙烯醚	Ⅰ
(*S*)－2,3,5,6－四氢－6－苯基咪唑(2,1－b)噻唑	Ⅳ
(*S*)－2,3,5,6－四氢－6－苯基咪唑(2,1－b)噻唑盐酸盐	Ⅳ
1,2,3,6－四氢吡啶	Ⅱ
四氢吡喃	Ⅲ
四氢氮杂茂	Ⅳ
四氢呋喃	Ⅰ
2,5－四氢呋喃二甲醇	Ⅴ
四氢－2－呋喃甲醇	Ⅲ
四氢化苯	Ⅰ
1,2,5,6－四氢化苯甲醛	Ⅳ
四氢化吡咯	Ⅳ
四氢化吡咯	Ⅳ
四氢化铝锂	Ⅲ
四氢化萘	Ⅲ
四氢化噻喃－3－甲醛	Ⅴ
四氢化锗	Ⅴ
四氢糠胺	Ⅳ
四氢糠醇	Ⅲ
四氢－2－糠酸甲酯	Ⅳ

中文名称	卷序
四氢硫杂茂	Ⅲ
3－(1,2,3,4－四氢－1－萘基)－4－羟基香豆素	Ⅲ
四氢噻吩	Ⅲ
3,4,5,6,－四氢酞酰亚胺甲基(±)顺反式菊酸酯	Ⅲ
1,2,3,4－四氢－6－硝基喹喔啉	Ⅴ
(*S*)－(－)－1,2,3,4－四氢－3－异喹啉甲酸苄酯对甲苯磺酸盐	Ⅴ
R－四氢罂粟碱盐酸盐	Ⅴ
四氰基代乙烯	Ⅲ
四氰乙烯	Ⅲ
3,3′,5,5′－四叔丁基联苯－2,2′－二酚	Ⅴ
四水合硫酸铍	Ⅳ
四水合钼酸铵	Ⅰ
四碳酰镍	Ⅲ
四羰基镍	Ⅲ
四(2,4－戊二酮)锆	Ⅰ
2,3,4,6－四硝基苯胺	Ⅳ
四硝基甲烷	Ⅲ
1,2,3,4－四硝基咔唑	Ⅴ
四硝基萘	Ⅲ
四硝基萘胺	Ⅳ
四溴化碳	Ⅲ
四溴化锡	Ⅲ
四溴化乙炔	Ⅰ
2,2,6,6－四(溴甲基)－4－氧杂－1,7－庚二醇	Ⅴ
四溴甲烷	Ⅲ
四溴菊酯	Ⅳ
1,1,2,2－四溴乙烷	Ⅰ
四亚甲基二胺	Ⅰ
四亚甲基砜	Ⅰ
四氧化锇	Ⅲ
四氧化二氮	Ⅲ
四氧化三锰	Ⅲ
四氧化(三)铅	Ⅲ
四乙二醇二丁醚	Ⅲ
O,*O*,*O*,*O*－四乙基二硫代焦磷酸酯	Ⅱ
四乙基二硫代双甲硫羰酰胺	Ⅲ
四乙基焦磷酸酯	Ⅲ
四乙基铅	Ⅰ
四乙基氢氧化铵	Ⅲ

中文名称	卷序
四乙基四氟硼酸铵	Ⅳ
O,O,O′,O′-四乙基-S,S′-亚甲基双(二硫代磷酸酯)	Ⅲ
四乙铅	Ⅰ
四乙烯五胺	Ⅰ
四乙酰丙酮锆	Ⅰ
四乙氧基硅烷	Ⅰ
四乙氧基钛	Ⅲ
四正丁氧基铪	Ⅴ
四唑并-1-乙酸	Ⅳ
四唑嘧磺隆	Ⅴ
松焦油	Ⅳ
松节油	Ⅲ
松节油混合萜	Ⅴ
松香	Ⅳ
松香酸钠	Ⅰ
松香酸钠皂	Ⅰ
松油	Ⅴ
松油苯二甲酸	Ⅰ
α-松油萜	Ⅱ
苏打	Ⅰ
苏米硫磷	Ⅲ
苏米松	Ⅲ
速灭虫	Ⅲ
速灭菊酯	Ⅲ
速灭磷	Ⅲ
速灭杀丁	Ⅲ
速灭松	Ⅲ
速灭威	Ⅲ
酸式氟化钾	Ⅱ
酸式氟化钠	Ⅱ
酸式磷酸丁酯	Ⅱ
酸式磷酸二异辛酯	Ⅱ
酸式磷酸戊酯	Ⅲ
酸式硫酸钾	Ⅱ
酸式硫酸钠	Ⅱ
酸式碳酸铵	Ⅳ
酸式碳酸钠	Ⅰ
酸式亚硫酸钙	Ⅲ
酸式亚硫酸钠	Ⅰ
酸性大红	Ⅴ
酸性碘酸钾	Ⅱ
C. I. 酸性红 114	Ⅴ
酸性紫 49	Ⅳ
蒜醇	Ⅱ
羧基丁苯胶乳	Ⅰ
羧基丁腈胶乳	Ⅰ
羧甲基淀粉	Ⅰ
羧甲基钠盐田菁胶	Ⅰ
羧甲基葡萄糖	Ⅰ
羧甲基羟丙基爪尔胶	Ⅰ
N-羧甲基-N-(2-(2-羟基乙氧基)乙基)氨基乙酸二钠	Ⅳ
羧甲基氰乙基纤维素	Ⅰ
羧甲基田菁胶	Ⅰ
羧甲基纤维素	Ⅰ
羧甲基纤维素钠	Ⅰ
缩苹果酸	Ⅳ
缩苹果酰氯	Ⅱ
(R)-缩水甘油	Ⅴ
缩水甘油苯醚	Ⅳ
缩水甘油醛	Ⅱ
T	
T1201 金属钝化剂	Ⅰ
T106	Ⅰ
T-201	Ⅰ
TBC	Ⅰ
TBP	Ⅰ
TDI	Ⅰ
TFE	Ⅰ
THF	Ⅰ
TOP	Ⅰ
铊	Ⅲ
钛白粉	Ⅳ
钛粉(含水≥25%)	Ⅱ
钛酸钡	Ⅳ
钛酸(四)乙酯	Ⅲ
钛酸(四)异丙酯	Ⅲ
钛酸(四)正丙酯	Ⅲ
钛酸正丙酯	Ⅲ
钛酸酯偶联剂-1	Ⅰ
钛酸酯偶联剂 NDZ-105	Ⅰ
酞胺硫磷	Ⅲ
酞酐	Ⅰ
酞酸	Ⅳ
酞酸苄基丁酯	Ⅲ

中文名称	卷序
酞酸二壬酯	Ⅳ
酞酸二乙酯	Ⅳ
酞酸二异丙酯	Ⅳ
酞酸二异癸酯	Ⅰ
钽	Ⅴ
炭黑	Ⅴ
炭黑油	Ⅰ
碳酐	Ⅰ
碳化钙	Ⅰ
碳化铝	Ⅲ
碳九芳烃溶剂油	Ⅰ
碳九馏分	Ⅰ
碳氯灵	Ⅲ
碳氯特灵	Ⅲ
碳氢制冷剂 R－600a	Ⅰ
碳十馏分	Ⅰ
碳十一馏分	Ⅰ
碳四馏分	Ⅰ
碳酸钡	Ⅲ
碳酸丙二醇酯	Ⅳ
碳酸丙酯	Ⅲ
碳酸二丙酯	Ⅲ
碳酸(二)甲酯	Ⅲ
碳酸(二)乙酯	Ⅲ
碳酸二异丙酯	Ⅲ
碳酸二异丁酯	Ⅲ
碳酸二正丁酯	Ⅲ
碳酸钙	Ⅳ
碳酸酐	Ⅰ
碳酸镉	Ⅳ
碳酸铬	Ⅳ
碳酸甲基－4－环辛烯－1－基酯	Ⅴ
碳酸钾	Ⅰ
碳酸锂	Ⅲ
碳酸锰(Ⅱ)	Ⅳ
碳酸钠	Ⅰ
碳酸镍	Ⅲ
碳酸铍	Ⅲ
碳酸气	Ⅰ
碳酸铅	Ⅲ
碳酸氢铵	Ⅳ
碳酸氢钾	Ⅳ
碳酸氢钠	Ⅰ
碳酸铊	Ⅲ
碳酸铜	Ⅲ
碳酸亚锰	Ⅳ
碳酸亚铊	Ⅲ
碳酸氧铋	Ⅳ
碳五馏分	Ⅰ
碳酰胺	Ⅰ
碳酰二胺	Ⅰ
碳酰氟	Ⅳ
碳酰氯	Ⅰ
羰基氟	Ⅳ
羰基钴	Ⅲ
羰基硫	Ⅳ
羰基镍	Ⅲ
羰基铁	Ⅲ
2－特丁基－4,6－二硝酚	Ⅲ
特丁硫磷	Ⅴ
特丁通	Ⅴ
特氟隆	Ⅰ
特乐酚	Ⅲ
特里隆 A	Ⅰ
特普	Ⅲ
特屈儿	Ⅱ
2－特戊酰－1,3－茚满二酮	Ⅲ
特种煤油	Ⅰ
特种煤油型溶剂油	Ⅰ
特种切削油	Ⅰ
特种溶剂油	Ⅰ
梯恩梯	Ⅱ
锑	Ⅳ
锑粉	Ⅲ
锑化氢	Ⅲ
锑化三氢	Ⅲ
锑酸酐	Ⅲ
锑酸钠	Ⅰ
2,4,5－涕	Ⅱ
2,4,5－涕丙酸	Ⅱ
涕滴伊	Ⅲ
涕灭克	Ⅲ
涕灭威	Ⅲ
天然气	Ⅰ
天王星	Ⅳ
L－天仙子胺	Ⅴ

中文名称	卷序
添加剂 O	Ⅳ
添加剂 1215	Ⅰ
添加剂 M	Ⅲ
田乐磷 - O	Ⅴ
田乐磷 - S	Ⅴ
甜菜宁	Ⅳ
1,8 - 萜二烯	Ⅲ
萜品油烯	Ⅳ
铁丹	Ⅴ
铁氰化钾	Ⅲ
铁铈齐	Ⅳ
通用内燃机油	Ⅰ
铜	Ⅴ
铜粉	Ⅳ
头孢普罗侧链	Ⅴ
透明橘黄 G	Ⅱ
透平油	Ⅰ
土菌灵	Ⅴ
吐氏酸	Ⅰ
吐温 - 80	Ⅰ
退热冰	Ⅱ
托拜厄斯酸	Ⅰ
托力丁贝司	Ⅱ
脱臭煤油	Ⅰ
脱芳溶剂油(D40,D60,D80,D110,D70)	Ⅰ
脱戊烷油	Ⅰ
1 - (2 - 脱氧 - 5 - *O* - 三苯甲基 - *β* - *D* - 苏戊呋喃糖基)胸腺嘧啶	Ⅳ
V	
VAE	Ⅰ
W	
烷醇酰胺	Ⅰ
烷基苯	Ⅰ
烷基苯磺酸	Ⅰ
烷基苯磺酸钠	Ⅰ
烷基苯料	Ⅰ
烷基多苷	Ⅰ
烷基多糖苷	Ⅰ
烷基酚	Ⅰ
烷基磺酸钙	Ⅰ
烷基磺酸钠	Ⅰ
烷基磷酸咪唑啉盐	Ⅰ
烷基磷酸酯	Ⅳ
烷基铝	Ⅴ
烷基镁	Ⅴ
烷基咪唑啉	Ⅰ
烷基萘	Ⅰ
烷基铅	Ⅴ
烷基水杨酸钙	Ⅰ
烷基水杨酸铬	Ⅰ
烷基糖苷	Ⅰ
威百亩	Ⅴ
威菌磷	Ⅲ
维尔烯酸	Ⅰ
维生素 D3	Ⅴ
维生素 D2	Ⅴ
萎锈灵	Ⅲ
胃蛋白酶	Ⅳ
温石棉	Ⅳ
蜗螺净	Ⅱ
蜗牛敌	Ⅲ
肟菌酯	Ⅴ
肟硫磷	Ⅲ
乌尔丝 D	Ⅰ
乌洛托品	Ⅰ
乌头碱	Ⅴ
钨	Ⅲ
钨酸钠	Ⅰ
无定形硅粉	Ⅲ
无花果蛋白酶	Ⅴ
无水氟化氢	Ⅰ
无水肼	Ⅰ
无水联氨	Ⅰ
无水硫化钾	Ⅱ
无水氯化铜(Ⅱ)	Ⅴ
无水芒硝	Ⅳ
无水三甲胺	Ⅲ
无水三氯化铝	Ⅰ
无水亚硫酸钠	Ⅰ
无味煤油	Ⅰ
五氟丙醇	Ⅲ
五氟化铋	Ⅲ
五氟化碘	Ⅲ
五氟化磷	Ⅲ
五氟化硫	Ⅲ

中文名称	卷序
五氟化氯	Ⅲ
五氟化砷(Ⅴ)	Ⅳ
五氟化锑	Ⅳ
五氟化溴	Ⅲ
五氟氯乙烷	Ⅳ
五甲苯	Ⅲ
五甲基庚烷	Ⅴ
2,2,4,4,6-五甲基庚烷	Ⅳ
五硫化二磷	Ⅰ
五硫化二锑	Ⅲ
五硫化磷	Ⅰ
五硫化锑	Ⅲ
五氯苯	Ⅴ
五氯苯酚	Ⅳ
五氯吡啶	Ⅲ
1,1,2,2,3-五氯丙烷	Ⅲ
五氯酚	Ⅳ
五氯酚钠	Ⅰ
1,2,3,4,5-五氯酚钠	Ⅰ
五氯化磷	Ⅲ
五氯化钼	Ⅲ
五氯化铌	Ⅳ
五氯化砷	Ⅳ
五氯化钽	Ⅳ
五氯化锑	Ⅲ
五氯联苯	Ⅳ
五氯萘	Ⅴ
五氯硝基苯	Ⅳ
五氯乙烷	Ⅲ
五硼烷	Ⅲ
五羟基已酸钠	Ⅰ
五水合硫酸铜(Ⅱ)	Ⅳ
五羰基铁	Ⅲ
五溴苯酚	Ⅲ
五溴二苯醚	Ⅴ
五溴酚	Ⅲ
五溴化磷	Ⅲ
五氧化二氮	Ⅳ
五氧化二碘	Ⅳ
五氧化二钒	Ⅰ
五氧化二磷	Ⅰ
五氧化二砷	Ⅲ
五氧化二钽	Ⅲ
五氧化二锑	Ⅲ
五氧化砷	Ⅲ
1-戊胺	Ⅰ
戊胺	Ⅰ
戊草丹	Ⅳ
1-戊醇	Ⅰ
2-戊醇	Ⅰ
1,5-戊二胺	Ⅱ
1,5-戊二醇	Ⅲ
戊二腈	Ⅲ
戊二醛	Ⅰ
戊二酸	Ⅳ
戊二酸二乙酯	Ⅲ
2,4-戊二酮	Ⅰ
1,3-戊二烯	Ⅰ
1,4-戊二烯	Ⅱ
戊基磷酸酯	Ⅲ
戊基氯	Ⅱ
戊基氰	Ⅱ
戊基三氯硅烷	Ⅳ
戊基溴	Ⅲ
戊腈	Ⅲ
1-戊硫醇	Ⅱ
1,4-戊内酯	Ⅲ
γ-戊内酯	Ⅲ
戊硼烷	Ⅲ
戊醛	Ⅲ
1-戊炔	Ⅱ
2-戊炔	Ⅳ
戊炔草胺	Ⅳ
戊酸丁酯	Ⅲ
戊酸戊酯	Ⅲ
戊酸乙酯	Ⅲ
2-戊酮	Ⅰ
3-戊酮	Ⅰ
戊烷	Ⅰ
戊烷发泡剂	Ⅰ
戊烷油	Ⅰ
1-戊烯	Ⅰ
2-戊烯	Ⅰ
4-戊烯醛	Ⅲ
1-戊烯-3-酮	Ⅱ
戊酰氯	Ⅲ

中文名称	卷序
戊硝酚	Ⅴ
戊唑醇	Ⅴ
芴丁酯	Ⅳ
X	
西草净	Ⅴ
西拉硫磷	Ⅲ
西玛津	Ⅲ
西玛通	Ⅲ
西维因粉剂	Ⅳ
烯丙胺	Ⅲ
烯丙醇	Ⅱ
烯丙基丙酮	Ⅱ
1-烯丙基丙烯	Ⅱ
烯丙基碘	Ⅱ
4-烯丙基-1,2-二甲氧基苯	Ⅳ
N-(2-(1-烯丙基-4,5-二氰基咪唑-2-基偶氮)-5-(二丙氨基)苯基)-乙酰胺	Ⅳ
烯丙基2,3-环氧丙基醚	Ⅰ
烯丙基芥子油	Ⅲ
烯丙基硫醇	Ⅱ
烯丙基硫醚	Ⅱ
烯丙基氯	Ⅰ
1-烯丙基-3-氯-4-氟苯	Ⅴ
烯丙基醚	Ⅱ
烯丙基氰	Ⅱ
烯丙基三氯硅烷(稳定了的)	Ⅲ
烯丙基缩水甘油醚	Ⅰ
烯丙基溴	Ⅲ
烯丙基乙基醚	Ⅳ
烯丙基乙烯基醚	Ⅳ
烯丙基异硫氰酸酯	Ⅲ
烯丙基-正丙基二硫醚	Ⅴ
烯丙菊酯	Ⅴ
烯丙醛	Ⅰ
烯基丁二酸	Ⅰ
烯酰吗啉	Ⅴ
烯唑醇	Ⅴ
硒粉	Ⅲ
硒化镉	Ⅲ
硒化氢	Ⅳ
硒化锌	Ⅲ
硒酸	Ⅲ

中文名称	卷序
硒酸钾	Ⅲ
硒酸钠(十水物)	Ⅲ
锡	Ⅳ
D系列溶剂油	Ⅰ
纤维素甲醚	Ⅲ
纤维素酶	Ⅴ
纤维素羟乙基醚	Ⅰ
氙(液化的)	Ⅳ
氙	Ⅲ
线性低密度聚乙烯	Ⅰ
香豆酮	Ⅱ
香茅烯	Ⅰ
橡胶工业用溶剂油	Ⅰ
橡胶沥青	Ⅰ
消螨酚	Ⅴ
消螨通	Ⅲ
消泡剂XD-4000	Ⅰ
硝铵	Ⅰ
硝化丙三醇(含不挥发、不溶于水的钝感剂≥40%)	Ⅲ
硝化丙三醇乙醇溶液(含硝化甘油1%~10%)	Ⅳ
硝化淀粉(干的或含水<20%)	Ⅳ
硝化甘油	Ⅲ
硝化棉	Ⅳ
硝化纤维素	Ⅳ
硝化纤维塑料	Ⅳ
硝化乙二醇	Ⅲ
5-硝基-2-氨基(苯)酚	Ⅱ
4-硝基-2-氨基(苯)酚	Ⅲ
4-硝基-2-氨基苯酚	Ⅲ
5-硝基-2-氨基苯甲醚	Ⅱ
硝基苯	Ⅰ
5-((2-硝基-4-(苯氨基)磺酰基)苯基)氨基)-2-(苯氨基)苯磺酸钠	Ⅴ
4-硝基苯氨基乙基脲	Ⅳ
3-硝基苯胺	Ⅰ
4-硝基苯胺	Ⅰ
2-硝基苯胺	Ⅰ
5-硝基苯并三唑	Ⅱ
2-硝基苯酚	Ⅱ
3-硝基苯酚	Ⅱ
4-硝基苯酚	Ⅰ

中文名称	卷序
4－硝基苯酚钠盐	Ⅰ
3－硝基苯磺酸	Ⅱ
2－硝基苯磺酰氯	Ⅱ
3－硝基苯磺酰氯	Ⅱ
4－硝基苯磺酰氯	Ⅱ
1－(4－硝基苯基)－3－(3－吡啶基甲基)脲	Ⅳ
2－硝基－2－苯基－1,3－丙二醇	Ⅴ
4－(4－硝基苯甲基)吡啶	Ⅱ
3－硝基苯甲醚	Ⅱ
2－硝基苯甲醚	Ⅱ
4－硝基苯甲醚	Ⅱ
3－硝基苯甲醛	Ⅳ
4－硝基苯甲酸	Ⅳ
3－硝基苯甲酸	Ⅲ
4－硝基苯甲酰胺	Ⅰ
3－硝基苯甲酰氯	Ⅲ
2－硝基苯甲酰氯	Ⅱ
4－硝基苯甲酰氯	Ⅱ
3－硝基苯甲酰溴	Ⅱ
2－硝基苯肼	Ⅱ
3－硝基苯肼	Ⅱ
4－硝基苯肼	Ⅱ
4－(4－硝基苯偶氮基)－2,6－二仲丁基苯酚	Ⅴ
4－硝基苯胂酸	Ⅱ
2－(3－硝基苯亚甲基)乙酰乙酸甲酯	Ⅳ
4－硝基苯乙腈	Ⅱ
4－硝基苯乙醚	Ⅱ
2－硝基苯乙醚	Ⅱ
3－硝基苯乙酮	Ⅳ
4－(4－硝基苄基)吡啶	Ⅱ
4－硝基苄基氯	Ⅱ
硝基丙烷	Ⅴ
1－硝基丙烷	Ⅱ
2－硝基丙烷	Ⅱ
4－硝基碘苯	Ⅱ
2－硝基丁烷	Ⅴ
1－硝基丁烷	Ⅱ
硝基芘	Ⅳ
5－硝基芘	Ⅳ
2－硝基－4,5－二(苄氧基)苯乙腈	Ⅴ
3－硝基－1,2－二甲苯	Ⅱ

中文名称	卷序
3－硝基－*N*,*N*－二甲基苯胺	Ⅱ
4－硝基酚钠	Ⅰ
硝基胍(含水≥20%)	Ⅲ
2－硝基甲苯	Ⅱ
3－硝基甲苯	Ⅱ
4－硝基甲苯	Ⅱ
2－硝基－4－甲苯胺	Ⅱ
3－硝基－4－甲苯胺	Ⅱ
2－硝基－4－甲苯酚	Ⅱ
硝基甲烷	Ⅳ
4－硝基间二甲苯	Ⅱ
硝基连三氮杂茚	Ⅱ
2－硝基联苯	Ⅱ
4－硝基联苯	Ⅲ
4－硝基邻二甲苯	Ⅲ
5－硝基邻甲苯胺	Ⅴ
4－硝基邻甲苯胺	Ⅱ
4－硝基氯苯	Ⅰ
2－硝基氯苯	Ⅰ
1－硝基－1－氯丙烷	Ⅱ
2－硝基－2－氯丙烷	Ⅱ
3－硝基氯化苄	Ⅱ
6－硝基－2－氯甲苯	Ⅲ
4－硝基－2－氯甲苯	Ⅲ
β－硝基萘	Ⅱ
α－硝基萘	Ⅱ
1－硝基萘	Ⅱ
2－硝基萘	Ⅱ
4－硝基－1－萘胺	Ⅲ
4－硝基萘胺	Ⅲ
1－硝基－2－萘胺	Ⅱ
硝基脲	Ⅳ
3－硝基－4－羟丙氨基苯酚	Ⅳ
4－硝基－1－羟基苯	Ⅰ
3－((2－硝基－4－(三氟甲基)苯基)氨基)－1,2－丙二醇	Ⅴ
硝基三氯甲烷	Ⅲ
硝基五氯苯	Ⅳ
硝基纤维素	Ⅳ
3－硝基溴苯	Ⅱ
4－硝基溴苯	Ⅱ
4－硝基溴化苄	Ⅱ
2－(3－硝基亚苄基)乙酰乙酸乙酯	Ⅴ

中文名称	卷序
硝基乙烷	Ⅲ
硝氯磷	Ⅴ
硝石	Ⅰ
硝酸	Ⅰ
硝酸铵	Ⅰ
硝酸铵铈	Ⅲ
硝酸钯	Ⅲ
硝酸钡	Ⅲ
硝酸苯汞	Ⅲ
硝酸铋	Ⅲ
硝酸丙酯	Ⅲ
硝酸铒	Ⅳ
硝酸钙	Ⅲ
硝酸高汞	Ⅰ
硝酸高铁	Ⅲ
硝酸锆	Ⅲ
硝酸镉	Ⅲ
硝酸镉四水合物	Ⅴ
硝酸铬	Ⅲ
硝酸汞	Ⅰ
硝酸钴	Ⅲ
硝酸胍	Ⅲ
硝酸镓	Ⅳ
硝酸γ-甲基丁酯	Ⅲ
硝酸甲酯	Ⅲ
硝酸钾	Ⅰ
硝酸镧	Ⅲ
硝酸铑	Ⅲ
硝酸锂	Ⅲ
硝酸铝	Ⅲ
硝酸镁	Ⅲ
硝酸锰	Ⅲ
硝酸钠	Ⅰ
硝酸脲	Ⅲ
硝酸镍	Ⅰ
硝酸镍铵	Ⅳ
硝酸钕	Ⅲ
硝酸铍	Ⅲ
硝酸镨	Ⅳ
硝酸铅	Ⅲ
硝酸羟胺	Ⅳ
硝酸铯	Ⅲ
硝酸钐	Ⅳ
硝酸铈	Ⅲ
硝酸铈铵	Ⅲ
硝酸锶	Ⅲ
硝酸铊	Ⅲ
硝酸铁	Ⅲ
硝酸铜	Ⅲ
硝酸戊酯	Ⅲ
硝酸辛酯	Ⅰ
硝酸锌	Ⅲ
硝酸亚氨脲	Ⅲ
硝酸亚钯	Ⅲ
硝酸亚汞	Ⅲ
硝酸亚钴	Ⅲ
硝酸亚锰	Ⅲ
硝酸亚铊	Ⅲ
硝酸氧锆	Ⅳ
硝酸乙酯	Ⅲ
硝酸钇	Ⅲ
硝酸异丙酯	Ⅲ
硝酸异戊酯	Ⅲ
硝酸异辛酯	Ⅰ
硝酸铟	Ⅲ
硝酸银	Ⅰ
硝酸铀	Ⅲ
硝酸铀酰	Ⅲ
硝酸正丙酯	Ⅲ
硝酸正丁酯	Ⅲ
硝酸重氮苯	Ⅳ
小苏打	Ⅰ
笑气	Ⅲ
缬草酸甲酯	Ⅳ
泻盐	Ⅲ
2-辛胺	Ⅳ
辛胺	Ⅲ
2-辛醇	Ⅴ
辛二腈	Ⅱ
辛二烯	Ⅲ
辛基苯酚	Ⅰ
1-辛基磺酸钠	Ⅲ
1-辛基-2-吡咯烷酮	Ⅴ
N-辛基吡咯烷酮	Ⅴ
辛基酚	Ⅰ
N-辛基己内酰胺	Ⅴ

中文名称	卷序
N－辛基膦酸二(2－乙基己)酯	Ⅴ
辛基三氯硅烷	Ⅲ
2－辛基－3(2H)－异噻唑酮	Ⅴ
辛腈	Ⅳ
辛硫醇	Ⅲ
2－(辛硫基)乙醇	Ⅴ
辛硫磷	Ⅲ
辛醛	Ⅲ
4－辛炔	Ⅱ
1－辛炔	Ⅱ
2－辛炔	Ⅱ
3－辛炔	Ⅱ
辛酸	Ⅰ
辛酸甲酯	Ⅲ
辛酸亚锡	Ⅲ
辛酸乙酯	Ⅲ
3－辛酮	Ⅴ
2－辛酮	Ⅳ
1－辛烷磺酸钠	Ⅲ
辛烷异构体	Ⅳ
1－辛烯	Ⅰ
2－辛烯	Ⅰ
辛酰碘苯腈	Ⅴ
辛酰氯	Ⅲ
锌白	Ⅳ
锌矾	Ⅰ
锌粉	Ⅲ
锌粉尘	Ⅲ
锌黄	Ⅳ
锌灰	Ⅲ
锌氯粉	Ⅰ
新癸酰氯	Ⅳ
新己烷	Ⅰ
新洁尔灭	Ⅰ
新七烯	Ⅰ
新戊二醇二缩水甘油醚	Ⅴ
新戊酸甲酯	Ⅱ
新戊烷	Ⅰ
新戊酰氯	Ⅲ
秀谷隆	Ⅲ
溴	Ⅲ
溴苯	Ⅲ
2－溴苯胺	Ⅱ
3－溴苯胺	Ⅱ
4－溴苯胺	Ⅱ
2－溴苯酚	Ⅱ
3－溴苯酚	Ⅱ
4－溴苯酚	Ⅱ
4－溴苯磺酰氯	Ⅱ
N'－(4－溴苯基)－N－甲氧基－N－甲基脲	Ⅲ
4－溴苯甲醚	Ⅰ
4－溴苯甲酰甲基溴	Ⅲ
2－溴苯甲酰氯	Ⅱ
4－溴苯甲酰氯	Ⅱ
溴苯腈	Ⅱ
溴苯腈庚酸酯	Ⅴ
溴苯腈辛酸酯	Ⅴ
4－溴苯肼	Ⅰ
溴苯膦	Ⅱ
2－溴苯乙腈	Ⅱ
2－溴苯乙酮	Ⅱ
3－溴丙腈	Ⅱ
β－溴丙腈	Ⅱ
3－溴丙炔	Ⅱ
3－溴－1－丙炔	Ⅱ
α－溴丙酸	Ⅱ
β－溴丙酸	Ⅱ
2－溴丙酸	Ⅱ
3－溴丙酸	Ⅱ
溴丙酮	Ⅲ
2－溴丙烷	Ⅲ
1－溴丙烷	Ⅱ
3－溴丙烯	Ⅴ
3－溴－1－丙烯	Ⅲ
2－溴丙烯基溴	Ⅳ
2－溴丙酰溴	Ⅱ
溴醋酸	Ⅲ
溴醋酸甲酯	Ⅲ
溴醋酸叔丁酯	Ⅲ
溴醋酸乙酯	Ⅲ
溴醋酸异丙酯	Ⅲ
溴醋酸异丁酯	Ⅲ
溴醋酸正丙酯	Ⅲ
α－溴代苯乙酮	Ⅱ
溴代环戊烷	Ⅳ

中文名称	卷序
溴代乙烷	Ⅲ
溴代异丙烷	Ⅲ
溴代异丁烷	Ⅱ
溴代异戊烷	Ⅱ
溴代正丙烷	Ⅱ
溴代正丁烷	Ⅲ
溴代正戊烷	Ⅲ
溴敌隆	Ⅲ
溴敌拿鼠	Ⅲ
α－溴丁酸	Ⅳ
2－溴丁酸	Ⅳ
溴丁酮	Ⅲ
1－溴丁烷	Ⅲ
2－溴丁烷	Ⅳ
1－溴－3,5－二氟苯	Ⅴ
2－(4－溴二氟甲氧基苯基)－2－甲基丙基－3－苯氧基苄基醚	Ⅳ
3－溴－1,2－二甲苯	Ⅱ
4－溴－1,2－二甲基苯	Ⅱ
O－(4－溴－2,5－二氯苯基)－*O*,*O*－二甲基硫代磷酸酯	Ⅳ
O－(4－溴－2,5－二氯苯基)－*O*,*O*－二乙基硫代磷酸酯	Ⅳ
O－(4－溴－2,5－二氯苯基)－*O*－甲基苯基硫代磷酸酯	Ⅱ
1－溴－2,4－二硝基苯	Ⅱ
4－溴－1,2－二硝基苯	Ⅱ
溴仿	Ⅲ
溴酚肟	Ⅴ
2－溴－1－(2－呋喃基)－2－硝基乙烯	Ⅳ
溴化苄	Ⅲ
溴(化)丙酰	Ⅱ
溴化碘	Ⅲ
溴化高汞	Ⅰ
溴化汞	Ⅰ
溴化甲基镁的乙醚溶液	Ⅳ
溴化钾	Ⅳ
溴化锂	Ⅰ
溴化磷酰	Ⅲ
溴化铝	Ⅲ
溴化氯	Ⅱ
溴化硼	Ⅲ
溴化氢	Ⅳ
溴化氢(无水的)	Ⅳ
溴化氢水溶液	Ⅰ
溴化氰	Ⅲ
溴化铊	Ⅲ
溴化锑	Ⅲ
溴化锡	Ⅲ
溴化－2－溴丙酰	Ⅱ
溴化溴乙酰	Ⅲ
溴化亚汞	Ⅲ
溴化亚砷	Ⅲ
溴化亚铊	Ⅲ
溴化1－乙基－1－甲基吡咯烷鎓(盐)	Ⅴ
溴化乙酰溴	Ⅲ
溴化异丙烷	Ⅲ
溴化银	Ⅳ
溴化正丁基	Ⅲ
溴环己烷	Ⅳ
4－溴基溴化苯乙酮	Ⅲ
2－溴己酸	Ⅲ
溴己烷	Ⅲ
α－溴甲苯	Ⅲ
4－溴甲苯	Ⅱ
2－溴甲苯	Ⅱ
3－溴甲苯	Ⅱ
1－溴－4－甲基苯	Ⅱ
5－溴－3－(1－甲基－2－吡咯烷基甲基)－1H－吲哚	Ⅴ
2－溴－2－甲基丙酸乙酯	Ⅱ
2－溴－2－甲基丙烷	Ⅳ
1－溴－2－甲基丙烷	Ⅱ
1－溴－3－甲基丁烷	Ⅱ
4－溴甲基－3－甲氧基苯甲酸甲酯	Ⅴ
溴甲烷	Ⅰ
1－溴－4－甲氧基苯	Ⅰ
4－溴联苯	Ⅴ
3－(3,4′－溴(1,1′－联苯)－4－基)－3－羟基－1－苯丙基－4－羟基－2H－1－苯并吡喃－2－酮	Ⅲ
3－(3－(4′－溴联苯－4－基)－1,2,3,4－四氢－1－萘基)－4－羟基香豆素	Ⅲ
溴联苯杀鼠隆	Ⅲ
3－溴邻二甲苯	Ⅱ
溴硫磷	Ⅳ

中文名称	卷序
4－溴－2－(4－氯苯基)－1－(乙氧甲基)－5－(三氟甲基)－1H－吡咯－3－腈	Ⅴ
1－溴－3－氯丙烷	Ⅱ
2－溴－1－氯丙烷	Ⅱ
溴氯二甲基海因	Ⅰ
3－溴－1－氯－5,5－二甲基乙内酰脲	Ⅰ
4－溴－2－氯氟苯	Ⅴ
溴氯海因	Ⅰ
溴氯甲烷	Ⅱ
2－溴－2－氯－1,1,1－三氟乙烷	Ⅴ
1－溴－2－氯乙烷	Ⅱ
5－溴－8－内酰亚胺	Ⅳ
溴氰菊酯	Ⅱ
溴醛	Ⅲ
1－溴－3,4,5－三氟苯	Ⅴ
1－溴－2,2,2－三氟乙烷	Ⅳ
溴三氟乙烯	Ⅲ
溴鼠灵	Ⅲ
溴素	Ⅲ
溴酸钡	Ⅲ
溴酸镉	Ⅲ
溴酸钾	Ⅲ
溴酸镁	Ⅲ
溴酸钠	Ⅲ
溴酸铅	Ⅲ
溴酸锶	Ⅲ
溴酸锌	Ⅲ
溴酸银	Ⅲ
1－溴－9－(4,4,5,5,5－五氟戊硫基)壬烷	Ⅴ
溴戊烷	Ⅲ
2－溴戊烷	Ⅱ
溴硝醇	Ⅴ
2－溴硝基苯	Ⅱ
2－溴－2－硝基丙醇	Ⅴ
1,1′－(溴亚甲基)二苯	Ⅱ
2－溴乙醇	Ⅱ
溴乙基氰	Ⅱ
2－溴乙基乙基醚	Ⅱ
2－溴乙基乙醚	Ⅱ
溴乙酸	Ⅲ
溴乙酸丙酯	Ⅲ

中文名称	卷序
溴乙酸甲酯	Ⅲ
溴乙酸叔丁酯	Ⅲ
溴乙酸乙酯	Ⅲ
溴乙酸异丙酯	Ⅲ
溴乙酸异丁酯	Ⅲ
溴乙酸正丙酯	Ⅲ
溴乙烷	Ⅲ
溴乙烯	Ⅲ
溴乙酰苯	Ⅱ
溴乙酰溴	Ⅲ
2－(2－溴乙氧基)茴香醚	Ⅴ
2－溴异丁酸乙酯	Ⅱ
溴正丁烷	Ⅲ
畜虫磷	Ⅴ
絮凝剂3号	Ⅰ

Y

中文名称	卷序
压缩机油	Ⅰ
压榨油	Ⅰ
牙托水	Ⅰ
蚜灭磷	Ⅴ
3,3′－亚氨基二丙胺	Ⅱ
1,1′－亚氨基二－2－丙醇	Ⅰ
β,β'－亚氨基二丙腈	Ⅲ
亚胺磷	Ⅲ
亚胺硫磷	Ⅲ
1,1′－(1,3－亚苯基二(亚甲基))二(3－甲基－1H－吡咯－2,5－二酮)	Ⅳ
1,1′－(1,3－亚苯基二氧)二(3－(2－(2－丙烯基)苯氧基)2－丙醇)	Ⅴ
2,2′－(1,4－亚苯基)双－4H－3,1－苯并噁嗪－4－酮	Ⅴ
N,*N*′－1,4－亚苯基双(2－(2－甲氧基－4－硝基苯基)偶氮)－3－氧代丁酰胺	Ⅳ
4,4′－(1,2－亚苯基)双(3－硫代脲基甲酸乙酯)	Ⅲ
亚丙基二氯	Ⅱ
N,*N*′－1,3－亚丙基二(2－(乙烯基磺酰基))乙酰胺	Ⅴ
N,*N*′－亚丙基双(二硫代氨基甲酸)锌	Ⅳ
亚丙基亚胺	Ⅱ
亚碲酸钠	Ⅲ
亚砜磷	Ⅴ

中文名称	卷序
亚铬酸	Ⅳ
1,6-亚己基二异氰酸酯	Ⅴ
亚甲基丁二酸	Ⅲ
1,1′-亚甲基二氨基硫脲	Ⅳ
1,1′-亚甲基二苯	Ⅱ
亚甲基二氯	Ⅰ
1,1′-亚甲二(4-异氰酸基环己烷)	Ⅴ
N,N″-(亚甲基二-4,1-亚苯基)二(N′-十八烷基脲)	Ⅳ
N,N″-(亚甲基二-4,1-亚苯基)二(N′-环己基脲)	Ⅳ
4-4′-亚甲基二(氧亚乙基硫代)二苯酚	Ⅴ
亚甲基聚丙烯酰胺	Ⅰ
4,4′-亚甲基双(2,6-二叔丁基酚)	Ⅰ
4,4′-亚甲基双苯胺	Ⅱ
2,2′-亚甲基双(4-甲基-6-叔丁基苯酚)	Ⅰ
亚甲基双硫氰酸酯	Ⅴ
2,2′-亚甲基双(4-氯苯酚)	Ⅰ
3,3′-亚甲基双(4-羟基香豆素)	Ⅱ
2,2′-亚甲基-双(3,4,6-三氯苯酚)	Ⅲ
亚甲基双(4,1-亚苯基)二异氰酸酯	Ⅴ
4,4′-亚甲基双(2-乙基)苯胺	Ⅳ
4,4′-亚甲基双(2-异丙基-6-甲基苯胺)	Ⅴ
1,1-亚甲基双(4-异氰酸根合苯)	Ⅰ
4-亚甲基-2-氧杂环丁烷酮	Ⅱ
4,4′-亚甲双(2,6-二甲基苯基氰酸酯)	Ⅴ
2,2′-亚肼基双乙酸	Ⅴ
亚磷酸	Ⅰ
亚磷酸二丁酯	Ⅰ
亚磷酸二氢铅	Ⅳ
亚磷酸酐	Ⅲ
亚磷(酸)酐	Ⅲ
亚磷酸三苯酯	Ⅲ
亚磷酸三丁酯	Ⅲ
亚磷酸三甲酯	Ⅳ
亚磷酸三邻甲苯酯	Ⅲ
亚磷酸三乙酯	Ⅳ
亚磷酸三异丙酯	Ⅲ
亚磷酸正丁酯	Ⅲ
亚硫酸	Ⅲ

中文名称	卷序
亚硫酸酐	Ⅰ
亚硫酸钠	Ⅰ
亚硫酸氢铵	Ⅰ
亚硫酸氢钙	Ⅲ
亚硫酸氢钠	Ⅰ
亚硫酰(二)氯	Ⅱ
亚氯酸钙	Ⅳ
亚氯酸钠	Ⅳ
亚砒酸钙	Ⅲ
亚砒酸钠	Ⅰ
亚砷酸钙	Ⅲ
亚砷(酸)酐	Ⅰ
亚砷酸钾	Ⅲ
亚砷酸钠	Ⅰ
亚砷酸铅	Ⅲ
亚砷酸氢铜	Ⅲ
亚砷酸锶	Ⅲ
亚砷酸铜	Ⅲ
亚砷酸锌	Ⅲ
亚锑酐	Ⅳ
亚铁氰化钾	Ⅲ
亚铜氰化钾	Ⅲ
4,4′-(9H-9-亚芴基)二(2-氯苯胺)	Ⅴ
4,4′-(9H-9-亚芴基)双酚	Ⅴ
亚硒酐	Ⅱ
亚硒酸	Ⅳ
亚硒酸钡	Ⅲ
亚硒酸钠	Ⅲ
亚硒酸铜	Ⅲ
亚硒酸锌	Ⅲ
亚硝酐	Ⅲ
4-亚硝基苯胺	Ⅳ
4-亚硝基苯酚	Ⅲ
N-亚硝基-N-丙基-1-丙胺	Ⅲ
N-亚硝基二苯胺	Ⅱ
N-亚硝基二丙胺	Ⅲ
N-亚硝基二甲胺	Ⅱ
4-亚硝基-N,N-二甲基苯胺	Ⅲ
N-亚硝基二乙胺	Ⅲ
亚硝基二乙醇胺	Ⅳ
4-亚硝基-N,N-二乙基苯胺	Ⅱ
4-亚硝基酚	Ⅲ
N-亚硝基甲基氨基甲酸乙酯	Ⅴ

中文名称	卷序
亚硝基甲脲	Ⅲ
亚硝基甲替尿烷	Ⅲ
4-亚硝基邻甲酚	Ⅱ
亚硝基硫酸	Ⅰ
N-亚硝基吗啉	Ⅴ
亚硝酸铵	Ⅲ
亚硝酸钡	Ⅲ
亚硝酸丙酯	Ⅲ
亚硝酸 α,α-二甲基乙酯	Ⅲ
亚硝酸钙	Ⅲ
亚硝酸甲酯	Ⅲ
亚硝酸钾	Ⅲ
亚硝酸钠	Ⅰ
亚硝酸镍	Ⅲ
亚硝酸叔丁酯	Ⅲ
亚硝酸乙酯	Ⅲ
亚硝酸异丙酯	Ⅲ
亚硝酸异丁酯	Ⅲ
亚硝酸异戊酯	Ⅲ
亚硝酸银	Ⅳ
亚硝酸正丙酯	Ⅲ
亚硝酸正丁酯	Ⅲ
亚硝酸正戊酯	Ⅳ
亚硝酸仲丁酯	Ⅴ
亚硝酰硫酸	Ⅰ
亚硝酰氯	Ⅲ
1,2-亚乙基二醇	Ⅰ
亚乙基二氯	Ⅰ
亚乙基胲	Ⅳ
5-亚乙基降冰片烯-2	Ⅴ
1,1′-亚乙基-2,2′-联吡啶鎓盐二溴化物	Ⅱ
亚乙基硫脲	Ⅴ
1,8-亚乙基萘	Ⅱ
亚乙基羟胺	Ⅳ
1,2-亚乙基双二硫代氨基甲酸铵	Ⅰ
1,2-亚乙基双二硫代氨基甲酸锰	Ⅱ
1,2-亚乙基双二硫代氨基甲酸钠	Ⅰ
1,2-亚乙基双二硫代氨基甲酸锌	Ⅰ
N,N'-亚乙基双(二硫代氨基甲酸锌)双(*N,N*-二甲基二硫代氨基甲酸盐)(代森福美锌	Ⅳ
2,2′-亚乙烯基双(5-(4-吗啉基-6-苯胺基-1,3,5-三嗪-2-氨基)苯磺酸)二钠盐	Ⅴ
亚油酸	Ⅳ
氩	Ⅰ
氩(液化的)	Ⅳ
氩气	Ⅰ
烟碱	Ⅳ
烟磺酰胺	Ⅳ
延胡索酸	Ⅰ
盐霉素	Ⅳ
盐霉素钠盐	Ⅳ
盐酸	Ⅰ
盐酸-4-氨基-*N,N*-二乙苯胺	Ⅲ
盐酸苯胺	Ⅳ
盐酸苯肼	Ⅳ
盐酸-3,3′-二甲氧基-4,4′-二氨基联苯	Ⅱ
盐酸3,3′-二氯联苯胺	Ⅱ
盐酸4-氯邻甲苯胺	Ⅱ
盐酸-α-萘胺	Ⅱ
盐酸羟胺	Ⅳ
盐酸杀螨脒	Ⅴ
盐酸双(2-氯乙基)胺	Ⅲ
盐酸左旋咪唑	Ⅳ
燕麦敌	Ⅲ
燕麦敌一号	Ⅲ
燕麦灵	Ⅲ
羊脂醛	Ⅲ
羊脂酸	Ⅰ
阳离子翠蓝 GB	Ⅰ
阳离子反相破乳剂	Ⅰ
阳离子聚丙烯酰胺	Ⅰ
阳离子蓝	Ⅰ
阳离子蓝 X-GRL	Ⅲ
阳离子蓝 X-GRRL	Ⅲ
阳离子乳化沥青	Ⅰ
氧(液化的)	Ⅳ
氧	Ⅰ
氧丙环	Ⅰ
3-氧代-2-(苯基亚甲基)丁酸甲酯	Ⅴ
4-(1-氧代-2-丙烯基)吗啡啉	Ⅴ
氧代丁酸	Ⅰ
4,4′-氧代双苯磺酰肼	Ⅴ

中文名称	卷序
氧代-((2,2,6,6-四甲基-4-哌啶基)氨基)羰基乙酰肼	Ⅳ
1,4-氧氮杂环己烷	Ⅰ
4,4′-氧二苯胺	Ⅱ
3,3′-氧二丙腈	Ⅱ
N-氧二亚乙基-2-苯并噻唑次磺酰胺	Ⅰ
氧化钡	Ⅳ
氧化苯乙烯	Ⅲ
氧化丙烯	Ⅰ
氧化氮	Ⅲ
氧化碲	Ⅲ
氧化丁烯	Ⅰ
β,β'-氧化二丙腈	Ⅱ
氧化二丁基锡	Ⅱ
氧化钙	Ⅲ
氧化高钴	Ⅲ
氧化高镍	Ⅳ
氧化高锡	Ⅳ
氧化镉	Ⅲ
氧化铬(Ⅲ)	Ⅳ
氧化铬绿	Ⅳ
氧化汞(Ⅱ)	Ⅳ
氧化汞	Ⅰ
氧化钴	Ⅳ
氧化环己烯	Ⅰ
氧化乐果	Ⅲ
氧化沥青料	Ⅰ
氧化钌	Ⅲ
氧化铝	Ⅳ
氧化铝陶瓷	Ⅴ
氧化氯二苯	Ⅴ
氧化镁	Ⅰ
氧化锰	Ⅲ
氧化钠	Ⅲ
氧化镍	Ⅳ
氧化偶氮苯	Ⅴ
氧化硼	Ⅴ
氧化铍	Ⅲ
氧化铅	Ⅲ
氧化石油脂钡皂	Ⅰ
氧化铊	Ⅲ
氧化钽	Ⅲ
氧化铁	Ⅴ
氧化铜	Ⅳ
氧化钍	Ⅲ
氧化萎锈灵	Ⅴ
氧化钨	Ⅲ
氧化辛烯	Ⅲ
氧化锌	Ⅳ
氧化亚氮	Ⅲ
氧化亚汞	Ⅲ
氧化亚锰	Ⅳ
氧化亚铜	Ⅴ
氧化乙烯	Ⅰ
氧化铟	Ⅲ
氧化铟锡	Ⅴ
氧环唑	Ⅴ
氧己环	Ⅲ
氧乐果	Ⅲ
氧硫化碳	Ⅳ
氧氯化氮	Ⅲ
氧氯化锆	Ⅴ
氧氯化铬	Ⅱ
氧氯化磷	Ⅲ
氧氯化硫	Ⅱ
氧氯化铜	Ⅲ
氧氯化硒	Ⅲ
氧气	Ⅰ
氧氰化汞	Ⅲ
4,4′-氧双邻苯二甲酸酐	Ⅴ
4,4′-氧双(亚乙基硫代)二酚	Ⅴ
氧溴化磷	Ⅲ
氧茚	Ⅱ
7-氧杂二环(4,1,0)庚烷	Ⅰ
氧杂环戊烷	Ⅰ
氧杂茂	Ⅰ
7-氧杂双环(2,2,1)庚烷-2,3-二羧酸	Ⅱ
椰子酸二乙醇胺缩合物	Ⅰ
野麦畏	Ⅲ
野燕枯	Ⅴ
叶枯炔	Ⅳ
页岩油	Ⅴ
液氨	Ⅰ
液氮	Ⅲ
液化石油气	Ⅰ
液氯	Ⅰ

中文名称	卷序
S－1液体	Ⅰ
液体凡士林	Ⅰ
液体石蜡	Ⅰ
液压油(L－HL)	Ⅰ
一氮化锂	Ⅲ
一碘化铊	Ⅱ
一氟二氯甲烷	Ⅲ
一氟乙酸对溴苯胺	Ⅳ
一甲胺	Ⅰ
一甲肼	Ⅴ
一硫代乙二醇	Ⅰ
一氯丙酮	Ⅳ
一氯代苯	Ⅰ
一氯二苯醚	Ⅳ
一氯二氟甲烷	Ⅳ
一氯二氟溴甲烷	Ⅲ
一氯二氟乙烷	Ⅲ
一氯二硝基苯	Ⅴ
一氯二乙基铝	Ⅰ
一氯化苯醚	Ⅳ
一氯化碘	Ⅱ
一氯化硫	Ⅳ
一氯化铊	Ⅲ
一氯三氟乙烷	Ⅲ
一氯杀螨砜	Ⅲ
一氯五氟化苯	Ⅲ
一氯五氟乙烷	Ⅲ
一氯乙醛	Ⅱ
一氯乙酸	Ⅰ
一氯乙酸钠	Ⅳ
一水合肼	Ⅰ
一水合硫酸锰	Ⅴ
一水合偏钨酸钠	Ⅴ
一缩二丙二醇	Ⅰ
一溴二氯甲烷	Ⅴ
一溴化碘	Ⅲ
一溴化汞	Ⅲ
一溴化铊	Ⅲ
一溴三氟乙烷	Ⅳ
一溴一氯二氟甲烷	Ⅲ
一氧化钡	Ⅳ
一氧化氮	Ⅲ
一氧化二氮(压缩的)	Ⅲ
一氧化二氯	Ⅲ
一氧化汞	Ⅰ
一氧化钴	Ⅳ
一氧化锰	Ⅳ
一氧化钠	Ⅲ
一氧化镍	Ⅳ
一氧化铍	Ⅲ
一氧化铅	Ⅲ
一氧化碳	Ⅰ
一氧化乙烯基环己烯	Ⅳ
一乙酸甘油酯	Ⅲ
一乙酸间苯二酚酯	Ⅲ
衣康酸	Ⅲ
胰蛋白酶	Ⅳ
胰凝乳朊酶	Ⅴ
4－乙氨基－3－硝基苯甲酸	Ⅴ
乙胺	Ⅰ
乙拌磷	Ⅳ
乙苯	Ⅰ
乙丙共聚物粘度指数改进剂	Ⅰ
乙丙醚	Ⅲ
乙丙橡胶	Ⅰ
乙醇	Ⅰ
乙醇钾	Ⅴ
乙醇钠	Ⅳ
乙醇钠乙醇溶液	Ⅳ
乙醇酸	Ⅳ
乙底酸	Ⅰ
乙二胺	Ⅰ
乙二胺四甲叉膦酸	Ⅰ
乙二胺四亚甲基膦酸钠	Ⅰ
乙二胺四亚甲基膦酸	Ⅰ
乙二胺四乙酸	Ⅰ
乙二胺四乙酸二钠	Ⅰ
乙二醇	Ⅰ
乙二醇苯基醚	Ⅲ
乙二醇单丙基醚	Ⅲ
乙二醇单丙烯酸酯	Ⅲ
乙二醇单醋酸酯	Ⅲ
乙二醇单丁醚	Ⅰ
乙二醇单甲基丙烯酸酯	Ⅲ
乙二醇单十八酸酯	Ⅰ
乙二醇单2－乙基丁醚	Ⅲ

中文名称	卷序
乙二醇单乙醚	Ⅰ
乙二醇单乙酸酯	Ⅲ
乙二醇单硬脂酸酯	Ⅰ
乙二醇丁醚	Ⅰ
乙二醇二醋酸酯	Ⅲ
乙二醇二丁醚	Ⅲ
乙二醇二甲醚	Ⅲ
乙二醇(二氯乙酸酯)	Ⅴ
乙二醇二硝酸酯	Ⅲ
乙二醇二乙醚	Ⅰ
乙二醇二乙酸酯	Ⅲ
乙二醇甲基乙烯基醚	Ⅲ
乙二醇甲醚	Ⅰ
乙二醇甲醚乙酸酯	Ⅲ
乙二醇叔丁基乙基醚	Ⅲ
乙二醇一己醚	Ⅴ
乙二醇一甲醚	Ⅰ
乙二醇乙醚	Ⅰ
乙二醇乙醚乙酸酯	Ⅲ
乙二醇乙酸酯	Ⅲ
乙二醇异丙醚	Ⅳ
N,*N'* -1,2-乙二基双十八(碳)酰胺	Ⅰ
乙二腈	Ⅴ
乙二醛	Ⅰ
乙二酸	Ⅳ
乙二酸铵盐	Ⅳ
乙二酸钡	Ⅲ
乙二酸二丁酯	Ⅲ
乙二酸二甲酯	Ⅲ
乙二酸二乙酯	Ⅲ
乙二酰氯	Ⅳ
乙酐	Ⅰ
乙基保棉磷	Ⅲ
乙基苯	Ⅰ
N-乙基2-(苯氨基羰基氧基)丙酰胺	Ⅲ
2-乙基苯胺	Ⅱ
N-乙基苯胺	Ⅱ
5-乙基-5-苯基-2,4,6-(1H,3H,5H)-嘧啶三酮	Ⅳ
α-乙基吡啶	Ⅱ
γ-乙基吡啶	Ⅱ
2-乙基吡啶	Ⅱ
3-乙基吡啶	Ⅱ

中文名称	卷序
4-乙基吡啶	Ⅱ
N-(1-乙基丙基)-3,4-二甲基-2,6-二硝基苯胺	Ⅲ
乙基丙基(甲)酮	Ⅱ
乙基丙基醚	Ⅲ
乙基碘	Ⅱ
2-乙基丁胺	Ⅳ
2-乙基丁醇	Ⅱ
2-乙基-1-丁醇	Ⅱ
1-乙基丁醇	Ⅱ
2-乙基丁醛	Ⅱ
2-乙基丁酸	Ⅳ
2-乙基-1-丁烯	Ⅱ
2-(2-乙基丁氧基)乙醇	Ⅲ
乙基对氨基苯基(甲)酮	Ⅲ
乙基二氯硅烷	Ⅲ
乙基二氯化铝	Ⅱ
乙基二氯胂	Ⅲ
2-乙基-1-(2-(1,3-二氧杂环己基)乙基)-溴化吡啶鎓	Ⅴ
N-乙基二异丙胺	Ⅱ
乙基氟	Ⅰ
6-乙基-5-氟-4(3H)-嘧啶酮	Ⅴ
N-(乙基汞)对甲苯磺酰替苯胺	Ⅱ
乙基谷硫磷	Ⅲ
乙基环己烷	Ⅲ
乙基环戊烷	Ⅲ
2-乙基己胺	Ⅱ
2-乙基己醇钠	Ⅴ
2-乙基-1,3-己二醇	Ⅲ
3-((2-乙基己基)氧)-1,2-丙二醇	Ⅴ
2-乙基己基乙烯基醚	Ⅲ
2-乙基己醛	Ⅳ
2-乙基己酸	Ⅰ
2-乙基己酸乙烯酯	Ⅲ
2-乙基-1-己烯	Ⅲ
2-乙基己烯-1	Ⅲ
N-乙基-3-甲基苯胺	Ⅱ
5-乙基-2-甲基吡啶	Ⅱ
3-乙基-2-甲基-2-(3-甲基丁基)-1,3-氧氮杂环戊烷	Ⅴ
乙基-3-甲基-4-(甲硫基)苯基-*N*-异丙基磷酰胺	Ⅲ

中文名称	卷序
N－乙基－N－甲基哌啶鎓碘化物	Ⅴ
2,2－乙基甲基噻唑烷	Ⅴ
3－乙基－2－甲基戊烷	Ⅱ
4－(2－(3－乙基－4－甲基－2－氧－3－吡咯啉－甲酰胺基)乙基)苯磺酰胺	Ⅳ
乙基甲基乙炔	Ⅳ
4－乙基－2－甲基－2－异戊基－1,3－噁唑烷	Ⅴ
N－乙基间甲苯胺	Ⅱ
乙基硫醇	Ⅲ
N－乙基六氢吡啶	Ⅱ
乙基氯	Ⅰ
S－乙基－2－(4－氯－2－甲基苯氧基)硫代乙酸酯	Ⅳ
N－乙基吗啉	Ⅱ
4－乙基吗啉	Ⅱ
N－乙基－1－萘胺	Ⅱ
N－乙基－α－萘胺	Ⅱ
1－乙基哌啶	Ⅱ
乙基硼	Ⅲ
5－乙基－2－皮考林	Ⅱ
O－乙基羟胺	Ⅴ
7－乙基－3－(2－羟乙基)吲哚	Ⅴ
乙基氰	Ⅱ
乙基溶纤剂	Ⅰ
1－乙基－6,7,8－三氟－1,4－二氢－4－氧代－3－喹啉甲酸乙酯	Ⅳ
O－乙基－O－2,4,5－三氯苯基乙基硫代磷酸酯	Ⅲ
乙基三氯硅烷	Ⅲ
乙基三乙氧基硅烷	Ⅳ
乙基叔丁基醚	Ⅴ
S－乙基双(2－甲丙基)硫代氨基甲酸酯	Ⅲ
乙基四磷酸酯	Ⅲ
乙基烯丙基醚	Ⅳ
乙基香兰素	Ⅳ
4－乙基硝基苯	Ⅱ
1－乙基－2－硝基苯	Ⅱ
1－乙基－4－硝基苯	Ⅱ
O－乙基O－(4－硝基苯基)苯基硫代膦酸酯	Ⅱ
O－乙基－O－(6－硝基－间－甲苯基－仲丁基)硫代磷酰胺	Ⅳ
乙基溴	Ⅲ
乙基溴硫磷	Ⅳ
乙基乙炔	Ⅱ
5－乙基－2－乙烯吡啶	Ⅲ
乙基乙烯醚	Ⅳ
2－乙基已基－2′－乙基已基磷酸酯	Ⅱ
乙基异丙基(甲)酮	Ⅱ
乙基异氰酸酯	Ⅳ
乙基正丁基(甲)酮	Ⅱ
乙基正丁基醚	Ⅳ
乙基仲戊基甲酮	Ⅳ
乙腈	Ⅰ
乙菌利	Ⅴ
乙肼	Ⅲ
乙硫苯威	Ⅴ
乙硫醇	Ⅲ
乙硫基乙醇	Ⅳ
α－乙硫基乙醇	Ⅳ
S－(2－(乙硫基乙基)－O,O－二甲基二硫代磷酸酯	Ⅱ
S－(2－(乙硫基)乙基)－O,O－二甲基硫代磷酸酯	Ⅱ
乙硫磷	Ⅲ
乙螨唑	Ⅴ
乙醚	Ⅰ
乙嘧酚	Ⅴ
乙嘧硫磷	Ⅴ
乙硼烷	Ⅲ
乙醛	Ⅰ
乙醛缩二甲醇	Ⅱ
乙醛肟	Ⅳ
乙炔	Ⅰ
乙炔苯	Ⅱ
2－乙炔－2－丁醇	Ⅱ
乙炔二羰酰胺	Ⅳ
乙炔铜	Ⅰ
乙炔银	Ⅲ
乙酸	Ⅰ
乙酸－1－乙基戊酯	Ⅳ
乙酸钡	Ⅳ
乙酸苯汞	Ⅰ
乙酸苯乙酯	Ⅳ
乙酸苯酯	Ⅳ

中文名称	卷序
乙酸苄酯	Ⅳ
乙酸丙酯	Ⅲ
乙酸-2-丁氧基乙酯	Ⅲ
乙酸丁酯	Ⅰ
乙酸酐	Ⅰ
乙酸高汞	Ⅳ
乙酸镉	Ⅲ
乙酸庚酯	Ⅳ
乙酸汞	Ⅰ
乙酸汞(Ⅱ)	Ⅳ
乙酸钴	Ⅳ
乙酸环己酯	Ⅳ
2-乙酸-4-甲基戊酯	Ⅳ
乙酸(甲基-*O*,*N*,*N*-氧化偶氮基)甲酯	Ⅴ
乙酸-3-甲氧基丁酯	Ⅳ
乙酸-2-甲氧基-1-甲基乙基酯	Ⅳ
乙酸甲氧基乙基汞	Ⅳ
乙酸-2-甲氧基乙酯	Ⅲ
乙酸甲酯	Ⅰ
乙酸镁	Ⅲ
乙酸钠,无水	Ⅰ
乙酸钠	Ⅰ
乙酸镍	Ⅲ
乙酸铍	Ⅳ
乙酸铅	Ⅳ
乙酸铅(Ⅱ)	Ⅴ
乙酸铅(Ⅱ)三水合物	Ⅴ
乙酸2-羟基乙酯	Ⅲ
乙酸壬酯	Ⅳ
乙酸三氟化硼	Ⅳ
乙酸叔丁酯	Ⅰ
乙酸双氧铀	Ⅳ
乙酸铊	Ⅳ
乙酸铜	Ⅳ
乙酸戊酯	Ⅲ
乙酸烯丙酯	Ⅳ
乙酸辛酯	Ⅳ
乙酸锌	Ⅲ
乙酸锌(二水合物)	Ⅴ
乙酸亚汞	Ⅳ
乙酸亚铊	Ⅳ
乙酸乙二醇甲醚	Ⅲ
乙酸乙二醇乙醚	Ⅲ

中文名称	卷序
乙酸乙基丁酯	Ⅴ
乙酸-2-乙基己酯	Ⅳ
乙酸乙烯酯	Ⅰ
乙酸2-乙酰氧甲基-4-苄基氧-1-丁基酯	Ⅳ
乙酸2-乙氧基乙酯	Ⅲ
乙酸乙酯	Ⅰ
乙酸异丙烯酯	Ⅳ
乙酸异丙酯	Ⅰ
乙酸异丁酯	Ⅲ
乙酸正丙酯	Ⅲ
乙酸正己酯	Ⅳ
乙酸正戊酯	Ⅲ
乙酸-2-仲丁基-4,6-二硝基苯酯	Ⅱ
乙酸仲丁酯	Ⅲ
乙酸仲己酯	Ⅳ
乙缩醛	Ⅰ
乙烷	Ⅰ
乙烯	Ⅰ
2-乙烯吡啶	Ⅱ
乙烯-醋酸乙烯共聚物	Ⅰ
2,2′-(1,2-乙烯二基双(3-磺基-4,1-亚苯基)亚氨基(6-((2-氰乙基)(2-羟基丙基)氨基)-1,3,5-三嗪-4,2-二基)亚氨基)双-1,4-苯二磺酸六钠盐	Ⅴ
乙烯硅	Ⅴ
4-乙烯-1-环己烯	Ⅱ
乙烯基苯	Ⅰ
α-乙烯基吡啶	Ⅱ
2-乙烯基吡啶	Ⅱ
3-乙烯基吡啶	Ⅱ
4-乙烯基吡啶	Ⅱ
1-乙烯基-2-吡咯烷酮	Ⅴ
N-乙烯基吡咯烷酮	Ⅴ
1-乙烯基-2-吡咯烷酮聚合物	Ⅰ
乙烯基丁酸酯	Ⅳ
乙烯基氟	Ⅰ
4-乙烯基环己烯	Ⅱ
乙烯基甲苯	Ⅴ
乙烯基甲基醚	Ⅳ
O,*O*′-(乙烯基甲基亚甲硅基)二((4-甲基戊-2-酮)肟)	Ⅴ

中文名称	卷序
乙烯基甲醚	Ⅳ
4－乙烯基间二甲苯	Ⅱ
N－乙烯基咔唑	Ⅴ
乙烯基氯	Ⅰ
乙烯基醚	Ⅱ
乙烯基氰	Ⅰ
乙烯(基)三氯硅烷	Ⅲ
乙烯基溴	Ⅲ
乙烯基乙基甲酮	Ⅱ
乙烯基乙醚	Ⅳ
乙烯基乙炔	Ⅳ
乙烯基乙酸异丁酯	Ⅴ
乙烯基异丙基醚	Ⅳ
乙烯(基)异丁醚	Ⅳ
乙烯基异丁醚	Ⅳ
乙烯基正丁基醚	Ⅳ
乙烯(基)正丁醚	Ⅳ
乙烯焦油	Ⅰ
乙烯菌核利	Ⅳ
乙烯利	Ⅳ
乙烯磷	Ⅳ
乙烯(2－氯乙基)醚	Ⅳ
乙烯－2－氯乙醚	Ⅳ
乙烯三乙氧基硅烷	Ⅳ
乙烯酮	Ⅴ
乙烯－2－乙基己基醚	Ⅲ
乙烯－乙酸乙烯酯共聚物	Ⅰ
乙酰胺	Ⅰ
(2－乙酰胺基－5－氟－4－异硫氰基苯氧基)乙酸乙酯	Ⅳ
乙酰苯	Ⅰ
乙酰苯胺	Ⅱ
乙酰苯肼	Ⅳ
1－乙酰－2－苯肼	Ⅳ
3－乙酰－1－丙醇	Ⅱ
乙酰丙酮	Ⅰ
乙酰碘	Ⅳ
乙酰对氨基苯乙醚	Ⅳ
N－乙酰对苯二胺	Ⅱ
乙酰过氧化苯甲酰	Ⅱ
3－乙酰基－1－苯基吡咯烷－3,4－二酮	Ⅴ
4－乙酰基吗啉	Ⅳ
N－乙酰基吗啉	Ⅳ
N－(3－乙酰基－2－羟苯基)－4－(4－苯基丁氧基)苯甲酰胺	Ⅳ
3′－(3－乙酰基－4－羟苯基)－1,1－二乙脲	Ⅳ
N－(3－((2－(乙酰基氧)乙基苄基)氨基)－4－甲氧基苯基)乙酰胺	Ⅳ
乙酰基乙酰邻氯苯胺	Ⅳ
乙酰甲胺磷	Ⅳ
乙酰甲基甲醇	Ⅱ
3－(α－乙酰甲基－4－氯苄基)－4－羟基香豆素	Ⅱ
N－α－乙酰－L－精氨酸	Ⅲ
(S)－α－(乙酰硫)苯丙酸	Ⅳ
3－(乙酰硫)－2－甲基－丙酸甲酯	Ⅴ
乙酰氯	Ⅲ
乙酰水杨酸	Ⅴ
乙酰溴	Ⅰ
乙酰亚砷酸铜	Ⅳ
乙酰氧基三苯基锡	Ⅳ
(3β,5α,6β)－3－(乙酰氧)－5－溴－6－羟基－雄－17－酮	Ⅴ
乙酰乙酸丁酯	Ⅳ
乙酰乙酸甲酯	Ⅳ
乙酰乙酸乙酯	Ⅳ
3－乙酰乙酰胺基－4－甲氧基苯磺酸三(2－(2－羟基乙氧基)乙基)铵盐	Ⅴ
3－乙酰乙酰胺基－4－甲氧甲苯基－6－磺酸钠	Ⅳ
乙酰乙酰克利西丁磺酸钠盐	Ⅳ
乙酰乙氧基苯胺	Ⅳ
乙氧呋草黄	Ⅳ
乙氧基苯	Ⅳ
4－乙氧基苯胺	Ⅱ
4′－乙氧基－2－苯并咪唑酰苯胺	Ⅳ
2－(4－乙氧基苯基)－2－甲基丙基－3－苯氧基－苄基醚	Ⅴ
1－乙氧基－2－丙醇	Ⅱ
1－乙氧基丙烷	Ⅲ
2－乙氧基－2,2′－二甲基乙烷	Ⅴ
2－乙氧基－3,4－二氢－1,2－吡喃	Ⅳ
1－乙氧基－甲基丙烷	Ⅰ
乙氧基钠	Ⅳ
3－乙氧基－4－羟基苯甲醛	Ⅳ

中文名称	卷序
乙氧基三甲基硅烷	Ⅳ
2-乙氧基乙醇	Ⅰ
乙氧基乙烯	Ⅳ
4′-乙氧基乙酰苯胺	Ⅳ
乙氧喹啉	Ⅴ
乙氧嘧磺隆	Ⅴ
乙酯杀螨醇	Ⅱ
钇	Ⅴ
蚁醛溶液	Ⅰ
蚁酸	Ⅰ
异艾氏剂	Ⅴ
异拌磷	Ⅴ
异丙胺	Ⅲ
异丙苯	Ⅰ
异丙醇	Ⅰ
异丙醇胺	Ⅲ
异丙醇铝	Ⅴ
异丙稻瘟净	Ⅲ
N-异丙基苯胺	Ⅴ
3-异丙基-4H-2,1,3-苯并噻二嗪-4-酮2,2-二氧化物	Ⅱ
3-异丙基苯酚	Ⅳ
2-异丙基苯酚	Ⅳ
4-异丙基苯酚	Ⅳ
N-异丙基-*N*′-苯基-对苯二胺	Ⅰ
N-异丙基丙烯酰胺	Ⅳ
异丙基碘	Ⅱ
异丙基黄原酸钠	Ⅴ
2-异丙基-2-(1-甲基丁基)-1,3-二甲氧基丙烷	Ⅴ
异丙基氯	Ⅰ
异丙基氰	Ⅲ
异丙基缩水甘油醚	Ⅳ
异丙基溴	Ⅲ
S-(2-(异丙基亚硫酰基)乙基)-*O*,*O*-二甲基硫代磷酸酯	Ⅳ
异丙基乙烯	Ⅱ
异丙基乙烯基醚	Ⅳ
异丙基异氰酸酯	Ⅳ
异丙甲草胺	Ⅳ
异丙硫醇	Ⅳ
异丙隆	Ⅴ
异丙威	Ⅴ
异丙烯基苯	Ⅰ
异丙烯基氯	Ⅰ
异丙烯基乙炔	Ⅱ
2-异丙氧基乙醇	Ⅳ
异稻瘟净	Ⅲ
异狄氏剂	Ⅳ
异地乐酚	Ⅲ
异丁胺	Ⅲ
异丁醇	Ⅰ
异丁(基)苯	Ⅴ
异丁基碘	Ⅱ
异丁基环戊烷	Ⅴ
异丁基氯	Ⅱ
异丁基氰	Ⅲ
异丁基溴	Ⅱ
4,4′-异丁基亚乙基联苯酚	Ⅴ
异丁基乙烯基醚(抑制了的)	Ⅳ
异丁基乙烯(基)醚	Ⅳ
异丁基异丙基二甲氧基硅烷	Ⅴ
异丁腈	Ⅲ
异丁硫醇	Ⅲ
异丁醛	Ⅰ
异丁酸	Ⅲ
异丁酸丁酯	Ⅲ
异丁酸酐	Ⅲ
异丁酸甲酯	Ⅳ
异丁酸辛酯	Ⅰ
异丁酸乙酯	Ⅲ
异丁酸异丙酯	Ⅳ
异丁酸异丁酯	Ⅲ
异丁酸正丙酯	Ⅲ
异丁烷	Ⅰ
异丁烯	Ⅰ
异丁烯醇	Ⅱ
异丁烯酸甲酯	Ⅰ
异丁烯酸正丁酯	Ⅰ
异丁酰氯	Ⅳ
异丁氧基乙烯	Ⅳ
异丁子香酚	Ⅳ
异噁唑草酮	Ⅴ
异佛尔酮	Ⅳ
异佛尔酮二胺	Ⅴ
异佛尔酮二异氰酸酯	Ⅳ

中文名称	卷序
异庚烯	Ⅳ
异己酸	Ⅳ
异己酮	Ⅰ
异己烷	Ⅰ
异己烯	Ⅳ
4-异硫氰基苯胺	Ⅱ
异硫氰酸苯酯	Ⅲ
异硫氰酸甲酯	Ⅳ
异硫氰酸-1-萘酯	Ⅳ
异硫氰酸烯丙酯	Ⅲ
异硫氰酸乙酯	Ⅲ
异柳磷	Ⅴ
异氯磷	Ⅳ
异氰基乙酸乙酯	Ⅳ
异氰基乙烷	Ⅲ
异氰尿酸三缩水甘油酯	Ⅴ
异氰酸-3,4-二氯苯酯	Ⅱ
异氰酸苯酯	Ⅲ
异氰酸丙酯	Ⅳ
异氰酸对硝基苯	Ⅳ
异氰酸对硝基苯酯	Ⅳ
异氰酸对溴苯酯	Ⅳ
异氰酸-2,4-二氯苯酯	Ⅳ
异氰酸-2,3-二氯苯酯	Ⅳ
异氰酸-2,5-二氯苯酯	Ⅳ
异氰酸-2,6-二氯苯酯	Ⅳ
2-(异氰酸根合磺酰)苯甲酸乙酯	Ⅴ
3-异氰酸根合磺酰基-2-噻吩-羧酸甲酯	Ⅴ
2-(异氰酸根合磺酰甲基)苯甲酸甲酯	Ⅴ
1-(1-异氰酸根合-1-甲基乙基)-3-(1-甲基乙烯基)苯	Ⅴ
异氰酸甲酯	Ⅰ
异氰酸-α-萘酯	Ⅳ
异氰酸-2-萘酯	Ⅳ
异氰酸-1-萘酯	Ⅳ
异氰酸-β-萘酯	Ⅳ
异氰酸三氟甲苯酯	Ⅳ
异氰酸十八酯	Ⅳ
异氰酸叔丁酯	Ⅳ
异氰酸-4-硝基苯酯	Ⅳ
异氰酸-4-溴苯酯	Ⅳ
异氰酸乙酯	Ⅳ
异氰酸异丙酯	Ⅳ
异氰酸异丁酯	Ⅳ
异氰酸正丙酯	Ⅳ
异氰酸正丁酯	Ⅳ
异氰乙酸乙酯	Ⅳ
异噻唑啉酮	Ⅰ
异十二烷	Ⅳ
异松油烯	Ⅳ
异索威	Ⅴ
异戊胺	Ⅲ
异戊醇	Ⅰ
异戊二烯	Ⅰ
异戊基氯	Ⅲ
异戊基氰	Ⅱ
异戊基溴	Ⅱ
异戊腈	Ⅲ
异戊硫醇	Ⅲ
异戊醛	Ⅰ
(异)戊酸	Ⅳ
异戊酸甲酯	Ⅳ
异戊酸乙酯	Ⅲ
异戊烷	Ⅰ
异戊烯	Ⅳ
β-异戊烯	Ⅱ
异戊酰氯	Ⅳ
异辛胺	Ⅱ
异辛醇	Ⅰ
异辛基苯酚	Ⅰ
异辛烯	Ⅲ
异亚丙基丙酮	Ⅱ
1H-异吲哚-1,3(2H)-二酮	Ⅱ
抑草磷	Ⅳ
抑草生	Ⅲ
抑霉唑	Ⅴ
抑霉唑硫酸盐,水溶液	Ⅴ
抑芽丹	Ⅲ
益硫磷	Ⅴ
益棉磷	Ⅲ
益赛昂	Ⅲ
因毒磷	Ⅴ
阴离子聚丙烯酰胺	Ⅰ
茵草敌	Ⅱ
茵多杀	Ⅱ

中文名称	卷序
茵多酸	Ⅱ
铟	Ⅲ
银	Ⅳ
银氰化钾	Ⅲ
引发剂 IPP	Ⅰ
引发剂 TBPV	Ⅰ
引发剂 A	Ⅰ
引发剂 BPO	Ⅰ
引发剂 C	Ⅰ
引发剂 CP－10	Ⅰ
引发剂 K	Ⅰ
引发剂 CP－02	Ⅰ
引发剂 DP－275B	Ⅰ
引发剂 O	Ⅰ
引发剂 EHP	Ⅰ
引发剂 OT	Ⅰ
(*S*)－吲哚啉－2－羧酸	Ⅴ
茚	Ⅴ
罂粟碱	Ⅴ
荧光增白剂 71	Ⅴ
萤蒽	Ⅳ
萤石	Ⅳ
蝇毒	Ⅳ
蝇毒磷	Ⅳ
硬脂胺	Ⅰ
硬脂醇	Ⅰ
硬脂腈	Ⅲ
硬脂酸	Ⅰ
硬脂酸丁酯	Ⅳ
硬脂酸钙	Ⅰ
硬脂酸镉	Ⅳ
硬脂酸甲酯	Ⅳ
硬脂酸铝	Ⅰ
硬脂酸镁	Ⅴ
硬脂酸钠	Ⅴ
硬脂酸铅	Ⅰ
硬脂酸锌	Ⅳ
硬脂酸乙酯	Ⅳ
硬脂酰胺	Ⅳ
硬脂酰氯	Ⅳ
2,6－油	Ⅰ
油菜籽油	Ⅰ
油墨原料油	Ⅰ
油漆工业用溶剂油	Ⅰ
油漆溶剂油	Ⅰ
油酸	Ⅰ
油酸丁酯	Ⅰ
油酸环氧酯	Ⅰ
油酸甲氧基乙酯	Ⅳ
油酸三乙醇胺	Ⅰ
油酸酰胺	Ⅳ
油酸乙二醇酯	Ⅰ
油酰胺	Ⅳ
N－油酰肌氨酸十八胺	Ⅰ
油酰基肌氨酸钠	Ⅰ
油酰替肌氨酸钠	Ⅰ
406 油性剂	Ⅰ
T406 油性剂	Ⅳ
401 油性剂	Ⅰ
403 油性剂	Ⅰ
404 油性剂	Ⅰ
405 油性剂	Ⅰ
油毡沥青	Ⅰ
铀	Ⅴ
有机锆	Ⅰ
有机硅树脂	Ⅳ
有机钛交联剂 HA－1	Ⅰ
莠灭净	Ⅴ
莠去津	Ⅰ
右旋反式苯氰菊酯	Ⅳ
鱼雷燃料	Ⅰ
鱼尼汀	Ⅴ
鱼藤精	Ⅳ
鱼藤酮	Ⅳ
育畜磷	Ⅴ
愈创木酚	Ⅲ
原丙酸三乙酯	Ⅳ
原丙酸乙酯	Ⅳ
原硅酸乙酯	Ⅰ
原甲酸(三)甲酯	Ⅲ
原甲酸三乙酯	Ⅲ
原甲酸乙酯	Ⅲ
原砷酸	Ⅲ
原亚砷酸锶	Ⅲ
原乙酸三甲酯	Ⅱ
原油	Ⅰ

中文名称	卷序
月桂醇	Ⅲ
月桂醇硫酸钠	Ⅰ
月桂基苯磺酸钙	Ⅰ
月桂基三甲基氯化铵	Ⅰ
月桂硫醇	Ⅲ
月桂酸	Ⅰ
月桂酸丙三醇酯	Ⅰ
月桂酸乙酯	Ⅳ
月桂酰胺	Ⅳ
月桂酰基肌氨酸钠	Ⅰ
月桂酰氯	Ⅳ
月石砂	Ⅰ
云母带	Ⅳ
匀染剂 1227	Ⅰ
匀染剂 1827	Ⅰ
孕－5－烯－3,20－二酮双(乙二醇缩酮)	Ⅴ
Z	
杂酚	Ⅰ
杂戊醇	Ⅳ
再生煤油	Ⅰ
再生纤维素	Ⅰ
增甘膦	Ⅳ
增塑剂 TCP	Ⅰ
增效砜	Ⅳ
增效醚	Ⅲ
增效散	Ⅴ
T－601 增自食其果黏剂	Ⅰ
渣油	Ⅰ
轧制油	Ⅰ
602 黏度指数改进剂	Ⅰ
612 黏度指数改进剂	Ⅰ
T－601 黏度指数改进剂	Ⅰ
T－603 黏度指数改进剂	Ⅰ
黏结剂专用溶剂油	Ⅰ
黏氯酸	Ⅱ
樟脑	Ⅲ
樟脑油	Ⅴ
锗烷	Ⅴ
针状焦	Ⅰ
针状石油焦	Ⅰ
正丙胺	Ⅰ
正丙醇	Ⅰ
正丙基环戊烷	Ⅲ
正丙基三氯硅烷	Ⅳ
正丙基溴	Ⅱ
正丙硫醇	Ⅲ
正丙醛	Ⅰ
正丙烷	Ⅰ
2－正丙氧基乙醇	Ⅲ
正丁胺	Ⅱ
正丁苯	Ⅲ
正丁醇	Ⅰ
正丁基苯	Ⅲ
N－正丁基苯胺	Ⅳ
2－正丁基－苯并(d)异噻唑－3－酮	Ⅴ
α－正丁基苯乙腈	Ⅴ
正丁基碘	Ⅱ
N－正丁基对氨基酚	Ⅰ
正丁基环己烷	Ⅰ
正丁基环戊烷	Ⅰ
正丁基锂	Ⅰ
正丁基氯	Ⅰ
正丁基三氯硅烷	Ⅳ
正丁基缩水甘油醚	Ⅱ
正丁基溴	Ⅲ
正丁基乙炔	Ⅱ
正丁基乙烯(基)醚	Ⅳ
正丁腈	Ⅰ
正丁硫醇	Ⅲ
正丁醛	Ⅰ
正丁酸	Ⅰ
正丁酸甲酯	Ⅲ
正丁酸乙烯酯	Ⅳ
正丁酸乙酯	Ⅰ
正丁酸异丙酯	Ⅲ
正丁酸正丙酯	Ⅰ
正丁酸正丁酯	Ⅰ
正丁烷	Ⅰ
正丁酰氯	Ⅳ
正丁氧基乙烯	Ⅳ
正锆酸四乙酰丙酮酯	Ⅰ
正庚胺	Ⅰ
正庚醇	Ⅳ
正庚醛	Ⅰ
正庚炔	Ⅱ
正庚烯	Ⅰ

中文名称	卷序
正硅酸甲酯	Ⅲ
正硅酸乙酯	Ⅰ
正癸酸	Ⅰ
正癸烷	Ⅰ
正癸烯	Ⅰ
正己胺	Ⅰ
正己醇	Ⅳ
正己基锂	Ⅴ
正己硫醇	Ⅱ
正己醛	Ⅰ
正己酸甲酯	Ⅲ
正己酸乙酯	Ⅱ
正己烷	Ⅴ
正己酰氯	Ⅱ
正磷酸	Ⅰ
正壬醇	Ⅳ
正壬烷	Ⅰ
正十二烷基胍乙酸盐	Ⅱ
2－正十六烷基对苯二酚	Ⅴ
正戊胺	Ⅰ
正戊醇	Ⅰ
正戊基碘	Ⅱ
4－正戊基环己基酮	Ⅴ
正戊基溴	Ⅲ
正戊硫醇	Ⅱ
正戊醛	Ⅲ
(正)戊酸	Ⅳ
正戊酸甲酯	Ⅳ
正戊酸乙酯	Ⅲ
正戊烷	Ⅰ
正戊烯	Ⅰ
正辛腈	Ⅳ
正辛硫醇	Ⅲ
脂肪醇聚氧乙烯醚	Ⅰ
直接湖蓝 5B	Ⅴ
直接蓝 14	Ⅴ
酯菌胺	Ⅴ
制冷剂 R－12B	Ⅲ
制冷剂 R－13B1	Ⅳ
制冷剂 R－14	Ⅲ
制冷剂 R－40	Ⅰ
制冷剂 R－161	Ⅰ
制冷剂 R－152a	Ⅲ

中文名称	卷序
制冷剂－F22	Ⅰ
制冷气体 RC318	Ⅱ
制冷气体 R41	Ⅱ
制冷气体 R114	Ⅱ
制冷气体 R116	Ⅱ
制冷气体 R218	Ⅱ
治螟磷	Ⅱ
智利硝	Ⅰ
中国红	Ⅳ
仲丁醇	Ⅱ
仲丁基碘	Ⅱ
2－仲丁基－4,6－二硝基苯酚	Ⅱ
2－仲丁基－4,6－二硝基苯基－3－甲基丁－2－烯酸酯	Ⅱ
2－仲丁基－4,6－二硝基苯基异丙基碳酸酯	Ⅲ
仲丁基氯	Ⅰ
仲丁硫醇	Ⅱ
仲丁通	Ⅴ
仲丁威	Ⅴ
仲高碘酸钠	Ⅳ
仲己醇	Ⅰ
仲甲醛	Ⅱ
仲戊胺	Ⅳ
仲戊醇	Ⅰ
仲戊基溴	Ⅱ
仲辛醇	Ⅴ
仲(乙)醛	Ⅲ
重氮氨基苯	Ⅳ
重氮醋酸乙酯	Ⅳ
重氮二硝基苯酚	Ⅱ
重氮甲烷	Ⅲ
重氮乙酸乙酯	Ⅳ
重铬酸	Ⅳ
重铬酸铵	Ⅲ
重铬酸钡	Ⅳ
重铬酸钡二水合物	Ⅳ
重铬酸钾	Ⅳ
重铬酸钠(二水合物)	Ⅴ
重铬酸铯	Ⅳ
重铬酸锌	Ⅳ
重碳酸钾	Ⅳ
重土	Ⅳ

中文名称	卷序
重亚硫酸钠	Ⅰ
重油	Ⅰ
A 重油	Ⅰ
苎烯	Ⅲ
专用锭子油	Ⅰ
兹克威	Ⅴ
紫铜矾	Ⅲ
紫铜盐	Ⅲ
紫外线吸收剂 UV－531	Ⅲ
棕榈醇	Ⅰ
棕榈酸	Ⅰ
棕榈酸乙酯	Ⅳ
阻燃剂 BDP	Ⅲ
祖母绿	Ⅳ
SMT－88 钻井液降黏剂	Ⅰ
唑草胺	Ⅳ
唑草酯	Ⅴ
唑虫酰胺	Ⅳ
唑啶草酮	Ⅴ
唑菌酮	Ⅲ
唑螨酯	Ⅳ

参 考 文 献

1 《化学化工大词典》编委会编．化学化工大词典．北京：化学工业出版社，2003
2 《化工百科全书》编委会编．化工百科全书．北京：化学工业出版社，1998
3 化学工业出版社组织编写．中国化工产品大全．北京：化学工业出版社，2005
4 危险化学品名录(2002 年版，国家安全生产监督管理局公告[2003]第 1 号)
5 剧毒化学品目录(2002 年版，国家安全生产监督管理局、公安部等公告[2003]第 2 号)
6 全国危险化学品管理标准化技术委员会秘书处编．常用危险化学品包装储运手册．北京：化学工业出版社，2004
7 中华人民共和国铁道部．铁路危险货物运输规则[铁运(2006)79 号]．北京：中国铁道出版社，2006
8 中华人民共和国铁道部．铁路危险货物品名表．北京：中国铁道出版社，2006
9 中华人民共和国交通部编．各类危险货物引言和明细表．北京：人民交通出版社，1997
10 GB 12268—2005 危险货物品名表
11 GB 13690—2009 化学品分类和危险性公示　通则
12 GB 16483—2008 化学品安全技术说明书　内容和项目顺序
13 GB 15603—1995 常用化学危险品贮存通则
14 GBZ 2. 1—2007 工作场所有害因素职业接触限值
15 GB 17914—1999 易燃易爆商品储藏养护技术条件
16 GB 17915—1999 腐蚀性商品储藏养护技术条件
17 GB 17916—1999 毒害性商品储藏养护技术条件
18 《新编危险物品安全手册》编委会编．新编危险物品安全手册．北京：化学工业出版社，2001
19 国家经贸委安全生产局编著．作业场所化学品安全管理．北京：中国石化出版社，2000
20 中华人民共和国公安部消防局，国家化学品登记注册中心编写．危险化学品应急处置速查手册．北京：中国人事出版社，2002
21 《化学危险品消防与急救手册》编委会编．化学危险品消防与急救手册．北京：化学工业出版社，1994
22 张荣主编．危险化学品安全技术．北京：化学工业出版社，2005
23 郑瑞文编著．危险品防火．北京：化学工业出版社，2003
24 中国石油化工总公司安全监督局编．石油化工安全技术(中级本)．北京：中国石化出版社，1998
25 张德义，张海峰编．石油化工危险化学品实用手册．北京：中国石化出版社，2006
26 中国石化集团安全工程研究院译．有害化学品安全手册．北京：中国石化出版社，2003
27 周国泰，佘启元主编．中国劳动防护用品实用全书．北京：中国劳动出版社，1997
28 祖因希主编．液化石油气操作技术与安全管理．北京：化学工业出版社，2004
29 郑瑞文编．生产工艺防火．北京：化学工业出版社，1998
30 李正，周振编．油气田消防．北京：中国石化出版社，2000
31 赵庆贤，邵辉编著．危险化学品安全管理．北京：中国石化出版社，2005
32 赵庆平主编．消防特勤手册．杭州：浙江人民出版社，2000
33 郑瑞文，刘海辰主编．消防安全技术．北京：化学工业出版社，2004
34 冀和平，崔慧峰编著．防火防爆技术．北京：化学工业出版社，2004
35 王广生，张海峰，窦苏娅等．石油化工原料与产品安全手册．北京：中国石化出版社，1996
36 张维凡，张海峰编．常用化学危险物品安全手册．第一、二卷．北京：中国医药科技出版社，1992
37 张维凡，张海峰编．常用化学危险物品安全手册．第三、四卷．北京：化学工业出版社，1994
38 张维凡，张海峰编．常用化学危险物品安全手册．第五、六卷．北京：中国石化出版社，1998
39 张海峰主编．危险化学品安全技术全书(第二版)．北京：化学工业出版社，2008
40 王道，程水源主编．环境有害化学品实用手册．北京：中国环境科学出版社，2007
41 董华模主编．化学物的毒性及其环境保护参数手册．北京：人民卫生出版社，1988
42 汪晶，和德科，汪尧衢编译．环境评价数据手册 有毒物质鉴定值．北京：化学工业出版社，1988
43 国家化学品登记注册中心编．危险化学品安全管理法规与标准汇编(修订版)．北京：中国人事出版社，2003

44 中国安全生产科学研究院编．危险化学品安全丛书——危险化学品法规选编．北京：化学工业出版社，2005
45 国家环境保护局有毒化学品管理办公室，化工部北京化工研究院环境保护研究所主编．化学品毒性、法规、环境数据手册．北京：中国环境科学出版社，1992
46 何凤生主编．中华职业医学．北京：人民卫生出版社，1999
47 任引津等主编．实用急性中毒全书．北京：人民卫生出版社，2003
48 夏元洵主编．化学物质毒性全书．上海：上海科学技术文献出版社，1991
49 任引津，张寿林主编．急性化学物中毒救援手册．上海：上海医科大学出版社，1994
50 江泉观，纪云晶，常元勋主编．环境化学毒物防治手册．北京：化学工业出版社，2004
51 王莹，顾祖维，张胜年，李文煜主编．现代职业医学．北京：人民卫生出版社，1996
52 王世俊主编．金属中毒．第2版．北京：人民卫生出版社，1988
53 岳茂兴主编．危险化学品安全丛书——危险化学品事故急救．北京：化学工业出版社，2005
54 马良，杨守生编著．危险化学品安全丛书——危险化学品消防．北京：化学工业出版社，2005
55 张少岩编著．危险化学品安全丛书——危险化学品包装．北京：化学工业出版社，2005
56 李立明主译．最新危险化学品应急救援指南．北京：中国协和医科大学出版社，2003
57 王心如主编．毒理学基础．第4版．北京：人民卫生出版社，2003
58 金泰廙主编．职业卫生与职业医学．第5版．北京：人民卫生出版社，2003
59 孟紫强主编．环境毒理学．北京：中国环境科学出版社，2000
60 中国疾病预防控制中心职业卫生与中毒控制所，全国职业卫生标准委员会编著．高毒物品作业职业病危害防护实用指南．北京：化学工业出版社，2004
61 International Programme on Chemical Safety (IPCS) and the Commission of the European Union (EC). International Chemical Safety Cards (ICSC)
62 L. Bretherick. Bretherick's Handbook of Reactive Chemical Hazards, 6th Edition. London: Butterworths, 1999
63 Robert E. Lega. The Sigma-Aldrich Library Chemical Safety Data. 2nd ed. Sigma-Aldrich Corporation, 1988
64 European Chemicals Bureau (ECB). European Chemical Substances Information System (ESIS), 2006
65 EPA/NOAA. Computer-Aided Management of Emergency Operations (CAMEO), 2006
66 United States National Library of Medicine (NLM). Hazardous Substances Data Bank (HSDB), 2006
67 National Institute of Occupational Safety and Health (NIOSH). Registry of Toxic Effects of Chemical Substances (RTECS), 2006
68 WHO/International Agency for Research on Cancer (IARC). Complete List of Agents evaluated and their classification, 2006
69 Canadian Centre for Occupational Health and Safety. CHEMINFO Database, 2006
70 National Institute of Technology and Evaluation (NITE). Chemical Risk Information Platform (CHRIP), 2005
71 ChemWatch Database & Management System, 2006